Heidelberger Taschenbücher Band 84

Hans-Jürgen Rehm

Einführung in die industrielle Mikrobiologie

Mit 96 Abbildungen

Springer-Verlag Berlin · Heidelberg · New York 1971

Dr. HANS-JÜRGEN REHM, o. Professor und Direktor des Instituts für
Mikrobiologie der Universität Münster

ISBN-13: 978-3-540-05157-2 e-ISBN-13: 978-3-642-65072-7
DOI: 10.1007/978-3-642-65072-7

Das Werk ist urheberrechtlich geschützt. Die dadurch begründeten Rechte, insbesondere die der Übersetzung, des Nachdruckes, der Entnahme von Abbildungen, der Funksendung, der Wiedergabe auf photomechanischem oder ähnlichem Wege und der Speicherung in Datenverarbeitungsanlagen bleiben, auch bei nur auszugsweiser Verwertung, vorbehalten.
Bei Vervielfältigungen für gewerbliche Zwecke ist gemäß § 54 UrhG eine Vergütung an den Verlag zu zahlen, deren Höhe mit dem Verlag zu vereinbaren ist.
© by Springer-Verlag Berlin · Heidelberg 1971. Library of Congress
Catalog Card Number 79-137497
Die Wiedergabe von Gebrauchsnamen, Handelsnamen, Warenbezeichnungen usw. in diesem Werk berechtigt auch ohne besondere Kennzeichnung nicht zu der Annahme, daß solche Namen im Sinne der Warenzeichen- und Markenschutz-Gesetzgebung als frei zu betrachten wären und daher von jedermann benutzt werden dürften.
Brühlsche Universitätsdruckerei Gießen

Vorwort

Die Bedeutung der industriellen Mikrobiologie hat in den letzten beiden Jahrzehnten außerordentlich zugenommen, trotzdem liegt für Studenten noch kein deutschsprachiges Taschenbuch vor, mit dem sie sich über dieses Fachgebiet schnell informieren können. Das vorliegende Buch versucht diese Lücke zu schließen und gleichzeitig sowohl Studenten als auch schon tätige Wissenschaftler für das Gebiet der industriellen Mikrobiologie zu interessieren. Es ist als eine Einführung in das Stoffgebiet gedacht. Hierbei wurde auch die verfahrenstechnische Seite der technischen Mikrobiologie berücksichtigt, weil die hierüber vorliegende Literatur für Studenten oft nur schwer zugänglich und häufig auch schwer lesbar ist. Auf die wirtschaftliche Bedeutung von Verfahren wird nicht hingewiesen, da diese einerseits raschen Veränderungen unterworfen und andererseits für eine Einführung, die gleichzeitig für Lehrzwecke geeignet sein soll, nicht notwendig ist. Es wurde immer versucht, die Darstellungen möglichst einfach zu halten.

Ich möchte allen Kollegen danken, die mir durch wertvolle Hinweise bei der Abfassung des Taschenbuches geholfen haben. Herrn Prof. Schlegel danke ich für die Anregung, das Taschenbuch zu schreiben. Weiterhin danke ich allen, die mich bei der Korrektur des Manuskriptes unterstützt haben. Dank gebührt auch dem Verlag, der bereitwilligst auf alle Ausstattungswünsche eingegangen ist.

Möge das Taschenbuch zur weiteren Entwicklung der industriellen Mikrobiologie beitragen.

Münster, im Dezember 1970　　　　　　　　　　　　　　H.-J. REHM

Inhaltsverzeichnis

I. Mikroorganismen mit industrieller Bedeutung

1. Mikroorganismenarten 1
   - a) Bakterienarten 1
   - b) Hefearten 6
   - c) Weitere Pilzarten 11
   - d) Algen 14

2. Entwicklungsbedingungen für Mikroorganismen 16
   - a) Allgemeine Substratansprüche 16
   - b) Substrate zur technischen Mikroorganismenzucht . . . 17
   - c) Weitere Entwicklungsbedingungen 22

3. Entwicklungskinetik der Mikroorganismen 24
   - a) Diskontinuierliche Kultur 24
   - b) Kontinuierliche Kultur 27
   - c) Gesetzmäßigkeiten bei der Produktbildung 30

4. Grundlagen des mikrobiellen Stoffwechsels 35
   - a) Hexoseabbau über den Fructose-diphosphat-Weg (FDP-Weg) 36
   - b) Hexoseabbau über den oxidativen Pentose-phosphat-Weg (PP-Weg) 39
   - c) Hexoseabbau über den Entner-Doudoroff-Weg (ED-Weg) 41
   - d) Tricarbonsäure-Cyclus (TCC) 43

5. Anreicherung, Umzüchtung und Haltung industrieller Stämme 44
   - a) Anreicherung von Stämmen 44
   - b) Umzüchtung der frisch isolierten Stämme 51
   - c) Besondere Methoden zur Mutantenherstellung 55
   - d) Haltung von Produktionsstämmen 58

II. Grundlagen der Fermentationen

1. Ablauf industrieller Fermentationen 60
   - a) Herstellung und Sterilisation des Substrates . . . 60

 b) Herstellung der Impflösung 61
 c) Fermentation 62
 d) Filtration 62
 e) Produktgewinnung 64

2. Fermentationsverfahren 68
 a) Oberflächenverfahren 69
 b) Submersverfahren 73
 c) Semikontinuierliche und kontinuierliche Mikroorganismenzucht 77
  α) Semikontinuierliche Fermentation 77
  β) Kontinuierliche Fermentation 78
  γ) Einteilung kontinuierlicher Systeme 82
  δ) Probleme der Mikroorganismenentwicklung in kontinuierlicher Kultur 83
  ε) Technische Anwendung der kontinuierlichen Systeme 84

3. Sterilisation 85
 a) Erhitzung im Wasserdampf 85
 b) Sterilisation durch Dampf unter Überdruck 86
 c) Sterilisation durch trockene Hitze 89
 d) Sterilisation (Desinfektion) durch chemische Substanzen 90
 e) Sterilisation durch Bestrahlung 92
 f) Entkeimung durch Filtration 92

4. Belüftung und Bewegung von Fermentationslösungen . . . 95
 a) Theoretische Grundlagen der Belüftung 95
 b) Belüftungseinrichtungen 100
  α) Belüftung von Oberflächenkulturen 101
  β) Belüftung von Submerskulturen mit Oberflächenluft 102
  γ) Belüftung ohne gleichzeitige Flüssigkeitsumwälzung . 102
  δ) Belüftung mit statischem Luftverteiler und Flüssigkeitsumwälzung 103
  ε) Belüftung mit dynamischem Luftverteiler und Flüssigkeitsumwälzung 105
  ζ) Sonstige Belüftuugseinrichtungen 105
 c) Bewegung von Kulturflüssigkeiten 106

5. Schaumzerstörung 109
 a) Chemische Schaumdämpfungsmittel 110
 b) Mechanische Schaumzerstörung 112

III. Mit Mikroorganismen hergestellte Produkte

1. Gärungsprodukte 114
   - a) Äthanol und äthanolhaltige Produkte 114
     - α) Allgemeines über die Äthanolbildung durch Hefen . . 114
     - β) Bier 116
     - γ) Äthanol 120
     - δ) Wein und Sekt. 121
   - b) Glycerin. 126
   - c) Milchsäure und Milchprodukte. 128
   - d) Butanol-Aceton und Buttersäure 132
   - e) 2,3-Butandiol-Gärung. 134
   - f) Methangärung 135

2. Produkte aus dem primären Stoffwechsel (organische Säuren, Aminosäuren) 138
   - a) Organische Säuren 138
   - b) Glutaminsäure 141
   - c) Weitere Aminosäuren. 143

3. Einstufenreaktionen mit Mikroorganismen (Transformationen). 144
   - a) Oxidationsreaktionen 144
     - α) Oxidation von Alkoholen. 144
     - β) Oxidation von Aldosen, Ketosen und Aldehyden . . 148
     - γ) Oxidation von Steroiden 149
     - δ) Weitere Oxidationen. 152
   - b) Reduktionen. 153
   - c) Decarboxylierung. 154
   - d) Seitenkettenabspaltungen 155
   - e) Seitenkettenaddition 155
   - f) Desaminierungen, Aminierungen und Phosphorylierungen 156

4. Polysaccharide und Oligosaccharide 157
   - a) Dextrane 157
   - b) Oligosaccharide 160

5. Weitere wichtige Antibiotica 163
   - a) Penicilline und Cephalosporine. 163
   - b) Aminosäuren, Oligopeptide, Polypeptide und Peptolide als Antibiotica 168

c) Tetracycline Antibiotica 171
   d) Macrolide Antibiotica 173
   e) Polyene Antibiotica 175
   f) Wichtige Antibiotica unterschiedlicher chemischer Struktur 177
      α) Griseofulvin 177
      β) Chloramphenicol 177
      γ) Novobiocin 178
      δ) Cycloheximid 179
      ε) Mitomycine 179

6. Vitamine 180

7. Weitere Stoffwechselprodukte aus Pilzen 183
   a) Gibberelline 184
   b) Mutterkornalkaloide 185

8. Produkte des Nucleinsäure- und Proteinstoffwechsels . . . 188
   a) Nucleinsäuren 188
   b) Nucleotide 189
   c) Eiweiß 190
   d) Enzyme 191

9. Massenzucht von Mikroorganismenzellen 194
   a) Pilze mit Fruchtkörpern 194
   b) Hefe- und Bakterienzellen 196
   c) Algenzellen 201
   d) Pflanzliche und tierische Zellen und Gewebe 203

10. Oxidation von Kohlenwasserstoffen 204
    a) Mikroorganismen und Biochemie der Oxidationen . . . 204
    b) Besonderheiten der Mikroorganismenzucht bei der Verwendung von Kohlenwasserstoffen 211
       α) Proteinerzeugung durch billige Massenzucht von Mikroorganismenzellen 212
       β) Entfernung von Paraffinen aus Erdölprodukten . . . 212
       γ) Verwendung von Kohlenwasserstoffen als billige C-Quelle zur Herstellung von Stoffwechselprodukten 213

11. Mikroorganismen und Nahrungsmittelherstellung 213

IV. **Weitere mikrobiologische Prozesse mit Aussicht auf technische Bedeutung**
  1. Raumfahrtmikrobiologie 216
  2. Direkte Erzeugung elektrischer Energie mit Hilfe von Mikroorganismen 219
  3. Verbreitung von Mikroorganismen in Aerosolen 221
  4. Weitere technisch interessante mikrobiologische Verfahren . 222

V. **Mikrobiologische Abwasserbeseitigung** 223

Literatur 228

Sachverzeichnis 231

Abkürzungen

ADP	Adenosindiphosphat
ATP	Adenosintriphosphat
C-Quellen	Kohlenstoffquellen
DNS	Desoxyribonucleinsäure
FDP-Weg	Fructose-1,6-diphosphat-Weg
KW	Kohlenwasserstoff
lg = $\log_{10}$	dekadischer Logarithmus
ln	Logarithmus naturalis
N-Quellen	Stickstoffquellen
NAD^+	Nicotin-adenin-dinucleotid (oxidierte Form)
$NADH_2$	Nicotin-adenin-dinucleotid (reduzierte Form)
P	Phosphat (in Formeln)
PP-Weg	Pentosephosphat-Weg
RNS	Ribonucleinsäure
TCC	Tricarbonsäurecyclus
UDP	Uridindiphosphat
UTP	Uridintriphosphat

I. Mikroorganismen mit industrieller Bedeutung

1. Mikroorganismenarten

Gegenwärtig wird eine immer größer werdende Zahl von Mikroorganismen für technische Verfahren verwendet oder vorgeschlagen. Manche dieser mikrobiologisch technischen Verfahren lassen sich nur mit ganz bestimmten Arten oder Artengruppen durchführen, z. B. die Herstellung von Aceton und Butanol mit Hilfe von *Clostridium*-Arten. Andere Verfahren werden mit oft außerordentlich unterschiedlichen Arten durchgeführt, z. B. die 11 α-Hydroxylierungen mit sehr verschiedenen Bakterien- oder Pilzarten.

a) Bakterienarten

Bakterien gehören zu den Prokaryonten. Es sind einzellige Mikroorganismen unterschiedlicher Form und Größe. Sie besitzen keinen „echten" mit einer Membran umgebenen Zellkern, sondern die DNS liegt im Nucleoplasma frei in der Zelle. Den Bakterien fehlen Chloroplasten und Mitochondrien. Im Cytoplasma vieler Bakterienarten

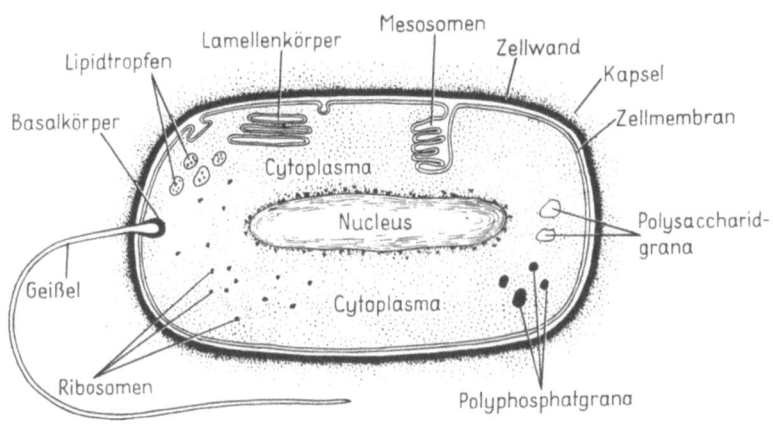

Abb. 1. Schematischer Querschnitt durch eine Bakterienzelle

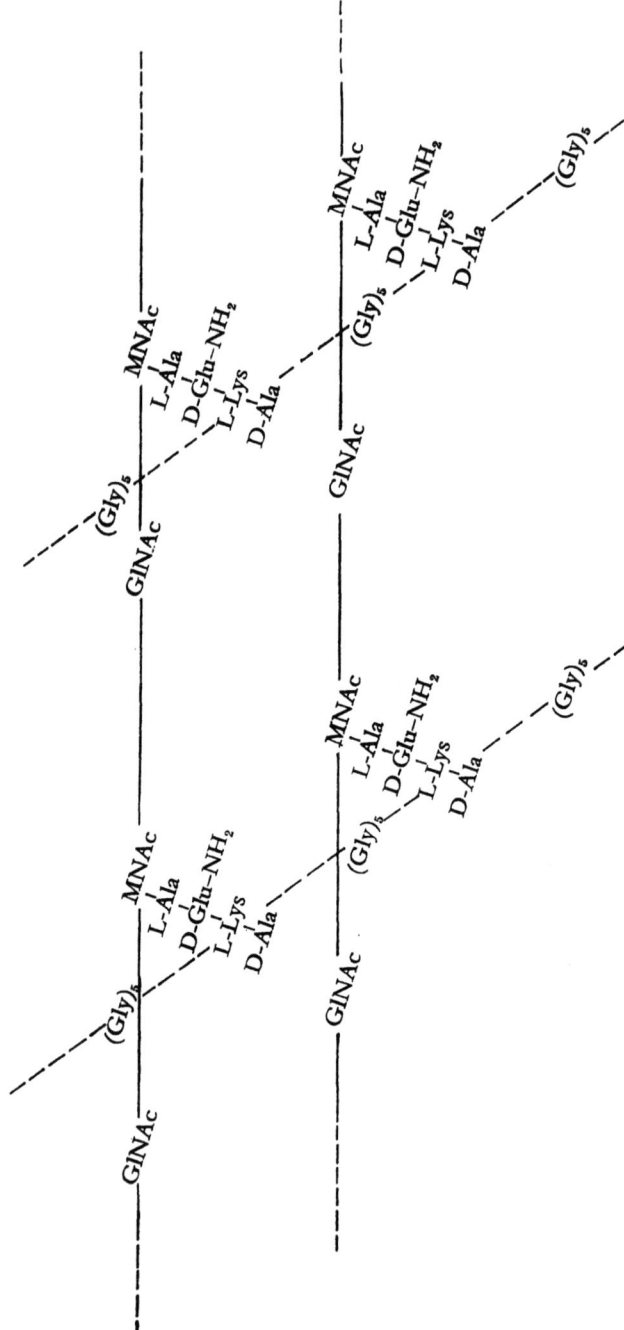

Abb. 2. Zellwandstruktur von *Staphylococcus aureus*

befinden sich interplasmatische Membranen, meist als Mesosomen bezeichnet, sie sind aus Einstülpungen der Cytoplasmamembranen entstanden. Im Cytoplasma befinden sich RNS, Zelleinschlüsse (Grana, Vacuolen, einschl. des Kerns), sowie die Ribosomen. Die Ribosomen, zu 60 % aus RNS und zu 40 % aus Protein bestehend, sind an der Biosynthese der Proteine beteiligt. Etwa 85 % der Bakterien-RNS ist in den Ribosomen enthalten. Die Zellmembran besteht aus einer Lipidschicht, die außen von einer Proteinschicht umgeben ist (Abb. 1).

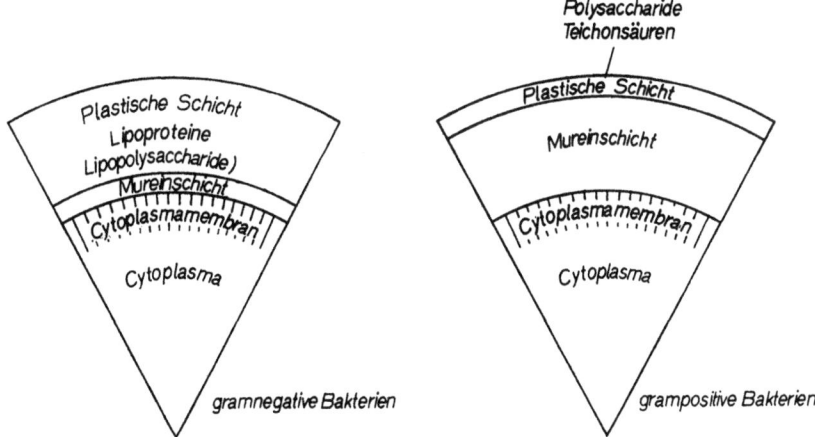

Abb. 3. Schema von Bakterienzellwandquerschnitten

Die Zellwand der grampositiven Bakterien besitzt ein mehrschichtiges Mureinnetz. Murein von *Escherichia coli* besteht aus abwechselnder Verbindung von einem Molekül N-Acetylglucosamin und einem Molekül eines Muropeptids, Milchsäureäther des N-Acetylglucosamins mit einem Peptidrest, die β-1,4-glykosidisch miteinander verbunden sind. Die Muropeptide sind an einer Stelle netzartig miteinander verknüpft. Die gramnegativen Bakterien haben nur ein einschichtiges Mureinnetz als Stützskelett, denen nach außen hin dichte Schichten von Lipoproteinen, Lipopolysacchariden und Phosphorlipiden aufliegen. Manche Bakterien können um die Zellwände herum Kapseln besitzen. Diese bestehen — ebenso wie abgesonderte Schleime — aus Polysacchariden, z. B. Dextranen bei *Leuconostoc mesenteroides* (vgl. Abb. 2 u. 3).

Das spezifische Gewicht einer Bakterienzelle liegt etwa bei 1,1; der Wassergehalt zwischen 70 und 90 %.

Viele Bakterien sind durch eine oder mehrere Geißeln, die z. B. polar (an einem oder beiden Enden) oder peritrich (an den Längsseiten oder um die ganze Zelle herum) angeordnet sein können, beweglich.

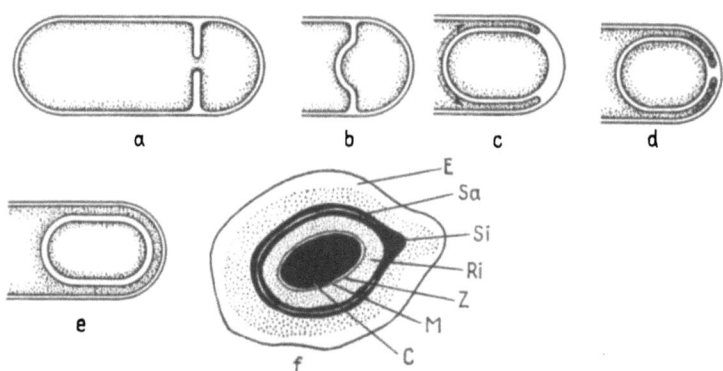

Abb. 4. Schema der Sporenbildung und des Aufbaues reifer Sporen: a, b = Septenbildung, c, d = Einhüllung des Sporenprotoplasten, e = Bildung der Rinde und der Sporenhüllen, f = reife Spore. Zeichenerklärung: C = Cytoplasma mit Kern, M = Cytoplasmamembran, Z = Zellwand der Keimzelle, Ri = Sporenrinde, Si = innere Sporenhülle, Sa = äußere Sporenhülle, E = Exosporium (nach Schlegel, 1969)

Bakterien vermehren sich in der Regel durch Zweiteilung. Vor der eigentlichen Teilung verlängert sich die Zelle. Dann bilden sich von außen nach innen fortsetzend neue Zellwände aus. Der aus DNS-bestehende Kern, der bei *Escherichia coli* die Form eines einzigen ungefähr 1 mm langen, ringförmig geschlossenen Fadens hat und die gesamte genetische Information der Zelle enthält, teilt sich ebenfalls. Dabei weichen die beiden DNS-Stränge auseinander. Komplementär lagern sich neue Nucleotideinheiten an die geteilten Stränge, so daß jeweils wieder eine doppelspiralige DNS entsteht.

Arten aus der Familie der Bacillaceae bilden Endosporen. Die Endospore besteht aus Kernmaterial, Cytoplasma und verschiedenen Sporenhüllen (vgl. Abb. 4). Bei der Sporenbildung ist sehr viel (bis zu 15 % des Trockengewichtes) Dipicolinsäure gebildet worden. Die Endosporen sind außerordentlich hitzeresistent und resistent gegen

Tabelle 1. *Technisch wichtige Bakterienfamilien*

Familie	kurze Beschreibung	Beteiligung der Gattungen an technischen Prozessen
Pseudomonadaceae	gram —, meist polar begeißelt, gerade oder schwach gekrümmte Stäbchen	*Pseudomonas:* Kohlenwasserstoffverwertung, Oxidation von Steroiden. *Acetobacter:* Alkoholoxidationen, z. B. Äthanol → Essigsäure, Sorbit → Sorbose
Micrococcaceae	gram +, Kugelform	*Micrococcus:* Oxidationen v. Steroiden, Kohlenwasserstoffverwertung
Lactobacteriaceae (Milchsäurebakterien)	gram +, Milchsäurebildner, Streptokokken: Gattungen *Streptococcus* (homofermentativ) und *Leuconostoc* (heterofermentativ) Stäbchen: Gattung *Lactobacillus* (homo- und heterofermentativ)	*Streptococcus:* Milchsäuerung, Diacetylbildung. *Leuconostoc:* Dextranbildung. *Lactobacillus:* Milchsäureherstellung; Milchprodukte, Säuregärung, Verderb von Lebensmitteln
Propionibacteriaceae	gram +, anaerobe Stäbchen	*Propionibacterium:* Vitamin B_{12}, Propionsäure, auch im Käse
Enterobacteriaceae	gram —, kurze Stäbchen, wenn beweglich, dann peritrich begeißelt	*Escherichia* u. *Aerobacter:* Viele unterschiedl. Prozesse, z. B. Nucleotidbildung, α-Ketoglutarsäurebildung u. v. a.
Bacillaceae	sporenbildende gram + Stäbchen, aerob = *Bacillus*, anaerob = *Clostridium*	*Bacillus:* Polypeptide u. a. Antibiotica, Toxine, Enzyme, *Clostridium:* Butanol, Aceton, Buttersäure, Botuline
Corynebacteriaceae	gram +, aerobe Stäbchen	*Corynebacterium* u. *Arthrobacter:* Aminosäuren, Kohlenwasserstoffverwertung
Mycobacteriaceae	gram +, säurefest durch Mycolsäureester, z. T. Verzweigungen bildend	*Mycobacterium:* Verwertung von Kohlenwasserstoffen
Streptomycetaceae	Mycelbildung, Lufthyphen (Sporophoren) mit exogenen Sporen (Conidien)	*Streptomyces:* sehr viele Antibiotica, Enzyme, Vitamin B_{12}

eine Reihe anderer äußerer Faktoren, z. B. Austrocknung, pH-Einflüssen u. a. Beim Auskeimen gehen diese Eigenschaften verloren. Aus den vielen Familien der 10 Bakterienordnungen werden gegenwärtig nur wenige für technische Zwecke verwendet. Die wichtigsten Arten gehören zu den in der Tab. 1 angeführten Familien.

b) Hefearten

Die Hefen, die von v. Arx 1968 als Endomycetes als eigene Ordnung, von anderen (Windisch, 1960) zur Ordnung der Ascomycetes gestellt werden, sind Eukaryonten. Bei den eukaryontischen

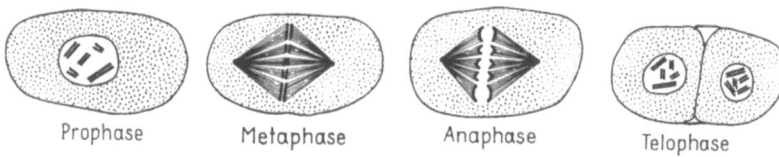

Abb. 5. Mitoseablauf in einer diploiden Zelle

Zellen ist der Kern von einer Membran umgeben. Die DNS befindet sich in den genetischen Untereinheiten, den Chromosomen. Bei der Mitose wird das genetische Material identisch reproduziert. Diese Reproduktion geht in vier Phasen vor sich (vgl. Abb. 5):

Prophase: Auflösung der Zellkernmembran, Ordnung der längsgespaltenen Chromosomen zu Paaren.

Metaphase: Anordnung der Chromosomen in der Äquatorialplatte.

Anaphase: Wanderung je eines Chromosomensatzes durch den Einfluß der Spindelfasern nach den Polen.

Telophase: Bildung einer neuen Kernmembran, erneute Längsspaltung der Chromosomen.

Bei der sexuellen Vermehrung höherer Pflanzen wird ein als Meiose oder Reduktionsteilung genannter Kernphasenwechsel ausgeführt. Es werden Gameten mit einem Chromosomensatz (haploid) gebildet. Die Meiose beginnt mit einer Paarung der väterlichen und mütterlichen Chromosomen in der Zelle. Hierbei können Chromosomenteile kreuzweise ausgetauscht werden (crossing over). Nun erst werden die Chromosomen durch zweimalige Spindelbildung auseinander gezogen, wobei auch die homologen Chromosomen getrennt

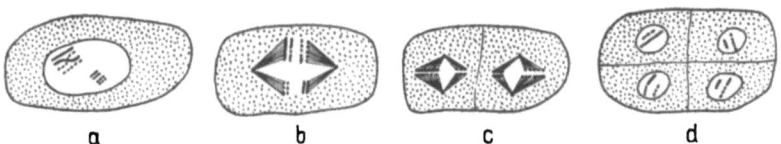

Abb. 6. Meiose (Reduktionsteilung): a = Paarung homologer Chromosomen mit crossing over, b = Segmentaustausch durch crossing over, erste Spindelbildung mit Chromosomentrennung, c = zweite Spindelbildung mit Chromosomentrennung, d = vier Zellen mit haploiden Kernen

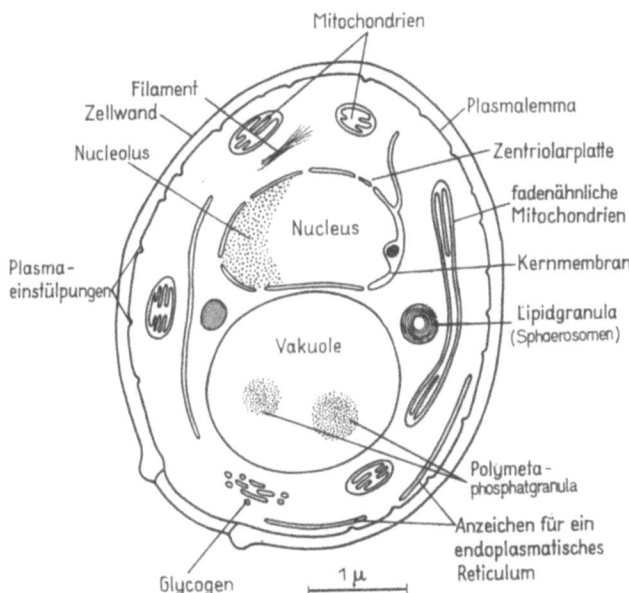

Abb. 7. Schematischer Querschnitt durch eine Hefezelle *(Saccharomyces cerevisiae)* (nach Rose u. Harrison, 1969)

werden. Die erste Teilung reduziert also den diploiden Chromosomensatz auf die Hälfte (Reduktionsteilung), die zweite Teilung vermehrt die haploiden Zellen nochmals (Äquationsteilung), so daß vier haploide Zellen entstanden sind. Durch den Segmentaustausch zwischen homologen Chromosomen ist eine Neukombination (Rekombination) der Gene entstanden (vgl. Abb. 6).

Wenn sich die Reduktionsteilung schon sofort an die Kernverschmelzung anschließt, so ist der ganze Organismus haploid, z. B. bei den Phycomyceten und anderen Pilzen.

Hefen bilden keine Fruchtkörper. Die Abb. 7 zeigt eine Hefezelle. Ein Teil der Hefen bildet Sporen und wird als echte Hefen bezeichnet.

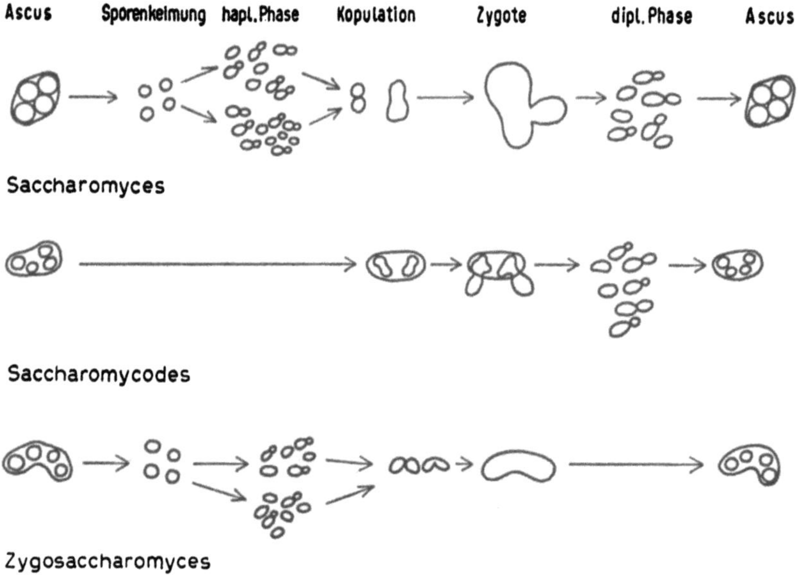

Abb. 8. Vergleich der Entwicklungscyclen von *Saccharomyces*, *Saccharomycodes* und *Zygosaccharomyces* (aus F. Reiff u. Mitarb., 1960)

Bei anderen Hefen, den hefeähnlichen Pilzen, ist keine Sporenbildung bekannt. Die Vermehrung der sporenbildenden Hefen erfolgt durch Sprossung oder Sporenbildung. Diploide Zellen können sich — u. a. auch bei *Saccharomyces cerevisiae* — durch Sprossung vermehren. Nach Bildung von vier Ascosporen werden bei *S. cerevisiae* haploide Zellen gebildet, die sich ebenfalls durch Sprossung vermehren können, so daß sowohl haploide als auch diploide Zellen im Substrat vorkommen können. Nach Kopulation zweier haploider Zellen ist die Möglichkeit zur Kernverschmelzung wieder gegeben (vgl. Abb. 8). Haploide Phase oder diploide Phase können bei anderen Arten stark reduziert oder nicht vorhanden sein. Für industrielle Zwecke (vgl. Tab. 2)

Tabelle 2. *Technisch wichtige Hefefamilien*

Familie	Kurze Beschreibung	Beteiligung der Gattungen an technischen Prozessen
Saccharomycetaceae	Sporenbildung nach Kopulation zwischen Ascosporen und vegetativen Zellen, z. T. sehr gute Gärfähigkeit	*Saccharomyces:* Bäckerhefe, Bier-, Wein- und Sekthefen, Äthanol
Cryptococcaceae	Keine Sporen, Pseudomycel und Mycel können vorhanden sein	*Candida* und *Torulopsis:* Eiweißbildung aus Kohlenhydraten und Kohlenwasserstoffen als C-Quelle

werden meist die physiologisch aktiveren diploiden Rassen verwendet. Bei Hefen, besonders bei sporenbildenden Hefen, kann die Gärfähigkeit stark ausgebildet sein (vgl. Tab. 3).

Wichtige Eigenschaften der Hefen

Auf flüssigen Nährmedien bilden viele Hefen eine dichte, auf der Flüssigkeit schwimmende Haut, die sog. Kahmhaut. Hefen werden als Kahmhefen bezeichnet, wenn sie in 3 Tagen bei 25—30° C auf gehopfter Bierwürze eine dichte Haut bilden. Auf festen Nährsubstraten werden von vielen Hefearten großflächige Kolonien von einem oft charakteristischen Aussehen, die sog. Riesenkolonien gebildet.

Eine für die Anwendung sehr wichtige Eigenschaft ist das physikalische Verhalten der Hefe in Suspensionsflüssigkeiten. Hierbei sind drei Faktoren bestimmend: Sedimentation, Auftrieb zur Oberfläche und Flockung. Die Flockung wird auch als Bruchbildung bezeichnet, die flockenden Hefen sind „Bruchhefen". Hefen, die nicht gut sedimentieren, sind „Staubhefen". Hefen, die nach Abschluß der Gärung am Boden des Gärgefäßes ein grobflockiges Sediment bilden, sind untergärige Hefen. Die meisten Bierarten werden z. B. mit untergärigen Heferassen hergestellt. Hefen, die nach der Gärung an die Oberfläche steigen und dort eine zusammenhängende Haut oder durch Ansammlung vieler aufsteigender Hefeklumpen eine Schicht bilden, sind obergärige Hefen.

Bei sehr vielen industriellen Prozessen wird die Fähigkeit der Hefen, bestimmte Kohlenhydrate zu vergären, ausgenutzt. Man unterscheidet bei der Verwertung von Kohlenstoffquellen durch Hefen eine anoxidative Verwertung (Gärung) und eine oxidative Verwertung (Atmung). Bei der letzteren werden die verwendeten Zucker besonders zum Aufbau körpereigener Substanzen verwendet, während bei der Gärung vorwiegend bestimmte Stoffwechselprodukte, z. B. Äthanol oder Glycerin, aus den C-Quellen gebildet werden.

Fast sämtliche Hefen können die Monosaccharide Glucose, Fructose und Mannose, viele auch Galaktose vergären. In den meisten Fällen werden nur die D-Formen und nicht die L-Formen vergoren. Von den Disacchariden wird Saccharose von der überwiegenden Anzahl der Hefen vergoren, während Maltose nur von einer Reihe von Hefen anoxidativ verwertet wird. Einige Hefen können auch Lactose, Melibiose und Trehalose — oft erst nach längerer Adaptation an diese C-Quellen — vergären.

Weiterhin können viele Hefearten auch das Trisaccharid Raffinose vergären. Durch Invertase wird dieses zunächst am Saccharoseteil zwischen Fructose und Glucose gespalten, wobei Fructose und Melibiose entstehen. Besitzen Hefearten keine Melibiase, so wird die Melibiose unvergoren zurückgelassen und die Raffinose nur zu einem Drittel vergoren. Bei Anwesenheit von Melibiase werden Glucose und Galaktose aus der Melibiose gebildet. Wenn die betreffende Hefe keine Galakto-Hexokinase besitzt, so kann sie die Galaktose nicht vergären, so daß das Gesamtmolekül der Raffinose nur zu zwei Drittel vergoren wird:

$$[\text{Invertase}]$$
$$\downarrow$$
Raffinose (Fructose-Glucose-Galaktose) → Fructose + Melibiose
$$[\text{Melibiase}]$$
$$\downarrow$$
Melibiose (Glucose-Galaktose) → Glucose + Galaktose
$$\uparrow \qquad \uparrow$$
$$[\text{Hexokinase}] \quad [\text{Galakto-Hexokinase}]$$

Die Tab. 3 zeigt die wichtigsten Zuckerarten, die von einigen Hefearten vergoren oder assimiliert werden können (nach Windisch, 1953, zusammengestellt).

In der Tabelle ist die Gruppeneinteilung nach Windisch angegeben worden. Windisch hat die Hefen nach der Vergärung der in

Tabelle 3. *Zuckervergärung oder Assimilation einiger Hefearten*

Artname	Vergärung						Assimilation						Gruppeneinteilung nach Windisch
	Glucose	Galaktose	Saccharose	Maltose	Lactose	Raffinose	Glucose	Galaktose	Saccharose	Maltose	Lactose	Raffinose	
Pichia fermentans	+	—	—	—	—	—	+	—	—	—	—	—	1a
Saccharomyces cerevisiae (Wein-, Brennerei-, obergärige Preßhefe)	+	(+)	+	+	—	1/3+	+	+	+	+	—	1/3+	6b
Hansenula anomala	+	(+)	+	(+)	—	1/3+	+	+	+	+	—	1/3+	6b
Saccharomyces carlsbergensis (untergärig)	+	+	+	+	—	+	+	+	+	+	—	+	8
Candida pseudotropicalis	+	+	+	—	+	1/3+	+	+	+	—	+	1/3+	9b
C. albicans	+	+	—	+	—	—	+	+	+	+	—	—	12
Torulopsis candida	(+)	—	(+)	—	—	—	+	+	+	+	+	—	15c
Candida utilis	+	—	+	—	—	1/3+	+	—	+	+	—	1/3+	19c
Saccharomyces rouxii	+	—	—	+	—	—	+	+	—	+	—	—	20

Zeichenerklärung: (+) = Vergärung nur schwach oder bei manchen Stämmen gar nicht.
1/3 = aus der Raffinose nur Fructose vergoren, besonders assimiliert.
+ = gute Vergärung.
— = keine Vergärung.

der Tabelle angeführten Zucker in 20 Gruppen und oft mehrere Untergruppen (als a—d bezeichnet) eingeteilt.

c) Weitere Pilzarten

Neben den Hefearten werden noch viele weitere Pilzarten für technische Zwecke verwendet. Wenn diese keine Fruchtkörper bilden, lassen sie sich aus praktischen Gründen zu den Schimmelpilzen zusammenfassen. Es sind Eukaryonten, die zu den Klassen der Phycomycetes, Ascomycetes und Basidiomycetes gehören und durch

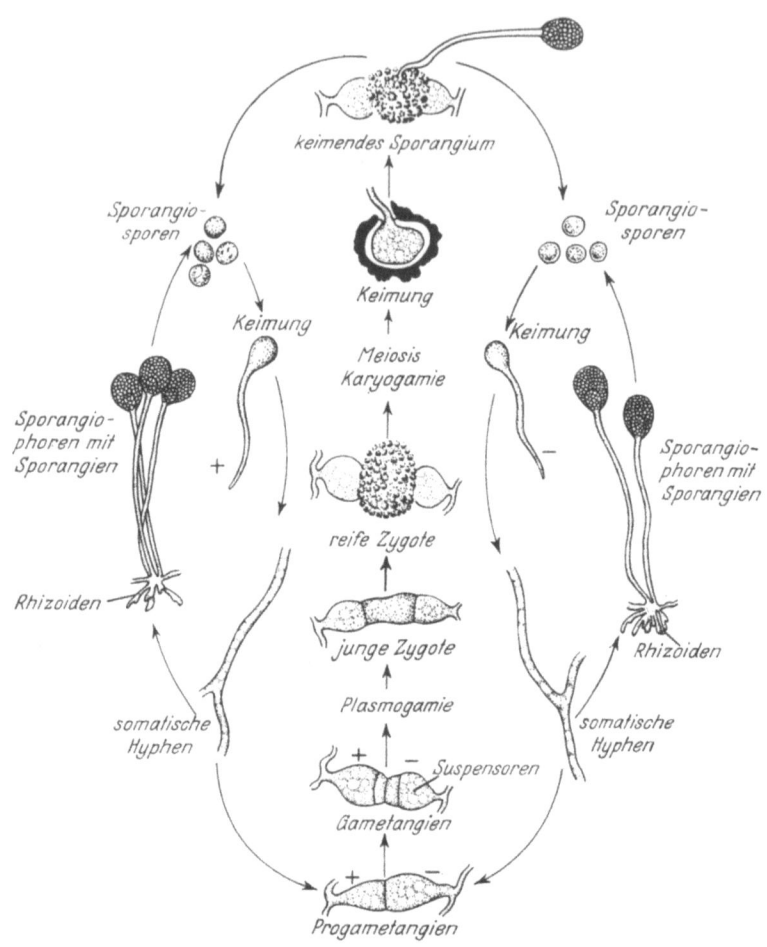

Abb. 9. Entwicklungscyclus von *Rhizopus nigricans* (aus Alexopoulos, 1962)

eine starke Mycelbildung gekennzeichnet sind. Die Vermehrung kann ungeschlechtlich durch Sporen oder exogene Conidien erfolgen. Bei der geschlechtlichen Vermehrung erfolgt eine Kopulation besonderer Gameten oder nicht spezifisch ausgebildeter Sexualzellen. Nach der Plasmaverschmelzung (Plasmogamie) folgt mehr oder weniger später die Kernverschmelzung der beiden haploiden Kerne (Karyogamie). Der nun diploide Kern mit doppeltem Chromosomensatz wird durch Reduktionsteilung wieder zum haploiden Kern.

Die Mycelien vieler Pilze bilden häufig Dauerformen, die man u. a. als Clamydosporen, Oidien, Gemmen oder — wenn sie als knollige Hyphenverbände ausgebildet sind — als Sklerotien (z. B. das Mutterkorn) bezeichnet. Phycomycetes (Algenpilze) haben in der Regel querwandloses (unseptiertes) Mycel. Die diploide Phase ist auf die Zygote, die bei der geschlechtlichen Fortpflanzung gebildet wird, beschränkt. Als Nebenfruchtform entstehen endogene Sporen (Abb.9).

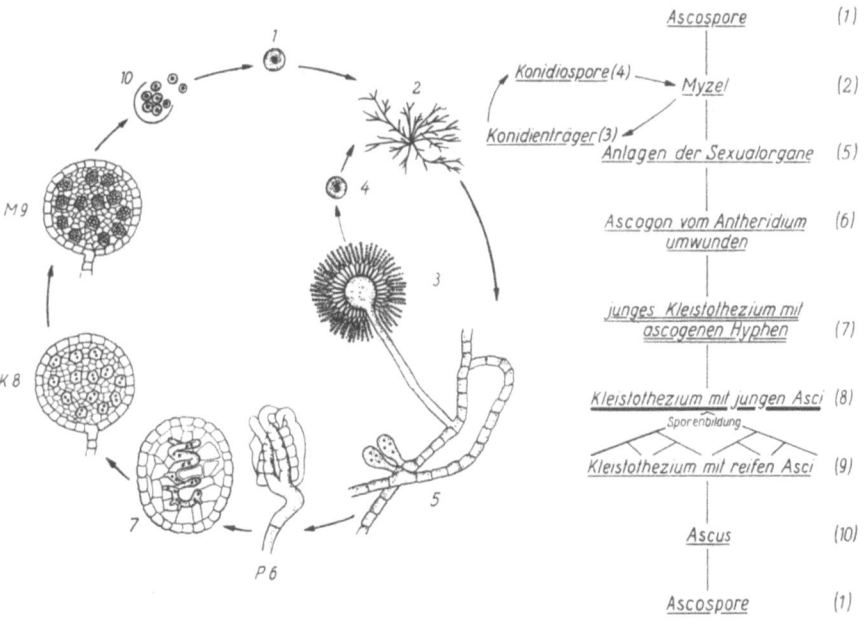

Abb. 10. Entwicklungscyclus von *Aspergillus nidulans* (aus Esser u. Kuenen, 1965, S. 14)

Ascomycetes (Schlauchpilze) bilden Mycelien mit Querwänden (septiertes Mycel). Bei der sexuellen Vermehrung entsteht ein Ascus (Schlauch), der die nach Kernverschmelzung und Reduktionsteilung entstandenen meist 8 endogen gebildeten Ascosporen enthält. Einige Gattungen bilden Fruchtkörper aus, z. B. *Tuber* (Trüffel). Als Nebenfruchtform werden Conidien gebildet, die z. B. auf besonderen Conidienträgern entstehen können, so daß z. B. ein Penicillus oder Aspergillus ausgebildet wird (Abb. 10).

Tabelle 4. *Weitere technisch wichtige Pilzfamilien*

Familie	Klasse	Beteiligung der Gattungen an technischen Prozessen
Mucoraceae	Phycomycetes	*Mucor* u. *Rhizopus:* Äpfelsäure, Fumarsäure, Bernsteinsäure, Gluconsäure
Choanephoraceae	Phycomycetes	*Blakeslea* u. *Choanephora:* β-Carotin
Aspergillaceae (sexuelle Form: Eurotiaceae)	Fungi imperfecti (sexuelle Formen: Ascomycetes)	*Penicillium:* Viele Antibiotica, viele organ. Säuren, Mycotoxine, Enzyme. *Aspergillus:* Einige Antibiotica, viele organ. Säuren, Aflatoxine u. a. Mycotoxine, Enzyme
Hypocreaceae	Ascomycetes (oder als nicht sexuelle Formen *Fusarium*-Arten)	*Gibberella:* Gibberelline
Clavicepitaceae	Ascomycetes	*Claviceps:* Mutterkornalkaloide, Clavine
Agaricaceae	Basidiomycetes	*Agaricus:* Champignonzucht

Basidiomyceten haben ebenfalls septiertes Mycel. Viele Gattungen bilden Fruchtkörper, z. B. *Agaricus* (Kulturchampignon). Bei der sexuellen Vermehrung liegt zwischen der Plasmogamie nach der Kopulation und der Karyogamie meist eine längere Zeit, in der ein Paarkernmycel gebildet wird, bei dem durch sog. Schnallenbildung immer beide unverschmolzene Kerne in die neue Zelle wandern. Im zumeist auf dem Fruchtkörper befindlichen Basidium findet die Kernverschmelzung statt. Nach der Reduktionsteilung werden 4 haploide Basidiosporen exogen gebildet. Als Nebenfruchtform entstehen häufig Conidien (Abb. 11).

Bei den Fungi imperfecti ist keine Hauptfruchtform, also keine sexuelle Vermehrungsphase bekannt, z. B. bei vielen *Penicillium*- und *Aspergillus*-Arten (die Hauptfruchtformen dieser Arten heißen *Eurotium* und *Talaromyces*).

d) Algen

Seit einigen Jahren hat die Massenzucht von Algen sehr an Bedeutung gewonnen. Verwendet werden meist Grünalgen, die wie

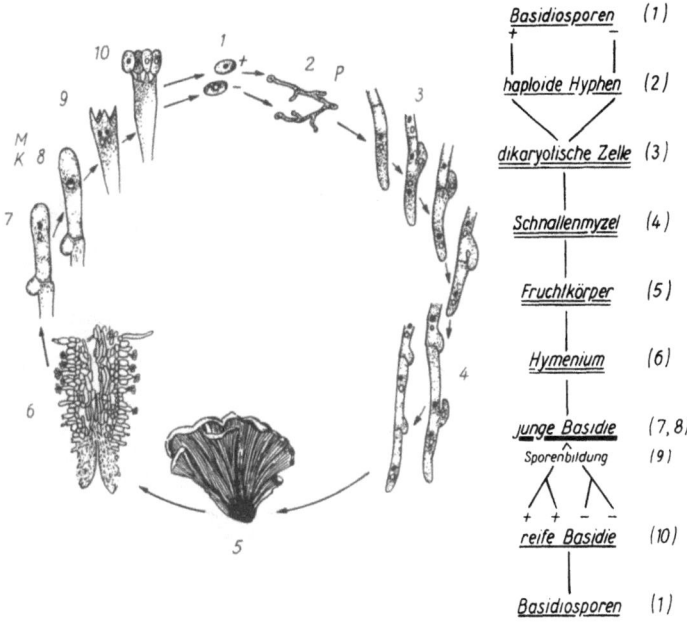

Abb. 11. Entwicklungscyclus von *Schizophyllum commune*, einem Basidiomyceten (aus Esser u. Kuenen, 1965, S. 24)

höhere Pflanzen die Chlorophylle a und b und eine Reihe von Carotinoiden besitzen. Grünalgen gehören zu den Eukaryonten, haben also einen „echten" Zellkern, der mit einer Membran umgeben ist. Arten aus den folgenden Familien finden besonders Verwendung:

Tabelle 5. *Technisch wichtige Algen*

Familie	Gattungen	Besonderheiten
Chlamydomonadaceae	*Chlamydomonas*	Vegetative Vermehrung durch begeißelte Schwärmer, Zygotenbildung
Chlorococcales	*Chlorella*	Kugelige vegetative Zellen, Bildung von geißellosen Aplanosporen
	Scenedesmus	Bildung von Zellaggregaten

2. Entwicklungsbedingungen für Mikroorganismen

a) Allgemeine Substratansprüche

Die grundsätzliche Voraussetzung für das Wachstum von Mikroorganismen ist das Vorhandensein von **Wasser**. Dabei ist — besonders auf festen Substraten — weniger der absolute Wassergehalt von Bedeutung, als vielmehr die Wassermenge, die den Mikroorganismen tatsächlich zur Verfügung steht. Sie wird durch einen Ausdruck der Wasseraktivität (a_w) definiert, den man aus dem Vergleich des Wasserdampfdruckes im Substrat (p) und des reinen Wassers (p_0) bestimmt.

$$a_w = \frac{p}{p_0}$$

Unter diesem Gleichgewichtsfeuchtigkeitsgehalt versteht man den Feuchtigkeitsgehalt des Substrates im hygroskopischen Gleichgewicht mit der umgebenden Luft. Jeder Mikroorganismus besitzt einen charakteristischen Wert für a_w unter bestimmten Umweltbedingungen (vgl. Tab. 6).

Tabelle 6. a_w-*Werte, bei denen gerade noch eine Entwicklung von Mikroorganismen stattfindet [nach Mossel, D. A. A. u.Ingram, M., J. Appl. Bacter.* **18,** *233 (1955)]*

Mikroorganismengruppe	Minimaler a_w-Wert
Bakterien im allgemeinen	0,91
Hefen im allgemeinen	0,88
osmophile Hefen	0,60
Schimmelpilze im allgemeinen	0,80
xerophile Schimmelpilze	0,65

Bei niedrigen Wassergehalten wachsen weniger Bakterien als vielmehr die xerophilen Pilze, zu denen *Aspergillus*-Arten, aber auch viele *Penicillium*-Arten gehören.

Als **Energiequelle** verwenden Algen Lichtenergie mit Hilfe ihrer photosynthetischen Pigmente (Chlorophyll und Carotinoide). Die chemolithotrophen Mikroorganismen können Energie durch Oxidation reduzierter anorganischer Verbindungen gewinnen. Die größte Zahl der technisch verwendeten Mikroorganismen ist jedoch darauf angewiesen, ihren Energiebedarf durch katabolischen Abbau organischer Substrate zu decken.

Kohlenstoff wird in großer Menge zur Zellsynthese benötigt. Abgesehen von der CO_2-Fixierung photosynthetischer und vieler chemolithotropher Mikroorganismen über den reduktiven Pentosephosphatcyclus (Calvincyclus) oder über andere Mechanismen, gewinnen die meisten Mikroorganismen ihre zum Wachstum notwendigen Kohlenstoffverbindungen aus dem Abbau oder Umbau organischer C-Quellen, wie z. B. Stärke, Zucker, organische Säuren, Fette und Kohlenwasserstoffe. Die Fähigkeit, derartige C-Quellen abzubauen, ist bei den verschiedenen Mikroorganismenarten häufig sehr unterschiedlich. So können z. B. die meisten technisch verwendeten Hefen Stärke nicht oder nicht schnell genug zu vergärbaren Zuckern abbauen, so daß eine vorherige Verzuckerung durchgeführt werden muß, während dies z. B. bei Clostridien nicht notwendig ist. In vielen Fällen, z. B. bei vielen Kohlenwasserstoffen, werden die abbauenden Enzyme bei den Mikroorganismen erst langsam adaptiert.

Als **N-Quellen** können in vielen Fällen anorganische Verbindungen, wie z. B. NH_4^+ und NO_3^- assimiliert werden. In anderen Fällen werden organische N-Quellen besser verwertet, z. B. Harnstoff, Purine, verschiedene Aminosäuren, Peptone, Hefeextrakte und Eiweiße.

Weiterhin benötigen die Mikroorganismen die **Elemente** Sauerstoff, Wasserstoff, Phosphor, Schwefel, Kalium, Calcium, Magnesium, Eisen und teilweise als **Spurenelemente** Mangan, Kupfer, Zink, Molybdän, Kobalt, Nickel, Vanadium, Bor, Chlor, Natrium und Silicium. Die meisten dieser Spurenelemente sind als Verunreinigungen in anderen Salzen oder in komplexen Substraten enthalten.

Eine Reihe von Mikroorganismen, z. B. verschiedene *Lactobacillus*-Arten, ist für einige **Vitamine** heterotroph. Diese müssen dann in geeigneter Konzentration dem Nährsubstrat zugesetzt werden. Es handelt sich besonders um Biotin, Thiamin, Nicotinsäure, Pyridoxamin, p-Aminobenzoesäure, Pantothensäure und Cyanocobalamin. Sie werden häufig mit komplexen Substraten, z. B. mit Hefeextrakt dem Substrat zugesetzt.

b) Substrate zur technischen Mikroorganismenzucht

Im Gegensatz zu vielen Laboratoriumszuchten werden bei technischen Mikroorganismenzuchten komplexe, häufig nur z. T. definierbare Substrate verwendet. Diesen Substraten müssen ergänzend für die besonderen Zwecke weitere Verbindungen zugesetzt werden.

So müssen häufig Aminosäuren oder andere N-Quellen, verschiedene Nährsalze, z. B. Kalium oder Calcium, bestimmte Spurenelemente z. B. Kobalt bei der Vitamin B_{12}-Herstellung, Cl bei der Chlortetracyclinherstellung, sowie organische Vorstufen wie z. B. Phenylessigsäure bei der Penicillinherstellung dem Substrat zugesetzt werden.

Neben Glucose, die für viele Züchtungen verwendet wird, ist Lactose (Milchzucker) ein wichtiges technisches Kohlenhydrat. Sie wird nur langsam von den Mikroorganismen aufgenommen und vermindert daher den pH-Wert des Substrates nur wenig. Reine Lactose wird häufig durch rohen Milchzucker in Form von Molkepulver ersetzt. Dieses Produkt enthält noch etwa 4 Gew.-% Stickstoff.

Saccharose kommt als Rohr- und Rübenzucker in verschiedenen Reinheitsgraden zur technischen Verwendung:

1. Reine kristalline weiße Saccharose.
2. Brauner Zucker. Dieser Rohzucker, der zu weißem Zucker weiter verarbeitet werden kann, ist billiger als weißer Zucker und für viele Fermentationen geeignet.
3. **Melasse** ist die am wenigsten gereinigte Saccharose. Es ist die konzentrierte Mutterlauge zur Kristallisation der Saccharose. Rübenzuckermelasse enthält 48,5 Vol.-% Saccharose, 1,0 % Raffinose, 1,0 % Invertzucker, 10,8 % Asche, 20,7 % organische Nichtzuckersubstanzen, 18 % Wasser und 1,5—2,0 % Stickstoff.

Rohrzuckermelasse unterscheidet sich durch ihren hohen Gehalt an Invertzucker wesentlich von der Rübenzuckermelasse.

Sie enthält 33,4 Vol.-% Saccharose, 21,2 % Invertzucker, 9,8 % Asche, 19,6 % organische Nichtzucker, 16 % Wasser und keine Raffinose.

Je nach Standort und Jahr verändern sich die Zusammensetzungen der Melasse oft erheblich. Für manche Zwecke, z. B. Zucht von Backhefe müssen Farbstoffe, Kolloide und sonstige störende Substanzen aus der Melasse durch eine Klärung entfernt werden. Hierzu wird die Rübenzuckermelasse möglichst unverdünnt erhitzt und in Klärschleudern von den störenden Substanzen befreit. Rohrzuckermelasse läßt sich schwieriger von störenden Substanzen befreien. Sie muß — schon wegen der meist starken Bakterieninfektionen — länger im sauren Gebiet erhitzt werden und anschließend vor dem Abschleudern im alkalischen Gebiet mit Kalk nochmals gefällt werden.

Zellstoffablaugen (Sulfitablaugen) enthalten sämtliche Verbindungen, die beim Aufschluß des Holzes durch schweflige Säure oder

Schwefelsäure vor der Cellulose in Lösung gegangen sind. Es sind dies einmal die Salze, die im Holz vorhanden waren (besonders Calcium), meist in Form von Hydrogensulfit, Sulfat, sowie Eisen und Kupfer, die beim Kochprozeß aus den Kesseln in Lösung gegangen sind.

In Nadelholzablaugen liegen die Zucker zu etwa 70—80 % als Hexosen (Mannose, Glucose, Galaktose) und zu 20 % als Pentosen (Xylose, Arabinose) vor. Laubholzablaugen bestehen zu etwa 50 % aus Xylose, zu 15—20 % aus Arabinose und zu etwa 10 % aus Methylpentosen.

Der Gesamtzuckergehalt liegt bei Nadelholzablaugen zwischen 2 und 3,5 % und bei Buchenholzablaugen zwischen 3 und 4 %. Ein Teil der Zucker ist an Ligninsulfosäure gebunden.

Wegen des hohen Sulfitgehaltes müssen manche Laugen vor der Verwendung noch auf 90—95° C erhitzt und evtl. auch belüftet werden. Dabei entweicht der größte Teil des Sulfits als SO_2.

Holzzuckerlösungen entstehen bei der Holzhydrolyse mit konzentrierten Säuren (besonders HCl oder H_2SO_4). Auch Stroh, abgeerntete Maiskolben und viele andere Pflanzen lassen sich zu Zuckerlösungen hydrolysieren. Holzhydrolysate enthalten wechselnde Mengen an Glucose, Xylose, Mannose, Galaktose, Fructose und Lignin.

Schlempen sind Restflüssigkeiten, die nach der Entfernung von Fermentationsprodukten zurückbleiben. Sie sind also bereits einmal mit Mikroorganismen fermentiert worden. Schlempen haben, da sie z. T. aus sehr unterschiedlichen Fermentationsprozessen kommen, z. B. aus der Alkoholgärung, der Butanol-Acetongärung, der Citronensäureherstellung, eine sehr unterschiedliche Zusammensetzung. Sie enthalten einmal die nicht von den Mikroorganismen der ersten Fermentation assimilierten Substanzen (z. B. Pentosen bei *Saccharomyces cerevisiae*-Gärungen), dann die Mikroorganismenzellen selbst und schließlich Stoffwechselprodukte der Mikroorganismen, die neben der eigentlichen Fermentation ausgeschieden wurden, z. B. organische Säuren. Durch Zusatz von Zuckerlösungen (z. B. als Melasse) lassen sich solche Schlempen häufig für eine nochmalige Fermentation verwenden. Vielfach werden Schlempen auch wegen ihres oft guten Wirkstoffgehaltes in kleineren Mengen anderen Fermentationssubstraten zugesetzt.

Stärke wird aus verschiedenen Getreiden oder Kartoffeln gewonnen. Stärke ist eine Mischung aus Amylose (gerade Ketten von Glucosemolekülen, die 1,4-α-glykosidisch miteinander verknüpft sind) und den verzweigten Ketten des Amylopektins (neben 1,4-Bindungen auch 1,6-Bindungen). Häufig muß Stärke für fermentative Zwecke verzuckert werden, wenn der verwendete Mikroorganismus keine oder nicht genügend Amylasen besitzt.

Die Verzuckerung von Stärke geschieht entweder mit Gerstenmalz oder mit Pilzamylasen. Malz wird hergestellt, indem man eine Gerste 14—20 Tage keimen läßt. Dabei werden viel Amylasen gebildet. Die gekeimte Gerste wird bei unterschiedlichen Temperaturen getrocknet und anschließend geschrotet. Pilzamylasen werden beim Wachstum verschiedener Pilze, z. B. von *Aspergillus oryzae* auf Getreideschrot gebildet. Das Schrot wird anschließend getrocknet und mit den Pilzmycelien zusammen gemahlen.

Die amylasehaltigen Substrate werden in einem Bottich mit der zu verzuckernden Stärke, z. B. Kartoffelmehl und Wasser gemischt, erwärmt und bei etwa 55° C verzuckert. Zur Verzuckerung von 100 kg Stärke genügen etwa 10 kg Gerstenmalz oder etwa 6—8 kg Pilzmalz. Stärke kann auch mit verdünnten Säuren hydrolysiert werden.

Wenn Stärke nicht vorher verzuckert werden soll, so muß sie z. T. aus den Pflanzenzellen aufgeschlossen werden. Dies kann z. B. im sogenannten Henzedämpfer geschehen. Hierbei wird die Stärke unter Überdruck erhitzt. Dann wird der Druck plötzlich abgelassen, so daß die Zellen aufplatzen und die heraustretende Stärke den Mikroorganismen zugänglich wird.

Cornsteep-Lösung (Maisquellwasser) ist ein gegenwärtig viel verwendetes Substrat in der industriellen Mikrobiologie. Es ist ein Nebenprodukt bei der Stärke- bzw. Zuckergewinnung aus Mais. Mais wird hierbei durch eine wäßrige sulfithaltige Lösung im Gegenstrom extrahiert. Dabei gehen Mineralien und viele stickstoffhaltige Substanzen in Lösung. Fäulnisbakterien werden durch das Sulfit unterdrückt, während thermophile Milchsäurebakterien etwas Milchsäure bilden. Die eingeengte Lösung enthält etwa 4 Vol.-% Stickstoff. Nach Hydrolyse finden sich sehr viele, z. T. für die Mikroorganismenentwicklung wichtige Aminosäuren in der Cornsteep-Lösung, z. B. Alanin, Arginin, Glutaminsäure, Isoleucin, Threonin, Valin, Phenylalanin, Methionin und Cystin. Die Kohlenhydrate liegen meistens als Milchsäure und Polysaccharide vor. Wegen des niedrigen pH-Wertes muß Cornsteep-Lösung vor der Fermentation mit etwa 1 Vol.-% Calciumcarbonat versetzt werden.

Sojamehl ist der Rückstand der von Fetten extrahierten Sojabohnen. Es enthält etwa 8 Gew.-% Stickstoff, daneben Kohlenhydrate, Mineralsalze und wenig Öl. Sojamehl ist ein sehr komplexes Substrat, das nicht so gut von Mikroorganismen aufgenommen wird, wie z. B. Cornsteep-Lösung.
Fischmehl wird für eine ganze Reihe von Fermentationen als zusätzliches proteinhaltiges Substrat verwendet.

Tabelle 7. *Wichtige Wachstumsfaktoren für Mikroorganismen, ihre Wirkung und ihr Vorkommen in Rohmaterialien (vgl. Rhodes und Fletcher, 1966)*

Wachstumsfaktor	Chemische Gruppe, die übertragen wird	Rohmaterial, das als Donator geeignet ist
Thiamin (Vit. B_1)	Decarboxylierung, C_2 - Aldehydgruppen	Reisschalen, Weizenkeimlinge, Hefe
Riboflavin (Vit. B_2)	Wasserstoff	Getreide, Cornsteep-Lösg.
Pyridoxal (Vit. B_6)	Aminogruppen, Decarboxylierungen	*Penicillium*-Mycelrückstände, Hefe, Reisschalen, Weizen- u. Mais, Cornsteep-Lösg.
Nicotinsäure od. Nicotinsäureamid	Wasserstoff	*Penicillium*-Mycelrückstände, Weizen, Leber
Pantothensäure	Acylgruppen	Zuckerrübenmelasse, *Penicillium*-Mycelrückstände, Cornsteep-Lösg.
Cyanocobalamin (Vit. B_{12})	Carboxylgruppenverschiebung, Methylgruppensynthese	Leber, Kuhdung, *Streptomyces griseus*-Mycelien, Silage, Fleisch
Folsäure	Formylgruppe	*Penicillium*-Mycelrückstände Spinat, Leber
Biotin	CO_2-Fixierung	Cornsteep-Lösg., *Penicillium*-Mycelrückstände
α-Liponsäure	Wasserstoff und Acylgruppen	Leber
Purine		Fleisch, Blutmehl
Pyrimidine		Fleisch
Inosit		Cornsteep-Lösg.
Cholin		Eidotter, Hopfen
Hämine	Elektronen	Blut

Pharmamedia (Baumwollsamenmehl) ist ein Pulver, das aus Embryonen der Baumwollsamen hergestellt wird. Es enthält etwa 56 Gew.-% Protein, 24 % Kohlenhydrate, 5 % Öl und 5 % Asche. Diese Substanz wird zur Herstellung verschiedener Antibiotica, z. B. von Tetracyclinen und einigen Penicillinen mit gutem Erfolg angewandt.

Hefeextrakte werden zumeist nur für die Vorzuchten der Mikroorganismen verwendet.

Neben diesen geschilderten Substraten gibt es noch eine ganze Anzahl weiterer technischer Produkte, die zur industriellen Zucht von Mikroorganismen Verwendung finden, z. B. Abfälle der Citrusindustrie, Topinamburhydrolysate und nicht zuletzt die Kohlenwasserstoffe aus Erdöl, die auf S. 204 beschrieben werden.

Wie bereits erwähnt, sind verschiedene Mikroorganismen für einige **Vitamine** und ähnliche Substanzen heterotroph. Diese müssen auch bei technischen Zuchten den Fermentationslösungen zugesetzt werden. Die Tab. 7 zeigt einige wichtige Vitamine, deren Wirkung und Rohprodukte, mit denen diese Substanzen ins Fermentationssubstrat gebracht werden können, bzw. in denen sie angereichert vorkommen.

c) Weitere Entwicklungsbedingungen

Für die Mikroorganismenentwicklung ist der **pH-Wert** des Substrates sehr bedeutungsvoll. Viele Mikroorganismen, besonders Bakterien, wachsen gut im neutralen Milieu. Kleine Schwankungen im optimalen Bereich sind für das Wachstum zumeist von untergeordneter Bedeutung. Erst in den Grenzbereichen des „gerade noch möglichen Wachstums" wirken sich auch geringe pH-Veränderungen außerordentlich stark auf das Wachstum aus.

Pilze und Hefen sowie Milchsäurebakterien wachsen besser in schwach sauren oder in sauren pH-Bereichen. Die Bildung bestimmter Stoffwechselprodukte ist häufig stark pH-abhängig. So bildet *Aspergillus niger* bei pH-Werten zwischen 2,0 und 3,5 fast ausschließlich Citronensäure, bei schwächer sauren pH-Werten Gluconsäure und im neutralen Gebiet besonders Oxalsäure.

Häufig ist es vorteilhaft, Fermentationen, wie z. B. die Citronensäureherstellung im sauren Gebiet zu beginnen, um damit unerwünschte Fremdkeime, die sich in diesem Gebiet nicht entwickeln können, zu vermeiden. Im Verlauf vieler Fermentationen ändern sich die pH-Werte. Vielfach wird durch Bildung von Zwischenprodukten (z. B. Säurebildung bei der Kohlenwasserstoffoxidation) oder Endprodukten (z. B. Milchsäure bei der Milchsäureherstellung) oder durch Assimilation alkalisch wirkender Substanzen (z. B. von NH_4^+ bei der Backhefezucht) das Medium angesäuert. Dann muß eine pH-Korrektur (z. B. mit $CaCO_3$ oder $MgCO_3$ bei der Milchsäuregärung oder NH_4OH bei der Bäckerhefezüchtung) erfolgen. Moderne Fermenter sind mit automatischen pH-Steuerungen eingerichtet.

Die Mikroorganismen werden im sauren Gebiet meistens nicht durch die H^+-Ionen geschädigt, sondern dadurch, daß viele schwache Säuren hier in undissoziierter Form vorliegen und im ungeladenen Zustand besser in die Zellen eindringen können.

Eine weitere wichtige Bedingung für die Mikroorganismenentwicklung ist die **Temperatur**. Jeder Mikroorganismus hat in einem bestimmten Temperaturbereich sein Wachstumsoptimum, das nicht immer mit dem Optimum der Bildung bestimmter Stoffwechselprodukte übereinstimmen muß. Nach ihrem Temperaturoptimum bezeichnet man die verschiedenen Mikroorganismen als

psychrophil = Wachstumsoptimum zwischen 5 und 20° C,
mesophil   = Wachstumsoptimum zwischen 20 und 40° C,
thermophil = Wachstumsoptimum zwischen 40 und 55° C.

Die meisten technisch verwendeten Mikroorganismen sind mesophil. Zur Milchsäureherstellung mit *Lactobacillus*-Arten verwendet man thermophile Arten, z. B. *L. delbrückii* oder *L. leichmanii*. Durch eine Gärführung bei etwa 50° C werden Fremdinfektionen weitgehend unterbunden, da sich bei diesen Temperaturen kaum noch Mikroorganismen, die hier eine Infektion verursachen könnten, entwickeln können.

In vielen Fällen muß bei exothermen Vorgängen die sich im Fermenter bildende hohe Temperatur durch Kühlung (außen oder innen am Fermenter angelegte Kühlschlangen) abgeführt werden. Diese Metallschlangen können auch gleichzeitig zum Erwärmen des Substrates dienen.

Die meisten industriellen Fermentationsanlagen sind automatisch temperaturgesteuert.

Die Temperatur ist nicht nur eine Bedingung zur Mikroorganismenentwicklung, sondern hohe Temperaturen sind auch zur Abtötung von Keimen an Geräten und in Substraten (vgl. S. 86) geeignet. Niedere Temperaturen von etwa 4° C und weniger werden zur Verminderung der Mikroorganismenentwicklung bzw. deren Stoffwechseltätigkeit, z. B. zur Unterbrechung von Fermentationen angewandt.

Ein weiterer außerordentlich bedeutsamer Faktor für die Entwicklung von Mikroorganismen ist die Versorgung mit **Sauerstoff**, bzw. dessen Ausschluß. Bei vielen Gärungsvorgängen wird der anfangs vorhandene Sauerstoff durch CO_2- oder H_2-Bildung schnell aus dem Substrat oder der darüber liegenden Gasschicht verdrängt. In manchen Fällen wird zur Schaffung besserer anaerober Verhältnisse noch CO_2 oder N_2 in die Fermentationslösung gepreßt.

Von ganz entscheidender Bedeutung ist bei oxidativen Fermentationen die Versorgung der Mikroorganismen mit Sauerstoff. Diese wird bei der Beschreibung der verschiedenen Belüftungssysteme von Fermentern noch ausführlich dargestellt werden (vgl. S. 100).

Das Nährsubstrat muß — um ein intensives und schnelles Mikroorganismenwachstum zu gewährleisten — möglichst immerwährend mit den Mikroorganismen in Berührung kommen. In Oberflächenkulturen, in denen eine Mikroorganismenschicht auf der Nährlösung gebildet wird, sind die Mikroorganismen auf die Nachdiffusion der unverbrauchten Nährsubstanzen in die bereits an Nährstoffen verarmten Schichten angewiesen. In Submerskulturen wird durch geeignete Rührsysteme eine fortwährende Versorgung der Mikroorganismen mit neuen Nährstoffen erreicht. Dies ist ganz besonders notwendig, wenn die Mikroorganismen nur für kurze Zeit — wie bei der kontinuierlichen Kultur — im Substrat bleiben (vgl. S. 78).

In manchen Fällen, z. B. bei der Zucht tierischer Zellen, ist die Abführung toxischer Stoffwechselprodukte bedeutungsvoll. Hierzu kann man ein Dialysierungssystem verwenden (vgl. S. 77).

3. Entwicklungskinetik der Mikroorganismen
a) Diskontinuierliche Kultur

Für die Entwicklung von Mikroorganismen lassen sich bestimmte Gesetzmäßigkeiten erkennen, mit deren Hilfe es möglich ist, unter bestimmten Voraussetzungen Vorhersagen über die zu erwartenden Zellmengen zu machen.

Bei der Entwicklung von Bakterien, vieler Hefen und Pilze, besonders in Submerszucht, können folgende verschiedene Phasen unterschieden werden:

1. Inkubationsphase (A), auch als lag-Phase bezeichnet. Sie ist der Übergang vom Ruhestadium bis zur ersten Teilung und dauert

je nach Art, Alter und sonstigen Kulturbedingungen unterschiedliche Zeit, in der sich praktisch keine Vermehrung feststellen läßt.

2. Accelerationsphase (B): In dieser Zeit beginnt die Entwicklung, verläuft aber langsam und nicht nach einer Exponentialgleichung.

3. Exponentielle Entwicklungsphase (C): Für dieses Stadium gilt die angeführte Gl. (3). Die Wachstumsgeschwindigkeit ist praktisch konstant und die Vermehrung findet nach einer geometrischen Progression statt.

4. Nach einer kurzen Übergangsphase (D) wird eine stationäre Phase (E) erreicht, in der ein Gleichgewicht zwischen neugebildeten und absterbenden Zellen besteht. Praktisch bleibt die Anzahl der lebensfähigen Keime jetzt etwa gleich.

5. Die letale Phase (F): Es sterben mehr Zellen ab als neu gebildet werden. Durch Autolyse verringert sich die Dichte der Kultur.

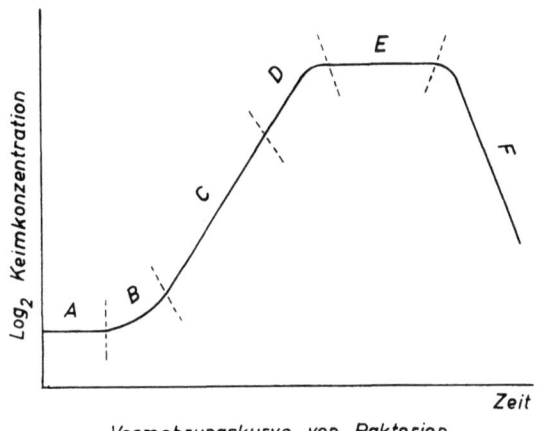

Vermehrungskurve von Bakterien

Abb. 12. Verschiedene Entwicklungsphasen von Bakterien. Erklärung im Text

Die Abb. 12 zeigt die einzelnen Stadien. Meistens hört das Wachstum auf, wenn die Nahrung verbraucht ist, aber auch giftige Stoffwechselprodukte, die sich im Substrat anreichern, können eine Weiterentwicklung verhindern. Für viele industrielle mikrobiologische Herstellungsprozesse, ganz besonders für kontinuierliche Verfahren, ist es sehr wichtig zu wissen, in welchem Entwicklungsstadium die erwünschten Reaktionen vor sich gehen. Sehr oft laufen sie im Stadium der exponentiellen Entwicklung ab, oft aber auch (besonders bei Pilzen) erst nach dem Ende der exponentiellen Phase.

Besonders die in der exponentiellen Wachstumsphase vor sich gehenden Zellvermehrungen lassen sich rechnerisch gut erfassen. Unter optimalen Bedingungen können sich bestimmte Bakterien schon in 15 min einmal teilen. Wenn ein Substrat z. B. etwa 10 000 Keime enthält, kann es 15 min nach Beginn des exponentiellen Wachstums 20 000, nach 1 Std 160 000 und nach 2 Std 2,56 Mill. Keime enthalten.

Die Zeit zur Vermehrung einer Generation (Generationszeit) sei g, die Gesamtzeit, in der bestimmte Generationen entstehen t und die Anzahl der Generationen n. Zwischen diesen Werten besteht die folgende Beziehung:

$$g = \frac{t}{n} \quad \text{oder} \quad n = \frac{t}{g} \tag{1}$$

Wie an dem Zahlenbeispiel der Bakterienvermehrung gezeigt wurde, geht die Vermehrung von a Bakterien folgendermaßen vor sich:

$$a \to 2a \to 2^2 a \to 2^3 a \to 2^4 a \ldots \to 2^n a$$

Oft ist die Anzahl von Bakterien, die von n Generationen gebildet wird, zu bestimmen, sie sei b:

$$b = a\, 2^n \tag{2}$$

Löst man die Gleichung nach n auf, so ergibt sich:

$$n = \frac{\lg b - \lg a}{\lg 2}$$

Den Wert für n kann man in die Gl. (1) einsetzen, so daß man eine Gleichung erhält, aus der man die Anzahl der Bakterien, die sich in einer bestimmten Zeit gebildet haben, berechnen kann.

$$g = \frac{t \cdot \lg 2}{\lg b - \lg a} \tag{3}$$

Aus dieser Gleichung lassen sich verschiedene Werte berechnen: a kann experimentell durch Zählung der Kultur bei Versuchsbeginn bestimmt werden, b läßt sich ebenso bei Versuchsende bestimmen.

Setzt man z. B. $g = 30$ min und $t = 24$ Std und $a = 1$, so findet man, daß ein Bacterium im Laufe von 24 Std mit der erwähnten Generationszeit in der exponentiellen Entwicklungsphase etwa $3 \cdot 10^{14}$ Nachkommen entwickeln kann.

Die Anzahl der Bakterien läßt sich also nach den angegebenen Formeln berechnen. Vielfach interessiert aber die spezifische Wachstumsrate der Bakterien, also die Vergrößerung der Masse der Bakterien pro Zeiteinheit pro Bakterienmasseneinheit. Hierfür gilt:

$$\frac{dX^0}{dt} = \mu \cdot X^0 \qquad (4)$$

oder in der integrierten Form:

$$\ln \frac{X^0}{X_0^0} = \mu \cdot t \qquad (5)$$

X^0 ist die Konzentration der Organismen (zumeist Trockengewicht pro Liter der Kultur oder Dichte). X_0^0 ist die Anfangskonzentration der Mikroorganismen bei Versuchsbeginn (Zeit = 0). t ist die Zeit in Stunden und μ ist die Wachstumsrate während der exponentiellen Phase.

Die Zeit, die notwendig ist, um die Bakterienmasse zu verdoppeln (Verdopplungszeit = t_d) leitet sich aus der Gl. (5) ab: Sie ist:

$$t_d = \frac{\ln 2}{\mu} = \frac{0{,}693}{\mu} \qquad (6)$$

Die Geschwindigkeit des Zellwachstums in der exponentiellen Wachstumsphase ist die exponentielle Wachstumsrate (auch als konstante Wachstumsrate = μ bezeichnet). Sie wird aus den Bakterienmassen X_0^0 und X^0 zu den Zeiten t (beliebige Zeit in der exponentiellen Wachstumsphase) und t_0 (Anfangszeit) berechnet:

$$\mu = \frac{\ln X^0 - \ln X_0^0}{t - t_0} \qquad (7)$$

oder umgerechnet:

$$\mu = \frac{\lg X^0 - \lg X_0^0}{\lg e \, (t - t_0)} \qquad (8)$$

$\lg e = 0{,}43429$.

b) Kontinuierliche Kultur

Monod hat bereits 1950 eine Theorie der kontinuierlichen Mikroorganismenkultur entwickelt, die später besonders von Herbert weiter ausgearbeitet bzw. gedeutet wurde. Sie basiert auf zwei einfachen Annahmen:

1. Mikroorganismen wachsen in der exponentiellen Phase mit einer spezifischen Wachstumsrate μ_m solange, bis die Rate der Zell-

teilung durch äußere Bedingungen begrenzt wird, um eine spezifische konstante Wachstumsrate μ zu ergeben.

2. Die spezifische Wachstumsrate (μ) einer gegebenen Mikroorganismenkultur ist proportional der begrenzenden Substratkonzentration (s). Sie nähert sich einem maximalen Wert, der erreicht wird, wenn die Substratkonzentration nicht mehr länger begrenzt wird. Mathematisch ausgedrückt ergeben sich folgende Beziehungen: Die bei einer gegebenen Zellenzahl meßbare Bakterienvermehrungsgeschwindigkeit in einem Fermenter ist $\frac{dx}{dt}$ (Bakterienzahl x als Funktion der Zeit t). Die spezifische Zunahmegeschwindigkeit μ (Wachstumsrate) ist abhängig von der Generationszeit t_g der verwendeten Mikroorganismen. Es besteht die folgende Beziehung:

$$\mu = \frac{1}{x} \cdot \frac{dx}{dt} = \frac{\ln e}{t_g} \qquad (9)$$

Die angeführte Gleichung (9) gilt nur für den Fall, daß immer genügend Nährstoffe im Substrat vorliegen. Zwischen μ und einer unentbehrlichen Nährstoffkomponenten besteht ein einfacher Zusammenhang. μ ist der Konzentration des Nährstoffes, wenn dieselbe klein ist, proportional; bei großer Nährstoffkonzentration erreicht μ einen Sättigungswert (Sättigungskonstante = k_s; Substratkonzentration = s).

$$\mu = \mu_m \left(\frac{s}{k_s + s} \right) \qquad (10)$$

μ_m ist eine Konstante für die Zunahmegeschwindigkeit in Abhängigkeit von hohen Nährstoffkonzentrationen (m = Maximalwert für den Fall, daß die Nährstoffkonzentrationen gesättigt sind).

Die gebildete Zellmasse steht in einem gewissen Nährstoffkonzentrationsbereich in linearem Zusammenhang mit der Nährstoffkonzentration.

$$\frac{dx}{dt} = -y \cdot \frac{ds}{dt} \qquad (11)$$

y ist die sog. Ertragskonstante.

In einem kontinuierlichen System fließt das Substrat mit einer beständigen Geschwindigkeit f ein und wird nach einiger Zeit, in der die Mikroorganismen sich im Substrat entwickeln konnten, wieder abgeführt. Im einstufigen Mischfermenter, für den die folgenden Berechnungen gemacht wurden, bleibt das Volumen V immer konstant. Die Verdünnungsgeschwindigkeit D (auch Verdünnungsrate) ist:

$$D = \frac{f}{V} \qquad (12)$$

Die Geschwindigkeit, mit der Mikroorganismen, die in einem Fermenter vorhanden sind, durch die Verdünnung ausgewaschen werden (Auswaschgeschwindigkeit) — vorausgesetzt, daß keine Mikroorganismenentwicklung stattfindet — ist:

$$-\frac{dx}{dt} = D \cdot x \qquad (13)$$

Da sich die Mikroorganismen jedoch auch vermehren, ist die tatsächliche Gleichgewichtsbeziehung:
Zunahme = Vermehrung — Auswaschen

$$\frac{dx}{dt} = \mu \cdot x - D \cdot x \qquad (14)$$

Ein Fließgleichgewicht wird dann erreicht, wenn die Wachstumsrate μ durch die Verdünnungsrate D ausgeglichen wird ($\mu = D$). Dann nehmen die Zelldichte x und die Substratkonzentration s die konstanten Werte von $\bar{x}$ und $\bar{s}$ an. Die in den Fermenter eintretende Substratkonzentration ist s_r, die austretende Substratkonzentration $\bar{s}$. Bei einer homogenen Durchmischung des Inhaltes des Fermenters ist

$$\bar{s} = s_r - \frac{\bar{x}}{y} \qquad (15)$$

und

$$\bar{s} = k_s \left(\frac{D}{\mu_m - D} \right) \qquad (16)$$

Die Zelldichte $\bar{x}$ ist in einem Fermenter mit den geschilderten Fließgleichgewichtsbedingungen:

$$\bar{x} = y \left(s_r - k_s \frac{D}{\mu_m - D} \right) \qquad (17)$$

Durch Veränderungen der Verdünnungsrate D und der einfließenden Substratkonzentration s_r lassen sich innerhalb bestimmter Grenzen beliebige Werte für $\bar{s}$ und $\bar{x}$ einstellen. Wenn s_r und $\bar{s}$ gleich werden, d. h. wenn das einlaufende Substrat gleich dem auslaufenden wird, findet theoretisch keine Mikroorganismenentwicklung mehr statt, die vorhandene Kultur wird ausgewaschen. D wird dann zur kritischen Verdünnungsrate D_c ($\bar{s} = s_r$).

$$D_c = \mu_m \left(\frac{s_r}{k_s + s_r} \right) \qquad (18)$$

Für jede Verdünnung existiert ein minimaler $\bar{s}$-Wert, der gerade noch ein Wachstum der Kultur (bei minimaler Populationsdichte) zuläßt und der nur noch um ein geringes kleiner ist als der dazugehörige Wert von s_r.

Die kontinuierliche Fermentation gibt eine Reihe weiterer Probleme auf. So wirkt sich ein schneller als der Ausgangskeim wachsender Infektionskeim bzw. eine derartige Mutante sehr ungünstig auf den Prozeß aus, da er in kurzer Zeit den Ausgangskeim verdrängt. Mutanten, die im diskontinuierlichen Verfahren vergleichsweise nur wenig Einfluß hatten, können sich hier sehr schnell nachteilig auswirken. Die Morphologie der gezüchteten Mikroorganismen ist nur z. T. verändert, viele Mikroorganismen verhalten sich in kontinuierlicher und in diskontinuierlicher Kultur vollkommen gleich. Dies gilt auch für die Absonderung von Stoffwechselprodukten. Sogar bei der Antigenherstellung konnte man z. B. mit *Pasteurella pestis* keine wesentlichen Veränderungen zwischen diskontinuierlichen und kontinuierlichen Verfahren beobachten.

c) Gesetzmäßigkeiten bei der Produktbildung

Gesetzmäßigkeiten bei der Produktbildung bedeuten in ihrer Gesamtheit eine Kinetik der Fermentation, wenn man das Wort Fermentation nicht im ursprünglichen Sinne definiert, sondern wie Gaden es formuliert hat als „Chemische Reaktionen, die durch Enzymsysteme katalysiert werden, die je nach Bedarf wechselnd von wachsenden Mikroorganismen synthetisiert werden". Im chemischen Sinne ist Kinetik mit den Reaktionsraten verbunden. Bei Fermentationen sind dies Substratverbrauch, Auftreten des Endproduktes und Bildung von Biomasse. Im folgenden sollen einige Definitionen, wie sie Gaden für die Betrachtung der Kinetik von Fermentationen vorgeschlagen hat, gegeben werden.

Produktivität ist die Endproduktkonzentration geteilt durch die Zeit von der Beimpfung bis zum Abbruch der diskontinuierlichen Kultur. Ihre Einheiten sind Produktmasse pro Volumeneinheit in der Zeiteinheit.

Eigentlich gehören in die Produktivitätsberechnungen sämtliche Arbeitsgänge eines Fermentationscyclus hinein, vom Reinigen des Fermenters begonnen über die Sterilisation, das Füllen und Fermentieren im Kessel bis zum Ausstoß der fertig fermentierten Mikroorganismenlösung. Bei den meisten kinetischen Berechnungen fängt man jedoch erst mit dem Beginn der Beimpfung des Produktionsfermenters an. Die **Fermentationsrate** wird als die augenblickliche Rate der Konzentrationsveränderung definiert. Zumeist wird hier die Rate der Konzentrationsveränderung des Produktes verwendet.

Fermentationsraten können auf zwei Grundlagen definiert werden: Eine ist die volumetrische Basis. Einheiten für **volumetrische Raten** sind Gramm des Produktes gebildet pro Liter pro Stunde. Also beispielsweise g Zucker verbraucht pro Liter pro Stunde oder g Zellen gebildet pro Liter pro Stunde. Die andere ist die spezifische Basis, sie führt zu **spezifischen Raten,** die als Rate der Konzentrationsänderung pro Einheit Zellmaterials definiert werden. Um die spezifische Rate zu erhalten, teilt man die volumetrischen Raten durch die Bakteriendichte. Dann erscheinen die folgenden Einheiten: g des gebildeten Produktes pro Stunde pro Zellen oder als Beispiel: g Zuckerverbrauch pro Stunden pro g Zellen oder g Zellmaterial gebildet pro Stunde pro g der Zellen (also hier spezifische Wachstumsrate ausgedrückt als Stunde^{-1}).

Fermentationstypen:

Es ist außerordentlich schwierig, die vielen verschiedenen Fermentationen sinnvoll zusammenzufassen bzw. zu unterteilen. Viele Fermentationen lassen sich in Bildung primärer Metaboliten, sekundärer Metaboliten und Bildung von Mikroorganismenzellmaterial unterscheiden. Gegenwärtig wird die Bildung des Stoffwechselproduktes bzw. des Zellmaterials in Abhängigkeit vom Energiestoffwechsel als Kriterium für die Einteilung verschiedener Fermentationstypen bevorzugt verwendet. Hierbei lassen sich mindestens drei Typen unterscheiden*:

Typ I: Das Hauptprodukt erscheint als Ergebnis des primären Energiestoffwechsels. Häufig entsteht das Produkt durch direkte

---

* Die hier gegebene Unterscheidung ist aus der zusammenfassenden Arbeit von Luedeking, R. „Fermentation Process Kinetics" in Blakebrough „Biochemical and Biological Engineering Science", Vol. 1, p. 181—243 (1967) entnommen.

Oxidation der primär vorliegenden Kohlenhydrate, z. B. bei der Vergärung von Glucose zu Äthanol oder zu Milchsäure, oder bei der Oxidation von Glucose zu Gluconsäure. Die Bildung von Zellmasse bei Bakterien und Hefen wird in diesen Typ ebenfalls einbezogen.

Es sind also einfache Dissimilationsreaktionen, die durch die folgenden Wege

$$A \to \text{Produkte}$$

oder

$$A \to B \to C \to \text{Produkte}$$

zu den Produkten führen (vgl. Abb. 13a). ΔF ist negativ.

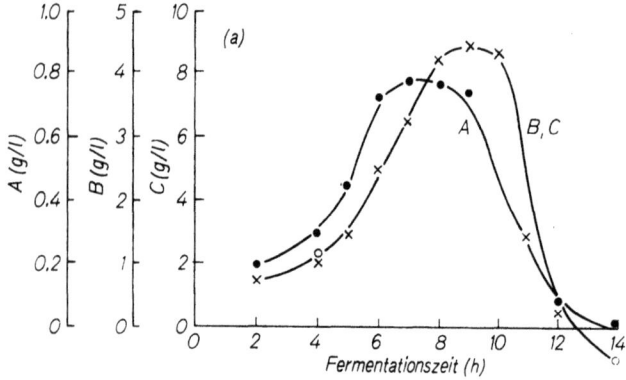

Abb. 13a. Fermentationstyp I: Alkoholische Gärung. Volumetrische Wachstumsraten [gemessen in g/l · (h)]. Zeichenerklärung: A = Wachstum, B = Alkoholsynthese, C = Zuckerverbrauch.

Typ II: Das Hauptfermentationsprodukt entsteht auf indirektem Wege aus dem Energiestoffwechsel. Beispiele für diesen Typ sind die Bildung von Citronensäure und Itaconsäure, möglicherweise gehört auch die Bildung vieler Aminosäuren hierher. Der Reaktionsablauf ist komplex und ein gehemmter oder anormaler Stoffwechsel sind hier vorhanden.

Bei einer Produktsynthese, die in Beziehung zur Kohlenhydratassimilation steht, haben Wachstum und Zuckerverbrauch zwei Maxima, während die Produktbildung nur ein Maximum besitzt (Abb. 13b).

Die Kurve der spezifischen Raten gibt eine gute Erklärung der Verhältnisse. In der ersten Phase stehen Wachstum und Zuckerverwendung in enger Beziehung, während in der zweiten Phase

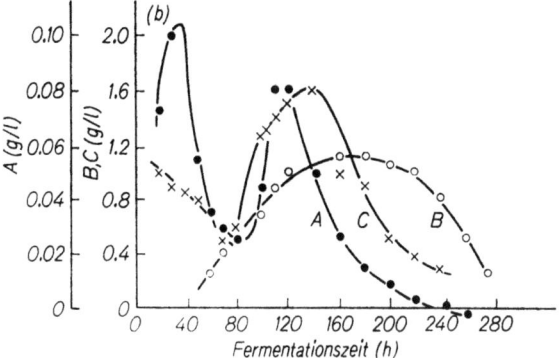

Abb. 13 b. Fermentationstyp II: Citronensäurebildung. Volumetrische Wachstumsraten [gemessen in g/l · (h)]. Zeichenerklärung: B = Citronensäurebildung, weitere Erkl. vgl. Abb. 13 a.

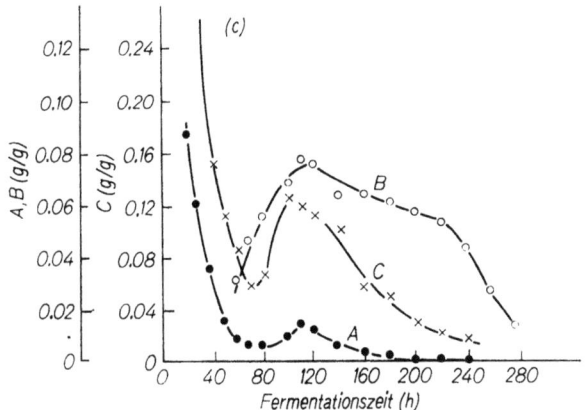

Abb. 13 c. Fermentationstyp II: Citronensäurebildung. Spezifische Raten [gemessen in g/g · (h)]. Zeichenerklärung vgl. Abb. 13 b.

Wachstum und Produktbildung in enger Beziehung zum Zuckerverbrauch stehen (vgl. Abb. 13c). Δ F ist wiederum negativ. Man kann sich eine Typ II-Fermentation schematisch etwa folgendermaßen vorstellen:

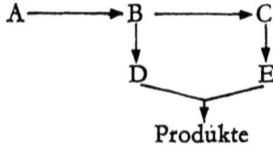

Typ III: Das Hauptprodukt wird nicht im primären Energiestoffwechsel gebildet, sondern entsteht unabhängig davon im Stoffwechsel der Mikroorganismenzelle. Die Penicillin- oder Streptomycinbildung sind Beispiele für diese Fermentationstypen. Bei diesen Fermentationen erreichen Anhäufung der Zellen und der normale Stoffwechsel ihre Maxima in der ersten Phase. Erst in der zweiten Phase erreicht die Produktbildung ihr Maximum. Zumeist ist der oxidative Stoffwechsel gering, wenn die Produktbildung auf ihrem Höhepunkt ist (Abb. 13d).

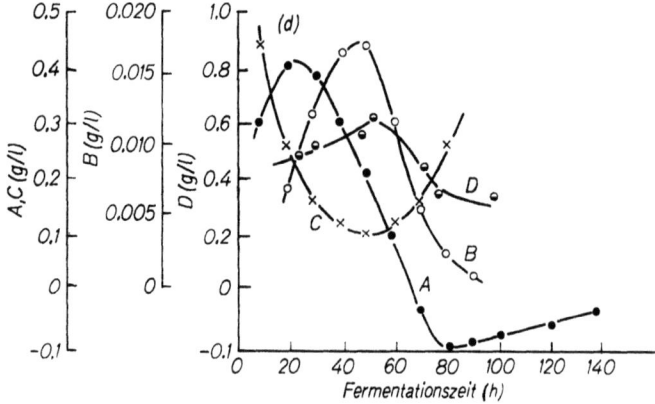

Abb. 13 d. Fermentationstyp III: Penicillinbildung. Volumetrische Wachstumsraten [gemessen in g/l · (h)]. Zeichenerklärung: B = Penicillinsynthese, D = Sauerstoffaufnahme, weitere Erkl. vgl. Abb. 13 a (nach N. Blakebrough, 1967)

Bei Fermentationen des Typs III werden komplexe Moleküle aus einfachen Molekülen aufgebaut, es laufen also biosynthetische Prozesse ab. Im Gegensatz dazu werden bei Fermentationen vom Typ I komplexe Moleküle zu einfachen Molekülen abgebaut, es finden hier katabolische Prozesse statt. Fermentationen des Typs II fallen nicht direkt in eine oder die andere dieser Gruppierungen.

Es gibt aber auch Fermentationen, z. B. die Oxytetracyclin-Herstellung, die sich nicht oder nur schwierig in die angegebenen Fermentationstypen eingruppieren lassen. Bei der Oxytetracyclin-Herstellung wird zunächst ein primäres Mycelium, dann ein sekundäres Mycel mit gleichzeitiger Antibioticasynthese gebildet, so daß die hier entstehenden Kurven der Mycelbildung, des Zuckerverbrauchs sowie der Produktbildung einen anderen Verlauf — als bisher dargestellt — haben.

4. Grundlagen des mikrobiellen Stoffwechsels

Die lebenden Zellen von Mikroorganismen sind auf eine dauernde Zufuhr von Energie angewiesen. Diese Energie wird durch Oxidationsvorgänge — bei vielen Mikroorganismen durch Abbau organischer Substanzen — vielfach von Glucose, gewonnen. Man bezeichnet diese Vorgänge des Abbaus als katabolische Reaktionen. Werden unter Energieaufwand neue Substanzen aufgebaut, so bezeichnet man dies als anabolische Reaktionen. Die Energie wird in den Zellen in „energiereichen" chemischen Bindungen (Adenosintriphosphat, ATP) gespeichert und transportiert. Die folgende Übersicht zeigt die Verbindung zwischen katabolischen und anabolischen Prozessen (Abb. 14)

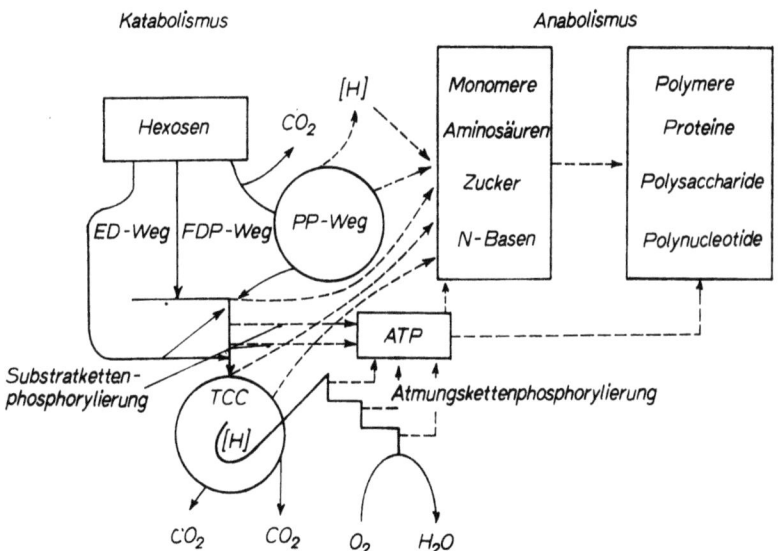

Abb. 14. Katabolische und anabolische Vorgänge bei aerob atmenden Zellen (aus Schlegel, 1969, S. 170)

beim Hexoseabbau. Für industrielle Zell- oder Produktgewinnung ist der Abbau von Hexosen von sehr großer Bedeutung, so daß die wichtigsten Abbauwege der Hexosen hier zusammenfassend dargestellt werden sollen.

a) Hexoseabbau über den Fructose-diphosphat-Weg (FDP-Weg)

Sehr viele Mikroorganismen bauen Hexosen auf dem FDP-Weg zur Brenztraubensäure ab. Dieser Weg wurde wegen des großen Anteils, den Embden, Meyerhof und Parnass an seiner Aufklärung hatten, auch als Embden-Meyerhof-Parnass-Weg bezeichnet. In seinen wichtigsten Schritten verläuft er über die folgenden Zwischenstufen: D-Glucose wird im ersten Schritt durch ein Enzym „Hexokinase" mit Hilfe von Adenosintriphosphat (ATP) in 6-Stellung zum D-Glucose-6-phosphat phosphoryliert. Anschließend tritt eine Isomerisierung zum D-Fructose-6-phosphat mit Hilfe einer „Phosphohexose-Isomerase" ein. Eine „Phosphohexokinase" nimmt jetzt eine weitere Phosphorylierung in 1-Stellung mit Hilfe von ATP vor, so daß D-Fructose-1,6-diphosphat entsteht.

In einer Gleichgewichtsreaktion wird D-Fructose-1,6-diphosphat durch eine „Aldolase" in zwei Triosen: Dihydroxyacetonphosphat und D-Glycerinaldehyd-3-phosphat gespalten. Beide Triosephosphate stehen — durch eine Triosephosphat-Isomerase katalysiert — in einem Gleichgewicht, das normalerweise zu etwa 95 % in Richtung auf Dihydroxyacetonphosphat verschoben ist.

Dihydroxyacetonphosphat wird durch eine Glycerinphosphat-Dehydrogenase $NADH_2$-abhängig zum Glycerinphosphat reduziert, das anschließend durch eine Phosphatase unter Bildung von Glycerin und H_3PO_4 hydrolysiert wird. Dieser Weg ist bei der technischen mikrobiellen Glycerinherstellung realisiert.

Das D-Glycerinaldehyd-3-phosphat wird durch eine NAD-abhängige „Phosphotriose-Dehydrogenase" dehydriert (Bildung von $NADH_2$), durch Phosphorylierung wird 1,3-Diphosphoglycerat gebildet, von dem nun mit Hilfe einer „Phosphoglycerat-Kinase" das energiereiche Phosphat auf ADP übertragen werden kann, so daß 3-Phospho-D-glycerat und ATP entstehen.

Durch die „Phosphoglycero-Mutase" wird das 3-Phospho-D-glycerat in 2-Phospho-D-glycerat umgelagert. Eine anschließend wirkende „Enolase" spaltet Wasser ab und es bildet sich Phosphoenolpyruvat (PEP). Von diesen PEP wird das Phosphat durch eine „Pyruvat-Kinase" auf ADP übertragen, so daß Pyruvat (Brenztraubensäure) entstanden ist.

Das Schema zeigt den FDP-Weg der anaeroben Glykolyse bis zum Pyruvat (Abb. 15). Mit der Bildung von Pyruvat ist der Weg, den anaerober und aerober Zuckerabbau gemeinsam gehen, beendet. Aus einem Molekül Glucose sind zwei Moleküle Brenztraubensäure entstanden. Daneben wurden 2 ATP und 2 NADH$_2$ gewonnen,

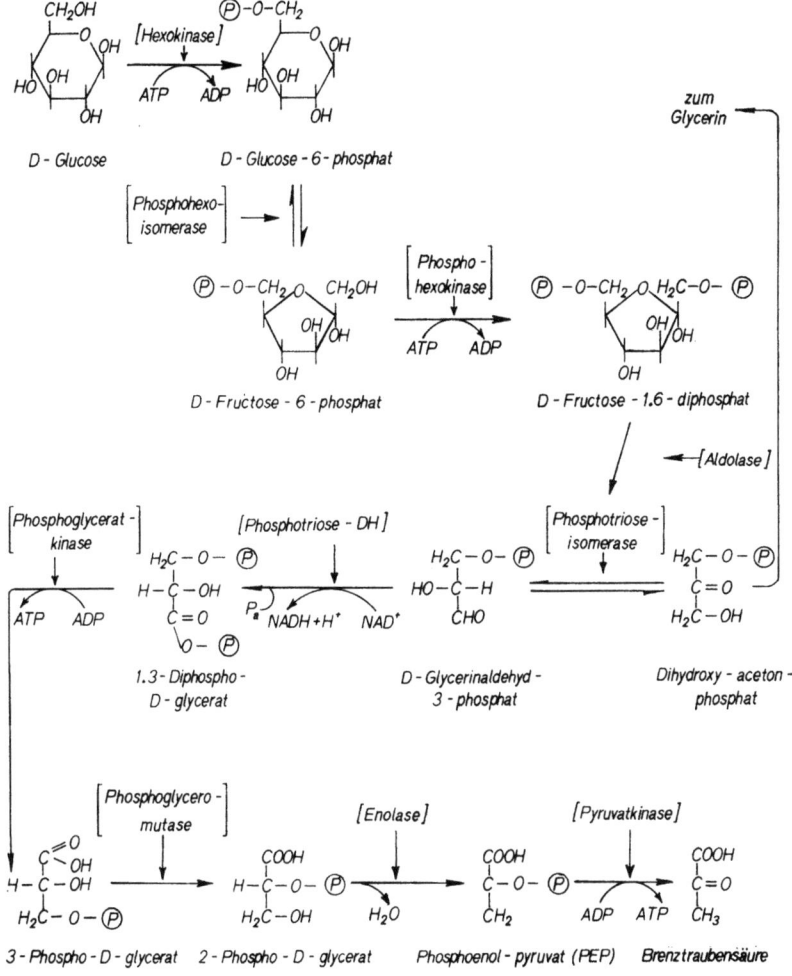

Abb. 15. Fructose-diphosphat-Weg (Glykolyse)

vorausgesetzt, daß sämtliche Glucose in Brenztraubensäure umgesetzt wurde.

Vom Pyruvat aus kann nach Dehydrogenierung und Decarboxylierung Acetyl-CoA gebildet werden, das im Citronensäurecyclus unter Abspaltung von Wasserstoff zu CO_2 oxidiert werden kann (vgl. S. 43). Acetyl-CoA kann weiterhin für viele Biosynthesen verwendet werden.

Unter anaeroben Verhältnissen bilden z. B. viele Hefen aus Brenztraubensäure Äthanol und Milchsäurebakterien Milchsäure. Bei der

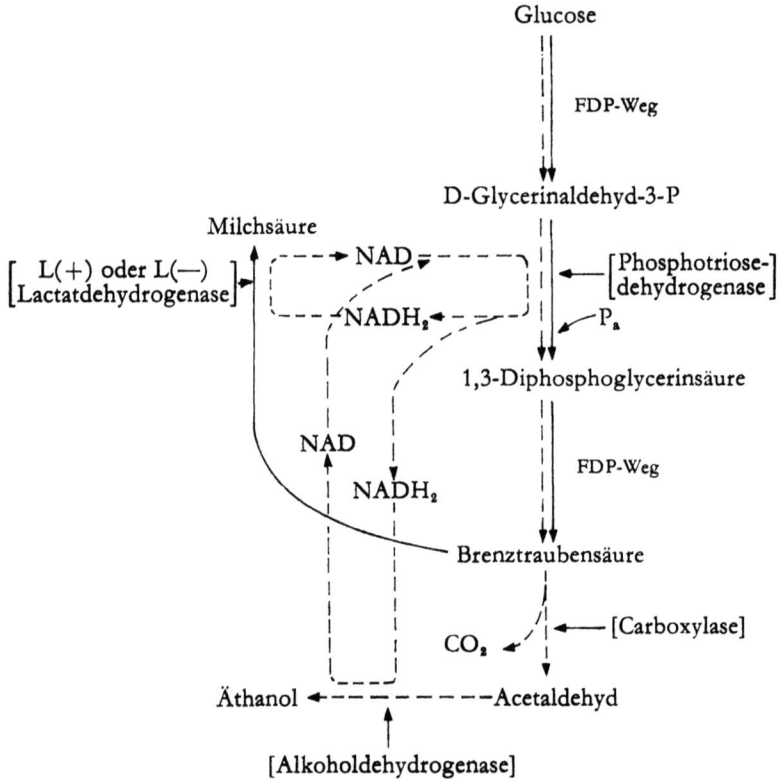

Abb. 16. Bildung von Äthanol und Milchsäure aus Brenztraubensäure

Äthanolbildung wird Brenztraubensäure durch eine „Pyruvat-Decarboxylase", die Mg^{++} und Thiaminpyrophosphat als Co-Faktoren benötigt, zum Acetaldehyd decarboxyliert. Der Acetaldehyd wird dann von einer $NADH_2$-abhängigen „Alkoholdehydrogenase" zum Äthanol reduziert (Abb. 16).

Bei der Milchsäuregärung wird Pyruvat nicht decarboxyliert, sondern mit Hilfe einer stereospezifischen Lactatdehydrogenase zur Milchsäure $NADH_2$-abhängig reduziert (vgl. auch S. 128).

Da bei beiden Gärungen das entstandene $NADH_2$ wieder zur Reduktion verwendet wird, ist bei diesen gärenden Mikroorganismen die ATP-Bildung bei der Umsetzung von Glycerinaldehyd-3-phosphat zu Brenztraubensäure die einzige energieliefernde Reaktion. Warburg hat 1959 formuliert, daß „die Gärung die energieliefernde Reaktion des Lebens zu einer Zeit gewesen sei, als die Erdatmosphäre noch keinen Sauerstoff enthielt".

b) Hexoseabbau über den oxidativen Pentose-phosphat-Weg (PP-Weg)

Eine vollständige Oxidation von Glucose zu CO_2 und Wasserstoff, der als $NADPH_2$ gebunden wird, wird im oxidativen Pentosephosphat-Weg (PP-Weg), der auch als Warburg-Dickens-(Horecker)-Weg bezeichnet wird, erreicht. Für die Energiegewinnung hat dieser Abbauweg von Hexose weniger Bedeutung, schon weil das zumeist gebildete $NADPH_2$ nicht in gleicher Weise wie $NADH_2$ in der Atmungskette wieder zurückoxidiert werden kann. Das $NADPH_2$ steht vielmehr für Reduktionsreaktionen bei Biosynthesen zur Verfügung. Außerdem werden im PP-Weg Erythrose-4-phosphat, Glycerinaldehyd-3-phosphat, Ribulose-5-phosphat und sein Isomerisationsprodukt Ribose-5-phosphat als Ausgangssubstanzen für wichtige Biosynthesen bereitgestellt.

Ebenso wie im FDP-Weg wird Glucose zunächst durch Hexokinase in 6-Stellung mit ATP als Phosphatdonator phosphoryliert. Das Glucose-6-phosphat wird dann durch eine Glucose-6-phosphat-Dehydrogenase zum Gluconolacton-6-phosphat dehydrogeniert, das sofort zur 6-Phosphogluconsäure hydrolysiert. Die 6-Phospho-gluconsäure wird durch eine 6-Phosphogluconat-Dehydrogenase zu Ribulose-5-phosphat dehydrogeniert und decarboxyliert. Als unbeständiges Zwischenprodukt entsteht dabei 3-Keto-6-phosphogluconsäure.

Ribulose-5-phosphat wird durch eine Ribulose-5-phospho-Isomerase in D-Ribose-5-phosphat und durch eine 3-Epimerase in D-Xylulose-5-phosphat umgesetzt. Durch Transketolase und Transaldolase

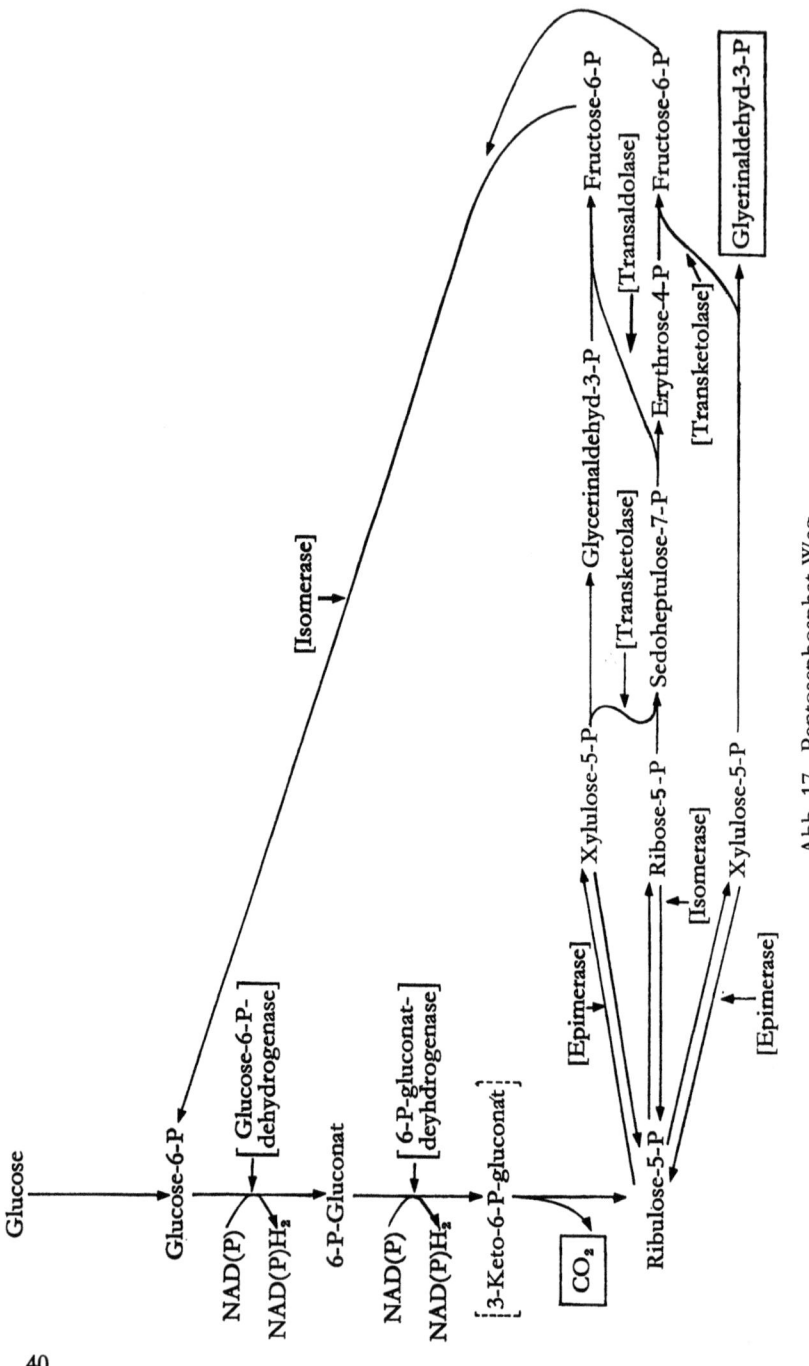

Abb. 17. Pentosephosphat-Weg

werden, wie im Schema angegeben, die Pentosephosphate über D-Sedoheptulose-7-phosphat, D-Glycerinaldehyd-3-phosphat und D-Erythrose-4-phosphat und Fructose-6-phosphat und D-Glycerinaldehyd-3-phosphat umgesetzt. Fructose-6-phosphat isomerisiert wieder zu Glucose-6-phosphat und 2 Mol D-Glycerinaldehyd-3-phosphat kondensieren zu Glucose-6-phosphat (Abb. 17).

Aus 6 Mol Glucose-6-phosphat sind nach Ablauf des PP-Weges wieder 5 Mol Glucose-6-phosphat sowie 6 Mol CO_2 und 12 $NADPH_2$ entstanden. Die 5 Mol Glucose-6-phosphat stehen wieder zum Abbau im PP-Weg zur Verfügung. Es liegt also ein geschlossener Cyclus vor, der durch Einschleusung immer neuen Glucose-6-phosphats in Bewegung gehalten wird.

c) Hexoseabbau über den Entner-Doudoroff-Weg (ED-Weg)

Auch beim dritten Hexoseabbau-Weg, dem Entner-Doudoroff-Weg (ED-Weg) wird Glucose zunächst durch Hexokinase in 6-Stellung phosphoryliert und dann NADP-abhängig zu 6-Phosphogluconsäure — ebenso wie beim PP-Weg — dehydrogeniert. Durch eine 6-Phosphogluconat-Dehydrase wird Wasser abgespalten, so daß 2-Keto-3-desoxy-6-phosphogluconsäure entsteht, die durch Aldolase in die beiden C_3-Körper Glycerinaldehyd-3-phosphat und Brenztraubensäure gespalten wird. Das Glycerinaldehyd-3-phosphat wird auf dem FDP-Weg zur Brenztraubensäure abgebaut, so daß pro Mol Glucose 2 Mol Pyruvat entstanden sind. Dabei ist jedoch nur 1 ATP gewonnen worden. Daneben sind 1 $NADH_2$ und 1 $NADPH_2$ entstanden (Abb. 18).

Pseudomonas lindneri bildet auf diesem Wege aus dem Pyruvat fast ausschließlich Äthanol. Der ED-Weg ist wahrscheinlich nur bei wenigen Mikroorganismenarten, besonders wohl bei *Pseudomonas*-Arten realisiert.

Die Tabelle 8 (aus Schlegel, H. G., Allgemeine Mikrobiologie, Thieme-Verlag Stuttgart 1969) zeigt, daß Mikroorganismen sehr unterschiedlich von den Hexose-Abbau-Wegen Gebrauch machen.

Die heterofermentativen Milchsäurebakterien haben einen Glucoseabbau-Weg ausgebildet, der unter dem Namen Hexose-monophosphat-Weg (HMP-Weg) auf S. 129 beschrieben wird.

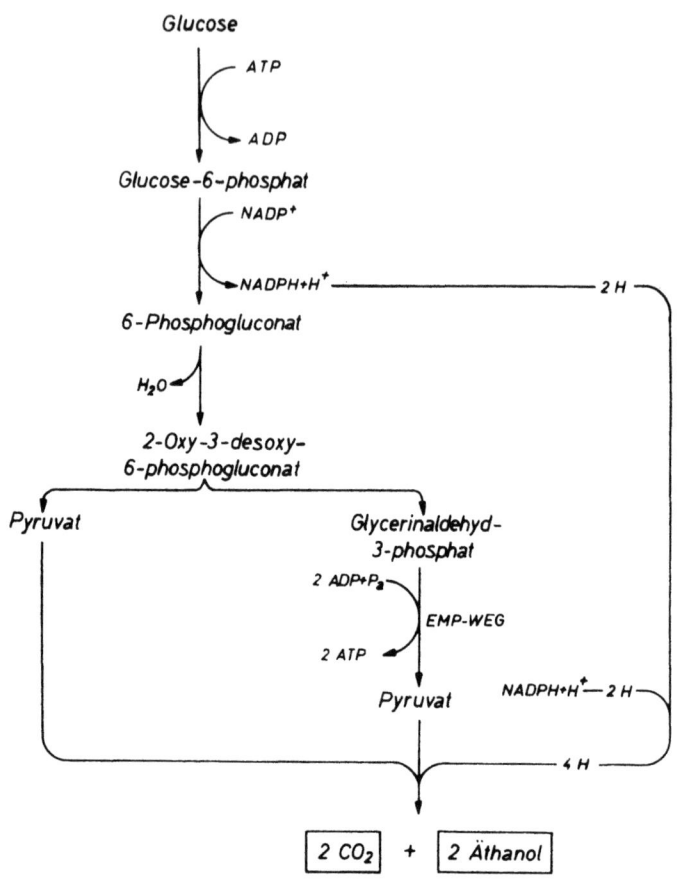

Abb. 18. Entner-Doudoroff-Weg

Tabelle 8. *Beteiligung verschiedener Wege am Hexose-Abbau (in %)*

Mikroorganismus	FDP-Weg	PP-Weg	ED-Weg
Pseudomonas aeruginosa		29	71
P. saccharophila			100
P. lindneri			100
Hydrogenomonas sp.			100
Acetobacter suboxydans		100	
Escherichia coli	72	28	kann Enzyme induktiv bilden
Bacillus subtilis	74	26	
Streptomyces griseus	97	3	
Candida utilis	70—80	30—20	
Penicillium chrysogenum	97	3	

d) Tricarbonsäure-Cyclus (TCC)

Im Tricarbonsäure-Cyclus wird eine weitere Oxidation des aus Pyruvat entstandenen Acetats bis zu CO_2 und Wasser vorgenommen. Die einzelnen Reaktionen und die beteiligten Enzyme sind der Abb. 19 zu entnehmen.

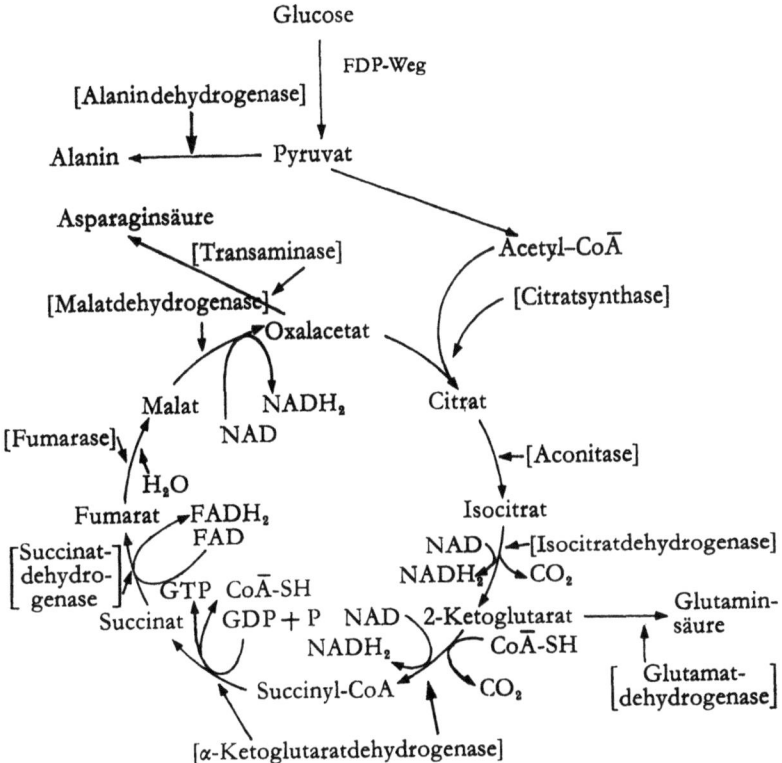

Abb. 19. Tricarbonsäure-Cyclus und Bildung einfacher Aminosäuren

Im Tricarbonsäure-Cyclus werden 3 reduzierte Pyridin-nucleotide ($NADH_2$ oder $NADPH_2$) und 1 reduziertes Flavoprotein ($FADH_2$) gewonnen, die entweder über die Atmungskette zur Reduktion von Sauerstoff mit Energiegewinnung (je Mol $NADH_2$ werden hierbei 3 Mol ATP gebildet) oder für Reduktionen bei Biosynthesen verwendet werden. Auch die Zwischenprodukte des TCC können für viele Biosynthesen verwendet werden, z. B. für die Synthese von

Aminosäuren. Die Bildung von Glutaminsäure durch reduktive Aminierung von α-Ketoglutarsäure, sowie die Bildung von Asparaginsäure durch Transaminierung aus Oxalacetat sind im Schema angegeben.

Auf eine weitergehende Schilderung des Grundstoffwechsels muß hier verzichtet werden, es sei auf die einschlägigen Darstellungen in der Literatur, bes. Karlson (1970) verwiesen.

5. Anreicherung, Umzüchtung und Haltung industrieller Stämme

a) Anreicherung von Stämmen

Immer wieder wird es notwendig, sowohl für bereits bekannte mikrobiologisch-industrielle Prozesse als auch für neue mikrobiologische Verfahren Mikroorganismenstämme zu isolieren. Für diesen Zweck existieren für die meisten Mikroorganismengruppen bzw. Stoffwechseltypen Anreicherungsverfahren. Man züchtet die Mikroorganismen aus verschiedensten Bodenarten, Wasser, Luft und vielen anderen Standorten, an denen man die gesuchten Stämme vermutet. Mit Hilfe selektiver Bedingungen, z. B. des Nährmediums, des pH-Wertes, durch Zusatz der evtl. abzubauenden Substrate, durch Zusatz von Hemmstoffen u. ä. lassen sich dann die gesuchten Organismen zunächst anreichern und aus diesen Anreicherungskulturen als Reinkultur züchten.

Die Tabelle 9 zeigt einige Beispiele für solche Anreicherungsmöglichkeiten.

Man kann die Mikroorganismen in den Proben bereits durch Schaffung selektiver Bedingungen anreichern, indem man beispielsweise geeignete C-Quellen zusetzt. Die Anreicherungen können auch durch Übergießen der Proben mit Nährlösungen erfolgen, z. B. durch Übergießen einer Bodenprobe mit mannithaltiger Nährlösung zur Anreicherung von *Azotobacter*-Stämmen. Um jedoch die Stämme zu isolieren, wird man sich fester Selektivsubstrate bedienen, auf denen sich die betr. Arten von anderen Mikroorganismenarten getrennt entwickeln und von dort abgeimpft werden können. Auf diesen sog. **Fangplatten** lassen sich bereits biochemische Tests auf gewisse Stoffwechselprodukte durchführen, denn in den meisten Fällen ist eine Anreicherung allein nicht ausreichend, sondern man muß versuchen, Mikroorganismen mit bestimmten biochemischen

Tabelle 9. *Beispiele für die Anreicherung industriell wichtiger Mikroorganismen*

Mikroorganismen	Standort	Besondere Bedingungen zur Anreicherung
Pseudomonas	Boden	aerob, Lactat + NH_4^+, für KW-oxidierer jeweiligen KW als alleinige C-Quelle
Acetobacter	Luft, gesäuerte alkohol. Getränke	2—4% Äthanol + 1% Hefeextrakt, Bier, Wein, O_2-Zutritt, Fungistaticum (z. B. Griseofulvin)
Hydrogenomonas	Boden	H_2 - (60—85 Vol. %) + O_2 - (5—30 Vol. %) + CO_2 - (10 Vol. %) Atmosphäre + anorgan. Nährlösg., pH neutral
Aerobacter u. Gärungsorganismen	Boden u. a.	anaerob, Glucose + NH_4^+
Lactobacillaceae	Milch	mikroaerophil, Glucose + 1% Hefeextrakt, pH 5,0
Propionibacteriaceae	Milch	Lactat + 1% Hefeextrakt, microaerophil
Mycobacterium, Nocardia, Micrococcus	Boden	aerob, für KW-oxidierer jeweiligen KW als alleinige C-Quelle
Escherichia coli	Darminhalte	anaerob, Lactose + Rindergalle
Bacillus polymyxa u. v. a. Bacillus-Arten	Boden	aerob, Substrat pasteurisiert, Stärke + NH_4^+
Clostridium	Boden	anaerob, Substrat pasteurisiert, Stärke, (Kartoffel) + NH_4^+
Streptomycetaceae	Boden bes. Kompost, Gartenerde	aerob, z. B. Glycerin + NH_4^+, bei Antibioticabildnern besondere Tests, Fungistaticum (z. B. Nystatin)
Hefen	Luft, Boden, alkohol. Getränke, Zuckersäfte	anaerob oder aerob, pH 4,0, Glucose + NH_4^+, für KW-oxidierer nur Alkane als alleinige C-Quelle *(Candida, Torula)* Malzlösung
Schimmelpilze	Boden	Czapek-Dox-Lösg. oder Medium nach Raulin, pH 5,0
Aspergillus niger	Boden	Glucose 1% + anorgan. Nährlösg. + 2% Tannin

Eigenschaften, z. B. der Bildung von Antibiotica, Citronensäure o. ä. selektiv zu isolieren. Hierzu verwendet man eine Reihe von Tests, mit deren Hilfe man solche Stämme oft schon auf den Fangplatten erkennen kann. Zur schnellen Erkennung der Antibioticabildung sind viele Tests ausgearbeitet worden, von denen im folgenden einige Beispiele gegeben werden.

Wenn Antibiotica von Mikroorganismen auf den Fangplatten gebildet werden, diffundieren sie — vorausgesetzt, daß sie wasserlöslich sind — kreisförmig um die Mikroorganismenkolonie in das Substrat.

Beim **Sprühtest** wird ein Testorganismus, der gegen die Antibiotica empfindlich ist, über die Platte versprüht. Er kann sich auf der Fangplatte nur dort nicht entwickeln, wo Hemmstoffe vorliegen, also nicht im mehr oder weniger großen Umkreis von antibioticabildenden Mikroorganismen. Es bildet sich also ein Hemmungshof um die Kolonien der Antibioticabildner.

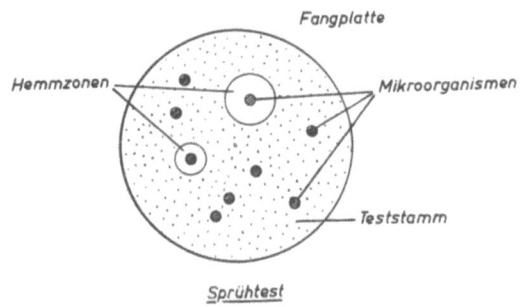

Beim **Überschichtungstest** werden die Fangplatten mit einer Schicht Nähragar bedeckt, in dem die antibioticaempfindlichen Testorganismen vorher aufgeschwemmt worden waren. Nach Bebrütung bilden sich wiederum Hemmungshöfe in der oberen Nähragarschicht durch die dorthin aus der Fangplatte diffundierten Antibiotica. Die Testmethoden auf den Fangplatten sind sehr grob und fehlerhaft. Ungünstige Substrat- und Temperaturbedingungen, verzögerte Antibioticabildung und viele andere Faktoren lassen häufig einen normalerweise guten Antibioticabildner nicht zur Absonderung seiner Hemmstoffe kommen. In vielen Fällen ist es daher zweckmäßig, die Stämme abzuimpfen und anschließend weitere Tests vorzunehmen.

Strichtest. Beim Strichtest impft man den vermutlichen Antibioticabildner im Strich auf geeigneten Nähragar. Entweder sofort oder nach einer bestimmten Bebrütungszeit werden senkrecht zu diesem Impfstrich mehrere Testorganismen ebenfalls im Strich bis dicht an die Kultur des Antibioticabildners ausgestrichen. Eventuell abgesonderte Antibiotica lassen empfindliche Testorganismen nicht oder nur in bestimmter Entfernung vom Impfstrich des getesteten Stammes zur Entwicklung kommen. Aus dem Abstand des Wachstums der Teststämme (vom Antibioticabildner aus gemessen) läßt sich auf die Intensität der abgesonderten Hemmstoffe schließen.

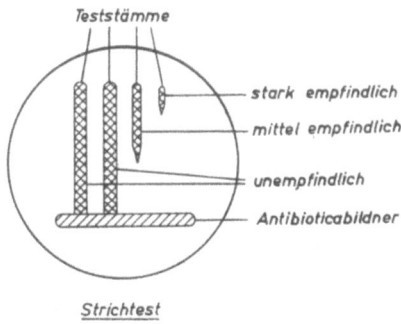

Strichtest

Mit Hilfe des Strichtestes läßt sich schon ein grobes antimikrobielles Spektrum aufstellen, obwohl noch keine isolierten Hemmstoffe zur Verfügung stehen. Als antimikrobielles Spektrum bezeichnet man die Stärke der Hemmwirkung eines Hemmstoffes gegen eine Reihe verschiedener Testorganismen.

Blöckchentest. Zum Blöckchentest werden aus Mikroorganismenkulturen, die sich in Petrischalen auf Nähragar vorher gut entwickelt hatten, kleine Zylinder ausgestanzt und diese auf Agarplatten, die vorher mit einem Teststamm beimpft worden waren, gesetzt. Antibiotica können aus den zylindrischen Agarblöckchen in die Testplatte hineindiffundieren und verursachen nach Bebrütung des Teststammes einen kreisförmigen Hemmungshof um den Zylinder. Der Durchmesser des Hemmungshofes weist auf die Stärke der abgeschiedenen Antibiotica hin. Auch dieser Test arbeitet mit lebenden Kulturen. Im Gegensatz zum Strichtest können hier Substratunterschiede zwischen dem zu testenden Stamm und den Testorganismen ausgeglichen werden.

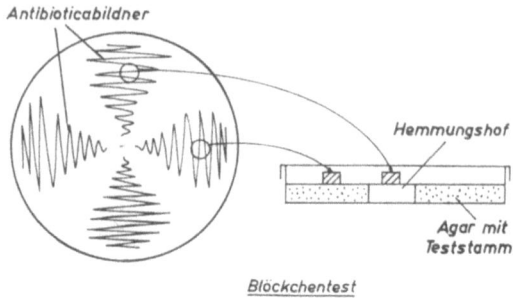

Blöckchentest

Sprüh- und Überschichtungstest. Die schon beschriebenen Methoden zur Überschichtung oder Besprühung der Testorganismen werden auch in diesem Arbeitsgang vielfach verwendet.

Verdünnungstest. Bei einem Verdünnungstest mit lebenden Kolonien, der häufig auch als Screening-Test (im engeren Sinne) bezeichnet wird, läßt man den Antibioticabildner in einer Petrischale in der Mitte eines Nähragars wachsen und Antibiotica absondern. Dann sticht man mit einem Korkbohrer von der Kolonie ausgehend nach außen hin kreisrunde Löcher aus, die auf Agarplatten mit den Testbakterien gelegt werden. Mit diesem Test lassen sich bereits Konzentrationsabstufungen feststellen. Weiterhin kann der Hemmstoff gegen mehrere Testorganismen geprüft werden.

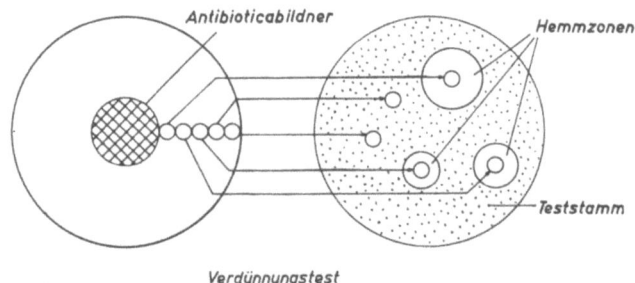

Verdünnungstest

Viele Tests werden mit ungereinigten oder vorgereinigten Stoffwechselprodukten der Mikroorganismen durchgeführt. Diese erhält man durch Zucht der Stämme in Oberflächen- oder Schüttelkultur in Fernbachkolben, Penicillinkolben oder Submersgefäßen. Die folgenden Tests sind zur Prüfung solcher Rohlösungen geeignet:

Zylindertest. Beim Zylindertest werden kleine Glaszylinder (⌀ 7 mm) in den Agar, in den die Testkeime vorher eingeimpft worden waren, so eingeschmolzen, daß sie den Boden der Petrischale nicht berühren. Die Testzylinder werden anschließend mit etwa 0,1 ml der zu untersuchenden Flüssigkeit gefüllt, eine bestimmte Zeit in der Kälte gehalten, damit die Flüssigkeit mit dem Antibioticum diffundieren kann und anschließend zur Entwicklung der Testkeime bebrütet.

Um die Testzylinder bildet sich beim Vorhandensein eines Antibioticums eine Hemmzone. Die Durchmesser der Hemmzonen werden mit denen definierter Hemmstofflösungen verglichen, so daß eine Berechnung der absoluten Konzentrationen möglich ist.

Bei Kenntnis des Diffusionskoeffizienten kann man die Konzentration des Antibioticums nach der folgenden Formel bestimmen:

$$x^2 = 4DT_0 2 \cdot 30 \,(\lg m_0 - \lg m')$$

D ist der Diffusionskoeffizient des Antibioticums. m_0 ist die konstante Konzentration in einer Lösung, die eine konstante Konzentration in einer Agarkultur eines Mikroorganismus hat. T_0 ist die Zeit, in welcher die kritische Konzentration m' (Hemmkonzentration) den Rand der Hemmzone erreicht.

Von dieser Formel existieren verschiedene Abweichungen, die im wesentlichen noch weitere Entwicklungsbedingungen der Mikroorganismen berücksichtigen.

In den meisten Fällen berechnet man die Antibioticakonzentrationen nicht nach der angegebenen Formel, sondern verwendet Eichkurven, aus denen man bei einem erhaltenen Hemmungshofdurchmesser die Konzentration des Antibioticums ablesen kann.

Lochtest. Anstelle der Testzylinder, die aufgesetzt werden, kann man auch Löcher mit einem Korkbohrer aus dem Agar herausstanzen und in diese Löcher die Testflüssigkeiten geben. Der Boden dieser ausgestanzten Testlöcher muß vorher wieder mit flüssigem Agar bedeckt werden, da sich sonst die Flüssigkeit zwischen dem Boden der Petrischale und der Agarschicht hindurchziehen und die Ergebnisse stark verfälschen könnte. Die Berechnungen bleiben im Prinzip die gleichen wie die im Zylindertest.

Filterpapierblättchentest. Sehr ähnlich ist auch der Filterpapierblättchentest, bei dem die zu testende Flüssigkeit nicht in Löcher oder Zylinder gegeben, sondern von Filterpapierscheibchen aufgesogen wird. Die mit Testflüssigkeit getränkten Filterpapierscheibchen werden dann für eine bestimmte Zeit auf die beimpften Agarplatten gelegt.

Schnellteste. Die meisten Schnellteste beruhen im Prinzip darauf, daß man die reduzierenden Eigenschaften wachsender Testbakterien als Zeichen für das Leben der Testorganismen auswertet. Man verwendet Triphenyltetrazoliumchlorid (TTC), das durch die Entwicklung der Teststämme — solange diese am Leben sind — zum Formazan, einem roten Farbstoff reduziert wird. Die Mikroorganismenentwicklung läßt sich auf diese Weise schon viele Stunden vor der makroskopischen Erkennungsmöglichkeit ablesen. Verwendet werden die bereits beschriebenen Tests.

Reihenverdünnungstest. Zur Antibioticawertbestimmung wird sehr häufig der Reihenverdünnungstest in Flüssigkeiten angewandt. Er gestattet in vielen Fällen noch sichere Aussagen als die bisher angeführten biologischen Testverfahren. Man verwendet Kulturröhrchen mit einer Nährbrühe, der man abgestufte Konzentrationen der zu testenden antibioticahaltigen Lösung zusetzt, anschließend werden die Röhrchen mit dem Teststamm beimpft und bebrütet. Nach bestimmter Zeit werden Wachstum oder Hemmung des Teststammes in den Röhrchen festgestellt. Aus der Empfindlichkeit des Teststammes und aus Vergleichstesten mit bekannten Antibioticakonzentrationen wird die Konzentration der zu testenden Lösung berechnet (vgl. Abb. 20).

Dieses Verfahren ist dadurch verfeinert worden, daß man die Wachstumsintensität des Teststammes turbidometrisch objektiv mißt und aus der Dichte im Vergleich zu Eichkurven quantitative Schlüsse zieht.

Die Antibioticatests dienen nur zum Nachweis der Hemmstoffwirkung gegen Mikroorganismen. Sollen cytostatische Wirkungen festgestellt werden, so müssen Zellkulturen von Krebszellen, z. B. in Monolayer-Kultur (vgl. S. 204) angelegt werden und die Substanzen anschließend in Verdünnungstests auf ihre Hemmwirkung getestet werden.

Die antivirale Wirkung kann in Verdünnungsreihen gegen Viren, die auf Zellen in flüssigem oder auf festem Substrat wachsen, getestet werden.

Enzymatische Wirkungen lassen sich durch Zucht der Mikroorganismen auf Substraten, die sie enzymatisch verändern sollen, mit anschließender Bestimmung der veränderten oder nicht veränderten Substratprodukte erhöhen, z. B. Züchtung von Mikroorganismen zur Amylasebildung auf stärkehaltigem Agar und anschließender Entwicklung mit Jodjodkalium. Gute Amylasebildner haben einen großen weißen Hof um die Kolonien (keine Blaufärbung, da keine Stärke mehr vorhanden ist). Nicht amylasebildende Mikroorganismen, z. B. die meisten Hefen bilden diesen Hof nicht. In vielen anderen Fällen existieren ebenfalls einfache Testmethoden, häufig müssen aber die erwünschten Substanzen, bzw. deren Ausbeuten, auf normalem chemischem Wege bestimmt werden.

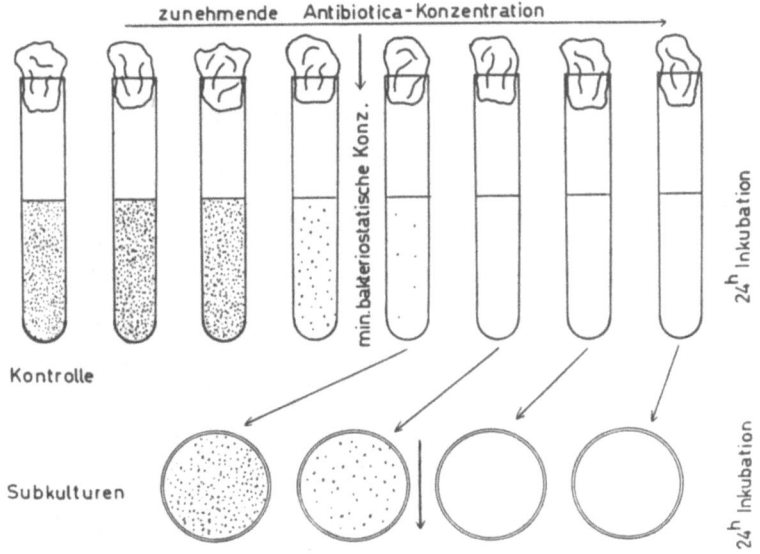

Abb. 20. Verdünnungsreihentest (aus Zähner, 1965, S. 21)

b) Umzüchtung der frisch isolierten Stämme

Ein frisch isolierter Mikroorganismenstamm ist noch nicht als Produktionsstamm verwendbar. Er muß so umgezüchtet werden, daß seine Entwicklung und Stoffbildung auch im technischen Zuchtverfahren optimal verlaufen.

Natürliche Mutanten mit besseren Produktionseigenschaften liegen nahezu in jeder Kolonie vor. Sie können durch Selektion aus der Gesamtkultur gewonnen werden. Da die Anzahl natürlicher Mutanten in einer Kolonie im allgemeinen nicht sehr groß ist, ist man dazu übergegangen, durch Verwendung verschiedener chemischer und physikalischer Methoden die Zahl der Mutanten zu erhöhen, um aus ihnen solche mit guten Produktionseigenschaften zu selektieren.

Von den physikalischen Methoden zur Mutanteninduzierung wird besonders die UV-Bestrahlung angewandt, daneben verwendet man aber auch ionisierende Strahlen, bes. Röntgenstrahlen und eine Anzahl von Radioisotopen (z. B. ^{35}S), sowie gelegentlich Ultraschallbestrahlung. Die höchsten Mutationsausbeuten im UV-Gebiet werden mit Strahlen, die im Bereich zwischen 250 und 270 nm liegen, erhalten. Hierbei wird die DNS besonders an den Pyrimidinbasen verändert.

Neben physikalischen Methoden werden auch chemische Verbindungen zur Erzeugung von Mutanten angewandt. Durch Nitrit werden Adenin, Guanin oder Cytosin desaminiert, ohne daß der Polynucleotidstrang verändert wird. Das durch Desaminierung in Hypoxanthin überführte Adenin paart nun mit Cytosin anstelle von Thymin. Diesen Vorgang des Ersatzes eines Pyrimidins durch ein anderes Purinderivat bezeichnet man als Transition. Hier war eine Transition von AT zu GT eingetreten. Wenn Cytosin zu Uracil durch Nitrit desaminiert wird, so paart es mit Adenin anstelle von Guanin und es resultiert eine Transition von GC zu AT.

Stickstoff- und Schwefellost, Äthyl- und Methylmethansulfonat, Dimethyl- und Diäthylsulfat sind alkylierende Verbindungen und daher zu den wirksamsten chemischen mutationsinduzierenden Substanzen zu rechnen. Äthylmethansulfonat äthyliert das in 7-Stellung befindliche N-Atom des Guanins. Das so veränderte Guanin wird aus dem DNS-Strang abgespalten und bei der nächsten Reproduktion (Replikation) wird häufig an dieser Stelle eine andere Base in den DNS-Strang eingebaut.

Acridinfarbstoffe haben sich als mäßig geeignet zur Erzeugung industriell interessanter Mutanten erwiesen. Sie schieben sich anscheinend zwischen zwei benachbarte Basen in der DNS und verursachen entweder einen Verlust eines Nucleotids bei der Replikation oder das Einschieben eines zusätzlichen Basenpaares. Beide Vorgänge führen zu schwerwiegenden Veränderungen in der Proteinsynthese.

Auch fremde DNS, ganz besonders auch Nitrosoguanidin, sowie Substanzen, die Metallchelate bilden (z. B. EDTA, d. i. Äthylendiamin-tetraessigsäure) werden als mutagene Substanzen mit z. T. sehr großem Erfolg angewandt.

Zur Anreicherung von Mutanten verwendet man u. a. sog. Minimalmedien. Man geht davon aus, daß der Wildstamm in einem Minimalmedium wachsen kann. Mangelmutanten haben diese Fähigkeit verloren. Man erkennt sie also daran, daß sie auf dem Minimalmedium nicht wachsen, wohl aber auf einem Medium, das die betr. Substanz, z. B. eine Aminosäure, die der betr. Mikroorganismus nicht mehr synthetisieren kann, enthält.

Mit Hilfe der replica plating-Methode von Lederberg lassen sich solche Mutanten erkennen. Man verwendet hierzu einen Stempel aus einem zylindrischen Holzblock ($\varnothing$ etwas kleiner als der einer Petrischale), über den ein Stück Samt gespannt wird. Nach Sterilisation wird der Samt auf die Agaroberfläche einer Petrischale mit mutierten Kolonien, die in einem Vollmedium gewachsen waren, gedrückt. Das Muster der Mikroorganismenkolonien überimpft man nun mit dem Stempel auf ein Minimalmedium und auf verschiedene Medien, die einige Substanzen zusätzlich zum Minimalmedium enthalten. Auf dem Minimalmedium wachsen sämtliche nicht mutierten Stämme, auf den Medien mit zusätzlichen Substraten die nicht mutierten und solche Stämme, die Verlustmutanten der betr. Stoffgruppe, die im Substrat zusätzlich enthalten ist, geworden sind. Die letzteren lassen sich aus dem vom Minimalmedium abweichenden Muster der Kolonien leicht auffinden. Mit Verlustmutanten kann die Bildung eines anderen Stoffwechselproduktes, das im Biosyntheseweg vorher liegt, sehr gefördert werden (vgl. S. 143).

Um bei diesen Verfahren die Zahl der nicht mutierten Mikroorganismen (den Wildtyp) möglichst gering zu halten, behandelt man die Mikroorganismen nach der Mutationsauslösung in einem Minimalmedium mit Penicillin. Da Penicillin nur wachsende Zellen abtötet, werden hierbei die wachsenden Zellen des Wildstammes abgetötet, während die Verlustmutanten, die im Minimalmedium nicht wachsen können, am Leben bleiben. Anschließend wird das Penicillin durch Penicillinase zerstört und die am Leben gebliebenen Mikroorganismen werden, wie oben erwähnt, auf Minimalmedien mit Zusatz einiger Stoffgruppen kultiviert.

Pilzzellen kann man in einem Minimalmedium zur Bildung kleiner Kolonien züchten und diese anschließend grob abfiltrieren. Die mutierten ungekeimten Sporen der Mangelmutanten passieren das Filter und können nun gezüchtet werden (Abb. 21).

Zur Erzielung höherer Ausbeuten an Enzymen werden die Stämme auf dem jeweiligen Substrat mehrere Passagen lang gezüchtet. Ähnlich ist es mit der Adaptation von Mikroorganismen an Kohlenwasserstoffe. Häufig sind erst sehr viele Passagen im Kohlenwasserstoffsubstrat, das später oxidiert werden soll, notwendig, um einen

Produktionsstamm, z. B. für die Massenzüchtung von Hefezellen auf Kohlenwasserstoffen zu erhalten.

Virusstämme, die ihre Pathogenität verlieren sollen, züchtet man sehr schnell über eine große Anzahl von Passagen in künstlicher Kultur (z. B. Monolayer-Kultur).

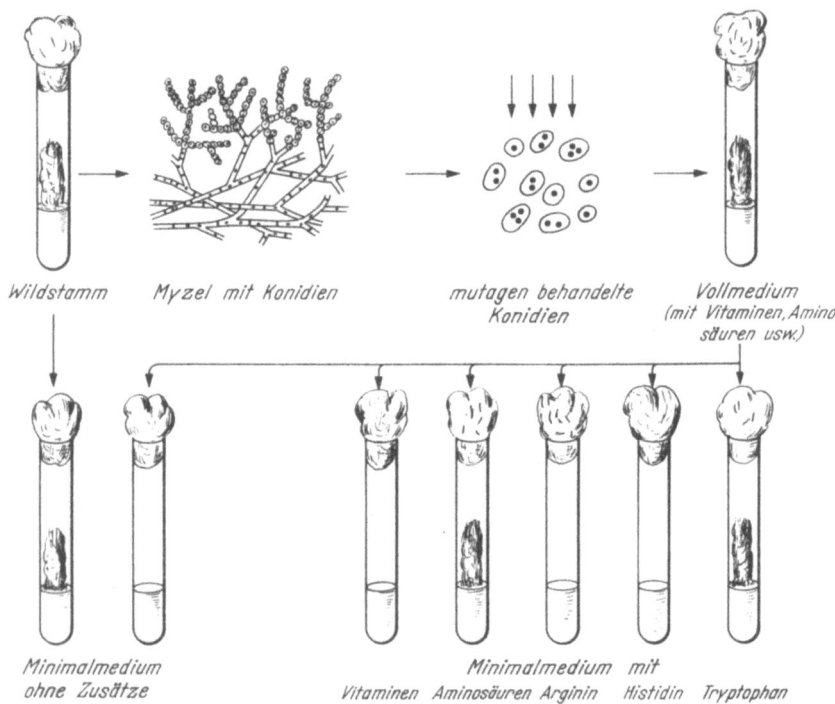

Abb. 21. Schematische Darstellung der Methode zur Isolierung und Charakterisierung auxotropher Mutanten

Viele Produktionsstämme werden durch Phagen lysiert. Hiergegen müssen Resistenzzüchtungen durchgeführt werden. Man setzt dabei die Bakterienkulturen der Phageneinwirkung aus, züchtet die am Leben gebliebenen Bakterienzellen und setzt sie wieder den Phagen aus. Dies wird so lange durchgeführt, bis die Kultur nicht mehr von Phagen lysiert wird, d. h. bis die resistenten Bakterien selektiert worden sind. Durch Bestrahlung der Bakterienkultur, z. B. mit

UV-Strahlen, kann die Mutationsausbeute an phagenresistenten Zellen bedeutend erhöht werden.

Man kann die Bakterien auch — besonders wenn keine definierten Phagenstämme zur Verfügung stehen — im natürlichen Substrat, z. B. im unsterilen Boden, eine Zeitlang halten und dann reisolieren. Häufig haben sich bei mehreren solchen Passagen auch phagenresistente Stämme selektiert.

c) Besondere Methoden zur Mutantenherstellung

Bis vor kurzer Zeit ist die Züchtung von industriell interessanten mikrobiellen Hochleistungsstämmen weitgehend empirisch betrieben worden. Diese bereits beschriebenen empirischen Verfahren lassen sich bei Kenntnis der Biosynthesewege und der daran beteiligten Enzyme sowie bei Kenntnis wichtiger regulativer Vorgänge für biochemische Umsetzungen durch eine gezielte Züchtung und Selektion ergänzen, bzw. ersetzen.

Seit einigen Jahren gewinnt man immer tiefere Einblicke in die Koordination der einzelnen enzymatischen Reaktionen beim Abbau und besonders auch bei der Synthese der Bausteine und sekundärer Stoffwechselprodukte.

Katabolische, also dem Substratabbau dienende Enzyme, werden nur gebildet, wenn das betreffende Substrat in der Nährlösung vorliegt. Das Substrat „induziert" also die Enzymbildung. Hierbei bestehen drei verschiedene Möglichkeiten:

1. Jedes Enzym einer Abbaukette wird durch das Produkt des vorhergehenden Reaktionsschrittes induziert: Sequentielle Induktionen.

2. Sämtliche substratabbauende Enzyme werden gleichzeitig durch das Substrat oder durch das erste Umwandlungsprodukt induziert: Koordinierte Induktion.

3. Die Enzyme eines Abbauweges lassen sich in koordiniert regulierte Enzymgruppen unterteilen. Jede dieser Gruppen wird durch ein Reaktionsprodukt der vorhergehenden Gruppe induziert: Es besteht also eine Kombination der Möglichkeiten 1 und 2: Sequentielle Induktion von koordiniert regulierten Enzymen.

Anabolische, also der Synthese dienende Enzyme, werden normalerweise immer gebildet; die Menge ihrer Bildung unterliegt aber ebenfalls einer Regulation.

Enzyme haben zur Durchführung ihrer spezifischen Reaktion mit dem Substrat ein **katalytisches Zentrum**. An dieses wird das Substrat gebunden und von diesem wird nach Ende der Katalyse das neue Produkt abgegeben. Voraussetzung hierfür sind sterische und ladungsmäßige Eigenschaften des Substrates, an denen es vom Enzym „erkannt" wird. Geringfügige Strukturunterschiede des Metaboliten werden vom katalytischen Zentrum nicht immer wahrgenommen. Substanzen, die irrtümlich als Substrat erkannt werden, bezeichnet man als Antimetaboliten. Bernsteinsäure ist für die Succinatdehydrogenase der Metabolit, während Malonsäure die Funktion eines Antimetaboliten besitzt und in Konkurrenzhemmung um den Platz im katalytischen Zentrum des Enzyms steht: Kompetitive Hemmung.

Neben dem katalytischen Zentrum besitzt das Enzym mindestens noch eine 2. Bindungsstelle, das **regulatorische Zentrum**. Positive oder negative Effektoren steigern oder vermindern durch Anlagerung an diese Bindungsstelle die Enzymaktivität. Endprodukte können Effektoren sein und hemmen meistens die Enzymaktivität, so daß eine Endprodukt-Hemmung (Feedback-Regulation) eintritt.

Effektoren sind sterisch anders strukturiert als die Substrate der Enzyme. Man spricht daher von „allosterischen" Effektoren. Auch hier können „falsche Effektoren" mit kleinen sterischen Veränderungen zu Wirkungen führen, die für „richtige Effektoren" charakteristisch sind.

Sowohl die Synthese von Enzymen (einschl. des Vorliegens geeigneten Substrates) als auch allosterische Hemmung sind für die Stoffbildung außerordentlich bedeutsam. Die Regulation der Enzymsynthese durch Repression und Derepression ist ein langsamer Steuerungsprozeß, während die allosterische Hemmung, z. B. Endprodukt-Hemmung (Feedback-Hemmung) schnell wirkt.

Wird einer der beiden Regulationsmechanismen beispielsweise durch Mutation ausgeschaltet, so kommt es in der Regel zu einer Überproduktion und — wenn die Bedingungen hierfür vorliegen — zu einer Ausschaltung des betreffenden Zwischen- oder Endproduktes. So setzt z. B. eine Mutante von *Salmonella typhi*, bei der beide Regulationsmechanismen der Leucinbiosynthese gestört wurden, die Hälfte der zugesetzten Glucose in Leucin um.

Wird durch Mutation das allosterische Zentrum so verändert, daß der Endprodukteffektor unwirksam bleibt, so katalysiert das

Enzym ohne Kontrolle durch das Endprodukt dieses in großer Menge: Es liegt also eine allosterische Unempfindlichkeit vor.

Wird eines der beiden für die Regulation der Enzymsynthese verantwortlichen Gene, das Regulator- oder (und) das Operatorgen durch Mutation verändert, so kann das Versagen einer Repression eintreten. Die Biosyntheseenzyme liegen dann in einer 10- bis 25-fachen Konzentration in der Zelle vor: Konstitutiv dereprimierte Mutanten.

Zur Erkennung und Isolierung regulationsdefekter Mutanten, z. B. nach einer Bestrahlung bedient man sich der Antimetaboliten-Methode, die von Adelberg eingeführt wurde und nach dem folgenden Prinzip arbeitet: Ein Antimetabolit kann eine „falsche" Endprodukthemmung und (oder) eine „falsche" Endprodukt-Repression veranlassen. Dies ist für die Leucinbiosynthese in der Zelle durch Trifluorleucin möglich. Bei Zusatz einer geeigneten Konzentration dieser Substanz werden sämtliche normalen Zellen gehemmt, denn ihnen fehlt ja durch mangelnde Leucinbiosynthese die Möglichkeit einer Proteinbiosynthese. Nur die Zellen, die eine Mutation zum

Tabelle 10. *Übersicht über einige antimetabolit-resistente Mutanten von verschiedenen Arten von Mikroorganismen und die von den Mutanten angehäuften und ausgeschiedenen Verbindungen*

Antimetabolit	Ausgeschiedene Verbindungen	Species
p-F-Phenylalanin	Tyrosin	*Escherichia coli*
Thienylalanin	Phenylalanin	*E. coli*
Ethionin	Methionin	*E. coli*
Canavanin	Arginin	*E. coli*
5-Methyltryptophan	Tryptophan	*E. coli*
Thiazolalanin	Histidin	*E. coli*
Thiazolalanin	Histidin	*Salmonella typhimurium*
Tri-F-Leucin	Leucin	*S. typhimurium*
Norleucin	Methionin	*Escherichia coli*
6-Methyltryptophan	Tryptophan	*Salmonella typhimurium*
Sulfonamid	p-ABS	*Staphylococcus aureus*
β-Hydroxy-norvalin	Threonin	*Escherichia coli* K 12
Tri-F-Leucin	Leucin	*Neurospora crassa*
Triazolalanin	Histidin	*Salmonella typhimurium*
Valin	Isoleucin	*Escherichia coli* K 12
β-Hydroxy-norvalin	Threonin	*E. coli* K 12 (Gif 36)
3,4-Dehydroprolin	Prolin	*E. coli*

Regulationsdefekt erfahren haben, können sich entwickeln. Zumeist wird von diesen ein Antagonist des Antimetaboliten in größerer Menge ausgeschieden. Die Tabelle 10 auf Seite 57 zeigt einige Metaboliten und antagonistische Verbindungen, die ausgeschieden werden. Derartige Mutanten wurden zumeist von Enterobacteriaceae erhalten.

Bei verzweigten Biosynthesewegen sind mehrere Rückkopplungen eingeschaltet, so daß sowohl die Bildung der gemeinsamen Zwischenprodukte als auch die der Endprodukte kontrolliert erfolgt. Bei Mutationen müssen solche regulatorischen Verflechtungen, die häufig noch nicht vollständig aufgeklärt sind, berücksichtigt werden. Weiterhin muß allgemein berücksichtigt werden, daß die verschiedenen Mikroorganismenarten eine Vielfalt unterschiedlicher Regulationstypen ausgebildet haben, an deren Erforschung wir gegenwärtig erst am Anfang stehen.

d) Haltung von Produktionsstämmen

Ein fertiger Produktionsstamm muß in seinen Eigenschaften möglichst konstant gehalten werden, damit durch Überalterung, Rückmutation und andere Degenerationserscheinungen keine Produktionsverluste eintreten. Die Aktivitätserhaltung kann auf verschiedene Art und Weise erreicht werden.

Zunächst bemüht man sich, die Zahl der Überimpfungen dadurch möglichst gering zu halten, daß man auf verschiedene Weise das Wachstum des Mikroorganismus verlangsamt und jeweils viele parallele Impfungen herstellt, von denen der Stamm zur Produktion vermehrt wird.

Wenn möglich, wird der Stamm lyophil getrocknet. Viele Bakterien, Streptomyceten und auch einige Pilze lassen sich so getrocknet jahrelang in gleichbleibender Aktivität erhalten. Hierzu werden die Mikroorganismen in eiweißhaltigen Lösungen gezüchtet oder auch nur aufgeschwemmt, in kleine Ampullen gefüllt und dann in einer Gefriertrocknunganlage schnell im Vakuum getrocknet. Im trocknen Zustand werden die Ampullen evakuiert, oder mit Stickstoff oder einem anderen indifferenten Gas gefüllt und abgeschmolzen. Bei Bedarf werden sie wieder aufgeschnitten, der Inhalt wird mit Wasser oder Nährlösung versetzt und dann zur Impfung verwendet.

In anderen Fällen genügt es, Mikroorganismen mit verschiedenen Substraten bei normalen Temperaturen einzutrocknen. Sporen lassen sich z. B. in trocknem Sand konservieren, nachdem sie vorher mit

Eiweißlösungen überzogen wurden. Es ist auch möglich, Kulturen mit flüssigem Paraffin zu überschichten, so daß dadurch Wachstum und Austrocknung weitgehend eingeschränkt werden. In vielen Fällen wird die Lebensfähigkeit der Mikroorganismenkeime durch Zusatz bestimmter Substanzen, z. B. von Glycerin, Proteinen, Dimethylsulfoxyd u. a. wesentlich erhöht. Manche Hefen lassen sich in 10 %iger Saccharoselösung jahrelang lebend und aktiv erhalten. Die Kulturen von butanolbildenden *Clostridium*-Arten verlieren durch fortlaufende Überimpfungen sehr schnell ihre Aktivität, so daß sie häufig regeneriert werden müssen.

Um einen Stamm zu regenerieren, erhitzt man eine Flüssigkeitskultur etwa 1—2 min lang auf 100° C und kühlt sie anschließend sofort ab. Dadurch werden die vegetativen Formen und die weniger resistenten Sporen abgetötet, so daß bei einer Weiterkultivierung nur die für den technischen Prozeß am besten geeigneten Sporen auskeimen. Nun kultiviert man die Sporen, wiederholt den ganzen Vorgang und erhält eine weitere Auslese noch besser geeigneter Stämme. Mit dieser Methode hat Weizmann seine Stämme, die er zur Produktion verwendet hat, 100—150mal regeneriert und damit ausgezeichnete Produktionseigenschaften selektiert.

Zur Konservierung der Clostridien hat sich die Sandkultur bewährt. Einige Tropfen einer sporenhaltigen Lösung werden hierbei in einem erdhaltigen Röhrchen aufgesogen und getrocknet. Nach dem Evakuieren werden die Gefäße luftdicht verschlossen. Die Sporen bleiben bei dieser Konservierungsart jahrelang am Leben, müssen aber vor einer Weiterverwendung durch Hitzepassagen auf die geschilderte Art in ihrer Aktivität aufgefrischt werden.

II. Grundlagen der Fermentationen
1. Ablauf industrieller Fermentationen

Fermentationen sind Prozesse, bei denen mit Hilfe von Mikroorganismen bestimmte Produkte verändert werden. Geschieht dies unter Ausschluß von Sauerstoff, so spricht man von Gärungen, wird Sauerstoff benötigt, so spricht man von oxidativen Fermentationen oder auch nur von Oxidationen. Bei den meisten Fermentationen wird eine Reihe ähnlicher technischer Prozesse durchgeführt, so daß sich Verallgemeinerungen hinsichtlich des Gesamtfermentationsvorganges machen lassen. Es müssen zumeist die folgenden Grundarbeitsgänge durchgeführt werden (vgl. Abb. 22):

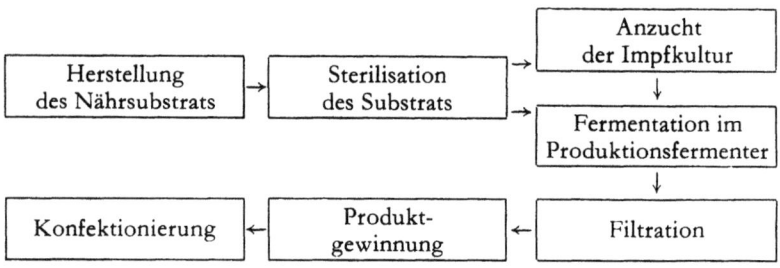

Abb. 22. Grundlegende Arbeitsgänge bei Fermentationen

a) Herstellung und Sterilisation des Substrates

Bei der Herstellung der Nährlösung (der Maische) muß das Ausgangssubstrat häufig von Hemmstoffen befreit werden, z. B. Melasse durch Klärung, Zellstoffablaugen vom Sulfit durch Erhitzen und Belüften u. v. m. (vgl. S. 196). Vielfach müssen die Ausgangssubstanzen auch vor der Fermentation verändert werden, z. B. durch Verzuckerung der Stärke mit Amylasen bei der Bierherstellung. Weiterhin müssen komplexe Substrate häufig durch Zusatz bestimmter Nährstoffe vervollständigt werden. Für diesen Zweck sind vorher eingehende Analysen der betreffenden Substrate nötig.

Die zur Nährlösung verwendeten Substanzen werden in Kesseln, in denen Rührsysteme, sowie Heiz- und Kühleinrichtungen installiert sind, mit Wasser versetzt (eingemaischt), häufig gekocht und anschließend sterilisiert (vgl. S. 86). Komplexe Ausgangssubstrate für Fermentationen sind bereits beschrieben worden (vgl. S. 17).

b) Herstellung der Impflösung

Um schon zu Beginn einer Fermentation ein intensives Mikroorganismenwachstum zu erzeugen, muß der Hauptfermenter mit

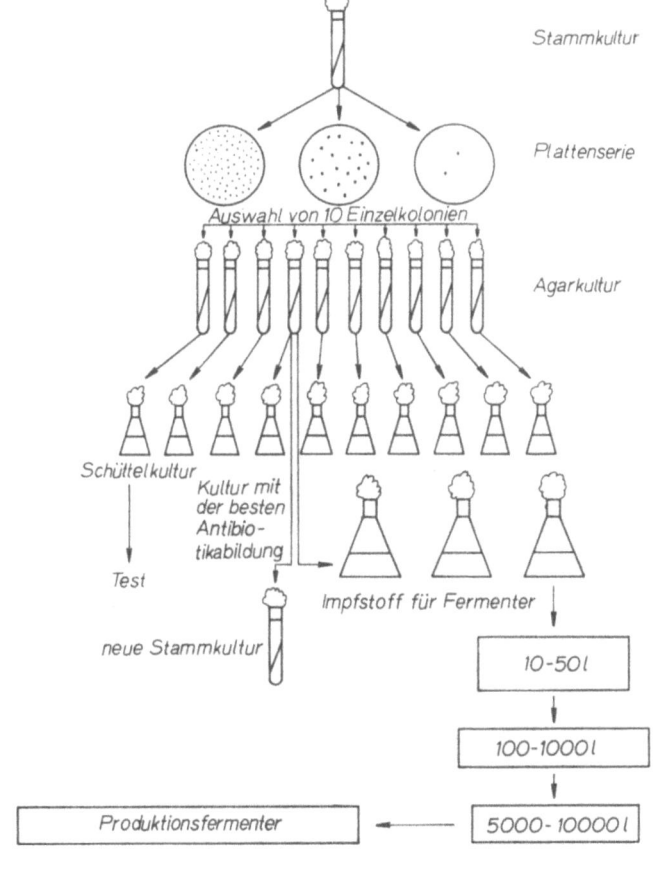

Abb. 23. Anzucht einer Impfkultur für den Produktionsfermenter

einer relativ großen Menge an Mikroorganismenkeimen beimpft werden. Hierzu werden die Mikroorganismen vor der eigentlichen Fermentation vermehrt (propagiert).

Dies geht für die Mikroorganismenzucht in Submerskultur in verschiedenen Stufen vor sich (vgl. Abb. 23).

Im vorliegenden Beispiel wurde immer eine Kultur zur Beimpfung etwa des 10 fachen Volumens an Nährlösung verwendet. Dieses Anzuchtverhältnis gilt für viele Fermentationen. In anderen Fällen können auch größere Substratmengen mit weniger Mikroorganismen beimpft werden. In wieder anderen Fällen, z. B. bei der Massenzucht von Hefezellen müssen z. T. Impfschritte mit kleineren Substratmengen vorgenommen werden.

Während der Zucht in den Impffermentern werden die Mikroorganismen bereits in der Nährlösung, die zur Zucht im Produktionsfermenter verwendet wird, vermehrt, beziehungsweise an das betr. Substrat gewöhnt. In vielen Fällen werden zur Beimpfung eines Impffermenters die Inhalte mehrerer Schüttelkulturen verwendet, z. B. kann ein Impffermenter mit 100 l Inhalt mit den Mikroorganismen aus 10 1 l-Gefäßen, die in Schüttelkultur gezüchtet worden waren, beimpft werden.

c) Fermentation

Wenn die ausreichende Mikroorganismenmenge angezüchtet worden ist, kann im Produktionsfermenter die Hauptfermentation durchgeführt werden. Die Bemessung des Produktionsfermenters richtet sich nach dem herzustellenden Produkt. Bisher ist es in vielen Fällen noch nicht möglich, aus kleinen Ansätzen Aussagen über die Ausbeuten in großen Ansätzen zu machen, sondern die Ergebnisse müssen gegenwärtig noch empirisch gewonnen werden. Häufig ist die Ausbeute beispielsweise in einem Fermenter mit doppelter Größe keineswegs doppelt so groß wie im Ausgangsfermenter. Diese im "scale up" begründeten Probleme sind rechnungsmäßig bisher noch nicht zu erfassen.

Einzelheiten über Fermenter vgl. S. 68.

d) Filtration

In sehr vielen Fällen muß eine Abtrennung der Kulturflüssigkeit von den Mycelien durch Filtration erfolgen. Hierzu haben sich

Vakuumrotationsfilter als kontinuierlich arbeitende Filter gut bewährt. Die Nährlösung wird mit den Zellen in den Trog des Filters eingebracht. Die Filtertrommel wird durch eine Vakuumpumpe evakuiert. Im Innern des Filters bewegt sich im entgegengesetzten Drehungssinn eine längliche Kammer. In diese Kammer wird schubweise komprimierte Luft eingeblasen, mit deren Hilfe die filtrierten Zellen (z. B. das Mycel, das sich der Filtrierfläche angelegt hatte) fortwährend entfernt werden. Das Mycel, bzw. die Mikroorganismenzellen verbessern die Filtrationswirkung wesentlich. Durch Drehen der Trommel kommt die gereinigte Filterfläche immer wieder in den Filtertrog (Abb. 24).

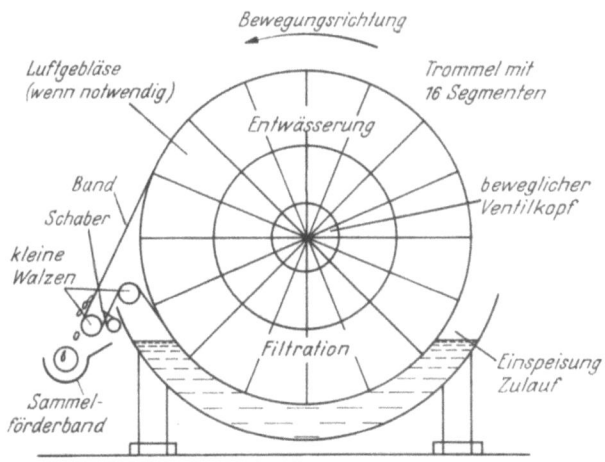

Abb. 24. Schema eines Vakuumrotationsfilters (nach Webb, 1964, S. 521)

In mehrkammerigen Filtertypen kann die Lösung mehrmals filtriert werden. Bei einem anderen Typ (Dorr-Oliver) wird mit Filterhilfsmitteln, z. B. Kieselgur gearbeitet. Diese werden auf die Filterschicht aufgetragen. Mit einem Schaber wird die Mikroorganismenschicht auf dem Kieselgurfilter immer in gleicher Höhe abgenommen. Weitere Filterhilfsmittel sind Cellulose, Asbest, Perlit (ein Stoff vulkanischen Ursprungs, der zur Gruppe der Rhyolite gehört) u. v. a.

Mit Plattenfiltern lassen sich nur solche Lösungen filtrieren, die nicht allzu große Mengen an Verunreinigungen enthalten, da diese die Filterplatten (Abb. 25) schnell verstopfen würden.

In vielen Fällen wird das Zellmaterial kontinuierlich, oft in mehreren Stufen abzentrifugiert, bes. wenn man die Zellen gewinnen will.

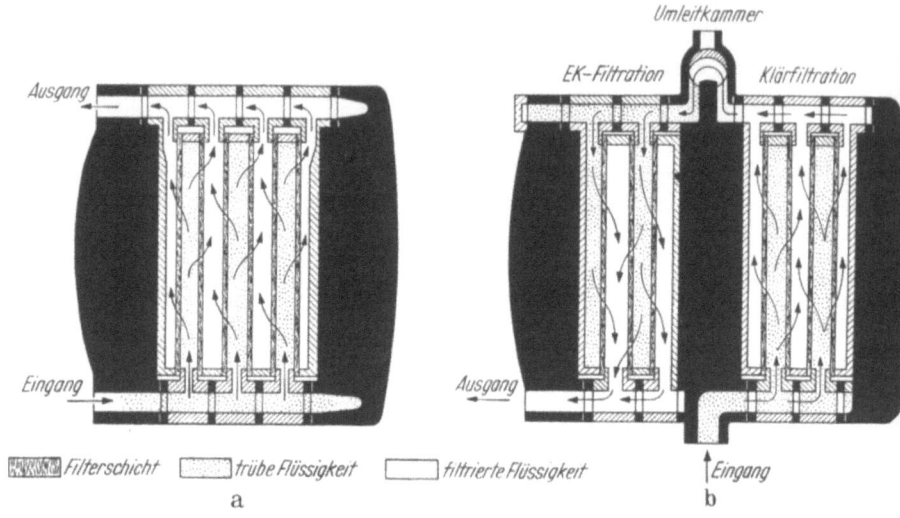

Abb. 25 a u. b. Seitz-Schichtenfilter. a Schematische Darstellung des Filtrationsverlaufs bei der klärenden und entkeimenden Filtration; b schematische Darstellung des Filtrationsverlaufs bei Verwendung einer Umleitkammer (aus Schormüller, 1961, S. 230)

e) Produktgewinnung

Zur Isolierung des Rohproduktes werden Adsorptions-, Fällungs- und Extraktionsverfahren angewandt.

Adsorptionsverfahren wurden z. B. für Antibiotica anfangs sehr viel angewandt. Man adsorbierte besonders an Aktivkohle (für die Streptomycingewinnung ist dieses Verfahren lange Zeit in Gebrauch gewesen) und eluierte mit Säuren.

Die einfachen Adsorptionsverfahren sind in den meisten Fällen durch Adsorption an Ionenaustauschersäulen verdrängt worden. Hierbei findet ein Austausch zwischen den im Adsorbens vorhandenen Kationen und den Kationen des Adsorbendums, resp. den Anionen beider Partner statt. Solche Vorgänge des Platzwechsels der Kationen zweier Partner bzw. der Anionen zweier Partner finden z. B. an Austauschharzen statt:

Kationenaustauscher: Na-Harz + $A_1Cl \rightleftarrows A_1$-Harz + NaCl
oder H-Harz + $NaA_2 \rightleftarrows$ Na-Harz + HA_2
Anionenaustauscher: Harz-OH + $KA_2 \rightleftarrows$ Harz-A_2 + KOH

A_1 und A_2 sind als Kationen oder Anionen aufzufassen.

Die Regenerierung des Austauschers erfolgt im umgekehrten Sinn der angeführten Gleichungen, z. B. mit NaCl, HCl oder KOH. Sehr viele Antibiotica (z. B. Streptomycin) und andere Substanzen werden gegenwärtig mit Austauschern isoliert.

Fällungsreaktionen können entweder in der abfiltrierten Kulturflüssigkeit oder schon während der Fermentation, wenn sich die Mikroorganismen noch in dem Substrat befinden, vorgenommen werden. Eine typische Fällung während der Fermentation ist die Fällung von Milchsäure als Ca-Lactat. Häufig wird die Eigenschaft vieler Verbindungen, unlösliche Komplexsalze zu bilden, für Fällungsreaktionen ausgenutzt.

Extraktionen aus Kulturflüssigkeiten spielen bei der Isolierung eine große Rolle, z. B. bei der Gewinnung von Penicillin. Es findet hierbei eine Verteilung eines Stoffes zwischen zwei flüssigen Phasen statt:

$$K = \frac{C_1}{C_2}$$

Technisch werden bei der Extraktion folgende Vorgänge durchgeführt:

a) Mischung von Extraktionsgut und Extraktionsmitteln,

b) Trennung der gebildeten Phasen in Separatoren,

c) Rückgewinnung des Extraktionsmittels und Gewinnung der extrahierten Verbindung.

Bei der Extraktion wird das Extraktionsgut meistens mehrmals extrahiert. Hierzu werden Gegenstromverfahren angewandt, bei denen der Wirkungsgrad wesentlich höher als bei den Gleichstromverfahren liegt. Beim Gegenstromverfahren trifft einmal das mit einer Verbindung angereicherte Lösungsmittel mit der frischen Kulturflüssigkeit und zum anderen das frische Extraktionsmittel mit der schon weitgehend von dieser Verbindung befreiten Kulturflüssigkeit (dem Raffinat) zusammen (Vgl. Abb. 26).

Das frische Extraktionsmittel kann in der ersten Stufe die bereits zweimal extrahierte Kulturflüssigkeit von der restlichen Menge der Substanz extrahieren. In der zweiten und dritten Stufe wird die Kulturflüssigkeit durch das bereits ein-, bzw. zweimal zur Extraktion verwendete und dadurch mit Substanz angereicherte Lösungsmittel extrahiert.

Man verwendet möglichst solche organischen Lösungsmittel, deren Löslichkeit in Wasser gering ist. Die technische Extraktion

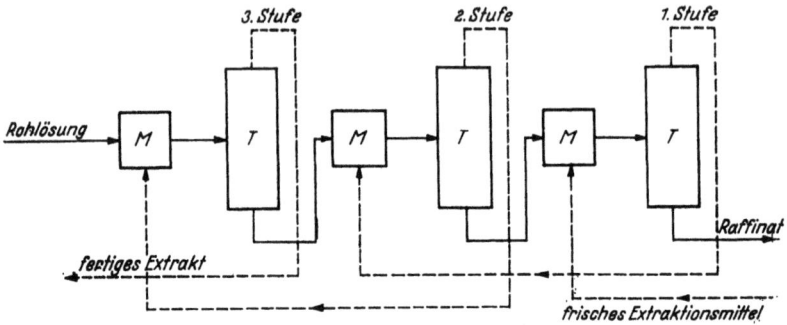

Abb. 26. Schematisches Fließdiagramm für eine dreistufige Gegenstromextraktion. Zeichenerklärung: M = Mischer, T = Trenner (aus Brunner u. Machek, 1962, S. 191)

wird in Extraktionsmaschinen durchgeführt, in denen in kürzester Zeit eine mehrstufige Gegenstromextraktion in einem Arbeitsgang vor sich geht.

Im Podbielniak-Extraktor werden die Kulturflüssigkeit und das Extraktionsmittel in dünner Schicht aneinander vorbeigeleitet, so daß der Austausch der Substanz hier durch Diffusion erfolgt und nicht durch fortwährendes Mischen und Trennen beider Phasen. In einem

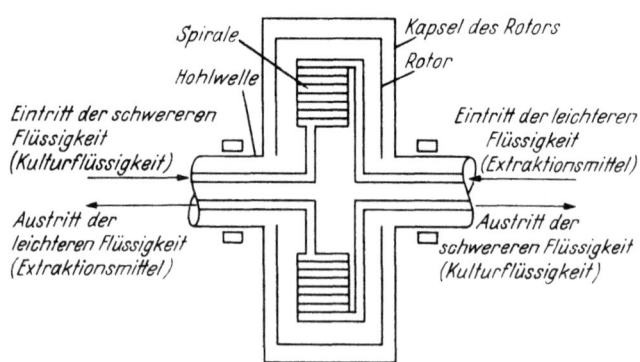

Abb. 27. Schema des Flüssigkeitsweges durch den Rotor des Podbielniak-Extraktors (aus M. Herold, 1956)

Rotor ist eine Spirale angebracht, durch welche die beiden Phasen (Kulturflüssigkeit und – meistens leichteres – Extraktionsmittel) durch die Zentrifugalkraft gegeneinander hindurchlaufen müssen und am Ende, bzw. am Anfang wieder getrennt werden (Vgl. Abb. 27).

Beim Luwesta-Extraktor werden mehrere Separatoren auf einer Welle vereinigt, so daß die Kulturflüssigkeit mit dem Extraktionsmittel gemischt und wieder davon abgetrennt wird. Dieses Mischen und Trennen erfolgt im Gegenstrom dreimal, ist also mit drei Extraktionsstufen zu vergleichen. Die Abb. 28 zeigt das Schema eines

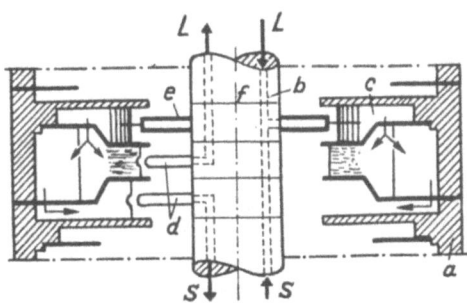

Abb. 28 a. Vereinfachtes Schema einer Extraktionsstufe des Luwesta-Extraktors. Zeichenerklärung: a = umlaufende Zentrifugentrommel, b = starre Hohlwelle, c = Verteiler, d = Sammelrohr, e = Mischrohr (Mischdüse), f = Zentralrohr, L = leichte Phase, S = schwere Phase (aus Herold, 1956, S. 46)

Luwesta-Extraktors, das im Prinzip mit dem Schema der Abb. 26 zu vergleichen ist. Die Fraktionen werden mit einer brauseähnlichen durchlöcherten Scheibe miteinander vermischt und im Verteilungsbehälter, der ein Teil der rotierenden Trommel ist, wieder voneinander getrennt.

Die Extraktionen gehen in beiden Extraktoren sehr schnell vor sich, so daß in den meisten Fällen eine zusätzliche Kühlung nicht notwendig ist. Die Extraktionsausbeute ist bei geeigneten Lösungsmitteln sehr hoch.

An die Isolierung des Rohproduktes schließen sich noch weitere Reinigungsvorgänge an. Die reinen Substanzen z. B. Antibiotica müssen häufig vor der Abfüllung sterilisiert werden. Hierzu wird die Substanz gelöst, durch geeignete Filter steril filtriert und in gelöstem Zustand steril in die Ampullen o. ä. Gefäße abgefüllt.

Erst dann wird die Flüssigkeit durch Gefriertrocknung entfernt, so daß die reine sterile Substanz zurückbleibt. Durch die vorherige Lösung lassen sich auch geringe Konzentrationen sehr genau dosieren.

Sollen nur die Rohprodukte hergestellt werden, so genügt es oft, nur die mikroorganismenhaltigen Substrate zu trocknen und zu pulverisieren, oder wie z. B. bei vielen technischen Enzymen, eine Extraktion mit Pufferlösungen und anschließender schonender Einengung vorzunehmen.

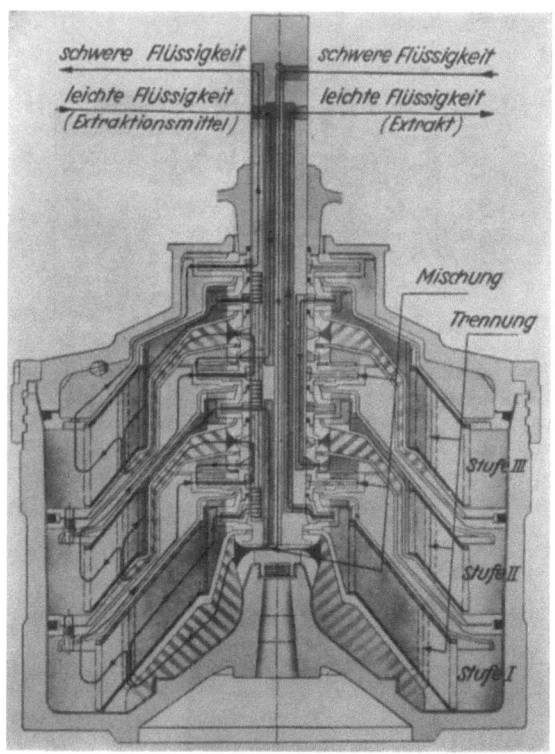

Abb. 28 b. Querschnitt durch einen Luwesta-Extraktor

2. Fermentationsverfahren

Seit man Mikroorganismen und ihre Stoffwechselprodukte in großer Menge herstellt, hat man immer neue Methoden zur technischen Mikroorganismenzucht entwickelt. Fast sämtliche gegenwärtig technisch verwendeten Verfahren oder zur Verwendung vorgeschlagenen Verfahren zur Mikroorganismenzucht lassen sich in Oberflächenverfahren und Submersverfahren unterscheiden. Zwischen beiden Gruppen bestehen allerdings gewisse Übergänge.

a) Oberflächenverfahren

Bei den Oberflächenverfahren werden Mikroorganismen auf den Oberflächen flüssiger, halbfester oder fester Substrate gezüchtet. Auf Flüssigkeiten bildet sich in vielen Fällen eine zusammenhängende Mikroorganismenhaut, die bei Pilzen als Myceldecke bezeichnet wird. Auch halbfeste und feste Substrate werden mit einer derartigen Haut überzogen, Pilzmycelien wachsen hier meistens tiefer als bei Flüssigkeiten in die Substrate hinein. Die gesuchten Stoffwechselprodukte diffundieren entweder in das Nährmedium oder bleiben in den Mikroorganismenzellen oder befinden sich in beiden und müssen dann entsprechend isoliert werden.

Oberflächenverfahren werden vor allem im Laborbetrieb wegen ihrer einfachen Handhabung sehr viel angewandt, sind aber auch bei verschiedenen technischen Verfahren (z. B. bei manchen Enzymherstellungen oder den meisten Citronensäurefermentationen) noch unumgänglich.

Verwendung von Flaschen und Kolben. In kleinen, zumeist labortechnischen Verfahren werden die Mikroorganismen in Spezialgefäßen, den sog. Penicillinkolben oder Fernbachkolben (vgl. Abb. 41) gezüchtet. Die Bildung des erwünschten Stoffwechselproduktes ist hier abhängig von der Höhe der Flüssigkeitsschicht, der Größe der Oberfläche und der Menge der Nährflüssigkeit. Je größer die Oberfläche ist, desto besser ist die O_2-Versorgung der Myceldecke und je geringer die Schichthöhe ist, desto intensiver ist innerhalb bestimmter Grenzen die Bildung des Stoffwechselproduktes. Die Gefäße haben meistens einen Inhalt von 2—4 l und enthalten 0,5—2 l Nährlösung bei einer Schichthöhe von 1,5—4 cm. Die Kolben werden mit Nährlösung gefüllt, sterilisiert und mit Hilfe einer Spritzpipette mit einer feinen Keimsuspension beimpft und in Bruträumen bebrütet.

Nach etwa 7—10 Tagen ist bei Schimmelpilzen — bei Streptomyceten und Bakterien meistens früher — die optimale Mikroorganismenentwicklung abgeschlossen, so daß die Kulturflüssigkeit oder das Mycel (z. B. bei der Tyrothricin-Fermentation) gesammelt und aufgearbeitet werden kann.

Um eine allzu häufige Flaschensterilisation und Beimpfung zu vermeiden, hat man bei Pilzzüchtungen vielfach die Kulturflüssigkeit aus den Flaschen steril abgezogen und gleichzeitig sterile Nährlösung unter die intakte Myceldecke geschichtet, so daß die alte Myceldecke in dem neuen Substrat wieder Stoffwechselprodukte bilden konnte. Im Labor läßt sich eine derartige Manipulation mehr als zehnmal durchführen, bis der Kolben infiziert ist. Im großtechnischen Versuch liegt die Begrenzung schon bei zwei- bis dreimaliger Unterschichtung der Myceldecken mit neuer Nährlösung.

Oberflächenverfahren mit Flaschen und Kulturkolben wurden anfangs in sehr großem Ausmaß bei der Antibioticaherstellung angewandt, so hatte z. B. eine große Fabrik in den USA zeitweilig bis zu 750 000 Flaschen in Betrieb. Die Handhabung dieser großen Menge von Kulturflaschen erforderte natürlich einen enormen Aufwand an Personal, Energie und Brutraum. Daher waren auch Antibiotica, solange sie in derartigen Oberflächenverfahren hergestellt werden mußten, sehr teuer.

Gärtassenverfahren. Dieses von Schröder und Brandl entwickelte Verfahren ist eine wesentliche Weiterentwicklung des allgemeinen Oberflächenverfahrens mit Flaschen und besonders für die Herstellung solcher Substanzen, die sich in den Zellen der Mikroorganismen befinden, wie z. B. das Tyrothricin, geeignet.

Flache Schalen (Gärtassen) werden in einem geschlossenen sterilisierbaren Metallbehälter übereinander angeordnet, so daß der ganze Behälter gefüllt ist. Die schon beimpfte Nährlösung wird automatisch in die oberste Schale gefüllt. Diese hat eine Überlaufeinrichtung, durch welche die Nährlösung nach der Füllung in die nächst untere Gärtasse laufen kann und von dieser nach Füllung wieder in die darunter liegende und so fort, bis alle Gärtassen gefüllt sind. Der ganze Behälter kann bebrütet und steril belüftet werden, so daß praktisch große Mengen an Oberflächenkulturen auf technisch einfache Weise und auf engstem Raum hergestellt werden können. Getrennte Zucker- und Nährlösungskocher können dieses Verfahren noch weiter automatisieren (vgl. Abb. 29).

Bei Verwendung fester Substanzen, z. B. bei der Herstellung von Amylasen mit Pilzen aus Weizen- oder Reiskleie wird das im strömenden Dampf sterilisierte feste Substrat nach Beimpfung mit Sporen des betr. Pilzes auf Siebe oder Pfannen in 2—3 cm hoher Schicht ausgebreitet. Die Siebe bzw. Pfannen werden übereinander in

Brutschränke gesetzt und bei hoher Luftfeuchtigkeit bebrütet. Nach Abschluß des Pilzwachstums wird das Substrat weiter aufgearbeitet.

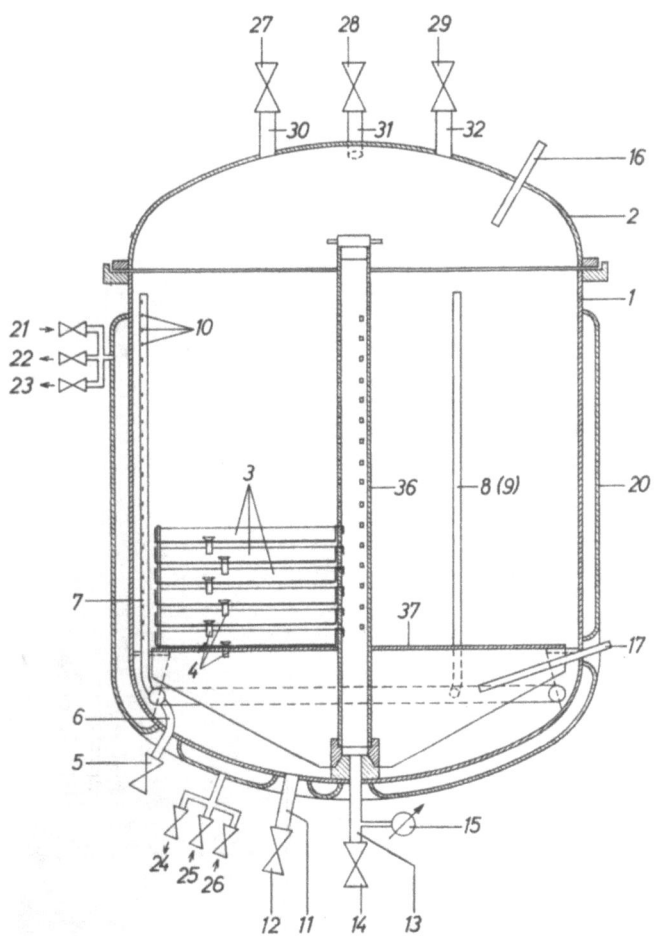

Abb. 29. Längsschnitt eines Gärtassenbehälters. Zeichenerklärung: *1* = Behälter, *2* = Deckel, *3* = auswechselbare Gärtassen, *4* = Überlaufvorrichtungen, *5—9* = Belüftungseinrichtungen, *10* = Luftaustrittsöffnungen, *11* = Entleerungsstutzen, *12* und *14* = Ventile, *13* = Entlüftungsstutzen, *15* = Manometer, *16* und *17* = Thermometerstutzen, *20* = Doppelwand, *21—26* = Armaturen für Heizdampf *(21, 24)*, Kühlwasser *(22, 25)* und Umlaufwasser *(23, 26)*, *27—32* = Nährlösungszulauf, *36* = perforiertes mittleres Tragrohr, *37* = durchlöcherter Tragboden (aus Brunner u. Machek, 1962, S. 158)

Die Adsorption von Mikroorganismen an Trägersubstanzen und nachfolgender Berieselung mit Nährlösung, der sog. gefüllte Turm (Abb. 30), ist zwar noch als Oberflächenkultur anzusehen, aber dann,

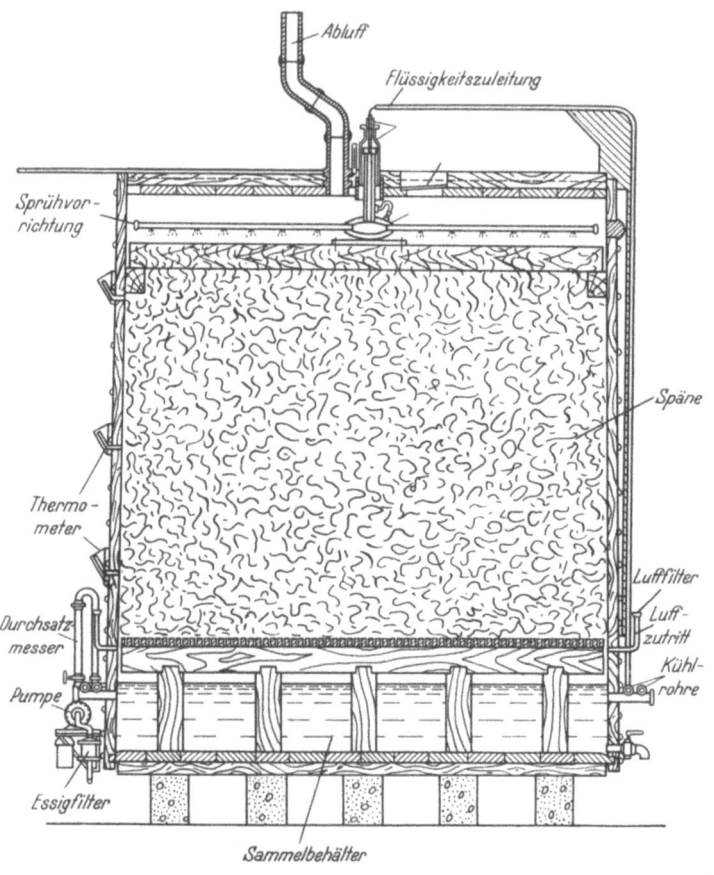

Abb. 30. Gefüllter Turm: Querschnitt durch einen Frings-Essiggenerator (aus Heiss, 1950, S. 297)

wenn die Berieselung sehr stark ist, d. h. wenn die Mikroorganismen längere Zeit völlig unter der Nährlösung wachsen, liegt hier schon ein Übergang zur submersen Fermentation vor.

Oberflächenverfahren werden z. B. zur Gewinnung von Massenkulturen für die Impfstoffherstellung (z. B. bei der Zucht von BCG-

Stämmen), zur Herstellung mancher Antibiotica, zur Gewinnung von Enzymen auf festen Substraten, z. B. mit *Aspergillus oryzae*, zur Essigsäureherstellung und in vielen Abwasseranlagen als Tropfkörper technisch angewandt.

b) Submersverfahren

Bei der Submerszucht wird der Mikroorganismus nicht auf der Oberfläche eines Substrates, sondern innerhalb einer Nährlösung gezüchtet. Die Sauerstoffversorgung geschieht dabei aus der Luft, die sich über der Oberfläche befindet oder durch Belüfter, die Luft direkt in die Lösung drücken (ausführliche Darstellung der Belüftung vgl. S. 95).

Eine sehr einfache Art der Submerszucht ist die **Schüttelkultur**, die im Labormaßstab und auch zur Anzucht von Impfmaterial für Impffermenter angewandt wird. Die Mikroorganismen werden in einer Nährlösung in Glasgefäßen, die auf einer Schüttelmaschine dauernd bewegt werden, gezüchtet. Die Glasgefäße (z. B. Erlenmeyerkolben) sind zur Erhöhung der Strömungsturbulenz häufig innen mit flächigen Ausbuchtungen, den sog. Schikanen versehen. Es gibt Schüttelmaschinen mit kreisförmiger (Rundschüttler) oder linearer Bewegung (Reziprokschüttler). Schüttelmaschinen haben meistens variable Schüttelgeschwindigkeiten; die Flaschen können auch bei Temperaturkonstanz gehalten werden. Bei neuen Konstruktionen ist der Angriffspunkt der Antriebskraft genau in den Schwerpunkt des sich bewegenden Oberteils gelegt worden. Für größere Volumina, etwa ab 5 l sind sog. **Submersfermentationstanks** konstruiert worden (vgl. Abb. 31).

Das Fassungsvermögen eines Fermentationstanks kann mehr als 200 000 l, je nach dem Verfahren, das mit ihm durchgeführt werden soll, betragen. Zur Anzucht von Impfmaterial verwendet man wesentlich kleinere Tanks. Der Submerstank ist dicht verschließbar und hitzebeständig, so daß er mit Dampf sterilisiert werden kann, denn — wie bereits erwähnt — werden viele Submersverfahren völlig frei von Fremdinfektionen durchgeführt. Ein Wassermantel oder Schlangenrohre im Inneren oder an den Außenwänden der Tanks machen eine Heizung oder Kühlung des Inhaltes möglich. Ein Rührwerk mit mehreren Rührflügeln befindet sich im Tankinnern. Hiermit läßt sich die Rührgeschwindigkeit je nach Bedarf regulieren. Zu Beginn der Fermentation wird im allgemeinen schwächer gerührt als zu Ende der Fermentation wenn sich viel Mycelien oder Zellen gebildet haben und der ganze Inhalt oft fast breiartig geworden ist. Unter dem Rührwerk befindet sich ein Luftverteiler. Aus diesem werden genau dosierte Mengen steriler Luft sehr fein verteilt in die

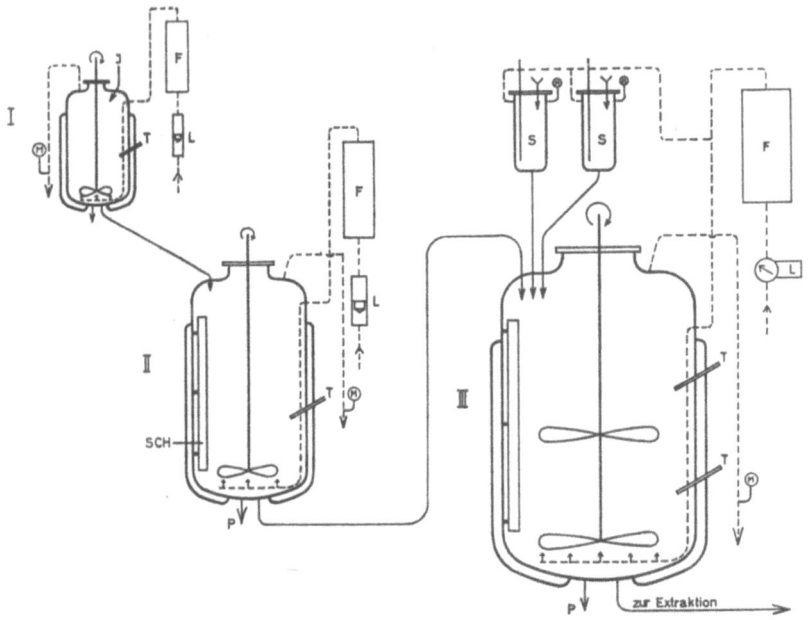

Abb. 31. Schema einer dreistufigen Fermentationsanlage. Zeichenerklärung: I = 1. Fermentationsstufe (Vorfermenter oder Impffermenter), II = 2. Fermentationsstufe (Zwischenfermenter), III = 3. Fermentationsstufe (Produktionsfermenter). F = Luftfilter, I = Impfvorrichtung, L = Luftmeßgerät, M = Manometer, P = Probeentnahme, SCH = Schikanen, T = Temperaturmeßgerät, S = Zusatzgerät, — = Weg des Fermentationsgutes, --- = Weg der Luft (aus Brunner u. Machek, 1962, Bd. I, 1, S. 169)

Flüssigkeit gedrückt und gehen durch die Kulturlösung bis zur Oberfläche des Substrates. Für einen Fermenter von 100 000 l Inhalt werden zur Herstellung vieler Antibiotica etwa 50 000—80 000 l Luft/min benötigt.

Die Luftsterilisation wird durch Filtration und Adsorption vorgenommen. Man preßt die Luft durch eine Schicht von Glaswolle, Baumwolle oder Aktivkohle, die in einem Stahlbehälter eingepreßt ist. Vor Inbetriebnahme muß der Filter sterilisiert werden. Während die Luft den Filter passiert, werden die Keime an die als Filter dienenden Substanzen adsorbiert (Einzelheiten vgl. S. 92). Die Sterilisationswirkung eines solchen Filters hält je nach Sauberkeit der Luft einige Wochen bis etliche Monate an.

Der Fermentationstank besitzt eine Öffnung zum Einlauf der Nährlösung. Die Nährlösung wird oft stark konzentriert in den Tank gegeben und dann mit Wasserdampf, der im Tank kondensiert, auf die erwünschte Menge aufgefüllt und dabei gleichzeitig sterilisiert, wenn nicht bereits vorher eine Sterilisation im Durchlauferhitzer vorgenommen worden war (vgl. S. 86). Eine weitere Öffnung dient zum Einpumpen der Impflösung. Ferner werden die Vorstufen (precursor) und Antischaummittel während der Fermentation durch geeignete Öffnungen dem Nährsubstrat zugesetzt.

Bei vielen Fermentationen tritt eine Schaumbildung auf, die unbedingt verhindert werden muß. Methoden zur Entschäumung von Fermentationsflüssigkeit werden auf S. 109 ausführlich beschrieben.

Eine am oberen Teil des Tanks angebrachte Sichtklappe gestattet eine optische Kontrolle während der Fermentation und einen Eintritt in den Tank nach der Fermentation zur Tankreinigung. Die pH-Messung und Temperaturkontrolle erfolgen automatisch. Aus weiteren Öffnungen können Proben aus dem Tankinhalt entnommen werden. Überschüssige Luft und Gase treten aus einer Öffnung oben am Tank aus. Am unteren Teil des Tanks befindet sich ein Anschluß, aus dem der gesamte Tankinhalt zur Aufarbeitung herausgepumpt wird. Bei sterilen Verfahren stehen sämtliche Ventile des Submerstanks und der angeschlossenen Anlagen während der Fermentation unter Dampfdruck, um ein Eindringen von Infektionskeimen zu verhindern.

Beim aeroben, sterilen Submersverfahren wird der Sauerstoff, den die Mikroorganismen der Nährlösung ständig entziehen, durch die ausreichende Belüftung fortwährend nachgeliefert. Die Technik der Belüftung spielt hierbei eine wesentliche Rolle, weil Entwicklungsgeschwindigkeit der Organismen und Bildung des Stoffwechselproduktes wesentlich von der Sauerstoffzufuhr abhängig sind. Einzelheiten vgl. S. 95.

Submersfermenter sind für sehr unterschiedliche Zwecke konstruiert worden. Dabei haben die Technik der Bewegung des Substrates als auch ganz besonders die Art der Belüftung viele Abwandlungen erfahren.

Zur Submerszucht sehr empfindlicher Zellen, z. B. von tierischen Zellen, ist das Rührsystem auf Vibration (Vibromixer) umgestellt worden, da ein herkömmlicher Rührpropeller die Zellen zu stark schädigen würde. Die Wirkung des Vibromixers beruht auf dem Bernoulli-Effekt. Anstelle des Rührers befindet sich an einem Schaft im Innern des Gefäßes eine Platte mit sich nach unten verjüngenden

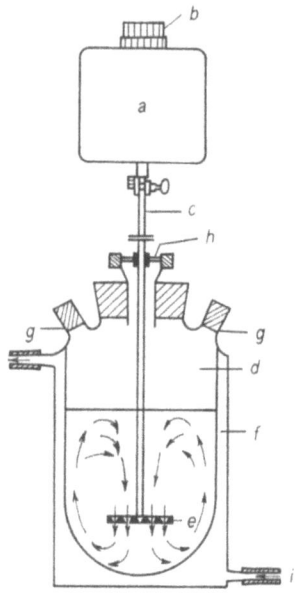

Abb. 32. Vibromix-Fermenter (Chemap). Zeichenerklärung:
$a =$ Antriebsmotor,
$b =$ Geschwindigkeitsregulation,
$c =$ Rührstab,
$d =$ Fermentationskessel,
$e =$ Vibrationsplatte,
$f =$ Wassermantel zur Kühlung, bzw. Heizung,
$g =$ Nährlösungsöffnungen,
$h =$ Impfstutzen,
$i =$ Luftzufuhr

Durchbohrungen. Diese Platte wird in Auf- und Niedervibration versetzt. Dadurch entstehen Druckdifferenzen in den Durchbohrungen in der Weise, daß die Flüssigkeit vom breiten zum schmalen Ende hin die Durchbohrungen durchfließt (vgl. Abb. 32). Die Zellen werden hierbei zwar gut bewegt, die Zellschädigungen werden jedoch auf ein Minimum reduziert. Die Luft kann in die Flüssigkeit eingeblasen werden, wird aber meistens durch die Bewegung der Oberfläche in die Flüssigkeit aufgenommen.

Submersfermentationen können auch mit Dialysation versehen werden. Dies ist dann notwendig, wenn viel toxische Stoffwechselprodukte von den Mikroorganismen bzw. tierischen Zellen gebildet werden, die sonst einen Wachstumsstillstand verursachen würden.

Bei einem Dialysator können toxische Stoffwechselprodukte durch eine semipermeable Membran auf Grund des Konzentrationsgefälles aus dem Fermenter in die Dialysierungslösung hinein und bei geeigneter Anordnung kann konzentrierte Nährlösung aus dem Dialysationsgefäß in den Fermenter diffundieren (vgl. Abb. 33).

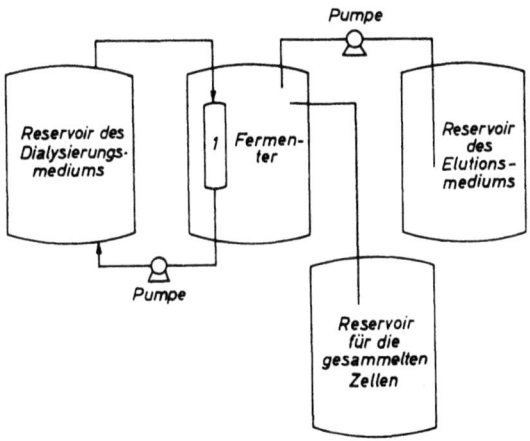

Abb. 33. Kontinuierliche Zucht tierischer Zellen im Submersverfahren mit Dialysator. Zeichenerklärung: *1* = Dialysemembran (aus Gori, 1965, Appl. Microbiol. Bd. 13, S. 94)

c) Semikontinuierliche und kontinuierliche Mikroorganismenzucht

Sowohl einige Oberflächenverfahren als besonders auch Submersverfahren können so gestaltet werden, daß sie über längere Zeiträume hinweg ununterbrochen, d. h. kontinuierlich geführt werden.

α) Semikontinuierliche Fermentation

Die bisher beschriebene Submerszucht wird im allgemeinen schubweise durchgeführt, d. h. es wird ein Tank mit Substrat gefüllt, beimpft und fermentiert (angelsächs. „batch"). Nach der Fermentation wird der gesamte Tankinhalt ausgestoßen und der Vorgang der Füllung, Beimpfung und Fermentation beginnt von neuem. Bei manchen Verfahren wird jedoch nicht für jeden Ansatz eine neue Impflösung hergestellt, sondern man behält einen Teil der fermentierten Lösung im Tank zurück, pumpt den Rest zur Aufarbeitung ab und füllt die zurückgebliebene Kulturflüssigkeit mit neuer unbeimpfter Nährlösung auf. Ein solches Verfahren stellt schon den Grundtyp einer semikontinuierlichen (halbkontinuierlichen) Fermentation dar, denn ein Teil der Mikroorganismen wird bereits kontinuierlich weitergezüchtet, während die Nährlösung immer noch schubweise zugesetzt wird. In semikontinuierlichen Fermentationsanlagen wird also eine intermittierende Zucht von Mikroorganismen durchgeführt. Solche Fermentationen bilden den Übergang von den direkten schubweisen (diskontinuierlichen) zu den vollkontinuierlichen Fermentationen und werden auch als „cyclisch kontinuierliche" Anlagen bezeichnet.

β) Kontinuierliche Fermentation

Wenn in einem Fermenter dem fermentierenden Substrat fortlaufend neue Nährlösung zugesetzt und in gleichem Maße fermentierte Nährlösung abgezogen wird, so hat man ein vollkontinuierliches Verfahren. Die Anlagen zur kontinuierlichen Fermentation lassen sich in verschiedene Typen einteilen. Man unterscheidet grundsätzlich zwischen einstufigen und mehrstufigen kontinuierlichen Fermentationen.

Einstufige kontinuierliche Systeme

Rührfermenter. Bei einstufigen kontinuierlichen Fermentationen verwendet man nur einen Rührfermenter. In diesem beginnt zunächst die Entwicklung der Mikroorganismen ebenso wie in einer diskontinuierlichen Anlage. Etwa zu einem Zeitpunkt, der fast am Ende der exponentiellen Entwicklungsphase der Mikroorganismen liegt, läßt man neue Nährlösung in den Tank zu- und gleichzeitig ebensoviel des Fermentationsproduktes abfließen. Zulauf und Ablauf müssen dabei immer gleich sein. Die Mikroorganismen sollen hierdurch in ihrer exponentiellen Entwicklungsphase gehalten werden.

Der Vorteil dieser Methode liegt in der Einfachheit. Diese Verfahren in einem Fermenter eignen sich gut für Fermentationen, bei denen man Produkte gewinnen will, die mit dem Zellwachstum zusammenhängen, z. B. zur Eiweiß- und Fettgewinnung oder zur Gewinnung von Substanzen, die sich in den Zellen bestimmter Mikroorganismen befinden oder von Substanzen, die in der exponentiellen Wachstumsphase ausgeschieden werden.

Rührfermenter mit Rückspeisung

Man hat die einstufige kontinuierliche Fermentation dahingehend modifiziert, daß man die Zellen, die mit dem fermentierten Produkt abgeführt werden, abtrennt und wieder in den Fermenter zurückführt. Auch die ausfließende Lösung kann solange in den Fermenter zurückgeführt werden, bis eine vollständige Fermentation des Mediums erreicht worden ist. Es werden entweder nur Teile der Zellen bzw. Lösung in den Fermenter zurückgeführt oder die gesamte Menge (vgl. Abb. 35). Mit diesem Typ läßt sich ein Substrat sehr wirkungsvoll ausnutzen, so daß diese modifizierte einstufige Fermentation sowohl zur Biosynthese von Produkten als auch zur Gewinnung von Zellen zu verwenden ist.

Mehrstufige kontinuierliche Systeme

Für eine mehrstufige kontinuierliche Fermentation verwendet man eine Serie von Fermentationsgefäßen. Im ersten Tank läuft zunächst eine diskontinuierliche Fermentation an. In der exponentiellen Wachstumsphase der Mikroorganismen wird mit dem Zufluß frischen Nährsubstrates begonnen. Der Überlauf gelangt in ein neues Gefäß, in dem er weiter fermentiert, bis auch dieses Gefäß vollständig gefüllt ist, dann wird der Überlauf in ein drittes Gefäß abgegeben und so fort. In einer derartigen Batterie von Gefäßen läßt sich ein Substrat sehr gut ausnutzen und es ist auch möglich, Gärungsprodukte zu erzielen, die in einem Stadium langsamen Wachstums gebildet werden. Weiterhin lassen sich Teilphasen der Fermentation abtrennen und diese nach Bedarf steigern. So kann man z. B. durch unterschiedliche Substratdosierung die erste Stufe nur für eine gute Zellentwicklung ausbauen und die folgenden Stufen für die Bildung der Produkte verwenden.

Eine Batterie derartiger mehrstufiger kontinuierlicher Fermentationsgefäße kann auch semikontinuierlich geführt werden. Zu diesem Zweck beginnt man z. B. im ersten Gefäß eine diskontinuierliche Fermentation und gibt in der exponentiellen Wachstumsphase etwa 1/4 des Substrates als Impflösung in ein neues Gefäß, das bereits zu 3/4 mit frischer Nährlösung gefüllt worden war. Ist das zweite Gefäß in guter Fermentation, wird wiederum etwa 1/4 davon in ein drittes zu etwa 3/4 mit Substrat gefülltes Gefäß gegeben und so fort. Wenn im ersten Gefäß die Fermentation beendet und das Fermentationsprodukt abgeerntet worden ist, füllt man zu 3/4 wieder neue Nährlösung ein und kann 1/4 der Lösung aus dem letzten Gefäß zur Beimpfung verwenden, so daß die Anlage geschlossen arbeitet.

Weitere kontinuierliche Systeme

Es gibt eine Reihe verschiedener wichtiger kontinuierlicher Systeme, die hier ohne Anspruch auf Vollständigkeit charakterisiert werden sollen (vgl. Abb. 35 S. 82).

Röhrenströmungs-Reaktoren. Röhrenströmungsreaktoren können als bewegte periodische Kulturanlagen betrachtet werden, bei denen sich jeder Teil der Flüssigkeit im Rohr bewegt, ohne mit der vorhergehenden oder nachfolgenden Flüssigkeit wesentlich vermischt zu werden. Die Zellen vermehren sich also wie bei der diskontinuierlichen Kultur. Vom Eingang bis zum Ausflußpunkt des Systems nehmen die Zellen fortwährend zu. Innerhalb des Systems liegen Zellen mit sehr unterschiedlichem Alter vor. Die Systeme müssen mit einer teilweisen oder vollständigen Rückspeisung arbeiten. Sie sind z. B. zur kontinuierlichen Äthanolherstellung geeignet. Hierbei wird in einem ersten Teil der Anlage eine aerobe Hefeentwicklung erzeugt. Anschließend leitet man die Hefelösung in ein Röhrensystem, in dem die Zuckervergärung zu Äthanol stattfindet. Das Absetzen der Hefen wird durch ein Magnetrührwerk verhindert.

Geteilter Tank mit Rückspeisung. Dem Röhrenströmungsreaktor sehr ähnlich ist ein System mit einem geteilten Tank. Auch hier findet im Prinzip eine diskontinuierliche Mikroorganismenentwicklung statt. Diese Systeme werden mit Rücklauf geführt. Sie werden bei Belebtschlammanlagen angewandt (vgl. S. 227).

Gefüllte Türme. Bei diesem System werden Mikroorganismen auf einen festen Träger, der sich in einem Turm befindet, angesiedelt. Über die Trägerschicht mit den Mikroorganismen rieselt das Nährsubstrat. Das Reaktionsprodukt verbleibt in der durchströmenden Flüssigkeit. Ein gutes Beispiel für ein solches System, das mit oder ohne Rücklauf geführt werden kann, ist die Schnellessigfabrikation (vgl. Abb. 30). Gefüllte Türme sind also Oberflächenkulturen von Mikroorganismen, die kontinuierlich betrieben werden. Die stationär gehaltenen Mikroorganismen haben ihre exponentielle Entwicklungsphase bereits hinter sich.

Ein solches System kann in verschiedener Weise variiert werden. Es sind zweiphasige Systeme, in denen bei der Essigsäureherstellung die flüssige Phase (Nährlösung mit Äthanol) von oben, die gasförmige Phase (Luft) von unten geführt wird. Anstelle von Luft können z. B.

auch Kohlenwasserstoffe nach oben strömen. Denkbar ist auch ein System mit zwei Flüssigkeiten.

Membrankulturen. Bei einer Membrankultur fließt ein Kultursubstrat an der Myceldecke oder Bakterienhaut kontinuierlich vorbei. Wird von den Mikroorganismen keine Haut gebildet, kann sie mit geeignetem Material, z. B. Cellophan hergestellt werden. Auch Membrankulturen sind Oberflächenverfahren.

Dünnschichtfermentation. Gorbach hat 1969 eine neue Dünnschichtfermentationsmethode entwickelt. Bei dieser Methode werden die Mikroorganismen auf Walzen in einem Röhrensystem gezüchtet, das durch Drehen in eine Nährlösung eintaucht. Die dünnen Mikroorganismenschichten können in diesem System intensiv belüftet werden. Auch die Ableitung mikrobieller Stoffwechselprodukte und die Zufuhr von Nährstoffen läßt sich leicht bewerkstelligen. Das kontinuierliche System kann durch eine große Anzahl von Röhren sehr intensiviert und auch automatisiert werden (Abb. 34).

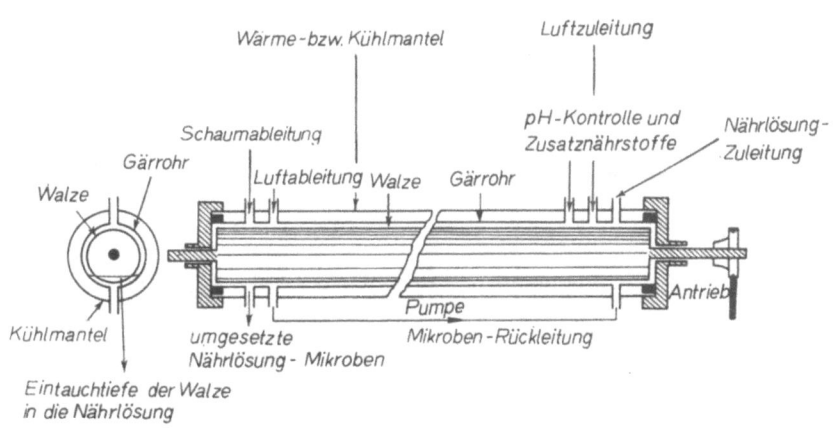

Abb. 34. Dünnschichtfermentationsreaktor (aus Gorbach, 1969)

Cellophankulturen. Die Mikroorganismen können auch direkt in Cellophanröhren, die in ein Gefäß mit Nährlösung eingetaucht sind, gezüchtet werden. Die Nährlösung diffundiert auf Grund des Konzentrationsgefälles durch die Cellophanmembran zur Mikroorganismenkultur, während gleichzeitig die entstandenen Reaktionsprodukte durch das Konzentrationsgefälle nach außen diffundieren.

Gegenwärtig haben solche Systeme besonders für Laboratoriumskulturen eine Bedeutung.

γ) Einteilung kontinuierlicher Systeme

In einem kontinuierlichen System müssen Nahrungszufluß und Entwicklung der Mikroorganismen genau aufeinander abgestimmt sein. Häufig ist es wichtig, die Mikroorganismenentwicklung durch geeignete Maßnahmen in bestimmten Entwicklungsphasen ablaufen

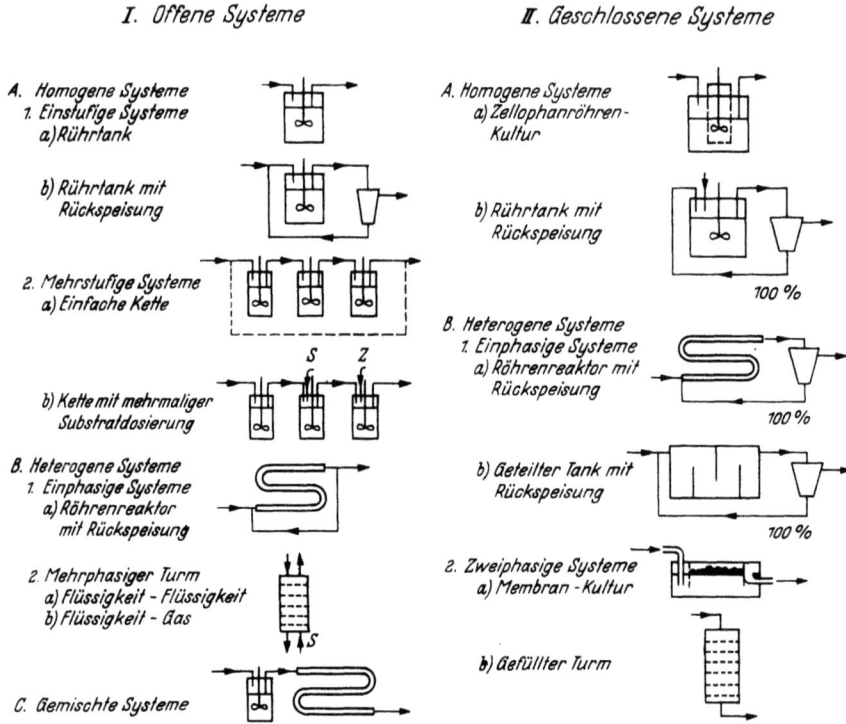

Abb. 35. Einteilung kontinuierlicher Fermentationssysteme (aus Holló u. Nyeste, 1965, Die Nahrung, Bd. 9, S. 794)

zu lassen. Hierzu besteht die Möglichkeit mit Hilfe eines sog. externen Kontrollsystems. Bei extern kontrollierten Fermentationen wird die konstante Wachstumsrate oder die Fermentationsrate z. B. etwas unterhalb des Maximums durch eine beschränkte Konzentration der

Nahrungsstoffe im Substrat erzielt. Man bezeichnet dieses Kontrollsystem als **Chemostat**. Bei geringen Wachstumsraten funktioniert das externe Kontrollsystem sehr gut.

Beim sog. internen Kontrollsystem wird die Population mit Hilfe von Photozellen, die die Dichte messen und aus der Bestimmung der Dichte den Zufluß von Nährstoffen regeln, auf einem konstanten Wert gehalten. Diese Kontrolle ist besonders für hohe Wachstumsraten geeignet. Sie wird als **Turbidostat** bezeichnet.

Als homogen bezeichnet man Systeme, bei denen die Zusammensetzung von Mikroorganismenzellen und Substrat vollständig gleichförmig ist. Homogene Systeme sind immer einphasig.

In heterogenen Systemen sind die Mikroorganismen durch Konzentrationsgefälle im Substrat an verschiedenen Orten des Systems unterschiedlichen Bedingungen ausgesetzt, so daß z. B. auch Zellen sehr verschiedenen Alters vorkommen.

Weiterhin gibt es offene und geschlossene kontinuierliche Systeme. Bei offenen Systemen werden die Mikroorganismenzellen mit der ausströmenden Flüssigkeit kontinuierlich entfernt. Bei geschlossenen Systemen verbleiben die Mikroorganismenzellen z. B. durch eine semipermeable Membran oder durch 100 %ige Rückführung innerhalb des Systems.

Die kontinuierlichen Verfahren lassen sich nach den bisher beschriebenen Kriterien einteilen. Die Abb. 35 zeigt eine solche von Holló u. Nyeste 1965 aufgestellte Klassifizierung.

Die offenen und geschlossenen Systeme wurden hier zum übergeordneten Einteilungsprinzip erhoben und die Unterscheidung in Chemostaten und Turbidostaten ist nicht berücksichtigt worden.

δ) Probleme der Mikroorganismenentwicklung in kontinuierlicher Kultur

Über allgemeine Gesetzmäßigkeiten des Wachstums von Mikroorganismen wurde bereits berichtet (vgl. S. 25), jedoch nicht über das Verhalten und die evtl. Veränderungen der Mikroorganismen.

In einer großen Anzahl von Arbeiten wurde gezeigt, daß die meisten Mikroorganismen sich in kontinuierlicher Kultur im Vergleich zur diskontinuierlichen Kultur nicht verändern. Es wurden jedoch bei *Penicillium chrysogenum* in einigen Fällen morphologische Mycelveränderungen bei kontinuierlicher Zucht festgestellt. Eine Reihe anderer Mikroorganismen kann durch die fortwährende Zucht schnell

in der Produktion degenerieren. *Clostridium acetobutylicum* mußte —
um für eine kontinuierliche Zucht geeignet zu sein — vorher an eine
stärkere Acidität des Substrates und an höhere Lösungsmittelkonzentrationen adaptiert werden. *Torula utilis* mußte bei Verhefung von
Sulfitablaugen vor einer kontinuierlichen Zucht ebenfalls an diese
adaptiert werden. Da beim Einstufenverfahren die Mikroorganismen
oft nur wenige Stunden (z. B. 4—8 Stunden bei Hefemassenzuchten)
im Fermenter verweilen, muß versucht werden, die Wachstumsgeschwindigkeiten wesentlich zu erhöhen und die Generationszeiten
stark zu vermindern.

Eine Gefahr von Fremdinfektionen besteht dann bei kontinuierlichen Züchtungen, wenn der gewünschte Mikroorganismus nur
relativ langsam wächst und Fremdorganismen, die diese Kultur
infiziert haben, bedeutend schneller wachsen. In kurzer Zeit ist dann
die ganze Kultur von dem Infektionsmikroorganismus überwuchert.
Ähnlich ist es mit schnellwüchsigen Mutanten eines Ausgangsstammes, die dann, wenn sie z. B. das erwünschte Produkt nicht bilden,
in kurzer Zeit durch ihr Überwachsen des Produktionsstammes die
Produktherstellung zum Erliegen bringen.

Bei Systemen mit Rücklauf muß damit gerechnet werden, daß
ein Teil der Mikroorganismen, die wieder dem Fermenter aus dem
Abfluß zugeführt werden, sich in anderen Entwicklungsstadien als
die im Fermenter befindlichen Mikroorganismen befinden, z. T. finden
sich bereits abgestorbene Zellen im Rücklauf.

ε) Technische Anwendung der kontinuierlichen Systeme

Seit langem wird die kontinuierliche Mikroorganismenzüchtung
zur Herstellung von Nähr- und Futterhefe aus unterschiedlichen
Substraten, sowohl aus Kohlenhydraten als auch aus Kohlenwasserstoffen angewandt. Auch die Backhefeherstellung ist auf kontinuierliche Verfahren umgestellt worden. Weiterhin ist jede Abwasseranlage als kontinuierliches System aufzufassen. Algen werden in
vielen Fällen in kleintechnischen Anlagen kontinuierlich gezüchtet
und schließlich ist die Essig-Herstellung im gefüllten Turm eine
seit vielen Jahrzehnten praktizierte kontinuierliche Mikroorganismenzüchtung. Zur Essigherstellung wird gegenwärtig in großem Ausmaß
auch ein semikontinuierliches Verfahren (vgl. S. 145) angewandt,
welches das Verfahren mit dem gefüllten Turm bald vollständig
verdrängt haben wird.

Wenn sich auch die meisten Mikroorganismen ohne Schwierigkeiten kontinuierlich züchten lassen, so macht die Einführung solcher Züchtungsmethoden in die Industrie gegenwärtig noch Schwierigkeiten. Diese liegen u. a. darin, die kontinuierlichen Zuchtanlagen über längere Zeit hinweg steril zu halten.

Die Vitamin B_{12}-Herstellung scheint gegenwärtig große Aussichten zu haben, auf kontinuierliche Verfahren umgestellt zu werden. Bei der Bierherstellung hat man nicht nur die Mikroorganismenzüchtung, sondern den gesamten Prozeß auf kontinuierliche Arbeitsweise umgestellt und in verschiedenen Ländern rentabel arbeitende Anlagen installiert. Für die meisten mikrobiologischen Herstellungsprozesse werden jedoch noch die „alten" diskontinuierlichen Verfahren („batch") verwendet.

3. Sterilisation

Geräte, Apparaturen und Substrate, sowie Luft müssen bei den Fermentationsprozessen in vielen Fällen keimfrei gemacht werden. Hierzu gibt es verschiedene Möglichkeiten:

a) Erhitzung im Wasserdampf

Diese Sterilisationsmethode wird mit Flüssigkeiten durchgeführt. Da die wäßrigen Substrate hierbei nicht genau 100° C erreichen, so werden nur die vegetativen Keime, nicht aber die Bakteriensporen abgetötet. Sollen auch Sporenbildner abgetötet werden, so muß fraktioniert sterilisiert werden, d. h. nach einer 30 minütigen Erhitzung bei 100° C läßt man die zu sterilisierenden Lösungen mindestens vier Stunden bei Zimmertemperatur stehen, so daß die vorhandenen Sporen auskeimen. Ein zweites Erhitzen tötet die ausgekeimten Sporen ab. Zur Sicherheit wird nach einer gewissen Zeit nochmals erhitzt. Die Zeitintervalle zwischen den einzelnen Erhitzungen dürfen nicht zu lang sein, damit die ausgekeimten Sporen nicht schon wieder neue Sporen gebildet haben. Man kennt diese fraktionierte, diskontinuierliche Sterilisation bereits seit über 100 Jahren unter dem Namen Tyndallisation.

Nicht immer ist es notwendig, sämtliche Keime abzutöten, sondern es muß nur eine Teilentkeimung vorgenommen werden. Dies geschieht durch Temperaturen unter 100° C. Eine solche Teilentkeimung bezeichnet man als Pasteurisation. Milch wird z. B. auf diese Weise pasteurisiert:

Erhitzung auf 62° C für 30 min = Dauererhitzung
Erhitzung auf 71,5—74° C für 20 sec = Kurzzeiterhitzung
Erhitzung auf 85—87° C für 3—5 sec = Hocherhitzung.

Viele feste Substrate, z. B. zur Champignonzucht, z. T. auch zur Citronensäureherstellung und zur Herstellung mancher technischen Enzyme, werden nicht vollkommen sterilisiert, sondern nur mit Wasserdampf teilweise entkeimt. Dabei werden die meisten vegetativen Keime der Bakterien, aber auch die weitaus größte Zahl der Hefen und Schimmelpilze, die schon bei 80° C absterben, abgetötet.

b) Sterilisation durch Dampf unter Überdruck

In sehr vielen Fällen sollen mit einer einmaligen Sterilisation sämtliche Keime aus dem Substrat abgetötet werden. Das kann durch Anwendung von feuchter Hitze unter Überdruck im sog. Autoklaven geschehen. Dies ist ein Überdruckgefäß, in welches das Sterilisationsgut eingebracht wird. Nach Entweichen der noch vorhandenen Luft wird im Gefäß Wasserdampf entwickelt, der unter

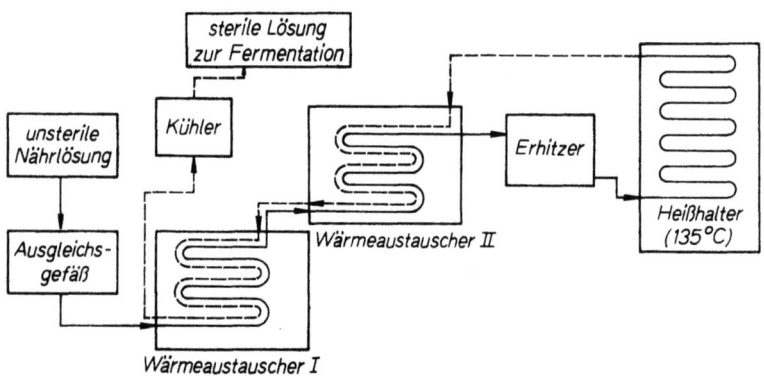

Abb. 36. Schema einer kontinuierlichen Durchlaufsterilisationsanlage

Druck auf höhere Temperaturen als 100° C erhitzt wird. Durch eine Erhitzung von 30 min (meist schon von 20 min) bei 120° C im Wasserdampf werden mit Sicherheit die meisten Bakteriensporen abgetötet, bzw. so denaturiert, daß sie sich nicht mehr vermehren können.

Mit gespanntem Dampf werden Fermenter, Nährlösungskocher, Zu- und Ableitungen, sowie viele andere zur technischen Fermentation gehörenden Geräte sterilisiert. Es war bereits erwähnt worden, daß die Nährlösung häufig in konzentriertem Zustand in den Fermenter gegeben wird und dann durch Einleiten von gespanntem Dampf, der in der Nährlösung, bzw. im Fermenter kondensiert, auf die gewünschte Menge aufgefüllt wird. In anderen Fällen wird die Nährlösung im Durchlauferhitzer sterilisiert. Die Abb. 36 zeigt das Schema einer solchen kontinuierlichen Sterilisationsanlage, wie sie für Fermentationen viel in Gebrauch ist. In den Wärmeaustauschern werden die unsterile kalte Nährlösung (durchgezogene Linien) und die bereits sterilisierte heiße Nährlösung (gestrichelte Linien) im Gegenstrom zum Wärmeaustausch aneinander vorbei geleitet. Die hauptsächliche Erhitzung erfolgt im Heißhalter.

Für die kontinuierliche Sterilisation von Flüssigkeiten ergeben sich andere Temperatur-Zeitbeziehungen als für die diskontinuierlichen Sterilisationen, wie die Abb. 37 zeigt.

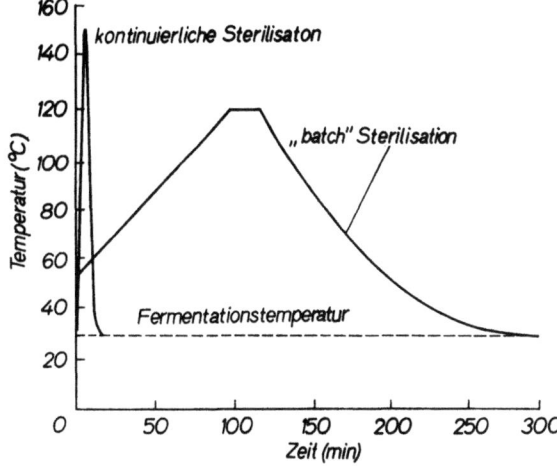

Abb. 37. Temperatur-Zeitbeziehung für kontinuierliche und diskontinuierliche Sterilisation (nach Blakebrough, 1968)

Für die Abtötung der Mikroorganismen durch feuchte Hitze gelten im Prinzip die gleichen Gesetze, wie sie im folgenden für die Abtötung durch trockene Hitze angeführt werden.

Mit feuchter Hitze sterilisiert man Flüssigkeiten und solche Geräte, die entweder eine längere trockene Hitzeeinwirkung nicht aushalten, oder bei denen eine Anwendung hoher Temperaturen nicht möglich ist.

Der Abtötungseffekt ist abhängig von einer Reihe von Faktoren, wie z. B. vom Vorhandensein von zweiwertigen Ionen oder dem pH-Wert der Lösung oder vom Gehalt an Zucker, ganz besonders

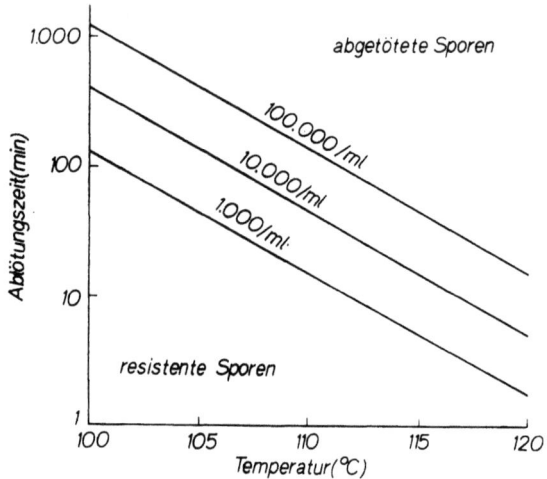

Abb. 38. Hitzeresistenz von *Bacillus*-Sporen mit unterschiedlichem Anfangskeimgehalt (nach Desrosier, 1959, S. 190)

aber auch von der zu Beginn der Erhitzung im Substrat vorliegenden Anzahl der Keime (Abb. 38). Für praktische Zwecke läßt sich der Absterbevorgang der Mikroorganismen folgendermaßen formulieren:

$$K = \frac{1}{t} \lg \frac{\text{Anfangskeimgehalt}}{\text{Zahl der überlebenden Keime}}$$

t ist die Dauer der Temperatureinwirkung. Die Konstante K ist für jeden Mikroorganismus charakteristisch und von den oben bereits erwähnten Bedingungen wie pH, Substratzusammensetzung etc. abhängig. Die Bakterienmenge wird in einem Substrat also nicht in einem Augenblick völlig abgetötet, sondern die Abtötungszeit muß um so länger sein, je mehr Keime zu Beginn der Sterilisation vorhanden sind.

Eine einfache Formel zur Berechnung der Sterilisationszeit haben Bigelow u. Mitarb. bereits 1920 aufgestellt:

$$\lg \frac{t_d}{F} = \frac{T - 121°}{Z}$$

F = Zahl der Minuten, um einen Mikroorganismus bei 121° C abzutöten, T = Temperatur unter den betr. Versuchsbedingungen, Z = Temperatur, die notwendig ist, um eine Inaktivierung auf das Zehnfache zu steigern, t_d = Zeit in Minuten, die nötig ist, um die Mikroorganismen unter den vorliegenden Bedingungen abzutöten. Aus dieser Beziehung lassen sich Werte, die sich nicht experimentell bestimmen lassen, innerhalb bestimmter Grenzen ausrechnen.

c) Sterilisation durch trockene Hitze

Da trockene Hitze von Bakteriensporen wesentlich besser und länger ertragen wird als feuchte Hitze, bei der die Sporen durch die Quellung empfindlicher werden, so müssen hier höhere Temperaturen angewandt werden. Im allgemeinen genügen Erhitzung von 2 Stunden bei 160° C oder 30—60 min bei 180° C, um sämtliche vorhandenen Keime abzutöten, vorausgesetzt, daß das Material wirklich trocken war. Man verwendet diese Methode, um hitzeunempfindliche Geräte, z. B. Glasgefäße etc. zu sterilisieren.

Durch die klassische Gleichung von Arrhenius ist die Beziehung zwischen der Abtötungsrate bakterieller Sporen und der Temperatur gegeben (vgl. Rhodes u. Fletcher 1967):

$$\frac{d \log_e k}{dT} = \frac{E}{RT^2}$$

$$\log_e k = \frac{-E}{RT} + \text{const.}$$

$$\log_{10} k = \frac{-E}{2,3 \, RT} + A$$

T = Absolute Temperatur (° K)

E = Aktivierungsenergie für chemische Veränderungen in der Spore (in cal/Mol)

R = Universale Gaskonstante (cal/Mol ° C)

k = Geschwindigkeitskonstante bei der Temperatur T° K der Reaktion, bei der die Sporen abgetötet werden (sec^{-1})

A = Konstante.

Bei *Bacillus globigii* wurde eine annähernde Aktivierungsenergie von 11 000 cal/Mol und ein Wert für A von 5,26 gefunden. Hieraus kann man schließen, daß es sich bei der Heißluftsterilisation um eine chemische Reaktion erster Ordnung handelt.

Die Abtötung der Mikroorganismen ist von der Temperatur und von der Zahl der Mikroorganismen abhängig, so daß sich die folgende Differentialgleichung ergibt:

$$\frac{dN_t}{dt} = N_t k \quad \text{oder} \quad N_t = N_0 \exp.^{-kt}$$

N = Zahl der Bakterien zu einer Zeit t, N_0 = Zahl der Bakterien zur Zeit $t = 0$;

Daraus ergibt sich:

$$k = \frac{(\log_{10} N_0 - \log_{10} N_t) \cdot 2{,}303}{t}$$

$$k = \frac{(2 - \log_{10} P) \cdot 2{,}303}{t}$$

P = Prozent der Mikroorganismen, welche die Hitzebehandlung nach einer Zeit t überlebt haben, zahlenmäßig ist sie gleich $100\ N_t/N_0$.

d) Sterilisation (Desinfektion) durch chemische Substanzen

Gasförmige, flüssige, oder als Puder verarbeitete Desinfektionsmittel werden zur Entkeimung von Räumen, Leitungen, Apparaten und Tanks vielfach angewandt.

Unter den Gasen spielen besonders Äthylenoxid $H_2C \underset{O}{-\!\!-\!\!-} CH_2$ Formaldehyd (HCHO) und Schwefeldioxid (SO_2) eine wichtige Rolle in der technischen Mikrobiologie.

Äthylenoxid bildet mit Luft explosive Gemische und wird daher vielfach mit CO_2 vermischt angewandt. Die Abtötung der Mikroorganismen ist sehr von den Sterilisationsbedingungen (Druck, Temperatur, Feuchtigkeitsgehalt) abhängig.

Die antimikrobielle Wirkung beruht auf einer intensiven Alkylierung einfacher organischer Verbindungen oder Proteine. In Gegenwart eines labilen Wasserstoffatoms spaltet der 3 gliedrige Ring des Äthylenoxids, es bildet sich ein CH_2CH_2OH-Radikal, das an die Stelle des labilen Wasserstoffs in der organischen Verbindung tritt. Äthylenoxid dringt im Gegensatz zum Formaldehyd schnell in lockeres Material ein.

Formaldehyd wird zur Raumdesinfektion viel angewandt (meist 1 mg Formaldehyd/l Luft). Es besitzt nur eine geringe Diffusionsfähigkeit, so daß meistens nur die Oberflächen desinfiziert werden, und wirkt durch seine große Reaktionsfähigkeit mit Aminosäuren und Proteinen antimikrobiell.

Schweflige Säure wird bei der Desinfektion von Fässern bei der Weinherstellung verwendet und oft durch Abbrennen von Schwefel erzeugt. Bei der Mostbehandlung soll schweflige Säure störende Schimmelpilze und Bakterien unterdrücken, während die erwünschten Gärhefen weniger durch schweflige Säure beeinflußt werden. Sie wirkt u. a. durch Adduktbildung mit NAD^+ und hemmt dadurch die NAD-abhängigen Reaktionen.

Phenolische Verbindungen werden in manchen Laboratorien — weniger in technischen Räumen — zur Fußbodensterilisation angewandt. Die antimikrobielle Wirkung beruht besonders auf Denaturierung von Proteinen und Lösung von Lipiden und Polysacchariden. Da sich derartige Substanzen besonders in der Zellwand, bzw. auch in der Zellmembran befinden, werden durch phenolische Verbindungen vor allem diese Teile der Zelle geschädigt. Die Permeabilität der Zellmembran ist also eine ihrer häufigsten Angriffspunkte.

Verschiedene **aktivchlorhaltige Verbindungen** werden zur Desinfektion von Tanks und Leitungen, bes. in Brauereien und Molkereien, verwendet. Hier kommen z. B. Chloramin mit etwa 25 % Aktivchlorgehalt, Hypochlorite und Chlorkalk mit 25—40 % Aktivchlorgehalt zur Verwendung.

Die antimikrobielle Wirkung des Chlors beruht auf der Bildung von unterchloriger Säure und Sauerstoff, die zur Denaturierung von Zelleiweißen, bzw. zu Oxidationen führen.

$$Cl_2 + H_2O \rightleftharpoons HOCl + HCl$$

$$2\ HOCl \rightarrow 2\ HCl + 2\ O$$

Seit einiger Zeit sind **oberflächenaktive Verbindungen** zur Desinfektion von Tanks, Leitungen, Schläuchen und anderen apparativen Einrichtungen bedeutungsvoll. Hierzu gehören die **quaternären Ammoniumverbindungen.** Es sind kationische Verbindungen folgenden Typus:

$$\begin{bmatrix} & CH_3 & \\ & | & \\ R-&N^+&-CH_3 \\ & | & \\ & CH_3 & \end{bmatrix}^+ Cl^-$$

Die langkettigen Fettamine (12—16 C-Atome) und ihre Salze sind antimikrobiell sehr wirksam.

Weitere oberflächenaktive Verbindungen sind die **amphoteren Substanzen** etwa des folgenden Typus:

$$R-N\begin{matrix}H\\CH_2-COOH\end{matrix}$$

Oberflächenaktive Substanzen (Detergentien) schädigen ebenso wie die phenolischen Verbindungen die Semipermeabilität der Cytoplasmamembran. Sie bestehen aus lipophilen und hydrophilen ionisierten Gruppen, die sich an den polarstrukturierten Lipoprotein-Membranen der Bakterien anlagern und sie dadurch funktionsuntüchtig machen.

e) Sterilisation durch Bestrahlung

In vielen Betrieben verwendet man UV-Strahlen im Bereich von 240 bis 280 nm zur Luftentkeimung. *Bacillus*-Sporen, aber auch Pilzconidien, sind rel. resistent gegen eine derartige Bestrahlung. In Korridoren, Impfräumen und besonders in Räumen, in denen eine sterile Abfüllung (z, B. von Antibiotica) durchgeführt wird, findet man häufig eine solche UV-Entkeimung.

Ionisierende Strahlen, also Röntgenstrahlen oder Gammastrahlen aus ^{60}Co oder ^{137}Cs eignen sich zur Sterilisation vieler Behältnisse, z. B. von verpackten Geräten und Gaze und werden in manchen mikrobiologischen Betrieben angewandt.

Zur Abtötung von Mikroorganismen gelten 10^5—10^6 rep*) für Hefen und Schimmelpilze, 10^5—$5 \cdot 10^5$ für vegetative Bakterien und 10^6—$4 \cdot 10^6$ rep für Bakteriensporen.

Die Erzeugung ausreichender ionisierender Strahlen zur Keimabtötung ist im Vergleich zur Erzeugung von Wärme zur Keimabtötung immer noch sehr teuer, so daß man in technischem Maßstab nur unter besonderen Bedingungen (z. B. bei Vorhandensein einer Strahlungsquelle, die nicht ausgelastet ist, etc.) zur Sterilisation mit ionisierenden Strahlen übergehen wird.

f) Entkeimung durch Filtration

Mikroorganismen lassen sich sicher aus Gasen oder Flüssigkeiten durch Filtration entfernen, wenn entweder bakteriendichte Filter

---

* rep ist das Maß für die ionisierende Wirkung in 1 ml Medium.

(z. B. aus Cellulose, Glassinter, Porzellan o. ä.) oder aber größerporige Filter mit dickerer Schicht (z. B. aus Glaswolle, Watte, Aktivkohle), bei denen die Wahrscheinlichkeit eines Durchwanderns von Keimen praktisch gleich Null ist, verwendet werden. Die ersteren Filter eignen sich für Flüssigkeits- und z. T. auch für Luftentkeimung,

Abb. 39. Entkeimung durch Filtration

die letzteren sind ganz besonders zur Luftentkeimung geeignet und werden fast ausschließlich zur Luftsterilisation von Fermentern verwendet (Abb. 39).

Die Mikroorganismenkeime aus der Luft werden an den Fasern der dichten Filter adsorptiv festgehalten. Die Filtrationswirkung, d. h. die Keimzahl vor dem Filter (N_1) im Verhältnis zur Keimzahl nach dem Filter (N_2) zeigt einen logarithmischen Verlauf und ist abhängig von der Filterlänge (L) und einer Konstanten (K), die von verschiedenen Größen, z. B. vom Faserdurchmesser (d_f), der Faservolumenfraktion (α) und der spezifischen Einzelfaserwirksamkeit (η_0) abhängig ist. Für die Filtrationswirkung ergibt sich folgende Beziehung:

$$\ln \frac{N_1}{N_2} = L \cdot K$$

Für K wurde die folgende Beziehung ausgerechnet:

$$K = \frac{\alpha (1 + 4{,}5\,\alpha) \cdot 1{,}27\,\eta_0}{(1 - \alpha) \cdot d_f}$$

Schließlich ist α, die Faservolumenfraktion, vom Verhältnis der Filterpackdichte (η_b) zum spezifischen Gewicht des Filtermaterials (η_f) abhängig:

$$\alpha = \frac{\eta_b \text{ (Fasermaterialgew./Filterbettvolumen, g/cm}^3)}{\eta_f \text{ (g/cm}^3)}$$

Diese Filter werden durch überhitzten Dampf sterilisiert. Sie sind eigentlich Trockenluftfilter, in denen die Kräfte der elektrostatischen Aufladung, die Brownsche Molekularbewegung und die van de Waalschen Kräfte wirken. Wenn bei der Dampfsterilisation dieser Filter durch das Dampfkondensat im Inneren die Porenstruktur intensiv benetzt wird, so gelten nicht mehr die Gesetze der Luftfiltration, sondern die der Wasserfiltration. Bei diesen stellt der Siebe-Effekt des Filtermittels die einzige Filterwirkung dar.

Nach einem anderen Prinzip wird Luft mit Hilfe von Filterkerzen sterilisiert. Die Pall GmbH hat einen solchen Filter entwickelt, der auf der Basis anorganischer Faserschichten, die mit hochelastischem

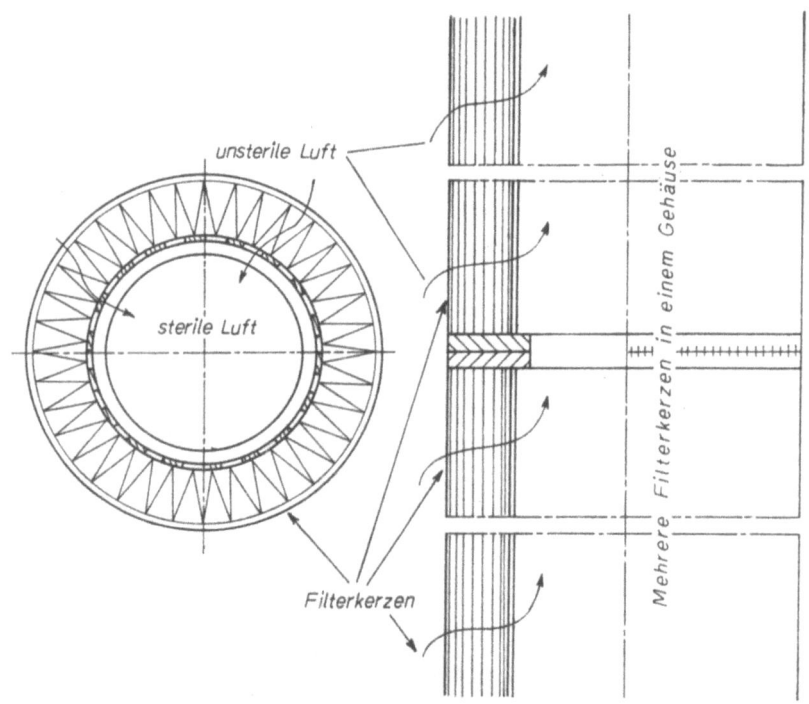

Abb. 40. Luftfiltration durch eine Filterkerze

Neopren untereinander verbunden sind, aufgebaut ist. Mit diesem Material wurden Filterkerzen hergestellt, die an der Oberfläche sternförmig gefaltet sind, so daß auf engstem Raum ein Maximum an Filterfläche erreicht wird (Abb. 40). Durch die so entstandene große Filterfläche werden auch bei Filtrationsdrucken von zwei Atü in der Regel Druckabfälle von unter 0,1 Atü gemessen. Möglicherweise bahnt sich hier eine neue Technik der Luftfiltration für Fermentatoren an.

In manchen Fällen, z. B. bei der belüfteten Massenzucht pathogener Mikroorganismen, Viren etc. wird es notwendig, die Abluft der Fermentationen zu sterilisieren. Dies kann wiederum durch Filtration mit Glaswollefiltern geschehen, wobei die Glaswollefilter von Zeit zu Zeit durch Dampf (bei kleineren Anlagen im Autoklaven) sterilisiert werden müssen. Es besteht aber auch die Möglichkeit, eine Luftsterilisation durch Hitze im Durchströmen vorzunehmen. Dabei durchläuft die Luft einen Expositionsraum, der durch Heizelemente dauernd auf die zur Abtötung der betr. Mikroorganismen notwendigen Temperaturen beheizt wird. Durch eine Verengung beim Luftaustritt wird die Luft eine ausreichende Zeit im Expositionsraum gehalten, so daß eine sichere Keimabtötung erfolgen kann.

4. Belüftung und Bewegung von Fermentationslösungen

a) Theoretische Grundlagen der Belüftung

Für sämtliche oxidativen mikrobiellen Vorgänge ist die Belüftung der Mikroorganismen ein entscheidender Faktor.

Bereits bei den Oberflächenverfahren zur Herstellung von Essigsäure (Orléans-Verfahren) — es findet hier eine Oxidation von Äthanol zu Essigsäure durch *Acetobacter*-Arten statt — hat man sinnvolle technische Einrichtungen zur Belüftung der auf der alkoholhaltigen Flüssigkeit schwimmenden rel. dichten Bakterienhaut geschaffen. Zunächst hat man eine große Oberfläche bei niedriger Flüssigkeitshöhe, durch die bereits eine gute Belüftung der Bakterien im Verhältnis zum vorhandenen Substrat gewährleistet ist, hergestellt. Zusätzlich wurden in geringem Abstand über der Bakterienhaut Löcher in die Fässer gebohrt, durch die ein dauernder Luftstrom über die Bakterien hinwegstreichen konnte. Zur Luftbewegung hat man die Wärme, die bei der Oxidation von Äthanol zu Essigsäure entsteht, ausgenutzt. Diese Wärmeentwicklung verursacht eine Aufwärtsbewegung der Luft über der Bakterienhaut, so daß durch die seitlichen Löcher in den Fässern fortwährend neue Luft angesogen wird.

Bei der Massenzucht von Hefezellen hat man die Bedeutung der Belüftung ebenfalls seit langem erkannt. Schon Pasteur hatte formuliert, daß sich bei einer Reihe von Hefen die Gärung durch eine kräftige Durchlüftung des Substrates fast vollständig zugunsten des Wachstums unterdrücken läßt. Es werden praktisch kaum noch Äthanol und CO_2 gebildet, dafür aber von der Hefezelle, die bei der alkoholischen Gärung nur 2 Mol ATP pro Mol Glucose gewinnt, auf oxidativem Wege 38 Mol ATP pro Mol veratmeter Glucose gewonnen, die zum Aufbau von Zellmaterial verwendet werden können. Aus dieser Erkenntnis haben sich die belüfteten Verfahren zur Massenzucht von Bäckerhefe sowie von Nähr- und Futterhefe aus Kohlenhydraten und auch aus Kohlenwasserstoffen entwickelt.

Der Sauerstoffbedarf (C) einer Mikroorganismenzelle ist je nach Mikroorganismenart und biochemischem Prozeß, den diese Zellen durchführen, sehr unterschiedlich. Die thermodynamische Berechnung dieses Sauerstoffbedarfs ist für praktische Zwecke kaum zu verwenden, da die freiwerdende Wärmemenge nicht bekannt bzw. schwierig zu messen ist. Zur Biosynthese von Zellsubstanz hat Johnson 1964 den Sauerstoffbedarf C pro 1 g neugebildeter Zellsubstanz formuliert:

$$C = \frac{A}{Y} - B \qquad (1)$$

A = theoretische Sauerstoffmenge für die Verbrennung von 1 g Substrat zu CO_2, H_2O und NH_3

B = theoretische Sauerstoffmenge für die Verbrennung von 1 g Zellsubstanz zu CO_2, H_2O und NH_3

Y = Ausbeute an Zelltrockensubstanz pro g verbrauchten Substrates.

Für Hefen normaler Zusammensetzung ist $B = 934$ ml O_2 pro 1 g Zelltrockensubstanz. Die Zellausbeuten (Y-Werte) sind natürlich weitgehend von der verwendeten C-Quelle abhängig. So bildet *Candida sp.* aus 1 g Glucose 0,50 g, aus 1 g Essigsäure 0,37 g und aus 1 g Alkanen etwa 1,0 g Trockensubstanz. Dabei liegt der theoretische Sauerstoffbedarf bei Glucose etwa bei 550, bei Essigsäure bei 1060 und bei Alkanen etwa bei 1460 ml O_2 pro g Zellsubstanz. Die experimentell ermittelten Werte entsprechen etwa den theoretischen Werten.

Die Wachstumsrate k bei Mikroorganismen kann man als Ausdruck für die Zellmenge, um die sich eine beliebige Zellmenge in einer Stunde vermehrt, ansehen. Der als Atmungsquotient Q_{O_2} bekannte stündliche Sauerstoffbedarf pro 1 g vorhandener Zelltrokkensubstanz ist ein Produkt des absoluten Sauerstoffbedarfs C und der Wachstumsrate k:

$$Q_{O_2} = C \cdot k \qquad (2)$$

Aus den Gleichungen (1) oder (2) läßt sich der stündliche O_2-Bedarf errechnen. Dies ist besonders bei Oxidationen mit nur einem oder nur wenigen biochemischen Schritten mit geringen Schwierigkeiten möglich.

Die Oxidation von Glucose zu Gluconsäure mit *Pseudomonas ovalis* geht nach folgender Reaktionsgleichung vor sich:

1 Mol Glucose + 1/2 Mol O_2 → 1 Mol Gluconsäure.

Dabei sind:
Geschwindigkeit der Gluconsäurebildung = 0,115 g/100 ml · h
Mittlere Bakterienkonzentration = 14,5 mg Trockensubst./100 ml
Atmungsquotient Q_{O_2} = 450 µl/mg Trockensubst. · h.

Hieraus errechnet sich der Sauerstoffbedarf nach den Gl. (1) oder (2) als 6,5 ml O_2/100 ml · h.

Bei der submersen Oxidation von Äthanol zur Essigsäure mit *Acetobacter suboxydans* werden aus 1 Mol Äthanol + 1 Mol O_2 → 1 Mol Essigsäure + 1 Mol H_2O gebildet. Für diese Fermentation liegen die folgenden Werte vor:

Geschwindigkeit der Essigsäurebildung = 0,15 g/100 ml · h
Mittlere Bakterienkonzentration = 7 mg Trockensubstanz/100 ml
Atmungsquotient = 7750 µl/g Trockensubstanz · h.

Hieraus errechnete sich der Sauerstoffbedarf für diese Reaktion nach den Gleichungen (1) oder (2) als 55 ml O_2/100 ml · h.

Wesentlich schwieriger wird die Berechnung des Sauerstoffbedarfs für solche Reaktionen, die komplexerer Natur sind. Hierbei werden nicht nur verschiedene Reaktionsschritte durchlaufen, sondern es findet gleichzeitig eine Zellvermehrung statt, wodurch die Berechnung weiterhin kompliziert wird.

Werden *Saccharomyces cerevisiae*-Zellen, die auf Kohlenhydraten zur Zellvermehrung gezüchtet werden, unzureichend mit Sauerstoff versorgt, so beginnen sie schnell das Substrat zu Äthanol zu vergären, wobei die Zellausbeuten nur sehr gering sind.

Werden Hefezellen, die auf aliphatischen Kohlenwasserstoffen gezüchtet werden, nicht ausreichend mit Sauerstoff versorgt, so häufen sich sehr schnell organische Säuren, die nicht weiter zu Zellsubstanz oxidiert werden, im Substrat an. Ganz besonders empfindlich gegen Sauerstoffmangel sind *Acetobacter*-Arten dann, wenn sie bei hohen Äthanol- oder Essigsäurekonzentrationen gehalten werden. Sie sterben schnell z. T. durch Bildung eines toxischen Zwischenproduktes ab.

Verschiedene Faktoren beeinflussen die **Sauerstoffaufnahme**:
1. Junge, sich aktiv teilende Zellen absorbieren mehr O_2 als ältere.
2. Die O_2-Aufnahme ist während der exponentiellen Wachstumsphase in den meisten Fällen am höchsten, aber es werden auch bedeutende O_2-Mengen nach dieser Phase aufgenommen, wenn weitere Stoffwechselumsetzungen vor sich gehen. Dies ist z. B. häufig bei der Antibioticabildung der Fall.
3. Die vorhandene Mikroorganismenoberfläche beeinflußt in entscheidendem Maße die O_2-Aufnahme, z. B. hohe Zelldichten erhöhen die O_2-Aufnahme, jedoch wird diese durch Verklumpungen vermindert.
4. Substratveränderungen können die O_2-Löslichkeit oder die Aktivität der Mikroorganismen hinsichtlich ihrer O_2-Aufnahme intensiv beeinflussen.
5. Die Anwesenheit von Mycelien vermindert die O_2-Aufnahme. Wahrscheinlich vereinigen sich die kleinen O_2-Bläschen in diesem Falle zu größeren Blasen. Es sind 2- bis 20fache Verminderungen der O_2-Aufnahme beobachtet worden.

Sauerstoff wird von den submers wachsenden Mikroorganismen nur aus der Flüssigkeit aufgenommen. Die Löslichkeit des Sauerstoffs in Wasser ist rel. schlecht (vgl. Tab. 11).

Tabelle 11. *Löslichkeit von Sauerstoff bei 1 Atm. im Wasser (gekürzt nach Blakebrough, 1967)*

Temp. °C	0	10	15	20	25	30	35	40
mMol O_2 pro 1 l Wasser	2,18	1,70	1,54	1,38	1,26	1,16	1,09	1,03

Die O_2-Mengen reichen nur für wenige Sekunden oder Minuten zur Versorgung der atmenden Zellen aus, so daß fortwährend neuer Sauerstoff der Lösung zugeführt werden muß.

Im allgemeinen läßt sich die **Geschwindigkeit der Sauerstoffversorgung** einzelliger, frei in der Lösung vorhandener Zellen, auf die Übergangsgeschwindigkeit durch den Flüssigkeitsfilm an der Grenzfläche Luftblase/Nährlösung zurückführen. Mycelbildende Mikroorganismen erzeugen, bes. wenn Mycelflocken oder -klumpen gebildet werden, noch einen zusätzlichen Sauerstoffübergangswiderstand, der bes. am Ende der Schimmelpilzfermentationen sehr groß sein kann und dann geschwindigkeitsbestimmend für den Sauerstoffübergang wird.

Bei einzelligen Mikroorganismen läßt sich der Übergang des Sauerstoffs an der Grenzfläche Luftblasen/Nährlösung in Form der allgemeinen Stoffübergangsgleichung darstellen:

$$n = K_L a (C_G - C_L)$$

n = dn/dt = übergehende Stoffmenge (z. B. in ml/h)
K_L = Stoffübergangskoeffizient (Dimension einer Geschwindigkeit, z. B. cm/h)
a = Grenzfläche (z. B. in cm²)
C_G = Konzentration des übergehenden Stoffes in der Grenzfläche (z. B. ml/l oder at)
C_L = Konzentration des übergehenden Stoffes in der Masse der Flüssigkeit (z. B. ml/l oder at).

Es ist unmöglich, a mit ausreichender Genauigkeit zu messen, so daß der kombinierte Faktor $K_L \cdot a$, gewöhnlich ausgedrückt in millimol absorbierten Sauerstoffs pro Stunde, pro 1 Fermenterkapazität bestimmt wird. Typische Werte für normale Fermentationen bei bewegten Belüftern liegen zwischen 70 mMol/h · l und 400 mMol/h · l.

Die Geschwindigkeit des Sauerstoffüberganges ist also das Produkt aus drei Faktoren:

1. Dem Sauerstoffkonzentrationsgefälle (C_G-C_L) zwischen Flüssigkeitsfilm und Masse der Flüssigkeit. Dieses Konzentrationsgefälle ist die treibende Kraft des Vorgangs.

2. Der Übergangsfläche a, die der gesamten Oberfläche aller in der Flüssigkeit vorhandenen Gasblasen entspricht.

3. Dem Übergangskoeffizienten K_L, der keine Konstante ist, sondern im wesentlichen von der Dicke des Grenzflächenfilms, bzw. vom Zustand der Grenzfläche abhängt.

Wird also die Übergangsfläche a vergrößert, z. B. daß anstelle weniger großer Luftblasen sehr viele kleine Luftblasen durch das Substrat geschickt werden, vergrößert sich auch der Wert n. Das Konzentrationsgefälle (C_G-C_L) hat weiterhin einen bedeutenden Einfluß auf den Sauerstoffübergang. Der Sauerstoffpartialdruck in den im Fermenter befindlichen Luftblasen (C_G) ist schon nach kurzer

Zeit nicht mehr gleich dem Partialdruck der eingeblasenen Luft, da schnell ein Teil des O_2 verbraucht wird und durch CO_2 ersetzt worden ist. Die Übergangsgeschwindigkeit ist bei maximalem Konzentrationsgefälle, d. h. wenn in der Flüssigkeit kein Sauerstoff mehr vorliegt, ebenfalls maximal. Da jedoch in diesem Falle — wenn in der Flüssigkeit kein Sauerstoff mehr vorhanden ist — die Zellatmung sofort eingestellt würde, darf dieser Zustand nicht erreicht werden.

Der Sauerstoffgehalt der Lösung muß also immer etwas größer sein, als die kritische O_2-Konzentration, bei der die Zellatmung beeinflußt wird. Andererseits wird bei unverhältnismäßig hohen Werten gelösten Sauerstoffs in der Lösung die Sauerstoffversorgung nicht verbessert.

Wenn die Konzentration des gelösten Sauerstoffs knapp über dem für die gezüchteten Zellen kritischen Wert gehalten wird, ist die Geschwindigkeit der Sauerstoffversorgung der Zellen optimal und die Leistungsfähigkeit eines Belüftungsystems voll ausgenutzt.

Die **Messung des Sauerstoffpartialdruckes** muß in der Fermentationslösung direkt vorgenommen werden, da bereits während der Entnahme sehr starke Veränderungen vor sich gehen, so daß in entnommenen Probelösungen nicht mehr der im Fermenter vorhandene Sauerstoffpartialdruck der Lösung erfaßt wird. Zur Messung des O_2-Partialdruckes in der Fermenterlösung sind drei Meßprinzipien zur Anwendung gelangt:

1. Paramagnetische Messungen im „Oxigen-Analyzer"
2. Messungen nach polarographischem Prinzip
3. Messungen nach galvanischem Prinzip.

Eine einfache Methode zur Messung des gelösten Sauerstoffs ist die Sulfitmethode. Bei Anwesenheit katalytischer Mengen von Cu- oder Co-Salzen wird Sulfit zu Sulfat oxidiert. Da diese Reaktion sehr schnell erfolgt, wird sie nur durch die in der Lösung befindliche Sauerstoffkonzentration begrenzt. Die restliche Sulfitkonzentration kann iodometrisch bestimmt werden.

b) Belüftungseinrichtungen

Die **Belüftungstechniken** sind sehr unterschiedlich und von den durchgeführten Verfahren abhängig.

In vielen Fällen werden zur Belüftung zusätzliche Substratbewegungen durchgeführt.

Die Substratbewegung (vgl. S. 106) hat zwei grundsätzliche Aufgaben. Einmal sollen die Mikroorganismenzellen durch die Bewegung fortwährend mit ausreichendem Nährsubstrat versorgt werden. Zum anderen soll Luft im gesamten Substrat fein verteilt werden, so daß die Sauerstoffübergangsgeschwindigkeit vom Gas in die Lösung erhöht wird.

Die vielen verschiedenen Belüftungssysteme lassen sich auf einige Grundtypen zurückführen:

α) Belüftung von Oberflächenkulturen

Bei diesen Belüftungen läßt man Luft über die ruhende Oberfläche, die mit Mikroorganismen bewachsen ist, hinwegstreichen.

Mit Hilfe besonderer Vorrichtungen kann auch ein kontinuierlicher Luftstrom, wie z. B. bei der Ausnutzung der Oxidationswärme bei der Essigsäureherstellung, erzeugt werden.

Oberflächenbelüftungen werden bei Oberflächenkulturen, z. B. in Fernbachkolben (Abb. 41a) oder in technischen Oberflächenverfahren

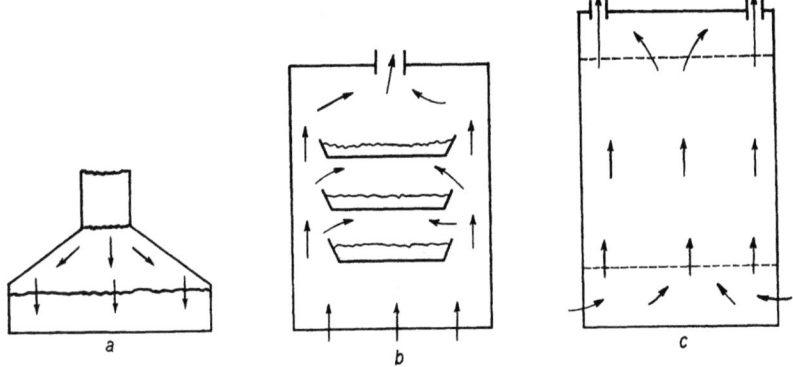

Abb. 41. Belüftung ruhender Oberflächen (weitere Erklärungen im Text)

mit flüssigen oder festen Substraten (Gärtassenverfahren Abb. 41b, Enzymherstellung Abb. 41b) angewandt. Weiterhin gehört hierzu die Belüftung von Mikroorganismen, die in Säulen auf festem Substrat angesiedelt wurden (Abb. 41c), wie z. B. bei vielen Abwassertropfkörpern oder dem Essigsäuregenerator.

β) Belüftung von Submerskulturen mit Oberflächenluft

Bei diesem Belüftungstyp wird die Luft, die sich über dem Luftraum der Fermentationsflüssigkeit befindet, durch geeignete Bewegung des Substrates in die Lösung hineingebracht.

Die einfachste Form ist das Schütteln des Substrates, wie es bei den gegenwärtig viel in Laboratorien verwendeten Schüttelmaschinen geschieht (Abb. 42a). Die Bewegung größerer Substratmengen kann auch in Drehtrommeln erfolgen, wie sie zur Gluconsäureherstellung

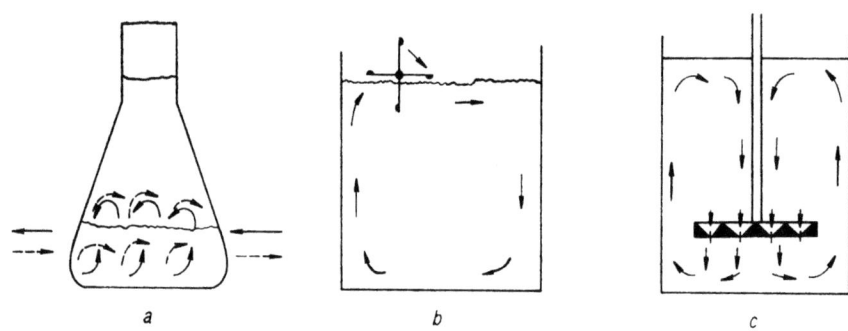

Abb. 42. Belüftung von Submerskulturen mit Oberflächenluft (weitere Erklärungen im Text)

zeitweise in Betrieb waren. Die Luft kann auch durch Rührwerke oder aber durch besondere Vibromischbelüftung aus der Oberfläche in die Lösung gelangen (Abb. 42c). Schließlich kann die Luft mit Paddeln, Bürsten oder ähnlichen Geräten in die Flüssigkeit eingeschlagen werden, wie es bei manchen Abwasserbelüftungen realisiert ist (Abb. 42b).

γ) Belüftung ohne gleichzeitige Flüssigkeitsumwälzung

Diese auch als Blasensäulenfermenter bezeichneten Belüftungseinrichtungen werden durch am Boden der Tanks eingeleitete Luft belüftet. Die Luftblasen steigen gleichmäßig im Substrat auf. Das Substrat wird nicht zusätzlich durch Rührwerke umgewälzt, wohl aber durch die aufsteigenden Luftblasen bewegt.

Die Strahlrohr- und Frittenbelüftung wird gegenwärtig in Abwasseranlagen angewandt (Abb. 43a). Die Belüftung erfolgt hierbei über fest am Boden montierte Einrichtungen. Beim Vogelbusch-

Drehbelüfter geschieht die Belüftung durch eine rotierende perforierte Vorrichtung (Abb. 43b). Derartige Fermenter werden gegenwärtig in der Hefetechnologie verwendet. Andere Belüfter dieser Art haben schwingende oder rotierende Luftverteiler am Boden der Gefäße (Abb. 43c). Die Luftverteiler können also statisch oder dynamisch sein.

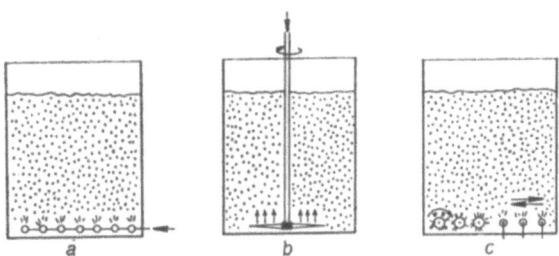

Abb. 43. Belüftung ohne zusätzliche Flüssigkeitsumwälzung

δ) **Belüftung mit statischem Luftverteiler und Flüssigkeitsumwälzung**

Im Gegensatz zu den Belüftungseinrichtungen der vorherigen Typen wird in dieser Gruppe die Luft durch geeignete Vorrichtungen in eine gerichtete Bewegung gebracht. Der Luftverteiler ist dabei fest montiert.

Die einfachste Form der Flüssigkeitsbewegung ist ein Leitzylinder (Abb. 44a), durch den die Flüssigkeit, die durch den an einer Stelle eingebauten Luftverteiler bewegt wird, in bestimmte Bewegungsrichtungen gelenkt wird. Dies ist bei verschiedenen Verhefungsbütten (Schollerbütte und Lefrançois-Bütte) realisiert. Mit zusätzlich

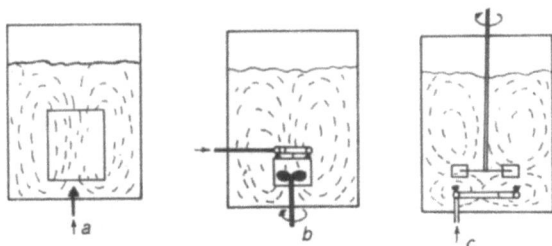

Abb. 44. Belüftung mit statischem Luftverteiler und Flüssigkeitsumwälzung

eingebauten Rührsystemen, die unter (Abb. 44b) oder über (Abb. 44c) dem Luftverteiler angebracht sein können, kann eine zusätzliche Flüssigkeitsumwälzung erreicht werden. Die letztere Einrichtung

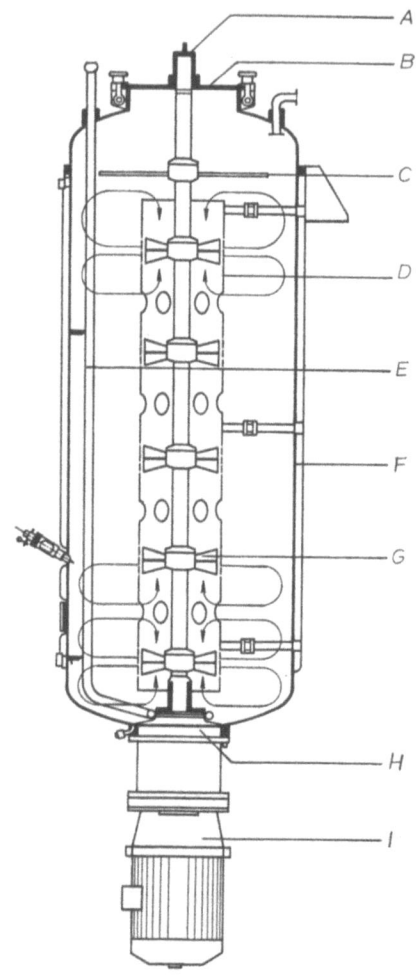

Abb. 45. Multistage-Reaktor (Chemap AG). Zeichenerklärung:
A = Lager oben,
B = Deckel,
C = Schaumvernichter,
D = Reaktionsrohr mit Emulgier- und Ansaugöffnungen,
E = Gaszuführrohr,
F = Doppelmantel,
G = mehrstufige Propellerwelle mit doppelseitigen Laufrädern,
H = Lager unten,
I = Antrieb

liegt beim angelsächsischen Universalfermenter vor. Die meisten gegenwärtig in der Laborpraxis und in der modernen Fermentationsindustrie installierten Anlagen arbeiten nach diesem Prinzip.

Im sog. Multistage-Reaktor wird die Vermischung der Luft mit dem Substrat zur feinen Emulsion getrieben. Bei diesem Fermentertyp ist auf einer zentralen Rotationsachse eine Anzahl übereinander liegender Emulgier-Räder befestigt, umgeben mit einem mehrstufigen Umwälzrohr und mit rel. feinen Austrittsöffnungen versehen. In der Mitte zwischen den Rädern befinden sich Groß-Ansaugöffnungen (vgl. Abb. 45).

ε) **Belüftung mit dynamischem Luftverteiler und Flüssigkeitsumwälzung**

Im Gegensatz zum vorher beschriebenen Typ wird hier auch der Belüfter bewegt. Die Luftverteilung geschieht durch Hohlrührer mit unterschiedlicher Form und Konstruktion der Luftaustrittsöffnungen. Der Belüfter kann frei in der Flüssigkeit rotieren (Abb. 46a), wobei durch Prallbleche (Schikanen) die Rotationsbewegung der Flüssigkeit verhindert wird. Die Flüssigkeitsbewegung kann auch durch Leitzylinder (Abb. 46b) oder andere Leitbleche am Hohlrührer in bestimmte Richtungen gelenkt werden (Abb. 46c). Der Waldhof-Fermenter zur Verhefung von Zellstoffablaugen ist nach einem solchen System konstruiert.

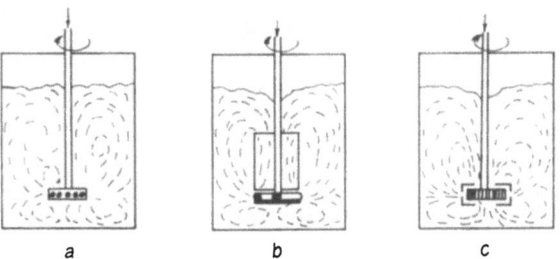

Abb. 46. Belüftung mit dynamischem Luftverteiler und Flüssigkeitsumwälzung

ζ) **Sonstige Belüftungseinrichtungen**

Von einer Firma wurde analog der Stufendestillation ein mehrstufiger Fermenter für kontinuierliche Verfahren entwickelt. Hierbei sind in einer vertikalen Fermentiersäule einzelne Teilfermenter (z. B. 5 Elemente) übereinander angeordnet. Zwischen diesen befindet sich eine Porenplatte, die so konstruiert ist, daß sich unter jeder Platte eine dünne Luftschicht bildet. Dadurch ist ein Rückfluß des Fermenterinhaltes nach unten oder eine Mischung des Inhaltes mit dem darunter liegenden Fermenter nicht möglich. Jede einzelne Fermentereinheit wird besonders pH-, Temperatur-, Sauerstoff- und in der Zellzahl gesteuert. Die Fermentiergefäße sind außer durch die Porenplatten durch ein Verbundsystem miteinander verbunden. Die Luft wird vom unteren Fermenter durch die Poren bis zur oberen Einheit gepumpt. Praktische Erfahrungen mit diesem Fermentertyp stehen noch aus.

In der Abwassertechnologie sind noch einige abweichende Typen in Betrieb, die hier aber nicht beschrieben werden sollen.

Mit diesen Belüftertypen stehen z. T. sehr unterschiedliche Systeme zur Mikroorganismenfermentation zur Verfügung, aus denen je nach den biochemischen Erfordernissen eine Auswahl getroffen werden kann.

c) Bewegung von Kulturflüssigkeiten

In einem mechanisch durch Rührsysteme bewegten und belüfteten Fermenter ist die Intensität der Bewegung der Flüssigkeit abhängig von der Zahl (N) der Umdrehungen des Rotors pro Minute, dem Durchmesser (D) der Rotationsflügel und der Breite (W) und der Höhe (H) der Rührerblätter (vgl. Abb. 47).

Durch die Umdrehung der Rotationsflügel wird die Fermenterflüssigkeit in Bewegung (Strömung) versetzt. Ist die Geschwindigkeit einer stationären Strömung nicht überall dieselbe, so schieben sich die schnelleren Flüssigkeitsschichten an den langsameren vorbei, ohne sich mit ihnen zu mischen. Eine solche Strömung nennt man laminar. Zur Verhinderung einer laminaren Strömung sind in den meisten modernen Fermentern an den Wänden sog. Schikanen angebracht.

Bei großen Geschwindigkeiten, unterstützt durch die Anwesenheit der Schikanen, nimmt die Strömung einen turbulenten Charakter an. Jetzt schieben sich die bewegten Flüssigkeiten nicht mehr ruhig aneinander vorbei, sondern die Strömung wird unregelmäßig und die Flüssigkeit durchmischt sich fortwährend. In der Regel tritt eine Wirbelbildung auf. Solche Strömungen werden als turbulent bezeichnet. Bei vielen mikrobiologischen Fermentationen werden turbulente Strömungen angestrebt.

Für laminare Strömungen gilt das Newtonsche Gesetz über die Viskosität strömender Flüssigkeiten:

$$f = \mu \cdot A \cdot \frac{dv}{dx} \quad (1)$$

f = Viskosekraft
μ = Konstante (abhängig vom Viskositätskoeffizienten) μ für Wasser $(\mu_0) = 0{,}018$ Dyn sec/cm² bei 0° C [1 Dyn ist die Kraft, die einer Masse von 1 g die Beschleunigung von 1 cm/sec² erteilt (etwa das Gewicht eines mg)]
A = Berührungsfläche zwischen ruhender und sich bewegender Flüssigkeit
$\frac{dv}{dx}$ = Beschleunigung zwischen zwei fließenden Flüssigkeitsschichten.

An der Peripherie des Rührers ist die Lineargeschwindigkeit der Flüssigkeit in einem Fermenter dem Produkt der Geschwindigkeit der Umdrehung (N) und dem Durchmesser des Rührers (D) proportional, wobei auch Dichte (p) und Viskosität (μ) berücksichtigt werden müssen. Es besteht die folgende Beziehung:

$$N_{(Re)} = \frac{N \cdot p \cdot D^2}{\mu} \quad (2)$$

$N_{(Re)}$ = Proportionalitätskonstante, die durch die sog. Reynoldsche Zahl (dimensionslose Zahl, spezifisch verbunden mit der Viskosität der Flüssigkeiten) definiert ist.

$$\text{Reynoldsche Zahl} = \frac{\text{lineare Geschwindigkeit} \cdot \text{Dichte} \cdot \text{entspr. linearer Dimension}}{\text{Viskosität}}$$

Diese Beziehung (die Reynoldsche Zahl) gilt beim Überwiegen der Viskositätskräfte. Beim Vorhandensein von Wirbeln gilt die sog. Froude-Zahl:

$$N_{(Fr)} = \frac{D \cdot N^2}{g} \quad (3)$$

g = Erdbeschleunigung.

Schließlich ist noch die Kraft zu berücksichtigen, die durch den Rührer absorbiert wird. Sie kommt zum Ausdruck durch die sog. Energie-Zahl $N_{(p)}$:

$$N_{(p)} = \frac{P \cdot g}{p \cdot N^3 \cdot D^5} \quad (4)$$

Die im Fermenter absorbierte Kraft vermehrt sich mit der Geschwindigkeit der Rotation. Beim Einleiten von Luft in die Flüssigkeit vermindert sich dieser Kraftzuwachs, da der Rührer nun ja z. T. in der Luft rotiert.

Die Kraft P ist bei der turbulenten Strömung:

$$P = \frac{K}{g} p \cdot N^3 \cdot D^5 \tag{5}$$

K = Konstante.

Bei der laminaren Strömung ist P:

$$P = \frac{K}{g} \mu \cdot N^2 \cdot D^3 \tag{6}$$

Das Verhältnis von P ohne und mit Belüftung kann folgendermaßen ausgedrückt werden:

$$\frac{P_{+O_2}}{P_{-O_2}} = 1 - 1{,}26 \frac{F}{N \cdot D^3} \tag{7}$$

Bei sehr hoher Belüftung gilt:

$$\frac{P_{+O_2}}{P_{-O_2}} = 0{,}62 - 1{,}85 \frac{F}{N \cdot D^3} \tag{8}$$

F = Volumetrische Belüftungsraten (cm³/sec).

Vergleicht man zwei geometrisch ähnliche Fermenter mit turbulenter Strömung miteinander, die einen unterschiedlichen Durchmesser haben, so ist die Kraftleistung (P_1 und P_2) in beiden Fermentern pro Volumeneinheit die gleiche:

$$\frac{P_1}{P_2} = \frac{V_1}{V_2} \tag{9}$$

Sie ist jedoch umgekehrt zu ihren Rotationsgeschwindigkeiten die dritte Wurzel aus dem Quadrat des Verhältnisses ihrer Rührerdurchmesser:

$$\frac{N_2}{N_1} = \sqrt[3]{\left(\frac{D_1}{D_2}\right)^2} \tag{10}$$

Je ungleichartiger die zu vergleichenden Fermenter sind, desto schwieriger wird auch die Berechnungsmöglichkeit der Größenverhältnisse (scale-up) in dieser Beziehung.

Die Gleichung (5) zeigte, daß die absorbierte Kraft im Fermenter von dem mechanischen Rührsystem abhängig ist und zwar in der dritten Potenz von den Umdrehungen pro Minute und in der fünften Potenz vom Durchmesser des Rührers.

Die Bewegungsintensität beeinflußt bei einer belüfteten Fermentation die Produktbildung in großem Ausmaß. Mit Ausnahme von äußerst intensiv sauerstoffbedürftigen Prozessen sollen — wie industrielle Erfahrungen gezeigt haben — Veränderungen der Bewegungsintensität die Produktausbeute mehr beeinflussen als Veränderungen der Belüftungsintensität, vorausgesetzt natürlich, daß ein Belüftungsminimum nicht unterschritten wird.

Bewegung ist sowohl für die Verkleinerung und gleichmäßige Verteilung der Luftblasen als auch für die immerwährende Heranführung von neuem Sauerstoff, frischer Nährlösung an die Zellen,

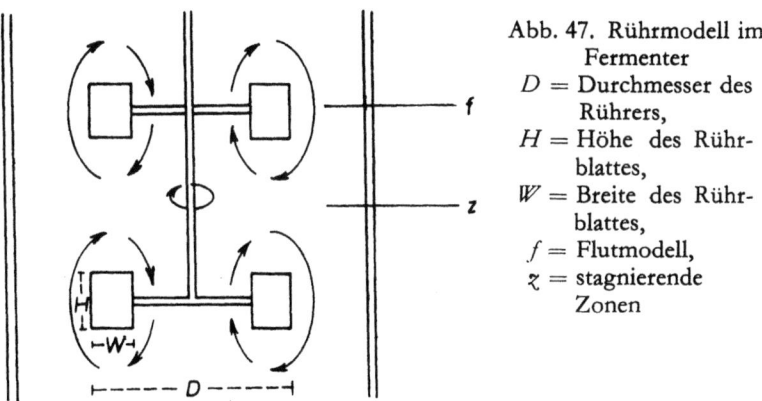

Abb. 47. Rührmodell im Fermenter
D = Durchmesser des Rührers,
H = Höhe des Rührblattes,
W = Breite des Rührblattes,
f = Flutmodell,
z = stagnierende Zonen

die Abführung von Stoffwechselprodukten von den Zellen, die Einhaltung gleichmäßiger Temperatur- und pH-Bedingungen in der Nähe der Mikroorganismenzellen u. v. a. von Bedeutung.

Die Anordnung der Rührer muß so eingerichtet sein, daß ihre Flutmodelle (f) nicht aufeinandertreffen. Daneben muß auch die Bildung stagnierender Zonen (z) in der Fermenterflüssigkeit verhindert werden. Dies ist besonders dann notwendig, wenn die Viskosität der Flüssigkeit im Verlauf der Fermentation (z. B. durch starke Mycelbildung oder Bildung von Dextranen u. a.) stark zugenommen hat (vgl. Abb. 47).

5. Schaumzerstörung

In vielen Fermentationslösungen kommt es während des Mikroorganismenwachstums zu einer starken Schaumbildung, die durch Belüftung und Bewegung des Substrats sowie durch Stoffwechselprodukte der Mikroorganismen hervorgerufen wird. Dieser Schaum muß zerstört werden. Das kann auf zweierlei Art geschehen, entweder durch Zusatz chemischer, die Oberfläche vermindernde Substanzen oder auf mechanischem Wege.

a) Chemische Schaumdämpfungsmittel

Chemische Schaumdämpfungen müssen während des gesamten Fermentationsprozesses bei sparsamer Dosierung eine gute Wirkung haben. Sie müssen unschädlich gegen die betr. Mikroorganismen sein und dürfen die Biosynthese der gewünschten Stoffwechselprodukte nicht nachteilig beeinflussen. Weiterhin müssen sie sich nach dem Fermentationsprozeß — wenn notwendig — leicht abtrennen lassen. Manche Verbindungen breiten sich als Film über der Oberfläche aus, ohne sich mit dem Substrat zu vermischen, andere vermischen sich mit der Nährlösung und setzen dabei deren Oberflächenspannung herab. In der Praxis werden flüssige Fette und Öle, aber auch Öl-Wasser-Emulsionen, Paraffine, höhere Alkohole, bes. Octodecanol, Siliconöle, bestimmte Polyoxyäthylen- bzw. Polyoxypropylenverbindungen und ähnliche Substanzen zur Entschäumung verwendet.

Zur Bestimmung des Zeitpunktes einer notwendigen Entschäumung gibt es eine Reihe sinnvoller Einrichtungen, die darauf beruhen,

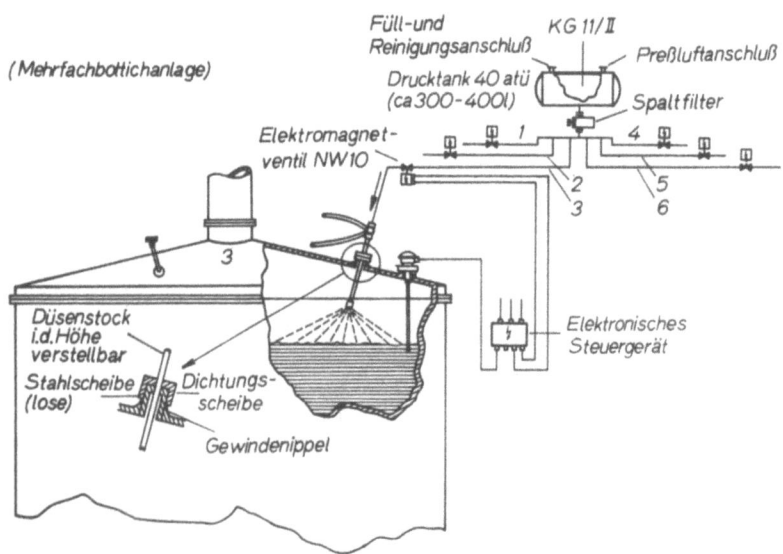

Abb. 48. Anlage zur Schaumzerstörung, System Schill & Seilacher

daß durch den in einem Fermenter aufsteigenden Schaum ein Kontakt geschlossen wird. Dieser Kontaktschluß setzt dann eine automatisch funktionierende Entschäumungsanlage in Tätigkeit. Der Kontaktschluß kann durch ein Seil über der Flüssigkeit, das durch den Schaum berührt wird, durch die Unterbrechung eines Lichtstrahls durch den Schaum, durch direkten Stromschluß an zwei Elektroden, von denen die eine die Fermenterwand sein kann oder ähnliche Vorrichtungen vollzogen werden (vgl. Abb. 48).

Das Entschäumungsmittel wird anschließend feinverteilt über die Oberfläche des schäumenden Substrates solange hinweggesprüht, bis sich der Schaum soweit gesenkt hat, daß der erwähnte Kontaktschluß wieder rückgängig gemacht worden ist.

Vielfach sind die Mikroorganismen jedoch in der Lage — ganz besonders bei starker Belüftung, und hierbei ist eine Entschäumung vor allem notwendig — die Antischaummittel während der weiteren Fermentation zu oxidieren und in den Stoffwechsel einzubeziehen (z. B. bei der Alkanoxidation) oder aber die Antischaummittel behindern die Aufarbeitung.

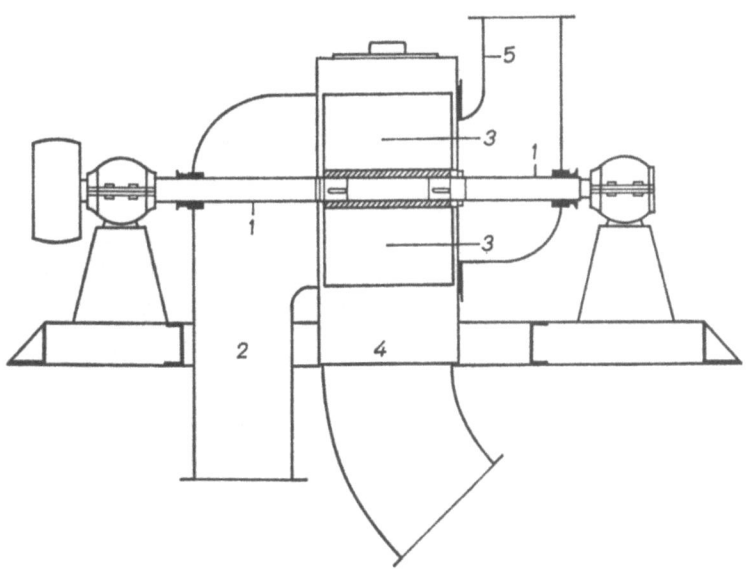

Abb. 49. Mechanischer Entschäumer, System Frings. Zeichenerklärung: *1* = Welle mit Umlaufkörper, *2* = Schaumeintritt, *3* = Flügel des Umlaufkörpers, *4* = Rückführung der entschäumten Flüssigkeit, *5* = Gasaustrittsleitung

b) Mechanische Schaumzerstörung

Gegenwärtig verwendet man immer häufiger **mechanische Schaumzerstörer**. Zwei Typen sollen charakterisiert werden:

1. Bei einem Typ wird auf eine vollständige Schaumzerstörung verzichtet. Es werden nur die leicht auftrennbaren Schaumteilchen zerstört. In einem Umlaufkörper, der über dem zu fermentierenden Substrat angebracht ist, werden die Schaumteilchen nur kurzfristig

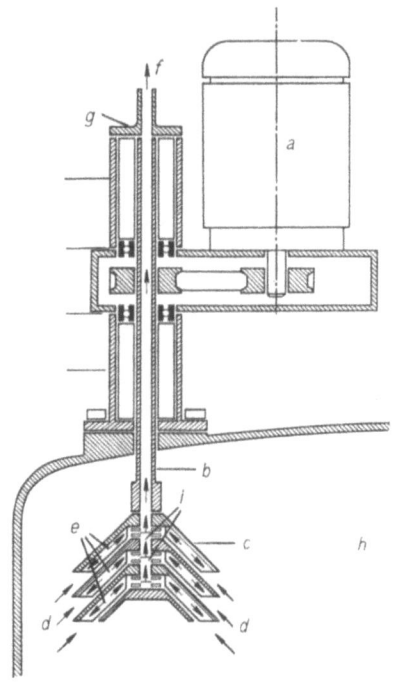

Abb. 50. Mechanischer Entschäumer, System Chemap. Zeichenerklärung: a = Motor, b = Hohlwelle, c = rotierende Teller, d = Schaumeintritt, e = Flüssigkeitsaustritt, f = Gasaustritt, g = Lagergehäuse mit Kühlung, h = Kesselinhalt

einer Zentrifugalkraft unterworfen. Der Hauptgasanteil wird in axialer Richtung abgeführt, während die ausgeschleuderte Flüssigkeit wieder durch die Rückführungsleitung in den Fermenter gelangt (Abb. 49).

2. Beim zweiten Typ sind auf einer rotierenden Hohlwelle konische Teller mit Öffnungen nach unten hin angebracht. Radiale Leitbleche in den Tellern erhöhen die schaumzerstörende Wirkung. Das Gas-Flüssigkeitsgemisch tritt oben im Fermenter in den rotierenden Teller ein. Durch die Drehgeschwindigkeit wird die Flüssigkeit in den Fermenterkessel zurückgeschleudert. Das leichtere Gas wird durch die Hohlwelle hinausgedrückt und kann entweichen. Dieser Schaumzerstörer hat sich besonders bei Oxidationen bewährt (Abb. 50).

Neben diesen geschilderten Schaumzerstörungstechniken gibt es eine Anzahl weiterer mechanischer Schaumzerstörungsverfahren. Es ist anzunehmen, daß sich die mechanischen Schaumzerstörungsverfahren gegenüber den chemischen Verfahren in Zukunft immer mehr durchsetzen werden.

III. Mit Mikroorganismen hergestellte Produkte
1. Gärungsprodukte

Mikroorganismen bilden eine Reihe von Verbindungen unter Ausschluß von Sauerstoff. Es sind dies die Gärungsprodukte. Bei den Gärungen wird der bei Energiegewinnungsprozessen gewonnene Wasserstoff nicht auf Sauerstoff sondern auf organische Verbindungen übertragen. Diese organischen Wasserstoffacceptoren sind entweder normale Intermediärprodukte, oder sie werden zur Wasserstoffaufnahme besonders synthetisiert. Die letzteren Verbindungen werden nach der Reduktion ins Substrat ausgeschieden und können daraus isoliert werden. Wichtige in technischer Menge hergestellte Gärungsprodukte sind Äthanol (einschl. sämtlicher äthanolhaltiger Lebensmittel), Milchsäure (einschl. sämtlicher milchsäurehaltiger Lebensmittel), Butanol-Aceton, Glycerin und Methan. Von geringerer Bedeutung sind Propionsäure, Buttersäure und 2,3-Propandiol als Gärungsprodukte.

a) Äthanol und äthanolhaltige Produkte

Seit Jahrtausenden ist die Herstellung alkoholischer Getränke bekannt. Möglicherweise ist Äthanol die erste organisch-chemische Substanz, die man zielstrebig — wenn auch nicht konzentriert — auf der Erde hergestellt hat.

Wenn auch viele Mikroorganismen imstande sind, unter anaeroben Verhältnissen Zucker zu Äthanol zu vergären, so werden zur industriellen Herstellung ausschließlich Hefen verwendet.

α) Allgemeines über die Äthanolbildung durch Hefen

Bei der Äthanolbildung durch Hefen (alkoholische Gärung) werden aus Glucose Äthanol und CO_2 nach der folgenden Summenformel gebildet:

$$C_6H_{12}O_6 \rightarrow 2\ CH_3CH_2OH + 2\ CO_2 + 27\ kcal$$
$$\text{Glucose} \qquad \text{Äthanol}$$

Bis zur Brenztraubensäure geht die Äthanolbildung über den bereits beschriebenen FDP-Weg vor sich (vgl. S. 36). Brenztraubensäure wird anschließend durch eine Pyruvatdecarboxylase, die Mg^{++} und Thiaminpyrophosphat als Co-Faktoren benötigt, zum Acetaldehyd decarboxyliert. Der Acetaldehyd wird von einer $NADH_2$-abhängigen „Alkohol-Dehydrogenase" zum Äthanol reduziert, der dann im Substrat vorliegt. Das bei der Decarboxylierung gebildete CO_2 entweicht als Gas (vgl. Abb. 16).

Eine Äthanolbildung auf anderen Stoffwechselwegen hat technisch keine Bedeutung.

Die bei der Äthanolbildung durch Hefen vor sich gehenden Reaktionen laufen unter streng anaeroben Bedingungen ab. Werden die Hefen belüftet, so geht die alkoholische Gärung zugunsten der Atmung zurück und läßt sich bei intensiver Durchlüftung der Kulturen nahezu vollständig unterdrücken. Man bezeichnet diesen Effekt der Hemmung der alkoholischen Gärung durch Sauerstoff als den „Pasteur-Effekt".

Das Gärungsvermögen einer Hefe wird durch den sog. Vergärungsgrad ausgedrückt. Dieser gibt an, um wieviel der Extrakt (= Stammwürze in % Balling) durch die Vergärung abgenommen hat. Die Stammwürze wird bei der Berechnung = 100 gesetzt. Der wirkliche Vergärungsgrad wird nach der Formel

$$V_w = \frac{p-n}{p} \cdot 100$$

berechnet. p ist der Extraktgehalt der Würze (in %, gemessen nach dem spezifischen Gewicht) vor der Vergärung, und n der Extraktgehalt der vergorenen Maische. Vor der Bestimmung des Extraktgehaltes der vergorenen Maische muß der vorhandene Alkohol durch Destillation entfernt und die Flüssigkeit auf das vorherige Maß aufgefüllt werden. Wird der Alkohol nicht abdestilliert, so erhält man den scheinbaren Vergärungsgrad (die Extraktbestimmung der vergorenen Maische aus dem spezifischen Gewicht wird durch die Anwesenheit von Alkohol verändert):

$$V_s = \frac{p-m}{p} \cdot 100$$

m ist der Extraktgehalt der vergorenen Maische bei Anwesenheit des bei der Gärung entstandenen Alkohols.

Die Gärgeschwindigkeit (φ) wird aus dem Volumen CO_2 definiert, das sich unter standardisierten Bedingungen aus einem Substrat je Stunde und je g Hefe entwickelt. Diese Größe ist oft von Ansatz zu Ansatz und bei verschiedenen Stämmen unterschiedlich. Sie ist vom Stickstoffgehalt (*N*) der Hefezellen abhängig.

φ (Gärgeschwindigkeit) $= c\,(N - N_0)$

N_0 ist ein Mittelwert, der mit 0,71 % N bei sehr vielen Hefen (mit etwa 22 % Trockensubstanz) als relativ konstant angesehen werden kann. *c* ist eine für jeden Stamm charakteristische Konstante, die auch als Gärwirksamkeit oder Gäreffektivität bezeichnet wird.

β) Bier

Bier ist ein aus Malz und Hopfen hergestelltes alkoholisches extraktreiches, kohlensäurehaltiges Getränk. Zur Bierherstellung werden fast ausschließlich Kulturhefen (abgeleitet von *Saccharomyces cerevisiae*), die heute in der freien Natur nicht mehr aufzufinden sind, verwendet. Diese Ökotypen haben sich in jahrhundertelanger Zucht herausgebildet und werden von allen anderen Arten, den sog. „wilden Hefen", unterschieden. Es sind z. B. *Saccharomyces carlsbergensis*, *S. monacensis*, *S. saké*, *S. tokyo*, *S. yeddo* und *S. piriformis* und z. T. nur besondere Zuchtformen von *S. cerevisiae*.

Bier wird durch Vergärung eines maltosehaltigen Substrates, der sog. Würze, die aus Malz hergestellt wird, gewonnen. Das maltosehaltige Substrat wird in sehr vielen Fällen aus Gerste gewonnen. Aber auch andere stärkehaltige Produkte, z. B. Weizen, Mais oder Reis können zur Bierherstellung verwendet werden. Da die verwendeten *Saccharomyces*-Arten keine Amylasen besitzen, müssen die stärkehaltigen Rohstoffe vor der eigentlichen Vergärung verzuckert werden, d. h. sie müssen mit Hilfe von Amylasen bis zu Di- und Monosacchariden gespalten werden.

Diese Amylasen lassen sich entweder aus keimender Gerste — beim Keimungsvorgang der Gerste werden viele Amylasen synthetisiert — oder aber aus Mikroorganismen *(Aspergillus oryzae* oder *A. niger)* herstellen. In Deutschland ist für die Bierherstellung nur die Verwendung von Amylasen aus Gerste gestattet. Erst wenn genügend Maltose durch die Tätigkeit der Amylasen aus der Stärke gebildet worden ist, können Hefen diese zu Äthanol vergären.

Die Bierherstellung läßt sich in drei große Abschnitte einteilen:
1. Malzbereitung (Quellen, Keimen und Darren der Gerste)
2. Herstellung der Würze
   a) Maischen (Mischen des Malzschrotes mit Wasser, Verzuckern)

b) Kochen und Hopfen der Würze und Abkühlung
3. Gärung und Lagerung des Bieres.

Der erste Herstellungsgang, die Malzbereitung, wird häufig nicht in den Brauereien vorgenommen, sondern in besonderen Fabriken, den Mälzereien; die anderen beiden Prozesse werden immer in den Brauereien durchgeführt.

Bei der **Malzbereitung** wird Gerste 2—3 Tage lang eingeweicht und anschließend in flacher Schicht auf Tennen und in Kästen oder in besonderen Trommeln zur Keimung gebracht. Bei der Keimung, die unterschiedlich lange dauern kann, werden im Gerstenkeimling viel Amylasen gebildet. Die Keimung wird durch das sog. Darren, das Trocknen der gekeimten Gerste (bei 60—90° C, bei Dunkelbieren auch bei 105° C) abgeschlossen. Das so gewonnene Malz enthält noch viel Stärke aus der Gerste, ein Teil davon ist jedoch bereits verzuckert. Weiterhin enthält das Malz viel Amylasen, die zur Stärkeverzuckerung bei der Herstellung der Würze notwendig sind.

Zur **Würzeherstellung** wird zunächst eingemaischt. Hierunter versteht man das Mischen des Malzschrotes mit Wasser im Maischbottich (Maischpfannen). Hierbei wird ein Teil der Stärke durch die Amylasen verzuckert, ein Teil bleibt unverzuckert zurück. Teillösungen der Maische werden dabei aufgekocht, um eine zu starke Verzuckerung zu verhindern, denn im Bier soll ja ein gewisser Extraktgehalt zurückbleiben. Im Läuterbottich wird die Maische von den festen Malzrückständen durch Filtration (läutern) befreit. Zurück bleibt der „Treber", ein wertvolles Viehfutter.

Das Filtrat ist die Würze, der im sog. Würzekessel der Hopfen, etwa 0,15 bis 0,5 kg/100 l, zugesetzt wird. Zum **Hopfen** verwendet man die reifen getrockneten Fruchtstände der weiblichen Blüten des Hopfens. Der Hopfen gibt dem Bier den angenehmen bitteren Geschmack und verleiht ihm eine gewisse Haltbarkeit. Nach Kochen der Würze werden die Hopfenreste abfiltriert. Neuerdings wird anstelle mit Hopfen auch mit Hopfenextrakten gehopft. Dann entfällt das Absiehen der Hopfenreste. Die nun fertige Würze wird abgekühlt und mit einem reinen Hefestamm, der von der Laborkultur aus vermehrt wurde, beimpft (vgl. Abb. 51).

Die **Gärung** erfolgt bei untergärigen Bieren (vgl. S. 9) in der Regel bei 5—7° C, bei obergärigen Bieren bei 15° C und mehr. Sie wird in großen offenen Bottichen (500 hl und mehr) durchgeführt

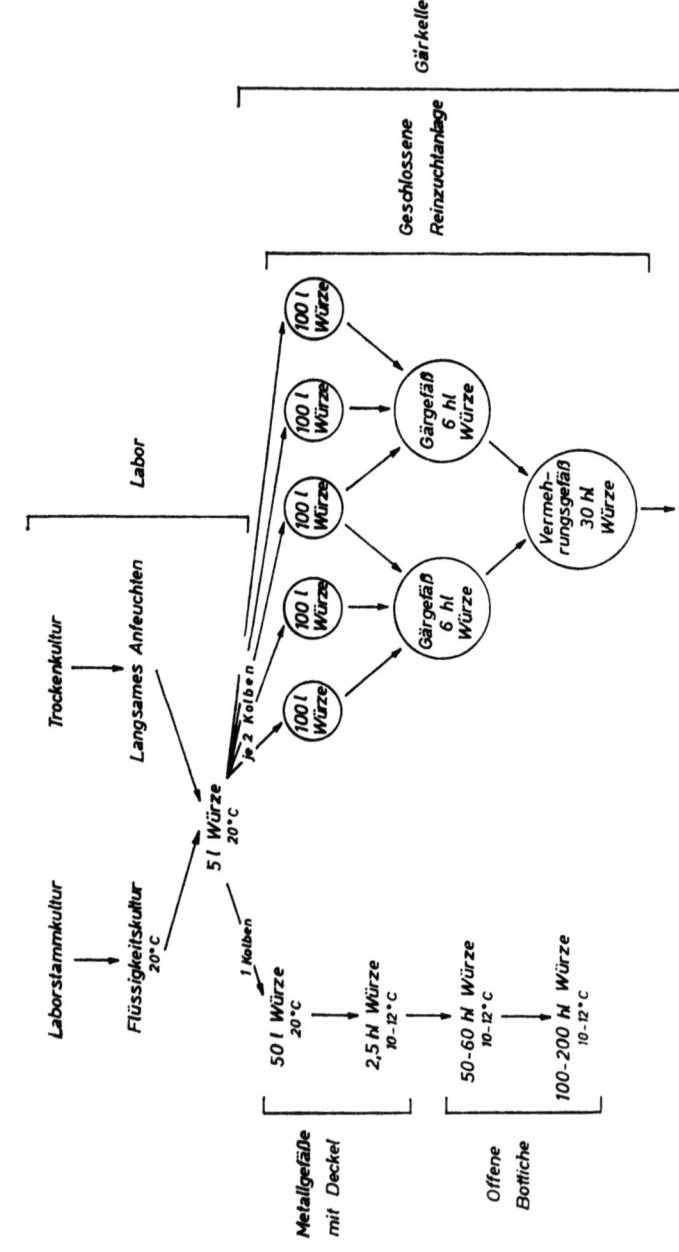

Abb. 51. Schema der Hefevermehrung zur Bierherstellung

und dauert in der Regel 8—10 Tage. Wenn nicht mehr viel Hefe in der Gärlösung schwebt, wird das Bier abgezogen („geschlaucht") und in Fässer gefüllt. Hier findet durch die verbliebene Hefe eine Nachgärung statt, die nach 1—4 Monaten beendet ist. Dabei setzt die Bukettbildung ein, viele Schwebestoffe, einschließlich der Hefen setzen sich ab. Nach einer optimalen Lagerzeit wird das Bier filtriert und anschließend in Fässer oder Flaschen abgefüllt. Das Fließschema (vgl. Abb. 52) zeigt den Vorgang der Bierherstellung.

Es ist gelungen, den Vorgang der Bierherstellung kontinuierlich zu gestalten. Bei der Malzherstellung wird die Keimung auf Fließbändern, oder in Schneckengewinden aufwärts, bzw. in abwärtsgerichteten Keimstraßen vom oberen Stock eines Turmes ausgehend

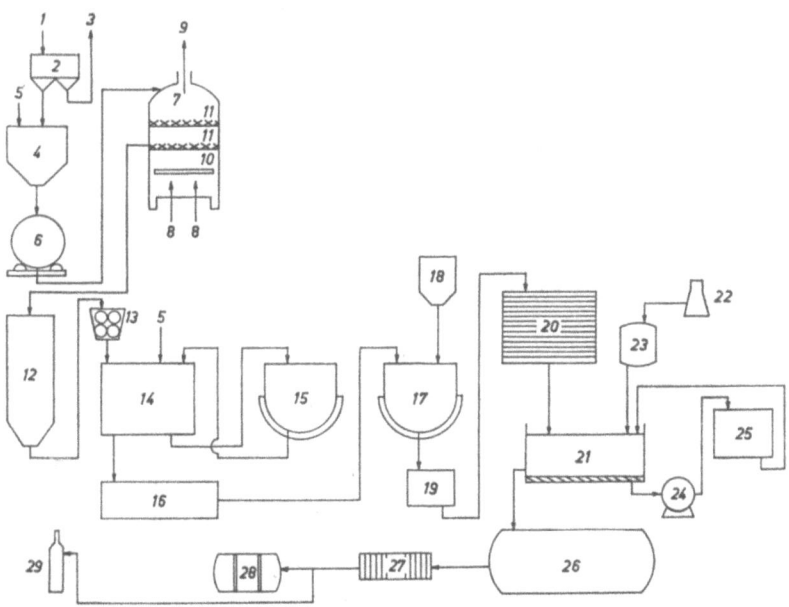

Abb. 52. Fließschema für die Herstellung von untergärigem Bier. Zeichenerklärung: 1 = Rohgerste, 2 = Reinigung der Gerste, 3 = Abfallgerste, 4 = Quellstock, 5 = Wasser, 6 = Keimtrommel, 7 = Hordendarre, 8 = Zuluft, 9 = Abluft, 10 = Heizrohre, 11 = Malz, 12 = Malzlager, 13 = Malzschrotung, 14 = Maischebottich, 15 = Maischepfanne, 16 = Läuterbottich, 17 = Würzepfanne, 18 = Hopfen, 19 = Hopfenseiher, 20 = Kühlung, 21 = Gärbottich, $22, 23$ = Hefeanzucht, 24 = Hefeseparator, 25 = Hefebottich, 26 = Lagertank, 27 = Filtration, 28 = Faßabfüllung, 29 = Flaschenabfüllung

geführt. Auch der Maischprozeß läßt sich kontinuierlich gestalten. Bei der kontinuierlichen Gärung lassen sich sowohl einstufige, als auch mehrstufige Verfahren (vgl. S. 78) anwenden.

Die Zahl der Biertypen ist sehr groß, sie können hier nicht im einzelnen beschrieben werden. Bei verschiedenen Bieren werden andere stärkehaltige Produkte als Gerste verwendet. Gerstenmalz oder Pilzmalz werden aber zur Verzuckerung benötigt, da die Keimlinge der anderen Getreidearten nicht ausreichend Amylasen enthalten.

γ) Äthanol

Äthanol, der auch chemisch-synthetisch hergestellt wird, wird auch in großer Menge durch Destillation aus alkoholischen Lösungen, die durch Gärung mit *Saccharomyces cerevisiae* erhalten wurden, gewonnen. Zur Äthanolherstellung verwendet man die folgenden oft sehr unterschiedlichen Substrate:

1. Alkoholhaltige Rohstoffe: Weine, vergorene Trester, Hefewürzen u. ä. Diese Substrate sind bereits vergoren, so daß nur der Alkohol (in vielen Fällen das alkoholische Lebensmittel) durch Destillation gewonnen werden muß.

2. Zuckerhaltige Substrate: Reste, die bei der Zuckerherstellung aus Zuckerrohr oder Zuckerrüben anfallen, Melassen, Obst- und Fruchtsäfte und schließlich Molke. Diese Substrate brauchen nicht verzuckert zu werden.

3. Stärkehaltige Substrate: Sämtliche Getreidearten (bes. Roggen, Gerste, Weizen, Hafer und Hirse) Mais, Reis, Kartoffeln, Zuckerrüben, Bataten (süße Kartoffeln) und andere stärkehaltige Produkte. Diese Substrate müssen vor der Vergärung mit Malz oder Pilzamylasen verzuckert werden.

4. Sonstige Substrate: Holzzucker, Sulfitablaugen u. ä. Diese Substrate sind zumeist chemisch soweit hydrolysiert worden, daß eine Vergärung stattfinden kann.

Falls die Substrate verzuckert werden müssen, geschieht dies so, daß möglichst viel der Stärke zu Di- oder Monosacchariden abgebaut wird, weil man — im Gegensatz zur Bierherstellung — bei der Vergärung der Substrate, die zur Äthanolherstellung verwendet werden sollen, möglichst sämtliche vorhandene Stärke umsetzen möchte. Die Gärung wird bei Temperaturen über 20° C schnell durchgeführt. Das vergorene Substrat wird zur Herstellung reinen Äthanols nach Destillation durch Rektifikation im Kolonnenapparat und evtl. durch

Behandlung mit Kohle gereinigt. Durch die Rektifikation werden die sog. Fuselöle, die im Eiweißstoffwechsel der Hefen durch Decarboxylierung und Desaminierung von Aminosäuren entstehen, abgetrennt:

$$\begin{array}{c}H_3C\\H_3C\end{array}\!\!>\!CH-CH_2-CH(NH_2)-COOH + H_2O \rightarrow \begin{array}{c}H_3C\\H_3C\end{array}\!\!>\!CH-CH_2-CH_2OH + CO_2 + NH_3$$

Leucin — Isobutylcarbinol

Bei einer Reihe besonderer Brennereierzeugnisse werden die Aromastoffe durch die besondere Art der Destillation ganz oder teilweise im — meist stark alkoholischen — Getränk belassen, z. B. beim Kornbranntwein und den vielen Obstbranntweinen. Vielfach werden vor oder nach der Destillation besondere Aromabildner zugesetzt, z. B. Wacholderbeeren, Kümmel u. a. In wieder anderen Fällen wird der wesentliche Geschmack durch die besondere Art der Lagerung erzeugt, z. B. bei den Weinbränden und dem Cognac, durch Lagerung der Destillationsprodukte in frischen Eichenfässern.

Liköre sind gezuckerte Produkte, die durch Mischung von reinem Äthanol mit verschiedenen Pflanzenbestandteilen oder unter Zusatz von Säften, Früchten, Honig, Eiern etc. erhalten werden.

δ) Wein und Sekt

Als Wein bezeichnet man das Produkt, das aus der Vergärung des Saftes der Trauben der Weinrebe *(Vitis vinifera)* entstanden ist. Die normalen Weingärungen sind Spontangärungen mit *Saccharomyces cerevisiae*. Diese Art kann noch in *S. cerevisiae var. ellipsoideus*, *S. cerevisiae var. pastorianus* unterschieden werden (Windisch, 1960). Für die Gärung sind bestimmte Stammeigenschaften wichtig. Es gibt u. a.:

1. Hochgärige Rassen, die bis zu 18 und 20 Vol.-% Alkohol im Optimum bilden.

2. Kälteresistente Rassen, die bei Temperaturen bis zu $+4°$ C noch 8 bis 12 Vol.-% Alkoholausbeute bringen (Kaltgärhefen).

3. Sulfithefen, die stark geschwefelte Moste vergären.

4. Alkoholresistente Hefen, die bei 8—12 Vol.-% Alkohol noch imstande sind, eine Gärung einzuleiten, wenn genügend Zucker vorhanden ist (Umgärhefen, sämtliche Sekthefen).

5. Rotweinhefen, die an einen hohen Gerbstoffgehalt gewöhnt sind.

6. Osmophile Hefen, die mehr als 30 Vol.-% Zucker vertragen und daraus 10—13 Vol.-% Alkohol liefern.

Weiterhin gibt es Rassen, die beim Schaumwein keine „Masken" bilden, ferner Sherryhefen, die in einer Oberflächenhaut das charakteristische Bukett für Sherryweine bilden, sowie Hefen, die auf 30—32°C erwärmten Alkohol vertragen, u. v. a.

Eine Anzahl von Hefearten, die an der zugespitzten Form (apices = Spitzen) kenntlich ist und daher den Namen Apiculatus-Hefen erhalten hat, bildet geringere Alkoholausbeuten (5—8 Vol.-%) als

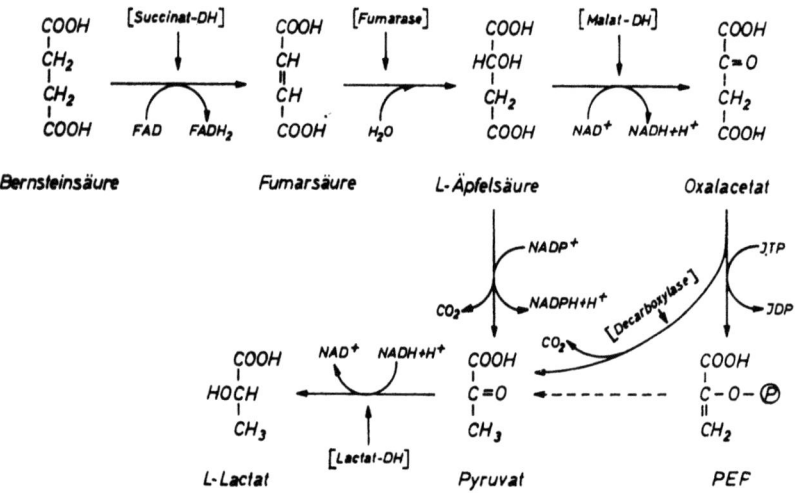

Abb. 53. Umsetzung von Bernsteinsäure und Äpfelsäure zu Milchsäure bei der Nachgärung im Wein

Saccharomyces cerevisiae, so daß bei den Weingärungen der Anteil an *S. cerevisiae* unbedingt überwiegen sollte. Zu den Apiculatus-Hefen gehören Arten der folgenden vier Gattungen:

1. *Hanseniaspora* Zikes: Kleinzellig, sporenbildend.

2. *Kloeckera* Janke: Kleinzellig, im Laboratorium nicht zur Sporenbildung zu bringen.

3. *Saccharomycodes* Hansen: Großzellig, sporenbildend.

4. *Brettanomyces* Kufferath und van Laer: Ein- bis zweiseitig zugespitzt, oft seitlich sprossend, aber auch mycelähnliche Zellen bildend.

Die Vergärung des Traubenmostes zur äthanolhaltigen Flüssigkeit (zum Wein) geht über den FDP-Weg (vgl. S. 36). Daneben wird Glycerin gebildet (vgl. S. 126).

Nach der alkoholischen Gärung findet im Wein eine Säuregärung statt, die durch *Bacterium gracile*, *Micrococcus acidovorax* und *M. malolacticus* vorgenommen wird. Hierbei werden sog. „harte Säuren" wie Bernsteinsäure, Äpfelsäure, auch Weinsäure, die z. T. schon mit dem Most in den Wein gelangt sind, in „weiche Säuren", besonders in Milchsäure umgesetzt (vgl. Abb. 53). Bernsteinsäure und Äpfelsäure werden oxidativ zu Brenztraubensäure decarboxyliert, aus der sich durch Reduktion Milchsäure bildet. Der Weg kann auch über Oxalessigsäure gehen. Die Untersuchungen von Radler haben hier viele Aufschlüsse gebracht.

Durch schweflige Säure, die mit Carbonylen Hydroxysulfonate bildet, werden viele geschmacklich unerwünschte Aldehyde abgebunden. Gleichzeitig hat die schweflige Säure eine konservierende Wirkung auf den Wein.

$$H_3C-C\begin{subarray}{l}\diagup H \\ \diagdown O\end{subarray} + H_2SO_3 \rightleftharpoons H_3C-\underset{SO_3H}{\overset{OH}{\underset{|}{\overset{|}{C}}}}-H$$

Acetaldehyd α-Hydroxy-äthansulfonsäure

Der erste Schritt zur Weinherstellung ist die Weinlese, bei der die Trauben geerntet werden. Art, Reife der Trauben und Auslese von Trauben unterschiedlicher Qualität haben einen großen Einfluß auf die Qualität des daraus hergestellten Weines. Die geernteten Trauben werden eingemaischt, d. h. die Traubenhülsen werden aufgerissen, damit der Saft heraustreten kann. Beim Weißwein wird beim Keltern der Most durch Auspressen gewonnen. Die Traubenrückstände bezeichnet man als Trester. Rotweine müssen auf der Maische vergoren werden, damit die in den Hülsen befindlichen Farbstoffe in den Wein übergehen. Nach einer Mostbehandlung mit schwefliger Säure, die hier zur Unterdrückung der vorhandenen Schimmelpilze und Bakterien zugunsten der gut gärenden Hefen dient, kann in Fässern oder Tanks die Gärung durchgeführt werden. Bei der Rotweingärung verwendet man heute stehende Überdrucktanks, bei denen man den durch die CO_2-Entwicklung entstehenden

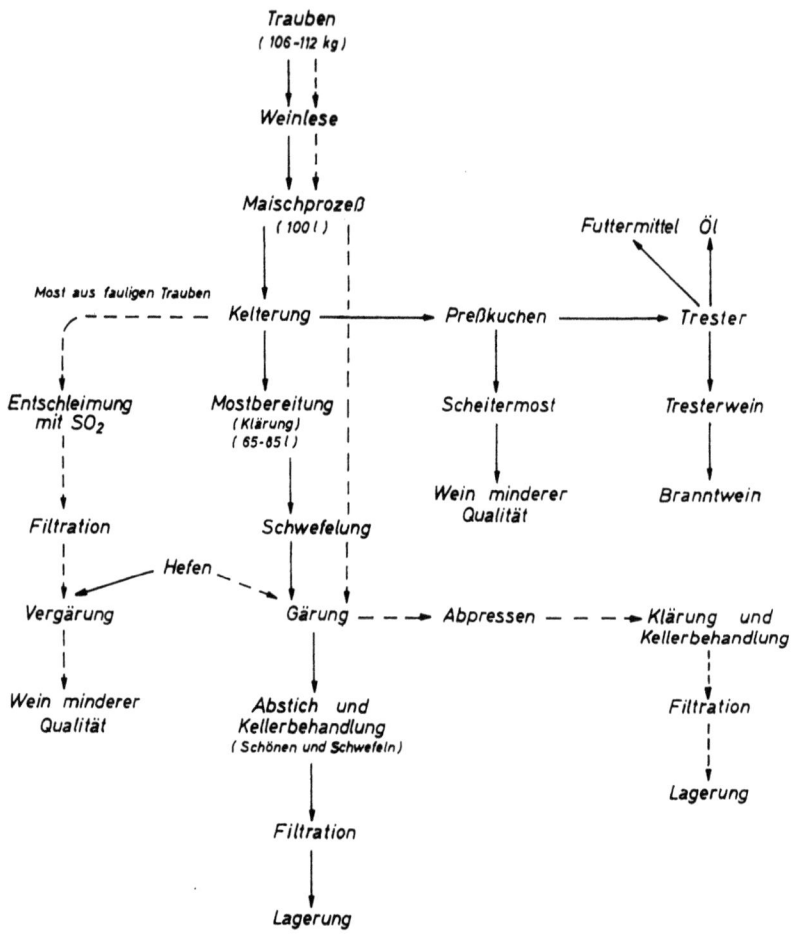

Abb. 54. Schema zur Weiß- und Rotweinherstellung. Zeichenerklärung: Durchgezogene Pfeile = Weißweinherstellung; gestrichelte Pfeile = Rotweinherstellung

Überdruck zunächst ansteigen läßt und dann das CO_2 plötzlich entweichen läßt. Hierbei platzen viele der Hülsen, die ja — wie bereits erwähnt — bei der Rotweinherstellung mitvergoren werden. Der rote

Farbstoff, der sich ausschließlich in den Hülsen befindet, kann dadurch heraustreten und dem Wein die Färbung geben.

Nach Abschluß der alkoholischen Hauptgärung, die zumeist — je nach Temperatur — 8—12 Tage dauert, beginnt langsam die Säuregärung. Der fertig gegorene Wein wird abgezogen und einer Kellerbehandlung unterzogen, wobei z. B. durch Zusatz von schwefliger Säure geschmacklich unerwünschte Aldehyde abgebunden werden, oder Trubstoffe durch Filtration oder „Schönen" mit verschiedenen Adsorptionsmitteln entfernt werden. Der Wein wird dann in Fässern gelagert. Hier findet noch eine weitere Umsetzung von harten Säuren zu weichen Säuren, sowie eine Veresterung höherer Alkohole mit Fettsäuren zu Aromastoffen statt (Abb. 54).

Schaumwein (einschl. **Sekt**) ist ein CO_2-haltiges Produkt, das durch eine nochmalige Vergärung von Wein nach Zuckerzusatz erhalten wird. Zunächst werden verschiedene Weine gemischt. Dieser Mischung (Cuvée) wird eine Zuckerlösung (z. B. eingedickter Traubensaft) — als Likör bezeichnet — hinzugefügt. Dann wird mit besonders an schweflige Säure und Äthanol adaptierten Weinhefen beimpft und entweder in verkorkten Flaschen oder in Tanks vergoren. Die entstehende Kohlensäure bleibt im Schaumwein gelöst. Nach Abschluß der Vergärung, die in der Flasche ein oder mehrere Jahre dauert, im Tank mehrere Wochen oder Monate, wird die Hefe entfernt und der Schaumwein mit einem Zusatz von Kandiszucker (Dosage) versetzt. Der Schaumwein ist dann fertig und muß bei den Tankgärverfahren und beim Transversierverfahren noch in die Flaschen abgefüllt werden.

Es gibt drei Verfahren zur Sektherstellung:

1. **Flaschengärverfahren.** Bei diesem Verfahren wird die Gärung in der Flasche durchgeführt, die auch zum Verkauf kommt.

2. **Transversierverfahren.** Hierbei wird die Gärung ebenfalls in der Flasche durchgeführt. Die nachfolgenden sehr arbeitsintensiven Vorgänge sind aber weitgehend mechanisiert worden: Der vergorene Wein wird automatisch entkorkt, unter CO_2-Druck filtriert und im Tank mit Likör versetzt. Anschließend wird bei Kohlensäuredruck auf Flaschen abgefüllt.

3. **Tankgärverfahren** oder Schaumweingroßraumverfahren. Hierbei wird die Gärung im Tank unter CO_2-Überdruck durchgeführt. Nach Abschluß der Gärung wird Likör zugesetzt, unter CO_2-Druck filtriert und auf Flaschen abgefüllt (vgl. Abb. 55).

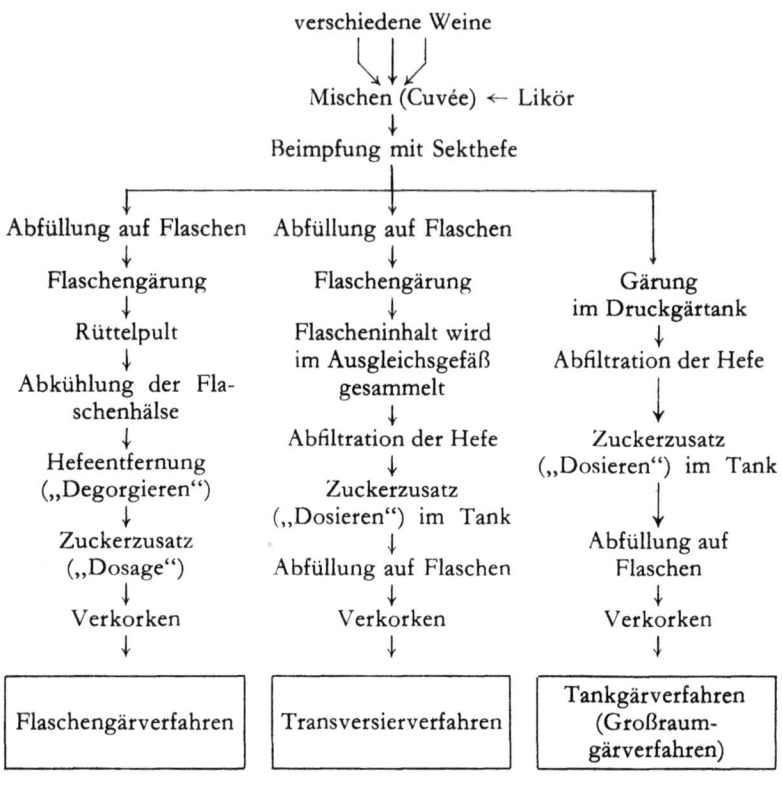

Abb. 55. Schema zur Schaumweinherstellung

b) Glycerin

Schon Pasteur hatte beobachtet, daß bei der alkoholischen Gärung der Hefen neben Äthanol etwa 2,3—2,5 % an Glycerin entstehen. Diese Glycerinbildung wird wesentlich verstärkt, wenn man die Reduktion des Acetaldehyds mit $NADH_2$ dadurch verhindert, daß man ihn mit Sulfit durch Bildung eines α-Hydroxy-äthansulfonats (vgl. S. 123) abfängt. Das hierdurch zur Verfügung stehende $NADH_2$ überträgt den Wasserstoff dann auf Dihydroxyacetonphosphat, so daß große Mengen an D-Glycerin-3-phosphat gebildet werden, die schnell zum Glycerin unter Bildung von ATP aus ADP dephosphoryliert werden (vgl. Abb. 56). Dieser auch als 2. Neubergsche Gärungsform bekannt gewordene Mechanismus der Glycerinbildung ist Anlaß zur Ausarbeitung verschiedener technischer Verfahren geworden.

Auch im alkalischen Gebiet entsteht viel Glycerin, weil Acetaldehyd zu Essigsäure und Äthanol dismutiert und dabei nicht als Wasserstoffacceptor auftreten kann, so daß der Wasserstoff des $NADH_2$, der bei der Oxidation von D-Glycerinaldehyd-3-phosphat gewonnen wird, wiederum zur Reduktion von Dihydroxyacetonphosphat zur Verfügung steht (3. Neubergsche Gärungsform). Osmo-

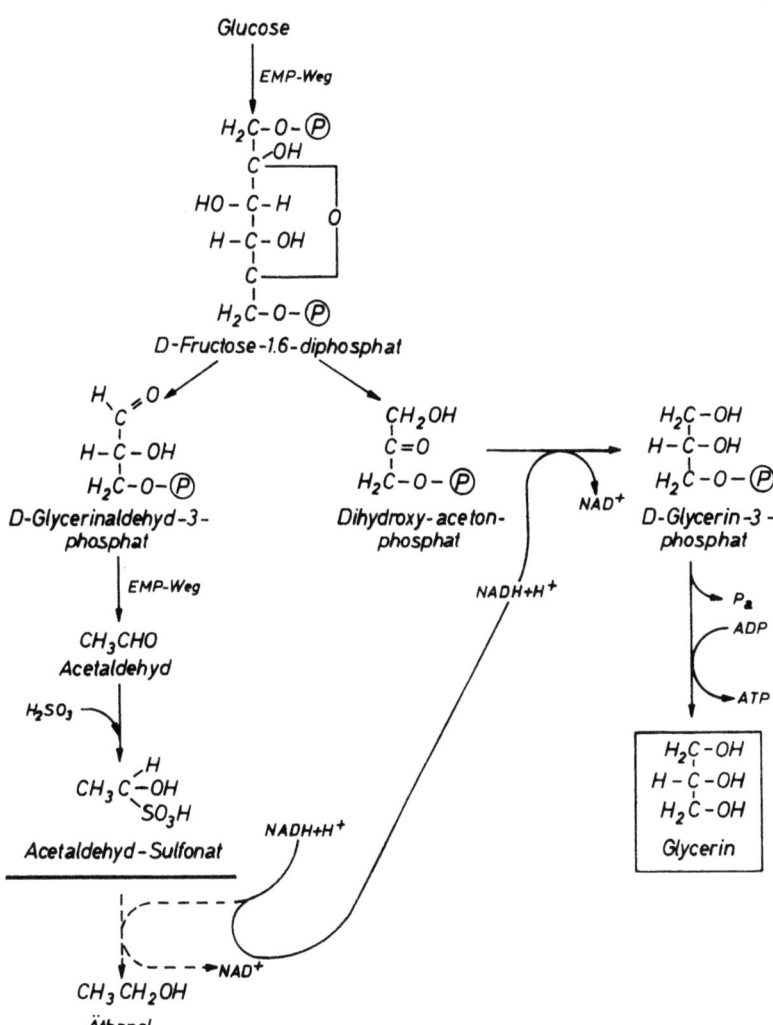

Abb. 56. Bildung von Glycerin bei Anwesenheit von schwefliger Säure (2. Neubergsche Gärungsform)

phile Hefen beschreiten diesen Weg in großem Ausmaß und können dabei aus Glucose bis zu 50 % Glycerin bilden.

$$2\ C_6H_{12}O_6 + H_2O \rightarrow 2\ \underset{\underset{CH_2OH}{|}}{\overset{\overset{CH_2OH}{|}}{CHOH}} + CH_3COOH + CH_3CH_2OH + 2\ CO_2$$

2 Glucose   2 Glycerin   Essigsäure   Äthanol

Ebenso sind einige Bakterienarten, z. B. *Bacillus subtilis* (Ford-Stamm) und *Lactobacillus lycopersici* imstande, unter geeigneten Bedingungen größere Mengen an Glycerin zu bilden, sie sind aber bisher nicht für technische Zwecke verwendet worden.

Zur technischen Glycerinherstellung wurden, besonders im 1. und 2. Weltkrieg, als der Bedarf an Glycerin stark angestiegen war, die Sulfitverfahren mit *Saccharomyces cerevisiae* angewandt. Die Hefen wurden hierbei auf 10 %igen Rübenzuckerlösungen mit 3 % Natriumsulfitzusatz in großen Bottichen mit mehr als 1000 m³ Inhalt bei 30—35° C gezüchtet. Nach 2—3 Tagen war eine Gärlauge mit 3 % Glycerin, 2 % Äthanol und 1 % Acetaldehyd entstanden, aus der das Glycerin nach Abtrennung vieler störender Substanzen durch Vakuumdestillation gewonnen werden konnte. In Deutschland wurden mit diesem Verfahren schon im 1. Weltkrieg bei einer monatlichen Vergärung von 6000 t Rübenzucker 2500 t Rohglycerin und daraus etwa 1000 t Dynamitglycerin hergestellt.

Gegenwärtig sind Verfahren mit osmophilen Hefen *(Saccharomyces rouxii* und *S. mellis)* in den USA zur technischen Reife ausgearbeitet worden.

c) Milchsäure und Milchprodukte

Milchsäure wird von sämtlichen Arten der Lactobacteriaceae, den Milchsäurebakterien, gebildet. Eine Gruppe aus dieser Bakterienfamilie bildet vorwiegend Milchsäure als Endprodukt, sie wird als homofermentativ bezeichnet. Eine andere Gruppe bildet neben Milchsäure auch größere Mengen an Äthanol, Essigsäure und CO_2, man bezeichnet diese Gruppe als heterofermentativ.

Die homofermentativen Milchsäurebakterien bilden Milchsäure über den FDP-Weg. Die dabei entstandene Brenztraubensäure wird durch eine Milchsäure-Dehydrogenase mit $NADH_2$, das bei der Oxidation von D-Glycerinaldehyd-3-phosphat gewonnen wird, zur Milchsäure reduziert (Abb. 57).

Den heterofermentativen Milchsäurebakterien fehlt die Aldolase und die Triosephosphat-isomerase. Sie bauen Glucose über den Pentose-5-phosphat-Weg ab. Das aus Glucose-6-phosphat entstandene 6-Phosphogluconat wird oxidativ zu Ribulose-5-phosphat decarboxyliert und anschließend zum Xylulose-5-phosphat epimerisiert. Die Pentose-Phosphoketolase spaltet das letztere thiaminpyrophos-

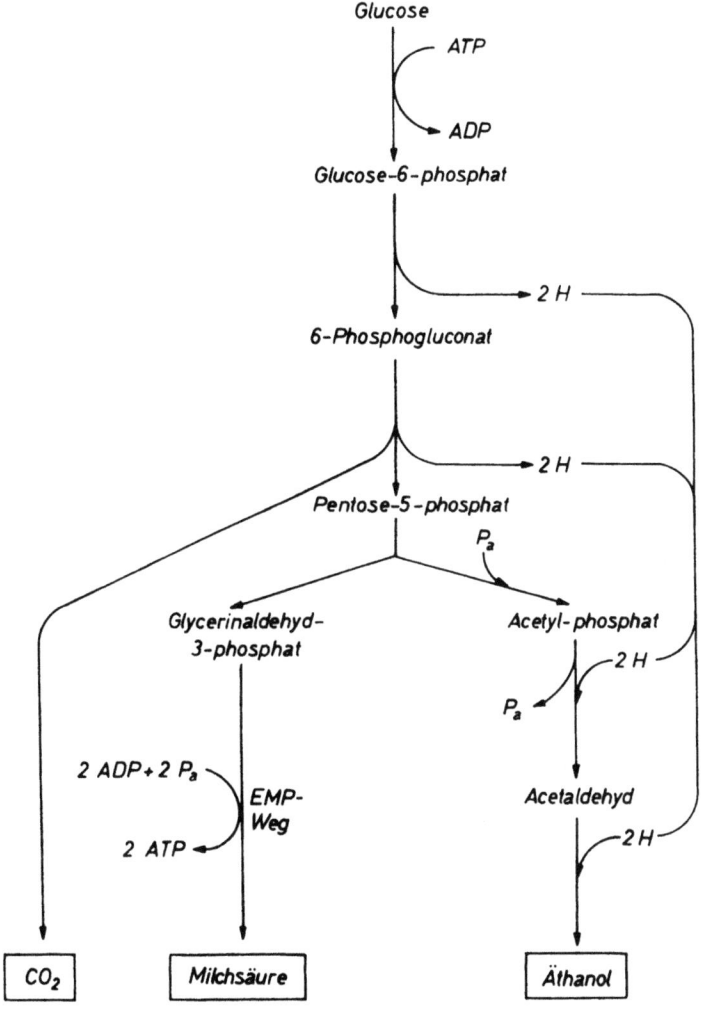

Abb. 57. Heterofermentative Milchsäuregärung aus Glucose (Hexosemonophosphat-Weg)

phatabhängig in Glycerinaldehyd-3-phosphat und Acetylphosphat. Das Glycerinaldehyd-3-phosphat wird über den FDP-Weg zur Brenztraubensäure umgesetzt und dann zur Milchsäure reduziert. Acetylphosphat kann direkt in Essigsäure oder über Acetaldehyd zum Äthanol umgesetzt werden. Dieser Weg wird auch als Hexosemonophosphat Weg (HMP-Weg) bezeichnet.

Zur **Milchsäureherstellung** werden nur homofermentative *Lactobacillus*-Arten, zumeist *Lactobacillus delbrückii* oder *L. leichmannii* verwendet. Sie erzeugen etwa 95 % der theoretischen Menge an Milchsäure. Milchsäure wird zumeist aus stärkehaltigen Produkten erzeugt, die vor einer Vergärung mit Gerstenmalz (neuerdings auch mit Pilzamylasen) verzuckert werden müssen. Beide Mikroorganismen sind thermophil, so daß die Gärung bei 50—52° C geführt werden kann. Dadurch werden viele Infektionsmöglichkeiten durch Fremdkeime, die bei diesen Temperaturen nicht mehr wachsen können, von vornherein ausgeschlossen.

Da diese Milchsäurebakterien gegen hohe Säurekonzentrationen sehr empfindlich sind, muß die gebildete Milchsäure bereits vom Beginn der Fermentation an neutralisiert werden. Dies geschieht durch Zusatz von $CaCO_3$ oder $MgCO_3$. Die Vergärung wird unter Sauerstoffausschluß in geschlossenen Tanks (etwa 100 000 l Inhalt) durchgeführt und dauert 2—8 Tage. Das Calciumlactat wird nach Ende der Gärung mit Schwefelsäure in freie Milchsäure umgesetzt, im schwachen Vakuum eingeengt und dann von anderen Begleitstoffen gereinigt.

Wird Milchsäure aus Molke hergestellt, muß die vergorene Maische zur Coagulation des Lactalbumins durch Einleiten von Dampf auf 96° C erhitzt werden. Das ausgefällte Albumin setzt sich schnell ab und die überstehende Flüssigkeit mit dem Ca-lactat kann abdekantiert und die Milchsäure daraus aufgearbeitet werden.

Bei der Herstellung von Milchsäureprodukten spielen neben den homofermentativen Milchsäurebakterien auch die heterofermentativen Arten eine große Rolle.

Sauerrahmbutter wird aus Rahm gewonnen, der durch Zusatz eines „Säureweckers" künstlich gesäuert wurde. Der Säurewecker wird durch Beimpfung sterilisierter Milch mit *Streptococcus cremoris*, *S. lactis* und *Leuconostoc citrivorum* hergestellt. *Leuconostoc citrivorum* bildet Acetoin, das durch Oxidation in Diacetyl — einen wichtigen Butteraromastoff — umgewandelt wird. Acetoin wird aus Brenztraubensäure über α-Acetylmilchsäure gebildet.

Sauermilch ist eine vorwiegend durch *Streptococcus lactis*, *S. cremoris* und *Leuconostoc citrivorum* bei Zimmertemperatur gesäuerte Milch, während die verschiedenen **Joghurt**-Milchprodukte mit den thermophilen Milchsäurebakterien *Lactobacillus bulgaricus* und *Streptococcus thermophilus* bei 40° C hergestellt werden. Bei der Herstellung einer Gruppe anderer Milchprodukte, wie z. B. beim **Kefir, Kumiss** (Kumys), **Leben, Kurunga** u. v. a. findet neben einer Milchsäurebildung durch verschiedene Milchsäurebakterien noch eine schwache alkoholische Gärung durch Hefen statt, die zu Alkoholgehalten von 0,25—0,5 % führt.

Bei der Herstellung vieler **Käse** wird — oft bereits nach Ausfällung des Caseins durch „Säurewecker" — der Milchzucker durch Milchsäurestreptokokken zu Milchsäure vergoren, die als Calciumlactat einen Teil des Calciumparacaseinats in Paracasein umwandelt. Bei Fehlgärungen entstehen Essigsäure und Buttersäure sowie CO_2 und H_2 (Blähungen). Eine normale Gas- und damit Lochbildung wird beim „Schweizer Käse" durch eine Propionsäuregärung verursacht.

Später wird auch das Paracasein durch Milchsäurestreptokokken und -stäbchen angegriffen und zu Albumosen, Peptonen, Aminosäuren, Aminen, Keto- und Hydroxysäuren und einfachen Fettsäuren abgebaut.

Bei **Grün-** oder **Blauschimmelkäsen** wird *Penicillium roqueforti* in das ausgefällte Casein geimpft und bildet wesentliche Aromastoffe. Beim **Weißschimmelkäse** bildet *Penicillium camemberti* das typische Aroma.

Für die Herstellung von Roggenbrot wird ein **Sauerteig** verwendet. Die hierbei eingetretene Säuerung des Roggenmehls wird durch *Lactobacillus plantarum*, das entstehende typische Aroma besonders von *L. brevis* und *L. fermenti* gebildet, wie die Arbeiten von Spicher gezeigt haben.

Viele weitere Lebensmittel werden mit Hilfe der Tätigkeit von Milchsäurebakterien hergestellt. Bei der **Sauerkrautherstellung** wird Weißkohl mit *Leuconostoc-* und *Lactobacillus*-Arten unter Milchsäurebildung vergoren. Ähnlich werden Gurken und andere Gemüse, Oliven und silierte Pilze einer Milchsäuregärung unterzogen. Bei der **Silage von Futtermitteln** wird ebenfalls eine Milchsäuregärung durchgeführt. Hieran sind besonders *Lactobacillus plantarum*, *L. brevis* und *L. fermenti* beteiligt, wie u. a. Beck nachgewiesen hat. Durch den Gehalt der Lebens- bzw. der Futtermittel an Milchsäure tritt eine gewisse Konservierung der Produkte ein.

d) Butanol-Aceton und Buttersäure

Clostridium-Arten bilden streng anaerob Aceton, Butanol, Isopropanol, Buttersäure, Äthanol und verschiedene andere Alkohole als Gärungsprodukte. Die Herstellung von Butanol mit Aceton als Nebenprodukt und in geringem Maß die Herstellung von Buttersäure haben auch gegenwärtig eine technische Bedeutung. Da sich Aceton chemisch synthetisch wesentlich billiger als mikrobiologisch herstellen läßt, haben Fermentationen, die auf die Bildung von Aceton als Hauptprodukt ausgerichtet sind, keine Aussicht auf technische Auswertung. Als Nebenprodukt bei der Butanolherstellung ist Aceton natürlich von großem Interesse.

Die Tabelle 12 zeigt drei industriell wichtige Clostridien hinsichtlich ihrer Gärungseigenschaften:

Tabelle 12. *Gärungsprodukte von 3 industriell wichtigen Clostridium-Arten*

Gärungsprodukt	*C. butyricum* Typ: Buttersäure	*C. acetobutylicum*. Typ: Aceton-Butanol	*C. butylicum* Typ: Butanol-Isopropanol
Buttersäure	76	4	17
Essigsäure	42	14	17
Butanol	—	56	59
Aceton	—	22	—
Isopropanol	—	—	12
Äthanol	—	7	—
Acetylmethylcarbinol	—	6	—
CO_2	188	221	204
H_2	235	135	78
Gesamt C %	96	100	96

Ergebnisse ausgedrückt in m mol/100 m mol vergorener Glucose.

Der Glucoseabbau verläuft bei den Clostridien bis zur Brenztraubensäure über den FDP-Weg. Jeweils 2 aus Brenztraubensäure entstandene Moleküle Acetyl-CoA kondensieren zum Acetacetyl-CoA, das anschließend unter Wasserabspaltung zum Butyryl-CoA reduziert wird. Durch Abspaltung von HSCoA wird Buttersäure gebildet, das HSCoA wird z. T. wahrscheinlich direkt auf Acetat übertragen (Abb. 58).

Auch *Clostridium butylicum* und *C. acetobutylicum* bilden zu Beginn der Gärungen viel Buttersäure. Sinkt der pH-Wert jedoch durch

Bildung von Buttersäure und Essigsäure stark ab, so wird ein Teil des Acetacetyl-CoA über Acetessigsäure zu Aceton decarboxyliert und dann z. T. zu Isopropanol reduziert. Der überschüssige Wasserstoff wird zur weiteren Reduktion von Butyryl-CoA bzw. von Butter-

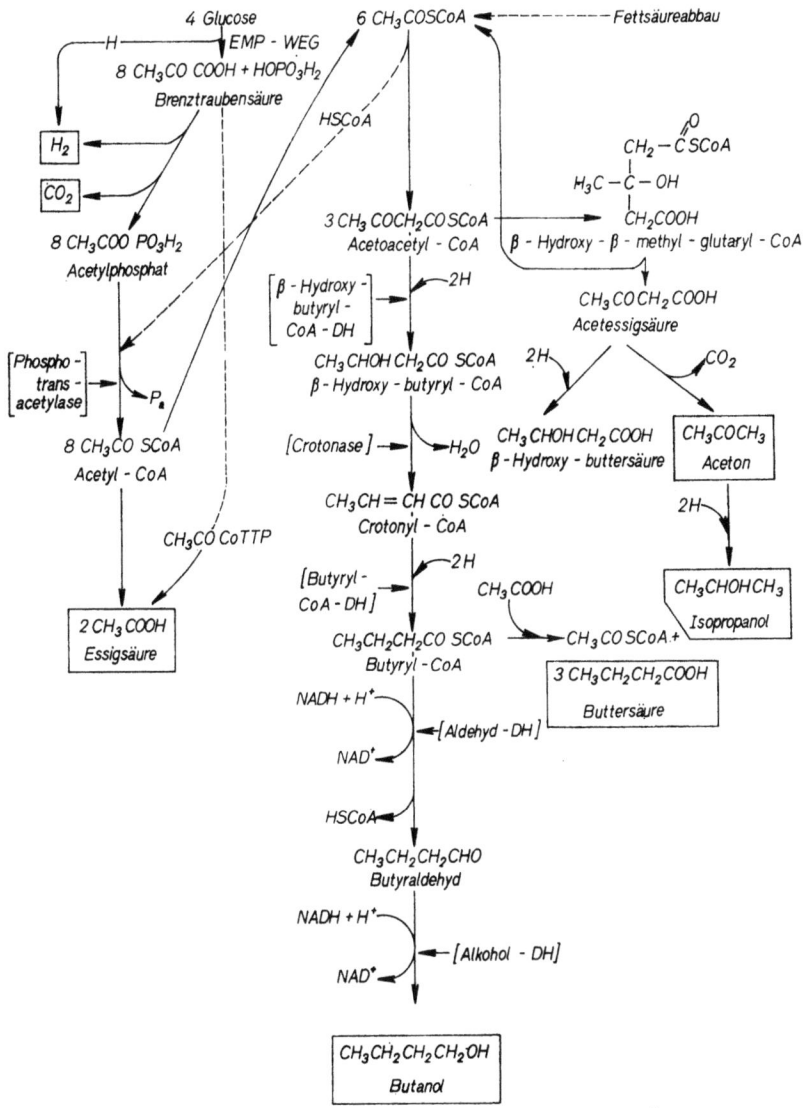

Abb. 58. Bildung von n-Butanol, Buttersäure, Aceton und Isopropanol

säure zu Butanol verwendet. *C. butyricum* besitzt die hierzu notwendigen Enzyme nicht, so daß bei ihm Buttersäure und Essigsäure die Endprodukte sind.

Der bei der Gärung entstehende Wasserstoff stammt aus der Pyruvatspaltung:

$$\text{Pyruvat} + P_a \rightarrow \text{Acetyl-phosphat} + H_2 + CO_2.$$

Die technische Butanol-Aceton-Gärung wird in geschlossenen Tanks unter strengem Ausschluß von Sauerstoff (anfangs durch CO_2-Zusatz) durchgeführt. Da es für Clostridien spezifische Bakteriophagen gibt, werden nur Stämme, die gegen Phagen resistent gezüchtet worden sind, für technische Zwecke verwendet. Zumeist werden Stämme von *Clostridium butylicum* oder *C. acetobutylicum* verwendet, die — da Clostridien leicht degenerieren — immer wieder im Labor „aktiviert" werden müssen (vgl. S. 59). Die industriell verwendeten Clostridien besitzen genügend aktive Amylasen, so daß Stärke (in vielen Fällen Maisstärke) unverzuckert als Substrat verwendet werden kann. Sie wird nach Einmaischen (6—8 % Stärkegehalt) zwei Stunden bei 1,5—2,5 Atü in großen Kochern unter dauerndem Rühren sterilisiert und verkleistert.

Die Gärung dauert 2—3 Tage. Die Lösungsmittel können anschließend direkt aus der Kulturflüssigkeit abdestilliert werden, zurück bleibt die Schlempe. Aus 1000 kg Maisstärke werden etwa 11 kg Aceton und 22,5 kg Butanol erhalten. Die bei der Gärung gebildeten Gase werden über Adsorber geleitet, so daß auch die von den Gasen mitgeführten Lösungsmittel gewonnen werden können. 100 000 m³ Gas ergeben 1 t Lösungsmittel mit etwa 55 % Aceton und 22,4 % Butanol.

Die Buttersäuregärung wird mit *Clostridium butyricum* durchgeführt. Sie dauert 6—8 Tage und bringt Ausbeuten von 30—41 % an Buttersäure und 3,3—8,9 % an Essigsäure.

e) 2,3-Butandiol-Gärung

Die Bildung von 2,3-Butandiol, durch *Aerobacter aerogenes*, *Bacillus polymyxa*, *Pseudomonas hydrophila*, *Bacillus subtilis* und *Serratia marcescens* hat keine technische Bedeutung, obwohl 2,3-Butandiol (Butylenglykol) Ausgangsprodukt für die Butadienherstellung und viele andere industrielle Produkte sein könnte, wenn es sich billig herstellen ließe.

[2,3-Butandiol-DH]

$$CH_3-CHOH-CO-CH_3 \xrightarrow[NADH_2 \quad NAD]{} CH_3-CHOH-CHOH-CH_3$$

Acetoin
(Acetylmethylcarbinol)

2,3-Butandiol

Als Nebenprodukte werden je nach Mikroorganismenart Glycerin, Ameisensäure, Wasserstoff und immer CO_2 gebildet.

f) Methangärung

Methanbildende Mikroorganismen treten im Anschluß an andere mikrobielle Gärungen auf, z. B. im Anschluß an Säuregärungen, Alkoholbildungen u. ä. Sie spielen bei der Vergärung des Abwasserschlammes eine wichtige Rolle. Auch hier treten sie erst dann auf, wenn die organischen Substanzen aus dem Abwasserschlamm bereits zu einem großen Teil zu organischen Säuren oder Alkoholen vergoren wurden. Aus diesem Grunde werden derartige Vergärungen häufig 2-stufig geführt: In der ersten Stufe findet eine starke Säurebildung mit nur geringer Methanbildung statt, während in der zweiten Stufe (im zweiten Faulbehälter vgl. S. 227) die Methangärung im Vordergrund steht. Die Tab. 13 zeigt verschiedene methanbildende Bakterien, die verwendeten Substrate und die Herkunft des Kohlenstoffes im Methan.

Tabelle 13. *Spezifische Substrate für wichtige methanbildende Bakterien*

Organismen	Verwendete Substrate	Herkunft des C im CH_4
Methanobacterium formicum	H_2, CO_2, Formiat	CO_2
Methanobacterium suboxydans	Butyrat, Valerat, Caproat	CO_2
Methanobacterium omelianskii	H_2, Äthanol, prim. u. sek. Alkohole	CO_2
Methanosarcina barkeri	H_2, CO_2, Methanol, Äthanol, Acetat	CO_2, CO
Methanobacterium söhngenii	Acetat, CO, Butyrat	CH_3-
Methanosarcina methanica	Acetat, Methanol, Butyrat	CH_3-

Wie die Tabelle zeigt, wird in vielen Fällen CO_2 zum Methan reduziert. Dabei kann z. T. auch molekularer Wasserstoff verwendet werden.

Der Sauerstoff des CO_2 wird von den Methanbakterien zur Oxidation des Substrates verwendet, wobei das CO_2 zum Methan reduziert wird. Diese Grundgleichung ließ sich mit ^{14}C-markiertem CO_2

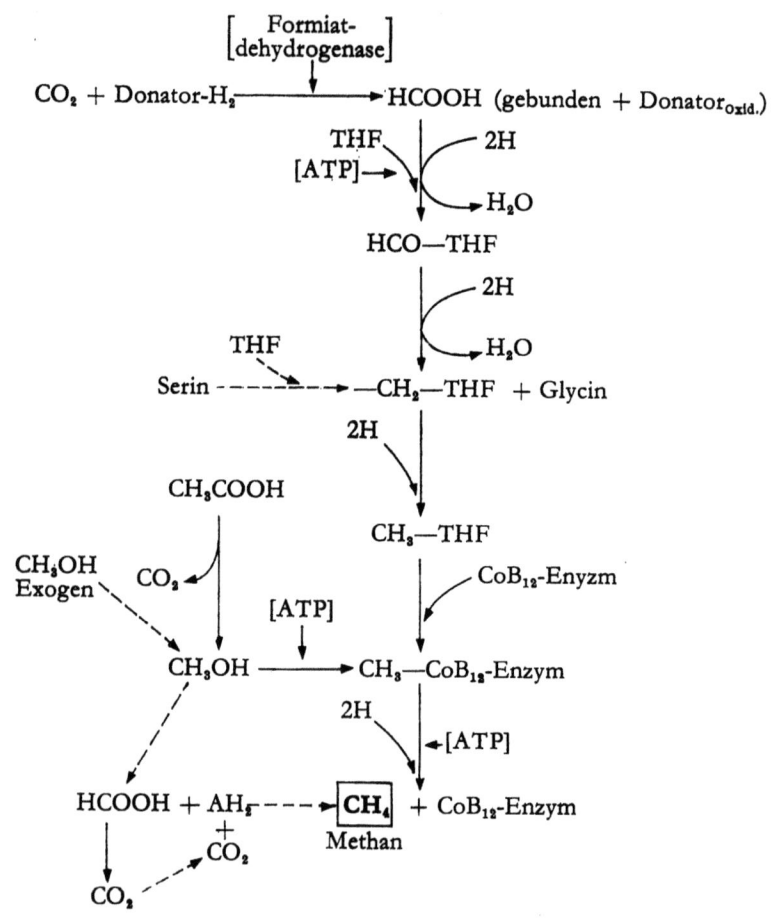

Abb. 59. Schema der mikrobiellen Methangärung

bestätigen. Die Formel zeigt die Fermentation von Butyrat mit *Methanobacterium suboxydans*:

$$2\ CH_3CH_2CH_2COOH + 2\ H_2O + {}^{14}CO_2 \rightarrow {}^{14}CH_4 + 4\ CH_3COOH$$

Interessanterweise machen die Methanfermentationen aus Acetat (und evtl. auch Methanol) eine Ausnahme von dem Schema der CO_2-Reduktion und Substratoxidation. CH_4 wird in diesen Fällen durch vollständige Übertragung der Methylgruppe auf ein Wasserstoffatom des Wassers gebildet, wie an Deuterium-markiertem Acetat gezeigt werden konnte:

$$CD_3COOH \xrightarrow{H_2O} CD_3H + CO_2$$

$$CH_3COOH \xrightarrow{D_2O} CH_3D + CO_2$$

An der Methanbildung sind Tetrahydrofolsäure und Vitamin B_{12}-Coenzym beteiligt. Das gebildete Formiat wird unter Beteiligung von Tetrahydrofolsäure bis zur Methylgruppe reduziert, die dann

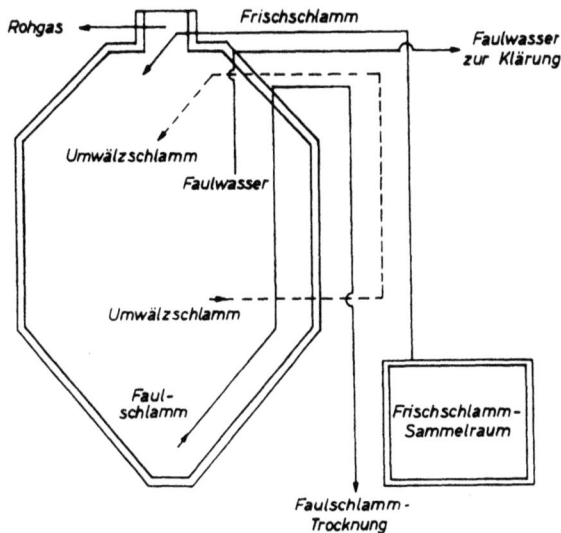

Abb. 60. Schlammfaulanlage

auf Vitamin B_{12}-Coenzym übertragen werden kann, aus dem dann ATP-abhängig Methan abgespalten wird. Die Vorstellungen zeigt die Abb. 59.

Die technische Methangärung des Abwasserschlammes erfolgt in den bereits erwähnten Schlammfaulanlagen (vgl. Abb. 60), in die der Frischschlamm, der zu Anfang der Abwasserreinigung und aus dem

Belebtschlammbecken als Überschußschlamm bei der Abwasserreinigung angefallen ist (vgl. S. 227), hineingepumpt wird. Die Faulbehälter haben eine Beheizung, durch die eine konstante Temperatur erhalten wird. In den meisten Anlagen wird in zwei Stufen ausgefault. Das entstandene Methan sammelt sich oben im Faulturm an und wird in geeignete Gasbehälter geleitet. Zurück bleiben nach der Vergärung das Faulwasser und der ausgefaulte Schlamm, die als Dünger verwendet werden können oder anderweitig beseitigt werden müssen (vgl. S. 227). Bei der Methanvergärung des Schlammes werden tierische Darmparasiten und pathogene Mikroorganismen abgetötet.

2. Produkte aus dem primären Stoffwechsel (organische Säuren, Aminosäuren)

Mikroorganismen scheiden unter bestimmten Bedingungen Intermediärprodukte, die in Verbindung mit dem Tricarbonsäurecyclus stehen, ins Substrat aus. Diese Produkte werden zumeist durch ein Überangebot von Kohlenhydraten in großer Menge gebildet und können an bestimmten Stellen des Intermediärstoffwechsels nicht weiter umgesetzt werden. Man bezeichnet solche Produkte als "overflow"-Produkte, was sich wohl am besten mit „überfließende" Produkte übersetzen läßt.

Zu derartigen Produkten gehören nicht nur die Intermediärprodukte des Tricarbonsäurecyclus, sondern auch Aminosäuren, die besonders von solchen Mutanten ausgeschieden werden, bei denen der Reaktionsschritt, in dem die betr. Aminosäure weiterverarbeitet wird, blockiert wurde. Auch andere Hemmungsmöglichkeiten, z. B. in der Steuerung der Enzymbiosynthese (S. 55) können zur bevorzugten Ausscheidung bestimmter Stoffwechselprodukte, z. B. von Aminosäuren führen. Weiterhin kann man u. U. auch viele in Einstufenreaktionen entstandene Produkte als "overflow"-Produkte auffassen, da auch hier eine Weiterverarbeitung nicht oder zunächst nur sehr langsam vor sich geht, so daß das Produkt aus dem normalen Stoffwechsel überfließt.

a) Organische Säuren

Unter geeigneten Bedingungen sondern ganz besonders Pilze Intermediärprodukte des Citronensäurecyclus ins Substrat ab (vgl. Abb. 61). Von diesen hat die Citronensäurebildung eine technische Bedeutung.

Es ist heute gesichert, daß Citronensäure nicht ausschließlich aus Acetyl-CoA synthetisiert wird, sondern daß auch die Fixierung von CO_2 an Brenztraubensäure zu Oxalessigsäure eine nicht geringe Rolle bei der Citronensäurebildung spielt. Viele Mikroorganismen, besonders *Aspergillus*- und *Penicillium*-Arten, aber auch Arten anderer

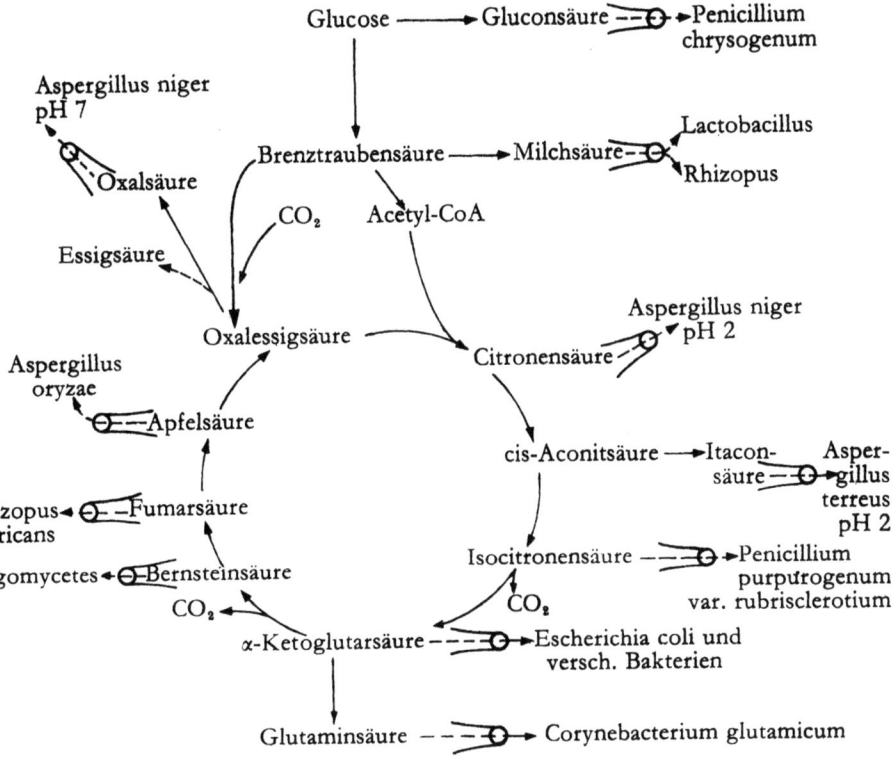

Abb. 61. Bildung verschiedener organischer Säuren durch Mikroorganismen

Gattungen bilden Citronensäure; für technische Zwecke wird aber nur *Aspergillus niger* verwendet.

In den meisten Betrieben wird Citronensäure mit *A. niger* immer noch im Oberflächen-Verfahren hergestellt. Zuckerrübenmelasse ist das am meisten verwendete Ausgangssubstrat. Die Fermentation muß im stark sauren Gebiet bei pH-Werten von 2,0—2,2 geführt werden, da die Stämme im schwach sauren Gebiet bereits große Mengen an Oxalsäure und Gluconsäure bilden.

Der Zusatz von $K_4[Fe(CN)_6]$ erhöht die Ausbeuten wesentlich. Dieser soll zunächst die Substanzen aus der Melasse ausfällen, die sich hemmend auf die Citronensäurebildung auswirken, wie z. B. Mangan- und Eisensalze. Weiterhin besteht die Möglichkeit, eine Citronensäurebildung durch Hemmung der Isocitrat-Dehydrogenase anzuregen. Diese wird durch anaerobe Bedingungen — hier also durch begrenzte Belüftung — und auch durch Ferrocyanid gehemmt. Darüber hinaus hemmt eine Citronensäureanhäufung die Isocitrat-Dehydrogenase, so daß eine Vermeidung der Ausfällung von Citrat während der Fermentation eine weitere Anhäufung von Citronensäure durch Hemmung der Isocitrat-Dehydrogenase hervorruft.

Bei 25—30° C werden nach 7—11 Tagen unter fortwährender Belüftung der Oberflächenkulturen mit steriler, feuchter Luft etwa 60 % und mehr des ursprünglich vorhandenen Zuckers in Citronensäure umgesetzt. Die Myceldecken von *A. niger* dürfen bei der Fermentation auf keinen Fall zerstört werden. Nach Gewinnung der Kulturflüssigkeit können sie mit neuer Nährlösung unterschichtet werden. Wegen der im Submersverfahren meist niedriger liegenden Ausbeuten, ist die Einführung dieser Verfahren in die Praxis immer noch mit großen Schwierigkeiten verbunden.

Die Citronensäure wird als Ca-citrat direkt in der Kulturflüssigkeit gefällt, dann mit Schwefelsäure in die freie Citronensäure umgesetzt und mehrmals umkristallisiert. Auch eine direkte Auskristallisation als Kaliumsalz durch Zusatz von K_2CO_3 zur auf 1/3 ihres Volumens eingeengten Kulturflüssigkeit ist möglich. Die technische Herstellung anderer organischer Säuren aus dem Tricarbonsäurecyclus oder verwandter Reaktionen ist immer wieder versucht worden. Es ist zwar durchaus möglich, viele dieser Säuren mit guten oder ausgezeichneten Ausbeuten fermentativ zu gewinnen, jedoch „belasten" billige chemische Herstellungsverfahren oder geringe Anwendungsmöglichkeiten solche mikrobiologischen Verfahren. Aus Citronensäure lassen sich weiterhin z. B. relativ einfach durch Oxidation Oxalsäure, durch Erhitzen über 175° C Itaconsäure und durch Wasserabspaltung Aconitsäure herstellen. Diese drei organischen Säuren könnten auch mit Mikroorganismen gewonnen werden.

Die Tabelle 14 zeigt verschiedene Mikroorganismen, die in der Lage sind, organische Säuren aus dem Tricarbonsäurecyclus oder Reaktionen, die in enger Verbindung mit dem Tricarbonsäurecyclus stehen, zu bilden.

Tabelle 14. *Organische Säuren, die durch Mikroorganismen gebildet werden*

Organische Säure	Mikroorganismus
cis-Aconitsäure	*Aspergillus niger*, *A. itaconicus*
Isocitronensäure	*Penicillium purpurogenum v. rubrisclerotium*
Itaconsäure	*Aspergillus terreus*, *A. itaconicus*
α-Ketoglutarsäure	*Achromobacter orientalis*, *Pseudomonas fluorescens*, *P. ovalis*, *Aerobacter aerogenes*
Bernsteinsäure	*Rhizopus*-Arten
Fumarsäure	*Rhizopus nigricans*, *R. delemar*, *R. arrhizus* *Aspergillus fumaricus*
Äpfelsäure	*Rhizopus nigricans*, *Aspergillus oryzae*, *A. flavus*, *A. parasiticus*, *Penicillium corylophilum*, *Pseudomonas trifolii*, *Lactobacillus brevis*
Oxalsäure	*Aspergillus niger* (pH 7,0)
Brenztraubensäure	*Acetobacter suboxydans*, *Pseudomonas aeruginosa*, *Xanthomonas*-Arten

b) Glutaminsäure

Glutaminsäure wird in großer Menge von einem von Kinoshita und Mitarbeitern isolierten *Corynebacterium glutamicum* gebildet. Das Bacterium wurde zunächst irrtümlich als *Micrococcus* beschrieben. Von diesem Bacterium, das durch gerichtete Mutation gezüchtet worden war (vgl. S. 55), wurden viele verschiedene aminosäurenproduzierende Mutanten hergestellt (vgl. S. 143). Glutaminsäure wird gegenwärtig in großer Menge, besonders in Japan, mikrobiologisch fermentativ produziert.

Glutaminsäure entsteht aus α-Ketoglutarsäure, die im Tricarbonsäurecyclus gebildet wird. Der Glucoseabbau verläuft zum Teil über den FDP-Weg, zu einem geringeren Teil offenbar auch über den Pentose-phosphat-Weg. Ein nicht geringer Teil des Oxalacetats, aus dem die Citronensäure entsteht, wird durch Carboxylierung von Pyruvat gebildet. Zur reduktiven Aminierung von α-Ketoglutarat muß immer ausreichend Ammonium zur Verfügung stehen. Das zur Reduktion notwendige $NADPH_2$ entsteht bei der Oxidation von Isocitrat (vgl. Abb. 62). Zwischen beiden Reaktionen besteht eine allosterische Regulation.

Wenn sich Glutaminsäure in den Zellen der Bakterien anhäuft, so läßt die weitere Bildung nach. Biotin, Ölsäure oder verschiedene

Diketopelargoninsäuren regulieren in bestimmten Konzentrationen anscheinend die Zellpermeabilität, so daß bei geeigneten Konzentrationen eine maximale Ausscheidung der Glutaminsäure gewährleistet

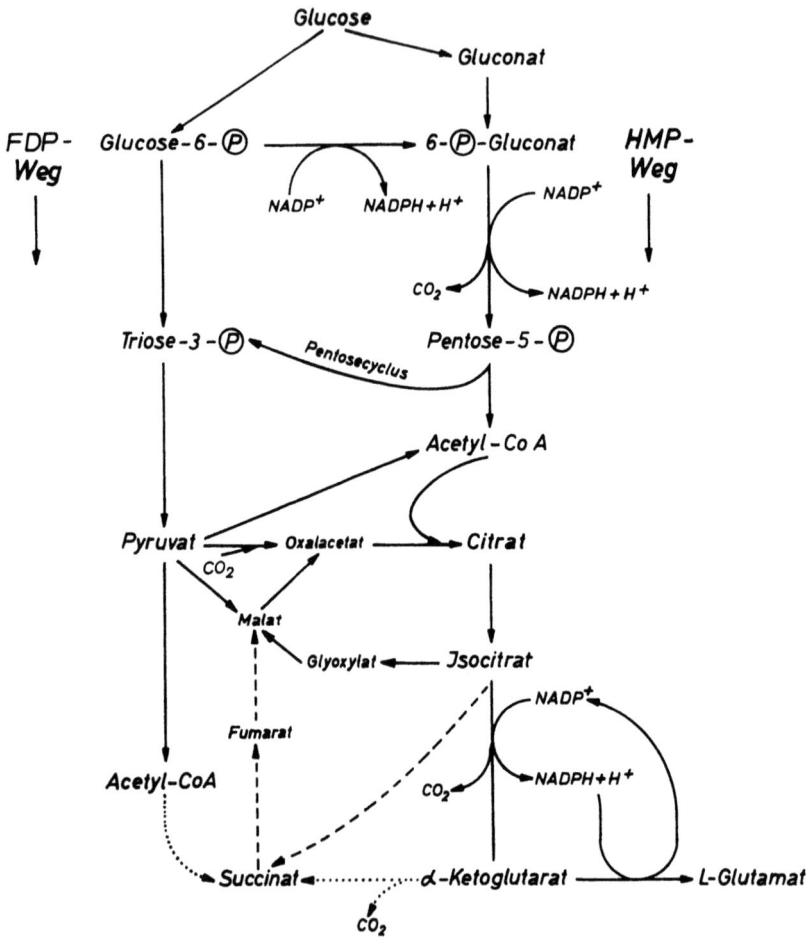

Abb. 62. Bildung von L-Glutaminsäure

wird, wodurch wieder neue Glutaminsäure in der Zelle synthetisiert werden kann.

Die Fermentation erfolgt in Tanks von 50 000—100 000 l Inhalt. Nährlösungen mit 10 % Glucose, Harnstoff als N-Quelle und 2,5 γ

Biotin/l werden bei 30° C in Submersfermentation nach 40 Stunden mit einer Ausbeute von 50 g/l Glutaminsäure umgesetzt. Das entspricht einer Ausbeute von etwa 60 % der verabreichten Glucose.

Die von Bakterien befreite Kulturflüssigkeit wird eingeengt und angesäuert, dabei fällt bereits ein großer Teil der Glutaminsäure aus und wird anschließend weiter gereinigt. Vgl. auch S. 64.

c) Weitere Aminosäuren

Nach der erfolgreichen technisch — mikrobiellen Herstellung von Glutaminsäure hat es nicht an Versuchen gefehlt, noch weitere Aminosäuren mikrobiell herzustellen. Es wurden systematisch Mutanten von *Corynebacterium glutamicum* und anderen Bakterien-Arten gezüchtet, mit deren Hilfe sich jeweils unterschiedliche Aminosäuren produzieren lassen. Die Lysinherstellung hat in Japan eine technische Bedeutung gewonnen. Eine homoserinabhängige Mutante von *C. glutamicum* bildet in Nährlösung mit 2,5 % Glucose im neutralen Gebiet nach 4 Tagen 15—20 g/l Lysin. Während der submersen Fermentation wird alle 4—6 Stunden NH_3-Lösung zugesetzt.

Threoninabhängige Mutanten von *C. glutamicum* bilden L-Valin. L-Isoleucin wird von valinabhängigen, L-Homoserin von threoninabhängigen und L-Threonin von homocystein- oder methioninabhängigen Mutanten von *C. glutamicum* gebildet. Weiterhin können L-Alanin, L-Asparaginsäure, Histidin, L-Tryptophan, L-Phenylalanin und L-Tyrosin, DL-Methionin und L-Prolin durch Mikroorganismen gebildet werden (vgl. Abb. 63).

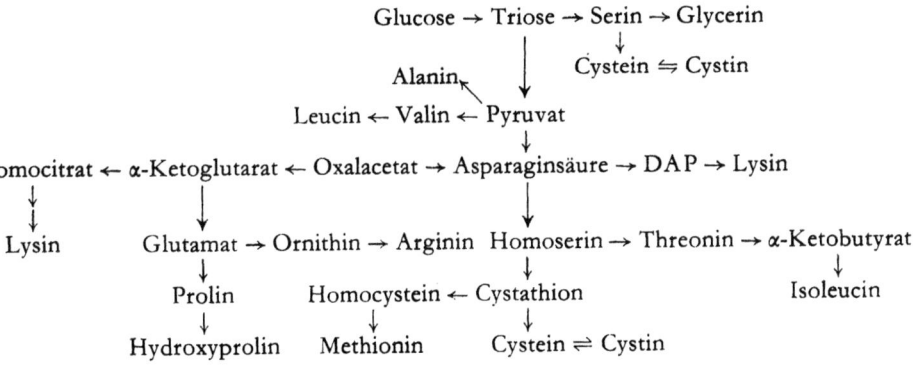

Abb. 63. Bildung verschiedener Aminosäuren

3. Einstufenreaktionen mit Mikroorganismen (Transformationen)

Viele Mikroorganismen sind in der Lage, chemische Verbindungen in einem einzigen Schritt, oft außerordentlich substrat- und zumeist stereospezifisch, umzuwandeln. Derartige Umwandlungen, die man auch als mikrobiologische Transformationsreaktionen bezeichnet, lassen sich unter dem Sammelbegriff der Einstufenreaktionen zusammenfassen, obwohl bei manchen Transformationen auch mehrere Stufen durchlaufen werden.

Die meisten dieser Reaktionen sind Oxidationen, aber auch andere Einstufenreaktionen, wie z. B. Reduktionen, Methylierungen, Decarboxylierungen, Wasserabspaltungen, Desaminierungen, Abspaltungen von Seitenketten, Anknüpfung von Acylresten u. v. a. werden immer mehr für technische Zwecke ausgewertet. Trotz vieler Arbeiten auf diesem Gebiet, das man auch als Gebiet der mikrobiologischen Zwischensynthesen auffassen kann, sind viele Möglichkeiten bisher noch nicht ausgewertet.

Gegenwärtig wird versucht, zwei mikrobiologische Reaktionsstufen in einem Mischfermentationsprozeß zusammenzulegen. So gelingt es z. B. mit einer Mischkultur von *Aspergillus ochraceus* und *Bacillus lentus* eine 11-α-Hydroxylierung am Steroidmolekül (mit gleichzeitiger Acetylabspaltung) an einer Seitenkette (durch *Aspergillus ochraceus*) und eine Dehydrierung des Ringes A im Steroidmolekül (durch *Bacillus lentus*) durchzuführen. Trotz der Mischkultur laufen beide Prozesse hintereinander ab. Dabei wird ein kostspieliger Extraktions- und Aufarbeitungsgang gespart.

Die Zusammenlegung zweier mikrobiologischer Umwandlungsstufen zu einem Mischfermentationsprozeß ist nur dann möglich, wenn die beiden Mikroorganismenstämme sich nicht in ihrer Entwicklung stören, die kombinierten Reaktionen eine gewisse Einheitlichkeit besitzen und eine gute Ausbeute ergeben.

a) Oxidationsreaktionen

α) Oxidation von Alkoholen

Seit Jahrhunderten wird die Fähigkeit von Essigbakterien, den *Acetobacter*-Arten, ausgenutzt, um Äthanol zu Essigsäure zu oxidieren. Diese *Acetobacter*-Arten werden in zwei Gruppen unterschieden: Die erste Artengruppe kann Essigsäure zu CO_2 und H_2O weiteroxidieren, sie besitzt also die Enzyme des Tricarbonsäurecyclus. Die Weiteroxidation der Essigsäure erfolgt zumeist jedoch erst dann, wenn bereits eine große Menge ins Substrat ausgeschieden wurde. In diese Artengruppe gehören z. B. *Acetobacter peroxydans*, *A. pasteurianum*, *A. kuetzingianum* und *A. rancens*. Diese überoxidierenden Arten häufen Essigsäure nur für bestimmte Zeit im Substrat an. Im Gegensatz hierzu kann die zweite Artengruppe Essigsäure nicht weiteroxidieren. Der Prototyp dieser suboxidierenden Arten ist *A. suboxydans*. *A. melanogenum* und *A. roseum* gehören ebenfalls in diese Gruppe, die man auch als *Acetomonas*-Arten bezeichnet. Einige Arten oxidieren Essigsäure nur sehr langsam weiter, z. B. *A. xylinum* und *A. aceti*, sind also mesoxidierend, müssen aber, da sie die grundsätzliche Fähigkeit zur Weiteroxidation der Essigsäure besitzen, zu der ersten Gruppe gerechnet werden.

Von den *Acetobacter*-Arten werden primäre Alkohole zu den entsprechenden Fettsäuren oxidiert, während sekundäre Alkohole zu Ketonen oxidiert werden, z. B.

$CH_3 - CH_2OH \rightarrow CH_3 - COOH$
Äthanol   Essigsäure

$CH_2OH - CHOH - CH_2OH \rightarrow CH_2OH - CO - CH_2OH$
Glycerin   Dihydroxyaceton

Zuckeralkohole werden zu Aldosen oder Ketosen oxidiert, z. B.

```
H₂C—OH                    H₂C—OH
  |                         |
HO—C—H                    C=O
  |                         |
HO—C—H                    HO—C—H
  |                         |
H—C—OH        ⟶          H—C—OH
  |                         |
HO—C—H                    HO—C—H
  |                         |
H₂C—OH                    H₂C—OH
D-Sorbit                  D-Sorbose
```

Zur **Herstellung von Essigsäure** gibt es sehr unterschiedliche Verfahren.

Anfangs hat man Äthanol im Wein oder in anderen vergorenen Flüssigkeiten in Oberflächenkultur zur Essigsäure durch die Bakterien oxidieren lassen. Der Wein wurde z. B. beim sog. Orléans-Verfahren in Bottichen in niedriger Schichthöhe mit möglichst großer

Oberfläche stehen gelassen. Über eine sich bildende Bakterienhaut strich die Luft hinweg und stand den Bakterien zur Oxidation zur Verfügung.

Später wurden die Bakterien auf locker geschichteten Trägerstoffen gezüchtet. Die bakterienhaltigen Trägerstoffe (Buchenspäne) wurden von oben mit alkoholhaltiger Flüssigkeit, z. B. Wein überrieselt und von unten her wurde Luft im Gegenstrom über die Späne geleitet. Die unten aufgefangene Flüssigkeit wurde so oft über die Späne gerieselt, bis der Äthanol vollständig zu Essigsäure oxidiert worden war. Diese als Generator-Verfahren (auch als Frings-Verfahren) bezeichnete Methode ist also als ein kontinuierliches System mit teilweiser Rückführung aufzufassen. Es ist eine Oxidation am Turm und wird in vielen Essigfabriken angewandt (vgl. Abb. 30).

Neuerdings sind Submersverfahren in die Essigsäureherstellung eingeführt worden und werden das Generator-Verfahren bald ersetzt haben. Hierbei hat sich ein semikontinuierliches Verfahren als besonders zweckmäßig erwiesen. Bei diesem Verfahren werden nach Abschluß der Fermentation, d. h. der Oxidation des Äthanols zu Essigsäure etwa 60 % des Tankinhaltes ausgestoßen und die restlichen 40 % mit den Mikroorganismen *(Acetobacter suboxydans)* im Tank zurückbelassen. Anschließend wird sofort mit neuer Nährmaische aufgefüllt. Mit Hilfe eines Alkographen wird die Alkoholkonzentration im Acetator (Submerstank) bestimmt und bei einem Rest von etwa 0,1—0,3 % Äthanol wird eine Ausstoßautomatik in Gang gesetzt, durch die wiederum ein Teil des Substrates abgezogen und der Rest mit neuer Maische aufgefüllt wird. Das System arbeitet also weitgehend automatisch.

Da *Acetobacter*-Arten im allgemeinen sehr empfindlich gegen Äthanol und Essigsäure sind, wenn nicht ausreichend Sauerstoff im Substrat vorhanden ist, ließ sich das beschriebene Verfahren erst dann entwickeln, als man dieser Eigenschaft der Mikroorganismen Rechnung trug und auch während des Ausstoßes und Einlaufes der Nährmaische ausreichend belüftete. Die starke Belüftung geschieht hierbei durch einen Einsaugbelüfter (vgl. Abb. 64). Er besteht aus einem Hohlkörper (a), der radial angeordnete gegen die Drehrichtung offene Luftaustrittsöffnungen (b) besitzt. Diesen sind senkrechte Flächen vorgelagert, von denen aus die Flüssigkeit von oben nach unten angesaugt wird und mit der durch die Luftaustrittsöffnungen strömenden Luft feinst vermischt durch den Stator (d) nach außen gefördert wird. Der von unten angetriebene Rotor bewegt sich mit einer Geschwindigkeit von 1500—1750 U/min. Der Hohlkörper des Rotors mündet oben in die Luftleitung, durch die die Ansaugung

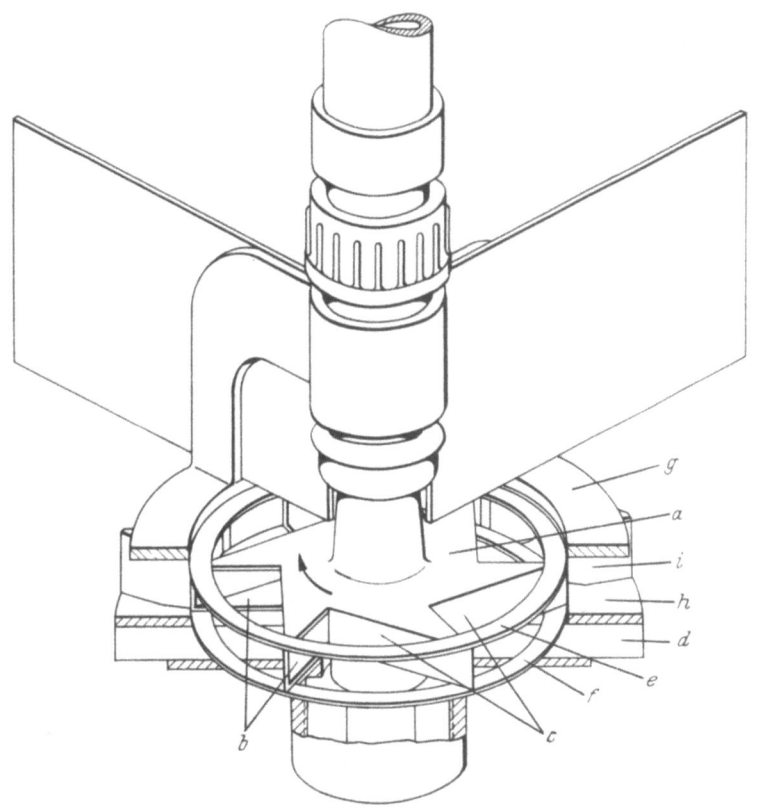

Abb. 64. Belüftungssystem für ein semikontinuierliches Submersverfahren zur Essigsäureherstellung (System Frings)

der Luft erfolgt. Durch diesen Belüfter entsteht eine intensive Emulgierung der Luft mit der Flüssigkeit, so daß eine Sauerstoffausnutzung von 70—80 % erreicht wird. Die Schaumzerstörung erfolgt mechanisch.

Bei der **Herstellung von Vitamin C** führt man eine Zwischensynthese mit *Acetobacter suboxydans* durch. Nach katalytischer Reduktion von d-Glucose zu Sorbit wird dieses mit *A. suboxydans* in submerser Kultur zu l-Sorbose oxidiert, die dann über 2-Keto-l-Gulonsäure zur l-Ascorbinsäure (Vitamin C) chemisch umgesetzt wird.

Die Oxidation von Sorbit zu Sorbose wird mit einer Sorbit-Dehydrogenase NAD-abhängig durchgeführt. Gegenwärtig versucht man eine ganze Reihe weiterer mikrobieller Transformationsmöglichkeiten zur Herstellung von l-Ascorbinsäure zu verwenden, z. B. die Oxidation von d-Gluconsäure zu d-5-Ketogluconsäure oder besser noch zu l-2-Ketogluconsäure, die anschließend chemisch zur Ascorbinsäure umgesetzt werden können. Technisch werden solche Verfahren aber noch nicht durchgeführt. Mit *A. suboxydans* lassen sich auch weitere Oxidationsprodukte herstellen, z. B. Dihydroxyaceton, das in der Kosmetik verwendet wird. Stämme von *Acetobacter suboxydans* sind in der Lage, auch Weinsäure in guter Ausbeute zu bilden und es gibt viele Versuche, diese mit Mikroorganismen großtechnisch herzustellen.

β) Oxidation von Aldosen, Ketosen und Aldehyden

Aldehyde, Aldosen und Ketosen werden von Mikroorganismen zu den entsprechenden Säuren oxidiert, z. B.:

$$CH_2OH-CHO \longrightarrow CH_2OH-COOH$$
Glycolaldehyd → Glycolsäure

D-Glucose → β-D-Gluconolacton → Gluconsäure

Die letztere Reaktion kann sowohl von Bakterien, z. B. von *Acetobacter*-Arten *(Acetomonas)* als auch von Pilzen, besonders von einigen *Penicillium*- und *Aspergillus*-Arten durchgeführt werden. Für technische Verfahren verwendet man *Aspergillus niger*, der im Submersverfahren bei 30° C in etwa 40 Stunden d-Glucose mit einer Ausbeute bis zu 97 % zu d-Gluconsäure umsetzt.

Pilze und auch Bakterien können viele andere Aldosen zu Aldonsäure umsetzen, z. B. D-Mannose zu D-Mannonsäure, D-Arabinose zu D-Arabonsäure u. v. m. Diese Eigenschaften werden augenblicklich aber nicht technisch ausgenutzt.

γ) Oxidation von Steroiden

Viele Steroide werden wegen ihrer Hormonwirkung, z. B. als Ovulationshemmer, aber auch wegen ihrer entzündungshemmenden Wirkungen bei vielen Krankheiten, z. B. bei der rheumatischen Arthritis in der Medizin angewandt. Die Anwendungsmöglichkeiten vieler weiterer steroider Verbindungen in der Medizin wird gegenwärtig untersucht.

Zur Herstellung wirksamer Verbindungen, die in den obigen Beispielen angeführt wurden, werden Mikroorganismen für einen sehr wichtigen synthetischen Schritt, die 11 α-Hydroxylierung eines Steroids, die sich auf chemischem Wege nur außerordentlich schwierig durchführen läßt, eingesetzt.

11-Desoxycortisol
(Substanz S)

Curvularia lunata

Cortisol
(Substanz F)

Reichsteins Substanz S wird im vorliegenden Beispiel spezifisch durch *Curvularia lunata* in 11 α-Stellung zu Cortisol (Hydrocortison) oxidiert. Die gleiche Oxidation kann auch durch *Streptomyces fradiae*, *Cunninghamella blakesleeana* und andere Mikroorganismenarten vorgenommen werden. Derartige Reaktionen sind also nicht artspezifisch, sondern können von oft außerordentlich unterschiedlichen Mikroorganismenarten (z. T. auch von tierischen Geweben, bzw. isolierten Enzymen) durchgeführt werden. Viele Mikroorganismenarten können auch andere Stellen im Steroidmolekül oxidieren, wie die Formel zeigt. Sauerstoff kann als Keton eingeführt werden, dabei können auch Seitenketten abgespalten werden. Mikroorganismen sind in der Lage, am Steroidmolekül Epoxidationen vorzunehmen oder Doppelbindungen in irgend einen Kern einzuführen. Weiterhin können Ringe oxidativ an einer Stelle geöffnet werden, Beispiele sind in der Tabelle 15 angegeben.

Transformationsmöglichkeiten durch Mikroorganismen

Transformationsmöglichkeiten durch tierische Gewebe oder Enzyme

Direkte Oxidationen werden mit Hilfe von Oxigenasen durchgeführt. Für Dehydrierungen besitzen die Mikroorganismen z. T. streng spezifische, zumeist NAD-abhängige Dehydrogenasen.

$$\text{Steroid} + \text{NAD}^+ \xrightarrow{\text{[Dehydrogenase]}} \text{Dehydrosteroid} + \text{NADH}_2$$

$$\text{Steroid} + \text{Enzym} - \text{FeO}^{++} \xrightarrow{\text{[spezif. Oxigenase]}} \text{Enzym} - \text{Fe}^{++} + \text{Steroid} - \text{OH}$$

$$\text{Enzym-Fe}^{++} + O_2 + \text{NADPH}_2 \rightarrow \text{Enzym-FeO}^{++} + \text{NADP}^+ + H_2O$$

Mikrobielle Oxidationen von Steroiden, bes. die 11 α-Hydroxylierungen, sind hinsichtlich der technischen Auswertung ungleich wichtiger als Reduktionen, Seitenkettenabspaltungen und andere

Tabelle 15: *Beispiele für oxidative Reaktionstypen am Steroidmolekül*

Reaktionstyp	Beispiel
Einführung einer Doppelbindung in den Kern	Cortisol →(Corynebacterium simplex) Prednisolon
Epoxidation	9(11)-Dehydro-Substanz S →(Curvularia lunata) 9β,11β-Oxydo-Substanz S
Oxidative Ringöffnung	Cholestenon →(Proactinomyces erythropolis) Windaus'sche Oxysäure
Einführung von Sauerstoff als Keton	Dehydronorcholin →(Escherichia coli) 22-Oxy-dehydronorcholin

Veränderungen am Steroidmolekül. Sie werden technisch in Submerstanks (100 000 l Inhalt und mehr) unter starker Belüftung durchgeführt. Man züchtet zunächst die Mikroorganismenzellen in großer Menge an und setzt vielfach die oft sehr teuren Steroide erst im Verlauf der Fermentation nach der Zellbildung zu, um zu verhindern, daß sie zum Zellaufbau verwendet werden. Manche Steroide sind von einer gewissen Toxicität für die Mikroorganismen, so daß sie fortwährend oder schubweise in geringen atoxischen Konzentrationen zugesetzt werden müssen. Nichtwasserlösliche Steroide, z. B. Progesteron, müssen in geeigneten Lösungen, z. B. in Propylenglycol, zugesetzt werden. Die Fermentationen werden je nach der verwendeten Mikroorganismenart zwischen 24 und 33° C geführt und sind oft schon nach 16—24 Stunden abgeschlossen.

Die Oxidationsvorgänge stellen im Prinzip den ersten Schritt zum Abbau der Steroide dar. Viele Mikroorganismen sind in der Lage, bei längerer Anwesenheit der bereits oxidierten Steroide im Substrat diese weiter zu oxidieren.

Neben den „einfachen Steroiden" lassen sich auch cardiale Aglycone, z. B. Digitoxigenin bzw. steroide Alkaloide in einer Einstufenreaktion mit Mikroorganismen oxidieren, z. B. Digitoxigenin zu Digoxigenin. Zur Oxidation der Bufaline (cardiale Lactone) sind besonders *Fusarium*-Arten geeignet. Solasodin und Tomatin (steroide Alkaloide) werden besonders von *Helicostylum piriforme* oxidiert.

Digitoxigenin → (Fusarium lini, Fusarium solani, Gibberella fujikuroi) → *Digoxigenin*

δ) Weitere Oxidationen

Die mikrobielle Oxidation der Steroide hat sehr große Möglichkeiten erschlossen, so daß man natürlich auch versucht hat, andere Stoffgruppen mikrobiologisch oxidativ zu verändern. Dies ist bei vielen Substanzen möglich. Die zur Oxidation befähigten Mikroorganismenarten sind sehr unterschiedlich und ebenso wie bei den Steroidoxidationen und anderen Transformationen nicht in besonderen systematischen Gruppen zu suchen.

Man kann nicht nur die verschiedensten Alkaloide, z. B. Strophantidin, Yohimbin und Morphinalkaloide mikrobiell oxidieren, sondern auch Terpene, viele cyclische Amine, aromatische Verbindungen unterschiedlicher Struktur, gesättigte Kohlenwasserstoffe (S. 204) und nicht zuletzt viele Antibiotica. Ein Beispiel ist die Oxidation von 12 α-Desoxytetracyclin zum Tetracyclin durch *Curvularia lunata*.

12α-Desoxytetracyclin → *Curvularia lunata* → *Tetracyclin*

b) Reduktionen

Die Zahl der Mikroorganismen, die an Steroiden einstufige **Reduktionen** vornehmen können, ist wesentlich geringer und auch die Zahl der Stellen am Steroidmolekül, an denen Reduktionen vorgenommen werden können, ist wesentlich geringer als vergleichsweise bei Oxidationsreaktionen. Ebenso sind die technisch auswertbaren Möglichkeiten hier beschränkter. Reduktionen werden mit $NADH_2$-abhängigen Dehydrogenasen durchgeführt, z. B. mit *Streptomyces*-Arten.

Ungesättigte Steroidkerne lassen sich mikrobiell durch Reduktionen sättigen, z. B. bei der Reduktion von Progesteron zu 4-Dihydroprogesteron:

Progesteron → *Dihydroprogesteron*

Hefen (vor allem *Saccharomyces cerevisiae*) werden seit langem für viele Reduktionen im Labormaßstab verwendet, z. B. zur Reduktion von Nitrobenzol zum Anilin

C$_6$H$_5$—NO$_2$ → C$_6$H$_5$—NO → C$_6$H$_5$—NHOH → C$_6$H$_5$—NH$_2$

Nitrobenzol Nitrosobenzol Phenylhydroxylamin Anilin

oder von ungesättigten Verbindungen, besonders Alkoholen zu gesättigten Alkoholen

$$CH_3—CH=CH—CH_2OH \rightarrow CH_3—CH_2—CH_2—COOH$$
Crotylalkohol   Butanol

Ungesättigte Aldehyde werden nach Reduktion des Aldehyds zum Alkohol ebenso wie die ungesättigten Alkohole reduziert. Bei α,β-ungesättigten Ketosäuren erfolgt zunächst eine Decarboxylierung, dann wird der entstandene Aldehyd zum Alkohol reduziert und erst jetzt findet die Hydrierung der Doppelbindung statt:

R—CH=CH—CO—COOH → R—CH=CH—CHO + CO$_2$ (1)

R—CH=CH—CHO → R—CH=CH—CH$_2$OH (2)

R—CH=CH—CH$_2$OH → R—CH$_2$—CH$_2$—CH$_2$OH (3)

Diese Reaktionen lassen sich mit gärenden *S. cerevisiae*-Zellen durchführen. Die betr. ungesättigten Verbindungen dienen als Acceptoren für den im FDP-Weg entstandenen Wasserstoff.

Die Bildung von 2-Propanol aus Aceton durch *Clostridium butylicum* ist eine der vielen möglichen Einstufenreaktionen, die man technisch auszunutzen versucht hat.

$$CH_3—CO—CH_3 \rightarrow CH_3—CHOH—CH_3$$
Aceton   2-Propanol

Sehr viele mögliche reduktive Einstufenreaktionen sind für die technische Auswertung gegenwärtig uninteressant.

c) Decarboxylierungen

Die vielen möglichen mikrobiellen **Decarboxylierungen** haben bisher als alleinige Reaktionen noch keinen Eingang in die industrielle

Mikrobiologie gefunden:

$$\begin{array}{c} \text{COOH} \\ | \\ \text{CH}_2 \\ | \\ \text{CH}_2 \\ | \\ \text{COOH} \end{array} \quad \xrightarrow{\quad CO_2 \quad} \quad \begin{array}{c} \text{COOH} \\ | \\ \text{CH}_2 \\ | \\ \text{CH}_3 \end{array}$$

Bernsteinsäure $\qquad\qquad$ Propionsäure

d) Seitenkettenabspaltungen

In einer großen Zahl von Fällen sind die verschiedensten Mikroorganismen dazu in der Lage, von Molekülen, z. B. Steroiden, Seitenketten abzuspalten. Diese **Seitenkettenabspaltung** hat ganz besonders bei der Herstellung von 6-Aminopenicillansäure (Katos Substanz) aus Penicillin G (vgl. S. 165) und bei der Herstellung von 7-Aminocephalosporansäure aus Cephalosporin C eine technische Bedeutung gewonnen. Mit Hilfe von Amidasen (Acylasen) aus verschiedenen Mikroorganismen, besonders aus *Escherichia coli*, *Bacillus cereus*, Streptomyceten und einigen Pilzen, lassen sich die durch Säureamidbindung am Penicillin- bzw. Cephalosporingrundmolekül angeknüpften Acylreste abspalten.

Penicillin G $\xrightarrow{\text{[Acylase]}}$ 6-Aminopenicillansäure + Phenylessigsäure

Cephalosporin C $\xrightarrow{\text{[Acylase]}}$ 7-Aminocephalosporansäure + α-Aminoadipinsäure.

Die entstandenen Grundkörper der Antibiotica sind Ausgangssubstrate für halbsynthetische Penicilline, bzw. Cephalosporine. Die Acylasen sind hinsichtlich des Acylrestes nicht sehr spezifisch. Seitenketten lassen sich auch durch mikrobielle Hydrolyse abspalten, z. B.:

$$R - COOR' \rightarrow R - COOH + R'OH$$

Als Beispiel läßt sich die mikrobiologische Hydrolyse von Reichstein-S-acetat zu Reichsteins Substanz S anführen.

e) Seitenkettenaddition

Seitenketten können nicht nur in Einstufenreaktionen abgespalten werden, sondern es kann auch eine **Seitenkettenaddition** erfolgen.

Gärende Hefen übertragen z. B. „aktiven Acetaldehyd" auf Benzaldehyd unter Bildung von Phenyl-acetylcarbinol:

Benzaldehyd → [gärende Hefen] → Phenylacetylcarbinol

Diese Reaktion wird zur technischen Gewinnung von Ephedrin ausgenutzt. Das Phenylacetylcarbinol wird anschließend chemisch unter Reduktion mit Monomethylamin zu L-Ephedrin umgesetzt.

In gewisser Beziehung darf man den Einbau gewisser Vorstufen, die man zur Bildung z. B. von neuen biologischen Antibiotica oder Vitamin B_{12}-aktiven Substanzen dem Substrat zusetzt, dann als einstufige Reaktionen betrachten, wenn diese precurser unverändert in das betr. Molekül eingesetzt werden.

f) Desaminierungen, Aminierungen und Phosphorylierungen

Typische Einstufenreaktionen sind auch mikrobielle Desaminierungen, z. B. von Asparaginsäure zu Bernsteinsäure und reduktive Aminierungen, z. B. von α-Ketoglutarsäure zu Glutaminsäure. Auch Phosphorylierungen von Nucleosiden zu Nucleotiden sind echte Einstufenreaktionen:

Jnosin — Serratia marcescens → Jnosinsäure

Die Zahl der mikrobiellen Möglichkeiten von Additionsreaktionen und anderen einstufigen Reaktionen ist außerordentlich groß, wogegen die Zahl der tatsächlich technisch ausgenutzten Reaktionen verschwindend klein ist. Es ist zu erwarten, daß bei der immer besser werdenden Handhabung der mikrobiellen Fermentationen, die mikrobiellen Einstufenreaktionen einen ungleich größeren Eingang in die präparative Chemie und in die Erzeugung technischer Produkte finden werden, als es bisher der Fall ist.

4. Polysaccharide und Oligosaccharide
a) Dextrane

Eine Reihe von Mikroorganismen kann extracellulär Dextrane oder andere Polysaccharide ins Substrat absondern. Dextrane sind Polymere der Glucose, die meist in 1,6-glycosidischer Bindung, daneben aber auch in 1,4- und 1,3-glycosidischer Bindung zunächst als Ketten vorliegen. Etwa ab einem Molekulargewicht von 40 000 beginnen diese Ketten sich zu verzweigen. Die Art und Intensität der Verzweigungen ist von den im Substrat bereits vorliegenden Dextranen abhängig. Für klinische Zwecke als Blutplasmaersatz benötigt man Dextrane mit einem Molekulargewicht, das etwa um 75 000 $\pm$ 25 000 liegt. Zur technischen Herstellung verwendet man fast ausschließlich die heterotrophen Milchsäurebakterien *Leuconostoc mesenteroides* und *L. dextranicum*. In einem löslichen System entsteht ein Dextran etwa folgendermaßen: Von einem Zuckerdonator (HG) wird ein Molekül auf ein Acceptor- Molekül (HA) übertragen, wobei wenig der gebundenen Energie verändert wird. Diese Übertragungs-Reaktion geht also nicht über den Weg der Hydrolyse — auf dem ein Verlust der gebundenen Energie eintritt — und mit anschließender Polymerisation vor sich, sondern auf dem Wege einer direkten Übertragung durch Vermittlung eines Enzym-Substrat-Acceptor-Komplexes. Dadurch bleibt die Energie der glycosidischen Bindung an den Enzym-Komplex gebunden, wenn das Aglycon aus dem Disaccharidsubstrat gelöst wird. Dann wird das Aglycon wieder aus dem Enzym-Komplex gelöst und auf den Acceptor übertragen.

Das Wachstum der glycosidischen Ketten wird dadurch bewirkt, daß fortwährend eine Monosaccharideinheit nach der anderen an das nicht reduzierende Ende einer Kette an eine Stelle, an der ein Acceptor vorhanden ist, gebunden wird. Diese Acceptorstelle wird an jeder neu angelagerten Monosaccharideinheit wieder regeneriert, so daß eine neue Anlagerung möglich ist. Es läßt sich also die folgende Gleichung aufstellen:

$$(n)\ HG\text{—}OR + HA \xrightarrow{(E)} HG_{(n)}A + (n)\ ROH$$

HG-OR ist das Donatorsystem, in dem HG die übertragene Glycosidgruppe darstellt, (n) ist die molekulare Menge, HA ist das Acceptorsystem, es kann unter geeigneten Bedingungen ein einfaches Molekül HG-OR sein. Unter dem Einfluß des Transglycosidations-Enzyms E bildet sich das Polysaccharid $HG_{(n)}$ A, dessen Moleküle n-Reste von G(Glucose) enthalten. ROH ist das nichtpolymere Produkt (Orthophosphat, Uridindiphosphat oder z. B. Glucose).

Enzyme (Dextransaccharasen), die eine derartige Transglycosidation katalysieren, sind sehr spezifisch, besonders was die Länge der Ketten anbetrifft. Verzweigungen werden durch andere Enzyme eingeführt, die sehr schwer abzutrennen sind. Die meisten mikrobiell gebildeten Polysaccharide haben eine unterschiedliche Anzahl von Verzweigungen.

Da keine Hydrolyse und auch keine Phosphorolyse der Saccharose bei der Dextranbildung stattfinden kann, wird eine Biosynthese der Dextrane über UDP-glucose angenommen. Zunächst bildet sich möglicherweise aus Saccharose und UDP die UDP-glucose:

$$\text{Saccharose} + \text{UDP} \xrightarrow{Mg^{++}} \text{UDP-glucose} + \text{Fructose}$$

Dann wird die Glucose aus UDP an einen Acceptor gebunden:

$$\text{UDP-glucose} + \text{Acceptor} \rightarrow \text{UDP} + \text{Acceptor-glycosid.}$$

Detaillierte Vorstellungen über die Dextranbiosynthese stehen aber noch aus.

Da die Bakterien im allgemeinen Dextrane mit wesentlich höherem Molekulargewicht als 75 000 bilden, so ist bei der technischen Herstellung von Dextranen vielfach eine nachfolgende Hydrolyse notwendig. Lediglich bei Verfahren, bei denen die Fermentationsbedingungen so gestaltet werden können, daß ausschließlich oder zum größten Teil niedermolekulare Dextrane gebildet werden, kann auf eine Hydrolyse verzichtet werden. Es gibt auch Verfahren, bei denen man zunächst die Dextransaccharase aus Bakterien gewinnt und dann mit dem Enzym — ohne die Anwesenheit der Bakterien — die Dextrane bildet.

Mit Hilfe von Bakterien werden die höhermolekularen Dextrane in Submerstanks bei 25—28° C nach 1—3 Tagen gebildet. Die Dextrane werden mit Methanol gefällt, wieder gelöst und mit HCl bis zum gewünschten Molekulargewicht (gemessen an der Viskosität) hydrolysiert. Soll Dextransaccharase verwendet werden, so muß in einer aeroben Fermentation eine möglichst große Menge an Enzym gebildet werden, während die eigentliche Dextranbildung ohne Sauerstoffzufuhr vor sich geht.

Das genaue Studium der Bedingungen zur Bildung niedermolekularer Dextrane hat zur Ausarbeitung von Verfahren geführt, die es möglich machen, niedermolekulare Dextrane in technischen Anlagen zu produzieren, so daß die nachfolgende Hydrolyse entfällt. Bei hohen Saccharosekonzentrationen (etwa 70 %) und einem Dextranacceptor mit niedrigem Molekulargewicht werden auch Dextrane mit geringen Molekulargewichten gebildet. Es dürfen

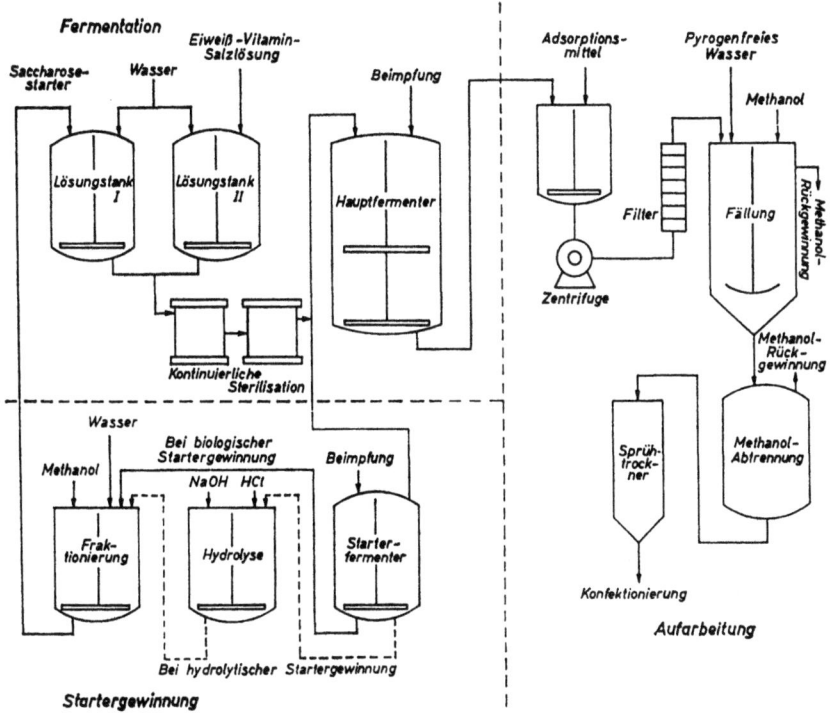

Abb. 65. Fermentationsschema zur Gewinnung niedermolekularer Dextrane (nach Behrens u. Ringpfeil, 1961)

jedoch an den Bakterienzellen keine Spuren höhermolekularer Dextrane vorhanden sein. Die Impfkulturen müssen deshalb durch wiederholtes Waschen mit Kochsalzlösung von den anhaftenden, zumeist höhermolekularen Dextranen befreit werden. Die vorgelegten niedermolekularen Dextrane, die als Acceptor dienen sollen, können durch Hydrolyse höhermolekularer Dextrane gewonnen werden (vgl. Abb. 65).

Levane (Polymere aus Fructose) werden mit *Aerobacter levanicum* oder *Bacillus polymyxa* hergestellt. Einige Lipopolysaccharide aus gramnegativen Bakterien haben eine Bedeutung als pyrogene (fiebererzeugende) Substanzen. Sie werden durch Extraktion der Bakterienzellwände mit Phenol-Wasser aus den zerstörten Zellen gewonnen, wobei sich die Lipopolysaccharide in der wäßrigen Phase befinden und daraus gefällt werden können.

b) Oligosaccharide

Einige Antibiotica sind als Oligosaccharide anzusehen. Hierzu gehören besonders die in der Tab. 16 angeführten therapeutisch wichtigen Substanzen:

Den genannten Antibiotica ist gemeinsam, daß an einem Aglycon Zucker glycosidisch gebunden sind, die z. T. wiederum mit anderen Zuckern glycosidisch verbunden sind. Die Zucker sind dabei Hauptbestandteile. Dies steht im Gegensatz zu den macroliden, einigen polyenen, sowie einigen anderen Antibiotica, die ebenfalls einen oder mehrere Zucker am Molekül haben, bei denen jedoch der Zucker nur eine untergeordnete Rolle spielt. Als Beispiel ist die Formel des Streptomycins angeführt, das als ein zur Bekämpfung der Tuberkulose sehr wichtiges Antibioticum bekannt geworden ist. Es wurde von Waksman und Schatz 1944 entdeckt. Die anderen in der Tabelle

Tabelle 16. *Wichtige Oligosaccharid-Antibiotica*

Name	Produzierender Mikroorganismus	Aglycon	Zuckeranteile
Streptomycin (einschl. Dihydro- u. Hydroxystrept.)	*Streptomyces griseus*	Streptidin	Streptose, N-Methylglucosamin
Mannosidostreptomycin	*S. griseus*	Streptidin	Streptose, N-Methylglucosamin, D-Mannose
Kanamycin	*S. kanamyceticus*	2-Desoxystreptamin	Kanosamin, 6-Glucosamin
Neomycin	*S. fradiae* u. *S. albogriseolus*	2-Desoxystreptamin	Neosamin C, Ribose, Neosamin
Paromomycin	*S. rimosus v. paromomyceticus*	2-Desoxystreptamin	D-Glucosamin, D-Ribose, Paromose

angegebenen Oligosaccharid-Antibiotica haben ähnlich wie Streptomycin eine ausgeprägte antibakterielle Wirkung gegen Mycobacterien.

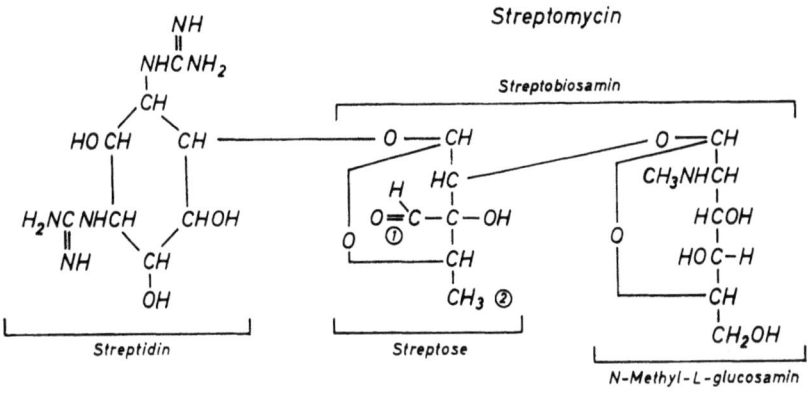

① CH$_2$OH in Dihydrostreptomycin
② CH$_2$OH in Hydroxystreptomycin

Die Aufklärung der Biosynthese eines so heterogenen Körpers wie des Streptomycins bereitet große Schwierigkeiten. Aus den äußeren Kulturbedingungen hat man festgestellt, daß zur intensiven Biosynthese von Streptomycin die folgenden Bedingungen eingehalten werden müssen:

1. Ausreichende Sauerstoffversorgung der Zellen.
2. Vorhandensein niedriger Konzentrationen anorganischer Phosphate.
3. Ausreichende Konzentration von Glucose (Glucose ist den Disacchariden und Polysacchariden als Vorstufe zur Streptomycinbiosynthese weit überlegen, da sie enzymatisch schneller abgebaut wird).
4. Genügend hohe Konzentrationen solcher N-haltiger Substanzen, die nicht sofort in die Proteinsynthese einbezogen werden.

Man kann sich die Bildung des Streptomycinmoleküls hypothetisch ähnlich der Bildung eines Trisaccharids vorstellen. Bei der Kopplung der phosphorylierten Zuckerzwischenprodukte zum Trisaccharid wird anorganisches Phosphat frei. Daher ist es wichtig, daß keine bedeutenden Mengen anorganischen Phosphats im Substrat das Gleichgewicht stören und die Streptomycinbildung verlangsamen. Da bei einem hohen Phosphatspiegel sowohl die Streptomycinbiosynthese als auch der Glucoseabbau über den Pentophosphat-Weg bedeutend vermindert werden, wird angenommen, daß zwischen diesem und der Streptomycinbiosynthese eine enge Korrelation besteht (Abb. 66).

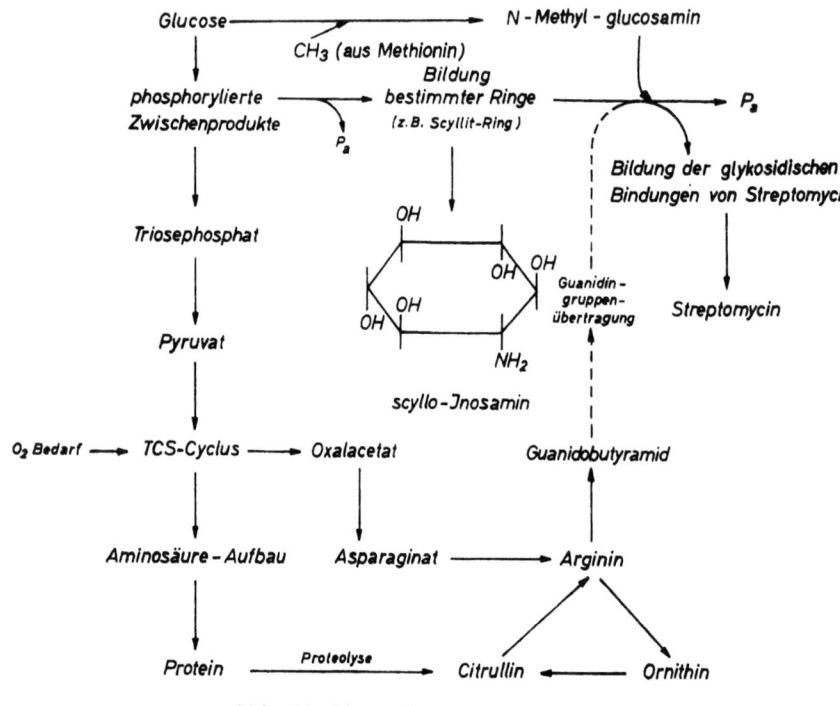

Abb. 66. Biosynthese von Streptomycin

Streptose und N-Methylglucosamin werden direkt aus den C-Atomen der Glucose gebildet, während das Streptidin auch zu einem Teil aus CO_2 entsteht, das sicherlich bei der Bildung von Oxalacetat fixiert wird. Es wird angenommen, daß Streptidin aus einer C_2–C_4-Körperkondensation entsteht. Die Guanidingruppen entstehen anscheinend über Arginin. Die Methylgruppe im N-Methylglucosamin wird aus Methionin übertragen. Über den Zeitpunkt der Methylierung von Glucosamin im Verlauf der Biosynthese des Streptomycins gibt es noch keine sicheren Vorstellungen.

Herstellung von Streptomycin

Streptomycin wird im Submersverfahren mit Glucose als wichtigster C-Quelle, zumeist mit Zusätzen von Sojabohnenmehl und Destillationsrückständen bei Temperaturen zwischen 27 und 29°C hergestellt. Die Fermentation verläuft in drei Phasen. In einer Wachstumsphase werden viele Streptomycetenzellen gebildet, dieser schließt sich eine Reifungsphase an, in der besonders viel Streptomycin synthetisiert wird. Auch zu Beginn der letzten „Alterungsphase" entsteht noch viel Streptomycin. Bei beginnender Autolyse des Myceliums in dieser dritten Phase hört jedoch die Streptomycinbildung auf und die Fermentation muß abgebrochen werden.

Anfangs wurde Streptomycin durch Adsorption an Aktivkohle und anschließender Elution mit heißer HCl aus dem Kulturfiltrat gewonnen. Dabei ging etwa die Hälfte des im Kulturfiltrat vorhandenen Streptomycins verloren. Heute wird Streptomycin durch Adsorption an Ionenaustauscher und anschließender Elution aus dem Kulturfiltrat isoliert.

5. Weitere wichtige Antibiotica

a) Penicilline und Cephalosporine

Die Penicilline waren die ersten therapeutisch bedeutenden Antibiotica und gehören auch heute noch immer zu den wichtigsten Antibiotica. Ihre antimikrobielle Wirkung wurde bereits 1928/29 von Alexander Fleming entdeckt. Aber erst durch die Isolierung der 5 natürlichen Penicilline durch den Oxford-Kreis etwa seit 1940 wurde die Nutzbarmachung der Penicilline, zunächst des Penicillins G, eingeleitet.

Penicilline werden durch *Penicillium notatum-* und *Penicillium chrysogenum*-Stämme gebildet. Die gegenwärtig in der technischen Herstellung verwendeten Stämme sind Mutanten, die aus den genannten Arten vor allem durch Einwirkung von Stickstoff-Lost, UV- und Röntgenstrahlen gezüchtet wurden.

$$R \cdot CO - CH - CH \overset{S}{\underset{}{\diagdown}} C \overset{CH_3}{\underset{CH_3}{\diagup}} \quad \text{Penicillin}$$

$$\underset{C \overset{O}{\diagup} - N - CH \cdot COOH}{}$$

6-Aminopenicillansäure

Die Grundstruktur der Penicilline ist die 6-Aminopenicillansäure, ein Thiazolidin-β-lactam-ringsystem, auch als Katos Substanz bezeichnet.

An der mit R bezeichneten Stelle ist beim Penicillin G die Phenylessigsäure durch Säureamidbindung mit der 6 α-Aminopenicillansäure

Tabelle 17. *Acylreste wichtiger Penicilline*

Name der Penicilline	Acylrest	Besonderheiten der antimikrobiellen Wirkung
Penicillin G (Benzylpenicillin)	⟨Phenyl⟩–CH_2–CO–	Empfindlich gegen Penicillinase. Wirkung bes. gegen gram+ -Bakterien
Penicillin V (α-Phenoxymethyl-penicillin)	⟨Phenyl⟩–O–CH_2–CO–	Säureresistent. (Geeignet zur oralen Applikation.) Wirkung bes. gegen gram+ -Bakterien.
Methicillin [6-(2,6-Dimethoxybenzamido)-penicillin]	⟨Phenyl mit 2 OCH_3⟩–CO–	Resistent gegen Penicillinase. Wirkung gegen Penicillin G-resistente Staphylokokken. Wirkung bes. gegen gram+ -Bakterien
Oxacillin [6-(5'-Methylphenyl-isoxasolcarboxamido)-penicillin]	⟨Phenyl-Isoxazol-CH_3⟩–CO–	Säureresistent und resistent gegen Penicillinase (Geeignet zur oralen Applikation). Wirkung gegen Penicillin G-resistente Staphylokokken. Wirkung bes. gegen gram+ -Bakterien
Phenethicillin (α-phenoxyäthyl-penicillin)	⟨Phenyl⟩–O–$CH(CH_3)$–CO–	Säureresistent. (Geeignet zur oralen Applikation)
Ampicillin [D(-)α-Aminophenyl-acetamidopenicillin]	⟨Phenyl⟩–$CH(NH_2)$–CO–	Säureresistent. (Geeignet zur oralen Applikation) Wirkung auch gegen gramnegative Bakterien
Penicillin N („Cephalosporin N") (D-α-Amino-adipyl-penicillin)	$HOOC$–$CH(NH_2)$–$(CH_2)_3$$CO$–	

verbunden. Es ist gelungen, diesen Rest auf chemischem Wege außerordentlich stark zu verändern, so daß mehrere tausend neue Penicilline mit der 6-Aminopenicillansäure als Grundstruktur hergestellt wurden. Man bezeichnet sie als halbsynthetische Penicilline. Die Tab. 17 zeigt u. a. einige wichtige halbsynthetische Penicilline.

Die 6-Aminopenicillansäure, die also eine außerordentlich wichtige Ausgangssubstanz für die halbsynthetischen Penicilline ist, kann durch Fermentation mit besonderen *Penicillium chrysogenum*-Stämmen gewonnen werden, wobei keinerlei Vorstufen, die zur Bildung irgendwelcher Acylreste führen könnten, im Substrat vorhanden sein dürfen. Meistens wird sie jedoch durch Abspaltung des Acylrestes aus Penicillin G mit Hilfe von bakteriellen Acylasen (vgl. S. 155) hergestellt.

Die antibakterielle Wirkung der Penicilline richtet sich gegen grampositive Mikroorganismen, aber auch z. T. gegen gramnegative Bakterien, wie z. B. Neisserien. Sie wird durch Veränderung des Acylrestes oft wesentlich verändert (vgl. Tab. 17). Ein Enzym, die Penicillinase, spaltet das Penicillin am β-Lactamring auf. Es wird von *Staphylococcus aureus*- und *Bacillus cereus*-Stämmen gebildet. Penicilline mit bestimmten Acylresten (vgl. Tab. 17) sind z. T. resistent gegen Penicillinase.

Das Penicillinmolekül setzt sich aus den drei Bausteinen, D-Valin, L-Cystein und einer substituierten Essigsäure (beim Penicillin G ist dies Phenylessigsäure) zusammen. L-Valin, L-Cystein und in α-Stellung substituierte Essigsäure sind echte Vorstufen für die Penicillinbildung.

Über den weiteren Aufbau des Penicillingrundkörpers gibt es zwei Anschauungen. Man kann annehmen, daß der Aufbau von Penicillin und Cephalosporin N (6-Aminopenicillansäure mit α-Aminoadipinsäure als Acylrest) sehr ähnlich vonstatten gehen. Dann könnte man sich die Biosynthese von einem Tripeptid (δ-Aminoadipylcysteinyl-valin) ausgehend vorstellen. Die 6-Aminopenicillansäuresynthese würde also an der α-Aminoadipinsäure erfolgen. In einem letzten Schritt würde dann durch Acylaustausch aus dem Cephalosporin N das Penicillin G gebildet, bzw. durch Acylverlust die 6-Aminopenicillansäure.

Obwohl man das genannte Tripeptid aus Mycelien von *Penicillium* isolieren konnte, ist es bisher noch nicht gelungen, den zur Penicillin G-Bildung notwendigen Austausch der α-Aminoadipinsäure gegen Phenylessigsäure durchzuführen. Es ist also noch keineswegs gesichert, daß der Aufbau des Moleküls an der α-Aminoadipinsäure vor sich geht. Möglicherweise ist auch ein anderes Tripeptid eine Grundlage für die Penicillinbildung.

Die Penicillinbildung könnte auch von einem Dipeptid über eine Reihe von Zwischenstufen, von denen man nicht weiß, ob sie in freier Form gebildet werden, ausgehen, etwa nach dem Schema in Abb. 67.

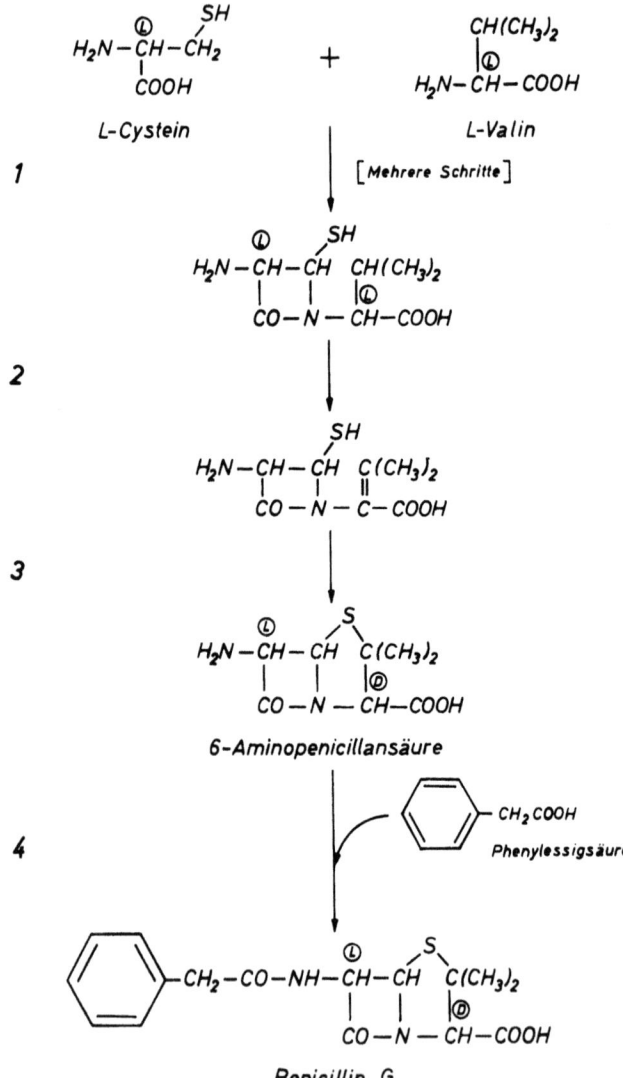

Abb. 67. Biosynthese von Penicillin G aus einem Dipeptid

Grundsätzlich sind vier Stufen zu unterscheiden (die Stufen sind in der Abb. mit 1—4 eingezeichnet):
1. Kondensation der Aminosäuren.
2. Dehydrierung des Peptids im Valinteil, dadurch wird die optische Aktivität des L-Valins aufgehoben.
3. Hydrierung und Ringschluß mit Entstehung der D-Konfiguration des Valinteiles.
4. Einführung der Seitenkette.

Kann die vierte Stufe aus Mangel an einer geeigneten Vorstufe für eine Seitenkette nicht ausgeführt werden, so entsteht die 6-Aminopenicillansäure.

Es ist jedoch gesichert — gleichgültig ob Penicillin aus einem Di- oder Tripeptid synthetisiert wird — daß die Penicillinbiosynthese nicht in einem direkten Zusammenhang mit der normalen Proteinbiosynthese steht.

Zur **Herstellung von Penicillin,** die bis zur Entwicklung der sterilen Submersfermentationen in Oberflächenkultur durchgeführt wurde, verwendet man Cornsteep-Lösung als wichtigstes Grundsubstrat. Die submerse Fermentation dauert bei 24—27° C in Tanks mit einem Volumen von 100 000—150 000 l etwa 3—4 Tage.

In einer ersten Phase der Mikroorganismenentwicklung findet starkes Mycelwachstum statt. Glucose und Milchsäure werden aus dem Substrat verbraucht. In der zweiten Phase werden Wachstum und Atmung eingeschränkt und es wird viel Penicillin gebildet. In der dritten Phase wird das Mycel autolysiert, so daß die Fermentation abgebrochen werden muß.

Penicillin wird durch Extraktion zumeist mit Amylacetat aus der Kulturflüssigkeit gewonnen.

Cephalosporium-Arten bilden neben dem Penicillin N (Cephalosporin N) (vgl. Tab. 17), die Cephalosporine. Das sind penicillinähnliche Antibiotica, deren Grundkörper aber die der 6-Aminopenicillansäure sehr ähnliche 7-Aminocephalosporansäure ist.

$$\underset{\text{D-}\alpha\text{-Aminoadipinsäure}}{\underbrace{{}^{-}OOC\overset{H_3N^+}{\diagdown}CH\,CH_2\,CH_2\,CH_2\,CO}}-NH-\underset{\underset{\underset{COOH}{C}}{CO-N}}{CH}-\underset{7\text{-Aminocephalosporansäure}}{\underbrace{\overset{S}{\overset{\diagup\diagdown}{CH}}\,\underset{C-CH_2OCOCH_3}{CH_2}}}$$

Cephalosporin C

Dieser Grundkörper ist Ausgangssubstanz für eine große Anzahl von halbsynthetischen Cephalosporinen, die sich jeweils durch den Acylrest, der an die Stelle der D-α-Aminoadipinsäure beim Cephalosporin C getreten ist, unterscheiden.

b) Aminosäuren, Oligopeptide, Polypeptide und Peptolide als Antibiotica

Es gibt einige Aminosäureantibiotica, die sich von „normalen" Aminosäuren ableiten. Aus dem indifferenten Norleucin leitet sich das Antitumorantibioticum **6-Diazo-5-oxo-L-norleucin (DON)** ab. Es wird von Streptomyceten gebildet und hat ebenso wie das **L-δ-Hydroxy-γ-oxo-norvalin (HON)**, das aus Norvalin gebildet wird und eine gute Wirkung gegen Mycobakterien hat, keine praktische Bedeutung.

D-Cycloserin (aus verschiedenen *Streptomyces*-Arten) mit einer Wirkung gegen gram+ und gram— -Keime und **Azaserin** (0-Diazoacetylserin) (ebenfalls aus Streptomyceten) mit tumorhemmenden Eigenschaften leiten sich von Serin ab.

Das **Hadacidin** aus *Penicillium frequentans* und anderen *Penicillium*-Arten ist eine N-Formylhydroxy-aminoessigsäure.

Diese Antibiotica haben ebenfalls gegenwärtig keine besondere therapeutische Bedeutung, sie wirken zumeist als Antimetaboliten zu Aminosäuren antimikrobiell.

Neben **Aspergillsäure,** die Leucin und Isoleucin enthält, dem **Gliotoxin,** das aus Tyrosin und N-Methylserin aufgebaut ist und einer Reihe anderer Antibiotica müßte man auch das bereits beschriebene Penicillin, das aus L-Cystein und dem D-Valin aufgebaut ist, zu den Oligopeptidantibiotica rechnen. Außer Penicillin haben andere Oligopeptidantibiotica gegenwärtig jedoch wenig Bedeutung für die Therapie.

Wesentlich größer ist dagegen die Bedeutung der meist von Bakterien gebildeten **polypeptiden Antibiotica** (vgl. Tab. 18).

Tabelle 18. *Wichtige polypeptide und peptolide Antibiotica*

Antibioticum	produzierender Mikroorganismus	antimikrobielle Wirkung
Bacitracin	*Bacillus licheniformis*	gram + -Bakt.
Colistin	*Bacillus colistinus*	gram − -Bakt.
Polymyxine	*Bacillus polymyxa*	gram − -Bakt.
Tyrothricin	*Bacillus brevis*	gram + -Bakt.
Gramicidin S	*Bacillus brevis*	gram + -Kokken u. Clostridien, Shigellen, Salmonellen
Viomycin	*Streptomyces floridae* u. a.	gram − -Bakt.
Ristocetin	*Nocardia lurida*	gram + -Bakt.
Vancomycin	*Streptomyces orientalis n. sp.*	gram + -Bakt. u. Spirochaeten
Nisin	*Streptococcus lactis*	gram + -Bakt.
Subtilin	*Bacillus subtilis*	gram + -Bakt., säurefeste Stäbchen
Valinomycin	*Streptomyces fulvissimus*	
Actinomycine	*Streptomyces antibioticus* u. v. a. *Streptomyces*-Arten	cystostatische Wirkung

Bei den polypeptiden Antibiotica sind die Aminosäuren häufig ringförmig miteinander verbunden. Auch D-Aminosäuren befinden sich im Molekül der meisten polypeptiden Antibiotica. In vielen Fällen überschreitet das Molekulargewicht nicht 4000. Vielfach werden — ähnlich wie bei vielen oligosacchariden und macroliden Antibiotica — mehrere sich chemisch und in ihren mikrobiologischen Eigenschaften sehr ähnelnde Substanzen vom gleichen Mikroorganismus gebildet.

Die Biosynthese der polypeptiden Antibiotica geht sicherlich ähnlich wie die der normalen Peptide vonstatten. Gewisse „Störungen" oder Nebenwege führen dann zur Bildung des Antibioticums.

Durch Überangebot im Substrat können in manchen polypeptiden Antibiotica einige Aminosäuren durch andere ersetzt werden, hiervon macht man auch bei der Herstellung neuer peptolider **Actinomycine** Gebrauch. Die **peptoliden Antibiotica** besitzen außer dem Peptidteil noch eine chromophore Gruppe. Bei den Actinomycinen ist dies

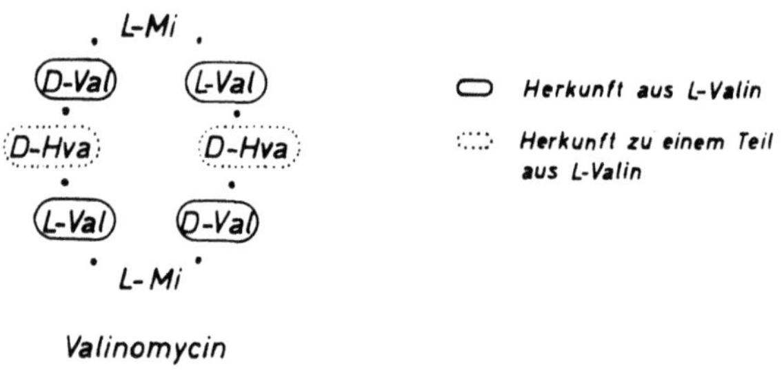

Valinomycin

Abb. 68. Herkunft der Aminosäuren im Valinomycin

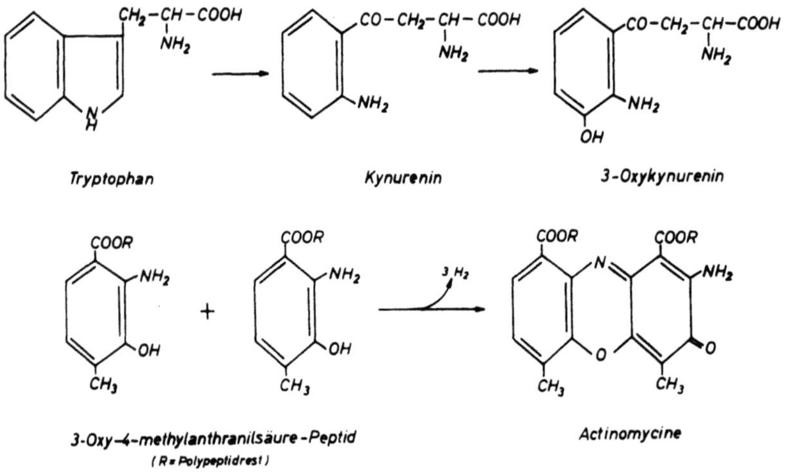

Abb. 69. Biosynthese der Actinomycine aus Tryptophan

das Actinocin. Teilweise werden die Peptidketten vorgefertigt und dann wird anscheinend erst der Ring aus mehreren größeren Kettenteilen geschlossen. Im **Valinomycin** befinden sich zwei Moleküle D-Valin, die immer aus L-Valin entstehen, auch wenn D-Valin in großer Menge im Substrat angeboten wird (Abb. 68).

Die Biosynthese der chromophoren Gruppe der Actinomycine geht von Tryptophan aus über den Kynurenin-Weg. An die daraus entstehende 3-Oxy-4-methyl-anthranilsäure wird anscheinend schon der eine Peptidteil geknüpft. Zwei dieser 3-Oxy-4-methylanthranilsäurepeptide setzen sich dann zum endgültigen Actinomycinmolekül zusammen (Abb. 69).

Bis auf Tyrothricin, das im Gärtassenverfahren hergestellt wird, werden die in der Tab. 18 angegebenen Substanzen (es handelt sich um die therapeutisch wichtigsten polypeptiden Antibiotica) im Submersverfahren hergestellt. Aus den Kulturflüssigkeiten werden sie entweder durch Extraktion — häufig mit Butanol oder Butylacetat — oder durch Adsorption an Ionenaustauscher-Säulen gewonnen.

c) Tetracycline Antibiotica

Tetracycline Antibiotica sind eine Gruppe von Substanzen mit einem sehr breiten antimikrobiellen Wirkungsspektrum (Breitspektrumantibiotica), sowohl gegen gramnegative als auch gegen grampositive Bakterien. Sie sind gegen große Viren und auch noch gegen einige Protozoen antimikrobiell wirksam. Chlortetracyclin (Aureomycin) und Bromtetracyclin werden besonders durch *Streptomyces aureofaciens*, Oxytetracyclin (Terramycin) durch *Streptomyces rimosus* gebildet. Tetracyclin läßt sich aus Chlortetracyclin durch katalytische Hydrierung herstellen.

Sämtliche Tetracycline haben das Naphthacen als Grundgerüst. Sie enthalten ein Tricarbonyl-methan-System (A), ein Ammoniumkation (B) und ein phenolisches Diketon-System (C) in ihrem Molekül.

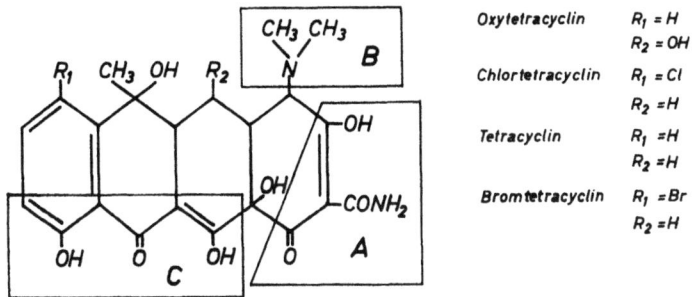

Es ist anzunehmen, daß die Biosynthese durch Kondensation von 9 Acetateinheiten möglicherweise über Malonyl-CoA und Malonamoyl-CoA geht. Die Aminogruppe in 4-Stellung wird wahrscheinlich durch

Transaminierung aus Glutaminsäure gebildet, während die Methylgruppen aus Methionin geliefert werden. Eine wichtige Zwischenverbindung kann auch das 4-Hydroxy-methyl-pretetramid sein. Der Einbau des Chloratoms in C_7-Stellung beim Chlortetracyclin ist anscheinend nicht der letzte Schritt der Biosynthese. Möglicherweise findet hier eine recht interessante und sonst nicht oder wenig be-

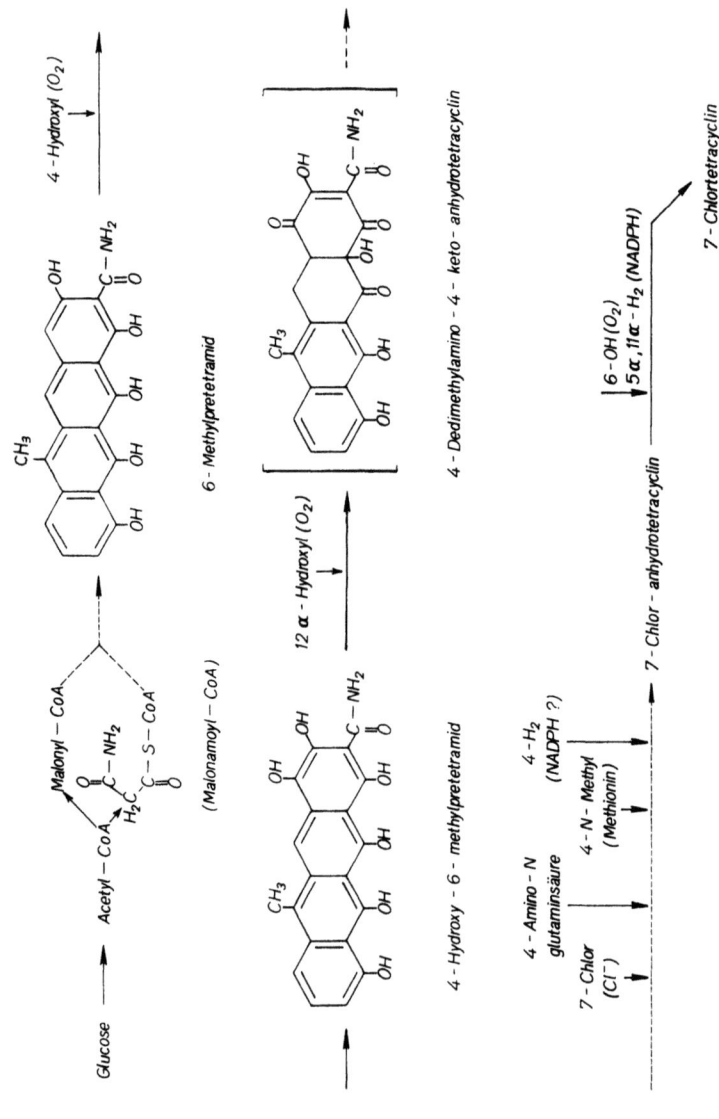

Abb. 70. Biosynthese von 7-Chlortetracyclin aus 6-Methylpretetramid

kannte Transchlorierung mit chlorierten Fettsäuren, z. B. Chloressigsäure oder Chlorbuttersäure statt (Abb. 70).

Die Herstellungstechnik der Tetracycline geschieht ausschließlich im Submersverfahren in emaillierten oder aus V_2A-Stahl bestehenden Tanks. Einfache Stahl- oder Eisentanks lassen sich wegen der Neigung der Eisenionen mit Chlortetracyclin Komplexe zu bilden, nicht verwenden.

Bei 26—28° C werden nach 62—120 Stunden optimale Ausbeuten an Tetracyclinen gebildet. Diese werden aus der Kulturflüssigkeit entweder durch Extraktion (meist mit n-Butanol oder Amylacetat) oder durch Adsorption an Ionenaustauscher isoliert.

d) Macrolide Antibiotica

Macrolide Antibiotica besitzen einen macrocyclischen Lactonring und einen oder mehrere Zucker. Einige macrolide Antibiotica sind therapeutisch sehr bedeutungsvoll. Die Tab. 19 zeigt wichtige macrolide Antibiotica.

Die antimikrobielle Wirkung der macroliden Antibiotica richtet sich gegen gram+-Bakterien, einige gram—-Bakterien, aber nicht gegen Enterobakterien.

Tabelle 19. *Wichtige macrolide Antibiotica*

Antibioticum	Produzierender Mikroorganismus	Zahl der C-Atome im Macrolidring	Zucker
Erythromycine (A, B)	*Streptomyces erythreus*	13	Desosamin, Cladinose
Oleandomycin	*Streptomyces antibioticus*	13	Desosamin, L-Oleandrose
Carbomycine	*Streptomyces halstedii*	16	Mycaminose, Mycarose
Spiramycine	*Streptomyces ambofaciens*	16	Mycaminose, Mycarose, Forosamin
Methymycin	*Streptomyces sp.*	11	Desosamin
Leucomycine	*Streptomyces kitasatoensis*		Mycaminose, Mycarose
Tylosin	*Streptomyces fradiae*		Mycaminose, Mycarose, Mycinose

Die Biosynthese macrolider Antibiotica ist besonders gut am **Erythromycin** studiert worden. Der Lactonring dieses Antibioticums wird aus 7 Propionateinheiten aufgebaut (Abb. 71). Beim **Methymycin**

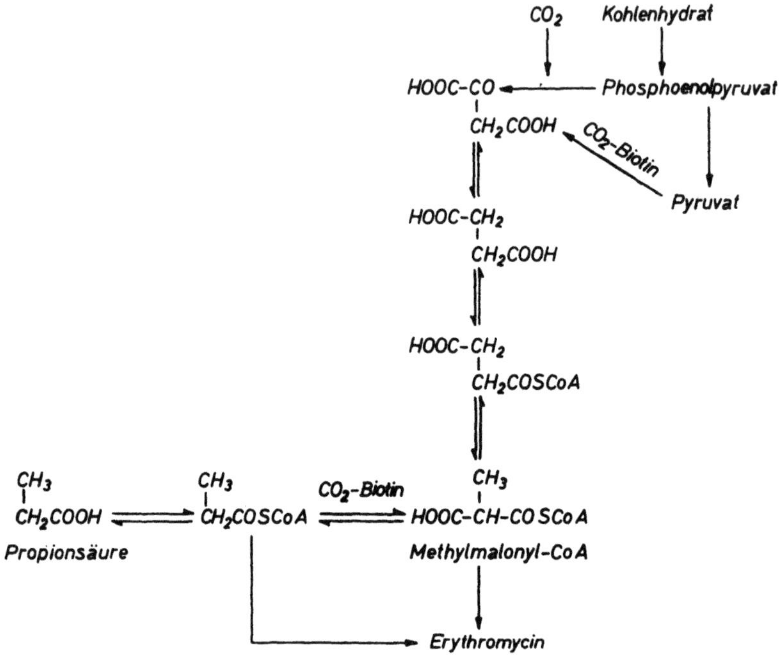

```
                                    CO₂      Kohlenhydrat
                                     ↓          ↓
                          HOOC-CO ←————— Phosphoenolpyruvat
                             |            CO₂-Biotin    |
                          CH₂COOH                       |
                             ⇅                          ↓
                          HOOC-CH₂                    Pyruvat
                             |
                          CH₂COOH
                             ⇅
                          HOOC-CH₂
                             |
                          CH₂COSCoA
                             ⇅
   CH₃           CH₃      CO₂-Biotin    CH₃
    |             |                      |
   CH₂COOH  ⇌  CH₂COSCoA  ⇌  HOOC-CH-COSCoA
  Propionsäure                Methylmalonyl-CoA
                    |                   |
                    └─────────→  Erythromycin
```

Abb. 71. Biosynthese von Erythromycin

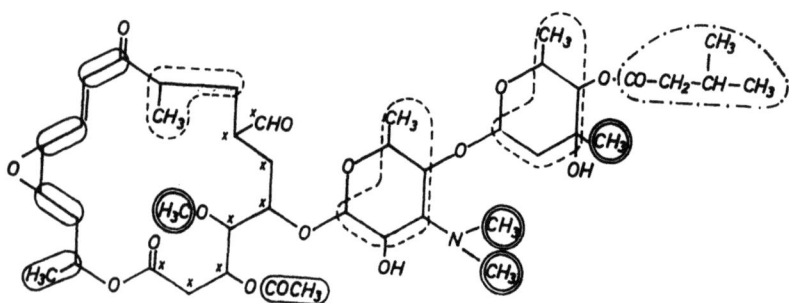

Abb. 72. Herkunft des C-Gerüstes von Carbomycin. Zeichenerklärung: — = Herkunft aus Acetat; – – – (im Macrolidring) = Herkunft aus Propionat; --- (in den Zuckern) = Herkunft aus Glucose ohne Umbau; -·-· = Herkunft aus Leucin; ◯ = Methylgruppen aus Methionin; x = Herkunft aus Acetat, Succinat oder sonstigen Vorstufen

wird der Aufbau aus 5 Propionateinheiten und einer Acetateinheit und beim **Carbomycin** aus 4 Acetateinheiten und einer Propionateinheit vorgenommen. Die Zucker werden zumeist direkt aus Glucose aufgebaut. Viele Methylgruppen werden vom Methionin gebildet (Abb. 72).

Macrolide Antibiotica werden im aeroben Submersverfahren bei Temperaturen zwischen 25° und 32° C hergestellt. Sie werden zumeist durch Extraktion mit organischen Lösungsmitteln (Amylacetat, Aceton, Isobutanol) aus den Kulturflüssigkeiten aufgearbeitet.

e) Polyene Antibiotica

Die polyenen Antibiotica besitzen meistens 4—7 oder mehr konjugierte Doppelbindungen. Sie haben fast immer eine antifungale Wirkung und keine oder nur sehr geringe antibakterielle Wirkungen. Daher gehören polyene Antibiotica zu unseren wichtigsten pilzhemmenden Antibiotica. Die meisten polyenen Antibiotica werden von Streptomyceten, wenige von Schimmelpilzen gebildet. Je nach der Zahl der konjugierten Doppelbindungen unterscheidet man Tetraene (4 konjugierte Doppelbindungen), Pentaene (5 konjugierte Doppelbindungen), Hexaene, Heptaene und so fort. Einige polyene Antibiotica z. B. das **Pimaricin** (von *Streptomyces natalensis* gebildet) bilden einen Macrolidring (25 C-Atome) mit einem Zucker, sind also als macrolide Polyene anzusprechen.

Pimaricin

Polyene Antibiotica zeigen charakteristische Absorptionsmaxima (vgl. Tab. 20).

Tabelle 20. *Charakteristische Absorptionsmaxima polyener Antibiotica*

Polyene	Charakteristische Absorptionsmaxima (nm)		
Tetraene	290	305	318
Pentaene (Eurocidingruppe)	318	333	351
Pentaene (Filipingruppe)	325	340	358
Hexaene	340	356	378
Heptaene	360	378	405

Tabelle 21. *Wichtige polyene Antibiotica*

Namen der Antibiotica	Antibioticabildende Mikroorganismenarten
Tetraene:	
Nystatin (Fungicidin, Mycostatin)	*Streptomyces noursei*
Pimaricin	*S. natalensis*
Rimocidin	*S. rimosus*
Amphotericin A	*S. nodosus nov. sp.*
Fumagillin	*Aspergillus fumigatus*
Pentaene:	
Eurocidin	*Streptomyces eurocidicus*
	S. albireticuli
Fungichromin	*S. cellulosae*
Filipin	*S. filipinensis*
Pentamycin	*S. penticus*
Hexaene:	
Mediocidin	*S. mediocidicus*
Fradicin	*S. fradiae*
Heptaene:	
Candidin	*S. viridoflavus*
Trichomycin	*S. hachijoensis*
Amphotericin B	*Streptomyces sp.*

Man kann die polyenen Antibiotica, bes. die nicht-macroliden Polyene auch als isoprenoide Verbindungen ansehen. Hinsichtlich der Biosynthese besteht zweifellos die Möglichkeit, daß die Ketten im Molekül durch Kopf-Schwanz-Bindungen von Acetateinheiten entstehen. Es wird jedoch sehr angenommen, daß im allgemeinen die Biosynthese der Polyene anders als die der macroliden nichtpolyenen Antibiotica verläuft.

Für die Herstellung polyener Antibiotica ist Ölsäure eine ausgezeichnete Vorstufe. Die Fermentation geschieht submers. Die sowohl in den Mycelien als auch in der Kulturflüssigkeit vorliegenden Antibiotica werden mit geeigneten organischen Lösungsmitteln (z. B. n-Butanol) extrahiert.

f) Wichtige Antibiotica unterschiedlicher chemischer Struktur

Neben den bisher beschriebenen Antibiotica gibt es eine große Anzahl weiterer wichtiger antimikrobiell wirkender Substanzen, von denen einige erwähnt werden sollen.

α) Griseofulvin ist ein Antibioticum, das von einer ganzen Reihe von *Penicillium*-Arten gebildet wird, technisch wird es mit *Penicillium nigricans* im Submersverfahren hergestellt. Die antimikrobielle Wirkung richtet sich nur gegen Pilze. Griseofulvin ist neben den polyenen Antibiotica das bedeutendste antifungal wirkende Antibioticum.

Griseofulvin

Es enthält einen aromatischen Benzolring (A), einen heterocyclischen Ring mit einem Sauerstoffatom (B) und einen hydroaromatischen sechsgliedrigen Ring (C). Ring A und B bilden zusammen ein Cumaronsystem. Die Biosynthese des Griseofulvins geht von 7 Acetateinheiten aus, aus denen wahrscheinlich die α-Orsellentriessigsäure als Zwischenstufe zum Griseophenon C, bei dem der Ring B noch nicht geschlossen ist, entsteht. Griseophenon C wird wahrscheinlich über einen interessanten Mechanismus zum Griseophenon B chloriert. Die Chlorierung geht mit Hilfe eines Multienzymkomplexes vor sich, unter dessen Einfluß eine sauerstoffabhängige Umwandlung von anorganischem Chlorid und β-Ketoadipinsäure zu δ-Chlorlaevulinsäure stattfindet, die dann evtl. als biologischer Cl-Donator fungieren kann.

β) Chloramphenicol wird von *Streptomyces venezuelae* gebildet und wirkt gegen gram+ und gram— -Bakterien, sowie gegen eine Reihe von Virusarten antimikrobiell. Es ist also ein wichtiges Breitspektrumantibioticum, das allerdings eine Reihe von toxischen Nebenwirkungen besitzt, die seine Anwendung einschränken. Es hat eine aromatische Struktur und ist ein N-Dichloracetyl-p-nitrophenylserinol. Nur die D(—)-Threo Verbindung ist von den vier stereoisomeren Formen antibakteriell wirksam.

Chloramphenicol

Chloramphenicol läßt sich großtechnisch durch chemische Synthese herstellen und wird neben der Fermentation auf diesem Wege in großem Ausmaß gewonnen.

Die Fermentation ist submers, das Antibioticum befindet sich im Kulturfiltrat, aus dem es durch Extraktion mit Äthylacetat gewonnen werden kann.

γ) **Novobiocin** wird von *Streptomyces niveus, S. spheroides* und einer *Streptomyces sp.* gebildet. Es wirkt besonders gegen gram— -Bakterien und ist gegen Viren und Rickettsien unwirksam. Es ist ein 4,7-Dihydroxy-3-amino-8-methyl-cumarinderivat (B), das über die 3-Aminogruppe mit einer substituierten p-Hydroxybenzoesäure (A) verbunden ist. Dieser Teil des Antibioticums ist die Novobiocinsäure, die über die 7-Hydroxylgruppe mit einem substituierten Zuckerderivat (C), der Noviose verbunden ist. Es ließe sich daher auch zu den zuckerhaltigen Antibiotica rechnen. Glucose wird direkt in die

Novobiocin $R = - CH_2 \cdot CH_2 \cdot CH(CH_3)_2$
Dihydronovobiocin

Novobiocinsäure

Noviose eingebaut, während der Cumarinteil aus Tyrosin entsteht. Die Methylgruppen in der Noviose und im Cumarinteil stammen aus Methionin. Benzoesäureabkömmlinge sind direkte Vorstufen für den substituierten p-Hydroxybenzoesäureteil.

Novobiocin wird im belüfteten Submersverfahren hergestellt. Aus der Kulturflüssigkeit wird es entweder direkt durch Ausfällung mit Mineralsäuren nach Einengung, oder durch Extraktion mit Amylacetat, oder durch Adsorption an Ionenaustauscher gewonnen.

δ) **Cycloheximid** wird aus Kulturfiltraten von *Streptomyces griseus*-Stämmen gewonnen, es ist mit dem Naramycin A, das aus *Streptomyces naraensis* gebildet wird, identisch.

Es wirkt nahezu ausschließlich gegen Pilze antimikrobiell. Cycloheximid ist ein 3-[2-(3,5-Dimethyl-2-oxocylohexyl)-2-hydroxyäthyl-]glutarimid.

Cycloheximid

Eine Reihe von *Streptomyces griseus*-Stämmen produziert neben Cycloheximid auch Streptomycin in unterschiedlichen Mengen. Die technische Fermentation erfolgt in Submerskultur.

ε) **Mitomycine** sind eine Gruppe von Antibiotica, die von *Streptomyces caespitosus* gebildet wird. Durch irreversible Bindung an DNS wirkt beispielsweise das Mitomycin C in einer reduzierten aktivierten Form sowohl gegen Bakterien als auch gegen Tumorzellen.

Mitomycin C

Mitomycine besitzen ein Pyrrolo-(1,2-α)-indol-Ringsystem. Der Mitomycin-Kern wird als „Mitosan" bezeichnet. Weitere Antibiotica sind Nucleoside oder nucleosidähnliche Substanzen. Ein Beispiel hierfür ist das **Angustmycin C** (Psicofuranin) das von *Streptomyces hygroscopicus* var. *angustmyceticus* gebildet wird. Dieses Antibioticum hat eine antibakterielle und Antitumor-Wirkung.

Angustmycin C (Psicofuranin)

6. Vitamine

Auf S. 147 wurde bereits über die Beteiligung von Mikroorganismen bei der Herstellung von Vitamin C berichtet. Während dort *Acetobacter* nur einen Teilschritt, nämlich die Sorbit-Sorbose-Oxidation durchführt, sind andere Mikroorganismen in der Lage, bestimmte Vitamine oder Provitamine — das sind Vorstufen, die im menschlichen Körper zu den Vitaminen umgesetzt werden können — vollständig zu synthetisieren.

β-Carotin, ein Provitamin A, wird großtechnisch zwar auf chemischem Wege synthetisiert, kann jedoch auch durch Mikroorganismen gebildet werden. Es wird von *Choanephora conjuncta* und *Blakeslea trispora* in großen Mengen bei der Zygosporenbildung von plus- und minus-Stämmen gebildet. Trotz vieler Versuche ist es bisher aber noch nicht gelungen, ein großtechnisch angewandtes Verfahren zur β-Carotinbildung durch die genannten Arten zu entwickeln.

Riboflavin (Vitamin B_2) wird von *Ashbya gossypii* und *Eremothecium ashbyii* in relativ guten Ausbeuten im Submersverfahren gebildet. Aber auch hier haben sich mikrobiologische Verfahren zur technischen Herstellung gegenüber der chemischen Synthese nicht durchsetzen können.

Versuche, **Thiamin** (Vitamin B_1) mit Hilfe von *Escherichia coli* oder Hefen technisch zu erzeugen, sind ebenfalls bisher nur theoretisch interessant.

Ergosterin (Provitamin D_2) wird aus Hefen gewonnen. Die technische Herstellung von Hefezellen vgl. S. 196.

Die B_{12}-**Vitamine** (Cobamide) sind eine Gruppe von Verbindungen, die sehr ähnliche chemische Strukturen besitzen und eine relativ spezifische Wirkung gegen perniziöse Anämie haben. Viele Mikroorganismen synthetisieren Substanzen dieser Gruppe; von technischer Bedeutung sind *Propionibacterium freudenreichii*, *P. shermanii*,

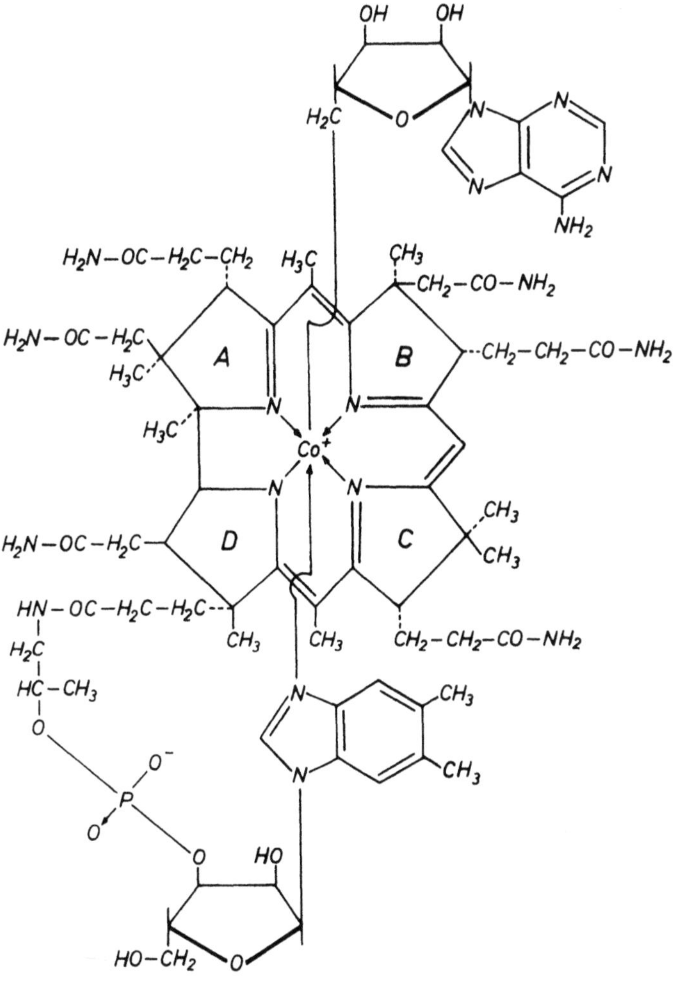

Abb. 73. Strukturformel des vollständigen Vitamin B_{12}-Coenzyms

Streptomyces olivaceus und evtl. noch *Bacillus megatherium*. Die in der Strukturformel abgebildete Verbindung (Abb. 73) ist das Vitamin B_{12}, so wie es therapeutisch wirksam ist. Vitamin B_{12} wird ausschließlich auf mikrobiologischem Wege hergestellt.

Die Grundstruktur des Vitamins B_{12} besteht aus einem Tetrapyrrolrest (Corrinring), der sich von einem Porphyrinmakroring dadurch unterscheidet, daß er zwischen den Ringen A und B keine Methinbrücke besitzt. Vom Corrinring leitet sich die Cobyrinsäure mit Kobalt als Zentralatom ab. Nach Amidierung von 6 Carboxylgruppen der Cobyrinsäure und Einführung einer 1-Amino-2-propanolgruppe an einer weiteren Carboxylgruppe erhält man das Cobinamid, aus dem durch Anlagerung einer 3′-Phosphoribofuranose an die Hydroxylgruppe des Amino-propanolrestes das Cobamid entsteht. Bei dem in der Formel angegebenen Vitamin B_{12} ist ein 5′-Desoxyadenosylrest als Ligand am Kobalt vorhanden.

Die 3′-Phosphoribofuranose kann verschiedene N-glycosidisch gebundene Basen enthalten, so daß unterschiedliche B_{12}-aktive Verbindungen entstehen. Diese Basen können z. B. Benzimidazol, Naphthimidazol, Imidazol u. a. enthalten. Beim mikrobiologisch-technisch hergestellten Vitamin B_{12} ist die Base 5,6-Dimethyl-benzimidazol, deren zweites N-Atom mit dem Co-Atom koordiniert ist.

Durch Zusatz unterschiedlicher Basen als precursor zum Fermentationssubstrat werden verschiedene natürliche B_{12}-Vitamine gebildet. Auch auf chemischem Wege lassen sich unterschiedliche Basen in das Molekül einführen, dabei entstehen dann halbsynthetische Vitamin B_{12}-Derivate.

Bis zum Porphobilinogen verläuft die Biosynthese des Vitamins B_{12} auf dem gleichen Wege wie die Biosynthese des Hämoglobins.

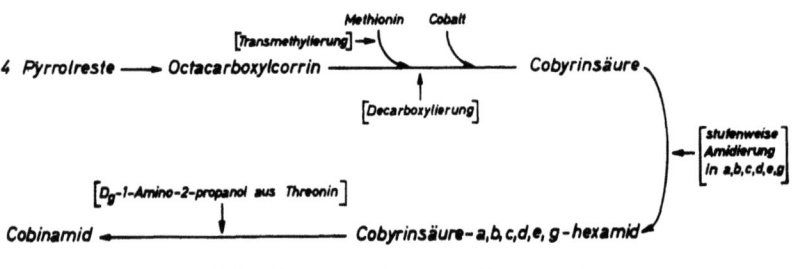

Abb. 74. Biosynthese von Cobinamid

Dann bildet sich unter Einbau von Kobalt aus 4 Pyrroleinheiten die Cobyrinsäure. Der exakte Mechanismus des Einbaues der einzelnen Pyrroleinheiten in den Corrinring ist noch unbekannt. Nach einer stufenweisen Amidierung der Carboxylgruppen der Cobyrinsäure entsteht das Cobyrinsäure-hexamid, an das nun aus Threonin das 1-Amino-2-propanol angefügt wird (Abb. 74).

Cobinamid wird phosphoryliert, GDP angelagert und anschließend Dimethylbenzimidazol an das Cobamid gebunden, so daß Vitamin B_{12} entsteht.

$$\text{Cobinamid} \xrightarrow{\text{ATP} \quad \text{ADP}} \text{Cobinamid-}\textcircled{P} \xrightarrow{\text{GTP} \quad 2P_a} \text{Cobinamid-GDP}$$

$$\text{Cobinamid-GDP} \xrightarrow[\text{Dimethylbenzimid-} \quad \text{GMP}]{} \text{Vitamin } B_{12}$$
azol-ᾱ-ribosid

Da Vitamin B_{12} nicht nur als Therapeuticum, sondern auch als Zusatz für tierische Futtermittel angewandt werden kann, ist neben der Herstellung kristallinen Vitamins B_{12} auch die Produktion von B_{12}-Konzentraten bedeutungsvoll.

Die technische Herstellung erfolgt im Submersverfahren. Kobalt wird größtenteils als Co-Nitrat (etwa 5 ppm) dem Substrat zugesetzt. Als Vorstufen verwendet man 5,6-Dimethylbenzimidazol, auch L-Threonin. Methionin sowie Porphobilinogen besitzen gute precursor-Eigenschaften. Die Fermentation dauert 2—4 Tage. Danach wird das Vitamin nach Stabilisierung und Herauslösung aus den Mycelien mit Na-sulfit an Kohle adsorbiert, eluiert, konzentriert und mit Hilfe von Ionenaustauschern gereinigt und kristallisiert. Vitamin B_{12} läßt sich auch gut mit Hilfe von Methanol extrahieren. Bei der Konzentratherstellung wird das Vitamin mit Na-Sulfit aus den Mycelien herausgelöst und stabilisiert und anschließend wird die gesamte Kulturflüssigkeit eingeengt.

7. Weitere Stoffwechselprodukte aus Pilzen

Pilze bilden eine große Anzahl von Stoffwechselprodukten, von denen gegenwärtig besonders die Gibberelline und die Mutterkornalkaloide technisch auf mikrobiologischem Wege hergestellt werden.

a) Gibberelline

Die **Gibberelline** sind wachstumsfördernde Substanzen, die z. T. von höheren Pflanzen, z. T. von *Gibberella fujikuroi* (die Nebenfruchtform heißt *Fusarium moniliforme*) gebildet werden. Sie besitzen besonders in der gärtnerischen Technik und bei der Herstellung von Gerstenmalz eine praktische Bedeutung. Die technische Herstellung erfolgt nur mit Hilfe von *Gibberella fujikuroi*.

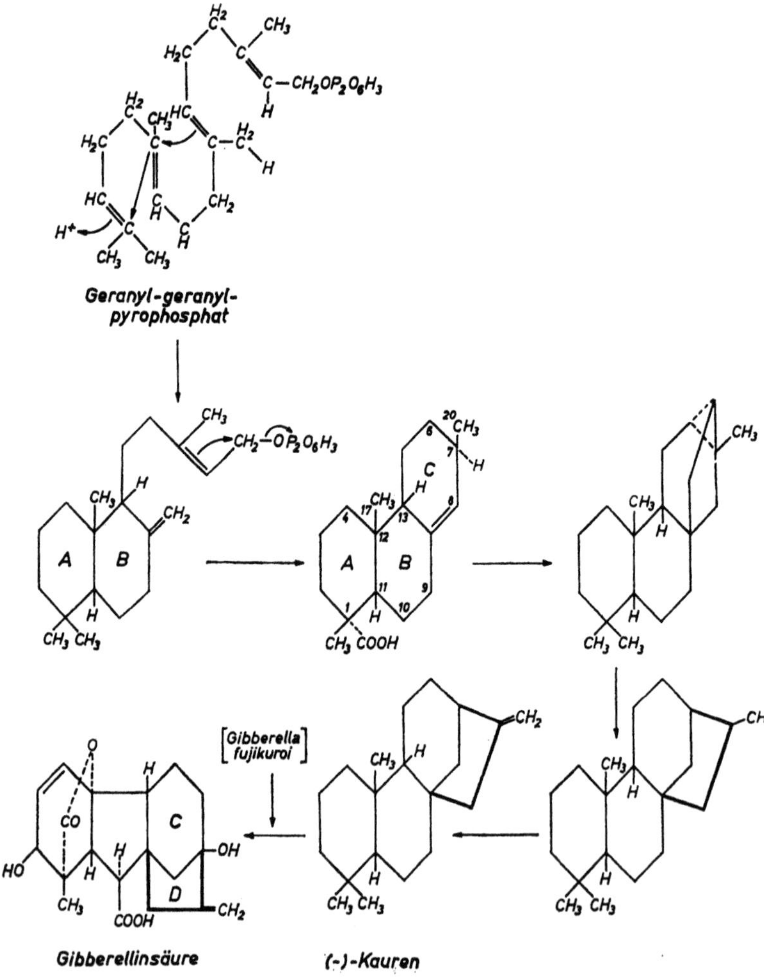

Abb. 75. Biosynthese von Gibberellinsäure aus Geranyl-geranyl-pyrophosphat

Gibberelline sind Diterpenoide und haben einen tetracarbocyclischen Gibban-Kern. Das wichtigste Gibberellin ist die Gibberellinsäure.

Die Biosynthese geht von Isopentaneinheiten aus, die zur Bildung von Geranyl-geranyl-pyrophosphat führen. Aus diesem werden die Ringe A, B und dann Ring C des Gibbankernes cyclisiert. Anschließend erfolgt die Bildung des Phyllocladenringes D und eine Kontraktion des Ringes B zum 5-C-Ring. (—)-Kauren ist vermutlich eine Zwischenstufe (Abb. 75).

Die technische Herstellung erfolgt im Submersverfahren, bei dessen Entwicklung sich erst dann annehmbare Ausbeuten erzielen ließen, als man erkannte, daß Gibberellinsäure ein autolytisches Produkt ist, d. h. als man so lange fermentierte, bis sich große Mengen an Gibberellinsäure im Verlauf der Autolyse in den Zellen gebildet hatten.

b) Mutterkornalkaloide

Seit Jahrhunderten kennt man die therapeutische Wirkung von Extrakten der dunkel-purpurfarbenen Sklerotien (Mutterkörner) des Pilzes *Claviceps purpurea* bei Blutungen. Sie wird durch die darin enthaltenen **Mutterkornalkaloide** hervorgerufen, die eine kontrahierende Wirkung auf die Gebärmutter besitzen. Übermäßiger Genuß von Mutterkornalkaloiden, z. B. mit einem stark mit Mutterkorn verunreinigten Brot, führte häufig zu endemischen Erkrankungen großer Bevölkerungsteile, die unter dem Namen Ergotismus bekannt geworden sind.

Claviceps purpurea, ein Ascomycet, ist ein Parasit auf Blüten von Gramineen, besonders des Roggens. Der Pilz infiziert im Frühjahr mit seinen Ascosporen die Narben. Das Mycel wächst in den Fruchtknoten hinein, der intrazellulär mit Pilzhyphen durchwuchert wird. Sehr bald werden viele Conidien erzeugt, gleichzeitig wird eine zuckerhaltige Flüssigkeit, der Honigtau, abgesondert, der Insekten anlockt und sie zur Übertragung der Conidien auf andere Narben veranlaßt. Wenn das Fruchtknotengewebe vollständig vom Pilz aufgezehrt worden ist, bildet sich ein dunkel-purpurfarbenes Sklerotium, das durch starkes interkalares Wachstum aus der Roggenähre herausragt. Es ist das alkaloidhaltige Mutterkorn oder *Secale cornutum*. Die Sklerotien fallen zu Boden, überwintern dort und bilden im Frühjahr zur Zeit der Roggenblüte langgestielte Stromata, in denen

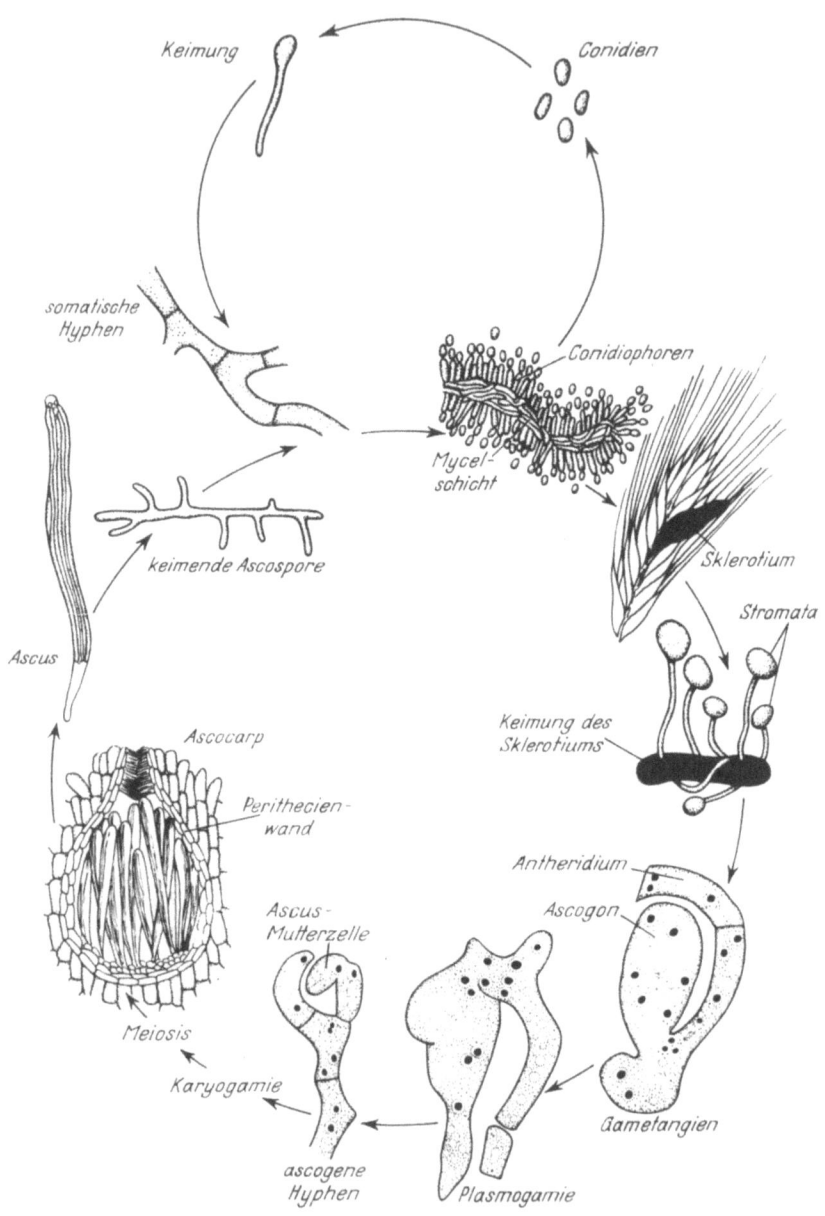

Abb. 76. Entwicklungscyclus von *Claviceps purpurea* (aus Alexopoulos, 1962, S. 326)

Perithecien mit den Asci liegen. Die Ascosporen gelangen mit dem Wind auf die Narben der Roggenblüten, so daß der Infektionskreislauf geschlossen ist (Abb. 76).

Die Mutterkornalkaloide sind Derivate der Lysergsäure. Die Ringe A und B der Lysergsäure werden aus Tryptophan gebildet,

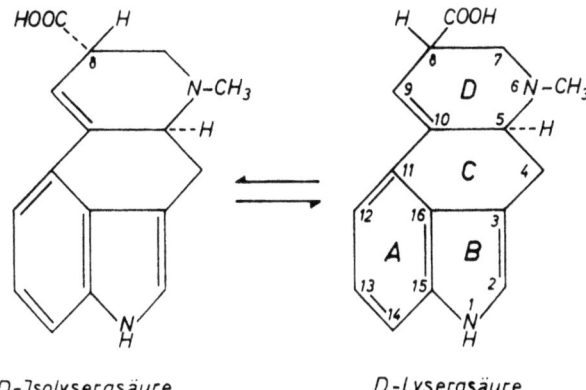

D-Jsolysergsäure   D-Lysergsäure

während die restlichen 5 C-Atome von Mevalonsäure stammen. Neben dem sauren Lysergsäureanteil besitzen die Mutterkornalkaloide einen von Alkaloid zu Alkaloid unterschiedlichen basischen Anteil, der aus Peptiden oder auch aus Aminoalkohol bestehen kann.

Die Mutterkornalkaloide werden nicht nur in den parasitisch entstandenen Sklerotien gebildet. Unter geeigneten Bedingungen entstehen sie auch in saprophytischer Kultur des Pilzes. In saprophytischer Kultur bildet *Claviceps* jedoch auch größere Mengen der sogenannten Clavine, dies sind Substanzen, die nicht Lysergsäure, sondern ein Ergolin-Ringsystem folgender Struktur im Molekül besitzen. Ihre Herstellung hat gegenwärtig jedoch keine technische Bedeutung.

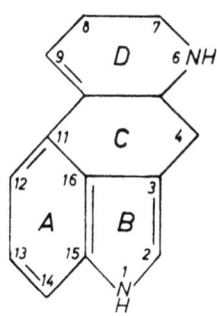

Die Herstellung der Mutterkornalkaloide erfolgt z. T. durch parasitische Kultur. Hierzu werden die Mikroorganismen auf Roggenblüten gezüchtet. Die Felder werden im Freiland von anderen Roggenfeldern isoliert, z. B. im Wald angelegt. Die Blüten werden u. a. durch Besprühen mit Conidienaufschwemmungen, die in künstlicher Kultur gewonnen worden waren, infiziert. Durch sekundäre Conidienbildung mit Honigtau in den infizierten Blüten werden anschließend weitere Blüten natürlich infiziert. Aus den geernteten Sklerotien werden die Alkaloide mit Benzol oder Äther extrahiert und gereinigt.

Die saprophytische Herstellung macht immer noch gewisse Schwierigkeiten, da die Pilzstämme zumeist viel Clavine neben den Mutterkornalkaloiden bilden. Der Pilz kann in Oberflächenkultur, aber auch in Submerszucht Alkaloide bilden. Succinat hat sich — ohne daß die Ursachen sicher bekannt sind — als ausgezeichneter Zusatz zum Substrat, der die Alkaloidbildung stimuliert, erwiesen.

8. Produkte des Nucleinsäure- und Proteinstoffwechsels

Die mikrobiologische Herstellung von Nucleotidbasen, Nucleosiden, Nucleotiden, Nucleinsäuren, von Proteinen und Enzymen hat in den vergangenen 20 Jahren eine außerordentliche Bedeutung gewonnen.

a) Nucleinsäuren

Nucleinsäuren sind hochmolekulare, zusammengesetzte Verbindungen, die beim vollständigen hydrolytischen Abbau in organische Basen, den Pentosen β-D-Ribose oder β-D-Desoxyribose und Phosphorsäure gespalten werden. Je nach der Art des Kohlenhydrates unterscheidet man Ribonucleinsäure (RNS) mit β-D-Ribose als Kohlenhydrat und Desoxyribonucleinsäure (DNS) mit β-D-Desoxyribose als Kohlenhydrat. DNS ist Träger der genetischen Informationen. RNS ist an der Biosynthese der Proteine beteiligt. Bakterien- und besonders Hefezellen enthalten große Mengen an Nucleinsäuren, die sich — wie bereits erwähnt — aus ihnen aufarbeiten lassen.

Die organischen Basen, die bei der vollständigen Hydrolyse der Nucleinsäuren entstehen, sind entweder die Pyrimidin-Derivate Cytosin, Uracil und Thymin oder die Purin-Derivate Adenin, Guanin und Hypoxanthin.

Die Aminogruppe dieser Basen reagiert mit der halbacetalischen OH-Gruppe der β-D-Ribose zum Nucleosid unter Wasserabspaltung.

Es bilden sich aus Cytosin, Uracil und Thymin die Nucleoside Cytidin, Uridin und Thymidin und aus Adenin, Guanin und Hypoxanthin entsprechend Adenosin, Guanosin und Inosin.
Wird Phosphorsäure esterartig an die Ribose gebunden, so entstehen die Nucleotide. In den biologisch sehr wichtigen 5'-Ester sind ein, zwei oder auch drei Phosphorsäuremoleküle in 5'-Stellung an die CH_2OH-Gruppe der Ribose gebunden. So entstehen aus Cytidin z. B. das Cytidin-5'-phosphat, aus Adenosin das Adenosin-5'-phosphat und weitere entsprechende Nucleotide aus den bereits beschriebenen Nucleosiden. Man bezeichnet Cytidin-5'-phosphat auch als 5'-Cytidylsäure, Adenosin-5'-phosphat als 5'-Adenylsäure und die anderen Nucleotide entsprechend als 5'-Uridylsäure, 5'-Thymidylsäure, 5'-Guanylsäure und 5'-Inosinsäure. Ist Desoxyribonucleinsäure im Nucleotidmolekül gebunden, so entsteht z. B. anstelle von 5'-Adenylsäure die 5'-Desoxyadenylsäure. 5'-Inosinsäure entsteht bei der Biosynthese von 5'-Adenyl- und 5'-Guanylsäure.

Ribonucleinsäure (RNS) wird zum allergrößten Teil aus Hefen *(Saccharomyces cerevisiae* oder *Torula utilis)* hergestellt. Durch richtige Dosierung der Stickstoff- und Phosphatkonzentration im Substrat lassen sich RNS-Ausbeuten bis zu 60 % des vorgelegten Zuckers gewinnen (Hefezucht vgl. S. 196 ff.). Die RNS läßt sich aus den Hefezellen mit 5—20 %-iger NaCl-Lösung nach 8—10 Stunden bei 100° C extrahieren. Bei anschließender Ansäuerung bei 0° C auf pH-Werte von 1,5—2,5 fällt die RNS aus.

DNS wird großtechnisch nicht aus Mikroorganismen, sondern aus Fischspermien oder Kalbsthymus gewonnen.

b) Nucleotide

Purin- und Pyrimidinbasen lassen sich durch saure Spaltung, Nucleoside durch neutrale Spaltung und 2'(3')-Nucleotide durch alkalische Spaltung der RNS bzw. der DNS auf chemischem Wege gewinnen. Die für die Nahrungsmittelindustrie als Geschmacksstoffe wichtigen **5'-Inosinsäure, 5'-Guanylsäure** und **5'-Xanthylsäure** werden entweder durch mikrobielle Fermentation RNS-haltiger Substrate (besonders *Bacillus subtilis* und verschiedene *Streptomyces*-Arten sind geeignet) als Abbau- bzw. Umlagerungsprodukte oder mit Hilfe geeigneter Mutanten als Produkte der Biosynthese gewonnen. So bilden z. B. adenylsäure- und guanylsäure-abhängige Stämme verschiedener Bakterienarten besonders Inosinsäure und Xanthylsäure und adenylsäure-abhängige Stämme auch viel Guanylsäure. Diese Fermentationen werden immer submers durchgeführt. Die entsprechenden Basen setzt man als Vorstufen zu.

In einer Reihe von Verfahren werden durch Phosphorylierung von Nucleosiden, wobei der Phosphatdonator sowohl anorganisches Phosphat als auch organisch gebundenes Phosphat, z. B. p-Nitrophenyl-phosphat oder ein Nucleotid sein kann, die erwünschten Nucleotide gewonnen, z. B.:

Nucleosid + P-Donator (Nucleotid) → 5'-Nucleotid + Nucleosid

oder:

Uridin-5'-P + Inosin $\xrightarrow{Pseudomonas\ perlurida}$ Inosin-5'-P + Uridin.

Ganz besonders in Japan gibt es eine große Anzahl von Fabriken, die 5'-Nucleotide mikrobiologisch-großtechnisch herstellen.

c) Eiweiß

Mikrobielles Eiweiß spielt gegenwärtig nur eine untergeordnete Rolle, wird aber in naher Zukunft sicherlich außerordentlich an Bedeutung gewinnen. Das Eiweiß wird immer aus den Zellen gewonnen, so daß die mikrobielle Eiweißherstellung gleichzeitig eine Massenzucht von Mikroorganismen ist.

Die Proteinsynthese geht von der Desoxyribonucleinsäure (DNS) aus. In ihr ist festgelegt, welcher Art das entstehende Protein ist. Man bezeichnet die DNS daher auch als Träger der genetischen Informationen. Das genaue Spiegelbild der DNS ist die sog. Messenger- oder Informationsribonucleinsäure (m-RNS). Die m-RNS wird an der DNS synthetisiert. Zu ihrer Synthese ist die Anwesenheit von Ribonucleosidtriphosphaten notwendig.

Die fertige m-RNS nimmt am Polysom die Proteinsynthese vor. Das Polysom ist eine Ansammlung mehrerer Ribosomen. m-RNS dient gewissermaßen als Matrize für die Proteinsynthese. Die notwendigen Aminosäuren werden nach Aktivierung durch ATP an lösliche oder Transfer-RNS (t-RNS) angehängt. Die mit der Aminosäure verbundene t-RNS bildet jetzt zusammen mit der m-RNS das Protein. Welche Aminosäure in das entstehende Peptid eingebaut wird, ist durch die Aufeinanderfolge der Nucleotide in der m-RNS bestimmt. Für den Einbau einer Aminosäure in das entstehende Peptid sind jeweils drei Nucleotide verantwortlich, man bezeichnet diese als Triplett. Die Abb. 77 zeigt den vereinfachten Vorgang der Proteinsynthese.

Die einzelnen Verfahren zur Hefemassenzucht mit dem Ziel, Proteine zu erzeugen und auch zur Zucht von Hutpilzen werden auf S. 194 ff. und S. 196 ff. sowie auf S. 201 ff. beschrieben.

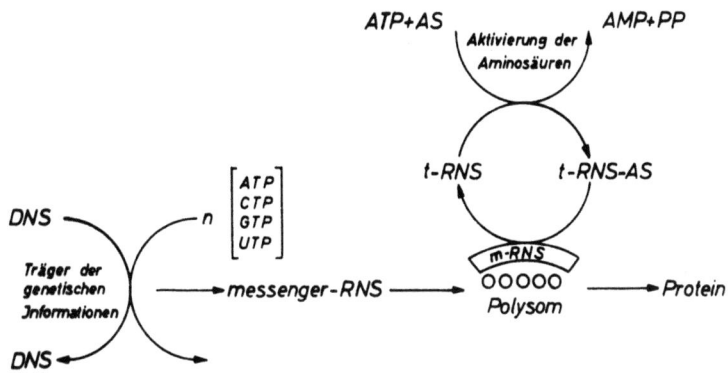

Abb. 77. Vereinfachtes Schema der Proteinsynthese. Zeichenerklärung: AS = Aminosäure, weitere Zeichenerklärungen vgl. allgemeine Abkürzungen

d) Enzyme

Bei der mikrobiellen Herstellung von **Enzymen** müssen zwei wichtige Verfahrensgruppen unterschieden werden:
a) Die Gewinnung von Enzymen für analytische Zwecke.
b) Die Gewinnung von Enzymen für technische Zwecke.

Bei der **Herstellung von Enzymen** für **analytische Zwecke** werden in vielen Fällen neben tierischen Ausgangsprodukten mikrobiologische Verfahren angewandt. Häufig verwendet man Hefezellen, die anderweitig in Massenzucht gewonnen worden waren.

Die Mikroorganismen werden also in Massen gezüchtet, wobei sich ein Zusatz des betreffenden Substrates, für dessen Spaltung das Enzym gewonnen werden soll, zumeist als günstig, häufig sogar als notwendig erwiesen hat. Sofern das Enzym in den Zellen enthalten ist, werden diese homogenisiert. Das Enzym wird dann mit Pufferlösungen extrahiert und anschließend mit geeigneten Methoden [z. B. mit $(NH_4)_2SO_4$] gefällt und weiter gereinigt. Analytische Enzyme werden meistens in viel geringeren Mengen als technische Enzyme benötigt, sie müssen jedoch oft sehr weit gereinigt werden (vgl. Bergmeyer, 1970).

Technische Enzyme aus Mikroorganismen werden in großen Mengen benötigt, müssen aber selten einen hohen Reinheitsgrad aufweisen. Dieser ist häufig, z. B. bei Proteasen, die zur Proteinzersetzung den Waschmitteln zugesetzt werden, gar nicht erwünscht, da relativ unterschiedliche Substrate enzymatisch abgebaut werden sollen.

Man verwendet zu ihrer Herstellung Bakterien und Schimmelpilze; Hefen sind zur Invertase-Herstellung großtechnisch eingesetzt worden.

Die Tab. 22 zeigt einige technisch hergestellte Enzyme und die hierzu verwendeten Mikroorganismen.

Tabelle 22. *Technisch hergestellte Enzyme und produzierende Mikroorganismen*

Enzyme	Mikroorganismen	Verfahren
Amylasen	*Bacillus subtilis*	Oberflächen-V. und Submers-V.
	versch. *Streptomyces*-Arten	Oberflächen-V. und Submers-V.
	Endomycopsis	Oberflächen-V.
	Aspergillus niger	meist Submers-V.
	Aspergillus oryzae	Oberflächen-V. und Submers-V.
	Rhizopus-Arten	Oberflächen-V. und Submers-V.
Amylo-glucosidase	*Aspergillus niger, A. phoenicis*	Submers-V.
Glucose-Oxidase	*Aspergillus niger*	Submers-V.
	Penicillium notatum	
	Aspergillus oryzae	
Cellulase	*Penicillium sp.*	meist Oberflächen-V.
	Aspergillus niger	meist Oberflächen-V.
Pectinasen	*Coniothyrium diplodiella*	Oberflächen-V. und Submers-V.
	Aspergillus-Arten	Oberflächen-V. und Submers-V.
Lipasen	*Rhizopus nigricans*	Oberflächen-V. und Submers-V.
Proteasen	*Bacillus subtilis*	meist Submers-V.
	Aspergillus niger	Oberflächen-V. und Submers-V.
	Streptomyces-Arten	Submers-V.
	Aspergillus oryzae	meist Submers-V.
Invertase	untergärige Bierhefe	Umgärung 3—8 Std bei 28—30° C in Rohrzuckerlösung

In der Tab. 22 sind auch die angewandten Verfahren angegeben worden. Daraus geht hervor, daß eine Reihe von Enzymen noch im Oberflächen-Verfahren hergestellt wird. Hierzu wird zumeist ein geschrotetes Substrat (z. B. Weizenschrot) mit einer Nährlösung gut angefeuchtet und in einer wenige Zentimeter hohen Schicht auf flachen Blechen mit hochgebogenen Rändern geschichtet. Diese Bleche haben an der Unterseite Perforierungen, so daß Luft auch von unten in das Substrat eindringen kann. Das Substrat wird beimpft und die Bleche werden in Brutöfen mit Belüftungseinrichtungen übereinander eingeschoben. Nach Ende der Mikroorganismenentwicklung wird das Enzym entweder mit Wasser oder einer geeigneten Pufferlösung extrahiert und der flüssige Extrakt sofort schonend (z. B. durch Sprühtrocknung) getrocknet. In anderen Fällen wird das gesamte Substrat getrocknet, gemahlen und als Enzymrohprodukt verwendet. Auch halbfeste Substrate werden vielfach für Oberflächenkulturen verwendet.

Bei Submersverfahren wird die Kulturflüssigkeit eingeengt, gelegentlich werden die Enzyme noch extrahiert, andernfalls wird das getrocknete Produkt — häufig an Trägerstoffe adsorbiert — als Enzymrohprodukt verwendet. Natürlich kann auch eine weitere Enzymreinigung durchgeführt werden.

Bakterien- und Pilzamylasen werden zur Stärkeverzuckerung, in der Bäckerei, in der Textil- und Papierindustrie und nicht zuletzt in der pharmazeutischen Industrie als Verdauungsenzyme verwendet. Amyloglucosidase ist zur Erzeugung von kristallinem Traubenzucker von besonderem Wert. Glucoseoxidase setzt Glucose in Gluconsäure um und wird zur Haltbarkeitsverlängerung von Erfrischungsgetränken, zur Entfernung von Glucose aus Eiweißen u. a. verwendet.

Pectinasen sind als Klärmittel und Filtrationsenzyme von großem Wert. Pectolytische Enzymbereitungen flocken fein dispergierte kolloidale Trubstoffe aus Fruchtpreßsäften aus, so daß eine Beseitigung durch Filtration möglich wird.

Proteasen finden zur Herstellung von Eiweißhydrolysaten, zur Spaltung von Proteinen in schmutziger Wäsche, als Zahnpastazusatz, in der Therapie zum Abbau von Hämatomen, zur Verdauungsunterstützung, zur Verhinderung von Biertrübungen u. v. a. Verwendung.

Invertase wird in der Süßwarenindustrie zur Kunsthonigherstellung, besonders aber zur Herstellung von Praliné-Füllungen viel verwendet. Invertierter Rohrzucker schmeckt nicht mehr übermäßig süß und ist bei der Verarbeitung wesentlich geschmeidiger als nicht invertierter Zucker.

In neuerer Zeit hat die Glucose-Isomerase ein großes Interesse gewonnen. Mit ihrer Hilfe ist es möglich, Glucose in Fructose umzusetzen. Fructose besitzt eine bessere Süßkraft als Glucose und kann daher als Ersatz für Saccharose verwendet werden. Die Glucose-Isomerase wird von *Streptomyces albus*-Stämmen gebildet.

Asparaginase hat gegenwärtig eine große Anwendung gefunden und wird in großer Menge technisch hergestellt.

Viele weitere Enzyme als die hier geschilderten werden technisch hergestellt.

9. Massenzucht von Mikroorganismenzellen

Mikroorganismenzellen werden aus verschiedenen Gründen in Massen gezüchtet: Für Ernährungs- und Futterzwecke, zur Gewinnung von Produkten aus den Zellen, zur Verwendung für Testzwecke und nicht zuletzt zur Herstellung von Vaccinen.

a) Pilze mit Fruchtkörpern

Von den in künstlicher Kultur gezüchteten Pilzen mit Fruchtkörpern ist der Kulturchampignon die wirtschaftlich bedeutendste Art. Kulturchampignons *(Agaricus bisporus* und *A. hortensis)* sind Basidiomyceten, deren Basidien an hutförmigen Fruchtkörpern gebildet werden. Diese Fruchtkörper werden in Massenzuchten hergestellt.

In der Mehrzahl der Fälle verwendet man als Substrat für die Entwicklung des Pilzmycels einen etwa 3 Wochen lang kompostierten Pferdemist. Dieser wird bei den modernen Verfahren pasteurisiert und mit Mycelien von *A. bisporus,* die durch Anzucht auf sterilen Weizenkörnern erhalten worden waren, beimpft. Der Pilz entwickelt sich in diesem Kompost besonders auf dem Lignin und durchwächst die ganze Komposterde mit seinem Mycel. Nach etwa 14 Tagen wird der so mit Mycelien durchwachsene Kompost mit Deckerde (Torf-Sandgemisch) ca. 5 cm hoch bedeckt. Nach ca. 3 Wochen treten auf der Deckerde die ersten Fruchtkörper des Pilzes auf, die anschließend in den folgenden 6 bis 10 oder 15 Wochen (je nach Verfahren) abgeerntet werden (vgl. Abb. 78). Die Ernte ergibt etwa 500 g Pilze pro 1,5 kg Substrat.

Die hier geschilderte Methode ist auch zur Zucht einiger anderer Basidiomyceten, z. B. von *Psilocybe*-Arten, geeignet.

Es hat nicht an Versuchen gefehlt, Champignons auch im Submersverfahren zu züchten. Diese Versuche sind hinsichtlich der Cham-

Schema des Kulturablaufes bei den verschiedenen Champignonanbausystemen

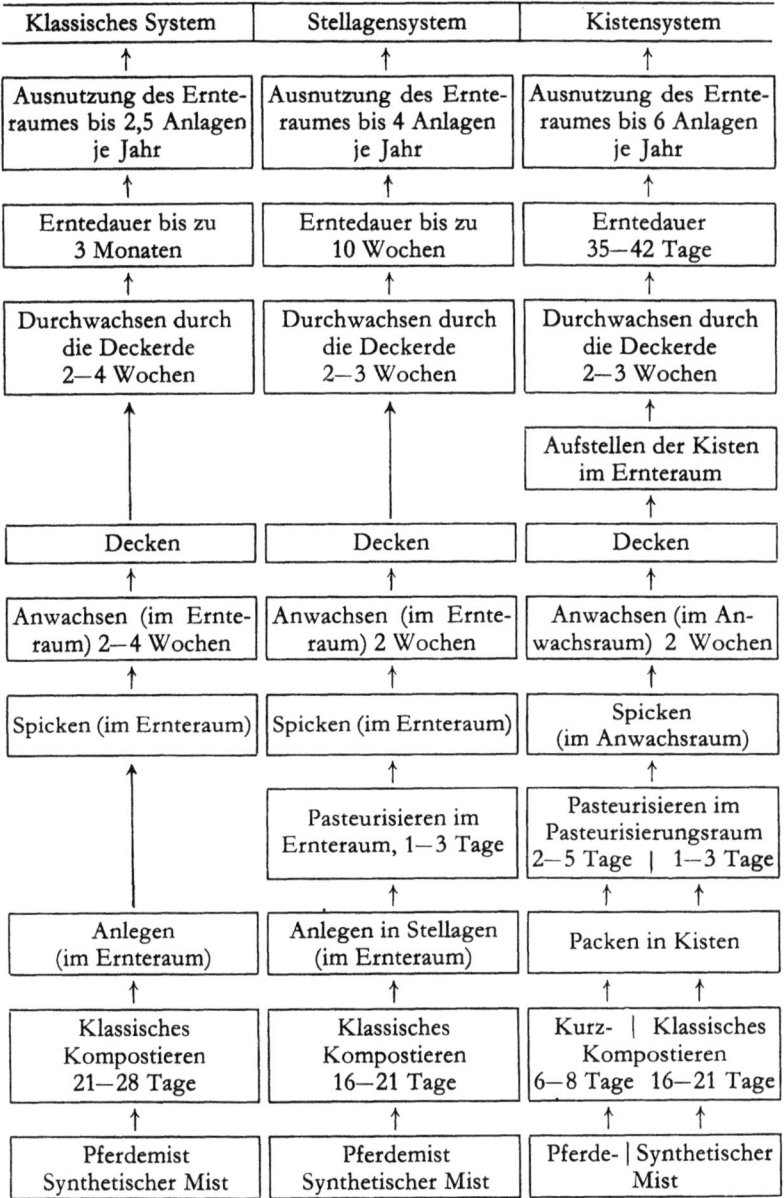

Abb. 78. Schema des Kulturablaufes bei verschiedenen Champignonanbausystemen

pignons nicht gelungen, wohl aber mit der Gartenmorchel *(Morchella hortensis)*. Diese bildet in einer Reifungsphase nach der Submerszucht von ca. 3—4 Tagen kleine Fruchtkörper von 0,5—2,5 cm Durchmesser. Da auch die Mycelien die typischen Aromastoffe der Morcheln besitzen, werden sie zusammen mit den kleinen Fruchtkörpern getrocknet, zermahlen und für die Nahrungsmittelindustrie als Pilzpulver verwendet.

Neben dem Kulturchampignon wird noch eine Reihe anderer Pilze zur Fruchtkörperbildung in künstlicher Kultur gezüchtet. Am bedeutungsvollsten ist hiervon der Shiitakepilz *(Lentinus edodes*, Syn. *Cortinellus berkeleyanus)*. Dieser Pilz ist ein Saprophyt und wird besonders in Japan und China auf frisch geschnittenen Holzästen, die im Kambium mit Pilzmycelien infiziert werden, gezüchtet. Bei 20—30° C entwickeln sich auf dem Holz 6—20 Monate nach der Beimpfung die Fruchtkörper, die sich wegen ihres intensiven Geschmackes nach Trocknung besonders als Würzen eignen.

b) Hefe- und Bakterienzellen

Die Massenzüchtung von Hefezellen hat im allgemeinen eine Proteinerzeugung zum Ziel. Als C-Quellen werden Melasse, bes. Zellstoffablaugen (Sulfitablaugen), Hydrolysate verschiedenster Abfallprodukte, Holzhydrolysate, Kohlenwasserstoffe u. a. verwendet. Man spricht bei der Gewinnung von Nähr- und Futterhefen auch von einer „Verhefung" der betr. Substrate. Während bei der Verhefung von Sulfitablaugen sowohl Pentosen als auch Hexosen von den Hefen assimiliert werden, bleiben bei einer Äthanolgewinnung die Pentosen unvergoren zurück, so daß die Bildung von Hefezellen aus diesem Substrat wesentlich wirtschaftlicher als die Gewinnung von Äthanol ist. Die Verhefung von Sulfitablaugen hat neben der Gewinnung von Hefezellen auch die Beseitigung der Kohlenhydrate zum Ziel: Sulfitablaugen dürfen vor der Verhefung nicht ins Abwasser eingeleitet werden, da ihr hoher Kohlenhydratanteil eine schnelle Verschmutzung des Abwassers zur Folge haben würde. Erst nach der Verhefung ist ein Einleiten der Restflüssigkeit ins Abwasser möglich.

Zur Hefemassenzüchtung verwendet man meistens schnellwüchsige Stämme aus den Gattungen *Candida* und *Torulopsis*.

Vor einer Verhefung müssen die zuckerhaltigen Lösungen von Säuren durch Neutralisation, bzw. Durchleiten von Luft in der

Wärme (zur Sulfitentfernung) gereinigt werden. Dann werden je nach Notwendigkeit noch einige Nährsalze, z. B. KCl, P_2O_5, immer aber ausreichend NH_4^+ zugesetzt. Die Fermentation erfolgt in großen Tanks — in Deutschland Bütten genannt —, die häufig oben nicht

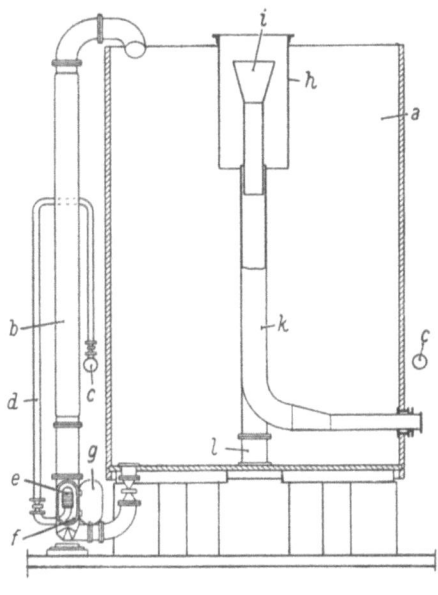

Abb. 79. Scholler-IG-Bütte zur kontinuierlichen Verhefung. Zeichenerklärung:
$a =$ offene Bütte,
$b =$ Umwälzrohr mit Kühlmantel,
$c =$ Luftringleitung,
$e =$ Belüftungskerze, System Seidel,
$f =$ Öffnung zum Auswechseln der Belüftungskerze,
$g =$ aufgeklappter Verschlußdeckel,
$h =$ Trennzylinder,
$i =$ bewegliche Schaumabführleitung,
$k =$ feste Schaumabführleitung,
$l =$ Ständer für k (aus Reiff u. Mitarb., 1962, Bd. II, S. 623)

geschlossen sind. Die Verweildauer der Maische liegt im Tank bei den kontinuierlich geführten Fermentationen zwischen drei und acht Stunden. Anschließend wird durch Schleudern entschäumt und die Hefen werden nach weiterer Entwässerung auf Walzen oder im Sprühtrockner getrocknet. Zur Belüftung in den Fermentern verwendet man sog. Scholler-Bütten (Abb. 79) oder Claus-Belüfter (Abb. 80), auch eine Belüftungseinrichtung nach Lefrançois hat sich bewährt (Abb. 81).

Bei Änderung der Substratbedingungen, besonders des Verhältnisses von P:N:C lassen sich anstelle eiweißreicher Hefen auch fetthaltige Hefezellen züchten. Die Fette werden mit organischen Lösungsmitteln aus den Hefezellen extrahiert. Auch Pilze und Bakterien bilden unter geeigneten Bedingungen in Zellmassenzuchten fetthaltige Zellen, aus denen sich technische Fette extrahieren lassen. Die Fettherstellung mit Hilfe von Mikroorganismen hat gegenwärtig jedoch keine praktische Bedeutung.

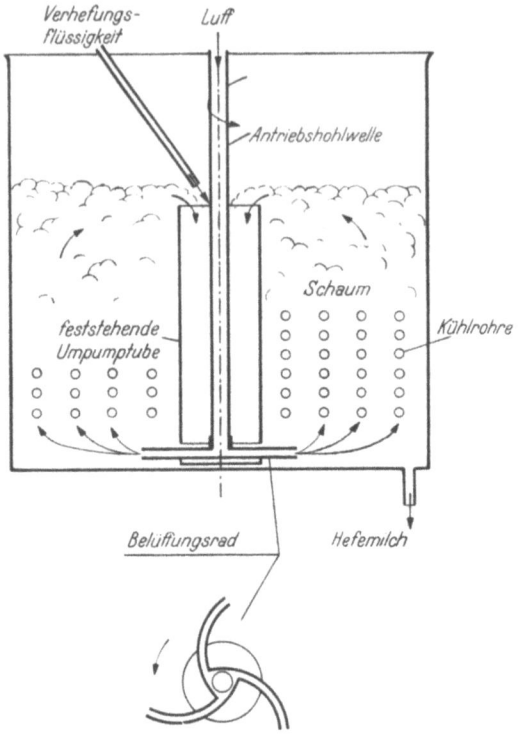

Abb. 80. Claus-Belüfter (aus Heiss, 1950, S. 284)

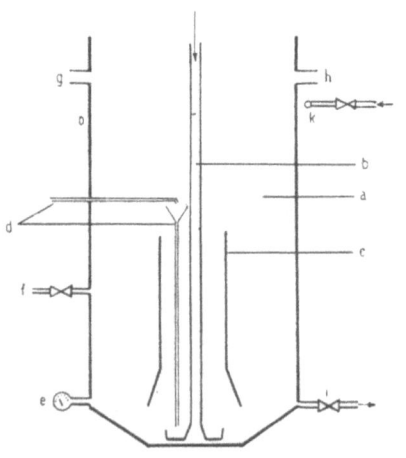

Abb. 81. Verhefungsbütte nach Lefrançois-Mariller. Zeichenerklärung:

$a =$ Verhefungsbütte,
$b =$ Luftzuleitungsrohr,
$c =$ Schaumführungszylinder,
$d =$ Nährlösungszuleitung,
$e =$ Druckmesser zur Messung der Flüssigkeitssäule,
$f =$ Zuleitung für die Maische aus der Vorgärbütte,
$g =$ Verbindungsleitung zur Vorgärbütte, für den Schaumablauf,
$h =$ Schaumüberlauf zur Entschäumungseinrichtung,
$i =$ Maischeaustritt zur Entschäumungseinrichtung,
$k =$ Spritzrohr zur Außenberieselung (aus Reiff u. Mitarb., 1962, S. 624)

Zur Herstellung von **Bäckerhefe** muß man nach einem anderen Prinzip arbeiten, denn hier soll eine Hefe mit einer starken enzymatischen Aktivität gewonnen werden. Die Hefe soll ja bei der Herstellung verschiedener Bäckereiprodukte eine Gärung beginnen und durch CO_2-Bildung den Teig lockern.

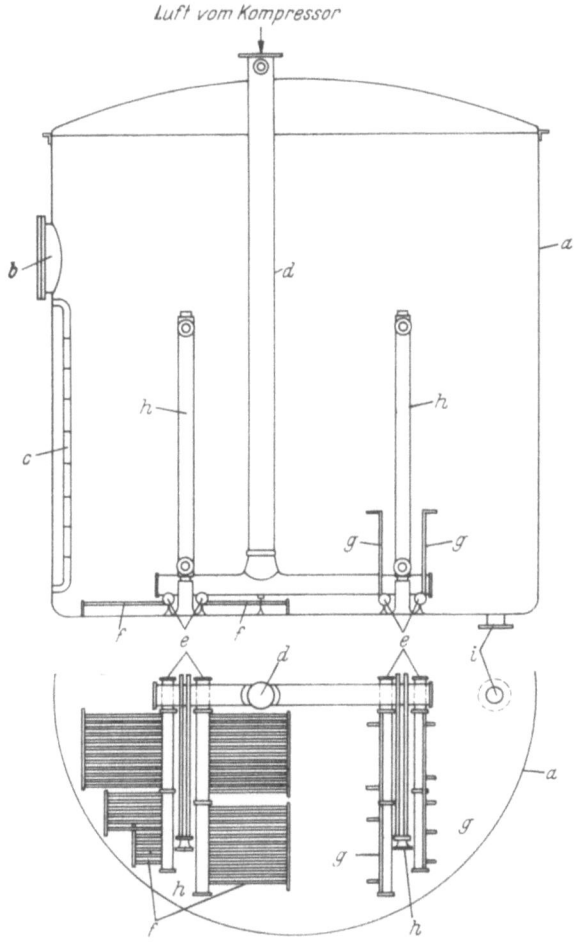

Abb. 82. Bottich mit Strahlrohrbelüftung zur Backhefeherstellung. Zeichenerklärung: a = Gärbottich, b = Mannloch, c = Einsteigleiter, d = Luftzuleitung, e = Luftverteiler, f = Belüftungsrohre mit 0,5-mm-Löchern, g = Belüftungsrohre zum Reinigen hochgeklappt, h = Kühler, i = Entleerungsöffnung (aus Reiff u. Mitarb., 1962, Bd. II, S. 549)

Man verwendet als Bäckerhefe *Saccharomyces cerevisiae*. Sie wird auf Melasse als C-Quelle mit Zusatz von Ammoniakwasser oder anderen N-Quellen gezüchtet. Auch hier erfolgt die Züchtung ebenso wie bei der Nähr- und Futterhefeherstellung bei starker Belüftung. Man arbeitet im Gegensatz zur Nähr- und Futterhefeherstellung mit Reinzuchthefen, die zunächst im Labor und in sterilen Reinzuchtanlagen ohne Fremdinfektionen vermehrt werden. Während dieser Vermehrung (Propagierung) läßt man die Zellen z. T. noch gären, damit die in den letzten Generationen gezüchteten Hefen, die zur Anwendung in Bäckereien gelangen sollen, trotz eines starken oxidativen Stoffwechsels noch genügend Gärungsenzyme besitzen.

Die Züchtung der letzten Hefegeneration geschieht in einem geschlossenen Bottich mit Strahlrohrbelüftung (Abb. 82). Bei dauernder Belüftung und Zufuhr von Melasse vermehrt sich die Hefe hier bei 26 bis über 30° C in 9—12 Stunden auf das 4—5 fache der Impfmenge. Anschließend wird die Hefe, die möglichst etwa 27 % Trokkensubstanz enthalten soll, schnell gekühlt, zentrifugiert, abgepackt und kalt gelagert.

Seit einiger Zeit sind die Backhefezuchten voll kontinuierlich gestaltet worden. Dabei sind die Infektionsquoten am Ende einer 80stündigen kontinuierlichen Züchtung nicht höher als bei einer 12stündigen diskontinuierlichen Hefezüchtung. Die Abb. 83 zeigt das Schema einer solchen kontinuierlichen Backhefezucht. Bei diesem Verfahren findet im letzten Bottich eine Begrenzung der Luft- und Substratzufuhr statt, so daß eine Reifung der Hefen unter gleichzeitiger Bildung von Gärungsenzymen resultiert.

Bakterienzellen, z. B. Zellen des apathogenen Stammes von *Mycobacterium tuberculosis* (BCG-Stamm), werden gegenwärtig in gro-

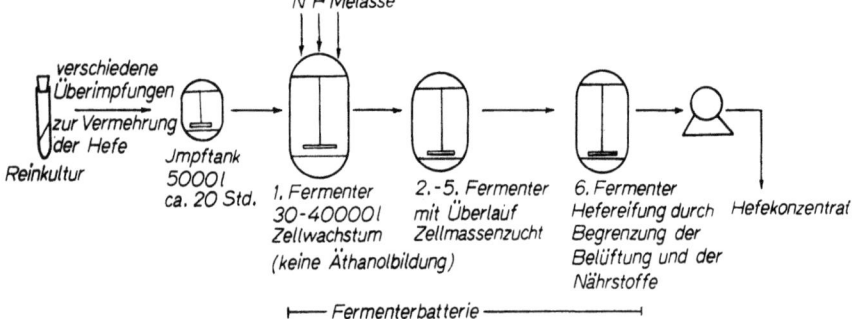

Abb. 83. Kontinuierliche Züchtung von Backhefe

ßer Menge zur Impfstoffherstellung, zur Vaccinegewinnung und für viele andere Zwecke entweder in ruhender Oberflächenkultur oder aber meistens in Submersanlagen hergestellt. Empfindliche Kulturen, z. B. *Clostridium tetani*, müssen im Vibromixfermenter gezüchtet werden, da sie bei der Substratdurchmischung mit den sonst üblichen Rührpropellern geschädigt werden würden.

c) Algenzellen

Die Möglichkeit, Algen als Nahrungsstoffe oder Futtermittel zu verwenden, hat seit vielen Jahrzehnten immer wieder zu Versuchen angeregt, Algen in Massen zu züchten. Diese Versuche sind durch die stark anwachsende Bevölkerung auf der Erde, für die rationelle Nährstoffquellen erschlossen werden müssen, und durch die sich sehr schnell entwickelnde Raumfahrt, für die sich Algen zur Bildung von O_2 und Entfernung von CO_2 anbieten, außerordentlich belebt worden.

Wie bei höheren grünen Pflanzen wird bei Algen CO_2 mit Hilfe der durch Lichtenergie gebildeten $NADH_2$ und ATP im reduktiven Pentose-phosphatcyclus (Calvincyclus) gebunden. Für Algenmassenzuchten werden vor allem *Chlorella*-, *Scenedesmus*- und *Chlamydomonas*-Arten verwendet. Die Algen benötigen keine organische C-Quelle im Substrat, dafür jedoch Lichtenergie. Diese wird von künstlichen Lichtquellen oder besser vom Sonnenlicht erzeugt. Weiterhin sind anorganische Nährsalze zur Algenentwicklung notwendig. Als N-Quellen lassen sich anorganisches Ammonium oder Nitrat enthaltende Salze oder auch Harnstoff verwenden. Da durch die starke Lichteinwirkung auch eine Erwärmung der Kulturlösung stattfindet, sind Algen mit guter Wärmetoleranz zur Massenzucht besonders geeignet. In das algenhaltige Substrat wird Luft mit einem CO_2-Gehalt von ca. 5 % geleitet (Abb. 84).

Die Algenzuchtgefäße sind meistens oben geöffnet. Die Flüssigkeit wird — besonders bei Verwendung von künstlichem Licht — bewegt, damit die sich entwickelnden Algen immer in den Genuß von möglichst viel Licht gelangen. In einigen Anlagen hat man im Freiland große flache Becken als Kaskaden angelegt, die von den Algen nacheinander durchflossen werden.

Zur Ernte werden die Algenzellen abzentrifugiert oder auch in Vakuumrotationsfiltern abfiltriert, getrocknet und zermahlen. Das so erhaltene Algenpulver dient dann als Futterzusatz, oder es wird zu Proteinen weiterverarbeitet.

Algenzuchten werden auch zur Abwasserreinigung benutzt. Dabei werden diese in den Vorflutern kultiviert. Vorfluter enthalten bereits gereinigte Abwässer, die aber noch einen hohen Phosphat- und zum Teil auch Stickstoffgehalt haben. Werden solche Abwässer in Seen mit wenig Abfluß geleitet, so führt dies schnell zu einer Phosphat- oder Stickstoffanreicherung. Die Algen sollen hier beide Elemente durch Assimilation in die Zellsubstanz entfernen (Abb. 85).

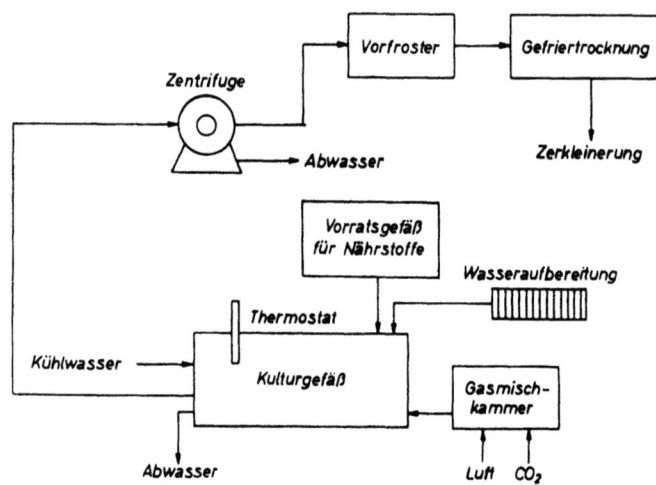

Abb. 84. Fließschema einer Algenzuchtanlage (nach Casey, Lubitz, Benoit, Weissmann, and Chau, Food Technol. 17, S. 85 1963)

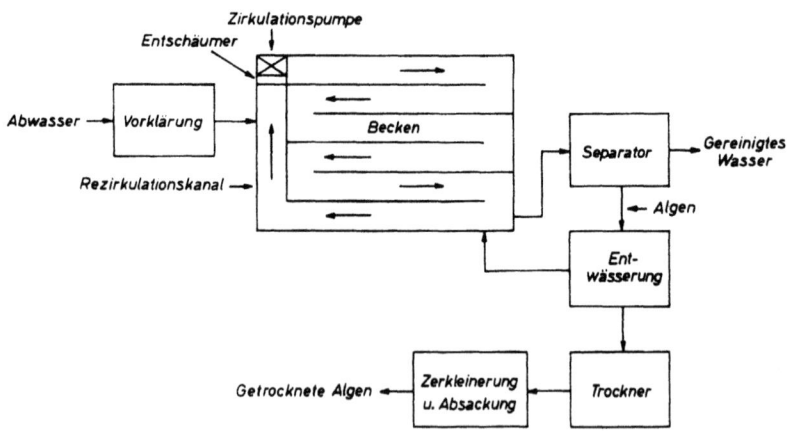

Abb. 85. Beckenanlage zur Algenzucht in Abwässern (nach Oswald, Golueke, Adv. Appl. Microbiol. 2, S. 223 1960)

Auch Energie läßt sich mit Algenzuchten in Abwasseranlagen gewinnen. Dabei werden in den Salzen der Abwässer neben der biologischen Oxidation durch Bakterien auch biologische Reduktionen durch Algen angestrebt. Der von den Algen gebildete Sauerstoff soll den bakteriellen oxidativen Vorgängen zugeführt werden. Die gebildeten Algenzellen werden nach Absetzen zusammen mit dem bakteriellen Schlamm zur Energiegewinnung zu Methan vergoren. Bei einer Algenentwicklung im Abwasser, die getrennt von der Bakterienentwicklung geführt wird, besteht auch die Möglichkeit, die Algen durch Zentrifugierung abzutrennen, zur vollständigen Entkeimung und Trocknung stark zu erhitzen und dann als Viehfutter zu verwenden.

d) Pflanzliche und tierische Zellen und Gewebe

Gegenwärtig ist man in der Lage, mehr als 200 verschiedene Pflanzengewebe in künstlicher Kultur zu züchten. Diese Gewebe bilden in vielen Fällen auch in künstlicher Kultur bestimmte Stoffwechselprodukte in großer Menge, so daß eine technische Auswertung aussichtsreich erscheint. So werden z. B. verschiedene Alkaloide, Antibiotica, Steroide und Enzyme von Pflanzengeweben in künstlicher Kultur gebildet.

Eine Pflanzengewebekultur erhält man, indem man sterilisierte Samen unter sterilen Bedingungen keimen läßt und keimfrei weiter kultiviert. Aus den so erhaltenen keimfreien Pflänzchen werden die gewünschten Gewebeteile unter sterilen Bedingungen herauspräpariert und in flüssiger Nährlösung oder auf Agar weiterkultiviert. Auch von nicht keimfrei aufgezogenen Pflanzen lassen sich nach entsprechender äußerer Sterilisation keimfreie Gewebe isolieren und steril weiterzüchten. Derartige Kulturen lassen sich nach Gewöhnung an flüssige geschüttelte Substrate in Submersfermentern vermehren.

Möglicherweise hat die Züchtung von Pflanzenzellen oder Pflanzengeweben eine Zukunft für die Produktion von Stoffwechselprodukten oder für die Transformation von Substraten.

Auch **tierische Zellen** lassen sich bereits erfolgreich submers in großer Menge züchten. Man gewinnt tierische Zellkulturen durch keimfreie Präparation der gewünschten Zellgewebe aus den betr. Organen. Anschließend werden die Zellen durch Verdauung der Intercellularsubstanzen mit Trypsin vereinzelt und dann in Flaschen, in Petrischalen oder in anderen Glasgefäßen mit Nährflüssigkeiten versetzt und gezüchtet. Die Zellen entwickeln sich auf den Glaswänden der Gefäße zunächst in mono-cellularer Schicht (Monolayer-Kultur). Diese Zellschichten lassen sich zur Testung von Substanzen auf ihre Wirksamkeit gegen das Zellwachstum (Cytostatica) oder zur Züchtung von Viren verwenden. Die Viren rufen durch ihre Entwicklung auf den geschlossenen Zellschichten sog. plaques (Löcher) hervor, die aus der Lysis der durch die Viren befallenen Zellen resultieren.

Zur Submerszüchtung werden die Zellen aus den Monolayer-Kulturen aufgeschwemmt und nochmals mit Trypsin vereinzelt. Dann kommen die Zellen in den Submersfermenter, dessen Inhalt wegen der Empfindlichkeit der Zellen durch Vibration bewegt werden muß (vgl. S. 102).

Tierische Zellen sondern häufig toxische Stoffwechselprodukte ab, die dann die Zellentwicklung hemmen. Deshalb züchtet man tierische Zellen häufig in kleineren Fermenteranlagen, (z. B. jeweils 5000 l) in mehrstufigen kontinuierlichen Anlagen oder in einer Anlage mit einem Dialysator (Abb. 33). Die massengezüchteten Zellen ermöglichen eine Virusvermehrung in großem Ausmaß, z. B. zur Herstellung apathogenen Impfmaterials oder von Virus-Vaccinen in technischer Menge.

10. Oxidation von Kohlenwasserstoffen
a) Mikroorganismen und Biochemie der Oxidationen

Seit längerer Zeit ist bekannt, daß Mikroorganismen in der Lage sind, bestimmte Kohlenwasserstoffe (KW) zu oxidieren und damit als Kohlenstoffquelle zu verwenden. Diese Eigenschaft wurde zunächst bei mikrobiologischen Veränderungen gelagerter Erdöle oder Erdölprodukte intensiv untersucht. Wenn diese unter Bedingungen, unter denen Sauerstoff und Wasser nicht völlig ausgeschlossen sind, längere Zeit gelagert werden, so unterliegen sie einem nicht unerheblichen Abbau durch Mikroorganismen. In diesen Substraten entwickeln sich vor allem *Pseudomonas*-, *Acetobacter*-, *Mycobacterium*-, *Corynebacterium*-, *Bacillus*-Arten, sowie grampositive Mikrokokken. Aber auch Pilze, z. B. *Penicillium*-, *Aspergillus*-, *Spicaria*-, *Helminthosporium*- und *Cladosporium*-Arten konnten sich auf diesen Substraten entwickeln. Sogar Asphalt, der bemerkenswerte Mengen aliphatischer und aromatischer KW enthält, kann unter geeigneten Bedingungen durch *Pseudomonas*-, *Mycobacterium*- und *Bacillus*-Arten abgebaut werden.

Diese Beobachtungen haben dazu geführt, den Abbau derartiger C-Quellen für industrielle Zwecke auszunutzen.

Tab. 23. *Wichtige Kohlenwasserstoff-oxidierende Mikroorganismen*

Mikroorganismenarten	Kohlenwasserstoffe, die oxidiert werden
Pseudomonas-Arten (bes. *P. aeruginosa, P. desmolytica, P. fluorescens*)	aliphatische und aromatische KW
P. desmolytica	Naphthalin zu Salicylsäure
P. methanica	Methan
Micrococcus-Arten (bes. *M. cereficans*)	aliphatische und aromatische KW
Corynebacterium-Arten (bes. *C. petrophylum*)	aliphatische und aromatische KW
Bacillus-Arten (bes. *B. subtilis, B. megatherium*)	vorwiegend aliphatische KW
Mycobacterium-Arten	aliphatische und aromatische KW
Nocardia-Arten	aliphatische und aromatische KW
Hefe-Arten (bes. *Candida lipolytica, Rhodotorula*)	nur aliphatische KW
Schimmelpilze (bes. *Penicillium, Aspergillus, Fusarium*)	aliphatische und aromatische KW

Bei näherer Untersuchung fand man, daß wesentlich mehr Mikroorganismenarten zur Oxidation von KW in der Lage sind, als zunächst angenommen wurde. Die Tab. 23 zeigt einige industriell wichtige KW-oxidierende Mikroorganismen.

Bakterien und Schimmelpilze sind also sowohl zur Oxidation von Alkanen als auch von Aromaten, Hefen nur zur Oxidation von Alkanen geeignet. *Pseudomonas methanica* oxidiert nur Methan oder Methanol, weitere C-Quellen können praktisch von ihm nicht oxidiert werden, obwohl sie z. T. assimiliert werden, denn verschiedene Aminosäuren werden beispielsweise unverändert in die Zellbestandteile eingebaut. Bei Anwesenheit von Methan oder Methanol werden jedoch auch höhere Kohlenwasserstoffe mitoxidiert. Man spricht dann von einer Kooxidation.

Die Methanoxidation verläuft anscheinend über Methanol, zum Formaldehyd und evtl. weiter zu Ameisensäure und CO_2. Formaldehyd oder CO_2 werden in organische Verbindungen (also C_1-Fixierung) eingebaut.

$$CH_4 \to CH_3OH \to HCHO \to HCOOH \to COO$$

[Oxigenase?]

$$CH_4 + 2 O_2 \xrightarrow{\quad\downarrow\quad} CO_2 + 2 H_2O + 212 \text{ kcal}$$

$$RQ\ (CO_2/O_2) = 0,5$$

Pseudomonas methanica fixiert das CO_2 jedoch nicht über den reduktiven Pentosephosphatcyclus, sondern wahrscheinlich über den Allulose-phosphat-Weg. Hierbei wird Formaldehyd an Ribose-5-phosphat gebunden, so daß Allulose 6-phosphat entsteht, bei dem der Formaldehyd in C_1-Stellung fixiert ist.

Fakultativ methanoxidierende Bakterien bauen die C_1-Verbindung unter Beteiligung von Tetrahydrofolsäure (THF) in Serin ein:

$$CH_4 \to CH_3OH \to HCHO \to HCOOH \to \text{Formyl-THF} \to \text{Methylen-THF} \tag{1}$$

Methylen-THF + Glycin → Serin + THF (2)

Das Serin kann unter Bildung von Alanin aus Brenztraubensäure zur Hydroxybrenztraubensäure desaminiert werden, die über Glycerat und 3-Phosphoglycerat zum Phosphoenopyruvat umgesetzt wird. Dieser Weg wird als Serin-transhydroxymethylase-Weg bezeichnet.

Die Oxidation von n-Paraffinen mit 2 bis 5 C-Atomen wird besonders von *Mycobacterium paraffinicum*, *Flavobacterium*- und *Nocardia*-Arten vorgenommen. Der Abbauweg geht entweder sofort zum Propanol oder erst zum Propen und dann zum Propanol.

Längerkettige n-Paraffine werden über den Alkohol und den Aldehyd zur Fettsäure oxidiert. Die Oxidation kann an einer Stelle oder an beiden Enden der Paraffine erfolgen. Man hat dann den Monocarbonsäure- oder den Dicarbonsäureweg (vgl. Abb. 86). Die weitere Oxidation geht in der Regel über die β-Oxidation zu jeweils 2 C-Atomen kürzeren Fettsäuren. Die Entstehung ungesättigter Verbindungen als ersten Oxidationsschritt wird gelegentlich angenommen. Es besteht auch die Möglichkeit, daß eine Methylgruppe in 2-Stellung zum Methylketon oxidiert wird (Abb. 87).

Als Endprodukte entstehen meistens Acetat neben geringen Mengen an Succinat. Acetat wird anschließend über den Glyoxylsäurecyclus zum Aufbau von Zellsubstanz verwendet, denn bei alkanoxidierenden Mikroorganismen ist der Isocitratlyasespiegel höher als bei solchen, die andere C-Quellen verwenden.

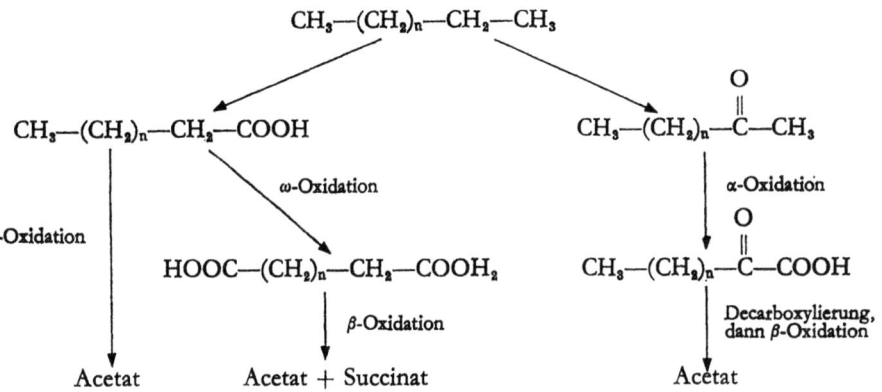

Abb. 86. Abbau von Alkanen zu Acetat und geringen Mengen Succinat, die besonders aus ungeradzahligen Alkanketten entstehen

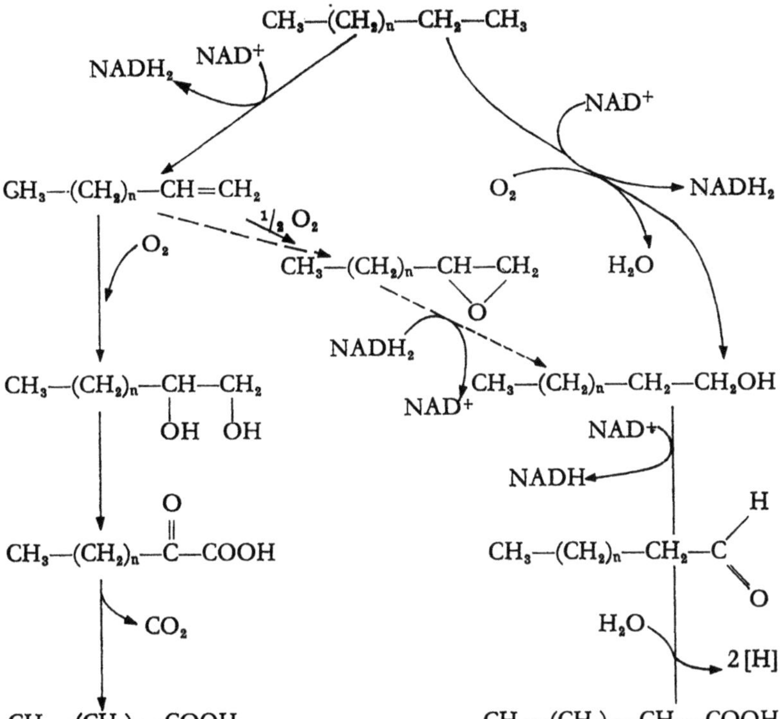

Abb. 87. Möglichkeiten der Zwischenproduktbildung bei der Oxidation eines Alkans zur Fettsäure

Für die technische Auswertung der Paraffinoxidationen ist es bedeutsam, daß der erste Schritt der Oxidation dieser gesättigten Verbindungen auf chemischem Wege relativ aufwendig ist. Die geeigneten Mikroorganismen besitzen für diesen Schritt eine relativ unspezifische Alkanoxigenase, die etwa die folgenden Reaktionen katalysiert:

$$\text{Paraffin} + O_2 + NADH_2 \rightarrow \text{Paraffinalkohol} + NAD^+ + H_2O$$

Wie bereits erwähnt, nimmt man an, daß in Nebenreaktionen auch in geringem Maße ungesättigte Verbindungen bei der Alkanoxidation entstehen, etwa nach folgender Reaktion:

$$\text{Alkan} + 1/2\, O_2 \rightarrow \text{Alken} + H_2O.$$

Die Oxidation von Isoparaffinen kann an der von den verzweigten Stellen entfernten Methylgruppe (I) oder der benachbarten Methylgruppe (II) vorgenommen werden. Der weitere Abbau richtet sich dann danach, inwieweit eine β-Oxidation der entstandenen Fettsäure möglich ist, oder ob das oxidierte Molekül gespalten werden muß.

Die mikrobiologische Oxidation aromatischer KW hat gegenwärtig nur eine begrenzte technische Bedeutung.

Bei der Oxidation der aromatischen Verbindungen wird zunächst in einer vorbereitenden Reaktion eine Hydroxylgruppe und dann zumeist in benachbarter Stelle eine zweite Hydroxylgruppe eingeführt. Diese Hydroxylierung wird durch Hydroxylasen katalysiert. Dabei können Substituenten entfernt werden. Dies muß aber nicht immer der Fall sein.

Anschließend kann eine Ringspaltung zwischen beiden Hydroxylgruppen (= ortho-Spaltung), direkt neben einer Hydroxylgruppe (= meta-Spaltung) und — bei p-Stellung der Hydroxylgruppen und einem Substituenten im Ring — neben einer Hydroxylgruppe (= Gentisinsäure-Typ) erfolgen. Die ersten beiden Spaltungstypen (zumeist Typ I) sind auch bei mehrkernigen Aromaten, z. B. beim Naphthalin, Phenanthren, Anthracen u. v. a. realisiert (Abb. 88).

Der weitere Abbau der cis, cis-Muconsäure führt zur β-Ketoadipinsäure, die dann durch β-Oxidation weiter abgebaut wird. Beim Typ I resultiert eine Dicarbonsäure aus der Ringspaltung (Abb. 88).

Beim Typ II resultiert ein Monocarbonsäuresemialdehyd aus der Ringspaltung.

Beim dritten Typ entsteht aus Homogentisinsäure durch eine Homogentisinsäure-Oxigenase die 4-Maleylacetessigsäure, die über die 4 Fumarylacetessigsäure zu Fumarsäure und Acetessigsäure umgesetzt wird.

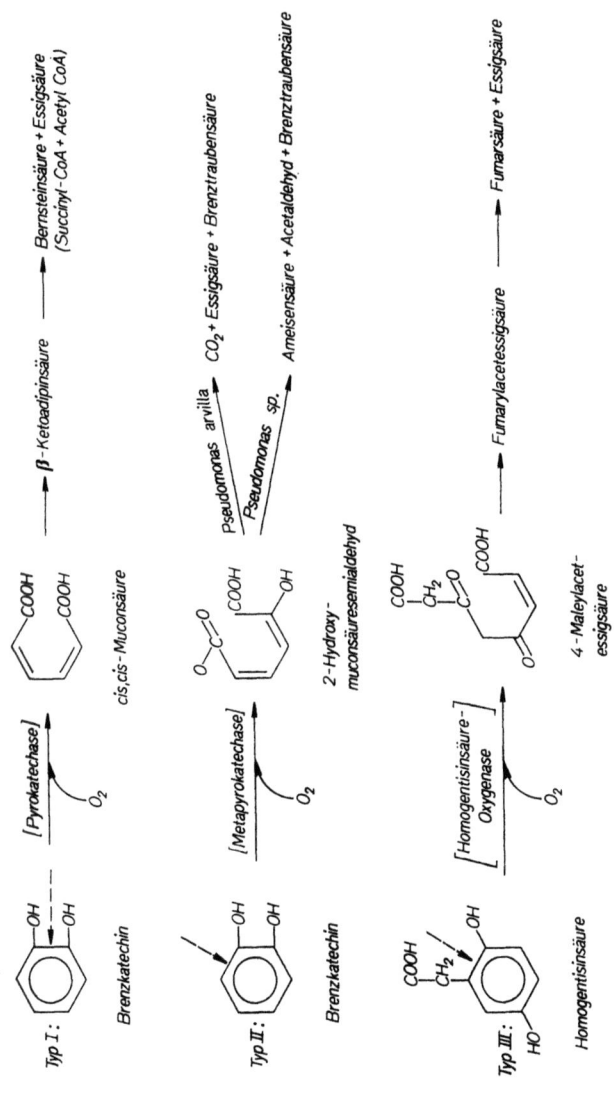

Abb. 88. Möglichkeiten zur mikrobiellen Spaltung einkerniger aromatischer Ringe

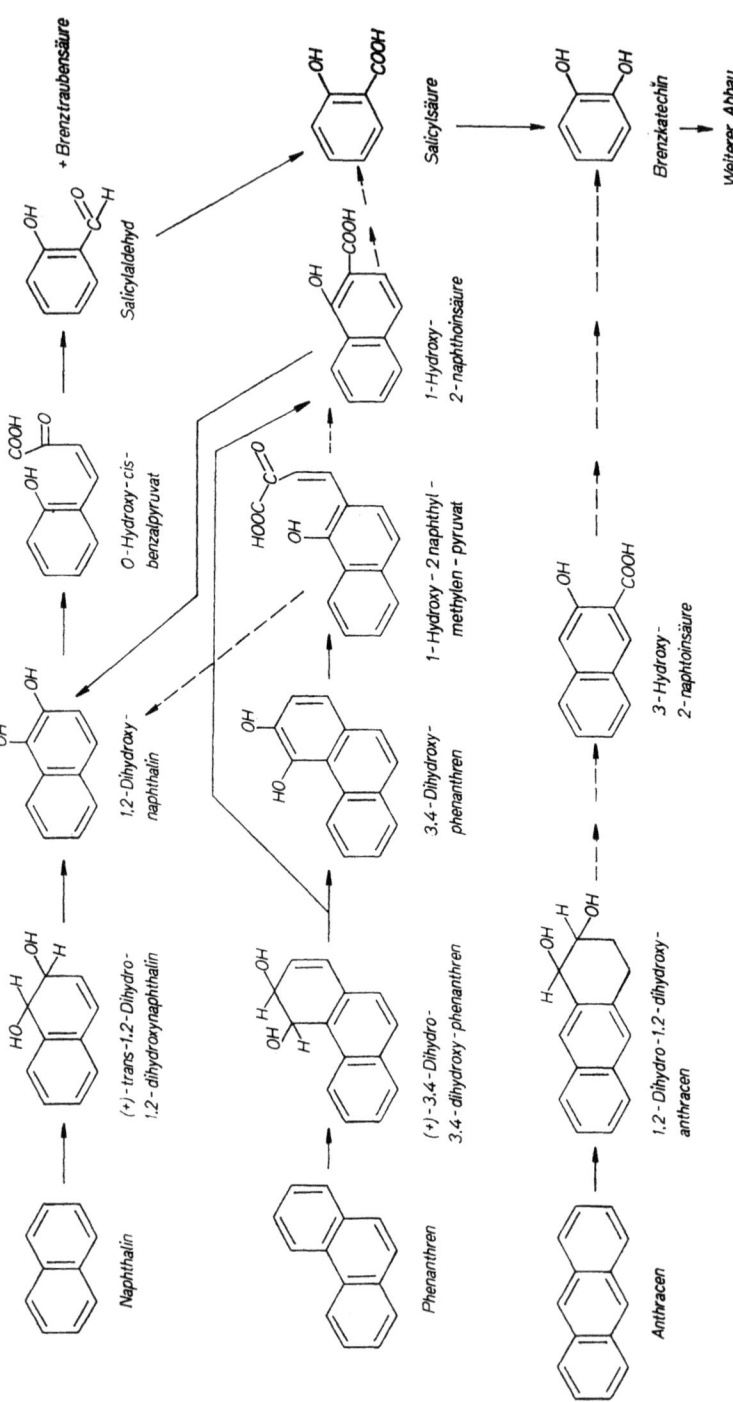

Abb. 89. Mikrobielle Spaltung mehrkerniger aromatischer Ringe

Die Spaltung der mehrkernigen Aromaten zeigt das folgende Schema (Abb. 89):

b) Besonderheiten der Mikroorganismenzucht bei der Verwendung von Kohlenwasserstoffen

Die Probleme der Mikroorganismenzucht auf Erdölfraktionen ergeben sich aus den Besonderheiten dieser C-Quelle.

In jedem Falle spielt die Sauerstoffübertragung in dem 4phasigen System Paraffinöl-Wasser-Mikroorganismenzelle-Luft eine überragende Rolle. Für die Oxidation der KW muß die Sauerstoffversorgung der Mikroorganismenzellen wesentlich intensiver sein als bei mikrobiologischen Fermentationsprozessen mit anderen C-Quellen. Je intensiver die zugeführte Luft mit dem Substrat vermischt wird, oder aber je höher der Druck im Fermenter ist, desto besser ist der Sauerstoffübergang Luft→Fermenterflüssigkeit→Zelle.

Der bereits auf S. 104 beschriebene Multistage-Reaktor ist ein Beispiel für eine Anlage, bei der die Vermischung der Luft bis zur feinen Emulsion getrieben wird.

Weiterhin sind Fermentationsverfahren mit Umwälzanlagen zur Mikroorganismenzucht auf Kohlenwasserstoffen zweckmäßig. Die Fermentationslösung wird hierbei durch geeignete Leitbleche im Inneren des Fermenters nach oben bewegt und im Innern wieder zurückgeführt. Hierbei wird absichtlich keine große Emulsion erzeugt, da bei zu starker Emulsion der Sauerstoffübergang in die Zelle wieder behindert wird.

Je größer die Fermentationsmengen, um so höher ist der Druck der Flüssigkeit und damit auch die Sauerstofflöslichkeit, so daß auch die Belüftungseffektivität mit der Größe eines Fermenters ansteigt. Im Gegensatz zu anderen Fermentationen ist hier bei der Zellmassenzucht also kein Ausbeuteabfall, sondern eher ein Ausbeuteanstieg beim "scale up" zu erwarten.

Die Schaumabtrennung wird zumeist mechanisch vorgenommen, vgl. S. 112. Die Mikroorganismenaufarbeitung macht bei Verwendung reiner Paraffine als C-Quellen und vollständiger Oxidation der Paraffine wenig Schwierigkeiten. Werden jedoch Roherdöllösungen bzw. Rohdestillate verwendet, so müssen Extraktionen mit Nucleinsäure-Verlusten vorgenommen werden.

Mit der Verwendung von Kohlenwasserstoffen als C-Quellen für die technische Zucht von Mikroorganismen verfolgt man gegenwärtig drei Ziele:

α) Proteinerzeugung durch billige Massenzucht von Mikroorganismenzellen

Hierbei wird eine Massenzucht solcher Mikroorganismen angestrebt, die aus der organischen C-Quelle, anorganischen N-Quellen, sowie einigen Nährsalzen hochwertige Proteine, Vitamine und evtl. auch Fette in ihrer Zellsubstanz aufbauen. Im Vordergrund dieser Arbeiten steht augenblicklich die Hefemassenzucht, besonders von *Candida-* und *Torulopsis*-Arten. Da das Hefeeiweiß jedoch dem tierischen Eiweiß weniger ähnlich ist als das Eiweiß vieler Bakterienarten, wird auch die Massenzucht von Bakterien auf diesem Gebiet in Zukunft bedeutungsvoll werden. Gegenwärtig gibt es sowohl eine Reihe technischer Anlagen, in denen eine Hefemassenzucht als auch eine Reihe von Versuchsanlagen, in denen eine Bakterienmassenzucht durchgeführt wird. In diesen Anlagen werden die betr. Mikroorganismen ohne die Möglichkeiten von Fremdinfektionen gezüchtet (vgl. auch S. 73).

Das Mikroorganismeneiweiß kann als Eiweißfutter für Tiere verwendet oder aber ähnlich dem Texture Vegetable Protein (TVP) verarbeitet werden. Dabei wird das Protein nach Lösung durch Düsen gepreßt, erhärtet und strukturiert. Duft- und Geschmacksstoffe können an dieses Produkt adsorbiert werden, so daß auch hochwertige Lebensmittel aus Mikroorganismeneiweiß hergestellt werden könnten.

β) Entfernung von Paraffinen aus Erdölprodukten

Zum Transport und zur Weiterverarbeitung von Erdölen ist häufig die Abtrennung der Paraffine notwendig, wenn man nicht zum Transport besonders in kalten Jahreszeiten einen größeren technologischen Aufwand in Kauf nehmen will. Mit Hilfe des „Molekularsiebes" lassen sich die Paraffine technisch nur relativ aufwendig aus dem Erdöl abtrennen. Eine andere Möglichkeit ist die Abtrennung durch Oxidation und Umlagerung der oxidierten Produkte mit Hilfe von Hefen, die sich — da sie ausschließlich Paraffine oxidieren — für diese Zwecke besser als Bakterien, die auch aromatische KW oxidieren, eignen. Ein technisches Problem ergibt sich in der Abtrennung der Hefen. Man macht dies durch Extraktion der Eiweiße, bei der allerdings RNS und DNS bisher noch verloren gehen. Große Versuchsanlagen, in denen die Hefemassenzucht nicht frei von Fremdinfektionen durchgeführt wird, befinden sich bereits in Betrieb. Die Ergebnisse sind erfolgversprechend.

γ) Verwendung von Kohlenwasserstoffen als billige C-Quelle zur Herstellung von Stoffwechselprodukten

Bei diesen Verfahren wird die Bildung bestimmter — gegenwärtig mit anderen C-Quellen hergestellter — mikrobiologischer Stoffwechselprodukte mit KW als alleiniger C-Quelle angestrebt. Zur Herstellung von Glutaminsäure und Nucleotiden sind großtechnische Verfahren mit Paraffinen als C-Quelle in Japan in Gebrauch.

In den USA werden aromatische KW zur technischen Herstellung von Salicylsäure aus Naphthalin verwendet.

Die Herstellung anderer Produkte, z. B. Gibberelline, Antibiotica u. a. ist im Versuchsstadium.

Die praktische Bedeutung der mikrobiellen KW-Oxidationen ist gegenwärtig noch auf die erwähnten technischen Verfahren zur Herstellung von Glutaminsäure, Nucleotiden und Salicylsäure beschränkt. In sehr naher Zukunft ist aber auch die billige technische Proteinerzeugung aus Erdöl zu erwarten, möglicherweise ergeben sich hier — ebenso wie bei der Herstellung von bestimmten Stoffwechselprodukten — umwälzende Neuerungen nicht nur in der technischen Mikrobiologie, sondern auch in der Protein- und Futtermittelherstellung. Gegenwärtig könnten etwa 40—50 Mill. t Paraffin zu etwa 20 Mill. t Protein umgewandelt werden. Das entspräche etwa der gesamten Weltproduktion an Fleisch und Milch zusammen. Eine Raffinerie von 1 Mill. t Rohöl pro Jahr könnte 1 200 t Protein jährlich erzeugen. Derartige Verfahren ließen sich überall dort, wo sich Erdölraffinerien befinden (an über 700 Stellen der Erde), durchführen. Eine Eiweißgewinnung wäre also auch in den Entwicklungsländern relativ leicht möglich.

Gasförmige KW, Methan, Äthan, Propan und Butan, die im Erdgas vorhanden sind, lassen sich in besonderen technischen Anlagen oxidieren.

11. Mikroorganismen und Nahrungsmittelherstellung

In verschiedenen vorhergehenden Abschnitten wurden bereits Herstellungsverfahren für Nahrungsmittel mit Hilfe von Mikroorganismen beschrieben, so für viele Gärungsprodukte (S. 114), für einige organische Säuren (S. 138), die z. T. direkt als Lebensmittel, z. B. zur Verarbeitung in der Lebensmittelindustrie verwendet werden, für Enzyme (S. 191) und für Hefezellen einschließlich anderer Proteinbildner unter den Mikroorganismen (S. 196).

Mikroorganismen (bes. Milchsäurebakterien, Essigsäurebakterien, Bacillus-Arten, einige Hefen und Schimmelpilze) sind an der Herstellung einiger weiterer Lebensmittel oft sehr wesentlich beteiligt.

Besonders in Ostasien gibt es eine ganze Anzahl von Lebensmitteln, die mit Hilfe von Mikroorganismen hergestellt werden. In vielen Fällen sind die dabei beteiligten Arten nicht oder nur unzureichend bekannt. Sie haben sich im Verlauf der Jahrzehnte durch die angewandten technologischen Maßnahmen selektiert. In vielen Ländern werden Produkte aus Soja hergestellt. Bei dem in Japan geschätzten **Natto** werden gekochte Sojabohnen mit *Bacillus natto (B. subtilis)* in dünnen Blättern aus Fichtenholz fermentiert. Dabei wird ein Teil des Eiweißes bis zum NH_3 abgebaut. Bei dem besonders in Indonesien gegessenen **Tempeh** werden gekochte Sojabohnen mit *Rhizopus* — in Bananenblätter eingewickelt — fermentiert. Der sog. chinesische Käse, **Sufu**, wird aus dem mit $CaSO_4$ ausgefällten Preßsaft von vorher eingeweichten Sojabohnen durch Fermentation mit Mucoraceae, besonders *Mucor sufu* und anschließendem Einlegen in Reiswein mit 12 % NaCl-Zusatz hergestellt.

Shoyu ist eine der vielen Sojasaucen, die in Ostasien hergestellt werden. Bei deren Fabrikation wird zunächst eine mikrobiologische oder chemische Hydrolyse der Sojaproteine vorgenommen. Dann wird mit *Aspergillus oryzae* oder *A. soyae* fermentiert und anschließend mit *Sacharomyces rouxii* vergoren.

Miso ist eine Paste, an deren Bildung *Aspergillus oryzae*, *A. soyae* und *Saccharomyces rouxii* beteiligt sind. Reis wird mit *Aspergillus oryzae* fermentiert, um genügend Enzyme für die weitere Fermentation zu erhalten. Dann wird dieser Reis mit gedämpften Sojabohnen gemischt und fermentiert nochmals einige Wochen lang bis das Produkt fertig ist.

In vielen Gegenden Ostasiens werden Fische fermentiert, um feste, pastenartige Produkte oder Saucen daraus zu gewinnen. Vielfach sind *Acetobacter*-Arten an diesen Fermentationen beteiligt.

Kakaobohnen werden mit dem Fruchtfleisch zusammen in den Herstellungsländern in großen Gruben fermentiert. Nach anfänglichem Schimmelpilzwachstum folgt eine alkoholische Gärung und anschließend eine Essigsäurebildung bei diesem Prozeß. Dadurch werden die Embryonen abgetötet, eine Autolyse der Kotyledonen verursacht und phenolische Substanzen aus den Bohnen freigesetzt, so daß sich die Bohnen weiterverarbeiten lassen.

Kaffeebohnen werden mit pektinabbauenden Bakterien, besonders *Erwinia dissolvens* zur Entfernung der schleimigen Mesokarpschicht fermentiert.

Ob bei der **Tabakfermentation** auch mikrobielle Vorgänge bedeutungsvoll sind, ist bisher noch unsicher.

IV. Weitere mikrobiologische Prozesse mit Aussicht auf technische Bedeutung

1. Raumfahrtmikrobiologie

Algen sind zur Atemluftregeneration durch Verbrauch von CO_2 und Abgabe von O_2 geeignet. Eine solche Regeneration wird nach dem gegenwärtigen Stand unserer Kenntnisse bei längerer Raumfahrt unumgänglich werden. Grundsätzlich können in einem System für Raumfahrtzwecke Mensch und Algen, bzw. Mensch und Bakterien vorhanden sein, oder aber auch Mensch, Algen und Bakterien. Im ersten Fall würde man besonders eine Regeneration der stark CO_2-haltigen Atemluft anstreben. Im zweiten Fall würde man versuchen, ein in sich geschlossenes System aufzubauen, das schematisch etwa folgendermaßen aussehen würde (Abb. 90):

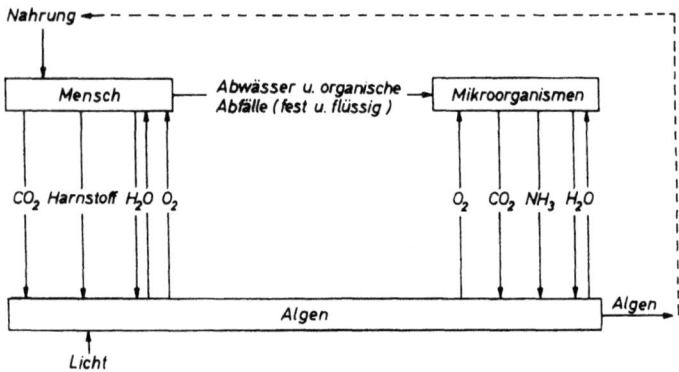

Abb. 90. Schema eines geschlossenen biologischen Systemes

Zur Regenerierung der Atemluft in Raumfahrzeugen ist von Schlegel (1964) und Foster (1964) ein interessantes Verfahren mit Bakterien vorgeschlagen worden. In Raumfahrzeugen wird man die Sonnenenergie wahrscheinlich nicht nur direkt, sondern auch auf dem Umweg über Sonnenbatterien und elektrische Energie nutzen können, so daß auch genügend Energie zur Wasserelektrolyse zur

Verfügung steht. Ein Teil des hierbei entstehenden Sauerstoffs könnte direkt zur Regeneration der Atemluft verwendet werden, während der Wasserstoff durch H_2-verwertende Bakterien *(Hydrogenomonas-*Arten oder *Clostridium aceticum)* unter Verwendung von CO_2 zu energiereichen Verbindungen aufgebaut werden könnte.

*Hydrogenomonas-*Stämme (auch als Knallgasbakterien bezeichnet) wachsen in synthetischen Nährlösungen mit Ammoniumsalzen oder Nitraten als N-Quelle beim pH-Wert von 6,8 und einer Temperatur von 33° C mit einer Generationszeit von 150—240 min. Sie bilden mit CO_2 als einziger C-Quelle und molekularem Wasserstoff als H-Donator unter aeroben Bedingungen organische Substanzen. Massenkulturen von *Hydrogenomonas facilis* enthielten 57 % des Trockengewichtes an Protein und 5 % an Fetten:

$$2 H_2 + CO_2 \longrightarrow [CH_2O] + H_2O \qquad (1)$$
$$4 H_2 + 2 O_2 \longrightarrow 4 H_2O \qquad (2)$$
$$\overline{6 H_2 + 2 O_2 + CO_2 \longrightarrow [CH_2O] + 5 H_2O} \qquad (1) + (2).$$

Diese Regeneration würde nach der in Abb. 91 gezeigten Weise vor sich gehen.

Clostridium aceticum bildet streng anaerob neben wenig Zellsubstanz Essigsäure in großer Menge:

$$4 H_2 + 2 CO_2 \rightarrow CH_3COOH + 2 H_2O$$

Mit diesem Bacterium würde die Luftregenerierung schematisch folgendermaßen vor sich gehen (Abb. 92):

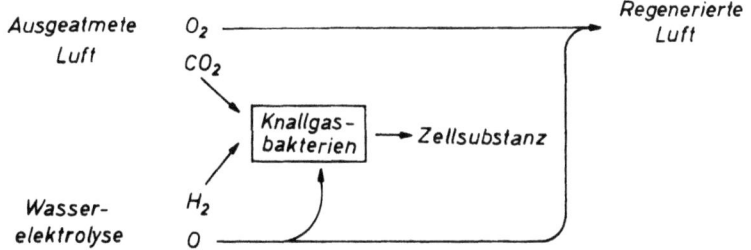

Abb. 91. Atemluftregenerierung mit *Hydrogenomonas*

Die zur Regeneration der Atemluft von einer Person notwendige Anlage wäre mit 43 l Nährlösung mit je 1 g *Hydrogenomonas-*Zellen nicht klein. Durch gerichtete Umzüchtungen wären hier aber sicherlich Möglichkeiten zur Verkleinerung der Anlage gegeben.

Bei einer Verwendung von Algen zur Atemluftregeneration wäre eine Kultur von etwa 100 l notwendig (Abb. 93).

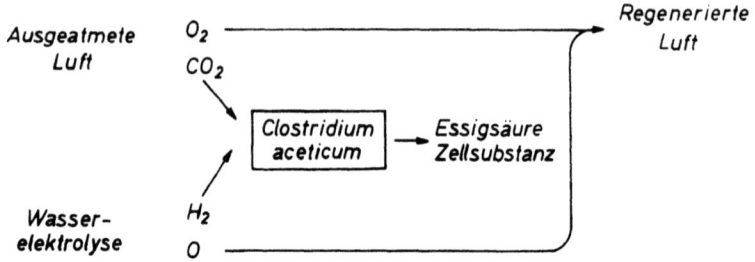

Abb. 92. Atemluftregenerierung mit *Clostridium aceticum*

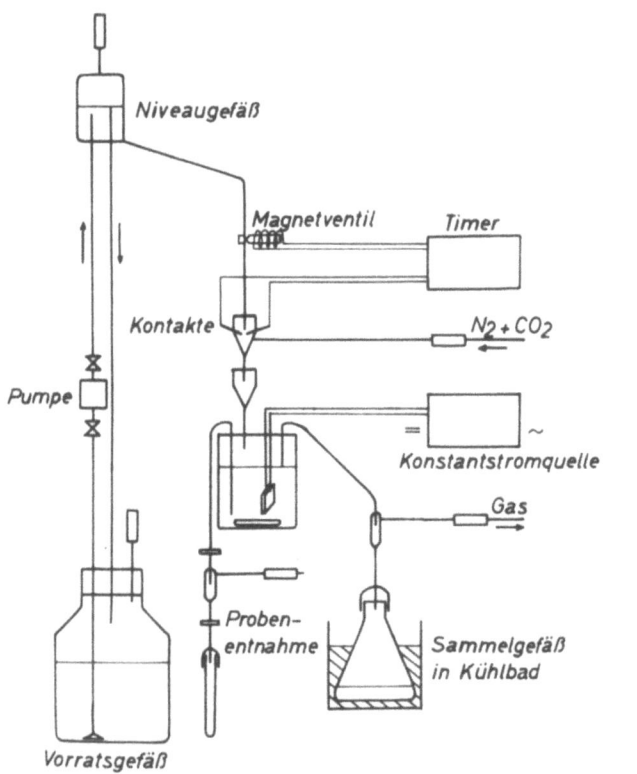

Abb. 93. Anlage zur kontinuierlichen Kultur von *Hydrogenomonas* (aus Schlegel u. Mitarb., 1966)

Das Problem einer längeren Raumfahrt besteht darin, geschlossene ökologische Systeme zu schaffen, in deren Mittelpunkt der Mensch steht. Durch die Begrenzung der Vorräte, die ein Raumfahrzeug mitnehmen kann, wird ohne ein gut funktionierendes ökologisches System die Dauer eines Aufenthaltes eines Menschen im Weltraum immer sehr begrenzt bleiben müssen. Es gibt sehr viele Vorschläge zur Schaffung solcher Systeme, ein räumlich begrenztes funktionierendes System wird für das Jahr 1974 erwartet.

Geschlossene Systeme eignen sich nicht nur für die Raumfahrt, sondern auch für Forschungsgruppen, die sich längere Zeit unter Wasser aufhalten wollen. Man glaubt auch, daß nur mit Hilfe solcher Systeme ein Überleben nach einem Atomkrieg größeren Ausmaßes möglich sein wird.

2. Direkte Erzeugung elektrischer Energie mit Hilfe von Mikroorganismen

Mikroorganismen sind in der Lage, das Redoxpotential des Nährsubstrates oder auch dessen Wasserstoffionenkonzentration stark zu verändern, so daß sie unter gewissen Bedingungen eine elektrische „Halbzelle" bilden können. Ein steriles Medium kann eine andere „Halbzelle" bilden, die bei geeigneter Verbindung mit der Bakterienhalbzelle zu einer elektrischen Energiezelle werden kann. Diese Beobachtung hat schon Potter 1911 gemacht und mit *Saccharomyces* ein Potential von 0,32 V gemessen.

Die elektrische Energie stammt aus der Stoffwechseltätigkeit der Mikroorganismen. Organische Substanzen werden oxidiert, dabei „fließen" Elektronen letzten Endes zum Sauerstoff. Anaerobier und fakultative Anaerobier verwenden in Abwesenheit von molekularem Sauerstoff diesen nicht als letzten Elektronenacceptor. Der Elektronentransport im Stoffwechsel der Mikroorganismen ist auch nicht fließend, sondern geht stufenweise vor sich, so daß bestimmte Versuchsbedingungen geschaffen werden müssen, um eine Anhäufung von Elektronen, bzw. einen Fluß von Elektronen zu erreichen. Während der Entwicklung von Mikroorganismen in einem Substrat wird dieses oxidiert und Elektronen werden dem Substrat entzogen; die Kulturflüssigkeit wird im Vergleich zu ihrem anfänglichen Status reduziert. Wird eine solche Kultur mit einer Elektrode höheren Potentials verbunden, so kann ein Elektronenfluß vom höheren zum niederen Potential stattfinden, bis sich ein Ausgleich eingestellt hat. Dabei kann die elektrische Energie eine Arbeit leisten.

Grundsätzlich wird elektrische Energie durch eine Verbindung zwischen mikrobiologischer Fermentation und elektrochemischen Reaktionen erhalten. Als sehr einfache Form kann man ein Redox-Zellsystem, das Glucose als Substrat („Brennenergie") verwendet, als eine Halbzelle ansehen und Seewasser oder andere Salzlösungen als notwendige Elektrolyten. Die Oxidations-Reduktions-Reaktionen lassen sich dann folgendermaßen formulieren:

Anaerobe Fermentation:

$$2\,[CH_2O] + H_2SO_4 \rightarrow 2\,CO_2 + 2\,H_2O + H_2S$$

Anodische Reaktion:

$$H_2S \rightarrow 2\,H^+ + S^{--}$$
$$S^{--} \rightarrow S + 2\,e$$

Kathodische Reaktion:

$$1/2\,O_2 + H_2O \rightarrow 2\,OH^- - 2\,e$$

Reaktion an der semipermeablen Membran:

$$2\,H^+ + 2\,OH^- \rightarrow 2\,H_2O$$

Gasförmiger Wasserstoff kann auch anstelle von Zucker oder anderen organischen Substanzen als „Brennenergie" verwendet werden. Die Abb. 94 zeigt eine hypothetische Zelle zur Gewinnung von

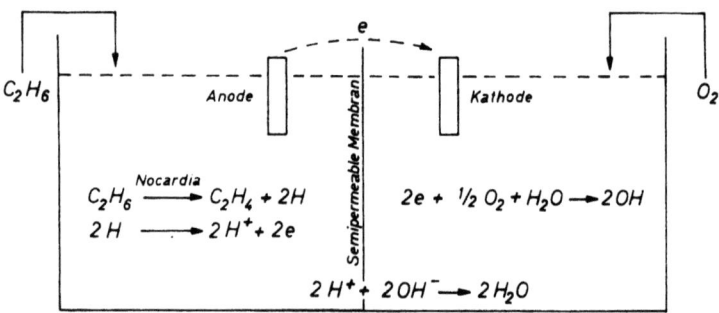

Abb. 94. Schema einer Zelle zur biologischen Energiegewinnung (nach Davis, Adv. Appl Microbiol 5, S. 51, 1963)

Energie mit Äthan als „Brennenergie", das dehydrogeniert wird. Die beiden „Halbzellen" können mit einer KCl-Agar-Brücke miteinander verbunden werden.

Derartige biochemische Energiezellen wurden bereits mit verschiedenen Mikroorganismen, z. B. mit *Escherichia coli*, mit Algen, faekalen Bakterien, Hefen und *Desulfovibrio desulfuricans* hergestellt.

3. Verbreitung von Mikroorganismen in Aerosolen

Ein besonderer Zweig der industriellen Mikrobiologie befaßt sich mit dem Transport und der Verbreitung von Mikroorganismen in der Luft. Geeignet sind hierzu besonders Viren und Bakterien. Sie werden zumeist an bestimmte Trägerstoffe adsorbiert und in diesen künstlichen Aerosolen in der Luft schwebend gehalten.

Die technische Durchführung eines wirksamen Mikroorganismentransportes mit Hilfe von Aerosolen erfordert zunächst eine genaue Kenntnis der natürlichen Luftbewegung und eine Berücksichtigung der großräumigen und örtlichen Wetterverhältnisse. In vielen Fällen müssen die Mikroorganismen an Schutzkolloide adsorbiert werden, damit sie ein längeres Verweilen in der Luft überleben, denn gerade die zu Immunisierungszwecken umgezüchteten Stämme sind oft nicht so vital wie die Ausgangsstämme. Die Erzeugung von Aerosolen geschieht entweder von geeigneten Bodenstationen oder aus der Luft mit Hilfe von Zerstäubern, bei denen sowohl Trägersubstanzen als auch die Mikroorganismen gleichzeitig in die Luft gesprüht werden. In Kliniken werden auch sehr kleine Zerstäuber zur Aerosolerzeugung bei der Behandlung von Einzelpersonen verwendet.

Aerosole sind auch in der Technik und in Laboratorien dann von großem Nutzen, wenn man ausgedehnte Flächen mit Mikroorganismen möglichst gleichmäßig besprühen muß, z. B. auch beim Besprühen von Gewebekulturen mit Mikroorganismen. Weiterhin lassen sich mit Aerosolen große Bodenflächen mit Bakterien besprühen, z. B. zur Infektion eines Bodens mit Knöllchenbakterien.

Aerosole lassen sich möglicherweise auch zur Massenimmunisierung großer Bevölkerungsgruppen durch Verbreitung avirulenter Krankheitserreger über große Gebiete hinweg verwenden.

Gegenwärtig werden viele Untersuchungen über eine Immunisierung gegen Pest, Tularämie, Tetanus, Milzbrand, Brucellose, Tuberkulose und ganz besonders auch gegen Grippe unternommen. In Hühnerfarmen ist es gelungen, mit mikrobiellen Aerosolen Immunisierungen gegen atypische Geflügelpest, infektiöse Bronchitis und Geflügelpocken zu erhalten, die wesentlich besser als die Anwendung anderer Methoden waren.

Aerosole mit Mikroorganismen lassen sich auch für militärische Zwecke mißbrauchen.

Unter bestimmten Bedingungen wird ein Schutz größerer oder beschränkter Personengruppen, z. B. älterer kranker Personen bei Massenimmunisierungen mit avirulenten Keimen, gegen mikroorganismentragende Aerosole notwendig werden. Einen relativ sicheren Schutz bietet eine Luftfiltration in abgedichteten Räumen. Weiterhin lassen sich Mikroorganismen in Aerosolen durch Abregnung mit chemischen Desinfektionsmitteln, Bestrahlung und Hitzeeinwirkung abtöten.

4. Weitere technisch interessante mikrobiologische Verfahren

Außer den bisher genannten Verfahren gibt es noch eine große Anzahl industrieller Anwendungsmöglichkeiten von Mikroorganismen, die hier nur z. T. aufgezählt werden können:

Verwendung bei der Lederherstellung,
Verwendung bei der Flachsröste,
Verwendung bei Sulfatreduktion,

Verwendung besonders von Milchsäurebakterien im Wein, in der Würze, bei der Herstellung mancher Biere und bei der Silage.
Bekämpfung von Mikroorganismen, die Material zerstören,
Verwendung bei der Müllkompostierung.
Mikrobielle Reduktion oder Oxidation von Metallen, besonders seltener Metalle aus Erzen.
Schwefelgewinnung aus Wässern, die Sulfat-, Sulfit- oder H_2S enthalten.
Gewinnung von Fetten aus Mikroorganismen.

V. Mikrobiologische Abwasserbeseitigung

Für menschliche Siedlungen und Industriebetriebe ist die Beseitigung der anfallenden Abwässer ein ganz besonders wichtiges Problem. Früher hat man die Abwässer unbehandelt in die Flüsse oder Seen geleitet. Durch die immer größer werdenden Abwassermengen wurde dies jedoch unmöglich, da die Flüsse und Seen in ihrer biologischen Reinigungskraft sehr schnell abgesättigt wurden. Aus diesem Grunde ist man gegenwärtig gezwungen, sowohl häusliche als auch industrielle Abwässer in besonderen Anlagen zu reinigen.

Häusliche Abwässer enthalten Exkremente, Papier, Seifen, Speisereste, viele Fette, Fettsäuren, Kohlenhydrate, Proteine u. a. Industrielle Abwässer sind sehr unterschiedlich. Abwässer aus der Zuckerindustrie, den Stärkefabriken und Brauereien sind sehr kohlenhydratreich, die aus Molkereien, Hefefabriken, Schlachthäusern u. a. enthalten auch noch sehr viele Proteine. Abwässer anderer Industrien enthalten giftige Substanzen, die in besonderen Verfahren abgetrennt werden müssen, bevor sie in die öffentlichen Kanäle geleitet werden dürfen.

Aus den Kanalanlagen gelangen die Abwässer in die Abwasserreinigungsanlagen, die als Klärwerke bezeichnet werden. Hier werden sie zunächst durch besondere Absitzvorrichtungen vom mitgeführten Sand, durch Sieb- oder Rechenanlagen von den groben Verunreinigungen, z. B. Lumpen, Gummi- und Kunststoffen, Papierresten, Blättern etc. befreit. Anschließend läßt man in Absetzbecken den mitgeführten Schlamm sich absetzen. Absetzbecken sind meist rund, haben einen betonierten Boden, der zur Mitte hin zu einer Vertiefung hin abgeschrägt ist, so daß der sich absetzende Schlamm in diese Vertiefung hineingleiten kann. Mit Hilfe von am Boden entlang bewegten Schlammräumern wird der Schlammtransport in die zentrale Vertiefung, aus der der Schlamm dann abgesogen wird, noch stark gefördert.

Das so vom Schlamm befreite Abwasser kann jetzt in die biologische Reinigungsanlage gegeben werden. Hier sollen die echt gelösten oder kolloidal verteilten organischen Substanzen durch die Mikroorganismen mit Hilfe von Sauerstoff zu CO_2 und Wasser oxidiert werden. Zurück bleiben z. T. stickstoff- und phosphathaltige Verbindungen, so daß das gereinigte Abwasser einen relativ hohen Phosphat- und Stickstoffgehalt hat. Dieser ist dann sehr unerwünscht, wenn das gereinigte Abwasser in Seen mit keinem oder nur geringem Abfluß eingeleitet wird. In diesen kommt es dann zu einer Anreicherung der genannten Verbindungen, wenn nicht mit anderen Methoden, z. B. durch Algenzucht im Vorfluter (vgl. S. 201) eine Entfernung derselben vorgenommen wird.

Die zur biologischen Oxidation notwendige O_2-Menge (in mg/l), die geeignet ist, um bei 20° C die organischen Substanzen mit Hilfe der Stoffwechseltätigkeit der Mikroorganismen bis zu einem gewissen Ausmaß zu oxidieren, bezeichnet man als den biochemischen Sauerstoffbedarf (BSB). Der Verschmutzungsgrad eines Abwassers wird zumeist durch die Bestimmung des BSB in 5 Tagen (BSB_5) bewertet. Der BSB für die auf einen Einwohner anfallende Schmutzmenge läßt sich bestimmen. In der Bundesrepublik liegt er zwischen 54 und 80 g/Einwohner/Tag. Mit dieser Zahl läßt sich auch bewerten, wie hoch der BSB von Industrieabwässern im Vergleich zu Haushaltsabwässern ist. Diese Bewertung hat zur Einführung des „Einwohnergleichwertes" geführt. Der Einwohnergleichwert wird als sog. „Schmutzbeiwert" auf die eingesetzten Rohstoff- oder produzierten Warenmengen bezogen. 100 kg Obst, das in einer Obstkelterei verarbeitet wird, haben z. B. einen Einwohnergleichwert von 50.

In den angelsächsischen Ländern ist anstelle des BSB der B.O.D. (Biochemical Oxigen Demand) — Wert gebräuchlich. Daneben existieren weitere Möglichkeiten zur Definition und Bestimmung des Sauerstoffbedarfes in Abwässern.

Das vorgeklärte Abwasser wird — besonders in kleineren und mittleren Gemeinden — in grobkörnigen Filtern, Tropf- oder Tauchkörpern biologisch gereinigt. Im Prinzip wird hierbei das Abwasser über Schichten eines groben Gesteinsmaterials (z. B. Lavaschlacke) geleitet. Auf dem Material befinden sich die Mikroorganismen und können die organischen Substanzen im Abwasser oxidieren, vorausgesetzt, daß immer genügend Sauerstoff vorhanden ist. Im diskontinuierlichen Betrieb wird dadurch belüftet, daß der Tropfkörper zeitweise nicht berieselt wird, in dieser Zeit kann Luft an die Mikroorganismen auf dem Gesteinsmaterial gelangen. Auch beim Versprühen des Abwassers über den Körpern gelangt Sauerstoff in das Abwasser. Weiterhin kann Luft am Boden des Körpers durch geeignete Einrichtungen zugeführt werden (Abb. 95).

In größeren Kläranlagen setzen sich die sog. Belebtschlammverfahren immer mehr zur biologischen Klärung durch. Hierbei werden die Mikroorganismen nicht mehr auf festem Material gezüchtet, sondern im Abwasser schwebend gehalten. Dabei wird Luft

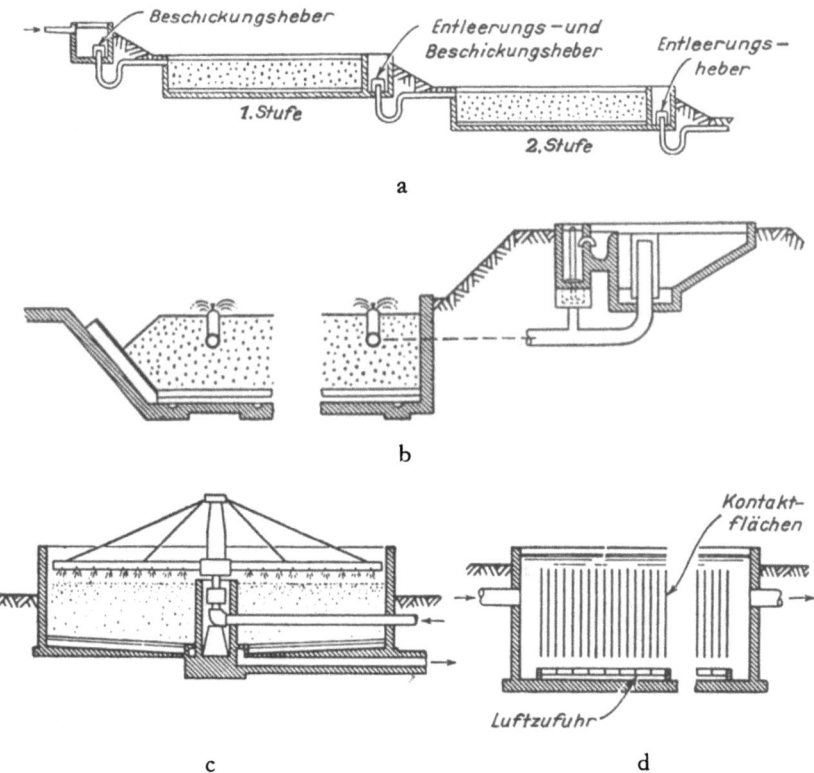

Abb. 95a—d. Biologische Abwasserreinigung in grobkörnigen Filtern und ähnlichen Einrichtungen. Zeichenerklärung: a = zweistufiger Füllkörper, b = Tropfkörper mit feststehenden Düsen und automatischer Beschickung, c = Tropfkörper mit Drehspringer, d = belüfteter Tauchkörper (nach Fair u. Geyer, 1954, p. 707)

künstlich von unten her — in den kleineren Oxidationsgräben auch von oben, z. B. mit Hilfe von Paddeln (vgl. S. 102) — in die Flüssigkeit eingeblasen bzw. eingeschlagen.

Da der Mikroorganismengehalt eines Abwassers normalerweise nicht groß genug ist, um eine ausreichende Reinigung durchzuführen, muß man einen Belebtschlamm mit viel Mikroorganismen im Belebtschlammbecken aufbauen, in dem man einen Teil des Schlammes aus dem abfließenden Wasser nach Absetzen wieder in das Belebtschlammbecken zurückführt. Es liegt hier ein kontinuierliches System mit teilweiser Rückführung (vgl. S. 82) vor. Das vorgeklärte Abwasser wird also in ein belüftetes Becken geleitet, dem noch zusätzlich stark mikroorganismenhaltiger Schlamm beigefügt wird. Anschließend wird das Abwasser durch Absetzen vom Schlamm befreit und als geklärt mit Fluß- oder Seewasser gemischt.

Die Mikroorganismen bilden im Belebtschlammbecken oder auf den Trägerstoffen zoogloea-artige Schleime. Zwischen diesen und dem Abwasser sind folgende Reaktionen zu erwarten:

1. An den Grenzflächen zwischen Abwasser und Schleimschicht werden Substanzen aus dem Abwasser an die Schleimschichten adsorbiert und dadurch dem Abwasser entzogen.

2. Die adsorbierten Substanzen werden durch die Tätigkeit der Mikroorganismen, deren extracelluläre Enzyme u. a. verändert.

3. Ein Teil der Substanzen wird von den Mikroorganismen direkt in Zellsubstanz umgewandelt und kann so zusammen mit den Mikroorganismen ausgefällt werden.

4. Ein anderer Teil der Substanzen wird als CO_2 oder NH_3 oder auch in Form anderer Gase aus dem Substrat entfernt.

Da die Veränderungen der im Abwasser vorhandenen Substanzen im Stoffwechsel der Mikroorganismen oft nur langsam vor sich gehen, so liegt ein Hauptwert der Mikroorganismentätigkeit in der Ausbildung ausreichender Schleimmengen, an die viele Substanzen adsorbiert werden können.

Die im Abwasser vorhandenen Organismenarten sind sehr unterschiedlich. Ihre Zusammensetzung richtet sich nach der Herkunft des Abwassers. *Aerobacter* und andere coliforme Arten, *Pseudomonas*-, *Streptococcus*-, *Micrococcus*-, auch *Nitrosomonas*- und *Nitrobacter*-Arten werden immer wieder nachgewiesen. *Sphaerotilus natans* und *Beggiatoa* treten besonders in belüfteten Tauchkörpern auf und können durch Überwucherung der Oberflächen eine Abwasserreinigung beeinträchtigen. Viele Fragen über die Artenzusammensetzung der Mikroorganismen, über ihre biochemischen Wirkungen im Abwasser, über Möglichkeiten ihrer Anreicherung bzw. ihrer Ausschaltung sind noch offen oder unzureichend geklärt.

Die Schlammbeseitigung wird vielfach mechanisch, z. B. durch Trocknung und Verbrennung in besonderen Anlagen vorgenommen.

In vielen Fällen, besonders dann, wenn keine Giftstoffe eine Vergärung verhindern, wird eine Vergärung in Schlammfaultürmen vorgenommen.

Einzelheiten über die Vergärung sind bereits auf S. 135 beschrieben worden. Der ausgefaulte Schlamm wird am Boden der Tanks entnommen und kann, da er frei von pathogenen Keimen (einschließlich der Wurmeier) ist, als Dünger verwendet werden.

Die Abb. 96 zeigt das Fließbild einer Abwasseranlage mit Belebtschlammbecken und 2 stufiger Schlammausfaulung.

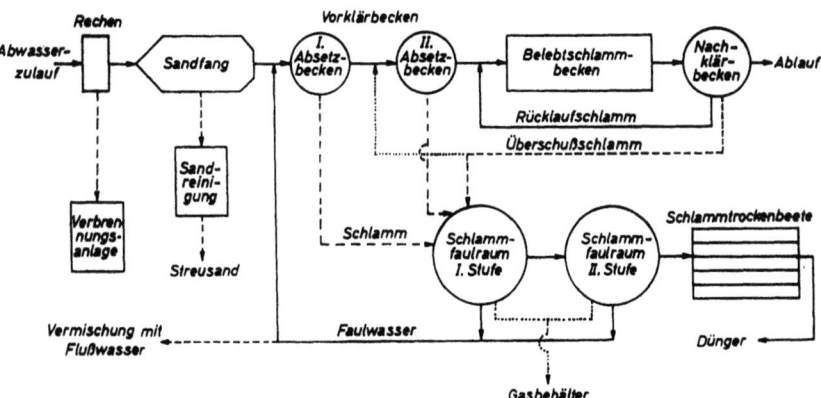

Abb. 96. Fließschema einer Abwasserreinigungsanlage mit Belebtschlammbecken

Die Abwasserbeseitigung konnte hier nur in den allerwichtigsten Schritten dargestellt werden. Neben den hier geschilderten Möglichkeiten gibt es eine außerordentlich große Anzahl von Abwandlungen bei den einzelnen Reinigungsschritten (vgl. Literatur S. 228).

Literatur

Wichtige Bücher zur technischen und allgemeinen Mikrobiologie

AIBA, S., HUMPHREY, A. E., MILLIS, N. F.: Biochemical Engineering. New York: Academic Press 1965.
ALEXOPOULOS, C. J.: Introductory Mycology. New York: Wiley and Sons 1962.
AINSWORTH, G. C., SUSSMAN, A. S. (Hrsg.): The Fungi. An advanced treatise, Bd. 1—3. New York: Academic Press 1965—1968.
VON ARX, J. A.: Pilzkunde. Lehre: J. Cramer 1968.
BARKER, H. A.: Bacterial Fermentations. New York: Wiley & Sons Inc. 1956.
BECK, TH.: Mikrobiologie des Bodens. München: Bayer. Landwirtschaftsverlag 1968.
BEHRENS, U., RINGPFEIL, M.: Biochem. Mikrobiol. Technol. 3, 207 (1961).
BENOIT, R. J., WEISSMANN, B. J., CHAU, H.: Food Technol. 17, 85 (1963).
BERGMEYER, H. U. (Hrsg.): Methoden der enzymatischen Analyse. Weinheim/Bergstr.: Verlag Chemie 1970.
BERNHAUER, K.: Gärungschemisches Praktikum. 2. Aufl. Berlin: Springer 1939.
BLAKEBROUGH, N.: Biochemical and Biological Engineering Science, 1—2. London-New York: Academic Press 1967—1968.
BREED, R. S., MURRAY, E. G. D., SMITH, N. R.: Bergey's Manual of determinative bacteriology 7th ed. Baltimore: Williams & Wilkins Comp. 1957.
BRUNNER, R., MACHEK, G.: Die Antibiotica. Bd. 1, Die großen Antibiotica, Teil 1, Penicillin 1962, Bd. 1, Teil 2, Streptomycin, Chloramphenicol, Tetracycline 1962, Bd. 2, Die mittleren Antibiotica. Nürnberg: Hans Carl 1965.
DAVIS, B. D., DULBECCO, R., EISEN, H. N., GINSBERG, H. S., WOOD, W. B. JR.: Microbiology. New York-Evanston-London: Harper & Row 1967 (1969).
DESROSIER, N. W.: The Technology of Food Preservation. Westport/Conn.: Avi Publ. Co. Inc., 1959.
DREWS, G.: Mikrobiologisches Praktikum für Naturwissenschaftler. Berlin-Heidelberg-New York: Springer 1968.
ESSER, K., KUENEN, R.: Genetik der Pilze. Berlin-Heidelberg-New York: Springer 1965.
FAIR, G. M., GEYER, J. C: Water Supply and Waste Water Disposal. New York. Wiley and Sons 1954.
FRAZIER, W. C.: Food Microbiology. New York: McGraw-Hill Book Comp. 1967.

GÄUMANN, E.: Die Pilze. Basel: Birkhäuser 1949.
GOLDBERG, H. S.: Antibiotics. Their Chemistry and Non-Medical Uses. Princeton N. J.: D. van Nostrand Comp. Inc. 1959.
GORBACH, G.: Fette, Seifen, Anstrichmittel 71, 102 (1969).
GORI, G. B.: Appl. Microbiol., Bd. 13, 94, 1965.
GOTTLIEB, D., SHAW, P. D.: Antibiotics I, Mechanism of Action, Antibiotics II, Biosynthesis. Berlin-Heidelberg-New York: Springer 1967.
GUNSALUS, I. C., STANIER, R. Y.: The Bacteria, Vol. 1, Structure, Vol. 2, Metabolism, Vol. 3, Biosynthesis, Vol. 4, The Physiology of Growth, Vol. 5, Heredity. New York: Academic Press 1960—1964.
HALDENWANGER, H. M.: Biologische Zerstörung der makromolekularen Werkstoffe. Berlin-Heidelberg-New York: Springer 1970.
HEISS, R.: Lebensmitteltechnologie. München: J. F. Bergmann 1950.
HEROLD, M.: Antibiotika. Berlin. Deutscher Verlag der Wissenschaften 1956.
HOLLÓ, J., NYESTE, L.: Nahrung 9, 793 (1965).
HUSMANN, W.: Praxis der Abwasserreinigung. 3. Aufl. Berlin, Heidelberg, New York: Springer 1969.
JÖRGENSEN, A.: Mikroorganismen der Gärungsindustrie. 7. Aufl. Nürnberg: Hans Carl 1956.
KARLSON, P.: Kurzes Lehrbuch der Biochemie. 7. Aufl. Stuttgart: Georg Thieme 1970.
KORZYBSKI, T., KURYLOWICZ, W.: Antibiotica. Jena: Fischer 1961.
KRETZSCHMAR, H.: Technische Mikrobiologie. Berlin-Hamburg: Paul Parey 1968.
— Hefe und Alkohol. Berlin-Göttingen-Heidelberg: Springer 1955.
LIEBMANN, H.: Handbuch der Frischwasser- und Abwasserbiologie. Bd. 1, 2. Aufl. 1962, Bd. 2. München: R. Oldenbourg 1960.
MILLER, M. W.: The Pfizer Handbook of Microbial Metabolites. New York: McGraw-Hill Book Comp. Inc. 1961.
NORRIS, J. R., RIBBONS, D. W.: Methods in Microbiology. Bd. 1—3. London-New York: Academic Press 1969—1970.
OSWALD, W. J., GOLUEKE, C. G.: Advan. Appl. Microbiol. 2, 223, 1960.
PERLMAN, D. (Hrsg.): Fermentation Advances. New York und London: Academic Press 1969.
PRESCOTT, S. C., DUNN, C. G.: Industrial Microbiology. 3 rd ed. New York: McGraw-Hill Book Comp. Inc. 1959. Deutsche Übersetzung: Industrielle Mikrobiologie der 2. Aufl. von 1949. Berlin: VEB Dtsch. Verl. d. Wiss. 1959.
RAINBOW, C., ROSE, A. H.: Biochemistry of Industrial Microorganisms. New York: Academic Press 1963.
RAPER, K. B., FENNELL, D. I.: The Genus Aspergillus. Baltimore: Williams & Wilkins Comp. 1965.
— THOM, C.: A Manual of the Penicillia. Baltimore: Williams & Wilkins Comp. 1949.
REHM, H. J.: Industrielle Mikrobiologie. Berlin-Heidelberg-New York: Springer 1967.
REIFF, F., KAUTZMANN, R., LÜERS, H., LINDEMANN, M.: Die Hefen. Bd. 1, S. 181, Die Hefen in der Wissenschaft 1960; Bd. 2, Technologie der Hefen. Nürnberg: Hans Carl 1962.

Rhodes, A., Fletcher, D. L.: Principles of Industrial Microbiology. Oxford-London-New York: Pergamon Press 1966.
Rose, A. H., Harrison, J. S.: The Yeasts, Vol. 1. London-New York: Academic Press 1969.
Schlegel, H. G.: Allgemeine Mikrobiologie S. 170. Stuttgart: Georg Thieme 1969.
Schormüller, J.: Die Erhaltung der Lebensmittel. Stuttgart: F. Enke 1966.
— Lehrbuch der Lebensmittelchemie S. 230. Berlin-Heidelberg-New York: Springer 1961.
Sierp, F.: Die gewerblichen und industriellen Abwässer. 3. Aufl. Berlin-Heidelberg-New York: Springer 1967.
Underkofler, L. A., Hickey, R. J.: Industrial Fermentations, Vol. 1 and 2. New York: Chemical Publ. Co. 1954.
Webb, F. C.: Biochemical Engineering. London: D. van Nostrand Comp. Ltd. 1964.
White, J.: Yeast Technology. London: Chapman and Hall 1954.
Windisch, S. (Hrsg.): Arbeitsmethoden und aktuelle Ergebnisse der technischen Mikrobiologie. 3. Symposium der Gesellschaft in Berlin v. 18. bis 20. 4. 1966. Stuttgart: Gustav Fischer 1967.
Zähner, H.: Biologie der Antibiotica S. 21. Berlin-Heidelberg-Göttingen: Springer 1965.
Weitere Literatur vgl. Rehm 1967.

Sachregister

Abwasserbeseitigung 223 ff.
Abwasserreinigung 202
Accelerationsphase 25
Acetaldehyd 123, 126
Acetat 206
Acetator 146
Acetessigsäure 209
Acetobacter 144, 214
— kuetzingianum 145
— melanogenum 145
— pasteurianum 145
— peroxydans 145
— rancens 145
— roseum 145
— suboxydans 97, 141, 145 ff.
Acetoin 130, 135
Acetomonas 145
— aceti 145
— xylinum 145
Aceton 132 ff., 154
N-Acetylglucosamin 3
Achromobacter orientalis 141
Aconitsäure 140 ff.
Actinomycine 169, 170
Adsorptionsverfahren 64
Äpfelsäure 141
Äquationsteilung 7
Aerobacter 226
— aerogenes 134, 141
— levanicum 159
Aerosole 221
Äthan 213
Äthanol 32, 38, 41, 114, 120 ff., 132, 145
Äthylendiamin-tetraessigsäure 52
Äthylenoxyd 90
Äthylmethansulfonat 52
Agaricaceae 14
Agaricus 14
— bisporus 194
— hortensis 194

Aktivchlor 91
L-Alanin 143
Aldehyde 148
Aldolase 36, 129
Aldosen 148
Algen 14
Algenmassenzuchten 201
Algenpilze 13
Algenzellen 201 ff.
Algenzuchtgefäße 201
Alkane, Oxidation 205 ff.
Alkoholdehydrogenase 39
Alkohole, Oxidation 144 ff.
Aminierung 156
7-Aminocephalosporansäure 155, 167 ff.
6-Aminopenicilliansäure 155, 163, 165
Aminosäuren 32, 43, 143 ff.
Ammoniumverbindungen, quaternäre 91
Amphotericin A 176
Amphotericin B 176
Amylacetat 167
Amylasebildner 51
Amylasen 20, 116 ff., 192
Amylo-glucosidase 192
Amylopektin 20
Amylose 19
Anabolismus 35
Anaphase 6
Angustmycin C 180
Anilin 154
Anionenaustauscher 65
Anreicherung 44 ff.
Antheridium 13
Anthracen 208, 210
Antibiotica 46, 213
—, polypeptide 169 ff.
Antibioticawertbestimmung 50
Antimetabolit 56, 57

231

Apiculatus-Hefen 122
D-Arabinose 149
D-Arabonsäure 149
Aromatische Verbindungen,
 Oxidation 208 ff.
Ascogon 13
Ascomycetes 6, 11, 13
Ascocpore 13
Ascus 8, 13
Ashbya gossypii 180
Asparaginase 194
L-Asparaginsäure 143
Aspergillaceae 14
Aspergillsäure 168
Aspergillus 13, 14, 16, 205
— flavus 141
— fumaricus 141
— fumigatus 176
— itaconicus 141
— niger 22, 139 ff., 148, 192
— ochraceus 144
— oryzae 20, 116, 141, 192, 214
— parasiticus 141
— phoenicis 192
— soyae 214
— terreus 141
Atemluft, Regenerierung 216 ff.
Atmung 10
Aureomycin 171 ff.
Austauschharze 64
Auswaschgeschwindigkeit 29
Azaserin 168

Bacillaceae 4, 5
Bacillus brevis 169
— cereus 155, 165
— colistinus 169
— lentus 144
— licheniformis 169
— megatherium 181, 205
— natto 214
— polymyxa 134, 159, 169
— subtilis 128, 134, 169, 189 192, 205, 214
Bacitracin 169
Bacterium gracile 123
Bäckerhefe 84, 199 ff.

Bakterien 1 ff.
—, Anzahl 26 ff.
Bakterienamylasen 193
Bakterienmasse 27
Bakterienvermehrung 26 ff.
Bakterienzelle 1, 4, 200
Basidie 15
Basidiomycetes 11, 194
Basidiosporen 14, 15
„batch" 77
Baumwollsamenmehl 22
Beggiatoa 226
Belebtschlammverfahren 225 ff.
Belüftung 95 ff., 100 ff., 108
Benzaldehyd 156
Bernoulli-Effekt 76
Bernsteinsäure 141, 155
Bestrahlung 92
Bewegung 95, 106 ff.
Bier 116 ff.
Bierherstellung 85, 119
Biertrübungen 193
Biertypen 120
Bierwürze 9
Biochemical Oxygen Demand 224
Biotin 21, 141
Blakeslea trispora 180
Blasensäulenfermenter 102
Blauschimmelkäse 131
Blöckchentest 47
Brenzkatechin 210
Brenztraubensäure 36, 141
Brettanomyces 123
Bromtetracyclin 171
Bruchhefen 9
BSB 224
Buchenholzablaugen 19
Butan 213
2,3-Butandiol 134 ff.
Butanol 132 ff., 154
Buttersäure 132 ff.

Calciumparacaseinat 131
Calvincyclus 17, 201
Candida 96, 196, 212
— albicans 11
— lipolytica 205
— pseudotropicalis 11

Candida utilis 11
Candidin 176
Carbomycine 173 ff.
Carotin 16, 180
Cellophankulturen 81
Cellulase 192
Cephalosporin C 167 ff.
Cephalosporin N 165 ff.
Champignonanbau 195 ff.
Chemostat 83
Chlamydomonadaceae 15
Chlamydomonas 15, 201
Chlor 91
Chloramphenicol 177 ff.
Chlorella 15, 201
Chlorococcales 15
Chlorophyll
Chlortetracyclin 171 ff.
Choanephora conjuncta 180
Choanephoraceae 14
Chromosomen 6 ff.
Citronensäure 22, 32 ff., 139 ff.
Citronensäurecyclus 38, 138
Cladinose 173
Clamydosporen 13
Claus-Belüfter 197 ff.
Clavicepitaceae 14
Claviceps purpurea 185 ff.
Clostridien, Konservierung 59
Clostridium aceticum 217 ff.
— acetobutylicum 84, 132
— butylicum 132, 134, 154
— butyricum 132, 134
— tetani 201
Cobamide 180
Cobinamid, Biosynthese 182
Cobyrinsäure 182 ff.
Cognac 121
Colistin 169
Conidien 12, 13
Coniothyrium diplodiella 192
Cornsteep-Lösung 20
Cortinellus berkeleyanus 196
Cortisol 149
Corynebacteriaceae 5
Corynebacterium glutamicum 141ff.
— petrophylum 205
— simplex 151

crossing over 6 ff.
Crotylalkohol 154
Cryptococcaceae 9
Cunninghamella blakesleeana 149
Curvularia lunata 149 ff.
Cuvée 125
Cyanocobalamin 21
Cycloheximid 179
D-Cycloserin 168
Cytoplasma 1

Decarboxylierungen 154 ff.
Desaminierungen 156
Desinfektion 90
Desosamin 173
11-Desoxycortisol 149
Desulfovibrio desulfuricans 221
Detergentien 92
Dextrane 3, 157 ff.
Dextransaccharase 158 ff.
Diacetyl 130
Dialysator 77
6-Diazo-5-oxo-L-norleucin 168
Diffusionskoeffizient 49
Digitoxigenin 152
Digoxigenin 152
Dihydronovobiocin 178
Dihydroprogesteron 153
Dihydroxyaceton 145, 148
Diketopelargoninsäure 142
Dipicolinsäure 4
diploid 8
DNS 1, 4, 6
DON 168
Dorr-Oliver 63
Dosage 125
Dünnschichtfermentation 81
Durchlauferhitzer 87
Durchlaufsterilisation 86

EDTA 52
Effektoren 56
Einsaugbelüfter 146 ff.
Einstufenreaktionen 144 ff.
Einwohnergleichwert 224
Eiweiß, mikrobielles 190 ff.
Embden-Meyerhof-Parnass-Weg 36
Endomycetes 6

Endomycopsis 192
Endospore 4
Endprodukt-Hemmung 56 ff.
Energiegewinnung, biologische 220
Enolase 36
Enterobacteriaceae 5
Entner-Doudoroff-Weg 41 ff.
Entschäumer, mechanischer 111 ff.
Entwicklungsbedingungen 16, 22 ff.
Entwicklungskinetik 24 ff.
Enzyme 55, 191 ff.
L-Ephedrin 156
Epoxidation 151
Eremothecium ashbyii 180
Ergosterin 180
Ertragskonstante 28
Erwinia dissolvens 215
Erythromycine 173 ff.
Escherichia coli 3, 4, 151, 155, 180, 221
Essiggenerator 72
Essigsäure 80, 84, 95, 97, 145 ff.
Eukaryonten 6, 11
Eurodicin 176
Eurotiaceae 14
Extraktionen 65 ff.

Fällungsreaktion 65
Fangplatten 44
Feedback-Regulation 56
Fermentationen, Grundlagen 60 ff.
—, kontinuierliche 78 ff.
—, semikontinuierliche 77
Fermentationstypen 31
Fermentationsverfahren 68 ff.
Fette 222
Filipin 176
Filter, grobkörniger 224 ff.
Filterkerzen 94
Filterpapierblättchentest 49
Filtration 62, 92 ff.
Filtrationsenzyme 193
Fischfermentation 214
Fischmehl 21
Flachsröste 222
Flaschengärverfahren 125
Flavobacterium 206
Fließgleichgewicht 29

Flockung 9
Flutmodelle 109
Folsäure 21
Formaldehyd 91
Fradicin 176
Frings-Verfahren 146
Frittenbelüftung 102
Fructose 10
— -diphosphat-Weg 36
Fumagillin 176
Fumarsäure 141, 209
4 Fumarylacetessigsäure 209
Fungi imperfecti 14
Fungichromin 176
Fungicidin 176
Fusarium 205
— lini 152
— moniliforme 184
— solani 152
Futterhefe 84

Gärgeschwindigkeit 115 ff.
Gärtassenverfahren 70 ff.
Gärung 10, 117 ff.
Gärungsprodukte 114 ff.
Galakto-Hexokinase 10
Galaktose 10
Gametangien 12
Gartenmorchel 196
Gefriertrocknung 58, 68
Gegenstromverfahren 65
Geißel 1, 4
Gemmen 13
Generationszeit 26
Generator-Verfahren 146
Gerstenmalz 20
Gibban 185
Gibberella fujikuroi 152, 184
Gibberelline 184 ff., 213
Gleichgewichtsfeuchtigkeitsgehalt 16
Gleichstromverfahren 65
Gliotoxin 168
Gluconsäure 22, 32, 97, 148
D-Glucosamin 160
Glucose-Isomerase 193
— Oxidase 192 ff.
Glutaminsäure 141 ff., 213
Glycerin 126 ff., 145

Glycogen 7
Glycolaldehyd 148
Glycolsäure 148
Glykolyse 37
Gramicidin S 169
Griseofulvin 177
Grünschimmelkäse 131
5'-Guanylsäure 189 ff.

Hadacidin 168
Halbzelle 219 ff.
Hanseniaspora 122
Hansenula anomala 11
haploid 6 ff.
Hefeextrakt 22
Hefen 6 ff., 38, 114 ff., 154, 221
—, osmophile 16, 128
Hefevermehrung 118
Helicostylum piriforme 152
Hemmung, allosterische 56
—, kompetitive 56
Henzedämpfer 20
Heptaene 176
heterofermentativ 129
Hexaene 176
Hexokinase 36
Hexose-monophosphat-Weg 41, 129 ff.
Histidin 143
Holzhydrolyse 19
Holzzuckerlösung 19
homofermentativ 128
Homogentisinsäure 209
L-Homoserin 143
HON 168
Hopfen 117
Hydrogenomonas 217 ff.
— facilis 217
α-Hydroxy-äthansulfonsäure 123
L-δ-Hydroxy-γ-oxo-norvalin 168
11 α-Hydroxylierungen 150
Hypocreaceae 14

Immunisierung 221
Impflösung, Herstellung 61 ff.
Induktion, koordinierte 55
—, sequentielle 55
Inkubationsphase 24

Inosin 156
5'-Inosinsäure 156, 189 ff.
Invertase 192 ff.
Isobutylcarbinol 121
Isocitrat-Dehydrogenase 140
Isocitratlyase 206
L-Isoleucin 143
Isomerase 36
Isopropanol 132 ff.
Itaconsäure 32, 140 ff.

Joghurt 131

Käse 131
—, chinesischer 214
Kaffebohnen 215
Kahmhaut 9
Kakaobohnen 214
Kanamycin 160 ff.
Kanosamin 160
Kapsel 1 ff.
Karyogamie 12 ff.
Katabolismus 35
Kationenaustauscher 65
Kefir 131
Keltern 123
β-Ketoadipinsäure 208
α-Ketoglutarsäure 141
Ketosen 148
Kieselgur 63
Klärwerke 223 ff.
Kloeckera 122
Knallgasbakterien 217
Knöllchenbakterien 221
Kobalt 183
Kohlenwasserstoffe 204 ff., 211 ff.
Kühlung 2
Kultur, diskontinuierliche 24 ff.
—, kontinuierliche 27 ff.
Kulturchampignon 14
Kumiss 131
Kumys 131
Kurunga 131

Lactobacillus 17
— brevis 131, 141
— bulgaricus 131
— delbrückii 130

Lactobacillus fermenti 131
— leichmannii 130
— lycopersici 128
— plantarum 131
Lactobacteriaceae 5, 128
Lactose 10
Läuterbottich 117
lag-Phase 24
Lamellenkörper 1
Leben 131
Lederherstellung 222
Lefrançois 197 ff.
— Bütte 103
Lentinus edodes 196
Leucin 121
Leucinbiosynthese 57
Leucomycine 173
Leuconostoc citrivorum 130 ff.
— dextranicum 157
— mesenteroides 3, 157
Levane 159 ff.
Liköre 121
Lipasen 192
Lipidtropfen 1
α-Liponsäure 21
Lipopolysaccharide 3, 159 ff.
Lipoprotein 3
Lochtest 49
Luftfiltration 94
Luftsterilisation 74
Luftverteiler 103, 105
Luwesta-Extraktor 67
lyophil 58
Lysergsäure 187

Macrolide 173
Maischbottich 117
Maischpfanne 117
Maisquellwasser 20
4-Maleylacetessigsäure 209
Malz 117
D-Mannonsäure 149
D-Mannose 10, 149, 160
Mannosidostreptomycin 160
Masken 122
Materialzerstörung 222
Mediocidin 176
Meiosis 7, 12

Melasse 18, 19, 60
Melibiase 10
Melibiose 10
Membrankulturen 81
mesophil 23
Mesosomen 1, 3
Metalle, Oxidation 222
—, Reduktion 222
Metaphase 6
Methan 135, 136 ff., 213
Methanobacterium formicum 135
Methanobacterium omelianskii 135
— söhngenii 135
— suboxydans 135 ff.
Methanol 205
Methanosarcina barkeri 135
— methanica 135
Methanoxidation 205
DL-Methionin 143
N-Methylglucosamin 160
Methylmethansulfonat 52
Methymycin 173
Micrococcaceae 5
Micrococcus acidovorax 123
— cereficans 205
— malolacticus 123
Mikroorganismenentwicklung 83
Mikroorganismenzellen, Massenzucht 194 ff.
Milchprodukte 128 ff.
Milchsäure 32, 38, 128 ff.
Milchsäurebakterien 38, 128, 222
Milchsäure-Dehydrogenase 128
Milchsäuregärung 39
Milchsäureherstellung 130
Mischfermentation 144
Miso 214
Mitochondrien 7
Mitomycine 179
Mitosan 179
Mitose 6
Molke 130
Monolayer 50, 204
Morchella hortensis 196
cis, cis-Muconsäure 208
Mucor sufu 214
Mucoraceae 14
Müllkompostierung 222

Multistage-Reaktor 104 ff.
Murein 3
Mutanten 51 ff.
Mutterkorn 13
Mutterkornalkaloide 185 ff.
Mycobacteriaceae 5
Mycobacterium 205
— paraffinicum 206
— tuberculosis 200
Mycostatin 176

N-Quelle 17
Nachgärung 119
Nadelholzablaugen 19
Nährhefe 84
Nährstoffkonzentration 28
Nahrungsmittel 213 ff.
Naphthacen 171
Naphthalin 208, 210, 213
Natto 214
Neomycin 160 ff.
Neosamin C 160
Nicotinsäure 21
Nicotinsäureamid 21
Nisin 169
Nitrit 52
Nitrobacter 226
Nitrobenzol 154
Nitrosobenzol 154
Nitrosoguanidin 52
Nitrosomonas 226
Nocardia 206
— lurida 169
Norvalin 168
Novobiocin 178
Novobiocinsäure 178
Nucleinsäuren 188 ff.
Nucleolus 7
Nucleotide 189 ff., 213
Nucleus 1, 7
Nystatin 176

Oberflächenkulturen, Belüftung 101 ff.
Oberflächenverfahren 69 ff.
obergärig 9
Obstbranntwein 121
Ölsäure 141

Oidien 13
Oleandomycin 173 ff.
Oligosaccharide 157, 160 ff.
Operatorgen 57
Orléans-Verfahren 145
overflow 138
Oxalsäure 22, 140 ff.
Oxidation, biologische 224
Oxidationsgraben 225
Oxidationsreaktionen 144 ff.
Oxytetracyclin 35, 171

Paarkernmycel 14
Pantothensäure 21
Paracasein 131
Paraffine, Abtrennung 212
n-Paraffine, Oxidation 206 ff.
Paromomycin 160 ff.
Paromose 160
Pasteur-Effekt 115
Pasteurisation 86
Pectinasen 192 ff.
Penicillin 34, 53, 163 ff.
Penicillin G, Biosynthese 166 ff.
Penicillinase 53, 165
Penicillium 14 ff., 205
— camemberti 131
— chrysogenum 83, 163 ff.
— corylophilum 141
— frequentans 168
— nigricans 177
— notatum 163, 192
— purpurogenum v. rubrisclerotium 141
— roqueforti 131
Penicillus 13
Pentaene 176
Pentamycin 176
Pentose-phosphoketolase 129
Pentosephophatcyclus 17, 39 ff., 201
pH-Wert 22
Phagen 54
Pharmamedia 22
Phase, letale 25
Phenanthren 208 ff.
Phenolische Verbindungen 91
Phenylacetylcarbinol 156
L-Phenylalanin 143

237

Phenylhydroxylamin 154
Phosphoglycerat-Kinase 36
Phosphoglycero-Mutase 36
Phosphohexokinase 36
Phosphorlipid 3
Phosphorylierung 156
Phosphotriose-Dehydrogenase 36
Phycomycetes 11 ff.
Phyllocladenring 185
Pichia fermentans 11
Pilzamylasen 20, 120, 193
Pilzarten 11 ff.
Pilze, hefeähnliche 8
Pimaricin 175 ff.
Plasmogamie 12
Plastische Schicht 3
Plattenfilter 63
Podbeilniak-Extraktor 66
Polyene 175 ff.
Polymyxine 169
Polyoxyäthylen 110
Polyoxypropylen 110
Polyphosphatgrana 1
Polysaccharide 3, 157 ff.
Polysaccharidgrana 1
Populationsdichte 30
Porphobilinogen 182
Prallbleche 105
Produktbildung, Gesetzmäßigkeiten 30 ff.
Produktgewinnung 64 ff.
Produktionsstämme, Haltung 58 ff.
Produktivität 30
Produktmasse 30
Progametangien 12
Progesteron 153
Prokaryont 1
L-Prolin 143
propagiert 62
Propan 213
2-Propanol 154
Prophase 6
Propionibacteriaceae 5
Propionibacterium freudenreichii 181
— shermanii 181
Propionsäure 155
Proteasen 192 ff.

Protein 213, 217
Proteinerzeugung 212
Provitamin D_2 180
Pseudomonadaceae 5
Pseudomonas 226
— aeruginosa 205
— desmolytica 205
— fluorescens 141, 205
— hydrophila 134
— lindneri 41
— methanica 205
— ovalis 97, 141
— perlurida 190
— trifolii 141
Psicofuranin 180
Psilocybe 194
psychrophil 23
Pyridoxal 21
Pyruvat-Kinase 37

Radioisotopen 52
Raffinose 10
Rate, spezifische 31
—, volumetrische 31
Raumfahrtmikrobiologie 216 ff.
Reduktionen 153 ff.
Reduktionsteilung 7 ff.
Regulation 55 ff.
Regulatorgen 57
Reihenverdünnungstest 50 ff.
replica plating-Methode 53
Replication 52
Reticulum, endoplasmatisches 7
Rhizoiden 12
Rhizopus 214
— arrhizus 141
— delemar 141
— nigricans 12, 141, 192
Rhodotorula 205
Riboflavin 21, 180
Ribonucleinsäure 189 ff.
Ribosomen 1 ff.
Riesenkolonien 9
Rimocidin 176
Ringöffnung, oxidative 151
Ristocetin 169
Röhrenströmungs-Reaktoren 80
Rohrzuckermelasse 18

Rotweingärung   124 ff.
Rübenzuckermelasse   18
Rückspeisung   79 ff.
Rührfermenter   78

Saccharomyces   8
— carlsbergensis   11, 116
— cerevisiae   8, 11, 97, 116, 120 ff.,
   128, 154, 189, 200
— — var. ellipsoideus   121
— — — pastorianus   121
— mellis   128
— monacensis   116
— piriformis   116
— rouxii   11, 128, 214
— saké   116
— tokyo   116
— yeddo   116
Saccharomycetaceae   9
Saccharomycodes   8, 122
Saccharose   10, 18
Sättigungskonstante   28
Sättigungswert   28
Säuregärung   123 ff.
Säuren, organische   138
Säurewecker   131
Salicylsäure   210, 213
Salmonella typhi   56
Sauerkraut   131
Sauermilch   131
Sauerrahmbutter   130
Sauerstoff   24, 96 ff., 221, 224
Sauerteig   131
„scale-up"   108, 211
Scenedesmus   15, 201
Schaumabtrennung   211
Schaumbildung   75
Schaumdämpfungen, chemische
   110 ff.
Schaumwein   125 ff.
Schaumzerstörung   109 ff.
Schichtenfilter   64
Schikanen   105
Schimmelpilze, xerophil   16
Schlamm   223 ff.
Schlammausfaulung   227
Schlammbeseitigung   226
Schlauchpilze   13

Schlempe   19
Schmutzbeiwert   224
Schnallenbildung   14
Schnelltest   50
Schollerbütte   103, 197
Schüttelkultur   73
Schüttelmaschinen   73
Schwefelgewinnung   222
Schwefellost   52
Schweflige Säure   91
Secale cornutum   185
Seitenkettenabspaltungen   155 ff.
Seitenkettenaddition   155 ff.
Sekt   121, 125 ff.
Selektion   51
Serratia marcescens   134, 156
Sherryhefen   122
Shiitakepilz   196
Shoyu   214
Silage   131
Sklerotien   13
Sojamehl   21
Sojasaucen   214
Sorbit   145, 148
Sorbose   145, 148
Sphaerosomen   7
Sphaerotilus natans   226
Spiramycine   173
Sporangien   12
Sporangiophoren   12
Sporenbildung   4
Sprühtest   46 ff.
Spurenelemente   17
Stärke   19
Staphylococcus aureus   2, 165
Staubhefen   9
Sterilisation   85, 89 ff.
Steroide, Oxidation   149 ff.
Stickstofflost   52
Stoffübergang   99
Stoffwechsel, mikrobieller   35 ff.
Strahlen, ionisierende   52, 92
Strahlrohrbelüftung   102, 199 ff.
Streptococcus   226
— cremoris   130 ff.
— lactis   130 ff., 169
— thermophilus   131
Streptomyces sp.   176

Streptomyces albireticuli 176
— alsogriseolus 160
— ambofaciens 173
— antibioticus 169, 173
— aureofaciens 171
— caespitosus 179
— cellulosae 176
— erythreus 173
— euricidicus 176
— filipinensis 176
— floridae 169
— fradiae 149, 160, 176
— fulvissimus 169
— griseus 160 ff., 179
— hachijoensis 176
— halstedii 173
— hygroscopicus var. angustmyceticus 180
— kanamyceticus 160
— kitasatoensis 173
— mediocidicus 176
— naraensis 179
— natalensis 175 ff.
— niveus 178
— nodosus nov. sp. 176
— noursei 176
— olivaceus 181
— orientalis n. sp. 169
— penticus 176
— rimosus 171, 176
— — v. paromomyceticus 160.
— spheroides 178
— venezuelae 177 ff.
— viridoflavus 176
Streptomycetaceae 5
Streptomycin 34, 160 ff.
Streptose 160
Strichtest 47
Strömungen, laminare 107
—, turbulente 106
Submersfermentationstank 73
Submerskulturen, Belüftung 102
Submersverfahren 73 ff.
Substanz S 149
Substrate 17 ff., 60 ff.
Subtilin 169
Succinat 206
Sufu 214

Sulfatreduktion 222
Sulfitablaugen 18
Sulfitentfernung 197
Sulfitmethode 100
Sulfitverfahren 128
Suspensoren 12
Systeme, heterogene 83
—, homogene 83
—, kontinuierliche 82

Tabakfermentation 215
Talaromyces 14
Tankgärverfahren 125
Tauchkörper 224 ff.
Teichonsäuren 3
Telophase 6
Tempeh 214
Temperatur 23
Terramycin 171
Testzylinder 49
Tetracycline 171 ff.
Tetraene 176
Tetrahydrofolsäure 137
thermophil 23
Thiamin 21, 180
L-Threonin 143
Topinamburhydrolysat 22
Torula utilis 84, 189
Torulopsis 196, 212
— candida 11
Transaldolase 39
Transformationen 144 ff.
Transition 52
Transketolase 39
Transversierverfahren 125
Treber 117
Trehalose 10
Tricarbonsäure-Cyclus (TCC) 43 ff.
Trichomycin 176
Trifluorleucin 57
Tropfkörper 224 ff.
Trüffel 13
Tryptophan 143, 187
Tuber 13
Turbidostat 83
Turm, gefüllter 72, 80
TVP 212
Tylosin 173

Tyndallisation 85
L-Tyrosin 143
Tyrothricin 169

Übergangsphase 25
Überschichtungstest 46 ff.
Umwälzanlagen 211
untergärig 9
UV-Bestrahlung 52
— Entkeimung 92

Vakuumrotationsfilter 63
L-Valin 143
Valinomycin 169 ff.
Vancomycin 169
Verdünnungsrate 29
Verdünnungstest 48
Vergärungsgrad 115
Verhefung 196 ff.
Vibration 76
Vibromix-Fermenter 76
Viomycin 169
Vitamin B_{12} 85, 137, 180 ff.
Vitamin C 147
Vitamine 17, 22, 180 ff.
Vorfluter 202

Wachstumsfaktoren 21
Wachstumsrate 27 ff.
Wärmeaustauscher 86
Warburg-Dickens-Weg 39
Wasseraktivität 16
Wein 121 ff.
Weinbrand 121
Weinlese 123
Weinsäure 148
Weißschimmelkäse 131
Würze 117

Xanthomonas 141
5'-Xanthylsäure 189

Zellmembran 1 ff.
Zellstoffablaugen 18, 60
Zellvermehrung 26
Zellwand 1 ff.
Zellzüchtung 203
Zentriolarplatte 7
Zentrum, katalytisches 56
—, regulatorisches 56
Zuckervergärung 11
Zygosaccharomyces 8
Zygote 8, 12
Zylindertest 49

Heidelberger Taschenbücher

Medizin—Biologie

- 3 W. Weidel: Virus- und Molekularbiologie. 2. Auflage. DM 5,80
- 4 L. S. Penrose: Einführung in die Humangenetik. DM 8,80
- 5 H. Zähner: Biologie der Antibiotica. DM 8,80
- 18 F. Lembeck/K.-F. Sewing: Pharmakologie-Fibel. DM 5,80
- 24 M. Körner: Der plötzliche Herzstillstand. DM 8,80
- 25 W. Reinhard: Massage und physikalische Behandlungsmethoden. DM 8,80
- 29 P. D. Samman: Nagelerkrankungen. DM 14,80
- 32 F. W. Ahnefeld: Sekunden entscheiden — Lebensrettende Sofortmaßnahmen. DM 6,80
- 41 G. Martz: Die hormonale Therapie maligner Tumoren. DM 8,80
- 42 W. Fuhrmann/F. Vogel: Genetische Familienberatung. DM 8,80
- 45 G. H. Valentine: Die Chromosomenstörungen. DM 14,80
- 46 R. D. Eastham: Klinische Hämatologie. DM 8,80
- 47 C. N. Barnard/V. Schrire: Die Chirurgie der häufigen angeborenen Herzmißbildungen. DM 12,80
- 48 R. Gross: Medizinische Diagnostik — Grundlagen und Praxis. DM 9,80
- 52 H. M. Rauen: Chemie für Mediziner — Übungsfragen. DM 7,80
- 53 H. M. Rauen: Biochemie — Übungsfragen. DM 9,80
- 54 G. Fuchs: Mathematik für Mediziner und Biologen. DM 12,80
- 55 H. N. Christensen: Elektrolytstoffwechsel. DM 12,80
- 57/58 H. Dertinger/H. Jung: Molekulare Strahlenbiologie. DM 16,80
- 59/60 C. Streffer: Strahlen-Biochemie. DM 14,80
- 61 Herzinfarkt. Hrsg. von W. Hort. DM 9,80
- 68 W. Doerr/G. Quadbeck: Allgemeine Pathologie. DM 5,80
- 69 W. Doerr: Spezielle pathologische Anatomie I. DM 6,80
- 70a W. Doerr: Spezielle pathologische Anatomie II. DM 6,80
- 70b W. Doerr/G. Ule: Spezielle pathologische Anatomie III. DM 6,80
- 76 H.-G. Boenninghaus: Hals-Nasen-Ohrenheilkunde für Medizinstudenten. DM 12,80
- 77 F. D. Moore: Transplantation. DM 12,80
- 79 E. A. Kabat: Einführung in die Immunchemie und Immunologie. DM 18,80
- 82 R. Süss/V. Kinzel/J. D. Scribner: Krebs — Experimente und Denkmodelle. DM 12,80
- 83 H. Witter: Grundriß der gerichtlichen Psychologie und Psychiatrie. DM 12,80
- 84 H.-J. Rehm: Einführung in die industrielle Mikrobiologie. DM 14,80

Aus den übrigen Fachgebieten

- 1 M. Born: Die Relativitätstheorie Einsteins. 5. Auflage. DM 10,80
- 2 K. H. Hellwege: Einführung in die Physik der Atome. 3. Auflage. DM 8,80

6 S. Flügge: Rechenmethoden der Quantentheorie. 3. Auflage. DM 10,80
7/8 G. Falk: Theoretische Physik I und I a auf der Grundlage einer allgemeinen Dynamik.
Band 7: Elementare Punktmechanik (I). DM 8,80
Band 8.: Aufgaben und Ergänzungen zur Punktmechanik (I a). DM 8,80
9 K. W. Ford: Die Welt der Elementarteilchen. DM 10,80
10 R. Becker: Theorie der Wärme. DM 10,80
11 P. Stoll: Experimentelle Methoden der Kernphysik. DM 10,80
12 B. L. van der Waerden: Algebra I. 7. Auflage der Modernen Algebra. DM 10,80
13 H. S. Green: Quantenmechanik in algebraischer Darstellung. DM 8,80
14 A. Stobbe: Volkswirtschaftliches Rechnungswesen. 2. Auflage. DM 12,80
15 L. Collatz/W. Wetterling: Optimierungsaufgaben. DM 10,80
16/17 A. Unsöld: Der neue Kosmos. DM 18,—
19 A. Sommerfeld/H. Bethe: Elektronentheorie der Metalle. DM 10,80
20 K. Marguerre: Technische Mechanik. I. Teil: Statik. DM 10,80
21 K. Marguerre: Technische Mechanik. II. Teil: Elastostatik. DM 10,80
22 K. Marguerre: Technische Mechanik. III. Teil: Kinetik. DM 12,80
23 B. L. van der Waerden: 4. Auflage der Modernen Algebra II. DM 14,80
26 H. Grauert/I. Lieb: Differential- und Integralrechnung I. 2. Auflage. DM 12,80
27/28 G. Falk: Theoretische Physik II und II a.
Band 27: Allgemeine Dynamik. Thermodynamik (II). DM 14,80
Band 28: Aufgaben und Ergänzungen zur Allgemeinen Dynamik und Thermodynamik (II a). DM 12,80
30 R. Courant/D. Hilbert: Methoden der mathematischen Physik I. DM 16,80
31 R. Courant/D. Hilbert: Methoden der mathematischen Physik. II DM 16,80
33 K. H. Hellwege: Einführung in die Festkörperphysik I. DM 9,80
34 K. H. Hellwege: Einführung in die Festkörperphysik II. DM 12,80
36 H. Grauert/W. Fischer: Differential- und Integralrechnung II. DM 12,80
37 V. Aschoff: Einführung in die Nachrichtenübertragungstechnik. DM 11,80
38 R. Henn/H. P. Künzi: Einführung in die Unternehmensforschung I. DM 10,80
39 R. Henn/H. P. Künzi: Einführung in die Unternehmensforschung II. DM 12,80
40 M. Neumann: Kapitalbildung, Wettbewerb und ökonomisches Wachstum. DM 9,80

43 H. Grauert/I. Lieb: Differential- und Integralrechnung III. DM 12,80
44 J. H. Wilkinson: Rundungsfehler. DM 14,80
49 Selecta Mathematica I. Hrsg. von K. Jacobs. DM 10,80
50 H. Rademacher/O. Toeplitz: Von Zahlen und Figuren. DM 8,80
51 E. B. Dynkin/A. A. Juschkewitsch: Sätze und Aufgaben über Markoffsche Prozesse. DM 14,80
56 M. J. Beckmann/H. P. Künzi: Mathematik für Ökonomen I. DM 12,80
62 K. W. Rothschild: Wirtschaftsprognose. Methoden und Probleme. DM 12,80
63 Z. G. Szabó: Anorganische Chemie. DM 14,80
64 F. Rehbock: Darstellende Geometrie. 3. Auflage. DM 12,80.
65 H. Schubert: Kategorien I. DM 12,80
66 H. Schubert: Kategorien II. DM 10,80
67 Selecta Methematica II. Hrsg. von K. Jacobs. DM 12,80
71 O. Madelung: Einführung in die Halbleiterphysik. DM 12,80
72 M. Becke-Goehring/H. Hoffmann: Komplexchemie. DM 18,80
73 G. Polya/G. Szegö: Aufgaben und Lehrsätze aus der Analysis I. DM 12,80
74 G. Polya/G. Szegö: Aufgaben und Lehrsätze aus der Analysis II. DM 12,80
75 Technologie der Zukunft. Hrsg. von R. Jungk. DM 15,80
78 A. Heertje: Grundbegriffe der Volkswirtschaftslehre. DM 10,80
80 F. L. Bauer/G. Goos: Einführung in die Informatik. DM 9,80
81 K. Steinbuch: Automat und Mensch. DM 16,80
86 Selecta Mathematica III. Hrsg. von K. Jacobs.
87 H. Hermes: Aufzählbarkeit, Entscheidbarkeit, Berechenbarkeit. DM 14,80

MIX
Papier aus verantwortungsvollen Quellen
Paper from responsible sources
FSC® C105338

If you have any concerns about our products,
you can contact us on
ProductSafety@springernature.com

In case Publisher is established outside the EU,
the EU authorized representative is:
**Springer Nature Customer Service Center GmbH
Europaplatz 3, 69115 Heidelberg, Germany**

Printed by Libri Plureos GmbH
in Hamburg, Germany

Ärztliche Problematik des Urlaubs

Verhandlungsbericht des 1. ADAC-Ärzte-Kongresses
vom 16. bis 17. Juni 1972 in München

Herausgegeben von
W. WACHSMUTH
Würzburg

Mit 52 Abbildungen

Springer-Verlag Berlin · Heidelberg · New York 1973

ISBN 978-3-540-06160-1   ISBN 978-3-642-80737-4 (eBook)
DOI 10.1007/978-3-642-80737-4

Das Werk ist urheberrechtlich geschützt. Die dadurch begründeten Rechte, insbesondere die der Übersetzung, des Nachdruckes, der Entnahme von Abbildungen, der Funksendung, der Wiedergabe auf photomechanischem oder ähnlichem Wege und der Speicherung in Datenverarbeitungsanlagen bleiben, auch bei nur auszugsweiser Verwertung, vorbehalten.

Bei Vervielfältigungen für gewerbliche Zwecke ist gemäß § 54 UrhG eine Vergütung an den Verlag zu zahlen, deren Höhe mit dem Verlag zu vereinbaren ist.

© by Springer-Verlag Berlin · Heidelberg 1973

Die Wiedergabe von Gebrauchsnamen, Handelsnamen, Warenbezeichnungen usw. in diesem Werk berechtigt auch ohne besondere Kennzeichnung nicht zu der Annahme, daß solche Namen im Sinne der Warenzeichen- und Markenschutz-Gesetzgebung als frei zu betrachten wären und daher von jedermann benutzt werden dürften.

Vorwort

Der am 16. und 17. Juni 1972 in München abgehaltene ADAC-Ärztekongreß über „Die ärztliche Problematik des Urlaubs" war ein erster Versuch, das allgemein interessierende und höchst aktuelle Thema interdisziplinär zu behandeln. Das Präsidium des Allgemeinen Deutschen Automobilclubs, der sich seit jeher mit Fragen des Tourismus im weitesten Sinne befaßt hat, war der Anregung gefolgt, den Ärzten Gelegenheit zu geben, in aller Öffentlichkeit die Problematik zu diskutieren und sich zu den grundsätzlichen und zu speziellen Fragen zu äußern.

Der Kongreß hatte im In- und Ausland ein breites Echo, das in der zum Teil sehr ausführlichen Berichterstattung in über 200 Zeitungen seinen Ausdruck fand.

Von seiten der Referenten, der Teilnehmer, wie auch aus der Öffentlichkeit wurde der Wunsch geäußert, die Verhandlungen durch Veröffentlichung allen interessierten Ärzten zugänglich zu machen.

So wird hiermit ein Kongreßbericht vorgelegt, der die Verhandlungen in gekürzter, alles Wesentliche enthaltender Form wiedergibt. Leider ließ sich ein Teil der sehr lebhaften und anregenden Diskussion insbesondere zum Referat von Professor Schulte in Tübingen infolge des plötzlichen Todes des Referenten nicht mehr erfassen.

Dem Verleger, Herrn Dr. phil. Drs. med. h.c. H. Götze danke ich für sein freundliches Entgegenkommen.

W. Wachsmuth

Autoren-Verzeichnis

ADUM, O., Primarius
Städt. Gesundheitsamt, Beograd/Jugoslawien.

ASCHOFF, J., Prof. Dr.
Max-Planck-Institut für Verhaltensphysiologie, 8131 Erling-Andechs.

BAARK, H., Dr.
Leitender Arzt der Lufthansa AG, 2000 Hamburg 63, Postfach 300.

BOCK, H. E., Prof. em. Dr.
ehem. Direktor der Med. Univ.-Klinik Tübingen. 7400 Tübingen, Otfried-Müller-Straße.

DEMLING, L., Prof. Dr.
Direktor der Med.-Univ.-Klinik Erlangen. 8520 Erlangen, Krankenhausstraße 12.

HABS, H., Prof. Dr.
em. Professor der Hygiene an der Universität Bonn. 5300 Bonn 1, Klinikgelände 35.

HÄUSSLER, S., Priv.-Doz. Dr.
prakt. Arzt, 7305 Altbach (Württ.).

HALHUBER, M.J., Prof. Dr.
Chefarzt der Klinik Höhenried der Landesversicherungsanstalt Oberbayern. 8131 Bernried am Starnberger See/Obb.

HITTMAIR, A., Prof. em. Dr.
ehem. Direktor der Med.-Univ.-Klinik Innsbruck. A-6020 Innsbruck, Kaiser-Josef-Straße 15.

HOFMANN, G., Dr. med.
I. Oberarzt, Unfallkrankenhaus, 8110 Murnau.

JOKANOVIĆ, D., Prof. Dr.
Institut für Rechtsmedizin, Beograd/Jugoslawien.

JUNGMANN, H., Prof. Dr.
II. Med.-Univ.-Klinik Hamburg. 2000 Hamburg 20, Martinistraße 52.

KNÜTTGEN, H.J., Prof. Dr.
Direktor des Tropenmedizinischen Instituts der Universität Tübingen. 7400 Tübingen, Geißweg 3.

KÜNZER, W., Prof. Dr.
Direktor der Univ.-Kinderklinik. 7800 Freiburg i. Breisgau, Mathildenstraße 1.

LEWRENZ, H., Prof. Dr.
Leiter des Med.-Psychologischen Instituts beim TÜV Norddeutschland. 2000 Hamburg 54, Große Bahnstraße 31.

MOHR, W., Prof. Dr.
Chefarzt der Krankenhausabteilung des Tropeninstituts. 2000 Hamburg 4, Bernhard-Nocht-Straße 74.

MÜLLER-LIMMROTH, W., Prof. Dr.
Vorstand des Instituts für Arbeitsphysiologie der Techn. Universität München. 8000 München 13, Barbarastraße 16.

OPPEN, D., v., Prof. Dr. phil.
Direktor des Seminars für Sozialethik der Universität Marburg. 3551 Wehrda/Marburg a. d. Lahn, Am Kornacker 8.

SCHIRRMANN, G., Dr., Oberstabsarzt
Flugmedizinisches Institut der Luftwaffe — Abt. II — 8080 Fürstenfeldbruck.

SCHMIDT-KESSEN, W., Prof. Dr.
Institut für Balneologie und Klimaphysiologie der Universität Freiburg. 7800 Freiburg i. Breisgau, Hermann-Herder-Straße 7.

SCHUBERT, R., Prof. Dr.
Direktor der II. Med. Klinik. 8500 Nürnberg, Flurstraße 17.

SCHULTE, W., Prof. Dr. Dr. h.c. †
ehem. Direktor der Univ.-Nervenklinik. 7400 Tübingen, Osianderstraße 22.

SEELIGER, H., Prof. Dr.
Direktor des Instituts für Hygiene und Mikrobiologie der Univ. Würzburg. 8700 Würzburg, Josef-Schneider-Straße 2.

STRÖDER, J., Prof. Dr.
Direktor der Univ.-Kinderklinik. 8700 Würzburg, Josef-Schneider-Straße 2.

WACHSMUTH, W., Prof. em. Dr.
ehem. Direktor der Chirurg. Univ.-Klinik. 8700 Würzburg, Vorsitzender des ADAC-Ärztekollegiums.

WANDEL, A., Dr., Flottenarzt
Leiter des Schiffahrtsmedizinischen Instituts der Marine. 2300 Kiel-Kronshagen, Kopperpahlerallee 120.

Inhaltsverzeichnis

Begrüßungsansprache. W. Wachsmuth 1

Allgemeine Problematik

Sinn und Aufgabe des Urlaubs. H.E. Bock 4
Ermüdung und Erholung vom Standpunkt des Physiologen. W. Müller-Limmroth (Mit 3 Abb.) 15
Diskussion 21
Ermüdung und Erholung aus der Sicht des Klinikers. M.J. Halhuber (Mit 6 Abb.) 22
Ermüdung und Erholung vom Standpunkt des Psychiaters. W. Schulte † . . 31
Ermüdung und Erholung vom Standpunkt der Sozialethik. D. v. Oppen . . 37
Rundtischgespräch: Die echte Erholung. Leiter: M.J. Halhuber 43

Spezielle Probleme des Urlaubs

Problematik des Fahrens. H. Lewrenz 61
Die Problematik des Fliegens. G. Schirrmann 68
Diskussion 75
Der Urlaub auf See und seine Probleme. A. Wandel (Mit 7 Abb.) 76
Bioklimatologie. W. Schmidt-Kessen (Mit 1 Abb.) 86
Urlaub nach der biologischen Uhr — und im Konflikt mit ihr. J. Aschoff (Mit 8 Abb.) 98
Zeitlich richtige Einnahme von Medikamenten bei interkontinentalen Flügen. H. Baark (Mit 1 Abb.) 113
Besonderheiten beim alten Menschen. R. Schubert 131
Besonderheiten beim Kind. W. Künzer (Mit 3 Abb.) 138

Verhütung und Behandlung von Speziellen Urlaubskrankheiten

Bakteriell bedingte Erkrankungen unter besonderer Berücksichtigung der Darminfektion. H.P.R. Seeliger (Mit 4 Abb.) 148
Diskussion 162
Gefährdung durch Seuchen und Tropenkrankheiten beim Tourismus. W. Mohr (Mit 15 Abb.) 165

Diskussion 174

Gesundheitsrisiken in den Tropen durch Malaria, Gelbfieber und Wurminfektionen. H.J. Knüttgen (Mit 3 Abb.) 176

Schutzimpfungen und deren Komplikationen. H. Habs 187

Gefährdung bei Erkrankungen von Herz und Kreislauf. H. Jungmann . . . 196

Die Erkrankungen des Herz-Kreislauf-Systems und Urlaub. D. Jokanović und O. Adum 200

Verdauungsstörungen beim Erwachsenen. L. Demling 203

Ernährungsstörungen beim Kinde. J. Ströder (Mit 1 Abb.). 212

Urlaubs- und Reiseberatung in der freien Praxis. S. Häussler 222

Der ADAC-Arztruf. G. Hofmann 228

Begrüßungsansprache

W. Wachsmuth (Würzburg)

Herr Staatsminister, meine Damen und Herren!

Ich eröffne den 1. ADAC-Ärztekongreß und heiße Sie alle herzlich willkommen. Zur Diskussion steht ein Gegenwartsproblem ersten Ranges von bedeutendem Einfluß auf jeden Einzelnen, wie auf die Gesellschaft, in der wir leben und den Staat, dessen Wohl von der Erhaltung der Arbeitskraft und der Gesundheit seiner Bürger abhängt.

Wir freuen uns daher besonders, daß zahlreiche Ehrengäste unserer Einladung gefolgt sind. Durch ihre Anwesenheit bezeugen sie ihr Interesse an den uns bewegenden Fragen auch vor der Öffentlichkeit.

Ich begrüße insbesondere als Vertreter der Bayer. Staatsregierung den Staatsminister des Inneren, Herrn Dr. Bruno Merck. Wir wissen, welche Last des Amtes auf ihm ruht und schätzen seine Anwesenheit umso höher, als uns bekannt ist, daß er seiner nächsten dienstlichen Verpflichtung bereits um 10 Uhr nachkommen muß. Die Frau Bundesminister Käthe Strobel, die ursprünglich ihr Kommen zugesagt hatte, läßt sich entschuldigen, da sie im Augenblick in Bonn unabkömmlich ist. Ich begrüße ferner den Vertreter des Bayer. Staatsministeriums für Arbeit und Sozialordnung, zugleich den Vizepräsidenten des Bayer. Roten Kreuzes, Herrn Ministerialrat Dr. Klaes, als Vertreter des Sanitätsinspekteurs der Bundeswehr, Herrn Generalarzt Dr. Rebentisch.

Zu meiner besonders großen Freude sehe ich die beiden Dekane der Münchner Medizinischen Fakultäten, Herrn Professor Spann und Herrn Prof. Maurer unter den Gästen.

Last not least begrüße ich den neuen Präsidenten des ADAC, Herrn Franz Stadler. Ich darf ihm und dem gesamten Präsidium dafür danken, daß die Anregung, auch die Ärzte zur Frage des Tourismus und des Urlaubs zu Worte kommen zu lassen und diesen Kongreß zu veranstalten, sofort bereitwillig aufgenommen und in die Tat umgesetzt wurde.

Ich darf Sie um Verständnis bitten, wenn ich im Interesse der Zeit von weiteren persönlichen Begrüßungen absehe. Es liegt mir aber doch am Herzen, die ausländischen Teilnehmer und Delegationen besonders willkommen zu heißen. Wir freuen uns über die Anwesenheit unserer Gäste aus Italien, Jugoslawien, den Niederlanden, Österreich, aus der Schweiz und der Tschechoslowakei. Das Thema dieser Tage berührt uns ja alle gleichermaßen. Unsere Gedanken und Probleme sind auch die ihren.

Urlaub und Tourismus sind heute zentrale Fragen von sozialpolitischer, volkswirtschaftlicher und nicht zuletzt gesundheitspolitischer Relevanz. Die echte Erholung des durch Arbeit und Umweltfaktoren ermüdeten Menschen ist ein Kernproblem unserer Zeit geworden, eine Lebensfrage für den Einzelnen, aber nicht minder für Gesellschaft und Staat. Gegenüber früheren Zeiten werden immer breitere Schichten und auch jüngere Menschen erholungsbedürftig. Dies hat seinen Grund darin, daß die Arbeits- und Lebensbedingungen sich in den letzten Jahrzehnten zunehmend gewandelt haben. An die Stelle der vorwiegend körperlichen Arbeit und Ermüdung sind durch Automation, Mechanisierung und nicht zuletzt den Streß des modernen Verkehrs neurovegetative Spannungen getreten, die ein gründliches Überdenken der Urlaubsgestaltung als eines naturgemäßen Ausgleichs notwendig machen. Es kann nicht Aufgabe des Arztes sein, gewisse moderne Erscheinungsformen der Urlaubsgestaltung ganz allgemein zu verurteilen, etwa das Phänomen des Massentourismus zu verteufeln. Aufgabe, ja Pflicht des Arztes ist es aber, gesundheitliche Aufklärung zu treiben, die Flut der Reiselustigen nicht zu hemmen, was auch sicherlich ein fruchtloses Unterfangen wäre, sie vielmehr in die richtigen Bahnen zu leiten.

Heute wird so häufig nach präventiver Medizin gerufen, hier eröffnet sich für diese ein geradezu klassisches ärztliches Arbeitsgebiet. Immer größer, immer vielfältiger werden die lockenden Angebote der Reiseunternehmen, die dem Drange des Menschen nach dem Fremden, dem Abenteuerlichen, der Jedem innewohnenden Sehnsucht nach dem Neuen und Geheimnisvollen, kurz nach dem „ganz Anderen" entgegenkommen. Mit dieser rasanten Entwicklung, die erst unser technisches Zeitalter ermöglicht hat, durch eine individuelle ärztliche Beratung Schritt zu halten, muß erstrebt werden, um eine ausgewogene Ermüdungs- und Erholungsökonomie zu erreichen.

Der kontinuierliche Streß, dem heute die Mehrzahl der tätigen Menschen ausgesetzt ist, verlangt sorgfältige und fachliche Planung, gerade auch der Erholungsphase. Hier sollte der Arzt in zunehmendem Maße beteiligt werden.

Vorsorgemedizin läßt sich allerdings nur bei Aufgeschlossenheit und Verständnis des Einzelnen mit Erfolg betreiben. Ich appelliere an die Presse, deren zahlreiche Vertreter ich hier besonders dankbar begrüße, ihrerseits durch gezielte Aufklärungsarbeit die unabdingbaren Voraussetzungen zu schaffen. Man kann dann nur wünschen, daß mit wachsender Erkenntnis und Selbstverantwortung mehr als bisher auch der Rat des Arztes vor Antritt des Urlaubs eingeholt wird, um Enttäuschungen, Zwischenfälle und Schäden zu vermeiden. Dies gilt nicht nur für Kranke, sondern gerade auch für die gesundheitlich Labilen und Gefährdeten, vor allem vor strapaziösen Reisen.

So soll als Grundlage unseres heutigen Vormittags zunächst die Begriffsbestimmung der „echten Erholung" erarbeitet werden, ehe wir uns den speziellen Problemen zuwenden.

Es bleibt mir nur noch übrig, den Herren Referenten zu danken, die sich im Interesse der Sache ausnahmslos auf meine Bitte zur Verfügung stellten. Die Diskussion mit ihnen wird, so hoffe ich, die Tagung besonders fruchtbar gestalten und mag manchen neuen Gesichtspunkt ergeben, der für den Arzt wertvoll, für den Erholungssuchenden nützlich sein könnte.

Allgemeine Problematik

Sinn und Aufgabe des Urlaubs

H. E. Bock (Tübingen)

Das tragende und überragende Element des Urlaubs ist sicher die *Freiheit von Zwang und von Zweck*, d. h. das Menschsein oder wieder Menschwerden nach eigengesetzlichen Entwürfen. Man selbst sein zu dürfen, aus dem aufgezwungenen Fremdrhythmus unseres hochzivilisierten Lebens zum individuellen Grundrhythmus unserer persönlichen Veranlagung zurückzustreben, ist ein noch erhaltener Rest gesunden Instinktes. Die Herauslösung aus dem Getriebe und Geschiebe des Alltags hat den Wert eines Schutzreflexes. Das Fliehen in die Weite erscheint als ein arterhaltender Akt des intelligenten Nestflüchters, der novarum rerum cupidus est. Aber man kann auch Urlaub zu Hause genußreich gestalten, wenn man sich genügend abschirmen kann; Bücher und Steckenpferde stehen dabei ohne Einschränkung zur Verfügung.

Urlaub ist eigentlich — althochdeutsch: Erlaubnis —. Also Erlaubnis, zu sein oder zu werden, wer man ist. Aber wie macht man Gebrauch davon? Am einfachsten durch Abtasten der Möglichkeiten, sich selbst zu finden, durch „trial and error", also Versuch, — Irrtum, — erneuter Versuch, — Treffer, jene legalen Tricks der biologischen wie kulturellen Evolution im Großen wie im Kleinen — nach der Spruchweisheit: Probieren geht über Studieren.

Ob dazu Einkehr und Ruhe, Einsamkeit oder Gesellschaft, ob dazu Sturm oder Drang, Offensivgeist oder Defensivhaltung gehört, das ist nicht allgemeinverbindlich zu sagen und wohl auch beim *gleichen* Individuum zu *verschiedenen* Zeiten unterschiedlich. Es ist abhängig

1. von der Kondition — Urlaubsreife
2. von der Disposition — Urlaubsfähigkeit
3. von der Konstellation — Urlaubsgelegenheit.

Konstellation, das ist das Zusammentreffen der Umstände oder der „Stand der Gestirne", unter denen wir unseren Urlaub antreten. — Über Kondition und Disposition vermag das Mängelwesen Mensch — urlaubsreif oder — überreif — ohne ärztlichen Rat nicht immer zu urteilen. *Konstellation* ist die große Unbekannte jedes Urlaubs, die Glück oder Pech, Treffer oder Niete bedeutet, z. B. wenn uns alte Erinnerungen oder neue farbenprächtige Angebote in unbekannte Fernen gelockt haben.

Wenn im Brockhaus definiert wird, Urlaub sei „jede zeitweilige und rechtmäßige Unterbrechung eines Arbeitsverhältnisses unter Fortdauer des Rechtsverhältnisses selbst", so ist das eigentlich nur die Starterlaubnis, mit der wir unseren rekreativen Höhenflug antreten. Dieser Anfang muß nicht real mit dem Flugzeug oder Auto erfolgen, er muß nicht einmal motorisiert bewerkstelligt werden (obwohl uns der Motor einen freudigen Anfangsakkord aus Kraft und Geschwindigkeit, Herrschafts- und Freiheitsgefühl mit auf den Weg geben kann). Man kann auch Pferd, Boot, Fahrrad oder Bundesbahn benutzen. Der Autoreisezug erscheint mir wie das „missing link" zwischen alter und neuer Urlaubskultur. Man kann aber auch ganz einfach den Tennis- oder Golfschläger unter den Arm oder — mit Angelgerät, Schwimmflossen und Schnorchel bewaffnet — die Badehose um die Hüften nehmen. — Es gibt glücklicherweise noch Menschen, die lediglich ihre eigenen Beine zum Urlaub benutzen und auf Schusters Rappen — gewissermaßen in Diäthappen — die Heimat genießen. Je jünger ein Urlauber ist, umso mehr wird er Aktion und Erlebnis suchen, wird er streben und versuchen, den Elementen kämpferisch zu begegnen. Bergsteigen, Pirschen, Reiten und Segeln, auch Segelfliegen, Skilaufen, Wasserski locken unverweichlichte Naturen.

Obwohl Urlaub ein menschliches Bedürfnis, ja ein Menschenrecht darstellt, ist *geplanter Urlaub* ein spätzivilisatorisches Ornament — und als solches natürlich in vielen Stilen ausführbar. Man kann als Normalverbraucher im „Urlaub von der Stange" die weite Welt erleben. Wir kennen den Urlaubsnörgler, dessen destruktiver Kritizismus jede Urlaubsatmosphäre stört, den Hochgestimmten, in zu großer Amplitude den Angeber mit Intervallexzessen — und wir beneiden vielleicht manchmal die stillen Genießer, die talentierten Urlaubskünstler, die mit einem Ferien-Anspruch auf einige 20 Arbeitstage mühelos auf jene (früher so viel geschmähte) Schullehrerferienzeit von 85 Tagen gelangen. — Durch freie Ausgleichs-, Sams- und Feiertage kann man es in arbeitnehmerfreundlichen Jahren fast auf die Urlaubszeiträume eines hochspezialisierten Universitätsprofessors aus einem selten gefragten theoretischen Forschungsfach bringen. — Diesen Privilegierten stehen die Urlaubs*stiefkinder* gegenüber, die Mütter, die Hausfrauen mit 24-Stunden-Tag. *Warum versagt hier unser soziales Gewissen?*

Trotz oder neben allem juristischen und soziologischen Ballast ist Urlaub *in der Sicht des Arztes* zunächst einmal eine höchstnatürliche Angelegenheit, eine zweckmäßige und sinnvolle Pause zur Entspannung und Erholung. Der homo sapiens bedient sich — bereits während seiner Aszendenz — der in der belebten Natur verbreiteten Einrichtung der Pause. Ihre Bandbreite reicht vom Totstellreflex bis zum Winterschlaf. Unsere Urlaubsratschläge sollten vor allem die charakteristische Periodik des biorhythmischen Auf und Ab vieler natürlicher Lebensvorgänge beachten (Jores, Menzel, Halberg, Hildebrandt).

Urlaub ist mehr als die Generalpause der Musik, d. h. mehr als das programmierte völlige Verstummen des Orchesters, das zwar auch ein interessanter und paradox belebender Bestandteil der Linienführung unserer Lebensmelodie sein kann, aber nicht den Erholungswert besitzt, den jede Urlaubsphase hat — oder zumindest haben könnte und haben sollte.

Um hier nicht in tierischen Ernst oder themafremden Tiefsinn zu verfallen, zitiere ich zunächst einmal — als Orchesterpause — Peter Bamm, der das Lob der paradiesischen Faulheit singt und die große Aufgabe, Ferien zu machen, als gleichbedeutend erachtet mit der höchstschwierigen Aufgabe, nichts zu tun. In bewußter spiritueller Verfremdung meint er geistreich, daß Faulheit „selbst wenn sie keine Tugend aus dem Paradies", sie doch ein „paradiesisches Laster" sei. Zwei Möglichkeiten gäbe es, erfolgreich Ferien zu machen: entweder die Lage des Paradieses zu kennen — oder nun vielleicht etwas überraschend formuliert: „verrückt zu sein". Gemeint ist das Herausrücken aus dem Gewohnten, das Verrücken des Wirkungsbereiches, um das es gerade beim Urlaub geht.

Urlaub ist *nicht nur leere Passivität*, sondern kreative Besinnung und herzhafte wie scherzhafte *Betätigung*. Urlaub ist *Resublimierung des Humanen*, wie ich in sehr freier Anlehnung an Max Scheler sagen möchte. — In einer Welt, in der die Technik das Humanum immer wieder überholt, muß man sich selbst — als Mensch — immer wieder einholen, um sich erholen zu können. Man darf sich dann getrost der wohltuenden Heilkraft der Natur, der vis medicatrix naturae, anvertrauen. — Die Apparate der Zivilisation kennen keine Selbstregeneration. Die Heilkraft und Regenerationsfähigkeit der natürlichen Geschöpfe ist unter gesundheitlich vernünftigen Bedingungen ein Perpetuum mobile der Gesunderhaltung — paradoxerweise wirksam durch die Pause. Sie ist die Gnade und die Hoffnung alles Lebendigen und auch des Menschen, der den pathoplastischen (d. h. Erschöpfung, Schaden, Krankheit, Abnutzung bewirkenden) Mißbräuchen oder Abartigkeiten der Zivilisation ausgesetzt oder schon verfallen ist.

Ein Leben, das regenerative und kreative Pausen nicht einschließt, wird mit steigendem Lebensalter immer gefährlicher, da das Adaptations- und Regenerationspotential mit den Jahren geringer wird. Es gibt ein einfaches Beispiel, von der Notwendigkeit der Pause zu überzeugen: unser Herz. Dieser mit 40 Millionen Herzschlägen pro Jahr scheinbar pausenlose Motor unseres Lebens, dessen Tätigkeit und Ansprechbarkeit wir mit Hilfe des Elektrokardiogramms für jede tausendstel Sekunde festlegen können, sichert sich nach jedem Schlag eine kurze Zeit absoluter Unansprechbarkeit, um die notwendigen energiereichen Phosphate für die folgende Aktion wieder aufzubauen: Wir nennen das die absolut-refraktäre Phase. Auch der Mensch braucht gelegentlich eine Art völligen Ruhepotentials, um neue Kräfte aufbauen zu können. Er kann und muß einmal abschalten. Die Natur fordert, ja bewirkt die Pause selbst — meist ungewußt von ihm, sogar gegen seinen Willen. Im biologischen Großformat der Ganzheit ist diese schöpferische Pause der Schlaf.

Pausieren bedeutet zwar Unterbrechung, ist aber ebenso wenig wie der Schlaf völliges Refraktärverhalten. Der Erholungswert des Schlafes geht nicht verloren, wenn man träumt, — und der Erholungswert der Pause bleibt erhalten, auch wenn man sich auf eine andere Betätigung umstellt. Das ist fast wie ein biologisches Wunder. Monotonie — in sich selbst ermüdend, kann durch Abwechslung überlistet werden. ,,Variatio delectat", Abwechslung erfreut sogar — und Freude ist ein weiterer wesentlicher Erholungsfaktor —. Sport wurde als Arbeit im Gewande jugendlicher *Freude* definiert. Das Pausenturnen, das im heutigen Japan so selbstverständlich ist, hat einen hohen Erholungswert. Viel zu wenig ist bekannt, daß bereits im Jahre 1910 für alle Klassen preußischer Schulen das 10-Minuten-Pausenturnen obligatorisch war. Warum vergißt man das? — Auch zur Urlaubspause gehört ,,Pausenturnen", sei es in Form regelmäßiger Gymnastik oder Schwimmens, sei es auch nur in Form des regelmäßigen Spaziergangs ,,bis zum Schwitzen durch eigene körperliche Tätigkeit", für Leistungsmenschen erlaubt bis zu einer Pulszahl von 150 — oder nach Müller-Limroth für Jedermann bis zu einer Pulszahl von ,,170 minus Lebensjahre". — ,,Untätigkeit schwächt, — Übung kräftigt, Übertreibung schadet" ist ein allgemein-gültiges biologisches und bis ins Geistige reichendes anthropologisches Motto.

Urlaub, ein natürliches bilogisches Bedürfnis, wurzelt legitim, wenn auch unbewußt, in der Pause. Heute hat sie jeder nötig, jung wie alt, Frauen keineswegs weniger als Männer. — Heute ist Urlaub organisiert, fremdorganisiert, fast von der Überorganisation bedroht. Man könnte sagen, Urlaub sei auf seinem manipulatorischen Höhepunkt angekommen. Der ideenreiche Soziologe Schelsky hat einmal als ,,Grundgesetz der wissenschaftlichen Zivilisation" die dauernde Produktion von Technik durch den technischen Fortschritt selbst bezeichnet, was wiederum nach Organisationstechniken, nämlich Humantechniken verlange, um die dabei entstehenden neuen psychischen und Organisationsprobleme in den Griff zu bekommen. Der moderne Urlaubsbetrieb selbst ist ein solch technischer Fortschritt, der immer neue Techniken produziert, sich selbst perpetuierend in einer Spirale von Fortschritt und Konfliktsituation.

Vergessen wir nicht, daß *der Mensch das Maß* allen Urlaubs sein sollte! Nach übervollen Arbeitswochen soll er ein plötzlich geschenktes Vakuum an Freizeit sinnvoll füllen, sein humanitäres Defizit, das er wie eine Sauerstoffschuld aufnahm, tilgen.

Hat man eigentlich Urlaub oder verbraucht man Urlaub? Nimmt man oder macht man Urlaub, d. h. gestaltet man Urlaub? — Oder wird man gar dem Urlaub ausgeliefert, in den Urlaub ,,geworfen"? — Sicher kommt *alles* vor. Wäre der Mensch nicht schon auf manchen Gebieten inaktivitäts-atrophisch, phantasieverarmt und suggestionshörig, könnte das ,,Geworfensein" in den Urlaub zu den hoffnungsvollsten Ansätzen einer Verwirklichung persönlicher und sozialer ,,Ent-würfe" in einer gesunden und lebendigen menschlichen Gemeinschaft werden. — Besinnung sollte die Aufgabe des ersten Urlaubsschöpfungstages sein. In welchen Amplituden zwischen Besinnung und Aktivität, in welchen Isothermen oder Isobaren von Gefühlen und Trieben man sich bewegt, das muß heute — in einer Welt ungeahnter Freizügigkeit — dem Einzelnen überlassen bleiben. Die Älteren unter uns staunen, wie weit Freiheit ausgekostet wird, wie sich Maßstäbe und Techniken geändert haben — und auch, wie sehr selbst Hygiene und Aesthetik, Genußmittel- und Drogengebrauch der Mode unterworfen sind. Auch das gehört wohl zu ,,trial and error". Wichtig ist, daß im ,,Jagen von Begierde zu Begierde" — übrigens keine Erfindung des 20. Jahrhunderts! — die Zeit zur Besinnung nie ganz verloren geht, und daß die Gesundheit keinen Dauerschaden erleidet. Jeder vierte Urlauber kehrt, wie mir der Präsident und Initiator unserer Tagung, Professor Wachsmuth, schrieb, vom Urlaub zurück, ohne die gesuchte Erholung gefunden zu haben! Der Starnberger Diplompsychologe Heinz Hahn ermittelte als Urlaubswünsche: 65% wollen Erholungsurlaub; 32% wollen ganz ausgesprochen einen Gesundheitsurlaub; 16% wünschen einen Amüsierurlaub; 19% akzeptieren einen Familienurlaub; 37% wollen ans Meer; 30% ins Gebirge.

Urlaub erfährt seine *Rechtfertigung* nicht nur aus dem ärztlich meßbaren Gesundheitszuwachs, sondern auch aus der Erlebnistiefe und -nachdauer. Deshalb haben Romantik und Idealisierung ihr angestammtes Recht im Urlaub. Während man früher Weltanschauung aus Büchern lesend oder aus Erzählungen erwarb, erlebt man sie heute drei- und vierdimensional selbst. —

Wenn irgend möglich, sollte man Menschen im Urlaub an einem *schöpferischen Prozeß* teilhaben lassen. Fotografieren und Filmen ist ein Anfang für jedermann. Das Darstellen des Erlebten in Briefen oder im Tagebuch sollte das Mindeste an Reproduktivleistung sein. Am wertvollsten ist das Festhalten des Gesehenen in gezeichneten oder gemalten Bildern.

Betrachten wir, wie Goethe seinen Urlaub gestaltet hat, so ist es erstaunlich, mit welcher wissenschaftlichen Gründlichkeit er seine Vorbereitungen traf, und wie er die Natur studierte und dann, z. B. die Steine in der Umgebung seiner verschiedenen Heilbäder, registrierte. Mein Rat wäre, auch die *Sprache* seiner Umgebung zu erlernen, denn Sprachen sind ein Sesam-öffne-Dich zu neuen Geistes- und Erlebnisräumen. Oft sind die ersten Tage der Einstimmung in Klima und Landschaft die beste Zeit zum Neubeginn. — Je älter der Mensch ist, und je mehr er von Osten nach Westen von seinem ständigen Wohnort abweicht, umso vorsichtiger und länger sollte die anfängliche Akklimatisierung sein, weil die biorhythmische Beanspruchung auf den Breitengraden viel erheblicher ist als auf den Längsachsen des Globus.

Das *konstruktive Abenteuer der Selbstfindung*, der Selbstverwirklichung im — zumindest kompendiösen — Wiederholen der Entwicklung in einer Art kulturell-biogenetischen Grundgesetzes ist die große Chance für jeden Urlauber. Er darf ähnlich wie ein Erkrankter oder Genesender auf eine primitivere Stufe regredieren. — Als Arzt ist man allerdings oft erschüttert über den Tiefstand und die Gedankenlosigkeit solcher Regression, z. B. der Rauscherzeugung wie der Freßgier, die beide keinen Platz in einem gesundheitlichen Erholungsprogramm haben. Aber es steht angeblich ja schon in einem ägyptischen Papyrus: „Der größte Teil dessen, was wir essen, ist zu viel. Also leben wir von einem Viertel dessen, was wir verschlingen. Von den restlichen drei Vierteln leben die Ärzte" (zit. nach Lissner: So habt Ihr gelebt). Im Stoffwechsel sprechen wir vom Aufbaustoffwechsel als Anabolismus, vom Abbaustoffwechsel als Katabolismus. Wir sollten im Urlaub die anabolen Tendenzen unterstützen, freilich nicht so sehr auf dem nahrungskalorischen Sektor (etwa nach dem Motto, das ich von Descartes über Jäger und Rummel weiter modifizieren möchte bis zum „Inkognito, ergo consum" —), als vielmehr auf dem kulturellen und Erlebnissektor.

Reisen ist ein Urlaubszauberschlüssel. „Die Helden aller romantischen Bücher sind fast beständig auf Reisen: Don Quichotte wie Wilhelm Meister und alle ihre Nachkommen" — schreibt Ricarda Huch — bis Niels Lyhne (von Jacobsen), der die Geschichte einer Reiselust darstellt. — „Wem Gott will rechte Gunst erweisen, den schickt er in die weite Welt" — das ist Eichendorff. — „Erst die Fremde lehrt uns, was wir an der Heimat besitzen" — das schreibt Theodor Fontane im Vorwort zu seinen Wanderungen durch die Mark, für die er die ersten Anregungen „auf Streifereien in der Fremde" bekam.

Es wäre fürwahr seltsam, wenn der moderne Mensch sein uraltes Fernweh nicht in vollen Zügen auskostete, nachdem seine technischen Mittel es ihm erlauben, ohne Schwierigkeit zu verwirklichen, was Jules Verne oder der Baron Münchhausen, auf seiner Kanonenkugel reitend, nur erträumten.

Aber bei jedem Urlaub sollte man mit Manfred Hausmann fragen, ob das Unterwegssein oder *das Ankommen* das Wesentliche sei. Ich glaube, als Arzt darauf hinweisen zu dürfen, daß man das Schwergewicht des Urlaubs doch etwas mehr auf das Ankommen und Verweilen — und nicht so sehr auf das Unterwegssein — konzentrieren sollte, weil das Anpassungspotential des modernen Menschen oft so stark beansprucht wird, daß man mit Hochrein und Schleicher fast von einer Adaptationskrise sprechen kann.

Zeit erfährt im Urlaub eine andere Wertung und Dynamik, erst largo, dann accelerando, schließlich gegen das Finale — presto. Wie sich im Urlaub das Zeitempfinden unter den ungewohnten Verhältnissen einer Ferienreise verändert, das hat Thomas Mann im „Zauberberg" wundersam beschrieben. — Zeit ist als Heil- wie als Schädigungsfaktor von Bedeutung, — und die Zahl der Freizeitschäden ist heute größer denn je.

Urlaub ist nicht nur ein eigentümliches *Zeit*phänomen, sondern auch ein *Raumproblem*. Wer das neueste Buch des Philosophen Otto Friedrich Bollnow „Mensch und Raum" liest, wird darüber nachdenken. Seit der Renaissance hat sich unser Raumgefühl beträchtlich gewandelt. Man führt es auf Petrarca zurück, der 1336 (nach mehrmaligem vergeblichen

Ansturm) den Mont Ventoux in der Provence, 1912 m hoch, erstieg. Wer diesen Berg kennt, weiß von seinem Reichtum an Versteinerungen und von seinen interessanten Vegetationszonen; darüber hinaus ist er das Wahrzeichen der Provence mit überwältigendem Fernblick. Das von Petrarca in einem Brief an seinen Freund geschilderte Erlebnis einer neuen Weite gilt allgemein als der Anfang jenes modernen aesthetischen und produktiven Raumempfindens, das sich vielen von uns auf Wanderungen oder Flügen offenbart und seither zu manchen Urlaubsreisen bewegt hat.

Ich möchte einer *Inklusionstheorie des Urlaubs* das Wort reden — mit Einschluß überlegter Faulheit und vagabundierenden Eifers, nicht ohne Musen, mini- oder maxigeschürzten; selbst Fachliteratur darf in homöopathischen Dosen lustvoll und zeitsouverän genossen werden. Man darf Urlaub nicht gedankenlos allein als Gegenwärtiges konsumieren, sondern man sollte ihn auch des Nachdenkens für wert halten, wie weit er als Zukunftbereitendes angelegt werden könnte. Carpe diem! Nutze den Tag! Nulla dies sine linea — aber auch nulla dies sine passu, d. h. keinen Tag ohne geistiges wie leibliches Fortschreiten. Nicht ganz ohne die Freuden der Pflicht (Siegfried Lenz), doch keinesfalls ohne die Freuden der Kür (wie einst im Lenz!), ohne Leid, doch auch ohne zuviel (Siegmund) Freud. Der Mensch als Ganzes soll sich erholen und sich möglichst unproblematisch, als Naturwesen und als Einheit, wohlfühlen in der gleichberechtigten Teilhabe an einer universalempfundenen Welt. Der Spezialist sollte sich in die Weite des Allgemeinen begeben, der Generalist sollte sich um die Tiefe des Besonderen bemühen!

Als Emeritus käme ich mir selbst naiv vor, wollte ich Ihnen, den Jüngeren, Urlaubsstile schulmeisterlich empfehlen. Ich hätte nicht nur mein Thema verfehlt, es wäre auch nutzlos wie eine Abhandlung über sommerlich aesthetische Kleidung, über hygienische Behaarungsmuster, über Nikotinmißbrauch oder über den Vorteil des Milchtrinkens, zu dem jeder — mit Recht — seine eigene Stellung bezogen hat. Es ist auch meine *Überzeugung*, daß es kaum etwas Wichtigeres für das Gelingen eines Urlaubs gibt, als *Toleranz*. Wir sollten das Selbstbestimmungsrecht unserer Miturlauber achten. Nur gegen ihren Lärm und ihre Umweltverschmutzung sollten wir unsere Intoleranz bekunden, aber mit dem erhebenden Gefühl des Klügeren, der sich bereits rechtzeitig einen Fluchtweg in die Stille und Reinheit gesichert hat. Der „Kampagne zum gesundheitsgerechten Freizeitverhalten" des Staatssekretärs Professor von Manger-König gilt unsere ganze Unterstützung.

In Zukunft werden wir um die Sicherung alter Naturschutzgebiete wie um die Schaffung neuer Urlaubsräume mit allen Revitalisierungsmöglichkeiten ängstlich besorgt sein müssen. Landschaftsplaner und Umweltschützer sind aufgerufen. Wir werden auch künstlich in technischer Perfektion, ja Raffinesse entworfene, durch Wasserflächen verschönerte Urlaubslandschaften anlegen müssen. Gott schütze uns aber vor Schablone, Schema, Eintönigkeit und Einfallslosigkeit! Sportkurort ist nicht gleich

Sportkurort. Reiter, Radler, Angler, Paddler sind unterschiedlich nach Stil und Konstitution, nach Emotion und Esprit, nach Geselligkeits- wie Erholungsbedürfnissen. Die Frage nach der Dringlichkeit und Reichweite des „Social-engineering" bedarf der ständigen Reflexion und Kritik auch der Soziologen und Psychologen.

Niemand wird die Leistungen der Reisebüros und ähnlicher Organisationen für die Erschließung ferner Länder und Kulturen und für die funktionale Organisation des Reisens unterschätzen, und wohl jeder hat sich ihrer Hilfe schon einmal versichert. Man wird auch dankbar ihr reiches Angebot an Urlaubsbildungsreiseprogrammen studieren. Man sollte sich aber immer bemühen — wie bei den Bildungsreisen, so auch im zukünftigen Bildungsurlaub — aus einer größeren Auswahl — individuell — selbst auswählen zu können. Ein vorfabriziertes Ausbildungs- und Bildungsprogramm in körperlich-geistigem Gleichschritt termingerecht absolvieren zu sollen, muß unser Mißtrauen wecken. Seien wir ängstlich besorgt, Oasen der Individualität, der Originalität, der Spontaneität, des Unpolitischen im immer dichter werdenden Gewühle der ferngesteuerten Roboter zu bewahren! Urlaub ist so bunt wie die menschliche Natur. Man muß die Farben wählen dürfen, wie sie einem zusagen; und man muß auch sein Steckenpferd im Urlaub querbeet reiten dürfen, soweit man die nötige mitmenschliche Rücksicht nimmt.

Urlaub sollte erhalten bleiben als die Möglichkeit, die Welt unvoreingenommen, d. h. nicht aus scholastischen Diktionen, ideologischen Programmen oder kodifizierten Büchern, sondern vierdimensional anschauen und durchschauen, erfahren und erarbeiten und erleben zu dürfen.

Nach Hittmair dient der Feierabend der Entmüdung, das Wochenende der Entspannung, der Urlaub der Erholung. Urlaub soll nicht zu sehr — oder überhaupt nicht — nach Medizin riechen, ist mehrfach gefordert worden. In ärztlicher Sicht birgt aber natürlich jede Pause, jeder Feier- oder Ferientag, jeder Urlaub einen gesundheitlichen Wert, praeventiv, therapeutisch oder rehabilitativ, den man nutzen oder verschleudern kann.

Die Frage, *wie man einen Urlaub verteilen soll*, ist aus inneren wie äußeren Gründen nicht leicht zu beantworten. Die Teilung in zweimal drei Wochen hat sehr viel für sich; wer es sich leisten kann, sollte sogar zweimal vier Wochen nehmen, meinetwegen unter Verzicht auf gar zu lange Wochenenden im übrigen Jahr. — Da sich der ältere Mensch etwas schwerer akklimatisiert, sind für ihn Urlaubszeiten von weniger als drei Wochen ganz unzweckmäßig. Aus den Untersuchungen von Hildebrandt und Zipp in Bad Orb, und aus den Studien des um Hittmair versammelten Arbeitskreises (Hildebrandt, Jungmann, Halhuber u. a.) weiß man, daß der Gipfel der Erholung bei einer vierwöchigen Kur in der dritten Woche liegt, und daß in der vierten Woche bereits durch die Einstellung auf das heimische Milieu und die kommenden beruflichen Pflichten das Vegetativum in Unruhe gerät; das äußert sich in Blutdruckschwankungen und in Ausschlägen des gerade im Urlaub einigermaßen normalisierten, um den Wert von etwa 4 eingelenkten Puls-Atem-Quotienten.

Ärztlich ist die rechtzeitige *Vorbereitung der Rückkehr* zu fordern, das lässige Heimschlendern und die gemütliche Rehabilitation. Wer solche Besinnlichkeit nicht aufbringen kann, sollte lieber die kürzeste Rückbeförderung aus dem Urlaub wählen: das Flugzeug. Vier Wochen Urlaub werden verpatzt durch 24 Stunden Streß einer gehetzten, schwierigen und pausenlosen Heimfahrt zum Arbeitsbeginn. — Vergessen wir nie, daß in der Natur die Erholung mit derselben Perfektion ineinandergreifender Regulationsvorgänge gestaltet wird wie die Tätigkeit (Menzel)!

Ein Punkt liegt mir — neben dem Mutter- und Hausfrauenurlaub — noch besonders am Herzen: Wir müssen uns rechtzeitig auf die Urlaubsgestaltung *der alten Menschen* vorbereiten, umso mehr, als in Zukunft die Lebensabende länger werden — und je ein Drittel eines Menschenlebens auf Ausbildung, Berufsleistung und Lebensabend entfallen wird. Alter bedeutet vielfach Rückzug aus Kontakten. Ob das aus dem Gefühl verminderter Leistungsfähigkeit oder aus dem Erlebnis verhinderter Darstellungsmöglichkeiten erfolgt, mag dahingestellt bleiben. Auch das Alter bedarf der Abwechslung seiner Lebensführung und hat ein Anrecht auf Ferien zum Ich. Frohe, ihr Alter bejahende Mitmenschen wird man nur haben, wenn man ihnen nicht nur die Möglichkeit zu sinnvoll empfundener Betätigung gibt, sondern auch zur Begegnung mit dem Neuen und — in diesem Falle — nur *etwas* Anderen. Das hält sie elastisch und umweltoffen.

Viel mehr Urlaubsorte müßten sich darauf konzentrieren, für alte Menschen attraktiv zu sein. Ausstellungen (Münzen, Briefmarken, Geräte, Bilder, Plastiken, Kunstgewerbe) und Vorführungen aller Art, Hinweise auf naturwissenschaftliche, heimatgeschichtliche, künstlerische Besonderheiten, Lehrpfade und Wanderziele gehören zum Altersferienort. Golf und Kleingolf, Boccia und Kricket, überhaupt Spielmöglichkeiten müssen angeboten werden. Es wird viel zu wenig beachtet, daß der Mensch bis über das siebente Lebensjahrzehnt auch körperlich wie geistig trainierbar ist, und daß er selbst nach einer langen Pause körperlicher Untätigkeit noch Zinsen aus seinem früher erworbenen sportlichen Kapital abheben kann. — Zum Abbau der Risikofaktoren, die den Kreislauf und das Herz gefährden, sollte durch Training und durch ein vernünftiges Ernährungsregime erzogen werden. Aktivierung im Urlaub braucht vor allem der ältere Mensch, damit er nicht versandet. Ich würde auch Tanzen für eine angemessene und angenehme psychosomatische Soziotherapie des Alters halten. „Es tanzen selbst die Weisen, doch langsam nur sich drehend, sie tanzen mit Vernunftgebrauch und nur vorübergehend" — wäre die Devise, die der Philosoph Theodor Haering in „Der Mond braust durch das Neckartal" aufgestellt hat. Wandern und Schwimmen gehören zur Basishygiene in jedem Lebensalter. Radfahren folgt gleich danach; es ist vor allem für Emphysematiker und Kreislaufbehinderte eine Erleichterung. — Offenes Singen für alle die, denen „Gesang gegeben" ist, denn auch Singen, Gruppensingen gehört zu den befreiendsten und beglückendsten psychomotorischen Gemütsäußerungen.

Das eigentliche Urlaubsthema ist die alte Frage nach der „wahren Glückseligkeit", nach dem Verhältnis von vita contemplativa und vita activa, natürlich in moderner Instrumentierung und in modernen Rhythmen. Toynbee meinte, es gäbe keine Epoche von so hohem zivilisatorischen Rang wie die Unsere, aber auch keine, die kulturell und intellektuell so strapaziös wie diese sei.

Wenn Bacon recht hat, daß Einsicht in die Naturvorgänge zu ihrer Beherrschung führt, dann sollte der Urlaub mit der Einsicht in seine natürliche Notwendigkeit zum fruchtbaren Geschehen, zum erfolgreichen Ereignis werden, in dem die vielen Widersprüche zwischen Sein, Sollen und Wollen zur Verwirklichung von Gesundheit, d. h. leiblichem, seelischem und sozialem Wohlbefinden, glücklich beherrscht sind.

Müssen wir nicht doch alle ein bißchen mehr darauf Rücksicht nehmen und mehr darüber nachdenken?

Freilich hat Gerhard Schramm einmal festgestellt, daß „Denken nur einen verhältnismäßig kleinen Lustgewinn erbringt, ja oft sogar Unlustgefühle erzeugt, — während jede Trieberfüllung mit dem Zuwachs an innerem Behagen belohnt" werde. — Urlaub ist ein weites Feld, das für Denksport wie Trieberfüllung genügend Raum hat. Urlaub ist ein echtes natürliches Bedürfnis und ein Menschenrecht. Wie der Mensch mit Bedürfnis und Recht umgeht, gerade *das* charakterisiert ihn als *Menschen*. —

Schluß

Urlaub ist die Zivilisationsform der Pause, also aus sehr natürlichem Bedürfnis entstanden und in unserer technischen Welt ein echtes Menschenrecht. Über die Entmüdung im Alltag (Hittmair), über die Entspannung am Wochenende hinaus soll Urlaub Erholung vor dem Start zu erneuter Leistungsanforderung werden. Er dient der Wiederfindung des Eigenrhythmus und bedarf deshalb besonders bei Breitengradänderung einer geruhsamen Akklimatisation an den Urlaubsort. Erst nach solchem passiven „Flottieren" sollte nach etwa drei Tagen eine in sinnvoller Steigerung aktive Urlaubsgestaltung einsetzen. Der Gipfel der Erholungsfähigkeit liegt in der dritten Woche. Die Wiedereingliederung in das heimische Milieu und in die Berufswelt sollte etappenweise geschehen, nicht mit vollen Segeln oder gar nach der Hetze einer forcierten Rückreise. Urlaub dient der Selbstfindung und Selbstverwirklichung der Person, muß also auch individuell, ohne Zug- und Zeitzwang vielseitig gestaltbar sein. Er sollte im Allgemeinen nicht nur auf einsame Verinnerlichung beschränkt werden, sondern auch der Kontaktnahme mit der belebten und unbelebten Umwelt dienen und mit der wachsenden Betätigung durch Training aktivierter eigenständiger Kräfte verbunden sein. Der Grundcharakter des Urlaubs ist Zwang- und Zweckfreiheit, sein Sinn ist das Menschsein nach eigengesetzlichem Entwurf — seine Aufgabe aber ist es, der Gesundheit (als einem Akkord aus leiblichem, seelischem, geistigem und sozialem Behagen) zu dienen. Urlaub ist ebenso ein zeitliches wie ein räumliches Problem. Die Motorisierung, richtig eingesetzt, bedeutet ungeahnten Reichtum; falsch eingesetzt, vermag sie alle Vorteile eines Urlaubs zunichte zu machen. Die Hausfrauen und die alten Menschen bedürfen einer besonders wohlüberlegten Urlaubsgestaltung, deren Voraussetzungen zu schaffen, eine vordringliche Sozialaufgabe ist.

Literatur

Amelung, W.: Einflüsse statischer und dynamischer Klimagrößen bei Urlaubsreisen. Internist **12**, 7, 262—265 (1971).
Amelung, W., Evers, A.: Handbuch der Bäder- und Klimaheilkunde. Stuttgart: Schattauer 1962.
Bamm, P.: Über die Kunst, Ferien zu machen: 40, Über die Unentbehrlichkeit der Faulheit: 67 in: Der I-Punkt. Stuttgart: Dtsch. Verlagsanstalt 1937.
Bollnow, O.F.: Mensch und Raum. Stuttgart: Kohlhammer 1963.
Buck, A.: Die humanistischen Traditionen in den romanischen Literaturen. Jahrb. 1966/67 des Marburger Universitätsbundes. Rektoratsrede 1966.
Hahn, H.: Internat. Fremdenverkehrstagung der Südosteuropäischen Gesellschaft in München, zit. in Selecta **32**, 1. Aug. (1971).
Halhuber, M., Inama, K., Jungmann, H.: Z. f. angew. Bäder- und Klimaheilkunde. **15**, 268 (1968).
Hildebrandt, G.: Biologische Rhythmen und ihre Bedeutung für Bäder- und Klimaheilkunde. Zit. in: Amelung, W., Evers, A. Hdb. d. Bäder- und Klimaheilkunde. Stuttgart: Schattauer 1962.
Hittmair, A.M.: Gefahren des Massentourismus und Tourismusforschung aus volksgesundheitlicher Sicht. Internist **12**, 7, 266—268 (1971).
Hittmair, A.M.: Das Neurovegetativum vom Standpunkt des Internisten aus gesehen. Internist **12**, 7, 290 (1971).
Hittmair, A.M.: Wissenschaft vom Urlaub. Münch. med. Wschr. **101**, 31, 1329 (1959).
Hochrein, M.: Die Bedeutung der Prophylaxe i. d. Inn. Medizin. Med. Klinik **53**, 20, 871 (1958).
Hochrein, M., Schleicher, J.: Leistungssteigerung, Leistung, Übermüdung, Gesunderhaltung. 3. Aufl. Stuttgart: Thieme 1953.
Hochrein, M., Schleicher, J.: Freizeit und Gesundheit. Ärztl. Praxis **12**, 27, 1478 (1960).
Hochrein, M., Schleicher, J.: Myocardinfarkt und berufsbedingte Koronarrisiken. in: Arbeitsmedizin, Sozialmedizin, Arbeitshygiene **5**, 12, 324—327 (1970).
Hoff, F.: Der Arzt als Ferienberater. Ratgeber **35**, 14 (1957).
Huch, R.: Die Romantik. Tübingen: Rainer Wunderlich Verlag 1951.
Jores, A.: Macht Wohlstand krank? Gesundes Leben **36**, 8 (1959).
Jungmann, H.: Psychosomatische Betrachtungen über Erholungsreisen. Therapie **7**, 205 (1966).
Lissner, E.: So habt Ihr gelebt. Olten-Freiburg: Walter-Verlag 1963.
Menzel, W.: Der 24-Stunden-Rhythmus des menschlichen Blutkreislaufes. Habil. Arbeit. Tübingen 1941.
Müller-Limmroth, W.: Persönl. Mitt. 1972.
Ruge, W.: Med. Gefahren bei Urlaubs- und Badereisen. Internist **12**, 7, 261 (1971).
Schelsky, H.: Vortrag in Baden-Baden 1972. CIBA-Tagung.
Schramm. G.: Experimentellerzeugtes Leben. Naturwissenschaft und Medizin **6**, 29, 3—6 (1969).
Wachsmuth, W.: Ärztliche Problematik des Urlaubs. Berlin-Heidelberg-New York: Springer 1973.

Ermüdung und Erholung
vom Standpunkt des Physiologen

W. Müller-Limmroth (München)

Die Fragen nach Ermüdung und Erholung im Zusammenhang mit einer Urlaubsgestaltung vom Standpunkt des Physiologen zu beleuchten, bedeutet zunächst einmal, zu erkennen, daß bestimmte Formen der Ermüdung im physiologischen Sinn nur eine untergeordnete Rolle spielen. Das gilt vor allem für die durch Körperarbeit hervorgerufene Muskelermüdung. Sie entsteht bekanntlich dann, wenn das für die Muskelkontraktionen erforderliche energiereiche Phosphat ATP (:Adenosintriphosphat) unter einen Grenzwert absinkt und sich Metaboliten aus dem Muskelstoffwechsel, wie Brenztraubensäure und Milchsäure, ansammeln. Bei der Erörterung des Urlaubs aus ärztlicher Sicht ist diese Muskelermüdung, die in der Regel nach einem Arbeitstag im Feierabend, im Schlaf und am Wochenende kompensiert werden kann, nur insofern von Bedeutung, als an vielen modernen Arbeitsplätzen im Zuge der Mechanisierung und Automatisierung die Arbeitsstellungen „Stehen" und „Sitzen" ohne hinreichende Möglichkeit zu ausgiebigen Bewegungen Nachteile für das muskuläre System erwachsen lassen. „Sitzen" und „Stehen" bedeuten nämlich *„statische Arbeit"*, d. h. wegen des zur Bauchseite liegenden Körperschwerpunktes müssen bei solchen Körperstellungen die Rücken- und Nackenmuskulatur dauernd kontrahiert bleiben, um die jeweilige Körperhaltung zu garantieren. Solche Tag für Tag sich wiederholenden und stundenlang einzuhaltenden statischen Dauerbeanspruchungen rufen insofern Störungen hervor, als bei solchen Arbeitsstellungen die beteiligten Muskeln bei den Dauerkontraktionen ihr energiereiches Phosphat anaerob weitgehend unter Bildung von Brenztraubensäure bzw. Milchsäure verausgaben. Die so entstehende Anhäufung saurer Metaboliten führt zu einer Quellung der Muskeln, was schmerzhaft ist und Anlaß zur Bildung von Myogelosen gibt. In der weiteren Folge bilden sich u. U. auch Fehlstellungen im Bereich der Wirbelsäule aus. Diese können so stark werden, daß allein daraus sich eine „Urlaubsreife" ergibt.

Derartige durch statische Arbeitselemente, die wohl an allen Arbeitsplätzen in mehr oder weniger ausgeprägter Weise vorkommen, hervorgerufenen Beschwerden sind in einem *aktiven Urlaub* zu beseitigen. Es muß allerdings im Urlaub gewährleistet sein, daß das Attribut „aktiv" mit einem Inhalt und zwar mit *„dynamischer Arbeit"* angefüllt wird.

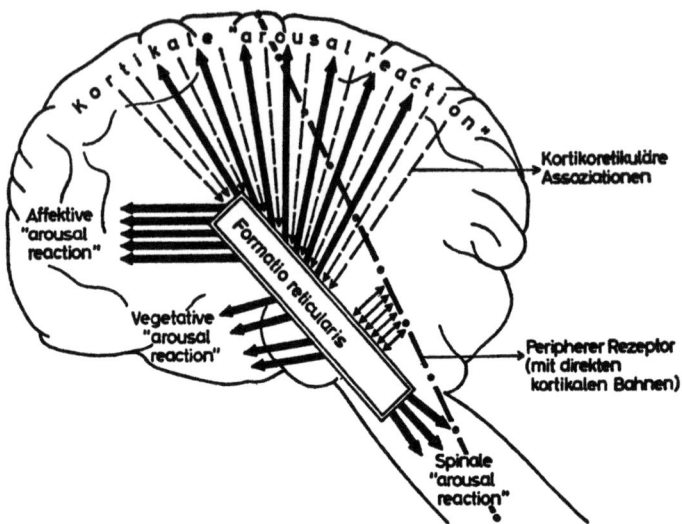

Abb. 1. Schematische Darstellung der Reticularformation und der Ankopplungen an die Hirnrinde (:corticale arousal reaction), das limbische System (:affektive arousal reaction), den Hypothalamus (:vegetative arousal reaction) und an das neuromuskuläre System (:spinale arousal reaction). Ferner ist dargestellt, daß die von peripheren Rezeptoren kommenden corticalen Bahnen (Strich-Punkt-Gerade) Kontakt mit der Reticularformation aufnehmen (aus: Wandrey, D., Leutner, V.: Neuropsychopharmaka in Klinik und Praxis. Stuttgart: Schattauer 1965)

Unter einer dynamischen Arbeit versteht man eine sich wiederholende, alternierende Muskeltätigkeit, ohne daß dabei größere Arbeitswiderstände dazu überwunden werden müssen. Im Grunde handelt es sich also um Bewegungen wie im Spiel und Sport, die man bewußt im Urlaub ausführen sollte. Dabei ist das Wesentliche, daß bei derartigen dynamischen Tätigkeiten die Dauer der aktiven Kontraktionen relativ kurz ist, weil unmittelbar darauf, wenn auch mitunter kurze, Erschlaffungsphasen folgen. In solchen Phasen sinkt der Muskelbinnendruck unter den Druck in den die Muskeln versorgenden Arteriolen ab, so daß eine hinreichende Durchblutung gesichert ist. Somit garantieren dynamische Tätigkeiten, daß zwischen Blutbedarf und Durchblutung ein Gleichgewicht besteht, wobei die stärkere Durchblutung der arbeitenden Muskeln eine Erholung bewirkt, sofern sie oft genug ausgeführt werden. Dabei wirkt sich die reaktive Hyperämie begünstigend auf die Erholung aus.

Zu dem aus statischer Arbeit sich ergebenden Faktor muskulärer Belastung kommen noch die infolge psycho-mentaler Beanspruchungen hervorgerufenen, muskulären Verspannungen hinzu. Die Entstehung dieser *Muskeltonuserhöhung* hängt mit derjenigen Hirnstruktur zusammen, die für die Menschen in industrialisierten Staaten entscheidend für das verantwortlich ist, was man „Streß" nennt. Es handelt sich um die *Reti-*

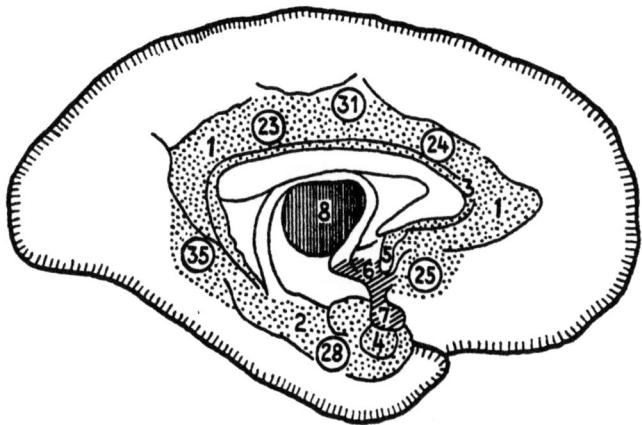

Abb. 2. Schema des limbischen Systems (punktierte Areale). Man sieht, daß somatosensorische (Areal 23 und 31), motorische (Areal 24), olfaktorische (Areal 25), akustische (Areal 28) und visuelle Afferenzen (Areal 35) im limbischen System verarbeitet werden (Tschabitscher u. Czerwenka-Wenkstetten, aus: Hoff, H., Tschabitscher, H., Kryspin-Exner, K.: Muskel und Psyche. Basel-New York: Karger 1964)

cularformation, ein Nervennetzwerk, das mit dem Steuerungssystem für den Bewegungsapparat, der Großhirnrinde, dem sog. limbischen System für die Affektsteuerung, den vegetativen Zentren und mit allen Sinnesorganen in Verbindung steht (Abb. 1). Wichtig ist, daß der Aktivitätspegel der Reticularformation den Wach- und Aufmerksamkeitsgrad des Menschen entscheidend bestimmt. Das geschieht vornehmlich so, daß über ein Netz von Nervenfasern *die Hirnrinde* mit reticulären Impulseinströmungen in ihrer Erregbarkeit beeinflußt wird. Mit steigendem reticulären Aktivitätsgrad wächst darum auch die corticale Erregbarkeit und umgekehrt nimmt sie ab, wenn im Verlauf von Ermüdungsvorgängen der reticuläre Pegel sinkt. Es ist klar, daß die so entstandenen Variationen der corticalen Erregbarkeit die physiologischen Leistungen der Hirnrinde entsprechend beeinflussen wie Kurz- und Langzeitspeicherungen von Engrammen, also die Gedächtnisleistungen und die Fähigkeit zum Lernen, sowie die Vornahme von Assoziationen zwischen verschiedenen Hirnarealen, z. B. für Handlungen.

Auch die Anschaltung der Reticularformation an das *limbische System* ist bedeutungsvoll; denn dieses System hat die Aufgabe, die somatischen und vegetativen Erregungsvorgänge zu integrieren und ist zudem für die emotionale Beteiligung an allen Hirnrindenvorgängen verantwortlich (vgl. „affective arousal reaction" in Abb. 1). So führen in zu rascher Folge eintretende oder im Verlauf der Zeit kumulativ bewirkte, anhaltende Erhöhungen des reticulären Pegels zu einer Veränderung der Affekt- und Stimmungslage, im Sinne einer psychischen Gespanntheit, einer gesteigerten Reizbarkeit verbunden mit starken Stimmungsschwankungen, dem Sprichwort folgend: „Himmelhochjauchzend, zu Tode betrübt".

Daß im limbischen System in der Tat auch sensorische und sensible Afferenzen verarbeitet werden, zeigt Abb. 2. Wie man sieht, gibt es im limbischen System neben somatosensorischen Arealen auch solche für motorische, visuelle und akustische Afferenzen. Das erklärt, warum jeder corticale Prozeß wie eine Empfindung und auch eine Handlung in jedem Fall eine affektive, d. h. limbische Beimischung erfährt.

Die dritte, an die Reticularformation angeschlossene und für die Erörterung von Urlaubsfragen wichtige Struktur wird von den *vegetativen Feldern des Hypothalamus* gestellt (vgl. Abb. 1). Infolgedessen müssen Änderungen im reticulären Aktivitätsniveau zugleich auch von vegetativen Reaktionen begleitet sein. Darum findet man bei „urlaubsreifen" Menschen in der Regel auch objektivierbare vegetative Zeichen wie Kreislauflabilität, nervöse Herz- und Magenbeschwerden und als charakteristisches Syndrom Veränderungen am empfindlichsten vegetativen Indikator, dem Schlaf. Auffallend ist gerade am letzteren Syndrom eine Verschlechterung der Schlafqualität und -quantität. Es läßt sich zeigen, daß bei einer „Urlaubsreife" infolge eines zu hoch gewordenen reticulären Aktivitätsniveaus sich als Ausdruck eines gestörten mittleren Gleichgewichts zwischen Sympathicus und Vagus im Sinne der bekannten „vegetativen Dystonie" die Anteile an Tiefschlaf und paradoxem Schlaf mit Traumepisoden verkürzen und auch die Gesamtschlafmenge reduziert wird. Auffallend ist bei diesem Personenkreis vor allem die Ausbildung einer Biphasie des Schlafs aus der ursprünglichen Monophasie mit einer Schlafabflachung zwischen 3 und 4 Uhr in der Nacht. Man kann geradezu das mehr oder weniger regelmäßige nächtliche Aufwachen zwischen 3 und 4 Uhr in der Frühe als ein untrügliches Zeichen einer streßgeladenen Lebenssituation und damit einer „Urlaubsreife" ansehen.

Die Ankopplung des reticulären Systems an das *neuromuskuläre System* erfolgt über absteigende Bahnen, die mit den Gammamotoneuronen der Vorderhörner des Rückenmarks synaptischen Kontakt aufnehmen. Die auf diese Weise aktivierbaren Gammamotoneurone bewirken über efferente Fasern, daß jede Pegelerhöhung in der Reticularformation eine Kontraktion der intrafusalen Fasern in den Muskelspindeln hervorruft, wodurch deren Mittelstück als Dehnungsrezeptor mehr oder weniger vorgedehnt, d. h. in seiner Empfindlichkeit gesteigert wird (Abb. 3).

So erhöht sich die Rezeptorempfindlichkeit im Eigenreflexbogen, im proprioceptiven Reflex, was eine Erhöhung des Reflextonus herbeiführt. Das ist die Erklärung für die bei hohem Wach- und Aufmerksamkeitsniveau in der Reticularformation zu beobachtenden Muskeltonuserhöhungen, die sich als Muskelverspannungen wie eine statische Arbeit als Ermüdungsfaktor auswirken, wie oben ausgeführt wurde. Umgekehrt muß zwangsläufig mit wachsender Ermüdung oder sogar Erschöpfung der Tonus sinken, erkennbar an der schlaffen Körperhaltung und dem

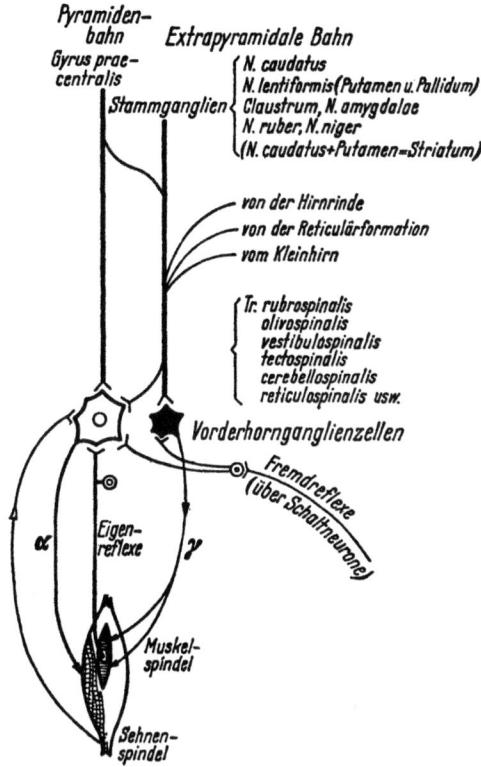

Abb. 3. Schematische Darstellung des Alpha- und Gammasystems zur nervösen Kontrolle der Muskeltätigkeit (aus: Schütz, E.: Physiologie. München-Berlin: Urban & Schwarzenberg 1963)

schlaffen mimischen Gesichtsausdruck eines müde gewordenen Menschen, wie es Wilhelm Busch in „Max und Moritz" bei Onkel Nolte so vortrefflich skizziert hat.

Aber nicht nur der Muskeltonus wird in dieser Weise von der Reticularformation aus beeinflußt, sondern auch die Zielsicherheit und Exaktheit von Willkürbewegungen, die über das in Abb. 3 schematisch dargestellte Alpha- und Gammasystem geregelt werden. Ein zu hoher ebenso wie ein zu gering gewordener reticulärer Antrieb auf die Gammamotoneurone beeinträchtigt die Exaktheit von zielgerichteten Bewegungen. Sie werden entweder verspannt, versteift oder sie schießen über das Ziel hinaus und werden fahrig, je nachdem ob der reticuläre Pegel zu hoch oder mit steigenden Reflexschwellen zu niedrig geworden ist. Daß in beiden Fällen sich am Arbeitsplatz eine höhere Unfallgefährdung ergibt, liegt auf der Hand.

So stellt sich die Frage, auf welche Weise sich in der Reticularformation das richtige Erregungsniveau einstellt. Hierzu ist die Tatsache wesentlich, daß die aus allen Sinnesorganen zentralwärts geleiteten Impulsmuster nicht nur den spezifischen Hirnrindenarealen zugeführt werden, sondern hierbei immer über Kollateralen auch eine Begleitaktivierung der Reticularformation stattfindet. Darum ist bei der Beurteilung eines Arbeitsplatzes bezüglich seiner „Streßgeladenheit" nicht *eine* Sinnesqualität wie z. B. Lärm zu berücksichtigen, vielmehr müssen *alle* anderen sensorischen Einströme in ihrer Gesamtheit beurteilt werden. Ferner bestehen auch Rückkopplungen zum Cortex, zum limbischen System und zu den hypothalamischen Zentren. Darum bedeutet eine starke mentale Beanspruchung, ein intensives, affektgeladenes Engagement, Sorgen und Kummer ebenso wie beispielsweise eine chronische Gastritis, eine Hypertonie oder auch nur eine febrile Erkrankung ebenso eine Aktivitätserhöhung in der Reticularformation wie Afferenzen aus den Sinneskanälen. Es ist leicht einzusehen, daß die verschiedensten Kombinationen der reticulären Zuflüsse aus den angekoppelten Strukturen es möglich machen, daß schon geringere sensorische Afferenzen aus den Sinnesorganen ausreichen, um eine reticuläre Übersteuerung auszulösen, also einen „gespannten Erschöpfungszustand". Darum kann die Feststellung einer bestehenden „Urlaubsreife" immer nur individuell durch den Arzt erfaßt werden. Es wäre darum zu wünschen, daß der „urlaubsreife" Mensch in engem Kontakt mit seinem Arzt seinen möglichst aktiven Urlaub plant.

Hierbei müssen noch zwei Eigenarten beachtet werden: Zunächst folgt die Reticularformation einer *Tagesrhythmik* entsprechend der *Tageskurve der Leistungsbereitschaft* mit einem Maximum am späten Vormittag um 11 Uhr, einem zweiten etwas niedrigeren Maximum zwischen 16 und 18 Uhr. Danach sinkt die Leistungsbereitschaft stetig ab, bis ein absoluter Tiefpunkt zwischen 2 und 3 Uhr in der Nacht erreicht wird. Danach nimmt die Leistungsbereitschaft stetig wieder zu. Aus dieser gesicherten Erkenntnis ergeben sich zwei praktische Gesichtspunkte für den Urlaub, nämlich für die Fahrt in den Urlaub bzw. für die Rückkehr und außerdem für die Gestaltung eines „aktiven Urlaubstages". Es läßt sich doch aus dieser Tagesrhythmik ableiten, daß es nicht nur gefährlich, sondern auch hochgradig unphysiologisch ist, wenn man sich unmittelbar nach Dienstschluß am letzten Arbeitstag auf die Urlaubsreise begibt. Man fährt ja dann nicht nur durch die Tagesarbeit ermüdet ab, sondern von Stunde zu Stunde nimmt die Leistungsbereitschaft ab, so daß die Fahrleistung nur deshalb erbracht werden kann, weil Leistungsreserven zur Kompensation über den Leistungswillen mobilisert werden müssen. Das ist zwar für den Autofahrer möglich, weil er — da es ja in den Urlaub geht — positiv motiviert ist. Es ist aber im Straßenverkehr notwendig, daß nur ein Teil der eigentlichen Leistungsfähigkeit als Leistungsbereitschaft aufgewendet wird, weil Leistungsreserven für jede Abweichung von der „normalen" Straßensituation und erst recht zur Abwendung eines drohenden Unfalls zur Verfügung bleiben müssen. Ein Autofahren ist in den Abend- und Nachtstunden nach einem Arbeitstag darum nicht nur risikoreicher und deshalb unfallträchtiger, sondern auch erheblich belastender für den Fahrer; denn jede Mobilisation von Leistungsreserven erfordert eine Verschiebung des vegetativen Gleichgewichts zur Sympathicotonie mit allen damit verbundenen Begleitphänomenen am Herz-Kreislaufsystem (:Tachykardie, Blutdruckerhöhung) sowie am Magen-Darmkanal.

Was die Anpassung des Urlaubers am Urlaubsort an die Tagesrhythmik anbetrifft, so sollten Aktivitäten am Urlaubsort, die natürlich nur solche sein sollten, die dem Urlauber Spaß machen, möglichst am späten Vormittag oder Nachmittag vorgenommen werden, also zu Zeiten höchster Leistungsbereitschaft. Die Zeit zwischen 12 und 15 Uhr sollte der Ruhe und Muße dienen.

Der zweite noch zu beachtende Faktor ist die *Jahresrhythmik des vegetativen Nervensystems*. Wegen der heliotropen, zum Hypothalamus ziehenden Bahnen gibt es für den ergotropen Sympathicus ein Aktivitätsmaximum in der Zeit von Mitte Juli bis Mitte September, während der trophotrope Vagus sein Maximum von Mitte Januar bis Mitte März aufweist. Weil jedoch der Sympathicus der vegetative Nerv ist, der den Menschen in Arbeitsbereitschaft bringt, ist der *Sommerurlaub* geeignet, die physische Fitneß zu verbessern oder wiederherzustellen. Demgegenüber begünstigt der Vagus die Erholungsprozesse, so daß nervöse Erschöpfungszustände mit Herz-Kreislauf-, Magen-Darm- und Schlafstörungen besser *im Winterurlaub* zu kurieren sind.

Zusammenfassend darf festgestellt werden, daß die mit der Urlaubsplanung und -gestaltung zusammenhängenden Fragen und Probleme mancher physiologischer Erörterung wert sind, damit ein Urlaub echte Erholung bringen kann.

Diskussion

H. J. Weber (Hamburg): Gibt es Meßmethoden für die Praxis, um den Grad der Urlaubsreife zu bestimmen?

W. Müller-Limmroth (München): Weil die Reticularformation einer direkten Funktionsprüfung nicht zugänglich ist, ist man bei der Beurteilung eines Menschen hinsichtlich seiner „Urlaubsreife" auf indirekte Kriterien angewiesen. Während eine exakte Schlafanalyse einige Aufschlüsse zu liefern vermag und auch die Erfassung evozierter Potentiale gewisse Aussagen zulassen, sind sie in der Praxis nicht anwendbar. Deshalb muß man schon in der praktisch ärztlichen Urlaubsberatung auf eine sorgfältige anamnestische Erhebung evtl. vorhandener Störungen des Antriebs, der Stimmung, der Reizbarkeit und der Schlaf-Wach-Funktion zurückgreifen.

Ermüdung und Erholung aus der Sicht des Klinikers

M. J. Halhuber (Höhenried)

Für den ersten Teil dieses Themas: — die Ermüdung — fühle ich mich nicht primär zuständig. Hier fallen den Arbeitsphysiologen genauso wie den Arbeitspsychologen, den Psychotherapeuten und Medizinsoziologen die Hauptaufgaben zu. Wie umfassend in diesem Bereich die Problematik ist, die letzlich nur durch interdisziplinäre Forschungsvorhaben zu lösen ist, wurde mir bewußt, als ich im Hinblick auf ein Thema der Therapiewoche in Karlsruhe 1972 („Streß — negative und positive Aspekte") mich mit dem Verhandlungsbericht eines von der Universität von Upsala und der Weltgesundheitsorganisation veranstalteten Symposions „Gesellschaft — Streß — Krankheit" beschäftigt habe. (Oxford Medical Publications: *Society, Stress and Disease*, Vol. 1, The Psychosocial Environment and Psychosomatic Diseases Oxford University Press, London-New York-Toronto 1971. The Psychosocial Environment and Psychosomatic Diseases. Proceedings of an International Interdisciplinary Symposium held in Stockholm, April 1970. Edited by Lennart Levi, M. D. Director, Laboratory for Clinical Stress Research, Karolinska Institut, Stockholm).

Welche Bedeutung hat z. B. die Selbstentfremdung in unserer technischen Zivilisation, etwa die Gleichförmigkeit der Arbeitsvorgänge am Fließband für die Ermüdungsbereitschaft des Betroffenen ?

Je mehr ich mich gerade als Rehabilitationskliniker und Präventiv-Kardiologe mit den medizinischen Aspekten der Freizeit beschäftige, desto wichtiger erscheinen mir die Bereiche der Psychosomatik und Soziosomatik. Vor allem wurde mir die Untrennbarkeit von arbeitsphysiologischen und arbeitspsychologischen Fragestellungen bewußt.

In meinem 20-Minuten-Referat möchte ich mich nur dem praktisch-ärztlichen Aspekt der Erholung zuwenden und hier wiederum aus der gesamten Freizeitproblematik, den Feierabend und das Wochenende ausklammern und dem Thema dieses Kongresses entsprechend nur den sogenannten Urlaub erörtern. Die „Wissenschaft vom Urlaub", wie sie mein verehrter Lehrer Prof. Hittmair inauguriert hat, ist ein wichtiger Teil der aktuell werdenden Erholungsforschung, aber wegen der methodischen Problematik jeder interdisziplinären Forschungsrichtung kann sie heute nur mit wenig gesicherten Ergebnissen aufwarten. Aus dem Arbeitsgebiet, in dem ich schon während meiner Zeit in Innsbruck bei Prof. Dr. Hittmair mich bemüht habe, gemeinsam mit Jungmann, Inama und anderen methodisch einwandfreie Ergebnisse zu erarbeiten, möchte ich nur in diesem Zusammenhang vielleicht interessierende Ergebnisse zur Frage der zeitlichen Momente in der Erholung im Urlaub bringen.

Ist Erholung im Urlaub meßbar? Sind bestimmte Phasen der Labilität und Störanfälligkeit während der Akklimatisation an ein neues Milieu faßbar? Ich möchte gleich einleitend feststellen, daß ich bezüglich der Fixierung der labilen Phasen eines Klimawechsels (nach 3 Stunden, nach 3 Tagen und 3 Wochen) eher skeptisch bin. Unsere bisherigen Ergebnisse legen zwar nahe, daß jede Anpassung an ein neues Milieu nicht linear, sondern in Phasen abläuft, die etwa einer gedämpften Schwingung zu entsprechen scheinen, aber wahrscheinlich gibt es erhebliche individuelle Unterschiede und auch beim einzelnen Individuum reagieren einzelne Organsysteme in verschiedenem Zeitabstand. Hier wird uns die Rhythmusforschung vielleicht schon in naher Zukunft bessere Unterlagen liefern. Ich bringe Ihnen als Beispiel für die Problematik auf diesem Gebiet unsere Untersuchungsergebnisse an Kururlaubern in 2000 m Höhe, die dort einer mehrwöchigen Terrainkur unterzogen und in regelmäßigen Abständen durch Fahrradergometeruntersuchungen überprüft worden sind.

Vor, während und nach einer vierwöchigen kombinierten Klima- und Terrainkur in 2000 m Höhe (Obertauern/Salzburg, Kühtai/Tirol) wurden bei Patienten mit Hochdruck, mit hypertonen Regulationsstörungen und bei Patienten mit niedrigerem Druck Ergometerbelastungen durchgeführt und zwar in drei Voruntersuchungen und an jedem 4. Tag während des Höhenaufenthaltes. Die Fahrradergometerbelastung betrug 70 Watt bei 40 Umdrehungen pro Minute, die Belastungsdauer 5 Minuten. Statistisch wurden die Daten nach Prüfung der Verteilung auf Normalität einer mehrfachen Varianzanalyse nach R. A. Fisher unterzogen, um die einzelnen Einflüsse und ihr gegenseitiges Verhalten zu erfassen. Die Frequenzwerte zeigen vom 10. Höhentag an sowohl im Kühtai wie auch in Obertauern eine abnehmende Tendenz, die am 22. Höhentag ein Minimum erreicht. Bemerkenswert ist, daß die Pulsfrequenz auch noch nach Kurende trotz Arbeitsbeginn am 7. Tag weiterhin abnimmt und zwar in allen Untersuchungsgruppen. Als Ursache für die Pulsfrequenzabnahme wird eine vegetative Gesamtumschaltung (trophotrope und ökonomische Kreislaufreaktion) angenommen, für die als Wirkfaktoren neben dem Trainingseinfluß der Terrainkur auch der Klimaeinfluß und die Milieuänderung in Frage kommen (M. J. Halhuber, K. Inama, W. Scholing u. K. Siller, Z. angew. Bäder- u. Klimaheilk. **16**, 109—122, 1969).

Unmittelbar vor Ende des Aufenthaltes in der Höhe und unmittelbar nach der Heimkehr sind Frequenzzunahmen zu beobachten gewesen. Hierfür sind unseres Erachtens psychologische Gründe verantwortlich zu machen, nämlich die Abreiseunruhe und der Reklimatisationsstreß. Die nach anderen Untersuchungsreihen (Jungmann, Das Klima in der Therapie innerer Krankheiten, München 1962) zu erwartende und auch

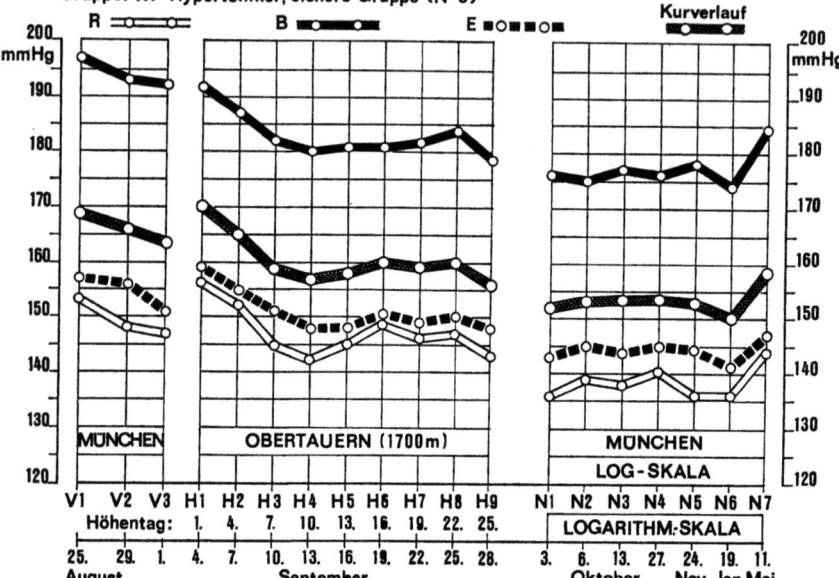

Abb. 1. Blutdruckverhalten in Ruhe, bei Belastung mit 75 Watt und nach 6 Minuten Fahrradergometrie vor, während und nach einer kombinierten Klima-Terrainkur in Obertauern. Bemerkenswert ist, daß der Effekt des Höhenaufenthaltes bei diesen 8 Hochdruckkranken ohne zusätzliche medikamentöse Therapie durch Kontrolluntersuchungen mit der gleichen Methodik auch noch 4 Monate nach Kurende nachzuweisen ist und erst im 6. Monat die Blutdruckwerte wieder ansteigen (Einzelheiten siehe Inama, Halhuber „Der Kreislaufkranke im Hochgebirgsklima")

von uns im Kühtai 1965 nachgewiesene initiale Pulssteigerung am ersten Höhentag ist in Obertauern aus methodischen Gründen (die Hälfte der Probanden konnte erst am 2. Höhentag untersucht werden), nicht erfaßt worden. (Mit diesem Hinweis wollen wir nur auf die methodischen Schwierigkeiten solcher Untersuchungen hinweisen). Die *Blutdruckmessungen* ergaben beim Übergang auf 2000 m Höhe in etwa der Hälfte der Fälle Blutdruckzunahmen in Ruhe und eine Erhöhung des Arterientonus, die bis zu sechs Tagen anhielt. Im weiteren Verlauf des Höhenaufenthaltes und besonders nach der Rückkehr stellte sich der Blutdruck in den meisten Fällen auf ein niedrigeres Niveau sowohl in Ruhe als auch bei und nach Belastung ein (M. J. Halhuber, K. Inama u. H. Jungmann, Z. angew. Bäder- u. Klimaheilk. **15**, 266—278, 1968).

Die Untersuchungen sind in erster Linie durchgeführt worden, weil über Nutzen und Gefahren eines Hochgebirgsaufenthaltes für Hochdruck-

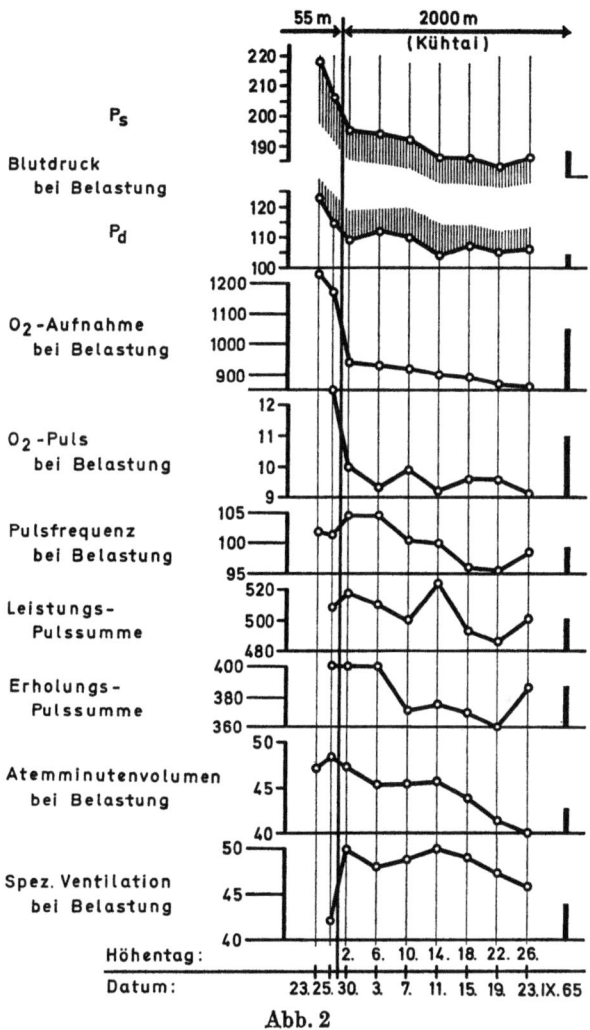

Abb. 2

kranke in der Literatur unterschiedliche Angaben zu finden waren und weil von manchen Ärzten vor Höhen über 1000 m gewarnt worden ist. Die von uns erhobenen Kreislaufbefunde zeigen, daß manche verbreitete Vorstellung über die Wirkung des Höhenklimas auf Hypertoniker revidiert werden muß und daß bei Hochdruck leichten und mittleren Grades der Aufenthalt — auch ein Urlaub! — in sogenannten merkantilen Höhen nicht nur keine schädlichen, sondern günstige Wirkungen hat, die übrigens auch noch vier bis sechs Monate nach dem Ende eines solchen „Kururlaubs" objektivierbar sind (Abb. 1—6).

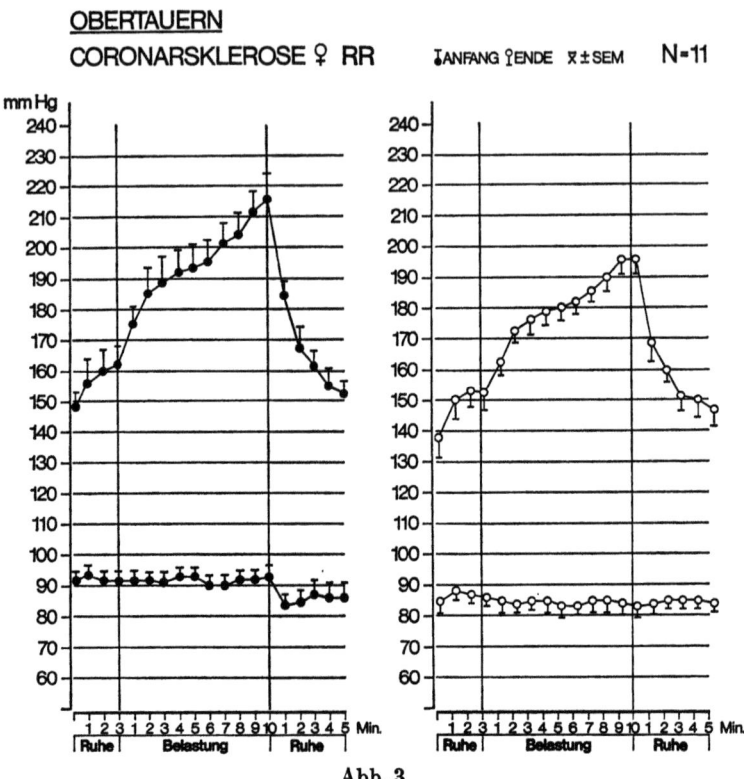

Abb. 3

Unsere *ärztlichen* Erfahrungen mit Hochdruckkranken im Hochgebirge möchte ich zusammenfassen in der Feststellung, daß wir Hochdruckkranken ohne Komplikationen nicht nur den Aufenthalt in Höhen zwischen 1000 und 2000 Meter über dem Meer erlauben dürfen, sondern daß wir gerade durch einen Hochgebirgsaufenthalt die medikamentöse Einstellung — z. B. während eines Skiurlaubs — erleichtern und verbessern können. Auf Einzelheiten kann in diesem Zusammenhang nicht eingegangen werden, weshalb auf die 1973 erscheinende Monographie von Inama u. Halhuber über „Der Kreislaufkranke im Hochgebirgsklima" verwiesen wird.

Und nun zu einem anderen praktischen Teilthema der Urlaubserholung, das sowohl gesundheitspolitische als auch wirtschaftspolitische Aspekte hat.

In der Bundesrepublik Deutschland erkranken jährlich mehr als $1/4$ Million Menschen neu an einem Herzinfarkt. Zum Glück überleben viele dieser Patienten ihren ersten, zweiten, ja sogar dritten Infarkt. Eine immer größere Anzahl dieser Patienten erholt sich durch entsprech-

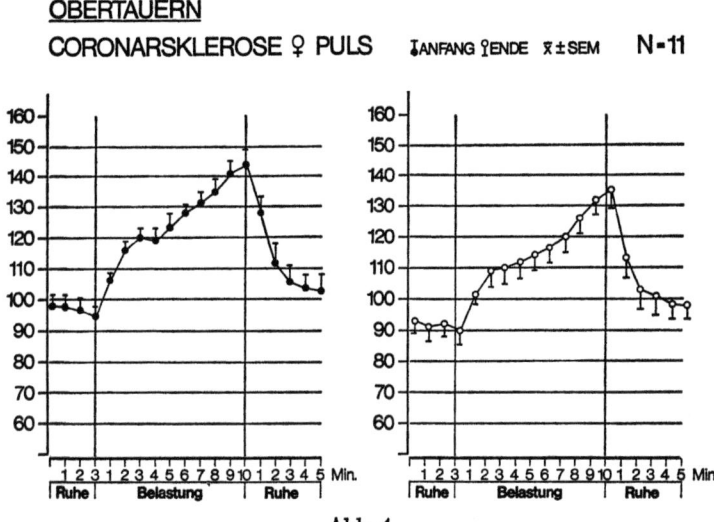

Abb. 4

Abb. 3—6. Die Vergleichskurven von Puls und Blutdruck während einer Fahrradergometrie vor und nach einem mehrwöchigen Urlaub in Obertauern von K. Inama zeigen, daß auch bei Koronarsklerotikern, Myokardinfarkt- und Hirninfarkt-Patienten eine Ökonomisierung des Kreislaufs objektivierbar ist, indem Puls und Blutdruck unter Belastung gesenkt werden

ende Behandlung im Akutkrankenhaus und später in Rehabilitationskliniken, in denen sie jene Lebensweise kennen und anerkennen lernen, die sie dann zu Hause und im Urlaub fortsetzen sollen, soweit, daß sie als „bedingt gesund" (wie etwa Zuckerkranke) gelten können. Täglich werden nun Ärzte von solchen Patienten gefragt, wo und wie sie ihren Urlaub verbringen sollen. Deshalb ist, auch im Hinblick auf eine richtige Fremdenverkehrsplanung und Angebotspolitik eine Kontaktaufnahme zwischen den Verantwortlichen für den Tourismus und den Medizinern nicht gleichgültig, und die Frage, wie der Urlaub aus der Sicht des Arztes aussehen soll, muß auch den Hotelier interessieren.

Die ärztlichen Wünsche an die Fremdenverkehrswirtschaft sind in drei Forderungen zusammenzufassen:

1. Ein möglichst reichhaltiges Angebot an gesundheitsgerechten Möglichkeiten der Freizeitgestaltung, ohne daß diese nach Medizin riechen sollen.

2. Eine gesundheitsgerechte optimale Kost, ohne den üblichen Beigeschmack von „Diät".

3. Eine adäquate ärztliche Versorgungssicherheit, d. h. vor allem auch präventivkardiologisch — sportärztliche Beratung, ohne aufdringliche Präsenz des weißen Mantels.

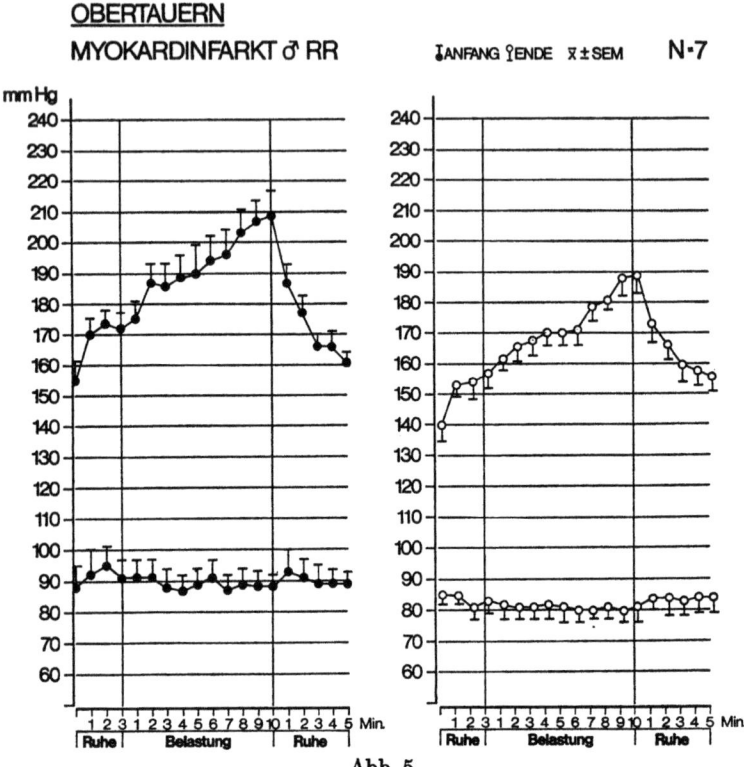

Abb. 5

1. Gesundheitsgerechte Freizeitangebote

Im Winter z. B. mehr Möglichkeiten zum Skiwandern (s. das Buch von F. Wolzenmüller und W. Pause: Skilanglauf, Skiwandern, Technik, Training, Loipen; München 1970). Auch Möglichkeiten zum Skibobfahren, das für manche noch lernbar ist, denen Skifahren verwehrt ist. Weiter mehr Hallenbäder und geheizte Freibäder!

Der sogenannte „Vita parcours" der Schweizer Versicherungsgesellschaft Vita, Zürich (eine Art Hindernislaufstrecke, an der Gäste ihre Kondition feststellen können und z. B. innerhalb von Familien die Leistungsunterschiede in vergnüglicher Art ausgespielt werden und dadurch Freude an einer Wiederaufnahme sportlicher Tätigkeit geweckt wird) als Beispiel einer billigen aber angenehmen Bereicherung des örtlichen Freizeitangebotes.

Warum sucht der bedingt „Herz-Gesunde" gern Höhenlagen um 1000 m auf? Weil er die Nebelfreiheit im Winter und Schwülefreiheit im Sommer schätzt und in der Zwischenzeit gelernt hat, daß er Höhen über 1000 m nicht mehr zu fürchten braucht (s. Ergebnisse der wissenschaft-

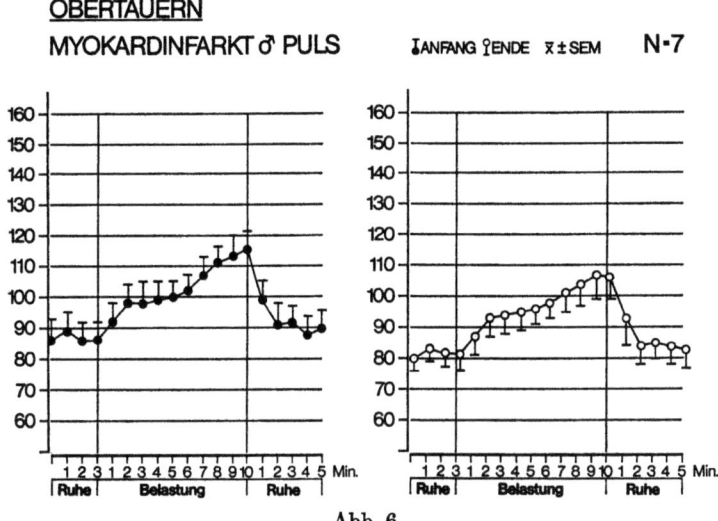

Abb. 6

lichen Untersuchungen der Arbeitsgruppe Halhuber, Inama usw.). Er kommt zu Bergwanderungen und zur Terrainkur, weshalb die entsprechenden Wege ausgebaut und gepflegt werden sollen.

Die schönen Tage im Herbst und Spätherbst im Hochgebirge sollten zur Ausdehnung der Nachsaison gerade für diese Gruppe von Gästen mehr genützt und propagiert werden.

2. Die optimale Kost

Eine ideale, gesundheitsgerechte Verpflegung für Übergewichtige (30% aller Menschen in Mitteleuropa) oder Zuckerkranke (10%) kann hervorragend schmecken und ein Hotel für eine zunehmend wichtige Gruppe von Gästen attraktiv und konkurrenzfähig machen. Hoteliers sollten sich deshalb bezüglich einer modernen „Herzschutzkost", die kalorienarm, fettarm, kohlehydratarm und eiweißreich sein müßte, mit entsprechenden Experten, z. B. Herr Dr. Anemueller aus Prien am Chiemsee wegen Kochkursen für Küchenchefs in dieser Hinsicht in Verbindung setzen. Eine moderne Diätküche muß Augen und Gaumen ansprechen. Ich akzeptiere in diesem Zusammenhang nicht die Bedenken der Hotellerie, daß der Verabreichung von Diät von Seiten des Personals Schwierigkeiten entgegenstehen. Es gibt Beispiele, daß der Ober nicht nur am alkoholtrinkenden, Bar besuchenden Gast gut verdienen kann. Der bedingt gesunde Gast honoriert es, wenn man ihm bei der als notwendig erkannten Kostumstellung behilflich ist.

Im Hinblick auf den nachgewiesenen Zusammenhang zwischen Infarkt und Zigarettenkonsum und im Hinblick auf die Möglichkeit von passiven Raucherschäden (Nichtraucher müssen mitrauchen!) wird die Einrichtung von Nichtraucher-Räumen in Gaststätten aktuell werden. Sie kann auch einen Werbungswert im Prospekt erhalten, denn im Urlaub wollen immer mehr Leute versuchen, sich das Rauchen abzugewöhnen. Für das „Nichtrauchertraining" suchen sie eine Hotel- und Restaurantatmosphäre, die sie möglichst wenig zum Mitrauchen animiert.

3. Versorgungsmöglichkeit durch entsprechend ausgebildete Ärzte

Es ist für den bedingt Gesunden, z. B. den Patienten nach Herzinfarkt, der sportliche Betätigung sucht, die seinem Können angemessen ist, wichtig, daß er im Notfall und zur Beratung hinsichtlich des Ausmaßes seiner körperlichen Aktivität einen Arzt in der Nähe weiß, der mit den notwendigen technischen Einrichtungen zur Beurteilung der Leistungsfähigkeit ausgerüstet ist (EKG, Fahrrad-Ergometer zur Messung der Leistungsfähigkeit). Nach meiner Ansicht könnte durch eine entsprechende sportärztliche Ausbildung (etwa im Rahmen eines Seminars) den Landärzten eine im Interesse aller liegende Nebeneinnahme geschaffen werden.

Die bedingt Gesunden, z. B. nach Herzinfarkt, werden immer mehr zunehmen und in absehbarer Zeit einen erheblichen Prozentsatz der Urlaubsgäste in den Erholungslandschaften Europas darstellen. Daher muß heute schon entsprechend vorgesorgt werden.

In der Bundesrepublik, in der Schweiz und in österreichischen Bundesländern werden schon seit Jahren etwa unter dem Stichwort Sport-Kurort entsprechende Maßnahmen und Einrichtungen geplant und in die Praxis umgesetzt. Die Planung der Erholungsmöglichkeiten wird aber immer mehr Gegenstand einer interdisziplinären Forschung werden müssen!

Ermüdung und Erholung
vom Standpunkt des Psychiaters

W. Schulte † (Tübingen)

Über die Erholungsunfähigkeit

Wenn ich aufgefordert worden bin, zu dem Rahmenthema ,,Ermüdung und Erholung" vom Standpunkt des Psychiaters Stellung zu nehmen, so lockt es einen, sich zu einer ganzen Reihe von Problemen zu äußern. Ich erwähne nur Müdigkeit und Übermüdung, Erschöpfung mit der Erfahrung, daß sie nur zu einem Teil vom Grad äußerer Beanspruchung abhängen, ich erwähne die daraus resultierenden Folgeerscheinungen, die Versagens- und Verstimmungszustände, die Reaktionen oder Provokationen ernsterer seelischer Störungen und ich erwähne Wesen, Ursache und Behandlung von Störungen des Schlafes, auf den der Mensch — es sind bei einem 75jährigen etwa 25 Jahre aneinander gereihter Schlafstunden — im Interesse der Erholung nach Ermüdung am vordringlichsten angewiesen ist. Um der Kürze und Prägnanz willen lasse ich das außer acht, um mich ganz auf die Frage zu beschränken: ist denn der Mensch, auch wenn er auf der einen Seite noch so ermüdet, übermüdet oder erschöpft ist und auch, wenn ihm auf der anderen Seite noch so viele Möglichkeiten der Erholung eingeräumt werden, überhaupt und zu jeder Zeit generell erholungsfähig? Die psychiatrische Erfahrung geht dahin, daß das keineswegs immer der Fall ist. In den Überlegungen und Beratungen über eine angemessene Urlaubs- und Freizeitgestaltung bedarf daher die Frage der Erholungsfähigkeit gesonderter Prüfung. Erholungsfähigkeit kann nicht selbstverständlich vorausgesetzt werden. Sie ist nicht ausschließlich in die Verfügungsgewalt dessen gestellt, der sie sucht. Sie kann nicht erzwungen werden.

Liegt Erholungsunfähigkeit vor, so können Erholungszeiten, Pausen und Kuren nicht zum Zuge kommen. Durch adäquate Hilfs- und Heilmaßnahmen müssen erst die Voraussetzungen dafür geschaffen werden, daß Erholung wirksam werden kann. Darum ist es von höchst praktischer Bedeutung, das Augenmerk auf die Frage zu richten, ob der Erholungssuchende überhaupt erholungsfähig ist.

Das Ziel der Erholung sind Restitution und Regeneration nach Ermüdung und Erschöpfung. Diesem Ziel dient vor allem Entspannung im weitesten Sinne. Der Erholungsvorgang hat eine regressive Komponente, d. h. die Tendenz, sich nach vorheriger Übersteigerung und Vereinseitigung in das Verhalten früherer Entwicklungsstadien zurückzuziehen, nicht unbedingt total und für alle Zeit, aber wenigstens partiell und befristet. Im Zurücktauchen in vorherige Entwicklungsstufen wird neues energetisches Potential gewonnen. Jedoch ist Erholung ebensowenig wie Schlaf nur ein passiver, sondern ein aktiver biologischer Vorgang. Nichts wäre gewonnen, wenn sich der Erholungssuchende in ausschließlicher Passivität nur fallen oder gehen ließe. Die Entspannung muß im rechten Verhältnis zu einer befriedigenden Beanspruchung sonst vernachlässigter Funktionsbereiche stehen und gewisse Gestaltungsmöglichkeiten einschließen. Erholung hat etwas zu tun mit Einholen, Heranholen, mit Nachholen. Der Erholungsunfähige ist weder zu Entspannung noch zur Gestaltung fähig.

Kriterien und Warnsignale für eine Erholungsunfähigkeit sind vegetative Störungen. An erster Stelle stehen Schlafstörungen: insbesondere eine mit Übermüdung gepaarte Schlaflosigkeit oder -verkürzung, ferner psychomotorische Störungen, zunehmende Hast, Ruhelosigkeit, Unstetigkeit und Aktivitätssteigerung in Diskrepanz zu wachsender Erschöpfung und schließlich zunehmende Abhängigkeit von Betäubungs-, Anregungs- und Genußmitteln. Diese Symptome des erholungsunfähig Gewordenen stellen also die vorläufig irreversiblen Zerrbilder der Erholungsbedürftigkeit überhaupt dar.

Wie aber kommt es zu der Erholungsunfähigkeit? Die Gründe können in den situativen Verhältnissen oder in der Struktur, Entwicklung und Veränderung der Persönlichkeit liegen.

Situationsgebundene Gründe für die Erholungsunfähigkeit

Die Erholungsfähigkeit kann schon allein dann in Frage gestellt werden, wenn es an dem Kontrast zu erfüllender Arbeit und Belastung fehlt: weder der Arbeitslose noch der Pensionär, sofern sie nicht auf einem Nebengleis weiter tätig sind, sind im engeren Sinne erholungsfähig und -bedürftig. Ebenso abwegig ist eine Erholung ohne Zukunft. Erholung kann es nicht um ihrer selbst willen geben. Erholung muß befristet und zielgerichtet sein. Es gibt keine permanente Erholung. Sie zielt auf Wiederherstellung von Leistungs- und Aufnahmefähigkeit.

Umgekehrt kann aber auch die natürliche Erholungsfähigkeit durch eine über das Maß der Leistungsmöglichkeit hinausgehende quantitativ übersteigerte Beanspruchung verhindert werden. Es gibt einen Grad von Erschöpftheit, der Erholungsfähigkeit ausschließt. Das ist vor allem dann der Fall, wenn der Betroffene unter dem Druck erhöhter Anforderungen, das Tempo hektisch steigert, die Arbeit zum ausschließlichen Lebensinhalt erhebt.

Zum anderen kann nicht nur die quantitative Übersteigerung, sondern auch die einseitige Akzentuierung der Tätigkeit, die Monotonie bestimmter Schablonen dann die Erholungsfähigkeit in Frage stellen, wenn wesentliche vitale Funktionsbereiche vernachlässigt werden und einer mindestens funktionellen relativen Inaktivitätsatrophie verfallen.

Persongebundene Gründe für die Erholungsunfähigkeit

Die persongebundenen Gründe für die Erholungsunfähigkeit sind naturgemäß auf das engste mit den situagenen verbunden. Sie wurden daher zum Teil schon angesprochen. Eine ausschließlichere Bedeutung haben sie aber: a) bei körperlicher Krankheit, b) bei hirnorganischen Veränderungen, c) bei psychotischen Störungen und schließlich d) bei neurotischen Entwicklungen.

a) Bei körperlicher Krankheit: Es bedarf angesichts dieses Zuhörerkreises keiner näheren Ausführung, daß es, wenn nicht manifeste, so doch versteckte körperliche Krankheiten (Neoplasmen, entzündliche schwelende Krankheiten oder Herz- und Kreislaufinsuffizienzen) gibt, die jede Bemühung um Erholung in den Wind schlagen, wenn nicht die indizierte Therapie in Angriff genommen wird.

b) Wenn man zum zweiten glaubt, Störungen bei angehenden hirnorganischen Veränderungen, etwa Versagenszustände bei beginnender Hirnarteriosklerose mit Hilfe von Erholungsmaßnahmen beeinflussen zu können, so ist man genau so fehl am Platze. Sie sind für den Allgemeinarzt schon schwer zu erkennen und tarnen sich leicht hinter mancherlei sonstigen körperlichen Beschwerden.

c) Von besonderem psychiatrischem Interesse sind weiter psychotische Störungen. Ich meine nicht die alarmierenden Formen, die leicht erkannt und notwendiger Behandlung zugeführt werden, sondern jene larvierten Formen, die so leicht übersehen werden können, von denen aber angenommen wird, daß sie gehäuft in Erscheinung treten, z. B. die heute erneut in den Vordergrund gerückte larvierte Depression mit ihren charakteristischen Antriebs- und Affektstörungen. Im Anfang steht eine eigentümliche Entschlußunfähigkeit. Diese Patienten können sich nicht aufraffen, es fehlt ihnen an Initiative und Elan. Mit der Schwunglosigkeit ist eine eigentümliche innere Unruhe verbunden. Diese Patienten sind nicht nur in ihrem Antrieb gelähmt, sondern auch in ihren Gefühlen und Empfindungen blockiert. Sie fühlen sich vielfach noch nicht einmal ausgesprochen traurig, sondern eher versteinert, gleichgültig, leer, unlebendig und ausgebrannt und registrieren diese Veränderungen mit erhöhter quälender Empfindlichkeit, so daß es berechtigt erscheint, von „erlebter Leblosigkeit" (Schulte) zu sprechen. Achsensymptom, Vorläufer und vielfach auch letztes Symptom sind in der überwiegenden Zahl der Fälle auf die Phase beschränkte, oft aber weit vorausgehende oder nachklingende quälende Schlafstörungen. Diese Phasen können, müssen aber nicht unabhängig von äußeren Entstehungsbedingungen und Konflikten auftreten. Vielfach äußern sie sich nur in mancherlei körperlichen Beschwerden, die dazu veranlassen, daß, wenn überhaupt ein Arzt zugezogen wird, Allgemeinarzt und Internist in Anspruch genommen werden, ohne daß es diesen mangels hinreichender Vertrautheit mit diesen Krankheitszuständen gelingt, eine befriedigende Diagnose zu stellen und die erfolgversprechende Therapie einzuleiten. *Diese gibt es aber.* Ich gebe nur 2 Stichworte: die modernen Thymoleptica und nach neuerlichem Vorschlag der Tübinger Klinik die Anwendung des Schlafentzuges. Hindert man einen solchen Patienten systematisch, eine Nacht hindurch zu schlafen, so kann man zur Überraschung feststellen, daß er sich am nächsten Morgen frisch und frei fühlt, ein nicht immer anhaltender, aber sehr bemerkenswerter Effekt von höchstem theoretischem und therapeutischem Interesse (Schulte, Pflug, Tölle). Näher auf dieses höchst interessante Phänomen einzugehen, ist hier nicht der Ort.

d) Schließlich kann die Erholungsunfähigkeit im Zusammenhang stehen mit schwelenden unerledigten Konflikten, die in der Vergangenheit nicht richtig bewältigt werden konnten. Ich erwähne daraus resultierende Ressentiments, unbefriedigte Prestigeansprüche, unausgeräumte Rivalitäts- und Generationskonflikte — kurz Verfehltes und Versäumtes, das bisher einer Korrektur nicht hatte zugeführt werden können. Aber ebenso pathogen können ängstliche Erwartungseinstellungen der Zukunft gegenüber sein, das Gefühl der Ohnmacht drohendem Geschehen gegenüber und die Angst vor der Konfrontation mit existentieller Leere. Die Folgen solcher Spannungen sind psychoreaktive Störungen, u. U. neurotische Fehlentwicklungen, denen man mit Hilfe noch so ergiebiger Erholung nicht beikommen kann. Vorherrschendes Symptom ist geradezu die Erholungsunfähigkeit, deren Wurzeln nicht unbedingt offen zutage zu liegen brauchen, die daher oft eine analytisch orientierte Detailarbeit erfordern. Solche Patienten bedürfen einer Lebensumstellung durch psychotherapeutische Behandlung. Auf keinen Fall wäre es richtig, sich mit der Equilibrierung vermittels medikamentöser Behandlung zufrieden zu geben, so bequem dieser Weg auch für den Arzt erscheinen mag. Das kann immer nur ein Notbehelf sein.

Ausdruck und Folge von Erholungsunfähigkeit

1. Erholungsunfähige spüren im allgemeinen ihre Insuffizienz und gehen der Einleitung von Erholungsmaßnahmen instinktiv aus dem Wege. Sie verzichten womöglich auf ihren Sonntag, auf ihren Urlaub und bringen vor, sie seien in ihrem Betrieb und für die Aufrechterhaltung ihrer Existenz unersetzbar und dürften sich einen Ausfall nicht zumuten. Unter Anwendung dieser Alibis pflegen sie ihre Tätigkeit mit doppelter Intensität fortzusetzen, bis sie schließlich ganz dekompensieren.

2. Bleibt ihnen nichts anderes übrig, als doch ein Wochenende einzuhalten oder auf Urlaub zu gehen, so wird während der Ferien und am Wochenende der leistungsbestimmte Stil des bisherigen Verhaltens beibehalten. Ein bestimmtes Pensum an Gipfeln, Schwimmstrecken und Pisten, aber auch an Sammlung von Steinen und Früchten, Sehenswürdigkeiten und Kunstschätzen wird in hektischem Einheimsen bis zur zusätzlichen Erschöpfung — erledigt.

3. Es können aber auch gesundheitliche Störungen ausbrechen, charakteristischerweise nicht auf der Höhe der Belastung sondern dann, wenn

endlich die Voraussetzungen für eine Beruhigung und Entspannung gegeben zu sein scheinen. Die Zeit der Entlastung nach vorheriger übertriebener Belastung erweist sich als ein Wetterwinkel, der für die Manifestierung von organischen, psychotischen und neurotischen Störungen oft ereignisreicher ist als die Zeit der vorherigen Belastung selber. Als ein besonderes Beispiel nenne ich die Entlastungsdepression. Es ist nicht ungewöhnlich, daß Depressionen unmittelbar nach Rückkehr aus jahrelanger Gefangenschaft, nach bestandenem Examen, nach endlich stattgefundener Hochzeit oder kurz nach Urlaubsbeginn auftreten. Pathogen ist bei solchen einseitig Überforderten vor allem der plötzliche Wegfall einer zielgerichteten Anspannung, der bis zu einem gewissen Grade eine Art Schutzfunktion zukommen konnte. Auch sind das im allgemeinen Menschen, die für den Wechsel gewohnter Situationen und den Verlust an Bezugspersonen besonders anfällig sind.

Die *Schlußfolgerungen für Prophylaxe und Therapie* bestehen:

1. In der Erkenntnis, daß im Falle der Erholungsunfähigkeit übliche Pausen oder gar Erholungskuren wirkungslos, überflüssig oder womöglich schädlich sind, zumal, wenn sich krankhafte Störungen anbahnen oder gar geltend machen und entsprechend indizierte Maßnahmen versäumt werden, also etwa eine chirurgische, internistische, thymoleptische oder psychotherapeutische Intervention.

2. Gilt es zu einer Lebensumstellung und ausgewogeneren Gestaltung der Aktivitätsphase durch entsprechende Beratung im Betrieb und in der Familie zu verhelfen. Konflikte sollten bearbeitet und Erwartungsspannungen gelöst werden.

3. Schließlich kommt es darauf an, sich auf den Urlaub vorzubereiten und ihn zu gestalten. Auf den Zustand der Entspannung kann nicht mit einem Ruck umgeschaltet werden, sie bedarf der Übung. Ein ausgezeichnetes Mittel ist das autogene Training.

Letztlich geht es um das Problem, das für den Menschen von heute immer brennender wird, das Problem, relative Freiheit nach inadäquatem Eingespanntsein zu ertragen und zu handhaben.

Zusammenfassung

Auch wenn der Mensch auf der einen Seite noch so übermüdet und erschöpft ist und wenn auch noch so viele Möglichkeiten der Erholung eingeräumt sind, ist er doch nicht zu jeder Zeit generell erholungsfähig. Erholungsfähigkeit ist nicht in die Verfügungsgewalt dessen gestellt, der sie sucht. Die Gründe für die Erholungsunfähigkeit sind entweder

1. *situationsgebunden:* Mangel an Kontrast, an erfüllender Arbeit und Beanspruchung; Überforderung; Vereinseitigung und Schablonisierung der Tätigkeit,

2. *persongebunden:* bei körperlicher Krankheit; bei beginnenden hirnorganisch begründeten Versagenserscheinungen; bei psychotischen Stö-

rungen; insbesondere Depressionen und bei neurotischen Fehlentwicklungen im Zusammenhang mit unerledigten Konflikten. Ausdruck und Folge der Erholungsunfähigkeit sind

a) instinktives Ausweichen vor dem Urlaub,

b) im Falle des Urlaubs Beibehaltung des leistungsbestimmten Stiles bisherigen Verhaltens,

c) gesundheitliche Störungen, bezeichnenderweise insbesondere zur Zeit der relativen Entlastung (Entlastungsdepression).

Schlußfolgerungen für Prophylaxe und Therapie

1. Vor dem Erholungsversuch ärztlich indizierte Interventionen,

2. Lebensumstellung und ausgewogenere Gestaltung der Aktivitätsphase,

3. Vorbereitung und Gestaltung des Urlaubs und der Freizeit.

Hauptproblem bleibt es, relative Freiheit nach inadäquatem Eingespanntsein zu ertragen und zu gestalten.

Ermüdung und Erholung vom Standpunkt der Sozialethik

D. v. Oppen (Marburg/Lahn)

Dieses Referat ist das einzige eines fachlichen Außenseiters, d. h. eines Nicht-Arztes in diesen Tagen. Ich verstehe den Auftrag so, daß in kurzen Strichen ein allgemeiner gesellschaftlich-ethischer Rahmen für die ärztlichen Erwägungen abgesteckt werden soll. Wegen der Kürze der Zeit beschränkt sich meine Aussage auf eine einzige These, die dann in sechs Unterthesen entfaltet wird.

Die **Hauptthese** lautet:
Vom Standpunkt der Sozialethik sind Ermüdung und Erholung ein *dreischichtiger Problemkomplex:* es geht um einen zyklischen Wechsel, einen menschlich-personalen Reifeprozeß und eine geschichtliche Entwicklung.

Zunächst handelt es sich um zyklische Vorgänge. Laut Brockhaus ist das „Ziel der Erholung ... die Wiederherstellung des normalen körperlichen Kräftezustandes und des seelisch-geistigen Gleichgewichts." Diese Feststellung ist selbstverständlich richtig; die Erholung darf nicht hinter der Ausgangslage zurückbleiben, sonst reicht sie nicht aus. Aber dieser Beurteilungsmaßstab gilt nur in der aufsteigenden Lebensphase, nicht mehr für das beginnende Alter; hier können die Abbauprozesse schon die stärkeren sein. Ich stelle mir vor, daß Ihre ärztliche Aufmerksamkeit vor allem dieser zyklischen Schicht gilt.

Für die ganze Lebensdauer gilt die zweite Schicht, daß Erholung ein Stück Reifeprozeß enthalten und bewirken soll, ebenso wie die vorangehende ermüdende Arbeit. Arbeit und Erholung wird dadurch überhaupt erst menschlich. Damit ist ein weiterer Maßstab gesetzt zur Beurteilung und richtigen Formung der tatsächlich geschehenden Ermüdungs- und Erholungsvorgänge.

Die ersten beiden Arten des Geschehens werden aber noch einmal übergriffen: von einem langfristigen geschichtlichen Prozeß. Die sozialen Formen und Inhalte von Arbeit und Erholung verändern sich seit dem 19. Jahrhundert und vor allem im 20. Jahrhundert außerordentlich schnell. Ob diese Veränderungen gesehen werden und ihnen sinngemäß entsprochen wird, ist ein weiterer Maßstab, bzw. ein Komplex von Maßstäben zur Beurteilung der „echten Erholung".

Die Dreischichtigkeit von Ermüdung und Erholung als zyklisches, als menschlich-personales und als geschichtliches Problem sei mit folgenden sechs Unterthesen näher verdeutlicht.

Erste These

Unsere *Gesellschaft verändert sich* laufend und muß weiter verändert werden.

Unser ethisches, das heißt verantwortliches Verhalten wird nicht mehr nur von Normen geleitet, die zu befolgen sind. Wir werden mehr und mehr durch neue Umstände herausgefordert; wir müssen antworten, müssen neue Lösungen finden.

Der allgemeine Urlaub mit den vielen Begleiterscheinungen, die die Themen dieser Tage behandeln (Massentouristik mit Fahrzeugen aller Art über zum Teil weiteste Strecken, Alterstouristik usw.), ist geschichtlich ein absolutes Novum, das uns herausfordert, — persönlich und als Gesellschaft. Hier liegt ein Beispiel vor, daß unsere Gesellschaft sich laufend und tiefgreifend verändert und daraufhin weiter bewußt verändert werden muß. Die Abwehr von Versuchen, unsere Gesellschaft gewaltsam zu verändern, darf uns nicht verleiten, alles festhalten zu wollen wie es ist. Die Stabilität unserer Gesellschaft hängt an unserer Flexibilität und Wandlungsbereitschaft. Auch diese Tagung wird ihr Ziel nur dann erreichen, wenn persönliches und gesellschaftliches Verhalten dadurch verändert wird.

Zweite These

Der Urlaub muß im Rahmen der *Freizeit überhaupt* gesehen werden. Die Freizeit ist für viele Menschen heute so ausgeweitet, daß nur noch ein Teil von ihr der Erholung im Sinne der Wiederherstellung der Kräfte dient; darüberhinaus kann sie Eigenbedeutung gewinnen, wenn sie entsprechend gefüllt wird.

Der Urlaub ist ein wesentlicher, wenn auch besonders gearteter Teil der Freizeit. Auch das Phänomen Freizeit im ganzen enthält und erfordert heute geschichtliche Veränderungen. Man kann leicht ausrechnen, daß mit achtzehn Arbeitstagen Urlaub, Fünftagewoche und zwölf gesetzlichen Feiertagen auf je zehn Arbeitstage im Jahr 5,4 arbeitsfreie Tage kommen. Das bedeutet ein Verhältnis von 2:1 [1]. Die Arbeitstage sind durch die Vierzig-Stundenwoche auch nur noch zu einem Drittel mit Arbeit gefüllt. Aufs ganze Erwachsenenleben gerechnet ergibt das feste Renten- und Pensionsalter bei hoher Lebenserwartung eine weitere bedeutende Vermehrung der Gesamtfreizeit. Die häufig sehr lange Altersphase macht die Gesamtfragestellung der Freizeit offenbar. Die Altersphase wird nur von denen bewältigt, die auch die früheren Lebensphasen bewußt verarbeitet haben und dadurch einen Reifeprozeß durchgemacht haben. Für diesen ist die Verwendung der weniger rollengebundenen Freizeit, also auch der Urlaub, eine ständige Aufforderung und Erprobung. Der heraufkommende Bildungsurlaub deutet in die gleiche Richtung.

Dritte These

Freizeit und *Urlaub braucht jeder.*

Die Freizeit ist auch für die Mitglieder unserer hochindustrialisierten Gesellschaft von sehr unterschiedlicher Länge. Es gibt noch unterprivilegierte Gruppen, zum Beispiel die Mütter, vor allem berufstätige Mütter und hier wieder Landfrauen. Hier versagt die Möglichkeit gesetzlicher Garantie von Urlaub. Es bedarf freier gesellschaftlicher Initiative, um auch denen zu einem Urlaub zu verhelfen, die ihn bisher nicht bekamen. Das Müttergenesungswerk ist ein hervorragendes Beispiel dafür. 47% der Mütter, die 1971 eine Kur im Müttergenesungswerk in Anspruch nahmen, hatten noch niemals im Leben Urlaub gemacht. Diese Frauen haben daher niemals gelernt, „wie man das macht", Urlaub zu haben. Außerdem wird an ihrer Überbeanspruchung deutlich, daß der allgemeine gesetzliche Urlaub kein Luxus ist, sondern allein schon durch die bedeutend gestiegenen Leistungsanforderungen schlicht notwendig ist. 90% aller 1967 in Müttergenesungsheimen aufgenommenen Mütter litten an ernsthaften gesundheitlichen Störungen — fast 50% an Kreislauf- und Herzschäden und ebenso viele an nervöser Erschöpfung und neurovegetativen Störungen! [2]. Dazu kommt die Verkürzung der Chancen persönlicher Reifung.

Eine weitere seltsame Erscheinung in der Freizeitverteilung ist bekannt, muß aber doch an dieser Stelle erwähnt werden. Die Selbständigen, das obere und mittlere Management, sowie die freien und sonstigen intellektuellen Berufe verfügen über einen viel weniger scharf abgegrenzten und überhaupt geringeren Freizeitbereich als die breite Arbeitnehmerschicht. Damit ist wieder eine ganz neue Situation entstanden, die sich von allen anderen Epochen der Geschichte unterscheidet. Sie enthält eine bedenkliche Überforderung der führenden, verantwortlichen Schichten, kann aber wieder nicht von staatlicher Seite geändert werden.

Vierte These

„Die Freizeitwelt kann *nur mit der Welt der Arbeit zusammen* bewältigt werden."[3]

Freizeit, insbesondere der Urlaub mit Ortsveränderung, werden angesehen und erlebt als Ausgleich für alle Versagungen und Verengungen des Arbeitslebens. Damit ist aber der Urlaub und die Freizeit überhaupt überfordert. Die Arbeit prägt den Menschen zu tief und dauerhaft, als daß die Freizeit daneben in dem gleichen Menschen einen zweiten Verhaltenstypus herstellen könnte.

Die Arbeitsverhältnisse sind aber kein unveränderliches Datum. Erlauben Sie mir dazu noch einmal einen Blick in das Müttergenesungswerk, wo man viel Erfahrung im Umgang mit dem Urlaub hat. In einem Bericht lesen wir: „Für eine entscheidend verändernde Wirkung sind vier Wochen Kur einfach zu wenig — wenn *nur* in diesen vier Wochen etwas getan wird. Es kann sogar gefährlich werden, wenn aus dem, was in der Kur angeboten und getan wurde, eine neue Zumutung abgeleitet wird: Nun in alle Zukunft mit den Rollenzumutungen fertig zu werden. ... Die Chancen der Müttergenesungskur werden verschenkt, wenn anschließend an die Kur keine weiteren Hilfen bereitgestellt werden." [4]. (Das hier gebrauchte Wort „Kur" ist weniger eine Kur im medizinischen

Sinne, als eine Erholungsfreizeit, die freilich sehr durchdacht gestaltet wird.)

Entsprechendes gilt für alle Bereiche, auch für die industrielle Arbeit. Die Maßstäbe dafür sind nicht einer romantisch verklärten Vergangenheit in Handwerk und Bauerntum zu entnehmen, sondern wiederum den Notwendigkeiten von Heute und Morgen in der hochtechnisierten Gesellschaft; zum Beispiel sind rigoros fremdbestimmte Arbeitsbedingungen ohne Information und ohne Spielräume der Selbstverantwortung unnötig belastende und daher unnötig ermüdende Restbestände aus der frühindustriellen Epoche. Sie werden heute nicht nur als inhuman empfunden, sondern sind auch unzweckmäßig. Das führt unmittelbar zur nächsten These.

Fünfte These

Die hochindustrialisierte Gesellschaft enthält mehr und mehr die Notwendigkeit, daß ihre Mitglieder *personale Qualitäten* entwickeln: Die Fähigkeit zum ständigen Lernen, zum Wählen, zur Verantwortung, zum Zusammenwirken in Kleingruppen. Das gilt für die Arbeitswelt ebenso wie für die wachsende Freizeit, ganz besonders den Urlaub. Wird der Weg zu diesen Qualitäten versagt oder nicht gefunden, sind wieder unnötige Erschöpfungen die Folge.

Diese Feststellung wird hier ausdrücklich im Gegensatz zu einer landläufigen Kulturkritik getroffen. Freilich ist damit mehr das gesagt, was sein sollte und müßte, als das, was wirklich ist und getan wird. Von der Arbeit ist schon unter der vorigen These in diesem Sinne gesprochen worden. Es ist zu wenig, Freude am Dasein, Selbstbestätigung und Ich-Reifung nur in der Freizeit zu suchen.

In der Freizeit aber hat die moderne Ehe und Kleinfamilie heute meist vergleichsweise viel Zeit füreinander von Person zu Person, wenig geschützt von vorgeprägten „Rollen" [5]. Sie muß ihre Verschiedenheiten, ihre Entwicklungsphasen und Konflikte selbstverantwortlich bewältigen. Das ist wieder eine neuartige, schwere Aufgabe, die gelernt werden muß.

Dabei handelt es sich um Massen von Menschen, an die sich ein Massenangebot von Waren und Dienstleistungen richtet und richten muß. Das Ausweichen in den Massenkonsum und massen-psychologisch bestimmtes Verhalten (Fernsehen, Fußball u. a.) bedeutet da einerseits Entlastung von der schweren personalen Aufgabe der Ich-Reifung und Du-Findung, — andererseits die Gefahr ihrer Verfehlung. Der kulturkritische „Zweifel an der Freizeitfähigkeit des anderen" [6] muß differenziert werden. Beratung und Erziehung finden ein weites Aufgabenfeld, vor allem aber der sachgemäß selbstkritische Ausbau der Institutionen; für die Freizeit der Ausbau des Vereins- und Verbändewesens, für die Arbeit die Überprüfung der Betriebsorganisation. Die Initiative des ADAC zu dieser Tagung ist beispielhaft.

Sechste These

Menschliches Leben bedarf, um menschlich zu sein und reifen zu können, der *Sinngebung*. Das gilt auch für die ermüdende Arbeit und die ermüdende und erholende Freizeit. Die Formen dafür und die Inhalte verändern sich wiederum in einem ständig beschleunigten Prozeß.

Der Ort für die Sinngebung von Arbeit und Freizeit war in der vorindustriellen Zeit die kultische Feier am Feierabend, am Sonntag, am Feiertag. Sie diente der zyklisch wiederkehrenden Vergegenwärtigung des bleibenden Sinnes der Lebensordnung, um den Alltag von ihm durchdringen zu lassen. Wir leben heute in einer säkularisierten und veränderlichen Gesellschaft, wo, wie oben gesagt, das zyklische Geschehen von einer geschichtlichen Bewegung übergriffen wird. Die Sinnfrage stellt sich da differenzierter: Es bedarf der Be-Sinnung auf das Bleibende und Wiederkehrende, und es bedarf der neuen Antworten auf neue Sinnfragen.

In dem deutschen Wort „Freizeit" ist dieses Fragen nach neuen Sinngebungen von Anfang an mitgesetzt und aufbewahrt. Als es in unseren Sprachgebrauch eintrat, bezeichnete es zunächst nicht die arbeitsfreie Zeit, sondern mehrtägige Treffen von jungen Menschen in der Jugendbewegung „zum Zwecke gemeinsamer Besinnung" [7]. Von dort ging die Form der Treffen auch in die Arbeiterbewegung und in die Kirchen über. Von dieser „Programmatik seines Ursprungs ist der Begriff ‚Freizeit' derart imprägniert, daß ihm heute noch die Assoziation ‚Gestaltung' oder ein der ‚sinnvollen Gestaltung Bedürftiges' kaum abtrennbar verbunden ist" [8]. Typisch und notwendig sind heute Lebenshilfen von größter Mannigfaltigkeit: von der religiösen Feier, über die „Freizeit" im ursprünglichen Sinn, die Tagung im heute üblichen Sinn, die Camping- und Kurseelsorge, das Beratungsgespräch im Müttergenesungswerk bis zur Buchbesprechung, die die individuell richtige Ferienlektüre finden hilft. Auch und gerade die ärztliche Beratung wird oft genug an die persönliche Sinnfrage rühren, und das nicht nur in der Sprechstunde des Psychiaters. Wir Menschen von heute sind im Grundsätzlichen weithin ratlos; und das Belastende ist: wir wissen es meist nicht einmal. Wir leben über die Sinnfrage gedankenlos hinweg.

Fragen wir abschließend am Ende dieser Thesen und hinführend zu dem nachfolgenden Gespräch: Was ist echte Erholung?, so können wir sagen:

Echte Erholung des Menschen stellt seine ermüdeten Kräfte desto besser wieder her, je mehr in ihr der Einzelne, die Familie und wir alle zusammen in der Entspannung und neben der Entspannung die nötigen Schritte tun auf dem Wege voran und über den Tag hinaus, der der eigentliche menschliche Weg ist.

Oder kürzer mit den Worten von Albert Einstein: „Nur wenn wir umdenken, werden wir überleben." Das gilt für Arbeit und Freizeit, für unsere Ermüdung und für unsere Erholung.

Literatur

1. Weber, E.: Das Freizeitproblem, S. 29. München/Basel: 1963.
2. Neises, G.: Das Deutsche Mütter-Genesungswerk, in Gesundheitspolitik (Unabhängige Zeitschrift für das gesamte Gesundheitswesen) 14, 39 (1972).
3. Gremmels, Chr.: Kriterien zur Bewältigung der Freizeit, in Theologische Perspektiven zur Freizeit und zum Freizeitverhalten, Protokoll Nr. 292, der Ev. Akademie Rheinland-Westfalen (1970).
4. Neises, G.: a.a.O. S. 45f.
5. Herzog-Dürck, J.: Mehr Chancen für die Wahrheit der Ehe. Radius Heft 4, 30 (1968).
6. Linde, H.: Kritik des etablierten Freizeitgeredes. Radius Heft 4, 24 (1968).
7. Linde, H.: a.a.O. S. 23.
8. Linde, H.: ebenda.

Rundtischgespräch: Die echte Erholung

Leiter: M. J. Halhuber (Höhenried)

Herr Halhuber (Höhenried): Als Moderator dieses Podiumsgesprächs, das dann in eine Beantwortung der Fragen, die schriftlich an uns gelangt sind, übergehen soll, will ich nicht verhehlen, daß ich ein gewisses Unbehagen empfunden habe, als ich den Titel „echte Erholung" gelesen habe. Ich habe ein bißchen Sorge davor, daß wir hier mit Klischeevorstellungen arbeiten und vielleicht auch ein bißchen manipuliert werden, wenn wir als Ärzte herausgefordert sind, Ihnen mit Sicherheit zu sagen: Was denn *echte* Erholung sei? Ich möchte gern voraus bekennen, daß ich der Meinung bin, daß echte Erholung für jeden anders ist, und daß sie sehr schwer zu definieren ist. Ich habe mich gefragt: Wie kann ich denn am besten eine Ideologisierung der Teilnehmer dieses Podiumsgesprächs verhindern? Dabei möchte ich immer wieder eine Definition von Ideologie zitieren, die ich einmal von Lenz in der „Zeit" gelesen habe: „Ideologie ist interessengebundene Interpretation der Welt". Da habe ich mir gedacht, am besten gehen wir vom Konkreten aus, ich meine, von den existenziellen Problemen eines jeden von uns, indem ich jeden Gesprächsteilnehmer bitte, daß er ein Ein-Minuten-Bekenntnis zu *seiner* Erholung ablegt und uns sagt, *wie* er sich erholt. Ich glaube, daß das unter Umständen schon genügend Gesprächs-, wenn nicht Sprengstoff für die Diskussion ergibt. Es geht also darum, was jeder für seine echte Erholung als das Wichtigste betrachtet.

Ich darf dazu zuerst das Wort meinem väterlichen Freund und Lehrer, Herrn Prof. Hittmair, geben, der letzte Woche seinen 80. Geburtstag gefeiert und schon dadurch bewiesen hat, daß er eine richtige Urlaubs- und Erholungsmethode für sich kennen muß.

Herr Hittmair (Innsbruck): Ich danke sehr für das ehrende Vertrauen. Aber Theorie und Praxis sind zwei verschiedene Dinge, und ich traue mich nicht Ihnen zu sagen, wie ich Urlaub gemacht habe. Wissen Sie, *der* Urlaub, das gibt's für uns Mediziner ja nicht, genau so wenig, wie ich als Mediziner sagen kann *die* Lungenentzündung. Wir haben so viel Urlaubsformen entwickelt, daß wir etwas Allgemeingültiges nicht aussagen können, auch nicht über die Erholung. Denn die echte Erholung ist ein Vorgang, der sich am Neurovegetativum abspielt. Das Neurovegetativum als Urlaubsorgan ist ein Organ, das bei jedem ganz verschieden gestimmt ist, und ganz verschiedene Reizbeantwortungen hat. Zweitens hat das Neurovegetativum zwei Seiten, die psychische und die somatische, und zur echten Erholung gehört sowohl die psychische als auch die somatische Seite, obwohl wir — und das ist sehr interessant — bei unseren bekannten Versuchen nachgewiesen haben, daß die beiden Faktoren auch getrennt voneinander funktionieren können. Das heißt, der Erholte, der Urlauber war psychisch frustriert; denn dort gibt es keine Bar, dort gibt es nicht einmal ein Kino, nichts gibt's. Die Leute waren also psychisch von ihrem Urlaub vollkommen frustriert. Somatisch haben sie sich aber erholt. Man konnte nachweisen, daß sich ihre Fehlreaktionen, die sich schon eingestellt hatten — das ist ja das Charakteristische für die Erholungsnotwendigkeit, die Erholungsbedürftigkeit — wieder, und zwar für längere Zeit normalisiert haben.

Für uns Ärzte gibt es vier Urlaubsbetrachtungen. Wir müssen den Urlaub für den Gesunden betrachten. Der hat ganz andere Voraussetzungen als der Urlaub für den noch Gesunden oder bedingt Gesunden, wie Halhuber immer sagt. Das ist die eine Seite.

Die nächste Stufe ist der Urlaub für den noch nicht Kranken, aber Erholungsbedürftigen, wo schon Fehlreaktionen auf die Alltagsreize eintreten. Dann kommt natürlich der Urlaub für den bereits Angekränkelten oder Kranken mit vegetativen und psychischen Störungen.

Wir haben also vier verschiedene Urlaube, und die Schwierigkeit und das Mißverstehen, das so oft auftritt, wenn man über Urlaub spricht, kommt daher, daß diese vier Urlaubsarten fließend, wie das meiste in der Natur, ineinander übergehen und sich um unsere Schachterln und Einteilungen, die wir da aufstellen, nicht kümmern. Wir haben nur die einzige scharfe Trennungslinie zwischen noch Gesunden und noch nicht Kranken darin, daß wir bei dem noch nicht Kranken bereits Fehlfunktionen des Neurovegetativums feststellen können. Das ist die einzige objektive Trennungslinie. Sonst geht alles ineinander über, und das ist die Schwierigkeit, wenn wir jetzt von „echter Erholung" sprechen. Der ganz Gesunde hat's ja gar nicht notwendig. Was reden wir da? Die Erholung beginnt erst beim Erholungsbedürftigen. Da müssen wir dann natürlich anders reden als, sagen wir, für den Massentourismus. Das sind die Schwierigkeiten, vor denen wir in solchen Debatten immer stehen. Dann ist auch die Schwierigkeit, Ihnen zu erklären, daß sich, obwohl ich, sagen wir einmal, nach der allgemeinen ärztlichen Regel meinen Urlaub nicht ordnungsgemäß verbracht habe, trotzdem 80 Jahre alt geworden bin.

Herr Halhuber: Darf ich jetzt einfach der Reihe nach zunächst das Wort Herrn Bock geben!

Herr Bock (Tübingen): Sie wollen wissen, wie ich mich erhole oder wie ich mich erholt habe?

Herr Halhuber: Was ist für Ihre persönliche Erholung jeweils das Wesentliche? Das wollen wir gern — wir leben als Ärzte ja in einer heiligen Prostitution — anderen als Ratschlag weitergeben.

Herr Bock: Ich neige bei der Ermüdung zu einer gesteigerten Reizbarkeit. Wenn ich das spüre, ziehe ich mich zurück. Ich habe glücklicherweise die Fähigkeit zu ganz kurzen Schlafperioden von 5 oder 10 Minuten. Andere brauchen ein autogenes Training dazu. Ich brauche es nicht, um abschalten zu können. Ich brauche nur einzuschlafen. Das würde ich für alle, die sehr stark angespannt sind, auch für irgendeine kurze Mittagszeit, raten: sich hinzulegen auf eine nicht zu weiche Unterlage für 10 bis höchstens 15 Minuten und abzuschalten.

Meinen Jahresurlaub mache ich in zwei Portionen. Ich bin jedes Jahr nach dem Wintersemester 14 Tage zum Skifahren ins Hochgebirge gegangen und jeden Sommer nach dem Sommersemester sofort 14 Tage zum Wildwasserpaddeln. Das werde ich auch nächste Woche am Montag beginnen. Es geht in dem gleichen Stil weiter. Dann möchte ich eines sagen: Ich habe früher möglichst jedes Jahr mein Sportabzeichenexamen abgelegt — in den letzten Jahren nicht mehr —; ich bin, solange ich noch aktiv war, regelmäßig am Montag abend zum Dozentensport gegangen.

Herr Halhuber: Dankeschön. Herr Schulte!

Herr Schulte (Tübingen): Ich habe nicht so viel an sportlichen Leistungen aufzuweisen, aber ich lege großen Wert auf hohe Entspannung auf der einen Seite und eine gewisse Ausgestaltung des Urlaubs auf der anderen Seite, vor allem auf eine Betätigung der Funktionsbereiche, die sonst im Lauf des Betriebes zu kurz kommen, nämlich indem ich lese, wandere und mich mit Menschen erfreue, mit denen ich sonst nicht zusammenkommen kann.

Herr Halhuber: Danke vielmals. Wenn ich das zusammenfassen darf, so zeigen die 3 ersten Mitteilungen, wie unterschiedlich und wie erfreulich individuell der Urlaub verbracht wird. Das erscheint mir so wichtig: Wir Ärzte dürfen nicht in Gefahr kommen, daß wir unseren Patienten unser Schema aufzwingen wollen, sondern daß wir von vornherein immer bedenken, wie jeder seinen eigenen Stil findet. Das Problem heißt: wie wird der einzelne — wenn ich ein Stichwort, das hoffentlich kein Schlagwort wird, gebrauchen darf — „freizeitmündig"?

Nun ist Herr von Oppen an der Reihe.

Herr v. Oppen (Marburg): In meinen Hamburger Jahren, die etwas zurückliegen, hatte ich ein sehr sicheres Kennzeichen. Wenn die Erholungsreife bei mir vorlag, stellte sich regelmäßig gegen Ende des Semesters ein, daß ich, wenn ich, in die S-Bahn steigen wollte, mich plötzlich vor der Sperre statt mit der Fahrkarte mit meinem Hausschlüssel in der Hand vorfand. Dann war es mal wieder so weit.

Im übrigen halte ich es im Urlaub mit dem alten Wort vom guten Seume in dem bekannten Spaziergang, den er zu Fuß nach Leverkusen und zurück über Paris gemacht hat: „Es ginge alles besser, wenn man mehr ginge." Und zu diesem Gehen brauche ich den deutschen Wald. Infolgedessen bin ich daran gebunden, im deutschen Sprachgebiet mich zu erholen.

Die weitere Erfahrung: Es ist nichts so individuell wie die Wahl des Urlaubsortes. Vor 2 Jahren haben wir uns von jemandem, einen Fremden, ein Urlaubshotel empfehlen lassen mit dem Erfolg, daß wir zum Ärger des Wirtes nach 2 Nächten ausgezogen sind. Man muß sich also sein Urlaubshotel und seinen Urlaubsort selber aussuchen.

Die dritte Überlegung! Meine Kinder befinden sich im Alter von 14 bis 19 Jahren. Sie sind dabei, den, von mir vorhin erwähnten, Familienhut jetzt immer größer zu machen, um die wachsenden, differenzierenden Ansprüche unterzubringen. Der Ältere ist bereits ausgestiegen, der zweite sitzt auf dem Nestrand und die kleine Tochter kommt noch treu mit.

Herr Halhuber: Danke vielmals. Herr Müller-Limmroth!

Herr Müller-Limmroth (München): Seit 3 Jahren fahre ich nicht mehr in Urlaub, sondern bleibe zu Hause. Ich wohne im Süden Münchens, habe die Möglichkeit, meinen Garten mit 1000 Quadratmetern selbst zu bearbeiten und jeden Tag 2 bis 3 mal konstant zu schwimmen. Aber im Gegensatz zu Ihrer Bemerkung über das Spazierengehen halte ich mich stur an die Pulsfrequenz einer adäquaten Schwimmgeschwindigkeit, was den Anstrengungsgrad anbetrifft: 170 weniger das Lebensalter in Jahren. Ich bin 50; also schwimme ich, bis ich auf eine Pulsfrequenz von 120 komme. Darüberhinaus habe ich gute Freunde am Wörthsee und am Tegernsee. Am Tag 2 bis 3 mal sind wir, meine Frau und ich — meine Kinder werden weggeschickt, die sind im Urlaub — zum Segeln draußen. Das ist mein Urlaub. Ich fühle mich sehr wohl dabei, weil ich in der Retikularformation-Kennlinie mich normalerweise da oben befinde. Durch diese Art von Urlaub bringe ich mich langsam wieder auf die normale Arbeitswut.

Herr Halhuber: Da sieht man doch, die professionelle Deformation ist unvermeidlich. Bitte Herr Hahn!

Herr Hahn (Starnberg): Auch ich bin selbstverständlich ein staatserhaltender Zeitgenosse, der ständig darüber nachdenkt, wie er den aktiven, echten, sinnvollen Urlaub verwirklichen kann. Am liebsten aber tue ich nicht das, was in der Urlaubsforschung so allmählich entwickelt wurde, sondern ich bin einmal für den Faulenzerurlaub, in dem ich nichts tue, in dem ich nichts tun muß, weder etwas für meine Gesundheit noch für irgend etwas sonst.

Ich bin weiterhin für den amüsanten Urlaub, der Spaß macht, der unter Umständen erst um 2 Uhr morgens endet, unter Umständen an so bösartigen Orten wie Rimini oder Ruhpolding stattfindet, wo viel los ist.

Und drittens bin ich für den extremen Urlaub, für den unvernünftigen Urlaub, z. B. dafür, mit einem Jeep durch die Sahara zu fahren und unter Umständen 600 bis 700 km pro Tag zurückzulegen. Denn das ist genau das, was ich zu Hause und in meinem Büro nicht habe. Mit einem Wort, ich bin dafür, die Art von Urlaub zu verbringen, der im Gegensatz zu dem ist, was man zu Hause hat oder nicht hat, und ich behaupte als Psychologe, daß es nicht nur um physische Erholung, sondern ebenso stark um die psychische Erholung geht.

Herr Halhuber: Danke vielmals. Es hat mir sehr wohl getan, daß ausgerechnet der Psychologe ein, ich glaube, allgemein anthropologisch und auch ärztlich zu vertretendes Prinzip herausgearbeitet hat, daß Urlaub eben „das Andere" ist. Die Engländer sagen: Change is as good as rest. Ich glaube, daß Herr Hahn diese Feststellung — als These herausstellen möchte.

Herr Jaeger bitte!

Herr Jaeger (Generalsekretär des ADAC, München): Ich bin hier, glaube ich, das enfant terrible in der Runde. Ich bin ja auch der Vertreter der Verbraucher und in dem Fall also der Patienten. Für mich gibt es zwei Dinge, die, glaube ich, richtig sind nach dem, was ich heute Vormittag gehört habe. Ich leide unter Bewegungsarmut, und ich möchte im Urlaub viel Bewegung haben, Muskelbetätigung. Und ich habe einen langen Terminkalender. Ich möchte im Urlaub ungebunden sein; ich mache deshalb auch nicht gern eine Gruppenreise.

Aber das andere mache ich, glaube ich, alles falsch. Ich möchte im Urlaub nicht abschalten.

Wenn ich am Strand liege, werde ich kribbelig. Meine Frau, die hier zuhört, wird sicher sagen, er gehört zu den von Herrn Prof. Schulte zitierten Ruhelosen, Unersättlichen. Ich möchte etwas erleben. Ich gehe nie an den gleichen Ort im Urlaub, nicht gern nah, möglichst weit weg; ich wechsle nach Möglichkeit sogar das Land. Möglichst viel wechseln, möglichst weit weg, andere Dinge sehen! Ich esse viel im Urlaub, ich glaube, ich kann mir das leisten, weil ich dann mehr Bewegung habe als sonst. Ich trinke viel im Urlaub, weil ich schon dadurch, daß ich nicht im geschlossenen Raum bin, mehr zu verdunsten glaube. Aber obwohl ich hier, glaube ich, alles oder vieles falsch mache, fühle ich mich im Urlaub immer am gesündesten und ich komme eigentlich auch immer befriedigt zurück.

Herr Halhuber: Meine Damen und Herren und vor allem meine Kollegen hier am Podium. Ich bin mir bewußt, daß es ein Risiko war eine solche Frage zu stellen, die ja persönlich aufgefaßt werden muß. Ich bin deshalb besonders dankbar, daß Sie diesen Ball aufgefangen haben und, wie ich glaube, für uns alle einen echten Querschnitt individueller Urlaubsgestaltung dargestellt haben, wobei ein jeder gleichzeitig, — sozusagen psychotherapeutisch — alle seine Aggressionen gegen die Ärzte in einer sehr günstigen Art und Weise losgeworden ist.

Ich darf jetzt übergehen zu den Fragen, die uns erreichten, die ich ein bißchen zu ordnen versucht habe. Ich möchte dazu zuerst Herrn Schulte das Wort geben, weil ich glaube, daß für uns alle seine Begeisterung für den Schlafentzug bei der larvierten Depression gerade im Zusammenhang mit diesem Thema überraschend war. Dann möchte ich Herrn Müller-Limmroth bitten, zur Frage des Schlafentzugs aus der Sicht des Physiologen eine Deutung zu versuchen. Denn es scheint ja wirklich geradezu ein Widerspruch zu dem zu sein, was wir gehört haben. Wie wird der Schlafentzug durchgeführt? Wird dabei Aktivität verlangt ? Wer beaufsichtigt den Schlafentzug ? Was hat in der Nacht des Schlafentzugs zu geschehen ?

Ich glaube, diese Frage nach Schlaf und Schlafentzug im Zusammenhang mit Erholung ist deshalb wichtig, weil sie bei der zunehmenden Zahl lavrierter Depressionen für uns alle als Ärzte und auch als Nichtärzte neue Aspekte hat.

Herr Schulte: Ich habe eine gewisse Sorge, daß auf einmal als Patentlösung für die Urlaubsgestaltung der Schlafentzug herauskommt. Ich habe das eigentlich nur hineingebracht, um einen kleinen Hinweis auf die notwendige, richtige Therapie in den Fällen zu geben, in denen eine Erholungsunfähigkeit vorliegt, also gerade nicht ein einfacher Urlaub oder eine einfache Erholungskur ausreichen sollte. Da wir in Tübingen an diesem Problem sehr interessiert sind, habe ich es vielleicht etwas zu stark betont.

Nun, ich spreche nicht vom Gesunden, ich spreche auch nicht vom Reaktiv-Depressiven; ich spreche auch nicht einfach von gewöhnlichen erschöpften Menschen. — Da kommt das alles gar nicht in Frage —, sondern ich meine eindeutig Vital-Depressive, also ein umschriebenes Krankheitsbild, das nun allerdings, wie wir glauben, etwas häufiger als früher in Erscheinung tritt.

Da haben wir diesen sehr merkwürdigen Effekt, den ich vor vielen Jahren einmal eigentlich zufällig beobachtet habe, von dem ich selbst gar nicht für möglich gehalten habe, daß er überhaupt wirksam ist. Ich dachte, das sei ein Zufall. Es häuften sich dann einige Beobachtungen und wir haben dann, meine Mitarbeiter und ich, vor allem Herr Pflug und Herr Tölle, die von meiner Klinik kamen, das in einer systematischen Weise durchuntersucht und eine hundertprozentige Bestätigung dieser Beobachtung gefunden, daß, wenn man einen Menschen, eine Frau oder einen Mann, mit einer schweren Depression, die ja sonst kaum beeinflußbar ist, es sei denn mit den modernen Stimuleptika, eine Nacht nicht schlafen läßt, er am nächsten Morgen frisch und munter ist. Das hält nicht immer an, wie ich Ihnen das andeutungsweise geschildert habe. Die Durchführung ist so, daß es darauf ankommt, daß der Schlafentzug konsequent durchgehalten wird, und da liegt die Gefahr, wenn man diese Sache ambulant durchführt. Wir befinden uns immer noch in einem Versuchsstadium, weshalb einiges Aufsehen erregt wird, in der Fachwelt sehr diskutiert wird, und zwar nicht nur in der deutschen, sondern auch außerhalb und neuerdings in Amerika. Zu Hause besteht die Gefahr, daß der Betreffende dann doch einnickt bzw. daß die jeweilige Partnerin oder der Partner aus Mitleid den Betreffenden dann doch schlafen läßt. Wir nehmen ihm ja gerade das, was ihm sowieso fehlt; denn es gehört zum Depressiven, daß er ohnehin nicht gut schläft. Das habe ich in einem anderen Zusammenhang erwähnt. Aber wenn man es konsequent durchführt, haben wir diese enorme Erleichterung für einen Tag, vielleicht für immer, vielleicht nur für 2 Tage — das ist verschieden —, aber mindestens eine bessere Ausgangsbasis für die weitere thymo-stimuleptische Behandlung. Das ist von höchstem praktischen therapeutischen und vor allem theoretischen Interesse.

Was die Frage anlangt, was denn hier wirksam ist, so haben wir festgestellt, daß der Blutdruck eine Spur ansteigt, allerdings weniger brachial als ophthalmo-dynamograpisch meßbar. Wir sind dahinter her, biochemisch einiges weiter zu eruieren. Wir arbeiten mit dem Max-Planck-Institut, mit Herrn Matusek, zusammen und wir hoffen, daß wir diese Sache in einiger Zeit noch erhellen können. Vorläufig können wir nur von diesem klinischen Effekt überhaupt sprechen. Wir können also noch nicht sagen, was das eigentliche Prinzip ist. Vielleicht ist es eine gewisse Ergotropie, die mit im Spiel ist.

Ich darf noch anführen, daß der Schlafentzug bei Gesunden und auch bei den Reaktiv-Depressiven genau den gegenteiligen Effekt hat. Ein Gesunder fühlt sich, wenn er den ganzen Tag nicht geschlafen hat, verpflichtet, sich am nächsten Tag verdrießlich und mißmutig zu benehmen. Das ist Ihnen allen wahrscheinlich bekannt. Der Melancholische aber ist erfrischt und kann auf die Minute genau angeben, etwa um 3 Uhr oder $^1/_2 4$ Uhr, auf einmal wird es leichter, auf einmal sind die Beine nicht mehr so schwer, auf einmal ist das Herz leichter, auf einmal war der Kopf von seinem Druck befreit usw. Das ist schon ein sehr bemerkenswertes Phänomen.

Herr Müller-Limmroth: Ich kann natürlich nur über Schlaf und Schlafstörungen bei Gesunden sprechen. Wir haben den Tagschlaf nach der Nachtschicht analysiert und dabei auch Schlafentzug bei Gesunden vorgenommen. Im automatisch ausgedehnten Elektro-Encephalogramm mit Muskeltonus, Herzarythmie, Atemhemmungen, zeigte sich, daß wir zunächst einmal bei einem Schlafentzug ein erstaunlich rasches Absinken in die vierte Tiefschlafphase finden und bemerkenswerterweise als Abnormität keine Motorik im Tiefschlaf. Das sehen wir normalerweise nur bei dem, der ein Barbiturat genommen oder der sich die notwendige Bettschwere verschafft hat. Normalerweise gehört im Tiefschlaf Motorik dazu.

Das zweite ist, daß der erste Schlafzyklus — gemeint sind Traumepisoden —, also der Oberflächenschlaf plus Tiefschlafanteil, in der Relation zugunsten der Tiefschlafphase verschoben und insgesamt verringert ist und daß sich im weiteren Verlauf diese einzelnen Schlafzyklen, und zwar vier bis sechs pro Nacht, wiederholen, ehe der Betreffende wieder in einen normalen Schlafzyklus kommt. Dabei ist nachzuweisen, daß er, wenn er am nächsten Tag nach dem Schlafentzug schlafen konnte mit der Weite, wie ich es beschrieben habe, und man ihn nach dem ersten normalen Schlaf, also am übernächsten Tag, in einen Leistungstest hineinlegt, wo er mental und gleichzeitig psychomotorisch — weil wir Motivationen von Lohn und Bestrafung einführen — getestet wird, an diesem Tag noch nicht voll leistungsfähig ist. Hoch signifikant macht er mehr Fehler, hat stärkere Pulsschwankungen, Herzarythmie als Kriterium der vegetativen Belastung, so daß ich sage, daß sich der Schlafentzug auch am übernächsten Tag selbst nach dem Schlaf noch positiv äußern kann.

Um noch auf das Urlaubsthema im Zusammenhang mit dem Schlafentzug einzugehen, so ist das wichtigste die erste Feststellung der Urlaubsreife. Daß man Urlaubsreif wird, kennt man daran, daß der Schlafzyklus nachts etwa um 3 Uhr abzubrechen beginnt. Man kommt fast in eine ganz oberflächliche Phase, wird mitunter auch mal wach, schläft erstaunlich gut wieder ein, aber die restlichen Schlafzyklen reichen nicht aus, um morgens ausgeschlafen wieder aufzuwachen, so daß das schlechte Aus-dem-Bett-Kommen, das Abends-schlechter-immer-wieder-Hineinkommen-ins-Bett und diese Unterbrechung in der Nacht für mich ein ganz sicheres Zeichen sind: Der Mensch ist urlaubsreif.

Herr Halhuber: Danke vielmals. Nun darf ich zu weiteren Fragen kommen, die schriftlich gestellt worden sind. Eine Frage lautet: Warum benötigt eine Bauersfrau, die den ganzen Tag körperlich tätig ist, den gleichen Urlaub wie ein Beamter, der 40 Stunden pro Woche am Schreibtisch sitzt?

Diese Frage ist an alle Teilnehmer gerichtet. Vielleicht hören wir zuerst den Arbeitsphysiologen.

Herr Müller-Limmroth: Ich denke schon darüber nach. Der Arbeitstag einer Bauersfrau — 10 Stunden — ist durch unterschiedliche Merkmale gekennzeichnet und steht längst nicht mehr so stark unter motorischer Belastung wie früher, sondern auch dort sind Sorgen — EWG und alles, was damit zusammenhängt — etwas mit im Spiel. Psychomotorische Anspannung ist bei den Frauen also auch gegeben, zumal sie auch oft die Wirtschaftsführung im Betrieb haben. Ich würde sagen, so gesehen steht die Bauersfrau auch in einer Spannungssituation, die vielleicht durchaus mit der Situation vergleichbar ist, in der sich ein handwerkliches Unternehmen kleinerer Art befindet. Wenn es so ist, meine ich, sind die Situationen die gleichen; dann könnten auch die Urlaubszeiten entsprechend gleich sein.

Herr Hittmair: Es ist eine Fehlmeinung, wenn man glaubt, daß körperliche Arbeit erholungsbedürftig macht. Das stimmt nicht; denn die körperliche Arbeit ist durch den Regelkreis Arbeit, Ermüdung, eventuell erzwungene Arbeitspause und dabei erfolgende Entmüdung vor der Erschöpfung gesichert. Übrigens haben wir noch einen Sicherheitsmechanismus. Es wird Ihnen nicht gelingen, sich vollkommen auszugeben. Das sehen wir z. B. bei gewissen Vergiftungen oder bei Tobsuchtsanfällen, bei Vollrausch: wie es da oft vier kräftige Wärter braucht, um ein cleveres Manndl zu bändigen, wenn seine ganzen Sicherheitsmechanismen enthemmt werden. Mit der körperlichen Arbeit hat die Erholungsfähigkeit und die Erholungsbedürftigkeit als nichts zu tun. Es kommt immer auf die Begleiterscheinungen der Arbeit an, und noch nicht einmal das ist ganz sicher. Es wurde neulich eine Arbeit über monotonieempfindliche und monotonieunempfindliche Fließbandarbeiter veröffentlicht. Auch die wurden nicht einmal erholungsbedürftig, d. h. sie wiesen Fehlreaktionen in ihrem Neurovegetativum auf, wenn sie nicht zusätzlich die moderne Zivilisationslebensweise mit Hast, Eile und all diesen Dingen im alltäglichen Leben einhalten mußten. Erst dann, wenn die dazukommen, wird man erholungsbedürftig, und dann ist die Hauptursache der Erholungsbedürftigkeit, daß wir eben, ich möchte sagen, immer weiter entfernt vom Naturgemäßen, Biologischen leben.

Was die Frauen anlangt, so möchte ich glauben, daß sie besser dran sind als die Männer. Sie sind im allgemeinen noch naturverbundener als die Männer, solange sie noch nicht emanzipiert sind. Sehen Sie, daher kommt es auch, daß das Wesentliche für die Erholung ein gutes Neurovegetativum ist und zweitens, möchte ich sagen, die Fähigkeit, zufrieden zu sein. Sehen Sie, das hat die Frau vor uns Männern weit voraus, und daher kommt es, daß die Frauen zu, ich weiß nicht, 75% — so hieß es heute — keinen Urlaub haben und es trotzdem aushalten und gesund bleiben. Und sehen Sie, das ist auch meine Weise, Urlaub zu machen, gewesen. Ein charakteristisches Bild dafür: Zum Urlaub ging ich mit der Büchs'n auf der Schulter. Hinten hatte ich eine Krax'n; da hatte ich meine Jüngste oben sitzen, und die hatte aber die Schreibmaschine zu tragen. Das war mein Weg zum Urlaub. Da haben Sie alles drin, auch das Faulsein. In den 3 Wochen habe ich dieses bekannte Büch'l, die praktische Ornithologie geschrieben usw. usf. Das war meine Art, Urlaub zu machen. Ich habe das gemacht, was mir gepaßt hat, damit ich zufrieden war.

Herr Müller-Limmroth: Herr Hittmair, hier muß ich doch eine Zäsur einsetzen. Sie haben recht: Leistungsreserven sind nicht hundertprozentig mobilisierbar; 20% sind autonom geschützt. Das ist richtig. Aber auf der anderen Seite ist es ganz klar, daß bei körperlicher Arbeit eine Ermüdung eintritt, aktuell, am Ende eines Arbeitstages eine Ermüdung eintritt, daß aber auf Grund der nicht voll angepaßten Tätigkeit und Lebensweise an die biologische Rhythmik nur eine partielle Ermüdung stattfindet. Es kommt zur Zirkulation von Ermüdungsresten, die dann im Urlaub auskuriert oder beseitigt werden müssen. Ich bin auf Grund der Jahresrhythmik der ergotropen und der tropen-Phase sogar der Meinung, daß man zweimal im Jahr Urlaub machen sollte, und zwar im Sommer, wenn sich der Sympathikus auf dem Aktivitätsmaximum befindet, um muskuläre Überforderungen, Arbeit im Trainingssinn usw. zu kompensieren. Wenn es sich aber darum handelt, nervöse Störungen, Reizbarkeit, Schlafstörungen usw. zu bekämpfen, sollte man den Urlaub durchführen, wenn der Vagus sein Maximum hat. Die Wendezeit des Vagus im Jahresrhythmus ist in der Zeit von Mitte Januar bis Mitte März. Wenn das zweimal gemacht würde, würde man dem Menschen mit der Belastung am Arbeitsplatz am ehesten gerecht werden.

Herr Halhuber: Eine wertvolle Ergänzung wurde damit provoziert. Aber auch Herr v. Oppen ist durch die letzte Bemerkung über die Frauen herausgefordert worden.

Herr v. Oppen: Bei aller persönlichen Verehrung für Herrn Hittmair möchte ich zu seiner Aussage ein Fragezeichen ansetzen, nämlich ob die neueren Entwicklungen nicht doch dieses Bild der Frau wohl etwas verändert haben. Offenbar gehört zu den Krisenherden unserer Gesellschaft die Überforderung der Mütter, und zwar weil sich die Anforderungen an die Mütter vervielfältigt haben und sie großenteils in keiner Weise dafür vorbereitet sind. Denken Sie allein an die Tatsache von sehr viel mehr Kindern, die heute auf höhere Schulen gehen, und die Frau hat die höhere Schule großenteils nicht besucht. Wie soll sie da Hilfestellung geben, die von der Schule heute mehr und mehr gefordert wird, für die Schularbeiten sorgen usw., überhaupt das Verständnis mit der Schule, die Verbindung mit den Lehrern halten? Es kommt also eine Vielzahl zerreißender Anspannungen heute auf die Frau zu, denen die Frau mit ihrem vielleicht naturnäherem Naturell — ich weiß nicht, ob das stimmt — auch nicht mehr gewachsen ist. Sie muß einfach den Urlaub haben wie der hochbelastete Mann.

Herr Halhuber: Damit stellen Sie aber auch gleich eine ganz konkrete praktische Frage, nämlich die Frage nach dem Familienurlaub: Ist das wirklich eine Erholung für die Familienmutter oder müßte man wesentlich andere Formen gerade für die Frauen und Mütter finden?

Herr v. Oppen: Wir haben eine salomonische Lösung in unserer Familie dafür gefunden — meine Frau kann das bestätigen —: Wir machen einmal im Jahr mit Kindern und einmal ohne Kinder Urlaub. Im Frühjahr fahren wir in den Schwarzwald — da müssen die Kinder anderweitig versorgt werden — und im Sommer nehmen wir sie, soweit sie mögen, mit. In der Tat: Einmal von den Kindern abzuschalten ist eine außerordentlich wichtige Geschichte.

Herr Bock: Ich denke, wir sind in Gefahr, zu stark zu polarisieren, entweder den Bürobeamten zu verklären oder zu verkrümmen oder umgekehrt die Bauersfrau. Ich glaube, wir sind an einer sehr wichtigen Erkenntnis, die der Internist Strauß gehabt hat: Ermüdung als Maß der Konstitution, d. h. Ermüdbarkeit als Maß der Konstitution. Man kann das ins Gegenteil umkehren: Erholbarkeit als Maß der Konstitution. Es gibt in allen Berufen die Leptosomen, die Astheniker, die sich als Manager gebärden, die an körperlicher Kraft Überforderten.

Es kommt darauf an, was wir wollen. Wollen wir zufriedene Menschen haben oder wollen wir solche, die mit aller Anspannung auch ihre Übermüdung schließlich kompensieren? Die Assistenten an chirurgischen Kliniken — im Krieg haben wir solche Ärzte in allen Sparten gesehen — und die Mütter, das sind eben die beiden Gruppen, die ständig übermüdet sind, die einen durch die früheren, die Mütter durch die jetzigen Verhaltensweisen.

Herr Halhuber: Die nächste schriftliche Frage geht nur ein bißchen in eine ähnliche Richtung, nämlich zur Landwirtschaft: „Urlaub auf dem Bauernhof? Ist er auch eine Entlastung für die Bauersfamilie?" — Das

ist vielleicht nicht eine unmittelbar ärztliche Frage. — „Ist Mithilfe, dosiert, bei leichteren Hilfsarbeiten empfehlenswert? Was sind für versicherungsrechtliche Fragen zu beachten?"
Möchte dazu jemand am Tisch antworten? —
Herr v. Oppen: Nur eine ganz persönliche Bemerkung! Wir haben es 2 Jahre gemacht. Aber wenn morgens um $^1/_2 5$ Uhr der Wecker losfährt, dann ist der ganze Morgenschlaf zerstört. Man müßte versuchen, darüber ein Abkommen mit der Familie zu treffen.

Herr Müller-Limmroth: Ich möchte zu dem Mitarbeiten auf dem Hof etwas sagen. Ich sagte ja in meinem Referat, die Betreffenden, die dorthin kommen, sind in der Regel untrainiert. Ich würde also sagen, daß in den ersten 3, 4 Tagen — meistens ist Mittätigkeit von Seiten der Kinder gegeben —, die Mittätigkeit der Kinder angepaßt werden sollte. Das soll heißen, am Anfang sollten erst Dinge stehen, die das Herz zunächst in eine Trainingssituation bringen, vielleicht sogar adikativ, bzw. eine vagotone vorher schon herbeiführen. Das ist nun einmal am besten zu erreichen durch eine Kombination von Schwimmen, also kaltem Wasser, und Sauna, also trockener Hitze. Ich würde sagen: am Anfang, wenn das alles nicht möglich ist, empfiehlt sich eine Intervalltätigkeit von forschem, — nicht Spaziergängen — Wandern mit häufig eingelegten Kurzpausen. Da kann man, wenn man das in den ersten 3, 4 Tagen macht, schon einen Anpassungsmechanismus feststellen, der dazu führt, daß sich die betreffenden nicht übernehmen und die Jungens, die im Trainingszustand sind, wenn sie mit den Bauernbuben mitgehen und mithelfen wollen, dann nicht überfordert werden.

Herr v. Oppen: Vielleicht noch eine kurze Bemerkung! Wünschenswert ist natürlich, daß man ohne allzuviel Kenntnis von Vagotonie oder Ergotonie usw. mit einer gewissen Unbefangenheit in seinen Urlaub hineingeht. Ich möchte also für eine gewisse Unbefangenheit eintreten und das, was Herr Halhuber in seinem Referat, glaube ich, betont hat, eben vielleicht noch etwas stärker herausheben: daß man vor allem auch das tut, was einem Freude macht, und zwar aus einer gewissen genuinen, instinktiven Freude heraus. Es ist außerordentlich interessant, daß z. B. der Erholungsunfähig Gewordene instinktiv Betätigungen zum Teil aus dem Wege geht. Da muß man allerdings sehr hellhörig sein und sich bemühen. Ich habe ein bißchen Angst, daß wir bei all diesen Bemühungen um eine konkrete Basierung dessen, was wir tun, ein wenig dafür eintreten, daß es überhaupt keine Unbefangenheit auf diesem Gebiet mehr gibt.

Herr Halhuber: Danke sehr. Ich glaube, daß der Begriff der Erholungsunfähigkeit, den Herr Schulte herausgestellt hat, sehr wichtig ist. Ich habe sofort versucht, zu überlegen: Wie stellt sich denn das in der Praxis dar? Da in den seltensten Fällen ein Urlauber, bevor er in den Urlaub geht, zum Arzt kommt, wird es letztlich darauf hinauslaufen, daß der Urlaub als Diagnostikum einer solchen Erholungsunfähigkeit wirksam wird. Der Urlauber kommt allerdings nachher als Patient sicher nicht zuerst zum Psychiater, sondern zuerst zu seinem Hausarzt, um ihm zu klagen, daß er sich nicht erholen konnte. Unter diesem Gesichtspunkt scheint mir dieses Aufmerksammachen auf die mögliche „Erholungsunfähigkeit" als Ausdruck verschiedener somatischer und psychogener Überlastungssituationen sehr wichtig zu sein. Würden Sie das auch so sehen?

Herr Schulte: Ja!

Herr Halhuber: Eine weitere Frage, die unmittelbar an mich gestellt ist! Ich nehme sie deshalb heraus, weil ich glaube, daß sie erlaubt, eine Problematik allgemeiner Art anzusprechen: „Womit begründet Herr Kollege Halhuber die Empfehlung des Skibobs für mehr Freizeitmöglichkeiten? Als Abfahrtsskiläufer, der sich auch mit diesem Instrument übend befaßt hat, halte ich den Skibob für nicht ungefährlich, vor allem bei Stürzen. Auf Skipisten sind Skibobs unbeliebt und gefährlich."

Ich darf dazu Folgendes anmerken: Ganz allgemein trete ich für ein möglichst großes Freizeitangebot ein, weil ich eben auch hier glaube, daß die individuellen Möglichkeiten eines jeden von uns so unterschiedlich sind, daß wir auch unterschiedliche Freizeitangebote haben müssen. Was den Skibob angeht, so bin ich dadurch darauf aufmerksam geworden, daß mir einmal ein Kollege aus einem Wintersportort, der bei uns wegen seines Cor pulmonale durchuntersucht worden ist, gesagt hat, daß er wegen seiner erheblichen Einschränkung der pulmonalen Leistungsbreite nicht mehr in der Lage sei, Ski-Abfahrten zu machen, aber auf dem Skibob ginge es noch gut. Ich habe damals viel darüber nachgedacht und mir gesagt, daß es Ähnliches an Differenzierungsnotwendigkeit sicher in vielen anderen Bereichen geben muß. Ohne diesen Hinweis wäre ich auf diese Problematik gar nicht gekommen. Deshalb erscheint es mir so wichtig, daß wir bei der mit zunehmendem Lebensalter immer deutlicher werdenden Einschränkung unseres „Freizeitlebensraumes" uns gerade auch als Ärzte darüber Gedanken machen, was wir hier zusätzlich anbieten können.

Hat noch jemand zu dieser Frage etwas zu sagen? —

Herr Hittmair: Darf ich aus eigener Erfahrung etwas sagen! Ich war Skiläufer und ich konnte auch wegen pulmonaler Insuffizienz, wegen meines Altersemphysems nicht mehr Abfahrtlaufen. Da steigt man auf den Skibob um; als Abfahrtsläufer ist man da gleich drinnen. Und jetzt ist mir das mit meinen 80 Jahren auch schon zu viel, jetzt bin ich auf Skiwandern umgestiegen. Die Bedeutung liegt eben darin, daß für die verschiedenen Altersstufen immer wieder etwas vorhanden ist, was man durchführen kann und was einem nützlich ist.

Herr Halhuber: Eine weitere Frage (an Herrn Schulte): Genügt die Entschlußunfähigkeit, die Arbeit wieder aufzunehmen, als einziges Symptom für die Diagnose „larvierte Depression" und damit für die „Verordnung" einer mehrmonatigen Arbeitsunfähigkeit, und eine Empfehlung für einen 4- bis 6-wöchigen Urlaub, in Griechenland?

(Da ist viel Aggression drin).

Herr Schulte: Das könnte ihm so passen, wenn es so wäre. Nein, es gehört schon etwas Umfassenderes dazu. Ich habe mich nur deshalb dafür ausgesprochen, weil Nichtpsychiater bei der Diagnose der Depression im allgemeinen zunächst einmal fragen: Bist du traurig oder nicht? Wenn der Betreffende sagt: Nein, traurig bin ich gar nicht, das kann man eigentlich nicht sagen. — dann denkt man: Nein, eine Depression kann es nicht sein. Initial entscheidend ist gerade diese Unfähigkeit, sich aufzuraffen, während man es vorher konnte. Nicht daß sich die Betreffenden nicht aufraffen können, aus Faulheit, Trägheit oder sonst etwas, sondern es handelt sich darum, daß bei Menschen, die bisher aktiv aus dem Bett sprangen oder sonst etwas taten, auf einmal eine Unfähigkeit eintrat, sich aufzuraffen, sich zu entschließen, auch nur eine kleine Entscheidung zu treffen. Das ist oft wesentlich zentraler und initial bedeutsamer als die Verstimmung nach der einen oder anderen Seite. Ja ich glaube sogar, daß gerade das Nichttraurigseinkönnen — so habe ich es früher einmal formuliert — zum Kern melancholischen, depressiven Erlebens gehört, daß im ganzen eine gewisse Blockierung der Gefühle und Empfindungen eigentlich das mit Maßgebende ist und das nur in toto die Annahme einer depressiven lavrierenden Verstimmung erlaubt.

Herr Halhuber: Wir nähern uns dem Ende der Diskussionszeit. Darf ich zunächst die Teilnehmer am Podiumsgespräch fragen, ob sie irgendeinen Gedanken sozusagen als persönliches Schlußwort noch aussprechen möchten.

Herr Hahn: Ich möchte vorschlagen, das Begründen der Erholungsunfähigkeit nicht so rasch vorübergehen zu lassen; denn hier scheint noch eine zentrale Aufgabe z. B. für die Urlaubsberatung durch die Massenmedien oder durch den praktischen Arzt zu liegen. Und ich frage Herrn Prof. Schulte ob es so ist, daß man unterscheiden muß zwischen Erholungsunfähigkeit, die neurotische Wurzeln, also durch eine neurotische Verhärtung bestimmte Entwicklungen als Ausgangsbasis hat, und einer Erholungsunfähigkeit, die lediglich auf Grund mangelnder Anregungen, mangelnder Übung zustande kam. Das wäre ja für den Berater in der ärztlichen Praxis von großer Bedeutung; denn im einen Fall kann er nur dies tun, daß er den Patienten empfiehlt, sich einer therapeutischen Behandlung zu unterziehen, und im anderen Fall kann er anregend und lockernd wirken und kann weiterhin die Aufgabe weitergeben an Fremdenverkehrsorte, an Fremdenverkehrseinrichtungen, die die Sporteinrichtungen und die Geselligkeitseinrichtungen anbieten können und in vielen Fällen das auch schon tun, andererseits das Problem bisher nicht genügend gelöst haben, daß es nicht nur Einrichtungen geben muß, sondern auch die Animateure, die Anreger, die Menschen, die den erholungssuchenden Menschen behilflich sind, mit ihrer Freizeit, mit ihrem Urlaub mehr anzufangen. Unter Umständen kann dann die Erholungsunfähigkeit oder die mangelnde Übung, sich zu erholen, sich zu entspannen, Spaß zu haben, Vergnügen zu haben, durch die Zusammenarbeit zwischen allgemeiner Aufklärung durch die Massenmedien, spezielle Beratung durch den Arzt in der Sprechstunde und den Angeboten an Menschen und Einrichtungen besser angegangen werden.

Herr Schulte: Ich würde Ihnen da völlig recht geben, Herr Hahn, daß man die Erholungsunfähigkeit stärker praktisch beachten sollte. Sicherlich, die Wurzeln sind verschieden, depressiver Art, neurotischer Art und einfach auch die Tatsache, daß es an Anregungen und Übungen überhaupt fehlt.

Das, worauf es mir vor allem ankommt, ist, daß man nicht einfach pauschal voraussetzt, daß jeder Mensch, wenn man es ihm nur einräumt, erholungsfähig ist, daß man ihn einfach auf die freie Wildbahn sozusagen vielleicht noch schickt, sondern man muß sich darum kümmern, ob er dazu überhaupt imstande ist. Nun ist die Frage von Herrn Halhuber von vorhin durchaus berechtigt, wann man das eigentlich richtig merkt und ob es nicht erst bei einem ersten Versuch geschieht. Das muß man bejahen; das kommt manchmal vor. Wir erleben doch unendlich viel, daß Menschen, die aus ihrem Urlaub zurückkommen etwas verzweifelt darüber, daß sie sich, obwohl sie es ideal schön und alle Möglichkeiten hatten, eigentlich nicht im geringsten erholt haben. Da steckt irgend etwas ganz anderes dahinter.

Das zweite, wovor ich warnen wollte, ist, daß man das ganze chemisch erledigt und psychopharmakologisch oder anderweitig, neuroleptisch oder mit Schlafmitteln und dergleichen angeht, um die ganze Geschichte zu überbrücken. Man sollte doch tiefer gehen und etwaigen Wurzeln nachgehen. Diese Wurzeln des Geschehens liegen entweder in der Person selbst oder in den äußeren Verhältnissen, die tatsächlich nicht geeignet sind, eine solche Urlaubswirkung oder Erholungswirkung zu vermitteln.

Herr Halhuber: Ich habe eine Zusatzfrage. Halten Sie es neurologisch und psychiatrisch für richtig, wenn solche überkurbelte Urlauber, bei denen ein echter Erschöpfungszustand vorliegt — und das gibt es gerade auch unter uns Ärzten nicht selten — im Urlaub mit Psychopharmaka wenigstens beginnen, sagen wir mit Schlafmitteln in den ersten Tagen der Umstellung, des Milieuwechsels, oder halten Sie das für gefährlich und unnötig?

Herr Schulte: Ich würde meinen, daß mindestens eine Regulation von Seiten eines behandelnden Arztes da sein sollte. Der Betreffende sollte sich in einer solchen Situation steuern und beraten lassen und nicht auf eigenen Antrieb zuviel diesbezüglich unternehmen; sonst kommt er in eine unnötige Abhängigkeit hinein, und das wäre verhängnisvoll.

Herr Bock: Ich kenne eine ganze Menge Leute, die mich vor ihrem Urlaub um Rat fragen doch viel, viel mehr fragen keinen Arzt vorher. Ich möchte vor allem warnen, daß man dann den Blutdruckmeßapparat nimmt und den Erwartungsblutdruck bei den Leuten mißt und diesen den Patienten mitteilt. Da soll sich der erfahrene Arzt lieber nach dem Gesamteindruck als nach einem momentan sicher übersteigerten Blutdruck richten; denn sonst setzt er für die ganze Urlaubszeit eine negative

Angstmarke für den Betreffenden. Aber was er für nötig hält, soll er tun. Was er dem Patienten davon an Einzelwerten sagt, soll er sich sehr genau überlegen. Solchen Menschen aber, die mir ein bißchen labil vorkommen, auch in Richtung der Situationsübersteigerung von Blutdruckwerten, gebe ich allerdings sehr gern ein sehr mildes Mittel; ich gebe ihnen Pelagal, das sich seit Olims Zeiten bewährt hat. Selbstverständlich kann man eine ganze Menge Psychodrogen geben, aber da liegt dann zu sehr die Gefahr nahe, daß der Betreffende weiß, Frau Müller hat dieses Mittel ja auch und kriegt zweimal 3 verordnet, und dann kommt man schnell in die Überdosierung. Entweder man gibt dem Patienten ein Medikament, von dem er von vornherein weiß, daß man nie mehr als 3 mal 1 gibt. Ich gebe meistens nur 1 abends oder eventuell morgens. Das ist besser, als daß man ihn mit anderen Kranken und Medikamenten in Berührung bringt, von denen er weiß, daß die Umgebung gerade viel mehr nimmt. Also so wenig Chemie wie möglich und so viel Physik wie möglich. Auf der anderen Seite muß ich sagen, je älter ich werde, um so mehr bin ich mir bewußt, daß die Inkubationszeit der Erholungsfähigkeit länger wird. Ich habe früher in Davos am 2. Tag angefangen. Ich mache es jetzt immer erst etwas später, langsamer. Das sollte man, glaube ich, den Älteren sagen.

Noch etwas anderes, was mich bei meiner Urlaubsberatung überrascht hat! Ich habe früher sehr sorgfältig an der Warnung vor einer Übersteigerung von 1000 Metern bei irgendwie kreislauflabilen Leuten festgehalten. Das stimmt nicht. Ich frage die Leute immer: Wie fühlen Sie sich? Sind Sie schon mal dagewesen? — Dann gehen Sie um Gottes willen ruhig wieder hin, wenn Sie sich dort wohlgefühlt haben. Wenn Sie aber irgendwo sind und in der 2. Woche noch keine Spur von Erholung spüren, dann fahren Sie zurück und fragen Sie einmal an, wohin sie fahren sollen.

Herr Halhuber: Eine, wie ich glaube, praktisch wichtige Empfehlung, und ich bin sehr glücklich, daß sie nicht von uns, sondern von Ihnen, Herr Bock, kommt; denn wir, Herr Prof. Hittmair und ich, sind ja hier befangen, weil wir aus einem Hochgebirgsland kommen und man annehmen könnte, daß wir aus irgendwelchen, womöglich merkantilen Interessen dafür eintreten, daß der Spruch „Ja nicht über 1000 Meter" aus unserem ärztlichen Repertoire verschwindet. Das gilt für sehr viele Herzkranke ganz allgemein. Ich darf noch erwähnen, daß vor allem im Winter und Spätherbst im Hochgebirge — über der Nebelzone zu sein — genau so wichtig ist wie die Möglichkeit, in den Sommermonaten über der Schwülezone zu sein. Darin liegt gerade auch für den Herzgefährdeten oder Herzkranken eine wesentliche Erleichterung.

Darf ich jetzt Herrn Bock um sein **Schlußwort** bitten.

Herr Bock (Schlußwort): Ich möchte nur auf ein Instrument der Erholung hinweisen, das meines Erachtens zu kurz kommt und auch vom Kreislaufgefährdeten gut benutzt werden kann, wenn die Straßen entsprechend sind, das Fahrrad. Das erleichtert nämlich die Leistung und erschwert sie nicht etwa, wie man es früher gepredigt hat.

Herr v. Oppen (Schlußwort): Ich möchte nur eine kurze allgemeine Bemerkung anschließen. In dem, was hier gesagt worden ist, steckt eine Paradoxie. Auf der einen Seite hat Herr Schulte mit Recht gesagt, wir sollten uns die Unbefangenheit bewahren, und Herr Halhuber hat auch mit Recht gesagt, man soll sich vor Manipulationen schützen. Auf der anderen Seite steht dieser ganze Kongreß und überhaupt unsere Zeit unter der Notwendigkeit, die Dinge bis ins kleinste zu reflektieren. Die Aufgabe heißt nun — und die ist auch wieder neuartig —, bei sehr geschärfter, vertiefter und permanenter Reflexion wieder bis zur Unbefangenheit vorzudringen. Das ist nicht einfach. Ebenso ist es mit der Manipulation. Es müssen viele Dinge bereitgestellt werden. Dieser ganze Kongreß fordert auf, Menschen zu beraten. Ich glaube, da liegt das entscheidende Stichwort. Beraten läßt die persönliche Freiheit offen, aber trägt die Dinge so heran, daß sie überzeugend sind. Diese Mitte zwischen Zügelfreilassen und Manipulation und die Mitte zwischen Reflexion und Unbefangenheit zu finden, ist nicht einfach, aber das gehört zum Signum unserer Zeit.

Herr Jaeger (Schlußwort): Ich kann in diesem Kreise nur noch sagen, für wie notwendig ich es halte, daß die Bevölkerung mehr über diese Dinge aufgeklärt wird, daß der Mensch in die Lage versetzt wird, sich selbst zu beraten. Sie wissen vielleicht, daß der ADAC als große Organisation auch ein Reisebüro angefangen hat, das in erster Linie die Kraftfahrer betreut. Ich weiß aus den Anfängen, wie schwer es ist, die Angestellten, die beraten — und das gilt natürlich für die großen Reiseveranstalter erst recht und genau so —, dazu zu bringen, daß sie *glückliche Ferien anstatt Reisen* verkaufen wollen. Das ist gar nicht so einfach, wie man draußen schlechthin meint. Wir haben unsere Angestellten schulen lassen durch Ärzte, durch Pfarrer, durch andere Fachleute und haben ihnen immer wieder gesagt: Wir wollen, daß die Mitgliedschaft und die gute Beratung im Vordergrund steht. Ich will jetzt hier keine Propaganda machen. Trotzdem haben wir festgestellt, daß es sich gar nicht verhindern läßt, daß die Leute auch absetzen wollen. Und deswegen, meine ich, ist es ungeheuer notwendig, daß nicht nur die Reiseveranstalter von sich aus schulen, damit dem Erholungssuchenden und dem Urlauber das angeraten und angeboten wird, was er will, sondern man muß sich auch überlegen, wie man mehr als bisher die Bevölkerung selbst auf diese Probleme hinweist, damit der einzelne selbst fragen kann: Ist da ein Sandstrand? Kann ich da im Schatten einen Spaziergang machen? Sind da Schnaken, die mich stechen? usw. und daß er auch in gesundheitlicher Hinsicht eben selbst erkennen kann, was er braucht, was für seine Erholung notwendig ist, so daß sich dann allmählich die Zustände bessern. Ich glaube — und Sie wollen mir bitte nicht übel nehmen, daß ich das sage —, daß hier nicht direkt vom Universitätsprofessor bis zum Mann auf der Straße die Brücke geschlagen wird, sondern ich glaube, daß diese Brücke andere Leute schlagen müssen. Da müssen die sog. Public-Relations-Leute, die Leute von der Öffentlichkeitsarbeit, Journalisten usw. in die Bresche springen; denn die wissen, wie man es sagt, damit die Leute es verstehen. Ich glaube nicht, daß man hier von der Forschung zum Verbraucher gehen kann, sondern ich glaube, daß das interpretiert, umgesetzt werden muß. Und daran fehlt es bei uns, glaube ich, und da müssen gerade die Herren der Medizin eben mitwirken, daß wir eine Umsetzstation bekommen, damit die Leute das auch begreifen.

Herr Müller-Limmroth (Schlußwort): Ich habe nur noch einmal zu unterstreichen, daß es im Urlaub auf einen sinnvollen Wechsel zwischen aktivierender Beanspruchung des Organismus und Muße ankommt, daß aber die aktive Beanspruchung nicht zu viel sein darf, aber auch nicht zu wenig. Und im Hinblick auf die Bedeutung der Dehnungsrezeptoren für zentralnervöse Weckdefekte und im Hinblick auf die Bedeutung der Kalt- und Warm-Rezeptoren auf diese zentralen Weckeffekte, meine ich, kommt man im Urlaub ohne körperliche Beanspruchung, Wasser, Wärme, Luft, Licht und Sonne nicht aus. Das muß aber angemessen eingesetzt werden. Ein Spaziergang um den Häuserblock bringt nichts. Da kann man auch vor dem Fernsehschirm sitzen bleiben.

Herr Hittmair (Schlußwort): Ich glaube, aus den Reden ist eines sehr deutlich hervorgegangen: daß der Urlaub und die Urlaubsgestaltung eine sehr komplexe und ausgesprochen individuelle Angelegenheit ist. Darin liegt auch der Fehler, Herr Jaeger, daß sich ein Reisebüro um die Individualität des Einzelnen natürlich nicht kümmert und nicht kümmern kann. Da können wir Ärzte dem Reisebüro auch sehr wenig helfen, und es nützt dann wirklich immer nur die allgemeine Aufklärung: Dein Urlaub, das ist ein ganz spezieller Urlaub, den kann man sich nicht im Reisebüro kaufen, sondern seinen Urlaub muß jeder selbst zusammenstellen, und dann kann er in das Reisebüro gehen und sagen: Ich möchte etwas in der und der Art. Darauf kommt es an, daß jeder selbst aktiv wird, sich selbst um seinen Urlaub kümmert. Und daran fehlt es in der Masse sehr. Die Leute gehen hin und lassen sich irgendeinen Urlaub geben. Den suchen sie irgendwie ohne besonderes persönliches Interesse aus, und dann geht der Urlaub natürlich daneben. Das ist, glaube ich, etwas, was sehr wesentlich ist: Der Urlaub ist eine individuelle Angelegenheit.

Herr Hahn (Schlußwort): Es wird hier von der Erholungsunfähigkeit gesprochen oder der mangelnden Möglichkeit der Masse, sich den individuellen Urlaub zusammenzustellen. Möglicherweise liegt es an dem Zustand unserer Gesellschaft, in der wir leben, die noch nicht genügend Erkenntnisse und genügend Instrumente bereitgestellt hat, daß die Masse der Bevölkerung mit dem Geschenk der Freizeit und des Urlaubs zurecht kommen kann. Mein Vater hat einmal in seinem Leben eine Urlaubsreise gemacht, mit KdF, und ich habe von ihm z. B. das Verreisen im Urlaub nicht erlernen können. Das gilt für die Masse der Bevölkerung. Wir haben ja erst seit 1, 2 Generationen überhaupt die bezahlte Urlaubszeit und noch nicht die Möglichkeiten gehabt, daß z. B. junge Arbeiter und junge Angestellte die Kunst des Urlaubmachens und des Verreisens erlernen konnten. Ein bekannter Pädagoge spricht von 3 sozialen Defiziten, die bei der Masse der Bevölkerung immer noch festzustellen sind: ein Defizit, nicht mit Freizeit umgehen zu können, ein Defizit, nicht genügend mit Kultur umgehen zu können, und ein Defizit, nicht genügend mit anderen Menschen umgehen zu können. Deswegen wird ja z. B. dieser Kongreß veranstaltet, damit wir Möglichkeiten finden, über das Medium der Beratung in der ärztlichen Praxis, über das Medium des Reisebüros oder über das Medium der Massenmedien Erkenntnisse über die individuelle und erholungsgemäße Urlaubsgestaltung entwickeln zu können. Der Ball, der Vorwurf, muß also zurückgegeben werden. Wenn wir Menschen haben, die beim Urlaubmachen unvernünftig sind, dann sollte man es ihnen nicht vorwerfen, sondern ihnen behilflich zu sein, einen besseren Urlaub zu machen als bisher.

Herr Halhuber (Schlußwort): Danke. Ich glaube, meine Damen und Herren, ich kann mir jetzt ein Schlußwort deshalb ersparen, weil ich fast alles, was gerade in den letzten Minuten gesagt worden ist, heute morgen in einem Aufsatz von Frau Prof. Liselotte Diem „Der Freizeithelfer als Beruf" in einem Zitat aus dem Lexikon für Pädagogik 1970 von Haveloff sehr glücklich zusammengefaßt fand. Und damit möchte ich schließen und gleichzeitig schon allen Teilnehmern des Gesprächs und Ihnen, die Sie die Fragen gestellt haben, sehr herzlich danken:

„Ziel der Freizeiterziehung"

— damit, glaube ich, löst sich auch die Paradoxie, von der Sie gesprochen haben, Herr v. Oppen —

„ist der freizeitmündige Jugendliche oder Erwachsene, der seine Freizeit im Alltag, am Wochenende oder im Urlaub im Sinne der Emanzipation von Daseinszwängen zu nutzen weiß. Freizeiterziehung will dazu beitragen, den Freizeitspielraum mit seinen Chancen der Personalisation und der Sozialisation dem individuellen Zugriff zu eröffnen. Dafür gibt es keine Rezepte und auch keine vorgegebenen Wertungen für bestimmte Freizeitbeschäftigungen, etwa mit der Vokabel „sinnvoll".

Was sinnvoll ist, muß der auf dem Weg zur Freizeitmündigkeit Befindliche selbst entscheiden lernen. Daß er Entscheidungen trifft, darauf kommt es an. Dazu will Freizeiterziehung helfen."

Ich danke auch den Organisatoren dieses Kongresses, daß sie uns geholfen haben, in dieser Stunde einige wichtige Entscheidungen auch für uns selber zu treffen.

Spezielle Probleme des Urlaubs

Problematik des Fahrens

H. Lewrenz (Hamburg)

Die Fahrt in den Urlaub mit einem Kraftfahrzeug stellt hohe Anforderungen an Mensch und Maschine. Für die ungestörte Funktionsfähigkeit und für die Belastbarkeit der technischen Seite lassen sich die erforderlichen Maßnahmen heute leichter treffen als für Fahrer, Beifahrer und Mitfahrer. Nicht erst im Fahrbetrieb des fließenden Verkehrs, schon bei Antritt einer Urlaubsfahrt zeigt sich, wie schwer es für manche Menschen ist, die ihnen übertragene Selbstverantwortung zu verwirklichen. Sie unterziehen sich nicht selten noch den schwersten Vorbereitungsstrapazen und sind schließlich bei Fahrtbeginn am Rande der Erschöpfung angelangt. So stehen sie dann vor einer Leistung, deren Bewältigung den Einsatz letzter und unter gewöhnlichen Belastungen oft nicht einmal ohne weiteres mobilisierbarer Kraftreserven erfordert.

Die zunehmende Zahl von Flugpauschalreisenden, die am Urlaubsziel einen Leihwagen benutzen, die steigende Frequentierung der Autoreisezüge und auch die vernunftgesteuerten Verhaltensweisen vieler Fahrer, nämlich nicht gleich am ersten Urlaubstag auf die Reise zu gehen, sprechen dafür, daß sich das Problem langsam entschärfen könnte. Vorerst muß man aber noch fürchten, daß sich Millionen Fahrzeugführer für eine stundenlange über hunderte von Kilometern führende Fahrt nicht ausreichend vorbereiten und nach dem Erreichen bestimmter Belastungsgrenzen nur noch bedingt geeignet oder sogar ungeeignet zum Führen von Kraftfahrzeugen sind.

Leider gibt es bis heute trotz aller exakten Einzelforschungen doch nur ganz allgemein formulierbare Erfahrungen zum Problem der Erschöpfungsermüdung, der Belastbarkeitsgrenzen, des Monotoniezustandes, seiner Auswirkungen, und seiner Überwindungen in bezug auf die Leistungsforderungen, die mit dem Führen eines Kraftfahrzeuges verbunden sind. Eindeutige und leicht faßbare Parameter, mit denen sich die individuell unterschiedlichen Belastungsgrenzen so erfassen ließen, wie etwa die Reduktion der psychischen und körperlichen Leistungsfähigkeit beim Alkoholgenuß, liegen nicht vor.

Das Problem wird weiter noch dadurch kompliziert, daß die Leistungsfähigkeit des Langstreckenfahrers — und darum handelt es sich bei vielen Urlaubsfahrern — nicht nur von seiner Konstitution, seiner Ausgangsdisposition und der Kilometerleistung abhängt, die er sich zumutet, sondern auch noch von bestimmten Bedingungen, die die Fahrtroute, die Witterungsverhältnisse und das Fahrzeug zu bieten haben.

Ich weiß, daß die Vertreter der Fahrzeughersteller auf kritische Anmerkungen zu ihren Produkten immer empfindlich reagieren, aber es sollte jedermann bewußter gemacht werden, daß Fahrzeuge gleicher Größe und gleicher Preisklasse keineswegs auch eine gleich sichere Straßenlage, gleichen Sitz- und Fahrkomfort haben. Gerade diese Faktoren sind aber für die Entwicklung von Erschöpfungs-, Ermüdungs- und körperlichen allgemeinen oder partiellen Überbelastungserscheinungen von großer Bedeutung.

Es bedarf in diesem Zusammenhang m. E. keiner aufwendigen Messungen oder gar groß angelegter Experimente. Wer aus dem Besitz eines bestimmten Fahrzeugtyps keine Weltanschauungsfrage macht und mit wachen Sinnen Fahrzeuge verschiedener Herstellerfirmen fährt, der weiß auch, daß es ausgesprochen unruhige Fahrzeuge gibt, mit denen man zwar bis zu 170 km/h oder noch schneller fahren kann, die man auch nicht etwa als bösartig ansprechen muß, die aber doch den Stoß jeder Autobahnfuge, jeder Bodenwelle mit kritischer Resonnanz in den Körper des Fahrers fortleiten — die von jedem kleinen Windstoß mehr oder weniger plötzlich aus der Spur gedrängt werden, und den Fahrer dadurch in einem Spannungszustand halten, weil sie selbst bei Geradeausfahrt so unruhig auf der Straße liegen, daß die besonders wünschenswerte entspannte und gelöste Einstellung und Haltung des Fahrers unmöglich gemacht wird.

Es gibt also eine ganze Reihe Faktoren, die den Leistungsstand des Fahrers auf Langstreckenfahrten bestimmen, von denen vor allem der Zeitpunkt abhängt, an dem die Leistungskurve den Punkt erreicht, an dem von einer sicheren Fahrt nicht mehr gesprochen werden kann, weil die sog. Erschöpfungsermüdung alle für das einwandfreie Führen eines Kraftfahrzeuges wesentlichen Systeme beeinträchtigt.

Es gehört zu der besonderen verkehrsmedizinischen Aufgabe, darauf hinzuwirken, daß sich bei den Fahrzeugführern die Einsicht durchsetzt, daß der Versuch einer Überwindung der Erschöpfungsermüdung sehr gefährlich ist, und zwar nicht nur durch die ohnehin unvermeidliche Beeinträchtigung wichtiger psychophysischer Funktionen, sondern vor allem auch dadurch, daß eine gewaltsame Mobilisation sonst nicht ohne weiteres zugänglicher Kraftreserven in einen Zustand seltsamer Lucidität hineinführt, aus dem sich trotz des subjektiven Erlebnisses von Frische und uneingeschränkter Leistungsfähigkeit jederzeit ein plötzlich einsetzender meist kurz anhaltender Schlafzustand entwickeln kann. Er wird als „Sekundenschlaf" gelegentlich auch — allerdings unzutreffend — als Absence bezeichnet. In jedem Falle aber handelt es sich um ein nicht mehr beherrschbares hirnorganisches Geschehen, daß wegen seiner zwar zweifellosen Unvorhersehbarkeit im Augenblick des Eintritts dennoch nach der neuesten Rechtsprechung des Bundesgerichtshofes keine Veranlassung zur Exkulpation gibt, weil die Schuld des Fahrers diesem Geschehen vorgelagert ist, weil er nämlich verpflichtet ist, beim Eintritt von Ermüdungszeichen die Fahrt zu unterbrechen, und weil er die Ermüdung nicht durch einen psychischen Kraftakt überwinden darf.

Neben der Erschöpfungsermüdung droht die Gefahr des Einschlafens am Steuer bei Langstreckenfahrten vor allem durch den sog. Monotoniezustand, das heißt eine psychische Verfassung der Spannungslosigkeit, die sich in reizarmer Umgebung entwickelt und die schließlich zur Monotonieermüdung und zum Einschlafen führen kann. Es gibt Menschen, bei denen dieser Zustand durch die monotone Wirkung des Fahr- oder Motorengeräusches eines Fahrzeuges schon nach wenigen Kilometern Fahrstrecke auftritt. Sie können diese Erscheinung überwinden, indem sie anhalten und nur kurze Zeit, z. B. 10 Minuten schlafen und danach kann die Fahrt dann im Zustand der Frische über lange Zeit fortgesetzt werden. Die Entwicklung der Monotonieermüdung hängt also nicht unbedingt von der Ausgangsdisposition ab, doch kann ein vorhergehender Erschöpfungszustand schneller zur Monotonieermüdung führen und ihre Überwindung erschweren.

Die Monotonie auf Langstreckenfahrten ist also eine sehr ernst zu nehmende und gefährliche Erscheinung. Unterhaltungen mit Mitfahrern, Fahrtunterbrechung, sind gute Hilfen, um den Eintritt eines solchen Zustandes zu vermeiden oder zu überwinden. Das Autoradio ist hilfreich, wenn die Interessenausrichtung der gebotenen Sendung entspricht. Sonst können z. B. Musiksendungen auch bei voller Lautstärke ohne positiven Einfluß bleiben oder sogar selbst monotonisierend wirken.

Erschöpfungsermüdung und Monotoniezustand sind auch für den gesunden Kraftfahrer die beiden wesentlichen Gefährdungsfaktoren im Zusammenhang mit dem Einschlafunfall. Beide Zustände treten, — im Gegensatz zu einer früher in der Rechtsprechung vertretenen Auffassung — niemals so plötzlich auf, daß sie zu unvorhersehbarem und unabwendbarem Einschlafen am Steuer eines Kraftfahrzeuges führen.

Eine interessante, wenn auch in ihrer Bedeutung zahlenmäßig noch nicht einwandfrei erfaßte Erscheinung im Zusammenhang mit der Ermüdung sind die sog. Aufmerksamkeitsblockaden, die Blockings (Bills, 1931), eine Erscheinung, die sich im Verlauf psychischer Beanspruchung mehr oder weniger kurzfristig in Phasen einstellt, und die den Menschen vorübergehend reaktionsunfähig macht. Es ist ihm dann trotz intensivsten Bemühens nicht möglich, einen bestimmten geistigen Inhalt zu verarbeiten.

Unter besonders hohen Anforderungen an die Aufmerksamkeitsspannung treten Erscheinungen dieser Art schon nach relativ kurzer Belastungszeit auf, z. B. bei der Radarbeobachtung. Auch im arbeitsphysiologischen Bereich wird auf diese Erscheinung durchaus Rücksicht genommen, z. B. bei der Fehlerkontrolle qualitativ hochwertiger Glassorten sind Abwechslungszeiten für die Kontrolleure im 30-Minuten-Rhythmus erforderlich, um Fehlerhäufungen durch dieses Ermüdungssymptom zu vermeiden.

Aber auch wenn keine so hohen Anforderungen an die Konzentrationsspannung gestellt werden, stellen sich schließlich mit zunehmender psychischer Ermüdung deutliche und für den Betroffenen registrierbare Blockierungserscheinungen ein. Schmidtke (1965) beschrieb ein Eigenerlebnis nach mehrstündiger Autobahnfahrt in seiner Monographie über die Ermüdung. So beobachtete er bei schwachem Verkehr einen in gleicher Richtung fahrenden Lastzug, der auch bei weiterer Annäherung als ein Möbeltransportfahrzeug erkannt wurde. Es wurden sogar Firmenname, Herkunftsort gelesen, aber es unterblieb jegliche Reaktion zur Abwendung der sich immer mehr verdichtenden Gefahr eines Auffahrens, und erst die Schreckreaktion eines Mitfahrers führte zu einer Gefahrenabwehrhandlung. Man erkennt aus dieser Schilderung sehr gut, daß der Blockierung der Aufmerksamkeit eine sog. Apperzeptionsstörung zugrunde liegt, d. h. die Reizaufnahme über das periphere Organ und auch die Reizweiterleitung erfolgt zunächst störungsfrei, aber die geistige Verarbeitung ist gesperrt. Auch hierbei handelt es sich letzten Endes um eine hirnorganisch bedingte Erscheinung, die dem Streubereich physiologischer Leistungsabläufe zugeordnet werden muß, die sich aber in schärferer Ausprägung unter pathologischen Verhältnissen bei bestimmten Hirnerkrankungen gehäuft wiederfindet und die darum auch in der Psychiatrie gut bekannt ist.

Also auch ohne Einschlafen können durch Überforderungen des Fahrers bei Langstreckenfahrten sehr gefährliche Leistungsausfälle entstehen, von denen heute noch keiner weiß, wie häufig sie zur Unfallursache werden.

Hieraus ergibt sich nun, um wieder auf den Ausgangspunkt zurückzukommen, der medizinische Appell an alle Langstrecken- insbesondere Urlaubsfahrer, zunächst selbst für eine optimale Disposition im körperlichen und psychischen Bereich zu sorgen, dann zu beachten, daß zwischen dem Leistungsverschleiß einerseits und den Anforderungen, die sich aus den Umgebungsverhältnissen ergeben — Wetter, Straße, Fahrzeugtechnik — eine sehr enge Beziehung besteht. Die größten Fahrzeuge sind nicht immer die besten. Entscheidend sind Straßenlage, Sitzgestaltung und der damit verbundene Fahrkomfort; er ist für den Erhalt der Leistungsfähigkeit auf einer langen Urlaubsfahrt wichtiger als ein mit besonders viel Blech umbauter Fahrzeugraum.

Nachtfahrten in den Urlaub haben ihre besonderen Gesetze. Es ist sicher gefährlich, einem anstrengenden Arbeitstag und dem Streß der Vorurlaubszeit eine Nachtfahrt unmittelbar anzuschließen. Das ist aber keineswegs ungewöhnlich. Und so beginnt die Urlaubsfahrt bereits damit, daß die natürlicherweise vorliegenden Ermüdungs- und Erschöpfungserscheinungen schon bei Fahrtantritt entweder durch die Einnahme von Exzitantien oder durch die Mechanismen der psychischen Verdrängung überwunden werden, und es treten die Gefahren auf, die im Zusammenhang mit Erschöpfungsermüdung, der Monotonieermüdung, der Aufmerksamkeitsblockaden beschrieben wurden. Nachtfahrten sind im allgemeinen mit weniger Belastung durch besondere Verkehrsdichte verbunden. Das ist ganz gewiß ein entlastender Faktor. Auch die klimatischen Bedingungen sind meistens günstiger. Aber Nachtfahrten führen auch dann, wenn etwa durch ein, zwei Ruhetage für eine gute Ausgangsdisposition gesorgt wird, in Schwächephasen der Leistungsfähigkeiten hinein, die mit dem Ablauf biologischer Tagesrhythmen unabwendbar verbunden sind.

Jeder selbstkritische Fahrer kann die von Graf (1933) und anderen schon vor langer Zeit phänomenologisch beschriebenen Stufen des Ermüdungsablaufes kontrollieren.

1. Stufe der automatisierten Leistungsabläufe, keine Ermüdungserscheinung, kein besonderer Spannkraftaufwand, Willensleistung dient nur als Steuerung voller Überwachung der Leistungs- und Eingriffsbereitschaft der Persönlichkeit.
2. Stufe der physiologischen Leistungsbereitschaft, Leistung ohne besonderen Spannkraftaufwand möglich, aber geringe Ermüdungserscheinung.
3. Stufe der gewöhnlichen Einsatzreserven. Mobilisierung durch besonderen Spannkraftaufwand, entsprechend starke Ermüdungserscheinung.
4. Stufe der autonomen, nicht ohne weiteres mobilisierbaren geschützten Leistungsreserven, die nur über starke Affekte oder Pharmaka bis zur völligen Erschöpfung einsetzbar sind.

Die Stufe 2 sollte die wünschenswerte Endstufe für den Fahrer sein. Die Stufe 3 umschreibt eine Ermüdungsschwelle, die aus Sicherheitsgründen nicht überschritten werden darf.

Die Problematik, wie sie sich für den gesunden und voll leistungsfähigen Fahrer ergibt, verschärft sich natürlich für den behinderten und nicht in jeder Hinsicht gesunden Menschen am Steuer. Die Zahl der körperlich behinderten, leichter oder schwerer kranken Kraftfahrer ist nicht genau bekannt, und ebensowenig wissen wir natürlich, welchen Belastungen sich diese Menschen im Straßenverkehr durch Urlaubslangstreckenfahrten unterziehen. Aber der allgemeine und weit verbreitete Wunsch zu reisen und während des Urlaubs unabhängig zu sein von Flug- und Fahrplänen, vom Wetter und vielleicht auch anderen, den Aktionsradius im Urlaub beschränkenden Umständen läßt vermuten, daß auch Kraftfahrer, die aus gesundheitlichen Gründen nicht mehr allen Lebensbelastungen gewachsen sind, sich schließlich doch den, wie sie meinen, einmaligen Belastungen längerer Urlaubsfahrten aussetzen.

Bei aller Perfektion, die gerade in einem Gutachten für den Verkehrsminister angestrebt wird, um dem behandelnden und begutachtenden Arzt die Beurteilung der Sachlage bei körperlich und geistig behinderten Kraftfahrern zu erleichtern und zumindest für den europäischen Raum unter Mitwirkung der WHO und ECE zu vereinheitlichen, bleibt doch ein so großer freiheitlicher Verantwortungsbereich für den einzelnen übrig, in dem allein der ärztliche Rat im Rahmen allgemeiner Behandlungs- und Betreuungsmaßnahmen den Ausschlag gibt.

Die Eignungsbeurteilung durch den fachärztlichen Gutachter für den behinderten Kraftfahrer erfolgt in Zukunft wie auch in der Vergangenheit großzügig. Es müssen mancherlei Mängel und damit auch mancherlei Risiko von der Öffentlichkeit in Kauf genommen werden. Aber wer trotz bestehender Mängel noch geeignet ist, ein Kraftfahrzeug zu führen, ist es nicht unter allen Bedingungen. Und auch mit Auflagen und Beschränkungen einer Fahrerlaubnis lassen sich nicht alle Gefahren vermeiden, die im Einzelfall durch Unvernunft oder auch mangelnde Kenntnisse entstehen.

Wer als Kraftfahrer Verschlimmerungen eines bestehenden Leidens vermeiden will oder wer in bestimmten belastenden Verkehrssituationen wegen eines gesundheitlichen Mangels nicht versagen will, der muß sich, auch wenn Zweifel an seiner generellen Eignung nicht begründet sind, schon an den Rat seines behandelnden Arztes oder Facharztes halten. Aber natürlich muß der Arzt auch in der Lage sein, einen entsprechenden Rat unter Berücksichtigung der besonderen Bedingungen die das Führen eines Kraftfahrzeuges unter modernen Verkehrsverhältnissen mit sich bringt, zu geben.

Wichtige Hinweise in dieser Beziehung werden bald alle Ärzte durch das Gutachten „Krankheit und Kraftfahreignung", das vom Gemeinsamen Beirat für Verkehrsmedizin beim Bundesminister für Verkehr und beim Bundesminister für Jugend, Familie und Gesundheit erarbeitet wird, erhalten. Es würde viel zu weit führen, schon heute und in diesem Referat auf die vielfältigen medizinischen Aspekte einzugehen, die dieses Gutachten enthält. Es basiert aber auf ganz wenigen Grundforderungen, die jedem Arzt geläufig sind, die im Zusammenhang mit der Problematik des Fahrens eines Kraftfahrzeuges lediglich einer spezielleren Sichtweise bedürfen.

Sobald bei einem Mangel eine besondere Behandlung erforderlich ist, darf durch eine Langstreckenfahrt diese Behandlung natürlich nicht beeinträchtigt werden. Das gilt z. B. für alle diätetischen Behandlungsmaßnahmen im Zusammenhang mit Erkrankungen, die bei Behandlungsfehlern zu gefährlichen Zwischenfällen am Steuer führen können. Dabei ist vor allem an den Diabetes mellitus zu denken, und zwar insbesondere dann, wenn eine Insulinbehandlung oder eine Behandlung mit stärker wirkenden Sulfonamidderivaten* durchgeführt wird.

Im übrigen müssen körperliche und psychische Belastungen vermieden werden. Das gilt vor allem für Herz-Kreislaufkranke, aber auch für Menschen, die unter chronischen Magen-Darmstörungen leiden, ebenso wie für Fahrer, bei denen Erkrankungen des Blutes oder Erkrankungen des Nervensystems vorliegen. Speziell, wer einmal unter hirnorganisch bedingten Anfällen mit Bewußtseinsstörungen gelitten hat, sich aber nach jahrelanger Anfallsfreiheit wieder in einem konsolidierten Zustand befindet, muß durch seinen Arzt erfahren, daß bei ihm gegenüber sonst gesunden Menschen die Rückfallgefahr immer etwas erhöht bleibt und daß anfallsprovozierende Belastungen, wie z. B. Schlafentzug und Nachtfahrten, unter allen Umständen unterbleiben müssen. Für diese Patienten

---

* z. Zt. nur Chlorpropamid und Glibenclamid.

ist es ebenso wie für die Kreislaufkranken sehr ratsam, daß sie sich keinem plötzlichen Klimawechsel unterziehen.

Behinderte, die unter Mängeln der Extremitäten und der Wirbelsäule leiden, fahren heute schon Fahrzeuge, die in zweckentsprechender Weise technisch verändert sind. Am meisten wird in diesem Zusammenhang wohl noch bei leichteren Wirbelsäulenschäden, die keine besonderen Auflagen erforderlich machen, gesündigt, weil sie noch keine verkehrsgefährdenden Auswirkungen haben. Hier werden oft aus Kosten- oder Rentabilitätsgründen vor allem unzweckmäßige Schwingungsbelastungen hingenommen, die mit der Bauart des gewählten Fahrzeugs zusammenhängen.

Betrachtet man die Problematik des Fahrens, insbesondere des Fahrens über lange Strecken, dann ergeben sich schon aus einer so kurzgefaßten Gesamtübersicht, aber erst recht natürlich bei einer Detailbetrachtung eine Fülle von Aufklärungsverpflichtungen gegenüber dem kraftfahrenden Patienten, die noch weit mehr beachtet werden müssen, als es bisher geschieht, und denen sich kein Arzt heute mehr entziehen kann.

Literatur

Bills, A. G.: Blocking: a new principle in metal fatigue. Amer. J. Psychol. **43**, 230 (1931).
Schmidtke, H.: Die Ermüdung. Bern und Stuttgart: Huber 1965.
Graf, O.: Die Schwankungen der Leistungsfähigkeit während des Tages und die Frage einer „physiologischen Arbeitskurve". Arbeitsphysiol. **7**, 358 (1933).

Die Problematik des Fliegens

G. Schirrmann (Fürstenfeldbruck)

Nachdem das Fliegen zu einer bevorzugten Art des modernen Reise- und im besonderen des Urlaubsverkehrs geworden ist, hat sich auch für die Medizin ein neues Gebiet eröffnet, und neue Verantwortlichkeiten haben sich aufgezeigt. Um die Historie in die rechte Perspektive zu setzen, dürfte es sich für uns deutsche Ärzte allerdings um kein neues Gebiet der Medizin handeln, denn lange vor dem II. Weltkrieg wurde auf diesem Sektor in Deutschland Grundlagenforschung getrieben und stellvertretend für die vielen Forscher sei nur an Strughold und v. Diringshofen erinnnert.

Wenn sich dieser Kongreß mit der „Ärztlichen Problematik des Urlaubs" befaßt, und wir dabei in erster Linie an den gesunden Menschen denken und in Anbetracht der Tatsache, daß einige gewichtige Aspekte gesondert abgehandelt werden, so könnte das Thema meines Referates lauten:

Die Sicherheit und die geringe körperliche Beanspruchung im modernen Flugverkehr.

Leider ist diese Simplifizierung mit unserer ärztlichen Verantwortung nicht vereinbar und so sei auf eine amerikanische Statistik hingewiesen. 1956 wurden innerhalb der U.S.A. über 41,5 Millionen Passagiere durch Verkehrsflugzeuge befördert, von denen 3% ambulante Patienten waren. Auf den ersten Blick erscheint diese Zahl verschwindend klein, bis wir erkennen müssen, daß bei einem derartigen Verkehrsaufkommen die ambulanten Patienten in etwa der Bevölkerung Münchens entsprechen. Mehr und mehr werden wir Ärzte konsultiert, ob eine Flugreise zu verantworten ist, und wir müssen bereit sein, diese Verantwortung zu übernehmen. Die an uns gestellte Frage: „Sollte ich fliegen, könnte ich fliegen, kann ich fliegen, darf ich fliegen" ist nicht durch das immer sichere, überkonservative Nein zu beantworten, sondern nur durch unsere medizinischen Kenntnisse und unser flugphysiologisches Wissen.

Zuvor sei aber noch an einige Kriterien des modernen Flugverkehrs erinnert, die sich fundamental von den Gegebenheiten der Zeit vor 15 Jahren unterscheiden. Mit Reisegeschwindigkeiten zwischen 500 bis 900 km/Std sind die Reisezeiten um ca. die Hälfte reduziert, die Reisehöhe liegt im allgemeinen zwischen 7—12 km und befindet sich damit weitgehend außerhalb des Wettergeschehens, die enormen Fluggewichte der heutigen Verkehrsmaschinen bedingen eine Stabilisierung der Fluglage, und die fortschreitende Technik hat ein Höchstmaß an Komfort für den Passagier entwickelt. Darüber hinaus sei aber last not least die Einführung der Überdruckkabine erwähnt, die einen modernen Massen- und insbesondere einen Urlaubs-Flugtourismus überhaupt möglich gemacht hat. Durch diesen technischen Fortschritt ist es einerseits möglich geworden, alle wesentlichen Faktoren, die das Wohlbefinden gesunder Passagiere beeinträchtigen könnten, zu eliminieren, und zum anderen konnte hierdurch eine Rationalisierung des Flugverkehrs erzielt werden.

Da der moderne Flugverkehr über Mittel- und Langstrecken praktisch nur noch in Maschinen mit Überdruckkabinen abgewickelt wird, seien die technischen und physiologischen Aspekte, soweit sie für uns Mediziner von Bedeutung und Relevanz sind, kurz gestreift. Zur Aufrechterhaltung ihres Kabinendrucks sind diese Maschinen mit Kompressoren ausgerüstet, die in einer Gipfelhöhe von 10—12 000 m den Druck in der Kabine auf ca. 1 700—2 300 m halten. In den letzten Jahren ist die Tendenz der Flugzeugindustrie dahin gegangen, einen Kabinendruck von minimal 2 000 m aufrechtzuerhalten, und die letzten Modelle der Boeing 707, DC 8 und anderer Typen fliegen in einer Gipfelhöhe von 12 000 m mit einem Kabinendruck von annähernd 1 800 m.

Im Zusammenhang mit diesen Ausführungen werden wohl mehr oder minder unterschwellig zwei Fragen auftauchen:
1. Warum wird der Kabinendruck nicht auf Seehöhe gebracht? und
2. Wie steht es mit der Funktionssicherheit dieses komplizierten technischen Systems „Druckkabine"?

Selbstverständlich wäre es wünschenswert, wenn der Kabinendruck nur im Rahmen der Höhenunterschiede zwischen Abflug- und Landehafen geändert würde. Technisch wäre dieses Problem ohne weiteres zu lösen, indem entsprechend große und leistungsfähige Kompressoren installiert würden. Diese Tatsache ergäbe jedoch in großen Höhen eine starke Druckdifferenz zwischen Außen- und Innendruck und damit eine erhöhte Gefahr des Platzens eines Fensters oder die Gefahr einer anderen Leckage. In so einem Falle könnte durch die rapide Dekompression der Kabine die Ausdehnung der Lungenluft so rasch erfolgen, daß in der Lunge ein Überdruck entsteht, der unter Umständen zu Zerreißungen oder Schädigungen der Alveolen und Kapillaren führen könnte. Die persönlich gemachten Erfahrungen bei ca. 1 200 simulierten rapiden Dekompressionen bei einem Druckprofil, wie es dem heutigen Linienflugverkehr entspricht, haben in keinem einzigen Falle zu einer gesundheitlichen Schädigung geführt.

Um die 2. Frage zu beantworten, möchte ich die neuesten amerikanischen Statistiken heranziehen. Hier kann man wohl nicht mehr von einem Fehler der kleinen Zahl sprechen, denn 290 Millionen beförderte Fluggäste im Jahre 1969 sind eine Zahl von Aussagewert. Trotz einer jährlichen Zunahme des Passagieraufkommens von 10—15% konnte die Gesamtzahl der Dekompressions-Zwischenfälle drastisch gesenkt werden, und diejenigen Zwischenfälle, bei denen es zu einer Auslösung der

Sauerstoffmasken kam, nahmen um die Hälfte gegenüber 1966 ab (siehe Tab. 1).

Tabelle 1. *Druckkabinen-Zwischenfälle*

Jahr	1966	1967	1968	1969
Gesamtzahl der Druckkabinen-Zwischenfälle	46	58	35	39
Kompletter Druckverlust: Notabstieg, Auslösung der Sauerstoffmasken	16	15	7	9
Fehlfunktion der Druckanlage: Sicherheitsabstieg	7	14	14	5
Fehlfunktion beim Start: Rückkehr zum Flugplatz	23	29	24	25

Um das Geschehen der Dekompression der Kabine zu verdeutlichen, sei einer der extremsten Zwischenfälle kurz skizziert:

Flug einer Boeing 707 von einem Flugplatz im Staate Washington nach Tokio. Eine Stunde vor Erreichen des Bestimmungsflughafens in 13000 m Höhe plötzlicher Druckverlust der Kabine. Sofortiger Abstieg der Maschine auf 2500 m bei gleichzeitiger Auslösung der Sauerstoffmasken. 20 Passagiere klagten über Ohrenschmerzen und Luftkrankheit. Ein Passagier wurde bewußtlos und hatte eine Amnesie, nachdem er das Bewußtsein zurückerlangte. Landung in Tokio und Untersuchung aller 165 Passagiere an Bord. 135 Passagiere konnten sofort entlassen werden, während 30 kurzzeitig wegen einer Blockade im Mittelohr behandelt werden mußten. Zwei der Stewardessen hatten eine kurze Bewußtlosigkeit, die bei den Hilfsmaßnahmen für die Passagiere eintrat.

Nach diesen technischen Ausführungen sei kurz eine Rekapitulation der Physiologie und insbesondere der flugphysiologischen Aspekte gestattet, die im Hinblick auf die Beratung und Selektion der Urlaubsreisenden von Bedeutung ist. Bekanntlich besteht die Atmosphäre aus einem Gasgemisch, das etwa 21% Sauerstoff und 79% Stickstoff enthält. Geringe Beimengungen von CO_2 (0,03%) und Edelgasen können in diesem Rahmen vernachlässigt werden, da sie physiologisch ohne Bedeutung sind. Die Dichte der Luftmoleküle wird durch den barometrischen Luftdruck gemessen, während der Druckanteil jedes dieser Gase der Teildruck oder Partialdruck ist. Während der Prozentanteil eines jeden Gases in allen Höhen konstant bleibt, fällt der Druck und damit auch der Partialdruck mit zunehmender Höhe laufend ab. Die physiologischen Wirkungen, mit denen wir es hier vorwiegend zu tun haben, sind einerseits die durch den Abfall des Sauerstoffpartialdruckes bedingte Hypoxie und andererseits die Ausdehnung der in den Körperhöhlen eingeschlossenen Gase. In Meereshöhe hat die Luft einen Sauerstoffpartialdruck von ca. 160 mm Hg, was durch die Mischung im Respirationstrakt einem Sauerstoffpartialdruck von ca. 100 mm Hg in der Lunge entspricht. Unter diesen Verhältnissen und bis zu einer Höhe von 3000 m verläuft die Kurve der Sauerstoffdissoziation relativ flach, und die Sättigung des

Hämoglobins mit Sauerstoff bleibt mit 90% beim gesunden Menschen im Normalbereich. Danach fällt die Sättigung schneller ab und erreicht bei 5000 m 80%, einen definitiv abnormen Wert, bei dem sogar ein gesunder Mensch unter einer gewissen Kurzatmigkeit oder Sauerstoffmangel leidet. Glücklicherweise haben wir uns in dem hier gesteckten Rahmen nicht mit diesen Problemen zu belasten, denn bei allen jetzt fliegenden Verkehrsmaschinen — eingeschlossen die Jumbo-Jets und die zu erwartenden Überschallmaschinen — wird der Kabineninnendruck 2500 m nicht überschreiten. Diese technischen Tatsachen und flugphysiologischen Gegebenheiten sollten die Grundlage für eine Beratung unserer Patienten bei einer geplanten Flugreise sein, und in Würdigung dieser dargelegten Erkenntnisse sollte es nicht schwer sein, zu einer klaren und verantwortungsbewußten Aussage zu kommen.

Wenn nun im einzelnen auf die Richtlinien einzugehen ist, die unsere Beratung bestimmen sollen, so sei nochmals eindringlichst darauf hingewiesen, daß damit nur die eingangs erwähnten 3% ambulanter Patienten angesprochen sind, die ihre Urlaubsreise im Flugzeug antreten wollen. Alle Luftverkehrsgesellschaften haben sehr genaue Anweisungen für den Transport kranker Passagiere, und auch die Deutsche Lufthansa lehnt sich mit ihren Richtlinien eng an die Empfehlungen des Medical Committees der International Air Transport Association an.

Wie gering heute bereits die gesundheitlichen Anforderungen an den Flugpassagier erachtet werden, wurde vor einiger Zeit durch einen Ausschuß der American Medical Association postuliert:

Wer gehen kann, kann auch fliegen!

Wenn dieses Postulat auch einen erheblichen Wahrheitsgehalt hat, so hieße es doch, die Realitäten zu übersehen, wenn man es pauschal übernehmen wollte. Generell könnte man dagegen aber wohl sagen, daß ein Patient, der reisefähig ist, auch eine Flugreise antreten kann, und lediglich klimatologische Aspekte, der circadiane Rhythmus und die Zeitverschiebung könnten eine gewisse Kontraindikation darstellen. Nachdrücklichst sollte auch klargestellt werden, daß alte Menschen das Fliegen sehr gut vertragen und im allgemeinen sehr gute Luftpassagiere sind. Ebenso verhält es sich mit Kindern, und so bestehen auch keine Bedenken, wenn gesunde Säuglinge 10 Tage nach der Geburt im Verkehrsflugzeug transportiert werden. Wichtig ist dabei eine entsprechende Anweisung für die Mutter, daß vor dem Abflug und vor der Landung die Flasche gegeben wird, um so einen Druckausgleich im Mittelohr zu gewährleisten.

Ausführlich sollte einer weiteren typischen Erscheinung des Luftverkehrs Rechnung getragen werden, die möglicherweise den ganzen Urlaub zu einem wahren Alptraum werden lassen kann. Immer noch stellen die Kinetosen eine recht unangenehme Belastung für manchen Fluggast dar, und es ist eine echte ärztliche Aufgabe, hier prophylaktisch Maßnahmen einzuleiten. Neuere amerikanische Statistiken weisen aus, daß nur in ca.

20% der Fälle von Kinetosen eine pathologische Übererregbarkeit des Gleichgewichtsorgans vorliegt, während der überwiegende Anteil durch eine psychische Labilität und die Angst als Stressor bedingt ist. Leider haben diese Feststellungen für den patiens nur eine akademische Bedeutung, denn er muß ja erdulden und erleiden, wobei es ihm ziemlich gleichgültig ist, wodurch sein bedauernswerter Zustand hervorgerufen wird.

Allein das Wissen um die Modalitäten des Flugverkehrs und eine entsprechende Beratung können hier oft mehr wirken als eine Verordnung von Medikamenten. Wenn auch der heutige Luftverkehr auf Mittel- und Langstrecken meistens außerhalb des Wettergeschehens erfolgt, so muß doch bekannt sein, daß auch in Höhen von 12 km erhebliche Luftturbulenzen auftreten können, und diese sich in den gemäßigten Zonen besonders im Frühjahr und Sommer und tageszeitlich mittags oder in den frühen Nachmittagsstunden bemerkbar machen. Ähnlich verhält es sich bei Transatlantik-Flügen in West-Ost-Richtung, wo es im Jetstream zu unangenehmen Turbulenzen kommen kann. Ängstliche Passagiere, die das furchterregende Schwingen der Tragflächen beobachten — obwohl es völlig harmlos ist und die Bewegung der Kabine dämpft — können dabei leicht in den Zustand einer Kinetose kommen. Unsere Empfehlungen an diesen Personenkreis sollten also dahingehen, den Platz möglichst in der Mittelachse der Tragflächen zu wählen, um den optischen Eindruck weitgehend auszuschalten, Sitzlehne und Kopf zurückzulegen und die Augen zu schließen.

Um die prophylaktischen Maßnahmen dieser Art zu einem Ende zu bringen, sei letztlich an die Eß- und Trinkgewohnheiten erinnert, die im Hochgefühl des bevorstehenden Urlaubserlebnisses nur zu oft mißachtet werden. Ein leerer und ein überfüllter Magen erhöhen auffallend die Anfälligkeit zur Übelkeit, während es bei der Einnahme alkoholischer Getränke noch gravierender aussieht. Der kombinierte Effekt von Alkohol und Höhe ist additiv und hemmt den Oxydationsablauf im Nervengewebe, so daß die Einnahme von 2 Cocktails in 3000 m Höhe dieselbe physiologische Wirkung hat wie 5 Cocktails, auf Seehöhe getrunken. Dieses synergistische Funktion von Hypoxie und Alkohol konnte bei einer Anden-Expedition erhärtet werden, da man 12 Stunden nach Alkoholeinnahme eine dreimal so hohe Blutalkoholkonzentration als auf Seehöhe fand. Eindringlichst seien auch Raucher auf die Gefahren hingewiesen, die der Aufenthalt in einer Kabinenhöhe von 2500 m bringen kann. Da durch das CO ein erheblicher Anteil des Hämoglobins als Sauerstoffträger inaktiviert wird, kommt es auch hier zu einem additiven Effekt von CO und Höhe. Versuchsreihen haben ergeben, daß der chronische Raucher ungefähr 4—8% CO-Hämoglobin in seinem Blut hat und damit seine „physiologische Höhe" um ca. 1500 m höher ist als bei einem Nichtraucher. Daraus resultiert eine signifikante schnellere Ermüdbarkeit und eine deutliche Herabsetzung der physischen und psychischen Leistungsfähigkeit.

Neben dieser präventiven Anleitung unserer Patienten stehen darüber hinaus ganze Batterien an Medikamenten gegen die Luftkrankheit zur Verfügung, deren Aufzählung hier nicht der Platz sein kann. Leider ist ihre Anwendung nicht ganz problemlos, denn je wirkungsvoller sie sind, desto mehr unerwünschte Nebeneffekte treten auf. Ihre gute antikinetotische Wirkung wird teilweise durch starke Trockenheit im Munde und erhebliche Benommenheit belastet, so daß ihre Verordnung nur sehr selektiv erfolgen sollte. In diesem Zusammenhang sei auf ein spezifisches Problem des modernen Düsenluftverkehrs, nämlich auf die Trockenheit der Kabinenluft hingewiesen. Bereits in 6000 m Höhe sinkt die relative Feuchtigkeit in der Kabine bei einer Lufterneuerung von 0,5 cbm/min pro Person und bei einer Kabinenlufttemperatur von 21° C auf ca. 15% ab. Es wäre wenig realistisch, wenn man hier in absehbarer Zeit eine Verbesserung der klimatologischen Verhältnisse erwarten wollte, wenn man bedenkt, daß z. B. eine vollbesetzte Boeing 707 für einen Transatlantikflug in 12 km Höhe eine zusätzliche Ladung von 4 t Wasser benötigen würde, um die relative Feuchtigkeit in der Kabine auf 20% zu halten.

Abschließend sei zur Vorbeugung bei mäßiger Neigung zu Kinetosen auf die reinen Antihistamin-Präparate, das Vitamin B 6 und bei ausgesprochen ängstlichen Personen auf milde Sedativa hingewiesen. Recht verheißungsvolle Aspekte für die Zukunft scheinen Medikamente aus der Reihe der Psychopharmaka zu versprechen. Die erst kürzlich abgeschlossenen und ausgewerteten Vorversuche in unserem Institut konnten dies bei experimentell erzeugten Kinetosen im Doppelblindversuch bestätigen, wobei das Fehlen von unerwünschten Nebenwirkungen bei gleichem antikinetotischem Effekt gegenüber anderen Medikamenten am eklatantesten war.

Wie aus den dargelegten Ausführungen hervorgeht, sind die physischen und psychischen Beanspruchungen der Passagiere in modernen Verkehrsflugzeugen so gering, daß es nur noch relativ wenige, absolute Gegenindikationen für einen Lufttransport gibt. Ginge es um eine globale Beurteilung der Reisefähigkeit von Patienten im Luftverkehr schlechthin, so könnte auf eine große Anzahl von Veröffentlichungen der letzten Jahre verwiesen werden. Hier aber geht es um eine weit differenziertere Frage, und so ist die Antwort nur zu geben, wenn die Korrelation zwischen Reiseziel, Urlaubserwartung und dem medizinisch-klinischen Befund nach bestem Wissen und Gewissen überprüft worden ist.

So seien als absolute Kontraindikationen genannt:

1. Alle psychiatrischen Erkrankungen, wie Epilepsie, Psychosen, Schizophrenie, endogene Depressionen und mentale Störungen. Nach einer Encephalographie oder Ventrikolographie fluguntauglich für eine Woche.

2. Infektionskrankheiten (meldepflichtige, akute, chronische).

3. Blasen- und Darminkontinenz einschl. Anus praeter.

4. Herz-Kreislaufsystem: Herzinfarkte (6 Monate fluguntauglich), Angina pectoris, Klappenfehler mit Dekompensation, Reizleitungs-

störungen (AV-Block mit Adam-Stokessyndrom), Rhythmusstörungen, Hypertonie (systolisch über 200 — diastolisch über 100 mm Hg).

5. Erkrankungen der Atmungsorgane: Verminderung der Vitalkapazität um 50% bei Fibrosis und Emphysen, Pneumothorax, Asthma bronchiale, Pneumonie.

6. Leukämie.

7. Anämie bei Erys unter 3 Mill und Hb unter 60% (unter 8 g % Hb).

8. Krankheiten des Abdomens: Magen- und Darmulcera mit Neigung zu Blutungen und Perforationsgefahr, Zustand nach Magen-Darmresektionen fluguntauglich für 6 Wochen, nach Appendektomien, Herniotomien und Cholecystektamien fluguntauglich für 14 Tage post op.

9. Augenerkrankungen: Glaukom, Neigung zu intraokulären Blutungen, nach frischer Netzhautablösung.

10. Schwangerschaft: Neigung zu habituellem Abort und Gestosen; ab 8. Schwangerschaftsmonat.

Mit dieser Aufstellung der Kontraindikationen dürfte wohl eine Leitlinie der Erkrankungen aufgezeigt sein, bei der wir in unserer Beratung zu einer definitiven Aussage kommen können. Wesentlich schwieriger wird uns unsere Entscheidung gemacht, wenn es sich um medizinische Grenzfälle handelt, und nur unser medizinisch-physiologisches Wissen und das Abwägen der Risikofaktoren dürfen hier unsere Verantwortung bestimmen. Doch Ansichten, die heute noch gültig sind, können morgen schon überholt sein, und so zeichnen sich bereits neue Konzepte auf dem Gebiet der aeronautischen Forschung, der Biotechnik, der Medizin und der Psychologie ab, die auf dem Gebiet des Luftverkehrs einem noch effektiveren Gesundheits- und Sicherheitsprogramm einen neuen Impetus geben.

Literatur

1. Armstrong, H.G. (Ed.): Aerospace Medicine. Baltimore: Williams & Wilkins 1961.
2. Fryer, D.I.: Failure of the pressure cabin, pp. 187—206, Chap. 10. In: A Textbook of Aviation Medicine, J.A. Gillies (Ed.). London: Pergamon Press 1965.
3. McFarland, R.A.: Human Factors in Air Transport Design. New York: McGraw-Hill 1946.
4. McFarland, R.A.: Human Factors in Air Transportation. Occupational Health and Safety. New York: McGraw-Hill 1953.
5. McFarland, R.A.: Human Factors in Relation to the Development of Pressurized Cabins. Aerospace Med. **12**, 1303—1318 (1971).
6. Randel, H.W. (Ed.): Aerospace Medicine. Second Edition. Baltimore: Williams & Wilkins 1971.
7. Tromp, S.W.: Biological effects of simulated high altitude climate in pressurized commercial planes on passengers and flying personnel. Aerospace Med. **43**, 446—449 (1972).
8. Weidemann, H.: Höhenphysiologie und -pathologie des Herz- und Kreislaufsystems. Fortschritte der Medizin, Medizinische Habilitationen. **10**, 381—384 (1972).

Diskussion

Herr Buschbeck: Stellt der verringerte Sauerstoffpartialdruck im Flugzeug nicht eine Gefahr für den Foetus während der Phase der Organentwicklung dar?

Herr G. Schirrmann: Beim Aufenthalt in einem Flugzeug mit einem Kabinendruck von 8000 Fuß (rund 2500 m) besteht zweifellos der Zustand einer geringen Hypoxie. Diese geringgradige Hypoxie ist jedoch absolut kompensiert durch erhöhte Pulsfrequenz und vergrößertes Schlagvolumen. Bei gesunden Personen treten deshalb keine schädigenden Wirkungen auf den Organismus und auch in diesem speziellen Fall auf den Foetus ein.

Herr Bauer: Die geschilderte Herabsetzung der Luftfeuchtigkeit in größeren Höhen bringt auch beim Bergsteigen über 5000 m Höhe Probleme. Gibt es eine brauchbare (medikamentöse) Behandlung des dort durch Austrocknung der Schleimhäute auftretenden Reizhustens (Anfeuchten der Luft technisch nicht möglich, Codeinpräparate haben atemdepressorische Wirkung)?

Herr G. Schirrmann: Eine medikamentöse Behandlung der Austrocknung der Schleimhäute durch die Herabsetzung der Luftfeuchtigkeit in größeren Höhen ist nicht bekannt. Im Flugzeug versucht man diese unangenehme Erscheinung durch das Anbieten von Getränken wenigstens kurzzeitig zu eliminieren.

Der Urlaub auf See und seine Probleme

A. Wandel (Kiel)

Allgemeines

In der Frankfurter Allgemeinen Zeitung vom 4. 11. 1971 stand unter der Überschrift „Sanatorium auf hoher See" folgende Notiz: „Ausgedehnte Freibäder für Liegekuren im salzigen Seewind, großzügige Meerwasserschwimmbäder und morgens ein frischer Bronchialtee: das wird zum Service des ersten „Kur-Schiffes der Welt" gehören, das in Kürze auf einer Bremer Werft gebaut und voraussichtlich 1974 in Dienst gestellt werden soll. Bauherr ist eine Gruppe Hamburger Finanziers, die hoffen, ihren Kunden sogar „Kreuzfahrten auf Krankenschein" bieten zu können. Das „schwimmende Sanatorium" wird 20000 BRT groß sein und 400 Passagieren Platz bieten. Kosten: 60 Millionen Mark".

Mit diesem „schwimmenden Sanatorium" wird ein neuer Weg der „Seereise-Touristik" beschritten, die etwa Mitte der dreißiger Jahre in größerem Umfange einsetzte.

Nach dem letzten Krieg verlor der „Musikdampfer" für den Linienpassagierverkehr an Bedeutung, da das Schiff vom Flugzeug weitgehendst abgelöst wurde. Da man mit den Kreuzfahrten als Urlaubsattraktion gute Erfahrungen gemacht hatte, wurden alte Linienpassagierschiffe für die Seereise-Touristik umgerüstet und Neubauten in der Konzeption schon für Urlaubs- und Erholungskreuzfahrten geplant. Auf diesen „Urlaubsdampfern" konzentriert sich alles auf Behaglichkeit und Komfort.

Die Reisezeiten dieser Urlaubsschiffe sind von unterschiedlicher Dauer. Sie können Wochen oder Monate betragen. Sie können mit einer Anflug- und Rückflugreise verbunden werden. Auch kann die Kreuzfahrt durch einen Badeurlaub an einem entsprechenden Ferienplatz unterbrochen werden.

Weiter besteht die Möglichkeit, die Urlaubsseereise mit einem wissenschaftlichen Kongreß zu verbinden oder den Urlaub auf einem Frachtschiff zu verbringen.

Nach der Seeschiffssicherheitsverordnung dürfen Frachter bis zu 12 Fahrgäste mitnehmen. Den Fahrgästen stehen auf den modernen Combi-Frachtern Speise- und Rauchsalon mit Bar und vollklimatisierte Kammern mit eigenem Bad und eigener Toilette zur Verfügung. Die Kammern sind geräumig und sehr komfortabel eingerichtet.

In den letzten Jahren wurden in den angelsächsischen Ländern Schiffe gechartert, die als schwimmende Schulen bzw. als schwimmende Universitäten mit Schülern und Studenten mehrwöchige Kreuzfahrten unternehmen. Den Schülern und Studenten soll auf diesen Kreuzfahrten Gelegenheit zur Unterrichtung durch Anschauung oder zum Studium an Ort und Stelle gegeben werden.

Seit 1961 sind in England 3 Fahrgastschiffe zu diesem Zweck umgebaut worden.

Ganz allgemein kann von der Seereise-Touristik gesagt werden, daß es wohl kaum eine Urlaubsform gibt, die so viele Ferienwünsche erfüllt, und daß hierbei der Urlauber von einem bestechenden Komfort, von einem ausgezeichneten Service und einer vorzüglichen Küche verwöhnt wird, wie es nur erstklassige Hotels zu bieten vermögen. Für genügend Abwechslung sorgt ein reichhaltiges Unterhaltungsprogramm. Sportliche und gesellschaftliche Veranstaltungen *an Bord* wechseln mit erlebnisreichen Ausflügen zu interessanten Sehenswürdigkeiten *an Land* ab. Auch ist es bei dieser Art der Urlaubsform einfacher, mit anderen Menschen in Kontakt zu kommen. Das enge Zusammenleben fördert geradezu die Kontaktbereitschaft. Und trotzdem kann jeder, der Entspannung und Ruhe sucht, sich von der Betriebsamkeit an Bord abschließen, im Liegestuhl an Deck dösen oder sich von einer guten Lektüre geistig anregen lassen.

Weiter bietet diese moderne Form des Urlaubs auch einen gewissen Zauber an Romantik. Es ist das Erleben der Natur, mit der man auf See eng verbunden ist.

Und es ist das Erleben fremder Länder und fremder Menschen, wenn man mit einem Schiff über weite Räume von Ort zu Ort reist.

In unserer Wohlstandsgesellschaft genehmigen sich über 20% der deutschen „Freizeitgenießer" mehr als einen Urlaub im Jahr. Für diesen Zweit- und Dritturlaub bietet sich geradezu ein Urlaub auf See an.

Einflüsse auf das Leben an Bord

Die See ist für den Menschen kein natürlicher Lebensraum, in dem er ohne technische Hilfsmittel längere Zeit überleben kann. Er muß sich mit einem Schiff eine künstliche Umwelt schaffen, die ihm auf See die fehlenden physiologischen Umweltfaktoren ersetzt und es ihm erst ermöglicht, für längere Zeit auf See zu bestehen. Damit treten eine Anzahl umweltphysiologischer Umstände auf, die das Leben des Menschen an Bord beeinflussen können. Die Einflüsse, denen der Mensch an Bord unterworfen ist, können in drei Gruppen gegliedert werden (Abb. 1):

Die in der ersten Gruppe aufgeführten Einflüsse sind auf die Gesundheit und auf die physiologischen Gegebenheiten des Menschen direkt bezogen. Vor Antritt einer Schiffsreise können hier vorbeugende Maßnahmen unerläßlich sein. In diese Gruppe gehören Infektionskrankheiten, Tropenkrankheiten, Quarantäne, aber auch die Ernährung und das Trinkwasser.

Gruppe I	Gruppe II	Gruppe III
Infektionskrankheiten	Unterkünfte	Klima
Tropenkrankheiten	Wirtschaftseinrichtungen	Wind und Wetter
Quarantäne	Sanitäre Anlagen	Seegang
Ernährung	Be- und Entlüftung	Schiffskatastrophe
Trinkwasser	Lärm	Kollision
	Vibration	Feuer
	Beleuchtung	Sturm

Abb. 1. Einflüsse auf das Leben an Bord

In der Gruppe II sind die Umweltfaktoren aufgeführt, die vom Schiff, seiner Konstruktion und von seinen Einrichtungen ausgehen und indirekt das Leben an Bord beeinflussen.

In dieser Gruppe werden zusammengefaßt: Unterkünfte, Wirtschaftseinrichtungen, sanitäre Anlagen, Be- und Entlüftung, Lärm, Vibration und Beleuchtung.

Die Gruppe III umfaßt die Einflüsse, die außerhalb des Schiffes in der Natur und den Naturgewalten liegen und das Leben an Bord beeinflussen, wie Klima, Wind und Wetter, Seegang und der Seenotfall bei Schiffskatastrophen.

Ich möchte aus Zeitgründen in meinem Vortrag nur auf die Umwelteinflüsse der III. Gruppe eingehen. Die Umwelteinflüsse der beiden anderen Gruppen spielen eine untergeordnete Rolle.

Klima

Über den Einfluß des Seeklimas auf die Organfunktion im Sinne einer Kur liegen neben reichen empirischen Erfahrungen eine große Anzahl von kritischen Untersuchungsergebnissen vor. Sie zeigen, daß es möglich ist, mit dem Seeklima in die biologischen Regulationen des Organismus einzugreifen.

Der Stoffwechsel wird gesteigert, eine Umstellung im Eiweißstoffwechsel wurde nachgewiesen. Die Salzsäureproduktion des Magens nimmt im Seeklima zu, die Darmpassage wird beschleunigt, die Nebennierenrindenfunktion wird angeregt, die eosinophilen Leukocyten nehmen im strömenden Blut ab; desgleichen der Anteil der Gamma-Globuline am Gesamteiweiß wie Jungmann angibt. Am Kreislauf läßt sich nach Jungmann eine Zunahme des Arterientonus feststellen, desgleichen eine Beschleunigung der Kapillarreaktion in der Haut, eine Intensivierung der peripheren Vasoconstriktion auf Kältereize und eine Neigung zur Beschleunigung des Ruhepulses. Damit sind summarisch eine große Anzahl von Organfunktionen angesprochen, auf die das Seeklima eine Wirkung entfaltet.

Von besonderem Einfluß ist das Klima in den Tropen, wobei als Klimafaktoren hier die Temperatur und die Feuchtigkeit der Luft sowie die Luftbewegung und die Strahlung anzusehen sind. Befindet sich das Schiff draußen auf See, dann spielen diese Faktoren eine untergeordnete Rolle, da die See diese Faktoren mäßigt und damit erträglicher macht.

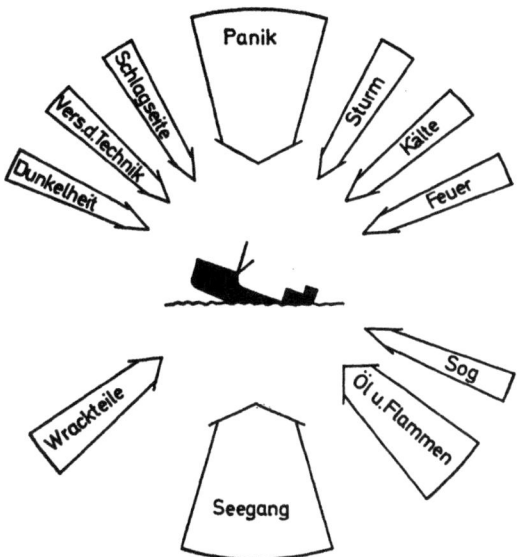

Abb. 2. Gefahren beim Sinken des Schiffes, wobei die Panik und der Seegang im Vordergrund stehen

In Küstennähe und in Häfen ist als belastender Klimafaktor die Koppelung des Feuchtigkeitsgehaltes der Luft mit einer hohen Lufttemperatur anzusehen. Diese Koppelung ist es, die den Europäer in den Tropen besonders belastet. Die ungewohnte und unerträgliche Schwüle genügt schon, um das Wohlbefinden zu beeinflussen und den Schlaf zu stören.

Hier hat die Technik durch Klimatisierung der Räume an Bord erträgliche Verhältnisse geschaffen. Wenn man sich an Land der Belastung des Tropenklimas ausgesetzt hatte, empfindet man es als erholsam und erfrischend, in die klimatisierte Atmosphäre an Bord zurückzukommen.

Wind, Wetter und Seegang

Wind, Wetter und Seegang sind unberechenbare und unvorhersehbare Komponenten einer Seereise. Sie gehören zu jeder Seefahrt. Selbst in Schönwettergebieten wie im Mittelmeer können das Schiff und seine Passagiere von Wind und Wetter und von einem entsprechenden Seegang gebeutelt werden. Dabei kann es bei Sturm und schwerem Seegang auch zu unmittelbarer körperlicher Gefährdung der Passagiere kommen, wenn Decksbauten eingeschlagen werden, oder wenn sich nicht festgezurrtes und gesichertes Gut beim Überholen des Schiffes selbständig macht. Knochenbrüche, Verrenkungen, Quetschungen, Prellungen und Gehirnerschütterungen können dadurch bedingt sein.

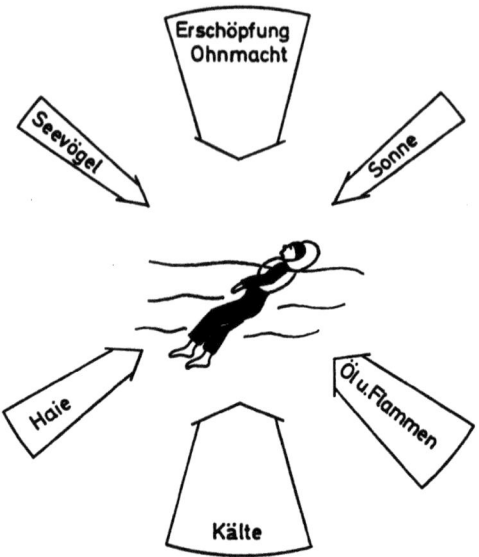

Abb. 3. Gefahren während des Treibens in See. An erster Stelle begrenzen Unterkühlung und Erschöpfung das Überleben

Besonders eine „Krankheit" wird durch Wind, Wetter und Seegang begünstigt: Die Seekrankheit.

Sie ist die typischste der Krankheiten auf See und kann dem einzelnen sehr zusetzen. Sjörberg stellte im Jahre 1924 mit seinen Versuchen fest, daß der Vestibularapparat im Geschehen der Seekrankheit die führende Rolle spielt.

In der Hauptsache sind es die gradlinigen Beschleunigungsveränderungen in der Vertikalachse des Kopfes, die für die Auslösung einer klassischen Kinetose mit parasympathikotoner Symptomatik verantwortlich sind. Schwankender Horizont, rasch wechselnde Eindrücke, vor allem in der Nähe des Auges, und unangenehme Gerüche verstärken die Seekrankheit.

Besonders unangenehm und besonders stark kann die Seekrankheit dann werden, wenn die Bewegungen des Schiffes plötzlich einsetzen. Das ist nicht selten der Fall, wenn das Schiff, nachdem die Passagiere gerade an Bord gekommen sind, aus einem geschützten Hafen in die offene See ausläuft, wo Seegang herrscht. Nur wenige Passagiere bleiben in einem solchen Fall von der Seekrankheit verschont. Viel leichter ist es dagegen, die Seekrankheit zu überwinden, wenn sich die Bewegung des Schiffes langsam verstärkt und dem Organismus genügend Zeit gelassen wird, sich zu adaptieren.

Es gibt aber Menschen, denen die Adaptation kaum oder gar nicht gelingt, und die schon dann seekrank werden, wenn sie nur an ein

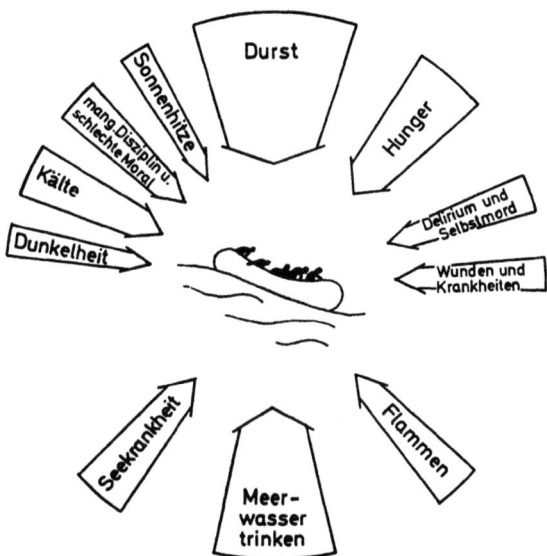

Abb. 4. Gefahren im Rettungsmittel, wobei Verdursten und Trinken von Meerwasser das Überleben an erster Stelle beeinflussen

schaukelndes Schiff denken. Diese bemitleidenswerten Menschen sollte man auf jeden Fall vor einer Seefahrt warnen. Sie hätten nichts davon, sie würden sich auf See elend und krank fühlen und würden auch von den eingestreuten Landaufenthalten nichts haben.

Seenotfall

Ein besonderes Problem der Seefahrt stellt der durch eine Schiffskatastrophe hervorgerufene Seenotfall dar. Er kann durch Schiffskollision, durch Feuer an Bord oder durch Naturgewalten ausgelöst sein.

Der klassische Schiffbruch, der vom Sturm oder von der grünen See herbeigeführt werden kann, ist heute seltener geworden. Die Schiffskollisionen und das Feuer an Bord, die die Besatzung und die Passagiere überraschend treffen, sind nach neueren Statistiken die Hauptursachen der Schiffskatastrophen.

Die Gefahren, die sich dabei für das Leben des einzelnen ergeben, sind aus den einzelnen Phasen des Schiffbruches abzuleiten.

Wir unterscheiden drei Phasen:

1. Wenn das Schiff untergeht (Abb. 2),
2. Wenn sich der Überlebende im Wasser treibend befindet (Abb. 3), und
3. wenn er sich auf ein Rettungsmittel wie Boot oder Floß retten konnte (Abb. 4).

6 Urlaubsmedizin

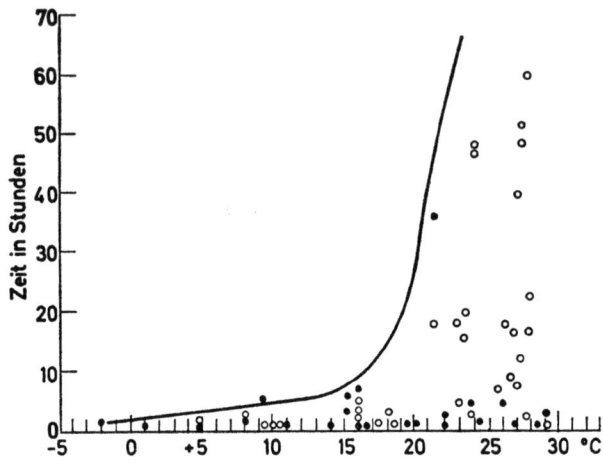

Abb. 5. Die Überlebenszeit des Menschen in Wasser in Abhängigkeit von der Wassertemperatur (nach Molnar)

In der ersten Phase des Schiffbruchs, also beim Sinken des Schiffes, stehen als Gefahr für das Leben der Schiffbrüchigen die Panik und der Seegang im Vordergrund (Abb. 2).

Bei starkem Seegang können Rettungsmaßnahmen illusorisch werden. Hier ist der Passagier auf die Rettungsmöglichkeiten angewiesen, die die Schiffsführung zur Verfügung stellen kann.

Beim Ausbruch einer Panik jedoch ist der Passagier handelnder Teil.

Die Panik wird über die Angst ausgelöst und zwar dann, wenn die Angst den Menschen in einem Maße überfällt, die nicht mehr adäquat seinen instinktiven Triebregungen und angeborenen Triebkräften ist. In diesem Augenblick ist der Schiffbrüchige geradezu hilflos massenpsychologischen Vorgängen und Suggestivphänomenen ausgesetzt. Optisch, akustisch oder sensibel wahrgenommene Vorgänge werden direkt auf ihn übertragen, indem er ohne Überlegung nachmacht, was andere tun, wie z. B. daß er mit den anderen hysterisch schreit oder sinnlos in eine Richtung läuft oder Handlungen begeht, die ohne Sinn sind.

Für die Panik sind die Menschen unterschiedlich disponiert. Nur konstitutionell Disponierte haben in der Angst eine inner-psychische Panikbereitschaft. Zündet aber erst einmal der „panische Funke", dann fallen auf Grund der suggestiv bedingten Nachahmungsphänomene auch bei nicht Disponierten die Schranken der Besonnenheit. Mit ansteigender Größe von Gefahr und Angst verschiebt sich das Verhältnis der Besonnenen zu den suggestiv-panisch Ängstlichen immer mehr zu Ungunsten der Besonnenen. Bei einer Schiffskatastrophe sind Situationen denkbar, in denen der größte Teil aller Beteiligten der panischen Angst verfallen kann. Nur sehr wenige gefestigte Persönlichkeiten können ihr

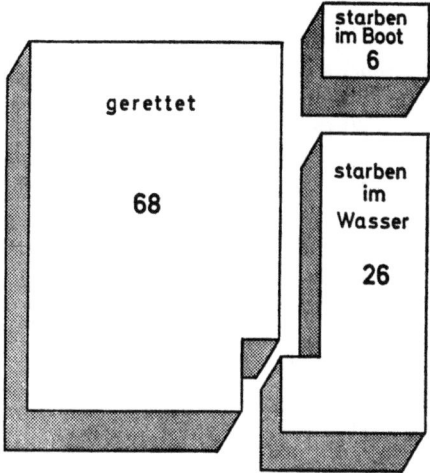

Abb. 6. Verhältnis der Geretteten zu denen, die im Boot und im Wasser starben, bezogen auf 100 Schiffbrüchige

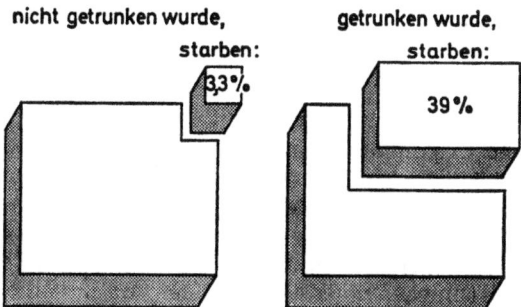

Abb. 7. Der Einfluß des Trinkens von Meerwasser auf die Sterberate in Rettungsbooten und Rettungsflößen, wobei die hohe Sterberate in Rettungsmitteln, in denen Meerwasser getrunken wurde, auffällig ist

entgehen. Ist aber in einer solchen Katastrophensituation die Panik ausgebrochen, dann können auch die wenigen Besonnenen und intakt gebliebenen Personen dagegen nicht mehr viel ausrichten. Jede sinnvolle und organisierte Maßnahme muß zum Scheitern verurteilt sein. Sie wird von der Panik überrannt.

Befindet sich der Überlebende in der zweiten Phase der Schiffskatastrophe, also treibend im Wasser (Abb. 3), dann sind es in der

Hauptsache die Unterkühlung und die Erschöpfung, die das Überleben des Schiffbrüchigen begrenzen.

Die von Molnar durch Befragen zahlreicher Schiffbrüchiger gesammelten und zusammengestellten Werte (Abb. 5) zeigen, daß die Überlebenszeit des Menschen im Wasser von der Wassertemperatur und der Verweildauer abhängig ist. Die ausgezogene Kurve stellt die Erträglichkeitsgrenze dar. Links von ihr tritt der Tod ein. Diese theoretisch und praktisch belegte Grenze weist natürlich individuelle Unterschiede auf, z. B. kann durch eine dicke Fettschicht, die gegen die Kälte des Wassers isolierend wirkt, die Grenze verschoben werden.

Ist es dem Schiffbrüchigen gelungen, sich auf ein Rettungsmittel zu retten, dann sind es das Verdursten und das Trinken von Meerwasser, die seine Überlebenschance in der Hauptsache beeinflussen (Abb. 4). McCance und Mitarbeiter haben Schiffskatastrophen untersucht, die in der Zeit von 1940—1944 erfolgten, und haben nach den Ursachen für den Tod der Schiffbrüchigen gefragt. Die Angaben wurden aus einem Kollektiv von 27 000 Schiffbrüchigen errechnet. Mit der Arbeit kann belegt werden, daß sich für Schiffbrüchige, die ein Boot oder Floß erreichen konnten, die Aussicht auf Überleben vervierfacht (Abb. 6). Von 32 Personen, bezogen auf 100, die als Schiffbrüchige starben, kamen 26 im Wasser, dagegen nur 6 im Boot um.

Die Arbeit gibt auch Aufschluß über den Einfluß des Trinkens von Meerwasser auf die Sterberate (Abb. 7). Von den Bootsbesatzungen, die kein Meerwasser tranken, starben nur 3,3% gegenüber 39% bei den Bootsbesatzungen, die Meerwasser getrunken hatten.

Zusammenfassung

Faßt man den Urlaub auf See mit seinen Problemen zusammen, dann kann man feststellen, daß die seuchenhygienischen und sonstigen hygienischen Maßnahmen im Verein mit der Technik auf modernen Schiffen eine Umwelt geschaffen haben, die die Schrecken der alten Seefahrt vergessen läßt. Als Belastung ist aber immer noch die Seekrankheit geblieben. Als nicht immer abwendbares und unvorhersehbares Ereignis bleibt auch der Seenotfall als Folge einer Schiffskatastrophe ein Problem für den Urlaub auf See. Und sicher können auch Kreuzfahrten zum Hindernisrennen werden, wie J. W. Carter im „Britisch Medical Journal" schreibt, wenn strapaziöse Landgänge von 12 bis 13 stündiger Dauer mit langen Autobusfahrten nicht durch entsprechend ausgewogene Erholungszeiten an Bord ausgeglichen werden. Nach seinen Erfahrungen kamen manche Urlauber erholungsbedürftiger aus dem Mittelmeer zurück, als sie abgereist waren.

Folgende allgemeine Hinweise wären aus ärztlicher Sicht für den Urlauber auf See zu machen:

1. Ältere Menschen sollten sich überlegen, ob sie sich dem Streß, den eine Seereise beinhalten kann, gewachsen fühlen.

2. Urlaubern, die an behandlungsbedürftigen Krankheiten des Herzens und des Kreislaufes aber auch des Magen-Darmtraktes und der Verdauungsdrüsen leiden, sollte man von einem Urlaub auf See abraten.

3. Auch Körperbehinderte, besonders Behinderte der unteren Extremitäten, sollten nicht unbedingt ihren Urlaub auf dem schwankenden Deck eines Schiffes verbringen.

4. Auch ist denen ein Urlaub auf See nicht anzuraten, die an chronischen Erkrankungen leiden, die sich akut verschlechtern können, wie Gelenk- und Muskelrheumatismus, Neuritiden, Nierenerkrankungen, Hypertonie, schwere Formen von Diabetes und larvierte Psychosen.

5. Ebenfalls sollten Urlauber mit einer Hyperthyreose vor einer Seereise gewarnt werden, da sich die Hyperthyreose im Seeklima verschlimmern kann.

6. Aber für die vielen anderen kann kaum eine Urlaubsform so viele Ferienwünsche zugleich erfüllen wie die Urlaubsreisen zur See. So ist es verständlich, daß sich diese Art der Urlaubsgestaltung einer immer größeren Beliebtheit erfreut.

Literatur

1. McCance, R.A., Ungley, C.C., Crossfil, J.W.L., Widdowson, E.M.: The Hazards to Men in Ships Lost at Sea 1940—1944. Medical Research Council Special Report Series No. 291. London: Her Majesty's Stationary Office 1956.
2. Jungmann, H.: Über den Einfluß des Seeklimas auf den kranken Menschen. Dtsch. Ärztebl. **60**, 1739—1742 (1963).
3. Kleemann, A.: Der Seenotfall — sein medizinisch-technisches Problem. Hansa **105**, 290—292 (1968).
4. Schmidt, L.: Das Problem der Behandlung unterkühlter Schiffbrüchiger in sanitätsdienstlicher Hinsicht. Wehrmed. Mo. Schr. **12**, 137—143 (1968).
5. Steffen, U.: Die Pathophysiologie der Seekrankheit. Wehrmed. **5**, 211—213 (1967).
6. Wandel, A.: Die Panik beim Schiffbruch — ein medizinisches und Führungsproblem. Truppenpraxis **12**, 1035—1039 (1969).

Bioklimatologie

W. Schmidt-Kessen (Freiburg/Br.)

Klima ist der mittlere Zustand der Atmosphäre eines Ortes. Die klimatischen Verhältnisse sind Bedingung des Lebens. Um sie zu erfassen werden Meßgeräte verwandt, die zum Teil in der ganzen Welt genormt sind. Ihre Ergebnisse können in sehr verschiedener Weise zu Klimadaten gemittelt, ausgezählt oder kombiniert werden. Die Anwendung solcher Daten am Menschen setzt eine auf diesen bezogene Betrachtungsweise voraus, die besonders Dorno und Büttner begründet haben. Anstelle theoretischer Erörterungen soll das mit zwei Beispielen erläutert werden.

Da steht an der Nordsee eine Thermometerhütte. Der Urlauber im Strandkorb daneben schwitzt. Er dreht den Korb. Nach einiger Zeit wird ihm kühl. Die Thermometer zeigen dennoch denselben Wert. Die von ihnen gemessene Lufttemperatur war am Menschen nicht allein sondern innerhalb eines komplexeren Zusammenhanges, als Abkühlungsgröße, wirksam. Um Änderungen der Abkühlungsgröße zu erfassen, wären zusätzlich wenigstens Wind- und Strahlungsmeßgeräte notwendig gewesen. Außerdem hätten diese am Expositionsort selbst stehen müssen. Man kann bioklimatischen Effekten mit Modellkörpern (z.B. ,,Kupfermensch"), Summenmaßen oder Indices näher kommen. Aber deren Anwendung ist oft wenig anschaulich und sie hat immer begrenzende Voraussetzungen. Daher ist sie gerade für den Vergleich unterschiedlicher Klimate nicht besonders geeignet.

Die andere Seite des Problems kann ein Urlauber demonstrieren, der am Skilift wartet. Warm gekleidet, frieren ihm dennoch zunehmend Füße und Finger. Oben angekommen ist die Abkühlungsgröße höher. Trotzdem wird es ihm bald warm; denn nun ist er aktiv und produziert selbst das Vier- oder vielleicht Zehnfache an Wärme. Schließlich kann er unter der Bekleidung schwitzen, die jetzt zu stark isoliert.

Bei allen klimatischen Expositionen folgen die Bedingungen denselben physikalischen Gesetzmäßigkeiten. Aber, wie sich zeigt, geht in diese der Zustand des Menschen mit ein. Dem entsprechend sind *Klimadaten* nur dann praktisch verwendbar, wenn sie die Verhaltens- und Expositionsweisen des Menschen berücksichtigen. Das verlangt sehr detaillierte Beobachtungen, die für die einzelnen Urlaubsländer keineswegs vollständig zur Verfügung stehen. So mangelt es z.B. für Italien an verwertbarem Material während das für Israel vorliegende ebenso vollständig ist wie das für einige mitteleuropäische Länder. Langfristige Prognosen aus dem Wetterverlauf sind praktisch noch nicht möglich, mittelfristige haben nur sehr limitierte Wahrscheinlichkeiten. Dagegen könnten sehr gut Angaben gemacht werden zur Häufigkeit bestimmter Wetterlagen in einem Gebiet, vorausgesetzt, daß hierfür langfristige Beobachtungsreihen der wichtigsten Klimaelemente zur Verfügung stehen. Es ist mehrfach versucht worden, das vorhandene Material für die Urlaubsplanung in Karten oder Tabellen zusammenzustellen. Aber noch ließ sich dabei keine Form finden, die übersichtlich auf alle wesentlichen Fragen unmißverständliche Antworten gibt. Klimadaten lassen sich ohnehin nur vergleichend auf den Menschen anwenden, vergleichend mit physiologischen Daten, vergleichend mit den eigenen, gewohnten und bekannten Lebensbedingungen sowie untereinander vergleichend. Fremdenverkehrsfachleute scheuen daher oft die Veröffentlichung der entsprechenden Zahlen, die vom Leser selbst interpretiert werden müssen.

Ein guter Reiseprospekt sollte trotzdem für jeden Monat mindestens zwei Angaben enthalten: die mittlere Höchst- und die mittlere Tiefsttemperatur; denn diese entsprechen erfahrungsgemäß am besten dem subjektiven Erleben der thermischen Bedingungen eines Urlaubsortes. Harlfinger hat kürzlich festgestellt, daß außerdem die folgenden bei der Urlaubsplanung wichtigen Klimadaten einigermaßen gleichmäßig für den europäisch-nordafrikanischen Raum zur Verfügung stehen: die Zahl der Tage mit Niederschlägen im Monat, im Gebirge die Zahl der Tage mit Schneedecke, an der See die mittlere Meerwassertemperatur des Monats, die Zahl der Tage mit vorherrschenden Schwülebedingungen und die mittlere Sonnenscheindauer, die nach Harlfinger am besten auf die astronomische Tageslänge bezogen wird. Für deutsche und auch für einige andere Urlaubsgebiete ließen sich heute sogar die genauen Wahrscheinlichkeiten erreichen, mit denen die verschiedenen, zu einer Jahreszeit möglichen Witterungsbedingungen erwartet werden können.

Unter den Lebensbedingungen unserer Zivilisation kann durch den ständigen Aufenthalt im Raum und durch andere einseitige Belastungen die Toleranzbreite gegenüber den natürlichen Klimareizen verringert werden, wobei zugleich die allgemeine Resistenz und die körperliche Leistungsfähigkeit absinkt. Wenn keine Komplikationen bestehen, ist es innerhalb 10—12 Tagen möglich eine solche passagere *Desadaption gegenüber den Witterungsreizen* durch planmäßige Klimaexpositionen wieder zu beseitigen. Unter diesem Gesichtspunkt betrüge das Urlaubsminimum etwa 2 Wochen, oder mit Ortswechsel, der zwei Reise- und je zwei Ruhetage zusätzlich erfordert, etwa 18 Tage. Das gilt für Gesunde im mittleren Lebensalter. Kinder, Ältere und Kranke benötigen für eine solche Readaption mehr Zeit.

Weniger sinnvoll erscheint der Versuch, im Urlaub durch sehr hohe Reiz- und Übungsmaße einen so hohen Grad der Klimatoleranz oder der Leistungsfähigkeit zu erwerben wie er vorher nie bestanden hat; denn so weit wir bisher wissen, geht ein solcher Gewinn nach Rückkehr zu den gewohnten Lebensbedingungen in wenigen Wochen wieder verloren.

Da Urlaub eine Zeit größerer Freiheit für das Verhalten ist, kann der Urlauber diese Zeit auch nutzen, um sich den Klimabedingungen in schädigender Weise zu exponieren. Dabei wird meist die Überschreitung der Toleranzgrenze für ein einzelnes oder höchstens zwei Klimaelemente entscheidend, so etwa für den kurzwelligen Strahlenanteil der Sonne oder für die Lufttemperatur im kalten Bereich zusammen mit dem Wind, im warmen Bereich mit dem Wasserdampfdruck. *Expositionsschäden* treten im Urlaub besonders während der ersten Tage auf. Sie können von sonst Gesunden bei gleichbleibender Wetterlage vermieden werden durch die Anwendung der „Drittelregel". Danach beginnen Klimaexpositionen am zweiten oder dritten vollen Urlaubstag mit einer sicher gut tolerierten „Dosis", die dann stets zu derselben Tageszeit gegenüber dem Vortag um $^1/_3$ gesteigert wird. Luft- oder Sonnenbäder, die mit 20 Minuten beginnen, überschreiten auf diese Weise nach einer Woche 2 Stunden. Eine Schwierigkeit, mit der Urlauber nicht ohne weiteres fertig werden, entsteht durch Witterungsänderungen. Immerhin ist bei uns im Jahresmittel die Wahrscheinlichkeit, daß eine Wetterlage am folgenden Tage bestehen bleibt, doppelt so groß wie die, daß sie sich ändert. Auch die weitere Prognose trifft noch am besten zu, wenn sie die für die jeweilige Jahreszeit typische Entwicklung der bestehenden Wetterlage annimmt. Die Dosierung des Sonnenbades kann unter Verwendung von Isochronendiagrammen oder Tabellen erfolgen, die für alle Tagesstunden die Expositionszeit bis zur mittleren Erythermschwelle angeben (Lothmar, Pfleiderer). Bei pigmentarmer Haut, auf Schnee- und Wasserflächen sowie im Gebirge muß die Dosis reduziert werden (z. B. bei 3000 m auf die Hälfte). Neu im Handel ist ein photoelektrisches Ultraviolettmeßgerät, das auch als Taschengerät erhältlich ist.

Rund um das Jahr gerechnet sind die *unentrinnbaren Klimabedingungen* an den Westküsten Europas und Nordamerikas mit ihrem großen Hinterland günstiger als in anderen Gebieten der Welt. Wetterkatastrophen oder Wetterlagen, die über Wochen die Aktivität im Freien beschränken, gibt es hier kaum. Wo die atmosphärischen Verhältnisse bei uns wirklich über längere Zeit schlecht sind, da hat das der Mensch selbst verursacht. Im Sommer steigt die Lufttemperatur zwar im südlichen Westeuropa sehr hoch an; aber die unter diesen Bedingungen entscheidende evaporative Wärmeabgabe bleibt dabei unbehindert; denn der Wasserdampfdruck der Luft ist zugleich eher niedrig. In südlichen Gebieten Asiens liegt er dagegen während des Sommers zum Teil so hoch, daß diese überhaupt nur an Stellen mit Wind von mäßiger Geschwindigkeit erträglich, aber für Urlaubsreisen ungeeignet sind.

Im Winter galten die zentraleuropäischen Gebirge bis in die jüngste Zeit als unwirtlich und es war eine Sensation als Ärzte erstmals mit Kranken in Hochalpentälern überwinterten. Tatsächlich sinken die Lufttemperaturen im Gebirge während der kalten Jahreszeit im Mittel noch weiter um —0,4° C je 100 m Höhenzunahme ab. Zugleich aber ragen die Berge aus dem Inversionsdunst des Flachlandes heraus, und die Bedingungen sind für den Aufenthalt im Freien in den strahlungsreichen Mittagsstunden noch günstiger, weil die Windstärke im Gebirgswinter ihr Jahresminimum hat (Flach).

Unter den schonenden Klima- und Lebensbedingungen in weiten Teilen Europas können, wie schon erwähnt, nicht nur Kranke sondern auch Gesunde mit labilen Regulationen nach und nach ihre Empfindlichkeit gegen die atmosphärischen Bedingungen steigern. Dadurch reagieren sie oft schon auf geringe Änderungen derselben. Zunahme der Witterungsempfindlichkeit ist sehr häufig Begleitsymptom der „*pathologischen Ermüdung*". Dieses in der Vormittagssitzung mehrmals beschriebene Bild ist nicht etwa allgemein „Zustand vor dem Urlaub", sondern Ausnahmesituation bei steter Überforderung und mehr noch bei dem Gefühl einer solchen, woraus eine Neigung zu Fehlverhalten und abnehmende Regelgüte des vegetativen Systems resultieren können. Die *Wetterempfindlichkeit* zeigt sich in solchen Fällen besonders bei Änderungen des Tagesganges der Abkühlungsgröße durch Eintrübung, Luftstagnation, Zunahme des Dampfdruckes und der Lufttemperatur. Das sind atmosphärische Vorgänge, die sich schon bei geringer Ausprägung auch am Raumklima auswirken können. Besonders am Kranken kann auch gesteigerte Empfindlichkeit für das Eindringen kalter Luftmassen zu beobachten sein. Es wird diskutiert, daß Wetterfühlige nicht nur auf diese „banalen", insbesondere thermisch-hygrischen sondern vielleicht auch auf andere atmosphärische Elemente reagieren können, deren Wirkung sonst verdeckt ist. Diese Frage ist jedoch noch nicht entschieden.

Wenn nun im Urlaub ein Klimawechsel mit hinreichendem Kontrast durchgeführt wird, dann setzen sich meist die damit verbundenen quantitativen Änderungen der bioklimatischen Einflußkomplexe gegenüber der Abhängigkeit vom Ablauf des Wettergeschehens durch; die Wetterfühligkeit nimmt ab oder sie verschwindet sogar vollständig. Bei längerem Urlaub sind es dann anhaltende Wetterlagen, auch stabile Hochdrucklagen, bei denen nach einigen Wochen über eine ungenügende Erholungswirkung geklagt wird (Amelung).

Manche Beobachtungen weisen darauf hin, daß viele Urlauber klimatische Bedingungen bevorzugen, die ihnen komfortabler erscheinen als die ihrer gewohnten Umwelt. Dabei steht die Freizügigkeit des Urlaubsverhaltens im Vordergrund und die Wünsche richten sich auf den thermischen Komfort des unbehinderten Aufenthaltes im Freien. Hier sind nun in bioklimatischer Hinsicht während unseres Jahrhunderts bemerkenswerte Verhaltensänderungen zu beobachten. Früher, und zwar schon seit dem Altertum, ist es *im Sommer* üblich gewesen, kühlere Gebiete aufzusuchen. Das sind besonders die Landschaften, in denen sich infolge eines Temperaturgefälles lokale Windsysteme zwischen Meer und Strand, Berg und Tal, Wald und Feld ausbilden und Abkühlung bringen. In den „Hundstagen" schlossen sogar die Heilbäder für mehrere Wochen.

Erst in unserem Jahrhundert begannen die schon vorher aus ihrem nebelreichen, feuchten Winter Ausflucht suchenden Engländer vereinzelt, den Sommer in wärmen Gebieten zu verleben. Heute ist es nun in Europa üblich geworden, in der Sommerhitze noch mehr Hitze entgegenzureisen. Zweifellos wurde hier ein neues Urlaubserlebnis kreiert. Es ist offenbar angeregt durch den subjektiven Genuß der Sonnenbestrahlung des unbekleideten Körpers. In arabischen Ländern sagt man allerdings: „Nur Esel und Europäer gehen in die Sonne", und auch ein prophylaktischer Nutzen dieser *exzessiven Sonnenbestrahlung* läßt sich nicht erkennen. In den ersten Urlaubstagen ist vielleicht das Gefühl der Entspannung von Bedeutung, das nach Beginn des Sonnenbades einsetzt und anhält so lange eine leichte Luftbewegung die vollständige Schweißverdunstung ermöglicht. Erfahrene Heliotherapeuten haben jedoch immer überwärmende Bedingungen vermieden. Diese und das Erythem tragen zu der früher sehr gefürchteten Aktivierung latenter Entzündungen bei, die auch heute während und nach jedem Sommer vereinzelt zu beobachten ist. Bekannt sind auch die aus der Summation des Ultraviolett nach Jahren resultierenden Schäden der Haut, Gefäßveränderungen, Elastose, Atrophie und Faltenbildung, Hyperkeratosen, „Alterswarzen" und Karzinom. Glücklicherweise beginnt jetzt der Prestigewert der Urlaubsbräune zu schwinden; denn die Urlaubsreise ist ja nun für jedermann erreichbar.

Der *Winterurlaub* ist Folge einer regelrechten Neuentdeckung des Winterklimas im Gebirge, bei dem der Wintersport auch die Erlebnisfunktion des Urlaubes befriedigt. Dabei wird der Bewohner der Ballungsgebiete zu dieser belastenden Zeit mit den Mortalitätsgipfeln des Jahres aus dem Smog der Städte herausgeführt, so daß die Erholungsfunktion des Urlaubes zu ihrem Recht kommt. Mit zunehmender Höhe und verstärkt durch die Schneereflektion kann sich der aus dem strahlungsarmen Flachlandwinter Kommende auch einem gewissen Strahlengenuß hingeben. Dieser wird, mit Maß betrieben, nach den Monaten der Ultraviolettarmut eher zu akzeptieren sein als im Sommer.

Im Mittelmeerraum und auf den Atlantikinseln ist der Winter feucht, oft regnerisch und vielerorts windig. Kältegewohnte empfinden das trockene kontinentale Frostwetter in inversionsarmen Gebieten meist als angenehmer. Der Winteraufenthalt im Süden entspricht besonders den Bedingungen Älterer, die zu unkontrollierten Wärmeverlusten und zur Verschlimmerung bronchialer, zirkulatorischer oder rheumatischer Symptome durch Kälte neigen. Dabei müssen aber die Bedingungen des Kleinklimas sehr sorgfältig beachtet werden: trockene Schlafräume, zugfreie Aufenthaltsräume mit gutem thermischen Komfort, windgeschützte Wege im Freien, und hinreichend sauberes Aerosol. Die Wohnungen dürfen nicht in Strandnähe liegen.

Bei körperlicher Aktivität interferieren die Erfordernisse der Blutversorgung des Muskels mit denen der Haut für die Abgabe der mehrgebildeten Wärme und zugleich nimmt die Beanspruchung der Atemwege durch das höhere Atemvolumen zu. Hieraus ergeben sich eindeutig die bioklimatischen Voraussetzungen für den „*Aktivurlaub*": die Bedingungen der Wärmeabgabe und der Zustand des Aerosols müssen günstig sein. Verschmutzte Luft belastet die Selbstreinigungsmechanismen der Atemwege und erhöht deren Strömungswiderstand. In sehr kalter Luft sollten länger dauernde Aktivitäten die Strömungskapazität der Nase nicht überschreiten, weil deren Rückkondensationseffekt bei der Ausatmung das Kehlkopf- und Bronchialepithel vor Austrocknung und -kühlung schützt. Wo im Winter zu hohe Abkühlungsgrößen wirken, können Muskelrigidität und Kälteapraxie entstehen, die eine Mitursache der Unfallhäufung auf den Skipisten sind. Bekleidung kann in weitem Bereich die Abkühlungsgröße reduzieren; aber sie muß Veränderungen der Luftströmung zwischen ihren Schichten zulassen, um sich Stoffwechseländerungen gut anpassen zu können.

Unentrinnbar sind jedoch die oben besprochenen klimatischen Bedingungen eines Urlaubsgebietes im warmen Bereich. Ein Sommerurlaub unter subtropischen Bedingungen kann daher, vom Schwimmen abgesehen, keine körperlichen Aktivitäten zum Ziel haben. Der Körper ist hier nicht nur auf die evaporative Wärmeabgabe beschränkt, deren Wirksamkeit von einer leichten Luftbewegung abhängt, sondern er nimmt unter ungünstigen Bedingungen noch zusätzliche Wärme auf, die er durch vermehrtes Schwitzen wieder eliminieren muß. In verschieden hochstehender Sonne sind an Modellkörpern für den bekleideten Menschen Einstrahlungen derselben von im Mittel 95 W gemessen worden (Breckenridge und Goldman). Bei Lufttemperaturen von über 34°C heizt ein Wind, dessen Stärke über den notwendigen Trocknungseffekt der Haut hinausgeht, den Körper durch konvektive Wärmezufuhr auf. Lokkere Bekleidung, die die Luftströmung entlang der Haut nicht behindert, kann diese äußere Aufheizung bis auf die Hälfte und mehr vermindern (Givoni).

Auch in der gemäßigten Zone sind die Bedingungen für den ,,Aktivurlaub'' sehr verschieden. Bewegungskureinrichtungen im Flachland sind durchweg Fehlinvestitionen; denn sie verhindern nur, daß günstigere Klimagebiete aufgesucht werden. Geeignet sind nord- und westeuropäische Küsten, zentraleuropäische Gebirge und einige Waldklimate entfernt von den Ballungsräumen. Hier mangelt es aber gegenwärtig noch an geeigneten Einrichtungen, weil das Geschäft mit dem Fremdenverkehr bei solchen landschaftlichen Vorzügen auch ohne diesen zusätzlichen Einsatz blüht.

An der See ist der turbulente *Wind* vom Meer her das wichtigste Klimaelement. Am Mittelmeer sind die klimatischen Bedingungen nur im Frühjahr ähnlich wie an nord- und westeuropäischen Küsten. Im Sommer ist die Bewegung der kühleren Luft auch im Gebirge ein wesentlicher Klimafaktor. Die Lufttemperatur sinkt hier mit der Höhe stärker als im Winter, bis zu 0,7°C je 100 m (Daubert). Die konvektive Wärmeabgabe, die durch den kühlen Wind gesteigert wird, setzt die Kältereaktionen des Körpers, Vasokonstiktion und Kältezittern, schneller in Gang als andere Formen der Wärmeabgabe. Die langwellige Infrarotabstrahlung von der Haut und von den Bekleidungsoberflächen gegenüber umgebenden kühleren Oberflächen, der Erde und der Atmosphäre, wirkt langsamer auf diese Gegenregulationen (Gärtner). Bei turbulentem Wind kommt es daher nicht so leicht zu „schleichenden" Wärmeverlusten und die thermoregulatorischen Mechanismen werden besser „trainiert". Turbulente kühle Luft und klarer Himmel mit Sonneneinstrahlung können durch die Kombination von taktilen Windreiz, Vasokonstriktion und Steigerung der Kerntemperatur zu der euphorisch-aktivierenden *Stimmung des Luftrausches* führen. Sie ist gewissermaßen Gegenpol zur *Schwüleempfindung*, die in typischer Weise bei ruhiger Luft mit hohem Wärmeinhalt, also hoher Temperatur und hohem Wasserdampfdruck, sowie mehr als $^4/_5$ bedecktem oder eingetrübtem Himmel entsteht. Wesentlich ist also für die Entstehung der Schwüle eine gleichzeitige Behinderung aller drei Mechanismen der Wärmeabgabe, der Konvektion, der Verdunstung und der Abstrahlung. „Luftrausch" und „Schwüle" sind noch nicht physiologisch zu definieren. Sicher ist die unter der Bekleidung sich meist sprunghaft ändernde Hautfeuchte mit einem Anstieg auf den Sättigungsdruck an der Schwüleempfindung beteiligt. Die Schwülebedingungen sind in guter Übereinstimmung mit dem subjektiven Empfinden in einer empirischen Formel von King auch quantitativ zu errechnen. Leider fehlen auch hier wieder die Daten der meisten Urlaubsgebiete. Einen Hinweis gibt die relative Feuchte zur Mittagszeit im Zusammenhang mit der Lufttemperatur.

Für die *Dosierung der Aktivitäten im Urlaub* wird gerne empfohlen, diese mindestens einmal täglich bis zum Schweißausbruch zu betreiben. Dieser Vorschlag geht auf die „Turnväter" zurück, und, wenn er heute von Medizinern gemacht wird, dann zeigt das wohl auch Verwandtschaft des Denkens. Tatsächlich widerspricht er den bioklimatischen Gegebenheiten. Gerade die Schweißsekretion ist bei vegetativen Fehlregulierenden und Kälteungewohnten erhöht. Außerdem würde das Schwitzen schneller unter wärmeren Bedingungen einsetzen, bei denen die Leistung unökonomischer wird und die physiologischen Erholungsvorgänge langsamer ablaufen. Bei Älteren kann der Blutdruck schon unter mäßiger Aktivität in Wärme stärker ansteigen, bei Jüngeren sind danach manchmal orthostatische Störungen oder Dyskardien zu beobachten, und in allen Altersklassen kann Aktivität in Wärme zu anhaltendem Ermüdungsgefühl führen. Als leicht zu handhabende Faustregel sollte Hitzeungewohnten empfohlen werden zu Urlaubsbeginn, Expositionen von längerer Dauer zu meiden, bei denen ein Gewichtsverlust von mehr als 100 g in der Stunde auftritt. Regelmäßiges Wiegen vor und nach dem Freiluftaufenthalt zeigt, daß diese 100 g/h-Grenze etwa dem subjektiven Gefühl der Belastung durch die Hitze entspricht.

Im Gebirge verbessert die Abnahme des Wasserdampfdruckes mit der Höhe die Bedingungen der Wärmeabgabe. Der Wasserdampfdruck ist in 2000 m bereits auf die Hälfte des Druckes in Meereshöhe abgesunken. Trockene Luft wird beim Heraustreten aus dem Raum ins Freie kühler empfunden als feuchte; denn die aus der Hornschicht der Haut und der Bekleidung verdunstende Wassermenge bewirkt zusätzlichen Wärmeentzug, der die Kältereaktionen schneller und stärker in Gang setzt. Da feuchte Luft zunächst wärmer wirkt, drohen in dieser ebenso wie bei der schon erwähnten Abstrahlung gegen kalte Oberflächen „schleichende" Wärmeverluste. Diese führen zur Auskühlung, wodurch dann bei hierzu Disponierten insbesondere „rheumatische" Beschwerden provoziert werden können. Der „Erkältungskatarrh" entsteht in Verbindung mit einer Virusinfektion, zu der im Urlaub das Zusammenkommen von Menschen aus vielen Gegenden vermehrt Gelegenheit gibt.

Im Gebirge ist infolge des niedrigeren Wasserdampfdruckes zwangsläufig die Wasserabgabe und damit die thermische Beanspruchung der Atemwege größer. Daher können sich hier bronchitische Beschwerden nicht nur infolge des günstigeren Aerosols bessern sondern anfangs auch verschlechtern. Nach Hochgebirgstouren mit längere Zeit erhöhtem Atemvolumen tritt manchmal sogar bei Gesunden Heiserkeit auf. Infolge des niedrigeren Dampfdruckes ist der Störungswiderstand der Atemwege im Gebirge während der ersten 3 Wochen leicht erhöht, während er bei dem höheren Wassergehalt in der Seeluft vom ersten Tage an zur Abnahme tendiert. Für die Besserung von Allergikern im Hochgebirge ist bei Heuschnupfen am Wohnort die spätere Blüte in der Höhe verantwortlich. Bei Hausstauballergien, die über 1800 m sehr oft ganz beschwerdefrei werden, führt die bei größerer Trockenheit abnehmende Verbreitung sowohl der Hausstaubmilbe (Dermatophagoides pteronyssinus) wie der Schimmelpilze zur Allergenkarenz.

Für etwa 2000 m Höhe, in der noch mehrere Ferienorte liegen, ist die in der physiologischen Literatur lange bestrittene Beeinträchtigung von Dauerleistungen durch den *verminderten Sauerstoffpartialdruck* nunmehr gesichert. Die zahllosen Untersuchungen an jungen Männern im Zusammenhang mit der Mexikoolympiade haben aber kaum neue Erkenntnisse für den Urlaub in dieser Höhe erbracht. Der zusätzliche Effekt des Höhentrainings überdauert so kurze Zeit, daß er nur für die besonderen Verhältnisse des Leistungssportlers wesentlich sein kann.

Die bioklimatischen Probleme des verminderten Sauerstoffpartialdruckes beim Urlaub im Gebirge betreffen fast nur Menschen im mittleren und besonders im höheren Alter. Nach eigenen Erfahrungen in 1250 m NN ist dabei das Auftreten einer sympathikonen Reaktion besonders wichtig. Zu beobachten sind insbesondere Schlaflosigkeit, Tachykardie und systolische sowie auch diastolische Blutdrucksteigerungen. Bei der Masse der Urlauber manifestiert sich hiervon nichts. Bei Jüngeren führt ganz ausnahmsweise eine rasche ragotone Gegenreaktion nach der Anfahrt zum Kollaps. Hierzu mag der zusätzliche Vestibularisreiz der Fahrt beitragen. Etwa vom 5. Lebensjahrzehnt an kann sich die pressorische Höhenreaktion manifestieren. Sie tritt zu Beginn eines Aufenthaltes vorübergehend auf, kann mehrere Wochen anhalten oder erst im Laufe von 1—2 Wochen langsam zunehmen. In solchen Fällen sind ungewohnte körperliche Aktivitäten, Schlaflosigkeit und wohl auch die oft zu beobachtende Angst, eine Höhe nicht zu vertragen, wesentliche Mitursachen. Die Kreislaufreaktionen werden bei kardialen, pulmonalen oder renalen Insuffizienzen viel häufiger, treten aber auch hier nur bei einem Teil dieser Patienten auf. Ihre Entstehung ist zu erklären durch die Wirkungsweise der Aorten- und Karotisreceptoren für den Sauerstoffpartialdruck; denn sie reagieren schon auf geringe Änderungen desselben linear proportional zu diesen und damit zur Höhe. Sie adaptieren normalerweise bei geringeren Änderungen rasch. Es liegt die Hypothese nahe, daß diese Adaptation im Alter, bei den genannten Kranken und bei Hypertonieneigung gestört sein kann, was dann eine anhaltendere sympatikone Kreislaufeinstellung bewirkt. Auch die hypertone Regulationsstörung bei Belastung scheint im Gebirge häufiger zu sein.

In der Literatur herrscht über diese Wirkungen des verminderten Sauerstoffpartialdruckes auf Kranke keine hinreichende Klarheit. Das beruht auf den individuell verschiedenen Reaktionen und darauf, daß die Symptomatik nicht höhenspezifisch ist. Sympatikotone Symptome, Schlafstörungen und Blutdrucksteigerungen können allein schon infolge der Anstrengungen durch die Reise, durch ungewohnte Urlaubsaktivitäten oder durch intensivere thermische Reizeinwirkungen auftreten. Sie sind besonders häufig, wenn diese Belastungen täglich wiederholt werden. Die Ähnlichkeit der Symptomatik entsteht durch die gemeinsame Wirkung aller genannten Reize über das zentrale Aktivierungssystem (Schmidt-Kessen).

Der Arzt sollte bei *Komplikationsgefährdung durch den Klimawechsel* Bedingungen empfehlen, die im Freien keine unentrinnbaren Belastungen bieten. Günstig sind besonders das Gebirge bis etwa 800 m Höhenunterschied zum Wohnort (in Mitteleuropa bester Monat: Oktober) und reizärmere Küsten in Norddeutschland (Ostsee bes. im Juni). In Zweifelsfällen wären gut erreichbare Ferienorte in Waldgebieten zu empfehlen, die über einen kundigen Arzt, individuelle Hotelversorgung, ebene Wege und ein gutes Krankenhaus in der Nähe verfügen.

Die Höhentoleranz von Patienten mit Lungenemphysen, Cor pulmonale und Polyglobulie kann besonders stark, bis auf etwa 400 m Höhenunterschied zum Wohnort, reduziert sein. Ursache sind in solchen Fällen Diffusionsstörungen der Lunge, für die der Organismus bei Abfall des Sauerstoffpartialdruckes keine Ausgleichsmöglichkeit besitzt. Da sich die Kompensation bei pulmonalen Erkrankungen oft nur langsam verschlechtert, wird die Ursache hierfür oft verkannt (Schmidt-Kessen).

Restriktionen bei der Wahl des Urlaubsortes empfinden Kranke oft als sehr hart, und sie wollen dann nicht verstehen, daß ihnen die Eingewöhnung in eine neue Umwelt und in ein anderes Klima schwerlich gelingen kann, wenn sie bereits an der Grenze der Kompensation stehen. Wo ein Kranker aber durch die Art seiner Lebensbedingungen andauernd zu stark beansprucht ist, werden die zur Akklimatisation notwendigen Reserven im Urlaub freigesetzt, wenn die individuellen Bedingungen

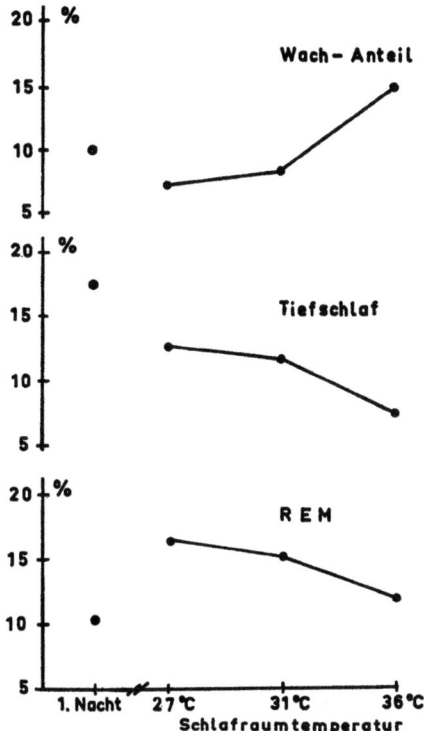

Abb. 1. Anteil der Schlafstadien an Nachtschlaf vom ersten Einschlafen am Abend bis zum letzten Erwachen am Morgen; gesunde Männer bei unterschiedlicher Raumtemperatur, unbekleidet; erste Nacht bei 31°C, dann 27, 31 und 36°C, in unterschiedlicher Reihenfolge; Mittelwerte, 8 bzw. 10 Versuchspersonen; alle Unterschiede zwischen 27 und 36°C sind gut gesichert (Schmidt-Kessen und Kendel)

erfüllt sind, die die Krankheit und die Person stellen. Die Erfahrung lehrt, daß Komplikationen im Urlaub besonders dann auftreten, wenn Kranke nicht von Anfang an sachkundig kontrolliert und beraten werden. Im „Kururlaub" ist die schematische Anwendung der ortsüblichen Behandlungsverfahren eine große Gefahr.

Bei Gesunden sind die unmittelbaren klimaphysiologischen Wirkungen eines Feriengebietes meist weniger wichtig als der Einfluß, den sie auf das Verhalten des Urlaubers, seinen Aufenthalt im Freien, seine Aktivität, seinen Appetit und seinen Schlaf, nehmen. Vergleichsuntersuchungen an Männern mittleren Alters unter urlaubsähnlichen Bedingungen mit einem Orts- aber ohne Klimawechsel haben gezeigt, daß die resultierenden Funktionsänderungen zu einem Teil in Übereinstimmung mit den während 4 Wochen durchgeführten Maßnahmen standen: regelmäßige Kälteexpositionen verbesserten mehr die Kältetoleranz, regelmäßiger Sport verbesserte mehr die Leistungsfähigkeit. Das entspräche der Spezifität von Adaptionsvorgängen. Daneben konnten aber Veränderungen beobachtet werden, die unabhängig von der Behandlungsart in allen Gruppen gleich waren. An Hüttenarbeitern aus dem Ruhrgebiet fand sich nach 4 Wochen Freiluftliegekur in 1000 m NN eine leichte Zunahme der maximalen Sauerstoffaufnahme, die doch eine sehr trainingsabhängige Größe ist. Man könnte glauben, daß es sich hier um eine Art von gekreuzter Adaptation handelt. Aber es kann auch, wie Halhuber bereits diskutiert hat, unter Urlaubsbedingungen zu spontan ablaufenden Restitutionsvorgängen kommen, also eine Langzeiterholung ablaufen. Auch dieser Vorgang wird durch klimatische Faktoren beeinflußt (Schmidt-Kessen).

Bei dem Syndrom der pathologischen Ermüdung haben wir beobachtet, daß die Besserung der stets vorhandenen Schlafstörungen, auf deren Bedeutung schon hingewiesen wurde, im Urlaub stets der Besserung der übrigen Beschwerden vorausgeht. Wenn der *Nachtschlaf* so wesentlich für die spontane Langzeiterholung ist, dann sollte auch die klimatische Beeinflußbarkeit desselben berücksichtigt werden. Schon subjektiv stören sehr kalte und sehr warme Bedingungen den Schlaf. Da das Temperaturmaximum an heißen Tagen innerhalb der Häuser je nach Lage und Bauweise meist erst am Spätnachmittag erreicht wird, hat das Aufkommen einer lokalen, abkühlenden Luftzirkulation am Abend für Sommerferienorte wesentliche Bedeutung. Besonders im Gebirge setzt mit Sonnenuntergang ein talwärts gerichteter, kühler Wind ein.

Welches die günstigsten klimatischen Bedingungen für den Nachtschlaf sind, war bisher nicht bekannt. Wir haben daher zusammen mit Kendel untersucht, ob der Schlaf innerhalb des subjektiv gut tolerierten Bereiches temperaturabhängige Unterschiede zeigt. Reproduzierbare Bedingungen ließen sich hierfür an Unbekleideten erreichen, die bei 27—36°C subjektiv ungestört schlafen. Untersucht wurden junge, gesunde Männer mit einem Körpergewicht, das im Normalbereich lag. Zunächst bestätigte sich die schon bekannte, auch die für die Urlaubspraxis wesentliche Störung der ersten Nacht (Agnew u. Mitarb.): der Schlaf war, zum ersten Mal in der Klimakammer (bei 31°C) schlechter. Die folgenden Nächte mit unterschiedlicher Temperaturfolge ergaben sichere Differenzen; der Schlaf war unter kühleren und mittleren Bedingungen signifikant besser als unter wärmeren; „Tiefschlaf" (Stadien D und E) und „Traumschlaf" (REM-Schlaf) waren im warmen Raum vermindert, das Einschlafen erfolgte langsamer. Unter warmen Bedingungen während der Nacht tendierte die Adrenalinausscheidung im Urin zu erhöhten Werten, unter kühlen Bedingungen war die Noradrenalinausscheidung eindeutig höher.

Unterschiede der Kreislaufregulation nach verschiedenen Schlaftemperaturen überdauerten noch den ganzen folgenden Vormittag; so war z.B. die Erholungszeit im submaximalen Arbeitsversuch nach kühl verbrachter Nacht eindeutig kürzer.

Diese Beeinflußbarkeit des Nachtschlafes zeigt noch einmal, daß das Klima eines Ortes keine „ganzheitliche" sondern eine differenzierte Beurteilung der einzelnen Elemente in ihrer Wirkung auf den Menschen verlangt. Geeignete bioklimatischen Bedingungen eines Urlaubsortes erlauben es dann, Expositions- und Verhaltensweisen zu wählen, durch die die Erholungsvorgänge oder der Adaptationszustand des Organismus in der erwünschten Weise beeinflußt werden.

Literatur

Agnew, H.W., jr., Webb, W.B., Will, R.L.: The first night effect: an EEG-study of sleep. Psychophysiology **2**, 263—273 (1966).
Amelung, W.: Einflüsse statischer und dynamischer Klimagrößen bei Urlaubsreisen. Internist **12**, 263—267 (1971).
Breckenridge, J.R., Goldman, R.F.: Solar heat load in man. J. appl. Physiol. **31**, 659—663 (1971).
Daubert, K.: Wetter, Klima, Haut. Arch. physik. Therap. **20**, 1—18 (1968).
Flach, E.: In: Linkes Meteorologisches Taschenbuch, Bd. III. Leipzig: Akad. Verlagsanstalt 1957.
Gärtner, W.: In: Handbuch der Physikalischen Therapie. Hrsg. von J. Grober u. E. Stieve, Bd. II/1. Stuttgart: Fischer. Im Druck.
Givoni, B.: Man, Climate and Architecture. Amsterdam, London, New York: Elsevier 1969.
Harlfinger, O.: Medizinmeteorologische Forschungsstelle Freiburg i. Br., persönliche Mitteilung.
King, E.: Ein empirisches Schwülemaß. Medizin-meteoeorol. Hefte **10**, 5—8 (1955).
Lotmar, R.: Luft- und Sonnenbad. Rheumaprophylaxe Merkbl. 23. Schweizerische Rheumaliga, Zürich, Seestr. 120.
Pfleiderer, H.: Anweisung für die Dosierung des Sonnenbades. Kurverwaltung Westerland auf Sylt.
Schmidt-Kessen, W.: Klimatherapie des bekleideten Patienten. Z. angew. Bäderu. Klimaheilk. **12**, 225—263 (1965).
Schmidt-Kessen, W., Kendel, K.: Einfluß der Raumtemperatur auf den Nachtschlaf. Z. exp. Med. Im Druck.

Urlaub nach der biologischen Uhr – und im Konflikt mit ihr*

J. Aschoff (Erling-Andechs)

Die Begriffe „Uhr" und „Urlaub" sind für viele ein Widerspruch. Im Alltagsleben unentrinnbar dem Kommando der Uhr unterworfen, wollen sie sich im Urlaub auch von diesem Zwang freimachen. Für sie gilt die Devise von Baltus Powenz: „Wer keine Uhr hat, hat immer Zeit" (27); Betrachtungen über „Uhr und Urlaub" müssen ihnen müßig erscheinen. Sie übersehen, daß niemand die biologischen Uhren, die ihm angeboren sind, ablegen oder stillstellen kann. Das Kommando dieser Uhren bleibt auch im Urlaub bestehen, und es kann besonderes Gewicht erhalten, wenn der Urlaub mit einer Reise verknüpft ist. Allerdings ist Reisen keine Voraussetzung für Urlaub, und derjenige, für den nach Bock (9) körperliche Ertüchtigung und Besinnung die wichtigsten Urlaubsziele sind, kann versuchen, sie zu Hause zu verfolgen. Ein Mitglied der weiteren Powenz-Familie sagt hierzu: „Ich reise nicht in den Urlaub sondern bleibe zu Hause, zum Holzmachen und vielleicht, oh Traum, zum Geschichtlnschreiben" (15). Die große Masse allerdings reist heute, und deshalb soll hier die Bedeutung biologischer Uhren nicht nur für die Wahl der Urlaubszeit und für das Verhalten im Urlaub, sondern besonders auch im Hinblick auf die mit dem Ortswechsel verbundenen Probleme behandelt werden.

1. Biologische Uhren

Uhren sind Instrumente zum Messen der Zeit. Echte Uhren im Sinne der Physik beruhen auf periodischen Vorgängen. Organismen besitzen eine Unzahl rhythmisch ablaufender Prozesse mit sehr unterschiedlicher Frequenz. Sie alle können in gewisser Weise zur Zeitmessung benutzt werden, und Mach (25) hat in ihnen den Ausgangspunkt aller Chronometrie gesehen. Im großen Spektrum biologischer Rhythmen, das von den hochfrequenten Impuls-Serien im Zentralnervensystem bis zu den mit mehrjähriger Periodendauer ablaufenden Dichteschwankungen ganzer Populationen reicht, sind jedoch vier Perioden dadurch ausgezeichnet, daß sie mit periodischen Prozessen in unserer Umwelt streng korreliert sind. Es handelt sich um die Gezeiten, die Tageszeiten, die

---

* Vortrag, gehalten um die Zeit des 150. Geburtstages von Ernst Penzoldt und Ernst Heimeran (E.P. geb. 14. 6. 1892, E.H. geb. 19. 6. 1902) und dem Gedenken beider gewidmet.

Mondphasen und die Jahreszeiten. Für alle vier Periodizitäten gibt es Entsprechungen in der belebten Welt, und für alle vier ist bei zumindest einigen Tierarten gezeigt worden, daß sie andauern, wenn die Umweltbedingungen künstlich konstant gehalten werden (2). Wie selbsterregte Oscillatoren schwingen sie dann mit ihrer Eigenfrequenz, die meist von der der Umwelt um kleine Beträge abweicht. Für die Tagesperiodik ist deshalb zuerst die Bezeichnung „circadian" eingeführt worden (11), abgeleitet vom lateinischen circa und dies. In Analogie hierzu spricht man heute auch von circa-tidalen, circa-lunaren und circannualen Rhythmen. Die „circa"-Rhythmen haben den Charakter echter Uhren. Sie bleiben auch ohne periodischen Anstoß von außen rhythmisch und sie dienen, wenn sie unter natürlichen Bedingungen mit der Umwelt synchronisiert sind, in besonderem Maße dazu, daß sich der Organismus durch Zeitmessung auf regelmäßig zu erwartende Änderungen in der Umwelt einstellen kann (1, 29).

Für den Menschen sind lediglich die circadiane und die circannuale Uhr bedeutungsvoll. Die Rolle, die sie im Urlaub und bei der Urlaubswahl (Zeit und Ort) spielen, läßt sich nur in wenigen Punkten mit ausreichender Sicherheit umschreiben. Größer ist die Zahl der Fragen, die für das Thema „Urlaub" durch wachsende Einsichten in den Mechanismus der biologischen Uhren aufgeworfen worden sind und für deren Beantwortung sich weitere Forschung als notwendig abzeichnet. Folgende Beziehungen zwischen biologischer Uhr und Urlaub sind in Betracht zu ziehen:

1. Eine der Urlaubsaufgaben könnte darin bestehen, eine durch besondere Lebensumstände (z.B. Schichtarbeit) in Unordnung geratene Uhr wieder in Ordnung zu bringen. Allgemeiner gesagt: Der Gang der Uhr könnte als Indikator für den Urlaubserfolg dienen, wie Hildebrandt (19, 20) das für andere biologische Rhythmen im Kurvenverlauf gezeigt.

2. Die Uhr könnte als Entscheidungshilfe bei der Wahl der Urlaubszeit dienen (vgl. Kapitel 2).

3. Es ist denkbar, daß die Uhr bei Urlaubsmaßnahmen, z.B. auf Reisen, als Störfaktor zu berücksichtigen ist, oder daß die Reise selbst die Uhrfunktion stört (vgl. Kapitel 3.2 und 3.3).

2. Jahreszeitenuhr

Wenn das Stichwort „Jahreszeiten" gegeben ist, denkt der Mediziner in erster Linie an die unterschiedlichen Häufigkeiten, mit denen bestimmte Krankheiten in den einzelnen Monaten aufzutreten pflegen. Statt der Saisonkrankheiten, über die viel gearbeitet worden ist (32) und die durchaus für Urlaubsüberlegungen eine Rolle spielen können, soll jedoch hier die Jahreszeiten-Physiologie in den Vordergrund gerückt werden. Nicht selten ist die Ansicht geäußert worden, daß sich der Mensch infolge der Zivilisation so sehr dem Einfluß der Jahreszeiten entzogen habe, daß an ihm eine physiologische Jahresperiodik kaum mehr nachweisbar sei. Viele Beobachtungen widersprechen dem. Im Hinblick auf die hier zu

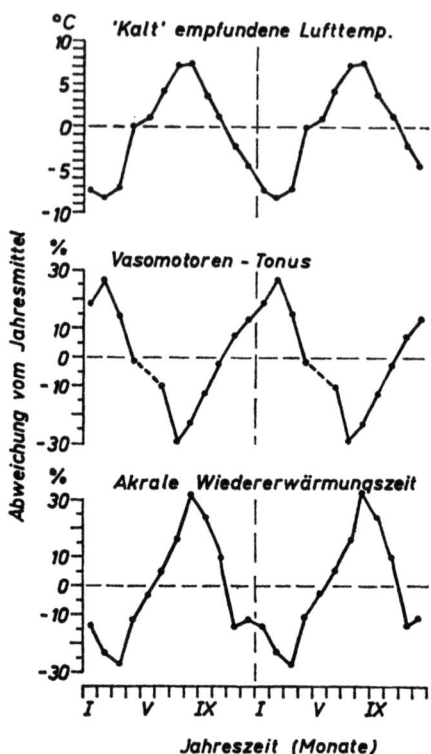

Abb. 1. Jahresgänge thermoregulatorischer Größen. Oben: Am Morgen im Freien als „kalt" empfundene Lufttemperaturen. (Nach 34). Mitte: Ausmaß der Lewis-Reaktion, gemessen am Finger im Kühlschrank mit —2°C Lufttemperatur. (Nach 24). Unten: Wiedererwärmungszeit der Haut der Hand nach Wasser-Kaltreiz. (Nach 17)

behandelnden Fragen ist die physiologische Anpassung der Thermoregulation an Winter und Sommer ein brauchbares Beispiel. Zur Illustration sind in Abb. 1 die Jahresgänge von drei Funktionen wiedergegeben. Aufgetragen sind die monatlichen Abweichungen von dem im Jahresmittel gemessenen Wert. Die oberste Kurve beruht auf Messungen der Außentemperaturen, die von Institutsangehörigen in den einzelnen Monaten am Morgen als „kalt" empfunden wurden (34). Als Maß für den Vasomotorentonus (mittlere Kurve) wurde die Stärke der Lewis-Reaktion gewählt, gemessen am Finger im Kühlschrank mit —2°C Lufttemperatur in einer Raumtemperatur von 19°C (24). Die akrale Wiedererwärmungszeit (unterste Kurve) wurde an der Hand nach Wasserkaltreiz in einer Raumtemperatur von 22°C gemessen (17). Die Werte für Tonus und Erwärmung gelten wie die der Kalt-Empfindung für den frühen Vormittag. Die Übereinstimmung der von drei verschiedenen

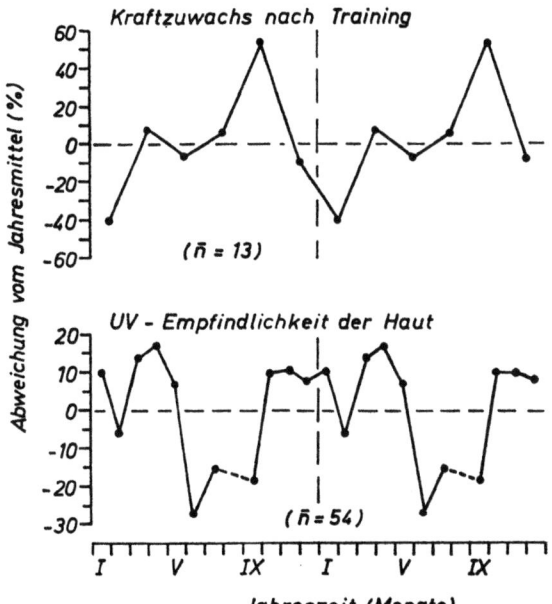

Abb. 2. Jahresgang des muskulären Kraftzuwachses im Unterarm nach jeweils gleicher Trainings-Belastung. (Nach 18), und Jahresgang der UV-Empfindlichkeit der Haut gemessen an der Erythemgröße nach jeweils gleicher Bestrahlungsdosis. (Nach 10). Jeder Punkt Mittelwert verschieden großer Gruppen, im Jahresdurchschnitt oben 13, unten 54 Versuchspersonen

Untersuchergruppen ermittelten Kurvenzüge, insbesondere in der Phasenlage, spricht für einen starken Jahresgang der „physiologischen Konstitution" im Bereich der Thermoregulation, der sicher mit einem Jahresgang anderer Funktionskreise (z.B. des Endokriniums) korreliert ist. Ein adaptiver Wert dieser Vorgänge für den Menschen, über dessen Gewicht man streiten mag, läßt sich nicht ausschließen, und man muß deshalb fragen, ob es sinnvoll ist, diesen Jahresgang durch unzeitige Terminplanung des Urlaubes zu stören. Die oft für die Wintermitte propagierte „Flucht aus dem Norden" muß im Süden durch unzeitgemäßen Klimawechsel zu unerwünschter Belastung und dann, auch bei nur zweiwöchigem Aufenthalt, zum teilweisen Verlust der Winter-Anpassung führen, damit aber wieder zu Umstellungsschwierigkeiten bei der Rückkehr in den Wohnort. Anders liegen die Dinge, wenn die im Februar/ März beginnende Umstimmung durch einen Aufenthalt im Süden unterstützt wird. Die hiermit verbundene Problematik kann nur angedeutet werden, und vermutlich tritt sie an Bedeutung hinter anderen Urlaubsproblemen zurück.

Für die Erörterung von zwei Teilfragen, die als weitere Beispiele herangezogen werden können, liefert die Literatur gute Unterlagen. Viele nützen ihren Urlaub heute dazu, das im Alltag versäumte körperliche Training nachzuholen; für eine andere (oder auch dieselbe) Gruppe ist es wichtig, braun zu werden. Beide Ziele werden nicht zu allen Jahreszeiten gleich leicht erreicht. Der Kraftzuwachs der Unterarmmuskulatur nach dosierter, immer gleicher Leistung ist im September weit größer als zu allen anderen Jahreszeiten; ein Nebenmaximum zeichnet sich im März ab (Abb. 2, obere Kurve) (18). Ähnlich zweigipflig verläuft die Kurve der UV-Empfindlichkeit der Haut (10). Beide Jahresgänge liefern Argumente für den häufig vertretenen Vorschlag, dem Frühjahr und dem Herbst als Urlaubszeiten den Vorzug zu geben.

3. Tageszeitenuhr

a) Circadiane Zeitstruktur

Über die Physiologie der Tagesperiodik ist weit mehr bekannt als über die der Jahresperiodik. Der circadiane Rhythmus ist die biologische Uhr par excellance und vermutlich eine sehr alte „Erfindung" der Natur (29). Es gibt praktisch keine physiologische und keine psychologische Funktion, die ihr nicht unterworfen wäre. Der Mensch empfindet deshalb auch die Tageszeiten unterschiedlich und wechselt seine Stimmungen mit ihnen (14), wenn auch individuell und offenbar nach Alter verschieden. Bei Hölderlin heißt es: „In jüngeren Jahren war ich des Morgens froh, des Abends weinte ich; jetzt, da ich älter bin, beginne ich zweifelnd meinen Tag, doch heilig und heiter ist mir sein Ende". Der Alltag läßt wenigen die Muße, sich diesem Wechsel der Tageszeiten hinzugeben. Ihn erneut bewußt zu erleben, mag auch eine der heilsamen Aufgaben des Urlaubes sein. Und wer, Bock (9) folgend, im Urlaub Tagebuch führt und dazu vielleicht Zeichnungen macht, sollte die Mahnung des Zeichenlehrers Süßmilch im Auge behalten: „Man muß von jedem Bilde sofort eindeutig sagen können, wieviel Uhr es darauf ist" (26).

Um einen Eindruck von Ausmaß und Vielfalt tagesperiodischer Variationen zu vermitteln, sind in Abb. 3 die Ergebnisse eines Versuches mit 6 Versuchspersonen wiedergegeben, die nach strengem Zeitplan in Gruppen zu zwei in einem von der Umwelt abgeschlossenen Raum gelebt haben. Die Körpertemperatur wurde laufend mittels Rektalfühler aufgezeichnet. Weiterhin entleerten die Versuchspersonen in dreistündigen Abständen ihre Harnblase; in den gesammelten Proben wurden die Mengen der Katecholamine und der 17-Hydroxycorticosteroide bestimmt. Außerdem verzeichneten die Versuchspersonen auf einer 9stufigen Skala wie „frisch" oder wie „müde" sie sich im Augenblick fühlten, und schließlich maßen sie mit Hilfe eines Dynamometers die grobe Handkraft. Während des Schlafes (8 Stunden im Dunkeln) wurde zu den Messungen geweckt. Die fünf klar periodischen Funktionen sind als Ausschnitt der „Phasenkarte" des Menschen (4), das Abbild einer zeitlichen Ordnung, die als Zeitstruktur von nicht geringerer Bedeutung ist als die morphologische Struktur (3).

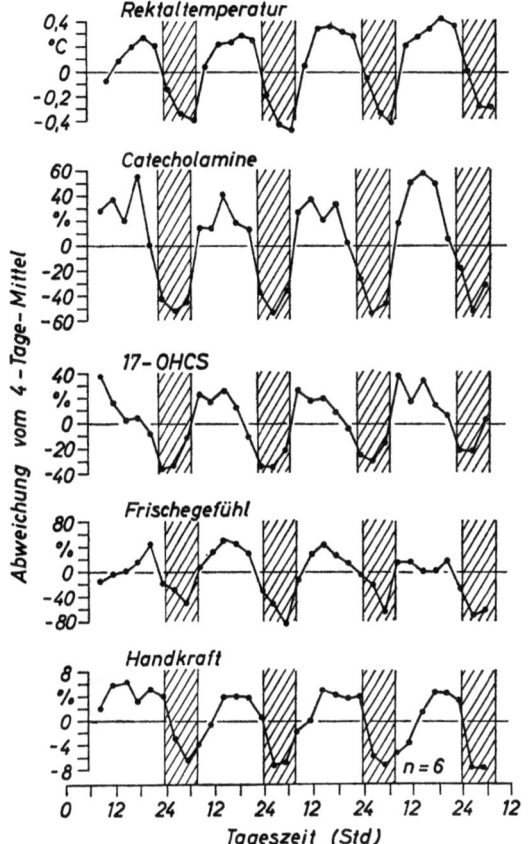

Abb. 3. Tagesgänge der Rektaltemperatur, der Ausscheidung von Catecholaminen und 17-Hydroxycorticosteroiden mit dem Harn, des Frischegefühls nach Selbsteinschätzung und der groben Handkraft (Dynamometer-Werte). Mittelwerte von 6 Versuchspersonen, die in Gruppen zu 2—4 Tage lang nach strengem Zeitplan in einem Isolierraum lebten. Schraffiert: Schlaf im Dunkeln

Es kann heute als gesichert gelten, daß die circadiane Zeitstruktur nicht Ausdruck einer einzigen Uhr, also eines einzigen selbsterregten Oscillators ist. Es handelt sich vielmehr um ein System zahlreicher, miteinander gekoppelter Oscillatoren, deren gegenseitige Phasenbeziehungen von den jeweiligen Bedingungen abhängen und die unter bestimmten Umständen, z. B. im Isolationsversuch, ihre gegenseitige Synchronisation verlieren können (5). Synchronisation der circadianen Uhr mit und durch die natürliche Umwelt bedeutet also nicht nur das Einhalten einer bestimmten Phasenlage der biologischen Periodik im Bezug auf Tag und Nacht, sondern zugleich das Aufrechterhalten der inneren zeitlichen

Ordnung. Man darf erwarten, daß Störungen dieser Ordnung schädliche Folgen haben können (vgl. Abschnitt 3.3). Urlaub, der der Gesundheit des Organismus dienen soll, muß der biologischen Zeitstruktur Rechnung tragen. Auch im Urlaub ist es deshalb wenig förderlich, die Nacht zum Tage zu machen. Mit und nach der biologischen Uhr leben heißt unter anderem, die „natürliche" Phasenlage zur Umwelt nicht unnötig zu verändern, also auch dem Weckreiz des Morgens sein Recht zu geben. In seinem Aufsatz über „die Zeit" (in dem er Uhren und Frauen vergleicht), erwähnt Heimeran (16) seinen Uhrmacher, der ihm einschärfte, seine Uhr morgens aufzuziehen weil „eine frisch gespannte Feder den Erschütterungen des Tages besser widerstehe". Ähnliches mag durchaus für die biologische Uhr seine Gültigkeit haben. Wenn wir auch noch nicht sagen können, welche „Feder" wodurch gespannt werden muß, läßt sich doch einiges für die Hypothese anführen, daß der tägliche Beginn der Aktivität und damit für den Menschen der Morgen eine vor anderen ausgezeichnete Phase ist.

Das bislang Erörterte läßt mit Recht daran zweifeln, ob der biologischen Tagesuhr für das Verhalten im Urlaub wesentliche Bedeutung zukommt. Größeres Gewicht erhält sie im Zusammenhang mit Problemen des Reisens, allerdings je nach Reiseart in unterschiedlicher Weise. Die folgenden beiden Abschnitte bringen hierfür Beispiele.

b) Uhr und Autoreise

Wie jede andere Funktion, hat auch die physische und psychische Leistungsfähigkeit des Menschen einen Tagesgang. Maxima der Leistungsfähigkeit werden am Vormittag (zuweilen ein zweites mal am Nachmittag) erreicht, Minima in den ersten Stunden nach Mitternacht. Schlafentzug oder mehrtägige Umkehr des Schlaf-Wach-Rhythmus ändert unter sonst normalen Lebensbedingungen (also ohne Isolation der Versuchspersonen) meist wenig an der Lage dieser Extrema. Auch bei Schichtarbeitern, die langfristig nachts gearbeitet haben, liegt das Maximum der Fehlleistungen ebenso in den frühen Morgenstunden wie bei Arbeitern der Tagschichten (8, 33). Für den Führer eines Kraftfahrzeuges kann dieser Tagesgang der Leistungsfähigkeit und der Aufmerksamkeit wichtig werden, zumal wenn er sich angesichts der tags überfüllten Straßen dazu entschließt, für die Fahrt in den Urlaub die Nacht zu wählen. Die Abb. 4 bringt von drei Untersuchergruppen Belege dafür, daß die Wahrscheinlichkeit für einen Unfall aufgrund einer Fehlhandlung des Fahrers in den ersten Stunden nach Mitternacht größer ist als zu jeder anderen Tageszeit. a) Die Reaktionszeit ist hier am längsten, nicht nur bei Versuchspersonen, die für den Test aus dem Schlaf geweckt werden müssen, sondern auch bei solchen, die die ganze Nacht über wach bleiben (6, 30); b) Die Fehlzahl, die Versuchspersonen im 24-Stunden-Versuch an einem Fahrsimulator gemacht haben, steigt zwischen 22 und 2 Uhr, und nach kurzem Abfall nocheinmal bis 8 Uhr, steil an (22); c) Bei 100 von 569 Befragten, die zugegeben haben, daß sie am Steuer dösten

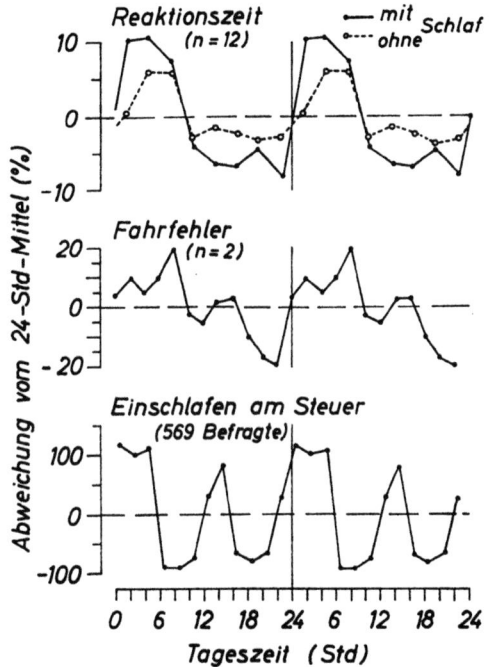

Abb. 4. Oben: Tagesgang der Reaktionszeit bei Versuchspersonen, die entweder von 23.30 bis 7.30 Uhr geschlafen haben (ausgezogene Linien) oder 24 Std wach geblieben sind (gestrichelte Linien). (Nach 6, 30). Mitte: Tagesgang der Fehlhandlungen an einem Auto-Fahrsimulator. (Nach 22). Unten: Tagesgang der Neigung zum Einschlafen am Steuer eines Kraftfahrzeuges; Verteilung von 100 ,,Einschlafzeiten" bei insgesamt 569 befragten Kraftfahrern. (Nach 31)

oder gar kurz einschliefen, verteilen sich die Einschlaf-Zeiten ungleich auf die 24 Stunden, mit Maximalwerten bei 14 Uhr und nach Mitternacht (31).

Die in Abb. 4 gezeigten Kurven könnten eine Häufung der Fahrunfälle zwischen Mitternacht und frühem Morgen erwarten lassen, gäbe es nicht Faktoren, die als Unfallursache noch größeres Gewicht haben. Zu diesen gehört sicher die Verkehrsdichte. Auch sie hat, wie jeder weiß, einen starken Tagesgang, und der Tagesgang der Unfallziffern stimmt mit jenem der Verkehrsdichte weitgehend überein. Dies zeigen die oberen beiden Kurven von Abb. 5, die allerdings auf Beobachtungen an zwei verschiedenen Orten beruhen (weshalb der folgende Schluß in seiner Aussagekraft begrenzt ist). Unter der sicher nicht ganz richtigen, für einen ersten Ansatz aber statthaften Annahme, daß eine etwa proportionale Beziehung zwischen Verkehrsdichte und Unfallhäufigkeit besteht, läßt sich aus der Kurve ,,Verkehr" die relative Häufigkeit der zu erwartenden Unfälle für jede Stunde errechnen. Diese Erwartung ist im untersten

106 J. Aschoff:

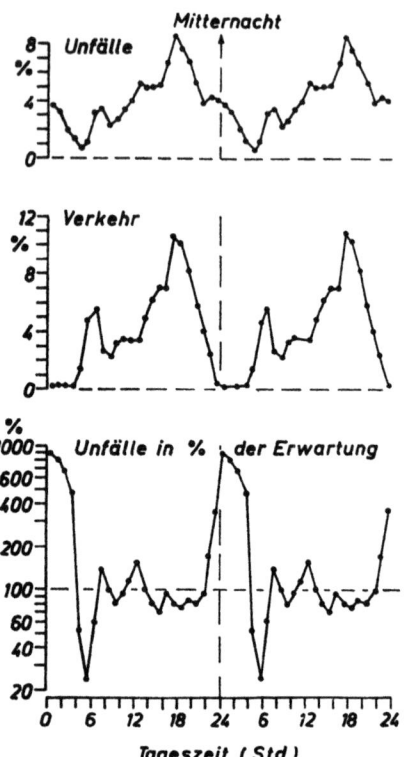

Abb. 5. Oben: Tagesgang der Unfallhäufigkeit im Straßenverkehr. Mitte: Tagesgang der Verkehrsdichte. (Zahlen für oben und Mitte von zwei verschiedenen Orten!). Unten: Abweichung der Unfallhäufigkeit von der Erwartung; Erwartung (= 100%) errechnet aus oberem und mittlerem Diagramm unter der Annahme direkter Proportionalität zwischen Unfallhäufigkeit und Verkehrsdichte

Diagramm der Abb. 5 gleich 100% gesetzt. Aus der Kurve „Unfälle" läßt sich dann errechnen, um wieviel Prozent die tatsächlichen Unfallzahlen über oder unter der Erwartung liegen. Es ergibt sich eine eindrucksvolle Häufung der so auf „gleiche Verkehrsdichte" bezogenen Unfallzahlen direkt nach Mitternacht, wie gemäß Abb. 4 zu erwarten. Schlußfolgerung: Der Kraftfahrer soll nicht ohne Zwang mit seiner Urlaubsfahrt in die Nacht ausweichen; auch ein am Tage vorher eingeschobener Schlaf ändert nicht wesentlich die Kurve der Leistungsfähigkeit, die nach Mitternacht ein Minimum erreicht.

c) Uhr und Flugreise

Der große Arzt Hufeland, der die 24stündige Periode in der „physischen Oeconomie" des Menschen „die Einheit unserer natürlichen Chronologie" genannt hat, widmet ein Kapitel seines berühmten Buches

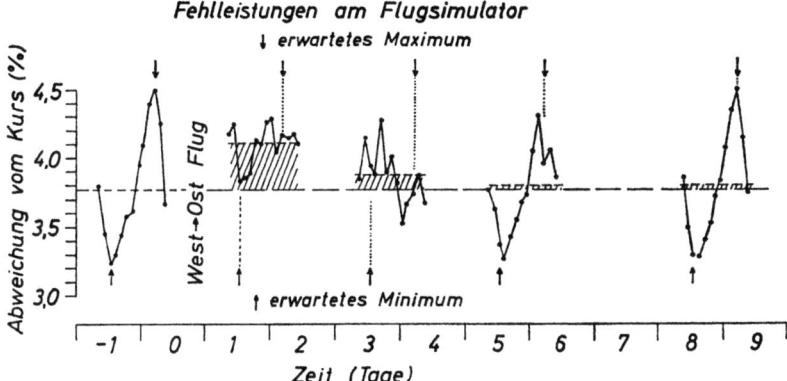

Abb. 6. Tagesgang der Fehlleistungen am Flugsimulator (Abweichungen vom vorgegebenen Kurs) vor und nach einem Flug von den USA nach Deutschland. Pfeile: Erwartete Lage der Maxima und Minima nach vollständiger Umstellung auf neue Ortszeit. (Nach 23)

dem Reisen (21). Er kommt darin auf Reiseart und Reisegeschwindigkeit zu sprechen und empfiehlt: ,,Am gesündesten und zweckmäßigsten sind Reisen zu Fuß und noch besser zu Pferde ... Drei bis vier Meilen des Tags, und alle 3—4 Tage einen oder einige Rasttage, möchten etwa der allgemeinste Maßstab sein." Hufeland konnte nichts von Reisen in Auto und Flugzeug wissen, und er konnte deshalb auch nicht vorhersehen, welche Rolle die von ihm bereits erkannte Uhr bei solchen Reisen spielt. Zum besonderen Problem wurde die Reisegeschwindigkeit in Verbindung mit der Uhr allerdings erst mit Beginn des Jet-Zeitalters. Auch dem Laien ist heute bekannt, daß er nach einem Flug in westlicher oder östlicher Richtung für einige Tage mit Schwierigkeiten zu rechnen hat. Die Ursachen liegen darin, daß die circadiane Uhr während des Fluges gemäß der für den Abflughafen gültigen Ortszeit weiterläuft; sie ist deshalb nach einem Flug über mehrere Zeitzonen mit der am Ankunftsort gültigen Zeit außer Phase, d. h. der Reisende ist tagsüber schläfrig und leistungsschwach, nachts aber nur allzu munter. Es dauert mehrere Tage bis die Uhr ihre normale Phasenlage wieder erreicht hat. In dieser Zeit ist auch die über 24 Stunden gemittelte Leistungsfähigkeit vermindert. Das beruht vermutlich mit darauf, daß sich die einzelnen rhythmischen Funktionen unterschiedlich schnell auf die neue Ortszeit einstellen. Während dieser ,,Resynchronisationszeit" ist also die innere zeitliche Ordnung gestört.

Der Abfall der mittleren Leistung und die langsame Wiederherstellung der normalen Phasenlage nach einem Ostflug ist in Abb. 6 gezeigt. Vor und nach einem Flug über 8 Zeitzonen wurde an 12 Versuchspersonen an einem Flugsimulator stündlich die Zahl der bei Kurskorrekturen gemachten Fehler gemessen (in Abb. 6 aufgetragen als prozentuale Ab-

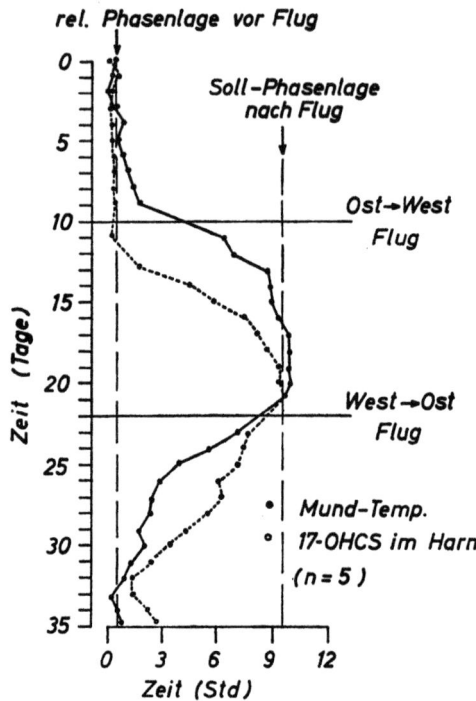

Abb. 7. Zeitliche Lage der Maxima der Mundtemperatur und der Ausscheidung der 17-Hydroxycorticosteroide mit dem Harn vor einem Flug, nach dem Flug von den USA nach Japan und nach dem Rückflug nach den USA. Abszisse: Relative Zeitskala (die auf verschiedene Tageszeiten fallenden Maxima wurden für die ersten Kontrolltage aufeinander gelegt). (Nach 12, 13)

weichung vom Sollwert des Kurses) (23). Die Kurve am linken Abbildungsrand, gemessen am Tage vor dem Flug, entspricht dem normalen Tagesgang der Leistung, mit geringster Fehlleistung gegen Mittag und größter Fehlleistung kurz nach Mitternacht. Im 24-Stunden-Mittel (horizontale gestrichelte Linie) liegt die Kursabweichung der 12 Versuchspersonen bei 3,78%. Am ersten Tag nach dem Flug ist der Tagesgang fast verschwunden, und der über 24 Stunden gemittelte Wert der Fehlleistung liegt an diesem und auch noch am 3. Tag nach dem Flug beträchtlich über dem Ausgangswert (siehe die schraffierten Flächen). Am 5. Tag entspricht die Leistung wieder der vor dem Flug gemessenen, und die normale Phasenlage der Tageskurve ist am 8. Tage erreicht (vgl. die Lage der Maxima und Minima im Bezug auf die eingezeichneten Pfeile).

Ein Beispiel für unterschiedliche Resynchronisations-Geschwindigkeiten verschiedener Funktion (circadiane Oscillatoren) enthält Abb. 7.

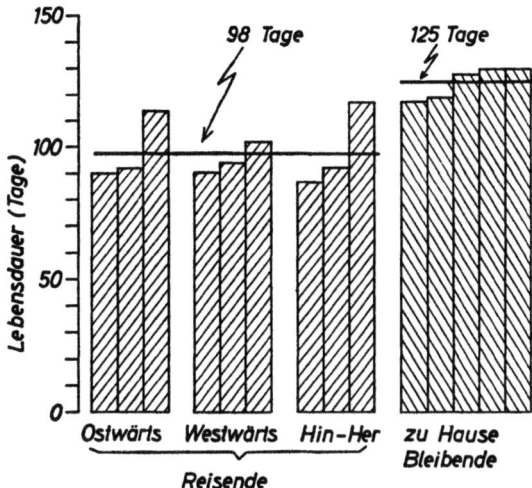

Abb. 8. Lebensdauer von Fliegen (gemessen an 10% Überlebenden) im künstlichen Licht-Dunkel-Wechsel. Jede Säule eine Versuchsgruppe mit rund 250 Fliegen. Links: Dreimal drei Gruppen, die in Wochenabständen wiederholten 6stündigen Verschiebungen des Licht-Dunkel-Wechsels ausgesetzt waren („Reisende"). Rechts: Fünf Gruppen mit stets gleichbleibendem Belichtungswechsel („Zu Hause Bleibende"). (Nach 7)

Sie beruht auf Messungen an 5 Versuchspersonen vor und nach Hin- und Rückflug zwischen den USA und Japan (12, 13). Aufgetragen sind für jeden Tag die Acrophasen (Maxima) der Tagesgänge der Mundtemperatur und der Ausscheidung der 17-Hydroxycorticosteroide mit dem Harn. Die Acrophasen der beiden Funktionen, die auf verschiedene Tageszeiten fallen, sind in Abb. 7 der besseren Übersicht wegen so gegeneinander verschoben, daß sie in den Tagen vor dem ersten Flug praktisch zusammenfallen; es handelt sich bei der Abszisse also um eine relative Zeitskala. Am Verlauf der beiden Kurven ist deutlich zu erkennen, daß nach beiden Flügen der Oscillator „Mundtemperatur" seine Phase schneller verschiebt und die endgültige, jeweils um 9 Stunden geänderte Phasenlage früher erreicht als der Oscillator „Hormonausscheidung". Es ist also nach jedem der beiden Flüge die innere zeitliche Ordnung, die Phasenkarte, für wenigstens 8 Tage durch Desynchronisation ihrer Komponenten gestört. (Die Abb. 7 läßt außerdem erkennen, daß die Resynchronisation nach dem Ostflug insgesamt länger dauert als nach dem Westflug.)

Der Reisende, der sich dem Zugvogel gleich an die Nord-Süd-Richtung hält, hat mit den oben geschilderten Schwierigkeiten nicht zu kämpfen, da er seine Zeitzone nicht verläßt. Der nach Osten oder Westen Reisende bleibt von ihnen verschont, wenn er (statt zu Pferde) mit Auto, Schiff oder Bahn reist. Die Geschwindigkeit dieser Reisemittel liegt nahe der Resynchronisationsgeschwindigkeit der Uhr, die deshalb mit der sich ändernden Ortszeit Schritt halten kann. Für die in jüngster Zeit schnell wachsende Zahl von Flugreisen (über den Nordatlantik 1960 2 Millionen, 1970 8 Millionen), sind die ersten Tage nach dem Flug für die Erholung verloren (und für wichtige Geschäfte nicht geeignet). Weitere Schäden als Folge der Zeitverschiebung sollten auch bei zwei Urlaubsflügen im Jahr nicht zu erwarten sein. Sie lassen sich jedoch für den nicht mit Sicherheit ausschließen, der wesentlich häufiger fliegt und über Jahre nach jedem Flug den vollen Resynchronisations-Streß mitmacht (also nicht nach bereits 24 Stunden, wie meist das Flugpersonal, an den Ausgangspunkt zurückkehrt). Obwohl solche Art des Urlaubmachens kaum Mode werden dürfte, sei abschließend auf mögliche schädliche Folgen verwiesen. Sie ließ sich an der Lebenserwartung von Fliegen (Phormia terrae novae) prüfen, die in Gruppen zu jeweils rund 200 bis 300 Individuen im künstlichen Licht-Dunkel-Wechsel gehalten wurden (7). Für eine Gruppe von Fliegen blieben die Lichtbedingungen (12 Stunden Licht, 12 Stunden Dunkel) stets unverändert. Bei der 2. und 3. Gruppe wurde der Licht-Dunkel-Wechsel alle 8 Tage einmal um 6 Stunden verkürzt (Simulation eines Fluges nach Osten) bzw. um 6 Stunden verlängert (Simulation eines Fluges nach Westen); die 2. Gruppe „flog" also in jeweils vier Etappen ostwärts um die Erde herum, die 3. Gruppe westwärts. Bei der 4. Gruppe wurden zwischen Verkürzung und Verlängerung im Abstand von je 8 Tagen abgewechselt (Hin- und Rückflug über den Atlantik). Die „zu Hause bleibenden" Fliegen hatten die normale Lebenserwartung dieser Art von 125 Tagen (= Überlebenszeit von 10% der Gruppe); die Überlebenszeit aller „reisenden" Fliegen betrug im Mittel nur 100 Tage (vgl. Abb. 8).

4. Schluß

Nach Ansicht vieler Ärzte und Psychologen verliert der Mensch zunehmend die Fähigkeit, richtig Urlaub machen zu können. Das beruht nicht zuletzt darauf, daß er mit der Zeit auf dem Kriegsfuße steht und es verlernt hat, sich nach der biologischen Uhr zu richten. Im Widerstreit mit der Zeit leben, heißt ungeduldig sein. Zur verkehrten Zeit das Verkehrte tun wollen, immer Neues tun wollen und stets den Ort wechseln wollen — all dies läßt sich schwer mit dem Kommando der biologischen Uhr in Einklang bringen. Urlaub machen heißt, im Gang der biologischen Uhr Geduld zu üben. Und für den Erholungs-Urlaub gilt im besonderen, was Penzoldt im „Delphin" den Fremden über das Leben im allgemeinen sagen läßt: „Denn ich war jung und hatte es mir in den Kopf gesetzt, die ganze Welt sehen zu müssen. Heute weiß ich, daß das gar nicht nötig ist. Es genügt, an einer Ecke des Lebens zu stehen, wenn man sich Zeit läßt und nicht ungeduldig wird. Ungeduld ist ein gefährliches Laster. Die Welt kommt ganz von selber zu einem, ob man will oder nicht" (28).

Literatur

1. Aschoff, J.: Survival value of diurnal rhythms. Symp. Zool. Soc. London **13**, 79—98 (1964).
2. Aschoff, J.: Adaptive cycles: Their significance for defining environmental hazards. Intern. J. Biometeor. **11**, 255—278 (1967).
3. Aschoff, J.: Circadiane Periodik als Grundlage des Schlaf-Wach-Rhythmus. In: W. Baust (Hrgb.): Ermüdung, Schlaf, Traum. Stuttgart: Wissenschaftl. Verlagsges. 1970.
4. Aschoff, J.: Eigenschaften der menschlichen Tagesperiodik. In: Aktuelle Probleme der Arbeitsumwelt (Hrg. Rutenfranz). Stuttgart: A.W. Gentner Verlag 1971.
5. Aschoff, J., Gerecke, U., Wever, R.: Desynchronization of human circadian rhythms. Jap. J. Physiol. **17**, 450—457 (1967).
6. Aschoff, J., Giedke, H., Pöppel, E., Wever, R.: Influences of sleep-interruption and of sleep-deprivation on human circadian rhythms in performance. In: W.P. Colquhoun (ed.): Aspects of human efficiency, p. 135—149. London: English Universities Press 1972.
7. Aschoff, J., v. Saint Paul, U., Wever, R.: Die Lebensdauer von Fliegen unter dem Einfluß von Zeitverschiebungen. Naturwiss. **58**, 574 (1971).
8. Bjerner, B., Holm, A., Swensson, A.: Diurnal variation in mental performance. A study of three-shift workers. Brit. J. industr. Med. **12**, 103—110 (1955).
9. Bock, H.E.: Sinn und Aufgaben des Urlaubs. In: Ärztliche Problematik des Urlaubs. Berlin-Heidelberg-New York: Springer 1973.
10. Ellinger, F.: Die Lichtempfindlichkeit der menschlichen Haut, ihre Bestimmung und Bedeutung für die lichtbiologische Konstitutionsforschung. Strahlentherapie **44**, 1—82 (1932).
11. Halberg, F.: Physiologic 24-hour periodicity: General and procedural considerations with reference to the adrenal cycle. Z. Vitamin-, Hormon- und Fermentforschg. **10**, 225—296 (1959).
12. Halberg, F., Halberg, E., Montalbetti, N.: Premesse e sviluppi della cronofarmacologia. Quaderni die medicina quantitativa **8**, 7—54 (1970).
13. Halberg, F., Nelson, W., Runge, W.J., Schmitt, O.H.: Plans for orbital study of rat biorhythms. Results of interest beyond the biosatellite program. Space Life Sci. **2**, 437—471 (1971).
14. Hampp, H.: Die tagesrhythmischen Schwankungen der Stimmung und des Antriebs beim gesunden Menschen. Arch. Psych. u. Z. ges. Neurol. **201**, 355—377 (1961).
15. Heimeran, E.: Briefliche Mitteilung.
16. Heimeran, E.: Die Zeit. Tagesspiegel v. 12. 8. 1947.
17. Hentschel, G., Schirgel, L.: Beobachtungen über Funktionsänderungen der akralen Durchblutung als klimatherapeutischer Effekt. Arch. physik. Therapie **12**, 235—240 (1960).
18. Hettinger, Th., Müller, E.A.: Die Trainierbarkeit der Muskulatur im jahreszeitlichen Verlauf. Internat. Z. angew. Physiol. einschl. Arbeitsphysiol. **16**, 90—94 (1955).
19. Hildebrandt, G.: Biologische Rhythmen und ihre Bedeutung für die Bäder- und Klimaheilkunde. In: Hdb. der Bäder- und Klimaheilkunde (Ed. W. Amelung und A. Evers), p. 730—785. Stuttgart: Schattauer 1962.
20. Hildebrandt, G.: Rhythmusprobleme der umstimmenden Therapie. Allg. Therapeutik **7**, 202—214 (1967).
21. Hufeland, Ch.W.: Die Kunst das menschliche Leben zu verlängern. 2. Aufl., p. 162—167. Jena: Akadem. Buchhandlung 1798.
22. Jansen, G., Rutenfranz, J., Singer, R.: Über eine circadiane Rhythmik sensumotorischer Leistungen. Int. Z. angew. Physiol. einschl. Arbeitsphysiol. **22**, 65—83 (1966).

23. Klein, K.E., Brüner, H., Holtmann, H., Rehme, H., Stolze, J., Steinhoff, W.D., Wegmann, H.A.: Circadian rhythm of pilot's efficiency and effects of multiple timezone travel. Aerospace Med. **41**, 125—132 (1970).
24. Kramer, K., Schulze, W.: Die Kältedilatation der Hautgefäße. Pflügers Arch. **250**, 141—170 (1948).
25. Mach, E.: Erkenntnis und Irrtum. 2. Aufl. Leipzig: A. Barth 1906.
26. Penzoldt, E.: Kleiner Erdenwurm. Berlin: S. Fischer Verlag 1934.
27. Penzoldt, E.: Die Powenzbande. Berlin: S. Fischer Verlag 1939.
28. Penzoldt, E.: Der Delphin. In: Süße Bitternis (Gesammelte Schriften in Einzelbänden). Frankfurt: Suhrkamp 1951.
29. Pittendrigh, C.S.: Biological clocks. The functions, ancient and modern of circadian oscillations. In: Science in the Sixties, Proceedings of the 1965 Cloudcroft Symposium, Air Force Office of Scientific Research, 96—111, 1966.
30. Pöppel, E., Aschoff, J., Giedke, H.: Tagesperiodische Veränderungen der Reaktionszeit bei Wahlreaktionen. Z. exp. angew. Psychol. **17**, 537—552 (1970).
31. Prokop, O., Prokop, L.: Ermüdung und Einschlafen am Steuer. Dtsch. Z. gerichtl. Med. **44**, 343—355 (1955).
32. De Rudder, B.: Grundriß einer Meteorobiologie des Menschen. Berlin-Göttingen-Heidelberg: Springer 1952.
33. Rutenfranz, J., Aschoff, J., Mann, H.: The effects of a cumulative sleep deficit, duration of preceding sleep period and body temperature on multiple choice reaction time. In: W.P. Colquhoun (Ed.): Aspects of human efficiency, pp. 217 bis 229. London: English Universities Press 1972.
34. Schulz, L.: Der jahreszeitliche Gang der Temperaturempfindung des Menschen anhand einer zehnjährigen Beobachtungsreihe. Arch. physik. Therapie **12**, 245—255 (1960).

Zeitlich richtige Einnahme von Medikamenten bei interkontinentalen Flügen

H. Baark (Hamburg)

Die Problematik der Zeitverschiebung im Flugverkehr wirft bekanntlich verschiedene Fragen auf. Ich möchte deshalb eine kurzgefaßte und übersichtliche Aufstellung über den Zeitpunkt der Medikamentengabe nach Überschreiten der Zeitzonen geben. Bekanntlich besitzt der Mensch als sogenanntes „Tagtier" eine innere Uhr, die in der Art eines Regelsystems arbeitet, das heißt, es gibt einen Tag-Nacht-Rhythmus, dem der Mensch unterliegt. Er synchronisiert, genauso wie das Tier, seine zahlreichen biologischen Vorgänge nach den periodischen Umwelteinflüssen.

Das beste Beispiel hierfür ist der Schlaf-Wach-Rhythmus, der alle 12 Stunden dem Wechsel von Tag und Nacht unterliegt, wobei letzterer wiederum von der Umdrehung der Erde beeinflußt wird. Dieser Tag-Nacht-Rhythmus ist eine Art Schlüsselrhythmus, von dem der größte Teil unserer physiologischen Funktionen abhängig ist. Während des Schlafes verlangsamt sich Herz- und Atemfrequenz, Blutdruck und Temperatur sinken, die Muskulatur ist entspannt. Außerdem bestehen rhythmische Veränderungen der Urinmenge, der Speichel- und Tränensekretion, des gesamten endokrinen Systems, insbesondere der Tätigkeit der Nebennierenrinde.

Ausgedehnte Untersuchungen verschiedener Autoren haben ergeben, daß durch eine schnelle Ortsveränderung über mehrere Zeitzonen eine primäre Phasenverschiebung im Tagesrhythmus hervorgerufen wird, die sich in den physiologischen Funktionen ausdrückt.

Tritt ein Passagier einen interkontinentalen Flug an, so hat er bei einem Flug nach Westen, zum Beispiel nach New York oder nach San Francisco, einen Zeitunterschied von plus sechs (plus fünf Sommerzeit) beziehungsweise plus neun (plus acht Sommerzeit) Stunden und nach Osten bei einem Flug nach Tokio von minus 8 Stunden zu überwinden. Die innere Uhr des Menschen ist aber nicht in der Lage, eine Zeitverschiebung von vielen Stunden sofort auszugleichen. Hierfür sind mehrere Tage nötig. Es ist festgestellt worden, daß der gesunde Mensch eine Zeitverschiebung von 2 Stunden mühelos überbrücken kann. Wenn man nun als Mittel der Anpassungsfähigkeit 2 Stunden auf 24 Stunden annimmt, wäre bei einem Flug nach New York mit fünf (beziehungsweise 6) Stunden Zeitunterschied eine Spanne von 2—3 Tagen notwendig. Während dieser Zeit der Anpassung ist die Leistungsfähigkeit des Menschen herabgesetzt.

Tabelle 1. *Zeitunterschied in Stunden von Deutschland zu folgenden Orten*

Westliche Hemisphäre		Östliche Hemisphäre	
New York	+ 6 (+ 5)*	Kairo/Beirut	— 1
Montreal	+ 6 (+ 5)	Teheran/Kuweit	
Mexiko	+ 7	Dharan	— 2
Los Angeles/San Francisco	+ 9 (+ 8)	Karachi	— 4
Anchorage	+ 11 (+ 10)	Delhi/Kalkutta	
Kingston	+ 6	Bombay	— 4½
Lima	+ 6	Bangkok	— 6
La Paz	+ 5	Saigon/Hongkong	
Rio de Janeiro	+ 4	Manila/Shanghai	— 7
Santiago de Chile	+ 5	Singapore	— 6½
Alle größeren an der Ostküste Südamerikas liegenden Städte	+ 4	Djakarta	— 6
		Sydney	— 9
		Tokio	— 8

* Die in Klammern angegebenen Zahlen beziehen sich auf die Sommerzeit.

Wir sehen, daß das Maximum der Leistungsfähigkeit des Menschen morgens um 9.00 Uhr erreicht wird, gegen Mittag auf einen Mittelwert herabsinkt, um dann noch einmal zwischen 18.00 und 19.00 Uhr einen weiteren Gipfel zu erreichen und dann steil abzusinken. Wir haben das größte Leistungsminimum in der Zeit zwischen 2.00 und 4.00 Uhr nachts. Bewiesen ist diese Kurve durch zahlreiche Untersuchungen, speziell in Schichtbetrieben, wo die Mehrzahl der sogenannten Ausschußarbeiten und Unfälle typisch in diese Zeit hineinfallen (Abb. 1).

Welche Auswirkungen haben nun diese Zeitverschiebungen für den Fluggast? Während bei den Besatzungen die Frage der Schlafstörungen und Ermüdung für den weiteren Einsatz die wichtigste Rolle spielt, sind es beim Passagier völlig andere Fragen, die interessieren.

Der gesunde Fluggast sollte nach einem längeren Flug mit einer Zeitverschiebung von mehreren Stunden am selben Tag keine Konferenzen und wichtige Verabredungen abhalten. Ein Schlaf von einigen Stunden genügt aber, um ihn soweit zu erfrischen, daß er diesen Termin, der seiner ganzen Konzentration bedarf, wahrnehmen kann. Ein klassisches Beispiel:

Bei einem Flug Frankfurt—New York startet die Maschine in Frankfurt um 12.30 Uhr. Das Flugzeug erreicht New York um 16.00 Uhr New Yorker Zeit. Dies entspricht einer Frankfurter Zeit von 21.00 Uhr. Wenn der Passagier sich nun nach den üblichen Erfrischungen unter der Dusche noch für 2—3 Stunden hinlegt, ist er ohne weiteres noch in der Lage, eine 1—2stündige Konferenz durchzuführen. Er sollte diese aber nicht zu einer Mammutsitzung ausarten lassen. Falls eine solche vorgesehen ist, sollte diese unbedingt erst am kommenden Tag stattfinden, denn nach einem Schlaf von 2—3 Stunden ist es nach europäischer Zeit

Zeitlich richtige Einnahme von Medikamenten bei interkontinentalen Flügen 115

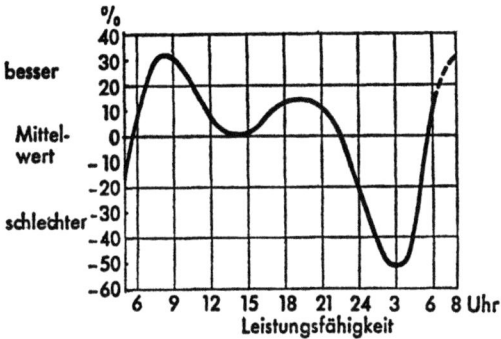

Abb. 1. Tagesgang der Leistungsfähigkeit des Menschen (nach Graf)

bereits 24.00 Uhr. Sollten größere geschäftliche Besprechungen, Termine oder Sonstiges bevorstehen, empfiehlt es sich, am selben Tag nur noch ein leichtes Abendbrot einzunehmen und zu versuchen, nach New Yorker Zeit früh schlafen zu gehen und außerdem den Termin für die Konferenz am nächsten Tag so früh es geht anzusetzen. Bei Beachtung dieser Tatsache sollte es auch dem vielbeschäftigten Geschäftsmann nicht schwerfallen, seinen Terminkalender entsprechend der Zeitverschiebung für seine Tätigkeit im fernen Osten oder Westen einzustellen.

Das gleiche trifft selbstverständlich auch für Spitzensportler zu. Diese müssen eine genügende Frist für die Neusynchronisation der inneren Uhr einkalkulieren. Leicht trainiert werden kann schon nach der Ankunft. Wettkämpfe und Mannschaftskämpfe sollten aber erst nach der Zeitanpassung ausgetragen werden, da es sonst böse Enttäuschungen auf der Aschenbahn, im Mannschaftskampf usw. geben kann.

Der behandelnde Arzt wird in Zukunft immer mehr durch seine Patienten mit der Frage konfrontiert werden: Kann ich bei meinem Gesundheitszustand fliegen? Während es schon möglich ist, über die Klimaveränderungen Ratschläge aus der bisherigen Literatur der Tropenmedizin zu geben, so besteht für den Praktiker bis jetzt noch keine rechte Möglichkeit, Fragen, die mit der Zeitverschiebung und ihrem Einfluß auf den kranken Organismus in Zusammenhang stehen, zu beantworten.

Was hat nun ein Patient, der gezwungen ist, regelmäßig Medikamente zu genauen Tageszeiten einzunehmen oder, wie zum Beispiel der Diabetiker, zu bestimmten Zeiten bestimmte Mengen von Insulin zu spritzen, bei Flügen über die Zeitzonen zu beachten?

Voraussetzung für einen derartigen Flug ist zunächst einmal die Reisefähigkeit. Vor Antritt eines Fluges über eine größere Distanz sollte deshalb unbedingt der behandelnde Arzt konsultiert werden, ob überhaupt Flugtauglichkeit besteht. Ich verweise hier auf meine Arbeit über die Beurteilung erkrankter Passagiere im Flugverkehr.

Die Tab. 1 zeigt im Verhältnis zur deutschen Zeit die Zeitverschiebung zu den wichtigsten Orten im Westen und Osten, die auch in den nächsten Jahren sicherlich zu den am meisten besuchten Zentren des Tourismus und der Geschäftswelt gehören werden. Bei Reisen in den Nahen Osten und in den afrikanischen Kontinent spielt die Zeitverschiebung keine Rolle, da sie hier maximal 2 Stunden beträgt und — wie bereits erwähnt — ohne weiteres an einem Tag ausgeglichen werden kann.

Wie hat nun ein Patient bei einem Flug über die Zeitzonen zu verfahren, wenn er zweimal täglich eine Injektion, etwa um 8.00 Uhr morgens und um 18.00 Uhr abends, benötigt?

Wie kann er sich am einfachsten den Gegebenheiten der Zeitverschiebung anpassen?

Bisher war man geneigt, dem Patienten zu empfehlen, eine zweite Uhr mitzunehmen und dann wie bisher nach europäischer Zeit seine Medikamente einzunehmen oder zu injizieren. Dieser Auffassung stehen zwei wesentliche Gesichtspunkte entgegen: Erstens, die Medikamenteneinnahme am Ankunftsort könnte grundsätzlich in die Nachtzeit fallen, und zweitens wäre sie nach einigen Tagen als ausgesprochen unphysiologisch zu bezeichnen.

Der Organismus hat sich dann auf den neuen Tag-Nacht-Rhythmus eingestellt.

An Hand einiger Beispiele soll erläutert werden, wie ein Patient bei einmaliger oder mehrmaliger Verabfolgung von Medikamenten beim Flug über die Zeitzonen zu verfahren hat. Die anschließenden Tabellen sollen es dem behandelnden Arzt und dem Patienten einfach machen, das für ihn jeweils passende Schema in der entsprechenden Tabelle zu finden. Sie kann natürlich nur eine Richtschnur sein, die es im konkreten Einzelfall erleichtert einen individuellen Einnahmeplan aufzustellen.

In meiner Arbeit über dieses Thema, die ich gern als Sonderdruck zur Verfügung stelle, sind die Tabellen nach Flügen geordnet und nicht nach Medikamenten. Dies soll dem behandelnden Arzt die Beratung seines Patienten vor einem größeren interkontinentalen Flug erleichtern. Er benötigt dann nur die Tabelle für den entsprechenden Flug.

Es folgen nur einige dieser Tabellen der besonders wichtigen Flugstrecken. Sie wiederholen sich deshalb, weil im folgenden auf verschiedene Medikamente gesondert eingegangen werden muß.

Insulin und orale Antidiabetika

Eine der wichtigsten Krankheiten, die eine genaue zeitliche Behandlung und Dosierung erfordern, ist der Diabetes mellitus. Der insulinbedürftige Diabetiker spritzt heute in der Regel ein Depotpräparat, und zwar entweder morgens für 24 Stunden oder morgens und abends, wobei die abendliche Dosis meist niedriger ist. Der Vorteil des Depot-Insulins besteht darin, daß mehrere Injektionen täglich vermieden werden. Da Insulin an den Mahlzeitenrhythmus gekoppelt ist, ergibt sich gegenüber anderen Medikamenten eine besondere Situation.

Zur Zeit beginnen in Deutschland bei der Lufthansa die Flüge zum amerikanischen Kontinent morgens um 10.00 Uhr oder mittags kurz nach 13.00 Uhr. Beim Abflug gegen 13.00 Uhr hätte der Diabetiker, der morgens und abends spritzt, in etwa 5 Stunden, also nach etwa 3 Stunden vor der Ankunft in den USA oder Kanada, die Zeit seiner abendlichen Injektion erreicht. Diese sollte er sich dann auch (am besten auf der Toilette) verabfolgen. Da er von diesem Zeitpunkt an bis zum Erreichen der Westküste Amerikas (etwa 20.00 Uhr Ortszeit) noch weitere 9 Stunden fliegt, wäre am Ende der Reise die nächste — in diesem Fall die Morgeninjektion — fällig. Da er aber nach Erreichen des Endzieles keine große körperliche Aktivität mehr entwickelt, sollte er sich noch einmal eine kleinere Injektion (Zwischeninjektion) verabfolgen und sich nach einer leichten Abendmahlzeit zur Ruhe begeben. Am kommenden Morgen (Ortszeit Los Angeles) injiziert er sich dann die übliche Menge (vgl. Tab. 2).

Beim Abflug aus Europa nach New York um 10.00 Uhr morgens empfiehlt sich (bei einer üblichen Depot-Insulin-Dosis morgens), falls noch einmal zu Abend gegessen wird, eine kleine Zwischeninjektion vor der Abendmahlzeit. Von nun an richtet sich die weitere Injektion der Insulinmengen nach der normalen Ortszeit an der Ostküste der USA.

Besonders wichtig — aber oft sehr schwierig — ist auf Reisen, zumal bei größerer klimatischer Umstellung, die Einhaltung einer strengen Diabetesdiät einschließlich der zu Hause berechneten Kalorienmenge.

Lockerung des Kostregimes führt aber gerade in anderen Ländern leicht zur Stoffwechselentgleisung und Ketoacidose und erfordert dann unter Umständen einen sehr teuren Krankenhausaufenthalt (vgl. Tab. 3).

Richtet sich der Flug nach Osten, bestehen entgegengesetzte Verhältnisse. Man fliegt der Sonne entgegen und gegen die Zeit. Bei der Ankunft in Tokio beträgt der Zeitunterschied acht, in Sydney 9 Stunden. Sydney wäre also das klassische Gegenbeispiel zu San Francisco/Los Angeles. Für den Flug nach Sydney benötigt man 25 Stunden. Durch die 9 Stunden Zeitverschiebung dauert der Flug von 21.00 Uhr abends bis zum übernächsten Tag 7.00 Uhr Ortszeit Sydney (vgl. Tab. 4).

Für den Diabetiker gilt folgende Regelung: Fliegt er in Frankfurt um 21.00 Uhr ab, erreicht er Karachi Ortszeit 9.30 Uhr, das heißt, 5.30 Uhr nach deutscher Zeit. Auf der Strecke von Karachi nach Bangkok wird aber bereits das Mittagessen serviert, da dieser Flug nur 4 Stunden dauert, aber durch den Flug gegen die Uhr Bangkok ortszeitmäßig 16.40 Uhr erreicht wird. Da die Injektion von Depot-Insulin nach etwa 4—5 Stunden den höchsten Wirkungsgrad erreicht, empfiehlt es sich, nach dem Frühstück zwischen Athen und Karachi die normale Morgendosis zu injizieren.

Zwischen Bangkok und dem nächsten Aufenthalt in Singapore wird ein Dinner serviert und ebenso zwischen Singapore und Sydney.

Hier heißt es wieder für den Diabetiker, zumal wenn er in der ersten Klasse fliegt, aufpassen, Stoffwechselentgleisung! Bei Abflug in Singapore Ortszeit etwa 21.00 Uhr und einer Zeitverschiebung von minus

Tabelle 2. *Flug von Mitteleuropa nach Westküste USA*

Ab Mitteleuropa ca. 13.00 Uhr
Ankunft San Francisco/Los Angeles 20.00 Uhr

	1. Tag	2. Tag	3. Tag
Insulin tgl. 1×	Zwischeninjektion vor Landung in Montreal, da anschließend ein Dinner serviert wird. Eventuell nochmals kleine Zwischeninjektion nach Ankunft an der Westküste	morgens normale Injektion	wie 2. Tag
Insulin tgl. 2×	normale Abendinjektion vor Ankunft in Montreal. Kleine Zwischeninjektion nach Ankunft an der Westküste	morgens und abends wie in Deutschland	wie 2. Tag
Ovulationshemmer	bei Ankunft in Montreal	16.00 Uhr Ortszeit Westküste	20.00 Uhr
Antikoagulantia 1 Tablette täglich	½ Tablette nach Erreichen des Hotels	½ Tabl. morgens und ½ Tabl. abends	1 Tabl. morgens
Antikoagulantia 1½ Tabletten tgl.	1 Tablette nach Erreichen des Hotels	1 Tablette morgens ½ Tablette abends	1½ Tabl. morgens
Medikamente tgl. 1×	½ Tablette zwischen Montreal und Westküste USA	1 Tablette wie in Deutschland	wie 2. Tag
Medikamente tgl. 2×	1 Tablette in Montreal; ½ Tablette nach Erreichen der Westküste	normal wie in Deutschland	wie 2. Tag
Medikamente tgl. 3×	1 Tablette in Montreal; 1 Tablette nach Erreichen der Westküste	normal wie in Deutschland	wie 2. Tag

Tabelle 3. *Flug von Mitteleuropa nach Ostküste USA/Kanada*

Ab Mitteleuropa ca. 10.00 Uhr
Ankunft New York/Montreal Ortszeit 12.30 Uhr

	1. Tag	2. Tag
Insulin tgl. 1×	Zwischeninjektion abends, wenn noch gegessen wird	8.00 Uhr normale Tagesdosis
Insulin tgl. 2×	nach Ankunft Zwischeninjektion wie abends in Europa. Abends New York-Zeit dieselben Einheitenanzahl	8.00 Uhr normale Tagesdosis 18.00 Uhr normale Abenddosis
Ovulationshemmer	15.00 Uhr Ortszeit USA einnehmen	20.00 Uhr abends wie immer
Antikoagulantia 1 Tablette tgl.	½ Tablette 20.00 Uhr Ortszeit	normale Tagesdosis
Antikoagulantia 1½ Tabletten tgl.	1 Tablette 20.00 Uhr Ortszeit	normale Tagesdosis
Medikamente tgl. 1×	½ Tablette abends 20.00 Uhr Ortszeit	1 Tablette wie in Deutschland
Medikamente tgl. 2×	1 Tablette nach Ankunft ½ Tablette 22.00 Uhr	normale Tagesdosis
Medikamente tgl. 3×	1 Tablette zwei Stunden nach Abflug 1 Tablette nach Ankunft ½ Tablette 22.00 Uhr	normale Tagesdosis

Bei Abflug ab Mitteleuropa etwa 13.00 Uhr, Ankunft USA etwa 16.30 Uhr, gelten vor allen Dingen für Diabetiker dieselben Empfehlungen wie bei Abflug 10.00 Uhr, falls noch einmal eine Mahlzeit am späten Abend eingenommen wird. Dies ist sehr oft der Fall; vor allem Geschäftsreisende, die nach einer Ruhepause von zwei Stunden am Abend noch geschäftliche Besprechungen haben, essen sicherlich noch einmal. Falls dies nicht der Fall ist, sollte dennoch bei Patienten, die morgens mehr als 16 E spritzen, eine kleine Menge Insulin als Zwischeninjektion gegeben werden. Die Höhe der Dosis sollte der behandelnde Arzt vorher festlegen.

Tabelle 4. *Flug von Mitteleuropa nach Australien*

Ab Mitteleuropa ca. 21.00 Uhr

Ankunft Sydney Ortszeit 7.00 Uhr am übernächsten Tag

	2. Tag	3. Tag	4. Tag
Insulin tgl. 1×	normale morgendliche Menge vor Ankunft in Karachi injizieren. Eventuell kleine Zwischeninjektion nach Abflug Singapore (Hausarzt fragen)	Sydney-Ortszeit 13.00 Uhr morgendlich normale Menge injizieren (vor dem Lunch)	normale Dosis wie in Deutschland morgens zur selben Zeit
Insulin tgl. 2×	normale morgendliche Menge vor Ankunft in Karachi injizieren. Normale Abendinjektion zwischen Singapore und Sydney	Sydney-Ortszeit 13.00 Uhr morgendlich normale Menge injizieren (vor dem Lunch). Abendliche Spritze fällt aus, wenn nach dem Lunch nicht mehr zu Abend gegessen wird; sonst kleine Zwischeninjektion (halbe Dosis)	wie in Deutschland normale Dosis morgens und abends
Ovulationshemmer		Bei Ankunft in Sydney Tablette einnehmen. Von nun an morgens anstatt abends	wie 3. Tag
Antikoagulantia	Einnahme nach Abflug Karachi siehe Antikoagulantia	abends anstatt morgens	wie 3. Tag
Medikamente tgl. 1×	1 Tablette nach Abflug Karachi		
Medikamente tgl. 2×	1 Tablette nach Abflug Karachi	1 Tablette vor Landung in Sydney; 1 Tablette abends in Sydney	wie 3. Tag
Medikamente tgl. 3×	1 Tablette nach Abflug Karachi; 1 Tablette vor Landung in Singapore	nach Sydneyzeit weiter Tagesrhythmus wie in Deutschland	wie 3. Tag

$6^1/_2$ Stunden ist es hier nach deutscher Zeit 14.30 Uhr. Da wiederum ein Dinner serviert wird, ist es für denjenigen, der größere Mengen Insulin benötigt, ratsam, zu dieser Zeit eine kleine Zwischeninjektion vorzunehmen. Einen hypoglykämischen Schock braucht der Passagier nicht zu befürchten; die Flugzeit zwischen Singapore und Sydney beträgt nämlich noch einmal $7^1/_2$ Stunden. Aus diesem Grund wird vor der Ankunft in Sydney von der Fluggesellschaft noch einmal ein Frühstück gereicht. Vor diesem Frühstück sollte sich der Diabetiker, der zu Hause zweimal täglich spritzt, die normale Abenddosis injizieren. Spritzt er gewöhnlich nur einmal am Tage, könnte jetzt, wenn nicht bereits bei Abflug in Singapore geschehen, eine kleinere Zwischeninjektion erfolgen. Nach einer planmäßigen Ankunft in Sydney um 7.00 Uhr morgens Ortszeit dürfte unser Patient gegen 8.00 Uhr sein Reiseziel erreicht haben und sollte nun erst einmal einige Stunden ruhen.

Vor einem kleinen Lunch, das Ortszeit Sydney etwa zwischen 13.00 und 14.00 Uhr eingenommen werden sollte, empfiehlt es sich, die normale morgendliche Insulinmenge zu injizieren, da mit großer Wahrscheinlichkeit das erste Dinner in Sydney unserer Mittagsmahlzeit in Deutschland entspricht, und dann gerade der maximale Insulinspiegel erreicht ist. Die abendliche Spritze würde ausfallen, und am kommenden Morgen wird dann so verfahren wie bisher in Deutschland.

Diabetiker, gleich ob auf Tabletten oder Insulin eingestellt, sollten kurz vor der Abreise noch einmal Blut- und Urinzucker kontrollieren lassen. Für Diabetiker, die auf orale Antidiabetika eingestellt sind, gilt entsprechend, was bereits für das Insulin gesagt wurde. Lag die Einstellung bisher bei einer Tablette morgens, sollte bei einem Flug nach Amerika zusätzlich eine halbe Tablette entsprechend der Zwischeninjektion eingenommen werden; dasselbe gilt für den Ostflug entsprechend der zweiten Injektion vor dem Frühstück zwischen Singapore und Sydney.

Von besonderem Interesse und von Wichtigkeit ist zweifelsohne der Flug über den Pol nach Tokio, weil wir hier die Datumsgrenze überschreiten.

Wie Sie aus Tab. 5 ersehen, erreichen Sie Tokio am kommenden Tag um 13.30 Uhr. In diesem gesonderten Fall empfiehlt es sich, die reine Flugzeit, die 17—18 Stunden von Hamburg beträgt, zu nehmen, da die Umrechnung der Zeitverschiebung wegen der Zurechnung (Plusstunden) bis Anchorage und von Anchorage nach Tokio wieder in Minusstunden zu verwirrend wäre (Tab. 5).

Laut Tabelle spritzt der Diabetiker die normale Morgendosis kurz vor der Ankunft in Tokio, nachdem er seine morgendliche Insulin-Dosis am Abflugtage wie gewohnt injiziert hat. Um dann aber besser die Zeitverschiebung zu überbrücken, empfehle ich, am dritten Tag eine morgendliche Dosis von $^2/_3$ der Normdosis und $^1/_3$ abends zu injizieren. Am folgenden Tag im alten Rhythmus.

Tabelle 5. *Flug über den Pol nach Tokio*
Abflug Hamburg 12.20 Uhr
Ankunft Anchorage 10.10 Uhr
Ankunft Tokio 13.30 Uhr am nächsten Tag

	1. Tag	2. Tag	3. Tag
Insulin tgl. 1×		kurz vor der Ankunft in Tokio	zwei Drittel Dosis am Vormittag, ein Drittel abends. Dann wieder normal
Insulin tgl. 2×	normale Abenddosis nach deutscher Zeit	kurz vor der Ankunft in Tokio normale Morgendosis. Kleine Zwischeninjektion abends	normale Dosierung
Ovulationshemmer	normale Abendeinnahme nach deutscher Zeit	in Tokio Einnahme am späten Abend	normal abends
Antikoagulantia tgl. 1×		Einnahme vor Ankunft in Tokio	vormittags $1/2$ Tablette, abends $1/2$ Tablette, dann normal
Antikoagulantia tgl. $1^{1}/_{2}$×		Einnahme vor Ankunft in Tokio	1 Tablette 8.00 Uhr Tokio-Zeit, $1/2$ Tablette abends, dann wie bisher
Medikamente tgl. 1×	siehe Antikoagulantia täglich 1×		
Medikamente tgl. 2×	normale Abendeinnahme nach deutscher Zeit	Einnahme vor Ankunft in Tokio, zweite Tablette am späten Abend	normale Dosierung
Medikamente tgl. 3×	normale Einnahme abends nach deutscher Zeit	1 Tablette vor Ankunft in Tokio; 1 Tablette am späten Abend	normale Dosierung

Bei einer zweimaligen Insulin-Injektion empfehle ich, in diesem Ausnahmefall die deutsche Zeit beizubehalten und die normale Abenddosis nach deutscher Zeit zu geben. Am zweiten Tag kurz vor der Ankunft in Tokio wird die normale Morgendosis injiziert und in Tokio eine kleinere Zwischeninjektion am Abend, um dann am dritten Tag wieder wie bisher zu verfahren.

Ovulationshemmer

Die „Pille" wird hier gesondert behandelt, weil sie zur Zeit das am meisten eingenommene Medikament der Damenwelt schlechthin ist. Um die Sicherheit in der Schwangerschaftsverhütung zu erhalten, sollte man einen Monat vor Reisebeginn auf eine Tablette mit 36 Stunden Wirkungsdauer überwechseln. Dieser Forderung sollte unbedingt nachgekommen werden.

Die in der letzten Zeit eingeführten sogenannten Miniovulationshemmer sind für Reisen über die Kontinente nicht empfehlenswert.

Ich unterstreiche nochmals: bei Reisen mit Zeitverschiebung sollte auf keinen Fall die „Minipille", sondern ein Ovulationshemmer mit 36 Stunden Wirkungsdauer genommen werden.

In den folgenden Tabellen wird für die Ovulationshemmer ein Mittel mit einer Wirkungsdauer von 36 Stunden angenommen.

Bei abendlicher Einnahme eines Ovulationshemmers wird die Tablette nach Ankunft Ostküste USA eingenommen, an den darauffolgenden Tagen wie bisher in Deutschland.

Ist das Reiseziel die Westküste, muß die Tablette ebenfalls nach Erreichen der Ostküste der USA oder Kanadas eingenommen werden; an den darauffolgenden Tagen wird wie in Deutschland verfahren (Tab. 2).

Noch einfacher ist es bei einem Flug nach Sydney: Vor dem Abflug aus Mitteleuropa die Tablette wie immer am Abend einnehmen, die nächste nach Ankunft in Sydney. Wie schon erwähnt, dauert dieser Flug etwa 25 Stunden (ohne Berücksichtigung der Zeitverschiebung); von nun an den Ovulationshemmer in Fernost statt abends immer morgens einnehmen.

So kann der gewohnte Rhythmus aufrechterhalten werden (Tab. 4).

Beim Rückflug nach Deutschland ist so zu verfahren wie beim Flug zur Westküste Amerikas. Wird gegen 14.00 Uhr von Sydney abgeflogen, muß die Tablette bei abendlicher Einnahme vor Ankunft in Singapore und bei morgendlicher vor Ankunft in Karachi genommen werden.

Beim Rückflug von Tokio über den Pol wird die Pille erst nach der Ankunft in Europa genommen, da sie bei normaler abendlicher Einnahme ja bereits in Tokio vor dem Abflug genommen worden ist (Tab. 6).

Am dritten Tag erfolgt die Einnahme morgens, und pendle man sich dann langsam auf abends wieder ein oder nimmt die Pille bis zur nächsten Mensis morgens. Bei den geforderten 36-Stunden-Tabletten kann natürlich bald wieder über den Nachmittag am vierten Tag auf abends übergegangen werden.

Tabelle 6. *Flug über den Pol von Tokio über Anchorage nach Hamburg*
Abflug in Tokio 21.30 Uhr
Ankunft Anchorage 10.00 Uhr desselben Tages
Ankunft in Hamburg am nächsten Tag um 7.00 Uhr

	1. Tag	2. Tag	3. Tag
Insulin tgl. 1×	übliche Morgendosis vor Ankunft in Anchorage	am späten Nachmittag in Europa	morgens zwei Drittel Dosis, abends ein Drittel Dosis, dann normal
Insulin tgl. 2×	übliche Morgendosis vor Ankunft in Anchorage	normale Abenddosis nach Ankunft in Europa. Zweite Injektion abends	wie bisher
Ovulationshemmer (abendliche Einnahme)	Einnahme vor Ankunft in Anchorage	nach Ankunft in Europa	Einnahme morgens
Antikoagulantia tgl. 1×	Einnahme vor Ankunft in Anchorage	nach Ankunft in Europa abends	morgens $1/2$ Tablette, abends $1/2$ Tablette, dann wie bisher
Antikoagulantia tgl. $1^{1}/_{2}$×	siehe Antikoagulantia täglich 1×	in Europa Einnahme abends	wie 2. Tag
Medikamente tgl. 1×	1 Tablette vor Ankunft in Anchorage	1 Tablette nach Ankunft in Europa, 1 Tablette abends	
Medikamente tgl. 2×	1 Tablette vor Ankunft in Anchorage	wie bisher 3× täglich	wie bisher
Medikamente tgl. 3×	1 Tablette vor Ankunft in Anchorage	1 Tablette nach Ankunft in Europa	wie 2. Tag

Stewardessen nehmen die „Pille" oft weiterhin nach Deutscher Zeit ein. Sie richten sich also in den Ankunftsorten nicht nach den dortigen Uhren, sondern nehmen das Medikament immer um — nehmen wir an — 20.00 Uhr deutscher Zeit ein.

Allerdings kann man Stewardessen nicht mit Passagieren vergleichen; erstere kehren immer nach sehr kurzem Aufenthalt nach Deutschland zurück. Wer seine in Europa gewohnte Einnahmezeit beibehalten will, muß sich dann in 2—3 Tagen bei einer Verschiebung von 6 Stunden (Sicherheitsfaktor!) wieder in die alte Zeit einpendeln.

Antikoagulantien

Für diejenigen Patienten, die Marcumar (Phenprocaumon) oder ein ähnliches Mittel zur Blutverdünnung regelmäßig einnehmen, gilt dasselbe wie für Zuckerkranke, die auf orale Antidiabetika eingestellt sind und täglich morgens eine oder mehr Tabletten einnehmen müssen. Patienten, die Antikoagulantien benötigen, sollten vor Antritt einer längeren Reise über die Zeitzonen auf jeden Fall vorher mehrere Wochen einen einigermaßen konstanten Quickwert aufweisen und auf nicht mehr als eineinhalb Tabletten täglich eingestellt sein. Wenige Tage nach Ankunft am Zielort muß unbedingt wieder der Quickwert bestimmt werden.

Beim Ovulationshemmer wieder genauso nach *deutscher Zeit* normale Abendeinnahme, in Tokio die Einnahme am späten Abend, am dritten Tag wieder wie immer abends eine Pille nehmen.

Entsprechend verfahren Sie bitte mit den anderen Medikamenten und den Antikoagulantien.

Beim Rückflug über den Pol von Tokio spritzt derjenige, der nur einmal Insulin nimmt, seine normale Morgendosis vor Ankunft in Anchorage und am zweiten Tag am späten Nachmittag in Europa. Am dritten Tag morgens $2/3$ und abends $1/3$. Dann wieder wie bisher. Derjenige, der zweimal Insulin bekommt, nimmt wiederum die übliche Morgendosis vor Ankunft in Anchorage und die normale Abenddosis nach Ankunft in Europa, die zweite übliche Abendinjektion wie früher abends in Europa. Dritter Tag wie bisher (Tab. 6).

Anhand der am Schluß aufgeführten Tabellen 7—11 kann sich jeder orientieren, der sich diese Flugrouten ausgesucht hat.

Diese Abhandlung soll ein weiterer Schritt zur besseren Betreuung unserer Patienten in aller Welt sein.

Je besser Sie als behandelnder Arzt über die Einnahme von lebenswichtigen Medikamenten bei Zeitverschiebung orientiert sind, einem umso größeren Kreis Ihrer Patienten können Sie ohne Bedenken bei sonst vorhandener Reisefähigkeit den Flug über die Kontinente erlauben.

Tabelle 7. *Flug von Mitteleuropa nach Tokio (Südroute)*
Abflug 13.00 Uhr
Ankunft Tokio Ortszeit 21.00 Uhr am nächsten Tag

	1. Tag	2. Tag	3. Tag
Insulin tgl. 1×		normale morgendliche Dosis vor Ankunft in Bangkok. Kleine Zwischeninjektion ein bis zwei Stunden nach Ankunft in Tokio	normale Dosis morgens
Insulin tgl. 2×	normale Abendinjektion ein bis zwei Stunden nach Abflug von Rom	normale Morgeninjektion vor Ankunft in Bangkok. Kleine Zwischeninjektion etwa ein bis zwei Stunden nach Ankunft in Tokio	normale Dosierung wie in Europa
Ovulationshemmer	1 Tablette vor Ankunft in Karachi	morgens anstatt abends	wie 2. Tag
Antikoagulantia 1 Tablette tgl.		1 Tablette vor Ankunft Bangkok	morgens $1/2$ Tablette; abends $1/2$ Tablette, dann normal wie in Europa
Antikoagulantia $1^{1}/_{2}$ Tabletten tgl.		$1^{1}/_{2}$ Tabletten vor Ankunft in Bangkok	morgens $1/2$ Tablette, abends 1 Tablette, dann normal wie in Europa
Medikamente tgl. 1×	siehe Antikoagulantia tgl. 1×	1 Tablette vor Ankunft in Bangkok	normal wie in Europa
Medikamente tgl. 2×	normale Abendeinnahme ein bis zwei Stunden nach Abflug von Rom	1 Tablette vor Ankunft in Bangkok; 1 Tablette nach Ankunft in Tokio	normal wie in Europa
Medikamente tgl. 3×	1 Tablette ein bis zwei Stunden nach Abflug von Rom	1 Tablette vor Ankunft in Bangkok; $1/2$ Tablette nach Ankunft in Tokio	

Tabelle 8. *Rückflug von Australien und Fernost nach Deutschland*
Abflug Sydney 14.00 Uhr Ortszeit
Ankunft Frankfurt 8.00 Uhr am nächsten Tag

	1. Tag	2. Tag	3. Tag
Insulin tgl. 1×		Zwischeninjektion nach Ankunft in Europa und Zwischeninjektion 18.00 Uhr in Europa	wie gewöhnlich
Insulin tgl. 2×	normale Abenddosis vor Ankunft in Singapore	nach Abflug Karachi normale Morgendosis. Normale Abendmenge nach Ankunft in Europa. Dieselbe Menge um 18.00 Uhr	normale Dosis zur üblichen Zeit morgens und abends
Ovulationshemmer (abendliche Einnahme)	vor Ankunft in Singapore	in Europa morgens	wie 2. Tag
Ovulationshemmer (morgendliche Einnahme)		vor Ankunft in Karachi, in Europa abends	dann immer abends
Antikoagulantia tgl. 1×		1 Tablette in Karachi oder Delhi. In Europa abends $^1/_2$ Tablette	normale Dosierung
Antikoagulantia tgl. 1 $^1/_2$ Tabletten		$1^1/_2$ Tabletten in Karachi oder Delhi. In Europa abends 1 Tablette	morgens 1 Tablette, abends $^1/_2$ Tablette, dann Quicktest
Medikamente tgl. 1×	siehe Ovulationshemmer (morgendliche Einnahme)	in Karachi 1 Tablette, nach Ankunft in Europa 1 Tabl., abends 1 Tabl.	
Medikamente tgl. 2×	normale Abenddosis nach Ankunft in Singapore	in Karachi 1 Tablette, 1 Tablette nach Ankunft in Europa, 1 Tablette	normale Dosierung
Medikamente tgl. 3×	normale Abenddosis nach Ankunft in Singapore	mittags in Europa, 1 Tablette abends in Europa	normale Dosierung 3× tgl. 1 Tablette

Tabelle 9. *Flug von USA nach Europa*
Abflugzeit ab New York 18.00 Uhr
Ankunft in Frankfurt 8.00 Uhr

	1. Tag	2. Tag	3. Tag
Insulin tgl. 1×	Vor Antritt des Fluges empfiehlt es sich, eine kleine Zwischeninjektion zu geben, da Dinner nach Beginn des Fluges	ca. zwei Stunden nach Ankunft in Europa	normale Morgenmenge
Insulin tgl. 2×	normale Abenddosis vor Antritt des Fluges	Normale Morgenmenge ca. zwei Stunden nach Ankunft in Europa. Normale Abendinjektion ca. 20.00 Uhr	wie gewohnt
Ovulationshemmer	Einnahme vor Antritt des Fluges	in Europa am späten Abend	wie gewohnt
Antikoagulantia tgl. 1× und tgl. 1½×		morgendliche Dosis erst etwa gegen 10.00 Uhr	wie gewohnt
Medikamente tgl. 1×		nach Ankunft in Europa um etwa 10.00 Uhr	normale Einnahme
Medikamente tgl. 2×	zweite Tablette bei Beginn des Fluges einzunehmen	in Europa etwa gegen 10.00 Uhr erste Tablette, zweite Tablette spätabends	wie bisher
Medikamente tgl. 3×	dritte Tablette bei Beginn des Fluges	erste Tablette in Europa etwa gegen 10.00 Uhr. Zweite Tablette abends 18.00 Uhr	wie gewohnt 3× täglich 1 Tablette

Tabelle 10. *Flug von Südamerika nach Europa*
Abflug Rio de Janeiro ca. 18.00 Uhr
Ankunft Frankfurt ca. 12.00 Uhr am nächsten Tag

	2. Tag	3. Tag	4. Tag
Insulin tgl. 1×	morgendliche Dosis vor Landung in Europa	normale Dosierung morgens ca. zwei Stunden später als gewöhnlich	wie gewohnt
Insulin tgl. 2×	morgendliche Dosis vor Landung in Europa. Verringerte Abendinjektion in Europa	normale Dosierung morgens und abends	wie 3. Tag
Ovulationshemmer (abendliche Einnahme)	nach Landung in Europa am späten Abend	normal abends	normal abends
Antikoagulantia tgl. 1× und 1¹/₂×	morgendliche Dosis vor Landung in Europa	normale Dosis um 10.00 Uhr morgens	wie gewohnt
Medikamente tgl. 1×	siehe Antikoagulantia		
Medikamente tgl. 2×	vor Landung in Europa 1 Tablette Spätabends in Europa 2 Tabletten	normal morgens und abends	wie 3. Tag
Medikamente tgl. 3×	1 Tablette vor Landung in Europa; 1 Tablette abends in Europa	normal 3× täglich	wie 3. Tag

Tabelle 11. *Flug von Westküste USA nach Europa*

Abflug Los Angeles/San Francisco ca. 22.00 Uhr
Ankunft Frankfurt ca. 19.00 Uhr am nächsten Tag

	1. Tag	2. Tag	3. Tag
Insulin tgl. 1×	normale Morgenmenge zur üblichen Zeit. $1/2$ Dosis nach Abflug aus Los Angeles/San Francisco	$1/2$ Dosis vor Landung in Europa	normale Dosierung
Insulin tgl. 2×	abendliche Dosis vor Abflug	normale Abenddosis bei Ankunft in Europa	normale Dosierung
Ovulationshemmer	Einnahme vor Abflug	Einnahme abends in Europa	normale Einnahme
Antikoagulantia		normale Dosis nach Ankunft in Europa	normale Dosis jetzt immer abends bis zur Neufestsetzung
Medikamente tgl. 1×		1 Tablette nach Ankunft in Europa	$1/2$ Tablette morgens, $1/2$ Tablette abends, dann wie bisher
Medikamente tgl. 2×	zweite Tablette vor Abflug	1 Tablette nach Ankunft in Europa	normal morgens und abends
Medikamente tgl. 3×	dritte Tablette vor Abflug	1 Tablette nach Ankunft in Europa, $1/2$ Tablette spätabends in Europa	normal 3× täglich

Besonderheiten beim alten Menschen

R. Schubert (Nürnberg)

Wenn wir Urlaub und Reisen planen, so ist etwas Phantasie nie verkehrt, und wenn wir übergeordnet den Versuch machen wollen, diese Urlaubsplanung in die gesamte Freizeitgestaltung auf gerontologischem Feld einzubauen, ist etwas Futurologie auch nicht unerlaubt. Falls es gelingt, einerseits die Altersgrenze flexibel nach unten, etwa bis zum 60. Lebensjahr, herunterzuziehen, und uns andererseits in durchaus absehbarer Zeit eine Lebenserwartung um 85 Jahre vergönnt sein wird, tut sich ein Zeitraum von einem Vierteljahrhundert vor uns auf, den es zu füllen gilt, um diese Lebensverlängerung nicht zur Grausamkeit werden zu lassen. Eine wohldurchdachte Planung muß unter allen Umständen verhindern, daß das Alter als „Urlaub auf Lebenszeit" kommentarlos interpretiert wird und sich damit eine generelle Urlaubsindustrie für Geronten entwickelt, deren gegenseitiges Bemühen nur wenig überzeugt.

Bei dieser Freizeitgestaltung werden Urlaub und Reisen eine große Rolle spielen. Eine systematische Planung ist nur in einer Arbeitsgemeinschaft möglich, in der Geriater, Psychologen, Soziologen, Klimatologen u.v.a.m. miteinander beraten. Genau so wie das Hobby, bisher meist nur ein oberflächlich dahingesprochenes Schlagwort, begriffliche Tiefe gewinnen muß, um im Rahmen der Freizeitgestaltung des alten Menschen richtige Anwendung zu finden — man könnte geradezu eine Akademifizierung zur Gewinnung gesicherter Daten fordern, genau so ist es notwendig, den Komplex Urlaub, Ferien, Reisen, einer subtilen Analyse zu unterziehen.

Man tut gut daran, bei derartigen Arbeitsgemeinschaften, die interdisziplinär ausgerichtet sein müssen, die Primärfragen möglichst einfach zu formulieren. Eine Frage könnte lauten: Warum braucht der alte Mensch in seinem „Urlaub auf Lebenszeit" überhaupt noch Extraurlaub? Aus soziologischer Sicht vertritt Tartler in seinem Buch über „Das Alter in der modernen Gesellschaft" den Standpunkt, daß Freizeit ein Komplementärbegriff zur Arbeitszeit sei. Folglich kann es für den alten, berufsausgegliederten Menschen keine Freizeit und keine der normalen Freizeit zugehörende Freizeitproblematik geben. Es handele sich daher um eine „Lebensführung ohne Beruf". Ich habe diese soziologische Fragestellung berührt, um zu zeigen, daß offenbar auch grundlegende Definitionsfragen diskutiert werden müssen. Geradezu lapidar imponieren dagegen die Fragen, die die Empirie ansprechen: Warum Urlaub für ältere Menschen und welche Formen des Urlaubs? Unsere heutige Frage bewegt sich dazu noch insofern auf einem Grenzgebiet, als wir ja nicht nur Menschen jenseits der Pensionierungsgrenze beraten wollen, sondern auch *ältere Menschen*, die noch *im Arbeitsprozeß* stehen, die also bis zur administrativen Altersgrenze durchzuarbeiten sich vorgenommen haben und keine Opfer der grassierenden Frühinvalidität zu werden hoffen; bei ihnen ist auch das oben angeschnittene Komplementärproblem noch gelöst. Weiterhin wollen wir diejenigen älteren Menschen beraten, die überhaupt gar nicht an Pensionierungsgrenzen denken, ich meine die große Gruppe der *Freiberuflichen*, die ungeachtet des Lebensalters weiterarbeiten, nicht weil sie etwa um ihr Existenzminimum bangen, sondern weil sie weiterarbeiten können und wollen; wir nennen hier freiberufliche Ärzte, Rechtsanwälte, Architekten, Kaufleute, Künstler und viele andere.

Das wirksame *Prinzip beim Urlaub des alten Menschen* ist die *Abwechslung*, dies gilt *physiologisch* und *psychologisch*. Einfach könnte man sagen: Andere Luft und andere Tapeten. Das Urlaubserlebnis mit seiner Vor- und Nachphase durchbricht den im Alter grauer werdenden Alltag. Die *Vorphase* gilt der Vorfreude und der Vorbereitung, die *Nachphase* dem Abklingen und der Erinnerung. Der kleine Urlaub, vielleicht sogar in regelmäßigen Abständen, ermöglicht ein Jahresprogramm, so etwa den Besuch von Verwandten und Freunden. Der *Besuch der Kinder* mit wiederum Enkelkindern hat sich nicht selten als eine harmonischere Bindung mit Wiedersehensfreude erwiesen als das gemeinsame Wohnen. Eine andere Gruppe von Altersurlaub erfaßt *Kuren in Kurbädern*, die vielfach großzügige Versicherungen zur Voraussetzung haben.

Der eigentliche Urlaub aber ist der *mit selbstgewähltem Ziel*, der große, länger dauernde Urlaub mit auch im Alter erwarteter, wohldosierter Dramatik oder der Schonungsurlaub. Bei der Wahl des Urlaubsortes im Inland oder in Europa müssen in erster Linie klimatische Faktoren berücksichtigt werden. *Reizklima* finden wir an den *mittel- und nordeuropäischen Meeresküsten*; es wirkt sich günstig auf die Vielzahl der unspezifischen chronischen Bronchialerkrankungen der alten Menschen aus. Wir schätzen auch das Reizklima im *Hochgebirge*. Der dort erniedrigte Sauerstoffpartialdruck in Verbindung mit den ortsgebundenen körperlichen Belastungen muß bei Urlaubswahl für Geronten bedacht werden; denn die Gefahr der relativen oder absoluten Ischiämie bzw. Hypoxie ist gegeben. Dieser Zurückhaltung und Einschränkung steht die Erfahrungstatsache gegenüber, daß dieses Höhenklima einen ausgezeichneten Trainingseffekt durch die Mehrbelastung des kardiovaskulären und kardiopulmonalen Systems besitzt. Die Indikation hierzu ist aber absolut abhängig von der Gesundheit der Geronten.

Als *Schonklima* bieten sich die *Mittelgebirge* unserer Breiten an, es ist für ältere Menschen besonders geeignet, vor allem auch in den Sommermonaten; denn die Sonnenwärme ist gut erträglich, die Luft ist rein, und die Verschiebung des Sauerstoffpartialdrucks spielt in der Mittelhöhe noch keine Rolle. Dieses Mittelgebirgsklima ist allen älteren Menschen mit nicht manifesten Herz- und Kreislauferkrankungen sowie Atemwegserkrankungen durchaus zu empfehlen.

Im Rahmen des Schonklimas sind auch die jetzt so viel bereisten *Mittelmeergebiete* zu nennen. Wir finden dort in den Frühjahrs-, Herbst- und großenteils auch Wintermonaten ein ausgesprochenes Schonklima, und es ergeben sich damit für ältere Menschen sehr günstige Bedingungen im Sinne der Schonung des Herz- und Kreislaufsystems. In den Sommermonaten mit sehr hohen Temperaturen muß man allerdings Älteren von einem dortigen Urlaubsaufenthalt abraten.

Der *Ernährungsfaktor* spielt mit Ausnahme der Olivenländer und auch hier meist keine ausschlaggebende Rolle, zumal in diesem Punkt schon aus Gründen der Touristik eine weitgehende oder wenigstens erträgliche Anpassung der Hotelbetriebe zu erkennen ist.

Die bisherigen Vor- und Ratschläge imponieren geradezu konventionell, und es soll nicht verschwiegen werden, daß Fragen nach Schon- und Reizklima kaum mehr in der Sprechstunde gestellt werden. Man spricht von Tropenklima, von 35° Hitze und 95% Luftfeuchte. *Der Europaatlas ist dem Globus gewichen.* Deutschland und auch Europa sind für Urlaubspläne bei vielen auch Älteren zu klein geworden. Nur der ausgesprochene Snob fährt wieder in den Schwarzwald oder an die Nordsee, sagte mir neulich etwas überspitzt ein Urlaubsspezialist. Nun kennen wir alle die Saisonurlauber, die zu allen Jahreszeiten an bestimmten Orten, wenn auch nur kurze Zeit, gesehen werden wollen, um dabeigewesen zu sein. Von derartigen Image-Verpflichtungen sind Geronten zumeist frei.

Die *großen Fernreisen* bei älteren Menschen sind zum kleinen Teile eine Fortführung früherer Gepflogenheiten als Kaufmann, Auslandsingenieur, Architekt, Diplomat, nur mit dem Unterschied, daß jetzt Länder mit ganz spezieller Selektion angeflogen werden, d.h. besonders eindrucksvolle Erinnerungen mit oder ohne Ehepartner, alte Freunde sind entscheidend; vielfach ziehen auch das Land selbst oder Kunstschätze an. Der weitaus größere Teil älterer Menschen hat keine weiten Welterfahrungen; sie haben sich vorgenommen, die ruhigen Altersjahre dazu zu benützen, vieles nachzuholen, was früher vielleicht auch zeitlich nicht einzuplanen war. Mancher hat gespart und sich bisher viele kleinere Urlaube versagt, um dann auf einmal die große Traumreise zu verwirklichen.

Derartig weite Reisen werden fast ausnahmslos mit dem *Hausarzt* besprochen, um die richtige Wahl zu überprüfen und die notwendigen Vorbereitungen treffen zu können. Mit vielen Prospekten in der Aktentasche treten die älteren Reiselustigen an den Arzt heran, der sich meist zeitlich, aber auch sachlich, überfordert fühlt. Diese allseitig bekannte, aber keineswegs zugegebene Tatsache, war der Anlaß, vor 2 Jahren auf dem Nürnberger Ärztekongreß das Thema *Touristikmedizin* auf das Programm zu setzen, und wie sich gezeigt hat, mit großer Resonanz; denn auf nicht weniger als auf 12 Kongressen wurde seither dieses Thema wiederholt. Als wir damals das Wort „Touristikmedizin" kreiert haben, waren wir uns durchaus im klaren, daß dieses Wort wenig akademisch klingt, aber offenbar ist in der Zwischenzeit keinem eine bessere Bezeichnung eingefallen. Diese Touristikmedizin umfaßt einen außerordentlich vielseitigen Komplex, von der richtigen Reiseauswahl nach Erfahrung, über den meist völlig undurchsichtigen Impfplan, der speziell bei älteren Menschen sorgfältig durchdacht werden muß, über die Reiseapotheke für Gesunde und etwas Kranke, bis zu den Möglichkeiten besonderer Vorkommnisse (Art der Schlangenseren) und letztlich bis zur richtigen Erkennung der von der Reise mitgebrachten Krankheiten und deren Behandlung.

Die *primäre Urlaubsfrage* lautet von jeher: *Erlebnisse* bis zum Abenteuer oder *Erholung* ? Diese so jungendlich klingende Frage hat mit nur geringer Einschränkung auch für ältere Menschen Gültigkeit. Man könnte aus der praktischen Erfahrung heraus die Akzente in folgender Form etwas verschieben und sagen: Viele Erlebnisse, durchaus mit etwas Abenteuer, so etwa Nachtsafari, aber dazwischen immer noch so viel Erholung, um heil, wenn auch nicht gerade erholt, wieder nach Hause zu kommen.

Wenn ältere Menschen mit unternehmungslustigen Worten ihren Arzt nach ihrer *Tropentauglichkeit* fragen, so müssen zwei Fragen vorangestellt werden: Einmal, was heißt bei Urlaubsreisen Tropen, zum zweiten muß die sog. Tropentauglichkeit eingeschränkt werden auf *Tropentauglichkeit „auf Zeit"*, d.h. Anpassung auf Zeit. Zuerst zur *Auswahl des Tropengebietes*. Afrikanisches *Bergland* und *höhere Steppengebiete* haben oft ein hervorragendes Erholungsklima. Ich kenne Patienten, die sich einige Wochen im Mount Kenia-Gebiet bestens erholen. Im Mount Kenia Safari-Hotel, 1800 m ü. M., am Fuße des schneebedeckten 5200 m hohen Mount Kenia, erholen sich diese älteren Menschen in den Tropen optimal, weite hügelige Wiesen mit Golfplätzen, großzügigen Swimmingpools, Parks am Tage und gepflegte Abende am großen Kamin ergeben in jeder Hinsicht ein erholsames Klima. Soweit ein Vorschlag für die Praxis aurea et platinea. Nicht selten wird ein solcher Aufenthalt am Ende einer Safari zur Erholung eingeplant; ich meine natürlich Fotosafari; denn für den Safari-Typ der Großwildjäger, denen ich bisher begegnet bin, kann ich nur sehr wenig Verständnis aufbringen.

Im Gegensatz zu diesen höher gelegenen Tropen müssen wir auch die tiefen *Tropen an den Meeresküsten* und die Gebiete der *Regenwälder* einer ärztlichen Kontrolle unterziehen, zumal diese Gebiete bei Rundreisen häufig mit eingeplant sind, meist aber eben aus gesundheitlichen Rücksichten nur für kurze Zeit. Hier herrschen hohe Temperaturen mit hohen Luftfeuchtegraden, die an Herz und Kreislauf der älteren Urlauber erhebliche Anforderungen stellen. *Treibhausklima* bei Tag und bei Nacht. Das Nachtklima allerdings wird meist von der künstlichen Klimaanlage im Hotel bestimmt. Von einem schwierigen Problem der *Akklimatisation*, die vor allem bei älteren Menschen Schwierigkeiten bereiten kann, sollte man nicht sprechen. Eine völlige Adaptation erfolgt erst nach mehreren

Wochen. Ein Tourist dagegen mit Tropentauglichkeit auf Zeit muß gewisse Regeln befolgen, die ihm helfen sollen, die kurze Tropenzeit bei gutem Befinden durchzustehen. Hierzu gehören Ratschläge für eine zweckentsprechende Kleidung, also wenig Kunstfaser, die in jedem Reiseführer nachgelesen werden können.

Ein wichtiger Punkt ist die *gemäßigte Bewegung*. Nicht selten verhalten sich gerade Geronten temperamentvoller als sie es sich leisten können. Die in der Heimat übliche würdige Gangart sollte in den Tropen eher noch betont werden. Die Langsamkeit der schwarzen Völker ist nicht immer tadelnswerte Lethargie, sondern gekonnte Anpassung.

Folgenschwere Gesundheitsrisiken gerade für ältere Menschen erblicken wir in einer leichtsinnigen *Ernährungsweise*, also keine Blattsalate, nur Schälfrüchte, kein unabgekochtes Wasser. Zu jedem Frühstück etwas Chemoprophylaxe, z. B. 1 Dragée Mexaform plus oder Combiase spez., die sich mit Resochin zur Malariaprophylaxe gut vertragen. *Akute Durchfallserkrankungen* können den Kreislauf alter Menschen, dazu noch bei tropischem Klima, erheblich gefährden. Die ärztliche Versorgung entspricht nicht immer unseren europäischen Vorstellungen. Der Zeitplan bei Gesellschaftsreisen wird gesprengt, eingezahlte Gelder gehen verloren. Mit einem Wort, die Urlaubsstimmung nähert sich bald einem Tiefpunkt, der sich vielfach vermeiden läßt.

Zum Kapitel, das die Besonderheiten der Lebensführung betrifft, gehört ein Hinweis auf die *Flüssigkeitszufuhr*. Zu Beginn eines Tropenaufenthaltes werden große Flüssigkeitsmengen benötigt, 5—6 Liter. Dazu folgende Vorsichtsregeln: Oft und wenig, nicht zu kalt; Eisstücke herausnehmen, bevor sich die Amöben freigeschwommen haben, nie Leitungswasser, auch nicht zum Zähneputzen; alkoholische Getränke nach alter Erfahrung erst nach Sonnenuntergang. Die großen Flüssigkeitsmengen mit ihren Verschiebungen weisen darauf hin, daß Herz und Kreislauf bei älteren Tropenurlaubern intakt sein müssen.

Ein weiterer Punkt zu Besonderheiten der Lebensführung. Wir sprachen eingangs von den klimatischen Belastungen. Hier muß man hinzufügen, daß uns die Natur selbst weniger gefährdet als die Technik, ich meine die *modernen Klimaanlagen* in den Hotels, auf die die meisten Reiseprospekte besonders rühmlich hinweisen. Die Klimaanlage ist meist auf Europa eingestellt mit etwa 22°C bei 40% Luftfeuchte, und wenn wir ins Freie treten, bleibt einem aufs erste bei z. B. 35°C und 95% Feuchte die Luft weg. Dieses kontinuierliche *klimatische Wechselbad* bekommt älteren Menschen meist äußerst schlecht; katarrhalische Infekte und Tracheobronchitis werden ausgelöst, rheumatische Beschwerden und auch Magen-Darm-Störungen können auftreten. Die Prophylaxe lautet: Anlage regulieren, d.h. Temperatur und Feuchte höherstellen; Zugluft verhindern durch Vorhängen von Kleidern. Ist keine Klimaregulierung möglich, so bei älteren Apparaten, dann beim Aufenthalt im Zimmer Klimaanlage abstellen, besonders nachts. Altmodische Propellerventilatoren, die meist noch über dem Bett montiert sind, abstellen. Ein weiterer in diesem Zusammenhang nicht zu unterschätzender Punkt ist die *wollene Leibbinde*. Wer über die Leibbinde lächelt, versteht nichts von den Tropen. Die Japaner forderten von ihren Dschungelkämpfern die wollene Leibbinde; das eine Ende mußte nach außen sichtbar getragen werden, um kontrolliert werden zu können. Oldtimer, die ich in den Tropen getroffen habe und die schon Jahrzehnte dort leben, loben immer wieder dieses wichtige Bekleidungsstück, auch nachts.

Noch etwas zur *Schlaflosigkeit* auf Fernreisen bei älteren Menschen. Man soll die hier in unseren Breiten bewährte Schlaftablette nie wechseln; die Dosis muß meist reduziert werden, selten verstärkt. Bei größeren Zeitverschiebungen und entsprechenden Rhythmusveränderungen gehört der ältere Tourist nach Ankunft am neuen Zielort ins Bett. Nicht selten sind es gerade die Älteren, die glauben, die Zeit raffen zu müssen, um in kurzem möglichst viel zu erleben, sie beginnen nach Ankunft mit sightseeing und shopping und erleiden danach nicht selten Kollapszustände mit zeitraubender Behandlung.

Wer von der älteren Generation einen tropischen Fernurlaub plant, muß *organisch und psychisch gesund* sein; er muß belastbar sein; denn eine Durchfallerkrankung oder ein grippaler Infekt bleiben bei der Exposition draußen kaum einem erspart. Hierzu eine ehrliche Frage: Wie sind die *Parameter für Gesundheit im Alter* eigentlich zu beurteilen. Wir sprechen von Multimorbidität im Alter, d.h. kaum hat ein Siebzigjähriger weniger als drei Krankheiten. Hier entscheidet einzig und allein das Urteil des beratenden Arztes. Dieses Urteil braucht nicht mehr so streng zu sein wie in früherer Zeit, seitdem der moderne Tropenurlaub geradezu im hygienischen Milieu verlebt wird: also Unterbringung, Küche, sanitäre Einrichtungen, hygienisch einwandfreie Swimmingpools.

Eine Gefahr der neuzeitlichen Touristik jedoch ist die *Programmbelastung*, die für ältere Menschen oft zur Gefahr wird; meist fehlen dazwischengeschaltete und dringend notwendige Ruhetage. Unter Berücksichtigung dieser Punkte kann man auch gut kompensierte Herzpatienten, medikamentös ausgeglichene Hypertoniker und Hypotoniker, gut eingestellte und für die Tropen belehrte Altersdiabetiker auf die Reise schicken. Dermatologen raten bei Hautkrankheiten von feuchtheißem Klima ab, da es zur Exacerbation von Dermatomykosen, dyshidrotischem Ekzem, Psoriasis vulgaris und Krankheiten des varikösen Symptomenkomplexes kommen kann.

Zum Schluß noch ein Streßpunkt, der aufs erste gesehen völlig abwegig erscheint: *Photographieren* und *Filmen* alter Touristen. Früher war man nur von grauhaarigen Amerikanern gewohnt, daß sie mit vielen verschiedengroßen Fotoapparaten behängt kontinuierlich Motivfahndung betrieben. In den letzten Jahren haben wir gleichgezogen. Man gewinnt den Eindruck, daß gerade ältere Menschen unter dem ängstlichen Druck stehen, sie würden ihr tägliches Photosoll vernachlässigen. Sie eilen oft optisch schwer beladen der Besichtigungsgruppe weit voraus, erklimmen gegen jedes Schongesetz der Geriatrie die unmöglichsten Steinhalden und

Tempelsimse, alles zur Verbesserung des Motivs, oder sie sind lang hinter der Nachhut noch im photographischen Einsatz und verpassen den Anschluß. Und das alles ohne Tropenhut, der ja beim Filmen stört und gerade für den älteren Kopf in den Tropen so unentbehrlich ist.

Meine Damen und Herren. Ich habe Sie schon zu Anfang vor der Vielseitigkeit des Themas gewarnt. Es kam mir darauf an, einige wesentliche Gesichtspunkte herauszugreifen, die Berücksichtigung finden müssen, um alten Menschen erlebnisreiche, aber auch erholsame Urlaubsreisen zu ermöglichen. In früherer Zeit entzog man sich mancher Schwierigkeit durch Verbote. Nur der junge Arzt verbietet viel, um dann mit Gönnermiene gewisse Zusätze zu erlauben, der Erfahrene macht sich frei von der Rückendeckung des Verbots. Wenn wir die entscheidenden Erfahrungsgrundsätze kennen und diese jeweils richtig anwenden, wird es uns sicher gelingen, älteren Menschen auch auf Urlaubsreisen zu helfen.

Besonderheiten beim Kind
(Ärztliche Problematik des Urlaubs)

W. Künzer (Freiburg)

Medizinisch relevante Themen lassen sich in einem kurzen Vortrag gewöhnlich nicht erschöpfend abhandeln. Der Umfang des Stoffes verlangt Beschränkung und Auswahl. Das gilt auch für mein heutiges Thema über die ärztliche Problematik des kindlichen Urlaubs. Im folgenden kann ich daher nur 3 Fragen ansprechen, deren praktische Bedeutung der Arzt aus seiner Sprechstunde kennt:

1. die Frage nach der Reise- und Urlaubsfähigkeit des jungen Kindes, insbesondere des Säuglings,

2. die Frage nach einem zweckmäßigen Ferienquartier sowie der Belastung durch die notwendige An- und Abreise, und

3. die Frage nach Nützlichkeit und Art des Familienurlaubs für das krankheitsanfällige Kind.

1. Die Frage nach der Reise- und Urlaubsfähigkeit des jungen Kindes, insbesondere des Säuglings

Zu Beginn der Reisezeit stellen die Eltern in der ärztlichen Sprechstunde häufig die Frage nach der Reise- und Urlaubsfähigkeit ihrer Kinder. Je jünger das Kind ist, um so größer ist meist ihre Besorgnis, daß das Kind den Belastungen einer Urlaubsreise nicht gewachsen sei. Speziell der junge Säugling wird als ein unfertiger Nesthocker angesehen, der so wenig wie möglich aus dem häuslichen Milieu genommen werden sollte.

Diese Ansicht ist in genereller Form zweifellos unrichtig. Sehen wir ab von der Frage der Urlaubsbedürftigkeit, die in den ersten Lebensjahren meist fehlt und unterstellen wir unterwegs neben guten hygienischen Verhältnissen geeignete Unterbringsstätten, so bestehen gegen die Mitnahme selbst von sehr jungen Säuglingen in den Familienurlaub keine schwerwiegende Bedenken. Die kleine Statur des Kindes ist nicht mit einer allgemein verminderten funktionellen Leistungsfähigkeit des jungen Organismus gleichzusetzen. Das Kind ist kein kleiner Erwachsener, der mit seinem Wachstum einem optimalen Verhalten zustrebt, sondern ein Geschöpf mit adäquaten, dem jeweiligen Entwicklungsstand gewöhnlich ideal angepaßten Reaktionsweisen.

Dies wird deutlich, wenn wir uns vor Augen halten, daß im Verlauf der Kindheit ein bedeutsamer Funktionswandel mit manigfachen Besonder-

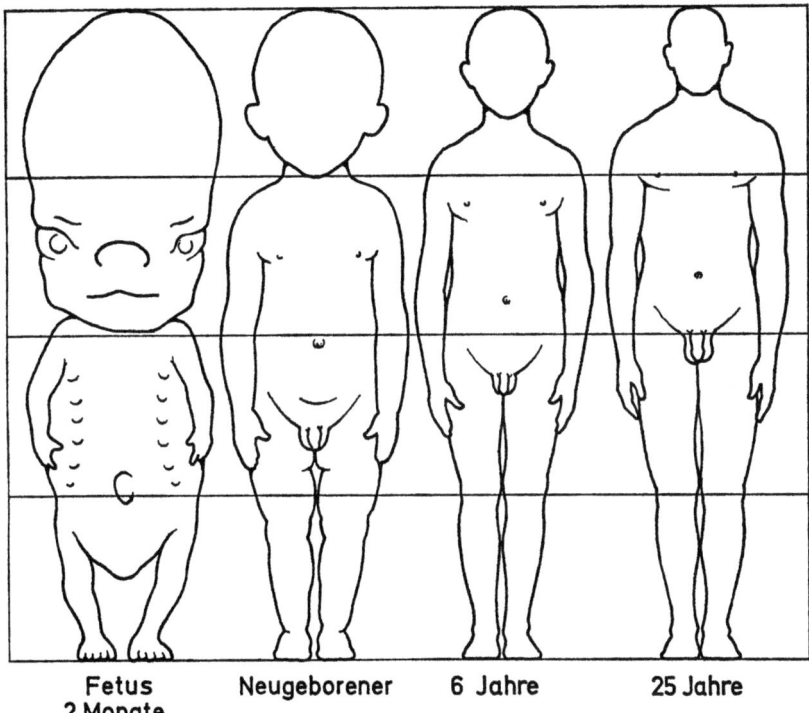

Fetus 2 Monate — Neugeborener — 6 Jahre — 25 Jahre

Abb. 1. Die Verschiebung der Proportionen von der Fetalzeit bis zum Erwachsenenalter

heiten resultiert. Die Physiologie des erwachsenen Menschen kann daher auf die Verhältnisse des Kindes eine nur beschränkte Anwendung finden. So hat sich denn auch eindrücklich gezeigt, daß die Entwicklung des Kindes in wichtigen Teilbereichen weder in funktioneller, noch morphologischer Hinsicht einfach geradlinig verläuft. Augenfällig geht das — wie Abb. 1 zeigt — aus dem Gestaltwandel hervor, der mit dem Längen- und Gewichtswachstum des Kindes einhergeht. Stellt man Individuen verschiedenen Alters mit ausgeglichener absoluter Körperhöhe nebeneinander, so macht die Kopfhöhe bei einem 2 Monate alten Feten die Hälfte der Körpergröße aus; beim Neugeborenen beträgt sie $1/4$ und beim Erwachsenen nur noch $1/8$ der Körperhöhe.

In die gleiche Richtung wie der Gestaltwandel weisen auch die Differenzen im Wachstumsverlauf der einzelnen Organe. Abb. 2 veranschaulicht das mittlere Gewichtswachstum wichtiger Körperorgane. Hier ist um einen Vergleich zu ermöglichen das Erwachsenen-Gewicht der einzelnen Organe jeweils gleich 100 % gesetzt und das kindliche Organgewicht darauf prozentual bezogen worden. Es zeigt sich, daß Thymus und

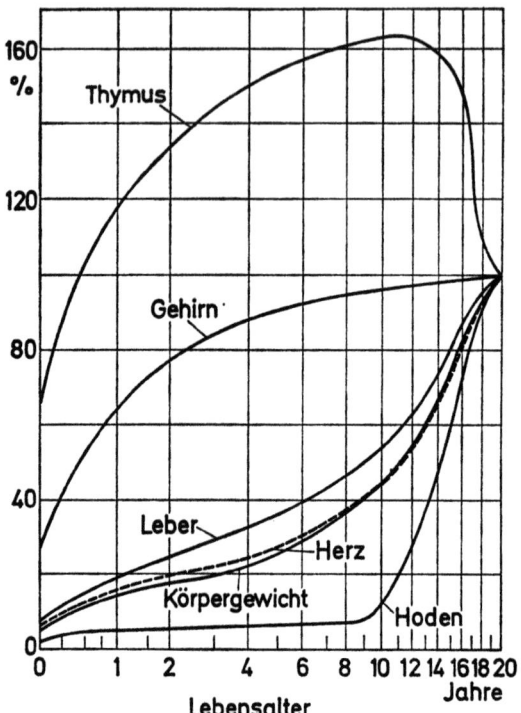

Abb. 2. Durchschnittliches Gewichtswachstum verschiedener Körperorgane: Prozentuale Gewichtsverhältnisse im Kindesalter, bezogen auf das Organgewicht Erwachsener (= 100%) (nach Roessle und Roulet). Organgewicht beim Erwachsenen: Thymus 18 g, Gehirn 1330 g, Leber 1500 g, Herz 295 g, Hoden 40 g (Körpergewicht 68 kg)

Gehirn in den ersten Lebensjahren das weitaus stärkste Wachstum aufweisen, während Leber und Herz zuerst langsam, später erheblich schneller an Gewicht zunehmen. Das Hodengewicht nimmt im Verlauf der ersten 10 Jahre nur minimal zu, um dann in der Pubertätszeit rapide auf etwa den 10fachen Wert anzusteigen.

Der morphologischen Entwicklung prinzipiell ähnlich verläuft auch die funktionelle Entwicklung der Körpersysteme phasenhaft, angepaßt an die jeweiligen Bedürfnisse des kindlichen Organismus. Nur auf diese Weise ist es möglich, daß der Fetus die intrauterine Zeit mitsamt der Geburtsbelastungen ohne Schaden übersteht und das Neugeborene postnatal die im Mutterleib noch ruhenden, in der neuen Umwelt aber lebenswichtigen Funktionen entwickelt.

Sehr eindrucksvoll ist beispielsweise die Anpassung des Fetus an die Besonderheiten des intrauterinen Gastransportes. Bekanntlich lebt der Fetus in einem bemerkenswert sauerstoffarmen Milieu, das für den Erwachsenen völlig unverträglich wäre. In der Nabelvene des reifen Neugeborenen, die arterialisiertes Blut enthält, beträgt die O_2-Sättigung nur etwa 50—60 %. Das venosierte Blut in den Nabelarterien ist nur zu etwa 25—30 % mit O_2 gesättigt. Die Vergleichswerte für die O_2-Sättigung im Erwachsenenblut lauten für das arterielle Blut 97 %, für das venöse Blut 75 %. Trotz dieser eklatanten Schlechterstellung weist der Fetus nicht einmal die Erscheinung der Höhenadaptation auf: Die Hb- und Erythrocytenwerte sind im Vergleich mit den normalen Erwachsenenwerten nicht überhöht. Es besteht aber auch keinerlei Hinweis darauf, daß er an einem O_2-Mangel leidet. Dieses Verhalten läßt zweifellos die Deutung zu, daß der Fetus in dieser Situation des Gaswechsels ganz anders als der Erwachsene reagiert.

Als weiteres Beispiel einer Adaptationsleistung des Neugeborenen seien die Veränderungen im Bilirubinkonjugationssystem angeführt. Die enzymatische Aktivität der Lebermikrosomen für die Bilirubinkonjugation in utero ist sehr gering. Das durch den fetalen Erythrocytenzerfall entstehende unkonjugierte Bilirubin wird nicht in der kindlichen, sondern in der mütterlichen Leber metabolisiert, wohin es via Placenta nahezu quantitativ gelangt. Mit der Abnabelung ist dieser Ausscheidungsweg verlegt. Die Leber der Neugeborenen wird damit abrupt vor die Aufgabe gestellt, selbst das anfallende freie Bilirubin zu konjugieren. Dieser Anforderung kommt das Organ tatsächlich auch rasch nach, allerdings nicht so rasch, daß es nicht zu einem vorübergehenden Aufstau des unkonjugierten Bilirubins im Blut käme. Das Mißverhältnis zwischen Bilirubinbildung und -ausscheidung bedingt also den sogenannten physiologischen Ikterus neonatorum. Mit wachsender Aktivierung des Glukuronsäuretransferasesystems bildet sich dann die Hyperbilirubinämie wieder zurück. Abb. 3 zeigt den Verlauf der Serumbilirubinkonzentration nach der Geburt bei reifen Kindern. Man erkennt, daß es bei allen Neugeborenen zu einem deutlichen, individuell verschieden starken Anstieg des Serumbilirubins kommt, der zwischen dem 4. und 5. Lebenstag seinen Höhepunkt überschreitet. Danach fällt der Serumbilirubinspiegel zur Normgrenze des Erwachsenen ab.

Ein weiteres Adaptationsphänomen, dessen Bedeutung offen liegt, ist die Toleranz des Neugeborenen-Gehirns gegenüber einer Anoxie. Setzt die Atmung aus, so überleben Neugeborene den resultierenden O_2-Mangel etwa 15 Minuten lang, d. h. die Überlebungszeit ist im Vergleich mit Erwachsenen etwa verdreifacht. Diese Anoxie-Resistenz hat vielfältige Wurzeln. Von erster Bedeutung dürfte die Tatsache sein, daß die glykolytischen Enzyme bei Neugeborenen ebenso wie in der Fetalzeit hohe Aktivitäten im Hirngewebe erreichen und die Neugeborenen ihre lebenswichtige Energie eine zeitlang aus dem anäroben Stoffwechsel decken können. Diese Fähigkeit geht in der Säuglingszeit mehr und mehr verloren.

Derartige Beispiele für die außerordentlich hohe funktionelle Leistungsfähigkeit zahlreicher Organsysteme ebenso wie für das enorme

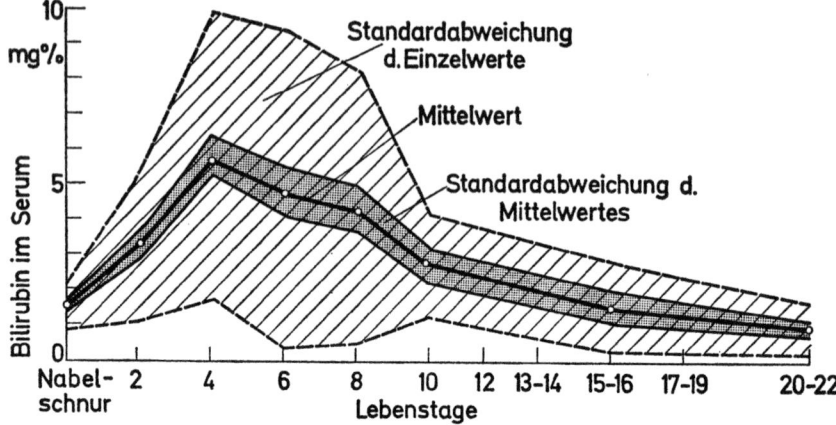

Abb. 3. Verlauf der Serumbilirubinkonzentration nach der Geburt bei Reifgeborenen (nach Vest)

Adaptationsvermögen an veränderte Belastungen ließen sich für die erste Lebenszeit beinahe beliebig vermehren. Es besteht gar kein Zweifel daran, daß dem jungen Kind auch die Anpassung an klimatische Veränderungen gelingt. Sie gelingt ihm sogar wesentlich leichter, rascher und vollständiger als dem erwachsenen Menschen. Davon kann sich der unvoreingenommene Beobachter jederzeit selbst — besonders gut an seinen eigenen Kindern — überzeugen. Weder die schnelle Versetzung in andere Länder mit Zug, Auto oder Flugzeug, noch die Einwirkung veränderter Bedingungen für Temperatur, Druck, Sauerstoffpartialdruck und Feuchtigkeit vermag dem jungen Säugling in einem ernsten Ausmaß zu tangieren. Diesbezügliche Fehlwirkungen von Urlaubsreisen brauchen daher eigentlich je weniger umso jünger das Kind ist in Rechnung gestellt zu werden.

2. Die Frage nach einem zweckmäßigen Ferienquartier und der Belastung durch die notwendige An- und Abreise

Ich komme damit zur Frage nach einem zweckmäßigen Ferienquartier für das junge Kind und zu seiner Belastung durch die Hin- und Herreise. Obgleich wir Akklimatisationsbeschwerden an das veränderte Klima nicht oder nicht in nennenswertem Ausmaß zu befürchten haben, dürfen natürlich doch gewisse Eigenheiten des jungen Kindes und sich daraus ergebende Schadensmöglichkeiten nicht außer acht gelassen werden. Diese Dinge sollten daher in die vielfältigen Ferienüberlegungen der Familie mit eingehen. Da ist zunächst das Problem der Gewinnung eines guten Ferienquartiers zu lösen. Ideal — darüber besteht Übereinstimmung — ist für Kinder aller Altersklassen die Unterbringung in einem Ferienhaus oder einer adäquaten Einrichtung. Hier kann das Kind in gewohnter Weise von der Mutter versorgt werden. Hier kann der Säugling auch in optimaler Weise ernährt werden. Die gesteigerte Empfindlichkeit des Säuglings gegenüber Ernährungsfehlern beruht im wesentlichen auf dem sehr hohen Nahrungsbedarf — der relativ gesehen etwa 3mal so hoch ist wie später — und der damit verbundenen außerordentlichen Belastung der Verdauungsorgane. Bei voller Inanspruchnahme der Verdauungsleistung durch eine künstliche Ernährung kann es daher leichter als bei älteren Kindern zu Verdauungsstörungen kommen. Im Ferienhaus bleibt das Kind im Familienmilieu ohne die Infektgefährdung, die der Kontakt mit vielen Menschen — beispielsweise im Hotel — mit sich bringt. Im Ferienhaus ist auch der ungestüme Bewegungsdrang des Kleinkindes kein Stein des Anstoßes, der im Hotel zumal bei schlechter Witterung leicht zu einer schwer erträglichen Nervenbelastung der Umgebung wird. Diese vielen Vorteile wägen in der Regel den Nachteil für die Mutter auf, welche die Haushaltsführung in den Ferien mit sich bringt. Abzuraten ist demgegenüber von einem Zelt- und Campingurlaub für Familien mit Säuglingen und Kleinkindern. Wenn dieser nicht selten auch ohne ernstere Komplikationen für das Kind bleibt, so sollten doch die vielseitigen physischen und psychischen Belastungen dem Schulkind vorbehalten bleiben, das davon durchaus profitieren kann.

Langdauernde Reisen — mit welchen Verkehrsmitteln sie auch unternommen werden — sind für Kleinkinder, aber auch noch für viele Schulkinder eine rechte Plage. Das lange Stillsitzenmüssen auf jeweils engem Raum, die erforderliche Rücksichtnahme auf die Umgebung ebenso wie die Schwierigkeiten beim Essen und Schlafen — alles das sind Gründe, die einen möglichst nahe gelegenen Urlaubsort wählen lassen sollten. Die geringsten Probleme bietet noch die Mitnahme von Säuglingen, die gewöhnlich einen beträchtlichen Teil der Reisezeit verschlafen und sich auch sonst selbst bei längeren Reisen kaum gestört zeigen. In diesem Zusammenhang sei erwähnt, daß Kinder und selbst Schulkinder bis zum 14. Lebensjahr durch sogenannte Besichtigungs- und Bildungsreisen nicht oder nur ungenügend angesprochen werden. Sie fühlen sich dadurch ebenso überfordert wie durch Reisen, die ausschließlich oder doch vorwiegend der Schönheit der Natur gelten.

Speziell bei Autoreisen ist zu beachten, daß Fahrpausen regelmäßig in 1—2stündlichen Abständen eingelegt werden. Die Kinder sollten dann 20—30 Minuten lang laufen und springen können. Zur Verhütung vermeidbarer Unfälle dürfen Kinder nicht auf den Autovordersitzen Platz nehmen, auch nicht auf dem Schoß eines Erwachsenen. Obgleich dieses Gebot weithin bekannt und anerkannt ist, wird es wie die traurigen Unfallziffern zeigen, keineswegs allerseits mit der nötigen Konsequenz befolgt. In ähnlicher Weise bereitet bekanntlich das gefährliche Stehen auf den hinteren Sitzen dem Aufprall gegen die Windschutzscheibe bei einer scharfen Bremsung oder Karambolage Vorschub. Säuglinge und Kleinkinder gehören daher in eine hinten fest verankerte und optimal mit Unfallschutz versehene Liege bzw. Kindersitzgelegenheit.

Besondere Probleme der Reise mit der Eisenbahn, dem Flugzeug und dem Schiff können hier nicht weiter besprochen werden. Hingegen sei noch kurz daraufhingewiesen, daß in allen Verkehrsmitteln die sog. *Reisekrankheit* auftreten kann. Vor allem ältere Kinder sind nicht selten von dieser lästigen und manchmal subjektiv sehr unangenehmen Komplikation betroffen. Man hat gute Anhaltspunkte dafür, daß hierbei eine Übererregbarkeit des Vestibularapparates eine wichtige Rolle spielt. Zur Prophylaxe hat sich Vitamin B_6 in vielen Fällen bewährt. Andernfalls hilft wohl nur eine massive Sedierung, z.B. mit Phenobarbital.

3. Die Frage nach Nützlichkeit und Art des Familienurlaubs für das krankheitsanfällige Kind

Ich komme damit zur Frage nach Nützlichkeit und Art des Familienurlaubs für das krankheitsanfällige Kind. Krankheitsanfällige Kinder sind größtenteils infektanfällige Kinder, wobei die Infektionen entweder den gesamten Organismus ohne spezielle Organwahl befallen, oder aber einzelne Organe bzw. Organsysteme betreffen können; zum Beispiel Tonsillen, Mittelohren, Nebenhöhlen, Bronchien, Lungen, Haut oder Nieren mitsamt ableitenden Harnwegen. Solche infektempfängliche Kinder machen täglich einen ansehnlichen Teil des Krankengutes in der ärztlichen Praxis aus. Nun bedrohen Infektionen schon das normale junge Kind in weit höherem Maß als ältere Kinder oder Erwachsene. Das ist im wesentlichen dadurch bedingt, daß die humorale Infektabwehr in den frühen Lebensabschnitten noch nicht voll entwickelt ist. Die bei Geburt vorhandenen Immunglobuline, welche den jungen Säugling gegen bestimmte Infektionskrankheiten — zum Beispiel Masern — schützen sollen, stammen normalerweise von der Mutter; sie werden als Fremdstoffe mit einer Halbwertszeit von etwa 20 Tagen abgebaut. Die Neuproduktion von Antikörpern gegen spezifische und unspezifische Infektionserreger kommt aber nur langsam in Gang und erfolgt ausschließlich nach Maßgabe der stattfindenden Antigenkontakte. Die große Infektanfälligkeit des normalen Kindes wird somit erst allmählich im Verlauf des Kleinkindes- oder sogar Schulalters ausgeglichen. Weiterhin sorgen für das häufige Auftreten von Infektionskrankheiten die größeren Kontaktmöglichkeiten mit pathogenen Krankheitserregern, die in diesem Lebensalter bestehen. Gerade der Kindergarten — diese nützliche und notwendige Einrichtung — spielt bei dieser unerwünschten Kommunikation eine entscheidende Rolle. Unbesehen von diesen Verhältnissen existiert aber der Tatbestand, daß zahlreiche Kinder eine besondere Disposition zu Infekten aufweisen und als infektanfällige Kinder im engeren Sinne zu gelten haben. Es erscheint dabei verständlich, daß die Grenze zwischen noch normaler und schon pathologischer Reaktionsweise fließend und im Einzelfall nicht immer festzulegen ist. Die Ursache für diese Empfänglichkeit auf Infekte aller Art ist bisher ungeklärt. Offensichtlich sind genetisch gesteuerte Mechanismen verantwortlich.

Krankheitsanfällige Kinder sind aber nicht nur infektanfällige Kinder. Vielmehr müssen hier insbesondere auch die Kinder aufgeführt werden, die an einer sog. exsudativen Diathese leiden. Es ist dies nicht der Ort sich mit diesem in der Praxis sehr bewährtem Begriff kritisch auseinanderzusetzen, der eine im frühen Kindesalter immer wieder zu beobachtende spezielle Krankheitsbereitschaft kennzeichnet. Und zwar umfaßt diese Diathese eine Neigung der Haut und Schleimhäute auf bestimmte äußere Reize — infektiöse, chemische, mechanische und allergische Reize — mit überschießenden Reaktionen wie Katarrhen, Exsudationen und Entzündungen zu antworten. Es entstehen dann Krankheitsbilder wie Dermatitis seborrhoides, Säuglings-Ekzem, Neurodermitis, Laryngitis, Pseudokrupp, Bronchitis, Asthma bronchiale, Konjunktivitis, Vulvovaginitis, Pyelitis und Balanitis.

Konstitutionsanomalien, wie sie das krankheitsanfällige Kind aufweist, sind — da in den Erbanlagen verankert — nicht zu verändern. Aber sie sind durch Klima, Lebensweise, Ernährung, körperliche Betätigung und Bäder nachdrücklich zu beeinflussen. Besonders merkbar geschieht dies durch bioklimatische Faktoren. Dabei sind sowohl biologische Wetterwirkungen zu bedenken, die stark an cyclonales Geschehen wie zum Beispiel Alpenföhn gebunden sind, als auch ortsgebundene Klimawirkungen wie sie zum Beispiel im Hochgebirge oder an der See zum Tragen kommen. Positive Effekte sind ebenso möglich wie negative und zwar bei den einzelnen Kindern in unterschiedlicher Art, indem ihre Anfälligkeit erhöht oder verringert wird. Ein eindrucksvolles Beispiel für den günstigen Einfluß der Höhenlage eines Ortes auf Erkrankungen bildet die Tatsache, daß Bronchialasthma und bestimmte konstitutionelle Ekzeme über 1200 m Meereshöhe praktisch nicht mehr vorkommen. Andererseits weiß jeder, daß es auch bei anfälligen Kindern so etwas wie Föhnkrankheiten gibt, zum Beispiel den Asthmaanfall und Pseudokrupp oder Erscheinungen wie Kopfschmerzen, Appetitlosigkeit, Schlaflosigkeit, Reizbarkeit. ,,Und zwar ist ein so geartetes Erkranken durchweg im Sinne einer Auslösung zu verstehen: Ein aus vielfältigen anderen Lebensumständen bereits dicht an der Grenze seiner Anpassungsfähigkeit stehender Organismus erkrankt auf die neue Belastung hin, die gegenüber manch anderer im individuellen Leben auftretender eben nur die Besonderheit besitzt, daß sie Tausende, ja Millionen Menschen gleichzeitig trifft und demzufolge unter diesen eine Anzahl prämorbider synchron erkranken läßt. Reaktionsträger der Wettereinflüsse ist in erster Linie das vegetative Nervensystem und zwar besteht primär eine parasympathicotone Wirkung, wobei natürlich im Sinne des Hoffschen Kompensationsprinzips die orthosympathicotone Gegenregulation sofort folgen kann" (de Rudder, 1960).

Trotz dieser Effekte der Klimafaktoren besteht aber nach aller ärztlichen Erfahrung keinerlei Grund, das krankheitsanfällige, sonst organisch gesunde Kind vom Ferienurlaub der Familie auszuschließen. Im Gegenteil, der mit dem Urlaub verbundene Klima- und Milieuwechsel wirkt sich fast ausnahmslos für diese Kinder aus. Anders als bei prämorbiden Erwachsenen, die an der Grenze ihrer Anpassung stehend, durch einen brüsken Klimawechsel auf das schwerste bis zum Herzinfarkt oder zur Apoplexie geschädigt werden können, bedürfen die krankheitsanfälligen Kinder keiner diesbezüglichen Besorgnis. Man unterscheidet in problematischer Weise ein Reizklima und ein Schonklima, wobei ersteres an der See und im Hochgebirge, letzteres im Mittelgebirge und in der waldreichen Ebene anzutreffen ist. Es gibt aber kein spezielles Klima als Heilklima für eine bestimmte Erkrankung. Insofern ist auch ein tiefgründiges Grübeln darüber wohin man ein krankheitsanfälliges Kind in Urlaub schickt, nicht allzu sinnvoll. Nach den Angaben der erfolgszählenden Statistik ist es ziemlich gleichgültig, ob man den Eltern von Kindern mit hartnäckig rezidivierenden Katarrhen einen Ferienaufenthalt im Gebirge oder an der See empfiehlt. Wichtiger als das zu wählende Klima an sich ist wohl der eintretende Wechsel des Klimas. Der individuelle Fall mag allerdings mit dem einen oder anderen Klima besser bedient sein, was aber erst ein entsprechender Test klären kann. Im übrigen ist die Dauer des Urlaubs von wesentlicher Bedeutung für seinen Erfolg; das krankheitsanfällige Kind sollte nach Möglichkeit mindestens 4—6 Wochen wegbleiben.

Schluß

Aus zeitlichen Gründen werden im Rahmen des Referates über die ärztliche Problematik des kindlichen Urlaubes nur 3 wichtige Fragen angesprochen. Die erste Frage betrifft die *Urlaubsfähigkeit* des jungen Kindes, insbesondere des Säuglings und ist im Prinzip positiv zu beantworten. Dem jungen Kind gelingt entsprechend seinem großen physiologischen Adaptationsvermögen auch jegliche Anpassung an klimatische Veränderungen und zwar leichter, rascher und vollständiger als dem erwachsenen Menschen. Die zweite Frage gilt dem *zweckmäßigen Ferienquartier* sowie der Belastung durch die notwendige *An- und Abreise*. Der erste Teil der Frage scheint mir ziemlich eindeutig im Sinne der Überlegenheit des Ferienhauses bzw. der Ferienwohnung entschieden zu sein. Hier bleibt das Kind im Familienmilieu und vermag seinem ungestümen Bewegungsdrang nachzukommen, ohne bei empfindlichen Erwachsenen Anstoß zu erregen. Diese Vorteile wiegen in der Regel den Nachteil für die Mutter auf, welche die Haushaltsführung in den Ferien mit sich bringt. Langdauernde Reisen sind zumindest für Kleinkinder eine Plage und daher möglichst zu vermeiden. Sind sie unumgänglich, so sind bei Autoreisen regelmäßige Fahrpausen in 1—2stündlichen Abständen einzuhalten, in denen die Kinder jeweils 20—30 Minuten herumtollen können. Die dritte Frage beschäftigt sich mit der *Nützlichkeit des Familienurlaubs für das krankheitsanfällige Kind*. Dabei ergibt sich, daß insbesondere die vielen infektanfälligen Kinder und die Kinder mit einer exsudativen Diathese durch bioklimatische Faktoren vielfältigen Nutzen haben können. Im allgemeinen besteht kein Grund das krankheitsanfällige, sonst organisch gesunde Kind vom Ferienurlaub der Familie auszuschließen. Viel mehr erbringt der mit dem Urlaub verbundene Klima- und Milieuwechsel bei Beachtung gewisser Vorbedingungen fast stets einen günstigen Heileffekt.

Literatur

Berger, L., Schultze, E.: Über die Beurteilung von Klimaerfolgen bei Kindern. Kinderärztl. Prax. **30**, 182 (1962).
de Rudder, B.: Wetter, Jahrzeit und Klima als pathogenetische Faktoren. Hdbch. Allg. Pathologie X/1. Berlin-Göttingen-Heidelberg: Springer 1960.
Hartung, K.: Kind und Reisen. Mat. Med. Nordm. **23**, 121 (1971).
Hittmair, A.: Gefahren des Massentourismus und Tourismusforschung aus volksgesundheitlicher Sicht. Internist **12**, 266 (1971).
Hittmair, A.: Das Neurovegetativum vom Standpunkt des Internisten aus gesehen Internist **12**, 290 (1971).
Menger, W.: Klimatherapie, Symposion. 63. Tag. Dtsch. Ges. Kinderheilk. **114**, 255 (1966).
Nitsch, K. Hartung, K.: Klimakuren bei Kindern. Zur Behandlung von Konstitutionsschwäche. Indikation, Planung, Durchführung. Stuttgart: Thieme 1971.
Pless, J., Roghmann, K., Algranati, P.: The prevention of injuries to children in automobiles. Pediatries **49**, 420 (1972).
Ruge, W.: Medizinische Gefahren bei Urlaubs- und Badereisen. Internist **12**, 261 (1971).
Viethen, A.: Heilklimatische und balneologische Indikationen und Therapie im Kindesalter. Pädiatr. Prax. **2**, 299 (1963).

Verhütung und Behandlung von speziellen Urlaubskrankheiten

Bakteriell bedingte Erkrankungen unter besonderer Berücksichtigung der Darminfektion

H.P.R. Seeliger (Würzburg)

A. Einleitung

Als im Verlauf des VIII. Internationalen Kongresses für Tropenmedizin und Malaria in Teheran (1968) zahlreiche Teilnehmer an der *Grippe* erkrankten, wurden von einer internationalen Forschungsgruppe unter Beteiligung der Weltgesundheitsorganisation nachträglich umfangreiche Erhebungen über Häufigkeit, Verlauf und Schweregrad sowie mutmaßliche Ursache durchgeführt. Dabei ergab sich, daß rund ein Drittel der ca. 1000 Besucher während des Kongresses oder danach an Virusgrippe erkrankte (Saenz u. Mitarb., 1969). Auch ist bekannt, daß ein Großteil unter mehr oder weniger schweren *Durchfällen* gelitten hatte. Einige Vorträge mußten abgesagt werden, weil die Redner wegen schwerer Erkältung oder Darmerkrankung bettlägerig oder sogar zur Zeit ihrer Vorträge in klinischer Behandlung waren.

Noch schlimmer erging es den Teilnehmern an einer Jahrestagung der amerikanischen Mikrobiologen-Vereinigung, in deren Verlauf an die 800 Gäste eines Festessens an einer akuten *Salmonella-Infektion* erkrankten, die durch eine Geflügelzubereitung übertragen worden war.

Auch die Teilnehmer des IX. Internationalen Mikrobiologenkongresses in Moskau konnten im Spätsommer 1966 ihre Erfahrungen mit *akuten Brechdurchfällen* machen, so daß mancher sich fragen mußte, ob er zu einer Kur nach Karlsbad oder zu einem internationalen Mikrobiologentreffen gereist war.

Noch ausgeprägter zeigten sich *Tourista*, wie der Urlauber-Brechdurchfall neben anderen beschönigenden Bezeichnungen heißt, *und heftige Erkältungen* bei der Mehrzahl aller Teilnehmer des X. Internationalen Mikrobiologen-Kongresses in Mexico City 1970. Dort versuchte eine amerikanische Forschergruppe des Center for Disease Control in Atlanta/Georgia ebenfalls, durch genaue Erhebungen und Untersuchung von Patientenmaterial auf Erreger und Antikörper Licht in das Dunkel der Zusammenhänge zu bringen. Diese ernstgemeinten Bemühungen, die keineswegs diskriminierend gedacht waren, wurden natürlich von amerikafeindlichen Gruppen besonders heftig als Einmischung in die Angelegenheiten eines Gastlandes kritisiert und beschimpft. Auch in Mexico gab es unter den Fachleuten der Bakteriologie viele Erkrankte, und manche haben den größten Teil des Kongresses krank im Bett gelegen oder danach noch mit den üblen Folgen zu kämpfen gehabt. Ich stelle diese beiden — selbst auch als Opfer — miterlebten Beispiele an den Anfang, weil sie einmal zeigen, daß Gruppen von Ärzten, Tropenhygienikern, Mikrobiologen und Infektionsspezialisten trotz guter Unterbringungs- und Aufenthaltsbedingungen in einem fremden Land genau so leicht an Darminfektionen und Infektionen der Atemwege erkranken wie andere Reisende und Touristen. Und zum anderen wurde deutlich, daß weder die Veranstalter noch ein großer Teil der Betroffenen selbst den Versuch einer Klärung der wissenschaftlichen Zusammenhänge und ihre Notwendigkeit würdigten oder würdigen wollten.

B. Häufigkeit der Reise- und Urlaubsinfektionen

Wieviel schwerer muß es dann sein, die Ursache jener jährlich in die Hunderttausende gehenden Mandelentzündungen, fieberhaften Infektionen der Atemwege und Darmerkrankungen bei Urlaubern ausfindig zu machen; sind doch letztere im allgemeinen bestrebt, die Beeinträchtigung ihres Wohlbefindens nach Möglichkeit zu verbergen oder gar zu negieren (was oft verhängnisvolle Nachwirkungen zeigt, wenn z. B. aus einer akuten schließlich eine monatelange Darminfektion wird oder eine verschleppte Angina zum Nierenleiden führt).

Von Reiseunternehmern, lokalen Behörden und örtlichen Gesundheitsämtern (sofern vorhanden) der Urlaubsziele ist im allgemeinen noch weniger Bereitschaft zu erwarten, das allzuhäufige Geschehnis des „Sommerdurchfalls", "The Wog", „Montezuma's Rache" usw. überhaupt zuzugeben oder wenigstens die Zusammenhänge zu klären. Die Furcht vor Geschäftsschädigung, Schadenersatzansprüchen und Rufmord sind neben Unkenntnis der Gefahr, Fehleinschätzung der Häufigkeit und Gewöhnung an die immer wieder zu hörenden Klagen bestimmend für diese ziemlich weit verbreitete Haltung. Fieberhafte Erkältungen und Angina werden sowieso dem Urlauber als schicksalsbedingt angelastet, auch wenn er vielleicht von krankem Personal angesteckt wurde. In nicht wenigen Hotels renommierter Ferienorte geht die „Wasserkrankheit", „Inselkrankheit", „Ernährungsumstellung" und welch andere Worte noch gebraucht werden, unter den Gästen um. Erst wenn man sich etwas unfein beklagt, hört man von seinen Nachbarn am Strand oder am unterschiedlich gepflegten Swimming Pool die gleiche Leidensstory. Nur die Veranstalter und Hotelchefs wissen von nichts. Nur wenn es gar zu auffallend wird, kommt der Arzt des Vertrauens — möglichst unauffällig natürlich — und behandelt nach bewährtem Muster; manchmal ist sein Honorar auf der Hotelrechnung zu finden; und manchmal bekommt man, wie auf einer von Ärzten viel besuchten Adria-Insel, gegen die „Wasserkrankheit" mit ihren blutig-schleimigen Stühlen, Flüssigkeitsverlust, Erbrechen und natürlich tagelanger Unfähigkeit, Hotelkost zu genießen, gleich das bewährte „Hausmittel" von der Leitung diskret zugeschickt, meist ein hochwirksames Sulfonamid oder Antibiotikum. Am einfachsten ist es in solchen Fällen, die örtliche Apotheke aufzusuchen, die von dem einschlägig bewährten Mittel meist über erhebliche Vorräte verfügt.

Marth hat 1968 in einer Übersicht ausgeführt, daß in der Ambulanz eines bekannten Frankfurter Krankenhauses die Darmerkrankungen der 700 Mitarbeiter zahlenmäßig an 2. Stelle in den Krankmeldungen rangieren und daß von 161 Betriebsangehörigen, die 1965 ihren Sommerurlaub im Mittelmeer-Raum verbracht hatten, 63 mindestens zwei-, meist aber fünftägige Durchfälle hatten. Bei 17 waren die Beschwerden so stark gewesen, daß der Urlaub abgebrochen oder eine länger dauernde Behandlung angeschlossen werden mußte.

Die Angaben von Marth (1968) sowie Stille u. Mitarb. (1968), daß fast die Hälfte aller Urlauber in Südeuropa an Magen-Darminfektionen erkranken, werden durch die Ergebnisse einschlägiger Untersuchungen ausländischer Autoren gestützt, so von Hyllner (1964) auf den Kanarischen Inseln und von Kean (1963) an Reisenden in Mexico. In der Bundesrepublik sei auf den wichtigen Beitrag von Stille (1968) verwiesen, der direkt von einer Gefährdung des Urlaubs durch Diarrhoen spricht.

C. Ursachen

1. Unspezifische Magen-Darmerkrankungen

Die *Ursachen* dieser Urlaubsdurchfälle — oder wie sie auch noch immer beschönigend oder sarkastisch bezeichnet werden mögen — sind *vielgestaltig* und selbst am gleichen Ort, auch wenn dort ein Seuchenerreger, z.B. ein bestimmtes Ruhrbakterium, vorherrschen sollte, *meist nicht einheitlich*. Es gibt nicht *den* Errger des Reise-Durchfalls, sondern eine ganze Menge davon (vgl. Dandoy, 1964).

Einige der wichtigsten Schadensmöglichkeiten seien nachfolgend aufgeführt. Dabei ist zu unterscheiden zwischen angeblich nicht-infektiösen und infektiösen Magen-Darmstörungen. Ob die erstgenannten tatsächlich überwiegen, sei dahingestellt. Sie treten oft infolge oder im Zusammenhang mit Überlastung des Verdauungsapparates durch fremde, zu fettreiche oder blähende Kost auf. Die Verdauungsdrüsen schaffen ihre Arbeit nicht mehr, und Magenverstimmungen, Blähbauch, Übelkeit, Völlegefühl usw., sind die Folge. Vieles deutet aber darauf hin, daß an diesen Geschehen eine *Veränderung der eigenen Darmflora mitbeteiligt ist, da oft schon nach einigen Tagen die mit der Nahrung zugeführten fremden Bakterien die darmeigenen Keime verdrängen können.* Die Folgen sind relativ milde Reizerscheinungen, die vom Gesunden in der Regel verkraftet werden, beim Vorgeschädigten — d.h. *Urlauber mit gastrointestinalen Vorerkrankungen* — jedoch schon häufig zu deutlichen

Krankheitserscheinungen führen. Dabei müssen es nicht immer die fremden Bakterien sein, die einen wesentlichen Teil des lästigen Geschehens bedingen. Da die *menscheneigene Dickdarmflora — je Gramm mehr als 10 Milliarden lebender Bakterien —* durch ungewohnte Kost und unzureichende Tätigkeit der noch nicht auf sie eingestellten Verdauungsdrüsen und ihrer Fermente eine *erhebliche Verschiebung ihrer normalen Zusammensetzung* erfahren kann, können sich allein daraus bereits *hellfarbene, säuerlich riechende oder stinkende Durchfallsstühle entwickeln*, denen meist Blähungen vorausgehen. Mein Lehrer, der Internist Max Bürger, pflegte die Studenten zu lehren: „*Erst kommt der Wind und dann der Regen*"!

Solche Durchfälle können in wenigen Tagen ausheilen; oft dauern sie aber für die ganze Zeit, in der die fremde, ungewohnte Kost genossen wird.

Der Magen-Darm-Labile ist hier erheblich schlechter dran als sein robusterer Miturlauber. Er sollte es sich deshalb schon vor seinem Urlaub gut überlegen, ob er sich nicht besser in einer Gegend bzw. Umgebung erholt, in der er sich nicht erst an eine neue Kost gewöhnen muß. Auf jeden Fall sollte er sich von seinem Arzt entsprechend beraten lassen und einen ausreichenden Vorrat von jenen Arzneimitteln bei sich führen, die ihm bei ähnlicher Situation Linderung oder Beschwerdefreiheit verschaffen.

Diesem sei gleich noch eine *zweite Empfehlung* angeschlossen, die nicht genug beherzigt werden kann. Anstelle des Sprichworts „Lieber sich die Kehle verrenken, als dem Wirt etwas schenken", soll man — auch wenn man nach langer Reise hungrig, durstig und ermüdet ankommt — *lieber anfangs weniger essen und trinken, als man eigentlich möchte. Kleine Portionen einer fremden Kost werden besser vertragen.* Das gilt natürlich noch *mehr für die Getränke.* Bekanntlich kann schon ein ungewohntes Quantum Wein zu Durchfall führen, und eisgekühlte Getränke sind als wichtiger Faktor bei akuten Magen-Darmstörungen so geläufig, daß man sich nur wundern kann, wie wenige Urlauber von diesem Wissen Gebrauch machen. — Auch soll man nicht seinen Mut dadurch zu beweisen suchen, daß man Nahrung, die man noch nicht kennt und deren *scharfe Gewürze bekanntlich nicht nur im Munde brennen*, ohne Maß und Gewöhnung zu sich nimmt. Wer daheim an kleine, vielleicht sogar karge Mahlzeiten gewöhnt ist und sich dabei wohl fühlt, soll es auch im Urlaub so halten.

2. Spezifische Magen-Darminfektionen

a) *Salmonellose*

Neben diesen sozusagen „unspezifischen" Reisediarrhoen gibt es eine Reihe von gefährlichen bakteriellen Infektionen und Lebensmittelvergiftungen, die auch den Urlauber bedrohen. Schon unter den hygienisch günstigen Lebens- und Klimabedingungen der Bundesrepublik wurden 1970 rund 10 000 Fälle von Salmonellose erfaßt, eines infektiösen Brechdurchfalls durch *Salmonella*-Bakterien, die fast immer von primär verunreinigten Lebensmitteln stammen oder über sekundär verseuchte Lebensmittel in den Menschen gelangen. Wie komplex und vielfältig die Infektionswege sind, sei durch ein Schema verdeutlicht, das schon vor Jahren an der Bonner Salmonellen-Zentrale entstand und noch heute voll gültig ist (Abb. 1).

Vereinfachtes Schema der Salmonellen-Infektion

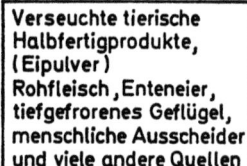 

Verseuchte tierische Halbfertigprodukte, (Eipulver) Rohfleisch, Enteneier, tiefgefrorenes Geflügel, menschliche Ausscheider und viele andere Quellen

(Salmonella-Bakterien) infektiöse Darm-Keime

Lebensmittel

z.B. Geflügelsalat, Speiseeis Tatar, Wurst, Wildpastete

bei ungenügender Erhitzung der Ausgangsprodukte, nachträglicher Verseuchung, Rohverzehr

(4 - 6 h bei Temperaturen zwischen 10 - 40°C)

Verbraucher

Abb. 1

Übrigens sei bemerkt, daß die genannte Zahl von 10000 keineswegs der Wirklichkeit entspricht und die tatsächliche Häufigkeit 8—10mal größer sein dürfte.

Es wäre zwecklos, hier Lebensmittel aufzuführen, die besonders häufig mit *Salmonella*-Keimen befallen sind. Entscheidend ist, daß der Infektionsweg vom Tier über Lebensmittel zum Menschen vorerst nur durch hygienische Maßnahmen wirksam unterbrochen werden kann. Dazu gehört, daß Salmonellen-gefährdete Lebensmittel vor dem Verzehr gründlich erhitzt, d.h. gekocht oder durchgebraten werden und anschließend unter Bedingungen aufbewahrt werden müssen, die eine nachträgliche oder erneute Verunreinigung mit Salmonellen verhindert. Hierzu ist ein sicherer Fliegenschutz ebenso nötig wie einwandfrei hygienisches Verhalten des Küchenpersonals. Ich darf in diesem Zusammenhang auf ein Büchlein aus eigener Feder verweisen, das sich u. a. mit der Unterweisung des Küchenpersonals und dessen Beaufsichtigung befaßt. Nicht selten finden sich, vor allem in den Tropen, unter dem Küchenpersonal Personen, die vorübergehend oder über längere Zeit Salmonellen ausscheiden und damit bei ungenügender Sauberkeit Lebensmittel gefährden, die mit der Hand zubereitet werden, so z. B. Salate, Eierspeisen, Cremefüllungen usw., die ihrerseits einen ausgezeichneten Nährboden zur Verseuchung mit Keimen bieten (Seeliger, 1972).

Dem läßt sich bis zu einem gewissen Maße wiederum mit hygienischen Mitteln begegnen: Herstellung aus einwandfreien Grundstoffen (unter Verwendung von gut durchgekochtem Fleisch, Schalentieren usw.); gründliche und häufige Reinigung der Hände (nicht nur nach Benutzung der Toilette, sondern zusätzlich vor Beginn der Salatzubereitung usw.); Verwendung von so viel Essig und Zitronensaft wie möglich, da kräftige Durchsäuerung die Vermehrung von Salmonellen und vielen anderen Bakterien verlangsamt oder gar hemmt; und schließlich Kühlung solcher Lebensmittel bei Temperaturen von 3—6°C unmittelbar nach ihrer Herstellung.

b) *Staphylokokken-Lebensmittelvergiftung*

Im Prinzip gelten die gleichen Maßnahmen auch für die Verhütung der durch Staphylokokken-Enterotoxine bedingten Lebensmittelvergiftung, ein ungeheuer häufiges Ereignis, das 2—4 Stunden nach Genuß eines solchermaßen vergifteten Lebensmittels zu einem üblen Brechdurchfall führt und bei Kreislaufkranken oder alten Menschen ernste Komplikationen bewirken kann. — Der Infektionsweg ist hier allerdings ganz anders als bei den Salmonellen; denn die giftbildenden Staphylokokken stammen meist vom Menschen, wo sie von eitrigen Sekreten aus Pickeln, eiternden Wunden sowie aus Nasen- und Rachenschleim direkt auf Nahrungsmittel oder auf Gebrauchsgegenstände gelangen können, von denen sie dann weiter auf das Lebensmittel übertragen werden. Gefährdet sind besonders Fleischsalate, Käsesalate, diverse Kuchenfüllungen und Cremes, Eiscrememasse (vor dem Gefrieren auf mindestens 80°C erhitzen!), aber auch die Oberflächen von Wurst und Schinken, Aspik, Gelatineüberzüge und a. m. (Abb. 2).

Voraussetzung für das Angehen der zur Giftbildung nötigen Keimvermehrung ist nach der oberflächlichen Verschmutzung oder gar innigen Durchmischung des Lebensmittels mit Staphylokokken *genügend Wärme und Zeit, damit Gift gebildet werden kann*. Unter Wärme sind hier *schon Temperaturen von 20°C* aufwärts zu verstehen, wie sie in Küchenräumen regelmäßig herrschen. — Es ist deshalb nötig, *gefährdete Lebensmittel stets kühl zu lagern*. Durch die Kühlhaltung wird die Keimvermehrung und Giftbildung übrigens nur verzögert; sie beginnt sofort wieder, wenn das Lebensmittel erneut in die Wärme gebracht wird. So finden die *Enterotoxin-bildenden Staphylokokken bei kalten Büffets und auf sog. kalten Platten, die oft stundenlang vor dem Verzehr herumstehen, viele Möglichkeiten, doch noch Gift zu produzieren.* Daraus ergibt sich eine weitere Empfehlung: *Man suche sich bei kalten Büffets — vor allem in warmen Klimaten — tunlichst jene Speisen heraus, die gebraten, gesotten, frisch aufgeschnitten oder gut durchgesäuert* sind. Man beschränke sich am besten auf Saucen, die industriell gefertigt sind oder reichlich Säure ent-

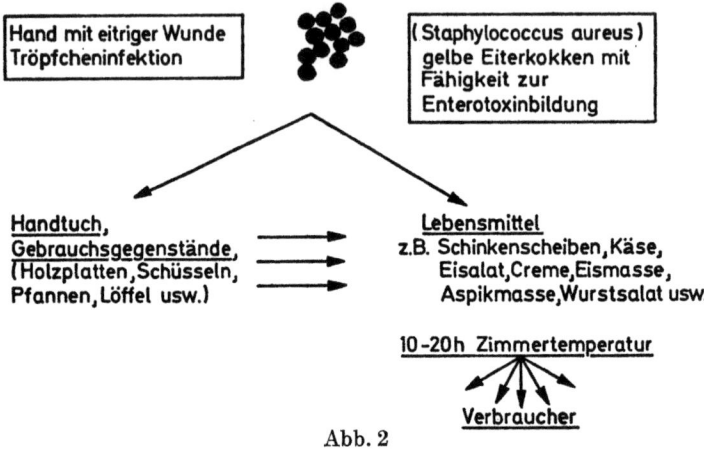

Abb. 2

halten, und man *betrachte Füllungen, Cremes jeglicher Art, Garnierung und leider auch viele leckere Salate nicht ohne Skepsis.* Der Rest ist dann eine Mischung aus Vertrauen, Mut und Appetit. — Im übrigen sei erwähnt, daß einmal gebildetes Staphylokokkengift bei nachträglichem Kühlen, selbst Gefrieren und Tiefgefrieren, nicht zerstört wird. Daher muß Eiscreme-Mix nicht nur sauber hergestellt, sondern danach sofort erhitzt und anschließend bis zum Gefrieren auf Temperaturen unter $5°C$ gekühlt werden.

c) *Clostridium perfringens-Lebensmittelvergiftung*

Leider schützt Braten oder Anbraten Fleisch nicht völlig vor Lebensmittelvergiftungen, vor allem dann, wenn das Fleisch nicht gründlich durchgebraten und anschließend sofort verzehrt wird. Vom Genuß von Rohfleisch (rare meat, "seignant") oder Tatar, Hackepeter usw., das man selbst in den Tropen oft genug serviert bekommt, sei hier nicht die Rede: wer seinen Bandwurm zur Abmagerung braucht, oder eine Toxoplasmose über sich ergehen lassen will — von der *Salmonella*-Enteritis ganz zu schweigen —, möge soviel Tatar essen wie er mag. Aber es gibt heute in manchen für ihre hochstehende Gastronomie bekannten Hotels solche Gerichte nur noch auf direkte, persönliche Vorbestellung (womit wohl auch der zivilrechtliche Risikofaktor eine besondere Würdigung erfährt); auf der Speisekarte finden sie sich vielfach nicht mehr. Und das ist gut so.

Aber wie kann nun sogar gebratenes Fleisch zur Krankheit führen? Ursache sind bestimmte Sporen-bildende Bakterien, deren Sporen sich im Darminhalt der Schlachttiere, aber noch häufiger im Schmutz und

Lebensmittelintoxikation durch C.perfringens

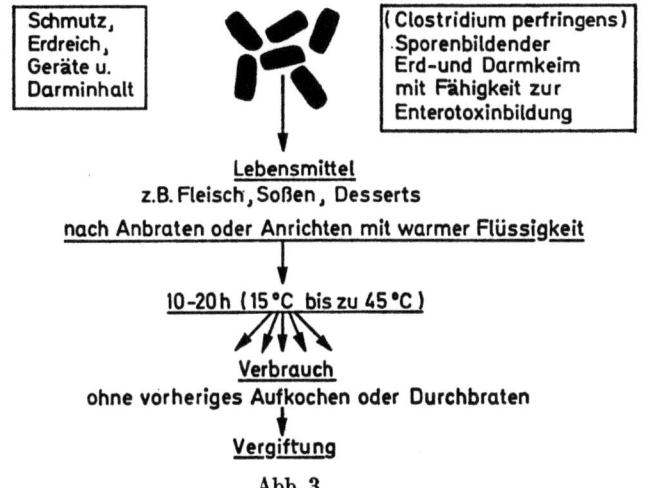

Abb. 3

Staub der Umwelt finden und die oft auf der Oberfläche von Schlachtfleisch nachgewiesen werden können. Diese Sporen von *Clostridium perfringens* sind leider besonders hitzeresistent und keimen nach unvollständiger Erhitzung — man spricht dabei von einem Hitzeschock — besonders schnell aus und vermehren sich rasch (Abb. 3).

Wird nun sporenhaltiges Fleisch gebraten oder nur angebraten, was für das nachfolgende Portionieren unerläßlich ist, dann kann das eben geschilderte Ereignis ablaufen, wenn man den hitzegeschockten Sporen die Gelegenheit dazu gibt. Diese ist dann gegeben, wenn das vorgebratene Lebensmittel die kritische Temperaturzone zwischen $+45°C$ und $+10°C$, in der die Vermehrung am raschesten vor sich geht, nur langsam durchläuft. Besonders schlimm wirkt sich diese Nachlässigkeit des Kochs aus, wenn das Lebensmittel in der Sauce aufbewahrt wird. Das meist kurze Erwärmen vor dem Verzehr reicht natürlich nicht aus, die massenhaft gebildeten Keime und ihr Gift unwirksam zu machen. Viele Epidemien sind so zustandegekommen, und das Opfer kann sich nicht schützen, weil man die Giftbildung und Keimvermehrung zum Zeitpunkt des Verzehrs nicht sehen, riechen oder schmecken kann.

Welche Ausmaße eine solche Lebensmittelvergiftung annehmen kann, hat ein Ausbruch an einem großen Universitätsklinikum gezeigt, wo innerhalb weniger Stunden etwa 800 Menschen an heftigen Leibschmerzen und Durchfällen erkrankten, nachdem sie ein durch diese Lebensmittelvergifter befallenes Schokoladendessert verzehrt hatten (vgl. Döll u. Mitarb., 1970).

Abhilfe kann hier nur durch eine richtige Lebensmittelzubereitung und -Frischhaltung geschaffen werden, an der es noch vielerorts mangelt.

Eine andere Bazillenart, *Bacillus cereus*, verursacht ein ganz ähnliches Krankheitsbild. Nur ist hier die Ursache meist ein mit Sporen verunreinigtes Lebensmittel auf Stärkebasis, z.B. Puddingzubereitungen, Cremes in Cremeschnitten usw. Einschlägige Berichte stammen z.B. aus Norwegen, Holland und Ungarn.

d) *Lebensmittelvergiftung durch Vibrionen*

Seit einigen Jahren macht eine weitere Erregerart von sich reden, das *Vibrio parahaemolyticus*. Einschlägige Ausbrüche wurden bisher vor allem in Japan, Ostaustralien, den USA und neuerdings aus Westafrika gemeldet, wiederholt bei Touristengruppen, die Schalentiere, z.B. Garnelen, Shrimps usw. gegessen hatten. Offenbar war in manchen Fällen das gekochte Fleisch dieser Tiere nachträglich mit erregerhaltigem Salzwasser in Berührung gekommen. Vermutlich spielt auch hier ein Gift die Hauptrolle beim Entstehen der akuten, heftigen Krankheit.

e) *Typhus, Paratyphus, Ruhr und Cholera*

Die wenigsten Urlauber sind sich wohl darüber im Klaren, daß man in südlichen bzw. subtropischen und tropischen Ländern noch schwerere, ja lebensgefährliche bakterielle Darminfektionen erwerben kann, gegen die es bisher keine voll wirksame Prophylaxe gibt, wenn man vielleicht von der Cholera absieht, gegen die eine mehrfach durchgeführte Schutzimpfung einen zeitlich begrenzten Schutz gewährt. Aber gegen die Bakterienruhr mit ihren blutig-schleimigen Durchfällen gibt es keine wirksame Schutzimpfung und auch keine vorbeugende medikamentöse Behandlung. Auch Typhus und Paratyphus sind schwere Allgemein- wie Darminfektionen, die „gegessen oder getrunken" werden, und gegen die eine sicher wirkende Schutzimpfung noch gefunden werden muß. Das Schlucken einiger Tabletten mit abgetöteten Typhus- und Paratyphusbakterien bewahrt nicht vor Infektionen, wie Ausbrüche bei der Bundeswehr und unter Entwicklungshelfern erwiesen haben. Wie katastrophal sich eine Verunreinigung des Trinkwassers mit Typhusbakterien auswirken kann, hat die Winter-Epidemie in Zermatt gezeigt, bei der auch Todesfälle zu verzeichnen waren (Abb. 4).

Wie häufig derartige Erkrankungen unter Urlaubern tatsächlich sind, vermag niemand sicher zu sagen. Allein die vor einiger Zeit aus dem Bundesgesundheitsamt mitgeteilten Zahlen lassen einige Rückschlüsse zu. Nach Anders u. Weise (1969) erwarben z.B. zwischen Mai und Juli 1966 47 deutsche Urlauber und Reisende eine Typhusinfektion im Ausland, darunter 17mal vermutlich in Spanien und Mallorca, 12mal in Italien und 5mal in Ägypten. Da in der genannten Periode in der Bundesrepublik insgesamt 230 Typhusfälle gemeldet wurden, ist zu folgern, daß in dieser Zeit jede 5. Typhuserkrankung im Urlaub bzw. auf Urlaubsreisen erworben wurde!

Vereinfachtes Schema der Infektionswege bei Typhus, Paratyphus, Ruhr und Cholera.

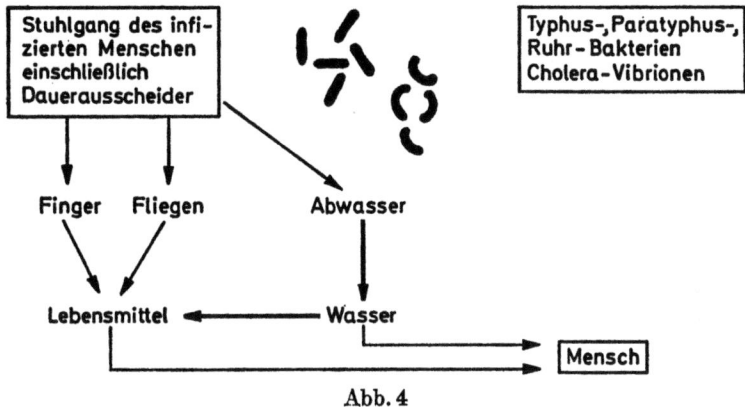

Abb. 4

Eine weitere Typhusepidemie brach 1968 unter Urlaubern aus, die in einem bestimmten Hotel in Tunesien untergebracht waren. Mindestens 16 einschlägige Fälle wurden erfaßt.

Eine andere gefährliche Darminfektion ist die Shiga-Kruse-Ruhr. Von ihr wurden beispielsweise im Herbst 1969 und 1970, aber auch in anderen Jahreszeiten, zahlreiche amerikanische Urlauber befallen, die Mittelamerika, d.h. Mexico, Guatemala und El Salvador, besucht hatten, wo eine Epidemie ausgebrochen war, die allein in El Salvador von Januar bis Oktober 1970 mindestens 100000 Erkrankungen mit über 2000 Todesfällen unter der einheimischen Bevölkerung bewirkt hatte.

Das besonders Heimtückische mancher dieser Krankheiten ist, daß sie bei einer verhältnismäßig langen Anlaufzeit (Inkubation) u.U. erst 1—2 Wochen nach erfolgter Aufnahme der Erreger ausbrechen, d.h. vielleicht erst nach der Rückkehr.

D. Selbstschutz

Wie kann sich nun der Reisende und Urlauber gegen diese Seuchen schützen, nachdem es eine wirksame Immunprophylaxe kaum gibt? Wiederum durch *Beachtung hygienischer Prinzipien*: z.B. strikter *Vermeidung, Leitungswasser ungekocht zu trinken*, sofern es nicht ausdrücklich als Trinkwasser bezeichnet ist (selbst dann empfiehlt sich Vorsicht). Das gilt auch für Mundspülwasser, wofür sich ggf. manche Soft drinks verwenden lassen, besonders aber für die Eiswürfel, die zum Kühlen in Getränke geschüttet werden.

Frisch zubereitete heiße Speisen, auf heißen Tellern serviert, sind im allgemeinen bakteriologisch unbedenklich, weniger dagegen Desserts und Süßspeisen und schon gar nicht frische Salate, da beim Anbau der Salatpflanzen oft noch die Kopfdüngung mit menschlichen Faekalien benutzt wird und überdies das Waschen der Salatblätter und Tomaten infolge zweifelhafter Wasserqualität und ungenügend gereinigter Hände des Küchenpersonals höchst problematisch ist. Die in den Tropen geübte *Desinfektion mit Kaliumpermanganatlösung ist wirkungslos*, und die einzig sichere Methode, *Waschen in 0,1%iger Hypochloritlösung, hat sich noch nicht durchgesetzt*. Oft bleibt also nur der *Verzicht*, ggf. verbunden mit einer *erfindungsreichen Ausrede*.

Grundsätzlich als bakteriell verschmutzt, ggf. mit Seuchenerregern infiziert, müssen *alle Lebensmittel angesehen werden, auf denen Fliegen sitzen oder die von der menschlichen Hand berührt wurden*. Eine Grundregel zum Verzehr von Obst in den Tropen lautet, nur Früchte zu essen, die man selber von ihrer Schale befreit hat.

Die entscheidende Prophylaxe liegt jedoch in der Lebensweise selbst: dazu gehören das *Vermeiden eisgekühlter Getränke* unsicherer Herkunft, vor allem, wenn solche in großen Mengen und hastig aufgenommen werden, ferner *Mäßigkeit im Essen* und Vorsicht beim Verzehr unbekannter oder vielleicht sogar als riskant bekannter Lebensmittel und Nahrung.

Üppige Mahlzeiten führen leichter zu Magen-Darmstörungen als weise Beschränkung.

Nach starkem Schwitzen und großen Flüssigkeitsverlusten, wie sie am Strand beim Sonnenbaden mit Regelmäßigkeit auftreten, sowie nach körperlichen Anstrengungen, ist ausreichende *Kochsalzzufuhr* wichtig, um die Magen-Darm-Funktionen sowie eine ausreichende Salzsäureproduktion zu gewährleisten. Bei Menschen, die unter Magensalzsäuremangel leiden, wirken sich solche Kochsalzverluste besonders schnell aus. Hier ist neben der regelmäßigen Aufnahme einer ausreichenden Kochsalzmenge, z.B. in Form von Kochsalztabletten, auch die Gabe von Substitutionsmitteln unbedingt anzuraten.

Schließlich darf nicht vergessen werden, daß *Unterkühlung* ebenfalls gar nicht selten zu Beschwerden seitens des Verdauungstraktes führt, so daß vorbeugend auch in tropischen Ländern für ein entsprechendes Warmhalten des Rumpfes zu sorgen ist.

Viele der hier genannten Ratschläge mögen als Hausmittel abqualifiziert werden; überraschend ist jedoch, wie viel man bei konsequenter Beachtung gerade in der Vorbeugung erreichen kann und wie schnell die Betroffenen — leider dann zu spät — sich an eine vernünftige Verhaltensweise erinnern, wenn der Schaden eingetreten ist.

Vor den Fliegen ist auch das gereinigte Eßgeschirr zu schützen, was natürlich schwer ist, wenn die Tische mehrere Stunden vor der Mahlzeit gedeckt werden. In tropischen Haushalten schützt man sich hier dadurch, daß die Teller umgedreht auf den Tisch gestellt werden, so daß die Fliegen bestenfalls auf der Unterseite herumkrabbeln. Eßbestecke werden deshalb in saubere Papierservietten eingewickelt.

Es ist ja gut, daß die meisten Urlauber nicht in so manche Küche hineinschauen und einen Blick „hinter die Kulissen" tun können. Wie es um die einschlägigen Verhältnisse selbst renommierter Häuser bestellt ist, zeigt ein unwidersprochen gebliebener Artikel von W. Cyran in der *Frankfurter Allgemeinen Zeitung (Mai 1971)*: Danach hat die bekannte Niederländische Luftfahrtgesellschaft KLM bei 25 Speiselieferanten, die in aller Welt als Vertragspartner zur Versorgung der Fluggäste in Aussicht genommen waren, eine Überprüfung nach einer Prüfliste vorgenommen. Das Gesamtergebnis (einschließlich der Trinkwasser-Analyse) war so schlecht, daß kaum einer dieser Betriebe als Speiselieferant in Vertrag genommen werden konnte:

„*Die Hälfte der Küchen hat kein Handwaschbecken, keine Seife, keine Handtücher und keine Fliegengitter in den Toiletten der Angestellten. Fast die Hälfte der Küchen hatte kein Fliegengitter und etwa ein Drittel nur mangelhafte Kühlvorrichtungen.*"

Welchen Rat soll der Hygieniker und Mikrobiologe angesichts solcher Umstände geben? Selbst, wenn alle vorstehenden Empfehlungen vom Urlauber beachtet werden (und das ist höchst unwahrscheinlich), bleibt ein nicht kleines Risiko, das nur mit einer besseren Küchenhygiene, Lebensmitteltechnologie und entsprechender Ausbildung wie Überwachung des Küchenpersonals gemindert werden kann. Die Einsicht in diese Notwendigkeit ist vielfach noch nicht genügend vorhanden. *Der Urlauber und die ihn betreuenden Unternehmen könnten hierzu eine ganze Menge tun. Sie sollen vor allem die meist bakteriell bedingten Lebensmittelinfektionen und -vergiftungen nicht schweigend als etwas Peinliches hinnehmen, sondern dies dem Hotelier, aber auch dem Reiseunternehmen mitteilen, ggf. mit dem nötigen Nachdruck,* vor allem dann, wenn offensichtlich Mängel in der Lebensmittelhygiene und -qualität erkennbar sind.

E. Einfache Ratschläge zur Behandlung

Angesichts der Komplexität der Ursachen bleibt es auch gewagt, therapeutische Empfehlungen zu geben, die vom Laien zu befolgen sind, wenn ihm der Rat eines Arztes nicht zur Verfügung steht. Grundsätzlich ist bei jedem Brechdurchfall zu beachten, daß weitere Nahrungszufuhr in den ersten Krankheitstagen sinnlos ist und die Erscheinungen u. U. nur noch verschlimmert. Dort, wo Übelkeit und Brechreiz bestehen, soll man — vor allem wenn diese Erscheinungen kurze Zeit nach der Nahrungsaufnahme auftreten — dem nachgeben und sehen, daß *so viel wie möglich* von der aufgenommenen Nahrung *erbrochen* wird. Da ein wesentlicher Teil der Krankheitssymptome auf Giftwirkungen zurückgeht, kommt es darauf an, möglichst viel von dem aufgenommenen Gift rasch auszuscheiden. Deshalb ist es gut, wenn unverdaute Nahrungsreste mit dem Gift möglichst schnell auf dem natürlichen Wege den Körper verlassen. Der Versuch, sog. Stopfmittel zu geben, ist meist nicht nur vergeblich, sondern fördert u. U. nur noch das Verweilen von Krankheitserregern und Giftstoffen im Körper.

Nicht nur *ältere Menschen* sollten *bei und nach* derartigen Attacken unbedingt *Bettruhe* einhalten und sich *einige Tage schonen,* wenn die Erscheinungen wieder abgeklungen sind; denn es kommt leicht zu Rückfällen, da Magen- und Darmschleimhaut geschädigt und gereizt sind.

Neben Entleerung und Bettruhe ist die wichtigste Maßnahme der *Flüssigkeitsersatz*, wobei in leichteren Fällen reichliches Trinken von lauwarmem Tee — wünschenswert ist hier schwarzer Tee, Pfefferminztee oder eine Mischung — ausreicht. Dabei sollte auch die *Salzzufuhr* nicht vergessen werden, indem man bei Durchfällen im warmen Klima etwa $1/4$ bis $1/2$ Teelöffel Kochsalz in lauwarmem Tee oder Wasser aufgelöst zu sich nehmen soll. Der Geschmack wird beim auftretenden Salzhunger keinesfalls als unangenehm empfunden, kann aber durch Zugabe von ein wenig Süßstoff und etwas frischem Zitronensaft angenehmer gemacht werden.

Nach einem schweren Brechdurchfall und einer Ernährungskarenz von mindestens einem Tag muß dann für eine gewisse Zeit, deren Umfang sich nach dem Befinden richtet, eine *leichte Kost* verabreicht werden, die möglichst fettarm sein und keine gebratenen Beilagen sowie scharf gewürzte Gemüse und Salate enthalten soll. Der gute alte Haferflockenbrei ist in den meisten Hotels immer noch erhältlich und erfüllt auch hier vorzüglich seinen Zweck.

Bei *schweren Krankheitserscheinungen*, vor allem dann, wenn wässerige Durchfälle nicht sistieren, muß *sofort ein Arzt herbeigerufen werden*, der prüft, ob u.U. intravenöse *Infusionen* erforderlich sind. Diese dürfen keinesfalls zu spät verabfolgt werden.

Ob und in welchem Ausmaß irgendwelche Arten der *medikamentösen Prophylaxe* wirksam sind, vermag niemand mit Sicherheit zu sagen. Mein Lehrer Rodenwaldt schwor beispielsweise auf die tägliche Einnahme von Rivanoletten, während andere die weitverbreiteten *Chinolinderivate vorziehen, vor denen ein Rundschreiben des US Gesundheitsdienstes vom 10. April 1972 ausdrücklich warnt!* Wieder andere empfehlen den Genuß von Joghurt, und schließlich gibt es nicht wenige Menschen und auch Kollegen, die meinen, daß Alkohol ein ebenso zuverlässiges Prophylaktikum wie Therapeutikum darstellt. Letzteres ist mit Sicherheit falsch. *Zu empfehlen* ist allenfalls, sowohl aus prophylaktischen wie aus therapeutischen Gründen, eine *Enzymsubstitution*, die vor allem bei Zuständen von Fermentschwäche des Magen- und Darmtraktes ausgezeichnete Dienste leisten kann, insbesondere dann, wenn neue Präparate mit einem entsprechend hohen Fermentgehalt benutzt werden.

Im übrigen sollte man natürlich auch einfache harmlose Mittel wie Carbo medicinalis bei sich führen, durch die es wohl gelingt, in leichteren Fällen Besserung zu erzielen.

F. Andere Infektionen

Es würde viel zu weit führen, auch die vielen anderen bakteriellen Infektionen zu erörtern, die sich — ebenso wie daheim — auch im Urlaub ereignen und dann oft infolge der ungewohnten klimatischen und Unterbringungsverhältnisse besonders besorgniserregend sind. Man soll *keine*

Erkrankung, vor allem wenn dabei Fieber auftritt, leicht nehmen und stets — auch im fremden Land — *rechtzeitig ärztliche Hilfe* in Anspruch nehmen, da Lungenentzündung, Hirnhautentzündung oder septische Erkrankungen nach Verletzungen und infizierten Insektenstichen leicht ein böses Ende nehmen können. — *Ältere Menschen sollten überdies ihren Urlaubsort stets so wählen, daß sie schnell in ein in der Nähe gelegenes Krankenhaus gebracht werden können.*

Schließlich sei auch der *Pilzinfektion* gedacht, die wir im Anschluß an Camping-Ferien nicht selten beobachten. Eine besondere Rolle spielen bestimmte Lungenverpilzungen, die vorzugsweise in begrenzten, von Touristen aber frequentierten Gebieten der USA und Südamerikas vorkommen und den hiesigen Arzt vor sehr schwer lösbare Probleme stellen, weil er diese Krankheiten, die Tuberkulose oder Lungengeschwülste vortäuschen können, nicht kennt.

Damit ist die Reihe der möglichen Infektionskrankheiten, die man besonders leicht in warmen Ländern und in hygienisch rückständigen Gebieten erwerben kann, leider noch keineswegs erschöpft; denn *Malaria* und andere *parasitäre Infektionen, Amöbenruhr, infektiöse Gelbsucht* usw. müssen in das Risiko einbezogen werden.

G. Schlußworte

Das Vorgetragene kann leicht den Eindruck erwecken, als ob dem Urlauber unnötig Angst oder Schrecken eingeflößt werden sollten. Das ist keinesfalls beabsichtigt. Wer genügend Reiseerfahrung hat, weiß, wie schnell eine fieberhafte Infektion oder eine Lebensmittelvergiftung alle Pläne stören und die gesuchte Erholung zunichte machen kann, ganz abgesehen von den oft hohen Kosten, die dem Erkrankten und seiner Versicherung erwachsen.

Mögen die Ausführungen dazu *beitragen, dem Millionenheer der Urlauber durch bessere Kenntnis der eventuellen Risiken und den Versuch ihrer Vermeidung zusätzliche beschwerdefreie Tage ungetrübter Freude und Erholung zu ermöglichen.*

Literatur

Anders, W., Weise, H.-J.: Typhus abdominalis und Tourismus. Bundesgesundheitsblatt **12**, 181 (1969).
Anonymus: Shigella Surveillance — Shiga bacillus dysentery among United States Travellers and Review of the Middle American Pandemic. Center for Disease Control (CDC) U.S. Dep. Health Public Health Serv. Rep., Nr. 26 (1971).
Bloss, J.F.: Traveller's diarrhea. Trans. roy. Soc. trop. Med. Hyg. **58**, 278 (1964).
Circular Letter (Advisory Memorandum No. 31): Prevention of Traveller's diarrhea — USPHS-CDC Atlanta/Ga. (10. April 1972).
Hyllner, S.: Diarrhea in tourists in Gran Canaria etc. Acta Gastroent. (Belg.) **27**, 249 (1964).
Kean, B.H.: Medical advice to travellers. New Engl. J. Med. **256**, 1088 (1957).
Kean, B.H.: The diarrhea of travellers to Mexico. Amer. Intern. Med. **59**, 605 (1963).
Marth, W.: Urlaubsdiarrhoen. Diagnostik **2**, 36 (1968).

Marth, W.: Prospektive Untersuchungen über Urlaubsdiarrhoen. Ther. d. Gegenwart **107**, 1053 (1968).
Saenz, A.C., Assad, F.A., Cockburn, W.Chas.: Outbreak of A_2/Hongkong/68 influenza at an international medical conference. Lancet I, 91 (1969).
Seeliger, H.P.R.: Entstehung und Verhütung von mikrobiellen Lebensmittelinfektionen und -vergiftungen, S. 117. Paderborn: F. Schöning 1972.
Stille, W., Bastert, B., Helm, E.B.: Reisediarrhoen und andere Reiseinfektionen. DMW **93**, 1350 (1968).

Diskussion

Herr Seeliger: Lassen Sie sich durch mich nicht zu sehr besorgen. Zuerst muß man ja die Gefahr kennen. Erst wenn man den Gegner kennt, kann man etwas Wirksames tun, und da kann sehr, sehr viel geschehen. Ich möchte auch sagen, daß der Reisende, wenn es ihm mit der Hotelkost zu bunt wird, sich ganz energisch auch bei dem Hotel beklagen soll. Das hilft unter Umständen weiter.

Herr Wachsmuth: Es sind noch viele Fragen gekommen, die wir dann vielleicht am Ende beantworten wollen.

Herr Mohr: Ich möchte doch eine Beunruhigung vermeiden. Herr Seeliger sprach zuletzt von der Benachrichtigung durch die amerikanischen Gesundheitsbehörden. Wir können das Präparat ruhig nennen; das ist nämlich Mexaform S. Nur in Deutschland ist — und dies gerade in der letzten Zeit — dieses Hexalgon Mexaform S durch das Mexaform plus ersetzt worden. Es dreht sich um die Jod-Verbindung, die wir nicht mehr haben. Wenn die Amerikaner jetzt erst kommen, wir haben das bereits auf einem Tropenmedizinkongreß vor einigen Jahren, glaube ich, abgewickelt.

Herr Wachsmuth: Herr Seeliger möchte hier das vorlesen.

Herr Seeliger: Es heißt: The cause of travelers' diarrhea is uncertain. The disease is sometimes attributed to unaccustomed or exotic foods and seasonings, but their involvement is doubtful. Specific microorganisms, i.e., *Shigella sp.*, *Salmonella sp.*, and enteropathogenic *Escherichia coli* are occasionally found in the stools of patients with travelers' diarrhea and recent studies suggest that toxin producing and mucosal penetrating strains of *E. coli* may be the cause of this syndrome, but further study is necessary.

Iodochlorhydroxyquin (Entero-Vioform) has been used for many years to prevent travelers' diarrhea. Many tropical disease specialists believe that it is ineffective for this purpose. Recently iodochlorhydroxyquin was implicated in Japan, Australia, and Sweden, as the cause of a severe neurologic disease (subacute myleo-optic neuropathy). Therefore, until evidence is available to confirm or refute this association, physicians and travelers should be advised to refrain from prescribing or using iodochlorhydroxyquin (Entero-Vioform) to prevent travelers' diarrhea.

Herr Mohr: Zu diesem Enterovioform soll aber auch gesagt werden, daß die Japaner das untersucht haben, daß die Japaner in unvorstellbar hohen Dosierungen über lange Zeit das Medikament gegeben haben, daß wir in der Zeit, in früheren Jahren, bevor wir verschieden teure Medikamente hatten, als Therapeutikum mit zum Teil recht gutem Erfolg angesetzt haben. Nur als Therapeutikum, nicht als Prophylaktikum! Aber als Therapeutikum hat es nach wie vor seine Berechtigung. Das möchte ich doch noch klarstellen.

Herr Seeliger: Das habe ich aber, glaube ich, vorhin gesagt und ich möchte ausdrücklich betonen, daß sich das nicht gegen den therapeutischen Gebrauch wendet, sondern gegen den unkontrollierten prophylaktischen Gebrauch.

Unterzeichnet ist das Schreiben im übrigen von Osborn, Direktor... Department of public health education and welfare, USA.

1. *Frage:* Clostridien-Infektionen! Unter welchen Verhältnissen ist die Toxinbildung möglich, da Clostridien obligate Anaerobier sind? Kommt für die Infektion nur Clostridium perfringens in Frage?

Herr Seeliger: Ja. Es entstehen unter der unmittelbaren Oberfläche des gebratenen Fleisches und der Sauce anaerobe Bedingungen, die zur massiven Keimvermehrung und Giftbildung ausreichen. Voraussetzung ist auch der Verschmutzungsgrad des Fleisches *vor* dem Braten.

2. *Frage:* Sind Gasbrand-Lebensmittel-Vergiftete hinterher wenigstens immun gegen Gasbrand-Infektionen? (Vgl. perorale Polio-Impfung!)

Herr Seeliger: Die Clostridium perfringens-Lebensmittelvergiftung wird durch ein Enterotoxin verursacht und hinterläßt offenbar keine Immunität gegen die Enterotoxin-Vergiftung; da die klinischen Erscheinungen des Gasbrandes durch andere Toxine dieser Erreger bewirkt werden, ist eine Lebensmittelvergiftung durch C. perfringens leider ohne Einfluß auf die Entwicklung einer Immunität gegen Gasbrand.

3. *Frage:* Mäßiger Alkoholgenuß, eine Infektionsprophylaxe?

Herr Seeliger: Bestenfalls als Säurelocker im Sinne des Aperitifs, ggf. mit Anis, Bitterstoffen usw.

4. *Frage:* Wir stehen hier in München an der Schwelle der olympischen Spiele. Die Welle des Massentourismus kommt auf uns zu. Welche prophylaktischen Maßnahmen sind in epidemiologischer Hinsicht vorgesehen?

Herr Seeliger: Ich bin überzeugt, daß die Gesundheitsbehörden in München, die großen Untersuchungsämter und die Ärzteschaft in Verbindung mit den Instituten für Hygiene und Mikrobiologie der beiden Medizinischen Fakultäten alle nötigen Maßnahmen zu einer Verhütung von Lebensmittelinfektionen in größerem Ausmaß getroffen haben und in jeder Hinsicht kompetent sind, um bei etwaigen unvorhergesehenen Ereignissen rasch und wirksam einzugreifen. — Im übrigen bietet ja der Genuß des vorzüglichen Münchner Biers weitgehenden Schutz vor den in meinem Vortrag erwähnten Infektionen durch Aufnahme von Erreger-haltigen Getränken.

5. *Frage:* Nach den Veröffentlichungen von Kaeser u. Mitarb. aus Basel (Deutsche Med. Wochenschrift) ist die ZNS-Schädigung nicht auf die Jod-Komponente der Oxy-Chinoline zurückzuführen. Es traten auch Augenschäden nach z. B. Intestopan auf. Die Warnung sollte sich auf alle Oxy-Chinoline erstrecken. Wie ist Ihre Meinung?

Herr Seeliger: Ihr Hinweis bestätigt meine Ausführungen unter Bezugnahme auf die Warnung des amerikanischen Gesundheitsdienstes, daß bis zur weiteren Klärung Oxychinolin-Derivate nicht zur Prophylaxe verwendet werden sollen. Das schließt in keiner Weise ihre Verwendung als Therapeutika aus, sofern eine Indikation dazu besteht.

6. *Frage:* Sind die Eingeborenen gegen Darminfektionen besser als wir geschützt?

Herr Seeliger: Die einheimische Bevölkerung erwirbt schon in frühester Jugend und auch danach einen sich ständig erneuernden, immunitätsbedingten Infektionsschutz gegen die örtlich vorherrschenden Erreger von Darmkrankheiten. Durch Selektion (vergleiche die hohe Säuglings- und Kindersterblichkeit) ist somit ein gewisser besserer Schutz im Erwachsenenalter gegeben. Dieser erstreckt sich jedoch nicht auf fremde bzw. neu eingeschleppte Erreger, wie sich gerade am Beispiel der Cholera-Epidemien in den letzten Jahren deutlich gezeigt hat.

7. *Frage:* Was halten Sie für die günstigste medikamentöse Behandlung des Brechdurchfalls (z.B. Mexaform, Resulfon, evtl. Chloramphenicol) und welche Dosierungen würden Sie empfehlen?

Herr Seeliger: Da ich kein Kliniker bin, möchte ich diese Frage nur mit Zurückhaltung beantworten. Das von den Vorrednern bereits erwähnte Chloramphenicol sollte der Behandlung typhöser und paratyphöser Salmonellosen vorbehalten bleiben und in solchen Fällen möglichst nur unter klinischer Beobachtung verabfolgt werden. Bei akuten enterokolitischen Prozessen mit und ohne Fieber haben sich auch Tetracycline als wirksam erwiesen. Bei den übrigen Durchfällen steht eine große Anzahl nützlicher Präparate zur Verfügung, z.B. die bereits erwähnten Oxychinolin-Derivate und das nicht resorbierbare Sulfaguanidin. Empfehlenswert sind auch Kombinationen aus Bacitracin und Neomycin. Schließlich ist auch an Gentamycin-Präparate zu denken, doch muß hierbei eine Vorschädigung der Niere ausgeschlossen werden. Ampicillin dürfte ebenfalls geeignet sein, doch setzt hier die verhältnismäßig große Zahl von allergischen Nebenwirkungen Grenzen. — Dazu kommen schließlich noch zahlreiche weitere Mittel, die durch adstringierende Wirkung in Verbindung mit krampflösenden und sedierenden Substanzen gute symptomatische Behandlungsergebnisse zur Folge haben.

8. *Frage:* Ohrentzündungen nach Tropenaufenthalten am Meer sind oft Mykosen, z.B. Singapur-Ohr usw.

Herr Seeliger: Bei diesen Infektionen handelt es sich meistens um sekundäre Pilzbesiedlungen beim sog. „laufenden Ohr" nach Trommelfellzerstörung. Hierbei kann es zur Verschimmelung des Gehörganges kommen. Nach unseren Erfahrungen sind jedoch solche Ereignisse selten.

9. *Frage:* Welche Darmerkrankungen sind in deutschen *Mittelgebirgen* häufig und welche Gegenmittel sind zu empfehlen?

Herr Seeliger: Im Mittelgebirge finden wir das gleiche Spektrum von Darmerkrankungen wie in den übrigen Teilen Mitteleuropas. Die wöchentlichen Berichte aufgrund der amtlichen Seuchenmeldungen geben hierüber Aufschluß.

10. *Frage:* Ihre prophylaktischen Vorschläge sind ziemlich illusorisch. Medikamentöse Prophylaxe, nicht überflüssig, besonders bei Vorgeschädigten. Was halten Sie von Enzympräparaten?

Herr Seeliger: Sie haben recht, solange der Lebensmittelhersteller und der Urlauber sich nicht daran halten; daher müssen beide besser informiert und auch erzogen werden. — Enzympräparate können wertvolle Prophylaktika sein, wenn sie ausreichende Enzymmengen enthalten und damit echt substituieren (vgl. mein Vortragsmanuskript, in dem auch ein Hinweis enthalten ist, der aber infolge der Zeitknappheit nicht erwähnt wurde).

Gefährdung durch Seuchen und Tropenkrankheiten beim Tourismus

W. Mohr (Hamburg)

Unsere Zeit hat nicht nur einen intensiven Austausch von Arbeitskräften zwischen den Kontinenten und Klimazonen mit sich gebracht, sondern auch einen Massentourismus ins Leben gerufen. Dieser bringt die Menschen in kürzester Zeit, oft auch nur für einen sehr begrenzten Zeitraum aus Europa in subtropische und tropische Klimazonen und zurück. Dieser schnelle Wechsel des Klimas kann an sich schon eine mehr oder minder starke Belastung für den Organismus mit sich bringen, wichtiger aber noch, ist, daß die Menschen sich Krankheiten in diesen Gebieten zuziehen können, die im europäischen Raum nicht oder nicht mehr vorkommen.

An erster Stelle denkt man natürlich an die großen Seuchen, Pocken, Cholera, Pest, Gelbfieber, Fleckfieber und Rückfallfieber. Von diesen sogenannten großen Seuchen sind nur zwei, nämlich Pocken und Cholera in den letzten Jahrzehnten als Einzelerkrankungen oder kleine Gruppenerkrankungen in den mittel-europäischen Raum eingebrochen.

Die *Pocken* sind zwar auch heute noch sehr weit verbreitet, wenn auch systematische Bekämpfungsaktionen der WHO in manchen Ländern zu ihrem Verschwinden geführt haben. Eine Einschleppung nach Deutschland hat aber immerhin seit 1957 10mal stattgefunden. 9 dieser Einschleppungen erfolgten auf dem Flugwege, davon 7mal aus Indien, einmal aus West-Afrika und einmal aus Ost-Afrika. Nur die letzte 10. Einschleppung erfolgte aus einem näher benachbarten Land, Jugoslawien, über den Weg des Eisenbahnverkehrs. Daß es in allen diesen Fällen nicht zu größeren Pockenausbrüchen gekommen ist, ist einmal der Tatsache einer weitgehenden Durchimpfung der Deutschen Bevölkerung zu danken, zum anderen den energischen Schutzmaßnahmen der Gesundheitsbehörden (Quarantäne, Schutzimpfung usw.).

Wenn also auch die Gefahr der Einschleppung der Pocken gering ist, so empfiehlt sich doch für alle Reisen in den nahen und mittleren Orient, nach Indien und Pakistan, sowie Süd-Ostasien, nach Afrika, Süd- und Mittelamerika die Durchführung einer Pockenschutzimpfung. Nach den Bestimmungen der WHO sollte die Pockenschutzimpfung nicht älter als 3 Jahre sein, doch ist es ratsam bei der Einreise in ausgesprochene Pockenländer wie Indien und Pakistan, daß die Schutzimpfung nicht länger als 1 Jahr zurückliegen sollte. Ältere Personen, die vor mehr als 30 Jahren zuletzt geimpft worden sind, sollten sich am besten der kombinierten Impfung nach Herrlich unterziehen, d. h. einer Vorimpfung mit dem sogenannten Vaccinia-Antigen und 8—10 Tage später mit dem normalen Pockenimpfstoff. Ebenso sollte bei sogenannten späten Erstimpflingen verfahren werden.

Das klinische Bild der Pocken ist dem Arzt in Deutschland nur noch wenig bekannt. Zur Erkennung und Stellung der richtigen Diagnose sind die Erhebung der genauen Vorgeschichte, insbesondere des Auslandaufenthaltes, Zeitpunkt und Erfolg der letzten Pockenimpfung, sowie das Aussehen der Hauterscheinungen von ausschlaggebender Bedeutung. Diese zeigen sich zunächst als Knötchen, dann als Pusteln und schließlich als Bläschen mit einer Delle, dem sogenannten Pockennabel. Das dem Hautausschlag vorausgehende katarrhalische Stadium ist uncharakteristisch. Oft zeigt es einen generalisierten rush. Verdächtig auf eine Pockenerkrankung ist das Auftreten sehr ausgeprägter Schmerzen in der Lenden- und Kreuzgegend. Die Verdachtsdiagnose wird durch die elektronen-mikroskopische Untersuchung des aus den Pusteln entnommenen Materials, meist schon $1/2$—1 Stunde nach Untersuchungsbeginn gesichert.

Die zweite Seuche, die in den letzten beiden Jahren eine gewisse Bedrohung auch für den europäischen Raum darstellte, ist die *Cholera*. Ihr Seuchenzug dehnte sich über weite Gebiete aus, erreichte Spanien und erstreckte sich zum ersten Mal in ihrer Seuchengeschichte bis nach West-Afrika. Die Verschleppung dorthin wird sich wahrscheinlich auf dem Flugweg ereignet haben. Zu einer solchen Verschleppung der Cholera auf dem Flugweg war es im Einzelfall schon 1963 nach Japan gekommen. Über ein gleiches Geschehnis, nämlich die Erkrankung eines aus Spanien heimkehrenden Touristen an Cholera in Berlin, berichtete Weise (1971). Man wird also heute nicht nur bei Reisen nach Indien und Pakistan mit dem Vorkommen von Cholera rechnen müssen, sondern auch in einer Reihe von afrikanischen Ländern. Nach einer statistischen Meldung der WHO vom März 1972 wurden noch aus 22 Ländern Cholera-Erkrankungen gemeldet. 13mal handelte es sich um afrikanische Länder.

Die Cholera ist eine Erkrankung der unter schlechten hygienischen Verhältnissen lebenden Bevölkerung. Übertragung erfolgt durch verunreinigtes Wasser oder Nahrungsmittel. Im Vordergrund des klinischen Bildes stehen das starke Erbrechen und die wäßrigen Durchfälle (reiswasserartiges Aussehen der Durchfälle). Es besteht kein Fieber, sondern eher Untertemperatur. Die starke Austrocknung und der Verlust an Elektrolyten durch die Durchfälle sind das entscheidende Merkmal dieser Krankheit.

Die Therapie muß in erster Linie durch Infusionen den Flüssigkeits- und Elektrolytverlust ausgleichen. Dabei kann es notwendig werden, Mengen von 5—10 Litern, im Extremfall bis zu 20 Liter pro Tag zu infundieren. Selbstverständlich muß mit dieser Infusionstherapie eine Kreislauftherapie gekoppelt sein. Die Behandlung mit Tetracyclinen tritt daneben in den Hintergrund, wenn sie auch zur Beseitigung der Cholera-Erreger von Bedeutung ist, nicht aber zur Ausschaltung der Wirkung des von den Cholerabacillen gebildeten Toxins. Dieses ist für das Auftreten des starken Wasserverlustes allein verantwortlich.

Die Cholera-Schutzimpfung ist für eine ganze Reihe von Ländern heute notwendig. Sie verleiht zwar keinen absoluten Schutz, doch scheint in vielen Fällen der Krankheitsverlauf beim Geimpften leichter. Die Impfung erfolgt 2mal im Abstand von 12—14 Tagen (1. Impfung 0,5 ml subkutan, 2. Impfung 1,0 ml). Nach einem halben Jahr ist die Impfung mit der Injektion von 1,0 ml aufzufrischen.

Die Gefahr, daß die Cholera sich bei Einschleppung nach Deutschland ausbreiten könne, besteht bei intakten hygienischen Verhältnissen, vor allem bei intakter Wasserversorgung und entsprechender Lebensmittelhygiene nicht. Auch für den Touristen in den oben erwähnten Ländern ist die Gefahr der Infektion gering, wenn er sich an gewisse Richtlinien hält, die auch für die Vermeidung anderer Darminfektionen gelten. Es sind dies:

I. Kein unabgekochtes Wasser trinken.

II. Keine rohen Früchte ungeschält essen.

III. Keinen grünen Salat und kein rohes Gemüse essen. Diese Maßnahme empfiehlt sich, da in tropischen Ländern vielfach noch sogenannte Kopfdüngung mit menschlichen Fäkalien durchgeführt wird.

IV. Vorsicht mit Eis und Eiscreme.

Diese Vorsichtsmaßregeln gelten auch für eine andere Darminfektion, die in den Tropen stark verbreitet ist, wie die *Amöbiasis*. Die Amöbiasis kann zunächst als harmlose Darmlumeninfektion ohne jede klinische Symptomatik bestehen. Aufgrund von Durchuntersuchungen der Bevölkerung in manchen Tropenländern hat man festgestellt, daß bis zu 70% der Bewohner Träger von Amöbencysten und Minutaformen sein können. Diese starke Verbreitung von Cystenträgern läßt sich reduzieren bei entsprechenden hygienischen Maßnahmen. Ein Beispiel hierfür ist Israel: Das Palästina der Mandatszeit wies noch 50—70% Amöbencystenträger in der Bevölkerung auf, nach den Erhebungen der letzten Jahre (Steinitz, Lyon u. andere) ist die Zahl der Amöbencystenträger heute auf 20—25% gesunken, eine frische akute Amöbenruhr ist selten geworden.

Jede Darmlumeninfektion kann sich zu einer akuten Amöbenruhr entwickeln. Änderungen in der Abwehrlage des Organismus, plötzliche Abkühlungen, Diätfehler oder unspezifische Darminfektionen können dazu führen, daß die Minutaformen sich in Magnaformen umwandeln, in die Darmwand eindringen und hier ihre gewebsauflösenden Fähigkeiten betätigen.

Klinisch beginnt die Amöbenruhr nicht stürmisch wie eine bacilläre Dysenterie, sondern schleichend. Dem anfangs noch breiigen Stuhl sind bei Beginn der Erkrankung Schleimfetzen beigemischt. Im weiteren Verlauf werden die Entleerungen dünnflüssig mit Schleim- und Blutbeimengungen vermischt. Man spricht von himbeergeleeartigem Aussehen der Stuhlentleerungen. Sie treten 6—8mal am Tage auf, selten häufiger und sind oft von Tenesmen begleitet. Dieses akute Stadium kann in ein chronisches übergehen, bei dem sich Perioden von Durchfällen mit solchen von Verstopfung abwechseln. Die unkomplizierte Amöbenruhr geht stets ohne Fieber einher.

Zur Behandlung der akuten Amöbenruhr empfiehlt sich heute Clont (Flagyl im Ausland). Die Dosierung sieht 6—10 Tage 3mal 2, bis 3mal 3 Tabletten nach den Mahlzeiten vor. Vor Einführung von Clont wurde mit sehr gutem Erfolg auch Resotren compositum angewendet. Die Dosierung hierfür beträgt 15 Tage 3mal 1 Tablette nach den Mahlzeiten. Für die Darmlumeninfektion ohne klinische Erscheinungen würden wir auch heute noch die Kur mit Resotren compositum empfehlen. Resotren compositum setzt sich aus einer Komponente Resochin, die auch auf die Gewebsformen (Magnaformen) wirkt und einer Yatren-Komponente zusammen. Letztere hat eine sehr gute Wirkung auf die Darmlumeninfektion.

Tritt bei der Amöbenruhr Fieber auf, so stellt dieses Symptom immer ein Alarmzeichen dar, und es ist in erster Linie an die Möglichkeit der Entwicklung eines *Leberabscesses* zu denken. Ein solcher kann sich schon frühzeitig entwickeln, d. h. nach 3—4 Wochen. In anderen Fällen ist die eigentliche Ruhrerkrankung schon abgeklungen und erst Wochen oder Monate später, seltener erst nach Jahren, kommt es zur Entwicklung eines solchen Leberabscesses.

Wie schon erwähnt, ist Fieber eines der ersten Symptome, verbunden mit Schmerzen in der Lebergegend, einer Lebervergrößerung, einer ausgesprochenen Druck- und Klopfempfindlichkeit der Lebergegend, Leukocytose, erhöhter Blutsenkung und bei der Röntgen-Untersuchung den Symptomen:

Zwerchfellhochstand

Aufhebung der Zwerchfellverschieblichkeit

Pleurabegleiterguß oder auch nur gewisse Vorbuckelung des Zwerchfells

Der Nachweis von Amöben im Stuhl kann zu diesem Zeitpunkt Schwierigkeiten bereiten. Auch die serologische Untersuchung auf Amöbeninfektion läßt in diesem ganz akuten Stadium der Entwicklung eines Amöbenleberabscesses öfter im Stich. Der Tropenaufenthalt des Erkrankten, eine während dieser Tropenzeit durchgemachte Darmerkrankung, die unter Umständen noch mit leichter Symptomatik weiter besteht, sollte in solchen Fällen immer an die Möglichkeit eines Leberabscesses denken lassen.

In den letzten Jahren hat uns bei der Erkennung und Auffindung solcher Abscesse die *Szintigraphie* gute Dienste geleistet. Sie vermittelt einen Eindruck von der Ausdehnung und Lage des oder der Abscesse. Damit erhält der Arzt die Möglichkeit einer gezielten Punktion, mit der dann die Instilation von Resochin in die Absceßhöhle nach Absaugen des

Absceß-Inhaltes möglich ist. Diese Maßnahme trägt sicher in vielen Fällen zur beschleunigten Ausheilung bei.

In manchen Fällen, wo eine Szintigraphie nicht möglich ist, wird man aufgrund der Vorgeschichte und der Symptomatik die Diagnose stellen müssen und die Bestätigung der Diagnose dann aus dem Therapieerfolg erhalten.

Eine der wichtigsten therapeutischen Maßnahmen ist nach wie vor die Behandlung des Amöbenleberabscesses mit Emetin oder Dehydroemetin. Allerdings führt dieses Medikament, das älteste Mittel gegen Amöbenruhr, auch zu einer gewissen toxischen Schädigung des Herzmuskels, die aber bei nicht vorgeschädigtem Herzen sich sehr rasch wieder zurückbildet. Bei älteren Menschen, vor allem aber bei vorgeschädigtem Herzen empfiehlt sich eine vorsichtige Handhabung dieser Therapie oder ihr Ersatz durch andere Medikamente. Der Einsatz von Resochin als Injektion hat sich sehr bewährt und wirkt Emetin sparend. Auch Resotren compositum oder Clont kann verwendet werden.

Für die Therapie eines akuten Leberabscesses empfiehlt sich etwa folgendes Vorgehen, wenn die Diagnose Amöbenabsceß gesichert ist oder sehr wahrscheinlich erscheint:
Emetin hydrochloricum 0,03 g täglich *oder*
Dehydro-Emetin beginnend mit 0,03 g täglich i.m. zusammen mit
Resochin 5 ml der 5% Lösung, ebenfalls i.m. und
Resotren compositum 3mal 1 Tablette oral nach den Mahlzeiten *oder*
Clont 3mal 2 Tabletten 7 Tage lang.

Die Emetininjektionen sind bis zu einer Gesamtdosis von 0,6 g fortzuführen. Sie können auch i.v. gegeben werden, jedoch muß dann das Emetin mit isotonischer Kochsalzlösung auf 10,0 ml verdünnt und sehr langsam injiziert werden. Dehydroemetin darf nur i.m. gegeben werden, ebenfalls bis zu einer Gesamtdosis von 0,6 g.

Von Resochin sollten insgesamt 6—10 Injektionen verabfolgt werden.

Die Frühdiagnose ist für die erfolgreiche Behandlung des Leberabscesses entscheidend. Das Schema von Wilmot zeigt die Komplikationsmöglichkeiten beim Leberabsceß. Hirnabscesse haben wir an der Klinik des Tropeninstituts nicht beobachtet, jedoch weist Monecosso (University teaching hospital Lagos) darauf hin, daß in verschleppten Fällen dort häufiger Amöbenhirnabscesse gesehen wurden.

Dafür, daß bei zu spät gestellter Diagnose auch eine intensive Therapie einschließlich chirurgischer Maßnahmen nicht mehr zum Erfolg zu führen vermag, ist der Krankheitsablauf bei einer Patientin (siehe Kurve) Beweis.

Während einer Ost-Asienreise erkrankte die Patientin kurzfristig mit Durchfällen, die wieder sistierten. Nach ihrer Rückkehr trat Fieber auf, das zunächst als Grippe gedeutet wurde, bis sie dann nach 12 Tagen mit einer sehr starken Leberschwellung und Vorwölbung des linken Leberlappens, hohem Fieber, starker Leukocytose, stark erhöhter Blutsenkung in die Klinik eingewiesen wurde. Zu diesem Zeitpunkt bestanden wieder

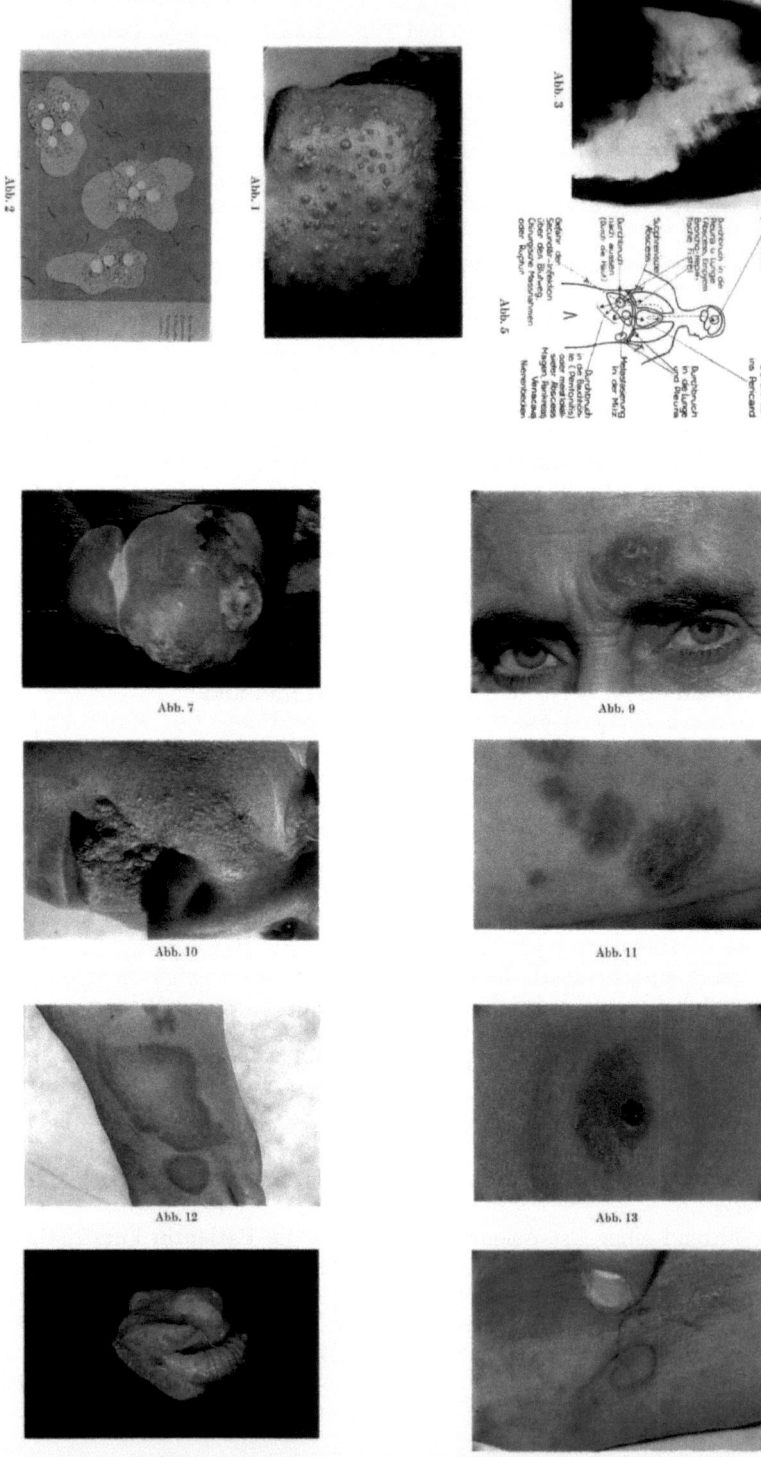

Durchfälle. In den schleimig-blutigen Entleerungen wurden Magnaformen von Entamöba histolytica nachgewiesen. Die sofort einsetzende Behandlung konnte aber den tödlichen Ausgang der Erkrankung nicht mehr abwenden.

Amöbeninfektionen sind in allen tropischen Gebieten verbreitet, wenn auch in gewissen Regionen eine Häufung zu verzeichnen ist. Solche Gebiete sind Zentral- und Südamerika, vor allem aber Indien und Südostasien, aber auch im Mittelmeerraum, also in subtropischen Gebieten kann diese Infektion erworben werden.

Im Mittelmeerraum begegnet man auch einer anderen Protozoen-Infektion, der Kala Azar, die zwar nicht sehr häufig vorkommt, aber immerhin doch bei einer Reihe von Urlaubern im Laufe der letzten Jahre von uns gefunden wurde. Diese *interne* oder *viscerale Leishmaniase* wird durch den Stich der Phlebotomen übertragen. Vorwiegend Hunde sind die Wirte der Leishmanien, an denen sich die Phlebotomen beim Saugen infizieren. Das Krankheitsbild, das sehr häufig eine lange Inkubationszeit oder besser Latenzzeit hat, kann außerordentliche diagnostische Schwierigkeiten bereiten, und mit einer Systemerkrankung (Reticulose, Leukämie) verwechselt werden. Die charakteristischen Symptome sind sehr große derbe Milz- und Leberschwellung, remittierendes Fieber, oft mit 2 Fiebergipfeln innerhalb 24 Stunden, Leukopenie, sowie langsam zunehmende Anämie. Diesen charakteristischen Symptomen des ausgebildeten Krankheitszustandes gehen häufig uncharakteristische Erscheinungen wie Abgeschlagenheit, Mattigkeit, subfebrile Temperaturen, Gliederschmerzen und Leistungsabfall voraus.

Die Diagnose wird wahrscheinlich durch den positiven Ausfall der Formolgel-Probe, gesichert aber erst durch den Parasitennachweis. Dieser ist aus dem strömenden Blut außerordentlich schwer zu erbringen, wohl aber durch die Sternalpunktion oder die Leberpunktion. In den Punktatausstrichen finden sich die Erreger frei liegend oder intracellulär. Von einer Milzpunktion ist im allgemeinen wegen der Ruptur- und Blutungsgefahr abzuraten. Eine Ergänzung der mikroskopischen Untersuchung kann durch die NNN-Agarkultur mit dem Nachweis der Parasiten und durch die Leishmanien-Komplementbindungsreaktion erfolgen.

Wird die Krankheit nicht rechtzeitig erkannt und behandelt, kann sie zum Tode führen. Dieser wird allerdings seltener durch die Krankheit selbst bedingt als durch das Hinzutreten einer Tuberkulose oder einer Sepsis. Bei rechtzeitiger Erkennung sind die Heilungsaussichten sehr gut. Das Mittel der Wahl ist ein Antimonpräparat wie Solostibosan, das i.m. oder i.v. injiziert wird.

Bei der im Mittelmeerraum auftretenden Form der Kala Azar kann in manchen Fällen eine generalisierte Lymphadenitis zunächst das Bild beherrschen, worauf schon Manson-Bahr hingewiesen hat. Wir beobachteten einen solchen Fall bei einem Kollegen, der sich auf einer Campingfahrt durch Süd-Frankreich infiziert hatte und bei dem sich in einer probe-excidierten Lymphdrüse massenhaft Leishmanien nachweisen ließen. Auch von der spanischen Mittelmeerküste konnten wir im Laufe der letzten Jahre 3 Fälle aus Benidorm beobachten. Außerdem muß man bei Urlaubern, die aus Sardinien, Sizilien, Jugoslawien und Griechenland mit den oben beschriebenen Krankheitserscheinungen zurückkehren, an eine viscerale Leishmaniase denken.

Nicht so bedrohlichen Charakter wie die durch Leishmania donovani hervorgerufene interne Leishmaniase, hat die *Orientbeule*, eine Hautleishmaniase, hervorgerufen durch Leishmania tropica. Auch diese Leishmaniase wird durch Phlebotomen übertragen. Hierbei kommt es aber nicht zu einer Generalisation, sondern nur zu einem örtlichen, fast stets auf die Haut beschränkten Krankheitsprozeß. Diese Infektion heilt meist auch ohne Behandlung innerhalb Jahresfrist langsam ab. Deshalb wird sie auch „Jahresbeule" genannt. Die durch sie verursachten Hautveränderungen können unterschiedliches Aussehen aufweisen. Neben pfennigstück-großen Geschwüren kann es auch zu flächigeren größeren Ulcerationen kommen mit aufgeworfenem Rand oder einer Neigung zur Hyperkeratose. Die Hautveränderungen heilen unter Hinterlassung einer entstellenden Narbe aus. Die Diagnose ist am besten durch eine Probeexcision in den Randgebieten zu stellen oder auch durch Skarifizieren des wallartigen Randes und Ausstreichen des austretenden Sekrets, in dem sich die Leishmanien nachweisen lassen. Nach Überstehen der Erkrankung bleibt eine Immunität. Diese Erfahrung machten orientalische Mütter schon vor Jahrhunderten und veranlaßte sie, ihre Töchter an nicht sichtbaren Hautstellen mit Material von frischen Orientbeulen zu infizieren, um dadurch entstellende Narben im Gesicht, an den Händen oder Armen zu verhindern. Auf die Antimon-Therapie spricht die Orientbeule nur zögernd an.

Im süd- und mittelamerikanischen Raum wird auch eine Leishmaniase beobachtet, hervorgerufen durch *Leishmania brasiliensis*. Sie tritt in 2 Formen auf, die eine „Uta" genannt, zeigt in ihrem Verhalten viel Ähnlichkeit mit der Orientbeule. Die andere „Espundia" genannt, ist außerordentlich hartnäckig und nur wenig einer Therapie zugänglich. Sie kann auf die Schleimhäute übergehen und schließlich auch zur Zerstörung von Knorpel- und Knochengewebe führen. Für die DiagnoseStellung ist der Erregernachweis, möglichst aus den Randgebieten der Geschwüre erbracht, von entscheidender Wichtigkeit. Der FormolgelTest ist bei der cutanen Form meist nicht positiv. Es besteht aber die Möglichkeit, die Diagnose durch den Hauttest mit Leishmania-Antigen nach Montenegro zu sichern. Ein serologischer Nachweis ist für die viscerale Leishmaniase möglich, bei der Hautleishmaniase sind die Aussagen der Komplementbindungsreaktion nicht zuverlässig.

Sicher werden in bestimmten Tropengebieten die Urlaubsreisenden auch mit *Lepra*kranken konfrontiert. Wir wissen aber heute, daß die Infektiosität der Lepra sehr viel geringer ist als Jahrhunderte lang angenommen wurde. Wenn auch die Zahl der Lepra-Kranken auf der Welt immer noch mit 10 Mill. angegeben wird, so stellt diese Krankheit für die

Touristen und andere sich kurzfristig in tropischen Gebieten aufhaltende Personen kein ernstes Gefahrenmoment dar. Nur unter sehr schlechten hygienischen Bedingungen und bei intensivem Kontakt mit Erkrankten kann es zu einer Übertragung kommen. Unter vielen Tausenden von Tropen-Rückkehrern, die wir im Laufe der letzten 20 Jahre nachuntersuchen konnten, haben wir nur einen Fall beobachten können, in dem es zu einer Lepra-Erkrankung kam. Der Betreffende hatte $1^1/_2$ Jahr unter außerordentlich primitiven Bedingungen mit Einheimischen leben müssen, unter denen sich Lepra-Kranke befanden. Durch den frühzeitigen Einsatz der Sulfon-Therapie, die sich bei der Behandlung der Lepra sehr bewährt hat, war es möglich, auch diesen Fall auszuheilen.

Unter den Gastarbeitern allerdings haben wir im Laufe der Jahre einige Fälle von lepromatöser und tuberkuloider Lepra diagnostizieren können. Einige dieser Patienten waren unter den verschiedensten Diagnosen behandelt worden, ehe die richtige Diagnose gestellt worden war. Sie kamen teilweise in einer sogenannten „Reaktion" zur Aufnahme und boten noch nicht das typische Bild einer Facies leonina mit ausgefallenen Augenbrauen oder entstellenden Veränderungen an Händen und Füßen. Die Diagnose wird am besten aus dem Sekret, das bei Skarifizieren der veränderten Hautstellen austritt oder auch, allerdings weniger sicher aus dem Nasenabstrich gestellt, am besten aber aus einer Probeexcision im veränderten Hautbereich.

Die Therapie der Lepra ist heute kein so schwieriges Problem mehr, wenn die Diagnose frühzeitig gestellt wird. Die Langzeit-Therapie mit Sulfonen — über Monate und Jahre — zusammen mit dem Einsatz verschiedener Medikamente, die auch in der Behandlung der Tuberkulose sich als wirksam erwiesen hatten, hat hier einen grundlegenden Wandel herbeigeführt. Die oft sehr quälenden und mit hohem Fieber einhergehenden, sogenannten „Reaktionen" bei der Lepra sprechen, wie wir schon sehr frühzeitig feststellen konnten, sehr gut auf Thalidomid, das frühere Contergan, an. Die Wirkung ist besser als die von Cortison-Gaben. Selbstverständlich wird man das Mittel vorsichtig dosieren und insbesondere nicht an Schwangere verabfolgen.

In vielen Tropengebieten spielen auch die *Mykosen der Haut* eine nicht unerhebliche Rolle. Neben den hier bekannten Dermatomykosen ist zu nennen die Chromomykose, der Madurafuß, die nur im Süden der USA zu findende *Nordamerikanische Blastomykose*, sowie die *Südamerikanische Blastomykose*. Bei den beiden letzteren kann es auch zu Lungenkomplikationen kommen. In erster Linie als Lungenprozeß verläuft die *Histoplasmose* und die *Coccidioidomykose*. Die Diagnose dieser Pilzerkrankungen ist durch den Nachweis des Erregers aus dem Wundsekret, dem Probeexcisionsmaterial und der Sputum-Untersuchung zu erbringen. Nach Ermittlung des Erregers ist eine Resistenz-Bestimmung der Keime durchzuführen, um die wirksamste Therapie zu ermitteln. Für die internen Mykosen, also die Pneumomykosen ist zur Zeit das Amphotericin-B das Mittel der Wahl. Es muß aber unter besonderen Vorsichtsmaßregeln angewendet werden und ist auch nicht ohne Nebenwirkungen. Infektionen mit diesen Erregern können auch bei kurzfristigen Aufenthalten in tropischen oder subtropischen Gebieten, in denen diese Pilze vorkommen, erworben werden. So fanden wir eine Histoplasmose bei einem Deutschen Geschäftsreisenden, der auf einer Reise durch Zentral-Amerika erkrankte. Herr Seliger konnte bei einem Deutschen, der sich in den Süd-Staaten der USA aufgehalten hatte, eine Coccidioidomykose diagnostizieren.

Die *Frambösie*, hervorgerufen durch Treponema pertenue, spielt nach der intensiven Bekämpfungsaktion durch die WHO keine sehr große Rolle mehr. Sie ist einer Behandlung mit einer einzigen Injektion Penicillin von 1 Mill. Einheiten sehr gut zugänglich. So kommt es heute kaum mehr zu dem tertiären Stadium dieser Erkrankung, in dem früher Knochenveränderungen häufig waren. Wichtig dürfte noch der Hinweis sein, daß eine serologische Abgrenzung dieser Treponematose gegenüber der Lues praktisch nicht möglich ist.

Hautinfektionen, die auch in den Tropen vorwiegend zu finden sind, werden durch die Eiablage der Dasselfliege in der Haut hervorgerufen. Diese als *Myiasis* bezeichnete Hautinfektion bietet anfangs ein furunkelähnliches Bild. Die sich in der Haut entwickelnde Larve kann zu einem länger dauernden Entzündungsprozeß führen.

Eine Infektion mit *Ankylostoma brasiliensis* führt zu den als *Hautmaulwurf* oder „*creeping eruption*" bezeichneten Hautveränderungen, bei denen die Gänge, die der Erreger sich in der Haut bohrt, als entzündliche rote Streifen, die stark jucken, zu erkennen sind. Hiergegen ist eine Behandlung mit Minzolum über 3—5 Tage, täglich 50 mg pro kg Körpergewicht, sehr wirksam. Wegen der leicht auftretenden Nebenerscheinungen sollte eine solche Behandlung aber nicht ambulant durchgeführt werden. Schließlich sei auch noch auf die Hautveränderungen durch den *Sandfloh* hingewiesen. Dieser dringt beim Barfußgehen in Fußsohlen oder Zehen ein und kann dort, wenn er nicht rechtzeitig entfernt wird, Entzündungen und Vereiterungen hervorrufen.

Die vorhergehenden Ausführungen zeigen, daß der Reisende in den Tropen mancherlei gesundheitlichen Gefährdungen ausgesetzt sein kann. Im nachfolgenden Referat von Herrn Knüttgen wird noch zu verschiedenen anderen, sehr wichtigen Tropenkrankheiten Stellung genommen. Die Verhältnisse in tropischen Ländern sind nicht mit den hier üblichen Maßstäben zu messen. So muß der Reisende in diese Gebiete sich bewußt sein, daß nicht nur die klimatischen Bedingungen dort andere sind, sondern auch die hygienische Situation eine nicht einwandfreie sein kann. Erkrankt er nach seiner Rückkehr nach Deutschland, so sollte er seinen Arzt auf das Faktum seiner Tropenreise hinweisen. Der Arzt aber sollte, wenn er selber keine Erfahrung auf tropenmedizinischem Gebiet hat, frühzeitig einen Spezialisten zuziehen. Er sollte sich darüber im Klaren sein, daß bei Tropenrückkehrern häufig *nicht nur eine Krankheit, bzw. eine Infektion mit nur einem Erreger bestehen kann*, sondern daß oft 2, 3 und mehr Parasiten in den menschlichen Organismus eingedrungen sein können, daß z. B. neben einer Bilharziose durch Bilharzia mansoni eine Amöbenruhr und eine interne Leishmaniase bestehen können oder eine Malaria und gleichzeitig eine Hakenwurminfektion und eine Bilharziose. Dieses Nebeneinander verschiedener Infektionen bedingt oft ein schwer zu deutendes Symptomenbild, aber gerade auch daran zu denken ist beim Tropenrückkehrer wichtig, um ihn vor ernsten, bleibenden Schäden zu schützen.

Literatur

Asshauer, E., Mohr, W.: Zur Begutachtung von Tropenrückkehrern. Münch. med. Wschr. **109**, 1209 (1967).
Fischer, O.: In welchen europäischen Ländern ist mit dem Auftreten einer Amöbenruhr zu rechnen? In: Therap. Ber. Bayer. H. **4**, 271 (1966).
Herrlich, A.: Handbuch der Schutzimpfungen. Berlin-Heidelberg-New York: Springer 1965.
Lyon, E.: Med. Klin. **55**, 2159 (1960).
Maegraith, B.: Exotic Diseases in practice. London: Wiliam Heinemann Medical books LTD. 1965.
Manson-Bahr, Ph.: Tropical diseases. London: Baillière, Tindall u. Cassell 1968.
Mohr, W.: Therapie der Amöbiasis. Der Internist **9**, 357—362 (1968).
Mohr, W.: Tropenkrankheiten in Mitteleuropa. Österreich. Ärztetg. **21**, 825—834 (1966).
Mohr, W.: Tropenkrankheiten in der Versicherungs- und Versorgungsmedizin. Hefte zur Unfallheilkunde, H. **99**: Verh. d. Dt. Ges. f. Unfallhkd. 32. Tagg. in Hamburg, S. 321 (1968).
Mohr, W.: Über die Bedeutung des zunehmenden Flugverkehrs für die Einschleppung von Tropenkrankheiten. Hefte zur Unfallheilkunde, H. **107**. Verh. d. Dt. Ges. f. Unfallhkd. 34. Tagg. in Düsseldorf, S. 202—209 (1970).
Mohr, W.: Zur Frage der akuten und chron. Leberschädigung bei und nach Tropenkrankheiten. Materia Medica Nordmark **23**, 9—10 (1971).
Mohr, W.: Import aus den Tropen. Medizin heute H. **6**, 7—12 (1971).
Mohr, W.: Gefährdungen durch Tropenkrankheiten im internationalen Reiseverkehr. Therapiewoche **22**, 20, 1682—1693 (1972).
Mohr, W.: Observations on the treatment of leprosy with Lederkyn, DDS and new tuberculostatic substances. Intern. J. Leprosy **39**, 2, 476—478 (1972).
Mohr, W.: Thalidomide in leprosy therapy. Intern. J. Leprosy **39**, 2 598—599 (1972).
Monekosso, G. L.: Mündliche Mitteilung.
Mühlens, P.: In: Ruge, R., Mühlens, P., zur Verth, M.: Krankheiten und Hygiene der warmen Länder. Leipzig: Thieme 1938.
Nauck, E. G.: Lehrbuch der Tropenkrankheiten, 3. Auflage. Stuttgart: Thieme 1967.
Peltzer, F.: Erfahrungen bei einer Choleraepidemie in Westafrika. Therapiewoche **22**, 20, 1697 (1972).
Steinitz, H.: Mündliche Mitteilung.
Weise, G.: Einschleppung meldepflichtiger Krankheiten in die Bundesrepublik. Therapiewoche **22**, 20, 1710—1716 (1972).
Wilmot, A. J.: Clinical Amoebiasis. Oxford: Blackwell 1962.

Diskussion

1. *Frage:* Warum ist die Amöbiasis bei manchen Patienten so resistent?

Antwort: Wird eine frische Amöbenruhr intensiv und richtig mit Resotren compositum oder Clont behandelt, so ist sie in der Mehrzahl der Fälle gut auszuheilen. Bleibt der Patient aber in den Tropen, dann hat er dort jederzeit die Möglichkeit, sich wieder zu infizieren. Diese Neu-Infektion wird auch wieder angehen, da es bei der Amöbiasis keine Immunität im eigentlichen Sinne gibt. Rückfälle nach einer Amöbiasis sind möglich. Häufiger ist es allerdings, daß nach Überstehen einer Amöbenruhr eine Zeitlang noch eine erhöhte Empfindlichkeit des Dickdarmes bestehen bleibt. Eine solche Anfälligkeit des Dickdarmes darf nicht verwechselt werden mit echten Rückfällen. Nach unserer Erfahrung ist eine Amöbiasis, wenn der Tropenrückkehrer in Europa verbleibt und die Behandlung intensiv und sorgfältig durchgeführt wird, nicht therapie-resistent, sondern ausheilbar.

2. *Frage:* Welche Möglichkeiten bestehen, eventuell über die Welt-Gesundheitsorganisation (WHO), auf Länder, in denen während der Urlaubssaison Cholera-Fälle auftreten, einen Druck auszuüben?

Antwort: Es gibt bis heute keine Möglichkeit, einen Zwang, auch nicht über die WHO, auf solche Länder auszuüben. Diese Länder haben das verständliche Bestreben, das Vorkommen von Infektionskrankheiten, die unter Umständen den Zustrom von Touristen vermindern oder sogar gefährden könnten, möglichst zu verschweigen.

Hierfür ein Beispiel: Mein früherer Mitarbeiter Dr. Peltzer hatte beschlossen, seinen Urlaub an seiner früheren Arbeitsstätte in Ibadan (Nigeria) zu verbringen. Nigeria galt zu diesem Zeitpunkt als cholerafrei. Aber schon in den ersten Tagen seines Aufenthaltes wurden laufend Cholera-Kranke in das Katholische Missionskrankenhaus eingeliefert. Aus dem geplanten 2monatigen Urlaub in Ibadan wurde eine Zeit intensivster Arbeit in einem Cholera-Hospital. Über seine Erfahrungen hat Herr Dr. Peltzer in der Therapie-Woche **22**, 20, 1688 (1972) berichtet.

Verzeichnis der Abbildungen auf der Falttafel zwischen den Seiten 168 und 169

Abb. 1. Pockenausschlag an der Stirn 7. Krankheitstag (Foto Lieske)

Abb. 2. Amöben Magna-Formen. Ungefärbtes Frischpräparat

Abb. 3. Vorbuckelung des Zwerchfells im Röntgenbild (Seitliche Aufnahme bei Leberabzeß)

Abb. 4. Szintigraphie bei Amöben-Abzeß im rechten unteren Leberlappen

Abb. 5. Komplikationen bei Amöbenleberabzeß nach Wilmot

Abb. 6. Fieberkurve einer Patientin mit Leberabzeß (siehe Text) trotz intensiver Behandlung mit Emetin, Resochin und Resotren compositum, sowie operativer Drainage von 5 Abzessen tödlicher Ausgang der Erkrankung. Bei der Sektion fanden sich noch 3 weitere Abzesse

Abb. 7. Leber mit multiplen Amöben-Leberabzessen

Abb. 8. Fieberkurve bei Kala Azar

Abb. 9. Orientbeule an der Stirn

Abb. 10. Ausgedehnte Orientbeule mit Hyperkeratose

Abb. 11. Hautveränderungen bei lepromatöser Lepra

Abb. 12. Hautveränderungen bei lepromatöser Lepra

Abb. 13. Hautinfiltration bei Myiasis

Abb. 14. Excidierte Hautstelle mit Fliegenlarve vom gleichen Patienten

Abb. 15. Creeping eruption (Hautmaulwurf)

Gesundheitsrisiken in den Tropen durch Malaria, Gelbfieber und Wurminfektionen

H. J. Knüttgen (Tübingen)

Die folgenden Ausführungen sollen die Gesundheitsrisiken behandeln, denen der Tourist bei Reisen in warme Länder durch die Malaria, durch das Gelbfieber und andere durch Arthropoden übertragene Virusinfektionen (Arboviren) sowie durch einige Wurminfektionen, insbesondere die Bilharziose ausgesetzt ist.

Die mit Abstand wichtigste der Krankheiten, die hier genannt worden sind, ist die Malaria, genauer gesagt die **Malaria tropica**. Die anderen drei Malariaarten, die Tertiana, die Quartana und die Ovale-Malaria, werden praktisch eigentlich niemals bedrohlich, wenngleich sie unerkannt und verschleppt infolge der bald eintretenden, oft beträchtlichen Anämie und infolge der Splenomegalie unangenehme Krankheitserscheinungen hervorrufen können.

Die Malaria tropica, hervorgerufen durch Plasmodium falciparum, war früher in allen tropischen und subtropischen Ländern weit verbreitet. In Südeuropa und in den südlichen Teilen des nordamerikanischen Subkontinents kann sie heute als ausgerottet gelten. In vielen Ländern, in denen die Malaria erfolgreich bekämpft worden ist und praktisch eliminiert war, ist sie in den letzten Jahren erneut aufgetreten und muß heute wieder als endemische Infektion und als Gesundheitsrisiko für Urlauber durchaus ernst genommen werden. Die Ausrottungskampagnen der WHO haben nach eindrucksvollen Anfangserfolgen, über die sehr viel und eindrucksvoll geschrieben und berichtet worden ist, ein längst nicht mehr begründetes Sicherheitsgefühl gegenüber der Malaria hinterlassen. Die Gefährlichkeit der Malaria tropica ist aus dem Bewußtsein des Zeitgenossen geschwunden. Dazu kommt — wie Herr Prof. Seliger schon betont hat —, daß die am Tourismus interessierten Länder die sehr reale Gefahr verschweigen oder verharmlosen. Auch ein sehr großer Teil der Ärzteschaft ist sich der potentiellen Gefährlichkeit der Malaria tropica nicht voll bewußt und unterschätzt die Häufigkeit und die Wahrscheinlichkeit einer Malaria-Infektion bei Reisen in warmen Ländern. Dazu kommt noch, daß auch wir Tropenmediziner, selbst wenn wir Literatur und Berichte genau verfolgen, über die jeweilige Malaria-Lage und die Gefährlichkeit der endemischen Gebiete sehr häufig keine präzisen Angaben machen können, da die Bekämpfungserfolge außerordentlich variieren und in allen Weltteilen immer wieder neue Ausbrüche der Malaria vorkommen.

Wie Sie wissen, wird die Malaria von Mensch zu Mensch durch Anophelesmücken übertragen. Dabei ist zu beachten, daß durch den Stich eines einzigen infizierten Anopheles eine schwere und unbehandelt tödliche Malaria tropica übertragen werden kann. Schon ein kurzer Transitaufenthalt, insbesondere in den Abendstunden oder zur Nachtzeit, auf einem Flugplatz oder in einem Seehafengebiet kann für eine tödlich verlaufende Infektion völlig ausreichen.

Dazu zwei Beispiele (Shute und Maryon, 1969):

Ein Steward einer Luftfahrtgesellschaft, der gewöhnlich die Nordamerika-Route flog, wurde für eine Reise nach Westafrika geschickt. Dort verbrachte er eine Nacht. Chemotherapie wurde während dieser Reise nicht genommen. Eine Woche nach Rückkehr aus Afrika trat Fieber auf, dessen Ursache nicht geklärt wurde. Der Zustand verschlechterte sich in wenigen Tagen schnell. Kurz nach der Einweisung ins Krankenhaus verstarb der Patient. Diagnose: Malaria tropica.

— Ähnlich erging es einer Dame, die eine Seereise zu ihrer Erholung unternahm. Das Schiff legt einmal und nur zum Bunkern in Dakar an, um dann wieder Kurs auf England zu nehmen. Sonst war ein Hafen in tropischem Gebiet nicht angelaufen worden.

2 Wochen nach der Rückkehr tritt Fieber unklarer Genese auf. Trotz Behandlung durch den Hausarzt verschlechtert sich der Zustand in wenigen Tagen. Die Patientin wird in ein Krankenhaus eingewiesen, wo sofort eine spezifische Behandlung eingeleitet wird. 6 Stunden nach der Einweisung stirbt die Patientin an einer Malaria tropica. Nahezu die Hälfte der Erythrocyten war mit Tropikaringen (P. falciparum) parasitiert.

Die charakteristischen klinischen Leitsymptome Fieber Anämie und Milztumor *können* ausgeprägt und nachweisbar sein. Aber es gibt keine spezifische Symptomatik, insbesondere auch kein charakteristisches, rhythmisches Fieber, wie immer wieder angenommen wird. Die Tropica kann alle möglichen Fieberverläufe aufweisen, unter denen gelegentlich auch einmal ein 48-Stunden-Rhythmus oder ein Cotidiana-Fieber ausgeprägt sein kann. Dabei wird aber selten die klare Rhythmik wie beim Tertianatyp oder bei der Quartana beobachtet. Die Regel sind unregelmäßige Temperaturkurven mit oder ohne Schüttelfröste und sehr häufig begleitet von Schweißausbrüchen, nicht selten auch einhergehend mit mehrfachen Episoden von Frostgefühl und Frieren. Es kann nicht nachdrücklich genug darauf hingewiesen werden, daß der Fieberverlauf in den meisten Fällen uncharakteristisch ist und von dem einer Allgemeininfektion anderer Art nicht unterschieden werden kann. Entscheidend ist immer wieder für die Diagnose

1. die Anamnese,

2. die Blutuntersuchung auf Malaria-Parasiten.

Wenn man ein Blutpräparat bei einer Malaria tropica-Infektion untersucht, findet man in den allermeisten Fällen innerhalb der Erythrocyten ausschließlich kleine Ringformen mit einem roten Kernkörperchen und einem feinen blaugefärbten Plasmaring. Auch bei guter Färbung werden diese Parasitenstadien von Ungeübten erfahrungsgemäß immer wieder übersehen. Die Malaria-Diagnose erfordert einen erfahrenen und mit der Methode vertrauten Untersucher.

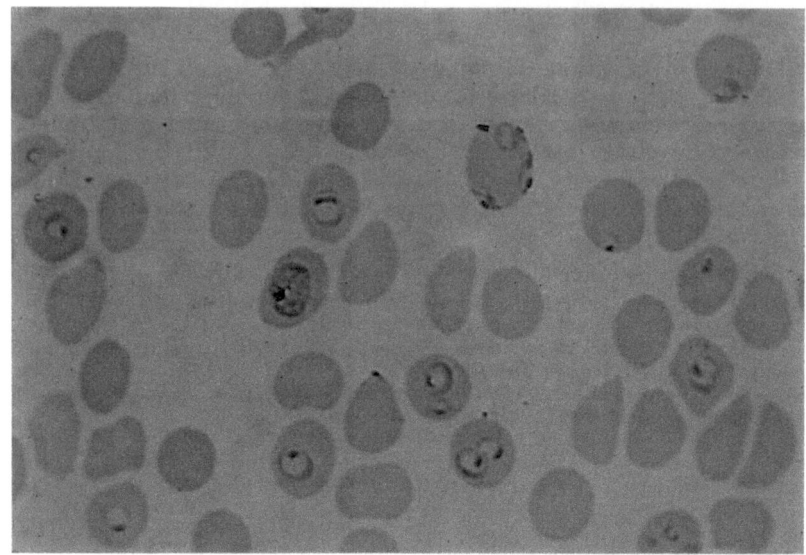

Abb. 1. *Blutausstrich* (Giemsafärbung): Zahlreiche Ringe von Plasmodium falciparum, einige Erythrocyten von mehreren Parasiten besetzt. *Diagnose:* Malaria tropica. Komatöse Verlaufsform mit tödlichem Ausgang. Außergewöhnliche Parasitendichte. Auch die (zweikernige) Teilungsform im peripheren Blut ist bei Malaria tropica ein ungewöhnlicher Befund

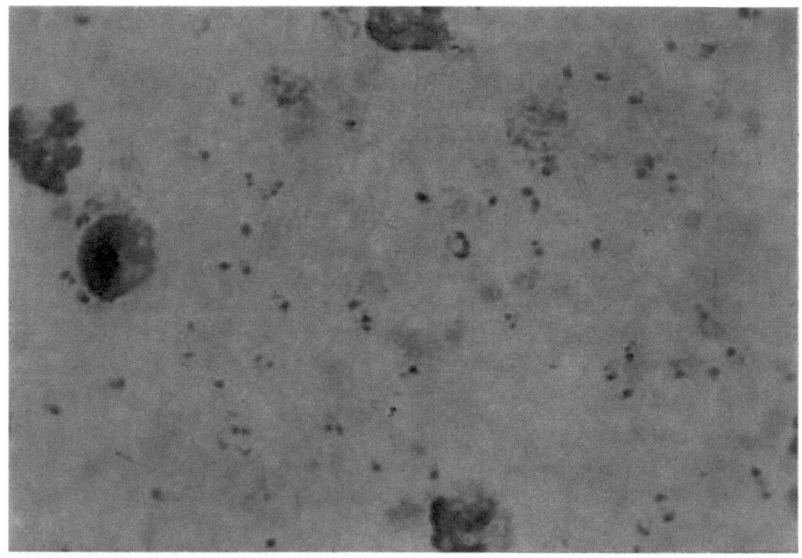

Abb. 2. *Dicker Tropfen* (Giemsafärbung, ohne Fixierung!). Im Gesichtsfeld 5 Leukocyten und etwa 50 überwiegend sehr kleine, für P. falciparum typische Ringformen. Morphologische Details weniger deutlich als im Ausstrich. *Diagnose:* Malaria tropica. Auch hier gefährlich hohe Parasitendichte, wie sie erst in vorgeschrittenen Krankheitsstadien erreicht wird

Sobald im Blutpräparat fortgeschrittene Parasitenstadien, halberwachsene oder Teilungsformen gefunden werden, handelt es sich immer und ausnahmslos um ganz schwere und lebensbedrohliche Zustände, bei denen unverzüglich eine spezifische Behandlung eingeleitet werden muß. Das typische pathologische Substrat der schweren Tropica ist, etwa bei einer cerebralen Verlaufsform, die Verstopfung der Hirnkapillaren durch parasitierte Erythrocyten. Diese Verstopfung der terminalen Strombahn kann auch in allen anderen Organen vorkommen, im Herzmuskel, in der Leber, im Pankreas, in den Nebennieren, woraus die außerordentliche Vielfältigkeit der klinischen Symptomatik einer Malaria tropica verständlich wird. Die Stasen in der Endstrombahn und Capillarthromben im Gehirn führen schließlich zum Coma, das unbehandelt so gut wie immer tödlich verläuft. In den anderen Organen kann es zu lokalen Nekrosen kommen, so auch im Herzmuskel oder in Abdominalorganen, mit klinischen Auswirkungen, die bestimmt sind von der Ausdehnung der lokalen Prozesse.

Tödliche Verlaufsformen der Tropica setzen immer voraus
1. die Unterlassung oder unregelmäßige Einnahme der Chemoprophylaxe und
2. die Verkennung der Diagnose und Unterlassung der spezifischen Therapie, die — rechtzeitig eingeleitet — immer von prompter Wirkung ist.

Das Versäumnis der Chemo-Prophylaxe hat der Patient selbst zu vertreten — eventuell auch der Arzt, der ihn beraten hat. Für die Unterlassung der Therapie ist der behandelnde Arzt verantwortlich. Bei Schadensfällen oder tödlichem Ausgang treten für den Gutachter sehr häufig recht unliebsame Konflikte und schwierige Probleme bei der Erörterung der Schuldfrage auf.

Wie kann man sich vor der sehr häufig verhängnisvollen Fehldiagnose bei einer Malarica tropica schützen ?

Maegraith hat immer wieder und sehr mit Recht darauf hingewiesen, daß bei jedem ungeklärten Fieber an den Patienten die Frage gerichtet werden müsse: Unde venis ? Wo sind Sie in den letzten Wochen bzw. in den letzten Monaten gewesen ?

Wenn sich dann anamnestisch ein Aufenthalt in einem tropischen oder subtropischen Gebiet ergibt, muß jedes ätiologisch nicht sicher geklärte Fieber in erster Linie und in jedem Fall sofort den Verdacht einer Malaria tropica auslösen. Denn eine Malaria ist in den endemischen, d. h. tropischen und subtropischen Gebieten die häufigste Infektion überhaupt und bei ungeklärtem Fieber die wahrscheinlichste Krankheitsursache.

Die klinischen Leitsymptome: Fieber, Splenomegalie und Anämie sind in vielen Fällen nachweisbar, aber keineswegs immer. Beweisend für die Infektion ist *nur* der Parasiten-Nachweis. Das gilt ohne jede Einschränkung für alle Gutachten-Fragen. Pragmatisch aber sollte man davon ausgehen, daß jedes ungeklärte Fieber bei einem Rückkehrer aus den Tropen als Malaria tropica betrachtet werden muß, auch wenn alle

Leitsymptome fehlen sollten. Dazu ist zu sagen, daß der Milztumor bei der akuten Malaria typischerweise weich ist wie bei einer Sepsis und erfahrungsgemäß bei der Palpation oft nicht getastet wird.

Die Gefährlichkeit der Tropica ist sofort behoben, wenn überhaupt an die Möglichkeit einer Malaria-Infektion gedacht wird. Das weitere Vorgehen ist danach sehr einfach: Man stellt einige Blutausstriche und einige dicke Tropfenpräparate her. Ist der Patient schwerkrank, muß unverzüglich und ohne das Untersuchungsergebnis abzuwarten, mit der spezifischen Therapie begonnen werden. Sie ist unschädlich, auch wenn sich die Diagnose hinterher nicht bestätigen sollte. Eine Therapie zu beginnen, ohne die Diagnose gesichert zu haben, mag nach akademischen Gesichtspunkten nicht ganz sauber erscheinen. Es handelt sich aber darum, eine lebensbedrohliche Situation abzuwenden oder sie nicht erst aufkommen zu lassen. Die Diagnose kann in jedem Fall später durch ein Spezialinstitut mit Sicherheit gestellt werden. Eine zeitliche Verzögerung von 24 Stunden — oder auch weniger — kann u. U. über das Schicksal eines Tropica-Patienten in fataler Weise entscheiden. Da die Therapie, wie gesagt, auch bei einer nicht bestätigten Diagnose für den Patienten unschädlich ist, wäre es nicht zu vertreten, bei einem Verdacht einer Malaria-tropica-Infektion die Behandlung aufzuschieben.

Sehr häufig hat die Tropica die Tendenz zu schneller Progression, jedenfalls bei nichtimmunen Patienten, so daß sich in ganz kurzer Zeit eine bedrohliche Situation entwickeln kann. Eine rechtzeitige Behandlung ist in jedem Falle dann lebensrettend.

Die Therapie wird folgendermaßen durchgeführt:
Initialdosis 4 Tabletten 4-Amino-Chinolin (Resochin®), 6 Stunden später 2 Tabletten 4-Amino-Chinolin (Resochin®). Damit ist für den 1. Tag die spezifische Therapie beendet. Selbstverständlich wird außerdem die Kreislauf- und symptomatische Behandlung, die der Zustand des Patienten erfordert, nach den üblichen Kriterien durchgeführt. An den folgenden 2 oder 3 Tagen, je nach Schwere des Falles, werden pro Tag einmal 2 Tabletten 4-Amino-Chinolin (Resochin®) verabfolgt. Die angefertigten Blutpräparate werden sofort an ein Tropeninstitut oder an ein kompetentes Laboratorium geschickt, wenn man selbst mit der Diagnostik nicht sicher vertraut ist. Das Ergebnis kann 1—2 Stunden nach Eintreffen des Blutpräparates telefonisch übermittelt werden. Die Blutpräparate werden am besten nicht gefärbt eingesandt oder es sollten einige ungefärbte Präparate mitgeschickt werden.

Durch die vorgeschlagene Therapie wird die Tropica sicher geheilt und die Parasiten werden eliminiert, es sei denn, daß der Patient bereits in extremis gewesen ist und die Medikation nicht mehr rechtzeitig zur Wirkung kam. Voraussetzung ist selbstverständlich dabei auch, daß eine ungestörte Resorption des Medikamentes durch den Darm möglich ist. Anderenfalls und bei comatösen und präcomatösen Fällen ist eine parenterale Therapie indiziert, deren Durchführung in den einschlägigen Lehrbüchern dargestellt ist (Nauck u. Mitarb., 1967).

Der Transport schwerkranker Malariapatienten in ein Spezialinstitut ist mit Risiken verbunden und m. E. heutzutage nicht mehr notwendig. Kreislauf- und Antischocktherapie plus Resochin-Behandlung, wenn notwendig parenteral, kann in jedem Krankenhaus durchgeführt werden. Eine richtig und regelmäßig durchgeführte Chemoprophylaxe schützt mit Sicherheit zumindest vor einer gefährlichen Erkrankung. Es muß aber darauf hingewiesen werden, daß die Chemoprophylaxe nicht die Infektion verhindert, sondern daß sie lediglich die klinische Manifestation der eingetretenen Infektion durch Einwirkung auf die Parasitenvermehrung unterdrückt. Es handelt sich also um eine sog. suppressive und nicht um eine tatsächlich kausale Prophylaxe. Ich darf eine bewährte Dosierung für Prophylaxe hier anführen: Man gibt einmal wöchentlich drei, oder in besonders schwer endemischen Gebieten, wie z. B. Westafrika, 4 Tabletten 4-Amino-Chinolin (Resochin®) oder — was ich persönlich für besser halte — einmal wöchentlich 2 Tabletten Resochin® plus 1 Tablette Pyrimethamin 25 mg. Pyrimethamin ist unter dem Patentnamen Daraprim bekannter. Nach Verlassen des Endemiegebietes muß die Prophylaxe mindestens 4 Wochen fortgesetzt werden. Wird sie zu früh eingestellt, kann es zur schweren Malariaerkrankung etwa 1—4 Wochen nach der Rückkehr im Heimatland kommen.

Wir haben kürzlich in Tübingen gerade ein Kind beobachtet, das 14 Tage zuvor aus Lagos zurückgekommen war. In Nigeria war eine regelmäßige Prophylaxe durchgeführt worden, die allerdings bei Verlassen des Landes eingestellt wurde. Das Kind hatte eine ganz schwere Malaria tropica entwickelt, die es glücklicherweise überstanden hat, die aber mit Sicherheit hätte vermieden werden können, wenn man die Prophylaxe 4—6 Wochen über die Zeit des Aufenthalts in den Tropen fortgesetzt hätte.

Ein anderes Beispiel:

Die Frau eines Kollegen, der in Nigeria arbeitete, war kurze Zeit vor ihrem Mann nach Deutschland zurückgekehrt und erkrankte prompt 3 Wochen, nachdem sie in Tübingen angekommen war, an einer handfesten Tropica. Auch sie hatte nach Verlassen des Landes die Prophylaxe eingestellt und war dann erkrankt.

Ob man von einem infizierten Anophelesweibchen gestochen wird oder nicht, ist eine Frage des Zufalls. Man kann wochenlang von der Malaria verschont bleiben, wenn man sich vorwiegend in sanierten oder weniger stark verseuchten Gebieten aufhält, dann aber plötzlich an einer schweren Infektion erkranken und, wenn sie unerkannt bleibt, daran zugrundegehen. Vor einigen Monaten verstarb in einer deutschen Universitätsklinik — nicht in Tübingen und ohne Schuld dieser Klinik — ein Reiseleiter, der in den letzten Monaten in Afrika und Südostasien tätig gewesen war. Die Chemoprophylaxe hatte er nach Verlassen des Infektionsgebietes 8 Tage fortgesetzt, hatte dann einen Urlaub in Teneriffa eingelegt, wurde gegen Ende dieses Urlaubs zunehmend in seinen Reaktionen verlangsamt und teilnahmslos. Es trat etwas Fieber und leichter Ikterus auf. Der Patient wurde vom Hausarzt behandelt, schließlich in die Klinik eingeliefert und starb kurze Zeit danach nach heftigen Schweißausbrüchen und Schüttelfrösten im Schockzustand an akutem Herzversagen. Das passierte einem Reiseleiter, der wahrscheinlich große Zahlen von

Reisenden durch tropische Länder, durch Malaria-Endemie-Gebiete führt und sie dort berät!

Zusammenfassung

Zur Vorbeugung können folgende Richtlinien aufgestellt werden: Die wichtigste Vorbeugungsmaßnahme ist die regelmäßige Chemoprophylaxe in der angegebenen oder in einer anderen bewährten Weise. Durch wirksamen Schutz gegen die Stiche von Moskiten in mückensicheren oder vollklimatisierten Häusern oder, wo das nicht möglich ist, in der Nacht durch Moskitonetze wird das Risiko einer Malaria-Infektion in einer sehr wirksamen Weise verringert. Die Anophelen sind nachtaktive Steckmücken. Am Tage besteht praktisch keine Gefahr einer Malaria-Übertragung. Wirksam ist auch die Anwendung von Insektiziden in Form von Sprays etwa $1/2$ Stunde vor dem Schlafengehen in den Schlafräumen. Keinesfalls sollten aber die Vorbeugungsmaßnahmen gegen Moskitostiche dazu veranlassen, die regelmäßige Chemoprophylaxe zu vernachlässigen oder zu unterlassen.

Die Malaria hat ihre Schrecken verloren, wenn man weiß, wie man sich in Endemiegebieten vor einer Erkrankung zu schützen hat. Wenn die notwendigen Vorbeugungsmaßnahmen, insbesondere die Chemoprophylaxe vernachlässigt werden, ist die Malaria tropica nach wie vor eine lebensbedrohliche Infektion.

Die Urlaubsrisiken durch **Gelbfieber**, **Dengue** und andere **Arboviren** können kürzer behandelt werden:

1. Das Gelbfieber-Virus zirkuliert enzootisch in einem Komplex von Waldtieren und Überträgermücken in Zentral- und Südamerika und im tropischen Afrika. Länder, in denen ein Infektionsrisiko besteht, verlangen von Einreisenden eine Schutzimpfung gegen Gelbfieber. Der Gelbfieber-Impfstoff ist sehr zuverlässig, seine Wirkung hält lange an. Die Weltgesundheitsorganisation geht von einer Dauer des Impfschutzes von 10 Jahren aus. Das Risiko, daß ein ordnungsgemäß geimpfter Urlauber an Gelbfieber erkrankt, ist daher praktisch gleich null. Über die Schutzimpfung wird Ihnen Herr Prof. Habs berichten.

2. Das Dengue-Fieber ist fast in allen warmen Gebieten der Erde verbreitet und kann epidemisch auftreten. Wie das Gelbfieber wird es durch Aedes-Mücken übertragen. Die typische Symptomtrias ist Fieber (Sattel- oder Dromedarkurve), Leukopenie und morbilliformes oder scarlatiniformes Exanthem. Charakteristisch sind starke Kopf-, Glieder- und Gelenkschmerzen.

Die Letalität liegt unter oder um 1%.

Von dem Virus sind mehrere Typen bekannt, von denen einige ein hämorrhagisches Fieber auslösen können, das häufiger im Fernen Osten beobachtet wird und eine wesentlich höhere Sterblichkeit aufweisen kann.

Eine Schutzimpfung ist nicht entwickelt. Die Therapie ist rein symptomatisch.

Die Wahrscheinlichkeit, daß ein Urlauber erkrankt, ist besonders bei Auftreten lokaler Epidemien durchaus gegeben, das Gesundheitsrisiko insgesamt jedoch als gering zu bewerten.

Von den sehr zahlreichen Arboviren — über 250 sind bis heute bekannt — sind die meisten ohne wesentliche Bedeutung für die menschliche Pathologie. Es soll hier lediglich hingewiesen werden auf die im Fernen Osten weitverbreitete Encephalitis japonica, die zur B-Gruppe gehört und auf die Gehirnentzündungen in der Neuen Welt: Western, Eastern und Venezuelanische Equine Encephalitis sowie die St. Louis Encephalitis. Reservoir sind Vögel. Das Risiko für Urlauber ist relativ gering. Vorbeugung und Therapie sind bisher nicht bekannt. Die in den warmen Ländern vorkommende große Zahl von Viren, die auch zu Infektionen des Menschen führen können, wird immer wieder Einzelerkrankungen hervorrufen, die noch nicht sicher diagnostizierbar sind. Die meisten sind erfreulicherweise ungefährlich und bedürfen hier keiner besonderen Besprechung.

Eine weitere Gruppe von Gesundheitsrisiken sind parasitäre Infektionen mit Würmern, von denen der Befall mit **Hakenwürmern** durch Barfußlaufen auf infiziertem Boden erworben wird. Die einheimische Bevölkerung tropischer Landgebiete ist von dieser Plage zu einem meist hohen Prozentsatz befallen. Die Hakenwurmanämie ist in den Tropen und Subtropen weit verbreitet. Beim Barfußlaufen an verschmutzten Stränden kann es zum Eindringen der infektiösen Larven durch die Haut und damit zur Infektion auch von Urlaubern kommen. Erkrankungen, d.h. klinische Erscheinungen sind indes ungewöhnlich. Die geringe Parasitenzahl bei einmaliger Zufallsinfektion reicht im allgemeinen nicht als Krankheitsursache aus, da durch eine gute und insbesondere ausreichend eisenhaltige Ernährung die pathogene Wirkung weniger Parasiten vom gesunden Organismus ohne Schwierigkeiten ausgeglichen wird.

Häufiger und sehr viel unangenehmer sind Infektionen von Urlaubern mit einer der drei **Bilharzia**- oder **Schistosomenarten**, von denen S. japonicum und S. mansoni in kleinen Venen des Darmes leben und durch die abgelegten Eier Erkrankungen von Darm und Leber verursachen, S. haematobium schwere Veränderungen der Blase und der ableitenden Harnwege hervorrufen kann. Die Infektion kommt zustande beim Schwimmen oder Waten in infizierten Binnengewässern, wenn infektiöse Larvenstadien, sogenannte Zerkarien, durch die Haut in den menschlichen Organismus eindringen. Im Seewasser gibt es keine Zerkarien. Erfolgreiche Behandlung der Infektion ist möglich. Sie ist aber mit mancherlei Nebenwirkungen belastet. Unbehandelte Infektionen können irreparable Organschäden herbeiführen. (Hepato-Splenomegalie, Fibrose und sog. Pfeifenstielcirrhose der Leber, portaler Hochdruck etc.; bei Hämatobiuminfektionen Hämaturie, chronische hämorrhagische Zystitis und Zystopyelitis, Polypen und evtl. als Spätkomplikation ein Carcinom der Harnblase.)

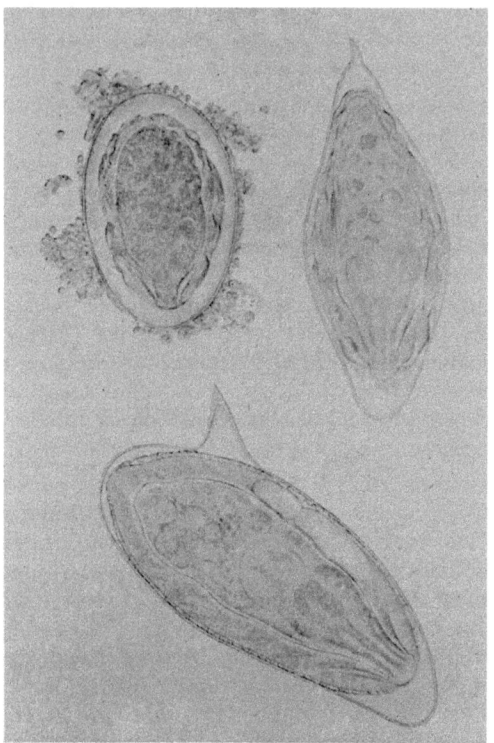

Abb. 3. *Wurmeier* von menschen-pathogenen Schistosomen: a) Schistosoma haematobium mit charakteristischem Endstachel. Mittlere Größe: 143×60 μ. b) S. mansoni mit Seitenstachel. Mittlere Größe: 159×68 μ. c) S. japonicum, von Zelldetritus umgeben. Mittlere Größe: 89×67 μ. S. haematobium wird im Urinsediment nachgewiesen, die beiden anderen Arten im Stuhl. Das Präparat wurde künstlich zur Demonstration zusammengestellt

Zur Vorbeugung der Infektion muß jeder Kontakt der Haut mit infiziertem Wasser vermieden werden. In Verbreitungsgebieten der Schistosomen-Infektion ist Schwimmen und Waten in Binnengewässern daher unter allen Umständen zu unterlassen. Auch das Waschwasser, besonders in ländlichen Bezirken, kann u. U. zerkarienhaltig sein und somit zu einer Infektion führen. Erhitzen des Wassers auf 70° tötet die Zerkarien ebenso ab wie das Stehenlassen des Wassers in Gefäßen, Eimern oder Kübeln für die Dauer von 48 Stunden oder länger.

Der Nachweis einer Schistosomen-Infektion ist mit Hilfe von serologischen und immunologischen Methoden möglich. Am sichersten ist jedoch, wie bei den meisten anderen Wurminfektionen, der Nachweis der Eier im Stuhl bzw. bei S. haematobium im Urin. Im Urinsediment sind die großen charakteristischen Endstacheleier des Parasiten, die eine lebende, bewegliche Wimperlarve enthalten, nicht zu übersehen und leicht zu identifizieren.

Wegen der häufigen oder doch möglichen Nebenwirkungen der indizierten Medikamente ist für die Durchführung einer Behandlung dringend eine stationäre Beobachtung zu empfehlen. Unter Umständen sind mehrere Kuren mit Antimon-Präparaten oder mit Ambilhar® erforderlich. Die von Laien so gefürchteten Filarien-Infektionen spielen als Risiko bei kurzdauernden Aufenthalten in den Tropen praktisch keine Rolle.

Wer viel mit Rückkehrern in der Praxis zu tun hat, wird nicht selten für eine Eosinophilie im Blut keine ausreichende Erklärung finden. Oft läßt sich eine solche Eosinophilie auch in Spezialinstituten nicht sicher abklären. Sie kann z. B. dadurch bedingt sein, daß tierpathogene Hakenwurm- oder Filarienlarven in den menschlichen Organismus eindringen, wo sie sich nicht entwickeln können, eosinophile Reaktionen aber solange unterhalten, wie sie am Leben bleiben. Es ist auch denkbar, daß eingeschlechtliche Wurminfektionen, die klinisch keine Manifestationen hervorrufen, eine Eosinophilie herbeiführen können. Wenn eine gründliche parasitologische Durchuntersuchung keinen Parasitennachweis erbringt, sollte man einer Eosinophilie nach einem Aufenthalt in den Tropen keinen allzu großen Wert beimessen. Bei der Vieldeutigkeit der Eosinophilie als differentialdiagnostischem Symptom ist eine möglichst genaue Abklärung ihrer Ursache jedoch in jedem Falle dringend anzuraten.

Zu dem Gesamtkomplex der aus warmen Ländern von den Reisenden mitgebrachten Erkrankungen seien abschließend einige Bemerkungen und Hinweise erlaubt:

Diejenigen Infektionen, die in den Tropen oder Subtropen selbst am häufigsten vorkommen, werden auch von Besuchern und Rückkehrern aus diesen Gebieten am häufigsten nach Deutschland eingeschleppt. Mit dem stetig zunehmenden Tourismus und der steigenden Zahl der Rückkehrer aus tropischen Ländern werden aber auch nach den Gesetzen des Zufalls einzelne seltene und hier unbekannte Krankheitsfälle auftreten.

Krankheitsbilder unklarer Genese nach einem, wenn auch nur kurzen Aufenthalt in einem tropischen Land sollten daher immer Veranlassung sein, im Interesse der Kranken möglichst frühzeitig ein Konsilium mit einem erfahrenen Tropenmediziner bzw. einem Spezialinstitut herbeizuführen.

Die weitaus größte Zahl der sog. Tropenkrankheiten sind umweltbedingt, d.h. aber, sie können durch zweckmäßiges und intelligentes Verhalten vermieden werden. Gegen fast alle in den Tropen erworbenen Erkrankungen haben wir wirkungsvolle Behandlungsmethoden. Dauerschäden sind nicht die Regel, sondern eher die Ausnahmen.

Die Tropen haben ihre Schrecken verloren, wenigstens für den informierten und intelligenten Menschen.

Indolenten und apathischen Zeitgenossen sollte man dringend abraten, tropische Länder zu bereisen.

Literatur

Nauck, E. G.: Lehrbuch der Tropenkrankheiten, 3. Auflage. Stuttgart: Thieme 1967.

Shute, P. G., Maryon, M.: Imported Malaria in the United Kingdom. Brit. med. J. **2**, 781—785 (1969).

Schutzimpfungen und deren Komplikationen

H. Habs (Bonn)

Wenn im Zusammenhang mit der Vorbereitung eines Urlaubs das Stichwort „Schutzimpfungen" fällt, so sollte die erste Frage sein: „Ist der *Tetanus-Schutz* ausreichend?" Gleichgültig, ob eine Weltreise geplant wird, ob eine Fahrt mit dem Kraftwagen innerhalb Europas in Aussicht steht oder ob wir uns vorgenommen haben, in diesem Jahre zu Hause zu bleiben und uns unserem Garten zu widmen, wir sollten nachprüfen, ob die Grundimmunisierung mit 3 Injektionen eines Toxoid-Adsorbat-Impfstoffes in den üblichen Abständen durchgeführt wurde (die zweite Injektion etwa 6 Wochen nach der ersten und die dritte, die so leicht vergessen wird, nach ungefähr 1 Jahr) und ob, falls diese Grundimmunisierung 5 Jahre oder mehr zurückliegt, auch eine Auffrischung erfolgte. Erweist sich eine Impfung als notwendig, so erinnern wir uns daran, daß es nur eine — sehr seltene — Kontraindikation gibt, nämlich allergische Reaktionen, die nach einer früheren aktiven Tetanus-Immunisierung aufgetreten sind. Selbstverständlich werden wir nicht unnötig während einer akuten Erkrankung oder einer chronischen fieberhaften Krankheit spritzen; unseren weiblichen Patienten können wir aber sagen, daß eine bestehende Schwangerschaft keine Kontraindikation, sondern sogar eine Indikation für die Tetanusimpfung darstellt. Um unnötige örtliche Reizungen zu vermeiden, halte ich es für zweckmäßig, nach dem Aufziehen des Impfstoffes die Nadel zu wechseln, damit nicht Reste des Aluminiumhydroxydes von der Außenseite der Kanüle her in oberflächliche Gewebe eindringen.

Erleidet der Patient während des Urlaubes eine Verletzung, dann kann der aufgesuchte Arzt eine Entscheidung über etwaige noch notwendige spezifische Vorbeugungsmaßnahmen — erneute Auffrischung oder aber Simultanimpfung — nur dann mit Sicherheit treffen, wenn der Verletzte den Nachweis der bisherigen Immunisierungen führen kann. Eine Tetanus-Schutzimpfung ohne den entsprechenden Nachweis hilft dem Patienten wenig. Der Impfausweis gehört also zum Personalausweis bzw. zum Reisepaß.

Herr Präsident, gestatten Sie, daß ich unsere Zuhörerschaft provoziere! Wir haben in unseren Unterlagen unter anderem ein Merkblatt gefunden: ADAC empfiehlt Tetanusschutzimpfung. Sie haben selber zum Teil an den Impfungen mitgearbeitet. Darf ich die Herren bitten, die Brieftasche zu zücken, die Damen, ihre Handtasche zu öffnen und einmal zu zeigen, wo der Ausweis ist. Herr Präsident? — Vier.

Meine Damen und Herren, wir sehen an uns selbst, was die Crux der präventiven Medizin in einem liberalen Gesellschaftssystem ist: Das Prinzip der Eigenverantwortlichkeit versagt allzu leicht.

Führt der Urlaub in südlichere Gegenden, so sollten wir daran denken, daß in manchen Gebieten des Mittelmeerraumes das *Typhus-Paratyphus-Risiko* größer ist als in vielen Ländern der Tropenzonen. Wer einem Tropenreisenden eine Typhus-Paratyphus-Schutzimpfung anrät, sollte sie für Fahrten in alle Gebiete empfehlen, in denen noch Lücken in der technischen Hygiene, insbesondere also im Bereich der Trinkwasserversorgung und der Abwasserbeseitigung, bestehen. Bei einer solchen Empfehlung müssen wir uns allerdings der Problematik der Typhus-Paratyphus-Impfung bewußt sein:

Für die Wirksamkeit der in Deutschland üblichen oralen Impfung gibt es viele theoretische und experimentelle Hinweise, der entscheidende Beweis durch einen geplanten epidemiologischen Feldversuch steht noch aus. Für die Wirksamkeit einer parenteralen Impfung sprechen außer dem Ergebnis einer Reihe von Feldversuchen, die unter Kontrolle der Weltgesundheitsorganisation durchgeführt wurden, auch die von Hornick u. Mitarb. durchgeführten experimentellen Großversuche an Freiwilligen. Nun werden aber die zur parenteralen Impfung zur Verfügung stehenden Impfstoffe örtlich nicht immer gut vertragen. Auch die Allgemeinreaktion kann gelegentlich so stark sein, daß ich einer Impfung von älteren Reisenden und von solchen mit Myokardschäden widerraten würde.

Wesentlicher aber scheint mir zu sein, daß aus den genannten Menschenversuchen hervorgeht, daß die erzielte Immunität nur relativ ist. Das Angehen der Infektion hängt von der Zahl der aufgenommenen Typhusbakterien ab: Nach einer Infektion mit jeweils 1 Million Typhusbakterien erkrankte die Hälfte der ungeimpften Versuchspersonen; von den geimpften erkrankte der gleiche Prozentsatz; eine Schutzwirkung war also nicht feststellbar. Wurde die Infektionsdosis so gewählt, daß 25% der Versuchspersonen erkrankten, so wurde die Morbidität bei den Geimpften auf 8% heruntergedrückt; das ergibt eine Schutzwirkung von nur etwa zwei Drittel. Das eigentliche Risiko der Typhus-Paratyphus-Impfung sehe ich deshalb darin, daß die Patienten im Vertrauen auf den Impfschutz die in hygienisch nicht vollentwickelten Ländern notwendigen Vorsichtsmaßnahmen unterlassen könnten.

Nicht in allen Reiseländern ist die Schluckimpfung gegen *Poliomyelitis* mit der gleichen Konsequenz durchgeführt worden wie in den osteuropäischen und den meisten mitteleuropäischen Staaten. Wir müssen also damit rechnen, daß mancherorts nicht die Impfviren, sondern die Wildviren kreisen. Insbesondere bei Kindern sollten deshalb etwa versäumte Impfungen nachgeholt werden.

Die bisher genannten Impfungen sind in aller Regel nicht diejenigen, derentwegen Patienten vor einem Urlaub in die Sprechstunde kommen. Sie suchen diese vielmehr auf, weil ihnen von ihrem Reisebüro mitgeteilt wurde, daß für die beabsichtigte Reise eine *internationale Impfbescheinigung* mit einer gültigen Eintragung einer Impfung gegen Pocken, gegen Cholera, gegen Gelbfieber oder gegen mehrere dieser Seuchen notwendig sei. Was ist die Grundlage dieser „Notwendigkeit?"

Die Bundesrepublik Deutschland hat durch Gesetz vom 1. Juli 1971 den neuen „*Internationalen Gesundheitsvorschriften*" zugestimmt, die 1969 von der 22. Weltgesundheitsversammlung angenommen wurden. Aufgabe dieser Gesundheitsvorschriften ist es, ein Maximum an Sicherheit gegen die Verschleppung von Seuchen im internationalen Reiseverkehr bei einem Minimum an Beeinträchtigung des Welthandels zu gewährleisten. Unter diese Vorschriften fallen nur noch die folgenden 4 Seuchen: Pest, Cholera, Gelbfieber und Pocken. Die Vorschriften sehen außer entsprechenden Meldepflichten in erster Linie Maßnahmen vor, die wir unter den alten Begriff der Quarantäne subsumieren können. Soweit die Vorschriften Impfbestimmungen enthalten, haben sie den Zweck, eine Quarantäne zu ersparen. Die im internationalen Reiseverkehr vorgeschriebenen Impfungen dienen also primär nicht dem Schutz des Reisenden, sondern dem des Einreiselandes. Es gibt z. B. eine wirksame Schutzimpfung gegen die Pest. Da aber entsprechend der Übertragungsweise dieser Seuche eine Verschleppung durch eine Impfung nicht verhindert werden kann, fehlen entsprechende Bestimmungen. Ein anderes Beispiel: Indien verlangt für die Einreise keine Cholera-Impfung, da es ja einen endemischen Choleraherd beherbergt; es empfiehlt immerhin die Impfung.

Die Impfvorschriften, die die einzelnen Länder entsprechend ihrer jeweiligen epidemiologischen Situation erlassen haben, sind in den „Impfbescheinigungs-Anforderungen" abgedruckt, die in jedem Jahr neu herausgegeben und fortlaufend durch Deckblätter ergänzt werden. Ein Blick auf eine Seite des Heftes zeigt, wie sehr die Impfanforderungen der einzelnen Länder differieren und wieviel Einzelbestimmungen über Ausnahmen von generellen Anweisungen zu beachten sind. Auch der erfahrene Impfarzt wird im einzelnen Fall ohne ein Nachschlagen in diesem Heft nicht auskommen. Es lassen sich aber einige Grundregeln herausstellen, die eine Beratung ermöglichen und offensichtliche Irrtümer bei den Angaben der Reiseunternehmen erkennen lassen.

Am eindeutigsten ist die epidemiologische Situation beim *Gelbfieber*. Diese Seuche ist nur in den Tropengebieten von Afrika und von Mittel- und Südamerika endemisch. Auch in diesen Gebieten ist das klassische städtische Gelbfieber, das von Mensch zu Mensch durch die in kleinsten Wasseransammlungen innerhalb der Siedlungen brütende Stechmücke Aedes aegypti übertragen wird, praktisch ausgerottet. Als Busch-Gelbfieber ist es aber vor allem bei Urwaldaffen enzootisch geblieben und wird durch entsprechende Mücken übertragen. Gefährdet sind demnach in der Regel nur Siedler oder Expeditionsreisende, die in das Landesinnere vordringen. — Die übertragenden Mücken, vor allem Aedes aegypti kommen auch in den Gebieten vor, die nördlich und südlich an die endemische Zone angrenzen. Bei einem Afrikaurlauber wird deshalb eine Gelbfieberimpfung notwendig, wenn innerhalb der endemischen Zone eine Landesgrenze überschritten wird oder wenn der Reisende aus der endemischen Zone in ein nordafrikanisches oder südafrikanisches empfängliches Gebiet reist.

Bei Reisen innerhalb von Nordafrika oder bei einem Direktflug nach Südafrika ist eine Gelbfieberimpfung nicht erforderlich. — Die großen Länder Südamerikas verlangen in der Regel keine Gelbfieber-Impfbescheinigung; eine Impfung ist aber dem obengenannten besonders exponierten Personenkreis zu empfehlen. Mittelamerikanische Länder verlangen in der Regel eine Bescheinigung bei Einreise aus einem infizierten Gebiet. Es ist schließlich wichtig zu wissen, daß der asiatische Raum von Iran über den indischen Subkontinent bis nach Australien Mücken beherbergt, die als Überträger in Betracht kommen, ohne daß über Jahrhunderte eine Einschleppung der Seuche erfolgte. Fluggäste, die aus den Endemiegebieten Afrikas oder Amerikas in die empfänglichen Länder einreisen, müssen deshalb über eine sichere Gelbfieber-Immunität verfügen. Aber eine solche Flugroute ist für einen deutschen Urlauber ungewöhnlich.

Bis vor wenigen Jahren konnten wir sagen, daß eine *Choleraimpfung* nur bei Reisen nach bestimmten Ländern Asiens indiziert bzw. vorgeschrieben sei. Seit 1970 hat sich die Situation grundlegend verändert. Die Cholera hat seit 100 Jahren erstmalig wieder in Afrika Fuß gefaßt. In den Ländern Nordafrikas konnte die Seuche verhältnismäßig schnell beherrscht werden. In manchen Ländern des tropischen Afrikas droht sie aber endemisch zu werden. Die Meldungen über die Zahl der Erkrankungen sind sicherlich vielfach unvollständig. Als Folge der neuen Pandemie verlangen auch viele europäische Länder bei der Einreise aus einem infizierten Gebiet Cholera-Impfungen. Die Bundesrepublik hat eine derartige Bestimmung nicht getroffen.

Bei den *Pocken* ist die rechtliche Situation verhältnismäßig einfach, da die Bundesrepublik bei der Einreise aus allen außereuropäischen Ländern mit Ausnahme der Vereinigten Staaten und Kanada sowie der Türkei, Cypern und der USSR eine gültige Impfbescheinigung verlangt. Diese Bestimmung scheint kaum noch der epidemiologischen Situation zu entsprechen, denn das Pocken-Ausrottungsprogramm der Weltgesundheitsorganisation hat seit dem Jahre 1966 unerwartete Erfolge aufzuweisen. Anfang 1972 waren die Pocken in Asien nur noch in Indien, Pakistan und Nepal im engeren Sinne endemisch. Nach Bangladesh, das seit 1970 pockenfrei war, wurden sie durch zurückkehrende Flüchtlinge wieder eingeschleppt. Aus Afghanistan wurden 1972 nur noch vereinzelte Fälle gemeldet, und in Indonesien traten nach einem intensiven vor 3 Jahren begonnenen Ausrottungsprogramm die letzten Erkrankungen im Januar 1972 auf. In Afrika sind die Pocken auf Äthiopien, den Sudan und Botswana zurückgedrängt worden. Hervorzuheben ist vor allem die Pockenfreiheit von ganz Südamerika. Daß wir trotz dieser außerordentlich günstigen Situation vor Überraschungen nicht sicher sind, hat die diesjährige Einschleppung von Pakistan über den Irak und Jugoslawien nach Hannover gezeigt. Es ist deshalb verständlich, daß die Gesundheitsbehörden trotz der Besserung der Pockensituation in der Welt Zurückhaltung bei der Lockerung der geltenden Vorschriften zeigen.

Die Wahrscheinlichkeit, daß ein Urlaubsreisender in einem Land, in dem die Pocken endemisch sind, in dem z. B. im Jahr 5 von hunderttausend Einwohnern an der Seuche erkranken, mit einem Pockenkranken im ansteckenden Stadium in Kontakt kommt, ist sehr gering. Ich schätze, daß sie in der Größenordnung von 1:100000 liegt. Aber die Geschichte der Einschleppungen der Pocken nach Europa in den letzten 25 Jahren zeigt, daß bei kaum einem der Infizierten die Anamnese ergab, daß er sich in einer erkennbaren und vielleicht vermeidbaren Gefahr befunden hatte. Die Indikation für eine Schutzimpfung vor einer Reise in Pockenländer ist daher sicherlich nicht nur aus dem Gesichtspunkt des öffentlichen Interesses her gegeben, sondern auch vom Standpunkt der individuellen ärztlichen Betreuung aus. Wir müssen also unbedingt dafür sorgen, daß diejenigen, die in die eigentlichen Endemiegebiete reisen wollen, über einen vollen Impfschutz verfügen.

Nun ist eine Urlaubsreise mit einem bestimmten Ziel nicht schicksalbedingt. Wenn mit der Möglichkeit zu rechnen ist, daß der Ratsuchende durch die für diese Reise erforderliche Schutzimpfung einen Schaden erleiden könnte, so werden wir ihm raten müssen, sich mit einem anderen Reiseziel zu bescheiden.

Wenn wir versuchen, ein Schema der Ursachen aufzustellen, durch die *Impfschäden* bedingt sein können, so können wir 4 Gruppen unterscheiden. Es sind als erstes etwaige Fehler bei der *Herstellung der Impfstoffe;* diese können wir bei unseren heutigen Überlegungen ausschalten. Es sind zweitens Fehler bei der *Durchführung der Impfung*, insbesondere durch unsteriles Arbeiten. Das Risiko ist nicht größer als bei jeder anderen Injektion. Im Zeitalter der Einweg-Instrumente sollte es beherrschbar sein. Die Fürsorge für unsere Patienten sollte es gebieten, daß wir bei allen zu injizierenden Impfstoffen nur Ampullen mit Einer-Portionen verwenden.

Die dritte Gruppe von Schadensmöglichkeiten ergibt sich aus der *Natur des Impfstoffes*, die vierte ist in der *Individualität des zu Impfenden* begründet. Doch da es sich hier um Aktion und Reaktion handelt, sind die beiden Gruppen nur theoretisch voneinander zu trennen.

Wir können davon ausgehen, daß es drei Arten von Impfstoffen gibt, die Toxoide, die abgetöteten Krankheitserreger und die abgeschwächten, vermehrungsfähigen Krankheitserreger. Von den für Urlaubsreisende in Betracht kommenden Impfungen gehört der Tetanus-Impfstoff zu der ersten Art, die Impfstoffe gegen Typhus und Paratyphus, gegen Cholera und ggf. gegen Pest zu der zweiten Art. Zu dieser gehört auch der Impfstoff gegen Poliomyelitis, falls die Impfung nach Salk gewählt wird.

Lebendimpfstoffe sind diejenigen gegen Gelbfieber, gegen Pocken und für die Poliomyelitis-Impfung nach Sabin.

Die Patienten fragen von sich aus nach *örtlichen* und *Allgemeinreaktionen*, die im Anschluß an die Impfung auftreten könnten. Wir haben derartige entzündliche und pyrogene Reaktionen am meisten nach Injektion von abgetöteten Bakterienaufschwemmungen zu erwarten. Ich hatte sie als mögliche Folge der Typhus-Paratyphus-Impfung bereits erwähnt; das gleiche gilt für die Cholera-Schutzimpfung. Soweit derartige Reaktionen durch Reste der Nährsubstrate, auf denen die Bakterien gezüchtet wurden, bedingt sind, können sie durch entsprechende Herstellung vermieden werden, nicht aber dann, wenn es sich um Bestandteile der Bakterien selbst handelt, insbesondere um solche der Zellwände. Zu bedenken ist, daß die Wirksamkeit der Impfstoffe von der Art der Abtötung, sei es durch Erhitzung, sei es durch chemische Behandlung, abhängig ist, daß sich die Art der Abtötung aber wieder auf die Verträglichkeit auswirkt. Analoges gilt von dem Zusatz von Adjuvantien zum Impfstoff. Es ist z. B. gegenüber der Schutzwirkung der parenteralen Cholera-Impfung zum mindesten soviel kritische Reserve geboten wie gegenüber der Typhusimpfung. Im epidemiologischen Feldversuch konnte gezeigt werden, daß man sich von einer in Öl inkorporierten Cholera-Vaccine eine bessere und längere Schutzwirkung versprechen kann als von den einfachen wässerigen Aufschwemmungen. Die Nebenerscheinungen waren aber so erheblich, daß eine allgemeine Einführung nicht in Betracht kommt. Nach Toxoid-Adsorbat-Impfstoffen sehen wir vorwiegend örtliche Reaktionen vor allem dann, wenn diese nicht intramuskulär, sondern subkutan injiziert wurden.

Wir können derartige Reaktionen, die innerhalb von 2—3 Tagen ohne Folgen abklingen, als im Rahmen einer „normalen" Verträglichkeit liegend betrachten. Wir werden aber den Patienten, der in der Zeit vor seinem Urlaub in seiner Arbeitsfähigkeit möglichst wenig gestört sein will, auf diese Reaktionen aufmerksam machen müssen. Da eine Allgemeinreaktion einige Stunden nach der Injektion aufzutreten beginnt, kann es zweckmäßig sein, die Impfung am Nachmittag vorzunehmen.

Im Gegensatz zu früheren Erfahrungen mit der aktiven Diphtherie-Schutzimpfung bei Erwachsenen, die mit Toxoid-Adsorbat-Impfstoffen erfolgte, ist es bei anderen Adsorbat-Impfstoffen extrem selten, daß sich ein sogenannter steriler Absceß bzw. eine länger persistierende Cyste bildet. Für diese Folgeerscheinungen, die kaum als Komplikationen bezeichnet werden können, wird angenommen, daß allergische Vorgänge eine Rolle spielen. Als *allergisch* bedingt werden auch Polyneuritiden angesehen, die sich vorwiegend im Bereich des Schultergürtels und der Oberarme abspielen, die vor Jahrzehnten zuerst nach Seruminjektionen beobachtet und auch als serogenetische Polyneuritis bezeichnet wurden. Seit dem ersten Weltkrieg liegen einzelne kasuistische Mitteilungen über entsprechende Erkrankungen nach der Injektion von verschiedenen bakteriellen Impfstoffen vor. Nach isolierter Cholera-Impfung habe ich eine leicht verlaufene Erkrankung erlebt und im Schrifttum noch einen zweiten Fall gefunden. Es handelt sich um ein Komplikationsrisiko in der Größenordnung von vielleicht 1:100 Millionen. Es wäre hier das Problem zu diskutieren, wie weit die Aufklärungspflicht des Arztes geht, wenn ein noch so minimales Risiko lediglich zur Vorbereitung einer Urlaubsreise eingegangen werden soll. Das gleiche gilt für die vereinzelt beschriebenen Erkrankungen an Encephalomyelitis im zeitlichen Anschluß an eine T.A.B.-Impfung; derartige Vorkommnisse sind sicherlich außerordentlich viel seltener als z. B. die Encephalopathien nach Keuchhusten-Schutzimpfungen. Die Aufklärungspflicht ist aber von der Indikation her zu sehen.

Es ist zweckmäßig, vor einer Impfung grundsätzlich nach bestehenden *Allergien* zu fragen. Eine Hühnereiweiß-Allergie ist eine Kontraindikation gegen die Gelbfieberimpfung, da das Impfvirus auf Hühnerembryonen gezüchtet wird und im Gegensatz zu anderen entsprechend gewonnenen Impfstoffen nicht von dem Eiweiß der Wirtszellen gereinigt werden kann.

Durch die Impfung mit Lebendimpfstoffen, also denjenigen gegen Pocken und Gelbfieber, setzen wir im Körper des Patienten eine *Infektion*. Diese Infektion verläuft bei der *Gelbfieberimpfung* praktisch inapparent; eine entzündliche Lokalreaktion sehen wir so gut wie nie. Patienten, die sich genau beobachten, registrieren gelegentlich etwa 1 Woche nach der Impfung eine leichte Allgemeinreaktion; eine besondere Schonung ist nicht notwendig. Nach der Impfung mit dem in Deutschland verwendeten Stamm 17 D werden Neurokomplikationen nicht beobachtet. Vorsichtshalber stellt man Kinder unter 1 Jahr von der Impfung frei, da bei diesen nach Impfung mit einem anderen Stamm gelegentlich Meningoencephalitiden beobachtet wurden.

Wir wissen, daß die Infektion mit dem *Vaccinia-Virus* beim *Erstimpfling* ungleich stärker verläuft als die Gelbfieberimpfung. Auch wenn die Impfung unter Immunschutz vorgenommen wird, müssen wir dem Impfling 3 Wochen Arbeitsruhe bzw. Schonung verordnen. Ich würde eine Pocken-Erstimpfung bei einem Erwachsenen ausschließlich zugunsten einer Urlaubsreise nicht befürworten. — Der Verlauf einer *Pocken-Wiederimpfung* ist im wesentlichen vom zeitlichen Abstand von der letzten vorhergehenden erfolgreichen Impfung abhängig.

Bei Virus-Infekten muß die Frage nach der Möglichkeit von *Embryopathien* gestellt werden. Sie sind nach Gelbfieberimpfung nicht beschrieben worden, nach Pocken-Erstimpfungen sehr selten, nach Pocken-Wiederimpfungen fast nie. Ich würde trotzdem abraten, Schwangere eines Urlaubs wegen gegen Gelbfieber oder Pocken zu impfen. Das Kausalbedürfnis des Menschen ist so groß, daß bei irgend einer aus dritter oder unbekannter Ursache auftretenden Schwangerschaftsstörung oder Fruchtschädigung ein Zusammenhang mit der Schutzimpfung vermutet würde.

Das Pocken-Impfproblem im Rahmen der Urlaubsberatung ist im wesentlichen das Problem der *alten Leute*, die vor Jahrzehnten zum letztenmal geimpft wurden. Wir dürfen nicht vergessen, diese nach Operationen und Röntgenbestrahlungen zu fragen. Der Impfinfekt kann sehr schwer verlaufen, wenn die Pockenimpfung an einem Arm erfolgt, bei dem die Achseldrüsen im Anschluß an eine Mammacarcinom-Operation ausgeräumt wurden, insbesondere wenn zusätzlich eine Strahlenbehandlung erfolgte. Wir sollten nicht impfen, wenn eine Dauerbehandlung mit Antikoagulantien oder mit Kortikosteroiden erforderlich ist. Dagegen bildet ein gut eingestellter Altersdiabetes keine Kontraindikation gegen die Wiederimpfung. Selbstverständlich haben wir auch diejenigen Impfhindernisse zu berücksichtigen, die für die gesetzliche Pflichtimpfung gelten. Wir sollten daran denken, daß hierzu auch Ekzemkranke in der Wohngemeinschaft des Impflings gehören, die vom Impfling bis zum Abfall eines Impfschorfes abgesondert werden müssen.

Bestehen keine Kontraindikationen, liegt aber die letzte Impfung mehr als 20 Jahre zurück, so werden wir versuchen, die Impfreaktion immunologisch abzuschwächen. Vielfach üblich ist die Vorimpfung mit Vaccine-Antigen; es ist zu bedenken, daß durch diese gelegentlich ein länger persistierendes Impfulcus bedingt wird. Ich habe deshalb vorgezogen, gleichzeitig mit der Pockenimpfung etwa 2 ml Gammaglobulin zu injizieren und am 3. oder 4. Tag eine Nachschau durchzuführen.

Wird jetzt festgestellt, daß sich eine kleine Vesikel ohne entzündlichen Hof gebildet hat, wie sie zu diesem Zeitpunkt für eine Erstimpfung charakteristisch ist, müssen wir also mit einem starken Verlauf rechnen, so können wir jetzt weiteres Gammaglobulin injizieren. Wie bei jeder Pockenschutzimpfung sollten wir, insbesondere bei solcher unter immunbiologischem Schutz, auf jeden Fall eine Nachschau am 7. Tag nach der Impfung durchführen, auch wenn dies nach den internationalen Gesundheitsvorschriften nicht vorgeschrieben ist. Vor einer Ausreise in pockengefährdete Länder müssen wir sicherstellen, daß der Impfinfekt angegangen ist. Liegt die letzte Impfung viele Jahre zurück, so kann die jetzige Impfung nur dann als erfolgreich bezeichnet werden, wenn mindestens ein Bläschen aufgetreten ist. Ist dieses nicht der Fall, so können wir die Impfung unbedenklich am Tag der Nachschau wiederholen. Führt die Reise in ein Pockenland, so sollten wir den Patienten darauf aufmerksam machen, daß der Pockenschutz auch bei den zu Hause bleibenden Familienangehörigen aufgefrischt werden sollte.

Soll der Urlaub in einem Land verbracht werden, das seit langem pockenfrei ist, für dessen Besuch aber entweder von diesem Land selbst, oder für den Rückflug nach Deutschland eine Schutzimpfung vorgeschrieben ist, so sind wir berechtigt, bei Vorliegen einer Kontraindikation eine ärztliche Bescheinigung auszustellen, die folgenden Wortlaut haben sollte:

"Exemption-Certificate

I certify that Mr./Mrs./Miss .... born ....
resident .... is suffering from
.... and in my opinion shall not be vaccinated against smallpox (Official Record of WHO No. 56, p. 54 (1954))."

«Certificat d'exemption de vaccination antivariolique
Je certifie que Monsieur, Madame, Mademoiselle ....
.... né(e) ....
habitant (e) ....
est atteint(e) de ....
et conformément ne doit pas être vacciné(e) contre la variole (Actes Officiels de l'OMS No. 56, p. 54 (1954)).»

Es empfiehlt sich außerdem, in den gelben internationalen Impfausweis auch noch den Vermerk einzutragen: „not vaccinated on medical grounds". Der Patient ist unbedingt darüber aufzuklären, daß die Gesundheitsbehörden beim Grenzübertritt nicht an dieses Zeugnis gebunden sind, sondern lediglich die aufgeführten Gründe bei ihrer Entscheidung berücksichtigen sollen. Bei Reisen in typische Urlaubsländer werden erfahrungsgemäß keine Schwierigkeiten auftreten, solange keine Änderung in der epidemiologischen Situation eintritt.

Die Gelbfieberimpfung darf aus Gründen, die in der Natur des Impfstoffes liegen, bekanntlich nur in wenigen Zentralen vorgenommen werden. Falls eine solche für die Reise erforderlich ist, ist es zweckmäßig, als erstes diese Impfung vornehmen zu lassen, damit die notwendigen Abstände eingehalten werden können. Es ist aber zweckmäßig, vorher festzustellen, ob Kontraindikationen gegen eine Pockenimpfung vorliegen.

Die erholungsbedürftigen Reiselustigen suchen nicht selten nach der Möglichkeit, eine Impfung zu umgehen, wenn sie gesundheitlich nicht voll auf der Höhe sind. Sie sind sich aber selten darüber klar, daß das Risiko einer Impfung verhältnismäßig gering ist gegenüber anderen Risiken, denen sie durch Klimabelastung, Flug, fast unvermeidliche Darminfekte ausgesetzt sein werden. Die vor der Vornahme der Impfung notwendigen Fragen nach Gesundheitszustand, Reisezweck und Reiseziel geben die beste Gelegenheit für eine Beratung älterer oder besonders gefährdeter Patienten über die beste Gestaltung ihres Urlaubs. Der praktizierende Arzt sollte deshalb auch die nach den internationalen Gesundheitsvorschriften notwendigen Impfungen nach Möglichkeit in seiner Sprechstunde vornehmen. Das zuständige Gesundheitsamt muß durch Aufdruck seines Stempels lediglich bestätigen, daß die Impfbescheinigung von einem Arzt ausgestellt worden ist.

Literatur

Bundesgesundheitsamt, Merkblatt Nr. 23. „Pockenschutzimpfung im internationalen Reiseverkehr, Ratschläge an Ärzte." Köln: Deutscher Ärzteverlag 1972.
Ehrengut, W.: Impffibel, 2. Auflage. Stuttgart: F.K. Schatthauer Verlag 1966.
Herrlich, A.: Handbuch der Schutzimpfungen. Berlin-Heidelberg-New York: Springer 1965.
Hornick, R.B., DuPont, H.L., Valette, L., Donikian, R.: Evaluation of typhoid fevers vaccines in man. In: International Symposium on Enterobacterial Vaccines. Basel-München-New York: Karger 1971.
Spiess, H.: Schutzimpfungen. Stuttgart: Georg Thieme Verlag 1966.
World Health Organization: International Health Regulations. Geneva 1971.
World Health Organization: Vaccination Requirements. Geneva 1972.

Gefährdung bei Erkrankungen von Herz, Kreislauf und Gefäßen

H. Jungmann (Hamburg)

Herz- und Kreislaufkranke können im Urlaub durch zwei Faktoren gefährdet sein:
1. Das ungewohnte Klima,
2. Unzweckmäßiges Verhalten.

Die klimatischen Einflüsse sind auf diesem Kongreß schon mehrfach erwähnt worden, ich möchte deshalb vorwiegend auf Fragen des Verhaltens eingehen.

1. Reise im eigenen Wagen

Herr Professor Lewrenz hat in seinem Vortrag bereits auf Probleme des Autofahrens aufmerksam gemacht. In den letzten Jahren wurden einige Untersuchungen mit fortlaufender Registrierung des EKG bei Gesunden und auch bei Herzkranken durchgeführt, die in diesem Zusammenhang von Interesse sind. Donat führte vor einigen Jahren eine „Testfahrt in den Urlaub" von Hamburg nach Barcelona durch. Als wichtigstes Ergebnis zeigte sich, daß auch bei jungen gesunden Menschen in schwierigen Verkehrssituationen Pulsfrequenzen bis 150/min registriert wurden, Frequenzen, die sonst nur bei körperlicher Arbeit, z.B. beim Dauerlauf zustande kommen. Die Nachtfahrt bietet den Vorteil der geringeren Verkehrsdichte, aber auch den Nachteil einer Abnahme der Konzentrationsfähigkeit besonders zwischen 2.00 und 5.00 Uhr morgens.

Bei chronisch Kreislaufkranken, insbesondere Patienten mit koronaren Herzkrankheiten registrierten Hoffmann sowie Taggert, Gibbons und Somerville häufig Herzrhythmusstörungen bei Fahrten in verkehrsreichen Großstädten, die dem Fahrer selbst oft gar nicht bewußt wurden. Solche Rhythmusstörungen bergen die Gefahr kurzfristiger Bewußtseinstrübungen, die zu Unfällen Anlaß geben können. Die Autoren warnen deshalb Patienten mit Herzrhythmusstörungen vor Fahrten auf belebten Straßen.

2. Sonnenbäder

Am Urlaubsort angekommen ist der Wunsch, die Sonne zu genießen, fast allen Urlaubern gemeinsam. Zwar trifft die Sonnen- und besonders die Ultraviolettstrahlung primär die Haut und wirkt sich dort aus, doch verursachen falsch durchgeführte Sonnenbäder Kreislaufstörungen, die bis zum Kollaps gehen können.

Langjährige Messungen besonders von Büttner haben ergeben, daß die bräunende UV-Strahlung umso stärker ist, je höher die Sonne steht. Die maximale Wirkung ist demnach 12.00 Uhr Ortszeit zu erzielen. Morgens um 9.00 Uhr ist die UV-Strahlung etwa gleich stark wie nachmittags 15.00 Uhr. Viele Urlauber aber sind der Meinung, die Bräunung ginge in der Hitze des frühen Nachmittags schneller vor sich. Die Folge ist eine starke Wärmebelastung ohne vermehrten UV-Genuß.

Weiterhin erscheint wichtig, daß über die Hälfte der natürlichen UV-Strahlung als Streustrahlung aus dem Himmel kommt. Der Strahlungsgenuß ist deshalb umso geringer, je mehr der Himmel durch Bäume, Wände, Strandkorb usw. abgedeckt ist. Windstille, abgeschirmte Winkel fördern dagegen die Wärmebelastung, so daß nach oft stundenlang ausgedehnten „Sonnenbädern" kaum ein Sonnenbrand, dafür aber ein Hitzekollaps auftritt. Chronisch Kreislaufkranke sind durch einen Hitzekollaps besonders gefährdet. Sie sollten auf jeden Fall vermeiden, beim Sonnenbad stärker zu schwitzen.

3. Seebäder

Da etwa ein Drittel aller Urlauber an die See reist, stellt sich die Frage, ob ein Koronarkranker, ein Hyper- oder Hypotoniker im Meer bei Wassertemperaturen unter 20°C baden darf. Ausführliche Messungen am Curschmann-Institut, Timmendorf/Ostsee, zeigten bei einer großen Zahl von Personen starke Anstiege des systolischen Blutdrucks beim Eintauchen ins kalte Wasser. Es empfiehlt sich deshalb besonders für Hypertoniker, langsam hineinzugehen und nicht zu pressen, d.h. frei durch Mund und Nase zu atmen. Die initiale Blutdrucksteigerung verschwindet nach wenigen Minuten auch im Wasser von 16—18°C.

Über die Dauer des Seebades besteht ebenfalls keine Klarheit. Pirlet hat in Westerland/Sylt eindrucksvolle Senkungen der Kerntemperatur besonders bei mageren jungen Menschen während und nach dem Baden in der Brandung gemessen, auch dann, wenn die Badedauer von den Versuchspersonen nach dem subjektiven Befinden selbst bestimmt wurde. Menschen mit dickem subkutanen Fettpolster kühlen wesentlich langsamer aus als magere.

Für chronisch Kreislaufkranke ist eine Auskühlung beim Baden in jedem Fall zu vermeiden. Das Bad sollte dann beendet werden, wenn man sich nach dem anfänglichen Kältegefühl behaglich fühlt, also vor dem „zweiten Frieren". Die Badedauer ist damit individuell außerordentlich verschieden.

Die Frage, ob bei Koronarkranken im kalten Wasser eine Verminderung der Koronardurchblutung oder Herzrhythmusstörungen auftreten, wurde an 25 Infarktrekonvaleszenten durch drahtlose EKG-Übertragungen geprüft. Bisher ergaben sich keine Hinweise dafür, daß die Kälte beim Bad neben der körperlichen Anstrengung eine zusätzliche

Belastung für die Kranken darstellt. Auf jeden Fall sollte man aber Koronarkranke vor anstrengendem Schwimmen und vor dem Bad in starker Brandung warnen.

4. Lokale Kälteeinwirkung

Das Eintauchen der Gliedmaßen in kaltes Wasser (z.B. Wassertreten, kalte Kneipp-Güsse) bis zu Temperaturen von 0°C für 30 Sekunden wurde ebenfalls von den Infarktrekonvaleszenten gut vertragen. Stenocardien traten nicht auf, im drahtlos übertragenen EKG waren die Pulsfrequenzen niedriger und die ST-Senkungen geringer ausgeprägt als z.B. beim Treppensteigen. Kalte Oberschenkelgüsse wurden bei den bisher etwa 500 Infarktpatienten der Curschmann-Klinik regelmäßig angewandt und stets gut vertragen (Stein, Jungmann und Gadermann, 1971). Bei Patienten mit arterieller Verschlußkrankheit der Beinarterien sind dagegen alle lokalen Kälteanwendungen kontraindiziert.

5. Kalte Klimabedingungen

Die Frage nach der Gefährdung durch Kälte gewinnt für den Koronarkranken auch für Spaziergänge im Winterurlaub Bedeutung. Dem Begriff der „Kälte-Angina-pectoris" liegt die Vorstellung zugrunde, kalter Wind würde konsensuell mit den Hautgefäßen auch die Koronararterien verengen. Bisher haben umfangreiche telemetrische EKG-Untersuchungen bei Infarktpatienten jedoch keinen Beweis dafür erbracht, daß die Kälte neben der Anstrengung des Gehens gegen den Wind die Herzmuskeldurchblutung negativ beeinflußt. Selbst bei einem Schneesturm mit Windstärke 6 und Temperaturen von minus 6°C, in dem 8 Infarktpatienten telemetrisch überwacht werden konnten, zeigten sich keine ST-Senkungen oder gehäufte Rhythmusstörungen, die auf den intensiven Kaltreiz zurückgeführt werden konnten.

Bisher deuten alle Untersuchungen darauf hin, daß kurze Kaltreize wohl eine intensive Wirkung auf das gesamte periphere Gefäßsystem (und auf die Atmung) aufweisen, jedoch keine wesentliche Gefährdung des Herzens mit sich bringen.

6. Hitzebelastungen

Da heute immer mehr Urlauber auch im Sommer ans Mittelmeer und nach Nordafrika reisen, seien einige Gefahren für chronisch Kreislaufkranke erwähnt.

Zur Aufrechterhaltung einer normalen Körpertemperatur dient in der Hitze vornehmlich die Verdunstung von Schweiß auf der Haut. Der Flüssigkeitsverlust kann unter extremen Bedingungen bis über 1 Liter pro Stunde betragen. Man rechnet in trocken-heißen Klimaten mit etwa 4 Liter pro Tag. Wird diese Flüssigkeit nicht ersetzt, so verstärkt eine Verminderung der zirkulierenden Blutmenge die orthostatischen Regulationsstörungen, die in den heißen Klimaten durch die vermehrte Hautdurchblutung ohnehin häufig sind.

Beim Neuankömmling geht durch den Schweiß auch Kochsalz verloren. Es hat sich deshalb bewährt, die Speisen stärker zu salzen. Ob dies auch für Hypertoniker gilt, ist nicht geklärt. Oft sinkt jedoch bei der essentiellen Hypertonie ohne Nierenbeteiligung der Blutdruck in den Tropen ab, so daß kein Grund mehr zur Einhaltung einer salzarmen Diät besteht. Bei diesen Patienten sollte deshalb der Blutdruck regelmäßig kontrolliert werden.

7. Urlaubsdauer

Zum Schluß ein Wort über die Dauer des Urlaubs bei Patienten mit Kreislaufstörungen. Die Erholung schreitet nach allen Untersuchungen zu diesem Problem nicht stetig von Tag zu Tag fort sondern entwickelt sich in Phasen, die nach Hildebrandt einer „reaktiven Periodik" entsprechen. Relativ häufig treten Beschwerden in den ersten 3 Tagen, am Ende der ersten Woche und am Ende der dritten Woche auf. Urlauber mit Kreislaufstörungen sollten deshalb den Urlaub möglichst auf 4 Wochen ausdehnen. Erst dann ist in den meisten Fällen ein anhaltender gesundheitlicher Nutzen festzustellen. So haben Halhuber u. Mitarb. nachgewiesen, daß Patienten mit leichter essentieller Hypertonie ohne Herz- oder Nierenbeteiligung noch Monate nach der Rückkehr von einem 4wöchigen Aufenthalt in 2000 m Höhe, verbunden mit Bewegungstherapie, einen normalen Blutdruck aufwiesen und erst nach einem halben Jahr zum Teil wieder Medikamente benötigten.

Dies sind 7 Punkte, die für den Urlauber mit Herz- und Kreislaufstörungen von Bedeutung sein können, im Grunde alles banale, alltägliche Urlaubssituationen. Wenn man aber diese Situationen wie Autofahren, Sonnen- und Seebäder einer exakten und objektiven Prüfung unterzieht, muß man erstaunt feststellen, über wie wenig gesicherte Erkenntnisse bisher die „Wissenschaft vom Urlaub" besonders im Bezug auf Herz- und Kreislaufkranke verfügt.

Literatur

Donat, K.: Unveröffentlicht.
Halhuber, M., Inama, K., Jungmann, H.: Z. angew. Bäder-Klimaheilk. **15**, 266 (1968).
Hildebrandt, G.: Z. angew. Bäder-Klimaheilk. **7**, 333 (1960).
Hoffmann, H.: Internist **6**, 292 (1965).
Pirlet, K.: Arch. physik. Ther. **14**, 11 (1962).
Stein, G., Jungmann, H., Gadermann, E.: Verh. dtsch. Ges. Kreislaufforschg. **37**, 475 (1971).
Taggart, P., Gibbons, D., Somerville, W.: Brit. Med. J. **130** (1969).

Die Erkrankungen des Herz-Kreislauf-Systems und Urlaub

D. Jokanović und O. Adum (Beograd/Jugoslawien)

In dieser Arbeit referieren die Autoren in Kürze über den Einfluß des Jahresurlaubes auf die Erkrankungen des Herz-Kreislauf-Systems der Fahrer. Die Autoren betonen, daß eine physiologisch geeignete Abstimmung von Fahrt, Erholung und Ernährung des Fahrers keinen Einfluß hat, weder auf das Entstehen noch auf die Verschlimmerung der bestehenden Erkrankungen des Herz-Kreislauf-Systems, während jedoch eine Zahl von ungünstigen Faktoren negativ auf das Herz-Kreislauf-System der Fahrer Einfluß hat. Diesen Faktoren müssen die Fahrer Rechnung tragen, nicht nur während des Jahresurlaubes, sondern überhaupt während der Zeit des Fahrens.

Am Ende des Referates haben die Autoren die Bedingungen, die in Jugoslawien für die Durchführung des Jahresurlaubes bestehen sowie über die Möglichkeiten, die in Jugoslawien für die ärztliche Betreuung im Falle der Erkrankung des Fahrers ausgenützt werden können, angeführt.

Jede Erkrankung, vor allem eine bestehende oder eine latente Erkrankung des Herz-Kreislauf-Systems, kann unter gewissen Umständen eintreten bzw. sich verschlimmern und zum tödlichen Ausgang führen. Das Ausbrechen oder das akute Verschlimmern der Koronarerkrankung, des Bluthochdrucks, der Vaskularinsulte, der Synkope u. a. kann insbesondere mit Hilfe von anregenden Faktoren zu jeder Zeit, somit auch während des Jahresurlaubs von Touristen, Fahrern oder Mitreisenden, entstehen. Der Beginn und die Entwicklung dieser Erkrankungen ist durch zahlreiche und verschiedene Agentien und Affektionen verursacht, die unabhängig vom Urlaub sind. Darum kann der Urlaub, wenn ein angemessener Rhythmus der Aktivität und Ernährung nicht angewendet wird, bei manchen Touristen und Fahrern das Manifestieren oder das Verschlimmern dieser Erkrankungen und Zustände begünstigen. Oft kann es auch zum plötzlichen Tod kommen — mors subita.

Bei Touristen-Fahrern kann dies auch Verkehrsunfälle verursachen.

Bei Touristen mit kardiovaskulärer Erkrankung oder bei potentiellen Kranken können vorherige und im Urlaub befolgte ärztliche Ratschläge von kostbarer Hilfe sein. Diese Ratschläge sollen sich auch auf die Eliminierung von anregenden Faktoren im Verlaufe des Urlaubs beziehen.

Anspornende Faktoren — anspornende Koeffizienten nach Herring — sind jene Tätigkeiten oder besonderen physiologischen Zustände, in die der Organismus durch eigene oder fremde Schuld hineinbezogen wird. Diese Faktoren können, bei akuter Erkrankung oder bei plötzlichem Sterben, eine bestimmte Rolle spielen. Sie können als Ursache — occasio — oder Bedingung — conditio — Entstehen oder Verschlimmerung der kardiovaskulären Erkrankungen bewirken. Wir möchten nur einige der erwähnten Zustände anführen, zum Beispiel:

1. der Verdauungszustand, besonders wenn eine größere Menge von Nahrung eingenommen wird — 500—2500 ccm. Eine außerordentliche Bedeutung wird dem Einnehmen von schwer verdaulicher Kost beigemessen. Diese Zustände haben zur Ursache verminderten Blutverlauf durch koronare Arterien.

2. Rauchen, besonders übermäßiges, kann auch von großer Bedeutung sein;

3. der Zustand der Alkoholämie.

4. Verschiedene Infektionen sind ebenfalls von besonderer Bedeutung.

5. Eine besondere Rolle spielen: psychophysische Anstrengungen, Sichnervieren, Müdigkeit und Schlafsucht, anstrengendes Zufußgehen, Tragen von schwerer Last, langes Schwimmen, übermäßiges Koitieren, Obstipationen usw.

6. Wir führen den Einfluß langer und ermüdender Fahrt auf die Erscheinung oder Verschlimmerung der kardiovaskulären Erkrankungen an, führend auch zum tödlichen Ausgang. Dies aber geschieht seltener während der Fahrt, viel öfter aber kurz nach langem und anstrengendem Reisen oder einer Fahrt mit irgendeinem Motorfahrzeug. In der letzten Zeit haben wir das Entstehen der kardiovaskulären Störungen und gleich darauffolgendem dadurch verursachten Tod festgestellt: bei zwei Verstorbenen nach der Fahrt mit deren Instruktor; bei drei Fahrern nach der langen Fahrt mit dem Auto; bei drei Fahrern während der Fahrt und bei einem Fahrer, während er seinen Reifen auf der offenen Straße aufpumpte. Das deutet darauf hin, daß das Bestehen der anatomopathologischen Veränderungen bei klinisch latenten oder früher manifesten kardiovaskulären Erkrankungen an und für sich zum plötzlichen Tod nicht führt. Die anspornenden Faktoren beeinflussen das Entstehen des plötzlichen Todes oder der Erkrankung.

Aus dem oben Dargelegten geht die Notwendigkeit hervor, daß die Touristen-Autofahrer mit schon festgestellten kardiovaskulären Affektionen oder die potentiellen Kranken durch ihre Ärzte mit der Art, Sorte und dem Rhythmus der Tätigkeiten im Laufe des Urlaubs bekannt werden. Dies gilt besonders für folgendes:

1. Lenken des Fahrzeugs muß jeweils nach 100—150 km durch erfrischende Erholung unterbrochen werden, je nach seinem Gesundheitszustand sowie der Klasse und Belastung der Straße. Die Nachtfahrt solcher Personen muß vermindert werden.

2. Die Art der Ernährung muß während des Urlaubs dem Zustand gestörter Gesundheit, dem Lebensalter sowie dem betreffenden Klima angepaßt werden.

3. Für Touristen mit kardiovaskulären Störungen bestehen in Jugoslawien alle objektiven Bedingungen und Möglichkeiten für eine günstige Vorbeugung und nach Bedarf auch für eine schnelle Behandlung der neuentstehenden kardiovaskulären Störungen. Ärztliche Hilfe kann in jedem, auch kleinsten Ort geleistet werden, während spezialisierte Hilfe in jeder Stadt geleistet wird.

4. Den Hauptstraßen entlang bestehen zahlreiche und gut eingerichtete Motels und Gasthäuser, in denen entsprechende Kost und Stärkungsmittel zu bekommen sind. Und alkoholfreie Getränke, die modern und hygienisch eingepackt sind, kann man überall, sogar in kleinsten Geschäften kleinerer Dörfer bekommen.

5. In jeder Stadt ist auch ein Club des Jugoslawischen Auto- und Motorrad-Verbandes (AMSJ) zu finden, dessen diensthabender Angestellter Hilfe mittels Fernruf leisten könnte, indem er dem um Hilfe Suchenden Bescheid geben kann, an wen und an welche Stelle er sich wenden soll.

6. Und zum Schluß möchten wir nochmals erwähnen, daß jeder Auto-Tourist, entsprechend seinem Gesundheitszustand, bei uns in Jugoslawien eine angenehme Erholung haben kann. Zum Zweck der medizinischen Hilfeleistung hat AMSJ schon auf einzelnen, doch wichtigen Verkehrsstraßen seine Ärzte mit all den entsprechenden medizinischen Materialien versorgt, um überall, wo es notwendig wird, dem Suchenden Hilfe zu leisten.

Verdauungsstörungen beim Erwachsenen

L. Demling (Erlangen)

Über die Ursachen des Reisens lassen sich philosophische Betrachtungen anstellen. Sei es, daß man verreist, um mit eigenen Sinnen Fremdes wahrzunehmen, weil einen Gewohntes verdrießt, oder um schließlich festzustellen, daß es zu Hause doch am schönsten ist. Wie auch immer, neben fremder Landschaft, fremder Architektur, fremden Menschen und fremden Betten wird man neuartige Speisen kennen lernen, bisweilen zur Freude des Gaumens, aber zum Verdruß der Verdauungsorgane. Das muß nicht so sein. Der Wissende vermeidet die Dornen der Rose, auch wenn er ihre Schönheit und ihren Duft genießt. Auf unser Thema angewendet, er vermeidet Durchfall und Übelkeit, auch wenn er neue Provinzen des Geschmackes und des Geruchs erobert.

Der Deutsche reist, um Urlaubsfreuden zu genießen, vorläufig noch bevorzugt in das europäische Ausland. Seine wichtigsten Reiseländer sind Österreich, Italien, Schweiz, Niederlande, Spanien, Jugoslawien, England und Dänemark.

Verdauungsmäßige Gefahren drohen weniger in den nördlichen Ländern und denen unserer Breiten, wenn man davon absieht, daß die hervorragend schmeckende, aber fettreiche böhmische Küche manchen Gallenstein ermuntert und die österreichischen Mehlspeisen die Inselzellen strapazieren. Wichtig für unser Thema sind die Mittelmeerländer. Man kann vier Bereiche unterscheiden: Italien, Spanien, Jugoslawien und Bulgarien mit Griechenland und Rumänien und schließlich die nordafrikanische Küste mit Tunesien, Algerien und Marokko. Als ich mich daran machte, unter dem Kapitel „Reisekrankheiten" die Verdauungsstörungen beim Erwachsenen zu erörtern, versicherte ich mich der Mithilfe von Horst Scharfenberg, Hobby-Koch und Fernsehredakteur beim Südwestfunk, sowie der Erfahrungen einer reisenden und exzellent kochenden Hausfrau. Ihnen möchte ich an dieser Stelle noch einmal danken. Betrachtet man die Mittelmeerländer in kulinarischer Hinsicht, so wird man feststellen, daß jedes Land oder jede Ländergruppe bestimmte Charakteristika aufweist, die für den Genießenden von Bedeutung sind. Es ist aber nun nicht meine Aufgabe, auf Feinheiten der Genüsse einzugehen. So verlockend das wäre, es würde zu weit führen. Ich habe vielmehr auf Gefahren hinzuweisen, welche Reisenden drohen, und zwar aus den Nahrungsmitteln selbst, nicht etwa aus Infektionskrankheiten, welche durch diese Nahrungsmittel übertragen werden. Die

Gefährdung des Reisenden entsteht aus drei verschiedenen Hauptursachen:
1. Änderung der Essensgewohnheiten durch das Reisen selbst und durch die Klimaänderung.
2. Änderung der Nahrung in qualitativer und quantitativer Hinsicht, bedingt durch das fremde Land.
3. Aufnahme von Toxinen mit den Nahrungsmitteln.

Die resultierenden Verdauungsstörungen sind: Appetitlosigkeit, Übelkeit, Erbrechen, Durchfälle und in seltenen Fällen Obstipation. Letztere ist meist situationsbedingt, vorübergehend und bedarf keiner besonderen Erörterung.

I.

Wer eine Reise macht, gerät durch äußere Umstände aus seinem Tagesrhythmus und nimmt die Nahrung oft unregelmäßig und anders als gewohnt zu sich. Hinzu kommt, daß warmes Klima zum Genuß eisgekühlter Getränke oder von Speiseeis in großen Mengen verleitet, deren motilitätsfördernde Wirkung am Magen-Darmkanal, womöglich in Verbindung mit Kaffee aus scharf gerösteten Bohnen, nicht ausbleibt.

Sehr wichtig ist die *Wasserzufuhr*. Während auf der einen Seite große Mengen eisgekühlter Getränke vermieden werden sollten, kommt es auf der anderen Seite vor, daß zu wenig getrunken wird. Es sollten aber mindestens zwei Liter Flüssigkeit zusätzlich zur Nahrung aufgenommen werden. Meist allerdings ist auch dies zu wenig. Ein wichtiger Anhaltspunkt ist die Urinausscheidung. Der Harn sollte immer hell und klar sein, wird er dunkel, dann ist es vielfach ein Zeichen dafür, daß dem Organismus nicht genügend Wasser zugeführt wurde. Es muß solange Flüssigkeit getrunken werden, bis der Urin wieder hell wird. Mit reichlicher Wasseraufnahme beugt man am besten der Entstehung von Nierensteinen vor. Sie sind bei Ausländern in den Tropen häufig, eben deswegen, weil diese nicht genügend Flüssigkeit aufnehmen. In warmen Ländern schwitzt der Reisende viel. Der Körper verliert Natriumchlorid. In subtropischen und tropischen Ländern sollte man deswegen auch alle Speisen reichlich salzen (1).

Die Folge des warmen Klimas ist aber nicht nur ein Fehlverhalten des Reisenden, auch die Magenfunktion wird in objektiv meßbarer Weise verändert. Jungmann und Witte (2) konnten bei Tropenreisenden nachweisen, daß mit zunehmender Reisedauer immer häufiger eine Sub- oder Anacidität entstand und gleichzeitig Diarrhöen auftraten. Als Ursache wird Elektrolytverlust durch den Schweiß diskutiert. Weitere Untersuchungen zu diesem Thema wären nötig. Eigene intragastrale pH-Messungen in der Sauna brachten kein einheitliches Resultat (3).

II.

Wenngleich sich gemeinsam übergeordnete Aspekte bieten, ist es für die Praxis besser, sich mit den einzelnen Ländern und Ländergruppen zu befassen. Das klassische Reiseland am Mittelmeer für die Deutschen ist *Italien*. Kohlenhydrate stehen hier mehr als bei uns im Vordergrund der Ernährung. Mais in Form von Polenta und Reis werden reichlich gegessen. Teigwaren haben einen noch ziemlich festen Biß und sind für unsere Begriffe oft nicht gar. Kartoffeln und Brot treten in den Hintergrund. Gemüse und Salate: Ungewohnt aber harmlos sind Fenchel, Zucchini (kleine Kürbisse) und Broccoli (Spargelkohl). Artischocken dürfen nicht in einem Aluminiumgeschirr gekocht werden, da sie sich sonst dunkel verfärben. Es sind leicht choleretisch wirkende Blütenköpfe einer distelartigen Pflanze. Auberginen enthalten ein narkotisches, durch Kochen oder Salzen extrahierbares Gift. Wassermelonen scheinen nicht allen Leuten gut zu bekommen. Frische Feigen enthalten, wenn sie nicht völlig ausgereift sind, einen ätzenden Milchsaft. Die in Süditalien verzehrte Pferde- oder Saubohne macht bei angeborenem Glukose-6-Phosphat-dehydrogenasemangel Hämolyse (Favismus).

Auffällig ist die Vorliebe der Italiener für Innereien wie Leber, Nieren, Herz und Kutteln (Tippa). Rindfleisch ist meist von minderer Zartheit, da es nicht genügend abgehangen ist. Lamm und Geflügel sind gut und beliebt. Die italienische Salami enthält Eselsfleisch. Die ungarische Salami dagegen wird aus dem fetten Fleisch des Mangalitza-Schweines hergestellt. Eselsfleisch wurde übrigens von der heiligen Hildegard von Bingen abgelehnt mit der Begründung: „Weil es stinkt wegen der Dummheit, die der Esel in sich hat". Da man nun eine Krankheit nicht gleichzeitig zweimal bekommen kann, braucht sich nicht jeder Tourist vor der italienischen Salami zu fürchten.

Die lange Küste führt dazu, daß die Italiener große Seefischesser sind. Hinzu kommen in gleicher Vielfalt Schalen- und Krustentiere sowie zahlreiche Flußfische. Die Tiere sind in der Regel frisch. Gefahr besteht nur, daß sie in abwässerverseuchten Küstenstrichen gefangen werden und Vergiftungen hervorrufen. Mein Gewährsmann Scharfenberg sagt: „Ich persönlich würde in und um Neapel keine Fische und Muscheln essen". Käse übrigens wird in Italien nicht nur aus Milch von Kühen sondern auch von Schafen, Ziegen und Büffeln zubereitet. Es stimmt übrigens nicht, daß man überall in Italien mit Olivenöl kocht. Bis einschließlich Bologna und noch etwa 200 km weiter südlich in einem Küstenstreifen entlang der Adria werden die Speisen mit Butter zubereitet. Man spricht geradezu von der Region der Butterküche. In der Emilia und in Bologna kocht man zudem viele Gerichte auch mit Schweineschmalz. In den anderen Gegenden Italiens herrscht Olivenöl vor. Im Süden kennt man nichts anderes. Es gibt meines Wissens übrigens keinen Beweis dafür, daß Butter besser verträglich wäre als Olivenöl.

Ungewohnte Gewürze sind zahlreich, aber die meisten sind bekömmlich, z. B. Oregano (Wilder Majoran), Salbei, Rosmarin, glattblättrige Petersilie und Basilikum. Auffällig viel werden, und das ist typisch für alle Mittelmeerländer, Zwiebel, Knoblauch, Paprika, auch in seiner scharfen Form als Chilly und Pfefferschoten verwendet. Die Paprikagewürze gelten übrigens als kräftige Aphrodisiaka. Durch periphere Gefäßerweiterung erleichtern sie zudem die physikalische Wärmeregulation mit Reduktion der Kerntemperatur; Knoblauch und Zwiebel wirken thrombolysefördernd (4) und haben angeblich eine darmdesinfizierende Wirkung.

An Getränken kennt man Wein, daneben auch Bier, Liköre, Schnäpse sowie sehr starken und scharf gerösteten Kaffee in Form des Espresso, gemildert als Cappuccino. Der unter dem Namen Lacrimae Christi verkaufte Wein kann, auf vulkanischem Boden gewachsen, einen hohen Fluoridgehalt haben (5).

Die *spanische* Küche ist regional ebenso unterschiedlich wie diejenige Italiens. Es ist in beiden Ländern ein Gefälle von Norden nach Süden vorhanden. Auch in Spanien gibt es kein gut abgehangenes Rindfleisch. Es wird unmittelbar nach dem Schlachten verzehrt. Das Kalbfleisch entspricht nicht unseren Vorstellungen, da die Kälber fast ausgewachsen sind. Bemerkenswert sind die Lamm- und Hammelgerichte. Der Hammel ist ein kastrierter Schafsbock, sein Fleisch enthält bis zu 28% Fett. Man ißt sehr viele Fische. Die Speisen werden nicht mit Butter, sondern mit Olivenöl zubereitet. Auffällig sind auch hier scharfe Paprikasorten, reichlich Knoblauch sowie der Gebrauch von Safran. Dieser kann in großen Dosen Brechdurchfall sowie Uterusblutungen hervorrufen (Literatur in 6). In der Volksmedizin wird diese terpenhaltige Pflanze als Abortivum verwendet. Die Weine, wie Jerez und Porto, sind schwer. Sie haben einen Alkoholgehalt von nahezu 20% (Literatur in 7). Ungewohnt für uns ist die Zusammenstellung der Speisen, z.B. Fischgerichte mit Paprikaschoten und Eiern. In Spanien kennt man die Paella valenciana (Literatur in 15), ein ölreiches Gericht aus Safranreis, Krabben und Muscheln, in Portugal eine Speise aus gemahlenem Stockfisch, welcher in Form von Klößchen in Öl zubereitet wird. — In Spanien pflegt man übrigens sehr spät abends umfangreiche und schwerverdauliche Mahlzeiten einzunehmen. Die „Schwerverdaulichkeit" geht im großen und ganzen dem Fettgehalt parallel, da Fette und Fettsäuren die Magenentleerung verzögern.

Bulgarien (ähnlich in Jugoslawien, Griechenland, Türkei und Rumänien). In diesen Ländern nimmt man gezuckerte Speisen zu sich, die sehr viel süßer sind als bei uns. Sie werden häufig mit Honig zubereitet. Bei den Gemüsen findet man reichlich Tomaten, milden Paprika, Auberginen sowie Zucchini. Ein uns unbekanntes Gemüse ist Eibisch, in Bulgarien Bamia genannt (Hibiscus esculentus). Salate werden hauptsächlich aus Tomaten und Gurken hergestellt. Beide reicht man auch unter dem Namen Meze in kleine Stücke geschnitten zu Schnaps oder Wein, eine Zusammenstellung, welche Getränke bekömmlicher machen soll. In Bulgarien ißt man mehr Hammel- und Lammfleisch als bei uns. Große Bratenstücke gibt es kaum, meistens wird das Fleisch in kleine Stückchen, ähnlich wie Gulasch, geschnitten und zusammen mit Gemüsen, Kartoffeln und Pilzen gedünstet. Solche Fleischstückchen werden auch an Spießen über Holzkohle gebraten, auch Hackfleischwürstchen sind sehr beliebt. Man nennt sie in Bulgarien Kebabtscheta, in Jugoslawien Čevapčici. Bemerkenswert ist übrigens, daß ein Steak, das auf Holzkohlenfeuer gebraten wird, mit 10 Mikrogramm karzinogenen Kohlenwasserstoffen ebenso viel an diesen hochtoxischen Substanzen enthält, wie der Teer von 700 Zigaretten (Literatur in 5). Bei Milchprodukten fallen Yoghurt sowie Käse aus Schafs- und Ziegenmilch auf. Gewürze: reichlich Zwiebel und Knoblauch, daneben süßer Paprika und Krauseminze. Die Balkanküche ist nicht so scharf wie ihr Ruf. An Getränken kennt man aufgekochten türkischen Kaffee, Airan, eine Mischung aus geschlagenem Yoghurt und Wasser. Rot- und Weißwein haben einen höheren Alkoholgehalt als bei uns. Da sie ziemlich billig sind, übernimmt sich der Tourist häufig in dieser Richtung. Bekömmlich ist der Šljivovica, ein Zwetschgenwasser, das durch Faßlagerung eine gelbliche Farbe bekommt und mild schmeckt, dazu noch Mastika, ein Anis-Schnaps, der mit Wasser vermischt eine weißliche Farbe annimmt.

Nun von etwas Merkwürdigem: Im vierten Buch Moses wird berichtet, daß das Volk Israel auf seinem Auszug aus Ägypten in der Nähe des Berges Sinai nach dem Genuß von Wachtelfleisch von einer großen Plage befallen wurde. In den letzten Jahren beobachtete man nun, daß auf der griechischen Insel Lesbos bei einer Reihe von empfänglichen Personen nach dem Genuß von Wachtelfleisch ein akutes myoglobinurisches Syndrom auftrat, besonders nach körperlicher Anstrengung. Der Tod durch Nierenversagen kann eintreten. Es ist anzunehmen, daß die durch die Wüste wandernden Israeliten körperlich erschöpft waren, nachdem sie, wie in der Bibel berichtet, 2 Tage lang und eine Nacht ununterbrochen Wachteln eingesammelt hatten. Dieselben Wachteln übrigens, die man im Herbst auf Lesbos beobachtet, ziehen dann zur Sinai-Halbinsel weiter. Sicher ist die Myoglobinurie keine Verdauungsstörung im eigentlichen Sinne, jedoch ein durch ungewohnte Nahrung hervorgerufenes schweres Krankheitsbild (16).

Tunesien (ähnlich in Marokko und Algerien). Bezüglich der Kohlenhydrate ist zu beobachten, daß man Salate wegen Verunreinigung durch Wurmeier, Amöben und Dysenterieerreger besser vermeidet. Tomaten und Gurken sind vorzuziehen. Daneben kennt man Auberginen, Kürbis, Courgettes (=Zucchini) und Eibisch. Die in ungekochtem Zustand toxische Kichererbse wird nicht nur in Tunesien, sondern auch in Südfrankreich, Italien und Spanien, in der Türkei und in Indien (grams) gegessen. Lathyrus cicera und Lathyrus sativus können den sogenannten Lathyrismus auslösen. Das Toxin ist dem Propionitril verwandt. Es entstehen Paraparesen der unteren Extremitäten und Sensibilitätsstörungen. Das giftige Alkaloid kann durch gründliches Kochen entfernt werden. Interessant ist, daß im Rahmen dieser Krankheitsbilder auch die Kollagensynthese beeinträchtigt wird (Literatur in 8), das gleiche, was durch Penicillamin, einen Antagonist des Vitamins B 6, bewirkt wird. Schweinefleisch kennt man in Nordafrika allenfalls für Touristen.

Die Eingeborenen ernähren sich von wenig gutem Rindfleisch, meistens aber von Hammel, Lamm, Hühnern und Fisch. Unter den Gewürzen sind wiederum Paprika und die sehr scharfe Harisa, ein Gemisch aus gemahlenem scharfem Gewürzpaprika, gemahlenem Kreuzkümmel, Knoblauch und Zwiebeln erwähnenswert. Als Fett kennt man Olivenöl. Bei den Getränken darf man auch hier den süßen und sehr alkoholreichen Wein nicht unterschätzen.

Betrachtet man ganz allgemein, was dem Urlauber serviert wird, so liegt das Ungewohnte nicht nur in der Qualität des einzelnen Nahrungsmittels, sondern auch in der Komposition und Quantität. Während bei uns die Schüssel mit einer halben Knoblauchzehe nur ausgerieben wird, um einen besonderen Geschmack in den Kartoffelsalat zu bringen, verwendet man in Spanien bis zu 5 ganzen Zehen, um ein Gericht zu würzen. In Jugoslawien fiel auf, daß nur kurz gebratenes Fleisch in großer Menge mit nur wenigen Beilagen gegeben wurde. Salat in unserem Sinne gibt es manchesmal nicht, sondern nur, wie eine Reisende beschreibt, etwas Grünes unter einer dicken Ölschicht. Nach längerem Genuß jugoslawischen Essens hätten die deutschen Gäste einer an sich hervorragenden Scampi-Mahlzeit einmal Sauerkraut vorgezogen. Die Besonderheit des intensiven Würzens läßt uns die Kost bisweilen uniform erscheinen. Meine Gewährsfrau sagt: ,,Gelegentlich gehe ich ins Opatija, da schmeckt es wunderbar. Aber eben nur einmal und nicht 3 Wochen hintereinander. So wird es wohl vielen Urlaubern gehen. Abgeraten wird von der Vollpension. Einmal möchten die Einheimischen mit der Vollpension viel Geld verdienen, und was hingestellt wird, muß gegessen werden. Sind die Gäste nicht zufrieden, kommen andere. Bei der Sucht der Deutschen, so meine Gewährsfrau, ins Ausland zu reisen, und das möglichst weit fort, besteht keine Gefahr, daß das Geschäft verdorben wird. Kann man dagegen nach der Karte essen, so hat man doch die Möglichkeit der größeren Auswahl.

III.

Abgesehen von den erwähnten relativ harmlosen Verdauungsstörungen durch Ernährung in Urlaubsländern, gibt es auch ernster zu nehmende Komplikationen, die nun allerdings nicht speziell auf die klassischen deutschen Ferienziele beschränkt sind. Der in Japan als Delikatesse verzehrte Fugu- oder Kugelfisch darf nur von Köchen mit einem Spezialdiplom zubereitet werden, weil er ein schweres Gift, das Tetrodotoxin enthält, das in bis zu 60% der Fälle tödlich wirken kann (9). Das Gift kommt vorzugsweise in den Ovarien und der Leber des weiblichen Tieres vor. Die Intoxikation führt über eine Beeinträchtigung der neuralen Membrandurchlässigkeit zu Sensibilitätsstörungen sowie Lähmungen der Skelett- und Atemmuskulatur. Gastrointestinale Erscheinungen, kaum jedoch mit letalen Folgen, kann im Frühjahr der Rogen von Barben machen. Im Thunfisch entwickelt sich gelegentlich aus Histidin unter bakteriellem Einfluß Histamin, das bei Genuß des Fisches zu Übelkeit,

Erbrechen mit epigastrischem Schmerz, Kopfweh und Dysphagie führt. Die Prognose ist hier jedoch gut (Literatur in 8). Hummer kann Arsen anreichern (5). Giftig für den Menschen werden Fische auch dann, wenn sie von Algen ein bestimmtes Toxin, das sog. Ciguatera-Toxin, aufgenommen haben. Gastrointestinale Störungen stehen neben Schlaflosigkeit und Angstzuständen im Vordergrund. Vorkommen: Karibische See. Ähnliches kommt bei Muscheln in pazifischen und atlantischen Küstengebieten unter dem Namen paralytic shellfish poisoning vor (Literatur in 10). Das Gift stammt aus Dinoflagellaten, welche von den Muscheln aufgenommen worden sind. In Japan beobachtete man die Minamata (11) und die Itai-Itai-Krankheit. Im ersteren Falle reichern Fische Quecksilberverbindungen aus Abwässern in sich an, im zweiten Fall war das Trinkwasser mit industriellen Kadmiumsalzen verunreinigt. Beide Male standen weniger gastrointestinale, als vielmehr neurologische (Minamata) und osteoporotische (Itai-Itai) Erscheinungen im Vordergrund. Im fernen Osten findet man auch die Cycas-Palme, deren Produkte z.B. in Form des Palmsago zur Ernährung dienen. Toxische Leberschäden werden beobachtet. Cycasin gilt zudem als Karzinogen (Literatur in 8). Für das häufige Vorkommen von Magenkarzinomen in Japan hat man jüngst übrigens nicht mehr den Verzehr von geräuchertem Fisch oder Soja-Sauce, sondern den durch das Polieren mit Asbestrückständen verunreinigten Reis verantwortlich gemacht (5). Soja-Paste und Soja-Sauce werden durch jahrelange Schimmelfermentation gewonnen und sind hinsichtlich ihrer karzinogenetischen Wirksamkeit noch nicht aus der Diskussion. Schimmelpilzgifte, die sogenannten Mykotoxine, verdienen überhaupt besondere Beachtung (12, 13). Am bekanntesten sind die Aflatoxine, die aus Schimmelpilzen stammen, welche z.B. Erdnußmehl besiedeln können. Neben chronischen Schäden, es können Lebertumoren entstehen, kennt man auch akute Erkrankungen, besonders bei vorgeschädigter Leber sowie Leukopenien. Die Stoffwechselprodukte, auch zahlreicher anderer Schimmelpilze, sind für Tier und Mensch giftig. Bemerkenswert ist, daß die Toxine in die Nahrungsmittel hineindiffundieren, so daß es nichts nützt, die von Schimmel befallene Schicht zu entfernen. Die Aflatoxine sind nur die am besten untersuchten Mykotoxine. Es gibt daneben noch andere.

Gefährlich sind die Aflatoxine besonders auf Getreide und ölhaltigen Samen sowie auch auf Schalen von Zitrusfrüchten. Sie sind dagegen nicht vorhanden in spontan verschimmelten Käsearten und in Marmeladen. Die meisten Mykotoxine sind hitzestabil. Als niedermolekulare Substanzen bewirken sie keine Bildung von schützenden Antikörpern. Aflatoxine können sich auch in tierischen, zum Verzehr bestimmten Organismen anreichern. Hepatotoxische Mykotoxine wurden übrigens auch im japanischen Reiswein, Sake, nachgewiesen (5).

Ursprünglich auf Jamaica beschränkt, sind Vergiftungen mit Senecioalkaloiden, die in Form des sogenannten Buschtees zugeführt werden,

nunmehr auch in Südafrika, Indien und Brasilien bekannt geworden. Senecioalkaloide erzeugen das Budd-Chiari-Syndrom, eine generalisierte Endophlebitis der Venae hepaticae. Ein akuter portaler Hochdruck mit Ascitesbildung ist die Folge.
Der Vollständigkeit halber erwähnt sei die sogenannte China-Restaurant-Erkrankung. Es handelt sich um eine Natrium-Glutamat-Intoxikation. Die Substanz wird als Geschmackskorrigenz verwendet. 15 Minuten nach einer Dosis von 1,5 g und mehr empfindet der Betroffene Taubheitsgefühl im Nacken, das auf Arme und Rücken übergreift, daneben einen allgemeinen Schwächezustand und Herzklopfen (14). Um dieses Syndrom zu erleben, bedarf es keiner Auslandsreise.

Schluß

Ich habe versucht, Ihnen einen Überblick über Verdauungsstörungen zu geben, welche den Urlauber erwarten. Das meiste konnte nur skizzenhaft dargestellt werden. Gelegentlich bin ich aber auch auf Erkrankungen eingegangen, die sich erst bei chronischer Einwirkung des schädigenden Agens voll entwickeln. Immerhin wurde einmal mehr bewiesen, daß Reisen nicht immer nur eitel Freude ist und daß, wie ein östliches Sprichwort sagt, es ein Bestes gäbe, was man von einer Reise mit nach Hause bringen könne, nämlich eine heile Haut. Ich möchte als Gastroenterologe das natürlich auch für die Schleimhaut in Anspruch nehmen, wobei diese wieder zwanglos auf andere Fachgebiete überleitet, denn, so denke ich, auf Reisen erwarten uns neben kulinarischen möglicherweise auch andere Genüsse mit all ihren Freuden und Gefahren. Ich habe mir auch überlegt, ob es eine Möglichkeit gäbe, Ihnen die Summe der gewonnenen Erkenntnis als erstens, zweitens, drittens mit auf den Weg zu geben. Es gibt sie nicht in dieser Form. Man kann der reisenden Völkerschar nur zurufen, was als Inschrift den Apollotempel in Delphi zierte: *Nichts im Übermaß!*

Literatur

1. Kessler, P.N.: Medizinischer Ratgeber für Reisen in heiße Länder. Goldmanns Gelbe Taschenbücher. München 1970.
2. Jungmann, H., Witte, J.: Magensäureuntersuchungen bei Tropenreisenden. Medizinische Klinik **63**, 173—175 (1968).
3. Demling, L., Classen, M., Thebis, J.: Telemetrie der gastralen H-Ionen-Konzentration mit der Glaselektrode. In: Biotelemetrie. Herausgeg. von L. Demling und K. Bachmann. Stuttgart: Thieme 1970.
4. Demling, L., Steger, W.: Zur Rechtfertigung der Volksmedizin: Pfefferminze und Zwiebel. Fortschritte der Medizin **32**, 1305—1306 (1969).
5. Druckrey, H.: Chronische Giftwirkungen von Naturprodukten. Arzneimittel-Forschung **14**, 1363—1366 (1964).
6. Glatzel, H.: Die Gewürze — Ihre Wirkungen auf den gesunden und kranken Menschen. Herford: Nicolaische Verlagsbuchhandlung 1968.
7. Rössler, O.: Getränke aus aller Welt. Herford: Nicolaische Verlagsbuchhandlung 1967.
8. Wirth, W., Hecht, G., Gloxhuber, Chr.: Toxikologie-Fibel. Stuttgart: Thieme 1971.

9. Scholz, H.: Über die Wirkung des Kugelfischgiftes Tetrodotoxin. Dtsch. med. Wschr. **94**, 916—920 (1969).
10. Beeson, P.B., McDermott, W.: Textbook of Medicine. Philadelphia and London: W.B. Saunders Company 1967.
11. Diehl, F.J., Schelenz, R.: Quecksilber in Lebensmitteln. Medizin und Ernährung **12**, 241—248 (1972).
12. Gedek, B.: Zur Bedeutung von Mykotoxinen für den Menschen. Dtsch. med. Wschr. **93**, 2397—2399 (1968).
13. Hanssen, E.: Über Aflatoxine. Medizin und Ernährung **12**, 249—259 (1971).
14. Wellmann, K.F.: Die China-Restaurant-Erkrankung. Dtsch. med. Wschr. **94**, 1297—1298 (1969).
15. Schenk, E.-G., Naundorf, G.: Lexikon der tropischen, subtropischen und mediterranen Nahrungs- und Genußmittel. Herford: Nicolaische Verlagsbuchhandlung 1966.
16. Ouzounellis, Th.: Some Notes on Quail Poisoning. JAMA **211**, 1186—1187 (1970).

Ernährungsstörungen beim Kinde

J. Ströder (Würzburg)

Die größte Leistung der Pädiatrie dieses Jahrhunderts ist m.E. der lückenlose Beweis für das Zutreffen eines Tatbestandes, den bereits Rousseau klar erkannt und prophetisch gewertet hat: Das Kind ist kein verkleinerter Erwachsener. Dieses Faktum gebietet also geradezu die Anerkennung der Kinderheilkunde als Allgemeinmedizin eines unerhört wichtigen, weil prägenden Lebensabschnittes.

Folglich müssen mit Recht in eine „Wissenschaft vom Urlaub" auch die speziellen physiologischen Gegebenheiten des Kindes sowie seine besonderen Bedürfnisse in Gesundheit und Krankheit eingehen.

Die Grundfakten der Ernährungslehre eines gesunden und des kranken Kindes bilden das Kernstück einer jeden kinderärztlichen Beratung und der Behandlung aller Kinderkrankheiten, unbeschadet des Alters und der jeweiligen Grundkrankheit. Erinnert sei da an das bekannte Wort von Glanzmann: „Die Milchküche ist die Apotheke des Kinderarztes."

Seit den Pionierzeiten unseres Faches werden die intimen Wechselwirkungen zwischen Ernährung, das heißt insbesondere Fehlernährung, und Infektgefährdung immer mehr verstanden, weil umfassender und besser begründet:

1. Ubiquitär lokalisierte Infekte beeinflussen Verdauungsfunktionen sowie Stoffwechsel. Infektion fördert daher, unbeschadet der Natur des Erregers, die Entstehung von Ernährungsstörungen.

2. Ernährungsgestörte hinwiederum sind besonders infektanfällig (Abb. 1). Je jünger ein Kind, desto schneller und gefährlicher kann die

Abb. 1. Wechselbeziehung zwischen Fehlernährung und Infektanfälligkeit

unheilvolle Wechselbeziehung zwischen Fehlernährung und Infektanfälligkeit in beiden Richtungen verlaufen. Dieses Verhalten also macht

Anfälligkeit für Ernährungsstörungen und Resistenzminderung gegen pathogene Keime besonders im Säuglingsalter sofort verständlich:

Das physiologische, id est, harmonische Ineinandergreifen von motorischen sekretorischen, chemischen und resorptiven Leistungen, die sogenannte „Synergie" im kindlichen Verdauungstrakt wird krankheitsbedingt, d. h. hauptsächlich infektabhängig, in zumeist mit Krankheit identische „Dysergie" abgewandelt. Allein schon die Störung der motorischen Funktion, eine Hyperperistaltik, schafft inadäquaten Chymus. Dieser wirkt zusätzlich peristaltik- und somit durchfallerregend. Die Störanfälligkeit der Verdauungsfunktionen sinkt nach Abschluß der Säuglingsperiode. Im 2. Lebensjahr und von da an zunehmend, erfolgt Angleichung an die Leistungsfähigkeit des Erwachsenen. Volle Funktionstüchtigkeit wird indessen erst in der späteren Kindheit erreicht. Die komplexe harmonische Verdauungsfunktion ist also, um den eingeführten und die Situation besonders charakterisierenden Terminus der Fachsprache zu gebrauchen, eine „werdende Funktion" (Salge). Ziehen wir aus diesen Grundfakten einen ersten wichtigen Schluß im Sinne unseres Themas, so ergibt sich die kategorische Forderung: Säuglinge und Kleinkinder begleiten, wenn überhaupt, ihre Eltern nur dann in den Urlaub, wenn am Ferienort weitgehend dieselben Lebensumstände und Lebensgewohnheiten realisiert werden können, wie sie zu Hause obwalten. Dieses Postulat ist bei den so beliebten Reisen in südliche Länder gerade zur Sommerzeit überhaupt nicht erfüllbar. Insbesondere ist dort das Risiko enteraler Infektionsgefahr wesentlich größer. Hinzu kommt ein oft auch von Kinderärzten nicht genügend einkalkuliertes Risiko: Gesteigerte Außentemperatur erhöht die Magen- und Dünndarmverweildauer. Dieses Faktum leistet hinwiederum, wie wir hörten, der Entstehung inadäquaten Chymus Vorschub und schafft damit „Durchfallbereitschaft". Und schließlich gefährdet ein weiterer, äußerst gefährlicher Umstand gerade junge Kinder besonders: die erhöhte Umgebungstemperatur, bei langen Autoreisen zusätzlich der enorme Luftdurchsatz moderner Belüftungsanlagen, bewirken höhere Wasserabgabe durch beim Kind größere Oberflächen von Haut und Lunge. Wird dem folglich beim Kinde stärkeren Flüssigkeitsverlust die Wasserzufuhr nicht gerecht, so ist die schwere als „Exsikkose mit Toxikose" zu bezeichnende Stoffwechselkatastrophe, welche pathogenetisch auch unserer einheimischen „Sommersterblichkeit der Säuglinge" zugrunde liegt, binnen kürzester Zeit unvermeidlich. Aber auch wenn dem überhöhten Flüssigkeitsbedürfnis Rechnung getragen wird, droht gerade während langer Autoreisen eine weitere Gefahr: Große, gelegentliche orale Flüssigkeitsmengen belasten die Magenkapazität, außerdem werden die Magen- und Dünndarmsekrete verdünnt. Es entsteht inadäquater durchfallfördernder Chymus.

Mangelnde Bewegung bei langen Autoreisen fördert Meteorismus. Aus allem sind unsere Empfehlungen begründet:

1. Kontinuierliche orale Flüssigkeitszufuhr verdient immer den Vorrang vor „Wasserstößen".

2. **Häufige, mit Bewegung ausgefüllte Fahrpausen sind dringend notwendig.** Sensible, neuro-psychopathische Kinder mit oft heller Komplexion neigen zur Reisekrankheit, das heißt, zur abnormen Reizbarkeit und Reizbeantwortung der Vestibulariskerne mit der Folge oft schweren, nicht selten ketonämischen Erbrechens, welches zusätzlich durch die Nahrungsumstellung provoziert wird. Solche Kinder sollen prophylaktisch das besonders wirksame Antiemetikum und Sedativum Luminal in laufenden, kleinen, altersabhängigen Dosen, am besten Luminaletten, erhalten.

Wer den Nutzen des Stillens aus durchdachter Praxis sowie moderner molekular-biochemischer Begründung kennt — erinnert sei nur an die Studien von György und Zilliken — für den ist die Überlegenheit der Muttermilch jeder Diskussion enthoben. Folglich ist mit äußerstem Nachdruck davor zu warnen, kurz vor Reiseantritt abzustillen. Ist schon hierzulande Abstillen bei hohen Außentemperaturen ein Risiko, die gefürchtete „Abstilldyspepsie", dann kann Übergang auf künstliche Ernährung im warmen Klima geradezu katastrophale Folgen haben. Daß Kinder jeden Alters mit noch nicht vollends abgeheilten Ernährungsstörungen nicht verreisen, erst recht nicht in warme Länder verbracht werden sollen, dürfte selbstverständlich sein.

Die erworbenen Ernährungsstörungen der kleineren und älteren Kinder sind heutzutage — um damit zur Ätiologie zu kommen — (Tab. 1)

Tabelle 1

Ätiologie der Ernährungsstörungen

Ursache	Bereitschaften
a) Enterale Infektion	a) Unnatürliche Ernährung
b) Ernährungsfehler	b) Chron. Ernährungsstörung
c) Parenterale Infektion	c) Konstitutionsanomalien
d) Verdorbene Nahrung	d) Organ. Erkrankungen
e) Atmosphärische Einflüsse	e) Rekonvaleszenz

modifiziert nach E. Rominger

in zivilisierten Ländern zumeist infektbedingt. Ernährungseinflüsse als unter Umständen „gravierende Mitursachen", das heißt also, ad hoc die Umstellung auf das bisher ungewohnte Nahrungsregime, sind freilich als zusätzliche Ätiologiefaktoren zu bedenken. Aus irgendwelchen Gründen Untergewichtige sind besonders anfällig für Ernährungsstörungen. Bei allen Rekonvaleszenten, ganz unbeschadet der durchstandenen Grundkrankheit, muß mit erhöhter Bereitschaft zu Ernährungsstörungen, insbesondere in warmen Ländern gerechnet werden, gehört doch abnorme Tonuslage im vegetativen, ganz besonders im vagischen System zum Wesen der Rekonvaleszenz von Kindern. Das kann die „Synergie" im Verdauungstrakt erheblich stören. Die schwerste Form der akuten Ernährungsstörungen, die „Exsikkose mit Toxikose" ist auch noch im Kleinkindesalter möglich. Ich verfüge über genügend derartige instruktive Beobachtungen aus der an meiner Arbeitsstätte klimatisch besonders schwierigen Sommerzeit. Solch schwere Ernährungsstörungen von Kleinkindern sind von uns aber auch in der kalten Jahreszeit dokumentiert. Die pathogenetischen Voraussetzungen sind dieselben wie im Säuglingsalter: zum einen noch verhältnismäßig hohe Infektanfälligkeit für hauptsächlich enterale, wohlgemerkt aber auch parenterale Infekte, erhöhte Labilität der Verdauungsfunktion auf der anderen Seite. Eine Abhängigkeit von hygienischen Verhältnissen, das heißt also praktisch von Infektionsmöglichkeiten, zeigt sich in allen bekannten großen Statistiken. Ernährungsstörungen sämtlicher Schweregrade kommen bei nicht hospitalisierten Kindern, und die allein interessieren uns hier, auf dem Lande häufiger vor als in der Stadt.

Das leichte Bild akuter Ernährungsstörungen brauche ich Ihnen nicht zu zeichnen. Sie wissen, daß Durchfälle, gelegentlich nur Erbrechen, Inappetenz, belegte Zunge, nur leichte ziehende Sensationen im Bauch sowie Abgeschlagenheit zur Szenerie gehören. Die Temperatur ist — wenn überhaupt — wenig erhöht. Sind bei den leichten, mittelschweren Ernährungsstörungen diese Krankheitszeichen nicht komplett und zum Teil wenig ausgeprägt, so haben die schweren Formen ihre hochakuten, nicht zu übersehenden charakteristischen Symptome. Sie erlauben geradezu, vom „Syndrom der schweren Ernährungsstörungen", das heißt also der „Exsikkose mit Toxikose" zu sprechen. Diese Kinder sehen blaß und verfallen aus.

Häufiges Erbrechen, zahlreiche, substanzarme, d.h. wäßrige Stühle mit und ohne Schleim- oder Blutbeimengungen führen über Flüssigkeits- und Mineralverluste zu Turgorsenkung und Einschränkung der Kreislauffunktion, das heißt also Blutdruckminderung, leicht unterdrückbarem, schnellen Puls, leisen Herztönen. Die Prüfung auf Turgorverlust erfolgt während des ganzen Kindesalters durch Erheben einer Bauchfalte, welche normalerweise sofort nach Loslassen verstreicht.

Bei Exsikkose geht die Hautfalte nur langsam zurück. Mögliche Beimengung zum Stuhl: Blut, Schleim, wie physikalische Beschaffenheit des Stuhles erlauben keineswegs den verbindlichen Rückschluß auf eine bestimmte bakterielle Ätiologie. Die Bewußtseinslage kann eingeschränkt sein. Die Temperatur ist so gut wie immer gesteigert, die „hyperpyretische Toxikose" der Kleinkinder besonders gefährlich. Es besteht Leukocytose und Beschleunigung der Blutsenkung. Erst der bakteriologische Stuhlbefund gibt meistens, wenn auch nicht immer, Aufschluß über den speziellen Krankheitskeim. Der Erregernachweis muß allein um der notwendigen, gezielten antimikrobiellen Therapie willen, aber auch wegen der möglichen Infektverhütung in der Umgebung tunlichst gefordert werden. Welche zusätzlichen zu den genannten notwendigen Ratschläge kann der Arzt einer umfassenden Prophylaxe wegen geben? Wenn unbelehrbare Eltern mit ihren Kleinkindern oder gar mit Rekonvaleszenten in warme, hygienisch nicht einwandfreie Länder verreisen wollen — und nur dann — empfehle ich rechtzeitige, selbst für Säuglinge schadlose, orale Typhusimmunisierung von Eltern und Kindern (Tab. 2). Sehe ich richtig, ist auch die Impfung gegen entero-

Tabelle 2
Orale Schutzimpfung gegen Typhus

Typhoral[R]	Anzahl der Dragees	Besondere Hinweise
1. Tag	3	Einnahme morgens nüchtern, 1-2 Std. vor dem Frühstück.
2. Tag	3	Kinder und Erwachsene erhalten die gleiche Dosis.
3. Tag	3	Schutzdauer 3 Monate

Prospekt der Behring-Werke, Marburg/Lahn

pathogene Colikeime in Bälde zu erwarten (Ocklitz u. Mitarb.). Das so beliebte Gammaglobulin als Schutz vor Salmonellosen zu geben, ist bei zu Krankheitsbeginn unterschiedlichem Verhalten der 3 Blutimmunglobuline Gamma A, G und M unlogisch, denn wie ich aus eigenen Studien weiß, ist der Krankheitsverlauf einer Salmonellose völlig unabhängig vom Gehalt an diesen Immunstoffen. Weiterhin entscheidet deren Konzentration keineswegs, ob die Kinder Dauerausscheider werden oder nicht. — Am Urlaubsort ist Einhalten altbekannter, hygienischer Maßnahmen dringendes Postulat, die Durchführung aber oft aus den Verhältnissen heraus so strapazierend, daß ich von verständigen Eltern nicht selten gehört habe, die notwendige Betätigung als „Mikrobenjäger" habe der ganzen Familie einen rechten Urlaubsgenuß vergällt. Man sollte mit dieser Erfahrung nicht zurückhalten, andernfalls wird bei vielen Familien gewollte Wohltat zur unbeabsichtigten Plage. Wenn ich Ihnen sage, daß unterlassene Händedesinfektion — ich empfehle als Desinfiziens Satinasept etwa mitzunehmen — der Genuß unabgekochten Wassers, von Eis gefährlich ist, dann berichte ich Ihnen damit keine Neuigkeiten. Ich weiß außerdem, daß man sich an diesen und anderen Viktualien heute sehr wohl auch hierzulande anstecken kann, aber doch

Gott sei Dank nicht annähernd so oft. Außerdem kommen die angeführten Hilfsmomente der veränderten Lebensumgebung, der extremen Klimareize, eine einseitige Ernährung mit ihren unter Umständen starken Reizen des Vegetativums bei uns nicht so zur ungünstigen Auswirkung wie in armen Ländern. Die Kinder und — soweit mir darüber ein Urteil erlaubt ist — auch die Erwachsenen sollten nicht prophylaktisch Antibiotika einnehmen. Abgesehen davon, daß ich nicht wüßte, welchem Antibiotikum ich dazu den Vorrang einräumen sollte, muß ich vorzeitige Entwicklung einer Resistenz der speziellen Keime befürchten. Auch sehe ich keine sinnvolle Begründung für eine Prophylaxe mit Chinolinen.

Die Behandlung — anschließend besprochen — leichter Ernährungsstörungen macht keine Schwierigkeiten. Vorsichtshalber nur sollen die Kinder ihre körperliche Bewegung einschränken, wenn möglich, Ruhe halten. Ob eine antibiotische Behandlung nötig ist, kann nur fallweise entschieden werden. Mit Oxychinolinen als Darmdesinfizientien, natürlich dann den jodfreien und hier speziell Mexaform Plus, habe ich hierzulande gute Erfahrungen. — Flüssigkeitssubstitution und sofortige Nahrungskarenz sind unerläßlich. Leichter, mit Saccharin gesüßter und in seiner Schmackhaftigkeit mit Zitronensaft verbesserter Tee wird lieber genommen als ungezuckerter Reis oder Haferschleim. Die Dauer der Tee- und Schleimpause soll vorsichtshalber mindestens 24 Stunden betragen. Dann wird über ein leichtes, 3—4 Tage währendes Regime auf Schonkost übergegangen (Tab. 3 und 4).

Tabelle 3

DIÄT

Sie basiert auf Apfelreisschleim (ARS) bzw., wenn Äpfel fehlen, Möhrenreisschleim (MRS), Kartoffelquarkbrei (KtBQ), Zwieback (bzw. Röstbrot). Fertiggericht: „Möhren pur"

1. Tag: Tee nach Wunsch.
2. Tag: AR (bzw. MR oder „Möhren pur"), Zwieback, Tee.
3. Tag: AR (bzw. MR oder „Möhren pur"), Zwieback, Tee, u. U. KtBQ als Zulage.
4. Tag: AR (bzw. MR oder „Möhren pur"), Zwieback, Tee, KtBQ als Zulage, u. U. schon zum Mittagessen Gemüsebrei, KtB, Fleischpüree.
5. Tag: Langsamer Übergang zur normalen Kost. Nur in Ausnahmefällen wird man dieses Tempo sehr verlangsamen müssen, der Aufbau erstrekt sich dann über eine längere Zeit.

modifiziert nach Ocklitz etc.

Primär schwere Ernährungsstörungen und zunächst als leicht imponierende, dann aber in die schwere Form einmündende Durchfallskrankheiten jenseits des Säuglingsalters bedürfen höchster Aufmerksamkeit.

Tabelle 4
Rezepte

Erklärung	Herstellung	cal in 100 ml
Apfel-Reisschleim	Geriebener Apfel+5% Reisschleim zu gleichen Teilen. 5% NZ+ 2ml Süßstofflsg. auf 100 g Mischung	32
Möhren-Reisschleim	Gemuste Möhren[3]+5% Reisschleim zu gleichen Teilen. 5% NZ+2 ml Süßstofflsg. auf 100g Mischung	43
Kartoffel-Quarkbrei	Ktb+Quark im Verhältnis 2:1+2ml Süßstofflsg. auf 100g Mischung	250

modifiziert nach Ocklitz etc. Pädiat.-Arbeitsrichtl. 1971

Wenn ich bei J. Meneghello u. Mitarb. aus der Universitäts-Kinderklinik Chile bzw. Santiago de Chile lese, daß — verständlich allein aus der speziellen Situation dieses Landes — auch eine ambulante Behandlung stark dehydrierter Patienten möglich ist, dann will ich nicht abstreiten, daß das natürlich auch in den von Mitteleuropa aus meistens bereisten warmen Ländern eventuell einmal praktikabel wäre. Eine endgültige Entscheidung darüber muß aber immer einer möglichst objektiven und umfassenden Abschätzung des Zustandes des Kindes und der lokalen Situation durch einen erfahrenen Pädiater vorbehalten bleiben. Die Eckpfeiler der Therapie sind zum ersten sofortige und ausgiebige Rehydratation. Jedes Kinderkrankenhaus beherrscht sie.

Das folgende Schaubild über den Erhaltungsbedarf an Wasser demonstriert Ihnen eindrucksvoll, die Notwendigkeit zur altersabhängigen Flüssigkeitszufuhr zu beachten (Tab. 5). In den ersten 24 Stunden wird

Tabelle 5
Erhaltungsbedarf an Wasser und Elektrolyten im Kindesalter, berechnet nach dem Körpergewicht

Alter Ja. Mo. Ta.	Gewicht kg	Wasser ml/kg/Tag	Na mval/kg/Tag	Cl mval/kg/Tag	NaCl/Glukose 0,85 5%	K mval/kg/Tag	Kalorien cal/kg	Urinaussch. ml/Tag
0, 0, 2	3,3	40 bis 50	0,5 bis 2,0			(0,5 bis 2,0)	45 bis 50	15
0, 1, 0	3,6	100 bis 130	2,0 bis 3,0		1/6 5/6	2,0 bis 3,0	120	60
0, 3, 0	5,5	120						
0, 6, 0	7,5	90 bis 110					100	
0, 9, 0	9,0	105					90	300
1, 0, 0	10,0	90	2,5	2,5	1/5 4/5	1,5 bis 2,0		400
3, 0, 0	14,0	80					80	600
5, 3, 0	19,0	75					75	750
7, 6, 0	24,0	70					70	950
9, 0, 0	28,0	65	2,0	2,0	1/4 3/4	1,5	65	
12, 0, 0	38,0	60				1,0	60	1400
Erwachs.	70,0	40	1,0	1,5		1,0	40	1500

nach Schönberg Therapie-Woche 8/72

allein Flüssigkeit intravenös gegeben. Zur Substitution hat sich folgende Infusionslösung bewährt: ich kann sie anstelle der häufigen verwirrenden Angabe sehr differenzierter Lösungen umsomehr empfehlen, als nicht immer die Erhebung eines Ionogrammes möglich ist (Tab. 6). Erst am

Tabelle 6

JONOSTERIL® päd I

Traubenzucker 5% (4/5)
Ringer - Lösung (1/5)

Indikationen:
Zur Regulierung des Elektrolyt-und Wasserhaushaltes bei normaler Nierenfunktion. Bei extrarenalen Wasserverlusten durch Fieber, Transpiration, prae-und postoperativ. Renale Wasserverluste, Säuglingsexsikkose.

Kontraindikationen:
Hyperhydrationszustände, Herz-und Niereninsuffizienz.

Anwendung und Dosierung:
Als intravenöse Dauertropfinfusion
Kleinkind: 80 - 120 ml pro kg Körpergewicht / Tag
Säugling: 180 - 200ml pro kg Körpergewicht / Tag
Bei einer Tropfgeschwindigkeit von 6 - 10 Tropfen/min.

Zusammensetzung:

1 Liter enthält:

Na^+	22,44 mval	0,676 g
K^+	0,80 mval	0,031 g
Ca^{++}	0,90 mval	0,018 g
Cl^-	31,14 mval	1,104 g
Traubenzucker		40,0 g

Handelsformen: Flasche zu 100 ml, 250 ml, 500 ml Glas

modifiziertes Prospekt von
Dr. Fresenius KG

2. Tag kann vorsichtig zusätzlich Tee gefüttert und eventuell die parenterale Flüssigkeitsabgabe vermindert werden.

Der zweite, aber gleichbedeutende Eckpfeiler der Therapie ist umfassende Liquidation der Infektion durch ein Antibiotikum. Aus der Formulierung ergibt sich, daß wir Breitbandantibiotika den Vorzug geben.

Die Aufarbeitung eines eigenen, 600 Kinder umfassenden Beobachtungsgutes durch meinen Mitarbeiter Ambs ergibt, daß das Breitbandantibiotikum Chloramphenicol zur Behandlung schwerer Erkrankungsformen, das heißt also besonders der typhös-septischen Formen der Salmonellosen, übereinstimmend mit anderen großen Statistiken das bewährte Mittel der Wahl ist, wenngleich es natürlich Versager gibt. Ich empfehle dringend bei schwerem, der Salmonellose verdächtigem Bild den Beginn mit Chloramphenicol und eventuell fortzufahren mit einem

Tabelle 7
Antibiotica

Krankheit	Mittel der 1. Wahl	2. Wahl	3. Wahl
Shigellose	Neomycin (kurz)	Furazolidon	Polymyxin B
Klinische Ruhr	Neomycin (kurz)	-	-
Typhus abdom.	Chloramphenicol	-	-
Paratyphus	Chloramphenicol	-	-
Enteritis-Salmonellose invasiv	Neomycin (kurz)[1])	Nifurantin	-
nicht invasiv	Neomycin (kurz)	Penicillin[2])	-
Enteritis	Neomycin (kurz)[3])		

modifiziert nach Ocklitz etc. 1971

Tabelle 8
Dosierung der Antibiotica

Mittel (pro kg et die)	Kleinkind	Schulkind	Zahl der Gaben pro die	Dauer der Therapie
Chloramphenicol[4])	50 mg	30 mg	4-6	7(-10) Tage
Colistin (= Polymyxin E)	150000 E	150000 E	4	7 Tage
Neomycin	50 mg	50 mg	5-6	7 Tage

modifiziert nach Ocklitz etc. 1971

Antibiotikum, auf den ein nachgewiesener Erreger reagiert (Tab. 7 und 8). Leichte Salmonellosen werden nicht antibiotisch, sondern ausschließlich diätetisch behandelt. Die Grundsätze der Diät eines rekonvaleszenten Kindes nach schwerer Ernährungsstörung brauche ich — da allgemein bekannt — nicht im Detail aufzuzeichnen. Fett ist anfangs verboten, Eiweiß gestattet, Kohlehydrat muß reduziert werden.

Erinnern darf ich, daß mindestens für die ersten 2 Wochen nach dem akuten Infekt eine Hypofermentie im Magen-Darm-Trakt besteht. Folglich ist in dieser Zeit eine gemischte und nicht einseitige Kost am Platze. Eine rationelle Fermentsubstitution empfiehlt sich. Vom Pankreas-Substitienten Pankreon sollte die empfohlene Dosierung nicht überschritten werden, widrigenfalls einer Durchfallsförderung Vorschub geleistet werden kann. Gegen die vorübergehende Verwendung von Adsorbentien, Carbo medicinalis etwa, ist in schweren Fällen nichts einzuwenden. Den genannten therapeutischen Grundprinzipien gegenüber tritt eine weitere, eventuell nötige, natürlich sehr individuelle symptomatische Therapie im allgemeinen in den Hintergrund.

Einer der zur Zeit renommiertesten Kindertherapeuten Shirkey, Honolulu, formuliert im Vorwort seiner jedem pädiatrischen Kliniker bekannten, großen Therapie ein goldenes Wort: „Die beste Therapie ist keine Therapie". Dieses wirkliche Bonmot beinhaltet für uns drei wichtige Postulate: Erstens: Kommt es zu Ernährungsstörungen, dann nicht diffuse Polypragmasie, sondern wohl durchdachte, gezielte ätiotrope Therapie und Diät. Ich wäre glücklich, wenn ich Ihnen wenigstens die Grundsätze dieser Therapie aus der pathologischen Situation heraus hätte verständlich machen können. Shirkey impliziert im Hinblick auf unser Thema, aber auch eine gerade heute in unserer genuß- und unternehmungsfreudigen Zeit ungern gehörte, wenn auch nicht ausgesprochene Mahnung: „Warum denn in die Ferne schweifen, liegt das Gute doch so nah".

Für Kinder und Eltern bringt der Urlaub gerade in heißen südlichen, wenig hygienischen Ländern nicht selten schwere, aber vermeidbare Gefahren. Zur Realisierung von „Fernweh" — rät der Pädiater — ist immer noch Zeit, dann nämlich, wenn später die eigene Reisekasse solche Reisen ermöglicht und wenn ebenfalls später individuelle körperliche und geistige Reifung erst erfahren und verstehen lassen das beglückende Dichterwort (Ludwig Heinrich Christoph Hölty — 1748—1776): „Wunderschön ist Gottes Erde und wert, darauf vergnügt zu sein".

Literatur

1. Ambs, E., Sefrin, P.: Moderne Aspekte der Salmonellosen im Kindesalter. Mschr. Kinderheilk. 119, 578 (1971).
2. György, P.: Biochemical Aspects of Human Milk. The Amer. J. of Clinical Nutrition 24, 970—975 (1971).
3. György, P.: Orientation in infant feeding. Fed. Proc. 20, Suppl. 7, 169 (1961).
4. Meneghello, J., Rosselot, J., Aguiló, C., Monckeberg, F., Undurraga, O., Ferreiro, M.: Infantile Diarrhea and Dehydration: Ambulatory Treatment in a Hydration Center. Advances in Pediatrics XI, 183 (1960).
5. Ocklitz, H.W., Schmitz, H.G., Schmidt, E.F.: Behandlung der Durchfallerkrankungen beim Klein- und Schulkind. Pädiatr. Arbeitsrichtlinien. Leipzig: Thieme 1971.
6. Raettig, H.: Aktuelle Erfolge der oralen Immunisierung. Münch. med. Wschr. 113, 671—677 (1971).
7. Rominger, E.: Über die moderne Diätetik der akuten Ernährungsstörungen des Säuglings. Therapiewoche Karlsruhe (1951).
8. Shirkey, H.C.: Pediatric therapy. Saint Louis: Mosby Company 1972.
9. Shooter, R.A., Faire, M.C., Cooke, E.M., Breaden, A.L., O'Farrell, S.M.: Isolation of Escherichia coli, pseudomonas aeruginosa, and klebsiella from food in hospitals, canteens, and schools. Lancet II, 390—392 (1971).
10. Ströder, J.: Unveröffentlichte Untersuchungen über das Verhalten von Immunglobulinen bei Salmonellosen im Kindesalter.

Urlaubs- und Reiseberatung in der freien Praxis

S. Häussler (Stuttgart)

In der Praxis des niedergelassenen Arztes gibt es 3 verschiedene typische Anlässe für eine Urlaubs- oder Reiseberatung.

1. Der Patient hat schon ein festes Reiseziel und einen Reisetermin und möchte nur wissen, was unter gesundheitlichen Gesichtspunkten für ihn und evtl. seine Familie bei dieser Reise besonders wichtig ist. Er frägt darüberhinaus oft nach der Zusammensetzung einer kleinen Reiseapotheke für diesen Urlaubsort.

2. Der Patient äußert den Wunsch, für seinen Urlaub entsprechend seinem derzeitigen Gesundheitszustand beraten zu werden. Er möchte einen möglichst hohen Gesundheitseffekt erzielen und will mit dem Urlaub mehr erreichen als nur eine Abwechslung vom Alltag.

3. Der Arzt selbst spricht den Patienten anläßlich einer Beratung auf dessen Urlaub an und bespricht mit diesem aus aktuellem Anlaß einer Gesundheitsstörung seine Urlaubspläne. Hier ist also Erhaltung oder Wiederherstellung der Gesundheit das primäre Ziel der Urlaubsberatung.

Für alle 3 Gruppen von Urlaubsberatungen haben sich in der täglichen Praxis gewisse Erfahrungen ergeben, die hier skizziert werden sollen.

Praktische Ratschläge für bestimmte Urlaubsziele

Bei Reisen innerhalb Deutschlands und sogar Zentraleuropas bedarf es — abgesehen von den direkten Hinweisen für gesundheitlich Angeschlagene in der folgenden 2. Gruppe — keiner *besonderen* Urlaubsberatung. Klima, Ernährung, hygienische Verhältnisse entsprechen den gewohnten Lebensbedingungen weitgehend. Insbesondere vom Klima aus kann es für *Gesunde* innerhalb unseres Raumes keine Einschränkungen geben.

Als Reise-Apotheke genügt für diesen Raum eine Ausstattung für kleine Unpäßlichkeiten, da ja das Sozialversicherungsabkommen in allen EWG-Ländern und zusätzlich im größten Teil Österreichs einen *vollen* Krankheitsschutz gewährt. Man sollte den sozialversicherten Urlaubsreisenden deshalb empfehlen, sich vorsichtshalber von ihrer Krankenkasse einen für diesen Bereich gültigen Auslandskrankenschein zu holen. Außerdem bestehen die Möglichkeiten der privaten preiswerten Krankenversicherungen im Urlaub im In- und Ausland.

Für die kleinen Zufälle des Urlaubs die Reise-Apotheke: Verbandpflaster, elastische Binde, Heparin-Salbe, Antihistamin-Salbe oder

Corticosteroid-Salbe für Mückenstiche und Sonnenbrand, leichtes Einschlaf- oder Beruhigungsmittel (z. B. Sedisporal), Enzym- und Fermentpräparate, Schmerz-Suppositorien und Kohletabletten. Diese Reise-Apotheke gilt genauso für den Winterurlaub (10, 11). Ich selbst stelle sie aus Ärztemustern zusammen oder schreibe notfalls auch einzelne Präparate auf Kassenrezept aus, weil alle diese Mittel nicht verderblich sind und so auch nach Rückkehr weiter verwendet werden können. Selbstverständlich soll über die Reise-Apotheke nicht eine Art „Fernbehandlung" durch den Hausarzt durchgeführt werden, wohl aber sollen dadurch überflüssige Inanspruchnahmen der Kollegen in den Urlaubsgebieten verhindert werden und dem Urlauber ein gewisses Maß an kleiner Sicherheit mitgegeben werden.

Bei einem festgelegten Reiseziel in den Subtropen und Tropen muß in der Praxis hinzukommen: die Prüfung, ob alle *notwendigen* Impfungen durchgeführt wurden. Bei vollem Tropen-Impfungsprogramm, einschließlich der Pockenimpfung, beträgt die Mindestzeit dafür immerhin 15 Tage (7, 8).

Wichtig ist dabei die rechtzeitige Überprüfung der evtl. Kontra-Indikation gegenüber den verlangten Impfungen, da dann allein dadurch eine Reise unmöglich gemacht würde und ebenso unnötige Komplikationen vermieden werden.

Das Oberlandesgericht Frankfurt verurteilte einen Familienvater mit 3 Kindern zur Bezahlung von 75% des Gesamt-Reisepreises von DM 5142 für eine Reise vom 5.—19. II. 1970 nach Teneriffa. Dieser hatte am 30. I. 1970 seinen Rücktritt von der Reise erklärt, nachdem für Teneriffa Impfzwang eingeführt worden war. Eine der mitreisenden Töchter konnte aber wegen Bronchitis nicht geimpft werden. (Urteil vom 16. IX. 71/9 Q IV/71 veröffentlicht in ZFA Heft 4/72 „Arzt und Recht").

Solchen Urlaubern können die Broschüre der Bundeszentrale für gesundheitliche Aufklärung „*Ratschläge für Reisen in warme Länder*" oder die des Deutschen Grünen Kreuzes „Reisen und gesund bleiben in südlichen Ländern und tropischen Zonen" (2, 3) ausgehändigt werden. In diesen Broschüren sind Hinweise enthalten für Kleidung, Ernährung, Klima-Umstellung und Impfung für die subtropischen und tropischen Länder. Nötigenfalls kostenlose Aushändigung des *Merkblattes* der Firma Bayer, Leverkusen „Gesundheitszustand und Flugreise — Merkblatt für Patienten".

Von der Urlaubsberatung in der freien Praxis und der Erfahrung mit Urlaubern aus gesehen, wäre es dringend wünschenswert, wenn die Touristik-Unternehmen ihren Prospekten gesundheitliche Merkblätter mit Hinweisen für die großen Urlaubsregionen beilegen würden. Der Urlauber könnte so schon bei der Entscheidung über seinen beabsichtigten Urlaubsort überprüfen, ob dieser unter gesundheitlichen Aspekten für ihn überhaupt in Frage kommt und was er dabei zu beachten hat.

Eine schriftliche Beratung erscheint mir in allen diesen Fällen anhaltender als die mündliche und zugleich zeitsparender für Arzt und Patient.

Immer gehören zur Urlaubsberatung in der freien Praxis allgemeine Hinweise für die Urlaubsgestaltung. Diese gelten selbstverständlich für alle 3 Gruppen: der Urlaub sollte zugleich Erholung und Erlebnis sein. Wer dauernd in der Hetze lebt, sollte den Akzent auf Erholung legen. Dies bedeutet aber nicht „Nichts-Tun", sondern „Etwas Anderes tun". Etwas Anderes nämlich als man sonst im Alltag tut, dies gilt körperlich und geistig. Die Anpassungszeit von 3—8 Tagen sollte eingehalten werden. Dieser Rat ist besonders im Winterurlaub meist völlig platonisch. Vor Übermaß sollte man sich hüten. *An- und Rückfahrt* sollten nicht den ganzen Urlaub gefährden bzw. dessen Erfolg zunichte machen.

Individuelle Beratung der gesundheitlich Bedrohten oder Geschädigten

Wenn solche Patienten der 2. Gruppe den Wunsch äußern, aufgrund ihres Gesundheitszustandes über die optimale Gestaltung des Urlaubs beraten zu werden, ist dieser Wunsch relativ leicht zu erfüllen bei solchen, die der Arzt *schon länger kennt*. Er weiß dann über deren individuelle Belastungen, Reaktionen und gesundheitliche Besonderheiten Bescheid und kann sie dementsprechend beraten. Für den Patienten, den man als Arzt noch nie zu sehen bekommen hat, gibt es einige *allgemeine Grundregeln*, die diese Beratung erleichtern. Dabei ist selbstverständlich immer die große individuelle Abweichungsmöglichkeit zu beachten, aber als erste grobe Katalogisierung der Urlaubsmöglichkeit unter gesundheitlichen Gesichtspunkten hat sich mir die Einteilung der Urlaubsgebiete unter den Aspekten klimatischer Einwirkungen bewährt:

- Meeres-Klima = Reizklima
  (Nordsee, sehr viel milder Ostsee, Atlantik, Mittelmeer)
  Wirksame Faktoren:
  Luftbewegung, ausgeglichene Temperatur, Salzwirkung, Wellenmassage in der Brandung.
  Günstig für:
  Katarrh-Neigung, niedrigen Blutdruck, Hautkrankheiten, Allergien, Schilddrüsen-Unterfunktion, Überarbeitung.
  Nicht günstig für:
  Akute Entzündungen, Nierenkrankheiten, Cor pulmonale, Hypertonie, Hyperthyreose.
  Vorsicht bei Herzkrankheiten (siehe Referat Jungmann)

- Hochgebirgsklima = Reizklima (Hochgebirgsklima über 800 m)
  Wirksame Faktoren:
  Geringer Luftdruck, geringer Wasserdampfdruck, verminderter Sauerstoffdruck, intensive Strahlung, starke Tag-Nacht-Schwankungen.
  Günstig für:
  Vegetative Dystonie, hoher Blutdruck.
  Nicht günstig für:
  Angina pectoris, Schlafstörungen, Arterienverkalkung. Bei 2000 m Höhe Vorsicht bei Rhythmusstörungen.

● Mittelgebirgsklima = Schonklima (Mittelgebirgsklima Höhen von 500—800 m)
Wirksame Faktoren:
Temperaturausgleich, Waldluft.

Günstig für:
Erschöpfung, Erholung nach fieberhaften Erkrankungen, Schlafstörungen, Überarbeitung, Herzkrankheiten, Infarkt-Nachbehandlung. Besonders auch für ältere Menschen und in der präventiven Geriatrie. Einschränkung der zunehmenden degenerativen Erkrankungen (9).

Nicht günstig:
Keine generellen Kontra-Indikationen.

Zu dieser Beratung über das empfehlenswerte Urlaubsziel in Bezug auf das Klima kommt noch hinzu der *individuelle Rat* für die Urlaubsgestaltung.

Dieser richtet sich nach der beruflichen Belastung, der Konstitution und der gesundheitlichen Situation sowie der Lebensführung des Patienten insgesamt. Hierin liegen auch die Ansatzpunkte für den Arzt in freier Praxis, *Patienten, die aus ganz anderem Anlaß ihn aufsuchen,* auf einen richtigen „Urlaub" aufmerksam zu machen. Dabei ist ja der Urlaub nur eine von mehreren Möglichkeiten, die draußen in der Praxis zur Verfügung stehen, um einen gesundheitlich Bedrohten oder schon Geschädigten wieder zur Gesundheit zurückzuführen. Diese beginnen mit der Verordnung von Arbeitsruhe („Arbeitsunfähigkeitsbescheinigung") bis zum Heilverfahren der Rentenversicherungsträger bei Bedrohung oder Schädigung der Erwerbs- und Berufsunfähigkeit.

Urlaub nach Maß

Mein Auswahl-Kriterium in Bezug auf einen von der Gesundheit aus bestimmten Urlaub ist für die Mehrzahl meiner Patienten nicht die Überforderung, sondern ganz im Gegenteil die *Unterforderung* (4). Ihre Erschöpfung, ihr Konzentrationsmangel, ihr Überfordertsein-Gefühl resultiert nach meiner Erfahrung vielfach aus einer *einseitigen* Belastung, der ein *Mangel an Belastung* in einem anderen Bereich entspricht. Diesen Mangel an Belastung, also die *Unterforderung,* festzustellen, ist aber in der freien Praxis *sehr viel leichter* als die oft vielfachen Gründe der Überforderung. Die Unterforderung bei der Arbeit und im Alltag insgesamt ist gleichsam das Leitsymptom für die individuelle Urlaubsberatung.

1. Eine Unterforderung besteht heute vielfach im Bereich der Muskeltätigkeit. Dies trifft für die Mehrzahl der Angestellten und Beamten, aber auch der in geistigen Berufen tätigen zu und darüberhinaus auch schon für nicht wenige Arbeiter.

Aus dem Referat von Herrn Müller-Limroth ging ja hervor, daß von jeder Muskelaktion aus anregende Impulse an bestimmte Hirnzentren ausgehen. Die Muskeltätigkeit ist also nicht nur somatisch von Bedeutung.

Diese Unterforderung auf körperlichem Gebiet läßt sich anamnestisch sehr leicht feststellen und muß zu dem Rat Anlaß geben, einen sehr bewegungsreichen, die Muskulatur beanspruchenden Urlaub einzuplanen: Laufen, Radfahren, Schwimmen, Skilanglauf, Rudern, Bergwandern, Tanzen usw. Belastungsgrenze dabei für den Gesunden Pulszahl: 200 minus Lebensalter (5).

2. Die Unterforderung gegenüber dem *Kreislauf*. Sie tritt dort besonders auf, wo in klimatisierten Räumen eine Monotonie des Klein-Klimas entsteht und die natürlichen *Temperatur-Wechselreize* weitgehend wegfallen. Ebenso führen mangelnde Muskelbewegungen und körperliche Anforderungen zu einer Unterforderung auch gegenüber der Kreislauffunktion. Der Urlaub muß hier einen intensiven Ausgleich und zugleich Anreiz bringen, um die normalen Kreislauffunktionen wieder in Gang zu bringen. Die beste Kombination eines Urlaubs, sowohl die Unterfunktion in der Bewegungstätigkeit wie im Kreislauf auszugleichen, ist zweifellos der Winterurlaub.

3. Die Unterforderung der geistig-seelischen Kräfte. Wenn die Arbeit überhaupt kein *positives Schaffenserlebnis* mehr vermittelt. Wenn sie in Routine und Monotonie versandet, ist zunächst ein geistiger, dann aber auch ein körperlicher Leerlauf die Folge. Die Urlaubsgestaltung sollte hier primär die *geistig-seelische Unterforderung* ausgleichen. Sie muß eine Auffrischung in diesem Gebiet bringen, z.B. durch Literatur, Vermittlung neuer schöpferischer Hobbies.

Churchill hat einmal gesagt: „Erholung bedeutet, das Licht über den Hirnzonen ausschalten, die dauernd beansprucht werden und über denjenigen anzünden, die sonst nie beansprucht werden."

Die Selbstbestätigung des Menschen muß im Urlaub wieder möglich gemacht werden. Der Urlaub sollte eine Möglichkeit der Selbstentfaltung darstellen oder eine solche wieder in Gang bringen. Urlaub darf nicht zu einem hirn- und seelenlosen *Trimm-Dich-Obligo* werden.

4. Was schließlich noch in der Praxis auffällt, ist die permanente Fehlernährung, und zwar wiederum im Sinne einer *Unterforderung*. Ballaststoffe, vitamin- und mineralsalzhaltige Lebensmittel werden zuwenig gegessen zu Gunsten von ausgemahlenen, zu leicht verdaulichen und insbesondere bei Kantine-Essen, oft zu kalorienreicher Kost. Der Rat hierzu, im Urlaub die Ernährung umzustellen, ist oft schwer zu befolgen, besonders dann, wenn jemand in Vollpension ohne Möglichkeit der Auswahl der Verpflegung, Urlaub machen will.

Schließlich hierfür einige Hinweise für Urlaubsberatungen, die in der Praxis relativ häufig notwendig sind:

Ältere Menschen, Erholungsbedürftige nach Krankheit oder Operationen fragen uns, welche Zeit und welcher Ort für sie am günstigsten sei. Für diesen Kreis von Urlaubern erscheinen mir die Übergangsjahreszeiten Frühjahr und Herbst gesundheitlich besonders günstig zu sein. Sie führen offenbar zu einer anhaltenderen Stabilisierung des vegetativen Grundzustandes als die ausgesprochenen Winter- und Sommermonate (6).

Unsere Erholungsgebiete sollten sich um diese Gruppen der Älteren und Rekonvaleszenten in diesen Jahreszeiten besonders bemühen, denn solche Menschen sollen und können nicht große Reisen unternehmen. Sie finden hier in unserem Lande, insbesondere in den Mittellagen, die besten Erholungs- und Urlaubsmöglichkeiten und gerade in der außersaisonalen Jahreszeit (siehe auch Referat Schmidt-Keesen).

Insgesamt kann es auch in der Urlaubsberatung in der freien Praxis kein Rezept für ein Kollektiv, sondern nur für den einzelnen Urlauber geben. Wenn gestern Prof. v. Oppen sagte, Freizeit könne nur im Zusammenhang mit Arbeit richtig gesehen werden, so möchte ich dieses heute ausweiten: *Urlaub kann nur richtig im Zusammenhang mit dem gesamten Dasein, mit dem Alltag des Menschen gesehen werden.* Eine Urlaubsberatung in der freien Praxis kann deshalb so wichtig und effektiv sein, weil für sie diese Voraussetzung erfüllt ist. Der Arzt draußen kennt die Person des Urlaubers, seine Biographie und in aller Regel auch die Welt in der er lebt. Von ihr aus gesehen, sollte die Urlaubsberatung dazu führen, jedem Einzelnen und seiner Familie ein hohes Maß körperlicher, seelischer und geistiger Entfaltung zu verschaffen und zu einem besseren, erfüllteren Dasein, auch durch diese Episode seines Lebens zu verhelfen.

Literatur

1. Bayer, Pharmabüro Leverkusen: „Gesundheitszustand und Flugreise — Merkblatt für Patienten".
2. Bundeszentrale für gesundheitliche Aufklärung: „Ratschläge für Reisen in warme Länder".
3. Deutsches Grünes Kreuz Marburg: „Reisen und gesund bleiben in südlichen Ländern und tropischen Zonen".
4. Franke, L.K.: „Fitness im Alltag", Medizin heute. Heft 9, 523 (1972).
5. Hollmann, W.: „Präventive Kardiologie mittels körperlichen Trainings". ASA, Heft 3, 57 (1972).
6. Klinker, L.: „Jahreszeitenrhythmus beeinflußt, Regulation in der Klimatherapie". Medical Tribune No. 11, v. 17. III. 1972.
7. Lufthansa, Richtlinien der Deutschen: „Ihr Patient ein Fluggast", S. 29.
8. Mohring, D.: „Touristikmedizin". S. 153. Stuttgart: Thieme 1971.
9. Nicola, P. de: „Das Seenklima in der Gerontologie". ÄP. XXIII Jhrg., Nr. 80 (1971).
10. Schubert, R.: „Ärztlicher Rat für Touristen". DÄB. Heft 19, 1465 (1970).
11. Vogel, H.R.: „Muß Wintersport gefährlich sein?" DÄB, Heft 6, 289 (1972).

Der ADAC-Arztruf

G. Hofmann (München)

Wir haben im Laufe dieses Kongresses versucht, Möglichkeiten aufzuzeigen, wie der Mensch seinen Urlaub so verbringen kann, daß er seiner Gesundheit dient und wie er Krankheiten im Urlaub vermeiden kann. Was geschieht aber, wenn jemand doch im Urlaub erkrankt, was dann, wenn er im Ausland erkrankt, und was wenn er im nicht deutschsprachigen Ausland erkrankt? Für uns, die wir mit der Medizin zu tun haben, ergeben sich in diesen Fällen, wie wir alle wissen, schon einige Schwierigkeiten. Der Laie jedoch steht oft vor unlösbaren Problemen. Sicher ist die medizinische Betreuung der deutschen Urlauber in den ausländischen Ballungsgebieten des Tourismus gewährleistet. Aber schon in mittleren Orten ergeben sich oft große Schwierigkeiten.

Was hat nun ein Chirurg — ich bin Chirurg am Klinikum rechts der Isar der TU München — mit solchen Fragen zu tun? Nun, wir Chirurgen vom ,,Rechts der Isar" kamen in den letzten Jahren wegen unserer engen Verbindungen zum Roten Kreuz öfters in Europa herum, wenn es galt, erkrankte Personen mit Rot-Kreuz-Wagen und Arztbegleitung nach Deutschland zurückzubringen. Dabei fanden wir oft erschreckende Situationen vor: die Patienten waren oft schlecht untergebracht, sie hatten niemanden, der mit ihnen reden konnte und was viel schlimmer war, sie wußten in den meisten Fällen gar nicht, was ihnen fehlte und wie es weitergehen sollte. Immer, wenn wir mit unserem Rot-Kreuz-Wagen vor einem Krankenhaus standen, wurden wir von mehreren Touristen angesprochen und oft bestürmt, diesen oder jenen Kranken anzusehen, mit dem behandelnden Arzt zu reden, oder gar den Kranken um jeden Preis mitzunehmen.

Wir halfen, so gut wir konnten, nahmen noch zusätzlich Patienten mit nach München oder versuchten, von Deutschland aus weiterzuhelfen. Doch dabei ergaben sich Schwierigkeiten organisatorischer und finanzieller Art.

Dies war der Grund, daß wir uns 1970 mit dem ADAC zusammensetzten und den ,,ADAC-Arztruf" gründeten. Hauptinitiator war damals mein Kollege, Dr. Ewald, der inzwischen nicht mehr in München ist.

Was ist nun der ADAC-Arztruf, was soll damit erreicht werden? Lassen Sie mich zunächst sagen, was er nicht ist: *er ist keine Stelle für Telefon-Diagnosen und keine Einrichtung, welche Fernbehandlungs-Vorschläge gibt.* Wir wollen dagegen grundsätzlich all denen, die im Ausland erkranken oder ihren Angehörigen dann helfen, wenn sie nicht mehr allein weiterkommen. Dabei steht uns der ganze Apparat des ADAC zur Verfügung. Wir können über Telefon, Fernschreiber, Funkeinrichtungen und die beträchtlichen Unterlagen der Informationszentrale unbürokratisch verfügen. Die Informationsspezialisten des ADAC helfen uns, oft recht komplizierte Verbindungen aufzunehmen, dabei wird gelegentlich die Hilfe von korrespondierenden Clubs des ADAC im Ausland in Anspruch genommen.

Welche Aufgaben stellen sich uns? Zunächst lassen Sie mich sagen, welche der Anrufe wir nicht schätzen, die aber immer wieder kommen: Patienten im Inland möchten wissen, wie sie mit dieser oder jener Krankheit fertig werden können. Oft handelt es sich um heikle Probleme, wie etwa venerologische Probleme, bei denen die Anonymität des Telefons ausgenützt werden soll. Hin und wieder sollen Diagnosen des Hausarztes durch den Telefonarzt überprüft werden. Selbstverständlich werden wir diese Patienten immer an den Hausarzt oder Facharzt verweisen. Eine große Anzahl von Anrufern hat Impf-Probleme, besonders immer dann, wenn gerade eine Epidemie, wie etwa Cholera oder Pocken, auftritt. Diese Anrufer werden grundsätzlich beraten und an die zuständigen Impfstellen verwiesen.

Bei den Auslands-Anrufern steht an erster Stelle die Frage nach deutschsprachigen Ärzten im Ausland. Wir haben inzwischen eine Kartei solcher Kollegen angelegt. Auswärtiges Amt, Botschaften und Konsulate, aber auch viele Privatpersonen, die deutschsprechende Ärzte im Ausland kennenlernten, halfen uns dabei. Wir hatten im ersten Jahr ca. 250 Adressen, inzwischen sind es über 1700, die Zahl wächst laufend weiter.

In einigen Fällen wissen wir auch schon nähere Einzelheiten. Wir werden zum Beispiel oft gefragt, wo man Quickbestimmungen vornehmen lassen kann und wir können manchmal die entsprechenden Hinweise geben.

In vielen Fällen sind die Anrufer aus dem Ausland sehr aufgeregt und die Angaben oder Fragen sind recht unklar. In diesem Fall gilt es, überlegt weiter zu klären, zu beruhigen und zunächst einfache Verhaltensratschläge zu geben. Diese, wenn auch gering erscheinende Hilfe wird von den Patienten als sehr angenehm und wichtig empfunden. Einige Patienten haben uns nach ihrer Rückkehr nach Deutschland mitgeteilt, daß sie sich durch diese einfachen Gespräche wesentlich erleichtert fühlten.

Gelegentlich kommen Medikamenten-Anforderungen aus dem Ausland. Dann gilt es zu prüfen, ob der aufwendige Versand von Deutschland ins Anforderungsland gerechtfertigt ist. Meistens werden diese Ansuchen abgelehnt und es wird darauf verwiesen, daß etwa das Barbiturat X auch im Aufenthaltsland zu bekommen ist. Bei wirklich erforderlichen Medikamenten besorgen wir diese und schicken sie auf dem Luftweg an die angegebene Adresse. Auch dabei greifen uns die korrespondierenden ausländischen Automobilclubs helfend unter die Arme.

Die bisher genannten Dinge sind nicht besonders aufregend. Interessant wird es, wenn es um größere Dinge geht. Oft werden wir von Deutschland oder aus dem Ausland angerufen, daß ein Angehöriger nach einem

Unfall oder wegen einer schwierigen Krankheit in einem bestimmten ausländischen Krankenhaus liege. Man wisse nicht, was dem Patienten fehlt, wie seine Chancen stehen: kommt er zurück, wann wird das sein und wie kann das arrangiert werden? In diesem Fall nehmen wir Kontakt mit der behandelnden Klinik auf. In einfachen Fällen geben wir die Diagnose weiter an die Angehörigen. Bei erforderlichen Operationen sprechen wir mit den ausländischen Kollegen, wo diese ausgeführt werden sollen, im Ausland oder bei uns, wir besprechen, wann der Rücktransport erfolgen soll und wie er erfolgen soll. Am Heimatort muß ein Bett reserviert werden. Kontakte zum Roten Kreuz und zu privaten Luftverkehrs-Gesellschaften werden aufgenommen. All diese Dinge sind normalerweise für den ohnehin aufgeregten betroffenen Laien sehr schwer zu bewältigen.

Als letztes ist zu erwähnen, daß zu dem ADAC-Arztruf auch eine Katastrophenbereitschaft gehört. Im Fall einer Katastrophe im Ausland, bei der angenommen werden kann, daß deutsche Urlauber davon betroffen sind, fliegen ein oder mehrere Ärzte zusammen mit anderen Helfern zum Katastrophenort.

Zweimal waren wir bisher auf diese Art tätig: Einmal 1970 in Jesolo, als bei einer Sturmkatastrophe einige deutsche Touristen getötet und über 100 zum Teil schwer verletzt waren. Das zweitemal waren wir in Brindisi bei der Katastrophe mit dem Fährschiff tätig.

In Jesolo konnten unsere beiden Ärzte helfen, die Patienten zu betreuen. Zusammen mit den italienischen Kollegen machten wir Visite und erklärten den oft recht verzweifelten deutschsprachigen Patienten (die Österreicher und Schweizer betreuten wir auch mit, so gut es ging), was ihnen fehlt, wie lange sie noch behandelt werden mußten, ob sie operiert werden mußten usw. Besonders konnte dabei den Kindern geholfen werden, die zum Teil von den Eltern getrennt unter rein italienisch sprechendem Personal lebten. Wir verbanden sie zusammen mit den italienischen Kollegen und konnten ihre Angst etwas verringern.

Zum Abschluß organisierten wir noch den Rücktransport der Patienten nach Deutschland und die Unterbringung in den deutschen Krankenhäusern.

Soviel zu dem, das wir tun konnten.

Als wir an den ADAC-Arztruf herangingen, betraten wir Neuland und wir wußten noch nicht, was aus diesem Versuch werden würde. Inzwischen können wir aber sagen, daß diese Einrichtung nicht nur bestehen bleiben muß, sondern daß man sie noch ausbauen sollte. Die Anrufe haben sich im letzten Jahr im Vergleich zu 1970 vervierfacht. Selbst außerhalb der Reisezeit werden viele medizinische Anfragen an uns gerichtet, die durch den guten Kontakt der Klinik rechts der Isar mit der ADAC-Hauptverwaltung dann auch beantwortet werden können.

Eine Bitte habe ich nun noch an Sie: Bitte helfen Sie uns, die Kartei mit den deutschsprachigen Ärzten zu vergrößern, indem Sie uns die Adressen der Ihnen bekannten Ärzte geben, die deutsch sprechen und im Ausland tätig sind. — Danke.

MIX
Papier aus verantwortungsvollen Quellen
Paper from responsible sources
FSC® C105338

If you have any concerns about our products,
you can contact us on
ProductSafety@springernature.com

In case Publisher is established outside the EU,
the EU authorized representative is:
**Springer Nature Customer Service Center GmbH
Europaplatz 3, 69115 Heidelberg, Germany**

Printed by Libri Plureos GmbH
in Hamburg, Germany

DIE WISSENSCHAFT

Sammlung von Einzeldarstellungen aus den Gebieten der
Naturwissenschaft und der Technik

Herausgegeben von Prof. Dr. EILHARD WIEDEMANN

BAND 71

Einleitung in die Theorie der Invarianten linearer Transformationen auf Grund der Vektorenrechnung

Von

E. Study

Erster Teil

Springer Fachmedien Wiesbaden GmbH

1923

Einleitung in die Theorie der Invarianten linearer Transformationen auf Grund der Vektorenrechnung

Von

E. Study

Erster Teil

Springer Fachmedien Wiesbaden GmbH

1923

ISBN 978-3-663-19863-5   ISBN 978-3-663-20201-1 (eBook)
DOI 10.1007/978-3-663-20201-1

Softcover reprint of the hardcover 1st edition 1923

Alle Rechte vorbehalten

LIEBEN FREUNDEN

LILLY HAHN

HANS HAHN

IN TREUEM GEDENKEN

Inhaltsverzeichnis.

		Seite
Einleitung: Probleme und Methoden		1
§ 1.	Grundbegriffe und Zeichen	11
§ 2.	Die Fundamentalsätze der Algebra der Vektoren in spezieller Fassung	23
§ 3.	Besondere Behandlung des Falles $n = 3$	32
§ 4.	Fortsetzung: Sphärische Trigonometrie	44
§ 5.	Fortsetzung: Kollineationen und Korrelationen	52
§ 6.	Weitere Beispiele: Lehrsätze von Desargues, Pascal und Brianchon	61
§ 7.	Weiteres über Kegelschnitte (mit einem Anhang über elliptische Funktionen)	70
§ 8.	Die allgemeinen linearen Transformationen	89
§ 9.	Fortsetzung und Beispiele	101
§ 10.	Invariante Darstellung der linearen Transformationen	111
§ 11.	Die Zusammensetzung bilinearer Formen	119
§ 12.	Erläuterungen. Invariantensysteme, an denen eine quadratische Form beteiligt ist	129
§ 13.	Die Fundamentalsätze der Algebra der Vektoren in allgemeiner Fassung	141
§ 14.	Fortsetzung und Zahlenbeispiel	152
§ 15.	Verschiedenartige Ergänzungen. (Invarianten der Kollineationsgruppe. Die Sonderstellung der binären Formen. Darstellung bilinearer Formen mit Hilfe irrationaler Kovarianten)	161
§ 16.	Beispiel: Ternäre bilineare Formen mit kontragredienten Veränderlichen	184
§ 17.	Fortsetzung: Die zugehörigen kubischen Kovarianten	192

Inhaltsverzeichnis.

	Seite
§ 18. Fortsetzung: Besondere Fälle	198
§ 19. Ternäre bilineare Formen mit kogredienten Veränderlichen. Automorphe Transformationen quadratischer Formen	207
§ 20. Fortsetzung: Automorphe Transformationen ternärer quadratischer Formen	220
§ 21. Grenzfall: Bewegungen und Umlegungen in der Euklidischen Ebene. Grundbegriffe der ebenen Euklidischen Geometrie	231
§ 22. Orthogonale und quasi-orthogonale Invarianten ternärer bilinearer Formen	245
§ 23. Das Formensystem von zwei ternären quadratischen Formen, nach Gordan. Transformation solcher Formenpaare auf Summen von Quadraten. Zusammenhang des Gordanschen Formensystems mit dem Formensystem des § 22	258
Nachwort	268

Berichtigung.

Auf Seite 169 sind die Zeichen T, E, T' (durchweg) durch andere Zeichen t, e und $-t'$ zu ersetzen.

{Das dort Vorgetragene ist zwar nicht an sich widerspruchsvoll, es ist aber unvereinbar mit dem sonst über die Symbole T und T' Gesagten, da sich die Folgerung

$$(T_1 T_2)' = -T_2' T_1'.$$

ergibt. — Die Symbole t und t', die der Regel $(t_1 t_2)' = t_2' t_1'$ folgen, verhalten sich hierin auch wie die Symbole S und S'. Abweichend von diesen letzten kennzeichnet aber die identische Gleichung $t + t' = 0$ die symmetrischen und die Gleichung $t - t' = 0$ die alternierenden Formen. — Ich hoffe nunmehr, durch Einführung der nur auf das binäre Gebiet bezüglichen Zeichen t, e, t' jede Verwechselung ausgeschlossen zu haben.}

Einleitung.

Probleme und Methoden.

In der sogenannten Vektoranalysis, die bis vor kurzem wohl etwas unterschätzt wurde, neuerlich aber zu Ansehen gekommen ist, hat man den vergleichsweise elementaren Tatsachen der Algebra, von denen alle dahin gehörigen Überlegungen ausgehen, bis jetzt nur geringe Aufmerksamkeit geschenkt. Vielleicht hat man das rein Algebraische als gar zu einfach und selbstverständlich betrachtet, wie es ja leider auch sonst öfter geschehen ist (Analytische Geometrie, Theorie der Transformationsgruppen, Differentialgeometrie). Jedenfalls aber, und sehr begreiflicherweise, hatte man es eilig, zu Anwendungen zu kommen, besonders zu solchen theoretisch-physikalischer Natur. Wenn aber der Physiker und noch mehr der aufs „Praktische" erpichte Techniker — denen beiden Mathematik nur ein Mittel bedeutet — nicht leicht gewillt sein werden, sich da den Kopf zu zerbrechen, wo nicht ein auf der Stelle greifbarer Nutzen winkt, muß der Mathematiker, wenn es ihm um seine Wissenschaft ernst ist, von ihrem Betrieb anderes und ziemlich viel mehr verlangen. Keinenfalls darf er sich allzu ängstlich auf Probleme einstellen, die ihm von außen her entgegengebracht werden, und wenn er zu bemerken glaubt, daß andere für seine eigenen Aufgaben nicht viel übrig haben werden, so darf er sich dadurch nicht abhalten lassen, den Dingen auf den Grund zu gehen. Wir Mathematiker haben gar keinen Anlaß, eine höhere Instanz anzuerkennen, viel eher sollten sich andere Wissenschaften an der unsrigen ein Muster nehmen. So wertvoll die Fortschritte sind, die die Physik in unseren Tagen gemacht hat — Fortschritte, die niemand mit größerer Freude begrüßen kann als der Schreiber dieser Zeilen —, so wird doch durch sie an der bezeichneten Sachlage gar nichts geändert. Zudem ist die mathematische Wertskala des Physikers ein gar zu eindimensionales Gebilde. Der Mathematiker wird unter allen Umständen vor Augen haben müssen, daß auch der Erfahrenste die Tragweite einer mathematischen Untersuchung nicht mit Sicherheit beurteilen kann. Die Physik aber darf nicht verwechselt werden mit ihrem augenblicklichen Entwicklungszustand. Wer weiß genau zu sagen, was physikalisch bedeutungsvoll ist? Vorgestern dachte noch niemand daran, daß Geometrie in einem Raume von vier Dimensionen den Physiker näher angehen könnte, gestern hatte man sich davon Vorstellungen gebildet, die heute schon nicht mehr für richtig gehalten werden, und was der morgende Tag bringen wird, kann man nicht wissen. Gleich der sogenannten Raumvorstellung ist „das physikalische Interesse" ein verschwommener Begriff, mit dessen Hilfe man kein Forschungsgebiet sachgemäß umgrenzen kann. Außerdem hat ohne Zweifel die Mathematik ihre eigenen, durch sie selbst bedingten Wachstumsgesetze. Wenn auch dem Fortschritt jederzeit viele Wege offen stehen, so muß es doch in einer Wissenschaft, in der immer eines sich auf dem anderen aufbaut, wenigstens im großen eine natürliche Ordnung geben, mögen wir sie zu gegebener Zeit erkennen oder nicht. Sicher gehen z. B. Abschnitte der Zahlenlehre der Algebra, und Teile der Algebra wiederum der Infinitesimalrechnung voraus. Den Forschungsreisen müssen überall und unbedingt genaue Aufnahmen folgen, und je höher man die schon gemachten Entdeckungen einschätzt, desto weniger Anlaß hat man, sich mit der Kenntnis einiger Berggipfel und Flußläufe zufrieden zu geben. Es bedarf dazu natürlich einer Charaktereigenschaft, die heutzutage schon recht selten geworden ist, der Geduld; man wird kaum davon absehen können, auf die Wege des Vordringens und die anzuwendenden Hilfsmittel immer neues Nachdenken zu verwenden, und dabei, meistens wohl sogar mehr als einmal, so ziemlich von vorn anzufangen. Die Geschichte lehrt, daß dieses das Verfahren ist, das den Dauerbestand der Wissenschaft hervorbringt, und daß sich dabei allmählich das herausstellt, was wir schließlich als die natürliche Ordnung der mathematischen Gegenstände betrachten dürfen.

Man wird mich wohl nicht mißverstehen. Ich denke nicht daran, den hochverdienten Forschern, die unsere Naturerkenntnis so außerordentlich gefördert haben, etwas am Zeuge zu flicken. Der Pionier muß das Recht haben, sich sein Gepäck auszuwählen, wie er will. Es ist aber etwas anderes, wenn man ein reiches Kulturgebiet der Verwahrlosung übergibt, ja beinahe von dessen Dasein nichts zu wissen scheint. Unser eigener mathematischer Garten ist streckenweise recht sehr verwildert; man glaubt, aus dem Garten des Nachbars die Äpfel der Hesperiden eingeführt zu haben und ist nicht selten schon beglückt, wenn man Kartoffeln erntet.

Mag man die Vektoranalysis um gewisser Anwendungen willen oder als selbständige Disziplin betreiben, immer handelt es sich dabei, wie gesagt, zunächst um Gegenstände der Algebra, und zwar um **Invarianten gewisser Gruppen linearer Transformationen**: Alle Bildungen, die man da betrachtet, sind Invarianten orthogonaler Transformationen oder Invarianten von Gruppen, die mit der Gruppe der orthogonalen Transformationen nahe verwandt sind. Nun besitzen wir **seit mehr als 50 Jahren** eine hochentwickelte Invariantentheorie der Gruppe aller linearen Transformationen, und seit 25 Jahren gibt es auch, in den Grundzügen wenigstens, eine Invariantentheorie jener anderen Gruppen, auf die soeben hingewiesen wurde[1]). Aber kein Schimmer von Licht scheint von da aus auf die heute so beliebte „Analysis des Vektoren" gefallen zu sein. Vielmehr hat man die alten Probleme so bearbeitet, als ob sie noch nie zuvor behandelt worden wären, und man ist dabei weit hinter dem zurückgeblieben, was eigentlich längst als gesicherter Besitz der Wissenschaft hätte gelten dürfen. Die Frage nach allen möglichen algebraischen, insbesondere ganzen rationalen, Invarianten der betrachteten Gruppen wird in solchen Schriften, soweit meine Kenntnis reicht, nicht einmal aufgeworfen, und doch ist sie ohne Zweifel das Problem, das der Natur der Sache nach in den Mittelpunkt solcher Untersuchungen gestellt werden muß. In der Theorie der Differentialinvarianten wird man Vollständigkeit (die doch wohl auch dem Physiker wertvoll sein sollte) nicht erreichen, wenn man sie nicht schon im Rein-Algebraischen hat. Ja bei der Mehrzahl der Autoren merkt man überhaupt nichts davon, daß sie in einem Zeitalter leben, in dem die Gruppentheorie in hoher Blüte steht. Entsprechend wird uns das Rechnungsverfahren von H. Grassmann, das zu seiner Zeit gewiß einen Fortschritt bedeutet hat und schon um seiner Originalität willen Beachtung verdient, das aber längst in der überall tiefer dringenden Invariantentheorie aufgegangen ist, in der Gegenwart wieder als Gipfel des Erreichbaren und als eine Art von Allheilmittel angepriesen, das es ganz bestimmt nicht ist, während Algebraiker wie Aronhold und Clebsch, die, abweichend von ihrem Vorgänger von präzise gestellten Problemen ausgegangen waren und viel weiter gekommen sind, für dieselben Schriftsteller nicht existiert zu haben scheinen. Kurzum, man ist rückständig, und nicht wenig. Und selbst bei einem sonst kenntnisreichen Schriftsteller kann man z. B.

---

[1]) Verh. d. Gesellschaft der Wissenschaften zu Leipzig, mathematisch physische Klasse, 1897, S. 443 ff.

folgendes lesen: „Es wird manchen entsetzt haben, von welcher Sintflut von Formeln und Indizes hier der leitende Gedanke überschwemmt wurde. Es ist gewiß bedauerlich, daß wir uns um das rein Formale so ausführlich bemühen und ihm einen solchen Platz einräumen müssen; aber es läßt sich nicht vermeiden". Was hier als ein im gegebenen Falle unvermeidlicher und wohl darum nicht sehr ernst genommener Übelstand hingestellt wird[1]), die Mühsal des Lesens unübersichtlicher Formeln, bedeutet in Wirklichkeit viel mehr als einen bloßen Schönheitsfehler. Wir kommen darauf noch zurück. Keineswegs zu viel, sondern zu wenig Aufmerksamkeit hat das Formale erhalten, oder nicht die rechte Art von Aufmerksamkeit; eben darum konnte es sich zu einer Landplage entwickeln. Das ist nicht Formalismus, wenn man den Formalismus auf ein Minimum zu reduzieren sucht. Mathematik ist nicht die Kunst zu rechnen und auch nicht die Kunst, Rechnungen zu vermeiden. Es gehört aber zur Mathematik die Kunst, überflüssige Rechnungen zu vermeiden und die nötigen geschickt zu führen. In dieser Hinsicht hätte man von älteren Autoren lernen können.

Daß die schöne Theorie der Invarianten, die eine Zeitlang im Mittelpunkt vieler Interessen gestanden hat, dem größten Teile der jetzt wirkenden Mathematikergeneration fremd werden konnte, hat allerdings nicht nur historisch-zufällige Gründe, wie etwa den Wechsel geistiger Moden. Zerstreute Ergebnisse zu einem Gesamtbild zu vereinigen, und zwar zu einem erfreulichen, ist keine Tätigkeit, von der man erwarten darf, daß jeder sie auf eigene Hand unternimmt, oder daß, wer es versucht, immer Erfolg damit haben müßte. Die zunächst dazu berufen waren, haben aber eine solche in gewissem Maße künstlerische Arbeit nur zum kleinsten Teile vollbracht, und Forderungen didaktischer Art haben sie dabei nur wenig mitsprechen lassen. Auf der Höhe seines Schaffens, da seine Gedanken zur Reife kamen, ist Clebsch gestorben. Sein sonst treffliches Lehrbuch, die Theorie der binären Formen, ist allzu abstrakt gehalten, ist zu beschränkt in der Auswahl des Stoffs und behandelt größtenteils entlegene Probleme. So konnten sich Vorurteile bilden und befestigen wie dieses, daß die wichtigste Methode der Invariantentheorie, die sogenannte symbolische, gekünstelt und wenig leistungsfähig sei; eine Art von Geheimwissenschaft, die von Rechts wegen

---

[1]) Es heißt weiter noch: „Wenn der Blitz des Gedankens niederfährt (!), so wird der Holzstoß (?) von Formeln entzündet zu einem Feuer, das ringsum das Land erleuchtet."

verboten werden sollte (wie nach Ansicht mancher Laien die Mathematik überhaupt). Anderen wieder war es weniger um die Bewältigung eines konkreten Stoffs, als um den Nachweis der Lösbarkeit vieles umfassender Probleme zu tun. Es mag die Ansicht vieler gewesen sein, was ein nicht unverdienter Mathematiker mir sagte, als Hilberts berühmter Satz von der „Endlichkeit der Formensysteme" bekannt geworden war: „Wie schön, daß man sich nun nicht mehr mit Invarianten zu befassen braucht". Diesem Urteil liegt eine völlige Verkennung der Sachlage zugrunde. Nur von wenigen vollständigen Formensystemen kann man sagen, daß man sie wirklich kennt und einigermaßen beherrscht, und was man davon weiß, verdankt man fast ganz der symbolischen Methode.

Zwischen einer gestaltlosen und schwer auszunutzenden Allgemeinheit und einer verwirrenden Fülle von Einzelheiten hat man also im großen und ganzen noch keinen gangbaren Mittelweg zu finden gewußt. Aber was ist in solchem Falle „das Rechte"? Leicht mag es darüber so viele Meinungen geben als Autoren, und noch einige mehr. Endgültiges läßt sich, da die Wissenschaft zum Glück fortschreitet, auch in dieser Hinsicht gewiß nicht erreichen. Dennoch sollte ein Versuch zum besseren gemacht werden.

Dieses ist die Situation, oder wenigstens meine Ansicht davon, die mich veranlaßt hat, zur Abfassung der vorliegenden Schrift die Feder in die Hand zu nehmen. Ein systematisches Lehrbuch würde eben das voraussetzen, was erst herbeigeführt werden soll. Es würde wohl auch schon um seines unvermeidlichen Umfangs willen nicht viele Leser finden. Mehr Erfolg glaube ich mir versprechen zu dürfen von einer Einleitung oder Anleitung, in der mit Hinweisen auf das, was anderwärts zu finden ist oder überhaupt noch fehlt, ausgewählte Probleme nach Art einer akademischen Vorlesung oder besser noch eines Kolloquiums abgehandelt werden (wie ich es im Jahre 1921 tatsächlich gehalten habe). Kenntnisse, die unter Mathematikern nicht allgemein verbreitet sind, brauchen dann vom Leser nicht verlangt zu werden, und der Umfang des Ganzen kann in mäßigen Grenzen bleiben. Anmerkungen für Leser, die weitere Belehrung suchen, können für Fehlendes einige Entschädigung bieten. Sie sind hier durch kleinen Druck kenntlich gemacht. Daß sich darunter ziemlich viele Verweisungen auf meine eigenen Schriften finden, bitte ich mit Nachsicht zu beurteilen. Da ich sicher nie dazu kommen werde, meine besonders der Geometrie gewidmeten Untersuchungen im Zusammenhang darzustellen, das meiste davon aber gar nicht bekannt geworden ist (nicht einmal gewissen Berichterstattern der mathematischen Enzyklopädie), so wird man mir wohl einiges zugute halten.

Entsprechend der bezeichneten didaktischen Tendenz sind ausgeführte Beispiele eingestreut. Diese schließen sich im vorliegenden Bande noch an Aufgaben der ebenen Geometrie an; erst eine in Aussicht genommene Fortsetzung soll einen weiteren Ausblick nehmen. Im Mittelpunkte des Vorzutragenden steht jedoch die Algebra der Vektoren mit einer unbestimmten Zahl von Koordinaten, und in dieser Hinsicht hoffe ich hier schon eine gewisse Vollständigkeit erreicht zu haben. Es ist auch Sorge getragen, daß dieser besonderen Disziplin der Platz angewiesen werde, der ihr meines Erachtens zukommt, und ich erblicke darin gerade eine Hauptaufgabe der vorliegenden Schrift.

Bearbeiter der Vektoranalysis und verwandter Ideenbildungen methodischer Natur (Ausdehnungslehre, Matrizenkalkül, Quaternionen usw.) betrachten gerne ihren Stoff als eine Welt für sich. Ohne Zweifel ist hieran viel Berechtigtes. Eine solche Forderung und das verwandte Verlangen nach Reinheit der Methode enthalten einen heilsamen Zwang zur Vertiefung. Es kommen dabei nicht nur ästhetische Gesichtspunkte in Betracht. Um die Leistungsfähigkeit einer Methode zu ermessen, muß man sie eben auszunutzen suchen. Ungesund ist jedoch, wenn auch menschlich und verständlich, daß die Arbeitsteilung unter Mathematikern (und nicht nur unter diesen) sich fast immer nach Methoden, nicht nach Problemen vollzieht. Ungesund deshalb, weil eine Einengung des Gesichtskreises die gewöhnliche Folge davon ist. Man kennt dann und versteht einander nicht, die wertvollsten Gedanken können lange Zeit unfruchtbar bleiben, ganze Disziplinen können aus solchen rein persönlichen Ursachen ins Stocken geraten. Der geräuschvolle und nutzlose Streit um die Zeichen, der in der kleinen Welt der Vektorenrechnung sogar zu dem bedenklichen Mittel der Einsetzung einer Kommission geführt hat, scheint mir ein Symptom dieses Zustandes zu sein. Ich gehe auf diesen lehrreichen Fall noch etwas näher ein.

In einem geistvollen Werke über Ziel und Struktur der physikalischen Theorien[1] hat Pierre Duhem der Psychologie der Forschertätigkeit eingehende Betrachtungen gewidmet. Mit unschädlicher Übertreibung klassifiziert er die Förderer der Wissen-

---

[1] Deutsch von F. Adler. Mit einem Vorwort von Ernst Mach (1908).

schaft als umfassende aber schwache, und starke aber beschränkte Geister. Engländer sollen so gut wie immer zur ersten, Franzosen und Deutsche meistens zur zweiten Kategorie gehören, was durch lehrreiche Beispiele erläutert wird. Jedenfalls dient diese Unterscheidung der Klarheit, einerlei, wie viele unverfälschte Exemplare des einen oder anderen Typus zu finden sein mögen. Sie entspricht in der Hauptsache dem Gegensatz von intuitiver und logischer Veranlagung, wobei das Wünschenswerte die Vereinigung beider Begabungen, das Gewöhnliche Einseitigkeit oder allenfalls irgend eine Mittelbildung ist. Nehmen wir also diese Unterscheidung einmal wie sie ist, so kann es für einen Augenblick scheinen, als ob sich niemand um Rechnungssymbole viel zu kümmern brauchte. Den einen ist jedes Symbol gut genug, weil sie sich auch im wildesten Formelgestrüpp zurecht finden, die anderen brauchen vielleicht gar keine Symbole für spezielle Theorien, weil ihnen nur „das Prinzipielle" am Herzen liegt. Indessen richtet sich das Interesse, das wir an den Grundlagen unserer Wissenschaft nehmen, doch ganz nach dem, was darauf errichtet werden soll, und daß das Gebäude der Wissenschaft in allen seinen Teilen in immer bessere Ordnung gebracht werde, ist ganz gewiß auch eine Forderung von grundsätzlicher Bedeutung. Hier tritt nun der Formalismus in sein Recht, der den mehr logisch Veranlagten die erwünschte Übersicht bringt, den Intuitiven den Zwang zur Ordnung auferlegt. In den Formeln spiegelt sich die Struktur mathematischer Gedanken. Es ist nicht gleichgültig, ob sie mit Nebendingen überladen sind. Allgemein wird anerkannt, daß die Erfolge der Infinitesimalrechnung zum großen Teil erst durch eine glücklich gewählte Zeichensprache ermöglicht worden sind, und dasselbe gilt z. B. von der Determinantentheorie oder der Theorie der Transformationsgruppen. Das Wort Eleganz bezeichnet nur einigermaßen das, worauf es hier ankommt. Es ist ein ungeheures Mißverständnis, da durchaus nur Äußerlichkeiten sehen zu wollen, wo das innerste Wesen der Mathematik auf dem Spiele steht. Es handelt sich um Gesetzmäßigkeiten meistens gruppentheoretischer Art. Diese Gesetzmäßigkeiten sind da, wie alle Mathematik sind sie, gleich dem Tatsächlichen der äußeren Natur, unabhängig vom erkennenden Subjekt, dem nur sie aufzufinden und ihre formale Einordnung in einen historisch gegebenen Zusammenhang übrig bleibt. Es ist nicht objektiv, sondern gewalttätig, sich nicht darum kümmern zu wollen [1]). Die methodischen

---

[1]) Man lese auch, was H. Poincaré über die Eleganz gesagt hat. (Science et Méthode 1908, p. 25; Deutsche Ausgabe von H. Lindemann,

Unterschiede, die hier in Betracht kommen, sind nicht nur vergleichbar etwa dem Unterschied zwischen einer Mosaik und einem mit geeigneteren Mitteln fein ausgeführten Gemälde, sondern auch mit dem zwischen einer Lupe (die ja gewiß ein nützliches Instrument ist) und einem Mikroskop. Schwerlich ist es Zufall, daß man schlecht gebaute Formeln gewöhnlich da antrifft, wo auch Präzision für nebensächlich gehalten zu werden scheint[1]).

Ich wünsche, mich sehr deutlich auszudrücken. Ich verkenne keineswegs, daß sich nicht alles mit einem Male zustande bringen läßt, und daß es für die besprochenen Mängel, wie für viel schlimmere, Entschädigungen geben kann und öfter auch wirklich gibt. Es hat sich aber schon so manches, auf das eine spätere Zeit Gewicht gelegt hat, dem Blick der Forscher zunächst entzogen. Daher sollte man vorsichtig sein mit der Behauptung, daß irgend etwas „nicht geht". Oder man sollte, in anderen Fällen, nicht so leicht zufriedengestellt sein unter dem Vorgeben, „die Hauptsache", d. h. das, was man als Hauptsache hinstellt, sei ja getan. Man sollte vielmehr die Ansprüche an sich selbst immer so hoch schrauben wie möglich. Die Ausführung wird auch dann noch hinter der Absicht zurückbleiben. Das Darstellen ist eine schwere Kunst und Gründe zur Genügsamkeit sind wohlfeil. Auch in der Mathematik ist noch immer Unzufriedenheit die Mutter des Fortschritts gewesen.

Wenn also — um wieder zu den Zeichen zu kommen — diese gewiß niemals die Hauptsache in der Mathematik sein können, so sind sie doch bei weitem nicht so gleichgültig, wie es nicht wenige durch unbedachte Schriftstellerei zu verstehen geben. Wenn ein Genie wie L. Euler oder Faraday auch mit unvollkommenem Werkzeug Hervorragendes zu leisten vermochte, so folgt daraus ganz und gar nicht, daß feingeschliffene Instrumente entbehrlich sind. Zeichen auf dem Papier gehören außerdem zu der Sprache, durch die wir uns anderen verständlich zu machen suchen. Sie verdienen also eben dieselbe große Aufmerksamkeit wie, als Trägerin

---

Wissenschaft und Methode, S. 20). Wie dagegen rein expansive Geister über solche Dinge denken, hat uns der Physiker Boltzmann verraten, der zwar kein Engländer, wohl aber ein ganz waschechter Repräsentant des englischen Geistestypus war: Man solle die Eleganz den Schustern und Schneidern überlassen. Dergleichen haben wir neuerdings noch öfter gehört, und leider haben auch einige Mathematiker in diesem Chorus der Nicht-Sachverständigen ihre Stimme erklingen lassen.

[1]) Siehe z. B. Jahresbericht der Deutschen Mathematiker-Vereinigung **25**, 96 u. ff., 1916.

unserer geistigen Kultur, die Sprache überhaupt, die ja auch nichts anderes ist als ein System von Zeichen. Das Urteil über eine besondere Zeichensprache aber wird ganz davon abhängen müssen, was sie leistet, wohin und wie weit wir mit einem solchen Hilfsmittel kommen mögen, ob sie uns wirklich die Ersparnis, nicht etwa an Arbeit, sondern an unfruchtbarer Arbeit gewährt, die allein ihr einen Platz in der Wissenschaft sichern kann.

Von dem Gewinn, den irgend ein neu einzuführendes Rechnungsverfahren etwa bringen mag, wird nun jeder die Mühe abziehen, die ihn die Aneignung der Methode kostet. Und Leser pflegen für neue Zeichen, zum Erstaunen des Autors, ein elendes Gedächtnis zu haben. Man wird also gut tun, darauf zu achten, daß die Differenz nicht am Ende gar negativ ausfällt. Wer ein ohnehin stark belastetes Gedächtnis willig anstrengen soll, dem muß vor allem jeder Zweifel darüber behoben werden, daß nicht etwa kindliche Freude an den Symbolen um der Symbole willen der Grund solcher Zumutung ist. Das Spiel irgendwelcher Zeichen auf dem Papier hat an sich schwerlich auch nur so viel Wert wie das Schachspiel, es kommt auf das und nur auf das an, was die Zeichen vertreten sollen. Also werden wir uns jedesmal fragen müssen: Lassen sich diese oder jene Gedanken nicht auch mit einem schon bewährten Apparat, ja vielleicht mit einem, der in viel weiterem Umfange brauchbar ist, nicht etwa nur ausdrücken — denn das wird immer möglich sein —, sondern ebensogut ausdrücken (ebenso vollständig, ebenso einfach usw.)?

Ganz gewiß hat nun keiner von denen, die uns mit einem wahren Platzregen von Symbolen zu überschütten lieben und dazu noch sprachbildnerische Talente durch Erfindung immer neuer Kunstworte für dieselben althergebrachten Dinge bemühen, sich irgend etwas derart vor Augen gestellt[1]). Entschuldigen läßt sich ja vieles inner-

---

[1]) Einer Zusammenstellung des Herrn R. Weitzenböck entnehme ich eine Liste von Ausdrücken, die für ternäre bilineare Formen oder ihre Koeffizientensysteme in Gebrauch genommen worden sind: Tensor 2. Stufe, Affinor, Dyadic, Tensortripel, komplette Dyade, asymmetrischer Tensor, Diatensor, vektorielle Homographie; wozu noch für spezielle Fälle die Namen kommen: Deviator, Antitensor, Axiator, Idemfaktor, Versor, Perversor usw. Das Wort Stufe hat bei Grassmann (1844) und in der gesamten geometrisch-invariantentheoretischen Literatur eine Bedeutung, die man hätte festhalten sollen. Wohin würden wir kommen, wenn jedem das Recht zugestanden werden müßte, sich, unbekümmert um seine Vorgänger, eine eigene Kunstsprache zu ersinnen und namentlich schon vorhandene Worte, ohne erkennbare Motivierung, in ganz neuem Sinne zu gebrauchen? Die vorhandenen Kunstausdrücke sind nicht tabu, aber sie sind auch kein herrenloses Gut!

halb gewisser Grenzen. Aber ein Anspruch auf Beachtung kann durchaus nur sachlich begründet werden. Unkenntnis oder Verständnislosigkeit gegenüber einer ganzen nach Ansicht der Kenner wertvollen Literatur rechtfertigt solchen Anspruch nicht. Zu bedenken ist auch noch dieses, daß eine unbedachte Vervielfältigung der Rechnungssymbole und Kunstausdrücke die Vergleichung der Behauptungen verschiedener Autoren erschweren muß. Die Leistung einer Übersetzungsarbeit, die desto mehr Geduld verlangt, je weniger sie wirklich fördert, wird mancher verweigern, und das Recht dazu kann ihm nicht abgesprochen werden.

Gewisse im Umlauf befindliche Werturteile dürften hiernach kaum aller Berechtigung entbehren. Aber ganz in der Ordnung sind sie wohl auch nicht. Kritik, die nicht nur die Betroffenen verärgern, sondern ihnen und anderen Nutzen bringen soll, muß von einer einleuchtenden Begründung begleitet sein. Summarische Schätzungen schießen oft über das Ziel hinaus und geben nie ein klares Bild, mögen sie nun anerkennend oder abfällig sein. Überhaupt liegt die Kritik in unserer Wissenschaft sehr im Argen. Während die öffentlich geübte Kritik, im großen und ganzen, von Wohlwollen förmlich strotzt, sich durch Namen einschüchtern läßt und nicht einmal gegenüber offenbarer Liederlichkeit Worte findet, werden unter der Hand eine Menge abfälliger Werturteile weitergegeben, und zwar auch von solchen, die zu ihrer Begründung gar nicht imstande sind. Man kann es ja verstehen, warum dieser auch in anderen Wissenschaften fühlbare Übelstand sich gerade in der Mathematik zu großen Dimensionen auswachsen konnte; doch sollten wir mehr Verantwortungsgefühl betätigen, als es leider so oft geschieht.

Was man in der algebraischen Vektorenrechnung gesucht hat, ein dem Stoffe möglichst angemessenes System von Zeichen, war längst da, und in einer viel zweckmäßigeren Gestalt als alles das, was sonst von verschiedenen Seiten vorgeschlagen worden ist[1]). Ich werde mich, mit geringen Änderungen (deren Motivierung man nicht vermissen wird!) der hergebrachten, durch die Sache selbst in allem wesentlichen eindeutig bestimmten Zeichensprache bedienen, die in der älteren Theorie der Invarianten linearer Transformationen ausgebildet worden ist. Eine besondere Vektorensymbolik, die nur zu leicht den Weg ins Freie versperren kann, erscheint mir als überflüssig, wo nicht schädlich. Jene „Welt für sich" wird trotzdem zu ihrem vollen Rechte kommen.

---

[1]) Vgl. S. 97, 101, 257, 258.

Im Falle der gewöhnlichen analytischen Geometrie, die in allerlei Lehrbüchern abgehandelt wird, habe ich schwerer wiegende Einwände zu erheben. Ich denke nicht an die vielen für Anfänger bestimmten Schriften, deren einziger Daseinsgrund die Hoffnung irgend eines Verlegers auf Geldverdienst zu sein scheint. Auch will ich nicht weiter reden von der den Verfassern vielfach ganz unbemerkt untergelaufenen Verquickung der Mathematik mit Gegenständen der Erkenntnistheorie, die der Sache unmöglich zum Vorteil gereichen konnte. Über diese aus der ganz anders gearteten Geometrie der Alten übernommene Methodik habe ich mich an anderem Orte geäußert[1]). Auf das System von Erschleichungen, das aus der Einstellung fast aller Autoren auf das Reelle und „Anschauliche" entspringt und einen bedauerlichen Mangel an logischer Schulung erkennen läßt, soll ebenfalls nur kurz hingewiesen werden. Jedenfalls haben sich diese Schriftsteller nicht klar gemacht, daß eine analytische Geometrie doch vor allen Dingen analytische Geometrie sein soll, und daß sie den Unterbau abgeben muß nicht nur für Mechanik und für die heutige theoretische Physik — wozu sie allenfalls ausreicht —, sondern auch für die modernen Disziplinen der höheren algebraischen und Differentialgeometrie, die das Imaginäre gar nicht entbehren können, und daß überhaupt die Abfassung eines brauchbaren Lehrbuches zur Voraussetzung eine wissenschaftliche Erfahrung hat, die keinesfalls aus den schon vorhandenen Lehrbüchern geschöpft werden kann. Hier habe ich es besonders zu tun mit der Handhabung des Koordinatenapparats. Diesen finde ich meistens viel zu aufdringlich in den Vordergrund gerückt[2]). Der natürliche Zusammenhang der Probleme, ihr Wurzeln in gemeinsamem algebraischem Untergrund, wird dadurch verdeckt; von Fall zu Fall wird, wie aus einem entlegenen Steinbruch, von manchen Autoren herbeigeschleppt, was man an algebraischen Hilfsmitteln nötig zu haben glaubt. Allzuoft wird das Koordinatensystem hin und her geschoben und ohne triftigen Grund spezialisiert; manche Probleme werden auf diese Art un-

---

[1]) In den Schriften „Die realistische Weltansicht und die Lehre vom Raume" (1913), und „Mathematik und Physik" (1923).

[2]) In diesem Punkte bin ich auch mit der „Koordinatengeometrie" von H. Beck nicht einverstanden. Im übrigen hat dieses Werk, von dem zurzeit der erste Band vorliegt (1919), mit dem hier Vorzutragenden allerlei Berührungspunkte; es ist aus demselben Gedankenkreise hervorgegangen. Der erste Wurf konnte wohl nicht ganz gelingen, zumal der Verfasser mit widrigen äußeren Umständen zu kämpfen hatte; eine zweite Auflage wird ohne Zweifel manches bessern.

vermerkt eingeschränkt. Ein sehr berühmter Mathematiker hat diese Methodik sogar als theoretisches Erfordernis hinstellen wollen, ich weiß nicht, ob ganz im Ernste; man soll, wie er sich ausdrückt, „invariant denken", aber nicht „invariant rechnen". In anderen Fällen wird ein zum Teil entgegengesetzter Mißgriff getan: Es wird schon über recht elementare Aufgaben eigentlich nur geredet. Das ist das Elend der idealistischen Denkart, daß sie überall vom Nächstliegenden und Konkreten nichts wissen will. Die Fiktion eines Wesens von ewigem Leben und unbegrenzter Geduld ist nicht ohne Nutzen, aber so beschaffen sind wir nun einmal nicht. Müssen wir uns oft genug mit einem bloßen Kochrezept bescheiden, so sollte das kein Grund sein, da zu verzichten, wo sich besseres leisten läßt. Über die Maßen dürftig ist zum Beispiel, was in allerlei Büchern über die Bestimmung eines Kegelschnittes aus gegebenen Punkten und Tangenten zu lesen steht. Wie soll doch die Lösung eines solchen individuellen algebraischen Problems durch eine nach Schema F auszuführende Rechnungsanweisung ersetzt werden können? Wäre man je nach der eigenen Vorschrift verfahren, so würde man gesehen haben, daß die Sache, in der Nähe betrachtet, ein ganz anderes Gesicht bekommt als es der mathematische Idealist sich träumen läßt.

Doch es mag nun des Kritisierens genug sein!

§ 1.
Grundbegriffe und Zeichen.

Ein System von n geordneten reellen oder (gewöhnlichen) komplexen Zahlen erhält je nach Umständen, nämlich je nach dem Gebrauch, den man davon machen will, verschiedene Namen, z. B. Punkt oder Vektor. Handelt es sich um reelle Zahlen, so heißt das System selbst reell. Es wird zweckmäßig durch ein einziges Zeichen dargestellt; z. B.

$$X = \{X_1, X_2, \ldots, X_n\},$$
$$Y = \{Y_1, Y_2, \ldots, Y_n\}.$$

Ich werde mich hier, mit Rücksicht auf gewisse Anwendungen, zunächst nur der zweiten Terminologie bedienen. Vektoren können in üblicher Weise zu „Summen" zusammengesetzt werden nach der Regel

$$X + Y = \{X_1 + Y_1, X_2 + Y_2, \ldots, X_n + Y_n\};$$

ebenso können sie mit Zahlen (reellen oder gewöhnlichen komplexen Zahlen) „multipliziert" werden nach der Regel

$$c \cdot X = \{cX_1, cX_2, \ldots, cX_n\};$$

z. B. für $c = -1$:

$$-X = \{-X_1, -X_2, \ldots, -X_n\}.$$

Der dem Werte $c = 0$ entsprechende Vektor heißt „der Vektor Null"; er wird im Zusammenhang der zu begründenden Vektorenrechnung nicht durch ein besonderes Zeichen, sondern durch das gewöhnliche Zeichen der Null dargestellt (was nicht zu Mißverständnissen führen wird):

$$0 = \{0, 0, \ldots, 0\}.$$

Es folgt hieraus, daß man jeden Vektor, wie man sagt, „additiv" oder „als lineares Aggregat" anderer Vektoren darstellen kann, z. B. $Z = X + (Z - X)$, und namentlich

$$X = X_1\{1, 0, \ldots, 0\} + X_2\{0, 1, 0, \ldots, 0\} + \cdots + X_n\{0, 0, \ldots, 1\}.$$

§ 1. Grundbegriffe und Zeichen.

Die einzelnen Vektoren auf der rechten Seite einer solchen symbolischen Gleichung heißen **Komponenten** des zerlegten Vektors; bei der zweiten Zerlegung heißen die Zahlen $X_1 \ldots X_n$ **Koordinaten** des Vektors X. Zwischen Komponenten und Koordinaten ist scharf zu unterscheiden (was nicht immer beachtet worden ist). Die Zahl c ist nicht dasselbe wie das System

$$c\{1, 0, \ldots, 0\} = \{c, 0, \ldots, 0\}.$$

Es ist hiernach klar, was eine symbolische Gleichung der Form

$$c_1 X^1 + c_2 X^2 + \cdots + c_m X^m = 0$$

zu bedeuten hat, in der die Zahlen $c_1 \ldots c_m$ konstant und sogenannte Verhältnisgrößen (nicht alle Null) sind, und in der die Zeichen X^k (natürlich nicht Potenzen, was keinen Sinn hätte, sondern) irgend welche Vektoren

$$X^k = \{X_1^{(k)}, X_2^{(k)}, \ldots, X_n^{(k)}\}$$

vertreten: die Vektoren $X^1, X^2, \ldots X^m$ heißen dann **linear-abhängig**; wenn keine solche Gleichung besteht, werden sie **linear-unabhängig** genannt[1]). Die Bedingung dafür, daß m Vektoren $X^1 \ldots X^m$ linear-unabhängig sind, besteht darin, daß die Matrix

$$\left\| \begin{array}{c} X_1^{(1)}, X_2^{(1)}, \ldots, X_n^{(1)} \\ \cdots \cdots \cdots \cdots \cdots \\ X_1^{(m)}, X_2^{(m)}, \ldots, X_n^{(m)} \end{array} \right\|$$

den Rang m hat. Es gibt, bei vorgeschriebenem Werte der Zahl n, nicht mehr als n linear unabhängige Vektoren, und aus je n solchen, z. B. aus den Vektoren $\{1, 0, \ldots, 0\}, \{0, 1, \ldots, 0\}, \ldots, \{0, 0, \ldots, 1\}$ — speziellen sogenannten **Einheitsvektoren**[2]) — können alle Vektoren additiv zusammengesetzt werden. Jedes so benutzte System von n linear unabhängigen Vektoren heißt eine **Basis** der Vektorenmannigfaltigkeit. Vom Inbegriff aller Vektoren sagen wir, er bilde ein **Gebiet** n^{ter} **Stufe**[3]); da die Zahl n beliebig ist, so gibt es unendlich viele solcher Gebiete, entsprechend den Werten $n = 1, 2, \ldots$ Im folgenden wird immer da, wo nicht das Gegenteil bemerkt ist, $n > 2$ angenommen.

Alle Vektoren eines Gebietes n^{ter} Stufe bilden ein „nach dem Unendlichen hin" nicht abgeschlossenes Kontinuum „von $2n$ Dimen-

---

[1]) Wenn sich unter den Vektoren $X^1, X^2, \ldots, X^m$ der Vektor Null befindet, so sind sie hiernach immer linear abhängig.

[2]) Der allgemeine Begriff des Einheitsvektors wird später erklärt.

[3]) Das Wort Stufe wird heutzutage in allerlei Bedeutungen gebraucht. Im Sinne des Textes hat es (1844) H. Grassmann eingeführt; es scheint mir richtig, daß es dabei bleibt.

§ 1. Grundbegriffe und Zeichen.

sionen" oder, wie man (nach dem italienischen Mathematiker C. Segre) besser sagt, „von n komplexen Dimensionen". Darin ist enthalten das nur n-dimensionale Kontinuum der reellen Vektoren, nämlich derer, die ausschließlich reelle Koordinaten $X_1 \ldots X_n$ haben.

Unter den Funktionen, die man aus den Koordinaten eines Vektors oder mehrerer Vektoren bilden kann, sind nun einige, die für Anwendungen eine besondere Bedeutung haben, und denen daher auch besondere Worte und andere Symbole zugeordnet zu werden pflegen. Es ist das zunächst eine bilineare Verbindung der Koordinaten von zwei (nicht notwendig verschiedenen) Vektoren X, Y:

$$X_1 Y_1 + X_2 Y_2 + \cdots + X_n Y_n.$$

Sie wird nach H. Grassmann (1844!) „das innere Produkt", von späteren Autoren auch, im Anschluß an die auf das reelle Gebiet zugeschnittene Terminologie Hamiltons, „skalares Produkt" der Vektoren X, Y genannt. Eine Menge von Zeichen sind dafür vorgeschlagen worden, z. B. $X \cdot Y$, $X \times Y$, $X \mid Y$, $[X \mid Y]$, (XY), daneben natürlich auch das Summenzeichen $\sum X_i Y_i$ und neuerdings sogar $X_i Y_i$ oder ein ähnliches Zeichen, ohne besonderen Hinweis auf die vorzunehmende Summation (!). Ich werde mich von den im Vorwort angegebenen Gründen leiten lassen, kann aber die getroffene Wahl an dieser Stelle noch nicht genügend motivieren. An Stelle des früher von mir vorgeschlagenen und auch hier später wieder zu verwendenden Zeichens (XY) werde ich mich bis auf weiteres des Zeichens $(X \mid Y)$ bedienen, das von dem Grassmannschen Symbol $[X \mid Y]$ nicht sehr verschieden ist[1]).

Wir schreiben also

(1) $$(X \mid Y) = X_1 Y_1 + X_2 Y_2 + \cdots + X_n Y_n;$$

gelesen werden soll „X in Y". Übrigens rechtfertigt sich das Wort Produkt (mit einem Zusatz) daraus, daß $(X \mid Y)$ sich für $n = 1$ auf das gewöhnliche Produkt $X_1 Y_1$ reduziert, und daß die zu seiner Bildung führende „innere Multiplikation" mit der Addition der Vektoren durch das Distributionsgesetz verbunden ist:

$$(X \mid Y + Z) = (X \mid Y) + (X \mid Z).$$

Eine zweite nicht minder wichtige Verbindung der Koordinaten von Vektoren ist das — ebenfalls nach Grassmann — sogenannte äußere Produkt von n Vektoren, das wir durch das Zeichen

---

[1]) Das Zeichen (XY) wird im Falle $n = 2$ zweideutig. (In der zitierten Untersuchung vom Jahre 1897 war $n > 2$ vorausgesetzt worden.)

$(X^1 X^2 \ldots X^n)$ darstellen wollen. Es ist die Determinante aus den Koordinaten der n Vektoren, also

(2) $\qquad (X^1 X^2 \ldots X^n) = |X_1^{(1)} X_2^{(2)} \ldots X_n^{(n)}|.$

Das Determinantenzeichen selbst wird hierfür nicht gebraucht, ebensowenig wie das Zeichen $\sum X_i Y_i$ für $(X|Y)$, weil es meistens nicht nötig und oft sogar unvorteilhaft ist, die einzelnen Koordinaten, aus denen sich eine solche Funktion zusammensetzt, in den Formeln sichtbar zu machen.

Mit diesen beiden Symbolen werden wir vorläufig auskommen. Ihre Bedeutung liegt darin, daß die durch sie bezeichneten Funktionen von 2 oder n Vektoren, Funktionen also von $2n$ oder n^2 gewöhnlichen Argumenten, eine Eigenschaft haben, die man durch das Wort Invarianz bezeichnet. Wir begegnen an dieser Stelle in unserem Zusammenhang zuerst diesem wichtigen Begriff und gehen daher näher auf die Sache ein. Das ist schon darum nötig, weil in der vorhandenen Literatur über gewisse Festsetzungen, terminologische und andere, keine Übereinstimmung herrscht, wir uns aber natürlich für einen eindeutigen Sprachgebrauch werden entscheiden müssen.

Wir wollen mit Hilfe eines auflösbaren Systems linearer Gleichungen dem Vektor X einen anderen $\underline{X}$ zuordnen. Solche Gleichungen schreibt man in üblicher Weise:

(3) $\qquad c_{i1} X_1 + \cdots + c_{in} X_n = \underline{X}_i \quad (i = 1, 2, \ldots, n).$

Gleichbedeutend damit würde die Schreibart

(4) $\qquad X_1 C_{1i} + \cdots + X_n C_{ni} = \underline{X}_i$

sein (wo $c_{in} = C_{ni}$), die in unserem Zusammenhang sich öfter als noch etwas bequemer herausstellen wird, und daher hier gleich Erwähnung finden mag. Insofern man mit Hilfe dieser Gleichungen jedem Vektor X des Gebietes n^{ter} Stufe einen anderen zuordnen kann, also z. B. dem Vektor Y einen Vektor $\underline{Y}$, spricht man von einer Transformation, und zwar von einer linearen Transformation im Kontinuum der Vektoren X. Andere als solche gegenseitig-eindeutige lineare Zuordnungen werden wir überhaupt nicht betrachten.

Der Vektor $\underline{X}$ heißt „der Transformierte" des Vektors X, der hier als gegeben betrachtet wird. Wir schreiben $X \longrightarrow \underline{X}$, oder noch deutlicher $\qquad X S \underline{X}$ [1]).

---

[1]) Diese sehr zweckmäßige Bezeichnung von Transformationen ist von Hermann Wiener vorgeschlagen worden.

§ 1. Grundbegriffe und Zeichen.

„X geht durch die Transformation S — mit der Koeffizientenmatrix (c_{ik}) oder (C_{ki}) — über in $\overline{X}$." Die Transformation S ist also zu unterscheiden von der Zuordnung, die aus einem gegebenen X das zugehörige $\overline{X}$ bestimmt, nämlich von der Zuordnung $\overline{X} \to X$, die die Entgegengesetzte zur Transformation S heißt und der man das Zeichen S^{-1} zuordnen kann:

$$\overline{X} \, S^{-1} X.$$

Ist $\overline{X} = X$ für alle X, also $\overline{X}_i = X_i$, so gilt auch diese Zuordnung, die alle Vektoren in Ruhe läßt, noch als Transformation. Sie heißt die identische oder Einheitstransformation und wird durch das Zeichen E dargestellt. Offenbar hat man dann immer

$$X \, S \, \underline{X} \, S^{-1} X \quad \text{und} \quad X \, S^{-1} \, X \, S \, \underline{X},$$

also auch $Y S^{-1} \underline{Y} S Y$, oder kürzer

$$S \, S^{-1} = E = S^{-1} S.$$

Die einzelne lineare Transformation ist durch das Wertsystem ihrer Koeffizienten, durch die n^2 Parameter c_{ik} oder C_{ki} bestimmt. Diese können im übrigen beliebig, immer aber nur so gewählt werden, daß die Determinante der Koeffizientenmatrix $\|c_{ki}\|$ oder $\|C_{ik}\|$ von Null verschieden ausfällt. Ferner bilden die linearen Transformationen in ihrer Gesamtheit eine Gruppe. Das heißt erstens: Führt man zwei solche Transformationen hintereinander aus, nach dem Schema $X \to \overline{X} \to \overline{\overline{X}}$ oder deutlicher $X S_1 \overline{X} S_2 \overline{\overline{X}}$, so erhält man wieder eine Transformation, die derselben Mannigfaltigkeit, Schar oder Menge von (hier linearen) Transformationen angehört; zweitens gehört die Entgegengesetzte zu einer unserer Transformationen wiederum zu der erklärten Schar von (linearen) Transformationen. Bezeichnen wir die zusammengesetzte Transformation mit S_3, und schreiben wir kurzweg

$$S_1 S_2 = S_3,$$

so werden die Parameter c''_{ik} von S_3 ohne weiteres aus den Parametern c_{ik} und c'_{ik} von S_1 und S_2 berechnet. Sie ergeben sich aus der bekannten Multiplikationsregel quadratischer Matrizen, nach dem Schema

$$\|c'_{ik}\| \cdot \|c_{ik}\| = \|\Sigma_j c'_{ij} c_{jk}\| = \|c''_{ik}\|$$

oder, was dasselbe aussagt, nach dem Schema

$$\|C_{ki}\| \cdot \|C'_{ki}\| = \|\Sigma_j C_{kj} C'_{ji}\| = \|C''_{ki}\|.$$

Hieraus aber folgt die entsprechende Regel für die zugehörigen Transformationsdeterminanten $|S_1| = |c_{ik}| = |C_{ki}|$ usw.:

(5) $\quad |c'_{ik}| \cdot |c_{ik}| = |c''_{ik}|, \quad |C_{ki}| \cdot |C'_{ki}| = |C''_{ki}|.$

§ 1. Grundbegriffe und Zeichen.

Als selbstverständlich kann gelten, daß die erklärten linearen Transformationen (wie eindeutig umkehrbare Transformationen überhaupt) dem sogenannten **Assoziationsgesetz der Multiplikation** folgen; d. h. bedeuten jetzt S_1, S_2, S_3 irgend drei lineare Transformationen, so ist immer

$$(S_1 S_2) S_3 = S_1 (S_2 S_3),$$

so daß man also das einfachere Zeichen $S_1 S_2 S_3$ für diese Zusammensetzung von drei Transformationen gebrauchen darf. Dagegen ist natürlich nicht immer $S_1 S_2 = S_2 S_1$. Ist es im besonderen Falle doch so, so heißen die Transformationen S_1 und S_2 **vertauschbar**. Die identische Transformation ist mit allen anderen Transformationen vertauschbar, $ES = SE = S$, und ebenso jede lineare Transformation mit allen ihren Potenzen $S^2 = SS$ usw., zu denen man auch, als nullte Potenz, die identische rechnen kann, $E = S^0$, und ebenso auch die schon erklärte Transformation S^{-1} mit ihren Potenzen $S^{-2} = S^{-1}S^{-1}, \ldots$, sowie mit S^0, S^1, S^2 usf.

Alles dieses gilt für reelle wie komplexe Transformationen, d. h. es gilt, einerlei, ob man für die Parameter c_{ik} usw. komplexe Werte zulassen oder sie auf reelle Werte einschränken will. Es besteht aber zwischen diesen beiden Fällen, auch abgesehen von der Verschiedenheit der Parameterzahl, ein sehr wesentlicher Unterschied:

Die komplexen linearen Transformationen bilden in ihrer Gesamtheit ein Kontinuum (von „∞^{2n^2}" Dimensionen, oder deutlicher „von ∞^{n^2} komplexen Dimensionen").

Die reellen linearen Transformationen dagegen bilden ein Kontinuum (von ∞^{n^2} Dimensionen) nur dann, wenn die Stufenzahl n ungerade ist.

Im anderen Falle hat man es mit zwei völlig getrennten Scharen oder „Schichten" von Transformationen zu tun, und die Transformationen der einen dieser Schichten, die durch positive Werte der Transformationsdeterminante gekennzeichnet wird, bilden für sich eine Gruppe.

Wir können, um diesen letzten Sachverhalt kurz zu bezeichnen, von einer **geschichteten Gruppe** mit einem Bestand von $2 \cdot \infty^{n^2}$ Transformationen reden[1]).

Eines ausgeführten Beweises bedarf nur die Behauptung, daß bei geradem n und reellen Werten der Koeffizienten c_{ik} nicht mehr als zwei Kontinua von Transformationen vorhanden sind. Wir

---

[1]) Lies Terminus ist „Gemischte Gruppe". Mir scheint der im Text vorgeschlagene Ausdruck bezeichnender zu sein.

§ 1. Grundbegriffe und Zeichen.

werden aber diesen übrigens folgenreichen Satz[1]) weiterhin nicht gebrauchen — so mag es dem Leser überlassen bleiben, sich selber den Beweis zu suchen, der nur die einfachsten Hilfsmittel aus der Determinantentheorie erfordert. Lassen wir ihn als richtig gelten, so haben wir drei Typen von Gruppen gefunden, wovon zwei **kontinuierlich** sind und eine **geschichtet** ist. Zwischen den beiden ersten aber besteht noch der wesentliche Unterschied, daß die eine mit Hilfe von analytischen Abhängigkeiten beschrieben werden kann (Determinante $\neq 0$), die andere nicht (c_{ik} reell, Determinante > 0). Wir bezeichnen daher die erste dieser zwei Gruppen, und nur sie, als eine **analytische Gruppe**[2]).

Wir wenden uns jetzt nochmals zu den Gleichungen (4) und schreiben sie zusammenfassend so:

(6) $$\sum X_i \{C_{i1}, \ldots, C_{in}\} = \{X_1, \ldots, X_n\} = \underline{X}.$$

Nichts hindert dann, den Vektor $\underline{X}$ als den gegebenen anzusehen. Wir haben dann diesen Vektor statt auf die Basis

$$\{1, 0, \ldots, 0\}, \ldots, \{0, 0, \ldots, 1\}$$

auf die in der Regel von ihr verschiedene Basis

$$\{C_{11} \ldots C_{1n}\}, \ldots, \{C_{n1} \ldots C_{nn}\}$$

bezogen. Fällt diese nicht gerade mit der ersten zusammen, ist also nicht immer $X = \underline{X}$, so spricht man von einer **Änderung des Koordinatensystems** (durch lineare Substitution).

Offenbar ist die eine Auffassung der Formeln (4) oder (6) so gut wie die andere, wir dürfen sie beide als gleichwertig gelten lassen. Damit ist jedoch nicht gesagt, daß sie sich überall beide in gleicher Weise empfehlen müßten. Handelt es sich um gewisse Anwendungen, besonders um solche in der theoretischen Physik, so wird man der zweiten Auffassung den Vorzug geben. Vektoren dienen dann zur Bezeichnung physikalisch bedeutungsvoller Größen, und dann ist es sachgemäß, sie ruhen zu lassen und, behufs Auf-

---

[1]) Näheres darüber findet man in einem Aufsatz über die Begriffe Links und Rechts, Archiv der Mathematik und Physik, III. Reihe, **21**, 201 ff. (1913).

[2]) Nach S. Lie heißt sie eine **kontinuierliche Gruppe**. Das scheint mir unlogisch, also ein entschiedener Mißgriff zu sein, wiewohl, soviel ich weiß, diese Terminologie sonst keinen Widerspruch gefunden hat. Die Kontinuität sichert nicht den analytischen Charakter, der doch auch von S. Lie gefordert wird. Niemand denkt jetzt noch daran, als stetige Funktionen nur solche zu bezeichnen, die differentiierbar sind.

§ 1. Grundbegriffe und Zeichen.

findung ihrer vom besonderen Koordinatensystem unabhängigen Eigenschaften, nur ihre Koordinaten zu variieren. So konnte L. Euler die Differentialgleichungen der Bewegung eines starren Körpers vereinfachen, indem er sie auf ein speziell gewähltes, im bewegten Körper, nicht im Raume des (ruhend gedachten) Beobachters befindliches System von Koordinaten, oder also auf eine mit dem Körper fest verbundene Basis bezog, durch Einführung der Hauptträgheitsachsen.

Hier kommt es mir mehr auf die Klarstellung gewisser Grundbegriffe an, und auch auf die Einordnung des Vorzutragenden in die von S. Lie begründete allgemeine Theorie der Transformationsgruppen. Ich werde also in der Regel der ersten Auffassung den Vorzug geben, bei der die Basis

$$\{1, 0, \ldots, 0\} \ldots \{0, 0, \ldots, 1\}$$

ein-für-allemal beibehalten wird — was ja eine andere Deutung der Formeln nicht ausschließt. Einiges Gewicht möchte ich dabei auf den Umstand legen, daß sich in der vorzutragenden Theorie alles im Rahmen der in der Analysis üblich gewordenen Darstellungsformen vollziehen wird. Der Vektor wird definiert durch das System seiner Koordinaten $X_1 \ldots X_n$; er wird nicht etwa nur, wie es in vielen Schriften heißt, durch solche Koordinaten dargestellt. Dazu nämlich müßte er sich auf irgend eine andere Weise (präzise) definieren, also von anderen ebenso definierten Vektoren deutlich unterscheiden lassen. Physikalisch (mit Hilfe von Metermaßen, Uhren usw.) bestimmbare Größen, an die man hier vor allem denken wird, haben indessen diese Eigenschaft nicht: Das einzige wirklich Greifbare am Vektor sind seine (unter Umständen durch unendliche Prozesse erklärten) Koordinaten. Durch Hineintragen eines Fremden und Unbestimmbaren in die Mathematik wird deren Reinlichkeit zerstört.

Hier wollen wir nun noch nicht die Gruppe aller linearen Transformationen betrachten, sondern nur eine Untergruppe von ihr, die die sogenannten orthogonalen Transformationen umfaßt. Diese sind erklärt durch die Forderung, daß die Quadratsumme $(X \mid X) = \Sigma X_i^2$ bei der Transformation der Veränderlichen ihrem Werte nach immer (für alle X) ungeändert bleiben soll. Die Bedingungen hierfür sind zur Genüge bekannt, und es folgt sogleich die noch etwas umfassendere Beziehung $(X \mid Y) = (\underline{X} \mid \underline{Y})$. Die Determinante einer solchen Transformation kann nur einen der Werte ± 1 haben. Ist sie $= 1$, so reden wir von eigentlichen, anderenfalls von uneigentlichen orthogonalen oder uneigentlich-orthogonalen Transformationen.

§ 1. Grundbegriffe und Zeichen. 21

Die orthogonalen Transformationen bilden eine Gruppe γ, η von $2 \cdot \infty^{2 \cdot \frac{n(n-1)}{2}}$ analytischen Transformationen, d. h. eine solche, die aus zwei Schichten mit je $\frac{n(n-1)}{2}$ (sogenannten wesentlichen) komplexen Parametern besteht, und von denen die eigentlichen für sich eine **analytische** Gruppe γ bilden.

Ähnlich bilden die reellen orthogonalen Transformationen eine Gruppe von $2 \cdot \infty^{\frac{n(n-1)}{2}}$ Transformationen, in der jede Schicht kontinuierlich ist, und von denen die eigentlichen eine **kontinuierliche** Gruppe bilden[1]).

Anders ausgedrückt:

Jede der beiden Schichten orthogonaler Transformationen hat einen einzigen „reellen Zug" von $\frac{n(n-1)}{2}$ Dimensionen.

Der diesmal vorliegende Sachverhalt ist schon ziemlich viel verwickelter als im vorigen Falle. Die n^2 Koeffizienten sind jetzt durch eine Menge algebraischer, bei geeigneter Gruppierung auch analytischer, Gleichungen verbunden, und zwar derart, daß gerade $\frac{n(n-1)}{2}$ der Koeffizienten keiner Beschränkung mehr unterliegen. Es gelingt aber nicht, diese Koeffizienten ein für allemal so zu wählen, daß man die übrigen, womöglich gar eindeutig, durch sie ausdrücken könnte. Aus diesem Grunde ist in unserem Satze nur von „wesentlichen" Parametern die Rede, es wird nur die Dimensionenzahl (Zahl komplexer oder reeller Dimensionen) der zwei Transformationenschichten bezeichnet.

Nachzuweisen ist, erstens, daß die orthogonalen Transformationen im reellen wie im komplexen Gebiete nur zwei kontinuierliche Schichten bilden, zweitens, daß die Zahl der Parameter richtig angegeben ist. Beide Behauptungen sind besondere Fälle eines umfassenderen Lehrsatzes, der später entwickelt und begründet werden soll. Für unsere nächsten Überlegungen genügt es, den Unterschied der eigentlichen und uneigentlichen orthogonalen Transforma-

---

[1]) Nicht im Sinne von S. Lie, dessen Kunstsprache hier ein angemessenes Wort fehlt. Siehe die vorige Anmerkung.

tionen terminologisch festgelegt zu haben, der in der Möglichkeit des doppelten Vorzeichens im Gleichungssystem

(7) $$(X \mid Y) = (\underline{X} \mid \underline{Y}),$$
$$(X^1 \ldots X^n) = +(\underline{X^1 \ldots X^n})$$

seinen Ausdruck findet.

Wir bezeichnen die beiden Ausdrücke links als **elementare Invarianten** der Gruppe γ der eigentlichen orthogonalen Transformationen und haben also eine „symmetrische" elementare Invariante von je zwei Vektoren und eine „alternierende" von je n Vektoren gefunden.

Klar ist, daß jede ganze rationale Funktion von irgendwelchen Invarianten dieser beiden Typen ebenfalls die Invarianteneigenschaft gegenüber eigentlichen orthogonalen Transformationen haben muß, d. h. daß sie, gebildet in den transformierten Veränderlichen, immer denselben Wert liefert. Und damit ergibt sich nun ein Problem.

Wir bezeichnen jetzt als **ganze rationale Invariante** irgendwelcher Vektoren, deren Koordinaten voneinander unabhängige Veränderliche sind, **gegenüber der Gruppe** γ, jede ganze rationale Funktion dieser Koordinaten, die nach Ausführung einer beliebigen eigentlichen orthogonalen Transformation ihren Wert reproduziert. Haben wir diese ganzen rationalen Invarianten etwa schon gefunden? Eine Untersuchung hierüber soll unser nächstes Thema bilden.

Zuvor aber soll noch eine terminologische Festsetzung getroffen werden. Es ist schleppend, von einem Vektor $\{X_1 \ldots X_n\}$ immer als von einem System von Zahlen, insbesondere von Veränderlichen zu reden. Der Vektor wird in unsere Untersuchung als Ganzes eingehen: daher ist es sachgemäß, den Vektor, wenn er variiert werden soll, als eine (nach H. Grassmann „extensive") „Veränderliche" zu bezeichnen.

Im Hinblick auf den Zustand eines beträchtlichen Teiles der geometrischen Literatur mögen sich vielleicht einige Leser darüber wundern, daß wir unsere Voraussetzungen so allgemein genommen haben. Genügt nicht die Beschränkung auf Vektoren mit reellen Koordinaten?

Eine erschöpfende Erörterung hierüber würde uns viel zu weit führen. Es mag aber auf folgendes hingewiesen werden. Zu unserem weiteren Programm gehört unter anderem auch die Untersuchung von Gruppen, die durch die Invarianz von Quadratsummen mit teils positiven, teils negativen Koeffizienten definiert sind. Diese Quadratsummen, und ebenso die zugehörigen Gruppen, gehen dann durch ganz einfache Substitutionen ineinander über, wenn man Vektoren mit komplexen Koordinaten zuläßt. Beschränkt man sich aber auf die Betrachtung reeller Vektoren, so tritt an Stelle dieses Zusammenhanges eine bloße Analogie, die dazu noch mehrfach durchbrochen ist. Es ist widersinnig, z. B. sagen zu wollen,

§ 2. Fundamentalsätze.

die quadratische Form $X_1^2 + \cdots + X_n^2$ gehe durch die Substitutionen $X_1 = Y_1$, $X_2 = iY_2$, ..., $X_n = iY_n$ in die quadratische Form $Y_1^2 - Y_2^2 - \cdots - Y_n^2$ über, wenn man es doch nur mit reellwertigen quadratischen Formen zu tun hat.

Die komplexen Größen lassen sich in der Algebra nirgends entbehren, und wenn sie einmal eingeführt werden müssen, so kann es nicht früh genug geschehen.

§ 2.
Die Fundamentalsätze
der Algebra der Vektoren in spezieller Fassung.

Wir untersuchen jetzt ein System von beliebig vielen Vektoren in endlicher Zahl, die wir als unabhängige „Veränderliche" betrachten und, nach Bedürfnis, durch verschiedene Zeichen wie $X, Y, Z, \ldots, X^1 \ldots X^m$ darstellen (§ 1), und wir fragen nach allen ganzen rationalen Funktionen dieser Vektoren (d. h. ihrer Koordinaten), die gegenüber eigentlich-orthogonalen Transformationen die Invarianteneigenschaft haben, die also, bei Ausführung einer solchen Tranformation auf alle Vektoren zugleich, ihre Werte immer reproduzieren.

Diese Frage wird beantwortet durch einige Lehrsätze, die ich mir als Fundamentalsätze der Vektorenrechnung zu bezeichnen erlaube, wiewohl sie meines Wissens nicht in einem einzigen der zahlreichen Lehrbücher über diesen Gegenstand auch nur eine Erwähnung gefunden haben[1]).

Um hier und auch später schleppende Redewendungen zu vermeiden, heiße — wie schon in § 1 — ein für allemal γ die Gruppe der eigentlich-orthogonalen Transformationen eines Gebietes $n$ter Stufe, und γ, η ihre Erweiterung durch die Schar oder Schicht η der uneigentlich-orthogonalen Transformationen desselben Gebietes. Eine erste Behauptung ist dann:

I. **Jede ganze rationale Invariante beliebig vieler Vektoren gegenüber der Gruppe γ ist eine ganze rationale Funktion gewisser „elementarer" Invarianten, nämlich Funktion von Invarianten der beiden Typen**

$$(X \mid Y), \qquad (X_1 X_2 \ldots X_n)[2]).$$

---

[1]) Siehe die in der Einleitung zitierte Arbeit (Leipz. Ber. 1897). Auf die Sätze des Textes und Verwandtes beziehen sich noch zahlreiche Arbeiten von R. Weitzenböck in den Sitzungsberichten der Wiener Akademie.

[2]) Von hier an setze ich da, wo keine Verwechslung zu befürchten ist, die Indizes der zu unterscheidenden Vektoren unten hin, wie ich es aus früheren Arbeiten gewöhnt bin.

§ 2. Die Fundamentalsätze der Algebra der Vektoren

Durch diesen Satz, dessen Begründung weiter unten folgt, wird die aufgeworfene Frage noch nicht vollständig beantwortet. Es kann nämlich sein, daß zwei verschiedene Funktionen von Invarianten der genannten Typen dieselbe Invariante darstellen, oder also, daß eine solche Funktion identisch den Wert Null hat, ohne daß man ihr das gleich anzusehen brauchte. Ein zweiter Lehrsatz handelt daher von Invarianten, die, identisch gleich Null, lediglich eine formale Existenz haben, und also, nachdem sie durch den Lehrsatz I unvermeidlicherweise eingeführt worden sind, hinterher irgendwie wieder beseitigt werden müssen.

II. **Jede ganze rationale Invariante beliebig vieler Vektoren gegenüber der Gruppe γ, die identisch den Wert Null hat, läßt sich, nachdem sie gemäß der Vorschrift I dargestellt ist, mit Hilfe „trivialer" Umformungen als Summe von Gliedern schreiben, deren jedes entweder (mindestens) einen (identisch verschwindenden) Faktor des Typus**

$$A = (X_1 X_2 \ldots X_n) \cdot (X_0 \mid Y) + (-1)^n (X_2 X_3 \ldots X_0) \cdot (X_1 \mid Y)$$
$$+ (X_3 X_4 \cdots X_0 X_1) \cdot (X_2 \mid Y) + \cdots + (-1)^n (X_0 X_1 \cdots X_{n-1}) \cdot (X_n \mid Y)$$

oder (mindestens) einen solchen des Typus

$$B = (X_1 \ldots X_n) \cdot (Y_1 \ldots Y_n) - |(X_1 \mid Y_1) \ldots (X_n \mid Y_n)|$$

hat.

Daß die Ausdrücke der Form B tatsächlich immer den Wert Null haben, sagt der Multiplikationssatz der Determinanten, und ebenso wird das identische Verschwinden von A ohne weiteres als eine einfache Determinantenformel erkannt, die sich übrigens noch auf allerlei andere Arten schreiben läßt; z. B. kann man auch schreiben:

$$(X_1 X_2 \ldots X_n) \cdot (X_0 \mid Y) = (X_0 X_2 \ldots X_n) \cdot (X_1 \mid Y)$$
$$+ (X_1 X_0 \cdots X_n) \cdot (X_2 \mid Y) + \cdots + (X_1 X_2 \cdots X_0) \cdot (X_n \mid Y).$$

Man hat damit die lineare Abhängigkeit, die zwischen je $n+1$ Vektoren besteht, deren n voneinander unabhängig sind, und in der abgekürzten Gestalt derselben Formel

$$(X_1 X_2 \ldots X_n) X = (X X_2 \ldots X_n) X_1$$
$$+ (X_1 X \cdots X_n) X_2 + \cdots + (X_1 X_2 \cdots X) X_n$$

hat man den Ausdruck irgend eines Vektors X durch eine **Basis** von irgendwelchen n linear unabhängigen Vektoren $X_1 \ldots X_n$.

Der Satz II behauptet nun, daß man das identische Verschwinden einer ganzen rationalen Invariante der Gruppe γ immer durch „triviale" Umformungen sichtbar machen kann. **Trivial** aber nennen wir ein Hinzufügen von solchen ganzen rationalen Funktionen der Ausdrücke $(X \mid Y)$ usw., $(X_1 X_2 X_3 \ldots X_n) = -(X_2 X_1 X_3 \ldots X_n)$ usf., die sich auch dann noch gegenseitig zerstören, wenn man eben diese Ausdrücke durch irgendwelche Zahlen ersetzt. Wie das gemeint sein soll, sehen wir am besten an einem Beispiel, in dem wir die „triviale" Umgestaltung einer identisch verschwindenden Invariante wirklich ausführen. Gewiß hat die aus $2(n+1)$ Vektoren abgeleitete Determinante $|(X_0 \mid Y_0) \ldots (X_n \mid Y_n)|$ immer den Wert Null. Sie ist ja ein Produkt von zwei $(n+1)$-reihigen Determinanten, in deren jeder eine Zeile oder Spalte nur Nullen enthält. Eben dasselbe, sagt unser Satz II, muß sich nun, wenn auch auf umständlichere Art, auch so zeigen lassen, daß im Verlaufe der Rechnung die Verbindungen $(X \mid Y)$, $(X_1 \ldots X_n)$ niemals in ihre Bestandteile aufgelöst werden; vorausgesetzt, daß man schon weiß, daß alle Ausdrücke der Form A oder B immer den Wert Null haben. In der Tat ist identisch

$$|(X_0 \mid Y_0) \ldots (X_n \mid Y_n)|$$
$$= (X_0 \mid Y_0) \cdot |(X_1 \mid Y_1) \ldots (X_n \mid Y_n)| - (X_1 \mid Y_0) \cdot |(X_0 \mid Y_1) \ldots (X_n \mid Y_n)|$$
$$+ (X_2 \mid Y_0) \cdot |(X_0 \mid Y_1)(X_1 \mid Y_2) \cdots (X_n \mid Y_n)| - + \cdots,$$
$$= -(X_0 \mid Y_0) \cdot \{(X_1 X_2 \cdots X_n)(Y_1 \cdots Y_n) - |(X_1 \mid Y_1) \cdots (X_n \mid Y_n)|\}$$
$$+ (X_1 \mid Y_0) \cdot \{(X_0 X_2 \cdots X_n)(Y_1 \cdots Y_n) - |(X_0 \mid Y_1) \cdots (X_n \mid Y_n)|\}$$
$$- + \cdot \cdot \cdot \cdot \cdot \cdot \cdot \cdot \cdot \cdot \cdot \cdot \cdot \cdot \cdot \cdot \cdot \cdot \cdot$$
$$+ \{(X_0 \mid Y_0)(X_1 X_2 \ldots X_n) - (X_1 \mid Y_0)(X_0 X_2 \ldots X_n)$$
$$+ (X_2 \mid Y_0)(X_0 X_1 X_3 \cdots X_n) - + \cdots\} \cdot (Y_1 \cdots Y_n)$$
$$= -(X_0 \mid Y_0) \cdot B_0 + (X_1 \mid Y_0) \cdot B_1 - + \cdots + A \cdot (Y_1 \cdots Y_n) = 0.$$

Die Determinante, von der wir ausgegangen sind, ist also schließlich in die Form einer Summe gesetzt worden, in der jedes einzelne Glied einen Faktor der Form A und B hat, und es ist eben dadurch in Evidenz gesetzt, daß jene Determinante identisch gleich Null ist. Dieses aber wurde lediglich dadurch erreicht, daß der Determinante eine ganze rationale Funktion von elementaren Invarianten hinzugefügt wurde, die trivialerweise den Wert Null, die nämlich die Form $F - F$ hat. Es war das, in unserem Beispiel, die Funktion

$$- (X_0 \mid Y_0) \cdot (X_1 X_2 \ldots X_n) \cdot (Y_1 \ldots Y_n)$$
$$+ (X_1 \mid Y_0) \cdot (X_0 X_2 \ldots X_n) \cdot (Y_1 \ldots Y_n)$$
$$- + \cdot \cdot \cdot \cdot \cdot \cdot \cdot \cdot \cdot \cdot \cdot \cdot \cdot \cdot \cdot \cdot \cdot$$
$$+ \{(X_0 \mid Y_0) \cdot (X_1 X_2 \ldots X_n) - (X_1 \mid Y_0)(X_0 X_2 \ldots X_n)$$
$$+ - \cdot \cdot \cdot \cdot \cdot \cdot \cdot \cdot \cdot \cdot \cdot \cdot \} (Y_1 \ldots Y_n),$$

§ 2. Die Fundamentalsätze der Algebra der Vektoren

deren Glieder sich auch dann noch zerstören müssen, wenn die Zeichen $(X_0 | Y_0)$, $\cdots$, $(X_1 X_2 \cdots X_n) = -(X_2 X_1 \cdots X_n) = \cdot\cdot$, $\cdots$ gar nicht Invarianten, sondern irgendwelche Zahlen bedeuten. Die Behauptung unseres Lehrsatzes II ist nun, daß man bei jeder identisch verschwindenden Invariante ganz ebenso zu Werke gehen kann[1]), wobei freilich noch dahinsteht, wie die anzuwendende „triviale" Umformung gefunden werden soll.

Zu bemerken ist noch, daß es sich bei allen Überlegungen dieser Art nur um **allseitig homogene** Invarianten zu handeln braucht, d. h. um solche, die in den Koordinaten jedes einzelnen Vektors denselben Grad haben. Auch in den Anwendungen kommt es gewöhnlich nur auf solche homogene Invariantenbildungen an. Eine homogene Invariante der Gruppe γ, und zwar eine solche, die nicht zugleich auch ganze rationale Invariante der Gruppe γ, η ist, ist z. B. im Falle $n = 4$ der Ausdruck

$$\lambda (X | X') \cdot (Y | Y') + \mu (X X' Y Y'),$$

wenn $\mu \neq 0$ ist.

Aus $B = 0$ folgt noch, daß man im Ausdruck einer (ganzen und rationalen) Invariante der Gruppe γ von alternierenden Invarianten in jedem Gliede höchstens eine zuzulassen braucht, und im Ausdruck einer Invariante der Gruppe γ, η überhaupt nur symmetrische (bilineare) elementare Invarianten. Jede ganze rationale Invariante von γ, die nicht auch ganze rationale Invariante von γ, η ist, erweist sich als Wurzel einer Gleichung zweiten Grades, deren Koeffizienten lediglich von Invarianten des symmetrischen Typus $(X | Y)$ abhängen, die also Invarianten von γ, η sind.

Schließlich stellt sich neben die Sätze I und II noch ein dritter Lehrsatz, der zwar von viel geringerer Bedeutung ist als jene beiden ersten Sätze, aber doch erwähnt werden soll, weil er die Antwort auf eine Frage enthält, die sich nunmehr von selbst aufdrängt, deren Nichtbeantwortung also ein gewisses Gefühl der Beunruhigung zurücklassen müßte:

III. **Jede ganze rationale Invariante beliebig vieler Vektoren gegenüber der Gruppe γ, η, die identisch den Wert Null hat und als Funktion von Invarianten des Typus $(X | Y)$ dargestellt ist, läßt sich mit Hilfe trivialer**

---

[1]) Gelegenheit zur weiteren Einübung solcher Rechnungen wird man in § 8 finden.

Umformungen als Summe von Gliedern schreiben, deren jedes einen identisch verschwindenden Faktor des Typus
$$C = |(X_0 | Y_0)(X_1 | Y_1) \ldots (X_n | Y_n)|$$
enthält.

Nachdem durch das Vorhergehende der Sinn der Sätze II und III klargestellt ist, kann man sie abkürzend auch so ausdrücken:

Jede Identität zwischen elementaren Invarianten der Gruppe γ (oder der Gruppe γ, η) ist eine Folge von Identitäten der Typen $A = 0$, $B = 0$ (oder $C = 0$).

Alle diese Sätze sind nun augenscheinlich richtig im Falle $n = 1$, wo es nur eine einzige eigentlich-orthogonale Transformation $X = \overline{X}$ und eine einzige uneigentlich-orthogonale Transformation $-X = \overline{X}$ gibt. Es wird nämlich dann
$$(X | Y) = XY, \quad (X) = X;$$
A, B, C reduzieren sich auf Ausdrücke der Typen
$$A = X \cdot X'Y - X' \cdot XY,$$
$$B = X \cdot Y - XY,$$
$$C = XY \cdot X'Y' - XY' \cdot X'Y,$$
denen man gleich ansieht, daß sie den Wert Null haben.

Man kann also versuchen, die Lehrsätze I; II, III durch das Verfahren der vollständigen Induktion zu erweisen. Im Falle des Satzes I soll das nunmehr ausgeführt werden.

Es werde, unter der Annahme $n > 1$, $n = m + 1$ gesetzt; die Koordinaten irgend eines Vektors X, die zuvor $X_1 \ldots X_n$ hießen, sollen nun durch die Zeichen X_0, X_1, $\ldots$, X_m dargestellt werden. γ^* sei sodann die Untergruppe von γ, die den Vektor
$$Q = \{1, 0, 0, \ldots, 0\},$$
und folglich alle Koordinaten X_0, Y_0, $\ldots$ in Ruhe läßt, die den Index 0 tragen. Diese Gruppe wird dann alle Funktionen zu ganzen rationalen Invarianten haben, die ganz und rational von X_0, Y_0, $\ldots$ und von Funktionen der Typen
$$[X | Y] = X_1 Y_1 + \cdots + X_m Y_m = (X | Y) - X_0 Y_0,$$
$$[X_1 X_2 \ldots X_m] = (Q X_1 X_2 \ldots X_m) \text{ [1]}$$

---

[1] $[X_1 X_2 \ldots X_m] = \begin{vmatrix} 1 & 0 & & 0 \\ 0 & X_1^{(1)} & \ldots & X_m^{(1)} \\ \vdots & & & \\ 0 & X_1^{(m)} & \ldots & X_m^{(m)} \end{vmatrix} = (Q X^{(1)} \ldots X^{(m)})$,

wofür im Texte bequemer $(Q X_1 \ldots X_m)$ geschrieben ist.

abhängen, wo nun, zur Unterscheidung, links scharfe Klammern statt der runden gesetzt worden sind. Da der zu begründende Satz für den Fall eines Gebietes m^{ter} Stufe als schon bewiesen angenommen werden darf, so hat man in $X_0, Y_0, \ldots, [X \mid Y], \ldots, [X_1 \ldots X_m], \ldots$ bereits alle Typen von „elementaren" Invarianten der vorgelegten Vektoren gegenüber der Gruppe γ^*: Jede beliebige ganze rationale Invariante dieser Gruppe läßt sich aus ihnen rational und ganz zusammensetzen. Da aber jede ganze rationale Invariante von γ selbstverständlicherweise auch eine solche der Untergruppe γ^* von γ ist, so lassen sich die zu suchenden Invarianten von γ ebenfalls so ausdrücken.

Wenn nun das Zeichen $\sqrt{Q \mid Q}$ (in dem, unter der Wurzel, die Klammern weggelassen sind) die Einheit bedeutet, so lassen sich die gefundenen Invarianten auch so schreiben:

$$X_0 = \frac{(Q \mid X)}{\sqrt{Q \mid Q}}, \quad Y_0 = \frac{(Q \mid Y)}{\sqrt{Q \mid Q}} \text{ usw.},$$

$$[X \mid Y] = \frac{(Q \mid Q)(X \mid Y) - (Q \mid X)(Q \mid Y)}{(Q \mid Q)},$$

$$[X_1 \ldots X_m] = \frac{(Q X_1 \ldots X_m)}{\sqrt{Q \mid Q}}.$$

Es lassen sich also alle ganzen und rationalen Invarianten von γ durch die auf den rechten Seiten dieser Gleichungen vorkommenden Funktionen ganz und rational ausdrücken. Diese Ausdrücke behalten aber ihre Bedeutung, wenn man den Vektor Q nunmehr durch irgend einen Vektor R ersetzt, dessen „inneres Quadrat" $(R \mid R)$ von Null verschieden ist: Jeder „Einheitsvektor" der Form $\dfrac{R}{\sqrt{R \mid R}}$ läßt sich ja, durch eigentlich-orthogonale Transformationen, ohne weiteres in jeden anderen überführen[1]), und also läßt er sich auch in unseren Vektor Q überführen, oder dieser in jenen (und übrigens auch jeder reelle Einheitsvektor R durch reelle eigentlich-orthogonale Transformationen in den Vektor Q und umgekehrt). Schreiben wir hinterher wieder Q für R, so haben wir in den gefundenen Ausdrücken nach wie vor eine Form, in die sich jede ganze rationale Invariante von γ setzen läßt; nur ist an Stelle der Gruppe γ^* eine

---

[1]) Der Leser wolle diesen sehr nahe liegenden Hilfssatz zunächst einmal glauben, damit der Gedankengang nicht unterbrochen wird. Wir bringen einen Beweis am Schluß des Paragraphen.

in spezieller Fassung.

andere (nämlich irgend eine „zu ihr konjugierte" oder „mit ihr gleichberechtigte") Untergruppe von γ getreten (die wir hinterher, da wir die ursprüngliche Gruppe γ^* nicht mehr brauchen, ebenfalls γ^* nennen können). Wir denken uns jetzt den gefundenen Ausdruck der zu untersuchenden Invariante $\Im$ von γ auf einen Generalnenner gebracht, so daß nach Multiplikation des Ausdruckes für $\Im$ mit diesem Nenner eine Gleichung der Form

$$\{\sqrt{Q\,|\,Q}\}^k \cdot \Im = \mathfrak{G}_1 + \mathfrak{G}_2 \cdot \sqrt{Q\,|\,Q}$$

entsteht, worin $\mathfrak{G}_1$ und $\mathfrak{G}_2$ beide ganze rationale Funktionen „elementarer" Invarianten von γ^* bedeuten und die gemeinsame Form

$$\mathfrak{G}\{(Q\,|\,Q),\ (Q\,|\,X)\ldots,\ (Q X_1 \ldots X_m),\ \ldots,\ (X\,|\,Y),\ \ldots\}$$

haben. Ist dann $\Im$ nicht etwa identisch gleich Null, was hier vorausgesetzt werden darf, so kann außerdem noch angenommen werden, daß die Funktion $\mathfrak{G}_1$ nicht identisch gleich Null ist, da man ja sonst durch Division einen Faktor $\sqrt{Q\,|\,Q}$ wegschaffen und also $\mathfrak{G}_2$ und $k-1$ an Stelle von $\mathfrak{G}_1$ und k treten lassen könnte. Es darf dann weiter noch angenommen werden, daß die Invariante $\Im$ als Funktion der Koordinaten von X, Y, X_1, X_2, ... lauter rationale Zahlen als Koeffizienten hat, da im entgegengesetzten Falle $\Im$ als Summe von Bestandteilen würde dargestellt werden können, deren jeder einzelne, abgesehen von einem irrationalen Zahlenkoeffizienten, eben jene Eigenschaft hätte und ebenfalls noch eine ganze rationale Invariante von γ sein müßte.

Liegen nun die hiermit bezeichneten Voraussetzungen vor (die, wie gesagt, keine Einschränkung des Problems nach sich ziehen), so läßt sich behaupten, daß die Funktion $\mathfrak{G}_2$ identisch gleich Null und die ganze Zahl k gerade sein muß.

In jedem anderen Falle würde sich nämlich entweder ein Widerspruch gegen die Voraussetzung $\mathfrak{G}_1 \neq 0$ ergeben, oder es würde folgen, daß die Wurzelgröße $\sqrt{Q\,|\,Q}$ sich rational ausdrücken ließe durch die Koordinaten von Q selbst und die Koordinaten der ganz beliebigen Vektoren X, Y, X_1, X_2, ..., was schon im Falle

$$Q = (1, 1, 0, \ldots, 0)$$

unmöglich ist. Die gefundene Gleichung hat also die besondere Form

$$(Q\,|\,Q)^\lambda \cdot \Im = \mathfrak{G}\{(Q\,|\,Q),\ (Q\,|\,X),\ \ldots (Q X_1 \ldots X_m),\ \ldots,\ (X\,|\,Y),\ \ldots\},$$

wo λ eine positive ganze Zahl ist. Ist $\Im$, was ebenfalls vorausgesetzt werden darf, eine allseitig-homogene Funktion der Koordinaten von X, Y usw., so muß die rechte Seite der angeführten Gleichung dieselben Gradzahlen aufweisen, wie die linke; in bezug auf die Koordinaten von Q aber muß $\mathfrak{G}$ dann homogen sein im Grade 2λ. Jetzt braucht man nur noch beiderseits den Differentiationsprozeß

$$\frac{\partial^2}{\partial Q_0^2} + \frac{\partial^2}{\partial Q_1^2} + \cdots + \frac{\partial^2}{\partial Q_m^2}$$

anzuwenden, um eine Gleichung der Form

$$(Q \mid Q)^{\lambda-1} \cdot \mathfrak{J} = \mathfrak{G}^* \{(Q \mid Q), (Q \mid X), \ldots (Q X_1 \ldots X_m), \ldots,$$
$$(X \mid Y), \ldots (X X_1 \ldots X_m), \ldots \}$$

zu erhalten, in der nun unter den Argumenten der neu gebildeten Funktion $\mathfrak{G}^*$ auch die von Q nicht mehr abhängigen Determinanten $(X X_1 \ldots X_m)$ usw. auftreten können. Diese Funktion $\mathfrak{G}^*$ aber behält bei wiederholter Anwendung desselben Differentiationsprozesses ihre allgemeine Form bei, nur daß bei jedem Schritt der Grad ihrer beiden Seiten in bezug auf Q sich um zwei Einheiten erniedrigt. Nach λ-maliger Anwendung dieser Operation erhält man schließlich eine Gleichung der Form

$$\mathfrak{J} = \mathfrak{F}\{(X \mid Y), \ldots, (X X_1 \ldots X_m), \ldots \},$$

in der Q nicht mehr vorkommt und die den behaupteten Lehrsatz darstellt.

Aus dieser Überlegung ergibt sich unter anderem noch, daß die Invariante $\mathfrak{J}$ als Funktion von Invarianten der Typen $(X \mid Y)$, $(X_1 \ldots X_m)$ rationale Koeffizienten haben muß, wenn sie als Funktion der Koordinaten X_k, Y_k usw. rationale Koeffizienten hat.

Auf ähnliche Art lassen sich auch die Sätze II, III begründen, worauf hier nicht weiter eingegangen werden soll. Übrigens sind diese Sätze völlig analog solchen aus der Invariantentheorie der Gruppe aller linearen Transformationen, und so verhält es sich auch mit ihrer Begründung[1]).

Nachzutragen bleibt noch der Beweis eines Hilfssatzes, den wir zuvor (S. 28) benutzt hatten und der in erweiterter Fassung so ausgesprochen werden kann:

„Jeder Einheitsvektor kann in jeden anderen (auf mannigfache Art) durch eigentliche orthogonale Transformationen übergeführt werden."

---

[1]) Siehe des Verfassers Buch „Methoden zur Theorie der ternären Formen" (= T. F.) 1889, II, § 6. Die dort angewendete Schlußweise erstreckt sich, wie unmittelbar ersichtlich ist, auf Gebiete n^{ter} Stufe. Vgl. z. B. noch R. Weitzenböck, Wiener Berichte 1913, S. 379.

Dies läßt sich leicht auf allerlei Weisen begründen. Ich benutze hier eine ganz elementare Überlegung. Es seien P und Q die beiden Einheitsvektoren, oder überhaupt zwei Vektoren, für die $(P|P) = (Q|Q)$ und $\neq 0$ ist. Ist dann auch $(P+Q|P+Q) \neq 0$, so hat man in der Formel

$$\frac{2(X|P+Q)}{(P+Q|P+Q)}(P+Q) - X = \underline{X}$$

eine durch P und Q eindeutig bestimmte spezielle (nämlich involutorische) orthogonale Transformation $X \to \underline{X}$, da $(X|X) = (\underline{X}|\underline{X})$ folgt, und zwar ist das schon eine Transformation, die P in Q (und umgekehrt Q in P) überführt. Ist diese Transformation uneigentlich[1]), so braucht man nur — was immer möglich ist — einen dritten Vektor R einzuführen, so daß $(P|P) = (Q|Q) = (R|R)$ und $(P+R|P+R) \neq 0$, $(Q+R|Q+R) \neq 0$ wird, um durch Zusammensetzung zweier Transformationen des eben beschriebenen Typus eine eigentliche Transformation zu erhalten, die P (auf dem Umwege über R) in Q überführt. Ganz ebenso sieht man, daß in dem Ausnahmefall $(P+Q|P+Q) = 0$, in dem die zuvor angegebene Transformation nicht existiert, die Überführung von P in Q durch eigentlich-orthogonale Transformationen dennoch möglich ist.

Das Beweisverfahren, das die Sätze II und III liefert, enthält auch eine Methode, mit deren Hilfe man entscheiden kann, ob eine vorgelegte ganze rationale Funktion elementarer Invarianten identisch gleich Null ist oder nicht. Eben dasselbe kann man natürlich auch schon durch einfache Ausrechnung erreichen auf Grund des Satzes, daß ein wohlgeordnetes Polynom nur dann identisch den Wert Null haben kann, wenn alle seine Koeffizienten gleich Null sind. Aber rechnerisch brauchbar ist das eine Verfahren so wenig als das andere, und eine Vertiefung unserer theoretischen Einsicht wird durch keines von beiden erzielt.

Man hat nun in gewissen Reihenentwicklungen eine bessere Methode, die in allen Fällen zum Ziele führt. Die Auseinandersetzung dieser Methode würde also, bei einem ganz systematischen Fortschreiten, unsere nächste Aufgabe sein müssen. Indessen ist die Ordnung des Stoffes nach logischen Gesichtspunkten nicht immer auch das didaktisch Empfehlenswerte. Die zuerst sich darbietenden speziellen Aufgaben lassen sich auch so erledigen, daß man den Satz II zur Herstellung einiger kleiner Kunstgriffe ausnutzt, mit denen man auf bequemere Art zum Ziele kommt als mit jenen Reihenentwicklungen. Das Bedürfnis zum Auffahren schwereren Geschützes macht sich stark fühlbar erst bei einem Fortschritt zu verwickelteren Problemen, und so kann bei dem ersten Eindringen in den Stoff davon abgesehen werden.

---

[1]) Dies tritt dann ein, wenn die Stufenzahl n gerade ist.

Ehe wir in unseren allgemeinen Betrachtungen weiter schreiten, soll das Gesagte nun noch durch einige Ausführungen spezielleren Charakters erläutert werden.

§ 3.
Besondere Behandlung des Falles $n = 3$.

Ist die Stufenzahl gleich drei, so kommt dem Rechnen mit Vektoren eine gewisse Geschlossenheit zu, die schon im nächst höheren Falle fehlt. Die Invarianz des Ausdruckes $(X_1 \ldots X_n)$ zeigt nämlich, daß das System der Determinanten der Matrix

$$\begin{pmatrix} X_1^{(1)}, & X_2^{(1)}, & \ldots & X_n^{(1)} \\ - & - & \ldots & - \\ - & - & \ldots & - \\ X_1^{(m)}, & X_2^{(m)}, & \ldots & X_n^{(m)} \end{pmatrix} \quad (1 < m \leqq n)$$

mit dem System der Vektoren $X^1 \ldots X^m$ (oder $X_1 \ldots X_m$) gegenüber Transformationen der Gruppe γ (nicht auch γ, η) invariant verbunden ist, d. h. daß es einerlei sein muß, ob man erst aus $X_1 \ldots X_m$ die transformierten Vektoren $\underline{X}_1 \ldots \underline{X}_m$ ableitet und dann die entsprechende Matrix bildet, oder ob man zuerst die Matrix bildet und dann deren Determinanten der durch die gegebene Transformation bestimmten („induzierten") Transformation unterwirft. Aber nur im Falle $n = 3$, $m = 2$ erhält man auf diese Weise ein System von gerade n Determinanten, die mit den Koordinaten eines neuen Vektors identifiziert werden können.

Ist also $m = 2$ und $n = 3$, so handelt es sich um die Determinanten einer zweireihigen Matrix, die wir so ordnen:

$$Z_1 = X_2 Y_3 - X_3 Y_2, \quad Z_2 = X_3 Y_1 - X_1 Y_3, \quad Z_3 = X_1 Y_2 - Y_2 Y_1.$$

So erhalten wir also aus zwei Vektoren X, Y einen dritten Z, der ihr **vektorielles Produkt** genannt wird[1]). Dieses sogenannte Produkt ist also mit den Vektoren X und Y in dem soeben erklärten Sinne **invariant-verbunden** gegenüber Transformationen der

---

[1]) Gewöhnlich verbindet man mit dem System $\{Z_1, Z_2, Z_3\}$, zunächst wenigstens, nicht den Begriff eines Vektors, sondern den einer „Ausdehnungsgröße zweiter Stufe" oder einer „Plangröße"; das Zeichen dafür bei Grassmann ist $[X Y]$, während der im Texte erklärte Vektor die **Ergänzung** dazu genannt und dem Zeichen $|[X Y]$ zugeordnet wird. Doch ist diese Unterscheidung, die in anderem Zusammenhange allerdings von Bedeutung ist, hier nebensächlich: solange man in der Theorie der Gruppe γ bleibt, würde sie nur die Einheitlichkeit des Ganzen stören.

§ 3. Besondere Behandlung des Falles $n = 3$.

Gruppe γ. Wir ersetzen das angeführte System von drei Definitionsgleichungen durch die eine symbolische Gleichung

(1) $$Z = \widehat{XY}\,{}^1),$$

und bemerken noch, daß man dieselbe Forderung mit Hilfe eines unbestimmt bleibenden Vektors S auch in Form der folgenden Gleichung schreiben kann:

(2) $$(S|Z) = (SXY) \quad \{S\}.$$

Das hinzugefügte Zeichen $\{S\}$ soll bedeuten, daß das Bestehen von (2) verlangt wird für alle S. Umgekehrt kann nach (1) oder (2) jeder Vektor Z in mannigfacher Weise als vektorielles Produkt von zwei Vektoren dargestellt werden. Besteht (1), so ist jede weitere Darstellung derart enthalten in der Formel $Z = \widehat{X^*Y^*}$, wo $X^* = c_{11}X + c_{12}Y$, $Y^* = c_{21}X + c_{22}Y$, $c_{11}c_{22} - c_{12}c_{21} = 1$.

Soll umgekehrt eine Substitution $Z = \widehat{XY}$ in einer der zuvor bestimmten Invarianten gemacht werden, so setzen wir einfach an Stelle des dann ausfallenden Zeichens die nun neu eintretenden. Man muß dann nur Sorge tragen, daß keine Mehrdeutigkeiten entstehen. Zum Beispiel findet sich ohne weiteres, daß die Substitution von

$$Z = \widehat{XY} \quad \text{und} \quad Z' = \widehat{X'Y'}$$

in den Ausdruck $(Z|Z')$ dasselbe Ergebnis hat wie die Substitution $Z = \widehat{XY}$ in $(ZX'Y')$ und die Substitution $Z' = \widehat{X'Y'}$ in (XYZ'). In allen drei Fällen kann man schreiben:

(3) $$(XY|X'Y') = (X|X')(Y|Y') - (X|Y')(Y|X').$$

Ebenso wird man, wenn nun wieder X, Y, Z irgend drei Vektoren sind, schreiben können:

(4) $$(X|YZ) = (YZ|X) = (XYZ).$$

Das in (3) linker Hand vorkommende Zeichen ist nicht unentbehrlich, da es, wie die rechte Seite der Gleichung zeigt, durch eine Verbindung von Zeichen elementarer Invarianten ersetzt werden kann. Da aber gerade diese Verbindung bei Rechnungen häufig vorkommt, so ist es zuweilen bequem, ein besonderes Symbol dafür zu haben. Man hat dann unter anderem zu beachten, daß immer

(5) $$(YZ|XS) + (ZX|YS) + (XY|ZS) = 0$$

---

[1]) Weniger empfehlenswert sind Zeichen wie $\widehat{XY}$ (von mir früher gebraucht) und das von anderen angewendete Zeichen $X \times Y$, besonders im Hinblick auf Verallgemeinerungen ($n > 3$).

Study, Invarianten.

§ 3. Besondere Behandlung des Falles $n = 3$.

ist. Zur Bequemlichkeit setzen wir die Formeln (A) und (B) aus § 2 für den Fall $n = 3$ nochmals her. Man hat

(6a) $\quad (X_1 X_2 X_3)(X_0|Y) - (X_2 X_3 X_0)(X_1|Y)$
$\quad\quad + (X_3 X_0 X_1)(X_2|Y) - (X_0 X_1 X_2)(X_3|Y) = 0,$

oder, was dasselbe sagt,

(6b) $\quad (X_1 X_2 X_3) \cdot X$
$\quad = (X_2 X_3 X) \cdot X_1 + (X_3 X_1 X) \cdot X_2 + (X_1 X_2 X) \cdot X_3.$

Ferner ist

(7) $\quad (XYZ)(X'Y'Z') = |(X|X')(Y|Y')(Z|Z')|.$

Als Beispiel für Rechnungen mit den angeführten Symbolen sei die Formel

(8) $\quad \begin{vmatrix} (XY|X'Y') & (XY|X'Z') \\ (XZ|X'Y') & (XZ|X'Z') \end{vmatrix} = (X|X') \cdot (XYZ) \cdot (X'Y'Z')$

angeführt, die zeigt, daß die Determinante links in drei Faktoren zerlegt werden kann, die ihrerseits ganze rationale Invarianten der Gruppe γ sind; besonders der Spezialfall

(8b) $\quad (XY|XY) \cdot (XZ|XZ) - (XY|XZ)^2 = (X|X) \cdot (XYZ)^2$

dieser Formel ist von vielfältiger Anwendung. Ferner ergibt sich

(9)
$$(XYZ) \cdot (Y'Z'|Y''Z'')$$
$$= \begin{vmatrix} (XY'Z') & (YY'Z') & (ZY'Z') \\ (X|Y'') & (Y|Y'') & (Z|Y'') \\ (X|Z'') & (Y|Z'') & (Z|Z'') \end{vmatrix} = \begin{vmatrix} (XY''Z'') & (YY''Z'')(ZY''Z'') \\ (X|Y') & (Y|Y') & (Z|Y') \\ (X|Z') & (Y|Z') & (Z|Z') \end{vmatrix},$$

und durch Substitution von $\widetilde{XY}$ und $\widetilde{X'Y'}$ an Stelle von X und Y in (XYZ):

(10) $\quad (XY|X'Y'|Z)$
$\quad = (XX'Y)(Y'|Z) - (YX'Y')(X|Z)$
$\quad = (XYY')(X'|Z) - (XYX')(Y'|Z).$

Der nach Analogie von (10) gebildete Ausdruck

(11)
$(XY|X'Y'|X''Y'')$
$= (XX'Y')(YX''Y'') - (YX'Y')(XX''Y'')$
$= \dots\dots\dots\dots\dots\dots\dots$
$= (XY|X'X'')(Y'|Y'') - (XY|Y'X'')(X'|Y'')$
$\quad + (XY|Y'Y'')(X'|X'') - (XY|X'Y'')(Y'|X'')$
$= \dots\dots\dots\dots\dots\dots\dots$

§ 3. Besondere Behandlung des Falles $n = 3$.

ist alternierend in bezug auf die drei Paare von Vektoren XY, $X'Y'$, $X''Y''$ und außerdem in bezug auf die Vektoren eines jeden dieser Paare; d. h. er ändert sein Vorzeichen, wenn man zwei der Paare oder zwei der gepaarten Vektoren vertauscht. Augenscheinlich ist er eine Invariante gegenüber beliebigen linearen Transformationen von der Determinante Eins, denen man die Vektoren $X \ldots Y''$ unterwerfen mag. Dasselbe gilt von dem folgenden Ausdruck, dessen sachgemäße Herleitung der Leser sich selbst suchen möge:

$$(12) \quad \begin{aligned} & (QYZ)(RZX)(PXY) - (RYZ)(PZX)(QXY) \\ &= (XYZ) \cdot \{(RPX)(QYZ) - (QRY)(PZX)\} \\ &= (XYZ) \cdot \{(PQY)(RZX) - (RPZ)(QXY)\} \\ &= (XYZ) \cdot \{(QRZ)(PXY) - (PQX)(RYZ)\}. \end{aligned}$$

Beide Formeln, (11) und (12), werden wir weiterhin zu verwenden haben.

In der Euklidischen Geometrie bildet das Rechnen mit Vektoren einen Ausschnitt aus der von Möbius begründeten und von H. Grassmann weiter ausgebauten **Punktrechnung**. Ich gehe auch auf diesen Gegenstand noch in Kürze ein, aber nur so weit, als nötig ist, um zu zeigen, wie gewisse Unklarheiten, die üblichen Darstellungen anzuhaften pflegen, vermieden werden können.

Es handelt sich um dasselbe Bedenken, auf das schon auf S. 20 hingewiesen worden ist: „Punkte", „Geraden", „Ebenen" usw. werden durch Koordinaten „dargestellt", ohne daß gesagt würde, was ein solches Ding denn eigentlich ist. Wir haben ja, trotz gegenteiliger Versicherung gewisser Philosophen und ungeachtet der nicht abzuleugnenden Sicherheit der Anwendung solcher Begriffe in der Physik, es keineswegs „im Gemüte", was für ein Sinn mit jenen Worten verbunden werden soll, und auf den höheren Schulen lernt man das auch nicht. Außerdem können, wie in der Einleitung ebenfalls schon angedeutet worden ist, Darlegungen nicht genügen, die nur auf das „Reelle" zugeschnitten sind.

Wir betrachten auch hier der Einfachheit halber nur den Fall $n = 3$, der aber in dieser Hinsicht keine Sonderstellung einnimmt, vielmehr als typisch gelten darf.

Ein System von $n + 1$, hier also von vier Zahlen — die wieder nicht gerade reell zu sein brauchen — werde nunmehr, abweichend von der Erklärung in § 1, „Punkt mit Gewicht", kürzer **Massen-**

§ 3. Besondere Behandlung des Falles $n = 3$.

punkt genannt, und wiederum durch ein einheitliches Zeichen dargestellt,

(13) $$x = \{x_0; x_1, x_2, x_3\}.$$

Die erste x_0 der vier Zahlen, der weiterhin eine besondere Bedeutung beigelegt werden wird, heiße Masse (oder Gewicht) des Massenpunktes.

Offenbar kann alles, was in § 1 über die Addition und lineare Abhängigkeit von Vektoren gesagt worden ist, auf den vorliegenden Fall übertragen werden. Nur hat man, um den Anschluß an das Vorhergehende zu erreichen, die Stufenzahl 3 durch 4 (allgemein n durch $n+1$) zu ersetzen. Wir fügen nun aber weitere und von dem Früheren abweichende Erklärungen hinzu.

Abgesehen vom Massenpunkt Null, also vom Massenpunkt $\{0; 0, 0, 0\}$ gehört dann zu jedem Massenpunkt ein bestimmtes System von vier Verhältniszahlen:

(14) $$\{x_0 : x_1 : x_2 : x_3\},$$

das wir Punkt (Punkt schlechthin, ohne Masse oder Gewicht) nennen wollen. Je zwei zum selben „Punkt" gehörige Massenpunkte sind dann linear abhängig; die Gesamtheit aller Punkte aber (nicht auch die der Massenpunkte) bildet ein abgeschlossenes Kontinuum, das als projektives Kontinuum der vierten Stufe, oder als Punktkontinuum von drei komplexen Dimensionen bezeichnet wird. Irgend vier Verhältnisgrößen (14) heißen homogene Koordinaten[1]) des zugehörigen Punktes; ebenso heißen die vier Größen (13) Koordinaten des Massenpunktes, der zu ihnen gehört.

Ist ferner $x_0 \neq 0$, so nennen wir den durch (14) bezeichneten Punkt eigentlich, anderenfalls uneigentlich. Nennen wir Ebene den Inbegriff (die Menge) aller Punkte, deren homogene Koordinaten einer linearen und homogenen Gleichung mit konstanten Koeffizienten genügen, so bilden die uneigentlichen Punkte in ihrer Gesamtheit eine Ebene, die uneigentliche Ebene[2]).

---

[1]) Genauer: „spezielle" homogene Koordinaten. Wir betrachten aber nur solche.

[2]) Der ebenfalls übliche Ausdruck „unendlich ferne Ebene" ist nicht zu empfehlen. Die uneigentlichen Punkte des „absoluten Kegelschnittes", d. h. die durch die Gleichungen $x_0 = 0$, $x_1^2 + x_2^2 + x_3^2 = 0$ gekennzeichneten Punkte, haben nämlich von einem eigentlichen Punkte überhaupt keine bestimmte Entfernung (im Sinne der Euklidischen Geometrie). Worte, die falsche Vorstellungen suggerieren, sollten vermieden werden. Noch schlimmer ist natürlich der „unendlich ferne Kugelkreis" (statt des

§ 3. Besondere Behandlung des Falles $n = 3$.

Handelt es sich nur um eigentliche Punkte, deren Betrachtung in vielen Fällen genügt, so bedeutet es keine Beschränkung, wenn von vornherein $x_0 = 1$ gesetzt wird. Die drei übrigen Koordinaten, oder, wenn man die genannte Festsetzung nicht treffen will, die Quotienten

$$\frac{x_1}{x_0}, \frac{x_2}{x_0}, \frac{x_3}{x_0}$$

heißen dann **Kartesische Koordinaten** des eigentlichen Punktes. Sie bestimmen einen der Annahme $n = 3$ entsprechenden **Vektor**

(15) $$\{X_1, X_2, X_3\} = \left\{\frac{x_1}{x_0}, \frac{x_2}{x_0}, \frac{x_3}{x_0}\right\}.$$

Auf andere Art bestimmt außerdem auch jeder „uneigentliche Massenpunkt"

$$\{0; x_1, x_2, x_3\}$$

einen Vektor

(16) $$\{X_1^*, X_2^*, X_3^*\} = \{x_1, x_2, x_3\}.$$

Alle hiermit beschriebenen Beziehungen bleiben ungestört, wenn die Massenpunkte einer beliebigen **affinen Transformation**[1]) $x \to \underline{x}$, nämlich irgend einer Transformation der Form

(17) $$\begin{gathered} \underline{x}_0 = x_0, \\ c_{k0} x_0 + c_{k1} x_1 + c_{k2} x_2 + c_{k3} x_3 = \underline{x}_k, \\ \{k = 1, 2, 3; |c_{11}\, c_{22}\, c_{33}| \neq 0\} \end{gathered}$$

unterworfen werden; aus eigentlichen und uneigentlichen Massenpunkten gehen durch jede solche Transformation ebensolche hervor, die in denselben linearen Abhängigkeiten stehen wie die gegebenen Punkte: Diese Beziehungen sind **invariant** gegenüber der Gruppe aller affinen Transformationen, deren allgemeine Transformation [bei unbestimmtem n von $n(n+1)$, hier also] von zwölf wesentlichen Parametern c_{ik} abhängt.

Ohne uns bei weiteren Untergruppen der Gruppe (17) aufzuhalten, spezialisieren wir nun die Transformationen (17) sogleich in der

---

absoluten Kegelschnittes). Was ist ein nicht „unendlich ferner" Kugelkreis, und worin unterscheidet sich ein „Kugelkreis" von einem sonstigen Kreise? Eine recht gedankenlose Wortbildung!

[1]) Das Wort **affine Transformation** wird — ohne Zusatz — neuerdings auch zur Bezeichnung der speziellen affinen Transformationen gebraucht, die den Punkt $x_1 = x_2 = x_3 = 0$ in Ruhe lassen. Auch das ist wieder eine Abweichung vom Herkommen, gegen die Einspruch erhoben werden muß.

§ 3. Besondere Behandlung des Falles $n = 3$.

Weise, daß die Gruppe der Euklidischen „Bewegungen" und „Umlegungen" entsteht. Wir fügen zu dem Bisherigen die Forderung, daß Gleichungen der Form (17) den Ausdruck des Entfernungsquadrats $\sum_{1}^{3} \left(\dfrac{y_i}{y_0} - \dfrac{x_i}{x_0} \right)^2$ zweier Punkte x, y ungeändert lassen; wir verlangen mithin, daß die neun — oder n^2 — Parameter c_{k1}, c_{k2}, ... das Koeffizientensystem einer eigentlichen oder uneigentlichen orthogonalen Transformation bilden. Die so erhaltenen speziellen Transformationen bezeichnen wir eben durch die Worte Bewegung und Umlegung. Beide Arten von Transformationen zusammen bilden dann eine Gruppe, deren allgemeine Transformation nur noch von sechs — $\dfrac{n(n+1)}{2}$ — voneinander unabhängigen (sogenannten wesentlichen) Parametern abhängt. Die Lehre von solchen Eigenschaften von Punkten (oder Massenpunkten und „Figuren", d. h. von Systemen, die aus Punkten usw. zusammengesetzt sind — Kurven, Flächen usw.), die nicht zerstört werden durch irgendwelche Euklidische Bewegungen, bezeichnet man als Euklidische Geometrie.

Die durch (15) oder (16) erklärten Vektoren und ebenso alle Vektoren, die man durch Differenzen Kartesischer Punktkoordinaten wie folgt erklären kann:

(18) $\qquad \{X_1, X_2, X_3\} = \left\{ \dfrac{y_1}{y_0} - \dfrac{x_1}{x_0}, \dfrac{y_2}{y_0} - \dfrac{x_2}{x_0}, \dfrac{y_3}{y_0} - \dfrac{x_3}{x_0} \right\}$,

werden nun durch eine „verkürzte" Gruppe von Bewegungen und Umlegungen,

(19) $\qquad \begin{aligned} c_{11} X_1 + c_{12} X_2 + c_{13} X_3 &= \underline{X_1}, \\ c_{21} X_1 + c_{22} X_2 + c_{23} X_3 &= \underline{X_2}, \\ c_{31} X_1 + c_{32} X_2 + c_{33} X_3 &= \underline{X_3}, \end{aligned}$

transformiert, aus deren Transformationsformeln die in der Gruppe aller Bewegungen und Umlegungen vorkommenden Parameter c_{k0} weggefallen sind. So entsteht eben die Gruppe γ, η, von der zuvor die Rede war. Ihre analytische Untergruppe γ bedeutet also nun, nach Ersetzung der Koordinaten von Vektoren X durch Kartesische Koordinaten eigentlicher Punkte x, die Gesamtheit aller Bewegungen (nunmehr „Drehungen"), die den Punkt

$$\{1 : 0 : 0 : 0\}$$

§ 3. Besondere Behandlung des Falles $n = 3$.

in Ruhe lassen, während die zweite Transformationenschicht η durch Zusammensetzung der Transformationen von γ mit der Spiegelung an eben diesem Punkte ($X'_k = -X_k$ oder $x'_k = -x_k$) erhalten wird.

Auf den hier in Kürze (und gewiß etwas fragmentarisch) beschriebenen gruppentheoretischen Tatsachen beruht die Möglichkeit der Anwendung der Vektorenrechnung in der Euklidischen Geometrie.

Zur Erläuterung des Gesagten soll vor allem auseinandergesetzt werden, wie Winkelgrößen in die Geometrie eingeführt werden können, ohne daß man sich auf das „Reelle" festzulegen oder gar mit psychologischen Tatsachen, mit einer mathematisch überhaupt nicht faßbaren sogenannten Raumvorstellung oder Raumanschauung, herumzuschlagen braucht.

Ein Vektor X, sei er nun reell oder nicht, dessen inneres Quadrat nicht Null ist $\{(X|X) \neq 0\}$ — ein „nicht isotroper" Vektor —, wird orientiert durch Entscheidung über den Wert der Wurzelgröße $X_0 = \sqrt{(X|X)} = \sqrt{X|X}$. Ein solcher „orientierter Vektor" ist dann ein neues, von dem gewöhnlichen (nicht orientierten) Vektor wohl zu unterscheidendes Untersuchungsobjekt — eine „Figur"[1]), die nicht, wie der Vektor selbst, ein System von drei Zahlenwerten X_1, X_2, X_3, sondern ein solches von vieren ist (ist!), X_0, X_1, X_2, X_3, zwischen denen eine quadratische Gleichung

$$X_0^2 - X_1^2 - X_2^2 - X_3^2 = 0$$

besteht. Ist die vierte (hier erste) „Koordinate" X_0 des orientierten Vektors von Null verschieden, so entspricht dem orientierten Vektor ein bestimmter Einheitsvektor

$$X^* = \left\{ \frac{X_1}{X_0}, \frac{X_2}{X_0}, \frac{X_3}{X_0} \right\},$$

d. h. ein solcher, dessen Koordinaten X_1^*, X_2^*, X_3^* der Gleichung

$$(X^* | X^*) = 1$$

— der Gleichung der Einheitskugel — genügen.

Zunächst kann man nun die Orthogonalität von zwei orientierten oder nicht orientierten Vektoren X, Y erklären: Wir sagen, X und Y seien zueinander orthogonal oder senkrecht, wenn

$$(X | Y) = 0$$

---

[1]) Ist $(X | X) = 0$, so fallen die Begriffe Vektor und orientierter Vektor zusammen.

§ 3. Besondere Behandlung des Falles $n = 3$.

ist. Liegt ferner die zuvor genannte Voraussetzung vor, ist nämlich

$$(X \mid X) \neq 0, \quad (Y \mid Y) \neq 0,$$

so kann man nunmehr auch den Kosinus einer Winkel genannten transzendenten Funktion Θ_X^Y der Koordinaten der beiden orientierten Vektoren X und Y oder auch der zugehörigen Einheitsvektoren eindeutig erklären durch die Formel

(20) $$\boxed{\cos \Theta_X^Y = \left(\frac{X}{\sqrt{X \mid X}} \Big| \frac{Y}{\sqrt{Y \mid Y}} \right) = \frac{(X \mid Y)}{\sqrt{X \mid X} \sqrt{Y \mid Y}}.}$$

Der Winkel Θ_X^Y selbst ist damit bis auf das Vorzeichen und bis auf ganzzahlige Vielfache von 2π (mod 2π) festgelegt.

Es seien nun X und Y zwei linear unabhängige (und daher immer von Null verschiedene) Vektoren. Dann ist jeder zu ihnen beiden orthogonale, von Null verschiedene Vektor (in dem hier allein betrachteten Falle $n = 3$) ein Vielfaches des Vektors $Z = \widetilde{XY}$. Da — nach Voraussetzung — $(X \mid Z) = 0$, $(Y \mid Z) = 0$ ist, so hat man

$$(XYZ)^2 = (XY \mid XY) \cdot (Z \mid Z).$$

Man kann demnach eine Abhängigkeit zwischen zwei Wurzelgrößen erklären durch die Formel

(21) $$\boxed{\sqrt{XY \mid XY} \cdot \sqrt{Z \mid Z} = (XYZ)}.$$

Nunmehr wird, wenn $(Z \mid Z) \neq 0$ ist, durch Orientierung von Z auch der Sinus der Winkelgröße Θ_X^Y eindeutig erklärt:

(22) $$\boxed{\sin \Theta_X^Y = \frac{(XYZ)}{\sqrt{X \mid X} \sqrt{Y \mid Y} \sqrt{Z \mid Z}}}\ [1].$$

Durch (20) und (22) zusammen ist der Winkel Θ_X^Y bis auf Vielfache von 2π festgelegt [2].

---

[1] Ist $(Z \mid Z) = 0$, so wird die Formel (22) unbrauchbar. Es ist aber dann $(XY \mid XY) = 0$, und also nach Nr. (20) $\cos \Theta_X^Y = \pm 1$, also $\sin \Theta_X^Y = 0$.

[2] So einfach diese Dinge sind, so viel Verkehrtes findet man darüber in der Literatur. Die doch unerläßliche Definitionsgleichung (21) pflegt zu fehlen, die Formel (22) fehlt dann ebenfalls, und die wichtige Folgerung (23) wird anscheinend aus (20) allein abgeleitet, d. h. sie wird erschlichen. Dazu kommt noch die Art, in der von ungenügend geschulten Schriftstellern mit der Anschauung gearbeitet wird.

§ 3. Besondere Behandlung des Falles $n = 3$.

Es folgt dann noch, daß für drei zu dem Vektor Z orthogonale und auf bestimmte Art orientierte Vektoren X, X', X'' — die den Bedingungen $(X \mid X) \neq 0$ usw. genügen — immer

(23) $\qquad \Theta_{X'}^{X''} + \Theta_{X''}^{X} + \Theta_{X}^{X'} \equiv 0 \quad \{\text{mod } 2\pi\}$

ist. Der Leser möge sich durch ausschließliches Rechnen mit orthogonalen Invarianten von Vektoren deutlich machen, auf welchen Tatsachen der Algebra diese viel benutzte Kongruenz beruht. Ferner wolle er, mit dem gleichen Hilfsmittel, zu beweisen suchen, daß der kürzeste Weg (oder die kürzesten Wege) zwischen zwei reellen Punkten einer reellen Kugel immer auf einem Hauptkreis enthalten ist (oder auf Hauptkreisen enthalten sind); oder besser, er möge die noch etwas mehr aussagende Behauptung erweisen:

„Werden die Winkel zwischen drei von Null verschiedenen reellen Vektoren X, Y, Z so bestimmt, daß

$$0 \leq \Theta_Y^Z, \; \Theta_Z^X, \; \Theta_X^Y \leq \pi$$

ausfällt, so ist immer

(24) $\qquad \begin{aligned} 2\pi - \Theta_Y^Z - \Theta_Z^X - \Theta_X^Y &\geq 0, \\ -\Theta_Y^Z + \Theta_Z^X + \Theta_X^Y &\geq 0, \\ \Theta_Y^Z - \Theta_Z^X + \Theta_X^Y &\geq 0, \\ \Theta_Y^Z + \Theta_Z^X - \Theta_X^Y &\geq 0; \end{aligned}$

und zwar kann in keiner dieser Ungleichungen das Gleichheitszeichen eintreten, es sei denn, daß zwischen den drei Vektoren mindestens eine lineare Abhängigkeit besteht." Man zeige also, daß im Falle eines Gleichheitszeichens immer $(XYZ) = 0$ sein muß[1]).

Die durch die Formel (22) eingeführte Sinusfunktion ist ein Spezialfall einer durch v. Standt eingeführten Funktion, die von irgend drei an die Einschränkung $(X \mid X) \neq 0$, $(Y \mid Y) \neq 0$, $(Z \mid Z) \neq 0$ gebundenen Vektoren X, Y, Z abhängt, und von ihm als „Sinus einer körperlichen Ecke" bezeichnet worden ist. Wir erklären sie durch die Definitionsgleichung

(25) $\qquad \boxed{Sin(X, Y, Z) = \dfrac{(XYZ)}{\sqrt{X \mid X}\, \sqrt{Y \mid Y}\, \sqrt{Z \mid Z}}}$,

und bezeichnen sie als „Sinus" des geordneten Tripels der orientierten Vektoren X, Y, Z oder der entsprechenden Einheitsvektoren.

---

[1]) Vgl. Math. Ann. **60**, 329, 333, 1905, wo ein umfassenderer Lehrsatz auf ähnliche Art bewiesen wird, und Amer. Journ. of Math. **19**, 101 ff., 1906.

§ 3 Besondere Behandlung des Falles $n = 3$.

Führen wir das hiermit erklärte neue Zeichen ein, so nehmen die Gleichungen (6) und (7) in dem besonderen Falle, in dem die Einführung zulässig ist, die folgende Gestalt an:

(26) $\quad Sin(X_1, X_2, X_3) \cdot cos\,\Theta_{X_0}^Y - Sin(X_2, X_3, X_0) \cdot cos\,\Theta_{X_1}^Y$
$\quad\quad + Sin(X_3, X_0, X_1) \cdot cos\,\Theta_{X_2}^Y - Sin(X_0, X_1, X_2) \cdot cos\,\Theta_{X_3}^Y = 0,$

(27) $\quad Sin(X, Y, Z) \cdot Sin(X', Y', Z')$
$\quad\quad - |\,cos\,\Theta_X^{X'}\; cos\,\Theta_Y^{Y'}\; cos\,\Theta_Z^{Z'}\,| = 0.$

In vielen Fällen können diese Formeln die umfassenderen identischen Gleichungen (6) und (7) vertreten, besonders immer dann, wenn es sich um Eigenschaften **reeller Vektoren** handelt. So stecken in ihnen schon so ziemlich die gesamten Formeln der sphärischen Polygonometrie, wie im nächsten Paragraphen es noch im Falle der Trigonometrie ausgeführt werden soll. In unseren Grundgleichungen (6) und (7) selbst aber haben wir die Grundlage der sphärischen Geometrie überhaupt, deren Formeln alle, **ohne Ausnahme,** als wenn auch entlegene Folgerungen aus diesen zwei Formeln allein werden dargestellt werden können.

Ehe wir auf Einzelheiten eingehen, ist noch eine weitere grundsätzliche Bemerkung zu machen. Offenbar verdienen auch noch, unter anderen, die in den letzten Überlegungen eingeführten Wurzel- und Winkelgrößen die Bezeichnung durch das Wort Invarianten: Nichts hindert uns, festzusetzen, daß bei Ausführung einer beliebigen eigentlichen orthogonalen Transformation alle diese Größen ihre Werte behalten sollen, festzusetzen also, daß die anzuwendenden Transformationsgleichungen, die die Gleichungen $(X|X) = (X|X)$ usw. zur Folge haben, auch noch die entsprechenden Gleichungen

(28) $\quad \sqrt{X|X} = \sqrt{X|X},\quad \sqrt{XY|XY} = \sqrt{XY|XY}$

nach sich ziehen sollen. Wir sprechen also auch in diesen Fällen noch von Invarianten der Gruppe γ, und zwar von (ganzen) algebraischen Invarianten dieser Gruppe. Die durch Bildung gewisser Quotienten entstandenen Funktionen

$$cos\,\Theta_X^Y,\; sin\,\Theta_X^Y,\; Sin(X, Y, Z)$$

werden dann ebenfalls noch als (gebrochene, d. h. nicht „ganze") algebraische Invarianten der Gruppe γ zu bezeichnen sein, die Funktionen Θ_X^Y selbst aber als transzendente Invarianten[1]).

---

[1]) Vgl. M. T. F., § 1 bis 4. Das dort Gesagte bezieht sich auf eine andere Gruppe, man wird aber ohne weiteres sehen, wie im vorliegenden Falle der allgemeine Begriff der algebraischen und transzendenten Invarianten zu gestalten ist.

§ 3. Besondere Behandlung des Falles $n = 3$.

Zu beachten ist hierbei, daß infolge des Verhaltens der Invarianten vom Typus (XYZ) und der Definitionsgleichung (21) die Bestimmungen (28) nur zur Hälfte auf den Fall ausgedehnt werden können, in dem die betrachteten Vektoren uneigentlichen orthogonalen Transformationen unterworfen werden sollen: Wir haben dann zu erklären, daß

(29) $\quad \sqrt{X \mid X} = \sqrt{\underline{X} \mid \underline{X}}, \quad \sqrt{XY \mid XY} = -\sqrt{\underline{XY} \mid \underline{XY}}$

sein soll. Die zweite Wurzelgröße hat dann also gegenüber Transformationen der Schar η die Invarianteneigenschaft nicht, und ebensowenig haben sie die Funktionen

$$\sin \Theta_X^Y, \; Sin(X, Y, Z), \; \Theta_X^Y.$$

Wir sprechen in diesem Falle, einem üblich gewordenen Sprachgebrauch folgend, von relativen Invarianten [im Gegensatz zu den zuvor betrachteten Invarianten, die dann absolute Invarianten heißen[1])]. Die zuletzt genannten Größen sind also „relative Invarianten" der Gruppe γ, η, aber absolute Invarianten (Invarianten schlechthin) der Gruppe γ.

Der Leser wird sich ohne weiteres deutlich machen, daß durch die Bestimmungen (28) und (29) unter umfassenderen Voraussetzungen eben das erreicht wird, was man in der — mit Hilfe der „Raumanschauung" beschriebenen — Elementargeometrie dadurch zu bewirken pflegt, daß man für die Punkte einer Kugelfläche einen sogenannten Umlaufssinn festsetzt. Dieser Umlaufssinn bestimmt ja das Vorzeichen gewisser Winkelgrößen und deren Verhalten gegenüber eigentlichen und uneigentlichen orthogonalen Transformationen genau in der Weise, wie wir es hier festgesetzt haben.

Wie schon angedeutet, unterliegt das übliche Verfahren dem Einwande, daß es von der logischen Struktur des genannten geometrischen Systems eine falsche Vorstellung gibt, insofern es Überflüssiges zum Beweise heranzieht, während wesentliche Tatsachen unter der Bildfläche und damit für die meisten auch unter der Schwelle des Bewußtwerdens gehalten werden. Hierin liegt schon meine Antwort auf eine Kritik, die vermutlich so mancher gegenüber dem Vorgetragenen in Bereitschaft haben wird. Es ist gewiß wahr, alles das gehört zum ABC und sollte heutzutage längst als selbstverständlich gelten dürfen. Je näher indessen der zu behandelnde Stoff an den Wurzeln der Wissenschaft liegt, und je leichter eine sachgemäße Darstellung zu finden ist, um so weniger ist es angebracht, auf sie

---

[1]) Diese Termini sind nicht ganz logisch gebildet, insofern sie anzudeuten scheinen, daß es sich in beiden Fällen um eine besondere Art von „Invarianten" handeln soll.

zu verzichten, desto größer ist der Schaden, den Oberflächlichkeit in unkritischen Köpfen anrichten kann (deren es ja auch unter Mathematikern eine Menge gibt).

Eine erschöpfende Parameterdarstellung der Gruppe der Euklidischen Bewegungen und Umlegungen nebst geeigneten Rechnungsmethoden (die sehr viel einfacher sind als das Operieren mit den überzähligen Parametern c_{ik}) liefern die sogenannten Biquaternionen: Math. Ann. 39, 1891 und Ber. d. Berl. Math. Ges. 1913 (Kinematik). Vgl. auch Journal de Mathématiques (6. Ser.) 7, 97, 1911 (Differentialgleichungen der Bewegung eines starren Körpers).

Die Umgestaltung dieser Formeln im Sinne der Invariantentheorie ist ein weiteres Problem. Wir kommen darauf noch zurück.

§ 4.
Fortsetzung: Sphärische Trigonometrie.

In der sphärischen Trigonometrie, die ursprünglich zu praktischen Zwecken entwickelt worden ist (solchen der Astronomie und Geodäsie), handelt es sich um ein System von sechs Zahlen, den „Seiten und Winkeln eines sphärischen Dreiecks", die sämtlich reell und zwischen den Grenzen 0 und π enthalten sind. Zwischen diesen Zahlen bestehen mannigfaltige Gleichungen, transzendenter Natur, unter denen aber nur drei voneinander unabhängig sind, so daß man aus dreien der genannten Stücke die übrigen, wenn auch nicht immer eindeutig, berechnen kann. Dieses eben ist die Hauptaufgabe der sphärischen Trigonometrie. Die Formeln aber, deren man sich zur Lösung bedient, sind keineswegs an jene engen Voraussetzungen gebunden, namentlich auch nicht an die Annahme der Realität der zu untersuchenden Figuren, und also auch nicht an die Möglichkeit, sie durch Zeichnungen anschaulich zu machen. Vielmehr ist es klar, daß es sich hier um Tatsachen der Analysis handeln muß, die sich im Rahmen des Verfahrens der analytischen Geometrie so müssen darstellen lassen, daß man von vornherein eine Einsicht in ihren wirklichen Gültigkeitsbereich und auch in die logische Struktur des ganzen Formelsystems erhält. Hier soll gezeigt werden, daß unsere Identitäten A und B zwischen orthogonalen Invarianten für diesen Zweck vollkommen ausreichen; daß man also keinen Vorteil davon hat, weitere Hilfsmittel, besonders auch nicht einzeln hingeschriebene Koordinaten, in Erscheinung treten zu lassen. Später wird sich dann finden, daß eben durch diese Beschränkung in der Wahl der Hilfsmittel von selbst schon eine noch umfassendere Aufgabe gelöst ist, in der an Stelle der quadratischen Form $(X \mid X)$

§ 4. Sphärische Trigonometrie.   45

$= X_1{}^2 + X_2{}^2 + X_3{}^2$ irgend eine nicht-singuläre quadratische Form von drei Veränderlichen tritt.

Wir verstehen unter λ, μ, ν die Zahlen 1, 2, 3 in irgend einer der Anordnungen (1, 2, 3), (2, 3, 1), (3, 1, 2).

Es seien nun gegeben drei Vektoren Y_1, Y_2, Y_3, die **nicht notwendig reell**, aber linear-unabhängig und außerdem so beschaffen sind, daß

$$(Y_\lambda \mid Y_\lambda) \neq 0. \quad (Y_\mu Y_\nu \mid Y_\mu Y_\nu) \neq 0$$

ausfällt. (Hierdurch werden Grenzfälle ausgeschlossen, die sich übrigens, um den Preis einer umständlicheren Darlegung, ebenfalls in die Betrachtung würden einbeziehen lassen.) Zu je zweien der drei Vektoren sind dann andere Vektoren orthogonal, darunter solche, die wir vermöge der Gleichungen

(1) $$(Z_\lambda U) = \frac{(Y_\mu Y_\nu U)}{(Y_1 Y_2 Y_3)}$$

eindeutig bestimmen können. Diese drei Vektoren stehen dann zu den Vektoren Y_1, Y_2, Y_3 in einem vollkommenen Reziprozitätsverhältnis. Es findet sich nämlich sofort $(Y_\lambda \mid Z_\lambda) = 1$ und

(2) $$(Y_1 Y_2 Y_3)(Z_1 Z_2 Z_3) = 1,$$

so daß

(3) $$(Y_\lambda U) = \frac{(Z_\mu Z_\nu U)}{(Z_1 Z_2 Z_3)}$$

wird.

Wir orientieren nun alle sechs Vektoren durch beliebige aber bestimmte Verfügung über die Wurzelwerte

$$\sqrt{(Y_\lambda \mid Y_\lambda)} = \sqrt{Y_\lambda \mid Y_\lambda}, \quad \sqrt{(Z_\lambda \mid Z_\lambda)} = \sqrt{Z_\lambda \mid Z_\lambda},$$

und leiten von ihnen sechs **Einheitsvektoren**

$$\frac{Y_\lambda}{\sqrt{Y_\lambda \mid Y_\lambda}}, \quad \frac{Z_\lambda}{\sqrt{Z_\lambda \mid Z_\lambda}}$$

ab, solche nämlich, die der Gleichung der **Einheitskugel** $(X \mid X) = 1$ genügen. Dann lassen sich, nach § 3, sechs Winkelgrößen a_1, a_2, a_3 und $\alpha_1, \alpha_2, \alpha_3$, bis auf ganzzahlige Vielfache von 2π genau, durch die Gleichungen

(4) $$\cos a_\lambda = \frac{(Y_\mu \mid Y_\nu)}{\sqrt{Y_\mu \mid Y_\mu} \sqrt{Y_\nu \mid Y_\nu}}, \quad \sin a_\lambda = \frac{(Z_\lambda Y_\mu Y_\nu)}{\sqrt{Z_\lambda \mid Z_\lambda} \sqrt{Y_\mu \mid Y_\mu} \sqrt{Y_\nu \mid Y_\nu}}$$

$$\cos \alpha_\lambda = \frac{(Z_\mu \mid Z_\nu)}{\sqrt{Z_\mu \mid Z_\mu} \sqrt{Z_\nu \mid Z_\nu}}, \quad \sin \alpha_\lambda = \frac{(Y_\lambda Z_\mu Z_\nu)}{\sqrt{Y_\lambda \mid Y_\lambda} \sqrt{Z_\mu \mid Z_\mu} \sqrt{Z_\nu \mid Z_\nu}}$$

§ 4. Sphärische Trigonometrie.

erklären, wobei man noch z. B. die Invariante $(Z_\lambda Y_\mu Y_\nu)$ durch den ihr gleichen Ausdruck $(Y_1 Y_2 Y_3) \cdot (Z_\lambda | Z_\lambda)$ ersetzen kann. Hiermit sind sechs Winkelgrößen definiert, die wir als „Seiten" und „Winkel" (eigentlich Maßzahlen der Seiten und Winkel) des „sphärischen Dreiecks" Y_1, Y_2, Y_3 oder als Winkel und Seiten des Dreiecks Z_1, Z_2, Z_3 bezeichnen dürfen[1].

Ganz unmittelbar erhält man jetzt schon die Grundformeln der sphärischen Trigonometrie, nämlich die Gleichungen des sogenannten Kosinus- und Sinussatzes:

(5)
$$\cos a_\lambda = \cos a_\mu \cdot \cos a_\nu - \sin a_\mu \cdot \sin a_\nu \cdot \cos \alpha_\lambda,$$
$$\cos \alpha_\lambda = \cos \alpha_\mu \cdot \cos \alpha_\nu - \sin \alpha_\mu \cdot \sin \alpha_\nu \cdot \cos a_\lambda.$$

(6) $$\frac{\sin a_1}{\sin \alpha_1} = \frac{\sin a_2}{\sin \alpha_2} = \frac{\sin a_3}{\sin \alpha_3} = \frac{[Y_1 Y_2 Y_3]}{[Z_1 Z_2 Z_3]},$$

wo

(7)
$$[Y_1 Y_2 Y_3] = \sin a_\mu \cdot \sin a_\nu \cdot \sin \alpha_\lambda = \frac{(Y_1 Y_2 Y_3)}{\sqrt{Y_1 | Y_1} \sqrt{Y_2 | Y_2} \sqrt{Y_3 | Y_3}},$$
$$[Z_1 Z_2 Z_3] = \sin \alpha_\mu \cdot \sin \alpha_\nu \cdot \sin a_\lambda = \frac{(Z_1 Z_2 Z_3)}{\sqrt{Z_1 | Z_1} \sqrt{Z_2 | Z_2} \sqrt{Z_3 | Z_3}}$$

die sogenannten Sinus der zwei Dreiecke Y_1, Y_2, Y_3 und Z_1, Z_2, Z_3 bezeichnen, deren jeder mithin hier auf drei Arten als Produkt von drei gewöhnlichen Sinusfunktionen erscheint. (Vgl. S. 41, Nr. 25.)

Mit den Eliminationsergebnissen (5) und (6), ja schon mit den Formeln (5) allein, könnten wir nun unsere Untersuchung bereits als beendet erklären; denn aus den Formeln des Kosinussatzes lassen sich, wie schon Lagrange erkannt hat, alle weiteren in Gebrauch befindlichen Abhängigkeiten zwischen den Winkelgrößen a_1, a_2, a_3 und α_1, α_2, α_3 entwickeln[2]. Indessen zeigt sich (was Lagrange noch nicht wußte), daß diese weitere Entwicklung, wenn sie allein auf Grund der Formeln (5) ausgeführt wird, nicht ganz eindeutig ist; und es hat doch wohl noch Interesse, zuzusehen, zu welchen algebraischen Tatsachen die dann noch mögliche Spaltung der trigonometrischen Formeln in mehrere, nämlich zwei (analytisch) getrennte Formelsysteme in Beziehung steht.

---

[1] In Elementarbüchern heißen die Maßzahlen α_1, α_2, α_3 nicht Winkel, sondern Außenwinkel des Dreiecks X_1, X_2, X_3. Winkel werden dann die Zahlen $\pi - \alpha_1$, $\pi - \alpha_2$, $\pi - \alpha_3$ genannt.

[2] Siehe des Verfassers Schrift: Sphärische Trigonometrie, orthogonale Substitutionen und elliptische Funktionen („Trig."). Abh. d. Sächs. Ges. d. Wissensch. **20**, Nr. 2, 1893; auch W. Jakobsthal in der Enzyklopädie der Elementarmathematik **2**, 1905, 6. Abschnitt.

§ 4. Sphärische Trigonometrie.

Die eben genannte Spaltung ergibt sich aus der Tatsache, daß bei Übergang von den Formeln (5), (6) zu den Delambreschen Gleichungen das eine oder andere von zwei Systemen von je zwölf Gleichungen gefunden wird[1]):

(8)
$$\frac{\sin\frac{a_\mu + a_\nu}{2}}{\sin\frac{a_\lambda}{2}} = + \frac{\cos\frac{\alpha_\mu - \alpha_\nu}{2}}{\cos\frac{\alpha_\lambda}{2}}, \quad \frac{\sin\frac{a_\mu - a_\nu}{2}}{\sin\frac{a_\lambda}{2}} = + \frac{\sin\frac{\alpha_\mu - \alpha_\nu}{2}}{\sin\frac{\alpha_\lambda}{2}}$$

$$\frac{\cos\frac{a_\mu + a_\nu}{2}}{\cos\frac{a_\lambda}{2}} = \mp \frac{\cos\frac{\alpha_\mu + \alpha_\nu}{2}}{\cos\frac{\alpha_\lambda}{2}}, \quad \frac{\cos\frac{a_\mu - a_\nu}{2}}{\cos\frac{a_\lambda}{2}} = + \frac{\sin\frac{\alpha_\mu + \alpha_\nu}{2}}{\sin\frac{\alpha_\lambda}{2}}.$$

Es werden hiernach, innerhalb des zuvor bezeichneten Spielraumes der Winkelgrößen a_λ, α_λ, zweierlei sphärische Dreiecke, Dreiecke „erster" und „zweiter" Art, zu unterscheiden sein, von denen für die ersten in allen zwölf Formeln (8) die oberen Vorzeichen und für die zweiten die unteren gelten. Von den ersten kommt man zu den zweiten, und umgekehrt, z. B. durch die Substitutionen $a_1' = a_1 + 2\pi$, $a_2' = a_2$, $a_3' = a_3$, $\alpha_1' = \alpha_1$, $\alpha_2' = \alpha_2$, $\alpha_3' = \alpha_3$. Entsprechend gibt es auch zwei Familien von Formeln in der sphärischen Trigonometrie: Solche, die — wie der Kosinus- und Sinussatz — für beide Arten von Dreiecken zugleich gelten, und solche, die nur für Dreiecke erster Art oder nur für Dreiecke zweiter Art richtig sind[2]). Offenbar bedeutet es keine wesentliche Beschränkung, wenn weiterhin nur noch die Dreiecke erster Art untersucht werden.

---

[1]) Trig. S. 124 u. ff. Bei Beschränkung der Untersuchung auf reelle Dreiecke mit Seiten und Winkeln zwischen 0 und π gelten die oberen Vorzeichen. Bei Gauß heißt es in der Theoria Motus, Nr. 54: „Quodsi quidem idea Trianguli sphaerici in maxima generalitate concipitur, ut nec latera nec anguli ullis limitibus restringantur, casus existere possunt, ubi in cunctis aequationibus praecedentibus signum mutare oportet".

[2]) Es gilt noch der weitere Satz, daß jede der beiden Mannigfaltigkeiten (Mengen) sphärischer Dreiecke ein Kontinuum bildet, daß also nicht mehr als zwei Familien von Formeln der sphärischen Trigonometrie zu unterscheiden sind. Die Richtigkeit des in der genannten Schrift (Trig.) geführten Beweises dieser Behauptung ist zu Unrecht bezweifelt worden. Vgl. Ber. der Sächs. Akad. (Math.-phys. Klasse) **47**, 553 u. ff., 1895.

§ 4. Sphärische Trigonometrie.

Um auch goniometrische Funktionen der halben Seiten und Winkel bequem durch orthogonale Invarianten ausdrücken zu können, führen wir noch die Abkürzungen

(9)
$$2 \mathfrak{Y}_\lambda^+ = \sqrt{Y_\mu | Y_\mu} \sqrt{Y_\nu | Y_\nu} + (Y_\mu | Y_\nu),$$
$$2 \mathfrak{Y}_\lambda^- = \sqrt{Y_\mu | Y_\mu} \sqrt{Y_\nu | Y_\nu} - (Y_\mu | Y_\nu)$$

ein und erklären entsprechend die Zeichen $\mathfrak{Z}_\lambda^+$ und $\mathfrak{Z}_\lambda^-$. Wir können dann Abhängigkeiten zwischen zweimal drei weiteren Wurzelgrößen erklären durch die Formeln

(10)
$$2 \sqrt{\mathfrak{Y}_\lambda^+} \sqrt{\mathfrak{Y}_\lambda^-} = (Y_1 Y_2 Y_3) \cdot \sqrt{Z_\lambda | Z_\lambda},$$
$$2 \sqrt{\mathfrak{Z}_\lambda^+} \sqrt{\mathfrak{Z}_\lambda^-} = (Z_1 Z_2 Z_3) \cdot \sqrt{Y_\lambda | Y_\lambda},$$

derart, daß z. B. die Mehrdeutigkeit der goniometrischen Funktionen $\cos \frac{a_\lambda}{2}$, $\sin \frac{a_\lambda}{2}$ genau der Mehrdeutigkeit der in ihren Ausdrücken

(11) $\cos \dfrac{a_\lambda}{2} = \dfrac{\sqrt{\mathfrak{Y}_\lambda^+}}{\sqrt[4]{Y_\mu | Y_\mu} \sqrt[4]{Y_\nu | Y_\nu}}$, $\sin \dfrac{a_\lambda}{2} = \dfrac{\sqrt{\mathfrak{Y}_\lambda^-}}{\sqrt[4]{Y_\mu | Y_\mu} \sqrt[4]{Y_\nu | Y_\nu}}$

vorkommenden Wurzelgrößen entspricht.

An sich sind nun z. B. die sechs Wurzelwerte $\sqrt{\mathfrak{Y}_\lambda^\pm}$, $\sqrt{\mathfrak{Z}_\lambda^\pm}$ jeder unter zwei Möglichkeiten willkürlich wählbar. Da wir uns aber in (8) für die Geltung der oberen Zeichen entschieden hatten, so ergibt sich zwischen diesen Wurzelgrößen noch eine weitere Abhängigkeit — ja es kann vorübergehend scheinen, als ergäben sich solcher Abhängigkeiten nicht weniger als vier. Definieren wir nämlich jetzt acht weitere Größen H_k, Z_k eindeutig durch die Gleichungen[1]

(12)
$$H_0 = 4(Y_1 Y_2 Y_3) \cdot \sqrt{\mathfrak{Z}_1^-} \sqrt{\mathfrak{Z}_2^-} \sqrt{\mathfrak{Z}_3^-},$$
$$H_1 = 4(Y_1 Y_2 Y_3) \cdot \sqrt{\mathfrak{Z}_1^-} \sqrt{\mathfrak{Z}_2^+} \sqrt{\mathfrak{Z}_3^+},$$
$$H_2 = 4(Y_1 Y_2 Y_3) \cdot \sqrt{\mathfrak{Z}_1^+} \sqrt{\mathfrak{Z}_2^-} \sqrt{\mathfrak{Z}_3^+},$$
$$H_3 = 4(Y_1 Y_2 Y_3) \cdot \sqrt{\mathfrak{Z}_1^+} \sqrt{\mathfrak{Z}_2^+} \sqrt{\mathfrak{Z}_3^-},$$

usf.; — also z. B. Z_0 durch

$$Z_0 = 4(Z_1 Z_2 Z_3) \cdot \sqrt{\mathfrak{Y}_1^-} \sqrt{\mathfrak{Y}_2^-} \sqrt{\mathfrak{Y}_3^-} -,$$

so erhalten wir aus (8), (10) und (11) die folgenden vier involutorischen (d. h. in gleicher Form auflösbaren) linearen Gleichungen:

(13)
$$\begin{aligned}
2 Z_0 &= -H_0 + H_1 + H_2 + H_3,\\
2 Z_1 &= H_0 - H_1 + H_2 + H_3,\\
2 Z_2 &= H_0 + H_1 - H_2 + H_3,\\
2 Z_3 &= H_0 + H_1 + H_2 - H_3.
\end{aligned}$$

---

[1] Wegen des Zahlenkoeffizienten in dieser Definition siehe den Lehrsatz auf S. 51.

§ 4. Sphärische Trigonometrie.

Diese Gleichungen sagen nun aber, als Abhängigkeiten zwischen den Wurzelgrößen $\sqrt{\mathfrak{Y}_1^-}$, $\sqrt{\mathfrak{Z}_1^-}$, ... betrachtet, alle dasselbe aus. Man kann nämlich, wie die Gleichungen (10) zeigen, immer bei einer geraden Zahl der sechs Paare $\sqrt{\mathfrak{Y}_1^-}$, $\sqrt{\mathfrak{Y}_1^+}$ ... $\sqrt{\mathfrak{Z}_3^-}$, $\sqrt{\mathfrak{Z}_3^+}$ die Vorzeichen ändern, ohne die Form der Gleichungen (13) zu stören, nicht aber bei einer ungeraden Zahl. Die Gleichungen (13) lassen also gerade fünf, und zwar irgend fünf, der sechs Wurzelwerte willkürlich.

Von den durch die Gleichungen (13) verbundenen acht Größen können nur drei voneinander unabhängig sein. Ohne weiteres findet man die zwischen ihnen bestehende Relation:

(14)
$$(\mathsf{H}_2\mathsf{H}_3 + \mathsf{H}_0\mathsf{H}_1)(\mathsf{H}_3\mathsf{H}_1 + \mathsf{H}_0\mathsf{H}_2)(\mathsf{H}_1\mathsf{H}_2 + \mathsf{H}_0\mathsf{H}_3)$$
$$= 4\,\mathsf{H}_0\mathsf{H}_1\mathsf{H}_2\mathsf{H}_3 \cdot \mathsf{Z}_0\mathsf{Z}_1\mathsf{Z}_2\mathsf{Z}_3$$
$$= (\mathsf{Z}_2\mathsf{Z}_3 + \mathsf{Z}_0\mathsf{Z}_1)(\mathsf{Z}_3\mathsf{Z}_1 + \mathsf{Z}_0\mathsf{Z}_2)(\mathsf{Z}_1\mathsf{Z}_2 + \mathsf{Z}_0\mathsf{Z}_3).$$

Wir erklären jetzt zehn weitere Größen A_{00}, A_{11}, ..., A_{33} durch die folgenden Gleichungen:

(15)
$$\mathsf{H}_0^2 + \mathsf{H}_1^2 + \mathsf{H}_2^2 + \mathsf{H}_3^2 = A_{00} = \mathsf{Z}_0^2 + \mathsf{Z}_1^2 + \mathsf{Z}_2^2 + \mathsf{Z}_3^2,$$
$$2(\mathsf{H}_\mu \mathsf{H}_\nu + \mathsf{H}_0 \mathsf{H}_\lambda) = A_{\lambda\lambda} = 2(\mathsf{Z}_\mu \mathsf{Z}_\nu + \mathsf{Z}_0 \mathsf{Z}_\lambda),$$
$$\mathsf{H}_0^2 + \mathsf{H}_\lambda^2 - \mathsf{H}_\mu^2 - \mathsf{H}_\nu^2 = A_{\mu\nu} = 2(\mathsf{Z}_\mu \mathsf{Z}_\nu - \mathsf{Z}_0 \mathsf{Z}_\lambda),$$
$$2(\mathsf{H}_\mu \mathsf{H}_\nu - \mathsf{H}_0 \mathsf{H}_\lambda) = A_{\nu\mu} = \mathsf{Z}_0^2 + \mathsf{Z}_\lambda^2 - \mathsf{Z}_\mu^2 - \mathsf{Z}_\nu^2.$$

Dann bilden, wenn $A_{00} \neq 0$ ist, und insbesondere also immer dann, wenn die vorgelegte Figur Y_1, Y_2, Y_3, Z_1, Z_2, Z_3 reell ist, die neun Größen der Matrix

(16)
$$\frac{1}{A_{00}} \begin{pmatrix} A_{11} & A_{12} & A_{13} \\ A_{21} & A_{22} & A_{23} \\ A_{31} & A_{32} & A_{33} \end{pmatrix}$$

das Koeffizientensystem einer (eigentlichen) ternären orthogonalen Transformation.

Die bekannten Ausdrücke Eulers für dieses Koeffizientensystem werden erhalten, wenn man die zweimal vier Größen H_k, Z_k — die hier nur die Bedeutung von Verhältnisgrößen haben — wie folgt durch ein System von vier anderen Verhältnisgrößen darstellt:

$$2\,\mathsf{H}_0 = \Xi_0 + \Xi_1 + \Xi_2 + \Xi_3, \quad 2\,\mathsf{Z}_0 = \Xi_0 - \Xi_1 - \Xi_2 - \Xi_3,$$
$$2\,\mathsf{H}_1 = \Xi_0 + \Xi_1 - \Xi_2 - \Xi_3, \quad 2\,\mathsf{Z}_1 = \Xi_0 - \Xi_1 + \Xi_2 + \Xi_3,$$
$$2\,\mathsf{H}_2 = \Xi_0 - \Xi_1 + \Xi_2 - \Xi_3, \quad 2\,\mathsf{Z}_2 = \Xi_0 + \Xi_1 - \Xi_2 + \Xi_3,$$
$$2\,\mathsf{H}_3 = \Xi_0 - \Xi_1 - \Xi_2 + \Xi_3; \quad 2\,\mathsf{Z}_3 = \Xi_0 + \Xi_1 + \Xi_2 - \Xi_3.$$

Study, Invarianten.

§ 4. Sphärische Trigonometrie.

Die Transformationskoeffizienten sind an die Beschränkung $A_{11} \neq 0$, $A_{22} \neq 0$, $A_{33} \neq 0$ gebunden (siehe Nr. 17); abgesehen hiervon können sie beliebig angenommen werden.

Die in einem Grenzfalle bestehende Gleichung $A_{00} = 0$, d. h. das Paar der hier miteinander äquivalenten Gleichungen

$$(Y_1 \mid Y_1)(Y_2 \mid Y_2)(Y_3 \mid Y_3) - (Y_2 \mid Y_3)(Y_3 \mid Y_1)(Y_1 \mid Y_2) = 0,$$
$$(Z_1 \mid Z_1)(Z_2 \mid Z_2)(Z_3 \mid Z_3) - (Z_2 \mid Z_3)(Z_3 \mid Z_1)(Z_1 \mid Z_2) = 0,$$

läßt sich einfach deuten. Bringt man nämlich je zwei einander nicht entsprechende Seiten der sphärischen Dreiecke zum Schnitt, so liegen die erhaltenen sechs Paare diametral gegenüberliegender Punkte der Einheitskugel auf einem sphärischen Kegelschnitt. (Vgl. § 5, S. 69, wo diese Punktpaare, oder vielmehr die sie ausschneidenden Durchmesser der Einheitskugel mit Ziffern 1 ... 6 bezeichnet sind.) Die angeführten Gleichungen sagen nun aus, daß dieser Kegelschnitt in zwei Hauptkreise zerfällt. [(135) = 0, (246) = 0.] Im reellen Gebiete können diese Gleichungen nicht bestehen, es sei denn, daß beide Dreiecke zusammenfallen (lauter rechte Seiten und Winkel haben).

Rechnet man die Ausdrücke (15) aus, so findet sich:

(17)
$$\begin{aligned}
A_{00} &= 8(Y_1 Y_2 Y_3)^2 \cdot \{(Z_1 \mid Z_1)(Z_2 \mid Z_2)(Z_3 \mid Z_3) \\
&\quad - (Z_2 \mid Z_3)(Z_3 \mid Z_1)(Z_1 \mid Z_2)\} \\
&= 8[Y_1 Y_2 Y_3]^2 \{1 - \cos\alpha_1 \cdot \cos\alpha_2 \cdot \cos\alpha_3\} \\
&= 8(Z_1 Z_2 Z_3)^2 \cdot \{(Y_1 \mid Y_1)(Y_2 \mid Y_2)(Y_3 \mid Y_3) \\
&\quad - (Y_2 \mid Y_3)(Y_3 \mid Y_1)(Y_1 \mid Y_2)\} \\
&= 8[Z_1 Z_2 Z_3]^2 \{1 - \cos a_1 \cdot \cos a_2 \cdot \cos a_3\};
\end{aligned}$$

$$A_{\lambda\lambda} = 8\sqrt{Y_\mu \mid Y_\mu}\sqrt{Y_\nu \mid Y_\nu}\sqrt{Z_\mu \mid Z_\mu}\sqrt{Z_\nu \mid Z_\nu},$$
$$A_{\mu\nu} = 8(Y_\mu \mid Y_\nu)\sqrt{Z_\mu \mid Z_\mu}\sqrt{Z_\nu \mid Z_\nu},$$
$$A_{\nu\mu} = 8(Z_\mu \mid Z_\nu)\sqrt{Y_\mu \mid Y_\mu}\sqrt{Y_\nu \mid Y_\nu};$$

es ist also

(18)
$$\boxed{\cos a_\lambda = \frac{A_{\mu\nu}}{A_{\lambda\lambda}}, \quad \sin a_\lambda = \frac{4\sqrt{Z_0 Z_1 Z_2 Z_3}}{A_{\lambda\lambda}},}$$
$$\boxed{\cos \alpha_\lambda = \frac{A_{\nu\mu}}{A_{\lambda\lambda}}, \quad \sin \alpha_\lambda = \frac{4\sqrt{H_0 H_1 H_2 H_3}}{A_{\lambda\lambda}},}$$

wo die neu eingeführten Wurzelgrößen durch schon zuvor eingeführte Größen eindeutig zu erklären sind:

(19) $\quad \sqrt{H_0 H_1 H_2 H_3} = \dfrac{2}{[Y_1 Y_2 Y_3]}, \quad \sqrt{Z_0 Z_1 Z_2 Z_3} = \dfrac{2}{[Z_1 Z_2 Z_3]}.$

Setzt man schließlich

(20)
$$\begin{array}{llll}
2s_0 = 2\pi - a_1 - a_2 - a_3, & 2\sigma_0 = 2\pi - \alpha_1 - \alpha_2 - \alpha_3, \\
2s_1 = & -a_1 + a_2 + a_3, & 2\sigma_1 = & -\alpha_1 + \alpha_2 + \alpha_3, \\
2s_2 = & a_1 - a_2 + a_3, & 2\sigma_2 = & \alpha_1 - \alpha_2 + \alpha_3, \\
2s_3 = & a_1 + a_2 - a_3, & 2\sigma_3 = & \alpha_1 + \alpha_2 - \alpha_3,
\end{array}$$

§ 4. Sphärische Trigonometrie.

so finden sich auch noch einfache Ausdrücke für die Größen $\sin s_k$, $\sin \sigma_k$, nämlich

(21) $$\sin s_k = \frac{H_k}{\sqrt{H_0 \, H_1 \, H_2 \, H_3}}, \quad \sin \sigma_k = \frac{Z_k}{\sqrt{Z_0 \, Z_1 \, Z_2 \, Z_3}}.$$

Dagegen lassen sich den Formeln L'Huiliers, die die Größen $tg\,\frac{s_k}{2}$, $tg\,\frac{\sigma_k}{2}$ verbinden und zur zweiten Familie gehören, nicht mehr sonderlich einfache Gleichungen zwischen orthogonalen Invarianten gegenüberstellen [1]).

Ohne Beweis mag noch ein geometrischer Lehrsatz erwähnt werden: Die Größen H_k lassen sich deuten als die Kotangenten der sphärischen Halbmesser der vier Paare von Kreisen, die die Seiten des sphärischen Dreiecks Y_1, Y_2, Y_3 oder des diametral gegenüberliegenden Dreiecks berühren; oder (was auf dasselbe hinauskommt) als die goniometrischen Tangenten der dazu korrelativen Winkelgrößen. Entsprechendes gilt von den Größen Z_k.

Die zuerst genannten Winkelgrößen lassen sich also, dem Vorzeichen nach und bis auf ganzzahlige Vielfache von π genau, so erklären, daß ihre Kotangenten identisch mit den Größen H_k werden.

Durch die Gleichungen (13) und (14) werden dann die Beziehungen erschöpft, die zwischen allen acht sphärischen Halbmessern bestehen.

Natürlich läßt sich die hier begonnene Untersuchung noch viel weiter fortsetzen. Man kann z. B. verlangen, die genannten acht Paare von Kreisen auch durch Gleichungen für einen auf der Einheitskugel veränderlichen Punkt X darzustellen.

Man setze zur Abkürzung

$$Y = \sqrt{Z_1 \mid Z_1} \cdot Y_1 + \sqrt{Z_2 \mid Z_2} \cdot Y_2 + \sqrt{Z_3 \mid Z_3} \cdot Y_3,$$
$$Z = \sqrt{Y_1 \mid Y_1} \cdot Z_1 + \sqrt{Y_2 \mid Y_2} \cdot Z_2 + \sqrt{Y_3 \mid Y_3} \cdot Z_3.$$

Dann werden die Gleichungen der zweimal vier Kreise (mit den Radien $arc\,tg\,H_k$), die durch je drei unabhängige der acht Punkte

$$\pm \frac{Y_1}{\sqrt{Y_1 \mid Y_1}}, \quad \pm \frac{Y_2}{\sqrt{Y_2 \mid Y_2}}, \quad \pm \frac{Y_3}{\sqrt{Y_3 \mid Y_3}}$$

gehen, zusammengefaßt in der Formel

(22) $$\sqrt{X \mid X} - (Z \mid X) = 0,$$

---

[1]) Trig. S. 144 u. ff. Identifiziert man, was statthaft ist, die dort mit Y_k, Z_k bezeichneten Verhältnisgrößen mit den hier bestimmter erklärten Größen H_k, Z_k, so wird

$$R = 2\sqrt{H_0 \, H_1 \, H_2 \, H_3} \sqrt{Z_0 \, Z_1 \, Z_2 \, Z_3},$$

und es vereinfacht sich noch einiges. (Siehe ebenda, S. 172 u. ff., worauf im Text sogleich noch Bezug genommen wird.)

und ebenso werden die Gleichungen der zweimal vier Kreise mit den Radien $\operatorname{arc\,ctg} H_k$, die die Seiten des sphärischen Dreiecks

$$\frac{Y_1}{\sqrt{Y_1\,|\,Y_1}},\quad \frac{Y_2}{\sqrt{Y_2\,|\,Y_2}},\quad \frac{Y_3}{\sqrt{Y_3\,|\,Y_3}}$$

oder des diametral gegenüberliegenden Dreiecks berühren, zusammengefaßt in der Formel

(23) $$\sqrt{X\,|\,X} - \sqrt{(Y\,|\,Y) - 1}\cdot (Z\,|\,X) = 0.$$

Ersetzt man $\sqrt{X\,|\,X}$ durch X_0 und betrachtet man $X_0 : X_1 : X_2 : X_3$ als homogene Punktkoordinaten im Euklidischen Raume, so hat man die Gleichungen der Ebenen vor sich, die die gesuchten Kreise ausschneiden.

Die durch die Formel (23) gelöste Aufgabe ist ein besonderer Fall des auf die Kugelfläche übertragenen **Apollonischen Berührungsproblems**. Dieses selbst gehört zu einer umfassenderen, und zwar nicht projektiven Gruppe von $2\cdot\infty^{2\cdot 6}$ (im reellen Gebiete $2\cdot\infty^6$) Transformationen, kann aber in ähnlicher Weise behandelt werden, wie der hier aufgetretene Spezialfall. Die sachgemäße Lösung erfolgt auch im allgemeinen Falle durch ausschließliches Rechnen mit den Identitäten (A) und (B) oder doch mit solchen, die sich von ihnen nur nebensächlich unterscheiden (vgl. S. 153), wobei jedoch der Fall $n = 4$ in Betracht kommt. Eine Abhandlung darüber findet man in den Mathematischen Annalen (**49**, 498 u. ff., 1897), wo auch die gruppentheoretisch angemessenen **konstruktiven** Hilfsmittel entwickelt sind.

Vieles weitere über die Geometrie der Kreise (und Kugeln) findet man in dem reichhaltigen Werke des amerikanischen Mathematikers J. Coolidge: A Treatise on the Circle and the Sphere (Oxford 1916). Zwar ist dieses Buch, wohl mehr dem englischen als dem amerikanischen (und deutschen) Geschmack entsprechend, allzusehr mit elementargeometrischen Einzelheiten überladen, und es sind darin die invariantentheoretischen Grundlagen nicht reinlich herausgearbeitet (es fehlen die Fundamentalsätze). Indessen ertönt daraus das Geklapper der Koordinatenmühle doch nicht so aufdringlich, wie aus nicht wenigen anderen Büchern.

Zu den Aufgaben der elementaren sphärischen Trigonometrie gehört auch die Berechnung des Flächeninhalts eines sphärischen Dreiecks. Es kann scheinen, als ob man wenigstens bei Bildung dieses Begriffs und der Berechnung der zugehörigen Maßzahl sich an das übliche Verfahren halten müßte. Dem ist aber nicht so. Vielmehr existiert eine umfassendere analoge Begriffsbildung und eine entsprechende Formel auch im komplexen Gebiet. Einer Darlegung über diesen Punkt aber müßte eine Untersuchung über gewisse Doppelintegrale vorausgeschickt werden, und diese würde uns zu weit von unserem eigentlichen Gegenstande abziehen.

§ 5.

Fortsetzung: Kollineationen und Korrelationen.

Das in § 3 Vorgetragene soll durch einige Beispiele noch weiter erläutert werden. Diese sollen von der einfachsten Art sein, aber (abweichend von dem Beispiel des § 4) so gewählt werden, daß

§ 5. Kollineationen und Korrelationen.

sie zugleich eine Überleitung zu unseren ferneren Darlegungen bilden.

Wieder sei $n = 3$; irgendwelche gegebene Vektoren $X, Y, Z, \ldots$ sollen nunmehr beliebigen linearen Transformationen von der Determinante Eins unterworfen werden. Wir haben dann eine Gruppe mit acht (komplexen) Parametern vor uns, von der die Gruppe γ (nicht auch γ, η) eine Untergruppe ist.

Vektoren, deren Koordinaten durch Determinanten wie

$$X_2 Y_3 - X_3 Y_2, \quad X_3 Y_1 - X_1 Y_3, \quad X_1 Y_2 - X_2 Y_1$$

aus den gegebenen abgeleitet sind, bezeichnen wir jetzt, abweichend von dem Früheren, durch Buchstaben $U, V, W, \ldots$ Wir bemerken dazu, daß jede Transformation unserer Gruppe, die die gegebenen Vektoren $X, Y, Z, \ldots$ in vorgeschriebener Weise transformiert ($X \to \underline{X}, Y \to \underline{Y}$ usw.), eine lineare Transformation der Vektoren $U, V, W, \ldots$ nach sich zieht ($U \to \underline{U}, V \to \underline{V}, \ldots$), die immer dann von der gegebenen Transformation verschieden sein wird, wenn diese nicht gerade orthogonal ist. Und zwar wird auch die neue Transformation — die induzierte Transformation — wieder die Determinante Eins haben.

Was wir eben mit den Vektoren $X, Y, Z, \ldots$ ausgeführt hatten, läßt sich nun auch unter Benutzung der neuen Transformation mit den Vektoren $U, V, W, \ldots$ vornehmen. Wir gelangen so nochmals zu weiteren Transformationen, deren Objekte Vektoren und Koordinaten wie

$$U_2 V_3 - U_3 V_2, \quad U_3 V_1 - U_1 V_3, \quad U_1 V_2 - U_2 V_1$$

sind. Diese Vektoren wollen wir (vorübergehend) bezeichnen mit Buchstaben wie $X', Y', Z', \ldots$ Es zeigt sich nun sogleich, daß die zuletzt gefundene (induzierte) Transformation (der Vektoren $X', Y', Z', \ldots$) identisch ist mit der, die wir auf die Vektoren $X, Y, Z, \ldots$ ausgeübt hatten.

Es hat sich mithin herausgestellt, daß die linearen Transformationen von der Determinante Eins paarweise zusammengehören. Solche gepaarte Transformationen wollen wir zueinander kontragredient nennen. Ferner ergibt sich aus dem Gesagten, daß wir gut daran tun werden, die ganze Mannigfaltigkeit der Vektoren doppelt zu setzen, oder sie, wie wir sagen wollen, „mit zwei Schichten zu überdecken"[1]. Was nach unserer bisherigen Terminologie ein bestimmter Vektor war, wird so in zwei Dinge gespalten: Jeder dieser

---

[1] S. Geometrie der Dynamen, Leipzig 1903, S. 224 u. ff.

§ 5. Kollineationen und Korrelationen.

unserer Vektoren, also jedes Tripel von Koordinaten, kann **sowohl** zur ersten **als auch** zur zweiten „Vektorenschicht" gerechnet werden. Im ersten Falle bedienen wir uns eines der Zeichen $X, Y, Z, \ldots$, im zweiten eines der Zeichen $U, V, W, \ldots$; oder wir brauchen, wenn angedeutet werden soll, daß es sich um bestimmt gegebene (nicht veränderliche) Vektoren handeln soll, im ersten Falle die Buchstaben $P, Q, R, \ldots$ und im anderen die Buchstaben $A, B, C, \ldots$ Ein Vektor ist uns also nun nicht mehr durch das System seiner Koordinaten deutlich bezeichnet; es muß auch noch kenntlich gemacht werden, zu welcher von beiden Schichten er gehören soll. Die Gleichheit der Koordinaten oder, wie wir nun sagen wollen, das **Übereinanderliegen** oder **Sich-Decken** eines Vektors erster Schicht und eines solchen zweiter Schicht aber erweist sich nun sofort als eine nichtinvariante, also nebensächliche Tatsache, wenn wir festsetzen, daß die Vektoren erster Schicht alle der einen, die der zweiten alle der anderen von zwei kontragredienten Transformationen unterworfen werden sollen. So entsteht eine neue Gruppe, die wir **die Gruppe Γ** nennen wollen; ihre Operationen sind gepaarte (kontragrediente) lineare Transformationen von der Determinante Eins, und ihre Objekte sind irgendwelche Vektoren erster und zweiter Schicht. **Invariant** (gegenüber gepaarten Transformationen von der Determinante Eins, oder also gegenüber Transformationen der Gruppe Γ) sind auch jetzt noch alle Abhängigkeiten zwischen Vektoren aus verschiedenen Schichten, die durch die Zeichen

$$U = \widetilde{XY}, \quad X = \widetilde{VW}$$

ausgedrückt werden können. Aus den Invarianten unserer Gruppe γ aber wird nunmehr eine Teilmenge herausgehoben, deren Individuen im gleichen Sinne des Wortes auch noch Invarianten der Gruppe Γ sind; insbesondere sind „elementare Invarianten" der Gruppe Γ alle die und nur die elementaren Invarianten der Gruppe γ, die einem der drei Typen

$$(XYZ), \quad (U|X) = (X|U), \quad (UVW)$$

angehören: Offenbar sind unter den elementaren Invarianten von γ die der Typen (UYZ), (UVZ) — oder, was auf dasselbe hinausläuft, die der Typen (XVW), (XYW) — nicht invariant, und die der Typen $(X|Y)$ und $(U|V)$ sind es auch nicht. Schreiben wir nunmehr (UX) oder (XU) an Stelle von $(U|X)$ oder $(X|U)$, so bestehen also für jedes Paar kontragredienter Transformationen von der Determinante Eins die Gleichungen

$$(XYZ) = (\underline{X}\,\underline{Y}\,\underline{Z}), \quad (UX) = (\underline{U}\,\underline{X}), \quad (UVW) = (\underline{U}\,\underline{V}\,\underline{W}).$$

§ 5. Kollineationen und Korrelationen.

Auch von den Identitäten, die elementare Invarianten der Gruppe γ verbinden, bleiben nun nur noch einige übrig, insofern nur sie Invarianten der Gruppe Γ verbinden, nämlich:

$$A_1 = (X_1 X_2 X_3)(X_0 U) - + \cdots \qquad = 0,$$
$$A_2 = (U_1 U_2 U_3)(U_0 X) - + \cdots \qquad = 0,$$
$$B = (X_1 X_2 X_3) \cdot (U_1 U_2 U_3) - |(X_1 U_1)(X_2 U_2)(X_3 U_3)| = 0,$$
$$C = |(X_1 U_1)(X_2 U_2)(X_3 U_3)(X_4 U_4)| \qquad = 0;$$

C kann dabei, wie früher, aus A_1, A_2 und B zusammengesetzt und also weggelassen werden. Zu A_1 und A_2 aber treten jetzt noch zwei neue Formeln, die Determinanten der Form (XYZ) oder (UVW) verbinden und durch die Substitutionen $U = \widetilde{YZ}$ und $X = \widetilde{VW}$ erhalten werden. Diese nämlich können jetzt nicht mehr (wie im Falle der Gruppe γ) aus zuvor aufgezählten zusammengesetzt werden[1]).

Aus der Gesamtheit der früher behandelten Rechnungsoperationen scheidet sich also jetzt ein Teilbereich aus; **ausschließlich mit Beziehungen, die ganz innerhalb dieses Teilbereichs verbleiben, werden wir es in den zu behandelnden Beispielen zu tun haben.**

Einiges von dem, was die abzuleitenden Formeln ausdrücken, wollen wir außerdem auch noch in Worte fassen[2]), und dazu stellen wir noch einige weitere Definitionen auf[3]). Wir fassen den Inbegriff aller zueinander proportionalen Vektoren erster Schicht, also aller Vektoren der Form $cX \{X \neq 0, c \neq 0\}$ unter dem Worte Punkt zusammen und ebenso den Inbegriff aller untereinander proportionalen Vektoren zweiter Schicht, cU, unter dem Worte Gerade. Ist dann $(UX) = 0$, so ist auch immer $(cU, c'X) = 0$; wir sagen dann, der Punkt und die Gerade liegen vereinigt oder sie seien „in vereinigter Lage", oder „der Punkt liege auf der Geraden" oder er „gehöre ihr an", und „die Gerade liege auf dem Punkt"

---

[1]) Ohne weiteres klar ist nur, daß mindestens diese zwei weiteren Formeln hinzukommen. Vgl. aber M. T. F. S. 75.

[2]) Nur solche in Worte gefaßte Lehrsätze rechnen viele Autoren zur „Geometrie".

[3]) Daß die folgenden Erklärungen hier etwas trocken herauskommen, will ich nicht in Abrede stellen. Ich schreibe eben für Mathematiker, denen die projektive Geometrie, wenn auch in anderer Darstellungsform, schon geläufig ist. Da muß ich mich also kurz fassen, auch um den Preis der Trockenheit. Einen etwa zu erhebenden weiteren Einwand, ein System von drei Verhältnisgrößen $X_1 : X_2 ; X_3$ sei doch gar kein Punkt, sondern dieser werde nur so „dargestellt", könnte ich jedoch nicht als berechtigt anerkennen. Siehe die erste Anmerkung auf S. 56.

§ 5. Kollineationen und Korrelationen.

oder „gehöre ihm an". Ist A eine gegebene Gerade und X ein veränderlicher Punkt, so nennen wir die Gleichung $(AX) = 0$ die **Gleichung der Geraden**. Ebenso sprechen wir, wenn P ein gegebener Punkt und U eine veränderliche Gerade ist, von der Gleichung $(UP) = 0$ als der **Gleichung des Punktes** P[1]). Es folgt, daß zwei Gerade A, B, die voneinander verschieden sind, einen Punkt — gehörig zu den Vektoren $c \cdot \widehat{AB}$ — bestimmen, ihren **Verbindungspunkt**, dessen Gleichung $(ABU) = 0$ ist; und daß ebenso zwei verschiedene Punkte P, Q eine Gerade, ihre **Verbindungsgerade** $(PQX) = 0$ bestimmen. Wir sagen dementsprechend ferner, drei Punkte P, Q, R **liegen auf (mindestens) einer Geraden**, wenn $(PQR) = 0$ ist, und wir sagen, drei Gerade A, B, C **liegen auf (mindestens) einem Punkt**, wenn $(ABC) = 0$ ist[2]).

Alle diese Beziehungen werden durch Transformationen unserer Gruppe nicht gestört, sie sind gegenüber $\varGamma$ **invariant**. Außerdem kann man auch noch die Begriffe Vektor erster Schicht und Vektor zweiter Schicht sowie Punkt und Gerade vertauschen, ohne daß an den gemachten Aussagen sich etwas änderte (sogenanntes **Prinzip der Dualität**).

Der Inbegriff aller Punkte bildet ein abgeschlossenes **Kontinuum** von zwei komplexen Dimensionen, und ebenso der Inbegriff aller Geraden. Jedes von beiden bestimmt das andere. Nennen wir das eine ein **projektives Kontinuum** (von zwei komplexen Dimensionen), so ist auch das andere ein solches. Beide Kontinua werden häufig, und so auch hier, unter dem Namen **Ebene** (genauer, zum Unterschied von anderen „Ebenen": „Ebene der projektiven Geometrie") zusammengefaßt.

Die Zuordnungen $X \rightarrow \underline{X}$, $U \rightarrow \underline{U}$, die durch irgend eine Transformation der Gruppe $\varGamma$ bewirkt („induziert") werden, fassen

---

[1]) Die „Darstellung" einer Geraden oder eines Punktes durch eine Gleichung erscheint also hier nicht (wie in der gewöhnlichen analytischen Geometrie) als **Lehrsatz**, sondern als **Definition**.

[2]) Die übliche historisch entwickelte Terminologie unterscheidet hier: Ein Punkt „liegt auf" oder „liegt in" einer Geraden, eine Gerade dagegen „geht durch" einen Punkt (usw.). Diese Unterscheidung hat aber, rein mathematisch betrachtet (also unter Ausschaltung von Erkenntnistheorie und Physik), keinen rechten Sinn. Vgl. Veblen und Young, Projective Geometry (I, 1910; II, 1918). Dort wird schon, nach einem Vorschlag von F. Morley, die Wendung „A point is on a (straight) line" gebraucht. — Gründlich ändern wird sich das Überlieferte heute nicht mehr lassen. Ich werde mich später wieder der herkömmlichen Kunstsprache bedienen, so wie es auch die eben genannten Autoren getan haben.

§ 5. Kollineationen und Korrelationen.

wir zusammen unter dem Namen Kollineation (genauer: Kollineation der Ebene oder in der Ebene); die entsprechenden Paare von Zuordnungen $X \rightarrow \underline{U}$, $U \rightarrow \underline{X}$, die erhalten werden, wenn rechter Hand noch eine Vertauschung der Begriffe Punkt und Gerade hinzugenommen wird, heißen dann Korrelationen. Beide Arten von Zuordnungen bilden dann wieder eine Gruppe, nämlich eine „geschichtete" Gruppe von $2 \cdot \infty^{2 \cdot 8}$ Transformationen, von der wir (mit geringer Erweiterung des ursprünglichen Sinnes des Wortes Projektivität) sagen wollen, daß sie von den projektiven Transformationen der Ebene gebildet wird. Ohne weiteres erkennt man, daß z. B. zu jeder gegebenen Kollineation drei Transformationen der Gruppe Γ gehören (durch deren jede sie „induziert" wird), und daß der Zusammensetzung zweier Transformationen von Γ die Zusammensetzung der zugeordneten Kollineationen entspricht: Die Kollineationsgruppe ist zur Gruppe Γ „dreideutig meromorph" (nicht umgekehrt Γ zur Kollineationsgruppe!).

Es gilt nun ein für die gesamte Geometrie („projektive Geometrie") in der Ebene grundlegender Satz:

Eine Kollineation wird eindeutig dadurch bestimmt, daß man irgend vier Punkten, deren keine drei in einer Geraden liegen, vier andere derart der Reihe nach zuordnet.

Wir wollen nicht nur die Existenz dieser Kollineation nachweisen, sondern auch ihren Ausdruck durch eine Formel finden. Wegen des nachgewiesenen Zusammenhanges der Kollineationsgruppe mit der Gruppe Γ werden wir in einer solchen Formel nicht irgendwelche Verbindungen der Koordinaten zu erwarten haben, sondern nur solche, die wir — als Invarianten von Γ (und insbesondere auch von γ) — schon kennen. Und in der Tat ist die hiermit präzisierte Aufgabe leicht; man kann ihre Lösung ohne weiteres hinschreiben [1]):

$$
(1) \quad \frac{(P_2 P_3 X)}{(P_2 P_3 P_0)} \cdot (\underline{P_2 P_3 P_0}) \cdot \underline{P_1} + \frac{(P_3 P_1 X)}{(P_3 P_1 P_0)} \cdot (\underline{P_3 P_1 P_0}) \cdot \underline{P_2} \\
+ \frac{(P_1 P_2 X)}{(P_1 P_2 P_0)} \cdot (\underline{P_1 P_2 P_0}) \cdot \underline{P_3} = (P_1 P_2 P_3) \cdot \underline{X}.
$$

Damit hat man sie als Zuordnung von Punkten ($X \rightarrow \underline{X}$), und sogleich kann sie dann auch als Zuordnung von Geraden ($\underline{U} \rightarrow U$) angegeben werden.

---

[1]) G. d. D. S. 245 oder H. Beck, Koordinatengeometrie, I, S. 176. Eine Anwendung davon bei H. Beck, „Fünfecke und Polarsysteme". Sitzungsber. d. Wiener Akademie, Math.-naturw. Klasse, Abt. II a, **126**, 185.

§ 5. Kollineationen und Korrelationen.

In der Tat stellt die Formel (1) eine lineare Transformation dar (wenn auch nicht notwendig eine aus der Gruppe Γ), und man sieht ihr an, daß sie nicht nur den Punkten P_1, P_2, P_3 die Punkte $\underline{P}_1$, $\underline{P}_2$, $\underline{P}_3$ zuordnet, sondern — zufolge der Identität A — auch dem Punkt P_0 den Punkt $\underline{P}_0$ [1]). Um einzusehen, daß es eine weitere Kollineation derart nicht geben kann, genügt es zu bemerken, daß z. B. die Punkte $\{1, 1, 1\}$, $\{1, 0, 0\}$, $\{0, 1, 0\}$, $\{0, 0, 1\}$ nur bei der identischen Kollineation in Ruhe bleiben.

Wir berechnen noch die Diskriminante (Koeffizientendeterminante) $\varDelta$ der Transformation (1) aus der Formel

(2) $$\varDelta \cdot (XYZ) = (\underline{X}\,\underline{Y}\,\underline{Z}).$$

Mit Hilfe der Identität B finden wir dann:

(3) $$\varDelta = \frac{(\underline{P}_1 \underline{P}_2 P_3) \cdot (\underline{P}_2 \underline{P}_3 P_0) \cdot (\underline{P}_3 \underline{P}_0 P_1) \cdot (\underline{P}_0 \underline{P}_1 P_2)}{(P_1 P_2 P_3) \cdot (P_2 P_3 P_0) \cdot (P_3 P_0 P_1) \cdot (P_0 P_1 P_2)};$$

man sieht, daß die dargestellte Kollineation zu existieren aufhört, wenn drei der Punkte P_k oder drei der Punkte $\underline{P}_k$ auf eine Gerade zu liegen kommen. Die zu der gefundenen Kollineation gehörigen linearen Transformationen von der Determinante Eins erhält man durch Ausziehen der dritten Wurzel aus $\varDelta$; aber man sieht nun auch, daß wir hier die Gruppe Γ eigentlich noch gar nicht hätten zu betrachten brauchen: nur wird durch (2) dann eine grundsätzliche Erweiterung unseres Invariantenbegriffs nahegelegt, die wir erst später ausführen wollen. Wie man eine Korrelation z. B. aus vier Punkten P_k und den zugeordneten Geraden A_k bestimmt, braucht wohl nicht noch ausdrücklich gesagt zu werden. Hätten wir nicht Punkte, sondern Vektoren einander zuordnen wollen, so hätten wir nur drei Paare benutzen dürfen; die entsprechende Formel lautet

(4) $$(P_2 P_3 X) \cdot \underline{P}_1 + (P_3 P_1 X) \cdot \underline{P}_2 + (P_1 P_2 X) \cdot \underline{P}_3 = (P_1 P_2 P_3) \cdot \underline{X}.$$

Auch die Formel (1) verbindet (nicht nur Punkte, sondern auch schon) Vektoren. Sie verbindet sie aber, abweichend von der Formel (4), auf unsymmetrische Art. Es entsteht also die Frage: Wie ändert sich der durch (1) dargestellte Vektor $\underline{X}$, wenn man irgend zwei der vier Paare P_k, $\underline{P}_k$ miteinander vertauscht? Antwort: Gar nicht. Den Beweis überlassen wir dem Leser.

---

[1]) Ich bediene mich hier und auch sonst für die Punkte derselben Zeichen wie für die zugehörigen Vektoren, was ja wohl kein Mißverständnis hervorrufen wird.

§ 5. Kollineationen und Korrelationen.

Alles bisher Gesagte läßt sich, wie wohl ohne weiteres klar ist, fast wörtlich auf eine unbestimmte Stufenzahl n übertragen. Im Falle $n = 3$ aber kann man, statt eines Inbegriffs untereinander gleichbedeutender Ausdrücke, für den Vektor $\underline{X}$ auch einen einzigen Ausdruck angeben, in den die Paare P_k, $\underline{P}_k$ auf eine symmetrische oder doch nahezu symmetrische Art eingehen. In diesem Falle nämlich können wir z. B. die Vektoren und Punkte P_k auf drei Arten (I, II, III) auf Paare verteilen. Zu jedem Paar gehört dann ein bestimmter Vektor und Punkt („Diagonalvektor" und „Diagonalpunkt"); z. B. kann man der Paarung P_0, P_1; P_2, P_3 als „Diagonalpunkt" den Verbindungspunkt der Geraden $\overgroup{P_0 P_1}$, $\overgroup{P_2 P_3}$ zuordnen. Ein entsprechender Vektor, der ebenfalls eindeutig erklärt werden kann, ist[1])

$$(5) \qquad Q_\mathrm{I} = \tfrac{1}{2} \left\{ \begin{array}{l} - (P_1 P_2 P_3) \cdot P_0 + (P_2 P_3 P_0) \cdot P_1 \\ = (P_3 P_0 P_1) \cdot P_2 - (P_0 P_1 P_2) \cdot P_3 \end{array} \right\}.$$

Die nach dem Schema (4) gebildete Formel

$$(6) \qquad \begin{array}{l}(Q_\mathrm{II}\, Q_\mathrm{III}\, X) \cdot \underline{Q}_\mathrm{I} + (Q_\mathrm{III}\, Q_\mathrm{I}\, X) \cdot \underline{Q}_\mathrm{II} + (Q_\mathrm{I}\, Q_\mathrm{II}\, X) \cdot \underline{Q}_\mathrm{III} \\ \qquad = (Q_\mathrm{I}\, Q_\mathrm{II}\, Q_\mathrm{III}) \cdot \underline{X}\end{array}$$

leistet dann das Verlangte. Eine Rechnung, zu der der Leser alle Vorbereitungen hat, und die übrigens im nächsten Paragraphen aus anderem Anlaß noch ausgeführt werden wird, läßt erkennen, daß immer dann, wenn der Punkt X mit einem der vier Punkte P_k zusammenfällt, der zugeordnete Punkt $\underline{X}$ in den Punkt $\underline{P}_k$ übergeht.

In der vorausgehenden Darlegung habe ich mit Absicht die Grundbegriffe der (ebenen) projektiven Geometrie so erklärt, als ob es noch gar keine Literatur darüber gäbe. Es kommt mir darauf an, es greifbar zu machen, daß eine sogenannte axiomatische Begründung geometrischer Disziplinen entbehrt werden kann, wenn man, wie es sonst in Mathematik und Naturwissenschaften üblich ist, die abzuleitenden Ergebnisse als die Hauptsache ansieht, die dazu benutzten Denkoperationen (die Logik) aber als Mittel zum Zweck. Nach dieser Auffassung unterscheiden sich „geometrische" Lehrsätze nicht grundsätzlich von anderen der Mathematik, also z. B. nicht von solchen der Zahlentheorie oder der Funktionentheorie oder der Variationsrechnung: Sie haben, gleich diesen, nur das Rechnen mit natürlichen Zahlen zum Ausgangspunkt, alle Entwicklungen folgen dem Schema Definition oder Voraussetzung, Behauptung, Beweis. Die vorherrschende Meinung jedoch will es anders. Als ein treffliches Lehrbuch, das dieser Auffassung der Geometrie entspricht, nenne ich das schon erwähnte Werk von Veblen und Young.

---

[1]) Wegen des Zahlenfaktors $\tfrac{1}{2}$ siehe § 7.

§ 5. Kollineationen und Korrelationen.

Man wolle wohl beachten, daß, sofern in dem Gesagten eine Kritik des Üblichen liegt, diese sich nur auf die systematische und didaktische Seite des Gegenstandes bezieht, und daß ich es hier nirgends mit erkenntnistheoretischen Problemen zu tun haben will, sondern nur mit Mathematik. Die Wertschätzung der sogenannten Axiomatik, die ihr eine grundlegende Bedeutung zuschreibt, hat ihre Quelle teils im Historischen, teils in erkenntnistheoretischen Überlegungen, die schwerlich einwandfrei sind; und daß die axiomatische Begründung der Geometrie, die zudem noch für jede wohlumgrenzte geometrische Disziplin ein besonderes System von Postulaten oder Axiomen erfordern würde, ihre Schwierigkeiten hat, und daß diese um so größer erscheinen, je sorgfältiger man dabei zu Werke geht, wird kein Kenner in Abrede stellen[1]).

Weiterhin werde ich mich nun, ohne neue Erklärungen, die den Leser nur langweilen würden, der vorhandenen geometrischen Terminologie bedienen, mit einzelnen Abweichungen, wie sie mir von Fall zu Fall als angemessen erscheinen.

Hier werden auch noch einige Worte über die Zeichen am Platze sein. Die Zuordnung von Punkten zu Zeichen $P, Q, R, \ldots, X, Y, Z, \ldots$ und von Geraden zu $A, B, C, \ldots, U, V, W, \ldots$ entspricht in der Hauptsache der klassischen Überlieferung. Sie ist durchgeführt in den von H. Lindemann bearbeiteten und erweiterten Vorlesungen von Clebsch über Geometrie (I, 1: 1875; I, 2: 1896, in zweiter Auflage I, 1: 1906, I, 2: 1910; II, 1: 1891). Doch erscheint dort an Stelle des von mir (1889) eingeführten Zeichens (UX) ein Zeichen u_x, was dem Prinzip der Dualität nicht Rechnung trägt und zu unnützen typographischen Verwicklungen führt[2]).

Eine spätere Zeit ist hiervon abgewichen. Mehrfach hat man Festsetzungen wie die, daß Punkte durch kleine, Geraden durch große Lettern bezeichnet werden sollen, und Ähnliches, zu allgemeinem Gebrauch empfohlen. Auch ist der Vorschlag gemacht worden, die Buchstabenzeichen promiscue zu verwenden und die der einen Art (hier die zu Geraden gehörigen) durch Akzente auszuzeichnen. Alle solchen Forderungen sind nicht allgemein annehmbar. Z. B. werden Akzente schon zu so vielen anderen Zwecken benutzt, daß man sie nicht mehr für einen weiteren festlegen kann, und Ähnliches gilt in den anderen Fällen. Es muß dem einzelnen Schriftsteller das Recht zuerkannt werden, die Zeichen, zwar durchaus nicht nach Willkür, wohl aber nach eigenem begründetem Ermessen zu wählen. Ich bleibe im wesentlichen bei der Zeichensprache, die historisch den Vorrang hat, und mir zugleich als die brauchbarste erscheint.

---

[1]) Eine besondere Schwierigkeit wird in aller Axiomatik dadurch hervorgerufen, daß auch noch die logische Unabhängigkeit der einzelnen Postulate erwiesen werden muß. Geschieht das nicht, so weiß man nie genau, was Definition und was Lehrsatz ist.
Wegen der Überschätzung der Logik siehe meine Schrift „Denken und Darstellung" (1921).

[2]) Leider ist das genannte in der Anlage vortreffliche Werk mit allerlei Mängeln der Ausführung behaftet, so daß es, als Ganzes, nur mit Einschränkungen und nur kritisch geschulten Lesern empfohlen werden kann.

§ 6.
Weitere Beispiele: Lehrsätze von Desargues, Pascal und Brianchon.

Wir betrachten jetzt die Figur (den Inbegriff) von sechs Punkten in der Ebene (der Ebene der projektiven Geometrie). Sie sollen alle voneinander verschieden und auf zwei „Dreiecke" P_1, P_2, P_3, Q_1, Q_2, Q_3 so verteilt sein, daß weder die drei ersten Punkte, noch auch die drei letzten einer Geraden angehören[1]). Die zweimal drei Punkte bestimmen dann zwei „Dreiseite" A_1, A_2, A_3 und B_1, B_2, B_3, wo z.B. $A_1 = \widetilde{P_2 P_3}$ ist, und genauer noch $(A_1 X) = (P_1 P_2 X)$ erklärt werden kann. Es folgt

(1) $\qquad (A_1 A_2 A_3) = (P_1 P_2 P_3)^2, \quad (B_1 B_2 B_3) = (Q_1 Q_2 Q_3)^2;$

es werden also weder die Geraden $A_1 A_2 A_3$, noch die Geraden $B_1 B_2 B_3$ auf demselben Punkt liegen. Die sechs Geraden A_k, B_k brauchen dann nicht alle voneinander verschieden zu sein, sie sind es aber in der Regel[2]), und wir wollen annehmen, daß sie es wirklich sind. Unter diesen Einschränkungen gilt der folgende Lehrsatz (Satz von Desargues oder „Satz von den perspektiven Dreiecken"):

Wenn die Verbindungsgeraden $\widetilde{P_1 Q_1}$, $\widetilde{P_2 Q_2}$, $\widetilde{P_3 Q_3}$ auf einem Punkt liegen, so liegen die Verbindungspunkte $\widetilde{A_1 B_1}$, $\widetilde{A_2 B_2}$, $\widetilde{A_3 B_3}$ auf einer Geraden, und umgekehrt.

---

[1]) Diese Einschränkungen und die dazu korrelativen fehlen in den mir bekannten Fassungen des Satzes von Desargues. Man kann sie auch tatsächlich weglassen, dann aber muß man sich anders ausdrücken, als es üblicherweise geschieht. [Man kann dann nicht einmal mehr behaupten, daß die Verbindungspunkte der (im weiteren Text erklärten) Paare von Geraden A_k, B_k immer auf einer durch sie bestimmten Geraden liegen.] Wer etwa einwenden wollte, das Richtige sei ja gemeint, würde wörtlich Recht und dennoch im Grunde Unrecht haben. Die Sitte, sich um Kleinigkeiten nicht zu kümmern, ist das Ei, aus dem mit unheimlicher Schnelligkeit sich ein wahrer Basilisk zu entwickeln pflegt. Sie ist der Infektionskeim, aus dem tatsächlich eine verheerende Krankheit entstanden ist, die den „schönen Leib der Geometrie" allenthalben mit Schwären überzogen hat. Principiis obsta!

Angemerkt zu werden verdient auch, daß der Lehrsatz von Desargues inhaltsleer wird, wenn der Verbindungspunkt der zwei Geraden $\widetilde{P_k Q_k}$ einer der sechs Punkte P_k, Q_k selbst ist.

[2]) Das heißt, die Konstantenzahl (2. 11) unserer Figur wird durch die Forderung, daß auch die Geraden A_k, B_k alle getrennt sein sollen, nicht verringert. Übrigens bilden die Desarguesschen Figuren ein Kontinuum, und alle, die hier nicht betrachtet werden sollen, erfüllen Mannigfaltigkeiten mit einer geringeren Zahl von (komplexen) Dimensionen.

§ 6. Weitere Beispiele: Lehrsätze von

Die zuletzt genannten drei Punkte werden nämlich dann einer Geraden angehören, wenn der Ausdruck $(A_1B_1 \,|\, A_2B_2 \,|\, A_3B_3)$ gleich Null ist. Nach einer kleinen Zwischenrechnung, bei der die Identität A zu benutzen ist, findet sich nun

(2) $$\begin{array}{c}(A_1B_1 \,|\, A_2B_2 \,|\, A_3B_3)\\ = (P_1P_2P_3) \cdot (Q_1Q_2Q_3) \cdot (P_1Q_1 \,|\, P_2Q_2 \,|\, P_3Q_3).\end{array}$$

Damit hat man schon den behaupteten Lehrsatz[1]).

Man kann auch so zu Werke gehen, daß man die eine Figur als Dreieck (P_1, P_2, P_3), die andere als Dreiseit (B_1, B_2, B_3) gibt. Setzt man dann

$$(P_2P_3 X) = (A_1' X), \quad (B_2B_3 U) = (Q_1' U) \text{ usw.},$$

so daß $A_k' = A_k$, aber $Q_k' = (Q_1Q_2Q_3) \cdot Q_k$ wird, so folgt

(3 a) $$\begin{array}{c}(P_1Q_1' \,|\, P_2Q_2' \,|\, P_3Q_3')\\ = (B_1B_2B_3) \cdot \{(B_1P_2)(B_2P_3)(B_3P_1) - (B_1P_3)(B_2P_1)(B_3P_2)\},\end{array}$$

(3 b) $$\begin{array}{c}(A_1'B_1 \,|\, A_2'B_2 \,|\, A_3'B_3)\\ = (P_1P_2P_3) \cdot \{(B_1P_2)(B_2P_3)(B_3P_1) - (B_1P_3)(B_2P_1)(P_3P_2)\}.\end{array}$$

Unter der Voraussetzung $(P_1P_2P_3) \neq 0$, $(B_1B_2B_3) \neq 0$ sagt also das Verschwinden beider Ausdrücke (3) dasselbe aus, womit der Lehrsatz von Desargues nochmals begründet ist.

Wir haben hiermit für die sogenannte perspektive Lage unserer Dreiecke oder Dreiseite im ganzen vier verschiedene Kriterien gefunden, die (unter den bezeichneten Voraussetzungen) alle miteinander gleichbedeutend sein müssen. Die beiden ersten sind die der Formel (2):

(4) $$\begin{array}{l}(P_1Q_1 \,|\, P_2Q_2 \,|\, P_3Q_3) = 0,\\ (A_1B_1 \,|\, A_2B_2 \,|\, A_3B_3) = 0;\end{array}$$

ihre Äquivalenz haben wir eben unter (2) schon nachgewiesen. Ebenso aber müssen mit ihnen und dann auch untereinander gleichbedeutend sein die nach dem Schema (3) gebildeten Kriterien

(5) $$\begin{array}{l}(B_1P_2)(B_2P_3)(B_3P_1) - (B_1P_3)(B_2P_1)(B_3P_2) = 0,\\ (A_1Q_2)(A_2Q_3)(A_3Q_1) - (A_1Q_3)(A_2Q_1)(A_1Q_2) = 0.\end{array}$$

---

[1]) Man beachte, daß man einen nicht umkehrbaren Satz erhält, wenn man die Einschränkungen $(P_1P_2P_3) \neq 0$, $(Q_1Q_2Q_3) \neq 0$ fallen läßt. Siehe die Anmerkung auf S. 61.

In der Tat findet sich z. B.

(6) $$\boxed{\begin{array}{l}(B_1 P_2)(B_2 P_3)(B_3 P_1) - (B_1 P_3)(B_2 P_1)(B_3 P_2) \\ = (Q_1 Q_2 Q_3) \cdot (P_1 Q_1 \mid P_2 Q_2 \mid P_3 Q_3);\end{array}}$$

man hat nur in (3a) auf die Definition der Vektoren B_k und Q'_k zurückzugehen. Die identische Gleichung (6) wird als Folge unserer Identitäten vom Typus A oder vielmehr A' leicht auch unmittelbar dargestellt:

$$(B_1 P_2)(B_2 P_3)(Q_1 Q_2 P_1) - (B_1 P_3)(Q_3 Q_1 P_1)(B_3 P_2)$$
$$= (B_2 P_3) \cdot \{(B_1 Q_1)(P_2 Q_2 P_1) + 0 + (B_1 P_1)(Q_1 Q_2 P_2)\}$$
$$- (B_3 P_2) \cdot \{0 + (B_1 Q_1)(Q_3 P_3 P_1) + (B_1 P_1)(Q_3 Q_1 P_3)\}$$
$$= (B_1 Q_1) \cdot \{(P_1 P_2 Q_2)(B_2 P_3) - (P_3 P_1 Q_3)(B_3 P_2)\}$$
$$+ (B_1 P_1) \cdot \{(Q_1 Q_2 P_2)(Q_3 Q_1 P_3) - (Q_3 Q_1 P_3)(Q_1 Q_2 P_2)\}$$
$$= (Q_1 Q_2 Q_3) \cdot (P_1 Q_1 \mid P_2 Q_2 \mid P_3 Q_3) + 0.$$

Die Ableitung von Identitäten zwischen Invarianten liegt nicht immer so nahe wie im Beispiel unserer Formel (6). Besteht man nicht darauf, die Rolle der Grundformeln A, B in jedem Falle in Evidenz zu setzen, so gibt es öfter ein einfacheres Verfahren, das sich gründet auf einen Satz der Funktionentheorie:

Wenn eine ganze rationale Funktion F von irgendwelchen Veränderlichen für alle (komplexen!) Werte dieser Veränderlichen verschwindet, für die eine irreduzible ganze rationale Funktion Φ den Wert Null hat, so ist F durch Φ teilbar, $F = \Phi \cdot \Psi$. (Beweis: M.T.F., S. 202.)

In unserem Falle ist F der Ausdruck links in (6) und $\Phi = (P_1 Q_1 \mid P_2 Q_2 \mid P_3 Q_3)$, also (wegen der Invarianz beider Funktionen und ihrer Homogenität) $\Psi = \varrho \cdot (Q_1 Q_2 Q_3)$. Es bleibt dann nur noch der Zahlenwert von ϱ zu bestimmen. Man findet $\varrho = 1$, wenn man etwa $Q_1 = P_2$, $Q_2 = P_3$, $Q_3 = P_1$ setzt.

In dem Satze von Desargues kommen im ganzen zehn Punkte und zehn Geraden vor, nämlich außer den genannten noch das Perspektivitätszentrum $P_0 = Q_0$ und die Perspektivitätsachse $A_0 = B_0$. Jeder der zehn Punkte liegt dann immer auf bestimmten dreien der zehn Geraden und ebenso jede der zehn Geraden auf dreien der zehn Punkten[1]). Dieselben Punkte und Geraden bilden auf zehn Arten eine Desarguessche Figur,

---

[1]) Außerdem kann es (sogar dreimal) noch vorkommen, daß einer der Punkte P mit einer Geraden B, oder einer der Punkte Q mit einer Geraden A vereinigt liegt.

§ 6. Weitere Beispiele: Lehrsätze von

insofern augenscheinlich jeder der zehn Punkte zusammen mit einer durch ihn bestimmten Geraden als Perspektivitätszentrum und -achse fungieren kann.

Die hiermit ausgesagte Gleichberechtigung der zehn Punkte und Geraden kann, wie bekannt, übersichtlich dadurch ausgedrückt werden, daß man den Punkten und Geraden Indizes zuordnet, nämlich etwa den Geraden Paare und den Punkten Tripel von Indizes, die aus den Zahlen 1, 2, 3, 4, 5 gebildet sind. Auf jeder der zehn Geraden $(\alpha\beta)$ liegen dann (immer) die drei Punkte $(\alpha\beta\gamma)$, $(\alpha\beta\delta)$, $(\alpha\beta\varepsilon)$, und auf jedem Punkt $(\alpha\beta\gamma)$ die drei Geraden $(\beta\gamma)$, $(\gamma\alpha)$, $(\alpha\beta)$. (Die Figur des Desarguesschen Satzes kann samt dieser Indizesbezeichnung dadurch erhalten werden, daß man die zehn Verbindungsgeraden je zweier von fünf Ebenen im dreidimensionalen projektiven Kontinuum — dem sogenannten Raume — und die zehn Verbindungspunkte von je dreien in die Ebene projiziert.)

Eine genauere Untersuchung der Desarguesschen Figur würde sich vielleicht lohnen, müßte aber bei weitem den hier verfügbaren Raum überschreiten. Wenigstens erwähnt mag werden, daß die in § 4 abgehandelte Figur X_1, X_2, X_3, Y_1, Y_2, Y_3, aus dem Mittelpunkt der Einheitskugel projiziert, eine im Sinne der projektiven Geometrie nicht spezialisierte Desarguessche Figur liefert. Anders ausgedrückt: Die Punkte $(\alpha\beta\gamma)$ und die ihnen zugeordneten Geraden $(\delta\varepsilon)$ sind Pole und Polaren in bezug auf einen durch die Desarguessche Figur eindeutig bestimmten Kegelschnitt[1]). Der hierin enthaltene Satz von den beiden „Höhenschnittpunkten" einander polar zugeordneter (nicht zusammenfallender!) sphärischer Dreiecke liefert in der Grenze auch noch den Satz vom Höhenschnittpunkt ebener Dreiecke.

Die folgende Auseinandersetzung bezieht sich auf die algebraische Bestimmung eines Kegelschnittes aus fünf gegebenen Figuren, von denen einige (0, 1, ... 5) Punkte und einige (5, 4, ... 0) Geraden (Tangenten) sind. Haben diese nicht gerade eine besondere Lage, so wird die zu suchende Figur, der Kegelschnitt, ein- oder mehrdeutig bestimmt und nicht spezialisiert sein, nämlich ebensowohl als Ort von Punkten wie als Ort von Geraden beschrieben werden können. Wir haben also im ganzen zwölf Aufgaben vor uns, da in jedem Falle eine Kurve zweiter Ordnung und eine Kurve zweiter Klasse zu suchen ist. Aber wegen der Vertauschbarkeit der Begriffe Punkt und Gerade sind nur sechs von diesen Aufgaben wirklich verschieden, und außerdem kann man noch nach bekannten Regeln, wenn z. B. die Kurve zweiter Ordnung gefunden ist, die Gleichung der Kurve zweiter Klasse herstellen. Die dann auszuführende (leichte) Rechnung wird man kaum sehr lohnend finden; so bleiben also in der Hauptsache nur drei wesentlich-verschiedene Aufgaben übrig.

Nicht ganz deckt sich hiermit, ohne genauere Vorschrift über die Art der Beantwortung, die Frage nach den Bedingungen, unter

---

[1]) Diese Kurve kann mit Hilfe der Formel (1) in § 5 gefunden werden.

denen sechs der gegebenen Punkte oder Geraden einem Kegelschnitt angehören. Diese Bedingungen müssen sich in jedem Falle schon dadurch ausdrücken lassen, daß man eine ganze rationale Funktion von Invarianten der Gruppe Γ, also von Invarianten der Typen
$$(XYZ), (XU), (UVW),$$
gleich Null setzt. Aber nur im einfachsten Falle (0, 6) oder (6, 0) wird man damit auch die Lösungen der zuerst genannten Aufgaben kennen: In den Fällen (1, 5) oder (5, 1) und (3, 3) erhält man so nur eine Zusammenfassung der in mehreren (zwei oder vier) Exemplaren vorhandenen Lösungen, deren Trennung dann noch ein weiteres durchaus nicht leicht zu bewältigendes Problem bildet, während umgekehrt die Zusammenfassung der einzeln gefundenen Lösungen natürlich ohne weiteres ausgeführt werden kann. Damit haben wir allerdings nur einen Fingerzeig, wie man die Sache nicht angreifen soll.

Die Kurve zweiter Ordnung durch fünf gegebene Punkte.

Soll die Aufgabe nicht trivial oder gar unbestimmt sein, so ist anzunehmen, daß keine drei der fünf Punkte auf einer Geraden liegen. Vier der fünf Punkte bestimmen dann ein Büschel von Kurven zweiter Ordnung, von denen man die in Geraden zerfallenden Kurven schon kennt, und aus diesem Büschel kann ohne weiteres die Kurve herausgesucht werden, die auch noch den letzten Punkt enthält. Oder man kann auch verlangen, daß vier Punkte aus zwei weiteren durch gleiche Würfe projiziert werden. Ich ziehe es vor, an den Satz von Pascal anzuknüpfen: Auch dieser stellt nämlich die Bedingung für sechs Punkte auf einer Kurve zweiter Ordnung reinlich dar. Hierauf und auf seiner konstruktiven Einfachheit beruht seine Bedeutung für die Theorie der Kegelschnitte.

Wir benennen die sechs Punkte mit Ziffern 1 ... 6 und verbinden je zwei zyklisch aufeinander folgende durch die Geraden eines Sechsecks. Je zwei gegenüberliegende Seiten dieses Sechsecks haben dann die Verbindungspunkte
$$P = (1\,2\,5).4 - (1\,2\,4).5,$$
$$Q = (2\,3\,6).5 - (2\,3\,5).6,$$
$$R = (3\,4\,1).6 - (3\,4\,6).1.$$
Hieraus folgt
$$(PQR)$$
$$= (1\,2\,5).(2\,3\,6).\{(3\,4\,1).(4\,5\,6) - (3\,4\,6).(4\,5\,1)\}$$
$$+ (2\,3\,5).(3\,4\,6).\{(1\,2\,5).(4\,6\,1) - (1\,2\,4).(5\,6\,1)\}$$
$$= (1\,2\,5)(2\,3\,6)(4\,6\,1)(3\,4\,5) - (2\,3\,5)(3\,4\,6)(4\,5\,1)(2\,6\,1).$$

§ 6. Weitere Beispiele: Lehrsätze von

Jeder der sechs Punkte kommt hier zweimal vor, (PQR) ist vom zweiten Grade in bezug auf seine Koordinaten, und damit ist die gestellte Aufgabe gelöst; man braucht nur $(PQR) = 0$ zu setzen. Aber die gefundene Formel hat auch ein einfaches Bildungsgesetz, das klar zum Vorschein kommt, wenn man etwa die Zahlen 1, 2, 3, 4, 5, 6 der Reihe nach durch die Zahlen 2, 3, 5, 6, 1, 4 ersetzt. So erhalten wir die Lösung unseres Problems in verbesserter Form; sie wird dargestellt durch das Verschwinden einer rationalen Invariante der Gruppe Γ, die wir so bezeichnen wollen[1]):

(7) $$(1\,2\,3\,4\,5\,6)^2 = (1\,3\,5)(6\,1\,2)(2\,3\,4)(4\,5\,6) - (2\,4\,6)(1\,2\,3)(3\,4\,5)(5\,6\,1).$$

In der Tat sieht man sogleich, daß dieser Ausdruck den Wert Null annimmt, wenn zwei der sechs Punkte zusammenfallen. Er hat aber noch weitere bemerkenswerte Eigenschaften, von denen wir nur eine anführen: **Die Invariante $(1\,2\,3\,4\,5\,6)^2$ ist alternierend.** Das heißt, sie ändert (wie eine sechsreihige Determinante) ihr Vorzeichen, wenn man irgend zwei der sechs Punkte vertauscht. Da sie nun offenbar ihr Zeichen ändert, wenn man die Punkte 1 ... 6 zyklisch vertauscht, so genügt es zu zeigen, daß sie etwa bei Vertauschung der Punkte 1 und 2 ihr Vorzeichen ändert. In der Tat ist (zufolge der Identität A') die Summe

$$(1\,2\,3\,4\,5\,6)^2 + (2\,1\,3\,4\,5\,6)^2$$
$$= (6\,1\,2)(4\,5\,6).\{(1\,3\,5)(2\,3\,4) - (2\,3\,5)(1\,3\,4)\}$$
$$- (1\,2\,3)(3\,4\,5).\{(2\,4\,6)(5\,6\,1) - (1\,4\,6)(5\,6\,2)\}$$
$$= (6\,1\,2)(4\,5\,6).(1\,2\,3)(3\,5\,4) - (1\,2\,3)(3\,4\,5).(6\,1\,2)(5\,4\,6),$$

also gleich Null[2]).

Die Gleichung der Kurve zweiter Ordnung durch fünf Punkte, deren höchstens drei in einer Geraden liegen, kann danach immer dadurch gefunden werden, daß man die quadratische Form

(8) $F = (1\,3\,5)(2\,3\,4)(1\,2\,X)(4\,5\,X) - (1\,2\,3)(3\,4\,5)(2\,4\,X)(1\,5\,X)$

gleich Null setzt. Die Diskriminante $|F|$ dieser Form muß durch die sämtlichen Invarianten (ikl) teilbar sein; sie kann sich daher von dem Produkt dieser zehn Invarianten höchstens um einen Zahlen-

---

[1]) Der Exponent soll andeuten, daß jeder Punkt zweimal vorkommt. Um das Bildungsgesetz unseres Ausdruckes deutlich zu machen, schreiben wir ihn nochmals auf:

$$(1\,3\,5)(6\,1\,2)(2\,3\,4)(4\,5\,6) - (2\,4\,6)(1\,2\,3)(3\,4\,5)(5\,6\,1).$$

[2]) Siehe die Anmerkung am Schluß des Paragraphen.

faktor unterscheiden, der leicht mit Hilfe irgend eines Zahlenbeispiels bestimmt wird[1]). So findet man

(9) $$|F| = \frac{1}{4} \begin{Bmatrix} (1\,2\,3)(1\,2\,4)(1\,2\,5)(1\,3\,4)(1\,3\,5) \\ \cdot (1\,4\,5)(2\,3\,4)(2\,3\,5)(2\,4\,5)(3\,4\,5) \end{Bmatrix}.$$

Die Figur des Pascalschen Sechsecks und die Figur des Desarguesschen Satzes hängen jede von elf komplexen Konstanten (von „2.11" Konstanten) ab, und zwar bestimmt, wenn man von Grenzfällen absieht, die erste die zweite auf 60, und die zweite die erste auf zehn Arten. Nehmen wir nämlich an, daß die sechs Punkte des Pascalschen Sechsecks auf einer irreduzibelen Kurve zweiter Ordnung liegen, so können wir sie auf 120 Arten zyklisch

Fig. 1.

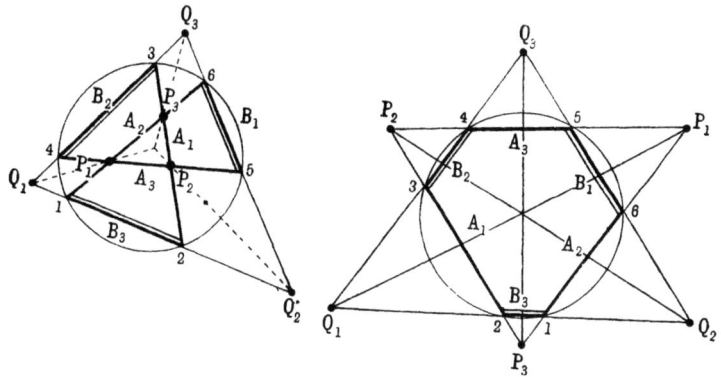

ordnen und also auf 60 Arten durch ein Sechsseit $A_1 B_2 A_3 B_1 A_2 B_3$ verbinden; der Satz von Pascal sagt dann nichts anderes aus, als daß die Dreiseite $A_1 A_2 A_3$ und $B_1 B_2 B_3$ perspektive Lage haben, und ebenso die zugehörigen Dreiecke $P_1 P_2 P_3$ und $Q_1 Q_2 Q_3$ (Fig. 1).

Umgekehrt werden die sechs Punkte auf dem Kegelschnitt wiedergefunden, wenn man je zwei einander nicht entsprechende Geraden A_i, B_k verbindet. In einer nicht speziellen Desarguesschen Figur können aber, wie gesagt, zehn Paare perspektiver Dreiecke gefunden

---

[1]) Die Diskriminante $|F|$ ist die Koeffizientendeterminante von F. Daß sie hier Invariante der Gruppe Γ ist, zeigt die Formel (9) ohne weiteres. Wir werden aber später für die Diskriminante einer mit Vektoren eines Gebietes beliebiger Stufenzahl gebildeten quadratischen Form ein anderes Bildungsgesetz angeben, das ihre Invarianteneigenschaft in Evidenz setzt, so daß weitere Erörterungen erspart werden können.

§ 6. Weitere Beispiele: Lehrsätze von

werden[1]). Wir wollen noch zusehen, was aus unserer Invariante $(1\,2\,3\,4\,5\,6)^2$ wird, wenn man die Punkte 1...6 nach dem Schema

$$1 = \widehat{A_2 B_3}, \quad 2 = \widehat{B_3 A_1}, \quad 3 = \widehat{A_1 B_2}, \ldots$$

durch zweimal drei Geraden oder Punkte bestimmt und sie (wie zuvor) linearen Formen oder Vektoren zuordnet. Man findet nach leichter Rechnung:

(10)
$$(1\,2\,3\,4\,5\,6)^2 = \left\{ \begin{array}{l} (A_2 A_3 B_1)(A_3 A_1 B_2)(A_1 A_2 B_3) \\ .(B_2 B_3 A_1)(B_3 B_1 A_2)(B_1 B_2 A_3) \end{array} \right\}$$
$$.(A_1 B_1 | A_2 B_2 | A_3 B_3) = (P_1 P_2 P_3)^4 \cdot (Q_1 Q_2 Q_3)^4$$
$$.(P_2 P_3 Q_1)(P_3 P_1 Q_2)(P_1 P_2 Q_3)$$
$$.(Q_2 Q_3 P_1)(Q_3 Q_1 P_2)(Q_1 Q_2 P_3) \cdot (P_1 Q_1 | P_2 Q_2 | P_3 Q_3).$$

Auch schon ohne Hilfe dieser Formel sieht man, daß die Forderungen

$$(1\,2\,3\,4\,5\,6)^2 = 0 \quad \text{und} \quad (P_1 Q_1 | P_2 Q_2 | P_3 Q_3) = 0$$

nur dann äquivalent sein können, wenn die ersten acht voneinander verschiedenen Teiler des letzten Ausdrucks nicht gleich Null sind.

Bei der Ableitung der Formel (10) ist angenommen, daß z. B. dem Punkt 1 der Vektor

$$(B_3 P_3) P_1 - (B_3 P_1) P_3 = (A_2 Q_3) Q_1 - (A_2 Q_3) Q_2$$

zugeordnet ist. Es zeigt sich dann, daß die (nach § 3, Nr. 12 zu berechnenden) Invarianten

$$(1\,3\,5) = \begin{cases} = -(P_1 P_2 P_3) \cdot \left\{ \begin{array}{l} (B_1 P_1)(B_2 P_2)(B_3 P_3) \\ -(B_1 P_2)(B_2 P_3)(B_3 P_1) \end{array} \right\} \\ = -(Q_1 Q_2 Q_3) \cdot \left\{ \begin{array}{l} (A_1 Q_1)(A_2 Q_2)(A_3 Q_3) \\ -(A_1 Q_3)(A_2 Q_1)(A_3 Q_2) \end{array} \right\} \\ = -(P_1 P_2 P_3) \cdot (Q_1 Q_2 Q_3) \cdot \left\{ \begin{array}{l} (A_1 Q_1)(B_1 P_1) \\ -(A_3 Q_2)(B_2 P_3) \end{array} \right\} \end{cases}$$

$$(2\,4\,6) = \begin{cases} = -(P_1 P_2 P_3) \cdot \left\{ \begin{array}{l} (B_1 P_1)(B_2 P_2)(B_3 P_3) \\ -(B_1 P_3)(B_2 P_1)(B_3 P_2) \end{array} \right\} \\ = -(Q_1 Q_2 Q_3) \cdot \left\{ \begin{array}{l} (A_1 Q_1)(A_2 Q_2)(A_3 Q_3) \\ -(A_1 Q_2)(A_2 Q_3)(A_3 Q_1) \end{array} \right\} \\ = -(P_1 P_2 P_3) \cdot (Q_1 Q_2 Q_3) \cdot \left\{ \begin{array}{l} (A_1 Q_1)(B_1 P_1) \\ -(A_2 Q_3)(B_2 P_3) \end{array} \right\} \end{cases}$$

nur als Differenz

$$(1\,3\,5) - (2\,4\,6) = (P_1 P_2 P_3) \cdot (Q_1 Q_2 Q_3) \cdot (P_1 Q_1 | P_2 Q_2 | P_3 Q_3)$$

---

[1]) Weitere Literatur über die Figur des Satzes von Pascal findet man angeführt im Repertorium der Mathematik (2. Aufl., II, 1, 1910, S. 37) und in einem Enzyklopädieartikel desselben Verfassers — Dingeldey — (III, C, 1, Nr. 20—22).

in die Invariante $(1\ 2\ 3\ 4\ 5\ 6)^2$ eingehen. Man sieht, daß im Falle perspektiver Dreiecke $\{(P_1 P_2 P_3) \neq 0,\ (Q_1 Q_2 Q_3) \neq 0!\}$ jede der Gleichungen

$$(1\ 3\ 5) = 0, \qquad (2\ 4\ 6) = 0$$

die andere nach sich zieht. Bestehen diese Gleichungen, so zerfällt die Kurve zweiter Ordnung durch die Punkte 1...6 in der Weise, daß ihr einer gerader Bestandteil die Punkte 1, 3, 5, der andere die Punkte 2, 4, 6 enthält. (Hieraus ergibt sich das auf S. 50 über die Gleichung $A_{00} = 0$ Gesagte.)

Die in der Literatur als Satz von Brianchon verzeichnete Tatsache ist für unsere Auffassung natürlich gar kein wirklich neuer Lehrsatz, sondern, nur mit anderen Worten gesetzt, nochmals der Satz von Pascal. Es darf indessen nicht übersehen werden, daß die projektive Geometrie sich auf einer von der unsrigen sehr verschiedenen Grundlage entwickelt hat, und daß die Paarung aller ihrer Figuren ursprünglich denn doch eine Entdeckung war.

Auf die Invariante $(1\ 2\ 3\ 4\ 5\ 6)^2$ bezieht sich eine ganze Literatur. Zuerst scheint sie von Reiss gefunden worden zu sein (Math. Ann. **2**, 397, 1870); dann wurde sie wohl noch von einem Dutzend Autoren entdeckt, deren keiner jedoch meines Wissens Neues zutage gefördert hat. Insbesondere enthält der von einigen so genannte Satz von Güntsche nichts, das nicht längst bekannt gewesen wäre. (Reiss hat übrigens die Bedingung dafür, daß zehn Punkte auf einer Kurve dritter Ordnung liegen, mit Hilfe eines ähnlich gebildeten Ausdrucks dargestellt.)

Eine weitergehende Untersuchung enthält eine Arbeit des Verfassers [über das Pascalsche Sechseck und einen Satz von Hesse (Leipz. Ber. 1895, S. 532)]. Teilweise analoge Eigenschaften finden sich noch bei einer nur von zehn (fünf komplexen) Konstanten abhängigen Figur von sechs Punkten, deren je fünf den letzten eindeutig bestimmen. In dieser Figur werden nämlich je vier Punkte aus den beiden übrigen durch konjugiert-imaginäre Würfe projiziert (Math. Ann. **60**, 347, 348, 1915).

In unserer Darlegung über den Pascalschen Satz wurden die Punkte 1...6 als voneinander getrennt angenommen. Man kann sie aber auch gruppenweise zusammenrücken lassen und erhält dann die Lösungen einiger Aufgaben der Differentialgeometrie. Namentlich ergeben sich auf diesem Wege Begriff und analytische Darstellung der sogenannten Elemente zweiter Ordnung in der ebenen projektiven Geometrie [vier „natürliche Kontinua" solcher Elemente (Leipz. Ber. 1901, S. 338)]. Läßt man alle sechs Punkte zusammenrücken, so erhält man die Differentialgleichung der Kurven zweiter Ordnung (ebenda, S. 349) in projektiv-invarianter Form: Ist t der Parameter des Punktes 0, und bezeichnen die Zahlen 0...5 Differentiationsindizes, so lautet sie $\Psi(t) = 0$, wo

$$\Psi(t) = 9 \cdot (0\ 1\ 2)^2 \cdot \{(0\ 1\ 5) + 10 \cdot (1\ 2\ 3) + 5 \cdot (0\ 2\ 4)\}$$
$$- 45 \cdot (0\ 1\ 2) \cdot (0\ 1\ 3) \cdot \{2 \cdot (0\ 2\ 3) + (0\ 1\ 4)\} + 40 \cdot (0\ 1\ 3)^3$$

ist. Liegt dann in der Ebene eine analytische Kurve $X = X(t)$ vor, die weder eine Gerade noch eine Kurve zweiter Ordnung ist, so kann man auf ihr einen **natürlichen Parameter** angeben, dargestellt durch die Integralinvariante

$$\int \frac{\sqrt[3]{\Psi(t)}}{(0\ 1\ 2)} dt;$$

Besonderheiten dieses Parameters auf der Kurve zeigen dann immer projektiv-invariante Besonderheiten des zugehörigen Kurvenpunktes an (ebenda, S. 349; s. auch Pick, Wiener Ber. **115**, 139 ff., 1906).

Auf dem gleichen Grundgedanken beruhende Parameterdarstellungen, die aber zur Gruppe der affinen Transformationen gehören, sind vielfach benutzt worden von W. Blaschke und anderen.

Mit diesen etwas kümmerlichen Hinweisungen muß ich mich begnügen; der Stoff der projektiven Differentialgeometrie ist ein umfangreiches Kapitel für sich.

§ 7.
Fortsetzung: Weiteres über Kegelschnitte.

Bei der Behandlung der übrigen zuvor (auf S. 64) formulierten Aufgaben über Kegelschnitte finde ich es vorteilhaft, ihre Reihenfolge zu ändern. So kommen an den Anfang unserer Betrachtung zwei sehr einfache Lehrsätze:

Die notwendige und hinreichende Bedingung dafür, daß drei Punkte P, Q, R und drei Geraden A, B, C (diese als Tangenten) demselben Kegelschnitt angehören, läßt sich so schreiben:

(1) $$\begin{vmatrix} \sqrt{AP} & \sqrt{AQ} & \sqrt{AR} \\ \sqrt{BP} & \sqrt{BQ} & \sqrt{BR} \\ \sqrt{CP} & \sqrt{CQ} & \sqrt{CR} \end{vmatrix} = 0.$$

Die notwendige und hinreichende Bedingung dafür, daß zwei Punkte P, Q und vier Geraden A, B, C, D demselben Kegelschnitt angehören, ist das Bestehen einer Gleichung der Form

(2) $$(BCD)\sqrt{(AP)(AQ)} - (CDA)\sqrt{(BP)(BQ)} + (DAB)\sqrt{(CP)(CQ)} - (ABC)\sqrt{(DP)(DQ)} = 0\ ^{1}).$$

---

[1] Die Vorzeichen in der Formel (2) sind an sich willkürlich. Warum sie so gewählt sind, wie geschehen, sieht man, wenn man $P = Q$ setzt.

Solcher Formeln, die ein geometrisches Interesse haben, lassen sich noch mehr bilden. Die nach Analogie von (1) aus vier Ebenen und vier Punkten gebildete Determinante sagt durch ihr Verschwinden aus: Es gibt eine Steinersche Fläche, die die vier Ebenen zu Doppelebenen hat

§ 7. Weiteres über Kegelschnitte.

Natürlich sind in diesen Formulierungen Grenzfälle, in denen mehrere oder sogar unendlich viele „Kegelschnitte" — Örter von Punkten und Geraden — den gestellten Bedingungen genügen, nicht ausgeschlossen. Auch wird nicht unterschieden zwischen verschiedenen Arten des „Angehörens": Z. B. kann eine Kurve zweiter Ordnung aus zwei Geraden bestehen, sie kann (mindestens) einen Doppelpunkt haben. Dann gehört jede Gerade durch diesen Punkt (oder einen dieser Punkte) der Kurve an (wenn man will, als in der Regel „uneigentliche" Tangente).

Als zur Genüge bekannt darf hier angenommen werden, daß immer dann, wenn etwa drei Geraden A, B, C und zwei Punkte P, Q nicht unendlich vielen Kegelschnitten angehören, die algebraische Fassung des Problems ihrer Bestimmung von der Lösung einer Gleichung vierten Grades abhängt. Diese Gleichung, oder vielmehr eine solche Gleichung, sollen wir nun nach (1) in der Form

(3)
$$\begin{vmatrix} \sqrt{AP} & \sqrt{AQ} & \sqrt{AX} \\ \sqrt{BP} & \sqrt{BQ} & \sqrt{BX} \\ \sqrt{CP} & \sqrt{CQ} & \sqrt{CX} \end{vmatrix} = 0$$

vor uns haben, die, in bezug auf die Veränderliche X, sogleich auch in rationale Gestalt gebracht werden kann. In der Tat sieht man sofort, daß die durch (3) dargestellte Kurve zweiter Ordnung vierdeutig bestimmt ist und durch die Punkte P und Q gehen muß. Daß eine solche Kurve dann mit jeder der Geraden A, B, C, bei nicht zu spezieller Lage der gegebenen Figuren, nicht zwei verschiedene Punkte gemein haben kann, sieht man, wenn man z. B. die Gleichung $(AX) = 0$ mit der Gleichung (3) zusammenstellt. Diese wird nämlich dann gleichbedeutend mit einer in X linearen Gleichung.

Grenzlagen der besprochenen Figuren gibt es mancherlei, sie können hier nicht wohl alle aufgezählt und erörtert werden. Die wichtigsten darunter sind aber die, die sich durch das Verschwinden

---

und durch die vier Punkte geht; und ebenso: Es gibt eine Fläche dritter Ordnung, die in den vier Punkten Doppelpunkte hat und von den vier Ebenen berührt wird.

Gleichungen der Form
$$|(A_1 P_1)^m \ldots (A_\mu P_\mu)^m| = 0$$
treten auf im Zusammenhang mit der Polarentheorie der Kurven, Flächen usw. der m^{ten} Ordnung.

Welches ist z. B. die Gleichung des Kreises, der ein gegebenes Dreieck zum Poldreieck hat?

§ 7. Weiteres über Kegelschnitte.

einer einzelnen Invariante der Figuren A, B, C, P, Q kennzeichnen lassen und aus der Forderung entspringen, daß eine der Kurven zweiter Ordnung Nr. 3 ausartet, oder daß zwei dieser Kurven zusammenfallen.

Es wird wohl erlaubt sein, auch einmal einer späteren Darlegung etwas vorzugreifen. Ich stütze mich also auf den Satz, daß die Diskriminante einer in der Form

$$(4) \quad \sum_{1}^{3} C_{ik} \cdot (A_i X)(A_k X)$$

dargestellten quadratischen Form der Ausdruck

$$(5) \quad \begin{vmatrix} C_{11} & C_{12} & C_{13} \\ C_{21} & C_{22} & C_{23} \\ C_{31} & C_{32} & C_{33} \end{vmatrix} \cdot (A_1 A_2 A_3)^2$$

ist. Hiernach wird die Kurve zweiter Ordnung, die wir durch Festlegung der Wurzelwerte in den zwei ersten Vertikalreihen der Determinante (3) erhalten, dann reduzibel, wenn das Produkt

$$(6) \quad -4 \cdot \left\{ \begin{matrix} [\sqrt{BP} & \sqrt{CQ} - \sqrt{BQ} & \sqrt{CP}]^2 \\ \cdot [\sqrt{CP} & \sqrt{AQ} - \sqrt{CQ} & \sqrt{AP}]^2 \\ \cdot [\sqrt{AP} & \sqrt{BQ} - \sqrt{AQ} & \sqrt{BP}]^2 \end{matrix} \right\} \cdot (ABC)^2$$

den Wert Null annimmt. Ist nur einer der drei ersten Faktoren gleich Null, ist also z. B.

$$(BP)(CQ) - (BQ)(CP) = 0,$$

so wird die Kurve (3) eine Doppelgerade und zugleich eine doppelt zählende Lösung unseres Problems, während die zwei weiteren Lösungen getrennt bleiben und nicht singulär sind. Ist aber $(ABC) = 0$, so sind alle vier Lösungen in einem Paar voneinander verschiedener Geraden vereinigt. Außer diesen singulären Lösungen gibt es, wie man unschwer erkennt, auch noch Fälle, in denen Lösungen zusammenrücken, aber irreduzibel bleiben. Es sollte nur von denen die Rede sein, die sich schon durch eine einzelne Gleichung bezeichnen lassen. Diese ist dann irgend eine der Gleichungen $(AP) = 0 \ldots (CQ) = 0$.

In ähnlicher Weise läßt sich die Gleichung (2) behandeln. Sie liefert uns, im allgemeinen, dieselben Kegelschnitte nochmals, aber nun dargestellt als Örter von Geraden, als Kurven zweiter Klasse:

$$(7) \quad \boxed{\begin{matrix}(ABC)^2 \cdot (UP)(UQ) - \{\sqrt{(AP)(AQ)} \cdot (BCU) \\ + \sqrt{(BP)(BQ)} \cdot (CAU) + \sqrt{(CP)(CQ)} \cdot (ABU)\}^2 = 0.\end{matrix}}$$

§ 7. Weiteres über Kegelschnitte.

Man wird vermuten, daß von den vier Kurven zweiter Ordnung Nr. (3) und den vier Kurven zweiter Klasse Nr. (7) immer zwei solche zusammengehören (demselben als Ort von Punkten und Geraden betrachteten Kegelschnitt entsprechen), für die entsprechende Wurzelgrößen wie

$$\sqrt{(AP)(AQ)} \quad \text{und} \quad \sqrt{AP} \cdot \sqrt{AQ}$$

in allen drei Fällen einander gleich (oder entgegengesetzt gleich) sind. In der Tat kann das schon daraus erschlossen werden, daß das Vierseit A, B, C, U (bei nicht zu spezieller Lage dieser vier Geraden) bei einer Gruppe von 4! Kollineationen in Reihe bleibt. Bei anders beschaffener Abhängigkeit der genannten 2.3 Wurzelgrößen würde sich nämlich eine Vertauschung von A, B, C finden lassen, die zusammengehörige Kurven in nicht zusammengehörige überführte, während doch die bewirkte Zuordnung kollinear ist. Wir brauchen diesen Zusammenhang zwischen den Gleichungen (3) und (7) weiter nicht. Von einer rechnerischen Darlegung darüber, die schon nicht ganz kurz oder einfach ausfallen kann, darf daher wohl abgesehen werden.

Es bleibt uns nun noch eine von zwei zueinander korrelativen Aufgaben zu lösen, wobei die gegebenen Figuren vier Punkte und eine Gerade, oder vier Geraden und ein Punkt sind. Ich wähle das letzte dieser nur formal verschiedenen Probleme, da dann die nahe liegende Anwendung auf einen vielbehandelten Gegenstand, nämlich auf die Theorie der konfokalen sphärischen oder ebenen Kegelschnitte, nicht erst einen Wechsel der Bezeichnung erfordern wird. Um eben dieser Anwendung willen soll auch die Behandlung der vorliegenden besonderen Probleme auf eine etwas breitere Basis gestellt werden, als unbedingt nötig wäre.

Das ebene Vierseit und sein assoziiertes Viereck.

Um das Folgende besser zu übersehen, erinnere man sich einer sehr bekannten Figur der ebenen projektiven Geometrie. Es seien drei nicht in gerader Linie gelegene Punkte Q_1, Q_2, Q_3 und ihre Verbindungsgeraden B_1, B_2, B_3 gegeben, und außerdem noch eine Gerade A_0, die durch keinen der Punkte Q geht. Diese Gerade bestimmt dann, lediglich durch Konstruktion vierter harmonischer Punkte noch drei weitere, A_1, A_2, A_3, und außerdem vier Punkte P_0, P_1, P_2, P_3 (s. Fig. 2). Die vier Geraden der erhaltenen Figur können dann auch als gegeben angesehen werden, und ebenso die

§ 7. Weiteres über Kegelschnitte.

vier Punkte. Man hat vor sich ein ebenes Vierseit und sein assoziiertes Viereck, zwei Figuren, deren jede die andere durch zwei zueinander korrelative Konstruktionen eindeutig bestimmt[1]).

In allem Folgenden bedeutet der Index k eine der Zahlen 0, 1, 2, 3; die Indizes α, β, γ bedeuten die Zahlen 1, 2, 3 in irgend einer der **zyklischen** Anordnungen 1, 2, 3; 2, 3, 1; 3, 1, 2.

Die Geraden B_α sind dann die „Diagonalen", die Punkte Q_α die „Diagonalpunkte" der ganzen Figur.

Fig. 2.

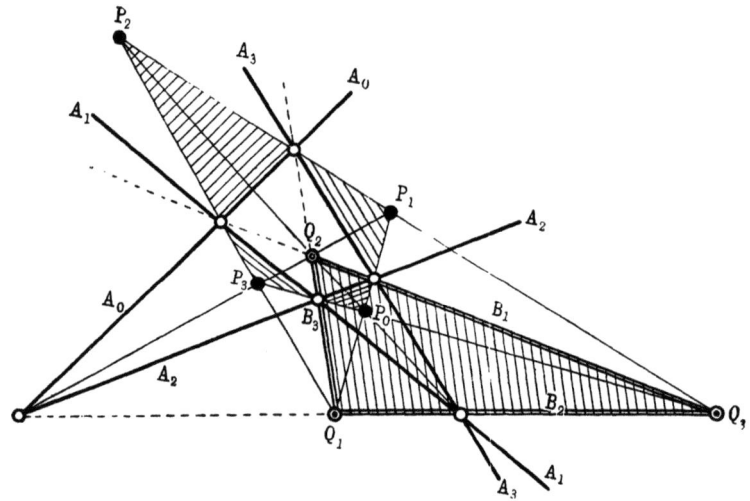

Die Geraden A_k und die Punkte P_k stehen in der Beziehung von „Harmonikale" und „harmonischem Pol" in bezug auf das Dreiseit B_1, B_2, B_3 oder Dreieck Q_1, Q_2, Q_3 [2]).

Diese in geometrischer Kurzschrift angedeuteten geläufigen Tatsachen bilden nun einen Ausschnitt aus einem reichhaltigeren System algebraischer Abhängigkeiten, bei deren Darstellung man die Bezeichnungen so einrichten kann, daß die Reziprozität zwischen den sieben Geraden und Punkten

A_0, A_1, A_2, A_3; B_1, B_2, B_3 und P_0, P_1, P_2, P_3; Q_1, Q_2, Q_3

---
[1]) Vgl. G. Kohn, Sitzungsber. d. Wien. Akad. **93**, 2. Abteilung, 314 u. 349, 1886.

[2]) Es bilden z. B. A_0, P_0 zusammen mit dem Dreiseit oder Dreieck A_1, A_2, A_3, Q_1, Q_2, Q_3 die bekannte Figur der Sätze von Ceva und Menelaos.

§ 7. Weiteres über Kegelschnitte.

zu vollkommenem Ausdruck kommt: An Stelle der Geraden und Punkte treten dann ihnen passend zugeordnete Vektoren erster und zweiter Schicht. Um nicht in einem schon etwas umfänglichen Formelsystem die Übersicht zu gefährden, stelle ich zuerst die weiterhin zu entwickelnden Definitionen und Lehrsätze so zusammen, daß immer gepaarte Formeln zusammenstehen. Der Leser wolle zunächst schnell darüber hinweglesen: Was Definition und was Lehrsatz ist, wird sogleich klar werden.

(8a) (8b)
$$2\mathfrak{X}_0 = -(A_1 A_2 A_3)(A_0 X), \quad 2\mathfrak{U}_0 = -(P_1 P_2 P_3)(P_0 U),$$
$$2\mathfrak{X}_1 = (A_2 A_3 A_0)(A_1 X), \quad 2\mathfrak{U}_1 = (P_2 P_3 P_0)(P_1 U),$$
$$2\mathfrak{X}_2 = -(A_3 A_0 A_1)(A_2 X), \quad 2\mathfrak{U}_2 = -(P_3 P_0 P_1)(P_2 U),$$
$$2\mathfrak{X}_3 = (A_0 A_1 A_2)(A_3 X). \quad 2\mathfrak{U}_3 = (P_0 P_1 P_2)(P_3 U).$$

(9a) $\quad \mathfrak{X}_0 + \mathfrak{X}_1 + \mathfrak{X}_2 + \mathfrak{X}_3 = 0,$
(9b) $\quad \mathfrak{U}_0 + \mathfrak{U}_1 + \mathfrak{U}_2 + \mathfrak{U}_3 = 0.$

(10a) $\quad \Xi_\alpha = (B_\alpha X) = \mathfrak{X}_0 + \mathfrak{X}_\alpha = -\mathfrak{X}_\beta - \mathfrak{X}_\gamma.$
(10b) $\quad \Phi_\alpha = (Q_\alpha U) = \mathfrak{U}_0 + \mathfrak{U}_\alpha = -\mathfrak{U}_\beta - \mathfrak{U}_\gamma.$

(11a) (11b)
$$2\mathfrak{X}_0 = \Xi_1 + \Xi_2 + \Xi_3, \quad 2\mathfrak{U}_0 = \Phi_1 + \Phi_2 + \Phi_3,$$
$$2\mathfrak{X}_1 = \Xi_1 - \Xi_2 - \Xi_3, \quad 2\mathfrak{U}_1 = \Phi_1 - \Phi_2 - \Phi_3,$$
$$2\mathfrak{X}_2 = -\Xi_1 + \Xi_2 - \Xi_3, \quad 2\mathfrak{U}_2 = -\Phi_1 + \Phi_2 - \Phi_3,$$
$$2\mathfrak{X}_3 = -\Xi_1 - \Xi_2 + \Xi_3. \quad 2\mathfrak{U}_3 = -\Phi_1 - \Phi_2 + \Phi_3.$$

(12a) $\quad 4(B_1 B_2 B_3) = (A_1 A_2 A_3)(A_2 A_3 A_0)(A_3 A_0 A_1)(A_0 A_1 A_2),$
(12b) $\quad 4(Q_1 Q_2 Q_3) = (P_1 P_2 P_3)(P_2 P_3 P_0)(P_3 P_0 P_1)(P_0 P_1 P_2).$

(13a) $\quad (B_1 B_2 B_3) \cdot \Phi_\alpha = (B_1 B_2 B_3) \cdot (Q_\alpha U) = (B_\beta B_\gamma U).$
(13b) $\quad (Q_1 Q_2 Q_3) \cdot \Xi_\alpha = (Q_1 Q_2 Q_3) \cdot (B_\alpha X) = (Q_\beta Q_\gamma X).$

(14) $\quad (B_\alpha Q_\alpha) = 1; \quad (B_1 B_2 B_3)(Q_1 Q_2 Q_3) = 1.$

(15) $\quad (A_1 A_2 A_3)(P_1 P_2 P_3) = 2, \quad (A_2 A_3 A_0)(P_2 P_3 P_0) = 2,$
$\quad (A_3 A_0 A_1)(P_3 P_0 P_1) = 2, \quad (A_0 A_1 A_2)(P_0 P_1 P_2) = 2.$

(16) $\quad (\mathfrak{X}\mathfrak{U}) = \mathfrak{X}_0 \mathfrak{U}_0 + \mathfrak{X}_1 \mathfrak{U}_1 + \mathfrak{X}_2 \mathfrak{U}_2 + \mathfrak{X}_3 \mathfrak{U}_3$
$\quad = (\Xi \Phi) = \Xi_1 \Phi_1 + \Xi_2 \Phi_2 + \Xi_3 \Phi_3 = (XU).$

(17a) $\quad \mathfrak{X}_0^2 + \mathfrak{X}_1^2 + \mathfrak{X}_2^2 + \mathfrak{X}_3^2 = \Xi_1^2 + \Xi_2^2 + \Xi_3^2.$
(17b) $\quad \mathfrak{U}_0^2 + \mathfrak{U}_1^2 + \mathfrak{U}_2^2 + \mathfrak{U}_3^2 = \Phi_1^2 + \Phi_2^2 + \Phi_3^2.$

§ 7. Weiteres über Kegelschnitte.

Behufs Ableitung dieses Formelsystems, das, wie bemerkt, viel mehr aussagt als die zuvor in der Sprache der projektiven Geometrie gemachten Angaben, gehen wir aus von (irgend) vier Vektoren zweiter Schicht A_0, A_1, A_2, A_3, deren je drei linear-unabhängig sind. Die zu führenden Beweise sind so einfach, daß sie fast ganz unterdrückt werden können. Der Leser wird in ihnen keinerlei Schwierigkeit finden. Was sich aber nicht von selbst versteht, ist ihre Verkettung, zumal diese in den Formeln (8) ... (17) nicht zum Ausdruck kommen konnte. Es sind daher im nachfolgenden die einzelnen Fortschritte des Gedankens durch den Druck kenntlich gemacht.

Definition (8a). Hierzu ist zu bemerken, daß der anscheinend überflüssige Zahlenfaktor 2 besser nicht unterdrückt wird. Wollte man nämlich das tun, so würde man entweder keine Symmetrie zwischen den linearen Formen $(A_k X)$ und $(P_k U)$ erhalten, oder man würde (später, in Nr. 15) die Irrationalität $\sqrt{2}$ einführen müssen, deren Gebrauch sich hier vermeiden läßt.

Folgerung (9a).
Definition (10a).
Folgerungen (11a), (12a), (17a).
Definition (13a).
Folgerungen (14), (13b).
Definition (11b).
Folgerungen (9b), (10b), (16), (17b).

Die Formeln (16) enthalten die Zerlegung irgend eines Vektors X oder U in bezug auf das Vektorentripel Q_1, Q_2, Q_3 oder B_1, B_2, B_3:

(16a) $\qquad U = \Phi_1 \cdot B_1 + \Phi_2 \cdot B_2 + \Phi_3 \cdot B_3.$
(16b) $\qquad X = \Xi_1 \cdot Q_1 + \Xi_2 \cdot Q_2 + \Xi_3 \cdot Q_3.$

In den ersten dieser Formeln oder auch schon in (11a) ist dann noch enthalten die entsprechende Zerlegung der Vektoren A_k:

(11a*)
$$\begin{aligned} -(A_1 A_2 A_3) \cdot A_0 &= B_1 + B_2 + B_3, \\ (A_2 A_3 A_0) \cdot A_1 &= B_1 - B_2 - B_3, \\ -(A_3 A_0 A_1) \cdot A_2 &= -B_1 + B_2 - B_3, \\ (A_0 A_1 A_2) \cdot A_3 &= -B_1 - B_2 + B_3. \end{aligned}$$

Die analoge Formelgruppe

(11b*)
$$\begin{aligned} -(P_1 P_2 P_3) \cdot P_0 &= Q_1 + Q_2 + Q_3, \\ (P_2 P_3 P_0) \cdot P_1 &= Q_1 - Q_2 - Q_3, \\ -(P_3 P_0 P_1) \cdot P_2 &= -Q_1 + Q_2 - Q_3, \\ (P_0 P_1 P_2) \cdot P_3 &= -Q_1 - Q_2 + Q_3 \end{aligned}$$

§ 7. Weiteres über Kegelschnitte.

aber setzt die noch fehlende Definition der Vektoren P_k voraus. Diese erbringen wir auf Grund einer nach Nr. (12a) und (14) nahe liegenden Vermutung.

Definition:

(18a)
$$-2 \cdot (A_1 A_2 A_3)^{-1} \cdot P_0 = Q_1 + Q_2 + Q_3,$$
$$2 \cdot (A_2 A_3 A_0)^{-1} \cdot P_1 = Q_1 - Q_2 - Q_3,$$
$$-2 \cdot (A_3 A_0 A_1)^{-1} \cdot P_2 = -Q_1 + Q_2 - Q_3,$$
$$2 \cdot (A_0 A_1 A_2)^{-1} \cdot P_3 = -Q_1 - Q_2 + Q_3.$$

Folgerungen: (15), (12b), (8b) und (18b) — die zu (18a) korrelative Formelgruppe. — (In unserem System (8) ... (17) erschienen die Formeln (18a), (18b) darum nicht, weil sie sich dort umgekehrt als Folgerungen aus (15) und (11) darstellen.)

Hiermit ist das ganze System der behaupteten Invariantenbeziehungen begründet. Alle erklärten Vektoren hängen homogen ab von den Vektoren A_k, und zwar sind ihre Gradzahlen diese:

	(A_0)	(A_1)	(A_2)	(A_3)	
A_0	1	0	0	0	(usw.)
B_α	1	1	1	1	—
Q_α	—1	—1	—1	—1	—
P_0	—1	0	0	0	(usw.)

Natürlich kann man nun auch umgekehrt die Vektoren P_k als die gegebenen ansehen, unter Vertauschung der Gradzahlen 1 und —1.

Daß im Polarsystem des Kegelschnitts $\sum \Xi_\alpha^2 = 0$, $\sum \Phi_\alpha^2 = 0$ die Geraden A_k und die Punkte P_k einander zugeordnet sind, sieht man an den Formeln

(19)
$$(Q_1 A_0) \cdot Q_1 + (Q_2 A_0) \cdot Q_2 + (Q_3 A_0) \cdot Q_3 = \frac{(P_1 P_2 P_3)}{(A_1 A_2 A_3)} \cdot P_0,$$
$$(B_1 P_0) \cdot B_1 + (B_2 P_0) \cdot B_2 + (B_3 P_0) \cdot B_3 = \frac{(A_1 A_2 A_3)}{(P_1 P_2 P_3)} \cdot A_0,$$
usw.

Will man nicht die vier Geraden A_k als gegeben ansehen, sondern nur eine von ihnen — A — und außerdem ein zugehöriges Diagonaldreiseit, so bestimme man zuerst (mit Hilfe der Identität A, S. 24) vier

Vektoren A', B_1', B_2', B_3' so, daß $A' = B_1' + B_2' + B_3'$ wird. Setzt man dann, unter der Annahme $\varrho_0 \varrho_1 \varrho_2 \varrho_3 \neq 0$,

(20)
$$\begin{aligned}
A_0 &= \varrho_0 \cdot (B_1' + B_2' + B_3'),\\
A_1 &= \varrho_1 \cdot (B_1' - B_2' - B_3'),\\
A_2 &= \varrho_2 \cdot (-B_1' + B_2' - B_3'),\\
A_3 &= \varrho_3 \cdot (-B_1' - B_2' + B_3'),
\end{aligned}$$

so hat man damit, auf alle möglichen Arten, vier Vektoren A_k gefunden, die zu der gegebenen Figur gehören. Man erhält $A_0 = \varrho_0 \cdot A'$ und

$$B_\alpha = 4 \cdot \varrho_0 \varrho_1 \varrho_2 \varrho_3 \cdot (B_1' B_2' B_3') \cdot B_\alpha'.$$

Wir betrachten jetzt das Büschel von Kurven zweiter Klasse[1]) denen die vier Geraden A_k angehören. Die reduzibeln Kurven dieses Büschels sind

$$(A_0 A_1 U)(A_2 A_3 U) = 0, \quad (A_0 A_2 U)(A_3 A_1 U) = 0,$$
$$(A_0 A_3 U)(A_1 A_2 U) = 0.$$

Mit ihrer Hilfe lassen sich alle übrigen in der Form

(21) $\quad \sum e_\alpha (A_0 A_\alpha U)(A_\beta A_\gamma U) = 0$

darstellen, wobei wegen der Identität

(22) $\quad \begin{aligned}(A_0 A_1 U)(A_2 A_3 U) + (A_0 A_2 U)(A_3 A_1 U)\\ + (A_0 A_3 U)(A_1 A_2 U) = 0\end{aligned}$

noch

(23) $\quad e_1 + e_2 + e_3 = 0$

angenommen werden darf. Nun ist

$$(A_0 A_\alpha U) = -\frac{2(B_1 B_2 B_3)}{(A_\alpha A_\beta A_\gamma)(A_\beta A_\gamma A_0)} \cdot \{(Q_\beta U) - (Q_\gamma U)\}.$$

$$(A_\beta A_\gamma U) = -\frac{2(B_1 B_2 B_3)}{(A_\gamma A_0 A_\alpha)(A_0 A_\alpha A_\beta)} \{(Q_\beta U) + (Q_\gamma U)\},$$

also nach Nr. (10b) und (12a):

(24) $\quad (A_0 A_\alpha U)(A_\beta A_\gamma U) = (B_1 B_2 B_3) \cdot \{\Phi_\beta - \Phi_\gamma\} \cdot \{\Phi_\beta + \Phi_\gamma\}.$

Demnach läßt sich die quadratische Form auf der linken Seite von (21) auch so schreiben:

(25) $\quad \begin{aligned}\sum e_\alpha (A_0 A_\alpha U)(A_\beta A_\gamma U) &= -(B_1 B_2 B_3) \cdot \sum (e_\beta - e_\gamma) \Phi_\alpha^2 \\ &= -(B_1 B_2 B_3) \cdot \sum (e_\beta - e_\gamma)(\mathfrak{U}_0 \mathfrak{U}_\alpha + \mathfrak{U}_\beta \mathfrak{U}_\gamma).\end{aligned}$

---

[1]) Der übliche Kunstausdruck (statt Büschel) ist Schaar. Wozu zwei Worte, wenn eines genügt?

§ 7. Weiteres über Kegelschnitte.

Wir wollen voraussetzen, daß die Gleichung (21) eine irreduzible Kurve zweiter Klasse darstellt, daß also

(26) $$(e_2 - e_3)(e_3 - e_1)(e_1 - e_2) \neq 0$$

ist. Dann gehört zu der Form (25) eine zweite, mit ihr gegenüber Transformationen der Gruppe Γ invariant verbundene, die an Stelle der Vektoren zweiter Schicht solche erster Schicht enthält und, gleich Null gesetzt, denselben **Kegelschnitt** als Ort von Punkten darstellt, die sogenannte reziproke Form[1]), die wir mit Hilfe unserer verschiedenen Sorten von Koordinaten auf mancherlei Art schreiben können:

$$-\frac{1}{(B_1 B_2 B_3)} \sum \frac{\Xi_\alpha^2}{(e_\beta - e_\gamma)} = \frac{\sum (e_\beta - e_\gamma)^2 (\mathfrak{X}_0 \mathfrak{X}_\alpha + \mathfrak{X}_\beta \mathfrak{X}_\gamma)}{(B_1 B_2 B_3).(e_2 - e_3)(e_3 - e_1)(e_1 - e_2)}$$

$$= \frac{\sum \{(e_\beta - e_\gamma)^2 \mathfrak{X}_\alpha^2 - 2(e_\gamma - e_\alpha)(e_\alpha - e_\beta) \mathfrak{X}_\beta \mathfrak{X}_\gamma\}}{(B_1 B_2 B_3).(e_2 - e_3)(e_3 - e_1)(e_1 - e_2)}$$

(27)
$$= -\frac{1}{(B_1 B_2 B_3).(e_2 - e_3)(e_3 - e_1)(e_1 - e_2)}$$

$$\cdot (-\sqrt{e_2 - e_3}\,\sqrt{\mathfrak{X}_1} - \sqrt{e_3 - e_1}\,\sqrt{\mathfrak{X}_2} - \sqrt{e_1 - e_2}\,\sqrt{\mathfrak{X}_3})$$

$$\cdot (-\sqrt{e_2 - e_3}\,\sqrt{\mathfrak{X}_1} + \sqrt{e_3 - e_1}\,\sqrt{\mathfrak{X}_2} + \sqrt{e_1 - e_2}\,\sqrt{\mathfrak{X}_3})$$

$$\cdot (\sqrt{e_2 - e_3}\,\sqrt{\mathfrak{X}_1} - \sqrt{e_3 - e_1}\,\sqrt{\mathfrak{X}_2} + \sqrt{e_1 - e_2}\,\sqrt{\mathfrak{X}_3})$$

$$\cdot (\sqrt{e_2 - e_3}\,\sqrt{\mathfrak{X}_1} + \sqrt{e_3 - e_1}\,\sqrt{\mathfrak{X}_2} - \sqrt{e_1 - e_2}\,\sqrt{\mathfrak{X}_3}).$$

Die letzte, irrationale, Gestalt unseres Ausdruckes ist eine unter vier auf gleiche Art gebildeten; sie ergibt sich aus der vorletzten und aus Nr. (9a) durch Elimination von $\mathfrak{X}_0$.

Nunmehr lassen sich die Kurven unseres Büschels finden, die durch einen vorgeschriebenen Punkt X (oder $\mathfrak{X}$ oder Ξ) gehen.

Wir erhalten sie durch Berechnung der Verhältniswerte

$$e_1 : e_2 : e_3 \quad \text{oder} \quad e_2 - e_3 : e_3 - e_1 : e_1 - e_2$$

aus den Gleichungen $e_1 + e_2 + e_3 = 0$ und $(e_3 - e_1)(e_1 - e_2)\Xi_1^2 + (e_1 - e_2)(e_2 - e_3)\Xi_2^2 + (e_2 - e_3)(e_3 - e_1)\Xi_3^2 = 0$, also durch

---

[1]) Dieser Begriff wird später erklärt werden. Das, worauf es hier ankommt, ist auch ohne solche Erklärung verständlich.

§ 7. Weiteres über Kegelschnitte.

Auflösung einer quadratischen Gleichung. Setzen wir zur Abkürzung noch

(28)
$$\mathfrak{R}(X) = \sqrt{\mathfrak{X}_0}\,\sqrt{\mathfrak{X}_1}\,\sqrt{\mathfrak{X}_2}\,\sqrt{\mathfrak{X}_3}$$
$$= \frac{1}{4}\sqrt{\left\{\begin{array}{l}(A_1A_2A_3)(A_2A_3A_0)(A_3A_0A_1)(A_0A_1A_2) \\ \cdot (A_0\,X)(A_1\,X)(A_2\,X)(A_3\,X)\end{array}\right\}},$$

so wird

(29)
$$\begin{aligned}
& e_2 - e_3 : e_3 - e_1 : e_1 - e_2 \\
&= \varXi_1^2 : \mathfrak{X}_0\mathfrak{X}_3 + \mathfrak{X}_1\mathfrak{X}_2 - 2\mathfrak{R} : \mathfrak{X}_0\mathfrak{X}_2 + \mathfrak{X}_3\mathfrak{X}_1 + 2\mathfrak{R} \\
&= \mathfrak{X}_0\mathfrak{X}_3 + \mathfrak{X}_1\mathfrak{X}_2 + 2\mathfrak{R} : \varXi_2^2 : \mathfrak{X}_0\mathfrak{X}_1 + \mathfrak{X}_2\mathfrak{X}_3 - 2\mathfrak{R} \\
&= \mathfrak{X}_0\mathfrak{X}_2 + \mathfrak{X}_3\mathfrak{X}_1 - 2\mathfrak{R} : \mathfrak{X}_0\mathfrak{X}_1 + \mathfrak{X}_2\mathfrak{X}_3 + 2\mathfrak{R} : \varXi_3^2.
\end{aligned}$$

Es haben sich also für die Größen $e_\alpha = -\frac{1}{3}\{(e_\gamma - e_\alpha) - (e_\alpha - e_\beta)\}$ drei Proportionen ergeben statt einer, die man wohl erwartet haben würde. Erst alle drei Proportionen zusammen stellen die erschöpfende Lösung unserer Aufgabe dar: Eines und sogar zwei dieser Systeme von Verhältnisgrößen können illusorisch werden, in der Form $0:0:0$ erscheinen, nicht aber alle drei zugleich. Ist z. B. $\varXi_1 = 0$, so folgt, daß entweder alle Elemente in der ersten Horizontalreihe des quadratischen Schemas (29) oder alle Elemente der ersten Vertikalreihe den Wert Null haben müssen. Eine der zwei dann rational bestimmbaren Lösungen ist die zerfallende Kurve $(A_0A_1\,U)(A_2A_3\,U) = 0$, während die andere noch irgend eine Kurve zweiter Klasse des betrachteten Büschels sein kann. Zu beachten ist noch, daß die durch (28) und (29) gelieferte Lösung auch noch in einigen der durch unsere Voraussetzungen ausgeschlossenen Grenzfälle brauchbar bleibt. Man sieht dem Ausdruck (28) an, wie die Fälle zu deuten sind, in denen die zwei Lösungen unserer Aufgabe zusammenfallen.

Aus (29) ergeben sich noch einige beachtenswerte Folgerungen. Wir können nämlich nunmehr noch weitere Wurzelgrößen erklären durch die Proportionen

(30)
$$\begin{aligned}
& \sqrt{e_2-e_3} : \sqrt{e_3-e_1} : \sqrt{e_1-e_2} \\
&= \varXi_1 : \sqrt{\mathfrak{X}_1}\sqrt{\mathfrak{X}_2} - \sqrt{\mathfrak{X}_0}\sqrt{\mathfrak{X}_3} : \sqrt{\mathfrak{X}_3}\sqrt{\mathfrak{X}_1} + \sqrt{\mathfrak{X}_0}\sqrt{\mathfrak{X}_2} \\
&= \sqrt{\mathfrak{X}_1}\sqrt{\mathfrak{X}_2} + \sqrt{\mathfrak{X}_0}\sqrt{\mathfrak{X}_3} : \varXi_2 : \sqrt{\mathfrak{X}_2}\sqrt{\mathfrak{X}_3} - \sqrt{\mathfrak{X}_0}\sqrt{\mathfrak{X}_1} \\
&= \sqrt{\mathfrak{X}_3}\sqrt{\mathfrak{X}_1} - \sqrt{\mathfrak{X}_0}\sqrt{\mathfrak{X}_2} : \sqrt{\mathfrak{X}_2}\sqrt{\mathfrak{X}_3} + \sqrt{\mathfrak{X}_0}\sqrt{\mathfrak{X}_1} : \varXi_3.
\end{aligned}$$

§ 7. Weiteres über Kegelschnitte.

Diese Wurzelwerte genügen dann den Gleichungen

(31)
$$\begin{vmatrix} * & -\sqrt{e_2-e_3}\,\sqrt{\mathfrak{x}_1} & -\sqrt{e_3-e_1}\,\sqrt{\mathfrak{x}_2} & -\sqrt{e_1-e_2}\,\sqrt{\mathfrak{x}_3} = 0, \\ \sqrt{e_2-e_3}\,\sqrt{\mathfrak{x}_0} & * & +\sqrt{e_1-e_2}\,\sqrt{\mathfrak{x}_2} & -\sqrt{e_3-e_1}\,\sqrt{\mathfrak{x}_3} = 0, \\ \sqrt{e_3-e_1}\,\sqrt{\mathfrak{x}_0} & -\sqrt{e_1-e_2}\,\sqrt{\mathfrak{x}_1} & * & +\sqrt{e_2-e_3}\,\sqrt{\mathfrak{x}_3} = 0, \\ \sqrt{e_1-e_2}\,\sqrt{\mathfrak{x}_0} & +\sqrt{e_3-e_1}\,\sqrt{\mathfrak{x}_1} & -\sqrt{e_2-e_3}\,\sqrt{\mathfrak{x}_2} & * = 0. \end{vmatrix}$$

[Siehe Nr. (27).] Ist Y ein Punkt, der ebenfalls dem Kegelschnitt $e_1:e_2:e_3$ angehört, so lassen sich die entsprechenden Wurzelwerte $\sqrt{\mathfrak{Y}}_k$ immer so wählen, daß die zu (31) oder (30) analogen Gleichungen zu denselben Verhältniszahlen $\sqrt{e_\mu - e_\nu}$ führen. Damit erhält man das weitere Gleichungssystem:

(32)
$$\begin{vmatrix} \sqrt{\mathfrak{x}_0}\,\sqrt{\mathfrak{Y}_0} + \sqrt{\mathfrak{x}_1}\,\sqrt{\mathfrak{Y}_1} + \sqrt{\mathfrak{x}_2}\,\sqrt{\mathfrak{Y}_2} + \sqrt{\mathfrak{x}_3}\,\sqrt{\mathfrak{Y}_3} = 0, \\ \sqrt{\mathfrak{x}_0}\,\sqrt{\mathfrak{Y}_1} - \sqrt{\mathfrak{x}_1}\,\sqrt{\mathfrak{Y}_0} + \sqrt{\mathfrak{x}_2}\,\sqrt{\mathfrak{Y}_3} - \sqrt{\mathfrak{x}_3}\,\sqrt{\mathfrak{Y}_2} = 0, \\ \sqrt{\mathfrak{x}_0}\,\sqrt{\mathfrak{Y}_2} - \sqrt{\mathfrak{x}_2}\,\sqrt{\mathfrak{Y}_0} + \sqrt{\mathfrak{x}_3}\,\sqrt{\mathfrak{Y}_1} - \sqrt{\mathfrak{x}_1}\,\sqrt{\mathfrak{Y}_3} = 0, \\ \sqrt{\mathfrak{x}_0}\,\sqrt{\mathfrak{Y}_3} - \sqrt{\mathfrak{x}_3}\,\sqrt{\mathfrak{Y}_0} + \sqrt{\mathfrak{x}_1}\,\sqrt{\mathfrak{Y}_2} - \sqrt{\mathfrak{x}_2}\,\sqrt{\mathfrak{Y}_1} = 0. \end{vmatrix}$$

Zuerst nämlich kommt man zu den drei letzten Gleichungen unter (32) durch Elimination der Größen $\sqrt{e_\mu - e_\nu}$ aus den zweierlei Gleichungen (31); eine weitere Folge ist dann die erste Gleichung (32).

Die nunmehr gefundenen Gleichungen (32) liefern als besondere Fälle auf vier verschiedene Arten die Gleichungen (31), oder doch (unmittelbar) solche, die deren Struktur haben: Man lasse den Punkt Y auf irgend eine der Geraden A_k rücken. Wählt man z. B. die Gerade A_0, so erhält man aus (30) für die Verhältnisgrößen $\sqrt{\mathfrak{Y}_1} : \sqrt{\mathfrak{Y}_2} : \sqrt{\mathfrak{Y}_3}$ die Werte $\sqrt{e_2-e_3} : \sqrt{e_3-e_1} : \sqrt{e_1-e_2}$, während $\sqrt{\mathfrak{Y}_0} = 0$ ist.

Gehören die Punkte $\mathfrak{X}, \mathfrak{Y}$ demselben Kegelschnitt des Büschels (21) an, so hat der Schnittpunkt ihrer Tangenten (sofern er bestimmt ist) die überzähligen Koordinaten

(33) $\boxed{\mathfrak{Z}_k = \sqrt{\mathfrak{x}_k}\,\sqrt{\mathfrak{Y}_k}}$ ($k = 0, 1, 2, 3$).

Hält man nämlich etwa den Punkt $\mathfrak{Y}$ fest, während $\mathfrak{X}$ variiert, so entsteht aus (31) durch die Substitution $\sqrt{\mathfrak{x}_k} = \mathfrak{Z}_k : \sqrt{\mathfrak{Y}_k}$ ein System von linearen Gleichungen für die Größe $\mathfrak{Z}_k$, und diese Gleichungen, unter denen zwei linear unabhängig sind, ziehen nach sich die Gleichung $\Sigma \mathfrak{Z}_k = 0$ (Nr. 32). Der Ort der Punkte $\mathfrak{Z}$ ist also, sofern er überhaupt bestimmt ist, eine Gerade. Diese ist Tangente des betrachteten Kegelschnittes, und zwar Tangente im Punkte $\mathfrak{Y}$, weil die Substitution der Werte $\mathfrak{Z}_\lambda = \sqrt{\mathfrak{X}_\lambda}\sqrt{\mathfrak{Y}_\lambda}$ ($\lambda = 1, 2, 3$) in den Ausdruck (27) ihn nur dann zum Verschwinden bringt, wenn $\sqrt{\mathfrak{X}_1} : \sqrt{\mathfrak{X}_2} : \sqrt{\mathfrak{X}_3} = \sqrt{\mathfrak{Y}_1} : \sqrt{\mathfrak{Y}_2} : \sqrt{\mathfrak{Y}_3}$ ist.

Interesse hat wohl, daß man das Gleichungssystem (32) oder ein von ihm nur ganz unwesentlich verschiedenes auch von der Gleichung (2) aus gewinnen kann. Nach dieser und der Definition (8a) der Größen $\mathfrak{X}_k$ hat man nämlich, wenn (vorübergehend)

$$\mathfrak{x}_k = \sqrt{\mathfrak{X}_k}, \quad \mathfrak{y}_k = \sqrt{\mathfrak{Y}_k} \quad (k = 0, 1, 2, 3)$$

gesetzt wird,

(34)
$$\mathfrak{x}_0^2 + \mathfrak{x}_1^2 + \mathfrak{x}_2^2 + \mathfrak{x}_3^2 = 0,$$
$$\mathfrak{x}_0\mathfrak{y}_0 + \mathfrak{x}_1\mathfrak{y}_1 + \mathfrak{x}_2\mathfrak{y}_2 + \mathfrak{x}_3\mathfrak{y}_3 = 0,$$
$$\mathfrak{y}_0^2 + \mathfrak{y}_1^2 + \mathfrak{y}_2^2 + \mathfrak{y}_3^2 = 0.$$

Es ist dann eine aus der Theorie der Flächen zweiter Ordnung geläufige, leicht aus den Gleichungen (34) abzuleitende Tatsache, daß außer diesen Gleichungen noch das eine oder das andere von zwei Gleichungstripeln

$$(\mathfrak{x}_0\mathfrak{y}_\alpha - \mathfrak{x}_\alpha\mathfrak{y}_0) \pm (\mathfrak{x}_\beta\mathfrak{y}_\gamma - \mathfrak{x}_\gamma\mathfrak{y}_\beta) = 0$$

bestehen muß. Da beide Systeme durch einen Vorzeichenwechsel von $\mathfrak{x}_0$ und $\mathfrak{y}_0$ ineinander übergehen und wir diese Wurzelwerte in unserer Gewalt haben, so können wir uns für die Geltung des oberen Zeichens entscheiden. Wir erhalten dann eben die Gleichungen (32).

Nimmt man noch einen dritten Punkt Z oder $\mathfrak{Z}$ desselben Kegelschnittes $e_1 : e_2 : e_3$ hinzu, so liefern die Gleichungen (31) auch noch den durch die Formel (1) ausgedrückten Lehrsatz: Die Matrix

$$\begin{pmatrix} \sqrt{\mathfrak{X}_0} & \sqrt{\mathfrak{X}_1} & \sqrt{\mathfrak{X}_2} & \sqrt{\mathfrak{X}_3} \\ \sqrt{\mathfrak{Y}_0} & \sqrt{\mathfrak{Y}_1} & \sqrt{\mathfrak{Y}_2} & \sqrt{\mathfrak{Y}_2} \\ \sqrt{\mathfrak{Z}_0} & \sqrt{\mathfrak{Z}_1} & \sqrt{\mathfrak{Z}_2} & \sqrt{\mathfrak{Z}_3} \end{pmatrix}$$

hat höchstens (und in der Regel) den Rang 2.

Anhang: Einführung elliptischer Funktionen.

Die zuletzt vorgeführten algebraischen Formeln haben einen sehr einfachen Zusammenhang mit der Theorie der elliptischen Funktionen, der zwar dem Grundgedanken nach längst bekannt ist, in seiner feineren Ausgestaltung aber meines Wissens nicht, und hier jedenfalls in neuem Lichte erscheint. Wenn es nun auch der Zweck der vorliegenden Schrift verbietet, auf solche Dinge ausführlich einzugehen, so wird man es doch wohl für erlaubt halten, daß anhangsweise zur Sprache gebracht wird, worauf

§ 7. Weiteres über Kegelschnitte.

der erwähnte Zusammenhang beruht, schon darum, weil dadurch die angestellte algebraische Untersuchung erheblich an Interesse gewinnen muß.

Ich muß hier voraussetzen, daß dem Leser wenigstens in den Grundzügen die Gestaltung geläufig ist, die Weierstrass der Theorie der elliptischen Funktionen verliehen hat, und für die charakteristisch ist die zentrale Stellung der Funktionen $\wp u$, $\wp' u$ und $\mathfrak{S} u$[1]). Ich bediene mich der üblichen Bezeichnungen, ersetze jedoch die Funktionen $\mathfrak{S} u, \mathfrak{S}_1 u, \mathfrak{S}_2 u, \mathfrak{S}_3 u$ durch Funktionen $\Theta_0 u \ldots \Theta_3 u$, die wie folgt erklärt sind[2]):

$$(35) \quad \begin{aligned} \Theta_0 u &= \sqrt[4]{e_2 - e_3}\,\sqrt[4]{e_3 - e_1}\,\sqrt[4]{e_1 - e_2} \cdot \sigma u, \\ \Theta_1 u &= \sqrt[4]{e_2 - e_3} \cdot \mathfrak{S}_1 u, \quad \Theta_2 u = \sqrt[4]{e_3 - e_1} \cdot \mathfrak{S}_2 u, \\ \Theta_3 u &= \sqrt[4]{e_1 - e_2} \cdot \mathfrak{S}_3 u. \end{aligned}$$

Hiernach wird

$$(36) \quad \Theta_\alpha = \Theta_\alpha(0) = \sqrt[4]{e_\beta - e_\gamma}, \quad \Theta'(0) = \Theta_1 \cdot \Theta_2 \cdot \Theta_3.$$

Die Argumente solcher Θ-Funktionen werde ich hier — entsprechend den Bezeichnungen X, $\mathfrak{X}$, Ξ und Y, $\mathfrak{Y}$, H — durch Zeichen ξ, η darstellen. Es bestehen dann unter anderem die Gleichungen

$$(37) \quad \begin{aligned} \Theta_0^2 \xi\, \Theta_0^2 \eta + \Theta_1^2 \xi\, \Theta_1^2 \eta + \Theta_2^2 \xi\, \Theta_2^2 \eta + \Theta_3^2 \xi\, \Theta_3^2 \eta &= 0, \\ \Theta_0^2 \xi\, \Theta_1^2 \eta - \Theta_1^2 \xi\, \Theta_0^2 \eta + \Theta_2^2 \xi\, \Theta_3^2 \eta - \Theta_3^2 \xi\, \Theta_2^2 \eta &= 0, \\ \Theta_0^2 \xi\, \Theta_2^2 \eta - \Theta_2^2 \xi\, \Theta_0^2 \eta + \Theta_3^2 \xi\, \Theta_1^2 \eta - \Theta_1^2 \xi\, \Theta_3^2 \eta &= 0, \\ \Theta_0^2 \xi\, \Theta_3^2 \eta - \Theta_3^2 \xi\, \Theta_0^2 \eta + \Theta_1^2 \xi\, \Theta_2^2 \eta - \Theta_2^2 \xi\, \Theta_1^2 \eta &= 0. \end{aligned}$$

Vergleichen wir nun diese Formeln mit den unter (32) angegebenen, und bedenken wir, wie in diesen die Größen $\sqrt{\mathfrak{X}_k}$ vom Vektor $\mathfrak{X}$ abhängen, daß sie also proportional geändert werden können, so bieten sich uns die Substitutionen

$$(38) \quad \boxed{\sqrt{\mathfrak{X}_k} = \Theta_k^2 \xi, \quad \sqrt{\mathfrak{Y}_k} = \Theta_k^2 \eta}$$

dar, die nach (33) die Erklärung weiterer Wurzelgrößen durch die Formel

$$(39) \quad \boxed{\sqrt{\mathfrak{Z}_k} = \Theta_k \xi\, \Theta_k \eta}$$

nahelegen. Man berechnet dann ohne weiteres

$$(40) \quad \boxed{\begin{aligned} \Xi_\alpha &= \Theta_\alpha^3 \cdot \Theta_\alpha(2\xi), \quad H_\alpha = \Theta_\alpha^3 \cdot \Theta_\alpha(2\eta), \\ Z_\alpha &= \Theta_\alpha^2 \cdot \Theta_\alpha(\xi + \eta)\, \Theta_\alpha(\xi - \eta). \end{aligned}}$$

---

[1]) Siehe J. Tannery et J. Molk, Éléments de la théorie des fonctions elliptiques. 1893—1902 (I, 1893; II, 1898). R. Fricke, Die elliptischen Funktionen und ihre Anwendungen. I, 1916; II, 1922. (Band III, der die Anwendungen enthalten soll, ist noch nicht erschienen.)

[2]) Näheres darüber findet man in des Verfassers Trigonometrie, S. 188 u. f., 1893 und im American Journal of Mathematics **16**, 156, 1894.

§ 7. Weiteres über Kegelschnitte.

Die letzte dieser Formeln, die die vorhergehenden umfaßt, erweist sich dann noch als eine unter vier (viermal drei) in gewissem Sinne gleichberechtigten:

(41)
$$\sqrt{\mathfrak{X}_0}\sqrt{\mathfrak{Y}_0} + \sqrt{\mathfrak{X}_\alpha}\sqrt{\mathfrak{Y}_\alpha} = -\sqrt{\mathfrak{X}_\beta}\sqrt{\mathfrak{Y}_\beta} - \sqrt{\mathfrak{X}_\gamma}\sqrt{\mathfrak{Y}_\gamma}$$
$$= Z_\alpha = \Theta_\alpha^2 \cdot \Theta_\alpha(\xi+\eta)\Theta_\alpha(\xi-\eta),$$
$$\sqrt{\mathfrak{X}_0}\sqrt{\mathfrak{Y}_\alpha} - \sqrt{\mathfrak{X}_\alpha}\sqrt{\mathfrak{Y}_0} = -\sqrt{\mathfrak{X}_\beta}\sqrt{\mathfrak{Y}_\gamma} + \sqrt{\mathfrak{X}_\gamma}\sqrt{\mathfrak{Y}_\beta}$$
$$= \sqrt{\Xi_\alpha H_\alpha - Z_\alpha^2} = \Theta_\alpha^2 \cdot \Theta_0(\xi+\eta)\Theta_0(\xi-\eta),$$
$$\sqrt{\mathfrak{X}_\beta}\sqrt{\mathfrak{Y}_\gamma} + \sqrt{\mathfrak{X}_0}\sqrt{\mathfrak{Y}_\alpha} = \sqrt{\mathfrak{X}_\gamma}\sqrt{\mathfrak{Y}_\beta} + \sqrt{\mathfrak{X}_\alpha}\sqrt{\mathfrak{Y}_0}$$
$$= \frac{\sqrt{e_\gamma - e_\alpha}}{\sqrt{e_\alpha - e_\beta}} \cdot Z_\gamma = \Theta_\beta^2 \cdot \Theta_\gamma(\xi+\eta)\Theta_\gamma(\xi-\eta),$$
$$\sqrt{\mathfrak{X}_\beta}\sqrt{\mathfrak{Y}_\gamma} - \sqrt{\mathfrak{X}_\alpha}\sqrt{\mathfrak{Y}_0} = \sqrt{\mathfrak{X}_\gamma}\sqrt{\mathfrak{Y}_\beta} - \sqrt{\mathfrak{X}_0}\sqrt{\mathfrak{Y}_\alpha}$$
$$= \frac{\sqrt{e_\alpha - e_\beta}}{\sqrt{e_\gamma - e_\alpha}} \cdot Z_\beta = \Theta_\gamma^2 \cdot \Theta_\beta(\xi+\gamma)\Theta_\beta(\xi-\gamma).$$

Die zweite dieser Formeln enthält zugleich die Erklärung einer bisher noch nicht vorgekommenen Wurzelgröße; alle vier sind, soweit sie algebraisch erklärte Größen verbinden, Folgen der Gleichungen (10 a), (31), (32), (33).

Aus der zweiten Formel und aus Nr. (40) folgt dann noch, daß man eine Wurzelgröße $\underline{Z}_0$, die mit der Größe Z_α durch die Gleichung

(42)
$$\underline{Z}_0^2 + \frac{Z_1^2}{e_2 - e_3} + \frac{Z_2^2}{e_3 - e_1} + \frac{Z_3^2}{e_1 - e_2} = 0$$

verbunden ist, wie folgt eindeutig erklären kann:

(43)
$$\underline{Z}_0 = \sqrt{\frac{1}{2}\sum \frac{\Xi_\alpha H_\alpha}{e_\beta - e_\gamma}} = \sqrt{-\sum \frac{Z_\alpha^2}{e_\beta - e_\gamma}}$$
$$= \Theta_0(\xi+\gamma)\Theta_0(\xi-\eta).$$

Es folgt, wenn $\Xi_\alpha = H_\alpha = Z_\alpha$ wird,

(44) $\qquad \Xi_0 = 0, \quad H_0 = 0.$

Verwandten Inhaltes mit (43) sind die Erklärungen

(45)
$$2\sqrt{\mathfrak{R}(X)} = \Theta_1\Theta_2\Theta_3 \cdot \Theta_0(2\xi),$$
$$2\sqrt{\mathfrak{R}(Y)} = \Theta_1\Theta_2\Theta_3 \cdot \Theta_0(2\eta).$$

Endlich ergibt sich noch

(46)
$$\sqrt{\mathfrak{Z}_\beta}\sqrt{\mathfrak{Z}_\gamma} + \sqrt{\mathfrak{Z}_0}\sqrt{\mathfrak{Z}_\alpha} = \Theta_\beta\Theta_\gamma \cdot \Theta_\gamma(\xi+\eta)\Theta_\beta(\xi-\eta),$$
$$\sqrt{\mathfrak{Z}_\beta}\sqrt{\mathfrak{Z}_\gamma} - \sqrt{\mathfrak{Z}_0}\sqrt{\mathfrak{Z}_\alpha} = \Theta_\beta\Theta_\gamma \cdot \Theta_\beta(\xi+\eta)\Theta_\gamma(\xi-\eta),$$

§ 7. Weiteres über Kegelschnitte.

worin, wie schon in Nr. (41), die entsprechend gebildeten Ausdrücke enthalten sind, in denen $\mathfrak{X}$ oder $\mathfrak{Y}$ an Stelle von $\mathfrak{Z}$ tritt. Außerdem folgt noch

(47) $$\mathfrak{Z}_\beta \mathfrak{Z}_{\gamma'} - \mathfrak{Z}_0 \mathfrak{Z}_\alpha = Z_\beta Z_{\gamma'},$$

was wieder eine auch durch algebraische Rechnung leicht abzuleitende Identität ist[1]).

Die entwickelten Formeln enthalten eine Darstellung der Verhältniskoordinaten Z_α oder $\mathfrak{Z}_k$ eines Punktes Z der Ebene durch eindeutige transzendente, nämlich elliptische, Funktionen zweier Parameter ξ, η oder zweier Parameter

(48) $$x = \xi + \eta, \quad y = \xi - \eta,$$

die mithin ebenfalls als eine Art von Punktkoordinaten gelten können. Ausgezeichnet ist dabei ein bestimmter übrigens ganz beliebiger irreduzibler Kegelschnitt unseres Büschels, den wir dessen **Hauptkegelschnitt** nennen wollen, eben der, dessen Gleichung wir in verschiedenen Formen zuvor aufgestellt hatten [Nr. (21), (25), (27)]. Setzt man in Nr. (39) und Nr. (40) $\xi = \eta$, so erhält man die Punkte dieses Kegelschnittes, deren einer mit ξ und einer mit η bezeichnet worden ist. Der Punkt Z oder $\mathfrak{Z}$ ist dann, wie gesagt, der **Schnittpunkt der Tangenten des Hauptkegelschnittes in den Punkten** Ξ, H oder $\mathfrak{X}$, $\mathfrak{Y}$, denen die Parameter ξ und η zugehören. Läßt man also in unseren Formeln den Parameter ξ oder η variieren, während man den Parameter η oder ξ festhält, so gelangt man immer zu den Punkten einer Geraden, die dem Hauptkegelschnitt (als Tangente) angehört. Unter diesen Tangenten befinden sich dann die vier Basislinien A_k unseres Büschels, entsprechend Parameterwerten, die modd. $(2\omega_1, 2\omega_2, 2\omega_3)$ kongruent sind zu 0, ω_1, ω_2, ω_3, dem vollständigen System der halben Perioden, zu dem also als imprimitive halbe Periode die Null zu rechnen ist. Im Koordinatensystem Z, Φ oder $\mathfrak{X}$, $\mathfrak{U}$ erhalten dann nach Nr. (11) die Geraden A_k sehr einfach gebildete Koordinaten. Nutzt man die Willkür, die man in der Wahl der zugehörigen Vektoren hat, in zweckmäßiger Weise aus, setzt man nämlich

(49) $$\begin{aligned} \sqrt{2} \cdot (A_0 X) &= X_1 + X_2 + X_3, \\ \sqrt{2} \cdot (A_1 X) &= X_1 - X_2 - X_3, \\ \sqrt{2} \cdot (A_2 X) &= -X_1 + X_2 - X_3, \\ \sqrt{2} \cdot (A_3 X) &= -X_1 - X_2 + X_3, \end{aligned}$$

so fallen die X-Koordinaten mit den Ξ-Koordinaten zusammen, es wird $X_\alpha = \Xi_\alpha$, kürzer

(50) $$\boxed{X = \Xi.}$$

---

[1]) Die aufgezählten Formeln bilden ein in gewissem Sinne vollständiges System. Eine Erweiterung davon würde sich ergeben, wenn wir auch noch die Wurzelgrößen $\sqrt[4]{\mathfrak{X}_k}$, $\sqrt[4]{\mathfrak{Y}_k}$ einführen wollten, die im Texte nur zu Produkten $\sqrt{\mathfrak{Z}_k}$ verbunden vorkommen.

§ 7. Weiteres über Kegelschnitte.

Ersetzt man die Parameter ξ, η durch die Parameter x, y [Nr. (48)], schreibt man also die Gleichungen (38) bis (40) so:

(51) $\qquad \sqrt{\mathfrak{X}_k} = \Theta_k^2 \dfrac{x+y}{2}, \quad \sqrt{\mathfrak{Y}_k} = \Theta_k^2 \dfrac{x-y}{2},$

(52) $\qquad \sqrt{\mathfrak{Z}_k} = \Theta_k \dfrac{x+y}{2} \, \Theta_k \dfrac{x-y}{2},$

(53) $\qquad \begin{aligned} \varXi_\alpha &= \Theta_\alpha^3 \cdot \Theta_\alpha(x+y), \quad H_\alpha = \Theta_\alpha^3 \cdot \Theta_\alpha(x-y), \\ Z_\alpha &= \Theta_\alpha^2 \cdot \Theta_\alpha x \, \Theta_\alpha y, \end{aligned}$

und läßt man dann x oder y variieren, so wird der Ort der Punkte Z oder $\mathfrak{Z}$ ein Kegelschnitt unseres Büschels, dessen Gleichung im ersten Falle ist

(54, y) $\qquad \dfrac{Z_1^2}{\Theta_1^2 \cdot \Theta_1^2 y} + \dfrac{Z_2^2}{\Theta_2^2 \cdot \Theta_2^2 y} + \dfrac{Z_3^2}{\Theta_3^2 \cdot \Theta_3^2 y} = 0,$

und im zweiten

(54, x) $\qquad \dfrac{Z_1^2}{\Theta_1^2 \cdot \Theta_1^2 x} + \dfrac{Z_2^2}{\Theta_2^2 \cdot \Theta_2^2 x} + \dfrac{Z_3^2}{\Theta_3^2 \cdot \Theta_3^2 x} = 0.$

Sind x und y weder einer primitiven halben Periode kongruent, noch kongruent zur Null, noch auch zueinander kongruent, so haben wir in (54) die Punktgleichungen von zwei irreduzibelen Kegelschnitten unseres Büschels vor uns, die voneinander und vom Hauptkegelschnitt verschieden sind. Der durch (53) und (52) gegebene Punkt Z oder $\mathfrak{Z}$ ist dann einer der vier Schnittpunkte dieser beiden Kurven, und die zugehörigen Punkte $\varXi$ oder $\mathfrak{X}$ und H oder $\mathfrak{Y}$ sind dann die Berührungspunkte der beiden Tangenten, die vom Punkte Z an den Hauptkegelschnitt gehen. Die genannten vier Punkte werden also hier einzeln dargestellt; aus irgend einem von ihnen ergeben sich die drei übrigen durch Addition einer der Perioden $2\omega_1$, $2\omega_2$, $2\omega_3$ zu x und y, oder durch Vorzeichenwechsel von zweien der Z-Koordinaten, oder endlich durch je eine der drei Doppelvertauschungen der Größen $\mathfrak{Z}_0$, $\mathfrak{Z}_1$, $\mathfrak{Z}_2$, $\mathfrak{Z}_3$. Die Tangente im Punkte x an den Kegelschnitt (y) hat Koordinaten $\varPhi$, die man mit den Größen

(55, y) $\qquad \varPhi_\alpha = \dfrac{\Theta_\alpha x}{\Theta_\alpha y}$

identifizieren kann; und ebenso hat die Tangente im Punkte y an den Kegelschnitt (x) die Koordinaten

(55, x) $\qquad \varXi_\alpha = \dfrac{\Theta_\alpha y}{\Theta_\alpha x}.$

Beide sind (wie bekannt) konjugiert in bezug auf alle Kegelschnitte unseres Büschels; es wird für ein beliebiges z

(56) $\qquad \sum \Theta_\alpha^2 \cdot \Theta_\alpha^2 z \cdot \varPhi_\alpha \varXi_\alpha = 0,$

die beiden Kegelschnitte (54) schneiden sich also rechtwinklig in bezug auf jede Nicht-Euklidische oder Euklidische Maßbestimmung, die man auf einen irreduziblen oder zerfallenden Kegelschnitt unseres Büschels von Kurven zweiter Klasse gründen kann.

§ 7. Weiteres über Kegelschnitte.

Erinnern wir uns nun, daß Quotienten aus $\mathfrak{S}$- oder Θ-Funktionen zur Erklärung gewisser (als Gesamtheit zu den verdoppelten Perioden $4\omega_1, 4\omega_2, 4\omega_3$ gehöriger) Wurzelgrößen dienen,

$$\sqrt{\wp u - e_\gamma} = \frac{\mathfrak{S}_\alpha u}{\mathfrak{S} u} = \Theta_\beta \Theta_\gamma \cdot \frac{\Theta_\alpha u}{\Theta u},$$

so ergibt sich der Zusammenhang unserer Formeln mit den sogenannten elliptischen Koordinaten (Punktkoordinaten). Wir haben dazu nur neue Veränderliche einzuführen,

(57) $\qquad \wp x = \mu, \quad \wp y = \nu, \quad \wp z = \lambda.$

Die Gleichung irgend eines Kegelschnittes unseres Büschels wird dann (in nunmehr mit Ψ zu bezeichnenden Φ-Koordinaten)

(58) $\qquad \boxed{\sum (\lambda - e_\alpha)(e_\beta - e_\gamma)\Psi_\alpha^2 = 0}$

und in den dazu korrelativen Punktkoordinaten

(59) $\qquad \boxed{\sum \frac{Z_\alpha^2}{(\lambda - e_\alpha)(e_\beta - e_\gamma)} = 0}$

Den Werten $\lambda = e_1, e_2, e_3$ und dem uneigentlichen Werte $\lambda = \infty$ entsprechen dann die drei zerfallenden Kegelschnitte unseres Büschels und der Hauptkegelschnitt. Durch ein Paar kontragredienter linearer Transformationen

(60) $\qquad \sqrt{e_\beta - e_\gamma}\,\Psi_\alpha = \underline{\Psi}_\alpha, \quad \dfrac{Z_\alpha}{\sqrt{e_\beta - e_\gamma}} = \underline{Z}_\alpha$

erhält man endlich die Darstellung des betrachteten Kegelschnittbüschels in üblicher Form, wobei zu bedenken ist, daß unsere Annahme $e_1 + e_2 + e_3 = 0$ nicht eine Spezialisierung, sondern eine Präzisierung des herkömmlichen Verfahrens bedeutet.

Stellen wir noch zwei Gleichungen vom Typus (59) zusammen, nämlich

(61) $\qquad \sum \dfrac{Z_\alpha^2}{(\mu - e_\alpha)(e_\beta - e_\gamma)} = 0, \quad \sum \dfrac{Z_\alpha^2}{(\nu - e_\alpha)(e_\beta - e_\gamma)} = 0,$

so werden beide zugleich erfüllt durch die Annahme

(62) $\qquad Z_\alpha = \dfrac{\sqrt{\mu - e_\alpha}\,\sqrt{\nu - e_\alpha}}{(e_\gamma - e_\alpha)(e_\alpha - e_\beta)} = \dfrac{1}{\Theta_\beta^2 \cdot \Theta_\gamma^2} \cdot \dfrac{\Theta_\alpha x\,\Theta_\alpha y}{\Theta x\,\Theta y},$

und das ist, da es hier auf einen Proportionalitätsfaktor nicht ankommt, im wesentlichen wieder die Formel Nr. (53).

Mit Hilfe der Gleichung (51) erhalten wir schließlich eine Parameterdarstellung der Krümmungslinien auf einer „Mittelpunktsfläche" zweiter Ordnung, und ebenso, wenn wir neben $\underline{Z}_0$ oder $i\underline{Z}_0$ an Stelle der Koordinaten $\underline{Z}_\alpha$ die Größen $\underline{Z}_\alpha$ als Koordinaten einführen, eine Parameterdarstellung eines Büschels „konfokaler sphärischer Kegelschnitte", gelegen auf der „Einheitskugel"

(63) $\qquad \underline{Z}_1^2 + \underline{Z}_2^2 + \underline{Z}_3^2 = (i\underline{Z}_0)^2.$

§ 7. Weiteres über Kegelschnitte.

Schließlich sei noch auf die Kette algebraischer Abhängigkeiten kurz hingewiesen, die sich aus einer Zusammenstellung der Transformationenfolge

$$\ldots\ldots\ldots\ldots\ldots\ldots\ldots\ldots\ldots\ldots\ldots$$

$$x'' = \frac{x' + y'}{2} \left(= \frac{x}{2}\right), \quad y'' = \frac{x' - y'}{2} \left(= \frac{y}{2}\right),$$

$$\left\{ \begin{array}{ll} x' = \dfrac{x+y}{2}, & y' = \dfrac{x-y}{2}, \\ x = x' + y', & y = x' - y', \end{array} \right\}$$

$$x_{,} = x + y \;(= 2x'), \quad y_{,} = x - y \;(= 2y')$$

$$\ldots\ldots\ldots\ldots\ldots\ldots\ldots\ldots$$

mit den entsprechenden Funktionen

$$\ldots \underline{Z'_k} = \Theta_k x' \Theta_k y', \quad \underline{Z_k} = \Theta_k x \, \Theta_k y, \quad Z_{,k} = \Theta_k x_{,} \Theta_k y_{,}, \ldots$$

ergibt.

Hiermit wollen wir uns genügen lassen: Von einer Ausnutzung des entwickelten Apparates zur Ableitung geometrischer Lehrsätze über Büschel von Kegelschnitten (insbesondere konfokaler und „konzyklischer" sphärischer Kegelschnitte) kann hier nicht die Rede sein[1]). Wer sich darum bemühen will, das Vorgetragene mit den ja in großer Zahl bekannten (sonst zum Teil mit wesentlich verschiedenen Mitteln abgeleiteten) Tatsachen in Verbindung zu bringen, wird finden, daß eben dieser Apparat sich vorzüglich dazu eignet, die tatsächlich vorhandenen Symmetrieeigenschaften der genannten Figuren zum Ausdruck zu bringen. In den im Zusammenhang mit elliptischen Koordinaten oder mit Hilfe der sogenannten synthetischen Methode[2]) gewöhnlich allein betrachteten reellen Kegelschnittbüscheln sind diese Symmetrien zum Teil verdeckt; aber auch ihren Besonderheiten wird sich unschwer Rechnung tragen lassen. Schließlich aber dürfte der Zusammenhang des algebraischen Stoffes mit einem nicht unwichtigen Kapitel der Funktionentheorie auch wohl an sich schon so viel Interesse haben, daß der unternommene Versuch, ihn zu einem möglichst vollkommenen Ausdruck zu bringen, keiner weiteren Rechtfertigung bedarf.

Ich wende mich zum Schluß noch einmal zurück zu den Aufgaben der ebenen projektiven Geometrie, von denen wir im vorliegenden Abschnitt ausgegangen sind. Es dürfte nämlich nützlich sein, sich vor Augen zu stellen, um wie vieles schwieriger die entsprechenden Probleme schon in einer Dimension mehr sind.

Die Zahl der Flächen zweiter Ordnung und Klasse, die durch m Punkte und $9-m$ Ebenen in nicht zu spezieller Lage bestimmt sind, haben

---

[1]) In einer leider ungedruckt gebliebenen Dissertation (von der die Bibliotheken zu Bonn und Berlin Abschriften besitzen) hat Frl. Ella Pönsgen die elliptischen Funktionen zum Studium der Evolutenfläche einer Mittelpunktsfläche zweiten Grades verwertet

[2]) Siehe Reye, Geometrie der Lage 5. Aufl. 1, 166, 204, 241, 248 u. ff.; 1909.

H. G. Zeuthen und Schubert, nach den Methoden der abzählenden Geometrie, entsprechend den Werten

$$m = 9, \ 8, \ 7, \ 6, \ 5, \ 4, \ 3, \ 2, \ 1, \ 0$$
$$\text{gleich} \ 1, \ 3, \ 9, \ 17, \ 21, \ 21, \ 17, \ 9, \ 3, \ 1$$

gefunden[1]). Nun sind allerdings die von den genannten Autoren geführten Beweise nicht einwandfrei, doch können, soviel ich sehe, die angeführten Zahlen als zuverlässig gelten. Diese lassen aber keinen Zweifel, daß in mehreren Fällen die wirkliche Bestimmung der bezeichneten Flächen die Kräfte der heutigen Algebra bei weitem übersteigt. Und selbst im allereinfachsten Falle $m = 9$ oder $m = 0$ scheint eine ganz befriedigende Form der Lösung noch nicht gefunden zu sein: Eine zehnreihige Determinante, der man ihre Invarianteneigenschaft nicht ansieht, kann kaum als solche gelten. Auch ist mir unter den von Geometern angegebenen Konstruktionen einer Fläche zweiter Ordnung durch neun Punkte keine bekannt geworden, mit deren Hilfe man die Bedingung für zehn Punkte 0 ... 9 auf einer solchen Fläche reinlich, d. h. ohne fremde Faktoren, darstellen könnte — wie es doch bei der entsprechenden Konstruktion eines Kegelschnittes in der Ebene zutrifft. Auch ist das Analogon zu unserem Ausdruck

$$(1\ 3\ 5)\ (6\ 1\ 2)\ (2\ 3\ 4)\ (4\ 5\ 6) - (2\ 4\ 6)\ (1\ 2\ 3)\ (3\ 4\ 5)\ (5\ 6\ 1)$$

(S. 66, Nr. 7), das sich vielleicht aus nur vier Produkten von je fünf Determinanten zusammensetzen mag, noch nicht bekannt, so wenig als das hier in Betracht kommende Analogon zum Pascalschen Satz.

§ 8.
Die allgemeinen linearen Transformationen.

Nachdem nunmehr die Formelsprache, deren wir uns weiterhin bedienen werden, durch einige allerdings sehr einfache Anwendungen erläutert worden ist, soll fortgefahren werden in der allgemeinen Theorie. Ich knüpfe zunächst an die in § 1 und 2 ausgeführte Untersuchung an.

Es muß ohne weiteres einleuchten, daß ein Teil der dort angestellten Betrachtung, ja das Wesentliche davon, gar nicht davon abhängen kann, ob man gerade lineare Transformationen untersucht, die die Quadratsumme

$$X_1^2 + X_2^2 + \cdots + X_n^2$$

reproduzieren. Führen wir nämlich an Stelle der Koordinaten $X_1, \ldots, X_n$ usw. durch eine lineare Substitution von nicht verschwindender Determinante irgendwelche andere Systeme von n Zahlen ein,

---

[1]) H. Schubert, Kalkül der abzählenden Geometrie 1879, S. 105; H. G. Zeuthen, Lehrbuch der abzählenden Methoden der Geometrie, S. 352, 1914.

§ 8. Die allgemeinen linearen Transformationen.

so wird an Stelle der Quadratsumme jede beliebige nicht singuläre quadratische Form treten können, nämlich irgend eine solche, deren Diskriminante (Koeffizientendeterminante) von Null verschieden ist. An Stelle der Gruppe γ, η tritt dann eine Gruppe von Transformationen der neuen Veränderlichen, von denen die neue quadratische Form reproduziert wird. Die Ausdrücke $(X \mid Y)$, $(X_1 \ldots X_n)$ ändern dann ihre Form, sie behalten aber ihre Zahlenwerte, und in der neuen Gestalt werden sie Invarianten der neuen Gruppe sein. Was wir bisher ausgeführt hatten, ist also ein Spezialfall einer umfassenderen Theorie.

Mit dieser Einsicht sehen wir uns nun vor eine Reihe weiterer Fragen gestellt. Wird sich nicht auch diese Erweiterung unserer Überlegungen so darstellen lassen, daß die formelle Einfachheit, die dem Bisherigen doch gewiß innewohnt, erhalten bleibt? Wird es sich also nicht empfehlen, auch in der erweiterten Theorie an Stelle des Rechnens mit einzelnen Koordinaten ein systematisches Rechnen mit deren doch allein interessanten Funktionen, ihren Invarianten zu setzen? Dabei wird zu bedenken sein, daß eine quadratische Form, von der man von vornherein eine Darstellung durch eine Quadratsumme kennt, eben dadurch schon spezialisiert ist, wenn auch nur in arithmetischem Sinne: Die Herstellung der Quadratsumme verlangt ja in der Regel irrationale Operationen, die man nicht ohne Not als schon vollzogen wird annehmen wollen. Und schließlich wird auch die Frage zu stellen sein, in welchem Verhältnis denn die Invariantentheorie einer solchen Gruppe γ, η — die nun zu irgend einer nicht singulären quadratischen Form gehören mag — zur Invariantentheorie der Gruppe aller linearen Transformationen steht, die sich ja längst einer viel höheren Entwicklung rühmen darf, als das Rechnen mit Vektoren und orthogonalen Invarianten von solchen.

Einen Schritt in der zuletzt bezeichneten Richtung haben wir in § 5 schon getan, wo die Gruppe Γ der linearen Transformationen von der Determinante Eins eingeführt worden war. Wir wiederholen jetzt das dort Gesagte, indem wir nun den Stufenwert $n = 3$ durch eine beliebige Stufenzahl ersetzen, und nun auch unser Hauptaugenmerk auf die Γ umfassende Gruppe G aller linearen Transformationen richten, deren allgemeine Transformation von n^2 lediglich durch eine Ungleichung beschränkten komplexen Parametern abhängt.

Wir unterscheiden jetzt von vornherein zweierlei Vektoren, Vektoren erster Schicht, die, je nach Umständen, durch Zeichen $X, Y, Z, \ldots$ oder $P, Q, R, \ldots$ dargestellt werden sollen, und Vektoren zweiter Schicht, denen wir Zeichen $U, V, W, \ldots$ oder

§ 8. Die allgemeinen linearen Transformationen.

$A, B, C, \ldots$ zuordnen (S. 53 ff.). Die Gleichheit der Koordinaten eines Vektors X und eines Vektors U, ihr Übereinanderliegen oder Sich-Überdecken, wird in dem, was folgt, als ein ganz nebensächlicher Umstand zu gelten haben.

Wir unterwerfen nun z. B. die Vektoren erster Schicht einer linearen Transformation, deren Determinante also nach Voraussetzung von Null verschieden ist. Diese Transformation, in der wir den Vektoren erster Schicht $X, Y, \ldots$ wieder solche $\underline{X}, \underline{Y}, \ldots$ wollen entsprechen lassen $(X \rightarrow \underline{X}, Y \rightarrow \underline{Y}, \ldots)$, schreiben wir so:

$$(1, \mathrm{I}) \quad \boxed{X_1 C_{1k} + \cdots + X_n C_{nk} = \underline{X}_k \; (k = 1 \ldots n).}$$

Wir bemerken nun, daß durch diese Transformation eine zweite lineare Transformation, nämlich eine solche hervorgerufen (oder „bewirkt," oder „induziert") wird, die den Vektoren der zweiten Schicht $U, V, \ldots$ andere $\underline{U}, \underline{V}, \ldots$ zuordnet $(U \rightarrow \underline{U}, V \rightarrow \underline{V} \cdots)$.

Dies ergibt sich aus der Forderung, daß als Folge der Abhängigkeit (1, I) die Gleichung

$$(U X) = (\underline{U}\, \underline{X})$$

eine Identität werden soll, daß also, zufolge der gegebenen Zuordnung und der zu suchenden, der bilineare Ausdruck $(UX) = \Sigma\, U_i X_i$ eine Invariante (der beiden zusammengehörigen Transformationen) werden soll. Ohne weiteres erhalten wir dann den Zusammenhang zwischen den zweierlei Vektoren U und $\underline{U}$ zweiter Schicht in Gestalt der Gleichungen

$$(2, \mathrm{II}) \quad \boxed{U_i = C_{i1} \underline{U}_1 + \cdots + C_{in} \underline{U}_n \; (i = 1 \ldots n).}$$

Zu den Systemen (1, I) und (2, II) linearer Gleichungen gehören als ihre Auflösungen:

$$(2, \mathrm{I}) \quad \boxed{X_i = D_{i1} \underline{X}_1 + \cdots + D_{in} \underline{X}_n \; (i = 1 \ldots n)}$$

und

$$(1, \mathrm{II}) \quad \boxed{U_1 D_{1k} + \cdots + U_n D_{nk} = \underline{U}_k \; (k = 1 \ldots n),}$$

wobei, wenn $|C|$ die gemeinsame Determinante der Gleichungen (1, I) und (2, II) und ebenso $|D|$ die gemeinsame Determinante der Gleichungen (2, I) und (1, II) bezeichnet,

$$D_{ik} = |C|^{-1} \cdot \frac{\partial |C|}{\partial C_{ik}}, \quad C_{ik} = |D|^{-1} \cdot \frac{\partial |D|}{\partial D_{ik}}$$

und

$$|C| \cdot |D| = 1$$

§ 8. Die allgemeinen linearen Transformationen.

ist. Die Gleichungen (1) und (2) stellen dann zwei Paare (I, II) sogenannter **kontragredienter** Transformationen dar, in der Anordnung (I), (II) aber haben wir dieselben vier Zuordnungen nochmals als **Paare reziproker Transformationen** (1, 2) vor uns.

Lassen wir etwa die Formeln (1, I) und (1, II) — und dann auch die Formeln (2, I) und (2, II) — mit denselben Koeffizienten $C_{ik} = D_{ik}$ ausgestattet sein, so werden die dargestellten Transformationen zufolge des identischen Bestehens der Gleichung $(UX) = (\underline{U}\,\underline{X})$ orthogonal. **Nur orthogonale lineare Transformationen fallen demnach mit den zu ihnen kontragredienten Transformationen zusammen; nur bei orthogonalen Transformationen also bleibt ein „Sich-Decken" zweier Vektoren erster und zweiter Schicht, d. h. das Bestehen einer Gleichung der Form**

$$X = U$$

immer ungestört.

Nur im Falle orthogonaler Transformationen ist also

(3) $$D_{ik} = C_{ik} \quad (i, k = 1, 2, \ldots, n).$$

Hieraus folgt weiter:

Die bilinearen Ausdrücke $(X\,|\,Y)$ und $(U\,|\,V)$, die aus je zwei Vektoren derselben Schicht abgeleitet sind, und gegenüber orthogonalen Transformationen die Invarianteneigenschaft haben, haben sie nicht gegenüber anderen linearen Transformationen.

Ebenso haben die Determinanten, die aus Koordinaten einiger Vektoren erster Schicht und Koordinaten von Vektoren zweiter Schicht gebildet sind, nur gegenüber orthogonalen Transformationen die Invarianteneigenschaft. Es bestehen aber immerhin allgemein die Gleichungen

(4) $$\begin{aligned}|C|\cdot(X_1 \ldots X_n) &= (\underline{X}_1 \ldots \underline{X}_n),\\ |D|\cdot(U_1 \ldots U_n) &= (\underline{U}_1 \ldots \underline{U}_n),\end{aligned}$$

die eine der Invarianteneigenschaft verwandte Tatsache ausdrücken. Man hat sich durch diese oder eine ähnliche Bemerkung veranlaßt gesehen, den Invariantenbegriff selbst zu erweitern. Man braucht dann das Wort Invariante in einem umfassenderen Sinne, als wir es bisher getan hatten: Allgemein werden dann solche Funktionen der Koordinaten der betrachteten Figuren (hier also der Koordinaten von Vektoren) Invarianten genannt, die sich nach Ausführung eines beliebigen Paares kontragredienter linearer Transformationen mit einem Faktor reproduzieren, der nur von den Transformations-

§ 8. Die allgemeinen linearen Transformationen.

koeffizienten abhängt. Ist dieser Faktor gleich Eins — wie im Falle der bilinearen Verbindung (UX) —, so spricht man dann von **absoluten**, andernfalls von **relativen Invarianten**. [Beispiele für diese: $(X_1 \ldots X_n)$, $(U_1 \ldots U_n)$.] Da man aber ganz ebenso gebildete Begriffe auch noch auf Untergruppen der Gruppe aller (paarweise zu kontragredienten geordneten) linearen Transformationen anwenden kann, so wird man zu voller Deutlichkeit von „Invarianz gegenüber der Gruppe G **aller** linearen Transformationen" (genauer: aller durch Kontragredienz gepaarten linearen Transformationen) zu reden haben. Handelt es sich, wie hier bis auf weiteres, ausschließlich um ganze rationale Funktionen, so ist der Quotient zweier einander zugeordneter Invarianten $J:J$ für jede bestimmte Transformation (für jedes bestimmte Paar kontragredienter Transformationen) eine lediglich von den Transformationskoeffizienten abhängige eindeutig bestimmte Konstante.

Nach diesen Vorbereitungen wird der folgende Lehrsatz verständlich sein, bei dessen Abfassung wir die auch weiterhin noch festzuhaltende Annahme machen wollen, es sei die Stufenzahl $n > 2$.

Die einzigen (relativen oder absoluten) ganzen rationalen und allseitig-homogenen Invarianten beliebig vieler Vektoren erster und zweiter Schicht gegenüber der Gruppe G sind die Ausdrücke der Form

$$(X_1 \ldots X_n), \quad (XU), \quad (U_1 \ldots U_n), \quad (n > 2)$$

und die aus diesen „Typen elementarer Invarianten" zu bildenden ganzen rationalen und allseitig-homogenen Funktionen.

„Allseitig-homogen" heißt, wie zuvor, eine Funktion, die homogen ist in den Koordinaten jedes einzelnen der vorkommenden Vektoren. Offenbar genügt es, nach solchen Invarianten zu fragen[1]).

In diesem Lehrsatz, auf dessen Beweis[2]) hier nicht eingegangen werden kann, hat man offenbar ein Analogon zu dem Satze I des

---

[1]) Der Faktor, mit dem eine solche Invariante der Gruppe G reproduziert wird, ist immer eine Potenz der Determinante $|C|$, oder, was dasselbe sagt, eine Potenz von $|D|$ mit ganzzahligem Exponenten (der positiv, Null oder negativ sein kann). T. F. S. 32. Für Untergruppen von G gilt dies nicht allgemein. (Ein Beispiel wird später beigebracht werden.)

[2]) T. F. S. 45 u. ff. Daß dort der Beweis explizite nur für den Fall $n = 3$ geführt ist, ist nebensächlich. — Ich rate dem Leser, sich zunächst mit der Tragweite derartiger Lehrsätze vertraut zu machen — wozu eben die vorliegende Schrift eine Anleitung bieten soll — und dann erst nach ihrer Begründung zu fragen. (Vgl. § 6 und 7.)

§ 2. Aber auch die Sätze II und III haben in der Theorie der Gruppe G ihr vollkommenes Seitenstück[1]). Insbesondere treten jetzt an Stelle des Ausdrucks A in § 2 der Ausdruck

$$A_I^* = (X_1 X_2 \ldots X_n)(UX_0) + (-1)^n (X_2 X_3 \ldots X_0)(UX_1)$$
$$+ \cdots\cdots\cdots\cdots + (-1)^n (X_0 X_1 \ldots X_{n-1})(UX_n)$$

und der dann „korrelative" A_{II}^*, der sich durch Vertauschung der Zeichen X und U ergibt, nebst zwei weiteren Ausdrücken, deren erster aus (A_I^*) dadurch hervorgeht, daß man die bilinearen Verbindungen (UX_k) durch Determinanten

$$(Y_1 Y_2 \ldots Y_{n-1} X_k)$$

ersetzt, während an Stelle von B der Ausdruck

$$B^* = (X_1 \ldots X_n)(U_1 \ldots U_n) - |(U_1 X_1) \ldots (U_n X_n)|$$

zu setzen ist. **An Stelle der zwei Typen identisch verschwindender Invarianten jenes Lehrsatzes II treten also hier ihrer fünf.** Geht man umgekehrt von der Theorie der Gruppe G aus, so erhält man in gewissem Sinne nichts wirklich Neues: In der Theorie der Untergruppe γ von G fällt die Unterscheidung oder doch die Notwendigkeit einer Unterscheidung von Vektoren zweier Schichten weg. Die Folge davon ist dann, daß jene fünf Arten oder Typen von Identitäten sich zunächst auf drei reduzieren, und da von diesen noch eine sich als Folge der Identität $B = 0$ darstellt, so bleiben nur zwei wirklich verschiedene Formeln übrig, eben die, die wir in § 2 aufgestellt hatten.

Wir wenden uns jetzt zurück zu unseren linearen Transformationen (denen der Gruppe G) und bemerken, daß die Transformationen (1) auch aus beliebigen ganzen rationalen und homogenen Funktionen der Veränderlichen $X, Y, \ldots$ und $U, V, \ldots$ wieder solche hervorgehen lassen:

(5) $\qquad F(X, Y, \ldots, U, V, \ldots) = \underline{F}(\underline{X}, \underline{Y}, \ldots, \underline{U}, \underline{V}, \ldots).$

Es besteht nun der folgende grundlegende Lehrsatz:

Um zu wissen, wie die Koeffizienten der transformierten algebraischen Form $\underline{F}$ mit denen der gegebenen Form F zusammenhängen, genügt es, diesen Zusammenhang in dem besonderen Falle ermittelt zu haben, wo die Form F, und folglich auch die Form $\underline{F}$, sich auf ein Produkt von Potenzen linearer Formen reduziert.

---

[1]) T. F. S. 67 u. ff.

§ 8. Die allgemeinen linearen Transformationen.

In der Tat, nehmen wir an, es sei:
$$F = (AX)^{\mu_1}.(BY)^{\mu_2} \ldots (PU)^{\nu_1}.(QV)^{\nu_2} \ldots,$$
so wird $\underline{F}$ die Form
$$\underline{F} = (\underline{A}\,\underline{X})^{\mu_1}.(\underline{B}\,\underline{Y})^{\mu_2} \ldots (\underline{P}\,\underline{U})^{\nu_1}.(\underline{Q}\,\underline{V})^{\nu_2} \ldots$$
haben müssen. In diesem besonderen Falle aber hat man nach (1)

(1*) $\quad \begin{aligned} A_1 D_{1i} + \cdots + A_n D_{ni} &= \underline{A}_i, \text{ usw.,} \\ P_1 C_{1i} + \cdots + P_n C_{ni} &= \underline{P}_i, \text{ usf.} \end{aligned}$

Umgekehrt wird nach (2):

(2*) $\quad \begin{aligned} A_i &= C_{i1}\underline{A}_1 + \cdots + C_{in}\underline{A}_n, \text{ usw.,} \\ P_i &= D_{i1}\underline{P}_1 + \cdots + D_{in}\underline{P}_n, \text{ usf.} \end{aligned}$

Somit ergeben sich die Koeffizienten von $\underline{F}$, wenn die von F bekannt sind, und umgekehrt, einfach durch Ausmultiplizieren und Ordnen.

Damit aber hat man den Zusammenhang zwischen den Formen F und $\underline{F}$ auch schon im allgemeinen Falle, in dem diese Formen nicht gerade Produkte von Potenzen linearer Formen sind.

Es wird nämlich die Gleichung (5) ja eine Identität vermöge der Substitutionen, denen wir die Veränderlichen $X, Y, \ldots, U, V, \ldots$ unterworfen haben. Setzen wir also rechts für die Koordinaten $\underline{X}_i, \underline{Y}_i, \ldots, \underline{U}_i, \underline{V}_i \ldots$ aus (1) ihre Werte ein, so müssen beiderseits die Koeffizienten entsprechender Produkte der Koordinaten $X_i, Y_i, \ldots, U_i, V_i, \ldots$, nachdem wir alles gehörig geordnet und so auf seinen einfachsten Ausdruck gebracht haben, dieselben werden. Wären nun die so bestimmten linearen Abhängigkeiten zwischen den Koeffizienten von F und denen von $\underline{F}$ nicht schon durch die Abhängigkeiten bestimmt, die wir im besonderen Falle gefunden hatten, so würde das heißen, daß die Koeffizienten der speziellen Form F linearen Gleichungen genügen müßten, die aber tatsächlich nicht bestehen. Die Koeffizienten der speziellen Form sind ja nichts anderes als Produkte von irgendwelchen Systemen homogener Größen

$$A_i, B_k, \ldots, P_l, Q_m, \ldots$$

(mit den Gradzahlen
$$\mu_1, \mu_2, \ldots, \nu_1, \nu_2, \ldots)$$

zwischen denen keine lineare Gleichung mit konstanten Koeffizienten bestehen kann, außer der trivialen, in der alle Koeffizienten Null sind.

§ 8. Die allgemeinen linearen Transformationen.

Wir können überhaupt, überall wo es sich um **lineare** Funktionen der Koeffizienten einer algebraischen Form F handelt, uns zu ihrer Bezeichnung einer Fiktion bedienen. Wir können so mit der Form F umgehen, als ob sie ein Produkt von Potenzen linearer Formen und also nach dem Schema (5) dargestellt wäre. Dieses Schema dient demnach als **Zeichen** („Symbol") irgend einer Form F mit vorgeschriebenen Ordnungszahlen

$$\mu_1, \mu_2, \ldots, \nu_1, \nu_2, \ldots;$$

man schreibt demgemäß „symbolisch"

$$F = (AX)^{\mu_1} (BY)^{\mu_2} \ldots (PU)^{\nu_1} (QV)^{\nu_2} \ldots$$

Wir haben hiermit den Grundgedanken der von Aronhold erfundenen und von anderen, besonders von Clebsch und Gordan weiter ausgebildeten symbolischen Rechnungsmethode.

Es handele sich etwa um eine bilineare Form mit Veränderlichen der zwei Schichten:

$$F = \Sigma X_i F_{ik} U_k \quad (i, k = 1, 2, \ldots, n).$$

Diese Form ist bereits vollkommen deutlich bezeichnet, wenn wir an Stelle jedes Koeffizienten F_{ik} das Produkt $A_i \cdot P_k$ setzen und die Bestimmung treffen, daß erstens überhaupt nur lineare Funktionen, $\Sigma \Phi_{ik} \cdot A_i P_k = \Sigma A_i \Phi_{ik} P_k$ {also z. B. $\Sigma A_i X_i U_k P_k = \Sigma X_i A_i P_k U_k$} solcher Produkte betrachtet werden sollen, und daß zweitens jedes Produkt $A_i \cdot P_k$ hinterher durch den vorgeschriebenen Koeffizienten F_{ik} ersetzt werden soll. Um z. B. zu wissen, was aus F wird, wenn man vermöge der Transformationsformeln (2) neue Veränderliche $\underline{X}, \underline{U}$ einführt, braucht man dann nur die Ausdrücke (1*) zu bilden und in dem ausgerechneten und geordneten Produkt

$$(\underline{X}\underline{A})(\underline{P}\underline{U}) = \Sigma_i \underline{X}_i \underline{A}_i \cdot \Sigma_k \underline{P}_k \underline{U}_k = \Sigma_{i,k} \underline{X}_i \cdot (\underline{A}_i \underline{P}_k) \cdot \underline{U}_k$$

$$= \Sigma_{i,k} \underline{X}_i \cdot \{\Sigma_\alpha A_\alpha D_{\alpha i} \cdot \Sigma_\beta P_\beta C_{\beta k}\} \underline{U}_k = \Sigma_{i,k} \underline{X}_i \{\Sigma_{\alpha,\beta} D_{\alpha i} C_{\beta k} \cdot (A_\alpha \cdot P_\beta)\} \underline{U}_k$$

die Produkte $A_\alpha \cdot P_\beta$ durch die entsprechenden Werte $F_{\alpha\beta}$ zu ersetzen. Die transformierte Form ist mithin

$$\Sigma_{i,k,\alpha,\beta} \underline{X}_i (D_{\alpha i} C_{\beta k} F_{\alpha\beta}) \underline{U}_k.$$

Man kann also die symbolisch geschriebenen Formeln jederzeit ausrechnen. Die ausgerechneten Formeln aber entbehren, wie schon das angeführte (noch sehr einfache) Beispiel zeigt, der Übersichtlichkeit. Sie sind belastet mit den hier i, k, α, β genannten

§ 8. Die allgemeinen linearen Transformationen.

Indizes, die auf die einzelnen Koordinaten und Transformationskoeffizienten hinweisen, also Beziehungen zum Ausdruck bringen, auf die es bei dem Rechnen mit Invarianten gar nicht ankommen kann. Die Lenkung der Aufmerksamkeit auf Nebendinge und die damit verbundene Ermüdung zu vermeiden, ist aber wichtig genug. So beruhte der Fortschritt, den Leibniz in die Differentialrechnung gebracht hat, ganz wesentlich darauf, daß seine Formeln eben nur das enthielten, was wirklich gebraucht wurde. — Ich fasse nunmehr zusammen:

Die Form F wird „symbolisch" als Produkt linearer Formen „dargestellt",
$$F = \Sigma X_i F_{ik} U_k = \Sigma X_i . A_i P_k . U_k = (XA)(PU).$$
Die Produkte $A_i P_k$ „bedeuten" dann die Werte F_{ik}.

Hat man es nicht gerade mit einer bilinearen Form, sondern mit einer algebraischen Form allgemeiner Art zu tun (siehe oben), so benutzt man statt der $2n$ Symbole A_i, P_i deren eine größere Zahl; wir setzen dann, wie gesagt, „symbolisch"

(6) $$F = (AX)^{\mu_1}(BY)^{\mu_2} \ldots (PU)^{\nu_1}(QV)^{\nu_2} \ldots$$

In diesem Falle erlangen erst Produkte der Form
$$A_{i_1}^{\alpha_1} A_{i_2}^{\alpha_2} \ldots B_{k_1}^{\beta_1} B_{k_2}^{\beta_2} \ldots P_{l_1}^{\pi_1} P_{l_2}^{\pi_2} \ldots Q_{m_1}^{\varphi_1} Q_{m_2}^{\varphi_2} \ldots,$$
wo
$$\alpha_1 + \alpha_2 + \cdots = \mu_1, \quad \pi_1 + \pi_2 + \cdots = \nu_1,$$
$$\beta_1 + \beta_2 + \cdots = \mu_2, \quad \varphi_1 + \varphi_2 + \cdots = \nu_2,$$
$$\ldots \ldots \ldots \ldots , \quad \ldots \ldots \ldots \ldots ,$$
sein muß, die Bedeutung von Zahlenwerten. Jedes solche Produkt bedeutet einen Koeffizienten der Form F, der ohne Benutzung der symbolischen Bezeichnung, zum Entsetzen des Druckers (und vernünftiger Leser), etwa so zu benennen sein würde:
$$F_{(i_1)^{\alpha_1} (i_2)^{\alpha_2} \ldots (k_1)^{\beta_1} (k_2)^{\beta_2} \ldots (l_1)^{\pi_1} (l_2)^{\pi_2} \ldots (m_1)^{\varphi_1} (m_2)^{\varphi_2} \ldots}\ [1]).$$

Solche verwirrenden Bilder also ersparen wir uns durch die symbolische Bezeichnung (6). Vor allem haben wir nunmehr die einfache Regel:

Um eine Form F einer Transformation der Gruppe G, d. h. einem Paar kontragredienter linearer Transformationen zu entwerfen, transformiere man ihre Symbole

---

[1]) Die Literatur ist voll von Formeln, die nicht sehr viel besser, und zwar nur darum nicht ganz so schlimm aussehen, weil man meistens lediglich viel speziellere Objekte untersucht.

§ 8. Die allgemeinen linearen Transformationen.

$A, B, \ldots$ wie Veränderliche zweiter Schicht, und ihre Symbole $P, Q, \ldots$ wie Veränderliche erster Schicht.

Natürlich bezieht sich die eingeführte symbolische Bezeichnung auf die in der Geometrie allgemein übliche Schreibart algebraischer Formen, bei der ihre Koeffizienten mit Polynomialfaktoren versehen sind; z. B. ist

$$(A\,X)^2 = A_1^2 X_1^2 + \cdots + 2\,A_1 A_2 X_1 X_2 + \cdots;$$

„Koeffizienten" einer quadratischen Form

$$F = A_{11} X_1^2 + \cdots + 2\,A_{12} X_1 X_2 + \cdots$$

heißen demnach für uns die Zahlen $A_{11}, \ldots, A_{12}, \ldots$, nicht aber die Zahlen $A_{11}, \ldots, 2\,A_{12}, \ldots$, soweit sie von jenen verschieden sind[1]).

Statt des schleppenden Ausdruckes Koeffizientensystem einer algebraischen Form werden wir uns weiterhin des Wortes **Kern der Form** bedienen. Der Kern einer linearen Form ist dann ein Vektor. Oft kommt es überhaupt nur auf diesen Kern an. Es wäre aber verfehlt, die Veränderlichen darum überhaupt weglassen zu wollen — besonders in den grundlegenden Definitionen (wie es in der Ausdehnungslehre von H. Grassmann und in vielen Schriften über Vektorenrechnung tatsächlich geschieht). Es wäre das gerade so verfehlt, wie wenn jemand an Stelle von *sin x* einfach *sin* schreiben wollte, was ja in einigen Fällen genügen kann (z. B. $sin^2 + cos^2 = 1$).

Der eingeführte Invariantenbegriff ist verschiedener Erweiterungen fähig. Vor allem:

Unter einer **allseitig-homogenen algebraischen Invariante** (der Gruppe G oder einer ihrer Untergruppen) verstehen wir die Wurzel einer algebraischen Gleichung, deren Koeffizienten allseitig-homogene ganze rationale Invarianten sind, mit Gradzahlen, die für jede einzelne an der Bildung der Koeffizienten beteiligte Form F eine **arithmetische Reihe** bilden[2]).

Unter dieser Voraussetzung nämlich wird man aus der angenommenen Gleichung

$$J_0 \cdot J^n + J_1 \cdot J^{n-1} + \cdots + J_n \cdot J^0 = 0$$

eine der Form

$$J_0 \cdot |C|^{\nu_0} \cdot \underline{J}^n + J_1 \cdot |C|^{\nu_1} \cdot \underline{J}^{n-1} + \cdots + J_n \cdot |C|^{\nu_n} \underline{J}^0 = 0$$

---

[1]) Das braucht nicht überall angebracht zu sein. So hat man bei gewissen Untersuchungen der Zahlentheorie die gerade entgegengesetzte Festsetzung zweckdienlicher gefunden.

[2]) Eine solche ist auch $0, 0, \ldots 0, \ldots$ Man sollte übrigens heute wohl eher sagen „Eine arithmetische Folge".

§ 8. Die allgemeinen linearen Transformationen.

erhalten, in der die Exponenten $\nu_0, \nu_1, \ldots, \nu_n$ eine arithmetische Reihe bilden. Ist das der Fall, so kann man den Wurzeln $J_{(k)}$ der ersten Gleichung die Wurzeln $\underline{J}_{(k)}$ der zweiten einzeln so zuordnen, daß für je zwei zusammengehörige Wurzeln eine Gleichung der Form

$$|C|^\mu \cdot J_{(k)} = \underline{J}_{(k)}$$

besteht, und zwar für alle Wurzelpaare dieselbe Gleichung, in der μ eine rationale Zahl bedeutet; derart, daß durch Substitution von $\underline{J}_{(k)}$ in die zweite Gleichung diese die Form

$$|C|^\varrho \cdot \{J_0 \cdot J^n + J_1 \cdot J^{n-1} + \cdots + J_n \cdot J^0\} = 0$$

annimmt. Da $|C|$ nach Voraussetzung nicht Null ist, so kann dann der erste Faktor links unterdrückt werden. Sind dann $\mu_0, \mu_1, \ldots, \mu_n$ die Gradzahlen von $J_0 \ldots J_n$ in bezug auf die Form F, so gibt es eine Zahl σ, so daß

$$\mu_0 + \sigma n = \mu_1 + \sigma(n-1) = \cdots$$

wird, und diese Zahl $\sigma = \mu_1 - \mu_0 = \mu_2 - \mu_1 = \cdots$ heißt dann der **Grad** der algebraischen Invariante J in bezug auf dieselbe Grundform F.

Was unter einer **irrationalen** algebraischen Invariante zu verstehen ist, ist hiernach klar. Beispiele, die unter diesen Begriff fallen, haben wir schon in ziemlicher Menge kennen gelernt (§ 4 und 7).

Dem Begriff der ganzen rationalen Invariante ist untergeordnet der Begriff der ganzen rationalen **Kovariante**. Darunter verstehen wir eine ganze rationale Invariante, die wenigstens einige der Veränderlichen $X, Y, \ldots, U, V, \ldots$ wirklich enthält. Unter diesen Begriff fällt also auch jede der gegebenen Grundformen selbst. Insbesondere gehören dahin die sogenannten **identischen Kovarianten**, die nur von den Veränderlichen, nicht auch noch von den Kernen solcher Formen abhängen, die außer diesen Veränderlichen (Vektoren) gegeben sind. Identische Kovarianten sind also alle Invarianten der Typen

$$(X_1 \ldots X_n), \quad (XU), \quad (U_1 \ldots U_n),$$

und die ganzen rationalen Funktionen von ihnen.

Sind dies Begriffsbildungen, deren Motivierung ohne weiteres einleuchten muß[1]), so bedarf doch wohl einer kurzen Rechtfertigung der Begriff der **algebraischen Kovariante**, so wie er hier ge-

---

[1]) Ich meine, daß es auch klar sein wird, warum wir die gegebenen Grundformen unter den Begriff der Kovarianten fallen lassen, nicht sie davon ausschließen (wie es gelegentlich schon geschehen ist).

§ 8. Die allgemeinen linearen Transformationen.

faßt werden soll. Unter einer solchen wollen wir ausschließlich eine algebraische Invariante verstehen, in der die Veränderlichen, nämlich mindestens eine von ihnen, wirklich vorkommen, und zwar diese (ihre Koordinaten) als ganze rationale Funktionen. Es sind das also algebraische Invarianten, in denen, wenn sie irrational sind, die Irrationalität nur in den Koeffizienten sitzt[1]). Nach dieser Definition ist also z. B. der Ausdruck (3) in § 7 (S. 71) nur eine irrationale Invariante der beteiligten linearen Formen oder ihrer Kerne, der Vektoren A, B, C, P, Q, X. Dagegen ist der Ausdruck (7) ebenda (S. 72) eine irrationale Kovariante der Vektoren A, B, C, P, Q: die Veränderliche U, d. h. das System ihrer Koordinaten, tritt in ihr nur in Gestalt ganzer rationaler Funktionen auf. Die hier angeführte terminologische Beschränkung scheint mir gerechtfertigt zu sein durch das Bedürfnis der analytischen Geometrie, in der man eben die zu untersuchenden Gebilde als „geometrische Örter" aufzufassen und vorzugsweise durch Gleichungen (zwischen Veränderlichen $X, U, \ldots$ und Verbindungen von solchen) darzustellen pflegt, in denen die Veränderlichen ganz und rational vorkommen.

Immer lohnt es sich jedoch nicht, die algebraische Gleichung wirklich aufzustellen, deren Wurzel eine irgendwie gefundene irrationale Invariante oder Kovariante ist. Schon bei ziemlich einfacher Sachlage können diese Gleichungen so verwickelt ausfallen, daß man nichts mehr an ihnen sieht. (Vgl. § 7, Nr. 1.) Doch werden wir in einigen Fällen derartige Gleichungen bilden.

In der älteren Literatur finden sich außer den Terminis Invariante und Kovariante noch weitere, wie Kontravariante, Konkomitante, Zwischenform. Das hat lediglich historische Gründe. Man interessierte sich zunächst für den Fall $n = 3$, wo z. B. kubische Formen $(AX)^3$ die ebenen Kurven dritter Ordnung lieferten. Mit den Invarianten kam man dabei nicht aus, und ebensowenig mit den zuerst allein so genannten Kovarianten, die ebenfalls die Veränderliche X enthielten. Weitere Bildungen, solche mit Veränderlichen U, nannte man dann Kontravarianten, und als auch diese sich als unzureichend erwiesen und man sich zur Betrachtung von Formen mit Veränderlichen X und U genötigt sah, sprach man von Zwischenformen. Ich fasse alles das unter den Begriff der Kovariante: Es würde ja völlig unmöglich sein, eine so ins einzelne gehende Terminologie auch bei größeren Werten der Stufenzahl noch durchzuführen. Übrigens ist der Terminus Zwischenform ein offenbares Verlegenheitsprodukt.

Neuerdings hat sich eine Bezeichnungsweise eingebürgert, die den Unterschied der zweierlei Veränderlichen und Symbole dadurch zum Ausdruck bringt, daß bei der einen Art die Indizes der Koordinaten oben, bei der anderen unten hingesetzt werden. Dieses Verfahren hat also zur Voraussetzung, daß die Koordinaten und Koeffizienten einzeln sichtbar gemacht

---

[1]) T. F. S. 11.

werden, und damit stellt es sich geradezu in Gegensatz zum Geiste der Invariantentheorie, die das Zufällige und Willkürliche in den Hintergrund zu drängen sucht, um dafür das, worauf es ankommt, die invarianten Zusammenhänge, in desto helleres Licht zu rücken. Man braucht ja jene Indizes in der Regel überhaupt nicht. In der Anwendung auf Formen mit mehreren Veränderlichen läßt das genannte Verfahren die Unübersichtlichkeit der explizite geschriebenen Ausdrücke in ihrem ganzen Umfange bestehen[1]).

Einen Vorläufer der symbolischen Bezeichnung bilden H. Grassmanns sogenannte Lückenprodukte. Diese haben heute kaum historisches Interesse, wiewohl man sie noch ganz neuerdings in die Vektoranalýsis hineinzubringen versucht hat. Sie eignen sich in keiner Weise als Grundlage einer umfassenden Rechnungsmethode.

§ 9.
Fortsetzung und Beispiele.

Zur Erläuterung des in § 8 Gesagten und zur Einleitung des Folgenden sollen nun zunächst wieder Beispiele — solche einfachster Art — betrachtet werden.

Es seien irgend zwei quadratische Formen gegeben, eine mit einer Veränderlichen X und einem Kern $\|A_{ik}\|$, ihrem Koeffizientensystem, und eine mit einer Veränderlichen U und dem Kern $\|P_{ik}\|$, d. h. mit Koeffizienten P_{ik}. Es sei also jetzt („symbolisch")

$$\Sigma X_i A_{ik} X_k = (XA)(AX) = (AX)^2,$$
$$\Sigma U_i P_{ik} U_k = (UP)(PU) = (PU)^2,$$

---

[1]) Vgl. H. Weyl, Raum, Zeit, Materie (1918), S. 6, 7. Z. B. hat dieser Autor auf S. 31 an Stelle unseres Zeichens
$$(AX)(BY)(PU)$$
das Zeichen
$$\sum_{i,k,l} a^l_{ik} \xi^i \eta^k \zeta_l.$$
Eigentlich hätte es sogar heißen sollen
$$\sum_{i,k,l} a_{ik}{}^l \xi^i \eta^k \zeta_l.$$
Es ist zu bedauern, daß der Urheber dieser wahrhaft unglücklichen Neuerung, der Physiker A. Einstein, von mathematischer Seite nicht besser beraten worden ist. Da man sich in den einfachsten Fällen ja zur Not noch damit abfinden kann, so wird sie aus der physikalischen Literatur, wenn überhaupt, nicht so leicht mehr auszurotten sein.

Statt von Kernen algebraischer Formen sprechen Autoren wie Einstein, Weyl u. a. von Tensoren. Dieses Wort hat indessen Sinn nur in dem einzigen Falle einer bilinearen Form mit kontragredienten Veränderlichen.

Wegen des im gleichen Zusammenhange auf eine sonst nicht übliche Art gebräuchlichen Wortes Stufe siehe Einleitung, S. 9.

so daß das Produkt $A_i A_k$ zur Bezeichnung des Koeffizienten A_{ik} und das Produkt $P_i P_k$ zur Bezeichnung des Koeffizienten P_{ik} dient. Es sei also
$$A_i A_k = A_{ik}, \quad P_i P_k = P_{ik},$$
und demzufolge
$$\Sigma A_{ik} P_{ik} = (\Sigma A_i P_i)^2 = (A P)^2.$$

Dieser symbolische Ausdruck bedeutet nun sicherlich eine Invariante gegenüber beliebigen linearen Transformationen, wenn die beiden vorgelegten Formen Quadrate linearer Formen sind, wenn also die A_i und P_k nicht nur Symbole, sondern zugleich auch Koeffizienten wirklicher linearer Formen (AX) und (UP) vorstellen. Denn dann ist $(AP) = (\underline{A}\,\underline{P})$, und also selbstverständlicherweise
(1) $$(AP)^2 = (\underline{A}\,\underline{P})^2.$$

Hieraus aber kann geschlossen werden, daß ganz allgemein $\Sigma A_{ik} P_{ik} = \Sigma \underline{A}_{ik}\underline{P}_{ik}$ sein muß. Denkt man sich nämlich in dem Ausdruck $(\underline{A}\,\underline{P})^2$ die in § 8 angegebenen Substitutionen (1*) gemacht und alle Glieder mit denselben Produkten $A_i A_k P_i P_k$ gesammelt und auf dieselbe Seite der Gleichung gestellt, so erhält man ein System von $\dfrac{n(n+1)}{2}$ trivialen Gleichungen der Form $0 = 0$: Alle Koeffizienten der genannten Produkte sind einzeln Null, da diese Produkte eben linear-unabhängig sind. Setzen wir aber an Stelle dieser Produkte nunmehr die entsprechenden Produkte $A_{ik} P_{ik}$, unter Aufhebung der genannten Einschränkung, so treten an Stelle der Produkte $\underline{A}_i \underline{A}_k \underline{P}_i \underline{P}_k$ die Produkte $\underline{A}_{ik}\underline{P}_{ik}$: Die Gleichung (1), nach den angegebenen Regeln gedeutet, bleibt nach wie vor richtig.

$(AP)^2$ ist daher der symbolische Ausdruck einer (absoluten) Invariante der Gruppe G.

Die zur Begründung dieser Behauptung benutzte Schlußweise aber ist typisch für alle ähnlichen Fälle. Sind z. B. an Stelle zweier quadratischen Formen ihrer $2 \cdot n$ gegeben, $(A^{(i)} X)^2$ und $(U P^{(k)})^2$, so erhält man ganz ebenso
$$|D|^2 \cdot (A^{(1)} \ldots A^{(n)})^2 = (\underline{A}^{(1)} \ldots \underline{A}^{(n)})^2,$$
$$|C|^2 \cdot (P^{(1)} \ldots P^{(n)})^2 = (\underline{P}^{(1)} \ldots \underline{P}^{(n)})^2.$$

Diese Ausdrücke, die homogen sind vom zweiten Grade in den **Symbolen** von je n quadratischen Formen, aber linear in deren **Koeffizienten,** erweisen sich als (relative) Invarianten, weil $(U^{(1)} \ldots U^{(n)})$ und $(X^{(1)} \ldots X^{(n)})$ solche sind.

§ 9. Beispiele.

Bis hierher haben wir Funktionen betrachtet, und insbesondere Invarianten, die linear sind im Kern, d. h. in den Koeffizienten einer jeden der beteiligten Formen. Aber diese Beschränkung ist nicht wesentlich für die Methode. Jede ganze rationale und homogene Funktion höheren Grades ist nämlich Spezialfall einer homogenen Funktion, die zwar von den Kernen (von den Koeffizienten) einer größeren Zahl von Formen, dafür aber von diesen linear abhängt, und wenn die erste eine Invariante der Gruppe G war, so ist es auch die zweite, und umgekehrt. Man kann die zweite Form unmittelbar als Glied einer Polynomialentwicklung erhalten, oder auch, was meistens bequemer ist, man kann sie stufenweise herstellen durch einen Differentiationsprozeß, den sogenannten Evektantenprozeß[1]). Sei z. B. irgend eine ganze Funktion m^{ten} Grades des Kernes (der Koeffizienten) von F gegeben. Dann setze man $F = \Phi + \lambda \Psi$, entwickele nach Potenzen von λ und suche den Faktor von $m \cdot \lambda$. Dieser ist dann eine Funktion $(m-1)^{\text{ten}}$ Grades des Kernes von Φ und ersten Grades des Kernes von Ψ. Setzt man hinterher $\Psi = \Phi$, so erhält man wieder die gegebene Funktion.

Die neue Funktion, die durch die gegebene eindeutig bestimmt ist, und sie auch umgekehrt wieder bestimmt, heißt Evektante von F; der Prozeß, durch den sie entsteht, kann kurz so bezeichnet werden:

$$\frac{1}{m} \Psi \frac{\partial}{\partial \Phi}.$$

Durch Wiederholung dieses Verfahrens, wobei an Stelle der Zahl m der Reihe nach die Zahlen $m-1, m-2 \ldots 2, 1$ treten, erhält man schließlich eine Funktion, die statt des Kernes von F die Kerne von m verschiedenen Funktionen $\Psi_1 \ldots \Psi_m$ enthält, aber von dem Kern einer jeden von ihnen nur noch linear abhängt. Setzt man hinterher $\Psi_1 = \Psi_2 = \cdots = \Psi_m$, so erhält man wieder die vorgelegte Funktion. Wenn aber diese eine Invariante war, so ist es sicher auch die abgeleitete, von $\Psi_1 \ldots \Psi_m$ abhängige Funktion; denn aus $F = \Phi + \lambda \Psi$ folgt ja $F = \Phi + \lambda \Psi$.

In der Praxis des Rechnens gestaltet sich die Sache so, daß man an Stelle einer symbolischen Darstellung irgend einer algebraischen Form schon von vornherein deren mehrere benutzt, und zwar so viele, als der Grad der zu bildenden Funktion angibt. Da die Formen $\Psi_1 \ldots \Psi_m$ schließlich alle mit der Form F identi-

---

[1]) Diese Operation ist nicht wesentlich verschieden von dem in der projektiven Geometrie üblichen Prozeß der Polarenbildung; sie wird daher von einigen Autoren auch als Polarenprozeß bezeichnet.

§ 9. Beispiele.

fiziert werden sollen, so dürfen in dem Ausdruck der zu bildenden Invariante die einzelnen Symbolsysteme beliebig vertauscht werden, ohne daß die dargestellte Funktion sich ändert.

Schreiben wir also jetzt z. B.

so ist
$$F = (A^{(1)} X)^2 = \cdots = (A^{(n)} X)^2,$$

$$\frac{1}{n!} (A^{(1)} A^{(2)} \ldots A^{(n)})^2$$

Ausdruck (symbolischer Ausdruck) einer (relativen) Invariante der Form F, die dadurch berechnet werden kann, daß man erst das Determinantenquadrat ausmultipliziert, dann durch Umordnung der entstehenden Summe gleichnamige Symbole $A_i^{(k)}$, $A_j^{(k)}$ nebeneinander schreibt und schließlich ihre Produkte für alle Werte des Index (k) durch die entsprechenden Koeffizienten von F, also durch die Werte A_{ij} ersetzt.

Die ausgerechneten („unsymbolischen") Ausdrücke von Invarianten sind fast immer wenig übersichtlich. In dem vorliegenden besonders einfachen Falle aber und noch unter gewissen umfassenderen Voraussetzungen hat jedoch die erklärte Funktion der Koeffizienten A_{ij} ein einfaches Bildungsgesetz: Sie ist nichts anderes als die Determinante aus den Größen A_{ij}[1]). Um Wiederholungen zu vermeiden, führen wir nur den Beweis eines gleichartigen Satzes aus, der sich auf eine bilineare Form des Typus

$$F = \Sigma X_i C_{ik} U_k$$

bezieht. Wir gehen den umgekehrten Weg, beginnen mit der Koeffizientendeterminante oder Diskriminante

$$|C| = |C_{11} \ldots C_{nn}|$$

von F und erweisen ihre Invarianteneigenschaft, indem wir sie in symbolische Form setzen.

---

[1]) Wenn hier (wie üblich) die Determinante $|A_{ij}|$ als „unsymbolischer" Ausdruck bezeichnet wird, so ist das cum grano salis zu verstehen: Auch eine Determinante ist ja nichts Fertiges, sondern nur eine Rechnungsanweisung, ein Symbol. Ich erwähne das, weil von Mathematikern, die selbst unvermeidlicherweise mit Determinanten rechneten, eine Zeitlang die Parole ausgegeben wurde, „Symbole" sollten in der Mathematik vermieden werden.

§ 9. Beispiele.

Zu diesem Zwecke führen wir neben der symbolischen Darstellung von F

$$F = (X\,C)(\Gamma\,U)$$

noch die symbolischen Ausdrücke von n Formen $\Psi_1 \ldots \Psi_n$ ein,

$$\Psi_k = (X\,C^k)(\Gamma^k\,U)$$

($k = 1 \ldots n$), die hinterher sämtlich mit F zusammenfallen sollen und daher auch von vornherein mit F identifiziert werden können:

$$F = \Psi_1 = \Psi_2 = \cdots = \Psi_n.$$

Wir verfahren nun so, daß wir in der ersten Zeile der Determinante $|C|$ Symbole von Ψ_1, in der zweiten Symbole von Ψ_2 benutzen usf., wodurch jede Mehrdeutigkeit des zu berechnenden Determinantenausdruckes vermieden wird. Wir setzen also in der i^{ten} Zeile

$$C_{ik} = C_i^i\,\Gamma_k^i,$$

und erhalten

$$|C| = \begin{vmatrix} C_{11} & \ldots & C_{1n} \\ \cdot & \cdots & \cdot \\ \cdot & \cdots & \cdot \\ C_{n1} & \ldots & C_{nn} \end{vmatrix} = \begin{vmatrix} C_1^1\,C_1^1 & \ldots & C_1^1\,\Gamma_n^1 \\ \cdot & \cdots & \cdot \\ \cdot & \cdots & \cdot \\ C_n^n\,\Gamma_1^n & \ldots & C_n^n\,\Gamma_n^n \end{vmatrix}$$

$$= C_1^1 \ldots C_n^n \cdot \begin{vmatrix} \Gamma_1^1 & \ldots & \Gamma_n^1 \\ \cdot & \cdots & \cdot \\ \cdot & \cdots & \cdot \\ \Gamma_1^n & \ldots & \Gamma_n^n \end{vmatrix}.$$

Vertauscht man hier irgend zwei der oberen Indizes, d. h. vertauscht man irgend zwei der zu F gehörigen symbolischen Darstellungen, so ändert sich nichts. Man kann also den Ausdruck für $|C|$ durch das arithmetische Mittel aus allen den Ausdrücken ersetzen, die sich ergeben, wenn man die oberen Indizes in alle möglichen verschiedenen Anordnungen bringt. So erhält man ohne weiteres

$$|C| = \frac{1}{n!} \cdot \begin{vmatrix} C_1^1 & \ldots & C_n^1 \\ \cdot & \cdots & \cdot \\ \cdot & \cdots & \cdot \\ C_1^n & \ldots & C_n^n \end{vmatrix} \cdot \begin{vmatrix} \Gamma_1^1 & \ldots & \Gamma_n^1 \\ \cdot & \cdots & \cdot \\ \cdot & \cdots & \cdot \\ \Gamma_1^n & \ldots & \Gamma_n^n \end{vmatrix},$$

oder also kürzer

$$|C| = \frac{1}{n!}(C^1 \ldots C^n)(\Gamma^1 \ldots \Gamma^n),$$

oder endlich, wenn die zur Unterscheidung von $\Psi_1 \ldots \Psi_n$ dienenden Indizes schließlich unten angebracht werden,

(2) $$\boxed{|C| = \frac{1}{n!}(C_1 \ldots C_n)(\Gamma_1 \ldots \Gamma_n)}.$$

Bezeichnet man die analog gebildeten Diskriminanten (Koeffizientendeterminanten) von Formen der Typen $\Sigma X_i A_{ik} Y_k$ und $\Sigma U_i P_{ik} V_k$ entsprechend mit $|A|$ und $|P|$, so ergeben sich unmittelbar die Formeln

(3) $$\boxed{\begin{aligned} |D^*|^2 \cdot |A| &= |\underline{A}|, \\ |C| &= |\underline{C}|, \\ |C^*|^2 \cdot |P| &= |\underline{P}|, \end{aligned}}$$

in denen nun unter $|C^*|$ und $|D^*|$ die Diskriminanten (Koeffizientendeterminanten) irgend eines Paares kontragredienter linearer Transformationen zu verstehen sind, denen die Formen

$$\Sigma X_i A_{ik} Y_k, \quad \Sigma X_i C_{ik} U_k, \quad \Sigma U_i P_{ik} V_k$$

der Reihe nach unterworfen werden sollen. Die Diskriminanten $|A|$, $|C|$, $|P|$ sind also Invarianten der Gruppe G, und zwar sind $|A|$ und $|P|$ nur relative Invarianten dieser Gruppe, während $|C|$ eine absolute Invariante ist. Augenscheinlich läßt sich die Invarianteneigenschaft des Ausdrucks rechts in Nr. (2) auch dann noch begründen, wenn er als Definitionsgleichung einer n-fach linearen Funktion der Kerne (Koeffizientensysteme) von n verschiedenen Formen

$$(X C_1)(\Gamma_1 U), \ldots, \quad (X C_n)(\Gamma_n U)$$

aufgefaßt wird. Diese Funktion entsteht dann aus der ursprünglichen Funktion $|C|$ durch n-malige Anwendung des Evektantenprozesses. Sie hat ein noch genau ebenso durchsichtiges symbolisches Bildungsgesetz wie $|C|$ selbst, während ihr natürlich ohne weiteres hinzuschreibender unsymbolischer Ausdruck schon verwickelter ist. Unsere Betrachtung hat uns also gegenüber dem, was in elementaren Lehrbüchern zu finden ist, immerhin schon einiges Neue gelehrt. Die angestellte Rechnung aber, die in diesem einfachen Falle ausführlich dargelegt worden ist, führt noch weiter, sie ist typisch für eine ganze Reihe ähnlicher Umformungen. Von diesen wollen wir nun noch die wichtigste in ihrem ganz analog abzuleitenden Ergebnis hierher setzen. Es handelt sich dabei darum,

§ 9. Beispiele.

in eine sogenannte geränderte Determinante die symbolische Bezeichnung einzuführen. Wir finden wie oben:

$$
(4) \quad -\begin{vmatrix} 0 & X_1 & \ldots & X_n \\ U_1 & C_{11} & \ldots & C_{1n} \\ \cdot & \cdot & \ldots & \cdot \\ \cdot & \cdot & \ldots & \cdot \\ U_n & C_{n1} & \ldots & C_{nn} \end{vmatrix} = -\begin{vmatrix} 0 & X_1 & \ldots & X_n \\ U_1 & C_1^1\Gamma_1^1 & \ldots & C_1^1\Gamma_n^1 \\ & & & \\ & & & \\ U_n & C_n^n\Gamma_1^n & \ldots & C_n^n\Gamma_n^n \end{vmatrix}
$$
$$
= \frac{1}{(n-1)!}(C_1 \ldots C_{n-1}U)(\Gamma_1 \ldots \Gamma_{n-1}X).
$$

Also auch dieser Ausdruck ist wieder eine Invariante — und zwar eine absolute Invariante — der Gruppe G; er ist nämlich eine Invariante („simultane Invariante"), gebildet aus den Kernen der nunmehr in anderen Veränderlichen Y, V geschriebenen Form F, $F = (YC)(\Gamma V)$, und den Kernen der in Y und V linearen Formen (YU), (XV), und zwar ist er nichts anderes als das n-fache einer Evektante von $|C|$, entsprechend der besonderen Annahme

$$\Phi = (YC)(\Gamma V), \quad \Psi = (YU).(XV).$$

Der Ausdruck (4) ist nun wieder eine bilineare Form von derselben Art, wie die ursprüngliche Form F; dieser Ausdruck kann also auch „symbolisch" bezeichnet werden; unter Einführung neuer Zeichen, versteht sich, die ein Mißverständnis ausschließen. Wir können auch auf ihn die symbolische Bezeichnung anwenden, könnten ihn also etwa $(U\varDelta)(DX)$ nennen. Für die Anwendungen, die wir weiterhin daran zu knüpfen gedenken, ist es aber besser, einen Faktor $|C|^{-1}$ in die Bezeichnung aufzunehmen, natürlich unter der Einschränkung

(5) $\quad |C| \neq 0.$

Wir erhalten so aus (4) die bilineare Form [1]):

(6) $\quad \boxed{(U\varDelta)(DX) = \dfrac{(C_1 \ldots C_{n-1}U)(\Gamma_1 \ldots \Gamma_{n-1}X)}{(n-1)!\,|C|}},$

Wir behaupten nun, daß diese Form $(U\varDelta)(DX)$ zu $(XC)(\Gamma U)$ in umkehrbarer Beziehung steht, d. h. wir behaupten, daß, wenn die Diskriminante der Form (6) mit

$$|D| = |\varDelta_i D_k|$$

---

[1]) Wegen der zugehörigen Terminologie siehe § 10.

bezeichnet wird, die Definitionsgleichung (6) die völlig analog gebildete Gleichung

(7) $$(X C)(\Gamma U) = \frac{(\Delta_1 \ldots \Delta_{n-1} X)(D_1 \ldots D_{n-1} U)}{(n-1)!\, |D|}$$

nach sich zieht. Dieses rechtfertigt den Ausdruck „zu F reziproke Form" für die Kovariante (7) — nicht (4).

Zum Beweise bemerken wir zunächst, daß zwischen den beiden Determinanten oder Diskriminanten $|C|$ und $|D|$ die Beziehung

(8) $$|C| \cdot |D| = 1$$

besteht.

Wir erhalten dieses Resultat ganz unmittelbar, da die Matrix der Koeffizienten der Form (4) die Adjungierte zur Matrix der Koeffizienten von F ist. Die Koeffizientendeterminante der Form (4) hat also den Wert $|C|^{n-1}$, und die Determinante von (6) hat daher den Wert $|C|^{-n} \cdot |C|^{n-1} = |C|^{-1}$ [1]). Ferner folgt unmittelbar

(9) $$\frac{1}{n}(C \Delta)(D \Gamma) = 1.$$

Weiter findet sich dann noch

(10) $$\begin{aligned}(X C)(\Gamma D)(\Delta U) &= (X U),\\ (U \Gamma)(C \Delta)(D X) &= (U X).\end{aligned}$$

Diese beiden Funktionen von X und U sind also einander gleich.

In der Tat erhält man, wenn man wohl darauf achtet, daß nur Ausdrücke gebildet werden dürfen, die in jedem der äquivalenten Symbolpaare $C_i \Gamma_k$ linear sind.

$$\begin{aligned}(X C)&(\Gamma D)(\Delta U)\\ &= \frac{1}{n}\left\{(X C_1)(\Gamma_1 D)(\Delta U) + \cdots + (X C_n)(\Gamma_n D)(\Delta U)\right\}\\ &= \frac{|C|^{-1}}{n \cdot (n-1)!} \cdot \left\{\begin{array}{l}(X C_1)(\Gamma_1 \ldots \Gamma_n)(U C_2 \ldots C_n) + \cdots\\ \cdots + (X C_n)(\Gamma_1 \ldots \Gamma_n)(C_1 \ldots C_{n-1} U)\end{array}\right\}\\ &= \frac{(\Gamma_1 \ldots \Gamma_n)}{n!\, |C|} \cdot \left\{\begin{array}{l}(X C_1)(U C_2 \ldots C_n) + \cdots\\ \cdots + (X C_n)(C_1 \ldots C_{n-1} U)\end{array}\right\}\\ &= \frac{(\Gamma_1 \ldots \Gamma_n)(C_1 \ldots C_n)}{n!\, |C|} \cdot (X U) = (X U).\end{aligned}$$

---

[1]) Durch eine etwas andere Anordnung der folgenden Überlegungen ergibt sich die Formel (8) auch ohne daß man den Kreis der symbolischen Rechnungen zu verlassen braucht. Der Leser möge sich das selbst klarzumachen suchen.

§ 9. Beispiele.

Die gleiche Rechnung zeigt nunmehr, wenn vorübergehend

$$(X\,C^*)(\varGamma^*\,U) = \frac{(\varDelta_1 \ldots \varDelta_{n-1} X)(D_1 \ldots D_{n-1} U)}{(n-1)!\,|D|}$$

gesetzt wird, daß auch — nach Analogie der Formeln (10) —

$$(X\,C^*)(\varGamma^*\,D)(\varDelta\,U) = (X\,U)$$

sein muß. Es folgt also, daß für alle X und alle U

$$(X\,C^*)(\varGamma^*\,D)(\varDelta^*\,U) = (X\,C)(\varGamma\,D)(\varDelta\,U)$$

ist. Setzen wir nunmehr

$$(Y\,V) = (Y\,D)(\varDelta\,U),$$

verlangen wir nämlich, daß bei gegebenem U diese Gleichung für alle Y bestehen soll, so gibt es, zufolge unserer Voraussetzung $|D| \neq 0$ zu jedem Vektor V auch einen entsprechenden Vektor U. Die vorletzte Gleichung reduziert sich also auf

$$(X\,C^*)(\varGamma^*\,V) = (X\,C)(\varGamma\,V)$$

und diese Gleichung besteht nunmehr für alle X und für alle V, womit die behauptete Reziprozität zwischen den Formen $(X\,C)(\varGamma\,U)$ und $(U\,\varDelta)(D\,X)$ erwiesen, und zwar durch ein auch in viel verwickelteren Fällen anwendbares Verfahren, nämlich durch „symbolische Rechnung", erwiesen ist[1]).

Durch dasselbe Verfahren ergibt sich, wenn wir jetzt statt einer bilinearen Form wieder eine quadratische Form betrachten, eine entsprechende Reihe von Formeln, die wir einfach zusammenstellen können, da irgend eine neue Wendung zu ihrer Ableitung nicht erforderlich ist. Es sei also jetzt gegeben die quadratische Form $\sum X_i L_{ik} X_k$, in symbolischer Berechnung

(11) $\qquad (L\,X)^2 = (L_1\,X)^2 = \ldots = (L_n\,X)^2$ [2]).

---

[1]) Der Einwand, daß man auch mit einfacheren Mitteln zum Ziele kommt, müßte abgelehnt werden. Denn dasselbe gilt in besonderen Fällen so ziemlich von jeder weitreichenden Methode. Es scheint mir richtig, die zu erklärende Methode schon an solchen Beispielen, und gerade an solchen einzuüben.

[2]) Daß hier ein anderes Symbol, L statt $\varDelta$, benutzt wird, ist nicht eine Nachlässigkeit, wie der Leser vermuten könnte. Wir werden weiterhin mehrere quadratische Formen zu betrachten haben, unter denen dann einer — die immer mit $(L\,X)^2$ bezeichnet wird — eine Sonderstellung zufällt.

§ 9. Beispiele.

Ihre Diskriminante heiße $|L|$, und sie werde gleich von vornherein als von Null verschieden vorausgesetzt. Man hat dann, ähnlich wie unter Nr. 2:

(12) $$|L| = |L_{ik}| = \frac{1}{n!}(L_1 \ldots L_n)^2.$$

Eine zweite mit der ersten invariant verbundene Form, die wieder zu jener in umkehrbarer Beziehung steht, aber statt einer Veränderlichen erster Schicht X eine solche zweiter Schicht U enthält, und mit

(13) $$(UA)^2 = (UA_1)^2 = \ldots = (UA_n)^2$$

bezeichnet werden soll, und überdies der Ausdruck der Polare $(UA)(VA)$ dieser Form ergibt sich, wenn man den nach Analogie von (4) gebildeten Ausdruck

(14) $$-\begin{vmatrix} 0 & V_1 & \ldots & V_n \\ U_1 & L_{11} & \ldots & L_{1n} \\ \vdots & \vdots & \ddots & \vdots \\ U_n & L_{n1} & \ldots & L_{nn} \end{vmatrix} = \frac{1}{(n-1)!}(L_1 \ldots L_{n-1} U)(L_1 \ldots L_{n-1} V)$$

mit $|L|$ dividiert. Wir erklären:

(15) $$\boxed{(UA)(AV) = \frac{(L_1 \ldots L_{n-1} U)(L_1 \ldots L_{n-1} V)}{(n-1)! \, |L|}}.$$

Es folgt dann
(16) $$|L| \cdot |A| = 1$$
(17) $$(XL)(LA)(AU) = (XU),$$
(18) $$(XL)(LY) = \frac{(A_1 \ldots A_{n-1} X)(A_1 \ldots A_{n-1} Y)}{(n-1)! \, |A|},$$
alles, wie zuvor.

Offenbar hätten wir ganz ebenso überhaupt Formen mit zwei gleichartigen Veränderlichen, also alle nicht singulären Formen vom Typus $(XA)(BY)$ behandeln können. Auch wird die Bemerkung nicht überflüssig sein, daß solche Bildungen wie

$$(C_1 \ldots C_n)(\Gamma_1 \ldots \Gamma_n) \quad \text{oder} \quad (A_1 \ldots A_n)(B_1 \ldots B_n)$$

noch eine weitere Invarianteneigenschaft haben. Wir können ja auch die Veränderlichen X und U, oder X und Y, linearen Transformationen unterwerfen, die ganz unabhängig voneinander sind. Die genannten Ausdrücke werden dann, nach Ausführung eines Paares solcher Transformationen, mit einem Faktor reproduziert, der das Produkt der beiden Transformationsdeterminanten ist.

§ 10.
Invariante Darstellung der linearen Transformationen.

Wir wenden uns jetzt zurück zu den linearen Transformationen, und bemerken, daß uns die in § 9 entwickelten Formeln zu einer Darstellung dieser Transformationen verhelfen, die viel vollkommener ist als die, die wir bisher zur Verfügung hatten. Wir können nämlich jetzt die linearen Transformationen in eine eindeutig-umkehrbare Beziehung zu gewissen bilinearen Formen setzen, mit denen sich noch bequemer rechnen läßt, als mit den Transformationen selbst. Zur Erleichterung der Übersicht setzen wir die früher aufgestellten Formeln nochmals her und stellen gleich die bilinearen Formen daneben, die wir ihnen entsprechen lassen wollen. Wie bisher schon, sollen immer die Veränderlichen X, U als die ursprünglich gegebenen, die Veränderlichen $\underline{X}$, $\underline{U}$ als die neu eingeführten gelten. Pfeile zeigen an, welche Art von Veränderlichen in jeder Formel die unabhängige sein soll. Die hier zuerst eingeführten Vektoren $\underline{V}$ und $\underline{Y}$, V und Y, dienen der Zusammenfassung von je n unserer früheren Formeln in einen einzigen Ausdruck, der eben die bilineare Form ist, die wir der einzelnen Zuordnung von Vektoren $\underline{X}$ und U zu Vektoren X und $\underline{U}$ oder umgekehrt entsprechen lassen wollen:

(1, I) $\quad \sum^i X_i C_{ik} = \underline{X}_k; \qquad \sum^{i,k} X_i C_{ik} \underline{V}_k; \quad \rightarrow$

(1, II) $\quad \sum^i U_i D_{ik} = \underline{U}_k; \qquad \sum^{i,k} U_i D_{ik} \underline{Y}_k; \quad \rightarrow$

(2, I) $\quad X_i = \sum^k D_{ik} \underline{X}_k; \qquad \sum^{i,k} V_i D_{ik} \underline{X}_k; \quad \leftarrow$

(2, II) $\quad U_i = \sum^k C_{ik} \underline{U}_k; \qquad \sum^{i,k} Y_i C_{ik} \underline{U}_k. \quad \leftarrow$

Dabei ist, wie früher (S. 91):

$$|C| \cdot D_{ik} = \frac{\partial |C|}{\partial C_{ik}}, \quad |D| \cdot C_{ik} = \frac{\partial |D|}{\partial D_{ik}}, \quad |C| \cdot |D| = 1;$$

also

$$\sum^k C_{ik} D_{ik} = 1 \quad (k = 1 \ldots n),$$
$$\sum^k C_{ik} D_{jk} = 0 \quad (i \neq j),$$

und ebenso

$$\sum^k C_{ki} D_{ki} = 1 \quad (k = 1 \ldots n),$$
$$\sum^k C_{ki} D_{kj} = 0 \quad (i \neq j).$$

Diese zwei Systeme von je n^2 Gleichungen aber haben wir schon zusammenfassen gelernt: Sie sagen nichts anderes aus als die viel

§ 10. Invariante Darstellung der linearen Transformationen.

einfacher gebauten Gleichungen (10) in § 9 (S. 108); wir haben nur nötig, die bilinearen Formen (1, I) und (1, II) mit $(XC)(V\Gamma)$ und $(U\varDelta)(D\,Y)$ zu identifizieren.

Setzen wir also

(3) $$\boxed{C_{ik} = C_i \Gamma_k, \quad D_{ik} = \varDelta_i D_k}\,,$$

so können wir die Formeln (1) und (2) so abkürzen:

(4, I) $(XC)\Gamma = \underline{X};$ $(XC)(\Gamma \underline{V});$ →

(4, II) $(U\varDelta)D = \underline{U};$ $(U\varDelta)(D\,\underline{Y});$ →

(5, I) $X = \varDelta(D\,\underline{X});$ $(V\varDelta)(D\,X);$ ←

(5, II) $U = C(\Gamma \underline{U});$ $(CY)(\Gamma\, U).$ ←

Zueinander kontragredient sind also zunächst die beiden linearen Transformationen, die durch die Formen $(\overrightarrow{XC)(\Gamma V})$ und $(\overrightarrow{U\varDelta})(D\,Y)$ repräsentiert werden; zueinander reziprok sind die beiden Transformationen, die zu $(X\overrightarrow{C)(\Gamma V})$ und $(V\varDelta)(\overleftarrow{D\,X})$ gehören; kontragredient sind aber überhaupt die beiden Transformationen (4) und die beiden Nr. (5); und zueinander reziprok sind ebenso die beiden Transformationen (I) und die beiden Transformationen (II); hat man aus (4, I) $\underline{X}$ bestimmt, so liefert (5, I) das zu $\underline{X}$ gehörige X. Als Folge der angeführten Gleichungen ist noch:

$$(UX) = (\underline{U}\,\underline{X}).$$

Wir bedenken nun zweierlei. Erstens können wir das, was wir soeben durch besondere Zeichen, nämlich Pfeile, ausgedrückt hatten, auch auf eine einfachere Art zum Ausdruck bringen, indem wir immer dann, wenn der Pfeil von rechts nach links läuft, die beiden Faktoren des zu bildenden symbolischen Produkts umstellen. Wir bilden damit einen neuen Begriff, den der geordneten bilinearen Form, in deren Ausdruck die Reihenfolge der symbolischen Faktoren, d. i. die Reihenfolge der Veränderlichen, nicht mehr gleichgültig ist, wie sie es für unsere früheren Betrachtungen allerdings war. Zweitens können wir bemerken, daß ja eine lineare Transformation in rein formaler Hinsicht, d. h. abgesehen von der Bedeutung der Veränderlichen, durch ihre Koeffizientenmatrix bestimmt ist und die entsprechende bilineare Form durch ihren Kern, d. h. wieder durch dieselbe Matrix, und daß es, um z. B. die Transformation (2, I) anwenden zu können, nicht gerade nötig ist, daß ihre unabhängige

§ 10. Invariante Darstellung der linearen Transformationen.

Veränderliche $\underline{X}$ vorher aus X mit Hilfe der Formel (1, I) abgeleitet worden war. Indem wir diese beiden Gedanken verbinden, gelangen wir zu einer für die Rechnung bequemeren Darstellung der durch die Formeln (1) und (2) ausgedrückten Zuordnungen. Wir setzen jetzt fest, daß in einer bilinearen Form, die als **Symbol** einer linearen Transformation benutzt werden soll, immer die an erster Stelle stehende Veränderliche die unabhängige (und dann der **Kern** dieser in der zweiten Veränderlichen linearen Form die abhängige Veränderliche) sein soll.

Gleichzeitig ändern wir dann auch teilweise die Bezeichnung der Veränderlichen, was statthaft ist, solange es nur auf die darzustellenden Transformationen, nicht auf ihre Objekte ankommt, die ja diese oder jene Vektoren sein können. Die folgenden Formeln werden dann immer noch genau dieselben Transformationen darstellen, wie die Formeln (1) und (2), oder (4) und (5), nur daß jetzt in Nr. (7) das $\underline{X}$ und U genannt wird, was vorher [in Nr. (2) und Nr. (5)] X und $\underline{U}$ hieß, und umgekehrt.

$(6, \mathrm{I}) \quad \sum^i \overrightarrow{X_i C_{ik}} = \underline{X}_k; \quad (XC)\varGamma = \underline{X}; \quad (XC)(\varGamma V);$

$(6, \mathrm{II}) \sum^i \overrightarrow{U_i D_{ik}} = \underline{U}_k; \quad (U\varDelta)D = \underline{U}; \quad (U\varDelta)(DY);$

$(7, \mathrm{I}) \quad \sum^i \overrightarrow{D_{ki} \underline{X}_i} = X_k; \quad (\underline{X}D)\varDelta = X; \quad (\underline{X}D)(\varDelta V);$

$(7, \mathrm{II}) \sum^i \overrightarrow{C_{ki} \underline{U}_i} = U_k; \quad (\underline{U}\varGamma)C = U; \quad (\underline{U}\varGamma)(CY).$

Daß die Transformationen (6, I) und (7, I), sowie die Transformationen (6, II) und (7, II) zueinander **reziprok** sind, wird jetzt durch die symbolischen Gleichungen

$$(XC)(\varGamma D)\varDelta = X, \quad (U\varDelta)(D\varGamma)C = U,$$

oder also durch die Forderung ausgedrückt, daß für alle X und V, sowie U und Y,

(8) $\quad \begin{aligned}(XC)(\varGamma D)(\varDelta V) &= (XV), \\ (U\varDelta)(D\varGamma)(CY) &= (UY).\end{aligned}$

Ebendasselbe wird aber auch durch die Formeln

$$(XD)(\varDelta C)\varGamma = X, \quad (U\varGamma)(C\varDelta)D = U,$$

oder durch die wiederum identisch zu erfüllenden Gleichungen

(9) $\quad \begin{aligned}(XD)(\varDelta C)(\varGamma V) &= (XV), \\ (U\varGamma)(C\varDelta)(DY) &= (UY)\end{aligned}$

ausgesagt. Obwohl alle diese Gleichungen insofern dieselbe Forderung ausdrücken, als eine jede von ihnen Folge jeder anderen ist, so haben sie doch auch eine verschiedene Bedeutung, da die an erster

§ 10. Invariante Darstellung der linearen Transformationen.

Stelle links stehende unabhängige Veränderliche X oder U der ersten oder zweiten Vektorenschicht angehört, und auch dann, wenn sie zur selben Schicht gehört, doch zuerst zwei verschiedenen Transformationen unterworfen werden soll.

Mit Hilfe der eingeführten Zeichen ergibt sich nun eine sehr einfache Darstellung der Zuordnung von zwei algebraischen Formen, deren Veränderliche in einer linearen Transformation und ihrer Reziproken, oder in einem Paar von kontragredienten Transformationen derart und ihren Reziproken, einander entsprechen. Es werde sogleich der allgemeinste Fall betrachtet, mit dem wir es hier zu tun haben. Die gegebene Form, deren Veränderliche $X, \ldots$ und $U, \ldots$ den zueinander kontragredienten Transformationen (1) oder (6) unterliegen sollen [1]), heiße

$$F = (AX)^\mu \ldots (PU)^\nu \ldots,$$

und die ihr zugeordnete Form

$$\underline{F} = (\underline{A}\underline{X})^\mu \ldots (\underline{P}\underline{U})^\nu \ldots$$

Da die Symbole A wie Vektoren U und die Symbole P wie Vektoren X zu transformieren sind, so erhält man die einfache Regel

(10) $\boxed{\{(A\varDelta)(D\underline{X})\}^\mu \ldots \{(PC)(\varGamma\underline{U})\}^\nu \ldots = \underline{F}.}$

Umgekehrt wird

(11) $\boxed{F = \{(\underline{A}\varGamma)(CX)\}^\mu \ldots \{(\underline{P}D)(\varDelta U)\}^\nu \ldots}$

Natürlich muß man hier in jedem Produkt $(A\varDelta)(D\underline{X})$, wenn es auf eine höhere als die erste Potenz erhoben oder mit anderen Produkten derart multipliziert werden soll, bevor dies geschieht, sich den Kern von $(U\varDelta)(DX)$ eingeführt denken, und Entsprechendes gilt von den Produkten $(PC)(\varGamma U)$: Andernfalls würden Mehrdeutigkeiten entstehen. Ist z. B. $F = (AX)^2$, und $(U\varDelta)(DX)$ gleichbedeutend mit $(U\varDelta')(D'X)$, so steht $\{(A\varDelta)(D\underline{X})\}^2$ zur Abkürzung für das Produkt $(A\varDelta)(D\underline{X})(A\varDelta')(D'\underline{X}) = (A\varDelta)(A\varDelta')(D\underline{X})(D'\underline{X})$, das minder übersichtlich ist.

---

[1]) So also, daß

$$(XC)\varGamma = \underline{X}, \ldots$$

und

$$(U\varDelta)D = \underline{U}, \ldots$$

wird.

§ 10. Invariante Darstellung der linearen Transformationen.

Wenden wir das Gesagte an auf bilineare Formen, deren wir nach ihrem Verhalten gegenüber Transformationen der Gruppe G drei „Gattungen" zu unterscheiden haben, so erhalten wir die Gegenüberstellungen:

$$F = (AX)(BY), \quad \underline{F} = \{(A\varDelta)(D\underline{X})\}\{(B\varDelta)(D\underline{Y})\},$$
(12) $\quad F = (AX)(QV), \quad \underline{F} = (A\varDelta)(D\underline{X}) \quad (QC)(\varGamma\underline{V}),$
$$F = (PU)(QV), \quad \underline{F} = \{(PC)(\varGamma\underline{U})\}\{(QC)(\varGamma\underline{V})\}.$$

Was wir hier über den Zusammenhang von bilinearen Formen mit kontragredienten Veränderlichen und linearen Transformationen gesagt haben, läßt sich sinngemäß auf Formen mit kogredienten Veränderlichen übertragen. Auch diese bestimmen ja, wenn ihre Diskriminanten nicht Null sind, lineare Transformationen, nur solche, die (im Gegensatz zu den bisher betrachteten) beide Schichten von Vektoren miteinander vertauschen, und sie sind umgekehrt durch diese Transformationen bestimmt; und auch diese Transformationen lassen sich auf zwei Arten zu Paaren anordnen, als **kontragrediente** und als **reziproke** Transformationen.

Durch Hinzufügung dieser neuen Transformationen entsteht eine **Erweiterung** der Gruppe G, für die indessen ein besonderes Zeichen hier entbehrt werden kann[1]).

Ohne eine besondere Erläuterung wird jetzt die folgende zu den Formeln (6, 7) vollkommen analoge Zusammenstellung verständlich sein:

(13, I) $\sum^i \overrightarrow{X_i A_{ik}} = \underline{U}_k; \quad (XA)B = \underline{U}; \quad (XA)(BY);$

(13, II) $\sum^i \overrightarrow{U_i P_{ik}} = \underline{X}_k; \quad (UP)Q = \underline{X}; \quad (UP)(QV);$

(14, I) $\sum^i \overrightarrow{P_{ki} U_i} = \underline{X}_k; \quad (UQ)P = \underline{X}; \quad (UQ)(PV);$

(14, II) $\sum^i \overrightarrow{A_{ki} X_i} = \underline{U}_k; \quad (XB)A = \underline{U}; \quad (XB)(AY).$

Wenn dann

$$P_{ik} = \frac{1}{|A|} \cdot \frac{\partial |A|}{\partial A_{ik}}, \quad A_{ik} = \frac{1}{|P|} \cdot \frac{\partial |P|}{\partial P_{ik}}, \quad |A| \cdot |P| = 1$$

ist, so stellen auch hier die durch das Zeichen I, II gepaarten Formeln **reziproke** Transformationen dar, während die Paarungen (13) und

---

[1]) Achtet man nur auf die Verhältnisse der Vektorkoordinaten, so kommt man zu der üblichen Unterscheidung von **kollinearen** und **korrelativen** Transformationen.

§ 10. Invariante Darstellung der linearen Transformationen.

(14) **kontragrediente** Transformationen bezeichnen. Man hat dann, ähnlich wie zuvor [Nr. (8, 9)]:

oder
$$(XA)(BQ)P = X, \quad (UP)(QB)A = U,$$

(15)
$$(XA)(BQ)(PV) = (XV),$$
$$(UP)(QB)(AY) = (UY),$$

für alle X, V, U, Y und ebenso

oder
$$(UQ)(PA)B = U, \quad (BX)(AP)Q = X,$$

(16)
$$(UQ)(PA)(BY) = (UY),$$
$$(BX)(AP)(VQ) = (XV),$$

für alle U, Y, X, V.

Wenn es sich um die Zuordnung bilinearer Formen zu linearen Transformationen handelt, sind also auch hier **geordnete** bilineare Formen zu benutzen, und es sind **vier**, nicht nur drei **Arten** oder **Typen** solcher Formen zu unterscheiden, die auf die beschriebene Weise gepaart werden können. In den zu (10) und (11) oder (12) analogen Formeln sind natürlich jetzt, da über die Zeichen A, B, P, Q schon verfügt ist, zur Darstellung der Formen F andere Zeichen (etwa A_1, B_1, P_1, Q_1) zu wählen.

Formen mit kogredienten Veränderlichen, die in solcher Beziehung zueinander stehen wie $(XA)(BY)$ und $(XB)(AY)$ oder $(UP)(QV)$ und $(UQ)(PV)$, also solche, die zu transponierten Matrizes $\|A_{ik}\|$, $\|A_{ki}\|$ oder $\|P_{ik}\|$, $\|P_{ki}\|$ gehören, werden in der Literatur der bilinearen Formen gewöhnlich zueinander **konjugiert** genannt (nach Frobenius). Da aber dieses überhaupt viel zu oft verwendete Wort in ähnlichem Zusammenhang noch eine zweite ebenfalls vielfach übliche Bedeutung hat[1]), so ziehe ich eine andere übrigens auch schon in Gebrauch gekommene Terminologie vor und nenne die eine Form die **Transponierte der anderen**. Ähnlich soll als Transponierte zu $(XC)(\Gamma V)$ die (geordnete) Form $(U\Gamma)(CY)$ gelten, wiewohl in beiden die Veränderlichen auf verschiedene Art bezeichnet

---

[1]) Allgemein heißen Formen
$$(AX)^\mu \ldots (VP)^\nu \ldots, \quad (UQ)^\mu \ldots (BY)^\nu \ldots,$$
deren Veränderliche X und U usw. V und Y usw. einander paarweise zugeordnet sind (nach Rosanes u. a.) zueinander **konjugiert**, wenn die bilineare Invariante
$$(AQ)^\mu \ldots (BP)^\nu \ldots$$
den Wert Null hat.

§ 10. Invariante Darstellung der linearen Transformationen.

sind (was hier nebensächlich ist und nur der größeren Deutlichkeit dient). Ordnen wir jeder der betrachteten Formen ein einzelnes Buchstabenzeichen zu, setzen wir also etwa

$$T = (XC)(\Gamma V), \qquad \mathsf{T} = (U\varDelta)(DY),$$
$$S = (XA)(BY), \qquad \varSigma = (UP)(QV),$$

so sind die zugehörigen transponierten Formen

$$T' = (U\Gamma)(CY), \qquad \mathsf{T}' = (XD)(\varDelta V),$$
$$S' = (XB)(AY), \qquad \varSigma' = (UQ)(PV).$$

In gleicher Weise wie hier werden wir überhaupt den Akzent zur Bezeichnung der Operation des Transponierens verwenden. (Nach Frobenius.)

Ist $S = S'$ oder $\varSigma = \varSigma'$, so heißt die Form S oder $\varSigma$ symmetrisch, ist $S = -S'$ oder $\varSigma = -\varSigma'$, so heißt S oder $\varSigma$ alternierend. Im ersten Falle bleibt sie nämlich als Funktion von X und Y (nicht auch als „geordnete Form") bei Vertauschung von X und Y ungeändert, während sie im zweiten bei derselben Operation ihr Vorzeichen wechselt. Jede symmetrische Form ist Polare einer quadratischen Form, und umgekehrt ist eine Polare wie $(XL)(LY)$ symmetrisch. Jede beliebige bilineare Form mit kogredienten Veränderlichen kann auf eine einzige Weise als Summe einer symmetrischen und einer alternierenden Form dargestellt werden,

(17) $$S = S_0 + S_1, \qquad \varSigma = \varSigma_0 + \varSigma_1,$$

wo

$$S_0 = \frac{S + S'}{2}, \quad S_1 = \frac{S - S'}{2}, \quad \varSigma_0 = \frac{\varSigma + \varSigma'}{2}, \quad \varSigma_1 = \frac{\varSigma - \varSigma'}{2};$$

wobei man natürlich auch die Null als „symmetrische" oder „alternierende" Form gelten lassen muß. Die Kerne von S_0 und S_1, deren erster identisch ist mit dem Kern einer bestimmten quadratischen Form, hängen dann vom Kern von S linear ab. Die ausgeführte Zerlegung von S in zwei Bestandteile von besonderen Eigenschaften aber ist, gegenüber Transformationen der Gruppe G, ein invarianter Prozeß. Das heißt, es ist einerlei, ob man erst die Zerlegung vornimmt und dann auf S_0 und S_1 eine bestimmte lineare Transformation anwendet, oder ob man umgekehrt verfährt, also erst die transformierte Form S zerlegt. Umgekehrt ist die Summe einer symmetrischen Form S_0 und einer alternierenden S_1 irgend eine bilineare Form, ohne besondere Eigenschaften. Der Kern einer symmetrischen Form enthält so viele linear-unabhängige (und überhaupt

§ 10. Invariante Darstellung der linearen Transformationen.

ganz unabhängige) Konstanten wie die entsprechende quadratische Form, nämlich $\frac{n(n+1)}{2}$, während die Konstantenzahl einer alternierenden Form $\frac{n(n-1)}{2}$ ist.

Wollte man in ähnlicher Weise mit einer Form wie T (oder T) verfahren, so würde man kein mit T (T) invariant verbundenes Ergebnis erhalten. Diese Operation ausführen zu wollen, hätte also in vorliegendem Zusammenhang (im Rahmen der Invariantentheorie der Gruppe G) keinen Sinn. Wohl aber gibt es auch für solche Formen eine Zerlegung in Bestandteile mit einfacheren Eigenschaften, deren Ergebnis mit ihnen invariant verbunden ist. Man kann nämlich setzen

$$(18) \quad \begin{aligned} (XC)(\Gamma V) &= \{(XC)(\Gamma V) - \frac{1}{n}(C\Gamma).(XV)\} + \frac{1}{n}(C\Gamma).(XV), \\ (U\Delta)(DY) &= \{(U\Delta)(DY) - \frac{1}{n}(D\Delta).(UY)\} + \frac{1}{n}(D\Delta).(UY). \end{aligned}$$

Der erste Summand hängt dann nur noch von $n^2 - 1$ unabhängigen Konstanten ab. Er ist eine bilineare sogenannte **Normalform**, gekennzeichnet dadurch, daß er der linearen partiellen Differentialgleichung

$$\frac{\partial^2}{\partial X_1 \partial V_1} + \cdots + \frac{\partial^2}{\partial X_n \partial V_n} = 0$$

oder der entsprechenden Gleichung für U und Y genügt[1]). Die häufig vorkommende Invariante $(C\Gamma)$ {oder $(D\Delta)$} hat ebenfalls einen besonderen Namen erhalten. Man nennt sie die **Spur** von $(XC)(\Gamma V)$ {oder $(U\Delta)(DX)$}[2]). Der unsymbolische Ausdruck für die Spur ist ΣC_{ii} (oder ΣD_{ii}).

Natürlich erstrecken sich die letzten Erklärungen auf bilineare Formen überhaupt, nicht nur auf solche, deren Diskriminanten von Null verschieden sind, und die also, nach unserer Terminologie, mit Transformationen, d. h. umkehrbaren Zuordnungen $X \rightarrow U$ und $U \rightarrow X$ verbunden sind.

---

[1]) Wegen des allgemeinen Begriffs der Normalform (in Veränderlichen X, U) siehe T. F., II, § 3 und § 11.

[2]) Für die Operation, die zur Bildung der Spur führt, hat man neuerdings ein wunderliches Wort, Verjüngung, eingeführt. Dieses ist aber ganz überflüssig, da der ältere Ausdruck Faltung, der überdies diesen Prozeß als besonderen Fall einer in weiterem Umfang anwendbaren Operation kennzeichnet, schon ganz deutlich ist. Ich bestreite auch hier den Autoren das Recht zu willkürlicher Vervielfältigung der Terminologie.

§ 11.
Die Zusammensetzung bilinearer Formen.

Die symbolische Bezeichnung, die fiktive Zerlegung auch unzerlegbarer Formen in Faktoren, erfüllt die Forderung vollkommener Deutlichkeit. Die Veränderlichen in einer bilinearen Form wurden einzeln bezeichnet, so daß wir die Transformierte irgend einer Form

$$(AX)^{\mu_1} (BY)^{\mu_2} \ldots (UP)^{\nu_1} (VQ)^{\nu_2} \ldots,$$

in der ja viele Veränderliche vorkommen können, sofort hinschreiben konnten. Handelt es sich aber nur um die Forderung, mehrere lineare Transformationen nacheinander auszuführen, so kommt man oft mit einer viel einfacheren Symbolik aus. Offenbar genügt es nämlich dann, jeder bilinearen Form ein einzelnes Buchstabenzeichen zuzuordnen (wie wir es am Schlusse des vorigen Paragraphen getan hatten), und dann diese Zeichen, die zugleich auch als Zeichen linearer Transformationen dienen, nach Art eines Produktes nebeneinander zu stellen, mit der Maßgabe jedoch, daß bei einem solchen tatsächlich Produkt genannten Aggregat von Zeichen, die Reihenfolge dieser Zeichen, oder also der Faktoren des Produktes, nicht gleichgültig ist für das Ergebnis. Gleichgültig dagegen wird jetzt, in gewissem Grade, die Benennung der Veränderlichen.

Es ist jetzt z. B. einerlei, ob wir z. B. die Form $(XC)(\Gamma V)$ oder die Form $(XC)(\Gamma U)$ einer linearen Transformation zuordnen wollen. Es kommt indessen doch nicht nur auf den Kern an, der beide Male derselbe ist. Denn nicht gleichgültig ist hinwieder die Verteilung der Veränderlichen auf die zwei Schichten von Vektoren, wenn wir nämlich darauf achten wollen, Transformationen nur so zusammenzusetzen, oder nur solche „Produkte" bilinearer Formen zu bilden, daß alle eingeführten Verbindungen von Transformationen oder Formen die Invarianteneigenschaft erhalten in bezug auf Transformationen der Gruppe G. Ferner muß die Deutlichkeit gewahrt bleiben, soweit sie hier noch nötig ist. Man wird also nicht auf den Gedanken verfallen, auch noch in einer Form wie $(XA)(BY)$ das Zeichen Y durch X ersetzen zu wollen, wodurch eine lediglich quadratische Form zustande kommen würde.

Was wir nun vorzutragen haben werden, ist so elementarer Natur, daß dieses alles recht wohl unter ausschließlichem Gebrauch von Summen- und Produktzeichen bequem dargestellt werden kann, also ohne Verwendung der symbolischen Schreibweise. Und in der

§ 11. Die Zusammensetzung bilinearer Formen.

Tat sind die älteren Autoren alle in dieser Weise zu Werke gegangen. Für sie aber war das Rechnen mit bilinearen Formen Selbstzweck, während es für uns auch Mittel zu anderen Zwecken ist, für die eine so einfache Symbolik nicht mehr ausreicht. Es muß daher für uns überall klar sein, wie der Übergang von den einfachen Buchstabensymbolen zu der im engeren Sinne sogenannten symbolischen Bezeichnung herzustellen ist. Deshalb knüpfen wir an die vorhergehenden Darlegungen an, gehen also von symbolischen Produkten wie $(XC)(\Gamma V)$ usw. aus, deren Bedeutung ja nunmehr dem Leser geläufig genug sein wird.

Bei einem wesentlichen Teile des Vorzutragenden ist die Einschränkung, daß die zu gebrauchenden Zeichen zu nicht singulären Formen, d. h. zu Formen von nicht verschwindenden Diskriminanten gehören sollen, weder nötig, noch erwünscht oder auch nur allgemein zulässig. Wir lassen daher diese Voraussetzung zunächst fallen.

Wir geben zunächst die Erklärung: **Von einer Zusammensetzung oder von dem (symbolischen) „Produkt" zweier geordneter bilinearer Formen (mit bestimmter Reihenfolge der Faktoren) wird nur dann gesprochen, wenn die zweite Veränderliche des ersten Faktors kontragredient ist zur ersten Veränderlichen des zweiten Faktors.**

Unterscheiden wir also die schon zuvor aufgetretenen vier Arten bilinearer Formen durch ein- für allemal festzuhaltende Zeichen

(1)
$$T = (XC)(\Gamma V), \qquad \mathsf{T} = (U\varDelta)(DY),$$
$$S = (XA)(BY), \qquad \varSigma = (UP)(QV),$$

wobei wir immer die erste Veränderliche, je nach ihrer Zugehörigkeit zur ersten oder zweiten Schicht, mit X oder U, und die zweite Veränderliche mit Y oder V bezeichnen, so sollen „Produkte" nur nach folgendem Schema gebildet werden:

(2)

→	S_2	T_2	T_2	$\varSigma_2$
S_1	—	—	S_3	T_3
T_1	S_3	T_3	—	—
T_1	—	—	T_3	$\varSigma_3$
$\varSigma_1$	T_3	$\varSigma_3$	—	—

(Zulässige Produkte).

Formal ausführbare Verbindungen, wie $S_1 S_2$, $S_1 T_2$ (die an und für sich auch noch „Produkte" genannt werden können),

§ 11. Die Zusammensetzung bilinearer Formen.

kommen also nicht vor, da sie kein (gegenüber G) invariantes Ergebnis haben würden. Das Produkt $S_1 T_2$ aber ist eine bilineare Form von der Art oder vom Typus S und wird mit S_3 bezeichnet. Ist also etwa

$$S_1 = (XA_1)(B_1 Y), \quad \mathsf{T}_2 = (U\varDelta_2)(D_2 Y),$$

so ist der Sinn des Zeichens

$$S_3 = S_1 \mathsf{T}_2$$

erklärt durch die Formel

$$S_3 = (XA_1)(B_1 \varDelta_2)(D_2 Y).$$

Allgemein gilt für den Fall, daß die betrachteten Formen Transformationen entsprechen (oder „Symbole" solcher Transformationen sind):

Lineare Transformationen werden zusammengesetzt, indem man die ihnen entsprechenden bilinearen Formen in gleicher Reihenfolge zusammensetzt oder miteinander „multipliziert".

Zugleich mit jeder der aufgezählten Produktbildungen $(\mathfrak{A}\mathfrak{B})\mathfrak{C}$ ist immer auch die andere $\mathfrak{A}(\mathfrak{B}\mathfrak{C})$ zulässig, und beide Produkte von je drei Faktoren haben dasselbe Ergebnis:

$$(\mathfrak{A}\mathfrak{B})\mathfrak{C} = \mathfrak{A}(\mathfrak{B}\mathfrak{C}) = \mathfrak{A}\mathfrak{B}\mathfrak{C}.$$

(Assoziationsgesetz der Multiplikation.)

Ferner ist, wenn $\mathfrak{A}_1$ und $\mathfrak{A}_2$, sowie $\mathfrak{B}_1$ und $\mathfrak{B}_2$ gleichartig sind (zum selben Typus T oder T, S oder $\varSigma$ gehören) immer

$$(\mathfrak{A}_1 + \mathfrak{A}_2)\mathfrak{B} = \mathfrak{A}_1\mathfrak{B} + \mathfrak{A}_2\mathfrak{B},$$
$$\mathfrak{A}(\mathfrak{B}_1 + \mathfrak{B}_2) = \mathfrak{A}\mathfrak{B}_1 + \mathfrak{A}\mathfrak{B}_2.$$

(Distributionsgesetze der Multiplikation.)

Dagegen sind die Produkte $\mathfrak{A}\mathfrak{B}$ und $\mathfrak{B}\mathfrak{A}$ nicht immer zugleich zulässig, und wenn sie es sind, so ist nicht immer

$$\mathfrak{A}\mathfrak{B} = \mathfrak{B}\mathfrak{A};$$

tritt dies jedoch in einem besonderen Falle ein, so heißen die Formen $\mathfrak{A}$ und $\mathfrak{B}$ vertauschbar. Nach der getroffenen Festsetzung müssen sie dann beide zum Typus T oder beide zum Typus T gehören. Ferner gilt, wenn, wie in § 10, ein Akzent den Übergang von

§ 11. Die Zusammensetzung bilinearer Formen.

einer gegebenen bilinearen Form zur transponierten bezeichnet, die Gleichung
(3) $$(\mathfrak{A}\mathfrak{B})' = \mathfrak{B}'\mathfrak{A}';$$
es ist also z. B. auch
$$(\mathfrak{A}\mathfrak{B}\mathfrak{C})' = \mathfrak{C}'\mathfrak{B}'\mathfrak{A}'.$$
Außerdem gilt
$$(\mathfrak{A}')' = \mathfrak{A}.$$

Zu den Formen des Typus $T(\mathsf{T})$ gehört eine ausgezeichnete bilineare Form, die mit $E(\mathsf{H})$ bezeichnet und eine „Einheitsform" genannt werden soll. Es gibt also zwei Einheitsformen,
(4) $$\mathsf{E} = (XV), \quad \mathsf{H} = (UY),$$
die zwar nur durch die Bezeichnung und Stellung der Veränderlichen unterschieden sind, und für $X = Y$, $U = V$ dieselben Zahlenwerte haben werden, aber auf verschiedene Weise in Rechnungen eingehen. Es ist
(5)
$$\boxed{\begin{array}{ll} ET = TE = T, & \mathsf{HT} = \mathsf{TH} = \mathsf{T}, \\ ES = SH = S, & \mathsf{H\Sigma} = \mathsf{\Sigma H} = \mathsf{\Sigma}, \end{array}}$$
wie immer auch $T, \mathsf{T}, S, \mathsf{\Sigma}$ gewählt sein mögen; insbesondere ist
(6) $$EE = E, \quad \mathsf{HH} = \mathsf{H},$$
während die Zusammenstellungen (Produkte) $E\mathsf{H}$ und $\mathsf{H}E$ nicht in unserer Tabelle stehen. Natürlich ist auch
$$E' = \mathsf{H}, \quad \mathsf{H}' = E.$$

E ist nach Nr. 5 mit jeder Form T, H mit jeder Form T vertauschbar.

Allgemein dient, wenn in einem (symbolischen) Produkt von geordneten Formen T oder T derselbe Faktor n mal hintereinander vorkommt, zur Bezeichnung dieses Sachverhalts das gewöhnliche Zeichen der Potenzbildung. Ein solches Produkt heißt also T^n oder T^n. Seine Faktoren sind selbstverständlicherweise vertauschbar, es ist also immer
$$T^\mu T^\nu = T^\nu T^\mu = T^{\mu+\nu},$$
$$\mathsf{T}^\mu \mathsf{T}^\nu = \mathsf{T}^\nu \mathsf{T}^\mu = \mathsf{T}^{\mu+\nu}.$$

Die Folge der „Potenzen" $T = T^1, T^2, T^3, \ldots$ läßt sich immer um einen Schritt nach rückwärts fortsetzen, man kann eine (symbolische) „nullte Potenz" erklären durch die Formel
(7) $$T^0 = E, \quad \mathsf{T}^0 = \mathsf{H}.$$

Ist aber die Diskriminante $|T|$ oder $|\mathsf{T}|$ von Null verschieden, so kann man auch noch zu „Potenzen" mit negativen Exponenten

§ 11. Die Zusammensetzung bilinearer Formen.

übergehen und insbesondere T^{-1} und T^{-1} erklären durch die symbolischen Gleichungen

(8) $\qquad TT^{-1} = T^{-1}T = E, \quad \mathsf{T}\mathsf{T}^{-1} = \mathsf{T}^{-1}\mathsf{T} = \mathsf{H},$

von denen eine die andere nach sich zieht. Namentlich ist
$$E^{-1} = E^0 = E^1, \quad \mathsf{H}^{-1} = \mathsf{H}^0 = \mathsf{H}^1.$$
Wenn z. B.
$$T = (XC)(\Gamma V)$$
gesetzt wird, so folgt

$$T^{-1} = \frac{(\Gamma_1 \ldots \Gamma_{n-1}X)(C_1 \ldots C_{n-1}V)}{(n-1)!\,|T|}$$
$$= (-1)^{n+1}\frac{(X\Gamma_1 \ldots \Gamma_{n-1})(C_1 \ldots C_{n-1}V)}{(n-1)!\,|T|},$$

mit dieser, nicht der umgekehrten Anordnung der beiden Faktoren im Zähler des Ausdrucks. Dieses ist also wieder eine geordnete Form vom Typus T, nicht T; allgemein wird jetzt für beliebige ganzzahlige Werte von μ und ν

$$T^\mu T^\nu = T^\nu T^\mu = T^{\mu+\nu}.$$

Sind die Formen T_1 und T_2 oder T_1 und T_2 vertauschbar, und ist $|T_2| \neq 0$, $|\mathsf{T}_2| \neq 0$, so wird auch

(9) $\qquad T_1 T_2^{-1} = T_2^{-1} T_1, \quad \mathsf{T}_1 \mathsf{T}_2^{-1} = \mathsf{T}_2^{-1} \mathsf{T}_1,$

und man kann dann diesen Umstand durch Gebrauch des gewöhnlichen Zeichens der Division
$$\frac{T_1}{T_2}, \quad \frac{\mathsf{T}_1}{\mathsf{T}_2}$$
zum Ausdruck bringen. Die Formel (9) ergibt sich, ohne jede Rechnung, aus dem Zusammenhang der Formen mit linearen Transformationen, wenn man den Fall, daß T_1 und T_1 keiner Transformation entsprechen, als Grenzfall auffaßt und behandelt.

Hatten wir es mit Formen S oder Σ zu tun, so hat es hier im allgemeinen keinen Sinn, von Potenzen einer solchen Form reden zu wollen, d. h., formal zu bildende „Potenzen" etwa von S sind gegenüber G ebensowenig mit S invariant-verbunden, wie Produkte der Form $S_i S_k$ mit ihren Faktoren überhaupt. Wenn aber die Form S oder Σ nicht-singulär ist, so gehört gleichwohl zu ihr eine Form,

§ 11. Die Zusammensetzung bilinearer Formen.

auf die die Potenzbezeichnung anwendbar ist, nämlich ihre Reziproke, die dann eben nicht wieder eine Form des Typus S oder Σ, sondern eine Form vom Typus Σ oder S ist. Wir erklären die Zeichen S^{-1} und Σ^{-1} durch die Gleichungen (symbolischen Gleichungen)

(10) $\quad\begin{aligned}SS^{-1} &= E, & S^{-1}S &= \mathsf{H}; \\ \Sigma\Sigma^{-1} &= \mathsf{H}, & \Sigma^{-1}\Sigma &= E,\end{aligned}$

von denen wiederum jedesmal eine die andere nach sich zieht; so daß, z. B., wenn
$$S = (XA)(BY)$$
gesetzt wird,
$$S^{-1} = (-1)^{n+1} \frac{(UB_1 \ldots B_{n-1})(A_1 \ldots A_{n-1}V)}{(n-1)!\,|S|}$$

wird. Natürlich ist auch, wenn S^{-1} und Σ^{-1} überhaupt gebildet werden können, $(S^{-1})^{-1} = S$, $(\Sigma^{-1})^{-1} = \Sigma$. Es folgt dann, wenn (wie zuvor) $\mathfrak{A}$ und $\mathfrak{B}$ irgendwelche nach der Regel (2) zusammensetzbare, nun aber nicht-singuläre Formen bezeichnen,

(11) $\qquad (\mathfrak{A}\mathfrak{B})^{-1} = \mathfrak{B}^{-1}\mathfrak{A}^{-1},$

und außerdem ergibt sich noch, daß — wieder unter der Voraussetzung $|\mathfrak{A}| \neq 0$ —

(12) $\qquad (\mathfrak{A}')^{-1} = (\mathfrak{A}^{-1})'$

ist. Diese Form repräsentiert nun, wie wir schon wissen, die zur Transformation $\mathfrak{A}$ kontragrediente Transformation. Sie wird mithin, als bilineare Form, die zu $\mathfrak{A}$ kontragrediente Form zu nennen sein. Bezeichnen wir sie einfacher mit A und brauchen wir entsprechend die Zeichen B und $\boldsymbol{\Gamma}$, so sehen wir aus (3) und (12), daß jede der symbolischen Gleichungen

(13) $\qquad \mathfrak{A}\mathfrak{B} = \mathfrak{C}, \quad \mathsf{A}\mathsf{B} = \boldsymbol{\Gamma}$

die andere zur Folge hat. Dies ist nur eine andere Form der nach dem Früheren selbstverständlichen Aussage, daß mit der Zusammensetzung von zwei linearen Transformationen die in derselben Aufeinanderfolge zu bewirkende Zusammensetzung der kontragredienten Transformationen invariant-verbunden ist.

Die doppelte Schreibart (12) der kontragredienten Transformation zu $\mathfrak{A}$ ist noch immer ein wenig unbequem. Wir können aber festsetzen, daß kontragrediente Transformationen oder Formen eben durch die Zeichen T und T, S und $\boldsymbol{\Sigma}$ dargestellt werden sollen.

§ 11. Die Zusammensetzung bilinearer Formen.

Tun wir das, setzen wir also nunmehr

(14)
$$\begin{array}{ll} T = (XC)(\varGamma V), & \mathsf{T} = (U\varDelta)(DY), \\ S = (XA)(BV), & \mathsf{\Sigma} = (UP)(QV), \end{array}$$

mit der besonderen Bestimmung, daß

$$(U\varDelta)(DY) = \frac{(C_1 \ldots C_{n-1} U)(\varGamma_1 \ldots \varGamma_{n-1} Y)}{(n-1)! \, |T|}$$

und also

$$(XC)(\varGamma V) = \frac{(\varDelta_1 \ldots \varDelta_{n-1} X)(D_1 \ldots D_{n-1} V)}{(n-1)! \, |\mathsf{T}|}$$

sowie

$$|T| \cdot |\mathsf{T}| = 1,$$

ferner

$$(UP)(QV) = \frac{(A_1 \ldots A_{n-1} U)(B_1 \ldots B_{n-1} V)}{(n-1)! \, |S|}$$

und daher

$$(XA)(BY) = \frac{(P_1 \ldots P_{n-1} X)(Q_1 \ldots Q_{n-1} Y)}{(n-1)! \, |\mathsf{\Sigma}|}$$

sowie

$$|S| \cdot |\mathsf{\Sigma}| = 1$$

werden soll, so wird

(15)
$$\begin{array}{ll} (T')^{-1} = \mathsf{T}, & (\mathsf{T}')^{-1} = T, \\ (S')^{-1} = \mathsf{\Sigma}, & (\mathsf{\Sigma}')^{-1} = S, \end{array}$$

oder, was dasselbe aussagt,

(16)
$$\begin{array}{ll} T' = \mathsf{T}^{-1}, & \mathsf{T}' = T^{-1}, \\ S' = \mathsf{\Sigma}^{-1}, & \mathsf{\Sigma}' = S^{-1}, \end{array}$$

so daß bei Rechnungen mit Formen, die Transformationen entsprechen, das Zeichen (') ganz entbehrt werden kann. Die Tafel (10) wird dann zu ergänzen sein durch die folgende

(17)
$$\begin{array}{ll} T^{-1} = (XD)(\varDelta V), & \mathsf{T}^{-1} = (U\varGamma)(CY), \\ S^{-1} = (UQ)(PV), & \mathsf{\Sigma}^{-1} = (XB)(AY). \end{array}$$

Mit Hilfe der eingeführten Zeichen läßt sich unter anderem sehr bequem die Forderung ausdrücken, daß irgend eine unserer Transformationen $\mathfrak{A}$ einer anderen $\mathfrak{B}$ unterworfen werden soll. Ist z. B. $\mathfrak{A}$ eine Transformation vom Typus T, die eine Zuordnung von Vektoren $X \to \underline{X}$ bestimmt, und $\mathfrak{B}$ eine ebensolche Transformation, die den Vektoren X und $\underline{X}$ andere zuordnet nach dem Schema $X \to X'$, $\underline{X} \to \underline{X}'$, so ist $\mathfrak{B}^{-1}\mathfrak{A}\mathfrak{B}$ die Transformierte von $\mathfrak{A}$

§ 11. Die Zusammensetzung bilinearer Formen.

vermöge $\mathfrak{B}$; sie ordnet dem Vektor X' unmittelbar den Vektor $\underline{X}'$ zu, $X' \to \underline{X}'$. In den anderen Fällen, die übrigens genau so zu behandeln sind, sehen die Formeln zum Teil anders aus, weshalb wir sie zu bequemem Gebrauch in einer Tabelle zusammenstellen. Das Objekt, der Operandus, die zu transformierende Transformation $\mathfrak{A}$, wird mit einem der Zeichen $S^*, T^*, \mathsf{T}^*, \Sigma^*$ verbunden. Die transformierenden Transformationen, die Operatoren, werden zweckmäßig nach dem Schema (14) zu Paaren kontragredienter Transformationen, $\mathfrak{T} = (T, \mathsf{T})$, $\mathfrak{S} = (S, \Sigma)$ zusammengefaßt. Sie werden also zu einer „Transformation der Gruppe G", oder ihrer Erweiterung (S. 115) zusammengefaßt. Die transformierte Transformation, d. h. ihr Symbol, ist dann der folgenden Tabelle zu entnehmen:

(18)

$\mathfrak{A}$	S^*	T^*	T^*	Σ^*
$\mathfrak{T} =$ (T,T)	$T^{-1}S^*\mathsf{T}$ $=\underline{S}^*$	$T^{-1}T^*T$ $=\underline{T}^*$	$\mathsf{T}^{-1}\mathsf{T}^*\mathsf{T}$ $=\underline{\mathsf{T}}^*$	$\mathsf{T}^{-1}\Sigma^*T$ $=\underline{\Sigma}^*$
$\mathfrak{S} =$ (S,Σ)	$S^{-1}S^*\Sigma$ $=\underline{\Sigma}^*$	$S^{-1}T^*S$ $=\underline{\mathsf{T}}^*$	$\Sigma^{-1}\mathsf{T}^*\Sigma$ $=\underline{T}^*$	$\Sigma^{-1}\Sigma^*S$ $=\underline{S}^*$ [1]

Insbesondere folgt aus (5) und (10), daß die beiden Einheitsformen von den Transformationspaaren $\mathfrak{T}$ in Ruhe gelassen und von den Transformationspaaren $\mathfrak{S}$ vertauscht werden:

(19) $\quad T^{-1}ET = E, \quad \mathsf{T}^{-1}\mathsf{H}\mathsf{T} = \mathsf{H},$
$\quad\quad\ \ S^{-1}ES = \mathsf{H}, \quad \Sigma^{-1}\mathsf{H}\Sigma = E;$

was natürlich auch von vornherein klar ist, da E und H die Bedeutung

$$X = \underline{X} \quad \text{und} \quad U = \underline{U}$$

haben.

---

[1] Lineare Transformationen oder bilineare Formen, die einander durch Transformationen von G zugeordnet werden können, also S^* und $\underline{S}^*$, T^* und $\underline{T}^*$, T^* und $\underline{\mathsf{T}}^*$, Σ^* und $\underline{\Sigma}^*$, heißen nach Frobenius zueinander ähnlich. Ich kann auch diese Terminologie nicht annehmen, da das Wort ähnlich in der Geometrie, auf die das Rechnen mit bilinearen Formen unmittelbare Anwendung findet, von altersher eine andere Bedeutung hat. Noch weniger kann ich mich damit einverstanden erklären, daß Frobenius und andere das Wort äquivalent, das in der Gruppentheorie nirgends zu entbehren ist, für einen ganz speziellen Zweck festlegen wollen. Wir sagen, daß S und S^* usw. äquivalent sind gegenüber Transformationen von G, oder daß sie, in der Theorie der Gruppe G miteinander gleichberechtigt sind.

§ 11. Die Zusammensetzung bilinearer Formen.

In allen Fällen hat das Bestehen einer Gleichung der Form $\mathfrak{A}_1 \mathfrak{A}_2 = \mathfrak{A}_3$ das Bestehen der entsprechenden Gleichung $\overline{\mathfrak{A}}_1 \overline{\mathfrak{A}}_2 = \overline{\mathfrak{A}}_3$ zur Folge. Aber offenbar ist es nicht nötig, daß die zu transformierenden Formen S^*, T^*, T^*, $\mathsf{\Sigma}^*$ zu Transformationen (in unserem Sinne) gehören. Auch wenn diese Formen singulär sind, liefern die Formeln (18) andere, die wir als die Transformierten von jenen vermöge $\mathfrak{S}$ oder Σ erklären können. Und dieser Begriff der Transformation einer bilinearen Form ordnet sich dann dem viel umfassenderen Begriff der Transformation einer beliebigen Form durch ein Paar kontragredienter Transformationen der Gruppe G unter.

Das Rechnen mit bilinearen Formen, von dem wir später verschiedene Anwendungen kennen lernen werden, geht in seinen Anfängen auf Cayley zurück. Es erscheint in der älteren Literatur und in einem Teile der neueren als ein Rechnen mit Matrizen. Man kann nämlich das „Produkt" von zwei quadratischen Matrizen $\| C_{ik}^1 \|$ und $\| C_{kj}^2 \|$ als eine neue Matrix $\| \sum_k C_{ik}^1 C_{ik}^2 \|$ erklären, und dann läuft die Multiplikation der Matrizen parallel mit der Multiplikation der bilinearen Formen $\Sigma X_i C_{ik}^1 V_k$ und $\Sigma X_k C_{kj}^2 V_j$ oder $(X C_1)(\Gamma_1 V)$ und $(X C_2)(\Gamma_2 V)$, wie sie im Texte erklärt worden ist. Frobenius hat diesem Zweige formalen Rechnens eine hohe Ausbildung gegeben. Die wichtigste Schrift über diesen Gegenstand ist ohne Zweifel seine Arbeit aus dem Jahre 1878 (Journal für Mathematik, Band 84). Siehe auch das treffliche Referat von A. Loewy in Pascals Repertorium der höheren Analysis (Deutsche Ausgabe, 2. Aufl., 1910; I, Kap. II, § 6). Bei den Rechnungen mit höheren komplexen Zahlen handelt es sich um verschiedenartige Ausschnitte aus dem Rechnen mit Matrizen oder bilinearen Formen, worauf in Schriften von Mathematikern englischer Zunge durch den Ausdruck Universal Algebra hingewiesen wird. (Vgl. Loewy, a. a. O., § 7, und E. Cartan, Artikel Nombres complexes [I, 5, 1908] der französischen Enzyklopädie, Nr. 21—37). Mir scheint dieses Wort zu anspruchsvoll, denn die „universelle" Algebra ist ja selbst wieder ein Ausschnitt aus der Algebra.

Aus dem, was eben über die Leistung von Frobenius gesagt wurde, folgt nicht, daß man seine Theorie mit Haut und Haaren hinunterschlucken müßte. Ich kann es nicht als einen glücklichen Umstand betrachten, daß man einen solchen Stoff so ganz wie ein Ding für sich behandelt und gar keine Rücksicht darauf genommen hat, daß in der projektiven Geometrie wie in der Invariantentheorie der linearen Transformationen zahlreiche (und zum Teil viel umfassendere) Begriffsbildungen nächstverwandten Inhalts schon vorhanden waren. Schon die grundlegenden Definitionen sind rein formaler Natur, die Frage nach allen möglichen Invarianten bilinearer Formen (gegenüber der Gruppe G) taucht in dieser Literatur, soweit meine Kenntnis reicht, nirgends auf. Überhaupt fehlt die Gliederung des Stoffes nach gruppentheoretischen Gesichtspunkten, und daher auch die grundsätzliche Unterscheidung von zwei Arten von Veränderlichen X und U, deren Bedeutung von Vertretern der projektiven Geo-

§ 11. Die Zusammensetzung bilinearer Formen.

metrie längst erkannt und gewürdigt worden war. Ja, es scheint beinahe' daß man sich mit Absicht um diese Dinge nicht gekümmert hat. So bedeuten für Frobenius und seine Schule die vier bilinearen Formen

$$\Sigma X_i V_i, \quad \Sigma U_i Y_i, \quad \Sigma X_i Y_i, \quad \Sigma U_i V_i$$

alle dasselbe — daß sie alle zur selben Koeffizientenmatrix, der „Einheits`matrix", gehören, also formal einander gleichen, ist der entscheidende Gesichtspunkt. Dieselben Veränderlichen werden bald diesen, bald jenen Transformationen unterworfen, und so kommt eine gruppentheoretische Gliederung des Stoffes nicht zustande: Der Geometer, der ein Bedürfnis, und zwar ein sehr lebhaftes, nach besserer Ordnung hat, mag zusehen, wie er sich zurechtfindet. Ich kann also die Unterscheidung, die hier durch Einführung zweier Einheitsformen

$$\mathsf{E} = \Sigma X_i V_i = (X V), \quad \mathsf{H} = \Sigma U_i Y_i = (U Y)$$

zum Ausdruck gebracht worden ist, und die anderen Unterscheidungen, die damit zusammenhängen, durchaus nicht als etwas Nebensächliches ansehen, mögen andere dazu sagen, was sie wollen. (Eine formale Übereinstimmung hat auch sonst schon gelegentlich zum Zusammenwerfen wesentlich verschiedener Begriffe geführt. S. darüber A. Krazer, Lehrbuch der Thetafunktionen, 1903, S. 266.)

Als jedenfalls nicht ganz unwesentlich erscheint mir noch ein anderer Punkt, in dem ich ebenfalls von meinen nächsten Vorgängern abweiche, mich aber wiederum in Übereinstimmung mit dem halte, was in der Geometrie und besonders in der Theorie der Transformationsgruppen als nützlich befunden worden ist. Wenn wir eine Transformation ausführten, so ließen wir z. B. aus einem Vektor X einen neuen Vektor $\underline{X}$ entstehen. Abweichend hiervon arbeiten Frobenius u. a. vorzugsweise mit dem Begriffe der Substitution. In der hier angewendeten Sprache würde der Unterschied so zu kennzeichnen sein, daß im zweiten Falle der Vektor derselbe bleibt, aber einem anderen System von Zahlen zugeordnet wird. Oder, in der Sprache der Geometrie: Während im ersten Falle das Koordinatensystem dasselbe bleibt und die untersuchten Figuren geändert werden, bleiben im zweiten umgekehrt die Figuren ungeändert, es wird aber ein neues Koordinatensystem eingeführt. Beides läuft, wie schon früher bemerkt worden war (S. 19), im wesentlichen auf dasselbe hinaus, und jede dieser Auffassungen hat ihre Berechtigung. In den Formeln bedingt übrigens die verschiedene Auffassung gewisse Unterschiede, was weiterhin zu beachten sein wird, damit nicht Widersprüche vermutet werden können, wo keine sind. Zum Beispiel heißt das, was hier durch das Zeichen $\mathfrak{A}^{-1}\mathfrak{B}\mathfrak{A}$ dargestellt wird, bei Frobenius und anderen $\mathfrak{A}\mathfrak{B}\mathfrak{A}^{-1}$.

Daß es nicht gleichgültig ist, von welcher Seite her man den Ausgangspunkt nehmen soll, erkennt man, wenn man sich unserer Grunddefinition, der des Vektors erinnert. Für uns war der Vektor auf sehr einfache Art definiert: Als ein bestimmtes System von Zahlen. Wie aber sieht seine Definition im anderen Falle aus?! Hierzu kommt dann noch ein anderes. Ein Ellipsoid z. B. und ein zweischaliges Hyperboloid sind kollineare (projektiv-äquivalente) Figuren, aber schlechthin äquivalent sind sie darum nicht. Also müßten einer systematischen Ausführung jener zweiten Auffassung eigentlich ziemlich umfangreiche gruppentheoretische

Erörterungen vorhergehen, während es didaktisch richtiger scheint, die Bedeutung des Gruppenbegriffes zugleich mit der Behandlung solcher Beispiele ins Licht treten zu lassen.

Übrigens wird man nicht übersehen dürfen, daß das Gesagte sich auf die systematische Ordnung des Stoffes, und zwar zunächst auf die Theorie der Gruppe G aller linearen Transformationen bezieht. Diese ist, im Vergleich zur Gruppe der orthogonalen Transformationen, die umfassendere, und sie hat daher das engere Invariantensystem. Handelt es sich nur um orthogonale Transformationen und um Invarianten dieser Gruppe, so würden die vorhin als Beispiel angeführten vier Formen in der Tat nicht als wesentlich verschieden gelten können, da dann eben die Unterscheidung zweier „Schichten" von Vektoren entbehrlich wird. In diesem Zusammenhange wird man also sehr wohl auch solche Formen wie $\Sigma X_i A_{ik} Y_k$ und $\Sigma X_k B_{kj} Y_j$ in einem „Produkt" $\Sigma X_i A_{ik} B_{kj} Y_j$ sinnvoll verbinden können. Bei Frobenius aber wird nicht gesagt, daß es sich dann um orthogonale Invarianten handeln soll, es ergibt sich das nur aus dem Zusammenhang: Der Gruppenbegriff als klassifikatorisches Prinzip (zuerst von F. Klein betont in seinem „Erlanger Programm", 1871) ist dieser Schule fremd, ebenso wie so ziemlich die gesamte Geometrie.

Die Art, wie sich die Invariantentheorie der orthogonalen Transformationen in die Invariantentheorie der Gruppe G einordnet, soll nun Gegenstand unserer ferneren Untersuchung sein.

§ 12.
Erläuterungen.
Invariantensysteme, an denen eine quadratische Form beteiligt ist.

Wir setzen zunächst die in § 10 und § 11 angestellte Untersuchung noch ein wenig fort.

Wir haben gesehen, daß zu jeder linearen Transformation, deren Objekte Vektoren erster (oder zweiter) Schicht sind, eine andere gehört, deren Objekte Vektoren zweiter (oder erster) Schicht sind: die zu ihr kontragrediente Transformation. So gehören zu Transformationen oder, was auf dasselbe hinauskommt, zu bilinearen Formen der vier Typen

(1) $\qquad S, \qquad T, \qquad \mathsf{T}, \qquad \mathsf{\Sigma}$

als kontragredient die Transformationen und Formen

(2) $\qquad (S')^{-1}, \quad (T')^{-1}, \quad (\mathsf{T}')^{-1}, \quad (\mathsf{\Sigma}')^{-1},$

die sich wieder auf die vier Typen, aber in der umgekehrten Folge

(3) $\qquad (\mathsf{\Sigma}), \quad (\mathsf{T}), \quad (T), \quad (S)$

Study, Invarianten.

verteilen. Nehmen wir an, daß die in (2) und (3) übereinandergestellten Zeichen gleichbedeutend sein sollen, so werden, wie gesagt, die unter (1) aufgeführten Zeichen der Reihe nach gleichbedeutend mit

(4) $\qquad (\mathbf{\Sigma}')^{-1}, \quad (\mathsf{T}')^{-1}, \quad (T')^{-1}, \quad (S')^{-1}$.

Werden zwei Transformationen oder Formen der vier Typen in der durch die Tafel (2) auf S. 120 näher bezeichneten Art zusammengesetzt, so werden die zu ihnen kontragredienten Transformationen in derselben Reihenfolge zusammengesetzt.

Ebenso nun wie die Veränderlichen

$$X, Y, \ldots, U, V, \ldots$$

erster und zweiter Schicht verhalten sich die ihnen entsprechenden Symbole

$$P, Q, \ldots, \quad A, B, \ldots \quad (\S\ 5, \mathrm{S.}\ 56;\ \S\ 8, \mathrm{S.}\ 97).$$

Wir erhalten also, wenn sich in der früher beschriebenen Weise (§ 10, Nr. 10, S. 114) Formen, in denen sich die Veränderlichen kontragredient entsprechen, solche wie

(5) $\qquad (AX)^\mu \ldots (PV)^\nu \ldots,$
(6) $\qquad (QU)^\mu \ldots (BY)^\nu \ldots$

unseren Transformationen unterwerfen, neue Paare entsprechender Transformationen, die sich auf entsprechende Weise zusammensetzen und deren Objekte eben die Kerne (Koeffizientensysteme) der einander gegenübergestellten algebraischen Formen sind. Wir sagen, diese Paare von Transformationen — die wir in einfachen Fällen schon betrachtet haben — seien durch die Paare $S, \mathbf{\Sigma}$ und T, T induziert[1]), und bemerken, daß im allereinfachsten Falle, wo es nämlich nur ein A und ein Q gibt und die Ordnungszahl m überdies die Einheit ist, sich dieser Begriff auf den Begriff eines Paares kontragredienter Transformationen reduziert.

So erhalten wir nun eine unendliche Menge neuer linearer Transformationen, die sich ersichtlich zu Gruppen zusammenschließen, derart, daß jedesmal die Zusammensetzung von Paaren kontragredienter Transformationen S, Σ oder T, T die Zusammensetzung der entsprechenden Paare induzierter Transformationen nach sich zieht. Grundsätzlich würde nichts im Wege stehen, die Koeffizientensysteme solcher Formen wie (5) und (6) als „Vektoren erster und zweiter Schicht", nun aber in Gebieten höherer Stufe, als eine „Welt für sich" zu behandeln, und für jedes dieser Gebiete die Ent-

---

[1]) Dieser Terminus rührt her von dem amerikanischen Mathematiker F. Franklin.

§ 12. Erläuterungen. 131

wicklung einer besonderen **Invariantentheorie der induzierten Gruppe** zu verlangen. In einzelnen Fällen kann es ganz angemessen sein, diesen Gedanken wirklich auszuführen. So werden wir z. B. sehen, daß unsere Theorie der orthogonalen Invarianten im Falle $n = 3$ gar nichts anderes ist, als die Invariantentheorie einer solchen induzierten Gruppe, und wenn es uns nicht an Raum fehlte, würden wir noch zeigen können, daß es sich in den Fällen $n = 4$ und $n = 6$ nicht viel anders verhält.

Aber eine derartige Auswahl und Systematisierung des zu behandelnden Stoffes würde immer nur eine Menge von Ausschnitten aus einer viel umfassenderen Theorie darstellen, die besser den Absichten entspricht, die die Begründer der Invariantentheorie von Anfang an verfolgt haben. Anstatt von vielerlei „induzierten" Transformationen und von besonderen „induzierten Gruppen" zu reden, können wir auch, mit leichten Änderungen der bisher von uns angewendeten Wortprägungen, den Inbegriff aller jener Transformationen als eine einzige „**Transformation**" und den Inbegriff aller zugehörigen Gruppen als eine einzige „**Gruppe**" bezeichnen, und die Unterscheidungen, auf die es nach wie vor ankommen muß, an den **Objekten** zum Ausdruck bringen. Diese Objekte sind dann die Kerne irgendwelcher algebraischer Formen.

Wir wollen jetzt diese im Grunde auch bisher schon von uns befolgte Darstellungsform durch Einführung geeigneter Zeichen noch anschaulicher gestalten.

Anstatt zu sagen: Wir haben, im Bilde der entsprechenden bilinearen Formen

$$T = (X\,C)(\varGamma\,U), \quad \mathsf{T} = (U\,\varDelta)(D\,X)$$

zwei **verschiedene** „kontragrediente Transformationen"

$$(C X)\varGamma = \underline{X}, \quad (U\varDelta)D = \underline{U}$$

vor uns, können wir — hoffentlich ohne begründeten Anlaß zu Mißverständnissen zu geben — uns auch so ausdrücken: Wir haben beide Male **dieselbe**, nun also mit einem besonderen Zeichen $\mathfrak{T}$ zu verbindende „Transformation" vor uns; nur ist sie das eine Mal **angewendet** auf Vektoren X der ersten Schicht und das andere Mal auf Vektoren U der zweiten Schicht. Entsprechend erscheinen dann auch die Kerne irgendwelcher algebraischer Formen (Nr. 5, 6) immer als Objekte **derselben** Transformation $\mathfrak{T}$, wie kaum mehr ausgeführt zu werden braucht. Geht man dann von einer Art von Objekten, etwa von Vektoren X erster Schicht, zu einer anderen über, z. B. zu

Vektoren zweiter Schicht, oder zu Kernen quadratischer Formen $(UP)^2$ usw., so hat man die von Plücker als Wechsel des Raumelementes bezeichnete Operation vorgenommen [1]).

Offenbar ist die eine Ausdrucksweise ebenso deutlich wie die andere, und es muß auf die Umstände ankommen, ob man dieser oder jener den Vorzug geben will. Die Berechtigung unserer jetzigen Darstellungsform aber leuchtet daraus hervor, daß man sehr wohl einen Vektor zweiter Schicht unter ausschließlicher Benutzung von Vektoren erster Schicht erklären kann, und daß für irgendwelche algebraische Formen Entsprechendes gilt. Es ist ja ein Vektor U zweiter Schicht gar nichts anderes als der Kern einer linearen Form (UY), deren Veränderliche ein Vektor Y der ersten Schicht ist, usw.

Nimmt man das Wort lineare Transformation in dem umfassenderen Sinne, von dem soeben die Rede war, so können solche Transformationen $\mathfrak{S}$ (repräsentiert durch Paare kontragredienter Formen S, Σ) und $\mathfrak{T}$ (repräsentiert durch Paare T, T) unter allen Umständen zusammengesetzt werden, und als Ergebnis oder Produkt dieser Zusammensetzung erhält man eine dritte lineare Transformation nach je einem der Schemata [2])

$$\mathfrak{S}_1\mathfrak{S}_2 = \mathfrak{T}_3, \quad \mathfrak{S}_1\mathfrak{T}_2 = \mathfrak{S}_3,$$
$$\mathfrak{T}_1\mathfrak{S}_2 = \mathfrak{S}_3, \quad \mathfrak{T}_1\mathfrak{T}_2 = \mathfrak{T}_3.$$

Die entsprechenden Formeln für die Zusammensetzung der zugehörigen Paare von bilinearen Formen aber sind der Reihe nach:

$$\{S_1\Sigma_2 = T_3, \quad \Sigma_1 S_2 = \mathsf{T}_3\}, \quad \{S_1 T_2 = S_3, \quad \Sigma_1 T_2 = \Sigma_3\},$$
$$\{T_1 S_2 = S_3, \quad \mathsf{T}_1\Sigma_2 = \Sigma_3\}, \quad \{T_1 T_2 = T_3, \quad \mathsf{T}_1\mathsf{T}_2 = \mathsf{T}_3\}.$$

Vgl. § 11, Nr. 2. Die Bedingung der Vertauschbarkeit zweier Transformationen $\mathfrak{S}$ oder $\mathfrak{T}$, d. i. die Unabhängigkeit ihres „Produkts" von der Reihenfolge der Faktoren, drückt sich in diesen Symbolen immer in gleicher Weise aus: $\mathfrak{S}_1\mathfrak{S}_2 = \mathfrak{S}_2\mathfrak{S}_1$, $\mathfrak{S}_1\mathfrak{T}_2 = \mathfrak{T}_2\mathfrak{S}_1$, $\mathfrak{T}_1\mathfrak{T}_2 = \mathfrak{T}_2\mathfrak{T}_1$. Verschiedene Formeln (Formelpaare) aber erhalten wir in den nunmehr zu unterscheidenden drei (statt

---

[1]) Bekanntlich hat Plücker in die projektive Geometrie des „gewöhnlichen" Raumes die gerade Linie als Raumelement eingeführt: Dieses war der Ursprung des projektiven Zweiges der heutigen Liniengeometrie. Ich sage des projektiven Zweiges, da es doch (was vielen unbekannt zu sein scheint) noch andere Arten von Liniengeometrie gibt.

[2]) Die hier zwiefach auftretenden Zeichen $\mathfrak{S}_3$ und $\mathfrak{T}_3$ haben natürlich jedesmal eine andere Bedeutung; sie bezeichnen nur die Art oder den „Typus" der resultierenden Transformation.

§ 12. Erläuterungen.

vier) Fällen, wenn wir zu den Symbolpaaren S, Σ und T, T übergehen. So gehören die folgenden Formeln zusammen:

(7)
$$\mathfrak{S}_1\mathfrak{S}_2 = \mathfrak{S}_2\mathfrak{S}_1 = \mathfrak{T}_3,$$
$$S_1\Sigma_2 = S_2\Sigma_1 = T'_3, \quad \Sigma_1 S_2 = \Sigma_2 S_1 = \mathsf{T}_3;$$
$$\mathfrak{S}_1\mathfrak{T}_2 = \mathfrak{T}_2\mathfrak{S}_1 = \mathfrak{S}_3,$$
$$S_1\mathsf{T}_2 = T_2 S_1 = S_3, \quad \Sigma_1\mathsf{T}_2 = \mathsf{T}_2\Sigma_1 = \Sigma_3;$$
$$\mathfrak{T}_1\mathfrak{T}_2 = \mathfrak{T}_2\mathfrak{T}_1 = \mathfrak{T}_3,$$
$$T_1 T_2 = T_2 T_1 = T_3, \quad \mathsf{T}_1\mathsf{T}_2 = \mathsf{T}_2\mathsf{T}_1 = \mathsf{T}_3.$$

Man kann z. B. auch sagen, es enthalte jede der symbolischen Gleichungen
$$S\mathsf{T} \doteq TS, \quad \Sigma T = \mathsf{T}\Sigma$$
den Ausdruck der Bedingung dafür, daß eine Transformation $\mathfrak{T}$ eine bilineare Form vom Typus S oder Σ „in Ruhe läßt". Jede von beiden Gleichungen zieht die andere nach sich, und die zu $\mathfrak{T}$ gehörigen Formen T, T haben die Eigenschaft, daß jede von der anderen linear abhängt — also wie bei kontragredienten orthogonalen Transformationen, bei denen freilich T und T überdies zusammenfallen. Genau wird dieser Sachverhalt durch die Formeln

(8) $\quad \mathsf{T} = S^{-1}TS = \Sigma T \Sigma^{-1}, \quad T = \Sigma^{-1}\mathsf{T}\Sigma = S\mathsf{T}S^{-1}$

ausgedrückt. Sind die Formen S und Σ symmetrisch ($S = S'$, $\Sigma = \Sigma'$), gehören sie als Polaren zu reziproken quadratischen Formen, so sind sie nicht nur zueinander reziprok, sondern zugleich auch kontragredient. An Stelle von (8) wird man dann besser die Formeln

(8*) $\quad \mathsf{T} = \Sigma TS, \quad T = S\mathsf{T}\Sigma$

setzen.

Wenden wir uns jetzt wieder zur Betrachtung beliebiger algebraischer Formen eines Gebietes n ter Stufe, so liefert uns die schon besprochene Tatsache, daß gegenüber Transformationen $\mathfrak{T}$ der Gruppe G sich die Symbole solcher Formen genau so verhalten wie Symbole von Vektoren, unmittelbar die beiden **Fundamentalsätze der symbolischen Methode**:

I. Jede ganze und rationale — relative oder absolute — Invariante der Gruppe G läßt sich „symbolisch" darstellen als ganze rationale Funktion von Faktoren der Typen
$$(A_1 A_2 \ldots A_n), \quad (AP), \quad (P_1 P_2 \ldots P_n).$$

§ 12. Spezielle simultane Systeme.

II. Wenn eine solche Invariante identisch gleich Null ist (wenn sie also nur eine formale Existenz hat), so läßt sich dieser Umstand durch triviale Umgestaltungen ihres Ausdruckes in Evidenz setzen mit Hilfe der zwischen den Invarianten von Vektoren beider Schichten bestehenden Identitäten (in denen dann an Stelle der Vektoren Symbole der zu untersuchenden Formen treten).

Vgl. § 2, Sätze I, II (S. 23 und 24). Ferner Lehrsätze auf S. 93 und 94[1]).

Als Beispiel hierzu führen wir die Lösung der folgenden Aufgabe an:

Es sei vorgelegt eine quadratische Form $(LX)^2$ — oder $(UA)^2$ — und eine unbegrenzte Zahl linearer Formen mit Veränderlichen beider Schichten. Es soll womöglich ein sogenanntes vollständiges Invariantensystem dieser Formen gegenüber der Gruppe G ermittelt werden, und zwar ein möglichst kleines System von Invarianten, die ganz und rational von den Kernen (den Koeffizienten) jener Formen abhängen und die Eigenschaft haben, daß sich alle ganzen rationalen Invarianten des vorgelegten Systems durch sie ausdrücken lassen.

Die Kerne der gegebenen linearen Formen sind, wie gesagt, ebensoviele Vektoren, was wir auch durch die Bezeichnung (Gebrauch der Zeichen U und X) zum Ausdruck bringen. In dem zu suchenden System müssen also alle Invarianten der Typen

(9) $\qquad (U_1 \ldots U_n), \quad (UX), \quad (X_1 \ldots X_n)$

vorhanden sein („identische Kovarianten", vgl. S. 99). Die übrigen Invarianten unseres Systems müssen, wenn $(LX)^2$ die gegebene quadratische Form ist, auch Symbole L enthalten, deren jedes dann in einem symbolischen Produkt zweimal und nur in Faktoren der Typen $(A_1 \ldots A_n)$ und (AP) vorkommt. Läßt man jede der linearen Formen nur im ersten Grade auftreten — was ja, wie wir gesehen haben, genügt —, so werden jedenfalls in unserem System alle Invarianten des Typus

(10) $\qquad\qquad (LX)(LY)$

---

[1]) Hierzu kommt noch ein dritter Lehrsatz, der dem Satze III auf S. 26 analog ist und sich auf die Erweiterung der Gruppe G durch lineare Transformationen des Typus $\mathfrak{S}$ bezieht.

§ 12. Spezielle simultane Systeme.

vorhanden sein. Dazu kommen dann noch $2(n-1)$ Invariantentypen, die wir als **Invarianten erster und zweiter Reihe** unterscheiden wollen:

(11, I)
$$(L_1 X_1)(L_1 U_2 U_3 \ldots U_n),$$
$$(L_1 X_1)(L_2 X_2)(L_1 L_2 U_3 \ldots U_n)$$
$$= \frac{1}{2!}|(L_1 X_1)(L_2 X_3)|(L_1 L_2 U_3 \ldots U_n),$$
$$\ldots\ldots\ldots\ldots\ldots\ldots\ldots$$
$$(L_1 X_1) \ldots (L_{n-1} X_{n-1})(L_1 \ldots L_{n-1} U_n)$$
$$= \frac{1}{(n-1)!}|(L_1 X_1) \ldots (L_{n-1} X_{n-1})|(L_1 \ldots L_{n-1} U_n),$$

(11, II)
$$(L_1 U_2 \ldots U_n)(L_1 V_2 \ldots V_n),$$
$$\frac{1}{2!}(L_1 L_2 U_3 \ldots U_n)(L_1 L_2 V_3 \ldots V_n),$$
$$\ldots\ldots\ldots\ldots\ldots\ldots\ldots$$
$$\frac{1}{(n-1)!}(L_1 \ldots L_{n-1} U_n)(L_1 \ldots L_{n-1} V_n),$$

und schließlich die Diskriminante der Form $(LX)^2$ oder $(LX)(LY)$:

(12) $$|L| = \frac{1}{n!}(L_1 L_2 \ldots L_n)^2.$$

Wir behaupten, daß mit den $2n+3$ Typen (9) ... (12) ein **vollständiges und kleinstes System von ganzen rationalen Invarianten der vorgelegten Grundformen gefunden ist.**

Das heißt, sind die gegebenen Vektoren $U_1 \ldots U_\mu$ und $X_1 \ldots X_\nu$, so bilde man mit Hilfe der Ausdrücke (9) ... (12) alle Invarianten, die kombinatorisch möglich sind — mit Einschluß derer, die sich durch Spezialisierungen wie $Y = X$, $V = U$ ergeben — also z. B.

$$(LX_i)^2, \quad (LX_i)(LX_k), \quad (i, k = 1, \ldots \nu)$$

usw. Damit hat man dann ein vollständiges und kleinstes System von ganzen rationalen Invarianten der Grundformen

$$(LX)^2, \quad (U_i X), \quad (UX_k).$$

Daß keine dieser Invarianten identisch gleich Null und auch keine entbehrlich ist — wenn nämlich nur rationale und ganze Funktionen zugelassen werden — wird man sich ohne weiteres klarmachen. Es bleibt also nur noch zu begründen, daß jede ganze und rationale Invariante der vorgelegten Formen sich **rational und ganz** durch Invarianten der Typen (9) bis (12) ausdrücken läßt. Auch dieses ist nur noch zu erweisen für solche Invarianten unseres Systems, die Symbole L enthalten. Jedes symbolische Produkt dieser Art gehört aber entweder von vornherein zu den aufgezählten, oder es enthält doch zum mindesten einen symbolischen Faktor eines der auch schon unter (11) auftretenden Typen,

$$(L_1 L_2 U_3 \ldots U_n), \ldots, (L_1 L_2 \ldots L_n).$$

Tritt der letzte dieser Faktoren auf, so wissen wir schon, daß die Invariante reduzibel ist: Sie hat dann den (nicht nur fiktiven oder symbolischen, sondern wirklichen) Faktor $|L|$. Aber auch alle anderen Formen dieser Art lassen sich durch die aufgezählten ausdrücken.

Zunächst nämlich ist

$$(L_1 L_2 U_3 \ldots U_n)(L_1 V_2 V_3 \ldots V_n)(L_2 X)$$
$$= \tfrac{1}{2}(L_1 L_2 U_3 \ldots U_n)\{(L_1 V_2 V_3 \ldots V_n)(L_2 X)$$
$$\quad - (L_2 V_2 V_3 \ldots V_n)(L_1 X)\}$$
$$= \tfrac{1}{2}(L_1 L_2 U_3 \ldots U_n) \cdot \{(L_1 L_2 V_3 V_4 \ldots V_n) \cdot (V_2 X)$$
$$\quad - (L_1 L_2 V_2 V_4 \ldots V_n) \cdot (V_3 X) + - \cdots\};$$

das Doppelte dieser Form ist also eine Summe von Produkten aus Invarianten des Typus (VX) und solchen des Typus (11, II). Tritt an Stelle des Faktors $(L_2 X)$ ein solcher des Typus $(L_2 W_2 W_3 \ldots W_n)$, so erhält man ohne weiteres eine entsprechende Reduktion.

Zweitens erhält man durch die Substitution $U_3 = L_3$ und Multiplikation mit $(L_3 Y)$:

$$(L_1 L_2 L_3 U_4 \ldots U_n)(L_1 V_2 \ldots V_n)(L_2 X)(L_3 Y)$$
$$= \tfrac{1}{2}(L_1 L_2 L_3 U_4 \ldots U_n)$$
$$\quad \cdot \{(L_1 L_2 V_3 V_4 \ldots V_n)(L_3 Y) \cdot (V_2 X)$$
$$\quad - (L_1 L_2 V_2 V_4 \ldots V_n)(L_3 Y) \cdot (V_3 X) \pm \cdots\}.$$

Also sind auch diese Formen Summen von Produkten, von denen jedesmal der eine Faktor zum Typus (VX) gehört. Aber auch der andere Faktor läßt sich in die verlangte Form setzen. Denn es ist z. B.:

$$(L_1 L_2 L_3 U_4 \ldots U_n)(L_1 L_2 V_3 \ldots V_n)(L_3 Y)$$
$$= \tfrac{1}{3}(L_1 L_2 L_3 U_4 \ldots U_n)$$
$$\quad \cdot \{(L_2 L_3 V_3 V_4 \ldots V_n)(L_1 Y)$$
$$\quad + (L_3 L_1 V_3 V_4 \ldots V_n)(L_2 Y)$$
$$\quad + (L_1 L_2 V_3 V_4 \ldots V_n)(L_3 Y)\}$$
$$= \tfrac{1}{3}(L_1 L_2 L_3 U_4 \ldots U_n)$$
$$\quad \cdot \{(L_1 L_2 L_3 V_4 \ldots V_n) \cdot (V_3 Y) + \cdots\}.$$

§ 12. Spezielle simultane Systeme.

In dieser Weise kann man fortfahren. Es ergibt sich, daß alle Invarianten mit symbolischen Faktoren des Typus

$$(L_1 L_2 \ldots L_k U_{k+1} \ldots U_n)$$

sich rational und ganz durch solche ausdrücken lassen, die den in unserer Tabelle aufgezählten Typen angehören.

Es interessiert uns nun hier besonders der Fall, in dem die vorgelegte Form $(LX)^2$ nicht singulär, also ihre Diskriminante von Null verschieden ist. Unter dieser Voraussetzung aber läßt sich noch eine wesentliche Vereinfachung unseres Formensystems erreichen.

Von den aufgezählten Invarianten lassen sich die zweiter Reihe (Nr. 11, II) rational ausdrücken durch die Invariante $|L|$ und durch Invarianten vom Typus der letzten Form der zweiten Reihe

$$(13) \quad (UM)(VM) = \frac{1}{(n-1)!}(L_1 \ldots L_{n-1} U)(L_1 \ldots L_{n-1} V),$$

so zwar, daß in den Nennern der zu bildenden Ausdrücke nur Potenzen der Invariante $|L|$ auftreten.

Wir behaupten nämlich, daß die folgenden Gleichungen Identitäten sind:

$$\frac{|L|}{(n-2)!} \cdot (L_1 \ldots L_{n-2} U_{n-1} U_n)(L_1 \ldots L_{n-2} V_{n-1} V_n)$$
$$= |(U_{n-1} M)(V_{n-1} M) \quad (U_n M)(V_n M)|\,{}^1),$$

$$\frac{|L|^2}{(n-3)!} \cdot \begin{Bmatrix} (L_1 \ldots L_{n-3} U_{n-2} U_{n-1} U_n) \\ (L_1 \ldots L_{n-3} V_{n-2} V_{n-1} V_n) \end{Bmatrix}$$
$$= |(U_{n-2} M)(V_{n-2} M) \ldots (U_n M)(V_n M)|,$$

(14) . . . .

$$\frac{|L|^{n-3}}{2!} \cdot (L_1 L_2 U_3 \ldots U_n)(L_1 L_2 V_3 \ldots V_n)$$
$$= |(U_3 M)(V_3 M) \ldots (U_n M)(V_n M)|,$$

$$|L|^{n-2} \cdot (L_1 U_2 \ldots U_n)(L_1 V_2 \ldots V_n)$$
$$= |(U_2 M)(V_2 M) \ldots (U_n M)(V_n M)|.$$

---

[1]) Die zweireihige Determinante auf der rechten Seite der Gleichung enthält in jedem ihrer Argumente $(UM)(VM)$ die Symbole M schon im zweiten Grade. Es hat also bereits jedes dieser Elemente schon eine reale Bedeutung, und es ist daher nicht nötig, die Symbole M in den miteinander zu multiplizierenden Gliedern mit Indizes zu versehen. Ebenso in den folgenden Formeln.

§ 12. Spezielle simultane Systeme.

Es genügt, den Beweis hierfür unter der Annahme zu führen, daß die vorgelegte Form $(LX)^2$ nicht singulär ist. Dann aber können wir die schon nachgewiesene Reziprozität zwischen den Formen $(LX)(LY)$ und

$$(UA)(VA) = |L|^{-1} \cdot (UM)(VM)$$

benutzen und erhalten

$$(L_1 U_2 \ldots U_n)(L_1 V_2 \ldots V_n)$$
$$= \frac{1}{(n-1)!} \cdot \frac{1}{|A|} \cdot (\overbrace{A_2 \ldots A_n}\, U_2 \ldots U_n)(\overbrace{A_2 \ldots A_n}\, V_2 \ldots V_n)$$
$$= \frac{1}{(n-1)!} \frac{1}{|A|} \cdot |(U_2 A_2) \ldots (U_n A_n)| \cdot |(V_2 A_2) \ldots (V_n A_n)|$$
$$= \frac{1}{|A|} \cdot (U_2 A_2) \ldots (U_n A_n) \cdot |(V_2 A_2) \ldots (V_n A_n)|$$
$$= \frac{1}{|A|} \cdot |(U_2 A_2)(V_2 A_2) \ldots (U_n A_n)(V_n A_n)|$$
$$= \frac{1}{|A|} \cdot \frac{1}{|L|^{n-1}} \cdot |(U_2 M_2)(V_2 M_2) \ldots (U_n M_n)(V_n M_n)|$$
$$= \frac{1}{|L|^{n-2}} \cdot |(U_2 M)(V_2 M) \ldots (U_n M)(V_n M)|.$$

Damit haben wir die letzte unter den Formeln (14). Hieraus ergibt sich dann die vorhergehende Formel, wenn man $U_2 = V_2 = L_2$ setzt. Es wird nämlich, nach der vierten der soeben abgeleiteten Identitäten,

$$|A| \cdot (L_1 L_2 U_3 \ldots U_n)(L_1 L_2 V_3 \ldots V_m)$$

$$= \begin{vmatrix} (L_2 A_2)^2 & (L_2 A_3)(V_3 A_3) & \ldots & (L_2 A_n)(V_n A_n) \\ (U_3 A_2)(L_2 A_2) & (U_3 A_3)(V_3 A_3) & \ldots & (U_3 A_n)(V_n A_n) \\ \vdots & \vdots & \ldots & \vdots \\ (U_n A_2)(L_2 A_2) & (U_n A_3)(V_3 A_3) & \ldots & (U_n A_n)(V_n A_n) \end{vmatrix}$$

$$= \{n - (n-2)\} \cdot \begin{vmatrix} (U_3 A_3)(V_3 A_3) & \ldots & (U_3 A_n)(V_n A_n) \\ \vdots & \ldots & \vdots \\ (U_n A_3)(V_3 A_3) & \ldots & (U_n A_n)(V_n A_n) \end{vmatrix}$$

$$= \frac{2 \cdot 1}{|L|^{n-2}} \cdot |(U_3 M)(V_3 M) \ldots (U_n M)(V_n M)|,$$

was eben die vorletzte Formel unter (12) ist. In dieser Weise kann man fortfahren.

§ 12. Spezielle simultane Systeme.

Wenn wir also nicht nach **ganzen** rationalen Invarianten fragen, sondern auch gewisse nur-**rationale** Invarianten zulassen, und zwar lediglich solche, in deren Nennern Potenzen der Invariante $|L|$ auftreten, so können wir das gefundene Invariantensystem durch ein minder umfangreiches System ersetzen. Es bleiben dann außer $|L|$ und den Invariantentypen

$$(X_1 \ldots X_n),\ (UX),\ (U_1 \ldots U_n),\ (LX)(LY),\ (UM)(VM)$$

nur die Invarianten (11, I) unserer ersten Reihe übrig.

Durch die $n+5$ Typen von Invarianten des so beschriebenen „reduzierten Systems" läßt sich dann jede ganze rationale Invariante der vorgelegten Formen rational darstellen, und zwar derart, daß in ihrem Nenner höchstens eine Potenz der Invariante $|L|$ der gegebenen quadratischen Form auftritt.

Da wir die Koordinaten der Vektoren X und U nicht ebenfalls in den Nennern zugelassen haben, so ergibt sich eine ganz gleichartige Vereinfachung, also **ein „reduziertes" Invariantensystem** überhaupt für jedes System algebraischer Formen, unter denen eine **nicht singuläre** quadratische Form vorkommt.

Daß aber für die $n+5$ beibehaltenen Invariantentypen eine weitere Reduktionsmöglichkeit nicht besteht, sehen wir, wenn wir die Form $(LX)^2$ mit der speziellen Form $X_1^2 + X_2^2 + \cdots + X_n^2$ identifizieren. Schreibt man nämlich die Invarianten erster Reihe in Determinantenform,

$$|(L_1 X_1) L_1\ U_2 \ldots U_n|,$$
$$|(L_1 X_1) L_1\ (L_2 X_2) L_2\ U_3 \ldots U_n|$$

usf., so kann man ohne weiteres ganz allgemein zu den unsymbolischen Ausdrücken derselben Invarianten übergehen. Abgesehen von der Invariante $|L|$ der quadratischen Form, die im vorliegenden Falle den Wert Eins hat, erhält man dann in etwas anderer Anordnung und Bezeichnung die $n+4$ Ausdrücke

$$(X|Y),\ (UX),\ (U|V),$$
$$(X_1 \ldots X_n),\ (X_1 X_2 \ldots U_n),\ \ldots,\ (U_1 U_2 \ldots U_n),$$

und von diesen Funktionen der X, Y, U, V kann offenbar keine durch die übrigen ganz und rational ausgedrückt werden. Die gefundenen $n+5$ Formen bilden also ein kleinstes System von ganzen und rationalen Invarianten, durch die alle Invarianten der

§ 12. Spezielle simultane Systeme.

gegebenen Grundformen **rational ausgedrückt werden können**, wenn man in den auftretenden Nennern lediglich Potenzen von $|L|$ zuläßt.

Das Ergebnis, zu dem wir hier gelangt sind, läßt sich noch etwas besser formulieren. Die Koeffizienten der vorgelegten Formen bestimmen einen **Integritätsbereich**, der alle ganzen und rationalen Funktionen dieser Koeffizienten umfaßt[1]) und als der **natürliche Integritätsbereich** der gegebenen Kerne bezeichnet werden darf. Dieser Integritätsbereich kann nun dadurch **erweitert** werden, daß man auch noch die Potenzen von $|A| = |L|^{-1}$ zuläßt. Wir können dann sagen:

Im natürlichen Integritätsbereich der vorgelegten Formen bilden die aufgezählten $2n+5$ Typen von Invarianten der Gruppe G ein vollständiges, und zwar kleinstes System von Invariantentypen.

Wenn aber die Invariante $|L|$ von Null verschieden ist, so läßt dieses System in dem durch Hinzufügung von $|L|^{-1}$ erweiterten Integritätsbereich noch eine Reduktion zu. Dann bilden nämlich schon die $n+4$ Typen von Invarianten,

(15) $\qquad (LX)(LY),\quad (UX),\quad (UA)(VA),$

$$(X_1 X_2 \ldots X_n),$$
$$(L_1 X_1) \ldots (L_{n-1} X_{n-1})(L_1 \ldots L_{n-1} U_n),$$
$$(L_1 X_1) \ldots (L_{n-2} X_{n-2})(L_1 \ldots L_{n-2} U_{n-1} U_n),$$

(16) $\qquad \ldots \ldots \ldots \ldots \ldots \ldots \ldots \ldots \ldots$

$$(L_1 X_1)(L_2 X_2)(L_1 L_2 U_3 \ldots U_n),$$
$$(L_1 X_1)(L_1 U_2 \ldots U_n),$$
$$(U_1 U_2 \ldots U_n)$$

zusammen mit der Invariante $|L|$ ein vollständiges und kleinstes System — das „reduzierte System" — von Invarianten der gegebenen Grundformen.

Bemerkt sei noch, daß im Falle

$$(LX)^2 = X_1^2 + X_2^2 + \cdots + X_n^2$$

die Reduktionsformeln (14) in die Formelgruppe übergehen, die man als **Multiplikationstheorem der Matrizen** zusammenzufassen pflegt.

---

[1]) Dabei können die Koeffizienten dieser Funktionen rationale Zahlen sein oder auch einem anderen vorgeschriebenen Rationalitätsbereich entnommen werden. Nur darf dieser natürlich die hier als veränderlich betrachteten Koeffizienten der vorgelegten Formen nicht umfassen.

§ 13. Allgemeine Fassung der Fundamentalsätze.

Der erste Teil unseres letzten Satzes (die Behauptung über die $2n+5$ Typen) enthält ein Beispiel zu dem von Hilbert zuerst allgemein bewiesenen Satze von der Endlichkeit der Invariantensysteme gegebener Grundformen gegenüber der Gruppe G: Nimmt man außer der vorgelegten quadratischen Form nur noch lineare Grundformen als gegeben an, so kennt man ein kleinstes System von ganzen und rationalen Invarianten, durch die sich alle übrigen rational und ganz ausdrücken lassen. Es ist das einer der wichtigsten unter den Fällen, in denen sich ein solches System wirklich aufstellen läßt.

Zu dem Satze von der Endlichkeit der Formensysteme gehört als Ergänzung unter anderem, von dem hier nicht die Rede sein soll, der Satz von der Endlichkeit der Invariantentypen in Systemen, die eine beliebig große Zahl von Formen mit gegebenen Ordnungszahlen $(\mu, \nu, \ldots)$ enthalten; und auch dazu liefert unsere Untersuchung ein Beispiel. Die genannte Behauptung ist von Peano bereits im Jahre 1882 für binäre Formen ($n = 2$) erwiesen worden, zu einer Zeit also, da man eine Einsicht in die Endlichkeit beliebiger Formensysteme noch nicht besaß. Gegenwärtig liefert seine sehr einfache Beweisführung ohne weiteres auch diesen Lehrsatz in voller Allgemeinheit.

Übrigens kommt in unserem Falle (wie in anderen) alles darauf an, daß man nicht nur die gesuchten Invarianten wirklich angeben, sondern auch die zwischen ihnen bestehenden Abhängigkeiten übersehen kann.

Aus der ausgedehnten Literatur, die sich auf die schwierige Frage nach der Endlichkeit der Invariantensysteme bezieht, führe ich nur die folgenden Schriften an:

D. Hilbert, Math. Ann. **42**, 313, 1893.
G. Peano, Atti dell' Accademia delle Science di Torino **17**, 580, 1882.
E. Noether, Math. Ann. **77**, 93, 1915.

§ 13.
Die Fundamentalsätze der Algebra der Vektoren in allgemeiner Fassung.

Wir haben nunmehr fast alle Vorbereitungen beisammen, die nötig sind, um die in § 2 behandelte Aufgabe durch ein umfassenderes Problem zu ersetzen, in dem an Stelle der quadratischen Form

$$X_1^2 + X_2^2 + \cdots + X_n^2$$

irgend eine nicht singuläre quadratische Form $(LX)^2$ tritt. Ganz beliebig aber wollen wir diese quadratische Form zunächst doch noch nicht sein lassen. Es haftet nämlich unseren letzten Ergebnissen ein gewisser Mangel an Symmetrie an, der daher rührt, daß wir von den zwei im Grunde gleichberechtigten quadratischen Formen $(LX)^2$, $(UA)^2$ die eine ausgezeichnet hatten. Dies veranlaßt uns, die zuletzt ausgeführte Untersuchung aus einem etwas abgeänderten Gesichtspunkte nochmals aufzunehmen und zugleich ihr Ergebnis noch etwas zu ergänzen. Wir erhalten nämlich eine vollkommen symmetrische Fas-

§ 13. Allgemeine Fassung der Fundamentalsätze.

sung unseres letzten Lehrsatzes, wenn wir jetzt die weitere Annahme hinzufügen, daß die Diskriminante der quadratischen Form $(LX)^2$ und folglich auch die der reziproken Form $(UA)^2$ den numerischen Wert Eins hat. In diesem Falle bedeutet natürlich die Zulassung dieser Invariante in den Nennern rationaler Funktionen keine Erweiterung des vorgelegten Integritätsbereiches.

Was die erwähnte Einschränkung für weitere Folgen hat, wird zu erörtern sein; jedenfalls dürfen wir sie einmal machen, um so zu einer in gewisser Hinsicht wenigstens einfacheren Formulierung zu gelangen. Aber natürlich werden wir dann an Stelle der Gruppe G, deren allgemeine Transformation von n^2 unabhängigen Parametern abhängt, ihre Untergruppe treten lassen müssen, deren Transformationen die Determinante der vorgelegten quadratischen Form nicht ändern und also nur noch $n^2 - 1$ voneinander unabhängige Parameter enthalten. Diese Gruppe besteht aus zwei getrennten analytischen Scharen von Transformationen: Wir bezeichnen sie dementsprechend mit Γ, H. Die Transformationen von Γ, die für sich eine Gruppe bilden, haben die Determinante 1, die Transformationen der Schar H haben die Determinante -1.

Es ist also zunächst die Frage nach den ganzen und rationalen Invarianten des vorgelegten Formensystems in bezug auf die Gruppe Γ und nach ihrem Verhältnis zu den bisher betrachteten Invarianten der Gruppe G zu stellen.

Da wir $|L| = 1$ gesetzt haben, so bleiben von unseren Invarianten der Gruppe G noch $n + 4$ Typen übrig, von denen sicher keiner entbehrlich ist, und diese sind selbstverständlicherweise alle noch Invarianten, und zwar sämtlich absolute Invarianten der Gruppe Γ.

Wir behaupten nun zunächst, daß die Gruppe Γ überhaupt nur absolute Invarianten hat, und daß insbesondere die ganzen rationalen Invarianten des betreffenden Systems sich alle durch die Invarianten der gefundenen $n + 4$ Typen rational und ganz ausdrücken lassen.

Zunächst darf wie bisher angenommen werden, daß irgend eine zu untersuchende Invariante $\mathfrak{J}$ unseres Systems in bezug auf die Gruppe Γ homogen (und überdies auch linear) ist in den Koordinaten jedes einzelnen der vorkommenden Vektoren X_i, U_k. Aus jeder Transformation von Γ erhalten wir sodann eine solche der Gruppe G, wenn wir sie mit einer Transformation der eingliedrigen Gruppe

$$\varrho . X = \underline{X}, \quad \varrho^{-1} . U = \underline{U} \quad \{\varrho \neq 0\}$$

zusammensetzen. Alle Transformationen von G entstehen auf diese Weise (und zwar jede von ihnen auf n Arten) aus Transformationen

§ 13. Allgemeine Fassung der Fundamentalsätze.

von Γ. Angewendet auf Symbole der quadratischen Formen $(LX)^2$, $(UA)^2$ hat die genannte Operation die Wirkung

$$\varrho^{-1}.L = \underline{L}, \quad \varrho.A = \underline{A}.$$

Jede Invariante $\mathfrak{J}$ von Γ erweist sich damit als eine Summe, deren Glieder (wenn ihrer mehrere sind) sich darin voneinander unterscheiden, daß sie bei der ausgeführten Transformation verschiedene Potenzen von ϱ als Faktoren annehmen. Jeder der so unterschiedenen Summanden ist dann eine (in der Regel nur relative) Invariante der Gruppe G und folglich auf die zuvor beschriebene Art darstellbar.

Man sieht, daß man keineswegs alle ganzen und rationalen Invarianten der Gruppe Γ durch Spezialisierung von solchen der Gruppe G erhält, daß dieses aber allerdings für jene $n+4$ Invarianten zutrifft, durch die sich im System

$$(LX)^2, \quad (U_i X), \quad (U X_k)$$

alle übrigen ausdrücken lassen[1]).

In der Formulierung unseres Ergebnisses wollen wir sodann gleich noch einige weitere Verbesserungen anbringen. Wir wollen erstens dem Umstande Rechnung tragen, daß alle unsere Invarianten, soweit sie überhaupt von der Form $(LX)^2$ abhängen, sich auf zwei Weisen müssen schreiben lassen, einmal mit Symbolen L, dann auch mit Symbolen A. Zweitens wollen wir das in § 2 schon angeführte System von möglichst einfachen Zeichen nunmehr in einem weiteren Umfange gebrauchen; wir wollen nämlich diese Zeichen nochmals, dabei aber so erklären, daß sie im Falle

$$(LX)^2 = X_1{}^2 + X_2{}^2 + \cdots + X_n{}^2$$

die früher angegebene Bedeutung erlangen.

---

[1]) Zum Beispiel ist im Falle $n = 4$
$$\mathfrak{J} = (LX)(LX').(LY)(LY') + (XX'YY')$$
eine Invariante der Gruppe Γ, die sich aus zwei ganzen und rationalen Invarianten der Gruppe G zusammensetzt, ohne selbst eine ganze rationale Invariante dieser Gruppe zu sein. In der Tat liefert die zu G gehörige Transformation $\varrho X = \underline{X}$ (usw.), $\varrho^{-1} L = \underline{L}$, den Ausdruck
$$J^* = (LX)(\underline{L}X').(LY)(LY') + \varrho^4.(XX'YY'),$$
der ebenfalls eine Invariante von Γ, in der Regel aber von $\mathfrak{J}$ verschieden ist. Dagegen ist der im Falle $\sqrt{|L|} = 1$, $\varrho = \sqrt[4]{1}$ mit J^* zusammenfallende Ausdruck
$$(LX)(LX').(LY)(LY') + \sqrt[4]{|L|}.(XX'YY'),$$
in einem weiteren Sinne noch Invariante von G. Ist $|L|$ nicht gerade das Quadrat eines rationalen Ausdruckes, so ist er eine irrationale algebraische Invariante der Gruppe G. Vgl. S. 99.

§ 13. Allgemeine Fassung der Fundamentalsätze.

So erhalten wir an Stelle des letzten Satzes in § 12 schließlich den folgenden Lehrsatz, der zugleich die Definition der verallgemeinerten Zeichen $(X|Y)$, $(U|V)$ usw. enthält:

Zur Gruppe Γ der linearen Transformationen von der Determinante Eins eines Gebietes n^{ter} Stufe gehören nur absolute Invarianten.

Insbesondere gibt es im System einer quadratischen Form $(LX)^2$ {oder $(UA)^2$} von der Diskriminante Eins und einer unbegrenzten Zahl von linearen Formen, die veränderlichen Vektoren beider Schichten entsprechen, ein vollständiges und zugleich kleinstes System von ganzen und rationalen Invarianten der Gruppe Γ, die sich auf die in den folgenden Tafeln (1), (2) aufgezählten $n+4$ Typen verteilen:

(1)
$$(X|Y) = (LX)(LY)$$
$$= \frac{1}{(n-1)!}(X A_2 \ldots A_n)(Y A_2 \ldots A_n),$$
$$(UX),$$
$$(U|V) = (UA)(VA)$$
$$= \frac{1}{(n-1)!}(U L_2 \ldots L_n)(V L_2 \ldots L_n)$$

(2)
$$(X_1 X_2 \ldots X_n),$$
$$(X_1 \ldots X_{n-1} U_n) = (X_1 \ldots X_{n-1} A_n)(U_n A_n)$$
$$= (L_1 X_1) \ldots (L_{n-1} X_{n-1})(L_1 \ldots L_{n-1} U_n),$$
$$(X_1 \ldots X_{n-2} U_{n-1} U_n)$$
$$= (X_1 \ldots X_{n-2} A_{n-1} A_n)(U_{n-1} A_{n-1})(U_n A_n)$$
$$= (L_1 X_1) \ldots (L_{n-2} X_{n-2})(L_1 \ldots L_{n-2} U_{n-1} U_n),$$
$$\cdots\cdots\cdots\cdots\cdots\cdots\cdots\cdots\cdots\cdots$$
$$(X_1 X_2 U_3 \ldots U_n)$$
$$= (X_1 X_2 A_3 \ldots A_n)(U_3 A_3) \ldots (U_n A_n)$$
$$= (L_1 X_1)(L_2 X_2)(L_1 L_2 U_3 \ldots U_n),$$
$$(X_1 U_2 \ldots U_n)$$
$$= (X_1 A_2 \ldots A_n)(U_2 A_2) \ldots (U_n A_n)$$
$$= (L_1 X_1)(L_1 U_2 \ldots U_n),$$
$$(U_1 U_2 \ldots U_n).$$

§ 13. Allgemeine Fassung der Fundamentalsätze.

Die unter (1) aufgezählten Typen „elementarer Invarianten" von Γ sind auch absolute Invarianten gegenüber Transformationen der Gruppe Γ, H, die Typen (2) aber nehmen bei Transformationen von H den Faktor -1 an.

Sei insbesondere
$$(LX)^2 = X_1^2 + \cdots + X_\mu^2 - X_{\mu+1}^2 - \cdots - X_n^2,$$
wo wegen $|L| = 1$ die Differenz $n - \mu$ eine gerade Zahl sein muß, so wird
$$(U\varLambda)^2 = U_1^2 + \cdots + U_\mu^2 - U_{\mu+1}^2 - \cdots - U_n^2,$$
und, nach der Definition unter (2),

$$(X_1 \ldots X_\nu U_{\nu+1} \ldots U_n)$$

(3)
$$= \begin{vmatrix} X_{11} & \ldots & X_{1\mu} & X_{1,\mu+1} & \ldots & X_{1,n} \\ \cdot & \ldots & \cdot & \cdot & \ldots & \cdot \\ \cdot & \ldots & \cdot & \cdot & \ldots & \cdot \\ X_{\nu 1} & \ldots & X_{\nu\mu} & X_{\nu,\mu+1} & \ldots & X_{\nu,n} \\ U_{\nu+1,1} & \ldots & U_{\nu+1,\mu} & -U_{\nu+1,\mu+1} & \ldots & -U_{\nu+1,n} \\ \cdot & \ldots & \cdot & \cdot & \ldots & \cdot \\ U_{n1} & \ldots & U_{n\mu} & -U_{n,\mu+1} & \ldots & -U_{n,n} \end{vmatrix}$$

$$= \begin{vmatrix} X_{11} & \ldots & X_{1\mu} & -X_{1,\mu+1} & \ldots & -X_{1n} \\ \cdot & \ldots & \cdot & \cdot & \ldots & \cdot \\ \cdot & \ldots & \cdot & \cdot & \ldots & \cdot \\ X_{\nu 1} & \ldots & X_{\nu\mu} & -X_{\nu,\mu+1} & \ldots & -X_{\nu n} \\ U_{\nu+1,1} & \ldots & U_{\nu+1,\mu} & U_{\nu+1,\mu+1} & \ldots & U_{\nu+1,n} \\ \cdot & \ldots & \cdot & \cdot & \ldots & \cdot \\ U_{n1} & \ldots & U_{n\mu} & U_{n,\mu+1} & \ldots & U_{n,n} \end{vmatrix}$$

$$\{\mu \equiv n \pmod{2}\}.$$

Da allgemein die unter (2) einander gleichgesetzten Invarianten sich höchstens um Zahlenfaktoren würden unterscheiden können, so genügt dieser Spezialfall schon, um die Gleichheit der zwei Ausdrücke für $(X_1 \ldots X_\nu U_{\nu+1} \ldots U_n)$ zu begründen. Aber natürlich kann man dasselbe auch durch symbolische Rechnung erweisen. Es ist z. B.
$$(\varLambda \overbrace{X_2 \ldots X_n})(\varLambda U)$$
$$= \frac{1}{(n-1)!}(L_2 \ldots L_n X_2 \ldots X_n)(UL_2 \ldots L_n)$$
$$= \frac{1}{(n-1)!}|(L_2 X_2) \ldots (L_n X_n)|(UL_2 \ldots L_n)$$
$$= (LX_2) \ldots (L_n X_n)(UL_2 \ldots L_n),$$
was, abgesehen von der Bezeichnung, die zweite Formel unter (2) ist; usw.

Study, Invarianten.

§ 13. Allgemeine Fassung der Fundamentalsätze.

Mit der zuletzt behandelten Aufgabe muß nun ohne Zweifel eine andere im engsten Zusammenhange stehen: Die Aufgabe nämlich, alle ganzen und rationalen Invarianten der Formen $(U_i X)$, $(U X_k)$ gegenüber der **Gruppe der automorphen linearen Transformationen** des Formenpaares $(LX)^2$, $(U\Lambda)^2$ zu finden. Und es fragt sich nunmehr, welches dieser Zusammenhang ist. Es fällt also jetzt die Grundform $(LX)^2$ und was direkt von ihr abhängt weg, dafür aber werden die nach wie vor gegebenen linearen Formen nur noch solchen linearen Transformationen unterworfen, die die eine und folglich auch die andere der Formen $(LX)^2$, $(U\Lambda)^2$ reproduzieren.

Ist $\mathfrak{T}$ Zeichen für eine solche „automorphe" Transformation der beiden quadratischen Formen, und $\mathfrak{S}$ Zeichen für die mit $(LX)^2$, $(U\Lambda)^2$ verbundene („korrelative") lineare Transformation, so ist nach § 12

(4) $\qquad \mathfrak{S}\mathfrak{T} = \mathfrak{T}\mathfrak{S},$

oder deutlicher

(5) $\qquad ST = TS, \quad \Sigma\mathsf{T} = \mathsf{T}\Sigma,$

wofür man auch schreiben kann

(6) $\qquad \mathsf{T}^{-1} S \mathsf{T} = S, \quad \mathsf{T}^{-1} \Sigma T = \Sigma,$

und nach Formel (9), § 8:

(7) $\qquad S\mathsf{T}\Sigma = T, \quad \Sigma T S = \mathsf{T}.$

Hier stehen die Zeichen

(a) $\qquad \begin{aligned} T\{&= (\mathsf{T}')^{-1} = (\mathsf{T}^{-1})'\} \\ \mathsf{T}\{&= (T')^{-1} = (T^{-1})'\} \end{aligned}$

als Abkürzungen für die zueinander kontragredienten Transformationen

(a) $\qquad \boxed{(XC)\Gamma = \underline{X}, \quad (U\Lambda)D = \underline{U}}$

und ebenso sind, da nach Voraussetzung

$$S = S', \quad \Sigma = \Sigma'$$

ist,

(b) $\qquad S\{=\Sigma^{-1}\}, \quad \Sigma\{=S^{-1}\}$

Abkürzungen für die zueinander kontragredienten und zugleich reziproken Transformationen

(b) $\qquad \boxed{(XL)L = \underline{U}, \quad (U\Lambda)\Lambda = \underline{X}.}$

§ 13. Allgemeine Fassung der Fundamentalsätze.

Wir schreiben die Formeln (5) ... (7) auch noch ausführlich, und erhalten dann

(5') $(XL)(L\varDelta)(DY) = (XC)(\varGamma L)(LY), \quad \{X, Y\}$
     $(U\varDelta)(\varDelta C)(\varGamma V) = (U\varDelta)(D\varDelta)(\varDelta V), \quad \{U, V\}$

(6') $(XD)(\varDelta L)(L\varDelta')(D'Y) = (XL)(LY), \quad \{X, Y\}$
     $(U\varGamma)(C\varDelta)(\varDelta C')(V\varGamma') = (U\varDelta)(\varDelta V), \quad \{U, V\}$

(6'') $(XC)(\varGamma L)(L\varGamma')(C'Y) = (XL)(LY), \quad \{X, Y\}$
     $(U\varDelta)(D\varDelta)(\varDelta D')(\varDelta'V') = (U\varDelta)(\varDelta V), \quad \{U, V\}$

(7') $(XL)(L\varDelta)(D\varDelta)(\varDelta V) = (XC)(\varGamma V), \quad \{X, V\}$
     $(U\varDelta)(\varDelta C)(\varGamma L)(LY) = (U\varDelta)(DY), \quad \{U, Y\}$

Die in { } beigefügten Zeichen sollen andeuten, daß es sich um Gleichungen handelt, die identisch für alle vorkommenden Vektoren X, Y, U, V erfüllt sein sollen. Jede dieser identischen Gleichungen zieht dann alle übrigen nach sich, wenn — wie vorausgesetzt — die geordneten Formen

(a) $\qquad (XC)(\varGamma V), \quad (U\varDelta)(DY)$

Symbole kontragredienter Transformationen sind. Mit Hilfe der unter (1) eingeführten Zeichen aber lassen sich dieselben Gleichungen noch einfacher schreiben. So erhalten wir schließlich die Formeln

(5*) $(X\mid\varDelta)(DY) = (XC)(\varGamma\mid Y), \{X, Y\}$
     $(U\mid C)(\varGamma V) = (U\varDelta)(D\mid V), \{U, V\}$

(6*) $(XD)(\varDelta\mid\varDelta')(D'Y) = (X\mid Y), \{X, Y\}$
     $(U\varGamma)(C\mid C')(\varGamma' V) = (U\mid V), \{U, V\}$
     $(XC)(\varGamma\mid\varGamma')(C'Y) = (X\mid Y), \{X, Y\}$
     $(U\varDelta)(D\mid D')(\varDelta' V) = (U\mid V), \{U, V\}$

(7*) $(X\mid\varDelta)(D\mid V) = (CX)(\varGamma V), \{X, V\}$
     $(U\mid C)(\varGamma\mid Y) = (U\varDelta)(DY), \{U, Y\}$

deren jede nach wie vor eine Folge von jeder anderen ist. Insbesondere zeigen die Formeln (7*), was wir, unter einer umfassenderen Voraussetzung, schon früher bemerkt hatten: Sind die kontragredienten Transformationen mit den Symbolen (a) automorphe Transformationen des Formenpaares $(LX)^2$, $(U\varDelta)^2$, so sind die Koeffizienten einer jeden von ihnen lineare Funktionen der Koeffizienten der anderen, wie schon im Spezialfall der orthogonalen Transformationen. Ferner ergibt sich:

§ 13. Allgemeine Fassung der Fundamentalsätze.

Die automorphen linearen Transformationen der Formen $(LX)^2$, $(UA)^2$ umfassen zwei getrennte analytische (und also im komplexen Gebiet immer kontinuierliche) Transformationenschichten, derart, daß die einzelne Transformation einer jeden Schicht von $\frac{n(n-1)}{2}$ wesentlichen Parametern abhängt. Beide ‚Schichten' unterscheiden sich durch den Wert der Transformationsdeterminante, der entweder 1 oder -1 sein muß.

Zunächst folgt nämlich aus (5') oder (5*), daß die Diskriminanten der kontragredienten Formen (a) einander gleich sein müssen, $|C| = |D|$; also ist, nach Nr. (8) S. 108 $|C| = |D| = \pm 1$. Daß beide Möglichkeiten tatsächlich vorliegen, sieht man am Spezialfall der orthogonalen Transformationen. Und daß die Transformationen einer jeden von beiden Arten ein einziges analytisches Kontinuum bilden, kann ebenfalls durch den Hinweis auf diesen geläufigen Sonderfall erschlossen werden, da sich jedes Formenpaar $(LX)^2$, $(UA)^2$ durch lineare Transformationen in das Formenpaar ΣX_i^2, ΣU_i^2 überführen läßt, und dabei die automorphen Transformationen des ersten Paares in die des zweiten übergehen müssen. Zugleich findet man auf diese Art auch die angegebene Zahl der wesentlichen Parameter in den Transformationen (a), d. h. die Dimensionenzahl der beiden von ihnen erfüllten analytischen Mannigfaltigkeiten [1].

---

[1] Ohne auf die Frage nach einer erschöpfenden Parameterdarstellung der orthogonalen Transformationen näher einzugehen, kann man etwa so schließen: Zunächst kann man schon durch eine eigentliche orthogonale Transformation jeden Vektor, der der Bedingung $(X|X) \neq 0$ genügt, in einen solchen überführen, der zu dem Vektor $X_1 = \{1, 0, 0, \ldots\}$ proportional ist. (Vgl. S. 30). Hierauf jeden Vektor, der den Bedingungen $(X_1|Y) = 0$, $(Y|Y) \neq 0$ genügt, durch eine eigentliche orthogonale Transformation von $n-1$ Veränderlichen in einen Vektor, der zu dem Vektor $X_2 = \{0, 1, 0, \ldots\}$ proportional ist, usw. Man hat dann nur noch diskrete eigentlich-orthogonale Transformationen zu untersuchen, solche nämlich der besonderen Form $\pm X_k = \underline{X}_k$, und diese lassen sich alle durch Transformationen der Form
$$X_1 = \underline{X}_1, \ldots X_{i-1} = \underline{X}_{i-1},$$
$$\cos \Phi \cdot X_i + \sin \Phi \cdot X_{i+1} = \underline{X}_i,$$
$$-\sin \Phi \cdot X_i + \cos \Phi \cdot X_{i+1} = \underline{X}_{i+1},$$
$$X_{i+2} = \underline{X}_{i+2}, \ldots X_n = \underline{X}_n$$
kontinuierlich erzeugen. Zugleich ergibt sich die Zahl der wesentlichen Parameter unserer Gruppe,
$$(n-1) + (n-2) + \cdots + 2 + 1 = \frac{n(n-1)}{2}.$$

§ 13. Allgemeine Fassung der Fundamentalsätze.

Wir unterscheiden jetzt die Transformationen unserer zwei Schichten, die natürlich zusammen eine Gruppe γ, η bilden, als eigentliche und uneigentliche automorphe Transformationen der Formen $(LX)^2$, $(UA)^2$, entsprechend der schon bei den orthogonalen Transformationen getroffenen Unterscheidung. Die eigentlichen Transformationen — die der Schicht γ — bilden dann für sich eine Gruppe, und zwar eine Untergruppe der zuvor betrachteten Gruppe Γ, während die Transformationenschicht η in H enthalten ist.

Nunmehr können wir schließen, daß die unter (1) und (2) zusammengestellten Invarianten der Gruppe Γ, in einem anderen Sinne, auch Invarianten der Gruppe γ sind, auf die es uns jetzt zunächst ankommt. Der Unterschied ist der, daß wir vorher bei unseren Transformationen die quadratischen Formen $(LX)^2$, $(UA)^2$ hatten mitgehen heißen; wir hatten ja, ganz wie bei beliebigen Formen,

(8) $\qquad (L\varDelta)D = \underline{L}, \quad (CA)\Gamma = \underline{A}$

zu setzen, um die Ausdrücke (1) und (2) als Invarianten der Gruppe Γ zu erkennen. [Vgl. Nr. (3), S. 106]. D. h., nach Ausführung einer linearen Transformation $\mathfrak{T}$ von Γ konnten wir ein Paar quadratischer Formen mit anderen Koeffizienten erhalten. Nunmehr aber treten an Stelle der Formeln (8) die einfacheren

(9) $\qquad \boxed{(L\varDelta)D = L, \quad (CA)\Gamma = \varDelta,}$

oder, nach Umständen, die wegen der Paarung der Symbole L und $\varDelta$ damit hier gleichbedeutenden

$$(L\varDelta)D = -L, \quad (CA)\Gamma = -\varDelta.$$

Unsere jetzige Voraussetzung ist ja, daß die quadratischen Formen $(LX)^2$, $(UA)^2$ ganz in Ruhe bleiben, daß sie, geschrieben in Veränderlichen $\underline{X}$ und $\underline{U}$ denselben Kern (dieselben Koeffizienten) erhalten.

Das hiermit gewonnene Ergebnis läßt sich noch einfacher ausdrücken. Wir nehmen jetzt, nachdem wir den Begriff der Gruppe γ gebildet haben, die Formen $(LX)^2$, $(UA)^2$ schon von vornherein nicht mehr in den Bereich der zu transformierenden algebraischen Formen auf, fragen also nur nach solchen ganzen und rationalen Funktionen der Koordinaten der Vektoren X und U, die sich nach Ausführung der Transformationen (a) mit einem Faktor reproduzieren.

§ 13. Allgemeine Fassung der Fundamentalsätze.

In den Koeffizienten dieser Funktionen aber lassen wir die Koeffizienten von $(LX)^2$ und $(U\varLambda)^2$ nach wie vor zu, nur daß wir sie jetzt als Konstanten behandeln. In diesem Sinne ist dann die folgende Behauptung zu verstehen, deren begrifflicher Inhalt durchaus nicht mit früher aufgestellten, ähnlich klingenden Lehrsätzen verwechselt werden darf:

I. **Die unter (1) und (2) zusammengestellten Ausdrücke bilden ein vollständiges und kleinstes System von ganzen und rationalen (dazu notwendig absoluten) Invarianten beliebig vieler Vektoren X, U gegenüber der Gruppe γ der eigentlichen automorphen Transformationen der quadratischen Formen $(LX)^2$, $(U\varLambda)^2$.**

Die Ausdrücke (1) sind dann auch noch absolute Invarianten der Gruppe γ, η, während die Ausdrücke (2) bei den Transformationen von η alle den Faktor -1 annehmen. Wenn aber die quadratische Form $(LX)^2$ (oder $(U\varLambda)^2$) eine Summe von Quadraten wird, so reduzieren sich die Ausdrücke (1), (2) auf die, die wir in § 2 behandelt hatten, und umgekehrt entspricht jedem solchen System, in dem einige der Vektoren mit X, einige mit U **bezeichnet** sind, wieder ein System von Ausdrücken (1, 2), das aus jenem eben durch Transformationen von $\varGamma$ hervorgeht. Hiermit haben wir nicht nur die gesuchte Erweiterung des Satzes I in § 2, sondern es ist außerdem auch noch klargestellt, in welcher Beziehung der Satz I zur Invariantentheorie der umfassenderen Gruppen $\varGamma$, H und G steht. Wir haben zuerst ein vollständiges und kleinstes System von (zum Teil nur relativen) Invarianten der Gruppe G im System der quadratischen Form $(LX)^2$ und beliebig vieler linearer Formen gebildet. Durch Erweiterung des betrachteten Integritätsbereiches, nämlich durch Hinzufügung von $|L|^{-1}$, konnten wir sodann dieses System noch vereinfachen, wir konnten zum reduzierten System von Invarianten derselben Grundformen übergehen, unter die nun auch die zu $(LX)^2$ reziproke Form $(U\varLambda)^2$ aufgenommen werden konnte. Aus diesem reduzierten System erhielten wir sodann ein ebenfalls vollständiges und kleinstes System von Invarianten, wieder von denselben Grundformen, gegenüber der Gruppe $\varGamma$, H durch die Spezialisierung $|L| = 1$. Und aus diesem letzten System endlich ergab sich das in dem Lehrsatze I beschriebene System von Invarianten der Gruppe γ, η dadurch, daß aus der Mannigfaltigkeit der veränderlichen Formen die beiden quadratischen Formen $(LX)^2$ und $(U\varLambda)^2$ weggelassen wurden. Ferner aber ergibt sich auch noch das folgende sehr wesentliche Resultat:

§ 13. Allgemeine Fassung der Fundamentalsätze.

Die in § 2 ermittelten Identitäten zwischen elementaren orthogonalen Invarianten finden sich vollständig und im wesentlichen unverändert im System der Invarianten

(10) $(X|Y)$, (UX), $(U|V)$,

$(X_1 \ldots X_n), \ldots, (X_1 \ldots X_i U_{i+1} \ldots U_n), \ldots, (U_1 \ldots U_n)$ der durch die quadratischen Formen $(LX)^2$, $(UA)^2$ bestimmten Gruppe γ, η wieder.

Alles was man nämlich zu tun hat, um aus irgend einer jener Formeln die entsprechende umfassendere Formel zu erhalten, besteht darin, daß man an Stelle einiger Zeichen X oder Y Zeichen U oder V setzt, und dann, wo die Verbindung $(U|X)$ auftritt, (UX) dafür schreibt[1]). Aus jeder richtigen Identität geht auf diese Art wieder eine richtige Identität hervor, und ebenso gilt das Umgekehrte. Insbesondere verhalten sich auch die Invarianten

(11) $(X_1 \ldots X_i U_{i+1} \ldots U_n)$

ganz wie Determinantensymbole. Sie sind ja Determinanten (S. 135) und wechseln demnach ihre Vorzeichen, wenn man zwei der vorkommenden Zeichen X_i, X_k oder U_i, U_k oder auch zwei Zeichen wie X_i, U_k vertauscht: Alles das geht aus unseren Formeln (1) und (2) unmittelbar hervor.

Es gelten also auch die Sätze II und III des § 2 mit der einzigen Änderung, daß an Stelle aller einzelnen Zeichen X und Y, die Vektoren erster Schicht bedeuten, nach Belieben die Zeichen U und V von Vektoren zweiter Schicht substituiert werden können. Den so entstehenden neuen Zeichen, die unter (10) und (11) aufgezählt sind, ist dann die unter (1) und (2) angegebene Bedeutung beizulegen.

Natürlich beruht diese Leichtigkeit des Operierens lediglich darauf, daß wir von vornherein die anzuwendenden Zeichen sorg-

---

[1]) Eine solche Änderung der Bezeichnung ist offenbar entbehrlich, sobald $n > 2$ ist; wir hätten unter dieser Voraussetzung ebensogut die Zeichen $(X|Y)$ und $(U|V)$ durch (XY) und (UV), oder umgekehrt (UX) durch $(U|X)$ ersetzen können. Im Falle $n = 2$ aber würde dann, wie schon bemerkt, eine Mehrdeutigkeit entstehen. Aber auch im allgemeinen Falle kann die im Texte benutzte Bezeichnungsart der größeren Deutlichkeit dienen, indem sie daran erinnert, wie die Invariantentheorie der Gruppe γ zur Invariantentheorie der Gruppe Γ in Beziehung gebracht werden kann. Ist dieses einmal klargestellt, so mag man die Vertikalstriche wieder weglassen. Wir behalten sie indessen bis auf weiteres noch bei.

fältig, und zwar mit Rücksicht auf eine möglichst einfache Fassung dieses unseres Hauptergebnisses gewählt hatten.

Im Grunde haben wir es also in der Theorie der automorphen Transformationen der quadratischen Formen $(LX)^2$, $(UA)^2$, ganz wie in der spezielleren Theorie der orthogonalen Transformationen, nur mit zwei Invariantentypen,
$$(X \mid Y) \quad \text{und} \quad (X_1 \ldots X_n),$$
zu tun.

Hierin liegt ein wesentlicher Unterschied zwischen der Invariantentheorie der Gruppe γ, η und der der zuvor betrachteten Gruppe Γ, H. In der Theorie der Gruppe Γ, H ist es keineswegs überflüssig, alle Vektoren zweimal zu setzen, ihre Mannigfaltigkeit, wie wir uns ausgedrückt hatten, mit zwei Schichten zu überdecken, trotzdem daß auch in diesem Falle die Vektoren beider Schichten in bestimmter Weise gepaart sind,
$$(LX)L = U, \quad (UA)A = X.$$

Denn so gepaarte Vektoren werden durch die Transformationen von Γ, H auf verschiedene Arten untereinander vertauscht, es entsteht durch Anwendung einer Transformation von Γ, H eine neue Paarung,
$$(\underline{L}\underline{X})\underline{L} = \underline{U}, \quad (\underline{U}\underline{A})\underline{A} = \underline{X}.$$

Ganz anders als die hier betrachteten gepaarten quadratischen Formen $(LX)^2$, $(UA)^2$ verhalten sich singuläre quadratische Formen (die mit verschwindenden Diskriminanten), auf deren Theorie wir hier nicht eingehen können.

§ 14.
Fortsetzung und Zahlenbeispiel.

Die im vorigen Paragraphen geschilderte einfache Gestaltung unserer Theorie war insofern etwas teuer erkauft, als zur Überführung einer nicht singulären quadratischen Form in eine solche von der Determinante Eins in der Regel das Ausziehen einer n^{ten} Wurzel nötig ist, also eine irrationale Operation, die im Falle einer reellen Form zudem nicht einmal immer auf reellem Wege ausgeführt werden kann. Es ist aber nicht schwer, diesen Übelstand zu vermeiden; nur muß man dann auf eine vollkommene Symmetrie der Formeln verzichten.

Um auch jetzt wieder zu möglichst einfachen Ausdrucksformen zu gelangen, werden wir neben einigen der bisher benutzten Zeichen

§ 14. Fundamentalsätze (Fortsetzung).

noch andere verwenden, die wir von jenen durch Gebrauch fetter Klammern unterscheiden. Als quadratische Grundform wollen wir eine solche mit Veränderlichen zweiter Schicht benutzen, die wir mit $(U\varLambda)^2$ bezeichnen. In den zu betrachtenden Integritätsbereich nehmen wir, als reine Konstanten, alle Koeffizienten von $(U\varLambda)^2$, und dazu noch den reziproken Wert der Invariante $|\varLambda|$ auf. Dann lassen sich unsere Hauptsätze I, II, III im übrigen ganz unverändert auf den Fall einer beliebigen von Null verschiedenen Diskriminante übertragen, wenn wir an Stelle der Invariantentypen des § 13 die folgenden $n+4$ Ausdrücke treten lassen:

(1) $\quad \boxed{(X_1 \ldots X_n) = (X_1 \ldots X_n), \quad (X\,|\,Y) = (LX)(LY),}$

(wobei
$$(LX)(LY) = \frac{(X\varLambda_2 \ldots \varLambda_n)(Y\varLambda_2 \ldots \varLambda_n)}{(n-1)!\,|\varLambda|}$$

zu setzen ist. $(U\varLambda)^2$ und $(LX)^2$ sind dann reziproke Formen, es ist also
$$|L|.|\varLambda| = 1.)$$

(2) $\quad \boxed{(U_1 \ldots U_n) = |\varLambda|.(U_1 \ldots U_n), \quad (U\,|\,V) = (U\varLambda)(V\varLambda),}$ [1]

(3) $\quad \boxed{(UX) = (UX),}$

(4)
$$\boxed{\begin{aligned}
(X_1 \ldots X_{n-1} U_n) &= (X_1 \ldots X_{n-1}\varLambda_n)(U_n\varLambda_n),\\
(X_1 \ldots X_{n-2} U_{n-1} U_n) &\\
= (X_1 \ldots X_{n-2}\varLambda_{n-1}\varLambda_n)&(U_{n-1}\varLambda_{n-1})(U_n\varLambda_n)\\
\cdots \cdots &\cdots \cdots \cdots\\
\cdots \cdots &\cdots \cdots \cdots\\
(X_1 U_2 \ldots U_n) &\\
= (X_1 \varLambda_2 \ldots \varLambda_n)(U\varLambda_2) &\ldots (U\varLambda_n).
\end{aligned}}$$

Wir haben diesmal unter (1) und (2) alle elementaren Invarianten der Gruppe γ, η der automorphen Transformationen von $(U\varLambda)^2$ zusammengestellt, die nur von Vektoren erster Schicht oder nur von solchen zweiter Schicht abhängen; die Formeln (3) und (4) enthalten die übrigen elementaren Invarianten, die also, in denen Vektoren erster und zweiter Schicht zusammen vorkommen.

---

[1] Man beachte den Faktor $|\varLambda|$ in der ersten dieser Formeln.

§ 14. Fundamentalsätze (Fortsetzung).

Man hat dann noch die Reduktionsformeln

$$(L_1 X_1) \ldots (L_{n-1} X_{n-1})(L_1 \ldots L_{n-1} U_n)$$
$$= |A|^{-1} . (X_1 \ldots X_{n-1} U_n),$$
$$(L_1 X_1) \ldots (L_{n-2} X_{n-2}) . (L_1 \ldots L_{n-2} U_{n-1} U_n)$$
$$= |A|^{-1} . (X_1 \ldots X_{n-2} U_{n-1} U_n), \text{ usw.}$$

Zwischen den Invarianten der beiden unter (1) aufgeführten Arten bestehen dann die identischen Gleichungen

(A)
$$\boxed{\begin{array}{l}(X_1 X_2 \ldots X_n) . (X_0 | Y) + (-1)^n (X_2 \ldots X_n X_0)(X_1 | Y) \\ + \cdots + (-1)^n (X_0 \ldots X_{n-1}) . (X_n | Y) = 0,\end{array}}$$

(B)
$$\boxed{\begin{array}{c}(X_1 \ldots X_n) . (Y_1 \ldots Y_n) \\ - |A| \cdot |(X_1 | Y_1) \ldots (X_n | Y_n)| = 0,\end{array}}$$

von denen sich nur die zweite von der entsprechenden Identität des § 2 durch das Auftreten des Faktors $|A|$ rechter Hand unterscheidet. Aus den Formeln (A) und (B) entstehen dann, wie früher, überhaupt alle identischen Relationen, die zwischen Invarianten von Vektoren erster Schicht stattfinden. Die Ausdrücke (2 bis 4), die außerdem Vektoren zweiter Schicht oder nur solche enthalten, entstehen aber aus den Ausdrücken (1) durch Substitutionen der Form

$$X = (U A) A;$$

man kann also alle Relationen, die zwischen den Ausdrücken (1) bis (4) bestehen, **mechanisch aus den Formeln (A) und (B) und ihren Folgerungen dadurch erhalten, daß man in den linker Hand eingeführten Symbolen an Stelle der Zeichen X, Y Zeichen U, V substituiert. Hiermit ist die Übertragung der Lehrsätze unseres § 2 auf den vorliegenden Fall bereits vollzogen.** Sie brauchen nicht erst noch besonders formuliert zu werden. Substituiert man z. B. in (B) $Y_k = (U_k A_k) A_k$, so hebt sich beiderseits der Faktor $|A|$ heraus, und man erhält wieder das Multiplikationstheorem der Determinanten,

$$(X_1 \ldots X_n) . (U_1 \ldots U_n) - |(X_1 U_1) \ldots (X_n U_n)| = 0,$$

auf dem eben das Bestehen der Identität (B) beruht.

Wir erläutern das Vorgetragene durch ein für Anwendungen besonders wichtiges Zahlenbeispiel, indem wir (**nunmehr unter Zählung der Indizes von 0 bis 3**)

(5) $$(U A)^2 = U_0^2 - U_1^2 - U_2^2 - U_3^2$$

und also

(6) $$(L X)^2 = X_0^2 - X_1^2 - X_2^2 - X_3^2$$

§ 14. Zahlenbeispiel.

setzen[1]). Ein vollständiges und kleinstes System von Typen elementarer Invarianten der Gruppe γ, η, die aus den eigentlichen automorphen Transformationen der Formen (5) und (6) besteht, wird dann von den folgenden Ausdrücken gebildet:

$$(X\,|\,Y) = X_0 Y_0 - X_1 Y_1 - X_2 Y_2 - X_3 Y_3,$$
$$(U X) = U_0 X_0 + U_1 X_1 + U_2 X_2 + U_3 X_3,$$
$$(U\,|\,V) = U_0 V_0 - U_1 V_1 - U_2 V_2 - U_3 V_3;$$
$$(X_\alpha X_\beta X_\gamma X_\delta) = (X_\alpha X_\beta X_\gamma X_\delta),$$
$$(U_\alpha U_\beta U_\gamma U_\delta) = -(U_\alpha U_\beta U_\gamma U_\delta);$$

(7)
$$(XYZW) = \begin{vmatrix} X_0 & X_1 & X_2 & X_3 \\ Y_0 & Y_1 & Y_2 & Y_3 \\ Z_0 & Z_1 & Z_2 & Z_3 \\ W_0 & -W_1 & -W_2 & -W_3 \end{vmatrix},$$

$$(XYVW) = \begin{vmatrix} X_0 & X_1 & X_2 & X_3 \\ Y_0 & Y_1 & Y_2 & Y_3 \\ V_0 & -V_1 & -V_2 & -V_3 \\ W_0 & -W_1 & -W_2 & -W_3 \end{vmatrix},$$

$$(XUVW) = \begin{vmatrix} X_0 & X_1 & X_2 & X_3 \\ U_0 & -U_1 & -U_2 & -U_3 \\ V_0 & -V_1 & -V_2 & -V_3 \\ W_0 & -W_1 & -W_2 & -W_3 \end{vmatrix}.$$

Die Zusammenfassung aller zwischen diesen Ausdrücken bestehenden nicht weiter zu reduzierenden Identitäten in nur zwei Formeln wird dann mit Hilfe der hier eingeführten Zeichen, die alle reellen Invarianten auch in reeller Form darstellen, auf die einfachste Weise erreicht: Man hat, wenn nun Vektoren erster oder zweiter Schicht einfach mit Ziffern bezeichnet werden, ganz allgemein

(8)
$$(2\,3\,4\,5).(1\,|\,0) + (3\,4\,5\,1).(2\,|\,0)$$
$$+ (4\,5\,1\,2).(3\,|\,0) + (5\,1\,2\,3).(4\,|\,0)$$
$$+ (1\,2\,3\,4).(5\,|\,0) = 0,$$
$$(1\,2\,3\,4).(1'\,2'\,3'\,4')$$
$$+ |(1\,|\,1')\ldots(4\,|\,4')| = 0\,[2]).$$

Nur ziehen wir der Folgerichtigkeit halber es auch hier noch vor, die bilineare Invariante eines Vektors erster Schicht und eines

---

[1]) Ich lasse hier die Indizes von 0 bis 3 laufen, um nicht bei gelegentlicher Darlegung der Beziehung unserer Theorie zur Theorie der Biquaternionen die Bezeichnungen ändern zu müssen.

[2]) Man beachte das $+$-Zeichen in der zweiten dieser Formeln.

§ 14. Hemiautomorphe Transformationen

solchen zweiter Schicht nicht durch das Zeichen $(U\,|\,X)$, sondern, wie zuvor, durch das Zeichen $(U\,X)$ darzustellen. Z. B. ist identisch

$$(XYZW).(X'U'V'W')$$

$$+\begin{vmatrix}(X\,|\,X') & (X\,U') & (X\,V') & (X\,W') \\ (Y\,|\,X') & (Y\,U') & (Y\,V') & (Y\,W') \\ (Z\,|\,X') & (Z\,U') & (Z\,V') & (Z\,W') \\ (W\,X') & (W\,|\,U') & (W\,|\,V') & (W\,|\,W')\end{vmatrix}=0,$$

$$(XYVW).(X'Y'V'W')$$

$$+\begin{vmatrix}(X\,|\,X')(X\,|\,Y') & (X\,V') & (X\,W') \\ (Y\,|\,X')(Y\,|\,Y') & (Y\,V') & (Y\,W') \\ (V\,X') & (V\,Y') & (V\,|\,V') & (V\,|\,W') \\ (W\,X') & (W\,Y') & (W\,|\,V') & (W\,|\,W')\end{vmatrix}=0.$$

Aus dem Vorgetragenen ist zu ersehen, daß zwar keineswegs alle Invarianten der Gruppe γ, η, wohl aber, unter anderen, die unter (1) bis (4) aufgezählten **elementaren Invarianten** dieser Gruppe in einem weiteren Sinne des Wortes auch noch Invarianten (nämlich absolute oder relative Invarianten) einer umfassenderen Gruppe sind, die dadurch erhalten wird, daß man die Gruppe γ, η mit der eingliedrigen Gruppe

$$\varrho\cdot X=\underline{X},\quad \varrho^{-1}\cdot U=\underline{U}\qquad \{\varrho\neq 0\}$$

zusammensetzt, die etwa als **Gruppe der Streckungen** bezeichnet werden soll. Die so erhaltene neue Gruppe, deren Transformationen von einem Parameter mehr abhängen als die der Gruppe γ, η, soll **Gruppe der hemiautomorphen Transformationen der quadratischen Formen** $(LX)^2$, $(UA)^2$ oder $(X\,|\,X)$, $(U\,|\,U)$ genannt werden. Sie umfaßt, wenn die Stufenzahl n gerade ist, gleich ihrer Untergruppe γ, η selbst, zwei getrennte Schichten von (komplexen) Transformationen, bei ungeraden Werten von n aber nur eine einzige Transformationenschicht. Unter ihren Transformationen sind zwei Transformationen der Gruppe γ, η enthalten: Außer der identischen Transformation „die Diametralspiegelung" $-X=\underline{X}$, $-U=\underline{U}$, die bei geraden Werten von n zur Gruppe γ, bei ungeraden Werten von n zur Schar η gehört. Man kann bei ungeraden Werten der Stufenzahl (im komplexen Gebiete) durch hemiautomorphe Transformationen unserer quadratischen Formen hindurch von eigentlichen automorphen Transformationen zu uneigentlich-automorphen **kontinuierlich** übergehen, bei geraden Werten der Stufenzahl aber nicht.

quadratischer Formen.

Bedienen wir uns, je nach Umständen, des Zeichens g, h oder des Zeichens g für die soeben besprochene Gruppe, so kann das gegenseitige Verhältnis der uns hier näher angehenden Gruppen durch die folgenden Schemata verdeutlicht werden:

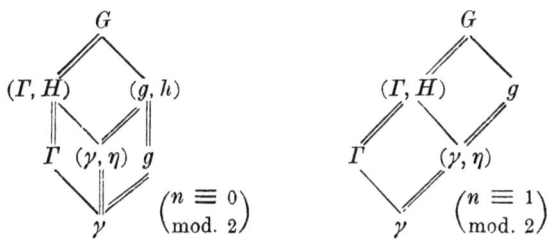

Ein Doppelstrich zwischen zwei Gruppensymbolen deutet an, daß die umfaßte Gruppe in der umfassenden **invariant enthalten ist**[1]).

Wir wollen nun die elementaren Invarianten der Gruppe g, h oder g, die ja schon aus dem Vorhergehenden abgelesen werden können, nochmals unmittelbar bestimmen.

Daß die zueinander reziproken Formen $(LX)^2$ oder $(X\mid X)$ und $(UA)^2$ oder $(U\mid U)$ (und dann auch ihre Polaren) nach Ausführung einer geeigneten Transformation der Gruppe G mit einem Faktor reproduziert werden sollen, der von den transformierten Veränderlichen X und U nicht abhängt, läßt sich, unter anderem, ausdrücken durch Gleichungen, die den Gleichungen (6) in § 13 analog sind und sie umfassen.

Wir gehen aus von den für jedes Paar reziproker bilinearer Formen geltenden Identitäten

(9) $$\begin{aligned}(XC)(\varGamma D)(\varDelta U) &= (XU),\\ (XD)(\varDelta C)(\varGamma U) &= (XU).\\ (XL)(L\varDelta)(\varDelta U) &= (XU),\end{aligned}$$

und drücken dann, daß die Form $(LX)^2$ bei einer der zu betrachtenden Transformationen in ein Multiplum ihrer selbst übergeführt werden soll, etwa so aus:

(a) $$(XC)(\varGamma L)(L\varGamma')(C'Y) = J.(XL)(LY).$$

---

[1]) Sind $\mathfrak{S}$ und $\mathfrak{T}$ zwei Transformationen irgend zweier Gruppen $\mathfrak{G}$ und $\mathfrak{g}$, von denen $\mathfrak{g}$ als (echte) Untergruppe in $\mathfrak{G}$ steckt, und ist, bei jeder Wahl von $\mathfrak{S}$ und $\mathfrak{T}$ aus diesen Gruppen, $\mathfrak{T}^* = \mathfrak{S}^{-1}\mathfrak{T}\mathfrak{S}$ immer wieder eine Transformation von $\mathfrak{g}$, so sagt man, $\mathfrak{g}$ sei eine **invariante Untergruppe von $\mathfrak{G}$**, oder die Gruppe $\mathfrak{g}$ sei in $\mathfrak{G}$ **invariant enthalten**.

§ 14. Hemiautomorphe Transformationen

Schreiben wir in dieser Gleichung, die ja für alle X und alle Y bestehen soll, $\underline{X}$ und $\underline{Y}$ an Stelle von X und Y, und substituieren wir dann

$$(XD)\varDelta = \underline{X}, \quad \varDelta'(D'Y) = \underline{Y} \ (\leftarrow),$$

so erhalten wir

$$(XD)(\varDelta\, C)(L\varGamma)\ (L\varGamma')(C'\varDelta')(D'Y)$$
$$= J.(XD)(\varDelta L)\ (L\varDelta')(D'Y)$$

und also nach (9):

(b) $\qquad (XD)(\varDelta L)(L\varDelta')(D'Y) = J^{-1}.(XL)(LY).$

Zu den Gleichungen (a) und (b) sind dann korrelativ (reziprok) ebenfalls identische Gleichungen derselben Form

(c) $\qquad (U\varGamma)(C\varDelta)(\varDelta\, C')(\varGamma'V') = J.(U\varDelta)(\varDelta V)$

und

(d) $\qquad (U\varDelta)(D\varDelta)(\varDelta D')(\varDelta'V) = J^{-1}.(U\varDelta)(\varDelta V).$

Daß nämlich die in (a) und (c) auftretenden Proportionalitätsfaktoren denselben Wert haben müssen, erkennt man, wenn man $X = Y = \varDelta$ und $U = V = L$ setzt. Wir sehen also, daß — unter anderen — jede einzelne der vier Gleichungen (a), (b), (c), (d) oder also jede der identisch zu erfüllenden Gleichungen

(10)
$$\boxed{\begin{aligned}
(XC)\,(\varGamma\,|\,\varGamma')\,(C'Y) &= J\ \ .(X\,|\,Y), \\
(XD)\,(\varDelta\,|\,\varDelta')\,(D'Y) &= J^{-1}.(X\,|\,Y), \\
(U\varGamma)\,(C\,|\,C')\,(\varGamma'V) &= J\ \ .(U\,|\,V), \\
(U\varDelta)\,(D\,|\,D')\,(\varDelta'V) &= J^{-1}.(U\,|\,V)
\end{aligned}}$$

die übrigen nach sich zieht und charakteristisch ist für die hemiautomorphen Transformationen des Formenpaares $(X\,|\,X)$, $(U\,|\,U)$. Die auftretenden Proportionalitätsfaktoren sind simultane Invarianten der Formen $(XC)(\varDelta U)$ und $(LX)^2$; sie haben die zueinander reziproken Werte

(11)
$$\boxed{\begin{aligned}
J &= \frac{1}{n}\,(C\,|\,C')(\varGamma\,|\,\varGamma'), \\
J^{-1} &= \frac{1}{n}\,(D\,|\,D')(\varDelta\,|\,\varDelta').
\end{aligned}}$$

Läßt man die betrachteten Transformationen sich auf Streckungen reduzieren [Nr. (8)], setzt man also

(12) $\quad (XC)(\Gamma U) = \varrho.(XU), \; (DX)(U\varDelta) = \varrho^{-1}.(XU),$

so folgt
$$J = \varrho^2.$$

Nun zieht die Substitution
$$(XC)\Gamma = \underline{X} \quad (\leftarrow)$$
die Gleichung
$$|C|.(X_1 \ldots X_n) = (\underline{X}_1 \ldots \underline{X}_n)$$
und nach (10) auch die Gleichung
$$J.(X|Y) = (\underline{X}|\underline{Y})$$
nach sich. Andererseits ist

$$(\underline{X}_1 \ldots \underline{X}_n).(\underline{Y}_1 \ldots \underline{Y}_n) : |(\underline{X}_1|\underline{Y}_1) \ldots (\underline{X}_n|\underline{Y}_n)|$$
$$= (X_1 \ldots X_n).(Y_1 \ldots Y_n) : |(X_1|Y_1) \ldots (X_n|Y_n)|$$

(B, S. 154). Hieraus folgt, daß

(13) $\qquad \boxed{J^n = |C|^2}$

sein muß.

Es sei nun zuerst
$$n \equiv 0 \pmod{2}.$$

Dann ist entweder $J^{n/2} = |C|$ oder $J^{n/2} = -|C|$. Im ersten Falle nennen wir die Transformationen

$$(XC)\Gamma = \underline{X}, \; (U\varDelta)D = \underline{U} \quad (\rightarrow)$$

eigentlich, im zweiten uneigentlich. Wir erhalten zwei analytische Transformationsscharen, die schon erklärten Schichten g und h. In beiden Fällen läßt sich eine sonst irrationale Wurzelgröße, eine Potenz der Transformationsdeterminante mit gebrochenem Exponenten, rational erklären, nämlich entsprechend der getroffenen Unterscheidung:

(14) $\qquad \{|C|\}^{\frac{2}{n}} = J = J_e, \; \{-|C|\}^{\frac{2}{n}} = J = J_u.$

Potenzen von J_e und J_u mit ganzzahligen Exponenten liefern dann die Faktoren, mit denen die Ausdrücke (1) bis (4) bei Ausführung der kontragredienten Transformationen

$$(XC)\Gamma = \underline{X}, \quad (U\varDelta)D = \underline{U}$$

§ 14. Hemiautomorphe Transformationen quadratischer Formen.

reproduziert werden; die Formeln (a) bis (d) liefern das Gleichungssystem

(15)
$$\begin{aligned}
(UX) &= (\underline{U}\underline{X}), \\
J.(X\,|\,Y) &= (\underline{X}\,|\,\underline{Y}), \quad J^{-1}.(U\,|\,V) = (\underline{U}\,|\,\underline{V}); \\
\pm J^{n/2} \cdot (X_1 \ldots X_{n-1} X_n) &= (\underline{X}_1 \ldots \underline{X}_{n-1} \underline{X}_n), \\
\pm J^{n/2-1} \cdot (X_1 \ldots X_{n-1} U_n) &= (\underline{X}_1 \ldots \underline{X}_{n-1} \underline{U}_n), \\
&\cdots\cdots\cdots\cdots\cdots\cdots\cdots \\
\pm J^{1-n/2} \cdot (X_1 U_2 \ldots U_n) &= (\underline{X}_1 \underline{U}_2 \ldots \underline{U}_n), \\
\pm J^{-n/2} \cdot (U_1 U_2 \ldots U_n) &= (\underline{U}_1 \underline{U}_2 \ldots \underline{U}_n).
\end{aligned}$$

Dabei gelten die oberen Zeichen, wenn es sich um eine eigentliche, die unteren, wenn es sich um eine uneigentliche Transformation handelt. Zwei Typen absoluter Invarianten der Gruppe g finden sich also schon unter diesen elementaren Invarianten (UX) und $(X_1 \ldots X_{n/2} U_1 \ldots U_{n/2})$.

Es sei jetzt zweitens
$$n \equiv 1 \pmod{2}.$$

Es gibt dann nur eine Schar von hemiautomorphen Transformationen der quadratischen Formen $(LX)^2$, $(UA)^2$, und diese bilden die analytische Gruppe g. Wir können dann eine rationale Invariante (der Gruppe G) durch die Formel

(16) $$J^{\frac{1}{2}} = |C|^{\frac{1}{n}} = \frac{|C|}{J^{\frac{n-1}{2}}} = K$$

erklären Dieses K ist eine Funktion ersten Grades der Koeffizienten von $(XC)(U\Gamma)$ (während J_e und J_u vom zweiten Grade sind). An Stelle der Formeln (15) treten nunmehr die folgenden:

(17)
$$\begin{aligned}
(UX) &= (\underline{U}\underline{X}), \\
K^2 \cdot (X\,|\,Y) &= (\underline{X}\,|\,\underline{Y}), \quad K^{-2} \cdot (U\,|\,V) = (\underline{U}\,|\,\underline{V}); \\
K^n \cdot (X_1 \ldots X_{n-1} X_n) &= (\underline{X}_1 \ldots \underline{X}_{n-1} \underline{X}_n), \\
K^{n-2} \cdot (X_1 \ldots X_{n-1} U_n) &= (\underline{X}_1 \ldots \underline{X}_{n-1} \underline{U}_n), \\
&\cdots\cdots\cdots\cdots\cdots\cdots\cdots \\
K^{2-n} \cdot (X_1 U_2 \ldots U_n) &= (\underline{X}_1 \underline{U}_2 \ldots \underline{U}_n), \\
K^{-n} \cdot (U_1 U_2 \ldots U_n) &= (\underline{U}_1 \underline{U}_2 \ldots \underline{U}_n).
\end{aligned}$$

§ 15. Verschiedenartige Ergänzungen.

Die ersten drei dieser Invarianten nehmen also Potenzen von K mit geraden Exponenten als Faktoren an, die übrigen, die die Gestalt von Determinanten haben, Potenzen mit ungeraden Exponenten; und hierauf beruht es, daß im Falle der Untergruppe γ, η, dann nämlich, wenn

$$J_e = 1, \quad J_u = 1 \quad (n \equiv 0, \bmod. 2)$$

und

$$K = 1 \text{ oder } K = -1 \ (n \equiv 1, \bmod. 2)$$

ist, die Gleichungen (15) und (17) der Form nach übereinstimmen.

Man kann sich die Formeln (15) und (17) leicht merken, wenn man bedenkt, daß die Gruppe g ja die Streckungsgruppe[1])

$$J^{1/2}. X = \varrho . X = \underline{X}, \quad J^{-1/2}. U = \varrho^{-1}. U = \underline{U} \ (n \equiv 0, \bmod. 2)$$

oder

$$K. X = \varrho . X = \underline{X}, \quad K^{-1}. U = \varrho^{-1}. U = \underline{U} \ (n \equiv 1, \bmod. 2)$$

enthält, und daß daraus schon sich die Faktoren ergeben, mit denen die aufgezählten elementaren Invarianten reproduziert werden.

Der Leser möge sich im einzelnen deutlich machen, worin sich die Invariantentheorien der besprochenen Gruppen voneinander unterscheiden; denn **nur die elementaren Invarianten, aus denen sich alle Invarianten zusammensetzen lassen, sind für alle diese Gruppen dieselben.**

§ 15.
Verschiedenartige Ergänzungen.
Irrationale Kovarianten von bilinearen Formen und von Paaren quadratischer Formen.

Auf die Beziehungen des Vorgetragenen zur projektiven Geometrie sind wir schon früher (§ 5 bis 7) etwas eingegangen. Jetzt soll dieser Stoff nochmals aufgenommen werden, besonders mit Rücksicht darauf, daß in dem weitaus größten Teile der Literatur nicht sowohl die Theorie der hier betrachteten Gruppen, als vielmehr eben die projektive Geometrie im Vordergrunde steht. Ohne Zweifel beruht

---

[1]) Die Streckungsgruppe ist eine sogenannte ausgezeichnete Untergruppe nicht nur von g, sondern auch noch von G, d. h. alle ihre Transformationen sind mit denen der Gruppe G vertauschbar.

§ 15. Invarianten der Kollineationsgruppe.

ein großer Teil des Interesses, das das zuvor Gesagte etwa haben mag, auf der Möglichkeit seiner Anwendung in der projektiven Geometrie.

„Invarianten" der Kollineationsgruppe $\mathfrak{G}$.

Wie bemerkt, unterscheidet sich die Invariantentheorie der Gruppe Γ, H (oder irgend einer anderen Untergruppe von G mit $n^2 - 1$ wesentlichen Parametern) gar nicht von der Invariantentheorie der Gruppe G selbst, soweit es sich nur um „elementare" Invarianten handelt, nämlich um die ganzen und rationalen Invarianten, aus denen sich alle solchen als rationale ganze Funktionen zusammensetzen lassen. Diese elementaren Invarianten aber sind homogene Funktionen aller an ihrer Bildung beteiligten Kerne (Vektoren usw.). Sie ändern sich also nur um Zahlenfaktoren, wenn man alle diese Kerne multiplikatorischen Änderungen unterwirft, und zwar jeden einer anderen, z. B. im Falle von Vektoren

(1)
$$\sigma_1 X_1 = \underline{X}_1, \ldots, \sigma_m X_m = \underline{X}_m, \ldots,$$
$$\tau_1 U_1 = \underline{U}_1, \ldots, \tau_m U_m = \underline{U}_m, \ldots$$

Es liegt dann der Gedanke nahe, überhaupt nur noch auf die Verhältnisse der Koordinaten der zu betrachtenden Vektoren usw. zu achten und die linearen Transformationen ebenfalls nur noch als Transformationen von Verhältnisgrößen zu behandeln.

Dieses ist im wesentlichen der Standpunkt, den, ausgehend von Problemen der zu ihrer Zeit vorliegenden Geometrie, die Begründer der Invariantentheorie solchen Problemen gegenüber eingenommen haben und den auch die meisten ihrer Nachfolger einnehmen. Statt von „Vektoren erster Schicht" spricht man in diesem Zusammenhange gewöhnlich von Punkten (vgl. § 1 und 3): Ein Punkt ist eben ein System von n Verhältnisgrößen

$$X_1 : X_2 : \ldots : X_n;$$

der Inbegriff aller Punkte ist das projektive Punktkontinuum (von n^{ter} Stufe oder von $n-1$ „komplexen Dimensionen"), dem (im Gegensatz zum Kontinuum der Vektoren) der Charakter der Abgeschlossenheit zukommt. Die Koeffizienten einer linearen Transformation werden dann ebenfalls als Verhältnisgrößen zu betrachten sein, was man vielfach dadurch zum Ausdruck bringt, daß man an Stelle der Gleichungen (1, I) — S. 111 — Gleichungen mit einem Proportionalitätsfaktor treten läßt, der willkürlich bleibt, auf den es in diesem Zusammenhange aber nicht ankommt:

(2) $\qquad X_1 C_{1i} + \cdots + X_n C_{ni} = \sigma \cdot \underline{X}_i \quad (\sigma \neq 0).$

§ 15. Invarianten der Kollineationsgruppe.

Entsprechendes gilt von Vektoren zweiter Schicht; an Stelle der Gleichungen (1, II) — S. 111 — läßt man Gleichungen der Form

(3) $\quad U_1 D_{1i} + \cdots + U_n D_{ni} = \tau \cdot U_i \quad (\tau \neq 0)$

treten. Die Verhältnisgrößen

$$U_1 : U_2 : \cdots : U_n$$

können dann einfach als Koeffizienten linearer Gleichungen

$$(UX) = U_1 X_1 + \cdots + U_n X_n = 0$$

aufgefaßt werden, deren Veränderliche den Gleichungen (2) unterworfen werden. Man spricht von ihnen als den Koordinaten eines „Punktes" (zweiter Schicht, nach unserer Terminologie) im Falle $n = 2$, einer „Geraden" im Falle $n = 3$, einer „Ebene" im Falle $n = 4$ usw.: Allgemein heißen die genannten Verhältnisgrößen Koordinaten eines kurzweg mit U zu bezeichnenden „Gebietes $(n-1)^{\text{ter}}$ Stufe" oder einer „linearen Mannigfaltigkeit" von $n-2$ (komplexen) Dimensionen. Die Gleichungen (2) und (3), deren Zusammenbestehen die „vereinigte Lage" von U und X nicht stört, die nämlich bewirken, daß das Bestehen der Gleichung $(UX) = 0$ das Bestehen der Gleichung $(\underline{U}\underline{X}) = 0$ zur Folge hat, bilden die Gruppe aller Kollineationen[1]) des Gebietes n^{ter} Stufe (eben des projektiven Kontinuums).

Wir werden diese aus der Geometrie wohlbekannte Gruppe, entsprechend dem hier angewendeten System von Bezeichnungen, kurzweg die Gruppe $\mathfrak{G}$ nennen. Sind dann T_1 und T_2 zwei Transformationen der Gruppe G[2]), so daß $T_1 T_2 = T_3$ wird, und sind $\mathfrak{T}_1, \mathfrak{T}_2, \mathfrak{T}_3$ die entsprechenden Transformationen von $\mathfrak{G}$, so folgt $\mathfrak{T}_1 \mathfrak{T}_2 = \mathfrak{T}_3$, während der umgekehrte Schluß natürlich nicht gezogen werden kann. Nach der in der Gruppentheorie üblichen Terminologie sagen wir: Die Gruppe $\mathfrak{G}$ ist meromorph zur Gruppe G (sowie zu den zuvor genannten invarianten Untergruppen Γ; Γ, H usw. der Gruppe G).

Kommt es auf die Gruppe $\mathfrak{G}$ an, so liegt kein dringender Grund mehr vor, die Transformationsgleichungen (3) gerade so zu schreiben, wie hier geschehen, so nämlich, daß in die Definition der Koeffi-

---

[1]) Nach der Terminologie von S. Lie: „Die allgemeine projektive Gruppe". Unsere Gruppe G ist nach derselben Terminologie „die allgemeine lineare homogene Gruppe", Γ heißt „die spezielle lineare homogene Gruppe".

[2]) Ich brauche also hier die Zeichen etwas anders als zuvor. T_1 und T_2 sind jetzt das, was vorher $\mathfrak{T}_1$ und $\mathfrak{T}_2$ hieß.

§ 15. Invarianten der Kollineationsgruppe.

zienten D_{ki} ein gemeinsamer Nenner $|C|$ aufgenommen wird. Gleichungen der Form
$$(3^*) \qquad U_1 D_{1i}^* + \cdots + U_n D_{ni}^* = \tau^* \cdot U_i,$$
wo nunmehr
$$D_{ik}^* = \frac{\partial |C|}{\partial C_{ik}} \quad \text{(vgl. S. 91)},$$
würden dasselbe leisten, allerdings unter Zerstörung der vollkommenen Symmetrie zwischen den Transformationsformeln für X und U: Man bleibt dann im Bereich der ganzen Funktionen, auch in den Transformationsformeln. Oder man kann zur Darstellung der Transformationen von $\mathfrak{G}$ überhaupt nur Transformationen der Gruppe $\varGamma$ benutzen — lineare Transformationen also von der Determinante Eins [1]). Der gegenüber unseren bisherigen Betrachtungen eingetretenen Verschiebung des Interesses entspricht dann eine Verschiebung des Invariantenbegriffs:

Als Invarianten der Gruppe $\mathfrak{G}$ erklären wir die allseitig-homogenen Invarianten der Gruppe G [2]) (oder, was hier auf dasselbe hinauskommt, der Gruppe $\varGamma$ oder der Gruppe $\varGamma$, H usw.). Die Werte dieser Invarianten haben dann für die Theorie der Gruppe $\mathfrak{G}$ keine Bedeutung, außer in dem Falle, wo sie gleich Null sind: Bedeutungsvoll werden erst die Quotienten solcher Invarianten, aus denen sich bei linearen Transformationen die etwa vortretenden Faktoren wieder wegheben. Entsprechend hat man dann solche Quotienten — die homogen und vom Grade Null sein müssen in den Koordinaten aller auftretenden X, U usf. — als absolute Invarianten (der Gruppe $\mathfrak{G}$) bezeichnet [3]).

Der Unterschied dieser üblichen Begriffe gegenüber denen, die in der vorliegenden Untersuchung angewendet worden sind, mag durch ein Beispiel verdeutlicht werden. Wir setzen etwa $n = 3$ und stellen dann die Transformationen von $\mathfrak{G}$ so dar:

$$X_1 C_{1i} + X_2 C_{2i} + X_3 C_{3i} = \underline{X_i} \quad (i = 1, 2, 3),$$
$$U_1 \frac{\partial |C|}{\partial C_{1i}} + U_2 \frac{\partial |C|}{\partial C_{2i}} + U_3 \frac{\partial |C|}{\partial C_{3i}} = \underline{U_i} \quad (i = 1, 2, 3).$$

Es folgt dann (abweichend von unseren früheren Formeln):
$$|C| \cdot (XYZ) = (\underline{X}\,\underline{Y}\,\underline{Z}),$$
$$|C| \cdot (UX) = (\underline{U}\,\underline{X}),$$
$$|C|^2 \cdot (UVW) = (\underline{U}\,\underline{V}\,\underline{W})\,[4]).$$

---
[1]) Verlangt man, daß reelle Transformationen von $\mathfrak{G}$ auch reell dargestellt werden sollen — was sachgemäß ist —, so muß bei geraden Werten der Stufenzahl n an Stelle der Gruppe $\varGamma$ die Gruppe $\varGamma, H$ treten.
[2]) T. F., S. 4. — [3]) T. F., S. 10. — [4]) T. F., S. 33.

§ 15. Invarianten der Kollineationsgruppe.

(XYZ), (UX), (UVW) sind die verschiedenen Typen „elementarer" Invarianten der Gruppe $\mathfrak{G}$. Ihre Werte sind, wie gesagt, in der Regel bedeutungslos, da sie durch Transformationen der Form (1) beliebig geändert werden können. Wohl aber stellen die Gleichungen

$$(XYZ) = 0, \quad (UX) = 0, \quad (UVW) = 0$$

Beziehungen dar, die durch Transformationen von $\mathfrak{G}$ nicht zerstört werden können. Absolute Invarianten im Sinne der Theorie der Gruppe $\mathfrak{G}$ sind rationale Ausdrücke, im einfachsten Falle solche wie

$$\frac{(UX)(VY)}{(UY)(VX)}, \quad \frac{(XYZ)(VZ')}{(XYZ')(VZ)}$$

(sogenannte Doppelverhältnisse). Für die Gruppe G dagegen war schon (UX) eine „absolute" Invariante, und ebenso das Produkt $(UVW)(XYZ)$.

Augenscheinlich ist die Invariantentheorie der Gruppe $\mathfrak{G}$ schon durch die — inhaltsreichere — Theorie der Gruppen G, Γ usw. mitgegeben. Hieraus darf man aber nicht etwa den Schluß ziehen wollen, daß man es in Untersuchungen über die Kollineationsgruppe — also in der projektiven Geometrie — mit einer Art von Verstümmelung einer umfassenderen algebraischen Theorie zu tun hat (wie es wirklich die Ansicht einiger Mathematiker zu sein scheint). Es ist viel mehr als ein historischer Zufall, daß man gerade den durch Kollineationen nicht zerstörbaren Eigenschaften so viel Aufmerksamkeit geschenkt hat, wie es tatsächlich der Fall gewesen ist[1]). Außerdem ist zu bedenken, daß die feineren Unterscheidungen, die die Betrachtung der Gruppen G, Γ usw. nötig macht, doch nachträglich leicht hinzugefügt werden konnten, wenn man eine Invariantentheorie der Gruppe $\mathfrak{G}$ erst einmal hatte. Und schließlich darf auch das nicht übersehen werden, daß die Gruppen G, Γ usw. eines Gebietes n^{ter} Stufe, also, sagen wir deutlicher, die Gruppen G_{n^2}, Γ_{n^2-1} usf., selbst nichts anderes sind als Untergruppen der Kollineationsgruppe $\mathfrak{G}_{n(n+2)}$, die zu einem Gebiete einer um eine Einheit vermehrten Stufenzahl gehört. Man erkennt das ohne weiteres, wenn

---

[1]) Man kennt Eigenschaften der projektiven Kontinua und der zugehörigen Gruppen $\mathfrak{G}$, die diesen Mannigfaltigkeiten und Gruppen eine Sonderstellung in der Theorie der Funktionen von mehreren Veränderlichen anweisen, und anderes derart hat man vermutet. Die wichtigste hierher gehörige Tatsache ist, daß die Gruppe $\mathfrak{G}$ (abweichend von G) einfach ist, und zwar im ursprünglichen strengen Sinne des Wortes; d. h. daß sie keine (echte) invariante Untergruppe hat außer der identischen Transformation. Auf diese Gruppe von Fragen, um die sich S. Lie besondere Verdienste erworben hat, kann hier nicht eingegangen werden.

man den betrachteten Wertsystemen $\{X_1 \ldots X_n\}, \ldots \{U_1 \ldots U_n\}, \ldots$ neue „Koordinaten" $X_0, \ldots, U_0, \ldots$ hinzufügt, die der identischen Transformation unterworfen werden. Aus der Gruppe G_{n^2} entsteht dadurch eine Gruppe G'_{n^2}, deren Objekte die Systeme $\{X_0, X_1, \ldots, X_n\}, \ldots, \{U_0, U_1, \ldots, U_n\}$ sind, und die man wegen der Einfachheit ihres Zusammenhanges mit G_{n^2} als nur unwesentlich von G_{n^2} verschieden ansehen kann. Ja man wird sich kaum der Einsicht verschließen können, daß diese Gruppe G'_{n^2}, oder also G_{n^2}, bei weitem nicht die interessanteste der Untergruppen von $\mathfrak{G}_{n(n+2)}$ ist.

Die Sonderstellung des Falles $n = 2$ [1]).

Im Falle $n = 2$ sind die Ausdrücke der Form
$$(UY) = U_1 Y_1 + U_2 Y_2,$$
wenn man sie als Funktionen von Y_1 und Y_2 betrachtet, nur in der Art der Bezeichnung verschieden von Determinanten der Form
$$(XY) = X_1 Y_2 - X_2 Y_1.$$

Daher fällt im Gebiete zweiter Stufe die Nötigung, Vektoren — oder Punkte — zweier „Schichten" zu betrachten, überhaupt fort[2]).

Substitutionen der Form
$$U_1 = -X_2^*, \quad U_2 = X_1^*$$
bewirken dann, daß „kontragrediente" Transformationen
$$X_1 C_{11} + X_2 C_{21} = \underline{X}_1, \quad U_1 D_{11} + U_2 D_{21} = \underline{U}_1,$$
$$X_1 C_{12} + X_2 C_{22} = \underline{X}_2, \quad U_1 D_{12} + U_2 D_{22} = \underline{U}_2$$
zueinander proportionale Koeffizienten erhalten. Es ist ja
$$D_{ik} = \frac{1}{|C|} \cdot \frac{\partial |C|}{\partial C_{ik}},$$
also folgt
$$|C|^{-1} \cdot \{X_1^* C_{11} + X_2^* C_{21}\} = \underline{X}_1^*,$$
$$|C|^{-1} \cdot \{X_1^* C_{12} + X_2^* C_{22}\} = \underline{X}_2^*.$$

Verbindet man diese Bemerkung mit dem zuvor Gesagten, wonach — unter entsprechender Änderung des Invariantenbegriffs — der Faktor $|C|^{-1}$ auch weggelassen werden kann, so sieht man, daß

---

[1]) Bis hierher war vorausgesetzt worden, daß die Stufenzahl > 2 ist (s. S. 93).

[2]) Unter Umständen kann aber diese Unterscheidung vorteilhaft sein; vgl. Göttinger Nachrichten 1912, S. 2.

die Unterscheidung zweier Arten von Invarianten (UX) und $(X|Y)$, $(U|V)$ hier überflüssig ist; und zwar sind es dann die Invarianten des ersten Typus, die unbeschadet einer sachgemäßen Darstellung der Theorie entbehrt werden können.

Im binären Gebiete $(n=2)$ wird man also, unter Änderung der Bezeichnung, lineare Formen auch so darstellen können:
$$(px) = p_1 x_2 - p_2 x_1, \quad (qx) = q_1 x_2 - q_2 x_1, \ldots;$$
Formen mit mehreren Veränderlichen $(x, y, \ldots)$ und solche mit höheren Ordnungszahlen $(\mu, \nu, \ldots)$ erscheinen dann als Produkte symbolischer Potenzen linearer Formen (px), (qx), $\ldots$:
$$(px)^\mu (qy)^\nu \ldots$$

Die linearen Transformationen unserer Gruppe $G(G_4)$ werden bei Gebrauch dieser Bezeichnungsweise gleichlautend für die Veränderlichen $(x, y, \ldots)$ und die Kerne der zugehörigen linearen Formen $(p, q, \ldots)$, also gleichlautend für Veränderliche und Symbole:

(4) $\quad \begin{aligned} x_1 c'_{11} + x_2 c'_{21} &= \underline{x}_1, & p_1 c'_{11} + p_2 c'_{21} &= \underline{p}_1, \\ x_1 c'_{12} + x_2 c'_{22} &= \underline{x}_2, & p_1 c'_{12} + p_2 c'_{22} &= \underline{p}_2{}^1) \end{aligned}$

usw. Es gibt also dann nur noch einen „Typus" von „elementaren" Invarianten linearer Formen, die drei Ausdrücke
$$(xy) = x_1 y_2 - x_2 y_1,$$
$$(py) = p_1 y_2 - p_2 y_1,$$
$$(pq) = p_1 q_2 - p_2 q_1$$
haben alle dieselbe Form; und es gibt dann auch nur noch einen „Typus" von nicht weiter zerlegbaren Relationen zwischen solchen Invarianten

(5) $\quad \boxed{(qr)(ps) + (rp)(qs) + (pq)(rs) = 0.}$

Und alle diese „Invarianten" sind nunmehr relative Invarianten der Gruppe $G(G_4)$, in dem früher (S. 93) erkärten Sinne: Jede nimmt, bei beliebiger linearer Transformation, eine Potenz der Transformationsdeterminante mit positivem ganzzahligem Exponenten als Faktor an, im einfachsten Falle die erste Potenz:
$$|c| \cdot (xy) = (\underline{x}\,\underline{y}), \quad |c| \cdot (px) = (\underline{p}\,\underline{x}), \quad |c| \cdot (pq) = (\underline{p}\,\underline{q}).$$

Setzt man $|c| = \pm 1$, so erhält man, wie früher, eine Gruppe Γ, H (Γ_3, H_3) als Untergruppe von $G(G_4)$, usw.

---

[1]) Wegen der Akzente, mit denen die Koeffizienten c'_{ik} versehen sind, siehe die Formeln Nr. (7).

§ 15. Sonderstellung

Es ist also klar, daß alles, was wir unter mechanischer Anwendung der für eine beliebige Stufenzahl entwickelten Theorie auf den Fall $n = 2$ erhalten können, sich in diesem Falle wird einfacher ausdrücken lassen. Insbesondere vereinfacht sich auch das Rechnen mit bilinearen Formen: Ist die Unterscheidung zueinander kontragredienter Transformationen überflüssig, so ist es auch die entsprechende Unterscheidung bilinearer Formen. Wir brauchen nur noch eine Art bilinearer Formen zu betrachten, die sich, wenn ihre Diskriminanten nicht Null sind, paarweise als zueinander „reziproke" Formen anordnen lassen.

Wir betrachten zuerst eine einzelne, und zwar eine „geordnete" bilineare Form, und wir fassen sie sogleich als Symbol einer Zuordnung $x \longrightarrow \underline{x}$ auf (vgl. S. 113). Wir ordnen also einander zu:

(6) $\quad\quad (xc)\gamma = \underline{x}, \quad (xc)(\gamma y),$

oder, ausgeschrieben:

(7) $\quad\quad \begin{array}{ll} x_1 c_{21} - x_2 c_{11} = \underline{x}_1, & -x_1 c_{22} y_1 + x_1 c_{21} y_2 \\ x_1 c_{22} - x_2 c_{12} = \underline{x}_2; & x_2 c_{12} y_1 - x_2 c_{11} y_2. \end{array}$

Die bewirkte Zuordnung ist dann eine Transformation, d. h. die beiden linearen Gleichungen unter (7) sind nach x_1, x_2 auflösbar, wenn die Diskriminante der bilinearen Form $(xc)(\gamma y)$,

(8) $\quad\quad |c| = \tfrac{1}{2}(cc')(\gamma\gamma') = c_{11}c_{22} - c_{12}c_{21},$

von Null verschieden ist. Dies trifft insbesondere zu, wenn die bilineare Form die „identische Kovariante" (xy) ist, wenn also (für alle x, y)

$$(xc)(\gamma y) = (xy),$$

mithin

$$c_{11} = 0, \quad c_{12} = -1, \quad c_{21} = 1, \quad c_{22} = 0$$

ist. Allgemein ist, wenn $|c| \neq 0$,

$$|c| \cdot \underline{x} = -(x\gamma)c;$$

die zu (7) reziproke Transformation und die entsprechende bilineare Form wird:

(9) $\quad\quad \begin{array}{ll} -x_1 c_{12} + x_2 c_{11} = |c| \cdot \underline{x}_1, \\ -x_1 c_{22} + x_2 c_{21} = |c| \cdot \underline{x}_2; \end{array} \quad \dfrac{1}{|c|} \left\{ \begin{array}{l} x_1 c_{22} y_1 - x_1 c_{12} y_2 \\ -x_2 c_{21} y_1 + x_2 c_{11} y_2 \end{array} \right\}.$

Die Zusammensetzung oder symbolische Multiplikation zweier bilinearer Formen wird, wie früher, so zu erklären sein, daß sie der

Zusammensetzung der entsprechenden Transformationen parallel läuft. Setzen wir

$$T_1 = (x\,c_1)(\gamma_1\,y), \quad T_2 = (x\,c_2)(\gamma_2\,y)\,{}^1),$$

so wird die zusammengesetzte Form $T_1 T_2$ zu erklären sein durch die Formel

(10) $\qquad T_3 = T_1 T_2 = (x\,c_1)(\gamma_1\,c_2)(\gamma_2\,y).$

Das hat zur Folge, daß, wenn

(11) $\qquad E = (x\,y) = x_1 y_2 - x_2 y_1$

die (hier einzige) **Einheitsform** bedeutet, allgemein

$$ET = TE = T$$

wird, und außerdem

$$|T_1|\cdot|T_2| = |T_3|.$$

Erklären wir schließlich die zu

$$T = (x\,c)(\gamma\,y)$$

gehörige „transponierte" Form durch

$$T' = (x\,\gamma)(c\,y),$$

so wird, wenn $|c| \neq 0$,

$$TT' = -|c|\cdot E = T'T.$$

Also ist

$$T^{-1} = -\frac{1}{|c|}\cdot T'$$

die Lösung der symbolischen Gleichungen $TT^{-1} = T^{-1}T = E$. Wir haben also hier, im Falle $n = 2$, die Besonderheit, daß

(12) $\qquad \begin{aligned} T &= -|c|\cdot(T')^{-1}\,\{= (x\,c)(\gamma\,y)\}, \\ T' &= -|c|\cdot(T)^{-1}\,\{= (x\,\gamma)(c\,y)\} \end{aligned}$

ist.

Die Theorie der binären Formen hat bis jetzt, wie natürlich, das gründlichste Studium erfahren — ein so gründliches, daß manche Autoren in ihr stecken geblieben sind. Das Hauptwerk darüber ist Clebschs Theorie der binären algebraischen Formen (1872, vergriffen). Einige der wichtigsten Ergebnisse sollen im zweiten Teile der vorliegenden Schrift zum Vortrag kommen. Es sollen dann auch Beispiele von Formen betrachtet werden, die neben Veränderlichen eines oder zweier binärer Gebiete ($n = 2$) solche eines ternären oder quaternären Gebietes ($n = 3, 4$) enthalten. Wir werden dann, wie schon hier, die Gebiete verschiedener Stufenzahlen durch den zu benutzenden Letternsatz unterscheiden.

---

[1]) $(x\,c_k) = x_1 c_{k\,2} - x_2 c_{k\,1}, \quad (\gamma_k\,y) = \gamma_{k\,1} y_2 - \gamma_{k\,2} y_1.$

§ 15. Darstellung bilinearer Formen

Darstellung bilinearer Formen mit Hilfe irrationaler Kovarianten.

Die folgende Ergänzung zu dem über bilineare Formen schon Gesagten soll der Vorbereitung weiterer Entwicklungen dienen. Das zunächst Darzulegende bezieht sich auf ein berühmtes Problem, das sich bei vielerlei Untersuchungen dargeboten hat, nämlich auf die Überführung bilinearer Formen in eine möglichst einfache Gestalt mit Hilfe linearer Transformationen, oder auf die Einführung sogenannter **kanonischer Koordinaten**, wie sie zum Beispiel bei Lösung des Hauptachsenproblems der Mittelpunktsflächen zweiter Ordnung ausgeführt zu werden pflegt.

Freilich kann hier von einer Klasse von Problemen, die den Gegenstand zahlreicher und umfänglicher, zum großen Teil auch schwieriger Untersuchungen gebildet haben, nur ein sehr kleiner Ausschnitt zur Sprache kommen. Indessen gehören die beiden speziellen Aufgaben, die uns nun beschäftigen sollen, doch zu den wichtigsten ihrer Art. Sie werden auf eine von dem sonst Üblichen ganz verschiedene Weise, **und vor allem soweit als überhaupt möglich, durch ausschließliches Operieren mit Invarianten** behandelt werden.

Wir behaupten zunächst:

I. **Unter den bilinearen Formen**

$$F_0 = (XU), \quad F_1 = (XA)(PU), \quad F_2 = (XA)(PA')(P'U)$$
$$\dots\dots\dots\dots\dots\dots\dots\dots\dots\dots\dots\dots\dots\dots$$

oder also unter den symbolischen Potenzen der geordneten Form
$$T = (XA)(PU)$$
sind höchstens die n ersten linear-unabhängig. Es besteht nämlich immer eine Gleichung der Form

(1) $$\boxed{T^n - J_1 T^{n-1} + - \cdots + (-1)^n \cdot J_n \cdot T^0 = 0,}$$

deren Koeffizienten absolute Invarianten der Gruppe $G(G_{n^2})$ sind.

In der Tat erhält man eine solche Gleichung durch Entwicklung der Determinante

$$\begin{vmatrix} (XA^1) & \dots & (XA^n) & (XU) \\ (P^1 A^1) & \dots & (P^1 A^n) & (P^1 U) \\ \dots & \dots & \dots & \dots \\ \dots & \dots & \dots & \dots \\ (P^n A^1) & \dots & (P^n A^n) & (P^n U) \end{vmatrix},\ [1]$$

die infolge unserer Identität (C) den Wert Null hat.

---

[1]) Hier stehen obere Indices an Stelle von Akzenten.

Man würde auch die Invarianten J_1, J_2, ... mit Hilfe dieser Determinante berechnen können. Da diese aber ein nicht sehr übersichtliches Bildungsgesetz hat, so schlagen wir einen anderen Weg ein. Wir überzeugen uns zunächst an dem Beispiel
$$X_1 C_{11} U_1 + \cdots + X_n C_{nn} U_n,$$
daß tatsächlich in der Regel niedere Potenzen von T als die n^{te} nicht durch die vorhergehenden ausdrückbar sein können. Wird dann T so gewählt, daß T^0 ... T^{n-1} wirklich linear-unabhängig sind, so wird das auch noch für Formen $T + \varrho E$ der Fall sein, die zu T hinreichend benachbart sind. Wenn wir also in (1) T durch $T + \varrho E$[1]) ersetzen und nach Potenzen von ϱ entwickeln, so muß die so erhaltene neue Gleichung für alle Werte von ϱ richtig sein. Bilden wir den Koeffizienten von ϱ, so erhalten wir

$$\left. \begin{array}{l} n \cdot T^{n-1} - (n-1) J_1 \cdot T^{n-2} + - \cdots + (-1)^{n-1} \cdot J_{n-1} \cdot T^0 \\ -J_1' \cdot T^{n-1} + \quad J_2' \cdot T^{n-2} - + \cdots + (-1)^n \quad \cdot J_n \quad \cdot T^0 \end{array} \right\} = 0.$$

Es ist also
$$J_{n-1} = J_n', \quad J_{n-2} = \tfrac{1}{2} J_{n-1}', \ldots, J_1 = \frac{1}{n-1} J_2', \quad 1 = \frac{1}{n} J_1'.$$

In unserer Determinante hat nun T^n den Koeffizienten $n!$ und $(XU) = T^0$ den Koeffizienten
$$(-1)^n (A^1 \ldots A^n)(P^1 \ldots P^n) = (-1)^n \cdot n! \, |T|.$$

Daher ist
$$J_n = |T| = \frac{1}{n!} (A^1 \ldots A^n)(P^1 \ldots P^n).$$

Bilden wir zunächst $|T + \varrho T_0|$, wo $T_0 = (X\varOmega)(\varPhi U)$, und setzen wir nachher $(X\varOmega)(\varPhi U) = (XU)$, so ergibt sich J_n':

$$J_n' = \frac{1}{(n-1)!} \cdot (\varOmega A^2 \ldots A^n)(\varPhi P^2 \ldots P^n)$$
$$= \frac{n-(n-1)}{(n-1)!} \cdot |(A^2 P^2) \ldots (A^n P^n)|,$$

wofür wir bequem auch
$$J_n' = \frac{1}{(n-1)!} \cdot (A^2 \ldots A^n | P^2 \ldots P^n)$$

schreiben können. Weiter folgt dann
$$J_{n-1}' = \frac{n-(n-2)}{(n-2)!} \cdot (\varOmega A^3 \ldots A^n | \varPhi P^3 \ldots P^n)$$
$$= \frac{2}{(n-2)!} |(A^3 P^3) \ldots (A^n P^n)| = \frac{2}{(n-2)!} (A^3 \ldots A^n | P^3 \ldots P^n), \text{ usw.}$$

---

[1]) Weiterhin steht öfter **E** an Stelle von E.

Also erhalten wir schließlich

(2)
$$J_1 = (A\,P), \quad J_2 = \frac{1}{2!}(A^1 A^2 \mid P^1 P^2),$$
$$J_3 = \frac{1}{3!}(A^1 A^2 A^3 \mid P^1 P^2 P^3),$$
$$\cdots \cdots \cdots \cdots \cdots \cdots \cdots$$
$$J_n = \frac{1}{n!}(A^1 \ldots A^n)(P^1 \ldots P^n).$$

Eben dieselben Invarianten entstehen nun offenbar auch noch auf andere Art. Es gilt der Satz:

II. **Die Koeffizienten in der identischen Gleichung**
$$T^n - J_1 \cdot T^{n-1} + - \cdots + (-1)^n \cdot J_n \cdot T^0 = 0$$
sind dieselben wie in der Entwicklung

(3) $\quad |A E - T| = A^n - J_1 \cdot A^{n-1} + - \cdots + (-1)^n \cdot J_n \cdot A^0.$

In der Tat liefert die Rechnung in diesem Falle ganz unmittelbar die Ausdrücke (2).

Der hiermit gefundene Zusammenhang zwischen der identischen Gleichung (1) und dem Ausdruck (3) ist die wohl folgenreichste Tatsache in der Theorie der bilinearen Formen, und **eine der wichtigsten spezielleren Tatsachen der Invariantentheorie überhaupt.** Man hat daher an dieser Stelle eine besondere Terminologie eingeführt. Die Gleichung (1) heißt nach Cayley, der den bezeichneten Sachverhalt gefunden hat, die **Cayleysche Gleichung**. Der Ausdruck (3), betrachtet als Funktion des Parameters A, heißt **charakteristische Funktion der bilinearen Form F oder T**. Und die hiernach zu bildende Gleichung

(4) $\qquad A^n - J_1 A^{n-1} + - \cdots + (-1)^n J_n A^0 = 0$

wird **charakteristische Gleichung von F oder T** genannt. Sie bleibt natürlich ungeändert, wenn man T durch die transponierte Form $T' = (U P)(A X)$ ersetzt.

Wir denken uns jetzt die Gleichung (4) aufgelöst, und bezeichnen ihre Wurzeln (**latent roots** bei Mathematikern englischer Zunge) mit $A_1 \ldots A_n$. Unmittelbar ergibt sich dann, daß die Gleichung (1) in die Form

(5) $\qquad (T - A_1 \mathsf{E}) \ldots (T - A_n \mathsf{E}) = 0$

mit Hilfe irrationaler Kovarianten.

gesetzt werden kann. Hieraus folgt zunächst, daß die bilinearen Formen $T - A_k \mathsf{E}$ sämtlich singulär, d. h. Formen von verschwindender Diskriminante sind: Sie sind, nach einer ebenfalls üblich gewordenen Terminologie (von Null verschiedene) sogenannte Teiler der Null immer dann, wenn die vorgelegte Form T nicht etwa ein Vielfaches von $\mathsf{E} = (XU)$ ist[1]). Auch die Potenzen und Produkte dieser Formen haben natürlich die Diskriminante Null. Wir betrachten eines dieser Produkte, das mit T_1 bezeichnet werden soll,
$$T_1 = (T - A_2 \mathsf{E}) \ldots (T - A_n \mathsf{E})$$
und bemerken, daß zufolge des Bestehens der Identität (5) das symbolische Quadrat von T_1 ein Multiplum von T_1 selbst sein muß. In der Tat ist, wenn Σ' eine Summation anzeigt, bei der der Index 1 ausgelassen werden soll,

$$T_1^2 - (A_1 - A_2) \ldots (A_1 - A_n) \cdot T_1 =$$
$$= \{ T_1 - (A_1 - A_2) \ldots (A_1 - A_n) \cdot \mathsf{E} \} T_1 =$$
$$= \left\{ \begin{array}{c} T^{n-1} - \Sigma' A_k \cdot T^{n-2} + - \cdots \\ - A_1^{n-1} \cdot \mathsf{E} + \Sigma' A_k \cdot A_1^{n-2} \cdot \mathsf{E} - + \cdots \end{array} \right\} T_1 =$$
$$= \{ \cdots \} \cdot (T - A_1 \mathsf{E}) T_1 = 0.$$

Demzufolge kann man, wenn die Wurzelgrößen $A_1 \ldots A_n$ alle voneinander verschieden sind, in dem durch $T^0, T^1, \ldots T^{n-1}$ bestimmten linearen System vertauschbarer bilinearer Formen n Formen (irrationale Kovarianten von T) angeben, die den symbolischen Gleichungen

(6) $\boxed{\mathsf{E}_i^2 = \mathsf{E}_i, \quad \mathsf{E}_i \mathsf{E}_k = 0}$

genügen. Z. B. wird

(7) $\boxed{\mathsf{E}_1 = \dfrac{(T - A_2 \mathsf{E}) \ldots (T - A_n \mathsf{E})}{(A_1 - A_2) \ldots (A_1 - A_n)}}$.

Und durch diese Formen lassen sich dann auch wieder die symbolischen Potenzen $T^0, T^1, \ldots$ ausdrücken:

(8)
$$T^0 = \mathsf{E}_1 + \cdots + \mathsf{E}_n,$$
$$T^1 = A_1 \mathsf{E}_1 + \cdots + A_n \mathsf{E}_n,$$
$$T^2 = A_1^2 \mathsf{E}_1 + \cdots + A_n^2 \mathsf{E}_n,$$
$$\cdots \cdots \cdots \cdots \cdots \cdots \cdots$$

---

[1]) Das Wort Teiler der Null wird gewöhnlich auf die Null selbst nicht angewendet.

§ 15. Darstellung bilinearer Formen

Die gefundenen Kovarianten $\mathsf{E}_1 \ldots \mathsf{E}_n$ haben nun noch weitere bemerkenswerte Eigenschaften. Vor allem ändern sie sich nicht, wenn man T durch

$$T^* = C_{n-1} T^0 + C_{n-2} \cdot T^1 + \cdots + C_0 \cdot T^{n-1}$$

ersetzt, solange nur keine zwei der Ausdrücke

$$\varLambda_k^* = C_{n-1} \cdot \varLambda_k^0 + C_{n-2} \cdot \varLambda_k^1 + \cdots + C_0 \cdot \varLambda_k^{n-1}$$

einander gleich werden. (Die Formen E_k sind sogenannte **Kombinanten** in dem durch $T^0 \ldots T^{n-1}$ bestimmten linearen System.) Sodann aber bestehen die Lehrsätze:

III. **Jede der irrationalen Kovarianten $\mathsf{E}_1 \ldots \mathsf{E}_n$ ist Produkt von zwei (nicht nur symbolischen, sondern realen) linearen Formen (die nicht Kovarianten von F oder T sind):**

(9) $$\boxed{\mathsf{E}_k = (X \varLambda_k) \cdot (P_k U)}.$$

IV. **Diese linearen Formen genügen den Gleichungen**

(10) $$\boxed{(\varLambda_k P_k) = 1 \quad (\varLambda_i P_k) = 0} \quad \{i \neq k\}.$$

V. **Die linearen Invarianten ("Ringe")**

$$R_0 = n, \quad R_1 = (A P), \quad R_2 = (A^1 P)(A P^1), \ldots$$

der symbolischen Potenzen $T^0, T^1, T^2, \ldots$ sind identisch mit den entsprechenden Potenzsummen, die man aus den Wurzelgrößen $\varLambda_1 \ldots \varLambda_n$ bilden kann:

(11) $$\boxed{R_m = \varLambda_1^m + \cdots + \varLambda_n^m}.$$

Man kann versuchen, den Satz V unabhängig von den beiden vorhergehenden zu beweisen. Für kleine Werte der Zahl k erweist er sich ja sofort als richtig. Man findet z. B.

(12) $$\begin{aligned}&R_1 = J_1, \quad R_2 = J_1^2 - 2 J_2, \\ &R_3 = J_1^3 - 3 J_1 J_2 + 3 J_3, \\ &R_4 = J_1^4 - 4 J_1^2 J_2 + 4 J_1 J_3 + 2 J_2^2 - 4 J_4,\end{aligned}$$

was eben die bekannten Ausdrücke der einfachsten Potenzsummen sind.

Aber das Bildungsgesetz der Invarianten $J_1, J_2, \ldots$ scheint auch nicht sehr geeignet, einen allgemeinen Beweis des Satzes V auf einfache Art zu liefern. Wir lassen es deshalb bei der Reihenfolge III, IV, V.

Der Satz III ist nun leicht zu begründen, wenn es sich um eine Form T handelt, deren Potenzen $T^0 \ldots T^{n-1}$ linear-unabhängig sind[1]). Die Formen $E_1 \ldots E_n$ sind dann sicher linear-unabhängig, und es ist insbesondere keine von ihnen identisch gleich Null. Man kann daher, wenn vorläufig (bis auf weiteres nur symbolisch) $E_k = (X A_k)(P_k U)$ gesetzt wird, Vektoren X_k und U_k so wählen, daß die Vektoren

$$(X_k A_k) P_k = P'_k, \quad A_k(P_k U_k) = A'_k$$

von Null verschieden ausfallen.

Diese Vektoren stehen dann nach (6) in der Beziehung $(A'_k P'_k) \neq 0$, $(A'_i P'_k) = 0 \{i \neq k\}$. Hieraus folgt $(P'_1 \ldots P'_n)(A'_1 \ldots A'_n) \neq 0$. Die Vektoren P'_k und ebenso die Vektoren A'_k sind also linear-unabhängig. Variiert man nun etwa den Vektor X_k, so erhält man zum Beispiel an Stelle von P'_1 weitere Vektoren P''_1, die alle den Gleichungen $(A'_2 P''_1) = 0 \ldots (A'_n P''_1) = 0$ genügen, und die also alle von P'_1 linear-abhängig sind. Das heißt, das Verhältnis $(X A_1)(P_1 U)$ $:(Y A_1)(P_1 U)$ ist nur abhängig von X und Y, nicht auch von U (soweit es nämlich bestimmt ist). Mit anderen Worten, die bilineare Form $(X A_1)(P_1 U)$ ist zum Beispiel durch die lineare Form $(P'_1 U)$ teilbar. Die einzelnen Bestandteile der hiermit als Produkt $(X A_k)$ $\cdot (P_k U)$ erwiesenen Form E_k sind natürlich nur bis auf Faktoren ϱ_k, ϱ_k^{-1} bestimmt. [Die linearen Formen $(X A_k)$, $(P_k U)$ sind nicht Kovarianten der Grundform. Vielmehr haben diese Eigenschaft nur ihre Produkte $(X A_k) \cdot (P_k U)$]. Hiermit ist der Satz III unter der Voraussetzung erwiesen, daß $T^0 \ldots T^{n-1}$ linear-unabhängig sind.

Zu dem Satz IV kommen wir nun, wenn wir von unseren Formen E_k die Kovarianten

$$(U_1 \ldots U_{n-2} A_k A'_k) \cdot (P_k P'_k X_2 \ldots X_n)$$

bilden. Diese sind nach dem soeben Gesagten identisch gleich Null, und daher sind auch die Invarianten $J_2 \ldots J_n$, gebildet für eine der Kovarianten E_k von T, alle gleich Null. Die charakteristische Gleichung der Form E_k ist daher

(13) $$E_k^n - (A_k P_k) \cdot E_k^{n-1} = 0.$$

Und da diese Gleichung identisch sein muß mit der anderen

$$E_k^{n-2} \cdot \{E_k^2 - E_k\} = 0,$$

so folgt $(A_k P_k) = 1$. Diese Gleichung muß nun aber immer gelten, solange nur die Formen E_k existieren und eindeutig bestimmt

---

[1]) Es wird sich alsbald ergeben, daß diese Annahme keine neue Einschränkung bedeutet, daß sie vielmehr Folge der Voraussetzung $\Lambda_i \neq \Lambda_k$ ist.

sind, so lange mithin, als die Wurzelgrößen $\varLambda_1 \ldots \varLambda_n$ voneinander verschieden sind, da Grenzwert einer Konstanten eben nur diese Konstante sein kann.

Nunmehr ergibt sich sofort der Satz V, und damit ohne weiteres auch:

VI. **Die linearen Transformationen**
$$(X A_k) = \underline{X}_k, \quad (P_k U) = \underline{U}_k$$
sind zueinander kontragredient; sie führen die Formen E **und** T **zugleich in die Formen**

(14)
$$\underline{X}_1 \underline{U}_1 + \cdots + \underline{X}_n \underline{U}_n,$$
$$\varLambda_1 \underline{X}_1 \underline{U}_1 + \cdots + \varLambda_n \underline{X}_n \underline{U}_n$$

über.

Diese Überführung ist, nach dem Gesagten, im wesentlichen nur auf eine Art möglich. (Unbestimmt bleiben die Faktoren ϱ_k, ϱ_k^{-1} und die Anordnung der n Produkte $X_k U_k$.) Zu unserer Ableitung aber haben wir nur die einzige Voraussetzung $\varLambda_i \neq \varLambda_k$ nötig gehabt:

VII. **Die Herstellung des Formenpaares (14) ist immer dann möglich, und zwar im wesentlichen auch nur auf eine Art, wenn die charakteristische Gleichung der Form** F **oder** T **keine mehrfachen Wurzeln hat. Die Potenzen** $T^0 \ldots T^{n-1}$ **sind dann immer linear-unabhängig.**

Umkehrbar ist dieser letzte Satz offenbar nicht.

Bemerkt seien noch die Gleichungen
(15) $$(P_k A)(P A_k) = \varLambda_k,$$
und die umfassenderen,

(16) $$\boxed{(P_k A) P = \varLambda_k \cdot P_k, \quad A (P A_k) = \varLambda_k \cdot A_k,}$$

von denen etwa die erste, mit größerer Annäherung an eine sonst übliche Betrachtungsart, ebenfalls den Ausgangspunkt unserer Untersuchung hätte bilden können.

Tritt zu der Voraussetzung $\varLambda_i \neq \varLambda_k$ noch die weitere $J_n \neq 0$, so kann man auch Potenzen von T mit negativ-ganzzahligen Exponenten nach der Regel (8) bilden, und ebenso Potenzen mit irrationalen Exponenten definieren. Die Gleichung (1) liefert dann ohne weiteres die zu T reziproke Form.

Auf die hiermit gelöste Aufgabe lassen sich einige andere zurückführen, von denen die wohl wichtigsten sich auf den Fall einer bilinearen Form mit kogredienten Veränderlichen und auf die Zusammenstellung von zwei symmetrischen Formen beziehen. Hier soll nur die zweite Anwendung des Vorgetragenen behandelt werden. Es sei also jetzt gegeben ein Paar symmetrischer Formen:

$$S_0 = (XL)(LY), \quad S_1 = (XA)(AY),$$

und es werde vorausgesetzt, erstens $|S_0| \neq 0$, so daß die zu S_0 reziproke Form $\Sigma_0 = (UA)(AV)$ existiert; zweitens, daß die Gleichung

(17) $$|AS_0 - S_1| = 0$$

keine mehrfach zählende Wurzel hat. Es folgt dann

$$AS_0 - S_1 = (A\mathsf{E} - S_1\Sigma_0)S_0 = S_0(A\mathsf{H} - \Sigma_0 S_1).$$

Setzen wir demnach

(18) $$T = S_1\Sigma_0, \quad \mathsf{T} = \Sigma_0 S_1,$$

so werden die charakteristischen Gleichungen der Formen T und T, die in der Beziehung $T' = \mathsf{T}$, $\mathsf{T}' = T$ stehen, nicht nur dieselben Wurzeln haben, sondern auch dieselben Wurzeln wie die Gleichung (17).

Wir können also z. B. auf T die zuvor angestellte Überlegung anwenden. Diese liefert uns dann, wenn H_k für E'_k geschrieben wird,

(19) $$S_0 = \begin{cases} = \mathsf{E}_1 S_0 + \cdots + \mathsf{E}_n S_0 \\ = S_0 \mathsf{H}_1 + \cdots + S_0 \mathsf{H}_n, \end{cases}$$
$$S_1 = \begin{cases} = A_1 \mathsf{E}_1 S_0 + \cdots + A_n \mathsf{E}_n S_0 \\ = A_1 S_0 \mathsf{H}_1 + \cdots + A_n S_0 \mathsf{H}_n. \end{cases}$$

Es ist nun, nach Nr. (18), auch für $m = 2, 3, \ldots$ noch

$$T^m S_0 \{= S_m\} = S_0 \mathsf{T}^m,$$

und folglich

$$\mathsf{E}_k S_0 = S_0 \mathsf{H}_k.$$

Diese bilineare Form ist also symmetrisch. Außerdem ist sie ein Produkt linearer Formen. Man kann daher, nach geeigneter Wahl von n linearer Formen,

(20) $$\boxed{\mathsf{E}_k S_0 = (XA_k).(A_k Y) = S_0 \mathsf{H}_k}$$

setzen, wodurch der genannte Sachverhalt erschöpfend zum Ausdruck kommt. Ersetzen wir schließlich noch die beiden Veränderlichen X und Y durch eine einzige, so erhalten wir den folgenden nur in der Form etwas spezialisierten Lehrsatz:

VIII. Es seien gegeben zwei quadratische Formen:
$$S_0 = (LZ)^2, \quad S_1 = (AZ)^2.$$

Es werde ferner vorausgesetzt, daß die Diskriminante $|S_0|$ der ersten Form von Null verschieden ist — so daß die zu ihr reziproke Form $\Sigma_0 = (AU)^2$ existiert — und daß außerdem die Gleichung
$$|AS_0 - S_1| = 0$$
n verschiedene Wurzeln $\varLambda_1 .. \varLambda_n$ hat.

Dann sind unter den quadratischen Formen

(21) $\quad S_0, \; S_1, \; S_2 = S_1 \Sigma_0 S_1, \; S_3 = S_1 \Sigma_0 S_1 \Sigma_0 S_1,$
. . . .

die n ersten, $S_0 \ldots S_{n-1}$, voneinander linear-unabhängig, die übrigen von ihnen linear-abhängig. Es besteht nämlich, wenn

(22) $|AS_0 - S_1| = J_0 . \varLambda^n - J_1 . \varLambda^{n-1} + - \cdots + (-1)^n . J_n . \varLambda^0$

gesetzt wird, für alle Werte der ganzen Zahl m, die $\geqq n$ sind, die Gleichung

(23) $\boxed{J_0 . S_m - J_1 . S_{m-1} + - \cdots + (-1)^n . J_n . S_{m-n} = 0.}$

In dem linearen System der Formen $S_0 \ldots S_{n-1}$ gibt es dann n (in der Regel irrationale) ebenfalls von einander linear-unabhängige quadratische Kovarianten von S_0 und S_1, die Quadrate linearer Formen $(A_1 X) \ldots (A_n X)$ sind, und mit deren Hilfe sich die Formen $S_0, S_1, \ldots$ so darstellen lassen:

(24) $\begin{aligned} S_0 &= (A_1 Z)^2 + \cdots + (A_n Z)^2, \\ S_1 &= \varLambda_1 (A_1 Z)^2 + \cdots + \varLambda_n (A_n Z)^2, \\ & \cdots\cdots\cdots\cdots\cdots\cdots\cdots\cdots \\ S_m &= \varLambda_1^m (A_1 Z)^2 + \cdots + \varLambda_n^m (A_n Z)^2, \end{aligned}$
. . . .

Der Ausdruck z. B. von $(A_1 Z)^2$ ist

(25) $\boxed{(A_1 Z)^2 = \dfrac{(S_1 - \varLambda_2 S_0)\Sigma_0 (S_1 - \varLambda_3 S_0)\Sigma_0 \ldots \Sigma_0 (S_1 - \varLambda_n S_0)}{(\varLambda_1 - \varLambda_2)(\varLambda_1 - \varLambda_3)\ldots(\varLambda_1 - \varLambda_n)}}$

Die linearen Formen $(A_k Z) = \sqrt{(A_k Z)^2}$ sind, wenn entsprechend jedem Werte von k $(= 1 \ldots n)$ ein bestimmter Wurzelwert gewählt wird, ebenfalls linear-unabhängig.

mit Hilfe irrationaler Kovarianten.

Natürlich sind diese linearen Formen ebenfalls (irrationale) Kovarianten der Grundformen S_0 und S_1; sie sind Wurzeln einer Gleichung $2n$ten Grades von spezieller Struktur. Wir übergehen ihre naheliegende Kombinateneigenschaft (vgl. S. 174), fügen aber einige andere Ergänzungen hinzu.

IX. **Die Koeffizienten J_0, $-J_1$, ... der Gleichung (22) sind (relative) ganze rationale Invarianten, gehörig zur Gruppe G (G_{n^2}).** Und zwar ist

$$J_0 = \frac{1}{n!} \cdot (L^1 L^2 \ldots L^{n-1} L^n)^2 = |S_0|,$$

$$J_1 = \frac{1}{1!(n-1)!} \cdot (L^1 L^2 \ldots L^{n-1} A^n)^2 = |S_0| \cdot (AA)^2,$$

$$J_2 = \frac{1}{2!(n-2)!} \cdot (L^1 L^2 \ldots A^{n-1} A^n)^2$$

$$= \left\{\frac{1}{2!}\right\}^2 \cdot |S_0| \cdot (A^{n-1} A^n | A^{n-1} A^n)^2$$

$$= \frac{1}{2!} \cdot |S_0| \cdot \begin{vmatrix} (A^1 A^1)^2, & (A^1 A^1)(A^1 A^2) \\ (A^2 A^1)(A^2 A^2), & (A^2 A^2)^2 \end{vmatrix},$$

(26) . . . .

$$J_{n-1} = \frac{1}{(n-1)!\,1!} (L^1 A^2 \ldots A^{n-1} A^n)^2$$

$$= \left\{\frac{1}{(n-1)!}\right\}^2 \cdot |S_0| \cdot (A^2 \ldots A^n | A^2 \ldots A^n)^2$$

$$= \frac{1}{(n-1)!} \cdot |S_0| \cdot |(A^2 A^2)^2 \ldots (A^n A^n)^2|,$$

$$J_n = \frac{1}{n!} (A^1 A^2 \ldots A^n)^2$$

$$= \left\{\frac{1}{n!}\right\}^2 \cdot |S_0| \cdot (A^1 \ldots A^n | A^1 \ldots A^n)$$

$$= \frac{1}{n!} \cdot |S_0| \cdot |(A^1 A^1)^2 \ldots (A^n A^n)^2|.$$

Die leicht in Form von Determinantensummen zu bildenden „unsymbolischen" Ausdrücke für die Invarianten $J_0 \ldots J_n$ sind in diesem Falle übersichtlicher als die mehrgestaltigen Formen der Invariantensymbolik; sie haben aber den Nachteil, daß man ihnen ihre Invarianteneigenschaft nicht ansieht, und auch sonst leisten sie nicht ganz dasselbe.

§ 15. Darstellung bilinearer Formen

X. Die Vektoren $A_1 \ldots A_n$ genügen den Gleichungen

(27)
$$J_0 = \frac{1}{n!}(L_1 \ldots L_n)^2 = (A_1 \ldots A_n)^2,$$
$$(A_k \varDelta)^2 = 1, \quad (A_i \varDelta)(\varDelta A_k) = 0 \quad \{i \neq k\}.$$

Zu einem inhaltsreicheren Gleichungssystem gelangen wir, wenn wir neben die Vektoren zweiter Schicht $A_1 \ldots A_n$ die, wie wir sagen wollen, zu ihnen komplementären Vektoren erster Schicht $P_1 \ldots P_n$ stellen, die mit ihnen durch die Gleichungen

(28)
$$(P_1 W) = \frac{(W A_2 \ldots A_n)}{(A_1 A_2 \ldots A_n)}, \ldots, (P_n W) = \frac{(A_1 \ldots A_{n-1} W)}{(A_1 \ldots A_{n-1} A_n)},$$
$$(A_1 Z) = \frac{(Z P_2 \ldots P_n)}{(P_1 P_2 \ldots P_n)}, \ldots, (A_n Z) = \frac{(P_1 \ldots P_{n-1} Z)}{(P_1 \ldots P_{n-1} P_n)},$$

und daher auch durch die Gleichungen

(29)
$$(A_k P_k) = 1, \quad (A_i P_k) = 0 \quad \{i \neq k\},$$
$$(A_1 \ldots A_n) \cdot (P_1 \ldots P_n) = 1$$

verbunden sind. Es tritt dann neben die erste der Gleichungen

(30)
$$\boxed{(LZ)^2 = \Sigma (A_k Z)^2, \quad (\varDelta W)^2 = \Sigma (P_k W)^2,}$$

die wir schon hatten, die zweite, und es folgt weiter

(31)
$$\boxed{(A_k \varDelta)(\varDelta W) = (P_k W), \quad (P_k L)(LZ) = (A_k Z);}$$

es ist also

(32)
$$(P_k L) L = \quad A_k, \quad (P_k L)^2 = 1, \quad (P_i L)(P_k L) = 0,$$
$$(P_k A) \varDelta = \varDelta_k \cdot A_k, \quad (P_k A)^2 = \varDelta_k, \quad (P_i A)(P_k A) = 0,$$
$$\ldots \ldots \ldots \ldots \ldots \ldots \ldots \ldots \ldots \ldots$$

Es wird hiernach verständlich sein, was mit dem folgenden Satz gemeint ist:

XI. **Die Vektoren $A_1 \ldots A_n$ bilden ein System zueinander quasi-orthogonaler Einheitsvektoren in bezug auf die quadratische Form $\Sigma_0 = (\varDelta U)^2$, und die zu ihnen komplementären Vektoren $P_1 \ldots P_n$ bilden ein ebensolches System in bezug auf die zu Σ_0 reziproke Form $S_0 = (LX)^2$. Alle diese Vektoren zusammen bestimmen ein gemeinsames Polpolytop für die quadratischen Formen $S_0, S_1, S_2, \ldots$**

Die zuletzt vorgeführten Sätze vereinfachen sich, wenn wir (zum Beispiel) die weitere Annahme hinzufügen, daß die zueinander reziproken Formen S_0, Σ_0 die Determinante Eins haben. Es braucht dann zwischen den vier Formen S_0, Σ_0, E und H in bezug auf das Verfahren der symbolischen Multiplikation nicht unterschieden zu werden (S. 152). Die Formel (25) kann dann einfach so geschrieben werden

(25*) $$(A_1 Z)^2 = \frac{(S_1 - A_2 S_0) \ldots (S_1 - A_n S_0)}{(A_1 - A_2) \ldots (A_1 - A_n)}.$$

Sie gleicht dann auch äußerlich noch der Formel (7). Entsprechendes gilt von den übrigen Formeln unseres Systems. Der Unterschied aber bleibt bestehen, daß im vorliegenden Falle die linearen Formen $(A_k Z)$ und $(P_k Z)$ Kovarianten der Grundformen S_0, S_1 sind. Das vereinfachte Formelsystem ist invariant nur noch gegenüber der Gruppe Γ, H, und es wird invariant nur noch gegenüber Γ, wenn man die weitere Bestimmung

(29*) $$(A_1 \ldots A_n) = 1 = (P_1 \ldots P_n)$$

hinzufügt. Hält man dann noch die Formen S_0, Σ_0 fest, so bewegt man sich im System der Invarianten und Kovarianten einer einzelnen Grundform $S = S_1$ gegenüber der Gruppe γ. Tritt die weitere Annahme

$$(LZ)^2 = (ZZ) = Z_1^2 + \cdots + Z_n^2$$

hinzu, so werden die Transformationen von γ orthogonal, es gehen also dann die linearen Formen $(A_k Z)$ aus den Koordinaten $Z_1 \ldots Z_n$ durch eine eigentlich orthogonale Transformation hervor. (Hauptachsenproblem.)

Eine einfachste Anwendung unserer Überlegungen liefert den auf quadratische Formen mit reellen Kernen und Veränderlichen bezüglichen vielbenutzten Lehrsatz:

XII. **Wenn die quadratischen Formen S_0 und S_1 reell sind und S_0 überdies definit ist, so hat die Gleichung**

$$|A S_0 - S_1| = 0$$

nur reelle Wurzeln.

Da in jeder Nähe einer Form S_1 andere Formen derart liegen, für die die genannte Gleichung nur verschiedene Wurzeln hat, so genügt es, den Beweis unter dieser letzten Voraussetzung zu führen.

§ 15. Darstellung bilinearer Formen

Zunächst folgt nun, daß die Wurzeln $A_1 \ldots A_n$ entweder reell oder paarweise konjugiert-imaginär sein müssen, und daß für die Quadrate der Formen $(A_k Z)$ das gleiche gilt. Außerdem sollen diese Quadrate, soweit sie reell sind, alle das gleiche Vorzeichen haben. Wäre es nun möglich, daß z. B. $(A_1 Z)^2$ und $(A_2 Z)^2$ konjugiert-imaginär wären, so müßte für die Wurzelgrößen $(A_1 Z)$ und $(A_2 Z)$ nach geeigneter Wahl der Vorzeichen dasselbe gelten. Dann aber wäre $(A_1 Z)^2 + (A_2 Z)^2$ Differenz der Quadrate zweier reeller linearer Formen, wider die Vorraussetzung.

Die zuletzt behandelten Aufgaben gehören zu den einfachsten einer Klasse von Problemen, deren Theorie unter dem Namen einer Lehre von den Elementarteilern eine vielfältige Bearbeitung erfahren hat. Es handelt sich dabei hauptsächlich um die Frage nach der Äquivalenz von Paaren oder Büscheln quadratischer oder bilinearer Formen (mit kontragredienten oder kogredienten Veränderlichen) gegenüber Transformationen der Gruppen G und $\mathfrak{G}$, und damit um Probleme, deren mehrere ein erhebliches geometrisches und sonstiges Interesse haben.

Die Theorie der Elementarteiler ist von Weierstrass ersonnen worden, der nur in dem scharfsinnigen englischen Zahlentheoretiker Stephen Smith in gewisser Hinsicht einen Vorgänger gehabt zu haben scheint. Andere, wie namentlich Kronecker und Frobenius haben wesentliches dazu beigetragen. Eine lesbare Einführung in diesen Gedankenkreis findet man in der Höheren Algebra von Bôcher (deutsch von H. Beck, 1910), eine vollständigere Darlegung in der Theorie der Elementarteiler unseres leider früh verstorbenen Landsmannes P. Muth (1899).

Diese Theorie, zu deren Hervorbringung die Aufbietung bedeutenden Scharfsinns nötig war, stellt heute wohl, im Gebiete der Invariantentheorie, den am weitesten getriebenen Vorstoß in sonst größtenteils noch unzugängliche Lande dar, und viele ihrer Ergebnisse sind auch durch hohe Schönheit ausgezeichnet. Bei aller Anerkennung aber, die man solchen Leistungen gewiß nicht versagen wird, soll doch nicht verhehlt werden, daß sie im ganzen noch recht weit davon entfernt zu sein scheinen, das hervorgebracht zu haben, was man als einen Dauerzustand der Wissenschaft betrachten darf. Es hängt das natürlich mit den großen Schwierigkeiten zusammen, die zunächst zu überwinden waren.

Das vorliegende Buch soll vor allem auch jüngeren Mathematikern eine Anregung zu eigener Forschung bieten. Daher wird es mir erlaubt sein, zu sagen, in welcher Richtung ich einen Fortschritt für möglich und erwünscht halte.

Vor allem ist das Programm der Invariantentheorie noch gar nicht wirklich durchgeführt worden. Man hat unmittelbar Äquivalenzprobleme in Angriff genommen, und hat dabei nicht unterschieden zwischen dem, was mit den gegebenen Grundformen invariant verbunden ist und was nicht. Daß aber durch eine solche Trennung, die einen grundsätzlichen Charakter hat, sowohl eine Vereinfachung herkömmlicher Überlegungen als auch eine vertiefte Einsicht erreicht werden kann, hoffe ich schon durch die vorgeführten beiden Beispiele gezeigt zu haben. Es muß als störend empfunden werden, wenn das stückweise hergestellt wird, was sich mit einem Schlage leisten läßt. Und überhaupt wird sich schwer leugnen lassen, daß es nicht dem Wesen der Sache entspricht, wenn in Beweisen Voraussetzungen nicht-invarianter Natur (über Hauptunterdeterminanten und dergleichen) herangezogen werden, und daß demzufolge so mancher Beweisführung der Charakter des Gekünstelten anhaftet.

Ob man sich bei solchen Überlegungen der symbolischen Methode bedienen soll oder nicht, ist bei dieser speziellen Gruppe von Problemen an sich nicht sehr wesentlich. Tut man es aber nicht, so geht erstens die Einordnung solcher spezieller Resultate in einen umfassenderen Gedankenkreis verloren, zu dessen sachgemäßer Bearbeitung die Invariantensymbolik keinesfalls entbehrt werden kann, d. h. es werden damit allerlei Anwendungen erschwert, und zweitens entsteht dann immer von neuem die Gefahr künstlicher Beweisführungen, weil man es unsymbolischen Ausdrücken gewöhnlich nicht ansieht, ob sie die Invarianteneigenschaft haben oder nicht. Tatsache ist ja wohl auch, daß die Begründer und Förderer der besprochenen Theorie die symbolische Rechnungsweise nicht oder nur ungenügend gekannt haben. Es handelt sich hier schwerlich um eine bloße Geschmackssache.

Auf das Beispiel einer bilinearen Form des Typus $F = (XA)(PU)$ lassen sich, wie gesagt, mehrere gerade der für die Geometrie wichtigsten Probleme der besprochenen Art zurückführen, und zwar gilt das auch noch für eine ausgedehnte Klasse der im Texte nicht erörterten Grenzfälle. Alle Grenzfälle aber einer Form des Typus $(XA)(PU)$ lassen sich auf ähnliche Art behandeln, wie es hier gezeigt worden ist. (Teilweise dargelegt in den Wiener Monatsheften vom Jahre 1900; Rekurrierende Reihen und bilineare Formen, §§ 6 bis 9. Vgl. auch J. Wellstein, Archiv der Mathematik und Physik, 3. Reihe, Bd. V, 1901, S. 229, wo freilich zuvor schon Erreichtes wieder aufgegeben ist. Dort auch weitere Literatur). Es gibt immer ein System von Kovarianten, die ähnliche Eigenschaften haben, wie die im Texte besprochenen Kovarianten $E_1 \ldots E_n$. Sind solche Kovarianten einmal hergestellt, so ist damit das Problem der Reduktion der Form F auf sogenannte kanonische Koordinaten sehr vereinfacht; denn dann man eine Reihe unter sich ganz gleichartiger Probleme von elementarem Charakter vor sich: Die einzelnen Koordinatenpaare X_k, U_k sind auf Gruppen verteilt, Produkte $X_i U_k$ mit Koordinaten aus verschiedenen Gruppen kommen in dem reduzierten Ausdruck der Form F nicht mehr vor.

Freilich lassen nicht alle von den genannten Mathematikern behandelten Aufgaben unmittelbar eine derartige Reduktion zu. Unter anderem wird der auch für die Geometrie wichtige Fall der Büschel singulärer quadratischer Formen eine besondere Behandlung verlangen. —

Die letzten Abschnitte des vorliegenden Buches sind ausgeführten Beispielen zu dem Inhalte der Paragraphen 10 bis 15 gewidmet. Sie beziehen sich alle auf die Theorie der ternären bilinearen Formen. Wegen des kleinen Wertes der Stufenzahl $n = 3$ braucht dabei die Theorie der Elementarteiler, die hier anhangsweise besprochen worden ist, nicht herangezogen zu werden. Sie würde in diesem einfachen Falle auch noch keinen nennenswerten Nutzen bieten. Es soll aber versucht werden, in anderer Richtung eine gewisse Vollständigkeit zu erreichen.

§ 16.
Beispiel: Ternäre bilineare Formen mit kontragredienten Veränderlichen.

Wir betrachten jetzt wieder ein Gebiet dritter Stufe, und in ihm zunächst eine bilineare Form des Typus

$$F = (XA)(PU) = \Sigma X_i A_{ik} U_k,$$

fragen aber nunmehr nach der **Gesamtheit** ihrer zur Gruppe $G(G_9)$ gehörigen ganzen und rationalen Invarianten und Kovarianten, unter denen wir solche Invarianten verstehen wollen, in denen etwa neben dem Kern von F auch noch zwei Vektoren X und U vorkommen [1]). Es wird ein System von einigen wenigen, und ihrer Zahl nach nicht mehr zu verringernden Invarianten und Kovarianten derart aufgestellt werden, durch die sich alle übrigen ganz und rational ausdrücken lassen — also ein kleinstes System solcher Invarianten und Kovarianten.

Von vornherein ist klar, daß diese alle sich mit Hilfe von (nur symbolischen oder realen) Faktoren der Typen

$$(AA'A''), \quad (AP), \quad (PP'P''),$$
$$(UX),$$
$$(UAA'), \quad (XA), \quad (PU), \quad (PP'X)$$

werden darstellen lassen.

Einen wichtigen Bestandteil des zu suchenden Systems kennen wir nunmehr schon.

Zunächst haben wir drei unabhängige Invarianten (Ringe) R_1, R_2, R_3, die der Folge

(1) $\quad R_0 = 3, \quad R_1 = (AP), \quad R_2 = (AP')(A'P),$
$\quad R_3 = (AP')(A'P'')(A''P), \ldots$

---

[1]) Es soll nämlich im zweiten Teile dieses Buches gezeigt werden, daß auf die hiermit bezeichnete Aufgabe sich die umfassendere zurückführen läßt, die simultanen Invarianten von F und beliebig vielen Vektoren $X_1, X_2, \ldots, U_1, U_2, \ldots$ zu bilden.

Das bezeichnete Problem ist schon frühzeitig gelöst worden, von Clebsch und Gordan [Über biternäre Formen mit kontragredienten Variabeln. Math. Ann. **1**, 359 u. ff. (1869)]. Übrigens wird das Wort biternär besser für solche Formen aufgespart, deren Veränderliche zwei unabhängig voneinander zu transformierenden ternären Gebieten angehören.

zu entnehmen sind. Diese aber werden besser ersetzt durch die Invarianten J_1, J_2, J_3, die mit ihnen durch die Gleichungen

(2) $\quad J_1 = R_1, \quad J_2 = \tfrac{1}{2}\{R_1{}^2 - R_2\},$
$\quad\quad J_3 = \tfrac{1}{6}\{R_1{}^3 - 3R_1R_2 + 2R_3\},$

oder durch die Gleichungen

(3) $\quad R_1 = J_1, \quad R_2 = J_1{}^2 - 2J_2,$
$\quad\quad R_3 = J_1{}^3 - 3J_1J_2 + 3J_3$

verbunden sind.

(4) $\quad J_3 = \tfrac{1}{6}(AA'A'')(PP'P'')$

ist dann die Diskriminante der gegebenen bilinearen Form.

Von Kovarianten haben wir zunächst zu verzeichnen die bilinearen Formen

(5) $\quad F_0 = (XU), \quad F_1 = (XA)(PU),$
$\quad\quad F_2 = (XA)(PA')(P'U),$

aus denen sich die analog gebildeten Formen F_3, F_4 ... mit Hilfe der Rekursionsformel

(6) $\quad F_m - J_1 \cdot F_{m-1} + J_2 \cdot F_{m-2} - J_3 \cdot F_{m-3} = 0 \; \{m \geq 3\}$

zusammensetzen lassen. Durch F_0, F_1, F_2 läßt sich auch die quadratische Kovariante $\tfrac{1}{2}(XPP')(AA'U)$ von $F = F_1$ ausdrücken:

(7) $\quad \tfrac{1}{2}(XPP')(AA'U) = F_2 - J_1 \cdot F_1 + J_2 \cdot F_0.$

[Ist $J_3 \neq 0$, läßt sich also die Folge $F_0, F_1, F_2, \ldots$ auch über den Index Null hinaus fortsetzen, so ist die Gleichung (7) eine Folge von (6):

(8) $\quad F_{-1} = J_3^{-1} \cdot \tfrac{1}{2}(XPP')(AA'U)$
$\quad\quad = J_3^{-1} \cdot \{F_2 - J_1 \cdot F_1 + J_2 \cdot F_0\};$

(7) gilt aber auch in allen anderen Fällen.]

Hiermit ist die Frage nach allen ganzen und rationalen Invarianten der Grundform F schon erledigt. Da nämlich nach (6) auch

(9) $\quad R_m - J_1 \cdot R_{m-1} + J_2 \cdot R_{m-2} - J_3 \cdot R_{m-3} = 0$

sein muß, sobald $m \geq 3$ ist, und R_1, R_2, R_3 durch J_1, J_2, J_3 ausdrückbar sind, so haben wir keine weiteren Invarianten ohne Determinantenfaktor zu bilden. Invarianten mit einem Determinantenfaktor $(AA'A'')$ oder $(PP'P'')$ aber brauchen überhaupt nicht gebildet zu werden, da sich sofort

(10) $\quad (AA'A'')(PU)(P'V)(P''W) = J_3 \cdot (UVW),$
$\quad\quad (PP'P'')(AX)(A'Y)(A''Z) = J_3 \cdot (XYZ)$

§ 16. Beispiel: Ternäre bilineare Formen

findet. Auch brauchen wegen der Identität (B) in den zu bildenden symbolischen Produkten Determinantenfaktoren des Typus $(PP'X)$ nicht mit solchen des kontragredienten Typus verbunden zu werden: In jedem solchen Falle würden wir nach Ausmultiplizieren der beiden Determinanten ein Aggregat von Formen mit schon betrachteten symbolischen Faktoren erhalten, wie wir es an dem Beispiel (7) gesehen haben. Formen mit Faktoren $(PP'X)$ oder $(AA'U)$ aber liefern wirklich Neues, und zwar erhalten wir nun daraus zwei weitere Formen:

(11)
$$\begin{aligned}(SX)^3 &= (A''P)(P'P''X)(AX)(A'X) \\ (\Sigma U)^3 &= (P''A)(A'A''U)(PU)(P'U)^1),\end{aligned}$$

die auf Grund der Identität (B) mit schon aufgestellten Formen durch eine identische Relation verbunden sind:

(12)
$$(SX)^3 \cdot (\Sigma U)^3 = \begin{vmatrix} F_0 & F_1 & F_2 \\ F_1 & F_2 & F_3 \\ F_2 & F_3 & F_4 \end{vmatrix} =$$
$$= \{(J_1{}^2 - J_2) \cdot F_2 - (J_1 J_2 - J_3) \cdot F_1 + J_1 J_3 \cdot F_0\}$$
$$\cdot (F_0 F_2 - F_1{}^2) +$$
$$+ \{J_1 \cdot F_2 - J_2 \cdot F_1 + J_3 \cdot F_0\}(2 F_1 F_2 - F_0 F_3) - F_2{}^3.$$

Die gefundenen Invarianten und Kovarianten

$$J_1, J_2, J_3, F_0, F_1, F_2, (SX)^3, (\Sigma U)^3$$

sind durch diese einzige identische Relation — (12) — verbunden. Sie bilden ein zur Gruppe G gehöriges vollständiges (und zugleich kleinstes) „Formensystem" der Grundform F: Alle ganzen und rationalen Invarianten

---

[1]) Bei dem Rechnen mit den Abkürzungen $(SX)^3$ und $(\Sigma U)^3$ ist es nötig, zu beachten, daß die Symbole S und Σ sich nicht (wie Symbole von Grundformen) schlechthin kontragredient zu den Symbolen X und U verhalten. Da nämlich $(P'P''X)$ bei linearer Transformation die Transformationsdeterminante als Faktor annimmt, und $(A'A''U)$ ihren reziproken Wert, so tun das gleiche auch die entsprechenden Kovarianten $(SX)^3$ und $(\Sigma U)^3$. Man wird also dem einzelnen Symbol S — das immer dreimal auftritt — bei Ausführung einer linearen Transformation noch eine dritte Wurzel aus der Transformationsdeterminante als Faktor hinzuzufügen haben, und ebenso dem einzelnen Symbol Σ den reziproken Wert dieser dritten Wurzel. Aus $(SX)^3$ und $(U\Sigma)^3$ hebt sich dann die Irrationalität wieder weg.

und Kovarianten dieser Form (Kovarianten mit Veränderlichen X oder U, oder X und U) lassen sich rational und ganz durch sie ausdrücken.

Daß zwischen den genannten Größen eine weitere identische Relation nicht bestehen kann, sieht man an dem Beispiel:

(13) $$F = X_1 C_{11} U_1 + X_2 C_{22} U_2 + X_3 C_{33} U_3,$$

auf das wir alsbald noch näher einzugehen haben werden.

Es bleiben nun noch Kovarianten zu betrachten, die einen der Faktoren $(A A' U)$, $(P P' X)$ enthalten: Sind diese alle durch Formen des aufgestellten Systems ganz und rational ausdrückbar, so ist unser Satz erwiesen.

Wir nehmen an, es handele sich etwa um den Faktor $(A A' U)$. Wenn dann das zu bildende symbolische Produkt nicht ohne weiteres zerfallen soll, so muß noch ein Faktor $(A'' P)$, oder, was auf dasselbe hinauskommt, ein Faktor $(A'' P')$ vorhanden sein. So kommen wir aber, außer zur Kovariante $(\Sigma U)^3$, nur noch zu Formen, die, wenn sie wieder nicht zerfallen sollen, die Faktorengruppe $(A A' U)(A'' P)$ $(A''' P')$, oder die Faktorengruppe $(A A' U)(A'' P)(A''' P'')$ enthalten müssen. Nun ist aber — was auch immer V und W bedeuten mögen —
$$(A A' U)(A'' P)(A''' P')(P'' V)(P''' W)$$
$$= \tfrac{1}{2}(\underline{A A'}\ U)(A'' A''' \mid \underline{P P'})(P'' V)(P''' W),$$

und dieses wird nach Nr. (7)
$$= (A A'' A''')(A' P)(P' U)(P'' V)(P''' W) -$$
$$- J_1 \cdot (A A'' A''')(P U)(P'' V)(P''' W) +$$
$$+ J_2 \cdot (A'' A''' U)(P'' V)(P''' W).$$

Diese Form aber setzt sich nach Nr. (10) aus Teilen zusammen, deren jeder mindestens einen der Faktoren J_1, J_2, J_3 hat.

Im zweiten Falle erhält man ähnlich
$$(A A' U)(A'' P)(A''' P'')(P' V)(P''' W)$$
$$= \tfrac{1}{2}(\underline{A A'}\ U)(A'' V \mid \underline{P P'})(A''' P'')(P''' W)$$
$$= (A A'' V)(A' P)(P' U)(A''' P'')(P''' W)$$
$$\quad - J_1 \cdot * + J_2 \cdot *$$
$$= (A A' V)(A'' P)(A''' P'')(P'' U)(P''' W)$$
$$\quad - J_1 \cdot * + J_2 \cdot *.$$

Hier ist der erste Summand soeben als durch Formen unseres Systems ausdrückbar erwiesen worden, die beiden anderen enthalten die Faktoren J_1 und J_2.

§ 16. Beispiel: Ternäre bilineare Formen

Will man die begonnene Reduktion wirklich durchführen — was für unseren augenblicklichen Zweck ja nicht nötig ist —, so erhält man, z. B. im ersten Falle
$(A\,A'\,U)(A''P)(A'''\,P')(P''V)(P'''W) = J_2.(AVW)(PA')(P'U) +$
$+ (J_3 - J_1 J_2).(A\,V\,W)(P\,U) - (J_1 J_3 - J_2^2).(U\,V\,W).$

Wir bilden jetzt die charakteristische Gleichung unserer Form,

(14) $$\boxed{\Delta^3 - J_1.\Delta^2 + J_2.\Delta^1 - J_3.\Delta^0 = 0,}$$

und bezeichnen ihre Wurzeln mit $\Delta_1, \Delta_2, \Delta_3$, so daß (mindestens für $m = 0, 1, 2, \ldots$)

(15) $$R_m = \Delta_1^m + \Delta_2^m + \Delta_3^m$$

wird. Wird dann

(16) $$\Pi = (\Delta_2 - \Delta_3)(\Delta_3 - \Delta_1)(\Delta_1 - \Delta_2)$$

gesetzt, so ist Π^2 die Diskriminante der charakteristischen Gleichung:

(17) $$\Pi^2 = \begin{vmatrix} 1 & 1 & 1 \\ \Delta_1 & \Delta_2 & \Delta_3 \\ \Delta_1^2 & \Delta_2^2 & \Delta_3^2 \end{vmatrix}^2 = \begin{vmatrix} R_0 & R_1 & R_2 \\ R_1 & R_2 & R_3 \\ R_2 & R_3 & R_4 \end{vmatrix} =$$

$$= \tfrac{1}{3}\{4(J_1^2 - 3J_2)(J_2^2 - 3J_1 J_3) - (J_1 J_2 - 9J_3)^2\}$$
$$= \tfrac{1}{27}\{4(J_1^2 - 3J_2)^3 - (2J_1^3 - 9J_1 J_2 + 27J_3)^2\}$$
$$= -4J_1^3 J_3 + J_1^2 J_2^2 + 18 J_1 J_2 J_3 - 4 J_2^3 - 27 J_3^2\ {}^1).$$

Wenn wir, behufs Bildung symbolischer Potenzen, das Zeichen F durch die Zeichen T und T ersetzen, und dann mit diesen den Begriff geordneter bilinearer Formen verbinden,

(18) $$T = (XA)(PU), \quad \mathsf{T} = (UP)(AX),$$

so daß $\mathsf{T} = T'$ und $\mathsf{T} = \mathsf{T}'$ wird, so erhalten wir die Gleichungen

(19) $$\boxed{\begin{aligned}(T - \Delta_1 \mathsf{E})(T - \Delta_2 \mathsf{E})(T - \Delta_3 \mathsf{E}) &= 0, \\ (\mathsf{T} - \Delta_1 \mathsf{H})(\mathsf{T} - \Delta_2 \mathsf{H})(\mathsf{T} - \Delta_3 \mathsf{H}) &= 0;\end{aligned}}$$

und, wenn — für $\alpha, \beta, \gamma = 1, 2, 3;\ 2, 3, 1;\ 3, 1, 2$ — unter der Voraussetzung $\Pi^2 \neq 0$

(20) $$\boxed{\begin{aligned}\mathsf{E}_\alpha &= (X\Delta_\alpha)(P_\alpha U) = \frac{(T - \Delta_\beta \mathsf{E})(T - \Delta_\gamma \mathsf{E})}{(\Delta_\alpha - \Delta_\beta)(\Delta_\alpha - \Delta_\gamma)}, \\ \mathsf{H}_\alpha &= (UP_\alpha)(\Delta_\alpha X) = \frac{(\mathsf{T} - \Delta_\beta \mathsf{H})(\mathsf{T} - \Delta_\gamma \mathsf{H})}{(\Delta_\alpha - \Delta_\beta)(\Delta_\alpha - \Delta_\gamma)}\end{aligned}}$$

---

[1]) Siehe die Anmerkung am Schluß des Paragraphen.

gesetzt wird, so erhalten wir die Darstellung von T^0, T^1, ... und T^0, T^1, ... durch diese den Gleichungen

(21) $\quad \mathsf{E}_\alpha^2 = \mathsf{E}_\alpha, \quad \mathsf{E}_\beta \mathsf{E}_\gamma = \mathsf{E}_\gamma \mathsf{E}_\beta = 0,$
$\quad \mathsf{H}_\alpha^2 = \mathsf{H}_\alpha, \quad \mathsf{H}_\beta \mathsf{H}_\gamma = \mathsf{H}_\gamma \mathsf{H}_\beta = 0$

genügenden Formen („Einheitsformen"):

(22) $\quad \begin{aligned} T^m &= A_1^m \mathsf{E}_1 + A_2^m \mathsf{E}_2 + A_3^m \mathsf{E}_3, \\ \mathsf{T}^m &= A_1^m \mathsf{H}_1 + A_2^m \mathsf{H}_2 + A_3^m \mathsf{H}_3, \end{aligned} \quad \{m = 0, 1, 2, \cdots\}.$

Ferner erhält man, wie zuvor für einen beliebigen Wert der Stufenzahl nachgewiesen worden ist, die Zerlegung der Formen E_α, H_α in lineare Faktoren:

(23) $\quad \mathsf{E}_\alpha = (XA_\alpha) \cdot (P_\alpha U), \quad \mathsf{H}_\alpha = (UP_\alpha) \cdot (A_\alpha X),$

und die zwischen diesen stattfindenden Gleichungen

(24) $\quad (A_\alpha P_\alpha) = 1, \quad (A_\beta P_\gamma) = 0$

und

(25) $\quad (A_1 A_2 A_3) \cdot (P_1 P_2 P_3) = 1,$

(26) $\quad \begin{aligned} (P_\beta P_\gamma X) &= (P_1 P_2 P_3) \cdot (A_\alpha X), \\ (A_\beta A_\gamma U) &= (A_1 A_2 A_3) \cdot (P_\alpha U), \end{aligned}$

(27) $\quad (P_\alpha A) P = A_\alpha \cdot P_\alpha, \quad A(PA_\alpha) = A_\alpha \cdot A_\alpha.$

Wir berechnen hiernach ohne Mühe die Ausdrücke der Kovarianten $(SX)^3$ und $(\Sigma U)^3$ durch die linearen Formen $(A_\alpha X)$ und $(P_\alpha U)$. Es findet sich z. B.:

$$\begin{aligned}-(SX)^3 &= (P'A)(PP''X)(A'X)(A''X) = \\ &= \Sigma A_\alpha \cdot (P_\alpha A)(PP''X)(A_\alpha X)(A''X) \\ &= \Sigma A_\alpha^2 \cdot (P_\alpha A_\alpha)(P_\alpha PX)(A_\alpha X)(AX) \\ &= \Sigma A_\beta^2 A_\gamma \cdot (P_\beta P_\gamma X)(A_\beta X)(A_\gamma X) \\ &= \Sigma A_\beta^2 A_\gamma \cdot (P_\alpha P_\beta P_\gamma)(A_\alpha X)(A_\beta X)(A_\gamma X),\end{aligned}$$

und also

(28) $\quad \begin{aligned} (SX)^3 &= \Pi \cdot (P_1 P_2 P_3)(A_1 X)(A_2 X)(A_3 X), \\ (\Sigma U)^3 &= \Pi \cdot (A_1 A_2 A_3)(P_1 U)(P_2 U)(P_3 U). \end{aligned}$

§ 16. Beispiel: Ternäre bilineare Formen

Hieraus erhält man wieder die Identität (12), da

$$(SX)^3 \cdot (\Sigma U)^3$$
$$= (P_1 P_2 P_3) \cdot \begin{vmatrix} (A_1 X), & (A_2 X), & (A_3 X) \\ \varLambda_1(A_1 X), & \varLambda_2(A_2 X), & \varLambda_3(A_3 X) \\ \varLambda_1^2(A_1 X), & \varLambda_2^2(A_2 X), & \varLambda_3^2(A_3 X) \end{vmatrix}$$

$$\cdot (A_1 A_2 A_3) \cdot \begin{vmatrix} (P_1 U), & (P_2 U), & (P_3 U) \\ \varLambda_1(P_1 U), & \varLambda_2(P_2 U), & \varLambda_3(P_3 U) \\ \varLambda_1^2(P_1 U), & \varLambda_2^2(P_2 U), & \varLambda_3^2(P_3 U) \end{vmatrix}$$

$$= \begin{vmatrix} F_0 & F_1 & F_2 \\ F_1 & F_2 & F_3 \\ F_2 & F_3 & F_4 \end{vmatrix}$$

wird. Eine geringe Vereinfachung kann man in diesen Formeln noch dadurch erzielen, daß man die in gewissem Maße willkürlichen Formen $(A_\alpha X)$, $(P_\alpha U)$ durch die Annahme

$$(A_1 A_2 A_3) = 1 = (P_1 P_2 P_3)$$

spezialisiert. Es ist aber zu bedenken, daß die so vereinfachten Formeln nur noch bei Transformationen der Gruppe $\varGamma(\varGamma_8)$ ihre Form bewahren.

Aus dem Gesagten geht noch hervor, daß im Falle $\varPi^2 \neq 0$ die notwendige und hinreichende Bedingung für die Äquivalenz zweier Formen F und $\underline{F}$ in bezug auf die Gruppe G (und dann auch schon in bezug auf die Gruppe $\varGamma$) darin besteht, daß das System der Invarianten $\varLambda_\alpha$ mit dem System der Invarianten $\underline{\varLambda}_\alpha$ übereinstimmt. In rationaler Form wird dann diese Äquivalenzbedingung so ausdrückbar sein:

(29) $\qquad J_1 = \underline{J}_1, \quad J_2 = \underline{J}_2, \quad J_3 = \underline{J}_3.$

Im Falle der zu G gehörigen Kollineationsgruppe $\mathfrak{G}(\mathfrak{G}_8)$ tritt an Stelle dieser Bedingung die Forderung der Vereinbarkeit der Gleichungen

$$\varrho \cdot J_1 = \underline{J}_1, \quad \varrho^2 \cdot J_2 = \underline{J}_2, \quad \varrho^3 \cdot J_3 = \underline{J}_3.$$

Äquivalenz der beiden Kollineationen $(XA)(PU) = 0$ und $(X\underline{A})(\underline{P}U) = 0$ besteht also, unter der Voraussetzung $\varPi^2 \neq 0$, immer dann, wenn die Verhältniswerte

(30) $\qquad J_2 : J_1^2, \quad J_3 : J_1^3, \quad J_3^2 : J_2^3,$

gebildet für die Formen F und $\underline{F}$, dieselben sind.

mit kontragredienten Veränderlichen.

Erläuterung zu dem Ausdruck für Π^2, Nr. 17.

Eine weitere Gestalt, die man der Invariante Π^2 erteilen kann, ist noch

$$\Pi^2 = \tfrac{1}{3}\left\{ \begin{array}{l} (J_1^3 - 4J_1 J_2 + 9 J_3) \cdot (J_1 J_2 - 9 J_3) \\ -(J_1^2 - 3 J_2) \cdot (J_1^2 J_2 + 3 J_1 J_3 - 4 J_2^2). \end{array} \right\}$$

Der erste der im Texte angegebenen Ausdrücke von Π^2 ist die bekannte Formel, die die Diskriminante einer binären kubischen Form als Diskriminante ihrer Hesseschen Kovariante gibt. Setzt man nämlich, zu homogenen Veränderlichen übergehend,

$$(\alpha\,\xi)^3 = (\alpha_1 \xi_2 - \alpha_2 \xi_1)^3 = \xi_2^3 - J_1 \xi_2^2 \xi_1 + J_2 \xi_2 \xi_1^2 - J_3 \xi_1^3,$$

so ist die „Hessesche Kovariante" von $(\alpha\,\xi)^3$ definiert als die Form

$$(\eth\,\xi)^2 = \tfrac{1}{2}(\alpha\,\alpha')^2 (\alpha\,\xi)(\alpha'\,\xi),$$

und die Ausrechnung hiervon gibt

$$-\tfrac{1}{9}\left\{(J_1^2 - 3 J_2) \xi_2^2 - (J_1 J_2 - 9 J_3) \xi_2 \xi_1 + (J_2^2 - 3 J_1 J_3) \xi_1^2\right\};$$

ihre mit 2 multiplizierte Diskriminante liefert dann die Diskriminante der kubischen Form und damit, abgesehen von einem Zahlenfaktor, den im Texte angegebenen Ausdruck.

Auf den nächsten Ausdruck für Π^2 kommt man, wenn man unter ε eine primitive dritte Einheitswurzel versteht und die auch sonst in der Theorie der kubischen Gleichungen gebräuchlichen Wurzelfunktionen

$$U = A_1 + \varepsilon A_2 + \varepsilon^2 A_3, \quad V = A_1 + \varepsilon^2 A_2 + \varepsilon A_3$$

einführt. Es wird dann nämlich

$$\Pi^2 = -\tfrac{1}{27}\{(U-V)(U-\varepsilon V)(U-\varepsilon^2 V)\}^2$$
$$= -\tfrac{1}{27}(U^3 - V^3)^2 = -\tfrac{1}{27}\{(U^3 + V^3)^2 - 4(UV)^3\}$$

und

$$UV = J_1^2 - 3 J_2, \quad U^3 + V^3 = 2 J_1^3 - 9 J_1 J_2 + 27 J_3.$$

Von diesen beiden Ausdrücken ist der erste, wie wir gesehen haben, abgesehen von dem Zahlenfaktor $-\tfrac{1}{9}$, der erste Koeffizient („das Leitglied") der quadratischen Kovariante von $(\alpha\,\xi)^3$. Aber auch der zweite Ausdruck hat eine ähnliche Bedeutung. Er ist, abgesehen von einem Zahlenfaktor $-\tfrac{1}{27}$, der erste Koeffizient (das Leitglied) der kubischen Kovariante

$$2(\alpha\,\delta)(\alpha\,\xi)^2(\delta\,\xi) = -(\alpha\,\alpha')^2(\alpha\,\alpha'')(\alpha'\,\xi)(\alpha''\,\xi)^2$$
$$= -\tfrac{1}{27}\{2 J_1^3 - 9 J_1 J_2 + 27 J_3\}\xi_2^3 + \cdots$$

Beide Ausdrücke sind Lösungen der partiellen Differentialgleichung

$$3 J_0 \frac{\partial \Phi}{\partial J_1} + 2 J_1 \frac{\partial \Phi}{\partial J_2} + J_2 \frac{\partial \Phi}{\partial J_3} = 0. \quad \{J_0 = 1\}.$$

Sie sind sogenannte Semiinvarianten von $(\alpha \xi)^3$, nämlich Invarianten der Gruppe

$$J_1 + 3K = J'_1,$$
$$J_2 + 2K.J_1 + 3K^2 = J'_2,$$
$$J_3 + K.J_2 + K^2.J_2 + K^3 = J'_3,$$

die durch die Gruppe $\xi_1 = \xi'_1$, $\xi_2 + K\xi_1 = \xi'_2$ oder

$$\varLambda_1 + K = \varLambda'_1, \quad \varLambda_2 + K = \varLambda'_2, \quad \varLambda_3 + K = \varLambda'_3$$

induziert wird. Jede ganze rationale Invariante dieser letzten Gruppe, die von J_1, J_2, J_3 rational abhängt, ist eine ganze rationale Funktion von U, V und $U^3 + V^3$, und ebenso jede ganze rationale Funktion $\Phi(J_1, J_2, J_3)$, die der angeführten Differentialgleichung genügt (wie z. B. Π^2).

§ 17.
Fortsetzung: Die Kovarianten $(SX)^3$ und $(\Sigma U)^3$.

Die von uns E_1, E_2, E_3 und H_1, H_2, H_3 genannten bilinearen Formen unterscheiden sich voneinander nur so, wie die Formen T und T, nämlich durch die Anordnung der in ihnen vorkommenden Veränderlichen X und U. Nennen wir sie in ihrer Eigenschaft als Funktionen von X und U nunmehr Θ_1, Θ_2, Θ_3, so werden diese Formen, irrationale Kovarianten nullten Grades der Grundform F, zunächst nur von dem linearen System der Formen F_0, F_1, F_2, ... abhängen (S. 174). Sie bleiben bestimmt und behalten ihre Werte, wenn man F ersetzt durch F^*, wo

$$F^* = C_2.F_0 + C_1 F_1 + C_0.F_2$$

ist, solange nur keine zwei der Werte

$$\varLambda_\alpha^* = C_2.\varLambda_\alpha^0 + C_1.\varLambda_\alpha^1 + C_0.\varLambda_\alpha^2$$

einander gleich sind. Da jeder Faktor des symbolischen Produkts

$$(T^* - \varLambda_1^* \mathsf{E})(T^* - \varLambda_2^* \mathsf{E})(T^* - \varLambda_3^* \mathsf{E})$$

durch den entsprechenden Faktor $T - \varLambda_\alpha \mathsf{E}$ teilbar ist, so ist das angeführte Produkt identisch gleich Null, $\varLambda_1^*$, $\varLambda_2^*$ und $\varLambda_3^*$ sind die Wurzeln der charakteristischen Gleichung, die zu der Form F^* gehört. Die den Koeffizienten C_2, C_1, C_0 aufzuerlegende Bedingung aber ist das Nichtverschwinden des Differenzenproduktes

$$\Pi^* = (\varLambda_2^* - \varLambda_3^*)(\varLambda_3^* - \varLambda_1^*)(\varLambda_1^* - \varLambda_2^*),$$

oder das Nichtverschwinden des ersten Faktors in dem Produkt

(1) $$\Pi^* = \{C_1^3 + 2 C_0 C_1^2.J_1 + \\ + C_0^2 C_1.(J_1^2 + J_2) + C_0^3.(J_1 J_2 - J_3)\}.\Pi.$$

Die Kovarianten $(SX)^3$ und $(\Sigma U)^3$.

Dieselbe Kombinanteneigenschaft müssen dann auch die Formen $(SX)^3$ und $(\Sigma U)^3$ haben. Diese nehmen ja — nach Nr.(28) in § 16 — bei Ersetzung von F durch F^* ebendenselben Faktor an wie die Invariante Π. Außerdem sehen wir noch, daß die linearen Faktoren Θ_1, Θ_2 und Θ_3, in den Formen $(S^*X)^3$ und $(\Sigma^* U)^3$ wiederkehren.

Dies alles veranlaßt uns nunmehr, den Zusammenhang zwischen den Formen Θ_1, Θ_2, Θ_3 und $(SX)^3$, $(\Sigma U)^3$ noch genauer zu untersuchen. Es wird sich zunächst ergeben:

Die Gleichung dritten Grades, deren Wurzeln die irrationalen Kovarianten $\Theta_1, \Theta_2, \Theta_3$ sind, läßt sich so schreiben, daß in ihren Koeffizienten nur Kovarianten der Formen $(SX)^3$, $(\Sigma U)^3$ erscheinen.

Zum Beweise knüpfen wir an die Formeln Nr.(12) und Nr.(28) in § 16 an. Danach ist

(2) $\qquad (SX)^3 \cdot (\Sigma U)^3 = \begin{vmatrix} F_0 & F_1 & F_2 \\ F_1 & F_2 & F_3 \\ F_2 & F_3 & F_4 \end{vmatrix} = \Pi^2 \cdot \Theta_1 \cdot \Theta_2 \cdot \Theta_3.$

Wir führen nun das Operationszeichen

$$\Omega = \frac{\partial^2}{\partial X_1 \partial U_1} + \frac{\partial^2}{\partial X_2 \partial U_2} + \frac{\partial^2}{\partial X_3 \partial U_3}$$

ein, das augenscheinlich einen invarianten Prozeß darstellt (aus Invarianten immer wieder solche hervorgehen läßt), und erhalten mit seiner Hilfe aus dem Produkt $(S, \Sigma)_0 = (SX)^3 \cdot (\Sigma U)^3$, der „nullten Überschiebung" von $(SX)^3$ und $(\Sigma U)^3$, der Reihe nach die „erste, zweite und dritte Überschiebung" von $(SX)^3$ und $(\Sigma U)^3$:

$$(S, \Sigma)_1 = \tfrac{1}{9}\Omega(S, \Sigma)_0,$$
$$(S, \Sigma)_2 = \tfrac{1}{4}\Omega(S, \Sigma)_1,$$
$$(S, \Sigma)_3 = \tfrac{1}{1}\Omega(S, \Sigma)_2\,{}^1).$$

Berücksichtigen wir dann noch, daß

$$\Omega(F_i \cdot F_k) = R_i \cdot F_k + R_k \cdot F_i + 2 F_{i+k}$$

---

[1]) Man sagt auch, $(S, \Sigma)_0$, $(S, \Sigma)_1$, $(S, \Sigma)_2$, $(S, \Sigma)_3$ entstehe aus dem Produkt $(SX)^3 \cdot (\Sigma U)^3$ durch null-, ein-, zwei- dreimalige Faltung.

wird, so erhalten wir die folgenden Formeln:

$$(S, \Sigma)_1 = (S\Sigma)(SX)^2(\Sigma U)^2$$

(3)
$$= \tfrac{1}{9}\left\{\begin{vmatrix} R_0 & R_1 & R_2 \\ F_1 & F_2 & F_3 \\ F_2 & F_3 & F_4 \end{vmatrix} + \begin{vmatrix} F_0 & F_1 & F_2 \\ R_1 & R_2 & R_3 \\ F_2 & F_3 & F_4 \end{vmatrix} + \begin{vmatrix} F_0 & F_1 & F_2 \\ F_1 & F_2 & F_3 \\ R_2 & R_3 & R_4 \end{vmatrix}\right\}$$
$$= \tfrac{1}{9} \Pi^2 \cdot \{\Theta_2\Theta_3 + \Theta_3\Theta_1 + \Theta_1\Theta_2\},$$

$$(S, \Sigma)_2 = (S\Sigma)^2(SX)(\Sigma U)$$

(4)
$$= \tfrac{1}{18}\left\{\begin{vmatrix} F_0 & F_1 & F_2 \\ R_1 & R_2 & R_3 \\ R_2 & R_3 & R_4 \end{vmatrix} + \begin{vmatrix} R_0 & R_1 & R_2 \\ F_1 & F_2 & F_3 \\ R_2 & R_3 & R_4 \end{vmatrix} + \begin{vmatrix} R_0 & R_1 & R_2 \\ R_1 & R_2 & R_3 \\ F_2 & F_3 & F_4 \end{vmatrix}\right\}$$
$$= \tfrac{1}{18} \Pi^2 \cdot (\Theta_1 + \Theta_2 + \Theta_3) = \tfrac{1}{18} \Pi^2 \cdot (XU),$$

(5) $\quad (S, \Sigma)_3 = (S\Sigma)^3 = \tfrac{1}{6}\begin{vmatrix} R_0 & R_1 & R_2 \\ R_1 & R_2 & R_3 \\ R_2 & R_3 & R_4 \end{vmatrix} = \tfrac{1}{6} \Pi^2.$

Durch Zusammenfassung der Formeln (2) bis (5) ergibt sich dann die gesuchte kubische Gleichung für $\Theta_1, \Theta_2, \Theta_3$ in doppelter Gestalt:

(6)
$$\boxed{\begin{aligned}\tfrac{1}{6}\begin{vmatrix} R_0\Theta - F_0, & R_1\Theta - F_1, & R_2\Theta - F_2 \\ R_1\Theta - F_1, & R_2\Theta - F_2, & R_3\Theta - F_3 \\ R_2\Theta - F_2, & R_3\Theta - F_3, & R_4\Theta - F_4 \end{vmatrix} \\ = (S, \Sigma)_3 \cdot \Theta^3 - 3(S, \Sigma)_2 \cdot \Theta^2 + \\ + \tfrac{3}{2}(S, \Sigma)_1 \cdot \Theta^1 - \tfrac{1}{6}(S, \Sigma)_0 \cdot \Theta^0 = 0,\end{aligned}}$$

wobei, wie gesagt,

(7) $\quad\quad\quad (S, \Sigma)_0 = (SX)^3 \cdot (\Sigma U)^3$

und

(8) $\quad\quad \boxed{(S, \Sigma)_2 = \tfrac{1}{3}(S, \Sigma)_3 \cdot (XU) = \tfrac{1}{18} \Pi^2 \cdot (XU)}$

ist.

Hiermit haben wir den behaupteten Satz, der uns die Formen $\Theta_1, \Theta_2, \Theta_3$ als irrationale Kovarianten nullten Grades der beiden Formen $(SX)^3, (\Sigma U)^3$ kennen lehrt.

Es liegt nun aber noch ein anderer Gedanke nahe:

Die Kovarianten $(SX)^3$ und $(\Sigma U)^3$ müssen jede schon durch die andere bestimmt sein, jede von ihnen muß sich als rationale Kovariante der anderen darstellen lassen.

Es lohnt sich wohl, auch das noch auszuführen. Da aber die dabei anzustellenden Rechnungen hier schon etwas länger sind, und auch Raum für allerlei anderes bleiben muß, so soll die Ableitung diesmal nur skizziert werden: Die genauere Ausführung der folgenden Entwicklung wird ja auch dem einen oder anderen Leser eine nützliche Übung bieten.

Es kommen einige Ergebnisse aus der Lehre von den ternären kubischen Formen zur Verwendung. Da auf diese umfangreiche und verwickelte Theorie selbst hier nicht näher eingegangen werden kann, so geben wir zunächst die zum Verständnis des Folgenden nötigen Erklärungen.

Eine ternäre kubische Form $(AX)^3 = (BX)^3 = (CX)^3 = \cdots$[1]) hat, unter anderen, eine Kovariante, die ebenfalls kubisch ist in X, und die man ihre **Hessesche Kovariante** nennt:

$$(HX)^3 = \tfrac{1}{6}(ABC)^2(AX)(BX)(CX).$$

Außer dieser haben wir in unserem Falle $\{(AX)^3 = (SX)^3\}$ noch zu betrachten zwei Invarianten derselben Grundform, die wir so bezeichnen wollen:

$$G_4 = \tfrac{1}{24}(ABC)(ABD)(ACD)(BCD),$$
$$G_6 = \tfrac{1}{6}(ABC)(ABD)(ACE)(BCF)(DEF)^2$$
$$= (ABC)(ABH)(ACH)(BCH)\,^2).$$

---

[1]) Statt das Symbol A zu akzentuieren, verwenden wir hier andere Buchstaben.

[2]) G_4 und G_6 sind die einzigen unabhängigen ganzen und rationalen Invarianten der Form $(AX)^3$. Näheres bei Gordan, Math. Ann. **1**, 90 ff., 1869, und bei Clebsch und Gordan, ebenda **6**, 436 ff., 1873, sowie in der weiteren Literatur, die in der Mathematischen Enzyklopädie **3** (2), 488 ff. angegeben ist.

Die im Texte neu eingeführten Zeichen G_4 und G_6 sind nachgebildet den in der Theorie der elliptischen Funktionen üblichen Weierstrassschen Zeichen g_2 und g_3, die Invarianten binärer Formen vierter Ordnung $(ax)^4 = (bx)^4 = \cdots$ darstellen,

$$g_2 = \tfrac{1}{2}(aa')^4, \quad g_3 = \tfrac{1}{6}(ab)^2(ac)^2(bc)^2,$$

und vorzuziehen sind den von Clebsch für dieselben Invarianten gebrauchten Zeichen $\tfrac{1}{2}i\,(=g_2)$ und $\tfrac{1}{6}j\,(=g_3)$. Auf die hier berührte Theorie der binären biquadratischen Formen soll im zweiten Teile dieser Schrift eingegangen werden.

Bei allen hier gebrauchten Abkürzungen g_2, g_3, G_4, G_6 sind die Definitionen so eingerichtet, daß die ausgerechneten (übrigens zum Teil schon recht verwickelten) Ausdrücke dieser Invarianten frei werden von überflüssigen Zahlenkoeffizienten.

§ 17. Fortsetzung:

Wir berechnen zuerst die Hessesche Kovariante von $(SX)^3$, die bei dieser sehr stark spezialisierten Form bis auf einen von X freien Faktor mit $(SX)^3$ selbst übereinstimmt[1]):

(9) $\quad (HX)^3 = \frac{1}{6}(SS'S'')^2(SX)(S'X)(S''X) = \dfrac{1}{2^2 \cdot 3^3} \cdot \Pi^2 \cdot (SX)^3.$

Für die beiden Invarianten G_4 und G_6 erhält man sodann die Werte

(10) $\quad G_4 = \frac{1}{24}(S'S''S''')(S''S'''S)(S'''SS')(SS'S'') = \dfrac{1}{2^4 \cdot 3^4} \cdot \Pi^4,$

$\qquad G_6 = (SS'S'')(SS'H)(SS''H)(S'S''H) = \dfrac{1}{2^3 \cdot 3^6} \cdot \Pi^6,$

woraus

(11) $\qquad\qquad\qquad \Pi^2 = \frac{9}{2} \cdot \dfrac{G_6}{G_4}$

und

(12) $\qquad\qquad\qquad G_6{}^2 - 64\, G_4{}^3 = 0$

folgt[2]).

Hat man so weit gerechnet, so kann man sich die fernere Überlegung durch die naheliegende Bemerkung abkürzen, daß in der letzten der zu bildenden Gleichungen

(13) $\quad \frac{1}{6}(SS'S'')(SS'U)(SS''U)(S'S''U) = \frac{1}{54} \cdot \Pi^2 \cdot (\Sigma U)^3$

Übrigens heißen G_4 und G_6 bei Cayley, von dem der angeführte Grundsatz herrührt, S und $-T$. Bei Clebsch und Gordan heißen dieselben Invarianten erst $\frac{1}{4}S$ und T (Math. Ann. 1, 1867), später $\frac{1}{24}S$ und $\frac{1}{6}T$ (Math. Ann. 6, 1873), so daß also in der Literatur über diesen Gegenstand jedes der Zeichen S, T nicht weniger als drei verschiedene, und zwar leicht zu verwechselnde Bedeutungen hat!

Wegen des Zusammenhangs, der zwischen g_2, g_3 und G_4, G_6 besteht, siehe die Anmerkung am Schluß des Paragraphen.

[1]) Dieses ist Bedingung dafür, daß eine ternäre kubische Form in drei lineare Faktoren zerlegt werden kann, wie es eben bei $(SX)^3$ zutrifft.

[2]) Der Ausdruck $R = G_6{}^2 - 64\, G_4{}^3$ heißt Diskriminante der kubischen Form $(AX)^3$. Die Gleichung $R = 0$ ist nämlich Bedingung für das Vorkommen von (mindestens) einer mehrfach zählenden Lösung X einer Gleichung der Form $(AX)^3 = 0$; d. h. in der Sprache der Geometrie, $R = 0$ ist Doppelpunktsbedingung der ebenen Kurve $(AX)^3 = 0$. Hierdurch ist allerdings die „Diskriminante" der Form $(AX)^3$ nur bis auf einen Zahlfaktor festgelegt, über den im Ausdruck R in bestimmter Weise verfügt ist.

Die spezielle Kurve $(AX)^3 = (SX)^3 = 0$ hat, wie wir wissen, sogar drei (unter der Annahme $\Pi^2 \neq 0$ von einander getrennte) Doppelpunkte.

Die Kovarianten $(SX)^3$ und $(\Sigma U)^3$.

nur noch der Zahlenkoeffizient fraglich bleibt. Man erhält den unter (13) angegebenen Wert durch die Substitution $U = S'''$. Damit haben wir das gesuchte Ergebnis. Es ist

(14) $$(\Sigma U)^3 = 2 \cdot \frac{G_4}{G_6} \cdot (SS'S'')(SS'U)(SS''U)(S'S''U).$$

In der Anmerkung auf S. 196 wurde hingewiesen auf einen Zusammenhang, der zwischen den dort erwähnten Invarianten g_2 und g_3 einer binären Form $(ax)^4$ und den Invarianten G_4 und G_6 einer ternären Form $(AX)^3$ stattfindet.

Dieser Zusammenhang, den anhangsweise zu besprechen wohl nützlich sein wird, hat, wenigstens historisch, seine Wurzel in einem bekannten Lehrsatze von Salmon. Nach diesem sind die Tangentenquadrupel, die man von irgend einem Punkte einer doppelpunktfreien ebenen Kurve dritter Ordnung $(AX)^3 = 0$ an diese Kurve legen kann (abgesehen von der Tangente des Punktes selbst), alle zueinander projektiv. Denken wir uns diese Tangentenquadrupel, im Büschel der Geraden durch einen solchen Punkt, zusammengefaßt als Nullstellen einer binären Form vierter Ordnung $(ax)^4$, so hat diese keine mehrfache Nullstelle, und also eine von Null verschiedene Diskriminante:

(15) $$r = \tfrac{1}{16} \cdot (g_2^3 - 27 g_3^2).$$

Die Form $(ax)^4$ hat dann eine absolute Invariante (gegenüber der Gruppe der linearen Transformationen des betrachteten binären Gebietes), und diese Invariante steht zu der analog gebildeten, absoluten Invariante der ternären Form $(AX)^3$ oder der ebenen Kurve $(AX)^3 = 0$ in der Beziehung

(16) $$\frac{G_6^2}{G_4^3} = 27 \cdot 64 \cdot \frac{g_3^2}{g_2^3}.$$

Man erkennt das, wenn man für $(ax)^4$ und $(AX)^3$ die von Weierstrass eingeführten „Normalformen" benutzt, nämlich, unter spezieller Koordinatenwahl,

(17) $$(ax)^4 = \{4x_2^3 - g_2 x_2 x_1^2 - g_3 x_1^3\} x_1,$$

(18) $$(AX)^3 = X_1 X_3^2 - \{4 X_2^3 - g_2 X_2 X_1^2 - g_3 X_1^3\}$$

setzt. Es wird dann

(19) $$27 G_4 = 4 g_2, \quad 27 G_6 = 64 g_3.$$

Für die Diskriminante

(20) $$R = G_6^2 - 64 G_4^3$$

der kubischen Form $(AX)^3$ ergibt sich noch die Gleichung

(21) $$3^9 \cdot R = -2^{16} \cdot r \qquad \text{(siehe Nr. 15)}.$$

Die Diskriminanten R und r sind also immer zugleich von Null verschieden oder Null.

Trifft für zwei Formen $(ax)^4$ und $(bx)^4$ oder für zwei Formen $(AX)^3$ und $(BX)^3$ das erste zu, so sind sie (gegenüber den beiden Gruppen G_4,

G_9 des binären und ternären Gebietes) dann miteinander äquivalent, wenn auch die zugehörigen absoluten Invarianten (Nr. 16) gleiche Werte haben; und auch nur dann sind die entsprechenden geometrischen Figuren $(ax)^4 = 0$, $(bx)^4 = 0$ und $(AX)^3 = 0$, $(BX)^3 = 0$ zueinander projektiv (im zweiten Falle kollinear).

Wegen der hier ausgeschlossenen Grenzfälle muß auf die Theorie der binären Formen vierter Ordnung verwiesen werden, die im zweiten Teil dieses Buches zur Sprache kommen soll, und — wegen der Kurven dritter Ordnung — auf einen Aufsatz von Dingeldey [Math. Annalen **31**, 157 u. ff. (1888)], sowie auf die in der Mathematischen Enzyklopädie **3** (2), 490 angegebene Literatur.

§ 18.
Fortsetzung: Besondere Fälle [1]).

Unsere bisherigen Überlegungen ruhen zum großen Teil auf der Voraussetzung $\Pi^2 \neq 0$, die einen sogenannten allgemeinen Fall kennzeichnet. Insbesondere folgt aus dieser Annahme (die weiterhin mit **Ia)** bezeichnet werden soll), daß unter den symbolischen Potenzen von T **drei** linear-unabhängige Formen vorkommen, T^0, T^1, T^2. Wir lassen die genannte Einschränkung nunmehr fallen; es soll versucht werden, eine erschöpfende Aufzählung aller vorliegenden Möglichkeiten zu bieten.

Die nächste Annahme, die man machen wird, ist dann die, daß die charakteristische Gleichung von T (oder F) eine einfache Wurzel Λ und eine Doppelwurzel M hat, so daß $\Pi^2 = 0$,

(1) $$\boxed{(T - \Lambda E)(T - M E)^2 = 0} \quad \{\Lambda \neq M\}$$

und

(2) $\quad J_1 = \Lambda + 2M, \quad J_2 = 2\Lambda M + M^2, \quad J_3 = \Lambda M^2$

wird. Es folgt dann, unter anderem,

(3)
$$J_1^2 - 3 J_2 = (\Lambda - M)^2,$$
$$J_1^3 - 4 J_1 J_2 + 9 J_3 = \Lambda(\Lambda - M)^2,$$
$$J_1 J_2 - 9 J_3 = 2 M(\Lambda - M)^2,$$
$$J_1^4 - 5 J_1^2 J_2 + 6 J_1 J_3 + 4 J_2^2 = \Lambda^2(\Lambda - M)^2,$$
$$J_1^2 J_2 + 3 J_1 J_3 - 4 J_2^2 = 2\Lambda M(\Lambda - M)^2,$$
$$J_2^2 - 3 J_1 J_3 = M^2(\Lambda - M)^2,$$

woraus sich noch

(4) $\quad 2 J_1^3 - 9 J_1 J_2 + 27 J_3 = 2(\Lambda - M)^3$

---

[1]) In diesem Paragraphen sind die E, Λ, M versehentlich zu dick gedruckt worden.

Besondere Fälle.

ergibt (vgl. S. 188, Nr. 17). Die Wurzelgrößen Λ, M erhalten rationale Werte

(5) $$\Lambda = \frac{J_1^3 - 4 J_1 J_2 + 9 J_3}{J_1^2 - 3 J_2},$$
$$\mathsf{M} = \tfrac{1}{2} \frac{J_1 J_2 - 9 J_3}{J_1^2 - 3 J_2}.$$
$\{J_1^2 - 3 J_2 \neq 0.\}$

An Stelle der Formen $\mathsf{E}_1, \mathsf{E}_2, \mathsf{E}_3$ benutzen wir jetzt die aus ihnen durch einen Grenzübergang hervorgehenden bilinearen Formen

(6)
$$\mathsf{E}_1^* = \operatorname{Lim} \mathsf{E}_1 = \frac{(T - \mathsf{M}\mathsf{E})^2}{(\mathsf{M} - \Lambda)^2}$$
$$\mathsf{E}_2^* = \operatorname{Lim}(\mathsf{E}_2 + \mathsf{E}_3) = \mathsf{E} - \mathsf{E}_1^*$$
$$\mathsf{E}_3^* = \operatorname{Lim}(\Lambda_2 - \Lambda_3)(\mathsf{E}_2 - \mathsf{E}_3) = \frac{(T - \Lambda \mathsf{E})(T - \mathsf{M}\mathsf{E})}{\mathsf{M} - \Lambda},$$

die hinterher auch wieder $\mathsf{E}_1, \mathsf{E}_2, \mathsf{E}_3$ genannt werden sollen. Die beiden ersten dieser neuen Bildungen haben dann, in bezug auf den Kern der Grundform F, den Grad Null, die dritte aber hat den Grad Eins.

Wir bezeichnen nun mit

I b)

die weitere Voraussetzung, daß die Kovariante E_3^*, oder also unser nunmehriges E_3, nicht identisch gleich Null ist. Wir haben dann nach wie vor drei linear unabhängige Potenzen von T. Es folgt

(7)
$$\mathsf{E}_1^2 = \mathsf{E}_1, \quad \mathsf{E}_1 \mathsf{E}_2 = 0, \quad \mathsf{E}_1 \mathsf{E}_3 = 0,$$
$$\mathsf{E}_2^2 = \mathsf{E}_2, \quad \mathsf{E}_2 \mathsf{E}_3 = \mathsf{E}_3, \quad \mathsf{E}_3^2 = 0$$

und

(8)
$$T^0 = \mathsf{E}_1 + \mathsf{E}_2,$$
$$T^1 = \Lambda \cdot \mathsf{E}_1 + \mathsf{M} \cdot \mathsf{E}_2 + \mathsf{E}_3,$$
$$T^2 = \Lambda^2 \cdot \mathsf{E}_1 + \mathsf{M}^2 \cdot \mathsf{E}_2 + 2\mathsf{M} \mathsf{E}_3,$$
$$T^3 = \Lambda^3 \cdot \mathsf{E}_1 + \mathsf{M}^3 \cdot \mathsf{E}_2 + 3\mathsf{M}^2 \mathsf{E}_3,$$
$$\ldots \ldots \ldots \ldots \ldots \ldots$$

E_1 kann (nach wie vor) als Produkt von zwei linearen Formen dargestellt werden, $\mathsf{E}_1 = (X A_1) \cdot (P_1 U)$, deren Invariante $(A_1 P_1)$ den numerischen Wert Eins hat. E_3 ist ebenso ein Produkt linearer Formen, $\mathsf{E}_3 = (X A_2) \cdot (P_3 U)$, deren Invariante $(A_2 P_3)$ aber nun den Wert Null hat.

§ 18. Fortsetzung:

Da $E_1 E_2 = E_3 E_1 = 0$ ist, so sind dann auch die Invarianten $(A_2 P_1)$ und $(A_1 P_3)$ gleich Null. Man kann dann die Figur der vier linearen Formen zu einer Figur von sechs Formen ergänzen, die in denselben gegenseitigen Beziehungen stehen wie im Falle **Ia)**, nämlich

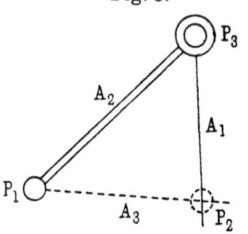

Fig. 3.

$$(A_\alpha P_\alpha) = 1,$$
$$(A_\beta P'_\gamma) = 0,$$
$$(A_1 A_2 A_3) \cdot (P_1 P_2 P_3) = 1.$$

Da nunmehr $E_1 + E_2 = E$ werden muß (Nr. 6), so erhält man

(9)
$$\begin{aligned} E_1 &= (XA_1) \cdot (P_1 U), \\ E_2 &= (XA_2) \cdot (P_2 U) + (XA_3) \cdot (P_3 U), \\ E_3 &= (XA_2) \cdot (P_3 U), \end{aligned}$$

womit die Gleichungen (7) erfüllt sind.

Die Unbestimmtheit der Vektoren A_α, P_α, die im Falle **Ia)** durch die Gleichungen der Gruppe

$$\varrho_\alpha A_\alpha = A^*_\alpha, \qquad \varrho_\alpha P_\alpha = P^*_\alpha$$

auszudrücken war, wird jetzt durch ein höheres Maß von Unbestimmtheit ersetzt. Sie wird dargestellt durch die Gruppe aller linearen Transformationen, die das Bestehen der Gleichungen (9) nicht stören:

(10)
$$\begin{aligned} \varrho \cdot A_1 &= A^*_1, & \varrho^{-1} \cdot P_1 &= P^*_1, \\ \sigma \cdot A_2 &= A^*_2, & \sigma^{-1} \cdot P_2 - \tau \cdot P_3 &= P^*_2, \\ \sigma \cdot A_3 + \tau \cdot A_2 &= A^*_3, & \sigma^{-1} \cdot P_3 &= P^*_3. \end{aligned}$$
$$(\varrho, \sigma \neq 0).$$

Nach (8) und (9) hat man also

(11)
$$(XA)(PU) = \Lambda \cdot (XA_1) \cdot (P_1 U)$$
$$+ M \cdot \{(XA_2) \cdot (P_2 U) + (XA_3) \cdot (P_3 U)\} + (XA_2) \cdot (P_3 U).$$

Die beiden kubischen Kovarianten werden hiernach

(12)
$$\begin{aligned} (SX)^3 &= \Lambda \cdot (M - \Lambda) \cdot (P_1 P_2 P_3) \cdot (A_1 X) \cdot (A_2 X)^2, \\ (\Sigma U)^3 &= \Lambda \cdot (M - \Lambda) \cdot (A_1 A_2 A_3) \cdot (P_1 U) \cdot (P_3 U)^2. \end{aligned}$$

Besondere Fälle. 201

Die im Falle **I a)** festgestellte Reziprozität zwischen diesen Formen besteht hier nicht mehr. Die Invarianten G_4 und G_6 haben hier den Wert Null, und ebenso verhält es sich in den nunmehr zu besprechenden weiteren Grenzfällen.

I c)

Unsere Voraussetzung sei nunmehr, daß erstens die charakteristische Gleichung von F oder T eine dreifache Wurzel $\Lambda_1 = \Lambda_2 = \Lambda_3 = \Lambda$ hat, daß sie also

(13) $$(T - \Lambda \mathsf{E})^3 = 0$$

lautet, und daß zweitens T^0, T^1, T^2 noch linear-unabhängig sind. Wir haben dann

$$J_1 = 3\Lambda, \qquad J_2 = 3\Lambda^2, \qquad J_3 = \Lambda^3.$$

Die Formen

(14) $$\mathsf{E}_0 = (T - \Lambda \mathsf{E})^0, \quad \mathsf{E}_1 = (T - \Lambda \mathsf{E})^1, \quad \mathsf{E}_2 = (T - \Lambda \mathsf{E})^2$$

genügen dann den Gleichungen

(15) $$\begin{aligned}&\mathsf{E}_0^2 = \mathsf{E}_0, \quad \mathsf{E}_0 \mathsf{E}_1 = \mathsf{E}_1, \quad \mathsf{E}_0 \mathsf{E}_2 = \mathsf{E}_2,\\ &\mathsf{E}_1^2 = \mathsf{E}_2, \quad \mathsf{E}_1 \mathsf{E}_2 = 0, \quad \mathsf{E}_2^2 = 0.\end{aligned}$$

und liefern

(16) $$\begin{aligned}T^0 &= \mathsf{E}_0,\\ T^1 &= \Lambda \cdot \mathsf{E}_0 + \mathsf{E}_1,\\ T^2 &= \Lambda^2 \cdot \mathsf{E}_0 + 2\Lambda \cdot \mathsf{E}_1 + \mathsf{E}_2,\\ T^3 &= \Lambda^3 \cdot \mathsf{E}_0 + 3\Lambda^2 \cdot \mathsf{E}_1 + 3\Lambda \cdot \mathsf{E}_2.\end{aligned}$$

. . . .

Eine ähnliche Überlegung wie die soeben unter **I b)** angestellte, führt dann zu der Einsicht, daß man:

(17) $$\boxed{\begin{aligned}\mathsf{E}_0 &= (XA_1) \cdot (P_1 U) + (XA_2) \cdot (P_2 U) + (XA_3) \cdot (P_3 U),\\ \mathsf{E}_1 &= \phantom{(XA_1) \cdot (P_1 U) + {}}(XA_1) \cdot (P_2 U) + (XA_2) \cdot (P_3 U),\\ \mathsf{E}_2 &= \phantom{(XA_1) \cdot (P_1 U) + (XA_2) \cdot (P_2 U) + {}}(XA_1) \cdot (P_3 U)\end{aligned}}$$

setzen kann, wobei zwischen den linearen Formen (XA_k), (P_kU) die schon mehrfach angeführten Beziehungen bestehen. An Stelle von (11) erhält man also die folgende Darstellung von T:

(18) $$\boxed{\begin{aligned}(XA)(PU) = \Lambda.(XU) + \\ + (XA_1).(P_2U) + (XA_2).(P_3U).\end{aligned}}$$

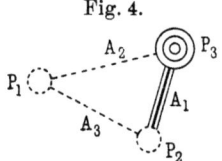

Fig. 4.

Grad und Art der Unbestimmtheit der Vektoren A_k, P_k werden jetzt bezeichnet durch die Gruppe

(19)
$$\begin{aligned}
\varrho \;\; . \; A_1 &= A_1^*, \\
\varrho \;\; . \; (A_2 + \lambda A_1) &= A_2^*, \\
\varrho \;\; . \; (A_3 + \lambda A_2 + \mu A_1) &= A_3^*, \\
\varrho^{-1}. (P_1 - \lambda P_2 + \nu P_3) &= P_1^*, \\
\varrho^{-1}. (P_2 - \lambda P_3) &= P_2^*, \\
\varrho^{-1}. P_3 &= P_3^*. \\
\{\varrho \neq 0, \quad \mu + \nu &= \lambda^2\}.
\end{aligned}$$

Die kubischen Kovarianten der Form F werden jetzt Potenzen linearer Formen. Man erhält

(20) $$\boxed{\begin{aligned}(SX)^3 &= (P_1P_2P_3).(A_1X)^3, \\ (\Sigma U)^3 &= (A_1A_2A_3).(P_3U)^3.\end{aligned}}$$

II a)

Unter **I b)** war die Möglichkeit ausgeschlossen worden, daß die mit E_3 bezeichnete Form identisch gleich Null ist. Tritt dies ein, ist also bereits

(21) $$\boxed{(T - \Lambda\mathsf{E})(T - \mathsf{M}\mathsf{E}) = 0} \quad (\Lambda \neq \mathsf{M}),$$

Besondere Fälle.

so sind die Formen E_1, E_2 ebenso bestimmt wie zuvor unter I b), und wie unter (8) erhält man

$$
\begin{aligned}
T^0 &= E_1 + E_2, \\
T^1 &= \Lambda \cdot E_1 + M \cdot E_2, \\
T^2 &= \Lambda^2 \cdot E_1 + M^2 \cdot E_2, \\
&\ldots\ldots\ldots\ldots\ldots
\end{aligned}
\tag{22}
$$

also insbesondere

$$
(23) \quad \boxed{\begin{aligned}(XA)(PU) &= \Lambda \cdot (XA_1) \cdot (P_1 U) \\ &+ M \cdot \{(XA_2)\cdot(P_2 U) + (XA_3)\cdot(P_3 U)\}.\end{aligned}}
$$

Es folgt aber jetzt

$$
(24) \quad \boxed{(SX)^3 = 0, \quad (\Sigma U)^3 = 0.}
$$

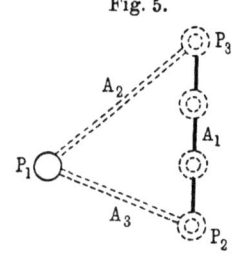

Fig. 5.

Umgekehrt ist das Bestehen einer jeden dieser identischen Gleichungen eine Form der Bedingung dafür, daß unter den Potenzen T^0, T^1, ... höchstens zwei linear unabhängige sind. Grad und Art der Unbestimmtheit der Vektoren A_k, P_k sind jetzt gegeben durch die Gruppe

$$
\begin{aligned}
\varrho \cdot A_1 &= A_1^*, & \varrho^{-1} \cdot P_1 &= P_1^*, \\
\sigma \cdot \{\lambda_{22} A_2 + \lambda_{23} A_3\} &= A_2^*, & \sigma^{-1} \cdot \{\lambda_{33} P_2 - \lambda_{32} P_3\} &= P_2^*, \\
\sigma \cdot \{\lambda_{32} A_2 + \lambda_{33} A_3\} &= A_3^*, & \sigma^{-1} \cdot \{-\lambda_{23} P_2 + \lambda_{22} P_3\} &= P_3^*.
\end{aligned}
\tag{25}
$$

$$\{\varrho \neq 0, \quad \sigma \neq 0, \quad \lambda_{22}\lambda_{33} - \lambda_{23}\lambda_{32} = 1\}.$$

II b)

Im Falle einer dreifachen Wurzel der charakteristischen Gleichung von F liegen außer der unter I c) beschriebenen Möglichkeit noch zwei weitere vor, deren erste darin besteht, daß die unter I c) mit E_2 bezeichnete bilineare Form identisch verschwindet, E_1 aber nicht. Man hat dann neben (13) schon die Gleichung

$$
(26) \quad \boxed{(T - \Lambda E)^2 = 0.}
$$

§ 18. Fortsetzung:

Man kommt zu dem jetzt vorliegenden Fall auch von **I b)** aus, wenn man $\Lambda = M$ werden läßt. Man erhält, wenn (wie unter **I c**)

(27) $\quad \mathbf{E}_0 = (T - \Lambda \mathbf{E})^0, \qquad \mathbf{E}_1 = (T - \Lambda \mathbf{E})^1$

gesetzt wird

(28) $\quad \begin{aligned} T^0 &= \mathbf{E}_0, \\ T^1 &= \Lambda \cdot \mathbf{E}_0 + \mathbf{E}_1, \\ T^2 &= \Lambda^2 \cdot \mathbf{E}_0 + 2\Lambda \cdot \mathbf{E}_1, \end{aligned}$

. . . .

$\mathbf{E}_0$ und $\mathbf{E}_1$ können in die Form

(29) $\quad \boxed{\begin{aligned} \mathbf{E}_0 &= (XA_1) \cdot (P_1 U) + (XA_2) \cdot (P_2 U) + (XA_3) \cdot (P_3 U), \\ \mathbf{E}_1 &= \phantom{(XA_1) \cdot (P_1 U) + {}} (XA_2) \cdot (P_3 U) \end{aligned}}$

übergeführt werden (vgl. Nr. 17), so daß

(30) $\quad \boxed{(XA)(PU) = \Lambda \cdot (XU) + (XA_2) \cdot (P_3 U)}$

wird. Die Unbestimmtheit der Vektoren A_k, P_k ist gegeben durch die Gruppe

(31) $\quad \begin{aligned} \varrho \cdot (A_1 + \lambda A_2) &= A_1^*, \\ \sigma \cdot A_2 &= A_2^*, \\ \sigma \cdot (-\mu A_1 + \varkappa A_2 + A_3) &= A_3^*, \\ \varrho^{-1} \cdot (P_1 + \mu P_3) &= P_1^*, \\ \sigma^{-1} \cdot (-\lambda P_1 + P_2 + \beta P_3) &= P_2^*, \\ \sigma^{-1} \cdot P_3 &= P_3^*. \\ \{\varrho, \sigma \neq 0, \quad \lambda \mu + \alpha + \beta &= 0\}. \end{aligned}$

Schließlich ist noch übrig der triviale Fall

III.

(32) $\quad \boxed{T - \Lambda \mathbf{E} = 0, \qquad T = \Lambda(XU),}$

in dem alle Potenzen von T von einer einzigen, $T^0 = \mathbf{E}$, linear abhängig sind. Natürlich muß dann Λ von Null verschieden sein, wenn T nicht das Koeffizientensystem Null haben, also nicht nur der Form nach existieren soll.

Besondere Fälle.

Die aufgezählten Fälle bilden eine vollständige Disjunktion. Jede der aufgezählten „Familien" von Formen $F = (XA)(PU)$ umfaßt unendlich viele Formen, und zwar sind die zugehörigen Konstantenzahlen, wie man leicht ermittelt, die in der folgenden Tabelle zuerst angeführten Zahlen:

I a	I b	I c	II a	II b	III
9	8	7	6	5	1
3	2	1	2	1	1

In der zweiten Zeile dieser Tafel steht die Zahl der unabhängigen absoluten Invarianten der aufgezählten Formen.

Wie in dem sogenannten allgemeinen Falle I a) (dem höchster Dimensionenzahl) entscheidet man leicht über die Äquivalenz der angeführten Formen gegenüber Transformationen der Gruppen $G, \varGamma, \mathfrak{G}$. Namentlich ist für Äquivalenz zweier bilinearer Formen $(XA)(PU)$ und $(XB)(QU)$ gegenüber G notwendig und hinreichend ihre Zugehörigkeit zu derselben Familie I a) ... III, verbunden mit Gleichheit der entsprechenden Invarianten.

Eine besonders wichtige Familie linearer Transformationen vom Typus $\mathfrak{T}$ bilden die periodischen, die also, die nach wiederholter Anwendung die identische Transformation ($\mathfrak{E}$) hervorbringen. Sie alle lassen sich (auch für eine unbestimmte Stufenzahl) leicht aufzählen und klassifizieren. Wir behandeln kurz den einfachsten Fall, weil wir es mit diesem später noch zu tun haben werden.

Involutorisch heißt eine lineare Transformation, die von der identischen Transformation verschieden ist, aber bei zweimaliger Anwendung die identische Transformation liefert. Die involutorischen linearen Transformationen eines ternären Gebietes gehören notwendig zu bilinearen Formen, deren kubische Kovariante identisch gleich Null ist. Damit ist unsere Familie I bilinearer Formen ausgeschlossen, und da auch die Familien II b) und II c) keine involutorischen Transformationen liefern, so gehören diese alle zum Typus II a), und zwar müssen nach Formel (22) die Wurzeln Λ, M, M der charakteristischen Gleichung entweder die Werte $1, -1, -1$ oder die Werte $-1, 1, 1$ haben. Die involutorischen linearen Transformationen eines Gebietes dritter Stufe können daher erschöpfend als eigentliche und uneigentliche Transformationen derart klassifiziert werden, je nachdem die Transformationsdiskriminante

(Determinante) den Wert 1 oder den Wert — 1 hat. Jede von beiden Arten bildet eine Klasse untereinander äquivalenter Transformationen gegenüber der Gruppe G. Dagegen gibt es, wie man sofort sieht, in der Ebene (der projektiven Geometrie) nur eine einzige Klasse involutorischer Kollineationen, die äquivalent sind gegenüber der Gruppe $\mathfrak{G}$ aller Kollineationen. Entsprechend verhalten sich die bilinearen Formen, die als Symbole der involutorischen Transformationen dienen.

Da beide Klassen spezieller bilinearer Formen vom Typus $(XA)(PU)$ oder $(XC)(\Gamma U)$ durch einen Vorzeichenwechsel ineinander übergehen, so können sie zusammen behandelt werden. Wir lassen im folgenden die oberen Vorzeichen den eigentlichen, die unteren den uneigentlichen Transformationen oder Formen entsprechen. Für beide Klassen ist dann, nach der Definition unserer Transformationen,

(33) $\quad T \neq \mathsf{E}, \quad T^2 - \mathsf{E} = 0; \quad \mathsf{T} \neq \mathsf{H}, \quad \mathsf{T}^2 - \mathsf{H} = 0.$

Es ist also, da $J \neq 0$,

und
$$T = T^{-1}, \quad \mathsf{T} = \mathsf{T}^{-1},$$
$$\mathsf{T} = T', \quad T = \mathsf{T}'.$$

Ferner ist für beide Klassen,
$$(SX)^3 = 0, \quad (\Sigma U)^3 = 0. \quad \{X, U\}.$$

Weiter hat man

(34) $\quad\quad J_1 = \mp 1, \quad J_2 = 0, \quad J_3 = \pm 1.$

Ferner sind, wenn P einen Vektor erster Schicht und A einen Vektor zweiter Schicht bezeichnet und (AP) von Null verschieden ist, bei übrigens völlig beliebigen A und P die folgenden bilinearen Formen Symbole kontragredienter involutorischer Transformationen T, T:

(35)
$$\boxed{\begin{array}{c}(XC)(\Gamma V) = (XD)(\Delta V) = \\ = \pm \dfrac{2(XA).(PV) - (AP).(XV)}{(AP)}, \\ (U\Gamma)(CY) = (U\Delta)(DY) = \\ = \pm \dfrac{2(UP).(AY) - (AP).(UY)}{(AP)},\end{array}}$$

und zwar kann jede Transformation T oder T im wesentlichen auf eine Weise so dargestellt werden. „Im wesentlichen" heißt natürlich, daß proportionale Änderungen der Koordinaten von A oder P nicht in Betracht kommen. Auf einen ausgeführten Beweis darf wohl verzichtet werden, da der Leser ihn leicht selbst finden wird.

Aus allem Gesagten folgt noch, daß für beide Arten involutorischer Transformationen

(36) $\quad |T+\mathsf{E}| = 0, \quad |\mathsf{T}+\mathsf{H}| = 0,$
$\quad\quad\;\; |T-\mathsf{E}| = 0, \quad |\mathsf{T}-\mathsf{H}| = 0$

ist. Die hier angeführten Formeln (35) und (36) werden wir später zu verwenden haben.

Ein anderes hierher gehöriges und ebenfalls sehr einfaches Ergebnis ist:

Die notwendige und hinreichende Bedingung dafür, daß eine Kollineation $(XC)(\Gamma U) = 0$ in der Ebene perspektiv ist, besteht in dem identischen Verschwinden ihrer kubischen Kovarianten. Die charakteristische Gleichung der Form $(XC)(\Gamma U)$ hat dann mindestens eine Doppelwurzel, und zwar tritt der Fall der dreifachen Wurzel dann ein, wenn es sich um eine sogenannte projektive Schiebung handelt.

Die Klassifikation der Formen $(XA)(PU)$ oder $(XC)(\Gamma U)$, zu der wir hier gekommen sind, stimmt, wie es zu verlangen ist, überein mit der, die aus der Theorie der Elementarteiler abgeleitet zu werden pflegt. Wir verweisen hier insbesondere auf die Einführung in die höhere Algebra von M. Bôcher (Deutsch von H. Beck, 1910), wo die einzelnen Familien genau so bezeichnet sind wie hier. Man findet dort (S. 313) daneben die sogenannte Charakteristikenbezeichnung derselben Familien zusammengestellt in der Tabelle

	a	b	c
I . .	[111]	[(11)1]	[(111)]
II . .	[21]	[(21)]	
III . .	[3]		

§ 19.
Ternäre bilineare Formen mit kogredienten Veränderlichen. Automorphe Transformationen quadratischer Formen.

Halten wir an unserer bisherigen Annahme $n = 3$ fest, betrachten wir aber nunmehr eine bilineare Form des Typus
$$F = (XA)(BY),$$
oder eine Form von kontragredientem Typus, so haben wir ein von dem vorigen völlig verschiedenes Problem vor uns, wenn auch hier

§ 19. Ternäre bilineare Formen

die Frage nach einem „vollständigen Formensystem" von F (nach Invarianten des Kernes von F und zweier Vektoren X und U gegenüber der Gruppe G) gestellt werden soll. Unsere nunmehrige Aufgabe aber ist einfacher als die soeben behandelte, sie läßt sich im Augenblick erledigen. Setzen wir nämlich $(LZ)^2 = (AZ)(BZ)$, also

(1) $\qquad (XL)(LY) = \tfrac{1}{2}\{(XA)(BY) + (XB)(AY)\}$,

und

(2) $\qquad\qquad (QU) = -\tfrac{1}{2}(ABU)$,

so haben wir in der Formel

(3) $\qquad (XA)(BY) = (XL)(LY) + (XQY)$

eine invariante Zerlegung der Form F vor uns (vgl. S. 117), derzufolge sogar in einem System, das außer dem Kern von F noch beliebig viele Vektoren $X_1 \ldots X_\mu$, $U_1 \ldots U_\nu$ umfaßt, sich ein vollständiges und kleinstes System ganzer rationaler Invarianten sogleich hinschreiben läßt. Man hat nämlich nur den genannten Vektoren die Kerne der beiden Formen

$$(QU), \quad (LZ)^2$$

hinzuzufügen. Da die erste von diesen selbst linear, die zweite aber eine quadratische Form ist, so ist damit die vorgelegte Aufgabe auf eine schon erledigte zurückgeführt (S. 134 bis 140). Namentlich wird jede ganze rationale Invariante des Kernes von F und der Vektoren X und U eine ganze rationale Funktion der Formen

(4) $\quad\boxed{\begin{array}{l} (XU), \quad (QU), \quad (LX)^2, \\ (XL)(LQ)(QU), \quad (LQ)^2, \quad (\Phi U)^2 = \tfrac{1}{2}(LL'U)^2, \\ (XQ\Phi)(\Phi U), \quad (\Phi QX)^2, \\ J = \tfrac{1}{3}(L\Phi)^2 = \tfrac{1}{6}(LL'L'')^2. \end{array}}$

Fragt man, wie es sachgemäß ist, nach allseitig-homogenen Invarianten und Kovarianten, so muß eine ganze rationale Funktion der Formen (4), wenn sie eine Invariante oder Kovariante der Form F sein soll, in bezug auf die Kerne von $(LX)^2$ und (QU) in allen ihren Gliedern denselben Gesamtgrad aufweisen. Zum Beispiel ist

$$(XQ\Phi)(\Phi U) + J.(XU)$$

eine allseitig-homogene Kovariante von F, wiewohl sie im System der Kerne von $(\Phi U)^2$, (QU) nicht homogen ist, und also im System allseitig-homogener Invarianten des Kernes von $(\Phi U)^2$ und der Vektoren Q, X, U nicht vorkommt.

mit kogredienten Veränderlichen.

Die Beispiele der Kovariante $\frac{1}{2}(AA'U)(BB'V)$ und der Invariante (Diskriminante von F) $\frac{1}{6}(AA'A'')(BB'B'')$ mögen zeigen, wie man aus F und anderen Formen abgeleitete Invariantenbildungen durch solche ersetzen kann, in denen die Formen (4) und einfache Derivate von ihnen vorkommen.

Man erhält der Reihe nach die Umformungen:

$$(AA'U)(BB'V) = (LA'U)(LB'V) + (\widetilde{AU}\,Q\widetilde{B\,V}) =$$
$$= (LAU)(LBV) - (AQ)(BUV) - (UQ)(ABV) =$$
$$= \{(LL'U)(LL'V) - (LQ)(LUV)\} -$$
$$- (LQ)(LUV) + 2.(UQ).(VQ);$$

damit hat man die Formel

(5) $$\frac{1}{2}(UAA')(BB'V) =$$
$$= (U\Phi)(\Phi V) + (UQ).(QV) - (LQ)(LUV).$$

Ebenso ergibt sich schließlich

(6) $$\tfrac{1}{6}(AA'A'')(BB'B'') = J + (LQ)^2.$$

Es kann zweckmäßig sein, an Stelle der Formen (4) andere zu benutzen, die dasselbe leisten, was auf mannigfache Art ausführbar ist. So zeigen die Gleichungen (5) und (6), daß man an Stelle von $(\Phi U)^2$ und J auch $\frac{1}{2}(AA'U)(BB'U)$ und $\frac{1}{6}(AA'A'')(BB'B'')$ einführen kann.

An das Formensystem (4) ließe sich nun eine Untersuchung knüpfen, ähnlich der, die wir in den Paragraphen 16 bis 18 angestellt hatten, und deren Ziel die Lösung des zur Gruppe G gehörigen Äquivalenzproblems für Formen des Typus $(XA)(BY)$ sein würde. Ich wünsche indessen den Leser nicht zu ermüden und werde daher die angestellten Betrachtungen in einer anderen Richtung fortsetzen. Es soll gezeigt werden, wie man, ausgehend von der Zerlegung (3) der bilinearen Form F in eine symmetrische und eine alternierende bilineare Form unter gewissen Voraussetzungen zu einer Darstellung aller automorphen linearen Transformationen einer ternären quadratischen Form gelangen kann. Ein Teil der hierzu nötigen Überlegungen ist unabhängig von der Stufenzahl des betrachteten Gebietes; daher lassen wir die Annahme $n = 3$ zunächst wieder fallen.

Es sei also die Stufenzahl n bis auf weiteres wieder beliebig, und es soll, wie früher (S. 126), ein Paar kontragredienter linearer

§ 19. Ternäre bilineare Formen

Transformationen T, T [1]) durch ein einziges Zeichen $\mathfrak{T} = (T, \mathsf{T})$ zusammengefaßt werden. Man hat dann

(7) $\quad\begin{aligned}T' &= \mathsf{T}^{-1}, & TT^{-1} &= T^{-1}T = E,\\ \mathsf{T}' &= T^{-1}, & \mathsf{T}\mathsf{T}^{-1} &= \mathsf{T}^{-1}\mathsf{T} = \mathsf{H}\end{aligned}$

(S. 125, 126). Ferner sollen auch die kontragredienten Transformationen S, Σ, deren jede beide Schichten von Vektoren vertauscht, durch ein gemeinsames Zeichen $\mathfrak{S} = (S, \Sigma)$ zusammengefaßt werden[1]), so daß

(8) $\quad\begin{aligned}S' &= \Sigma^{-1}, & SS^{-1} &= \Sigma^{-1}\Sigma = E,\\ \Sigma' &= S^{-1}, & \Sigma\Sigma^{-1} &= S^{-1}S = \mathsf{H}.\end{aligned}$

Die Bedingung dafür, daß $\mathfrak{S}$ bei $\mathfrak{T}$ in Ruhe bleibt (oder umgekehrt $\mathfrak{T}$ bei $\mathfrak{S}$) ist dann

(9) $\qquad\qquad \mathfrak{S}\mathfrak{T} = \mathfrak{T}\mathfrak{S},$

das heißt

(10) $\qquad\qquad S\mathsf{T} = TS, \quad \Sigma T = \mathsf{T}\Sigma.$

(Nr. 18, S. 126). Eine Transformation $\mathfrak{T}$, die die Bedingung (9) erfüllt, ist nun augenscheinlich $\mathfrak{S}^2$, dargestellt durch das folgende Paar kontragredienter Transformationen

(11) $\qquad\qquad T = S\Sigma, \quad \mathsf{T} = \Sigma S$ [2]).

In der Tat stehen diese beiden Transformationen in der unter (7) angegebenen Beziehung; denn es ist

$$T' = \Sigma' S' = S^{-1}\Sigma^{-1},$$

also

$$(T')^{-1} = \Sigma S = \mathsf{T}, \text{ usw.,}$$

während die Selbstverständlichkeit

$$\mathfrak{S}^{-2}\mathfrak{S}\mathfrak{S}^2 = \mathfrak{S} \text{ oder } \mathfrak{S}\mathfrak{S}^2 = \mathfrak{S}^2\mathfrak{S}$$

durch die Formeln übersetzt wird

$$S.\Sigma S = S\Sigma.S, \quad \Sigma.S\Sigma = \Sigma S.\Sigma.$$

---

[1]) In der früher (S. 125) angewandten deutlicheren Bezeichnungsart ist
$$T = (XC)(\Gamma V), \quad \mathsf{T}^{-1} = (U\Gamma)(CY),$$
$$T^{-1} = (XD)(\Delta V), \quad \mathsf{T} = (U\Delta)(DY),$$
und
$$S = (XA)(BY), \quad \Sigma^{-1} = (XB)(AY),$$
$$S^{-1} = (UQ)(PV), \quad \Sigma = (UP)(QV).$$

[2]) Ausführlich:
$$S\Sigma = (XA)(BP)(QV), \quad \Sigma S = (UP)(QA)(BY).$$

Es werde nun S in eine symmetrische Form $S_0 = \frac{1}{2}(S + S')$, und eine alternierende Form $S_1 = \frac{1}{2}(S - S')$ zerlegt,

(12) $$S = S_0 + S_1, \quad S' = S_0 - S_1.$$

Da die Zerlegung invariant ist, nicht nur gegenüber der Gruppe G, sondern auch noch gegenüber der zugehörigen erweiterten Gruppe, die auch lineare Transformationen mit Vertauschung der beiden Schichten umfaßt, so folgt nunmehr, unter der Voraussetzung, daß die gemeinsame Diskriminante $|S| = |S'|$ von S und S' von Null verschieden ist, also unter der Voraussetzung

(13) $$\{|S_0 + S_1| = |S_0 - S_1|\} \neq 0,$$

daß die (nach Nr. 13) der Gruppe Γ angehörige Transformation $(X \to \underline{X}, Y \to \underline{Y})$, deren Symbol

$$T = (S_0 + S_1)(S_0 - S_1)^{-1}$$

ist, nicht nur die bilineare Form $S_0 + S_1$, sondern auch ihre einzelnen Bestandteile S_0 und S_1 in Ruhe läßt.

T ist also eine automorphe lineare Transformation aller Formen des Büschels $\lambda S_0 + \mu S_1$, und insbesondere eine automorphe Transformation von S_0; und zwar ist T eine eigentliche automorphe Transformation von S_0, wenn als „eigentlich" eine automorphe Transformation von der Diskriminante Eins erklärt wird. Außerdem folgt noch, daß die zu T kontragrediente Transformation, die zu dem Symbol

$$\mathsf{T} = (S_0 - S_1)^{-1}(S_0 + S_1)$$

gehört, die auf Seite 107 erklärte Kovariante von S_0 und also, wenn $|S_0| \neq 0$ ist, auch die zu S_0 kontragrediente Form Σ_0 in Ruhe lassen muß.

Es besteht also nicht nur die Gleichung $S\mathsf{T} = TS$ (Nr. 10), die sich auf die triviale Identität

$$(S_0 + S_1) \cdot (S_0 - S_1)^{-1}(S_0 + S_1) = (S_0 + S_1)(S_0 - S_1)^{-1} \cdot (S_0 + S_1)$$

reduziert, sondern es bestehen auch die inhaltsreicheren Gleichungen

(14) $$S_0 \mathsf{T} = T S_0, \quad S_1 \mathsf{T} = T S_1,$$

deren erste,

$$S_0(S_0 - S_1)^{-1}(S_0 + S_1) = (S_0 + S_1)(S_0 - S_1)^{-1} S_0$$

gleichbedeutend ist mit

(15) $$T^{-1} S_0 \mathsf{T} = S_0$$

oder mit der Gleichung

$$(S_0 - S_1)(S_0 + S_1)^{-1} \cdot S_0 \cdot (S_0 - S_1)^{-1}(S_0 + S_1) = S_0.$$

§ 19. Automorphe Transformationen

Diese Formeln kann man, beiläufig bemerkt, leicht verifizieren, wenn man annimmt, daß außer (13) auch die Ungleichung $|S_0| \neq 0$ stattfindet. Es erweisen sich dann nämlich als gleichbedeutend mit der Gleichung (14), der Reihe nach, die Gleichungen

$$\{E - S_1 S_0^{-1}\}^{-1}(S_0 + S_1) = (S_0 + S_1)\{\mathsf{H} - S_0^{-1} S_1\}^{-1},$$
$$(S_0 + S_1)\{\mathsf{H} - S_0^{-1} S_1\} = \{E - S_1 S_0^{-1}\}(S_0 + S_1),$$
$$(S_0 + S_1) S_0^{-1} S_1 = S_1 S_0^{-1}(S_0 + S_1),$$
$$\{E + S_1 S_0^{-1}\} S_1 = S_1\{\mathsf{H} + S_0^{-1} S_1\},$$
$$S_1 S_0^{-1} \cdot S_1 = S_1 \cdot S_0^{-1} S_1,$$

deren letzte eine triviale Identität ist [1]).

Es erhebt sich nunmehr die Frage: Läßt sich jede eigentliche automorphe lineare Transformation einer symmetrischen bilinearen Form S_0 oder (was dasselbe ist) einer quadratischen Form, auf die gefundene Art darstellen? Oder, wenn nicht, unter welchen Bedingungen ist die Darstellung möglich? Und wie wird dann eine so darstellbare Transformation $\mathfrak{T}$, d. h., das zugehörige Formenpaar T, T in die Gestalt

(16)
$$T = (S_0 + S_1)(S_0 - S_1)^{-1},$$
$$\mathsf{T} = (S_0 - S_1)^{-1}(S_0 + S_1)$$

gesetzt werden können?

Um hierauf eine Antwort zu finden, wird man versuchen müssen, die Gleichungen (16), wenn T oder, was auf dasselbe hinausläuft, T gegeben ist, nach S_1 aufzulösen. Das aber ist, wenn überhaupt ausführbar, eine leichte Sache. Unter der Annahme (13), also unter der Voraussetzung der Darstellbarkeit von T und T durch die Formeln (16), folgt nämlich

$$T(S_0 - S_1) = S_0 + S_1,$$
$$(S_0 - S_1)\mathsf{T} = S_0 + S_1,$$

oder

$$(T - E)S_0 = (T + E)S_1,$$
$$S_0(\mathsf{T} - \mathsf{H}) = S_1(\mathsf{T} + \mathsf{H});$$

---

[1]) Durch Umkehrung der Reihenfolge der Rechnung und einen Grenzübergang läßt sich das Bestehen der Gleichungen (14) auch allgemein begründen. Aber auf eine solche Überlegung würde man nicht leicht verfallen, wenn man die Gleichungen (14) nicht schon kennte. Diese Art der Beweisführung wäre also ein sogenannter Mausefallenbeweis.

es folgt also, wenn $|T+E| \neq 0$ ist,

(17) $$S_1 = \frac{T-E}{T+E} S_0,$$

und, wenn $|\mathsf{T}+\mathsf{H}| \neq 0$ ist, ebenso

(18) $$S_1 = S_0 \frac{\mathsf{T}-\mathsf{H}}{\mathsf{T}+\mathsf{H}}.$$

(Vgl. S. 123.) Es ist nun aber, immer unter der Annahme (13)

$$T+E = (S_0+S_1)(S_0-S_1)^{-1} + E =$$
$$= \{(S_0+S_1)+(S_0-S_1)\}(S_0-S_1)^{-1} = 2 S_0 (S_0-S_1)^{-1},$$
$$\mathsf{T}+\mathsf{H} = \mathsf{H} + (S_0-S_1)^{-1}(S_0+S_1) =$$
$$= (S_0-S_1)^{-1}\{(S_0-S_1)+(S_0+S_1)\} = 2(S_0-S_1)^{-1} S_0,$$

und also

(19) $$|T+E| = \frac{2^n \cdot |S_0|}{|S_0 \pm S_1|} = |\mathsf{T}+\mathsf{H}|.$$

Wenn $|S_0| \neq 0$ ist, so existieren mithin beide Darstellungen der alternierenden Form S_1, wenn überhaupt, immer zugleich.

Aus dem Gesagten kann noch geschlossen werden, daß im Falle einer **uneigentlichen** automorphen Transformation von S_0 immer

$$|T+E| = 0, \quad |\mathsf{T}+\mathsf{H}| = 0$$

ist. Wäre nämlich z. B. $|T+E| \neq 0$, so könnten wir eine Form S_1 durch die Gleichung (17) erklären. Zugleich hätten wir, nach (14), $S_0 = T S_0 T'$. Diese letzte Gleichung kann nun aber auch in der Form

$$\frac{T-E}{T+E} S_0 + S_0 \frac{T'-\mathsf{H}}{T'+\mathsf{H}} = 0,$$

d. h.

$$S_1 + S'_1 = 0$$

geschrieben werden, woraus wieder

$$T = (S_0+S_1)(S_0-S_1)^{-1},$$

also $|T| = 1$ folgt, im Widerspruch zu der Annahme, daß T eine uneigentliche Transformation sein sollte.

Dem Vorgetragenen entnehmen wir den Lehrsatz:

I. Ist $S_0 \{=(XL)(LY)\}$ eine **nicht-singuläre symmetrische bilineare Form** und $T\{=(XC)(\varGamma V)\}$ **das Symbol einer** eigentlich-automorphen Transformation $\{X \to \underline{X},\ Y \to \underline{Y}\}$ von S_0, so kann T immer dann, und nur dann, wenn

$$|T+E| \neq 0$$

ist, mit Hilfe einer geordneten (und übrigens nicht notwendig von Null verschiedenen) alternierenden Form S_1 in die Gestalt

$$T = (S_0 + S_1)(S_0 - S_1)^{-1}$$

übergeführt werden, und zwar auf eine einzige Weise. Es ist dann nämlich

$$S_1 = \frac{T-E}{T+E} S_0.$$

Umgekehrt liefert jede geordnete alternierende Form S_1 (mit Einschluß der Null), für die

$$\{|S_0 + S_1| = |S_0 - S_1|\} \neq 0$$

ist, und nur eine solche, eine Form T, die als Symbol einer eigentlich-automorphen Transformation von S_0 betrachtet werden kann[1]).

Ist nämlich $T = (XC)(\Gamma V)$ und

$$(XC)\Gamma = \underline{X}, \quad (YC)\Gamma = \underline{Y},$$

so folgt

$$(XL)(LY) = (\underline{X}L)(L\underline{Y}),$$

und es ist überdies

$$|T| = 1.$$

Es ist aber durch das Vorhergehende auch schon der folgende inhaltsreichere Satz erwiesen, der der Unterscheidung zweier Schichten von Vektoren Rechnung trägt:

II. Es seien

$$S_0 = (XL)(LY), \quad \Sigma_0 = (UA)(AV)$$

---

[1]) S Frobenius, Journ. f. Math., **84**, 37, 1878, Lehrsätze I und III. Der hier zugrunde liegende Gedanke rührt, soviel ich weiß, von Cayley her, der ihn indessen fehlerhaft abgefaßt hat. Erst Frobenius hat die Sache in Ordnung gebracht. Der von diesem Autor sehr betonte weitere Lehrsatz jedoch, daß die durch $|T+E| = 0$ ausgeschlossenen eigentlichen Transformationen Grenzfälle von solchen sind, für die $|T+E| \neq 0$ ist, scheint mir trivial zu sein. Auch wird, nach meinem Dafürhalten, die Frage nach einer brauchbaren Parameterdarstellung der automorphen Transformationen T durch die von Frobenius (in § 11 der zitierten Arbeit) angestellte Untersuchung ihrer Beantwortung nicht näher gebracht.

zwei zueinander kontragrediente symmetrische (und also auch reziproke) Formen, so daß

(a) $\quad S_0' = S_0, \ \Sigma_0' = \Sigma_0, \ S_0 \Sigma_0 = E, \ \Sigma_0 S_0 = \mathsf{H}$.

Es sei ferner $\mathfrak{T} = (T, \mathsf{T})$ ein Paar kontragredienter eigentlich-automorpher Transformationen des Formenpaars $\mathfrak{S}_0 = (S_0, \Sigma_0)$, entsprechend den Symbolen
$$T = (XC)(\Gamma V), \quad \mathsf{T} = (U\Delta)(DY),$$
so daß

(b) $\quad T' = \mathsf{T}^{-1}, \ \mathsf{T}' = T^{-1}, \ |T| = 1 = |\mathsf{T}|$

und

(c) $\quad T^{-1} S_0 \mathsf{T} = S_0, \ \mathsf{T}^{-1} \Sigma_0 T = \Sigma_0$

ist, und daß demnach die geordneten Formen T und T durch $\mathfrak{S}_0$ gepaart werden:

(c*) $\quad \mathsf{T} = \Sigma_0 T S_0, \ T = S_0 \mathsf{T} \Sigma_0$.

Entsprechende Invarianten (der Gruppe G) von T und T sind dann einander gleich, und insbesondere ist

(d) $\quad |T + E| = |\mathsf{T} + \mathsf{H}|$.

Ist nun diese Invariante von Null verschieden, so lassen sich zwei ebenfalls durch $\mathfrak{S}_0$ {nach der Regel

(e) $\quad \Sigma_1 = \Sigma_0 S_1 \Sigma_0, \ S_1 = S_0 \Sigma_1 S_0$}

gepaarte alternierende Formen[1])

(f) $\quad\begin{aligned} S_1 &= \frac{T-E}{T+E} S_0 = S_0 \frac{\mathsf{T} - \mathsf{H}}{\mathsf{T} + \mathsf{H}}, \\ \Sigma_1 &= \frac{\mathsf{T} - \mathsf{H}}{\mathsf{T} + \mathsf{H}} \Sigma_0 = \Sigma_0 \frac{T-E}{T+E} \end{aligned}$

finden, deren Invariante

(g) $\quad\begin{aligned}\frac{|S_0 \pm S_1|}{|S_0|} &= |E \pm S_1 \Sigma_0| = |E \pm S_0 \Sigma_1| = \\ &= \frac{|\Sigma_0 \pm \Sigma_1|}{|\Sigma_0|} = |\mathsf{H} \pm \Sigma_1 S_0| = |\mathsf{H} \pm \Sigma_0 S_1|\end{aligned}$

den Wert
$$\frac{2^n}{|T+E|} = \frac{2^n}{|\mathsf{T} + \mathsf{H}|}$$
hat und also von Null verschieden ist.

---

[1]) Siehe die Bemerkung am Ende des Lehrsatzes.

§ 19. Automorphe Transformationen

Mit Hilfe dieser geordneten Formen S_1, Σ_1 lassen sich dann T und T wie folgt ausdrücken:

(h)
$$T = \begin{cases} = (S_0 + S_1)(S_0 - S_1)^{-1} \\ = \dfrac{E + S_1 \Sigma_0}{E - S_1 \Sigma_0} = \dfrac{E + S_0 \Sigma_1}{E - S_0 \Sigma_1} \\ = (\Sigma_0 - \Sigma_1)^{-1}(\Sigma_0 + \Sigma_1), \end{cases}$$

$$\mathsf{T} = \begin{cases} = (\Sigma_0 + \Sigma_1)(\Sigma_0 - \Sigma_1)^{-1} \\ = \dfrac{\mathsf{H} + \Sigma_1 S_0}{\mathsf{H} - \Sigma_1 S_0} = \dfrac{\mathsf{H} + \Sigma_0 S_1}{\mathsf{H} - \Sigma_0 S_1} \\ = (S_0 - S_1)^{-1}(S_0 + S_1). \end{cases}$$

Umgekehrt kann man die eine oder andere der Formen S_1, Σ_1 willkürlich annehmen, so jedoch, daß die entsprechende Invariante $|S_0 \pm S_1|$, $|\Sigma_0 \pm \Sigma_1|$ nicht verschwindet. Dadurch sind dann T und T so bestimmt, daß alle hier aufgezählten symbolischen Gleichungen erfüllt werden.

Wie zuvor, muß zu den alternierenden Formen hier auch die Null gerechnet werden, die der Annahme $\mathfrak{T} = \mathfrak{E}$, d. h. $T = E$, $\mathsf{T} = \mathsf{H}$ entspricht.

Zur weiteren Verdeutlichung soll schließlich der Satz II noch in eine andere Form gegossen werden, die ebenfalls Interesse haben dürfte:

III. Es sei $\mathfrak{T} = (T, \mathsf{T})$ ein Paar kontragredienter eigentlich-automorpher Transformationen des Paares $\mathfrak{S}_0 = (S_0, \Sigma_0)$ reziproker symmetrischer Formen, so daß die Beziehungen (a), (b), (c) bestehen, und außerdem die Invariante

$$|T + E| = |\mathsf{T} + \mathsf{H}|$$

von Null verschieden ist. Es mögen ferner durch $\mathfrak{T}$ den Vektoren X und U die Vektoren $\overline{X}$ und $\overline{U}$ zugeordnet werden, und es seien überdies X und $\overline{U}$ so gewählt, daß sie (und also auch $\overline{X}$ und U) einander in der Transformation entsprechen, die zu $\mathfrak{S}_0$ gehört. Ist dann X^* das arithmetische Mittel der Vektoren X und $\overline{X}$, U^* das arithmetische Mittel von U und $\overline{U}$,

(α) $$X^* = \frac{X + \overline{X}}{2}, \quad U^* = \frac{U + \overline{U}}{2},$$

quadratischer Formen. 217

so sind sämtliche durch die folgende Figur dargestellten Zuordnungen umkehrbar, sie sind also (lineare) Transformationen:

(β)

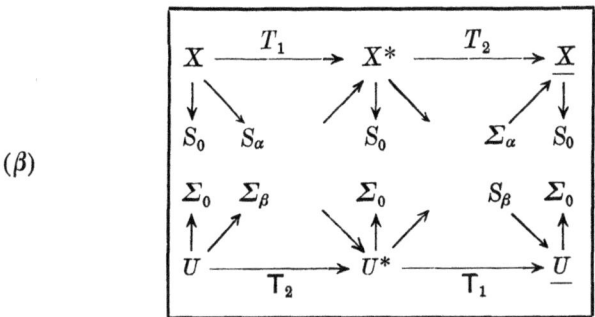

Wie die benutzten Zeichen es andeuten, sind dann
$$\mathfrak{S}_\alpha = (S_\alpha, \Sigma_\alpha), \quad \mathfrak{S}_\beta = (S_\beta, \Sigma_\beta),$$
$$\mathfrak{T}_1 = (T_1, \mathsf{T}_1), \quad \mathfrak{T}_2 = (T_2, \mathsf{T}_2)$$
Paare kontragredienter Transformationen, und
$$S_\alpha, \Sigma_\beta, \qquad S_\beta, \Sigma_\alpha,$$
$$T_1, \mathsf{T}_2, \qquad T_2, \mathsf{T}_1$$
werden durch die Transformationen
$$\mathfrak{S}_0 = (S_0, \Sigma_0)$$
gepaart. Ferner ist, wie die Figur es ebenfalls erkennen läßt,
$$\mathfrak{T} = \mathfrak{S}_\alpha^2 = \mathfrak{T}_1 \mathfrak{T}_2 = \mathfrak{T}_2 \mathfrak{T}_1 = \mathfrak{S}_\beta^2,$$
oder ausführlicher:

(γ)
$$\boxed{\begin{array}{l} T = S_\alpha \Sigma_\alpha = T_1 T_2 = T_2 T_1 = S_\beta \Sigma_\beta, \\ \mathsf{T} = \Sigma_\beta S_\beta = \mathsf{T}_2 \mathsf{T}_1 = \mathsf{T}_1 \mathsf{T}_2 = \Sigma_\alpha S_\alpha. \end{array}}$$ [1]

---

[1] Man kann übrigens das Schema des Textes durch ein einfacheres, aber auch schon vollkommen deutliches ersetzen:

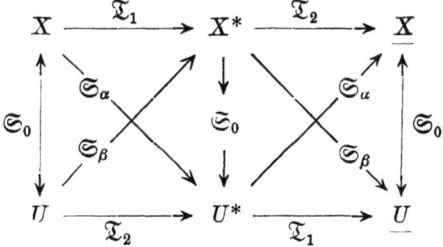

(S. Math. Ann. **39**, 508, 1891).

§ 19. Automorphe Transformationen

Wird dann

(δ)
$$S_1 = \frac{T-E}{T+E} S_0 = S_0 \frac{T-H}{T+H},$$
$$\Sigma_1 = \frac{T-H}{T+H} \Sigma_0 = \Sigma_0 \frac{T-E}{T+E}$$

gesetzt, so sind S_1 und Σ_1 zwei durch $\mathfrak{S}_0 = (S_0, \Sigma_0)$ gepaarte alternierende Formen, die der Einschränkung

$$\left\{\frac{|S_0 \pm S_1|}{|S_0|} = \frac{|\Sigma_0 \pm \Sigma_1|}{|\Sigma_0|}\right\} \neq 0$$

unterliegen, von denen aber die eine sonst beliebig angenommen werden darf.

Von den Kernen dieser Formen hängen dann die folgenden linearen Transformationen oder geordneten bilinearen Formen **linear** ab:

(ε)
$$\begin{aligned}
T_1^{-1} &= E - S_1 \Sigma_0, & T_2 &= E + S_1 \Sigma_0, \\
S_\alpha^{-1} &= \Sigma_0 - \Sigma_1, & \Sigma_\alpha &= \Sigma_0 + \Sigma_1, \\
\Sigma_\beta^{-1} &= S_0 - S_1, & S_\beta &= S_0 + S_1, \\
T_2^{-1} &= H - \Sigma_1 S_0, & T_1 &= H + \Sigma_1 S_0.
\end{aligned}$$

Durch **Elimination** der mittleren Veränderlichen in den durch die Transformationen oder Formen bewirkten Zuordnungen entsteht dann das Paar kontragredienter Transformationen $\mathfrak{T} = (T, \mathsf{T})$ nach dem Schema

$$\begin{array}{ll}
X \leftarrow X^* \rightarrow \underline{X}, & \{T = T_1 T_2\}, \\
X \leftarrow U^* \rightarrow \underline{X}, & \{T = S_\alpha \Sigma_\alpha\}, \\
U \leftarrow X^* \rightarrow \underline{U}, & \{\mathsf{T} = \Sigma_\alpha S_\beta\}, \\
U \leftarrow U^* \rightarrow \underline{U}, & \{\mathsf{T} = \mathsf{T}_2 \mathsf{T}_1\}.
\end{array}$$

Ist die Stufenzahl n ungerade, so liefern die aufgestellten Formeln auch eine entsprechende Darstellung uneigentlich-automorpher Transformationen des Paares (S_0, Σ_0). $-T$ und $-\mathsf{T}$ sind nämlich dann ein Paar solcher Transformationen, die mit T und T invariant verbunden sind. Ist dagegen die Stufenzahl gerade, so sind $-T$ und $-\mathsf{T}$ wieder eigentlich-automorphe Transformationen von (S_0, Σ_0), und man erhält daher noch ein zweites System von

Formeln, das zur Darstellung eigentlicher Transformationen dienen kann, das nun aber unter der Voraussetzung
$$|T-E| \neq 0$$
existiert. Ist zugleich

(20) $\qquad |T+E| \neq 0, \quad |T-E| \neq 0$

(was bei geraden Werten von n, und nur bei solchen, möglich ist), so existieren zwei alternierende Formen S_2 und Σ_2, die zu $-T$ und $-\mathsf{T}$ in derselben Beziehung stehen wie S_1 und Σ_1 zu T und T, und zwar sind dann die Diskriminanten von S_1 und Σ_1, S_2 und Σ_2 von Null verschieden. Da nunmehr

(21)
$$S_2 = \frac{T+E}{T-E} S_0 = S_0 \frac{\mathsf{T}+\mathsf{H}}{\mathsf{T}-\mathsf{H}},$$
$$\Sigma_2 = \frac{\mathsf{T}+\mathsf{H}}{\mathsf{T}-\mathsf{H}} \Sigma_0 = \Sigma_0 \frac{T-E}{T+E}$$

sein soll, so findet sich nach kurzer Rechnung

(22) $\qquad S_2 = \Sigma_1^{-1}, \quad \Sigma_2 = S_1^{-1}$.

Zum Beispiel befriedigt dann die alternierende Form $S_2 = \Sigma_1^{-1} = S_0 S_1^{-1} S_0 = S_0 \Sigma_2 S_0$ die Gleichung

$$(S_0 + S_2)(S_0 - S_2)^{-1} + (S_0 + S_1)(S_0 - S_1)^{-1} = 0.$$

In der Tat erhält man als gleichbedeutend mit dieser letzten Gleichung der Reihe nach die Gleichungen

$$(E + S_0 \Sigma_2) S_0 \cdot \{(E - S_0 \Sigma_2) S_0\}^{-1} +$$
$$+ (E + S_1 \Sigma_0) S_0 \cdot \{(E - S_1 \Sigma_0) S_0\}^{-1} = 0,$$
$$(E + S_1 \Sigma_2)(E - S_0 \Sigma_2)^{-1} + (E + S_1 \Sigma_0)(E - S_1 \Sigma_0)^{-1} = 0,$$
$$(E + S_1 \Sigma_2)(E - S_0 \Sigma_2)^{-1} + (E - S_1 \Sigma_0)^{-1}(E + S_1 \Sigma_0) = 0,$$
$$(E - S_1 \Sigma_0)(E + S_1 \Sigma_2) + (E + S_1 \Sigma_0)(E - S_0 \Sigma_2) = 0,$$
$$\{E - S_1 \Sigma_0 + S_1 \Sigma_2 - E\} + \{E + S_1 \Sigma_0 - S_1 \Sigma_2 - E\} = 0,$$

und dieses ist eine Identität, aus der dann die vorausgehenden Formeln wieder abgeleitet werden können.

Läßt man die Vektoren X^{**} und U^{**} in derselben Beziehung zu $-T$ und $-\mathsf{T}$ stehen, wie X^* und U^* zu T und T, so ist immer

(23) $\qquad (U^* X^{**}) = 0, \quad (U^{**} X^*) = 0.$

Das Vorgetragene enthält vor allen Dingen die Feststellung, daß man in einem sogenannten allgemeinen Fall, der durch die Ungleichung
$$|T+E| \neq 0$$
genau bezeichnet ist, den Kern von T (oder T) durch $\dfrac{n(n-1)}{2}$ unabhängige Parameter rational darstellen kann, eben durch die Koeffizienten der alternierenden Form S_1 (oder Σ_1). Wichtig ist dabei, daß für Formen T, die von E hinreichend wenig verschieden sind, die Diskriminante $|T+E|$ sicher von Null verschieden ausfällt. Dies ergibt sich nämlich daraus, daß für $T = E$ die Beziehung $|T+E| = 2^n$ besteht. **Cayleys Darstellung eigentlich-automorpher Transformationen von (S_0, Σ_0) ist also brauchbar zur erschöpfenden Darstellung einer Umgebung der identischen Transformation, und daher auch zur Darstellung sogenannter infinitesimaler Transformationen.**

Wir berühren hiermit einen weiteren wichtigen Gegenstand, der im zweiten Teil dieses Buches zusammen mit den Differentialgleichungen der Invarianten abgehandelt werden soll. Bei dieser Gelegenheit sollen dann auch die speziellen infinitesimalen Transformationen zur Sprache kommen, die in der Hydrodynamik eine gewisse Rolle spielen.

§ 20.
Fortsetzung:
Automorphe Transformationen ternärer quadratischer Formen.

Die im vorigen Paragraphen abgeleitete symbolische Rechnung soll nunmehr im Falle $n = 3$ in dem Sinne weitergeführt werden, daß wir die Formen T und T mit Hilfe der Formen des auf S. 208, Nr. 4 aufgestellten vollständigen Formensystems ausdrücken.

Wir setzen also nunmehr **$n = 3$**, und dementsprechend (§ 19, Nr. 1, 2)

(1) $\quad\begin{aligned} S &= S_0 + S_1 = (XL)(LY) + (XQY), \\ S' &= S_0 - S_1 = (XL)(LY) - (XQY). \end{aligned}$

Wir erhalten dann, wenn $|S_0 + S_1| = |S_0 - S_1|$ nicht Null ist,

(2) $\quad\begin{aligned}(S_0 + S_1)^{-1} &= \dfrac{\tfrac{1}{2}(UBB')(AA'V)}{|S_0 + S_1|}\\ &= \dfrac{(U\Phi)(\Phi V) + (UQ).(QV) - (LQ)(ULV)}{J + (LQ)^2}\end{aligned}$

(§ 19, Nr. 5 und 6), wobei, wenn auch $J \neq 0$ ist, und, wie früher, $\Sigma_0 = (U A)(A V)$ die zu S_0 kontragrediente (und zugleich reziproke) Form bedeutet,

(3) $$(U \Phi)(\Phi V) = J.(U A)(A V)$$

ist. Wir kennen damit natürlich auch schon die Form $(S_0 - S_1)^{-1}$ und können also nunmehr die Formeln T und T berechnen (Formel h in § 19).

(4)
$$T = (S_0 + S_1)(S_0 - S_1)^{-1} =$$
$$= \{J + (L Q)^2\}^{-1} . \{(J - (L Q)^2).(X V) +$$
$$+ 2.(X L)(L Q).(Q V) + 2(X Q \Phi)(\Phi V)\},$$

$$\mathsf{T} = (S_0 - S_1)^{-1}(S_0 + S_1) =$$
$$= \{J + (L Q)^2\}^{-1} . \{(J - (L Q)^2).(U Y) +$$
$$+ 2(U Q).(Q L)(L Y) + 2(U \Phi)(\Phi Q Y)\}$$

Hiermit ist die zunächst gestellte Aufgabe schon gelöst. Es besteht aber, in dem besonderen Falle, mit dem wir es jetzt zu tun haben, der weitere (für $n > 3$ nicht mehr gültige) Satz:

Die mit Hilfe alternierender Formen nicht darstellbaren eigentlichen Transformationen (T, T) einer symmetrischen nicht singulären Form S_0 sind sämtlich involutorisch, und sie bilden die Gesamtheit der eigentlichen involutorischen Transformationen von S_0.

Da es sich nämlich um eigentliche Transformationen handelt, so ist $|T| = 1$. Ferner ist dann $-T$, da n ungerade, eine uneigentliche Transformation, und also ist $|T - E| = 0$ (S. 207). Drittens ist nach Voraussetzung $|T + E| = 0$. Da $n = 3$ sein soll, so kennen wir damit die Wurzeln der charakteristischen Gleichung von T, sie haben die Werte

$$1, \; -1, \; -1,$$

womit die erste unserer Behauptungen erwiesen ist.

Die involutorischen, eigentlich-automorphen Transformationen von S_0 lassen sich nun leicht unmittelbar bestimmen. Wir haben dazu nur in den Formeln (35), S. 206 das obere Vorzeichen zu wählen und die dort P und A genannten Vektoren erster und zweiter Schicht in die Beziehung von Pol und Polare in bezug auf S_0 zu setzen. Wir machen also die Substitution

$$A = (PL)L,$$

und erhalten

(5)
$$T = \frac{-(LP)^2 \cdot (XV) + 2(XL)(LP) \cdot (PV)}{(LP)^2},$$

$$\mathsf{T} = \frac{-(LP)^2 \cdot (UV) + 2(UP) \cdot (PL)(LY)}{(LP)^2}.$$

Vergleichen wir jetzt diese Formeln mit den zuvor abgeleiteten, so erkennen wir, daß sie zu einem inhaltsreicheren Formelpaar zusammengefaßt werden können, das nunmehr alle eigentlich-automorphen Transformationen von S_0 darstellt. Wir haben nur

(6) $$(QU) = \frac{(PU)}{P_0}$$

zu setzen, wo nun also

(7) $$P_0 : P_1 : P_2 : P_3$$

ein System von **vier** homogenen Parametern darstellt.

Wir wollen zunächst das Ergebnis dieser Überlegung unter der vereinfachenden Annahme $J = 1$ anführen. Wir können dann die Form $(\Phi U)^2$ durch die Form $(AU)^2$ ersetzen, die nun ebenfalls als die gegebene Grundform betrachtet werden kann. Wir erhalten ein Formelpaar, das zwar nicht mehr dem ursprünglich gegebenen Rationalitäts- und Integritätsbereich angehört, und dessen Struktur nur noch bei Transformationen der Gruppe Γ erhalten bleibt, das aber dafür Symmetrieeigenschaften aufweist, die den Formeln (4) und (5) fehlen, und das übrigens ja diese Formeln sofort zu reproduzieren erlaubt. Eine weitere — rein formale — Vereinfachung erhalten wir noch, wenn wir die früher (§ 13) erklärten Zeichen einführen, und überdies die formale Unterscheidung von Invarianten der Typen

$$(X \mid Y), \quad (UX), \quad (U \mid V),$$

die nun wohl ihren Dienst getan hat, nicht mehr mitschleppen, sondern an Stelle des ersten und dritten dieser Zeichen die noch etwas einfacheren und ebenso deutlichen Symbole

(8) $$(XY)\{ = (XL)(LY)\}, \quad (UV)\{ = (UA)(AV)\}$$

benutzen.

ternärer quadratischer Formen.

Wir erhalten dann die Gleichungen [1])

(9)
$$\begin{aligned}&\{P_0^2+(PP)\}.\mathsf{T} = \{P_0^2+(PP)\}.(XC)(\Gamma V) = \\&= \{P_0^2-(PP)\}.(XV)+2(XP).(PV)+2P_0.(XPV),\\&\{P_0^2+(PP)\}.\mathsf{T} = \{P_0^2+(PP)\}.(U\varDelta)(DY) = \\&= \{P_0^2-(PP)\}.(UY)+2(UP).(PY)+2P_0.(UPY),\end{aligned}$$

in denen natürlich

(10) $\qquad P_0^2+(PP) \neq 0$

anzunehmen ist.

Diese Formeln stellen also die Gesamtheit aller automorphen linearen Transformationen der zueinander kontragredienten symmetrischen Formen (8) dar, und sie bringen außerdem die durch eben diese Formen vermittelte Symmetrie zwischen den kontragredienten Formen T und T zu vollkommenem Ausdruck.

Setzen wir erstens wie früher,
$$(XC)\Gamma = \underline{X}, \quad (U\varDelta)D = \underline{U},$$
so folgt nach kurzer Rechnung
$$(XX') = (XC)(\Gamma\Gamma')(C'X') = (\underline{X}\,\underline{X}'),$$
und ebenso
$$(UU') = (U\varDelta)(DD')(\varDelta'U') = (\underline{U}\,\underline{U}').$$

Aber diese Formeln brauchen zweitens gar nicht jede für sich abgeleitet zu werden, sondern die eine folgt aus der anderen, einfach dadurch, daß man in Nr. (9) zugleich die Zeichen X und U, V und Y vertauscht. Und man kann drittens auch nur V und Y oder U und X vertauschen, und hat dann schon die („korrelativen") linearen Transformationen von der Determinante Eins hergestellt, die aus den Formen $(XX'),(UU')$ die Formen $(\underline{U}\,\underline{U}'), (\underline{X}\,\underline{X}')$ hervorgehen lassen. Diese zweite Formelgruppe hat also, in unserer Bezeichnung, genau dieselbe Struktur wie die erste.

Die einzelnen Bestandteile der Ausdrücke (9) lassen sich leicht mit Hilfe der Symbole T, T darstellen. Ist nämlich, wie früher, R

---

[1]) In der Hauptsache findet sich dieses Ergebnis schon in der Koordinatengeometrie von H. Beck (1, 264, 278, 1919). Doch läßt die dort gegebene Herleitung wie auch die Formulierung selbst noch einiges zu wünschen übrig. Siehe den weiteren Text. (Überflüssig ist der von Beck mit a bezeichnete Parameter).

die lineare Invariante von T oder T, $R = (C\Gamma) = (\Delta D)$, so ergibt sich

(11) $$R = \frac{3\,P_0^2 - (PP)}{P_0^2 + (PP)}.$$

Die charakteristische Funktion von T oder T ist

(12) $\Delta^3 - R\Delta^2 + R\Delta - 1 = (\Delta - 1)\{\Delta^2 - (R-1)\Delta + 1\}.$

Daher ist
$$T^3 - RT^2 + RT^1 - T^0 = 0$$
oder
$$(T+E)^3 - (R+3)(T+E)^2 + \\ + (3R+3)(T+E)^1 - 2(R+1)(T+E)^0 = 0,$$
also

(13) $$|T+E| = 2(R+1) = \frac{8\,P_0^2}{P_0^2 + (PP)}.$$

Ist dieser Ausdruck $\neq 0$, also die Transformation nicht involutorisch, so erhält man

(14) $$\begin{aligned} \frac{R-1}{2}\cdot E &= \frac{P_0^2 - (PP)}{P_0^2 + (PP)}\cdot (XV), \\ \frac{T-(R-1)E+T^{-1}}{2} &= \frac{2\,(XP).(PV)}{P_0^2 + (PP)}, \\ \frac{R+1}{2}\cdot\frac{T-E}{T+E} &= \frac{T-T^{-1}}{2} = \frac{2\,P_0.(XPV)}{P_0^2 + (PP)}, \end{aligned}$$

was die gesuchten Ausdrücke sind. Man entnimmt daraus auch im involutorischen Falle ($R = -1$) die Verhältnisgrößen P_k.

Die zweite und die dritte Formel unter (14) lassen sich, nach den früher entwickelten Regeln, auch so schreiben:

(15) $$\frac{T-(R-1)E+T^{-1}}{R-3} = -\frac{(XP).(PV)}{(PP)},$$

(16) $$\left.\begin{aligned} \frac{T-E}{T+E}S_0 &= \frac{T-T^{-1}}{R+1}S_0 \\ S_0\frac{\mathsf{T}-\mathsf{H}}{\mathsf{T}+\mathsf{H}} &= S_0\frac{\mathsf{T}-\mathsf{T}^{-1}}{R+1} \end{aligned}\right\} = \frac{(XPY)}{P_0}.$$

Der letzten Formel entnimmt man, wenn $R \neq -1$, unmittelbar den Quotienten $(UQ) = P_0^{-1}.(UP)$.

Die einfache Struktur der Ausdrücke für die automorphen Transformationen (T, T) der betrachteten symmetrischen oder quadratischen Formen kommt **allgemein** nur der vorgeführten Gestaltung zu, deren Wesen darin besteht, daß T und T aus Invarianten der Gruppe Γ zusammengesetzt werden. Wenn man das Koordinatensystem spezialisiert, und dann mit explizite geschriebenen Koordinaten rechnet, so werden die angeführten Symmetrieeigenschaften in der Regel verdeckt. Es wird nicht überflüssig sein, dies dadurch zu erläutern, daß wir neben die Formeln (9) in zwei ohnehin wichtigen Fällen ausgerechnete Formeln stellen. Wir wollen annehmen, es seien die zwei Formenpaare

(17)
$$S_0 = (XY) = X_1 Y_1 \pm X_2 Y_2 \pm X_3 Y_3,$$
$$\Sigma_0 = (UV) = U_1 V_1 \pm U_2 V_2 \pm U_3 V_3$$

vorgelegt, wobei entweder die oberen oder die unteren Vorzeichen Geltung haben. Es wird dann

$$(XP) = X_1 P_1 \pm X_2 P_2 \pm X_3 P_3, \quad (PV) = P_1 V_1 + P_2 V_2 + P_3 V_3,$$
$$(XPV) =$$
$$= (X_2 P_3 - X_3 P_2) V_1 \pm (X_3 P_1 - X_1 P_3) V_2 \pm (X_1 P_2 - X_2 P_1) V_3,$$

aber
$$(UP) = U_1 P_1 + U_2 P_2 + U_3 P_3, \quad (PY) = P_1 Y_1 \pm P_2 Y_2 \pm P_3 Y_3,$$
$$(UPY) =$$
$$= \pm (U_2 P_3 - U_3 P_2) Y_1 \pm (U_3 P_1 \mp U_1 P_3) Y_2 + (U_1 P_2 \mp U_2 P_1) Y_3,$$

so daß also bei Annahme der unteren Vorzeichen (im Falle reeller indefiniter quadratischer Formen) die hervorgehobene Symmetrie bereits unkenntlich wird.

Substituiert man die angegebenen Werte, so erhält man als Ausdruck der Transformation T oder $(XC)\Gamma = \underline{X}$ Gleichungen der Form[1])

$$\mathfrak{C}_{k1} X_1 + \mathfrak{C}_{k2} X_2 + \mathfrak{C}_{k3} X_3 = \mathfrak{C}_{00} \underline{X}_k \quad (k = 1, 2, 3),$$

wo

(18)
$$\mathfrak{C}_{00} = P_0^2 + P_1^2 \pm P_2^2 \pm P_3^2,$$
$$\mathfrak{C}_{11} = P_0^2 + P_1^2 \mp P_2^2 \mp P_3^2,$$
$$\mathfrak{C}_{22} = P_0^2 - P_1^2 \pm P_2^2 \mp P_3^2,$$
$$\mathfrak{C}_{33} = P_0^2 - P_1^2 \mp P_2^2 \pm P_3^2,$$

$$\mathfrak{C}_{23} = 2(\pm P_2 P_3 \pm P_0 P_1), \quad \mathfrak{C}_{32} = 2(\pm P_2 P_3 \mp P_0 P_1),$$
$$\mathfrak{C}_{31} = 2(P_3 P_1 \pm P_0 P_2), \quad \mathfrak{C}_{13} = 2(\pm P_3 P_1 - P_0 P_2),$$
$$\mathfrak{C}_{12} = 2(\pm P_1 P_2 + P_0 P_3), \quad \mathfrak{C}_{21} = 2(P_1 P_2 \mp P_0 P_3),$$

---

[1]) Die Beziehung der hier angewendeten Bezeichnung zu der früher (S. 111, 112) gebrauchten ist also gegeben durch

$$C_{ik} = \frac{\mathfrak{C}_{ki}}{\mathfrak{C}_{00}}, \quad D_{ik} = \frac{\mathfrak{D}_{ki}}{\mathfrak{D}_{00}}.$$

§ 20. Automorphe Transformationen

und als Ausdruck der Transformation T oder $(U \varDelta) D = U$ Gleichungen der Form

$$\mathfrak{D}_{k1} U_1 + \mathfrak{D}_{k2} U_2 + \mathfrak{D}_{k3} U_3 = \mathfrak{D}_{00} U_k \quad (k = 1, 2, 3),$$

wo $\mathfrak{D}_{ii} = \mathfrak{C}_{ii}$ und

(19) $\begin{aligned}\mathfrak{D}_{23} &= 2(\pm P_2 P_3 \pm P_0 P_1), & \mathfrak{D}_{32} &= 2(\pm P_2 P_3 \mp P_0 P_1), \\ \mathfrak{D}_{31} &= 2(\pm P_3 P_1 + P_0 P_2), & \mathfrak{D}_{13} &= 2(P_3 P_1 \mp P_0 P_2), \\ \mathfrak{D}_{12} &= 2(P_1 P_2 \pm P_0 P_3), & \mathfrak{D}_{21} &= 2(\pm P_1 P_2 - P_0 P_3).\end{aligned}$

Im Falle der oberen Vorzeichen ist allgemein $\mathfrak{D}_{ik} = \mathfrak{C}_{ik}$, und man hat vor sich die Ausdrücke Eulers für die Koeffizienten einer eigentlichen ternären orthogonalen Transformation.

Mit Hilfe der Parameter $P_0 : P_1 : P_2 : P_3$ lassen sich nun auch zwei der Transformationenpaare (T, T) zu einem dritten zusammensetzen, und zwar **immer auf formal-gleiche Weise** für alle Paare kontragredienter Formen

$$S_0 = (XY), \quad \varSigma_0 = (UV).$$

Dies wird nämlich geleistet durch die Gleichungen

(20) $\boxed{\begin{aligned} P_0 P_0' - (PP') &= P_0'' \\ P_0 (P'U) + P_0'(PU) + (PP'U) &= (P'U),\end{aligned}}$

denen zufolge

(21) $\boxed{\{P_0^2 + (PP)\} \cdot \{P_0'^2 + (P'P')\} = P_0''^2 + (P''P'')}$

wird. Hier bedeuten die Zeichen P_k $(k = 0, 1, 2, 3)$ die Parameter der zuerst auszuführenden Transformation (T_1, T_1), P_k' sind die Parameter der Transformationen eines zweiten Paares (T_2, T_2), und schließlich sind P_k'' die Parameter der zusammengesetzten Transformationen $(T_3, \mathsf{T}_3) = (T_1 T_2, \mathsf{T}_1 \mathsf{T}_2)$.

Man gelangt zu den Formeln (20) am bequemsten, wenn man von den bekannten Quaternionenformeln für die Zusammensetzung von zwei eigentlichen ternären orthogonalen Transformationen ausgeht, die hier unter (21) angeführt werden (entsprechend den oberen Vorzeichen):

(22) $\begin{aligned} P_0 P_0' - P_1 P_1' \mp P_2 P_2' \mp P_3 P_3' &= P_0'', \\ P_0 P_1' + P_1 P_0' + P_2 P_3' - P_3 P_2' &= P_1'', \\ P_0 P_2' \mp P_1 P_3' + P_2 P_0' \pm P_3 P_1' &= P_2'', \\ P_0 P_3' \pm P_1 P_2' \mp P_2 P_1' + P_3 P_0' &= P_3''.\end{aligned}$

Offenbar lassen sich diese Formeln zu den Formeln (20) zusammenfassen. Da aber diese Formeln (20) nur noch **Invarianten** (solche der Gruppe Γ) verbinden, so müssen sie unter der Voraussetzung $|T| = 1$ allgemein gelten, was man natürlich auch, von den Formeln (20) selbst ausgehend, durch eine besondere Rechnung feststellen kann. Wählen wir also z. B. in den Formeln (17) die unteren Vorzeichen [was die Wahl der unteren Zeichen in (18) und (19) nach sich zieht], so haben wir damit schon die Zusammensetzung eigentlich-automorpher Transformationen der Formen

$$S_0 = X_1 Y_1 - X_2 Y_2 - X_3 Y_3, \quad \Sigma_0 = U_1 V_1 - U_2 V_2 - U_3 V_3$$

geleistet: Es ergeben sich, aus (20), nunmehr die Formeln (22) mit **dem System der unteren Vorzeichen**.

Wenden wir jetzt die in § 16 und § 17 entwickelte Theorie auf den vorliegenden Fall an, so erhält sie eine besondere Gestalt, was darin begründet ist, daß nunmehr die charakteristische Funktion von F, T oder T im arithmetischen Sinne reduzibel wird (Nr. 12). Wir betrachten der Kürze halber nur den Fall $(PP) \neq 0$, und wollen außerdem zunächst annehmen, daß auch noch $P_0 \neq 0$ ist. Wir finden dann:

(23) $\quad A_1 = 1, \ A_2 = \dfrac{P_0 + \sqrt{-(PP)}}{P_0 - \sqrt{-(PP)}}, \ A_3 = \dfrac{P_0 - \sqrt{-(PP)}}{P_0 + \sqrt{-(PP)}},$

(24) $\quad J_1 = J_2 = \dfrac{3 P_0^2 - (PP)}{P_0^2 + (PP)} = R, \ J_3 = 1,$

(25) $\quad \Pi = -16 \cdot \dfrac{P_0 (PP) \cdot \sqrt{-(PP)}}{\{P_0^2 + (PP)\}^2},$

(26) $\quad \begin{aligned} \mathsf{E}_1 &= \dfrac{(XP).(PU)}{(PP)}, \\ \mathsf{E}_2 &= \dfrac{-(XP \mid PU) - \sqrt{-(PP)}.(XPU)}{2(PP)}, \\ \mathsf{E}_3 &= \dfrac{-(XP \mid PU) + \sqrt{-(PP)}.(XPU)}{2(PP)}, \end{aligned}$

(27) $\quad \begin{aligned} (SX)^3 &= -8 \cdot \dfrac{P_0 \cdot (PX) \cdot (PX \mid PX)}{\{P_0^2 + (PP)\}^2}, \\ (\Sigma U)^3 &= 8 \cdot \dfrac{P_0 \cdot (PU) \cdot (PU \mid PU)}{\{P_0^2 + (PP)\}^2}. \end{aligned}$

Um diese Formeln richtig aufzufassen, wolle man beachten, daß sich in den Ausdrücken für E_2 und E_3 aus Zählern und Nennern ein Faktor P_0 weggehoben hat. Die so gekürzten Ausdrücke E_2 und E_3 hängen, wie auch schon E_1, gar nicht von P_0 ab. Das erklärt es, daß sie auch im involutorischen Grenzfall, der der Annahme $\Lambda_2 = \Lambda_3 = -1$ entspricht, völlig bestimmt bleiben. Von den drei singulären Formen E_1, E_2, E_3 ist die erste, die hier rational-bestimmt ist, schon als Produkt linearer Formen dargestellt, den beiden anderen ist ihre Zerlegbarkeit in lineare Faktoren nicht anzusehen. Indessen läßt sich auch ihre Zerlegung, die natürlich nicht willkürfrei sein kann, mühelos ausführen.

Wir nehmen zu diesem Zweck einen Vektor Q so an, daß $(QQ) \neq 0$ und $(PQ) = 0$ ausfällt, im übrigen aber beliebig. In dem durch die Vektoren Q und $\widetilde{PQ}$ bestimmten Büschel linearer Formen $(P_* Z) = (PQZ) + \varrho \cdot (QZ)$ suchen wir uns sodann zwei linear-unabhängige heraus, die der Forderung $(P_* P_*) = 0$ genügen. Zwei solche sind

$$(28) \quad \begin{aligned} (P_2 Z) &= (PQZ) + \sqrt{-(PP)} \cdot (QZ), \\ (P_3 Z) &= (PQZ) - \sqrt{-(PP)} \cdot (QZ). \end{aligned}$$

Mit ihrer Hilfe lassen sich dann die singulären Formen E_1, E_2, E_3 so als Produkte schreiben:

$$(29) \quad \begin{aligned} E_1 &= \frac{(XP_2 P_3) \cdot (P_2 P_3 U)}{(P_2 P_3 \mid P_2 P_3)} = \frac{(XP_2 P_3) \cdot (P_3 P_2 U)}{4 \cdot (PP)^2 \cdot (QQ)^2}, \\ E_2 &= \frac{(XP_2) \cdot (P_3 U)}{(P_2 P_3)} = \frac{(XP_2) \cdot (P_3 U)}{2 \cdot (PP) \cdot (QQ)}, \\ E_3 &= \frac{(XP_3) \cdot (P_2 U)}{(P_3 P_2)} = \frac{(XP_3) \cdot (P_2 U)}{2 \cdot (PP) \cdot (QQ)}. \end{aligned}$$

Durch die dargelegten Entwicklungen ist die kleine Theorie der „Drehungen" um einen festen Punkt des gewöhnlichen Euklidischen Raumes auf eine den Forderungen der Invariantentheorie entsprechende Basis gestellt: Sie ist derart verallgemeinert, daß an Stelle der quadratischen Form $X_1^2 + X_2^2 + X_3^2$ irgend eine nichtsinguläre quadratische Form (XX) tritt.

Bezeichnen wir jetzt als (eigentlichen) Punkt irgend ein Multiplum des Vektors X (s. S. 55), so stellt die Gleichung $(XX) = 0$ einen vom Punkte $\{0, 0, 0\}$ ausgehenden irreduziblen Kegel zweiten Grades dar, der bei den betrachteten Transformationen in Ruhe bleibt. Diese selbst aber können sinnvoll **Drehungen** genannt werden: Bei fast jeder von ihnen bleiben alle (∞^2) Punkte einer durch den Punkt $\{0, 0, 0\}$ — das **Drehungszentrum** — gehenden bestimmten Geraden, der zugehörigen **Drehungsachse**, in Ruhe — alle Punkte nämlich, deren Kartesische Koordinaten die Form $\{\sigma P_1, \sigma P_2, \sigma P_3\}$ haben. (Eine evidente Ausnahme bildet nur die identische Transformation.)

Außer dieser dem Vektor P entsprechenden Geraden bleiben bei den nicht identischen automorphen eigentlichen Transformationen von (XX) noch zwei weitere Geraden in Ruhe, diese aber nicht punktweise; sie gehören zu den Vektoren P_2 und P_3 und liegen auf dem genannten Kegel in der Polarebene von P.

Erinnern wir uns jetzt der in § 3 aufgestellten Formeln für den Winkel Θ_X^Y von zwei zu dem Vektor P senkrechten orientierten Vektoren,

$$cos\,\Theta_X^Y = \frac{(XY)}{\sqrt{XX}\sqrt{YY}},\ sin\,\Theta_X^Y = \frac{(PXY)}{\sqrt{PP}\sqrt{XX}\sqrt{YY}}\ \begin{cases}(PX)=0\\(PY)=0\end{cases},$$

so gelangen wir zum Ausdruck einer mit der betrachteten Transformation invariant-verbundenen Winkelgröße, die als **Winkel der ausgeführten Drehung** zu bezeichnen ist, und im Falle $(XX) = X_1^2 + X_2^2 + X_3^2$ in die bereits in Elementarbüchern als Drehungswinkel bezeichnete transzendente Funktion übergeht. Wir haben dazu nur nötig, den Vektor Y mit dem transformierten Vektor $\underline{X}$ zu identifizieren, und — was zulässig ist — zu erklären, daß $\sqrt{XX} = \sqrt{\underline{X}\underline{X}}$ sein soll. Bezeichnen wir dann den zu suchenden Winkel — also den „**Winkel der Drehung**" (T, T) — mit 2ϑ (an Stelle des Θ der vorigen Formel), so finden wir

$$cos\,2\vartheta = \frac{(X\underline{X})}{\sqrt{XX}\sqrt{\underline{X}\underline{X}}} = \frac{(XC)(\varGamma X)}{(XX)},$$

$$sin\,2\vartheta = \frac{(PX\underline{X})}{\sqrt{PP}\sqrt{XX}\sqrt{\underline{X}\underline{X}}} = \frac{(XC)(\varGamma PX)}{\sqrt{PP}\cdot(XX)},$$

und also

$$cos\,2\vartheta = \frac{R-1}{2} = \frac{P_0^2-(PP)}{P_0^2+(PP)}$$

$$sin\,2\vartheta = \frac{1}{2}\sqrt{(R-1)(R-3)} = -\frac{2P_0\sqrt{PP}}{P_0^2+(PP)},$$

(30) $$\boxed{ctg\,\vartheta = -\frac{P_0}{\sqrt{PP}}.}$$

§ 20. Automorphe Transformationen ternärer quadratischer Formen.

Neben der Winkelgröße ϑ, oder (unter Umständen zweckmäßig) an ihrer Statt kann man auch eine andere benutzen, die aus ihr durch die Substitution $\vartheta = i\vartheta^*$ hervorgeht. Setzen wir gleichzeitig $\sqrt{PP} = i\sqrt{-(PP)}$, $\sqrt{XX} = i\sqrt{-(XX)}$ usw., so erhalten wir

(31) $$\operatorname{ctg} h\,\vartheta^* = -\frac{P_0}{\sqrt{-(PP)}}.$$

Es besteht dann der Satz, daß bei Drehungen um dieselbe (orientierte) Achse (P) die Winkelgrößen 2ϑ, $2\vartheta^*$ sich nach bekannter Regel addieren:

(32) $\quad \vartheta + \vartheta' \equiv \vartheta'' \pmod{\pi}, \quad \vartheta^* + \vartheta^{*\prime} \equiv \vartheta^{*\prime\prime} \pmod{i\pi}.$

Alles dies gilt für das komplexe Gebiet und beliebige Formen (XX) von der Determinante Eins. Handelt es sich aber um reelle Formen, so wird man einen Unterschied machen zwischen dem definiten und dem indefiniten Fall. Es genügt dann, bei der ersten Annahme vorauszusetzen, daß (XX) unter Verwendung reeller Koordinaten in die Form $X_1^2 + X_2^2 + X_3^2$ übergeführt werden kann, daß (XX) also positiv-definit ist, bei der zweiten, daß (XX) ebenso in die Form $X_1^2 - X_2^2 - X_3^2$ gesetzt werden kann. Im indefiniten Fall wird dann durch den Kegel $(XX) = 0$ die Menge der Vektoren X in ein „zugängliches Gebiet" $(XX) > 0$ und ein „unzugängliches Gebiet" $(XX) < 0$ zerlegt, und es gibt demnach dann schon im Reellen drei verschiedene Arten von Drehungsachsen (P), die durch die Beziehungen

(33) $\quad\quad (PP) > 0, \quad (PP) = 0, \quad (PP) < 0$

gekennzeichnet sind. Bei Beschränkung auf reelle Figuren kann man dann etwa zwischen „eigentlichen Drehungen" $\{(PP) > 0\}$, „Grenzdrehungen" $\{(PP) = 0\}$, und „uneigentlichen Drehungen" $\{(PP) < 0\}$ unterscheiden; nur die identische Transformation gehört allen drei Familien zugleich an. Für die Drehungen der ersten und zweiten Art ist dann ϑ, für die der zweiten und dritten Art ϑ^* reeller Werte fähig. Bei den hier sonst nicht weiter betrachteten Grenzdrehungen bleibt nur die Drehungsachse in Ruhe, und zwar punktweise.

Die besprochenen „Drehungen" fallen unter einen umfassenderen Begriff, den ich in der Euklidischen wie in der Nicht-Euklidischen Geometrie, als Bewegung bezeichne; entsprechend fallen die uneigentlich-automorphen Transformationen $\{-T, -\mathsf{T}\}$ unserer quadratischen Formen (XX) unter den Begriff der „Umlegung". Im vorliegenden Falle sind ihre Eigenschaften (besonders ihre Kennzeichnung als „Drehspiegelungen") aus dem Vorgetragenen ohne weiteres abzulesen.

Da man (bekanntlich) die Quaternionentheorie aus der Theorie der automorphen Transformationen der ternären Form $X_1^2 + X_2^2 + X_3^2$ ableiten kann, so ist durch das Vorgetragene auch für die Quaternionentheorie eine Basis geschaffen, die von der besonderen Gestalt der Form $(X X)$ unabhängig ist. An Stelle der Norm $P_0^2 + P_1^2 + P_2^2 + P_3^2$ einer Quaternion tritt dann der Ausdruck $P_0^2 + (P P)$. Dieser aber ist selbst noch eine stark spezialisierte quaternäre quadratische Form. Im zweiten Teil dieses Buches soll gezeigt werden, daß man auch diese Beschränkung noch aufheben kann.

§ 21.
Grenzfall: Bewegungen und Umlegungen in der Euklidischen Ebene.

Die im vorigen Paragraphen entwickelte Theorie läßt sich ausdehnen auf die eigentlich-automorphen Transformationen einer ternären symmetrischen bilinearen oder quadratischen Form vom Range 2, also einer solchen, deren Invariante Null, deren quadratische Kovariante aber nicht identisch gleich Null (und dann also das Quadrat einer linearen Form) ist. Wegen der geometrischen Anwendungen wollen wir annehmen, daß die quadratische Form Vektoren zweiter Schicht als Veränderliche enthält. Sie soll nach wie vor $(A U)^2$ heißen, die genannte lineare Form wollen wir (ΩX) nennen, so daß

(1) $$\tfrac{1}{2}(A A' X)^2 = (\Omega X)^2$$

und

(2) $$(\Omega A)(U A) = 0 \quad \{U\}$$

wird.

Man sieht sofort, daß man statt eines Kontinuums eigentlich- (oder uneigentlich-) automorpher Transformationen von $(A U)^2$ jetzt deren zwei erhalten muß; denn aus $(U A)^2 = (\underline{U} A)^2$ folgt nur $(\Omega X)^2 = (\Omega \underline{X})^2$, d. h. es bestehen die beiden Möglichkeiten

(3 a) $\boxed{(\Omega X) = (\Omega \underline{X}),}$ (3 b) $\boxed{-(\Omega X) = (\Omega \underline{X}),}$

die wir zunächst als (eigentliche, uneigentliche) positiv-automorphe und negativ-automorphe Transformationen von $(U A)(V A)$ unterscheiden wollen.

Eigentliche Transformationen beider Arten, ja sogar alle, wie wir sehen werden, entstehen nun aus den in § 20 untersuchten Transformationen T, T durch einen Grenzübergang. Da bei diesem

§ 21. Bewegungen und Umlegungen

die Reziprozität von (XX) und (UU) zerstört wird, so heben wir die angeführte Vereinfachung nun wieder auf. Dies geschieht, wenn jetzt auch im Falle $|\varDelta| \neq 0$ das Zeichen $\varOmega$ gebraucht wird, durch die Substitutionen

(4) $\quad (UU) = |\varDelta|^{-1/3}.(\varDelta U)^2,$
$\quad\quad (XX) = |\varDelta|^{-2/3}.(\varOmega X)^2,\quad (PU) = |\varDelta|^{1/3}.(P_* U).$

Schreiben wir dann für P_* schließlich wieder P, so erhalten wir die folgenden Formeln, die sich von den bisher benutzten nur wenig unterscheiden:

(5 a)
$$\{P_0^2 + (\varOmega P)^2\} \cdot \mathsf{T} = \{P_0^2 + (\varOmega P)^2\} \cdot (XC)(\varGamma V)$$
$$= \{P_0^2 - (\varOmega P)^2\} \cdot (XV) + 2(X\varOmega)(\varOmega P).(PV) +$$
$$+ 2 P_0 . (XP\varDelta)(\varDelta V),$$
$$\{P_0^2 + (\varOmega P)^2\} \cdot \mathsf{T} = \{P_0^2 + (\varOmega P)^2\} \cdot (U\varDelta)(DY)$$
$$= \{P_0^2 - (\varOmega P)^2\} \cdot (UY) + 2(UP).(P\varOmega)(\varOmega Y) +$$
$$+ 2 P_0 . (U\varDelta)(\varDelta PY).$$

Eine zweite etwas abweichend gebaute Formelgruppe erhalten wir, wenn wir statt des Vektors erster Schicht P einen Vektor zweiter Schicht A einführen, der mit ihm durch die Gleichungen

(*) $\quad P = |\varDelta|^{-1/2}.(\varDelta A)\varDelta, \quad A = |\varDelta|^{1/2}.(P\varOmega)\varOmega$

verbunden ist. Setzen wir dann noch

(*) $\quad\quad\quad P_0 = |\varDelta|^{1/2}.A_0,$

so entstehen die Gleichungen

(5 b)
$$\{A_0^2.|\varDelta| + (A\varDelta)^2\}.T = \{A_0^2.|\varDelta| + (A\varDelta)^2\}.(XC)(\varGamma V)$$
$$= \{A_0^2.|\varDelta| - (A\varDelta)^2\}.(XV) + 2(XA).(A\varDelta)(\varDelta V) +$$
$$+ 2 A_0 . (X\varOmega)(\varOmega A V),$$
$$\{A_0^2.|\varDelta| + (A\varDelta)^2\}.\mathsf{T} = \{A_0^2.|\varDelta| + (A\varDelta)^2\}.(U\varDelta)(DY)$$
$$= \{A_0^2.|\varDelta| - (A\varDelta)^2\}.(UY) + 2(U\varDelta)(\varDelta A).(AY) +$$
$$+ 2 A_0 . (UA\varOmega)(\varOmega Y),$$

in denen an Stelle der Parameter
$$P_0 : P_1 : P_2 : P_3$$
die Parameter
$$A_0 : A_1 : A_2 : A_3$$
getreten sind. Beide Formelpaare stellen auf Grund des Zusammenhanges (*) dasselbe Paar kontragredienter Transformationen T, T

in der Euklidischen Ebene.

dar. An Stelle des einen Systems (Nr. 20, § 20) bilinearer Gleichungen aber erhalten wir jetzt deren **acht**, von denen vier die folgenden sind [1]):

(6)
$$P_0 . P_0' - (P\Omega)(\Omega P') = P_0'',$$
$$P_0 . (P'U) + P_0' . (PU) + (PP'\Lambda)(\Lambda U) = (P''U);$$

$$|\Lambda| . A_0 . A_0' - (A\Lambda)(A A') = P_0'',$$
$$A_0 . (A'\Lambda)(\Lambda U) + A_0' . (A\Lambda)(\Lambda U) + (A A' U) = (P''U);$$

$$P_0 . A_0' - (PA') = A_0'',$$
$$P_0 . (A'X) + A_0' . (P\Omega)(\Omega X) - (A'\Lambda)(\Lambda PX) = (A''X);$$

$$A_0 . P_0' - (AP') = A_0'',$$
$$A_0 . (P'\Omega)(\Omega X) + P_0' . (AX) + (A\Lambda)(\Lambda P'X) = (A''X).$$

Hieraus folgt schließlich noch (§ 20, Nr. 21):

(7)
$$\{P_0^2 + (\Omega P)^2\} \cdot \{P_0'^2 + (\Omega P')^2\} = P_0''^2 + (\Omega P'')^2;$$
$$\{|\Lambda| . A_0^2 + (A\Lambda)^2\} \cdot \{|\Lambda| . A_0'^2 + (A A')^2\} = P_0''^2 + (\Omega P'')^2;$$
$$\{P_0^2 + (\Omega P)^2\} \cdot \{|\Lambda| . A_0'^2 + (A A')^2\} = |\Lambda| . A_0''^2 + (A A'')^2;$$
$$\{|\Lambda| . A_0^2 + (A\Omega)^2\} \{P_0'^2 + (\Omega P')^2\} = |\Lambda| . A_0''^2 + (A A'')^2.$$

Solange also die Voraussetzung $|\Lambda| \neq 0$ besteht und demnach zwischen den Verhältnisgrößen P_k, P_k', P_k'' und A_k, A_k', A_k'' der Zusammenhang (*) angenommen wird, sagen alle diese in der Form verschiedenen Gleichungssysteme dasselbe aus. Insofern hat also ihre Vielfältigkeit nur ein untergeordnetes Interesse. Das ändert sich jedoch bei dem Grenzübergang $|\Lambda| \to 0$.

Dann wird nämlich, in der Grenze, der Zusammenhang (*) zerstört, während die Gleichungen (5 a) und (5 b) ihre Bedeutung bewahren, und auch in der Grenze $|\Lambda| = 0$ noch in der gleichen Beziehung zu den Gleichungen (6) und (7) stehen wie vorher, vorausgesetzt nur, daß nunmehr die Größen P_k und A_k als voneinander

---

[1]) Man kann auch, nach Anweisung der Formeln (*), auf den rechten Seiten der Gleichungen (6) die Parameter P_k'' durch die Parameter A_k'' ersetzen, und umgekehrt. Das würde sich aber, im Hinblick auf den alsbald auszuführenden Grenzübergang, als zwecklos herausstellen. Die weiteren vier Gleichungen sind daher gar nicht erst angeführt worden.

§ 21. Bewegungen und Umlegungen

unabhängige Parametersysteme behandelt werden[1]). Es ist dabei zu bedenken, daß (ΩX), das zuvor nur in der quadratischen Verbindung $(\Omega X)^2$ eine reale Bedeutung hatte, nun eine selbständige Existenz bekommt, woran weiterhin durch Gebrauch der Bezeichnung $(X\Omega).(\Omega Y)$ an Stelle von $(X\Omega)(\Omega Y)$ erinnert werden soll. Wir gelangen nunmehr zu dem Lehrsatz:

Im Grenzfall $|A| = 0$ stellen, **solange die lineare Form** (ΩX) **nicht identisch gleich Null ist**, die Formeln (5a) **die Gesamtheit der eigentlichen positiv-automorphen Transformationen** der quadratischen Form $(UA)^2$ dar, und die Formeln (5b) **die Gesamtheit der eigentlichen negativ-automorphen Transformationen**[2]). Ferner liefern die Gleichungen (6) auch in diesem Grenzfalle noch die Regeln für die Zusammensetzung solcher Transformationen (oder Transformationenpaare T, T), die zusammen eine geschichtete Gruppe (von $2 \cdot \infty^{2 \cdot 3}$ Transformationen) bilden.

Zunächst ziehen nämlich die Gleichungen (5a) und (5b) auch jetzt noch die Gleichungen

$$(\Omega X)^2 = (\Omega \underline{X})^2, \quad (UA)^2 = (\underline{U}A)^2$$

nach sich; im Falle (a) aber folgt überdies

$$(\Omega X) = (\Omega \underline{X}),$$

während sich im Falle (b)

$$-(\Omega X) = (\Omega \underline{X})$$

ergibt. Ferner wird die Gruppeneigenschaft der gefundenen Transformationen durch die Formeln (6) in Evidenz gesetzt, die zusammen mit den Formeln (7) zeigen, wie aus zwei solchen Transformationen immer eine dritte gebildet werden kann, nach dem Schema

$$\mathfrak{T}_a \cdot \mathfrak{T}_a' = \mathfrak{T}_a'', \quad \mathfrak{T}_b \cdot \mathfrak{T}_b' = \mathfrak{T}_a'', \quad \mathfrak{T}_a \cdot \mathfrak{T}_b' = \mathfrak{T}_b'', \quad \mathfrak{T}_b \cdot \mathfrak{T}_a' = \mathfrak{T}_b''.$$

Wir haben also eine aus zwei Schichten bestehende Gruppe mit Systemen von je drei wesentlichen komplexen Parametern vor uns,

---

[1]) Selbstverständlich sind dann auch die Größen P_k'' in der ersten Formelgruppe unter (6) und (7) nicht identisch mit denen der zweiten Gruppe und die Größen A_k'' der dritten Gruppe nicht identisch mit denen der vierten.

[2]) Natürlich müssen die Faktoren von T und T von Null verschieden bleiben.

und diese Gruppe jedenfalls wird durch unsere Formeln lückenlos dargestellt. Daß aber die Hauptschicht dieser Gruppe, die analytische Gruppe unserer eigentlichen Transformationen, die positiv-automorphen linearen Transformationen von $(AU)^2$ erschöpft, geht daraus hervor, daß das sicher für eine Umgebung der identischen Transformation zutrifft. Man erschließt das ebenso wie in dem in § 19 abgehandelten Fall.

Ein zweiter mit elementaren Mitteln zu führender Beweis ergibt sich weiterhin aus den Gleichungen (10a) und (10b).

Sogleich sieht man auch noch, daß die Gleichungen $P_0 = 0$, $A_0 = 0$ nach wie vor involutorische Transformationen kennzeichnen, und zwar alle solchen in der genannten Gruppe. Es tritt aber jetzt auch eine neue Erscheinung auf: Die Gleichung $(\Omega P) = 0$ bezeichnet jetzt eine nur noch von zwei wesentlichen komplexen Parametern abhängige analytische, und zwar invariante Untergruppe der Gruppe (a), und ebenso bilden diese Transformationen zusammen mit den involutorischen Transformationen von (a) noch eine (geschichtete) invariante Untergruppe. Ferner lassen sich den Gleichungen (14) in § 20 zum Teil analoge Gleichungen an die Seite stellen.

Man kann diese auch, in allen Fällen, zur Bestimmung der Verhältnisgrößen P_k oder A_k verwerten (wiewohl nicht mehr auf ganz so einfache Weise wie dort), wenn eine durch (5a) oder (5b) darstellbare Transformation (T, T) vorliegt. Nur ist zu bedenken, daß, namentlich im Falle (b), etliche unserer Formeln (14) bis (16) illusorisch werden. Man hat im Falle (b) immer

(8) $\qquad |T + E| = 0, \quad R = -1;$

daher fehlt im Falle (b) ein Seitenstück zu den Formeln (16) in § 20[1]), und auch im Falle (a) wird man nun nicht mehr so schnell wie unter der Voraussetzung $|A| \neq 0$ durch Rechnung feststellen können, daß die gefundenen Transformationen die automorphen linearen Transformationen von $(UA)^2$ erschöpfen. [Die früher (S. 215) zum Beweis benutzten Formeln

$$\frac{T-E}{T+E} S_0 = S_1, \qquad \frac{\mathsf{T}-\mathsf{H}}{\mathsf{T}+\mathsf{H}} \Sigma_0 = \Sigma_1$$

---

[1]) Das Bestehen der Gleichungen (8) zieht hier darum nicht den involutorischen Charakter der dargestellten Transformationen nach sich, weil im Falle $|A| = 0$, $A_0 \neq 0$ die Transformationen (5b) nur singuläre quadratische Formen in Ruhe lassen.

§ 21. Bewegungen und Umlegungen

liefern jetzt, wenn der Fall (a) angenommen und
$$(X\varOmega).(\varOmega Y) = S_0^*, \quad (U\varLambda)(V\varLambda) = \varSigma_0^*$$
gesetzt wird, nur
$$\frac{T-E}{T+E}S_0^* = 0, \quad \frac{\mathsf{T}-\mathsf{H}}{\mathsf{T}+\mathsf{H}}\varSigma_0^* = -\frac{(\varOmega P).(\varOmega UV)}{P_0},$$
im Falle (b) aber liefern sie überhaupt nichts Brauchbares.]

Besonderes Interesse hat der Spezialfall, in dem $(\varLambda U)^2$ und $(\varOmega X)$ die Form

(9) $$\boxed{(\varLambda U)^2 = U_2^2 + U_3^2, \quad (\varOmega X) = X_1}$$

haben. Man erhält dann aus (5a) und (5b) eine Formelgruppe, die zur Darstellung der Bewegungen und Umlegungen in einer mit gewöhnlichen rechtwinkligen Koordinaten verbundenen Euklidischen Ebene dient; die Formen T, T entsprechen dann den folgenden Transformationen, die als erschöpfende Darstellung der Bewegungen und Umlegungen leicht zu erkennen sind:

(10a)
$$\begin{aligned}
(P_0^2 + P_1^2)X_1 &= N.\underline{X_1}, \\
2(P_1P_2 - P_0P_3)X_1 + (P_0^2 - P_1^2)X_2 + 2P_0P_1.X_3 &= N.\underline{X_2} \\
2(P_3P_1 + P_0P_2)X_1 - 2P_0P_1.X_2 + (P_0^2 - P_1^2)X_3 &= N.\underline{X_3};
\end{aligned}$$

$$\begin{aligned}
(P_0^2 + P_1^2)U_1 + 2(P_1P_2 + P_0P_3)U_2 + 2(P_3P_1 - P_0P_2)U_3 &= N.\underline{U_1}, \\
(P_0^2 - P_1^2).U_2 + 2P_0P_1.U_3 &= N.\underline{U_2}, \\
-2P_0P_1.U_2 + (P_0^2 - P_1^2)U_3 &= N.\underline{U_3}, \\
\{N = P_0^2 + P_1^2\}. &
\end{aligned}$$

(10b)
$$\begin{aligned}
-(A_2^2 + A_3^2)X_1 &= N.\underline{X_1}, \\
2(A_1A_2 - A_0A_3)X_1 + (A_2^2 - A_3^2)X_2 + 2A_2A_3.X_3 &= N.\underline{X_2}, \\
2(A_3A_1 + A_0A_2)X_1 + 2A_2A_3.X_2 - (A_2^2 - A_3^2).X_3 &= N.\underline{X_3},
\end{aligned}$$

$$\begin{aligned}
-(A_2^2 + A_3^2)U_1 + 2(A_1A_2 + A_0A_3)U_2 + 2(A_3A_1 - A_0A_2)U_3 &= N.\underline{U_1}, \\
+ (A_2^2 - A_3^2)U_2 + 2A_2A_3.U_3 &= N.\underline{U_2}, \\
+ 2A_2A_3.U_2 - (A_2^2 - A_3^2)U_3 &= N.\underline{U_3}; \\
\{N = A_2^2 + A_3^2\}. &
\end{aligned}$$

in der Euklidischen Ebene.

Die Formeln für die Zusammensetzung der Parameter aber werden nun diese:

$$P_0 P_0' - P_1 P_1' \quad * \quad * \quad = P_0'',$$
$$P_0 P_1' + P_1 P_0' \quad * \quad * \quad = P_1'',$$
$$P_0 P_2' - P_1 P_3' + P_2 P_0 + P_3 P' = P_2'',$$
$$P_0 P_3' + P_1 P_2' - P_2 P_1' + P_3 P_0' = P_3'';$$

$$* \quad * \quad - A_2 A_2' - A_3 A_3' = P_0'',$$
$$* \quad * \quad A_2 A_3' - A_3 A_2' = P_1'',$$
$$A_0 A_2' - A_1 A_3' + A_2 A_0' + A_3 A_1' = P_2'',$$
$$A_0 A_3' + A_1 A_2' - A_2 A_1' + A_3 A_0' = P_3'';$$

(11)

$$P_0 A_0' - P_1 A_1' - P_2 A_2' - P_3 A_3' = A_0'',$$
$$P_0 A_1' + P_1 A_0' + P_2 A_3' - P_3 A_2' = A_1'',$$
$$P_0 A_2' - P_1 A_3' \quad * \quad * \quad = A_2'',$$
$$P_0 A_3' + P_1 A_2' \quad * \quad * \quad = A_3'';$$

$$A_0 P_0' - A_1 P_1' - A_2 P_2' - A_3 P_3' = A_0'',$$
$$A_0 P_1' + A_1 P_0' + A_2 P_3' - A_3 P_2' = A_1'',$$
$$* \quad * \quad A_2 P_0' + A_3 P_1' = A_2'',$$
$$* \quad * \quad - A_2 P_1' + A_3 P_0' = A_3''.$$

Sie haben in allen Fällen zur Folge, daß $N \cdot N' = N''$ wird.

Die erste Formelgruppe unter (11) ist das Multiplikationstheorem eines Systems komplexer Zahlen, einer Ausartung der Quaternionen Hamiltons, die auf ähnliche Art wie die Quaternionen selbst, auch mit Hilfe einer quadratischen Tafel beschrieben werden kann. Setzt man der Reihe nach

$$P = \{1, 0, 0, 0\} = e_0,$$
$$P = \{0, 1, 0, 0\} = e_1,$$
$$P = \{0, 0, 1, 0\} = e_2,$$
$$P = \{0, 0, 0, 1\} = e_3,$$

so entsteht die Multiplikationstafel:

(12)

e_0	e_1	e_2	e_3
e_1	$-e_0$	e_3	$-e_2$
e_2	$-e_3$	0	0
e_3	e_2	0	0

$(\rightarrow)$

§ 21. Grundbegriffe der ebenen

Die entwickelten Formeln finden, wie angedeutet, ihre wichtigste Anwendung in der Euklidischen Geometrie der Ebene. Man achtet dann nur auf die Verhältnisse der Koordinaten eines Vektors X oder U, deren Systeme dann als **Punkte** oder **Geraden** bezeichnet werden. Setzt man in dem Spezialfall (9)

$$x = \frac{X_2}{X_1}, \quad y = \frac{X_3}{X_1}, \qquad (X_1 \neq 0),$$

so werden x und y rechtwinklige Kartesische Koordinaten eines Punktes. Die Transformationsgleichungen (10a) lassen dann aus jeder Figur eine zu ihr „kongruente", die Formeln (10b) eine zu ihr „symmetrische" („symmetrisch-gleiche") Figur hervorgehen. Wir unterscheiden sie dann durch den Gebrauch der vorhin schon eingeführten Worte **Bewegung** und **Umlegung**[1]).

Wir wollen an diesem Beispiel noch kurz auseinandersetzen, wie sich die Grundbegriffe der analytischen Geometrie rein-algebraisch und ohne Gebrauch spezieller Voraussetzungen über das Koordinatensystem entwickeln lassen. Wir machen also jetzt nicht die durch die Gleichungen (9) bezeichnete Annahme. Doch soll, lediglich der Kürze zuliebe, die Form $(UA)^2$ hier als semipositiv gelten, und es sollen auch nur reelle Figuren — ausschließlich Punkte und gerade Linien mit reellen Koordinatenverhältnissen — betrachtet werden[2]).

---

[1]) Math. Ann. **39**, 441ff. (1891), insbesondere S. 557 bis 564. Dort finden sich schon die Formeln (10a), (10b) und (11), abgesehen von den hier verbesserten Buchstabenzeichen.

[2]) Diese hier also nebensächliche Einschränkung ist für die meisten Darstellungen der elementaren analytischen Geometrie wesentlich. Kann man sich um das Imaginäre doch nicht herumdrücken, so tut man dann vielfach so, als wären die erforderlichen Begriffe auch für das komplexe Gebiet erklärt. Ein anderer Mangel vieler Lehrbücher der „analytischen" Geometrie besteht darin, daß ihren Lesern, d. h. Anfängern, Kenntnis eines verwickelten Systems sogenannter Axiome zugemutet wird. Man opfert damit die Wissenschaftlichkeit Rücksichten, die man, schwerlich mit Recht, für pädagogisch hält. Sind jene Axiome mit ihren wichtigsten Folgerungen irgendwo einwandfrei dargestellt, dann sicherlich nicht in Schulbüchern. Alle Autoren verfahren so, die von „Anwendungen der Analysis auf Geometrie" reden. Was man dann unter Geometrie verstehen soll, muß doch zuerst einmal da und auch fest begründet sein. Aber auch im besten Falle kann die Überzeugung von der Widerspruchsfreiheit eines solchen Systems nicht ohne Hilfe der Analysis gewonnen werden.

Einen allerdings noch nicht ganz befriedigend ausgefallenen Versuch, mit diesem System von Erschleichungen zu brechen, bedeutet die Koordinatengeometrie von H. Beck.

Euklidischen Geometrie. 239

Wir unterscheiden (wie üblich) zweierlei Punkte und gerade Linien. Uneigentlich wird die Gerade Ω genannt, alle anderen ∞^2 Geraden heißen eigentliche Geraden. Uneigentliche Punkte sind dann die ∞^1 Punkte, die mit der Geraden Ω vereinigt liegen. $\{(\Omega X) = 0\}$. Von der eigentlichen Geraden U unterscheiden wir eine andere Figur, die durch drei Größen $\{U_1, U_2, U_3\}$ definiert (definiert!) ist, die der Gleichung $(U\varDelta)^2 = 1$ genügen. Wir nennen sie orientierte Gerade oder Speer. Zu jeder eigentlichen Geraden gehören also zwei orientierte Geraden oder Speere $\dfrac{U}{\sqrt{(U\varDelta)^2}}$, entsprechend den beiden Werten von $\sqrt{(U\varDelta)^2}$. Der Übergang von einer Geraden zu einer der beiden entsprechenden orientierten Geraden ist nur in besonderen Fällen eine rational-ausführbare Operation.

Es besteht nun, wie ohne weiteres abzuleiten, identisch (für alle U, V, U', V') die Gleichung

(13) $$\begin{vmatrix} (\varDelta U)(\varDelta U') & (\varDelta U)(\varDelta V') \\ (\varDelta V)(\varDelta U') & (\varDelta V)(\varDelta V') \end{vmatrix} = (\Omega\, U\, V).(\Omega\, U'\, V').$$

Daher kann man erstens eine Wurzelgröße eindeutig durch die Formel

(14) $$\sqrt{(\varDelta U)^2 . (\varDelta V)^2 - \{(\varDelta U)(\varDelta V)\}^2} = (\Omega\, U\, V)$$

erklären. Zweitens kann, wenn $(\Omega\, U\, V) = 0$ ist, eine Abhängigkeit zwischen zwei Wurzelgrößen durch die eine oder andere Formel

(15) $$\sqrt{(\varDelta U)^2} . \sqrt{(\varDelta V)^2} = \pm (\varDelta U)(\varDelta V)$$

erklärt werden. Eigentliche Geraden, die der Bedingung $(\Omega\, U\, V) = 0$ genügen, nennen wir nun parallel. Es folgt, daß nach Orientierung einer Geraden die Orientierung jeder zu ihr parallelen Geraden rational-ausführbar ist. Ist das obere Vorzeichen in (15) gewählt worden, so heißen die Speere

$$\frac{U}{\sqrt{(U\varDelta)^2}}, \quad \frac{V}{\sqrt{(V\varDelta)^2}}$$

§ 21. Grundbegriffe der ebenen

syntaktisch, andernfalls antitaktisch. Drittens kann es sein, daß für zwei eigentliche Geraden $(U \varLambda)(\varLambda V) = 0$ ist. Man kann dann wieder eine Abhängigkeit zwischen Wurzelgrößen erklären durch die eine oder andere der Formeln

(16) $$\sqrt{(\varLambda U)^2} \cdot \sqrt{(\varLambda V)^2} = \pm \sqrt{(\varLambda U)^2 \cdot (\varLambda V)^2} = \pm (\varOmega U V).$$

Wir sagen, die Geraden U, V seien zueinander **orthogonal** (senkrecht); ferner nennen wir den Speer $\dfrac{V}{\sqrt{(\varLambda V)^2}}$ **normal** zu dem Speer $\dfrac{U}{\sqrt{(\varLambda U)^2}}$, wenn in (16) das obere Vorzeichen gilt[1]). Wenn also eine Gerade orientiert ist, so verlangt die Orientierung auch der zu ihr senkrechten Geraden nicht die Einführung einer neuen Wurzelgröße.

Wir definieren jetzt Begriffe „Winkel" und „Entfernung".

Der **Winkel** $\varTheta_U^V$ von zwei orientierten Geraden oder Speeren, die in eine bestimmte Reihenfolge U, V gesetzt sind, wird bis auf Vielfache von 2π genau erklärt durch die Formeln

(17) $$\cos \varTheta_U^V = \frac{(U \varLambda)(\varLambda V)}{\sqrt{(\varLambda U)^2} \cdot \sqrt{(\varLambda V)^2}}, \quad \sin \varTheta_U^V = \frac{(\varOmega U V)}{\sqrt{(\varLambda U)^2} \cdot \sqrt{(\varLambda V)^2}}.$$

Hieraus folgt — immer auf Grund algebraischer Tatsachen — der Lehrsatz von der Winkelsumme im Dreieck (Summe der Außenwinkel), der erst durch Einführung des Begriffes Speer seine einfachste Form und wahre Allgemeinheit erhält:

(18) $$\varTheta_V^W + \varTheta_W^U + \varTheta_U^V \equiv 0 \quad (\mathrm{mod.}\ 2\pi).$$

---

[1]) Wenn also der Speer V normal ist zu dem Speer U, so ist der Speer U normal zu der Umkehrung von V, d. h. zu dem Speer $-V$. Die Unterscheidung der hier durch die Worte **orthogonal** und **normal** bezeichneten Begriffe liegt z. B. der Evolutentheorie der ebenen Kurven zugrunde. Die einfachen algebraischen Tatsachen, die man in einer solchen Theorie doch wirklich benutzt, sollten reinlich herausgearbeitet werden. — Man beweise etwa noch mit Hilfe der Identität (13) und der zugehörigen Definitionen (15), (16) (also ohne Gebrauch von Winkelgrößen!): Wenn U, V, W drei Speere sind, und V normal ist zu U, und W zu V, so sind U und W antitaktisch.

Sodann heiße **Entfernung** zweier eigentlicher Punkte X, Y der Ausdruck

(19) $$\mathsf{E}_X^Y = \frac{\sqrt{(\varLambda XY)^2}}{(\varOmega\,X).(\varOmega\,Y)}.$$

Man sieht, daß durch Entscheidung über den Wurzelwert im Zähler dieses Ausdrucks die Verbindungslinie der Punkte X, Y orientiert, in einen Speer verwandelt wird. Liegt umgekehrt eine orientierte Gerade U vor, so läßt sich die Entfernung von irgend zwei Punkten X, Y auf ihr eindeutig erklären,

(20) $$\mathsf{E}_X^Y = \frac{(U\varLambda)(\varLambda XY)}{\sqrt{(\varLambda U)^2}.(\varOmega\,X).(\varOmega\,Y)},$$

was wieder eine Folge der Identität (13) ist, und die unter der Voraussetzung $(UX) = 0$, $(UY) = 0$ mögliche Erklärung einer Abhängigkeit von zwei Wurzelgrößen einschließt:

(21) $$\sqrt{(\varLambda U)^2}.\sqrt{(\varLambda XY)^2} = (U\varLambda)(\varLambda XY).$$

Es ergibt sich noch, daß für irgend drei Punkte auf demselben Speer

(22) $$\mathsf{E}_Y^Z + \mathsf{E}_Z^X + \mathsf{E}_X^Y = 0$$

ist.

Zu diesen Definitionen und Lehrsätzen ist schließlich sachgemäßerweise die Bestimmung zu fügen, daß bei Ausführung irgendwelcher eigentlicher **negativ**-automorpher (und folglich auch beliebiger positiv-automorpher) Transformationen von $(\varLambda U)^2$ die Wurzelgrößen der Form $\sqrt{(\varLambda U)^2}$ — oder $\sqrt{(\varLambda XY)^2}$ — mitgenommen werden sollen; d. h. daß aus $U \to \underline{U}$ immer $\sqrt{(\varLambda U)^2} = \sqrt{(\varLambda\,\underline{U})^2}$ folgen soll. Es ergibt sich dann:

(23) $$\mathsf{E}_X^Y = \mathsf{E}_{\underline{X}}^{\underline{Y}}, \quad \varTheta_U^V \equiv \pm\,\varTheta_{\underline{U}}^{\underline{V}} \ (\text{mod. } 2\,\pi).$$

Die Entfernungen bleiben also bei Bewegungen und Umlegungen erhalten, während die Winkelgrößen nur (transzendente) Bewegungsinvarianten sind, bei Umlegungen aber, abgesehen von ihrer additiven Unbestimmtheit, das Vorzeichen wechseln, oder, wie wir sagen dürfen, „umgelegt" werden.

Offenbar kann man in dieser Weise fortfahren, und den gesamten Gedankeninhalt der ebenen Euklidischen Geometrie als **Ausschnitt aus einer Invariantentheorie der Bewegungsgruppe** erweisen. Z. B. wird dann noch der Abstand eines Punktes X von einem Speer durch die Formel

$$(24) \qquad \mathsf{E}_U^X = \frac{(UX)}{\sqrt{(AU)^2 \cdot (\Omega X)}} = -\mathsf{E}_X^U,$$

der Dreiecksinhalt durch die Formel

$$(25) \qquad \frac{1}{2} \frac{(XYZ)}{(\Omega X) \cdot (\Omega Y) \cdot (\Omega Z)}$$

zu erklären sein [1]).

Wir wollen schließlich die entwickelten Begriffe noch auf die Bewegungen und Umlegungen selbst anwenden, die ja als Objekte anderer Bewegungen und Umlegungen ebenfalls gewisse Invarianteneigenschaften haben müssen.

Unter den **Bewegungen** unterscheiden wir die **Schiebungen** $\{(\Omega P) = 0\}$, die für sich eine Gruppe bilden und zu denen also die identische Transformation gehört, von den übrigen Bewegungen, bei deren jeder ein bestimmter eigentlicher Punkt $\{P\}$ in Ruhe bleibt. Diese letzten können als **Drehungen** um diesen Punkt P bezeichnet werden. Bedeutet U eine **orientierte** Gerade durch P, so wird der Winkel $2\vartheta = \Theta_U^U$ unabhängig von U. Er heißt **Drehungswinkel** und ist bis auf Vielfache von 2π bestimmt durch die Formel

$$(26) \qquad tg\,\vartheta = -\frac{(\Omega P)}{P_0}$$

(vgl. S. 229, Nr. 30). Bei einer Schiebung, die nicht gerade die identische Transformation ist, bleibt kein eigentlicher Punkt in Ruhe. Es ist aber nun $\left(\mathsf{E}_X^X\right)^2$ unabhängig von der Lage des Punktes X,

---

[1]) Siehe die Abhandlung: Über Bewegungsinvarianten und elementare Geometrie, Leipziger Berichte 1896, S. 649 und R. Weitzenböck, Über Bewegungsinvarianten, III. Sitzber. der Wiener Akademie, Math.-Naturw. Klasse, Bd. CXXII, 1913, S. 1577.

Euklidischen Geometrie. 243

und einander zugeordnete Geraden durch X und $\overline{X}$ sind zueinander parallel. Daher kann man sie zugleich orientieren auf Grund der unter der Voraussetzung $(\Omega P) = 0$ möglichen Erklärung

(27) $$\boxed{\sqrt{(A\,P\,X)^2}.(\Omega\,Y) = \sqrt{(A\,P\,Y)^2}.(\Omega\,X).}$$

Setzt man also $2\,\vartheta^* = \mathsf{E}_{\overline{X}}^{X}$, so ergibt sich, als Seitenstück zu (26), ein — notwendigerweise — mit einer Irrationalität behafteter Ausdruck

(28) $$\boxed{\begin{array}{l}\vartheta^* = \underset{\vartheta\to 0}{Lim}.\,\mathsf{E}_P^X.tg\,\vartheta = \underset{\vartheta\to 0}{Lim}\,\mathsf{E}_P^Y.tg\,\vartheta = \\[4pt] = -\dfrac{\sqrt{(A\,P\,X)^2}}{P_0.(\Omega\,X)} = -\dfrac{\sqrt{(A\,P\,Y)^2}\,{}^{1)}}{P_0.(\Omega\,Y)}\end{array}\Bigg|\begin{array}{l}(\Omega\,X) \neq 0 \\ (\Omega\,Y) \neq 0\end{array}\Bigg|.}$$

Im Falle einer Umlegung liegen die Mitten zwischen den eigentlichen Punkten X, $\overline{X}$ auf der Geraden A, der „Umlegungsachse", die dadurch gekennzeichnet ist, daß für ihre Punkte die Umlegung mit einer Schiebung übereinstimmt. Man kann daher von der Schiebungsgröße $2\,\eta$ einer Umlegung reden: Wir definieren sie als die Entfernung $\mathsf{E}_{\overline{X}}^{X}.\{(A\,X) = 0\}$. Wir erhalten dann nach zweckmäßiger Festsetzung über die Bezeichnung einer Wurzelgröße

(29) $$\boxed{\eta = -\dfrac{A_0}{\sqrt{(A\,A)^2}}.}$$

Stimmen zwei Drehungen, die nicht Schiebungen sind, im Werte von $tg\,\vartheta$ überein, so sind sie kongruent, stimmen sie nur im Werte

---

[1]) Der Quotient $(A\,P\,X)^2:(\Omega\,X)^2$ ist also hier nur scheinbar abhängig von X; er enthält auch der Form nach keine Abhängigkeit von X mehr, wenn man für die Koordinaten von Y bestimmte Zahlenwerte wählt, z. B. wenn man $Y = \{1, 0, 0\}$ setzt. Man erhält dann $(A\,P\,X)^2:(\Omega\,X)^2 = (A_2\,P_3 - A_3\,P_2)^2 : \Omega_1^2$, und insbesondere im Falle der Annahme (9): $(A\,P\,X)^2:(\Omega\,X)^2 = P_2^2 + P_3^2$. Es gibt aber keine Zahlenwerte der Größen Y_k, die immer, d. h. in der Theorie jeder unserer Formen $(A\,U)^2$, brauchbar wären; die Annahme $(\Omega\,Y) \neq 0$ bedeutet nicht nur eine (wenn auch geringe, so doch) unnötige Einschränkung, sondern sie läßt auch der Wahl des Punktes Y noch einen großen Spielraum. Die in der Formel (28) enthaltene Willkür läßt sich verschleiern, aber auf keine Art wirklich vermeiden.

§ 21. Grundbegriffe der ebenen Euklidischen Geometrie.

von $tg^2 \vartheta$ überein, so sind sie zueinander symmetrisch. Schiebungen und Umlegungen, die kongruent sind, sind dagegen immer auch zueinander symmetrisch. Das Kriterium dafür ist Gleichheit der zugehörigen Werte von η^2.

Es hat sich hier ergeben, daß man als Grenzfall der Drehungen um einen festen Punkt des Euklidischen (oder übrigens auch des Nicht-Euklidischen) Raumes mit der Geraden (X) als Raumelement nicht etwa nur die Gruppe der Bewegungen in der Euklidischen Ebene, sondern die geschichtete Gruppe erhält, die aus den Bewegungen und Umlegungen in dieser Ebene besteht.

Von Autoren, die sich mit der Euklidischen Geometrie in ihrer Eigenschaft als Grenzfall der Nicht-Euklidischen beschäftigt haben, ist dieser Sachverhalt nicht richtig aufgefaßt worden. Soweit das Reelle in Frage kommt, kann man sich aber das Gesagte auch ganz leicht anschaulich klar machen. Man betrachte die Gruppe der automorphen Bewegungen (und Umlegungen) einer Kugelfläche, die eine bestimmte Ebene in einem vorgeschriebenen Punkte berührt. Man projiziere diese Gruppe aus dem Mittelpunkte der Kugel in die Ebene, wodurch in dieser aus den Bewegungen (wie auch aus den Umlegungen) auf der Kugel die Bewegungen der sogenannten elliptischen Geometrie hervorgehen (die eine analytische, auch im Reellen nicht geschichtete Gruppe bilden). Man lasse dann den Mittelpunkt der Kugel ins Unendliche rücken, halte aber dabei einmal die Spur einer Drehungsachse, ein anderes Mal die Spur einer Drehungsebene in der gegebenen Ebene fest. Man überlege sich, was das eine und das andere Mal z. B. aus einer eingliedrigen Drehungsgruppe (und ihrer Erweiterung durch Umlegungen) wird.

Ganz anders verhält sich, beiläufig bemerkt, die Gruppe der Euklidischen Bewegungen und Umlegungen im dreidimensionalen Raume zur entsprechenden Gruppe elliptischer Bewegungen und Umlegungen. Inwiefern und warum? Von welcher Eigenschaft der Dimensionenzahl hängt dieses verschiedenartige Verhalten ab? Inwiefern ändert sich der Sachverhalt, wenn man die sphärische und elliptische Geometrie durch die pseudosphärische und hyperbolische ersetzt?

Das in § 20 unter der Voraussetzung $n = 3$ behandelte Problem einer (erschöpfenden) Darstellung der automorphen Transformationen einer nichtsingulären quadratischen Form durch Parameter mit bilinearer Zusammensetzung scheint bei beliebigen Werten der Stufenzahl n beträchtliche Schwierigkeiten zu bieten. Eine befriedigende Lösung hat es bis jetzt nur unter einer starken Einschränkung gefunden, dann nämlich, wenn man es mit Summen von Quadraten zu tun hat. Doch habe ich es (in einer bis jetzt nicht veröffentlichten Untersuchung) auch noch für den Fall $n = 4$ vollständig erledigt.

Siehe R. Lipschitz, Untersuchungen über die Summen von Quadraten, 1886. Referate darüber, mit verbesserter Darstellung bei E. Cartan, in der französischen Enzyklopädie **1**, 463 und H. Rothe, in der deutschen Enzyklopädie **3** (1), 1410 u. ff.

Wegen des Euklidischen Grenzfalles für $n = 4$ siehe die auf S. 217 zitierte Abhandlung. Siehe ferner den Aufsatz: Grundlagen und Ziele der analytischen Kinematik. (Sitzungsberichte der Berliner Mathematischen Gesellschaft, 12. Jahrgang, 1913, S. 216.) In dieser letzten Abhandlung finden sich zur Rechnung sehr bequeme Formeln der Quaternionentheorie, die sich formal fast unverändert auch auf den Nicht-Euklidischen Raum erstrecken ($\varepsilon^2 = \pm 1$ statt $\varepsilon^2 = 0$). Vgl. auch Geometrie der Dynamen, 1903, § 21.

§ 22.
Orthogonale und quasi-orthogonale Invarianten ternärer bilinearer Formen.

Handelt es sich darum, die ganzen rationalen Invarianten irgendwelcher Vektoren und sonstiger Kerne ternärer algebraischer Formen gegenüber der Gruppe der orthogonalen Transformationen zu bestimmen, so erhalten wir, entsprechend der kleineren Parameterzahl der jetzt betrachteten Gruppe, viel umfangreichere Invariantensysteme. Aber da die beiden Arten von Vektoren X und U oder von Symbolen P und A sich nun algebraisch ganz gleich verhalten, so gehen durch einen einfachen Wechsel der gebrauchten Zeichen solche Invarianten gruppenweise ineinander über. Wir kommen also jetzt auf den schon in § 2 betrachteten Sachverhalt zurück: Wir können von der durch die Zeichen

$$(XY), \quad (XV), \quad (UV)$$

ausgedrückten Unterscheidung nun wieder absehen, und müssen dann natürlich auch von der absehen, die wir mit Hilfe der Zeichen

$$(XYZ), \quad (XYW), \quad (XVW), \quad (UVW)$$

dargestellt hatten. Aber die in § 12 angestellte Untersuchung zeigt uns ja auch, daß diese Vereinfachung keineswegs an die Voraussetzung gebunden ist, daß wir es mit orthogonalen Transformationen zu tun haben, mit solchen also, die gerade die reziproken Formen

$$(LX)^2 = X_1^2 + X_2^2 + X_3^2, \quad (AU)^2 = U_1^2 + U_2^2 + U_3^2$$

in Ruhe lassen, sondern daß in der Theorie irgend eines Paars zueinander reziproker Formen von der Determinante Eins genau dieselbe große Vereinfachung stattfindet. So konnten wir in der Theorie der Gruppe γ der automorphen Transformationen von $(LX)^2$ und $(AU)^2$ diese Formen selbst schon durch die einfachen Zeichen

$$(XX), \quad (UU)$$

darstellen, deren Bedeutung dann eben die von $(LX)^2$ und $(AU)^2$ ist, und wir konnten den Übergang von einer Invariante der

§ 22. Orthogonale und quasi-orthogonale

eingangs aufgezählten Typen zu den übrigen derselben Gruppe genau so wie in dem genannten Spezialfall durch einfache Änderungen der Zeichen, z. B. durch Ersetzung von X durch U oder umgekehrt, bewerkstelligen, wodurch eben wir die Substitutionen

$$(XL)L = U, \quad (UA)A = X$$

auf eine einfachere Weise dargestellt hatten.

In summa: Wir haben es jetzt nur noch mit zwei wesentlich verschiedenen Typen elementarer Invarianten

$$(XY) \quad \text{und} \quad (XYZ)$$

zu tun, ganz so, wie in der spezielleren Theorie der orthogonalen Invarianten, wo wir nur an Stelle des Zeichens (XY), aus den früher angegebenen Gründen, das andere $(X|Y)$ benutzt hatten.

Zu der hiermit gegebenen Vereinfachung unserer Theorie gegenüber der allgemeinen Theorie der ternären Formen — einer Vereinfachung, die schon beträchtlich ist — kommen nun noch weitere Vereinfachungen, und das alles zusammen bewirkt, daß die formale Gestaltung der Invariantentheorie unserer Gruppe γ (γ_3) sich der Theorie der binären Formen nähert, mit der sie in der Tat auch nahe zusammenhängt (vgl. S. 256). Was hiermit angedeutet ist, gehört jedoch zu den Gegenständen, die erst im zweiten Teile der vorliegenden Schrift abgehandelt werden können.

Daß eine so vage Andeutung, wie sie hier zunächst nur gemacht werden konnte, nicht recht verständlich sein kann, weiß ich sehr wohl. Sie dient auch nur dem einzigen Zweck, daran die weitere Bemerkung knüpfen zu können, daß das nunmehr zu formulierende Problem, in dem an Stelle von zwei Veränderlichen X und Y (oder X und U) nur eine einzige Z vorkommt, nicht so speziell ist, wie es aussieht; daß es **nicht etwa**, wie es zunächst wohl scheinen muß, mit einer willkürlichen Einschränkung behaftet und also von zu geringer Tragweite ist.

Es sei **vorgelegt ein System algebraischer Formen** $\mathfrak{F}^{(1)}$, $\mathfrak{F}^{(2)}, \ldots$ (**mit frei veränderlichen Kernen**). Wir erweitern dann das System der Kerne dieser Formen durch Hinzufügung des Kernes **einer** linearen Form, oder also durch Hinzufügung **eines** Vektors Z. Unter einem vollständigen Formensystem der gegebenen Formen verstehen wir dann ein System solcher Invarianten des erweiterten Systems, durch die sich alle Invarianten dieses Systems ganz und rational ausdrücken lassen. Es werde verlangt, im Falle einer bilinearen Form $\mathfrak{F} = (XA)(BY)$ ein **kleinstes** System derart, d. h. ein System von möglichst wenigen solchen Invarianten zu bilden.

Wir haben nun bereits zwei Zerlegungen bilinearer Formen in solche von einfacheren Eigenschaften kennen gelernt (S. 117, 118), und diese müssen hier, in der Theorie der Untergruppe γ_3 der Gruppe Γ_8, beide mit den gegebenen Formen invariant verbunden sein. Es sei, wie soeben,
$$\mathfrak{F}(X, Y) = (XA)(BY);$$
dann ist

(1) $\quad \mathfrak{F}(X, Y) = \begin{Bmatrix} \frac{1}{2}\{(XA)(BY) + (XB)(AY)\} \\ + \frac{1}{2}\{(XA)(BY) - (XB)(AY)\} \end{Bmatrix}$

die eine invariante Zerlegung,

(2) $\mathfrak{F}(X, V) = \{(XA)(BV) - \frac{1}{3}(XV).(AB)\} + \frac{1}{3}(XV).(AB)$

ist die andere.

Der Unterschied von Vektoren erster und zweiter Schicht, Y und V, kommt hier, wie gesagt, nicht in Betracht. So können wir die Zerlegungen (1) und (2) überlagern, und wir erhalten dann eine dritte und weitergehende Zerlegung der bilinearen Form $\mathfrak{F}(X, Y)$:

(3) $\qquad\qquad \mathfrak{F} = \mathfrak{F}_\text{I} + \mathfrak{F}_\text{II} + \mathfrak{F}_\text{III}$ [1]).

Die Bedeutung der einzelnen Summanden in dieser Formel ist:

(4) $\quad\begin{aligned}\mathfrak{F}_\text{I} &= (XD)(DY) \\ &= \tfrac{1}{2}\{(XA)(BY) + (XB)(AY)\} - \tfrac{1}{3}(XY).(AB),\end{aligned}$

(5) $\quad\begin{aligned}\mathfrak{F}_\text{II} &= (XQY) \\ &= \tfrac{1}{2}\{(XA)(BY) - (XB)(AY)\} = \tfrac{1}{2}(AB\,|\,XY),\end{aligned}$

(6) $\qquad\qquad \mathfrak{F}_\text{III} = \tfrac{1}{3}(XY).(AB) = \tfrac{1}{3}R.(XY).$

Bei Gebrauch der hier neu eingeführten Zeichen wird also

(7) $\qquad \boxed{(XA)(BY) = (XD)(DY) + (XQY) + \tfrac{1}{3}R.(XY).}$

Die erste der bilinearen Formen rechts in dieser Gleichung hängt dann nur von vier Konstanten linear ab, da aus (4)

(8) $\qquad\qquad \boxed{(DD) = 0}$

---

[1]) Diese Reihenentwicklung ist ein sehr einfacher Fall der zur Gruppe γ'_3 überhaupt gehörigen Reihenentwicklungen.

folgt. Die zweite Form hängt von drei Konstanten linear ab, nämlich von denen des Vektors Q, oder von dem Kern der linearen Form

(9) $$(QZ) = -\tfrac{1}{2}(ABZ).$$

Die dritte Form endlich ist ein Multiplum der identischen Kovariante (XY), und enthält mithin als Parameter nur eine Konstante. Setzt man nach der Anweisung (7) aus drei solchen speziellen Formen eine bilineare Form $\mathfrak{F}(X, Y)$ zusammen, so entsteht wieder die allgemeine Form derart. Außerdem ist klar, daß eine noch weitergehende Zerlegung einer bilinearen Form in mit ihr linearverbundene Kovarianten in der Theorie der Gruppe γ_3 nicht möglich ist.

Wir werden es weiterhin mit solchen Formen $\mathfrak{F}$ besonders zu tun haben, von deren Elementarkovarianten $\mathfrak{F}_\mathrm{I}$, $\mathfrak{F}_\mathrm{II}$, $\mathfrak{F}_\mathrm{III}$ die zweite identisch verschwindet. Diese sind dann, wie schon ihre Komponenten $\mathfrak{F}_\mathrm{I}$ und $\mathfrak{F}_\mathrm{III}$, Polaren quadratischer Formen. Brauchen wir für sie ein besonderes Zeichen,

(10) $$(ZC)(CZ) = (ZD)(DZ) + \tfrac{1}{3}R.(ZZ),$$

so wird also auch

(11) $\qquad (XA)(BY) = (XC)(CY) + (XQY).$

Die gestellte Aufgabe ist hiermit zurückgeführt auf die andere, das zur Gruppe γ_3 gehörige Formensystem einer quadratischen Form $(CZ)^2$ oder $(DZ)^2$ und einer linearen Form (QZ) zu finden.

Das hier genannte System aber kann man ohne weiteres bilden, sobald man das der quadratischen Form $(CZ)^2$ oder $(DZ)^2$ schon hat: Die dann noch fehlenden Invarianten und Kovarianten werden gefunden, wenn man, auf alle möglichen Arten, Faktoren (CZ) oder (DZ) durch Faktoren (CQ) oder (DQ) und Faktoren (CQZ) oder (DQZ) ersetzt, Überflüssiges wegläßt, und schließlich die Formen (QZ) und (QQ) hinzufügt, die zusammen mit (ZZ) offenbar das vollständige Formensystem von (QZ) bilden.

Also kommt es schließlich auf das System einer quadratischen Form $(CZ)^2$ oder $(DZ)^2$ an.

Die Lösung der so reduzierten Aufgabe aber können wir ohne weiteres hinschreiben. Wir haben nämlich, in allen wesentlichen Stücken, einen Spezialfall der in § 16 schon gelösten Aufgabe vor uns. Es würde nur das dort Gesagte zu wiederholen sein: Der ganze Unterschied besteht darin, daß wir es jetzt nur noch mit Kovarianten zu tun haben, die eine einzige Veränderliche Z enthalten. Diese Möglichkeit einer Übertragung der Ergebnisse der §§ 16 und 17 auf unseren Fall wird auch weiterhin im Auge zu behalten sein.

Wir bilden zunächst das System der Invarianten und Kovarianten (solcher mit Z) der spezielleren Form $(DZ)^2$, und erhalten:

(12)
$$\begin{aligned}
&(D_0 Z)^2 = (ZZ) \\
&(D_1 Z)^2 = (DZ)^2, \quad (D_2 Z)^2 = (DD')(DZ)(D'Z), \\
&G_2 = -\tfrac{1}{2}(DD')^2, \quad G_3 = \tfrac{1}{3}(DD')(DD'')(D'D''), \\
&(TZ)^3 = (DD'')(DD'Z)(D'Z)(D''Z).
\end{aligned}$$

Diese sechs Formen bilden also ein vollständiges, und zwar kleinstes Formensystem der Grundform $(DZ)^2$. Alle anderen aus Faktoren (DD') und (DZ) zusammensetzbaren symbolischen Produkte müssen sich durch die Formen des Systems (12) ganz und rational ausdrücken lassen, und ebenso die Polaren solcher Formen durch die Polaren der Formen (12).

Dies gilt insbesondere von den symbolischen Potenzen der bilinearen Form $(XD)(DY)$, also von den bilinearen Formen

$\mathfrak{D}_0 = (XY), \quad \mathfrak{D}_1 = (XD)(DY), \quad \mathfrak{D}_2 = (XD)(DD')(D'Y)$ usw.,

denen die genannten symbolischen Potenzen gleich sind. So wird

(13) $$\mathfrak{D}_3 - * + G_2 \cdot \mathfrak{D}_1 - G_3 \cdot \mathfrak{D}_0 = 0.$$

Wir berechnen mit Hilfe dieser Formel $\mathfrak{D}_4, \mathfrak{D}_5, \ldots$, und das Quadrat der Form $(TZ)^3$, oder, noch etwas allgemeiner, das Produkt $(TX)^3 \cdot (TY)^3$, als Spezialfall der Identität Nr. 12 in § 16:

$$(TX)^3 \cdot (TY)^3 = \begin{vmatrix} \mathfrak{D}_0 & \mathfrak{D}_1 & \mathfrak{D}_2 \\ \mathfrak{D}_1 & \mathfrak{D}_2 & \mathfrak{D}_3 \\ \mathfrak{D}_2 & \mathfrak{D}_3 & \mathfrak{D}_4 \end{vmatrix} =$$

$$= -\left\{ \begin{array}{l} G_2 \cdot (\mathfrak{D}_0 \mathfrak{D}_2{}^2 + \mathfrak{D}_1{}^2 \mathfrak{D}_2 - \mathfrak{D}_0 \mathfrak{D}_1 \mathfrak{D}_3) \\ + G_3 \cdot (\mathfrak{D}_0{}^2 \mathfrak{D}_3 - 3 \mathfrak{D}_0 \mathfrak{D}_1 \mathfrak{D}_2 + \mathfrak{D}_1{}^3) + \mathfrak{D}_2{}^3 \end{array} \right\};$$

wir finden also

(14)
$$\left. \begin{array}{l} (TX)^3 \cdot (TY)^3 + \mathfrak{D}_2{}^3 + 2 \mathfrak{D}_1 \mathfrak{D}_2 (G_2 \mathfrak{D}_1 - G_3 \mathfrak{D}_0) \\ + (\mathfrak{D}_0 \mathfrak{D}_2 - \mathfrak{D}_1{}^2)(G_2 \mathfrak{D}_2 - G_3 \mathfrak{D}_1) + \mathfrak{D}_0 (G_2 \mathfrak{D}_2 - G_3 \mathfrak{D}_1)^2 \end{array} \right\} = 0.$$

§ 22. Orthogonale und quasi-orthogonale

Setzen wir hier $X = Y = Z$, so erhalten wir die einzige algebraische Abhängigkeit, die zwischen den Formen unseres Systems (12) besteht.

Ferner findet sich, unter anderem,

(15) $$\tfrac{1}{2}(DD'Z)^2 = (D_2 Z)^2 + G_2 . (ZZ),$$

(16) $$\tfrac{1}{6}(DD'D'')^2 = G_3,$$

(17) $$(TD)(TZ)^2(DZ) = 0, \quad (TD)^2(TZ) = 0.$$

Die Invarianten und Kovarianten der Form $(CZ)^2$ aber lassen sich leicht auf die der etwas spezielleren Form $(DZ)^2$ zurückführen.

Wir erhalten durch symbolisches Potenzieren von $\mathfrak{C}_1 = (XA)(BY)$:

(18) $$\begin{aligned}\mathfrak{C}_1 &= \mathfrak{D}_1 + \tfrac{1}{5} R . \mathfrak{D}_0, \\ \mathfrak{C}_2 &= \mathfrak{D}_2 + \tfrac{2}{3} R . \mathfrak{D}_1 + \tfrac{1}{9} R^2 . \mathfrak{D}_0,\end{aligned}$$
. . . .

Es ist also

(19) $$\begin{aligned}(C_1 Z)^2 &= (D_1 Z)^2 + \tfrac{1}{3} R . (ZZ), \\ (C_2 Z)^2 &= (CC')(CZ)(C'Z) = \\ &= (D_2 Z)^2 + \tfrac{2}{3} R . (D_1 Z)^2 + \tfrac{1}{9} R^2 . (ZZ)\end{aligned}$$

usw. Hiermit hat man die Werte der in § 16 mit R_1, R_2, R_3 bezeichneten Invarianten

(20) $$\begin{aligned}R_1 &= (C_1 C_1) = (CC) = R, \\ R_2 &= (C_2 C_2) = (CC')^2 = -2 G_2 + \tfrac{1}{3} R^2, \\ R_3 &= (C_3 C_3) = (CC')(CC'')(C'C'') = \\ &= 3 G_3 - 2 R G_2 + \tfrac{1}{9} R^3\end{aligned}$$

und die Koeffizienten J_1, J_2, J_3 der Identität

(21) $$(C_3 Z)^2 - J_1 (C_2 Z)^2 + J_2 (C_1 Z)^2 - J_3 (ZZ) = 0:$$

(22) $$\begin{aligned}J_1 &= (CC) = R, \quad J_2 = \tfrac{1}{2}(CC' \mid CC') = G_2 + \tfrac{1}{3} R^2, \\ J_3 &= \tfrac{1}{6}(CC'C'')^2 = G_3 + \tfrac{1}{3} R . G_2 + \tfrac{1}{27} R^3.\end{aligned}$$

Sodann erhält man nach § 16, Nr. 7:

(23) $$\tfrac{1}{2}(C\,C'Z)^2 = (C_2 Z)^2 - J_1 \cdot (C_1 Z)^2 + J_2 \cdot (ZZ)$$
$$= (D_2 Z)^2 - \tfrac{1}{3}R \cdot (D_1 Z)^2 + \{G_2 + \tfrac{1}{9}R^2\} \cdot (ZZ),$$

und schließlich

(24) $$(C\,C'')(C\,C'Z)(C'Z)(C''Z) = (TZ)^3.$$

Die letzte Kovariante hat im Büschel $(DZ)^2$, (ZZ) die Kombinanteneigenschaft, sie hängt nicht ab vom Werte von R. Dasselbe gilt dann natürlich auch von allen Formen, die von ihr allein abhängen, insbesondere von der Invariante $6(TT')^3$, die nach § 17, Nr. 5 mit der Diskriminante der charakteristischen Funktion

$$\varLambda^3 - J_1 \varLambda^2 + J_2 \varLambda - J_3$$

der Form $\mathfrak{C}$ oder $(CZ)^2$ zusammenfällt:

(25) $$\varPi^2(\mathfrak{C}) = 6(TT')^3 = -4G_2{}^3 - 27G_3{}^2.$$

Ohne weiteres kann man nun auch ein vollständiges, und zwar kleinstes System von Invarianten der Formen $(DX)^2$ oder $(CX)^2$ und beliebig vieler Vektoren angeben. Es wird genügen, nur noch das System von Invarianten und Kovarianten der gegebenen Form $\mathfrak{F}(X, Y) = (XA)(BY)$ zu bilden. Zu den symbolischen Faktoren, die im System der Form $(DX)^2$ auftreten, kommen dann noch die Faktoren (DQ), (QZ), (TQ), (DQZ) und die Invarianten R und (QQ). Faktoren (TQZ) kommen hier nicht vor, da $(TZ)^3$ schon einen Determinantenfaktor enthält.

Die folgende Tafel, in der die Gradzahlen der einzelnen Formen angemerkt sind, gibt eine bequeme Übersicht über das ganze System. Die unterstrichenen Formen sind die, die mit Symbolen D und Q geschrieben, einen Determinantenfaktor enthalten. Ihre Produkte zu zweien lassen sich ausdrücken durch die übrigen Formen des Systems, wie wir es im Falle des Produktes $(TX)^3 \cdot (TY)^3$ schon gesehen haben. Die Formen der zweiten und vierten Reihe in unserer Tafel sind nur Invarianten (natürlich absolute Invarianten) der Gruppe γ (sie sind, in der Sprache der Geometrie ausgedrückt, ausschließlich Bewegungsinvarianten). Ihre Quadrate und zweigliedrigen Produkte

§ 22. Orthogonale und quasi-orthogonale

aber, und ebenso die Formen der ersten und dritten Reihe, sind Invarianten der Gruppe γ, η. (Sie sind Umlegungsinvarianten.)

Invarianten.

[1] R. [2] G_2, (QQ). [3] G_3, $(D_1 Q)^2$. [4] $(D_2 Q)^2$. [6] $\underline{(TQ)^3}$.

Lineare Kovarianten.

[1] (QZ). [2] $(D_1 Q)(D_1 Z)$. [3] $(D_2 Q)(D_2 Z)$,

$\underline{(D_1 Q)(D_1 QZ)}$. [4] $\underline{(D_2 Q)(D_2 QZ)}$. [5] $\underline{(TQ)^2(TZ)}$.

(26)

Quadratische Kovarianten.

[0] (ZZ). [1] $(D_1 Z)^2$. [2] $(D_2 Z)^2$,

$\underline{(D_1 Z)(D_1 QZ)}$. [3] $\underline{(D_2 Z)(D_2 QZ)}$. [4] $\underline{(TQ)(TZ)^2}$.

Kubische Kovariante.

[3] $\underline{(TZ)^3}$.

Zwischen diesen Formen bestehen, außer den genannten, natürlich noch zahlreiche weitere Abhängigkeiten. Es gibt im ternären Gebiet ja überhaupt nur drei linear-unabhängige lineare Formen; daher muß zwischen je vieren der sechs linearen Kovarianten eine lineare Abhängigkeit bestehen, deren Koeffizienten Invarianten unseres Systems sind, usw.

Es ist leicht, das Formelsystem (19) ... (25) so zu erweitern, daß auch noch die Form (QZ) in den Ausdruck der zu untersuchenden Grundform aufgenommen wird. Einige der so entstehenden Formeln werden gelegentlich gebraucht; sie werden deshalb hier noch angeführt. Wir setzen, wie zuvor schon,

(27)
$$\mathfrak{F}_1(X, Y) = (XC)(CY) + (XQY)$$
$$= \{(XD)(DY) + \tfrac{1}{3} R . (XY)\} + (XQY),$$

und benutzen bei Bildung der folgenden Ausdrücke die Formeln (19) ... (25). Die symbolischen Potenzen von $\mathfrak{F} = \mathfrak{F}_1$ usw. sollen $\mathfrak{F}_0$, $\mathfrak{F}_1$, $\mathfrak{F}_2$, ... und die zugehörigen Invarianten (Ringe) sollen $\mathfrak{R}_0 (= 3)$, $\mathfrak{R}_1$, $\mathfrak{R}_2$, $\mathfrak{R}_3$, ... genannt werden. Die lineare Abhängigkeit zwischen den Formen $\mathfrak{F}_0$ usf. heiße entsprechend

$$\mathfrak{F}_3 - \mathfrak{I}_1 \cdot \mathfrak{F}_2 + \mathfrak{I}_2 \cdot \mathfrak{F}_1 - \mathfrak{I}_3 \cdot \mathfrak{F}_0 = 0.$$

Man berechnet dann

$$\mathfrak{F}_2 = \begin{Bmatrix} (XC_2)(C_2Y) + (XC_1)(C_1QY) \\ -(XQC_1)(C_1Y) + \tfrac{2}{3}R.(XQY) \\ +(XQ).(QY) - (QQ).(XY) \end{Bmatrix},$$

und ebenso noch $\mathfrak{F}_3$. Es folgt dann

$$\mathfrak{R}_1 = R_1 = R, \quad \mathfrak{R}_2 = R_2 - 2(QQ),$$
$$\mathfrak{R}_3 = R_3 + 3(CQ)^2 - 3R.(QQ),$$

und

$$\mathfrak{J}_1 = (AB) = J_1 = R,$$
$$\mathfrak{J}_2 = \tfrac{1}{2}(AA' \mid BB') = J_2 + (QQ),$$
$$\mathfrak{J}_3 = \tfrac{1}{6}(AA'A'')(BB'B'') = J_3 + (CQ)^2,$$

also

(28)
$$\mathfrak{J}_1 = R, \quad \mathfrak{J}_2 = \{G_2 + (QQ)\} + \tfrac{1}{3}R^2,$$
$$\mathfrak{J}_3 = \{G_3 + (DQ)^2\} + \tfrac{1}{3}R \cdot \{G_2 + (QQ)\} + \tfrac{1}{27}R^3.$$

Hieraus folgt dann

(29) $$\boxed{\Pi^2(\mathfrak{F}) = -4\{G_2 + (QQ)\}^3 - 27\{G_3 + (DQ)^2\}^2.}$$

Die bis hierher geführte Untersuchung würde sich noch viel weiter fortsetzen lassen. Wollten wir insbesondere auch die Spezialfälle der Form $\mathfrak{F}$ systematisch untersuchen, so würde sich finden, daß über die Äquivalenz zweier derartiger Formen gegenüber der Gruppe γ_3 ausnahmslos mit Hilfe der Formen unseres Systems (aber keineswegs mit Hilfe von Invarianten allein) entschieden werden kann. Doch darf es hier wohl bei dem Gesagten sein Bewenden haben, nachdem in § 18 ein gleichartiges, wenn auch einfacheres Problem eingehend behandelt worden ist.

Wir wollen jedoch unsere Untersuchung noch auf den Fall anwenden, in dem die vorgelegte Form $(AX)(BY)$ oder $(AX)(BU)$ als Symbol einer automorphen linearen Transformation der quadratischen Form (ZZ) dienen kann.

Zur Erleichterung einer Vergleichung mit früher abgeleiteten Formeln schreiben wir jetzt $(XC)(\Gamma U)$ an Stelle von $(XA)(BU)$ oder $(XA)(BY)$, was ja, nach dem Vorgetragenen, hier belanglos ist. Dementsprechend substituieren wir

(30) $$(XC)(\Gamma U) = \frac{-2(XP).(PU) + 2P_0.(XPU) + \{P_0{}^2 - (PP)\} \cdot (XU)}{P_0{}^2 + (PP)}$$

(vgl. Nr. 9, S. 223).

§ 22. Orthogonale und quasi-orthogonale

Es findet sich dann

(31)
$$(ZD_1)(D_1Z) = 2 \cdot \frac{(ZP).(PZ) - \frac{1}{3}(PP).(ZZ)}{P_0^2 + (PP)},$$

$$(ZD_2)(D_2Z) = \frac{4}{3} \cdot \frac{(PP)\{(ZP).(PZ) + \frac{1}{3}(PP).(ZZ)\}}{\{P_0^2 + (PP)\}^2},$$

$$(QZ) = 2 \cdot \frac{P_0.(PZ)}{P_0^2 + (PP)} \; {}^1), \qquad R = \frac{3P_0^2 - (PP)}{P_0^2 + (PP)},$$

$$G_2 = -\frac{4}{3} \cdot \frac{(PP)^2}{\{P_0^2 + (PP)\}^2}, \quad G_3 = \frac{16}{27} \cdot \frac{(PP)^3}{\{P_0^2 + (PP)\}^3}.$$

Hieraus sieht man, daß aus (30) immer

$$\Pi^2 = -4G_2^3 - 27G_3^2 = 0$$

folgt, daß aber überdies nun auch die Formen $(D_0Z)^2$, $(D_1Z)^2$, $(D_2Z)^2$ linear-abhängig sind, daß also schon

(32) $$(TZ)^3 = 0$$

sein muß. Es sind dann noch drei Fälle zu unterscheiden. Ist (PZ) identisch gleich Null, so liegt die identische Transformation vor, und es ist schon $(D_1Z)^2$ identisch gleich Null. Ist nur $(PP) = 0$, so wird erst $(D_2Z)^2$ identisch gleich Null, während im Falle $(PP) \neq 0$ keine von beiden Formen identisch Null sein kann. Die beiden ersten Annahmen erschöpfen die Fälle, in denen $G_2 = 0$, $G_3 = 0$ ist. Schließen wir sie aus, so sind beide Invarianten nicht Null. Wir können dann durch die rationale Invariante

(33) $$K = -\frac{3}{2}\frac{G_3}{G_2} = \frac{2}{3}\frac{(PP)}{P_0^2 + (PP)}$$

alle Invarianten unseres Systems ganz und rational ausdrücken:

(34)
$$R = 3(1 - 2K), \quad G_2 = -3K^2, \quad G_2 = 2K^3,$$
$$(QQ) = 3K(2 - 3K),$$
$$(D_1Q)^2 = 6K^2(2 - 3K), \quad (D_2Q)^2 = 12K^3(2 - 3K).$$

Die zwischen $(D_0Z)^2$, $(D_1Z)^2$ und $(D_2Z)^2$ bestehende Abhängigkeit nimmt jetzt die Form

(35) $$\mathfrak{D}_2 - K.\mathfrak{D}_1 - 2K^2.\mathfrak{D}_0 = 0$$

---

[1]) Früher (S. 220—222) war das Zeichen Q in anderer Bedeutung gebraucht worden.

Invarianten ternärer bilinearer Formen. 255

an. Die Invariante K ist notwendig von Null verschieden. Ausgezeichnet sind die Werte

(36) $$K = \tfrac{2}{3}, \quad K = \tfrac{1}{2}.$$

Der erste liefert die involutorischen Transformationen der Gruppe $\gamma_3 \{P_0 = 0\}$, der zweite die Transformationen von der Periode drei $\{3 P_0{}^2 - (P P) = 0\}$.

Es ist leicht, den durch die Gleichung (32) ausgedrückten Lehrsatz umzukehren:

Die notwendige und hinreichende Bedingung dafür, daß eine ternäre bilineare Form von der Diskriminante 1 (oder — 1) zu einer automorphen linearen Transformation der quadratischen Form (ZZ) gehört, besteht in dem identischen Verschwinden ihrer kubischen Kovariante $(TZ)^3$.

Diese Bedingung ist gleichbedeutend mit der anderen, daß unter den quadratischen Kovarianten $\mathfrak{D}_0, \mathfrak{D}_1, \mathfrak{D}_2, \ldots$ höchstens zwei (nämlich $\mathfrak{D}_0$ und $\mathfrak{D}_1$) linear-unabhängig sind. Und sie ist, in der Sprache der Geometrie ausgedrückt, auch gleichbedeutend mit der, daß die Kurve (oder der Kegel) $(D_1 Z)^2 = 0$ die Kurve (oder den Kegel) $(ZZ) = 0$ doppelt berührt. Es wird dann

$$\frac{(D_1 Z)^2 + K \cdot (ZZ)}{2} = \left\{ \frac{(PZ)}{\sqrt{P_0{}^2 + (PP)}} \right\}^2$$

das Quadrat einer linearen Form, die nur dann identisch verschwindet, wenn die vorgelegte automorphe Transformation von (ZZ) mit der identischen Transformation zusammenfällt.

Es ist vorhin angedeutet worden, daß zwischen der vorgetragenen Theorie und der Theorie der binären Formen vierter Ordnung ein Zusammenhang besteht. Tatsächlich lassen sich alle Hauptergebnisse unserer Untersuchung, und noch manche andere, ohne jede Rechnung aus Ergebnissen ablesen, die nun schon seit rund fünfzig Jahren der wissenschaftlichen Welt bequem zugänglich sind. (Clebsch, Theorie der binären algebraischen Formen, 1872, §§ 40 bis 51, 60.) Freilich ist das, worauf ich hier verweise, nicht gerade mühelos gewonnen worden. Es wird sich sogar der umgekehrte Weg, der von den ternären Formen zu binären führt, eher empfehlen, weil man gerade bei solcher Ordnung des Stoffes zu einer beträchtlichen Vereinfachung der Theorie der binären Formen vierter Ordnung, und überhaupt der binären Formen mit nur geraden Ordnungszahlen, gelangt.

Der Grundgedanke der Methode, die hier in Betracht kommt, kann summarisch gekennzeichnet werden durch die Benutzung quadratischer (statt linearer) binären Formen zur symbolischen Darstellung von Formen

§ 22. Orthogonale und quasi-orthogonale

mit geraden Ordnungszahlen. Zwischen den Kernen ternärer linearer Formen oder also zwischen Vektoren X, Y, Z, ... und den Kernen binärer quadratischer Formen $(\xi\tau)^2$, $(\eta\tau)^2$, $(\zeta\tau)^2$, ... wird zunächst ein Zusammenhang hergestellt, der in den Gleichungen

$$(37) \quad (XY) = \tfrac{1}{2}(\xi\eta)^2, \ldots, \quad (XYZ) = \tfrac{1}{2}(\xi\eta)(\xi\zeta)(\eta\zeta), \ldots$$

Ausdruck findet. Dadurch werden allen Invarianten der Gruppen γ_3 und γ_3, η_3 eines ternären Gebietes solche der Gruppen Γ_3 und Γ_3, H_3 eines binären Gebietes eindeutig umkehrbar zugeordnet, und zwar so, daß den Kernen beliebiger ternärer algebraischer Formen im binären Gebiet spezielle Formen mit geraden Ordnungszahlen, und umgekehrt beliebigen binären Formen mit geraden Ordnungszahlen spezialisierte ternäre Formen entsprechen.

Dieses hier nur in großen Zügen beschriebene Verfahren kann betrachtet werden als Ausführung eines Gedankens, den, allerdings noch in recht unvollkommener Form, schon O. Hesse vorgetragen hat, und den dann auch spätere Autoren mit Erfolg verwendet haben, freilich ohne der Sache genügend auf den Grund zu gehen.

Meine eigene Untersuchung darüber habe ich, allerdings noch nicht ganz in ihrer heutigen und endgültigen Gestalt, im Jahre 1885 oder 1886 P. Gordan mitgeteilt, und sie ist von ihm gelegentlich erwähnt worden. (Vorlesungen über Invariantentheorie 1887, herausgegeben von G. Kerschensteiner, S. 155.)

Abgesehen von einigen Andeutungen ist eine Veröffentlichung darüber seither unterblieben, weil ich mich bald genug davon überzeugen mußte, daß bei der weit überwiegenden Mehrzahl der Fachgenossen jedes Interesse für diese Art von Problemen zu vermissen war.

Da der zweite Teil dieses Buches noch wird auf sich warten lassen, so mag vielleicht einstweilen das Folgende solchen Lesern willkommen sein, die mit der Theorie der binären Formen, wenigstens derer von der vierten Ordnung, vertraut sind.

Der Reihenentwicklung (1) läuft parallel eine wohlbekannte Entwicklung (Clebsch, S. 23; $m=2$, $n=2$):

$$(xa)^2(by)^2 = (xd)^2(dy)^2 + 2(xy) \cdot (xq)(qy) + \tfrac{1}{3}(xy)^2 \cdot (ab)^2,$$

wo

$$(dz)^4 = (az)^2(bz)^2, \quad (qz)^2 = -\tfrac{1}{2}(ab)(az)(bz).$$

Damit erhält man, nach Nr. (37), die Invarianten und Kovarianten von $(xa)^2(by)^2$ aus denen von $(XA)(BY)$[1]).

---

[1]) Nämlich zunächst die elementaren Invarianten (solche mit nur einer Veränderlichen z), die zur Gruppe Γ_3 des binären Gebietes gehören; womit dann aber auch schon die Invarianten der Gruppen Γ_3, H_3 und G_4 gefunden sind.

Invarianten ternärer bilinearer Formen.

Insbesondere vollzieht sich der Übergang von dem Formensystem der Form $(DZ)^2$ zu dem einer binären Form vierter Ordnung $(d z)^4$ durch die Substitutionen

(38)
$$(ZZ) = 0, (D_1 Z)^2 = \tfrac{1}{4}(d z)^4 = \tfrac{1}{4} f,$$
$$(D_2 Z)^2 = \tfrac{1}{8}(d d')^2 (d z)^2 (d' z)^2 = \tfrac{1}{4} h,$$
$$G_2 = -\tfrac{1}{2} \cdot \tfrac{1}{4}(d d')^4 = -\tfrac{1}{4} g_2,$$
$$G_3 = \tfrac{1}{3} \cdot \tfrac{1}{8}(d d')^2 (d d'')^2 (d' d'')^2 = \tfrac{1}{4} g_3,$$
$$(TZ)^3 = \tfrac{1}{16}(d d'')^2 . (d' d'') (d' z) (d'' z) . (d z)^2 (d' z)^2$$
$$= \tfrac{1}{16}(d d'') (d' d'')^2 (d z)^3 (d' z)^2 (d'' z) = \tfrac{1}{16} t.$$

Daraus folgt unter anderem

(39) $\qquad -\{4 G_2^3 + 27 G_3^2\} = \tfrac{1}{16}\{g_2^3 - 27 g_3^2\},$

wo rechts die von Weierstrass mit G bezeichnete Diskriminante von $(d z)^4$ erscheint. Als Spezialfall der Formel (14) erhält man die Identität, auf der die Theorie der irrationalen Kovarianten der binären Form $f = (d x)^4$ beruht:

(40) $\qquad t^2 + 4 h^3 - g_2 . h f^2 + g_3 . f^3 = 0$ [1]).

Die im Texte befolgte direkte Methode zur Bestimmung des zur Gruppe γ_3 gehörigen Formensystems von $(X A)(B Y)$ ist nun auch schon 25 Jahre alt. (Leipziger Berichte 1897, S. 459.) Anderen Autoren, die sich mit dem gleichen Thema beschäftigt haben, ist sie jedoch unbekannt geblieben, oder sie ist von ihnen nicht gewürdigt worden.

Das letzte gilt von R. Weitzenböck, der die Zerlegung des besprochenen Problems in einfachere Aufgaben nicht verwertet hat, und sich an ihrer Statt recht verwickelter und darum auch nicht mitgeteilter Rechnungen bedient. (Math. Zeitschr. 10, 80, 1921.) Seine Lösung gibt keine klare Einsicht in die Struktur des gesuchten Invariantensystems; auch ist sie unvollständig, da eine überzählige Kovariante nicht beseitigt ist.

Eine ältere Arbeit von G. Rabinovitch (Rendiconti del Circolo Matematico di Palermo, t. 36, 1913, p. 99) kann ich, bei rein sachlicher Betrachtung, leider nur als Erläuterung zu dem würdigen, was in der Einleitung über Mißbrauch von Symbolen gesagt worden ist. Schon ihr erster Satz „Le but de cet article est de préciser la notion des invariants" läßt vermuten, daß es dem Verfasser an den nötigsten Kenntnissen gebricht, und Mängel seiner weiteren Darlegung bestätigen das vollauf. Indessen dürfte in diesem Falle wie in manchem ähnlichen das Wort More sinn'd against than sinning billig Anwendung finden.

Rabinovitch stützt sich auf ein Werk von C. Burali-Forti und R. Marcolongo (Analyse vectorielle générale. I. Transformations linéaires 1912). Nach Ansicht dieser Autoren setzt der Vektorenkalkül (oder doch seine Erweiterung, „der geometrische Kalkül") den Mathematiker in den Stand, „di poter risolvere direttamente una qualsiasi (?) questione di geometria, di meccanica, di fisica, sotto forma assoluta, cioè indipendente da qualsiasi sistema di riferimento. Gli ordinari invarianti, covarianti, ecc., provengono dalle coordinate e soltando da

---

[1]) Siehe American Journal of Mathematics 17, 1894, S. 187.

queste; essi spariscono del tutto nel calcolo assoluto". (Elementi di Calcolo Vettoriale, 2^0 ed., 1920 oder 1921, S. 97.)

Was uns hier, und in verwandten Äußerungen auch anderer Autoren, so eindringlich empfohlen wird, ist ein regelrechter Anachronismus.

Das Ideal einer analytischen Geometrie ohne Koordinaten stammt bekanntlich von Leibniz. H. Grassmann hat es in seinen älteren Schriften (denen aus den Jahren 1844 und 1846), zu verwirklichen getrachtet, ist aber später wieder davon abgekommen. Die weitere Entwicklung hat sich dann gerade in der Richtung der Invariantentheorie vollzogen, die die Begriffe **Funktion, Transformation**, Gruppe und **Invariante** als Grundbegriffe an den Anfang der Geometrie bringt, und an Stelle eines unsicheren Tastens nach brauchbaren Begriffsbildungen ein systematisches Vorgehen setzt, das die Gewähr einer gewissen **Vollständigkeit** der Ergebnisse bietet. Diese Entwicklung, die das Wesentliche in den Gedanken von Leibniz und Grassmann reinlich herausgeschält, das Übertriebene daran aber abgestreift hat, soll nun gar keinen Fortschritt bedeuten und demgemäß rückgängig gemacht werden.

In Wirklichkeit beruht alles, was ein solcher „absoluter Kalkül" zu leisten vermag, auf dem, was er mit der heutigen Invariantentheorie der linearen Transformationen gemein hat, und nicht auf dem, was ihn von ihr unterscheidet. Dieser Unterschied aber kommt zustande durch Einführung neuer **Zeichen**, und keineswegs solcher, die Verbesserungen bedeuten. Beispielsweise sieht im Falle $n = 3$ das „äußere Produkt" von drei Vektoren, das Determinantensymbol $(X Y Z)$ oder $[X Y Z]$ so aus:

$$X(Y \wedge Z)!$$

Keinesfalls können sich diese Autoren klar gemacht haben, wie weit sie auf algebraischem Gebiete hinter dem Gedankeninhalt der heutigen Invariantentheorie zurückgeblieben sind.

Daß es eine von Koordinaten freie Geometrie geben könne, ist übrigens auch schon ein Irrtum. Die so etwas für möglich halten, haben das Fundament ihres Lehrgebäudes nicht sorgfältig genug untersucht. Punkte, Geraden, Ebenen und ihre Beziehungen, woher haben wir sie? Die Natur hat sie uns nicht als „reine Anschauung" in die Wiege gelegt. Also müssen wir sie definieren. Da x_1, x_2, x_3 verboten sein sollen, so brauchen wir Axiome. Und um uns die logische Möglichkeit (Widerspruchsfreiheit) dieser Axiome klar zu machen, brauchen wir x_1, x_2, x_3!

Daß die axiomatische Begründung geometrischer Systeme **auch bei folgerechtem Verfahren** ernstlichen Bedenken unterliegt, habe ich bei mehreren Gelegenheiten zu zeigen versucht. Siehe namentlich meine kürzlich erschienene Schrift über Mathematik und Physik (1923, Sammlung Vieweg).

§ 23.

Das Formensystem von zwei ternären quadratischen Formen.

Das Verfahren, dessen wir uns in den vorausgehenden Darlegungen bedient haben, ist die von P. Gordan, E. Stroh und anderen zu hoher Ausbildung gebrachte Methode der sogenannten

Reduzenten. Die einzelnen Invarianten und Kovarianten werden, in geeigneter Anordnung, der Reihe nach gebildet und nach Bedürfnis symbolisch bezeichnet. Es werden dann Gruppen symbolischer Faktoren gesucht, die bewirken, daß jede mit ihnen behaftete Form sich durch vorher aufgezählte Formen ausdrücken läßt. Diese Faktorengruppen sind eben die Reduzenten. So ist, im Beispiel des § 22, $(C\,C'\,C'')$ ein Reduzent, $(C\,C')(C'\,C'')(C''\,C''')$ ist ein anderer, $(T\,Q\,Z)$ ein dritter usw. Bringt man, wie in den Beispielen der §§ 16, 19, 20, 22, es schließlich dahin, daß in jedem symbolischen Produkt eine Faktorengruppe als Reduzent erkannt wird, so hat man ein vollständiges, allerdings dann noch nicht notwendig von überzähligen Formen befreites System von Invarianten und Kovarianten gefunden.

Dieses Verfahren soll nun noch durch ein mit dem Vorhergehenden nahe zusammenhängendes Beispiel erläutert werden, das aber nun wieder in die Theorie der Gruppe G_9 gehört. Die folgende Auseinandersetzung rührt im wesentlichen von Gordan her [1]). Die vorzutragende verbesserte Darstellung verdanke ich in der Hauptsache einem meiner Schüler, Herrn E. A. Weiss, der mir auch bei der Korrektur dieses Buches freundliche Hilfe geleistet hat.

Das Formensystem von zwei ternären quadratischen Formen.

Die Bezeichnungen sind gewählt mit Rücksicht auf das Vorhergehende. Von den zu untersuchenden Grundformen wird (wegen des Euklidischen Grenzfalls der Gruppe γ_3) angenommen, daß die eine, $(A\,U)^2$, als Veränderliche einen Vektor zweiter Schicht enthält und bei den anderen, $(\Gamma U)^2$, soll zunächst die gleiche Annahme gemacht werden.

Die Aufgabe sei, ein vollständiges, und zwar kleinstes System von Invarianten der Kerne von $(A\,U)^2$ und $(\Gamma U)^2$, sowie zweier Vektoren X und U, in bezug auf die Gruppe G_9 zu bilden [2]). Anders ausgedrückt: Es handele sich um das System der zu G_9 gehörigen Invarianten **und Kovarianten** der Kerne von $(U\!A)^2$ und $(U\Gamma)^2$.

---

[1]) Sie wird mitgeteilt bei A. Clebsch, Vorlesungen über Geometrie, bearbeitet und herausgegeben von F. Lindemann (I, 1, 1875), S. 288 bis 291.

[2]) Die Frage: Warum gerade dieser zwei Vektoren? wird im zweiten Teile dieses Buches beantwortet werden.

§ 28. Das Formensystem

Jedenfalls gehören nun zu diesem System die identische Kovariante

(1) $$(UX) = (XU)$$

und die beiden Grundformen

(2) $$(AU)^2, \quad (\Gamma U)^2.$$

Ferner gehören dazu vier (in den Veränderlichen) quadratische Kovarianten,

(3) $$(LX)^2 = \tfrac{1}{2}(AA'X)^2, \quad (CX)^2 = \tfrac{1}{2}(\Gamma\Gamma'X)^2,$$
(4) $$(A\Gamma X)^2, \quad (LCU)^2,$$

sodann die bilinearen Formen

(5) $$(CA)(CX)(AU), \quad (\Gamma L)(LU)(\Gamma X),$$

und die vier Invarianten

(6) $$\tfrac{1}{3}(LA)^2, \quad (AC)^2, \quad (L\Gamma)^2, \quad \tfrac{1}{3}(C\Gamma)^2,$$

alles Formen, von denen sicher keine entbehrlich sein kann. Reduzenten haben wir dann bereits in den Faktoren

(a) $(\underline{AA'X})$, $(\underline{LL'U})$; $(\underline{\Gamma\Gamma'X})$, $(\underline{CC'U})$; $(\underline{LA})$, $(\underline{C\Gamma})$.

Z. B. ist

(7) $(\underline{XAA'})(AV)(A'W) = (XL)(LVW),$
(8) $(\underline{ULL'})(LY)(L'Z) = \tfrac{1}{3}(LA)^2 \cdot (UA)(AYZ),$
(9) $(XL)(\underline{LA})(AU) = \tfrac{1}{3}(LA)^2 \cdot (XU).$

In jedes symbolische Produkt, das einen der angeführten Faktoren hat, kann man also entweder Symbole einer der Kovarianten $(LX)^2$, $(CX)^2$ einführen, oder man kann darin einen der realen Faktoren $\tfrac{1}{3}(LA)^2$, $\tfrac{1}{3}(C\Gamma)^2$ zur Erscheinung bringen.

Man braucht also weiterhin nur noch auf solche symbolische Produkte Rücksicht zu nehmen, die sich aus den Faktoren

(b) (AU), (LX); (AC), $(L\Gamma)$; (ΓU), (CX); $(A\Gamma X)$, (LCU)

zusammensetzen lassen; wobei natürlich die unter (1)…(6) schon angeführten symbolischen Quadrate und Produkte auszulassen sind.

zweier ternärer quadratischer Formen.

Aus Faktoren des Typus (b) setzen sich nun einige weitere Kovarianten zusammen, die zu den Ordnungszahlen (1, 2) oder (2, 1) gehören, nämlich

(10) $\quad\boxed{(A\Gamma X)(AU)(\Gamma U), \quad (LCU)(LX)(CX),}$

(11) $\quad\boxed{\begin{array}{ll}(CA)(CX)(A\Gamma X)(\Gamma U), & (L\Gamma)(LX)(\Gamma AX)(AU),\\ (\Gamma L)(\Gamma U)(LCU)(CX), & (AC)(AU)(CLU)(LX).\end{array}}$

Ebenso ergeben sich zwei Kovarianten dritter Ordnung und Klasse:

(12) $\quad\boxed{\begin{array}{l}(AC)(\Gamma L)(A\Gamma X)(CX)(LX),\\ (L\Gamma)(CA)(LCU)(\Gamma U)(AU).\end{array}}$

Wir behaupten, daß mit den 21 Invarianten und Kovarianten (1)...(6), (10), (11), (12) bereits ein vollständiges, und zwar kleinstes Formensystem der gegebenen Formen $(AU)^2$, $(\Gamma U)^2$ gefunden ist.

Jedenfalls können die Formen (12), wegen ihrer Ordnungszahlen, nicht durch vorher aufgezählte Formen ganz und rational ausgedrückt werden, und aus gleichem Grunde auch die Formen (10), (11) nicht. Die Formen (11) aber können auch nicht mit Hilfe der Formen (10) und früher genannter Formen darstellbar sein, da anderenfalls die Grundformen $(AU)^2$, $(\Gamma U)^2$ lineare Invarianten (solche ersten Grades) haben müßten. Ebenso sieht man sogleich, daß auch unter den vier Formen (11) selbst keine entbehrlich ist.

Wenn also die aufgezählten Invarianten und Kovarianten überhaupt ein vollständiges System bilden, so bilden sie auch schon ein nicht weiter reduzierbares System; eines besonderen Nachweises bedarf nur noch der erste Punkt. Wir müssen noch zeigen, daß in jedem symbolischen Produkt von Faktoren des Typus (b), das nicht ohne weiteres als Reduzent zu erkennen ist, das also nicht zu einer der schon gebildeten Invarianten oder Kovarianten führt, gleichwohl ein als Reduzent zu bewertender symbolischer Faktor oder eine Faktorengruppe derart auftreten muß.

Reduzenten sind nun zunächst die Faktorenpaare

(c) $\quad (CA)AC'), \quad (AC)(CA'); \quad (L\Gamma)(\Gamma L'), \quad (\Gamma L)(L\Gamma').$

Wir haben nämlich, z. B. wegen der aus (8) — nach Vertauschung der beiden Grundformen — hervorgehenden Identität
$$(CA)\{(CY)(AC') - (CA)(YC')\}(C'Z)$$
$$= -(CA)(CC' | AY)(C'Z) = -(YA\Gamma)(A\Gamma Z)$$

die Reduktionsformel

(13)
$$(YC)\underline{(CA)(AC')}(C'Z)$$
$$= (CA)^2 \cdot (YC)(CZ) - (YA\Gamma)(A\Gamma Z).$$

Es läßt sich also jedes symbolische Produkt mit einem der Faktorenpaare (c) in eine Summe zerlegen, in der jeder Summand eine der gefundenen Invarianten als realen Faktor hat, oder in der Symbole der Formen $(A\Gamma X)^2$ oder $(LCU)^2$ auftreten. Da nun Produkte aus Faktoren (b), die unmittelbar eine der schon aufgezählten Formen liefern, nicht mehr betrachtet zu werden brauchen, so bleiben hiernach nur noch solche Produkte von Faktoren (b) übrig, die mindestens einen der Determinantenfaktoren

(d) $\qquad (A\Gamma X), \quad (LCU)$

enthalten. Diese Faktoren werden jetzt als Reduzenten zu erweisen sein. Für ihre Quadrate steht das schon fest.

Wir untersuchen nun zunächst die Produkte von je zwei Faktoren des Typus (d). Jedes solche Produkt erweist sich als Reduzent. Denn es ist erstens

(14)
$$(A\Gamma X)(LCU) \quad (AV)(\Gamma W)(LY)(CZ)$$
$$= \begin{vmatrix} \tfrac{1}{3}(LA)^2 \cdot (YV), & (ZC)(CA)(AV), & (UA)(AV) \\ (YL)(L\Gamma)(\Gamma W), & \tfrac{1}{3}(C\Gamma)^2 \cdot (ZW), & (U\Gamma)(\Gamma W) \\ (YL)(LX), & (ZC)(CX), & (UX) \end{vmatrix},$$

zweitens, z. B.

(15)
$$\underline{(A\Gamma Y)(A\Gamma' Z)} \; (\Gamma V)(\Gamma' W) =$$
$$= (A\Gamma Y)\{(\Gamma\Gamma' Z)(AV) + (A\Gamma Z)(\Gamma' V) +$$
$$\qquad + (A\Gamma' \Gamma)(ZV)\}(\Gamma' W) =$$
$$= (YC)(CA)(AW) \cdot (ZV) + (ZC)(CA)(AV) \cdot (YW) +$$
$$\qquad + (YA\Gamma)(A\Gamma Z) \cdot (V\Gamma)(\Gamma W) -$$
$$\qquad - (YC)(CZ) \cdot (VA)(AW) - (CA)^2 \cdot (YW)(ZV).$$

Drittens aber müssen Produkte mit einem der Faktorenpaare

(e) $\qquad (A\Gamma Y)(A'\Gamma' Z), \quad (LCV)(L'C'W),$

wenn sie nicht ohne weiteres in reale Faktoren zerfallen sollen, wenigstens zwei der angeführten Symbole in anderen Klammerfaktoren verbunden enthalten. Im Beispiele des ersten Faktorenpaares muß dann also eine der Faktorengruppen

$$(A\Gamma Y)(A'\Gamma'Z)(\underline{AA'X}), \quad (A\Gamma Y)(A'\Gamma'Z)(\overline{\Gamma\Gamma'X}),$$
$$(A\Gamma Y)(\underline{A'\Gamma'Z})(\underline{A\Gamma'X}), \quad (A\Gamma Y)(A'\Gamma'Z)(\overline{\Gamma A'X}),$$
$$(A\Gamma Y)(A'\Gamma'Z)(\underline{CA})(\underline{CA'}),$$
$$(A\Gamma Y)(A'\Gamma'Z)(\underline{L\Gamma})(\underline{L\Gamma'})$$

vorkommen, die nach Nr. (7), (13) und (15) alle Reduzenten sind.

Jetzt sind also nur noch solche Produkte zu bilden, die nicht mehr als einen der Faktoren (d) enthalten. Solche sind die Kovarianten (10), (11) und (12). Was dann noch fehlt, sind nur symbolische Produkte der Form

$$(A\Gamma X)(\underline{CA})(\underline{CA'})(UA'), \quad (A\Gamma X)(\underline{L\Gamma})(\underline{L\Gamma'})(U\Gamma)$$

und ihre Gegenstücke mit Faktoren (LCU). Diese aber enthalten alle Reduzenten vom Typus (c).

Hiermit sind also schließlich auch die Faktoren (d) als Reduzenten erwiesen.

An das hier Vorgetragene würde sich nun noch vieles anschließen lassen. Dann würde von den zahlreichen Abhängigkeiten die Rede sein, die zwischen den Formen unseres Systems bestehen, und von der Einkleidung eines durch Formeln Ausgedrückten in eine in Worte gefaßte Sprache, die Sprache der projektiven Geometrie. Aber dieser wohl kaum zu erschöpfende Stoff ist zu umfangreich für ein der Einführung dienendes Lehrbuch. Die geometrischen Fragen, um die es sich hier handelt, sind ja auch bekannt genug — der Leser muß sich schließlich auch selbst weiterhelfen können. Es soll daher nur noch an einem einzelnen Beispiel gezeigt werden, wie sich die hierher gehörigen Entwicklungen gestalten, wenn man von dem Gordanschen Formensystem ausgehen will. Ich behandle der Kürze halber auch hier nur den einfachsten Fall, der der sogenannte allgemeine ist. Grenzfälle können in ähnlicher Weise erledigt werden wie in dem Beispiel des § 18.

Transformation zweier ternärer quadratischer Formen auf Summen von Quadraten.

Wir nehmen jetzt, im speziellen Falle, die in § 15 behandelte Aufgabe noch einmal auf. Es handele sich darum, die ternären quadratischen Formen $(LX)^2$ und $(CX)^2$ zugleich auf Summen von

Quadraten linearer Formen zu bringen. (Hauptachsenproblem der Mittelpunktsflächen zweiter Ordnung, projektiv verallgemeinert.)
Wir setzen

(16) $\quad J_0 = \tfrac{1}{3}(LA)^2, \quad J_1 = (AC)^2, \quad J_2 = (L\Gamma)^2, \quad J_3 = \tfrac{1}{3}(C\Gamma)^2.$

Zu der Voraussetzung, daß die Gleichung

(17) $\qquad\qquad J_0 . A^3 - J_1 . A^2 + J_2 . A - J_3 = 0$

lauter getrennte Wurzeln haben soll, zu der Annahme also, daß die Diskriminante der Gleichung (17), hier der Ausdruck

(18) $\quad \begin{aligned} J_0^4 . \Pi^2 &= \tfrac{1}{3}\{4(J_1^2 - 3J_0 J_2).(J_2^2 - J_1 J_3) - \\ &\quad - (J_1 J_2 - 9 J_0 J_3)^2\} = \tfrac{1}{27}\{4(J_1^2 - 3 J_0 J_2)^3 - \\ &\quad - (2 J_1^3 - 9 J_0 J_1 J_2 + 27 J_0^2 J_3)^2\}, \end{aligned}$

von Null verschieden sei, wollen wir hier der Kürze halber noch die weitere fügen, daß $J_0 \neq 0$ ist, wodurch nur ein leicht zu erledigender Grenzfall ausgeschlossen wird.

Verlangen wir dann, daß zugleich

(19) $\quad \begin{aligned} (LX)^2 &= (A_1 X)^2 + (A_2 X)^2 + (A_3 X)^2, \\ (CX)^2 &= A_1 (A_1 X)^2 + A_2 (A_2 X)^2 + A_3 (A_3 X)^2 \end{aligned}$

werde, so brauchen wir zur Berechnung der linearen Formen $(A_\alpha X)$, d. h. zunächst ihrer Quadrate, noch eine dritte Gleichung, die uns jetzt die quadratische Kovariante der Form

(20) $\quad (\Phi U)^2 = (LCU)^2 = (A_2 + A_3)(A_2 A_3 U)^2 + \cdots$

liefert. Man findet mühelos (nach Nr. 13):

(21) $\quad \tfrac{1}{2}(\Phi \Phi' X)^2 = J_2 . (LX)^2 + J_1 . (CX)^2 - (A\Gamma X)^2,$

während aus (20) folgt

(22) $\quad \begin{aligned} \tfrac{1}{2}(\Phi \Phi' X)^2 &= \\ = (A_1 A_2 A_3)^2 &. \{(A_3 + A_1)(A_1 + A_2).(A_1 X)^2 + \cdots\}. \end{aligned}$

Das System der drei Gleichungen (19) und (20) aber läßt sich in eine bequemere Form bringen. Da nämlich

(23) $\qquad\qquad J_0 = \tfrac{1}{6}(LL'L'')^2 = (A_1 A_2 A_3)^2$

ist, so erhält man

(24) $\quad \begin{aligned} (LX)^2 &= \Sigma (A_\alpha X)^2, \quad (CX)^2 = \Sigma A_\alpha . (A_\alpha X)^2, \\ J_1 . (CX)^2 &- (A\Gamma X)^2 = J_0 . \Sigma A_\alpha^2 . (A_\alpha X)^2. \end{aligned}$

So erhält man schließlich

(25)
$$(A_\alpha X)^2 = \frac{-(A\Gamma X)^2 + J_0 \cdot \{A_\alpha \cdot (CX)^2 + A_\beta A_\gamma \cdot (LX)^2\}}{J_0 \cdot (A_\alpha - A_\beta)(A_\alpha - A_\gamma)}$$
$$= \frac{\{-(A\Gamma X)^2 + A_\alpha \cdot J_0 \cdot (CX)^2 + \{J_2 - A_\alpha \cdot J_1 + A_\alpha^2 \cdot J_0\} \cdot (LX)^2\}}{J_2 - 2A_\alpha \cdot J_1 + 3A_\alpha^2 \cdot J_0},$$

wobei noch, nach Nr. (13),

(26) $-(A\Gamma X)^2 = (XC)(CA)(AC')(C'X) - J_1 \cdot (XC)(CX)$

ist [1]).

Unter der Annahme $J_0 = 1$ kommt man auch von hier aus zu der in § 15 (S. 181) schon abgeleiteten Formel

(27) $(A_\alpha X)^2 = \dfrac{(C_2 X)^2 - (A_\beta + A_\gamma)(C_1 X)^2 + A_\beta A_\gamma \cdot (C_0 X)^2}{(A_\alpha - A_\beta)(A_\alpha - A_\gamma)}.$

Es wird nämlich jetzt

(28) $(\Gamma U)^2 = \tfrac{1}{2}(CC'U)^2,$
$J_1 = (CC), \quad J_2 = (\Gamma\Gamma), \quad J_3 = (C\Gamma)^2.$

Die Formen $(C_0 X)^2$ usw. haben natürlich die Bedeutung
$(C_0 X)^2 = (XX), \quad (C_1 X)^2 = (CX)^2,$ usw.

Müssen wir uns auch in den Anwendungen des Vorgetragenen Beschränkungen auferlegen, so müßte doch in der Sache selbst eine fühlbare Lücke bleiben, wenn nicht die Beziehung des Gordan-schen Formensystems zu der im vorigen Paragraphen enthaltenen Untersuchung dargelegt würde. Wie wir es soeben schon im Beispiel der Transformation zweier quadratischer Formen getan hatten, so können wir ja nun allgemein unsere jetzigen Formeln durch die Annahme $J_0 = 1$ spezialisieren. Wir erhalten dann ein System von nur noch 20 Formen, Invarianten der Gruppe Γ_8. Diese sind in der folgenden Tafel zusammengestellt. Wir nehmen jetzt, wie schon in dem behandelten Beispiel, eine quadratische Form $(CX)^2$ mit einer Veränderlichen erster Schicht als Grundform und bezeichnen ihre quadratische Kovariante mit $(\Gamma U)^2$,

$(\Gamma U)^2 = \tfrac{1}{2}(CC'U)^2.$

---

[1]) Der zweite Ausdruck wird auch im Grenzfall $J_0 = 0$ nicht ganz unbrauchbar. Er liefert dann aber nur zwei der Quadrate $(A_\alpha X)^2$.

§ 23. Das Formensystem

Unsere Invarianten und Kovarianten ordnen wir jetzt nach Gradzahlen in bezug auf den Kern von $(CX)^2$. Dann ergibt sich die Tafel

I.

(0) $\qquad (L X)^2, \quad (\underline{X U}), \quad (\underline{A U})^2.$

(1) $\begin{cases} \underline{J_1} = (CA)^2; \quad (\underline{CX})^2, \quad (\underline{CA})(CX)(AU), \quad (LCU)^2, \\ (CX)(LX)(CLU), \quad (CA)(LX)(AU)(CLU). \end{cases}$

(2) $\begin{cases} \underline{J_2} = (L\Gamma)^2; \quad (A\Gamma X)^2, \quad (L\Gamma)(LX)(\Gamma U), \quad (\Gamma U)^2, \\ (L\Gamma)(LX)(\Gamma AX)(AU), \quad (\Gamma AX)(\Gamma U)(AU). \end{cases}$

(3) $\begin{cases} J_3 = \tfrac{1}{3}(C\Gamma)^2; \quad (CA)(L\Gamma)(CX)(LX)(\Gamma AX), \\ (CA)(CX)(\Gamma AX)(\Gamma U), \quad (L\Gamma)(CX)(\Gamma U)(LCU). \\ (L\Gamma)(CA)(\Gamma U)(AU)(LCU). \end{cases}$

Dieses also ist ein vollständiges (und kleinstes) System von Invarianten und Kovarianten der Kerne von $(LX)^2$ oder $(AU)^2$ und $(CX)^2$ gegenüber Transformationen der Gruppe Γ_8.

Andererseits hatten wir im vorigen Paragraphen ein ganz ähnliches System von Invarianten und Kovarianten des Kernes von $(CX)^2$ gefunden, das sich aber auf die Gruppe γ_3 der eigentlich-automorphen Transformationen des Formenpaars $(AU)^2$, $(LX)^2$ bezog. Nur hatten wir dieses System damals als System von elementaren Invarianten und Kovarianten einer bilinearen Form $(XA)(BY)$ betrachtet und demgemäß geordnet. Wir ersetzen jetzt die Zeichen Q und Z durch X und U, und ordnen auch dieses System nunmehr nach Gradzahlen in bezug auf den Kern von $(CX)^2$. So gelangen wir zu der Tafel

II.

(0) $\qquad (\underline{XX}), \quad (\underline{XU}), \quad (\underline{UU}).$

(1) $\underline{J_1 = (CC)}; \quad (\underline{C_1 X})^2, \quad (\underline{C_1 X})(C_1 U), \quad (C_1 U)^2,$
$\qquad (C_1 X)(C_1 X U), \quad (C_1 X U)(C_1 U).$

(2) $\underline{J_2 = \tfrac{1}{2}(CC'|CC')}; \quad (\underline{C_2 X})^2, \quad (C_2 X)(C_2 U), \quad (C_2 U)^2,$
$\qquad (C_2 X)(C_2 X U), \quad (C_2 X U)(C_2 U).$

(3) $\underline{J_3 = \tfrac{1}{6}(CC'C'')^2}; \quad (TX)^3 = (\underline{CC''})(CC'X)(C'X)(C''X),$
$\qquad (TX)^2(TU), \quad (TX)(TU)^2, \quad (\underline{TU})^3.$

In den Tafeln I und II entsprechen sich nun die Grad- und Ordnungszahlen genau. Es ist klar, daß wir aus I ein mit II äquivalentes System erhalten müssen, wenn wir das Paar der Grundformen $(LX)^2$, $(UA)^2$ mit den Formen (XX), (UU) der Tafel II zusammenfallen lassen. Und überdies werden dann eine Anzahl von Formen der Tafel I mit den entsprechenden Formen der Tafel II ganz identisch. Diese Formen sind in beiden Tafeln <u>unterstrichen</u>. Um die in den übrigen Fällen vorhandenen Beziehungen zwischen den Formen der Tafeln I und II zu ermitteln, wird man zunächst die Teile, aus denen sich die Polare $(TX)^2(TU)$ oder $\{(TU)^2(TX)\}$ zusammensetzt, durch Formen des Systems II ausdrücken. Man findet leicht

III.

$$3(CC'')(CC'U)(C'X)(C''X) = 3(TX)^2(TU) +$$
$$+ J_1.(C_2X)(C_2XU) - \{J_1^2 - 2J_2\}.(C_1X)(C_1XU),$$
$$3(CC'')(CC'X)(C'U)(C''X) = 3(TX)^2(TU) +$$
$$+ J_1.(C_2X)(C_2XU) - \{J_1^2 + J_2\}.(C_1X)(C_1XU),$$
$$3(CC'')(CC'X)(C'X)(C''U) = 3(TX)^2(TU)$$
$$- 2J_1.(C_2X)(C_2XU) + \{2J_1^2 - J_2\}.(C_1X)(C_1XU).$$

Nach dieser Vorbereitung wird man ohne sonderliche Mühe die noch zu untersuchenden Formen des Systems I durch die des Systems II darstellen (und umgekehrt):

IV.

$$(LCU)^2 = (CU\mid CU) = J_1.(UU) - (CU)^2,$$
$$(\varGamma U)^2 = \tfrac{1}{2}(CC'U)^2 = (C_2U)^2 - J_1.(C_1U)^2 + J_2.(UU),$$
$$(L\varGamma)(LX)(\varGamma U) = (C_2X)(C_2U) - J_1.(C_1X)(C_1U) + J_2.(XU),$$
$$(A\varGamma X)^2 = (\varGamma X \mid \varGamma X) = -(C_2X)^2 + J_1.(C_1X)^2,$$
$$(L\varGamma)(LX)(\varGamma AX)(AU) = -(C_2X)(C_2XU) + J_1.(C_1X)(C_1XU),$$
$$(\varGamma AX)(\varGamma U)(AU) = -(C_2XU)(C_2U) + J_1.(C_1XU)(C_1U),$$
$$(CA)(CX)(\varGamma AX)(\varGamma U) = (TX)^2(TU) +$$
$$+ \tfrac{1}{3}J_1.(C_2X)(C_2XU) - \tfrac{1}{3}\{J_1^2 - 2J_2\}.(C_1X)(C_1XU),$$
$$(L\varGamma)(CX)(\varGamma U)(LCU) = (TX)(TU)^2 +$$
$$+ \tfrac{2}{3}J_1.(C_2XU)(C_2U) - \tfrac{1}{3}\{2J_1^2 - J_2\}.(C_1XU)(C_1U).$$

Schließlich kann man auch noch die Invarianten und Kovarianten des Kernes von $(CX)^2$ durch solche der speziellen Form $(DX)^2$, die sich aus der Entwicklung

$$(CX)^2 = (DX)^2 + \tfrac{1}{3}R.(XX)$$

§ 23. Das Formensystem zweier ternärer quadratischer Formen.

ergibt, und durch die Invariante $R = (CC) = J_1$ ausdrücken (§ 22). Das System von $(CX)^2$ oder $(DX)^2$ aber ist, wie wir gesehen haben, bekannt, wenn ein System dieser Formen gefunden ist, in dem nur noch eine einzige Veränderliche Z vorkommt. Es ist also äquivalent mit dem in § 22 gefundenen System von nur sieben oder sechs Formen. —

Daß bei Übergang von der Gruppe G_9 oder Γ_8 zur Gruppe γ_3 nur die eine Invariante J_0 in Wegfall kommt, ist eine Besonderheit unseres Beispiels. Schon bei dem System der Invarianten des Kernes von $(AU)^2$ und zweier Vektoren X und Y,

$$J_0, \quad (AXY)^2, \quad (LX)^2, \quad (LX)(LY), \quad (LY)^2,$$

verhält es sich anders, da

$$J_0 \cdot (AXY)^2 = (LX)^2 \cdot (LY)^2 - \{(LX)(LY)\}^2$$

ist.

Zur Abfassung dieses Buches bin ich, wenn auch durch sanften Widerspruch gegen etliche Ketzereien, von meinem Freunde und früheren Bonner Kollegen Hans Hahn angeregt worden. Besonderen Dank schulde ich der Verlagshandlung dafür, daß sie in dieser schwierigen Zeit die Drucklegung gewagt hat.

Wenn es möglich sein wird, auch den zweiten Teil noch herauszubringen (dem ein überreicher Stoff vorbehalten bleibt), so soll ihm ein Namen- und Sachregister beigefügt werden.

MIX
Papier aus verantwortungsvollen Quellen
Paper from responsible sources
FSC® C105338

If you have any concerns about our products,
you can contact us on
ProductSafety@springernature.com

In case Publisher is established outside the EU,
the EU authorized representative is:
**Springer Nature Customer Service Center GmbH
Europaplatz 3, 69115 Heidelberg, Germany**

Printed by Libri Plureos GmbH
in Hamburg, Germany

Heidelberger Taschenbücher Band 26

Hans Grauert · Ingo Lieb

Differential- und Integralrechnung I

Funktionen einer reellen Veränderlichen

Vierte, verbesserte Auflage

Mit 25 Abbildungen

Springer-Verlag Berlin Heidelberg GmbH 1976

Professor Dr. HANS GRAUERT
Mathematisches Institut der Universität
34 Göttingen, Bunsenstraße 3—5

Professor Dr. INGO LIEB
Mathematisches Institut der Universität
53 Bonn, Wegelerstraße 10

AMS Subject Classifications (1970):
26-01, 26 A 06

ISBN 978-3-540-07574-5   ISBN 978-3-642-81012-1 (eBook)
DOI 10.1007/978-3-642-81012-1

Library of Congress Cataloging in Publication Data. Grauert, Hans, 1930-. Differential- und Integralrechnung. (Heidelberger Taschenbücher; Bd. 26.) Bibliography: v. 1, p. Contents: 1. Funktionen einer reellen Veränderlichen. 1. Calculus. I. Lieb, Ingo, 1939- joint author. II. Title. QA303.G7742. 1976. 515. 75-42236

Das Werk ist urheberrechtlich geschützt. Die dadurch begründeten Rechte, insbesondere die der Übersetzung, des Nachdruckes, der Entnahme von Abbildungen, der Funksendung, der Wiedergabe auf photomechanischem oder ähnlichem Wege und der Speicherung in Datenverarbeitungsanlagen bleiben, auch bei nur auszugsweiser Verwertung, vorbehalten. Bei Vervielfältigungen für gewerbliche Zwecke ist gemäß § 54 UrhG eine Vergütung an den Verlag zu zahlen, deren Höhe mit dem Verlag zu vereinbaren ist.

© by Springer-Verlag Berlin Heidelberg 1967, 1970, 1973, 1976.

Herstellung: Konrad Triltsch, Graphischer Betrieb, 87 Würzburg

Heinrich Behnke
gewidmet

Vorwort zur 4. Auflage

Die vierte Auflage unterscheidet sich von den vorherigen durch einige Änderungen in den Abschnitten über Vertauschung von Grenzprozessen.

Göttingen und Bonn,   H. GRAUERT
im Juni 1975   I. LIEB

Vorwort zur 3. Auflage

Für die Neuauflage haben wir den Text der zweiten Auflage — bis auf die Berichtigung einiger Versehen — unverändert übernommen.

Göttingen und Münster,   H. GRAUERT
im November 1972   I. LIEB

Vorwort zur 2. Auflage

Wir haben in der Neuauflage einige Unklarheiten beseitigt und den Text durch mehrere Beispiele über Konvergenz von Funktionenfolgen und über unendlich oft differenzierbare Funktionen ergänzt.

Göttingen, im September 1969   H. GRAUERT
                                                       I. LIEB

Vorwort zur 1. Auflage

Das vorliegende Buch über Funktionen einer reellen Veränderlichen ist der erste Teil einer dreibändigen Darstellung der Differential- und Integralrechnung. In den folgenden Bänden sollen Funktionen mehrerer Veränderlichen, gewöhnliche Differentialgleichungen und Integrationstheorie behandelt werden.

Das Werk ist aus Vorlesungen für Studienanfänger der Mathematik und Physik hervorgegangen. Dem einführenden Charakter dieser Vorlesungen gemäß soll auch das Buch einem Leser, der keine Vorkenntnisse in höherer Mathematik besitzt, die Gelegenheit geben, einen möglichst strengen und systematischen Aufbau der Theorie der reellen Funktionen kennenzulernen. Dementsprechend sind alle Beweise bis in die Einzelheiten hinein ausgeführt, und in den ersten Paragraphen werden wichtige Beweismethoden eigens erläutert. Dabei nehmen wir jedoch den logischen und mengentheoretischen Gesetzen gegenüber einen „naiven", d. h. nicht-axiomatischen, Standpunkt ein. Das gilt besonders für das Prinzip der vollständigen Induktion und damit auch für den Begriff der natürlichen Zahl und der Folge.

Wir geben eine Übersicht über den Inhalt des Buches.

Grundlegend ist der Begriff der reellen Zahl. Im ersten Kapitel werden die Axiome des rellen Zahlkörpers mit ihren einfachsten Folgerungen ausführlich besprochen; die unendlich fernen Punkte $+\infty$ und $-\infty$ werden axiomatisch miteingeführt.

Die nächsten beiden Kapitel sind dem Umgebungsbegriff und dem darauf fußenden Grenzwertbegriff für Folgen und Reihen gewidmet. Da wir für die Definition der Konvergenz die natürliche (uniforme) Topologie der Zahlengeraden zugrundelegen, bleibt die Konvergenz gegen $\pm\infty$ ausgeschlossen. — Die Begriffe „limes superior" und „limes inferior" sind so gefaßt, daß sie mit der Definition der halbstetigen Funktionen harmonieren.

Reelle Funktionen werden im vierten Kapitel behandelt. Vor den stetigen werden halbstetige Funktionen definiert. Dieser Funktionstyp ist in Kapitel VII für die Definition von Umgebungen im Funktionsraum wichtig und damit zur Einführung des Lebesgueschen Integrals, das in diesem Buch das unbefriedigende Riemannsche Integral ablöst.

Mit Hilfe des Stetigkeitsbegriffes können dann in Kapitel V differenzierbare Funktionen ohne Benutzung eines erneuten Grenzüberganges erklärt werden. Auf diese Weise ergeben sich wesentliche Vereinfachungen bei der Herleitung der Differentiationsregeln; außerdem überträgt sich die Definition unverändert auf allgemeinste Fälle (totale Differenzierbarkeit bei mehreren Veränderlichen, Funktionen auf topologischen Vektorräumen).

Ein besonderes Kapitel ist den Reihenentwicklungen und den elementaren Funktionen gewidmet. Die Taylorsche Formel (mit der Lagrangeschen Form des Restgliedes) wird zu einer umfassenden Interpolations- und Extrapolationsformel erweitert, auf die man sich bei den Fehlerabschätzungen im Abschnitt über numerische Integration stützen kann. — Besonderen Wert haben wir auf eine sorgfältige Diskussion der elementaren Funktionen gelegt. Es erscheint am zweckmäßigsten, sie durch ihre Potenzreihenentwicklung einzuführen; allerdings kann an dieser Stelle, da der Integralbegriff noch nicht zur Verfügung steht und deshalb Winkel- und Längenmessung nicht möglich sind, der Zusammenhang der trigonometrischen Funktionen mit der Geometrie nicht behandelt werden.

In Kapitel VII wird schließlich das Integral auf recht elementare Weise mit Hilfe von Treppenfunktionen definiert; wir benutzen also nicht die volle Additivität des euklidischen Maßes. Die Definition überträgt sich direkt auf Funktionen mit Werten in lokalkonvexen Vektorräumen. Zwar müssen wir auf die tieferen Sätze der Integrationstheorie in diesem Teil des Werkes noch verzichten, doch lassen sich alle Aussagen, die in einer normalen Vorlesung über das Riemannsche Integral vorkommen, beweisen. Auch Approximationsmethoden zur Berechnung von Integralen werden berücksichtigt.

Der Stoff des vorliegenden Bandes ist so begrenzt, daß man ihn in einer fünfstündigen Vorlesung des Sommersemesters oder in einer vierstündigen des Wintersemesters unterbringen kann.

Der ältere der Autoren hat in seinen ersten Semestern die überaus interessant aufgebaute und didaktisch vollendete Vorlesung über Differential- und Integralrechnung von Herrn H. BEHNKE gehört. Das vorliegende Buch hat dadurch viele wertvolle Impulse erhalten. Die Autoren erlauben es sich daher, ihr Buch Herrn H. BEHNKE zu widmen.

Göttingen, im Dezember 1966
H. GRAUERT
I. LIEB

Inhaltsverzeichnis

Erstes Kapitel. Die reellen Zahlen 1

§ 1. Zahlen und Zahlengerade 1
§ 2. Mengen 2
§ 3. Körperaxiome 11
§ 4. Anordnungsaxiome 21
§ 5. Das Axiom vom Dedekindschen Schnitt 26

Zweites Kapitel. Mengen und Folgen 30

§ 1. Beschränkte Mengen 30
§ 2. Punktfolgen 32
§ 3. Der Umgebungsbegriff 35
§ 4. Konvergenz 41

Drittes Kapitel. Unendliche Reihen 48

§ 1. Konvergenz und Divergenz 48
§ 2. Reihen mit positiven Gliedern 53
§ 3. Alternierende Reihen 56
§ 4. Absolute Konvergenz 58

Viertes Kapitel. Funktionen 61

§ 1. Der Funktionsbegriff 61
§ 2. Halbstetige Funktionen 63
§ 3. Stetige Funktionen 67
§ 4. Rationale Operationen 72
§ 5. Funktionen auf abgeschlossenen Intervallen 74
§ 6. Folgen von Funktionen 77
§ 7. Reihen von Funktionen 80
§ 8. Potenzreihen 83

Fünftes Kapitel. Differentiation 88

§ 1. Differenzierbarkeit 88
§ 2. Rationale Operationen 90
§ 3. Lokale Extrema und Mittelwertsätze 96
§ 4. Die Regeln von DE L'HOSPITAL 99
§ 5. Vertauschung von Grenzprozessen 102
§ 6. Die Umkehrfunktion 106

Sechstes Kapitel. Spezielle Funktionen und Taylorscher Satz . . . 109

§ 1. Taylorentwicklung 109
§ 2. Interpolation 117
§ 3. Extremwerte 127
§ 4. Spezielle Funktionen 129
§ 5. Einige Beispiele 147

Siebentes Kapitel. Integration 151

§ 1. Treppenfunktionen 151
§ 2. Integrierbarkeit 156
§ 3. Elementare Integrationsregeln 160
§ 4. Lebesguesche Konvergenz 165
§ 5. Nullmengen 167
§ 6. Riemannsche Integrierbarkeit 169
§ 7. Differentiation und Integration 173
§ 8. Partielle Integration 178
§ 9. Substitutionsregel 179
§ 10. Rationale Funktionen 182
§ 11. Unbeschränkte Funktionen 187
§ 12. Numerische Integrationsmethoden 190

Literatur 196

Wichtige Bezeichnungen 198

Namen- und Sachverzeichnis 199

I. Kapitel

Die reellen Zahlen

Wir werden in diesem Kapitel die reellen Zahlen als gegeben ansehen; unsere Aufgabe wird es sein, ihre Grundeigenschaften (die Axiome) zu beschreiben und aus diesen alle ihre weiteren Eigenschaften abzuleiten.

§ 1. Zahlen und Zahlengerade

Bekanntlich läßt sich jede reelle Zahl als ein unendlicher Dezimalbruch darstellen, z. B. durch 3,1415... oder durch 2,000..., und umgekehrt liefert jeder unendliche Dezimalbruch

$$\pm a_{-n} a_{-(n-1)} \ldots a_{-1} a_0, a_1 a_2 a_3 a_4 \ldots a_\nu \ldots,$$

wo jedes a_ν eine der Ziffern 0, 1, 2, ..., 9 bedeutet, eine reelle Zahl. Jedoch kann ein und dieselbe Zahl auf verschiedene Weise durch einen unendlichen Dezimalbruch gegeben werden: Es ist z. B. 0,999... = 1,000...; allgemeiner:

$$\underbrace{99\ldots99}_{n\text{ mal}},99\ldots = \underbrace{100\ldots00}_{n\text{ mal}},00\ldots$$

bzw. $a_{-n}\ldots a_i 999\ldots 9,99\ldots = a_{-n}\ldots(a_i+1)000\ldots0,00\ldots$,

falls $a_i \neq 9$. Von diesen Beziehungen abgesehen ist die Darstellung eindeutig. Endet ein Dezimalbruch auf lauter Nullen, so schreibt man im allgemeinen die hinter dem Komma stehenden Nullen nicht auf: 4,00... = 4. Das ist einfacher.

Die reellen Zahlen lassen sich als Punkte einer Geraden veranschaulichen. Dazu wählen wir irgendeine anschauliche Gerade L

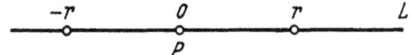

Fig. 1. Die Zahlengerade

und auf L einen Punkt P. Über P setzen wir die Zahl 0. Nun tragen wir von P nach rechts eine Strecke von r cm Länge auf L ab und schreiben über den Endpunkt die Zahl r. Dieselbe Strecke tragen wir von P aus nach links auf L ab und schreiben über den Endpunkt die Zahl $-r$. Damit haben wir jeder reellen Zahl einen Punkt von L zugeordnet (wir sagen: die Zahl über diesen Punkt gelegt); es gilt offensichtlich:

(1) Jede Zahl liegt über einem und nur einem Punkt von L.

(2) Zwei verschiedene Zahlen liegen stets über verschiedenen Punkten.
(3) Über jedem Punkt von L liegt mindestens eine reelle Zahl.

Die Aussagen (2) und (3) besagen, daß über jedem Punkt von L genau eine Zahl liegt; eine Zuordnung mit dieser Eigenschaft nennt man *bijektiv*. Die reellen Zahlen sind (durch die obige Vorschrift) bijektiv den Punkten der Geraden L zugeordnet.

Sooft es uns nützlich erscheint, werden wir uns eine Zuordnung der obigen Art zwischen den reellen Zahlen und den Punkten einer Geraden gewählt denken; jeden Punkt kann man dann eindeutig durch die Zahl bezeichnen, die über ihm liegt: Wir reden deshalb vom Punkt 0, vom Punkt 4, usw.; die Gesamtheit aller reellen Zahlen bildet so die *Zahlengerade*. Die Vorstellung von den reellen Zahlen als den Punkten einer Geraden wird sich als ungemein brauchbar erweisen.

Müssen wir nun die Aussagen (1) bis (3) beweisen?

Wollten wir es versuchen, so müßten wir einen sehr präzisen Begriff von der Geraden und ihren Eigenschaften haben — wir haben jedoch nur eine anschauliche Vorstellung zu benutzen. Ein Beweis wäre auch ohne jeden Sinn. Die Identifikation der reellen Zahlen mit den Punkten der Zahlengeraden dient nämlich nur als heuristisches Hilfsmittel, das die Arbeit mit Zahlen erleichtern und die Begriffsbildungen motivieren soll; Sätze über reelle Zahlen werden stets aus einem Axiomensystem, das noch anzugeben ist, allein mit den Mitteln der Logik, ohne Berufung auf Anschauung, hergeleitet.

§ 2. Mengen

Eine Gesamtheit von Einzeldingen, *Objekte* genannt, muß wieder als ein neues Objekt angesehen werden; dieses neue Objekt heißt eine *Menge*, die Dinge, aus denen die Menge besteht, heißen *Elemente* der Menge. — Eine genaue Klärung des Mengenbegriffs bleibt der Logik überlassen; für uns genügt es, spezielle Mengen zu kennen und mit ihnen operieren zu lernen.

Sämtliche reellen Zahlen sind eine solche Menge; wir bezeichnen sie mit $\mathbb{R}$ und nennen sie — der Konvention des vorigen Paragraphen folgend — meistens die Zahlengerade. Faßt man nicht alle reellen Zahlen zusammen, sondern nur einen Teil, so erhält man ebenfalls eine Menge; eine Menge M reeller Zahlen ist dann, aber auch nur dann, gegeben, wenn von jeder reellen Zahl feststeht, ob sie Element von M ist oder nicht.

Mengen reeller Zahlen sollen nun betrachtet werden.

Ist M eine solche Menge, so führen wir die folgenden Bezeichnungen ein:

$$\text{„}a \in M\text{"}$$

heißt: „a ist Element von M" (oder: „a gehört zu M", „a liegt in M", „a ist aus M").

„$a \notin M$"

heißt: „a ist nicht Element von M".

„$M = \{a, b, \ldots\}$"

heißt: „M ist die Menge, die aus den Elementen a, b, usw. besteht".

„$M = \{a : a$ hat die Eigenschaft $E\}$"

heißt: „M ist die Menge aller Zahlen a, die die Eigenschaft E haben, und nur diese Zahlen liegen in M".

Beispiele von Mengen

1. Die *natürlichen Zahlen* $1, 2, 3, \ldots$ bilden eine Menge $\mathbb{N}$; gehört n zu $\mathbb{N}$, so auch $n + 1$.

Mit $\mathbb{Z}$ wird die Menge

$$\mathbb{Z} = \{x : x \in \mathbb{N} \quad \text{oder} \quad -x \in \mathbb{N} \quad \text{oder} \quad x = 0\}$$

bezeichnet; $\mathbb{Z}$ ist die Menge der *ganzen Zahlen*.

Die Menge aller der reellen Zahlen, die sich als Quotient ganzer Zahlen a/b mit $b \neq 0$ darstellen lassen, heißt Menge der *rationalen Zahlen;* ihre Standardbezeichnung ist $\mathbb{Q}$. Reelle Zahlen, die nicht zu $\mathbb{Q}$ gehören, heißen *irrational*.

2. $\mathbb{R}$ selbst ist, wie schon gesagt, eine Menge. Ebenso haben wir die Menge, die gar kein Element enthält; diese sogenannte *leere Menge* $\emptyset$ ist auch eine Menge reeller Zahlen: In der Tat steht von jeder reellen Zahl fest, ob sie zu $\emptyset$ gehört oder nicht (sie gehört nicht dazu).

3. Sind a und b irgendwelche reellen Zahlen, so ist entweder a *kleiner* als b oder $a = b$ oder b kleiner als a; es besteht genau eine dieser drei Beziehungen. Für „a ist kleiner als b" schreiben wir:

$$a < b.$$

Es sei nun $a < b$. Die Menge

$$I = (a, b) = \{x : a < x < b\}$$

(dabei bedeutet „$a < x < b$", daß $a < x$ und gleichzeitig $x < b$ ist) heißt *offenes Intervall* zwischen a und b. Nimmt man die *Randpunkte* a und b noch hinzu, so erhält man das *abgeschlossene* Intervall
$\bar{I} = [a, b] = \{x : a < x < b \quad \text{oder} \quad x = a \quad \text{oder} \quad x = b\}.$[1]
Gelegentlich betrachtet man auch die *halboffenen* Intervalle

$$[a, b) = \{x : x = a \quad \text{oder} \quad a < x < b\},$$
$$(a, b] = \{x : x = b \quad \text{oder} \quad a < x < b\}.$$

---

[1] Einpunktige Mengen $\bar{I} = \{a\}$ sollen ebenfalls als abgeschlossene Intervalle angesehen werden.

Zwischen Mengen können *Beziehungen* bestehen, und es lassen sich *Verknüpfungen* zwischen ihnen erklären.

0. Gleichheit

Zwei Mengen M_1 und M_2 sind dann und nur dann *gleich*, in Zeichen:

$$M_1 = M_2,$$

wenn sie dieselben Elemente enthalten, wenn also jedes Element von M_1 auch zu M_2 gehört, jedes Element von M_2 auch zu M_1.

1. Inklusion (Enthaltensein)

M_1 heißt in M_2 *enthalten*, in Zeichen:

$$M_1 \subset M_2,$$

wenn gilt: Ist $x \in M_1$, so auch $x \in M_2$. Man nennt M_1 dann auch eine *Teilmenge* von M_2. Anstelle von „$M_1 \subset M_2$" wird oft „$M_2 \supset M_1$" geschrieben.

2. Durchschnittsbildung

Der *Durchschnitt* zweier Mengen M_1 und M_2 ist die Menge

$$M_1 \cap M_2 = \{x\colon x \in M_1 \quad \text{und} \quad x \in M_2\},$$

also die Menge der Zahlen, die sowohl zu M_1 als auch zu M_2 gehören. Gibt es kein solches Element, so ist $M_1 \cap M_2 = \emptyset$.

3. Vereinigungsbildung

Die *Vereinigung* zweier Mengen M_1 und M_2 ist die Menge

$$M_1 \cup M_2 = \{x\colon x \in M_1 \quad \text{oder} \quad x \in M_2\}.$$

Es handelt sich also um die Menge aller der Zahlen, die zu mindestens einer der beiden Mengen (eventuell auch zu beiden) gehören.

4. Differenzbildung

Die *Differenz* von M_1 und M_2 ist die Menge

$$M_1 - M_2 = \{x\colon x \in M_1 \quad \text{und} \quad x \notin M_2\}.$$

$M_1 - M_2$ kann leer sein (wann nämlich?).

Zur Erklärung der mengentheoretischen Beziehungen und Operationen sind die Worte „und", „oder", „wenn ... so", „nicht" verwandt worden. Da der Gebrauch dieser Worte in der Umgangssprache nicht eindeutig ist, wollen wir angeben, wie wir diese „logischen Junktoren" benutzen werden:

1. „nicht", „und". Beide Worte werden in der Mathematik in der gleichen Weise verwandt wie in der Umgangssprache.

2. „oder". Sind „p" und „q" Aussagen, so soll die Aussage „p oder q" falsch sein, wenn „p" und „q" beides falsche Aussagen sind, und nur in diesem Fall. Insbesondere ist „p oder q" richtig, wenn sowohl „p" als auch „q" richtig sind (nicht-ausschließendes „oder";

in der Umgangssprache wird daneben „oder" auch im ausschließenden Sinne gebraucht: lateinisch: aut ... aut).

3. „wenn ... so". Diese Worte werden im täglichen Leben in sehr vielen Bedeutungen verwandt. In der Mathematik ist der Gebrauch so festgelegt: Sind „p" und „q" Aussagen, so ist die Aussage „wenn p, so q" genau dann falsch, wenn „p" richtig, aber „q" falsch ist; in allen anderen Fällen ist „wenn p, so q" richtig (vgl. hierzu den Beweis von Regel I.1). Statt „wenn p, so q" liest man auch „aus p folgt q".

Bisher haben wir für die mengentheoretischen Verknüpfungen Teilmengen von $\mathbb{R}$ zugrunde gelegt; natürlich sind diese Operationen auch für Punktmengen in der Ebene wohldefiniert. Am Beispiel ebener Punktmengen lassen sich die Mengenoperationen besonders gut veranschaulichen:

1. Inklusion:

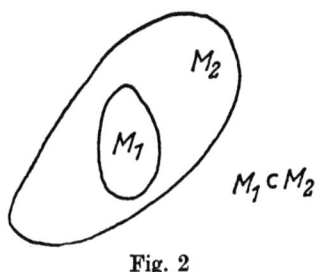

Fig. 2

2. Durchschnitt:

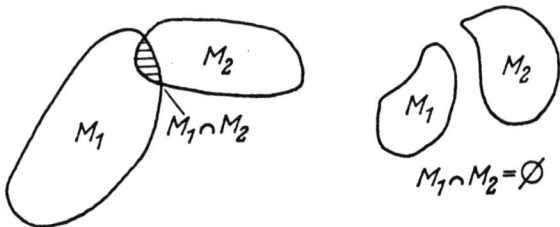

Fig. 3

3. Vereinigung:

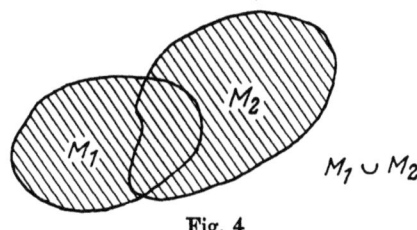

Fig. 4

4. Differenz:

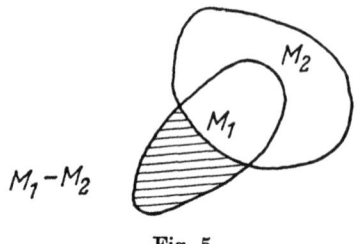

Fig. 5

Im folgenden Beispiel bilden wir sogar die Vereinigung einer Zahlenmenge M_1 mit einer Menge M_2 ganz bestimmter, jedoch abstrakter Objekte.

Es seien $-\infty$ und $+\infty$ zwei Dinge, die untereinander verschieden sind und von denen keins eine reelle Zahl ist. Wir vereinigen die Menge $M_1 = \mathbb{R}$ mit der Menge $M_2 = \{-\infty, +\infty\}$:

$$\bar{\mathbb{R}} = \mathbb{R} \cup \{-\infty, +\infty\},$$

und definieren: Für $r \in \mathbb{R}$ sei $-\infty < r < +\infty$; außerdem sei $-\infty < +\infty$.

Definition 2.1. *Man nennt $\bar{\mathbb{R}}$ die abgeschlossene Zahlengerade, $-\infty$ und $+\infty$ die beiden unendlich fernen Punkte von $\bar{\mathbb{R}}$.*

(Wir wollen $-\infty$ und $+\infty$ nicht als Zahlen bezeichnen, da wir keine Verknüpfungen wie Addition und Multiplikation zwischen den reellen Zahlen und den Punkten $\pm \infty$ erklärt haben.) — Auf der Zahlengeraden ist $r < s$, wenn r links von s liegt. Man kann sich also $-\infty$ als einen Punkt links von jedem Punkt der Geraden („im Unendlichen") vorstellen, entsprechend $+\infty$ rechts („unendlich ferne Punkte"). Doch sollte man diese Vorstellungen nur als Veranschaulichung benützen. Die Frage, was $-\infty$ und $+\infty$ denn für Dinge sind, ist für den Mathematiker nicht relevant: Alles, was man in der Mathematik von $\bar{\mathbb{R}}$ wissen muß, ist in der Definition dieser Menge (und in unserer Kenntnis von $\mathbb{R}$) gegeben. Es gehen nur die Beziehungen von $-\infty$ und $+\infty$ untereinander und zu den Punkten aus $\mathbb{R}$ in die Mathematik ein und nichts, was vom „Wesen" der unendlich fernen Punkte abhängig wäre.

Rechnen mit Mengen

Die im folgenden auftretenden Mengen sind Teilmengen von $\bar{\mathbb{R}}$; einige Rechenregeln werden mit Hilfe von Punktmengen illustriert.

I. Eigenschaften der Inklusion

1. *Ist M eine Menge, so gilt:* $\emptyset \subset M$.

Beweis. Wir müssen zeigen: Ist $x \in \emptyset$, so ist $x \in M$. Die Aussage $x \in \emptyset$ ist jedoch immer falsch, die gesamte Aussage also richtig.

2. $M \subset M$, d.h. *jede Menge ist in sich selbst enthalten* (Reflexivität der Inklusion).

Beweis. Jedes Element von M gehört natürlich zu M.

3. *Sind M_1 und M_2 zwei Mengen, für die gilt: $M_1 \subset M_2$ und $M_2 \subset M_1$, so ist $M_1 = M_2$* (Identitätsgesetz).

Beweis. Ist $x \in M_1$, so ist $x \in M_2$, da M_1 in M_2 enthalten ist. Ist umgekehrt $x \in M_2$, so auch $x \in M_1$, da ja auch $M_2 \subset M_1$ gilt. Also enthalten M_1 und M_2 dieselben Elemente und sind somit gleich.

4. *Wenn für drei Mengen M_1, M_2 und M_3 gilt: $M_1 \subset M_2$ und $M_2 \subset M_3$, so ist auch $M_1 \subset M_3$* (Transitivität der Inklusion).

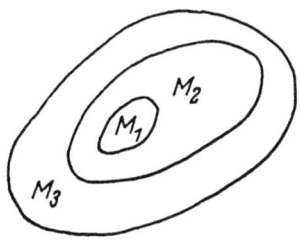

Fig. 6

Beweis. Zu zeigen ist: Wenn x zu M_1 gehört, so auch zu M_3. Es sei also $x \in M_1$. Da $M_1 \subset M_2$ ist, folgt $x \in M_2$. Da auch M_2 Teilmenge von M_3 ist, ist $x \in M_3$.

II. Regeln für Vereinigungs- und Durchschnittsbildung

$M_1, M_2, \ldots, M_n$ seien Mengen. Dann sei ihre *Vereinigung* die Menge

$$M_1 \cup M_2 \cup \ldots \cup M_n = \{x : x \in M_1 \text{ oder } x \in M_2 \ldots \text{ oder } x \in M_n\},$$

die Menge aller der Zahlen also, die zu mindestens einer der Mengen M_ν gehören.

Wir erklären entsprechend den *Durchschnitt* endlich vieler Mengen $M_1, \ldots, M_n$ als die Menge der Elemente, die zu allen Mengen M_ν gehören ($\nu = 1, \ldots, n$).

$$M_1 \cap M_2 \cap \ldots \cap M_n = \{x : x \in M_\nu \text{ für alle } \nu\}.$$

Abkürzend setzt man

$$M_1 \cup \ldots \cup M_n = \bigcup_{\nu=1}^{n} M_\nu, \quad M_1 \cap \ldots \cap M_n = \bigcap_{\nu=1}^{n} M_\nu.$$

1. $M_1 \cup (M_2 \cup M_3) = (M_1 \cup M_2) \cup M_3 = M_1 \cup M_2 \cup M_3$.

Beweis. Es sei $x \in (M_1 \cup M_2) \cup M_3$. Das heißt:

$$x \in M_1 \cup M_2 \quad \text{oder} \quad x \in M_3.$$

Das ist gleichbedeutend mit

$$x \in M_1 \quad \text{oder} \quad x \in M_2 \quad \text{oder} \quad x \in M_3,$$

d.h. $\quad x \in M_1 \cup M_2 \cup M_3$.

Also ist $(M_1 \cup M_2) \cup M_3 = M_1 \cup M_2 \cup M_3$. Genauso leicht zeigt man, daß $M_1 \cup (M_2 \cup M_3) = M_1 \cup M_2 \cup M_3$ ist, und hat damit die Aussage II.1 bewiesen.

Die erste Gleichung der Regel II.1 heißt das *Assoziativ-Gesetz* für Vereinigungsbildung; es besagt, daß man Klammern beliebig setzen oder weglassen darf.

2. Auch die Durchschnittsbildung ist assoziativ:

$$M_1 \cap (M_2 \cap M_3) = (M_1 \cap M_2) \cap M_3 = M_1 \cap M_2 \cap M_3.$$

Der Beweis sei dem Leser überlassen.

3. Trivial sind die Kommutativgesetze:

$$M_1 \cup M_2 = M_2 \cup M_1, \quad M_1 \cap M_2 = M_2 \cap M_1.$$

4. $M_1 \cap (M_2 \cup M_3) = (M_1 \cap M_2) \cup (M_1 \cap M_3)$

(1. Distributivgesetz: Der Leser wird die Ähnlichkeit mit dem Distributivgesetz der Arithmetik bemerken).

Beweis. Wir zeigen zunächst

(a) $\quad M_1 \cap (M_2 \cup M_3) \subset (M_1 \cap M_2) \cup (M_1 \cap M_3)$

und dann

(b) $\quad (M_1 \cap M_2) \cup (M_1 \cap M_3) \subset M_1 \cap (M_2 \cup M_3)$.

Nach dem Identitätsgesetz folgt aus (a) und (b) die Behauptung.

Zu (a). Wenn $x \in M_1 \cap (M_2 \cup M_3)$ ist, so ist $x \in M_1$ und gleichzeitig Element von M_2 oder M_3. Also gilt: $x \in M_1$ und $x \in M_2$, oder $x \in M_1$ und $x \in M_3$, d.h. $x \in M_1 \cap M_2$ oder $x \in M_1 \cap M_3$. Daher ist tatsächlich $x \in (M_1 \cap M_2) \cup (M_1 \cap M_3)$.

Zu (b). Ist $x \in (M_1 \cap M_2) \cup (M_1 \cap M_3)$, so folgt: $x \in M_1 \cap M_2$ oder $x \in M_1 \cap M_3$, also $x \in M_1$ und $x \in M_2$ oder $x \in M_3$. Damit ist $x \in M_1$ und $x \in M_2 \cup M_3$, d.h. $x \in M_1 \cap (M_2 \cup M_3)$.

5. Analog beweist man ein 2. Distributivgesetz:

$$M_1 \cup (M_2 \cap M_3) = (M_1 \cup M_2) \cap (M_1 \cup M_3).$$

III. Charakterisierung der Inklusion

1. *Es ist $M_1 \subset M_2$ genau dann, wenn $M_1 \cup M_2 = M_2$ ist.*

Beweis. a) Setzen wir zunächst $M_1 \subset M_2$ voraus. Wir müssen nachweisen, daß unter dieser Voraussetzung $M_1 \cup M_2 = M_2$ ist. Wieder verwenden wir dazu das Identitätsgesetz. Ist $x \in M_2$, so gilt erst recht: $x \in M_1 \cup M_2$; d.h. $M_2 \subset M_1 \cup M_2$ (die Voraussetzung ist noch gar nicht benutzt worden). Ist umgekehrt $x \in M_1 \cup M_2$, so sind zwei Fälle möglich: $x \in M_1$ oder $x \in M_2$. Gehört x zu M_1, so auch zu M_2, da wir $M_1 \subset M_2$ vorausgesetzt haben. In beiden Fällen gilt also $x \in M_2$; damit folgt $M_1 \cup M_2 \subset M_2$.

b) Nun ist umgekehrt zu zeigen: Falls $M_1 \cup M_2 = M_2$ ist, so ist $M_1 \subset M_2$.

Es sei also $x \in M_1$. Das Element x gehört dann erst recht zu $M_1 \cup M_2$; aber es ist ja $M_1 \cup M_2 = M_2$, also folgt $x \in M_2$; d.h. $M_1 \subset M_2$.

2. *Es ist $M_1 \subset M_2$ dann und nur dann, wenn $M_1 \cap M_2 = M_1$ ist.*

Den Beweis dieser Aussage mag der Leser anhand der folgenden Skizze selbst versuchen.

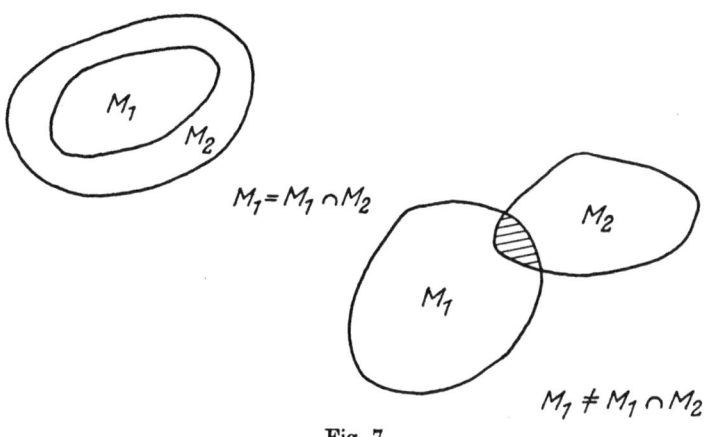

Fig. 7

In den Regeln III.1 und III.2 war die Äquivalenz zweier Aussagen p (in III.1 „$M_1 \subset M_2$") und q (in III.1 „$M_1 \cup M_2 = M_2$") behauptet worden: *p und q gelten gleichzeitig, p gilt dann und nur dann, wenn q gilt.* Diese Äquivalenzbehauptung enthält an sich zwei Aussagen:

    a) *Aus p folgt q.*
    b) *Aus q folgt p.*

Demgemäß mußten auch zwei Behauptungen bewiesen werden. — Nachweise dieser Art werden wir noch oft zu führen haben.

IV. Folgerungen aus den bisherigen Regeln

(Geben wir eine Regel ohne Beweis an, so soll der Leser den Beweis finden.)

1. $M \cap M = M$, $M \cup M = M$,
   $M \cap \mathbb{R} = M$, $M \cup \mathbb{R} = \mathbb{R}$,
   $M \cap \emptyset = \emptyset$, $M \cup \emptyset = M$.

2. a) $M_1 \cap M_2 \subset M_1$,   b) $M_1 \subset M_1 \cup M_2$,
   $M_1 \cap M_2 \subset M_2$; $M_2 \subset M_1 \cup M_2$.

Beweis.

$(M_1 \cap M_2) \cap M_1 = (M_2 \cap M_1) \cap M_1$ nach II.3
$= M_2 \cap (M_1 \cap M_1)$ nach II.2
$= M_2 \cap M_1$ nach IV.1
$= M_1 \cap M_2$ nach II.3

Aus Regel III.2 folgt nun

$$M_1 \cap M_2 \subset M_1.$$

Diese Aussage haben wir für beliebige Mengen bewiesen; insbesondere gilt

$$M_2 \cap M_1 \subset M_2$$

und daher nach II.3

$$M_1 \cap M_2 \subset M_2.$$

Damit ist Behauptung (a) bewiesen; (b) zeigt man analog.

3. Ist $M_1 \subset M_2$ und M irgendeine Menge, so ist
   $M_1 \cap M \subset M_2 \cap M$ und $M_1 \cup M \subset M_2 \cup M$.
4. Ist $M_1 \subset M_2$ und $M_1 \subset M_3$, so ist $M_1 \subset M_2 \cap M_3$.
5. Sind M_1 und M_2 in M_3 enthalten, so ist $M_1 \cup M_2$ in M_3 enthalten.

Als Beispiel für die Durchschnittsbildung betrachten wir den Durchschnitt offener Intervalle. Sind a, b, c, d reelle Zahlen mit $a < b$ und $c < d$, ist

$$I_1 = \{x \in \mathbb{R}: a < x < b\}$$

und

$$I_2 = \{x \in \mathbb{R}: c < x < d\},$$

so gilt für einen Punkt $x \in I_1 \cap I_2$: Es ist

$$a < x, \quad c < x,$$
$$x < b, \quad x < d.$$

Wir definieren das *Maximum* von a und c — in Zeichen: $\max(a, c)$ — und das *Minimum* von b und d — in Zeichen: $\min(b, d)$ — durch:

$$\max(a, c) = \begin{cases} a, & \text{falls } c < a \text{ oder } c = a, \\ c, & \text{falls } a < c; \end{cases}$$

$$\min(b, d) = \begin{cases} b, & \text{falls } b < d \text{ oder } b = d, \\ d, & \text{falls } d < b. \end{cases}$$

Für x gilt also

$$\max(a, c) < x < \min(b, d).$$

Natürlich liegt auch jeder Punkt, der dieser Ungleichung genügt, in $I_1 \cap I_2$. Es ist also

$$I_1 \cap I_2 = \{x \colon \max(a, c) < x < \min(b, d)\},$$

ein offenes Intervall, wenn $\max(a, c) < \min(b, d)$ ist, die leere Menge sonst.

Wir haben in diesem Paragraphen meistens nur Teilmengen von $\mathbb{R}$ oder $\mathbb{R}$ betrachtet und unsere Sätze für diesen Fall bewiesen; es ist aber klar, daß alle Regeln und ihre Beweise für beliebige Mengen gelten.

§ 3. Körperaxiome

Nachdem uns der vorige Paragraph eine Ausdrucksweise geliefert hat, in der präzise Formulierungen möglich sind, gehen wir nun daran, den zu Beginn dieses Kapitels angekündigten Vorsatz zu verwirklichen und die Axiome (Grundeigenschaften) reeller Zahlen anzuführen, die sich aus unserer Vorstellung von $\mathbb{R}$ ergeben. Dabei soll in diesem Paragraphen nur von $\mathbb{R}$ die Rede sein. Die unendlich fernen Punkte werden noch ausgeschlossen.

Als erste Gruppe von Axiomen formulieren wir die

Axiome der Addition

A.0. *Je zwei Elementen $a, b \in \mathbb{R}$ ist eindeutig ein zu $\mathbb{R}$ gehörendes Element, das mit $a + b$ bezeichnet wird, als Summe zugeordnet.*
A.1. α. *Für alle $a, b, c \in \mathbb{R}$ gilt:*

$$(a + b) + c = a + (b + c)$$

(Assoziativgesetz).
β. *Es ist eine Zahl in $\mathbb{R}$ — wir nennen sie Null (in Zeichen: 0) — mit folgender Eigenschaft gegeben: Für alle $a \in \mathbb{R}$ ist*

$$a + 0 = a.$$

γ. *Zu jedem $a \in \mathbb{R}$ ist ein Element $-a \in \mathbb{R}$ gegeben, so daß die Gleichung*

$$a + (-a) = 0$$

besteht. Die Zahl $-a$ heißt das zu a negative Element.

δ. *Für alle $a, b \in \mathbb{R}$ ist*

$$a + b = b + a$$

(Kommutativgesetz).

Die Axiome A.0 und A.1 sagen aus, daß $\mathbb{R}$ bezüglich der Addition eine *abelsche Gruppe* ist. Allgemein definiert man:

Definition 3.1. *Eine Gruppe ist eine nichtleere Menge G zusammen mit einer Vorschrift (Gruppenoperation), die je zwei Elementen $a, b \in G$ ein wohlbestimmtes drittes Element $a \circ b \in G$ derart zuordnet, daß gilt:*

α. *Die Operation „$\circ$" ist assoziativ: Für alle $a, b, c \in G$ ist*

$$a \circ (b \circ c) = (a \circ b) \circ c.$$

β. *Es ist in G ein neutrales Element gegeben, d.h. ein Element n mit*

$$a \circ n = a$$

für alle $a \in G$.

γ. *Zu jedem $a \in G$ ist ein $a' \in G$ gegeben mit*

$$a \circ a' = n$$

(a' heißt inverses Element zu a).

Wenn auch noch

δ. $\qquad\qquad\qquad a \circ b = b \circ a$

für alle $a, b \in G$ ist, so nennt man die Gruppe abelsch oder kommutativ.

Eine Vorschrift „$\circ$", die je zwei Elementen einer Menge M ein bestimmtes weiteres Element zuordnet, heißt eine *binäre Operation* (Verknüpfung) auf M.

Folgerungen aus den Axiomen

Die folgenden Aussagen gelten, wenn nichts anderes gesagt wird, für beliebige Gruppen, ob abelsch oder nicht. Wir wollen sie trotzdem nur für $\mathbb{R}$ aussprechen, bei der Herleitung aber nicht vom Kommutativgesetz Gebrauch machen (wenn auch die Beweise deshalb komplizierter werden).

In Axiom A.0 ist je zwei Zahlen eine Zahl als Summe zugeordnet; Ausdrücke der Form $3 + 4 + 7 + 2$ etwa sind damit noch nicht erklärt. Wir wollen nun aber die Summe beliebig (endlich) vieler reeller Zahlen $a_1, \ldots, a_n$ definieren. Für $n = 2$ ist $a_1 + a_2$ nach A.0 definiert. Nehmen wir an, für alle natürlichen Zahlen p mit $p = 2$ oder $2 < p < n$ sei die Summe $a_1 + \ldots + a_p$ schon erklärt! Dann

definieren wir
$$a_1 + a_2 + \ldots + a_n = (a_1 + \ldots + a_{n-1}) + a_n.$$
Machen wir uns zunächst klar, daß so für jede Anzahl von Summanden die Summe wirklich erklärt ist. Es ist z.B. $a_1 + a_2 + a_3 = (a_1 + a_2) + a_3$, also die Summe dreier Zahlen wohldefiniert. Weiter ist dann $a_1 + a_2 + a_3 + a_4 = (a_1 + a_2 + a_3) + a_4$, und auch hier hat die rechte Seite der Gleichung einen Sinn, da die Summe dreier Summanden schon erklärt ist, usw.

Das verwandte Definitionsverfahren heißt *Definition durch vollständige Induktion:* Um eine Definition zu treffen, die für alle natürlichen Zahlen gelten soll, die nicht kleiner sind als eine bestimmte, etwa k, trifft man sie erst einmal für k (in unserem Beispiel ist $k = 2$). Dann gibt man an, wie die Definition zu treffen ist, wenn $n > k$ ist und man für alle p mit $k = p$ oder $k < p < n$ die Definition schon vorgenommen hat. Wie die obige Überlegung zeigt, hat man damit die Definition für alle natürlichen Zahlen $k, k + 1, \ldots$ getroffen (die Möglichkeit einer Definition durch vollständige Induktion beruht auf einer Grundeigenschaft der natürlichen Zahlen, dem sogenannten *Induktionsaxiom*).

Die Summe von drei Summanden hätten wir auch anders erklären können:
$$a_1 + a_2 + a_3 = a_1 + (a_2 + a_3).$$
Das Assoziativgesetz sagt gerade aus, daß beide Definitionen dem Zahlentripel (a_1, a_2, a_3) dieselbe Zahl als Summe zuordnen. Für eine höhere Anzahl von Summanden gibt es nun noch viel mehr Möglichkeiten, in der Folge $a_1, \ldots, a_n$ so Klammern zu verteilen, daß die Reihenfolge der auszuübenden Additionen festgelegt ist. Es ist aber eine einfache Konsequenz des Assoziativgesetzes, daß das Ergebnis einer Addition von n Zahlen von der Beklammerung unabhängig ist. Wir hätten die Summe von n Zahlen also auch durch eine andere Verteilung von Klammern erklären können und doch dasselbe Ergebnis erhalten.

Satz 3.1. *$a_1, \ldots, a_n$ seien reelle Zahlen, $n > 2$. Dann ist, ganz gleich, wie den a_ν durch Beklammerung eine Zahl $a \in \mathbb{R}$ als Summe zugeordnet ist, stets*
$$a = a_1 + \ldots + a_n.$$

Beweis. Wir führen — entsprechend der Definition durch Induktion — auch den Beweis durch vollständige Induktion nach der Anzahl n der Summanden. Dazu zeigen wir zunächst: Die Behauptung gilt für $n = 3$. Dann weisen wir nach: Ist n (mit $3 < n$) irgendeine natürliche Zahl und gilt die Behauptung für alle natürlichen Zahlen p mit $3 = p$ oder $3 < p < n$, so gilt die Behauptung auch für n. Unsere Aussage stimmt dann für $n = 4$, da sie für $n = 3$ richtig ist für $n = 5$, da sie für $n = 4$ stimmt, usw.

1. Induktionsanfang (Induktionsbasis): $n = 3$.
In diesem Fall stimmt unsere Behauptung mit dem Assoziativgesetz überein.
2. Induktionsvoraussetzung: Für alle p mit $2 < p < n$ — die Zahl n sei größer als 3 — gelte der Satz.
3. Induktionsschluß:
Es sei irgendeine Beklammerung des Ausdruckes $a_1 + \ldots + a_n$ gegeben. Führt man alle Additionen, so wie sie durch die Verteilung der Klammern vorgeschrieben sind, aus, so bleibt als letzter Schritt die Summe der p ersten Zahlen $a_1, \ldots, a_p$ zur Summe der $n - p$ letzten Zahlen $a_{p+1}, \ldots, a_n$ zu addieren, und es ist $p < n$. Diese beiden Summen bestehen nun aber aus weniger als n Summanden, und daher ist ihr Wert eindeutig bestimmt (nach Induktionsvoraussetzung). Es bleibt also zu zeigen:
$$(a_1 + \ldots + a_p) + (a_{p+1} + \ldots + a_n) = a_1 + \ldots + a_n.$$
Falls $p = n - 1$ ist, folgt das aus der Definition von $a_1 + \ldots + a_n$. Ist $p < n - 1$, so ist
$$(a_1 + \ldots + a_p) + (a_{p+1} + \ldots + a_n) =$$
$$= (a_1 + \ldots + a_p) + (a_{p+1} + (a_{p+2} + \ldots + a_n))$$
$$= ((a_1 + \ldots + a_p) + a_{p+1}) + (a_{p+2} + \ldots + a_n)$$
$$= (a_1 + \ldots + a_{p+1}) + (a_{p+2} + \ldots + a_n),$$
wie man durch wiederholte Anwendung des Assoziativgesetzes sieht. Ist nun $p + 1 = n - 1$, so ist die letzte Summe wieder gleich $a_1 + \ldots + a_n$; im andern Fall wiederholt man das Verfahren so lange, bis in der rechten Klammer nur noch a_n steht[1]. Damit ist alles bewiesen.

Satz 3.2. *Die Summe $a_1 + \ldots + a_n$ ist unabhängig von der Reihenfolge der Summanden.*

(Diese Aussage gilt natürlich nur für abelsche Gruppen.)

Beweis. Es genügt, die Gleichung
$$a_1 + \ldots + a_\nu + a_{\nu+1} + \ldots + a_n = a_1 + \ldots + a_{\nu+1} + a_\nu + \ldots + a_n$$
zu beweisen, weil sich ja jede Permutation der a_ν durch eine Hintereinanderschaltung solcher Vertauschungen vornehmen läßt[1]. Nun ist
$$a_1 + \ldots + a_\nu + a_{\nu+1} + \ldots + a_n =$$
$$= (a_1 + \ldots + a_{\nu-1}) + (a_\nu + a_{\nu+1}) + (a_{\nu+2} + \ldots + a_n)$$
$$= (a_1 + \ldots + a_{\nu-1}) + (a_{\nu+1} + a_\nu) + (a_{\nu+2} + \ldots + a_n)$$
$$\text{(Axiom A.1.}\delta\text{)}$$
$$= a_1 + \ldots + a_{\nu+1} + a_\nu + \ldots + a_n.$$

---

[1] An sich wäre auch in diesen Fällen vollständige Induktion anzuwenden. Die Beweise sind jedoch zu durchsichtig.

Körperaxiome

Satz 3.3. *Für alle $a \in \mathbb{R}$ ist $(-a) + a = 0$.*

Beweis. Es ist $(-a) + (-(-a)) = 0$ (nach A.1.γ hat ja auch $-a$ ein negatives Element). Also:

$$\begin{aligned}
(-a) + a &= ((-a) + a) + 0 & \text{(A.1.}\beta\text{)}\\
&= ((-a) + a) + ((-a) + (-(-a)))\\
&= ((-a) + (a + (-a))) + (-(-a)) & \text{(Satz 3.1)}\\
&= ((-a) + 0) + (-(-a))\\
&= (-a) + (-(-a))\\
&= 0.
\end{aligned}$$

Satz 3.4. *Für alle $a \in \mathbb{R}$ ist $0 + a = a$.*

Beweis.
$$0 + a = (a + (-a)) + a = a + ((-a) + a) = a + 0 = a.$$

Satz 3.5. $(-(-a)) = a$ *für alle $a \in \mathbb{R}$.*

Beweis. Es ist
$$a + (-a) + (-(-a)) = a + ((-a) + (-(-a))) = a + 0 = a.$$

Andererseits ist
$$\begin{aligned}
a + (-a) + (-(-a)) &= (a + (-a)) + (-(-a))\\
&= 0 + (-(-a))\\
&= (-(-a)) & \text{(Satz 3.4)}.
\end{aligned}$$
Also: $\quad a = (-(-a)).$

Das neutrale Element wird durch die Addition eindeutig festgelegt. Es gilt nämlich

Satz 3.6. *Ist für $r \in \mathbb{R}$ und jedes $a \in \mathbb{R}$*
$$a + r = a,$$
so ist $r = 0$.

Beweis. Es ist $0 + r = 0$. Nach Satz 3.4 ist aber auch $0 + r = r$. Also ist $r = 0$.

Der folgende Satz zeigt, daß auch das Negative zu jedem $a \in \mathbb{R}$ durch die Addition eindeutig bestimmt wird:

Satz 3.7. *Sind $a, x \in \mathbb{R}$ und ist $a + x = 0$, so ist $x = -a$.*

Beweis.
$$\begin{aligned}
-a &= -a + 0 = -a + (a + x) & \text{(nach Voraussetzung)}\\
&= (-a + a) + x & \text{(Axiom)}\\
&= 0 + x & \text{(Satz 3.3)}\\
&= x & \text{(Satz 3.4)}.
\end{aligned}$$

Satz 3.8. $\quad -0 = 0.$

Beweis. Da $0 + 0 = 0$ ist, folgt der Satz aus Satz 3.7.

Satz 3.9. *Die Gleichung $a + x = b$, mit $a, b \in \mathbb{R}$, hat eine und nur eine Lösung in $\mathbb{R}$, nämlich $x = -a + b$.*

Beweis. a) $-a + b$ löst die Gleichung:

$$a + (-a + b) = (a + (-a)) + b = 0 + b = b.$$

b) Es gibt keine andere Lösung: Ist nämlich $x \in \mathbb{R}$ und $a + x = b$, so folgt:

$$-a + (a + x) = -a + b,$$
$$(-a + a) + x = -a + b,$$
$$0 + x = -a + b,$$
$$x = -a + b.$$

Definition 3.2. *Sind a und b reelle Zahlen, so sei $a - b = a + (-b)$.*

Benutzt man diese Definition und das Kommutativgesetz, so kann man die Lösung der Gleichung $a + x = b$ in der üblichen Form $x = b - a$ angeben.

Wir besprechen nun die zweite Axiomengruppe für die reellen Zahlen, die

Axiome der Multiplikation

M.0. *Auf $\mathbb{R}$ ist eine binäre Operation, genannt Multiplikation, gegeben.*

M.1. *$\mathbb{R}^*$ ist bezüglich der Multiplikation eine abelsche Gruppe (dabei ist $\mathbb{R}^* = \mathbb{R} - \{0\}$).*

Die a und b durch die Multiplikation zugeordnete Zahl heißt *Produkt* von a und b und wird mit ab oder $a \cdot b$ bezeichnet. M.1 besagt also:

α. $(ab)c = a(bc)$ *(für $a, b, c \in \mathbb{R}^*$).*

β. *Es gibt ein eindeutig bestimmtes Element $e \in \mathbb{R}^*$ mit $ae = a$ für alle $a \in \mathbb{R}^*$ (e heißt Eins und wird mit 1 bezeichnet).*

γ. *Zu jedem $a \in \mathbb{R}^*$ gibt es ein eindeutig bestimmtes Element $a^{-1} \in \mathbb{R}^*$ mit $aa^{-1} = 1$ (a^{-1} heißt reziprok zu a).*

δ. $ab = ba$ *(mit $a, b \in \mathbb{R}^*$).*

Es sei nun dem Leser überlassen, durch Ersetzen von + durch ·, 0 durch 1, usw., aus den Sätzen 3.1 bis 3.9 analoge Sätze für die Multiplikation in $\mathbb{R}^*$ zu gewinnen. Wir erwähnen hier nur, daß aus $ab = 0$ die Gleichung a oder $b = 0$ folgt, denn $\mathbb{R}^*$ ist eine Gruppe. Man sagt, $\mathbb{R}$ sei *nullteilerfrei*.

Bisher stehen die Axiomgruppen A und M noch nahezu beziehungslos nebeneinander (nur die Definition von $\mathbb{R}^*$ setzt die Axiome der Gruppe A voraus); nun formulieren wir zwei Axiome, die zwischen Addition und Multiplikation eine Verbindung herstellen.

Distributivgesetze

D.1. $a(b+c) = ab + ac$, $a, b, c \in \mathbb{R}$.
D.2. $(b+c)a = ba + ca$, $a, b, c \in \mathbb{R}$.

Folgerungen

Satz 3.10. $a \cdot 0 = 0 \cdot a = 0$ *für alle* $a \in \mathbb{R}$.

Beweis.
$$a \cdot 0 = a(0+0) = a \cdot 0 + a \cdot 0.$$

Nach Satz 3.9 folgt:
$$a \cdot 0 = a \cdot 0 - a \cdot 0 = 0.$$

Genauso zeigt man: $0 \cdot a = 0$, indem man jetzt das zweite Distributivgesetz benutzt.

Dieser Satz hat wichtige Konsequenzen. Es kann zunächst einmal kein reziprokes Element zu 0 geben, denn für jedes $r \in \mathbb{R}$ ist $0 \cdot r = 0$, und es ist $0 \neq 1$, da $1 \in \mathbb{R}^*$ ist. Weiter ist die Multiplikation, die ja auf ganz $\mathbb{R}$ erklärt ist, dort auch kommutativ und assoziativ (in M.1 war das nur für $\mathbb{R}^*$ gefordert worden). Zeigen wir etwa das Kommutativgesetz: Sind $a, b \in \mathbb{R}^*$, so ist $ab = ba$ nach Axiom M.1.δ, ist a oder $b = 0$, so ist $ab = ba = 0$. Eine weitere Folgerung aus dem vorstehenden Satz ist

Satz 3.11. *Die Gleichung* $ax = b$ *ist für* $a \in \mathbb{R}^*$ *und* $b \in \mathbb{R}$ *eindeutig lösbar.*

Beweis. Ist $b \neq 0$, so wende man Satz 3.9 an. Ist $b = 0$, so löst $x = 0$ nach Satz 3.10 und ist die einzige Lösung, da $\mathbb{R}$ nullteilerfrei ist. In beiden Fällen ist $a^{-1}b$ die Lösung.

Definition 3.3. *Die eindeutig bestimmte Lösung der Gleichung* $ax = b$, $a \neq 0$, *wird mit* b/a *bezeichnet.*

Es ist also $b/a = a^{-1}b = ba^{-1}$. Alle Regeln der Bruchrechnung folgen aus den bisher angegebenen Axiomen. Beweisen wir zum Beispiel die Erweiterungsregel
$$\frac{b}{a} = \frac{b \cdot c}{a \cdot c}, \quad a, c \neq 0.$$

Es ist $a \cdot b/a = b$, also $(ca) \cdot b/a = cb$, also nach Satz 3.11: $b/a = bc/ac$.

Satz 3.12. $-a = (-1) \cdot a$.

Beweis.
$$1 + (-1) = 0,$$
$$a(1 + (-1)) = a \cdot 0 = 0 \quad \text{(Satz 3.10)},$$
$$a \cdot 1 + a(-1) = 0 \quad \text{(Axiom D.1)},$$
$$a + (-1)a = 0 \quad \text{(Axiom M.1 bzw. Satz 3.10)}.$$
Also ist $-a = (-1) \cdot a$ nach Satz 3.7.

Aus Satz 3.12 ergeben sich nun die Regeln
$$(-1)^2 = 1,$$
$$a \cdot (-b) = (-a) \cdot b = -(a \cdot b)$$
folgendermaßen:
$$(-1)^2 = (-1)(-1) = -(-1) = 1,$$
$$a \cdot (-b) = a(-1)b = (-1)(a \cdot b) = -(ab),$$
$$a \cdot (-b) = a(-1)b = ((-1)a)b = (-a)b.$$

Die Axiome A, M und D zusammen nennt man die *Körperaxiome*. Allgemein trifft man die

Definition 3.4. *Ein Körper* $(K, +, \cdot)$, *kurz mit K bezeichnet, ist eine nichtleere Menge K zusammen mit zwei auf K erklärten Verknüpfungen „$+$" und „$\cdot$" (Addition und Multiplikation genannt), die die folgenden Eigenschaften haben:*
A. $(K, +)$ *ist eine abelsche Gruppe (deren neutrales Element mit 0 bezeichnet wird).*
M. $(K - \{0\}, \cdot)$ *ist eine abelsche Gruppe.*
D. *Für alle* $a, b, c \in K$ *gilt:*
$$a(b+c) = ab + ac,$$
$$(b+c)a = ba + ca.$$

$\mathbb{R}$ ist also ein Körper. Ebenso gilt

Satz 3.13. *Die rationalen Zahlen* $\mathbb{Q}$ *bilden einen Körper (dabei sollen Addition und Multiplikation durch die entsprechenden Verknüpfungen auf* $\mathbb{R}$ *gegeben sein).*

Beweis. Nachzuprüfen sind nur die Axiome A.0, M.0, A.1.β, M.1.β, A.1.γ und M.1.γ. Alle übrigen Körperaxiome sind erfüllt, da $\mathbb{Q} \subset \mathbb{R}$ ist und $\mathbb{R}$ ein Körper ist.

A.0, M.0. Sind $a, b \in \mathbb{Q}$, so gibt es ganze Zahlen a_1, a_2, b_1, b_2 mit $a_2, b_2 \neq 0$ und $a = a_1/a_2$, $b = b_1/b_2$. Dann ist nach den Regeln der Bruchrechnung
$$a + b = \frac{a_1 b_2 + a_2 b_1}{a_2 b_2}, \quad a \cdot b = \frac{a_1 b_1}{a_2 b_2} \quad (a_2 b_2 \neq 0).$$

Summe und Produkt ganzer Zahlen ist ganz, also sind $a + b, ab \in \mathbb{Q}$.

A.1.β, M.1.β. $\qquad 0 \in \mathbb{Q}, \quad 1 \in \mathbb{Q}.$

Körperaxiome

A.1.γ und M.1.γ mag der Leser verifizieren.

Aus den Körperaxiomen ergeben sich sämtliche Regeln über die vier Grundrechnungsarten. Zum Beispiel ist

$(a+b)^2 = (a+b)(a+b)$ (Definition der Potenz)
$= a(a+b) + b(a+b)$ (D.2)
$= a^2 + ab + ba + b^2$ (D.1 und Definition der Potenz)
$= a^2 + ab(1+1) + b^2$ (M.1.δ und D.1)
$= a^2 + 2ab + b^2$ (M.1.δ).

Das Summenzeichen

Sind $a_1, \ldots, a_n \in \mathbb{R}$, so war $a_1 + \ldots + a_n$ schon definiert worden. Wir führen eine bequeme Schreibweise für diese Summe ein:

$$a_1 + \ldots + a_n = \sum_{\nu=1}^{n} a_\nu.$$

(Für $n = 1$ sei $\sum_{\nu=1}^{n} a_\nu = a_1$). Es gelten dann die folgenden Rechenregeln:

(1) $$\sum_{\nu=1}^{n} a_\nu + \sum_{\nu=1}^{n} b_\nu = \sum_{\nu=1}^{n} (a_\nu + b_\nu).$$

Beweis.

$\sum_{\nu=1}^{n} a_\nu + \sum_{\nu=1}^{n} b_\nu = (a_1 + \ldots + a_n) + (b_1 + \ldots + b_n)$
$= a_1 + \ldots + a_n + b_1 + \ldots + b_n$ (Satz 3.1)
$= a_1 + b_1 + \ldots + a_n + b_n$ (Satz 3.2)
$= \sum_{\nu=1}^{n} (a_\nu + b_\nu).$

(2) $$a \sum_{\nu=1}^{n} a_\nu = \sum_{\nu=1}^{n} a a_\nu.$$

Beweis.

$a \sum_{\nu=1}^{n} a_\nu = a(a_1 + \ldots + a_n)$
$= a(a_1 + (a_2 + \ldots + a_n))$ (Assoziativ-Gesetz)
$= a a_1 + a(a_2 + \ldots + a_n)$ (Distributiv-Gesetz)
$= \ldots$
$= a a_1 + a a_2 + \ldots + a a_n$
$= \sum_{\nu=1}^{n} a a_\nu.$

(3) $$\sum_{\nu=1}^{n} a_\nu - \sum_{\nu=1}^{n} b_\nu = \sum_{\nu=1}^{n} (a_\nu - b_\nu).$$

Beweis.

$$\sum_{\nu=1}^{n} a_\nu - \sum_{\nu=1}^{n} b_\nu = \sum_{\nu=1}^{n} a_\nu + (-1) \sum_{\nu=1}^{n} b_\nu \qquad \text{(Satz 3.12)}$$

$$= \sum_{\nu=1}^{n} a_\nu + \sum_{\nu=1}^{n} (-1) b_\nu \qquad \text{(Regel 2)}$$

$$= \sum_{\nu=1}^{n} (a_\nu + (-1) b_\nu) \qquad \text{(Regel 1)}$$

$$= \sum_{\nu=1}^{n} (a_\nu - b_\nu) \qquad \text{(Satz 3.12)}.$$

Es seien nun $n \cdot m$ reelle Zahlen $a_{\nu\mu}$, $\nu = 1, \ldots, n$, $\mu = 1, \ldots, m$, gegeben. Unabhängig von Beklammerung und Reihenfolge ist die Summe dieser Zahlen erklärt (Satz 3.1 und 3.2). Wir bezeichnen diese Summe mit

$$\sum_{\substack{\nu=1\ldots n \\ \mu=1\ldots m}} a_{\nu\mu}.$$

Es ist also z. B.

$$\sum_{\substack{\nu=1\ldots n \\ \mu=1\ldots m}} a_{\nu\mu} = a_{11} + a_{12} + \ldots + a_{1m} +$$

$$+ a_{21} + \ldots + a_{2m} + \ldots + a_{n1} + \ldots + a_{nm},$$

aber auch $= a_{11} + a_{12} + a_{21} + a_{13} + a_{22} + a_{31} + \ldots + a_{nm}$.

Mit dieser Definition können wir das Distributivgesetz verallgemeinern zu

(4) $$\left(\sum_{\nu=1}^{n} a_\nu\right)\left(\sum_{\mu=1}^{m} b_\mu\right) = \sum_{\substack{\nu=1\ldots n \\ \mu=1\ldots m}} a_\nu b_\mu.$$

Beweis.

$$\left(\sum_{\nu=1}^{n} a_\nu\right)\left(\sum_{\mu=1}^{m} b_\mu\right) = \sum_{\mu=1}^{m} \left(\sum_{\nu=1}^{n} a_\nu\right) b_\mu \qquad \text{(Regel 2)}$$

$$= \sum_{\mu=1}^{m} \left(b_\mu \sum_{\nu=1}^{n} a_\nu\right) \qquad \text{(Kommutativ-Gesetz)}$$

$$= \sum_{\mu=1}^{m} \sum_{\nu=1}^{n} a_\nu b_\mu \qquad \text{(Regel 2 und Komm.-Ges.)}$$

$$= \sum_{\substack{\nu=1\ldots n \\ \mu=1\ldots m}} a_\nu b_\mu.$$

Den Übergang von der vorletzten zur letzten Zeile sieht man so ein:

$$\sum_{\mu=1}^{m}\sum_{\nu=1}^{n}a_\nu b_\mu = (a_1 b_1 + a_2 b_1 + \ldots + a_n b_1) + \ldots + (a_1 b_m + \ldots + a_n b_m)$$
$$= \sum_{\substack{\nu=1\ldots n \\ \mu=1\ldots m}} a_\nu b_\mu$$

nach Definition der Doppelsumme.

Bei der Anwendung der Regeln (1) bis (3) beachte man, daß die Summationsgrenzen in allen auftretenden Summen gleich sind $(1;n)$; die Summationsindizes ν und μ kann man natürlich auch anders bezeichnen.

Oft ist es nützlich, die Numerierung der Summanden bei irgendeiner ganzen Zahl k zu beginnen; man führt dann die Abkürzung

$$a_k + a_{k+1} + \ldots + a_l = \sum_{\nu=k}^{l} a_\nu, \qquad l = k \text{ oder } k < l,$$

ein. Für $l < k$ setzt man gelegentlich

$$\sum_{\nu=k}^{l} a_\nu = 0.$$

Es ist z. B.
$$a_{-1} + a_0 + a_1 + a_2 = \sum_{\nu=-1}^{2} a_\nu.$$

Durch Einsetzen prüft man die für jedes $r \in \mathbb{Z}$ gültige Beziehung

(5) $$\sum_{\nu=k}^{l} a_\nu = \sum_{\nu=k+r}^{l+r} a_{\nu-r}$$

nach. Insbesondere gilt:
$$\sum_{\nu=k}^{l} a_\nu = \sum_{\nu=1}^{l-k+1} a_{\nu+k-1}.$$

In Analogie zum Summenzeichen wird ein Produkt von n Faktoren $a_1, \ldots, a_n$ durch

$$a_1 \cdot \ldots \cdot a_n = \prod_{\nu=1}^{n} a_\nu$$

bezeichnet. Die oben angeführten Konventionen und Regeln übertragen sich auf das Produktzeichen.

§ 4. Anordnungsaxiome

Bereits im zweiten Paragraphen hatten wir bei der Definition von Intervallen von der *Anordnung* der reellen Zahlen Gebrauch gemacht; wir wollen nun die Eigenschaften dieser Anordnung untersuchen. Dabei ist es zweckmäßiger, sich anstelle der Relation „$a < b$" („a ist kleiner als b") die Relation „$a \leq b$" („a ist kleiner als b oder gleich b" — kürzer: „a ist kleiner-gleich b") gegeben zu denken und diese axiomatisch zu charakterisieren. Im Unterschied zum vorigen Paragraphen ist jetzt wieder von $\overline{\mathbb{R}} = \mathbb{R} \cup \{-\infty, +\infty\}$ die Rede.

Aufzählung der Axiome

L.0. *In $\overline{\mathbb{R}}$ ist eine Relation „$\leq$" gegeben — d. h. von je zwei Elementen $a, b \in \overline{\mathbb{R}}$ steht fest, ob „$a \leq b$" gilt oder nicht gilt.*
L.1. $a \leq a$ *(Reflexivität von „$\leq$") für alle $a \in \overline{\mathbb{R}}$.*
L.2. *Ist $a \leq b$ und $b \leq a$, so ist $a = b$ (Identitätsgesetz).*
L.3. *Aus $a \leq b$ und $b \leq c$ folgt $a \leq c$ (Transitivitätsgesetz).*
L.4. *Sind $a, b \in \overline{\mathbb{R}}$, so ist $a \leq b$ oder $b \leq a$ (oder beides!).*
L.5. $-\infty \leq a \leq +\infty$ *für alle $a \in \mathbb{R}$.*
L.6. Vollständigkeitsaxiom (Axiom vom Dedekindschen Schnitt):
Es seien M_u und M_o zwei Teilmengen von $\overline{\mathbb{R}}$, für die gilt:
α) $M_u \neq \emptyset$, $M_o \neq \emptyset$.
β) $M_u \cup M_o = \overline{\mathbb{R}}$.
γ) *Ist $a \in M_u$, $b \in M_o$, so ist $a \leq b$.*

Dann gibt es einen Punkt $c \in \overline{\mathbb{R}}$ mit folgender Eigenschaft: Ist $a \in M_u$, $b \in M_o$, so ist $a \leq c \leq b$.

LK.1. *Sind $a, b, c \in \mathbb{R}$ und ist $a \leq b$, so ist $a + c \leq b + c$.*
LK.2. *Aus $0 \leq a$ und $0 \leq b$ folgt $0 \leq ab$ ($a, b \in \mathbb{R}$).*

Damit haben wir sämtliche Axiome für $\mathbb{R}$ und $\overline{\mathbb{R}}$ aufgestellt; mit Ausnahme von Axiom L.5, das auf einer Definition beruht, handelt es sich um evidente Eigenschaften der reellen Zahlen.

Besprechen wir die Anordnungsaxiome!

Die Axiome L.0 bis L.3 heißen Axiome einer *Halbordnung* — sie gelten z. B. auch für die mengentheoretische Inklusion; die Axiome L.0 bis L.4 sagen aus, daß $\overline{\mathbb{R}}$ eine *linear geordnete* Menge ist. Die beiden Axiome der Gruppe LK verknüpfen die lineare Ordnung auf $\mathbb{R}$ mit der Körperstruktur von $\mathbb{R}$.

Wir führen einige Bezeichnungen ein:
(1) $a \geq b$ („a größer-gleich b") heißt: $b \leq a$.
(2) $a < b$ („a kleiner b") heißt: $a \leq b$ und $a \neq b$.
(3) $a > b$ („a größer b") heißt: $b < a$.
((2) ist die aus §2 bekannte „$<$"-Beziehung.)
(4) Sind M_1 und M_2 nichtleere Teilmengen von $\overline{\mathbb{R}}$, so heiße $M_1 \leq M_2$, wenn für $a \in M_1$, $b \in M_2$ stets $a \leq b$ gilt; entsprechend werde $M_1 < M_2$, $M_1 \geq M_2$, $M_1 > M_2$ definiert. Ist $a \in \overline{\mathbb{R}}$, so schreibt man statt $M_1 \leq \{a\}$ einfach $M_1 \leq a$.

Eine Aussage der Form „$a \leq b$" heißt *Ungleichung*, der Form „$a < b$" *strikte* (strenge) Ungleichung.

Satz 4.1. *Sind $a, b \in \mathbb{R}$, so gilt genau eine der drei Relationen*

(1) $a < b$, (2) $a = b$, (3) $a > b$.

Beweis. a) Zeigen wir zunächst, daß höchstens eine der drei Beziehungen gelten kann. Da aus $a < b$ und auch aus $a > b$ folgt, daß $a \neq b$ ist, kann die Relation (2) mit keiner der beiden anderen zusammen bestehen. Es gelte nun (1). Würde auch noch $a > b$ sein, so hätte man erst recht $a \geq b$, nach (1) auch $a \leq b$ und nach L.2 also $a = b$. Das ist aber unmöglich, wie wir gerade bemerkt haben.

b) Eine der drei Relationen besteht! Nach L.4 nämlich ist entweder $a \leq b$ oder $b \leq a$, d. h. $a \geq b$ (oder beides ist der Fall). Es sei etwa $a \leq b$. Ist dann $a = b$, so besteht die Relation (2), ist $a \neq b$, die Relation (1). Den Fall $b \leq a$ behandelt man genauso.

Wir bemerken noch, daß aus $a < b$ folgt: $a \leq b$ (z. B. ist $3 < 4$ und daher erst recht $3 \leq 4$). Diesen Sachverhalt haben wir im Beweis benutzt.

Für Ungleichungen leitet man leicht die folgenden Rechenregeln ab:

(1) a) *Gilt* $a < b \leq c$, *so ist* $a < c$.
b) *Aus* $a \leq b < c$ *folgt* $a < c$.

(2) a) *Aus* $a > b \geq c$ *folgt* $a > c$.
b) *Aus* $a \geq b > c$ *folgt* $a > c$.

(3) a) *Ist* $a \leq b$ *und* $c \leq d$, *so ist* $a + c \leq b + d$.
b) *Ist* $a \leq b$ *und* $c < d$, *so ist* $a + c < b + d$.

Wir beweisen nur einige dieser Regeln und machen von den Körperaxiomen dabei stillschweigend Gebrauch.

Beweis von (1a). $a < b$, also $a \leq b$. Nach L.3 folgt $a \leq c$. Entweder ist nun $a < c$ oder $a = c$. Falls $a = c$ ist, so ist $a \leq b$, $b \leq a$, deshalb $a = b$ nach L.2. Da aber $a < b$ ist, gilt auch: $a \neq b$. Die Annahme, a sei gleich c, führt also auf zwei einander widersprechende Aussagen: $a = b$ und $a \neq b$, und ist daher falsch. Folglich ist $a < c$.

Beweis von (3b). Aus $a \leq b$ folgt nach LK.1 $a + c \leq b + c$; aus $c < d$ folgt $c \leq d$ und (wieder nach LK.1) $b + c \leq b + d$. Daher ist auf Grund von Axiom L.3 $a + c \leq b + d$. Wäre nun $a + c = b + d$, so bestünden die Beziehungen

$$b + d = a + c \leq b + c \leq b + d,$$

also nach L.2 $b + d = b + c$ und daher $c = d$. Es ist aber nach Voraussetzung $c < d$, folglich $c \neq d$. Die Annahme „$a + c = b + d$" war also falsch; somit ist $a + c < b + d$.

In beiden Beweisen sind wir nach dem *Widerspruchsprinzip* vorgegangen: Um eine Aussage (etwa $a < c$) zu beweisen, nimmt man an, sie sei falsch, d. h. ihr Gegenteil richtig (im Beispiel: $a \geq c$). Hieraus und aus den übrigen Voraussetzungen leitet man dann ab, daß eine gewisse Aussage (etwa $a = b$) zugleich mit ihrem Gegenteil ($a \neq b$) gelten muß. Das ist aber unmöglich, und daher muß die zu beweisende Aussage richtig sein.

Bei diesem *indirekten* Beweisverfahren hat man den Vorteil, über eine Voraussetzung mehr zu verfügen (nämlich die verneinte Behauptung).

Definition 4.1. *Ein Element $a \in \mathbb{R}$ heißt positiv, wenn $a > 0$ ist, negativ, wenn $a < 0$ ist.*

Mit dieser Definition gelten folgende Regeln:

(4) *a ist dann und nur dann positiv (negativ), wenn $-a$ negativ (positiv) ist.* (Dabei sei $-(+\infty) = -\infty$, $-(-\infty) = +\infty$.)

(5) *Das Produkt positiver Zahlen ist positiv, ebenso das Produkt negativer Zahlen. Ist a positiv, b negativ, so ist ab negativ.*

Beweis. Zu (4). Ist $a > 0$, so ist nach (3 b) $a - a > 0 - a$, also $0 > -a$, d. h. $-a$ negativ. Ist $-a$ negativ, d. h. $-a < 0$, so ist $a - a < a + 0$, also $0 < a$, d. h. a ist positiv.

Zu (5). a und b seien größer als 0. Dann ist $ab \neq 0$, da $\mathbb{R}$ nullteilerfrei ist, aber $ab \geq 0$ nach LK.2 und somit $ab > 0$. Sind a und b negativ, so sind $-a$ und $-b$ positiv, also $(-a)(-b) > 0$. Es ist aber $(-a)(-b) = -(a \cdot (-b)) = ab$. Ist schließlich $a > 0$ und $b < 0$, so ist $-b > 0$ und deshalb $a(-b) > 0$. Nun ist $a(-b) = -(ab)$; daher ist $ab < 0$.

Regel (5) kann man in dem üblichen *Vorzeichenschema*

$$+ \cdot + = +, \quad + \cdot - = -, \quad - \cdot + = -, \quad - \cdot - = +$$

zusammenfassen.

(6) *Aus $a < b$ und $0 < c$ folgt $ac < bc$.*

Beweis. Es ist $\quad 0 < b - a, \quad 0 < c,$
also $\quad\quad\quad\quad 0 < (b - a)c \quad\quad$ (Regel (5)),
$\quad\quad\quad\quad\quad 0 < bc - ac,$
$\quad\quad\quad\quad\quad ac < bc.$

(7) *Aus $a < b$ und $c < 0$ folgt $ac > bc$.*

Beweis. Da $c < 0$ ist, ist $-c > 0$; aus der vorigen Regel ergibt sich
$$a(-c) < b(-c),$$
$$-ac < -bc,$$
$$0 < ac - bc,$$
$$bc < ac.$$

(8) *Es ist $0 < 1$.*

Beweis. Da $0 \neq 1$ ist, muß entweder $0 < 1$ oder $1 < 0$ sein. Im zweiten Fall gälte $1 \cdot 1 > 0$ nach Regel (5), also wäre $1 > 0$ im Widerspruch zu Satz 4.1.

(9) *Aus $0 < a < b$ folgt $0 < 1/b < 1/a$.*

Beweis. $1/a$ ist positiv, weil $a(1/a) = 1$ und $a > 0$ gilt. Aus $a < b$ ergibt sich $1 < b/a$ und weiter $1/b < 1/a$ (Regel 6).

Definition 4.2. *Ist $a \in \mathbb{R}$, so heißt die Zahl*

$$|a| = \begin{cases} a, & \text{falls } a \geq 0 \text{ ist,} \\ -a, & \text{falls } a \leq 0 \text{ ist,} \end{cases}$$

der Absolutbetrag oder einfach Betrag von a.

Auf der Zahlengeraden ist $|a|$ gerade der „Abstand" zwischen 0 und a.

Satz 4.2. (Eigenschaften des Absolutbetrages).
(α) *Es ist $|a| \geq 0$; $|a| = 0$ gilt genau dann, wenn $a = 0$ ist.*
(β) $|ab| = |a| \cdot |b|$.
(γ) *(Dreiecksungleichung)* $|a + b| \leq |a| + |b|$.

Für Vektoren in der Ebene besagt Ungleichung (γ): Die Summe der Längen zweier Seiten eines Dreiecks ist mindestens so groß wie die Länge der dritten Seite. So erklärt sich der Name.

Beweis von Satz 4.2. Eigenschaft (α) folgt unmittelbar aus der Definition von $|a|$ und Regel (4). Um Eigenschaft (β) nachzuweisen, bemerken wir zunächst, daß stets $a = |a|$ oder $a = -|a|$ ist. Also gilt $ab = |a| \cdot |b|$ oder $= -|a| \cdot |b|$. Im ersten Fall ist $ab \geq 0$, daher $ab = |ab|$; im zweiten Fall ist $ab \leq 0$, somit $|ab| = -ab = |a| \cdot |b|$. In beiden Fällen gilt die Gleichung. — Den Beweis der Dreiecksungleichung verschieben wir auf den Schluß dieses Paragraphen.

Satz 4.3. *ε sei eine positive reelle Zahl. Für $x \in \mathbb{R}$ sind dann folgende Aussagen äquivalent:*

a. $|x| \leq \varepsilon$.
b. $-\varepsilon \leq x \leq \varepsilon$.

Beweis. a) Es sei $|x| \leq \varepsilon$. Ist $x \geq 0$, so ist $-\varepsilon \leq x$ und außerdem $x = |x| \leq \varepsilon$. Ist $x \leq 0$, so ist $x \leq \varepsilon$, ferner $|x| = -x \leq \varepsilon$, also $x \geq -\varepsilon$.

b) Es sei $-\varepsilon \leq x \leq \varepsilon$. Wenn $x \geq 0$ ist, so ist $|x| = x \leq \varepsilon$; wenn aber $x \leq 0$ ist, so ist wegen $-\varepsilon \leq x$ sicher $\varepsilon \geq -x = |x|$.

Die Behauptung von Satz 4.3 gilt natürlich auch, wenn man die gewöhnlichen durch die strengen Ungleichungen $-\varepsilon < x < \varepsilon$ bzw. $|x| < \varepsilon$ ersetzt (man verwende zum Beweis Regel (1)). Ist allgemeiner $x_0 \in \mathbb{R}$, so ist die Menge

$$U_\varepsilon(x_0) = \{x : |x - x_0| < \varepsilon\}$$

mit der Menge $(x_0 - \varepsilon, x_0 + \varepsilon)$ identisch. Es ist nämlich $|x - x_0| < \varepsilon$ genau dann, wenn $-\varepsilon < x - x_0 < \varepsilon$ ist (Satz 4.3); das aber ist dann und nur dann der Fall, wenn $x_0 - \varepsilon < x < x_0 + \varepsilon$ ist.

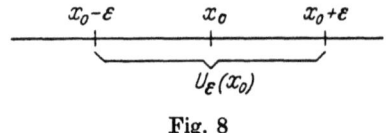

Fig. 8

Aus Satz 4.3 ergibt sich nun ganz leicht die Dreiecksungleichung. Wir dürfen annehmen, daß $|a| + |b| > 0$ ist. Dann folgt:
$$-|a| \leq a \leq |a|,$$
$$-|b| \leq b \leq |b|;$$
also
$$-(|a| + |b|) \leq a + b \leq |a| + |b|;$$
d. h. (nach Satz 4.3) $\quad |a + b| \leq |a| + |b|$.

Durch vollständige Induktion nach der Anzahl der Summanden verallgemeinert man die Dreiecksungleichung zu der Formel
$$\left| \sum_{\nu=1}^{n} a_\nu \right| \leq \sum_{\nu=1}^{n} |a_\nu|, \quad a_\nu \in \mathbb{R}.$$

Schließlich folgt aus Satz 4.2 noch:
$$|a - b| \geq |a| - |b|.$$
Es ist nämlich $\quad |a| = |b + a - b| \leq |b| + |a - b|$.

§ 5. Das Axiom vom Dedekindschen Schnitt

Wir kommen nun zur Besprechung des Axioms L.6, das wir zunächst noch einmal formulieren wollen.

Definition 5.1. *Ein Dedekindscher Schnitt ist ein Paar von Mengen* (M_u, M_o), *beides Teilmengen von* $\mathbb{R}$, *mit folgenden Eigenschaften:*

α) $M_u, M_o \neq \emptyset$.
β) $M_u \cup M_o = \mathbb{R}$.
γ) $M_u \leq M_o$.

M_u *heißt Untermenge*, M_o *Obermenge des Schnittes*.

Axiom vom Dedekindschen Schnitt. *Zu jedem Dedekindschen Schnitt* (M_u, M_o) *gibt es ein Element* $s \in \mathbb{R}$ *mit*
$$M_u \leq s \leq M_o.$$

Es sei nun (M_u, M_o) ein Dedekindscher Schnitt, und s_1, s_2 seien

zwei Elemente in $\bar{\mathbb{R}}$, für die gilt:
$$M_u \leqq s_1 \leqq M_o, \quad M_u \leqq s_2 \leqq M_o.$$
Nehmen wir an, es sei $s_1 < s_2$. Es gibt dann eine Zahl t mit $s_1 < t < s_2$. Sind nämlich $s_1, s_2 \in \mathbb{R}$, so setze man $t = (s_1 + s_2)/2$, ist $s_1 = -\infty$, aber $s_2 \in \mathbb{R}$, so wähle man $t = s_2 - 1$, ist $s_1 \in \mathbb{R}$, $s_2 = +\infty$, so sei $t = s_1 + 1$, ist $s_1 = -\infty$, $s_2 = +\infty$, so sei $t = 0$. Gehörte t zu M_u, so gälte $t \leqq s_1$ im Widerspruch zur Ungleichung $s_1 < t$, wäre t ein Element von M_o, so hätte man $s_2 \leqq t$ — es ist aber $t < s_2$. Also ist $t \notin M_u \cup M_o = \bar{\mathbb{R}}$ — und das ist auch unmöglich. Ist $s_1 < s_2$, so erhalten wir also einen Widerspruch, ebenso natürlich, wenn $s_2 < s_1$ ist. Folglich ist $s_1 = s_2$, und es gilt:

Zu jedem Dedekindschen Schnitt (M_u, M_o) gibt es höchstens ein (nach dem Axiom daher genau ein) Element s mit $M_u \leqq s \leqq M_o$. Man nennt s die *Schnittzahl* von (M_u, M_o).

Man sieht weiterhin leicht ein, daß der Durchschnitt $M_u \cap M_o$ höchstens die Schnittzahl enthalten kann.

Satz 5.1. (M_u, M_o) *sei ein Dedekindscher Schnitt mit Schnittzahl s. Ist dann $a \in \bar{\mathbb{R}}$ und $a < s$, so ist $a \in M_u$; ist $a > s$, so liegt a in M_o.*

Beweis. Es sei $a < s$. Dann gilt nicht: $s \leqq a$, und daher liegt a nicht in M_o. Da $a \in M_u \cup M_o$, gilt: $a \in M_u$. Entsprechend zeigt man die andere Behauptung des Satzes.

Satz 5.2 (Satz von ARCHIMEDES). *Zu jeder reellen Zahl a gibt es eine natürliche Zahl n, die größer als a ist.*

Beweis. Es sei
$$M_u = \{x \in \bar{\mathbb{R}} : \text{es gibt ein } n \in \mathbb{N}, \text{ so daß } x < n\},$$
$$M_o = \{x \in \bar{\mathbb{R}} : \text{für jedes } n \in \mathbb{N} \text{ ist } n \leqq x\}.$$

Das Paar (M_u, M_o) ist ein Dedekindscher Schnitt. Es ist nämlich $-\infty \in M_u$, $+\infty \in M_o$, also ist keine der beiden Mengen leer. Für jedes $x \in \bar{\mathbb{R}}$ gilt entweder: x wird von einer natürlichen Zahl übertroffen, und dann liegt x in M_u, oder: x ist mindestens so groß wie jede natürliche Zahl, und dann ist $x \in M_o$. Also ist $M_u \cup M_o = \bar{\mathbb{R}}$. Ist weiter $x \in M_u$, $y \in M_o$, so gibt es ein $n \in \mathbb{N}$ mit $x < n$. Es ist aber $n \leqq y$, also $x < n \leqq y$ und daher $x < y$. Somit ist $M_u \leqq M_o$ (sogar $M_u < M_o$). Nach dem Axiom vom Dedekindschen Schnitt gibt es eine Schnittzahl s. Es gilt: $s > -\infty$, da $1 \leqq s$. Angenommen, s läge in $\mathbb{R}$! Nach Satz 5.1 ist $s - 1 \in M_u$ und $s + 1 \in M_o$. Es gibt also eine natürliche Zahl n, so daß $s - 1 < n$ ist. Daher:
$$s - 1 + 2 < n + 2,$$
$$s + 1 < n + 2.$$
Da aber $n + 2$ auch eine natürliche Zahl ist, müßte $n + 2 \leqq s + 1$

nach Definition von M_0 sein. s liegt also nicht in $\mathbb{R}$ und ist nicht $-\infty$, daher gilt: $s = +\infty$ und $M_u = \mathbb{R} \cup \{-\infty\}$.

Folgerung. *Zu jeder positiven Zahl ε gibt es eine natürliche Zahl n_0, o daß für alle natürlichen Zahlen $n \geq n_0$ gilt:*

$$\frac{1}{n} < \varepsilon.$$

Diese Folgerung ist für uns wichtiger als der Satz des ARCHIMEDES; sie zeigt, daß die Folge der Zahlen $1, \frac{1}{2}, \frac{1}{3}, \ldots$ „beliebig klein" wird und es keine kleinste positive Zahl gibt.

Beweis der Folgerung. Nach Satz 5.2 gibt es ein $n_0 \in \mathbb{N}$ mit $n_0 > 1/\varepsilon$. Ist $n \geq n_0$, $n \in \mathbb{N}$, so ist erst recht $1/\varepsilon < n$ und nach § 4, Regel 9, $\varepsilon > 1/n$.

Aus dem Schnittaxiom folgt weiter

Satz 5.3. *Es gibt eine positive reelle Zahl s mit $s^2 = 2$.*

Beweis. Es sei
$$M_u = \{x \in \overline{\mathbb{R}}: x \leq 0\} \cup \{x \in \mathbb{R}: x \geq 0 \text{ und } x^2 \leq 2\},$$
$$M_0 = \{x \in \overline{\mathbb{R}}: x \geq 0 \text{ und } x^2 \geq 2\} \cup \{+\infty\}.$$

Wir zeigen zunächst, daß (M_u, M_0) ein Dedekindscher Schnitt ist, und dann, daß das Quadrat der Schnittzahl 2 ergibt.

Offenbar sind M_u und M_0 nicht leer und $M_u \cup M_0 = \overline{\mathbb{R}}$.

Es sei nun $a \in M_u$, $b \in M_0$, $a, b \neq \pm \infty$. Ist a negativ, so ist $a \leq b$, da $b \geq 0$ ist. Ist $a \geq 0$, so ist $a^2 \leq 2 \leq b^2$, also $a^2 \leq b^2$. Wäre $a > b$, so gälte, da $b \geq 0$ ist, $a^2 > b^2$ nach §4, Regel (6). Also ist auch $a \leq b$. Natürlich gilt diese Ungleichung erst recht, wenn $a = -\infty$ oder $b = +\infty$ ist. Deshalb ist (M_u, M_0) ein Dedekindscher Schnitt.

Die Schnittzahl s ist jedenfalls ≥ 1 (da $1 \in M_u$) und $\neq +\infty$. Ist n irgendeine natürliche Zahl, so ist $(1/n)^2 < 2$ und deshalb $1/n < s$. Es bestehen somit die Ungleichungen

$$\left(s - \frac{1}{n}\right)^2 \leq 2 \leq \left(s + \frac{1}{n}\right)^2 \qquad \text{(Satz 5.1)},$$

$$s^2 - 2\frac{s}{n} + \frac{1}{n^2} \leq 2 \leq s^2 + 2\frac{s}{n} + \frac{1}{n^2},$$

$$s^2 - \frac{2s}{n} < 2 < s^2 + \frac{3s}{n} \qquad \left(\text{da } \frac{1}{n^2} < \frac{s}{n}\right),$$

$$\frac{s^2 - 2}{2s} < \frac{1}{n} \quad \text{und} \quad -\frac{1}{n} < \frac{s^2 - 2}{3s}$$

für jedes n. Das ist aber nach der Folgerung zum Satz von ARCHI-

MEDES nur möglich, wenn
$$\frac{s^2-2}{2s} \leqq 0 \leqq \frac{s^2-2}{3s}$$
ist und daher — s ist ja positiv —
$$s^2 - 2 \leqq 0 \leqq s^2 - 2;$$
also: $\qquad s^2 = 2$.

Die so gefundene positive Lösung der Gleichung $x^2 = 2$, wir nennen sie $+ \sqrt{2}$, ist eindeutig bestimmt; ist $t > 0$ eine weitere Lösung, so ergibt sich nämlich
$$0 = 2 - 2 = s^2 - t^2 = (s+t)(s-t)$$
und, da $s + t > 0$ ist, $s - t = 0$.

Das Axiom L.6 gilt nicht für jeden geordneten Körper, wie der folgende Satz zeigt.

Satz 5.4. *Es gibt keine rationale Zahl, deren Quadrat 2 ist.*

Beweis. Wir führen den Beweis durch Widerspruch. Angenommen, r sei eine rationale Zahl mit $r^2 = 2$. Dann gibt es ganze Zahlen p und q, $q > 0$, ohne gemeinsamen Teiler, so daß $r = p/q$ ist. Also gilt
$$\left(\frac{p}{q}\right)^2 = \frac{p^2}{q^2} = 2,$$
$$p^2 = 2q^2.$$

p^2 und, wie man sich sofort klarmacht, damit auch p ist folglich eine gerade Zahl. Demnach ist
$$p = 2p' \qquad \text{(mit } p' \in \mathbb{Z}\text{),}$$
$$2q^2 = p^2 = 4p'^2,$$
$$q^2 = 2p'^2.$$

Auch q^2 und deshalb ebenfalls q ist gerade! Die Zahlen p und q haben also — entgegen unserer Annahme — einen gemeinsamen Teiler.

Setzt man $\overline{\mathbb{Q}} = \mathbb{Q} \cup \{-\infty, +\infty\}$, so gelten in $\overline{\mathbb{Q}}$ alle Axiome der §§ 3, 4 mit Ausnahme des Schnittaxioms. Ein Axiomensystem, das aus den Axiomen der vorigen Paragraphen ohne L.6 besteht, hätte sehr verschiedenartige Modelle, etwa $\mathbb{Q}$, $\mathbb{R}$ und noch viele andere Körper. Gibt es nun auch einen von $\mathbb{R}$ verschiedenen Körper, der allen Axiomen A bis LK genügt, einschließlich des Vollständigkeitsaxioms?

Mit Hilfe des Isomorphiebegriffes ist es nicht schwer, diese Frage zu präzisieren und dann so zu beantworten: $\mathbb{R}$ *ist „bis auf (ordnungs-*

erhaltende) Isomorphie" der einzige Körper, in dem alle angeführten Axiome gelten.

Schlußbemerkung

Anstatt die reellen Zahlen als gegeben anzusehen, kann man sie aus den natürlichen Zahlen konstruieren; geht man dabei genauso unbefangen mit Mengen um, wie wir es hier getan haben, so kommt man auf einem längeren Weg zu denselben Ergebnissen. Wesentlich andere Resultate erhält man, wenn man die Möglichkeit, Mengen zu definieren, einschränkt: Das Axiom vom Dedekindschen Schnitt muß dann abgewandelt werden, und zahlreiche der späteren Sätze gelten nicht, legt man den so modifizierten Zahlbegriff zugrunde, oder müssen wenigstens auf schwierigerem Wege bewiesen werden. Das ist z. B. der Fall, wenn man die Existenz der Menge aller Teilmengen der natürlichen oder rationalen Zahlen (der *Potenzmenge*) leugnet.

Das Verhältnis zwischen der „naiven" Theorie der reellen Zahlen, wie wir sie hier dargestellt haben, und den eben erwähnten „konstruktiven" Theorien ist noch nicht restlos geklärt; die Frage, wie weit jede dieser Theorien „richtig" ist, läßt sich nur durch Berufung auf philosophische Überzeugungen beantworten und gehört nicht mehr in die Mathematik.

II. Kapitel
Mengen und Folgen
§ 1. Beschränkte Mengen

Definition 1.1. *Ist $M \subset \mathbb{R}$ eine nichtleere Teilmenge, so heißt ein Punkt $a \in \mathbb{R}$ eine obere Schranke von M, wenn $M \leq a$ ist.*

Offenbar ist $+\infty$ obere Schranke für jede Menge, doch gibt es im allgemeinen kleinere obere Schranken.

Definition 1.2. *Ein Punkt $s \in \mathbb{R}$ heißt obere Grenze oder Supremum von M, in Zeichen: $s = \sup M$, wenn er kleinste obere Schranke ist.*

Jede Menge hat höchstens eine obere Grenze, die natürlich nicht zur Menge zu gehören braucht. Der Punkt s ist genau dann das Supremum von M, wenn kein Punkt von M größer als s ist, wenn es aber zu jedem $s' < s$ ein $a \in M$ gibt mit $s' < a$. Wie wir wissen, enthält eine unendliche Menge reeller Zahlen nicht notwendig ein kleinstes Element — die Existenz einer kleinsten oberen Schranke zu einer Menge M ist also keineswegs selbstverständlich. Sie wird durch den folgenden Satz, den wichtigsten dieses Kapitels, gesichert.

Satz 1.1. *Jede nichtleere Menge $M \subset \mathbb{R}$ besitzt eine obere Grenze.*

Beweis. Es sei

$M_u = \{x \in \bar{\mathbb{R}}: \text{ es gibt ein } a \in M \text{ mit } x \leq a\},$
$M_o = \{x \in \bar{\mathbb{R}}: M \leq x\}.$

(M_u, M_o) ist ein Dedekindscher Schnitt, wie wir nun verifizieren. Da $-\infty \in M_u$, $+\infty \in M_o$ gilt, ist keine der beiden Mengen leer, und offenbar gehört auch jedes $x \in \bar{\mathbb{R}}$ zu einer von ihnen. Ist schließlich $x \in M_u$, $y \in M_o$, so gibt es ein $a \in M$ mit $x \leq a$; für dieses a gilt aber auch $a \leq y$, also $x \leq y$.

Es sei s der durch den Schnitt (M_u, M_o) bestimmte Punkt von $\bar{\mathbb{R}}$. Wir wollen zeigen, daß $s = \sup M$ ist. — Ist $x \in M$, so ist $x \leq x$, d. h. $M \subset M_u$. Nun ist $M_u \leq s$; daher ist s eine obere Schranke von M. Falls s' irgendeine obere Schranke von M ist, so gehört s' zu M_o und ist folglich nicht kleiner als s. Somit ist s die kleinste obere Schranke.

In Analogie zum Begriff der oberen Schranke und oberen Grenze führt man die Begriffe „untere Schranke" bzw. „untere Grenze" ein:

Definition 1.3. *Eine untere Schranke zu einer nichtleeren Menge $M \subset \bar{\mathbb{R}}$ ist ein Punkt $b \in \bar{\mathbb{R}}$ mit $b \leq M$. Die größte untere Schranke von M heißt Infimum oder untere Grenze von M und wird mit $\inf M$ bezeichnet.*

Demnach ist s genau dann das Infimum von M, wenn $s \leq M$ ist und es zu jedem $s' > s$ ein $a \in M$ mit $s' > a$ gibt. Genau wie Satz 1.1 beweist man

Satz 1.2. *Jede nichtleere Menge M besitzt ein (eindeutig bestimmtes) Infimum.*

Ist b eine beliebige untere, a irgendeine obere Schranke, so gelten die Ungleichungen

$$-\infty \leq b \leq \inf M \leq M \leq \sup M \leq a \leq +\infty.$$

Es sei $M \subset \bar{\mathbb{R}}$ wieder eine nichtleere Menge. Wir setzen dann $-M = \{-x: x \in M\}$, wobei wieder $-(+\infty) = -\infty$, $-(-\infty) = +\infty$ sein soll, und beweisen die beiden Formeln

(1) $\qquad \sup(-M) = -\inf M,$
(2) $\qquad \inf(-M) = -\sup M.$

Beweis. Es sei $\sup(-M) = s$. Dann ist $-M \leq s$ und deshalb $M \geq -s$, $-s$ also eine untere Schranke von M. Wenn t irgendeine untere Schranke von M ist, so ist $t \leq M$, $-t \geq -M$, also $-t \geq s$ und somit $t \leq -s$. Damit ist Formel (1) bewiesen. Formel (2) ergibt sich aus (1):

$$-\sup M = -(-\inf(-M)) = \inf(-M),$$

denn es ist ja $-(-M) = M$.

Definition 1.4. *Eine Menge $M \neq \emptyset$ heißt nach oben (nach unten) beschränkt, wenn $\sup M < +\infty$ ($\inf M > -\infty$) ist. Ist M nach oben und nach unten beschränkt, so heißt M beschränkt.*

Die Menge $\mathbb{N}$ der natürlichen Zahlen ist nach unten beschränkt, aber nicht nach oben. Offenbar ist $\inf \mathbb{N} = 1$, während nach dem Satz des ARCHIMEDES $\sup \mathbb{N} = +\infty$ ist. Da $\mathbb{N}$ nicht nach oben beschränkt ist, ist $-\mathbb{N}$ nicht nach unten beschränkt (Regel (2)) und die Menge $\mathbb{Z}$ der ganzen Zahlen weder nach oben noch nach unten beschränkt. Sind $a, b \in \mathbb{R}$, $a < b$, so ist das Intervall $I = (a, b)$ beschränkt, und zwar ist $\inf I = a$, $\sup I = b$.

Wenn M in $\mathbb{R}$ liegt, können wir die Menge $|M| = \{|x| : x \in M\}$ definieren; es gilt

Satz 1.3. *M ist dann und nur dann beschränkt, wenn es ein $r \in \mathbb{R}$ gibt mit $|M| < r$.*

Beweis. Falls M beschränkt ist, so gibt es Zahlen $a, b \in \mathbb{R}$ mit $a \leq M \leq b$. Setzen wir $r = \max(|a|, |b|) + 1$, so ist $|M| < r$.

Umgekehrt gebe es eine Zahl r mit $|M| < r$. Dann ist $-r < M < r$ also $-\infty < -r \leq \inf M \leq \sup M \leq r < +\infty$, d. h., M ist beschränkt.

§ 2. Punktfolgen

Es sei
$$(a_\nu) = a_1, a_2, a_3, a_4, \ldots$$
eine unendliche Folge von Elementen aus $\overline{\mathbb{R}}$. Wir nennen die a_ν die *Glieder* der Folge, a_ν ist das ν-te Glied. Für verschiedene Indizes ν und μ dürfen a_ν und a_μ durchaus gleich sein. Falls alle Glieder der Folge zu $\mathbb{R}$ gehören, nennen wir (a_ν) eine *Zahlenfolge;* sind die a_ν beliebig in $\overline{\mathbb{R}}$, sprechen wir von einer *Punktfolge.*

Definition 2.1. *Zwei Folgen (a_ν) und (b_ν) sind dann und nur dann gleich, wenn für jedes $\nu \in \mathbb{N}$ die Gleichung $a_\nu = b_\nu$ besteht.*

Zum Beispiel ist die Folge der natürlichen Zahlen $1, 2, 3, 4, \ldots$ verschieden von der Folge $2, 1, 3, 4, \ldots$.

Spricht man von verschiedenen Gliedern einer Folge, so meint man meistens Glieder mit verschiedenem Index (die an verschiedenen Stellen der Folge auftreten), also a_ν und a_μ mit $\nu \neq \mu$; man will damit nicht sagen, es sei $a_\nu \neq a_\mu$. Analog sagt man, unendlich viele Glieder der Folge (a_ν) hätten eine bestimmte Eigenschaft, wenn es unendlich viele $\nu \in \mathbb{N}$ gibt, für die a_ν diese Eigenschaft hat. Zum Beispiel sind in der Folge $-1, 1, -1, 1, \ldots$ unendlich viele Glieder positiv. Dieser Sprachgebrauch ist bequem, aber gelegentlich verwirrend.

Jede Folge (a_ν) bestimmt eine Teilmenge $\{a_\nu\}$ von $\mathbb{R}$, nämlich
$$\{a_\nu\} = \{x \in \mathbb{R} \colon \text{es gibt ein } \nu \text{ mit } x = a_\nu\}.$$
Verschiedene Folgen können aber dieselbe Menge bestimmen; so gehört zu den Zahlenfolgen

$$1, 2, 3, 4, 5, 6, \ldots,$$
$$2, 1, 4, 3, 6, 5, \ldots$$

jeweils die Menge der natürlichen Zahlen. Auch kann, obwohl definitionsgemäß Punktfolgen stets unendlich sein sollen, die ihnen zugeordnete Menge endlich sein, etwa bei der *konstanten Folge* $1, 1, 1, \ldots$: Die zugehörige Menge enthält nur die Zahl 1.

Definition 2.2. *Eine Teilmenge M von $\mathbb{R}$ heißt abzählbar, wenn es eine Punktfolge (a_ν) gibt, deren zugehörige Menge gerade M ist.*

Jede endliche Menge ist abzählbar, ebenso die Menge der natürlichen Zahlen oder die der ganzen Zahlen. Es gilt sogar

Satz 2.1. *Die Menge $\mathbb{Q}$ der rationalen Zahlen ist abzählbar.*

Beweis. Wir müssen nur zeigen, daß die positiven rationalen Zahlen $\mathbb{Q}^+$ eine abzählbare Menge bilden. Bestimmt nämlich eine Zahlenfolge (a_ν) die Menge $\mathbb{Q}^+$, so tritt in der Folge

$$0, a_1, -a_1, a_2, -a_2, a_3, -a_3, \ldots$$

jede rationale Zahl auf. — Da sich nun jede positive rationale Zahl als Bruch $r = p/q$ schreiben läßt, kommen in dem Zahlenschema

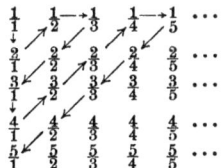

alle positiven rationalen Zahlen vor. Man kann aber die Elemente dieses Schemas zu einer Folge anordnen, indem man längs des eingezeichneten Linienzuges zählt:

$$\tfrac{1}{1}, \tfrac{2}{1}, \tfrac{1}{2}, \tfrac{1}{3}, \tfrac{2}{2}, \tfrac{3}{1}, \tfrac{4}{1}, \tfrac{3}{2}, \tfrac{2}{3}, \tfrac{1}{4}, \ldots.$$

Damit ist der Satz bewiesen.

Die reellen Zahlen bilden keine abzählbare Menge. Es gilt genauer

Satz 2.2. *Ein offenes Intervall ist nicht abzählbar.*

Beweis. Man sieht sofort, daß man die Behauptung nur für das offene Einheitsintervall $I = (0, 1)$ beweisen muß. Es sei (a_ν) irgendeine Folge von Elementen von I. Jedes a_ν wird durch einen unend-

lichen Dezimalbruch
$$a_\nu = 0{,}b_{\nu 1} b_{\nu 2} b_{\nu 3} b_{\nu 4} b_{\nu 5} \ldots$$
mit $b_{\nu\mu} \in \{0, 1, \ldots, 9\}$ dargestellt. Wir definieren nun folgendermaßen eine reelle Zahl $c \in I$:

Es sei $\qquad c = 0{,}c_1 c_2 c_3 \ldots$

und

$c_1 = 2$,	falls $b_{11} = 1$ ist,
$c_1 = 1$,	falls $b_{11} \neq 1$ ist,
$c_2 = 2$,	falls $b_{22} = 1$ ist,
$c_2 = 1$,	falls $b_{22} \neq 1$ ist,
. . . .	. . . .
$c_\nu = 2$,	falls $b_{\nu\nu} = 1$ ist,
$c_\nu = 1$,	falls $b_{\nu\nu} \neq 1$ ist,
usw.	

Die Zahl c gehört zu I, kommt aber in der Folge (a_ν) nicht vor: In der Tat unterscheidet sich c von a_ν bestimmt an der ν-ten Stelle der Dezimalbruchentwicklung. Die Entwicklung von c ist aber eindeutig bestimmt, da von keiner Stelle an nur die Ziffer 9 oder nur die Ziffer 0 in ihr vorkommt. — Keine Folge kann also alle Elemente von I enthalten, d. h. I ist nicht abzählbar.

Wir besprechen nun einige Beispiele von Zahlenfolgen.

1. $(a_\nu) = (1/\nu)$. Es handelt sich also um die Zahlenfolge

$$1, \tfrac{1}{2}, \tfrac{1}{3}, \ldots;$$

die zugehörige Menge ist die Menge aller Stammbrüche

$$\{a_\nu\} = \{a : \text{es gibt ein } \nu \in \mathbb{N} \text{ mit } a = 1/\nu\}.$$

Wir wollen $\inf\{a_\nu\}$ und $\sup\{a_\nu\}$ berechnen. Offenbar ist $\sup\{a_\nu\} = 1$. Da $1/\nu > 0$ gilt, ist $\inf\{a_\nu\} \geq 0$. Zu $\varepsilon > 0$ gibt es eine natürliche Zahl ν_0 mit $1/\nu_0 < \varepsilon$; daher ist $\inf\{a_\nu\} = 0$.

2. $(a_\nu) = ((-1)^\nu (1/\nu))$. Aufeinanderfolgende Glieder dieser Folge haben verschiedenes Vorzeichen:

$$(a_\nu) = -1, \ +\tfrac{1}{2}, \ -\tfrac{1}{3}, \ +\tfrac{1}{4}, \ldots.$$

Es ist $\inf\{a_\nu\} = -1$, $\sup\{a_\nu\} = \tfrac{1}{2}$.

3. Die Folge $(b_\nu) = (1/(2\nu + 1))$ ist eine *Teilfolge* der ersten Zahlenfolge:

$$b_\nu = a_{2\nu+1} \quad \text{mit} \quad a_\nu = \frac{1}{\nu}.$$

4. Man kann eine Folge auch induktiv erklären, wie im folgenden Beispiel:

$$a_1 = 1; \quad a_{\nu+1} = \frac{a_\nu}{2} \quad \text{für} \quad \nu \geq 1.$$

Durch diese Vorschrift erhält man die Zahlenfolge $1, \tfrac{1}{2}, \tfrac{1}{4}, \tfrac{1}{8}, \ldots$.

Auf Grund der vorangehenden Beispiele treffen wir einige Definitionen.

Definition 2.3. *Eine Punktfolge (a_ν) heißt Teilfolge der Punktfolge (b_ν), wenn sie durch Fortlassen von Gliedern unter Beibehaltung der Reihenfolge aus (b_ν) entsteht.*

Definition 2.4. *Die Folge (a_ν) heißt nach oben (nach unten bzw. schlechthin) beschränkt, wenn die Menge $\{a_\nu\}$ nach oben (nach unten bzw. schlechthin) beschränkt ist. Ein Punkt $a \in \mathbb{R}$ heißt obere (untere) Schranke der Folge (a_ν), wenn a obere (untere) Schranke der Menge $\{a_\nu\}$ ist. Unter dem Supremum (Infimum) von (a_ν) versteht man das Supremum (Infimum) der Menge $\{a_\nu\}$:*

$$\sup a_\nu = \sup \{a_\nu\}; \quad \inf a_\nu = \inf \{a_\nu\}.$$

Die Begriffe „Folge" und „Teilfolge" haben wir in diesem Paragraphen nicht explizit definiert, d. h. auf uns schon bekannte mathematische Begriffe zurückgeführt, weil das zu ihrem Verständnis unnötig ist. Es ist aber nicht schwer — nur umständlich —, präzise Definitionen anzugeben.

§ 3. Der Umgebungsbegriff

Definition 3.1. *Es sei ε eine positive reelle Zahl und x_0 ein Punkt von $\mathbb{R}$. Unter der ε-Umgebung von x_0 verstehen wir die Menge*

$$U_\varepsilon(x_0) = \{x \in \mathbb{R}: |x - x_0| < \varepsilon\}.$$

$U_\varepsilon(x_0)$ ist gerade das offene Intervall der Länge 2ε mit x_0 als Mittelpunkt.

Es seien nun $U_{\varepsilon_1}(x_0)$ und $U_{\varepsilon_2}(x_0)$ zwei ε-Umgebungen desselben Punktes x_0. Wir können die Numerierung so wählen, daß $\min(\varepsilon_1, \varepsilon_2) = \varepsilon_1$ ist. Dann ist $U_{\varepsilon_1}(x_0)$ in $U_{\varepsilon_2}(x_0)$ enthalten und daher

$$U_{\varepsilon_1}(x_0) \cap U_{\varepsilon_2}(x_0) = U_{\varepsilon_1}(x_0) = U_{\min(\varepsilon_1, \varepsilon_2)}(x_0).$$

Der Durchschnitt von zwei ε-Umgebungen ist also wieder eine ε-Umgebung.

Definition 3.2. *Eine Menge $U \subset \mathbb{R}$ heißt Umgebung des Punktes $x_0 \in \mathbb{R}$, in Zeichen: $U = U(x_0)$, wenn es eine in U enthaltene ε-Umgebung von x_0 gibt.*

Jede ε-Umgebung von x_0 ist eine Umgebung von x_0, ganz gleich, wie klein $\varepsilon > 0$ gewählt wurde; aber auch $\mathbb{R}$ ist eine Umgebung von x_0 (Umgebungen brauchen nicht „klein" zu sein. Jedenfalls „umgeben" sie x_0 im anschaulichen Sinne).

Satz 3.1. *Sind U und V Umgebungen desselben Punktes x_0, so ist auch $U \cap V$ eine Umgebung von x_0.*

Beweis. U enthält etwa die ε_1-Umgebung $U_{\varepsilon_1}(x_0)$ von x_0, V die ε_2-Umgebung $U_{\varepsilon_2}(x_0)$. Dann ist

$$U_{\varepsilon_1}(x_0) \cap U_{\varepsilon_2}(x_0) \subset U \cap V$$

eine in $U \cap V$ enthaltene ε-Umgebung.

Als letzten Satz über Umgebungen beweisen wir das *Hausdorffsche Trennungsaxiom*[1]:

Satz 3.2. *Zu je zwei verschiedenen Punkten x und y gibt es Umgebungen U von x und V von y mit leerem Durchschnitt.*

Beweis. Nach Voraussetzung ist $\varrho = |y - x|$ positiv. Wenn wir nun $U = U_{\varrho/2}(x)$, $V = U_{\varrho/2}(y)$ setzen, so ist $U \cap V = \emptyset$. Gäbe es nämlich in $U \cap V$ einen Punkt, etwa z, so gälte

$$\begin{aligned}\varrho = |y - x| &= |y - z + z - x| \\ &\leq |y - z| + |z - x| \\ &< \frac{\varrho}{2} + \frac{\varrho}{2} = \varrho,\end{aligned}$$

und das ist unmöglich.

Mit Hilfe des Umgebungsbegriffes kann man *offene Mengen* einführen.

Definition 3.3. *Eine Teilmenge U von $\mathbb{R}$ heißt offen, wenn sie Umgebung für jeden ihrer Punkte ist.*

Wir hatten schon früher von offenen Intervallen gesprochen. Der folgende Satz zeigt, daß das berechtigt war.

Satz 3.3. *Offene Intervalle sind offene Mengen.*

Beweis. Es sei $I = (a, b)$ ein offenes Intervall und x_0 ein Punkt von I. Wir müssen nachweisen, daß eine gewisse ε-Umgebung von x_0 in I enthalten ist. Wir wählen $0 < \varepsilon = \min(b - x_0, x_0 - a)$. Dann gelten die Ungleichungen

$$\begin{aligned}x_0 - \varepsilon &= x_0 - \min(b - x_0, x_0 - a) \\ &= x_0 - (x_0 - a) \\ &= a\end{aligned}$$

und

$$\begin{aligned}x_0 + \varepsilon &= x_0 + \min(b - x_0) \\ &= x_0 + b - x_0 \\ &= b\,.\end{aligned}$$

Gehört also x zu $U_\varepsilon(x_0)$, so ist

$$a \leq x_0 - \varepsilon < x < x_0 + \varepsilon \leq b;$$

d. h., x liegt im Intervall I.

---

[1] Mit „Axiom" ist an dieser Stelle „Satz" gemeint.

Insbesondere ist jede ε-Umgebung eines Punktes offen; beliebige Umgebungen brauchen aber nicht offen zu sein. Die Halbgeraden $\{x \in \mathbb{R}: x < a\}$ bzw. $\{x \in \mathbb{R}: x > a\}$ sind weitere Beispiele für offene Mengen, ebenso ist $\mathbb{R}$ selbst offen.

Definition 3.4. *M und N seien Mengen reeller Zahlen mit $N \subset M$. N liegt dicht in M, wenn für jeden Punkt $x \in M$ und jede Umgebung $U = U(x)$ gilt:*

$$U \cap N \neq \emptyset.$$

Eine Menge liegt überall dicht, wenn sie dicht in $\mathbb{R}$ liegt.

Wir bezeichnen mit I irgendein Intervall, wobei Halbgeraden sowie die gesamte Zahlengerade ebenfalls als Intervalle angesehen werden sollen, und beweisen den wichtigen

Satz 3.4. *Wenn I mindestens zwei Punkte enthält, so liegen die Mengen $I \cap \mathbb{Q}$ und $I - \mathbb{Q}$ in I dicht.*

Beweis. a) Es seien r und s zwei reelle Zahlen mit $0 \leq r < s$. Nach dem Satz von ARCHIMEDES gibt es eine natürliche Zahl n, so daß $1/n < s - r$ ist; nach demselben Satz können wir ein $k \in \mathbb{N}$ mit $nr < k$ finden. Dabei kann k noch so gewählt werden, daß die Ungleichungen $k - 1 \leq nr < k$ bestehen. Dann gilt:

$$r < \frac{k}{n} = \frac{k-1}{n} + \frac{1}{n} \leq r + \frac{1}{n} < r + s - r = s.$$

Die rationale Zahl k/n liegt also im offenen Intervall (r, s). Hieraus folgt sofort, daß jedes offene Intervall mindestens eine rationale Zahl enthält. Ist nun $x_0 \in I$ und U irgendeine Umgebung von x_0, so ist, wenn $\varepsilon > 0$ klein genug gewählt wird, eins der beiden offenen Intervalle $(x_0 - \varepsilon, x_0)$ oder $(x_0, x_0 + \varepsilon)$ in $I \cap U$ enthalten. Damit enthält $I \cap U$ mindestens einen rationalen Punkt. $I \cap \mathbb{Q}$ liegt also dicht in I.

b) Da die rationalen Punkte eines offenen Intervalls eine abzählbare Menge bilden, offene Intervalle selbst aber nicht-abzählbare Punktmengen sind, gibt es in jedem solchen Intervall auch irrationale (nicht rationale) Zahlen. Wie unter a) folgt hieraus, daß $I - \mathbb{Q}$ dicht in I liegt.

Wir benutzen nun den Umgebungsbegriff, um *Häufungspunkte* von Mengen und Folgen zu erklären.

Definition 3.5. *Ein Punkt $a \in \mathbb{R}$ heißt Häufungspunkt einer Menge $M \subset \mathbb{R}$, wenn in jeder noch so kleinen Umgebung U von a unendlich viele Elemente von M liegen. Der Punkt $a \in \mathbb{R}$ heißt Häufungspunkt der Punktfolge (a_v), wenn in jeder Umgebung von a unendlich viele Glieder der Folge liegen.*

Beispiele.
(1) Aus dem Satz des ARCHIMEDES ergibt sich, daß die Folge $1, \frac{1}{2}, \frac{1}{3}, \ldots$ den Häufungspunkt 0 hat, denn in jeder ε-Umgebung von 0 liegen *fast alle* Glieder der Folge (d. h. alle mit höchstens endlich vielen Ausnahmen). Ebenso ist 0 Häufungspunkt der Menge $\{1/\nu\}$.

(2) Die Folge $a_\nu = (-1)^\nu$, $\nu = 1, 2, \ldots$, hat zwei Häufungspunkte, nämlich -1 und $+1$; die zur Folge gehörige Menge $\{-1, +1\}$ ist endlich und hat daher überhaupt keinen Häufungspunkt.

(3) Es gibt auch Folgen ohne Häufungspunkt; eine solche Folge ist beispielsweise $(a_\nu) = (\nu)$. Ist nämlich a irgendeine reelle Zahl, so liegt in der Umgebung $U = \{x: |x - a| < \frac{1}{3}\}$ höchstens eine natürliche Zahl.

Beispiel (2) zeigt, daß ein Häufungspunkt einer Folge (a_ν) nicht Häufungspunkt der Menge $\{a_\nu\}$ zu sein braucht. Offensichtlich gilt aber die Umkehrung:

Satz 3.5. *Es sei (a_ν) eine Punktfolge und a ein Häufungspunkt der Menge $\{a_\nu\}$. Dann ist a auch Häufungspunkt der Folge (a_ν).*

Definition 3.6. *Der limes superior einer nach oben beschränkten Punktfolge (a_ν) ist der Punkt*

$$x_0 = \limsup a_\nu = \inf\{x \in \mathbb{R}: x < a_\nu \text{ für höchstens endlich viele } \nu\}.$$

Ist die Folge nicht nach oben beschränkt, so existiert kein limes superior [1].

Statt $\limsup a_\nu$ schreibt man auch $\overline{\lim} a_\nu$. Da die in der Definition auftretende Menge

$$M = \{x \in \mathbb{R}: x < a_\nu \text{ für höchstens endlich viele } \nu\}$$

bei nach oben beschränkten Folgen nicht leer ist, existiert $\limsup a_\nu$ wirklich für derartige Folgen (Satz 1.2), und zwar gilt, wenn $b \in \mathbb{R}$ irgendeine obere Schranke von (a_ν) ist:

$$-\infty \leq \overline{\lim} a_\nu \leq b < +\infty.$$

Zur Kennzeichnung des limes superior kann, falls kein Folgenglied $+\infty$ ist, der folgende Satz dienen.

Satz 3.6. *Es sei (a_ν) eine Punktfolge, die niemals den Wert $+\infty$ annimmt. Für einen Punkt $x_0 \in \mathbb{R}$ sind dann die Aussagen (α) und (β) gleichwertig:*
(α) $x_0 = \limsup a_\nu$.
(β) *Es ist $x_0 \neq +\infty$, und zu jedem $x > x_0$ gibt es höchstens endlich viele a_ν mit $x \leq a_\nu$, zu jedem $x < x_0$ aber unendlich viele a_ν mit $x < a_\nu$.*

---
[1] Die Definition wird aus strukturellen Gründen so getroffen: Es sollen später vernünftige Aussagen über die Konvergenz gelten.

Beweis. a) Es sei $x_0 = \limsup a_\nu$ und
$$M = \{x \in \mathbb{R}: x < a_\nu \text{ für höchstens endlich viele } a_\nu\};$$
es ist also $x_0 = \inf M$. Falls nun $x > x_0$ ist, so gibt es einen Punkt $x' \in M$ mit $x' < x$. Es gibt höchstens endlich viele ν mit $x' < a_\nu$; nur für diese ν kann aber die Ungleichung $x \leq a_\nu$ bestehen. Ist $x < x_0$, so ist x erst recht kleiner als M; insbesondere ist x kein Element von M und wird daher von unendlich vielen Folgengliedern übertroffen. Der Punkt $x_0 = \overline{\lim} a_\nu$ hat also die Eigenschaft (β).

b) Nun sei x_0 ein Punkt von $\overline{\mathbb{R}}$, der die zweite Eigenschaft besitzt. Wir zeigen zuerst, daß die Folge (a_ν) nach oben beschränkt ist, und dann, daß x_0 ihr limes superior ist.

Nach Voraussetzung ist $x_0 < +\infty$; es gibt also einen Punkt $x_1 \in \mathbb{R}$ mit $x_0 < x_1$. Mit $a_{\nu_1}, \ldots, a_{\nu_k}$ seien alle Folgenglieder bezeichnet, für die $x_1 \leq a_{\nu_i}$ ist — es gibt ja höchstens endlich viele davon, und sie sind alle $< +\infty$. Setzen wir dann
$$b = \max(a_{\nu_1}, \ldots, a_{\nu_k}, x_1),$$
so ist b eine endliche obere Schranke von (a_ν).

Ist nun $x < x_0$, so kann x nicht zu M gehören, d. h. $x_0 \leq M$. Wenn aber $x > x_0$ ist, so wird jede Zahl x' mit $x > x' > x_0$ von höchstens endlich vielen Elementen der Folge übertroffen, liegt also in M. Daher ist x keine untere Schranke von M. Damit haben wir gezeigt, daß x_0 die größte untere Schranke von
$$M = \{x \in \mathbb{R}: x < a_\nu \text{ höchstens endlich oft}\}$$
ist, also die Gleichung $x_0 = \limsup a_\nu$ bewiesen.

Das Kriterium des Satzes 3.6 liefert einen einfachen Beweis von

Satz 3.7. *Ist der limes superior einer Folge (a_ν) eine reelle Zahl x_0, so ist x_0 der größte Häufungspunkt der Folge.*

Beweis. Für unendlich viele ν gilt die Ungleichung $x_0 - \varepsilon < a_\nu$, aber nur für endlich viele die Beziehung $x_0 + \varepsilon \leq a_\nu$; unendlich viele a_ν liegen also in $U_\varepsilon(x_0)$, ganz gleich, wie klein $\varepsilon > 0$ gewählt wurde. Demnach ist x_0 Häufungspunkt von (a_ν). — Wenn $x_1 > x_0$ ist, $x_1 \in \mathbb{R}$, so setzen wir $\varepsilon = (x_1 - x_0)/2$. Gäbe es unendlich viele Glieder der Folge (a_ν) in $U_\varepsilon(x_1)$, so gälte für diese a_ν die Ungleichung
$$x_0 + \varepsilon = x_1 - \varepsilon < a_\nu,$$
im Widerspruch zu Satz 3.6. Deshalb ist x_1 kein Häufungspunkt von (a_ν).

Definition 3.7. *Unter dem limes inferior einer nach unten beschränkten Folge (a_ν) versteht man den Punkt*
$$x_0 = \underline{\lim}\, a_\nu = \liminf a_\nu = \sup\{x \in \mathbb{R}: a_\nu < x \text{ für höchstens endlich viele } \nu\}.$$

Eine nicht nach unten beschränkte Folge hat keinen limes inferior.

Für den limes inferior gelten in Analogie zu den Sätzen 3.6 und 3.7 die Aussagen

Satz 3.8. *Es sei (a_ν) eine Punktfolge in $\mathbb{R} \cup \{+\infty\}$ und $x_0 \in \overline{\mathbb{R}}$. Genau dann ist $x_0 = \underline{\lim} a_\nu$, wenn gilt: $x_0 > -\infty$; zu jedem $x < x_0$ gibt es höchstens endlich viele a_ν mit $a_\nu \leq x$; zu jedem $x > x_0$ gibt es aber unendlich viele ν mit $a_\nu < x$.*

Satz 3.9. *Wenn $x_0 = \underline{\lim} a_\nu \in \mathbb{R}$ ist, so ist x_0 der kleinste Häufungspunkt der Folge (a_ν).*

Natürlich besteht, wenn $a > -\infty$ eine untere Schranke der Folge (a_ν) ist, die Ungleichung

$$-\infty < a \leq \underline{\lim} a_\nu \leq +\infty;$$

für eine schlechthin beschränkte Folge mit einer unteren Schranke a, einer oberen b (wobei $a, b \in \mathbb{R}$) und einem Häufungspunkt x_0 gilt:

$$-\infty < a \leq \underline{\lim} a_\nu \leq x_0 \leq \overline{\lim} a_\nu \leq b < +\infty.$$

Weiter hat man die folgenden Regeln:

1. $\overline{\lim}(-a_\nu) = -\underline{\lim} a_\nu$,
2. $\underline{\lim}(-a_\nu) = -\overline{\lim} a_\nu$.

Wir beweisen nur die erste Regel — die zweite kann man aus der ersten herleiten.

Die Folge (a_ν) ist genau dann nach unten beschränkt, wenn $(-a_\nu)$ nach oben beschränkt ist; außerdem gilt:

$$\begin{aligned}\overline{\lim}(-a_\nu) &= \inf\{x \in \mathbb{R}: \ x < -a_\nu \text{ für höchstens endlich viele } \nu\} \\ &= -\sup\{x \in \mathbb{R}: -x < -a_\nu \text{ für höchstens endlich viele } \nu\} \\ &= -\sup\{x \in \mathbb{R}: \ x > a_\nu \text{ für höchstens endlich viele } \nu\} \\ &= -\underline{\lim} a_\nu.\end{aligned}$$

Für beschränkte unendliche Folgen (a_ν) existieren $\overline{\lim} a_\nu$ und $\underline{\lim} a_\nu$ und sind beides Häufungspunkte. Also gilt

Satz 3.10 (BOLZANO/WEIERSTRASS). *Jede beschränkte unendliche Folge hat mindestens einen Häufungspunkt.*

Natürlich gibt es auch unbeschränkte Folgen, die Häufungspunkte haben; die Folge

$$\begin{aligned} a_{3\nu} &= 0, \\ a_{3\nu+1} &= \nu + 1, \\ a_{3\nu+2} &= -(\nu + 1), \end{aligned}$$

also $\quad 1, -1, 0, 2, -2, 0, 3, -3, \ldots$

hat genau einen Häufungspunkt (der daher größter und kleinster Häufungspunkt ist), aber weder einen limes superior noch einen limes inferior.

§ 4. Konvergenz

Wir können nun den wichtigsten Begriff der Analysis einführen.

Definition 4.1. *Eine Punktfolge a_ν, $\nu = 1, 2, \ldots$, heißt konvergent gegen eine Zahl x_0, wenn $\overline{\lim} a_\nu$ und $\underline{\lim} a_\nu$ existieren und beide gleich x_0 sind.*

Bei einer konvergenten Folge müssen also alle Glieder reelle Zahlen sein; daher sollen in diesem Paragraphen nur Zahlenfolgen betrachtet werden. — Konvergiert die Folge (a_ν) gegen x_0, so nennt man x_0 den *Grenzwert (Limes)* der Folge und schreibt

$$\lim_{\nu \to \infty} a_\nu = x_0$$

oder kürzer

$$a_\nu \to x_0.$$

Eine nicht konvergente Folge heißt *divergent*.

Unter Verwendung der Sätze 3.7 und 3.9 stellt man leicht fest: *Eine Folge (a_ν) konvergiert dann und nur dann, wenn sie beschränkt ist und genau einen Häufungspunkt hat* (der dann notwendig der Grenzwert der Folge ist). Zum Beispiel ist die Folge $a_\nu = 1/\nu$, $\nu = 1, 2, \ldots$ beschränkt und hat 0 als einzigen Häufungspunkt; daher ist

$$\lim_{\nu \to \infty} \frac{1}{\nu} = 0.$$

Bevor wir weitere Beispiele bringen, wollen wir eine Reihe von *Konvergenzkriterien* angeben, mit denen man oft leichter arbeiten kann als mit der Definition der Konvergenz selbst.

Satz 4.1. *Die Folge (a_ν) konvergiert genau dann gegen x_0, wenn in jeder Umgebung von x_0 alle Glieder der Folge mit höchstens endlich vielen Ausnahmen liegen.*

(Für: „alle bis auf endlich viele" werden wir ab jetzt: „fast alle" sagen.)

Beweis. a) Es sei $\lim_{\nu \to \infty} a_\nu = x_0$ und U irgendeine Umgebung von x_0. U enthält dann eine ε-Umgebung $U_\varepsilon(x_0)$. Da

$$x_0 = \overline{\lim} a_\nu = \underline{\lim} a_\nu$$

ist, gibt es nach den Sätzen 3.6 und 3.8 höchstens endlich viele a_ν, die nicht den Ungleichungen

$$x_0 - \varepsilon < a_\nu < x_0 + \varepsilon$$

genügen; fast alle a_ν liegen also in $U_\varepsilon(x_0)$ und damit in U.

b) Nun sei x_0 ein Punkt von $\mathbb{R}$, auf den das Kriterium unseres Satzes zutrifft. Ist ε irgendeine positive Zahl, so gibt es höchstens endlich viele a_ν außerhalb von $U_\varepsilon(x_0)$, etwa $a_{\nu_1}, \ldots, a_{\nu_r}$, und alle diese Punkte gehören zu $\mathbb{R}$. Für jedes ν gilt dann

$$|a_\nu| \leq \max(|x_0| + \varepsilon, |a_{\nu_1}|, \ldots, |a_{\nu_r}|);$$

die Folge (a_ν) ist daher beschränkt. — Nach Voraussetzung ist x_0 ein Häufungspunkt von (a_ν). Wenn $x_1 \neq x_0$ eine weitere reelle Zahl ist, so können wir auf Grund des Hausdorffschen Trennungsaxioms Umgebungen U_0, U_1 von x_0 bzw. x_1 mit leerem Durchschnitt finden. Da nun fast alle a_ν in U_0 liegen, gibt es höchstens endlich viele in U_1; x_1 ist demnach kein Häufungspunkt. Somit ist x_0 als einziger Häufungspunkt der beschränkten Folge (a_ν) ihr Grenzwert.

Aus diesem Kriterium folgt speziell, daß am Konvergenzverhalten einer Punktfolge durch Zufügen oder Weglassen endlich vieler Glieder $\neq \pm \infty$ nichts geändert wird und daß jede Teilfolge einer konvergenten Folge gegen denselben Grenzwert strebt.

Eine leichte Umformulierung von Satz 4.1 ist

Satz 4.2. *Es ist* $\lim\limits_{\nu \to \infty} a_\nu = x_0$ *dann und nur dann, wenn es zu jedem* $\varepsilon > 0$ *eine natürliche Zahl* ν_0 *gibt, so daß für alle* $\nu \geq \nu_0$ *die Ungleichung* $|a_\nu - x_0| < \varepsilon$ *besteht.*

Beweis. a) Nehmen wir an, $a_\nu \to x_0$, und $\varepsilon > 0$ sei gegeben. Dann gibt es nur endlich viele ν mit $a_\nu \notin U_\varepsilon(x_0)$; setzen wir also

$$\nu_0 = \max\{\nu: a_\nu \notin U_\varepsilon(x_0)\} + 1,$$

so ist für $\nu \geq \nu_0$

$$|a_\nu - x_0| < \varepsilon.$$

b) Ist das Kriterium des Satzes für eine Folge (a_ν) und eine reelle Zahl x_0 erfüllt und ist U irgendeine Umgebung von x_0, so wählen wir eine in U enthaltene ε-Umgebung $U_\varepsilon(x_0)$. Es gibt ein ν_0, so daß vom Index ν_0 ab alle a_ν zu $U_\varepsilon(x_0)$ gehören; d. h. fast alle a_ν liegen in $U_\varepsilon(x_0)$ und somit in U.

Die beiden vorangehenden Sätze lassen sich — in etwas unklarer Terminologie — so ausdrücken: *Eine konvergente Folge kommt ihrem Grenzwert — und nur diesem — beliebig nahe (unendlich nahe).*

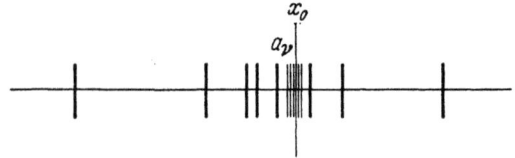

Fig. 9. Konvergenz einer Folge

Für eine wichtige Klasse von Folgen läßt sich ein besonders einfaches Konvergenzkriterium angeben.

Definition 4.2. *Eine Punktfolge (a_ν) heißt monoton wachsend, wenn für alle ν die Ungleichung $a_\nu \leq a_{\nu+1}$ gilt, streng monoton wachsend, wenn stets $a_\nu < a_{\nu+1}$ ist. Entsprechend nennt man (a_ν) (streng) monoton fallend, wenn $a_\nu \geq a_{\nu+1}$ (bzw. $a_\nu > a_{\nu+1}$) ist.*

Satz 4.3. *Eine monotone — d. h. monoton wachsende oder monoton fallende — Folge konvergiert genau dann, wenn sie beschränkt ist.*

Beweis. Die Notwendigkeit dieser Bedingung ist klar; wir müssen nur noch zeigen, daß sie auch hinreichend ist. Es sei also (a_ν) eine monoton wachsende beschränkte Folge (für monoton fallende Folgen verläuft der Beweis ganz ähnlich). Die Zahlen $\overline{\lim} a_\nu$ und $\underline{\lim} a_\nu$ existieren, und es ist $x_0 = \underline{\lim} a_\nu \leq \overline{\lim} a_\nu$. Wäre ein Glied der Folge, etwa a_{ν_0}, größer als x_0, so gälte $x_0 < a_{\nu_0} \leq a_\nu$ für alle $\nu \geq \nu_0$. Da dann höchstens endlich viele Glieder a_ν kleiner als a_{ν_0} wären, könnte nicht $x_0 = \underline{\lim} a_\nu$ sein.

x_0 ist also eine obere Schranke für die Folge (a_ν); deshalb ist $x_0 \geq \overline{\lim} a_\nu$ und somit $\underline{\lim} a_\nu = \overline{\lim} a_\nu$.

Wir stellen als nächstes ein allgemeines Konvergenzkriterium auf, das man anwenden kann, ohne den Grenzwert der zu untersuchenden Folge zu kennen.

Satz 4.4 (Cauchysches Konvergenzkriterium). *Eine Zahlenfolge (a_ν) konvergiert genau dann, wenn es zu jedem $\varepsilon > 0$ eine natürliche Zahl ν_0 gibt, so daß für jedes $\nu \geq \nu_0$ die Differenz*

$$|a_\nu - a_{\nu_0}| < \varepsilon$$

wird.

Beweis. a) Das Kriterium ist notwendig. — Es sei (a_ν) eine konvergente Zahlenfolge mit Grenzwert x_0 und ε eine positive Zahl. Nach Satz 4.2 gibt es ein $\nu_0 \in \mathbb{N}$, so daß für alle $\nu \geq \nu_0$

$$|a_\nu - x_0| < \frac{\varepsilon}{2}$$

ist. Es folgt

$$|a_\nu - a_{\nu_0}| = |a_\nu - x_0 + x_0 - a_{\nu_0}|$$
$$\leq |a_\nu - x_0| + |x_0 - a_{\nu_0}|$$
$$< \varepsilon.$$

b) Das Kriterium ist hinreichend. — Ist (a_ν) also eine Folge, die dem Cauchyschen Konvergenzkriterium genügt, so müssen wir ein $x_0 \in \mathbb{R}$ finden, das Grenzwert der Folge ist.

Es sei $\varepsilon > 0$ gegeben, und ν_0 sei eine natürliche Zahl, so daß $|a_\nu - a_{\nu_0}| < \varepsilon$ für $\nu \geq \nu_0$ ist. Dann ist

$$|a_\nu| < \varepsilon + |a_{\nu_0}|, \quad \nu = \nu_0, \nu_0 + 1, \ldots,$$

und daher gilt für jedes ν
$$|a_\nu| \leq \max(|a_1|, \ldots, |a_{\nu_0-1}|, |a_{\nu_0}| + \varepsilon).$$
Die Folge (a_ν) ist somit beschränkt. Wir setzen
$$x_1 = \underline{\lim}\, a_\nu; \quad x_2 = \overline{\lim}\, a_\nu.$$
Natürlich ist $x_1 \leq x_2$. Nehmen wir an, es sei $x_1 \neq x_2$. Wir setzen dann $\varepsilon = (x_2 - x_1)/4$ und wählen ein ν_0, so daß für alle $\nu \geq \nu_0$ die Ungleichung $|a_\nu - a_{\nu_0}| < \varepsilon$ besteht. Da x_1 und x_2 beides Häufungspunkte der Folge (a_ν) sind, gibt es unendlich viele ν mit $a_\nu \in U_\varepsilon(x_1)$ und unendlich viele mit $a_\nu \in U_\varepsilon(x_2)$. Wir wählen nun ein $\nu_1 \geq \nu_0$ mit $a_{\nu_1} \in U_\varepsilon(x_1)$ sowie ein $\nu_2 \geq \nu_0$ mit $a_{\nu_2} \in U_\varepsilon(x_2)$. Dann ist
$$\begin{aligned}|a_{\nu_2} - a_{\nu_1}| &= |x_2 - x_1 - ((x_2 - a_{\nu_2}) + (a_{\nu_1} - x_1))| \\ &\geq |x_2 - x_1| - |(x_2 - a_{\nu_2}) + (a_{\nu_1} - x_1)| \\ &\geq |x_2 - x_1| - (|x_2 - a_{\nu_2}| + |a_{\nu_1} - x_1|) \\ &> 4\varepsilon - (\varepsilon + \varepsilon) = 2\varepsilon.\end{aligned}$$
Andererseits ist aber wegen $\nu_1, \nu_2 \geq \nu_0$
$$|a_{\nu_1} - a_{\nu_2}| \leq |a_{\nu_1} - a_{\nu_0}| + |a_{\nu_2} - a_{\nu_0}| < 2\varepsilon.$$
Die Annahme $x_1 \neq x_2$ ist demnach falsch; d.h. $x_1 = x_2 = \lim_{\nu \to \infty} a_\nu$.

Teil b des Beweises (nicht aber Teil a) beruht wesentlich auf dem Vollständigkeitsaxiom; man stellt in der Tat leicht fest, daß im Bereich der rationalen Zahlen das Cauchysche Kriterium nicht für die Konvergenz hinreicht.

Hat eine Folge (a_ν) einen Grenzwert x_0, so ist x_0 der einzige Häufungspunkt von (a_ν); eine Art Umkehrung ist

Satz 4.5. *Es sei x_0 ein Häufungspunkt der Punktfolge (a_ν) mit $a_\nu \in \mathbb{R}$. Dann gibt es eine gegen x_0 konvergente Teilfolge von (a_ν).*

Beweis. Es sei $\varepsilon_\nu = 1/\nu$, $V_\nu = U_{\varepsilon_\nu}(x_0)$. Dann ist offenbar
$$V_1 \supset V_2 \supset V_3 \supset \cdots \supset V_\nu \supset V_{\nu+1} \supset \cdots.$$
In V_1 liegt, da x_0 Häufungspunkt von (a_ν) ist, ein Punkt a_{ν_1} der Folge. Wir setzen $b_1 = a_{\nu_1}$. Es sei weiter $\bar{\mu} \geq 1$ eine natürliche Zahl, und
$$b_\mu = a_{\nu_\mu}, \quad \mu = 1, 2, \ldots, \bar{\mu},$$
seien Punkte, für die gilt:
(1) $\quad\quad\quad\quad \nu_\mu < \nu_{\mu+1}, \quad \mu = 1, \ldots, \bar{\mu} - 1,$
(2) $\quad\quad\quad\quad b_\mu \in V_\mu, \quad\quad \mu = 1, \ldots, \bar{\mu}.$

In $V_{\bar{\mu}+1}$ gibt es dann einen Punkt $a_{\nu_{\bar{\mu}+1}}$ mit $\nu_{\bar{\mu}+1} > \nu_{\bar{\mu}}$; wir setzen $b_{\bar{\mu}+1} = a_{\nu_{\bar{\mu}+1}}$. — Auf diese Weise haben wir durch vollständige Induktion eine Teilfolge (b_μ) von (a_ν) konstruiert, deren Konvergenz wir jetzt nachweisen. Ist U irgendeine Umgebung von x_0 und $U_\varepsilon(x_0) \subset U$ eine ε-Umgebung, so gibt es ein $\tilde{\mu}$ mit $V_{\tilde{\mu}} \subset U_\varepsilon(x_0)$. Für $\mu \geqq \tilde{\mu}$ ist aber $V_\mu \subset V_{\tilde{\mu}}$, also $b_\mu \in V_{\tilde{\mu}} \subset U$; fast alle b_μ gehören somit zu U, außerdem ist jedes b_μ endlich, d.h. $x_0 = \lim_{\mu \to \infty} b_\mu$.

Genauso zeigt man

Satz 4.6. *Ist $x_0 \in \mathbb{R}$ Häufungspunkt einer Teilmenge M von $\bar{\mathbb{R}}$, so gibt es eine Zahlenfolge (a_ν) mit $\lim_{\nu \to \infty} a_\nu = x_0$ und $a_\nu \in M - \{x_0\}$.*

Wir wenden nun die bisherigen Ergebnisse an, um einige Zahlenfolgen auf Konvergenz zu untersuchen.

(1) $$(a_\nu) = \left(\frac{1}{\nu}\right).$$

Diese Folge ist monoton und beschränkt, also konvergent. Da $\underline{\lim}\, a_\nu = 0$ ist, ist $\lim_{\nu \to \infty} a_\nu = 0$.

(2) $$a_\nu = (-1)^\nu \frac{1}{\nu}, \quad \nu = 1, 2, 3, \ldots.$$

Auch für diese Folge ist $\lim_{\nu \to \infty} (-1)^\nu (1/\nu) = 0$; allgemeiner gilt:

(3) *Es ist $\lim_{\nu \to \infty} a_\nu = 0$ dann und nur dann, wenn $\lim_{\nu \to \infty} |a_\nu| = 0$ ist.*

In der Tat ist das Konvergenzkriterium 4.2 genau dann für die erste Folge erfüllt, wenn es für die zweite gilt.

(4) $$(a_\nu) = (a).$$

Offenbar ist $\lim_{\nu \to \infty} a_\nu = a$.

(5) *Es sei $-1 < q \leqq 1$ und $a_\nu = q^\nu$. Dann konvergiert die Folge (a_ν) gegen 0, wenn $q \neq 1$ ist, und gegen 1, wenn $q = 1$ ist.*

Beweis. Der Fall $q = 0$ oder 1 ist trivial. Es sei $0 < q < 1$. Da $q^\nu \geqq q^{\nu+1} \geqq 0$ ist, handelt es sich bei der Folge (a_ν) um eine monotone beschränkte Zahlenfolge, die nach Satz 4.3 konvergiert. Um den Grenzwert $x_0 = \lim_{\nu \to \infty} q^\nu$ zu berechnen, untersuchen wir die Folge $(b_\nu) = (q^{\nu+1})$. Die b_ν bilden offenbar eine Teilfolge von $(a_\nu) = (q^\nu)$, und deshalb ist

$$x_0 = \lim_{\nu \to \infty} q^\nu = \lim_{\nu \to \infty} q^{\nu+1}.$$

Andererseits ist

$$q^{\nu+1} = q \cdot q^\nu,$$
$$\lim_{\nu \to \infty} q^{\nu+1} = \lim_{\nu \to \infty} (q q^\nu).$$

Wie wir später zeigen, gilt:
$$\lim_{\nu \to \infty} q q^\nu = q \lim_{\nu \to \infty} q^\nu.$$

Damit besteht die Gleichung $x_0 = qx_0$, aus der wegen $q \neq 1$ die Behauptung $x_0 = 0$ folgt.

Nach Beispiel (3) ist auch für $-1 < q < 0$ der $\lim_{\nu \to \infty} q^\nu = 0$.

Man kann sich leicht überlegen, daß in allen anderen Fällen (also $|q| > 1$ und $q = -1$) die Folge (q^ν) divergiert.

Im Beweis des vorigen Satzes haben wir die Regel
$$\lim_{\nu \to \infty} a b_\nu = a \lim_{\nu \to \infty} b_\nu$$

verwandt. Wir werden diese Gleichung jetzt beweisen und weitere Rechenregeln für Grenzwerte aufstellen.

Satz 4.7. *Es seien (a_ν) und (b_ν) Zahlenfolgen.*

(1) *Falls $\lim_{\nu \to \infty} a_\nu$ und $\lim_{\nu \to \infty} b_\nu$ existieren, so existiert auch $\lim_{\nu \to \infty} (a_\nu + b_\nu)$, und es ist*
$$\lim_{\nu \to \infty} (a_\nu + b_\nu) = \lim_{\nu \to \infty} a_\nu + \lim_{\nu \to \infty} b_\nu.$$

(2) *Unter denselben Voraussetzungen existiert auch $\lim_{\nu \to \infty} (a_\nu b_\nu)$, und zwar ist*
$$\lim_{\nu \to \infty} (a_\nu b_\nu) = (\lim_{\nu \to \infty} a_\nu) \cdot (\lim_{\nu \to \infty} b_\nu).$$

(3) *Es sei $\lim_{\nu \to \infty} a_\nu \neq 0$. Ist $a_\nu \neq 0$, so sei $c_\nu = 1/a_\nu$, für $a_\nu = 0$ sei c_ν irgendwie erklärt (jedoch $c_\nu \in \mathbb{R}$). Dann existiert $\lim_{\nu \to \infty} c_\nu$, und es gilt:*
$$\lim_{\nu \to \infty} c_\nu = \frac{1}{\lim_{\nu \to \infty} a_\nu}.$$

Beweis. Es sei $\lim_{\nu \to \infty} a_\nu = a$, $\lim_{\nu \to \infty} b_\nu = b$, und $\varepsilon > 0$ sei beliebig vorgegeben.

(1) Wegen der Konvergenz $a_\nu \to a$ bzw. $b_\nu \to b$ können wir ein ν_1 finden, so daß $|a - a_\nu| < \varepsilon/2$ für alle $\nu \geq \nu_1$ ist, und ein ν_2, so daß für $\nu \geq \nu_2$ die Ungleichung $|b - b_\nu| < \varepsilon/2$ besteht. Für $\nu \geq \nu_0 = \max(\nu_1, \nu_2)$ ist dann
$$|(a + b) - (a_\nu + b_\nu)| \leq |a - a_\nu| + |b - b_\nu| < \varepsilon.$$

Also strebt die Folge $(a_\nu + b_\nu)$ gegen $a + b$.

(2) Es ist
$$ab - a_\nu b_\nu = ab - a b_\nu + a b_\nu - a_\nu b_\nu = a(b - b_\nu) + (a - a_\nu) b_\nu.$$

Die Folge (b_ν) konvergiert und ist daher beschränkt. Es sei $|b_\nu| < A$ für jedes ν und auch $|a| < A$. Dann gilt für jedes ν:
$$|ab - a_\nu b_\nu| \leq A|b - b_\nu| + A|a - a_\nu|.$$
Wählt man also — was nach Voraussetzung möglich ist — ein ν_1 mit $|b - b_\nu| < \varepsilon/2A$ für $\nu \geq \nu_1$, ein ν_2 mit $|a - a_\nu| < \varepsilon/2A$ für $\nu \geq \nu_2$, so erhält man für $\nu \geq \nu_0 = \max(\nu_1, \nu_2)$:
$$|ab - a_\nu b_\nu| < \varepsilon.$$

(3) Es sei $a \neq 0$. Da die Folge (a_ν) gegen a strebt, liegen fast alle a_ν in der $|a|/2$-Umgebung von a und sind somit von Null verschieden. Für diese a_ν gilt wegen $|a_\nu| > |a|/2$
$$\left|\frac{1}{a} - \frac{1}{a_\nu}\right| = \frac{|a_\nu - a|}{|a||a_\nu|} \leq \frac{2|a_\nu - a|}{|a|^2}.$$
Es gibt ein ν_0, so daß für $\nu \geq \nu_0$
$$|a_\nu - a| < \min\left(\frac{|a|}{2}, \frac{\varepsilon}{2}|a|^2\right)$$
ist. Für diese ν wird
$$\left|\frac{1}{a} - \frac{1}{a_\nu}\right| < \frac{2}{|a|^2} \cdot \frac{\varepsilon}{2}|a|^2 = \varepsilon.$$
Gleichung (3) ist damit bewiesen.

Die Aussage der dritten Regel schreibt man kürzer:
$$\lim_{\nu \to \infty} \frac{1}{a_\nu} = \frac{1}{\lim\limits_{\nu \to \infty} a_\nu};$$
es ist zu beachten, daß fast alle $a_\nu \neq 0$ sind.

Aus Satz 4.7 erhalten wir einige weitere Rechenregeln für Grenzwerte als Folgerungen:

(α) $\lim\limits_{\nu \to \infty}(a_\nu + b) = \lim\limits_{\nu \to \infty} a_\nu + b$.

(β) $\lim\limits_{\nu \to \infty} b\,a_\nu = b \lim\limits_{\nu \to \infty} a_\nu$.

(γ) $\lim\limits_{\nu \to \infty}(a_\nu - b_\nu) = \lim\limits_{\nu \to \infty} a_\nu - \lim\limits_{\nu \to \infty} b_\nu$.

(δ) Ist $\lim\limits_{\nu \to \infty} b_\nu \neq 0$, so ist
$$\lim_{\nu \to \infty} \frac{a_\nu}{b_\nu} = \frac{\lim\limits_{\nu \to \infty} a_\nu}{\lim\limits_{\nu \to \infty} b_\nu}.$$

Die Regeln sind natürlich so zu lesen: Falls die Grenzwerte auf der rechten Seite existieren, so auch die auf der linken Seite, und es gelten die angegebenen Gleichungen. Die Regeln (α) und (β) beweist man, indem man die Regeln (1) und (2) auf die konstante Folge $b_\nu = b$ anwendet; (γ) folgt aus (1) und (β), (δ) aus (2) und (3). Eine letzte wichtige Regel ergibt sich aus dem vorigen Paragraphen:

(ε) *Aus* $a_\nu \leq b_\nu$ *für fast alle ν folgt* $\lim\limits_{\nu \to \infty} a_\nu \leq \lim\limits_{\nu \to \infty} b_\nu$.

Nach § 3 ist nämlich, falls $c_\nu \geq 0$ ist, auch $\lim\limits_{\nu \to \infty} c_\nu = \underline{\lim}\, c_\nu \geq 0$. Also gilt (mit $c_\nu = b_\nu - a_\nu$): $0 \leq \lim\limits_{\nu \to \infty} (b_\nu - a_\nu)$; nach Regel ($\gamma$) daher: $0 \leq \lim\limits_{\nu \to \infty} b_\nu - \lim\limits_{\nu \to \infty} a_\nu$.

III. Kapitel

Unendliche Reihen

§ 1. Konvergenz und Divergenz

Mit Hilfe des Grenzwertbegriffes ist es möglich, in gewissen Fällen auch unendlich vielen reellen Zahlen eine wohlbestimmte Zahl als Summe zuzuordnen. Das geschieht in der Theorie der *unendlichen Reihen*.

Wenn $a_1, a_2, a_3, \ldots$ eine Zahlenfolge ist — also $a_\nu \in \mathbb{R}$ —, so nennen wir den Ausdruck

$$a_1 + a_2 + a_3 + \ldots + a_\nu + a_{\nu+1} + \ldots$$

oder kürzer

$$\sum_{\nu=1}^{\infty} a_\nu$$

eine *unendliche Reihe*, die a_ν *Glieder* oder *Summanden* dieser Reihe. Es ist natürlich unwesentlich, die Numerierung der Summanden bei $\nu = 1$ zu beginnen; demgemäß werden wir auch unendliche Reihen der Form

$$\sum_{\nu=\mu}^{\infty} a_\nu = a_\mu + a_{\mu+1} + a_{\mu+2} + \ldots$$

betrachten.

Definition 1.1. *Unter der Summenfolge einer unendlichen Reihe* $\sum\limits_{\nu=1}^{\infty} a_\nu$ *versteht man die Folge*

$$s_\mu = \sum_{\nu=1}^{\mu} a_\nu, \quad \mu = 1, 2, 3, \ldots.$$

s_μ heißt die μ-te Partialsumme der Reihe.

Es ist also
$$s_1 = a_1,$$
$$s_2 = a_1 + a_2,$$
$$s_3 = a_1 + a_2 + a_3,$$

usw. — Aus der Summenfolge kann man die Folge der Glieder nach den Formeln
$$a_1 = s_1,$$
$$a_\mu = s_\mu - s_{\mu-1}$$
zurückerhalten.

Definition 1.2. *Eine unendliche Reihe* $\sum\limits_{\nu=1}^{\infty} a_\nu$ *heißt konvergent (divergent), wenn die Folge s_μ ihrer Partialsummen konvergiert (divergiert). Die Summe einer konvergenten Reihe ist die Zahl*
$$s = \lim_{\mu \to \infty} s_\mu = \lim_{\mu \to \infty} \sum_{\nu=1}^{\mu} a_\nu.$$

Ist $\sum\limits_{\nu=1}^{\infty} a_\nu$ eine konvergente unendliche Reihe mit s als Summe, so schreibt man anstelle von
$$s = \lim_{\mu \to \infty} \sum_{\nu=1}^{\mu} a_\nu$$
einfacher
$$s = \sum_{\nu=1}^{\infty} a_\nu.$$

Eine erste — leider nur notwendige — Bedingung für die Konvergenz einer unendlichen Reihe wird gegeben durch

Satz 1.1. *Die Folge (a_ν) der Glieder einer konvergenten Reihe strebt gegen 0.*

Beweis. Es sei $s = \lim\limits_{\mu \to \infty} s_\mu = \sum\limits_{\nu=1}^{\infty} a_\nu$. Da sowohl die Summenfolge (s_μ) als auch die Folge $(s_{\mu+1})$ gegen s konvergieren, strebt die Folge
$$a_{\mu+1} = s_{\mu+1} - s_\mu, \quad \mu = 1, 2, \ldots,$$
und damit auch die Folge (a_μ) gegen 0.

Aus den Sätzen über Zahlenfolgen lassen sich auch hinreichende Konvergenzkriterien für unendliche Reihen gewinnen. Zunächst folgt aus Satz 4.4 des vorigen Kapitels

Satz 1.2 (Cauchysches Konvergenzkriterium). *Eine unendliche Reihe* $\sum\limits_{\nu=1}^{\infty} a_\nu$ *konvergiert genau dann, wenn es zu jedem $\varepsilon > 0$ eine*

natürliche Zahl μ_0 gibt, so daß für alle $\mu > \mu_0$

$$\left|\sum_{\nu=\mu_0+1}^{\mu} a_\nu\right| < \varepsilon$$

ist.

Beweis. Es gilt

$$\sum_{\nu=\mu_0+1}^{\mu} a_\nu = s_\mu - s_{\mu_0},$$

und die Folge (s_μ) konvergiert genau dann, wenn sie dem Cauchyschen Kriterium (Kapitel II, Satz 4.4) genügt.

Eine leichte Folgerung ist

Satz 1.3. $\sum_{\nu=1}^{\infty} a_\nu$ *sei eine unendliche Reihe und μ eine natürliche Zahl. Dann sind folgende Aussagen äquivalent:*

(α) $\sum_{\nu=1}^{\infty} a_\nu$ *konvergiert.*

(β) $\sum_{\nu=\mu+1}^{\infty} a_\nu$ *konvergiert.*

Falls Konvergenz vorliegt, gilt die Beziehung

$$\sum_{\nu=1}^{\infty} a_\nu = \sum_{\nu=1}^{\mu} a_\nu + \sum_{\nu=\mu+1}^{\infty} a_\nu.$$

Beweis. Die Äquivalenz der Aussagen (α) und (β) ergibt sich aus dem Cauchyschen Konvergenzkriterium. Wir beweisen nur noch die letzte Behauptung. Es ist nach Definition

$$\sum_{\nu=\mu+1}^{\infty} a_\nu = \sum_{\nu=1}^{\infty} a_{\nu+\mu},$$

und zwischen den Partialsummen $s'_\lambda = \sum_{\nu=1}^{\lambda} a_{\nu+\mu}$ und den Summen $s_\lambda = \sum_{\nu=1}^{\lambda} a_\nu$ besteht die Beziehung

$$s'_\lambda = s_{\mu+\lambda} - s_\mu;$$

also

$$\sum_{\nu=1}^{\infty} a_{\nu+\mu} = \lim_{\lambda \to \infty} s'_\lambda = \lim_{\lambda \to \infty} s_{\mu+\lambda} - s_\mu$$

$$= \sum_{\nu=1}^{\infty} a_\nu - \sum_{\nu=1}^{\mu} a_\nu.$$

Wir untersuchen nun zwei besonders wichtige Reihen.

Satz 1.4. *Die geometrische Reihe*

$$\sum_{\nu=0}^{\infty} q^\nu$$

konvergiert für $|q| < 1$ *gegen* $1/(1-q)$ *und divergiert für* $|q| \geq 1$.

Beweis. a) Ist $|q| \geq 1$, so ist auch $|q^\nu| \geq 1$, und die Glieder der Reihe bilden daher keine Nullfolge.

b) Es sei $|q| < 1$. Da dann $1 - q \neq 0$ ist, konvergiert die Summenfolge $\sum_{\nu=0}^{\mu} q^\nu$ genau dann, wenn die Folge

$$(1-q)\sum_{\nu=0}^{\mu} q^\nu$$

konvergiert. Nun ist

$$(1-q)\sum_{\nu=0}^{\mu} q^\nu = (1 + q + \ldots + q^\mu) - (q + \ldots + q^{\mu+1})$$
$$= 1 - q^{\mu+1}.$$

Im vorigen Kapitel hatten wir nachgewiesen, daß $\lim_{\mu \to \infty} q^{\mu+1} = 0$ ist (für $|q| < 1$). Damit gilt:

$$(1-q)\sum_{\nu=0}^{\infty} q^\nu = 1,$$

$$\sum_{\nu=0}^{\infty} q^\nu = \frac{1}{1-q},$$

und der Satz ist bewiesen.

Satz 1.5. *Die harmonische Reihe*

$$\sum_{\nu=1}^{\infty} \frac{1}{\nu}$$

divergiert (obwohl ihre Glieder eine Nullfolge bilden!).

Beweis. Es sei $\varepsilon = \frac{1}{2}$ und μ_0 irgendeine natürliche Zahl. Dann ist

$$\sum_{\nu=\mu_0+1}^{2\mu_0} \frac{1}{\nu} \geq \sum_{\nu=\mu_0+1}^{2\mu_0} \frac{1}{2\mu_0} = \mu_0 \frac{1}{2\mu_0} = \frac{1}{2}.$$

Die Reihe genügt also nicht dem Cauchyschen Konvergenzkriterium und divergiert daher.

Aus den Rechenregeln für Grenzwerte ergeben sich analoge Regeln für unendliche Reihen:

1. Falls $\sum\limits_{\nu=1}^{\infty} a_\nu$ und $\sum\limits_{\nu=1}^{\infty} b_\nu$ konvergieren, so sind auch die Reihen $\sum\limits_{\nu=1}^{\infty}(a_\nu + b_\nu)$ und $\sum\limits_{\nu=1}^{\infty}(a_\nu - b_\nu)$ konvergent, und es ist

$$\sum_{\nu=1}^{\infty}(a_\nu \pm b_\nu) = \sum_{\nu=1}^{\infty} a_\nu \pm \sum_{\nu=1}^{\infty} b_\nu.$$

2. Wenn $\sum\limits_{\nu=1}^{\infty} a_\nu$ konvergiert und c irgendeine reelle Zahl ist, so konvergiert auch $\sum\limits_{\nu=1}^{\infty} c a_\nu$, und zwar ist

$$\sum_{\nu=1}^{\infty} c a_\nu = c \sum_{\nu=1}^{\infty} a_\nu.$$

Die Regeln über Produkt- und Quotientenfolgen wollen wir nicht übertragen.

3. Aus einer konvergenten Reihe $\sum\limits_{\nu=1}^{\infty} a_\nu = a_1 + a_2 + a_3 + \ldots$ erhält man durch Setzen einfacher Klammern wieder eine konvergente Reihe $\sum\limits_{\nu=1}^{\infty} b_\nu$ mit derselben Summe. Die Partialsummen der Reihe $\sum\limits_{\nu=1}^{\infty} b_\nu$ bilden nämlich eine Teilfolge von $\sum\limits_{\nu=1}^{\infty} a_\nu$.

4. Wir verallgemeinern noch Satz 1.3. Es sei also $\sum\limits_{\nu=1}^{\infty} a_\nu$ eine unendliche Reihe, und $b_1, \ldots, b_p$ seien irgendwelche reellen Zahlen. Aus der Reihe $\sum\limits_{\nu=1}^{\infty} a_\nu$ lassen wir nun die Glieder $a_{\nu_1}, \ldots, a_{\nu_q}$ fort, fügen $b_1, \ldots, b_p$ irgendwo in die Reihe ein und erhalten so eine neue Reihe $\sum\limits_{\nu=1}^{\infty} a'_\nu$. Es gibt dann natürliche Zahlen ν_0 und ν_1, so daß für jedes $\lambda > 0$

$$a_{\nu_0+\lambda} = a'_{\nu_1+\lambda}$$

und daher

$$\sum_{\nu=\nu_0+1}^{\nu_0+\lambda} a_\nu = \sum_{\nu=\nu_1+1}^{\nu_1+\lambda} a'_\nu$$

ist. Außerdem gilt:

$$\sum_{\nu=1}^{\nu_0} a_\nu = \sum_{\nu=1}^{\nu_1} a'_\nu + \sum_{\mu=1}^{q} a_{\nu_\mu} - \sum_{\mu=1}^{p} b_\mu.$$

Wenn also eine der beiden Reihen dem Cauchyschen Konvergenzkriterium genügt, tut es auch die andere. Nehmen wir nun an, die beiden Reihen konvergieren, etwa

$$s = \sum_{\nu=1}^{\infty} a_\nu; \quad s' = \sum_{\nu=1}^{\infty} a'_\nu.$$

Dann ist

$$\begin{aligned} s &= \sum_{\nu=1}^{\infty} a_\nu \\ &= \sum_{\nu=1}^{\nu_0} a_\nu + \sum_{\nu=\nu_0+1}^{\infty} a_\nu \\ &= \sum_{\nu=1}^{\nu_1} a'_\nu + \sum_{\mu=1}^{q} a_{\nu_\mu} - \sum_{\mu=1}^{p} b_\mu + \sum_{\nu=\nu_1+1}^{\infty} a'_\nu \\ &= \sum_{\nu=1}^{\infty} a'_\nu + \sum_{\mu=1}^{q} a_{\nu_\mu} - \sum_{\mu=1}^{p} b_\mu \\ &= s' + \sum_{\mu=1}^{q} a_{\nu_\mu} - \sum_{\mu=1}^{p} b_\mu. \end{aligned}$$

Wir haben damit den folgenden Satz bewiesen:

Satz 1.6. *Die durch endlich viele Änderungen aus $\sum_{\nu=1}^{\infty} a_\nu$ entstandene Reihe $\sum_{\nu=1}^{\infty} a'_\nu$ konvergiert genau dann, wenn die Ausgangsreihe es tut, und im Fall der Konvergenz gegen die Summen s bzw. s' ist*

$$s = s' + \sum_{\mu=1}^{q} a_{\nu_\mu} - \sum_{\mu=1}^{p} b_\mu.$$

§ 2. Reihen mit positiven Gliedern

Wir betrachten in diesem Abschnitt nur Reihen, bei denen kein Summand negativ ist. Die Summenfolge einer solchen Reihe ist dann monoton wachsend und daher genau dann konvergent, wenn sie beschränkt ist.

Definition 2.1. *Sind $\sum_{\nu=1}^{\infty} a_\nu$ und $\sum_{\nu=1}^{\infty} b_\nu$ zwei unendliche Reihen und gilt für fast alle ν die Ungleichung $a_\nu \leq b_\nu$, so heißt $\sum_{\nu=1}^{\infty} a_\nu$ eine Minorante der Reihe $\sum_{\nu=1}^{\infty} b_\nu$ und $\sum_{\nu=1}^{\infty} b_\nu$ eine Majorante von $\sum_{\nu=1}^{\infty} a_\nu$.*

Durch Vergleich einer Reihe mit einer schon bekannten anderen Reihe kann man oft die Konvergenz oder Divergenz feststellen. Es gilt nämlich

Satz 2.1 (Majoranten/Minoranten-Kriterium). *Jede Minorante einer konvergenten Reihe konvergiert, jede Majorante einer divergenten Reihe divergiert.*

Beweis. Da die beiden Behauptungen des Satzes äquivalent sind, genügt es, die erste zu beweisen. $\sum_{\nu=1}^{\infty} a_\nu$ sei eine unendliche Reihe, die eine konvergente Majorante $\sum_{\nu=1}^{\infty} b_\nu$ besitzt. Von einem gewissen Index, etwa ν_0, ab gilt dann: $a_\nu \leq b_\nu$. Daher ist für alle $\mu > \nu_0$

$$\sum_{\nu=\nu_0+1}^{\mu} a_\nu \leq \sum_{\nu=\nu_0+1}^{\mu} b_\nu \leq s = \sum_{\nu=1}^{\infty} b_\nu.$$

Die (monoton wachsende) Folge $\sum_{\nu=1}^{\mu} a_\nu$ ist folglich durch die Zahl $s + \sum_{\nu=1}^{\nu_0} a_\nu$ nach oben beschränkt und konvergiert somit.

Durch Vergleich mit der geometrischen Reihe erhält man nun zwei besonders nützliche Kriterien.

Satz 2.2 (Quotientenkriterium). $\sum_{\nu=1}^{\infty} a_\nu$ *sei eine Reihe mit nur positiven Gliedern. Wenn es eine Zahl* q, $0 < q < 1$, *gibt, so daß für fast alle* ν

$$\frac{a_{\nu+1}}{a_\nu} \leq q$$

ist, dann konvergiert die Reihe; ist aber für fast alle ν

$$\frac{a_{\nu+1}}{a_\nu} \geq 1,$$

so divergiert sie.

Beweis. a) $q < 1$ sei eine Zahl mit $a_{\nu+1}/a_\nu \leq q < 1$ für alle $\nu \geq \nu_0$. Dann gilt für jedes $\lambda \geq 0$

$$a_{\nu_0+\lambda} \leq a_{\nu_0} q^\lambda,$$

wie man durch vollständige Induktion zeigt. Die Reihe $\sum_{\lambda=0}^{\infty} a_{\nu_0+\lambda}$ hat also die nach Satz 1.4 konvergente geometrische Reihe $\sum_{\lambda=0}^{\infty} a_{\nu_0} q^\lambda$ als Majorante und konvergiert daher; also ist auch $\sum_{\nu=1}^{\infty} a_\nu$ konvergent.

b) Ist für alle $\nu \geq \nu_0$

$$\frac{a_{\nu+1}}{a_\nu} \geq 1,$$

so bilden die a_ν keine Nullfolge; $\sum_{\nu=1}^{\infty} a_\nu$ divergiert deshalb.

Satz 2.3 (Wurzelkriterium). *Eine Reihe $\sum_{\nu=1}^{\infty} a_\nu$ mit nicht negativen Gliedern konvergiert sicher dann, wenn es eine Zahl q mit $0 < q < 1$ gibt, so daß für fast alle ν*

$$\sqrt[\nu]{a_\nu} \leq q$$

ist; sie divergiert sicher dann, wenn für fast alle ν die Ungleichung

$$\sqrt[\nu]{a_\nu} \geq 1$$

besteht.

Beweis. a) Ist $\sqrt[\nu]{a_\nu} \geq 1$ für fast alle ν, so ist für diese ν auch $a_\nu \geq 1$, die Reihe also divergent.

b) Wenn es eine Zahl $q < 1$ gibt, so daß für fast alle ν gilt: $\sqrt[\nu]{a_\nu} \leq q$, so ist $a_\nu \leq q^\nu$ für diese ν und daher die geometrische Reihe $\sum_{\nu=0}^{\infty} q^\nu$ eine Majorante für $\sum_{\nu=1}^{\infty} a_\nu$.

Die in den Sätzen 2.2 und 2.3 angegebenen Kriterien sind nur hinreichend, nicht auch notwendig, wie wir in den nun folgenden Beispielen sehen werden.

1. Die harmonische Reihe

$$\sum_{\nu=1}^{\infty} \frac{1}{\nu}$$

divergiert, aber es ist

$$\frac{a_{\nu+1}}{a_\nu} = \frac{\nu}{\nu+1} \leq 1$$

und

$$\sqrt[\nu]{a_\nu} = \frac{1}{\sqrt[\nu]{\nu}} \leq 1;$$

weder aus dem Quotienten- noch aus dem Wurzelkriterium läßt sich die Divergenz dieser Reihe entnehmen.

2. Die Konvergenz der Reihe

$$\sum_{\nu=1}^{\infty} \frac{1}{\nu^2}$$

kann man auch nicht mit den Kriterien 2.2 und 2.3 feststellen; es ist nämlich

$$\frac{a_{\nu+1}}{a_\nu} = \frac{\nu^2}{(\nu+1)^2}; \quad \sqrt[\nu]{a_\nu} = \left(\frac{1}{\sqrt[\nu]{\nu}}\right)^2;$$

beide Ausdrücke streben gegen 1. (Man vergleiche Kapitel V, § 5.)

Für den Konvergenznachweis müssen wir die Partialsummen direkt abschätzen:

$$s_\mu = \sum_{\nu=1}^{\mu} \frac{1}{\nu^2} \leq 1 + \sum_{\nu=2}^{\mu} \frac{1}{\nu(\nu-1)}$$
$$= 1 + \sum_{\nu=2}^{\mu} \left(\frac{1}{\nu-1} - \frac{1}{\nu}\right)$$
$$= 1 + 1 - \frac{1}{\mu}$$
$$< 2.$$

Hieraus folgt die Konvergenz der Reihe.

3. Es sei
$$0! = 1! = 1,$$
$$\nu! = 1 \cdot 2 \cdot 3 \cdot \ldots \cdot \nu, \quad \nu \geq 2,$$

und $c \geq 0$. Die Reihe

$$\sum_{\nu=0}^{\infty} \frac{c^\nu}{\nu!}$$

konvergiert. Für $c = 0$ ist das trivial, und für $c > 0$ gilt:

$$\frac{a_{\nu+1}}{a_\nu} = \frac{c^{\nu+1}}{(\nu+1)!} \cdot \frac{\nu!}{c^\nu} = \frac{c}{\nu+1} \leq \frac{1}{2}$$

für fast alle ν. Die Konvergenz ergibt sich somit aus dem Quotientenkriterium.

§ 3. Alternierende Reihen

Neben den Reihen mit positiven Gliedern gibt es eine weitere Klasse unendlicher Reihen, für die man sehr einfache Konvergenzkriterien gewinnen kann.

Definition 3.1. *Eine alternierende Reihe ist eine Reihe der Form*

$$\sum_{\nu=1}^{\infty} (-1)^{\nu+1} a_\nu,$$

wo die a_ν eine monoton fallende Folge positiver Zahlen bilden[1].

Aufeinanderfolgende Glieder einer alternierenden Reihe haben also verschiedenes Vorzeichen. Für eine solche Reihe ist die in Satz 1.1 angegebene Konvergenzbedingung auch hinreichend.

---

[1] Reihen der Form $\sum_{\nu=1}^{\infty}(-1)^\nu a_\nu$ werden gelegentlich auch alternierend genannt.

Alternierende Reihen

Satz 3.1. *Eine alternierende Reihe*

$$\sum_{\nu=1}^{\infty}(-1)^{\nu+1}a_\nu$$

konvergiert dann und nur dann, wenn ihre Glieder gegen 0 *streben.*

Beweis. Die Notwendigkeit der Bedingung ist klar. Es möge umgekehrt die Folge $((-1)^{\nu+1}a_\nu)$ und damit auch die Folge (a_ν) gegen 0 konvergieren. Für $\mu \geqq 1$ ist

$$s_{2\mu+1} = a_1 - (a_2 - a_3) - \ldots - (a_{2\mu} - a_{2\mu+1}),$$
$$s_{2\mu} = (a_1 - a_2) + (a_3 - a_4) + \ldots + (a_{2\mu-1} - a_{2\mu}).$$

Da nun die a_ν eine monoton fallende Folge bilden, ist

$$0 \leqq s_{2\mu} \leqq s_{2\mu+2},$$
$$a_1 \geqq s_{2\mu+1} \geqq s_{2\mu+3},$$
$$0 \leqq s_{2\mu} \leqq s_{2\mu+1} \leqq a_1.$$

Die Folgen $(s_{2\mu})$ und $(s_{2\mu+1})$ konvergieren daher, und nach Voraussetzung ist

$$\lim_{\mu\to\infty} s_{2\mu+1} - \lim_{\mu\to\infty} s_{2\mu} = \lim_{\mu\to\infty}(s_{2\mu+1} - s_{2\mu}) = \lim_{\mu\to\infty} a_{2\mu+1} = 0.$$

Also konvergiert auch die Folge (s_μ) der Partialsummen:

$$s = \lim_{\mu\to\infty} s_\mu = \lim_{\mu\to\infty} s_{2\mu} = \lim_{\mu\to\infty} s_{2\mu+1}.$$

Aus dem Beweis ergibt sich noch die Abschätzung

$$0 \leqq s_{2\mu} \leqq s = \sum_{\nu=1}^{\infty}(-1)^{\nu+1}a_\nu \leqq s_{2\mu+1} \leqq a_1;$$

die Partialsummen „oszillieren" um s.

Der eben bewiesene Satz liefert die Konvergenz der *alternierenden harmonischen Reihe*

$$\sum_{\nu=1}^{\infty}(-1)^{\nu+1}\frac{1}{\nu}$$

und für ihre Summe s die Abschätzungen

$$\tfrac{1}{2} \leqq s \leqq 1,$$
$$\tfrac{7}{12} \leqq s \leqq \tfrac{5}{6},$$
$$\tfrac{37}{60} \leqq s \leqq \tfrac{47}{60}$$

usw. Man braucht ziemlich viele Partialsummen, um auch nur wenige Dezimalen von s zu berechnen: Die Konvergenz ist nicht besonders stark.

§ 4. Absolute Konvergenz

Definition 4.1. *Eine unendliche Reihe $\sum_{\nu=1}^{\infty} a_\nu$ heißt absolut konvergent, wenn die Reihe $\sum_{\nu=1}^{\infty} |a_\nu|$ konvergiert.*

Nicht jede konvergente Reihe konvergiert absolut, wie das Beispiel der alternierenden harmonischen Reihe zeigt; umgekehrt gilt aber

Satz 4.1. *Eine absolut konvergente Reihe $\sum_{\nu=1}^{\infty} a_\nu$ konvergiert im gewöhnlichen Sinn.*

Beweis. Da $\sum_{\nu=1}^{\infty} |a_\nu|$ konvergiert, gibt es zu jedem $\varepsilon > 0$ ein $\mu_0 \in \mathbb{N}$, so daß für alle $\mu > \mu_0$

$$\sum_{\nu=\mu_0+1}^{\mu} |a_\nu| < \varepsilon$$

ist. Dann ist erst recht

$$\left| \sum_{\nu=\mu_0+1}^{\mu} a_\nu \right| \leq \sum_{\nu=\mu_0+1}^{\mu} |a_\nu| < \varepsilon;$$

und deshalb konvergiert $\sum_{\nu=1}^{\infty} a_\nu$ nach dem Cauchyschen Kriterium.

Die absolut konvergenten Reihen zeichnen sich durch eine bemerkenswerte Eigenschaft aus:

Satz 4.2. *Ist $\sum_{\nu=1}^{\infty} a_\nu$ eine absolut konvergente Reihe mit s als Summe und entsteht die Reihe $\sum_{\nu=1}^{\infty} b_\nu$ durch — endlich oder unendlich viele — Vertauschungen der Glieder von $\sum_{\nu=1}^{\infty} a_\nu$, so konvergiert auch $\sum_{\nu=1}^{\infty} b_\nu$ gegen s.*

Es ist klar, daß man bei einer konvergenten Reihe endlich viele Vertauschungen unter den Summanden vornehmen kann, ohne an Konvergenzcharakter und Summenwert etwas zu ändern; wir werden aber sehen, daß eine konvergente Reihe nach unendlich vielen Vertauschungen gegen eine andere Summe streben oder gar divergieren kann. Das Kommutativgesetz der Addition läßt sich also nicht auf unendliche Summen übertragen.

Beweis von Satz 4.2. (A_ϱ) sei die Summenfolge von $\sum\limits_{\nu=1}^{\infty} a_\nu$ und (B_ϱ) die von $\sum\limits_{\nu=1}^{\infty} b_\nu$. Wir werden nachweisen, daß $\lim\limits_{\varrho\to\infty}(A_\varrho - B_\varrho) = 0$ ist. Dann existiert nämlich auch $\lim\limits_{\varrho\to\infty} B_\varrho$:

$$\lim_{\varrho\to\infty} B_\varrho = \lim_{\varrho\to\infty} A_\varrho - \lim_{\varrho\to\infty}(A_\varrho - B_\varrho) = s\,.$$

Es bleibt also noch $|A_\varrho - B_\varrho|$ abzuschätzen.

Ist σ_0 irgendeine natürliche Zahl, so kann man ein so großes ϱ_0 wählen, daß jeder Summand von

$$A_{\sigma_0} = \sum_{\nu=1}^{\sigma_0} a_\nu$$

in der Partialsumme

$$B_{\varrho_0} = \sum_{\nu=1}^{\varrho_0} b_\nu$$

auftritt. Es sei $\varrho \geq \varrho_0$. Dann gibt es ein σ_1, so daß auch jedes b_ν, $1 \leq \nu \leq \varrho$, in der Folge der a_ν, $1 \leq \nu \leq \sigma_1$, auftaucht. Berechnen wir nun

$$A_\varrho - B_\varrho = \sum_{\nu=1}^{\varrho} a_\nu - \sum_{\nu=1}^{\varrho} b_\nu\,.$$

In dieser Differenz heben sich alle Glieder a_ν mit $\nu = 1, 2, \ldots, \sigma_0$ weg; es bleiben nur Glieder a_ν übrig, deren Index zwischen $\sigma_0 + 1$ und σ_1 liegt. Also ist

$$|A_\varrho - B_\varrho| \leq \sum_{\nu=\sigma_0+1}^{\sigma_1} |a_\nu|\,.$$

Nun sei eine positive Zahl ε gegeben. Das Cauchysche Konvergenzkriterium, angewandt auf die Reihe $\sum\limits_{\nu=1}^{\infty} |a_\nu|$, liefert uns ein $\sigma_0 \in \mathbf{N}$, so daß für alle $\sigma > \sigma_0$

$$\sum_{\nu=\sigma_0+1}^{\sigma} |a_\nu| < \varepsilon$$

ist. Zu σ_0 wählen wir ein ϱ_0 nach der obigen Vorschrift und betrachten irgendein $\varrho \geq \varrho_0$. Zu ϱ können wir — wieder nach der vorigen Überlegung — ein σ_1 finden, so daß

$$|A_\varrho - B_\varrho| \leq \sum_{\nu=\sigma_0+1}^{\sigma_1} |a_\nu| < \varepsilon$$

wird. Also ist in der Tat für $\varrho \geqq \varrho_0$ der Betrag $|A_\varrho - B_\varrho| < \varepsilon$, d. h. $\lim_{\varrho \to \infty}(A_\varrho - B_\varrho) = 0$.

Für nicht absolut konvergente Reihen ist der Satz falsch, wie wir nun an einem Beispiel zeigen wollen.

Es sei

$$s = \sum_{\nu=1}^{\infty} (-1)^{\nu+1} \frac{1}{\nu}.$$

Da wir nach Belieben Klammern setzen dürfen, gilt auch

$$s = \sum_{\nu=1}^{\infty} \left(\frac{1}{4\nu-3} - \frac{1}{4\nu-2} + \frac{1}{4\nu-1} - \frac{1}{4\nu} \right),$$

$$s = \sum_{\nu=1}^{\infty} \left(\frac{1}{2\nu-1} - \frac{1}{2\nu} \right),$$

$$\frac{s}{2} = \sum_{\nu=1}^{\infty} \left(\frac{1}{4\nu-2} - \frac{1}{4\nu} \right).$$

Also ist

$$\frac{3}{2}s = \sum_{\nu=1}^{\infty} \left(\frac{1}{4\nu-3} - \frac{1}{4\nu-2} + \frac{1}{4\nu-1} - \frac{1}{4\nu} + \frac{1}{4\nu-2} - \frac{1}{4\nu} \right)$$

$$= \sum_{\nu=1}^{\infty} \left(\frac{1}{4\nu-3} + \frac{1}{4\nu-1} - \frac{1}{2\nu} \right),$$

d. h.

$$\frac{3}{2}s = \left(1 + \frac{1}{3} - \frac{1}{2}\right) + \left(\frac{1}{5} + \frac{1}{7} - \frac{1}{4}\right) + \cdots.$$

Die Folgen $1/(4\nu - 3)$ und $1/(4\nu - 1)$ konvergieren nun gegen 0; daher konvergiert auch die Reihe

$$1 + \tfrac{1}{3} - \tfrac{1}{2} + \tfrac{1}{5} + \tfrac{1}{7} - \tfrac{1}{4} + \cdots$$

(in der also alle Klammern weggelassen worden sind) gegen $3s/2$. Diese Reihe ist aber gerade eine Umordnung der alternierenden harmonischen Reihe! Da s positiv ist, hat sich der Wert der Summe bei der Vertauschung der Summanden geändert.

Man kann leicht zeigen, daß man durch geeignete Umordnung einer nicht absolut konvergenten Reihe auch divergente Reihen erhalten kann. Von Satz 4.2 ist auch die Umkehrung richtig; insbesondere konvergiert jede Umordnung einer absolut konvergenten Reihe wieder absolut.

IV. Kapitel

Funktionen

§ 1. Der Funktionsbegriff

Definition 1.1. *Eine Funktion f auf einer (nichtleeren) Teilmenge M von $\mathbb{R}$ ist eine Zuordnung von jeweils genau einem Element $y = f(x) \in \mathbb{R}$ zu jedem $x \in M$. Man nennt $f(x)$ den Funktionswert in x. Zwei Funktionen f und g auf M sind genau dann gleich — in Zeichen: „$f = g$" oder „$f \equiv g$" —, wenn für jedes $x \in M$ die Gleichung $f(x) = g(x)$ richtig ist.*

M heißt *Definitions-* oder *Existenzbereich* von f, die Menge

$$f(M) = \{f(x) \colon x \in M\}$$

Wertevorrat oder *Bildmenge* der Funktion. Wenn $f(M) \subset \mathbb{R}$ gilt, nennt man f eine *reelle Funktion.* — Ist $N \subset M$ eine nichtleere Teilmenge, so verstehen wir unter dem *Bild* von N die Menge

$$f(N) = \{f(x) \colon x \in N\}$$

und unter der *Einschränkung (Restriktion)* von f auf N die durch

$$(f \mid N)(x) = f(x), \quad x \in N,$$

erklärte Funktion $f \mid N$ über N.

Beispiele von Funktionen sind:

1. $f(x) = c$, wo c eine feste reelle Zahl ist; f ist auf ganz $\mathbb{R}$ definiert.
2. $f(x) = x$, $x \in \mathbb{R}$.
3. $f(x) = x^2$. Der Definitionsbereich von f ist $M = \mathbb{R}$, die Bildmenge:

$$f(M) = \{x \in \mathbb{R} \colon x \geqq 0\}.$$

4. $f(x) = +\sqrt{x}$. Hier ist $M = \{x \in \mathbb{R} \colon x \geqq 0\}$ und $f(M) = M$.

5. $f(x) = \begin{cases} 0 & \text{für irrationales } x, \\ 1 & \text{für rationales } x. \end{cases}$

Es ist $M = \mathbb{R}$, $f(M) = \{0, 1\}$.

Man kann sich in manchen Fällen eine Funktion f über M in der (x, y)-Ebene veranschaulichen. Dazu gibt man etwa in der Ebene ein rechtwinkliges Koordinatensystem vor und zeichnet dann die Menge der Punkte mit den Koordinaten $(x, f(x))$, $x \in M$:

$$G_f = \{(x, f(x)) \colon x \in M\}.$$

G_f heißt *Graph* oder *Schaubild* der Funktion f. Die Graphen der eben eingeführten Funktionen sehen folgendermaßen aus:

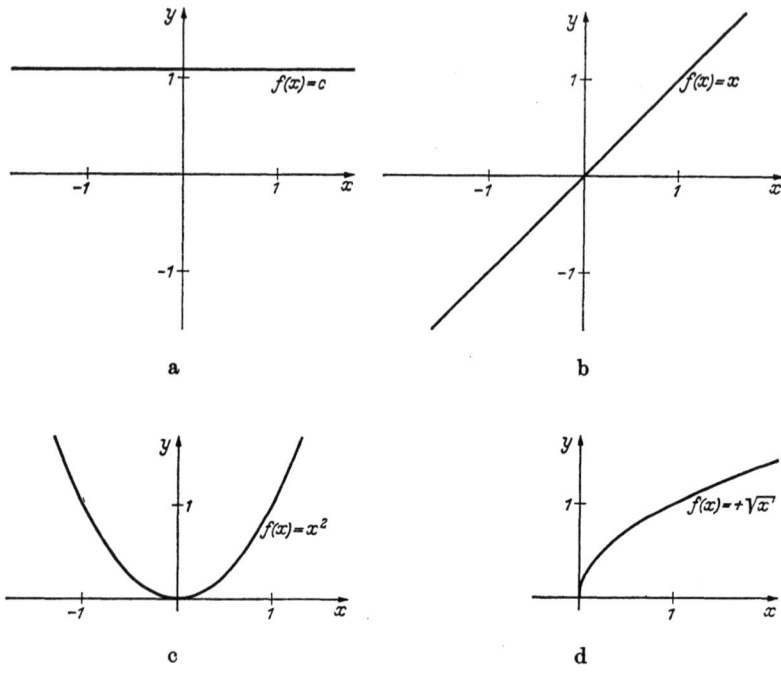

Fig. 10 a—d. Einige elementare Funktionen

In diesen vier Beispielen liefert das Schaubild sehr brauchbare Informationen über den Verlauf der Funktion; anders ist es bei der letzten Funktion. Da in jedem noch so kleinen Intervall sowohl rationale als auch irrationale Zahlen liegen, „springt" f in jedem Intervall unendlich oft zwischen den Werten 0 und 1 hin und her; das würde aber in einer Skizze nicht zum Ausdruck gebracht werden können. — So nützlich die Funktionsbilder beim Studium spezieller Funktionen auch sind, so wenig kann man sich bei der Untersuchung beliebiger Funktionen auf sie verlassen.

Als letztes in diesem Paragraphen sollen noch algebraische Verknüpfungen zwischen Funktionen eingeführt werden.

Es seien also f und g zwei *reelle* Funktionen mit gleichem Existenzbereich M. Wir definieren ihre *Summe* $f + g$ durch

$$(f + g)(x) = f(x) + g(x).$$

Entsprechend definieren wir

$(fg)(x) = f(x)g(x)$ *(Produkt)*,

$(cf)(x) = c \cdot f(x)$, $c \in \mathbb{R}$,

$\left(\dfrac{f}{g}\right)(x) = \dfrac{f(x)}{g(x)}$ in $M' = \{x \in M : g(x) \neq 0\}$ *(Quotient)*.

In manchen Fällen — z. B. im nächsten Paragraphen — setzt man f/g in geeigneter Weise auf ganz M fort.

§ 2. Halbstetige Funktionen

Definition 2.1. *M sei eine Teilmenge von $\mathbb{R}$ und x_0 ein Punkt in M. Eine auf M erklärte Funktion f heißt in x_0 nach oben halbstetig, wenn sie die folgenden beiden Eigenschaften hat:*

(α) $f(x_0) < +\infty$.

(β) *Zu jeder Zahl $r > f(x_0)$ gibt es eine Umgebung U von x_0, so daß für jeden Punkt $x \in U \cap M$*

$$f(x) < r$$

ist.

Wenn f in jedem $x_0 \in M$ halbstetig nach oben ist, so nennt man f auf M halbstetig nach oben.

Besonders einfache Beispiele für nach oben halbstetige Funktionen liefern die *Treppenfunktionen*. Um sie zu definieren, brauchen wir *Zerlegungen* von Intervallen. Es sei also $\bar{I} = [a, b]$ mit $a < b$ ein abgeschlossenes Intervall. Unter einer Zerlegung von $\bar{I}$ versteht man ein $(n+1)$-Tupel

$$\mathfrak{Z} = [x_0, x_1, \ldots, x_n]$$

von Punkten mit

$$a = x_0 < x_1 < \ldots < x_{n-1} < x_n = b.$$

Das offene Intervall $I_\nu = (x_{\nu-1}, x_\nu)$ heißt ν-tes *Teilintervall* der Zerlegung.

Definition 2.2. $\mathfrak{Z} = [x_0, x_1, \ldots, x_n]$ *sei eine Zerlegung von $\bar{I}$ in die Teilintervalle I_ν. Eine Treppenfunktion t zur Zerlegung $\mathfrak{Z}$ ist eine auf $\bar{I}$ erklärte reelle Funktion, die auf jedem I_ν konstant ist*[1].

Über den Wert von t in den Zerlegungspunkten x_ν wird nichts weiter vorausgesetzt.

---

[1] Ist $\bar{I}$ ein Intervall, das nur aus einem Punkt besteht, so sei jede Funktion auf $\bar{I}$ eine Treppenfunktion.

Aus einer Treppenfunktion t gewinnen wir nun durch Abänderung der Funktionswerte in den Zerlegungspunkten eine nach oben halb-

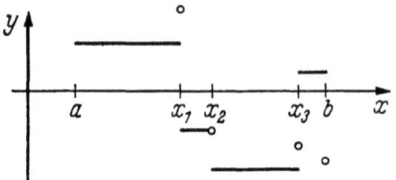

Fig. 11. Treppenfunktion

stetige Treppenfunktion $\bar{t}$: Wir setzen

$$\bar{t} \Big| \bigcup_{\nu=1}^{n} I_\nu = t \Big| \bigcup_{\nu=1}^{n} I_\nu ,$$

und weiter $\bar{t}(x_\nu)$ gleich dem Maximum der Funktionswerte von t in den an x_ν angrenzenden Teilintervallen. Wir zeigen, daß $\bar{t}$ auf I halbstetig nach oben ist.

Die Bedingung (α) ist definitionsgemäß in jedem $x \in I$ erfüllt, Bedingung (β) gilt offenbar in allen $x \in \bigcup_{\nu=1}^{n} I_\nu$. Es sei nun $x = x_\nu$ und $1 \leq \nu \leq n-1$. Dann ist

$$\bar{t}(x_\nu) = \max(t(I_\nu), t(I_{\nu+1})).$$

Ist also $r > \bar{t}(x_\nu)$, so gilt in jedem Punkt x der offenen Menge $I_\nu \cup \{x_\nu\} \cup I_{\nu+1}$:

$$\bar{t}(x) \leq \max(t(I_\nu), t(I_{\nu+1})) = \bar{t}(x_\nu) < r;$$

also hat $\bar{t}$ auch die Eigenschaft (β). Die Zerlegungspunkte x_0 und x_n untersucht man genauso unter Verwendung von $\bar{t}(x_0) = t(I_1)$ und $\bar{t}(x_n) = t(I_n)$.

In Analogie zum Begriff der oberen Halbstetigkeit führt man *Halbstetigkeit nach unten* ein:

Definition 2.3. *Eine auf M erklärte Funktion f heißt in $x_0 \in M$ halbstetig nach unten, wenn gilt:*

(α) $f(x_0) > -\infty$.
(β) *Zu jedem $r < f(x_0)$ gibt es eine Umgebung U von x_0 mit*

$$f(U \cap M) > r.$$

Man nennt f auf M halbstetig nach unten, wenn f in jedem Punkt $x \in M$ halbstetig nach unten ist.

Es sei wieder t eine zur Zerlegung $\mathfrak{Z}$ des abgeschlossenen Intervalls I gehörige Treppenfunktion. Wir erklären eine neue Treppenfunktion $\underline{t}$ durch:

$$\underline{t} = t \quad \text{auf} \quad \bigcup_{\nu=1}^{n} I_\nu,$$

$$\underline{t}(x_\nu) = \min(t(I_\nu), t(I_{\nu+1})) \quad \text{für} \quad 0 < \nu < n,$$

$$\underline{t}(x_0) = t(I_1),$$

$$\underline{t}(x_n) = t(I_n).$$

Man zeigt ähnlich wie oben bei $\bar{t}$, daß $\underline{t}$ halbstetig nach unten ist. Da offensichtlich $\underline{t} = -(\overline{-t})$ ist, folgt diese Aussage auch aus Satz 2.1.

Es seien f und g zwei nach oben halbstetige Funktionen auf M und c eine positive Zahl. Wir können in Erweiterung der Additions- und Multiplikationsdefinition $f + g$ sowie cf und $-f$ auch erklären, wenn die Funktionswerte nicht reell sind. Ist $f(x) = -\infty$, so setzen wir $(cf)(x) = -\infty$ und $(-f)(x) = +\infty$; wenn $f(x)$ oder $g(x) = -\infty$ gilt, sei $(f + g)(x) = -\infty$. — Für nach unten halbstetige Funktionen verfährt man entsprechend, indem man die Rollen von $-\infty$ und $+\infty$ vertauscht. Mit diesen Definitionen gelten die folgenden Sätze.

Satz 2.1. *Die Funktion f ist in M genau dann nach oben halbstetig, wenn $-f$ in M nach unten halbstetig ist.*

Beweis. a) f sei in $x_0 \in M$ nach oben halbstetig. Da dann $f(x_0) < +\infty$ ist, gilt $-f(x_0) > -\infty$. Ist weiter $r < -f(x_0)$, so ist ja $-r > f(x_0)$, und es gibt, da f halbstetig nach oben ist, eine Umgebung U von x_0, so daß für alle $x \in U \cap M$

$$f(x) < -r$$

ist, also

$$-f(x) > r.$$

Somit ist $-f$ in x_0 nach unten halbstetig.

b) Genauso leicht schließt man aus der unteren Halbstetigkeit von $-f$ auf die obere von f.

Auf Grund von Satz 2.1 lassen sich aus Aussagen über nach oben halbstetige Funktionen sofort solche über nach unten halbstetige gewinnen; diese Tatsache werden wir oft ausnutzen.

Satz 2.2. *Es sei f eine nach oben (nach unten) halbstetige Funktion auf M und c eine positive Zahl. Dann ist auch cf nach oben (nach unten) halbstetig.*

Beweis. Wir brauchen den Satz nur für nach oben halbstetige Funktionen zu beweisen. — Ist $x_0 \in M$, so ist $f(x_0)$ und daher auch $(cf)(x_0) \neq +\infty$. Es sei nun

$$r > (cf)(x_0).$$

Da $c > 0$ ist, gilt
$$\frac{r}{c} > f(x_0),$$
und in einer Umgebung U von x_0 ist daher für alle $x \in U \cap M$:
$$\frac{r}{c} > f(x),$$
$$r > c \cdot f(x) = (cf)(x).$$
Die Funktion cf ist also in x_0 nach oben halbstetig.

Satz 2.3. *Die Summe $f + g$ zweier auf M nach oben (nach unten) halbstetiger Funktionen ist wieder nach oben (nach unten) halbstetig.*

Beweis. Es seien f und g in M nach oben halbstetig. In $x_0 \in M$ ist $(f+g)(x_0) < +\infty$. Es sei jetzt
$$(f+g)(x_0) < r.$$
Wir wählen dann reelle Zahlen r_1 und r_2, so daß gilt:
$$f(x_0) < r_1; \quad g(x_0) < r_2; \quad r_1 + r_2 = r.$$
Für $(f+g)(x_0) = -\infty$ ist die Existenz solcher Zahlen klar; wenn
$$-\infty < (f+g)(x_0) < r < +\infty$$
ist, so sei
$$r_1 = f(x_0) + \frac{r - f(x_0) - g(x_0)}{2},$$
$$r_2 = g(x_0) + \frac{r - f(x_0) - g(x_0)}{2}.$$
Es gibt nun wegen der oberen Halbstetigkeit von f und g Umgebungen U und V von x_0, so daß
$$f(U \cap M) < r_1, \quad g(V \cap M) < r_2$$
ist. Für jedes $x \in W = U \cap V$, das noch zu M gehört, ist dann
$$(f+g)(x) = \begin{Bmatrix} f(x) + g(x) \\ -\infty \end{Bmatrix} < r_1 + r_2 = r,$$
was zu zeigen war.

Man erklärt das *Minimum* und das *Maximum* zweier Funktionen f und g auf M durch
$$\min(f, g)(x) = \min(f(x), g(x)),$$
$$\max(f, g)(x) = \max(f(x), g(x)).$$
Es gilt

Satz 2.4. *Die Funktionen f und g seien auf M nach oben (nach* *unten) halbstetig. Dann sind auch die Funktionen* $\max(f, g)$ *und* $\min(f, g)$ *nach oben (nach unten) halbstetig.*

Beweis. Wir setzen f und g als nach oben halbstetig voraus. Es sei $x_0 \in M$ und $\max(f(x_0), g(x_0)) < r$. Dann gilt:

$$f(x_0) \leq \max(f(x_0), g(x_0)) < r,$$
$$g(x_0) \leq \max(f(x_0), g(x_0)) < r.$$

Deshalb gibt es eine Umgebung $U(x_0)$, so daß für $x \in U(x_0) \cap M$

$$f(x) < r, \quad g(x) < r$$

und somit $\qquad \max(f(x), g(x)) < r$

ist.

Wenn die Ungleichung $\min(f(x_0), g(x_0)) < r$ besteht, so ist etwa $f(x_0) < r$. Wir wählen eine Umgebung $U = U(x_0)$, so daß für alle $x \in U \cap M$

$$f(x) < r$$

ist. Für diese x wird dann

$$\min(f(x), g(x)) \leq f(x) < r.$$

Für nach unten halbstetige Funktionen wende man nun Satz 2.1 an.

Die eben bewiesenen Sätze gelten natürlich auch, wenn man nur die Halbstetigkeit der betrachteten Funktionen in einem Punkt fordert.

§ 3. Stetige Funktionen

Es sei f eine auf einer Teilmenge M von $\mathbb{R}$ erklärte Funktion und x_0 ein Punkt von M.

Definition 3.1. *Die Funktion f heißt in x_0 stetig, wenn f dort nach oben und nach unten halbstetig ist. Ist f in jedem Punkt von M stetig, so heißt f stetig auf M.*

Überall da, wo eine Funktion stetig ist, nimmt sie nur endliche Werte an; es sollen deshalb in diesem Paragraphen nur *reelle* Funktionen betrachtet werden.

Ob eine Funktion f in x_0 stetig ist oder nicht, hängt nur vom Verlauf der Funktion in einer (beliebig kleinen) Umgebung von x_0 ab: Stetigkeit ist, ebenso wie Halbstetigkeit (nach oben oder unten), eine *lokale Eigenschaft*.

Wir wollen uns nun die Bedeutung des Begriffes „Stetigkeit" anschaulich klarmachen. Es sei f eine auf dem offenen Intervall I erklärte Funktion, die in $x_0 \in I$ stetig sein möge. Liegt dann der Punkt $p_0 = (x_0, f(x_0))$ ihres Graphen G zwischen den beiden horizontalen Geraden

$$g_1 = \{(x, y)\colon y = r\}$$
und
$$g_2 = \{(x, y)\colon y = s\},$$

d. h. ist $r < f(x_0) < s$, so gilt diese Ungleichung — nach Definition der Halbstetigkeit — noch für alle x aus einer vollen Umgebung U

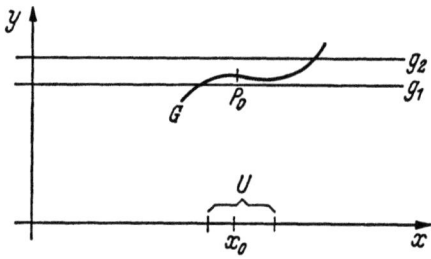

Fig. 12. Graph einer stetigen Funktion

von x_0. Mit dem Punkt $p_0 \in G$ liegt also noch ein ganzes Stück von G zwischen den beiden Geraden g_1 und g_2 — und das gilt, wie klein auch immer der Abstand zwischen p_0 und g_1 bzw. g_2 gewählt wurde. Eine Funktion kann in der Nähe eines Punktes, in dem sie stetig ist, nicht beliebig stark schwanken; bei geringer Änderung des Argumentes ändert sich auch der Funktionswert nur wenig.

Um zuverlässig darüber entscheiden zu können, ob eine Funktion in einem Punkt ihres Definitionsbereiches stetig ist, müssen wir die eben gewonnene Vorstellung noch präzisieren. Wir formulieren also den oben beschriebenen Sachverhalt im folgenden *Stetigkeitskriterium:*

Satz 3.1. *Eine auf M erklärte Funktion f ist in $x_0 \in M$ genau dann stetig, wenn es zu jedem $\varepsilon > 0$ eine Umgebung U von x_0 gibt, so daß für alle $x \in U \cap M$*

$$|f(x) - f(x_0)| < \varepsilon$$

ist.

Beweis. a) Die Funktion f sei in x_0 stetig, und ε sei irgendeine positive Zahl. Da f in x_0 nach oben halbstetig ist, gibt es eine Umgebung U_1 von x_0, so daß für alle $x \in U_1 \cap M$

$$f(x) < f(x_0) + \varepsilon$$

ist; weil f in x_0 auch nach unten halbstetig ist, gilt für alle x aus einer gewissen Umgebung U_2 von x_0 (falls x zu M gehört):

$$f(x_0) - \varepsilon < f(x).$$

Setzt man $U = U_1 \cap U_2$, so ist für $x \in U \cap M$

$$|f(x) - f(x_0)| < \varepsilon.$$

b) Es genüge f dem im Satz formulierten Kriterium. Ist $r \in \mathbb{R}$ und $f(x_0) < r$, so setzen wir

$$\varepsilon = r - f(x_0).$$

Nach Voraussetzung gibt es eine Umgebung U von x_0, so daß für alle $x \in U \cap M$

$$|f(x) - f(x_0)| < \varepsilon$$

und daher erst recht

$$f(x) < f(x_0) + \varepsilon = r$$

ist. Demnach ist f in x_0 nach oben halbstetig.
Genauso leicht zeigt man die untere Halbstetigkeit von f in x_0.
Das Kriterium von Satz 3.1 dient häufig zur Definition der Stetigkeit (wobei als Umgebungen meistens nur δ-Umgebungen zugelassen werden).

Satz 3.2 (Folgenkriterium). *Eine Funktion f ist in $x_0 \in M$ dann und nur dann stetig, wenn für jede Folge (x_ν) von Punkten aus M, die gegen x_0 konvergiert, auch die Folge $(f(x_\nu))$ gegen $f(x_0)$ strebt.*

Für jede Folge (x_ν) soll also

$$\lim_{\nu \to \infty} f(x_\nu) = f(\lim_{\nu \to \infty} x_\nu)$$

sein: Die Zeichen lim und f sind bei stetigen Funktionen vertauschbar.

Beweis von Satz 3.2. a) f sei in x_0 stetig und $(x_\nu) \in M$ eine Punktfolge mit $\lim_{\nu \to \infty} x_\nu = x_0$. Es werde $\varepsilon > 0$ beliebig gewählt. Nach Satz 3.1 gibt es eine Umgebung U von x_0, so daß $|f(x) - f(x_0)| < \varepsilon$ für alle $x \in U \cap M$ ist. Da aber (x_ν) gegen x_0 strebt und deshalb fast alle x_ν zu U gehören, gilt $|f(x_\nu) - f(x_0)| < \varepsilon$ für fast alle ν, d. h.

$$\lim_{\nu \to \infty} f(x_\nu) = f(x_0).$$

b) Nun genüge umgekehrt f dem Folgenkriterium. Wir zeigen zunächst, daß f in x_0 nach oben halbstetig ist. Es sei $r > f(x_0)$ und

$$N = \{x \in M: f(x) \geq r\}.$$

x_0 kann kein Häufungspunkt von N sein. Sonst gäbe es nämlich (Kapitel II, Satz 4.6) eine Folge von Punkten $(x_\nu) \in N$ mit $\lim_{\nu \to \infty} x_\nu$

$= x_0$. Da aber
$$f(x_\nu) \geq r > f(x_0)$$
für alle ν ist, würde die Folge der $f(x_\nu)$ im Widerspruch zu unserer Voraussetzung nicht gegen $f(x_0)$ konvergieren. Es gibt also eine Umgebung U von x_0, die N in höchstens endlich vielen Punkten schneidet. Der Punkt x_0 gehört nicht zu N und hat von N sogar einen positiven Abstand δ; deshalb ist die Umgebung $V = U_\delta(x_0)$ in $U - N$ enthalten. Für jedes $x \in V \cap M$ gilt $f(x) < r$; somit ist f in x_0 nach oben halbstetig.

Mit f genügt auch $-f$ dem Folgenkriterium; $-f$ ist deshalb auch in x_0 nach oben halbstetig, und daher ist f in x_0 nach unten halbstetig. — Satz 3.2 ist damit bewiesen.

Eine besonders wichtige Eigenschaft stetiger Funktionen wird im folgenden Satz formuliert.

Satz 3.3. *Die Funktionen f und g seien auf M erklärt und in $x_0 \in M$ stetig. Wenn dann $f(x_0) > g(x_0)$ ist, so gibt es eine Umgebung $U = U(x_0)$, in der für alle $x \in U \cap M$*
$$f(x) > g(x)$$
ist.

Beweis. In x_0 ist f halbstetig nach unten, g halbstetig nach oben, $-g$ dort also nach unten halbstetig (Satz 2.1), und $f - g$ ist in x_0 nach Satz 2.3 ebenfalls nach unten halbstetig. In einer Umgebung U von x_0 ist daher wegen $(f - g)(x_0) > 0$ auch für alle $x \in U \cap M$
$$(f - g)(x) > 0,$$
d. h.
$$f(x) > g(x),$$
was zu zeigen war.

Ersetzt man in Satz 3.3 „$>$" durch „$<$" oder „$\neq$", so erhält man natürlich wieder richtige Aussagen.

Mit Hilfe des Stetigkeitsbegriffes wollen wir nun *Grenzwerte von Funktionswerten* erklären.

Es sei f eine auf einer Teilmenge $M \subset \mathbb{R}$ definierte Funktion und x_0 sei ein Häufungspunkt von M. Der Punkt x_0 braucht nicht zu M zu gehören.

Definition 3.2. *Die Funktion f konvergiert bei Annäherung an x_0 gegen den Grenzwert c:*
$$\lim_{x \to x_0} f(x) = c,$$
wenn es eine auf $M \cup \{x_0\}$ erklärte und in x_0 stetige Funktion F gibt, so daß
$$F \,|\, M - \{x_0\} = f \,|\, M - \{x_0\}$$

und
$$F(x_0) = c$$
ist.

Falls f bei Annäherung an x_0 gegen c und gegen d konvergiert, dann gibt es auf $M \cup \{x_0\}$ definierte und in x_0 stetige Funktionen F und G, die auf $M - \{x_0\}$ mit f übereinstimmen und in x_0 die Werte c bzw. d haben. Wäre nun $c \neq d$, so gäbe es nach Satz 3.3 eine Umgebung U von x_0 mit $F(x) \neq G(x)$ für alle $x \in U \cap M$. Nun gehören aber unendlich viele Punkte x von M zu $U \cap M$, denn x_0 ist ja Häufungspunkt von M, und in diesen Punkten ist $F(x) = f(x) = G(x)$. Die Annahme, c sei von d verschieden, führt also auf einen Widerspruch, und wir haben den folgenden Satz erhalten:

Satz 3.4. *Der Grenzwert einer Funktion f bei Annäherung an einen Punkt x_0 ist eindeutig bestimmt.*

Das Folgenkriterium 3.2 liefert unmittelbar

Satz 3.5. *Es ist $\lim_{x \to x_0} f(x) = c$ dann und nur dann, wenn für jede Folge von Punkten $x_\nu \in M - \{x_0\}$ mit $\lim_{\nu \to \infty} x_\nu = x_0$ gilt:*

$$\lim_{\nu \to \infty} f(x_\nu) = c.$$

Im nächsten Paragraphen werden wir noch eine ganze Reihe von Beispielen für stetige Funktionen kennenlernen; an dieser Stelle untersuchen wir nur zwei Funktionen auf Stetigkeit.

1. *Die Funktion $f(x) \equiv x^2$ ist auf ganz $\mathbb{R}$ stetig.*

Zum Beweis wählen wir x_0 und $h \in \mathbb{R}$ und schätzen die Differenz $|f(x_0 + h) - f(x_0)|$ ab:

$$|f(x_0 + h) - f(x_0)| = |h| \cdot |2x_0 + h|$$
$$\leq |h|(2|x_0| + |h|).$$

Ist $\varepsilon > 0$, so setzen wir

$$\delta = \min\left(\frac{\varepsilon}{2|x_0| + 1}, 1\right).$$

Für $x \in U_\delta(x_0)$ ist dann

$$|f(x) - f(x_0)| = |f(x_0 + h) - f(x_0)|, \quad |h| = |x - x_0| < \delta$$
$$\leq |h|(2|x_0| + |h|)$$
$$< \frac{\varepsilon}{2|x_0| + 1}(2|x_0| + 1)$$
$$= \varepsilon.$$

Aus Satz 3.1 ergibt sich die Stetigkeit von $f(x)$.

2. Die Funktion t mit
$$t(x) = 0 \quad \text{für} \quad 0 \leq x < \tfrac{1}{2},$$
$$t(x) = 1 \quad \text{für} \quad \tfrac{1}{2} \leq x \leq 1,$$

ist im Punkt $x_0 = \tfrac{1}{2}$ nicht stetig. Zwar ist $t = \bar{t}$ und daher nach oben halbstetig; aber ist $r = \tfrac{1}{2}$, so ist $t(x_0) > r$; in jeder Umgebung U von x_0 liegen jedoch auch Punkte x mit $t(x) \leq r$; t ist in x_0 deshalb nicht nach unten halbstetig.

Man sieht leicht ein, daß eine Treppenfunktion genau dann stetig ist, wenn sie konstant ist.

§ 4. Rationale Operationen

Wir betrachten auf M erklärte Funktionen f_1 und f_2. Aus Satz 2.3 ergibt sich sofort

Satz 4.1. *Sind f_1 und f_2 in x_0 stetig, so ist auch $f_1 + f_2$ in x_0 stetig.*

Trivial ist (nach dem Folgenkriterium)

Satz 4.2. *Die Funktionen $f(x) \equiv 0$, $f(x) \equiv 1$ und $f(x) \equiv x$ sind auf ganz $\mathbb{R}$ stetig.*

Satz 4.3. *Ist $c \in \mathbb{R}$ und f_1 in x_0 stetig, so ist auch cf_1 in x_0 stetig.*

Beweis. Für $c = 0$ folgt die Behauptung aus Satz 4.2, für $c > 0$ aus Satz 2.2. Es sei nun $c < 0$. Dann ist, da f in x_0 halbstetig nach oben ist, $-f$ halbstetig nach unten, also $cf = (-c)(-f)$ auch nach unten halbstetig. Analog sieht man, daß cf nach oben halbstetig ist.

Satz 4.4. *Sind f_1 und f_2 in x_0 stetig, so ist auch die Funktion $f_1 \cdot f_2$ in x_0 stetig.*

Dieser Satz ist eine direkte Folge aus Satz 3.2 und den Rechenregeln für Grenzwerte.

Satz 4.5. *Wenn f_1 und f_2 in x_0 stetig sind und $f_2(x_0) \neq 0$ ist, so ist f_1/f_2 in x_0 stetig.*

Beweis. Nach den Sätzen 3.3 und 4.2 gibt es eine Umgebung U von x_0, so daß für $x \in U \cap M$ die Werte $f_2(x) \neq 0$ sind. Der Quotient f_1/f_2 ist also auf $U \cap M$ erklärt. Die Stetigkeit von f_1/f_2 ergibt sich aus dem Folgenkriterium.

Ist f eine Funktion über M, g eine über N, und ist $f(M)$ in N enthalten, so kann man jedem $x \in M$ den Wert
$$(g \circ f)(x) = g(f(x))$$
zuordnen und erhält so eine neue Funktion $g \circ f$ auf M, die als *Zusammensetzung* von f und g bezeichnet wird. Über die Stetigkeit der zusammengesetzten Funktion gilt:

Satz 4.6. *Wenn f in x_0 und g in $f(x_0)$ stetig ist, so ist $g \circ f$ in x_0 stetig.*

Beweis. Es sei (x_ν) eine gegen x_0 konvergente Folge in M. Da f in x_0 stetig ist, ist $\lim_{\nu \to \infty} f(x_\nu) = f(x_0)$. Aus der Stetigkeit von g im Punkt $f(x_0)$ folgt ebenso:
$$\lim_{\nu \to \infty} g(y_\nu) = g(y_0),$$
wo $\qquad y_\nu = f(x_\nu), \quad \nu = 0, 1, 2, \ldots,$

gesetzt wurde. Also strebt die Folge $g(y_\nu) = (g \circ f)(x_\nu)$ gegen $(g \circ f)(x_0) = g(y_0)$, wenn (x_ν) gegen x_0 konvergiert.

Mit diesen Sätzen können wir nun die Stetigkeit der Polynome beweisen.

Definition 4.1. *Ein Polynom vom Grad $n \geqq 0$ mit den Koeffizienten a_ν ist eine Funktion der Form*
$$f(x) = \sum_{\nu=0}^{n} a_\nu x^\nu, \quad a_\nu \in \mathbb{R}, \quad a_n \neq 0.$$

Die Funktion $f(x) \equiv 0$ heißt Polynom vom Grad $-\infty$.

Satz 4.7. *Polynome sind auf ganz $\mathbb{R}$ stetige Funktionen.*

Beweis. Für $\nu \geqq 0$ ist x^ν nach den Sätzen 4.2 und 4.4 stetig; $a_\nu x^\nu$ ist nach Satz 4.3 stetig, $\sum_{\nu=0}^{n} a_\nu x^\nu$ also auf Grund von Satz 4.1.

Wir wollen noch einige weitere Eigenschaften der Polynome notieren. Zunächst stellt man leicht fest, daß Summe und Produkt zweier Polynome f_1, f_2 wieder Polynome sind. Für den Grad γ gilt dabei:
$$\gamma(f_1 + f_2) \leqq \max(\gamma(f_1), \gamma(f_2)),$$
$$\gamma(f_1 \cdot f_2) = \gamma(f_1) + \gamma(f_2).$$

(Für f_1 oder $f_2 \equiv 0$ sei $\gamma(f_1) + \gamma(f_2) = -\infty$.)

Eine dritte wichtige Eigenschaft des Grades beweist man in der elementaren Algebra, nämlich

Satz 4.8 (Euklidischer Algorithmus). *Es seien f und g Polynome, und g habe den Grad $\gamma(g) \geqq 0$. Dann gibt es zwei eindeutig bestimmte Polynome q und r, so daß $\gamma(r) < \gamma(g)$ und*
$$f = qg + r$$
ist.

Eine Zahl $x_0 \in \mathbb{R}$ mit $f(x_0) = 0$ heißt *Nullstelle* des Polynoms f. Wenn $f(x_0) = 0$ ist, können wir Satz 4.8 auf die Polynome f und

$g(x) = x - x_0$ anwenden:
$$f(x) = (x - x_0)q(x) + r(x); \quad \gamma(r) < 1.$$
Das Polynom r ist also konstant. Wegen
$$0 = f(x_0) = (x_0 - x_0)q(x_0) + r(x_0)$$
ist $r(x_0) = 0$ und deshalb $r \equiv 0$. Wir haben damit bewiesen:

Satz 4.9. *Ist x_0 eine Nullstelle des Polynoms f, dann gibt es ein Polynom q, so daß $f(x) = (x - x_0)q(x)$ ist.*

Durch wiederholte Anwendung dieses Satzes kann man weiter zeigen:

Satz 4.10. *Ein Polynom f vom Grad $n \geqq 0$ hat höchstens n Nullstellen. Es seien $x_1, \ldots, x_s$ alle verschiedenen Nullstellen von f. Dann gibt es ein Polynom g ohne Nullstellen und natürliche Zahlen $v_1, \ldots, v_s$, so daß*
$$f(x) = (x - x_1)^{v_1} \ldots (x - x_s)^{v_s} g(x)$$
ist. Die Zahlen v_i und das Polynom g sind eindeutig bestimmt.

Man nennt v_i die *Ordnung* der Nullstelle x_i.

Definition 4.2. *Der Quotient zweier Polynome f und g, $g \not\equiv 0$, heißt rationale Funktion:*
$$r = \frac{f}{g}.$$

Die Funktion r ist außerhalb der Nullstellenmenge von g erklärt und stetig. Ist x_0 eine gemeinsame Nullstelle von f und g von der Ordnung v_1 bzw. v_2, so gilt außerhalb von x_0:
$$r(x) = \frac{f(x)}{g(x)} = \frac{(x-x_0)^{v_1} f_1(x)}{(x-x_0)^{v_2} g_1(x)} = (x-x_0)^{v_1-v_2} \frac{f_1(x)}{g_1(x)}.$$

Falls nun $v_1 \geqq v_2$ ist, ist die rechts stehende Funktion in x_0 noch stetig; also ist
$$\lim_{x \to x_0} r(x) = \begin{cases} 0 & \text{für } v_1 > v_2, \\ \dfrac{f_1(x_0)}{g_1(x_0)} & \text{für } v_1 = v_2. \end{cases}$$

In diesem Fall kann man r in x_0 hinein stetig fortsetzen: Man definiert
$$r(x_0) = \lim_{x \to x_0} r(x).$$

§ 5. Funktionen auf abgeschlossenen Intervallen

Wir wollen in diesem Paragraphen weitere Eigenschaften stetiger und halbstetiger Funktionen besprechen. Zunächst müssen wir einige Begriffe einführen.

Es sei f irgendeine auf der Teilmenge M von $\mathbb{R}$ erklärte Funktion.

Definition 5.1. *Das Maximum von f auf M, in Zeichen:* $\max_M f$*, ist das Supremum der Menge $f(M)$; das Minimum von f auf M, in Zeichen:* $\min_M f$*, ist das Infimum von $f(M)$.*

Definition 5.2. *Die Funktion f heißt auf M nach oben (nach unten) beschränkt, wenn $f(M)$ nach oben (nach unten) beschränkt ist.*

Es ist f also genau dann nach oben (nach unten) beschränkt, wenn $\max_M f < +\infty$ $\left(\text{bzw. } \min_M f > -\infty\right)$ ist. Eine nach oben und unten beschränkte Funktion heißt (schlechthin) *beschränkt*.

Definition 5.3. *Die Funktion f nimmt auf M das Maximum (Minimum) an, wenn es ein $x_0 \in M$ mit $f(x_0) = \max_M f$ $\left(\text{bzw. } \min_M f\right)$ gibt.*

Die Funktion $f(x) = 1/x$ ist auf dem Intervall $(0, 1)$ nicht nach oben beschränkt; $f(x) = x$ ist dort zwar beschränkt, nimmt aber weder Maximum noch Minimum an. — Bevor wir nun zeigen, daß eine stetige Funktion auf einem abgeschlossenen Intervall stets ihr Maximum und ihr Minimum annimmt, erinnern wir an eine wichtige Eigenschaft dieser Intervalle:

Hilfssatz. *Eine Punktfolge (x_ν) in dem abgeschlossenen Intervall $I = [a, b]$ hat mindestens einen Häufungspunkt, und jeder Häufungspunkt von (x_ν) gehört zu I.*

Der erste Teil der Behauptung ist nichts weiter als der Satz von BOLZANO/WEIERSTRASS, der zweite Teil ist trivial (aber wichtig).

Im folgenden soll I stets das abgeschlossene Intervall zwischen a und b sein.

Satz 5.1. *Eine nach oben halbstetige Funktion f auf I ist nach oben beschränkt und nimmt ihr Maximum an.*

Beweis. Falls $f(x) \equiv -\infty$ ist, brauchen wir nichts zu zeigen. Es sei also f eine nach oben halbstetige Funktion, die auch endliche Werte annehme. Für $r = \max_I f$ gilt dann die Ungleichung $-\infty < r \leq +\infty$. Zu r können wir eine Zahlenfolge (r_ν) wählen, für die $r_\nu < r$ und $\lim r_\nu = r$ ist: Wir setzen einfach

$$r_\nu = r - \frac{1}{\nu}, \quad \text{falls} \quad r \in \mathbb{R},$$
$$r_\nu = \nu, \quad \text{falls} \quad r = +\infty.$$

Da $r = \sup f(M)$ ist, kann man zu jedem r_ν einen Punkt $x_\nu \in M$ finden, so daß $r_\nu < f(x_\nu) \leq r$ ist. Die Folge (x_ν) häuft sich gegen einen Punkt x_0 des Intervalls. Wir werden nachweisen, daß $f(x_0) = r$ sein muß.

Jedenfalls ist $f(x_0) \leq r$. Wäre $f(x_0) < r$, so gäbe es eine Zahl r^* mit $f(x_0) < r^* < r$. Da f in x_0 nach oben halbstetig ist, können wir eine Umgebung U von x_0 mit
$$f(U \cap \bar{I}) < r^*$$
finden. Nun gelten aber für fast alle ν die Beziehungen
$$r^* < r_\nu < f(x_\nu) \leq r,$$
und unendlich viele x_ν gehören zu $U \cap \bar{I}$. In unendlich vielen x_ν ist also $f(x_\nu) > r^*$, im Widerspruch zu $f(U \cap \bar{I}) < r^*$.

Damit ist gezeigt, daß f in x_0 das Maximum annimmt. Definitionsgemäß ist $f(x_0) < +\infty$ und f somit auch nach oben beschränkt.

Aus der Formel
$$\min_{\bar{I}} f = -\max_{\bar{I}}(-f)$$
ergibt sich ein analoger Satz über nach unten halbstetige Funktionen:

Satz 5.2. *Eine nach unten halbstetige Funktion f auf dem abgeschlossenen Intervall $\bar{I}$ ist dort nach unten beschränkt und nimmt das Minimum an.*

Beweis. Die Funktion $-f$ ist auf $\bar{I}$ nach oben halbstetig und nimmt daher in einem Punkt $x_0 \in \bar{I}$ ihr (endliches) Maximum an; f selbst nimmt dann dort das Minimum an, und es ist $f(x_0) > -\infty$.

Die beiden vorigen Sätze liefern

Satz 5.3. *Eine auf dem abgeschlossenen Intervall $\bar{I}$ stetige Funktion ist auf $\bar{I}$ beschränkt und nimmt das Maximum und das Minimum an.*

Satz 5.4 (Zwischenwertsatz). *Die Funktion f sei auf $\bar{I}$ stetig, und c sei eine Zahl mit*
$$\min_{\bar{I}} f \leq c \leq \max_{\bar{I}} f.$$
Dann gibt es einen Punkt $x_0 \in \bar{I}$ mit $f(x_0) = c$.

Beweis. Es seien x_1 und x_2 zwei Punkte in $\bar{I}$ mit
$$f(x_1) = \min_{\bar{I}} f; \quad f(x_2) = \max_{\bar{I}} f.$$
Es ist also
$$f(x_1) \leq c \leq f(x_2).$$
Wir dürfen ohne Einschränkung der Allgemeinheit $x_1 \leq x_2$ voraussetzen. Dann sei
$$M = \{x: x_1 \leq x \leq x_2 \text{ und } f(x) \leq c\}$$
und
$$x_0 = \sup M.$$

Es ist $x_1 \leq x_0 \leq x_2$. Nehmen wir an, es bestünde die Ungleichung $f(x_0) < c$. Dann ist $x_0 \neq x_2$, und es gibt nach Satz 3.3 eine Umgebung U von x_0, so daß $f(x) < c$ für alle $x \in U \cap I$ ist. Wir wählen ein $x' \in U$ mit $x_0 < x' < x_2$. Wegen $f(x') \leq c$ und $x_0 < x'$ ist x_0 keine obere Schranke von M, und das ist ein Widerspruch.

Es ist also $f(x_0) \geq c$. Wäre $f(x_0) > c$, so gälte $x_0 > x_1$, und es gäbe — wieder nach Satz 3.3 — eine Umgebung U von x_0 mit $f(U \cap I) > c$. Wählt man $x' \in U$ mit $x_1 < x' < x_0$, so ist x' eine obere Schranke von M und x_0 deshalb nicht das Supremum von M.

Es ist also $f(x_0) = c$, und unser Satz ist bewiesen.

Wir notieren noch einen Spezialfall des Zwischenwertsatzes: *Eine stetige Funktion im abgeschlossenen Intervall I, die in den Endpunkten von I verschiedenes Vorzeichen hat, hat in I mindestens eine Nullstelle.*

§ 6. Folgen von Funktionen

M sei eine Teilmenge von $\mathbb{R}$ und f_ν, $\nu = 1, 2, \ldots$, eine Folge von auf M erklärten Funktionen. Für jeden Punkt $x_0 \in M$ bilden die Funktionswerte dann eine Punktfolge $f_\nu(x_0)$, die wir auf Konvergenz untersuchen können.

Definition 6.1. *Die Funktionenfolge (f_ν) heißt auf M (im gewöhnlichen Sinne oder punktweise) konvergent, wenn für jedes $x \in M$ die Folge der $f_\nu(x)$ konvergiert. Unter der Grenzfunktion*

$$f = \lim_{\nu \to \infty} f_\nu$$

einer konvergenten Funktionenfolge versteht man die durch

$$f(x) = \lim_{\nu \to \infty} f_\nu(x)$$

auf M definierte Funktion.

Es stellt sich natürlich sofort die Frage, ob sich gewisse Eigenschaften der Folgenglieder f_ν auf die Grenzfunktion übertragen. Ist etwa der Limes einer konvergenten Folge stetiger Funktionen selbst stetig?

Betrachten wir die Folge $f_\nu(x) = x^\nu$ auf dem abgeschlossenen Einheitsintervall $I = [0, 1]$. Die f_ν konvergieren auf I gegen die Funktion

$$f(x) = \begin{cases} 0 & \text{für} \quad 0 \leq x < 1, \\ 1 & \text{für} \quad x = 1; \end{cases}$$

obwohl jedes f_ν stetig ist, ist $\lim_{\nu \to \infty} f_\nu$ eine unstetige Funktion.

Wir müssen den Konvergenzbegriff verschärfen, um aus den Eigenschaften der Folgenglieder auf entsprechende Eigenschaften der Grenzfunktion schließen zu können.

Definition 6.2. *Die Funktionenfolge (f_ν) konvergiert auf M gleichmäßig gegen eine Grenzfunktion f, wenn es zu jedem $\varepsilon > 0$ ein $\nu_0 \in \mathbb{N}$ gibt, so daß für alle $\nu \geqq \nu_0$ und für alle $x \in M$*

$$|f_\nu(x) - f(x)| < \varepsilon$$

ist.

Von einer auf M gleichmäßig gegen f konvergenten Funktionenfolge (f_ν) verlangt man also, daß, wie klein ε auch sein mag, von einem gewissen (natürlich von ε abhängigen) Index ν_0 an jeder Wert $f_\nu(x)$ (mit $\nu \geqq \nu_0$) in der ε-Umgebung von $f(x)$ liegt; mit anderen Worten: der Graph von f_ν soll für $\nu \geqq \nu_0$ ganz in dem ε-Streifen S_ε um den Graphen von f enthalten sein (siehe Figur 13).

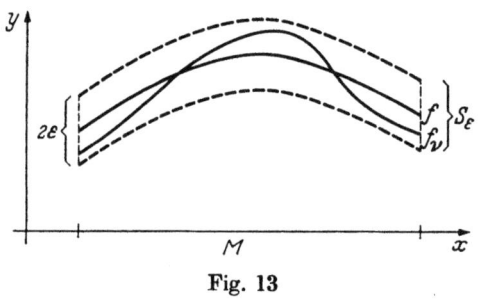

Fig. 13

Liegt nur gewöhnliche Konvergenz vor, so läßt sich zwar, wenn $x \in M$ fest gewählt wurde, ein ν_0 mit

$$|f_\nu(x) - f(x)| < \varepsilon$$

für $\nu \geqq \nu_0$ finden, doch braucht diese Ungleichung in keinem weiteren Punkt von M zu gelten: Wie groß ν_0 sein muß, hängt nicht nur von ε, sondern — im Unterschied zur gleichmäßigen Konvergenz — auch von x ab: $\nu_0 = \nu_0(\varepsilon, x)$.

Offenbar konvergiert eine gleichmäßig konvergente Funktionenfolge auch im gewöhnlichen Sinne; die eben betrachtete Folge $f_\nu(x) = x^\nu$ ist aber ein einfaches Beispiel für eine nicht-gleichmäßig konvergente Funktionenfolge. Würde nämlich (f_ν) gleichmäßig konvergieren, so gäbe es insbesondere zu $\varepsilon = \frac{1}{2}$ ein ν_0 mit $|f_\nu(x) - f(x)| < \varepsilon$ für $\nu \geqq \nu_0$. Im Punkt $x = (\sqrt[\nu_0]{2})^{-1}$ ist aber

$$|f_{\nu_0}(x) - f(x)| = |\tfrac{1}{2} - 0| = \tfrac{1}{2}.$$

Bei gleichmäßiger Konvergenz überträgt sich die Stetigkeit der f_ν auf die Grenzfunktion:

Satz 6.1. *Konvergieren die f_ν auf M gleichmäßig gegen f und sind alle f_ν in $x_0 \in M$ stetig, so ist auch f in x_0 stetig.*

Folgen von Funktionen

Beweis. Es sei $\varepsilon > 0$ gegeben. Nach Voraussetzung gibt es ein ν_0, so daß für alle $\nu \geq \nu_0$ und alle $x \in M$

$$|f_\nu(x) - f(x)| < \frac{\varepsilon}{3}$$

ist. Da f_{ν_0} in x_0 stetig ist, können wir eine Umgebung U von x_0 finden, so daß für jedes $x \in U \cap M$

$$|f_{\nu_0}(x) - f_{\nu_0}(x_0)| < \frac{\varepsilon}{3}$$

ist. Dann gilt für $x \in U \cap M$

$$|f(x) - f(x_0)| = |f(x) - f_{\nu_0}(x) + f_{\nu_0}(x) - f_{\nu_0}(x_0) + f_{\nu_0}(x_0) - f(x_0)|$$
$$\leq |f(x) - f_{\nu_0}(x)| + |f_{\nu_0}(x) - f_{\nu_0}(x_0)| +$$
$$+ |f_{\nu_0}(x_0) - f(x_0)|$$
$$< \frac{\varepsilon}{3} + \frac{\varepsilon}{3} + \frac{\varepsilon}{3}$$
$$= \varepsilon.$$

Also ist f in x_0 stetig.

Wir beweisen noch den gelegentlich nützlichen

Satz 6.2. *Die Folge (f_ν) konvergiere über M gleichmäßig gegen f, und jedes f_ν sei in $x_0 \in M$ stetig. Dann gibt es zu jedem $\varepsilon > 0$ eine Umgebung U von x_0 und ein $\nu_0 \in \mathbb{N}$, so daß für $x \in U \cap M$ und $\nu \geq \nu_0$*

$$|f_\nu(x) - f(x_0)| < \varepsilon$$

ist.

Beweis. Wie wir gerade gesehen haben, ist f in x_0 stetig. Es gibt daher eine Umgebung U von x_0, so daß für alle $x \in U \cap M$

$$|f(x) - f(x_0)| < \frac{\varepsilon}{2}$$

ist. Wegen der gleichmäßigen Konvergenz der f_ν existiert weiter ein ν_0 mit

$$|f_\nu(x) - f(x)| < \frac{\varepsilon}{2}$$

für $\nu \geq \nu_0$ und jedes $x \in M$. Dann ist für $x \in U \cap M$ und $\nu \geq \nu_0$ tatsächlich

$$|f_\nu(x) - f(x_0)| \leq |f_\nu(x) - f(x)| + |f(x) - f(x_0)|$$
$$< \frac{\varepsilon}{2} + \frac{\varepsilon}{2} = \varepsilon.$$

§ 7. Reihen von Funktionen

Die Sätze und Begriffe über Funktionenfolgen lassen sich leicht auf *Reihen* von Funktionen übertragen. Sind die f_ν auf M definierte *reelle* Funktionen, so betrachten wir in Analogie zum dritten Kapitel die *Summenfolge*

$$s_\mu = \sum_{\nu=1}^{\mu} f_\nu, \quad \mu = 1, 2, \ldots,$$

der unendlichen Reihe

$$\sum_{\nu=1}^{\infty} f_\nu$$

und erklären:

Definition 7.1. *Die unendliche Reihe $\sum_{\nu=1}^{\infty} f_\nu$ der Funktionen f_ν heißt (punktweise oder im gewöhnlichen Sinne) konvergent, wenn die Summenfolge $(s_\mu) = \left(\sum_{\nu=1}^{\mu} f_\nu\right)$ punktweise konvergiert. Die Funktion*

$$s = \lim_{\mu \to \infty} s_\mu$$

heißt die Summenfunktion (Grenzfunktion) von $\sum_{\nu=1}^{\infty} f_\nu$.

Definition 7.2. *Eine gleichmäßig konvergente Reihe von Funktionen ist eine Reihe, deren Summenfolge gleichmäßig konvergiert.*

Die Reihe $\sum_{\nu=1}^{\infty} f_\nu$ konvergiert dann und nur dann gleichmäßig auf M gegen die Summenfunktion f, wenn es zu jedem $\varepsilon > 0$ ein μ_0 gibt, so daß für $\mu \geq \mu_0$ und jedes $x \in M$

$$\left| f(x) - \sum_{\nu=1}^{\mu} f_\nu(x) \right| < \varepsilon$$

wird, d.h. gerade, wenn der *Rest* $\sum_{\nu=\mu+1}^{\infty} f_\nu(x)$ für jedes $x \in M$ dem Betrag nach kleiner als ε wird.

Wir wollen als erstes Beispiel untersuchen, ob die Reihe $\sum_{\nu=0}^{\infty} x^\nu$ im Intervall $I = (-1, 1)$ gleichmäßig konvergiert. Jedenfalls konvergiert sie dort:

$$\sum_{\nu=0}^{\infty} x^\nu = \frac{1}{1-x}.$$

Es sei nun $\varepsilon = \frac{1}{2}$ und μ_0 irgendeine natürliche Zahl. Dann ist

$$\sum_{\nu=\mu_0+1}^{\infty} x^\nu = x^{\mu_0+1} \sum_{\nu=0}^{\infty} x^\nu = x^{\mu_0+1} \frac{1}{1-x}.$$

Setzen wir

$$x_0 = 2^{-\frac{1}{\mu_0+1}},$$

so ist

$$\left| \sum_{\nu=\mu_0+1}^{\infty} x_0^\nu \right| = \frac{1}{2} \cdot \frac{1}{1-x_0} > \frac{1}{2}.$$

In I liegt also keine gleichmäßige Konvergenz vor. Die Situation ändert sich völlig, wenn wir die Reihe nur in einem Intervall $I^* = \{x: |x| \leq q\}$ betrachten, wo $0 < q < 1$ sein soll. Dann gilt für jedes μ

$$\left| \sum_{\nu=\mu+1}^{\infty} x^\nu \right| = \frac{|x^{\mu+1}|}{|1-x|} \leq \frac{q^{\mu+1}}{1-q}.$$

Da die Folge $\frac{q^{\mu+1}}{1-q}$ gegen 0 strebt, läßt sich der Rest $\sum_{\nu=\mu+1}^{\infty} x^\nu$ unabhängig von x beliebig klein machen, indem μ groß genug gewählt wird.

Weitere Beispiele unendlicher Reihen von Funktionen lernen wir im nächsten Paragraphen kennen.

Die Überlegungen des vorigen Paragraphen liefern

Satz 7.1. *Konvergiert die Reihe* $\sum_{\nu=1}^{\infty} f_\nu$ *gleichmäßig auf M und sind alle f_ν in $x_0 \in M$ stetig, so ist die Summe* $f = \sum_{\nu=1}^{\infty} f_\nu$ *in x_0 stetig.*

Wir wollen nun für die gleichmäßige Konvergenz ein *Cauchysches Konvergenzkriterium* aufstellen.

Satz 7.2. *Die Reihe* $\sum_{\nu=1}^{\infty} f_\nu$ *konvergiert genau dann gleichmäßig auf M, wenn es zu jedem $\varepsilon > 0$ ein $\mu_0 \in \mathbb{N}$ gibt, so daß für alle $\mu > \mu_0$ und $x \in M$*

$$\left| \sum_{\nu=\mu_0+1}^{\mu} f_\nu(x) \right| < \varepsilon$$

ist.

Beweis. a) $\sum_{\nu=1}^{\infty} f_\nu(x)$ möge gleichmäßig gegen die Summenfunktion f konvergieren, und ε sei eine positive Zahl. Es gibt dann eine natür-

liche Zahl μ_0, so daß für jedes $\mu \geq \mu_0$ und jedes $x \in M$
$$\left| f(x) - \sum_{\nu=1}^{\mu} f_\nu(x) \right| < \frac{\varepsilon}{2}$$
ist. Es folgt für $\mu > \mu_0$:
$$\left| \sum_{\nu=\mu_0+1}^{\mu} f_\nu(x) \right| = \left| \sum_{\nu=1}^{\mu} f_\nu(x) - \sum_{\nu=1}^{\mu_0} f_\nu(x) \right|$$
$$\leq \left| f(x) - \sum_{\nu=1}^{\mu} f_\nu(x) \right| + \left| f(x) - \sum_{\nu=1}^{\mu_0} f_\nu(x) \right|$$
$$< \frac{\varepsilon}{2} + \frac{\varepsilon}{2} = \varepsilon .$$

b) Jetzt sei umgekehrt das Cauchysche Kriterium erfüllt. Die Reihe konvergiert dann punktweise gegen die Summenfunktion f, und wir müssen nur noch die Gleichmäßigkeit der Konvergenz nachweisen. — Zu $\varepsilon > 0$ gibt es nach Voraussetzung ein μ_0, so daß für alle $\mu > \mu_0$ und alle $x \in M$
$$\left| \sum_{\nu=\mu_0+1}^{\mu} f_\nu(x) \right| < \frac{\varepsilon}{3}$$
ist. Für jede natürliche Zahl λ gilt dann:
$$t_\lambda(x) = \left| \sum_{\nu=\mu+1}^{\mu+\lambda} f_\nu(x) \right| \leq \left| \sum_{\nu=\mu_0+1}^{\mu+\lambda} f_\nu(x) \right| + \left| \sum_{\nu=\mu_0+1}^{\mu} f_\nu(x) \right| < \frac{2}{3} \varepsilon .$$
Da nun
$$\lim_{\lambda \to \infty} \sum_{\nu=\mu+1}^{\mu+\lambda} f_\nu(x) = f(x) - \sum_{\nu=1}^{\mu} f_\nu(x)$$
ist, die Folge $t_\lambda(x)$ also wegen der Stetigkeit der Funktion $h(y) = |y|$ konvergiert, ist auch
$$\lim_{\lambda \to \infty} t_\lambda(x) = \left| f(x) - \sum_{\nu=1}^{\mu} f_\nu(x) \right| \leq \frac{2}{3} \varepsilon < \varepsilon ,$$
was zu zeigen war.

Auch bei Reihen von Funktionen kann man von absoluter Konvergenz sprechen: $\sum_{\nu=1}^{\infty} f_\nu$ *konvergiert absolut auf* M, *wenn* $\sum_{\nu=1}^{\infty} |f_\nu(x)|$ *für alle* $x \in M$ *konvergiert*. Die Ungleichung
$$\left| \sum_{\nu=\mu_0+1}^{\mu} f_\nu(x) \right| \leq \sum_{\nu=\mu_0+1}^{\mu} |f_\nu(x)|$$
liefert sofort

Satz 7.3. *Eine absolut (bzw. absolut und gleichmäßig) konvergente Reihe konvergiert (bzw. konvergiert gleichmäßig).*

Schließlich geben wir noch ein wichtiges Kriterium für die gleichmäßige Konvergenz an:

Satz 7.4 (Majorantenkriterium). $\sum_{\nu=1}^{\infty} a_\nu$ *sei eine konvergente Reihe mit nicht-negativen Gliedern, und* $\sum_{\nu=1}^{\infty} f_\nu$ *sei eine unendliche Reihe von auf* M *erklärten Funktionen* f_ν. *Wenn dann* $|f_\nu(x)| \leq a_\nu$ *für jedes* $x \in M$ *und fast alle* ν *ist, so konvergiert* $\sum_{\nu=1}^{\infty} f_\nu$ *absolut und gleichmäßig auf* M.

Beweis. Zu $\varepsilon > 0$ gibt es ein $\mu_0 \in \mathbb{N}$ mit

$$\sum_{\nu=\mu_0+1}^{\mu} a_\nu < \varepsilon, \quad |f_\mu(x)| \leq a_\mu$$

für alle $\mu > \mu_0$. Dann ist für $x \in M$

$$\sum_{\nu=\mu_0+1}^{\mu} |f_\nu(x)| \leq \sum_{\nu=\mu_0+1}^{\mu} a_\nu < \varepsilon,$$

das Cauchysche Konvergenzkriterium für $\sum_{\nu=1}^{\infty} |f_\nu(x)|$ und erst recht für $\sum_{\nu=1}^{\infty} f_\nu$ also erfüllt.

§ 8. Potenzreihen

Wir untersuchen jetzt eine besonders wichtige Klasse von Funktionenreihen. Es sei a_ν, $\nu = 0, 1, 2, \ldots$ eine Folge reeller Zahlen und x_0 ein Punkt von $\mathbb{R}$.

Definition 8.1. *Eine unendliche Reihe der Form* $\sum_{\nu=0}^{\infty} a_\nu (x - x_0)^\nu$ *heißt Potenzreihe mit Entwicklungspunkt* x_0. *Die* a_ν *heißen Koeffizienten der Reihe.*

Zum Beispiel ist die *geometrische Reihe* $\sum_{\nu=0}^{\infty} x^\nu$, deren Konvergenzverhalten wir im letzten Paragraphen studiert haben, eine Potenzreihe mit 0 als Entwicklungspunkt, bei der alle Koeffizienten 1 sind. Diese Reihe konvergiert, wie wir gesehen haben, absolut im Intervall $I = \{x : |x| < 1\}$, absolut und gleichmäßig in jedem abgeschlossenen Teilintervall von I, und divergiert außerhalb von $\bar{I}$. Wir wollen zeigen, daß diese Konvergenzeigenschaften typisch für jede Potenzreihe sind.

Satz 8.1. *Falls die Potenzreihe $\sum_{\nu=0}^{\infty} a_\nu (x - x_0)^\nu$ im Punkt x_1 konvergiert, so konvergiert sie absolut in jedem Punkt x, für den gilt:*

$$|x - x_0| < |x_1 - x_0|.$$

Außerdem gibt es zu jedem solchen Punkt Zahlen S und q, mit $S > 0$ und $0 < q < 1$, so daß für alle ν die Ungleichung

$$|a_\nu| \, |x - x_0|^\nu \leq S q^\nu$$

richtig ist. Man kann $q = |x - x_0|/|x_1 - x_0|$ wählen (falls x und $x_1 \neq x_0$ sind). S hängt nicht von x ab.

Beweis. Wenn $x_1 = x_0$ ist, so ist nichts zu zeigen. Nehmen wir also an, es sei $x_1 \neq x_0$ und $|x - x_0| < |x_1 - x_0|$. Dann ist

$$a_\nu (x - x_0)^\nu = a_\nu (x_1 - x_0)^\nu \left(\frac{x - x_0}{x_1 - x_0}\right)^\nu.$$

Nach Voraussetzung konvergiert die Reihe $\sum_{\nu=0}^{\infty} a_\nu (x_1 - x_0)^\nu$, und daher ist die Folge ihrer Glieder sicher beschränkt. Wir wählen ein $S > 0$ mit $|a_\nu (x_1 - x_0)^\nu| \leq S$ für alle ν. Dann ist

$$|a_\nu (x - x_0)^\nu| = |a_\nu (x_1 - x_0)^\nu| \left|\frac{x - x_0}{x_1 - x_0}\right|^\nu \leq S \left|\frac{x - x_0}{x_1 - x_0}\right|^\nu.$$

Da nun

$$\left|\frac{x - x_0}{x_1 - x_0}\right| = q < 1$$

ist, konvergiert die Reihe $\sum_{\nu=0}^{\infty} S q^\nu$ und daher nach dem Majorantenkriterium auch $\sum_{\nu=0}^{\infty} |a_\nu (x - x_0)|^\nu$. Das war zu zeigen.

Als unmittelbare Folgerung erhält man

Satz 8.2. *Wenn die Potenzreihe $\sum_{\nu=0}^{\infty} a_\nu (x - x_0)^\nu$ im Punkt x_1 nicht absolut konvergiert (z. B. divergiert), so divergiert sie in jedem Punkt x mit*

$$|x - x_0| > |x_1 - x_0|.$$

Es sei

$$R = \sup \left\{ x - x_0 \in \mathbb{R} : \sum_{\nu=0}^{\infty} a_\nu (x - x_0)^\nu \text{ konvergiert} \right\}.$$

Da die Reihe im Entwicklungspunkt x_0 konvergiert, ist R wohldefiniert und nicht negativ. Wir setzen

$$I = \{x\colon |x - x_0| < R\}.$$

Zu $x \in I$ gibt es stets ein x_1 mit $|x_1 - x_0| > |x - x_0|$, in dem die Reihe konvergiert. Nach Satz 8.1 konvergiert sie dann absolut in x. Falls $|x - x_0| > R$ ist, divergiert die Reihe in x nach Voraussetzung. In den beiden Punkten $x_0 + R$ und $x_0 - R$ kann, wie Beispiele zeigen, Konvergenz oder Divergenz vorliegen.

Wir betrachten noch ein beliebiges abgeschlossenes Teilintervall I^* von I. Es gibt dann positive[1] Zahlen $R_1 < R_2 < R$, so daß $I^* \subset [x_0 - R_1, x_0 + R_1]$. Wegen der Konvergenz der Reihe im Punkt $x_0 + R_2$ gibt es nach Satz 8.1 eine (nur von R_2 abhängige) reelle Zahl S, so daß für alle x mit $|x - x_0| < R_1$ die Abschätzungen

$$|a_\nu| |x - x_0|^\nu \leq S q^\nu \quad \left(\text{mit } q = \frac{|x - x_0|}{R_2} \leq \frac{R_1}{R_2} < 1\right)$$

bestehen. Nach dem Majorantenkriterium konvergiert deshalb $\sum_{\nu=0}^{\infty} a_\nu (x - x_0)^\nu$ absolut und gleichmäßig auf I^*.

Damit haben wir eine vollständige Übersicht über das Konvergenzverhalten einer Potenzreihe gewonnen.

Satz 8.3. *Zu jeder Potenzreihe $\sum_{\nu=0}^{\infty} a_\nu (x - x_0)^\nu$ gibt es ein eindeutig bestimmtes Element $R \in \overline{\mathbb{R}}$ mit $0 \leq R \leq +\infty$, für das gilt:*

(α) Im Intervall $I = \{x\colon |x - x_0| < R\}$ konvergiert die Reihe absolut, in jedem abgeschlossenen Teilintervall von I konvergiert sie absolut und gleichmäßig[2].

(β) Außerhalb des abgeschlossenen Intervalls $\bar{I} = \{x\colon |x - x_0| \leq R\}$ divergiert die Reihe.

Außerdem gibt es zu jedem positiven $R^* < R$ ein $S > 0$, so daß, wenn $q = |x - x_0|/R^*$ gesetzt wird, für alle x mit $|x - x_0| < R^*$ die Ungleichungen

$$|a_\nu| |x - x_0|^\nu \leq S q^\nu, \quad \nu = 0, 1, 2, \ldots,$$

bestehen.

Definition 8.2. *Die in Satz 8.3 eingeführte Größe R heißt Konvergenzradius der Potenzreihe $\sum_{\nu=0}^{\infty} a_\nu (x - x_0)^\nu$ und das offene Intervall $I = \{x\colon |x - x_0| < R\}$ das Konvergenzintervall[2].*

---

[1] Den Trivialfall $R = 0$ lassen wir bei dieser Überlegung außer acht.
[2] Für $R = 0$ ist I die leere Menge, für $R = +\infty$ ist $I = \bar{I} = \mathbb{R}$.

Ist $x \in I$, so konvergiert die Reihe in einer Umgebung von x noch gleichmäßig. Also gilt

Satz 8.4. *Die Grenzfunktion einer Potenzreihe ist auf dem Konvergenzintervall stetig.*

Den Konvergenzradius einer Potenzreihe kann man mit Hilfe einer von HADAMARD angegebenen Formel manchmal sehr leicht bestimmen.

Satz 8.5 (HADAMARD). *Es sei* $\sum_{\nu=0}^{\infty} a_\nu (x - x_0)^\nu$ *eine Potenzreihe mit* R *als Konvergenzradius. Dann gilt:*

(α) *Wenn* $\overline{\lim} \sqrt[\nu]{|a_\nu|}$ *existiert und positiv ist, so ist*
$$R = \frac{1}{\limsup \sqrt[\nu]{|a_\nu|}}.$$

(β) *Ist* $\overline{\lim} \sqrt[\nu]{|a_\nu|} = 0$, *so ist* $R = +\infty$.

(γ) *Wenn* $\overline{\lim} \sqrt[\nu]{|a_\nu|}$ *nicht existiert, so ist* $R = 0$.

Beweis. (α) Es sei $\varrho = \overline{\lim} \sqrt[\nu]{|a_\nu|}$ und $|x - x_0| < 1/\varrho$.
Dann ist
$$\overline{\lim} (\sqrt[\nu]{|a_\nu|} |x - x_0|) < 1,$$
$$\overline{\lim} \sqrt[\nu]{|a_\nu| |x - x_0|^\nu} < 1,$$

und man kann ein $q < 1$ finden, so daß für fast alle ν
$$\sqrt[\nu]{|a_\nu| |x - x_0|^\nu} < q$$

ist. Aus dieser Ungleichung folgt aber, daß die geometrische Reihe $\sum_{\nu=0}^{\infty} q^\nu$ eine konvergente Majorante für $\sum_{\nu=0}^{\infty} |a_\nu (x - x_0)^\nu|$ ist, d. h. $|x - x_0| < R$.

Wenn umgekehrt x ein Punkt ist, für den $|x - x_0| > 1/\varrho$ ist, so folgt:
$$\overline{\lim} (\sqrt[\nu]{|a_\nu|} |x - x_0|) > 1,$$
$$\overline{\lim} \sqrt[\nu]{|a_\nu| |x - x_0|^\nu} > 1,$$

und deshalb für unendlich viele ν:
$$\sqrt[\nu]{|a_\nu (x - x_0)^\nu|} \geq 1,$$
$$|a_\nu (x - x_0)^\nu| \geq 1.$$

Die Reihe $\sum_{\nu=0}^{\infty} |a_\nu (x - x_0)^\nu|$ divergiert also, da ihre Glieder keine Nullfolge bilden.

β) Wenn $\limsup \sqrt[\nu]{|a_\nu|} = 0$ ist, so strebt für jedes $x \in \mathbb{R}$ die Folge
$$\sqrt[\nu]{|a_\nu(x-x_0)^\nu|}$$
gegen 0. Ist dann q zwischen 0 und 1 gewählt, so ist $|a_\nu(x-x_0)^\nu| < q^\nu$ für fast alle ν; wie unter α) ergibt sich hieraus die Konvergenz der Reihe in x.

γ) $\overline{\lim} \sqrt[\nu]{|a_\nu|}$ existiert genau dann nicht, wenn die Folge $\sqrt[\nu]{|a^\nu|}$ nicht beschränkt ist. Falls $x \neq x_0$ ist, ist dann auch die Folge $\sqrt[\nu]{|a_\nu(x-x_0)^\nu|}$ und deshalb auch $|a_\nu(x-x_0)^\nu|$ nicht beschränkt; die Reihe $\sum_{\nu=0}^{\infty} a_\nu(x-x_0)^\nu$ muß also divergieren.

Wir wenden nun die Hadamardsche Formel auf einige Beispiele an und zeigen gleichzeitig, daß man über das Verhalten einer Potenzreihe in den Randpunkten ihres Konvergenzintervalls keine allgemeingültigen Aussagen machen kann.

1. Für die geometrische Reihe $\sum_{\nu=0}^{\infty} x^\nu$ ist
$$\overline{\lim} \sqrt[\nu]{|a_\nu|} = \overline{\lim} 1 = 1,$$
also $R = 1$. In den Punkten 1 und -1 divergiert die Reihe, im Konvergenzintervall strebt sie gegen die Funktion $(1-x)^{-1}$.

2. Ersetzt man im vorigen Beispiel x durch $-x^2$, so erhält man dasselbe R. Grenzfunktion von $\sum_{\nu=0}^{\infty} (-1)^\nu x^{2\nu}$ ist $(1+x^2)^{-1}$, eine auf ganz $\mathbb{R}$ erklärte Funktion.

3. Der Konvergenzradius der Reihe
$$\sum_{\nu=1}^{\infty} \frac{x^\nu}{\nu}$$
ist
$$R = \frac{1}{\limsup \frac{1}{\sqrt[\nu]{\nu}}} = 1.$$

Für $x = 1$ divergiert die Reihe, für $x = -1$ konvergiert sie.

4. Der Konvergenzradius der Reihe
$$\sum_{\nu=1}^{\infty} \frac{x^\nu}{\nu^2}$$
ist 1. Für $x > 1$ divergiert die Reihe nämlich nach dem Quotientenkriterium, und für $|x| < 1$ konvergiert sie, da $\sum_{\nu=1}^{\infty} |x|^\nu/\nu^2$ von der geometrischen Reihe $\sum_{\nu=1}^{\infty} |x|^\nu$ majorisiert wird. Nach Kapitel III, § 2,

Beispiel 2, liegt in beiden Randpunkten des Intervalls $(-1, 1)$ Konvergenz vor. Die Hadamardsche Formel liefert die Gleichung

$$\lim_{\nu \to \infty} \sqrt[\nu]{\nu^2} = 1.$$

5. Da

$$\lim_{\nu \to \infty} \sqrt[\nu]{\frac{1}{\nu^\nu}} = \lim_{\nu \to \infty} \frac{1}{\nu} = 0$$

ist, konvergiert die Reihe

$$\sum_{\nu=1}^{\infty} \frac{x^\nu}{\nu^\nu}$$

überall.

6. Aus Kapitel III, § 2, Beipsiel 3, folgt die Konvergenz der Reihe

$$\sum_{\nu=0}^{\infty} \frac{x^\nu}{\nu!}$$

in ganz $\mathbb{R}$. Wir können also folgern, daß

$$\lim_{\nu \to \infty} \frac{1}{\sqrt[\nu]{\nu!}} = 0$$

ist.

V. Kapitel

Differentiation

§ 1. Differenzierbarkeit

Das Problem, an eine Kurve in der Ebene, etwa an den Graphen einer Funktion, in jedem Punkt die Tangente zu legen, hat zur Entwicklung der Differentialrechnung geführt. Damit das Problem überhaupt sinnvoll ist, darf der Definitionsbereich der Funktion natürlich nicht zu willkürlich sein, etwa nur aus isolierten Punkten bestehen. Daher setzen wir fest:

Definition 1.1. *Eine Teilmenge M von $\mathbb{R}$ heißt zulässig, wenn jeder Punkt $x \in M$ Häufungspunkt von M ist.*

Die wichtigsten Beispiele zulässiger Mengen sind offene oder abgeschlossene Intervalle (falls letztere mehr als einen Punkt enthalten).

Definition 1.2. *Es sei f eine auf einer zulässigen Menge M erklärte reelle Funktion und x_0 ein Punkt von M. Man nennt f in x_0 differenzierbar, wenn es auf M eine Funktion Δ mit folgenden Eigenschaften* *gibt:*

(α) *Δ ist in x_0 stetig.*

(β) *Auf ganz M ist*

$$f(x) = f(x_0) + (x - x_0)\Delta(x).$$

Wenn f in jedem Punkt von M differenzierbar ist, so heißt f auf M differenzierbar.

Es seien Δ_1 und Δ_2 zwei Funktionen auf M mit den Eigenschaften (α) und (β). Für jedes $x \in M$ ist dann

$$(x - x_0)(\Delta_1(x) - \Delta_2(x)) = 0$$

und daher $\Delta_1 | M - \{x_0\} = \Delta_2 | M - \{x_0\}$. Wegen der Stetigkeit von Δ_1 und Δ_2 in x_0 und der Zulässigkeit von M gilt dann auch $\Delta_1(x_0) = \Delta_2(x_0)$. — Wir haben damit gezeigt, daß die Funktion Δ durch die Bedingungen (α) und (β) eindeutig bestimmt ist.

Definition 1.3. *Der Funktionswert $\Delta(x_0)$ heißt Ableitung oder Differentialquotient von f in x_0 und wird mit*

$$f'(x_0)$$

oder
$$\frac{df}{dx}(x_0)$$

bezeichnet. — Die Ableitung f' einer auf ganz M differenzierbaren Funktion f ist die durch

$$f'(x_0) = \frac{df}{dx}(x_0)$$

in jedem $x_0 \in M$ erklärte Funktion.

Eine Funktion Δ, die nur der Bedingung (β) genügt, existiert offensichtlich immer; die wesentliche Forderung von Definition 1.2 ist die Stetigkeit von Δ in x_0. Genau wie Stetigkeit und Halbstetigkeit ist daher auch Differenzierbarkeit eine *lokale Eigenschaft*: Stimmen zwei Funktionen f_1 und f_2 in einer Umgebung von x_0 überein, so ist entweder keine der beiden in x_0 differenzierbar, oder beide sind es, und dann ist $f'_1(x_0) = f'_2(x_0)$.

Falls eine Funktion Δ mit den Eigenschaften (α) und (β) existiert, so strebt der *Differenzenquotient*

$$\frac{f(x) - f(x_0)}{x - x_0} = \Delta(x), \qquad x \neq x_0,$$

bei Annäherung von x an x_0 gegen $\Delta(x_0) = f'(x_0)$:

$$\lim_{\substack{x \to x_0 \\ x \neq x_0}} \frac{f(x) - f(x_0)}{x - x_0} = f'(x_0).$$

Der Differenzenquotient läßt sich nun leicht anschaulich interpretieren: Ist f auf einem Intervall I erklärt und ist $x_0 \in I$, so ist

$$\frac{f(x) - f(x_0)}{x - x_0}$$

für $x \neq x_0$ die Steigung der Sekante durch die Punkte $(x_0, f(x_0))$ und $(x, f(x))$ (siehe Figur 14). Wenn f in x_0 differenzierbar ist, dann strebt

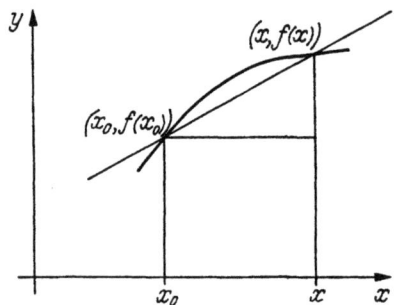

Fig. 14. Geometrische Deutung des Differenzenquotienten

also die Sekante bei Annäherung von x an x_0 gegen eine wohlbestimmte Gerade durch den Punkt $(x_0, f(x_0))$, die den Graphen G_f dort berührt und deren Steigung durch $f'(x_0)$ angegeben wird: eben die Tangente.

In einem Punkt x_0, in dem f springt, kann es offenbar keine Tangente an G_f geben. Genauer gilt

Satz 1.1. *Die Funktion f sei auf der zulässigen Menge M erklärt und in $x_0 \in M$ differenzierbar. Dann ist f in x_0 stetig.*

Beweis. Es ist $f(x) = f(x_0) + (x - x_0)\, \Delta(x)$, und die rechts stehenden Funktionen sind in x_0 stetig.

Die Umkehrung von Satz 1.1 ist nicht richtig. Die Funktion $f(x) = |x|$ ist z. B. in $x_0 = 0$ stetig. Wäre f dort auch differenzierbar, so gälte für $x > 0$

$$f(x) = f(x_0) + (x - x_0)\, \Delta(x),$$

also $x = x\, \Delta(x)$, d. h. $\Delta(x) = 1$. — Für $x < 0$ wäre $|x| = -x = x\, \Delta(x)$, daher $\Delta(x) = -1$. — Es gibt aber keine in 0 stetige Funktion, die für $x > 0$ stets gleich 1, für $x < 0$ stets gleich -1 ist.

§ 2. Rationale Operationen

M sei immer eine zulässige Menge, x_0 ein Punkt von M, und die auftretenden Funktionen f_1, f_2, usw. seien auf M erklärt.

Rationale Operationen

Satz 2.1. *Wenn f_1 und f_2 in x_0 differenzierbar sind, so ist auch $f_1 + f_2$ dort differenzierbar, und es ist*

$$(f_1 + f_2)'(x_0) = f_1'(x_0) + f_2'(x_0).$$

Beweis. Es gibt Funktionen Δ_1, Δ_2 auf M, so daß für alle $x \in M$

$$f_\nu(x) = f_\nu(x_0) + (x - x_0)\Delta_\nu(x), \quad \nu = 1, 2,$$

ist und die Δ_ν in x_0 stetig sind. Dann ist

$$(f_1 + f_2)(x) = (f_1 + f_2)(x_0) + (x - x_0)(\Delta_1 + \Delta_2)(x),$$

wobei $\Delta_1 + \Delta_2$ eine in x_0 stetige Funktion ist. Das war zu zeigen.

Satz 2.2. *Ist $c \in \mathbb{R}$ und f in x_0 differenzierbar, so ist cf in x_0 differenzierbar, und es gilt*

$$(cf)'(x_0) = cf'(x_0).$$

Beweis. Aus $\quad f(x) = f(x_0) + (x - x_0)\Delta(x)$

folgt $\quad (cf)(x) = (cf)(x_0) + (x - x_0)(c\Delta)(x).$

Mit Δ ist auch $c\Delta$ in x_0 stetig.

Satz 2.3 (Produktregel). *Wenn f_1 und f_2 in x_0 differenzierbar sind, ist auch $f_1 f_2$ in x_0 differenzierbar, und für die Ableitung von $f_1 f_2$ gilt:*

$$(f_1 f_2)'(x_0) = f_1'(x_0) \cdot f_2(x_0) + f_1(x_0) \cdot f_2'(x_0).$$

Beweis. Für $\nu = 1, 2$ gibt es nach Voraussetzung in x_0 stetige Funktionen Δ_ν mit

$$f_\nu(x) = f_\nu(x_0) + (x - x_0)\Delta_\nu(x).$$

Dann ist

$$(f_1 f_2)(x) = (f_1 f_2)(x_0) + (x - x_0)[f_1(x_0)\Delta_2(x) + f_2(x_0)\Delta_1(x) + \Delta_1(x)\Delta_2(x)(x - x_0)].$$

Die in der eckigen Klammer stehende Funktion ist in x_0 stetig und hat dort den Wert $f_1'(x_0) f_2(x_0) + f_1(x_0) f_2'(x_0)$.

Satz 2.4. *Die Funktion f sei in x_0 differenzierbar, und es gelte: $f(x_0) \neq 0$. Dann ist die Funktion $1/f$ in x_0 differenzierbar, und zwar ist*

$$\left(\frac{1}{f}\right)'(x_0) = -\frac{f'(x_0)}{f(x_0)^2}.$$

Beweis. In x_0 ist f stetig und daher in einer gewissen Umgebung von x_0 von 0 verschieden, etwa in $M^* = U_\varepsilon(x_0) \cap M$. Somit ist $1/f$ auf M^* erklärt. Es gilt:

$$\frac{1}{f(x)} - \frac{1}{f(x_0)} = \frac{f(x_0) - f(x)}{f(x) f(x_0)}.$$

Wegen der Differenzierbarkeit von f in x_0 ist
$$f(x_0) - f(x) = -(x - x_0) \Delta(x)$$
mit einer in x_0 stetigen Funktion Δ; also
$$\frac{1}{f(x)} = \frac{1}{f(x_0)} + (x - x_0) \frac{-\Delta(x)}{f(x) f(x_0)}.$$
Die Funktion
$$\frac{-\Delta}{f(x_0) f}$$
ist in x_0 stetig und nimmt dort den Wert
$$\frac{-f'(x_0)}{f(x_0)^2}$$
an, was zu beweisen war.

Als Folgerung aus den Sätzen 2.3 und 2.4 ergibt sich

Satz 2.5. (Quotientenregel). *Sind f_1 und f_2 differenzierbar in x_0 und ist $f_2(x_0) \neq 0$, so ist f_1/f_2 dort auch differenzierbar, und es ist*
$$\left(\frac{f_1}{f_2}\right)'(x_0) = \frac{f_2(x_0) f_1'(x_0) - f_1(x_0) f_2'(x_0)}{f_2(x_0)^2}.$$

Die Ableitung einer zusammengesetzten Funktion $g \circ f$ kann man aus den Ableitungen von g und f wie folgt bestimmen:

Satz 2.6 (Kettenregel). *M und N seien zulässige Mengen, f eine Funktion auf M mit $f(M) \subset N$, g eine auf N erklärte Funktion. Wenn dann f in $x_0 \in M$ und g in $f(x_0) \in N$ differenzierbar sind, so ist $g \circ f$ in x_0 differenzierbar, und zwar ist*
$$(g \circ f)'(x_0) = g'(f(x_0)) \cdot f'(x_0).$$

Beweis. Es gibt Funktionen Δ_1 auf M, Δ_2 auf N, die in x_0 bzw. $y_0 = f(x_0)$ stetig sind, so daß
$$f(x) = f(x_0) + (x - x_0) \Delta_1(x) \quad \text{für} \quad x \in M,$$
$$g(y) = g(y_0) + (y - y_0) \Delta_2(y) \quad \text{für} \quad y \in N$$
ist. Dann gilt:
$$g(f(x)) = g(f(x_0)) + (f(x) - f(x_0)) \cdot \Delta_2(f(x))$$
$$= g(f(x_0)) + (x - x_0) \Delta_1(x) \Delta_2(f(x)).$$
Setzen wir $\Delta(x) = \Delta_1(x) \Delta_2(f(x))$, so erhalten wir eine auf ganz M erklärte und in x_0 stetige Funktion, von der gilt:
$$(g \circ f)(x) = (g \circ f)(x_0) + (x - x_0) \Delta(x),$$
$$\Delta(x_0) = f'(x_0) g'(f(x_0)).$$
Daraus folgt die Behauptung.

Mit den bisherigen Sätzen können wir leicht beweisen:

Satz 2.7. *Jedes Polynom* $P(x) = \sum\limits_{\nu=1}^{n} a_\nu x^\nu$ *vom Grad* n *ist in* $\mathbb{R}$ *differenzierbar; die Ableitung ist*

$$P'(x) = \sum_{\nu=1}^{n} \nu a_\nu x^{\nu-1},$$

also wieder ein Polynom (vom Grad $n-1$*, falls* $n \geq 1$ *ist; sonst ist* $P' \equiv 0$*).*

Rationale Funktionen sind in ihrem Definitionsbereich differenzierbar und haben als Ableitung wieder rationale Funktionen mit demselben Definitionsbereich.

Die Ableitung f' einer differenzierbaren Funktion f kann manchmal erneut differenziert werden. Allgemeiner definieren wir:

$$f^{(0)} = f,$$
$$f^{(1)} = f',$$
$$f^{(n)} = f^{(n-1)\prime} = \frac{d}{dx} f^{(n-1)}, \qquad n \geq 1.$$

Man nennt $f^{(n)}$ die *n-te Ableitung* von f; sie ist genau dann erklärt, wenn $f^{(n-1)}$ existiert und differenzierbar ist. Anstelle von $f^{(n)}$ schreibt man auch

$$\frac{d^n f}{dx^n}.$$

Eine Funktion f heißt *n-mal (stetig) differenzierbar*, falls $f^{(n)}$ existiert (und stetig ist), *unendlich oft differenzierbar*, falls $f^{(n)}$ für jedes $n \geq 0$ existiert. Polynome und rationale Funktionen z. B. sind in ihrem Definitionsbereich unendlich oft differenzierbar. Es gibt aber Funktionen, die genau n-mal, nicht $(n+1)$-mal differenzierbar sind. Für $n = 2$ geben wir so eine Funktion an:

$$f(x) = |x|^3.$$

Außerhalb von $x_0 = 0$ existiert $f'(x)$ nach Satz 2.7:

$$f'(x) = \begin{cases} 3x^2 & \text{für } x > 0, \\ -3x^2 & \text{für } x < 0. \end{cases}$$

Für $x_0 = 0$ schließt man aus der Zerlegung

$$|x|^3 = |x_0|^3 + (x - x_0) \cdot x \cdot |x|$$

auf $f'(0) = 0$.

Die zweite Ableitung existiert ebenfalls; man weist wie eben nach, daß

$$f''(x) = \begin{cases} 6x & \text{für } x > 0, \\ -6x & \text{für } x < 0, \\ 0 & \text{für } x = 0 \end{cases}$$

ist. Die Funktion f'' ist aber nicht mehr differenzierbar: $f''(x) = 6|x|$.

Wir wollen noch sämtliche Ableitungen der Funktion x^n berechnen. Dazu führen wir die *Binomialkoeffizienten* $\binom{n}{\nu}$ (mit $n \in \mathbb{N}$, $\nu = 0, 1, \ldots$) durch die Gleichungen

$$\binom{n}{\nu} = \frac{n(n-1) \cdot \ldots \cdot (n-(\nu-1))}{\nu!} = \frac{n!}{\nu!(n-\nu)!},$$

$$\binom{n}{0} = 1$$

ein. Man zeigt leicht:

$$\binom{n}{\nu} + \binom{n}{\nu-1} = \binom{n+1}{\nu}.$$

Dann ist

$$f^{(0)}(x) = x^n,$$
$$f^{(1)}(x) = n x^{n-1},$$
$$f^{(2)}(x) = n(n-1) x^{n-2},$$
$$\vdots$$
$$f^{(\nu)}(x) = n(n-1) \cdot \ldots \cdot (n-(\nu-1)) x^{n-\nu} = \nu! \binom{n}{\nu} x^{n-\nu},$$
$$\vdots$$
$$f^{(n)}(x) = n!,$$
$$f^{(n+1)}(x) = 0.$$

Die Sätze 2.1 bis 2.6 übertragen sich sinngemäß auf höhere Ableitungen. Wir formulieren hier nur

Satz 2.8. *Sind f und g auf M n-mal differenzierbar, so sind auch $f + g$, $f \cdot g$ n-mal differenzierbar, und es ist*

$$(f+g)^{(n)} = f^{(n)} + g^{(n)},$$
$$(fg)^{(n)} = \sum_{\nu=0}^{n} \binom{n}{\nu} f^{(n-\nu)} g^{(\nu)}.$$

Beweis. Wir zeigen die auf fg bezügliche Behauptung durch Induktion nach n. Für $n = 1$ steht gerade die Produktregel da. Gilt die Behauptung für n, so ist

$$(fg)^{(n+1)} = ((fg)^{(n)})'$$

$$= \sum_{\nu=0}^{n} \binom{n}{\nu} (f^{(n-\nu)} g^{(\nu)})'$$

$$= \sum_{\nu=0}^{n} \binom{n}{\nu} [f^{(n-\nu+1)} g^{(\nu)} + f^{(n-\nu)} g^{(\nu+1)}]$$

$$= f^{(n+1)} g^{(0)} + f^{(0)} g^{(n+1)} + \sum_{\nu=1}^{n} \binom{n}{\nu} f^{(n-\nu+1)} g^{(\nu)}$$
$$+ \sum_{\nu=0}^{n-1} \binom{n}{\nu} f^{(n-\nu)} g^{(\nu+1)}$$

$$= f^{(n+1)} g^{(0)} + f^{(0)} g^{(n+1)} + \sum_{\nu=1}^{n} \binom{n}{\nu} f^{(n-\nu+1)} g^{(\nu)}$$
$$+ \sum_{\nu=1}^{n} \binom{n}{\nu-1} f^{(n-\nu+1)} g^{(\nu)}$$

$$= f^{(n+1)} g^{(0)} + f^{(0)} g^{(n+1)} + \sum_{\nu=1}^{n} \left[\binom{n}{\nu} + \binom{n}{\nu-1}\right] f^{(n-\nu+1)'} g^{(\nu)}$$

$$= \sum_{\nu=0}^{n+1} \binom{n+1}{\nu} f^{(n+1-\nu)} g^{(\nu)} .$$

Das ist die Formel für die $(n+1)$-te Ableitung.

Die Sätze über n-te Ableitungen von Quotienten oder zusammengesetzten Funktionen sind komplizierter.

Gehen wir noch auf die physikalische Bedeutung der ersten und zweiten Ableitung ein!

Bewegt sich ein Massenpunkt längs einer Geraden, so ist seine jeweilige Ortskoordinate x eine Funktion der Zeit t: $x = s(t)$. Die *mittlere Geschwindigkeit* im Zeitintervall zwischen t_0 und t_1 wird bekanntlich durch

$$\bar{v} = \frac{s(t_1) - s(t_0)}{t_1 - t_0}$$

gegeben. Der Differentialquotient

$$v(t_0) = \frac{ds}{dt}(t_0)$$

beschreibt dann offenbar die *Momentangeschwindigkeit zur Zeit* t_0. Entsprechend ist

$$\bar{b} = \frac{v(t_1) - v(t_0)}{t_1 - t_0}$$

die *mittlere Beschleunigung* und

$$b(t_0) = v'(t_0) = \frac{d^2 s}{dt^2}(t_0)$$

die *Momentanbeschleunigung*.

Die meisten Bewegungen, die man in der Physik untersucht, werden durch mindestens zweimal differenzierbare Funktionen beschrieben.

§ 3. Lokale Extrema und Mittelwertsätze

Wie groß das Maximum einer Funktion f auf einer Menge M ist, hängt sowohl von f als auch von M ab: Ist $N \subset M$, so ist

$$\max_N f \leq \max_M f.$$

Entsprechend ist

$$\min_N f \geq \min_M f.$$

In beiden Fällen kann es sich um echte Ungleichungen handeln. Wir werden jetzt aber einen Maximum- bzw. Minimum-Begriff kennenlernen, durch den Eigenschaften von f allein zum Ausdruck kommen.

Definition 3.1. *Es sei f eine auf M erklärte Funktion. Ein Punkt $x_0 \in M$ heißt lokales Maximum (lokales Minimum) von f, wenn es eine Umgebung U von x_0 gibt, so daß*

$$f(x_0) = \max_{U \cap M} f \quad (bzw. = \min_{U \cap M} f)$$

ist.

Ein lokales Maximum oder Minimum heißt *lokaler Extremwert*.

Bei differenzierbaren Funktionen lassen sich lokale Extrema leicht charakterisieren:

Satz 3.1. *Es sei f eine auf dem offenen Intervall I differenzierbare Funktion und x_0 ein lokales Extremum von f. Dann ist $f'(x_0) = 0$.*

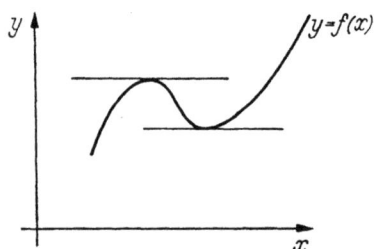

Fig. 15. Lokale Extrema

Lokale Extrema und Mittelwertsätze

Beweis. $U \subset I$ sei eine Umgebung von x_0 mit $f(x_0) = \max_U f$. Wegen der Differenzierbarkeit von f gibt es eine in x_0 stetige Funktion Δ, so daß $f(x) = f(x_0) + (x - x_0)\Delta(x)$ ist. Falls nun $\Delta(x_0) > 0$ ist, können wir eine Umgebung $V \subset U$ von x_0 finden, so daß auch noch $\Delta(V) > 0$ ist. Dann gilt für $x \in V$, $x > x_0$:

$$f(x) = f(x_0) + (x - x_0)\Delta(x) > f(x_0),$$

d.h. x_0 ist kein lokales Maximum. Ist $\Delta(x_0) < 0$, so gibt es eine Umgebung $W \subset U$ von x_0 mit $\Delta(W) < 0$. Wählen wir $x \in W$, $x < x_0$, so ist wieder

$$f(x) = f(x_0) + (x - x_0)\Delta(x) > f(x_0).$$

Das ist unmöglich.

Es gilt also: $f'(x_0) = \Delta(x_0) = 0$.

Wenn x_0 ein lokales Minimum von f ist, so ist x_0 ein lokales Maximum von $-f$. Nach dem schon bewiesenen Teil der Behauptung ist

$$(-f)'(x_0) = 0,$$

also

$$f'(x_0) = 0.$$

Jetzt folgt leicht

Satz 3.2 (ROLLE). *Es sei f eine auf dem abgeschlossenen Intervall $\bar{I} = [a, b]$ stetige und im offenen Intervall $I = (a, b)$ differenzierbare Funktion mit $f(a) = f(b) = c$. Dann gibt es einen Punkt $\xi \in I$, in dem $f'(\xi) = 0$ ist.*

Beweis. Falls $f(x) \equiv c$ ist, ist die Behauptung trivial. Es möge also f nicht konstant sein. Dann hat f entweder ein von c verschiedenes Maximum oder ein von c verschiedenes Minimum auf $\bar{I}$, und wegen der Stetigkeit von f auf $\bar{I}$ werden diese beiden Extremwerte auch angenommen. Mindestens eines dieser Extrema erreicht f aber in I (nämlich das von c verschiedene), etwa in ξ. In ξ liegt also ein lokales Extremum vor, und deshalb ist $f'(\xi) = 0$.

Satz 3.2 sagt aus, daß eine waagerechte Tangente an den Graphen von f existieren muß, falls eine Sekante waagerecht liegt. Der folgende Satz behauptet nun allgemeiner: Zu jeder Sekante läßt sich eine parallele Tangente finden.

Satz 3.3 (1. Mittelwertsatz der Differentialrechnung). *Die Funktion f sei auf dem abgeschlossenen Intervall $\bar{I}$ mit den Randpunkten a und b stetig und im offenen Intervall I differenzierbar. Dann gibt es einen Punkt $\xi \in I$ mit*

$$\frac{f(b) - f(a)}{b - a} = f'(\xi).$$

Beweis. Da der Differenzenquotient sich bei Vertauschung von a und b nicht ändert, dürfen wir annehmen, daß $a < b$ ist. Die Funktion

$$F(x) = f(x) - \frac{f(b) - f(a)}{b - a} (x - a)$$

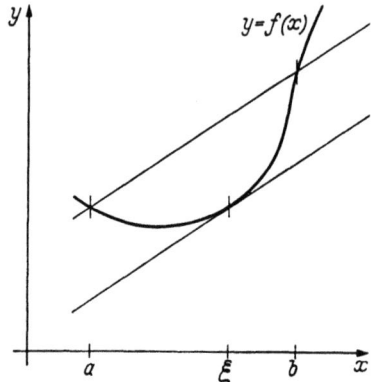

Fig. 16. Geometrische Bedeutung des Mittelwertsatzes

erfüllt die Voraussetzungen des Satzes von ROLLE, ihre Ableitung verschwindet also in einem Punkt $\xi \in I$:

$$0 = F'(\xi) = f'(\xi) - \frac{f(b) - f(a)}{b - a}.$$

Das war zu zeigen.

Setzt man $b = a + h$, so folgt unter den Voraussetzungen des Satzes die Existenz einer reellen Zahl ϑ mit $0 < \vartheta < 1$, so daß

$$f(a + h) = f(a) + h f'(a + \vartheta h)$$

ist ($\xi = a + \vartheta h$). Diese Formel ist ein Spezialfall der Formel von TAYLOR (vgl. Kapitel VI, § 1).

Als unmittelbare Folgerung aus dem Mittelwertsatz ergibt sich

Satz 3.4. *Ist die Funktion f im abgeschlossenen Intervall $\bar{I} = [a, b]$ stetig, im offenen Intervall $I = (a, b)$ differenzierbar, und ist $f' \equiv 0$ auf I, so ist f auf $\bar{I}$ konstant.*

Beweis. Es seien x_1 und x_2 Punkte von $\bar{I}$ mit $x_1 < x_2$. Nach dem Mittelwertsatz gibt es ein $\xi \in (x_1, x_2)$, so daß gilt:

$$f(x_2) = f(x_1) + (x_2 - x_1) f'(\xi).$$

Da $f'(\xi) = 0$ ist, muß $f(x_1) = f(x_2)$ sein.

Schließlich kann man den Mittelwertsatz noch weiter verallgemeinern zu

Satz 3.5 (2. Mittelwertsatz der Differentialrechnung). *Es seien f und g in $\bar{I}$ stetige und in I differenzierbare Funktionen. Für jedes $x \in I$ sei $g'(x) \neq 0$. Dann ist $g(b) \neq g(a)$, und es gibt ein $\xi \in I$ mit*

$$\frac{f(b)-f(a)}{g(b)-g(a)} = \frac{f'(\xi)}{g'(\xi)}.$$

Für $g(x) \equiv x$ erhält man den 1. Mittelwertsatz zurück.

Beweis von Satz 3.5. Daß $g(b) \neq g(a)$ ist, folgt aus dem 1. Mittelwertsatz. Wir definieren

$$F(x) = f(x) - \frac{f(b)-f(a)}{g(b)-g(a)}(g(x)-g(a)).$$

Die Funktion F genügt den Voraussetzungen des Satzes von ROLLE. Es gibt deshalb ein $\xi \in I$ mit $F'(\xi) = 0$. Nun ist

$$F'(\xi) = f'(\xi) - \frac{f(b)-f(a)}{g(b)-g(a)} \cdot g'(\xi);$$

also

$$\frac{f'(\xi)}{g'(\xi)} = \frac{f(b)-f(a)}{g(b)-g(a)}, \qquad \text{q. e. d.}$$

Wir weisen abschließend darauf hin, daß die beiden Mittelwertsätze unverändert gelten, wenn $a > b$ ist.

§ 4. Die Regeln von de l'Hospital

Es sei M ein halboffenes Intervall $[a, b)$, wobei $b = +\infty$ sein darf, und I das zugehörige offene Intervall (a, b).

Weiter seien f und g zwei stetige Funktionen auf M, die folgenden Bedingungen genügen:

(1) $\qquad f(a) = g(a) = 0;$
(2) $\qquad g(x) \neq 0 \quad \text{für} \quad x \in I.$

Der Quotient f/g ist dann auf I erklärt und dort stetig; wir wollen untersuchen, unter welchen Voraussetzungen er stetig nach ganz M fortgesetzt werden kann; anders ausgedrückt: ob der Grenzwert

$$\lim_{x \to a} \frac{f(x)}{g(x)}$$

existiert und wie man ihn gegebenenfalls berechnen kann.

Machen wir uns zunächst an einem Beispiel klar, welche Fälle eintreten können!

Es sei $a = 0$, $b = +\infty$, $f(x) = x^2$ und $g(x) = x$.
Auf I ist

$$\frac{f(x)}{g(x)} = x,$$

und
$$\lim_{x \to 0} x = 0.$$

In diesem Fall ist also eine stetige Fortsetzung von f/g möglich.

Umgekehrt kann g/f nicht stetig nach ganz M fortgesetzt werden, da
$$\frac{g(x)}{f(x)} = \frac{1}{x}$$
auf dem Intervall $\{x: 0 < x \leq 1\}$ nicht beschränkt ist.

Wenn f und g differenzierbare Funktionen sind, läßt sich der Grenzwert von f/g auf einen in vielen Fällen einfacheren zurückführen:

Satz 4.1. *Die Funktionen f und g seien in M stetig, in I differenzierbar, und es gelte:*
$$f(a) = g(a) = 0,$$
$$g'(x) \neq 0 \quad \text{für} \quad x \in I.$$

Wenn dann
$$\lim_{x \to a} \frac{f'(x)}{g'(x)}$$

existiert, so existiert auch
$$\lim_{x \to a} \frac{f(x)}{g(x)},$$

und es ist
$$\lim_{x \to a} \frac{f(x)}{g(x)} = \lim_{x \to a} \frac{f'(x)}{g'(x)}.$$

Beweis. Nach dem 1. Mittelwertsatz ist $g(x) \neq 0$ für $x \in I$. Nach dem zweiten Mittelwertsatz gibt es zu jedem $x \in I$ ein $\vartheta(x)$, $0 < \vartheta(x) < 1$, so daß
$$\frac{f(x)}{g(x)} = \frac{f(x) - f(a)}{g(x) - g(a)} = \frac{f'(a + \vartheta(x)(x-a))}{g'(a + \vartheta(x)(x-a))}$$
wird. Ist nun (x_ν) eine gegen a konvergente Folge in I, so konvergiert auch die Folge $a + \vartheta(x_\nu)(x_\nu - a)$ gegen a, und deshalb ist
$$\lim_{\nu \to \infty} \frac{f(x_\nu)}{g(x_\nu)} = \lim_{\nu \to \infty} \frac{f'(a + \vartheta(x_\nu)(x_\nu - a))}{g'(a + \vartheta(x_\nu)(x_\nu - a))} = \lim_{x \to a} \frac{f'(x)}{g'(x)},$$
was zu zeigen war.

Wenn f' und g' zusätzlich in a stetig sind und $g'(a) \neq 0$ ist, gilt genauer:

Die Regeln von de l'Hospital

Satz 4.2. *Es existiert* $\lim\limits_{x \to a} \frac{f(x)}{g(x)}$, *und zwar ist*

$$\lim_{x \to a} \frac{f(x)}{g(x)} = \frac{f'(a)}{g'(a)}.$$

Beweis. Es gilt nämlich

$$\lim_{x \to a} \frac{f'(x)}{g'(x)} = \frac{f'(a)}{g'(a)};$$

man wende nun Satz 4.1 an.

Zum Beispiel ist für $a \neq 0$

$$\lim_{x \to a} \frac{x^n - a^n}{x^m - a^m} = \lim_{x \to a} \frac{n x^{n-1}}{m x^{m-1}} = \frac{n}{m} a^{n-m}.$$

Oft ist es wichtig, das Verhalten von Funktionen für große Werte ihres Argumentes zu kennen. Wir definieren daher:

Definition 4.1. *Es sei h eine über der Halbgeraden $M = \{x: x > b\}$ erklärte Funktion. Der Grenzwert*

$$\lim_{x \to \infty} h(x)$$

existiert und ist gleich $c \in \mathbb{R}$, wenn es zu jedem $\varepsilon > 0$ ein $r \geqq b$ gibt mit

$$|h(x) - c| < \varepsilon$$

für alle $x > r$.

Wenn h über M erklärt ist, so ist die Funktion $g(y) = h(b + y^{-1})$ für alle positiven y definiert. Es sei nun $\lim\limits_{x \to \infty} h(x) = c$. Dann gibt es zu jedem $\varepsilon > 0$ ein r mit $|h(x) - c| < \varepsilon$ für $x > r$. Setzen wir

$$x = \frac{1}{y} + b,$$

so ist demnach

$$|g(y) - c| < \varepsilon,$$

falls

$$0 < y < \frac{1}{r - b}$$

ist. Man sieht: $\lim\limits_{y \to 0} g(y) = c$.

Ebenso leicht erkennt man, daß aus der Existenz von $\lim\limits_{y \to 0} g(y)$ die von $\lim\limits_{x \to \infty} h(x)$ folgt.

Wir können nun zeigen:

Satz 4.3. *Es seien f und g in $M = \{x: b < x\}$ differenzierbar, und für alle $x \in M$ gelte $g'(x) \neq 0$. Außerdem sei $\lim_{x \to \infty} f(x) = \lim_{x \to \infty} g(x) = 0$. Dann ist*

$$\lim_{x \to \infty} \frac{f(x)}{g(x)} = \lim_{x \to \infty} \frac{f'(x)}{g'(x)},$$

falls der Grenzwert auf der rechten Seite existiert.

Beweis. Aus dem Mittelwertsatz folgt wieder, daß g auf M keine Nullstellen hat. Weiter ist

$$\lim_{x \to \infty} \frac{f'(x)}{g'(x)} = \lim_{y \to 0} \frac{f'\left(\frac{1}{y} + b\right)}{g'\left(\frac{1}{y} + b\right)} = \lim_{y \to 0} \frac{-f'\left(\frac{1}{y} + b\right) y^{-2}}{-g'\left(\frac{1}{y} + b\right) y^{-2}}$$

$$= \lim_{y \to 0} \frac{\frac{d}{dy} f\left(\frac{1}{y} + b\right)}{\frac{d}{dy} g\left(\frac{1}{y} + b\right)} = \lim_{y \to 0} \frac{f\left(\frac{1}{y} + b\right)}{g\left(\frac{1}{y} + b\right)} = \lim_{x \to \infty} \frac{f(x)}{g(x)}.$$

Für unbegrenzt wachsende Funktionen gilt die folgende Aussage:

Satz 4.4. *Die Funktionen f und g seien in $M = [a, b)$ halbstetig nach unten, in $I = (a, b)$ differenzierbar, und es gelte:*

$$g'(x) \neq 0 \quad \text{für} \quad x \in I, \quad f(a) = g(a) = +\infty.$$

Wenn dann $\lim_{x \to a} \frac{f'(x)}{g'(x)}$ existiert, so existiert auch $\lim_{x \to a} \frac{f(x)}{g(x)}$, und es ist

$$\lim_{x \to a} \frac{f(x)}{g(x)} = \lim_{x \to a} \frac{f'(x)}{g'(x)}.$$

Auf den Beweis verzichten wir an dieser Stelle.

Die eben bewiesenen Sätze nennt man die de l'Hospitalschen Regeln. Ihre Analoga für Intervalle der Form $(a, b]$ oder für Annäherung an $-\infty$ sind natürlich auch richtig; sie lassen sich durch Koordinatentransformation sofort aus den hier formulierten Regeln ableiten.

§ 5. Vertauschung von Grenzprozessen

Die Grenzfunktion f einer punktweise konvergenten Folge (f_ν) differenzierbarer Funktionen braucht noch nicht einmal stetig zu sein, erst recht nicht differenzierbar. Konvergiert die Folge (f_ν) gleichmäßig gegen f, so ist f wenigstens stetig; einfache Beispiele zeigen aber, daß selbst dann f nicht notwendig differenzierbar ist. Um Differentiation und Grenzübergang vertauschen zu können, muß man auch noch eine Forderung an die Folge der Ableitungen stellen.

Satz 5.1. *Die Funktionen f_ν, $\nu = 1, 2, \ldots$, seien auf dem offenen oder abgeschlossenen Intervall I differenzierbar. Wenn die Folge (f'_ν) ihrer Ableitungen auf I gleichmäßig gegen eine Grenzfunktion g konvergiert und wenn es mindestens einen Punkt $x_0 \in I$ gibt, in dem die Folge $f_\nu(x_0)$ der Funktionswerte konvergiert, dann strebt die Funktionenfolge f_ν gleichmäßig auf I gegen eine differenzierbare Grenzfunktion f mit Ableitung g.*

Anders ausgedrückt:
$$\frac{d}{dx} \lim_{\nu \to \infty} f_\nu = \lim_{\nu \to \infty} \frac{df_\nu}{dx};$$

die Differentiation ist mit dem Grenzübergang vertauschbar.

Beweis von Satz 5.1. Zunächst zeigen wir die gleichmäßige Konvergenz von (f_ν). — Zu $\varepsilon > 0$ kann man wegen der gleichmäßigen Konvergenz der f'_ν eine natürliche Zahl ν_0 so finden, daß für alle $\nu, \mu \geq \nu_0$ und alle $\xi \in I$
$$|f'_\nu(\xi) - f'_\mu(\xi)| < \frac{\varepsilon}{2l}$$
ist (l ist die Intervallänge). Weiter gibt es ein $\nu_1 \in \mathbb{N}$ mit
$$|f_\nu(x_0) - f_\mu(x_0)| < \frac{\varepsilon}{2}$$
für alle $\nu, \mu \geq \nu_1$. Ist dann $\nu_2 \geq \max(\nu_0, \nu_1)$ und $\nu, \mu \geq \nu_2$, so ergibt der Mittelwertsatz für die Funktion $f_\nu - f_\mu$ in jedem $x \in I$
$$f_\nu(x) - f_\mu(x) = f_\nu(x_0) - f_\mu(x_0) + (f'_\nu(\xi) - f'_\mu(\xi))(x - x_0),$$
wobei ξ ein passender Punkt zwischen x_0 und x ist. Also:
$$|f_\nu(x) - f_\mu(x)| \leq |f_\nu(x_0) - f_\mu(x_0)| + |f'_\nu(\xi) - f'_\mu(\xi)| \, |x - x_0|$$
$$< \frac{\varepsilon}{2} + l \frac{\varepsilon}{2l} = \varepsilon.$$

Nach dem Cauchyschen Konvergenzkriterium existiert also $f(x) = \lim_{\nu \to \infty} f_\nu(x)$. Für beliebiges ν ist
$$f(x) - f_\nu(x) = \lim_{\mu \to \infty} (f_\mu(x) - f_\nu(x)).$$

Es sei $\nu \geq \nu_2$; dann ist für alle x und alle hinreichend großen μ immer $|f_\mu(x) - f_\nu(x)| < \varepsilon$, also im Limes auch
$$|f(x) - f_\nu(x)| \leq \varepsilon.$$

Das zeigt die gleichmäßige Konvergenz.

Um die Gleichung $f' = g$ zu beweisen, wählen wir ein $x_1 \in I$ und setzen
$$\Delta(x) = \frac{f(x) - f(x_1)}{x - x_1} \quad \text{für} \quad x \neq x_1, \quad \Delta(x_1) = g(x_1);$$
nachzuweisen ist die Stetigkeit von Δ in x_1.

Es sei $\varepsilon > 0$ gegeben. Wir wählen ν_0 so groß, daß für alle $\nu, \mu \geq \nu_0$ und alle $\xi \in I$ die Beziehungen
$$|f'_\nu(x_1) - g(x_1)| < \frac{\varepsilon}{3}$$
und
$$|f'_\mu(\xi) - f'_\nu(\xi)| < \frac{\varepsilon}{3}$$
bestehen. Dann fixieren wir eine natürliche Zahl $\nu \geq \nu_0$ ein für alle mal. Für einen beliebigen Punkt $x \in I$ hat man
$$f_\mu(x) - f_\mu(x_1) - (f_\nu(x) - f_\nu(x_1)) = (f'_\mu(\xi) - f'_\nu(\xi))(x - x_1),$$
mit geeignetem ξ zwischen x und x_1. Ist $\mu \geq \nu_0$, so wird daher
$$|f_\mu(x) - f_\mu(x_1) - (f_\nu(x) - f_\nu(x_1))| < \frac{\varepsilon}{3}|x - x_1|$$
und für $\mu \to \infty$
$$|f(x) - f(x_1) - (f_\nu(x) - f_\nu(x_1))| \leq \frac{\varepsilon}{3}|x - x_1|.$$
Ferner gibt es nach Definition der Ableitung eine in x_1 stetige Funktion Δ_ν, so daß
$$f_\nu(x) - f_\nu(x_1) = \Delta_\nu(x)(x - x_1), \quad \Delta_\nu(x_1) = f'_\nu(x_1)$$
ist. Somit läßt sich $\delta > 0$ so bestimmen, daß aus $|x - x_1| < \delta$
$$|f_\nu(x) - f_\nu(x_1) - f'_\nu(x_1)(x - x_1)| < \frac{\varepsilon}{3}|x - x_1|$$
folgt. Für diese x mit $x \neq x_1$ gilt nun
$$|\Delta(x) - g(x_1)| = \frac{1}{|x - x_1|}|f(x) - f(x_1) - g(x_1)(x - x_1)|$$
$$\leq \frac{1}{|x - x_1|}(|f(x) - f(x_1) - (f_\nu(x) - f_\nu(x_1))|$$
$$+ |f_\nu(x) - f_\nu(x_1) - f'_\nu(x_1)(x - x_1)| + |(f'_\nu(x_1) - g(x_1))(x - x_1)|)$$
$$< \frac{1}{|x - x_1|}\left(\frac{\varepsilon}{3}|x - x_1| + \frac{\varepsilon}{3}|x - x_1| + \frac{\varepsilon}{3}|x - x_1|\right) = \varepsilon$$
Damit ist der Satz bewiesen.

Eine unmittelbare Folgerung ist

Satz 5.2. *Die Funktionen f_ν seien auf dem Intervall I differenzierbar, $\sum_{\nu=1}^\infty f'_\nu$ konvergiere gleichmäßig auf I, und $\sum_{\nu=1}^\infty f_\nu$ konvergiere in mindestens einem x_0. Dann konvergiert $\sum_{\nu=1}^\infty f_\nu$ gleichmäßig auf ganz I, die Summe ist differenzierbar und erfüllt*
$$\frac{d}{dx}\sum_{\nu=1}^\infty f_\nu = \sum_{\nu=1}^\infty f'_\nu.$$

Wir wollen diesen Satz auf Potenzreihen anwenden. Es sei
$$\sum_{\nu=0}^\infty a_\nu(x - x_0)^\nu$$
eine Potenzreihe mit Konvergenzradius $R > 0$ und
$$\sum_{\nu=1}^\infty \nu a_\nu(x - x_0)^{\nu-1}$$

die durch gliedweise Differentiation entstehende Reihe, deren Konvergenzradius wir mit R^* bezeichnen. Sicher ist $R^* \leq R$. Ist $|x - x_0| < R$, so gibt es Zahlen S und q mit $S > 0$ und $0 < q < 1$, so daß für jedes ν die Ungleichungen
$$|a_\nu| \, |x - x_0|^\nu \leq S q^\nu$$
bestehen. Dann ist für passendes $S^* > 0$ und alle ν
$$\nu |a_\nu| \, |x - x_0|^{\nu-1} \leq S^* \nu q^{\nu-1}.$$
Die Reihe $\sum_{\nu=1}^{\infty} S^* \nu q^{\nu-1}$ konvergiert nach dem Quotientenkriterium; denn für fast alle ν gilt:
$$\frac{S^* q^\nu (\nu + 1)}{S^* q^{\nu-1} \nu} = q \left(1 + \frac{1}{\nu}\right) \leq q^* < 1.$$
Demnach konvergiert auch die Reihe $\sum_{\nu=1}^{\infty} \nu a_\nu (x - x_0)^{\nu-1}$. Wir haben damit gezeigt, daß $R^* = R$ ist. — Potenzreihen konvergieren in jedem abgeschlossenen Teilintervall ihres Konvergenzintervalls gleichmäßig; aus dem vorigen Satz ergibt sich daher

Satz 5.3. *Eine Potenzreihe* $\sum_{\nu=0}^{\infty} a_\nu (x - x_0)^\nu$ *stellt eine in ihrem Konvergenzintervall* $I = (x_0 - R, x_0 + R)$ *differenzierbare Funktion f dar, und zwar ist*
$$f'(x) = \sum_{\nu=1}^{\infty} \nu a_\nu (x - x_0)^{\nu-1}.$$
Die zweite Reihe, die aus der ersten durch gliedweise Differentiation entsteht, hat ebenfalls den Konvergenzradius R.

Die Funktion f' ist wieder durch eine Potenzreihe darstellbar, also differenzierbar — durch vollständige Induktion erkennt man, daß f Ableitungen jeder Ordnung besitzt.

Als Anwendung der bisherigen Sätze zeigen wir: Für $|x| < 1$ und $\mu \geq 0$ ist
$$\sum_{\nu=0}^{\infty} (\nu + 1)(\nu + 2) \cdot \ldots \cdot (\nu + \mu) x^\nu = \frac{\mu!}{(1-x)^{\mu+1}}.$$
In der Tat ist
$$\sum_{\nu=0}^{\infty} x^\nu = \frac{1}{1-x},$$
also
$$\frac{d^\mu}{dx^\mu} \sum_{\nu=0}^{\infty} x^\nu = \frac{d^\mu}{dx^\mu} \frac{1}{1-x} = \frac{\mu!}{(1-x)^{\mu+1}}.$$
Die Ableitungen lassen sich aber durch gliedweises Differenzieren der geometrischen Reihe bestimmen:
$$\frac{d^\mu}{dx^\mu} \sum_{\nu=0}^{\infty} x^\nu = \sum_{\nu=0}^{\infty} \frac{d^\mu}{dx^\mu} (x^\nu)$$
$$= \sum_{\nu=\mu}^{\infty} \nu(\nu-1) \cdot \ldots \cdot (\nu - \mu + 1) x^{\nu-\mu}$$
$$= \sum_{\nu=0}^{\infty} (\nu + 1)(\nu + 2) \cdot \ldots \cdot (\nu + \mu) x^\nu.$$

Anmerkung. Aus $R = 1$ und der Hadamardschen Formel folgt:
$$\overline{\lim} \sqrt[\nu]{(\nu+1)(\nu+2)\cdots(\nu+\mu)} = 1.$$
Da alle Glieder dieser Folge mindestens so groß wie 1 sind, haben wir Konvergenz gegen 1. Es ist auch $\lim\limits_{\nu\to\infty} \sqrt[\nu]{\nu} = 1$.

§ 6. Die Umkehrfunktion

Es sei f eine reelle Funktion, die auf der Teilmenge M von $\mathbb{R}$ erklärt ist.

Definition 6.1. *Die Funktion f heißt injektiv (eineindeutig), wenn für je zwei verschiedene Punkte $x_1, x_2 \in M$ auch die Funktionswerte $f(x_1)$ und $f(x_2)$ verschieden sind.*

Wir nehmen f nun als injektiv an und betrachten irgendeinen Punkt $y \in N = f(M)$. Zu y läßt sich ein $x \in M$ finden, so daß $y = f(x)$ ist. Da f injektiv ist, gibt es auch keinen weiteren Punkt x' von M mit $f(x') = y$. Ordnen wir also jedem $y \in N$ den eindeutig bestimmten Punkt $x \in M$ zu, für den gilt: $y = f(x)$, so haben wir damit eine Funktion auf N erklärt.

Definition 6.2. *Die eben eingeführte Funktion heißt Umkehrfunktion von f und wird mit f^{-1} bezeichnet.*

Nur zu einer injektiven Funktion f läßt sich eine Umkehrfunktion f^{-1} finden; f^{-1} ist auf $f(M)$ erklärt und bildet $f(M)$ auf M ab. Aus den Definitionen folgt unmittelbar

Satz 6.1. *Die Umkehrfunktion f^{-1} ist injektiv; es gelten die Gleichungen*
$$(f^{-1})^{-1} = f; \quad (f^{-1} \circ f)(x) = x; \quad (f \circ f^{-1})(y) = y.$$

Als Beispiel untersuchen wir die Funktion $f(x) = x^2$. Sie ist nicht injektiv, da $f(-x) = f(x)$ ist. Beschränkt man aber f auf die Menge $M = \{x: x \geqq 0\}$, so erhält man eine eineindeutige Funktion (die wieder mit f bezeichnet werde). Es ist $f(M) = M$, die Umkehrfunktion f^{-1} also auf ganz M erklärt:
$$f^{-1}(y) = +\sqrt{y}.$$

(Die Bezeichnung der Variablen durch x bei f, durch y bei f^{-1} ist zweckmäßig, aber natürlich unwesentlich.)

Stetige eineindeutige Funktionen über Intervallen lassen sich sehr leicht charakterisieren.[1]

---

[1] Es sollen nur Intervalle mit mehr als einem Punkt betrachtet werden.

Satz 6.2. *Eine über dem abgeschlossenen Intervall $I = [a, b]$ stetige Funktion f ist genau dann injektiv, wenn sie streng monoton ist: Aus $x_1 < x_2$ folgt $f(x_1) \lessgtr f(x_2)$. Die Bildmenge $f(\overline{I})$ ist das abgeschlossene Intervall $\overline{J}$ mit den Randpunkten $f(a)$ und $f(b)$. Das offene Intervall $I = (a, b)$ wird durch f auf das zu $\overline{J}$ gehörige offene Intervall J abgebildet.*

Beweis. a) Ist f streng monoton, so ist f offensichtlich injektiv.
b) **Es sei nun f injektiv.** Wir nehmen an, daß $f(a) < f(b)$ ist und zeigen zunächst, daß für jeden Punkt $x_0 \in \overline{I}$ die Ungleichung

$$f(a) \leqq f(x_0) \leqq f(b)$$

erfüllt ist. Ist nämlich $x_0 \in \overline{I}$ und etwa $f(x_0) < f(a)$, so gibt es ein $c \in \mathbb{R}$ mit

$$f(x_0) < c < f(a) < f(b).$$

Nach dem Zwischenwertsatz existiert im Intervall $[a, x_0]$ ein Punkt ξ_1 mit $f(\xi_1) = c$, im Intervall $[x_0, b]$ ein ξ_2 mit $f(\xi_2) = c$. Wegen $c \neq f(x_0)$ gilt $\xi_1 < x_0 < \xi_2$; die Funktion ist also im Widerspruch zu unserer Voraussetzung nicht injektiv. — Genauso zeigt man, daß unmöglich $f(x_0) > f(b)$ sein kann. — Für $x_0 \in I$ besteht wegen der Injektivität von f die strikte Ungleichung

$$f(a) < f(x_0) < f(b).$$

Sind nun $x_1, x_2 \in \overline{I}$ mit $x_1 < x_2$, so ist f im Intervall $[a, x_2]$ eineindeutig, und es ist $f(a) < f(x_2)$, wie wir gerade gezeigt haben. Wendet man das soeben erzielte Resultat noch einmal an, und zwar auf das Intervall $[a, x_2]$, so folgt

$$f(a) \leqq f(x_1) < f(x_2);$$

demnach ist f streng monoton wachsend.

c) Im Fall $f(a) > f(b)$ kann man den schon bewiesenen Teil des Satzes auf die Funktion $-f$ anwenden; es folgt, daß f streng monoton fällt.

d) Die Aussagen über die Bildmenge haben wir soeben mitbewiesen.

Satz 6.3. *Die Umkehrfunktion einer auf dem abgeschlossenen Intervall $\overline{I}$ injektiven und stetigen Funktion f ist auf $\overline{J} = f(\overline{I})$ ebenfalls stetig.*

Beweis. Es sei $y_0 \in \overline{J}$ und (y_ν) eine gegen y_0 konvergente Folge in $\overline{J}$. Wir setzen

$$f^{-1}(y_\nu) = x_\nu,$$
$$f^{-1}(y_0) = x_0,$$

und müssen zeigen, daß die Folge (x_ν) gegen x_0 konvergiert. Wegen der Abgeschlossenheit von $\overline{I}$ gibt es in $\overline{I}$ mindestens einen Häufungspunkt x^* der Folge. Nun sei (x_ν^*) eine gegen x^* konvergente Teilfolge von (x_ν). Die Punkte $y_\nu^* = f(x_\nu^*)$ bilden dann eine Teilfolge von (y_ν), die also gegen y_0 strebt. Aus der Stetigkeit von f folgt aber

$$y_0 = \lim_{\nu \to \infty} f(x_\nu^*) = f(x^*).$$

Da auch $f(x_0) = y_0$ ist, ergibt sich aus der Injektivität von f die Gleichheit $x_0 = x^*$. Die Folge (x_ν) hat also nur einen Häufungspunkt, nämlich x_0, und ist beschränkt, d. h.

$$\lim_{\nu \to \infty} x_\nu = x_0.$$

Auch die Differenzierbarkeit von f überträgt sich auf die Umkehrfunktion.

Satz 6.4. *Die Funktion f sei auf dem abgeschlossenen Intervall $\bar{I}$ injektiv und stetig; in $x_0 \in \bar{I}$ sei f differenzierbar. Wenn $f'(x_0) \neq 0$ ist, dann ist f^{-1} im Punkt $y_0 = f(x_0)$ ebenfalls differenzierbar, und es gilt:*

$$(f^{-1})'(y_0) = \frac{1}{f'(x_0)}.$$

Beweis. Es gibt eine auf $\bar{I}$ erklärte und in x_0 stetige Funktion Δ mit

$$f(x) = f(x_0) + (x - x_0)\Delta(x).$$

Nach Voraussetzung ist $\Delta(x_0) = f'(x_0) \neq 0$; wegen der Injektivität von f verschwindet Δ auch in keinem weiteren Punkt. Also:

$$x = x_0 + \frac{f(x) - f(x_0)}{\Delta(x)},$$

$$f^{-1}(y) = f^{-1}(y_0) + (y - y_0)\frac{1}{\Delta(f^{-1}(y))}.$$

Da die Funktion $\frac{1}{\Delta \circ f^{-1}}$ in y_0 stetig ist und dort den Wert $1/f'(x_0)$ annimmt, ist unser Satz hiermit bewiesen.

Falls eine Funktion f im offenen Intervall I eine nirgends verschwindende Ableitung hat und im zugehörigen abgeschlossenen Intervall $\bar{I}$ stetig ist, so folgt aus dem ersten Mittelwertsatz ihre Injektivität auf $\bar{I}$. Für jedes $y \in f(I)$ gilt dann auf Grund des vorigen Satzes

$$(f^{-1})'(y) = \frac{1}{f'(x)},$$

wo $x = f^{-1}(y)$ ist.

Bisher haben wir nur Funktionen auf abgeschlossenen Intervallen betrachtet. Für offene Intervalle gelten aber genau dieselben Sätze: Man braucht zum Beweis nur um jeden Punkt x_0 eines solchen

Intervalls I ein so kleines abgeschlossenes Intervall J zu legen, daß $x_0 \in J \subset I$ gilt, und die vorigen Sätze auf J anzuwenden.

Wir wollen nun die Sätze 6.3 und 6.4 an der Funktion $f(x) = x^3$ illustrieren. Diese Funktion ist auf $\mathbb{R}$ injektiv. Ist nämlich $x_1^3 = x_2^3$, so ergibt sich:

$$x_1^3 - x_2^3 = 0,$$
$$(x_1 - x_2)(x_1^2 + x_1 x_2 + x_2^2) = 0.$$

Entweder ist $\quad x_1 - x_2 = 0$

oder $\quad x_1^2 + x_1 x_2 + x_2^2 = 0.$

Im zweiten Fall ist $\quad x_1^2 + 2 x_1 x_2 + x_2^2 = x_1 x_2,$

$$(x_1 + x_2)^2 = x_1 x_2,$$

also $\quad x_1 x_2 \geqq 0.$

Daher ist $\quad 0 \leqq x_1^2 \leqq x_1^2 + x_1 x_2 + x_2^2 = 0,$

folglich $\quad x_1 = x_2 = 0.$

Die Funktion f bildet $\mathbb{R}$ also injektiv auf $f(\mathbb{R}) = \mathbb{R}$ ab; die Umkehrfunktion

$$x = f^{-1}(y) = \sqrt[3]{y}$$

ist auf ganz $\mathbb{R}$ stetig. In $y \neq 0$ ist f^{-1} differenzierbar:

$$(f^{-1})'(y) = \frac{1}{f'(x)} = \frac{1}{3x^2} = \frac{1}{3} y^{-2/3}.$$

Im Nullpunkt selbst ist f^{-1} nicht differenzierbar, wie der folgende Satz zeigt:

Satz 6.5. *Ist f im Intervall I eineindeutig, in $x_0 \in I$ differenzierbar, und ist auch f^{-1} in $y_0 = f(x_0)$ differenzierbar, so ist $f'(x_0) \neq 0$.*

Beweis. Für alle $x \in I$ ist $(f^{-1} \circ f)(x) = x$, nach der Kettenregel also

$$(f^{-1})'(y_0) f'(x_0) = 1$$

und deshalb $f'(x_0) \neq 0$.

VI. Kapitel
Spezielle Funktionen und Taylorscher Satz
§ 1. Taylorentwicklung

Wir wollen in diesem Paragraphen Funktionen möglichst gut durch Polynome approximieren. Diese Aufgabenstellung läßt sich in mehrfacher Weise präzisieren; wir lassen uns hier von der folgenden Überlegung leiten.

M sei ein halboffenes Intervall:
$$M = \{x: x_0 \leq x < b \leq +\infty\}$$
oder $\quad M = \{x: -\infty \leq b < x \leq x_0\},$

und f eine auf M stetige und in x_0 differenzierbare Funktion. Das Polynom 1. Grades

$$p(x) = f(x_0) + (x - x_0) f'(x_0)$$

stimmt in x_0 mit f überein und hat dort sogar dieselbe Ableitung wie f. Welchen Fehler begeht man, wenn man f durch p ersetzt? Es ist

$$f(x) = f(x_0) + (x - x_0) \Delta(x),$$

wo Δ eine in x_0 stetige Funktion mit $\Delta(x_0) = f'(x_0)$ ist. Also wird die Differenz

$$f(x) - p(x) = (x - x_0)(\Delta(x) - f'(x_0))$$

sehr klein, wenn x nur dicht genug bei x_0 liegt: Beide Faktoren auf der rechten Seite streben bei Annäherung von x an x_0 gegen Null.

In Analogie zu diesem Sonderfall dürfen wir erwarten, daß eine in x_0 n-mal differenzierbare Funktion f in der Nähe von x_0 durch ein geschickt gewähltes Polynom n-ten Grades noch besser angenähert werden kann als durch die eben konstruierte lineare Funktion.

Definition 1.1. *Eine auf der zulässigen Menge M erklärte Funktion f heißt in $x_0 \in M$ n-mal differenzierbar, wenn es eine Umgebung U von x_0 gibt, so daß $f^{(n-1)}$ auf $U \cap M$ existiert und in x_0 differenzierbar ist.*

M sei nun wieder eins der oben definierten halboffenen Intervalle; wir formulieren die folgenden Probleme:

(1) Die Funktion f sei auf M erklärt und in x_0 n-mal differenzierbar. Gesucht wird ein Polynom höchstens n-ten Grades p_n, so daß gilt:

$$p_n^{(\nu)}(x_0) = f^{(\nu)}(x_0), \quad \nu = 0, 1, \ldots, n.$$

(2) Die Differenz

$$f(x) - p_n(x)$$

ist — unter geeigneten weiteren Voraussetzungen — abzuschätzen.

Es sei p irgendein Polynom n-ten Grades. Wir können es — das wird sich sofort als sehr zweckmäßig erweisen — in der Form

$$p(x) = \sum_{\nu=0}^{n} \frac{a_\nu}{\nu!} (x - x_0)^\nu$$

schreiben. Dann ist

$$p^{(\mu)}(x_0) = \frac{a_\mu}{\mu!} \mu! = a_\mu.$$

Setzen wir nun
$$a_\mu = f^{(\mu)}(x_0), \quad \mu = 0, 1, \ldots, n,$$
so ist
$$f^{(\mu)}(x_0) = p^{(\mu)}(x_0),$$
unsere erste Aufgabe also gelöst.

Definition 1.2. *Das n-te Taylorpolynom mit Entwicklungspunkt x_0 einer in x_0 (mindestens) n-mal differenzierbaren Funktion f ist das Polynom*
$$p_n(x) = \sum_{\nu=0}^{n} \frac{f^{(\nu)}(x_0)}{\nu!} (x - x_0)^\nu.$$

Um die Differenz $g(x) = f(x) - p_n(x)$ zu untersuchen, setzen wir f zusätzlich als $(n+1)$-mal in x_0 differenzierbar voraus. U sei eine ε-Umgebung von x_0, so daß $g^{(n)}$ auf $U \cap M$ existiert. Der Punkt x sei fortan stets aus dieser Umgebung gewählt.

Nach Konstruktion von p_n ist
$$g(x_0) = g'(x_0) = \ldots = g^{(n)}(x_0) = 0.$$

Auf die Funktion
$$\frac{g(x)}{(x-x_0)^{n+1}}$$

läßt sich der zweite Mittelwertsatz anwenden: Es gibt ein ϑ_1, $0 < \vartheta_1 < 1$, so daß für $\xi_1 = x_0 + \vartheta_1(x - x_0)$ gilt:
$$\frac{g(x)}{(x-x_0)^{n+1}} = \frac{g(x) - g(x_0)}{(x-x_0)^{n+1} - (x_0-x_0)^{n+1}} = \frac{g'(\xi_1)}{(n+1)(\xi_1 - x_0)^n}.$$

Wieder nach dem zweiten Mittelwertsatz ergibt sich
$$\frac{g(x)}{(x-x_0)^{n+1}} = \frac{g'(\xi_1)}{(n+1)(\xi_1 - x_0)^n}$$
$$= \frac{g''(\xi_2)}{(n+1)n(\xi_2 - x_0)^{n-1}}$$
$$= \ldots\ldots$$
$$= \frac{g^{(n)}(\xi_n)}{(n+1)!(\xi_n - x_0)},$$

wobei $\xi_n = x_0 + \vartheta_n(x - x_0)$ mit $0 < \vartheta_n < 1$ ist.

Nehmen wir zunächst einmal an, f und damit auch g sei in ganz $U \cap M$ $(n+1)$-mal differenzierbar. Dann läßt sich der zweite Mittelwertsatz noch einmal anwenden:
$$\frac{g(x)}{(x-x_0)^{n+1}} = \frac{g^{(n)}(\xi_n)}{(n+1)!(\xi_n - x_0)} = \frac{g^{(n+1)}(\xi)}{(n+1)!},$$
$$\xi = x_0 + \vartheta(x - x_0),$$
$$0 < \vartheta < 1.$$

Wenn $f^{(n+1)}$ nur in x_0 existiert, so gibt es eine in x_0 stetige Funktion $\overline{\Delta}$ mit
$$\overline{\Delta}(x_0) = g^{(n+1)}(x_0),$$
für die gilt:
$$g^{(n)}(x) = g^{(n)}(x_0) + (x - x_0)\overline{\Delta}(x).$$
Da $g^{(n)}(x_0) = 0$ ist, erhält man
$$\frac{g(x)}{(x-x_0)^{n+1}} = \frac{g^{(n)}(\xi_n)}{(n+1)!(\xi_n - x_0)} = \frac{\overline{\Delta}(\xi_n)}{(n+1)!}.$$
Um die Schreibweise zu vereinheitlichen, führen wir noch eine Funktion Δ, die in einer Umgebung von 0 definiert ist, durch die Bedingung
$$\Delta(h) = \overline{\Delta}(x_0 + \vartheta_n h)$$
ein. Δ ist in $h = 0$ stetig: Strebt nämlich die Folge (h_ν) gegen 0, so konvergiert $(\vartheta_n h_\nu)$ ebenfalls gegen 0, $\overline{\Delta}(x_0 + \vartheta_n h_\nu)$ strebt gegen $\overline{\Delta}(x_0) = \Delta(0)$. Außerdem ist $\Delta(0) = g^{(n+1)}(x_0)$.

Zum Schluß beachten wir noch, daß $g = f - p_n$ und $g^{(n+1)}(x) = f^{(n+1)}(x)$ ist, und erhalten als Lösung des zweiten Problems die *Taylorsche Formel*:

Satz 1.1. *Es sei f eine in x_0 mindestens $(n + 1)$-mal differenzierbare Funktion und*
$$p_n(x) = \sum_{\nu=0}^{n} \frac{f^{(\nu)}(x_0)}{\nu!}(x - x_0)^\nu$$
ihr n-tes Taylorpolynom mit Entwicklungspunkt x_0. Dann gibt es eine für alle h mit $x_0 + h \in M$ definierte, im Nullpunkt stetige Funktion $\Delta(h)$, so daß gilt:

(α) $\qquad \Delta(0) = f^{(n+1)}(x_0).$

(β) $\qquad f(x) = p_n(x) + \Delta(x - x_0)\dfrac{(x-x_0)^{n+1}}{(n+1)!}.$

Wenn $f^{(n+1)}$ sogar für alle $x \in M$ mit $|x - x_0| < \varepsilon$ existiert, so ist für diese x

(γ) $\qquad \Delta(x - x_0) = f^{(n+1)}(x_0 + \vartheta(x - x_0)),$

wobei $0 < \vartheta < 1$ ist.

Die Funktion $\Delta(h)$ kann natürlich immer durch die Gleichungen (α) und (β) erklärt werden; die wesentliche Aussage des Taylorschen Satzes ist, daß Δ im Nullpunkt stetig ist oder sich wie in (γ) schreiben läßt.

Man bezeichnet die Funktion
$$R_n(x) = \Delta(x - x_0)\frac{(x - x_0)^{n+1}}{(n+1)!}$$

als *n-tes Restglied* der Taylorschen Formel; der Spezialfall

$$R_n(x) = f^{(n+1)}(x_0 + \vartheta(x-x_0))\frac{(x-x_0)^{n+1}}{(n+1)!}$$

wird *Lagrangesche Form* des Restgliedes genannt. Die Zahl ϑ hängt beim Lagrangeschen Restglied natürlich von x ab; ebenso wie $f^{(n+1)}$ wird ϑ im allgemeinen eine unstetige Funktion von x sein. Jedoch ist $f^{(n+1)}(x_0 + \vartheta(x-x_0))$ in x_0 stetig, wie aus unserem Satz folgt.

In die Taylorsche Formel führt man oft den *Zuwachs* $h = x - x_0$ als neue Variable ein. Sie lautet dann

$$f(x_0 + h) = \sum_{\nu=0}^{n}\frac{f^{(\nu)}(x_0)}{\nu!}h^\nu + \varDelta(h)\frac{h^{n+1}}{(n+1)!},$$

wo $\varDelta$ die im Satz angegebenen Eigenschaften hat.

Wir können nun den Fehler abschätzen, der bei Ersatz von $f(x)$ durch $p_n(x)$ entsteht. Ist etwa $|f^{(n+1)}(x)| < K$ für $x \in M$, $|x - x_0| < \varepsilon$, so ist

$$|f(x) - p_n(x)| \leq K\frac{|x-x_0|^{n+1}}{(n+1)!} < K\frac{\varepsilon^{n+1}}{(n+1)!}.$$

Es bleibt zu untersuchen, ob sich zu f und x_0 noch andere Polynome höchstens n-ten Grades finden lassen, die f lokal genauso gut approximieren wie p_n. Das ist nicht der Fall, wie der folgende *Eindeutigkeitssatz* aussagt.

Satz 1.2. *Die Funktion f sei in x_0 mindestens n-mal differenzierbar, N sei eine Teilmenge von M, die x_0 als Häufungspunkt enthält, und*

$$q(x) = \sum_{\nu=0}^{n}\frac{b_\nu}{\nu!}(x-x_0)^\nu$$

sei ein Polynom. Wenn es dann auf N eine in x_0 stetige Funktion $R(x)$ gibt, so daß

$$R(x_0) = 0,$$
$$f(x) = q(x) + (x-x_0)^n R(x) \quad \text{für} \quad x \in N$$

ist, dann ist $b_\nu = f^{(\nu)}(x_0)$, also $q = p_n$.

Beweis. Es werde zunächst

$$f^{(\nu)}(x_0) = 0, \quad \nu = 0, 1, \ldots, n,$$

vorausgesetzt. Außerdem sei $n \geq 1$; für $n = 0$ ist der Satz trivial. Nach Satz 1.1. ist dann

$$f(x) = \frac{(x-x_0)^n}{n!}\varDelta(x-x_0),$$

$$\varDelta(0) = f^{(n)}(x_0) = 0.$$

Also gilt für $x \in N$

$$\frac{(x-x_0)^n}{n!} \Delta(x-x_0) = \sum_{\nu=0}^{n} \frac{b_\nu}{\nu!} (x-x_0)^\nu + (x-x_0)^n R(x).$$

Demnach ist auf N

$$\sum_{\nu=0}^{n} \frac{b_\nu}{\nu!} (x-x_0)^\nu = F(x)(x-x_0)^n,$$

wo die Funktion

$$F(x) = \frac{\Delta(x-x_0)}{n!} - R(x)$$

in x_0 stetig ist und dort verschwindet. Hieraus folgt leicht, daß alle $b_\nu = 0$ sind. Ist nämlich $\mu \geq 0$ und

$$b_0 = b_1 = \ldots = b_{\mu-1} = 0$$

(für $\mu = 0$ entfällt diese Voraussetzung), so gilt:

$$\frac{b_\mu}{\mu!}(x-x_0)^\mu + \sum_{\nu=\mu+1}^{n} \frac{b_\nu}{\nu!}(x-x_0)^\nu = (x-x_0)^n F(x),$$

$$\frac{b_\mu}{\mu!} + \sum_{\nu=\mu+1}^{n} \frac{b_\nu}{\nu!}(x-x_0)^{\nu-\mu} = (x-x_0)^{n-\mu} F(x), \text{ mit } x \in N - \{x_0\}.$$

Diese Gleichung besteht aus Stetigkeitsgründen auch noch in x_0; also ist $b_\mu = 0$. Damit verschwinden sämtliche b_μ.

Nun sei f irgendeine Funktion, die den Voraussetzungen des Satzes genügt. Dann ist

$$g(x) = f(x) - p_n(x)$$
$$= \sum_{\nu=0}^{n} \frac{(b_\nu - f^{(\nu)}(x_0))}{\nu!}(x-x_0)^\nu + (x-x_0)^n R(x);$$

nach dem eben bewiesenen Spezialfall ist

$$b_\nu - f^{(\nu)}(x_0) = 0.$$

Satz 1.2 ist bewiesen.

Wenn eine Funktion unendlich oft differenzierbar ist, so kann man zu jedem $n \geq 0$ ihr Taylorpolynom p_n bilden.

Definition 1.3. *Es sei f eine im Punkt x_0 des offenen Intervalls I unendlich oft differenzierbare Funktion. Unter der Taylorreihe von f mit Entwicklungspunkt x_0 versteht man die Potenzreihe*

$$p(x) = \sum_{\nu=0}^{\infty} \frac{f^{(\nu)}(x_0)}{\nu!}(x-x_0)^\nu.$$

Die Partialsummen von p sind also gerade die Taylorpolynome von f. Beispiele zeigen, daß p nicht zu konvergieren braucht (für

$x \neq x_0$) und daß aus der Konvergenz von p in x nicht die Gleichung $f(x) = p(x)$ folgt. Wir zeichnen daher die Klasse der Funktionen aus, die Summe ihrer Taylorreihe sind.

Definition 1.4. *Eine (auf einer offenen Menge M erklärte) Funktion f ist um x_0 in eine Potenzreihe entwickelbar, wenn es eine Potenzreihe*

$$p(x) = \sum_{\nu=0}^{\infty} a_\nu (x - x_0)^\nu$$

gibt, die in einer Umgebung von x_0 gegen f konvergiert. Wenn f um jeden Punkt $x \in M$ in eine Potenzreihe entwickelt werden kann, so heißt f analytisch auf M.

Aus den Sätzen von Kapitel V, § 5, ergibt sich unmittelbar:

Satz 1.3. *Gilt in einer Umgebung U von x_0*

$$f(x) = \sum_{\nu=0}^{\infty} a_\nu (x - x_0)^\nu,$$

so ist f in U unendlich oft differenzierbar und $\sum_{\nu=0}^{\infty} a_\nu (x - x_0)^\nu$ die Taylorreihe von f um x_0. Jede analytische Funktion ist unendlich oft differenzierbar; ihre sämtlichen Ableitungen sind ebenfalls analytisch.

Im Verlauf des Beweises von Satz 1.1 haben wir gezeigt, daß Polynome analytische Funktionen sind. Andere Beispiele werden wir noch kennenlernen.

Satz 1.4. *Es sei f auf der zulässigen Menge M unendlich oft differenzierbar, und x_0 sei ein Punkt von M. Es gebe zwei reelle positive Zahlen K und δ, so daß für alle $\nu > 0$ und $x \in U_\delta(x_0) \cap M$*

$$\frac{|f^{(\nu)}(x)|}{\nu!} \delta^\nu \leq K$$

ist. Dann konvergiert die Taylorreihe von f um x_0 in $M \cap U_\delta(x_0)$ gegen f.

Beweis. Es sei $x \in U_\delta(x_0) \cap M$ und $\varepsilon > 0$. Wir wählen n_0 so groß, daß

$$\frac{|x - x_0|^{n_0}}{\delta^{n_0}} < \frac{\varepsilon}{K}$$

wird. Für $n \geq n_0$ ist

$$\left| f(x) - \sum_{\nu=0}^{n} \frac{f^{(\nu)}(x_0)}{\nu!} (x - x_0)^\nu \right| = \frac{|x - x_0|^{n+1}}{(n+1)!} |f^{(n+1)}(x_0 + \vartheta (x - x_0))|$$

$$\leq \frac{|x - x_0|^{n+1}}{(n+1)!} \cdot \frac{K \cdot (n+1)!}{\delta^{n+1}}$$

$$< \frac{\varepsilon}{K} \cdot K = \varepsilon.$$

Die Behauptung des Satzes ist natürlich auch dann gültig, wenn die Abschätzung für $|f^{(\nu)}(x)|$ nur für fast alle ν vorausgesetzt wird. Ist $|f^{(\nu)}(x)| < K$ für alle $\nu \geqq 0$ und $x \in U_\delta(x_0) \cap M$, so ist wegen

$$\lim_{\nu \to \infty} (\nu!)^{-1} \delta^\nu = 0$$

für hinreichend große ν

$$\frac{|f^{(\nu)}(x)|}{\nu!} \delta^\nu < \frac{\delta^\nu}{\nu!} \cdot K < K,$$

der Satz also für beliebiges $\delta > 0$ anwendbar.

Wir können nun zeigen, daß Potenzreihen gegen analytische Funktionen konvergieren. Das ist keineswegs trivial: Ist etwa $f(x) = \sum_{\nu=0}^{\infty} a_\nu x^\nu$ für $|x| < R$, so ist f zwar definitionsgemäß um den Nullpunkt in eine Potenzreihe entwickelbar, doch weiß man deshalb noch nicht, ob f auch um $x_0 \neq 0$ in eine Potenzreihe entwickelt werden kann.

Satz 1.5. *Es sei $f(x) = \sum_{\nu=0}^{\infty} a_\nu (x - x_0)^\nu$ eine Potenzreihe mit Konvergenzradius $R > 0$. Dann ist f eine im Konvergenzintervall I analytische Funktion.*

Beweis. Wir dürfen $x_0 = 0$ voraussetzen. — Zu $x_1 \in I$ gibt es ein R' mit $|x_1| < R' < R$. Nach Kapitel IV, Satz 8.3, kann man eine positive Zahl S finden, so daß für alle $\nu \geqq 0$ und x mit $|x| < R'$ die Ungleichungen

$$|a_\nu| |x|^\nu \leqq S q^\nu$$

mit

$$q = \frac{|x|}{R'} < 1$$

bestehen. Dann ist für $x \neq 0$

$$|a_{\nu+\mu}| |x|^\nu = |x|^{-\mu} |a_{\nu+\mu}| |x|^{\nu+\mu} \leqq |x|^{-\mu} S q^{\nu+\mu} = (R')^{-\mu} S q^\nu.$$

Die μ-te Ableitung von f ist

$$f^{(\mu)}(x) = \sum_{\nu=0}^{\infty} (\nu+1)(\nu+2) \cdot \ldots \cdot (\nu+\mu) a_{\nu+\mu} x^\nu.$$

Ist $|x| < R'$, so folgt (auch für $x = 0$):

$$|f^{(\mu)}(x)| \leqq \sum_{\nu=0}^{\infty} (\nu+1) \cdot \ldots \cdot (\nu+\mu) |a_{\nu+\mu}| |x|^\nu$$

$$\leqq \frac{S}{(R')^\mu} \sum_{\nu=0}^{\infty} (\nu+1) \cdot \ldots \cdot (\nu+\mu) q^\nu$$

$$= \frac{S}{(R')^\mu} \frac{\mu!}{(1-q)^{\mu+1}}.$$

(Dabei wurde eine Formel aus Kapitel V, § 5, benutzt.) Es gilt also

$$\frac{|f^{(\mu)}(x)|}{\mu!}[R'(1-q)]^\mu \leq \frac{S}{1-q}.$$

Wählt man $\delta = \frac{1}{2}(R' - |x_1|)$ und $x \in U_\delta(x_1)$, so ist

$$\delta = \tfrac{1}{2}(R' - |x_1|) \leq R' - |x| = R'(1-q);$$

ferner gibt es ein $K > 0$ mit

$$\frac{S}{1-q} \leq K$$

für alle $x \in U_\delta(x_1)$. Damit wird

$$\frac{|f^{(\mu)}(x)|}{\mu!}\delta^\mu \leq \frac{|f^{(\mu)}(x)|}{\mu!}[R'(1-q)]^\mu$$

$$\leq \frac{S}{1-q} \leq K.$$

Die Taylorreihe von f um x_1 konvergiert daher in $U_\delta(x_1)$.

Aus dem Eindeutigkeitssatz für die Taylorpolynome ergibt sich noch der *Identitätssatz* für Potenzreihen.

Satz 1.6. *Es seien*

$$f(x) = \sum_{\nu=0}^{\infty} a_\nu (x - x_0)^\nu \quad und \quad g(x) = \sum_{\nu=0}^{\infty} b_\nu (x - x_0)^\nu$$

zwei in einer ε-Umgebung von x_0 konvergente Potenzreihen. Falls dann auf einer Teilmenge N von $U_\varepsilon(x_0)$, die x_0 zum Häufungspunkt hat, $f \equiv g$ ist, so ist $a_\nu = b_\nu$ für alle $\nu \geq 0$.

Beweis. Wegen der Stetigkeit von f und g dürfen wir $x_0 \in N$ voraussetzen. Für jedes $n \geq 0$ und $x \in N$ ist

$$0 = f(x) - g(x) = \sum_{\nu=0}^{\infty}(a_\nu - b_\nu)(x - x_0)^\nu$$

$$= \sum_{\nu=0}^{n}(a_\nu - b_\nu)(x - x_0)^\nu + (x - x_0)^n R(x),$$

wobei $R(x) = \sum_{\nu=n+1}^{\infty}(a_\nu - b_\nu)(x - x_0)^{\nu-n}$ in x_0 stetig ist und dort verschwindet. Nach Satz 1.2 ist also $a_\nu - b_\nu = 0$ für $\nu = 0, 1, \ldots, n$. Diese Gleichungen gelten für jede Wahl von n; daraus folgt die Behauptung.

§ 2. Interpolation

In diesem Paragraphen soll eine Funktion f so durch ein Polynom p approximiert werden, daß f und p in endlich vielen vorgegebenen Punkten bis zu einer gewissen Ordnung übereinstimmen.

Definition 2.1. *Eine Funktion f verschwindet im Punkt x_0 von mindestens r-ter Ordnung, wenn sie in x_0 wenigstens $(r-1)$-mal differenzierbar ist und die Gleichungen*

$$f^{(\mu)}(x_0) = 0, \quad \text{für} \quad 0 \leq \mu \leq r-1,$$

bestehen. Zwei Funktionen f und g stimmen in x_0 von mindestens r-ter Ordnung überein, wenn $f - g$ in x_0 von mindestens r-ter Ordnung verschwindet.

Grundlegend für unsere weiteren Überlegungen ist

Satz 2.1. *Die Funktion f möge im Intervall I erklärt sein und in den k paarweise verschiedenen Punkten $x_\nu \in I$ von mindestens r_ν-ter Ordnung verschwinden (für $\nu = 1, 2, \ldots, k$). Es sei $r = \left(\sum\limits_{\nu=1}^{k} r_\nu\right) - 1$.*[1] *Wenn dann $f^{(r)}$ in ganz I existiert, so gibt es einen Punkt $\xi \in I$ mit $f^{(r)}(\xi) = 0$.*

Beweis. Für $r = 0$ ist der Satz trivial; er gelte für $r - 1 \geq 0$. Wir dürfen die Ungleichungen

$$x_1 < x_2 < \ldots < x_{k-1} < x_k$$

voraussetzen. Nach dem Satz von ROLLE gibt es Zahlen ξ_ν, für $\nu = 1, \ldots, k-1$, mit

$$x_1 < \xi_1 < x_2 < \ldots < x_{k-1} < \xi_{k-1} < x_k$$

und $\quad f'(\xi_\nu) = 0$.

In den Punkten x_ν hat f' Nullstellen mindestens $(r_\nu - 1)$-ter Ordnung. Also gilt für die Summe $r' + 1$ aller Nullstellenordnungen von f' in I:

$$r' \geq \sum_{\nu=1}^{k}(r_\nu - 1) + (k-1) - 1 = r - 1.$$

Nach Induktionsvoraussetzung gibt es daher ein $\xi \in I$ mit

$$f'^{(r-1)}(\xi) = f^{(r)}(\xi) = 0.$$

Satz 2.2. *Die Funktionen f und g mögen in den paarweise verschiedenen Punkten $x_1, \ldots, x_k$ des Intervalls I je von mindestens der Ordnung r_ν verschwinden ($\nu = 1, \ldots, k$). Es sei*

$$r = \left(\sum_{\nu=1}^{k} r_\nu\right) - 1.$$

Wenn dann $f^{(r+1)}$ und $g^{(r+1)}$ in I existieren und $g^{(r+1)}$ nirgends ver-

---

[1] Die Bezeichnungen werden so gewählt, daß später Übereinstimmung mit der Taylorschen Formel erzielt wird. Deshalb setzen wir nicht $r = \sum\limits_{\nu=1}^{k} r_\nu$.

schwindet, so gibt es zu jedem $x \in I$ mit $x \neq x_\nu$ ein ξ, so daß

$$\frac{f(x)}{g(x)} = \frac{f^{(r+1)}(\xi)}{g^{(r+1)}(\xi)}$$

ist.

Beweis. Es sei $x_0 \notin \{x_1, \ldots, x_k\}$. Dann ist $g(x_0) \neq 0$, da sonst nach Satz 2.1 die Ableitung $g^{(r+1)}$ eine Nullstelle in I hätte. Die Funktion

$$h(x) = f(x) - \frac{f(x_0)}{g(x_0)} g(x)$$

verschwindet in x_0 und außerdem in allen x_ν, $\nu = 1, \ldots, k$, von mindestens r_ν-ter Ordnung. Nach Satz 2.1 hat daher $h^{(r+1)}$ eine Nullstelle ξ in I:

$$h^{(r+1)}(\xi) = 0,$$

$$\frac{f(x_0)}{g(x_0)} = \frac{f^{(r+1)}(\xi)}{g^{(r+1)}(\xi)}.$$

Wir behandeln jetzt die folgenden Probleme:

(1) Die Funktion f sei im Intervall I definiert und n-mal differenzierbar. Vorgegeben seien Punkte $x_1, \ldots, x_k \in I$ und natürliche Zahlen $r_1, \ldots, r_k$ mit $\max_{\nu=1,\ldots,k} r_\nu \leq n + 1$. Es ist ein Polynom p zu konstruieren, für das gilt:

(α) Der Grad $\gamma(p)$ ist höchstens $r = \left(\sum_{\nu=1}^{k} r_\nu\right) - 1$.

(β) Für $1 \leq \nu \leq k$ und $0 \leq \mu \leq r_\nu - 1$ ist

$$p^{(\mu)}(x_\nu) = f^{(\mu)}(x_\nu).$$

(2) Die Differenz $f - p$ ist abzuschätzen.

Das Polynom p ist, wie wir gleich sehen werden, durch die Bedingungen (α) und (β) eindeutig festgelegt und heißt *Hermitesches Interpolationspolynom* von f. Man sagt, p interpoliere (bzw. extrapoliere) die Stützwerte $(x_\nu, y_{\nu\mu})$ mit $y_{\nu\mu} = f^{(\mu)}(x_\nu)$[1]. Im Fall $k = 1$ haben wir beide Aufgaben schon durch den Taylorschen Satz gelöst; der andere wichtige Extremfall wird durch $r_\nu = 1$, $\nu = 1, \ldots, k$, charakterisiert und nach NEWTON benannt.

Hilfssatz 1. *Ein Polynom p vom Grad $\gamma(p) \leq d$ verschwinde in den paarweise verschiedenen Punkten $x_1, \ldots, x_k$ von mindestens r_ν-ter*

---

[1] Ist $x \in [\min_{\nu=1,\ldots,k} x_\nu, \max_{\nu=1,\ldots,k} x_\nu]$, so sagt man, der Wert $p(x)$ sei durch *Interpolation* der Stützwerte gefunden worden; liegt x außerhalb dieses Intervalls, so spricht man von *Extrapolation*. Das Polynom p liefert eine Fortsetzung von f auf ganz $\mathbb{R}$.

Ordnung $(\nu = 1, \ldots, k)$. *Wenn dann*

$$r = \left(\sum_{\nu=1}^{k} r_\nu\right) - 1 \geq d$$

ist, so ist $p(x) \equiv 0$.

Beweis. Wir führen vollständige Induktion nach d durch. Falls $\gamma(p) \leq d = 0$ ist, so ist das Polynom p konstant und hat nach Voraussetzung mindestens eine Nullstelle; es verschwindet demnach überall. Der Satz sei nun für alle Polynome p mit $\gamma(p) \leq d - 1$ und $d - 1 \geq 0$ richtig. Ist nun $\gamma(p) \leq d$, so hat unter den Voraussetzungen des Hilfssatzes die d-te Ableitung $p^{(d)}$ mindestens eine Nullstelle. Da $p^{(d)}$ aber konstant ist, ist $p^{(d)} \equiv 0$, also $\gamma(p) \leq d - 1$ und nach Induktionsvoraussetzung $p(x) \equiv 0$.[1]

Hilfssatz 2. *Es seien* $y_{\nu\mu}$, $\nu = 1, \ldots, k$, $\mu = 0, \ldots, r_\nu - 1$, *irgendwelche reellen Zahlen und* $x_1, \ldots, x_k$ *verschiedene Punkte. Dann gibt es ein Polynom p vom Grad*

$$\gamma(p) \leq r = \left(\sum_{\nu=1}^{k} r_\nu\right) - 1$$

mit $p^{(\mu)}(x_\nu) = y_{\nu\mu}$ *für* $1 \leq \nu \leq k$ *und* $0 \leq \mu \leq r_\nu - 1$.

Beweis. Es sei p_ν ein Polynom höchstens r-ten Grades mit $p_\nu^{(\mu)}(x_\nu) = y_{\nu\mu}$, $p_\nu^{(\mu)}(x_\varrho) = 0$ für $\varrho \neq \nu$. Setzt man

$$p = \sum_{\nu=1}^{k} p_\nu,$$

so genügt p den Bedingungen des Hilfssatzes. Wir brauchen also nur die p_ν zu konstruieren. Es sei

$$q(x) = \prod_{\substack{\varrho=1 \\ \varrho \neq \nu}}^{k} (x - x_\varrho)^{r_\varrho}.$$

Mit $\tilde{p}$ bezeichnen wir ein Polynom der Form

$$\tilde{p}(x) = (a_0 + a_1(x - x_\nu) + \ldots + a_{r_\nu - 1}(x - x_\nu)^{r_\nu - 1}) q(x).$$

Offenbar hat $\tilde{p}$ in den Punkten x_ϱ mit $\varrho \neq \nu$ Nullstellen mindestens der Ordnung r_ϱ. Da $q(x_\nu) \neq 0$ ist, können wir a_0 so wählen, daß

$$a_0 q(x_\nu) = y_{\nu 0}$$

wird. Hat man $a_0, \ldots, a_{\tau-1}$ schon so bestimmt, daß für $0 \leq \mu \leq \tau - 1$

$$\left[q(x) \sum_{\lambda=0}^{\tau-1} a_\lambda (x - x_\nu)^\lambda\right]_{(x=x_\nu)}^{(\mu)} = y_{\nu\mu}$$

---

[1] Der Hilfssatz gilt auch in der Algebra und kann mit euklidischem Algorithmus bewiesen werden.

wird, so erhält man a_τ aus der Gleichung

$$y_{\nu\tau} = \left[q(x)\sum_{\lambda=0}^{\tau} a_\lambda (x-x_\nu)^\lambda\right]_{(x=x_\nu)}^{(\tau)} = \tau!\, q(x_\nu)\, a_\tau +$$

$$+ \left[q(x)\sum_{\lambda=0}^{\tau-1} a_\lambda (x-x_\nu)^\lambda\right]_{(x=x_\nu)}^{(\tau)},$$

in der der Koeffizient von a_τ von Null verschieden ist.[1]

Wir setzen dann $p_\nu = \tilde{p}$, wobei die Koeffizienten von $\tilde{p}$ nach dem obigen Verfahren errechnet werden, und haben ein Polynom mit den gewünschten Eigenschaften gefunden.

Aus diesen beiden Hilfssätzen ergibt sich

Satz 2.3. *Zu jeder n-mal differenzierbaren Funktion f auf dem Intervall I gibt es, falls $n+1 \geq \max\limits_{\nu=1,\ldots,k} r_\nu$ ist, ein eindeutig bestimmtes Hermitesches Interpolationspolynom p mit den Stützwerten*

$$(x_\nu, f^{(\mu)}(x_\nu)) \quad (\text{für } \nu=1,\ldots,k;\ \mu=0,\ldots,r_\nu-1).$$

Beweis. Die Existenz von p folgt aus Hilfssatz 2. Ist $\tilde{p}$ ein weiteres Polynom höchstens r-ten Grades (mit $r = (\sum\limits_{\nu=1}^{k} r_\nu)-1$), das die Werte $(x_\nu, f^{(\mu)}(x_\nu))$ interpoliert, so gilt:

$$(p-\tilde{p})^{(\mu)}(x_\nu) = 0, \quad \nu=1,\ldots,k;\ \mu=0,\ldots,r_\nu-1.$$

Nach Hilfssatz 1 ist $p - \tilde{p} \equiv 0$, was zu beweisen war.

Satz 2.3 gibt für unser erstes Problem eine theoretische Lösung; doch möchte man noch explizite Formeln für die Koeffizienten von p kennen sowie rationelle Verfahren zur Berechnung dieser Koeffizienten aus den Stützwerten besitzen. Zur Lösung dieser — erheblich schwierigeren! — Aufgabe muß zunächst die Fehlerabschätzung durchgeführt werden (Problem (2)).

Es sei p das in Satz 2.3 angegebene Interpolationspolynom und g das Polynom

$$g(x) = \prod_{\nu=1}^{k}(x-x_\nu)^{r_\nu}.$$

Auf die Funktionen $f-p$ und g können wir, falls f mindestens $(r+1)$-mal differenzierbar ist, Satz 2.2 anwenden: Es gibt also zu jedem $x_0 \neq x_\nu$ in I ein $\xi \in I$ mit

$$\frac{(f-p)(x_0)}{g(x_0)} = \frac{f^{(r+1)}(\xi)}{g^{(r+1)}(\xi)} = \frac{f^{(r+1)}(\xi)}{(r+1)!}.$$

Für die Stützpunkte x_ν ist $f(x_\nu) = p(x_\nu)$. Wir haben damit

---

[1] Anstelle von $F^{(\mu)}(x_\nu)$ wird hier und im folgenden oft bei komplizierten Ausdrücken $(F)_{(x=x_\nu)}^{(\mu)}$ geschrieben.

Satz 2.4. *Ist p das Hermitesche Interpolationspolynom zu f mit den Stützwerten $(x_\nu, f^{(\mu)}(x_\nu))$ (für $\nu = 1, \ldots, k$ und $\mu = 0, \ldots, r_\nu - 1$) und ist f mindestens $(r+1)$-mal differenzierbar, so gibt es zu jedem $x \in I$ ein $\xi \in I$, so daß*

$$f(x) = p(x) + \frac{f^{(r+1)}(\xi)}{(r+1)!} \prod_{\nu=1}^{k} (x - x_\nu)^{r_\nu}$$

gilt. Dabei ist $r + 1 = \sum_{\nu=1}^{k} r_\nu$.

Als nächstes soll eine explizite Formel für das *Newtonsche Interpolationspolynom* angegeben werden. Dazu definieren wir, wenn $x_1, \ldots, x_k$ paarweise verschiedene Punkte von I sind und die Funktion f auf I erklärt ist:

$$f(x_1, x_2) = \frac{f(x_1) - f(x_2)}{x_1 - x_2},$$

$$f(x_1, \ldots, x_k) = \frac{f(x_1, \ldots, x_{k-1}) - f(x_2, \ldots, x_k)}{x_1 - x_k}.$$

Die Größen $f(x_1, \ldots, x_k)$ heißen *Steigungen* der Funktion f.

Hilfssatz 3. *Es ist*

$$f(x_1, \ldots, x_k) = \sum_{\nu=1}^{k} \frac{f(x_\nu)}{\prod_{\substack{\mu=1 \\ \mu \neq \nu}}^{k} (x_\nu - x_\mu)}.$$

Insbesondere hängen die Steigungen von f nicht von der Reihenfolge der Punkte x_ν ab. — Der Beweis des Hilfssatzes geschieht durch vollständige Induktion nach k und ist nahezu trivial; er wird deshalb hier weggelassen.

Satz 2.5. *Es sei f eine im Intervall I erklärte Funktion, und $x_1, \ldots, x_k$ seien paarweise verschiedene Punkte von I. Dann läßt sich das Newtonsche Interpolationspolynom von f zu den Stützwerten $(x_\nu, f(x_\nu))$ in der Form*

$$p(x) = \sum_{\nu=1}^{k} f(x_1, \ldots, x_\nu) \prod_{\mu=1}^{\nu-1} (x - x_\mu)$$

schreiben.

Beweis. Es sei $x \neq x_1$. Dann ist

$$f(x) = f(x_1) + (x - x_1) f(x, x_1).$$

Wenn $x \neq x_1, x_2$ ist, so gilt weiter

$$f(x) = f(x_1) + (x - x_1) f(x_1, x_2) + (x - x_1)(x - x_2) f(x, x_1, x_2).$$

Allgemeiner erhält man für jedes μ, falls $x \neq x_1, \ldots, x_\mu$ ist:
$$f(x) = \sum_{\nu=1}^{\mu} f(x_1, \ldots, x_\nu) \prod_{\varrho=1}^{\nu-1} (x - x_\varrho) + f(x, x_1, \ldots, x_\mu) \prod_{\varrho=1}^{\mu} (x - x_\varrho),$$
wie man durch vollständige Induktion zeigt. In dieser Gleichung setze man jetzt $x = x_{\mu+1}$. Also:
$$f(x_{\mu+1}) = \sum_{\nu=1}^{\mu} f(x_1, \ldots, x_\nu) \prod_{\varrho=1}^{\nu-1} (x_{\mu+1} - x_\varrho) +$$
$$+ f(x_{\mu+1}, x_1, \ldots, x_\mu) \prod_{\varrho=1}^{\mu} (x_{\mu+1} - x_\varrho).$$

Andererseits ist
$$p(x_{\mu+1}) = \sum_{\nu=1}^{\mu} f(x_1, \ldots, x_\nu) \prod_{\varrho=1}^{\nu-1} (x_{\mu+1} - x_\varrho) +$$
$$+ f(x_1, \ldots, x_\mu, x_{\mu+1}) \prod_{\varrho=1}^{\mu} (x_{\mu+1} - x_\varrho).$$

Nach Hilfssatz 3 ist $f(x_1, \ldots, x_\mu, x_{\mu+1}) = f(x_{\mu+1}, x_1, \ldots, x_\mu)$, also:
$$f(x_\nu) = p(x_\nu), \quad \nu = 1, \ldots, k.$$

Demnach interpoliert das Polynom p die Werte $(x_\nu, f(x_\nu))$; das war zu zeigen.

Wir hatten im Verlauf des Beweises die Formel
$$f(x) = p(x) + f(x, x_1, \ldots, x_k) \prod_{\mu=1}^{k} (x - x_\mu)$$
aufgestellt (für $x \neq x_\mu$, $\mu = 1, \ldots, k$). Nach Satz 2.4 gilt auch, wenn $f^{(k)}$ existiert:
$$f(x) = p(x) + \frac{f^{(k)}(\xi)}{k!} \prod_{\mu=1}^{k} (x - x_\mu).$$

Damit erhält man

Hilfssatz 4. *Zu je $k+1$ verschiedenen Punkten $x_1, \ldots, x_{k+1} \in I$ gibt es, wenn die Funktion f im Intervall I k-mal differenzierbar ist, einen Punkt*
$$\xi \in \{\, x : \min_{\nu=1,\ldots,k+1} x_\nu \leq x \leq \max_{\nu=1,\ldots,k+1} x_\nu \}$$
mit
$$f(x_1, \ldots, x_{k+1}) = \frac{f^{(k)}(\xi)}{k!}.$$

(Daß ξ im angegebenen Intervall gewählt werden kann, ist trivial.)

Bei der späteren Anwendung von Hilfssatz 4 brauchen wir eine Aussage über Folgen rationaler Funktionen.

Definition 2.2. *Eine Folge von Polynomen der Form*

$$p_\lambda = \sum_{\nu=0}^{n} a_{\lambda\nu} x^\nu$$

konvergiert koeffizientenweise gegen das Polynom

$$p = \sum_{\nu=0}^{n} a_\nu x^\nu,$$

wenn für jedes ν die Gleichung $\lim_{\lambda\to\infty} a_{\lambda\nu} = a_\nu$ *besteht. (Dabei soll n nicht von λ abhängen; die Koeffizienten $a_{n\lambda}$ bzw. a_n dürfen 0 sein.) Eine Folge rationaler Funktionen r_λ konvergiert koeffizientenweise gegen die rationale Funktion r, wenn r und alle r_λ sich so als Quotient von Polynomen $r=p/q$ bzw. $r_\lambda=p_\lambda/q_\lambda$ darstellen lassen, daß (p_λ) und (q_λ) koeffizientenweise gegen p bzw. q konvergieren.*

Hilfssatz 5. *Konvergiert die Folge (r_λ) koeffizientenweise gegen r, so konvergiert für jedes $s \geqq 0$ die Folge der Ableitungen $r_\lambda^{(s)}$ koeffizientenweise gegen $r^{(s)}$.*

Das ist trivial. — Aus diesem Hilfssatz und den Rechenregeln für Grenzwerte ergibt sich weiter

Hilfssatz 6. *Es sei $(r_\lambda) = (p_\lambda/q_\lambda)$ eine Folge rationaler Funktionen, die koeffizientenweise gegen $r = p/q$ strebe, und (ξ_λ) eine gegen ξ konvergente Punktfolge. Wenn $q(\xi) \neq 0$ ist, so strebt für jedes $s \geqq 0$ die Folge $(r_\lambda^{(s)}(\xi_\lambda))$ gegen $r^{(s)}(\xi)$.*

Wir betrachten nun wieder die in Problem (1) dargestellte Situation und übernehmen dieselben Bezeichnungen, *setzen aber zusätzlich voraus, daß f ein Polynom ist*. Weiterhin wählen wir für $\nu = 1, \ldots, k$ und $\mu = 1, \ldots, r_\nu$ Punktfolgen $(x_{\nu\mu\lambda})$ mit folgenden Eigenschaften:

$$x_{\nu\mu\lambda} \in I; \quad \nu = 1, \ldots, k; \quad \mu = 1, \ldots, r_\nu; \quad \lambda = 1, 2, \ldots$$

und:

$$\lim_{\lambda\to\infty} x_{\nu\mu\lambda} = x_\nu; \quad \nu = 1, \ldots, k; \quad \mu = 1, \ldots, r_\nu;$$

$$x_{\nu\mu\lambda} \neq x_{\tilde\nu\tilde\mu\lambda} \quad \text{für} \quad (\nu, \mu) \neq (\tilde\nu, \tilde\mu),$$

$$x_{\nu\mu\lambda} \neq x_\varkappa \quad \text{für alle } (\nu, \mu, \lambda) \text{ und } \varkappa = 1, \ldots, k.$$

Dann sind die Steigungen

$$f_\lambda = f(x_{11\lambda}, \ldots, x_{1r_1\lambda}, \ldots, x_{k1\lambda}, \ldots, x_{kr_k\lambda})$$

für alle λ definiert.

Interpolation

Hilfssatz 7. *Es ist*

$$\lim_{\lambda \to \infty} f_\lambda = \sum_{\nu=1}^{k} \frac{1}{(r_\nu - 1)!} \left[\frac{d^{r_\nu - 1}}{dx^{r_\nu - 1}} \left(\frac{f(x)}{\prod\limits_{\substack{\mu=1,\ldots,k \\ \mu \neq \nu}} (x - x_\mu)^{r_\mu}} \right) \right]_{(x=x_\nu)}.$$

Beweis. Nach Hilfssatz 3 ist

$$f_\lambda = \sum_{\nu=1}^{k} A_{\nu\lambda}$$

mit

$$A_{\nu\lambda} = \sum_{\mu=1}^{r_\nu} \frac{f(x_{\nu\mu\lambda})}{\prod\limits_{\substack{\varrho=1,\ldots,k \\ \sigma=1,\ldots,r_\varrho \\ (\varrho,\sigma) \neq (\nu,\mu)}} (x_{\nu\mu\lambda} - x_{\varrho\sigma\lambda})}.$$

Setzt man (ν sei nun fest gewählt)

$$g_\lambda(x) = \frac{f(x)}{\prod\limits_{\substack{\varrho=1,\ldots,k \\ \sigma=1,\ldots,r_\varrho \\ \varrho \neq \nu}} (x - x_{\varrho\sigma\lambda})},$$

so ist

$$A_{\nu\lambda} = g_\lambda(x_{\nu 1\lambda}, \ldots, x_{\nu r_\nu \lambda}).$$

Es sei noch

$$g(x) = \frac{f(x)}{\prod\limits_{\substack{\varrho=1,\ldots,k \\ \varrho \neq \nu}} (x - x_\varrho)^{r_\varrho}}.$$

Die Folge (g_λ) konvergiert koeffizientenweise gegen g. Nach Hilfssatz 4 gibt es zu jedem λ einen Punkt

$$\xi_\lambda \in \{x: \min_{\mu=1,\ldots,r_\nu} x_{\nu\mu\lambda} \leq x \leq \max_{\mu=1,\ldots,r_\nu} x_{\nu\mu\lambda}\}$$

mit

$$g_\lambda(x_{\nu 1\lambda}, \ldots, x_{\nu r_\nu \lambda}) = \frac{g_\lambda^{(r_\nu - 1)}(\xi_\lambda)}{(r_\nu - 1)!}.$$

Offenbar ist $\lim\limits_{\lambda \to \infty} \xi_\lambda = x_\nu$. Da nach Hilfssatz 6 deshalb

$$\lim_{\lambda \to \infty} \frac{g_\lambda^{(r_\nu - 1)}(\xi_\lambda)}{(r_\nu - 1)!} = \frac{g^{(r_\nu - 1)}(x_\nu)}{(r_\nu - 1)!}$$

gilt, ist

$$\lim_{\lambda \to \infty} A_{\nu\lambda} = \frac{g^{(r_\nu - 1)}(x_\nu)}{(r_\nu - 1)!};$$

das war zu zeigen.

Hilfssatz 7 legt eine Verallgemeinerung des Steigungsbegriffes nahe. Es liege genau die Situation von Problem (1) vor. Wir setzen

$$f(x_1, \ldots, x_k; r_1, \ldots, r_k) = \sum_{\nu=1}^{k} \frac{1}{(r_\nu - 1)!} \left[\frac{d^{r_\nu - 1}}{dx^{r_\nu - 1}} \left(\frac{f(x)}{\prod\limits_{\substack{\mu=1,\ldots,k \\ \mu \neq \nu}} (x - x_\mu)^{r_\mu}} \right) \right]_{(x=x_\nu)}$$

und nennen diese Zahl die *Steigung der Ordnung* $(r_1, \ldots, r_k)$ von f. Auf Grund von Hilfssatz 3 ist

$$f(x_1, \ldots, x_k) = f(x_1, \ldots, x_k; 1, \ldots, 1).$$

Nach Definition ist außerdem

$$f(x_0; r_0) = \frac{f^{(r_0-1)}(x_0)}{(r_0 - 1)!}.$$

Jetzt folgt als Hauptergebnis dieses Paragraphen

Satz 2.6 (Newton-Hermitesche Interpolationsformel). *Die Funktion f sei auf dem Intervall I n-mal differenzierbar, und $x_1, \ldots, x_k$ seien paarweise verschiedene Punkte von I. Ferner seien $r_1, \ldots, r_k$ natürliche Zahlen mit $\max\limits_{\nu=1,\ldots,k} r_\nu \leq n + 1$. Dann stimmt das Polynom*

$$p(x) = \sum_{\nu=1}^{k} \sum_{\mu=1}^{r_\nu} f(x_1, \ldots, x_\nu; r_1, \ldots, r_{\nu-1}, \mu) \prod_{\varrho=1}^{\nu-1} (x - x_\varrho)^{r_\varrho} (x - x_\nu)^{\mu-1}$$

in den Punkten x_ν mit f von mindestens r_ν-ter Ordnung überein und ist höchstens von r-tem Grad, wobei $r = \left(\sum\limits_{\nu=1}^{k} r_\nu \right) - 1$ ist. Diese beiden Eigenschaften bestimmen p eindeutig. Wenn auch noch $n > r$ ist, so gibt es zu jedem $x \in I$ ein $\xi \in I$ mit

$$f(x) = p(x) + \frac{f^{(r+1)}(\xi)}{(r+1)!} \prod_{\nu=1}^{k} (x - x_\nu)^{r_\nu}.$$

Beweis. Wir müssen nur noch zeigen, daß

$$p(x) = \sum_{\nu=1}^{k} \sum_{\mu=1}^{r_\nu} a_{\nu\mu} \prod_{\varrho=1}^{\nu-1} (x - x_\varrho)^{r_\varrho} (x - x_\nu)^{\mu-1}$$

(mit $a_{\nu\mu} = f(x_1, \ldots, x_\nu; r_1, \ldots, r_{\nu-1}, \mu)$) gerade das durch Satz 2.3 definierte Hermitesche Interpolationspolynom $\tilde{p}$ ist. Dazu wählen wir Punktfolgen $(x_{\nu\mu\lambda})$, wie wir sie im Beweis von Hilfssatz 7 verwendet haben, und betrachten die Newtonschen Interpolationspolynome p_λ von $\tilde{p}$ zu den Stützwerten

$$(x_{11\lambda}, \tilde{p}(x_{11\lambda})), \ldots, (x_{1r_1\lambda}, \tilde{p}(x_{1r_1\lambda})), \ldots$$
$$\ldots, (x_{k1\lambda}, \tilde{p}(x_{k1\lambda})), \ldots, (x_{kr_k\lambda}, \tilde{p}(x_{kr_k\lambda}))$$

für $\lambda = 1, 2, \ldots$ in der in Satz 2.5 angegebenen Form. Dann ist einerseits $p_\lambda = \bar{p}$, da ja auch $\bar{p}$ dieselben Werte interpoliert, also $\lim_{\lambda \to \infty} p_\lambda = \bar{p}$. Andererseits konvergieren auf Grund von Hilfssatz 7 bei den Polynomen

$$p_\lambda(x) = \sum_{\nu=1}^{k} \sum_{\mu=1}^{r_\nu} a_{\nu\mu\lambda} \prod_{\varrho=1}^{\nu-1} \prod_{\sigma=1}^{r_\varrho} (x - x_{\varrho\sigma\lambda}) \prod_{\tau=1}^{\mu-1} (x - x_{\nu\tau\lambda})$$

die Koeffizienten $a_{\nu\mu\lambda} = \bar{p}(x_{11\lambda}, \ldots, x_{1r_1\lambda}, \ldots, x_{\nu 1\lambda}, \ldots, x_{\nu\mu\lambda})$ gegen $\bar{p}(x_1, \ldots, x_\nu; r_1, \ldots, r_{\nu-1}, \mu) = f(x_1, \ldots, x_\nu; r_1, \ldots, r_{\nu-1}, \mu) = a_{\nu\mu}$ und nach Konstruktion die $x_{\varrho\sigma\lambda}$ gegen x_ϱ. Daher ist auch

$$\lim_{\lambda \to \infty} p_\lambda = p$$

und deshalb $p = \bar{p}$, was zu beweisen war.

Für $k = 1$ stimmt Satz 2.6 mit der Taylorschen Formel (Lagrangesche Form des Restgliedes) überein.

Unsere Definition der Steigungen $f(x_1, \ldots, x_k; r_1, \ldots, r_k)$ entspricht für $r_\nu = 1$ der Formel von Hilfssatz 3 und ist rechnerisch nicht gut brauchbar. Man kann aber aus den Rekursionsformeln für $f(x_1, \ldots, x_k)$ durch einen Grenzübergang wie in Hilfssatz 7 entsprechende Rekursionsformeln für die verallgemeinerten Steigungen aufstellen ($f^{(n)}$ muß dabei als stetig vorausgesetzt werden); mit derartigen Formeln beherrscht man die Hermitesche Interpolation auch numerisch.

Die Ergebnisse dieses Paragraphen werden im Abschnitt über numerische Integration verwendet werden.

§ 3. Extremwerte

Beim Beweis des Satzes von ROLLE hatten wir lokale Extrema von Funktionen eingeführt und eine notwendige Bedingung für ihr Auftreten angegeben (Kap. V, Satz 3.1): Die erste Ableitung verschwindet in einem solchen Punkt x_0. Diese Bedingung ist nicht hinreichend, wie das Beispiel $f(x) = x^3$, $x_0 = 0$, zeigt. Die Taylorsche Formel liefert nun genauere Aussagen über Extremwerte.

Im folgenden sei f stets eine auf dem offenen Intervall I erklärte Funktion und x_0 ein Punkt von I.

Satz 3.1. *In einer Umgebung $U_\delta(x_0)$ sei f differenzierbar. Ferner sei $U' = (x_0, x_0 + \delta)$ und $U'' = (x_0 - \delta, x_0)$. Wenn $f'(x) \leqq 0$ in U' und $f'(x) \geqq 0$ in U'' ist, so ist x_0 ein lokales Maximum von f; gilt aber $f'(x) \geqq 0$ in U' und $f'(x) \leqq 0$ in U'', dann ist x_0 ein lokales Minimum.*

Beweis. Es sei $|h| < \delta$. Nach dem ersten Mittelwertsatz ist

$$f(x_0 + h) = f(x_0) + h \cdot f'(x_0 + \vartheta h).$$

Das Restglied
$$h \cdot f'(x_0 + \vartheta h)$$
ist im ersten Fall nicht positiv, im zweiten nicht negativ, d. h. $f(x_0 + h) \leq f(x_0)$ (bzw. $\geq f(x_0)$), was zu zeigen war.

Wenn f oft genug differenzierbar ist und nicht sämtliche Ableitungen in einem Punkt verschwinden, kann man sich durch Berechnen der höheren Ableitungen vom Auftreten eines Extremwertes überzeugen. Es gilt nämlich

Satz 3.2. *Es sei f in x_0 n-mal differenzierbar. Weiter sei*
$$f^{(\nu)}(x_0) = 0, \quad \nu = 1, \ldots, n-1,$$
$$f^{(n)}(x) \neq 0.$$

Falls dann n ungerade ist, ist x_0 kein lokales Extremum. Ist n gerade, so ist x_0 im Falle $f^{(n)}(x_0) > 0$ ein lokales Minimum, im Falle $f^{(n)}(x_0) < 0$ ein lokales Maximum.

Beweis. Nach der Taylorschen Formel ist
$$f(x_0 + h) = f(x_0) + h^n \cdot \frac{\Delta(h)}{n!},$$
mit
$$\Delta(0) = f^{(n)}(x_0).$$

Δ ist in 0 stetig, und daher ist das Vorzeichen von $\Delta(h)$ für hinreichend kleine $|h|$ gleich dem Vorzeichen von $f^{(n)}(x_0)$. Wenn n ungerade ist, so wechselt die Funktion
$$R(h) = h^n \cdot \frac{\Delta(h)}{n!}$$
beim Durchgang von h durch 0 das Vorzeichen (denn h^n ist für $h > 0$ positiv, für $h < 0$ negativ, und $\Delta(h)$ hat immer dasselbe Vorzeichen); x_0 ist daher kein lokales Extremum. Ist n gerade, so ist $h^n \geq 0$ für alle h. Falls also $f^{(n)}(x_0)$ und damit $\Delta(h) > 0$ ist, liegt in x_0 ein lokales Minimum vor, falls $f^{(n)}(x_0) < 0$, also $\Delta(h) < 0$ für hinreichend kleines $|h|$, ist x_0 ein lokales Maximum.

Verschwinden sämtliche Ableitungen einer Funktion f in einem Punkt, so läßt sich der Satz nicht anwenden; bei analytischen Funktionen $f \not\equiv 0$ aber kann man mit seiner Hilfe stets die lokalen Extrema bestimmen.

Beispiele.

1. $f(x) = x^3 - x$.

Es ist $f'(x) = 3x^2 - 1$ und $f''(x) = 6x$. Die erste Ableitung verschwindet in $x_1 = \frac{1}{3}\sqrt{3}$ und $x_2 = -\frac{1}{3}\sqrt{3}$. Da $f''(x_1) > 0$ und

$f''(x_2) < 0$ ist, ist x_1 ein lokales Minimum, x_2 ein lokales Maximum.

2. $f(x) = x^3$.

Nur $x_0 = 0$ käme als lokales Extremum in Frage; da aber $f'(0) = f''(0) = 0$, $f'''(0) = 6 \neq 0$ gilt, ist x_0 kein Extremwert.

3. $f(x) = x^4$.

In $x_0 = 0$ ist $f'(x_0) = f''(x_0) = f'''(x_0) = 0$, $f^{(4)}(x_0) = 24 > 0$. Also ist x_0 ein lokales Minimum. Weitere Extrema treten nicht auf.

§ 4. Spezielle Funktionen

In diesem Paragraphen werden wir die sogenannten *elementaren Funktionen* durch Potenzreihen einführen und ihre wichtigsten Eigenschaften notieren.

1. Die Exponentialfunktion

Definition 4.1. *Die durch*

$$\exp x = \sum_{\nu=0}^{\infty} \frac{x^\nu}{\nu!}$$

in ganz $\mathbb{R}$ erklärte (analytische) Funktion heißt Exponentialfunktion von x.

Die Konvergenz der obigen Reihe hatten wir schon im dritten Kapitel mittels des Quotientenkriteriums festgestellt.

Satz 4.1. $\dfrac{d}{dx} \exp x = \exp x$.

Beweis.

$$\frac{d}{dx} \exp x = \frac{d}{dx} \sum_{\nu=0}^{\infty} \frac{x^\nu}{\nu!} = \sum_{\nu=0}^{\infty} \frac{1}{\nu!} \frac{d}{dx}(x^\nu)$$
$$= \sum_{\nu=1}^{\infty} \frac{x^{\nu-1}}{(\nu-1)!} = \sum_{\nu=0}^{\infty} \frac{x^\nu}{\nu!}$$
$$= \exp x.$$

Wir können nun die Taylorreihe von $\exp x$ um irgendeinen Punkt $x_0 \in \mathbb{R}$ berechnen:

$$\exp x = \exp(x_0 + h) \quad \text{(mit } h = x - x_0\text{)}$$
$$= \sum_{\nu=0}^{\infty} \frac{\exp^{(\nu)}(x_0)}{\nu!} h^\nu$$
$$= \sum_{\nu=0}^{\infty} \frac{\exp x_0}{\nu!} h^\nu$$
$$= \exp x_0 \cdot \sum_{\nu=0}^{\infty} \frac{h^\nu}{\nu!}$$
$$= \exp x_0 \cdot \exp h.$$

Da $\exp^{(\nu)}(x) = \exp x$ auf jedem noch so großen abgeschlossenen Intervall I unabhängig von ν beschränkt ist, d. h. $|\exp^{(\nu)}(x)| < K$ für alle $x \in I$ und alle ν, konvergiert nach Satz 1.4 die Taylorreihe um x_0 überall gegen $\exp x$. Deshalb gilt

Satz 4.2 (Additionstheorem der Exponentialfunktion).
$$\exp(x_1 + x_2) = \exp x_1 \cdot \exp x_2.$$

Aus diesen beiden Sätzen folgt:
$$1 = \exp 0 = \exp(x - x) = \exp x \cdot \exp(-x),$$
$$\exp(-x) = (\exp x)^{-1},$$
$$\exp x \neq 0 \quad \text{für alle } x.$$

Damit ergibt sich weiter:

(α) *Es ist* $\exp x > 0$ *für alle* x.

Denn es ist ja $\exp 0 = 1 > 0$, und $\exp x$ hat keine Nullstellen, kann also nach dem Zwischenwertsatz niemals negativ werden.

(β) *Die Exponentialfunktion wächst streng monoton.*

Denn $\exp'(x) = \exp x$ ist positiv.

(γ) *Für $x < 0$ ist $0 < \exp x < 1$, für $x > 0$ ist $\exp x > 1$.*

Definition 4.2. *Der Wert von $\exp x$ an der Stelle 1 wird mit e bezeichnet:*
$$e = \exp 1 = \sum_{\nu=0}^{\infty} \frac{1}{\nu!}.$$

Die Zahl e ist irrational, wie man ziemlich leicht nachweist. Viel schwerer zu beweisen ist die Tatsache, daß e nicht *algebraisch* ist. Das soll heißen: Ist p ein von 0 verschiedenes Polynom mit ganzen Koeffizienten, so ist $p(e) \neq 0$. Zahlen, die nicht algebraisch sind, nennt man *transzendent*.

(δ) *Zu jedem $K > 0$ gibt es ein x_0, so daß für $x \geq x_0$*
$$\exp x \geq K$$
ist (d. h. $\exp x$ strebt mit wachsendem x gegen $+\infty$). Das folgt nämlich aus der Ungleichung
$$\exp x > 1 + x$$
für $x > 0$.

(ε) $\lim\limits_{x \to -\infty} \exp x = 0$ (Folgerung aus (δ)).

(ζ) Anwendung der de l'Hospitalschen Regel liefert nun

Satz 4.3. *Ist p irgendein Polynom, so ist*
$$\lim_{x \to -\infty} [p(x) \cdot \exp x] = 0,$$
$$\lim_{x \to +\infty} \frac{p(x)}{\exp x} = 0.$$

Die für hinreichend großes x und $p \not\equiv 0$ erklärte Funktion

$$\frac{\exp x}{p(x)}$$

strebt mit wachsendem x gegen $+\infty$ oder $-\infty$, je nachdem, ob $p(x)$ gegen $+\infty$ oder $-\infty$ strebt.

Der Graph der Exponentialfunktion sieht ungefähr so aus:

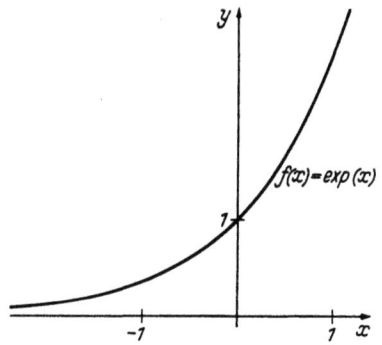

Fig. 17. Die Exponentialfunktion

2. Der Logarithmus

Die Exponentialfunktion bildet die reelle Gerade eineindeutig in die positive Halbgerade

$$\mathbb{R}^+ = \{x \in \mathbb{R} : x > 0\}$$

ab. Zu jedem $y \in \mathbb{R}^+$ gibt es Punkte $x_1, x_2 \in \mathbb{R}$ mit

$$\exp x_1 < y < \exp x_2;$$

nach dem Zwischenwertsatz existiert also ein $x \in \mathbb{R}$ mit $\exp x = y$. Wir haben damit bewiesen:

Satz 4.4. *Die Exponentialfunktion bildet $\mathbb{R}$ bijektiv auf $\mathbb{R}^+$ ab.*

Definition 4.3. *Die (auf $\mathbb{R}^+$ erklärte) Umkehrfunktion der Exponentialfunktion heißt (natürlicher) Logarithmus und wird mit $\log x$ bezeichnet.*

Es ist also
$$\exp(\log x) = x \quad \text{(für } x > 0\text{)},$$
$$\log(\exp x) = x.$$

Aus den Eigenschaften von $\exp x$ erhält man entsprechende Aussagen für den Logarithmus. Zunächst

Satz 4.5. $\quad \dfrac{d}{dx} \log x = \dfrac{1}{x}$ *(für $x > 0$)*.

Beweis. Es sei $x = \exp y$. Dann ist

$$\frac{d}{dx} \log x = \frac{1}{\frac{d}{dy} \exp y} = \frac{1}{\exp y} = \frac{1}{x}.$$

Der Logarithmus ist also eine streng monoton wachsende Funktion, die $\mathbb{R}^+$ bijektiv auf $\mathbb{R}$ abbildet.

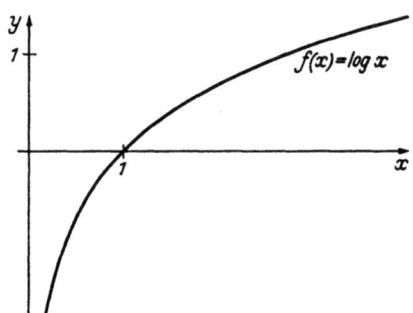

Fig. 18. Der Logarithmus

Weiter gilt — man setze $x_\nu = \exp y_\nu$ und wende Satz 4.2 an —

Satz 4.6 (Additionstheorem des Logarithmus).

$$\log(x_1 x_2) = \log x_1 + \log x_2 \quad (\textit{mit } x_1, x_2 > 0).$$

Nach Definition ist

$$\log 1 = 0,$$
$$\log e = 1.$$

Um den Logarithmus in eine Potenzreihe zu entwickeln, wenden wir einen Trick an. Für $|h| < 1$ gilt ja

$$\frac{1}{1+h} = \sum_{\nu=0}^{\infty} (-1)^\nu h^\nu.$$

Wir setzen

$$f(h) = \sum_{\nu=1}^{\infty} (-1)^{\nu+1} \nu^{-1} h^\nu.$$

Die Reihe hat den Konvergenzradius 1, und es ist

$$f'(h) = \sum_{\nu=0}^{\infty} (-1)^\nu h^\nu.$$

Also ist

$$\frac{d}{dh} (\log(1+h) - f(h)) = \frac{1}{1+h} - \frac{1}{1+h} = 0,$$

$$\log(1+h) - f(h) = c \quad (\text{konstant}).$$

Für $h = 0$ verschwindet $\log(1+h)$ ebenso wie $f(h)$; daher ist $c = 0$.
Für $|x-1| < 1$ haben wir also die Taylorentwicklung

$$\log x = \sum_{\nu=1}^{\infty} (-1)^{\nu+1} \frac{(x-1)^\nu}{\nu}.$$

Meist schreibt man sie in der beim Beweis verwandten Form

$$\log(1+x) = \sum_{\nu=1}^{\infty} \frac{(-1)^{\nu+1}}{\nu} x^\nu, \quad |x| < 1.$$

Auf dieselbe Weise findet man natürlich die Taylorentwicklung des Logarithmus um irgendeinen Punkt $x_0 \in \mathbb{R}^+$:

$$\log x = \log x_0 + \sum_{\nu=1}^{\infty} \frac{(-1)^{\nu+1}}{\nu x_0^\nu} (x-x_0)^\nu \quad \text{für} \quad |x-x_0| < x_0.$$

Der Logarithmus ist also in $\mathbb{R}^+$ eine analytische Funktion (das hätte man auch aus allgemeineren Überlegungen folgern können).

3. Potenzen

Es sei $a > 0$. Wir definieren als *Exponentialfunktion zur Basis a* die Funktion

$$\exp_a(x) = \exp(x \log a).$$

Es ist insbesondere

$$\exp_e(x) = \exp x,$$
$$\exp_1(x) = 1.$$

Aus den bisherigen Sätzen folgt sofort

$$\exp_a(0) = 1,$$
$$\exp_a(1) = a,$$
$$\exp_a(x_1 + x_2) = \exp_a(x_1) \cdot \exp_a(x_2),$$
$$\exp_a(x) > 0,$$
$$\exp_a(-x) = (\exp_a(x))^{-1}.$$

Die wichtigste Eigenschaft der allgemeinen Exponentialfunktionen kommt im folgenden Satz zum Ausdruck:

Satz 4.7. *Ist r eine rationale Zahl, so ist*

$$\exp_a(r) = a^r.$$

Dabei ist, wenn $r = p/q$, mit $p, q \in \mathbb{Z}$, gilt:

$$a^r = + \sqrt[q]{a^p}.$$

Beweis von Satz 4.7. Der Beweis beruht auf der Funktionalgleichung
$$\exp_a(x) = a \cdot \exp_a(x-1).$$
Die Gültigkeit dieser Gleichung ist klar:
$$\exp_a(x) = \exp_a(1 + x - 1) = \exp_a(1) \cdot \exp_a(x-1) = a \cdot \exp_a(x-1).$$
Für $n = 0$ ist nun offenbar $\exp_a n = a^n$; wenn für $n - 1 \geqq 0$ (und $n \in \mathbb{N}$)
$$\exp_a(n-1) = a^{n-1}$$
ist, so folgt
$$\exp_a(n) = a \cdot \exp_a(n-1) = a(a^{n-1}) = a^n.$$
Für ganze Zahlen $n \geqq 0$ stimmt unsere Behauptung also. Weiter ist für $n \in \mathbb{Z}$, $n \geqq 0$:
$$\exp_a(-n) = \frac{1}{\exp_a(n)} = \frac{1}{a^n} = a^{-n}.$$
Ist nun $r \in \mathbb{Q}$, $r = p/q$ mit $q > 0$, so gilt:
$$(\exp_a(r))^q = \underbrace{\exp_a(r) \cdot \ldots \cdot \exp_a(r)}_{q\text{-mal}}$$
$$= \exp_a(qr)$$
$$= \exp_a(p)$$
$$= a^p,$$
also $\exp_a(r) = + \sqrt[q]{a^p}$, was zu beweisen war.

Auf Grund dieses Satzes definieren wir:

Definition 4.4. *Für $a > 0$ und jede reelle Zahl x sei*
$$a^x = \exp_a(x).$$

Damit sind *Potenzen* mit beliebigen *reellen* Exponenten erklärt, wobei die Definition für rationale Exponenten mit der üblichen übereinstimmt. — Insbesondere ist
$$e^x = \exp x,$$
$$a^x = e^{x \log a}.$$

Die Bezeichnung exp werden wir nur noch selten, die Bezeichnung $\exp_a$ überhaupt nicht mehr verwenden.

Untersuchen wir nun die Umkehrfunktionen der Exponentialfunktionen a^x. Für $a > 1$ ist ja a^x streng monoton steigend, für $a < 1$ streng monoton fallend; in beiden Fällen wird durch a^x die Menge $\mathbb{R}$ bijektiv auf $\mathbb{R}^+$ abgebildet, wie aus dem Spezialfall $a = e$ folgt.

Potenzen

Definition 4.5. *Die (auf $\mathbb{R}^+$ erklärte) Umkehrfunktion zur Exponentialfunktion a^x heißt Logarithmus zur Basis a und wird mit*
$$^a\!\log x$$
bezeichnet. Dabei ist $a > 0$ und $\neq 1$.
Ist $y = {}^a\!\log x$, so ist also
$$a^y = x,$$
$$e^{y \log a} = x.$$

Deshalb ist
$$y \cdot \log a = \log x,$$
und wir haben die Beziehung
$$^a\!\log x = \frac{\log x}{\log a}.$$

Man entnimmt dieser Gleichung sofort das *Additionstheorem*
$$^a\!\log(x_1 x_2) = {}^a\!\log x_1 + {}^a\!\log x_2.$$

Durch *Logarithmentafeln* kann man also Multiplikationen auf Additionen zurückführen (und natürlich Divisionen auf Subtraktionen, usw.). Für numerische Rechnungen hat diese Eigenschaft der Logarithmen überragende Bedeutung. — In der Praxis tabelliert man im allgemeinen nur die Logarithmen zur Grundzahl 10 (*Briggssche* oder *Zehnerlogarithmen*). Es ist nämlich

$$^a\!\log(a^s x) = s + {}^a\!\log x.$$

Wenn nun $a = 10$ ist, so kann für $s \in \mathbb{Z}$ der Wert $a^s x$ sofort berechnet werden: $a^s x$ hat dieselbe Ziffernfolge im Dezimalsystem wie x. Man braucht also die Logarithmusfunktion nur im Intervall $1 \leq x < 10$ zu tabellieren und kann ohne weitere Rechnung den Logarithmus jeder positiven Zahl aus dieser Tafel erhalten.

Für die Bezeichnung der verschiedenen Logarithmen (natürliche Logarithmen, Zehnerlogarithmen usw.) gibt es Konventionen, die jedoch nicht strikt eingehalten werden.

Wir wollen noch die üblichen Rechenregeln für Potenzen notieren und dann die Taylorreihe der Funktion x^a bestimmen.

(α) $a^{x_1+x_2} = a^{x_1} a^{x_2}$.

(β) $a^{-x} = \dfrac{1}{a^x}$.

(γ) $(a^{x_1})^{x_2} = a^{x_1 x_2}$.

Beweis. $(a^{x_1})^{x_2} = e^{x_2 \log(a^{x_1})} = e^{x_2 \cdot x_1 \log a} = a^{x_1 x_2}$.

(δ) $1^x = 1$.

Satz 4.8. *Die Funktion x^a ist differenzierbar, und es ist*
$$\frac{d}{dx} x^a = a\, x^{a-1}.$$

Beweis. $\dfrac{d}{dx} x^a = \dfrac{d}{dx} e^{a \log x} = \dfrac{a}{x} e^{a \log x} = a\, x^{a-1}$.

Für jedes $a \in \mathbb{R}$ definieren wir die *Binomialkoeffizienten*
$$\binom{a}{\nu} = \frac{a(a-1)\cdot\ldots\cdot(a-\nu+1)}{\nu!} \quad \text{(wobei } \nu \in \mathbb{N} \text{ ist),}$$
$$\binom{a}{0} = 1.$$

Wie im Fall ganzer Exponenten stellt man fest, daß
$$\frac{d^\nu}{dx^\nu} x^a = \nu! \binom{a}{\nu} x^{a-\nu}$$
ist.

Es gilt der wichtige

Satz 4.9. *Die Funktion x^a (mit $x > 0$) ist in ihrem Existenzbereich analytisch. Für $|x| < 1$ konvergiert die Reihe*
$$T(x) = \sum_{\nu=0}^{\infty} \binom{a}{\nu} x^\nu$$
gegen $(1+x)^a$.

Beweis. Es genügt, die zweite Behauptung zu beweisen. Falls a ganz ist, sind die Aussagen des Satzes schon bekannt; wir setzen also $a \notin \mathbb{Z}$ voraus.

Zunächst zeigen wir die Konvergenz der Reihe. Es ist für $x \neq 0$:
$$\binom{a}{\nu+1} x^{\nu+1} \Big/ \binom{a}{\nu} x^\nu = \frac{a-\nu}{\nu+1} x = x \left(\frac{a}{\nu+1} - \frac{\nu}{\nu+1} \right).$$

Ist $|x| < 1$, so gibt es ein q, $|x| < q < 1$, so daß für fast alle ν
$$|x| \cdot \left| \frac{a}{\nu+1} - \frac{\nu}{\nu+1} \right| \leq q$$
wird. $T(x)$ konvergiert folglich nach dem Quotientenkriterium.

Als analytische Funktion ist T differenzierbar, und zwar gilt:
$$T'(x) = \sum_{\nu=1}^{\infty} \nu \binom{a}{\nu} x^{\nu-1}$$
$$= \sum_{\nu=0}^{\infty} (\nu+1) \binom{a}{\nu+1} x^\nu$$
$$= a \sum_{\nu=0}^{\infty} \binom{a-1}{\nu} x^\nu.$$

Daher ist

$$(1+x)\,T'(x) = a\left[\sum_{\nu=0}^{\infty}\binom{a-1}{\nu}x^{\nu} + \sum_{\nu=0}^{\infty}\binom{a-1}{\nu}x^{\nu+1}\right]$$

$$= a\left[\sum_{\nu=0}^{\infty}\binom{a-1}{\nu}x^{\nu} + \sum_{\nu=1}^{\infty}\binom{a-1}{\nu-1}x^{\nu}\right]$$

$$= a\left[1 + \sum_{\nu=1}^{\infty}\left\{\binom{a-1}{\nu} + \binom{a-1}{\nu-1}\right\}x^{\nu}\right]$$

$$= a\left[1 + \sum_{\nu=1}^{\infty}\binom{a}{\nu}x^{\nu}\right]$$

$$= a\,T(x).$$

Die Funktion
$$\frac{T(x)}{(1+x)^a}$$
ist für $|x| < 1$ auch differenzierbar:

$$\frac{d}{dx}\left(\frac{T(x)}{(1+x)^a}\right) = \frac{(1+x)^a\,T'(x) - T(x)a\,(1+x)^{a-1}}{(1+x)^{2a}} = 0,$$

da der Zähler verschwindet. Also gibt es eine Konstante $c \in \mathbb{R}$ mit

$$T(x) = c\,(1+x)^a.$$

Da $T(0) = (1+0)^a = 1$ ist, muß $c = 1$ sein.

Damit ist der Satz bewiesen.

Die Reihe $T(x)$ heißt *binomische Reihe*; für kleine Werte von $|x|$ konvergiert sie sehr gut und kann zur Berechnung von Wurzeln dienen:

$$\sqrt{2} = \frac{3}{2}\sqrt{\frac{8}{9}} = \frac{3}{2}\left(1 - \frac{1}{9}\right)^{1/2}$$

$$\approx \frac{3}{2}\left(1 - \frac{1}{18}\right)$$

$$= \frac{3}{2} - \frac{1}{12}$$

$$= 1{,}416\ldots$$

Die Berücksichtigung der ersten Potenz in der binomischen Reihe hat also schon drei Stellen der Dezimalbruchentwicklung von $\sqrt{2}$ geliefert (1,4142...).

4. Trigonometrische Funktionen

Definition 4.6. *Die auf ganz* $\mathbb{R}$ *analytischen Funktionen*

$$\sin x = \sum_{\nu=0}^{\infty}(-1)^{\nu}\frac{x^{2\nu+1}}{(2\nu+1)!},$$

$$\cos x = \sum_{\nu=0}^{\infty}(-1)^{\nu}\frac{x^{2\nu}}{(2\nu)!}$$

heißen — ebenso wie ihre rationalen Kombinationen — trigonometrische oder Kreis-Funktionen (Sinus und Cosinus).

Aus der Definition folgt sofort:
$$\sin(-x) = -\sin x,$$
$$\cos(-x) = \cos x.$$

Der Sinus ist eine ungerade, der Cosinus eine gerade Funktion.

Durch gliedweise Differentiation der beiden Reihen erkennt man, daß
$$\frac{d}{dx}\sin x = \cos x,$$
$$\frac{d}{dx}\cos x = -\sin x$$

ist. Weiter ist
$$\sin 0 = 0,$$
$$\cos 0 = 1;$$

$\cos x$ hat daher ein lokales Maximum in $x = 0$.

Es sei nun a eine beliebige reelle Zahl. Wir bilden die beiden Funktionen
$$F_1(x) = \sin(a+x) - \sin a \cdot \cos x - \cos a \cdot \sin x,$$
$$F_2(x) = \cos(a+x) - \cos a \cdot \cos x + \sin a \cdot \sin x.$$

Offenbar ist $F_1(0) = F_2(0) = 0$. Für die Ableitungen gilt:
$$F_1'(x) = \cos(a+x) + \sin a \cdot \sin x - \cos a \cdot \cos x = F_2(x),$$
$$F_2'(x) = -\sin(a+x) + \cos a \cdot \sin x + \sin a \cdot \cos x = -F_1(x).$$

Die Ableitung der Funktion
$$\Phi(x) = F_1^2(x) + F_2^2(x)$$
ist
$$\Phi'(x) = 2F_1(x)F_1'(x) + 2F_2(x)F_2'(x)$$
$$= 2F_1(x)F_2(x) - 2F_2(x)F_1(x)$$
$$= 0.$$

Also ist Φ konstant; da $\Phi(0) = 0$ gilt, ist $\Phi \equiv 0$ und daher $F_1(x) = F_2(x) = 0$. Damit haben wir das *Additionstheorem der trigonometrischen Funktionen* aufgestellt:

Satz 4.10. $\sin(x_1 + x_2) = \sin x_1 \cdot \cos x_2 + \cos x_1 \cdot \sin x_2;$
$$\cos(x_1 + x_2) = \cos x_1 \cdot \cos x_2 - \sin x_1 \cdot \sin x_2.$$

Für $x_1 = -x_2$ ergibt sich aus der zweiten Formel:
$$\sin^2 x + \cos^2 x = 1.$$

Insbesondere ist $|\sin x| \leq 1$, $|\cos x| \leq 1$.

Trigonometrische Funktionen

Satz 4.11. *Im Intervall $[0, 2]$ hat der Cosinus genau eine Nullstelle.*

Beweis. Zunächst zeigen wir die Existenz einer Nullstelle. Es ist

$$\cos x = 1 - \frac{x^2}{2!} + \frac{x^4}{4!} - \frac{x^6}{6!} + - \cdots$$

$$= 1 - \frac{x^2}{2!}\left(1 - \frac{x^2}{3 \cdot 4}\right) - \frac{x^6}{6!}\left(1 - \frac{x^2}{7 \cdot 8}\right) - \cdots$$

$$= 1 - \sum_{\nu=0}^{\infty} \frac{x^{4\nu+2}}{(4\nu+2)!}\left(1 - \frac{x^2}{(4\nu+3)(4\nu+4)}\right).$$

Da $0 \leq x < 3$ ist, sind alle Summanden der rechts auftretenden Reihe positiv; also ist

$$\cos x < 1 - \frac{x^2}{2}\left(1 - \frac{x^2}{12}\right),$$

$$\cos 2 < 1 - 2\left(1 - \frac{1}{3}\right) = -\frac{1}{3},$$

$$\cos 0 = 1.$$

Nach dem Zwischenwertsatz wird der Cosinus im betrachteten Intervall also mindestens einmal Null.

Für $\cos' x = -\sin x$ gilt:

$$\sin x = x - \frac{x^3}{3!} + \frac{x^5}{5!} - \frac{x^7}{7!} + - \cdots$$

$$= x\left(1 - \frac{x^2}{2 \cdot 3}\right) + \frac{x^5}{5!}\left(1 - \frac{x^2}{6 \cdot 7}\right) + \cdots$$

$$= \sum_{\nu=0}^{\infty} \frac{x^{4\nu+1}}{(4\nu+1)!}\left(1 - \frac{x^2}{(4\nu+2)(4\nu+3)}\right).$$

Für $0 < x < \sqrt{6}$ sind alle Summanden dieser Reihe positiv, d.h. es ist $\sin x > 0$ und $\cos x$ somit in $0 \leq x \leq 2$ streng monoton fallend. Aus diesem Grunde hat der Cosinus höchstens eine Nullstelle dort: Unser Satz ist bewiesen.

Definition 4.7. *Die Zahl π ist diejenige reelle Zahl, für die gilt:*

$$0 < \frac{\pi}{2} < 2,$$

$$\cos \frac{\pi}{2} = 0.$$

Ebenso wie e ist π eine transzendente Zahl. — Jetzt folgt leicht aus dem Additionstheorem:

Satz 4.12. *Die beiden trigonometrischen Funktionen Sinus und Cosinus haben die Periode 2π; d.h.*

$$\sin(x + 2\pi) = \sin x,$$
$$\cos(x + 2\pi) = \cos x$$

für alle x, und 2π ist die kleinste positive Zahl, für welche diese Gleichungen gelten.

Beweis. Zunächst ist

$$\sin^2 \frac{\pi}{2} + \cos^2 \frac{\pi}{2} = \sin^2 \frac{\pi}{2} + 0 = 1.$$

Im Beweis von Satz 4.11 hatten wir unter anderem festgestellt, daß $\sin \frac{\pi}{2} > 0$ ist. Also:

$$\sin \frac{\pi}{2} = 1.$$

Das Additionstheorem liefert nun

$$\sin\left(\frac{\pi}{2} - x\right) = \sin \frac{\pi}{2} \cos x - \cos \frac{\pi}{2} \sin x = \cos x,$$

$$\sin\left(\frac{\pi}{2} + x\right) = \sin \frac{\pi}{2} \cos x + \cos \frac{\pi}{2} \sin x = \cos x,$$

$$\cos\left(\frac{\pi}{2} - x\right) = \cos \frac{\pi}{2} \cos x + \sin \frac{\pi}{2} \sin x = \sin x,$$

$$\cos\left(\frac{\pi}{2} + x\right) = \cos \frac{\pi}{2} \cos x - \sin \frac{\pi}{2} \sin x = -\sin x.$$

Daraus folgt

$$\sin(\pi + x) = \sin\left(\frac{\pi}{2} + \left(\frac{\pi}{2} + x\right)\right) = \cos\left(\frac{\pi}{2} + x\right) = -\sin x,$$

$$\cos(\pi + x) = \cos\left(\frac{\pi}{2} + \left(\frac{\pi}{2} + x\right)\right) = -\sin\left(\frac{\pi}{2} + x\right) = -\cos x,$$

$$\sin(2\pi + x) = \sin(\pi + (\pi + x)) = -\sin(\pi + x) = \sin x,$$

$$\cos(2\pi + x) = \cos(\pi + (\pi + x)) = -\cos(\pi + x) = \cos x.$$

Ist schließlich $0 < h < 2\pi$ und $\sin(x + h) = \sin x$ für alle x, so ist $\sin h = 0$. Man sieht leicht, daß hieraus $h = \pi$ folgt. Da

$$\sin \frac{\pi}{2} = 1 \neq \sin \frac{3}{2}\pi = -1$$

gilt, ist π keine Periode: Widerspruch. Analog zeigt man, daß es kein h mit

$$0 < h < 2\pi \quad \text{und} \quad \cos(x + h) \equiv \cos x$$

gibt.

Wir geben noch sämtliche Nullstellen vom Sinus und Cosinus an:

$\sin x = 0$ genau dann, wenn $x = k\pi$, $k \in \mathbb{Z}$,

$\cos x = 0$ genau dann, wenn $x = \left(k + \frac{1}{2}\right)\pi$, $k \in \mathbb{Z}$.

Der Beweis dieser Aussagen sei dem Leser überlassen.

Schließlich skizzieren wir die beiden Funktionen:

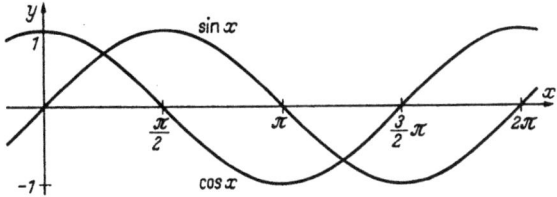

Fig. 19. Sinus und Cosinus

Neben den eben eingeführten trigonometrischen Funktionen spielen noch zwei weitere eine Rolle: *Tangens* und *Cotangens*. Man definiert sie durch

$$\operatorname{tg} x = \frac{\sin x}{\cos x}, \quad x \neq \left(k + \frac{1}{2}\right)\pi, \quad k \in \mathbb{Z};$$

$$\operatorname{ctg} x = \frac{\cos x}{\sin x}, \quad x \neq k\pi, \quad k \in \mathbb{Z}.$$

Für ihre Ableitungen gilt:

$$\frac{d}{dx}\operatorname{tg} x = \frac{\cos^2 x + \sin^2 x}{\cos^2 x} = \frac{1}{\cos^2 x} = 1 + \operatorname{tg}^2 x,$$

$$\frac{d}{dx}\operatorname{ctg} x = -\frac{1}{\sin^2 x} = -(1 + \operatorname{ctg}^2 x).$$

Im Intervall $(-\pi/2, \pi/2)$ wächst $\operatorname{tg} x$ also streng monoton; entsprechend ist der Cotangens im Intervall $(0, \pi)$ streng monoton fallend. Beide Funktionen sind in ihrem Existenzbereich unendlich oft differenzierbar (sogar analytisch, wie man zeigen kann). Weiter sieht man sofort:

(α) $\operatorname{tg} x$ und $\operatorname{ctg} x$ sind ungerade Funktionen.

(β) $\operatorname{tg}\left(\frac{\pi}{2} - x\right) = \operatorname{ctg} x, \quad \operatorname{tg}\left(\frac{\pi}{2} + x\right) = -\operatorname{ctg} x$.

(γ) $\operatorname{tg} x$ und $\operatorname{ctg} x$ haben die Periode π.

(δ) Zu jeder reellen Zahl $r > 0$ gibt es ein x_0, $0 < x_0 < \pi/2$, so daß für alle x mit $x_0 \leq x < \pi/2$

$$\operatorname{tg} x > r,$$
$$\operatorname{tg}(-x) < -r$$

ist. Eine entsprechende Aussage hat man für den Cotangens.

Der Verlauf der beiden Funktionen ist in der folgenden Skizze wiedergegeben:

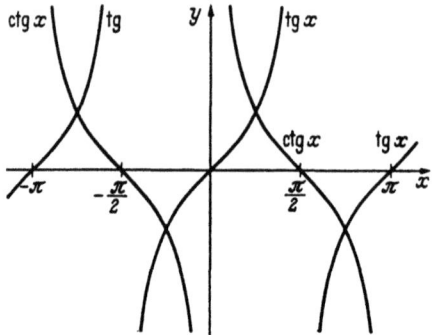

Fig. 20. Tangens und Cotangens

5. Die zyklometrischen Funktionen

Wir wollen die trigonometrischen Funktionen umkehren. Global (auf ganz $\mathbb{R}$) ist das sicher unmöglich. — Es sei

$$I = \left[-\frac{\pi}{2}, \frac{\pi}{2}\right], \mathring{I} = \left(-\frac{\pi}{2}, \frac{\pi}{2}\right),$$
$$I' = [0, \pi], \quad \mathring{I}' = (0, \pi).$$

Aus den uns bekannten Eigenschaften der trigonometrischen Funktionen folgt:

Die Funktion $\sin x$ bildet I bijektiv auf $J = [-1, 1]$ ab; $\cos x$ bildet I' bijektiv auf J ab, $\operatorname{tg} x$ und $\operatorname{ctg} x$ liefern bijektive Abbildungen von $\mathring{I}$ bzw. $\mathring{I}'$ auf $\mathbb{R}$. Auf J bzw. $\mathbb{R}$ sind also die *Umkehrfunktionen* der vier trigonometrischen Funktionen erklärt und stetig; sie heißen *zyklometrische Funktionen* (oder *Arkusfunktionen*) und werden der Reihe nach mit

$$\arcsin x, \quad \arccos x, \quad \operatorname{arctg} x, \quad \operatorname{arcctg} x$$

bezeichnet. Es gilt also

$$\sin \circ \arcsin x = x; \quad \arcsin \circ \sin y = y, \quad y \in I;$$
$$\cos \circ \arccos x = x; \quad \arccos \circ \cos y = y, \quad y \in I';$$
$$\operatorname{tg} \circ \operatorname{arctg} x = x; \quad \operatorname{arctg} \circ \operatorname{tg} y = y, \quad y \in \mathring{I};$$
$$\operatorname{ctg} \circ \operatorname{arcctg} x = x; \quad \operatorname{arcctg} \circ \operatorname{ctg} y = y, \quad y \in \mathring{I}'.$$

Wir wollen nur den $\arcsin x$ und $\operatorname{arctg} x$ genauer untersuchen; die beiden anderen Funktionen haben im wesentlichen dieselben Eigenschaften.

In $J = (-1, 1)$ ist $\arcsin x$ differenzierbar (weil in $\mathring{I}$ nämlich

$\frac{d}{dx}\sin x \neq 0$ ist), und zwar gilt:

$$\frac{d}{dx}\arcsin x = \frac{1}{\frac{d}{dy}\sin y} = \frac{1}{\cos y} = \frac{1}{\sqrt{1-\sin^2 y}} = \frac{1}{\sqrt{1-x^2}}.$$

Da ebenso wie $\sin x$ in I die Funktion $\arcsin x$ in J monoton steigt, hat die Wurzel positives Vorzeichen. Ist I_1 das um π nach rechts verschobene Intervall I, also $I_1 = \left[\frac{\pi}{2}, \frac{3}{2}\pi\right]$, so kann man $\sin x$ auch in I_1 umkehren; die Umkehrfunktion wird mit $\arcsin_1 x$ bezeichnet und bildet J bijektiv auf I_1 ab. Entsprechend definiert man Intervalle I_k, $k \in \mathbb{Z}$, und Umkehrungen von $(\sin | I_k)(x)$, die dann mit $\arcsin_k x$ bezeichnet werden. Es ist

$$\arcsin x = \arcsin_0 x \quad (Hauptwert),$$

$$\frac{d}{dx}\arcsin_{2k} x = \frac{1}{+\sqrt{1-x^2}} \quad \text{in } J,$$

$$\frac{d}{dx}\arcsin_{2k-1} x = \frac{1}{-\sqrt{1-x^2}} \quad \text{in } J,$$

$$\arcsin_k x = -\arcsin_{k-1} x + \pi(2k-1).$$

Das Studium des $\arccos x$ erübrigt sich, da offenbar

$$\arccos x = \frac{\pi}{2} - \arcsin x$$

ist.

Die Umkehrfunktion des Tangens,

$$\arctg x,$$

ist auf ganz $\mathbb{R}$ erklärt und bildet $\mathbb{R}$ bijektiv auf I ab. Wieder lassen sich weitere Umkehrfunktionen, die $\mathbb{R}$ auf I_k abbilden, erklären; für die Ableitung all dieser Funktionen erhält man

$$\frac{d}{dx}\arctg_k x = \frac{1}{1+x^2}.$$

Zwischen $\arcctg x$ und $\arctg x$ besteht der Zusammenhang

$$\arctg x = \frac{\pi}{2} - \arcctg x.$$

Außerdem ist

$$\frac{d}{dx}\arcctg x = -\frac{1}{1+x^2}.$$

Zum Schluß beweisen wir noch eine etwas schwierigere Aussage:

Satz 4.13. *Für alle x mit $-1 < x \leq 1$ ist*
$$\operatorname{arctg} x = \sum_{\nu=0}^{\infty} (-1)^\nu \frac{x^{2\nu+1}}{2\nu+1}.$$

Insbesondere ist
$$\operatorname{arctg} 1 = \frac{\pi}{4} = 1 - \frac{1}{3} + \frac{1}{5} - \frac{1}{7} + - \cdots.$$

Beweis von Satz 4.13. Für $|x| < 1$ ist
$$\frac{1}{1+x^2} = \sum_{\nu=0}^{\infty} (-1)^\nu x^{2\nu}.$$

Die Potenzreihe
$$F(x) = \sum_{\nu=0}^{\infty} (-1)^\nu \frac{x^{2\nu+1}}{2\nu+1}$$

hat den Konvergenzradius 1 und die Ableitung
$$F'(x) = \frac{1}{1+x^2}.$$

Im Intervall $\{x: |x| < 1\}$ ist also die Differenz $F(x) - \operatorname{arctg} x$ konstant und verschwindet im Nullpunkt. Damit ist für dieses Intervall unsere Behauptung bewiesen.

F ist nun auch noch, ebenso wie $\operatorname{arctg} x$, in $x = 1$ erklärt; um die Gleichheit beider Funktionen auch in diesem Punkte nachzuweisen, genügt es, die Stetigkeit von F in 1 zu zeigen.

Es sei $I = [0, 1]$. Die Reihe $F(x)$ ist alternierend; wenn also ihre Partialsummen mit $s_\mu(x)$ bezeichnet werden, $\mu = 1, 2, \ldots$, so ist
$$s_{2\mu}(x) \leq F(x) \leq s_{2\mu-1}(x).$$

Nun ist
$$|s_{2\mu-1}(x) - s_{2\mu}(x)| = \frac{x^{4\mu-1}}{4\mu-1} \leq \frac{1}{4\mu-1}.$$

Zu $\varepsilon > 0$ gibt es μ_0, so daß für alle $\mu \geq \mu_0$
$$\frac{1}{4\mu-1} < \varepsilon$$

ist. Für alle $x \in I$ gilt dann
$$|F(x) - s_{2\mu-1}(x)| < \varepsilon,$$
$$|F(x) - s_{2\mu}(x)| < \varepsilon,$$

falls $\mu \geq \mu_0$ ist. Die Reihe konvergiert also gleichmäßig, und deshalb ist F in 1 noch stetig.

Die in den Abschnitten 4 und 5 behandelten Funktionen stimmen mit den aus der Geometrie bekannten „Winkelfunktionen" überein.

Das läßt sich an dieser Stelle allerdings nicht zeigen, da man Winkel in die Analysis nur auf dem Weg über Integrale einführen kann. Ebensowenig können wir hier nachweisen, daß π das Verhältnis zwischen Kreisumfang und Kreisdurchmesser ist.

6. Hyperbelfunktionen

Wir definieren zwei neue analytische Funktionen, den *Hyperbel-Sinus* und *Hyperbel-Cosinus*, durch

$$\sinh x = \tfrac{1}{2}(e^x - e^{-x}),$$
$$\cosh x = \tfrac{1}{2}(e^x + e^{-x}).$$

Man stellt sofort fest:

$$\sinh x = -\sinh(-x),$$
$$\cosh x = \cosh(-x),$$
$$\frac{d}{dx}\sinh x = \cosh x,$$
$$\frac{d}{dx}\cosh x = \sinh x.$$

Bei den trigonometrischen Funktionen galt: $\cos' x = -\sin x$; auf den Vorzeichenunterschied zur letzten Regel sind alle Abweichungen der Hyperbelfunktionen vom Verhalten der trigonometrischen Funktionen zurückzuführen.

Aus der Exponentialreihe ergibt sich

$$\cosh x = \sum_{\nu=0}^{\infty} \frac{x^{2\nu}}{(2\nu)!},$$
$$\sinh x = \sum_{\nu=0}^{\infty} \frac{x^{2\nu+1}}{(2\nu+1)!}.$$

Es ist also stets $\cosh x \geqq 1$; Gleichheit gilt nur für $x = 0$. Der Hyperbelcosinus ist demnach keine periodische Funktion. Da $\sinh x = \cosh x - \exp(-x)$ ist, gilt für alle x

$$\sinh x < \cosh x.$$

Es gilt weiter

$$\lim_{x \to +\infty} \frac{\sinh x}{\cosh x} = 1 - 2 \lim_{x \to \infty} \frac{e^{-x}}{e^x + e^{-x}} = 1.$$

Beide Hyperbelfunktionen wachsen für große x unbegrenzt.

Ebenso wie $\cosh x$ ist $\sinh x$ für positive x positiv und hat nur im Nullpunkt eine Nullstelle: Auch der Hyperbelsinus ist nicht periodisch.

Da der Hyperbelsinus die reelle Gerade bijektiv auf sich abbildet, kann er umgekehrt werden; die auf ganz $\mathbb{R}$ definierte Umkehrfunktion wird mit

$$\operatorname{arsinh} x$$

(Area-Sinus) bezeichnet.[1] Man kann den $\operatorname{arsinh} x$ durch den

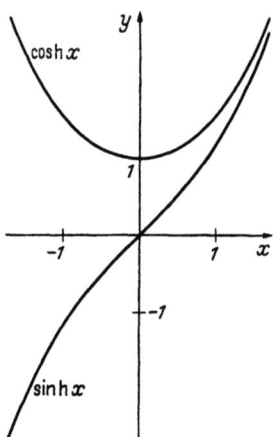

Fig. 21. Die Hyperbelfunktionen

natürlichen Logarithmus ausdrücken: Es sei $y = \operatorname{arsinh} x$. Dann folgt:

$$\sinh y = x,$$
$$\tfrac{1}{2}(e^y - e^{-y}) = x,$$
$$e^y = x + \sqrt{1 + x^2} \quad \text{(wegen } e^y > 0 \text{ ist die Wurzel positiv),}$$
$$y = \operatorname{arsinh} x = \log(x + \sqrt{1 + x^2}).$$

Der Hyperbelcosinus läßt sich für $x \geq 0$ oder auch für $x \leq 0$ umkehren; die Umkehrfunktion

$$x = \operatorname{arcosh} y$$

(Area-Cosinus) ist für $y \geq 1$ erklärt (mit Werten entweder in $x \geq 0$ oder in $x \leq 0$); es gilt:

$$\operatorname{arcosh} y = \log(y \pm \sqrt{y^2 - 1}).$$

Der Zusammenhang der eben eingeführten Funktionen mit der Hyperbel kann hier nicht behandelt werden.

---

[1] Die ausführliche Bezeichnung ist *area sinus hyperbolici*.

§ 5. Einige Beispiele

Wir werden in diesem Paragraphen nicht-analytische unendlich oft differenzierbare Funktionen gewinnen, die einen Eindruck vom Reichtum dieser Funktionenklasse vermitteln. Gleichzeitig wollen wir mit diesen und den früher eingeführten Funktionen Folgen konstruieren, bei denen gewisse Vertauschungen von Grenzübergängen nicht möglich sind, und so die Voraussetzungen der Sätze 6.1 aus Kap. IV und 5.1 aus Kap. V erläutern.

Satz 5.1. *Es gibt auf $\mathbb{R}$ erklärte unendlich oft differenzierbare Funktionen f, die im Nullpunkt zusammen mit all ihren Ableitungen verschwinden und doch nicht identisch Null sind.*

Zum Beweis sei eine Funktion konstruiert, die auch später noch nützen wird. Wir setzen

$$f(x) = \begin{cases} \exp\left(-\dfrac{1}{x^2}\right) & \text{für } x \neq 0, \\ 0 & \text{für } x = 0, \end{cases}$$

und zeigen, daß f die gewünschten Eigenschaften hat.

Dazu beachten wir, daß für jede ganze Zahl $r \geq 0$ die Funktion

$$g(x) = \begin{cases} x^{-r} \exp\left(-\dfrac{1}{x^2}\right) & \text{für } x \neq 0, \\ 0 & \text{für } x = 0, \end{cases}$$

stetig in 0 ist. Es ist nämlich

$$\lim_{\substack{x \to 0 \\ x \neq 0}} x^{-r} \exp\left(-\frac{1}{x^2}\right) = \lim_{x \to \infty} x^r \exp(-x^2) = 0$$

nach Satz 4.3. Wir wissen nun, daß f auch in 0 stetig ist, und zeigen induktiv die Existenz aller Ableitungen $f^{(\nu)}$. Im Fall $\nu = 0$ existiert $f^{(\nu)}$ und hat die Form

$$f^{(\nu)}(x) = p_\nu(x)\, x^{-r_\nu} \exp\left(-\frac{1}{x^2}\right), \quad f^{(\nu)}(0) = 0,$$

wobei p_ν ein Polynom ist. Nehmen wir nun als Induktionsvoraussetzung an, daß $f^{(\nu)}$ existiere und die obige Darstellung besitze. Die Differentiation zeigt, daß für $x \neq 0$

$$f^{(\nu+1)}(x) = p_{\nu+1}(x)\, x^{-r_{\nu+1}} \exp\left(-\frac{1}{x^2}\right)$$

ist. Weiter läßt sich $f^{(\nu)}$ schreiben als

$$f^{(\nu)}(x) = x\, \Delta(x) + f^{(\nu)}(0)$$

mit
$$\Delta(x) = \begin{cases} 0 & \text{für } x = 0, \\ p_\nu(x)\, x^{-r_\nu - 1} \exp\left(-\dfrac{1}{x^2}\right) & \text{für } x \neq 0. \end{cases}$$

$\Delta(x)$ ist stetig, wie wir gerade bemerkt haben, d.h. $f^{(\nu+1)}(0)$ existiert und ist Null. Damit ist der Satz bewiesen.

Die Funktion f ist natürlich nicht analytisch: die Taylorreihe von f um 0 ist Null, konvergiert also gegen Null und nicht gegen f. Man erkennt nun auch, daß die Funktion

$$g(x) = \begin{cases} \exp\left(-\dfrac{1}{x^2}\right) & \text{für } x > 0, \\ 0 & \text{sonst}, \end{cases}$$

ebenfalls die im Satz verlangten Eigenschaften hat. *Für unendlich oft differenzierbare Funktionen gilt also nicht der Identitätssatz 1.6;* denn g verschwindet auf einer offenen nichtleeren Menge, ohne identisch zu verschwinden.

Wir untersuchen die eben konstruierte Funktion f noch etwas weiter. Für $x > 0$ ist
$$f'(x) = 2x^{-3}\exp\left(-\frac{1}{x^2}\right)$$
positiv, für $x < 0$ negativ, in Null liegt ein (lokales und globales) Minimum von f. Weiter ist
$$\lim_{x\to\infty} f(x) = 1,$$
$$\lim_{x\to-\infty} f(x) = 1.$$
Somit gilt $0 \leq f(x) < 1$ überall und $f(x_1) > f(x_2)$ für $|x_1| > |x_2|$. Setzt man nun
$$f_\nu(x) = \begin{cases} \exp\left(-\dfrac{1}{\nu x^2}\right) & \text{für } x \neq 0, \\ 0 & \text{für } x = 0, \end{cases}$$
so ergibt sich hieraus, daß die Folge $f_\nu(x)$ für jedes x monoton wächst und beschränkt ist, also konvergiert. Ihre Grenzfunktion läßt sich leicht berechnen: wegen $\lim_{x\to\pm\infty} f(x) = 1$ ist nämlich
$$\lim_{\nu\to\infty} f_\nu(x) = \begin{cases} 1 & \text{für } x \neq 0, \\ 0 & \text{für } x = 0. \end{cases}$$
Die Konvergenz ist, wie man leicht sieht, gleichmäßig auf jedem abgeschlossenen Intervall, das den Nullpunkt nicht enthält, aber nicht gleichmäßig in irgendeiner Umgebung von 0, da die Grenzfunktion dort nicht stetig ist.

Die Folge f_ν wird jetzt dazu dienen, einige Beispiele und Gegenbeispiele zur gliedweisen Differentiation anzugeben.

Hilfssatz 1. *Es sei $n > 0$ und $h_{n,\nu}(x) = x^n f_\nu(x)$. Dann strebt $(h_{n,\nu})$ auf dem Intervall $\bar{I} = [-1, 1]$ gleichmäßig gegen die Funktion x^n.*

Beweis. Zu $\varepsilon > 0$ existiert ein $\delta > 0$ mit $|x|^n < \varepsilon$ für $|x| < \delta$. Da stets $0 \leq f_\nu(x) < 1$ gilt, ist damit für $|x| < \delta$ und jedes ν die Differenz $|x^n - h_{n,\nu}(x)| = |x^n - x^n f_\nu(x)| < \varepsilon$. Ferner existiert wegen der gleichmäßigen Konvergenz von f_ν gegen 1 für $|x| \geq \delta$ und $x \in \bar{I}$ ein ν_0 mit $|1 - f_\nu(x)| < \varepsilon$ für $\nu \geq \nu_0$. Für diese ν ist dann auch $|x^n - h_{n,\nu}(x)| < \varepsilon$ auf ganz $\bar{I}$, was zu zeigen war.

Hilfssatz 2. *Für $n \geq 0$ und jedes ganze $\mu \geq 0$ ist $h_{n,\nu}$ stets μ-mal differenzierbar, und es gilt:*
$$\frac{d^\mu}{dx^\mu} h_{n,\nu}(x) = \mu! \binom{n}{\mu} x^{n-\mu} f_\nu(x) + \frac{1}{\nu}\left(\sum_{\varrho=n-3\mu}^{n-\mu-1} a_\varrho \nu^{-k_\varrho} x^\varrho\right) f_\nu(x).$$

Dabei sind die a_ϱ von ν (natürlich nicht von μ) unabhängige reelle Zahlen, die k_ϱ sind ganz und nichtnegativ. Es ist $a_{n-3\mu} \neq 0$ für $\mu > 0$.

Einige Beispiele   149

Beweis. Für $\mu = 0$ ist die Formel auf Grund der Definition von $h_{n,\nu}$ klar. Nehmen wir also an, sie gelte schon für $\mu \geq 0$, und leiten wir sie daraus für die $(\mu + 1)$-te Ableitung her. Es sei zunächst $x \neq 0$ und somit $f_\nu(x) = \exp(-\nu x^{-2})$.

$$\frac{d^{\mu+1}}{dx^{\mu+1}} h_{n,\nu}(x) =$$
$$= (\mu+1)!\binom{n}{\mu+1} x^{n-\mu-1} \exp\left(-\frac{1}{\nu x^2}\right) + \mu!\binom{n}{\mu} x^{n-\mu} \frac{2}{\nu x^3} \exp\left(-\frac{1}{\nu x^2}\right)$$
$$+ \frac{1}{\nu}\left(\sum_{\varrho=n-3\mu}^{n-\mu-1} \varrho\, a_\varrho \nu^{-k_\varrho} x^{\varrho-1}\right) \exp\left(-\frac{1}{\nu x^2}\right)$$
$$+ \frac{1}{\nu}\left(\sum_{\varrho=n-3\mu}^{n-\mu-1} a_\varrho \nu^{-k_\varrho} x^\varrho\right) \frac{2}{\nu x^3} \exp\left(-\frac{1}{\nu x^2}\right).$$

Die rechte Seite dieser Gleichung läßt sich offensichtlich in der gewünschten Gestalt schreiben. Für $x = 0$ verschwindet $\frac{d^{\mu+1}}{dx^{\mu+1}} h_{n,\nu}(x)$, wie man wie im Beweis von Satz 1 erkennt. Damit ist alles gezeigt.

Es sei $n \geq 1$ und $0 \leq \mu$ mit $3\mu \leq n$. In der Formel von Hilfssatz 2 strebt dann die Folge

$$\mu!\binom{n}{\mu} x^{n-\mu} f_\nu(x)$$

nach Hilfssatz 1 gleichmäßig auf $\bar{I}$ gegen $\mu!\binom{n}{\mu} x^{n-\mu}$. In der Summe

$$\left(\sum_{\varrho=n-3\mu}^{n-\mu-1} a_\varrho \nu^{-k_\varrho} x^\varrho\right) f_\nu(x)$$

sind alle Summanden unabhängig von ν beschränkt; demnach konvergiert die Folge

$$\frac{1}{\nu}\left(\sum_{\varrho=n-3\mu}^{n-\mu-1} a_\varrho \nu^{-k_\varrho} x^\varrho\right) f_\nu(x)$$

gleichmäßig auf $\bar{I}$ gegen Null. Wir haben damit Hilfssatz 1 verschärft zu

Hilfssatz 3. *Es seien n und μ nichtnegative ganze Zahlen. Wenn dann $n \geq \max(1, 3\mu)$ ist, so konvergiert die Folge $h_{n,\nu}(x) = x^n f_\nu(x)$ gleichmäßig auf $\bar{I}$ gegen x^n, und sämtliche Ableitungen $d^\varrho h_{n,\nu}/dx^\varrho$ streben für $\varrho \leq \mu$ gleichmäßig auf $\bar{I}$ gegen die ϱ-te Ableitung von x^n.*

Es sei etwa $n = 1$. Die Folge $x f_\nu(x)$ konvergiert also gleichmäßig gegen die differenzierbare Funktion x; die Folge ihrer Ableitungen konvergiert auf ganz $\bar{I}$ (siehe Hilfssatz 2) gegen 1 für $x \neq 0$, gegen 0 für $x = 0$. Das zeigt, daß man in Kap. V, Satz 5.1 auf die Voraussetzung der gleichmäßigen Konvergenz der Ableitungen nicht verzichten kann. Betrachtet man die Folge $|x| f_\nu(x)$, so erkennt man analog, daß sie aus differenzierbaren Funktionen besteht und gleichmäßig gegen die nicht differenzierbare Funktion $|x|$ strebt; die Folge ihrer Ableitungen konvergiert im Nullpunkt gegen 0, für $x > 0$ gegen 1, für $x < 0$ gegen -1. Man kann sich jedoch erheblich leichter gleichmäßig konvergente Folgen differenzierbarer Funktionen herstellen, deren Limes differenzierbar ist, deren Ableitungsfolge aber nicht konvergiert: Die Folge $\frac{1}{\nu}\sin\nu x$ ist ein derartiges Beispiel.

Mit den eben gewonnenen Mitteln ist der folgende Satz beweisbar:

Satz 5.2. *Es sei*
$$P(x) = \sum_{n=0}^{\infty} c_n x^n$$
eine beliebige (konvergente oder divergente) Potenzreihe. Dann existiert eine im Intervall $\bar{I}$ erklärte unendlich oft differenzierbare Funktion f, deren Taylorreihe im Nullpunkt gerade $P(x)$ ist.

Die Sätze 1 und 2 zusammen zeigen, wie umfangreich die Klasse der unendlich oft differenzierbaren Funktionen ist: Zwei derartige Funktionen mit derselben Taylorentwicklung (um 0) brauchen nicht übereinzustimmen, und jede beliebige Potenzreihe kommt als Taylorreihe einer solchen Funktion vor.

Beweis von Satz 5.2. Der Beweis beruht entscheidend auf Hilfssatz 3. Zu jedem $n \geq 1$ wählen wir ein ν_n so groß, daß für jedes ganze μ mit $0 \leq \mu \leq n/3$ gilt:
$$\left| \frac{d^\mu}{dx^\mu} (c_n(x^n - h_{n,\nu_n}(x))) \right| < \frac{1}{2^n}$$
auf $\bar{I}$. Das ist nach Hilfssatz 3 möglich. Es werde nun
$$f(x) = c_0 + \sum_{n=1}^{\infty} (c_n(x^n - h_{n,\nu_n}(x)))$$
gesetzt. Die Reihe genügt auf $\bar{I}$ gliedweise der Abschätzung
$$\sum_{n=1}^{\infty} |c_n(x^n - h_{n,\nu_n}(x))| < \sum_{n=1}^{\infty} \frac{1}{2^n}$$
und konvergiert daher gleichmäßig gegen die stetige Funktion $f(x)$; es ist $f(0) = c_0$. Alle Summanden sind beliebig oft differenzierbar. Ist $\mu \geq 0$ willkürlich vorgegeben, so wählen wir $n_0 \geq 3\mu$ und erhalten die gliedweise gültige Abschätzung
$$\sum_{n=n_0}^{\infty} \left| \frac{d^\mu}{dx^\mu}(c_n(x^n - h_{n,\nu_n}(x))) \right| < \sum_{n=n_0}^{\infty} \frac{1}{2^n}.$$

Daher konvergiert auch die Reihe der μ-ten Ableitungen gleichmäßig, und nach Kap. V, Satz 5.1 folgt die beliebig häufige Differenzierbarkeit von f. Die N-te Ableitung kann durch gliedweise Differentiation bestimmt werden:
$$f^{(N)}(0) = \sum_{n=1}^{\infty} \left[\frac{d^N}{dx^N}(c_n(x^n - h_{n,\nu_n}(x))) \right]_{x=0} = N! c_N,$$
da sämtliche Ableitungen der h_{n,ν_n} in 0 verschwinden. Das zeigt, daß $P(x)$ gerade die Taylorreihe von f in 0 ist.

Wir schließen diesen Paragraphen mit einem weiteren Gegenbeispiel zur gleichmäßigen Konvergenz. Die Folge $f_\nu(x) = \nu \exp(-\nu^2 x^2)$ strebt nach Satz 4.3 auf dem Intervall $[-1, 1]$ gegen 0; für $x = 1/\nu$ ist aber stets $f_\nu(x) = 1/e$. Die Konvergenz ist also nicht gleichmäßig. Auch ungleichmäßig konvergente Folgen stetiger Funktionen können somit eine stetige Grenzfunktion besitzen.

VII. Kapitel

Integration

Eine der Aufgaben der ebenen Geometrie ist es, den *Flächeninhalt* der untersuchten Figuren zu bestimmen. Die Übersetzung dieses Problems in die Analysis führt auf die Aufgabe, möglichst viele reelle Funktionen über ein Intervall $I = [a, b]$ zu *integrieren* und jeder solchen Funktion dadurch eine reelle Zahl (ihr *Integral*) zuzuordnen. Dabei wird die Definition so vorgenommen, daß anschaulich der Flächeninhalt unter dem Funktionsgraphen als Integral herauskommt. Der Inhalt der Fläche unterhalb der x-Achse wird negativ in Ansatz gebracht.

Das eben formulierte Problem läßt sich auf mannigfache Weise lösen; besser bewährt als der Riemannsche hat sich der auf LEBESGUE zurückgehende Integralbegriff. Wir werden deshalb diesen einführen. Dazu wird zunächst das Integral besonders einfacher Funktionen — der Treppenfunktionen — erklärt und die Definition dann durch einen Grenzübergang auf eine sehr große Klasse von Funktionen, die insbesondere alle stetigen Funktionen umfaßt, ausgedehnt.

§ 1. Treppenfunktionen

Es sei $I = [a, b]$ (mit $a < b$) ein abgeschlossenes Intervall; $\mathfrak{Z}$, $\mathfrak{Z}^*, \ldots$ seien *Zerlegungen* von I in offene Teilintervalle I_ν, $I_\nu^*, \ldots$. Es ist also
$$\mathfrak{Z} = [x_0, \ldots, x_n]$$
mit
$$a = x_0 < x_1 < \ldots < x_{n-1} < x_n = b$$
(vgl. Kapitel IV, §2).

Definition 1.1. *Eine Zerlegung* $\mathfrak{Z}$ *heißt feiner als eine Zerlegung* $\mathfrak{Z}^*$ *(oder eine Verfeinerung von* $\mathfrak{Z}^*$*), in Zeichen:*
$$\mathfrak{Z} \leqq \mathfrak{Z}^*,$$
wenn die Teilpunkte von $\mathfrak{Z}^*$ *zur Menge der Teilpunkte von* $\mathfrak{Z}$ *gehören.*

Definition 1.2. *Das Produkt* $\mathfrak{Z}\mathfrak{Z}^*$ *von* $\mathfrak{Z}$ *und* $\mathfrak{Z}^*$ *ist die Zerlegung, deren Teilpunktmenge die Vereinigung der Mengen der Teilpunkte von* $\mathfrak{Z}$ *und* $\mathfrak{Z}^*$ *ist.*

Man sieht sofort:

Satz 1.1. (α) $\mathfrak{Z} \leqq \mathfrak{Z}$.
(β) *Aus* $\mathfrak{Z} \leqq \mathfrak{Z}^*$ *und* $\mathfrak{Z}^* \leqq \mathfrak{Z}$ *folgt* $\mathfrak{Z} = \mathfrak{Z}^*$.
(γ) *Ist* $\mathfrak{Z}_1 \leqq \mathfrak{Z}_2$ *und* $\mathfrak{Z}_2 \leqq \mathfrak{Z}_3$, *so ist* $\mathfrak{Z}_1 \leqq \mathfrak{Z}_3$.

(δ) *Zu je zwei Zerlegungen $\mathfrak{Z}_1$ und $\mathfrak{Z}_2$ gibt es eine gemeinsame Verfeinerung (etwa $\mathfrak{Z}_1 \mathfrak{Z}_2$).*

Treppenfunktionen seien wie in Kapitel IV, §2, erklärt. Ist t eine Treppenfunktion bezüglich $\mathfrak{Z}$ und ist $\mathfrak{Z}' \leq \mathfrak{Z}$, so ist t natürlich auch eine Treppenfunktion zur Zerlegung $\mathfrak{Z}'$. Endlich viele Treppenfunktionen lassen sich also immer bezüglich einer gemeinsamen Zerlegung geben (Satz 1.1. (δ)).

Die Treppenfunktionen $\bar{t}$ und $\underline{t}$ seien ebenfalls wie früher erklärt; $\bar{t}$ ist nach oben halbstetig, $\underline{t}$ nach unten. Weiter bezeichne c eine reelle Zahl und auch die Funktion $f(x) \equiv c$. Wir können eine Reihe von Aussagen über Treppenfunktionen im folgenden Satz zusammenfassen.

Satz 1.2. *Mit t_1 und t_2 sind auch $t_1 \pm t_2$ und $c t_1$ Treppenfunktionen. Es ist*

$$\underline{(-t)} = -\bar{t}; \quad \overline{(-t)} = -\underline{t};$$
$$\underline{c+t} = c + \underline{t}; \quad \overline{c+t} = c + \bar{t}.$$

Für $c > 0$ ist

$$\underline{ct} = c\underline{t}; \quad \overline{ct} = c\bar{t}.$$

Nun sei t wieder eine Treppenfunktion zur Zerlegung

$$\mathfrak{Z} = [x_0, \ldots, x_n]$$

Definition 1.3. *Die Zahl*

$$\sum(t, \mathfrak{Z}) = \sum_{\nu=1}^{n} t(I_\nu)(x_\nu - x_{\nu-1})$$

heißt Riemannsche Summe von t bezüglich $\mathfrak{Z}$.

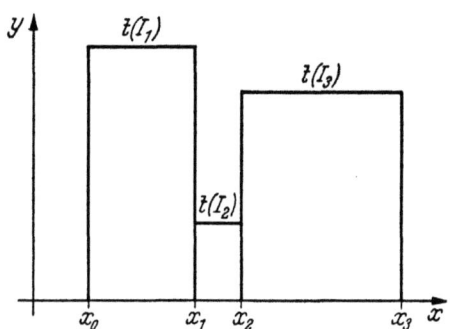

Fig. 22. Riemannsche Summe einer Treppenfunktion

$\sum(t, \mathfrak{Z})$ ist also nichts anderes als der anschauliche Flächeninhalt unter dem Graphen von t.

Satz 1.3. *Ist t eine Treppenfunktion zu den Zerlegungen $\mathfrak{Z}$ und $\mathfrak{Z}^*$, so ist*
$$\sum(t, \mathfrak{Z}) = \sum(t, \mathfrak{Z}^*).$$

Beweis. Wir nehmen zunächst $\mathfrak{Z}^* \leq \mathfrak{Z}$ an. Es sei also

$$\mathfrak{Z} = [x_0, \ldots, x_n], \quad I_\nu = (x_{\nu-1}, x_\nu), \quad \nu = 1, \ldots, n,$$
$$\mathfrak{Z}^* = [x_0^*, \ldots, x_m^*], \quad I_\mu^* = (x_{\mu-1}^*, x_\mu^*), \quad \mu = 1, \ldots, m.$$

Zu jedem ν gibt es genau ein μ_ν mit $x_\nu = x_{\mu_\nu}^*$. Es folgt:

$$\sum(t, \mathfrak{Z}^*) = \sum_{\mu=1}^{m} t(I_\mu^*)(x_\mu^* - x_{\mu-1}^*)$$
$$= \sum_{\nu=1}^{n} \sum_{\mu=\mu_{\nu-1}+1}^{\mu_\nu} t(I_\mu^*)(x_\mu^* - x_{\mu-1}^*)$$
$$= \sum_{\nu=1}^{n} t(I_\nu) \sum_{\mu=\mu_{\nu-1}+1}^{\mu_\nu} (x_\mu^* - x_{\mu-1}^*)$$
$$= \sum_{\nu=1}^{n} t(I_\nu)(x_\nu - x_{\nu-1})$$
$$= \sum(t, \mathfrak{Z}).$$

Wenn $\mathfrak{Z}^*$ nicht feiner als $\mathfrak{Z}$ ist, wählen wir eine gemeinsame Verfeinerung $\mathfrak{Z}'$ und erhalten

$$\sum(t, \mathfrak{Z}) = \sum(t, \mathfrak{Z}') = \sum(t, \mathfrak{Z}^*).$$

Damit ist alles bewiesen.

Definition 1.4. *Die (von $\mathfrak{Z}$ unabhängige) Zahl $\sum(t, \mathfrak{Z})$ heißt Riemannsche Summe der Treppenfunktion t und wird mit $\sum(t)$ bezeichnet.*

Sind f und g zwei beliebige Funktionen auf einer Menge M, so nennt man f *kleiner als* g, in Zeichen: $f < g$, wenn für jedes $x \in M$ die Ungleichung $f(x) < g(x)$ besteht. Entsprechend erklärt man die Ausdrücke „$f \leq g$", „$f \geq g$" und „$f > g$".

Die wichtigsten Eigenschaften Riemannscher Summen sind im folgenden Satz formuliert:

Satz 1.4. (α) *Für je zwei Treppenfunktionen t_1, t_2 ist*
$$\sum(t_1 + t_2) = \sum(t_1) + \sum(t_2).$$
(β) *Für $c \in \mathbb{R}$ ist $\sum(ct_1) = c \sum(t_1)$.*
(γ) *Aus $t_1 \leq t_2$ folgt $\sum(t_1) \leq \sum(t_2)$.*
(δ) $\sum(1) = b - a$.

Der Satz sagt aus, daß $\sum$ ein *lineares monotones Funktional* auf dem Raum der Treppenfunktionen ist, welches durch die Bedingung (δ) normiert ist. — Der Beweis von Satz 1.4 ist trivial.

Wir wollen noch feststellen, wie sich $\sum$ bei Zerlegungen von I verhält. Es seien I_1 und I_2 zwei abgeschlossene Teilintervalle von I, und $\mathring{I}_1$ bzw. $\mathring{I}_2$ die zugehörigen offenen Intervalle; es gelte

$$I_1 \cup I_2 = I, \quad \mathring{I}_1 \cap \mathring{I}_2 = \emptyset.$$

Weiter sei t eine auf I erklärte Treppenfunktion und $t_i = t\,|\,I_i$ (für $i = 1, 2$). Offenbar sind die t_i Treppenfunktionen über I_i. Riemannsche Summen lassen sich über jedem abgeschlossenen Intervall definieren, insbesondere über I_1 und I_2; wir verwenden dasselbe Zeichen $\sum$ in allen Fällen. Es gilt offensichtlich

Satz 1.5. $\sum(t) = \sum(t_1) + \sum(t_2)$.

Um die bisherigen Begriffsbildungen von Treppenfunktionen auf beliebige Funktionen zu übertragen, benutzen wir einen *Umgebungsbegriff* für Funktionen.

Definition 1.5. *Es sei h eine auf I nach oben halbstetige Funktion, g sei dort nach unten halbstetig. Außerdem gelte $h < g$. Dann bezeichne*

$$\mathfrak{U} = \mathfrak{U}[h, g]$$

die Menge aller auf I erklärten Funktionen f mit $h < f < g$. $\mathfrak{U}$ heißt ein Funktionsbereich über I. Eine Umgebung einer über I definierten Funktion f sei ein Funktionsbereich, der f enthält.[1]

Die leere Menge soll auch als ein Funktionsbereich angesehen werden.

Aus Kapitel IV, Satz 2.4, folgt

Satz 1.6. *Mit $\mathfrak{U}$ und $\mathfrak{B}$ ist auch $\mathfrak{U} \cap \mathfrak{B}$ ein Funktionsbereich. Der Durchschnitt zweier Umgebungen von f ist eine Umgebung von f.*

Beweis. Es sei $\mathfrak{U} = \mathfrak{U}[h_1, g_1]$, $\mathfrak{B} = \mathfrak{U}[h_2, g_2]$. Dann ist

$$\mathfrak{U} \cap \mathfrak{B} = \mathfrak{U}[\max(h_1, h_2), \min(g_1, g_2)]$$

oder leer.

Ist $\mathfrak{U} = \mathfrak{U}[h, g]$ ein Funktionsbereich und $J \subset I$ ein abgeschlossenes Teilintervall, so bezeichnen wir mit $\mathfrak{U}\,|\,J$ die Menge aller Funktionen f auf J mit

$$h\,|\,J < f < g\,|\,J.$$

Statt $f \in \mathfrak{U}\,|\,J$ schreibt man meist einfach $f \in \mathfrak{U}$. Offenbar ist $\mathfrak{U}\,|\,J$ ein Funktionsbereich über J.

Definition 1.6. *Eine Treppenfunktion t über I liegt ganz in einem Funktionsbereich $\mathfrak{U} = \mathfrak{U}[h, g]$, in Zeichen:*

$$t \in \in \mathfrak{U},$$

wenn $\overline{t}$ und $\underline{t}$ zu $\mathfrak{U}$ gehören.

---

[1] Wir lassen an dieser Stelle zu, daß I aus nur einem Punkt besteht.

Anschaulich bedeutet das: Der Graph von t berührt nirgends die Graphen von g bzw. h.

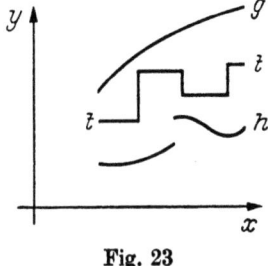

Fig. 23

Jetzt können wir den einzigen nichttrivialen Satz dieses Paragraphen beweisen.

Satz 1.7. *Zu jedem nichtleeren Funktionsbereich* $\mathfrak{U}$ *gibt es mindestens eine Treppenfunktion* $t \in \in \mathfrak{U}$.

Beweis. Es sei $\mathfrak{U} = \mathfrak{U}[h, g]$. Für jedes $r \in I$ setzen wir $I_r = [a, r]$. Es ist also $I_a = \{a\}$ und $I_b = I$. Weiter sei

$$J = \{r \in I : \text{ es gibt eine Treppenfunktion } t \in \in \mathfrak{U} | I_r\}.$$

Offenbar liegt a in J. Gehört r' zu J und r zu I und ist $r < r'$, so gibt es eine Treppenfunktion $t \in \in \mathfrak{U} | I_{r'}$. Dann gilt:

$$t | I_r \in \in \mathfrak{U} | I_r,$$

also: $r \in J$. Die Menge J ist demnach ein Intervall. Wir setzen

$$r_0 = \sup J.$$

Wegen $r_0 \in I$ sind $h(r_0)$ und $g(r_0)$ definiert. Es sei c eine reelle Zahl mit

$$h(r_0) < c < g(r_0).$$

Da h und g halbstetig sind, gibt es ein $\delta > 0$, so daß für alle Punkte $x \in U_{2\delta}(r_0) \cap I$ die Ungleichung

$$h(x) < c < g(x)$$

besteht. Es sei weiter

$$U = (r_0 - \delta, r_0 + \delta], \quad \overline{U} = [r_0 - \delta, r_0 + \delta] \subset U_{2\delta}(r_0),$$

$$r_1 = \max \{x : x \in \overline{U} \cap I\}.$$

Auf I_{r_1} erklären wir nun eine Treppenfunktion t (vgl. Fig. 24).

Falls $I_{r_1} - U \neq \emptyset$ ist, gibt es, da $r_0 - \delta$ dann zu J gehört, eine Treppenfunktion t_1 über $I_{r_1} - U = I_{r_0 - \delta}$ mit

$$t_1 \in \in \mathfrak{U} | I_{r_0 - \delta}.$$

Dann sei

$$t(x) = \begin{cases} t_1(x) & \text{für } x \in I_{r_1} - U, \\ c & \text{für } x \in I_{r_1} \cap U. \end{cases}$$

Wenn $I_{r_0-\delta} = \emptyset$ gilt, setzen wir $t(x) = c$ auf I_{r_1}.

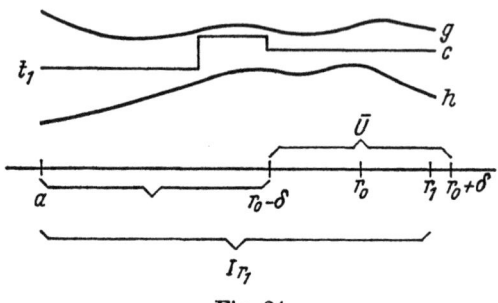

Fig. 24

Jetzt ist klar, daß t ganz in $\mathfrak{U} \mid I_{r_1}$ liegt. Ist nämlich $x < r_0 - \delta$, so folgt

$$h(x) < \underline{t}(x) = \underline{t}_1(x) \leq \overline{t}_1(x) = \overline{t}(x) < g(x)$$

nach Wahl von t_1; ist $x = r_0 - \delta$, so kommen für $\underline{t}(x), \overline{t}(x)$ nur die Werte $c, \underline{t}_1(r_0 - \delta), \overline{t}_1(r_0 - \delta)$ in Frage, die alle zwischen $h(x)$ und $g(x)$ liegen; für $x > r_0 - \delta$ gilt schließlich

$$h(x) < c = \underline{t}(x) = \overline{t}(x) < g(x).$$

Damit haben wir gezeigt, daß r_1 zu J gehört. Also ist $r_1 \leq r_0$; andererseits gilt auch: $r_0 \leq r_1$ (denn $r_0 \in \overline{U} \cap \overline{I}$); daher ist $r_0 = r_1$. Wäre $r_0 < b$, so gäbe es rechts von r_0 noch Punkte in $\overline{U} \cap \overline{I}$, und es müßte $r_0 < r_1$ sein. Es ist deshalb

$$r_0 = r_1 = b \in J,$$

d. h. $J = \overline{I}$. Das war zu zeigen.

§ 2. Integrierbarkeit

Es sei f eine reelle Funktion über dem abgeschlossenen Intervall $\overline{I} = [a, b]$.

Definition 2.1. *Die Funktion f heißt über $\overline{I}$ integrierbar, wenn es eine reelle Zahl A und zu jedem $\varepsilon > 0$ eine Umgebung $\mathfrak{U}$ von f gibt, so daß für jede Treppenfunktion $t \in \in \mathfrak{U}$*

$$\left| \sum(t) - A \right| < \varepsilon$$

ist.

Statt „integrierbar" sagt man oft genauer: „integrierbar im Sinne von LEBESGUE".

Satz 2.1. *Es sei f integrierbar, A und B seien Zahlen mit den in der Definition geforderten Eigenschaften. Dann ist $A = B$.*

Beweis. Nehmen wir etwa an, A wäre kleiner als B. Es sei $\varepsilon = \frac{1}{2}(B - A)$, $\mathfrak{U}$ eine Umgebung von f, so daß für jede Treppenfunktion $t \in \mathfrak{U}$ die Ungleichung $|\sum(t) - A| < \varepsilon$ gilt, und $\mathfrak{B}$ eine Umgebung von f, so daß $|\sum(t) - B| < \varepsilon$ für jedes $t \in \mathfrak{B}$ ist. In $\mathfrak{U} \cap \mathfrak{B}$ ist dann eine Treppenfunktion t ganz enthalten; man hat

$$|A - B| \leq |A - \sum(t)| + |B - \sum(t)| < \varepsilon + \varepsilon = |A - B|;$$

das ist unmöglich.

Definition 2.2. *Es sei f über $\bar{I}$ integrierbar. Dann heißt die Zahl A, die den Bedingungen von Definition 2.1 genügt, das Integral von f über $\bar{I}$ und wird mit*

$$A = \int_{\bar{I}} f \, dx = \int_{\bar{I}} f(x) \, dx = \int_a^b f(x) \, dx$$

bezeichnet.

Satz 2.2. *Die Funktion f sei reell und auf $\bar{I}$ nach oben halbstetig. Es gelte:*

$-\infty < A = \inf \{\sum(t) : t \text{ ist eine Treppenfunktion mit } f < \underline{t}\}$.

Dann ist f integrierbar, und zwar ist

$$\int_a^b f(x) \, dx = A.$$

Ist f eine nach unten halbstetige reelle Funktion und ist

$+\infty > A = \sup \{\sum(t) : t \text{ ist eine Treppenfunktion mit } \bar{t} < f\}$,

so ist f auch integrierbar mit

$$\int_a^b f(x) \, dx = A.$$

Dieser Satz sichert die Integrierbarkeit einer großen Klasse von Funktionen. Ist f z. B. beschränkt, etwa $|f(x)| < c$ für alle $x \in \bar{I}$, und t eine Treppenfunktion mit $f < \underline{t}$, so ist

$$-\infty < \sum(-c) \leq \sum(t);$$

analog gilt für eine Treppenfunktion t mit $\bar{t} < f$:

$$\sum(t) \leq \sum(c) < +\infty.$$

Die Kriterien des Satzes sind also erfüllt, und wir haben

Satz 2.3. *Jede beschränkte halbstetige — und daher jede stetige — Funktion ist integrierbar.*

Beweis von Satz 2.2. Wir zeigen nur die Behauptung für nach oben halbstetige Funktionen; der Beweis der anderen Aussage kann analog geführt werden, erübrigt sich aber aufgrund eines Satzes im nächsten Paragraphen.

Es sei $\varepsilon > 0$ gegeben. Wir wählen dann eine Treppenfunktion t, so daß

$$f < \underline{t},$$
$$\sum(t) - A < \varepsilon$$

ist. Die Funktion $\underline{t}$ ist nach unten halbstetig. Weiter sei

$$f^* = f - \frac{\varepsilon}{2(b-a)}.$$

Mit f ist auch f^* nach oben halbstetig, und es gilt: $f^* < f < \underline{t}$.

$\mathfrak{U}[f^*, \underline{t}]$ ist also eine Umgebung von f. Nun sei t^* eine beliebige Treppenfunktion, die ganz in $\mathfrak{U}$ enthalten ist. Es gilt:

$$\sum(t^*) - A \leqq \sum(t) - A < \varepsilon,$$
$$\sum(t^*) = \sum\left(t^* + \frac{\varepsilon}{2(b-a)}\right) - \sum\left(\frac{\varepsilon}{2(b-a)}\right)$$
$$= \sum\left(t^* + \frac{\varepsilon}{2(b-a)}\right) - \frac{\varepsilon}{2}.$$

Für die Treppenfunktion $t^* + \dfrac{\varepsilon}{2(b-a)}$ bestehen die Ungleichungen

$$t^* + \frac{\varepsilon}{2(b-a)} = \underline{t^*} + \frac{\varepsilon}{2(b-a)} > f^* + \frac{\varepsilon}{2(b-a)} = f.$$

Also ist

$$\sum\left(t^* + \frac{\varepsilon}{2(b-a)}\right) \geqq A,$$

d. h.

$$\sum(t^*) \geqq A - \frac{\varepsilon}{2} > A - \varepsilon.$$

Insgesamt haben wir die Ungleichung

$$|A - \sum(t^*)| < \varepsilon$$

gezeigt und unseren Satz damit bewiesen.

Man kann für die Integrierbarkeit eine Art *Cauchy-Kriterium* aufstellen. Dazu definieren wir:

Definition 2.3. *Es sei ε eine positive Zahl. Ein ε-Bereich ist ein Funktionsbereich $\mathfrak{U}$, für den gilt: Wenn t_1 und t_2 irgend zwei ganz in $\mathfrak{U}$*

gelegene Treppenfunktionen sind, so ist

$$\left|\sum(t_1) - \sum(t_2)\right| < \varepsilon.$$

Eine ε-Umgebung der Funktion f ist ein ε-Bereich, der f enthält.
Wenn $\delta \geq \varepsilon$ ist, so ist ein ε-Bereich natürlich auch ein δ-Bereich.

Satz 2.4 (Cauchy-Kriterium). *Eine Funktion f ist genau dann integrierbar, wenn es zu jedem $\varepsilon > 0$ eine ε-Umgebung von f gibt.*

Man kann also — und das ist typisch für Kriterien vom Cauchy-Typ — über die Integrierbarkeit von f entscheiden, ohne das Integral zu kennen.

Beweis von Satz 2.4. a) Es sei f integrierbar und $\varepsilon > 0$ eine reelle Zahl. Wir wählen dann eine Umgebung $\mathfrak{U}$ von f, so daß für jede Treppenfunktion $t \in\in \mathfrak{U}$

$$\left|\sum(t) - \int_a^b f\,dx\right| < \frac{\varepsilon}{2}$$

ist. Sind $t_1, t_2 \in\in \mathfrak{U}$, so ist

$$\left|\sum(t_1) - \sum(t_2)\right| \leq \left|\sum(t_1) - \int_a^b f\,dx\right| + \left|\sum(t_2) - \int_a^b f\,dx\right|$$

$$< \frac{\varepsilon}{2} + \frac{\varepsilon}{2} = \varepsilon.$$

$\mathfrak{U}$ ist also eine ε-Umgebung von f.

b) Nun gelte für f das Cauchy-Kriterium. Wir wählen dann die Zahlenfolge $\varepsilon_\nu = 1/\nu$, $\nu = 1, 2, \ldots$, und zu jedem ε_ν eine ε_ν-Umgebung $\mathfrak{U}_\nu^* = \mathfrak{U}[h_\nu^*, g_\nu^*]$ von f. Es sei

$$h_\nu = \max(h_1^*, h_2^*, \ldots, h_\nu^*),$$
$$g_\nu = \min(g_1^*, g_2^*, \ldots, g_\nu^*), \qquad \nu = 1, 2, \ldots.$$

Es ist

$$h_1 \leq h_2 \leq h_3 \leq \ldots < f < \ldots \leq g_3 \leq g_2 \leq g_1.$$

Da

$$\mathfrak{U}_\nu = \mathfrak{U}[h_\nu, g_\nu] \subset \mathfrak{U}_\nu^*$$

gilt, ist $\mathfrak{U}_\nu$ auch eine ε_ν-Umgebung von f, und es bestehen nach Definition die Inklusionen

$$\mathfrak{U}_1 \supset \mathfrak{U}_2 \supset \mathfrak{U}_3 \supset \ldots \supset \mathfrak{U}_\nu \supset \mathfrak{U}_{\nu+1} \supset \ldots.$$

Aus jedem $\mathfrak{U}_\nu$ wählen wir nun eine Treppenfunktion $t_\nu \in\in \mathfrak{U}_\nu$ und behaupten: Die Zahlen $\sum(t_\nu)$, $\nu = 1, 2, \ldots$, bilden eine konvergente Zahlenfolge.

Es sei nämlich $\varepsilon > 0$ gegeben; ν_0 sei so groß, daß $1/\nu_0 < \varepsilon$ ist, und es gelte: $\nu, \mu \geqq \nu_0$. Dann ist, da $t_\nu, t_\mu \in \mathfrak{U}_{\nu_0}$,

$$\left|\sum (t_\nu) - \sum (t_\mu)\right| < \frac{1}{\nu_0} < \varepsilon.$$

Also genügen die $\sum (t_\nu)$ dem Cauchyschen Konvergenzkriterium. Nun setzen wir

$$A = \lim_{\nu \to \infty} \sum (t_\nu)$$

und zeigen, daß

$$A = \int_a^b f(x)\,dx$$

ist.

Falls nämlich $\varepsilon > 0$ ist, so gibt es ein ν_1 mit $1/\nu_1 < \varepsilon/2$. Es sei $\nu \geq \nu_1$ so groß, daß $\left|\sum (t_\nu) - A\right| < \frac{\varepsilon}{2}$ ist, und $t \in \in \mathfrak{U}_\nu$. Dann folgt:

$$\left|\sum (t) - A\right| \leqq \left|\sum (t) - \sum (t_\nu)\right| + \left|\sum (t_\nu) - A\right|$$
$$< \frac{\varepsilon}{2} + \frac{\varepsilon}{2} = \varepsilon,$$

was zu zeigen war.

§ 3. Elementare Integrationsregeln

Satz 3.1. *Es sei f über $\bar{I}$ integrierbar, und $\bar{I}^*$ sei ein abgeschlossenes Teilintervall von $\bar{I}$. Dann ist $f^* = f\,|\,\bar{I}^*$ über $\bar{I}^*$ integrierbar.*

Beweis. Es sei $\varepsilon > 0$ gegeben und $\mathfrak{U}$ eine ε-Umgebung von f (über $\bar{I}$). Wir setzen $\mathfrak{U}^* = \mathfrak{U}\,|\,\bar{I}^*$ und zeigen, daß $\mathfrak{U}^*$ eine ε-Umgebung von f^* ist. Wenn t_1 und t_2 irgendwelche Treppenfunktionen sind, die ganz in $\mathfrak{U}^*$ liegen, so wählen wir eine Treppenfunktion $t \in \in \mathfrak{U}$. Durch

$$t_\nu^*(x) = \begin{cases} t_\nu(x) & \text{für } x \in \bar{I}^*, \\ t(x) & \text{für } x \in \bar{I} - \bar{I}^* \end{cases}$$

sind zwei Treppenfunktionen $t_1^*, t_2^* \in \in \mathfrak{U}$ erklärt. Dann ist

$$\left|\sum (t_1) - \sum (t_2)\right| = \left|\sum (t_1^*) - \sum (t_2^*)\right| < \varepsilon.$$

Definition 3.1. *Es sei $\bar{I}^* = [a^*, b^*]$ ein abgeschlossenes Teilintervall von $\bar{I}$ und f eine über $\bar{I}$ definierte Funktion. Dann heißt f über $\bar{I}^*$ integrierbar, wenn $f\,|\,\bar{I}^*$ über $\bar{I}^*$ integrierbar ist. Das Integral von f über $\bar{I}^*$ wird durch*

$$\int_{\bar{I}^*} f\,dx = \int_{a^*}^{b^*} f(x)\,dx = \int_{\bar{I}^*} (f\,|\,\bar{I}^*)\,dx$$

erklärt.

Eine Art Umkehrung von Satz 3.1 ist

Satz 3.2. *Es sei c ein Punkt im offenen Intervall (a, b) und f eine auf $I = [a, b]$ erklärte Funktion. Wenn die Integrale*

$$\int_a^c f(x)\,dx \quad \text{und} \quad \int_c^b f(x)\,dx$$

existieren, so ist f über I integrierbar, und es gilt:

$$\int_a^b f(x)\,dx = \int_a^c f(x)\,dx + \int_c^b f(x)\,dx.$$

Beweis. Wir setzen

$$A = \int_a^c f(x)\,dx + \int_c^b f(x)\,dx.$$

Zu $\varepsilon > 0$ gibt es Umgebungen $\mathfrak{U}_1$ von $f|I_1$, $\mathfrak{U}_2$ von $f|I_2$, so daß für jedes $t_\nu \in \in \mathfrak{U}_\nu$

$$\left| \sum (t_\nu) - \int_{I_\nu} f(x)\,dx \right| < \frac{\varepsilon}{2}$$

wird. Dabei sei $I_1 = [a, c]$ und $I_2 = [c, b]$. Es sei $\mathfrak{U}_\nu = \mathfrak{U}[h_\nu, g_\nu]$. Wir definieren zwei Funktionen h und g auf ganz I durch

$$h(x) = h_\nu(x) \quad \text{für} \quad x \in I_\nu \quad \text{und} \quad x \neq c,$$
$$g(x) = g_\nu(x) \quad \text{für} \quad x \in I_\nu \quad \text{und} \quad x \neq c,$$
$$h(c) = \max(h_1(c), h_2(c)),$$
$$g(c) = \min(g_1(c), g_2(c)).$$

Die Funktion h ist in c und daher auf ganz I nach oben halbstetig. Ist nämlich $r > h(c)$, so gilt erst recht: $r > h_1(c)$ und $r > h_2(c)$. In einer gewissen Umgebung U von c gilt somit für alle $x \in U \cap I_1 - \{c\}$ die Beziehung: $h(x) = h_1(x) < r$; für $x \in U \cap I_2 - \{c\}$ gilt: $h(x) = h_2(x) < r$. Es folgt: $h(U \cap I) < r$. — Genauso zeigt man, daß g auf I nach unten halbstetig ist. Wegen $h < f < g$ ist $\mathfrak{U}[h, g]$ eine Umgebung von f.

Nun sei $t \in \mathfrak{U}[h, g]$ eine Treppenfunktion. Dann ist nach Satz 1.5

$$\sum(t) = \sum(t|I_1) + \sum(t|I_2);$$

also

$$\left| \sum(t) - A \right| \leq \left| \sum(t|I_1) - \int_a^c f\,dx \right| + \left| \sum(t|I_2) - \int_c^b f\,dx \right|$$
$$< \frac{\varepsilon}{2} + \frac{\varepsilon}{2} = \varepsilon.$$

Satz 3.2 ist damit bewiesen.

Als Folgerung erhält man: Ist $\mathfrak{Z} = [x_0, \ldots, x_n]$ eine Zerlegung von I, so ist f dann und nur dann über I integrierbar, wenn f über $[x_{\nu-1}, x_\nu]$ integrierbar ist. Falls die Integrale existieren, gilt:

$$\int_a^b f(x)\,dx = \sum_{\nu=1}^n \int_{x_{\nu-1}}^{x_\nu} f(x)\,dx\,.$$

Aus der Monotonie von $\sum$ folgt die Monotonie des Integrals.

Satz 3.3. *Wenn für zwei über $I = [a, b]$ integrierbare Funktionen f_1 und f_2 die Ungleichung $f_1 \leq f_2$ besteht, so ist*

$$\int_a^b f_1(x)\,dx \leq \int_a^b f_2(x)\,dx\,.$$

Beweis. Es sei

$$A_\nu = \int_a^b f_\nu(x)\,dx, \quad \nu = 1, 2\,.$$

Wir wählen eine beliebige positive Zahl ε und Umgebungen $\mathfrak{V}_\nu = \mathfrak{U}[h_\nu, g_\nu]$ von f_ν, so daß für jede Treppenfunktion $t \in \in \mathfrak{V}_\nu$

$$|\sum(t) - A_\nu| < \frac{\varepsilon}{2}$$

ist ($\nu = 1, 2$). Aus der Ungleichung

$$h_1 < f_1 \leq f_2 < g_2$$

folgt, daß

$$\mathfrak{U}_1 = \mathfrak{U}[h_1, \min(g_1, g_2)] \subset \mathfrak{V}_1$$

eine Umgebung von f_1 ist,

$$\mathfrak{U}_2 = \mathfrak{U}[\max(h_1, h_2), g_2] \subset \mathfrak{V}_2$$

eine von f_2. Es sei

$$t_1 \in \in \mathfrak{U}_1,$$
$$t_2 \in \in \mathfrak{U}[\max(\overline{t_1}, h_2), g_2] \subset \mathfrak{U}_2\,.$$

Dann ist

$$|\sum(t_1) - A_1| < \frac{\varepsilon}{2},$$
$$|\sum(t_2) - A_2| < \frac{\varepsilon}{2},$$

also:

$$A_1 < \sum(t_1) + \frac{\varepsilon}{2},$$
$$\sum(t_2) < A_2 + \frac{\varepsilon}{2}\,.$$

Elementare Integrationsregeln

Da ferner $\overline{t_1} < \underline{t_2}$ ist, folgt aus Satz 1.4
$$\sum (t_1) \leq \sum (t_2).$$

Insgesamt ergibt sich:
$$A_1 < \sum(t_1) + \frac{\varepsilon}{2} \leq \sum(t_2) + \frac{\varepsilon}{2} < A_2 + \frac{\varepsilon}{2} + \frac{\varepsilon}{2},$$

$$A_1 < A_2 + \varepsilon.$$

Da diese Ungleichung für jedes positive ε besteht, muß $A_1 \leq A_2$ sein.

Bevor wir weitere Eigenschaften des Integrals ableiten können, benötigen wir zwei Hilfssätze über Treppenfunktionen.

Hilfssatz 1. *Es sei $\mathfrak{Z} = [x_0, x_1, \ldots, x_n]$ eine Zerlegung des Intervalls $\overline{I}$ und $\mathfrak{U}$ ein Funktionsbereich. Über jedem Intervall $\overline{I}_\nu = [x_{\nu-1}, x_\nu]$ sei eine Treppenfunktion $t_\nu \in \in \mathfrak{U} \mid \overline{I}_\nu$ gegeben. Für $x \in I_\nu = (x_{\nu-1}, x_\nu)$ sei $t(x) = t_\nu(x)$; in den Zerlegungspunkten x_ν werde t beliebig definiert. Dann gilt für die so auf $\overline{I}$ erklärte Treppenfunktion t:*

$$t \in \in \mathfrak{U}.$$

Der Beweis von Hilfssatz 1 ist trivial.

Hilfssatz 2. *$\mathfrak{U}_1 = \mathfrak{U}[h_1, g_1]$ und $\mathfrak{U}_2 = \mathfrak{U}[h_2, g_2]$ seien zwei nichtleere Funktionsbereiche, und $\mathfrak{U}$ sei der Funktionsbereich $\mathfrak{U}[h_1 + h_2, g_1 + g_2]$. Zu jeder Treppenfunktion $t \in \in \mathfrak{U}$ gibt es dann Treppenfunktionen $t_\nu \in \in \mathfrak{U}_\nu$ mit $t = t_1 + t_2$.*

Beweis. Es sei t bezüglich der Zerlegung $\mathfrak{Z} = [x_0, \ldots, x_n]$ gegeben. Weiter sei I_μ ein Zerlegungsintervall, $\overline{I}_\mu$ das zugehörige abgeschlossene Intervall, und $t(I_\mu) = c_\mu$. Es ist also auf $\overline{I}_\mu$

$$h_1 + h_2 < c_\mu < g_1 + g_2.$$

Hieraus folgt:
$$h_1 < c_\mu - h_2,$$
$$c_\mu - g_2 < g_1.$$

Da auch noch $h_1 < g_1$ und $c_\mu - g_2 < c_\mu - h_2$ ist, besteht auf $\overline{I}_\mu$ die Ungleichung

$$\max(h_1, c_\mu - g_2) < \min(g_1, c_\mu - h_2).$$

Man wähle nun
$$t_1^{(\mu)} \in \in \mathfrak{U}[\max(h_1, c_\mu - g_2), \min(g_1, c_\mu - h_2)] = \mathfrak{U}_\mu.$$

$\mathfrak{U}_\mu$ ist ein Funktionsbereich auf $\overline{I}_\mu$, der in $\mathfrak{U}_1 \mid \overline{I}_\mu$ enthalten ist.

Ferner sei
$$t_2^{(\mu)} = c_\mu - t_1^{(\mu)}.$$
Aus
$$c_\mu - g_2 < \underline{t}_1^{(\mu)} \leq \overline{t}_1^{(\mu)} < c_\mu - h_2$$
folgt
$$h_2 < c_\mu - \overline{t}_1^{(\mu)} = \underline{t}_2^{(\mu)} \leq \overline{t}_2^{(\mu)} = c_\mu - \underline{t}_1^{(\mu)} < g_2,$$
d. h.
$$t_2^{(\mu)} \in \mathfrak{U}_2 \mid I_\mu.$$

Auf I_μ ist nach Konstruktion $t_1^{(\mu)} + t_2^{(\mu)} = t$. Die aufgrund des vorigen Hilfssatzes aus den $t_1^{(\mu)}$, $t_2^{(\mu)}$ zusammengesetzten Treppenfunktionen leisten dann das Verlangte.

Jetzt beweist man leicht

Satz 3.4. *Mit f_1 und f_2 ist auch $f_1 + f_2$ über $I = [a, b]$ integrierbar, und zwar gilt*
$$\int_a^b (f_1 + f_2)\, dx = \int_a^b f_1\, dx + \int_a^b f_2\, dx.$$

Beweis. Zu $\varepsilon > 0$ wählen wir Umgebungen $\mathfrak{U}_\nu = \mathfrak{U}[h_\nu, g_\nu]$ von f_ν, so daß für jedes $t \in \mathfrak{U}_\nu$
$$\left| \sum(t) - \int_a^b f_\nu\, dx \right| < \frac{\varepsilon}{2}$$
wird ($\nu = 1, 2$). Es sei t eine beliebige Treppenfunktion, die ganz in $\mathfrak{U} = \mathfrak{U}[h_1 + h_2, g_1 + g_2]$ liegt. Nach dem vorigen Hilfssatz gibt es Treppenfunktionen $t_\nu \in \mathfrak{U}_\nu$ mit $t = t_1 + t_2$. Also ist nach Satz 1.4
$$\left| \sum(t) - \int_a^b f_1\, dx - \int_a^b f_2\, dx \right| = \left| \sum(t_1) + \sum(t_2) - \int_a^b f_1\, dx - \int_a^b f_2\, dx \right|$$
$$\leq \left| \sum(t_1) - \int_a^b f_1\, dx \right| + \left| \sum(t_2) - \int_a^b f_2\, dx \right|$$
$$< \frac{\varepsilon}{2} + \frac{\varepsilon}{2} = \varepsilon.$$

Satz 3.5. *Die Funktion f sei über I integrierbar und c eine reelle Zahl. Dann ist cf über I integrierbar, und zwar ist*
$$\int_I cf(x)\, dx = c \int_I f(x)\, dx.$$

Beweis. Für $c = 0$ ist das klar, denn durch direkte Verifikation folgt
$$\int_I 0\, dx = 0.$$

Es sei $c > 0$. Wir wählen eine Umgebung $\mathfrak{U} = \mathfrak{U}[h, g]$ von f, so daß für $t \in\in \mathfrak{U}$
$$\left| \sum(t) - \int_a^b f\, dx \right| < \frac{\varepsilon}{c}$$
ist. $\mathfrak{U}^* = \mathfrak{U}[ch, cg]$ ist dann eine Umgebung von cf. Wenn $t \in\in \mathfrak{U}^*$ ist, so ist $t/c \in\in \mathfrak{U}$, und daher wird
$$\left| \sum(t) - c \int_I f\, dx \right| = c \left| \sum(t/c) - \int_I f\, dx \right| < c\, \frac{\varepsilon}{c} = \varepsilon.$$

Für $c < 0$ betrachte man $\varepsilon/(-c)$ statt ε/c und $\mathfrak{U}[cg, ch]$ anstelle von $\mathfrak{U}[ch, cg]$; dann verläuft der Beweis wie eben.

Schließlich zeigt man noch durch direkte Verifikation:

Satz 3.6. $\int_a^b 1\, dx = b - a$.

Beweis. Zu $\varepsilon > 0$ wählen wir
$$h = 1 - \frac{\varepsilon}{b-a}, \quad g = 1 + \frac{\varepsilon}{b-a}, \quad \mathfrak{U} = \mathfrak{U}[h, g].$$
Dann ist für $t \in\in \mathfrak{U}$
$$\left| \sum(t) - (b-a) \right| < (b-a) + \varepsilon - (b-a) = \varepsilon.$$

Die vorigen Sätze zeigen, daß das Integral ein monotones lineares Funktional auf dem Vektorraum der integrierbaren Funktionen ist, welches durch Satz 3.6 normiert ist. — Man vergleiche Satz 1.4, wo analoge Eigenschaften von $\sum$ formuliert werden. (Wir hätten längst zeigen können, daß für Treppenfunktionen $\int_a^b t\, dx = \sum(t)$ ist, doch wird diese Gleichheit an anderer Stelle (§5) besser verständlich.)

§ 4. Lebesguesche Konvergenz

Wir wollen Bedingungen angeben, unter denen die Integration mit Grenzübergängen vertauschbar ist.

$I = [a, b]$ sei also ein abgeschlossenes Intervall und (f_ν) eine Funktionenfolge auf I.

Definition 4.1. *Die Folge (f_ν) konvergiert im Sinne von* LEBESGUE *gegen die Grenzfunktion f, wenn es zu jedem $\varepsilon > 0$ eine ε-Umgebung $\mathfrak{U}$ von f und ein $\nu_0 \in \mathbb{N}$ gibt, so daß die Funktionen f_ν für alle $\nu \geqq \nu_0$ zu $\mathfrak{U}$ gehören.*

Sicher ist f dann integrierbar. — Konvergiert die Folge f_ν im Sinne von Lebesgue gegen f, so braucht sie keineswegs punktweise gegen f zu streben. Außerdem gibt es weitere Funktionen g, gegen die die Folge konvergiert. Umgekehrt ergibt sich aus der Konvergenz in jedem Punkte noch nicht die Lebesguesche Konvergenz. Diese Verhältnisse lassen sich mit den Methoden des dritten Bandes untersuchen. Hier können wir aber schon zeigen:

Satz 4.1. *Es sei (f_ν) eine Folge integrierbarer Funktionen, die gleichmäßig gegen die Grenzfunktion f konvergiere. Dann konvergiert (f_ν) im Sinne von* LEBESGUE *gegen f.*

Beweis. Es sei $\varepsilon > 0$ und
$$\delta = \min\left(\frac{\varepsilon}{3}, \frac{\varepsilon}{3(b-a)}\right).$$

Es gibt ein ν_0, so daß für alle $\nu \geqq \nu_0$ und $x \in I$
$$|f_\nu(x) - f(x)| < \delta \quad \text{und} \quad |f_{\nu_0}(x) - f_\nu(x)| < \delta$$

ist. (Die zweite Ungleichung folgt aus dem Cauchyschen Konvergenzkriterium.) Zu f_{ν_0} wählen wir eine δ-Umgebung $\mathfrak{U}_1$:
$$f_{\nu_0} \in \mathfrak{U}_1 = \mathfrak{U}[h, g];$$

das ist wegen der Integrierbarkeit der f_ν möglich. Dann ist
$$\mathfrak{U} = \mathfrak{U}[h - \delta, g + \delta]$$

eine Umgebung von f, in der alle f_ν mit $\nu \geqq \nu_0$ liegen. Wir müssen nur noch zeigen, daß $\mathfrak{U}$ eine ε-Umgebung von f ist.

Dazu setzen wir $\mathfrak{U}_2 = \mathfrak{U}[-\delta, \delta]$ und wählen zwei Treppenfunktionen $t, t^* \in \in \mathfrak{U}$. Nach Hilfssatz 2 des vorigen Paragraphen gibt es Treppenfunktionen $t^*_\nu, t_\nu \in \in \mathfrak{U}_\nu$ mit
$$t = t_1 + t_2,$$
$$t^* = t_1^* + t_2^*.$$

Jetzt gilt
$$|\textstyle\sum(t) - \sum(t^*)| \leqq |\sum(t_1) - \sum(t_1^*)| + |\sum(t_2) - \sum(t_2^*)|$$
$$< \quad \delta \quad\quad + 2\delta(b-a)$$
$$\leqq \quad \frac{\varepsilon}{3} \quad\quad + \frac{2}{3}\frac{\varepsilon}{b-a}(b-a)$$
$$= \varepsilon.$$

Satz 4.2. *Wenn eine Folge integrierbarer Funktionen f_ν auf $I = [a, b]$ im Sinne von* LEBESGUE *gegen f konvergiert, so ist*
$$\int_I f(x)\,dx = \lim_{\nu \to \infty} \int_I f_\nu(x)\,dx.$$

Beweis. Zu $\varepsilon > 0$ wählen wir eine $\varepsilon/3$-Umgebung $\mathfrak{U} = \mathfrak{U}[h, g]$ von f und ein ν_0, so daß für $\nu \geqq \nu_0$ stets $f_\nu \in \mathfrak{U}$ ist. Es sei f_ν irgendein Folgenglied mit $\nu \geqq \nu_0$ und $\mathfrak{U}_1^* = \mathfrak{U}[h_1^*, g_1^*]$ eine Umgebung von f_ν, so daß für jedes $t \in \in \mathfrak{U}_1^*$
$$\left|\sum(t) - \int_a^b f_\nu\,dx\right| < \frac{\varepsilon}{3}$$

ist. Weiter sei $\mathfrak{U}_2^* = \mathfrak{U}[h_2^*, g_2^*]$ eine Umgebung von f, so daß für jede Treppenfunktion $t \in\in \mathfrak{U}_2^*$

$$\left|\sum(t) - \int_a^b f\, dx\right| < \frac{\varepsilon}{3}$$

ist. Wir setzen

$$\mathfrak{U}_1 = \mathfrak{U} \cap \mathfrak{U}_1^*; \qquad \mathfrak{U}_2 = \mathfrak{U} \cap \mathfrak{U}_2^*.$$

$\mathfrak{U}_1$ ist eine Umgebung von f_ν, $\mathfrak{U}_2$ eine von f. Es sei jetzt $t_1 \in\in \mathfrak{U}_1$, $t_2 \in\in \mathfrak{U}_2$. Dann ist

$$\left|\int_a^b f_\nu\, dx - \int_a^b f\, dx\right| =$$

$$= \left|\int_a^b f_\nu\, dx - \sum(t_1) + \sum(t_1) - \sum(t_2) + \sum(t_2) - \int_a^b f\, dx\right|$$

$$\leq \left|\int_a^b f_\nu\, dx - \sum(t_1)\right| + \left|\sum(t_1) - \sum(t_2)\right| + \left|\sum(t_2) - \int_a^b f\, dx\right|$$

$$< 3\,\varepsilon/3 = \varepsilon.$$

Damit ist die Konvergenz der Folge $\int_I f_\nu\, dx$ gegen $\int_I f\, dx$ gezeigt.

Natürlich kann man die bisherigen Ergebnisse dieses Paragraphen auf unendliche Reihen übertragen:

Definition 4.2. *Eine unendliche Reihe $\sum_{\nu=1}^{\infty} f_\nu$ von auf I erklärten Funktionen f_ν konvergiert im Sinne von* LEBESGUE *gegen die Summenfunktion f, wenn die Folge ihrer Partialsummen im Lebesgueschen Sinne gegen f konvergiert.*

Satz 4.3. *Eine gleichmäßig konvergente Reihe integrierbarer Funktionen mit Summe f konvergiert im Sinne von* LEBESGUE *gegen f.*

Satz 4.4. *Sind die Funktionen f_ν integrierbar und konvergiert $\sum_{\nu=1}^{\infty} f_\nu$ im Sinne von* LEBESGUE *gegen f, so ist*

$$\int_a^b f(x)\, dx = \sum_{\nu=1}^{\infty} \int_a^b f_\nu(x)\, dx.$$

§ 5. Nullmengen

Zwei Treppenfunktionen zur Zerlegung $\mathfrak{Z} = [x_0, x_1, \ldots, x_n]$, die nur in den Teilpunkten x_ν verschieden sind, haben gleiche Riemannsche Summen. Dementsprechend ist zu erwarten, daß durch Abänderung einer integrierbaren Funktion in nicht zu vielen Punkten wieder eine integrierbare Funktion mit demselben Integral entsteht.

Definition 5.1. *Eine Teilmenge N des Intervalls $I = [a, b]$ heißt Nullmenge, wenn jede reelle Funktion f, die auf $I - N$ verschwindet, über I integrierbar ist und stets*

$$\int_a^b f(x)\,dx = 0$$

gilt.

Es seien f und g zwei Funktionen, die außerhalb einer Nullmenge übereinstimmen. Ist dann eine von den beiden integrierbar, so auch die andere und $\int_a^b f\,dx = \int_a^b g\,dx$. Das folgt sofort aus der Linearität des Integrals.

Nun sei x_0 ein Punkt von I und χ_{x_0} die durch

$$\chi_{x_0}(x) = \begin{cases} 1 & \text{für } x = x_0, \\ 0 & \text{für } x \neq x_0 \end{cases}$$

erklärte Funktion. Da χ_{x_0} nach oben halbstetig und beschränkt ist, ist χ_{x_0} integrierbar. Falls $x_0 \neq a, b$ ist und $\delta > 0$ hinreichend klein, so gilt

$$0 \leq \int_a^b \chi_{x_0}\,dx = \int_a^{x_0-\delta} \chi_{x_0}\,dx + \int_{x_0-\delta}^{x_0+\delta} \chi_{x_0}\,dx + \int_{x_0+\delta}^b \chi_{x_0}\,dx$$

$$= \int_{x_0-\delta}^{x_0+\delta} \chi_{x_0}\,dx \leq \int_{x_0-\delta}^{x_0+\delta} 1\,dx = 2\delta\,.$$

Für $x_0 = a$ oder b gilt ebenfalls

$$0 \leq \int_a^b \chi_{x_0}\,dx \leq 2\delta$$

mit beliebigem $\delta > 0$; also haben wir

$$\int_a^b \chi_{x_0}\,dx = 0\,.$$

Ist nun $N = \{x_1, x_2, \ldots, x_n\}$ eine endliche Teilmenge von I, so gilt für jede Funktion f, die auf $I - N$ verschwindet:

$$\int_a^b f(x)\,dx = \int_a^b \sum_{\nu=1}^n f(x_\nu)\chi_{x_\nu}(x)\,dx$$

$$= \sum_{\nu=1}^n f(x_\nu) \int_a^b \chi_{x_\nu}(x)\,dx$$

$$= 0\,.$$

Wir haben damit bewiesen:

Satz 5.1. *Endliche Mengen sind Nullmengen.*

Hieraus folgt leicht

Satz 5.2. *Jede Treppenfunktion t ist integrierbar, und zwar ist*
$$\int_a^b t(x)\,dx = \sum(t).$$

Beweis. Die Funktion $\overline{t}$ ist nach oben halbstetig und beschränkt, daher integrierbar. Da $t = \overline{t}$ außerhalb einer Nullmenge ist, ist auch t integrierbar, und

$$\int_a^b t(x)\,dx = \sum_{\nu=1}^n \int_{x_{\nu-1}}^{x_\nu} t(x)\,dx = \sum_{\nu=1}^n \int_{x_{\nu-1}}^{x_\nu} t(I_\nu)\,dx$$
$$= \sum_{\nu=1}^n t(I_\nu) \int_{x_{\nu-1}}^{x_\nu} dx = \sum_{\nu=1}^n t(I_\nu)(x_\nu - x_{\nu-1})$$
$$= \sum(t).$$

Dabei war t bezüglich der Zerlegung $\mathfrak{Z} = [x_0, x_1, \ldots, x_n]$ mit den Teilintervallen I_ν gegeben.

Während Satz 5.1 von vornherein zu vermuten war, ist die folgende Aussage, die wir hier aber nicht beweisen werden, überraschend:

Satz 5.3. *Jede abzählbare Menge $N \subset \overline{I}$ ist eine Nullmenge.*

Die Menge der rationalen Zahlen ist abzählbar (Kapitel II). Ist also f die durch

$$f(x) = \begin{cases} 0 & \text{für irrationales} \quad x \in \overline{I}, \\ 1 & \text{für rationales} \quad x \in \overline{I} \end{cases}$$

erklärte Funktion, so ist f über $\overline{I}$ integrierbar:

$$\int_a^b f(x)\,dx = 0.$$

Wir werden später nichtintegrierbare (unbeschränkte) Funktionen angeben. Man kann mit Hilfe des *Auswahlpostulates* der Mengenlehre zeigen, daß es sogar beschränkte Funktionen gibt, die nicht integrierbar sind.

§ 6. Riemannsche Integrierbarkeit

Wie stets sei $\overline{I} = [a, b]$ ein abgeschlossenes Intervall und f eine reelle Funktion über $\overline{I}$.

Definition 6.1. *Die Funktion f ist R-integrierbar (integrierbar nach* RIEMANN*), wenn es eine Zahl A und zu jedem $\varepsilon > 0$ zwei Treppenfunktionen t_1 und t_2 gibt, so daß $\overline{t_1} < f < \underline{t_2}$ gilt und für jede Treppen-*

funktion $t \in \in \mathfrak{U}[\overline{t_1}, \underline{t_2}]$

$$|\textstyle\sum(t) - A| < \varepsilon$$

ist.

A heißt das *Riemannsche Integral* von f über I. Natürlich ist eine R-integrierbare Funktion integrierbar, und ihr Riemannsches Integral ist ihr Integral. — Da Treppenfunktionen beschränkt sind, können nur beschränkte Funktionen R-integrierbar sein. Es ist aber leicht, eine integrierbare beschränkte Funktion anzugeben, die kein Riemannsches Integral besitzt:

$$f(x) = \begin{cases} 1 & \text{für rationales } x, \\ 0 & \text{für irrationales } x. \end{cases}$$

Sind t_1 und t_2 zwei Treppenfunktionen mit $\overline{t_1} < f < \underline{t_2}$, so gilt, da in jedem Teilintervall von $I = [a, b]$ sowohl rationale als auch irrationale Zahlen liegen:

$$\overline{t_1} < 0; \quad \underline{t_2} > 1.$$

In $\mathfrak{U}[\overline{t_1}, \underline{t_2}]$ liegen demnach die beiden Treppenfunktionen $t \equiv 0$ und $t \equiv 1$, deren Riemannsche Summen sich um $b-a$ unterscheiden. Hieraus folgt sofort, daß f kein Riemannsches Integral haben kann. — Das Lebesguesche Integral ist also besser anwendbar als das Riemannsche.

Es soll noch der Zusammenhang mit dem üblichen Aufbau der Riemannschen Integrationstheorie hergestellt und eine Klasse R-integrierbarer Funktionen angegeben werden.

Es bezeichne $\mathfrak{Z} = [x_0, x_1, \ldots, x_n]$ eine Zerlegung des Intervalls I. Unter der *Feinheit* von $\mathfrak{Z}$ verstehen wir das Maximum der Längen der auftretenden Teilintervalle:

$$|\mathfrak{Z}| = \max_{\nu=1,\ldots,n} (x_\nu - x_{\nu-1}).$$

Aus jedem abgeschlossenen Teilintervall $I_\nu = [x_{\nu-1}, x_\nu]$ werde ein Punkt ξ_ν gewählt. Ist dann f eine auf I erklärte Funktion, so heißt

$$\textstyle\sum(f, \xi_\nu, \mathfrak{Z}) = \sum_{\nu=1}^{n} f(\xi_\nu)(x_\nu - x_{\nu-1})$$

die *Riemannsche Summe von f zur Zerlegung $\mathfrak{Z}$ und den Zwischenpunkten ξ_ν.*

Satz 6.1. *Es sei f über I R-integrierbar:*

$$A = \int_a^b f(x)\,dx.$$

Dann gibt es zu jedem $\varepsilon > 0$ ein $\delta > 0$, so daß für jede Zerlegung $\mathfrak{Z}$

mit $|\mathfrak{Z}| < \delta$ und jede Wahl von Zwischenpunkten ξ_ν zu $\mathfrak{Z}$

$$|\textstyle\sum(f, \xi_\nu, \mathfrak{Z}) - A| < \varepsilon$$

ist.

Beweis. Es sei $\varepsilon > 0$ gegeben. Wir wählen zunächst zwei Treppenfunktionen t_1 und t_2,

$$\overline{t_1} < f < \underline{t_2},$$

so daß für jedes $t \in \in \mathfrak{U}[\overline{t_1}, \underline{t_2}]$

$$|\textstyle\sum(t) - A| < \varepsilon/2$$

wird. Die t_ν seien zur Zerlegung $\mathfrak{Z}^* = [x_0^*, x_1^*, \ldots, x_m^*]$ mit den Zerlegungsintervallen I_μ^* gegeben. $K > 0$ sei eine Konstante, so daß auf ganz I

$$|\overline{t_1}(x)|, \quad |\underline{t_2}(x)|, \quad |f(x)| < K$$

gilt.

Wir schätzen jetzt die Differenz $|\sum(f, \xi_\nu, \mathfrak{Z}) - A|$ ab, wobei $\mathfrak{Z} = (x_0, x_1, \ldots, x_n)$ eine beliebige Zerlegung von I mit den Zerlegungsintervallen I_ν ist und die ξ_ν irgendwie in $\overline{I}_\nu$ gewählt wurden. Es sei $|\mathfrak{Z}| = \gamma$. Mit $I_{\nu_1}, I_{\nu_2}, \ldots, I_{\nu_q}$ werden diejenigen Teilintervalle von $\mathfrak{Z}$ bezeichnet, deren Abschluß $\overline{I}_{\nu_i}$ einen Teilpunkt x_μ^* von $\mathfrak{Z}^*$ enthält. Da jedes x_μ^* höchstens in zwei Intervallen $\overline{I}_{\nu_i}$ liegen kann, ist $q \leq 2m$ (x_0^* und x_m^* liegen bestimmt in genau einem $\overline{I}_\nu$). Es ist

$$\left|\sum_{i=1}^q f(\xi_{\nu_i})(x_{\nu_i} - x_{\nu_i-1})\right| \leq \sum_{i=1}^q |f(\xi_{\nu_i})||x_{\nu_i} - x_{\nu_i-1}|$$

$$< 2 m K \gamma.$$

Wir betrachten nun die Intervalle $\overline{I}_\nu$ von $\mathfrak{Z}$, die kein x_μ^* enthalten. Zu jedem dieser $\overline{I}_\nu$ gibt es also ein μ mit $\overline{I}_\nu \subset I_\mu^*$. Es sei für $\nu \neq \nu_i$ und $x \in I_\nu$

$$t^{(\nu)}(x) = f(\xi_\nu).$$

Da

$$\overline{t_1}(\overline{I}_\nu) < f(\xi_\nu) < \underline{t_2}(\overline{I}_\nu)$$

ist, gilt:

$$t^{(\nu)} \in \in \mathfrak{U}[\overline{t_1}, \underline{t_2}].$$

Auf den $\overline{I}_{\nu_i}$, $i = 1, \ldots, q$, erklären wir irgendeine Treppenfunktion $t^{(\nu_i)} \in \in \mathfrak{U}[\overline{t_1}, \underline{t_2}]$ und setzen $t(x) = t^{(\nu)}(x)$, wenn $x \in I_\nu$ ist; $t(x_\nu)$ werde beliebig gewählt. Dann gehört t ganz zu $\mathfrak{U}[\overline{t_1}, \underline{t_2}]$.

Nun ist
$$|\textstyle\sum(f,\xi_\nu,\mathfrak{Z}) - A|$$
$$\leq |\textstyle\sum(f,\xi_\nu,\mathfrak{Z}) - \sum(t)| + |\sum(t) - A|$$
$$< |\textstyle\sum(f,\xi_\nu,\mathfrak{Z}) - \sum(t)| + \frac{\varepsilon}{2}$$
$$= \left| \sum_{i=1}^{q} f(\xi_{\nu_i})(x_{\nu_i} - x_{\nu_i-1}) + \sum_{\substack{\nu=1 \\ \nu \neq \nu_i}}^{n} f(\xi_\nu)(x_\nu - x_{\nu-1}) - \sum(t) \right| + \frac{\varepsilon}{2}$$
$$\leq \left| \sum_{i=1}^{q} f(\xi_{\nu_i})(x_{\nu_i} - x_{\nu_i-1}) \right| + \left| \sum_{\substack{\nu=1 \\ \nu \neq \nu_i}}^{n} f(\xi_\nu)(x_\nu - x_{\nu-1}) - \right.$$
$$\left. - \sum_{\substack{\nu=1 \\ \nu \neq \nu_i}}^{n} t(I_\nu)(x_\nu - x_{\nu-1}) \right| + \left| \sum_{i=1}^{q} t(I_{\nu_i})(x_{\nu_i} - x_{\nu_i-1}) \right| + \frac{\varepsilon}{2}.$$

Nach Konstruktion von t ergibt die Differenz Null; man erhält also
$$|\textstyle\sum(f,\xi_\nu,\mathfrak{Z}) - A| < \left| \sum_{i=1}^{q} f(\xi_{\nu_i})(x_{\nu_i} - x_{\nu_i-1}) \right| +$$
$$+ \left| \sum_{i=1}^{q} t(I_{\nu_i})(x_{\nu_i} - x_{\nu_i-1}) \right| + \frac{\varepsilon}{2}$$
$$< 2mK\gamma + 2mK\gamma + \frac{\varepsilon}{2}$$
$$= 4mK\gamma + \frac{\varepsilon}{2}.$$

Wählt man also $\delta = \frac{\varepsilon}{8mK}$ und $|\mathfrak{Z}| = \gamma < \delta$, so wird
$$|\textstyle\sum(f,\xi_\nu,\mathfrak{Z}) - A| < \varepsilon,$$
was zu beweisen war.

Es gilt übrigens auch die Umkehrung dieses Satzes, wie man leicht nachprüft.

Satz 6.2. *Eine stetige Funktion f ist R-integrierbar.*

Beweis. Jedenfalls ist f integrierbar; es sei
$$A = \int_a^b f(x)\,dx.$$
Zu $\varepsilon > 0$ wählen wir eine Umgebung $\mathfrak{U}[h,g]$ von f, so daß für jede Treppenfunktion $t \in\in \mathfrak{U}[h,g]$
$$|A - \textstyle\sum(t)| < \varepsilon$$
ist. $\mathfrak{U}[h,f]$ und $\mathfrak{U}[f,g]$ sind ebenfalls Funktionsbereiche. Es sei
$$t_1 \in\in \mathfrak{U}[h,f],$$
$$t_2 \in\in \mathfrak{U}[f,g].$$

Dann ist
$$\mathfrak{U}[\overline{t_1, t_2}] \subset \mathfrak{U}[h, g]$$
eine Umgebung von f, und für jede Treppenfunktion $t \in \in \mathfrak{U}[\overline{t_1, t_2}]$ ist
$$|\sum(t) - A| < \varepsilon.$$
Also ist f R-integrierbar.
Man kann zeigen:

Satz 6.3. *Eine Funktion f ist über $\overline{I}$ genau dann R-integrierbar, wenn f beschränkt und außerhalb einer Nullmenge stetig ist.*

§ 7. Differentiation und Integration

Es sei $\overline{I}$ das abgeschlossene Intervall $[a, b]$ und f eine über $\overline{I}$ integrierbare Funktion. Für $x_1, x_2 \in \overline{I}$ ist dann, falls $x_1 < x_2$ ist,
$$\int_{x_1}^{x_2} f(x)\,dx$$
wohldefiniert (vgl. §3); es ist nützlich, diese Definition auch auf die Fälle $x_1 = x_2$ oder $x_1 > x_2$ folgendermaßen auszudehnen:
$$\int_{x_1}^{x_1} f(x)\,dx = 0;$$
$$\int_{x_1}^{x_2} f(x)\,dx = -\int_{x_2}^{x_1} f(x)\,dx.$$
Man überzeugt sich sofort von der Gültigkeit der in §3 aufgestellten Regeln auch für den erweiterten Integralbegriff; insbesondere ist
$$\int_{x_1}^{x_2} f(x)\,dx + \int_{x_2}^{x_3} f(x)\,dx = \int_{x_1}^{x_3} f(x)\,dx,$$
ganz gleich, wie die Punkte x_1, x_2, x_3 in $\overline{I}$ gewählt werden.

Die Funktion f ist auch über alle Teilintervalle der Form $[a, x]$, $x \in \overline{I}$, integrierbar; wir definieren also mit Hilfe von f eine neue Funktion F durch
$$F(x) = \int_a^x f(\xi)\,d\xi, \quad x \in \overline{I}.$$
Der Zusammenhang zwischen F und f soll nun untersucht werden. Falls von f nur die Integrierbarkeit gefordert wird, ist das Studium der Eigenschaften von F sehr schwierig; *wir wollen daher ab sofort voraussetzen, daß f stetig ist*.

Satz 7.1. *Die Funktion*
$$F(x) = \int_a^x f(\xi)\,d\xi$$
ist auf ganz $\overline{I}$ stetig.

Beweis. Als erstes zeigen wir einen

Hilfssatz. *Ist f auf I stetig, dann gibt es eine Konstante K, so daß für $x_1, x_2 \in I$*

$$\left|\int_{x_1}^{x_2} f(x)\,dx\right| \leq K|x_2 - x_1|$$

wird.

Beweis des Hilfssatzes. Man darf $x_1 \leq x_2$ voraussetzen. Die Funktion f ist stetig und daher auf dem abgeschlossenen Intervall I beschränkt; es sei also für alle $x \in I$

$$|f(x)| < K < +\infty.$$

Nach Satz 3.3 gilt:

$$\int_{x_1}^{x_2} (-K)\,dx \leq \int_{x_1}^{x_2} f(x)\,dx \leq \int_{x_1}^{x_2} K\,dx.$$

Nun ist

$$\int_{x_1}^{x_2} K\,dx = K\int_{x_1}^{x_2} 1\,dx = K(x_2 - x_1),$$

also

$$-K(x_2 - x_1) \leq \int_{x_1}^{x_2} f(x)\,dx \leq K(x_2 - x_1);$$

das war zu zeigen.

Jetzt ist der Beweis von Satz 7.1 ganz einfach. Es sei $x_0 \in I$ und $\varepsilon > 0$. Dann ist

$$F(x) - F(x_0) = \int_a^x f(\xi)\,d\xi - \int_a^{x_0} f(\xi)\,d\xi$$

$$= \int_{x_0}^x f(\xi)\,d\xi.$$

Aufgrund des Hilfssatzes gilt also, wenn $|f(x)| < K$ für $x \in I$ ist,

$$|F(x) - F(x_0)| = \left|\int_{x_0}^x f(\xi)\,d\xi\right|$$

$$\leq K|x - x_0|.$$

Ist $\delta = \varepsilon/K$ und $|x - x_0| < \delta$, so folgt:

$$|F(x) - F(x_0)| < K\frac{\varepsilon}{K} = \varepsilon,$$

was zu beweisen war.

Wichtiger, aber genauso leicht zu beweisen, ist

Satz 7.2. *Die Funktion*

$$F(x) = \int_a^x f(\xi)\,d\xi$$

ist auf I differenzierbar, und zwar ist

$$F'(x) = f(x).$$

Beweis. Da

$$\int_{x_0}^x [f(\xi) - f(x_0)]\,d\xi = F(x) - F(x_0) - f(x_0)(x - x_0)$$

ist, gilt für x und $x_0 \in I$:

$$F(x) = F(x_0) + (x - x_0)\Delta(x)$$

mit

$$\Delta(x) = \begin{cases} f(x_0) + \dfrac{1}{x - x_0} \int_{x_0}^x [f(\xi) - f(x_0)]\,d\xi & \text{für } x \neq x_0, \\ f(x_0) & \text{für } x = x_0. \end{cases}$$

Zu $\varepsilon > 0$ gibt es ein $\delta > 0$, so daß in $U_\delta(x_0) \cap I$ die Ungleichung

$$|f(x) - f(x_0)| < \varepsilon$$

besteht. Es folgt für dieses Intervall (und $x \neq x_0$)

$$|\Delta(x) - \Delta(x_0)| = \frac{1}{|x - x_0|} \left| \int_{x_0}^x [f(\xi) - f(x_0)]\,d\xi \right| < \varepsilon.$$

Daher ist Δ in x_0 stetig — das war zu beweisen.

Dieser Satz soll nun mit neuen Begriffen formuliert werden.

Definition 7.1. *Eine Stammfunktion zur Funktion f ist eine differenzierbare Funktion F, für die $F' = f$ ist.*

Definition 7.2. *Eine Funktion F heißt unbestimmtes Integral der integrierbaren Funktion f, wenn für je zwei Punkte $x_1, x_2 \in I$*

$$\int_{x_1}^{x_2} f(\xi)\,d\xi = F(x_2) - F(x_1)$$

ist.

Es gilt

Satz 7.3. *Sind F_1 und F_2 Stammfunktionen (unbestimmte Integrale) von f, so ist $F_1 - F_2$ konstant. Mit F ist auch $F + c$ (wobei $c \in \mathbb{R}$) Stammfunktion (unbestimmtes Integral).*

Beweis. Aus $F_1' = F_2' = f$ folgt:
$$\frac{d}{dx}(F_1 - F_2) = 0,$$
d. h. $$F_1 - F_2 \equiv c \quad \text{(konstant)}.$$
Sind F_1, F_2 unbestimmte Integrale von f, so ist
$$(F_1(x) - F_2(x)) - (F_1(a) - F_2(a))$$
$$= F_1(x) - F_1(a) - (F_2(x) - F_2(a))$$
$$= \int_a^x f(\xi)\,d\xi - \int_a^x f(\xi)\,d\xi$$
$$= 0.$$

Der Beweis des zweiten Teiles der Behauptung ist trivial.

Das wichtigste Resultat dieses Paragraphen ist

Satz 7.4 (Fundamentalsatz der Differential- und Integralrechnung). *Es sei f eine stetige Funktion auf dem Intervall $I = [a,b]$. Dann gilt:*

(α) Jedes unbestimmte Integral von f ist eine Stammfunktion von f.
(β) Jede Stammfunktion von f ist unbestimmtes Integral von f.
(γ) Die Funktion f besitzt Stammfunktionen.

Beweis. F sei ein unbestimmtes Integral von f. Da auch
$$F_1(x) = \int_a^x f(\xi)\,d\xi$$
unbestimmtes Integral zu f ist, gibt es ein $c \in \mathbb{R}$ mit
$$F(x) = F_1(x) + c.$$
Nach Satz 7.2 ist F_1 differenzierbar: $F_1' = f$. Also ist F differenzierbar, und es gilt
$$F'(x) = F_1'(x) + c' = F_1'(x) = f(x).$$
Damit ist die erste Behauptung bewiesen.

Es sei nun F eine Stammfunktion von f. Nach Satz 7.2 hat auch F_1 diese Eigenschaft, d. h. (Satz 7.3)
$$F(x) = F_1(x) + c, \quad c \in \mathbb{R}.$$
Da F_1 aber auch unbestimmtes Integral von f ist, muß — wieder nach Satz 7.3 — auch F ein solches sein.

Schließlich ist f integrierbar, hat also ein unbestimmtes Integral und nach Behauptung (α) daher eine Stammfunktion.

Der eben bewiesene Fundamentalsatz gestattet es, Integrale zu berechnen, indem man Stammfunktionen sucht. Ist F nämlich eine

Stammfunktion der stetigen Funktion f, so ist in jedem abgeschlossenen Intervall $[a, b]$, in dem f (und auch F) definiert ist,

$$F(b) - F(a) = \int_a^b f(x)\,dx = \int_a^b F'(x)\,dx$$

Wir geben hier Stammfunktionen einiger elementarer Funktionen an.

Funktion f	Stammfunktion F	Definitionsbereich
x^k, $k \in \mathbb{N} \cup \{0\}$	$\dfrac{x^{k+1}}{k+1}$	$x \in \mathbb{R}$
x^k, $k = -2, -3, \ldots$	$\dfrac{x^{k+1}}{k+1}$	$x \neq 0$
$\dfrac{1}{x}$	$\log |x|$	$x \neq 0$
x^a, $a \in \mathbb{R}$, $a \neq -1$	$\dfrac{x^{a+1}}{a+1}$	$x > 0$
$\dfrac{1}{1+x^2}$	$\arctan x$	$x \in \mathbb{R}$
$\dfrac{1}{\sqrt{1-x^2}}$	$\arcsin x$	$|x| < 1$
e^x	e^x	$x \in \mathbb{R}$
$\sin x$	$-\cos x$	$x \in \mathbb{R}$
$\cos x$	$\sin x$	$x \in \mathbb{R}$
$\dfrac{1}{\sin^2 x}$	$-\operatorname{ctg} x$	$x \neq k\pi$, $k \in \mathbb{Z}$
$\dfrac{1}{\cos^2 x}$	$\operatorname{tg} x$	$x \neq (k+\tfrac{1}{2})\pi$, $k \in \mathbb{Z}$
$\sinh x$	$\cosh x$	$x \in \mathbb{R}$
$\cosh x$	$\sinh x$	$x \in \mathbb{R}$

Aus den uns schon bekannten Sätzen über Potenzreihen folgt unmittelbar: *Eine Stammfunktion der Potenzreihe*

$$\sum_{\nu=0}^\infty a_\nu (x - x_0)^\nu$$

im Konvergenzintervall I ist die Reihe

$$\sum_{\nu=0}^\infty \frac{a_\nu}{\nu+1} (x - x_0)^{\nu+1},$$

die ebenfalls das Konvergenzintervall I hat.

Zum Schluß dieses Paragraphen wollen wir noch die Änderungen erwähnen, die sich ergeben, wenn man anstelle der Stetigkeit der Funktion f nur ihre Integrierbarkeit voraussetzt.

Satz 7.1 bleibt richtig, nur wird der Beweis geringfügig komplizierter. Satz 7.2 wird falsch: Ist etwa $I = [-1, 1]$ und die Funktion $f \equiv 0$ für $x < 0$, aber $f \equiv 1$ für $x \geq 0$, so ist

$$F(x) = \int_{-1}^{x} f(\xi)\, d\xi = \begin{cases} 0 & \text{für } x \leq 0, \\ x & \text{für } x \geq 0. \end{cases}$$

F ist im Nullpunkt nicht differenzierbar. Anstelle von Satz 7.2 gilt jetzt

Satz 7.5. *Wenn f auf I integrierbar ist, so ist die Funktion*

$$F(x) = \int_{a}^{x} f(\xi)\, d\xi$$

fast überall (d.h. außerhalb einer Nullmenge) differenzierbar, und fast überall ist $F'(x) = f(x)$.

Dieser Satz kann hier noch nicht bewiesen werden.

Satz 7.4 bleibt nur teilweise richtig; z.B. wird die Aussage (γ) falsch. Es gilt aber noch

Satz 7.6. *Hat die (integrierbare) Funktion f eine Stammfunktion F, so ist F auch unbestimmtes Integral von f.*

Setzt man — was wegen Satz 7.5 naheliegt — nur voraus, daß F fast überall Stammfunktion von f ist, so gilt auch Satz 7.6 nicht mehr: Man kann stetige, streng monotone Funktionen konstruieren, deren Ableitung fast überall existiert und verschwindet; die unbestimmten Integrale der Ableitung sind also konstant.

§ 8. Partielle Integration

Es gibt stetige Funktionen, deren Stammfunktionen sich nicht als Kombination der in der Tabelle des vorigen Paragraphen angegebenen Funktionen schreiben lassen; die in $\{x: |x| < 1\}$ analytische Funktion

$$f(x) = \frac{1}{\sqrt{1-x^4}}$$

ist eine solche nicht „elementar integrierbare" Funktion. Bei Funktionen dieser Art kann der Fundamentalsatz die Berechnung der Integrale also nicht erleichtern.

Wir wollen nun eine Reihe von Methoden kennenlernen, mit deren Hilfe die elementare Integrierbarkeit vieler Funktionen festgestellt werden kann.

Aus der Produktregel der Differentialrechnung ergibt sich sofort:

Satz 8.1. *Sind f und g auf dem Intervall I differenzierbare Funktionen und ist F eine Stammfunktion von $g'f$, so ist $fg - F$ eine von $f'g$.*

In der Tat ist
$$\frac{d}{dx}(fg - F) = f'g + g'f - g'f = f'g.$$

Setzt man noch die Stetigkeit der Ableitungen auf I voraus, so liefert der Fundamentalsatz 7.4 die Regel der *partiellen Integration:*
Für $a, b \in I$ ist
$$\int_a^b f'(x)g(x)\,dx = f(b)g(b) - f(a)g(a) - \int_a^b g'(x)f(x)\,dx.$$

Anwendungen.

1. Integration von $\log x$ (für $x > 0$). Wir setzen $f'(x) \equiv 1$ sowie $g(x) = \log x$ und erhalten
$$\int_{x_0}^x \log x\,dx = x\log x - x_0 \log x_0 - \int_{x_0}^x dx \qquad (x_0, x > 0)$$
$$= x\log x - x_0 \log x_0 - x + x_0.$$

2. Zur Integration von $x \sin x$ setzt man
$$f'(x) = \sin x, \quad f(x) = -\cos x;$$
$$g(x) = x, \quad g'(x) = 1;$$
$$\int_{x_0}^x x \sin x\,dx = -x \cos x + x_0 \cos x_0 + \int_{x_0}^x \cos x\,dx$$
$$= -x \cos x + x_0 \cos x_0 + \sin x - \sin x_0.$$

3. Berechne $\int_{x_0}^x \sin^2 x\,dx$.
$$f'(x) = \sin x, \quad f(x) = -\cos x;$$
$$g(x) = \sin x, \quad g'(x) = \cos x;$$
$$\int_{x_0}^x \sin^2 x\,dx = -\sin x \cos x + \sin x_0 \cos x_0 + \int_{x_0}^x \cos^2 x\,dx$$
$$= -\sin x \cos x + \sin x_0 \cos x_0 + \int_{x_0}^x dx - \int_{x_0}^x \sin^2 x\,dx.$$

Also:
$$\int_{x_0}^x \sin^2 x\,dx = \tfrac{1}{2}(-\sin x \cos x + x + \sin x_0 \cos x_0 - x_0).$$

§ 9. Substitutionsregel

Satz 9.1 (Substitutionsregel). *Die Funktion f sei im Intervall $I = [a, b]$ stetig, die Funktion φ im Intervall $I^* = [\alpha, \beta]$ stetig differenzierbar, und es gelte: $\varphi(I^*) \subset I$. Dann ist*
$$\int_{\varphi(\alpha)}^{\varphi(\beta)} f(x)\,dx = \int_\alpha^\beta f(\varphi(u))\varphi'(u)\,du.$$

Beweis. F sei eine Stammfunktion von f über I. Dann ist
$$(F \circ \varphi)' = (F' \circ \varphi) \cdot \varphi' = (f \circ \varphi) \cdot \varphi'.$$
Also:
$$\int_{\varphi(\alpha)}^{\varphi(\beta)} f(x)\,dx = F(\varphi(\beta)) - F(\varphi(\alpha)),$$
$$\int_{\alpha}^{\beta} f(\varphi(u))\,\varphi'(u)\,du = F(\varphi(\beta)) - F(\varphi(\alpha)).$$

Beide Integrale stimmen überein — das war zu zeigen.

Man kann den Satz unter den folgenden Voraussetzungen beweisen: Es sei f integrierbar und φ monoton wachsend und *absolut stetig*, d.h., es sei
$$\varphi(u) = \int_{\alpha}^{u} \psi(\xi)\,d\xi$$
mit einer integrierbaren Funktion ψ.

In vielen Fällen läßt sich eine vorgelegte Funktion in der Form $f(\varphi(u)) \cdot \varphi'(u)$ schreiben; um sie zu integrieren, braucht man dann auf Grund des obigen Satzes nur noch eine Stammfunktion von f zu finden. Einige Beispiele werden die Nützlichkeit des Verfahrens zeigen.

1. $\qquad \int_{\alpha}^{\beta} (a+bu)^n\,du \qquad$ (mit $b \neq 0$),
$$x = \varphi(u) = a + bu, \quad f(x) = x^n,$$
$$\varphi'(u) = b;$$
$$\int_{\alpha}^{\beta} (a+bu)^n\,du = \frac{1}{b} \int_{\alpha}^{\beta} (a+bu)^n\,b\,du$$
$$= \frac{1}{b} \int_{\varphi(\alpha)}^{\varphi(\beta)} x^n\,dx$$
$$= \frac{1}{b(n+1)}[(a+b\beta)^{n+1} - (a+b\alpha)^{n+1}].$$

2. Es sei $g(u) > 0$ und stetig differenzierbar. Wir berechnen
$$\int_{\alpha}^{\beta} \frac{g'(u)}{g(u)}\,du.$$
$$x = \varphi(u) = g(u),$$
$$\varphi'(u) = g'(u),$$
$$f(x) = \frac{1}{x};$$
$$\int_{\alpha}^{\beta} \frac{g'(u)}{g(u)}\,du = \int_{g(\alpha)}^{g(\beta)} \frac{dx}{x} = \log \frac{g(\beta)}{g(\alpha)}.$$

3. $\int_\alpha^\beta \frac{1}{u} \log u \, du \quad (0 < \alpha < \beta).$

$$x = \varphi(u) = \log u,$$
$$\varphi'(u) = \frac{1}{u},$$
$$f(x) = x;$$
$$\int_\alpha^\beta \frac{1}{u} \log u \, du = \int_{\log \alpha}^{\log \beta} x \, dx = \frac{1}{2} [\log^2 \beta - \log^2 \alpha].$$

4. Gelegentlich muß man das vorgelegte Integral erst geschickt umformen, um die Substitutionsregel anwenden zu können. Zum Beispiel ist

$$\frac{1}{\sin u} = \frac{\sin u}{\sin^2 u} = \frac{\sin u}{1 - \cos^2 u}$$
$$= \frac{\sin u}{(1 - \cos u)(1 + \cos u)} = \frac{1}{2} \frac{\sin u}{1 - \cos u} + \frac{1}{2} \frac{\sin u}{1 + \cos u}.$$

Ist also $0 < \alpha < \beta < \pi$, so ist

$$\int_\alpha^\beta \frac{du}{\sin u} = \frac{1}{2} \int_\alpha^\beta \frac{\sin u \, du}{1 - \cos u} + \frac{1}{2} \int_\alpha^\beta \frac{\sin u \, du}{1 + \cos u}.$$

Im ersten Integral rechts setzen wir

$$x = \varphi(u) = 1 - \cos u,$$
$$\varphi'(u) = \sin u,$$
$$f(x) = \frac{1}{x}$$

und erhalten:

$$\frac{1}{2} \int_\alpha^\beta \frac{\sin u \, du}{1 - \cos u} = \frac{1}{2} \int_{1-\cos \alpha}^{1-\cos \beta} \frac{dx}{x} = \frac{1}{2} \log \frac{1 - \cos \beta}{1 - \cos \alpha}.$$

Im zweiten Integral auf der rechten Seite substituiert man

$$x = \varphi(u) = 1 + \cos u,$$
$$\varphi'(u) = -\sin u,$$
$$f(x) = -\frac{1}{x};$$

also:

$$\frac{1}{2} \int_\alpha^\beta \frac{\sin u \, du}{1 + \cos u} = -\frac{1}{2} \int_{1+\cos \alpha}^{1+\cos \beta} \frac{dx}{x} = -\frac{1}{2} \log \frac{1 + \cos \beta}{1 + \cos \alpha}.$$

Insgesamt ergibt sich

$$\int_\alpha^\beta \frac{du}{\sin u} = \frac{1}{2} \log \frac{(1 + \cos \alpha)(1 - \cos \beta)}{(1 + \cos \beta)(1 - \cos \alpha)}.$$

Als Stammfunktion erhält man etwa:
$$F(u) = \frac{1}{2} \log \frac{1 - \cos u}{1 + \cos u}.$$

§ 10. Rationale Funktionen

Mit den in den letzten beiden Paragraphen entwickelten Methoden können wir zeigen, daß rationale Funktionen elementar integrierbar sind. Allerdings brauchen wir dazu einige Aussagen über Polynome mit reellen Koeffizienten, die zum Teil schwer zu beweisen sind; sie sollen hier nur formuliert werden.

Es sei $Q(x) = x^2 + ax + b$ ein quadratisches Polynom. Genau dann hat Q keine Nullstellen, wenn die *Diskriminante*
$$D = a^2 - 4b$$
negativ ist. Das folgt aus der Lösungsformel für quadratische Gleichungen.

Satz 10.1 („Fundamentalsatz der Algebra"). *Jedes Polynom n-ten Grades,*
$$P(x) = \sum_{\nu=0}^{n} a_\nu x^\nu,$$
läßt sich in der Form
$$P(x) = \prod_{\nu=1}^{k} (x - x_\nu)^{r_\nu} \prod_{\mu=1}^{l} Q_\mu(x)^{s_\mu}$$
schreiben. Dabei sind die Q_μ quadratische Polynome ohne Nullstellen, r_ν, s_μ, k, l ganze Zahlen mit:
$$0 \leq k \leq n, \quad 1 \leq r_\nu \leq n,$$
$$0 \leq l \leq n, \quad 1 \leq s_\mu \leq n,$$
$$\sum_{\nu=1}^{k} r_\nu + 2 \sum_{\mu=1}^{l} s_\mu = n.$$
Für $\nu_1 \neq \nu_2$ bzw. $\mu_1 \neq \mu_2$ gilt:
$$x_{\nu_1} \neq x_{\nu_2}, \quad Q_{\mu_1} \neq Q_{\mu_2}.$$
Die Zahlen k und l, r_ν und s_μ, die Polynome $(x - x_\nu)^{r_\nu}$ und $Q_\mu(x)^{s_\mu}$ sind durch P eindeutig (bis auf die Reihenfolge) bestimmt.

Ein Produkt der Form $\prod_{\nu=1}^{0} a_\nu$ ist dabei gleich Eins zu setzen. — Die Existenz einer solchen Zerlegung für P zeigt man am einfachsten in der komplexen Analysis; die Eindeutigkeitsaussagen folgen aus elementaren algebraischen Sätzen.

Es sei $R = P_1/P$ eine rationale Funktion. Wir dürfen annehmen, daß P ein *normiertes Polynom* ist, d.h. die Gestalt

$$P(x) = x^n + a_{n-1} x^{n-1} + \ldots + a_0$$

hat. Mit $\gamma(P_1)$, $\gamma(P)$ bezeichnen wir den Grad von P_1 bzw. P und definieren

$$\gamma(R) = \gamma(P_1) - \gamma(P)$$

als *Grad* von R. Dann beweist man in der Algebra — unter Benutzung des vorigen Satzes — die Existenz einer *Partialbruchzerlegung* für R:

Satz 10.2. *Es sei*

$$P(x) = \prod_{\nu=1}^{k} (x - x_\nu)^{r_\nu} \prod_{\mu=1}^{l} Q_\mu(x)^{s_\mu}$$

die in Satz 10.1 angegebene Zerlegung von P in lineare und quadratische Faktoren. Dann gibt es ein Polynom $P_0(x)$, Zahlen

$$a_{\nu\varkappa}, \quad \nu = 1, \ldots, k, \quad \varkappa = 1, \ldots, r_\nu,$$

und lineare Polynome

$$L_{\mu\lambda}, \quad \mu = 1, \ldots, l, \quad \lambda = 1, \ldots, s_\mu,$$

so daß

$$R(x) = P_0(x) + \sum_{\nu=1}^{k} \sum_{\varkappa=1}^{r_\nu} \frac{a_{\nu\varkappa}}{(x - x_\nu)^\varkappa} + \sum_{\mu=1}^{l} \sum_{\lambda=1}^{s_\mu} \frac{L_{\mu\lambda}(x)}{Q_\mu(x)^\lambda}$$

wird. Dabei ist, wenn $\gamma(R) \geq 0$ ist, $\gamma(P_0) = \gamma(R)$; sonst ist $P_0 \equiv 0$. Die Polynome P_0 und $L_{\mu\lambda}$ sowie die Zahlen $a_{\nu\varkappa}$ sind durch R eindeutig bestimmt.

Wenn wir nun eine rationale Funktion R zu integrieren haben, können wir immer annehmen, sie sei schon in Partialbrüche zerlegt; es bleiben dann Stammfunktionen für die in der Zerlegung von Satz 10.2 auftretenden Summanden zu bestimmen. Insgesamt haben wir sieben verschiedene Fälle zu unterscheiden (F bezeichne immer eine Stammfunktion der untersuchten Funktion).

(1) $$f(x) = \sum_{\nu=0}^{m} c_\nu x^\nu,$$

$$F(x) = \sum_{\nu=0}^{m} \frac{c_\nu}{\nu + 1} x^{\nu+1}.$$

(2) $$f(x) = \frac{1}{x - x_0}, \qquad x \neq x_0,$$

$$F(x) = \log |x - x_0|.$$

(3) $$f(x) = \frac{1}{(x-x_0)^\nu}, \quad \nu \geq 2, \quad x \neq x_0,$$

$$F(x) = \frac{-1}{(\nu-1)(x-x_0)^{\nu-1}}.$$

(4) $$f(x) = \frac{1}{x^2+ax+b}, \quad 4b-a^2 > 0.$$

Wir wenden die Substitutionsregel an. Es sei

$$\sigma = +\tfrac{1}{2}\sqrt{4b-a^2}.$$

Setzt man dann

$$y = \frac{1}{\sigma}\left(x+\frac{a}{2}\right),$$

so ist

$$\sigma^2(1+y^2) = x^2+ax+b,$$

also

$$\int_{y_0}^{y}\frac{1}{\sigma}\frac{dy}{1+y^2} = \int_{x_0}^{x}\frac{dx}{x^2+ax+b};$$

d. h., eine Stammfunktion von $\dfrac{1}{x^2+ax+b}$ ist

$$F(x) = \frac{1}{\sigma}\operatorname{arc\,tg}\left[\frac{1}{\sigma}\left(x+\frac{a}{2}\right)\right].$$

(5) $$f(x) = \frac{1}{(x^2+ax+b)^\nu}, \quad \nu \geq 1.$$

Wie eben setzen wir

$$y = \frac{1}{\sigma}\left(x+\frac{a}{2}\right);$$

es genügt, eine Stammfunktion von $1/(1+y^2)^\nu$ zu finden. Nehmen wir an, für $F_\nu(y)$ gelte:

$$F'_\nu(y) = \frac{1}{(1+y^2)^\nu} \quad \text{und} \quad F_\nu(0) = 0.$$

Da

$$1+y^2-2\nu y^2+(2\nu-1)(1+y^2) = 2\nu$$

ist, können wir schreiben:

$$\frac{1}{(1+y^2)^{\nu+1}} = \frac{1+y^2-2\nu y^2}{2\nu(1+y^2)^{\nu+1}} + \frac{2\nu-1}{2\nu}\frac{1}{(1+y^2)^\nu}.$$

Nun ist
$$\frac{d}{dy}\frac{y}{2\nu(1+y^2)^\nu} = \frac{2\nu(1+y^2)^\nu - y\cdot 2\nu^2(1+y^2)^{\nu-1}\cdot 2y}{(2\nu)^2(1+y^2)^{2\nu}}$$
$$= \frac{1+y^2-2\nu y^2}{2\nu(1+y^2)^{\nu+1}}.$$

Also gilt:
$$F_{\nu+1}(y) = \frac{y}{2\nu(1+y^2)^\nu} + \frac{2\nu-1}{2\nu}F_\nu(y) \quad (\nu \geqq 1).$$

Da nach (4)
$$F_1(y) = \operatorname{arc\,tg} y$$

ist, kann man aus dieser Rekursionsformel alle F_ν berechnen.

(6) $$f(x) = \frac{x}{x^2+ax+b}.$$

Wir schreiben
$$f(x) = \frac{1}{2}\frac{2x+a}{x^2+ax+b} - \frac{1}{2}\frac{a}{x^2+ax+b}.$$

Der zweite Summand auf der rechten Seite war schon integriert worden, auf den ersten läßt sich die Substitutionsregel anwenden:
$$F(x) = \frac{1}{2}\log(x^2+ax+b) - \frac{a}{2\sigma}\operatorname{arc\,tg}\left[\frac{1}{\sigma}\left(x+\frac{a}{2}\right)\right],$$

mit $\sigma = \tfrac{1}{2}\sqrt{4b-a^2}$, ist eine Stammfunktion von $f(x)$.

Um eine Stammfunktion von

(7) $$f(x) = \frac{x}{(x^2+ax+b)^\nu}, \quad \nu \geqq 2,$$

zu bestimmen, zerlegen wir f genau wie eben:
$$f(x) = \frac{1}{2}\frac{2x+a}{(x^2+ax+b)^\nu} - \frac{a}{2}\frac{1}{(x^2+ax+b)^\nu}.$$

Den zweiten Summanden rechts hatten wir schon behandelt; eine Stammfunktion des ersten Summanden ist
$$\frac{1}{2}\frac{1}{1-\nu}\frac{1}{(x^2+ax+b)^{\nu-1}}.$$

Damit haben wir den folgenden Satz bewiesen:

Satz 10.3. *Die rationalen Funktionen sind elementar integrierbar.*

Um eine Stammfunktion einer vorgelegten rationalen Funktion $R = P_1/P$ zu finden, muß man also zunächst den Nenner gemäß Satz 10.1 in Faktoren zerlegen (das ist die schwierigste Aufgabe). Durch Ansatz mit „unbestimmten Koeffizienten" erhält man dann lineare Gleichungen für die $a_{\nu\varkappa}$ und die Koeffizienten von $L_{\mu\lambda}$, die eindeutig lösbar sind. Danach kann man die einzelnen Integrationen ausführen. Wir wollen das Verfahren an zwei Beispielen erläutern.

1. Gesucht ist eine Stammfunktion von $R(x) = 1/(x^2 - 1)$. — Es ist
$$x^2 - 1 = (x+1)(x-1),$$
also
$$R(x) = \frac{a}{x+1} + \frac{b}{x-1}.$$
$$\frac{1}{x^2-1} = \frac{a(x-1) + b(x+1)}{x^2-1},$$
$$\frac{1}{x^2-1} = \frac{-a+b+x(a+b)}{x^2-1}.$$

Diese Gleichung kann nur bestehen, wenn die Zählerpolynome auf beiden Seiten gleich sind — d. h., wenn ihre Koeffizienten übereinstimmen. Also:
$$1 = -a + b,$$
$$0 = a + b;$$
es ist $\quad -a = b = \tfrac{1}{2}.$

Als Stammfunktion ergibt sich
$$F(x) = \tfrac{1}{2}(\log|x-1| - \log|x+1|).$$

2. Es sei
$$f(x) = \frac{1}{x^3 - x^2 + x - 1}.$$
Da
$$x^3 - x^2 + x - 1 = (x-1)(x^2+1)$$
ist, wird
$$R(x) = \frac{a}{x-1} + \frac{b+cx}{x^2+1}.$$

Daraus folgt
$$\frac{1}{x^3 - x^2 + x - 1} = \frac{a(x^2+1) + (b+cx)(x-1)}{x^3 - x^2 + x - 1};$$
$$1 = (a-b) + (b-c)x + x^2(a+c),$$
$$1 = a - b,$$
$$0 = b - c,$$
$$0 = a + c.$$

Man rechnet aus:
$$a = -b = -c = \tfrac{1}{2},$$
dann berechnet man gemäß (2) und (4) die Integrale.

§ 11. Unbeschränkte Funktionen

In diesem Paragraphen werden Integrabilitätskriterien für unbeschränkte Funktionen angegeben; sie entsprechen in der Theorie des Riemannschen Integrals Sätzen über *uneigentliche Integrale*.

Es sei f eine auf dem Intervall $I = [a, b]$ erklärte nichtnegative Funktion, die in a verschwindet und auf dem halboffenen Intervall $M = (a, b]$ stetig ist. Die Funktion braucht auf I nicht beschränkt zu sein. Da f nach unten halbstetig ist, existiert

$$\int_a^b f(x)\,dx$$

genau dann, wenn

$$\sup_{\bar{t} < f} \int_a^b \bar{t}(x)\,dx < +\infty$$

ist ($\bar{t}$ durchläuft alle Treppenfunktionen mit $\bar{t} < f$).

Satz 11.1. *Es gebe zwei reelle Zahlen $K > 0$, $\mu < 1$, so daß für $x \in M$*

$$f(x) \leq \frac{K}{(x-a)^\mu}$$

ist. Dann ist f über I integrierbar.

Beweis. Auf M ist

$$F(x) = \frac{(x-a)^{1-\mu}}{1-\mu}$$

eine Stammfunktion von $\frac{1}{(x-a)^\mu}$. F ist auch noch für $x = a$ erklärt und dort stetig; $F(a) = 0$. Wir wählen nun ein $C > 0$, so daß für alle $x \in I$

$$K F(x) < C$$

ist, und irgendeine Treppenfunktion t mit $\bar{t}(x) < f(x)$ für alle $x \in I$. Die Funktion $\bar{t}$ ist beschränkt; es gelte etwa $\bar{t}(x) < C_1$. — Für jeden Punkt $a' \in M$ ist

$$\int_a^b \bar{t}(x)\,dx = \int_a^{a'} \bar{t}(x)\,dx + \int_{a'}^b \bar{t}(x)\,dx$$
$$\leq C_1(a' - a) + \int_{a'}^b f(x)\,dx$$

$$\leq C_1(a'-a) + \int_{a'}^{b} \frac{K\,dx}{(x-a)^\mu}$$
$$= C_1(a'-a) + K(F(b) - F(a')).$$

Wegen der Stetigkeit der rechten Seite als Funktion von a' gilt sogar:
$$\int_a^b \overline{t}(x)\,dx \leq K(F(b) - F(a)) < 2C.$$

Also ist
$$\sup_{\overline{t} < f} \int_a^b t(x)\,dx < 2C < +\infty;$$

die Funktion f ist deshalb über I integrierbar.

Aus dem Beweis entnimmt man sofort die für jedes $u \in I$ gültige Ungleichung
$$0 \leq \int_a^u f(x)\,dx \leq K(F(u) - F(a)).$$

Wenn also G eine Stammfunktion von f auf M ist, so erhält man für $a' \in M$:
$$G(b) - G(a') = \int_{a'}^b f(x)\,dx$$
$$= \int_a^b f(x)\,dx - \int_a^{a'} f(x)\,dx.$$

Bei Annäherung von a' an a ergibt sich
$$0 \leq \lim_{a' \to a} \int_a^{a'} f(x)\,dx \leq K \cdot \lim_{a' \to a}(F(a') - F(a)) = 0.$$

Damit haben wir

Satz 11.2. *Es sei G eine Stammfunktion von f auf M, und f erfülle die Voraussetzungen des vorigen Satzes. Dann existiert* $\lim\limits_{\substack{x \to a \\ x \in M}} G(x)$, *und es ist*
$$\int_a^b f(x)\,dx = G(b) - \lim_{\substack{x \to a \\ x \in M}} G(x).$$

Satz 11.3. *Es gebe ein $\varepsilon > 0$ und ein b' mit $a < b' \leq b$, so daß für alle $x \in (a, b']$*
$$f(x) \geq \frac{\varepsilon}{x - a}$$
ist. Dann ist f über I nicht integrierbar.

Beweis. Nehmen wir an, f sei integrierbar. Für jedes $a' \in (a, b')$ wäre dann

$$\int_a^{b'} f(x)\,dx \geqq \int_{a'}^{b'} f(x)\,dx \geqq \int_{a'}^{b'} \frac{\varepsilon\,dx}{x-a} = \varepsilon \log \frac{b'-a}{a'-a}.$$

Die Funktion $\log \dfrac{b'-a}{a'-a} = g(a')$ ist aber im Intervall zwischen a und b' nicht beschränkt: Widerspruch!

Um auch Aussagen über Funktionen mit wechselnden Vorzeichen zu gewinnen, bemerken wir zunächst, daß mit f auch die Funktion $|f|$, wobei

$$|f|(x) = |f(x)|$$

sein soll, stetig ist. Setzt man

$$f^+(x) = \begin{cases} f(x), & \text{falls } f(x) \geqq 0, \\ 0, & \text{falls } f(x) \leqq 0, \end{cases}$$

$$f^-(x) = \begin{cases} 0, & \text{falls } f(x) \geqq 0, \\ -f(x), & \text{falls } f(x) \leqq 0, \end{cases}$$

so gilt:

$$f^+ = \tfrac{1}{2}(f + |f|), \qquad f^- = \tfrac{1}{2}(|f| - f), \qquad f^+ - f^- = f.$$

Ist f stetig, so sind f^+ und f^- also auch stetig.

Satz 11.4. *Die Funktion f sei auf $\bar{I} = [a, b]$ erklärt, auf $M = (a, b]$ stetig und verschwinde im Punkt a. Wenn es ein $K > 0$ und ein $\mu < 1$ gibt, so daß für alle $x \in M$ die Ungleichung*

$$|f(x)| \leqq \frac{K}{(x-a)^\mu}$$

besteht, so ist f über $\bar{I}$ integrierbar. Für jede auf M definierte Stammfunktion G von f gilt dann die Formel

$$\int_a^b f(x)\,dx = G(b) - \lim_{\substack{x \to a \\ x \in M}} G(x).\,[1]$$

Wenn es ein $\varepsilon > 0$ und ein $b' \in M$ gibt, so daß für alle $x \in (a, b']$

$$|f(x)| \geqq \frac{\varepsilon}{x-a}$$

ist, dann ist f über $\bar{I}$ nicht integrierbar.

---

[1] Man kann bei beliebigen Funktionen f aus der Existenz von $\lim_{x \to a} G(x)$ nicht auf die Integrierbarkeit von f schließen.

Beweis. Es ist im ersten Fall

$$0 \leq f^+(x) \leq |f(x)| \leq \frac{K}{(x-a)^\mu},$$

$$0 \leq f^-(x) \leq |f(x)| \leq \frac{K}{(x-a)^\mu};$$

die Integrierbarkeit von f^+, f^- und $f = f^+ - f^-$ folgt aus Satz 11.1, der Rest der Behauptung aus Satz 11.2.

Es gelte nun die zweite Voraussetzung. Da f stetig in M ist und nach Voraussetzung im Intervall $(a, b']$ keine Nullstelle hat, wechselt f dort das Vorzeichen nicht. Wir dürfen $f = f^+$ annehmen. Nach Satz 11.3, angewandt auf das Intervall $(a, b']$, ist f somit nicht integrierbar.

Falls die betrachteten Funktionen bei Annäherung an b unbeschränkt sind, gelten analoge Sätze:

Satz 11.5. *Die Funktion f sei im Intervall $\bar{I} = [a, b]$ definiert, auf $M = [a, b)$ stetig und verschwinde im Punkt b. Dann ist f über $\bar{I}$ integrierbar, falls es reelle Zahlen $K > 0$ und $\mu < 1$ mit*

$$|f(x)| \leq \frac{K}{(b-x)^\mu}$$

(für alle $x \in M$) gibt. Es gilt:

$$\int_a^b f(x)\,dx = \lim_{\substack{x \to b \\ x \in M}} G(x) - G(a),$$

wobei G eine beliebige Stammfunktion von f auf M ist. Wenn aber für alle $x \in [a', b)$ die Ungleichung

$$f(x) \geq \frac{\varepsilon}{b-x}$$

besteht (dabei ist $a \leq a' < b$ und $\varepsilon > 0$), so ist f über $\bar{I}$ nicht integrierbar.

§ 12. Numerische Integrationsmethoden

Hinreichend oft differenzierbare Funktionen lassen sich approximativ integrieren, ohne daß man ein unbestimmtes Integral zu kennen braucht. Ist f eine solche Funktion, so ersetzt man f durch eine passend gewählte elementar integrierbare Funktion g und zeigt: Zu jedem $\varepsilon > 0$ läßt sich ein g so finden, daß

$$\left| \int_{\bar{I}} f(x)\,dx - \int_{\bar{I}} g(x)\,dx \right| < \varepsilon$$

wird. Nach diesem Verfahren läßt sich $\int_{\bar{I}} f(x)\,dx$ mit beliebiger Genauigkeit berechnen.

Als erste dieser numerischen Methoden besprechen wir die *Trapezregel*.
Die Funktion f sei über dem Intervall $\bar{I} = [a, b]$ zweimal differenzierbar, und auf $\bar{I}$ gelte die Abschätzung

$$|f''(x)| \leq K_2 < +\infty.$$

Wir wählen eine Zerlegung $\mathfrak{Z} = [x_0, x_1, \ldots, x_n]$ von $\bar{I}$ und ersetzen f durch den Polygonzug g, der durch die Punkte $(x_\nu, f(x_\nu))$ läuft. Anstelle des Integrals von f berechnet man dann das Integral von

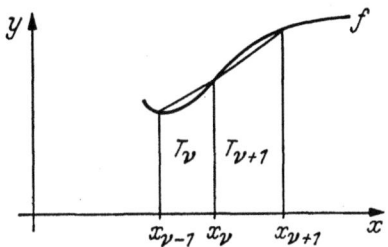

Fig. 25. Approximation durch einen Polygonzug

g, d. h. die Summe der Flächeninhalte der Trapeze T_ν. Es ist plausibel, daß, wenn $\mathfrak{Z}$ sehr fein ist, das Integral von f auf diese Weise recht gut approximiert werden kann.

Es sei also für $x \in \bar{I}_\nu = [x_{\nu-1}, x_\nu]$

$$g(x) = y_{\nu-1} + \frac{y_\nu - y_{\nu-1}}{x_\nu - x_{\nu-1}}(x - x_{\nu-1})$$

mit

$$y_\nu = f(x_\nu).$$

Weiter setzen wir $l_\nu = x_\nu - x_{\nu-1}$ und erhalten

$$\int_a^b g(x)\,dx = \sum_{\nu=1}^n \int_{x_{\nu-1}}^{x_\nu} g(x)\,dx = \sum_{\nu=1}^n l_\nu \frac{y_\nu + y_{\nu-1}}{2}.$$

Die Differenz

$$\int_a^b f(x)\,dx - \int_a^b g(x)\,dx$$

kann mit Hilfe der Newtonschen Interpolationsformel (Kapitel VI, Satz 2.4) leicht abgeschätzt werden. Es sei $h = f - g$ und $h_\nu = h\,|\,\bar{I}_\nu$. Dann wird

$$|h_\nu(x)| \leq \frac{f''(\xi)}{2!}(x - x_{\nu-1})(x_\nu - x) \qquad (\text{mit } \xi \in \bar{I}_\nu)$$

$$\leq \frac{K_2}{2}(x - x_{\nu-1})(x_\nu - x).$$

Jetzt folgt

$$\left| \int_a^b f(x)\,dx - \int_a^b g(x)\,dx \right| = \left| \sum_{\nu=1}^n \int_{x_{\nu-1}}^{x_\nu} (f(x) - g(x))\,dx \right|$$

$$= \left| \sum_{\nu=1}^n \int_{x_{\nu-1}}^{x_\nu} h_\nu(x)\,dx \right|$$

$$\leq \sum_{\nu=1}^n \int_{x_{\nu-1}}^{x_\nu} |h_\nu(x)|\,dx$$

$$\leq \sum_{\nu=1}^n \frac{K_2}{2} \int_{x_{\nu-1}}^{x_\nu} (x - x_{\nu-1})(x_\nu - x)\,dx.$$

Nun ist

$$\int_{x_{\nu-1}}^{x_\nu} (x - x_{\nu-1})(x_\nu - x)\,dx = \int_0^1 l_\nu^3 u(1-u)\,du$$

$$= l_\nu^3 \int_0^1 u(1-u)\,du$$

$$= l_\nu^3 (\tfrac{1}{2} - \tfrac{1}{3})$$

$$= \frac{l_\nu^3}{6}.$$

Damit erhält man

$$\left| \int_a^b f(x)\,dx - \int_a^b g(x)\,dx \right| \leq \frac{K_2}{12} \sum_{\nu=1}^n l_\nu^3.$$

Es seien nun alle $l_\nu = l$. Dann ist

$$\sum_{\nu=1}^n l_\nu^3 = l^2 \sum_{\nu=1}^n l_\nu = l^2 (b-a).$$

Außerdem wird

$$\int_a^b g(x)\,dx = l \cdot \sum_{\nu=1}^n \frac{y_\nu + y_{\nu-1}}{2} = l \cdot \left(\frac{y_0}{2} + y_1 + \ldots + y_{n-1} + \frac{y_n}{2} \right).$$

Wir haben damit

Satz 12.1 (Trapezregel). *Die Funktion f sei auf dem Intervall $I = [a, b]$ zweimal differenzierbar, und es gelte auf I stets $|f''(x)| \leq K_2 < +\infty$. Durch die Zerlegung $\mathfrak{Z} = [x_0, \ldots, x_n]$ werde I in gleichlange Teilintervalle I_ν der Länge l zerlegt. Weiter sei $y_\nu = f(x_\nu)$, $\nu = 0, 1, \ldots, n$. Dann ist*

$$\left| \int_a^b f(x)\,dx - l \cdot \left(\frac{y_0}{2} + y_1 + \ldots + y_{n-1} + \frac{y_n}{2} \right) \right| \leq \frac{K_2}{12} (b-a) l^2.$$

Die Approximation einer Kurve durch einen Polygonzug ist ziemlich grob; eine sehr viel schneller konvergente Näherung erhält man, wenn man f stückweise durch Parabeln ersetzt.

Wir nehmen jetzt f als viermal differenzierbar und mit beschränkter vierter Ableitung an:

$$|f^{(4)}(x)| \leq K_4.$$

$\mathfrak{Z} = [x_0, x_1, \ldots, x_n]$ sei wieder eine Zerlegung von $\bar{I}$ in Teilintervalle I_ν der Länge l_ν. Es sei weiter

$$\bar{x}_\nu = \tfrac{1}{2}(x_{\nu-1} + x_\nu), \quad \nu = 1, \ldots, n,$$
$$y_\nu = f(x_\nu), \quad \nu = 0, \ldots, n,$$
$$\bar{y}_\nu = f(\bar{x}_\nu), \quad \nu = 1, \ldots, n,$$
$$g(x) = y_{\nu-1} + A_\nu(x - x_{\nu-1}) + B_\nu(x - x_{\nu-1})(x_\nu - x) \quad \text{für} \quad x \in \bar{I}_\nu.$$

Dabei wird definiert:

$$A_\nu = \frac{y_\nu - y_{\nu-1}}{l_\nu}$$

$$B_\nu = -2\frac{y_{\nu-1} - 2\bar{y}_\nu + y_\nu}{l_\nu^2}$$

Es ist also $g \mid I_\nu$ das Newtonsche Interpolationspolynom zu den drei Stützwerten $(x_{\nu-1}, y_{\nu-1})$, $(\bar{x}_\nu, \bar{y}_\nu)$ und (x_ν, y_ν) (vgl. Kapitel VI, Satz 2.5). Dann wird

$$\int_{x_{\nu-1}}^{x_\nu} g(x)dx = \tfrac{1}{2}l_\nu \int_{-1}^{1} g(\varphi(u))du.$$

Dabei ist

$$x = \varphi(u) = \tfrac{1}{2}l_\nu u + \bar{x}_\nu,$$

$$g(\varphi(u)) = y_{\nu-1} + \frac{y_\nu - y_{\nu-1}}{2}(1+u) - \frac{y_{\nu-1} - 2\bar{y}_\nu + y_\nu}{2}(1+u)(1-u).$$

Also

$$\int_{x_{\nu-1}}^{x_\nu} g(x)dx = \tfrac{1}{2}l_\nu \left[\int_{-1}^{1} y_{\nu-1}du + \frac{y_\nu - y_{\nu-1}}{2}\int_{-1}^{1}(1+u)du - \right.$$
$$\left. - \frac{y_{\nu-1} - 2\bar{y}_\nu + y_\nu}{2}\int_{-1}^{1}du + \frac{y_{\nu-1} - 2\bar{y}_\nu + y_\nu}{2}\int_{-1}^{1}u^2 du \right]$$
$$= \tfrac{1}{2}l_\nu \left[2y_{\nu-1} + (y_\nu - y_{\nu-1}) - (y_{\nu-1} - 2\bar{y}_\nu + y_\nu) + \right.$$
$$\left. + \frac{y_{\nu-1} - 2\bar{y}_\nu + y_\nu}{3} \right]$$
$$= \tfrac{1}{2}l_\nu [2\bar{y}_\nu + \tfrac{1}{3}(y_{\nu-1} - 2\bar{y}_\nu + y_\nu)]$$
$$= \tfrac{1}{6}l_\nu [y_{\nu-1} + 4\bar{y}_\nu + y_\nu]$$
$$= D_\nu.$$

Damit ist

$$\int_a^b g(x)dx = \sum_{\nu=1}^n D_\nu = \tfrac{1}{6}\sum_{\nu=1}^n l_\nu(y_{\nu-1} + 4\bar{y}_\nu + y_\nu).$$

Für die Fehlerabschätzung sei wieder $g_\nu = g \mid I_\nu$. Das Hermitesche Interpolationspolynom mit den vier Stützwerten $(x_{\nu-1}, y_{\nu-1})$, $(\bar{x}_\nu, \bar{y}_\nu)$, $(\bar{x}_\nu, f'(\bar{x}_\nu))$ und (x_ν, y_ν) ist dann

$$p_\nu = g_\nu + C_\nu (x - x_{\nu-1})(x - \bar{x}_\nu)(x - x_\nu),$$

wobei der Koeffizient C_ν für das folgende unwichtig ist. Nun ist

$$\int_{x_{\nu-1}}^{x_\nu} (x - x_{\nu-1})(x - \bar{x}_\nu)(x - x_\nu) dx = 0,$$

wie man sofort nachrechnet. Damit wird

$$\int_{x_{\nu-1}}^{x_\nu} f(x) dx - \int_{x_{\nu-1}}^{x_\nu} g(x) dx = \int_{x_{\nu-1}}^{x_\nu} f(x) dx - \int_{x_{\nu-1}}^{x_\nu} p_\nu(x) dx.$$

Da nach der Hermiteschen Interpolationsformel (Kapitel VI, Satz 2.6) zu jedem $x \in \bar{I}_\nu$ ein $\xi \in \bar{I}_\nu$ gefunden werden kann, für das gilt:

$$f(x) - p_\nu(x) = \frac{f^{(4)}(\xi)}{4!} (x - x_{\nu-1})(x - \bar{x}_\nu)^2 (x - x_\nu),$$

erhält man:

$$\left| \int_{x_{\nu-1}}^{x_\nu} f(x) dx - \int_{x_{\nu-1}}^{x_\nu} g(x) dx \right| \leq \frac{K_4}{4!} \int_{x_{\nu-1}}^{x_\nu} \left| (x - x_{\nu-1})(x - \bar{x}_\nu)^2 (x - x_\nu) \right| dx$$

$$= \frac{K_4}{4!} l_\nu^5 \int_0^1 \left| u(u - \tfrac{1}{2})^2 (u - 1) \right| du$$

$$= \frac{K_4}{4!} l_\nu^5 \frac{1}{120}$$

$$= \frac{K_4}{2880} l_\nu^5.$$

Also wird

$$\left| \int_a^b f(x) dx - \sum_{\nu=1}^n D_\nu \right| \leq \frac{K_4}{2880} \sum_{\nu=1}^n l_\nu^5.$$

Setzt man noch $l_\nu = l$, wählt also die Teilpunkte äquidistant, so ergibt sich

Satz 12.2 (Simpsonsche Regel). *Die Funktion f habe auf dem Intervall $I = [a, b]$ eine beschränkte vierte Ableitung, es gelte etwa $|f^{(4)}(x)| \leq K_4 < +\infty$, und $\mathfrak{Z} = [x_0, \ldots, x_n]$ sei eine Zerlegung von I in Teilintervalle der Länge l. Weiter sei*

$$\bar{x}_\nu = \frac{x_{\nu-1} + x_\nu}{2}, \quad y_\nu = f(x_\nu), \quad \bar{y}_\nu = f(\bar{x}_\nu).$$

Dann ist

$$\left| \int_a^b f(x) dx - \tfrac{1}{6} \cdot l \cdot (y_0 + 2y_1 + \ldots + 2y_{n-1} + y_n + 4\bar{y}_1 + \ldots + 4\bar{y}_n) \right|$$

$$\leq \frac{K_4}{2880} (b - a) l^4.$$

Wir wollen die beiden eben bewiesenen Sätze nun anwenden. Es ist

$$\int_0^1 \frac{dx}{1+x^2} = \operatorname{arc\,tg} 1 = \frac{\pi}{4}.$$

Berechnung des Integrals liefert also die Zahl π.

$$f(x) = \frac{1}{1+x^2},$$

$$f''(x) = \frac{6x^2 - 2}{(1+x^2)^3},$$

$$f^{(4)}(x) = 24 \cdot \frac{1 - 10x^2 + 5x^4}{(1+x^2)^5}.$$

Man stellt leicht fest, daß im Integrationsintervall

$$|f^{(2)}(x)| \leq K_2 = 2,$$
$$|f^{(4)}(x)| \leq K_4 = 24$$

gilt. Berechnen wir das Integral zunächst nach der Trapezregel. Mit $l = \frac{1}{4}$ wird der Fehler kleiner als

$$\frac{K_2}{12}(b-a)l^2 = \frac{2}{12 \cdot 16} = \frac{1}{96} < 0{,}02.$$

Als Teilpunkte wählen wir $0, \frac{1}{4}, \frac{1}{2}, \frac{3}{4}, 1$.

$$f(0) = 1 = 1{,}00000,$$
$$f\left(\frac{1}{4}\right) = \frac{16}{17} = 0{,}94118,$$
$$f\left(\frac{1}{2}\right) = \frac{4}{5} = 0{,}80000,$$
$$f\left(\frac{3}{4}\right) = \frac{16}{25} = 0{,}64000,$$
$$f(1) = \frac{1}{2} = 0{,}50000.$$

Also gilt:

$$\frac{\pi}{4} = \int_0^1 \frac{dx}{1+x^2} \approx \frac{1}{4}\left(\frac{1}{2} + \frac{16}{17} + \frac{4}{5} + \frac{16}{25} + \frac{1}{4}\right)$$
$$= 0{,}78 \pm 0{,}02.$$

Die Simpsonsche Regel liefert mit demselben Rechenaufwand ein genaueres Ergebnis. Wir setzen $l = \frac{1}{2}$ und erhalten als Fehler

$$\frac{K_4}{2880}(b-a)l^4 = \frac{24}{2880} \cdot \frac{1}{16} = \frac{1}{1920} < 0{,}0006.$$

Dann wird

$$\frac{\pi}{4} = \int_0^1 \frac{dx}{1+x^2} \approx \frac{1}{12} \cdot \left(1 + \frac{64}{17} + \frac{8}{5} + \frac{64}{25} + \frac{1}{2}\right)$$
$$= 0{,}7854 \pm 0{,}0006 \,.$$

Der Tabellenwert (auf 4 Dezimalen genau) ist:

$$\frac{\pi}{4} = 0{,}7854 \,.$$

Literatur

[1] BARNER, M.: *Differential- und Integralrechnung.* Sammlung Göschen. Berlin 1963.
[2] BARTLE, R. G.: *The Elements of Real Analysis.* New York: John Wiley 1964.
[3] BIEBERBACH, L.: *Differential- und Integralrechnung* (2 Bände). Leipzig-Berlin: Teubner 1917/18.
[4] COURANT, R.: *Vorlesungen über Differential- und Integralrechnung* (2 Bände). Berlin-Göttingen-Heidelberg: Springer 1955[1].
[5] —, and F. JOHN: *Introduction to Calculus and Analysis* (2 Bände). New York: Interscience 1965[1].
[6] DUSCHEK, A.: *Vorlesungen über höhere Mathematik* (4 Bände). Wien: Springer 1949—1961[1].
[7] ERWE, F.: *Differential- und Integralrechnung* (2 Bände). Mannheim: Bibliographisches Institut 1962.
[8] FICHTENHOLZ, G. M.: *Differential- und Integralrechnung* (3 Bände). Berlin: VEB Deutscher Verlag der Wissenschaften 1964.
[9] GOLDBERG, R. R.: *Methods of Real Analysis.* New York: Blaisdell 1964.
[10] HARDY, G. H.: *Pure Mathematics.* Cambridge: Cambridge University Press 1952.
[11] HILLE, E.: *Analysis* (2 Bände). New York: Blaisdell 1964—1966.
[12] KOWALEWSKI, G.: *Grundzüge der Differential- und Integralrechnung.* Leipzig: Teubner 1932.
[13] LIGHTSTONE, A. H.: *Concepts of Calculus.* New York: Harper & Row 1965.
[14] MAAK, W.: *Differential- und Integralrechnung.* Göttingen: Vandenhoeck & Ruprecht 1959.
[15] MANGOLDT, H. v., u. K. KNOPP: *Einführung in die höhere Mathematik* (3 Bände). Leipzig: Hirzel 1956—1958.
[16] OSTROWSKI, A.: *Vorlesungen über Differential- und Integralrechnung* (3 Bände). Basel: Birkhäuser 1952—1954.
[17] PHILLIPS, E. G.: *A Course of Analysis.* Cambridge: Cambridge University Press 1950.
[18] RANKIN, R. A.: *An Introduction to Mathematical Analysis.* Oxford: Pergamon Press 1963.

---

[1] Besonders für Physiker nützlich.

[19] RUDIN, W.: *Principles of Mathematical Analysis*. New York: McGraw-Hill 1953.
[20] SMIRNOW, W. I.: *Lehrgang der höheren Mathematik* (5 Bände). Berlin: VEB Deutscher Verlag der Wissenschaften 1953—1964[1].
[21] STRUBECKER, K.: *Einführung in die höhere Mathematik*. München: Oldenbourg 1956.

Aufgabensammlungen

[22] GÜNTER, N. M., u. R. O. KUSMIN: *Aufgabensammlung zur höheren Mathematik* (2 Bände). Berlin: VEB Deutscher Verlag der Wissenschaften 1957.
[23] OSTROWSKI, A.: *Aufgabensammlung zur Infinitesimalrechnung*. Basel: Birkhäuser 1964.

Weiterführende Werke und numerische Analysis

[24] APOSTOL, T. M.: *Mathematical Analysis*. Reading (Mass.): Addison & Wesley 1960.
[25] BEREZIN, I. S., and N. P. ZHIDKOV: *Computing Methods* (2 Bände). Oxford: Pergamon Press 1965.
[26] BOURBAKI, N.: *Fonctions d'une variable réelle* (Eléments de mathématique IV). Paris: Hermann 1949ff.
[27] — *Intégration* (Eléments de mathématique VI). Paris: Hermann 1956ff.
[28] DIEUDONNÉ, J.: *Foundations of Modern Analysis*. New York: Academic Press 1960.
[29] HAUPT, O., G. AUMANN u. C. PAUC: *Differential- und Integralrechnung* (3 Bände). Berlin: de Gruyter 1945—1955.
[30] KESTELMAN, H.: *Modern Theories of Integration*. New York: Dover Publ. 1960.
[31] KOPAL, Z.: *Numerical Analysis*. London: Chapman & Hall 1961.
[32] KOWALEWSKI, G.: *Interpolation und genäherte Quadratur*. Leipzig: Teubner 1932.
[33] KUNTZMANN, J.: *Méthodes numériques*. Paris: Dunod 1959.
[34] ROYDEN, H. L.: *Real Analysis*. New York: MacMillan 1963.
[35] SHILOV, G. Y.: *Mathematical Analysis: A Special Course*. Oxford: Pergamon Press 1965.

Konstruktive Mathematik

[36] LORENZEN, P.: *Differential und Integral*. Frankfurt a. M.: Akademische Verlagsgesellschaft 1965.

---

[1] Besonders für Physiker nützlich.

Wichtige Bezeichnungen

$\in$	2		(a_ν)	32
$\notin$	3		max	11
$\in\in$	154		min	11
$\{a, b, c\}$	3		sup	30
$\cup$	4		inf	31
$\bigcup$	7		lim sup	38
$\cap$	4		$\overline{\lim}$	38
$\bigcap$	7		lim inf	39
$\subset$	4		$\underline{\lim}$	39
$\supset$	4		$\lim\limits_{\nu\to\infty} a_\nu$	41
$\emptyset$	3		$U(x)$	35
$\mathbb{N}$	3		$U_\varepsilon(x)$	35
$\mathbb{Q}$	3		$\mathfrak{U}[h, g]$	154
$\mathbb{Z}$	3		$\mathfrak{Z}$	63
$\mathbb{R}$	2			
$\mathbb{R}^*$	16		$f \equiv g$	61
$\overline{\mathbb{R}}$	6		$f \circ g$	72
			f^{-1}	106
			$f \mid N$	61
$[a, b]$	3			
(a, b)	3		t	63
$(a, b]$	3		$\underline{t}$	65
$[a, b)$	3		$\overline{t}$	64
			f'	89
$\sum\limits_{\nu=1}^{n} a_\nu$	19		$\dfrac{df}{dx}$	89
$\prod\limits_{\nu=1}^{n} a_\nu$	21		$\dfrac{d^n f}{dx^n}$	93
			$f^{(n)}$	93
$\nu!$	56		$\sum(t)$	151
$\binom{n}{\nu}$	94, 136		$\int\limits_a^b f(x)\, dx$	157

Namen- und Sachverzeichnis

ABEL, N. H. (1802—1829)
abelsch 12
abgeschlossenes Intervall 3
—, abgeschlossene Zahlengerade 6
Ableitung 89
—, höhere 93
Absolutbetrag 25
absolut konvergent 58, 82
absolut stetig 180
Abstand 25
abzählbar 33
Addition 11 f., s. auch Summe
Additionstheorem der Exponentialfunktion 130
— der trigonometrischen Funktionen 138
— des Logarithmus 132, 135
Äquivalenz (von Aussagen) 9
Algebra, Fundamentalsatz 182
algebraische Zahl 130
alternierende harmonische Reihe 57
— Reihe 56
analytische Funktion 115
Anordnung 21
Anordnungsaxiome 22
ARCHIMEDES (3. Jh. v. Chr.), Satz von ARCHIMEDES 27
Areafunktionen 146
Arkusfunktionen 142 ff.
assoziativ 8, 11, 12, 16, 17
Assoziativgesetz s. assoziativ
Auswahlpostulat 169
Axiom 1
— der Addition s. Addition
— der Anordnung
  s. Anordnungsaxiome
— der Multiplikation s. Multiplikation
— der reellen Zahlen 11 ff., 16, 17, 22
— vom Dedekindschen Schnitt 22, 26

Basis einer Exponentialfunktion 133
— eines Logarithmus 135
Bereich s. Funktionsbereich
Beschleunigung 96
beschränkt 32, 35, 75

beschränkt nach oben 32, 35, 75
— nach unten 32, 35, 75
Betrag 25
Beweis durch vollständige Induktion 13
— durch Widerspruch 24
—, indirekt 24
bijektiv 2
Bild 61
Bildmenge 61
binäre Operation 12
Binomialkoeffizient 94, 136
binomische Reihe 137
BOLZANO, B. (1781—1848), Satz von BOLZANO u. WEIERSTRASS 40
BRIGGS, H. (1561—1630), Logarithmus 135

CAUCHY, A. L. (1789—1857), Kriterium 159
—, Konvergenzkriterium 43, 49 f., 81
Cosinus 137 ff.
— hyperbolicus s. Hyperbelfunktionen
Cotangens 141

dann und nur dann, wenn 9
DEDEKIND, R. (1831—1916), Axiom vom Dedekindschen Schnitt 22, 26
— Schnitt 26
Definition durch vollständige Induktion 13, 34
Definitionsbereich 61
dicht 37
—, überall 37
Differentialquotient 89
Differentialrechnung, Fundamentalsatz der — und Integralrechnung 176
—, Mittelwertsätze 97, 99
Differentiation, gliedweise 104
— s. auch: Vertauschungen von Grenzprozessen
Differenz 4, 6
— s. auch: Addition

Differenzquotient 89
differenzierbar 83 f.
—, n-mal 93, 110
—, stetig 93
—, unendlich oft 93
Diskriminante 182
distributiv 8, 17
Distributivgesetz s. distributiv
divergent 41, 49
Divergenz s. divergent
Dreiecksungleichung 25
Durchschnitt 4, 7

e 130
ε-Bereich 158 f.
Eindeutigkeitssatz 113
eineindeutig 106
Eins 16
Einschränkung 61
Element 2
—, invers 12
—, negativ zu 12
—, neutral 12
—, reziprok zu 16
elementare Funktion 129 ff.
— integrierbar 178
enthalten 4
entwickelbar in eine Potenzreihe 115
Entwicklungspunkt 83, 111, 114
EUKLID (4. Jh. v. Chr.),
 Algorithmus 73
ε-Umgebung 35, 158 f.
Existenzbereich 61
Exponent 134
Exponentialfunktion 129
—, Additionstheorem 130, 133
— zur Basis a 133
Extrapolation 119
Extremum, lokales 96, 127 f.
Extremwert s. Extremum

fast alle 38, 41
— überall 178
feiner 151
Feinheit 170
Flächeninhalt 151, 152
Folge 32 f., 34 f., 77
—, divergent s. divergent
—, Funktionen 77
—, Glied 32
—, Grenzwert s. Grenzwert
—, konstant 33, 45
—, konvergent s. konvergent
—, Punkt — 32
—, Teil — 34, 35
—, Zahlen — 32

Folgenkriterium 69
folgt 5
Formel, Hadamardsche 86
—, Interpolationsformel 126
—, Taylorsche 112
Fundamentalsatz der Algebra 182
— der Differential- und Integralrechnung 176
Funktion 61 ff., 66, 72, 106
—, analytisch 115
—, Area-Funktionen 146
—, Arkus-Funktionen 142 ff.
—, differenzierbar s. differenzierbar
—, elementar 129 ff.
—, Exponential- 129
—, gerade 138
—, Graph 61
—, Grenzwert einer — bei Annäherung an einen Punkt 70
—, Grenzwert einer — bei Annäherung an $+\infty$ 101
—, halbstetig 63 f.
—, Hyperbelfunktionen 145
—, integrierbar s. integrierbar
—, Kreisfunktionen 137 ff.
—, rational 74, 182 ff.
—, reell 61
—, Schaubild 61
—, stetig s. stetig
—, Treppen —· 63, 151 ff.
—, trigonometrische 137 ff.
—, ungerade 138
—, zusammengesetzt 72, 92
—, zyklometrisch 142
Funktionenfolge 77
Funktionsbereich 154
Funktionswert 61

ganze Zahl 3
geometrische Reihe 51, 83
geordnet s. Anordnung
—, linear 22
gerade Funktion 138
Geschwindigkeit 95
gleichmäßig konvergent 78, 80 f.
Glied einer Folge 32
— einer Reihe 48
gliedweise s. auch: Vertauschung
 von Grenzprozessen
— Differentiation 104
— Grenzübergänge s. Vertauschung
 von Grenzprozessen
— Integration 167
Grad 73, 183
Graph 61
Grenze, obere 30

Grenze, untere 31
Grenzfunktionen 77, 80
Grenzwert 41, 46 ff., 70, 77, 80, 101
größer 22, 153
— -gleich 22, 153
Gruppe 12
—, abelsche 12
—, kommutative 12
Gruppenoperation 12

HADAMARD, J. (1865—1963),
  Formel 86
halboffenes Intervall 3
Halbordnung 22
halbstetig, nach oben 63
—, nach unten 64
harmonische Reihe 51
— —, alternierend 57
Häufungspunkt 37 f.
Hauptwerk 143
HAUSDORFF, F. (1868—1942),
— Trennungsaxiom 46
HERMITE, CH. (1822—1901), Interpolationspolynom 119
—, Newton-Hermitesche Interpolationsformel 126
höhere Ableitungen 93
L'HOSPITAL, G. F. A. DE
  (1661—1704), Regeln 100 ff.
Hyperbelfunktionen 145

Identitätsgesetz 7, 22
Identitätssatz 117
indirekter Beweis 24
Induktion, Beweis durch vollständige 13
—, Definition durch vollständige 13
—, vollständige s. Induktion
Induktionsanfang 14
Induktionsaxiom 13
Induktionsschluß 14
Induktionsvoraussetzung 14
Infimum 31, 35
injektiv 106
Inklusion 4 f.
Integral 151, 157, 160, 173
—, Lebesguesches s. integrierbar im Sinne von LEBESGUE
—, Riemannsches s. R-integrierbar
—, unbestimmt 175
—, uneigentlich 187 ff.
Integralrechnung, Fundamentalsatz der Differential- und 176
Integration der rationalen Funktionen 182 ff.

Integration durch Substitution s. Substitutionsregel
—, gliedweise 167
—, numerische 190 ff.
—, partielle 179
integrierbar 156, 159
—, elementar 178
— im Sinne von LEBESGUE 157
— nach RIEMANN 169 f.
Interpolation 119 ff.
—, Hermitesches Interpolationspolynom 119
—, Newton-Hermitesche Interpolationsformel 126
—, Newtonsches Interpolationspolynom 122
Intervall 3
—, abgeschlossen 3
—, halboffen 3
—, offen 3
invers zu 12
irrational 3

Junktor 4

Kettenregel 92
kleiner 3, 22, 153
— -gleich 22, 153
Koeffizient 73, 83
—, Ansatz mit unbestimmten Koeffizienten 185
koeffizientenweise konvergent 124
kommutative Gruppe 12
Kommutativgesetz 8, 12, 16 f.
konvergent 41 ff., 49 ff.
—, absolut 58, 82
—, gleichmäßig 78, 80
— im gewöhnlichen Sinne 77, 80
— im Sinne von LEBESGUE 165, 167
—, koeffizientenweise 124
—, punktweise 77, 80
Konvergenz s. auch konvergent
—, Cauchysches Konvergenzkriterium 43, 49 f., 81
Konvergenzintervall 85
Konvergenzradius 85
Körper 18
Körperaxiome 11 ff.
Kreisfunktionen 137 ff.

LAGRANGE, J. L. (1736—1813),
  Form des Restgliedes 113
LEBESGUE, H. (1875—1941), integrierbar im Sinne von 157
—, konvergent im Sinne von 165, 167

Lebesguesches Integral 151, 157
leere Menge 3
liegt ganz in 154
Limes 41
— s. auch: Grenzwert, konvergent
— inferior 39 f.
— superior 38 f.
linear geordnet 22
Logarithmentafel 135
Logarithmus 131 ff.
—, Additionstheorem 132, 135
—, Briggsscher 135
—, natürlicher 131
—, Zehner- 135
— zur Basis a 135
lokale, Eigenschaft 67, 89
lokales Extremum 96, 127 f.

Majorante 53
Majorantenkriterium 83
Majoranten/Minoranten-Kriterium 54
Maximum 11, 66, 75
—, lokal 96
Menge 2 ff.
—, abzählbar 33
—, leer 3
—, Null — 168
—, offen 36
—, Potenz — 30
—, Teil — 4
—, zulässig 88
Minimum 11, 66, 75
—, lokal 96
Minorante 53
—, Majoranten/Minoranten-Kriterium 54
Mittelwertsätze der Differentialrechnung 97 ff.
monoton 43, 107
— fallend 43
— wachsend 43
—, streng — fallend 43
—, streng — wachsend 43
Multiplikation 16 ff.
— s. auch: Produkt

natürlicher Logarithmus 131
natürliche Zahl 3, 13
negativ 24
— zu 12
neutrales Element 12
NEWTON, I. (1643—1727), Newton-Hermitesche Interpolationsformel 126

Newtonsches Interpolationspolynom 122
nicht 4
normiertes Polynom 177
Null 11
Nullmenge 168
Nullstelle 73 f.
nullteilerfrei 16
numerische Integration 190 ff.

Obere Grenze 30
— Schranke 30, 35
Obermenge 26
Objekt 2
oder 4
offen 36
offenes Intervall 3, 36
Ordnung 74, 118
— s. auch Anordnung

π 139
Partialbruchzerlegung 183
Partialsumme 48
partielle Integration 179
Periode 139
Polynom 73, 177
—, Interpolationspolynom s. Interpolation
—, normiert 177
—, Taylor- s. TAYLOR
positiv 24
Potenz 134
Potenzmenge 30
Potenzreihe 83
—, in eine — entwickelbar 115
Produkt 16, 21, 63
Produktregel 91
Produktzeichen 21
Produktzerlegung 151
Punkt
—, unendlich fern 6
Punktfolge s. Folge
punktweise konvergent 77

Quotient 63
— s. auch Multiplikation
Quotientenkriterium 54
Quotientenregel 92

Randpunkt 3
rationale Funktion 74, 182 ff.
—, Integration 182 ff.
rationale Zahl 3
reelle Funktion 61
— Zahl 1 ff., 11 ff., 16, 17, 22
—, Axiome 11 ff., 16, 17, 22

Namen- und Sachverzeichnis

Reflexivität 7, 22
Regeln von DE L'HOSPITAL 100 ff.
Reihe 48 ff.
—, alternierend 56
—, alternierend harmonisch 57
—, binomisch 137
—, divergent 49
—, geometrisch 51, 83
—, harmonisch 51
—, konvergent 49
— mit positiven Gliedern 53 ff.
—, Potenz— 83
—, Taylorsche Reihe 114
—, unendlich 48
— von Funktionen 80 f.
Restglied 113
—, Lagrangesche Form 113
Restriktion 61
reziprok zu 16
RIEMANN, G. F. B. (1826—1866), integrierbar nach 169 f.
Riemannsche Summe 152 f., 170
Riemannsches Integral 151, 170
R-integrierbar 169 f.
ROLLE, M. (1652—1719), Satz 97

Satz, Fundamentalsatz der Algebra 182
—, — — Differential- und Integralrechnung 176
—, Identitätssatz 117
—, Mittelwertsatz (1. und 2.) 97 ff.
— von ARCHIMEDES 27
— von BOLZANO u. WEIERSTRASS 40
— von ROLLE 97
— von TAYLOR s. Taylorsche Formel
—, Zwischenwert 76
Schaubild 61
Schnitt s. Dedekindscher Schnitt
Schnittzahl 27
Schranke, obere 30, 35
—, untere 31, 35
Sekante 90
SIMPSON, TH. (1710—1761), Regel 194
Sinus 138 f.
— hyperbolicus
   s. Hyperbelfunktionen
Stammfunktion 175
Steigung 90, 122, 126
stetig 67 ff.
—, absolut 180
— differenzierbar 93
streng monoton 43, 107
strenge Ungleichung 23
strikt s. streng

Stützwert 119
Substitutionsregel 179
Summand 48
Summationsgrenze 21
Summationsindex 21
Summe 11, 12 f., 19 ff., 62, 65
—, s. auch Addition, Reihe
— einer konvergenten Reihe 49
Summenfolge 48, 80
Summenfunktion 80
Summenzeichen 19 ff.
—, Partialsumme 48
—, Riemannsche 152 f., 170
Supremum 30, 35

Tangens 141
Tangente 88, 90
TAYLOR, B. (1685—1731), Formel 112
Taylorpolynom 111
Taylorreihe 114
Teilfolge 34, 35
Teilintervall 63
Teilmenge 4
transitiv 7, 22
transzendent 130
Trapezregel 192
Trennungsaxiom 36
Treppenfunktion 63 f., 151 ff.
trigonometrische Funktionen 137 ff.
— Additionstheorem 138

überall dicht 37
Umgebung 35 f., 154, 159
—, ε-Umgebung 35, 159
Umkehrfunktion 106 ff.
unbestimmtes Integral 175
und 4
unendliche Reihe s. Reihe
unendlich ferne Punkte 6
unendlich oft differenzierbar 93
Ungleichung 23
—, Dreiecksungleichung 25
—, streng (strikt) 23
untere Grenze 31
untere Schranke 31, 35
Untermenge 26

Vereinigung 4, 7
Verfeinerung 151
Verknüpfung 12
Vertauschung von Grenzprozessen 102 ff., 165 ff.
vollständige Induktion s. Induktion
Vollständigkeitsaxiom 22
— s. auch Dedekindscher Schnitt
Vorzeichenschema 24

WEIERSTRASS, K. (1815—1897)
— Satz von BOLZANO und WEIERSTRASS 40
wenn ... dann (so) 5
Wertevorrat 61
Widerspruchsprinzip 24
Winkelfunktionen 144
Wurzelkriterium 55

Zahl 1 ff.
—, algebraisch 130
—, ganz 3
—, natürlich 3, 13
—, negativ 24
—, positiv 24
—, rational 3
—, reell 1 f., 11 ff., 16, 17, 22
—, transzendent 130

Zahlenfolge 32
— s. auch: Folge
Zahlengerade 1, 2
—, abgeschlossen 6
Zehnerlogarithmus 135
Zerlegung 63
—, Partialbruch — 183
—, Produkt — 151
—, Teilintervall 63
Zerlegungspunkt 64
zulässig 88
zusammengesetzte Funktion 72
Zusammensetzung 72
Zuwachs 113
Zwischenpunkt 170
Zwischenwertsatz 76
zyklometrische Funktionen 142

Heidelberger Taschenbücher

Mathematik — Physik — Chemie — Technik — Wirtschaftswissenschaften

1 M. Born: Die Relativitätstheorie Einsteins. 5. Auflage. DM 14,80
2 K. H. Hellwege: Einführung in die Physik der Atome. 4. Auflage. DM 12,80
6 S. Flügge: Rechenmethoden der Quantentheorie. 3. Auflage. DM 14,80
7/8 G. Falk: Theoretische Physik I und I a auf der Grundlage einer allgemeinen Dynamik. Band 7: Elementare Punktmechanik (I). DM 14,80
Band 8: Aufgaben und Ergänzungen zur Punktmechanik (I a). DM 14,80
9 K. W. Ford: Die Welt der Elementarteilchen. DM 14,80
10 R. Becker: Theorie der Wärme. DM 18,80
11 P. Stoll: Experimentelle Methoden der Kernphysik. DM 12,80
12 B. L. van der Waerden: Algebra I. 8. Auflage der Modernen Algebra. DM 12,80
13 H. S. Green: Quantenmechanik in algebraischer Darstellung. DM 12,80
14 A. Stobbe: Volkswirtschaftliches Rechnungswesen. 3. Auflage. DM 16,80
15 L. Collatz/W. Wetterling: Optimierungsaufgaben. 2. Auflage. DM 16,80
16/17 A. Unsöld: Der neue Kosmos. DM 18,—
19 A. Sommerfeld/H. Bethe: Elektronentheorie der Metalle. DM 16,80
20 K. Marguerre: Technische Mechanik. I. Teil: Statik. 2. Auflage. DM 14,80
21 K. Marguerre: Technische Mechanik. II. Teil: Elastostatik. DM 12,80
22 K. Marguerre: Technische Mechanik. III. Teil: Kinetik. DM 14,80
23 B. L. van der Waerden: Algebra II. 5. Auflage der Modernen Algebra. DM 16,80
27/28 G. Falk: Theoretische Physik II und II a.
Band 27: Allgemeine Dynamik. Thermodynamik (II). DM 16,80
Band 28: Aufgaben und Ergänzungen zur Allgemeinen Dynamik und Thermodynamik (II a). DM 14,80
30 R. Courant/D. Hilbert: Methoden der mathematischen Physik I. 3. Auflage. DM 19,80
31 R. Courant/D. Hilbert: Methoden der mathematischen Physik II. 2. Auflage. DM 19,80
33 K. H. Hellwege: Einführung in die Festkörperphysik I. DM 12,80
34 K. H. Hellwege: Einführung in die Festkörperphysik II. DM 14,80
36 H. Grauert/W. Fischer: Differential- und Integralrechnung II. 2. Auflage. DM 14,80
37 V. Aschoff: Einführung in die Nachrichtenübertragungstechnik. DM 14,80
38 R. Henn/H. P. Künzi: Einführung in die Unternehmensforschung I. DM 12,80
39 R. Henn/H. P. Künzi: Einführung in die Unternehmensforschung II. DM 14,80
40 M. Neumann: Kapitalbildung, Wettbewerb und ökonomisches Wachstum. DM 12,80
43 H. Grauert/I. Lieb: Differential- und Integralrechnung III. DM 14,80
44 J. H. Wilkinson: Rundungsfehler. DM 16,80
49 Selecta Mathematica I. Verf. und hrsg. von K. Jacobs. DM 12,80
50 H. Rademacher/O. Toeplitz: Von Zahlen und Figuren. DM 12,80
51 E. B. Dynkin/A. A. Juschkewitsch: Sätze und Aufgaben über Markoffsche Prozesse. DM 19,80
52 H. M. Rauen: Chemie für Mediziner — Übungsfragen. DM 12,80
53 H. M. Rauen: Biochemie — Übungsfragen. DM 12,80
55 H. N. Christensen: Elektrolytstoffwechsel. DM 16,80
56 M. J. Beckmann/H. P. Künzi: Mathematik für Ökonomen I. 2. Auflage. DM 16,80
59/60 C. Streffer: Strahlen-Biochemie. DM 16,80
63 Z. G. Szabó: Anorganische Chemie. DM 16,80
64 F. Rehbock: Darstellende Geometrie. 3. Auflage. DM 16,80
65 H. Schubert: Kategorien I. DM 14,80
66 H. Schubert: Kategorien II. DM 14,80
67 Selecta Mathematica II. Hrsg. von K. Jacobs. DM 14,80
71 O. Madelung: Grundlagen der Halbleiterphysik. DM 14,80
72 G. Becke-Goehring/H. Hoffmann: Komplexchemie. DM 19,80
73 G. Pólya/G. Szegö: Aufgaben und Lehrsätze aus der Analysis I. 4. Auflage. DM 16,80
74 G. Pólya/G. Szegö: Aufgaben und Lehrsätze aus der Analysis II. 4. Auflage. DM 16,80

75 Technologie der Zukunft. Hrsg. von R. Jungk. DM 19,80
78 A. Heertje: Grundbegriffe der Volkswirtschaftslehre. 2. Auflage. DM 16,80
79 E. A. Kabat: Einführung in die Immunchemie und Immunologie. DM 19,80
80 F. L. Bauer/G. Goos: Informatik — Eine einführende Übersicht. Erster Teil. 2. Auflage. DM 14,80
81 K. Steinbuch: Automat und Mensch. 4. Auflage. DM 19,80
85 W. Hahn: Elektronik-Praktikum. DM 14,80
86 Selecta Mathematica III. Hrsg. von K. Jacobs. DM 16,80
87 H. Hermes: Aufzählbarkeit, Entscheidbarkeit, Berechenbarkeit. 2. Auflage. DM 16,80
90 A. Heertje: Grundbegriffe der Volkswirtschaftslehre II. DM 14,80
92 J. Schumann: Grundzüge der mikroökonomischen Theorie. 2. Auflage. In Vorbereitung
93 O. Komarnicki: Programmiermethodik. DM 16,80
98 Selecta Mathematica IV. Hrsg. von K. Jacobs. DM 16,80
99 P. Deussen: Halbgruppen und Automaten. DM 14,80
102 W. Franz: Quantentheorie. DM 19,80
103 K. Diederich/R. Remmert: Funktionentheorie I. DM 16,80
104 O. Madelung: Festkörpertheorie I. DM 16,80
105 J. Stoer: Einführung in die Numerische Mathematik I. DM 16,80
107 W. Klingenberg: Eine Vorlesung über Differentialgeometrie. DM 16,80
108 F. W. Schäfke/D. Schmidt: Gewöhnliche Differentialgleichungen. DM 16,80
109 O. Madelung: Festkörpertheorie II. DM 16,80
110 W. Walter: Gewöhnliche Differentialgleichungen. DM 16,80
114 J. Stoer, R. Bulirsch: Einführung in die Numerische Mathematik II. DM 16,80
116 T. J. Franklin, G. A. Snow: Biochemie antimikrobieller Wirkstoffe. DM 19,80
117 M. J. Beckmann, H. P. Künzi: Mathematik für Ökonomen II. DM 14,80
120 H. Hofer: Datenfernverarbeitung. DM 19,80
123 R. Maleri: Grundzüge der Dienstleistungsproduktion. DM 16,80
126 O. Madelung: Festkörpertheorie III. DM 16,80
127 H. Schecher: Funktioneller Aufbau digitaler Rechenanlagen. DM 19,80
131 W. Bähr, H. Theobald: Organische Stereochemie. DM 16,80
135 D. Hellwinkel: Die systematische Nomenklatur der Organischen Chemie. DM 14,80
140 R. Alletsee, G. Umhauer: Assembler 1. DM 16,80
141 R. Alletsee, G. Umhauer: Assembler 2. DM 17,80
142 R. Alletsee, G. Umhauer: Assembler 3. DM 19,80
143 T. Bröcker, K. Jänich: Einführung in die Differentialtopologie. DM 16,80
146 K. H. Hellwege: Einführung in die Physik der Moleküln. DM 14,80
148 J. Schurz: Physikalische Chemie der Hochpolymeren. DM 19,80
150 E. Oeljeklaus, R. Remmert: Lineare Algebra I. DM 19,80
151 C. Blatter: Analysis I. DM 14,80
152 C. Blatter: Analysis II. DM 14,80
153 C. Blatter: Analysis III. DM 14,80
156 W. Busse von Colbe, G. Laßmann: Betriebswirtschaftstheorie 1. DM 14,80
157 J. Siebke, M. Willms: Theorie der Geldpolitik. DM 14,80
158 A. Stobbe: Gesamtwirtschaftliche Theorie. DM 19,80
161 H. Preuss, F. L. Boschke: Die chemische Bindung. DM 16,60
170 H. M. T. Rauen, M. Rauen-Buchka: Physiologische Chemie. DM 17,80
172 H. P. Künzi, W. Krelle: Nichtlineare Programmierung. DM 18,80
173 G. Blümle: Theorie der Einkommensverteilung. DM 16,80
174 G. J. Tichy: Konjunkturschwankungen. DM 18,80

Preisänderungen vorbehalten

MIX
Papier aus verantwortungsvollen Quellen
Paper from responsible sources
FSC® C105338

If you have any concerns about our products,
you can contact us on
ProductSafety@springernature.com

In case Publisher is established outside the EU,
the EU authorized representative is:
**Springer Nature Customer Service Center GmbH
Europaplatz 3, 69115 Heidelberg, Germany**

Printed by Libri Plureos GmbH
in Hamburg, Germany

Heidelberger Taschenbücher Band 103

K. Diederich · R. Remmert

Funktionentheorie I

Springer-Verlag
Berlin · Heidelberg · New York 1972

Dr. Klas Diederich · Prof. Dr. Reinhold Remmert
Mathematisches Institut der Universität Münster

AMS Subject Classifications (1970)
30-01, 30 A 10, 30 A 14, 30 A 66, 30 A 68, 30 A 86, 30 A 98

ISBN-13: 978-3-540-05682-9 e-ISBN-13: 978-3-642-65308-7
DOI: 10.1007/978-3-642-65308-7

Das Werk ist urheberrechtlich geschützt. Die dadurch begründeten Rechte, insbesondere die der Übersetzung, des Nachdruckes, der Entnahme von Abbildungen, der Funksendung, der Wiedergabe auf photomechanischem oder ähnlichem Wege und der Speicherung in Datenverarbeitungsanlagen bleiben, auch bei nur auszugsweiser Verwertung, vorbehalten. Bei Vervielfältigungen für gewerbliche Zwecke ist gemäß § 54 UrhG eine Vergütung an den Verlag zu zahlen, deren Höhe mit dem Verlag zu vereinbaren ist. © by Springer-Verlag Berlin · Heidelberg 1972. Library of Congress Catalog Card Number 72-182443. Die Wiedergabe von Gebrauchsnamen, Handels-namen, Warenbezeichnungen usw. in diesem Werk berechtigt auch ohne besondere Kennzeichnung nicht zu der Annahme, daß solche Namen im Sinne der Warenzeichen- und Markenschutz-Gesetzgebung als frei zu betrachten wären und daher von jedermann benutzt werden dürften. Gesamtherstellung: Brühlsche Universitätsdruckerei Gießen

Heinrich Behnke gewidmet

Vorwort

> Neue Blicke durch die alten Löcher
>
> G. CH. LICHTENBERG

0. Funktionentheorie ist nach klassischem Sprachgebrauch die Theorie der holomorphen Funktionen einer komplexen Veränderlichen. Der Begriff der holomorphen Funktion kann im wesentlichen auf drei Weisen eingeführt werden: einmal durch die Forderung nach komplexer Differenzierbarkeit, zum anderen durch die Bedingung der Existenz einer Stammfunktion im Kleinen, und schließlich durch die Voraussetzung der lokalen Entwickelbarkeit in eine Potenzreihe. Durch die Äquivalenz dieser methodisch verschiedenen Definitionen gewinnt die Funktionentheorie zu ihrem Reichtum die Geschlossenheit hinzu, um derentwillen C. L. Siegel sie in seinen Vorlesungen als ein einmaliges Geschenk an die Mathematiker bezeichnet.

Dieses Taschenbuch ist der erste Teil einer zweibändigen Darstellung der Grundlagen der Funktionentheorie, die auf eine an der Universität Münster im Sommersemester 1968 und Wintersemester 1968/69 vom zweiten der beiden Autoren gehaltene Vorlesung zurückgeht. Die beiden Zugänge zur Funktionentheorie, die Cauchysche Theorie der komplex differenzierbaren Funktionen einschließlich der Theorie der Stammfunktionen und die Weierstraßsche Theorie der in Potenzreihen entwickelbaren Funktionen, werden darin zunächst unabhängig voneinander dargelegt. Dadurch wird insbesondere die Tragweite des Weierstraßschen Ansatzes deutlich, die in den heute meist gegebenen gemischten Darstellungen nicht so sichtbar wird. Außerdem treten die Stellen im Aufbau der Funktionentheorie besonders klar zu Tage, an denen das Zusammenwirken der beiden Ansätze unumgänglich zu sein scheint.

1. Im Kap. I wird die Cauchysche Theorie dargestellt. Zur Einführung der komplex-differenzierbaren Funktionen wird im §2 zunächst die aus der Infinitesimalrechnung bekannte reelle partielle Differentiation in die Sprache des „Wirtingerkalküls" übersetzt. Das ermöglicht die Formulierung der Cauchy-Riemannschen Differentialgleichungen in der eleganten Form $\frac{\partial f}{\partial \bar{z}} = 0$. Kurvenintegrale werden nur für stückweise stetig differenzierbare Wege betrachtet. Für die Herleitung der grundlegenden Sätze braucht man nur aus Strecken und Kreisbögen zusammengesetzte Integrationswege. Der Cauchysche Integralsatz wird in seiner lokalen Fassung formuliert und mit der auf Goursat

zurückgehenden Methode der sukzessiven Rechteckunterteilung bewiesen (vgl. § 5.2); im weiteren Aufbau erschließt man dann über den Satz von Morera insbesondere die Stetigkeit der ersten komplexen Ableitung einer komplex-differenzierbaren Funktion.

Die Cauchyschen Sätze ergeben sich sofort aus den bekannten Integralsätzen der reellen Analysis des $\mathbb{R}^2$, wenn man zusätzlich die Stetigkeit der ersten komplexen Ableitung postuliert. So folgern wir im § 5.1 den Cauchyschen Integralsatz aus der Greenschen Formel; des weiteren wird im § 7.1 mittels des Stokesschen Satzes eine Integralformel für reell stetig differenzierbare Funktionen hergeleitet, die für komplex stetig differenzierbare Funktionen sofort in die Cauchysche Integralformel übergeht.

Der Riemannsche Hebbarkeitssatz wird im § 7.3 ohne Benutzung von Laurentreihen gewonnen.

2. Im Kap. II wird die Weierstraßsche Theorie dargestellt. Dazu werden zunächst die algebraischen Eigenschaften des Ringes der konvergenten Potenzreihen untersucht und anschließend funktionentheoretisch interpretiert. Um diesen Weg konsequent zu beschreiten, werden – sine ira et studio – die notwendigen Voraussetzungen jeweils minimalisiert. Insbesondere werden nicht von vornherein nur die komplexen Zahlen, sondern beliebige vollständig bewertete Körper k zugrunde gelegt. Dazu wird im § 1 eine kurze Einführung in die Theorie der bewerteten Körper einschließlich einiger Beispiele gegeben. Nach Betrachtung von formalen Potenz- und Laurentreihen im § 2 folgt im § 3 die Einführung der k-Banachalgebren B_t und ihrer induktiven Limiten A_r. Ihre genaue topologische Untersuchung ergibt im § 3.5 bereits eine topologisch-algebraische Form des Satzes von Montel für beliebige lokal-kompakte, vollständig bewertete Körper.

In der im § 4 beginnenden funktionentheoretischen Interpretation werden die Elemente von B_t und A_r zu differenzierbaren Funktionen in Kreisen. Man erhält so auf B_t und A_r eine zweite, von den Funktionswerten herrührende Topologie, die Topologie der gleichmäßigen Konvergenz. Diese hat im allgemeinen nicht so schöne Eigenschaften. Gleichheit beider Topologien liegt jedoch bei den Grundkörpern vor, über denen die üblichen Cauchyschen Ungleichungen gelten. – Für den Fall des Grundkörpers $\mathbb{C}$ wird im § 4.6 gezeigt, daß die Begriffe der Differenzierbarkeit und der Holomorphie äquivalent sind; im Beweise dieses Fundamentalsatzes wird entscheidend die Cauchysche Integralformel benutzt.

Die Algebra aller konvergenten Potenzreihen wird im § 5 untersucht. Das Hauptergebnis ist ein Endlichkeitssatz für analytische Homomorphismen, der sich in der Funktionentheorie mehrerer Veränderlichen als überaus schlagkräftig erwiesen hat und von J.-P. Serre angegeben wurde. Wir folgen hier dem von S. Bosch mitgeteilten Beweis, vgl. [2]. Der Endlichkeitssatz impliziert sofort den Umkehrsatz für analytische Homomorphismen und damit, wie im § 6 gezeigt wird, den Satz, daß für $k = \mathbb{C}$ nichtkonstante holomorphe Funktionen offene Abbildungen sind. Darin sind speziell das Maximumprinzip und der klassische Fundamentalsatz der Algebra enthalten.

Die auffallende Länge von Kap. II ist bedingt durch das genaue Eingehen auf die jeweils an den Grundkörper zu stellenden Voraussetzungen. Für Leser, die sich von Anfang an auf den Körper $\mathbb{C}$ beschränken wollen, ergeben sich bei unverändertem Aufbau in leicht ersichtlicher Weise wesentliche Kürzungen.

3. Im Kap. III werden als Verallgemeinerung der Potenzreihen unendliche konvergente Laurentreihen studiert, die zum Werkzeug der Weierstraßschen Theorie gehören. Der Existenzsatz für Laurententwicklungen holomorpher Funktionen in Kreisringen scheint jedoch nur mit Hilfe der Cauchyschen Integralformel beweisbar zu sein (§ 1.4). Dagegen lassen sich die Cauchyschen Ungleichungen integralfrei herleiten (§ 1.2), wie bereits A. Hurwitz in seinem klassischen Werk „Vorlesungen über Allgemeine Funktionentheorie und Elliptische Funktionen" zeigte. Der bereits in Kap. II, § 3.5 notierte topologisch-algebraische Satz von Montel kann nun in den klassischen Satz von Montel in seiner lokalen Fassung umformuliert werden.

Die Untersuchung der isolierten Singularitäten (§ 2) und der Residuenkalkül (§ 4) sind Anwendungen der Laurententwicklungen. Im § 3, der Fortsetzungsfragen behandelt, gehen wir insbesondere ausführlich auf das Kreiskettenverfahren ein. Es zeigt im Sinne des Weierstraßschen Standpunkts, wie eine Potenzreihe eine globale holomorphe Funktion erzeugen kann.

Das Taschenbuch schließt im Kap. IV mit der Untersuchung der wichtigsten topologischen Eigenschaften von Vektorräumen holomorpher Funktionen. Insbesondere ergibt sich die finale Fassung des Satzes von Montel in gleichem Wortlaut wie der Satz von Heine-Borel. Zur Bequemlichkeit des Lesers sind in einem Anhang topologische Hilfsmittel zusammengestellt, die bei Bedarf memoriert werden können.

Im Band II dieser Darstellung der Funktionentheorie werden neben spezielleren Fragen Existenzsätze für holomorphe und meromorphe Funktionen über beliebigen Gebieten in $\mathbb{C}$, Approximationssätze für holomorphe Funktionen, die Riemannsche Zahlenkugel, sowie die Theorie der konformen Abbildungen bis zum Riemannschen Abbildungssatz und speziellen Automorphismengruppen behandelt werden.

4. Bei einer so ausgearbeiteten mathematischen Theorie wie der Funktionentheorie ist es den Autoren nicht möglich, im einzelnen alle Quellen anzugeben, auf die sie sich gestützt haben. Es ist jedoch ihre angenehme Pflicht, an dieser Stelle besonders auf die Monographie [4] von H. Cartan hinzuweisen, aus der viele Anregungen für die Kap. I und IV stammen. Der ältere der Autoren wurde als Student durch die schönen Vorlesungen von H. Behnke an die Funktionentheorie herangeführt; wir widmen Herrn Behnke dieses Buch in Erinnerung an die goldenen fünfziger Jahre der Münsterschen Schule.

Dem Springer-Verlag und Herrn Dr. K. Peters sei für das den Autoren entgegengebrachte Verständnis gedankt. Bei der Anfertigung des Typoskriptes und beim Lesen der Korrekturen haben die Herren R. Axelsson, N. Christensen und J.-P. Japs wertvolle Hilfe geleistet.

Münster/Westfalen, im Oktober 1971   K. Diederich, R. Remmert

Das Buch ist in Kapitel, Paragraphen und Abschnitte eingeteilt. Sätze, Definitionen und Formeln sind in den Kapiteln jeweils durchnumeriert; bei Verweisen wird die Kapitelnummer nur angegeben, wenn sie sich nicht auf das gleiche Kapitel beziehen.

Inhaltsverzeichnis

I. Komplex differenzierbare Funktionen (Cauchysche Theorie)

§ 1 Der Körper der komplexen Zahlen 1
   1. Definition der komplexen Zahlen 1
   2. Die Bewertung des Körpers $\mathbb{C}$ 4
   3. Topologisierung von $\mathbb{C}$ 5
   4. Polarkoordinaten 7
   5. Die Einzigkeit von $\mathbb{C}$ 9

§ 2 Komplex differenzierbare Funktionen 11
   1. Der Kalkül der Wirtingerschen Ableitungen 11
   2. Komplexe Differenzierbarkeit 19
   3. Beispiele 24

§ 3 Kurvenintegrale 27
   1. Stückweise stetig differenzierbare Wege 27
   2. Zusammenhang und Wegzusammenhang 29
   3. Differentialformen 31
   4. Kurvenintegrale 32

§ 4 Stammfunktionen und Homotopie von Wegen 36
   1. Totales Differential und Stammfunktion 36
   2. Lokale Integrabilität 43
   3. Homotopie von Wegen 44
   4. Ein Fortsetzungssatz 48

§ 5 Cauchyscher Integralsatz 50
   1. Reell stetig differenzierbare Funktionen 50
   2. Cauchyscher Integralsatz 51

§ 6 Der Index eines geschlossenen Weges 54

§ 7 Die Cauchysche Integralformel 58
   1. Cauchysche Integralformel 58
   2. Satz von Morera 63
   3. Riemannscher Hebbarkeitssatz 63

§ 8 Die logarithmische Ableitung 65
   1. Definitionen 65
   2. Homomorphismen 65
   3. Verknüpfung der Homorphismen 67
   4. Der Logarithmus 69

II. Holomorphe Funktionen (Weierstraßscher Standpunkt)

§ 1 Bewertete Körper 72
   1. Bewertungen 72
   2. Beispiele nicht-trivial bewerteter Körper.......... 73
   3. Archimedische und nicht-archimedische Bewertungen 76
   4. Die Bewertungen des Körpers $\mathbb{Q}$ 78
   5. Bewertungstopologie und Vollständigkeit 79

§ 2 Formale Potenz- und Laurentreihen.............. 86
   1. Definitionen 86
   2. Substitutionshomomorphismen 91
   3. Formale Differentiation................... 95

§ 3 Analytische k-Algebren 100
   1. Die Algebren B_t und A_t.................. 100
   2. Beispiele 105
   3. Analytische Substitutionshomomorphismen und Differentialoperatoren 108
   4. Topologische Eigenschaften der analytischen Algebren ... 112
   5. Satz von Montel für analytische Algebren 115

§ 4 Holomorphe Funktionen 118
   1. Funktionentheoretische Interpretation der Algebren A_t und B_t 118
   2. Identitätssatz für Potenzreihen und Supremumsnorm 123
   3. Der Raum der holomorphen Funktionen 126
   4. Identitätssatz für holomorphe Funktionen......... 132
   5. Differentiation holomorpher Funktionen 133
   6. Die Holomorphie der komplex differenzierbaren Funktionen. 135

§ 5 Die Algebra der konvergenten Potenzreihen 138
   1. Die Algebra $k\langle X\rangle$..................... 138
   2. Die k-Algebra-Homomorphismen 140
   3. Der Endlichkeitssatz für analytische Homomorphismen ... 142

§ 6 Funktionentheoretische Folgerungen aus dem Endlichkeitssatz . 146
   1. Die lokale Gestalt holomorpher Abbildungen 146
   2. Funktionentheoretische Folgerungen im Komplexen 151

III. Laurentreihen, Singularitäten und Fortsetzbarkeit

§ 1 Laurententwicklung 156
   1. Unendliche Laurentreihen 156
   2. Cauchysche Ungleichungen 160
   3. Eindeutigkeit der Laurententwicklung 164
   4. Existenz der Laurententwicklung 165
   5. Ganze Funktionen 169

§ 2 Isolierte Singularitäten 172
   1. Der Begriff der Singularität 172
   2. Klassifikation der isolierten Singularitäten 175
   3. Meromorphe Funktionen 181

§ 3 Fortsetzung holomorpher Funktionen 184
   1. Holomorphe Ergänzung reeller Funktionen 184
   2. Das Schwarzsche Spiegelungsprinzip 189
   3. Analytische Fortsetzung längs Wegen 191

§ 4 Residuensatz und Anwendungen 200
   1. Der Residuensatz 200
   2. Null- und Polstellenordnung 203
   3. Berechnung von Integralen mit Hilfe des Residuensatzes . . 205

IV. Normale Familien

§ 1 Konvergente Funktionenfolgen 210
   1. Kompakte Konvergenz 210
   2. Folgen schlichter Funktionen 214

§ 2 Topologie in Funktionenräumen 216
   1. Topologisierung von $C(U)$ 216
   2. Metrisierung von $C(U)$ 217
   3. Neuformulierung der Ergebnisse aus § 1 222

§ 3 Satz von Montel für holomorphe Funktionen 223
   1. Satz von Montel für Folgen 223
   2. Beschränkte Mengen in $H(U)$ 225
   3. Konvergenzkriterien für Folgen in $H(G)$ 227

Anhang. Topologische Hilfsmittel

   1. Topologische Räume 230
   2. Kompaktheit, Konvergenz 232
   3. Metrische Räume 233
   4. Banachräume und Banachalgebren 236

Literatur 239

Symbolverzeichnis 240

Sachverzeichnis 241

I. Komplex differenzierbare Funktionen (Cauchysche Theorie)

§ 1. Der Körper der komplexen Zahlen

1. Definition der komplexen Zahlen. Der aus der Infinitesimalrechnung bekannte Vektorraum $\mathbb{R}^2$ der geordneten reellen Zahlenpaare, in dem die Addition und die skalare Multiplikation mit reellen Zahlen komponentenweise erklärt sind, hat die folgende bemerkenswerte Eigenschaft. Man kann auf ihm zusätzlich eine Multiplikation zwischen den Zahlenpaaren so erklären, daß er bezüglich dieser Multiplikation und der obigen Addition ein Körper* ist. Dazu definiere man:

Def. 1. *Für alle* $(x_\nu, y_\nu) \in \mathbb{R}^2$, $\nu = 1, 2$, *sei*

$$(x_1, y_1) \cdot (x_2, y_2) := (x_1 x_2 - y_1 y_2, x_1 y_2 + x_2 y_1).$$

Man rechnet ohne Schwierigkeiten nach, daß die folgenden Gesetze gelten:
  i) Kommutativität: Für alle $z_\nu := (x_\nu, y_\nu)$, $\nu = 1, 2$, hat man $z_1 z_2 = z_2 z_1$.
  ii) Assoziativität: Für alle $z_\nu := (x_\nu, y_\nu)$, $\nu = 1, 2, 3$, hat man

$$z_1(z_2 z_3) = (z_1 z_2) z_3.$$

  iii) Existenz der Eins: Setzt man $e := (1, 0)$, so folgt für alle $z \in \mathbb{R}^2$

$$ez = ze = z.$$

  iv) Existenz des Inversen: Für ein beliebiges $z = (x, y) \neq (0, 0)$ setze man

$$z' := \left(\frac{x}{x^2 + y^2}, \frac{-y}{x^2 + y^2} \right).$$

Dann gilt: $z \cdot z' = z' \cdot z = e = (1, 0)$. Es ist z' also gerade das Inverse z^{-1} von z.

Die Gesetze i)–iv) besagen, daß die oben definierte Multiplikation auf dem $\mathbb{R}^2 \setminus \{(0,0)\}$ die Struktur einer abelschen Gruppe erklärt. Außerdem gilt:
  v) Distributivität: Seien $z_\nu = (x_\nu, y_\nu)$, $\nu = 1, 2, 3$, aus $\mathbb{R}^2$. Dann folgt:

$$z_1(z_2 + z_3) = z_1 z_2 + z_1 z_3.$$

---
* Alle in diesem Buch auftretenden Körper sind kommutativ.

Damit ist gezeigt:

Satz 1. *Der Vektorraum $\mathbb{R}^2$ ist bezüglich der Addition und der obigen Multiplikation ein Körper. Er heißt Körper der komplexen Zahlen und wird mit $\mathbb{C}$ bezeichnet.*

Genauso wie $\mathbb{C} \cong \mathbb{R}^2$ ist auch $\mathbb{R}$ sowohl ein $\mathbb{R}$-Vektorraum als auch ein Körper. Man kann deshalb nach allen injektiven Abbildungen

$$\varphi : \mathbb{R} \hookrightarrow \mathbb{R}^2 \cong \mathbb{C}$$

fragen, die
 i) $\mathbb{R}$-Vektorraumhomomorphismen
und zugleich
 ii) Ringhomomorphismen sind,
d. h., für die gilt

  i) a) $\varphi(r_1 + r_2) = \varphi(r_1) + \varphi(r_2)$,
     b) $\varphi(r_1 \cdot r_2) = r_1 \varphi(r_2)$, $r_1, r_2 \in \mathbb{R}$,

und

  ii) $\varphi(r_1 \cdot r_2) = \varphi(r_1) \cdot \varphi(r_2)$, $r_1, r_2 \in \mathbb{R}$.

Falls φ i) b) erfüllt und $\varphi(1) =: (t_1, t_2) \in \mathbb{R}^2$ ist, folgt für alle $r \in \mathbb{R}$

$$\varphi(r) = \varphi(r \cdot 1) = r \varphi(1) = r \cdot (t_1, t_2) = (rt_1, rt_2).$$

Umgekehrt ist auch für jedes $(t_1, t_2) \in \mathbb{R}^2 \setminus \{(0, 0)\}$ durch

$$\mathbb{R} \ni r \to (rt_1, rt_2)$$

ein injektiver $\mathbb{R}$-Vektorraumhomomorphismus $\varphi : \mathbb{R} \to \mathbb{R}^2$ gegeben, wie man leicht nachrechnet. Es bleibt also nur noch zu prüfen, für welche unter diesen Abbildungen auch ii) erfüllt ist.

Wegen $\varphi(1) \neq 0$ und da $\mathbb{C} \cong \mathbb{R}^2$ ein Körper ist, folgt aber aus ii) mit $r_1 = r_2 = 1$

$$\varphi(1) = \varphi(1 \cdot 1) = \varphi(1) \cdot \varphi(1)$$

also

$$\varphi(1) = e = (1, 0) \in \mathbb{C}.$$

Demnach kommt für die gesuchte Einbettung von $\mathbb{R}$ in $\mathbb{C}$ nur die Abbildung

$$\mathbb{R} \ni r \to \varphi(r) := (r, 0) \in \mathbb{C}$$

in Frage. Sie besitzt tatsächlich die geforderten Eigenschaften. Daraus folgt insbesondere, daß das Bild $\{(r, 0) : r \in \mathbb{R}\}$ von φ einen zu $\mathbb{R}$ isomorphen Unterkörper von $\mathbb{C}$ bildet. Wir identifizieren $\mathbb{R}$ durchweg mit diesem Unterkörper und schreiben statt $(r, 0)$ oft kurz r. Verwirrung kann dadurch nicht entstehen, da für alle $r \in \mathbb{R}$ und $(x, y) \in \mathbb{C}$ die Gleichung besteht:

$$r \cdot (x, y) = (rx, ry) = (r, 0) \cdot (x, y).$$

§ 1. Der Körper der komplexen Zahlen

Daraus ergibt sich trivialerweise die folgende Rechenregel:
vi) Für alle $r \in \mathbb{R}$ und alle $z_1, z_2 \in \mathbb{C}$ hat man: $r(z_1 \cdot z_2) = (r \cdot z_1) z_2$.

Die Tatsache, daß $\mathbb{C}$ ein $\mathbb{R}$-Vektorraum mit einer zusätzlichen Multiplikation ist, für die die Gesetze i)–iii), iv), vi) gelten, kennzeichnet man dadurch, daß man $\mathbb{C}$ eine *kommutative $\mathbb{R}$-Algebra mit Einselement* nennt. Da man in $\mathbb{C}$ außerdem kürzen kann (d. h. aus $z_1 z = z_2 z$, $z \neq 0$, folgt $z_1 = z_2$), ist $\mathbb{C}$ sogar eine kommutative *Divisionsalgebra* über $\mathbb{R}$.

In Übereinstimmung mit einer seit Euler üblichen Bezeichnungsweise setzt man

$$i := (0, 1) \in \mathbb{C}$$

und nennt *i die imaginäre Einheit*. Damit erhält man für eine beliebige komplexe Zahl z die folgende eindeutige Zerlegung:

$$z = (x, y) = x \cdot (1, 0) + y \cdot (0, 1) = x + iy, \quad x, y \in \mathbb{R}.$$

Die reelle Zahl x heißt *Realteil* von z, $y \in \mathbb{R}$ heißt *Imaginärteil* von z:

$$x =: \operatorname{Re} z$$
$$y =: \operatorname{Im} z.$$

Ist $x = 0$, so heißt $z = iy$ *rein imaginär*.
Die beiden Abbildungen

$$\operatorname{Re} : \mathbb{C} \to \mathbb{R}$$
$$\operatorname{Im} : \mathbb{C} \to \mathbb{R},$$

die jedem $z \in \mathbb{C}$ seinen Real- bzw. Imaginärteil zuordnen, sind offenbar $\mathbb{R}$-linear.

Mit in dieser Weise zerlegten komplexen Zahlen läßt sich einfach rechnen. Man muß lediglich beachten, daß

$$i^2 = (0, 1) \cdot (0, 1) = (-1, 0) = -1$$

gilt. Dann ergibt sich nämlich für $z_\nu = x_\nu + i y_\nu$, $\nu = 1, 2$,

$$z_1 z_2 = (x_1 + i y_1) \cdot (x_2 + i y_2) = (x_1 x_2 - y_1 y_2) + i(x_1 y_2 + x_2 y_1).$$

Die Beziehung $i^2 = -1$ ist aus einem weiteren Grunde bemerkenswert. Sie zeigt nämlich, daß das Polynom $X^2 + 1 \in \mathbb{R}[X]$ im Körper $\mathbb{C}$ die Nullstellen i und offenbar auch $-i$ besitzt, d. h., anders ausgedrückt, $X^2 + 1$ zerfällt im Polynomring $\mathbb{C}[X]$ in Linearfaktoren:

$$X^2 + 1 = (X - i)(X + i).$$

In $\mathbb{R}[X]$ ist das bekanntlich nicht der Fall. – Es sei bemerkt, daß dies – zusammen mit der eindeutigen Darstellbarkeit von $z \in \mathbb{C}$ in der Form $z = x + iy$ – in der Sprache der Algebra gerade besagt, daß $\mathbb{C}$ als die zum irreduziblen

Polynom $X^2 + 1 \in \mathbb{R}[X]$ gehörige algebraische Körpererweiterung vom Grade 2 über $\mathbb{R}$ aufgefaßt werden kann.

Bemerkung. Der Ring der reellen (2,2)-Matrizen enthält einen Unterring, der isomorph zum Körper der komplexen Zahlen ist, also insbesondere selbst ein Körper ist. Man definiere nämlich die Abbildung Φ von $\mathbb{C}$ in die reellen (2,2)-Matrizen durch

$$(x, y) \xrightarrow{\Phi} \begin{pmatrix} x & y \\ -y & x \end{pmatrix}.$$

Man hat dann

$$(x_1 y_1) \cdot (x_2, y_2) = (x_1 x_2 - y_1 y_2, x_1 y_2 + y_1 x_2)$$

$$\xrightarrow{\Phi} \begin{pmatrix} x_1 x_2 - y_1 y_2 & x_1 y_2 + y_1 x_2 \\ -(x_1 y_2 + y_1 x_2) & x_1 x_2 - y_1 y_2 \end{pmatrix} = \begin{pmatrix} x_1 & y_1 \\ -y_1 & x_1 \end{pmatrix} \cdot \begin{pmatrix} x_2 & y_2 \\ -y_2 & x_2 \end{pmatrix}.$$

Also ist Φ mit der Multiplikation vertauschbar. Da Φ außerdem injektiv und trivialerweise mit der Addition vertauschbar ist und da schließlich $\Phi((1, 0)) = \begin{pmatrix} 1 & 0 \\ 0 & 1 \end{pmatrix}$ gilt, ist der folgende Satz bewiesen:

Satz 2. *Die Menge der reellen (2,2)-Matrizen der Form* $\begin{pmatrix} x & y \\ -y & x \end{pmatrix}$ *ist bezüglich der Matrizenaddition und -multiplikation isomorph zum Körper der komplexen Zahlen.*

Der Körper $\mathbb{C}$ besitzt einen wichtigen nicht-trivialen Automorphismus $^-$, den man folgendermaßen erhält:

Satz 3. *Die Abbildung* $^-: \mathbb{C} \to \mathbb{C}$, *die durch* $z = x + iy \mapsto \bar{z} = x - iy$ *erklärt ist, ist ein involutorischer Automorphismus des Körpers $\mathbb{C}$.*

Beweis. $^-$ ist in der Tat bijektiv, und es gilt offenbar für $z_1, z_2 \in \mathbb{C}$

$$\overline{z_1 + z_2} = \bar{z}_1 + \bar{z}_2,$$
$$\overline{z_1 \cdot z_2} = \bar{z}_1 \cdot \bar{z}_2.$$

Des weiteren gilt $\overline{(\bar{z})} = z$ für alle $z \in \mathbb{C}$, d. h. $^-$ ist involutorisch. □

Man nennt $\bar{z}$ die *konjugiert komplexe Zahl* zu z. – Die komplexe Zahl z ist offenbar genau dann reell, wenn $z = \bar{z}$ gilt, und genau dann rein imaginär, wenn $z = -\bar{z}$.

2. Die Bewertung des Körpers $\mathbb{C}$. Man beachte, daß sich für alle $z = x + iy$ ergibt:

$$z \cdot \bar{z} = x^2 + y^2 \in \mathbb{R}_0^+ := \{r \in \mathbb{R} : r \geq 0\}.$$

Damit ist die folgende Definition sinnvoll:

Def. 2. *Die nicht-negative Zahl* $|z| := +\sqrt{z\bar{z}}$ *heißt der Betrag der komplexen Zahl z.*

§ 1. Der Körper der komplexen Zahlen

Für diese Betragsfunktion | | gelten die folgenden Gesetze:
i) $|z| = 0$ genau dann, wenn $z = 0$.
ii) $|z_1 z_2| = |z_1| \cdot |z_2|$ für alle $z_1, z_2 \in \mathbb{C}$.
iii) $|z_1 + z_2| \leq |z_1| + |z_2|$ für alle $z_1, z_2 \in \mathbb{C}$ *(Dreiecksungleichung)*.
Die Aussage i) gilt, da $z\bar{z} = 0$ sofort $z = 0$ oder $\bar{z} = 0$, d. h. wieder $z = 0$ impliziert. Die Aussage ii) folgt aus der Gleichung $(z_1 z_2)\overline{(z_1 z_2)} = (z_1 \bar{z}_1)(z_2 \bar{z}_2)$. Es braucht nur noch etwas zum Nachweis von iii) gesagt zu werden. $\mathbb{C}$ ist laut Definition als Vektorraum über $\mathbb{R}$ gleich dem $\mathbb{R}^2$, und für $z = x + iy$ ist der Betrag $|z| = +\sqrt{x^2 + y^2}$, also gerade gleich der euklidischen Länge des Vektors (x, y) im $\mathbb{R}^2$. Für diese Längen gilt bekanntlich die Dreiecksungleichung.

Wenn für einen beliebigen Körper k eine Abbildung $\varphi: k \to \mathbb{R}_0^+$ gegeben ist, die die Eigenschaften i)–iii) besitzt, nennt man φ eine *Bewertung* auf k. Es gilt also:

Satz 4. *Auf dem Körper $\mathbb{C}$ wird durch $z \to |z|$ eine Bewertung definiert. – Diese Bewertung ist eine Fortsetzung der bekannten Bewertung des Absolutbetrages auf $\mathbb{R}$.*

(Weitere Untersuchungen über bewertete Körper folgen im Kap. II.)

Der Körper $\mathbb{R}$ der reellen Zahlen ist ein angeordneter Körper, d. h., für jedes $r \in \mathbb{R}$ gilt genau eine der folgenden Beziehungen $r < 0, r = 0, r > 0$; und man hat:
i) Aus $r_1 < r_2$ und $r_2 < r_3$ folgt $r_1 < r_3$.
ii) Aus $r_1 < r_2$ folgt $r_1 + r < r_2 + r$ für alle $r \in \mathbb{R}$.
iii) Aus $0 < r_1$ und $0 < r_2$ folgt $0 < r_1 \cdot r_2$.

Man kann fragen, ob sich diese Anordnung auf $\mathbb{C}$ fortsetzen läßt, d. h., ob man zwischen den Elementen von $\mathbb{C}$ eine Relation „$<$" so erklären kann, daß i)–iii) gelten und daß die Relation auf $\mathbb{R}$ mit der gewohnten Anordnung übereinstimmt. Die Antwort darauf ist negativ. Es gilt sogar stärker:

Der Körper $\mathbb{C}$ kann nicht angeordnet werden.

Zum Beweis nehme man an, $\mathbb{C}$ sei durch die Relation $\gtrsim$ angeordnet. Dann müßte für jedes Element der Form z^2 mit $z \in \mathbb{C} \smallsetminus \{0\}$ gelten $z^2 \gtrsim 0$, wie man aus ii) und iii) leicht folgert; also wäre $i^2 = -1 \gtrsim 0$ und deshalb $0 = -1 + 1 \gtrsim 0 + 1 = 1$. Das ist ein Widerspruch zu $1 = 1^2 \gtrsim 0$.

3. Topologisierung von $\mathbb{C}$. Ein bewerteter Körper k ist in natürlicher Weise ein metrischer Raum, wie hier für den Fall $k = \mathbb{C}$ gezeigt werden soll. Als Entfernungsfunktion d auf $\mathbb{C}$ definiere man:

$$d(z_1, z_2) := |z_1 - z_2| \quad \text{für alle} \quad z_1, z_2 \in \mathbb{C}.$$

Dann gelten die folgenden Axiome des metrischen Raumes:
i) $d(z_1, z_2) = 0$ genau dann, wenn $z_1 = z_2$,
ii) $d(z_1, z_2) = d(z_2, z_1)$ für alle $z_1, z_2 \in \mathbb{C}$ (Symmetrie),
iii) $d(z_1, z_2) + d(z_2, z_3) \geq d(z_1, z_3)$ für alle $z_1, z_2, z_3 \in \mathbb{C}$ (Dreiecksungleichung).

i) und ii) folgen sofort aus den Definitionen. Die Beziehung iii) ergibt sich mit iii) von Seite 5 oben so:

$$d(z_1, z_2) + d(z_2, z_3) = |z_1 - z_2| + |z_2 - z_3|$$
$$\geq |(z_1 - z_2) + (z_2 - z_3)| = |z_1 - z_3| = d(z_1, z_3).$$

Mit Hilfe einer solchen Metrik kann man weiter eine Topologie konstruieren:

Def. 3. *Eine Teilmenge $U \subset \mathbb{C}$ heißt offen, wenn es zu jedem $z_0 \in U$ eine reelle Zahl $\varepsilon > 0$ gibt, so daß*

$$\{z \in \mathbb{C}: d(z, z_0) < \varepsilon\} \subset U.$$

Es sind demnach $U = \emptyset$ und $U = \mathbb{C}$ offen. Außerdem sind die Vereinigung beliebig vieler offener Mengen sowie der Durchschnitt endlich vieler offener Mengen offenbar wieder offen. Durch Def. 3 ist also tatsächlich eine Topologie auf $\mathbb{C}$ definiert. Spezielle offene Mengen in dieser Topologie sind gerade die offenen Kreise mit Mittelpunkt z_0 und Radius ε:

$$Z_\varepsilon(z_0) := \{z \in \mathbb{C}: d(z - z_0) = |z - z_0| < \varepsilon\}$$

mit $z_0 \in \mathbb{C}$ und $\varepsilon > 0$. Man bestätigt das leicht mit Hilfe der Dreiecksungleichung. Mit $Z'_\varepsilon(z_0)$ bezeichnen wir den abgeschlossenen Kreis

$$Z'_\varepsilon(z_0) := \{z \in \mathbb{C}: d(z - z_0) = |z - z_0| \leq \varepsilon\}.$$

Der Raum $\mathbb{C}$ mit dieser durch eine Metrik induzierten Topologie erfüllt das *Hausdorffsche Trennungsaxiom*, d. h., zu je zwei Punkten $z_1, z_2 \in \mathbb{C}$ mit $z_1 \neq z_2$ gibt es offene Mengen $U_\nu \subset \mathbb{C}$, so daß $z_\nu \in U_\nu$, $\nu = 1, 2$, und $U_1 \cap U_2 = \emptyset$. Man wähle zum Beweis etwa

$$U_\nu := \left\{z: |z - z_\nu| < \frac{|z_1 - z_2|}{2}\right\}.$$

Damit kann man in bekannter Weise auf $\mathbb{C}$ die Grundbegriffe der mengentheoretischen Topologie wie Umgebung (i. a. nicht offen), Häufungspunkt, Konvergenz, Grenzwert, Stetigkeit usw. anwenden. Sie seien als bekannt vorausgesetzt. (Man vergleiche den Anhang, [3] und [5].) Es genüge deshalb ein Beispiel:

Def. 4. *Es sei $M \subset \mathbb{C}$ und $f: M \to \mathbb{C}$ eine Abbildung von M in $\mathbb{C}$ (komplexwertige Funktion auf M); f heißt im Punkt $z_0 \in M$ stetig, wenn es zu jeder Umgebung U von $f(z_0)$ eine Umgebung V von z_0 gibt, so daß $f(z) \in U$ für alle $z \in M \cap V$.*

Wegen Def. 3 ergibt sich daraus sofort: f ist in $z_0 \in M$ genau dann stetig, wenn es zu jedem (reellen) $\varepsilon > 0$ ein $\eta > 0$ gibt, so daß für alle $z \in M$ mit $|z - z_0| < \eta$ gilt: $|f(z) - f(z_0)| < \varepsilon$.

Eine weitere Diskussion der hier eingeführten Topologie auf $\mathbb{C}$ ist auch deshalb überflüssig, da diese Topologie identisch mit der bekannten „euklidischen" Topologie der reellen Zahlenebene $\mathbb{R}^2$ ist, wenn man die komplexe

§ 1. Der Körper der komplexen Zahlen

Zahl $z := x + iy$ als Paar (x, y) schreibt. Diesen Sachverhalt kann man auch folgendermaßen ausdrücken:

Satz 5. *Die Zuordnung* $\mathbb{C} \ni z = x + iy \mapsto (x, y) \in \mathbb{R}^2$ *ist ein Homöomorphismus, d. h. eine bijektive in beiden Richtungen stetige Abbildung.*

Die Mengen $Z_\varepsilon(z_0)$ stellen sich nämlich wegen $|z| = \sqrt{(x^2 + y^2)}$ im $\mathbb{R}^2$ in der folgenden Weise dar:

$$Z_\varepsilon(z_0) = \{z = (x, y) : (x - x_0)^2 + (y - y_0)^2 < \varepsilon^2\}.$$

Es sind also auch im Sinne der euklidischen Geometrie im $\mathbb{R}^2$ gerade die (offenen) Kreisscheiben um (x_0, y_0) mit dem Radius ε. Diese erzeugen bekanntlich die übliche Topologie auf $\mathbb{R}^2$.

Aus Satz 5 ergeben sich so Aussagen wie: Eine Folge $(z_\nu = x_\nu + iy_\nu)$ konvergiert in $\mathbb{C}$ genau dann gegen $z_0 = x_0 + iy_0$, wenn die Folge $((x_\nu, y_\nu)) \subset \mathbb{R}^2$ gegen (x_0, y_0) konvergiert. Das bedeutet aber, daß gilt:

Korollar. *Die Folge* $(z_\nu = x_\nu + iy_\nu)$ *konvergiert genau dann gegen* $z_0 = x_0 + iy_0$, *wenn die Folge* $(x_\nu) \subset \mathbb{R}$ *gegen* x_0 *und die Folge* (y_ν) *gegen* y_0 *konvergiert.*

In einem beliebigen metrischen Raum X kann man definieren, was man unter einer Cauchy-Folge versteht. Diese Definition lautet für den Fall $X = \mathbb{C}$:

Def. 5. *Die Folge* $(z_\nu) \subset \mathbb{C}$ *heißt Cauchy-Folge, wenn es zu jedem* $\varepsilon > 0$ *eine natürliche Zahl* N *so gibt, daß für alle* $\nu, \mu \geq N$ *gilt:* $|z_\nu - z_\mu| < \varepsilon$.

Der Körper $\mathbb{C}$ hat die folgende für die Funktionentheorie wesentliche Eigenschaft:

Satz 6. *Jede Cauchy-Folge* $(z_\nu) \subset \mathbb{C}$ *ist konvergent.*

Beweis. Es sei $z_\nu = x_\nu + iy_\nu$. Da für den Körper $\mathbb{R}$ das Analogon zu Satz 6 gilt, genügt es wegen des Korollars zu Satz 5 zu zeigen, daß die Folgen $(x_\nu) \subset \mathbb{R}$ und $(y_\nu) \subset \mathbb{R}$ Cauchy-Folgen sind. Sei also $\varepsilon > 0$ vorgegeben. Es gibt ein natürliches N, so daß $|z_\nu - z_\mu| = +\sqrt{(x_\nu - x_\mu)^2 + (y_\nu - y_\mu)^2} < \varepsilon$ für alle $\nu, \mu \geq N$. Also gilt für alle $\nu, \mu \geq N$:

$$(x_\nu - x_\mu)^2 + (y_\nu - y_\mu)^2 < \varepsilon^2,$$

und demnach auch

$$|x_\nu - x_\mu| < \varepsilon \quad \text{und} \quad |y_\nu - y_\mu| < \varepsilon. \quad \square$$

4. Polarkoordinaten. In der reellen Ebene $\mathbb{R}^2$ kann man in bekannter Weise Polarkoordinaten einführen, indem man jeden Punkt $(x_0, y_0) \in \mathbb{R}^2$ in der Gestalt $(r \cos \varphi, r \sin \varphi)$ schreibt. Dabei ist $r = +\sqrt{x^2 + y^2}$, und φ ist, anschaulich gesprochen, der Winkel zwischen der positiven x-Achse und dem Strahl von $(0, 0)$ durch (x_0, y_0). Falls $(x_0, y_0) \neq (0, 0)$ gilt, ist φ durch die Forderungen $x_0 = r \cos \varphi$ und $y_0 = r \sin \varphi$ natürlich nur bis auf ein beliebiges ganzes Vielfaches von 2π bestimmt. Bei $(x_0, y_0) = (0, 0)$ ist φ beliebig. Identifiziert man

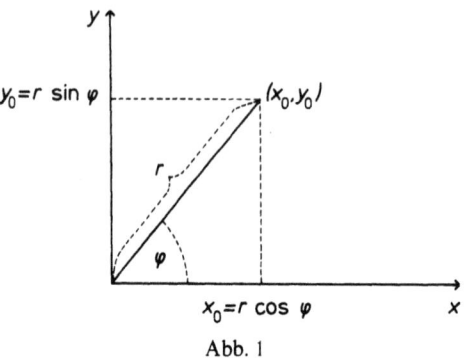
Abb. 1

$\mathbb{R}^2$ mit $\mathbb{C}$, so folgt, daß man jede komplexe Zahl $z \in \mathbb{C}$ schreiben kann als

$$z = |z|(\cos\varphi + i\sin\varphi).$$

Diese Darstellung ist besonders geeignet bei der Multiplikation und Division komplexer Zahlen, denn ist

$$z_\nu = |z_\nu|(\cos\varphi_\nu + i\sin\varphi_\nu), \nu = 1, 2,$$

so ergibt sich mit Hilfe der Additionstheoreme für $\sin\varphi$ und $\cos\varphi$:

$$\begin{aligned}z_1 z_2 &= |z_1||z_2|(\cos\varphi_1\cos\varphi_2 - \sin\varphi_1\sin\varphi_2 + i(\cos\varphi_1\sin\varphi_2 + \cos\varphi_2\sin\varphi_1)) \\ &= |z_1||z_2|(\cos(\varphi_1+\varphi_2) + i\sin(\varphi_1+\varphi_2)).\end{aligned}$$

Bei der Multiplikation multiplizieren sich also die Beträge, und die Winkel addieren sich. Ebenso erhält man für $z_2 \neq 0$ sofort:

$$\frac{z_1}{z_2} = \frac{|z_1|}{|z_2|}(\cos(\varphi_1-\varphi_2) + i(\sin(\varphi_1-\varphi_2)).$$

Gilt für die komplexen Zahlen $z_\nu = |z_\nu|(\cos\varphi_\nu + i\sin\varphi_\nu) \neq 0, \nu = 1, 2$, die Beziehung $z_2^n = z_1$, so ergibt sich $|z_1| = |z_2|^n$ und $\varphi_1 + 2\pi k = n\varphi_2$, wenn $k \in \mathbb{Z}$ geeignet gewählt ist. Umgekehrt folgt auch aus den beiden letzten Beziehungen $z_1 = z_2^n$. Daraus folgt, daß jede komplexe Zahl $z = |z|(\cos\varphi + i\sin\varphi) \neq 0$ genau n verschiedene n-te Wurzeln z_k besitzt, nämlich:

$$z_k = +\sqrt[n]{|z|}\left(\cos\left(\frac{\varphi}{n} + \frac{2\pi k}{n}\right) + i\sin\left(\frac{\varphi}{n} + \frac{2\pi k}{n}\right)\right), \quad k = 0, \ldots, n-1.$$

Das Polynom $X^n - z \in \mathbb{C}[X]$ zerfällt im Körper $\mathbb{C}$ in Linearfaktoren

$$X^n - z = \prod_{k=0}^{n-1}(X - z_k).$$

§ 1. Der Körper der komplexen Zahlen

Aus dieser Tatsache folgt schließlich noch, daß jedes quadratische Polynom $Q(X) = X^2 + a_1 X + a_0 \in \mathbb{C}[X]$ zwei (eventuell übereinstimmende) Nullstellen in $\mathbb{C}$ besitzt; ist nämlich

$$\frac{a_1^2}{4} - a_0 = r(\cos\varphi + i \sin\varphi),$$

so annullieren

$$z_{1,2} = -\frac{a_1}{2} \pm \sqrt{r}\left(\cos\frac{\varphi}{2} + i \sin\frac{\varphi}{2}\right)$$

das Polynom $Q(X)$.

5. Die Einzigkeit von $\mathbb{C}$. Zum Abschluß dieses Paragraphen soll erläutert werden, inwiefern die Wahl des Körpers $\mathbb{C}$ der komplexen Zahlen, der der klassischen Funktionentheorie zu Grunde liegt, nicht zufällig ist. Dabei soll davon ausgegangen werden, daß man Funktionentheorie über einem $\mathbb{R}^n$ betreiben will. (Ein abstrakter Standpunkt, der sich von der Bindung an die reellen Zahlen löst, wird im Kap. II diskutiert.) Man möchte sich dabei aus verschiedenen naheliegenden Gründen jedoch nicht wie in der Theorie der reelldifferenzierbaren und reell-analytischen Funktionen mit der $\mathbb{R}$-Vektorraumstruktur des $\mathbb{R}^n$ begnügen. Das heißt, die Frage lautet: Wie kann man auf einem geeigneten $\mathbb{R}^n$ zusätzlich eine Multiplikation so erklären, daß der $\mathbb{R}^n$ zu einem Körper K wird, der folgender Forderung genügt:

(F): $\mathbb{R}$ *ist in der Weise als Unterkörper in K enthalten, daß die Vektorraummultiplikation zwischen Elementen aus $\mathbb{R}$ und Elementen aus $\mathbb{R}^n = K$ gleich der Körpermultiplikation zwischen diesen Elementen ist.*

Die folgenden beiden Sätze zeigen, daß (bis auf Isomorphie) außer $\mathbb{R}$ selber nur der Körper $\mathbb{C}$ dieser Forderung entspricht.

Satz 7. *Auf dem $\mathbb{R}$-Vektorraum $\mathbb{R}^2$ sei zusätzlich eine Multiplikation so erklärt, daß $\mathbb{R}^2$ ein Körper K ist, der der Forderung* **(F)** *genügt; dann ist K isomorph zu $\mathbb{C}$.*

Bemerkung. Im folgenden Beweis wird nur die Nullteilerfreiheit von K benutzt, so daß genauer bewiesen wird: *Jede kommutative $\mathbb{R}$-Divisionsalgebra der Dimension 2 ist isomorph zu $\mathbb{C}$.*

Beweis. Das Einselement von K ist wegen **(F)** $1 \in \mathbb{R}$. Die Beweisidee ist nun, eine Basis von K über $\mathbb{R}$ anzugeben, die aus dem Element 1 und einem weiteren Element v_1 mit der Eigenschaft $v_1^2 = -1$ gebildet wird. Die Zuordnung

$$K \ni r + sv_1 \mapsto r + is \in \mathbb{C}$$

liefert dann einen natürlichen Körperisomorphismus von K und $\mathbb{C}$. Diese gewünschte Basis konstruiert man ausgehend von einer beliebigen Basis bestehend aus 1 und $v_0 \in K$ folgendermaßen. Es ist $v_0^2 = r_1 + r_2 v_0$ mit eindeutig bestimmten $r_1, r_2 \in \mathbb{R}$. Es wird zunächst eine neue Basis der Gestalt 1, v_1 von K über $\mathbb{R}$ so bestimmt, daß $v_1^2 = \pm 1$ ist: ist $r_2 = 0$, so genügt es, $v_1 := \dfrac{1}{\sqrt{|r_1|}} v_0$ zu setzen, im anderen Fall definiere man $v_1' := 1 - \dfrac{2}{r_2} v_0 \neq 0$. Dann sind 1 und v_1' linear unabhängig, und es ist $v_1'^2 = 1 + 4 \dfrac{r_1}{r_2^2} \neq 0$. Also erfüllt

$$v_1 := \dfrac{1}{\sqrt{\left|1 + 4 \dfrac{r_1}{r_2^2}\right|}} v_1'$$

die Forderung.

Der Fall $v_1^2 = +1$ kann nicht auftreten, denn das Polynom $X^2 - 1 \in K[X]$ zerfällt in der Form $X^2 - 1 = (X - 1)(X + 1)$. Und da K als Körper nullteilerfrei ist und $v_1 \notin \mathbb{R}$, ist v_1 keine Nullstelle dieses Polynoms. Damit ist eine Basis 1, v_1 von K über $\mathbb{R}$ konstruiert, für die $v_1^2 = -1$ gilt. Daraus folgert man aber sofort, daß die oben angegebene Zuordnung

$$K \ni r + s v_1 \mapsto r + i s \in \mathbb{C}$$

nicht nur ein $\mathbb{R}$-Vektorraumisomorphismus zwischen K und $\mathbb{C}$, sondern sogar ein Körperisomorphismus ist. □

Satz 8. *Auf dem $\mathbb{R}$-Vektorraum $\mathbb{R}^n$, $n > 1$, sei zusätzlich eine Multiplikation so erklärt, daß $\mathbb{R}^n$ ein Körper K ist, der der Forderung (F) genügt. Dann ist $n = 2$ und also $K \cong \mathbb{C}$.*

Bemerkung. Analog zu Satz 7 wird sogar bewiesen, daß *jede kommutative $\mathbb{R}$-Divisionsalgebra der Dimension $n > 1$ notwendig von der Dimension 2 ist.*

Beweis. Es sei $v \in K \smallsetminus \mathbb{R}$ beliebig. Die Potenzen $v^0, \ldots, v^n$ sind linear abhängig über $\mathbb{R}$. Es gibt also ein Polynom $P(X) = X^n + \sum\limits_{\nu=0}^{n-1} \tilde{a}_\nu X^\nu$ mit $\tilde{a}_\nu \in \mathbb{R}$, so daß $P(v) = 0$. Nun zerfällt $P(X)$ über $\mathbb{R}$ bekanntlich in lineare und quadratische Polynome. (Ein einfacher Beweis für diese Tatsache wird später mit Hilfe des Fundamentalsatzes der Algebra gegeben, Kap. II, § 5.2. Für den Anschauungsraum $\mathbb{R}^3$ jedoch wird der Fundamentalsatz nicht benötigt, da schon aus dem Zwischenwertsatz der Infinitesimalrechnung folgt, daß jedes Polynom 3. Grades aus $\mathbb{R}[X]$ mindestens eine reelle Nullstelle besitzt.)

$$P(X) = \prod_{\nu=1}^{m_1}(X - r_\nu) \prod_{\mu=1}^{m_2}(X^2 + s_\mu X + t_\mu); \quad r_\nu, s_\mu, t_\mu \in \mathbb{R}.$$

Also gibt es wegen der Nullteilerfreiheit von K ein quadratisches Polynom

$$Q(X) = X^2 + a_1 X + a_0 \in \mathbb{R}[X]$$

mit $Q(v) = 0$, und wegen $v \notin \mathbb{R}$ ist $a_0 \neq 0$. – Sei Z der durch $1, v$ erzeugte $\mathbb{R}$-Untervektorraum von K über $\mathbb{R}$. Da $v^2 = -a_1 v - a_0$ wieder in Z liegt, ist Z gegenüber der Multiplikation in K abgeschlossen. Z ist sogar ein Körper, denn für $r + sv \in Z, s \neq 0$, ist auch $v_1 = \dfrac{sa_1 - r}{s} + v \in Z$, und man hat

$$0 \neq (r + sv)\left(\frac{sa_1 - r}{s} + v\right) = r\,\frac{sa_1 - r}{s} - sa_0 =: r_2 \in \mathbb{R} \subset Z,$$

und folglich gilt: $(r + sv)^{-1} = \dfrac{1}{r_2} v_1 \in Z$.

Damit ist gezeigt, daß Z die Voraussetzungen von Satz 7 erfüllt, so daß folgt: $Z \cong \mathbb{C}$. Ist nun $w \in K$ beliebig, so ist w Nullstelle eines quadratischen Polynoms $Q_1(X) \in \mathbb{R}[X]$, wie oben für v gezeigt wurde. $Q_1(X)$ besitzt nach einer Bemerkung im Abschnitt 4 über Polarkoordinaten schon im Unterkörper $Z \cong \mathbb{C}$ von K zwei Nullstellen x_0, x_1. Es gilt also $Q_1(X) = a(X - x_0)(X - x_1)$ und daraus folgt wegen der Nullteilerfreiheit von K, daß $w = x_0$ oder $w = x_1$ ist. Demnach ist $w \in Z$ und damit bereits $K = Z \cong \mathbb{C}$. □

Bemerkung. Der Schiefkörper der Quaternionen, der bekanntlich ein vierdimensionaler Vektorraum über $\mathbb{R}$ ist, bildet kein Gegenbeispiel zu Satz 8, da er nicht kommutativ ist.

§ 2. Komplex differenzierbare Funktionen

1. Der Kalkül der Wirtingerschen Ableitungen. In der Differentialrechnung wird für reellwertige Funktionen auf offenen Mengen im $\mathbb{R}^n$ der Begriff der (totalen) reellen Differenzierbarkeit erklärt. Man kann ihn z. B. folgendermaßen definieren (wir können uns dabei auf den Fall des $\mathbb{R}^2$ beschränken):

Def. 6. *Es sei g eine $\mathbb{R}$-wertige Funktion auf der offenen Menge $V \subset \mathbb{R}^2$. Dann heißt g in $(x_0, y_0) \in V$ (total) reell differenzierbar, falls es $\mathbb{R}$-wertige Funktionen g_1, g_2 auf V gibt, die in (x_0, y_0) stetig sind und für die in V gilt:*

$$g(x, y) = g(x_0, y_0) + (x - x_0) g_1(x, y) + (y - y_0) g_2(x, y). \tag{1}$$

(vgl. [7]).

Durch (1) und die Stetigkeitsforderung sind bekanntlich die Funktionen g_ν nicht eindeutig bestimmt, wohl aber ihre Werte im Punkt (x_0, y_0), und man hat:

$$g_1(x_0, y_0) = \frac{\partial g}{\partial x}(x_0, y_0), \quad g_2(x_0, y_0) = \frac{\partial g}{\partial y}(x_0, y_0).$$

Nun gibt jede $\mathbb{C}$-wertige Funktion f auf einer Menge $D \subset \mathbb{C}$ Anlaß zu zwei reellwertigen Funktionen $\operatorname{Re} f$ und $\operatorname{Im} f$ auf D, indem man definiert:

$$(\operatorname{Re} f)(z) := \operatorname{Re} f(z) \quad \text{und} \quad (\operatorname{Im} f)(z) := \operatorname{Im} f(z).$$

Man sagt dann:

Def. 7. *Die $\mathbb{C}$-wertige Funktion f auf der offenen Menge $U \subset \mathbb{C}$ heißt im Punkt $z_0 \in U$ reell differenzierbar, wenn die Funktionen $\operatorname{Re} f$ und $\operatorname{Im} f$ in $z_0 = x_0 + i y_0$ im Sinn von Def. 6 reell differenzierbar sind. (Dabei ist U als offene Menge im $\mathbb{R}^2$ aufzufassen.) Wir bezeichnen die Menge dieser Funktionen mit $D_\mathbb{R}(U; z_0)$.*

Damit kann man auch die partiellen Ableitungen von f nach x und y erklären, indem man setzt:

$$\frac{\partial f}{\partial x}(z_0) := \frac{\partial \operatorname{Re} f}{\partial x}(x_0, y_0) + i \frac{\partial \operatorname{Im} f}{\partial x}(x_0, y_0),$$

$$\frac{\partial f}{\partial y}(z_0) := \frac{\partial \operatorname{Re} f}{\partial y}(x_0, y_0) + i \frac{\partial \operatorname{Im} f}{\partial y}(x_0, y_0).$$

Aus Def. 7 folgert man sofort, daß sich die folgenden, für $\mathbb{R}$-wertige Funktionen bekannten Rechenregeln auf die Funktionen aus $D_\mathbb{R}(U; z_0)$ übertragen:

i) Für $c \in \mathbb{C}$ ist die Funktion $f \equiv c \in D_\mathbb{R}(U; z_0)$ und es ist

$$\frac{\partial f}{\partial x}(z_0) = \frac{\partial f}{\partial y}(z_0) = 0.$$

ii) Wenn $f_1, f_2 \in D_\mathbb{R}(U; z_0)$, so ist auch $f_1 + f_2 \in D_\mathbb{R}(U; z_0)$, und es ist

$$\frac{\partial (f_1 + f_2)}{\partial x}(z_0) = \frac{\partial f_1}{\partial x}(z_0) + \frac{\partial f_2}{\partial x}(z_0).$$

Entsprechend für $\dfrac{\partial}{\partial y}$.

iii) Wenn $f_1, f_2 \in D_\mathbb{R}(U; z_0)$, so ist auch $f_1 \cdot f_2 \in D_\mathbb{R}(U; z_0)$ und es gilt die Produktregel

$$\frac{\partial (f_1 \cdot f_2)}{\partial x}(z_0) = f_2(z_0) \cdot \frac{\partial f_1}{\partial x}(z_0) + f_1(z_0) \cdot \frac{\partial f_2}{\partial x}(z_0).$$

Entsprechend für $\dfrac{\partial}{\partial y}$.

Außerdem ergibt sich aus i) und iii) noch

iv) Für $c \in \mathbb{C}$ und $f \in D_\mathbb{R}(U; z_0)$ gilt

$$\frac{\partial (c \cdot f)}{\partial x}(z_0) = c \cdot \frac{\partial f}{\partial x}(z_0), \quad \frac{\partial (c \cdot f)}{\partial y}(z_0) = c \cdot \frac{\partial f}{\partial y}(z_0).$$

Diese Aussagen lassen sich zusammenfassen zu:

Satz: *Für $U \subset \mathbb{C}$ offen und $z_0 \in U$ ist $D_\mathbb{R}(U; z_0)$ eine $\mathbb{C}$-Algebra, auf der die partiellen Ableitungen $\dfrac{\partial}{\partial x}(z_0)$ und $\dfrac{\partial}{\partial y}(z_0)$ Derivationen darstellen.*

§ 2. Komplex differenzierbare Funktionen

Derivationen sind Abbildungen, die i)–iii) erfüllen.

Man kann $D_\mathbb{R}(U; z_0)$ beschreiben, ohne von der Identifikation $\mathbb{C} \cong \mathbb{R}^2$ Gebrauch zu machen, wie der folgende Satz zeigt:

Satz 9. *Die Funktion $f: U \to \mathbb{C}$ ist genau dann reell differenzierbar in $z_0 \in U$ falls es Funktionen $f_1, f_2: U \to \mathbb{C}$ gibt, die in z_0 stetig sind und für die gilt:*

$$f(z) = f(z_0) + (z - z_0) f_1(z) + (\bar{z} - \bar{z}_0) f_2(z) \quad \text{für alle} \quad z \in U. \tag{2}$$

Durch (2) und die Stetigkeitsforderung sind die Werte $f_1(z_0)$ und $f_2(z_0)$ eindeutig bestimmt.

Def. 8. *Man schreibt*

$$\frac{\partial f}{\partial z}(z_0) := f_1(z_0), \quad \frac{\partial f}{\partial \bar{z}}(z_0) := f_2(z_0)$$

und nennt $\dfrac{\partial f}{\partial z}(z_0)$ und $\dfrac{\partial f}{\partial \bar{z}}(z_0)$ die Wirtingerschen Ableitungen von f im Punkte z_0 (auch partielle Ableitungen von f nach z bzw. $\bar{z}$).

Zusatz zu Satz 9. *Es gelten die Beziehungen:*

$$\begin{aligned}\frac{\partial f}{\partial z}(z_0) &= \frac{1}{2}\left(\frac{\partial f}{\partial x}(z_0) - i \frac{\partial f}{\partial y}(z_0)\right); \\ \frac{\partial f}{\partial \bar{z}}(z_0) &= \frac{1}{2}\left(\frac{\partial f}{\partial x}(z_0) + i \frac{\partial f}{\partial y}(z_0)\right).\end{aligned} \tag{3}$$

Beweis von Satz 9. i) Es gelte Gleichung (2) mit in z_0 stetigen Funktionen f_ν, $\nu = 1, 2$, und es sei für $z = x + iy$

$$f_\nu(z) = g_\nu(x, y) + i h_\nu(x, y), \quad \nu = 1, 2, \text{ und } z \in U, g_\nu \text{ und } h_\nu \mathbb{R}\text{-wertig}.$$

Dann sind die g_ν und h_ν stetig in $z_0 = x_0 + iy_0$. Wegen $z - z_0 = (x - x_0) + i(y - y_0)$ gilt:

$$f(z) = f(z_0) + (x - x_0)(f_1(z) + f_2(z)) + (y - y_0) i (f_1(z) - f_2(z)).$$

Daraus erhält man für die Zerlegung von f in $g := \operatorname{Re} f$ und $h := \operatorname{Im} f$ für alle $z = x + iy \in U$

$$\begin{aligned}g(x, y) &= g(x_0, y_0) + (x - x_0)(g_1(x, y) + g_2(x, y)) + (y - y_0)(h_2(x, y) - h_1(x, y)), \\ h(x, y) &= h(x_0, y_0) + (x - x_0)(h_1(x, y) + h_2(x, y)) + (y - y_0)(g_1(x, y) - g_2(x, y)).\end{aligned}$$

Wegen der Stetigkeit der g_ν und h_ν in (x_0, y_0) ergeben diese Beziehungen gerade die reelle Differenzierbarkeit von g und h und damit von f in $z_0 = x_0 + iy_0$.

ii) Die Eindeutigkeit von $f_1(z_0), f_2(z_0)$ ergibt sich folgendermaßen: Sei $f(z) = f(z_0) + (z - z_0) f_1(z) + (\bar{z} - \bar{z}_0) f_2(z) = f(z_0) + (z - z_0) \tilde{f}_1(z) + (\bar{z} - \bar{z}_0) \tilde{f}_2(z)$ für alle $z \in U$. Die f_ν und $\tilde{f}_\nu$ seien stetig in z_0, $\nu = 1, 2$. Dann gilt

$$0 = (z - z_0)\hat{f}_1(z) + (\bar{z} - \bar{z}_0)\hat{f}_2(z)$$

mit in z_0 stetigen $\hat{f}_\nu := f_\nu - \tilde{f}_\nu$.
Zu zeigen ist: $\hat{f}_1(z_0) = \hat{f}_2(z_0) = 0$.
Angenommen, es wäre etwa $\hat{f}_1(z_0) \neq 0$. Dann gibt es eine Umgebung $V \subset U$ von z_0, in der $\hat{f}_1$ nicht 0 wird, so daß für $z \in V \setminus \{z_0\}$ die Beziehung (4) folgendermaßen umgeschrieben werden kann:

$$-\frac{z - z_0}{\bar{z} - \bar{z}_0} = \frac{\hat{f}_2(z)}{\hat{f}_1(z)}. \tag{5}$$

Nun gilt wegen der Stetigkeit von $\hat{f}_1$ und $\hat{f}_2$ in z_0:

$$\lim_{\substack{z \to z_0 \\ z \in V}} \frac{\hat{f}_2(z)}{\hat{f}_1(z)} = \frac{\hat{f}_2(z_0)}{\hat{f}_1(z_0)}.$$

Andererseits besitzt der Ausdruck auf der linken Seite von (5) für $z \to z_0$ keinen Limes, denn für $z = z_0 + x$ mit $x \in \mathbb{R} \setminus \{0\}$ ist $\frac{z - z_0}{\bar{z} - \bar{z}_0} = 1$, während sich für $z = z_0 + iy$ mit $y \in \mathbb{R} \setminus \{0\}$ ergibt $\frac{z - z_0}{\bar{z} - \bar{z}_0} = -1$.

iii) Es bleibt noch zu zeigen, daß aus der reellen Differenzierbarkeit von f in z_0 die Darstellbarkeit von f wie in (2) folgt. Es gelte also in U:

$$g = g(x_0, y_0) + (x - x_0)g_1 + (y - y_0)g_2$$
$$h = h(x_0, y_0) + (x - x_0)h_1 + (y - y_0)h_2,$$

wobei $g = \operatorname{Re} f$ und $h = \operatorname{Im} f$ ist und die g_ν und h_ν in $z_0 = x_0 + iy_0$ stetig sind, $\nu = 1, 2$. Eine einfache Rechnung liefert

$$f = g + ih = f(z_0) + (z - z_0)\tfrac{1}{2}(g_1 + ih_1 - i(g_2 + ih_2))$$
$$+ (\bar{z} - \bar{z}_0)\tfrac{1}{2}(g_1 + ih_1 + i(g_2 + ih_2)).$$

Das ist offenbar eine Darstellung der gewünschten Form. Gleichzeitig ergeben sich daraus die Beziehungen (3). □

Die Wirtinger-Ableitungen besitzen unter anderem die üblichen Eigenschaften der partiellen Ableitungen:

Satz 10. i) $\dfrac{\partial}{\partial z}$ und $\dfrac{\partial}{\partial \bar{z}}$ *sind $\mathbb{C}$-linear.*

ii) *Produktregel: Sind f_1, f_2 in $z_0 \in U$ reell differenzierbar, so hat man*

$$\frac{\partial(f_1 \cdot f_2)}{\partial z}(z_0) = \frac{\partial f_1}{\partial z}(z_0) f_2(z_0) + f_1(z_0) \frac{\partial f_2}{\partial z}(z_0).$$

§ 2. Komplex differenzierbare Funktionen

Entsprechend für $\dfrac{\partial}{\partial \bar{z}}$.

iii) **Kettenregel:** Sind U, V offene Teilmengen von $\mathbb{C}$, $f_1 : U \to V$ und $f_3 : V \to \mathbb{C}$ Funktionen, so daß f_1 in $z_0 \in U$ und f_3 in $w_0 := f_1(z_0) \in V$ reell differenzierbar sind, so ist $f_4 := f_3 \circ f_1$ reell differenzierbar in z_0, und es gilt:

$$\frac{\partial f_4}{\partial z}(z_0) = \frac{\partial f_3}{\partial w}(w_0)\frac{\partial f_1}{\partial z}(z_0) + \frac{\partial f_3}{\partial \bar{w}}(w_0)\frac{\partial \bar{f}_1}{\partial z}(z_0),$$

$$\frac{\partial f_4}{\partial \bar{z}}(z_0) = \frac{\partial f_3}{\partial w}(w_0)\frac{\partial f_1}{\partial \bar{z}}(z_0) + \frac{\partial f_3}{\partial \bar{w}}(w_0)\frac{\partial \bar{f}_1}{\partial \bar{z}}(z_0).$$

iv) *Für in* $z_0 \in U$ *reell differenzierbare Funktionen f gilt:*

$$\frac{\partial \bar{f}}{\partial \bar{z}}(z_0) = \overline{\frac{\partial f}{\partial z}(z_0)}.$$

Beweis. Mit Hilfe der Beziehungen (3) kann man diese Regeln auf die i)–iii) entsprechenden Regeln für reelle partielle Ableitungen reeller Funktionen zurückführen. Die dazu erforderlichen Rechnungen sind jedoch langwierig und lassen es als eine Art rechnerischen Zufall erscheinen, daß sich die Operatoren $\dfrac{\partial}{\partial z}$ und $\dfrac{\partial}{\partial \bar{z}}$ wie partielle Ableitungen verhalten. Stattdessen sollen hier zum Beweis von i)–iv) nur die Eigenschaften der Darstellung (2) aus Satz 9 benutzt werden. Daraus wird das Verhalten von $\dfrac{\partial}{\partial z}$ und $\dfrac{\partial}{\partial \bar{z}}$ wegen der Analogie zu (1) in Def. 6 verständlich. i) und iv) gelten dann trivialerweise.

Zum Beweis von ii) gelte in U

$$f_\nu = f_\nu(z_0) + (z - z_0) f_{\nu 1} + (\bar{z} - \bar{z}_0) f_{\nu 2}, \quad \nu = 1, 2,$$

mit in z_0 stetigem $f_{\nu\mu}, \nu = 1, 2, \mu = 1, 2$.
Daraus folgt:

$$f_1 f_2 = f_1(z_0) f_2(z_0) + (z - z_0) \{ f_{11} f_2(z_0) + f_1(z_0) f_{21}$$
$$+ (z - z_0) f_{11} f_{21} + (\bar{z} - \bar{z}_0) f_{11} f_{22} + (\bar{z} - \bar{z}_0) f_{12} f_{21} \}$$
$$+ (\bar{z} - \bar{z}_0) \{ f_1(z_0) f_{22} + f_{12} f_2(z_0) + (\bar{z} - \bar{z}_0) f_{12} f_{22} \}.$$

Das ist eine Darstellung der Gestalt (2) für $f_1 f_2$. Laut Definition der Wirtinger-Ableitung gilt also

$$\frac{\partial (f_1 f_2)}{\partial z}(z_0) = f_{11}(z_0) f_2(z_0) + f_1(z_0) f_{21}(z_0)$$
$$= \frac{\partial f_1}{\partial z}(z_0) f_2(z_0) + f_1(z_0) \frac{\partial f_2}{\partial z}(z_0).$$

Entsprechend für $\dfrac{\partial (f_1 f_2)}{\partial \bar{z}}(z_0)$.

Für den Beweis der „Kettenregel" beachte man, daß man wegen der Differenzierbarkeit von f_3 in $w_0 = f(z_0)$ für $w \in V$ eine Darstellung der folgenden Form hat:

$$f_3(w) = f_3(w_0) + (w - w_0) f_{31}(w) + (\bar{w} - \bar{w}_0) f_{32}(w)$$

mit in w_0 stetigen f_{31} und f_{32}. In U hat man außerdem

$$f_1(z) = f_1(z_0) + (z - z_0) f_{11}(z) + (\bar{z} - \bar{z}_0) f_{12}(z),$$

wobei die $f_{1\nu}$ stetig in z_0 sind, $\nu = 1, 2$.

Das ergibt zusammen für $f_4 = f_3 \circ f_1$ in U:

$$\begin{aligned}
f_4(z) &= f_3(f_1(z)) = f_3 \circ f_1(z_0) + (f_1(z) - f_1(z_0)) f_{31} \circ f_1(z) \\
&\quad + (\overline{f_1}(z) - \overline{f_1}(z_0)) f_{32} \circ f_1(z) \\
&= f_3 \circ f_1(z_0) + \{(z - z_0) f_{11}(z) + (\bar{z} - \bar{z}_0) f_{12}(z)\} f_{31} \circ f_1(z) \\
&\quad + \{(\bar{z} - \bar{z}_0) \overline{f_{11}}(z) + (z - z_0) \overline{f_{12}}(z)\} f_{32} \circ f_1(z) \\
&= f_4(z_0) + (z - z_0) \{f_{11}(z) \cdot f_{31} \circ f_1(z) + \overline{f_{12}}(z) \cdot f_{32} \circ f_1(z)\} \\
&\quad + (\bar{z} - \bar{z}_0) \{f_{12}(z) \cdot f_{31} \circ f_1(z) + \overline{f_{11}}(z) \cdot f_{32} \circ f_1(z)\}.
\end{aligned}$$

Da in diesem letzten Ausdruck die Funktionen in den Klammern { } stetig in $z = z_0$ sind, sind ihre Werte dort gerade die Ableitungen $\dfrac{\partial f_4}{\partial z}(z_0)$ bzw. $\dfrac{\partial f_4}{\partial \bar{z}}(z_0)$. Daraus ergibt sich unter Verwendung von iv) die obige Kettenregel. □

Aus der Differentialrechnung ist für $k \in \mathbb{N}$ der Begriff der k-maligen reellen Differenzierbarkeit einer Funktion $g: U \to \mathbb{R}$ in der offenen Menge $U \subset \mathbb{R}^2$ bekannt: g heißt k-mal reell differenzierbar, wenn g $(k-1)$-mal reell differenzierbar ist und alle $(k-1)$-ten partiellen Ableitungen von g nach x und y in U reell differenzierbar sind (vgl. z. B. [7], S. 56). Wir nennen in Verallgemeinerung von Def. 7 die Funktion $f: U \to \mathbb{C}$ k-mal reell differenzierbar in U, wenn die Funktionen $\operatorname{Re} f$ und $\operatorname{Im} f$ es sind. Mit Satz 9 ergibt sich unmittelbar

Satz 11. *Die Funktion f ist genau dann k-mal reell differenzierbar in $U \subset \mathbb{C}$, wenn sie dort $(k-1)$-mal reell differenzierbar ist und alle $(k-1)$-ten Wirtingerschen Ableitungen $\dfrac{\partial^{(k-1)} f}{\partial z^\mu \partial \bar{z}^\nu}$, $\nu + \mu = k - 1$, reell differenzierbar sind. Die Reihenfolge der Differentiation nach z und $\bar{z}$ bis zur Gesamtordnung k ist bei k-mal reell differenzierbaren Funktionen beliebig vertauschbar.*

Zum Abschluß dieser Behandlung des Kalküls der Wirtingerschen Ableitungen soll die bekannte Taylorformel bzw. -reihe umgeschrieben werden. Dazu werde zur Vereinfachung der Schreibweise induktiv der folgende Operator eingeführt:

§ 2. Komplex differenzierbare Funktionen

i) Sei $h: U \to \mathbb{R}$ in der offenen Menge $U \subset \mathbb{C}$ reell differenzierbar und $z_0 \in U$. Dann sei für beliebiges $\zeta \in \mathbb{C}$ und für $z \in U$:

$$\left(\frac{\partial}{\partial z}(\zeta - z_0) + \frac{\partial}{\partial \bar{z}}(\bar{\zeta} - \bar{z}_0)\right)^{(1)} h(z) := (\zeta - z_0)\frac{\partial h}{\partial z}(z) + (\bar{\zeta} - \bar{z}_0)\frac{\partial h}{\partial \bar{z}}(z).$$

ii) Sei $g: U \to \mathbb{R}$ in U $(k+1)$-mal reell differenzierbar, und es sei für ein $\nu \in \mathbb{N}$ mit $\nu \leq k$ der Ausdruck

$$h(z, \zeta) := \left(\frac{\partial}{\partial z}(\zeta - z_0) + \frac{\partial}{\partial \bar{z}}(\bar{\zeta} - \bar{z}_0)\right)^{(\nu)} g(z)$$

bereits so definiert, daß $h(z, \zeta)$ als Funktion von $z \in U$ reell differenzierbar ist. Dann setze man:

$$\left(\frac{\partial}{\partial z}(\zeta - z_0) + \frac{\partial}{\partial \bar{z}}(\bar{\zeta} - \bar{z}_0)\right)^{(\nu+1)} g(z) := \left(\frac{\partial}{\partial z}(\zeta - z_0) + \frac{\partial}{\partial \bar{z}}(\bar{\zeta} - \bar{z}_0)\right)^{(1)} h(z; \zeta).$$

Die rechte Seite ist lt. i) definiert und für $\nu < k$ offenbar auch reell differenzierbar als Funktion von z.

Satz 12 (Taylorformel). *Die $\mathbb{R}$-wertige Funktion g sei im Kreis $Z_r(z_0) \subset \mathbb{C}$ $(k+1)$-mal reell differenzierbar. Dann gilt für alle $\zeta \in Z_r(z_0)$*

$$g(\zeta) = g(z_0) + \sum_{\nu=1}^{k} \frac{1}{\nu!} \left(\frac{\partial}{\partial z}(\zeta - z_0) + \frac{\partial}{\partial \bar{z}}(\bar{\zeta} - \bar{z}_0)\right)^{(\nu)} g(z_0) \quad (6)$$
$$+ \frac{1}{(k+1)!}\left(\frac{\partial}{\partial z}(\zeta - z_0) + \frac{\partial}{\partial \bar{z}}(\bar{\zeta} - \bar{z}_0)\right)^{(k+1)} g(z_0 + \vartheta(\zeta - z_0))$$

für ein $\vartheta \in (0, 1)$, das von ζ abhängt.

Beweis. Es sei $\zeta = \xi + i\eta$, $z_0 = x_0 + iy_0$ und $z = x + iy$. Dann gilt bekanntlich für $g(\xi, \eta) = g(\zeta)$ in $Z_r(z_0) \subset \mathbb{C} \cong \mathbb{R}^2$:

$$g(\xi, \eta) = g(x_0, y_0) + \sum_{\nu=1}^{k} \frac{1}{\nu!}\left(\frac{\partial}{\partial x}(\xi - x_0) + \frac{\partial}{\partial y}(\eta - y_0)\right)^{(\nu)} g(x_0, y_0) \quad (7)$$
$$+ \frac{1}{(k+1)!}\left(\frac{\partial}{\partial x}(\xi - x_0) + \frac{\partial}{\partial y}(\eta - y_0)\right)^{(k+1)} g(x_0 + \vartheta(\xi - x_0), y_0 + \vartheta(\eta - y_0))$$

wobei $\vartheta \in (0, 1)$ von (ξ, η) abhängt. (Die darin verwendeten Differentialoperatoren sind analog zu den obigen definiert.) Aus dieser „reellen" Taylorformel ergibt sich (6) unmittelbar, da wegen (3) in Satz 9 für jede in U reell differenzierbare Funktion h gilt:

$$\left(\frac{\partial}{\partial z}(\zeta-z_0)+\frac{\partial}{\partial \bar{z}}(\bar{\zeta}-\bar{z}_0)\right)h(z)$$
$$=((\xi-x_0)+i(\eta-y_0))\cdot\frac{1}{2}\left(\frac{\partial h}{\partial x}(x,y)-i\frac{\partial h}{\partial y}(x,y)\right)$$
$$+((\xi-x_0)-i(\eta-y_0))\cdot\frac{1}{2}\left(\frac{\partial h}{\partial x}(x,y)+i\frac{\partial h}{\partial y}(x,y)\right) \quad (8)$$
$$=\left(\frac{\partial}{\partial x}(\xi-x_0)+\frac{\partial}{\partial y}(\eta-y_0)\right)h(x,y). \quad \square$$

Eine $\mathbb{R}$-wertige Funktion g heißt im Punkt (x_0,y_0) *reell-analytisch*, falls es einen Kreis $Z_r(x_0,y_0)$ gibt, in dem g beliebig oft reell differenzierbar ist und in dem das Restglied in der Taylorformel (7) für $k\to\infty$ gegen Null strebt, d. h., falls g um x_0 lokal in eine Potenzreihe entwickelbar ist. Es gilt dann also in $Z_r(x_0,y_0)$:

$$g(\xi,\eta)=g(x_0,y_0)+\sum_{\nu=1}^{\infty}\frac{1}{\nu!}\left(\frac{\partial}{\partial x}(\xi-x_0)+\frac{\partial}{\partial y}(\eta-y_0)\right)^{(\nu)}g(x_0,y_0).$$

Wir nennen eine $\mathbb{C}$-wertige Funktion f in $z_0=x_0+iy_0$ reell-analytisch, wenn die Funktionen $\operatorname{Re} f$ und $\operatorname{Im} f$ dort reell-analytisch sind. Wieder wegen (8) ergibt sich sofort:

Satz 12a. *Die $\mathbb{C}$-wertige Funktion f sei in z_0 reell-analytisch. Dann gilt für ζ aus einem geeigneten Kreis $Z_r(z_0)$:*

$$f(\zeta)=f(z_0)+\sum_{\nu=1}^{\infty}\frac{1}{\nu!}\left(\frac{\partial}{\partial z}(\zeta-z_0)+\frac{\partial}{\partial \bar{z}}(\bar{\zeta}-\bar{z}_0)\right)^{(\nu)}f(z_0).$$

Bemerkung. i) Durch einen Induktionsbeweis über ν, der analog zum Beweis der Binomialformel verläuft, zeigt man, daß gilt:

$$\left(\frac{\partial}{\partial z}(\zeta-z_0)+\frac{\partial}{\partial \bar{z}}(\bar{\zeta}-\bar{z}_0)\right)^{(\nu)}f(z_0)$$
$$=\sum_{\lambda=0}^{\nu}\binom{\nu}{\lambda}\frac{\partial^{\nu} f}{\partial z^{\lambda}\partial \bar{z}^{\nu-\lambda}}(z_0)(\zeta-z_0)^{\lambda}(\bar{\zeta}-\bar{z}_0)^{\nu-\lambda}.$$

ii) Die ersten Glieder der in Satz 13 angegebenen Reihe lauten also:

$$f(\zeta)=f(z_0)+(\zeta-z_0)\frac{\partial f}{\partial z}(z_0)+(\bar{\zeta}-\bar{z}_0)\frac{\partial f}{\partial \bar{z}}(z_0)$$
$$+\frac{1}{2}(\zeta-z_0)^2\frac{\partial^2 f}{\partial z^2}(z_0)+\frac{1}{2}(\bar{\zeta}-\bar{z}_0)^2\frac{\partial^2 f}{\partial \bar{z}^2}(z_0)$$
$$+(\zeta-z_0)(\bar{\zeta}-\bar{z}_0)\frac{\partial^2 f}{\partial z\partial \bar{z}}(z_0)+\cdots.$$

§ 2. Komplex differenzierbare Funktionen

Insbesondere ergibt sich, daß die Koeffizienten der in $(\zeta - z_0)$ und $(\bar\zeta - \bar z_0)$ linearen Glieder gerade die Wirtingerableitungen $\dfrac{\partial f}{\partial z}(z_0)$ und $\dfrac{\partial f}{\partial \bar z}(z_0)$ sind.

2. Komplexe Differenzierbarkeit. Bisher wurden in diesem Paragraphen die komplexen Zahlen im Grunde lediglich zur Vereinfachung der Schreibweise z. B. für Paare (g, h) reeller Funktionen über einer offenen Menge $U \subset \mathbb{R}^2$ benutzt, indem stattdessen die $\mathbb{C}$-wertige Funktion $f := g + ih$ betrachtet wurde. Die untersuchte Differentiation war „reell". Es gibt jedoch in jedem vollständig bewerteten Körper k einen Differenzierbarkeitsbegriff (vgl. § II, 4.5), der hier für den Fall $k = \mathbb{C}$ eingeführt werden soll.

Def. 9. *Sei $U \subset \mathbb{C}$ offen, $f: U \to \mathbb{C}$ eine Funktion und $z_0 \in U$. Dann heißt f in z_0 komplex differenzierbar, oder kurz differenzierbar, falls es eine in z_0 stetige Funktion $f_1: U \to \mathbb{C}$ gibt, so daß für alle $z \in U$ gilt:*

$$f(z) = f(z_0) + (z - z_0) f_1(z). \tag{9}$$

Falls f in z_0 differenzierbar ist, ist f_1 durch (9) und die Stetigkeitsforderung eindeutig bestimmt, denn für $z \neq z_0, z \in U$, hat man lt. (9)

$$f_1(z) = \frac{f(z) - f(z_0)}{z - z_0},$$

und in $z = z_0$ gilt wegen der Stetigkeit

$$f_1(z_0) = \lim_{\substack{z \to z_0 \\ z \neq z_0}} \frac{f(z) - f(z_0)}{z - z_0}.$$

Def. 10. *Sei f in z_0 komplex differenzierbar; die eindeutig bestimmte komplexe Zahl $f_1(z_0)$ heißt Ableitung von f in z_0. Ist f in allen Punkten von U differenzierbar, so heißt f (komplex) differenzierbar in U, und man nennt die Funktion $f': U \to \mathbb{C}$, die jedem Punkt von U die Ableitung von f in diesem Punkt zuordnet, kurz Ableitung von f. Eine andere übliche Schreibweise ist*

$$\frac{df}{dz}(z_0) := f'(z_0).$$

f heißt n-mal differenzierbar in U, falls die $(n-1)$-te Ableitung $f^{(n-1)}$ in U differenzierbar ist, $n \geq 2$.

Mit $D_n(U)$ werde die Menge aller n-mal differenzierbaren Funktionen f auf U bezeichnet; ferner sei $D_\infty(U) := \bigcap\limits_{n=1}^{\infty} D_n(U)$. Dann gilt offenbar:

$$D_1(U) \supset D_2(U) \supset D_3(U) \supset \cdots \supset D_\infty(U).$$

I. Komplex differenzierbare Funktionen

Hauptziel dieses Kapitels ist es, zu zeigen, daß in dem hier betrachteten Fall der komplexen Zahlen sogar gilt:

$$D_1(U) = D_2(U) = \cdots = D_\infty(U).$$

Hier soll zunächst die Beziehung zwischen reeller und komplexer Differenzierbarkeit untersucht werden. Dabei zeigt es sich, daß die komplexe Differenzierbarkeit eine echt stärkere Forderung als die reelle Differenzierbarkeit ist. Es gilt nämlich:

Satz 13. *Eine Funktion* $f: U \to \mathbb{C}$, *U offen in $\mathbb{C}$, ist genau dann in $z_0 \in U$ komplex differenzierbar, wenn f in z_0 reell differenzierbar ist und wenn außerdem*

$$\frac{\partial f}{\partial \bar{z}}(z_0) = 0.$$

In diesem Fall gilt:

$$f'(z_0) = \frac{\partial f}{\partial z}(z_0).$$

Beweis. i) Falls f in z_0 komplex differenzierbar ist, gibt es eine in z_0 stetige Funktion $f_1: U \to \mathbb{C}$ mit

$$f(z) = f(z_0) + (z - z_0) f_1(z).$$

Damit ist f lt. Satz 9 reell differenzierbar in z_0, und es gilt:

$$\frac{\partial f}{\partial z}(z_0) = f_1(z_0) = f'(z_0); \qquad \frac{\partial f}{\partial \bar{z}}(z_0) = 0.$$

ii) Es sei f reell differenzierbar in z_0, und es gelte $\dfrac{\partial f}{\partial \bar{z}}(z_0) = 0$. Dann gibt es lt. Satz 9 in z_0 stetige Funktionen $f_1, f_2: U \to \mathbb{C}$ mit:

$$f(z) = f(z_0) + (z - z_0) f_1(z) + (\bar{z} - \bar{z}_0) f_2(z) \quad \text{für alle} \quad z \in U. \tag{10}$$

Außerdem ist $f_2(z_0) = 0$. Man definiere nun die folgende Funktion

$$\tilde{f}_1(z) := \begin{cases} \dfrac{\bar{z} - \bar{z}_0}{z - z_0} f_2(z), & \text{falls } z \neq z_0, z \in U \\ 0 & \text{falls } z = z_0 \end{cases}$$

Die Funktion $\tilde{f}_1$ ist stetig in z_0, denn es gilt für $z \in U \setminus \{z_0\}$:

$$|\tilde{f}_1(z)| = \left| \frac{\bar{z} - \bar{z}_0}{z - z_0} \right| |f_2(z)| = |f_2(z)|.$$

und damit

$$\lim_{\substack{z \to z_0 \\ z \neq z_0}} \tilde{f}_1(z) = \lim_{\substack{z \to z_0 \\ z \neq z_0}} f_2(z) = 0.$$

§ 2. Komplex differenzierbare Funktionen

Außerdem hat man wegen (10) in U die Beziehung:

$$f(z) = f(z_0) + (z - z_0)(f_1(z) + \tilde{f}_1(z)).$$

Also ist f komplex differenzierbar in z_0. □

Die Bedingung $\dfrac{\partial f}{\partial \bar{z}}(z_0) = 0$ läßt sich mit (3) aus Satz 9 ohne weiteres reell formulieren. Man erhält dann (mit der üblichen Identifikation von $\mathbb{C}$ und $\mathbb{R}^2$)

Korollar (Cauchy-Riemannsche Differentialgleichungen). *Eine Funktion $f = g + ih: U \to \mathbb{C}$, U offen in $\mathbb{C}$, ist genau dann in $z_0 = x_0 + iy_0 \in U$ komplex differenzierbar, wenn g und h dort reell differenzierbar sind und wenn gilt:*

$$\frac{\partial g}{\partial x}(x_0, y_0) = \frac{\partial h}{\partial y}(x_0, y_0); \quad \frac{\partial g}{\partial y}(x_0, y_0) = -\frac{\partial h}{\partial x}(x_0, y_0).$$

Die Bedingung der Cauchy-Riemannschen Differentialgleichungen kann folgendermaßen geometrisch gedeutet werden. Nach einer Bemerkung im Anschluß an Definition 9 ist die Funktion $f: U \to \mathbb{C}$ in $z_0 \in U$ genau dann komplex differenzierbar, wenn die in $U \smallsetminus \{z_0\}$ definierte Funktion

$$\varDelta_{z_0}(f, z) := \frac{f(z) - f(z_0)}{z - z_0}$$

in $z = z_0$ stetig ergänzt werden kann. Insbesondere muß also der Grenzwert von $\varDelta_{z_0}(f, z)$ existieren, wenn sich z auf irgendeiner Geraden durch z_0 dem Punkt z_0 nähert, und alle so erhaltenen Grenzwerte müssen gleich sein. Das bedeutet zum Beispiel:

$$\lim_{\substack{\mathbb{R} \ni x \to 0 \\ z = z_0 + x \in U \smallsetminus \{z_0\}}} \varDelta_{z_0}(f, z) = \lim_{\substack{\mathbb{R} \ni y \to 0 \\ z = z_0 + iy \in U \smallsetminus \{z_0\}}} \varDelta_{z_0}(f, z)$$

denn $\{z = z_0 + x, x \in \mathbb{R}\}$ ist die Parallele zur reellen Achse durch z_0 und $\{z = z_0 + iy, y \in \mathbb{R}\}$ ist die Parallele zur y-Achse durch z_0. Diese Beziehung ist identisch mit $\dfrac{\partial f}{\partial x}(z_0) = -i \dfrac{\partial f}{\partial y}(z_0)$ und das sind gerade die Cauchy-Riemannschen Differentialgleichungen. Man kann demnach Satz 13 auch so ausdrücken:

Die Funktion f ist in z_0 genau dann komplex differenzierbar, wenn f dort reell differenzierbar ist und wenn $\varDelta_{z_0}(f, z)$ bei Annäherung an z_0 längs der Parallelen zur reellen Achse und längs der Parallelen zur imaginären Achse den gleichen Grenzwert hat. Dieser ist dann gleich $f'(z_0)$.

Nach dieser Formulierung hat es den Anschein, als sei das Paar der achsenparallelen Geraden durch z_0 gegenüber anderen Geradenpaaren durch z_0 ausgezeichnet. Daß dies in Wahrheit nicht der Fall ist, soll jetzt noch gezeigt werden. Es sei also $f: U \to \mathbb{C}$ in z_0 reell differenzierbar; ferner seien $z_\nu \in \mathbb{C}$, $\nu = 1, 2$, fest gewählt mit $|z_1| = |z_2| = 1$, $z_1 \neq \pm z_2$. Dann sind $\{z_0 + t \cdot z_\nu, t \in \mathbb{R}\}$,

$v = 1, 2$, zwei verschiedene Geraden durch z_0. Es gelte:

$$\lim_{\substack{t \neq 0 \\ t \to 0}} \frac{f(z_0 + t \cdot z_1) - f(z_0)}{t \cdot z_1} = \lim_{\substack{t \neq 0 \\ t \to 0}} \frac{f(z_0 + t \cdot z_2) - f(z_0)}{t \cdot z_2}.$$

Da f in z_0 reell differenzierbar ist, gibt es in z_0 stetige Funktionen $f_\nu : U \to \mathbb{C}$, $v = 1, 2$, mit $f(z) = f(z_0) + (z - z_0) f_1(z) + (\bar{z} - \bar{z}_0) f_2(z)$ für alle $z \in U$. Durch Einsetzen in die obige Beziehung erhält man:

$$\lim_{\substack{t \neq 0 \\ t \to 0}} \left[f_1(z_0 + tz_1) + \frac{\bar{z}_1}{z_1} f_2(z_0 + tz_1) \right] = \lim_{\substack{t \neq 0 \\ t \to 0}} \left[f_1(z_0 + tz_2) + \frac{\bar{z}_2}{z_2} f_2(z_0 + tz_2) \right].$$

Das ergibt wegen $f_1(z_0) = \frac{\partial f}{\partial z}(z_0)$ und $f_2(z_0) = \frac{\partial f}{\partial \bar{z}}(z_0)$, sowie wegen $z_\nu \bar{z}_\nu = |z_\nu|^2 = 1$, $\nu = 1, 2$,

$$\frac{\partial f}{\partial z}(z_0) + \frac{\partial f}{\partial \bar{z}}(z_0) \bar{z}_1^2 = \frac{\partial f}{\partial z}(z_0) + \frac{\partial f}{\partial \bar{z}}(z_0) \bar{z}_2^2$$

also

$$\frac{\partial f}{\partial \bar{z}}(z_0) \cdot (\bar{z}_1^2 - \bar{z}_2^2) = 0,$$

und wegen $z_1 \neq \pm z_2$ folgt schließlich

$$\frac{\partial f}{\partial \bar{z}}(z_0) = 0.$$

Die Funktion f erfüllt also die Cauchy-Riemannschen Differentialgleichungen in z_0 und ist dort deshalb komplex differenzierbar. Insbesondere sind die Grenzwerte zu f in z_0 $\lim_{\mathbb{R}^* \ni t \to 0} \Delta_{z_0}(f, z_0 + t\tilde{z})$, längs aller Geraden durch z_0 gleich; ($\mathbb{R}^* = \mathbb{R} \setminus \{0\}$).

Für die komplexe Differenzierbarkeit gelten dieselben elementaren Regeln wie für die reelle Differenzierbarkeit bei Funktionen einer reellen Veränderlichen. Sie seien im folgenden Satz zusammengestellt:

Satz 14. *Die Funktionen f_1, f_2 auf der offenen Menge $U \subset \mathbb{C}$ seien in $z_0 \in U$ komplex differenzierbar. Dann gilt:*

i) a) *$f_1 + f_2$ ist in z_0 differenzierbar, und es ist*

$$(f_1 + f_2)'(z_0) = f_1'(z_0) + f_2'(z_0).$$

b) *Für $c \in \mathbb{C}$ ist $c \cdot f_1$ in z_0 differenzierbar:*

$$(c \cdot f_1)'(z_0) = c \cdot f_1'(z_0).$$

ii) *$f_1 \cdot f_2$ ist in z_0 differenzierbar, und es ist*

$$(f_1 \cdot f_2)'(z_0) = f_1'(z_0) \cdot f_2(z_0) + f_1(z_0) \cdot f_2'(z_0).$$

§ 2. Komplex differenzierbare Funktionen

iii) *Es sei $f_1(U) \subset V$, V offen in $\mathbb{C}$, und $f_3 : V \to \mathbb{C}$ sei in $w_0 := f_1(z_0)$ differenzierbar. Dann ist $f_3 \circ f_1 : U \to \mathbb{C}$ in z_0 differenzierbar, und es ist*

$$(f_3 \circ f_1)'(z_0) = f_3'(w_0) \cdot f_1'(z_0).$$

iv) *Wenn $f_2(z_0) \neq 0$ ist, ist die (in einer Umgebung von z_0 definierte) Funktion $\dfrac{f_1}{f_2}$ in z_0 differenzierbar, und es gilt:*

$$\left(\frac{f_1}{f_2}\right)'(z_0) = \frac{f_1'(z_0) \cdot f_2(z_0) - f_2'(z_0) \cdot f_1(z_0)}{f_2^2(z_0)}.$$

Beweis. Diese Regeln können durch einfache Zurückführung auf Def. 9 bewiesen werden. Das ist hier jedoch für i)–iii) nicht nötig, da i)–iii) wegen Satz 13 in Satz 10, i)–iii) enthalten sind. Das sei am Beispiel der Beziehung iii) gezeigt. Die Funktion f_1 ist in z_0 und die Funktion f_3 in $w_0 = f_1(z_0)$ komplex differenzierbar. Also ist f_1 in z_0 und f_3 in w_0 reell differenzierbar, und es gilt

$$\frac{\partial f_1}{\partial \bar{z}}(z_0) = 0, \quad \frac{\partial f_3}{\partial \bar{w}}(w_0) = 0.$$

Daraus folgt mit iii) aus Satz 10: $f_3 \circ f_1$ ist in z_0 reell differenzierbar, und man hat

$$\frac{\partial (f_3 \circ f_1)}{\partial \bar{z}}(z_0) = \frac{\partial f_3}{\partial w}(w_0) \frac{\partial f_1}{\partial \bar{z}}(z_0) + \frac{\partial f_3}{\partial \bar{w}}(w_0) \frac{\partial \bar{f_1}}{\partial \bar{z}}(z_0) = 0.$$

Also ist $f_3 \circ f_1$ in z_0 komplex differenzierbar, und es ergibt sich weiter

$$(f_3 \circ f_1)'(z_0) = \frac{\partial (f_3 \circ f_1)}{\partial z}(z_0) = \frac{\partial f_3}{\partial w}(w_0) \frac{\partial f_1}{\partial z}(z_0) + \frac{\partial f_3}{\partial \bar{w}}(w_0) \frac{\partial \bar{f_1}}{\partial z}(z_0)$$

$$= f_3'(w_0) \cdot f_1'(z_0).$$

Damit braucht nur noch iv) bewiesen zu werden. Dazu sei zunächst die Funktion $f(w) := \dfrac{1}{w}$ in $\mathbb{C} \setminus \{0\}$ betrachtet. Für einen beliebigen Punkt $w_0 \in \mathbb{C} \setminus \{0\}$ hat man die Beziehung

$$\frac{1}{w} = \frac{1}{w_0} + (w - w_0)\left(-\frac{1}{w_0 w}\right) \quad \text{für alle } w \in \mathbb{C} \setminus \{0\},$$

und da $-\dfrac{1}{w_0 w}$ in $w = w_0$ stetig ist, folgt daraus, daß $f(w) = \dfrac{1}{w}$ in w_0 komplex differenzierbar ist und daß gilt:

$$f'(w_0) = -\frac{1}{w_0^2}.$$

Da weiter $f_2(z_0) \neq 0$ ist, gibt es eine Umgebung $V \subset U$ von z_0 mit $f_2(V) \subset \mathbb{C} \smallsetminus \{0\}$. Also ist lt. iii) $f \circ f_2 = \dfrac{1}{f_2}$ in z_0 komplex differenzierbar, und man hat:

$$\left(\frac{1}{f_2}\right)'(z_0) = -\frac{f_2'(z_0)}{f_2^2(z_0)}.$$

Mit ii) folgt daraus die Behauptung. □

3. Beispiele. i) Alle Konstanten $f \equiv c \in \mathbb{C}$ sind überall komplex differenzierbar, und es ist $f' \equiv 0$.

Bemerkung. Dieses Beispiel zusammen mit Satz 14, Aussage i) und ii) zeigt, daß die $D_n(U)$ für jedes $n \in \mathbb{N}$ $\mathbb{C}$-Algebren sind.

ii) Die Funktionen $f_1(z) = z$ und $f_2(z) = \bar{z}$ sind überall reell differenzierbar, und wegen

$$f_1(z) = z = z_0 + (z - z_0)$$
$$f_2(z) = \bar{z} = \bar{z}_0 + (\bar{z} - \bar{z}_0)$$

ergibt sich $\dfrac{\partial f_1}{\partial z} \equiv 1 \equiv \dfrac{\partial f_2}{\partial \bar{z}}, \dfrac{\partial f_1}{\partial \bar{z}} \equiv 0 \equiv \dfrac{\partial f_2}{\partial z}$. Also ist f_1 überall komplex differenzierbar und f_2 nirgends. Wegen Satz 14 hat man dann: alle Polynomfunktionen

$$f(z) = \sum_{\nu=0}^{n} a_\nu z^\nu \in \mathbb{C}[z]$$

sind überall komplex differenzierbar, und man berechnet

$$f'(z) = \sum_{\nu=0}^{n} \nu a_\nu z^{\nu-1}.$$

Die Ableitung ist also wieder ein Polynom. Deshalb gilt $\mathbb{C}[z] \subset D_\infty(\mathbb{C})$.

iii) Die Funktion $f(z) = |z|^2 = z \cdot \bar{z}$ ist überall reell differenzierbar, und zwar gilt:

$$\frac{\partial f}{\partial z}(z) = \bar{z}, \quad \frac{\partial f}{\partial \bar{z}}(z) = z.$$

Das bedeutet laut Satz 13 insbesondere, daß $f(z) = |z|^2$ nur im Nullpunkt komplex differenzierbar ist.

iv) Die überall reell differenzierbare Funktion $f(z) = (\operatorname{Re} z)^2 = \tfrac{1}{4}(z + \bar{z})^2$ ist genau in den Punkten der imaginären Achse komplex differenzierbar, denn man hat

$$\frac{\partial f}{\partial z} = \frac{1}{2}(z + \bar{z}), \quad \frac{\partial f}{\partial \bar{z}} = \frac{1}{2}(z + \bar{z}). \tag{11}$$

§ 2. Komplex differenzierbare Funktionen

v) Schließlich soll noch eine überall komplex differenzierbare Funktion angegeben werden, die kein Polynom ist. Es sei nämlich für $z = x + iy$

$$f(z) = g(x, y) + i h(x, y) = e^x \cos y + i e^x \sin y.$$

f ist reell differenzierbar, und für $y = 0$ ist $f(z) = e^x$. Also kann f kein Polynom sein. Schließlich gilt für alle (x, y):

$$\frac{\partial g}{\partial x}(x, y) = e^x \cos y = \frac{\partial h}{\partial y}(x, y); \quad \frac{\partial g}{\partial y}(x, y) = -e^x \sin y = -\frac{\partial h}{\partial x}(x, y).$$

was laut Korollar zu Satz 13 die komplexe Differenzierbarkeit von f in $\mathbb{C}$ beweist. Man erhält $f'(z)$ daraus etwa als Richtungsableitung in der x-Richtung:

$$f'(z) = \frac{\partial f}{\partial x}(z) = \frac{\partial g}{\partial x}(x, y) + i \frac{\partial h}{\partial x}(x, y) = e^x (\cos y + i \sin y) = f(z). \quad (12)$$

Wegen $f(z) = e^z$ für $z \in \mathbb{R}$ definiert man für beliebige $z \in \mathbb{C}$

$$\exp z := e^z := f(z)$$

und nennt diese Funktion die *komplexe Exponentialfunktion*. Sie ist im folgenden von großer Bedeutung und soll deshalb hier noch weiter untersucht werden.

a) Für alle $z_1, z_2 \in \mathbb{C}$ gilt wie im Reellen das Additionstheorem

$$\exp(z_1 + z_2) = \exp z_1 \cdot \exp z_2. \quad (13)$$

Beweis. Man denke sich $z_1, z_2 \in \mathbb{C}$ fest gewählt und definiere für alle $z \in \mathbb{C}$

$$\hat{g}(z) := \exp((z_1 + z_2) - z) \cdot \exp z$$

Dann erhält man aus (12) und Satz 14, ii) und iii) auf ganz $\mathbb{C}$

$$\frac{\partial \hat{g}}{\partial z}(z) = \hat{g}'(z) = -\exp((z_1 + z_2) - z) \exp z + \exp((z_1 + z_2) - z) \exp z.$$
$$= 0.$$

Da außerdem $\frac{\partial \hat{g}}{\partial \bar{z}}(z) = 0$ für alle $z \in \mathbb{C}$ laut Satz 13, hat man ebenfalls

$$\frac{\partial \hat{g}}{\partial x} = \frac{\partial \hat{g}}{\partial z} + \frac{\partial \hat{g}}{\partial \bar{z}} \equiv 0 \quad \text{und} \quad \frac{\partial \hat{g}}{\partial y} = i\left(\frac{\partial \hat{g}}{\partial z} - \frac{\partial \hat{g}}{\partial \bar{z}}\right) \equiv 0,$$

wenn man $\hat{g}$ als Funktion der reellen Veränderlichen x, y auffaßt. Also sind nach einem bekannten Satz aus der Infinitesimalrechnung (vgl. auch Korollar 2 zu Satz 25) die Funktionen Re $\hat{g}$ und Im $\hat{g}$ konstant, d. h., es gibt ein $c \in \mathbb{C}$, so daß für alle $z \in \mathbb{C}$ gilt

$$\hat{g}(z) = \exp((z_1 + z_2) - z) \exp z = c. \quad (14)$$

Indem man $z := z_1 + z_2$ setzt, erhält man als Wert von c

$$\exp 0 \exp(z_1 + z_2) = \exp(z_1 + z_2) = c.$$

Geht man damit in (14) ein und wählt $z := z_2$, so ergibt sich das behauptete Additionstheorem. □

b) Laut a) gilt insbesondere für $z \in \mathbb{C}$

$$\exp z \exp(-z) = \exp 0 = 1.$$

Daraus folgt

$$\exp z \neq 0 \quad \text{für alle} \quad z \in \mathbb{C}. \qquad (15)$$

c) Es ist laut Definition von $\exp z$ für alle $z = x + iy \in \mathbb{C}$

$$|\exp z|^2 = e^{2x}(\cos^2 y + \sin^2 y) = e^{2x}.$$

Also gilt

$$|\exp z| = \exp(\operatorname{Re} z). \qquad (16)$$

d) Während die reelle Exponentialfunktion bekanntlich eine injektive Abbildung von $\mathbb{R}$ in $\mathbb{R}$ darstellt, besitzt die komplexe Exponentialfunktion eine Periodizität. Zum Nachweis werden zunächst alle $z = x + iy \in \mathbb{C}$ mit $\exp z = 1$ bestimmt. Laut (11) gilt $\exp z = 1$ genau dann, wenn

$$e^x \cos y = 1 \quad \text{und} \quad e^x \sin y = 0$$

ist. Wegen $e^x \neq 0$ muß $\sin y = 0$ sein, d. h., es muß ein $\hat{k} \in \mathbb{Z}$ mit

$$y = \hat{k}\pi$$

geben. Für diese y ist andererseits $\cos y = \cos \hat{k}\pi = \pm 1$, so daß man als weitere Bedingung erhält

$$e^x = \pm 1.$$

Das ist nur für $x = 0$ mit $e^x = e^0 = 1$ erfüllt, weshalb nur der Fall

$$\cos \hat{k}\pi = 1$$

bleibt. Also muß $\hat{k}$ gerade sein. Zusammen bedeutet das: wenn für ein $z \in \mathbb{C}$ $\exp z = 1$, so muß es ein $k \in \mathbb{Z}$ geben, so daß gilt

$$z = 2k\pi i.$$

Da für alle diese z auch wirklich $\exp z = 1$ gilt, hat man:

Satz 15. *Es ist* $\exp z = 1$ *genau dann, wenn es ein* $k \in \mathbb{Z}$ *mit* $z = 2k\pi i$ *gibt.*

Da aufgrund des Additionstheorems für $z_1, z_2 \in \mathbb{C}$ $\exp z_1 = \exp z_2$ genau dann gilt, wenn $\exp(z_1 - z_2) = 1$ ist, erhält man aus Satz 15 die genaue Beschreibung der Periodizität von $\exp$:

Korollar. *Für zwei Zahlen* $z_1, z_2 \in \mathbb{C}$ *gilt* $\exp z_1 = \exp z_2$ *genau dann, wenn es ein* $k \in \mathbb{Z}$ *mit* $z_2 = z_1 + 2k\pi i$ *gibt.*

§ 3. Kurvenintegrale

Da der euklidische Raum $\mathbb{R}^2$ und $\mathbb{C}$ als topologische $\mathbb{R}$-Vektorräume gleich sind, läßt sich die aus der Differential- und Integralrechnung bekannte Theorie der Differentialformen und Kurvenintegrale auf $\mathbb{C}$ anwenden. Eine ausführliche Behandlung dieser Theorie findet man z. B. in [8]. Da sie ein wesentliches Hilfsmittel zur Untersuchung der komplex differenzierbaren Funktionen ist, soll hier wenigstens eine kurze Darstellung des für die Zwecke der Funktionentheorie Benötigten gegeben werden. Insbesondere wird jedoch auf eine detaillierte Einführung des Begriffes der Differentialform verzichtet und lediglich die Umformulierung in die komplexe Schreibweise durchgeführt.

1. Stückweise stetig differenzierbare Wege. Zunächst sei an den Begriff des stückweise stetig differenzierbaren Weges erinnert.

Def. 11. *Es sei $I := [a, b]$ mit $a < b$ ein abgeschlossenes Intervall in $\mathbb{R}$. Unter einem parametrisierten stetig differenzierbaren Weg in einer offenen Menge $G \subset \mathbb{R}^2 \cong \mathbb{C}$ versteht man eine stetig differenzierbare Abbildung $\gamma: I \to G$. Der Punkt $\gamma(a)$ bzw. $\gamma(b)$ heißt Anfangs- bzw. Endpunkt von γ. Das Bild von I unter γ wird als Träger von γ bezeichnet, man schreibt dafür kurz $|\gamma|$. I heißt Parameterintervall.*

Bei der Betrachtung und Verwendung von Wegen interessiert man sich nicht für die jeweilige spezielle Abbildung γ, sondern lediglich für die Eigenschaften einer ganzen Klasse zu γ äquivalenter Abbildungen. Man definiert deshalb:

Def. 12. *Es seien $I_v := [a_v, b_v]$ mit $a_v < b_v$, $v = 1,2$, zwei abgeschlossene Intervalle. Unter einer Parametertransformation φ versteht man eine bijektive, stetig differenzierbare Funktion $\varphi: I_2 \to I_1$, deren Ableitung φ' auf I_2 größer als 0 ist.*

Man beachte, daß sowohl die Umkehrfunktion einer Parametertransformation als auch die Hintereinanderausführung zweier solcher Transformationen wieder Parametertransformationen sind. Deshalb ist es sinnvoll zu sagen:

Def. 13. *Zwei parametrisierte stetig differenzierbare Wege $\gamma_v : I_v \to G$, $v = 1,2$, heißen äquivalent, wenn es eine Parametertransformation $\varphi : I_2 \to I_1$ gibt, für die $\gamma_2 = \gamma_1 \circ \varphi$ gilt. Eine Äquivalenzklasse bezüglich dieser Äquivalenzrelation heißt ein stetig differenzierbarer Weg.*

Anfangs- und Endpunkt sowie der Träger von parametrisierten Wegen sind offenbar *invariant* gegenüber Parametertransformationen und können deshalb den zugehörigen Wegen W zugeordnet werden. Man bezeichnet den Träger von W durch $|W|$. Im übrigen wird im folgenden ein Weg W meist durch einen speziellen ihn bestimmenden parametrisierten Weg γ angegeben. Man kann dabei z. B. γ jederzeit so wählen, daß das Parameterintervall I von γ gleich dem Einheitsintervall $[0, 1]$ ist.

28   I. Komplex differenzierbare Funktionen

Def. 14. *Es seien W_v, $v=1,\ldots,n$, stetig differenzierbare Wege in der offenen Menge $G \subset \mathbb{R}^2 \cong \mathbb{C}$ mit Parametrisierungen $\gamma_v:[a_v,b_v] \to G$, $v=1,\ldots,n$. Es gelte $\gamma_v(b_v) = \gamma_{v+1}(a_{v+1})$ für $v=1,\ldots,n-1$. Dann nennt man das (geordnete) n-Tupel $(W_1,\ldots,W_n)$ einen stückweise stetig differenzierbaren Weg.*

Man kann dabei offenbar ohne Einschränkung voraussetzen, daß die Parametrisierungen der W_v so gewählt sind, daß gerade $b_v = a_{v+1}$ für $v=1,\ldots,n-1$ gilt. Dann wird durch $\gamma(t) := \gamma_v(t)$ für $t \in [a_v,b_v]$ offenbar eine auf $[a_1,b_n]$ stetige Abbildung γ definiert, die auf den Teilintervallen $[a_v,b_v]$, $v=1,\ldots,n$, stetig differenzierbar ist. Die Abbildung γ heißt dann eine *Parametrisierung des stückweise stetig differenzierbaren Weges* $(W_1,\ldots,W_n)$. Es sei nun umgekehrt $\varphi:[a,b] \to G$ eine stetige Abbildung mit der Eigenschaft: es gibt Punkte $a_1,\ldots,a_{n+1}$ mit $a = a_1 < a_2 < \cdots < a_{n+1} = b$, so daß $\gamma_v := \varphi|[a_v,a_{v+1}]$ für $v=1,\ldots,n$ stetig differenzierbar ist. Dann heißt φ stückweise stetig differenzierbar und ist in natürlicher Weise Parametrisierung eines stückweise stetig differenzierbaren Weges $W = (W_1,\ldots,W_n)$. Man definiere als W_v, $v=1,\ldots,n$, nämlich den durch γ_v gegebenen stetig differenzierbaren Weg.

Für stückweise stetig differenzierbare Wege läßt sich unter gewissen Zusatzvoraussetzungen eine Addition erklären, die anschaulich dem Hintereinanderdurchlaufen entspricht. Sind nämlich $\hat{W} = (W_1,\ldots,W_n)$ und $\tilde{W} = (W_{n+1},\ldots,W_{n+m})$ zwei stückweise stetig differenzierbare Wege und ist der Endpunkt von W_n gleich dem Anfangspunkt von W_{n+1}, so ist $W := (W_1,\ldots,W_{n+m})$ wieder ein stückweise stetig differenzierbarer Weg, und man definiert:

$$\hat{W} + \tilde{W} := W. \tag{15}$$

Es sei umgekehrt W ein stückweise stetig differenzierbarer Weg in G und $\varphi:[a,b] \to G$ eine Parametrisierung von W. Außerdem seien Punkte $a_v \in [a,b]$, $v=1,\ldots,n+1$, gegeben mit $a = a_1 < a_2 < \cdots < a_{n+1} = b$. Da $\varphi_v := \varphi|[a_v,a_{v+1}]$ stückweise stetig differenzierbar ist, $v=1,\ldots,n$, wird durch φ_v ein stückweise stetig differenzierbarer Weg W_v definiert. Der Weg

$$\tilde{W} := W_1 + \cdots + W_n$$

heißt dann eine *Zerlegung* von W.

Ist $\hat{W}$ ein stetig differenzierbarer Weg in G und $\hat{\varphi}:[a,b] \to G$ eine Parametrisierung von $\hat{W}$, so wird durch

$$\hat{\psi}(t) := \hat{\varphi}(a+b-t), \quad t \in [a,b]$$

ebenfalls ein stetig differenzierbarer Weg definiert, der mit $-\hat{W}$ bezeichnet wird. Man überzeugt sich leicht davon, daß die Definition von $-\hat{W}$ unabhängig von der Wahl der Parametrisierung $\hat{\varphi}$ von $\hat{W}$ ist. – Ist weiter $W = (W_1,\ldots,W_n)$ ein stückweise stetig differenzierbarer Weg in G mit einer Parametrisierung $\varphi:[a,b] \to G$, so definiert man

$$-W := (-W_n,\ldots,-W_1).$$

Die analog zu $\hat{\psi}$ definierte Abbildung

$$\psi(t) := \varphi(a+b-t), \quad t \in [a,b]$$

ist dann wieder eine Parametrisierung von $-W$. Anschaulich bedeutet der Übergang von W zu $-W$ die Umkehrung des Durchlaufungssinnes von W.

Einfachste Beispiele für stetig differenzierbare Wege sind durch die konstanten Abbildungen $\gamma: I \to z_0 \in \mathbb{C}$ gegeben, man bezeichnet sie als *Nullwege*. Ferner seien die für $z_1, z_2 \in \mathbb{C}$ durch $\gamma(t) = z_1 t + z_2, t \in I$, definierten Strecken erwähnt. Schließlich werden im folgenden oft der durch

$$t \to z_0 + r\cos t + ir\sin t = z_0 + re^{it} \quad 0 \leq t \leq 2\pi,$$

parametrisierte Rand des Kreises $Z_r(z_0)$ sowie der im positiven Sinn durchlaufene Rand ∂R eines achsenparallelen Rechtecks R benötigt. Genauer bezeichnet ∂R den folgenden stückweise stetig differenzierbaren Weg. Es sei:

$$R = \{z = x + iy : x_0 \leq x \leq x_0 + a, \, y_0 \leq y \leq y_0 + b\} \quad \text{mit } a, b \text{ positiv}.$$

Die Wege $W_\nu, \nu = 1, \ldots, 4$, seien definiert durch:

$$W_1 : t \to x_0 + ta + iy_0,$$
$$W_2 : t \to x_0 + a + i(y_0 + tb),$$
$$W_3 : t \to x_0 + (1-t)a + i(y_0 + b),$$
$$W_4 : t \to x_0 + i(y_0 + (1-t)b) \quad \text{für } t \in I = [0,1].$$

Dann ist $\partial R := (W_1, W_2, W_3, W_4) = W_1 + W_2 + W_3 + W_4$.

Bemerkung. Für den ganzen Aufbau der Funktionentheorie, soweit er sich in diesem Buch findet (und auch darüber hinaus), werden lediglich solche stückweise stetig differenzierbaren Wege benötigt werden, die aus Strecken und Kreisbögen (also Teilen von $\partial Z(z_0)$) zusammengesetzt sind. Wenn hier und im folgenden Paragraphen dennoch immer die Klasse aller stückweise stetig differenzierbaren Wege zugrunde gelegt wird, so hat das vor allen Dingen zwei Gründe:

i) An den meisten Stellen würden die Formulierungen für den Spezialfall kaum einfacher werden.

ii) In manchen Anwendungen der Funktionentheorie treten Wege auf, die nicht nur aus Strecken und Kreisbögen bestehen.

2. Zusammenhang und Wegzusammenhang. An dieser Stelle werde noch kurz auf den topologischen Begriff des Zusammenhangs für den Spezialfall des Raumes der komplexen Zahlen eingegangen. Bekanntlich definiert man

Def. 15. *Eine offene Teilmenge $G \subset \mathbb{C}$ heißt zusammenhängend oder ein Gebiet, wenn es nicht möglich ist, G als Vereinigung zweier offener Teilmengen $U_\nu \neq \emptyset$, $\nu = 1, 2$, darzustellen, für die $U_1 \cap U_2 = \emptyset$ gilt.*

Die Forderung dieser Definition ist offenbar äquivalent zu der folgenden: Jede offene, nicht-leere Teilmenge $A \subset G$, die in G zugleich abgeschlossen ist, d. h., für die $G \smallsetminus A$ offen ist, ist gleich G. Gebiete sind von besonderer Bedeutung, da in ihnen der folgende Satz gilt:

Satz 16. *Es sei $f : G \to M$ eine Abbildung eines Gebietes G in eine beliebige Menge M, die lokal-konstant ist, d. h., zu jedem $z_0 \in G$ gibt es eine Umgebung $U(z_0) \subset G$ mit $f(z) = f(z_0)$ für alle $z \in U(z_0)$. Dann ist f auf G konstant.*

Beweis. Sei $z_0 \in G$ und $m_0 := f(z_0)$. Ferner sei $U_1 := \{z \in G : f(z) = m_0\}$. Dann ist $U_1 \neq \emptyset$ und offen. Außerdem ist ebenfalls wegen der Lokal-Konstanz von f die Menge $U_2 := \{z \in G : f(z) \neq m_0\}$ auch offen, und es ist $U_1 \cap U_2 = \emptyset$ und $U_1 \cup U_2 = G$. Also muß $U_2 = \emptyset$ und deshalb $f(z) = m_0$ für alle $z \in G$ gelten. □

Einen anderen Zugang zum Begriff des Zusammenhangs liefert in $\mathbb{C}$ die folgende

Def. 16. *Eine offene Teilmenge $G \subset \mathbb{C}$ heißt wegzusammenhängend, wenn es zu je zwei Punkten $z_1, z_2 \in G$ einen stückweise stetig differenzierbaren Weg W in G gibt, dessen Anfangspunkt z_1 und dessen Endpunkt z_2 ist.*

Satz 17. *Eine offene Teilmenge $G \subset \mathbb{C}$ ist genau dann zusammenhängend, wenn sie wegzusammenhängend ist.*

Beweis. i) Es sei G wegzusammenhängend. Angenommen, es sei trotzdem $G = U_1 \cup U_2$ mit offenen, nicht-leeren $U_1, U_2, U_1 \cap U_2 = \emptyset$. Dann wähle man $z_\nu \in U_\nu$, $\nu = 1, 2$, und einen stückweise stetig differenzierbaren Weg W in G, der z_1 und z_2 verbindet. Nach einer Bemerkung im Anschluß an Def. 14 hat man also eine stetige Abbildung $\gamma : [a, b] \to G$ mit $\gamma(a) = z_1 \in U_1$ und $\gamma(b) = z_2 \in U_2$. Sei $V_\nu := \gamma^{-1}(U_\nu) \subset [a, b]$, so gilt: V_ν sind relativ offen und nicht leer, $V_1 \cap V_2 = \emptyset$ und $V_1 \cup V_2 = [a, b]$, was jedoch nicht möglich ist, da Intervalle in $\mathbb{R}$ zusammenhängend sind.

ii) Es sei G zusammenhängend und $z_0 \in G$. Ferner sei

$$A := \{z \in G : z \text{ ist mit } z_0 \text{ durch einen Streckenzug in } G \text{ verbindbar}\}.$$

Offenbar ist $z_0 \in A$. Es braucht also lediglich gezeigt zu werden, daß A in G offen und abgeschlossen ist, da dann $A = G$ folgt.

α) Sei $z_1 \in A \subset G$. Da G offen ist, gibt es ein $r > 0$, so daß $Z_r(z_1) \subset G$. Ist nun $z \in Z_r(z_1)$ beliebig, so liegt auch die Strecke W_2 von z_1 nach z in $Z_r(z_1)$, also in G. Außerdem sei W_1 ein Streckenzug von z_0 nach z_1. Dann ist $W_1 + W_2$ ein Streckenzug in G von z_0 nach z; also ist A offen.

β) Es sei $z_1 \in G$ ein Häufungspunkt von A und $r > 0$ so gewählt, daß $Z_r(z_1) \subset G$. In $Z_r(z_1)$ gibt es ein $z_2 \in A$. Nun verbinde man wieder z_2 mit z_0 durch einen Streckenzug W_2 in G, und W_1 sei die Strecke von z_2 nach z_1, die ebenfalls in G verläuft. Also verbindet $W_2 + W_1$ den Punkt z_1 mit z_0 in G, und A

ist demnach auch abgeschlossen. □ Damit ist der Satz bewiesen, und es wurde außerdem gezeigt:

Zusatz. *In einem Gebiet $G \subset \mathbb{C}$ lassen sich je zwei Punkte durch einen Streckenzug verbinden.*

3. Differentialformen. Die aus der Differential- und Integralrechnung bekannten *Differentialformen vom Grade* 1 *(Pfaffsche Formen)* in einer offenen Menge $U \subset \mathbb{R}^2 = \{(x, y) : x, y \in \mathbb{R}\}$ bilden einen freien Modul vom Rang 2 über dem Ring der reellwertigen Funktionen auf U, in dem eine kanonische, mit dx, dy bezeichnete Basis ausgezeichnet ist. Die Differentialformen sind also Ausdrücke der Form

$$\omega = P(x, y) \, dx + Q(x, y) \, dy$$

mit eindeutig bestimmten Funktionen $P, Q : U \to \mathbb{R}$, vgl. [7]. Für die Belange der Funktionentheorie ist es nun günstiger, als Koeffizienten P, Q in den Differentialformen $\mathbb{C}$-wertige Funktionen auf U zuzulassen. Man betrachtet dann also den freien Modul vom Rang 2 über dem Ring der $\mathbb{C}$-wertigen Funktionen auf U mit der ausgezeichneten Basis dx, dy. Außerdem wollen wir immer die Stetigkeit von P und Q in U voraussetzen. Zwei Differentialformen $\omega_v = P_v(x, y) \, dx + Q_v(x, y) \, dy$ über U, $v = 1, 2$, sind in einem Punkt $(x_0, y_0) \in U$ genau dann gleich, wenn gilt

$$P_1(x_0, y_0) = P_2(x_0, y_0),$$
$$Q_1(x_0, y_0) = Q_2(x_0, y_0).$$

Ihre Summe ist durch

$$\omega_1 + \omega_2 = (P_1(x, y) + P_2(x, y)) \, dx + (Q_1(x, y) + Q_2(x, y)) \, dy$$

und das Produkt mit $c \in \mathbb{C}$ durch

$$c \cdot \omega_1 = c P_1(x, y) \, dx + c Q_1(x, y) \, dy$$

gegeben. Die stetigen, $\mathbb{C}$-wertigen Differentialformen auf U bilden einen $\mathbb{C}$-Vektorraum (unendlicher Dimension). Er werde mit $\mathscr{D}_C(U)$ bezeichnet. $\mathscr{D}_C(U)$ kann auch als Modul über dem Ring $C(U)$ der stetigen $\mathbb{C}$-wertigen Funktionen auf U mit der Basis dx, dy aufgefaßt werden. Das Produkt zwischen einer Funktion $f \in C(U)$ und einer Differentialform $\omega = P \, dx + Q \, dy \in \mathscr{D}_C(U)$ ist dabei durch

$$f \cdot \omega = f P \, dx + f Q \, dy$$

gegeben.

Analog zur Einführung des Wirtingerkalküls bei der reellen Differentiation in § 2 soll auch für die Differentialformen aus $\mathscr{D}_C(U)$ eine dem Rechnen in $\mathbb{C}$ besser angepaßte Schreibweise eingeführt werden, die, wie sich später zeigen wird, mit dem Wirtingerkalkül in gewissem Sinne verträglich ist. Es werde dazu definiert

$$dz := dx + i\,dy; \quad d\bar{z} := dx - i\,dy. \tag{16}$$

Es sind dz und $d\bar{z}$ also zwei Differentialformen aus $\mathcal{D}_C(U)$ mit konstanten komplexen Koeffizienten. Man erhält sofort:

$$dx = \frac{1}{2}(dz + d\bar{z}) \quad \text{und} \quad dy = \frac{1}{2i}(dz - d\bar{z}). \tag{16a}$$

Man kann (16) und (16a) demnach als eine Basistransformation im $C(U)$-Modul $\mathcal{D}_C(U)$ auffassen. Man erhält mit $z = x + iy$ als Darstellung in der neuen Basis $dz, d\bar{z}$

$$\omega = P(z)\,dx + Q(z)\,dy = \frac{1}{2} P(z)(dz + d\bar{z}) + \frac{1}{2i} Q(z)(dz - d\bar{z})$$

$$= \frac{1}{2}(P(z) - iQ(z))\,dz + \frac{1}{2}(P(z) + iQ(z))\,d\bar{z}. \tag{17}$$

Umgekehrt ergibt sich für

$$\tilde{\omega} = \tilde{P}(z)\,dz + \tilde{Q}(z)\,d\bar{z} \in \mathcal{D}_C(U)$$

als Darstellung bez. dx, dy sofort

$$\tilde{\omega} = (\tilde{P}(z) + \tilde{Q}(z))\,dx + i(\tilde{P}(z) - \tilde{Q}(z))\,dy. \tag{18}$$

Wir fassen zusammen:

Satz 18. *Es ist* $\mathcal{D}_C(U) = \{\omega = P(z)\,dz + Q(z)\,d\bar{z} : P(z), Q(z) \in C(U)\}$ *und die Darstellung von* ω *durch* dz *und* $d\bar{z}$ *ist eindeutig. Die Umrechnungsformeln zur Darstellung in den reellen Formen* dx *und* dy *sind durch* (17) *und* (18) *gegeben.*

4. Kurvenintegrale. Die stetigen Differentialformen vom Grade 1 über einer offenen Menge $U \subset \mathbb{C}$ sind besonders wichtig, weil sie in gewisser Weise die „natürlichen" Integranden in Integralen längs stückweise stetig differenzierbaren Wegen in U sind. Man definiert bekanntlich:

Def. 17. *Es sei* W *ein stetig differenzierbarer Weg in der offenen Menge* $U \subset \mathbb{C} \cong \mathbb{R}^2$ *und* $\gamma = (x(t), y(t)) : I = [a, b] \to U$ *eine Parametrisierung von* W; *ferner sei* $\omega = P\,dx + Q\,dy \in \mathcal{D}_C(U)$. *Dann nennt man die komplexe Zahl*

$$\int_W \omega = \int_W (P\,dx + Q\,dy) := \int_a^b f(t)\,dt$$

$$= \int_a^b \operatorname{Re} f(t)\,dt + i \int_a^b \operatorname{Im} f(t)\,dt, \tag{19}$$

§ 3. Kurvenintegrale

wobei für $t \in I$
$$f(t) := P(x(t), y(t))\, x'(t) + Q(x(t), y(t))\, y'(t)$$
gesetzt wird, das Integral von ω längs W.

Da $f(t)$ wegen der Stetigkeit von P und Q und der stetigen Differenzierbarkeit von γ stetig ist, existieren die Integrale auf der rechten Seite von (19). Die Definition ist jedoch nur sinnvoll, wenn sich erweist, daß $\int_W \omega$ wirklich unabhängig von der speziellen Wahl der Parametrisierung γ von W ist. Sei also $\tilde{\gamma} : \tilde{I} = [\tilde{a}, \tilde{b}] \to U$ eine weitere Parametrisierung von W. Dann gibt es eine Parametertransformation $\varphi : \tilde{I} \to I$, so daß $\tilde{\gamma} = \gamma \circ \varphi$ gilt. Damit folgt nach der bekannten Substitutionsregel:

$$\int_{\tilde{a}}^{\tilde{b}} [P(\tilde{x}(\tau), \tilde{y}(\tau))\, \tilde{x}'(\tau) + Q(\tilde{x}(\tau), \tilde{y}(\tau))\, \tilde{y}'(\tau)]\, d\tau$$

$$= \int_{\tilde{a}}^{\tilde{b}} [P(x \circ \varphi(\tau), y \circ \varphi(\tau))(x \circ \varphi)'(\tau) + Q(x \circ \varphi(\tau), y \circ \varphi(\tau))(y \circ \varphi)'(\tau)]\, d\tau$$

$$= \int_{\tilde{a}}^{\tilde{b}} [P(x \circ \varphi(\tau), y \circ \varphi(\tau))\, x'(\varphi(\tau)) + Q(x \circ \varphi(\tau), y \circ \varphi(\tau))\, y'(\varphi(\tau))]\, \varphi'(\tau)\, d\tau$$

$$= \int_a^b [P(x(t), y(t))\, x'(t) + Q(x(t), y(t))\, y'(t)]\, dt\, .$$

Diese Beziehung zeigt die gewünschte Invarianz gegenüber Parametertransformationen.

Es soll jetzt noch untersucht werden, wie sich der Integrand $f(t)$ in (19) direkt berechnen läßt, wenn $\omega \in \mathscr{D}_C(U)$ in der Form $\omega = \tilde{P}\, dz + \tilde{Q}\, d\bar{z}$ gegeben ist. Für die Parametrisierung γ von W werde dann geschrieben $\gamma(t) = (x(t), y(t)) =: z(t)$. Mit (18) folgt:

$$f(t) = (\tilde{P}(z(t)) + \tilde{Q}(z(t)))\, x'(t) + i(\tilde{P}(z(t)) - \tilde{Q}(z(t)))\, y'(t)$$
$$= \tilde{P}(z(t))(x'(t) + i y'(t)) + \tilde{Q}(z(t))(x'(t) - i y'(t))$$
$$= \tilde{P}(z(t))\, z'(t) + \tilde{Q}(z(t))\, \bar{z}'(t)\, .$$

Man hat also

Satz 19. *Es sei W ein stetig differenzierbarer Weg in der offenen Menge $U \subset \mathbb{C}$ und $\omega = \tilde{P}\, dz + \tilde{Q}\, d\bar{z} \in \mathscr{D}_C(U)$. Ferner sei $\gamma = z(t) : I = [a, b] \to U$ eine Parametrisierung von W. Dann gilt:*

$$\int_W \omega = \int_a^b (\tilde{P} \circ z(t)\, z'(t) + \tilde{Q} \circ z(t)\, \bar{z}'(t))\, dt\, .$$

Die Definition des Integrals läßt sich ohne weiteres folgendermaßen erweitern:

Def. 18. *Es sei $W = (W_1, \ldots, W_n)$ ein stückweise stetig differenzierbarer Weg in der offenen Menge $U \subset \mathbb{C}$ und $\omega \in \mathscr{D}_C(U)$. Dann setzt man:*

$$\int_W \omega := \sum_{\nu=1}^n \int_{W_\nu} \omega\, .$$

Aus dieser Definition und der Definition der Addition von Wegen (vgl. (15)) ergibt sich sofort die folgende Beziehung: Sind W und $\tilde{W}$ zwei stückweise stetig differenzierbare Wege in U und ist der Endpunkt von W gleich dem Anfangspunkt von $\tilde{W}$, so gilt für $\omega \in \mathscr{D}_C(U)$

$$\int_{W+\tilde{W}} \omega = \int_W \omega + \int_{\tilde{W}} \omega. \tag{20}$$

Außerdem gilt für einen beliebigen stückweise stetig differenzierbaren Weg W in U und $\omega \in \mathscr{D}_C(U)$

$$\int_W \omega = - \int_{-W} \omega. \tag{21}$$

Es genügt, diese Beziehung für stetig differenzierbares W nachzurechnen. Sei $\gamma : [a, b] \to U$ eine Parametrisierung; ohne Einschränkung sei angenommen, daß $a = 0, b = 1$ ist. Dann ist $\hat{\gamma}(t) := \gamma(1-t), t \in I$, eine Parametrisierung von $-W$, und man erhält mit $\omega = P\, dz + Q\, d\bar{z}$ und $\tau(t) = 1-t$

$$\int_{-W} \omega = \int_0^1 [P \circ \gamma(1-t)(-\gamma'(1-t)) + Q \circ \gamma(1-t)(-\overline{\gamma}'(1-t))]\, dt$$

$$= \int_1^0 [P \circ \gamma(\tau)\gamma'(\tau) + Q \circ \gamma(\tau)\overline{\gamma}'(\tau)]\, d\tau = -\int_W \omega.$$

Wenn $\tilde{W} = W_1 + \cdots + W_n$ eine Zerlegung des stückweise stetig differenzierbaren Weges W in U ist, hat man offenbar für alle $\omega \in \mathscr{D}_C(U)$

$$\int_W \omega = \int_{\tilde{W}} \omega = \sum_{\nu=1}^n \int_{W_\nu} \omega.$$

Aufgrund der Definitionen übertragen sich die folgenden Rechenregeln aus dem Reellen:

Satz 20. *W sei ein stückweise stetig differenzierbarer Weg in U. Dann gilt*

i) $\int_W (\omega_1 + \omega_2) = \int_W \omega_1 + \int_W \omega_2$ *für alle* $\omega_1, \omega_2 \in \mathscr{D}_C(U)$,

ii) $\int_W c \cdot \omega = c \cdot \int_W \omega$ *für alle* $c \in \mathbb{C}, \omega \in \mathscr{D}_C(U)$.

Das Integral längs W ist also ein lineares Funktional auf dem $\mathbb{C}$-Vektorraum $\mathscr{D}_C(U)$.

Im folgenden werden häufig Differentialformen $\omega_\eta \in \mathscr{D}_C(U)$ auftreten, die zusätzlich von einem Parameter η aus einer kompakten Umgebung $\overline{V} \subset \mathbb{R}^m$ eines Punktes η_0 abhängen. Integriert man für jedes $\eta \in \overline{V}$ die Form ω_η längs eines festen Weges W in U, so erhält man eine Funktion

$$F(\eta) := \int_W \omega_\eta = \int_W (P(z; \eta)\, dz + Q(z; \eta)\, d\bar{z})$$

in $\bar{V}$. Es stellen sich dann die Fragen: Unter welchen Bedingungen ist $F(\mathfrak{y})$ stetig in $\mathfrak{y}_0$, und wann kann man die partielle Differentiation nach den Koordinaten $y_1, \ldots, y_m$ von $\mathfrak{y}$ mit der Integration vertauschen. Wieder übertragen sich mit Hilfe von Def. 17 und Def. 18 die entsprechenden Aussagen aus dem Reellen (vgl. [8], Kap. I, 13). Sie werden hier nur in der folgenden verhältnismäßig schwachen Form benötigt:

Satz 21. *Es sei W ein stückweise stetig differenzierbarer Weg in der offenen Menge $U \subset \mathbb{C}$. Ferner sei $\bar{V} \subset \mathbb{R}^m$ eine kompakte Umgebung eines Punktes $\mathfrak{y}_0$ und $\omega_{\mathfrak{y}} = P(z; \mathfrak{y}) \, dz + Q(z; \mathfrak{y}) \, d\bar{z} \in \mathscr{D}_C(U)$ für $\mathfrak{y} \in \bar{V}$.*

i) *Sind dann die Funktionen $P(z; \mathfrak{y})$ und $Q(z; \mathfrak{y})$ stetig auf der Menge $U \times \bar{V} \subset \mathbb{R}^{m+2}$, so ist die Funktion*

$$F(\mathfrak{y}) := \int_W \omega_{\mathfrak{y}}$$

stetig auf $\bar{V}$.

ii) *Sind die partiellen Ableitungen $\dfrac{\partial P(z; \mathfrak{y})}{\partial y_\nu}$ und $\dfrac{\partial Q(z; \mathfrak{y})}{\partial y_\nu}$ nach der Koordinate y_ν von $\mathfrak{y}$ auf $U \times \bar{V} \subset \mathbb{R}^{m+2}$ stetig, so ist $F(\mathfrak{y})$ in $\mathfrak{y}_0$ partiell nach y_ν differenzierbar, und es gilt:*

$$\frac{\partial F(\mathfrak{y}_0)}{\partial y_\nu} = \int_W \left(\frac{\partial P(z; \mathfrak{y}_0)}{\partial y_\nu} \, dz + \frac{\partial Q(z; \mathfrak{y}_0)}{\partial y_\nu} \, d\bar{z} \right).$$

Zum Beweis sei lediglich gesagt, daß man sich zunächst auf den Fall eines stetig differenzierbaren Weges W mit einer Parametrisierung $\gamma : I = [a, b] \to U$ beschränken kann. Mit Definition 17 erhält man dann bei i) und ii) als Integrand eines Integrals über I jeweils eine Funktion $f(t; \mathfrak{y})$, die auf dem Kompaktum $I \times \bar{V} \subset \mathbb{R}^{m+1}$ stetig, also gleichmäßig stetig und beschränkt ist. Darauf lassen sich die entsprechenden Sätze der Differential- und Integralrechnung anwenden.

Gleichfalls durch eine einfache Zurückführung auf den entsprechenden Satz der Integralrechnung erhält man:

Satz 22. *Die Folge der Differentialformen $\omega_\nu = P_\nu \, dz + Q_\nu \, d\bar{z} \in \mathscr{D}_C(U)$, $\nu = 1, 2, 3, \ldots$, möge der folgenden Bedingung genügen:*

Die Reihen $\sum\limits_{\nu=1}^{\infty} P_\nu$ und $\sum\limits_{\nu=1}^{\infty} Q_\nu$ konvergieren in U (punktweise) gegen Grenzfunktionen P bzw. Q und für jede kompakte Teilmenge $K \subset U$ ist die Konvergenz von $\sum\limits_{\nu=1}^{\infty} (P_\nu | K)$ und von $\sum\limits_{\nu=1}^{\infty} (Q_\nu | K)$ gleichmäßig. Man setze $\omega := P \, dz + Q \, d\bar{z} \in \mathscr{D}_C(U)$. Dann gilt für jeden stückweise stetig differenzierbaren Weg W in U:

$$\int_W \omega = \sum_{\nu=1}^{\infty} \int_W \omega_\nu.$$

Beim Beweis beschränke man sich zunächst auf stetig differenzierbare Wege W und beachte, daß $|W|$ kompakt in U liegt. Dann schreibe man mit einer beliebigen Parametrisierung $\varphi : [a, b] \to U$ von W (19) für $\int_W \omega$ auf und ersetze darin P und Q durch die Reihen $\sum_{\nu=1}^{\infty} P_\nu$ bzw. $\sum_{\nu=1}^{\infty} Q_\nu$.

Man erhält gewöhnliche Integrale über $[a, b]$, deren Integranden dort gleichmäßig konvergente Reihen sind. Also darf man Summation und Integration vertauschen.

Zum Abschluß dieses Abschnittes sei an eine häufig benötigte Abschätzung für Kurvenintegrale mittels der Bogenlänge des Integrationsweges erinnert. Dazu sei W ein stetig differenzierbarer Weg in $U \subset \mathbb{C}$ mit der Parametrisierung $\gamma = z(t) = (x(t), y(t)) : I = [a, b] \to U$. Es sei $\omega = P\,dz + Q\,d\bar{z} \in \mathcal{D}_C(U)$. Dann gilt lt. Satz 19

$$\left| \int_W \omega \right| = \left| \int_a^b [P(z(t))\, z'(t) + Q(z(t))\, \bar{z}'(t)]\, dt \right|$$

$$\leq \int_a^b |P(z(t))|\, |z'(t)|\, dt + \int_a^b |Q(z(t))|\, |\bar{z}'(t)|\, dt.$$

Setzt man weiter $M := \max_{z \in |W|} |P(z)|$ und $N := \max_{z \in |W|} |Q(z)|$, so folgt daraus:

$$\left| \int_W \omega \right| \leq M \int_a^b |z'(t)|\, dt + N \int_a^b |\bar{z}'(t)|\, dt$$

$$= (M + N) \int_a^b \sqrt{x'^2(t) + y'^2(t)}\, dt.$$

Das Integral auf der rechten Seite ist gerade die euklidische Länge $L(W)$ des Weges W. Diese Abschätzung überträgt sich offenbar auf stückweise stetig differenzierbare Wege, so daß gezeigt ist:

Satz 23. *Es sei W ein stückweise stetig differenzierbarer Weg in U und $\omega = P\,dz + Q\,d\bar{z} \in \mathcal{D}_C(U)$. Dann gilt, wenn $L(W)$ die euklidische Länge von W bezeichnet:*

$$\left| \int_W \omega \right| \leq L(W) \left(\max_{z \in |W|} |P(z)| + \max_{z \in |W|} |Q(z)| \right).$$

§ 4. Stammfunktionen und Homotopie von Wegen

1. Totales Differential und Stammfunktion. Eine $\mathbb{C}$-wertige Funktion F auf einer offenen Menge $U \subset \mathbb{R}^2 \cong \mathbb{C}$ heißt bekanntlich stetig differenzierbar in U, wenn sie in U reell differenzierbar ist, und wenn die partiellen Ableitungen $\dfrac{\partial F}{\partial x}$ und $\dfrac{\partial F}{\partial y}$ dort stetig sind. (Man kann selbstverständlich ebenso die Stetigkeit

§ 4. Stammfunktionen und Homotopie von Wegen

der Ableitungen $\frac{\partial F}{\partial z}$ und $\frac{\partial F}{\partial \bar{z}}$ fordern.) Der $\mathbb{C}$-Vektorraum der stetig differenzierbaren $\mathbb{C}$-wertigen Funktionen auf U sei mit $C^1(U)$ bezeichnet. Es soll in diesem Abschnitt in erster Linie ein wichtiger Homomorphismus d von $C^1(U)$ in $\mathscr{D}_\mathbb{C}(U)$ untersucht werden, das sog. *(totale) Differential*. Man definiert wie in der Differentialrechnung:

Def. 19. *Sei $F \in C^1(U)$. Als (totales) Differential dF von F bezeichnet man die Differentialform*

$$dF := \frac{\partial F}{\partial x} dx + \frac{\partial F}{\partial y} dy \in \mathscr{D}_\mathbb{C}(U).$$

Mit Hilfe von (3) und (17) bestätigt man sofort:

Satz 24. *Für $F \in C^1(U)$ gilt*

$$dF = \frac{\partial F}{\partial z} dz + \frac{\partial F}{\partial \bar{z}} d\bar{z}.$$

Diese Beziehung bestätigt erneut die Zweckmäßigkeit des Wirtingerkalküls und der Darstellung der Differentialformen bez. der Basis dz, $d\bar{z}$. Sie mag auch als eine Rechtfertigung dafür angesehen werden, daß man z, $\bar{z}$ im Gegensatz zu den reellen Koordinaten x, y bisweilen als Paar *konjugierter komplexer Koordinaten* bezeichnet.

Die $\mathbb{C}$-Linearität der Abbildung

$$d : C^1(U) \to \mathscr{D}_\mathbb{C}(U)$$

ist eine unmittelbare Folge von Def. 19. Es ist deshalb auch die in (16) eingeführte Schreibweise mit Def. 19 verträglich. Faßt man nämlich z und $\bar{z}$ als Funktionen $F_1(z) \equiv z$ und $F_2(z) \equiv \bar{z}$ auf, so ergibt sich gerade

$$dF_1 = d(x+iy) = dx + i\,dy = dz$$
$$dF_2 = d(x-iy) = dx - i\,dy = d\bar{z}.$$

Es sollen jetzt der Kern $\operatorname{Ker} d$ und das Bild $\operatorname{Im} d$ bestimmt werden. Dazu wird zunächst die folgende Sprechweise eingeführt:

Def. 20. *Die Differentialformen ω aus $\operatorname{Im} d$ heißen integrabel (über U). Besteht zwischen $F \in C^1(U)$ und $\omega \in \mathscr{D}_\mathbb{C}(U)$ (in U) die Beziehung $\omega = dF$, so heißt F Stammfunktion von ω (in U).*

Es zeigt sich dann, daß die Differentialformen aus $\operatorname{Im} d$, also diejenigen, die eine Stammfunktion besitzen, als Integranden in Kurvenintegralen besonders angenehm sind, da die Integrale über solche Formen nicht von der speziellen Wahl des Integrationsweges, sondern lediglich von dessen Anfangs- und Endpunkt abhängen. Es gilt nämlich:

Satz 25. *Eine $\mathbb{C}$-wertige Funktion F auf U ist genau dann Stammfunktion der Differentialform $\omega \in \mathscr{D}_C(U)$, wenn für jeden stückweise stetig differenzierbaren Weg W in U mit Anfangspunkt z_A und Endpunkt z_E gilt:*

$$\int_W \omega = F(z_E) - F(z_A). \tag{22}$$

Beweis. i) Es sei F Stammfunktion von ω, also $F \in C^1(U)$ und $dF = \omega$. Es genügt, die Beziehung (22) für beliebige stetig differenzierbare Wege W in U zu beweisen, da der allgemeinere Fall daraus sofort folgt. Sei also W ein solcher Weg in U mit Anfangspunkt z_A und Endpunkt z_E und $\gamma: [a, b] \to U$ eine Parametrisierung von W. Dann gilt lt. Satz 19 mit $\gamma(t) := (x(t), y(t))$

$$\int_W \omega = \int_W dF = \int_a^b \left(\frac{\partial F(x(t), y(t))}{\partial x} x'(t) + \frac{\partial F(x(t), y(t))}{\partial y} y'(t) \right) dt$$

$$= \int_a^b (F \circ \gamma)'(t)\, dt = F \circ \gamma(b) - F \circ \gamma(a) = F(z_E) - F(z_A).$$

Dabei ist der Hauptsatz der Differential- und Integralrechnung auf Real- und Imaginärteil des Integranden angewendet.

ii) Die Beziehung (22) zwischen $\omega \in \mathscr{D}_C(U)$ und der $\mathbb{C}$-wertigen Funktion F auf U gelte für alle stückweise stetig differenzierbaren Wege W in U. Es soll gezeigt werden, daß daraus $F \in C^1(U)$ und $dF = \omega$ folgt. Dazu sei $\omega = P(z)\, dz + Q(z)\, d\bar{z}$ und $z_0 \in U$. Laut Satz 9 ist F genau dann in z_0 reell differenzierbar mit den partiellen Ableitungen $\dfrac{\partial F}{\partial z}(z_0) = P(z_0)$ und $\dfrac{\partial F}{\partial \bar{z}}(z_0) = Q(z_0)$, wenn es in z_0 stetige Funktionen F_ν, $\nu = 1, 2$, gibt, für die (in einer Umgebung V von z_0) gilt:

$$F(\zeta) = F(z_0) + (\zeta - z_0) F_1(\zeta) + (\bar{\zeta} - \bar{z}_0) F_2(\zeta) \quad \text{für} \quad \zeta \in V, \tag{23}$$

$$F_1(z_0) = P(z_0), \quad F_2(z_0) = Q(z_0). \tag{24}$$

Als V wähle man einen genügend kleinen Kreis $Z_r(z_0) \subset U$. Mit $\int_{z_0}^{\zeta} \cdots$ für $\zeta \in Z_r(z_0)$ werde das Integral längs der Verbindungsstrecke von z_0 nach ζ bezeichnet. Man setze nun für $\zeta \in Z_r(z_0)$

$$F_1(\zeta) := \begin{cases} \dfrac{1}{\zeta - z_0} \displaystyle\int_{z_0}^{\zeta} P(z)\, dz & \text{für} \quad \zeta \neq z_0 \\ P(z_0) & \text{für} \quad \zeta = z_0 \end{cases}$$

und

$$F_2(\zeta) := \begin{cases} \dfrac{1}{\bar{\zeta} - \bar{z}_0} \displaystyle\int_{z_0}^{\zeta} Q(z)\, d\bar{z} & \text{für} \quad \zeta \neq z_0 \\ Q(z_0) & \text{für} \quad \zeta = z_0. \end{cases}$$

§ 4. Stammfunktionen und Homotopie von Wegen

Dann gilt für $\zeta \in Z_r(z_0)$ wegen (22)

$$F(z_0) + (\zeta - z_0) F_1(\zeta) + (\bar{\zeta} - \bar{z}_0) F_2(\zeta)$$

$$= F(z_0) + \int_{z_0}^{\zeta} P(z) dz + \int_{z_0}^{\zeta} Q(z) d\bar{z} = F(z_0) + \int_{z_0}^{\zeta} \omega = F(\zeta).$$

Zum Beweis der Stetigkeit dieser F_ν in z_0 beachte man, daß lt. Satz 24 die Funktionen $G(z) \equiv z$ bzw. $H(z) \equiv \bar{z}$ Stammfunktionen von $\omega_1 = dz$ bzw. $\omega_2 = d\bar{z}$ sind, so daß nach Teil i) dieses Beweises folgt

$$\int_{z_0}^{\zeta} dz = \zeta - z_0 \quad \text{und} \quad \int_{z_0}^{\zeta} d\bar{z} = \bar{\zeta} - \bar{z}_0.$$

Damit bekommt man für $\zeta \in Z_r(z_0) \smallsetminus \{z_0\}$:

$$|F_1(\zeta) - F_1(z_0)| = \left| \frac{1}{\zeta - z_0} \int_{z_0}^{\zeta} P(z) dz - P(z_0) \right|$$

$$= \left| \frac{1}{\zeta - z_0} \int_{z_0}^{\zeta} (P(z) - P(z_0)) dz \right|.$$

Mit Satz 23 ergibt das, da in diesem Fall $L(W) = |\zeta - z_0|$:

$$|F_1(\zeta) - F_1(z_0)| \le \max_{|z - z_0| \le |\zeta - z_0|} |P(z) - P(z_0)|.$$

Analog erhält man

$$|F_2(\zeta) - F_2(z_0)| \le \max_{|z - z_0| \le |\zeta - z_0|} |Q(z) - Q(z_0)|.$$

Da nun P und Q in z_0 stetig sind, wird die rechte Seite der beiden letzten Ungleichungen beliebig klein, wenn $\zeta \to z_0$ strebt. Die oben definierten F_ν, $\nu = 1, 2$, sind also stetig in z_0 und erfüllen (23) und (24). Damit ist gezeigt, daß in U gilt: $\frac{\partial F}{\partial z} = P$ und $\frac{\partial F}{\partial \bar{z}} = Q$, d. h., es ist $F \in C^1(U)$ und $dF = \omega$. □

Die Bedeutung dieses Satzes beruht unter anderem darauf, daß er eines der wichtigsten Hilfsmittel zur Berechnung von Integralen liefert, da es häufig leichter ist, zu einer gegebenen Differentialform ω eine Stammfunktion F zu bestimmen, als das Integral mit Hilfe einer Parametrisierung auf bekannte reelle Integrale zurückzuführen. Dazu sei ein Beispiel angegeben: Es sei W ein stückweise stetig differenzierbarer Weg in $\mathbb{C}$ mit Anfangspunkt z_A und Endpunkt z_E; ferner sei $\omega = \left(\sum_{\nu=1}^{n} a^\nu z^\nu \right) dz$. Gesucht ist $\int_W \omega$. Nun ist offenbar $F(z) = \sum_{\nu=0}^{n} \frac{a_\nu}{\nu + 1} z^{\nu+1}$ eine Stammfunktion von ω. Laut Satz 25 gilt also

$$\int_W \omega = \sum_{\nu=0}^{n} \frac{a_\nu}{\nu + 1} (z_E^{\nu+1} - z_A^{\nu+1}).$$

Zwei einfache Folgerungen aus Satz 25 seien hier noch angegeben.

Korollar 1. *Die $\mathbb{C}$-wertige Funktion F auf U und die Differentialform der Gestalt $\omega = P\,dz \in \mathscr{D}_C(U)$ mögen (22) für alle Wege W in U erfüllen. Dann ist F komplex differenzierbar in U und es gilt $F' = P$.*

Beweis. Nach Satz 25 gilt in U $\dfrac{\partial F}{\partial z}dz + \dfrac{\partial F}{\partial \bar z}d\bar z = dF = P\,dz$, also $\dfrac{\partial F}{\partial \bar z} = 0$ und $F' = \dfrac{\partial F}{\partial z} = P$. □

Geht man umgekehrt von einer komplex differenzierbaren Funktion F über U aus, so kann man die Differentialform $\omega = F'dz$ betrachten und fragen, ob (22) gilt. Die Schwierigkeit dabei ist jedoch, daß man zunächst nicht weiß, ob F' stetig in U ist, d. h., ob $F'dz \in \mathscr{D}_C(U)$ ist. Man kann deshalb an dieser Stelle nur sagen: Die Funktion $F \in D_1(U) \cap C^1(U)$ erfüllt (22) mit $\omega = F'dz$. Wenn später, wie schon bemerkt, $D_1(U) = D_\infty(U)$ und damit insbesondere $D_1(U) \subset C^1(U)$ bewiesen ist, zeigt sich, daß die Umkehrung des Korollars in Wahrheit für alle $F \in D_1(U)$ gilt.

Korollar 2. *Es sei G ein Gebiet in $\mathbb{C}$. Eine Funktion $F \in C^1(G)$ ist genau dann konstant, wenn $dF = 0$ ist, oder, anders ausgedrückt, über einem Gebiet G ist $\operatorname{Ker} d = \mathbb{C}$. Zwei Stammfunktionen F_1, F_2 einer Differentialform $\omega \in \mathscr{D}_C(G)$ unterscheiden sich nur um eine Konstante: $F_1 - F_2 = c \in \mathbb{C}$.*

Beweis. Wenn $F = c \in \mathbb{C}$, ist offenbar $dF = 0$. Sei also umgekehrt $dF = 0$ im Gebiet G und z_0 ein beliebiger Punkt aus G. Ist z ein weiterer Punkt aus G, so gibt es lt. Satz 17 einen stückweise stetig differenzierbaren Weg W in G mit Anfangspunkt z_0 und Endpunkt z. Dann ist lt. (22):

$$F(z) - F(z_0) = \int_W dF = 0,$$

also $F(z) \equiv F(z_0)$ in G. □

Es sei erinnert an

Def. 21. *Ein (stückweise stetig differenzierbarer) Weg, dessen Anfangs- und Endpunkt übereinstimmen, heißt geschlossen.*

Es läßt sich nun $\operatorname{Im} d$ folgendermaßen beschreiben:

Satz 26. *Die Differentialform $\omega \in \mathscr{D}_C(G)$ besitzt im Gebiet G genau dann eine Stammfunktion, wenn für jeden stückweise stetig differenzierbaren geschlossenen Weg W in G gilt $\int_W \omega = 0$. In diesem Fall erhält man folgendermaßen eine Stammfunktion F von ω in G: Man wähle $z_0 \in G$ fest; außerdem sei für $z \in G$ mit W_z ein stückweise stetig differenzierbarer Weg in G mit Anfangspunkt z_0 und Endpunkt z bezeichnet. Damit definiere man:*

$$F(z) := \int_{W_z} \omega.$$

$F(z)$ ist unabhängig von der speziellen Wahl des Verbindungsweges W_z.

§ 4. Stammfunktionen und Homotopie von Wegen

Beweis. i) $F \in C^1(G)$ sei Stammfunktion von ω und W sei ein stückweise stetig differenzierbarer Weg in G mit Anfangs- und Endpunkt z_0. Dann gilt lt. Satz 25

$$\int_W \omega = F(z_0) - F(z_0) = 0.$$

ii) Es sei umgekehrt $\int_W \omega = 0$ für alle stückweise stetig differenzierbaren geschlossenen Wege W in G. Man wähle wie im Satz angegeben $z_0 \in G$ fest. Ist weiter $z \in G$ beliebig, so gibt es wegen des Zusammenhangs von G einen stückweise stetig differenzierbaren Weg W_z in G mit Anfangspunkt z_0 und Endpunkt z. Damit definiere man:

$$F(z) := \int_{W_z} \omega \quad \text{für alle } z \in G.$$

Die Unabhängigkeit von $F(z)$ von der Wahl von W_z ergibt sich folgendermaßen: seien W_z^1 und W_z^2 zwei Verbindungswege zwischen z_0 und z in G. Dann ist $W_z^1 + (-W_z^2)$ geschlossen, und man erhält mit (20) und (21):

$$0 = \int_{W_z^1 + (-W_z^2)} \omega = \int_{W_z^1} \omega - \int_{W_z^2} \omega.$$

Die so erhaltene Funktion F ist Stammfunktion von ω in G. Das ist nach Satz 25 gezeigt, wenn nachgewiesen ist, daß für einen beliebigen stückweise stetig differenzierbaren Weg W mit Anfangspunkt z_A und Endpunkt z_E die Beziehung

$$\int_W \omega = F(z_E) - F(z_A)$$

besteht. Nun ist der Weg

$$\tilde{W} := W_{z_A} + W + (-W_{z_E})$$

geschlossen. Man erhält deshalb lt. Voraussetzung

$$0 = \int_{\tilde{W}} \omega = \int_{W_{z_A}} \omega + \int_W \omega - \int_{W_{z_E}} \omega = F(z_A) + \int_W \omega - F(z_E).$$

Das ist die gewünschte Beziehung. □

Das Kriterium dieses Satzes für die Existenz einer Stammfunktion vereinfacht sich wesentlich, wenn das zugrundeliegende Gebiet G speziell eine offene Kreisscheibe ist. Es gilt dann nämlich:

Satz 27. *Es sei $Z := Z_r(z_0)$ eine offene Kreisscheibe und $\omega \in \mathscr{D}_C(Z)$. Für jedes achsenparallele Rechteck R in Z gelte*

$$\int_{\partial R} \omega = 0.$$

Dann besitzt ω eine Stammfunktion in Z.

Beweis. Zum Beweis dieses Satzes geht man zweckmäßigerweise auf die reelle Schreibweise der Differentialformen zurück. Sei also $z = x + iy$ und

$$\omega = P\,dx + Q\,dy.$$

Ist $(x, y) \in Z$ ein beliebiger Punkt und $z_0 = (x_0, y_0)$, so liegt das achsenparallele Rechteck R mit den Ecken (x_0, y_0), (x_0, y), (x, y), (x, y_0) in Z. Es sei $W^1_{(x,y)}$ der Weg, der aus den Strecken von (x_0, y_0) nach (x_0, y) und von (x_0, y) nach (x, y)

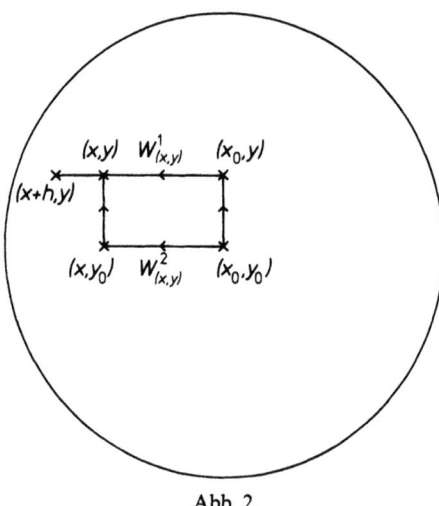

Abb. 2.

besteht, und $W^2_{(x,y)}$ bestehe aus den Strecken von (x_0, y_0) nach (x, y_0) und von (x, y_0) nach (x, y). Dann ist gerade $\partial R = W^1_{(x,y)} + (-W^2_{(x,y)})$ und wegen $\int_{\partial R} \omega = 0$, ist

$$F(x, y) := \int_{W^1_{(x,y)}} \omega = \int_{W^2_{(x,y)}} \omega.$$

Es soll gezeigt werden, daß die so definierte Funktion F Stammfunktion von ω ist, indem nachgewiesen wird, daß in Z gilt $F_x = P$ und $F_y = Q$. Da Z offen ist, liegt für genügend kleine $h \in \mathbb{R}$ der Punkt $(x + h, y)$ in Z, und es gilt

$$F(x + h, y) = \int_{W^1_{(x+h,y)}} \omega.$$

Damit ergibt sich:

$$F_x(x, y) = \lim_{h \to 0} \frac{F(x+h, y) - F(x, y)}{h} = \lim_{h \to 0} \frac{1}{h} \left[\int_{W^1_{(x+h,y)}} \omega - \int_{W^1_{(x,y)}} \omega \right].$$

§ 4. Stammfunktionen und Homotopie von Wegen

Auf der rechten Seite heben sich die Integrale längs der Strecke von (x_0, y_0) nach (x_0, y) weg. Beachtet man ferner, daß durch

$$t \to (t, y)$$

für $t \in [x_0, x]$ bzw. $t \in [x_0, x+h]$ Parametrisierungen der Strecken von (x_0, y) nach (x, y) bzw. $(x+h, y)$ gegeben sind, so erhält man

$$F_x(x, y) = \lim_{h \to 0} \frac{1}{h} \int_x^{x+h} P(t, y)\, dt.$$

Wegen der Stetigkeit von P folgt daraus $F_x(x, y) = P(x, y)$. Die Beziehung $F_y(x, y) = Q(x, y)$ beweist man analog unter Benutzung des Weges $W^2_{(x,y)}$. □

2. Lokale Integrabilität. Im Anschluß an Satz 25 wurde schon erwähnt, daß die Differentialformen der Gestalt $\omega = \left(\sum_{\nu=1}^n a_\nu z^\nu \right) dz$ in ganz $\mathbb{C}$ eine Stammfunktion haben. Hier folge zunächst ein Beispiel einer in ganz $\mathbb{C}$ definierten Differentialform, die in keinem Teilgebiet $G \subset \mathbb{C}$ eine Stammfunktion besitzt. Diese Eigenschaft besitzt nämlich die Form $\omega := \bar{z}\, dz$. Das sieht man folgendermaßen ein. Angenommen, ω besäße in $G \subset \mathbb{C}$ eine Stammfunktion. Dann wähle man $z_0 \in G$ und $r > 0$ so klein, daß $Z'_r(z_0) \subset G$. Da $\partial Z_r(z_0)$ ein geschlossener Weg in G ist, muß somit lt. Satz 26 gelten $\int_{\partial Z_r(z_0)} \bar{z}\, dz = 0$. Nun hat man aber

$$\int_{\partial Z_r(z_0)} \bar{z}\, dz = \int_{\partial Z_r(z_0)} (\bar{z} - \bar{z}_0)\, dz + \bar{z}_0 \int_{\partial Z_r(z_0)} dz = \int_{\partial Z_r(z_0)} (\bar{z} - \bar{z}_0)\, dz.$$

$\partial Z_r(z_0)$ wird durch $z(t) = z_0 + r(\cos t + i \sin t)$, $0 \leq t \leq 2\pi$, parametrisiert, so daß sich ergibt:

$$\int_{\partial Z_r(z_0)} \bar{z}\, dz = \int_0^{2\pi} (r \cos t - i r \sin t)(-r \sin t + i r \cos t)\, dt$$

$$= i r^2 \int_0^{2\pi} dt = 2\pi i r^2 \neq 0.$$

Das ist ein Widerspruch.

Es treten jedoch natürlich nicht nur diese beiden extremen Situationen auf. Insbesondere kommt es vielfach vor, daß eine Differentialform $\omega \in \mathscr{D}_\mathbb{C}(G)$ zwar in einer geeigneten Umgebung eines jeden Punktes $z \in G$ eine Stammfunktion besitzt, dennoch aber in ganz G keine Stammfunktion von ω existiert. Deshalb definiert man:

Def. 22. *Eine im Gebiet G definierte Differentialform ω heißt lokal integrabel, wenn es zu jedem $z \in G$ eine Umgebung $U \subset G$ von z gibt, in der die Einschränkung $\omega | U$ eine Stammfunktion besitzt.*

Beispiele für Gebiete G und Formen ω, die über G zwar lokal integrabel, nicht aber integrabel sind, ergeben sich später leicht. An dieser Stelle wären zum Nachweis der geforderten Eigenschaften selbst in den einfachsten Fällen langwierige Rechnungen erforderlich.

Aus Satz 27 erhält man sofort:

Satz 28. *Die folgenden beiden Aussagen über eine Differentialform $\omega \in \mathscr{D}_{\mathbb{C}}(G)$ im Gebiet G sind äquivalent:*
i) *ω ist lokal integrabel in G,*
ii) *zu jedem $z \in G$ gibt es eine Umgebung $U \subset G$ von z, so daß für jedes in U enthaltene achsenparallele Rechteck gilt:*

$$\int_{\partial R} \omega = 0.$$

3. Homotopie von Wegen. In Satz 26 wurde gezeigt, daß das Integral über eine integrable Differentialform bei festem Anfangs- und Endpunkt nicht von der speziellen Wahl des Integrationsweges abhängt. Diese Unabhängigkeit bleibt auch für lokal integrable Formen gültig, solange man den Integrationsweg nur „stetig" deformiert. Was das genau bedeutet, soll jetzt geklärt werden.

Def. 23. *Es sei G ein Gebiet in $\mathbb{C}$ und $I = [0, 1]$. Zwei stückweise stetig differenzierbare Wege W_1, W_2, die beide den Anfangspunkt z_A und den Endpunkt z_E besitzen, heißen homotop in G bei festen Endpunkten, in Zeichen $W_1 \sim W_2$, wenn es eine stetige Abbildung*

$$\varphi : I \times I \to G$$

gibt, für die gilt:
i) $\varphi(0, s) \equiv z_A$, $\varphi(1, s) \equiv z_E$ *für alle $s \in I$,*
ii) $\varphi(t, 0)$ *bzw.* $\varphi(t, 1)$ *ist eine Parametrisierung von W_1 bzw. W_2.*

Def. 24. *Sind W_1 und W_2 zwei geschlossene Wege im Gebiet G, so heißen sie homotop in G als geschlossene Wege, in Zeichen ebenfalls $W_1 \sim W_2$, wenn es eine stetige Abbildung*

$$\psi : I \times I \to G, \quad I = [0, 1],$$

gibt, für die gilt:
i) $\psi(0, s) = \psi(1, s)$ *für alle $s \in I$,*
ii) $\psi(t, 0)$ *bzw.* $\psi(t, 1)$ *ist eine Parametrisierung von W_1 bzw. W_2.*

Ein geschlossener Weg W heißt nullhomotop, falls er zu einem Nullweg $z(t) \equiv z_0$ für $t \in I$ als geschlossener Weg homotop ist.

Ohne die (einfachen) Beweise dazu anzugeben, bemerken wir folgendes: Die Relation „homotop in G bei festen Endpunkten" ist auf der Menge der stückweise stetig differenzierbaren Wege in G mit Anfangspunkt z_A und Endpunkt z_E eine Äquivalenzrelation, ebenso wie die Relation „homotop in G als geschlossene Wege" auf der Menge der stückweise stetig differenzierbaren geschlossenen Wege in G.

§ 4. Stammfunktionen und Homotopie von Wegen

Es zeigt sich nun:

Satz 29. *Es sei G ein Gebiet und $\omega \in \mathscr{D}_C(G)$. Die folgenden Aussagen sind äquivalent:*
  a) *ω ist lokal integrabel in G.*
  b) *Sind $W, \widetilde{W}$ Wege in G, die homotop in G bei festen Endpunkten sind, so gilt*

$$\int_W \omega = \int_{\widetilde{W}} \omega.$$

  c) *Sind $W, \widetilde{W}$ geschlossene Wege in G und homotop in G als geschlossene Wege, so gilt:*

$$\int_W \omega = \int_{\widetilde{W}} \omega.$$

Beweis. i) Aus b) folgt a). Sei nämlich $z_0 \in G$ beliebig und $Z_r(z_0) \subset G$. Mit $W_1, \ldots, W_4$ seien die Seiten eines beliebigen achsenparallelen abgeschlossenen Rechtecks $R \subset Z_r(z_0)$ bezeichnet, so daß $\partial R = W_1 + W_2 + W_3 + W_4$ gilt (s. Zeichnung). Dann sind die Wege $W := W_1$ und $\widetilde{W} := -W_4 - W_3 - W_2$ offenbar homotop mit festem Anfangs- und Endpunkt in $Z_r(z_0)$ und deshalb gilt

$$\int_{\partial R} \omega = \int_{W_1} \omega + \int_{W_2 + W_3 + W_4} \omega = \int_W \omega - \int_{\widetilde{W}} \omega = 0.$$

Mit Satz 28 folgt daraus die lokale Integrabilität von ω in G.

ii) Ebenso folgt aus c) die Aussage a), indem man nur beachtet, daß ∂R in $Z_r(z_0)$ offenbar nullhomotop ist und folglich $\int_{\partial R} \omega = 0$ gilt (Bezeichnungen wie in i)).

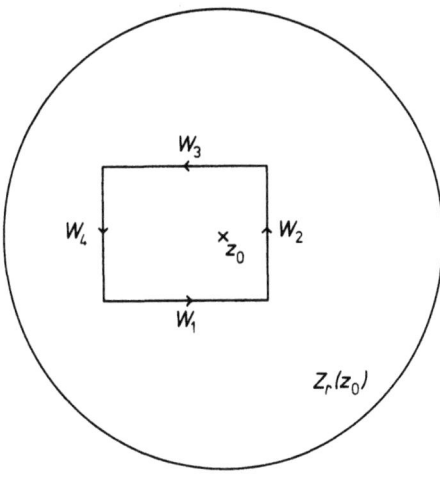

Abb. 3.

iii) Die Herleitung von b) aus a) ist umständlicher. Es sei dazu

$$\varphi: I \times I \to G$$

eine „Deformation" von W in $\tilde{W}$ mit den in Def. 23 geforderten Eigenschaften. Dann gibt es zu jedem $(t, s) \in I \times I$ eine offene Kreisscheibe $Z(\varphi(t, s)) \subset G$ um den Punkt $\varphi(t, s) \in G$, in der ω eine Stammfunktion besitzt. Die Menge

$$U(t, s) := \varphi^{-1}(Z(\varphi(t, s)))$$

ist wegen der Stetigkeit von φ eine offene Umgebung von (t, s) in $I \times I$ (bezüglich der Relativtopologie, die vom $\mathbb{R}^2$ auf $I \times I$ induziert wird). Das System $\mathfrak{U} = \{U(t, s)\}_{(t,s) \in I \times I}$ ist daher eine offene Überdeckung von $I \times I$. Unser erstes Ziel ist es nun, eine geometrisch wesentlich einfachere endliche Überdeckung $\mathfrak{V}$ von $I \times I$ zu konstruieren, die feiner als $\mathfrak{U}$ ist (d. h. jede Menge aus $\mathfrak{V}$ ist in einer Menge $U(t, s)$ enthalten). Dazu wähle man zu jedem $(t, s) \in I \times I$ ein in $I \times I$ offenes achsenparalleles Rechteck $\tilde{R}(t, s)$, das (t, s) enthält und dessen topologischer Abschluß $R(t, s)$ in $U(t, s)$ enthalten ist. Da diese $\tilde{R}(t, s)$, $(t, s) \in I \times I$, auch eine offene Überdeckung der kompakten Menge $I \times I$ darstellen, gibt es endlich viele unter ihnen, $\tilde{R}_1, \ldots, \tilde{R}_r$, die bereits $I \times I$ überdecken. Jedes R_i ist von der Form $[\tau, \tau'] \times [\sigma, \sigma']$ mit $0 \leq \tau < \tau' \leq 1$ und $0 \leq \sigma < \sigma' \leq 1$ und in einem $U(t, s) =: U_i$ enthalten. Indem man alle so auftretenden Werte τ bzw. σ ordnet und durchnumeriert, erhält man Werte $t_0, \ldots, t_n$ bzw. $s_0, \ldots, s_m$ mit:

α) $0 = t_0 < t_1 < \cdots < t_n = 1$, $0 = s_0 < s_1 < \cdots < s_m = 1$ und

β) jedes Rechteck $[t_i, t_{i+1}] \times [s_j, s_{j+1}]$, $i = 0, \ldots, n-1$, $j = 0, \ldots, m-1$, ist Teil eines R_k, und damit in U_k enthalten.

Deshalb ist $\varphi([t_i, t_{i+1}] \times [s_j, s_{j+1}])$ in einem Kreis Z_{ij} enthalten, in dem ω eine Stammfunktion F_{ij} besitzt. Mit Hilfe dieser Stammfunktionen sollen die gesuchten beiden Integrale berechnet werden. Dazu sei zunächst $j \in \{0, \ldots, m-1\}$ fest. Da für $i = 0, \ldots, n-1$ die Menge $Z_{ij} \cap Z_{i+1, j} \neq \emptyset$ und zusammenhängend ist, unterscheiden sich $F_{i,j}$ und $F_{i+1,j}$ laut Korollar 2 zu Satz 25 dort nur um eine Konstante. Durch sukzessive Addition von Konstanten zu $F_{1,j}, \ldots, F_{n-1,j}$ kann man erreichen, daß die Funktionen $F_{i,j}$ und $F_{i+1,j}$ auf $Z_{i,j} \cap Z_{i+1,j}$ für $i = 0, \ldots, n-1$ übereinstimmen. Setzt man damit

$$f_j(t, s) := F_{i,j}(\varphi(t, s)) \text{ für } s \in [s_j, s_{j+1}] \text{ und } t \in [t_i, t_{i+1}], \quad i = 0, \ldots, n-1, \quad (25)$$

so ist die Funktion f_j stetig in $I \times [s_j, s_{j+1}]$. Man führe diese Konstruktion für alle $j = 0, \ldots, m-1$ durch. Der Definitionsbereich von f_j und f_{j+1} hat dann den Durchschnitt $I \times \{s_{j+1}\}$.

Als nächstes soll gezeigt werden, daß für $j = 0, \ldots, m-1$ gilt:

$$f_j(t, s_{j+1}) - f_{j+1}(t, s_{j+1}) = c_{j+1} \in \mathbb{C} \quad \text{für alle } t \in I. \quad (26)$$

Dazu beachte man, daß für $t \in [t_i, t_{i+1}]$ laut Definition der f_j gilt:

$$f_j(t, s_{j+1}) - f_{j+1}(t, s_{j+1}) = F_{i,j}(\varphi(t, s_{j+1})) - F_{i,j+1}(\varphi(t, s_{j+1})).$$

§ 4. Stammfunktionen und Homotopie von Wegen 47

Weiter hat man für $t \in [t_i, t_{i+1}]$

$$\varphi(t, s_{j+1}) \in Z_{i,j} \cap Z_{i,j+1}.$$

Da aber $F_{i,j}$ und $F_{i,j+1}$ über der zusammenhängenden Menge $Z_{i,j} \cap Z_{i,j+1}$ Stammfunktionen von ω sind, ist ihre Differenz dort konstant. Also ist

$$f_j(t, s_{j+1}) - f_{j+1}(t, s_{j+1}) \equiv c_{i,j+1} \in \mathbb{C} \text{ für } t \in [t_i, t_{i+1}], i = 0, \ldots, n-1, j = 0, \ldots, m-1.$$

Weiter ist $t_{i+1} \in [t_i, t_{i+1}] \cap [t_{i+1}, t_{i+2}]$, $i = 0, \ldots, n-2$, was zur Folge hat, daß $c_{0,j+1} = c_{1,j+1} = \cdots = c_{n-1,j+1}$ für $j = 0, \ldots, m-1$ gilt. Damit ist die Beziehung (26) bewiesen.

Indem man nun von den f_j zu $f_j + \sum_{k=1}^{j} c_k$, $j = 0, \ldots, m-1$, übergeht, erhält man (unter Beibehaltung der bisherigen Schreibweisen):

$$f_j(t, s_{j+1}) = f_{j+1}(t, s_{j+1}) \text{ für } t \in I \text{ und } j = 0, \ldots, m-1.$$

Ersetzt man außerdem $F_{i,j}$ durch $F_{i,j} + \sum_{k=1}^{j} c_k$, $j = 0, \ldots, m-1$, so bleibt (25) gültig. Man setze

$$f(t, s) := f_j(t, s) \text{ für } t \in I \text{ und } s \in [s_j, s_{j+1}].$$

Dann ist $f(t, s)$ auf $I \times I$ stetig. Für $s \in [s_j, s_{j+1}]$ gilt laut (26) und wegen $\varphi(0, s) = z_A$ und $\varphi(1, s) = z_E$ für alle $s \in I$

$$f(0, s) = f_j(0, s) = F_{0,j}(\varphi(0, s)) = F_{0,j}(z_A)$$
$$f(1, s) = f_j(1, s) = F_{n-1,j}(\varphi(1, s)) = F_{n-1,j}(z_E),$$

d. h., $f(0, s)$ und $f(1, s)$ sind auf $[s_j, s_{j+1}]$ konstant für $j = 0, \ldots, m-1$. Sie sind also auf I konstant. Insbesondere hat man

$$f(0, 0) = f(0, 1) \quad \text{und} \quad f(1, 0) = f(1, 1). \tag{27}$$

Nach diesen Vorbereitungen läßt sich die gewünschte Identität zwischen $\int_W \omega$ und $\int_{\tilde{W}} \omega$ leicht nachweisen. Laut Def. 23 ist $\varphi(t, 0)$ bzw. $\varphi(t, 1)$, $t \in I$, eine Parametrisierung von W bzw. $\tilde{W}$. Es sei nun $W_0 + \cdots + W_{n-1}$ bzw. $\tilde{W}_0 + \cdots + \tilde{W}_{n-1}$ die Zerlegung von W bzw. $\tilde{W}$, die durch $0 = t_0 < \cdots < t_n = 1$ definiert wird. Dann gilt:

$$\int_W \omega = \sum_{i=0}^{n-1} \int_{W_i} \omega \quad \text{und} \quad \int_{\tilde{W}} \omega = \sum_{i=0}^{n-1} \int_{\tilde{W}_i} \omega.$$

Da $\varphi(t, 0) \in Z_{i,0}$ für $t \in [t_i, t_{i+1}]$ und da $F_{i,0}$ eine Stammfunktion von ω in $Z_{i,0}$ ist, ergibt sich lt. Satz 25 sowie (25) und der Definition von $f(t, s)$:

$$\int_{W_i} \omega = F_{i,0}(\varphi(t_{i+1}, 0)) - F_{i,0}(\varphi(t_i, 0)) = f_0(t_{i+1}, 0) - f_0(t_i, 0)$$
$$= f(t_{i+1}, 0) - f(t_i, 0) \text{ für } i = 0, \ldots, n-1.$$

Daraus folgt
$$\int_W \omega = \sum_{i=0}^{n-1} (f(t_{i+1}, 0) - f(t_i, 0)) = f(1,0) - f(0,0).$$

Analog berechnet man
$$\int_{\tilde{W}} \omega = \sum_{i=0}^{n-1} (f(t_{i+1}, 1) - f(t_i, 1)) = f(1,1) - f(0,1).$$

Zusammen mit (27) ergibt das
$$\int_W \omega = \int_{\tilde{W}} \omega.$$

iv) Der Beweis dafür, daß aus a) die Aussage c) folgt, verläuft völlig entsprechend zum Beweis unter iii). An die Stelle von φ tritt lediglich eine Abbildung ψ mit den Eigenschaften der Def. 24.

Damit ist Satz 29 vollständig bewiesen. □

Wie schon erwähnt wurde, ist über einem beliebigen Gebiet $G \subset \mathbb{C}$ eine Differentialform $\omega \in \mathcal{D}_C(G)$, die dort lokal-integrabel ist, im allgemeinen nicht integrabel. Erst wenn man an das Gebiet G zusätzliche Bedingungen stellt, sind die beiden Begriffe „integrabel" und „lokal-integrabel" äquivalent. Dazu beachte man die folgende einfache Folgerung aus Satz 29:

Korollar. *Es sei $\omega \in \mathcal{D}_C(G)$ lokal integrabel und W ein stückweise stetig differenzierbarer geschlossener Weg in G, der in G nullhomotop sei. Dann gilt:*
$$\int_W \omega = 0.$$

Def. 25. *Ein Gebiet G heißt einfach zusammenhängend, wenn jeder stückweise stetig differenzierbare geschlossene Weg in G nullhomotop ist.*

Zusammen mit Satz 26 erhält man:

Satz 30. *Eine Differentialform $\omega \in \mathcal{D}_C(G)$ über einem einfach-zusammenhängenden Gebiet G ist genau dann integrabel in G, wenn sie dort lokal integrabel ist.*

4. Ein Fortsetzungssatz. Zum Schluß dieses Paragraphen soll noch ein später benötigter Fortsetzungssatz für lokal integrable Differentialformen bewiesen werden. Er lautet:

Satz 31. *Es sei $U \subset \mathbb{C}$ offen und $\omega = P\,dz + Q\,d\bar{z} \in \mathcal{D}_C(U)$. Ferner gebe es eine zur reellen Achse parallele Gerade Δ in $\mathbb{C}$ derart, daß ω in $U \setminus \Delta$ lokal integrabel ist. Dann ist ω in ganz U lokal integrabel.*

Beweis. Laut Satz 28 genügt es zu zeigen, daß für ein beliebiges in U enthaltenes achsenparalleles Rechteck R gilt
$$\int_{\partial R} \omega = 0.$$

§ 4. Stammfunktionen und Homotopie von Wegen

Ist $R \cap \Delta = \emptyset$, so ist diese Beziehung laut dem Korollar zu Satz 29 erfüllt, da ∂R in $U \smallsetminus \Delta$ nullhomotop ist. Als zweiter möglicher Fall sei der betrachtet, in dem auf Δ eine Seite von R liegt, und dies sei ohne Beschränkung der Allgemeinheit die „obere" Seite von R. Das heißt, wenn gilt

$$R = \{z = x + iy : a \leq x \leq b, c \leq y \leq d\},$$

so sei

$$\Delta = \{z = x + iy : y = d\}.$$

Man definiere für $0 < \varepsilon < d - c$ das um ε kleinere Rechteck R_ε als

$$R_\varepsilon := \{z = x + iy : a \leq x \leq b, c \leq y \leq d - \varepsilon\}.$$

Dann ist $R_\varepsilon \subset U \smallsetminus \Delta$ und deshalb gilt wiederum laut dem Korollar zu Satz 29

$$\int_{\partial R_\varepsilon} \omega = 0.$$

Durch Einsetzen einer Parametrisierung überlegt man sich leicht, daß das Integral $\int_{\partial R_\varepsilon} \omega$ stetig von ε abhängt und daß gilt

$$\lim_{\varepsilon \to 0} \int_{\partial R_\varepsilon} \omega = \int_{\partial R} \omega.$$

Also ist $\int_{\partial R} \omega = 0$.

Ist schließlich $R \cap \Delta \neq \emptyset$, ohne daß Δ eine Seite von R enthält, so teilt Δ das Rechteck R in zwei Teilrechtecke R_1 und R_2, die mit ihrer gemeinsamen Seite auf Δ liegen. Deshalb gilt gemäß dem zweiten Spezialfall

$$\int_{\partial R_1} \omega = \int_{\partial R_2} \omega = 0.$$

Da die R_1 und R_2 gemeinsame Seite in ∂R_1 und ∂R_2 verschieden orientiert ist, hat man außerdem

$$\int_{\partial R_1} \omega + \int_{\partial R_2} \omega = \int_{\partial R} \omega.$$

Zusammen ergibt das wieder

$$\int_{\partial R} \omega = 0.$$

Also ist ω in U lokal integrabel. □

§ 5. Cauchyscher Integralsatz

Ziel dieses Paragraphen ist es zu zeigen, daß eine Differentialform $\omega \in \mathcal{D}_C(U)$ von der Form $\omega = f\,dz$ in der offenen Menge $U \subset \mathbb{C}$ lokal integrabel ist, wenn die Funktion f in U komplex differenzierbar ist. Dieses Ergebnis wird in 2. bewiesen. In § 7 kann dann auch dessen Umkehrung gezeigt werden, die besagt: Wenn die Differentialform $\omega = f\,dz \in \mathcal{D}_C(U)$ in U lokal integrabel ist, so ist f dort komplex differenzierbar. Beide Richtungen dieser Aussage folgen, wie in 1. gezeigt wird, schon aus der aus der Infinitesimalrechnung bekannten Greenschen Formel, wenn man zusätzlich voraussetzt, daß die Funktion f in der betrachteten Differentialform $\omega = f\,dz$ reell stetig differenzierbar in U ist.

1. Reell stetig differenzierbare Funktionen. In der reellen Analysis wird der Satz von Stokes bewiesen (vgl. [8]). Die Greensche Formel ist ein Spezialfall dieses Satzes. Sie lautet für den Fall eines achsenparallelen Rechtecks in der Ebene:

Satz 32. *In der offenen Menge $U \subset \mathbb{R}^2 \cong \mathbb{C}$ sei R ein achsenparalleles Rechteck; ferner sei $\omega = P\,dx + Q\,dy \in \mathcal{D}_C(U)$ und die Funktionen P, Q seien in U stetig reell differenzierbar, dann gilt*

$$\int_{\partial R} P\,dx + Q\,dy = \int_R \left(\frac{\partial Q}{\partial x} - \frac{\partial P}{\partial y} \right) dx\,dy$$

worin $\int_R \cdots dx\,dy$ das übliche Gebietsintegral bezeichnet.

Mit Hilfe dieser Formel folgt sofort

Satz 33. *Es sei $\omega = P\,dx + Q\,dy \in \mathcal{D}_C(U)$ mit reell stetig differenzierbaren Funktionen P, Q. Dann ist ω genau dann lokal integrabel in U, wenn dort gilt:*

$$\frac{\partial P}{\partial y} \equiv \frac{\partial Q}{\partial x}.$$

Beweis. i) Es sei $\omega = P\,dx + Q\,dy$ lokal integrabel in U. Angenommen, es gäbe einen Punkt $(x_0, y_0) \in U$ mit $\frac{\partial P}{\partial y}(x_0, y_0) \neq \frac{\partial Q}{\partial x}(x_0, y_0)$. Dann gilt $\operatorname{Re}\frac{\partial P}{\partial y}(x_0, y_0) \neq \operatorname{Re}\frac{\partial Q}{\partial x}(x_0, y_0)$ oder $\operatorname{Im}\frac{\partial P}{\partial y}(x_0, y_0) \neq \operatorname{Im}\frac{\partial Q}{\partial x}(x_0, y_0)$. Es sei etwa $\operatorname{Re}\frac{\partial Q}{\partial x}(x_0, y_0) - \operatorname{Re}\frac{\partial P}{\partial y}(x_0, y_0) > 0$. (In den anderen Fällen läuft der Beweis analog.) Wegen der Stetigkeit von $\frac{\partial Q}{\partial x} - \frac{\partial P}{\partial y}$ gibt es eine Umgebung $V \subset U$ von (x_0, y_0), in der überall $\operatorname{Re}\left(\frac{\partial Q}{\partial x} - \frac{\partial P}{\partial y} \right) > 0$ gilt. Sei R ein in V ent-

§ 5. Cauchyscher Integralsatz

haltenes achsenparalleles nicht entartetes Rechteck. Dann hat man lt. Satz 31

$$\text{Re} \int_{\partial R} P\,dx + Q\,dy = \text{Re} \int_R \left(\frac{\partial Q}{\partial x} - \frac{\partial P}{\partial y}\right) dx\,dy = \int_R \text{Re}\left(\frac{\partial Q}{\partial x} - \frac{\partial P}{\partial y}\right) dx\,dy > 0,$$

also $\int_{\partial R} \omega \neq 0$.

Andererseits ist aber der Weg ∂R in U nullhomotop, so daß nach dem Korollar zu Satz 29 gelten muß $\int_{\partial R} \omega = 0$. Also gilt $\dfrac{\partial P}{\partial y} \equiv \dfrac{\partial Q}{\partial x}$ in U.

ii) Wenn in U die Beziehung $\dfrac{\partial P}{\partial y} \equiv \dfrac{\partial Q}{\partial x}$ gilt, so ist lt. Satz 32 für jedes achsenparallele Rechteck R in U

$$\int_{\partial R} \omega = \int_R \left(\frac{\partial Q}{\partial x} - \frac{\partial P}{\partial y}\right) dx\,dy = 0.$$

Also ist ω lt. Satz 28 in U lokal integrabel. □

Wendet man diesen Satz speziell auf Formen ω der Gestalt $\omega = f\,dz$ an, so erhält man:

Korollar. *Es sei $\omega = f\,dz \in \mathscr{D}_C(U)$ mit einer reell stetig differenzierbaren Funktion f. Dann ist ω genau dann lokal integrabel in U, wenn f dort komplex differenzierbar ist.*

Beweis. Es ist $\omega = f\,dz = f\,dx + if\,dy$. Also ist ω lt. Satz 33 genau dann lokal integrabel in U, wenn dort

$$\frac{\partial f}{\partial y} \equiv i\,\frac{\partial f}{\partial x}.$$

Das ist äquivalent zu $\dfrac{\partial f}{\partial \bar{z}} \equiv 0$ und damit lt. Satz 13 zur komplexen Differenzierbarkeit von f in U. □

2. Cauchyscher Integralsatz. Es wird nun der für den weiteren Aufbau der Theorie der komplex differenzierbaren Funktionen entscheidende folgende Satz bewiesen:

Satz 34 (Cauchyscher Integralsatz). *Die Funktion f sei in der offenen Menge $U \subset \mathbb{C}$ komplex differenzierbar. Dann ist die Differentialform $\omega = f\,dz$ in U lokal integrabel.*

Beweis. Laut Satz 28 genügt es nachzuweisen, daß für jedes achsenparallele Rechteck $R \subset U$ gilt:

$$\int_{\partial R} \omega = 0.$$

Es sei also $R = \{z = x + iy : a \leq x \leq b, c \leq y \leq d\}$ ein derartiges Rechteck und

$$\alpha(R) := \int_{\partial R} \omega.$$

Durch Halbierung der Seiten wird R in 4 achsenparallele Teilrechtecke $R_\nu^{(1)}$ geteilt $\nu = 1, \ldots, 4$. Dann gilt offenbar

$$\alpha(R) = \int_{\partial R} \omega = \sum_{\nu=1}^{4} \int_{\partial R_\nu^{(1)}} \omega = \sum_{\nu=1}^{4} \alpha(R_\nu^{(1)}), \qquad (28)$$

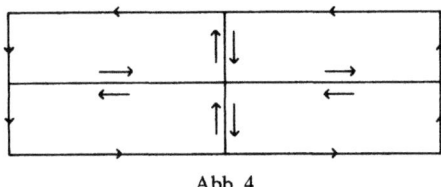

Abb. 4

da die den Mittelpunkt von R enthaltenden Strecken je zweimal, und zwar in entgegengesetzter Richtung durchlaufen werden, so daß sich die Integrale längs dieser Teilwege wegheben, während die anderen Seiten der $R_\nu^{(1)}$ zusammen gerade eine Unterteilung von ∂R bilden, so daß die Summe der Integrale längs dieser Wege gleich dem Integral längs ∂R ist. Wegen (28) gibt es unter den $R_1^{(1)}, \ldots, R_4^{(1)}$ ein Rechteck, das mit $R^{(1)}$ bezeichnet sei und für das gilt:

$$|\alpha(R^{(1)})| \geq \frac{1}{4} |\alpha(R)|.$$

Man wende nun das gleiche Unterteilungs- und Auswahlverfahren auf $R^{(1)}$ an. Man erhält auf diese Weise ein Rechteck $R^{(2)}$, für das gilt:

$$|\alpha(R^{(2)})| \geq \frac{1}{4} |\alpha(R^{(1)})| \geq \frac{1}{4^2} |\alpha(R)|.$$

Führt man diesen Prozeß immer weiter, so erhält man induktiv eine Folge von achsenparallelen Teilrechtecken $R^{(\nu)}$ von R, für die gilt:

$$|\alpha(R^{(\nu)})| \geq \frac{1}{4^\nu} |\alpha(R)|. \qquad (29)$$

Jedes $R^{(\nu)}$ ist von der Form

$$R^{(\nu)} = \{z = x + iy : a_\nu \leq x \leq b_\nu, c_\nu \leq y \leq d_\nu\},$$

§ 5. Cauchyscher Integralsatz

und man hat lt. Konstruktion der $R^{(v)}$ für alle $v = 1, 2, 3, \ldots$:
i) $a_v \leq a_{v+1}$, $c_v \leq c_{v+1}$,
ii) $b_v \geq b_{v+1}$, $d_v \geq d_{v+1}$,
iii) $b_{v+1} - a_{v+1} = \frac{1}{2}(b_v - a_v) = \frac{1}{2^v}(b - a)$,

$$d_{v+1} - c_{v+1} = \frac{1}{2}(d_v - c_v) = \frac{1}{2^v}(d - c).$$

Nach dem aus der Infinitesimalrechnung bekannten Prinzip der Intervallschachtelung gibt es also (genau) ein x_0 bzw. y_0 mit $a_v \leq x_0 \leq b_v$ bzw. $c_v \leq y_0 \leq d_v$ für alle $v = 1, 2, 3, \ldots$; für $z_0 := x_0 + i y_0$ gilt demnach

$$z_0 \in \bigcap_{v \geq 1} R^{(v)}.$$

Da die Funktion f aus $\omega = f\,dz$ laut Voraussetzung in z_0 komplex differenzierbar ist, gibt es in U eine $\mathbb{C}$-wertige, in z_0 stetige Funktion f_1 mit

$$\begin{aligned}f(z) &= f(z_0) + (z - z_0) f_1(z) \\ &= f(z_0) + (z - z_0) f_1(z_0) + (z - z_0)(f_1(z) - f_1(z_0))\end{aligned} \tag{30}$$

für alle $z \in U$.

Sei nun $\varepsilon > 0$ beliebig vorgegeben. Wir wollen zeigen, daß gilt:

$$|\alpha(R)| \leq \text{const} \cdot \varepsilon.$$

Wegen der Stetigkeit von f_1 in z_0 gibt es ein $\delta > 0$, so daß

$$|f_1(z) - f_1(z_0)| < \varepsilon \quad \text{für alle} \quad z \in Z_\delta(z_0).$$

Zu diesem δ gibt es weiter ein $n_0 \in \mathbb{N}$ derart, daß man für $v \geq n_0$

$$R^{(v)} \subset Z_\delta(z_0)$$

hat. Da die Formen dz und $(z - z_0)dz$ globale Stammfunktionen besitzen (s. Seite 39), so daß sich

$$\int_{\partial R^{(v)}} dz = \int_{\partial R^{(v)}} (z - z_0)dz = 0$$

ergibt, kann man $|\alpha(R^{(v)})|$ wegen (30) und Satz 23 folgendermaßen abschätzen:

$$\begin{aligned}|\alpha(R^{(v)})| &= \left| \int_{\partial R^{(v)}} f(z)\,dz \right| \\ &= \left| f(z_0) \int_{\partial R^{(v)}} dz + f_1(z_0) \int_{\partial R^{(v)}} (z - z_0)dz + \int_{\partial R^{(v)}} (f_1(z) - f_1(z_0))(z - z_0)dz \right| \\ &= \left| \int_{\partial R^{(v)}} (f_1(z) - f_1(z_0))(z - z_0)dz \right| \\ &\leq 2\delta_v \cdot \sup_{z \in \partial R^{(v)}} \{|f_1(z) - f_1(z_0)| \cdot |z - z_0|\} \\ &\leq 2\delta_v^2 \cdot \sup_{z \in \partial R^{(v)}} \{|f_1(z) - f_1(z_0)|\},\end{aligned}$$

wobei δ_v den halben Umfang des Rechtecks $R^{(v)}$ bezeichnet, also $\delta_v = (b_v - a_v) + (d_v - c_v)$. Für $v \geq n_0$ gilt also

$$|\alpha(R^{(v)})| = \left| \int_{\partial R^{(v)}} f(z)\,dz \right| \leq 2\delta_v^2 \cdot \varepsilon.$$

Zusammen mit (29) erhält man daraus für $v \geq n_0$

$$|\alpha(R)| \leq 4^v |\alpha(R^{(v)})| \leq 2 \cdot 4^v \cdot \delta_v^2 \cdot \varepsilon.$$

Somit hat man

$$|\alpha(R)| \leq (2\delta_0^2) \cdot \varepsilon$$

mit $\delta_0 = (b-a) + (d-c)$.

Da diese Ungleichung für beliebige $\varepsilon > 0$ gilt, folgt daraus die behauptete Beziehung

$$\int_{\partial R} \omega = \alpha(R) = 0. \quad \square$$

Es sei hier noch die folgende einfache Folgerung aus dem Cauchyschen Integralsatz angegeben, die sich mit Hilfe des Korollars zu Satz 29 ergibt:

Korollar. *Ist $\omega \in \mathcal{D}_C(U)$ eine Differentialform der Gestalt $\omega = f\,dz$ mit einer in U komplex differenzierbaren Funktion f und ist W ein in U nullhomotoper stückweise differenzierbarer Weg, so gilt:*

$$\int_W \omega = 0.$$

§ 6. Der Index eines geschlossenen Weges

Als Vorbereitung für die Herleitung der Cauchyschen Integralformel, die im nächsten Paragraphen folgt, soll hier auf analytische Weise präzisiert werden, was es heißt, daß ein (stückweise stetig differenzierbarer) geschlossener Weg einen Punkt mehrmals umläuft. Dieser Präzisierung dient, wie sich im Laufe dieses Paragraphen zeigen wird, die folgende Definition.

Def. 26. *Es sei W ein stückweise stetig differenzierbarer geschlossener Weg in $\mathbb{C}$ und $z_0 \in \mathbb{C} \setminus |W|$. Dann bezeichnet man als Index $I(W, z_0)$ von W bezüglich z_0 (auch Umlaufzahl genannt) die Zahl*

$$I(W, z_0) := \frac{1}{2\pi i} \int_W \frac{d\zeta}{\zeta - z_0}.$$

Das Integral ist definiert, da $\dfrac{d\zeta}{\zeta - z_0} \in \mathcal{D}_C(\mathbb{C} \setminus \{z_0\})$ und $|W| \subset \mathbb{C} \setminus \{z_0\}$. Offenbar gilt $I(-W, z_0) = -I(W, z_0)$.

§ 6. Der Index eines geschlossenen Weges

Beispiel. Bezeichnet $\partial Z_r(z_0)$ wie üblich den positiv orientierten Rand des Kreises vom Radius $r > 0$ um z_0, so erhält man

$$I(\partial Z_r(z_0), z_0) = \frac{1}{2\pi i} \int_{\partial Z_r(z_0)} \frac{d\zeta}{\zeta - z_0} = \frac{1}{2\pi i} \int_0^{2\pi} \frac{ire^{it} dt}{re^{it}} = \frac{1}{2\pi} \int_0^{2\pi} dt = 1.$$

Dies entspricht auch der anschaulichen Vorstellung. Allgemein gilt:

Satz 35. *Der Index $I(W, z_0)$ des stückweise stetig differenzierbaren geschlossenen Weges W bezüglich $z_0 \in \mathbb{C} \setminus |W|$ ist eine ganze Zahl.*

Beweis. i) Es wird zunächst die folgende allgemeinere Aussage bewiesen, aus der die Behauptung des Satzes folgt: Ist W ein beliebiger stückweise stetig differenzierbarer Weg in $\mathbb{C}$ mit Anfangspunkt z_A und Endpunkt z_E und ist $z_0 \in \mathbb{C} \setminus |W|$, so gilt

$$\exp\left(\int_W \frac{d\zeta}{\zeta - z_0}\right) = \frac{z_E - z_0}{z_A - z_0}.$$

Zum Nachweis beachte man, daß die Differentialform $\omega := \dfrac{d\zeta}{\zeta - z_0}$ lt. Satz 34 in $\mathbb{C} \setminus \{z_0\}$ lokal integrabel ist. Ist $F(\zeta)$ eine Stammfunktion von ω in der zusammenhängenden offenen Menge $U \subset \mathbb{C} \setminus \{z_0\}$ und ist $z_1 \in U$ beliebig, so ist die Funktion

$$g(\zeta) := \frac{\exp(F(\zeta) - F(z_1))}{\zeta - z_0}$$

in U komplex differenzierbar, und es gilt dort wegen $F'(\zeta) = \dfrac{1}{\zeta - z_0}$

$$g'(\zeta) = \frac{\exp(F(\zeta) - F(z_1)) \cdot \dfrac{1}{\zeta - z_0} \cdot (\zeta - z_0) - \exp(F(\zeta) - F(z_1))}{(\zeta - z_0)^2} = 0.$$

Damit hat man lt. Korollar 2 zu Satz 25 in U

$$g(\zeta) = \frac{\exp(F(\zeta) - F(z_1))}{\zeta - z_0} \equiv c \in \mathbb{C}.$$

Setzt man darin $\zeta = z_1$, so erhält man $c = \dfrac{1}{z_1 - z_0}$ und also

$$\exp(F(\zeta) - F(z_1)) = \frac{\zeta - z_0}{z_1 - z_0} \quad \text{für alle } \zeta \in U. \tag{31}$$

Ist nun $\varphi : [0, 1] \to \mathbb{C}$ eine Parametrisierung von W, so gibt es zu jedem $t \in [0, 1]$ eine offene Kreisscheibe $Z(\varphi(t)) \subset \mathbb{C} \setminus \{z_0\}$, in der ω eine Stammfunktion besitzt. Es seien dann Werte $0 = t_0 < t_1 < \cdots < t_n = 1$ und n solche Kreisscheiben $Z_1, \ldots, Z_n$ so gewählt, daß $\varphi([t_{i-1}, t_i]) \subset Z_i$ für $i = 1, \ldots, n$; ferner sei F_i eine

Stammfunktion von ω in Z_i für $i=1,\ldots,n$. Die t_i definieren eine Zerlegung $\tilde W$ von W, und es gilt lt. Satz 25

$$\int_W \frac{d\zeta}{\zeta-z_0} = \int_{\tilde W} \frac{d\zeta}{\zeta-z_0} = \sum_{i=1}^n [F_i(\varphi(t_i)) - F_i(\varphi(t_{i-1}))].$$

Zusammen mit (31) angewendet auf F_i folgt daraus

$$\exp\left(\int_W \frac{d\zeta}{\zeta-z_0}\right) = \prod_{i=1}^n \exp[F_i(\varphi(t_i)) - F_i(\varphi(t_{i-1}))]$$

$$= \prod_{i=1}^n \frac{\varphi(t_i)-z_0}{\varphi(t_{i-1})-z_0} = \frac{\varphi(t_n)-z_0}{\varphi(t_0)-z_0} = \frac{z_E-z_0}{z_A-z_0}.$$

Damit ist die gewünschte Beziehung bewiesen.

ii) Ist nun W geschlossen, d. h., $z_E = z_A$, so folgt aus der gerade bewiesenen Beziehung

$$\exp\left(\int_W \frac{d\zeta}{\zeta-z_0}\right) = 1$$

und damit hat man lt. Satz 15

$$\int_W \frac{d\zeta}{\zeta-z_0} = 2\pi i \cdot n \quad \text{mit } n \in \mathbb{Z}.$$

Also ist $I(W, z_0) = n \in \mathbb{Z}$. □

Da die Differentialform $\dfrac{d\zeta}{\zeta-z_0}$ für festes $z_0 \in \mathbb{C}$ lt. Satz 34 in $\mathbb{C}\setminus\{z_0\}$ lokal integrabel ist, kann man Satz 29 auf das $I(W, z_0)$ definierende Integral anwenden. Man erhält:

Satz 36. *Es sei $z_0 \in \mathbb{C}$ fest. Sind die beiden in $\mathbb{C}\setminus\{z_0\}$ liegenden stückweise stetig differenzierbaren geschlossen Wege W und $\tilde W$ dort homotop zueinander, so besitzen sie bezüglich z_0 den gleichen Index:*

$$I(W, z_0) = I(\tilde W, z_0).$$

Ein Spezialfall dieser Aussage ist die folgende:

Folgerung. *Der stückweise stetig differenzierbare geschlossene Weg W sei im Gebiet G nullhomotop. Dann ist für alle $z_0 \notin G$*

$$I(W, z_0) = 0.$$

Insbesondere gilt diese Beziehung für alle geschlossenen Wege W in G und alle $z_0 \notin G$, wenn G einfach zusammenhängend ist.

§ 6. Der Index eines geschlossenen Weges

Mit Hilfe dieser Folgerung ergibt sich z. B. sofort, daß die Umlaufzahl eines Kreises $\partial Z_r(z_0)$ bezüglich aller Punkte z_1 außerhalb dieses Kreises Null ist.

In Übereinstimmung damit und mit der anschaulichen Vorstellung definiert man:

Def. 27. *Es sei W ein stückweise stetig differenzierbarer geschlossener Weg. Als Inneres von W, in Zeichen I(W), bezeichnet man die Menge*

$$I(W) := \{z \in \mathbb{C} \smallsetminus |W| : I(W, z) \neq 0\}.$$

Als Äußeres von W, in Zeichen A(W), bezeichnet man die Menge

$$A(W) := \{z \in \mathbb{C} \smallsetminus |W| : I(W, z) = 0\}.$$

Man hat also die folgende disjunkte Zerlegung von $\mathbb{C}$:

$$\mathbb{C} = |W| \cup I(W) \cup A(W).$$

Um weitere Eigenschaften dieser Zerlegung herzuleiten, muß die Abhängigkeit des Index $I(W, z)$ von z bei festem Weg W untersucht werden. Es gilt:

Satz 37. *Der Index $I(W, z)$ ist als Funktion von z in der offenen Menge $\mathbb{C} \smallsetminus |W|$ lokal-konstant.*

Beweis. Für $z \in \mathbb{C} \smallsetminus |W|$ ist

$$I(W, z) = \frac{1}{2\pi i} \int_W \frac{d\zeta}{\zeta - z}.$$

Laut Satz 21 ist $I(W, z)$ deshalb eine stetige Funktion von z in $\mathbb{C} \smallsetminus |W|$. Da $I(W, z)$ andererseits ganzzahlig ist, ist es lokal-konstant für $z \in \mathbb{C} \smallsetminus |W|$. □

Aus diesem Satz ergibt sich sofort:

Folgerung. *Das Innere $I(W)$ und das Äußere $A(W)$ eines stückweise stetig differenzierbaren geschlossenen Weges W sind offen. Die topologischen Ränder $\partial I(W)$ und $\partial A(W)$ sind in $|W|$ enthalten.*

Betrachten wir nun noch einmal das Beispiel eines Kreises $\partial Z_r(z_0)$, so ergibt sich aus Satz 37, daß für alle $z \in Z_r(z_0)$ gilt

$$I(\partial Z_r(z_0), z) = 1.$$

Es wurde nämlich oben schon gezeigt, daß $I(\partial Z_r(z_0), z_0) = 1$ ist, und da außerdem $Z_r(z_0)$ zusammenhängend ist, ist jede lokal-konstante Funktion in $Z_r(z_0)$ sogar konstant.

Ist W ein beliebiger Weg in $\mathbb{C}$, so ist $|W|$ eine beschränkte Menge, denn für eine Parametrisierung $\varphi : I \to \mathbb{C}$ von W ist die Funktion $|\varphi|$ stetig auf der kompakten Menge I und deshalb beschränkt. Ist W ein geschlossener (stückweise stetig differenzierbarer) Weg, so ist außerdem das Innere $I(W)$ beschränkt und das Äußere $A(W)$ unbeschränkt. Das ergibt sich aus

Satz 38. *Bezeichnet $L(W)$ die Länge des stückweise stetig differenzierbaren geschlossenen Weges W und ist $z_0 \in \mathbb{C} \smallsetminus |W|$ ein Punkt, für den*

$$d(z_0, |W|) := \inf_{\zeta \in |W|} |z_0 - \zeta| > \frac{L(W)}{2\pi}$$

ist, so gilt

$$I(W, z_0) = 0.$$

Beweis. Mit Hilfe von Satz 23 erhält man die folgende Abschätzung:

$$|I(W, z_0)| = \frac{1}{2\pi} \left| \int_W \frac{d\zeta}{\zeta - z_0} \right| < \frac{1}{2\pi} \left(\frac{L(W)}{2\pi} \right)^{-1} \cdot L(W) = 1.$$

Wegen der Ganzzahligkeit von $I(W, z_0)$ folgt daraus die Behauptung. □

Korollar. *Ist G ein unbeschränktes Gebiet in $\mathbb{C} \smallsetminus |W|$, so gilt $G \subset A(W)$.*

Beweis. Die lokal-konstante Funktion $I(W, z)$ ist in der zusammenhängenden Menge G konstant. Andererseits gibt es wegen der Unbeschränktheit von G Punkte $z \in G$ mit $d(z, |W|) > \dfrac{L(W)}{2\pi}$. Also ist $I(W, z) \equiv 0$ in G. □

§ 7. Die Cauchysche Integralformel

In diesem Paragraphen wir die Cauchysche Theorie der komplex differenzierbaren Funktionen so weit entwickelt, wie es im Rahmen dieser Darstellung (ohne Benutzung von Potenz- und Laurentreihen) vorgesehen ist. Auf die Herleitung einiger einfacher Folgerungen aus den hier gewonnenen Ergebnissen wird dabei verzichtet, da sie im II. Kapitel im Rahmen der Weierstraßschen Theorie der holomorphen Funktionen bewiesen werden. Auf den direkten Zusammenhang mit der Cauchyschen Theorie werden wir dort an den entsprechenden Stellen hinweisen.

1. Cauchysche Integralformel. Eine wesentliche Eigenschaft der komplex differenzierbaren Funktionen besteht darin, daß sie durch ihre Werte auf verhältnismäßig „kleinen" Teilmengen ihres Definitionsbereiches eindeutig bestimmt sind. Man wird deshalb nach einer Kennzeichnung solcher bestimmenden Teilmengen fragen und Verfahren suchen, die die Berechnung der gesamten Funktion aus ihren Werten auf den bestimmenden Teilmengen ermöglichen. Ein erstes wichtiges Ergebnis in dieser Richtung ist der folgende

Satz 39 (Cauchysche Integralformel). *Die Funktion f sei im Gebiet G komplex differenzierbar, und es sei W ein stückweise stetig differenzierbarer ge-*

§ 7. Cauchysche Integralformel

schlossener Weg in G, der dort nullhomotop sei. Dann gilt für alle $z \in G \smallsetminus |W|$

$$I(W, z) \cdot f(z) = \frac{1}{2\pi i} \int_W \frac{f(\zeta)}{\zeta - z} d\zeta. \tag{32}$$

Beweis. Es sei $z \in G \smallsetminus |W|$ fest gewählt. Da f in G komplex differenzierbar ist, ist die Funktion

$$g(\zeta) := \begin{cases} \dfrac{f(\zeta) - f(z)}{\zeta - z} & \text{für } \zeta \in G \smallsetminus \{z\} \\ f'(z) & \text{für } \zeta = z \end{cases}$$

in G stetig und (lt. Satz 14, iv) in $G \smallsetminus \{z\}$ komplex differenzierbar. Nach Satz 34 ist die Differentialform $g(\zeta) d\zeta$ dann lokal integrabel in $G \smallsetminus \{z\}$. Damit sind für $g(\zeta) d\zeta$ in G die Voraussetzungen des Satzes 31 erfüllt. Also ist $g(\zeta) d\zeta$ dort lokal integrabel, und da W nullhomotop in G ist, ergibt sich mit dem Korollar zu Satz 29:

$$\int_W g(\zeta) d\zeta = 0.$$

Setzt man die Definition von g ein, so erhält man wegen $z \notin |W|$:

$$\int_W \frac{f(\zeta) - f(z)}{\zeta - z} d\zeta = 0,$$

und damit

$$\frac{1}{2\pi i} \int_W \frac{f(\zeta)}{\zeta - z} d\zeta = f(z) \frac{1}{2\pi i} \int_W \frac{d\zeta}{\zeta - z} = I(W, z) \cdot f(z). \quad \square$$

Bemerkungen. a) Unter den Voraussetzungen dieses Satzes an W und G gilt gemäß der Folgerung zu Satz 36 für $z \notin G$ die Beziehung $I(W, z) = 0$. Setzt man für diese $z : I(W, z) \cdot f(z) := 0$, so bleibt (32) auch dafür gültig, denn in diesem Fall ist die Differentialform $\dfrac{f(\zeta)}{\zeta - z} d\zeta$ in ganz G lokal integrabel, und deshalb ist das Integral über sie längs W gleich Null.

b) Wie schon unter a) bemerkt wurde, liegt unter den Voraussetzungen des Satzes $I(W)$ in G. Für alle $z \in I(W)$ hat man also

$$f(z) = \frac{1}{I(W, z) \cdot 2\pi i} \int_W \frac{f(\zeta)}{\zeta - z} d\zeta, \tag{33}$$

d.h., f kann in $I(W)$ aus den Werten von f auf $|W|$ berechnet werden. Insbesondere folgt für zwei in G komplex differenzierbare Funktionen f_1, f_2 aus der Gleichheit $f_1 | |W| = f_2 | |W|$ auf $|W|$ auch die Gleichung

$$f_1 | I(W) = f_2 | I(W).$$

Dieser „Identitätssatz" wird später wesentlich verschärft werden.

c) Ein besonderer Vorteil der Darstellung (33) von f in $I(W)$ liegt darin, daß mit ihrer Hilfe die Untersuchung von f häufig auf die Untersuchung der Funktion

$$c(\zeta, z) := \frac{1}{\zeta - z} \quad \zeta \in |W|, z \in I(W)$$

zurückgeführt werden kann. Diese Funktion oder bisweilen auch die zugehörige Differentialform $c(\zeta, z)d\zeta$, die weder von G noch von W abhängt, wird als „*Cauchy-Kern*" bezeichnet. Sie ist insbesondere für alle festen $\zeta \in \mathbb{C}$ als Funktion von $z \in \mathbb{C} \setminus \{\zeta\}$ beliebig oft komplex differenzierbar; und zwar gilt für die *n*-te Ableitung von $c(\zeta, z)$ nach z, wie man leicht nachrechnet:

$$\frac{d^n}{dz^n}\left(\frac{1}{\zeta - z}\right) = \frac{n!}{(\zeta - z)^{n+1}}, \quad \zeta \neq z. \tag{34}$$

Diese Eigenschaft überträgt sich mit Hilfe von (33) folgendermaßen auf f:

Satz 40 (Cauchysche Integralformeln für die Ableitungen). *Die Voraussetzungen des Satzes 39 seien erfüllt. Dann ist die Funktion f in $I(W)$ beliebig oft komplex differenzierbar, und es gilt für die n-te Ableitung $f^{(n)}$ von f in $I(W)$:*

$$I(W, z) \cdot f^{(n)}(z) = \frac{n!}{2\pi i} \int_W \frac{f(\zeta)}{(\zeta - z)^{n+1}} d\zeta. \tag{35}$$

Aus diesem Satz folgt sofort das folgende in § 2.2 bereits angekündigte Ergebnis:

Korollar. *Die Funktion f sei in der offenen Menge $U \subset \mathbb{C}$ komplex differenzierbar, d.h., $f \in D_1(U)$. Dann ist f in U sogar beliebig oft komplex differenzierbar. Es gilt also:*

$$D_1(U) = D_2(U) = \cdots = D_\infty(U).$$

Es wird deshalb von jetzt an $D(U)$ statt $D_1(U)$ geschrieben.

Zum Beweis des Korollars braucht man lediglich um einen beliebigen Punkt $z \in U$ einen abgeschlossenen Kreis $Z'_r(z) \subset U$ zu wählen und auf $\partial Z_r(z)$ und $z \in I(\partial Z_r(z)) = Z_r(z)$ Satz 40 anzuwenden.

Beweis von Satz 40. Da die Voraussetzungen des Satzes 39 erfüllt sind, hat man lt. (33) für $z \in I(W)$

$$f(z) = \frac{1}{I(W, z) \cdot 2\pi i} \int_W \frac{f(\zeta)}{(\zeta - z)} d\zeta.$$

Setzt man wie üblich $0! = 1$ und bezeichnet als 0-te Ableitung $f^{(0)}$ von f die Funktion f selber, so ist dies gerade der Fall $n = 0$ der Gleichung (35) und kann als Induktionsanfang benutzt werden.

§ 7. Cauchysche Integralformel

Wir nehmen nun an, es sei für ein $n \in \mathbb{N}_0$ gezeigt, daß f in $I(W)$ n-mal komplex differenzierbar ist und daß dort gilt:

$$f^{(n)}(z) = \frac{n!}{I(W,z) \cdot 2\pi i} \int_W \frac{f(\zeta)}{(\zeta-z)^{n+1}} d\zeta.$$

Um zu zeigen, daß $f^{(n)}$ in $I(W)$ wiederum komplex differenzierbar ist, beachten wir zunächst, daß $I(W,z)$ in einer geeigneten Umgebung eines beliebigen Punktes $z \in I(W)$ konstant ist (Satz 37). Die komplexe Differenzierbarkeit des Integrals als Funktion von $z \in I(W)$ ergibt sich mit Satz 21,ii) folgendermaßen: es sei $z_0 \in I(W)$ fest gewählt und $Z'_r(z_0) \subset I(W)$. Dann erhält man für die Wirtinger-Ableitungen des Integranden (für die Satz 21 selbstverständlich genauso gilt):

$$\frac{\partial}{\partial z}\left(\frac{f(\zeta)}{(\zeta-z)^{n+1}}\right) = \frac{(n+1)f(\zeta)}{(\zeta-z)^{n+2}}, \quad \frac{\partial}{\partial \bar z}\left(\frac{f(\zeta)}{(\zeta-z)^{n+1}}\right) = 0,$$

$$\zeta \in G \setminus Z'_r(z_0),\ z \in Z'_r(z_0).$$

Beide Ableitungen sind für $\zeta \in G \setminus Z'_r(z_0)$ und $z \in Z'_r(z_0)$ stetig; deshalb dürfen Integration und Differentiation vertauscht werden. Zusammen erhält man

$$\frac{\partial f^{(n)}}{\partial z}(z_0) = \frac{(n+1)!}{I(W,z_0) \cdot 2\pi i} \int_W \frac{f(\zeta)}{(\zeta-z_0)^{n+2}} d\zeta \quad \text{und} \quad \frac{\partial f^{(n)}}{\partial \bar z}(z_0) = 0.$$

Da dies für alle $z_0 \in I(W)$ gilt, ist $f^{(n)}$ in $I(W)$ komplex differenzierbar, und es gilt dort (35). Damit ist Satz 40 bewiesen. □

Bemerkungen. a) Die obigen Überlegungen über die komplexe Differenzierbarkeit des Integranden in (35) gelten allgemein für $z_0 \in \mathbb{C} \setminus |W|$. Da man andererseits aus dem Korollar weiß, daß $D_1(G) = D_\infty(G) = D(G)$ ist, kann man unter den Voraussetzungen des Satzes 39 Gleichung (33) für $z \in G \setminus |W|$ n-mal komplex differenzieren und erhält dort die Beziehung (35) in der Form

$$I(W,z) \cdot f^{(n)}(z) = \frac{n!}{2\pi i} \int_W \frac{f(\zeta)}{(\zeta-z)^{n+1}} d\zeta. \tag{36}$$

Setzt man außerdem wieder $I(W,z) \cdot f^{(n)}(z) = 0$ für $z \in \mathbb{C} \setminus G$, so bleibt (35) auch für diese z gültig.

b) Die Aussage des Korollars gilt für komplexe Differenzierbarkeit, für reelle Differenzierbarkeit ist sie dagegen ungültig. Ist nämlich $V \subset \mathbb{R}$ eine offene Menge und bezeichnet für $n \in \mathbb{N}$ $D_n^{\mathbb{R}}(V)$ den Raum der n-mal reell differenzierbaren $\mathbb{R}$-wertigen Funktionen auf V, so ist für jedes $n \in \mathbb{N}$

$$D_n^{\mathbb{R}}(V) \supsetneq D_{n+1}^{\mathbb{R}}(V).$$

Man braucht lediglich eine stetige, aber nicht differenzierbare Funktion auf V zu wählen und n-mal unbestimmt zu integrieren. Dann liegt das Ergebnis zwar in $D_n^{\mathbb{R}}(V)$, aber nicht in $D_{n+1}^{\mathbb{R}}(V)$. (Warum sich diese Konstruktion für komplexe Differenzierbarkeit nicht analog durchführen läßt, zeigt der Satz von Morera in 2.)

c) In § 5.1 wurde der Cauchysche Integralsatz aus der Greenschen Formel hergeleitet. Es mußte dazu zusätzlich vorausgesetzt werden, daß die Funktion f in der betrachteten Differentialform $\omega = f\,dz$ stetig komplex differenzierbar und nicht nur komplex differenzierbar ist. Das oben bewiesene Korollar zeigt insbesondere, daß dies keine echte Zusatzvoraussetzung ist. Jedoch wurde zu seiner Begründung die Cauchysche Integralformel und damit auch der scharfe Cauchysche Integralsatz (Satz 34) benutzt. Wollte man also die gesamte Theorie der §§ 5–7 auf die Greensche Formel stützen, so brauchte man zunächst einen direkten Beweis für die Tatsache, daß jede in einer offenen Menge $U \subset \mathbb{C}$ komplex differenzierbare Funktion dort auch stetig differenzierbar ist. Ein solcher Beweis scheint bisher nicht bekannt zu sein.

d) Unter der Zusatzvoraussetzung der stetigen Differenzierbarkeit ergab sich der Cauchysche Integralsatz als Spezialfall einer allgemeinen Integrabilitätsbedingung für Formen aus $\mathscr{D}_C(U)$ (Satz 33). Es ist deshalb nicht verwunderlich, daß auch die Cauchysche Integralformel unter gewissen Zusatzbedingungen an den Weg W als Spezialfall einer Integralformel für stetig differenzierbare Differentialformen gewonnen werden kann. Die Herleitung dieser allgemeineren Formel aus dem Stokesschen Satz soll hier kurz skizziert werden. Der interessierte Leser findet alle dazu benötigten Hilfsmittel in [7] und [8]. Bekanntlich heißt ein stückweise stetig differenzierbarer Weg W *einfach geschlossen*, wenn er geschlossen ist und eine Parametrisierung $\varphi : [a, b] \to \mathbb{C}$ besitzt, die auf (a, b) injektiv ist. Wir zeigen:

Satz. *Es sei W ein stückweise stetig differenzierbarer, einfach geschlossener Weg, der in einem Gebiet G nullhomotop sei: Dann gilt für alle Funktionen $f \in C^1(G)$ und alle $z \in I(W)$*

$$f(z) = \frac{1}{2\pi i} \int_W \frac{f(\zeta)}{\zeta - z} d\zeta + \frac{1}{2\pi i} \iint_{I(W)} \frac{\frac{\partial f}{\partial \bar{\zeta}}(\zeta)}{\zeta - z} d\zeta \wedge d\bar{\zeta}.$$

Beweis (Skizze). Man wähle $z \in I(W)$ fest und dazu $Z'_r(z) \subset I(W)$. Ferner setze man für den Augenblick $\omega := \dfrac{f(\zeta)}{\zeta - z} d\zeta$ für $\zeta \in G \setminus \{z\}$. Dann ist

$$d\omega = -\frac{\frac{\partial f}{\partial \bar{\zeta}}}{\zeta - z} d\zeta \wedge d\bar{\zeta}$$

und auf Grund des Stokesschen Satzes gilt

$$\iint_{I(W) \setminus Z'_r(z)} d\omega = \int_W \omega - \int_{\partial Z_r(z)} \omega. \tag{37}$$

Da f in z reell differenzierbar ist, gibt es in z stetige Funktionen f_1, f_2, so daß man für alle $\zeta \in G$ hat

$$f(\zeta) = f(z) + (\zeta - z) f_1(\zeta) + (\bar{\zeta} - \bar{z}_0) f_2(\zeta).$$

§ 7. Cauchysche Integralformel

Damit erhält man

$$\int_{\partial Z_r(z)} \omega = f(z) \int_{\partial Z_r(z)} \frac{d\zeta}{\zeta - z} + \int_{\partial Z_r(z)} \left(f_1(\zeta) + \frac{\bar{\zeta} - \bar{z}}{\zeta - z} f_2(\zeta) \right) d\zeta.$$

Wegen der Beschränktheit von f_1 und f_2 in $Z'_r(z)$ geht darin das zweite Integral für $r \to 0$ selber gegen Null, so daß sich ergibt:

$$\lim_{r \to 0} \int_{\partial Z_r(z)} \omega = 2\pi i\, f(z).$$

Beachtet man nun noch, daß $d\omega$ in $I(W)$ integrierbar ist bez. des Lebesguemaßes, so folgt die behauptete Integralformel sofort, indem man in (37) $r \to 0$ streben läßt. □

Ist $f \in D(G)$, so ist $\dfrac{\partial f}{\partial \bar{z}} \equiv 0$ in G, und man erhält unter der an W gestellten Zusatzbedingung unmittelbar die Cauchysche Integralformel.

2. Satz von MORERA. Der Cauchysche Integralsatz (Satz 34) besagt, daß eine Form $\omega = f\, dz \in \mathcal{D}_C(U)$ über einer offenen Menge $U \subset \mathbb{C}$ lokal integrabel ist, wenn die Funktion $f \in D_1(U)$ ist. Hier kann nun die Umkehrung dieses Satzes gezeigt werden:

Satz 41. (Satz von Morera). *Ist die Differentialform $\omega \in \mathcal{D}_C(U)$ der Gestalt $\omega = f\, dz$ über der offenen Menge $U \subset \mathbb{C}$ lokal integrabel, so ist die Funktion f dort komplex differenzierbar.*

Beweis. Sei $z_0 \in U$ beliebig. Wegen der lokalen Integrabilität von $\omega = f\, dz$ in U gibt es eine offene Umgebung $V \subset U$ von z_0 und in V eine Stammfunktion $F \in C^1(V)$ von ω. Laut Satz 25 und dessen Korollar 1 hat man sogar $F \in D(V)$ und $F' = f$ in V. Da nun F nach dem Korollar zu Satz 40 sogar zweimal komplex differenzierbar ist, folgt $f|V \in D(V)$. Also ist $f \in D(U)$. □

Zusammen mit dem Cauchyschen Integralsatz hat man damit über U einen kanonischen Isomorphismus zwischen dem Raum der lokal-integrablen Differentialformen der Gestalt $\omega = f\, dz$ über U und $D(U)$, der jedem $\omega = f\, dz$ die Funktion f zuordnet.

3. Riemannscher Hebbarkeitssatz. Der in § 3 bewiesene Fortsetzungssatz für lokal-integrable Differentialformen (Satz 31) läßt sich nun folgendermaßen auf komplex differenzierbare Funktionen übertragen:

Satz 42. *Sei Δ eine Gerade in der komplexen Ebene und f eine in der offenen Menge $U \subset \mathbb{C}$ stetige, in $U \setminus \Delta$ komplex differenzierbare Funktion. Dann ist f in ganz U komplex differenzierbar.*

Beweis. Die Gerade Δ ist von der Form

$$\Delta = \{ z \in \mathbb{C} : z = z_0 + t\zeta,\, t \in \mathbb{R} \}.$$

Dabei sind $z_0, \zeta \in \mathbb{C}$ fest und man kann annehmen, daß $|\zeta|=1$, also $\zeta = e^{i\varphi}$ mit einem geeigneten $\varphi \in \mathbb{R}$. Dann geht unter der Abbildung $z \to \omega := e^{-i\varphi} \cdot z$ (Drehung um den Winkel $-\varphi$ mit Fixpunkt 0) die Gerade $\varDelta$ in eine zur reellen Achse parallele Gerade $\tilde{\varDelta}$ über. Ferner wird U auf die offene Menge $\tilde{U}$ abgebildet und durch

$$\tilde{f}(w) := f(e^{i\varphi} \cdot w) \quad \text{für} \quad w \in \tilde{U}$$

ist eine in $\tilde{U}$ stetige, in $\tilde{U} \smallsetminus \tilde{\varDelta}$ komplex differenzierbare Funktion definiert. Nach dem Cauchyschen Integralsatz ist also die Form $\tilde{f} \, dw$ in $\tilde{U} \smallsetminus \tilde{\varDelta}$ lokalintegrabel. Also ist $\tilde{f} \, dw$ lt. Satz 31 in ganz $\tilde{U}$ lokal-integrabel, was nach dem Satz von Morera (Satz 41) bedeutet, daß $\tilde{f}$ in $\tilde{U}$ komplex differenzierbar ist. Damit ist aber auch $f(z) = \tilde{f}(e^{-i\varphi} \cdot z)$ in U komplex differenzierbar. □

In diesem Satz ist die „Ausnahmemenge" der Durchschnitt von U mit einer Geraden, und man muß die Stetigkeit der Funktion auf der Ausnahmemenge fordern. „Verkleinert" man nun die Ausnahmemenge weiter, so erreicht man schon bei einer schwächeren Voraussetzung an die untersuchte Funktion deren komplex differenzierbare Fortsetzbarkeit. Zur Vereinfachung der Sprechweise definieren wir zunächst:

Def. 28. *Es sei $U \subset \mathbb{C}$ offen und $z_0 \in U$. Ist f eine Funktion aus $D(U \smallsetminus \{z_0\})$, so heißt z_0 (isolierte) Singularität von f. Gibt es in dieser Situation eine Funktion $\tilde{f} \in D(U)$ mit $\tilde{f} | U \smallsetminus \{z_0\} = f$, nennt man z_0 eine hebbare Singularität von f, und f heißt in z_0 hinein komplex differenzierbar fortsetzbar.*

Die hebbaren Singularitäten lassen sich folgendermaßen charakterisieren:

Satz 43 (Riemannscher Hebbarkeitssatz). *Es sei $U \subset \mathbb{C}$ offen, $z_0 \in U$ und $f \in D(U \smallsetminus \{z_0\})$. Der Punkt z_0 ist genau dann eine hebbare Singularität von f, wenn f in einer Umgebung von z_0 beschränkt ist, d.h., wenn es eine Umgebung $V \subset U$ von z_0 und ein $M \in \mathbb{R}$ gibt, so daß gilt: $|f(z)| \leq M$ für alle $z \in V \smallsetminus \{z_0\}$.*

Beweis. Man betrachte die folgende Funktion g auf U:

$$g(z) := \begin{cases} (z - z_0) \cdot f(z) & \text{für} \quad z \in U \smallsetminus \{z_0\} \\ 0 & \text{für} \quad z = z_0. \end{cases}$$

Sie ist in $U \smallsetminus \{z_0\}$ komplex differenzierbar und wegen der Beschränktheit von f im Punkte z_0, wie man leicht zeigt, in z_0 noch stetig. Also ist sie dort sogar komplex differenzierbar (nach Satz 42), und damit in der folgenden Form darstellbar:

$$g(z) = (z - z_0) \cdot \tilde{f}(z) \quad \text{für alle} \quad z \in U$$

mit einer in z_0 stetigen Funktion $\tilde{f}$. Nach Definition von g gilt also in $U \smallsetminus \{z_0\}$ die Beziehung $(z - z_0) f(z) = g(z) = (z - z_0) \tilde{f}(z)$, und deshalb auch

$$\tilde{f} | U \smallsetminus \{z_0\} = f.$$

Insbesondere ist $\tilde{f}$ in $U \smallsetminus \{z_0\}$ komplex differenzierbar. Die nochmalige Anwendung von Satz 42 liefert die komplexe Differenzierbarkeit von $\tilde{f}$ im Punkte z_0, so daß $\tilde{f}$ die gesuchte komplex differenzierbare Fortsetzung von f in z_0 hinein ist. □

§ 8. Die logarithmische Ableitung

Es sollen einige Homomorphismen zwischen gewissen Räumen komplex differenzierbarer Funktionen studiert werden. Dabei wird zugleich eine Verallgemeinerung der Betrachtungen des Paragraphen 6 gegeben werden.

1. Definitionen. Zunächst werden die benötigten Funktionenräume eingeführt. Dazu sei $U \subset \mathbb{C}$ eine offene Menge. Mit $D(U)$ wurde die Familie der *komplex differenzierbaren Funktionen* auf U bezeichnet. Sie trägt in natürlicher Weise die Struktur einer $\mathbb{C}$-Algebra. Hier soll $D(U)$ jedoch vorwiegend als $\mathbb{C}$-Vektorraum angesehen werden.

In $D(U)$ liegt

$$D^*(U) := \{f \in D(U) : f(z) \neq 0 \quad \text{für alle} \quad z \in U\}.$$

$D^*(U)$ besteht offenbar genau aus allen „Einheiten" in der Algebra $D(U)$, d.h., aus allen Funktionen aus $D(U)$, zu denen es in $D(U)$ ein Inverses bezüglich der Multiplikation gibt $\left(\text{nämlich } \dfrac{1}{f}\right)$. $D^*(U)$ ist bezüglich der Multiplikation eine Gruppe. In $D^*(U)$ liegt als Untergruppe $\mathbb{C}^* := \mathbb{C} \smallsetminus \{0\}$.

Ein wichtiger $\mathbb{C}$-Untervektorraum von $D(U)$ ist

$$\tilde{D}(U) := \{f \in D(U) : \omega := f dz \in \mathscr{D}_c(U) \text{ ist integrabel in } U\}.$$

Wenn $U = G$ ein einfach-zusammenhängendes Gebiet ist, hat man (lt. Satz 34 und Satz 30):

$$\tilde{D}(G) = D(G).$$

2. Homomorphismen. a) In Satz 14 und dem Korollar zu Satz 40 wurde gezeigt, daß die (komplexe) Ableitung einen $\mathbb{C}$-Vektorraum-Homomorphismus von $D(U)$ in $D(U)$ definiert; er sei mit ∂ bezeichnet:

$$\partial : D(U) \to D(U)$$
$$f \to \partial(f) = f'.$$

Aus der Definition der Stammfunktion folgt, daß

$$\text{Im}\,\partial = \tilde{D}(U).$$

Ist ferner $U = G$ ein Gebiet, so weiß man aus Korollar 2 zu Satz 25, daß

$$\text{Ker}\,\partial = \mathbb{C}.$$

b) Als *logarithmische Ableitung* bezeichnet man die folgende Abbildung λ von $D^*(U)$ in $D(U)$:

$$\lambda: D^*(U) \to D(U)$$

$$f \to \lambda(f) := \frac{f'}{f}.$$

Für $f_1, f_2 \in D^*(U)$ ergibt sich

$$\lambda(f_1 \cdot f_2) = \frac{(f_1 f_2)'}{f_1 f_2} = \frac{f_1' f_2 + f_1 f_2'}{f_1 f_2} = \frac{f_1'}{f_1} + \frac{f_2'}{f_2} = \lambda(f_1) + \lambda(f_2).$$

Die Abbildung λ ist also ein Homomorphismus der multiplikativen Gruppe $D^*(U)$ in die additive Gruppe $D(U)$. Wenn $U = G$ ein Gebiet ist, ist offenbar $\text{Ker}\,\lambda = \mathbb{C}^*$. Über das Bild lassen sich an dieser Stelle keine Aussagen machen.

c) Ein häufig gebrauchter Homomorphismus der additiven Gruppe $D(U)$ in die multiplikative Gruppe $D^*(U)$ ist gegeben durch

$$\exp: D(U) \to D^*(U)$$

$$f \to \exp f.$$

Das Additionstheorem der Exponentialfunktion besagt für $f_1, f_2 \in D(U)$ ja gerade

$$\exp(f_1 + f_2) = \exp f_1 \cdot \exp f_2.$$

Außerdem ist $\exp f(z) \neq 0$ für alle $z \in U$.

Gilt für $f \in D(U)$ die Beziehung $\exp(f) = 1$, so gibt es eine ganzzahlige Funktion $n(z)$ in U, so daß man hat

$$f(z) = 2\pi i \cdot n(z).$$

Also ist $n(z)$ stetig und damit lokal-konstant in U. Ist $U = G$ ein Gebiet, so folgt, daß $n(z)$ und damit auch $f(z)$ in G konstant sind:

$$f(z) \equiv 2\pi i \cdot n.$$

In diesem Fall gilt also

$$\text{Ker}\,\exp = \{f = 2\pi i \cdot n, n \in \mathbb{Z}\}.$$

d) i) Es sei $U = G$ ein Gebiet. Ist die Differentialform $\omega = f d\zeta$ integrabel und ist $z_0 \in G$ fest gewählt, so ist durch

$$F(z) := \int_{z_0}^{z} f d\zeta$$

§ 8. Die logarithmische Ableitung 67

eine Stammfunktion F von $fd\zeta$ in G definiert. Dabei werde das Integral über irgendeinen stückweise stetig differenzierbaren Weg mit Anfangspunkt z_0 und Endpunkt z genommen (Satz 26). Es ist $F \in D(G)$ und $F(z_0) = 0$, ferner gilt $F' = f$. Man erhält auf diese Weise einen $\mathbb{C}$-Vektorraum-Homomorphismus

$$\sigma : \tilde{D}(G) \to D(G)$$

$$f \to \sigma(f) = \int_{z_0}^{z} f d\zeta,$$

der offenbar injektiv ist. Das Bild unter σ ist genau die Menge

$$\text{Im } \sigma = \{F \in D(G), F(z_0) = 0\}.$$

Denn ist F eine solche Funktion, so ist $f := F' \in \tilde{D}(G)$ und lt. Satz 25 hat man

$$F(z) = F(z) - F(z_0) = \int_{z_0}^{z} f d\zeta.$$

Ist das Gebiet G einfach-zusammenhängend, so ist σ auf ganz $D(G)$ erklärt.

ii) Eine Möglichkeit, σ auf ganz $D(G)$ auszudehnen, auch wenn G nicht einfach-zusammenhängend ist, ist die Folgende: man ordne jedem $z \in G$ einen stückweise stetig differenzierbaren Weg W_z in G von z_0 nach z zu und setze damit für $f \in D(G)$ und $z \in G$

$$\sigma(f)(z) = F(z) = \int_{W_z} f d\zeta.$$

Dann ist σ offenbar auf ganz $D(G)$ $\mathbb{C}$-linear und auf $\tilde{D}(G)$ stimmt es mit der in d)i) definierten Abbildung überein. Jedoch kann man über das Bild der $f \in D(G) \setminus \tilde{D}(G)$ wenig sagen. Es ist z.B. nicht möglich, die Wege W_z so zu wählen, daß $\sigma(f)$ in G stetig ist für $f \in D(G) \setminus \tilde{D}(G)$. Insbesondere ist $\sigma(f)$ für diese f keine Stammfunktion von f.

3. Verknüpfung der Homomorphismen. Es sollen einige Beziehungen zwischen den definierten Homomorphismen untersucht werden. Es sei dazu $G \subset \mathbb{C}$ ein Gebiet, $z_0 \in G$ fest gewählt und für $z \in G$ sei wieder W_z ein stückweise stetig differenzierbarer Weg in G von z_0 nach z. Bekannt sind schon die folgenden beiden Aussagen (Sätze 25 und 26):

a) $\partial \circ \sigma = \text{id} : \tilde{D}(G) \to \tilde{D}(G)$,
b) Für $f \in D(G)$ gilt

$$\sigma \circ \partial(f) = \sigma(f') = \int_{z_0}^{z} f' d\zeta = f - f(z_0),$$

d.h., auf $\{f \in D(G) : f(z_0) = 0\} \subset D(G)$ ist $\sigma \circ \partial$ ebenfalls die Identität, was bedeutet, daß auf dieser Teilmenge σ und ∂ zueinander invers sind.

c) Sei $f \in D(G)$; man berechnet

$$\lambda(\exp f) = \frac{(\exp f)'}{\exp f} = \frac{f' \cdot \exp f}{\exp f} = f' = \partial(f).$$

Das bedeutet, daß

$$\lambda \circ \exp = \partial : D(G) \to D(G).$$

d) Die letzte Beziehung zwischen den definierten Homomorphismen, die hier betrachtet werden soll, ergibt sich aus dem folgenden

Satz 44. *Es sei W ein stückweise stetig differenzierbarer Weg im Gebiet G mit Anfangspunkt z_A und Endpunkt z_E. Dann gilt für jede Funktion $f \in D^*(G)$:*

$$\exp\left(\int_W \frac{f'}{f} d\zeta\right) = \frac{f(z_E)}{f(z_A)}.$$

Ist W insbesondere geschlossen, so ergibt sich

$$\int_W \frac{f'}{f} d\zeta = 2\pi i \cdot n$$

mit $n \in \mathbb{Z}$.

Beweis. Dieser Satz ist eine Verallgemeinerung des Satzes über die Ganzzahligkeit des Index (Satz 35) und hätte in §6 sofort mitbewiesen werden können, wenn dort bereits bekannt gewesen wäre, daß mit f auch f' komplex differenzierbar ist. Da der Beweis völlig analog zum Beweis von Satz 35 verläuft, braucht er nur skizziert zu werden.

Ist F in der zusammenhängenden offenen Menge $U \subset G$ eine Stammfunktion der in G lokal integrierbaren Differentialform $\omega = \dfrac{f'}{f} dz$ und ist $z_1 \in U$ fest gewählt, so setze man für $z \in U$:

$$g(z) := \frac{\exp(F(z) - F(z_1))}{f(z)}.$$

Dann ist $g \in D^*(U)$, und man erhält

$$g'(z) = \frac{\exp(F(z) - F(z_1)) \dfrac{f'(z)}{f(z)} \cdot f(z) - f'(z) \exp(F(z) - F(z_1))}{(f(z))^2} = 0.$$

Wegen des Zusammenhangs von U bedeutet das:

$$g(z) = \frac{\exp(F(z) - F(z_1))}{f(z)} \equiv c = \frac{1}{f(z_1)},$$

§ 8. Die logarithmische Ableitung

und also
$$\exp(F(z) - F(z_1)) = \frac{f(z)}{f(z_1)}.$$

Ist nun $\varphi: [0, 1] \to G$ eine Parametrisierung des Weges W, so wählen wir eine Unterteilung
$$0 = t_0 < t_1 < \cdots < t_n = 1,$$
so daß $\varphi([t_{i-1}, t_i])$ für $i = 1, \ldots, n$ in einer zusammenhängenden Menge $U_i \subset G$ enthalten ist, in der $\omega = \frac{f'}{f} dz$ eine Stammfunktion F_i besitzt. Man erhält dann

$$\exp\left(\int_W \frac{f'}{f} d\zeta\right) = \prod_{i=1}^n \exp[F_i(\varphi(t_i)) - F_i(\varphi(t_{i-1}))]$$
$$= \prod_{i=1}^n \frac{f(\varphi(t_i))}{f(\varphi(t_{i-1}))} = \frac{f(z_E)}{f(z_A)}. \quad \Box$$

Auf die hier untersuchten Homomorphismen angewendet, ergibt dieser Satz
$$\exp \circ \sigma \circ \lambda : D^*(G) \to D^*(G)$$
$$f \to \frac{f}{f(z_0)}$$

d.h., auf der Menge $\{f \in D^*(G) : f(z_0) = 1\}$ ist $\exp \circ \sigma \circ \lambda$ die Identität. Dabei ist für σ der in 2.d)ii) definierte, auf $D(G)$ fortgesetzte Homomorphismus zu nehmen, so daß $\sigma \circ \lambda(D^*(G))$ gar nicht in $D(G)$ zu liegen braucht. Das dahinter geschaltete exp bedeutet dann einfach den punktweisen Übergang zum Exponentialwert. Dadurch fallen alle in den Bildern von $\sigma \circ \lambda$ eventuell aufgetretenen Unstetigkeiten wieder weg, und die Abhängigkeit von der speziellen Wahl der Wege W_z (s. 2.d)ii)) entfällt ebenfalls.

4. Der Logarithmus. Zum Abschluß dieses Paragraphen soll noch eine Übertragung der Logarithmusfunktion ins Komplexe studiert werden. Als Beispiel wurde in § 6 gezeigt, daß $I(\partial Z_r(0), 0) = 1$ ist. Das bedeutet insbesondere, daß die in $\mathbb{C} \setminus \{0\}$ definierte Form $\omega := \frac{d\zeta}{\zeta}$ dort zwar lokal integrabel (Satz 34), nicht aber integrabel ist. Schränkt man ω dagegen auf
$$G_1 := \mathbb{C} \setminus \{z = x + iy : x \leq 0, y = 0\}$$
ein, so besitzt es dort lt. Satz 30 eine globale Stammfunktion, da G_1 offenbar einfach zusammenhängend ist. Und lt. Satz 26 ist
$$\log z := \int_1^z \frac{d\zeta}{\zeta}, \quad z \in G_1$$

eine solche Stammfunktion, wenn man längs irgendeines stückweise stetig differenzierbaren Weges W_z in G_1 mit Anfangspunkt 1 und Endpunkt z integriert. Man nennt diese auf G_1 definierte Funktion den *komplexen Logarithmus*. Eine Rechtfertigung für diese Bezeichnung ergibt sich aus den folgenden Eigenschaften.

i) In G_1 kann man in eindeutiger Weise Polarkoordinaten r, φ einführen, indem man setzt:

$$z = r\,e^{i\varphi} = r(\cos\varphi + i\sin\varphi)$$

mit $-\pi < \varphi < \pi$. Dann gilt

$$\log(r\,e^{i\varphi}) = \log r + i\varphi\,.$$

Dabei ist $\log r$ der reelle Logarithmus von $r > 0$. Insbesondere stimmt der komplexe Logarithmus auf $\mathbb{R}$ mit dem reellen Logarithmus überein.

Beweis. Zu $z = r\,e^{i\varphi}$ wähle man als W_z den Weg, der aus der Strecke W_r von 1 nach r und dem Kreisbogen W_φ^r von r nach $r\,e^{i\varphi}$ besteht. Dann erhält man

$$\log(r\,e^{i\varphi}) = \int_{W_z} \frac{d\zeta}{\zeta} = \int_{W_r} \frac{d\zeta}{\zeta} + \int_{W_\varphi^r} \frac{d\zeta}{\zeta} = \int_1^r \frac{dx}{x} + i\int_0^\varphi d\psi$$

$$= \log r + i\varphi\,. \quad \square$$

ii) Für alle $z \in G_1$ gilt

$$\exp\log z = z\,.$$

Beweis. Diese Beziehung ist eine unmittelbare Konsequenz aus Satz 44, wenn man darin $f \equiv z$ und $z_A = 1$ einsetzt. Es ist eben gerade

$$\exp\log z = \exp \circ\, \sigma \circ \lambda(z)$$

mit σ bezüglich $z_0 = 1$ gebildet. $\square$

iii) Es soll noch der Ausdruck $\log\exp z$ untersucht werden. Er ist genau für die $z \in \mathbb{C}$ definiert, für die $\exp z \in G_1$ ist. Man überlegt sich leicht daß das genau dann der Fall ist, wenn

$$z \in G_2 := \mathbb{C} \setminus \{z = x + iy : y = (2n+1)\pi \text{ mit } n \in \mathbb{Z}\}\,.$$

Man beachte, daß G_2 kein Gebiet ist. Vielmehr sind die Zusammenhangskomponenten von G_2 gerade die Gebiete

$$G_2^{(n)} := \{z = x + iy : (2n-1)\pi < y < (2n+1)\pi\}$$

für $n \in \mathbb{Z}$. Wir zeigen nun:

$$\log\exp z = z - 2\pi i n$$

für $z \in G_2^{(n)}$ und $n \in \mathbb{Z}$.

§ 8. Die logarithmische Ableitung

Beweis. Sei $n \in \mathbb{Z}$ fest gewählt. In $G_2^{(n)}$ gilt

$$\frac{d}{dz}((\log \exp z) - z) = \frac{\exp z}{\exp z} - 1 = 0.$$

Laut Satz 25, Korollar 2 gibt es also ein $c_n \in \mathbb{C}$ mit

$$(\log \exp z) - z = c_n \quad \text{für alle} \quad z \in G_2^{(n)}.$$

Indem man darin $z_n := 2\pi i n \in G_2^{(n)}$ setzt, erhält man

$$c_n = (\log \exp 2\pi i n) - 2\pi i n = -2\pi i n. \quad \square$$

Bemerkung. Ist $f: G \to G_1$ irgendeine komplex differenzierbare Funktion in einem Gebiet $G \subset \mathbb{C}$ mit Werten in G_1, so gilt in G

$$\frac{d}{dz}(\log f(z)) = \frac{f'}{f}(z) = \lambda(f)(z).$$

Dies rechtfertigt die Bezeichnung „logarithmische Ableitung" für die Abbildung λ.

II. Holomorphe Funktionen (Weierstraßscher Standpunkt)

Dieses Kapitel stellt – abgesehen von den Überlegungen im §4.6 – insofern einen Neuanfang dar, als keines der Ergebnisse des Kap. I benutzt wird. Während dort eine Funktionentheorie auf dem Differenzierbarkeitsbegriff unter Zuhilfenahme von Kurvenintegralen begründet wurde, bilden hier allein konvergente Potenzreihen den Ausgangspunkt. – Im §4.6 wird jedoch gezeigt werden, daß über dem Körper $\mathbb{C}$, der im Kap. I immer zugrunde gelegt war, die dort untersuchte Funktionenklasse identisch mit der hier behandelten ist. *Beide Ansätze zusammen bilden die Grundlage der klassischen Funktionentheorie.*

Man kann sich fragen, ob und inwieweit diese Funktionentheorie an den Körper $\mathbb{C}$ der komplexen Zahlen gebunden ist. Eine erste Antwort auf diese Frage wurde im Kap. I, §1.5 gegeben, indem gezeigt wurde, daß abgesehen von $\mathbb{R}$ selber und bis auf Isomorphie $\mathbb{C}$ die einzige endlich-dimensionale $\mathbb{R}$-Divisionsalgebra ist. Nun würde zwar eine genauere Prüfung der Überlegungen des Kap. I zeigen, daß gewisse Teile nicht nur über einer $\mathbb{R}$-Divisionsalgebra mit Dimension 2 möglich und sinnvoll sind, sondern z.B. über dem $\mathbb{R}^n$ mit beliebigem n. Der gesamte Umfang der dort entwickelten Theorie kann jedoch nur über dem Körper $\mathbb{C}$ bewiesen werden.

Während im Kap. I dieser Gesichtspunkt der Allgemeingültigkeit im Einzelfall nicht berücksichtigt wurde, werden wir in diesem Kapitel sorgfältig auf die Voraussetzungen achten, die jeweils an den zugrundegelegten Körper gestellt werden müssen.

§ 1. Bewertete Körper

Konvergente Potenzreihen als Mittel zur Erzeugung von Funktionen zu verwenden – und das bedeutet „*Weierstraßscher Standpunkt*" –, ist über vollständig bewerteten Körpern sinnvoll möglich. Dieser Paragraph soll deshalb dazu dienen, mit Begriff und elementaren Eigenschaften solcher Körper vertraut zu machen.

1. Bewertungen. Wie bereits im §I, 1.2 bemerkt wurde, definiert man:

Def. 1. *Sei k ein beliebiger Körper. Eine Abbildung $|\ |: k \to \mathbb{R}$ von k in die reellen Zahlen heißt Bewertung des Körpers k, falls sie die folgenden Eigenschaften besitzt:*

§ 1. Bewertete Körper

i) $|x| \geq 0$ *für alle* $x \in k$. *Es gilt* $|x| = 0$ *genau dann, wenn* $x = 0$.
ii) $|x \cdot y| = |x| \cdot |y|$ *für alle* $x, y \in k$.
iii) $|x + y| \leq |x| + |y|$ *für alle* $x, y \in k$ *(Dreiecksungleichung)*.
Die Zahl $|x| \in \mathbb{R}$ *heißt Betrag von* $x \in k$. *Ist auf k eine Bewertung definiert, so heißt k bewertet.*

Die Regeln ii) und iii) übertragen sich durch Induktion auf endliche Produkte bzw. Summen, so daß für alle $x_1, \ldots, x_n \in k$ gilt

$$|x_1 \cdot x_2 \cdot \ldots \cdot x_n| = |x_1| \cdot |x_2| \cdot \ldots \cdot |x_n|;$$
$$|x_1 + x_2 + \cdots + x_n| \leq |x_1| + |x_2| + \cdots + |x_n|.$$

Fragt man nach den Möglichkeiten, einen beliebigen Körper k zu bewerten, so ergibt sich sofort die

Bemerkung. Jeder Körper k besitzt die sog. „triviale Bewertung", die gegeben ist durch:

$$|x| := \begin{cases} 0 & \text{falls } x = 0 \in k \\ 1 & \text{falls } x \neq 0, x \in k. \end{cases}$$

Es gibt aber auch Körper, die keine andere als diese triviale Bewertung zulassen. Das ergibt sich aus

Satz 1. *Ist $|\ |$ eine Bewertung des Körpers k und $\eta \in k$ eine Einheitswurzel (d. h., es gilt $\eta^n = 1$ für ein geeignetes $n \in \mathbb{N}$), so gilt notwendig $|\eta| = 1$. Insbesondere hat man immer $|1| = 1$ und $|-1| = 1$ und deshalb $|-a| = |a|$ für alle $a \in k$.*
Weiterhin gilt für $a \in k^* := k \setminus \{0\}$ und $n \in \mathbb{N}: |a^{-n}| = |a|^{-n}$ (Verallgemeinerung der Produktregel ii)).

Beweis. Die aus Def. 1, Regel ii) folgende Gleichung $|1| = |1 \cdot 1| = |1| \cdot |1|$ für $1 \in k$ liefert wegen $1 \neq 0$ und damit $|1| \neq 0$ sofort $|1| = 1 \in \mathbb{R}$. Sei nun $\eta \in k$ und $\eta^n = 1$ für eine natürliche Zahl n. Dann hat man lt. einer obigen Bemerkung:

$$1 = |1| = |\eta^n| = |\eta|^n.$$

Also ist $|\eta|$ eine nicht-negative n-te Einheitswurzel in $\mathbb{R}$, d.h. $|\eta| = 1$. Speziell gilt dies Ergebnis für die zweite Einheitswurzel $-1 \in k$. Die weiteren Behauptungen folgen sofort mittels der Produktregel. □

Korollar. *Jeder endliche Körper k besitzt nur die triviale Bewertung.*

Beweis. Sei $|\ |: k \to \mathbb{R}$ eine Bewertung auf k. Die multiplikative Gruppe $k^* := k \setminus \{0\}$ habe q Elemente. Dann gilt für jedes Element $x \in k^*$ nach dem Fermatschen Satz der Gruppentheorie $x^q = 1$, d.h., jedes Element aus k^* ist Einheitswurzel in k und hat damit den Betrag 1. □

2. Beispiele nicht-trivial bewerteter Körper. Die bekannte Betragsfunktion (vgl. Def. I, 2) definiert eine Bewertung auf dem Körper $\mathbb{C}$ der komplexen

Zahlen und damit auch auf allen Unterkörpern k von $\mathbb{C}$. Insbesondere sind dadurch der Körper $\mathbb{R}$ der reellen Zahlen und der Körper $\mathbb{Q}$ der rationalen Zahlen in der bekannten Weise bewertet. Diese Bewertung ist auf allen Körpern $k \subset \mathbb{C}$ nicht-trivial, denn es ist immer $2 \in k$ und $|2| = 2 \notin \{1, 0\}$.

Auf dem Körper $\mathbb{Q}$ gibt es noch unendlich viele andere nicht-triviale Bewertungen. Hier folgt zunächst ein Beispiel, das jedoch typisch für alle weiteren Bewertungen ist.

Es sei p eine im folgenden feste Primzahl. Dann läßt sich bekanntlich zu jeder rationalen Zahl $a \in \mathbb{Q}^* = \mathbb{Q} \setminus \{0\}$ eindeutig eine ganze Zahl $v_p(a) \in \mathbb{Z}$ so finden, daß

$$a = p^{v_p(a)} \cdot \frac{n}{m} \tag{1}$$

ist mit nicht-verschwindenden ganzen Zahlen n, m, die beide zu p teilerfremd sind. Die dadurch definierte Abbildung

$$v_p : \mathbb{Q}^* \to \mathbb{Z},$$

die jedem $a \in \mathbb{Q}^*$ den Exponenten $v_p(a)$ zuordnet, besitzt die folgenden Eigenschaften:

Satz 2. *Für alle $a, b \in \mathbb{Q}^*$ gilt*
i) $v(a \cdot b) = v(a) + v(b)$
ii) $v(a + b) \geq \min\{v(a), v(b)\}$, *falls $a + b \neq 0$.*

Beweis. Es seien

$$a = p^{v_p(a)} \cdot \frac{n_1}{m_1} \quad \text{und} \quad b = p^{v_p(b)} \cdot \frac{n_2}{m_2}$$

die Zerlegungen von a und b gemäß (1). Dann ist

$$a \cdot b = p^{v_p(a) + v_p(b)} \frac{n_1 n_2}{m_1 m_2} \tag{2}$$

und sowohl $n_1 \cdot n_2$ als auch $m_1 \cdot m_2$ sind ganz, nicht Null und zu p teilerfremd. Also ist (2) eine Darstellung der Form (1), so daß

$$v_p(a \cdot b) = v_p(a) + v_p(b)$$

gezeigt ist.

Es gelte nun außerdem $a + b \neq 0$ und ohne Beschränkung der Allgemeinheit sei angenommen, daß $v_p(a) \leq v_p(b)$. Dann ist

$$a + b = p^{v_p(a)} \frac{n_1 m_2 + m_1 n_2 p^{v_p(b) - v_p(a)}}{m_1 m_2}. \tag{3}$$

§ 1. Bewertete Körper

Darin ist der Zähler wegen $a+b \neq 0$ und $v_p(b) \geq v_p(a)$ nicht Null und ganz und der Nenner $m_1 \cdot m_2 \in \mathbb{Z} \setminus \{0\}$ ist nicht durch p teilbar. Will man also (3) in der Form von (1) schreiben, muß man lediglich aus dem Zähler noch einen eventuellen Teiler p^v mit $v>0$ herausziehen und ihn zu $p^{v_p(a)}$ hinzunehmen, um $p^{v_p(a+b)}$ zu bekommen. Also ist

$$v_p(a+b) \geq v_p(a) = \min\{v_p(a), v_p(b)\}. \quad \square$$

Mit Hilfe dieser Funktion v_p kann man nun sehr leicht Beispiele für nichttriviale Bewertungen auf $\mathbb{Q}$ angeben.

Satz 3. *Es sei p eine Primzahl und $\varepsilon \in \mathbb{R}$ mit $0 < \varepsilon < 1$. Dann definiert*

$$|a|_p := \begin{cases} \varepsilon^{v_p(a)} & \text{für } a \in \mathbb{Q}^* \\ 0 & \text{für } a = 0 \end{cases}$$

eine nicht-triviale Bewertung auf $\mathbb{Q}$, die sogar die „scharfe Dreiecksungleichung"

$$|a+b|_p \leq \max\{|a|_p, |b|_p\} \quad \text{für alle} \quad a, b \in \mathbb{Q}$$

erfüllt.

Beweis. Die Eigenschaft i) aus Def. 1 ist offenbar erfüllt. Ebenso folgt ii) sofort aus Satz 2, i). Zum Beweis der Dreiecksungleichung kann wegen $\max\{|a|_p, |b|_p\} \leq |a|_p + |b|_p$ für $a, b \in \mathbb{Q}$ sofort die scharfe Dreiecksungleichung bewiesen werden. Ist $a=0$ oder $b=0$ oder $a+b=0$, so ist sie trivialerweise erfüllt. Andernfalls gilt wegen Satz 2, ii) und da $0<\varepsilon<1$

$$|a+b|_p = \varepsilon^{v_p(a+b)} \leq \varepsilon^{\min\{v_p(a), v_p(b)\}}$$
$$\leq \max\{\varepsilon^{v_p(a)}, \varepsilon^{v_p(b)}\} = \max\{|a|_p, |b|_p\}.$$

Damit ist gezeigt, daß $|\ |_p$ eine Bewertung auf $\mathbb{Q}$ ist. Außerdem ist $v_p(p)=1$, also $|p|=\varepsilon$, so daß $|\ |_p$ nicht-trivial ist. $\square$

Die in diesem Satz auftretende scharfe Dreiecksungleichung kann man durch Induktion nach n leicht verallgemeinern zu

$$|a_1 + a_2 + \cdots + a_n|_p \leq \max\{|a_1|_p, |a_2|_p, \ldots, |a_n|_p\} \tag{4}$$

für beliebige $a_1, \ldots, a_n \in \mathbb{Q}$. Daraus ergibt sich insbesondere, daß für die hier betrachtete Bewertung die folgende merkwürdige Aussage gilt:

$$|n|_p = |1 + \cdots + 1|_p \leq |1|_p = 1 \quad \text{für alle} \quad n \in \mathbb{N}, \tag{5}$$

die man natürlich auch direkt aus der Definition von $|\ |_p$ ablesen kann. Das steht im Gegensatz zu der für die üblichen oben erwähnten Bewertungen auf $\mathbb{Q}, \mathbb{R}, \mathbb{C}$ gültigen Aussage, daß es zu jedem $a \in \mathbb{C}$ (und also auch $\in \mathbb{R}$ und $\mathbb{Q}$)

immer eine natürliche Zahl n gibt, für die $n = |n| > |a|$ ist. Wir werden auf die Bedeutung dieses Unterschiedes in den Abschnitten 3 und 5 näher eingehen.

Def. 2. *Es sei p eine Primzahl. Die auf $\mathbb{Q}$ durch*

$$|a|_p := \begin{cases} \left(\dfrac{1}{p}\right)^{v_p(a)} = p^{-v_p(a)} & \text{für } a \neq 0 \\ 0 & \text{für } a = 0 \end{cases}$$

definierte Bewertung heißt p-adische Bewertung von $\mathbb{Q}$.

3. Archimedische und nicht-archimedische Bewertungen.

Def. 3. *Es sei k ein Körper und $|\ |: k \to \mathbb{R}$ eine Bewertung auf k. Sie heißt archimedisch, falls es ein natürliches Vielfaches n_0 der $1 \in k$ gibt, so daß $|n_0| > 1$. Andernfalls heißt $|\ |$ nichtarchimedisch.*

Bemerkung. a) Archimedische Bewertungen sind immer nicht-trivial.

b) Die übliche Betragsfunktion auf $\mathbb{C}$ und seinen Unterkörpern ist archimedisch. Die p-adischen Bewertungen auf $\mathbb{Q}$ sind nicht-trivial und nichtarchimedisch (vgl. (5)).

Der folgende Satz gibt eine oft nützliche Charakterisierung der archimedischen und nichtarchimedischen Bewertungen auf einem beliebigen Körper k:

Satz 4. *Die folgenden Aussagen über eine Bewertung $|\ |: k \to \mathbb{R}$ eines Körpers k sind äquivalent:*

i) $|\ |$ *ist nichtarchimedisch.*

ii) *Für alle $n \in \mathbb{N}$ gilt $|n| \leq 1$.*

iii) *Die Folge $\{|n|, n \in \mathbb{N}\}$ ist beschränkt.*

iv) *Für $|\ |$ gilt die scharfe Dreiecksungleichung, d.h. es ist*

$$|a + b| \leq \max\{|a|, |b|\} \text{ für alle } a, b \in k.$$

Dabei wird hier und im folgenden statt $n \cdot 1$ mit $n \in \mathbb{N}$ und $1 \in k$ kurz n geschrieben.

Beweis. i) und ii) sind lt. Def. 3 äquivalent. Weiter folgt Aussage iii) aus ii) sofort. Zum Beweis von iv) aus iii) sei angenommen, daß für die untersuchte Bewertung $|\ |: k \to \mathbb{R}$ für alle $n \in \mathbb{N}$

$$|n| \leq M$$

mit einem geeigneten $M \in \mathbb{R}$ gelte. Dann ergibt sich aus der binomischen Formel

$$(a+b)^n = \sum_{\nu=0}^{n} \binom{n}{\nu} a^\nu b^{n-\nu}$$

§ 1. Bewertete Körper 77

für $a, b \in k$ und $n \in \mathbb{N}$ die folgende Abschätzung in der gegebenen Bewertung:

$$|a+b|^n = \left|\sum_{\nu=0}^{n} \binom{n}{\nu} a^\nu b^{n-\nu}\right| \leq \sum_{\nu=0}^{n} \left|\binom{n}{\nu} a^\nu b^{n-\nu}\right|$$

$$= \sum_{\nu=0}^{n} \left|\binom{n}{\nu}\right| |a|^\nu |b|^{n-\nu} \leq (n+1) \cdot M \cdot (\max\{|a|, |b|\})^n,$$

denn es ist $\binom{n}{\nu} \in \mathbb{N}$ und deshalb $\left|\binom{n}{\nu}\right| \leq M$. Indem man die n-te Wurzel zieht, erhält man für alle $n \in \mathbb{N}$

$$|a+b| \leq (n+1)^{\frac{1}{n}} M^{\frac{1}{n}} \max\{|a|, |b|\},$$

und da $\lim_{n \to \infty} (n+1)^{\frac{1}{n}} M^{\frac{1}{n}} = 1$, muß sogar gelten

$$|a+b| \leq \max\{|a|, |b|\}.$$

Wie sich schließlich aus der scharfen Dreiecksungleichung die Aussage ii) ergibt, wurde bereits in (5) gezeigt. Damit ist der Satz bewiesen. □

Die Aussagen ii) und iii) dieses Satzes besagen insbesondere, daß man schon an den Werten, die eine Bewertung eines Körpers k auf den natürlichen Vielfachen der $1 \in k$ annimmt, erkennen kann, ob die Bewertung archimedisch ist oder nicht. Oder, etwas allgemeiner ausgedrückt, heißt das: Ist k ein bewerteter Körper und $P \subset k$ der Primkörper, d.h., der von der $1 \in k$ erzeugte Unterkörper von k, so ist die Bewertung auf k genau dann archimedisch, wenn ihre Einschränkung auf P archimedisch ist.

Korollar. *Ist der Körper k archimedisch bewertet, so ist seine Charakteristik 0, d.h., für alle $n \in \mathbb{N}$ und $1 \in k$ gilt $n \cdot 1 \neq 0$.*

Beweis. Angenommen, es gäbe ein $n_0 \in \mathbb{N}$ mit $n_0 \cdot 1 = 0$. Dann gäbe es in k nur endlich viele verschiedene natürliche Vielfache der $1 \in k$, nämlich höchstens die Elemente $1, 2 \cdot 1, \ldots, n_0 \cdot 1$, und deshalb wäre die Menge $\{|n|, n \in \mathbb{N}\}$ beschränkt. Aus der Äquivalenz von iii) zu i) in Satz 4 würde dann folgen, daß die Bewertung von k nichtarchimedisch sein müßte. □

In einem nichtarchimedisch bewerteten Körper kann man die Aussage der scharfen Dreiecksungleichung durch das folgende sog. *Prinzip der Dominanz* noch verschärfen:

Satz 5. *Der Körper k sei nichtarchimedisch bewertet. Ferner seien $a_1, \ldots, a_n \in k$, so daß*

$$|a_\nu| \lneq |a_1| \quad \text{für} \quad \nu = 2, \ldots, n.$$

Dann gilt

$$|a_1 + \cdots + a_n| = |a_1|.$$

Beweis. Es genügt, die Aussage für $n = 2$ zu beweisen, da der allgemeine Fall daraus sofort folgt. Laut der scharfen Dreiecksungleichung hat man

$$|a_1 + a_2| \leq \max\{|a_1|, |a_2|\} = |a_1|$$

und

$$|a_1| = |a_1 + a_2 - a_2| \leq \max\{|a_1 + a_2|, |a_2|\}.$$

Nun ist aber $|a_1| > |a_2|$ und also folgt

$$|a_1| \leq |a_1 + a_2|.$$

Zusammen ergibt das die Behauptung. □

Das Verfahren, nach dem die p-adischen Bewertungen der rationalen Zahlen durch Potenzbildung mit Hilfe der Funktionen v_p konstruiert wurden, läßt sich in der folgenden Weise verallgemeinern:

Def. 4. *Es sei k ein Körper und $k^* := k \setminus \{0\}$. Eine Abbildung $v: k^* \to \mathbb{Z}$ heißt eine Ordnungsfunktion auf k, wenn sie die folgenden beiden Eigenschaften besitzt:*
  i) $v(x \cdot y) = v(x) + v(y)$ *für alle* $x, y \in k^*$
  ii) $v(x + y) \geq \min\{v(x), v(y)\}$ *für alle* $x, y \in k^*$ *mit* $x + y \in k^*$.

Jede solche Ordnungsfunktion erzeugt nichtarchimedische Bewertungen:

Satz 6. *Sei v eine Ordnungsfunktion auf k und $\varepsilon \in \mathbb{R}$ mit $0 < \varepsilon < 1$ gegeben. Dann definiert*

$$|a| := \begin{cases} \varepsilon^{v(a)} & \text{für } a \in k^* \\ 0 & \text{für } a \in 0 \end{cases}$$

eine nichtarchimedische Bewertung auf k, die genau dann nicht-trivial ist, wenn v auf k^* nicht-verschwindende Werte annimmt.

Der Beweis verläuft genauso wie bei Satz 3. □

4. Die Bewertungen des Körpers $\mathbb{Q}$. Ist k ein bewerteter Körper mit Charakteristik $\neq 0$ (vgl. Korollar zu Satz 4), so ist der Primkörper $P \subset k$ endlich und deshalb ist die Bewertung von k auf P trivial. Ist dagegen die Charakteristik von k Null, so enthält k als Primkörper P den Körper $\mathbb{Q}$ der rationalen Zahlen. Welche Aussagen kann man in diesem Fall über die Beschränkung der Bewertung von k auf $P = \mathbb{Q}$ machen, d.h. welches sind die möglichen Bewertungen von $\mathbb{Q}$?

Im Abschnitt 2 wurde auf $\mathbb{Q}$ zu jeder Primzahl p und jedem $\varepsilon \in \mathbb{R}$ mit $0 < \varepsilon < 1$ eine nicht-triviale nichtarchimedische Bewertung angegeben. Außerdem ist $\mathbb{Q}$ durch die übliche Betragsfunktion, die durch $|\ |_\infty$ bezeichnet wird, archimedisch bewertet. Schließlich überlegt man sich leicht, daß zu jedem $\alpha \in \mathbb{R}$ mit $0 < \alpha \leq 1$ durch

$$\mathbb{Q} \ni x \mapsto |x|_\infty^\alpha \in \mathbb{R}$$

ebenfalls eine archimedische Bewertung auf $\mathbb{Q}$ definiert ist. Die beiden folgenden Sätze, die hier aus Raumgründen leider nicht bewiesen werden können, zeigen nun, daß damit bereits alle nicht-trivialen Bewertungen des Körpers $\mathbb{Q}$ angegeben sind.

Satz 7. *Sei* | | *eine nicht-triviale nichtarchimedische Bewertung auf* $\mathbb{Q}$. *Dann gibt es eine Primzahl p und ein $\varepsilon \in \mathbb{R}$ mit $0 < \varepsilon < 1$, so daß folgendes gilt:*

$$|a| = \begin{cases} \varepsilon^{v_p(a)} & \text{falls } a \in \mathbb{Q}^* \\ 0 & \text{falls } a = 0. \end{cases}$$

Satz 8. *Sei* | | *eine archimedische Bewertung auf* $\mathbb{Q}$, *und mit* | $|_\infty$ *werde die übliche Betragsfunktion bezeichnet. Dann gibt es ein $\alpha \in \mathbb{R}$ mit $0 < \alpha \leq 1$, so daß für alle $x \in \mathbb{Q}$ gilt:*

$$|x| = |x|_\infty^\alpha.$$

Zu diesem Satz gibt es einen schönen, auf E. Artin zurückgehenden Beweis. Der interessierte Leser sei dazu sowie wegen des Beweises von Satz 7 auf [9] verwiesen.

5. Bewertungstopologie und Vollständigkeit. Wie schon in § I, 1.3 für den Fall des Körpers $k = \mathbb{C}$ mit der üblichen Bewertung gezeigt wurde, ist auf einem beliebigen bewerteten Körper in natürlicher Weise die Struktur eines metrischen Raumes gegeben. Soweit die Überlegungen dazu für beliebige bewertete Körper k genauso wie im Spezialfall $k = \mathbb{C}$ verlaufen, werden hier die Definitionen und Sätze nur noch einmal ohne Beweise in allgemeiner Form aufgeschrieben. Dazu sei im folgenden k ein beliebiger bewerteter Körper.

Satz 9. *Durch $d(x, y) := |x - y|$ für $x, y \in k$ ist auf k eine Metrik gegeben, d.h., es gilt*

a) $d(x, y) \geq 0$ *für $x, y \in k$ und $d(x, y) = 0$ genau dann wenn $x = y$.*
b) $d(x, y) = d(y, x)$ *(Symmetrie).*
c) *Für $x, y, z \in k$ gilt*

$$d(x, y) + d(y, z) \geq d(x, z) \quad (Dreiecksungleichung).$$

Bemerkung. Wenn k trivial bewertet ist, ist $d: k \times k \to \mathbb{R}$ einfach die charakteristische Funktion des Komplementes der Diagonalen in $k \times k$, d.h., es ist

$$d(x, y) = \begin{cases} 0 & \text{für } x = y \\ 1 & \text{für } x \neq y \end{cases}$$

Def. 5. *Eine Teilmenge $U \subset k$ heißt offen, wenn es zu jedem $x_0 \in U$ eine Zahl $\varepsilon > 0$ gibt, so daß*

$$Z_\varepsilon(x_0) := \{x \in k : d(x, x_0) = |x - x_0| < \varepsilon\} \subset U.$$

Die Menge $Z_\varepsilon(x_0)$ heißt *offener Kreis (auch Kugel) vom Radius* ε *um* x_0. *Die Menge* $Z'_\varepsilon(x_0) := \{x \in k : |x - x_0| \leq \varepsilon\}$ *heißt abgeschlossener ε-Kreis um* x_0.

Satz 10. *Durch Def. 5 ist auf k die Struktur eines Hausdorffschen topologischen Raumes definiert. Die Kreise $Z_\varepsilon(x_0)$, $x_0 \in k$, $\varepsilon > 0$, sind im Sinne dieser sog. Bewertungstopologie offene Mengen.*

Damit sind auf k ebenso wie auf $\mathbb{C}$ im Kap. I alle Grundbegriffe der mengentheoretischen Topologie wie Umgebung, Häufungspunkt, Konvergenz, Grenzwert, Stetigkeit usw. anwendbar. Die $\mathbb{R}$-wertige Funktion $|\ |$ ist auf k stetig. Dennoch können die Metrik und die Topologie auf k erheblich anders als die übliche Topologie des $\mathbb{R}^n$ „aussehen". Ein Extremfall liegt vor, wenn k trivial bewertet ist, da dann jede Teilmenge von k offen ist. Man spricht von der *diskreten Topologie*, und es genügt zu zeigen, daß die Punkte $x_0 \in k$ offene Mengen sind. Das ist aber offenbar der Fall, denn wenn man $\varepsilon = 1$ setzt, erhält man

$$Z_1(x_0) = \{x \in k : |x - x_0| < 1\} = \{x_0\}.$$

Auch wenn k nicht-trivial nichtarchimedisch bewertet ist, sind Metrik und Topologie ungewöhnlich, denn es gilt

Satz 11. *Ist die Bewertung $|\ | : k \to \mathbb{R}$ nichtarchimedisch, so ist für jedes $\varepsilon > 0$ die Relation*

$$x \stackrel{\varepsilon}{\sim} y \leftrightarrow |x - y| \leq \varepsilon$$

eine Äquivalenzrelation auf k.

Daraus folgt insbesondere
  i) *Zwei ε-Kreise $Z'_\varepsilon(x_0)$ und $Z'_\varepsilon(y_0)$ sind entweder gleich oder disjunkt.*
  ii) *Jeder Punkt y_0 eines ε-Kreises $Z'_\varepsilon(x_0)$ kann als Mittelpunkt von $Z'_\varepsilon(x_0)$ dienen.*
  iii) *Die abgeschlossenen Kreise $Z'_\varepsilon(x_0)$ sind offen im Sinne der Bewertungstopologie.*

Beweis. Reflexivität und Symmetrie der Relation $\stackrel{\varepsilon}{\sim}$ folgen sofort aus Satz 9. Für die Transitivität benötigt man die scharfe Dreiecksungleichung: Sei $x \stackrel{\varepsilon}{\sim} y$ und $y \stackrel{\varepsilon}{\sim} z$, dann ist

$$|x - z| = |(x - y) + (y - z)| \leq \max\{|x - y|, |y - z|\} \leq \varepsilon$$

also $x \stackrel{\varepsilon}{\sim} z$.

Nun sei $z_0 \in Z'_\varepsilon(x_0) \cap Z'_\varepsilon(y_0) \neq \emptyset$. Ist dann $w \in Z'_\varepsilon(x_0)$ beliebig, so ist $w \stackrel{\varepsilon}{\sim} x_0$, $x_0 \stackrel{\varepsilon}{\sim} z_0$, $z_0 \stackrel{\varepsilon}{\sim} y_0$, also $w \stackrel{\varepsilon}{\sim} y_0$, und also $Z'_\varepsilon(x_0) \subset Z'_\varepsilon(y_0)$. Ebenso folgt $Z'_\varepsilon(y_0) \subset Z'_\varepsilon(x_0)$ und damit die Gleichheit.

Die Aussage ii) folgt sofort aus i), denn es ist $y_0 \in Z'_\varepsilon(x_0) \cap Z'_\varepsilon(y_0)$ und deshalb $Z'_\varepsilon(y_0) = Z'_\varepsilon(x_0)$. – Da damit $Z'_\varepsilon(x_0)$ zugleich der ε-Kreis um jedes $y \in Z'_\varepsilon(x_0)$ ist, ist $Z_\varepsilon(y) \subset Z'_\varepsilon(y) = Z'_\varepsilon(x_0)$ und damit $Z'_\varepsilon(x_0)$ offen. □

§ 1. Bewertete Körper

In völliger Entsprechung zu Satz 11 gilt

Satz 11'. *Bei einer nichtarchimedischen Bewertung $|\ |:k\to\mathbb{R}$ ist für jedes $\varepsilon > 0$ durch*

$$x \overset{\varepsilon}{\sim} y \rightsquigarrow |x-y|<\varepsilon$$

eine Äquivalenzrelation auf k erklärt. Daraus folgt insbesondere
i) *Zwei ε-Kreise $Z_\varepsilon(x_0)$ und $Z_\varepsilon(y_0)$ sind entweder disjunkt oder gleich.*
ii) *Jeder Punkt $y_0 \in Z_\varepsilon(x_0)$ kann als Mittelpunkt von $Z_\varepsilon(x_0)$ dienen.*
Außerdem gilt:
iii) *Die offenen Kreise $Z_\varepsilon(x_0)$ sind abgeschlossen.*

Beweis. Da alle anderen Aussagen ebenso wie die entsprechenden in Satz 11 folgen, sei nur auf iii) eingegangen. Wir zeigen, daß $k \smallsetminus Z_\varepsilon(x_0)$ offen ist. Dazu sei $y_0 \in k \smallsetminus Z_\varepsilon(x_0)$. Es folgt $Z_\varepsilon(x_0) \neq Z_\varepsilon(y_0)$, da $y_0 \notin Z_\varepsilon(x_0)$ und $y_0 \in Z_\varepsilon(y_0)$, und mit i) $Z_\varepsilon(x_0) \cap Z_\varepsilon(y_0) = \emptyset$, d.h., $Z_\varepsilon(y_0) \subset k \smallsetminus Z_\varepsilon(x_0)$; also ist $k \smallsetminus Z_\varepsilon(x_0)$ offen. □

Bemerkung. Die Menge $\{x \in k : |x-x_0| = \varepsilon\}$ bezeichnet man als Rand des Kreises $Z_\varepsilon(x_0)$ oder $Z'_\varepsilon(x_0)$. Ist die Bewertung auf k archimedisch, so ist diese Menge tatsächlich der topologische Rand von $Z_\varepsilon(x_0)$. Ist dagegen k nichtarchimedisch bewertet, ist diese Aussage falsch, da $Z_\varepsilon(x_0)$ selber abgeschlossen ist. In diesem Fall folgt aus Satz 11 und 11', daß der „Rand" von $Z_\varepsilon(x_0)$ selber sowohl offen als auch abgeschlossen ist. – Im übrigen kann der Kreisrand auch leer sein, wie man für die triviale Bewertung sofort sieht, aber auch am Beispiel $k = \mathbb{Q}$ mit üblicher Bewertung, $x_0 = 0$ und $\varepsilon = \sqrt{2}$ bestätigt findet.

In Def. I, 15 wurde an den funktionentheoretisch wichtigen topologischen Begriff des Zusammenhangs für offene Teilmengen $U \subset \mathbb{C}$ erinnert. Natürlich ist dieser Begriff auf beliebige topologische Räume und insbesondere auf alle mit der Bewertungstopologie versehenen bewerteten Körper anwendbar. Eine einfache Anwendung von Satz 11' ist das

Korollar. *Der Körper k sei nichtarchimedisch bewertet. Dann gibt es in k keine zusammenhängenden offenen Mengen, die mehr als einen Punkt enthalten.*

Beweis. Sei $U \subset k$ offen, $x_0, x_1 \in U$ mit $x_0 \neq x_1$. Es gibt ein $\varepsilon > 0$, so daß $Z_\varepsilon(x_0) \subset U$, und man kann annehmen, daß $\varepsilon < |x_0 - x_1|$ ist, d.h., daß $x_1 \notin Z_\varepsilon(x_0)$. Da $U_1 := Z_\varepsilon(x_0)$ lt. Satz 11', iii) offen und abgeschlossen ist, ist auch

$$U_2 := U - Z_\varepsilon(x_0) \neq \emptyset$$

offen, und es ist $U = U_1 \cup U_2$, sowie $U_1 \cap U_2 = \emptyset$. Also ist U nicht zusammenhängend. □

Aus Satz 5 ergibt sich eine weitere merkwürdige Eigenschaft der nichtarchimedisch bewerteten Körper k. Es ist nämlich jedes Dreieck in k gleichschenklig. Das bedeutet genauer: Sind $a, b, c \in k$ beliebig gewählt, so sind mindestens zwei der drei Zahlen $|a-b|, |b-c|, |c-a|$ einander gleich. Zum

Beweis kann man annehmen, daß $|a-b| = \max\{|b-c|, |c-a|, |a-b|\}$ gilt. Ist dann $|c-a| < |a-b|$, so folgt: $|b-c| = |(c-a)+(a-b)| = |a-b|$.

Genauso wie für die reellen Zahlen beweist man für einen beliebigen bewerteten Körper k, daß Addition und Multiplikation mit der Bewertungstopologie auf k verträglich sind, d.h.

Satz 12. *Es seien (a_ν) und (b_ν) konvergente Folgen in k. Dann gilt*

i) $\lim\limits_{\nu \to \infty}(a_\nu \pm b_\nu) = \lim\limits_{\nu \to \infty} a_\nu \pm \lim\limits_{\nu \to \infty} b_\nu$.

ii) $\lim\limits_{\nu \to \infty}(a_\nu \cdot b_\nu) = \lim\limits_{\nu \to \infty} a_\nu \cdot \lim\limits_{\nu \to \infty} b_\nu$.

iii) *Ist $\lim\limits_{\nu \to \infty} b_\nu \neq 0$, so sind fast alle $b_\nu \neq 0$, und es ist*

$$\lim_{\nu \to \infty} \frac{a_\nu}{b_\nu} = \frac{\lim\limits_{\nu \to \infty} a_\nu}{\lim\limits_{\nu \to \infty} b_\nu}.$$

Außerdem definiert man wie üblich

Def. 6. *Es sei $\sum\limits_{\nu=0}^{\infty} a_\nu$ eine unendliche Reihe mit $a_\nu \in k$. Man sagt, die Reihe konvergiert gegen $s \in k$, in Zeichen*

$$s = \sum_{\nu=0}^{\infty} a_\nu,$$

genau dann, wenn die Folge der Partialsummen $s_n = \sum\limits_{\nu=0}^{n} a_\nu$ (Summation in k) gegen s konvergiert:

$$\lim_{n \to \infty} s_n = s.$$

Man hat dann

Satz 13. *Es seien $\sum\limits_{\nu=0}^{\infty} a_\nu$ und $\sum\limits_{\nu=0}^{\infty} b_\nu$ konvergente Reihen in k, ferner sei $c \in k$. Dann sind $\sum\limits_{\nu=0}^{\infty}(a_\nu+b_\nu)$, $\sum\limits_{\nu=0}^{\infty}(a_\nu-b_\nu)$ und $\sum\limits_{\nu=0}^{\infty} c \cdot a_\nu$ konvergent, und es gilt*

i) $\sum\limits_{\nu=0}^{\infty}(a_\nu \pm b_\nu) = \sum\limits_{\nu=0}^{\infty} a_\nu \pm \sum\limits_{\nu=0}^{\infty} b_\nu$,

ii) $\sum\limits_{\nu=0}^{\infty}(c \cdot a_\nu) = c \cdot \sum\limits_{\nu=0}^{\infty} a_\nu$.

Gleichfalls auf beliebige bewertete Körper übertragen läßt sich gemäß Def. I, 5 der Begriff der Cauchy-Folge, und es gilt wie gewohnt

Satz 14. *Jede konvergente Folge $(a_\nu) \subset k$ ist eine Cauchy-Folge.*

Beweis. Sei $\varepsilon > 0$ vorgegeben. Man wähle $N(\varepsilon) \in \mathbb{N}$ so, daß für $a := \lim\limits_{\nu \to \infty} a_\nu$ und alle $\nu > N(\varepsilon)$ $|a-a_\nu| < \dfrac{\varepsilon}{2}$ gilt. Dann ist für $\nu, \mu > N(\varepsilon)$

$$|a_\nu - a_\mu| \leq |a-a_\nu| + |a-a_\mu| < \varepsilon. \quad \square$$

§ 1. Bewertete Körper

Die Umkehrung dieses Satzes gilt im allgemeinen jedoch nicht, wie man am Beispiel der rationalen Zahlen mit dem üblichen Betrag sieht: man wähle nämlich etwa eine Folge $(a_\nu) \subset \mathbb{Q}$, die in $\mathbb{R}$ gegen $\sqrt{2} \in \mathbb{R} \setminus \mathbb{Q}$ strebt. Dann ist (a_ν) in $\mathbb{Q}$ eine Cauchy-Folge, weil es eine Cauchy-Folge in $\mathbb{R}$ ist; andererseits besitzt (a_ν) in $\mathbb{Q}$ keinen Grenzwert. Deshalb definiert man

Def. 7. *Ein bewerteter Körper k heißt vollständig bewertet (oder vollständig), wenn jede Cauchy-Folge aus k konvergiert.*

Beispiele vollständig bewerteter Körper sind alle Körper mit ihrer trivialen Bewertung, sowie die Körper $\mathbb{R}$ und $\mathbb{C}$ mit dem üblichen Betrag. $\mathbb{Q}$ ist bezüglich aller seiner nicht-trivialen Bewertungen nicht vollständig.

Will man in einer Funktionentheorie durch Grenzprozesse erzeugte Funktionen studieren, beschränkt man sich zweckmäßigerweise auf vollständige Grundkörper, da man andernfalls „zu wenige" konvergente Folgen hat, so daß man nur schwache und unübersichtliche Ergebnisse erhält. Der Vorteil vollständiger Körper wird schon in den folgenden Sätzen deutlich.

Satz 15 (Cauchy-Kriterium für Reihen). *Eine Reihe $\sum_{\nu=0}^{\infty} a_\nu$ über einem vollständig bewerteten Körper k konvergiert genau dann, wenn es zu jedem $\varepsilon > 0$ ein $N(\varepsilon) \in \mathbb{N}$ gibt, so daß für alle $n \geq N(\varepsilon)$ und $p \in \mathbb{N}$ gilt:*

$$\left| \sum_{\nu=n+1}^{n+p} a_\nu \right| < \varepsilon.$$

Beweis. Die Aussage ergibt sich sofort, wenn man die Folge der Partialsummen von $\sum_{\nu=0}^{\infty} a_\nu$ betrachtet. □

Def. 8. *Man nennt eine Reihe $\sum_{\nu=0}^{\infty} a_\nu, a_\nu \in k$, absolut konvergent, wenn die reelle Reihe $\sum_{\nu=0}^{\infty} |a_\nu|$ konvergiert.*

Satz 16. *Es sei k ein vollständiger Körper und $\sum_{\nu=1}^{\infty} a_\nu, a_\nu \in k$, eine absolut konvergente Reihe. Dann konvergiert $\sum_{\nu=1}^{\infty} a_\nu$, und es gilt:*

$$\left| \sum_{\nu=1}^{\infty} a_\nu \right| \leq \sum_{\nu=1}^{\infty} |a_\nu|.$$

Außerdem ist jede durch Umordnung aus $\sum_{\nu=1}^{\infty} a_\nu$ gebildete Reihe wieder absolut konvergent mit demselben Grenzwert, d.h., für jede bijektive Abbildung $\pi: \mathbb{N} \to \mathbb{N}$

ist $\sum\limits_{v=1}^{\infty} a_{\pi(v)}$ absolut konvergent, und es ist

$$\sum_{v=1}^{\infty} a_v = \sum_{v=1}^{\infty} a_{\pi(v)}.$$

Beweis. i) Die Konvergenz von $\sum\limits_{v=1}^{\infty} a_v$ folgt nach dem Cauchy-Kriterium für Reihen (Satz 15) sofort aus der für alle $N, p \in \mathbb{N}$ gültigen Ungleichung

$$\left| \sum_{v=N+1}^{N+p} a_v \right| \leq \sum_{v=N+1}^{N+p} |a_v|.$$

Da ferner $\left| \sum\limits_{v=1}^{N} a_v \right| \leq \sum\limits_{v=1}^{N} |a_v| \leq \sum\limits_{v=1}^{\infty} |a_v|$ für jedes $N \in \mathbb{N}$ gilt, hat man auch $\left| \sum\limits_{v=1}^{\infty} a_v \right| \leq \sum\limits_{v=1}^{\infty} |a_v|$.

ii) Sei $\pi: \mathbb{N} \to \mathbb{N}$ bijektiv. Wegen $\sum\limits_{v=1}^{N} |a_{\pi(v)}| \leq \sum\limits_{v=1}^{\infty} |a_v|$ für jedes $N \in \mathbb{N}$, ist auch $\sum\limits_{v=1}^{\infty} a_{\pi(v)}$ absolut konvergent. Um zu zeigen, daß die Grenzwerte der beiden Reihen gleich sind, wird bewiesen, daß

$$\lim_{N \to \infty} \left| \sum_{v=1}^{N} (a_v - a_{\pi(v)}) \right| = 0$$

Nun heben sich in dieser Summe die Summanden a_v, für die $1 \leq \pi^{-1}(v) \leq N$ gilt, gegen die Summanden $-a_{\pi(v)}$ mit $1 \leq \pi(v) \leq N$ weg. Es bleiben also höchstens die Summanden a_v mit $\pi^{-1}(v) > N$ und die Summanden $-a_{\pi(v)}$ mit $\pi(v) > N$. Durch Anwendung der Dreiecksungleichung auf diesen Rest erhält man deshalb

$$\left| \sum_{v=1}^{N} (a_v - a_{\pi(v)}) \right| \leq \sum_{v=N+1}^{\infty} |a_{\pi(v)}| + \sum_{v=N+1}^{\infty} |a_v|.$$

Wegen der absoluten Konvergenz der Reihen $\sum\limits_{v=1}^{\infty} a_v$ und $\sum\limits_{v=1}^{\infty} a_{\pi(v)}$ streben beide Summen auf der rechten Seite für $N \to \infty$ gegen 0. Damit ist der Satz bewiesen. □

Ohne den wie im Reellen verlaufenden Beweis sei noch der folgende Satz angegeben:

Satz 17 (Multiplikation von Reihen). *Es seien k ein vollständig bewerteter Körper und $\sum\limits_{v=1}^{\infty} a_v$ und $\sum\limits_{\mu=1}^{\infty} b_\mu$ absolut konvergente Reihen über k. Dann kon-*

§ 1. Bewertete Körper 85

vergiert auch die Reihe $\sum_{\lambda=1}^{\infty} c_\lambda$ *mit* $c_\lambda = \sum_{\nu+\mu=\lambda} a_\nu b_\mu$ *absolut, und es gilt*

$$\left(\sum_{\nu=1}^{\infty} a_\nu\right) \cdot \left(\sum_{\mu=1}^{\infty} b_\mu\right) = \sum_{\lambda=1}^{\infty} c_\lambda.$$

Das Rechnen mit unendlichen Reihen ist über nichtarchimedisch vollständig bewerteten Körpern besonders angenehm, da dann das folgende einfache Konvergenzkriterium angewendet werden kann:

Satz 18. *Sei k ein nichtarchimedisch vollständig bewerteter Körper und (a_ν) eine Folge aus k. Die Reihe $\sum_{\nu=1}^{\infty} a_\nu$ konvergiert genau dann, wenn $\lim_{\nu\to\infty} a_\nu = 0$.*

Beweis. i) Die eine Richtung der Behauptung gilt für beliebige bewertete Körper. Ist nämlich $\sum_{\nu=1}^{\infty} a_\nu$ konvergent, so ist lt. Satz 14 die Folge der Partialsummen $s_n = \sum_{\nu=1}^{n} a_\nu$ eine Cauchy-Folge. Das bedeutet insbesondere, daß gilt:

$$\lim_{n\to\infty} a_n = \lim_{n\to\infty} (s_n - s_{n-1}) = 0.$$

ii) Zum Beweis der anderen Richtung benötigt man alle Voraussetzungen. Ist $\lim_{\nu\to\infty} a_\nu = 0$, so gibt es zu vorgegebenem $\varepsilon > 0$ ein $N(\varepsilon) \in \mathbb{N}$, so daß $|a_\nu| < \varepsilon$, sobald $\nu \geq N(\varepsilon)$. Dann gilt für jedes $p \in \mathbb{N}$ und jedes $n \geq N(\varepsilon)$ wegen der scharfen Dreiecksungleichung:

$$\left|\sum_{\nu=n+1}^{n+p} a_\nu\right| \leq \max\{|a_{n+1}|, \ldots, |a_{n+p}|\} < \varepsilon.$$

Daraus folgt die Konvergenz von $\sum_{\nu=1}^{\infty} a_\nu$ mit Satz 15. □

Zum Abschluß dieses Paragraphen über Körperbewertungen soll noch einmal von einem anderen Standpunkt aus auf die Frage der Einzigkeit von $\mathbb{C}$ eingegangen werden. Auf die zum Teil langwierigen Beweise muß dabei allerdings aus Gründen der Platzersparnis verzichtet werden.

Wie schon erwähnt wurde, ist $\mathbb{Q}$ mit der üblichen Betragsfunktion nicht vollständig. Jedoch ist $\mathbb{Q} \subset \mathbb{R}$ und $\mathbb{R}$ ist bezüglich dieser Betragsfunktion vollständig. Diese Situation ist keine spezielle Eigenschaft des Körpers $\mathbb{Q}$. Vielmehr gilt allgemein:

Satz 19. *Es sei k ein Körper mit der Bewertung $|\ |_k$. Dann gibt es einen bis auf isometrische Isomorphie eindeutig bestimmten kleinsten vollständig bewerteten Körper k' mit der Bewertung $|\ |_{k'}$, so daß $k \subset k'$ und $|x|_{k'} = |x|_k$ für alle $x \in k$. Das* heißt, k' besitzt die folgende Eigenschaft: Ist k'' ein vollständig bewerteter Körper mit der Bewertung $|\ |_{k''}$ und $k \subset k''$, so daß $|x|_{k''} = |x|_k$ für alle $x \in k$, so gibt es einen injektiven Homomorphismus

$$i : k' \hookrightarrow k''$$

mit den folgenden Eigenschaften: i) $i|k = id$; ii) $|i(x)|_{k''} = |x|_{k'}$ für alle $x \in k'$.

Ist $\tilde{k}$ ein weiterer, durch $|\ |_{\tilde{k}}$ bewerteter Körper mit den hier für k' angegebenen Eigenschaften, so gibt es einen Isomorphismus $j: \tilde{k} \to k'$ mit $|j(x)|_{k'} = |x|_{\tilde{k}}$ für alle $x \in \tilde{k}$.

Den Körper k' nennt man die *Komplettierung von k bezüglich der Bewertung* $|\ |_k$.

Die Konstruktion der Komplettierung k' zu vorgegebenem Körper k ist nicht schwierig. In k' müssen nämlich alle Cauchy-Folgen aus k einen eindeutig bestimmten Grenzwert haben, und zwei solche Folgen besitzen genau dann denselben Grenzwert, wenn ihre Differenz eine Nullfolge in k ist. Bezeichnet man deshalb zwei Cauchy-Folgen aus k genau dann als äquivalent, wenn sie sich nur um eine Nullfolge aus k unterscheiden, so läßt sich auf dem Raum dieser Äquivalenzklassen in naheliegender Weise die Struktur eines vollständig bewerteten Körpers k' so erklären, daß die Forderungen aus Satz 19 erfüllt sind.

Bezüglich der gewöhnlichen Bewertung ist $\mathbb{R}$ die Komplettierung von $\mathbb{Q}$. Die Komplettierung $\mathbb{Q}_p$ von $\mathbb{Q}$ bezüglich der p-adischen Bewertung $|\ |_p$ wird *Körper der Henselschen Zahlen zur Primzahl p* genannt.

Ist K ein beliebiger durch $|\ |_K$ archimedisch vollständig bewerteter Körper, so enthält K den Körper $\mathbb{Q}$ und $|\ |_K$ induziert auf $\mathbb{Q}$ lt. Satz 8 eine Bewertung der Form $|\ |_\infty^\alpha$ mit $0 < \alpha \leq 1$. Nach Satz 19 „enthält" K dann auch die Komplettierung von $\mathbb{Q}$ bezüglich $|\ |_\infty^\alpha$. Das ist aber, wie man mit Hilfe des im Anschluß an Satz 19 skizzierten Konstruktionsverfahrens leicht zeigen kann, wieder $\mathbb{R}$ mit der Bewertung $|\ |_\infty^\alpha$. (Die Cauchy-Folgen in $\mathbb{Q}$ bez. $|\ |_\infty^\alpha$ sind auch die Cauchy-Folgen bez. $|\ |_\infty$ und umgekehrt.) Es gilt nun der folgende Satz, der wiederum als eine Einzigkeitsaussage für den Körper $\mathbb{C}$ aufgefaßt werden kann:

Satz 20 (Ostrowski). *Ist K ein durch $|\ |_K$ archimedisch vollständig bewerteter Körper, so ist K bis auf algebraische Isomorphie entweder gleich $\mathbb{R}$ oder gleich $\mathbb{C}$ und es gibt ein α mit $0 < \alpha \leq 1$, so daß $|x|_K = |x|_\infty^\alpha$ für alle $x \in K$.*

§ 2. Formale Potenz- und Laurentreihen

1. Definitionen. In diesem und den beiden folgenden Abschnitten sei k ein beliebiger Körper. Von Bewertungen auf k wird also kein Gebrauch gemacht. Außerdem werde unter einer k-Algebra immer eine assoziative, kommutative, unitäre Algebra über k mit Einselement verstanden.

§ 2. Formale Potenz- und Laurentreihen

Man kann auf der Menge der Folgen $(a_\nu)_{\nu=0}^\infty$ aus k eine Addition, eine Multiplikation und eine skalare Multiplikation „komponentenweise" erklären durch

$$(a_\nu) + (b_\nu) := (a_\nu + b_\nu)$$
$$(a_\nu) \times (b_\nu) := (a_\nu \cdot b_\nu)$$
$$\alpha \cdot (a_\nu) := (\alpha \cdot a_\nu), \quad \alpha \in k.$$

Man erhält auf diese Weise, wie man leicht nachrechnen kann, eine k-Algebra mit dem Einselement (e_ν), $e_\nu = 1$ für alle $\nu = 0, 1, 2, \ldots$. Sie werde die *Folgenalgebra* über k genannt.

Es gibt noch eine zweite, für die Funktionentheorie weitaus wichtigere Art, auf der Menge der Folgen aus k die Struktur einer k-Algebra zu erklären. Es soll das hier sofort für eine größere Menge getan werden.

Def. 9. *Es sei* $L := \{(a_\nu)_{\nu=-\infty}^\infty; a_\nu \in k$ *für alle* $\nu = 0, \pm 1, \pm 2, \ldots;$ *fast alle* a_ν *mit* $\nu < 0$ *gleich Null*$\}$.

Für $(a_\nu), (b_\nu) \in L$ *und* $\alpha \in k$ *definiere man*

i) $(a_\nu) + (b_\nu) := (a_\nu + b_\nu)$,

ii) $(a_\nu) \cdot (b_\nu) := \left(\sum_{\nu+\mu=\lambda} a_\nu \cdot b_\mu \right)_{\lambda=-\infty}^\infty$,

iii) $\alpha \cdot (a_\nu) := (\alpha \cdot a_\nu)$.

Die Definition der Multiplikation ist folgendermaßen zu verstehen: Zu vorgegebenen $(a_\nu), (b_\nu) \in L$ gibt es ein $N \in \mathbb{N} \cup \{0\}$, so daß $a_\nu = 0 = b_\nu$ für alle $\nu < -N$. Damit setze man für $\lambda \in \mathbb{Z}$:

$$\sum_{\nu+\mu=\lambda} a_\nu b_\mu := \sum_{\substack{\nu+\mu=\lambda \\ \nu \geq -N \\ \mu \geq -N}} a_\nu b_\mu = \sum_{\nu=-N}^{\lambda+N} a_\nu b_{\lambda-\nu}.$$

Man bestätigt leicht, daß diese Summe unabhängig von der speziellen Wahl von N ist.

Diese Überlegung zeigt zugleich, warum es erforderlich ist, bei der Definition von L zu fordern, daß für $(a_\nu)_{\nu=-\infty}^\infty \in L$ fast alle a_ν mit $\nu < 0$ verschwinden, wenn man die Multiplikation wie in ii) erklären will. Ohne diese Zusatzforderung wäre nämlich $\sum_{\nu+\mu=\lambda} a_\nu b_\mu$ eine Art unendlicher Reihe in k. Da k unbewertet ist, ist es nicht möglich, einer solchen Reihe dort in sinnvoller Weise ein Element als Summe zuzuordnen.

Satz 21. *Durch die in Def. 9 definierte Operation ist auf L die Struktur einer k-Algebra erklärt. Das Einselement ist das Element (e_ν) mit $e_0 = 1$, $e_\nu = 0$ für alle $\nu \neq 0$. Die Menge $\{f_x = x \cdot (e_\nu), x \in k\}$ ist in natürlicher Weise zu k isomorph. (Man identifiziert sie deshalb häufig mit k.) Die Algebra L besitzt keine Nullteiler.*

Beweis. Trivialerweise ist L ein k-Vektorraum. Ebenfalls leicht nachzurechnen sind die folgenden Gesetze:

i) $f \cdot g = g \cdot f$;
ii) $f \cdot (g + h) = f \cdot g + f \cdot h$;
iii) $\alpha \cdot (f \cdot g) = (\alpha \cdot f) \cdot g$;
iv) $1 \cdot f = f$ \hfill für alle $f, g, h \in L$, $\alpha \in k$, $1 \in k$.

Um das Assoziativgesetz der Multiplikation nachzuweisen, wird folgende Bezeichnung eingeführt: Für $f \in L$ und $v \in \mathbb{Z}$ wird mit f_v der v-te Koeffizient von f bezeichnet, d. h. $f = (f_v)_{v=-\infty}^{\infty}$. Dann gilt für $f, g, h \in L$ und $v \in \mathbb{Z}$:

$$(f \cdot (g \cdot h))_v = \sum_{\sigma+\tau=v} f_\tau \left(\sum_{\mu+\lambda=\sigma} g_\mu h_\lambda \right) = \sum_{\tau+\mu+\lambda=v} f_\tau g_\mu h_\lambda$$
$$= \sum_{\varrho+\lambda=v} \left(\sum_{\tau+\mu=\varrho} f_\tau g_\mu \right) h_\lambda = ((f \cdot g) \cdot h)_v.$$

Um die Aussage über das Einselement in L nachzuprüfen, beachte man, daß für $f \in L$ und $\lambda \in \mathbb{Z}$ gilt:

$$\sum_{v+\mu=\lambda} e_v f_\mu = f_\lambda.$$

Die Einbettung von k in L ergibt sich dann sofort. Sind schließlich $f, g \in L \smallsetminus \{0\}$, so gibt es Zahlen $N, M \in \mathbb{Z}$, so daß $f_N \neq 0$ und $g_M \neq 0$, aber $f_v = 0$ für alle $v < N$ und $g_\mu = 0$ für alle $\mu < 0$ gilt. Daraus folgt:

$$\sum_{v+\mu=N+M} f_v g_\mu = f_N \cdot g_M \neq 0.$$

Also ist $f \cdot g \neq 0$ in L. □

Def. 10. *Die k-Algebra L heißt Algebra der formalen Laurentreihen mit endlichem Hauptteil (kürzer Algebra der formalen endlichen Laurentreihen). Ist $f = (f_v)_{v=-\infty}^{\infty} \in L$, so heißt $g = (g_v)$ mit*

$$g_v := \begin{cases} f_v & \text{für } v < 0 \\ 0 & \text{für } v \geq 0 \end{cases}$$

der Hauptteil von f.

Ehe die Algebra L weiter untersucht wird, soll die Addition in L auf gewisse unendliche Summen ausgedehnt werden. Dadurch wird insbesondere eine erste Begründung für die Benennung „formale Laurentreihe" gegeben werden können.

Def. 11. *Seien $f_1, f_2, \ldots \in L$ und sei $f_j = (f_{jv})_{v=-\infty}^{\infty}$ für $j = 1, 2, \ldots$. Die Folge $f_1, f_2, \ldots$ heißt summierbar, falls es für jedes $n \in \mathbb{Z}$ nur endlich viele f_j gibt, die einen Koeffizienten $f_{jv} \neq 0$ mit $v < n$ besitzen. In diesem Fall definiert man*

$$\sum_{j=1}^{\infty} f_j := \left(\sum_{j=1}^{\infty} f_{jv} \right)_{v=-\infty}^{\infty} \in L.$$

§ 2. Formale Potenz- und Laurentreihen

Diese Definition ist sinnvoll, da für jedes $v \in \mathbf{Z}$ die Summe $\sum_{j=1}^{\infty} f_{jv}$ nach Weglassen der Nullen endlich ist (man setze in der Summierbarkeitsbedingung etwa $n := v + 1$), und da es außerdem wegen der Summierbarkeitsbedingung ($n = 0$) nur endlich viele f_j gibt, bei denen Koeffizienten $f_{jv} \neq 0$ mit $v < 0$ auftreten. Jedes dieser f_j besitzt selber nur endlich viele $f_{jv} \neq 0$ mit $v < 0$. Also gibt es ein $N \in \mathbf{N} \cup \{0\}$, so daß

$$f_{jv} = 0 \quad \text{für alle} \quad j = 1, 2, \ldots \quad \text{und für alle} \quad v < -N,$$

und deshalb besitzt $\sum_{j=1}^{\infty} f_j$ nur endlich viele nichtverschwindende Koeffizienten mit negativem Index.

Es kann dem Leser überlassen werden, einfache Rechenregeln für die unendliche Summation nachzuweisen. Es sei hier lediglich darauf hingewiesen, daß diese unendliche Summation trivialerweise mit der Addition in L verträglich ist. Genauer: Ist $f_1, f_2, f_3, \ldots$ eine summierbare Folge mit nur endlich vielen $f_j \neq 0$, so ist $\sum_{j=1}^{\infty} f_j$ gleich der endlichen Summe der $f_j \neq 0$.

Mit diesem Summierbarkeitsbegriff läßt sich eine neue Schreibweise für die Elemente aus L einführen. Dazu definieren wir:

Das Element $(\delta_v^1)_{v=-\infty}^{\infty} \in L$ mit

$$\delta_v^1 := \begin{cases} 1 & \text{für} \quad v = 1 \\ 0 & \text{für} \quad v \neq 1 \end{cases}$$

wird im folgenden mit X bezeichnet.

Satz 22. *Jedes Element $f \in L$, $f \neq 0$, läßt sich eindeutig in der Form*

$$f = \sum_{v=N}^{\infty} a_v X^v, \quad a_v \in k$$

mit $a_N \neq 0$ und $N = N(f) \in \mathbf{Z}$ schreiben. Die a_v sind die Koeffizienten von f, d. h., setzt man $a_v = 0$ für $v < N$, so hat man $f = (a_v)_{v=-\infty}^{\infty}$. Umgekehrt stellt auch jeder Ausdruck der Form $\sum_{v=N}^{\infty} a_v X^v$ mit $a_v \in k$, $N \in \mathbf{Z}$ und $a_N \neq 0$ im Sinne von Def. 11 das Element $f := (a_v)_{v=-\infty}^{\infty} \in L$, dar, wenn man darin $a_v = 0$ für $v < N$ setzt.

Beweis. Es sei

$$\delta_\mu^v := \begin{cases} 1 & \text{für} \quad v = \mu \\ 0 & \text{für} \quad v \neq \mu \end{cases}, \quad v, \mu \in \mathbf{Z}.$$

Dann ist offenbar $X = (\delta_\mu^1)_{\mu=-\infty}^{\infty}$ und durch Induktion nach $v \in \mathbf{N}$ folgt, daß $X^v = (\delta_\mu^v)_{\mu=-\infty}^{\infty}$. Außerdem folgt sofort, daß $(\delta_\mu^1) \cdot (\delta_\mu^{-1}) = (\delta_\mu^0) = 1 \in L$, d. h., es ist X in L invertierbar und $X^{-1} = (\delta_\mu^{-1})$. Nun zeigt man wiederum durch Induktion nach $v \in \mathbb{N}$, daß $X^{-v} = (\delta_\mu^{-v})$ ist. Insgesamt gilt also

$$X^v = (\delta_\mu^v)_{\mu=-\infty}^\infty \quad \text{für alle} \quad v \in \mathbb{Z}. \tag{6}$$

Nun seien $N \in \mathbb{Z}$ und die Folge $a_N, a_{N+1}, \ldots$ aus k mit $a_N \neq 0$ gegeben. Dann ist die Folge $a_v X^v \in L$, $v = N, N+1, \ldots$ summierbar und es ist lt. (6)

$$\sum_{v=N}^\infty a_v X^v = \left(\sum_{v=N}^\infty a_v \delta_\mu^v \right)_{\mu=-\infty}^\infty = (a_\mu)_{\mu=-\infty}^\infty,$$

wenn man noch $a_\mu = 0$ für $\mu < N$ setzt. – Ist umgekehrt $f = (a_\mu)_{\mu=-\infty}^\infty \in L$, $f \neq 0$, gegeben, so sei $N := \min\{\mu : a_\mu \neq 0\}$. Es ist dann offenbar $f = \sum_{v=N}^\infty a_v X^v$ und diese Darstellung ist selbstverständlich eindeutig. □

Bemerkung. i) Die Bedingung $a_N \neq 0$ in $\sum_{v=N}^\infty a_v X^v \in L$ lassen wir im folgenden häufig weg, so daß dann $N \leq \min\{v : a_v \neq 0\}$. Es wird bisweilen für $f = (a_v)_{v=-\infty}^\infty \in L$ sogar einfach $\sum_{v=-\infty}^\infty a_v X^v$ geschrieben.

ii) Durch Satz 22 ist gezeigt, daß man die Elemente aus L tatsächlich in der Form von Reihen in Potenzen der „Unbestimmten" X schreiben kann, wobei nur endlich viele negative Potenzen von X nichtverschwindende Koeffizienten haben. Da dabei keine Rücksicht auf Konvergenz genommen wird – ein Konvergenzbegriff ist ohne eine Bewertung auf dem Grundkörper k nicht sinnvoll definierbar –, nennt man die Elemente aus L formale Laurentreihen.

iii) Im Beweis wurde gleichzeitig gezeigt, daß das Element X in L invertierbar ist.

Die Addition und die Multiplikation in L schreiben sich mit Hilfe der Reihen folgendermaßen:

$$\sum_{v=-\infty}^\infty a_v X^v + \sum_{v=-\infty}^\infty b_v X^v = \sum_{v=-\infty}^\infty (a_v + b_v) X^v,$$

$$\left(\sum_{v=-\infty}^\infty a_v X^v \right) \cdot \left(\sum_{v=-\infty}^\infty b_v X^v \right) = \sum_{\lambda=-\infty}^\infty \left(\sum_{v+\mu=\lambda} a_v b_\mu \right) X^\lambda. \tag{7}$$

Die k-Algebra L besitzt außer k selber zwei weitere wichtige Unteralgebren:

Satz 23. *Es sei*

$$k\{X\} := \left\{ \sum_{v=0}^\infty a_v X^v \right\} \subset L$$

und

$$k[X] := \left\{ \sum_{v=0}^N a_v X^v, N \in \mathbb{N} \cup \{0\} \right\} \subset L.$$

Sowohl $k\{X\}$ als auch $k[X]$ sind Unteralgebren von L. Es ist $k \subset k[X] \subset k\{X\}$.

Beweis. Mit Hilfe von (7) trivial. □

§ 2. Formale Potenz- und Laurentreihen

Def. 12. $k\{X\}$ *heißt Algebra der formalen Potenzreihen (in der Unbestimmten X) über k; $k[X]$ heißt Polynomalgebra über k.*

Bemerkung. Mit L sind auch $k\{X\}$ und $k[X]$ Integritätsringe. Im Abschnitt 2 wird sogar gezeigt, daß L der Quotientenkörper von $k\{X\}$ ist.

Man kann auf L eine ganzzahlige Funktion definieren, die die formalen Eigenschaften einer Ordnungsfunktion besitzt (vgl. Def. 4):

Def. 13. *Sei $f \in L$, $f = \sum\limits_{\nu=-\infty}^{\infty} a_\nu X^\nu$. Dann sei*

$$o(f) := \begin{cases} \min\{\nu \in \mathbb{Z}, a_\nu \neq 0\} & \text{falls} \quad f \neq 0 \\ \infty & \text{falls} \quad f = 0. \end{cases}$$

Man nennt $o(f)$ die Ordnung von f oder auch den Untergrad von f.

Satz 24. *Die Ordnung o erfüllt die folgenden Rechenregeln.*

i) $o(f \cdot g) = o(f) + o(g)$.

ii) $o(f + g) \geq \min\{o(f), o(g)\}$ *für alle $f, g \in L$.*

Beweis. Falls $f = 0$ oder $g = 0$, gilt i) trivialerweise. Andernfalls sei $n := o(f)$, $m := o(g)$ und $f = \sum\limits_{\nu=n}^{\infty} a_\nu X^\nu$, $g = \sum\limits_{\nu=m}^{\infty} b_\nu X^\nu$. Dann ist $f \cdot g = \sum\limits_{\lambda=-\infty}^{\infty} \left(\sum\limits_{\mu+\nu=\lambda} a_\nu b_\mu \right) X^\lambda$. Für $\lambda < n + m$ ist in der inneren Summe stets $\nu < n$ oder $\mu < m$, also $a_\nu = 0$ oder $b_\mu = 0$. Für $\lambda = n + m$ gilt $\sum\limits_{\nu+\mu=n+m} a_\nu b_\mu = a_n b_m \neq 0$. Also ist $o(f \cdot g) = n + m$. Zum Beweis von ii) genügt es, den Fall $f \neq 0$, $g \neq 0$, $f + g \neq 0$ zu betrachten. Mit den obigen Bezeichnungen sei etwa $n \leq m$. Dann ist $g = \sum\limits_{\nu=n}^{\infty} b_\nu X^\nu$, wenn man $b_\nu = 0$ für $n \leq \nu < m$ setzt, falls $n < m$ ist. Damit erhält man

$$f + g = \sum_{\nu=n}^{\infty} (a_\nu + b_\nu) X^\nu$$

und also $o(f + g) \geq n = \min\{o(f), o(g)\}$. □

Korollar. *Es sei $g \in L$, $o(g) \geq 1$. Dann ist $o(g^\nu) \geq \nu$ für alle $\nu \in \mathbb{N}$.*

Beweis. Es ist $o(g^\nu) = \nu \cdot o(g) \geq \nu$. □

2. Substitutionshomomorphismen. Es seien A und B k-Algebren. Unter einem k-Algebra-Homomorphismus versteht man bekanntlich eine Abbildung $\varphi: A \to B$, die die folgenden Eigenschaften besitzt ($a, b \in A$, $\alpha \in k$):

i) $\varphi(a + b) = \varphi(a) + \varphi(b)$,

ii) $\varphi(\alpha \cdot a) = \alpha \cdot \varphi(a)$,

iii) $\varphi(a \cdot b) = \varphi(a) \cdot \varphi(b)$,

iv) $\varphi(1) = 1$.

Die k-Algebra-Homomorphismen von $k\{X\}$ in sich lassen sich einfach beschreiben. Das soll in diesem Abschnitt geschehen. Zugleich kann damit gezeigt werden, daß L der Quotientenkörper von $k\{X\}$ ist. – Aus Unterscheidungsgründen wird im folgenden die „Unbestimmte" aus L bisweilen mit Y statt mit X bezeichnet.

Satz 25. *Es sei $g \in k\{Y\}$ mit $o(g) \geq 1$ gegeben. Dann ist durch*

$$k\{X\} \ni f = \sum_{\nu=0}^{\infty} a_\nu X^\nu \to \varphi_g(f) := \sum_{\nu=0}^{\infty} a_\nu g^\nu$$

ein k-Algebra-Homomorphismus

$$\varphi_g : k\{X\} \to k\{Y\}$$

definiert. Für alle $f \in k\{X\}$ gilt $o(\varphi_g(f)) \geq o(f)$.

Beweis. i) Sei $f = \sum_{\nu=0}^{\infty} a_\nu X^\nu \in k\{X\}$ gegeben. Da lt. Korollar zu Satz 24 für $\nu \in \mathbb{N}$ $o(a_\nu g^\nu) \geq o(g^\nu) \geq \nu$ gilt, ist die Folge $a_\nu g^\nu$, $\nu = 0, 1, 2, \ldots$, summierbar, d. h., es ist $\varphi_g(f) = \sum_{\nu=0}^{\infty} a_\nu g^\nu \in L$. Aus dem gleichen Grund gilt außerdem $o(\varphi_g(f)) \geq o(f)$, also insbesondere $\varphi_g(f) \in k\{Y\}$.

ii) Der Nachweis dafür, daß φ_g die zu Beginn des Abschnitts aufgeführten Eigenschaften besitzt, geschieht durch einfaches Nachrechnen mittels Def. 11. Seine Durchführung wird dem Leser überlassen. □

Da man das Bild von $f = \sum_{\nu=0}^{\infty} a_\nu X^\nu$ unter φ_g durch formales „Einsetzen" von g in f erhält, sagt man:

Def. 14. $\varphi_g : k\{X\} \to k\{Y\}$ *heißt der durch $g \in k\{Y\}$ induzierte Substitutionshomomorphismus. Man schreibt an Stelle von $\varphi_g(f)$ auch $f(g)$.*

Bemerkung. Speziell definiert $g = 0 \in k\{Y\}$ einen Substitutionshomomorphismus φ_0. Er bildet $f = \sum_{\nu=0}^{\infty} a_\nu X^\nu$ auf $\varphi_0(f) = a_0 \in k \subset k\{Y\}$ ab. Man nennt deshalb $a_0 = \varphi_0(f) = f(0)$ *den Wert von f an der Stelle 0.*

Nun kann gezeigt werden:

Satz 26. *Die k-Algebra L der formalen endlichen Laurentreihen über k ist der Quotientenkörper der k-Algebra $k\{X\}$ der formalen Potenzreihen. Das Element $f \in k\{X\}$ ist genau dann eine Einheit in $k\{X\}$, wenn $f(0) \neq 0$.*

Beweis. i) Laut Bemerkung iii) im Anschluß an Satz 22 ist die „Unbestimmte" X in L invertierbar.

§ 2. Formale Potenz- und Laurentreihen

ii) Es sind $f = (1 - X)$ und $g := \sum_{\nu=0}^{\infty} X^\nu$ Elemente aus $k\{X\}$ und man hat

$$f \cdot g = (1 - X) \sum_{\nu=0}^{\infty} X^\nu = \sum_{\nu=0}^{\infty} X^\nu - X \sum_{\nu=0}^{\infty} X^\nu$$
$$= \sum_{\nu=0}^{\infty} X^\nu - \sum_{\nu=1}^{\infty} X^\nu$$
$$= 1.$$

Also ist $f = (1 - X)$ eine Einheit in $k\{X\}$, und es gilt

$$(1 - X)^{-1} = \sum_{\nu=0}^{\infty} X^\nu. \tag{8}$$

iii) Mit Hilfe von (8) läßt sich nun die Aussage über die Einheiten von $k\{X\}$ herleiten. Zunächst ist klar, daß für eine Einheit $f \in k\{X\}$ notwendig $f(0) \neq 0$ ist, denn es gibt ein $g \in k\{X\}$, so daß $f \cdot g = 1 \in k\{X\}$ und also $f(0) \cdot g(0) = 1 \in k$ ist. Ist umgekehrt $f(0) \neq 0$, so schreibe man f in der Form

$$f = \sum_{\nu=0}^{\infty} a_\nu Y^\nu \quad \text{mit} \quad a_0 \neq 0$$

und setze

$$g := - \sum_{\nu=1}^{\infty} \frac{a_\nu}{a_0} Y^\nu.$$

Dann ist $o(g) \geq 1$; g definiert also einen Substitutionshomomorphismus

$$\varphi_g : k\{X\} \to k\{Y\}.$$

Es ist

$$\varphi_g(a_0(1 - X)) = a_0(1 - g) = f$$

und deshalb

$$1 = \varphi_g(1) = \varphi_g\left(a_0(1 - X) \frac{1}{a_0} \sum_{\nu=0}^{\infty} X^\nu\right)$$
$$= f \frac{1}{a_0} \sum_{\nu=0}^{\infty} g^\nu.$$

Also ist f Einheit in $k\{Y\}$, und es gilt

$$f^{-1} = \frac{1}{a_0} \sum_{\nu=0}^{\infty} g^\nu = \frac{1}{a_0} \sum_{\nu=0}^{\infty} (-1)^\nu \left(\sum_{\mu=1}^{\infty} \frac{a_\mu}{a_0} Y^\mu\right)^\nu.$$

iv) Ist nun $f \in L$, $f \neq 0$, so sei $n := o(f) < \infty$. Dann ist

$$f = \sum_{\nu=n}^{\infty} a_\nu X^\nu \quad \text{mit} \quad a_n \neq 0$$
$$= X^n \sum_{\nu=0}^{\infty} a_{\nu+n} X^\nu$$

X^n ist in L invertierbar und wegen iii) ebenfalls $\sum_{v=0}^{\infty} a_{v+n} X^v$. Also ist auch f invertierbar. □

Bemerkung. Jedes Element $f \in L \smallsetminus \{0\}$ läßt sich eindeutig schreiben in der Form
$$f = X^n \cdot e$$
mit einer Einheit $e \in k\{X\}$. Es ist $n = o(f)$.

Man kann nun zeigen, daß die Substitutionshomomorphismen sogar alle k-Algebra-Homomorphismen von $k\{X\}$ in sich sind.

Satz 27. *Es sei $\varphi : k\{X\} \to k\{Y\}$ ein k-Algebra-Homomorphismus. Dann ist φ der durch $g := \varphi(X)$ erzeugte Substitutionshomomorphismus φ_g.*

Beweis. i) Es wird zunächst gezeigt, daß $o(g) \geq 1$ ist. Angenommen, es wäre $o(g) = 0$, also
$$g = \sum_{v=0}^{\infty} b_v Y^v \quad \text{mit} \quad b_0 \neq 0.$$

Dann wäre $e := -b_0 + X \in k\{X\}$ lt. Satz 26 eine Einheit; also wäre auch
$$\varphi(e) = -b_0 + \varphi(X) = -b_0 + g = \sum_{v=1}^{\infty} b_v Y^v$$

eine Einheit in $k\{Y\}$. Das wäre ein Widerspruch, da $o(\varphi(e)) \geq 1$ ist und deshalb $\varphi(e)$ Nichteinheit ist.

ii) Da $o(g) \geq 1$ ist, definiert g einen Substitutionshomomorphismus φ_g. Offensichtlich stimmt dieser auf Polynomen $f \in k[X]$ mit φ überein. Für ein beliebiges $f = \sum_{v=0}^{\infty} a_v X^v \in k\{X\}$ und jedes $n \in \mathbb{N}$ erhält man daher, indem man $f = \sum_{v=0}^{n} a_v X^v + \sum_{v=n+1}^{\infty} a_v X^v$ schreibt:

$\varphi(f) - \varphi_g(f)$

$$= \varphi\left(\sum_{v=0}^{n} a_v X^v\right) - \varphi_g\left(\sum_{v=0}^{n} a_v X^v\right) + \varphi\left(\sum_{v=n+1}^{\infty} a_v X^v\right) - \varphi_g\left(\sum_{v=n+1}^{\infty} a_v X^v\right)$$
$$= \varphi\left(\sum_{v=n+1}^{\infty} a_v X^v\right) - \varphi_g\left(\sum_{v=n+1}^{\infty} a_v X^v\right). \tag{9}$$

Für φ_g gilt laut Satz 25 $o(\varphi_g(h)) \geq o(h)$ für alle $h \in k\{X\}$. Das gleiche gilt aber auch für φ. Man schreibe nämlich $h \in k\{X\}$ in der Form $h = X^m \cdot e$ mit einer Einheit $e \in k\{X\}$ und $m = o(h)$. Dann ist auch $\varphi(e) \in k\{Y\}$ eine Einheit und deshalb gilt lt. Satz 26 $o(\varphi(e)) = 0$. Also hat man:
$$o(\varphi(h)) = o(g^m \cdot \varphi(e)) = m \cdot o(g) + o(\varphi(e)) \geq m = o(h).$$

§2. Formale Potenz- und Laurentreihen

Damit folgt aus (9) für alle $n \in \mathbb{N}$:

$$o(\varphi(f) - \varphi_g(f)) \geq \min \left\{ o\left(\varphi\left(\sum_{\nu=n+1}^{\infty} a_\nu X^\nu\right)\right), o\left(\varphi_g\left(\sum_{\nu=n+1}^{\infty} a_\nu X^\nu\right)\right) \right\}$$

$$\geq o\left(\sum_{\nu=n+1}^{\infty} a_\nu X^\nu\right) \geq n+1.$$

Also muß $o(\varphi(f) - \varphi_g(f)) = \infty$ gelten, und deshalb ist $\varphi(f) = \varphi_g(f)$. Damit ist der Satz bewiesen. □

3. Formale Differentiation. Aus der Differential- und Integralrechnung ist der folgende Sachverhalt bekannt: Ist $f(x)$ eine reelle Funktion auf dem Intervall $\{x : |x| < a\}$ mit einem $a > 0$ und gilt dort

$$f(x) = \sum_{\nu=0}^{\infty} a_\nu x^\nu,$$

so ist f differenzierbar, und es ist

$$f'(x) = \sum_{\nu=1}^{\infty} \nu \cdot a_\nu x^{\nu-1} \tag{10}$$

für $x \in \{|x| < a\}$.

Nun können zwar formale Potenzreihen nicht als Funktionen auf dem Grundkörper k aufgefaßt werden, und außerdem ist auf k auch keine Topologie gegeben, wie man sie zur Einführung der üblichen Differenzierbarkeitsbegriffe immer benötigt. Jedoch läßt sich für $k\{X\}$ und sogar für L die Beziehung (10) zur Definition einer Differentiation benutzen.

Def. 15. *Die durch*

$$D\left(\sum_{\nu=-\infty}^{\infty} a_\nu X^\nu\right) := \sum_{\nu=-\infty}^{\infty} \nu \cdot a_\nu X^{\nu-1}$$

definierte Abbildung

$$D: L \to L$$

heißt formale Differentiation. Df heißt Ableitung von $f \in L$.

Die Abbildung D besitzt die bekannten „algebraischen" Eigenschaften einer Ableitung:

Satz 28. *$D: L \to L$ ist ein k-Vektorraumhomomorphismus, d.h., es gilt für $f, g \in L$ und $\alpha \in k$*

  i) $D(f+g) = D(f) + D(g)$,
  ii) $D(\alpha f) = \alpha D(f)$,

Außerdem gilt:

  iii) $D(f \cdot g) = f D(g) + g D(f)$ *(Produktregel).*
  iv) $D(k\{X\}) \subset k\{X\}$.

Beweis. Die k-Linearität von D folgt sofort aus der Definition. Die Produktregel ergibt sich aus folgender Rechnung, für die $f = \sum_{\nu=-\infty}^{\infty} a_\nu X^\nu$ und $g = \sum_{\nu=-\infty}^{\infty} b_\nu X^\nu$ sei:

$$D(f \cdot g) = D\left(\left(\sum_{\lambda=-\infty}^{\infty} a_\lambda X^\lambda\right)\left(\sum_{\mu=-\infty}^{\infty} b_\mu X^\mu\right)\right) = D\left(\sum_{\nu=-\infty}^{\infty} \left(\sum_{\lambda+\mu=\nu} a_\lambda b_\mu\right) X^\nu\right)$$

$$= \sum_{\nu=-\infty}^{\infty} \nu \left(\sum_{\lambda+\mu=\nu} a_\lambda b_\mu\right) X^{\nu-1}$$

$$= \sum_{\nu=-\infty}^{\infty} (\nu+1) \left(\sum_{\lambda+\mu=\nu+1} a_\lambda b_\mu\right) X^\nu. \tag{11}$$

Andererseits ist $D(f) = \sum_{\lambda=-\infty}^{\infty} \lambda a_\lambda X^{\lambda-1} = \sum_{\lambda=-\infty}^{\infty} (\lambda+1) a_{\lambda+1} X^\lambda$ (entsprechendes gilt für $D(g)$) und deshalb hat man

$$f \cdot D(g) + g \cdot D(f) = \left(\sum_{\lambda=-\infty}^{\infty} a_\lambda X^\lambda\right)\left(\sum_{\mu=-\infty}^{\infty} (\mu+1) b_{\mu+1} X^\mu\right)$$

$$+ \left(\sum_{\lambda=-\infty}^{\infty} (\lambda+1) a_{\lambda+1} X^\lambda\right)\left(\sum_{\mu=-\infty}^{\infty} b_\mu X^\mu\right)$$

$$= \sum_{\nu=-\infty}^{\infty} \left(\sum_{\lambda+\mu=\nu} (\mu+1) a_\lambda b_{\mu+1}\right) X^\nu$$

$$+ \sum_{\nu=-\infty}^{\infty} \left(\sum_{\lambda+\mu=\nu} (\lambda+1) a_{\lambda+1} b_\mu\right) X^\nu$$

$$= \sum_{\nu=-\infty}^{\infty} \left(\sum_{\lambda+\mu=\nu} (\mu+1) a_\lambda b_{\mu+1} + \sum_{\lambda+\mu=\nu} (\lambda+1) a_{\lambda+1} b_\mu\right) X^\nu.$$

Nun überzeugt man sich leicht, daß für jedes $\nu \in \mathbb{Z}$ gilt:

$$\sum_{\lambda+\mu=\nu} (\mu+1) a_\lambda b_{\mu+1} = \sum_{\lambda+\mu=\nu+1} \mu \cdot a_\lambda b_\mu.$$

Entsprechendes gilt für die zweite innere Summe, so daß man in der obigen Rechnung fortfahren kann:

$$= \sum_{\nu=-\infty}^{\infty} \left(\sum_{\lambda+\mu=\nu+1} (\lambda+\mu) a_\lambda b_\mu\right) X^\nu = \sum_{\nu=-\infty}^{\infty} (\nu+1) \left(\sum_{\lambda+\mu=\nu+1} a_\lambda b_\mu\right) X^\nu.$$

Zusammen mit (11) ergibt das die gewünschte Beziehung. Die Aussage iv) ist evident. □

§ 2. Formale Potenz- und Laurentreihen

Bemerkung. Es ist offenbar D auf k identisch Null; jedoch gilt die Umkehrung dieser Aussage im allgemeinen nicht. Hat der Grundkörper k nämlich die Charakteristik $p \neq 0$, so verschwindet D außerdem auf allen Elementen $f \in L$, die die Gestalt

$$f = \sum_{\nu=-\infty}^{\infty} a_{\nu p} X^{\nu p}$$

haben. (Man sagt dann auch: f ist eine endliche formale Laurentreihe in X^p.) Denn es ist

$$Df = \sum_{\nu=-\infty}^{\infty} \nu p \cdot a_{\nu p} X^{\nu p - 1} = 0,$$

da $p \cdot x = 0$ für alle $x \in k$. Besitzt andererseits $g = \sum_{\mu=-\infty}^{\infty} b_\mu X^\mu$ einen Koeffizienten $b_\mu \neq 0$, für den p kein Teiler von μ ist, so ist $Dg \neq 0$, da $\mu \cdot b_\mu \neq 0$ gilt.

Aus der Produktregel kann man auf einfachem Wege auch die *Quotientenregel* erschließen:

Korollar. *Seien $f, g \in L$ und $g \neq 0$. Dann gilt:*

$$D\left(\frac{f}{g}\right) = \frac{gD(f) - fD(g)}{g^2}.$$

Beweis. i) Es ist $g \cdot \dfrac{1}{g} = 1$, also $\dfrac{1}{g} D(g) + g D\left(\dfrac{1}{g}\right) = D(1) = 0$. Durch Auflösen nach $D\left(\dfrac{1}{g}\right)$ ergibt sich der Spezialfall:

$$D\left(\frac{1}{g}\right) = -\frac{D(g)}{g^2}$$

ii) Erneute Anwendung der Produktregel auf $f \cdot \dfrac{1}{g}$ liefert die Behauptung. □

Def. 16. *Mehrfache Ableitungen $D^j, j \in \mathbb{N}$, werden induktiv definiert durch $D^1 := D, D^{j+1} := D \circ D^j$. Außerdem setzt man $D^0 := \mathrm{id} : L \to L$.*

Für die Abbildungen D^j gelten die folgenden Formeln:

Satz 29. *Sei $f = \sum_{\nu=-\infty}^{\infty} a_\nu X^\nu \in L$ und $j \in \mathbb{N}$. Dann gilt:*

i) $D^j f = \sum_{\nu=-\infty}^{\infty} \nu(\nu-1)\ldots(\nu-j+1) a_\nu X^{\nu-j}$.

(Man beachte, daß darin die Koeffizienten von $D^j f$ für $\nu = 0, \ldots, j-1$ verschwinden.)

ii) *Ist $f \in k\{X\}$, so gilt die Taylorsche Koeffizientenformel*
$$(D^j f)(0) = j! a_j.$$

iii) *D^j ist k-linear und erfüllt die Leibnizsche Produktregel für $f, g \in L$:*
$$D^j(f \cdot g) = \sum_{\nu=0}^{j} \binom{j}{\nu} D^\nu(f) D^{j-\nu}(g).$$

$\binom{j}{\nu}$ *ist eine natürliche Zahl und bedeutet die $\binom{j}{\nu}$-fache Summe der $1 \in k$.*

Beweis. i) ergibt sich sofort aus der Def. von D und D^j.

ii) und die k-Linearität von D^j folgen dann aus i). Die Leibnizsche Produktregel wird durch Induktion nach j bewiesen. Für $j = 1$ geht sie in die einfache Produktregel über. Nun gelte die Formel für j. Dann erhält man für $j+1$:

$$D^{j+1}(f \cdot g)$$
$$= D\left(\sum_{\nu=0}^{j} \binom{j}{\nu} D^\nu(f) D^{j-\nu}(g)\right)$$
$$= \sum_{\nu=0}^{j} D\left[\binom{j}{\nu} D^\nu(f) D^{j-\nu}(g)\right]$$
$$= \sum_{\nu=0}^{j} \left[\binom{j}{\nu} D^{\nu+1}(f) D^{j-\nu}(g) + \binom{j}{\nu} D^\nu(f) D^{j-\nu+1}(g)\right]$$
$$= \sum_{\nu=0}^{j} \binom{j}{\nu} D^{\nu+1}(f) D^{j-\nu}(g) + \sum_{\nu=0}^{j} \binom{j}{\nu} D^\nu(f) D^{j-\nu+1}(g)$$
$$= g D^{j+1}(f) + f D^{j+1}(g) + \sum_{\nu=0}^{j-1} \binom{j}{\nu} D^{\nu+1}(f) D^{j-\nu}(g) + \sum_{\nu=1}^{j} \binom{j}{\nu} D^\nu(f) D^{j-\nu+1}(g)$$

und durch eine Umbenennung des Summationsindex ν in der ersten Summe und Zusammenfassung beider Summen ergibt sich weiter:

$$= g D^{j+1}(f) + f D^{j+1}(g) + \sum_{\nu=1}^{j} \left[\binom{j}{\nu-1} + \binom{j}{\nu}\right] D^\nu(f) D^{j+1-\nu}(g)$$
$$= \sum_{\nu=0}^{j+1} \binom{j+1}{\nu} D^\nu(f) D^{j+1-\nu}(g),$$

da $\binom{j}{\nu-1} + \binom{j}{\nu} = \binom{j+1}{\nu}$ ist. Damit ist der Satz bewiesen. □

Man könnte versuchen, die Beziehung ii) für $f \in k\{X\}$ zu
$$a_j = \frac{(D^j f)(0)}{j!}$$

§ 2. Formale Potenz- und Laurentreihen

umzuschreiben, und bekäme damit die gewohnte *Taylorreihe*

$$f = \sum_{j=0}^{\infty} \frac{(D^j f)(0)}{j!} X^j. \tag{12}$$

Falls die Charakteristik des Grundkörpers Null ist, ist dieser Schluß auch richtig. Ist jedoch char $k = p \neq 0$, so ist offenbar $j! \cdot 1 = 0$, $1 \in k$, sobald $j \geq p$ wird. Man kann in diesem Fall also aus ii) nur die Koeffizienten a_j von f berechnen, für die $0 \leq j < p$ ist. (12) ist dann sinnlos. Man erhält demnach:

Die Beziehung (12) gilt genau dann, wenn char $k = 0$ ist.

In der folgenden Definition wird nun ein modifizierter Differentialoperator auf $k\{X\}$ eingeführt, für den man über allen Grundkörpern k die Taylorreihe hat.

Def. 17. *Sei* $j \in \mathbb{N} \cup \{0\}$ *und* $f = \sum_{v=0}^{\infty} a_v X^v \in k\{X\}$. *Es sei*

$$\Delta^j f := \sum_{v=j}^{\infty} \binom{v}{j} a_v X^{v-j} \in k\{X\}.$$

Insbesondere ist $\Delta^0 f = f$.

Satz 30. *Der Operator* Δ^j, $j \in \mathbb{N} \cup \{0\}$, *ist k-linear, und es gelten die folgenden Gesetze:*

i) $D^j = j! \Delta^j$.

ii) $(\Delta^j f)(0) = a_j$ *für* $f = \sum_{v=0}^{\infty} a_v X^v \in k\{X\}$.

iii) $f = \sum_{v=0}^{\infty} (\Delta^v f)(0) X^v$ *für alle* $f \in k\{X\}$ *(Taylorreihe)*.

Beweis. i) Sei $f = \sum_{v=0}^{\infty} a_v X^v \in k\{X\}$. Dann ist

$$j! \Delta^j f = \sum_{v=j}^{\infty} j! \binom{v}{j} a_v X^{v-j} = \sum_{v=j}^{\infty} v(v-1)\ldots(v-j+1) a_v X^{v-j}$$
$$= D^j f$$

lt. Satz 29, i).

ii) Die Beziehung $(\Delta^j f)(0) = a_j$ folgt wegen $\binom{j}{j} = 1$ unmittelbar aus Def. 17.

iii) ist eine direkte Folge von ii). □

Beispiel. Es sei char $k = p \neq 0$ und $f := X^p \in k\{X\}$. Dann ist $D(X^p) = p X^{p-1} = 0$ und also $D^j(X^p) = 0$ für alle $j \in \mathbb{N}$. Ebenso ist $\Delta(X^p) = D(X^p) = 0$, und ist $1 \leq j < p$, so erhält man

$$\Delta^j(X^p) = \binom{p}{j} X^{p-j} = 0,$$

da p ein Teiler von $\binom{p}{j}$ ist. Da außerdem $\Delta^j(X^p) = 0$ für $j > p$ gilt, hat man insgesamt

$$\Delta^j(X^p) = \begin{cases} 1 & \text{für } j = p \\ 0 & \text{für } p \ne j \in \mathbb{N} \end{cases}.$$

§ 3. Analytische k-Algebren

1. Die Algebren B_t und A_t. Mit diesem Abschnitt wenden wir uns dem Hauptthemenkreis dieses Paragraphen und zugleich des ganzen Kapitels zu: konvergenten Potenzreihen über einem vollständig bewerteten Körper. Es sei deshalb von jetzt an k immer ein vollständig bewerteter Körper.

Def. 18. *Zu $t \in \mathbb{R}$, $t > 0$, werde die Abbildung $|\ |_t : k\{X\} \to \mathbb{R} \cup \{\infty\}$ definiert durch*

$$|f|_t := \sum_{v=0}^{\infty} |a_v| t^v, \quad \text{falls} \quad f = \sum_{v=0}^{\infty} a_v X^v \in k\{X\}.$$

Damit sei gesetzt

$$B_t := \{f \in k\{X\} : |f|_t < \infty\}.$$

Offenbar ist in jedem Fall $B_t \ne \emptyset$, denn es ist $k[X] \subset B_t$. Wenn die Bewertung auf k trivial ist, so ist für $t < 1$ $B_t = k\{X\}$, denn es ist dann

$$\sum_{v=0}^{\infty} |a_v| t^v \le \sum_{v=0}^{\infty} t^v = \frac{1}{1-t} < \infty$$

für alle $f = \sum_{v=0}^{\infty} a_v X^v \in k\{X\}$; für $t \ge 1$ ist in diesem Fall $B_t = k[X]$, da man dann

$$|f|_t = \sum_{v=0}^{\infty} |a_v| t^v \ge \sum_{v=0}^{\infty} |a_v|$$

abschätzen kann, und da für $f \in k\{X\} \smallsetminus k[X]$ in der rechten Summe unendlich oft die 1 als Summand auftritt.

Satz 31. *B_t ist bezüglich der von $k\{X\}$ auf B_t induzierten Operationen eine nullteilerfreie k-Algebra, auf der durch $|\ |_t$ eine Norm, die sogenannte Gauß-Norm, definiert ist.*

Beweis. Zum Nachweis, daß B_t eine k-Algebra bezüglich der durch $k\{X\}$ induzierten Operationen ist, genügt es, zu zeigen, daß mit $f, g \in B_t$ auch $f + g \in B_t$ und $f \cdot g \in B_t$ sind (man beachte, daß $k \subset B_t$). Nach bekannten Sätzen

§ 3. Analytische k-Algebren

über reelle Reihen erhält man mit $f = \sum_{\nu=0}^{\infty} a_\nu X^\nu$ und $g = \sum_{\nu=0}^{\infty} b_\nu X^\nu$

$$|f+g|_t = \sum_{\nu=0}^{\infty} |a_\nu + b_\nu| t^\nu$$

$$\leq \sum_{\nu=0}^{\infty} (|a_\nu| + |b_\nu|) t^\nu$$

$$= \sum_{\nu=0}^{\infty} |a_\nu| t^\nu + \sum_{\nu=0}^{\infty} |b_\nu| t^\nu = |f|_t + |g|_t < \infty,$$

also $f+g \in B_t$ und $|f+g|_t \leq |f|_t + |g|_t$.

Weiter ist $f \cdot g = \sum_{\nu=0}^{\infty} c_\nu X^\nu$ mit $c_\nu = \sum_{\mu+\lambda=\nu} a_\mu b_\lambda$, so daß man folgendermaßen abschätzen kann:

$$|f \cdot g|_t = \sum_{\nu=0}^{\infty} |c_\nu| t^\nu = \sum_{\nu=0}^{\infty} \left| \sum_{\mu+\lambda=\nu} a_\mu b_\lambda \right| t^\nu$$

$$\leq \sum_{\nu=0}^{\infty} \left(\sum_{\mu+\lambda=\nu} |a_\mu| |b_\lambda| \right) t^\nu$$

$$= \left(\sum_{\mu=0}^{\infty} |a_\mu| t^\mu \right) \left(\sum_{\lambda=0}^{\infty} |b_\lambda| t^\lambda \right)$$

$$= |f|_t \cdot |g|_t < \infty,$$

also ist $f \cdot g \in B_t$ und $|f \cdot g|_t \leq |f|_t \cdot |g|_t$.

Offenbar ist außerdem $|f|_t = \sum_{\nu=0}^{\infty} |a_\nu| t^\nu = 0$ genau dann, wenn $f = 0$, und für $f = \sum_{\nu=0}^{\infty} a_\nu X^\nu \in B_t$ und $\alpha \in k$ gilt

$$|\alpha \cdot f|_t = \sum_{\nu=0}^{\infty} |\alpha \cdot a_\nu| t^\nu = |\alpha| \cdot \sum_{\nu=0}^{\infty} |a_\nu| t^\nu = |\alpha| \cdot |f|_t.$$

Insgesamt ist damit gezeigt, daß B_t eine durch $|\ |_t$ normierte k-Algebra ist. Sie ist wegen $B_t \subset k\{X\}$ wie $k\{X\}$ selber nullteilerfrei. □

Es gilt im allgemeinen nicht $|f \cdot g|_t = |f|_t \cdot |g|_t$, wie das folgende Beispiel zeigt: Sei $t > 0$, und $f := 1 + X$, $g := 1 - X$. Dann ist:

$$|f|_t \cdot |g|_t = (1+t)^2 = 1 + 2t + t^2,$$

$$|f \cdot g|_t = 1 + t^2 \neq |f|_t \cdot |g|_t, \quad \text{da} \quad 2t > 0.$$

Ein erstes wesentliches Hilfsmittel zur Untersuchung der Algebren B_t liefert der folgende

Satz 32 (Cauchysche Koeffizientenabschätzung). *Sei* $f = \sum_{\nu=0}^{\infty} a_\nu X^\nu \in B_t$. *Dann gilt für alle* ν

$$|a_\nu| \leq \frac{|f|_t}{t^\nu}.$$

Beweis. Es ist offenbar $|f|_t = \sum_{\mu=0}^{\infty} |a_\mu| t^\mu \geq |a_\nu| t^\nu$. □

Bemerkung. Für den mit der Funktionentheorie schon vertrauten Leser sei gesagt, daß im Vergleich zu der in der Literatur gebräuchlichen Bezeichnung in den in Satz 32 angegebenen Abschätzungen eine andere, schwächere Norm verwandt ist. Wegen der üblichen Cauchyschen Ungleichungen wird auf Satz III, 2 verwiesen.

Satz 33. *B_t ist bezüglich der Norm $|\ |_t$ eine k-Banachalgebra.*

Beweis. Es braucht nur noch die Vollständigkeit von B_t bewiesen zu werden. Sei also $\{f_j\}_{j \in \mathbb{N}}$ eine Cauchy-Folge aus B_t bezüglich der Norm $|\ |_t$, und sei

$$f_j = \sum_{\nu=0}^{\infty} a_{j\nu} X^\nu.$$

Wegen der Cauchyschen Ungleichungen gilt für jedes $\nu \in \mathbb{N} \cup \{0\}$ und beliebige $j, l \in \mathbb{N}$

$$|a_{j\nu} - a_{l\nu}| \leq \frac{|f_j - f_l|_t}{t^\nu}.$$

Das bedeutet, daß für festes ν die Folge $(a_{j\nu})_{j=1}^{\infty}$ eine Cauchy-Folge in k ist. Da k vollständig ist, ist $(a_{j\nu})_{j=1}^{\infty}$ konvergent in k, und man kann setzen

$$a_\nu := \lim_{j \to \infty} a_{j\nu}, \quad \nu \in \mathbb{N} \cup \{0\}.$$

Es soll gezeigt werden, daß

$$f := \sum_{\nu=0}^{\infty} a_\nu X^\nu$$

der gesuchte Grenzwert von (f_j) in B_t ist. Dazu sei $\varepsilon > 0$ vorgegeben. Es gibt ein $m(\varepsilon) \in \mathbb{N}$, so daß für alle $j, l \geq m(\varepsilon)$ gilt:

$$|f_j - f_l|_t < \frac{\varepsilon}{2},$$

d. h.

$$\sum_{\nu=0}^{\infty} |a_{j\nu} - a_{l\nu}| t^\nu < \frac{\varepsilon}{2};$$

insbesondere gilt für jedes $n \in \mathbb{N}$

$$\sum_{\nu=0}^{n} |a_{j\nu} - a_{l\nu}| t^\nu < \frac{\varepsilon}{2}$$

und da die Betragsfunktion $|\ |$ auf k stetig ist, folgt daraus

$$\sum_{\nu=0}^{n} |a_\nu - a_{l\nu}| t^\nu = \lim_{j \to \infty} \sum_{\nu=0}^{n} |a_{j\nu} - a_{l\nu}| t^\nu \leq \frac{\varepsilon}{2},$$

also ist auch

$$|f - f_l|_t = \sum_{v=0}^{\infty} |a_v - a_{lv}| t^v \leq \frac{\varepsilon}{2} < \varepsilon \quad \text{für alle} \quad l \geq m(\varepsilon).$$

Das bedeutet, daß $f - f_l \in B_t$ für $l \geq m(\varepsilon)$ und damit $f = (f - f_l) + f_l \in B_t$. Da $\varepsilon > 0$ beliebig vorgegeben war, ergibt die Abschätzung für $|f - f_l|_t$ schließlich $f = \lim_{l \to \infty} f_l$. Damit ist der Satz bewiesen. □

Aus Def. 18 ergibt sich sofort, daß die k-Algebren B_t bezüglich der Inklusion in Abhängigkeit vom Parameter t (umgekehrt) linear geordnet sind, d. h. für $t \leq s$ gilt

$$B_s \subset B_t. \tag{13}$$

Ist nun ein $f \in k\{X\}$ vorgegeben, so kann man nach Kriterien dafür fragen, wann f in einem B_t enthalten ist. Eine Aussage dieser Art liefert

Satz 34 (Abelsches Lemma). *Sei* $f = \sum_{v=0}^{\infty} a_v X^v \in k\{X\}$. *Es gebe positive reelle Zahlen s, M mit der Eigenschaft*

$$|a_v| s^v \leq M \quad \text{für alle} \quad v \in \mathbb{N} \cup \{0\}.$$

Dann ist $f \in B_t$ für alle $t < s$, und es gilt die Abschätzung

$$|f|_t \leq \frac{M}{1 - \dfrac{t}{s}}.$$

Beweis. Sei $0 < t < s$. Dann kann man $|f|_t$ folgendermaßen abschätzen:

$$|f|_t = \sum_{v=0}^{\infty} |a_v| t^v = \sum_{v=0}^{\infty} (|a_v| s^v) \frac{t^v}{s^v} \leq M \sum_{v=0}^{\infty} \left(\frac{t}{s}\right)^v$$

$$= \frac{M}{1 - \dfrac{t}{s}} < \infty.$$

Das beweist Satz 34. □

Man kann unter den Voraussetzungen dieses Satzes im allgemeinen nicht erwarten, daß sogar $f \in B_s$ gilt, wie schon das Beispiel der geometrischen Reihe $f = \sum_{v=0}^{\infty} X^v$ über jedem bewerteten Körper k zeigt. Dafür kann man nämlich offenbar $s = 1$ und $M = 1$ wählen, während $|f|_1 = \sum_{v=0}^{\infty} 1^v = \infty$ gilt. Deshalb liegt es nahe, zur einfacheren Formulierung dieses und vieler späterer Ergebnisse noch den folgenden zweiten Typ von Algebren konvergenter Potenzreihen zum Parameter $t > 0$ einzuführen:

Def. 19. Sei $t > 0$. Dann setze man

$$A_t := \bigcap_{0 < \varrho < t} B_\varrho \quad \text{und} \quad A_\infty := \bigcap_{\varrho > 0} B_\varrho.$$

Satz 35. A_t *ist eine k-Unteralgebra von $k\{X\}$, und es ist*

$$A_t = \left\{ f = \sum_{\nu=0}^\infty a_\nu X^\nu \in k\{X\} : \sum_{\nu=0}^\infty |a_\nu| \varrho^\nu < \infty \quad \text{für alle} \quad \varrho < t \right\}.$$

Der Beweis kann dem Leser überlassen werden.

Damit kann man Satz 34 umformulieren zu

Satz 34′. *Unter den in Satz 34 angegebenen Voraussetzungen gilt $f \in A_s$.*

Auch für die Algebren A_t gilt:

$$A_s \subset A_t, \quad \text{wenn} \quad t \leq s. \tag{14}$$

Man kann deshalb fragen, ob es zu vorgegebenem $f \in k\{X\}$ immer ein größtes $0 < t \in \mathbb{R} \cup \{\infty\}$ gibt, so daß $f \in A_t$, aber $f \notin A_\varrho$ für $\varrho > t$ gilt. Man definiert zunächst:

Def. 20. *Sei $f \in k\{X\}$ in einem B_t enthalten. Dann nennt man die Zahl*

$$r(f) := \sup\{t > 0 : f \in B_t\} = \sup\{t > 0 : f \in A_t\}$$

den Konvergenzradius von f. Ist $f \in k\{X\}$ in keinem B_t enthalten, setzt man

$$r(f) := 0.$$

Der Konvergenzradius $r(f)$ läßt sich nach der folgenden Formel aus den Koeffizienten a_ν von f berechnen.

Satz 36 (Hadamardsche Formel). *Sei $f = \sum_{\nu=0}^\infty a_\nu X^\nu \in k\{X\}$. Dann ist*

$$r(f) = \frac{1}{\limsup_{\nu \to \infty} \sqrt[\nu]{|a_\nu|}}.$$

$\left(\text{Dabei sei } \dfrac{1}{0} := \infty \text{ und } \dfrac{1}{\infty} := 0 \text{ gesetzt.}\right)$

Beweis. Die Hadamardsche Formel ist für Potenzreihen über dem Körper $\mathbb{R}$ aus der Differentialrechnung bekannt (vgl. [6]). Nun ist aber nach der Definition von $r(f)$ sowie von B_t (bzw. A_t) der Konvergenzradius $r(f)$ gerade gleich dem Konvergenzradius der reellen Potenzreihe $g = \sum_{\nu=0}^\infty |a_\nu| X^\nu$. Wendet man auf g die bekannte Formel an, ergibt das die gewünschte Beziehung. □

§ 3. Analytische k-Algebren

Ist $f \in k\{X\}$, so gilt, wie oben gefordert wurde

$$f \in A_{r(f)}, \text{ aber } f \notin A_t \text{ für } t > r(f). \tag{15}$$

Das sieht man folgendermaßen ein: Sei $t < r(f)$. Nach der Definition von $r(f)$ gibt es ein t_1 mit $t \leq t_1 < r(f)$, so daß $f \in B_{t_1}$ ist; also ist lt. (13) auch $f \in B_t$, d.h., es ist $f \in \bigcap_{0 < t < r(f)} B_t = A_{r(f)}$. Daß andererseits $f \notin A_t$ für $t > r(f)$ gilt, ist aus der Definition von $r(f)$ klar. Man beachte im übrigen, daß die zu (15) analoge Beziehung für B_t nicht gelten kann, wie wieder das Beispiel der geometrischen Reihe $f = \sum_{\nu=0}^{\infty} X^\nu$ über einem beliebigen vollständig bewerteten Körper k zeigt. Es ist nämlich $r(f) = 1$, aber $f \notin B_1$.

Man nennt die Algebren A_t und B_t, $t > 0$, auch analytische Algebren zum Parameter t.

2. Beispiele. Aus der Infinitesimalrechnung sind viele Beispiele von Potenzreihen $f \in \mathbb{R}\{X\}$ mit positivem Konvergenzradius $r(f)$ bekannt (vgl. [6], Kap. VI, § 4). Dazu gehören die *Exponentialreihe*

$$f := \sum_{\nu=0}^{\infty} \frac{X^\nu}{\nu!}$$

und die *Binomialreihe*

$$g_a := \sum_{\nu=0}^{\infty} \binom{a}{\nu} X^\nu, \quad a \in \mathbb{R},$$

und es ist bei der üblichen Bewertung von $\mathbb{R}$ $r(f) = \infty$ und $r(g_a) = 1$, also insbesondere $f \in A_\infty$ und $g \in A_1$. Die Koeffizienten der Exponentialreihe sind die rationalen Zahlen $\frac{1}{\nu!}$, $\nu \in \mathbb{N}$, und als solche sind sie sogar in jedem Körper k der Charakteristik 0 enthalten. Das gleiche trifft auch für die Koeffizienten $\binom{a}{\nu}$ der Binomialreihe zu, $a \in \mathbb{Q}$, denn es ist für $\nu \in \mathbb{N}$ definitionsgemäß

$$\binom{a}{\nu} := \frac{a \cdot (a-1) \cdot \ldots \cdot (a-\nu+1)}{\nu!}.$$

Es gilt also für jeden derartigen Körper k

$$f, g_a \in k\{X\}, \quad a \in \mathbb{Q}.$$

Über Körpern $\tilde{k}$ mit char $\tilde{k} = p \neq 0$ können die Exponentialreihe und die Binomialreihe dagegen im allgemeinen nicht erklärt werden, da in den Nennern der Koeffizienten Faktoren p auftreten können, was wegen $p \cdot 1 = 0$, $1 \in \tilde{k}$, nicht sinnvoll ist.

Es sei nun k ein beliebiger vollständig bewerteter Körper mit char $k = 0$. Wie groß sind dann die Konvergenzradien von $f, g_a \in k\{X\}$? Da der Konvergenzradius einer Potenzreihe lt. Satz 36 nur von den Beträgen ihrer Koeffizienten abhängt, und da die Koeffizienten von f und g_a in $\mathbb{Q} \subset k$ liegen, braucht bei der Untersuchung dieser Frage nur die Beschränkung der Bewertung $|\ |$ von k auf $\mathbb{Q}$ beachtet zu werden. Da weiter g_a für nicht-negative ganze a ein Polynom und also $r(g_a) = \infty$ ist, braucht g_a nur noch für $a \in \mathbb{Q} \smallsetminus \mathbb{N}$, $a \neq 0$, untersucht zu werden.

1. Fall: $|\ |$ ist auf $\mathbb{Q}$ trivial. Da weder f noch g_a Polynome sind, folgt aus der Bemerkung im Anschluß an Def. 18

$$r(f) = r(g_a) = 1.$$

2. Fall: Es gibt ein $\alpha \in \mathbb{R}, 0 < \alpha \leq 1$, so daß gilt:

$$|x| = |x|_\infty^\alpha \quad \text{für alle} \quad x \in \mathbb{Q} \subset k.$$

Da, wie oben erwähnt, bei $\alpha = 1$ die Radien $r(f) = \infty$ und $r(g_a) = 1$ sind, gilt auch hier (lt. Satz 36)

$$r(f) = \infty \quad r(g_a) = 1.$$

3. Fall: Es gibt ein $\varepsilon \in \mathbb{R}, 0 < \varepsilon \leq 1$, und eine Primzahl p, so daß gilt

$$|x| = \varepsilon^{v_p(x)} \quad \text{für alle} \quad x \in \mathbb{Q} \subset k, x \neq 0. \tag{16}$$

(Vgl. dazu § 1.2).

Satz 37. *Der Körper k, char $k = 0$, sei nicht-archimedisch vollständig bewertet, so daß (16) erfüllt ist, und es sei*

$$f := \sum_{\nu=0}^{\infty} \frac{1}{\nu!} X^\nu.$$

Dann ist

$$r(f) = \varepsilon^{\frac{1}{p-1}}.$$

Beweis. i) Es wird zunächst gezeigt, daß $r(f) \geq \varepsilon^{\frac{1}{p-1}}$ ist. Dazu wird $v_p(\nu!)$ für $\nu \in \mathbb{N}$ folgendermaßen nach oben abgeschätzt: Von den Zahlen $1, 2, 3, \ldots, \nu$ ist genau jede p-te Zahl durch p teilbar. Das sind also $\left[\dfrac{\nu}{p}\right]$ Zahlen, wenn für $x \in \mathbb{R}$ wie üblich mit $[x]$ die eindeutig bestimmte ganze Zahl y mit $y \leq x < y + 1$ bezeichnet wird.

Von diesen $\nu_1 := \left[\dfrac{\nu}{p}\right]$ Zahlen ist wiederum jede p-te Zahl ein weiteres Mal durch p teilbar; also $\nu_2 := \left[\dfrac{\nu_1}{p}\right]$ Zahlen sind mindestens durch p^2 teilbar. Durch

§ 3. Analytische k-Algebren 107

Wiederholung dieses Prozesses erhält man eine absteigende Folge $v_1, v_2, v_3, \ldots$ nicht-negativer ganzer Zahlen, die nach endlich vielen, etwa s Schritten bei 0 ankommt, und es gilt offenbar gerade:

$$v_p(v!) = \sum_{\mu=1}^{s} v_\mu.$$

Nun ist aber $v_1 \leq \dfrac{v}{p}$ und deshalb $v_2 \leq \left[\dfrac{v}{p^2}\right] \leq \dfrac{v}{p^2}$ usw., so daß man erhält:

$$v_p(v!) \leq \sum_{\mu=1}^{s} \frac{v}{p^\mu} < \sum_{\mu=1}^{\infty} \frac{v}{p^\mu} = \frac{v}{p-1}.$$

Daraus folgt $v_p\left(\dfrac{1}{v!}\right) = -v_p(v!) \geq -\dfrac{v}{p-1}$, und wegen (16) ergibt das

$$\left|\frac{1}{v!}\right| = \varepsilon^{v_p\left(\frac{1}{v!}\right)} \leq \varepsilon^{-\frac{v}{p-1}}.$$

Also ist $\limsup \sqrt[v]{\left|\dfrac{1}{v!}\right|} \leq \varepsilon^{-\frac{1}{p-1}}$. Mit Satz 36 erhält man also

$$r(f) \geq \varepsilon^{\frac{1}{p-1}}.$$

ii) Um zu zeigen, daß ebenfalls $r(f) \leq \varepsilon^{\frac{1}{p-1}}$ gilt, betrachte man die unendliche Teilfolge der Koeffizienten von f, die die Form $\dfrac{1}{p^\lambda!}$, $\lambda \in \mathbb{N}$, haben. In diesem Fall ist, wie man durch eine zu i) analoge Überlegung sofort sieht,

$$v_p\left(\frac{1}{p^\lambda!}\right) = -v_p(p^\lambda!) = -\sum_{\mu=1}^{\lambda} \frac{p^\lambda}{p^\mu} = -p^{\lambda-1}\frac{1-\frac{1}{p^\lambda}}{1-\frac{1}{p}} = -\frac{p^\lambda - 1}{p-1}.$$

Nun sei $t \in \mathbb{R}$ mit $t > \varepsilon^{\frac{1}{p-1}}$ beliebig gewählt. Dann erhält man für alle $\lambda \in \mathbb{N}$:

$$\left|\frac{1}{p^\lambda!}\right| \cdot t^{p^\lambda} > \varepsilon^{-\frac{p^\lambda-1}{p-1}} \cdot \varepsilon^{\frac{p^\lambda}{p-1}} = \varepsilon^{\frac{1}{p-1}}$$

Deshalb ist $\sum_{v=0}^{\infty} \left|\dfrac{1}{v!}\right| t^v = \infty$, was zeigt, daß $r(f) \leq \varepsilon^{\frac{1}{p-1}}$ ist. □

Die Binomialreihe g_a soll in diesem Fall nur für $a = \dfrac{1}{m}$ mit $m \in \mathbb{N} \setminus \{1\}$ betrachtet werden. Außerdem wollen wir uns damit begnügen, ihren Konvergenzradius nach unten abzuschätzen. Es gilt:

Satz 38. *Die Voraussetzungen an den Grundkörper k seien die Gleichen wie in Satz 37. Für $m \in \mathbb{N} \smallsetminus \{1\}$ sei*

$$g_{1/m} := \sum_{\nu=0}^{\infty} \binom{\frac{1}{m}}{\nu} X^{\nu}. \quad \text{Dann ist} \quad r(g_{1/m}) \geq |m| \cdot \varepsilon^{\frac{1}{p-1}} > 0$$

Beweis. Es gilt $v_p\left(\frac{1}{m}\right) \leq 0$ und $v_p(\mu) \geq 0$ für alle $\mu \in \mathbb{N}$. Daraus folgt lt. Satz 2:

$$v_p\left(\frac{1}{m} - \mu\right) \geq \min\left(v_p\left(\frac{1}{m}\right), v_p(\mu)\right) = v_p\left(\frac{1}{m}\right),$$

was sofort die folgende Abschätzung liefert:

$$v_p\left(\binom{\frac{1}{m}}{\nu}\right) = v_p\left(\frac{\frac{1}{m}\left(\frac{1}{m}-1\right)\cdots\left(\frac{1}{m}-\nu+1\right)}{\nu!}\right) \geq \nu \cdot v_p\left(\frac{1}{m}\right) - v_p(\nu!) = v_p\left(\frac{\left(\frac{1}{m}\right)^{\nu}}{\nu!}\right)$$

für alle $\nu \in \mathbb{N}$. Es gilt also für jedes $t > 0$

$$\left|\binom{\frac{1}{m}}{\nu}\right| t^{\nu} \leq \frac{1}{|\nu!|}\left(\frac{t}{|m|}\right)^{\nu}.$$

Auf der rechten Seite dieser Ungleichung steht gerade der ν-te Summand der absoluten Exponentialreihe im Punkt $\frac{t}{|m|}$. Daraus folgt $r(g_{1/m}) \geq |m| \cdot r(f)$, was mit Satz 37 die gewünschte Abschätzung ergibt. $\square$

Damit ist es gelungen, die Konvergenzradien der Exponentialreihe und der Binomialreihe g_a – jedenfalls für $a \in \mathbb{N} \cup \{0\}$ und $a = \frac{1}{m}$ mit $m \in \mathbb{N} \smallsetminus \{1\}$ – für alle uns bekannten Bewertungen auf $\mathbb{Q}$ zu bestimmen bzw. abzuschätzen. Nach den in § 1.4 angegebenen, aber nicht bewiesenen Sätzen 7 und 8 sind das sogar alle Bewertungen auf $\mathbb{Q}$, so daß damit die Reihen sogar über allen vollständig bewerteten Körpern k mit $\operatorname{char} k = 0$ behandelt sind. $\square$

3. Analytische Substitutionshomomorphismen und Differentialoperatoren.

In § 2, Abschnitt 2 und 3 wurden Substitutionshomomorphismen und die Differentialoperatoren D^j und Δ^j, $j \in \mathbb{N}$, auf $k\{X\}$ (bzw. sogar auf L) studiert. Hier sollen die Einschränkungen dieser Abbildungen auf die analytischen Algebren B_t und A_t, $t > 0$, betrachtet werden.

Natürlich kann man nicht erwarten, daß die Einschränkung eines beliebigen (Substitutions-) Homomorphismus

$$\varphi : k\{X\} \to k\{Y\}$$

§ 3. Analytische k-Algebren 109

auf B_t oder A_t, $t>0$, diese Algebren in sich oder wenigstens wieder in ein B_r oder A_r mit $r>0$ abbildet. Vielmehr muß zumindest das Element $\varphi(X)$ wieder in einem B_r oder A_r liegen. Der folgende Satz zeigt, daß diese notwendige Voraussetzung auch ausreicht.

Satz 39. *Sei $\varphi_g : k\{X\} \to k\{Y\}$ der durch $g = \varphi_g(X)$ definierte Substitutionshomomorphismus. Es gebe ein $r>0$, so daß $g \in B_r \subset k\{Y\}$. Ferner sei $t>0$ vorgegeben. Dann gibt es stets ein s mit $0<s\leq r$, so daß*

$$|g|_s = |\varphi_g(X)|_s \leq t \tag{17}$$

ist, und für alle solche s gilt:

$$\varphi_g | B_t : B_t \to B_s;$$

genauer gilt sogar $|\varphi_g(f)|_s \leq |f|_t$, und es ist im Sinne der Topologie auf B_s

$$\varphi_g(f) = \lim_{n \to \infty} \sum_{\nu=0}^{n} a_\nu g^\nu \text{ für alle } f \in B_t.$$

Beweis. i) $g \in k\{Y\}$ definiert genau dann einen Homomorphismus, der die Voraussetzungen des Satzes erfüllt, wenn $o(g) \geq 1$ (vgl. Satz 25 und 27), und wenn es ein $r>0$ mit $g \in B_r$ gibt. Die Beziehung (17) ist identisch mit der

Hilfsaussage. Sei $g \in B_r$, $r>0$, $o(g) \geq 1$. Dann gilt

$$\lim_{s \to 0} |g|_s = 0.$$

Sei $g = \sum_{\nu=1}^{\infty} b_\nu Y^\nu$. Dann folgt für $0 < s \leq r$:

$$|g|_s = \sum_{\nu=1}^{\infty} |b_\nu| s^\nu = s \sum_{\nu=1}^{\infty} |b_\nu| s^{\nu-1} \leq \frac{s}{r} \sum_{\nu=1}^{\infty} |b_\nu| r^\nu = \frac{s}{r} |g|_r$$

und daher $\lim_{s \to 0} |g|_s = 0$.

Nun seien $t>0$ und dazu s mit $0<s\leq r$ so gewählt, daß $|g|_s \leq t$; ferner sei $f = \sum_{\nu=0}^{\infty} a_\nu X^\nu \in B_t$. Dann gibt es zu vorgegebenem $\varepsilon>0$ ein $n_0 \in \mathbb{N}$, so daß man für alle $n \geq n_0$ hat

$$\sum_{\nu=n+1}^{\infty} |a_\nu| t^\nu < \varepsilon.$$

Es soll nun gezeigt werden, daß für diese n schon gilt

$$\left| \varphi_g(f) - \sum_{\nu=0}^{n} a_\nu g^\nu \right|_s < \varepsilon.$$

Für beliebiges $n \in \mathbb{N} \cup \{0\}$ ist in $k\{Y\}$

$$\varphi_g(f) - \sum_{\nu=0}^{n} a_\nu g^\nu = \sum_{\nu=n+1}^{\infty} a_\nu g^\nu,$$

und wegen $o(g) \geq 1$ hat man $o(g^\nu) \geq \nu$. Man kann also g^ν in der Form schreiben

$$g^\nu = \sum_{\mu=\nu}^{\infty} b_{\nu\mu} Y^\mu,$$

und damit erhält man lt. Def. 11

$$\sum_{\nu=n+1}^{\infty} a_\nu g^\nu = \sum_{\nu=n+1}^{\infty} a_\nu \left(\sum_{\mu=\nu}^{\infty} b_{\nu\mu} Y^\mu \right) = \sum_{\mu=n+1}^{\infty} \left(\sum_{\nu=n+1}^{\mu} a_\nu b_{\nu\mu} \right) Y^\mu.$$

Es ist also

$$\left| \varphi_g(f) - \sum_{\nu=0}^{n} a_\nu g^\nu \right|_s = \sum_{\mu=n+1}^{\infty} \left| \sum_{\nu=n+1}^{\mu} a_\nu b_{\nu\mu} \right| s^\mu$$

$$\leq \sum_{\mu=n+1}^{\infty} \left(\sum_{\nu=n+1}^{\mu} |a_\nu| |b_{\nu\mu}| \right) s^\mu = \sum_{\nu=n+1}^{\infty} |a_\nu| \left(\sum_{\mu=\nu}^{\infty} |b_{\nu\mu}| s^\mu \right)$$

$$= \sum_{\nu=n+1}^{\infty} |a_\nu| \, |g^\nu|_s \leq \sum_{\nu=n+1}^{\infty} |a_\nu| \, |g|_s^\nu \leq \sum_{\nu=n+1}^{\infty} |a_\nu| t^\nu.$$

Falls $n \geq n_0$ ist, wird der Ausdruck rechts $< \varepsilon$, was die gewünschte Abschätzung liefert. Aus ihr folgt zunächst $\varphi_g(f) - \sum_{\nu=0}^{n} a_\nu g^\nu \in B_s$ und damit auch $\varphi_g(f) \in B_s$, und gleichzeitig beweist sie, daß im Sinn der Topologie auf B_s $\lim_{n \to \infty} \sum_{\nu=0}^{n} a_\nu g^\nu = \varphi_g(f)$ gilt. Setzt man schließlich in der obigen Abschätzung $n=0$, so erhält man:

$$|\varphi_g(f) - a_0|_s \leq |f - a_0|_t;$$

und daraus folgt $|\varphi_g(f)|_s \leq |f|_t$, da sowohl $\varphi_g(f)(0) = a_0$ als auch $f(0) = a_0$ ist. □

Es bleibt die Frage offen, ob bzw. unter welchen Bedingungen ein k-Algebra-Homomorphismus

$$\psi : B_t \to B_s \qquad t, s > 0$$

ein Substitutionshomomorphismus ist. Satz 27 läßt sich ja nur dann anwenden, wenn man ψ zu einem k-Algebra-Homomorphismus von ganz $k\{X\}$ in $k\{Y\}$ fortsetzen kann. Die weitere Diskussion dieser Frage soll jedoch erst in § 5.2 in einem etwas allgemeineren Zusammenhang erfolgen. – An dieser Stelle seien noch die Differentialoperatoren D^j und Δ^j, $j \in \mathbb{N}$, betrachtet:

Satz 40. *Sei $j \in \mathbb{N}$ und $0 < t < s$. Dann gilt:*

$$D^j : B_s \to B_t \quad und \quad \Delta^j : B_s \to B_t,$$

§ 3. Analytische k-Algebren

und diese Operatoren sind beschränkt, d. h., es gibt ein $M \in \mathbb{R}$, so daß

$$|D^j f|_t \leq M |f|_s \quad \text{und} \quad |\Delta^j f|_t \leq M |f|_s \quad \text{für alle} \quad f \in B_s.$$

Beweis. Sei $f = \sum_{v=0}^{\infty} a_v X^v \in B_s$. i) Die Aussage des Satzes für D^j braucht wegen $D^j = D \circ D^{j-1}$ offenbar nur für D bewiesen zu werden. Es ist

$$|Df|_t = \sum_{v=1}^{\infty} |a_v| \cdot |v| \cdot t^{v-1} \leq t^{-1} \sum_{v=0}^{\infty} v \cdot |a_v| t^v$$

$$= t^{-1} \sum_{v=0}^{\infty} \left(v \cdot \left(\frac{t}{s}\right)^v \right) |a_v| s^v.$$

Wegen $\dfrac{t}{s} < 1$ ist die Folge $\left(v \cdot \left(\dfrac{t}{s}\right)^v \right)$ durch ein $M' \in \mathbb{R}$ beschränkt. (Sie ist sogar eine Nullfolge.) Daher gilt:

$$|Df|_t \leq t^{-1} M' \sum_{v=0}^{\infty} |a_v| s^v = \frac{M'}{t} \cdot |f|_s.$$

ii) Für den Operator Δ^j erhält man:

$$|\Delta^j f|_t = \sum_{v=j}^{\infty} |a_v| \left| \binom{v}{j} \right| t^{v-j}$$

$$\leq \sum_{v=j}^{\infty} \binom{v}{j} |a_v| t^{v-j}$$

$$= t^{-j} \sum_{v=j}^{\infty} |a_v| s^v \binom{v}{j} \left(\frac{t}{s}\right)^v.$$

Nun ist aber offenbar $\binom{v}{j} \left(\dfrac{t}{s}\right)^v \leq v^j \left(\dfrac{t}{s}\right)^v$ für alle $v \geq j$ und die Folge $\left(v^j \cdot \left(\dfrac{t}{s}\right)^v \right)$ eine Nullfolge. $\binom{v}{j} \left(\dfrac{t}{s}\right)$ ist also durch ein M' beschränkt, so daß sich ergibt

$$|\Delta^j f|_t \leq \frac{M'}{t^j} |f|_s.$$

Damit ist der Satz bewiesen. $\square$

Mit Hilfe der Definition der Algebren A_t, $t > 0$, läßt sich der erste Teil dieses Satzes leicht folgendermaßen umformen:

Korollar. *Es sei $t > 0$ und $j \in \mathbb{N}$. Dann sind D^j und Δ^j k-lineare Abbildungen von A_t in sich:*

$$D^j : A_t \to A_t;$$

$$\Delta^j : A_t \to A_t.$$

Man kann fragen, ob man in Satz 40 nicht auch zeigen kann, daß für alle $t > 0$ und alle $j \in \mathbb{N}$ sogar $D^j : B_t \to B_t$ und $\Delta^j : B_t \to B_t$ gilt. Daß dies im allgemeinen nicht möglich ist, zeigt das folgende Beispiel für $k = \mathbb{R}$ oder $k = \mathbb{C}$ mit der üblichen Bewertung $|\ |_\infty$: Es ist $f := \sum_{\nu=1}^{\infty} \frac{1}{\nu^2} X^\nu \in B_1$, denn die Reihe $\sum_{\nu=1}^{\infty} \frac{1}{\nu^2}$ ist konvergent; dagegen liegt $Df = \Delta f = \sum_{\nu=1}^{\infty} \frac{1}{\nu} X^{\nu-1}$ nicht mehr in B_1, da $\sum_{\nu=1}^{\infty} \frac{1}{\nu}$ bekanntlich divergent ist.

4. Topologische Eigenschaften der analytischen Algebren. Die auf den Algebren B_t definierte Norm $|\ |_t$ erzeugt auf B_t in natürlicher Weise eine Metrik und damit auch eine Topologie. Demgegenüber haben wir auf den Algebren A_t bisher keine Topologie eingeführt. Das soll in diesem Abschnitt in einer für die Funktionentheorie geeigneten Weise geschehen. Dazu beachte man, daß lt. Definition von A_t, $t > 0$, gilt:

$$A_t \subset B_\varrho \quad \text{für alle} \quad \varrho < t.$$

Deshalb kann man setzen

$$\mathscr{S} := \{M \cap A_t : \text{es gibt ein } \varrho < t, \text{ so daß } M \text{ offen in } B_\varrho \text{ liegt}\}.$$

Da bei stetigen Abbildungen zwischen topologischen Räumen die Urbilder offener Mengen wieder offen sein müssen, kann man auch sagen: $\mathscr{S}$ besteht aus allen den Mengen, die notwendig offen sein müssen, wenn auf A_t eine solche Topologie gegeben ist, daß alle Einbettungen

$$i_\varrho : A_t \to B_\varrho \quad \text{für} \quad \varrho < t$$

stetig sind.

Def. 21. *Mit τ_1 werde die von $\mathscr{S}$ auf A_t erzeugte Topologie bezeichnet.*

Es ist τ_1 also die gröbste Topologie auf A_t, bezüglich der alle $M \in \mathscr{S}$ offen und damit alle Injektionen i_ϱ, $\varrho < t$, stetig sind.

Zur Charakterisierung der Topologie τ_1 braucht man nicht alle B_ϱ mit $\varrho < t$ ins Spiel zu bringen. Das zeigt der folgende Satz:

Satz 41. *Sei (ϱ_μ) eine streng monoton steigende Folge reeller Zahlen mit $\lim_{\mu \to \infty} \varrho_\mu = t$ und $\varrho_1 > 0$. Dann ist $A_t = \bigcap_{\mu=1}^{\infty} B_{\varrho_\mu}$ und τ_1 ist die gröbste Topologie auf A_t, bezüglich der alle Abbildungen $i_{\varrho_\mu} : A_t \to B_{\varrho_\mu}$ stetig sind; d.h. τ_1 wird von der Subbasis*

$$\tilde{\mathscr{S}} := \{M \cap A_t : \exists \mu, \text{ so daß } M \text{ in } B_{\varrho_\mu} \text{ offen ist}\}$$

erzeugt.

Beweis. Offenbar ist $\tilde{\mathscr{S}}$ ein Teilsystem von $\mathscr{S}$. Sei andererseits $M \cap A_t \in \mathscr{S}$. Dann gibt es ein $\varrho < t$, so daß M in B_ϱ offen ist. Zu ϱ gibt es weiter ein μ, so daß

§ 3. Analytische k-Algebren

$\varrho \leq \varrho_\mu < t$ ist. Dafür gilt

$$M \cap A_t \subset B_{\varrho_\mu} \subset B_\varrho, \tag{18}$$

und aus der Definition der Norm $|\ |_\sigma$, $\sigma > 0$, sieht man sofort, daß

$$|f|_\varrho \leq |f|_{\varrho_\mu} \quad \text{für alle} \quad f \in B_{\varrho_\mu}.$$

Ist also $f_0 \in B_{\varrho_\mu}$ und $\varepsilon > 0$ gegeben, so ist die ε-Kugel um f_0 in B_{ϱ_μ} in der ε-Kugel um f_0 in B_ϱ enthalten:

$$\{f \in B_{\varrho_\mu} : |f - f_0|_{\varrho_\mu} < \varepsilon\} \subset \{f \in B_\varrho : |f - f_0|_\varrho < \varepsilon\}.$$

Aus dieser Tatsache folgt sofort, daß $M \cap B_{\varrho_\mu}$ in B_{ϱ_μ} offen ist. Also ist $M \cap A_t \in \tilde{\mathscr{S}}$ und damit $\mathscr{S} = \tilde{\mathscr{S}}$. Die Beziehung $A_t = \bigcap_{\mu=1}^{\infty} B_{\varrho_\mu}$ folgt unmittelbar aus (18). □

Eine direkte Charakterisierung der Topologie τ_1 auf A_t mit Hilfe der Normen $|\ |_\varrho$ ergibt der folgende Satz:

Satz 42. *Es sei $t > 0$ und (ϱ_μ) eine streng monoton steigende Folge reeller Zahlen mit $\lim_{\mu \to \infty} \varrho_\mu = t$ und $\varrho_1 > 0$. Eine Menge $U \subset A_t$ ist genau dann offen bezüglich der Topologie τ_1, wenn es zu jedem $f_0 \in U$ ein $\varepsilon > 0$ und ein μ gibt, so daß*

$$U_{\varepsilon, \varrho_\mu}(f_0) := \{f \in A_t : |f - f_0|_{\varrho_\mu} < \varepsilon\} \subset U.$$

Beweis. i) Wenn für $U \subset A_t$ das Kriterium des Satzes erfüllt ist, so ist U offen bezüglich τ_1, da jedes $U_{\varepsilon, \varrho_\mu}(f_0)$ offen in B_{ϱ_μ}, also aus $\tilde{\mathscr{S}}$ im Sinne von Satz 41 ist und U Vereinigung solcher $U_{\varepsilon, \varrho_\mu}(f_0)$ ist.

ii) Sei $U \subset A_t$ offen bezüglich τ_1 und $f_0 \in U$. $\tilde{\mathscr{S}}$ sei wie in Satz 41 definiert. Da $\tilde{\mathscr{S}}$ eine Subbasis der Topologie τ_1 ist, ist U Vereinigung von Mengen der Form $U_1 \cap \cdots \cap U_n$ mit $U_\nu \in \tilde{\mathscr{S}}$, $\nu = 1, \ldots, n$. Also gibt es eine solche Menge, für die gilt:

$$f_0 \in U_1 \cap \cdots \cap U_n \subset U, \quad U_\nu \in \tilde{\mathscr{S}}, \quad \nu = 1, \ldots, n.$$

Laut Definition von $\tilde{\mathscr{S}}$ ist jedes U_ν von der Form $U_\nu = \tilde{U}_\nu \cap A_t$ mit einem in einem geeigneten $B_{\varrho_{\mu(\nu)}}$ offenen $\tilde{U}_\nu$. Deshalb gibt es weiter ein ε_ν, so daß

$$f_0 \in U_{\varepsilon_\nu, \varrho_{\mu(\nu)}} \subset U_\nu.$$

Setzt man nun $\varepsilon := \min\{\varepsilon_1, \ldots, \varepsilon_n\}$ und $\varrho_\mu := \max\{\varrho_{\mu(1)}, \ldots, \varrho_{\mu(n)}\}$, so ist $B_{\varrho_\mu} \subset B_{\varrho_{\mu(\nu)}}$ für $\nu = 1, \ldots, n$, und $|f|_{\varrho_\mu} \geq |f|_{\varrho_{\mu(\nu)}}$ für alle $f \in B_{\varrho_\mu}$ und $\nu = 1, \ldots, n$. Deshalb ergibt sich insgesamt:

$$U_{\varepsilon, \varrho_\mu}(f_0) \subset U_{\varepsilon_\nu, \varrho_{\mu(\nu)}} \subset U_\nu \quad \text{für} \quad \nu = 1, \ldots, n,$$

also hat man:

$$U_{\varepsilon, \varrho_\mu}(f_0) \subset U,$$

was zu zeigen war. □

Die Algebra A_t ist bezüglich der Topologie τ_1 vollständig in dem folgenden Sinne:

Satz 43. *Es sei $t > 0$ und (ϱ_μ) eine Folge wie in Satz 41. Ferner sei (f_ν) eine Folge aus A_t, die in jedem B_{ϱ_μ} bezüglich $|\ |_{\varrho_\mu}$ eine Cauchy-Folge sei. Dann konvergiert (f_ν) bezüglich der Topologie τ_1 gegen ein $g \in A_t$.*

Beweis. Da (f_ν) Cauchy-Folge in B_{ϱ_μ} ist, konvergiert (f_ν) lt. Satz 33 in B_{ϱ_μ} gegen ein $g^{(\mu)} \in B_{\varrho_\mu}$, $\mu = 1, 2, \ldots$. Nun seien $\mu', \tilde{\mu} \in \mathbb{N}$ und etwa $\mu' < \tilde{\mu}$. Dann ist auch $\varrho_{\mu'} < \varrho_{\tilde{\mu}}$ und deshalb ist $B_{\varrho_{\tilde{\mu}}} \subset B_{\varrho_{\mu'}}$, insbesondere ist also $g^{(\tilde{\mu})} \in B_{\varrho_{\mu'}}$, und

$$|f_\nu - g^{(\tilde{\mu})}|_{\varrho_{\mu'}} \leq |f_\nu - g^{(\tilde{\mu})}|_{\varrho_{\tilde{\mu}}} \quad \text{für alle } \nu.$$

Also konvergiert (f_ν) auch in $B_{\varrho_{\mu'}}$ gegen $g^{(\tilde{\mu})}$. Daraus folgt, daß

$$g^{(\tilde{\mu})} = g^{(\mu')}$$

ist. Also ist $g^{(1)} = g^{(2)} = \cdots =: g \in \bigcap_{\mu=1}^{\infty} B_{\varrho_\mu} = A_t$.

Es soll nun gezeigt werden, daß g der gesuchte Grenzwert von (f_ν) in A_t bezüglich τ_1 ist. Sei also $U \subset A_t$ eine offene Umgebung von g. Es muß gezeigt werden, daß fast alle f_ν in U liegen. Laut Satz 42 gibt es ein $\varepsilon > 0$ und ein $\mu \in \mathbb{N}$, so daß $U_{\varepsilon, \varrho_\mu}(g) \subset U$. Da (f_ν) in B_{ϱ_μ} gegen $g = g^{(\mu)}$ konvergiert, liegen fast alle f_ν in $U_{\varepsilon, \varrho_\mu}(g)$, also auch in U. □

Im Beweis wurde zugleich gezeigt:

Korollar. *Es seien $t > 0$ und (ϱ_μ) wie in Satz 43. Ferner sei (f_ν) eine Folge aus A_t, die in jedem B_{ϱ_μ} gegen ein $g_\mu \in B_{\varrho_\mu}$ konvergiere. Dann ist $g := g_\mu$ unabhängig von μ und in A_t gilt*

$$\lim_{\nu \to \infty} f_\nu = g.$$

Die Definition der Topologie τ_1 auf A_t ist komplizierter als die Definition der Topologie auf B_t mittels der Norm $|\ |_t$. Man mag deshalb fragen, warum man A_t nicht folgendermaßen topologisiert: Man wählt ein ϱ mit $0 < \varrho < t$ aus; dann macht die Einschränkung der Norm $|\ |_\varrho$ die Algebra A_t zu einer normierten k-Algebra, wie man sofort sieht. Zu dieser Norm gehört eine Topologie, nämlich die Beschränkungstopologie von B_ϱ auf A_t (sie ist gröber als τ_1). So einfach jedoch die Definition dieser Norm und Topologie ist, so hat sie doch zwei wesentliche Nachteile gegenüber der Topologie τ_1:

i) Sie hängt von der Wahl von ϱ ab.
ii) A_t ist bezüglich der Norm $|\ |_\varrho | A_t$ im allgemeinen nicht vollständig.

Besonders der zweite Nachteil macht diese Topologie für die Zwecke der Funktionentheorie ungeeignet.

§ 3. Analytische k-Algebren

5. Satz von Montel für analytische Algebren. Für die Überlegungen dieses Abschnittes genügt es nicht, lediglich vorauszusetzen, daß der Grundkörper k vollständig bewertet ist. Man braucht vielmehr zusätzlich die in der folgenden Definition angegebene Eigenschaft:

Def. 22. *Ein vollständig bewerteter Körper k heißt **lokal-kompakt**, wenn jede beschränkte Folge $(x_n) \subset k$ eine in k konvergente Teilfolge (x_{n_v}) besitzt.*

Dabei heißt eine Folge $(x_n) \subset k$ beschränkt, wenn es ein $M \in \mathbb{R}$ gibt, so daß $|x_n| \leq M$ für alle $n \in \mathbb{N}$ gilt.

Nicht-triviale Beispiele lokal-kompakter Körper sind die Körper $\mathbb{R}$ und $\mathbb{C}$ und die Henselschen Körper $\mathbb{Q}_p$.

Es sei in diesem Abschnitt k ein **lokal-kompakter Körper**.

Satz 44 (Satz von Montel für B_t). *Es seien $0 < s < t$ gegeben; ferner sei $(f_j) \subset B_t$ eine Folge, zu der es eine Zahl $M \in \mathbb{R}$ gibt, so daß $|f_j|_t \leq M$ für alle $j \in \mathbb{N}$ ist. Dann gibt es eine Teilfolge $(f_{j_\mu}) \subset (f_j)$, die in B_s konvergiert.*

Beweis. Es sei $f_j = \sum\limits_{v=0}^{\infty} a_{j,v} X^v$, $j = 1, 2, 3, \ldots$. Die gesuchte Teilfolge wird mit Hilfe eines häufig angewandten *Diagonalverfahrens* gewonnen. Für fest gewähltes $v \in \mathbb{N} \cup \{0\}$ ist die Folge $(a_{j,v})_{j=1}^{\infty}$ wegen der Cauchyschen Koeffizientenabschätzung (Satz 32),

$$|a_{j,v}| \leq \frac{M}{t^v} \quad \text{für} \quad j = 1, 2, 3, \ldots,$$

beschränkt. Da k lokal kompakt ist, gibt es für $v = 0$ eine Teilfolge $(j_\mu^{(0)})_{\mu=1}^{\infty}$ von (j), so daß die Folge $(a_{j_\mu^{(0)},0})_{\mu=1}^{\infty}$ als Teilfolge von $(a_{j,0})_{j=1}^{\infty}$ in k konvergiert:

$$\lim_{\mu \to \infty} a_{j_\mu^{(0)},0} =: a_0.$$

Angenommen, wir haben für ein $v \in \mathbb{N} \cup \{0\}$ schon eine Teilfolge $(j_\mu^{(v)})_{\mu=1}^{\infty}$ von (j) so bestimmt, daß

$$\lim_{\mu \to \infty} a_{j_\mu^{(v)},v} = a_v$$

ist. Dann ist die Folge $(a_{j_\mu^{(v)},v+1})_{\mu=1}^{\infty}$ als Teilfolge von $(a_{j,v+1})_{j=1}^{\infty}$ in k beschränkt. Es gibt deshalb wiederum eine Teilfolge $(j_\mu^{(v+1)})_{\mu=1}^{\infty}$ von $(j_\mu^{(v)})_{\mu=1}^{\infty}$, so daß die Folge $(a_{j_\mu^{(v+1)},v+1})_{\mu=1}^{\infty}$ in k konvergiert:

$$a_{v+1} := \lim_{\mu \to \infty} a_{j_\mu^{(v+1)},v+1}.$$

Auf diese Weise erhält man induktiv ein System von Folgen $(j_\mu^{(v)})_{\mu=1}^{\infty}$, $v \in \mathbb{N} \cup \{0\}$, mit den folgenden Eigenschaften:
 i) $(j_\mu^{(v+1)})_{\mu=1}^{\infty}$ ist Teilfolge von $(j_\mu^{(v)})_{\mu=1}^{\infty}$,
 ii) $\lim\limits_{\mu \to \infty} a_{j_\mu^{(v)},v} = a_v$.

Man definiere nun die Diagonalfolge $(j_\mu)_{\mu=1}^\infty$ der Folgen $(j_\mu^{(v)})_{\mu=1}^\infty$, $v = 1, 2, 3, \ldots$, durch

$$j_\mu := j_\mu^{(\mu)}, \quad \mu = 1, 2, 3, \ldots.$$

Dann gilt für (j_μ):

(j_μ) ist vom Glied $\mu = v$ ab Teilfolge von $(j_\mu^{(v)})_{\mu=1}^\infty$, $v = 1, 2, 3, \ldots$; außerdem ist (j_μ) Teilfolge von $(j_\mu^{(0)})$. Also hat man:

$$\lim_{\mu \to \infty} a_{j_\mu, v} = a_v \quad \text{für alle} \quad v \in \mathbb{N} \cup \{0\}.$$

Nun ist $\left(f_{j_\mu} = \sum_{v=0}^\infty a_{j_\mu, v} X^v\right)$ eine Teilfolge der vorgegebenen Folge (f_j), und setzt man

$$f := \sum_{v=0}^\infty a_v X^v \in k\{X\},$$

so konvergiert also zu jedem $v = 0, 1, 2, \ldots$ die Folge $(a_{j_\mu, v})_{\mu=1}^\infty$ der v-ten Koeffizienten von (f_{j_μ}) gegen den v-ten Koeffizienten a_v von f. Man sagt deshalb:

Die Folge (f_{j_μ}) konvergiert koeffizientenweise gegen $f \in k\{X\}$.

Die Behauptung ergibt sich nun sofort aus dem folgenden

Hilfssatz. Es sei $(g_j) \subset B_t$ eine Folge, die koeffizientenweise gegen $g \in k\{X\}$ konvergiert. Ferner gebe es ein $N \in \mathbb{R}$, so daß $|g_j|_t \leq N$ ist für alle $j = 1, 2, 3, \ldots$. Dann ist für jedes $0 < s < t$ $g \in B_s$ und in B_s gilt

$$\lim_{j \to \infty} g_j = g.$$

Beweis. Es seien $g_j = \sum_{v=0}^\infty b_{j,v} X^v$ und $g = \sum_{v=0}^\infty b_v X^v$. Es wird zunächst gezeigt, daß (g_j) in B_s eine Cauchy-Folge ist. Sei also $\varepsilon > 0$ vorgegeben. Dann gibt es ein $n \in \mathbb{N}$, für das

$$\left(\frac{s}{t}\right)^{n+1} \cdot 2N < \frac{\varepsilon}{2}.$$

Außerdem existiert wegen der koeffizientenweisen Konvergenz von (g_j) zu diesem n ein $m \in \mathbb{N}$, so daß

$$\sum_{v=0}^n |b_{j+l, v} - b_{j, v}| s^v < \frac{\varepsilon}{2}$$

für alle $j \geq m$ und alle $l \geq 0$ ist.

§ 3. Analytische k-Algebren 117

Damit erhält man für $j \geq m$ und $l \geq 0$:

$$\begin{aligned}|g_{j+l} - g_j|_s &= \sum_{v=0}^{\infty} |b_{j+l,v} - b_{j,v}| s^v \\ &= \sum_{v=0}^{n} |b_{j+l,v} - b_{j,v}| s^v + \sum_{v=n+1}^{\infty} |b_{j+l,v} - b_{j,v}| t^v \left(\frac{s}{t}\right)^v \\ &\leq \frac{\varepsilon}{2} + \left(\frac{s}{t}\right)^{n+1} \sum_{v=0}^{\infty} |b_{j+l,v} - b_{j,v}| t^v \\ &\leq \frac{\varepsilon}{2} + \left(\frac{s}{t}\right)^{n+1} (|g_{j+l}|_t + |g_j|_t) \leq \frac{\varepsilon}{2} + \left(\frac{s}{t}\right)^{n+1} \cdot 2N < \varepsilon.\end{aligned}$$

Also ist (g_j) Cauchy-Folge in B_s. Laut Satz 33 gibt es demnach ein $\tilde{g} = \sum_{v=0}^{\infty} \tilde{b}_v X^v$ in B_s, das in B_s Grenzwert von (g_j) ist. Wir müssen nur noch zeigen, daß $\tilde{g} = g$, also $\tilde{b}_v = b_v = \lim_{j \to \infty} b_{j,v}$ für $v = 0, 1, 2, \ldots$ gilt. Das folgt sofort mit Hilfe der Cauchyschen Koeffizientenabschätzungen (Satz 32). Danach gilt für festes v

$$|\tilde{b}_v - b_{j,v}| \leq \frac{|\tilde{g} - g_j|_s}{s^v} \quad \text{für alle} \quad j \in \mathbb{N}.$$

Daher ist $\tilde{b}_v = \lim_{j \to \infty} b_{j,v} = b_v$. Damit sind der Hilfssatz und Satz 44 bewiesen. □

Bemerkung. Wie man aufgrund der Definition der Topologie τ_1 auf A_t leicht sieht, kann man den Hilfssatz auch folgendermaßen formulieren:

Es sei $(g_j) \subset B_t$ eine Folge, die koeffizientenweise gegen $g \in k\{X\}$ konvergiere. Ferner sei $|g_j|_t \leq N$ für alle $j = 1, 2, 3, \ldots$. Dann ist $g \in A_t$, und es gilt bezüglich der Topologie τ_1 in A_t:

$$\lim_{j \to \infty} g_j = g.$$

Fügt man diese Umformulierung des Hilfssatzes in den Beweis von Satz 44 ein, so erhält man

Satz 44'. *Es sei $(f_j) \subset B_t$ eine Folge, für die $|f_j|_t \leq M$ für alle $j \in \mathbb{N}$ sei. Dann gibt es eine Teilfolge (f_{j_μ}), die in A_t konvergiert.*

Dieser Satz läßt sich nun mit Hilfe des Korollars zu Satz 43 in folgender Weise verschärfen:

Satz 45 (Satz von Montel für A_t). *Es sei $t > 0$ und (ϱ_μ) eine streng monoton steigende Folge mit $\varrho_1 > 0$ und $\lim \varrho_\mu = t$. In A_t sei eine Folge (f_j) gegeben. Zu jedem $\mu = 1, 2, 3, \ldots$ gebe es eine Schranke M_μ, für die gilt:*

$$|f_j|_{\varrho_\mu} \leq M_\mu \quad \text{für} \quad j = 1, 2, 3, \ldots.$$

Dann gibt es eine Teilfolge (f_{j_ν}) von (f_j), die in A_t gegen $f \in A_t$ konvergiert.

Beweis. Da $|f_j|_{\varrho_2} \leq M_2$ für alle $j = 1, 2, 3, \ldots$ ist und da $\varrho_1 < \varrho_2$ ist, gibt es lt. Satz 44 eine Teilfolge $(f_{j_\nu^{(1)}})_{\nu=1}^\infty$, die in B_{ϱ_1} gegen $f^{(1)}$ konvergiert. Angenommen, es wäre die Teilfolge $(f_{j_\nu^{(\mu)}})_{\nu=1}^\infty$ bereits gefunden, so daß in B_{ϱ_μ} gilt:

$$\lim_{\nu \to \infty} f_{j_\nu^{(\mu)}} = f^{(\mu)}.$$

Dann ist $|f_{j_\nu^{(\mu)}}|_{\varrho_{\mu+2}} \leq M_{\mu+2}$. Deshalb gibt es wegen $\varrho_{\mu+1} < \varrho_{\mu+2}$ eine neue Teilfolge $(f_{j_\nu^{(\mu+1)}})_{\nu=1}^\infty$ von $(f_{j_\nu^{(\mu)}})_{\nu=1}^\infty$, für die

$$\lim_{\nu \to \infty} f_{j_\nu^{(\mu+1)}} =: f^{(\mu+1)} \in B_{\varrho_{\mu+1}}.$$

Zu diesem induktiv gewonnenen System von Teilfolgen $(f_{j_\nu^{(\mu)}})_{\nu=1}^\infty$, $\mu = 1, 2, 3, \ldots$, bilde man die Diagonalfolge

$$f_{j_\nu} := f_{j_\nu^{(\nu)}}, \quad \nu = 1, 2, 3, \ldots.$$

Dann ist für jedes μ die Folge (f_{j_ν}) vom Glied f_{j_μ} an Teilfolge von $(f_{j_\nu^{(\mu)}})_{\nu=1}^\infty$, und deshalb gilt in jedem B_{ϱ_μ}

$$\lim_{\nu \to \infty} f_{j_\nu} = f^{(\mu)}.$$

Nach dem Korollar zu Satz 43 konvergiert demnach (f_{j_ν}) in A_t gegen $f := f^{(\mu)}$. □

§ 4. Holomorphe Funktionen

Es sei, solange nicht ausdrücklich zusätzliche Forderungen gestellt werden, k wieder ein beliebiger vollständig bewerteter Körper. In diesem Paragraphen werden die Begriffe und Sätze aus § 3 zur Definition einer gewissen Klasse k-wertiger Funktionen, der sog. holomorphen Funktionen, benutzt. Außerdem wird im Abschnitt 6 für den Fall $k = \mathbb{C}$ auf den Zusammenhang der hier betrachteten Funktionen mit den Untersuchungen des Kap. I eingegangen.

1. Funktionentheoretische Interpretation der Algebren A_t und B_t. Es sei $t > 0$ und $f = \sum_{\nu=0}^\infty a_\nu X^\nu \in B_t$. Ist dann $x \in k$ ein Element mit $|x| \leq t$, so ist die Reihe $\sum_{\nu=0}^\infty a_\nu x^\nu$ lt. Definition von B_t absolut konvergent, und da k vollständig bewertet ist, konvergiert sie nach Satz 16 gegen ein Element aus k. Deshalb ist die folgende Definition sinnvoll.

Def. 23. *Wenn* $f = \sum_{\nu=0}^\infty a_\nu X^\nu \in B_t$ *ist, bezeichne* $\tilde{f}$ *die folgende auf* $Z'_t(0)$
$= \{x \in k : |x| \leq t\}$ *definierte Funktion*

$$\tilde{f}(x) := \sum_{\nu=0}^\infty a_\nu x^\nu \quad \textit{für alle} \quad x \in Z'_t(0).$$

§ 4. Holomorphe Funktionen

In gleicher Weise definiere man für $g = \sum_{\nu=0}^{\infty} b_\nu X^\nu \in A_t$ *auf* $Z_t(0) = \{x \in k : |x| < t\}$
die Funktion $\tilde{g}$ *durch*

$$\tilde{g}(x) := \sum_{\nu=0}^{\infty} b_\nu x^\nu \quad \text{für alle} \quad x \in Z_t(0).$$

(Man beachte: es ist $g \in B_{|x|}$ *für alle* $x \in Z_t(0)$.*)*

Die Funktionen $\tilde{f}$, die $f \in B_t$ oder A_t zugeordnet sind, sind durch Reihen definiert, deren Summanden die elementaren Funktionen $a_\nu x^\nu$, $\nu = 0, 1, 2, \ldots$, sind. Man nennt diese Reihen deshalb *Potenzreihen* über dem Körper k in der „Variablen" x. $\Big($Für $f = \sum_{\nu=0}^{\infty} a_\nu X^\nu \in B_t$ ist X keine Funktion, sondern die sog. Unbestimmte, die in Satz 22 eingeführt wurde.$\Big)$

Es sei $M \subset k$; ferner seien $g_\nu : M \to k$ Funktionen auf M mit Werten in k, $\nu = 1, 2, \ldots$. Man sagt, die Reihe $\sum_{\nu=0}^{\infty} g_\nu$ konvergiert in M, wenn für jedes $x \in M$ die Reihe $\sum_{\nu=0}^{\infty} g_\nu(x)$ konvergiert. Analog und wie man es aus dem Reellen gewohnt ist, definiert man die absolute Konvergenz in M punktweise. Ebenso überträgt sich der Begriff der gleichmäßigen Konvergenz:

Def. 24. *Die Reihe* $\sum_{\nu=0}^{\infty} g_\nu$ *heißt gleichmäßig konvergent auf* M, *wenn es zu jedem* $\varepsilon > 0$ *ein* $n \in \mathbb{N}$ *gibt, so daß*

$$\left| \sum_{\nu=m}^{m+l} g_\nu(x) \right| < \varepsilon$$

ist für alle $x \in M$, $m \geq n$, *und* $l \geq 0$.

Wenn man schon weiß, daß die Reihe $\sum_{\nu=0}^{\infty} g_\nu$ auf M konvergiert, kann man die Ungleichung in Def. 24 selbstverständlich durch die Forderung

$$\left| \sum_{\nu=m}^{\infty} g_\nu(x) \right| < \varepsilon$$

für alle $x \in M$ und alle $m \geq n$ ersetzen.

Obwohl sich der aus dem Reellen bekannte Beweis direkt überträgt, sei hier der folgende wichtige Satz über gleichmäßig konvergente Reihen ausführlich dargestellt:

Satz 46. *Es sei* $U \subset k$ *eine offene Menge; die Funktionen* $g_\nu : U \to k$, $\nu = 0, 1, 2, \ldots$, *seien in U stetig. Ferner konvergiere die Reihe* $\sum_{\nu=0}^{\infty} g_\nu$ *gleichmäßig* *auf U. Dann ist auch die Grenzfunktion*

$$g(x) := \sum_{\nu=0}^{\infty} g_\nu(x) \quad \textit{für} \quad x \in U$$

in U stetig.

Beweis. Seien $\varepsilon > 0$ und $x_0 \in U$ vorgegeben. Wegen der gleichmäßigen Konvergenz von $\sum_{\nu=0}^{\infty} g_\nu$ auf U gibt es dazu ein $n \in \mathbb{N}$, so daß

$$\left| \sum_{\nu=0}^{n} g_\nu(x) - \sum_{\nu=0}^{\infty} g_\nu(x) \right| < \frac{\varepsilon}{3}$$

für alle $x \in U$ gilt. Ferner gibt es wegen der Stetigkeit von $\sum_{\nu=0}^{n} g_\nu$ im Punkt x_0 dazu ein $r > 0$, so daß

$$\left| \sum_{\nu=0}^{n} g_\nu(x) - \sum_{\nu=0}^{n} g_\nu(x_0) \right| < \frac{\varepsilon}{3}$$

ist für alle $x \in U$ mit $|x - x_0| < r$.

Zusammen ergibt das für $x \in U \cap Z_r(x_0)$:

$$|g(x) - g(x_0)| = \left| \sum_{\nu=0}^{\infty} g_\nu(x) - \sum_{\nu=0}^{\infty} g_\nu(x_0) \right|$$

$$\leq \left| \sum_{\nu=0}^{\infty} g_\nu(x) - \sum_{\nu=0}^{n} g_\nu(x) \right| + \left| \sum_{\nu=0}^{n} g_\nu(x) - \sum_{\nu=0}^{n} g_\nu(x_0) \right|$$

$$+ \left| \sum_{\nu=0}^{n} g_\nu(x_0) - \sum_{\nu=0}^{\infty} g_\nu(x_0) \right| < \frac{\varepsilon}{3} + \frac{\varepsilon}{3} + \frac{\varepsilon}{3} = \varepsilon.$$

Damit ist $g = \sum_{\nu=0}^{\infty} g_\nu$ stetig in x_0 und also in ganz U. □

Dieser Satz kann auf die oben zu $f \in A_t$ definierte Funktion $\tilde{f}$ angewendet werden, denn es gilt:

Satz 47. *Sei $f = \sum_{\nu=0}^{\infty} a_\nu X^\nu \in A_t$ und $\tilde{f}(x) = \sum_{\nu=0}^{\infty} a_\nu x^\nu$ die zugehörige Reihe von Funktionen auf $Z_t(0)$. Dann konvergiert $\tilde{f}$ absolut in $Z_t(0)$ und gleichmäßig auf $Z'_\varrho(0)$ für alle $\varrho < t$.*

Beweis. Die absolute Konvergenz von $\tilde{f}$ folgt sofort aus den Definitionen. Sei nun $\varrho < t$. Man setze $\varrho_1 := \frac{1}{2}(\varrho + t)$. Dann ist $f \in B_{\varrho_1}$ und man kann für

§ 4. Holomorphe Funktionen

$x \in Z'_\varrho(0)$ folgendermaßen abschätzen:

$$\left|\sum_{\nu=n}^{\infty} a_\nu x^\nu\right| \leq \sum_{\nu=n}^{\infty} |a_\nu| \varrho^\nu$$

Da die rechte Seite dieser Abschätzung nicht mehr von $x \in Z'_\varrho(0)$ abhängt und da $\lim_{n\to\infty} \sum_{\nu=n}^{\infty} |a_\nu| \varrho^\nu = 0$, ist die gleichmäßige Konvergenz bewiesen. □

Die Funktionen $a_\nu x^\nu$, $a_\nu \in k$, $\nu = 0, 1, 2, \ldots$, sind in ganz k offenbar stetig. Man erhält also mit Satz 46 sofort:

Korollar. *Die durch $f \in A_t$ definierte Funktion $\tilde{f}: Z_t(0) \to k$ ist auf $Z_t(0)$ stetig.*

Satz 48. *Die Abbildung $\sim$, die jedem $f \in A_t$ die Funktion $\tilde{f}$ auf $Z_t(0)$ zuordnet, ist ein k-Algebra-Homomorphismus von A_t in $C(Z_t(0))$, die Algebra der stetigen, k-wertigen Funktionen auf $Z_t(0)$:*

$$\sim : A_t \to C(Z_t(0)).$$

Beweis. Daß für alle $f, g \in A_t$ und $\alpha \in k$ die Beziehungen

$$\widetilde{f+g} = \tilde{f} + \tilde{g} \quad \text{und} \quad \widetilde{\alpha f} = \alpha \tilde{f}$$

gelten, folgt sofort aus den Definitionen der Verknüpfungen. Es bleibt demnach zu zeigen:

$$\widetilde{f \cdot g} = \tilde{f} \cdot \tilde{g}.$$

Sei dazu etwa $f = \sum_{\nu=0}^{\infty} a_\nu X^\nu$ und $g = \sum_{\mu=0}^{\infty} b_\mu X^\mu$. Dann ist $f \cdot g = \sum_{\lambda=0}^{\infty} c_\lambda X^\lambda$ mit $c_\lambda = \sum_{\nu+\mu=\lambda} a_\nu b_\mu$. Nun seien $x \in Z_t(0)$ und $\varepsilon > 0$ beliebig, aber fest vorgegeben. Da die obigen Potenzreihen in x absolut konvergieren, kann man ein $m_0 \in \mathbb{N}$ finden, so daß für alle $m \geq m_0$ gilt:

$$\left|\widetilde{fg}(x) - \sum_{\lambda=0}^{m} c_\lambda x^\lambda\right| < \frac{\varepsilon}{3}$$

und

$$\sum_{\lambda=m+1}^{\infty} \left(\sum_{\nu+\mu=\lambda} |a_\nu| |b_\mu|\right) |x|^\lambda < \frac{\varepsilon}{3}.$$

Schließlich kann man (wegen der Stetigkeit der Multiplikation in k) durch eventuelles Vergrößern von m_0 auch noch erreichen, daß sich $\tilde{f}(x)$ und $\sum_{\nu=0}^{m} a_\nu x^\nu$, sowie $\tilde{g}(x)$ und $\sum_{\mu=0}^{m} b_\mu x^\mu$ um so wenig voneinander unterscheiden, daß man hat

$$\left| \tilde{f}(x) \cdot \tilde{g}(x) - \left(\sum_{v=0}^{m} a_v x^v \right) \left(\sum_{\mu=0}^{m} b_\mu x^\mu \right) \right| < \frac{\varepsilon}{3}.$$

Zusammen ergibt das

$$|\widetilde{f \cdot g}(x) - \tilde{f}(x) \cdot \tilde{g}(x)| \leq \left| \widetilde{f \cdot g}(x) - \sum_{\lambda=0}^{m} c_\lambda x^\lambda \right|$$

$$+ \left| \sum_{\lambda=0}^{m} c_\lambda x^\lambda - \left(\sum_{v=0}^{m} a_v x^v \right) \left(\sum_{\mu=0}^{m} b_\mu x^\mu \right) \right|$$

$$+ \left| \left(\sum_{v=0}^{m} a_v x^v \right) \left(\sum_{\mu=0}^{m} b_\mu x^\mu \right) - \tilde{f}(x) \tilde{g}(x) \right|.$$

Der erste und dritte Summand auf der rechten Seite sind $< \frac{\varepsilon}{3}$. Wenn das Gleiche noch vom mittleren Summanden gezeigt wird, folgt insgesamt

$$|\widetilde{f \cdot g}(x) - \tilde{f}(x) \tilde{g}(x)| < \varepsilon$$

und da $\varepsilon > 0$ beliebig war, liefert das dann die gewünschte Beziehung. Die Abschätzung des mittleren Summanden durch $\frac{\varepsilon}{3}$ ergibt sich nach Einsetzen des Ausdrucks für c_λ so:

$$\left| \sum_{\lambda=0}^{m} \left(\sum_{v+\mu=\lambda} a_v b_\mu \right) x^\lambda - \left(\sum_{v=0}^{m} a_v x^v \right) \left(\sum_{\mu=0}^{m} b_\mu x^\mu \right) \right|$$

$$= \left| \sum_{\lambda=m+1}^{2m} \left(\sum_{\substack{v+\mu=\lambda \\ v,\mu \leq m}} a_v b_\mu \right) x^\lambda \right| \leq \sum_{\lambda=m+1}^{\infty} \left(\sum_{v+\mu=\lambda} |a_v| |b_\mu| \right) |x|^\lambda < \frac{\varepsilon}{3}. \quad \square$$

Man kann in diesem Satz eine nachträgliche Rechtfertigung für die Wahl der Verknüpfungen auf A_t und damit auf $k\{X\}$ sehen.

An dieser Stelle soll noch ein Korollar zum Abelschen Lemma (Satz 34) eingefügt werden, das später nützlich sein wird und die Frage nach dem Bild des Homomorphismus „$\sim$" in $C(Z_t(0))$ behandelt. Es lautet:

Satz 49. *In dem Kreis $Z_t(0) \subset k$, $t > 0$, gebe es eine Folge (x_μ) mit $\lim_{\mu \to \infty} |x_\mu| = t$. Die Potenzreihe $\tilde{f}(x) = \sum_{v=0}^{\infty} a_v x^v$ sei in allen Punkten x_μ konvergent (im Sinne von Def. 6). Dann ist $f := \sum_{v=0}^{\infty} a_v X^v \in A_t$.*

Beweis. Sei r mit $0 < r < t$ beliebig gegeben. Es gibt wegen $\lim_{\mu \to \infty} |x_\mu| = t$ ein $\mu \in \mathbb{N}$, so daß $r < |x_\mu| < t$, und da die Reihe $\sum_{v=0}^{\infty} a_v x_\mu^v$ in k konvergiert, bilden

§ 4. Holomorphe Funktionen

ihre Summanden $a_\nu x_\mu^\nu$, $\nu = 0, 1, 2, \ldots$, eine Nullfolge (lt. Satz 15). Insbesondere gibt es also ein $M \in \mathbb{R}$ mit

$$|a_\nu| \, |x_\mu|^\nu \leq M \quad \text{für alle } \nu.$$

Aufgrund des Abelschen Lemmas folgt daraus $f \in B_r$, was zu zeigen war. □

Bemerkung. Falls $k = \mathbb{R}$ oder $k = \mathbb{C}$ ist, ist für jeden Kreis $Z_t(0)$, $t > 0$, die Voraussetzung dieses Satzes trivialerweise erfüllt.

Schließlich kann noch einmal auf die Art der Definition der Algebren B_t eingegangen werden (vgl. Def. 18). Man kann nämlich fragen, warum man nicht die funktionentheoretische Interpretation sofort einbezogen hat und an Stelle der B_t zu $t > 0$ die folgenden k-Algebren in $k\{X\}$ untersucht hat:

$$\tilde{B}_t := \left\{ f = \sum_{\nu=0}^\infty a_\nu X^\nu \in k\{X\} : \sum_{\nu=0}^\infty |a_\nu| \cdot |x|^\nu \text{ ist konvergent für alle } x \in k \text{ mit } |x| \leq t \right\}.$$

Offenbar ist $B_t \subset \tilde{B}_t$. Es kann jedoch durchaus auftreten, daß $B_t \neq \tilde{B}_t$ ist. Das liegt daran, daß es im allgemeinen zu $t > 0$ kein Element $x \in k$ mit $|x| = t$ zu geben braucht. Der Leser möge sich ein Beispiel dafür etwa über dem Körper $\mathbb{Q}_p$ der Henselschen Zahlen zur Primzahl p konstruieren. Ist nun für ein $t > 0$ $\tilde{B}_t \supsetneq B_t$, so gibt es auf $\tilde{B}_t$ keine sinnvolle Norm mehr. Deshalb würde die Untersuchung der $\tilde{B}_t$ erheblich unübersichtlicher als die der B_t werden.

2. Identitätssatz für Potenzreihen und Supremumsnorm. *Von nun an sei k ein beliebiger nicht-trivial und vollständig bewerteter Körper. Dann gilt:*

Satz 50 (Identitätssatz für Potenzreihen). *Für beliebiges $t > 0$ ist der Homomorphismus $\sim : A_t \to C(Z_t(0))$ injektiv. Genauer gilt sogar: Ist $f \in A_t$ und $f(0) = 0$, so ist 0 die einzige Nullstelle von $\tilde{f}$ in einer genügend kleinen Umgebung des Nullpunktes, d.h., 0 ist isolierte Nullstelle von $\tilde{f}$.*

Beweis. Sei $f = \sum_{\nu=0}^\infty a_\nu X^\nu \in A_t$ und $f \neq 0$. Ist dann $a_0 \neq 0$, so ist offenbar $\tilde{f} \neq 0$. Man kann also annehmen, daß $1 \leq o(f) =: m < \infty$. Damit ist

$$f = X^m (a_m + a_{m+1} X + \cdots),$$

wobei $a_m \neq 0$ ist. Man setze $g := \sum_{\nu=0}^\infty a_{m+\nu} X^\nu$. Da $|g|_\varrho = \varrho^{-m} \cdot |f|_\varrho < \infty$ ist für jedes $\varrho < t$, $\varrho \neq 0$, ist auch $g \in A_t$ und nach dem Korollar zu Satz 47 ist $\tilde{g}$ stetig in $Z_t(0)$. Wegen $\tilde{g}(0) = a_m \neq 0$ hat $\tilde{g}$ in einer gewissen Umgebung V der 0 keine Nullstelle. Also ist 0 die einzige Nullstelle von $\tilde{f}$ in V. Da die Bewertung auf k als nicht-trivial vorausgesetzt ist, besteht V nicht nur aus dem Nullpunkt. Also ist $\tilde{f} \neq 0$. □

Bemerkung. i) Wegen dieses Satzes und Satz 48 kann man A_t in natürlicher Weise als eine Unteralgebra von $C(Z_t(0))$ auffassen. In diesem Sinne wird im folgenden immer $f \in A_t$ mit $\tilde{f} \in C(Z_t(0))$ identifiziert.

ii) Satz 50 gilt entsprechend auch für B_t.

Die funktionentheoretische Interpretation zusammen mit Satz 50 legen es nahe, außer der Gauß-Norm $|\ |_t$ auf den B_t noch die sog. *Supremums-Norm* einzuführen. Sie wird folgendermaßen definiert:

Def. 25. *Für $f \in B_t$ sei*

$$\|f\|_t := \sup\{|f(x)| : x \in Z'_t(0)\}.$$

Satz 51. *Es ist $\|f\|_t \leq |f|_t$ für alle $f \in B_t$. Die Abbildung $\|\ \|_t : B_t \to \mathbb{R}$ ist eine k-Algebra-Norm auf B_t.*

Beweis. Für $f = \sum_{v=0}^{\infty} a_v X^v \in B_t$ und $x \in Z'_t(0) =: Z'_t$ kann man folgendermaßen abschätzen:

$$|f(x)| = \left|\sum_{v=0}^{\infty} a_v x^v\right| \leq \sum_{v=0}^{\infty} |a_v| |x|^v \leq \sum_{v=0}^{\infty} |a_v| t^v = |f|_t.$$

Außerdem gilt offenbar $\|0\|_t = 0$. Ist umgekehrt $\|f\|_t = 0$, so folgt aus dem Identitätssatz $f = 0$. Die Dreiecksungleichung ergibt sich für $f, g \in B_t$ so:

$$\|f+g\|_t = \sup_{x \in Z'_t}|f(x)+g(x)| \leq \sup_{x \in Z'_t}(|f(x)|+|g(x)|)$$

$$\leq \sup_{x \in Z'_t}|f(x)| + \sup_{x \in Z'_t}|g(x)| = \|f\|_t + \|g\|_t.$$

Ebenso folgt für $f, g \in B_t$:

$$\|f \cdot g\|_t = \sup_{x \in Z'_t}|f(x) \cdot g(x)| = \sup_{x \in Z'_t}(|f(x)| \cdot |g(x)|)$$

$$\leq \sup_{x \in Z'_t}|f(x)| \cdot \sup_{x \in Z'_t}|g(x)| = \|f\|_t \cdot \|g\|_t.$$

Schließlich ist für $\lambda \in k$ und $f \in B_t$ offenbar $\|\lambda \cdot f\|_t = |\lambda| \cdot \|f\|_t$. Damit ist der Satz bewiesen. □

Durch die Supremums-Norm wird auf B_t eine neue Topologie induziert, mit deren Hilfe man genauso, wie das in § 3.4 im Fall der Gauß-Norm geschehen ist, eine Topologie auf A_t, $t > 0$, erklären kann.

Def. 26. *Es sei $t > 0$. Mit τ_2 werde die gröbste Topologie auf A_t bezeichnet, bezüglich der alle Injektionen*

$$A_t \to B_\varrho, \quad 0 < \varrho < t$$

stetig sind, wenn B_ϱ mit der Topologie der Supremums-Norm versehen ist.

§ 4. Holomorphe Funktionen

Es übertragen sich alle in § 3.4 gegebenen Charakterisierungen der Topologie τ_1 auf A_t unmittelbar auf den Fall der Topologie τ_2. Insbesondere beweist man analog zu Satz 42 die folgende Aussage:

Satz 52. *Eine Menge $M \subset A_t$ ist bezüglich τ_2 genau dann offen, wenn es zu jedem $f_0 \in M$ ein $\varrho < t$, $\varrho \neq 0$, und ein $\varepsilon > 0$ gibt, so daß gilt*

$$\{f \in A_t : \|f - f_0\|_\varrho < \varepsilon\} \subset M.$$

Die Topologie der Supremumsnorm auf B_t ist gröber als die der Gauß-Norm, da wegen der Ungleichung $\|f\|_t \leq |f|_t$ für alle $f \in B_t$ die ε-Kugel um $f_0 \in B_t$ bezüglich $|\ |_t$ in der ε-Kugel um f_0 bezüglich $\|\ \|_t$ enthalten ist. Mittels Satz 52 folgt daraus sofort:

Die Topologie τ_2 ist gröber als die Topologie τ_1 auf A_t.

Für B_t bedeutet das, daß es im allgemeinen bezüglich $\|\ \|_t$ mehr Cauchy-Folgen als bezüglich $|\ |_t$ gibt, so daß B_t bezüglich $\|\ \|_t$ nicht mehr vollständig zu sein braucht. Die dem Satz 43 entsprechende Vollständigkeitsaussage für die Topologie τ_2 auf A_t, $t > 0$, braucht deshalb auch nicht zu gelten. Da andererseits in die Definition der Supremumsnorm und damit auch der Topologie τ_2 die funktionentheoretische Interpretation der analytischen Algebren B_t bzw. A_t direkter eingeht, fragt man nach Bedingungen, unter denen man auf die Gleichheit von τ_1 und τ_2 schließen kann.

Satz 53. *Sei $t > 0$; zu beliebigen Zahlen r, ϱ mit $0 < r < \varrho < t$ gebe es eine Zahl $M \in \mathbb{R}$, für die gilt:*

$$|f|_r \leq M \cdot \|f\|_\varrho \quad \text{für alle} \quad f \in A_t.$$

Dann stimmen die Topologien τ_1 und τ_2 auf A_t überein.

Beweis. Es braucht nur gezeigt zu werden, daß τ_1 gröber als τ_2 ist. Dazu sei $U \subset A_t$ offen bezüglich τ_1 und $f_0 \in U$ beliebig. Dann gibt es laut Satz 42 ein $r < t$ und ein $\varepsilon > 0$, so daß

$$U_\varepsilon^{|\ |r}(f_0) := \{f \in A_t : |f - f_0|_r < \varepsilon\} \subset U.$$

Sei nun $r < \varrho < t$. Dann gibt es ein M, so daß

$$|f|_r \leq M \cdot \|f\|_\varrho \quad \text{für alle} \quad f \in A_t.$$

Setzt man $\tilde{\varepsilon} := \dfrac{\varepsilon}{M}$, so ergibt sich:

$$U_{\tilde{\varepsilon}}^{\|\ \|_\varrho}(f_0) = \{f \in A_t : \|f - f_0\|_\varrho < \tilde{\varepsilon}\} \subset U_\varepsilon^{|\ |r}(f_0) \subset U.$$

Da $f_0 \in U$ beliebig gewählt war, folgt daraus die Offenheit von U in A_t bezüglich τ_2 gemäß dem Analogon zu Satz 42 für τ_2. □

Das Kriterium dieses Satzes ist insbesondere dann erfüllt, wenn auch für die Supremumsnorm die Cauchyschen Ungleichungen (vgl. Satz 32) gelten; das bedeutet:

Satz 54. *Der Grundkörper k besitze die folgende Eigenschaft: Für alle $f = \sum_{\nu=0}^{\infty} a_\nu X^\nu \in A_t$, $t > 0$, und alle ϱ mit $0 < \varrho < t$ gelten die strengen Cauchyschen Koeffizientenabschätzungen*

$$|a_\nu| \leq \frac{\|f\|_\varrho}{\varrho^\nu}, \quad \nu = 0, 1, 2, \ldots.$$

Dann ist das Kriterium aus Satz 53 erfüllt, so daß insbesondere die Topologien τ_1 und τ_2 auf A_t übereinstimmen.

Beweis. Es seien r, ϱ fest gewählt, so daß $0 < r < \varrho < t$ ist. Dann ergeben sich wegen der Gültigkeit der strengen Cauchyschen Koeffizientenabschätzungen folgende Ungleichungen:

$$|f|_r = \sum_{\nu=0}^{\infty} |a_\nu| r^\nu \leq \sum_{\nu=0}^{\infty} \frac{\|f\|_\varrho}{\varrho^\nu} r^\nu \leq \|f\|_\varrho \sum_{\nu=0}^{\infty} \left(\frac{r}{\varrho}\right)^\nu$$

$$= \|f\|_\varrho \cdot \frac{1}{1 - \frac{r}{\varrho}}.$$

Damit ist mit $M := \dfrac{1}{1 - \dfrac{r}{\varrho}}$ das Kriterium aus Satz 53 erfüllt. □

Bemerkung. In Kap. III, § 1.2 wird gezeigt werden, daß im Fall des Grundkörpers $k = \mathbb{C}$ die strengen Cauchyschen Koeffizientenabschätzungen gelten.

3. Der Raum der holomorphen Funktionen. Die Interpretation der Algebren A_t als Funktionenalgebren über $Z_t(0) \subset k$ wird nun zur Charakterisierung von Funktionenalgebren über beliebigen offenen Teilen (Bereichen) $U \subset k$ benutzt.

Def. 27. *Sei $U \subset k$ offen und $z_0 \in U$. Eine Funktion $\varphi: U \to k$ heißt holomorph (auch: analytisch) in z_0, wenn es ein $\varrho > 0$ und ein $f \in A_\varrho$ mit den folgenden Eigenschaften gibt:*
  i) $Z_\varrho(z_0) \subset U$,
  ii) $\varphi(z) = f(z - z_0)$ *für alle* $z \in Z_\varrho(z_0)$.

Man nennt φ in U holomorph, wenn φ in jedem Punkt $z_0 \in U$ holomorph ist und definiert:

$$H(U) := \{\varphi \text{ holomorph in } U\}.$$

Die Forderung ii) besagt, daß sich $\varphi(z)$ für alle $z \in Z_\varrho(z_0)$ schreiben läßt als

$$\varphi(z) = f(z - z_0) = \sum_{\nu=0}^{\infty} a_\nu (z - z_0)^\nu.$$

§ 4. Holomorphe Funktionen

Man nennt die Reihe f deshalb auch *lokale Potenzreihenentwicklung von φ im Punkt z_0*. Aus dem Identitätssatz für Potenzreihen (Satz 50) folgt sofort:

Satz 55. *Die lokale Potenzreihenentwicklung f von $\varphi \in H(U)$ in $z_0 \in U$ ist eindeutig bestimmt, sie hängt insbesondere nicht von der Wahl von ϱ in Def. 27 ab.*

Weiter ergibt sich unmittelbar:

Satz 56. *$H(U)$ ist eine k-Algebra (bezüglich der bei Funktionen üblichen punktweise erklärten Addition und Multiplikation).*

Beweis. Offenbar sind die konstanten Funktionen $\varphi \equiv c \in k$, die meist einfach mit c bezeichnet werden, in $H(U)$ enthalten. Sind außerdem $\varphi, \psi \in H(U)$ und ist $z_0 \in U$ beliebig, so gibt es $f \in A_\varrho$ und $g \in A_\sigma$, so daß

$$\varphi(z) = f(z - z_0) \quad \text{für alle} \quad z \in Z_\varrho(z_0)$$

und

$$\psi(z) = g(z - z_0) \quad \text{für alle} \quad z \in Z_\sigma(z_0).$$

Ohne Beschränkung der Allgemeinheit sei angenommen, daß $\varrho \leq \sigma$, also $A_\sigma \subset A_\varrho$ gilt. Dann ist

$$(\varphi \pm \psi)(z) = (f \pm g)(z - z_0)$$

und

$$(\varphi \cdot \psi)(z) = (f \cdot g)(z - z_0) \quad \text{für alle} \quad z \in Z_\varrho(z_0)$$

mit $f \pm g \in A_\varrho, f \cdot g \in A_\varrho$.
Also sind $\varphi \pm \psi$ und $\varphi \cdot \psi$ in $H(U)$.
Alle anderen Eigenschaften einer k-Algebra sind trivialerweise erfüllt. □

Beispiele holomorpher Funktionen sind die linearen Funktionen auf $U = k$, also die Funktionen $\varphi(z) = az + b$ mit $a, b \in k$ und damit auch alle Polynomfunktionen $\sum_{\nu=0}^{m} a_\nu z^\nu$, $a_\nu \in k$.

Der folgende Satz besagt nun, daß die Potenzreihen aus A_r in $Z_r(0)$ holomorph sind, und zeigt damit, daß man zum Nachweis der Holomorphie einer vorgegebenen Funktion $\varphi: U \to k$ diese nicht in allen Punkten von U untersuchen muß, sondern daß es genügt, U mit solchen Kreisen $Z_\varrho(z_0)$ zu überdecken, in denen φ eine Potenzreihenentwicklung $f \in A_\varrho$ besitzt.

Satz 57. *Sei $r > 0$. Dann ist $A_r \subset H(Z_r(0))$.*

Genauer gilt: Sei $f = \sum_{\nu=0}^{\infty} a_\nu X^\nu \in A_r$ und $z_0 \in Z_r(0)$. Die Potenzreihenentwicklung der Funktion f um z_0 ist gegeben durch

$$g := \sum_{\mu=0}^{\infty} (\Delta^\mu f)(z_0) X^\mu,$$

und zwar gilt mit $\varrho := r - |z_0|$ immer $g \in A_\varrho$ und $f(z) = g(z - z_0)$ für alle $z \in Z_\varrho(z_0) \subset Z_r(0)$.

II. Holomorphe Funktionen

Beweis. Laut Def. 17 ist $\Delta^\mu f = \sum_{\nu=\mu}^{\infty} a_\nu \binom{\nu}{\mu} X^{\nu-\mu}$ und lt. dem Korollar zu Satz 40 ist mit f auch $\Delta^\mu f \in A_r$ für alle $\mu = 0, 1, 2, \ldots$. Deshalb ist $(\Delta^\mu f)(z_0)$ für $\mu \in \mathbb{N} \cup \{0\}$ ein wohlbestimmtes Element aus k und $g \in k\{X\}$. Um zu zeigen, daß $g \in A_\varrho$ ist, gebe man ein s mit $0 < s < \varrho$ und ein $n \in \mathbb{N}$ beliebig vor. Da $\Delta^\mu f \in A_r$ ist, hat man nach Satz 47

$$\sum_{\nu=\mu}^{\infty} \left| a_\nu \binom{\nu}{\mu} z_0^{\nu-\mu} \right| < \infty. \tag{19}$$

Damit kann man folgendermaßen abschätzen:

$$\sum_{\mu=0}^{n} |(\Delta^\mu f)(z_0)| s^\mu = \sum_{\mu=0}^{n} \left| \sum_{\nu=\mu}^{\infty} a_\nu \binom{\nu}{\mu} z_0^{\nu-\mu} \right| s^\mu$$

$$\leq \sum_{\mu=0}^{n} \left(\sum_{\nu=\mu}^{\infty} |a_\nu| \left| \binom{\nu}{\mu} \right| |z_0|^{\nu-\mu} \right) s^\mu$$

$$= \sum_{\nu=0}^{\infty} \sum_{\mu \leq \min(\nu,n)} \left(|a_\nu| \left| \binom{\nu}{\mu} \right| |z_0|^{\nu-\mu} s^\mu \right) \tag{20}$$

$$\leq \sum_{\nu=0}^{\infty} \left(\sum_{\mu \leq \nu} |a_\nu| \binom{\nu}{\mu} |z_0|^{\nu-\mu} s^\mu \right)$$

$$= \sum_{\nu=0}^{\infty} |a_\nu| (|z_0| + s)^\nu$$

$$= |f|_{r'} < \infty,$$

da $s < \varrho$ und deshalb $|z_0| + s =: r' < r$ ist.

Da diese Abschätzung für alle $n \in \mathbb{N}$ gilt, ist auch

$$|g|_s = \sum_{\mu=0}^{\infty} |(\Delta^\mu f)(z_0)| s^\mu < \infty,$$

also ist $g \in A_\varrho$. — Damit bleibt nur noch zu zeigen, daß für $z \in Z_\varrho(z_0)$

$$f(z) = g(z - z_0)$$

ist. Nun folgt zunächst mit Hilfe der binomischen Formel, die ja in beliebigen Körpern gilt:

$$f(z) = f(z_0 + (z - z_0)) = \sum_{\nu=0}^{\infty} a_\nu (z_0 + (z - z_0))^\nu$$

$$= \sum_{\nu=0}^{\infty} \sum_{\mu \leq \nu} a_\nu \binom{\nu}{\mu} z_0^{\nu-\mu} (z - z_0)^\mu.$$

§ 4. Holomorphe Funktionen

Andererseits ist

$$g(z - z_0) = \sum_{\mu=0}^{\infty} \left(\sum_{\nu \geq \mu} a_\nu \binom{\nu}{\mu} z_0^{\nu-\mu} \right) (z - z_0)^\mu.$$

Zum Nachweis der Gleichheit der beiden Reihen beachte man, daß es lt. (20) und wegen $|z_0| + |z - z_0| < r$ zu vorgegebenem $\varepsilon > 0$ ein $n \in \mathbb{N}$ gibt, für das gilt:

$$\sum_{\nu=n+1}^{\infty} \sum_{\mu \leq \nu} \left(|a_\nu| \cdot \left|\binom{\nu}{\mu}\right| |z_0|^{\nu-\mu} |z-z_0|^\mu \right) < \varepsilon.$$

Damit ergibt sich:

$$\left| \left[\sum_{\mu=0}^{n} \left(\sum_{\nu \geq \mu} a_\nu \binom{\nu}{\mu} z_0^{\nu-\mu} \right)(z-z_0)^\mu \right] - \sum_{\nu=0}^{n} \sum_{\mu \leq \nu} \left(a_\nu \binom{\nu}{\mu} z_0^{\nu-\mu}(z-z_0)^\mu \right) \right|$$

$$= \left| \sum_{\mu=0}^{n} \sum_{\nu > n} a_\nu \binom{\nu}{\mu} z_0^{\nu-\mu}(z-z_0)^\mu \right|$$

$$\leq \sum_{\mu=0}^{n} \sum_{\nu > n} \left(|a_\nu| \left|\binom{\nu}{\mu}\right| |z_0|^{\nu-\mu} |z-z_0|^\mu \right)$$

$$= \sum_{\nu=n+1}^{\infty} \sum_{\mu=0}^{n} \left(|a_\nu| \left|\binom{\nu}{\mu}\right| |z_0|^{\nu-\mu} |z-z_0|^\mu \right)$$

$$\leq \sum_{\nu=n+1}^{\infty} \sum_{\mu \leq \nu} |a_\nu| \left|\binom{\nu}{\mu}\right| |z_0|^{\nu-\mu} |z-z_0|^\mu < \varepsilon.$$

Damit ist der Satz bewiesen. □

Ist $f \in A_r$ und bezeichnet $\tau_{z_0} f$ die Potenzreihenentwicklung von f im Punkt $z_0 \in Z_r(0)$, so gilt also für den Konvergenzradius von $\tau_{z_0} f$:

$$r(\tau_{z_0} f) \geq r - |z_0|.$$

Man kann nun fragen, ob $r(\tau_{z_0} f) > r - |z_0|$ sein kann. Das ist sicher dann der Fall, wenn $r < r(f)$. Aber auch wenn $r = r(f)$ ist, kann $r(\tau_{z_0} f) > r - |z_0|$ sein, wie das folgende Beispiel über dem Körper $k = \mathbb{R}$ zeigt:

Es sei $f := \sum_{\nu=0}^{\infty} X^\nu \in A_1$ die geometrische Reihe. Es ist tatsächlich $r(f) = 1$, und man weiß, daß für $|x| < 1$

$$f(x) = \sum_{\nu=0}^{\infty} x^\nu = \frac{1}{1-x}$$

gilt. Nun setze man $z_0 := -\frac{1}{2}$. Dann erhält man folgendermaßen die Potenzreihenentwicklung von f in z_0:

$$f(x) = \frac{1}{1-x} = \frac{1}{\frac{3}{2} - (x+\frac{1}{2})} = \frac{2}{3} \frac{1}{1 - \frac{2}{3}(x+\frac{1}{2})}$$

$$= \frac{2}{3} \sum_{\nu=0}^{\infty} (\tfrac{2}{3})^\nu (x+\tfrac{1}{2})^\nu.$$

Dies gilt für $|x+\frac{1}{2}| < 1 - \frac{1}{2} = \frac{1}{2}$. Es ist also

$$\tau_{z_0} f = \frac{2}{3} \sum_{\nu=0}^{\infty} (\tfrac{2}{3})^\nu X^\nu$$

und man bestätigt leicht, daß der Konvergenzradius

$$r(\tau_{z_0} f) = \tfrac{3}{2} > \tfrac{1}{2} = r(f) - |z_0|$$

ist. – Diese Erscheinung wird in Kap. III, § 3.3 zur Erzeugung holomorpher Funktionen benutzt werden.

Als einfache Folgerung aus Satz 57 ergibt sich:

Korollar. *Die Menge der Punkte, in denen eine auf der offenen Menge $U \subset k$ definierte Funktion φ holomorph ist, ist offen.*

Beweis. Angenommen, φ ist in $z_0 \in U$ holomorph. Dann gibt es ein $r > 0$ und ein $f \in A_r$, so daß in $Z_r(z_0) \subset U$ gilt

$$\varphi(z) = f(z - z_0).$$

Sei $z_1 \in Z_r(z_0)$ beliebig gewählt; dann ist $z_1 - z_0 \in Z_r(0)$ und nach Satz 57 besitzt f um $z_1 - z_0$ eine Potenzreihenentwicklung $g \in A_{r_1}$ mit $r_1 = r - |z_1 - z_0|$, für die man hat

$$f(\tilde{z}) = g(\tilde{z} - (z_1 - z_0)) \quad \text{für alle } \tilde{z} \in Z_{r_1}(z_1 - z_0).$$

Also gilt in $Z_{r_1}(z_1) \subset Z_r(z_0)$

$$\varphi(z) = f(z - z_0) = g((z - z_0) - (z_1 - z_0)) = g(z - z_1),$$

so daß φ in allen $z_1 \in Z_r(z_0)$ und also in einer ganzen Umgebung von z_0 holomorph ist. □

Holomorphe Funktionen sind insbesondere Abbildungen von offenen Teilen von k in k hinein. Man kann sie deshalb unter gewissen Voraussetzungen hintereinander ausführen (oder ineinander einsetzen). Dafür gilt:

Satz 58. *Seien $U, V \subset k$ offene Mengen und $\varphi: U \to V \subset k$ und $\psi: V \to k$ holomorphe Funktionen. Dann ist auch die zusammengesetzte Funktion*

$$\psi \circ \varphi : U \to k$$

in U holomorph.

§4. Holomorphe Funktionen

Genauer gilt: Ist $z_0 \in U$ und sind $\tilde{g} \in A_r$, $r > 0$, bzw. $f \in A_t$, $t > 0$, lokale Potenzreihenentwicklungen von φ um z_0 bzw. ψ um $w_0 := \varphi(z_0)$, so ist die Reihe $\varphi_g(f)$ mit $g := \tilde{g} - \varphi(z_0)$ die lokale Potenzreihenentwicklung von $\psi \circ \varphi$ um z_0. (Dabei bezeichnet φ_g wie üblich den durch g definierten Substitutionshomomorphismus auf $k\{X\}$.)

Beweis. Sei $z_0 \in U$ beliebig. Dann gibt es ein $r > 0$ und ein $\tilde{g} = \sum_{\mu=0}^{\infty} b_\mu Y^\mu \in A_r$, so daß $Z_r(z_0) \subset U$ und

$$\varphi(z) = \tilde{g}(z - z_0)$$

für alle $z \in Z_r(z_0)$ ist. Mit $\tilde{g}$ ist auch $g := \tilde{g} - \varphi(z_0) = \sum_{\mu=1}^{\infty} b_\mu Y^\mu \in A_r$.

Da weiter ψ in V holomorph und $\varphi(z_0) \in V$ ist, gibt es ein $t > 0$ und ein $f = \sum_{\nu=0}^{\infty} a_\nu X^\nu \in A_t$, so daß $Z_t(\varphi(z_0)) \subset V$ und

$$\psi(w) = f(w - \varphi(z_0)) \tag{21}$$

für alle $w \in Z_t(\varphi(z_0))$ gilt. Nach einer eventuellen Verkleinerung von $t > 0$ hat man sogar $f \in B_t$ und (21) gilt sogar auf $Z'_t(\varphi(z_0)) \subset V$. Nun definiert g wegen $g(0) = 0$ einen Substitutionshomomorphismus φ_g auf $k\{X\}$ und nach Satz 39 gibt es zu r, t ein $s > 0$ mit den Eigenschaften:

$$s < r, \quad |g|_s \leq t \quad \text{und} \quad \varphi_g(f) \in B_s.$$

Damit gilt insbesondere für $z \in Z_s(z_0)$

$$\varphi(z) = \varphi(z_0) + g(z - z_0) \in Z'_t(\varphi(z_0)).$$

Also ist auf $Z_s(z_0)$

$$\psi \circ \varphi(z) = f(g(z - z_0)),$$

so daß der Satz bewiesen ist, wenn gezeigt ist, daß dort gilt:

$$\varphi_g(f)(z - z_0) = f(g(z - z_0)). \tag{22}$$

Sei dazu $\varepsilon > 0$ beliebig vorgegeben. Dann gibt es wegen $f \in B_t$ ein $n_0 \in \mathbb{N}$, so daß für alle $n \geq n_0$

$$\sum_{\nu=n+1}^{\infty} |a_\nu| t^\nu < \frac{\varepsilon}{2}$$

wird. Gleichzeitig kann man lt. Satz 39 erreichen, daß man hat

$$\left| \varphi_g(f) - \sum_{\nu=0}^{n} a_\nu g^\nu \right|_s < \frac{\varepsilon}{2}.$$

Zusammen ergibt sich daraus für $z \in Z_s(z_0)$ und $n \geq n_0$ wegen $|g(z-z_0)| \leq t$
$|\varphi_g(f)(z-z_0) - f(g(z-z_0))|$

$$\leq \left|\varphi_g(f)(z-z_0) - \sum_{\nu=0}^{n} a_\nu g^\nu(z-z_0)\right| + \left|\sum_{\nu=0}^{n} a_\nu(g(z-z_0))^\nu - f(g(z-z_0))\right|$$

$$= \left|\left(\varphi_g(f) - \sum_{\nu=0}^{n} a_\nu g^\nu\right)(z-z_0)\right| + \left|\sum_{\nu=n+1}^{\infty} a_\nu(g(z-z_0))^\nu\right|$$

$$\leq \left|\varphi_g(f) - \sum_{\nu=0}^{n} a_\nu g^\nu\right|_s + \left|\sum_{\nu=n+1}^{\infty} a_\nu X^\nu\right|_t < \varepsilon.$$

Da $\varepsilon > 0$ beliebig war, ist der Satz damit bewiesen. □

4. Identitätssatz für holomorphe Funktionen. Es sei k wieder ein nicht-trivial und vollständig bewerteter Körper und $U \subset k$ eine offene Menge. Eine unmittelbare Folgerung des Identitätssatzes für Potenzreihen angewandt auf die lokalen Potenzreihenentwicklungen einer holomorphen Funktion $\varphi: U \to k$ ist der folgende Satz:

Satz 59. *Es sei $\varphi: U \to k$ holomorph. Für ein $a \in k$ besitze die Menge $\{z \in U : \varphi(z) = a\}$ in U den Häufungspunkt z_0. Dann gibt es ein $r > 0$, so daß in $Z_r(z_0)$ sogar $\varphi(z) \equiv a$ ist.*

Beweis. Es gibt eine Folge $(z_\nu) \subset U$ mit $\lim_{\nu \to \infty} z_\nu = z_0$ und

$$\varphi(z_\nu) = a \quad \text{für alle } \nu.$$

Wegen der Stetigkeit von φ in U gilt auch $\varphi(z_0) = a$. Nun sei $f \in A_r$ die lokale Potenzreihenentwicklung von φ um den Punkt z_0. Dann ist $f_0 := f - a \in A_r$ und für $z \in Z_r(z_0)$ gilt

$$\varphi(z) = a + f_0(z - z_0).$$

Deshalb ist $f_0(z_\nu - z_0) = 0$ für alle $z_\nu \in Z_r(z_0)$ und nach Satz 50 folgt $f_0 \equiv 0$, also $\varphi(z) \equiv a$ in $Z_r(z_0)$. □

Dieser Satz besitzt eine wesentliche Verschärfung, falls die Menge $U \subset k$ zusätzlich zusammenhängend ist. Das kann laut dem Korollar zu Satz 11 nur auftreten, wenn k archimedisch bewertet ist. Und nach dem Satz von Ostrowski (Satz 20) ist dann k entweder $\mathbb{R}$ oder $\mathbb{C}$, und die Bewertung hat die dort angegebene Gestalt.

Satz 60 (Identitätssatz für holomorphe Funktionen). *Es sei $U \subset k$ ein Gebiet und $\varphi, \psi \in H(U)$. Wenn die Menge $M := \{z \in U : \varphi(z) = \psi(z)\}$ in U einen Häufungspunkt besitzt, ist $\varphi = \psi$.*

Beweis. Es ist $\varphi_0 := \varphi - \psi \in H(U)$ und $M = \{z \in U : \varphi_0(z) = 0\}$. Ferner sei $M_0 := \{z \in U : \text{es gibt eine Umgebung } \tilde{U} \text{ von } z \text{ in } U, \text{ so daß } \varphi_0(x) = 0 \text{ für alle } x \in \tilde{U}\}$. M_0 ist lt. Definition offen. Außerdem ist $M_0 \neq \emptyset$, da M in U einen Häufungspunkt z_0 besitzt, der lt. Satz 59 in M_0 liegt. Aus dem gleichen Grund ist M_0 auch abgeschlossen in U, denn ein Häufungspunkt von M_0 in U ist erst recht Häufungspunkt von M in U, also in M_0 enthalten. Da U als zusammenhängend vorausgesetzt war, ist $M_0 = U$. Damit ist die Behauptung bewiesen. □

5. Differentiation holomorpher Funktionen. Wie in § I, 2.2 schon angedeutet wurde, läßt sich der in Def. I.9 für den Grundkörper $k = \mathbb{C}$ eingeführte Differenzierbarkeitsbegriff auf beliebige vollständig bewertete Körper k übertragen. Man definiert also:

Def. 28. *Es sei $U \subset k$ offen und $\varphi : U \to k$ eine k-wertige Funktion auf U. Dann heißt φ in $z_0 \in U$ differenzierbar (über k), falls es eine in z_0 stetige Funktion $\varphi_1 : U \to k$ gibt, so daß für alle $z \in U$ gilt:*

$$\varphi(z) = \varphi(z_0) + (z - z_0) \cdot \varphi_1(z).$$

Der Wert $\varphi_1(z_0)$ heißt Ableitung von φ in z_0 und wird mit $\varphi'(z_0)$ oder $\dfrac{d\varphi}{dz}(z_0)$ bezeichnet. (Er ist eindeutig bestimmt.) φ heißt differenzierbar in U, wenn es in allen $z_0 \in U$ differenzierbar ist.

Ebenfalls wie in § I, 2.2 definiert man für $n \in \mathbb{N}$ den Raum $D_n(U)$ der n-mal differenzierbaren Funktionen $\varphi : U \to k$. Mit $D_\infty(U)$ wird wieder der Raum der beliebig oft differenzierbaren Funktionen über U bezeichnet, so daß $D_\infty(U) = \bigcap_{n=1}^\infty D_n(U)$ und

$$D_1(U) \supset D_2(U) \supset \cdots \supset D_\infty(U)$$

gilt.

Für die Differentiation über k gelten alle elementaren Regeln, wie sie in Satz I, 14 für $k = \mathbb{C}$ aufgeschrieben sind. Sie brauchen hier nicht erneut formuliert zu werden. Die Beweise folgen unmittelbar aus Def. 28 und einfachen Sätzen über stetige Funktionen. Ebenfalls direkt aus Def. 28 ergibt sich, daß die Funktionen $f_1 = c \in k$ und $f_2(x) = x$ für alle $x \in k$ in k differenzierbar sind und daß dort $f_1' = 0$ und $f_2' = 1$ ist.

Die hier mit Hilfe der Topologie auf k definierte Differentiation stimmt auf den als Funktionenalgebren interpretierten analytischen Algebren A_r mit der formalen Differentiation D (vgl. Def. 15 und Satz 40) überein. Das zeigt der folgende Satz:

Satz 61. *Sei $r > 0$ und $f \in A_r$. Dann ist $f : Z_r(0) \to k$ in ganz $Z_r(0)$ differenzierbar, und es gilt*

$$f'(z) = (Df)(z)$$

für alle $z \in Z_r(0)$, d. h., man erhält f' durch gliedweises Differenzieren der Reihe f. Insbesondere ist $f' \in A_r$ und damit $A_r \subset D_\infty(Z_r(0))$.

Beweis. i) Es sei $\varrho > 0$, $g = \sum_{\nu=0}^{\infty} a_\nu X^\nu \in A_\varrho$ und $z_0 \in k$. Man definiere die Funktion
$$\varphi(z) := g(z - z_0)$$
für $z \in Z_\varrho(z_0)$. Es wird zunächst gezeigt, daß φ in z_0 differenzierbar ist, und daß daß $\varphi'(z_0) = a_1$ ist. Dazu betrachte man die Funktion
$$\varphi_1(z) := \begin{cases} \dfrac{g(z - z_0) - g(0)}{z - z_0} & \text{für } z \in Z_\varrho(z_0) \setminus \{z_0\} \\ a_1 & \text{für } z = z_0. \end{cases}$$
Da für sie in $Z_\varrho(z_0)$ offensichtlich $\varphi(z) = \varphi(z_0) + (z - z_0)\varphi_1(z)$ gilt, braucht nur die Stetigkeit von φ_1 in z_0 nachgewiesen zu werden. Es ist für $z \in Z_\varrho(z_0) \setminus \{z_0\}$
$$\varphi_1(z) = \frac{1}{z - z_0} \sum_{\nu=1}^{\infty} a_\nu (z - z_0)^\nu = \sum_{\nu=1}^{\infty} a_\nu (z - z_0)^{\nu - 1}$$
(vgl. Satz 13). Da weiter $\sum_{\nu=1}^{\infty} a_\nu X^{\nu-1} = Dg$ gilt, ist lt. Satz 40 $\sum_{\nu=1}^{\infty} a_\nu X^{\nu-1} \in A_\varrho$ und deshalb wegen des Korollars zu Satz 47
$$\lim_{z \to z_0} \varphi_1(z) = a_1.$$

ii) Sei nun $f = \sum_{\nu=0}^{\infty} b_\nu X^\nu \in A_r$ beliebig und $z_0 \in Z_r(0)$. Laut Satz 57 gilt für $\varrho := r - |z_0| > 0$ und $z \in Z_\varrho(z_0)$:
$$g := \sum_{\mu=0}^{\infty} (\Delta^\mu f)(z_0) X^\mu \in A_\varrho$$
und
$$f(z) = g(z - z_0).$$
Damit folgt aus dem unter i) Bewiesenen, daß f in z_0 differenzierbar ist und daß
$$f'(z_0) = \Delta f(z_0) = Df(z_0)$$
ist. Die weiteren Behauptungen des Satzes ergeben sich aus Satz 40, Korollar. □

Aus diesem Satz ergibt sich für die höheren Ableitungen $f^{(n)}$ sofort:

Korollar. *In $Z_r(0)$ gilt für alle $n \in \mathbb{N}$*
$$f^{(n)}(z) = D^n f(z).$$

Die Aussage von Satz 61 überträgt sich in der folgenden Weise auf beliebige holomorphe Funktionen:

Satz 62. *Sei $U \subset k$ offen. Jede holomorphe Funktion $\varphi \in H(U)$ ist in U differenzierbar, und die Ableitung φ' ist wieder holomorph in U. Insbesondere ist*

§ 4. Holomorphe Funktionen

$H(U) \subset D_\infty(U)$. *Die lokale Potenzreihenentwicklung von φ in $z_0 \in U$ lautet, falls* char $k = 0$ *ist:*

$$f = \sum_{n=0}^{\infty} \frac{\varphi^{(n)}(z_0)}{n!} X^n \quad (Taylorformel).$$

Beweis. Sei $\varphi \in H(U)$ und $z_0 \in U$. Laut Def. 27 gibt es ein $\varrho > 0$ und ein $f = \sum_{n=0}^{\infty} a_n X^n \in A_\varrho$, so daß in $Z_\varrho(z_0) \subset U$ gilt:

$$\varphi(z) = f(z - z_0).$$

Aus der Kettenregel und Satz 61 ergibt sich deshalb, daß φ in $Z_\varrho(z_0)$ differenzierbar ist und daß dort

$$\varphi'(z) = f'(z - z_0) = Df(z - z_0)$$

mit $Df \in A_\varrho$ ist. Das beweist zugleich die Holomorphie von φ' in U und zeigt, daß die Potenzreihenentwicklung von φ' um z_0 gerade Df ist. Durch n-malige Wiederholung dieses Prozesses folgt für $z \in Z_\varrho(z_0)$

$$\varphi^{(n)}(z) = (D^n f)(z - z_0), \quad n \in \mathbb{N}.$$

Mit Satz 30, i) und ii) erhält man daraus sofort für alle $n \in \mathbb{N} \cup \{0\}$, falls char $k = 0$ ist:

$$a_n = (\Delta^n f)(0) = \frac{(D^n f)(0)}{n!} = \frac{\varphi^{(n)}(z_0)}{n!}.$$

Damit ist der Satz bewiesen. □

Die Bedeutung dieses Satzes besteht insbesondere in folgendem: Er zeigt, daß im Fall des Grundkörpers $k = \mathbb{C}$ die holomorphen Funktionen komplex differenzierbar sind, so daß auf sie die gesamte Cauchysche Theorie, wie sie im Kap. I entwickelt wurde, anwendbar wird.

6. Die Holomorphie der komplex differenzierbaren Funktionen. In Satz 62 wurde gezeigt, daß für $U \subset k$ offen $H(U) \subset D_\infty(U)$ ist. Es kann im allgemeinen nicht erwartet werden, daß sogar $H(U) = D_\infty(U)$ gilt. Das ergibt das folgende, aus der Infinitesimalrechnung bekannte Beispiel für $k = \mathbb{R}$:

Es sei $U = \mathbb{R}$ und

$$\varphi(x) := \begin{cases} e^{-\frac{1}{x^2}} & \text{für } x > 0 \\ 0 & \text{für } x \leq 0. \end{cases}$$

Man rechnet leicht aus, daß $\varphi \in D_\infty(U)$ ist. Dagegen kann φ in keiner Umgebung des Nullpunktes eine lokale Potenzreihenentwicklung besitzen, denn $x_0 = 0$ ist offenbar Häufungspunkt von Nullstellen von φ, so daß dann φ nach Satz 59 in einer ganzen Umgebung von $x_0 = 0$ verschwinden müßte. Andererseits ist aber $\varphi(x) \neq 0$ für alle $x > 0$.

Es ist nun eine der für die Funktionentheorie bedeutsamsten Tatsachen, daß über dem Grundkörper $k = \mathbb{C}$ der komplexen Zahlen mit der üblichen Bewertung im Gegensatz zur allgemeinen Situation die Gleichheit $H(U) = D_\infty(U) = D_1(U)$ für beliebige offene Teilmengen $U \subset \mathbb{C}$ besteht. Das kann mit Hilfe der Cauchyschen Integralformel (Satz I, 39) bewiesen werden. Genauer gilt:

Satz 63. *Sei $U \subset \mathbb{C}$ offen und $\varphi: U \to \mathbb{C}$ eine in U komplex differenzierbare Funktion. Ferner sei $z_0 \in U$ und $r := \mathrm{dist}(z_0, \partial U) := \inf\{|z - z_0|,\ z \in \partial U\}$. Dann gibt es ein $f = \sum_{\nu=0}^\infty a_\nu X^\nu \in A_r$, so daß für alle $z \in Z_r(z_0)$ gilt:*

$$\varphi(z) = f(z - z_0).$$

Ist ferner r_1 beliebig so gewählt, daß $0 < r_1 < r$, so berechnen sich die Koeffizienten a_ν von f, $\nu \geq 0$, durch

$$a_\nu = \frac{1}{2\pi i} \int_{\partial Z_{r_1}(z_0)} \frac{\varphi(\zeta)}{(\zeta - z_0)^{\nu+1}} d\zeta.$$

Beweis. i) Es ist $r > 0$. Sei r_1 beliebig vorgegeben, so daß $0 < r_1 < r$ ist. Es wird zunächst gezeigt, daß φ in $Z_{r_1}(z_0)$ eine lokale Potenzreihenentwicklung besitzt. Auf Grund der Cauchyschen Integralformel (Satz I, 39) gilt für alle $z \in Z_{r_1}(z_0)$:

$$\varphi(z) = \frac{1}{2\pi i} \int_{\partial Z_{r_1}(z_0)} \frac{\varphi(\zeta)}{\zeta - z} d\zeta. \tag{23}$$

Hält man darin z für den Augenblick fest, so ist für alle $\zeta \in \partial Z_{r_1}(z_0)$

$$|z - z_0| < |\zeta - z_0| = r_1,$$

und deshalb kann man mit Hilfe der geometrischen Reihe schreiben

$$\frac{1}{\zeta - z} = \frac{1}{(\zeta - z_0) - (z - z_0)} = \frac{1}{\zeta - z_0} \cdot \frac{1}{1 - \dfrac{z - z_0}{\zeta - z_0}}$$

$$= \sum_{\nu=0}^\infty \frac{1}{\zeta - z_0} \left(\frac{z - z_0}{\zeta - z_0} \right)^\nu.$$

Diese Reihe ist bei festem z für

$$\zeta \in \partial Z_{r_1}(z_0) \quad \text{wegen} \quad \frac{|z - z_0|}{|\zeta - z_0|} = \frac{|z - z_0|}{r_1}$$

§ 4. Holomorphe Funktionen

sogar gleichmäßig konvergent, und daran ändert sich durch gliedweise Multiplikation mit der Funktion $\varphi(\zeta)$ nichts, da $\varphi(\zeta)$ als stetige Funktion auf der kompakten Menge $\partial Z_{r_1}(z_0)$ beschränkt ist. Man darf deshalb nach dem Einsetzen der Reihe in (23) Summation und Integration vertauschen und erhält dadurch:

$$\varphi(z) = \frac{1}{2\pi i} \int_{\partial Z_{r_1}(z_0)} \frac{\varphi(\zeta)}{\zeta - z} d\zeta$$

$$= \sum_{\nu=0}^{\infty} \left(\frac{1}{2\pi i} \int_{\partial Z_{r_1}(z_0)} \frac{\varphi(\zeta)}{(\zeta - z_0)^{\nu+1}} d\zeta \right) (z - z_0)^{\nu}.$$

Nun setze man für $\nu \in \mathbb{N} \cup \{0\}$

$$a_\nu := \frac{1}{2\pi i} \int_{\partial Z_{r_1}(z_0)} \frac{\varphi(\zeta)}{(\zeta - z_0)^{\nu+1}} d\zeta. \qquad (24)$$

Dann hat man für alle $z \in Z_{r_1}(z_0)$

$$\varphi(z) = \sum_{\nu=0}^{\infty} a_\nu (z - z_0)^{\nu}. \qquad (25)$$

Damit ist gezeigt, daß $f := \sum_{\nu=0}^{\infty} a_\nu X^\nu$ die Potenzreihenentwicklung von φ in $Z_{r_1}(z_0)$ ist, da lt. Satz 49 $f \in A_{r_1}$ ist.

ii) Durch das geschilderte Verfahren erhält man in jedem Kreis $Z_{r_1}(z_0)$ mit $0 < r_1 < r$ eine Potenzreihenentwicklung von φ um z_0. Laut Satz 55 sind alle diese Entwicklungen gleich. Insbesondere liefert also (24) die gewünschte Beziehung für die Koeffizienten. □

Obwohl mit diesem Satz über dem Körper der komplexen Zahlen die Theorie der in offenen Mengen differenzierbaren Funktionen als identisch mit der Theorie der dort holomorphen Funktionen nachgewiesen ist, wird in dem folgenden Paragraphen keinerlei Gebrauch von diesem Ergebnis gemacht, indem alle elementaren Sätze über holomorphe Funktionen – darunter auch die, die nur über $\mathbb{C}$ gelten – lediglich mit Hilfe der Potenzreihenentwicklungen und ohne direkte oder indirekte Benutzung des Cauchyschen Integralsatzes hergeleitet werden. Das hat insbesondere den Vorteil, daß dadurch die notwendigen Voraussetzungen an den Grundkörper deutlicher werden.

In Kap. I, § 2.3 wurde die in ganz $\mathbb{C}$ komplex differenzierbare (komplexe) Exponentialfunktion $\exp z$ untersucht. Sie besitzt lt. Satz 63 eine in ganz $\mathbb{C}$ konvergente Potenzreihenentwicklung $f = \sum_{\nu=0}^{\infty} a_\nu X^\nu$ um $z_0 = 0$, die hier als Beispiel berechnet werden soll. Es wäre jedoch umständlich, dazu die Darstellung der a_ν durch Integrale zu benutzen. Nachdem die Existenz der Entwicklung durch Satz 63 gesichert ist, genügt es lt. Satz 62 (Taylorformel) vielmehr, alle Ableitungen $\exp^{(n)}(0)$ auszurechnen. Das ist besonders einfach, da lt. Kap. I, (12) $(\exp z)' \equiv \exp z$ und damit

$$\exp^{(n)}(z) \equiv \exp z$$

für alle $n \in \mathbb{N}$ gilt. Also ist $\exp^{(n)}(0) = 1$ für alle $n \in \mathbb{N}$, so daß sich ergibt

$$f = \sum_{\nu=0}^{\infty} \frac{1}{\nu!} X^\nu.$$

Das ist die bekannte Exponentialreihe.

§ 5. Die Algebra der konvergenten Potenzreihen

1. Die Algebra $k\langle X \rangle$. Ist k ein beliebiger, nicht-trivial und vollständig bewerteter Körper, und ist $z_0 \in k$ ein beliebiger Punkt, so steht lt. Def. 27 und dem Identitätssatz für Potenzreihen (Satz 50) die Menge der im Punkt z_0 holomorphen Funktionen in natürlicher eineindeutiger Beziehung zur Menge der formalen Potenzreihen über k, die einen positiven Konvergenzradius haben, d.h. die in einem A_t (oder B_s) mit einem geeigneten $t > 0$ (bzw. $s > 0$) liegen. Es ist deshalb verständlich, daß eine genauere Untersuchung dieser Potenzreihenmenge für die Zwecke der Funktionentheorie nützlich ist. Diese Untersuchung ist Gegenstand dieses Paragraphen. Die funktionentheoretischen Folgerungen aus den erzielten Ergebnissen werden im nächsten Paragraphen dargestellt.

Es sei, wenn nichts weiteres vorausgesetzt wird, k ein beliebiger vollständig bewerteter Körper.

Def. 29. *Es sei $k\langle X \rangle := \bigcup_{s>0} B_s = \bigcup_{t>0} A_t = \{f \in k\{X\} : r(f) > 0\}$. Man nennt $k\langle X \rangle$ die Algebra der konvergenten Potenzreihen über dem Körper k.*

Offensichtlich ist $k\langle X \rangle$ eine k-Unteralgebra von $k\{X\}$, denn sind $c \in k$ und $f, g \in k\{X\}$, so gibt es $t, s > 0$ mit $f \in B_t$ und $g \in B_s$, und es sind dann $c \cdot f$, $f \pm g$ und $f \cdot g$ in B_ϱ enthalten, wenn man $\varrho := \min\{t, s\} > 0$ setzt. Als Unteralgebra von $k\{X\}$ ist $k\langle X \rangle$ nullteilerfrei. Für jedes $t > 0$ gelten offenbar die Inklusionen

$$k \subset k[X] \subset B_t \subset A_t \subset k\langle X \rangle \subset k\{X\}.$$

In völliger Entsprechung zu Satz 26 für $k\{X\}$ gilt für $k\langle X \rangle$:

Satz 64. *Ein Element $f \in k\langle X \rangle$ ist genau dann eine Einheit in $k\langle X \rangle$, wenn $o(f) = 0$, d.h. $f(0) \neq 0$ ist.*

Beweis. i) Offensichtlich ist die obige Bedingung notwendig. Falls nämlich für ein $g \in k\langle X \rangle$ $f \cdot g = 1$ ist, ist auch $f(0) \cdot g(0) = 1$ und also $f(0) \neq 0$.

ii) Sei umgekehrt $f = \sum_{\nu=0}^{\infty} a_\nu X^\nu \in k\langle X \rangle$ und $f(0) = a_0 \neq 0$. Da f und damit auch $1 - a_0^{-1} f$ in einem gewissen B_s, $s > 0$, liegt und da $o(1 - a_0^{-1} f) \geq 1$ ist,

§ 5. Konvergente Potenzreihen

gibt es lt. Satz 39 ein $t_0 > 0$ mit $t_0 \leq s$, so daß $|1 - a_0^{-1} \cdot f|_{t_0} < 1$ ist. Da nun B_{t_0} bezüglich der Norm $|\ |_{t_0}$ eine Banachalgebra ist, besitzt deshalb $a_0^{-1} \cdot f \in B_{t_0}$ und damit auch f in B_{t_0} ein Inverses g (vgl. Anhang). Laut Def. 29 ist $g \in k\langle X \rangle$, und es ist $f \cdot g = 1$. Damit ist Satz 64 bewiesen. □

Aus Satz 64 ergeben sich einige wichtige Folgerungen über die algebraische Struktur von $k\langle X \rangle$. Um ihre Formulierung zu erleichtern, sei zunächst an die folgenden Definitionen aus der Algebra erinnert:

Def. 30. *Es sei R ein kommutativer Ring mit Einselement.*

i) *Eine Menge $\mathfrak{a} \subset R$ heißt Ideal, wenn mit $a, b \in \mathfrak{a}$ auch $a + b \in \mathfrak{a}$ ist und wenn für $a \in \mathfrak{a}$ und $r \in R$ gilt $r \cdot a \in \mathfrak{a}$.*

ii) *Das Ideal $\mathfrak{a} \subsetneq R$ heißt maximal, wenn für jedes Ideal $\mathfrak{b} \subsetneq R$ aus $\mathfrak{a} \subset \mathfrak{b}$ schon $\mathfrak{a} = \mathfrak{b}$ folgt.*

iii) *Es sei R zusätzlich nullteilerfrei. Ein Element $r \in R$ heißt prim in R, wenn r eine Nichteinheit in R ist und wenn aus $r = a \cdot b$ mit $a, b \in R$ folgt, daß a oder b eine Einheit in R ist.*

iv) *Die Elemente $r_1, r_2 \in R$ heißen assoziiert, wenn es eine Einheit e in R gibt, so daß $r_1 = e \cdot r_2$ ist.*

Satz 65. i) *Die Menge $\mathfrak{m}$ der Nichteinheiten in der Algebra $k\langle X \rangle$ ist ein Ideal; $\mathfrak{m}$ ist das einzige maximale Ideal in $k\langle X \rangle$.*

ii) *Das Element $X \in k\langle X \rangle$ ist prim. Es ist bis auf Assoziiertheit das einzige Primelement in $k\langle X \rangle$. Jedes Element $f \in k\langle X \rangle \setminus \{0\}$ läßt sich eindeutig schreiben als*

$$f = X^m \cdot e$$

mit $m \in \mathbb{N} \cup \{0\}$ und einer Einheit $e \in k\langle X \rangle$. Es ist $m = o(f)$.

iii) *Der Quotientenkörper $Q(k\langle X \rangle)$ von $k\langle X \rangle$ hat die Gestalt*

$$Q(k\langle X \rangle) = \{X^n \cdot e : n \in \mathbb{Z}, e \text{ Einheit in } k\langle X \rangle\}$$
$$= \left\{ \sum_{\nu=n}^{\infty} a_\nu X^\nu \in L : \sum_{\nu \geq \max\{n, 0\}} a_\nu X^\nu \in k\langle X \rangle \right\}.$$

Beweis. i) Laut Satz 64 ist

$$\mathfrak{m} = \{f \in k\langle X \rangle : f(0) = 0\}.$$

Also ist $\mathfrak{m}$ ein Ideal in $k\langle X \rangle$, das offenbar auch maximal ist. Ist nämlich $\mathfrak{m}_1 \subsetneq k\langle X \rangle$ ein Ideal mit $\mathfrak{m} \subset \mathfrak{m}_1$, so muß $\mathfrak{m} = \mathfrak{m}_1$ gelten, da es andernfalls ein $f \in \mathfrak{m}_1$ mit $f(0) \neq 0$ gäbe, so daß auch $f^{-1} \cdot f = 1 \in \mathfrak{m}_1$ und damit $\mathfrak{m}_1 = k\langle X \rangle$ wäre. Da jedes echte Ideal nur Nichteinheiten enthalten kann, ist $\mathfrak{m}$ sogar das einzige maximale Ideal in $k\langle X \rangle$.

ii) Es sei $X = f \cdot g$ mit $f, g \in k\langle X \rangle$. Dann folgt $1 = o(X) = o(f) + o(g)$, und deshalb muß entweder $o(f) = 0$ oder $o(g) = 0$ sein. Nach Satz 64 ist also entweder f oder g Einheit in $k\langle X \rangle$ und damit X prim in $k\langle X \rangle$. Sei nun $f \in k\langle X \rangle \setminus \{0\}$ beliebig; und zwar sei etwa $f \in B_t \setminus \{0\}, t > 0$. Dann läßt sich f in B_t zerlegen

als
$$f = \sum_{v=m}^{\infty} a_v X^v = X^m \sum_{v=m}^{\infty} a_v X^{v-m} \qquad (26)$$

mit $m \in \mathbb{N} \cup \{0\}$, $a_m \neq 0$ und $e := \sum_{v=m}^{\infty} a_v X^{v-m} \in B_t$ (vgl. Beweis zu Satz 50). Da $e(0) = a_m \neq 0$ gilt, ist e Einheit in $k\langle X\rangle$ und (26) ist die gewünschte Zerlegung in $k\langle X\rangle$, die offenbar auch eindeutig ist. Aus der Existenz dieser Zerlegung folgt ebenfalls sofort, daß X bis auf Assoziiertheit das einzige Primelement in $k\langle X\rangle$ ist.

iii) Mit der für $f \in k\langle X\rangle \setminus \{0\}$ unter ii) angegebenen Zerlegung folgt sofort:
$$Q(k\langle X\rangle) = \{X^n \cdot e : n \in \mathbb{Z}, e \text{ Einheit in } k\langle X\rangle\} \subset L.$$

Es sei für den Augenblick die folgende Bezeichnung eingeführt:
$$\tilde{Q} := \left\{ \sum_{v=n}^{\infty} a_v X^v \in L : \sum_{v \geq \max\{n,0\}} a_v X^v \in k\langle X\rangle \right\}.$$

Ist $f = X^n \cdot e \in Q(k\langle X\rangle)$ so gewählt, daß $n \geq 0$ ist, so ist offenbar $f \in \tilde{Q}$. Sei nun $f = X^n \cdot e \in Q(k\langle X\rangle)$ und $n < 0$. Es ist $e = \sum_{v=0}^{\infty} a_v X^v \in k\langle X\rangle$ mit $a_0 \neq 0$. Also ist auch $\sum_{v=-n}^{\infty} a_v X^v \in k\langle X\rangle$ und damit ebenfalls $\sum_{v=-n}^{\infty} a_v X^{v+n} \in k\langle X\rangle$, denn es ist $v + n \geq 0$ für $v \geq -n$. Andererseits ist $f = X^n \cdot e = \sum_{v=0}^{\infty} a_v X^{v+n}$, so daß $\sum_{v=-n}^{\infty} a_v X^{v+n}$ gerade der Nebenteil von f (das ist der Teil mit nicht-negativen Exponenten) ist. Also ist $f \in \tilde{Q}$. Es kann dem Leser überlassen werden nachzuprüfen, daß ebenfalls $\tilde{Q} \subset Q(k\langle X\rangle)$ gilt, so daß man das gewünschte Ergebnis $\tilde{Q} = Q(k\langle X\rangle)$ erhält. □

Die algebraischen Aussagen über $k\langle X\rangle$ in diesem Satz hängen allein von der Gültigkeit von Satz 64 ab. Man sieht deshalb sofort, daß sich die analogen Aussagen für $k\{X\}$ aus Satz 26 herleiten lassen. Andererseits sind diese Aussagen in Satz 65 enthalten, da im Fall der trivialen Bewertung auf k bereits $k\langle X\rangle = k\{X\}$ ist.

2. Die k-Algebra-Homomorphismen. In § 2.2 wurden die k-Algebra-Homomorphismen der Algebren $k\{X\}$ untersucht, und es konnte gezeigt werden, daß alle diese Homomorphismen Substitutionshomomorphismen sind (Satz 27). Dieses starke Ergebnis bleibt für die k-Algebra-Homomorphismen der Algebren $k\langle X\rangle$ gültig, wie in diesem Abschnitt gezeigt wird. Vorher soll jedoch eine Folgerung aus der Untersuchung der analytischen Substitutionshomomorphismen der Algebren B_t, wie sie in Satz 39 angestellt wurde, gezogen werden:

Satz 66. *Sei $\varphi_g : k\{X\} \to k\{Y\}$ der durch $g \in k\{Y\}$, $o(g) \geq 1$, definierte Substitutionshomomorphismus. Es sei $g \in k\langle Y\rangle$. Dann ist die Einschränkung von φ_g*

§ 5. Konvergente Potenzreihen

auf $k\langle X\rangle$ ein k-Algebrahomomorphismus

$$\varphi_g : k\langle X\rangle \to k\langle Y\rangle.$$

Beweis. Es muß lediglich gezeigt werden, daß das Bild von $k\langle X\rangle$ unter φ_g in $k\langle Y\rangle$ liegt. Sei also $f \in k\langle X\rangle$. Dann gibt es ein $t>0$, so daß $f \in B_t$. Ferner liegt g laut Voraussetzung in einem $B_r, r>0$. Nach Satz 39 gibt es also ein $s>0$ mit $s \leq r$, so daß $\varphi_g(f) \in B_s \subset k\langle Y\rangle$. □

Satz 67. *Es sei $\varphi : k\langle X\rangle \to k\langle Y\rangle$ ein beliebiger k-Algebra-Homomorphismus. Dann ist φ der durch $\varphi(X) \in k\langle Y\rangle$ erzeugte Substitutionshomomorphismus.*

Beweis. Der Beweis dieses Satzes verläuft genauso wie der Beweis von Satz 27, indem wesentlich Gebrauch davon gemacht wird, daß die Einheiten im Ring $k\langle X\rangle$ genauso wie in $k\{X\}$ dadurch gekennzeichnet sind, daß ihr Untergrad gleich 0 ist (Satz 64). Sei also $g := \varphi(X) \in k\langle Y\rangle$. Angenommen es wäre $g = \sum_{\nu \geq 0} b_\nu Y^\nu$ mit $b_0 \neq 0$. Dann wäre $e := -b_0 + X \in k\langle X\rangle$ eine Einheit in $k\langle X\rangle$, und also wäre auch das Bild

$$\varphi(e) = -b_0 + \varphi(X) = -b_0 + g = \sum_{\nu=1}^{\infty} b_\nu Y^\nu$$

eine Einheit in $k\langle Y\rangle$ im Widerspruch zu Satz 64.

Da also $o(g) \geq 1$ ist, definiert g lt. Satz 66 einen Substitutionshomomorphismus $\varphi_g : k\langle X\rangle \to k\langle Y\rangle$, der auf $k[X]$ offensichtlich mit φ übereinstimmt. Für ein beliebiges $f = \sum_{\nu \geq 0} a_\nu X^\nu \in k\langle X\rangle$ und jedes $n \in \mathbb{N}$ erhält man daher:

$$\varphi(f) - \varphi_g(f) = \varphi\left(\sum_{\nu=n+1}^{\infty} a_\nu X^\nu\right) - \varphi_g\left(\sum_{\nu=n+1}^{\infty} a_\nu X^\nu\right). \tag{27}$$

Wie in Satz 25 schon bemerkt wurde, gilt für alle $h \in k\langle X\rangle$ die Ungleichung $o(\varphi_g(h)) \geq o(h)$. Das Gleiche ist auch für φ gültig, wie man mit Hilfe der Zerlegung $h = X^m \cdot e, m = o(h), e$ Einheit in $k\langle X\rangle$, aus Satz 66 (vgl. Satz 68) zeigt. Damit erhält man aus (27)

$$o(\varphi(f) - \varphi_g(f)) \geq n+1.$$

Also ist $o(\varphi(f) - \varphi_g(f)) = \infty$ und deshalb $\varphi(f) = \varphi_g(f)$. □

Man nennt die k-Algebra-Homomorphismen $\varphi : k\langle X\rangle \to k\langle Y\rangle$ auch „analytische Homomorphismen". Für sie gilt außerdem:

Satz 68. *Jeder analytische Homomorphismus $\varphi : k\langle X\rangle \to k\langle Y\rangle$, für den $\varphi(X) \neq 0$ ist, ist injektiv, genauer gilt für alle $f \in k\langle X\rangle$ die Beziehung $o(\varphi(f)) = n \cdot o(f)$ mit $n := o(\varphi(X))$.*

Beweis. Laut Satz 66 läßt sich jedes $f \in k\langle X\rangle \setminus \{0\}$ in der Form $f = X^m \cdot e$ mit $m = o(f)$ und einer Einheit $e \in k\langle X\rangle$ schreiben. Daraus folgt $\varphi(f) = (\varphi(X))^m \cdot \varphi(e)$. Da $\varphi(e)$ wieder eine Einheit ist, ist $o(\varphi(e)) = 0$ und deshalb $o(\varphi(f)) = o(\varphi(X)) \cdot m < \infty$. □

Bevor im nächsten Abschnitt die analytischen Homomorphismen weiter untersucht werden, sei hier noch bemerkt, daß aufgrund von Satz 40 für alle $j \in \mathbb{N}$ die Differentialoperatoren D^j und Δ^j die Algebra $k\langle X \rangle$ in sich abbilden:

$$D^j: k\langle X \rangle \to k\langle X \rangle;$$

$$\Delta^j: k\langle X \rangle \to k\langle X \rangle.$$

3. Der Endlichkeitssatz für analytische Homomorphismen.

Es seien R_1, R_2 kommutative Ringe mit Einselement. Ferner sei φ ein Homomorphismus

$$\varphi: R_1 \to R_2$$

mit $\varphi(1) = 1$. In dieser Situation kann man R_2 bezüglich φ als einen Modul über dem Ring R_1 auffassen, indem man als Addition die Ringaddition von R_2 wählt und die skalare Multiplikation zwischen $r \in R_1$ und $s \in R_2$ definiert durch

$$r \cdot s := \varphi(r) \cdot s,$$

wobei rechts das Ringprodukt in R_2 zwischen $\varphi(r)$ und s steht. Man bestätigt leicht, daß die Modulaxiome erfüllt sind. Oft ist es günstig, gewisse Aussagen über den Homomorphismus als Aussagen über die Struktur des R_1-Moduls R_2 zu formulieren. Das soll im folgenden für analytische Homomorphismen zwischen Algebren $k\langle X \rangle$ geschehen.

Satz 69 (Endlichkeitssatz für analytische Homomorphismen). *Es sei $\varphi: k\langle X \rangle \to k\langle Y \rangle$ ein analytischer Homomorphismus, und es gelte $n := o(\varphi(X)) < \infty$. Dann ist $k\langle Y \rangle$ bezüglich φ ein freier $k\langle X \rangle$-Modul vom Rang n. Die Elemente $1, Y, \ldots, Y^{n-1}$ bilden eine Modulbasis.*
Genauer gilt: es gibt Konstanten $t_0, t_1 \in \mathbb{R}$, $0 < t_0 \leq 1, 0 < t_1$, so daß jedes $g \in B_t \subset k\langle Y \rangle$, $0 < t \leq t_0$, eine eindeutig bestimmte Darstellung

$$g = \sum_{v=0}^{n-1} \varphi(f_v) Y^v \tag{28}$$

mit $f_v \in k\langle X \rangle$ besitzt und mit $t' := t_1 \cdot t^n$ abgeschätzt werden kann

$$|f_v|_{t'} \leq 2 t^{1-n} |g|_t, \quad v = 0, 1, \ldots, n-1. \tag{29}$$

Beweis. i) *Existenz der Darstellung* (28).

Der Einfachheit halber sei im folgenden geschrieben

$$v := \varphi(X) \in k\langle Y \rangle.$$

Dann ist $n = o(v)$, und deshalb ist lt. Satz 66 $v = Y^n \cdot \tilde{e}$ und also

$$Y^n = e \cdot v \tag{30}$$

§ 5. Konvergente Potenzreihen

mit Einheiten $\tilde{e}, e \in k\langle Y\rangle$. Offenbar gibt es zu e ein $t_0 \in \mathbb{R}$, $0 < t_0 \leq 1$, so daß $e \in B_{t_0} \subset k\langle Y\rangle$ ist. Man setze

$$L := |e|_{t_0} < \infty. \tag{31}$$

Es wird zuerst eine Hilfsaussage formuliert, durch deren iterierte Anwendung dann die Darstellung (28) gewonnen wird.

Hilfsaussage. Sei $t \in \mathbb{R}$, $0 < t \leq t_0$. Jedes $h \in B_t \subset k\langle Y\rangle$ läßt sich in folgender Weise schreiben:

$$h = \sum_{\nu=0}^{n-1} c_\nu Y^\nu + \tilde{h} \cdot v \tag{32}$$

mit $c_\nu \in k$ für $\nu = 0, \ldots, n-1$, sowie $\tilde{h} \in B_t$ und

$$\left.\begin{array}{l} |c_\nu| \leq t^{1-n} \cdot |h|_t, \quad \nu = 0, \ldots, n-1 \\ |\tilde{h}|_t \leq L \cdot t^{-n} \cdot |h|_t \end{array}\right\}. \tag{33}$$

Zum Nachweis dieser Hilfsaussage sei $h = \sum_{\nu=0}^{\infty} c_\nu Y^\nu \in B_t$ beliebig gewählt. Man definiere:

$$\tilde{h} := e \sum_{\nu=n}^{\infty} c_\nu Y^{\nu-n} \in B_t$$

mit der Einheit e aus (30). Wegen (31) und $t \leq t_0$ kann man abschätzen:

$$|\tilde{h}|_t \leq |e|_t \sum_{\nu=n}^{\infty} |c_\nu| t^{\nu-n} \leq L \, t^{-n} \cdot |h|_t.$$

Da außerdem $t \leq 1$ ist, folgt für $\nu = 0, \ldots, n-1$ aus den Cauchyschen Koeffizientenabschätzungen:

$$|c_\nu| \leq \frac{|h|_t}{t^\nu} \leq t^{1-n} \cdot |h|_t.$$

Damit ist die Hilfsaussage bewiesen.

Um nun zu vorgegebenem $g \in B_t \subset k\langle Y\rangle$, $0 < t \leq t_0$, Funktionen $f_\nu \in k\langle X\rangle$, $\nu = 0, \ldots, n-1$, zu finden, für die (28) und (29) gelten, werden zunächst zu g durch Induktion nach μ Folgen $(a_{\nu\mu})_{\mu=0}^{\infty}$, $\nu = 0, \ldots, n-1$, und $(g_{\mu+1})_{\mu=0}^{\infty}$ konstruiert, die die folgenden Eigenschaften besitzen:

i) $a_{\nu\mu} \in k$, $g_{\mu+1} \in B_t \subset k\langle Y\rangle$ für $0 \leq \nu \leq n-1$, $\mu = 0, 1, 2, \ldots$,
ii) $|a_{\nu\mu}| \leq t^{1-n}(L \cdot t^{-n})^\mu \cdot |g|_t$ für $0 \leq \nu \leq n-1$, $\mu = 0, 1, 2, \ldots$,
iii) $|g_{\mu+1}|_t \leq (L \cdot t^{-n})^{\mu+1} \cdot |g|_t$ für $\mu = 0, 1, 2, \ldots$,
iv) $g = \sum_{\nu=0}^{n-1} \left(\sum_{i=0}^{\mu} a_{\nu i} \cdot v^i \right) Y^\nu + g_{\mu+1} v^{\mu+1}$ für $\mu = 0, 1, 2, \ldots$.

Zum Induktionsanfang zerlege man g gemäß der Hilfsaussage:

$$g = \sum_{\nu=0}^{n-1} c_\nu Y^\nu + \tilde{g} \cdot v$$

und setze $a_{\nu 0} := c_\nu$, $\nu = 0, \ldots, n-1$, und $g_1 := \tilde{g}$. Dann sind auf Grund der Abschätzungen (33) die Forderungen i)–iv) offenbar erfüllt.

Zur weiteren induktiven Konstruktion sei angenommen, daß für ein $\mu \geq 1$ bereits $a_{\nu(\mu-1)}$, $\nu = 0, \ldots, n-1$, und g_μ mit den Eigenschaften i)–iv) gefunden sind. Gemäß (32) schreibe man

$$g_\mu = \sum_{\nu=0}^{n-1} c_\nu^{(\mu)} Y^\nu + \tilde{g}_\mu v$$

und definiere damit

$$a_{\nu\mu} := c_\nu^{(\mu)}, \quad 0 \leq \nu \leq n-1, \quad \text{und} \quad g_{\mu+1} := \tilde{g}_\mu. \tag{34}$$

Laut (33) hat man dann für $0 \leq \nu \leq n-1$:

$$|a_{\nu\mu}| \leq t^{1-n} |g_\mu|_t; \quad |g_{\mu+1}|_t \leq L \cdot t^{-n} |g_\mu|_t.$$

Setzt man in diese Ungleichungen die Beziehung iii) für μ statt $\mu+1$ ein, die lt. Induktionsannahme erfüllt ist, so erhält man unmittelbar die Beziehungen ii) für μ und iii) für $\mu+1$. Ebenso erhält man iv), indem man in die laut Induktionsannahme geltende Gleichung

$$g = \sum_{\nu=0}^{n-1} \left(\sum_{i=0}^{\mu-1} a_{\nu i} v^i \right) Y^\nu + g_\mu v^\mu$$

aufgrund von (32) und (34) für g_μ einsetzt:

$$g_\mu = \sum_{\nu=0}^{n-1} a_{\nu\mu} Y^\nu + g_{\mu+1} v.$$

Damit ist die Konstruktion der $(a_{\nu\mu})_{\mu=0}^\infty$, $0 \leq \nu \leq n-1$, und $(g_{\mu+1})_{\mu=0}^\infty$ abgeschlossen.

Es kann jetzt gezeigt werden, daß die Potenzreihen

$$f_\nu := \sum_{\mu=0}^\infty a_{\nu\mu} X^\mu \in k\{X\}, \quad \nu = 0, \ldots, n-1,$$

die gewünschten Eigenschaften haben. Sei dazu $t_1 := \dfrac{1}{2 \cdot L}$ und, wie im Satz gefordert, $t' = t_1 \cdot t^n$. Mit Hilfe von ii) kann man folgendermaßen abschätzen:

$$|f_\nu|_{t'} = \sum_{\mu=0}^\infty |a_{\nu\mu}| t'^\mu$$

$$\leq t^{1-n} |g|_t \sum_{\mu=0}^\infty (L \cdot t^{-n} \cdot t')^\mu$$

$$= t^{1-n} |g|_t \sum_{\mu=0}^\infty (t' \cdot t_1^{-1} t^{-n})^\mu 2^{-\mu}$$

$$= 2 \cdot t^{1-n} |g|_t, \quad \nu = 0, \ldots, n-1.$$

§ 5. Konvergente Potenzreihen 145

(29) ist also erfüllt. – Zum Beweis von (28) beachte man, daß lt. iv) und iii) für alle $\mu \geq 0$ und alle $t'' \in \mathbb{R}$, $0 < t'' \leq t$ gilt:

$$\left| g - \sum_{v=0}^{n-1} \left(\sum_{i=0}^{\mu} a_{vi} v^i \right) Y^v \right|_{t''} \leq |g_{\mu+1}|_{t''} |v|_{t''}^{\mu+1}$$

$$\leq (L \cdot t^{-n})^{\mu+1} \cdot |v|_{t''}^{\mu+1} \cdot |g|_t.$$

Da $o(v) = n \geq 1$, kann man $t'' > 0$ so klein wählen, daß $|v|_{t''} \leq (2L)^{-1} \cdot t^n$ ist. Dann erhält man:

$$\left| g - \sum_{v=0}^{n-1} \left(\sum_{i=0}^{\mu} a_{vi} v^i \right) Y^v \right|_{t''} \leq 2^{-(\mu+1)} |g|_t.$$

Also gilt in der Banachalgebra $B_{t''} \subset k\langle Y \rangle$

$$g = \lim_{\mu \to \infty} \sum_{v=0}^{n-1} \left(\sum_{i=0}^{\mu} a_{vi} v^i \right) Y^v. \tag{35}$$

Das wird unmittelbar die gewünschte Darstellung ergeben, wenn gesichert ist, daß man auf der rechten Seite den Limes mit der endlichen Summation über v vertauschen darf. Dazu muß gezeigt werden, daß für alle $v = 0, \ldots, n-1$ die Reihe $\sum_{i=0}^{\infty} a_{vi} v^i \in B_{t''}$ ist. Laut Satz 67 ist φ der durch v auf $k\langle X \rangle$ definierte Substitutionshomomorphismus, und nach der Wahl von t'' ist $v \in B_{t''}$ und

$$|v|_{t''} \leq (2L)^{-1} \cdot t^n = t_1 \cdot t^n = t'.$$

Deshalb ergibt sich aus Satz 39, daß das Bild von $B_{t'}$ unter φ in $B_{t''}$ liegt:

$$\varphi | B_{t'} : B_{t'} \to B_{t''}.$$

Angewandt auf die $f_v = \sum_{i=0}^{\infty} a_{vi} X^i \in B_{t'}$ folgt damit:

$$\sum_{i=0}^{\infty} a_{vi} v^i = \varphi(f_v) \in B_{t''}, \quad 0 \leq v \leq n-1.$$

Setzt man das in (35) ein, so erhält man (28).

ii) *Eindeutigkeit* von (28). Bis jetzt ist gezeigt, daß die Elemente $1, Y, \ldots, Y^{n-1}$ ein Erzeugendensystem des $k\langle X \rangle$-Moduls $k\langle Y \rangle$ bezüglich φ sind. Es muß noch gezeigt werden, daß sie linear unabhängig über $k\langle X \rangle$ bezüglich φ sind. Seien also $f_0, \ldots, f_{n-1} \in k\langle X \rangle$ und sei

$$\sum_{v=0}^{n-1} \varphi(f_v) Y^v = 0. \tag{36}$$

Angenommen, es sind nicht alle $f_v = 0$. Dann ist

$$m := \min_{0 \leq v \leq n-1} o(f_v) < \infty.$$

Es sei $v_0 := \min\{v : o(f_v) = m\}$. Für $v = 0, \ldots, n-1$ ist lt. Satz 68
$$o(\varphi(f_v) Y^v) = n \cdot o(f_v) + v.$$
Ist nun $v > v_0$, so ist offenbar
$$n \cdot o(f_v) + v > n \cdot o(f_v) + v_0 \geqq n \cdot m + v_0.$$
Die gleiche Beziehung gilt aber auch für $0 \leqq v < v_0$, da dann $o(f_v) = m + r$ mit $r \geqq 1$ ist, so daß wegen $v_0 - v < n \leqq n \cdot r$ gilt:
$$n \cdot o(f_v) + v = n(m + r) + v = nm + v_0 + (nr - (v_0 - v))$$
$$> nm + v_0.$$
Insgesamt ist damit gezeigt, daß $o\left(\sum_{v=0}^{n-1} \varphi(f_v) Y^v\right) = nm + v_0 < \infty$ gilt, im Widerspruch zu (36). Also sind alle $f_v = 0$, $v = 0, \ldots, n-1$. Damit ist Satz 69 vollständig bewiesen. □

Eine direkte Folgerung aus diesem Satz sei noch angegeben:

Satz 70 (Umkehrsatz). *Ein analytischer Homomorphismus $\varphi : k\langle X\rangle \to k\langle Y\rangle$ ist genau dann ein Isomorphismus, wenn $o(\varphi(X)) = 1$, d.h., wenn für $v := \varphi(X) \in k\langle Y\rangle$ die Ableitung $Dv(0) \neq 0$ ist.*

Beweis. Wegen $o(v) \geqq 1$ ist offenbar $Dv(0) \neq 0$ genau dann, wenn $o(v) = 1$. In diesem Fall läßt sich lt. Satz 69 jedes $g \in k\langle Y\rangle$ eindeutig schreiben als $g = \varphi(f)$, $f \in k\langle Y\rangle$. Damit ist φ ein Isomorphismus. Ist andererseits $o(v) \geqq 2$, so tritt das Element $Y \in k\langle Y\rangle$ nicht als Bild unter φ auf, da die Ordnungen aller Bilder lt. Satz 68 null oder $\geqq o(v)$ sind. □

§ 6. Funktionentheoretische Folgerungen aus dem Endlichkeitssatz

In diesem Paragraphen werden aus den mehr algebraischen Aussagen des § 5 funktionentheoretische Folgerungen gezogen. Dabei sind im 1. Abschnitt die grundlegenden Ergebnisse zusammengestellt, für die in k höchstens die zusätzliche Forderung char $k = 0$ gestellt werden muß, während im 2. Abschnitt die erheblich weitreichenderen Folgerungen für $k = \mathbb{C}$ gebracht werden. – Es wird in diesem Zusammenhang den Bedürfnissen der Anschaulichkeit meist mehr entsprechen, eine holomorphe Funktion $\Phi : U \to k$, $U \subset k$ offen, als Abbildung von U nach k anzusehen. Deshalb werden vorerst die Bezeichnungen „holomorphe Abbildung" und „holomorphe Funktion" synonym gebraucht.

1. Die lokale Gestalt holomorpher Abbildungen. Die scharfe Formulierung des Satzes 58 zeigt, daß ein enger Zusammenhang zwischen analytischen Homomorphismen und der Zusammensetzung von holomorphen Abbildungen in der Umgebung eines vorgegebenen Punktes besteht. Mit seiner Hilfe sollen

§ 6. Funktionentheoretische Folgerungen

hier aus den Ergebnissen von § 5 funktionentheoretische Aussagen gewonnen werden.

Um den funktionentheoretischen Gehalt des Umkehrsatzes (Satz 70) formulieren zu können, definieren wir:

Def. 31. *Eine holomorphe Abbildung $\Phi: U \to k$ auf einer offenen Menge $U \subset k$ heißt biholomorph, wenn es eine offene Menge $W \subset k$ und eine holomorphe Abbildung $\Psi: W \to U$ gibt, so daß $\Phi(U) = W$ und*

$$\Psi \circ \Phi(z) = z \quad und \quad \Phi \circ \Psi(w) = w$$

für alle $z \in U$ und alle $w \in W$ gilt, d. h., wenn Φ auf U bijektiv ist und die Umkehrabbildung $\Psi = \Phi^{-1}$ ebenfalls holomorph ist.

Die Abbildung Φ heißt lokal biholomorph in $z_0 \in U$, wenn es eine offene Umgebung $\tilde{U} \subset U$ von z_0 gibt, so daß $\Phi | \tilde{U}$ in $\tilde{U}$ biholomorph ist.

Aus dieser Definition ergeben sich sofort die folgenden einfachen Aussagen über (lokal) biholomorphe Abbildungen:

Bemerkung. i) Biholomorphe Abbildungen sind Homeomorphismen.

ii) Ist $\Phi: U \to k$ biholomorph und $\tilde{U} \subset U$ offen, so ist auch $\Phi | \tilde{U}$ biholomorph.

iii) Sind $\Phi: U \to W$ und $\Psi: W \to k$ biholomorph, so ist auch $\Psi \circ \Phi$ biholomorph.

iv) Ist $\Phi: U \to W$ in $z_0 \in U$ und $\Psi: W \to k$ in $w_0 := \Phi(z_0) \in W$ lokal biholomorph, so ist $\Psi \circ \Phi$ lokal biholomorph in z_0.

Die einfachsten Beispiele für biholomorphe Abbildungen auf ganz k liefern offenbar die Translationen

$$T_a: k \to k$$
$$z \to T_a(z) := z + a$$

für $a \in k$. Ihre Umkehrung ist T_{-a}.

Wir können nun den folgenden lokalen Umkehrsatz für holomorphe Abbildungen beweisen:

Satz 71. *Es sei $\Phi: U \to k$ eine holomorphe Abbildung auf der offenen Menge $U \subset k$. Ist dann im Punkt $z_0 \in U$ die Ableitung $\Phi'(z_0) \neq 0$, so ist Φ dort lokal biholomorph.*

Beweis. Es sei $w_0 := \Phi(z_0)$ und $U_0 := \{z - z_0, z \in U\}$. Dann ist die Abbildung $\Phi_0 := T_{-w_0} \circ \Phi \circ T_{z_0}$ in U_0 holomorph, es ist $\Phi_0(0) = 0$ und $\Phi_0'(0) = \Phi'(z_0) \neq 0$ (laut Kettenregel). Ferner genügt es offenbar zu zeigen, daß Φ_0 in 0 lokal biholomorph ist. Nun gibt es ein $r > 0$ und ein $f \in A_r$, so daß für $z \in Z_r := Z_r(0) \subset U_0$ gilt

$$\Phi_0(z) = f(z).$$

Wegen $f(0) = \Phi_0(0) = 0$ und $(Df)(0) = \Phi_0'(0) \neq 0$ ist $o(f) = 1$, so daß laut Satz 70 der durch f definierte analytische Homomorphismus $\varphi_f: k\langle X \rangle \to k\langle Y \rangle$ ein

Isomorphismus ist. Sei $g := \varphi_f^{-1}(Y) \in k\langle X \rangle$. Es gibt ein $t > 0$ mit $g \in A_t$. Damit ist durch

$$\Psi_0(w) := g(w)$$

für $w \in Z_t := Z_t(0)$ eine holomorphe Abbildung definiert, und da $o(g) = 1$ ist (wiederum lt. Satz 70 angewandt auf $\varphi_f^{-1} = \varphi_g$), hat man $\Psi_0(0) = 0$. Wegen $\Phi_0(0) = 0$ und der Stetigkeit von Φ kann man durch Verkleinern von $r > 0$ erreichen, daß $V := \Phi_0(Z_r) \subset Z_t$. Laut Satz 58 gilt dann für ein r_1 mit $0 < r_1 \leq r$ in $Z_{r_1}(0)$

$$\Psi_0 \circ \Phi_0(z) = \varphi_f(g)(z) = \varphi_f(\varphi_f^{-1}(Y))(z) = Y(z) = z.$$

Auf gleiche Weise erhält man für ein t_1 mit $0 < t_1 \leq t$ auf $Z_{t_1}(0)$

$$\Phi_0 \circ \Psi_0(w) = \varphi_g(f)(w) = \varphi_f^{-1}(f)(w) = w.$$

Zusammen ergibt sich daraus die Biholomorphie von Φ_0 auf einer geeigneten Umgebung von 0. Damit ist der Satz bewiesen. □

Den wesentlichsten Aufschluß über die Gestalt holomorpher Abbildungen liefert der folgende Satz, der eine beliebige holomorphe Abbildung lokal in solche einfacherer Gestalt zu zerlegen gestattet, falls die Charakteristik von k Null ist:

Satz 72. *Es sei* $\operatorname{char} k = 0$, *ferner induziere die Bewertung von* k *auf* $\mathbb{Q} \subset k$ *eine der in Satz 3 genannten Bewertungen oder sei archimedisch. Es sei* $U \subset k$ *offen,* $z_0 \in U$ *und* $\Phi : U \to k$ *eine holomorphe Abbildung. Dann gibt es eine Umgebung* $V \subset U$ *von* z_0 *und holomorphe Abbildungen* Φ_1, Φ_2, Φ_3 *mit den folgenden Eigenschaften:*

  i) $\Phi_1 : V \to k$ *ist in* z_0 *lokal biholomorph,* $\Phi_1(z_0) = 0$.
  ii) $\Phi_2(w) = w^m$ *für ein* $m \in \mathbb{N}$ *und alle* $w \in k$.
  iii) Φ_3 *ist linear, d.h. es gibt Elemente* $a, a_0 \in k$, *so daß für alle* $v \in k$
$\Phi_3(v) = av + a_0$ *ist.*
  iv) *Für alle* $z \in V$ *gilt*

$$\Phi(z) = \Phi_3 \circ \Phi_2 \circ \Phi_1(z) = a(\Phi_1(z))^m + a_0.$$

Beweis. Sei $f = \sum_{\nu=0}^{\infty} a_\nu X^\nu \in A_\varrho, \varrho > 0$, die lokale Potenzreihenentwicklung von Φ in z_0; man hat also für $z \in Z_\varrho(z_0)$

$$\Phi(z) = f(z - z_0). \tag{37}$$

Falls Φ konstant, also $f = a_0$ ist, ist die Behauptung des Satzes trivial. Es kann also angenommen werden, daß $m := o(f - a_0) < \infty, m \geq 1$. Damit läßt sich f folgendermaßen schreiben:

$$f = a_0 + X^m \sum_{\nu \geq 0} a_{\nu+m} X^\nu = a_0 + aX^m \sum_{\nu \geq 0} b_\nu X^\nu = a_0 + aX^m \left(1 + \sum_{\nu \geq 1} b_\nu X^\nu\right), \tag{38}$$

§ 6. Funktionentheoretische Folgerungen

wobei $a := a_m \neq 0$ und $b_v := \dfrac{a_{v+m}}{a_m}$ für $v = 0, 1, 2, \ldots$ sind.

Offenbar gilt dann:

$$h := \sum_{v \geq 1} b_v X^v \in A_\varrho \quad \text{und} \quad o(h) \geq 1.$$

Wir wollen zunächst annehmen, daß $m > 1$ ist.

Wenn es dann gelingt, aus der Reihe $1 + h \in A_\varrho$ in $k\langle X \rangle$ „die m-te Wurzel zu ziehen", ist der wesentliche Beweisschritt offenbar getan. Dazu wird die in § 3.2 untersuchte Binomialreihe zum Exponenten $\dfrac{1}{m}$ benutzt. Sie lautet

$$g = \sum_{v=0}^{\infty} \binom{\frac{1}{m}}{v} Y^v.$$

Im Fall einer archimedischen Bewertung auf k ist ihr Konvergenzradius $r(g) = 1$, und falls die Bewertung von k nicht-archimedisch ist und auf $\mathbb{Q}$ eine der in Satz 3 genannten Bewertungen induziert, hat g lt. Satz 38 ebenfalls einen positiven Konvergenzradius. Unter den an k gemachten Voraussetzungen gilt also immer

$$g \in k\langle Y \rangle.$$

Nun weiß man, daß über $\mathbb{R}$ gilt

$$g^m = 1 + Y, \tag{39}$$

und man sieht sofort, daß der zum Beweis dieser Gleichung geführte Induktionsbeweis über m in $\mathbb{R}\{Y\}$ verläuft und sich wörtlich auf $k\{Y\}$ und damit auch auf $k\langle Y \rangle$ überträgt. Die dazu erforderlichen, etwas mühsamen, aber einfachen Rechnungen mag der Leser eventuell nachholen.

Da weiter $o(h) \geq 1$ ist, definiert h einen Substitutionshomomorphismus $\varphi_h : k\langle Y \rangle \to k\langle X \rangle$. Wendet man ihn auf (39) an, so ergibt sich

$$(\varphi_h(g))^m = 1 + \varphi_h(Y) = 1 + h.$$

Durch Einsetzen in (38) erhält man daraus als Gleichung in $k\langle X \rangle$

$$f = a_0 + aX^m(1+h) = a_0 + a(X\varphi_h(g))^m = a_0 + ag_1^m, \tag{40}$$

wenn man noch setzt

$$g_1 := X\varphi_h(g) \in k\langle X \rangle.$$

Damit gilt

$$(Dg_1)(0) = [\varphi_h(g) \, DX + X \cdot D(\varphi_h(g))](0) = \varphi_h(g)(0),$$

und da $(\varphi_h(g)(0))^m = 1 + h(0) = 1$ ist, hat man $(Dg_1)(0) \neq 0$. Nun definiere man für ein $\varrho_1, 0 < \varrho_1 \leq \varrho$, mit $g_1 \in A_{\varrho_1}$ in $Z_{\varrho_1}(z_0)$

$$\Phi_1(z) := g_1(z - z_0).$$

Dann ist $\Phi_1'(z_0) = (Dg_1)(0) \neq 0$, und deshalb ist Φ_1 laut Satz 71 in z_0 lokal biholomorph. Definiert man weiter mit den obigen m, a, a_0

$$\Phi_2(w) := w^m \quad \text{für alle} \quad w \in k,$$
$$\Phi_3(v) := av + a_0 \quad \text{für alle} \quad v \in k,$$

so ergibt sich lt. (40) und (37) in $Z_{\varrho_1}(z_0)$

$$\Phi_3 \circ \Phi_2 \circ \Phi_1(z) = a_0 + a g_1^m(z - z_0) = f(z - z_0) = \Phi(z).$$

Damit ist der Satz für $m > 1$ bewiesen. Im Fall $m = 1$ liefert (38) die Lösung sofort. □

Bemerkung. i) Um aus $\Phi_1'(z_0) \neq 0$ die lokale Biholomorphie von Φ_1 zu folgern, wurde im Beweis dieses Satzes Satz 71 benutzt, der seinerseits aus dem Umkehrsatz (Satz 70) und damit indirekt aus dem Endlichkeitssatz (Satz 69) abgeleitet wurde. Auf diese Weise baut Satz 72 auf dem Spezialfall $n = 1$ des Endlichkeitssatzes auf, der dadurch auch für die weitreichenden Folgerungen aus Satz 72, wie sie im nächsten Abschnitt für $k = \mathbb{C}$ gezogen werden, gebraucht wird.

ii) Die Sätze 7 und 8 aus § 1.4 zeigen, daß in Satz 72 gemachten Zusatzvoraussetzungen an die Bewertung von k in Wahrheit überflüssig sind, da sie immer erfüllt sind.

Es soll hier noch mit Hilfe von Satz 64 über die Einheiten in $k\langle X \rangle$ untersucht werden, wann für $U \subset k$ offen eine Funktion $\Phi \in H(U)$ Einheit in der Algebra $H(U)$ ist. Die Charakteristik des Grundkörpers k kann dabei wieder beliebig sein.

Satz 73. *Sei $U \subset k$ offen. Die Funktion $\Phi \in H(U)$ ist genau dann Einheit in $H(U)$, das heißt, es ist $\Psi := \dfrac{1}{\Phi}$ wieder holomorph in U, wenn*

$$\Phi(z) \neq 0 \quad \text{für alle} \quad z \in U.$$

Beweis. Die Bedingung ist offenbar notwendig.

Sei umgekehrt $\Phi(z) \neq 0$ für alle $z \in U$ und $z_0 \in U$ beliebig; $f \in k\langle X \rangle$ sei die lokale Potenzreihenentwicklung von Φ in z_0. Wegen $f(0) = \Phi(z_0) \neq 0$ ist $o(f) = 0$, so daß f lt. Satz 64 Einheit in $k\langle X \rangle$ ist. Also ist $\dfrac{1}{f} \in k\langle X \rangle$ lokale Potenzreihenentwicklung von $\Psi = \dfrac{1}{\Phi}$ in einer genügend kleinen Umgebung von z_0. Da $z_0 \in U$ beliebig gewählt war, folgt damit $\Psi \in H(U)$. □

§ 6. Funktionentheoretische Folgerungen   151

Den hier bewiesenen Sachverhalt kann man auch so aussprechen: Ist Φ in der offenen Menge $U \subset k$ holomorph und $N := \{z \in U : \Phi(z) = 0\}$, so ist die Funktion $\dfrac{1}{\Phi}(z) := \dfrac{1}{\Phi(z)}$ für $z \in U \smallsetminus N$ definiert und holomorph. (Man beachte, daß $U \smallsetminus N$ wegen der Stetigkeit von Φ offen ist.) Der Quotient $\dfrac{\Psi}{\Phi}$ zweier Funktionen aus $H(U)$ ist demnach überall holomorph, wo er definiert ist, d. h. wo der Nenner nicht verschwindet. Insbesondere sind die rationalen Funktionen $\dfrac{P}{Q}$, P, Q Polynomfunktionen über k, in ganz k mit Ausnahme der Nullstellen von Q holomorph.

2. Funktionentheoretische Folgerungen im Komplexen.

Satz 74. *Der Grundkörper k sei vollständig archimedisch bewertet. Ferner gebe es zu jedem $x \in k$ und $m \in \mathbb{N}$ ein $y \in k$ mit $y^m = x$. Dann ist jede nicht-konstante holomorphe Abbildung $\Phi : G \to k$ eines Gebietes $G \subset k$ offen, d. h., ist $U \subset G$ offen, so ist $\Phi(U) \subset k$ ebenfalls offen.*

Beweis. i) Sei $m \in \mathbb{N}$ und $\Psi(w) := w^m$ für alle $w \in k$. Wir zeigen zunächst, daß Ψ jede Umgebung W der $0 \in k$ auf eine Umgebung der $0 \in k$ abbildet. (Unter Umgebung von z_0 wird hier eine nicht notwendig offene Menge verstanden, die z_0 als inneren Punkt enthält.) Angenommen, $\Psi(W)$ ist keine Umgebung der 0. Dann gibt es eine Folge $(v_\nu) \subset k$ mit $\lim\limits_{\nu \to \infty} v_\nu = 0$ und $v_\nu \notin \Psi(W)$ für alle $\nu = 1, 2, 3, \ldots$. Zu v_ν gibt es laut Voraussetzung an k ein $w_\nu \in k$ mit $\Psi(w_\nu) = w_\nu^m = v_\nu$, $\nu = 1, 2, 3, \ldots$. Da deshalb $|w_\nu|^m = |v_\nu|$, also $|w_\nu| = \sqrt[m]{|v_\nu|}$ ist, hat man $\lim\limits_{\nu \to \infty} w_\nu = 0$. Folglich sind fast alle $w_\nu \in W$ und damit liegen auch fast alle v_ν in $\Psi(W)$. Das ist ein Widerspruch zur Wahl der v_ν.

ii) Sei $U \subset G$ offen und Φ die im Satz gegebene nicht-konstante holomorphe Abbildung auf G. Um zu zeigen, daß $\Phi(U) \subset k$ offen ist, genügt es nachzuweisen, daß für einen beliebigen Punkt $z_0 \in U$ die Menge $\Phi(U)$ Umgebung von $\Phi(z_0)$ ist. Nun gibt es lt. Satz 72 zu $z_0 \in U$ eine Umgebung $\tilde{V} \subset U$ von z_0, eine auf $\tilde{V}$ biholomorphe Abbildung $\Phi_1 : \tilde{V} \to k$ mit $\Phi_1(z_0) = 0$, sowie Elemente $a, a_0 \in k$ und $m \in \mathbb{N}$, so daß in $\tilde{V}$ gilt:

$$\Phi(z) = a_0 + a \cdot (\Phi_1(z))^m. \tag{41}$$

Da Φ_1 auf $\tilde{V}$ lokal biholomorph ist, ist es dort insbesondere topologisch; also ist $W := \Phi_1(\tilde{V})$ eine Umgebung von $\Phi_1(z_0) = 0$. Definiert man weiter $\Phi_2(w) := w^m$, so folgt aus dem unter i) Bewiesenen, daß $\Phi_2(W) =: W_2$ wieder eine Umgebung der Null in k ist. Als nächstes beachte man, daß Φ wegen des Identitätssatzes (Satz 60) als in der zusammenhängenden Menge G nicht-konstante holomorphe Funktion auch in V nicht konstant sein kann. Deshalb ist in (41) $a \neq 0$. Damit ist aber die Abbildung $\Phi_3(v) := a_0 + av$ für alle $v \in k$ in ganz k biholomorph, so daß $W_3 := \Phi_3(W_2)$ eine Umgebung des Bildes $a_0 = \Phi_3(0)$ ist. Da aber in $\tilde{V}$

lt. (41) $\Phi = \Phi_3 \circ \Phi_2 \circ \Phi_1$ gilt und deshalb $W_3 = \Phi(\tilde{V})$ ist, ist der Satz damit bewiesen. □

Bemerkung. i) Nur der Körper $k = \mathbb{C}$ hat die in Satz 74 geforderten Eigenschaften. Nach dem Satz von Ostrowski (Satz 20) kommen nämlich nur die Körper $\mathbb{R}$ und $\mathbb{C}$ in Betracht. Da es aber in $\mathbb{R}$ z. B. kein y mit $y^2 = -1$ gibt, bleibt allein $\mathbb{C}$. Andererseits besitzt $\mathbb{C}$ tatsächlich die gewünschten Eigenschaften. Dazu vergleiche man wegen der Existenz der m-ten Wurzeln § 1, 1.4.

ii) Der aufmerksame Leser wird bemerkt haben, daß die Voraussetzung der Archimedizität der Bewertung auf k im Beweis nur für die Verwendung des Identitätssatzes für holomorphe Funktionen gebraucht wurde, um damit zu schließen, daß Φ in keiner Umgebung eines beliebigen Punktes $z_0 \in U$ konstant sein kann. Dagegen braucht man wegen der Verwendung von Satz 72 in jedem Fall die Eigenschaft char $k = 0$.

Damit ist deutlich, daß auch die folgende Variante von Satz 74 gilt:

Satz 74'. *Der Grundkörper k sei nicht-trivial vollständig bewertet. Es gelte char $k = 0$, und zu jedem $m \in \mathbb{N}$ und $x \in k$ gebe es ein $y \in k$ mit $y^m = x$. Ferner sei $U \subset k$ offen. Dann ist jede holomorphe Abbildung $\Phi: U \to k$, die auf keinem offenen Teil $V \subset U$ konstant ist, offen.*

iii) Für $k = \mathbb{R}$ ist Satz 74 tatsächlich falsch, wie man am Beispiel der Funktion $\Phi(x) := x^2$ sofort sieht.

Eine unmittelbare Folgerung aus Satz 74 ist die folgende wichtige Aussage über das Werteverhalten holomorpher Funktionen über dem Grundkörper $k = \mathbb{C}$.

Satz 75 (Maximumprinzip). *Sei $G \subset \mathbb{C}$ ein Gebiet und $\Phi: G \to \mathbb{C}$ holomorph. Falls es einen Punkt $z_0 \in G$ gibt, für den gilt:*

$$|\Phi(z_0)| = \sup\{|\Phi(z)| : z \in G\}$$

(man sagt: Φ nimmt in z_0 sein Maximum an), ist Φ in G konstant.

Beweis. Angenommen, Φ wäre nicht konstant. Dann wäre $\Phi(z_0) \neq 0$ und nach Satz 74 wäre $\Phi(G)$ offen. Demnach müßte es zu $\Phi(z_0) \in \Phi(G)$ ein $\varepsilon > 0$ geben, so daß

$$Z_\varepsilon(\Phi(z_0)) \subset \Phi(G).$$

Insbesondere wäre also der in $Z_\varepsilon(\Phi(z_0))$ liegende Punkt

$$w := \Phi(z_0) \cdot \left(1 + \frac{\varepsilon/2}{|\Phi(z_0)|}\right)$$

aus $\Phi(G)$. Das ist aber andererseits wegen $|w| = |\Phi(z_0)| + \frac{\varepsilon}{2} > |\Phi(z_0)|$ nicht möglich. □

§ 6. Funktionentheoretische Folgerungen

Zusatz. *Wegen des Identitätssatzes, angewandt auf Φ in G, braucht man in Satz 75 offenbar nur zu fordern, daß Φ in z_0 ein „lokales" Maximum besitzt, d. h., daß es eine offene zusammenhängende Umgebung $V \subset G$ von z_0 gibt, so daß gilt:*

$$|\Phi(z_0)| = \sup\{|\Phi(z)| : z \in V\}.$$

In diesem Fall ist nämlich Φ laut Satz 75 in V und damit auch in G konstant.

Zu Satz 75 gehört das folgende Minimumprinzip hinzu:

Satz 76 (Minimumprinzip). *Sei $G \subset \mathbb{C}$ ein Gebiet und $\Phi: G \to \mathbb{C}$ eine holomorphe Funktion mit $\Phi(z) \neq 0$ für alle $z \in G$. Falls es dann einen Punkt $z_0 \in G$ gibt, für den gilt:*

$$|\Phi(z_0)| = \inf\{|\Phi(z)| : z \in G\},$$

ist Φ in G konstant.

Beweis. Da $\Phi(z) \neq 0$ für alle $z \in G$, ist laut Satz 73 die Funktion $\Psi := \dfrac{1}{\Phi}$ in G holomorph. Sie nimmt in z_0 ihr Maximum an und ist deshalb konstant in G. Also ist auch Φ dort konstant. □

Auch in der Formulierung des Minimumprinzips genügt es selbstverständlich zu fordern, daß Φ in z_0 lediglich ein lokales Minimum hat. Außerdem braucht auch die Zusatzforderung $\Phi(z) \neq 0$ offenbar nur in einer Umgebung eines solchen lokalen Minimums z_0 erfüllt zu sein. Daß diese Voraussetzung jedoch unerläßlich ist, zeigt sich schon am Beispiel der Funktion $\Phi(z) := z$ im Einheitskreis $Z_1(0)$.

Zum Abschluß dieses Kapitels wird mit Hilfe von Satz 76 bewiesen, daß der Körper $\mathbb{C}$ der komplexen Zahlen algebraisch abgeschlossen ist:

Satz 77 (Fundamentalsatz der Algebra). *Jedes nicht-konstante Polynom $f \in \mathbb{C}[X]$ besitzt eine Nullstelle.*

Beweis. Sei $f = \sum\limits_{\nu=0}^{n} a_\nu X^\nu \in \mathbb{C}[X]$ gegeben und f nicht-konstant. Dann ist $n > 0$, und wir können voraussetzen, daß $a_n = 1$. Man setze $R := 1 + \sum\limits_{\nu=0}^{n-1} |a_\nu|$. Dann sind komplexe Zahlen z mit $|z| \geq R \geq 1$ gewiß keine Nullstellen der Funktion $f(z) = \sum\limits_{\nu=0}^{n} a_\nu z^\nu$, wie die folgende Abschätzung zeigt:

$$\begin{aligned}
|f(z)| &= \left|\sum_{\nu=0}^{n} a_\nu z^\nu\right| \geq |z|^n - \left|\sum_{\nu=0}^{n-1} a_\nu z^\nu\right| \geq |z|^n - \sum_{\nu=0}^{n-1} |a_\nu| |z|^\nu \\
&\geq |z|^n - \sum_{\nu=0}^{n-1} |a_\nu| |z|^{n-1} = |z|^{n-1}\left(|z| - \sum_{\nu=0}^{n-1} |a_\nu|\right) \qquad (42) \\
&\geq R^{n-1}\left(R - \sum_{\nu=0}^{n-1} |a_\nu|\right) = R^{n-1} > 0.
\end{aligned}$$

Damit muß gezeigt werden, daß $f(z)$ in $Z_R(0)$ eine Nullstelle hat. Nun nimmt die reelle stetige Funktion $\varphi(z) := |f(z)|$ auf dem kompakten Kreis $Z'_R(0) = \{z \in \mathbb{C} : |z| \leq R\}$ ihr Minimum an. Das sei etwa in $z_0 \in Z'_R(0)$ der Fall. Da dann insbesondere gilt

$$|f(z_0)| \leq |f(0)| = |a_0| < R \leq R^{n-1},$$

ist lt. (42) sogar $z_0 \in Z_R(0)$. Wäre nun $f(z) \neq 0$ für alle $z \in Z_R(0)$, so müßte f lt. Satz 76 konstant sein. Das ist ein Widerspruch. □

In der Algebra wird die folgende Aussage bewiesen: Ist $f = \sum_{v=0}^{n} a_v X^v \in k[X]$, $a_n \neq 0$, ein Polynom über einem beliebigen Körper k und ist $z_0 \in k$ eine Nullstelle von f in k, so gibt es ein Polynom $g = \sum_{\mu=0}^{n-1} b_\mu X^\mu \in k[X]$, so daß gilt

$$f = (X - z_0) \cdot g.$$

Indem man diesen Satz auf die in Satz 77 betrachteten Polynome

$$f = \sum_{v=0}^{n} a_v X^v \in \mathbb{C}[X]$$

anwendet, erhält man mit Hilfe einer einfachen Induktion über n die folgende ausführlichere Form des Fundamentalsatzes:

Satz 77'. *Sei* $f = \sum_{v=0}^{n} a_v X^v \in \mathbb{C}[X]$, $n > 0$, $a_n \neq 0$. *Dann gibt es n eindeutig bestimmte komplexe Zahlen $z_1, \ldots, z_n$ (die nicht alle voneinander verschieden zu sein brauchen), so daß gilt:*

$$f(X) = a_n \cdot \sum_{v=1}^{n} (X - z_v).$$

III. Laurentreihen, Singularitäten und Fortsetzbarkeit

Die Einschränkung einer in einem Gebiet $G \subset \mathbb{C}$ holomorphen Funktion auf ein Teilgebiet $G' \subset G$ ist trivialerweise in G' holomorph. Demgegenüber ist eine im Teilgebiet G' holomorphe Funktion im allgemeinen nicht Einschränkung einer im echt größeren Gebiet G holomorphen Funktion. So ist z. B. die Funktion $\Phi(z) = \frac{1}{z}$ holomorph im Gebiet $\mathbb{C}^* = \mathbb{C} \setminus \{0\}$, sie hat aber in $z_0 = 0$ eine nicht hebbare Singularität (vgl. Def. I, 28 und Satz I, 43), so daß sie nicht Einschränkung einer in ganz $\mathbb{C}$ holomorphen Funktion auf $\mathbb{C}^*$ ist. – Dieser Sachverhalt gibt Anlaß zu einigen Fragen, die hier zunächst erläutert werden sollen. Zur Vereinfachung der Sprechweise sei vorher definiert:

Def. 1. *Es seien G, G' Gebiete in $\mathbb{C}$ mit $G' \subset G$. Ist dann Ψ eine in G' holomorphe Funktion und $\Phi \in H(G)$, so daß gilt $\Psi = \Phi | G'$, so heißt Φ (holomorphe) Fortsetzung von Ψ nach G. (Man beachte: Φ ist laut Identitätssatz durch Ψ eindeutig bestimmt).*

Nun kann man fragen:

i) Gibt es zu jeder im Gebiet G' holomorphen Funktion Φ ein „größtes" Gebiet G mit $G' \subset G$, so daß Φ nach G holomorph fortsetzbar ist?

ii) Gibt es zu jedem Gebiet $G \subset \mathbb{C}$ eine in G holomorphe Funktion, die nicht in ein echt größeres Gebiet holomorph fortsetzbar ist?

iii) Wie kann man bei einer in G' gegebenen holomorphen Funktion Φ feststellen, ob sie über G' hinaus holomorph fortsetzbar ist, und wie kann man diese Fortsetzung gegebenenfalls explizit bestimmen?

iv) Wie verhält sich eine holomorphe Funktion in der Umgebung einer isolierten Singularität?

Einige weitere Erläuterungen der Frage i) werden in § 2.1 gegeben werden. Hier sei nur gesagt, daß eine konsequente Behandlung dieser Frage zum Begriff der Riemannschen Flächen als den natürlichen „größten Definitionsgebieten" einer holomorphen Funktion führt. Die Darstellung dieses Themenkreises ist jedoch im Rahmen dieses Buches nicht möglich.

Die Frage ii) kann durch einen allgemeinen Existenzsatz, der jedoch ebenfalls den Rahmen dieses Bandes sprengen würde, positiv beantwortet werden. Ein Beispiel für ein Gebiet, bei dem eine Funktion der gesuchten Art sofort angebbar ist, ist das eben betrachtete $G=\mathbb{C}^*$. Man wähle nämlich wieder $\Phi(z)=\dfrac{1}{z}$.

In § 3.3 wird ein Verfahren angegeben werden, das – jedenfalls prinzipiell – eine Antwort auf die Frage iii) gibt. Mit seiner Hilfe werden sich auch die Schwierigkeiten, die für eine Beantwortung der Frage i) bestehen, genauer beschreiben lassen.

Der größte Teil dieses Kapitels wird Untersuchungen, die mit der Frage iv) zusammenhängen, gewidmet sein. Dazu wird zunächst in § 1 eine für die Betrachtung von holomorphen Funktionen in der Umgebung von isolierten Singularitäten geeignete Reihenentwicklung behandelt. Dabei wird gleichzeitig die Frage der strengen Cauchyschen Ungleichungen aufgegriffen werden (vgl. Satz II, 54). In § 2 folgt die eigentliche Betrachtung isolierter Singularitäten und § 4 bringt Anwendungen der in den ersten beiden Paragraphen erzielten Ergebnisse.

§ 1. Laurententwicklung

1. Unendliche Laurentreihen. Obwohl es sich in diesem Paragraphen bald als notwendig erweisen wird, als Grundkörper $k=\mathbb{C}$ zu wählen, sei zunächst nur gefordert, daß k ein nicht-trivial vollständig bewerteter Körper ist.

Es seien $r_1, r_2 \in \mathbb{R} \cup \{\infty\}$ mit $0 \leq r_1 < r_2$ und $z_0 \in k$. Dann nennen wir die Menge
$$R_{r_1, r_2}(z_0) := \{z \in k : r_1 < |z - z_0| < r_2\}$$
den *Kreisring* um z_0 mit den Radien r_1 und r_2. Kreisringe werden sich im folgenden als die für die Funktionentheorie natürlichen Verallgemeinerungen von „punktierten" Kreisscheiben $Z_r(z_0) \smallsetminus \{z_0\} = R_{0,r}(z_0)$ erweisen. Es sollen hier zunächst Reihen studiert werden, durch die in einfacher Weise holomorphe Funktionen in Kreisringen gegeben werden.

Ist $R_{r_1, r_2}(z_0)$ ein Kreisring in k, so setze man

$$s := \begin{cases} \dfrac{1}{r_1}, & \text{falls } r_1 > 0 \\ \infty & \text{falls } r_1 = 0. \end{cases}$$

Die Abbildung
$$\Phi(z) := \frac{1}{z - z_0} \qquad (1)$$

ist für $z \neq z_0$ holomorph (vgl. Satz II, 73) und bildet den Kreisring $R_{r_1, \infty}(z_0)$ eineindeutig auf $R_{0,s}(0)$ ab:

$$\Phi : R_{r_1, \infty}(z_0) \to R_{0,s}(0). \qquad (2)$$

Ihre Umkehrung $\Phi^{-1}(w) := z_0 + \dfrac{1}{w}$ ist in $R_{0,s}(0)$ ebenfalls holomorph.

Ist nun $g = \sum\limits_{\nu=0}^{\infty} b_\nu X^\nu \in A_s$, so ist durch

$$g(w) := \sum_{\nu=0}^{\infty} b_\nu w^\nu \qquad (3)$$

eine in $Z_s(0)$ holomorphe Funktion gegeben. Deshalb ist lt. (2) und Satz II, 58 die Funktion

$$h_2(z) := g \circ \Phi(z)$$

in $R_{r_1,\infty}(z_0)$ holomorph, und es gilt für alle $z \in R_{r_1,\infty}(z_0)$

$$h_2(z) = \sum_{\nu=0}^{\infty} b_\nu (z - z_0)^{-\nu}. \qquad (4)$$

Da lt. Satz II, 47 die Reihe in (3) in $Z_s(0)$ absolut konvergent ist, ist die Reihe in (4) in ganz $R_{r,\infty}(z_0)$ absolut konvergent. Und da weiter auf Grund des gleichen Satzes für beliebige σ mit $0 < \sigma < s$ die Reihe in (3) auf $Z_\sigma(0)$ gleichmäßig konvergiert, konvergiert auch (4) für beliebige ϱ mit $r_1 < \varrho$ auf $R_{\varrho,\infty}(z_0)$ gleichmäßig, denn es ist

$$\Phi(R_{\varrho,\infty}(z_0)) = R_{0,\frac{1}{\varrho}}(0)$$

und $0 < \dfrac{1}{\varrho} < s$.

Nun sei außerdem $f = \sum\limits_{\nu=0}^{\infty} a_\nu X^\nu \in A_{r_2}$ gegeben. Dann ist

$$h_1(z) := \sum_{\nu=0}^{\infty} a_\nu (z - z_0)^\nu \qquad (5)$$

in $Z_{r_2}(z_0)$ holomorph, und die Reihe konvergiert dort absolut, sowie auf $Z_\varrho(z_0)$ gleichmäßig, wenn $0 < \varrho < r_2$ ist.

Damit kann man mit Hilfe von (4) und (5) auf $R_{r_1,r_2}(z_0) = Z_{r_2}(z_0) \cap R_{r_1,\infty}(z_0)$ die folgende holomorphe Funktion definieren:

$$h(z) := h_1(z) + h_2(z) = \sum_{\nu=0}^{\infty} a_\nu (z - z_0)^\nu + \sum_{\mu=0}^{\infty} b_\mu (z - z_0)^{-\mu},$$

also

$$h(z) = \sum_{\nu=-\infty}^{\infty} c_\nu (z - z_0)^\nu \qquad (6)$$

mit

$$c_\nu := \begin{cases} a_\nu & \text{für } \nu > 0, \\ a_0 + b_0 & \text{für } \nu = 0, \\ b_{-\nu} & \text{für } \nu < 0. \end{cases}$$

Die Reihe in (6) ist in $R_{r_1,r_2}(z_0)$ absolut konvergent und für beliebige ϱ_1, ϱ_2 mit $r_1 < \varrho_1 < \varrho_2 < r_2$ auf $R_{\varrho_1,\varrho_2}(z_0)$ gleichmäßig konvergent. (Alle Konvergenzbegriffe werden auf (6) angewandt, indem getrennt die beiden Reihen $\sum_{\nu=0}^{\infty} c_\nu (z - z_0)^\nu$ und $\sum_{\mu=0}^{\infty} c_{-\mu}(z - z_0)^{-\mu}$ betrachtet werden.)

Wir fassen die Ergebnisse der bisherigen Überlegungen im folgenden Satz zusammen:

Satz 1. *Es sei* $R_{r_1,r_2}(z_0) \subset k, 0 \leq r_1 < r_2 \leq \infty$, *ein Kreisring. Ist* $f = \sum_{\nu=0}^{\infty} a_\nu X^\nu \in A_{r_2}$ *und* $g = \sum_{\nu=0}^{\infty} b_\nu X^\nu \in A_s$ $\left(mit \ s = \frac{1}{r_1}, \ falls \ r_1 \neq 0 \ bzw. \ s = \infty \ falls \ r_1 = 0 \right)$, *so ist durch*

$$h(z) = \sum_{\nu=-\infty}^{\infty} c_\nu (z - z_0)^\nu$$

mit

$$c_\nu = \begin{cases} a_\nu & \text{für } \nu > 0 \\ a_0 + b_0 & \text{für } \nu = 0 \\ b_{-\nu} & \text{für } \nu < 0 \end{cases}$$

eine in $R_{r_1,r_2}(z_0)$ *holomorphe Funktion definiert. Die Reihe* (6) *konvergiert auf ganz* $R_{r_1,r_2}(z_0)$ *absolut, sowie gleichmäßig auf jedem Kreisring* $R_{\varrho_1,\varrho_2}(z_0)$ *mit* $r_1 < \varrho_1 < \varrho_2 < r_2$.

Def. 2. *Die im Satz 1 gebildeten Reihen der Form* (6) *heißen unendliche in* $R_{r_1,r_2}(z_0)$ *konvergente Laurentreihen. Die Reihe* $\sum_{\nu=0}^{\infty} c_\nu(z - z_0)^\nu$ *wird als Nebenteil und die Reihe* $\sum_{\nu=-1}^{-\infty} c_\nu(z - z_0)^\nu$ *als Hauptteil von* $\sum_{\nu=-\infty}^{\infty} c_\nu(z - z_0)^\nu$ *bezeichnet.*

Bemerkung. i) Endliche Laurentreihen $\sum_{\nu=-n}^{\infty} a_\nu X^\nu, n \in \mathbb{N}$, für die $\sum_{\nu=0}^{\infty} a_\nu X^\nu \in k\langle X \rangle$ gilt, definieren um jeden Punkt $z_0 \in k$ spezielle, in einem Kreisring der Gestalt $R_{0,r}(z_0)$ konvergente Laurentreihen, indem man setzt

$$h(z) = \sum_{\nu=-n}^{\infty} a_\nu (z - z_0)^\nu.$$

Ferner sind die Potenzreihenentwicklungen von in z_0 holomorphen Funktionen Laurentreihen dieser Art.

ii) Laut Konstruktion der unendlichen in $R_{r_1,r_2}(z_0)$ konvergenten Laurentreihe definiert der Nebenteil von $\sum_{\nu=-\infty}^{\infty} c_\nu(z - z_0)^\nu$ eine in $Z_{r_2}(z_0)$ holomorphe

§ 1. Laurententwicklung

Funktion

$$h_1(z) = \sum_{v=0}^{\infty} c_v(z-z_0)^v,$$

und der Hauptteil definiert eine in $R_{r_1,\infty}(z_0)$ holomorphe Funktion

$$h_2(z) = \sum_{v=-1}^{-\infty} c_v(z-z_0)^v.$$

In $R_{r_1,r_2}(z_0)$ gilt $\sum_{v=-\infty}^{\infty} c_v(z-z_0)^v = h_1(z) + h_2(z)$.

In Verallgemeinerung von Satz II, 49 gilt die folgende Aussage:

Satz 2. *In dem Kreisring $R_{r_1,r_2}(z_0) \subset k$, $0 \leq r_1 < r_2 \leq \infty$, gebe es Folgen (x_μ) und (y_μ) mit $\lim_{\mu \to \infty} |x_\mu - z_0| = r_1$ und $\lim_{\mu \to \infty} |y_\mu - z_0| = r_2$. Ferner sei die Reihe $\sum_{v=0}^{\infty} a_v(z-z_0)^v$ in allen Punkten y_μ und die Reihe $\sum_{v=-1}^{-\infty} a_v(z-z_0)^v$ in allen Punkten x_μ konvergent. Dann ist $\sum_{v=-\infty}^{\infty} a_v(z-z_0)^v$ eine in $R_{r_1,r_2}(z_0)$ konvergente Laurentreihe.*

Beweis. Mit Satz II, 49 folgt sofort, daß $\sum_{v=0}^{\infty} a_v X^v \in A_{r_2}$ ist. Setzt man außerdem $w_\mu := \dfrac{1}{x_\mu - z_0}$, so ist $w_\mu \in Z_s(0)$ und $\lim_{\mu \to \infty} |w_\mu| = s$, und die Reihe $\sum_{v=1}^{\infty} a_{-v} X^v$ konvergiert in allen Punkten w_μ $\left(\text{mit } s = \dfrac{1}{r_1} \text{ falls } r_1 \neq 0 \text{ bzw. } s = \infty \text{ falls } r_1 = 0\right)$. Deshalb ist wiederum laut Satz II, 49 $\sum_{v=1}^{\infty} a_{-v} X^v \in A_s$, womit der Satz bewiesen ist. □

Satz 2 wird im Fall $k = \mathbb{C}$ meist dazu verwendet, um aus der punktweisen Konvergenz von $f = \sum_{v=-\infty}^{\infty} a_v(z-z_0)^v$ in $R_{r_1,r_2}(z_0)$ zu schließen, daß f eine dort konvergente Laurentreihe ist.

Nach der Beschreibung dieses Konstruktionsverfahrens für holomorphe Funktionen in Kreisringen stellen sich zwei Fragen:

i) Ist die Laurententwicklung einer in $R_{r_1,r_2}(z_0)$ holomorphen Funktion eindeutig bestimmt? Das heißt genauer: Es seien $\sum_{v=-\infty}^{\infty} a_v(z-z_0)^v$ und $\sum_{v=-\infty}^{\infty} b_v(z-z_0)^v$ in $R_{r_1,r_2}(z_0)$ konvergente Laurentreihen, und es gelte für alle $z \in R_{r_1,r_2}(z_0)$

$$\sum_{v=-\infty}^{\infty} a_v(z-z_0)^v = \sum_{v=-\infty}^{\infty} b_v(z-z_0)^v.$$

Muß dann $a_v = b_v$ für alle $v \in \mathbb{Z}$ gelten?

ii) Ist jede in $R_{r_1,r_2}(z_0)$ holomorphe Funktion h dort in eine Laurentreihe entwickelbar, d. h., gibt es zu h eine in $R_{r_1,r_2}(z_0)$ konvergente Laurentreihe $\sum_{v=-\infty}^{\infty} a_v(z-z_0)^v$, so daß für alle $z \in R_{r_1,r_2}(z_0)$ gilt

$$h(z) = \sum_{v=-\infty}^{\infty} a_v(z-z_0)^v?$$

Es ist für die komplexe Funktionentheorie von großer Bedeutung, daß sich für den Grundkörper $k = \mathbb{C}$ beide Fragen positiv beantworten lassen. Das wird in den Abschnitten 3 bzw. 4 gezeigt werden.

2. Cauchysche Ungleichungen. In Def. II, 25 wurde auf den Algebren B_t über einem beliebigen nicht-trivial und vollständig bewerteten Körper k die Supremums-Norm $\| \ \|_t$ eingeführt, die ihrerseits in Def. II, 26 dazu diente, auf den Algebren A_t die Topologie τ_2 zu definieren. Da diese Topologie in direkterem Zusammenhang mit der funktionentheoretischen Interpretation der Algebren steht als die in Def. II, 21 eingeführte Topologie τ_1, während andererseits τ_1 im allgemeinen wesentlich günstigere Eigenschaften besitzt (vgl. z. B. Satz II, 45), wurde nach Voraussetzungen, unter denen sich die Gleichheit von τ_1 und τ_2 beweisen läßt, gefragt. Als eine solche Voraussetzung erwies sich die Forderung nach Gültigkeit der strengen Cauchyschen Ungleichungen (Satz II, 54). In diesem Abschnitt wird die Gültigkeit dieser Ungleichungen für den Fall des Grundkörpers $k = \mathbb{C}$ nachgewiesen. Dabei werden sofort allgemeiner statt Potenzreihen unendliche Laurentreihen betrachtet.

Der hier wiedergegebene schöne Beweis geht auf Hurwitz zurück. Seine Besonderheit besteht darin, daß er keinen Gebrauch von Integralen macht und damit dem Weierstraßschen Standpunkt entspricht.

Satz 3 (Cauchysche Ungleichungen). *Der Grundkörper k sei der Körper $\mathbb{C}$ der komplexen Zahlen. Die holomorphe Funktion $f: R_{r_1,r_2}(z_0) \to \mathbb{C}, z_0 \in \mathbb{C}$, $0 \leq r_1 < r_2 \leq \infty$, lasse sich durch eine in $R_{r_1,r_2}(z_0)$ konvergente (unendliche) Laurentreihe darstellen:*

$$f(z) = \sum_{v=-\infty}^{\infty} a_v(z-z_0)^v \quad \text{für alle} \quad z \in R_{r_1,r_2}(z_0).$$

Dann gilt für alle $v \in \mathbb{Z}$ und beliebiges $\varrho \in \mathbb{R}$ mit $r_1 < \varrho < r_2$:

$$|a_v| \leq \frac{\sup\{|f(z)|, z \in k : |z-z_0| = \varrho\}}{\varrho^v}. \tag{7}$$

Beweis. i) Sei im folgenden ϱ mit $r_1 < \varrho < r_2$ fest gewählt. Um Schreibarbeit zu sparen, führen wir für eine beliebige Funktion $g: R_{r_1,r_2}(z_0) \to \mathbb{C}$ die folgende Bezeichnung ein:

$$M_g(\varrho) := \sup\{|g(z)| : |z-z_0| = \varrho\}.$$

§ 1. Laurententwicklung 161

Wir beweisen die Behauptung zunächst für den Koeffizienten a_0. Dazu sei $\varepsilon > 0$ beliebig vorgegeben. Wegen der gleichmäßigen Konvergenz der Laurentreihe $\sum_{\nu=-\infty}^{\infty} a_\nu(z-z_0)^\nu$ auf Kreisringen um z_0, die echt in $R_{r_1,r_2}(z_0)$ enthalten sind, gibt es dann Zahlen $n, m \in \mathbb{N}$ mit der Eigenschaft: für

$$r(z) := f(z) - \sum_{\nu=-m}^{n} a_\nu(z-z_0)^\nu$$

gilt

$$M_r(\varrho) \leq \frac{\varepsilon}{2}.$$

Damit folgt für

$$T(z) := f(z) - r(z) = a_0 + \sum_{\substack{\nu=-m \\ \nu \neq 0}}^{n} a_\nu(z-z_0)^\nu$$

die Abschätzung

$$M_T(\varrho) \leq M_f(\varrho) + M_r(\varrho) \leq M_f(\varrho) + \frac{\varepsilon}{2}.$$

Nun sei $\varphi \in \mathbb{R} \setminus \mathbb{Q}$ fest gewählt und $\lambda := e^{i\varphi}$. Dann ist $|\lambda| = 1$ und für alle $n \in \mathbb{Z} \setminus \{0\}$ gilt laut Satz I, 15

$$\lambda^n = e^{in\varphi} \neq 1,$$

da $n\varphi \notin \mathbb{Z}$. Damit sind für ein beliebiges $z_1 \in \mathbb{C}$ mit $|z_1 - z_0| = \varrho$ die Elemente

$$z^{(\mu)} := z_0 + \lambda^\mu(z_1 - z_0)$$

für $\mu \in \mathbb{Z}$ ebenfalls aus $\{z \in \mathbb{C} : |z - z_0| = \varrho\}$, und man erhält für das arithmetische Mittel der Werte von $T(z)$ in den Punkten $z^{(0)}, z^{(1)}, \ldots, z^{(j-1)}, j \in \mathbb{N}$:

$$\frac{T(z^{(0)}) + T(z^{(1)}) + \cdots + T(z^{(j-1)})}{j}$$

$$= a_0 + \frac{1}{j} \sum_{\substack{\nu=-m \\ \nu \neq 0}}^{n} a_\nu(z_1-z_0)^\nu \frac{\lambda^{\nu j}-1}{\lambda^\nu - 1},$$

da $\lambda^\nu - 1 \neq 0$ für alle $\nu \neq 0$. Hieraus folgt die Abschätzung:

$$|a_0| \leq \left| \frac{T(z^{(0)}) + T(z^{(1)}) + \cdots + T(z^{(j-1)})}{j} \right| + \left| \frac{1}{j} \sum_{\substack{\nu=-m \\ \nu \neq 0}}^{n} a_\nu(z_1-z_0)^\nu \frac{\lambda^{\nu j}-1}{\lambda^\nu - 1} \right|$$

$$\leq \frac{|T(z^{(0)})| + \cdots + |T(z^{(j-1)})|}{j} + \frac{1}{j} \sum_{\substack{\nu=-m \\ \nu \neq 0}}^{n} |a_\nu(z_1-z_0)^\nu| \frac{|\lambda^{\nu j}|+1}{|\lambda^\nu - 1|}.$$

Es ist

$$K := \sum_{\substack{\nu = -m \\ \nu \neq 0}}^{n} \frac{|a_\nu(z_1 - z_0)^\nu|}{|\lambda^\nu - 1|}$$

unabhängig von j und $|T(z^{(l)})| \leq M_f(\varrho) + \dfrac{\varepsilon}{2}$ für $0 \leq l \leq j-1$; damit kann man weiter wegen $|\lambda^{\nu j}| = 1$ abschätzen:

$$|a_0| \leq M_f(\varrho) + \frac{\varepsilon}{2} + \frac{2K}{j} \quad \text{für alle} \quad j \in \mathbb{N}.$$

Wählt man also $j \geq \dfrac{4K}{\varepsilon}$, so ergibt sich

$$|a_0| \leq M_f(\varrho) + \varepsilon.$$

Da das für alle $\varepsilon > 0$ gilt, ist (7) für $\nu = 0$ bewiesen.

ii) Für beliebige $\nu \in \mathbb{Z}$ folgt die behauptete Ungleichung sofort aus dem soeben bewiesenen Fall $\nu = 0$. Mit $\sum_{\mu = -\infty}^{\infty} a_\mu (z - z_0)^\mu$ ist nämlich für jedes feste ν auch die Reihe $\sum_{\mu = -\infty}^{\infty} a_{\nu + \mu}(z - z_0)^\mu$ eine in $R_{r_1, r_2}(z_0)$ konvergente Laurentreihe, wie man sich leicht überlegt, und es gilt dort

$$g(z) := \sum_{\mu = -\infty}^{\infty} a_{\mu + \nu}(z - z_0)^\mu = (z - z_0)^{-\nu} \cdot f(z).$$

Schreibt man dafür die Ungleichung (7) für $\mu = 0$ auf, so erhält man unmittelbar

$$|a_\nu| \leq M_{(z - z_0)^{-\nu} \cdot f}(\varrho) = \frac{M_f(\varrho)}{\varrho^\nu}.$$

Damit ist die Behauptung des Satzes bewiesen. □

Bemerkung. Inwiefern wurde für den Beweis dieses Satzes tatsächlich die Voraussetzung gebraucht, daß der Grundkörper k der Körper $\mathbb{C}$ ist? Zunächst muß k offenbar vollständig archimedisch bewertet sein, damit man im ersten Teil des Beweises zu jedem ε ein $j \in \mathbb{N}$ mit $|j| \geq \dfrac{4K}{\varepsilon}$ finden kann. Also bleiben nach dem Satz von Ostrowski (Satz II, 20) nur die beiden Fälle $k = \mathbb{R}$ und $k = \mathbb{C}$. Nun wurde aber außerdem benutzt, daß es in k ein Element mit $|\lambda| = 1$ und $\lambda^n \neq 1$ für alle $n \in \mathbb{Z} \setminus \{0\}$ gibt. Diese Voraussetzung wäre für $k = \mathbb{R}$ nicht erfüllt.

§ 1. Laurententwicklung

Korollar 1. *Es sei wieder $k = \mathbb{C}$ und $t \in \mathbb{R}$, $t > 0$. Dann gelten für alle $f = \sum_{\nu=0}^{\infty} a_\nu X^\nu \in B_t$ die strengen Cauchyschen Ungleichungen:*

$$|a_\nu| \leq \frac{\|f\|_t}{t^\nu} \quad \textit{für alle} \quad \nu = 0, 1, 2, \ldots.$$

Beweis. Die Reihe $f(z) = \sum_{\nu=0}^{\infty} a_\nu z^\nu$ kann als konvergente Laurentreihe im Kreisring $R_{0,t}(0)$ aufgefaßt werden, so daß lt. Satz 3 für alle $\nu = 0, 1, 2, \ldots$ und alle $\varrho \in \mathbb{R}$ mit $0 < \varrho < t$ gilt:

$$|a_\nu| \leq \frac{\sup\{|f(z)| : |z| = \varrho\}}{\varrho^\nu}.$$

Also gilt erst recht (vgl. Def. II, 25):

$$|a_\nu| \leq \frac{\|f\|_t}{\varrho^\nu}.$$

Indem man darin $\varrho < t$ gegen t streben läßt, erhält man die gewünschte Beziehung. □

Mit Hilfe von Satz II, 54 ergibt sich daraus sofort:

Korollar 2. *Über dem Grundkörper der komplexen Zahlen stimmen die Topologien τ_1 und τ_2 auf den analytischen Algebren A_t, $t > 0$, überein.*

Insbesondere gilt der Satz von Montel für A_t (Satz II, 45) für die durch die Supremumsnorm induzierte Topologie τ_2 auf A_t:

Satz 4 (Satz von Montel für A_t, 2. Fassung). *Es sei $k = \mathbb{C}$ und $t > 0$. Ferner sei (ϱ_μ) eine streng monoton steigende Folge mit $\varrho_1 > 0$ und $\lim_{\mu \to \infty} \varrho_\mu = t$. In A_t sei eine Folge (f_j) gegeben mit der folgenden Eigenschaft: Zu jedem $\mu = 1, 2, 3, \ldots$ gebe es eine Schranke M_μ, für die gilt*

$$\|f_j\|_{\varrho_\mu} \leq M_\mu \quad \textit{für} \quad j = 1, 2, 3, \ldots.$$

Dann gibt es eine Teilfolge (f_{j_ν}) von (f_j), die in A_t bezüglich der Topologie τ_2 gegen ein $f \in A_t$ konvergiert.

Beweis. Da lt. Korollar 2 die Topologien τ_1 und τ_2 auf A_t übereinstimmen, genügt es zu zeigen, daß die Voraussetzungen von Satz 4 die Voraussetzungen aus Satz II, 45 implizieren. Das heißt, es muß nur die Existenz von Schranken $\tilde{M}_\mu$ für alle $\mu = 1, 2, 3, \ldots$ gezeigt werden, so daß gilt:

$$|f_j|_{\varrho_\mu} \leq \tilde{M}_\mu \quad \text{für} \quad j = 1, 2, 3, \ldots.$$

Sei dazu μ fest gewählt. Es ist $0 < \varrho_\mu < \varrho_{\mu+1} < t$. Deshalb gibt es lt. Satz II, 54 ein $\hat{M}_\mu \in \mathbb{R}$, so daß für alle $f \in A_t$ gilt:

$$|f|_{\varrho_\mu} \leq \hat{M}_\mu \cdot \|f\|_{\varrho_{\mu+1}}.$$

Damit erhält man für alle $j = 1, 2, 3, \ldots$.

$$|f_j|_{\varrho_\mu} \leq \hat{M}_\mu M_{\mu+1} =: \tilde{M}_\mu,$$

was zu zeigen war. □

Der Vorteil dieser 2. Fassung des Satzes von Montel besteht darin, daß ihre Voraussetzung an die Folge (f_j) ebenso wie die Konvergenz der Teilfolge (f_{j_ν}) bezüglich der Topologie τ_2 an den Funktionswerten selber geprüft werden können. Im Kap. IV wird diese Fassung des Satzes auf die Funktionsalgebren $H(G)$ für beliebige Gebiete $G \subset \mathbb{C}$ übertragen.

3. Eindeutigkeit der Laurententwicklung. Mit Hilfe der Cauchyschen Ungleichungen (Satz 3) läßt sich die am Schluß des 1. Abschnittes aufgeworfene Frage nach der Eindeutigkeit der Laurententwicklung einer holomorphen Funktion in einem gegebenen Kreisring leicht beantworten.

Satz 5. *Der Grundkörper sei* $\mathbb{C}$. *Es seien* $\sum_{\nu=-\infty}^{\infty} a_\nu (z-z_0)^\nu$ *bzw.* $\sum_{\nu=-\infty}^{\infty} b_\nu (z-z_0)^\nu$ *im Kreisring* $R_{r_1, r_2}(z_0) \subset \mathbb{C}$ *konvergente Laurentreihen, für die gelte:*

$$f(z) := \sum_{\nu=-\infty}^{\infty} a_\nu (z-z_0)^\nu = \sum_{\nu=-\infty}^{\infty} b_\nu (z-z_0)^\nu$$

für alle $z \in R_{r_1, r_2}(z_0)$. *Dann gilt für alle* $\nu \in \mathbb{Z}$:

$$a_\nu = b_\nu.$$

Beweis. Mit den gegebenen Reihen ist auch $\sum_{\nu=-\infty}^{\infty}(a_\nu - b_\nu)(z-z_0)^\nu$ eine in $R_{r_1, r_2}(z_0)$ konvergente Laurentreihe, und man hat

$$g(z) := \sum_{\nu=-\infty}^{\infty}(a_\nu - b_\nu)(z-z_0)^\nu = 0$$

für alle $z \in R_{r_1, r_2}(z_0)$. Auf Grund von Satz 3 gilt also für alle $\nu \in \mathbb{Z}$ und ein beliebiges $\varrho \in \mathbb{R}$ mit $r_1 < \varrho < r_2$:

$$|a_\nu - b_\nu| \leq \frac{\sup\{|g(z)| : |z-z_0| = \varrho\}}{\varrho^\nu} = 0. \quad \square$$

Dieser Satz besagt, algebraisch formuliert, daß man den $\mathbb{C}$-Vektorraum der auf einem Kreisring $R_{r_1, r_2}(z_0)$ konvergenten Laurentreihen als Untervektor-

§ 1. Laurententwicklung 165

raum von $H(R_{r_1,r_2}(z_0))$ auffassen kann. Im nächsten Abschnitt wird gezeigt, daß er sogar mit ganz $H(R_{r_1,r_2}(z_0))$ übereinstimmt.

Ist eine gegebene Funktion f in einem Punkt z_0 holomorph, so ist nach dem Identitätssatz für Potenzreihen (Satz II, 50) ihre Potenzreihenentwicklung um den Punkt z_0 eindeutig bestimmt. Demgegenüber genügt es für die Eindeutigkeitsaussage des Satzes 5 nicht, lediglich die Funktion f und den Entwicklungspunkt z_0 anzugeben. Das zeigt das Beispiel der in $\mathbb{C}\smallsetminus\{0,1\}$ holomorphen Funktion

$$f(z) = \frac{1}{z(z-1)}.$$

Ist nämlich $z \in R_{0,1}(0)$, so erhält man mit Hilfe der geometrischen Reihe:

$$f(z) = -\frac{1}{z}\frac{1}{1-z} = -\frac{1}{z}\sum_{\nu=0}^{\infty} z^\nu = -\sum_{\nu=-1}^{\infty} z^\nu.$$

Andererseits ergibt sich für f wiederum auf Grund der geometrischen Reihe als konvergente Laurentreihe im Kreisring $R_{1,\infty}(0)$:

$$f(z) = \frac{1}{z^2}\frac{1}{1-\frac{1}{z}} = \frac{1}{z^2}\sum_{\nu=0}^{\infty}\left(\frac{1}{z}\right)^\nu = \sum_{\nu=-\infty}^{-2} z^\nu.$$

4. Existenz der Laurententwicklung.

Satz 6. *Jede in einem Kreisring $R_{r_1,r_2}(z_0) \subset \mathbb{C}$ holomorphe Funktion $f: R_{r_1,r_2}(z_0) \to \mathbb{C}$ ist dort in eine Laurentreihe entwickelbar.*
Genauer gilt: Ist $\varrho \in \mathbb{R}$ so gewählt, daß $r_1 < \varrho < r_2$ ist, und setzt man für $\nu \in \mathbb{Z}$

$$c_\nu := \frac{1}{2\pi i} \int_{\partial Z_\varrho(z_0)} \frac{f(\zeta)}{(\zeta-z_0)^{\nu+1}} d\zeta,$$

so ist $\sum_{\nu=-\infty}^{\infty} c_\nu (z-z_0)^\nu$ eine in $R_{r_1,r_2}(z_0)$ konvergente (unendliche) Laurentreihe, und es gilt für alle $z \in R_{r_1,r_2}(z_0)$

$$f(z) = \sum_{\nu=-\infty}^{\infty} c_\nu (z-z_0)^\nu.$$

Beweis. Der Satz und sein hier folgender Beweis sind eine Verallgemeinerung von Satz II, 63 mit dem zugehörigen Beweis (Holomorphie der komplex differenzierbaren Funktionen). Wir untersuchen die gegebene Funktion f zunächst in einem etwas kleineren Kreisring $R_{\varrho_1,\varrho_2}(z_0)$ mit beliebigen ϱ_1, ϱ_2, für die $0 \leq r_1 < \varrho_1 < \varrho_2 < r_2 \leq \infty$ gilt, und zeigen, daß man für alle $z \in R_{\varrho_1,\varrho_2}(z_0)$ hat:

$$f(z) = \frac{1}{2\pi i} \int_{\partial Z_{\varrho_2}(z_0)} \frac{f(\zeta)}{\zeta-z} d\zeta - \frac{1}{2\pi i} \int_{\partial Z_{\varrho_1}(z_0)} \frac{f(\zeta)}{\zeta-z} d\zeta. \qquad (8)$$

166 III. Laurentreihen, Singularitäten, Fortsetzbarkeit

Dazu sei $z \in R_{\varrho_1, \varrho_2}(z_0)$ für den Augenblick fest gewählt. Man „schneide" den Kreisring $R_{\varrho_1, \varrho_2}(z_0)$ längs eines Radius W_1 auf, der nicht durch z läuft (vgl. Zeichnung), und betrachte den stückweise stetig differenzierbaren geschlossenen Weg

$$W := W_1 + \partial Z_{\varrho_2}(z_0) - W_1 - \partial Z_{\varrho_1}(z_0).$$

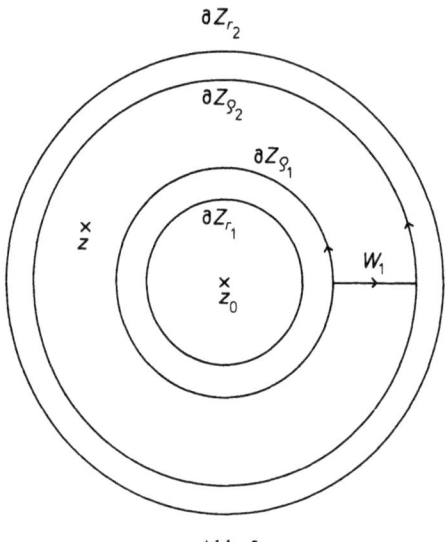

Abb. 5

Er ist im Gebiet $R_{r_1, r_2}(z_0)$ nullhomotop. Da f dort holomorph ist, und da der Index von W bez. z offenbar 1 ist, gilt lt. Satz II, 62 und Satz I, 39

$$f(z) = \frac{1}{2\pi i} \int_W \frac{f(\zeta)}{\zeta - z} d\zeta$$

$$= \frac{1}{2\pi i} \int_{\partial Z_{\varrho_2}} \frac{f(\zeta)}{\zeta - z} d\zeta - \frac{1}{2\pi i} \int_{\partial Z_{\varrho_1}} \frac{f(\zeta)}{\zeta - z} d\zeta$$

$$+ \frac{1}{2\pi i} \int_{W_1} \frac{f(\zeta)}{\zeta - z} d\zeta - \frac{1}{2\pi i} \int_{W_1} \frac{f(\zeta)}{\zeta - z} d\zeta.$$

Damit ist (8) bewiesen. Nun definiere man

$$h_1(z) := \frac{1}{2\pi i} \int_{\partial Z_{\varrho_2}(z_0)} \frac{f(\zeta)}{\zeta - z} d\zeta \quad \text{für alle} \quad z \in Z_{\varrho_2}(z_0), \tag{9}$$

$$h_2(z) := -\frac{1}{2\pi i} \int_{\partial Z_{\varrho_1}(z_0)} \frac{f(\zeta)}{\zeta - z} d\zeta \quad \text{für alle} \quad z \in R_{\varrho_1, \infty}(z_0). \tag{10}$$

§ 1. Laurententwicklung   167

Dann hat man in $R_{\varrho_1,\varrho_2}(z_0) = Z_{\varrho_2}(z_0) \cap R_{\varrho_1,\infty}(z_0)$ laut (8)

$$f(z) = h_1(z) + h_2(z),\qquad(11)$$

und aus den Sätzen I, 21 und I, 13 (Cauchy-Riemannsche Differentialgleichungen) folgt durch Differenzieren nach $\bar{z}$ unter dem Integral, daß h_1 in $Z_{\varrho_2}(z_0)$ und h_2 in $R_{\varrho_1,\infty}(z_0)$ komplex differenzierbar und damit auch holomorph sind (Satz II, 63). Also gibt es zu h_1 eine Potenzreihe $g_1 = \sum_{\nu=0}^{\infty} a_\nu X^\nu \in A_{\varrho_2}$, so daß man in $Z_{\varrho_2}(z_0)$ hat:

$$h_1(z) = \sum_{\nu=0}^{\infty} a_\nu (z-z_0)^\nu.\qquad(12)$$

Um für die Funktion h_2 die gewünschte Reihenentwicklung zu bekommen, betrachte man die Abbildung

$$\Phi : R_{0,\infty}(0) \to R_{0,\infty}(z_0)$$

die durch

$$z = z_0 + \frac{1}{w}$$

definiert ist. Sie ist dort biholomorph und bildet $R_{0,s}(0)$ mit $s = \dfrac{1}{\varrho_1}$, falls $\varrho_1 \neq 0$, und $s = \infty$, falls $\varrho_1 = 0$, auf $R_{\varrho_1,\infty}(z_0)$ ab. Mit ihrer Hilfe erhält man also durch

$$\tilde{h}_2(w) := h_2 \circ \Phi(w)\qquad(13)$$

eine in $R_{0,s}(0)$ holomorphe Funktion. Es wird zunächst gezeigt, daß $\tilde{h}_2$ in $R_{0,\sigma}(0) \subsetneq R_{0,s}(0)$ für ein beliebiges σ mit $0 < \sigma < s$ beschränkt ist. Dazu beachte man, daß gilt:

$$\sup\{|\tilde{h}_2(w)|, w \in R_{0,\sigma}(0)\} = \sup\{|h_2(z)|, z \in R_{1/\sigma,\infty}(z_0)\}.$$

Da aber $\partial Z_{\varrho_1}(z_0)$ kompakt ist, ist f dort beschränkt durch eine Schranke M, und es gilt für $\zeta \in \partial Z_{\varrho_1}(z_0)$ und $z \in R_{1/\sigma,\infty}(z_0)$:

$$|\zeta - z| \geq |z - z_0| - |\zeta - z_0| \geq \frac{1}{\sigma} - \varrho_1 =: \varrho_3 > 0.$$

Damit erhält man aus (10) für diese z sofort die Abschätzung:

$$|h_2(z)| = \left|\frac{1}{2\pi i} \int_{\partial Z_{\varrho_1}(z_0)} \frac{f(\zeta)}{\zeta - z} d\zeta\right| \leq M \frac{\varrho_1}{\varrho_3}.$$

Also ist $\tilde{h}_2$ in $R_{0,\sigma}(0)$ beschränkt und deshalb nach dem Riemannschen Hebbarkeitssatz (Satz I, 43) nach $Z_s(0)$ holomorph fortsetzbar. Damit besitzt $\tilde{h}_2$

(lt. Satz II, 63) dort eine Potenzreihenentwicklung mit einer Reihe
$$g_2 = \sum_{\nu=0}^{\infty} b_\nu X^\nu \in A_s:$$
$$\tilde{h}_2(w) = g_2(w) \quad \text{für alle} \quad w \in Z_s(0).$$
Also gilt lt. (13) in $R_{\varrho_1, \infty}(z_0)$:
$$h_2(z) = \tilde{h}_2 \circ \Phi^{-1}(z) = \sum_{\nu=0}^{\infty} b_\nu (z-z_0)^{-\nu}. \tag{14}$$

Die beiden Reihen definieren lt. Satz 1 und Def. 2 eine in $R_{\varrho_1, \varrho_2}(z_0)$ konvergente unendliche Laurentreihe, indem man setzt
$$c_\nu = \begin{cases} a_\nu & \text{für} \quad \nu = 0 \\ a_0 + b_0 & \text{für} \quad \nu = 0 \\ b_{-\nu} & \text{für} \quad \nu < 0 \end{cases}$$
und lt. (11), (12) und (14) gilt für alle $z \in R_{\varrho_1, \varrho_2}(z_0)$:
$$f(z) = \sum_{\nu=-\infty}^{\infty} c_\nu (z-z_0)^\nu. \tag{15}$$

Als nächstes soll die im Satz angegebene Beziehung für die Koeffizienten c_ν hergeleitet werden. Dazu sei $\varrho \in \mathbb{R}$ beliebig vorgegeben, so daß $\varrho_1 < \varrho < \varrho_2$ ist. Man berechnet leicht, daß für $j \in \mathbb{Z}$ gilt:
$$\int_{\partial Z_\varrho(z_0)} (\zeta - z_0)^j d\zeta = \begin{cases} 0 & \text{für} \quad j \neq -1, \\ 2\pi i & \text{für} \quad j = -1. \end{cases}$$

Beachtet man weiter, daß die Reihe in (15) lt. Satz 1 auf $\partial Z_\varrho(z_0)$ gleichmäßig konvergiert, so erhält man daraus durch Vertauschung von Summation und Integration:
$$\frac{1}{2\pi i} \int_{\partial Z_\varrho(z_0)} \frac{f(\zeta)}{(\zeta-z_0)^{\mu+1}} d\zeta$$
$$= \sum_{\nu=-\infty}^{\infty} c_\nu \frac{1}{2\pi i} \int_{\partial Z_\varrho(z_0)} (\zeta-z_0)^{\nu-\mu-1} d\zeta$$
$$= c_\mu \frac{1}{2\pi i} \int_{\partial Z_\varrho(z_0)} (\zeta-z_0)^{-1} d\zeta = c_\mu.$$

Wir haben bisher zu f Laurentreihen der gewünschten Art in allen Kreisringen $R_{\varrho_1, \varrho_2}(z_0)$ mit $r_1 < \varrho_1 < \varrho_2 < r_2$ gewonnen. Aus dem Eindeutigkeitssatz (Satz 5) folgt sofort, daß alle diese Laurentreihen gleich sind. Man kann nämlich zwei Kreisringe der angegebenen Art immer in einen ebensolchen weiteren Kreisring einbetten. Damit folgt zugleich, daß die gewonnene Laurentreihe sogar in ganz $R_{r_1, r_2}(z_0)$ gegen f konvergiert, was den Beweis des Satzes vervollständigt. □

§ 1. Laurententwicklung

Es wird dem Leser aufgefallen sein, daß im Gegensatz zu allen vorangegangenen Überlegungen dieses Paragraphen der Beweis von Satz 6 nicht mehr dem Weierstraßschen Standpunkt entspricht, da direkt und indirekt die Cauchysche Integralformel benutzt wurde. Das ist nicht willkürlich geschehen. Vielmehr ist kein echt integralfreier Beweis für die Entwickelbarkeit beliebiger holomorpher Funktionen in einem Kreisring in Laurentreihen bekannt, obwohl die Voraussetzungen dieser Aussage rein in der Sprache der Potenzreihen formuliert sind. Da bei der Untersuchung der isolierten Singularitäten holomorpher Funktionen Laurentreihen dauernd gebraucht werden, wäre deshalb eine Funktionentheorie, die ohne Cauchysche Theorie auf den Weierstraßschen Standpunkt beschränkt bliebe, in diesem Bereich uneinheitlich, indem außer der Holomorphie der untersuchten Funktionen die Entwickelbarkeit in eine Laurentreihe um die betreffenden Singularitäten gefordert werden müßte (wie es neuerdings in der sog. nichtarchimedischen Funktionentheorie geschieht).

Da die strengen Cauchyschen Ungleichungen sowie die Laurentreihen im Abschnitt 5. dieses § und in den §§ 2 und 4 wesentlich gebraucht werden, muß darin $\mathbb{C}$ als Grundkörper gewählt werden.

5. Ganze Funktionen.

Def. 3. *Eine in ganz $\mathbb{C}$ holomorphe Funktion wird ganze Funktion genannt.*

Beispiele ganzer Funktionen sind offenbar alle Polynomfunktionen

$$P(z) = \sum_{v=0}^{n} a_v z^v, \ a_v \in \mathbb{C}.$$

Für sie gilt, falls sie nicht-konstant sind:

$$\lim_{|z|\to\infty} |P(z)| = \infty. \tag{16}$$

Dabei wird definiert:

Def. 4. *Für eine im Äußeren eines Kreises $Z_r(0)$, $r > 0$, gegebene $\mathbb{C}$-wertige Funktion f gilt $\lim_{|z|\to\infty} |f(z)| = \infty$ genau dann, wenn es zu jedem $M \in \mathbb{R}$ ein $R \geq r$ gibt, so daß für alle z mit $|z| > R$ $|f(z)| > M$ ist.*

(16) ergibt sich mit Hilfe der folgenden Abschätzungen:

$$|P(z)| = |a_n| \cdot |z|^n \cdot \left|1 + \frac{1}{|a_n|} \sum_{v=0}^{n-1} a_v \cdot \frac{1}{z^{n-v}}\right| \geq |a_n| \cdot |z|^n \cdot \left(1 - \frac{1}{|a_n|} \sum_{v=0}^{n-1} |a_v| \cdot \frac{1}{|z|^{n-v}}\right).$$

Dazu gibt es offenbar ein $r > 0$, so daß $1 - \frac{1}{|a_n|} \sum_{v=0}^{n-1} \frac{|a_v|}{r^{n-v}} =: L > 0$ gilt. Setzt man dann bei vorgegebenem $M > 0$ die Zahl $R := \max\left\{r, 1, \frac{M}{|a_n| \cdot L}\right\}$, so erhält man für alle z mit $|z| > R$:

$$|P(z)| > |a_n| R^n \cdot L \geqq M.$$

Nicht alle nicht-konstanten ganzen Funktionen haben diese Eigenschaft. Das zeigt sich am Beispiel der (komplexen) Exponentialfunktion $f(z) = e^z$. Für sie gilt bekanntlich, wenn man die komplexe Koordinate in der Form $z = x + iy$ schreibt:

$$e^z = e^x (\cos y + i \sin y) \quad \text{und} \quad |e^z| = e^x.$$

Läßt man also $|z|$ gegen ∞ streben, indem man den Realteil $x = x_0$ festhält (Parallele zur imaginären Achse), so erhält man:

$$\lim_{y \to \infty} |e^{x_0 + iy}| = e^{x_0} < \infty.$$

Demgegenüber gilt bei konstantem Imaginärteil $y = y_0$ wie im Fall der Polynome:

$$\lim_{x \to \infty} |e^{x + iy_0}| = \lim_{x \to \infty} e^x = \infty.$$

Hält man schließlich wieder $y = y_0$ fest und läßt x gegen $-\infty$ streben, so ergibt sich:

$$\lim_{x \to -\infty} |e^{x + iy_0}| = \lim_{x \to -\infty} e^x = 0.$$

Es wird sich später zeigen (Satz 15), daß die Eigenschaft (16) gerade die nichtkonstanten Polynome unter den ganzen Funktionen charakterisiert. Demgegenüber legt das Beispiel der Exponentialfunktion die Frage nahe, ob es nicht sogar nicht-konstante ganze Funktionen gibt, die auf $\mathbb{C}$ beschränkt sind, d. h., die die komplexe Ebene holomorph in das Innere eines Kreises $Z_r(0)$ mit $r < \infty$ abbilden. Daß diese Frage negativ zu beantworten ist, besagt der folgende Satz.

Satz 7 (Liouville). *Eine ganze Funktion, die auf $\mathbb{C}$ beschränkt ist, ist konstant.*

Beweis. Sei f eine ganze Funktion, zu der es ein $R \in \mathbb{R}$ mit

$$|f(z)| \leqq M \quad \text{für alle} \quad z \in \mathbb{C}$$

gebe. Laut Satz II, 63 besitzt f eine in ganz $\mathbb{C}$ konvergente Potenzreihenentwicklung um $z_0 = 0$:

$$f(z) = \sum_{v=0}^{\infty} a_v \cdot z^v.$$

Wendet man darauf die Cauchyschen Ungleichungen (Satz 3) mit einem beliebigen $\varrho > 0$ an, so erhält man für $v \geqq 1$

$$|a_v| \leqq \frac{\|f\|_\varrho}{\varrho^v},$$

also
$$|a_\nu| \leq \frac{M}{\varrho^\nu}.$$

Da das für beliebig große ϱ gilt, folgt $a_\nu = 0$ für $\nu \geq 1$. Demnach ist, wie bewiesen werden sollte, $f(z) = a_0$ für alle $z \in \mathbb{C}$. □

Bemerkung. Die zum Beweis benutzten strengen Cauchyschen Ungleichungen (Satz 3) konnten nur für den Grundkörper $\mathbb{C}$ bewiesen werden, so daß auch Satz 7 nur über $\mathbb{C}$ hergeleitet wurde. Tatsächlich gilt die Aussage des Satzes über $\mathbb{R}$ schon nicht mehr, wie das Beispiel der Funktion

$$\sin x = \sum_{\nu=0}^\infty (-1)^\nu \frac{x^{2\nu+1}}{(2\nu+1)!}$$

sofort zeigt.

Mit Satz 7 ist gezeigt, daß für jede nicht-konstante ganze Funktion f die Funktion

$$M_f(r) = \sup\{|f(z)| : |z| = r\} \tag{17}$$

mit $r \to \infty$ selbst gegen Unendlich strebt. (Wegen des Maximumprinzips (Satz II, 75) ist $M_f(r)$ außerdem streng monoton wachsend.) Eine feinere Anwendung der Cauchyschen Ungleichungen als im Beweis von Satz 7 ergibt zusätzlich eine Charakterisierung der Polynome unter den ganzen Funktionen mit Hilfe des Wachstums der zugehörigen Funktionen $M_f(r)$.

Satz 8. *Die ganze Funktion f ist genau dann eine Polynomfunktion, wenn es ein $n \in \mathbb{N} \cup \{0\}$ und nicht-negative Zahlen $c, r_0 \in \mathbb{R}$ gibt, so daß für alle $r \geq r_0$ gilt:*

$$M_f(r) \leq c \cdot r^n. \tag{18}$$

Der Grad des Polynoms f ist dann kleiner oder gleich n.

Beweis. i) Sei $f(z) = \sum_{\nu=0}^n a_\nu \cdot z^\nu$, $a_n \neq 0$. Dann erhält man für alle $z \in \mathbb{C} \setminus \{0\}$

$$|f(z)| \leq \sum_{\nu=0}^n |a_\nu| \cdot |z|^\nu = |a_n| \cdot |z|^n \left(1 + \frac{1}{|a_n|} \sum_{\nu=0}^{n-1} |a_\nu| \frac{1}{|z|^{n-\nu}}\right).$$

Man wähle $r_0 \in \mathbb{R}$ so groß, daß für alle z mit $|z| \geq r_0$ gilt:

$$1 + \frac{1}{|a_n|} \sum_{\nu=0}^{n-1} |a_\nu| \frac{1}{|z|^{n-\nu}} \leq 2.$$

Dann folgt (18) sofort mit $c := 2|a_n|$.

ii) Es sei f eine ganze Funktion, für die (18) für alle $r \geq r_0$ gelte. Wenn dann $\sum_{\nu=0}^\infty a_\nu \cdot z^\nu$ die in ganz $\mathbb{C}$ konvergente Potenzreihenentwicklung von f ist, so muß nur gezeigt werden, daß $a_\nu = 0$ für $\nu > n$ ist. Mit Hilfe der Cauchyschen Ungleichungen ergibt sich für $r \geq r_0$

$$|a_\nu| \leq \frac{M_f(r)}{r^\nu} \leq c \cdot r^{n-\nu}.$$

Für $\nu > n$ erhält man also

$$|a_\nu| \leq \lim_{r \to \infty} r^{n-\nu} = 0. \quad \square$$

§ 2. Isolierte Singularitäten

1. Der Begriff der Singularität. Die in Def. I, 28 und Satz I, 43 behandelten hebbaren isolierten Singularitäten treten nur durch eine ungerechtfertigte Einschränkung des Definitionsgebietes einer holomorphen Funktion auf. In ihrer Umgebung verhält sich die Funktion genauso wie in der Umgebung eines beliebigen inneren Punktes des Definitionsgebietes. Sie sind in diesem Sinn – im Gegensatz zu den nicht-hebbaren isolierten Singularitäten – unerheblich für das Studium der holomorphen Funktionen in der Nähe von Randpunkten ihres Definitionsgebietes. Vielmehr interessiert man sich – vorläufig gesprochen – gerade für die Randpunkte, in deren Nähe sich die Funktion nicht wie eine in dem Punkt holomorphe Funktion verhält. Um diese Vorstellung zu präzisieren, muß zunächst an einen Begriff aus der Topologie erinnert werden.

Def. 5. *Es sei $U \subset \mathbb{C}$ eine offene Menge. Eine Teilmenge $U_1 \subset U$ heißt Zusammenhangskomponente von U, wenn U_1 zusammenhängend ist und wenn es keine zusammenhängende Teilmenge $U_2 \subset U$ mit $U_1 \subsetneq U_2$ gibt.*

Es sei nun f eine in einem Gebiet $G \subset \mathbb{C}$ holomorphe Funktion. Der einfacheren Formulierbarkeit wegen charakterisieren wir in ∂G die nicht-singulären Punkte.

Def. 6. *Der Randpunkt $z_0 \in \partial G$ ist keine Singularität von f, wenn es eine Umgebung U von z_0 mit der folgenden Eigenschaft gibt: zu jeder Zusammenhangskomponente U_1 von $U \cap G$ gibt es eine in U holomorphe Funktion f_1 mit $f_1 | U_1 = f | U_1$. – Andernfalls heißt $z_0 \in \partial G$ Singularität von f.*

Man beachte, daß im Sinne dieser Definition eine hebbare isolierte Singularität nicht mehr zu den Singularitäten gerechnet wird.

Die in Def. 6 erfolgende getrennte Betrachtung der Zusammenhangskomponenten von $U \cap G$ mag auf den ersten Blick als unnötig kompliziert erscheinen. Es soll deshalb an Hand eines Beispiels erläutert werden, warum $z_0 \in \partial G$ nicht einfach dann Singularität von f genannt wird, wenn es zu keiner Umgebung U von z_0 eine in U holomorphe Funktion f_1 mit $f_1 | U \cap G = f$ gibt.

§ 2. Isolierte Singularitäten

Es sei dazu $G_1 := \mathbb{C} \smallsetminus \{z = x + iy : y = 0, x \leq 0\}$ und

$$f(z) := \log z = \int_1^z \frac{d\zeta}{\zeta}$$

(vgl. § I, 8). Es ist $\partial G_1 = \{z = x + iy : y = 0, x \leq 0\}$. Im Sinne der einfacheren Definition wäre jeder Punkt $z_0 \in \partial G_1$ Singularität von f. Für $z_0 = 0$ ist das sofort klar, da $\lim\limits_{\substack{x \to 0 \\ x \in \mathbb{R}}} |\log x| = \infty$ ist. Ist andererseits $z_0 = r_0 e^{i\pi} \in \partial G_1 \smallsetminus \{0\}$, so gilt:

$$\lim_{\substack{\varphi \to \pi \\ \varphi > \pi}} \log(r_0 e^{i\varphi}) = \int_{W_1} \frac{d\zeta}{\zeta},$$

$$\lim_{\substack{\varphi \to \pi \\ \varphi < \pi}} \log(r_0 e^{i\varphi}) = \int_{W_2} \frac{d\zeta}{\zeta}$$

(vgl. die Zeichnung).

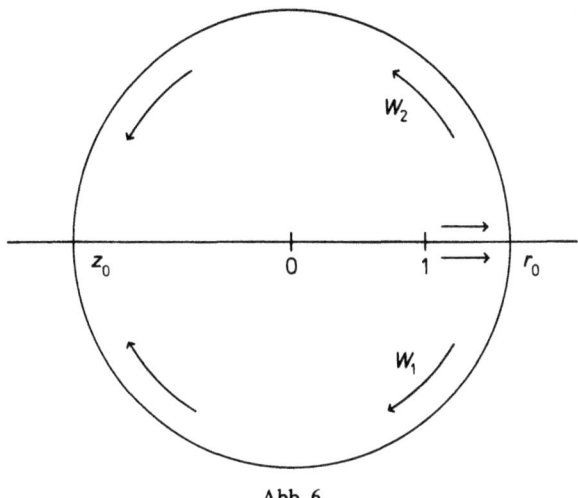

Abb. 6

Und damit erhält man:

$$\lim_{\substack{\varphi \to \pi \\ \varphi < \pi}} \log(r_0 e^{i\varphi}) - \lim_{\substack{\varphi \to \pi \\ \varphi > \pi}} \log(r_0 e^{i\varphi}) = \int_{W_2 - W_1} \frac{d\zeta}{\zeta} = \int_{\partial Z_{r_0}(0)} \frac{d\zeta}{\zeta} = 2\pi i \neq 0.$$

Daraus folgt, daß f in keiner Umgebung U von z_0 Einschränkung einer in z_0 stetigen Funktion auf $U \cap G_1$ ist. – Legt man dagegen die Def. 6 zugrunde, so ist zwar $z_0 = 0$ aus dem gleichen Grund wie oben Singularität von f, aber keiner der Punkte $z_0 \in \partial G_1 \smallsetminus \{0\}$. Zu einem solchen $z_0 = r_0 e^{i\pi}$ wähle man nämlich $U := Z_{r_0}(z_0)$. Dann besteht $U \cap G_1$ aus zwei Zusammenhangskomponenten $U_1 := \{z = x+iy \in U : y < 0\}$ und $U_2 := \{z = x+iy \in U : y > 0\}$. Weiter wähle man Punkte $z_\nu \in U_\nu$, $\nu = 1, 2$, fest und definiere für $z \in U$:

$$f_\nu(z) := \log z_\nu + \int_{z_\nu}^{z} \frac{d\zeta}{\zeta}, \quad \nu = 1, 2. \tag{19}$$

Da U einfach zusammenhängend ist, sind die f_ν eindeutig definiert und holomorph in U. Außerdem gilt $f_\nu | U_\nu = f = \log z$, $\nu = 1, 2$, da man sich für $z \in U_\nu$ den Integrationsweg von z_ν nach z in (19) innerhalb von U_ν, also auch von G_1 verlaufend denken kann, so daß man erhält:

$$f_\nu(z) = \int_{1}^{z_\nu} \frac{d\zeta}{\zeta} + \int_{z_\nu}^{z} \frac{d\zeta}{\zeta} = \int_{1}^{z} \frac{d\zeta}{\zeta} = \log z, \quad \nu = 1, 2.$$

Damit ist gezeigt, daß die Punkte $z_0 \in \partial G_1 \smallsetminus \{0\}$ keine Singularitäten von f im Sinne von Def. 6 sind. Dies entspricht der Tatsache, daß $\partial G_1 \smallsetminus \{0\}$ in recht zufälliger Weise als Rand des Definitionsbereiches von $\log z$ auftritt. Man kann ebensogut in $G_2 := \mathbb{C} \smallsetminus \{z = x+iy : x = 0, y \geq 0\}$ definieren

$$h(z) := \int_{1}^{z} \frac{d\zeta}{\zeta}$$

und erhält dann in

$$\hat{G} := \left\{z = re^{i\varphi} : r > 0, -\pi < \varphi < \frac{\pi}{2}\right\}$$

offenbar die Beziehung

$$h(z) = \log z,$$

während man für

$$\tilde{G} := \left\{z = re^{i\varphi} : r > 0, \frac{\pi}{2} < \varphi < \pi\right\}$$

leicht errechnet, daß gilt:

$$\log z - h(z) = 2\pi i.$$

Das heißt, anschaulich gesprochen stimmt $h(z)$ „unterhalb" der negativen reellen Achse ∂G_1 mit $\log z$ überein und setzt $\log z$ von dort nach oben holomorph fort. Da dort, nämlich in $\tilde{G}$, $\log z$ ebenfalls definiert ist, würde, wie oben gezeigt wurde, die Eindeutigkeit der Zuordnung des Funktionswertes zum Punkt des Definitionsbereiches verloren gehen, wenn man auch die Definition von $\log z$ in $\tilde{G}$ bestehen ließe. – Völlig analoge Überlegungen kann man anstellen, indem man vom Gebiet $G_3 := \mathbb{C} \smallsetminus \{z = x+iy : x = 0, y \leq 0\}$ ausgeht. Man läßt dann sozusagen $\log z$ oberhalb der negativen reellen Achse unverändert, ändert es statt dessen aber unterhalb ab.

Durch diese Überlegung ist deutlich gemacht, daß $\partial G_1 \setminus \{0\}$ weder von „oben" noch von „unten" „natürliche Grenze" von $f = \log z$ ist, so daß Def. 6 als sinnvoller erscheint, als die im Anschluß daran vorgeschlagene einfachere Definition. Gleichzeitig wird durch dieses Beispiel die Problematik der in der Einleitung zu diesem Kapitel aufgeführten Frage i) deutlich. Denn wenn man von $\log z$ als holomorpher Funktion in $G':= Z_1(1)$ ausgeht, sind sowohl G_1 als auch G_2 und G_3 maximale Gebiete, in die sich $\log z$ holomorph fortsetzen läßt, und offenbar lassen sich auf analoge Weise unendlich viele weitere solche Gebiete angeben. Die maximalen Gebiete, in die eine gegebene holomorphe Funktion holomorph fortsetzbar ist, sind in $\mathbb{C}$ demnach im allgemeinen nicht eindeutig bestimmt. Andererseits könnte man im obigen Fall von $\log z$ bei jedem der Gebiete G_1, G_2, G_3 die dort erhaltene Fortsetzung weiter fortsetzen, wenn das nicht zu einer „Überlagerung" der Definitionsbereiche mit sich selbst führen würde. Dieses Hindernis zu beseitigen, ist eine der wichtigen Aufgaben der Theorie der *Riemannschen Flächen*, in der die Vorstellungen von Flächen, die wie an gewissen Stellen miteinander verheftete „Blätter" über der Ebene $\mathbb{C}$ liegen, und von holomorphen Funktionen auf solchen Flächen begrifflich präzisiert werden. Man erhält dann unter anderem zu jeder gegebenen holomorphen Funktion ein eindeutig bestimmtes maximales Gebiet holomorpher Fortsetzbarkeit.

2. Klassifikation der isolierten Singularitäten. Ist f eine im Gebiet $G \subset \mathbb{C}$ holomorphe Funktion und ist $z_0 \in \partial G$ ein isolierter Randpunkt, so gibt es ein $r \in \mathbb{R} \cup \{\infty\}$, $r > 0$, so daß die punktierte Kreisscheibe $R_{0,r}(z_0) \subset G$ ist, und f besitzt lt. Satz 6 in $R_{0,r}(z_0)$ eine eindeutig bestimmte Laurententwicklung:

$$f(z) = \sum_{\nu = -\infty}^{\infty} a_\nu (z - z_0)^\nu, \qquad (20)$$

die offenbar lt. Satz 5 nicht von der speziellen Wahl von r abhängt.

Satz 9. *Der Punkt z_0 ist genau dann (isolierte) Singularität von f gemäß Def. 6, falls es ein $n \in \mathbb{N}$ mit $a_{-n} \neq 0$ gibt.*

Beweis. Sind $a_{-\mu} = 0$ für alle $\mu \in \mathbb{N}$, so ist f durch $f(0) := a_0$ holomorph nach $Z_r(z_0)$ fortgesetzt. Und läßt sich f andererseits holomorph nach ganz $Z_r(z_0)$ fortsetzen, so besitzt es dort eine Potenzreihenentwicklung, die als Laurentreihe mit verschwindendem Hauptteil in $R_{0,r}(z_0)$ aufgefaßt mit (20) identisch sein muß. □

Wegen der Eindeutigkeit der Laurententwicklung von f in $R_{0,r}(z_0)$ kann man in dieser Situation definieren:

Def. 7. i) *Der Punkt z_0 heißt Polstelle (auch: außerwesentliche Singularität) von f, wenn es ein $n \in \mathbb{N}$ gibt, so daß in (20) gilt:*

$$a_{-n} \neq 0 \quad und \quad a_{-\nu} = 0 \quad für alle \quad \nu > n.$$

Die Zahl n heißt in diesem Fall Ordnung der Polstelle z_0 von f.

ii) *Der Punkt z_0 heißt wesentliche Singularität von f, falls in (20) für unendlich viele $v \in \mathbb{N}$ gilt:*

$$a_{-v} \neq 0.$$

Auf Grund dieser Definition ist eine isolierte Singularität z_0 einer holomorphen Funktion f genau dann Polstelle von f, wenn die Laurententwicklung von f in einer punktierten Kreisscheibe um z_0 durch eine endliche Laurentreihe

$$h = \sum_{v=m}^{\infty} a_v X^v \in L$$ über $\mathbb{C}$ mit nicht-verschwindendem Hauptteil und einem

Nebenteil aus $\mathbb{C}\langle X \rangle$ gegeben wird (vgl. auch § II, 2.1 und Satz II, 65). Die Ordnung der Polstelle z_0 von f ist dann gleich $-o(h)$.

Ziel dieses Abschnittes ist es, die isolierten Singularitäten einer holomorphen Funktion allein mit Hilfe des Werteverhaltens der Funktion in beliebiger Nähe der Singularität zu charakterisieren. Ein erstes Ergebnis in dieser Richtung ist der in § I, 7.3 bewiesene Riemannsche Hebbarkeitssatz (Satz I, 43). Er kann folgendermaßen neu formuliert werden:

Satz 10 (Riemannscher Hebbarkeitssatz). *Die Funktion f sei im Gebiet $G \subset \mathbb{C}$ holomorph. Es sei $z_0 \in \partial G$ ein isolierter Randpunkt von G. Er ist genau dann Singularität (im Sinne von Def. 6) von f, wenn zu jeder Umgebung U von z_0 die Menge*

$$\{|f(z)| : z \in U \cap G\}$$

unbeschränkt ist.

Um unter den isolierten Singularitäten die Polstellen durch das Werteverhalten in ihrer Nähe zu charakterisieren, werden sie zunächst wie folgt gekennzeichnet:

Satz 11. *Die isolierte Singularität z_0 der im Gebiet G holomorphen Funktion f ist genau dann eine Polstelle von f, wenn es ein $n \in \mathbb{N}$ gibt, so daß die Funktion $g(z) := (z - z_0)^n \cdot f(z)$ holomorph fortsetzbar nach $G \cup \{z_0\}$ ist. Wählt man in einem solchen Fall g und n mit dieser Eigenschaft so, daß n minimal ist, so ist n gleich der Ordnung der Polstelle von f in z_0; und das ist genau dann der Fall, wenn $g(z_0) \neq 0$ gilt.*

Beweis. Der Satz ist eine funktionentheoretische Interpretation von Satz II, 64 und II, 65, iii). Dennoch werde er hier noch einmal ausführlich bewiesen.

i) Sei z_0 Polstelle von f. Dann gibt es ein $r > 0$ und in $R_{0,r}(z_0)$ eine Laurententwicklung von f von der Form

$$f(z) = \sum_{v=-n}^{\infty} a_v (z - z_0)^v$$

mit $n \in \mathbb{N}$ und $a_{-n} \neq 0$. Also gilt für alle $z \in R_{0,r}(z_0)$

$$g(z) := (z - z_0)^n \cdot f(z) = \sum_{v=0}^{\infty} a_{v-n}(z - z_0)^v.$$

§ 2. Isolierte Singularitäten

Das bedeutet, daß die Potenzreihe $\sum_{\nu=0}^{\infty} a_{\nu-n} X^\nu \in A_r$ ist, so daß g durch die Definition $g(z_0) := a_{-n}$ zu einer in $Z_r(z_0)$ holomorphen Funktion wird. Da g andererseits in G trivialerweise holomorph ist, besitzt g die im Satz geforderten Eigenschaften. Außerdem ist n offenbar die Polstellenordnung von f in z_0 und es ist $g(z_0) = a_{-n} \neq 0$.

ii) Umgekehrt gebe es zu der isolierten Singularität z_0 von f eine in $G \cup \{z_0\}$ holomorphe Funktion g und ein $n \in \mathbb{N}$, so daß in G gilt:

$$g(z) = (z - z_0)^n \cdot f(z).$$

Die Funktion g besitzt in einem geeigneten Kreis $Z_r(z_0)$ um z_0 eine Potenzreihenentwicklung:

$$g(z) = \sum_{\nu=0}^{\infty} b_\nu (z - z_0)^\nu.$$

Also gilt für alle $z \in Z_r(z_0) \smallsetminus \{z_0\} = R_{0,r}(z_0)$ die Beziehung:

$$f(z) = (z - z_0)^{-n} \cdot g(z) = \sum_{\nu=-n}^{\infty} b_{\nu+n}(z - z_0)^\nu = \sum_{\nu=-n}^{\infty} a_\nu (z - z_0)^\nu$$

mit $a_\nu := b_{\nu+n}$.

Damit ist zu f eine in $R_{0,r}(z_0)$ konvergente endliche Laurentreihe gefunden, deren Hauptteil nicht Null sein kann, da z_0 lt. Voraussetzung Singularität von f ist. Also ist z_0 eine Polstelle von f.

iii) Unter i) wurde schon gezeigt, daß sich im Fall, daß z_0 Polstelle von f ist, g und n immer so wählen lassen, daß n die Ordnung der Polstelle und $g(z_0) \neq 0$ ist. Andererseits folgt aus den Überlegungen von ii) sofort, daß n niemals kleiner als die Ordnung der Polstelle z_0 von f sein kann, da dort gezeigt wurde, daß in der Laurententwicklung von f in $R_{0,r}(z_0)$ alle Koeffizienten a_ν mit $\nu < -n$ verschwinden. □

Mit Hilfe dieses Satzes kann gezeigt werden:

Satz 12. *Es sei f eine im Gebiet G holomorphe Funktion und z_0 eine Polstelle von f. Dann gilt:*

$$\lim_{z \to z_0} |f(z)| = \infty.$$

Beweis. Es sei n die Polstellenordnung von f in z_0 und

$$g(z) := (z - z_0)^n \cdot f(z)$$

für alle $z \in G$. Die Funktion g ist lt. Satz 11 holomorph nach z_0 fortsetzbar und es gilt $g(z_0) \neq 0$. Also gibt es eine Umgebung V von z_0, so daß $V \smallsetminus \{z_0\} \subset G$ und man für $z \in V$ erhält:

$$|g(z)| \geq \tfrac{1}{2} |g(z_0)| =: M > 0.$$

Ist nun $R \in \mathbb{R}$, $R > 0$, vorgegeben, so wähle man ein $r \in \mathbb{R}$, so daß $0 < r \leq \left(\dfrac{M}{R}\right)^{1/n}$ und $U := Z_r(z_0) \subset V$ gilt. Dann ergibt sich für $z \in U \smallsetminus \{z_0\}$

$$|f(z)| = \frac{|g(z)|}{|z - z_0|^n} \geq \frac{M}{r^n} \geq R.$$

Damit ist der Satz bewiesen. □

Tatsächlich stellt das in diesem Satz beschriebene Verhalten einer holomorphen Funktion in der Nähe einer Polstelle sogar eine Charakterisierung der Polstellen unter allen isolierten Singularitäten dar. Das wird sich sofort ergeben, wenn mit dem nächsten Satz das Werteverhalten einer holomorphen Funktion in der Nähe einer wesentlichen Singularität beschrieben sein wird.

Satz 13 (Casorati, Weierstraß). *Die im Gebiet G holomorphe Funktion besitze in $z_0 \in \partial G$ eine isolierte Singularität. Sie ist genau dann eine wesentliche Singularität, wenn für jedes $\varepsilon > 0$, für das $R_{0,\varepsilon}(z_0) \subset G$ ist, die Menge $f(R_{0,\varepsilon}(z_0)) \subset \mathbb{C}$ dicht in $\mathbb{C}$ liegt.*

Beweis. i) Es sei z_0 eine wesentliche Singularität von f und $\varepsilon > 0$ mit $R_{0,\varepsilon}(z_0) \subset G$ vorgegeben. Angenommen, es gibt ein $a \in \mathbb{C}$, das nicht Häufungspunkt der Menge $f(R_{0,\varepsilon}(z_0))$ ist. Dann gibt es ein $\varrho > 0$, so daß $f(R_{0,\varepsilon}(z_0)) \cap Z_\varrho(a) = \emptyset$ ist. Das bedeutet, daß für jedes $z \in R_{0,\varepsilon}(z_0)$ die Ungleichung $|f(z) - a| \geq \varrho$ besteht, so daß die Funktion

$$g(z) := \frac{1}{f(z) - a} \tag{21}$$

in $R_{0,\varepsilon}(z_0)$ holomorph und dem Betrag nach durch $\dfrac{1}{\varrho}$ beschränkt ist. Damit ist g auf Grund des Riemannschen Hebbarkeitssatzes (Satz 10) nach $Z_\varepsilon(z_0)$ holomorph fortsetzbar und besitzt deshalb dort eine Potenzreihenentwicklung:

$$g(z) = h(z - z_0)$$

mit $h \in A_\varepsilon \subset \mathbb{C}\langle X \rangle$. Nach Satz II,65 läßt sich h als Element von $\mathbb{C}\langle X \rangle$ eindeutig in folgender Weise zerlegen:

$$h = X^n \cdot e$$

mit $n \in \mathbb{N} \cup \{0\}$ und einer Einheit $e \in \mathbb{C}\langle X \rangle$. Das bedeutet, daß durch

$$\tilde{g}(z) := e(z - z_0)$$

in einem genügend kleinen Kreis $Z_\eta(z_0)$ eine holomorphe Funktion ohne Nullstellen definiert ist, für die dort gilt:

$$g(z) = (z - z_0)^n \cdot \tilde{g}(z).$$

§ 2. Isolierte Singularitäten

Daraus erhält man wegen (21) in $Z_\eta(z_0) \smallsetminus \{z_0\}$:

$$(z - z_0)^n \cdot f(z) = a \cdot (z - z_0)^n + \frac{1}{\tilde{g}(z)}.$$

Da die Funktion auf der rechten Seite dieser Gleichung holomorph ist, erfüllt damit $f(z)$, falls $n \neq 0$ ist, bezüglich des Punktes z_0 das Kriterium von Satz 11, so daß z_0 eine Polstelle von f ist, und falls $n = 0$ ist, ist f nach z_0 holomorph fortsetzbar. Beides steht im Widerspruch zur Voraussetzung, nach der z_0 wesentliche Singularität von f ist. Damit ist gezeigt, daß jeder Punkt $a \in \mathbb{C}$ Häufungspunkt der Menge $f(R_{0,\varepsilon}(z_0))$ ist.

ii) Für jedes $\varepsilon > 0$ mit $R_{0,\varepsilon}(z_0) \subset G$ liege die Menge $f(R_{0,\varepsilon}(z_0))$ dicht in $\mathbb{C}$. Dann kann z_0 lt. Satz 12 keine Polstelle von f sein und ist deshalb wesentliche Singularität von f. □

Durch eine einfache Fallunterscheidung folgert man aus diesem Satz, wie schon erwähnt wurde:

Korollar. *Es sei z_0 eine isolierte Singularität der holomorphen Funktion f, und es gelte*

$$\lim_{z \to z_0} |f(z)| = \infty$$

(vgl. Satz 12). Dann ist z_0 eine Polstelle von f.

Man weiß in der Situation des Satzes von Casorati-Weierstraß wegen der Offenheit der nicht-konstanten holomorphen Abbildungen (Satz II,74), daß $f(R_{0,\varepsilon}(z_0))$ in $\mathbb{C}$ offen und dicht liegt. Dazu betrachte man das folgende Beispiel: Man setze für $z \in \mathbb{C}^*$

$$f(z) := e^{1/z} = \sum_{\nu=0}^{\infty} \frac{(1/z)^\nu}{\nu!}.$$

Dann hat f eine wesentliche Singularität im Punkt $z_0 = 0$ und für alle $z \in \mathbb{C}^*$ ist $f(z) \neq 0$. Tatsächlich gilt in diesem Fall sogar für alle $\varepsilon > 0$ die Beziehung $f(R_{0,\varepsilon}(0)) = \mathbb{C}^*$, wie der Leser an Hand der Darstellung

$$e^{1/z} = e^{x/|z|} \left(\cos \frac{y}{|z|} - i \sin \frac{y}{|z|} \right)$$

nachrechnen kann. – In § 4.2 wird ein weiteres Beispiel einer in $\mathbb{C}^*$ holomorphen Funktion f mit einer wesentlichen Singularität in $z_0 = 0$ angegeben werden, für die sogar $f(R_{0,\varepsilon}(0)) = \mathbb{C}$ für alle $\varepsilon > 0$ ist. Bei einer genaueren Untersuchung des Werteverhaltens einer holomorphen Funktion in der Nähe einer wesentlichen Singularität erhält man, daß diese beiden Beispiele schon typisch für alle auftretenden Fälle sind. Eine Herleitung des betreffenden Ergebnisses ist im Rahmen dieses Buches nicht möglich. Es lautet:

Satz 14 (Picard). *Besitzt die im Gebiet G holomorphe Funktion f in $z_0 \in \partial G$ eine wesentliche Singularität, so sind nur die beiden folgenden Fälle möglich:*

i) Für jedes $\varepsilon > 0$ mit $R_{0,\varepsilon}(z_0) \subset G$ gilt: $f(R_{0,\varepsilon}(z_0)) = \mathbb{C}$.

ii) Es gibt ein $a \in \mathbb{C}$, so daß für jedes $\varepsilon > 0$ mit $R_{0,\varepsilon}(z_0) \subset G$ gilt:

$$f(R_{0,\varepsilon}(z_0)) = \mathbb{C} \smallsetminus \{a\}.$$

In § 1.5 wurde gezeigt, daß für jedes nicht-konstante Polynom $P(X) \in \mathbb{C}[X]$ gilt:

$$\lim_{|z| \to \infty} |P(z)| = \infty.$$

Mit Hilfe des Korollars zu Satz 13 läßt sich nun auch die Umkehrung dieser Aussage beweisen:

Satz 15. *Für die ganze Funktion f gelte $\lim\limits_{|z| \to \infty} |f(z)| = \infty$. Dann ist f eine Polynomfunktion.*

Beweis. Es sei

$$f(z) = \sum_{\nu=0}^{\infty} a_\nu z^\nu$$

die Potenzreihenentwicklung von f um $z_0 = 0$ in $\mathbb{C}$. Die Abbildung

$$\Phi : \mathbb{C}^* \to \mathbb{C}^*$$

$$w \to z = \Phi(w) = \frac{1}{w}$$

bildet $\mathbb{C}^*$ biholomorph auf sich ab, und man erhält durch

$$h(w) := f \circ \Phi(w)$$

in $\mathbb{C}^*$ eine holomorphe Funktion mit der in $R_{0,\infty}(0)$ konvergenten Laurententwicklung

$$h(w) = \sum_{\nu=0}^{-\infty} a_\nu w^\nu. \tag{22}$$

Da Φ das Innere des Kreises $Z_r(0)$ auf das Äußere von $Z_{1/r}(0)$ abbildet, folgt aus $\lim\limits_{|z| \to \infty} |f(z)| = \infty$ unmittelbar

$$\lim_{w \to 0} |h(w)| = \infty.$$

Also ist $z_0 = 0$ lt. dem Korollar zu Satz 13 eine Polstelle von h, so daß in (22) nur endlich viele a_ν von Null verschieden sind. Damit ist f eine Polynomfunktion. □

Es kann dem Leser überlassen werden, in gleicher Weise mit Hilfe der Abbildung Φ aus dem Satz von Casorati und Weierstraß die folgende Aussage herzuleiten:

Satz 16. *Die ganze Funktion f ist genau dann kein Polynom, wenn es zu jedem $a \in \mathbb{C}$ eine Folge $(z_\nu) \subset \mathbb{C}$ mit $\lim\limits_{\nu \to \infty} |z_\nu| = \infty$ gibt, für die $\lim\limits_{\nu \to \infty} f(z_\nu) = a$ ist.*

§ 2. Isolierte Singularitäten   181

3. Meromorphe Funktionen. In Definition 7 wurde der Begriff der Ordnung einer Polstelle eingeführt. In analoger Weise sagt man:

Def. 8. *Es sei f eine in der offenen Menge $U \subset \mathbb{C}$ holomorphe Funktion und $z_0 \in U$; ferner sei $a := f(z_0)$ und $a + \sum_{\nu=1}^{\infty} a_\nu X^\nu$ sei die Potenzreihenentwicklung von f im Punkt z_0. Als Ordnung der a-Stelle z_0 von f wird die Ordnung $o\left(\sum_{\nu=1}^{\infty} a^\nu X^\nu\right)$ der Reihe $\sum_{\nu=1}^{\infty} a^\nu X^\nu$ bezeichnet.*

Wir interessieren uns hier zunächst für die Nullstellen holomorpher Funktionen. Für sie ergibt sich durch funktionentheoretische Interpretation der Sätze II,64 und II,65, Teil ii) sofort:

Satz 17. *Die in der offenen Menge $U \subset \mathbb{C}$ holomorphe Funktion hat in $z_0 \in U$ genau dann eine Nullstelle der Ordnung $n \in \mathbb{N}$, wenn es in einer Umgebung $V \subset U$ von z_0 eine holomorphe Funktion g mit $g(z_0) \neq 0$ gibt, für die gilt:*

$$f(z) = (z - z_0)^n \cdot g(z) \quad \text{für alle} \quad z \in V. \tag{23}$$

Ist nun $h(z)$ eine in $U \smallsetminus \{z_0\}$ holomorphe Funktion, die in z_0 einen Pol der Ordnung $n \in \mathbb{N}$ besitzt, so ist die Funktion

$$g(z) := (z - z_0)^n \cdot h(z) \tag{24}$$

lt. Satz 11 nach U holomorph fortsetzbar und es ist $g(z_0) \neq 0$. Also gibt es eine Umgebung $V \subset U$ von z_0, in der g keine Nullstellen hat. Dort ist die Funktion $\frac{1}{g(z)}$ wieder holomorph, und man erhält aus (24) für $z \in V \smallsetminus \{z_0\}$:

$$(z - z_0)^n \cdot \frac{1}{g(z)} = \frac{1}{h(z)}.$$

Wendet man darauf Satz 17 an, so ergibt sich Teil i) des folgenden Satzes:

Satz 18. i) *Die Funktion h besitze in z_0 einen Pol der Ordnung n. Dann gibt es eine Umgebung V von z_0, in der die Funktion*

$$f(z) := \begin{cases} \dfrac{1}{h(z)} & \text{für } z \in V \smallsetminus \{z_0\} \\ 0 & \text{für } z = z_0 \end{cases}$$

holomorph ist; f hat in z_0 eine Nullstelle der Ordnung n.

ii) *Die Funktion f besitze in z_0 eine Nullstelle der Ordnung n. Dann ist für eine geeignete Umgebung V von z_0 durch*

$$h(z) := \frac{1}{f(z)} \quad \text{für alle} \quad z \in V \smallsetminus \{z_0\}$$

eine in $V\smallsetminus\{z_0\}$ *holomorphe Funktion erklärt, die in* z_0 *eine Polstelle der Ordnung n besitzt.*

Der Beweis von Teil ii) mit Hilfe der Sätze 11 und 17 verläuft analog zum obigen Beweis von Teil i).

Da man die Beziehung $g(z) = (z - z_0)^n \cdot f(z)$ aus Satz 11 in G zu $f(z) = (z - z_0)^{-n} \cdot g(z)$ umformen kann, so daß sie zu (23) aus Satz 17 analog ist, nennt man bisweilen eine Polstelle n-ter Ordnung auch eine Nullstelle der Ordnung $-n$. Und ist f in z_0 holomorph, aber $f(z_0) \neq 0$, so heißt z_0 Nullstelle der Ordnung 0 von f. Im folgenden wird für diese Nullstellenordnung von f in z_0 im weiteren Sinn immer $o(f; z_0)$ geschrieben. Sie ist gleich der Ordnung der Laurentreihe, in die f in einem punktierten Kreis um z_0 entwickelt werden kann.

Ist f eine im Gebiet G holomorphe Funktion, so kann man definieren:

$$h(z) := \frac{1}{f(z)}$$

für alle $z \in G \smallsetminus \{z \in G : f(z) = 0\} =: G_1$.

Dann ist h in G_1 holomorph und besitzt in allen Punkten $z \in G$ mit $f(z) = 0$ lt. Satz 18 eine Polstelle. Dieser Zusammenhang gibt Anlaß, auch die Klasse der Funktionen zu studieren, die in G „bis auf Polstellen" holomorph sind.

Um diesen Begriff zu präzisieren, wird zunächst an die folgende topologische Definition erinnert:

Def. 9. *Eine Teilmenge D eines Gebietes G heißt diskret (in G), wenn sie in G keine Häufungspunkte hat.*

Man beachte, daß eine diskrete Teilmenge $D \subset G$ durchaus Häufungspunkte in $\mathbb{C}$ haben kann. Sie gehören dann zu ∂G.

Damit definieren wir:

Def. 10. *Eine Funktion f heißt im Gebiet $G \subset \mathbb{C}$ meromorph, wenn es zu f eine diskrete Menge $D_f \subset G$ gibt, so daß f in $G \smallsetminus D_f$ definiert und holomorph ist, und jeder Punkt aus D_f Polstelle von f ist.*

Die Gesamtheit der in G meromorphen Funktionen wird mit $M(G)$ bezeichnet.

Sind die Funktionen $f, g \in M(G)$ und D_f, D_g die zugehörigen Polstellenmengen, so kann man in $G \smallsetminus (D_f \cup D_g)$ definieren:

$$(f+g)(z) := f(z) + g(z)$$
$$(f \cdot g)(z) := f(z) \cdot g(z) . \tag{25}$$

Da $D_f \cup D_g \subset G$ wieder diskret und damit insbesondere in G abgeschlossen ist, sind $f + g$ und $f \cdot g$ in $G \smallsetminus (D_f \cup D_g)$ holomorph. Jeder Punkt $z_0 \in D_f \cup D_g$ ist entweder hebbare Singularität oder Pol von $f + g$, wie man mit Hilfe der Laurententwicklung von f und g in einer punktierten Kreisscheibe um z_0 sofort sieht. Man bezeichne für den Augenblick:

$$D := \{z \in D_g \cup D_f : z \text{ ist Polstelle von } f + g\}$$

§ 2. Isolierte Singularitäten

und schreibe für die eindeutig bestimmte holomorphe Fortsetzung von $f+g$ nach $G \smallsetminus D$ weiter $f+g$. Da $D \subset G$ diskret ist, ist $f+g$ meromorph in G, und es ist $D_{f+g} = D \subset D_f \cup D_g$. Für die in (25) definierte Funktion $f \cdot g$ ist jeder Punkt der diskreten Menge $D_f \cup D_g \subset G$ ebenfalls wieder hebbare Singularität oder Polstelle von $f \cdot g$, wie man aus Satz 11 und Satz 17 sofort folgert. Also kann man analog zu $f+g$ vorgehen und erhält eine eindeutig bestimmte, in G meromorphe Funktion $f \cdot g$, für die gilt:

$$D_{f \cdot g} \subset D_f \cup D_g$$

Damit sind auf $M(G)$ eine Addition und eine Multiplikation erklärt. Es gilt nun:

Satz 19. *Die Menge $M(G)$ der in einem Gebiet G meromorphen Funktionen bildet bezüglich der oben erklärten Addition und Multiplikation einen Körper. Es ist $H(G)$ eine $\mathbb{C}$-Unteralgebra von $M(G)$.*

Beweis. Aus der Definition der Addition und Multiplikation auf $M(G)$ folgt unmittelbar, daß $M(G)$ ein kommutativer Ring ist. Das Nullelement ist die Funktion $f \equiv 0$ und das Einselement ist $g \equiv 1$. Damit braucht nur noch gezeigt zu werden, daß es zu $f \in M(G) \smallsetminus \{0\}$ immer ein multiplikatives Inverses gibt. Dazu beachte man, daß $G \smallsetminus D_f$ wieder ein Gebiet ist, so daß die Menge

$$N_f := \{z \in G \smallsetminus D_f : f(z) = 0\}$$

nach dem Identitätssatz (Satz II,60) in $G \smallsetminus D_f$ diskret ist. Und da lt. Satz 12 kein Punkt aus D_f Häufungspunkt von N_f sein kann, ist N_f auch diskret in G. Nun definiere man:

$$h(z) := \begin{cases} \dfrac{1}{f(z)} & \text{für } z \in G \smallsetminus (D_f \cup N_f), \\ 0 & \text{für } z \in D_f. \end{cases}$$

Die Funktion h ist in $G \smallsetminus (D_f \cup N_f)$ trivialerweise holomorph, und nach Satz 18 ist h außerdem in den Punkten von D_f holomorph und besitzt in allen $z \in N_f$ Polstellen. Damit ist h meromorph in G und $D_h = N_f$ sowie $N_h = D_f$. Offenbar gilt in $G \smallsetminus (D_f \cup N_f)$ die Gleichung $h(z) \cdot f(z) = 1$, so daß lt. Definition der Multiplikation $h \cdot f = 1$ ist. □

Bemerkung. Aus Satz 19 folgt insbesondere, daß der Quotientenkörper von $H(G)$ in $M(G)$ enthalten ist. Ist umgekehrt $f \in M(G)$ und z_0 eine Polstelle von f, so gibt es lt. Satz 11 in einer Umgebung U von z_0, die keine weitere Polstelle von f trifft, eine holomorphe Funktion g und ein $n \in \mathbb{N}$, so daß in U gilt:

$$f = \frac{g}{(z-z_0)^n};$$

d. h., in U ist f insbesondere Quotient zweier holomorpher Funktionen. In dieser Form läßt sich das Ergebnis über ganz G herleiten, jedoch ist der Beweis im Rahmen dieses Buches nicht möglich. Das allgemeine Ergebnis lautet:

Satz 20. *Für ein beliebiges Gebiet $G \subset \mathbb{C}$ ist der Quotientenkörper $Q(H(G))$ gleich $M(G)$.*

Die einfachsten nicht-trivialen Beispiele von in ganz $\mathbb{C}$ meromorphen Funktionen sind die rationalen Funktionen $f = \dfrac{P}{Q}$ mit Polynomfunktionen P, Q.

Ist $f \in M(G)$ und D_f die Polstellenmenge von f, so ist in $G \smallsetminus D_f$ die Ableitung f' holomorph und besitzt in allen Punkten aus D_f wieder Polstellen, wie man z. B. mit Hilfe von Satz 11 leicht bestätigt. Also ist mit f auch $f' \in M(G)$.

§ 3. Fortsetzung holomorpher Funktionen

1. Holomorphe Ergänzung reeller Funktionen. Die Theorie der holomorphen Funktionen über vollständig archimedisch bewerteten Körpern ist unter anderem dadurch ausgezeichnet, daß in ihr der Identitätssatz in seiner scharfen Form gilt (Satz II, 60). Und lt. Satz II, 20 sind die beiden einzigen Körper dieser Art $\mathbb{R}$ und $\mathbb{C}$ mit den Bewertungen $|\ |_\infty^\alpha$, $0 < \alpha \leq 1$. Dabei induzieren alle diese Bewertungen auf $\mathbb{R}$ bzw. $\mathbb{C}$ die gleiche Topologie.

In diesem Abschnitt soll nun gezeigt werden, daß die Theorie der analytischen Funktionen über $\mathbb{R}$ in einem gewissen Sinn in der komplexen Funktionentheorie enthalten ist. Darüber hinaus wird sich sogar zeigen, daß gewisse Besonderheiten, die bei reell-analytischen Funktionen auftreten, erst verständlich werden, wenn man zum Komplexen übergeht.

$\mathbb{R}$ und $\mathbb{C}$ seien mit dem üblichen Betrag $|\ |_\infty$ bewertet. Ist dann $f = \sum\limits_{\nu=0}^\infty a_\nu X^\nu \in A_\varrho(\mathbb{R})$, so kann f wegen $\mathbb{R} \subset \mathbb{C}$ auch als Element von $\mathbb{C}\{X\}$ angesehen werden, und f besitzt über $\mathbb{R}$ und $\mathbb{C}$ sogar den gleichen Konvergenzradius $r(f)$, da dieser lt. Satz II, 36 lediglich von $|a_\nu|$, $\nu = 0, 1, 2, \ldots$, abhängt; insbesondere gilt also $f \in A_\varrho(\mathbb{C})$. Ist nun $x_0 \in \mathbb{R}$ irgendein Punkt, so ist durch

$$\varphi(x) := f(x - x_0) \quad \text{für} \quad x \in Z_\varrho^\mathbb{R}(x_0) := \{x \in \mathbb{R} : |x - x_0| < \varrho\}$$

lt. Satz II, 57 in $Z_\varrho^\mathbb{R}(x_0)$ eine holomorphe oder analytische Funktion definiert. Weiter ist durch

$$\Phi(z) := f(z - x_0) \quad \text{für} \quad z \in Z_\varrho^\mathbb{C}(x_0) := \{z \in \mathbb{C} : |z - x_0| < \varrho\}$$

in $Z_\varrho^\mathbb{C}(x_0)$ ebenfalls eine holomorphe Funktion definiert, und es gilt für $x \in Z_\varrho^\mathbb{R}(x_0) = Z_\varrho^\mathbb{C}(x_0) \cap \mathbb{R}$ offenbar

$$\Phi(x) = \varphi(x).$$

§ 3. Fortsetzung holomorpher Funktionen

Diese Beobachtung wird im folgenden Satz verallgemeinert und zu dessen Beweis gebraucht:

Satz 21. *Es sei $I \subset \mathbb{R}$ eine offene Teilmenge und φ auf I eine analytische Funktion (im Sinne von $\mathbb{R}$, im folgenden kurz reell-analytisch genannt). Dann gibt es eine in bezug auf $\mathbb{C}$ offene Umgebung $U \subset \mathbb{C}$ von I mit $U \cap \mathbb{R} = I$ und auf U eine holomorphe Funktion Φ im Sinne von $\mathbb{C}$, so daß $\Phi | I = \varphi$ gilt.*

Beweis. Da φ auf I analytisch ist, gibt es lt. Def. II, 27 zu jedem $x \in I$ ein $f_x \in A_{\varrho_x}(\mathbb{R})$, so daß in $Z^{\mathbb{R}}_{\varrho_x}(x)$ gilt $\varphi(\tilde{x}) = f_x(\tilde{x} - x)$. Nach der obigen Überlegung ist dann

$$\Phi_x(z) := f_x(z - x)$$

für $z \in Z^{\mathbb{C}}_{\varrho_x}(x)$ holomorph (im Sinne von $\mathbb{C}$) und es ist $\Phi | I \cap Z^{\mathbb{C}}_{\varrho_x}(x) = \varphi | Z^{\mathbb{R}}_{\varrho_x}(x)$. Damit setze man

$$U := \bigcup_{x \in I} Z^{\mathbb{C}}_{\varrho_x}(x)$$

und

$$\Phi(z) := \Phi_x(z) \quad \text{für} \quad z \in Z^{\mathbb{C}}_{\varrho_x}(x).$$

Durch diese Vorschrift ist Φ als holomorphe Funktion auf U eindeutig definiert, da die Menge $D := Z^{\mathbb{C}}_{\varrho_x}(x) \cap Z^{\mathbb{C}}_{\varrho_{x'}}(x')$ zusammenhängend ist, falls sie nicht leer ist, und dann außerdem $D \cap I = Z^{\mathbb{R}}_{\varrho_x}(x) \cap Z^{\mathbb{R}}_{\varrho_{x'}}(x')$ als offenes nicht-leeres Intervall auf $\mathbb{R}$ Häufungspunkte in D besitzt. Deshalb folgt nämlich aus dem Identitätssatz (Satz II, 60) und der Beziehung $\Phi_x | D \cap I = \varphi | D \cap I = \Phi_{x'} | D \cap I$ die Gleichung $\Phi_x | D = \Phi_{x'} | D$. Die so gewonnene Menge U und die Funktion Φ haben offenbar die im Satz geforderten Eigenschaften. □

Def. 11. *Es sei $I \subset \mathbb{R}$ offen in $\mathbb{R}$ und $\varphi : I \to \mathbb{R}$ eine Funktion auf I. Ist dann $U \subset \mathbb{C}$ offen in bezug auf $\mathbb{C}$ und $I \subset U \cap \mathbb{R}$ und ist ferner $\Phi : U \to \mathbb{C}$ eine $\mathbb{C}$-holomorphe Funktion auf U mit $\Phi | I = \varphi$, so nennt man Φ eine $(\mathbb{C}\text{-})$holomorphe Ergänzung von φ (in U).*

Im Satz 21 wurde also bewiesen, daß jede auf I reell-analytische Funktion φ eine holomorphe Ergänzung besitzt. Der folgende Satz liefert die Umkehrung dieser Aussage:

Satz 22. *Die Funktion $\varphi : I \to \mathbb{R}$ besitze eine holomorphe Ergänzung. Dann ist φ reell-analytisch in I.*

Beweis. Sei $\Phi : U \to \mathbb{C}$ eine holomorphe Ergänzung von φ und $x_0 \in I$ ein beliebiger Punkt. Dann gibt es ein $r > 0$ mit $Z^{\mathbb{C}}_r(x_0) \subset U$ und $Z^{\mathbb{R}}_r(x_0) \subset I$ und ein $f = \sum_{\nu=0}^{\infty} a_\nu X^\nu \in A_r(\mathbb{C})$, so daß für $z \in Z^{\mathbb{C}}_r(x_0)$ gilt

$$\Phi(z) = \sum_{\nu=0}^{\infty} a_\nu (z - z_0)^\nu ;$$

insbesondere gilt in $Z_r^{\mathbb{R}}(x_0)$

$$\varphi(x) = \Phi(x) = \sum_{\nu=0}^{\infty} a_\nu (x-x_0)^\nu.$$

Damit ist der Satz bewiesen, wenn noch gezeigt wird, daß $a_\nu \in \mathbb{R}$ für alle $\nu = 0, 1, 2, 3, \ldots$. Das ist für a_0 trivial, da $a_0 = \varphi(x_0) \in \mathbb{R}$ gilt. Nehmen wir nun an, die Aussage wäre für $\nu = 0, 1, \ldots, \nu_0, 0 \leq \nu_0$, bewiesen, dann ist die Funktion

$$\varphi_{\nu_0+1}(x) := \varphi(x) - \sum_{\nu=0}^{\nu_0} a_\nu (x-x_0)^\nu = \sum_{\nu=\nu_0+1}^{\infty} a_\nu (x-x_0)^\nu$$

in $Z_r^{\mathbb{R}}(x_0)$ reellwertig und also ebenfalls die Funktion

$$\tilde{\varphi}_{\nu_0+1}(x) := \sum_{\nu=\nu_0+1}^{\infty} a_\nu (x-x_0)^{\nu-(\nu_0+1)}.$$

Also ist auch $\tilde{\varphi}_{\nu_0+1}(x_0) = a_{\nu_0+1} \in \mathbb{R}$. □

Damit ist gezeigt, daß die holomorph ergänzbaren Funktionen genau die reell-analytischen Funktionen auf offenen Teilmengen von $\mathbb{R}$ sind. Die holomorphe Ergänzung einer reell-analytischen Funktion ist eindeutig im folgenden Sinne:

Satz 23. *Es sei φ eine reell-analytische Funktion auf der offenen Menge $I \subset \mathbb{R}$ und Φ_ν sei je eine holomorphe Ergänzung von φ in U_ν, $\nu = 1, 2$. Ist dann $G \subset U_1 \cap U_2$ ein Gebiet (in $\mathbb{C}$) mit $G \cap I \neq \emptyset$, so gilt $\Phi_1 | G = \Phi_2 | G$.*

Beweis. Da $G \cap I$ Häufungspunkte in G besitzt und da $\Phi_1 | G \cap I = \varphi | G \cap I = \Phi_2 | G \cap I$ ist, folgt der Satz sofort aus dem Identitätssatz (Satz II, 60) für holomorphe Funktionen. □

Die Sätze 21–23 zeigen, wie die Theorie der reell-analytischen Funktionen als Teil der Theorie der $\mathbb{C}$-holomorphen Funktionen behandelt werden kann. Das folgende Beispiel zeigt sogar, daß gewisse bei reell-analytischen Funktionen auftretende Besonderheiten erst verständlich werden, wenn man ihre holomorphen Ergänzungen untersucht.

Die rationale Funktion

$$\varphi(x) := \frac{1}{1+x^2}, \quad x \in \mathbb{R}$$

ist auf ganz $\mathbb{R}$ reell-analytisch, da der Nenner dort keine Nullstelle besitzt. Als ihre Potenzreihenentwicklung um den Punkt $x_0 = 0$ ergibt sich mit Hilfe der geometrischen Reihe sofort

$$\varphi(x) = \sum_{\nu=0}^{\infty} (-1)^\nu x^{2\nu}. \tag{26}$$

Der Konvergenzradius dieser Reihe ist $\varrho = 1$. Nun ist lt. Satz II, 63 über $\mathbb{C}$ der Konvergenzradius der Potenzreihenentwicklung einer in der offenen Menge

§ 3. Fortsetzung holomorpher Funktionen

$U \subset \mathbb{C}$ holomorphen Funktion mindestens gleich dem Randabstand $r = \text{dist}(x_0, \partial U)$ des Entwicklungspunktes x_0 in U. Würde dieser Sachverhalt auch im Reellen gelten, so müßte im obigen Fall $\varrho = \infty$ sein. Woran liegt es, daß demgegenüber nur $\varrho = 1$ ist? Diese Frage beantwortet sich sofort in natürlicher Weise, wenn man die holomorphe Ergänzung von φ betrachtet, die durch

$$\Phi(z) = \frac{1}{1+z^2}$$

gegeben ist. Als rationale Funktion ist Φ in $\mathbb{C} \smallsetminus \{z : 1 + z^2 = 0\} = \mathbb{C} \smallsetminus \{i, -i\} =: G$ holomorph. In den Punkten $z_1 = i$ und $z_2 = -i$ hat Φ Polstellen 1. Ordnung, ist also insbesondere nach dort nicht holomorph fortsetzbar. Nun kann (26) auch als Potenzreihenentwicklung von Φ um $x_0 = 0$ aufgefaßt werden, und dann ist nach Satz II, 63 klar, daß $\varrho \geq \text{dist}(0, \partial G) = |\pm i| = 1$ sein muß; und andererseits kann ϱ wegen der Singularitäten von Φ in i und $-i$ nicht größer als 1 sein. – Diese Überlegungen lassen sich sofort zur folgenden Aussage verallgemeinern:

Satz 24. *Ist φ eine auf der offenen Menge $I \subset \mathbb{R}$ reell-analytische Funktion, so besitzt die Potenzreihenentwicklung von φ um den Punkt $x_0 \in I$ genau dann den Konvergenzradius ϱ, wenn φ in $Z_\varrho^\mathbb{C}(x_0)$ eine holomorphe Ergänzung Φ besitzt, die auf $\partial Z_\varrho^\mathbb{C}(x_0)$ mindestens eine Singularität besitzt.*

Als weitere Beispiele für holomorph ergänzbare reelle Funktionen seien die folgenden aus der Differential- und Integralrechnung bekannten elementaren Funktionen angegeben (vgl. [6], Kap. VI, § 4):

i) Die *Exponentialfunktion*

$$e^x = \sum_{\nu=0}^{\infty} \frac{x^\nu}{\nu!}, \quad x \in \mathbb{R}$$

mit der holomorphen Ergänzung auf ganz $\mathbb{C}$

$$e^z = \sum_{\nu=0}^{\infty} \frac{z^\nu}{\nu!}, \quad z \in \mathbb{C}$$

(vgl. §§ I, 2.3 und II, 4.6).

ii) Der *Logarithmus*

$$\log x = \int_1^x \frac{d\xi}{\xi}, \quad x > 0$$

mit der z. B. auf $\mathbb{C} \smallsetminus \{z = x + iy : x \leq 0, y = 0\} =: G$ definierten holomorphen Ergänzung:

$$\log z = \int_1^z \frac{d\zeta}{\zeta}$$

(Integrationsweg in G) (vgl. § I, 8).

iii) Die *trigonometrischen Funktionen*

$$\sin x = \sum_{v=0}^{\infty} (-1)^v \frac{x^{2v+1}}{(2v+1)!}, \quad x \in \mathbb{R}, \tag{27}$$

$$\cos x = \sum_{v=0}^{\infty} (-1)^v \frac{x^{2v}}{(2v)!}, \quad x \in \mathbb{R}. \tag{28}$$

Da beide Reihen den Konvergenzradius ∞ besitzen, sind durch

$$\sin z := \sum_{v=0}^{\infty} (-1)^v \frac{z^{2v+1}}{(2v+1)!}, \quad z \in \mathbb{C},$$

$$\cos z := \sum_{v=0}^{\infty} (-1)^v \frac{z^{2v}}{(2v)!}, \quad z \in \mathbb{C},$$

ganze Funktionen als holomorphe Ergänzungen definiert. Durch einfaches Rechnen mit den angegebenen Reihenentwicklungen erhält man die folgende als *Eulersche Gleichung* bekannte Beziehung auf ganz $\mathbb{C}$

$$\cos z + i \sin z = e^{iz}. \tag{29}$$

Beachtet man weiter, daß ebenso wie für die reellen Funktionen $\cos x$ und $\sin x$ lt. (27) und (28) auch auf $\mathbb{C}$ gilt:

$$\cos(-z) = \cos z, \quad \sin(-z) = -\sin z, \tag{30}$$

so erhält man aus (29) sofort:

$$\cos z = \frac{e^{iz} + e^{-iz}}{2}, \tag{31}$$

$$\sin z = \frac{e^{iz} - e^{-iz}}{2i}. \tag{32}$$

Dadurch sind die komplexen trigonometrischen Funktionen auf die komplexe Exponentialfunktion zurückgeführt.

Analog zu (30) übertragen sich viele weitere Formeln für die trigonometrischen Funktionen aus dem Reellen ins Komplexe. Das ist nämlich eine einfache Folge des Identitätssatzes für holomorphe Funktionen. Zum Beispiel gilt im Reellen bekanntlich:

$$\frac{d}{dx} \cos x = -\sin x.$$

Da andererseits $\frac{d}{dx} \cos x = \frac{d}{dz} \cos x$ auf ganz $\mathbb{R}$ ist, stimmen die beiden ganzen Funktionen $\frac{d}{dz} \cos z$ und $-\sin z$ auf $\mathbb{R}$ und damit lt. Identitätssatz auf ganz $\mathbb{C}$

überein:

$$(\cos z)' = -\sin z \quad \text{für alle} \quad z \in \mathbb{C}.$$

Genauso erhält man

$$(\sin z)' = \cos z \quad \text{für alle} \quad z \in \mathbb{C}.$$

Schließlich seien mit diesem Verfahren noch die Additionstheoreme der trigonometrischen Funktionen übertragen. Bekanntlich gilt im Reellen:

$$\sin(x_1 + x_2) = \sin x_1 \cos x_2 + \cos x_1 \sin x_2.$$

Indem man sich darin zunächst $x_1 \in \mathbb{R}$ beliebig, aber fest gewählt und x_2 durch die komplexe Koordinate z ersetzt denkt, erhält man nach dem Identitätssatz für alle $z \in \mathbb{C}$

$$\sin(x_1 + z) = \sin x_1 \cos z + \cos x_1 \sin z,$$

da links und rechts ganze Funktionen in z stehen. Diese Gleichung gilt außerdem für alle $x_1 \in \mathbb{R}$. Wählt man deshalb darin $z = z_2 \in \mathbb{C}$ fest, so führt die gleiche Überlegung angewandt auf x_1 schließlich zu:

$$\sin(z_1 + z_2) = \sin z_1 \cos z_2 + \cos z_1 \sin z_2$$

für alle $z_1, z_2 \in \mathbb{C}$.
Auf die gleiche Weise erhält man

$$\cos(z_1 + z_2) = \cos z_1 \cos z_2 - \sin z_1 \sin z_2$$

für alle $z_1, z_2 \in \mathbb{C}$, sowie

$$\sin^2 z + \cos^2 z = 1$$

für alle $z \in \mathbb{C}$.

An dieser Stelle kann das in § 2.2 angekündigte zweite Beispiel zum Satz von Picard (Satz 14) nachgetragen werden. Dort wurde darauf hingewiesen, daß die in $\mathbb{C}^*$ erklärte Funktion $f(z) := e^{1/z}$ jeden Ring $R_{0,\varepsilon}(0)$, $\varepsilon > 0$, auf $\mathbb{C}^*$ abbildet. Unter Ausnutzung dieser Tatsache folgert man mit Hilfe von (32) leicht, daß die ebenfalls auf $\mathbb{C}^*$ erklärte Funktion

$$g(z) := \sin \frac{1}{z}$$

jeden Ring $R_{0,\varepsilon}(0)$, $\varepsilon > 0$, sogar auf $\mathbb{C}$ abbildet.

2. Das Schwarzsche Spiegelungsprinzip. In diesem und im nächsten Abschnitt soll je ein Verfahren der komplexen Funktionentheorie beschrieben werden, das es erlaubt, in gewissen Situationen in einem Gebiet $G \subset \mathbb{C}$ holomorphe Funktionen in ein größeres Gebiet G' holomorph fortzusetzen.

III. Laurentreihen, Singularitäten, Fortsetzbarkeit

Dazu seien die folgenden Bezeichnungen eingeführt:

Def. 12. *Als obere bzw. untere Halbebene bezeichnet man das Gebiet*

$$H^+ := \{z : \operatorname{Im} z > 0\}$$

bzw.

$$H^- := \{z : \operatorname{Im} z < 0\}.$$

Identifiziert man weiter wie üblich $\mathbb{C}$ mit der reellen Zahlenebene $\mathbb{R}^2$, so entspricht der geometrischen Spiegelung an der reellen Achse der Übergang von z zur konjugiert komplexen Zahl $\bar{z}$. Auf dieser Spiegelung beruht das folgende Verfahren zur Fortsetzung holomorpher Funktionen:

Satz 25 (Schwarzsches Spiegelungsprinzip). *Es sei $G \subset \mathbb{C}$ ein Gebiet, das symmetrisch zur reellen Achse liegt, d. h.*

$$G \cap H^- = \{\bar{z} : z \in G \cap H^+\}.$$

Ist dann φ eine auf

$$G \cap \{z = x + iy : y \geq 0\}$$

stetige Funktion, die auf $G \cap H^+$ holomorph ist und auf $G \cap \mathbb{R}$ reelle Werte annimmt, so ist φ nach G holomorph fortsetzbar, und zwar durch die Funktion

$$\Phi(z) := \begin{cases} \varphi(z) & \text{für } z \in G \cap (H^+ \cup \mathbb{R}), \\ \overline{\varphi(\bar{z})} & \text{für } z \in G \cap H^-. \end{cases}$$

Beweis. Man setze $G^+ := G \cap H^+$ und $G^- := G \cap H^-$. Φ ist durch die im Satz angegebene Vorschrift eindeutig definiert, da für $z \in G^-$ lt. Voraussetzung $\bar{z} \in G^+$ gilt. Schließlich gilt wegen der Reellwertigkeit von φ auf $M := G \cap \mathbb{R}$ sogar auf $M \cup G^-$ die Beziehung

$$\Phi(z) = \overline{\varphi(\bar{z})}$$

so daß $\Phi | M \cup G^+$ und $\Phi | M \cup G^-$ stetig sind, was zusammen die Stetigkeit von Φ in G ergibt. Es muß nun gezeigt werden, daß Φ in $G^- \cup M$ holomorph ist. Sei zunächst $z_0 \in G^-$. Dann ist $\bar{z}_0 \in G^+$ und φ ist in $\bar{z}_0$ komplex differenzierbar, so daß es eine in $\bar{z}_0$ stetige Funktion $h(z)$ auf G^+ gibt mit

$$\varphi(z) = \varphi(\bar{z}_0) + (z - \bar{z}_0) \cdot h(z) \quad \text{für alle} \quad z \in G^+.$$

Setzt man jetzt

$$h^*(\xi) := \overline{h(\bar{\xi})} \quad \text{für} \quad \xi \in G^-,$$

so ist h^* stetig in z_0, und es gilt für $\xi \in G^-$ lt. Definition von Φ

$$\Phi(\xi) = \overline{\varphi(\bar{\xi})} = \overline{\varphi(\bar{z}_0)} + (\xi - z_0) \cdot h^*(\xi)$$
$$= \Phi(z_0) + (\xi - z_0) \cdot h^*(\xi).$$

§ 3. Fortsetzung holomorpher Funktionen

Also ist Φ in G^- komplex differenzierbar und damit holomorph. Um die Holomorphie in den Punkten $z_0 \in M$ zu zeigen, wähle man zu z_0 ein $\varepsilon > 0$, so daß $Z_\varepsilon^{\mathbb{C}}(z_0) \subset G$. Da dann $\Phi | Z_\varepsilon^{\mathbb{C}}(z_0)$ den Voraussetzungen von Satz I, 42 genügt, ist Φ auch in z_0 und damit auf ganz M holomorph. □

3. Analytische Fortsetzung längs Wegen. Das Fortsetzungsverfahren, das in diesem Abschnitt beschrieben wird, ist ohne Zusatzvoraussetzungen anwendbar; es liefert also – wenigstens theoretisch – eine Übersicht über alle möglichen holomorphen Fortsetzungen, die eine gegebene holomorphe Funktion besitzt.

Ist $z_0 \in \mathbb{C}$ ein Punkt und $f \in \mathbb{C}\langle X \rangle$ eine beliebige Potenzreihe, so gibt es ein $r > 0$, so daß in $Z_r(z_0)$ durch

$$\varphi(z) := f(z - z_0)$$

eine holomorphe Funktion definiert ist (vgl. Satz II, 57). Man sagt deshalb:

Def. 13. *Ein Paar (z_0, f) mit $z_0 \in \mathbb{C}$ und $f \in \mathbb{C}\langle X \rangle$ heißt holomorpher Funktionskeim in z_0.*

Nun sei (z_0, f) ein holomorpher Funktionskeim und $r := r(f) > 0$ sei der Konvergenzradius von f. Ist dann φ die durch f in $Z_r(z_0)$ definierte Funktion und $z_1 \in Z_r(z_0)$, so gibt es genau eine Potenzreihe $f_1 \in \mathbb{C}\langle X \rangle$ mit der Eigenschaft:

$$\varphi(z) = f_1(z - z_1)$$

für alle $z \in Z_\varrho(z_1)$, $\varrho := r - |z_1 - z_0|$ (vgl. Satz II, 57). Man sagt in dieser Situation:

Def. 14. *Der holomorphe Funktionskeim (z_1, f_1) geht aus dem holomorphen Funktionskeim (z_0, f) durch direkte analytische Fortsetzung hervor.*

Im Anschluß an Satz II, 57 wurde an einem Beispiel gezeigt, daß bei einer direkten analytischen Fortsetzung (z_1, f_1) von (z_0, f) für die Konvergenzradien $r_1 := r(f_1) > r(f) - |z_1 - z_0|$ gelten kann. In einem solchen Fall ist das Gebiet $G := Z_r(z_0) \cup Z_{r_1}(z_1)$ echt größer als $Z_r(z_0)$, und durch

$$\Phi(z) := \begin{cases} f(z - z_0) & \text{für } z \in Z_r(z_0), \\ f_1(z - z_0) & \text{für } z \in Z_{r_1}(z_1) \end{cases}$$

ist in G eine holomorphe Funktion definiert, die eine holomorphe Fortsetzung der durch (z_0, f) in $Z_r(z_0)$ gegebenen Funktion $\varphi(z) = f(z - z_0)$ darstellt. Das zeigt, daß durch direkte analytische Fortsetzung holomorpher Funktionskeime unter Umständen eine Fortsetzung holomorpher Funktionen möglich ist.

Um dieses Verfahren verallgemeinern zu können, definieren wir in Anlehnung an Def. I, 11:

Def. 15. *Unter einem (stetigen) Weg W in einer offenen Menge $U \subset \mathbb{C}$ versteht man eine stetige Abbildung*

$$\alpha : I = [0, 1] \to U.$$

Der Punkt $\alpha(0)$ bzw. $\alpha(1)$ heißt Anfangs- bzw. Endpunkt des Weges W. Mit $-W$ bezeichnet man den durch $\beta(t) := \alpha(1-t)$, $t \in I$, definierten Weg.

Damit kann der folgende Begriff eingeführt werden:

Def. 16. *Der Weg W sei durch $\alpha : I \to \mathbb{C}$ gegeben und $(\alpha(0), f_0)$ sei ein holomorpher Funktionskeim im Punkt $\alpha(0)$. Dann sagt man von einem Funktionskeim $(\alpha(1), f_1)$, er gehe durch analytische Fortsetzung längs W aus $(\alpha(0), f_0)$ hervor, wenn es zu jedem $t \in I$ einen Funktionskeim $(\alpha(t), f_t)$ gibt, so daß die Familie $\{(\alpha(t), f_t) : t \in I\}$ die folgende Eigenschaft besitzt: Wenn man zu einem $t_1 \in I$ einen Wert $t_2 \in I$ so wählt, daß $\alpha(t) \in Z_{r_1}(\alpha(t_1))$ (mit $r_1 := r(f_{t_1})$) ist für alle t aus $[t_1, t_2]$ bzw. $[t_2, t_1]$, dann ist $(\alpha(t_2), f_{t_2})$ eine direkte analytische Fortsetzung von $(\alpha(t_1), f_{t_1})$.*

Ehe wir auf die Bedeutung dieses Begriffs für die Fortsetzung holomorpher Funktionen eingehen, zeigen wir:

Satz 26. *Ein holomorpher Funktionskeim (z_0, f_0) läßt sich auf höchstens eine Weise längs eines gegebenen Weges W mit Anfangspunkt z_0 fortsetzen.*

Beweis. Der Weg W sei durch die Abbildung $\alpha : I \to \mathbb{C}$ mit $\alpha(0) = z_0$ gegeben und $\{(\alpha(t), f_t) : t \in I\}$ sowie $\{(\alpha(t), g_t) : t \in I\}$ seien zwei analytische Fortsetzungen des gegebenen Funktionskeimes (z_0, f_0). Mit $r(t)$ bzw. $s(t)$ werde der Konvergenzradius von f_t bzw. g_t bezeichnet, und es sei

$$\varrho(t) := \min\{r(t), s(t)\}, \quad t \in I.$$

Es wird die Menge

$$M := \{t \in I : f_t = g_t\}$$

untersucht. Offenbar ist $0 \in M$. Zum Nachweis, daß ebenfalls

$$t_0 := \sup M$$

in M liegt, wähle man zu $\varrho(t_0)$ ein $\delta > 0$, so daß für alle $t \in I$ mit $|t - t_0| < \delta$ die Ungleichung

$$|\alpha(t) - \alpha(t_0)| < \varrho(t_0)$$

besteht. Laut Def. von t_0 gibt es ein $t_1 \in M$ mit $0 \le t_0 - t_1 < \delta$. Damit ist f_{t_1} bzw. g_{t_1} direkte analytische Fortsetzung von f_{t_0} bzw. g_{t_0}. Wegen $f_{t_1} = g_{t_1}$ muß demnach auch $f_{t_0} = g_{t_0}$ gelten (lt. Identitätssatz für holomorphe Funktionen).

Wäre nun $t_0 < 1$, so könnte man ein $t_2 \in I$ mit $0 < t_2 - t_0 < \delta$ wählen, und es wäre dann $f_{t_2} = g_{t_2}$, da beide Funktionskeime direkte analytische Fortsetzungen von $g_{t_0} = f_{t_0}$ wären. Das wäre ein Widerspruch zu $t_0 = \sup M$. Damit ist der Satz bewiesen. □

§ 3. Fortsetzung holomorpher Funktionen

Ist Φ eine im Gebiet $G \subset \mathbb{C}$ holomorphe Funktion, so induziert Φ in jedem Punkt $z_0 \in G$ einen Funktionskeim (z_0, f), indem $f \in \mathbb{C}\langle X \rangle$ so gewählt ist, daß in einer Umgebung von z_0 gilt

$$\Phi(z) = f(z - z_0).$$

Umgekehrt ist Φ nach dem Identitätssatz durch einen dieser Keime (z_0, f) eindeutig bestimmt. Man kann deshalb fragen, wie man aus einem solchen zu Φ gehörigen Keim (z_0, f) alle anderen gewinnen kann, ohne von der Funktion Φ explizit Gebrauch zu machen. Ein erster Schritt in Richtung auf eine Antwort ist:

Satz 27. *Die im Gebiet $G \subset \mathbb{C}$ holomorphe Funktion Φ möge in $z_0 \in G$ den Funktionskeim (z_0, f_0) induzieren. Ist dann W ein beliebiger Weg in G mit Anfangspunkt z_0, so läßt sich (z_0, f_0) längs W analytisch fortsetzen, und man erhält im Endpunkt z_1 von W den dort durch Φ induzierten Funktionskeim.*

Beweis. W sei gegeben durch $\alpha: I \to G$ mit $\alpha(0) = z_0$ und $\alpha(1) = z_1$. Man ordne jedem $t \in I$ den von Φ in $\alpha(t)$ induzierten Funktionskeim $(\alpha(t), f_t)$ zu. Wir zeigen, daß $\{(\alpha(t), f_t) : t \in I\}$ die gesuchte analytische Fortsetzung von $(z_0, f_0) = (\alpha(0), f_0)$ ist. Sei $t_1 \in I$ und $r := r(f_{t_1})$. Ferner sei $t_2 \in I$ so gewählt, daß $\alpha(t) \in Z_r(\alpha(t_1))$ ist, wenn t aus $[t_1, t_2]$ bzw. $[t_2, t_1]$ genommen ist. (Dieses abgeschlossene Intervall sei mit J bezeichnet.) Der Keim $(\alpha(t_1), f_{t_1})$ definiert in $Z_r(\alpha(t_1))$ eine holomorphe Funktion φ. Da weiter $\alpha(J) \subset Z_r(\alpha(t_1)) \cap G =: U$, gibt es eine zusammenhängende Umgebung $G_1 \subset U$ von $\alpha(J)$. Auf G_1 hat man die beiden holomorphen Funktionen $\varphi | G_1$ und $\Phi | G_1$. Da sie in einer genügend kleinen Umgebung von $\alpha(t_1) \in G_1$ übereinstimmen, ist $\varphi | G_1 = \Phi | G_1$. Also ist der von Φ in $\alpha(t_2) \in G_1$ induzierte Funktionskeim eine direkte analytische Fortsetzung von $(\alpha(t_1), f_{t_1})$. Damit ist der Satz bewiesen. □

Der soeben bewiesene Satz ist deshalb nützlich, weil man die analytische Fortsetzung eines Funktionskeimes längs eines Weges immer mit Hilfe von endlich vielen direkten analytischen Fortsetzungen bewerkstelligen kann. Es zeigt sich nämlich, daß es dazu genügt, die folgenden Gebilde zu betrachten:

Def. 17. *Es sei W der durch $\alpha: I \to \mathbb{C}$ gegebene Weg und (z_0, f_0) ein Funktionskeim in $z_0 := \alpha(0)$. Man sagt, (z_0, f_0) sei durch eine analytische Kreiskette entlang W analytisch fortgesetzt, wenn es Zahlen $t_0 = 0 < t_1 < \cdots < t_n = 1$ und dazu Funktionskeime $(\alpha(t_\nu), f_{t_\nu})$, $\nu = 0, \ldots, n$, mit den folgenden Eigenschaften gibt:*

i) $(\alpha(t_0), f_{t_0}) = (z_0, f_0)$.

ii) $\alpha([t_\nu, t_{\nu+1}]) \subset Z_{r_\nu}(\alpha(t_\nu))$ mit $r_\nu := r(f_{t_\nu})$, $\nu = 0, \ldots, n-1$.

iii) $(\alpha(t_{\nu+1}), f_{t_{\nu+1}})$ *ist direkte analytische Fortsetzung von* $(\alpha(t_\nu), f_{t_\nu})$ *für* $\nu = 0, \ldots, n-1$.

Die Familie $\{(\alpha(t_\nu), f_{t_\nu}) : \nu = 0, \ldots, n\}$ bezeichnet man als eine endliche Kette von Funktionskeimen längs W.

Satz 28. *Der Funktionskeim (z_1, f_1) gehe aus (z_0, f_0) durch analytische Fortsetzung längs des Weges W hervor. Dann läßt sich (z_0, f_0) durch eine endliche Kreiskette entlang W analytisch fortsetzen, und alle diese Fortsetzungen ergeben in z_1 den Funktionskeim (z_1, f_1).*

Zum Beweis dieses Satzes benötigen wir den folgenden

Hilfssatz. Wenn $\{(\alpha(t), f_t) : t \in I\}$ eine analytische Fortsetzung längs des durch $\alpha: I \to \mathbb{C}$ definierten Weges W ist, ist der Konvergenzradius $r(t) := r(f_t)$ eine stetige Funktion von $t \in I$ oder es ist $r(t) \equiv \infty$.

Beweis. Man überlegt sich leicht, daß aus $r(t_0) = \infty$ für ein $t_0 \in I$ sogar $r(t) = \infty$ für alle $t \in I$ folgt. Ist andererseits $r(0) < \infty$ und $t_0 \in I$ fest gewählt, so gibt es ein $\delta > 0$, so daß $|\alpha(t) - \alpha(t_0)| < \frac{1}{2} r(t_0)$ für alle $t \in I$ mit $|t - t_0| < \delta$. Da für diese t der Keim $(\alpha(t), f_t)$ direkte analytische Fortsetzung von $(\alpha(t_0), f_{t_0})$ ist, gilt für die zugehörigen Konvergenzradien

$$r(t) \geq r(t_0) - |\alpha(t) - \alpha(t_0)| > \frac{1}{2} r(t_0) \tag{33}$$

(vgl. Satz II, 57).

Also ist $\alpha(t_0) \in Z_{r(t)}(\alpha(t))$. Die direkte analytische Fortsetzung von $(\alpha(t), f_t)$ nach $\alpha(t_0)$ muß deshalb mit $(\alpha(t_0), f_{t_0})$ übereinstimmen, so daß ebenfalls gilt

$$r(t_0) \geq r(t) - |\alpha(t_0) - \alpha(t)|.$$

Zusammen mit (33) bedeutet das, daß für alle $t \in I$ mit $|t - t_0| < \delta$ die Ungleichung

$$|r(t) - r(t_0)| \leq |\alpha(t) - \alpha(t_0)|$$

besteht. Wegen der Stetigkeit von α folgt daraus auch die Stetigkeit der Funktion $r(t)$ für $t = t_0$. □

Beweis von Satz 28. i) Es sei W durch $\alpha: I \to \mathbb{C}$ gegeben und $\{(\alpha(t), f_t) : t \in I\}$ eine analytische Fortsetzung von (z_0, f_0) längs W; es ist also $(z_1, f_1) = (\alpha(1), f_1)$. Die Funktion $r(t) := r(f_t)$, $t \in I$, ist lt. Hilfssatz auf der kompakten Menge I stetig und besitzt dort deshalb ein positives Minimum $r_0 > 0$. Weiter ist α auf der kompakten Menge I gleichmäßig stetig, so daß es zu r_0 ein $\delta > 0$ mit der folgenden Eigenschaft gibt: Es ist $|\alpha(t) - \alpha(\tilde{t})| < r_0$ für alle $t, \tilde{t} \in I$ mit $|t - \tilde{t}| < \delta$. Indem man dazu eine natürliche Zahl $n > \dfrac{1}{\delta}$ wählt und $t_\nu := \dfrac{\nu}{n}$ für $\nu = 0, \ldots, n$ setzt, hat man erreicht, daß

$$|\alpha(t) - \alpha(t_{\nu-1})| < r_0 \leq r(t_{\nu-1})$$

für alle $t \in [t_{\nu-1}, t_\nu]$ und für alle $\nu = 1, \ldots, n$ gilt. Man prüft nun leicht nach, daß die Keime $(\alpha(t_\nu), f_{t_\nu})$, $\nu = 0, \ldots, n$ eine analytische Fortsetzung von (z_0, f_0) längs W mittels des Kreiskettenverfahrens darstellen.

§ 3. Fortsetzung holomorpher Funktionen

ii) Es seien $0 = t_0 < t_1 < \cdots < t_n = 1$ und $\{(\alpha(t_\nu), g_{t_\nu}) : \nu = 0, \ldots, n\}$ sei eine endliche Kette entlang W mit $(\alpha(t_0), g_{t_0}) = (z_0, f_{z_0})$; ferner werde (z_0, f_0) durch $\{(\alpha(t), f_t) : t \in I\}$ längs W analytisch fortgesetzt. Es ist $g_0 = f_0$. Angenommen, es ist für ein $\mu \in \mathbb{N}$, $0 \leq \mu < n$, $g_{t_\mu} = f_{t_\mu}$. Da für alle $t \in [t_\mu, t_{\mu+1}]$ der Punkt $\alpha(t)$ aus $Z_{r(g_{t_\mu})}(\alpha(t_\mu))$ ist, sind $(\alpha(t_{\mu+1}), f_{t_{\mu+1}})$ und $(\alpha(t_{\mu+1}), g_{t_{\mu+1}})$ direkte analytische Fortsetzungen von $(\alpha(t_\mu), f_{t_\mu} = g_{t_\mu})$ nach $\alpha(t_{\mu+1})$. Also ist auch $g_{t_{\mu+1}} = f_{t_{\mu+1}}$ und damit $g_1 = f_1$, was zu zeigen war. □

Satz 28 besitzt die folgende Umkehrung, die zusammen mit diesem Satz zeigt, daß die analytische Fortsetzung längs Wegen durch endliche Ketten gleichwertig zur gewöhnlichen (stetigen) analytischen Fortsetzung von Funktionskeimen längs Wegen ist:

Satz 29. *Wenn der Funktionskeim (z_0, f_0) längs des Weges W eine analytische Fortsetzung durch eine endliche Kreiskette besitzt, so läßt er sich längs W (im gewöhnlichen Sinn) analytisch fortsetzen.*

Beweis. W sei durch $\alpha: I \to \mathbb{C}$ mit $\alpha(0) = z_0$ gegeben und $\{(\alpha(t_\nu), f_{t_\nu}) : 0 \leq \nu \leq n\}$, $0 = t_0 < t_1 < \cdots < t_n = 1$, stelle eine analytische Fortsetzung von (z_0, f_0) durch eine endliche Kreiskette dar. Da es zu jedem $t \in I \setminus \{1\}$ genau ein ν, $0 \leq \nu < n$, mit $t \in [t_\nu, t_{\nu+1})$ gibt, und da dann $\alpha(t) \in Z_{r(f_{t_\nu})}(\alpha(t_\nu))$ ist, kann man allen $t < 1$ eindeutig als Keim $(\alpha(t), f_t)$ die direkte analytische Fortsetzung von $(\alpha(t_\nu), f_{t_\nu})$ nach $\alpha(t)$ zuordnen; $t = 1$ ordne man $(\alpha(t_n), f_{t_n})$ zu. Es soll gezeigt werden, daß die so gewonnene Familie $\{(\alpha(t), f_t) : t \in I\}$ eine analytische Fortsetzung von (z_0, f_0) längs W ist. Dazu seien $\tau_0, \tau_1 \in I$ zwei Punkte mit der Eigenschaft: Für alle $t \in [\tau_0, \tau_1]$ bzw. $t \in [\tau_1, \tau_0]$ sei $\alpha(t) \in Z_{r(\tau_0)}(\alpha(\tau_0))$, $r(\tau_0) := r(f_{\tau_0})$. Es muß gezeigt werden, daß $(\alpha(\tau_1), f_{\tau_1})$ direkte analytische Fortsetzung von $(\alpha(\tau_0), f_{\tau_0})$ nach $\alpha(\tau_1)$ ist. Wir beschränken uns dabei auf den Fall $\tau_1 < \tau_0$; der andere Fall kann analog behandelt werden. Es gibt λ, ν, $0 \leq \lambda \leq \nu < n$, so daß $\tau_1 \in [t_\lambda, t_{\lambda+1})$ und $\tau_0 \leq [t_\nu, t_{\nu+1})$ ist. Laut der an τ_1, τ_0 gestellten Forderung hat man $\alpha(\tau_1)$, $\alpha(t_\lambda), \ldots, \alpha(t_\nu) \in Z_{r(\tau_0)}(\alpha(\tau_0))$.

Zur Vereinfachung führen wir die folgende Schreibweise ein: Es sei $Z_t := Z_{r(t)}(\alpha(t))$ mit $r(t) = r(f_t)$, und mit φ_t bezeichnen wir die durch $(\alpha(t), f_t)$ auf Z_t induzierte holomorphe Funktion

$$\varphi_t(z) := f_t(z - \alpha(t)), \quad t \in I.$$

Da $(\alpha(\tau_0), f_{\tau_0})$ direkte analytische Fortsetzung von $(\alpha(t_\nu), f_{t_\nu})$ ist, hat man

$$\varphi_{\tau_0} | Z_{\tau_0} \cap Z_{t_\nu} = \varphi_{t_\nu} | Z_{\tau_0} \cap Z_{t_\nu}.$$

Da weiter $(\alpha(t_\nu), f_{t_\nu})$ direkte analytische Fortsetzung von $(\alpha(t_{\nu-1}), f_{t_{\nu-1}})$ ist, gilt in einer Umgebung U von $\alpha(t_\nu) \in Z_{t_\nu} \cap Z_{t_{\nu-1}} \cap Z_{\tau_0}$ die Gleichung $\varphi_{t_{\nu-1}} | U = \varphi_{t_\nu} | U = \varphi_{\tau_0} | U$. Laut Identitätssatz ergibt sich also

$$\varphi_{t_{\nu-1}} | Z_{t_{\nu-1}} \cap Z_{\tau_0} = \varphi_{\tau_0} | Z_{t_{\nu-1}} \cap Z_{\tau_0}.$$

Diese Überlegung kann man für $\varphi_{t_{\nu-2}}$ usw. wiederholen, bis man erhält:

$$\varphi_{t_{\lambda+1}}|Z_{t_{\lambda+1}} \cap Z_{\tau_0} = \varphi_{\tau_0}|Z_{t_{\lambda+1}} \cap Z_{\tau_0}.$$

Da andererseits $(\alpha(t_{\lambda+1}), f_{t_{\lambda+1}})$ eine direkte analytische Fortsetzung von $(\alpha(t_\lambda), f_{t_\lambda})$ ist, hat man außerdem

$$\varphi_{t_\lambda}|Z_{t_\lambda} \cap Z_{t_{\lambda+1}} = \varphi_{t_{\lambda+1}}|Z_{t_\lambda} \cap Z_{t_{\lambda+1}}.$$

Nun ist aber $\alpha(t_{\lambda+1}) \in Z_{\tau_0} \cap Z_{t_{\lambda+1}} \cap Z_{t_\lambda}$, so daß sich insgesamt dort und damit laut Identitätssatz in ganz $Z_{\tau_0} \cap Z_{t_\lambda}$ ergibt:

$$\varphi_{t_\lambda}|Z_{\tau_0} \cap Z_{t_\lambda} = \varphi_{\tau_0}|Z_{\tau_0} \cap Z_{t_\lambda}.$$

Beachtet man noch, daß $(\alpha(\tau_1), f_\tau)$ direkte analytische Fortsetzung von $(\alpha(t_\lambda), f_{t_\lambda})$ ist, so erhält man in einer Umgebung V von $\alpha(\tau_1) \in Z_{t_\lambda} \cap Z_{\tau_1} \cap Z_{\tau_0}$

$$\varphi_{\tau_1}|V = \varphi_{t_\lambda}|V = \varphi_{\tau_1}|V.$$

Also ist $(\alpha(\tau_1), f_{\tau_1})$ direkte analytische Fortsetzung von $(\alpha(\tau_0), f_{\tau_0})$, was zu zeigen war. □

Die Sätze 27 und 28 besagen zusammen, daß man eine holomorphe Funktion Φ in einem Gebiet $G \subset \mathbb{C}$ durch das Kreiskettenverfahren wiedergewinnen kann, wenn man ihre Potenzreihenentwicklung um einen Punkt $z_0 \in G$ kennt. Insbesondere kann man auf diese Weise die holomorphe Fortsetzung von Φ in ein größeres Gebiet $G' \supset G$ gewinnen, falls sie existiert.

Es fragt sich jetzt: Kann man mit Hilfe der analytischen Fortsetzung längs Wegen auch feststellen, ob die in G holomorphe Funktion Φ eine holomorphe Fortsetzung in das größere Gebiet G' besitzt? – Eine notwendige Bedingung dafür ist offenbar, daß sich der von Φ in $z_0 \in G$ induzierte Funktionskeim (z_0, f_0) längs jedes Weges W in G' mit Anfangspunkt z_0 analytisch fortsetzen läßt. Diese Bedingung ist jedoch im allgemeinen nicht hinreichend! Es ist nämlich möglich, daß die analytische Fortsetzung von (z_0, f_0) längs zweier Wege W_1, W_2 mit Anfangspunkt z_0 und gemeinsamem Endpunkt z_1 zu zwei verschiedenen Keimen (z_1, f_1) und $(z_1, \tilde f_1)$ führt. Ein Beispiel dafür erhält man sofort mit Hilfe der Ausführungen über die Funktion $\log z$ aus § 2.1. Demgegenüber gilt:

Satz 30. *Läßt sich der Funktionskeim (z_0, f_{z_0}) längs jedes Weges W im Gebiet G mit Anfangspunkt $z_0 \in G$ analytisch fortsetzen und führt diese Fortsetzung bei allen Wegen mit gleichem Endpunkt z zum gleichen Funktionskeim (z, f_z), so gibt es eine holomorphe Funktion Φ in G, die in z_0 den Keim (z_0, f_{z_0}) induziert.*

Beweis. Man definiere für $z \in G$ die Funktion Φ durch

$$\Phi(z) := f_z(0).$$

Sei $z_1 \in G$ beliebig gewählt und $Z := Z_r(z_1)$ mit $r := r(f_{z_1})$. Ferner sei $z \in Z$. Es gibt einen Weg W_1 in G mit Anfangspunkt z_0 und Endpunkt z_1. Und nach

§ 3. Fortsetzung holomorpher Funktionen

Voraussetzung, sowie Satz 28 kann man den Keim (z_1, f_{z_1}) durch eine endliche Kette von Funktionskeimen $\{(\alpha(t_\nu), g_{t_\nu}): \nu = 0, \ldots, n\}$ längs W_1 aus (z_0, f_{z_0}) gewinnen – dabei sei W_1 durch $\alpha: I \to G$ gegeben. Der Weg W, der durch

$$\gamma(s) := \begin{cases} \alpha(2s) & \text{für } 0 \leq s \leq \frac{1}{2} \\ z_1 + (2s-1)(z-z_1) & \text{für } \frac{1}{2} \leq s \leq 1 \end{cases}$$

definiert wird, verbindet z_0 mit z, und es ist $\gamma([\frac{1}{2}, 1]) \subset Z$. Bezeichnet man nun mit $(\gamma(1), \tilde{g}_{s_{n+1}})$ die direkte analytische Fortsetzung von $(\alpha(t_n), g_{t_n}) = (z_1, f_{z_1})$ nach $z = \gamma(1)$ und setzt man $s_\nu := \frac{1}{2} t_\nu$ und $\tilde{g}_{s_\nu} := g_{t_\nu}$, so ist leicht nachzuprüfen, daß $\{(\gamma(s_\nu), \tilde{g}_{s_\nu}): \nu = 0, \ldots, n+1\}$ eine analytische Fortsetzung längs W darstellt, die (z_0, f_{z_0}) in $(\gamma(1), \tilde{g}_{s_{n+1}})$ überführt. Da andererseits auch (z, f_z) laut Voraussetzung durch Fortsetzung längs W aus (z_0, f_{z_0}) gewonnen werden kann, muß lt. Satz 28 und 29 $(\gamma(1), \tilde{g}_{s_{n+1}}) = (z, f_z)$ gelten. Also ist (z, f_z) direkte analytische Fortsetzung von (z_1, f_{z_1}), so daß folgt

$$\Phi(z) = f_z(0) = f_{z_1}(z - z_1).$$

Damit ist gezeigt, daß Φ in G holomorph ist und in z_0 den Keim (z_0, f_{z_0}) induziert. □

Die für Satz 30 notwendige Voraussetzung, daß die analytische Fortsetzung von (z_0, f_{z_0}) in G nur vom Endpunkt der Wege abhängt, legt es nahe, nach einem Kriterium dafür zu fragen, wann die analytische Fortsetzung längs zweier Wege mit gleichen Anfangs- und Endpunkten im Endpunkt zum gleichen Funktionskeim führt. Ein solches Kriterium liefert Satz 31. Zu seiner Formulierung benötigen wir den folgenden Begriff:

Def. 18. *Die beiden durch $\alpha_\nu: I \to \mathbb{C}$ gegebenen Wege W_ν, $\nu = 1, 2$, mögen gleichen Anfangspunkt z_0 und gleichen Endpunkt z_1 besitzen. Unter einer (stetigen) Deformation von W_1 in W_2 versteht man eine stetige Abbildung*

$$\alpha(t, s): I \times I \to \mathbb{C}$$

mit den Eigenschaften

i) $\alpha(t, 0) = \alpha_0(t)$ *auf* I,

ii) $\alpha(t, 1) = \alpha_1(t)$ *auf* I,

iii) $\alpha(0, s) = z_0$, $\alpha(1, s) = z_1$ *auf* I.

Für $s \in I$ bezeichnet man mit W_s den durch $\alpha_s(t) := \alpha(t, s)$, $t \in I$, definierten Weg von z_0 nach z_1.

Satz 31 (Monodromiesatz). *Der Funktionskeim (z_0, f_{z_0}) sei längs der beiden Wege W_ν, $\nu = 1, 2$, mit gleichem Endpunkt z_1 analytisch fortsetzbar. Ferner gebe es eine stetige Deformation $\{W_s\}_{s \in I}$ von W_1 in W_2, derart, daß (z_0, f_{z_0}) längs jedes W_s analytisch fortsetzbar ist. Dann führen die Fortsetzungen von (z_0, f_{z_0}) längs aller W_s zum gleichen Funktionskeim in z_1.*

III. Laurentreihen, Singularitäten, Fortsetzbarkeit

Beweis. Wir benutzen die Bezeichnungen aus Def. 18. Durch $\{(\alpha_s(t), f_t^{(s)}) : t \in I\}$ sei die analytische Fortsetzung von (z_0, f_{z_0}) längs W_s gegeben, $s \in I$, und wir führen die folgenden Schreibweisen ein: Z_t^s sei der Kreis um $\alpha(t, s)$ mit dem Radius $r^{(s)}(t) := r(f_t^{(s)})$, und es sei

$$\varphi_t^{(s)}(z) := f_t^{(s)}(z - \alpha(t, s)) \quad \text{für} \quad z \in Z_t^{(s)}.$$

i) Es wird zunächst gezeigt, daß es zu jedem $s_0 \in I$ ein $\delta > 0$ gibt, und daß $f_1^{(s)} = f_1^{(s_0)}$ für alle $s \in I$ mit $|s - s_0| < \delta$ gilt. Dazu sei $r_0 := \min\{r^{(s_0)}(t) : t \in I\}$. Laut dem Hilfssatz zu Satz 28 ist $r_0 > 0$. Da α auf der kompakten Menge $I \times I \subset \mathbb{R}^2$ gleichmäßig stetig ist, gibt es zu r_0 ein $\delta > 0$, so daß

$$|\alpha(t, s) - \alpha(t, s')| < r_0$$

für alle $s, s' \in I$ mit $|s - s'| < \delta$ und für alle $t \in I$ gilt. Es soll gezeigt werden, daß δ die oben geforderte Eigenschaft besitzt. Sei also $s \in I$ mit $|s - s_0| < \delta$ fest gewählt. Man setze

$$M := \{t \in I : f_t^{(s)} \text{ ist direkte analytische Fortsetzung von } f_t^{(s_0)}\}.$$

Offenbar ist $t = 0 \in M$. Zu $t_0 := \sup M$ gibt es wegen $\alpha(t_0, s) \in Z_{t_0}^{s_0}$ ein $t_1 \in M$, $t_1 \leq t_0$, mit den folgenden Eigenschaften:
 (i) $\alpha(t, s) \in Z_{t_0}^{s_0}$ und $\alpha(t, s_0) \in Z_{t_0}^{s_0}$ für alle $t \in [t_1, t_0]$,
 (ii) $|\alpha(t, s) - \alpha(t_0, s)| < \dfrac{r^{(s)}(t_0)}{4}$ für alle $t \in [t_1, t_0]$.

Durch die Forderung (ii) ist – wie man leicht bestätigt – garantiert, daß $\alpha(t, s) \in Z_{t_1}^{s}$ für alle $t \in [t_1, t_0]$ ist, so daß $(\alpha(t_0, s), f_{t_0}^{(s)})$ direkte analytische Fortsetzung von $(\alpha(t_1, s), f_{t_1}^{(s)})$ ist. Außerdem ist lt. (i) $(\alpha(t_1, s_0), f_{t_1}^{(s_0)})$ direkte analytische Fortsetzung von $(\alpha(t_0, s_0), f_{t_0}^{(s_0)})$. Damit erhält man unter Beachtung von $t_1 \in M$ durch mehrmalige Anwendung des Identitätssatzes:

$$\varphi_{t_1}^{(s_0)} | Z_{t_0}^{s_0} \cap Z_{t_1}^{s_0} = \varphi_{t_0}^{(s_0)} | Z_{t_0}^{s_0} \cap Z_{t_1}^{s_0},$$

$$\varphi_{t_1}^{(s_0)} | Z_{t_1}^{s} \cap Z_{t_1}^{s_0} = \varphi_{t_1}^{(s)} | Z_{t_1}^{s} \cap Z_{t_1}^{s_0}.$$

Daraus folgt wegen $\alpha(t_1, s) \in Z_{t_0}^{s_0} \cap Z_{t_1}^{s} \cap Z_{t_1}^{s_0}$

$$\varphi_{t_1}^{(s)} | Z_{t_0}^{s_0} \cap Z_{t_1}^{s} = \varphi_{t_0}^{(s_0)} | Z_{t_0}^{s_0} \cap Z_{t_1}^{s}.$$

Weiter hat man

$$\varphi_{t_0}^{(s)} | Z_{t_1}^{s} \cap Z_{t_0}^{s} = \varphi_{t_1}^{(s)} | Z_{t_1}^{s} \cap Z_{t_0}^{s}.$$

Das ergibt wegen $\alpha(t_0, s) \in Z_{t_0}^{s_0} \cap Z_{t_1}^{s} \cap Z_{t_0}^{s}$ zusammen

$$\varphi_{t_0}^{(s)} | Z_{t_0}^{s_0} \cap Z_{t_0}^{s} = \varphi_{t_0}^{(s_0)} | Z_{t_0}^{s_0} \cap Z_{t_0}^{s}.$$

Also ist $(\alpha(t_0, s), f_{t_0}^{(s)})$ direkte analytische Fortsetzung von $(\alpha(t_0, s_0), f_{t_0}^{(s_0)})$, so daß $\sup M = t_0 \in M$ ist.

§ 3. Fortsetzung holomorpher Funktionen 199

Nun kann man andererseits nach einem zu dieser Konstruktion völlig analogen Verfahren zu jedem $t_2 \in M$, $t_2 < 1$ ein $t_3 > t_2$ gewinnen, das ebenfalls aus M ist. Man wählt dazu t_3 so nahe an t_2, daß $(\alpha(t_2, s_0), f_{t_2}^{(s_0)})$ direkte analytische Fortsetzung von $(\alpha(t_3, s_0), f_{t_3}^{(s_0)})$ und $(\alpha(t_3, s), f_{t_3}^{(s)})$ direkte analytische Fortsetzung von $(\alpha(t_2, s), f_{t_2}^{(s)})$ ist, sowie daß „sich alles in $Z_{t_2}^{(s_0)}$ abspielt". Diese Überlegung zeigt, daß $t_0 = \sup M = 1$ gelten muß, so daß in der Tat $(\alpha(1, s_0), f_1^{(s_0)}) = (\alpha(1, s), f_1^{(s)})$ ist.

ii) Aus dem unter i) Gezeigten folgt die Behauptung des Satzes sofort folgendermaßen: Es seien

$$N_1 := \{s \in I : f_1^{(s)} = f_1^{(0)}\}$$
$$N_2 := \{s \in I : f_1^{(s)} \neq f_1^{(0)}\}.$$

Dann ist $0 \in N_1$, $N_1 \cup N_2 = I$ und $N_1 \cap N_2 = \emptyset$. Laut i) sind N_1 und N_2 offen in I. Also ist $N_1 = I$. □

Bemerkung. Man kann zeigen, daß sich in einem einfach-zusammenhängenden Gebiet G zwei Wege mit gleichen Anfangs- und Endpunkten immer stetig ineinander deformieren lassen. Deshalb vereinfacht sich Satz 30 mit Hilfe von Satz 31 in diesen Gebieten zu:

Läßt sich der Keim (z_0, f_{z_0}), $z_0 \in G$, längs aller Wege in einem einfachzusammenhängenden Gebiet G analytisch fortsetzen, so gibt es genau eine holomorphe Funktion Φ in G, die in z_0 den Keim (z_0, f_{z_0}) induziert.

Wie oben schon erwähnt wurde, erhält man im allgemeinen durch analytische Fortsetzung eines Funktionskeims längs beliebiger Wege keine holomorphe Funktion, da man in einem Punkt unter Umständen mehrere Funktionskeime erhält. Bekommt man dagegen von (z_0, f_{z_0}) ausgehend in jedem $z \in \mathbb{C}$ höchstens einen Keim, so bildet die Menge der auf diese Weise „erreichbaren" Punkte offenbar das größte Gebiet, in das sich die Funktion $\varphi(z) := f_{z_0}(z - z_0)$ holomorph fortsetzen läßt. – In der Theorie der Riemannschen Flächen gewinnt man zu jedem analytischen Funktionskeim ein größtes Gebiet holomorpher Fortsetzbarkeit, indem man etwa folgendermaßen vorgeht:

Zwei Keime (z_0, f_{z_0}) und (z_1, f_{z_1}) nennt man äquivalent, wenn es einen Weg in $\mathbb{C}$ von z_0 nach z_1 gibt, so daß (z_1, f_{z_1}) aus (z_0, f_{z_0}) durch analytische Fortsetzung längs W hervorgeht. Das ist wirklich eine Äquivalenzrelation auf der Menge $\mathfrak{F} = \mathbb{C} \times \mathbb{C}\langle X \rangle$ aller Keime:

i) Reflexivität: W sei durch $\alpha(t) = z_0$ für alle $t \in I$ definiert. Dann ist

$$(z_0, f_{z_0}) \sim (z_0, f_{z_0})$$

durch Fortsetzung längs W.

ii) Symmetrie: Es sei $(z_0, f_{z_0}) \sim (z_1, f_{z_1})$ durch Fortsetzung längs W, und W sei durch $\alpha : I \to \mathbb{C}$ gegeben. Mit $-W$ bezeichne man den durch

$$\beta(t) := \alpha(1 - t), \quad t \in I$$

definierten Weg. Aus Def. 16 folgt unmittelbar, daß dann

$$(z_1, f_{z_1}) \sim (z_0, f_{z_0})$$

ist durch Fortsetzung längs $-W$.

iii) Transitivität: Es sei $(z_0, f_{z_0}) \sim (z_1, f_{z_1})$ durch Fortsetzung längs W_1 (gegeben durch $\alpha: I \to \mathbb{C}$) und $(z_1, f_{z_1}) \sim (z_2, f_{z_2})$ durch Fortsetzung längs W_2 (gegeben durch $\beta: I \to \mathbb{C}$). Der Weg W sei durch

$$\gamma(t) := \begin{cases} (2t) & \text{für } 0 \leq t \leq 1/2 \\ (2t-1) & \text{für } 1/2 \leq t \leq 1 \end{cases}$$

definiert. Mit Hilfe endlicher Ketten von Keimen längs W_1 und W_2 überlegt man sich leicht, daß dann

$$(z_0, f_{z_0}) \sim (z_2, f_{z_2})$$

durch Fortsetzung längs W ist (vgl. auch Beweis von Satz 30).

Die Klassen in $\mathfrak{F}$ bezüglich dieser Äquivalenzrelation bezeichnet man nach K. Weierstraß als maximale analytische Gebilde. Auf jeder solchen Klasse K erklärt man dann die Struktur einer sogenannten 1-dimensionalen komplexen Mannigfaltigkeit, die durch eine Projektion $p: K \to \mathbb{C}$ lokal bijektiv in die Ebene $\mathbb{C}$ abgebildet wird. Es ist $p((z, f_z)) = z$. Man kann sich K als eine in mehreren Blättern über einem Gebiet $G \subset \mathbb{C}$ liegende Fläche vorstellen. Auf solche Flächen überträgt man schließlich den Begriff der holomorphen Funktion, so daß in einer geeigneten Umgebung jedes Punktes $(z, f_z) \in K$ durch f_z eine holomorphe Funktion erklärt wird. Auf diese Weise wird K zugleich zum größten „Gebiet" holomorpher Fortsetzbarkeit für jeden Keim $(z, f_z) \in K$.

§ 4. Residuensatz und Anwendungen

1. Der Residuensatz. Die Formel aus Satz 6 für den Koeffizienten a_{-1} der Laurentreihe einer in einem Kreisring holomorphen Funktion findet in der Funktionentheorie eine ganze Reihe wichtiger Anwendungen, wie in diesem Paragraphen an einigen Beispielen gezeigt wird. Sie wird deshalb zunächst in eine etwas allgemeinere Gestalt gebracht. Dazu definiert man:

Def. 19. *Es sei $G \subset \mathbb{C}$ ein Gebiet und $z_0 \in G$. Ist dann f eine in $G \smallsetminus \{z_0\}$ holomorphe Funktion und ist $\sum_{\nu=-\infty}^{\infty} a_\nu (z-z_0)^\nu$ die Laurententwicklung von f in einer punktierten Kreisscheibe $R_{0,r}(z_0)$ um z_0, so nennt man a_{-1} das Residuum von f in z_0, in Zeichen:*

$$\operatorname{Res}(f; z_0) := a_{-1}.$$

Satz 32 (Residuensatz). *Es sei f eine in $G \smallsetminus \{z_0\}$, $z_0 \in G$, holomorphe Funktion und $R_{0,r}(z_0) \subset G$. Ist dann W in $G \smallsetminus \{z_0\}$ ein geschlossener Weg, der dort zu einem*

§ 4. Residuensatz und Anwendungen

geschlossenen Weg W_1 in $R_{0,r}(z_0)$ homotop ist, so gilt:

$$\frac{1}{2\pi i} \int_W f(\zeta) d\zeta = I(W; z_0) \cdot \text{Res}(f; z_0)$$

Beweis. Es sei $\sum_{\nu=-\infty}^{\infty} a_\nu (z-z_0)^\nu$ die Laurententwicklung von f in $R_{0,r}(z_0)$. Da f in $G \setminus \{z_0\}$ holomorph ist und W und W_1 dort homotop zueinander sind, ist Satz I,29 anwendbar, und man erhält:

$$\frac{1}{2\pi i} \int_W f(\zeta) d\zeta = \frac{1}{2\pi i} \int_{W_1} f(\zeta) d\zeta$$

$$= \frac{1}{2\pi i} \int_{W_1} \sum_{\nu=-\infty}^{\infty} a_\nu (\zeta - z_0)^\nu d\zeta = \sum_{\nu=-\infty}^{\infty} \frac{a_\nu}{2\pi i} \int_{W_1} (\zeta - z_0)^\nu d\zeta$$

$$= \frac{a_{-1}}{2\pi i} \int_{W_1} \frac{d\zeta}{\zeta - z_0} = \frac{a_{-1}}{2\pi i} \int_W \frac{d\zeta}{\zeta - z_0} = I(W; z_0) \cdot \text{Res}(f; z_0).$$

Dabei wurde benutzt, daß die Laurentreihe $\sum_{\nu=-\infty}^{\infty} a_\nu (z-z_0)^\nu$ auf der kompakten Menge $|W_1| \subset R_{0,r}(z_0)$ gleichmäßig konvergiert (Satz 1). □

Der Residuensatz kann in verschiedener Weise auf allgemeinere Situationen übertragen werden. Eine solche Verallgemeinerung, die für die meisten Anwendungen genügt, möge hier angegeben werden, obwohl der zugehörige Beweis im Rahmen dieses Buches nur skizziert werden kann.

Satz 33 (Residuensatz, allgemeine Fassung). *Es sei $D \subset G$ eine diskrete Teilmenge des Gebietes G und f eine in $G \setminus D$ holomorphe Funktion. Ferner sei W ein geschlossener Weg in $G \setminus D$ mit $I(W) \subset G$. Dann gilt:*

$$\frac{1}{2\pi i} \int_W f(\zeta) d\zeta = \sum_{z \in D \cap I(W)} I(W; z) \cdot \text{Res}(f; z).$$

Beweis (Skizze). Zur Vereinfachung dieser Beweisskizze sei vorausgesetzt, daß $I(W; z) = 1$ für alle $z \in I(W)$. Da $\overline{I(W)} \subset I(W) \cup |W| \subset G$ lt. Satz I,38 kompakt ist, ist die Menge $D \cap I(W)$ endlich, etwa

$$D \cap I(W) = \{z_1, \ldots, z_m\}.$$

Da $I(W)$ offen ist, gibt es Radien $r_\mu > 0, \mu = 1, \ldots, m$, so daß $Z'_{r_\mu}(z_\mu) \subset I(W)$ und $Z'_{r_\mu}(z_\mu) \cap Z'_{r_\nu}(z_\nu) = \emptyset$ für alle $\nu \neq \mu$. Sind nun die z_μ in geeigneter Reihenfolge numeriert, so ist anschaulich einsichtig, daß man Wege $W_\mu, \mu = 1, \ldots, m-1$, so finden kann, daß W_μ den Rand $\partial Z_{r_\mu}(z_\mu)$ mit $\partial Z_{r_{\mu+1}}(z_{\mu+1})$ verbindet und daß

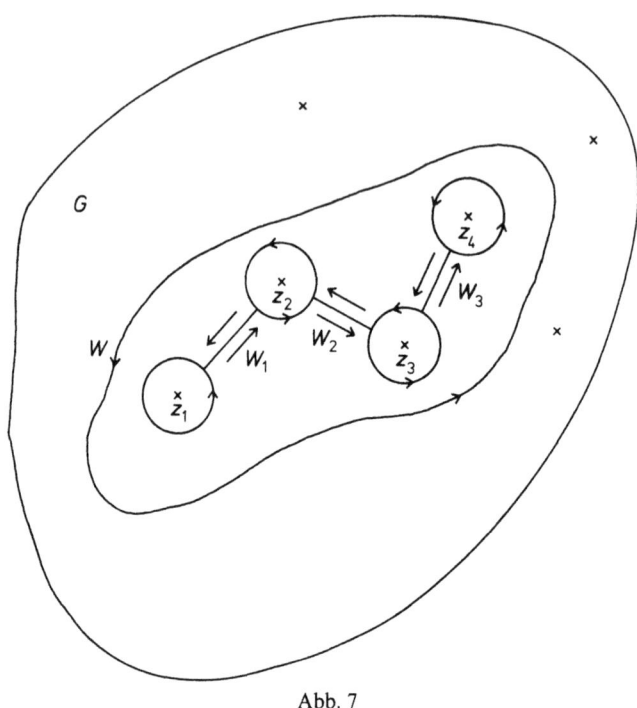

Abb. 7

der zusammengesetzte geschlossene Weg $\hat{W}$ (vgl. Zeichnung) in $G \smallsetminus D$ zu W homotop ist.

Damit ist lt. Satz I,29 ·

$$\frac{1}{2\pi i} \int_W f(\zeta) d\zeta = \frac{1}{2\pi i} \int_{\hat{W}} f(\zeta) d\zeta,$$

und da in $\hat{W}$ sowohl W_μ als auch $-W_\mu$ als Teilwege vorkommen, heben sich die Integrale darüber weg, so daß man mit Satz 32 weiter erhält:

$$\frac{1}{2\pi i} \int_W f(\zeta) d\zeta = \sum_{\mu=1}^m \frac{1}{2\pi i} \int_{\partial Z_{r_\mu}(z_\mu)} f(\zeta) d\zeta$$
$$= \sum_{\mu=1}^m \operatorname{Res}(f; z_\mu).$$

Das ist wegen der Zusatzvoraussetzung $I(W; z) = 1$ für alle $z \in I(W)$ die Behauptung. □

Bemerkung. Die im Beweis zu Satz 33 durch einen Hinweis auf die Anschauung überbrückte Lücke betrifft eine topologische Aussage, zu deren Beweis in jedem Fall umfangreiche „technische" Hilfsmittel erforderlich sind (vgl. z.B. die Darstellung in [1], die jedoch auch nicht in allen Teilen vollständig ist.) Bei vielen konkreten Anwendungen des Residuensatzes läßt sich ihre Gültigkeit jedoch einfach nachprüfen.

2. Null- und Polstellenordnung. Der Residuensatz gestattet es, die Null- und Polstellenordnungen meromorpher Funktionen durch Integrale auszudrücken. Das beruht auf der folgenden Tatsache:

Satz 34. *Die Funktion f sei im Gebiet G meromorph. Dann gilt für jeden Punkt $z_0 \in G$*

$$o(f; z_0) = \operatorname{Res}\left(\frac{f'}{f}; z_0\right)$$

(vgl. dazu § I,8).

Beweis. Mit f ist auch $\dfrac{f'}{f}$ in G meromorph, so daß $\operatorname{Res}\left(\dfrac{f'}{f}; z_0\right)$ in jedem Punkt $z_0 \in G$ erklärt ist. Falls z_0 weder Null- noch Polstelle von f ist, ist die Behauptung trivial. Im anderen Fall gibt es lt. Satz 11 und Satz 17 in einem Kreis $Z_r(z_0) \subset G$, der so klein gewählt ist, daß $R_{0,r}(z_0)$ die Null- und die Polstellenmenge von f nicht trifft, eine holomorphe Funktion g mit $g(z_0) \neq 0$, so daß in $R_{0,r}(z_0)$ gilt:

$$f(z) = (z - z_0)^p g(z)$$

mit $p := o(f; z_0)$. Daraus folgt:

$$f'(z) = p(z - z_0)^{p-1} g(z) + (z - z_0)^p g'(z).$$

Also erhält man in $R_{0,r}(z_0)$:

$$\frac{f'(z)}{f(z)} = \frac{p}{z - z_0} + \frac{g'(z)}{g(z)}$$

Da $f(z) \neq 0$ für alle $z \in R_{0,r}(z_0)$ ist, gilt $g(z) \neq 0$ in ganz $Z_r(z_0)$, so daß die Funktion $\dfrac{g'}{g}$ dort in eine Potenzreihe $\sum_{v=0}^{\infty} a_v (z - z_0)^v$ entwickelt werden kann. Damit erhält man als Laurentreihe von $\dfrac{f'}{f}$ in $R_{0,r}(z_0)$:

$$\frac{f'}{f}(z) = \frac{p}{z - z_0} + \sum_{v=0}^{\infty} a_v (z - z_0)^v.$$

Also ist $\operatorname{Res}\left(\dfrac{f'}{f}; z_0\right) = p$. □

III. Laurentreihen, Singularitäten, Fortsetzbarkeit

Mit Hilfe des Residuensatzes ergibt sich daraus sofort:

Satz 35. *Es sei f eine im Gebiet G meromorphe Funktion und*

$$N_f := \{z \in G : f(z) = 0\},$$

$$D_f := \{z \in G : z \text{ ist Polstelle von } f\}.$$

Ferner sei zu $z_0 \in G$ die Zahl $r > 0$ so klein gewählt, daß $R_{0,r}(z_0) \cap (N_f \cup D_f) = \emptyset$ ist. Ist dann W ein geschlossener Weg in $G \smallsetminus (N_f \cup D_f)$, der dort zu einem geschlossenen Weg W_1 in $R_{0,r}(z_0)$ homotop ist, so gilt:

$$\frac{1}{2\pi i} \int_W \frac{f'(\zeta)}{f(\zeta)} d\zeta = I(W; z_0) \cdot o(f; z_0).$$

Beweis. Die Polstellenmenge von $\dfrac{f'}{f}$ ist in $N_f \cup D_f$ enthalten. Also ist nach dem Residuensatz (Satz 32) und Satz 34

$$\frac{1}{2\pi i} \int_W \frac{f'(\zeta)}{f(\zeta)} d\zeta = I(W; z_0) \cdot \operatorname{Res}\left(\frac{f'}{f}; z_0\right)$$

$$= I(W; z_0) \cdot o(f; z_0). \quad \square$$

Aus der allgemeineren Fassung des Residuensatzes (Satz 33) folgt ebenso:

Satz 36. *Es seien G, f, N_f, D_f wie in Satz 35. Ferner sei W ein geschlossener Weg in $G \smallsetminus (N_f \cup D_f)$ mit $I(W) \subset G$. Dann gilt:*

$$\frac{1}{2\pi i} \int_W \frac{f'(\zeta)}{f(\zeta)} d\zeta = \sum_{z \in (N_f \cup D_f) \cap I(W)} I(W; z) \cdot o(f; z).$$

Dieser Satz 36 kann dazu dienen, mit den Mitteln der Cauchyschen Funktionentheorie die Offenheit nicht-konstanter holomorpher Abbildungen (Satz II,74) zu beweisen. Dazu sei zunächst der Begriff der Nullstellenordnung folgendermaßen verallgemeinert:

Def. 20. *Es sei f eine im Gebiet G holomorphe Funktion, $z_0 \in G$, $a \in \mathbb{C}$. Dann bezeichnet man als a-Stellenordnung von f in z_0 die Nullstellenordnung der Funktion $f - a$ im Punkt z_0, in Zeichen:*

$$o_a(f; z_0) := o(f - a; z_0).$$

Es ist also genau dann $f(z_0) = a$, wenn $o_a(f; z_0) > 0$ ist. Mit dieser Definition überträgt sich Satz 36 folgendermaßen:

Satz 37. *Die Funktion f sei in G holomorph; ferner sei $a \in \mathbb{C}$ und*

$$N_f^a := \{z \in G : o_a(f; z) > 0\}.$$

§ 4. Residuensatz und Anwendungen

Ist W ein geschlossener Weg in $G \setminus N_f^a$ mit $I(W) \subset G$, so gilt:

$$\frac{1}{2\pi i} \int_W \frac{f'(\zeta)}{f(\zeta)-a} d\zeta = \sum_{z \in N_f^a \cap I(W)} I(W;z) \cdot o_a(f;z).$$

Ist nun f eine nicht-konstante holomorphe Funktion in G, $z_0 \in G$ und $a = f(z_0)$, so gibt es wegen des Identitätssatzes ein $r > 0$, so daß $Z'_r(z_0) \subset G$ und $Z'_r(z_0) \cap N_f^a = \{z_0\}$ ist. Und da $\partial Z_r(z_0)$ kompakt ist, gibt es dazu weiter eine zusammenhängende Umgebung V von a mit der Eigenschaft $\partial Z_r(z_0) \cap N_f^b = \emptyset$ für alle $b \in V$. Damit gilt lt. Satz 37 für alle $b \in V$

$$\frac{1}{2\pi i} \int_{\partial Z_r(z_0)} \frac{f'(\zeta)}{f(\zeta)-b} d\zeta = \sum_{z \in N_f^b \cap Z_r(z_0)} o_b(f;z). \tag{34}$$

Insbesondere ist dieses Integral ganzzahlig, und da es stetig von $b \in V$ abhängt, ist es als Funktion von b auf der zusammenhängenden Menge V konstant. Also ist

$$\sum_{z \in N_f^b \cap Z_r(z_0)} o_b(f;z) = o_a(f;z_0) > 0$$

für alle $b \in V$, und daraus folgt $V \subset f(Z_r(z_0))$. Damit ist Satz II,74 erneut bewiesen.

3. Berechnung von Integralen mit Hilfe des Residuensatzes. Es ist oft möglich, das Residuum einer holomorphen Funktion in einer isolierten Singularität ohne Benutzung der in Satz 32 angegebenen Integralformel zu bestimmen. Satz 32 bzw. Satz 35 können dann umgekehrt zur Berechnung von Integralen verwendet werden. In diesem Abschnitt wird an zwei Beispielen gezeigt, wie mit diesem Verfahren reelle uneigentliche Integrale berechnet werden können.

a) Es sei $R(x) = \dfrac{P(x)}{Q(x)}$ mit $P, Q \in \mathbb{R}[X]$ eine rationale Funktion mit reellen Koeffizienten, für die $Q(x)$ keine reelle Nullstelle besitzt. Aus der Infinitesimalrechnung ist bekannt, daß das uneigentliche Integral

$$\int_{-\infty}^{\infty} R(x) dx \tag{35}$$

genau dann konvergiert, wenn der Grad von Q den Grad von P um mindestens 2 übertrifft. Wie man in einem derartigen Fall (35) mit Hilfe des Residuensatzes berechnen kann, sei am Beispiel der Funktion

$$R(x) := \frac{1}{1+x^2}, \quad x \in \mathbb{R}$$

gezeigt. Sie ist Einschränkung der in $\mathbb{C}$ meromorphen Funktion

$$R(z) = \frac{1}{1+z^2} = \frac{1}{2i}\left(\frac{1}{z-i} - \frac{1}{z+i}\right)$$

auf $\mathbb{R}$. $R(z)$ besitzt nur in $z_0 = \pm i$ Polstellen, und es gilt offenbar:

$$\operatorname{Res}(R;i) = \frac{1}{2i}; \quad \operatorname{Res}(R;-i) = -\frac{1}{2i}.$$

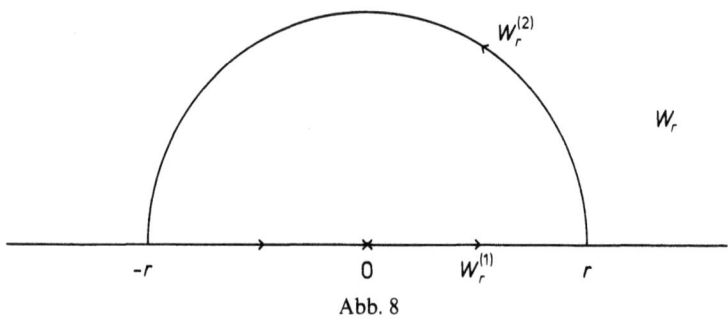

Abb. 8

Nun sei für $r > 1$ mit W_r der in der Zeichnung skizzierte geschlossene Weg bezeichnet. Dann ergibt sich aus Satz 32:

$$\int_{W_r} \frac{dz}{1+z^2} = 2\pi i \operatorname{Res}(R;i) = \pi. \tag{36}$$

W_r ist Summe des Weges $W_r^{(1)}$ auf der reellen Achse von $-r$ nach r und des Weges $W_r^{(2)}$, der aus dem oberen Halbkreisrand von $Z_r(0)$ besteht. Betrachten wir zunächst das Integral längs $W_r^{(2)}$; auf $\partial Z_r(0)$ ergibt sich die folgende Abschätzung für $R(z)$:

$$\left|\frac{1}{1+z^2}\right| \leq \frac{1}{|z|^2 - 1} = \frac{1}{r^2 - 1};$$

und damit erhält man:

$$\left|\int_{W_r^{(2)}} \frac{dz}{1+z^2}\right| \leq \pi r \frac{1}{r^2 - 1} = \frac{\pi}{r - \frac{1}{r}}.$$

Daraus folgt

$$\lim_{r \to \infty} \int_{W_r^{(2)}} \frac{dz}{1+z^2} = 0.$$

§ 4. Residuensatz und Anwendungen

Zusammen mit (36) ergibt sich also:

$$\int_{-\infty}^{\infty} \frac{dx}{1+x^2} = \lim_{r \to \infty} \int_{-r}^{r} \frac{dx}{1+x^2} = \lim_{r \to \infty} \int_{W_r^{(1)}} \frac{dz}{1+z^2}$$

$$= \lim_{r \to \infty} \int_{W_r^{(1)}} \frac{dz}{1+z^2} + \lim_{r \to \infty} \int_{W_r^{(2)}} \frac{dz}{1+z^2}$$

$$= \lim_{r \to \infty} \int_{W_r} \frac{dz}{1+z^2} = \pi.$$

b) Als zweites Beispiel soll das ebenfalls aus der Infinitesimalrechnung bekannte uneigentliche Integral

$$\int_{-\infty}^{\infty} \frac{\sin x}{x} \, dx \qquad (37)$$

bestimmt werden. Seine Berechnung ist in jedem Fall komplizierter, da es zu $\frac{\sin x}{x}$ keine elementar angebbare Stammfunktion gibt. – Der Integrand in (37) besitzt in $\mathbb{C} \setminus \{0\}$ die holomorphe Ergänzung

$$f(z) = \frac{\sin z}{z}.$$

Setzt man darin die Potenzreihenentwicklung von $\sin z$ um $z_0 = 0$ ein, so erhält man

$$f(z) = \frac{1}{z} \sum_{\nu=0}^{\infty} (-1)^{\nu} \frac{z^{(2\nu+1)}}{(2\nu+1)!}$$

$$= \sum_{\nu=0}^{\infty} (-1)^{\nu} \frac{z^{2\nu}}{(2\nu+1)!}.$$

Also ist $z_0 = 0$ eine hebbare Singularität von f, und f wird durch die Definition $f(0) := 1$ zu einer ganzen Funktion.

Laut (32) gilt in $\mathbb{C} \setminus \{0\}$:

$$f(z) = \frac{\sin z}{z} = \frac{e^{iz} - e^{-iz}}{2iz} = \frac{1}{2i} \frac{e^{iz}}{z} - \frac{1}{2i} \frac{e^{-iz}}{z}. \qquad (38)$$

Mit Hilfe der Potenzreihenentwicklung von e^{iz} bzw. e^{-iz} um $z_0 = 0$ sieht man sofort, daß sowohl der Summand

$$f_1(z) := \frac{1}{2i} \frac{e^{iz}}{z}$$

als auch der Summand

$$f_2(z) := \frac{1}{2i} \frac{e^{-iz}}{z}$$

208   III. Laurentreihen, Singularitäten, Fortsetzbarkeit

bei $z_0 = 0$ einen Pol 1. Ordnung mit dem Residuum $\dfrac{1}{2i}$ haben:

$$\text{Res}(f_1; 0) = \text{Res}(f_2; 0) = \dfrac{1}{2i}. \tag{39}$$

Um nun (37) zu berechnen, definieren wir die folgenden Wege zu $r, r_1 \in \mathbb{R}$ mit $0 < r_1 < r$, die von $-r$ nach r bzw. r nach $-r$ laufen:

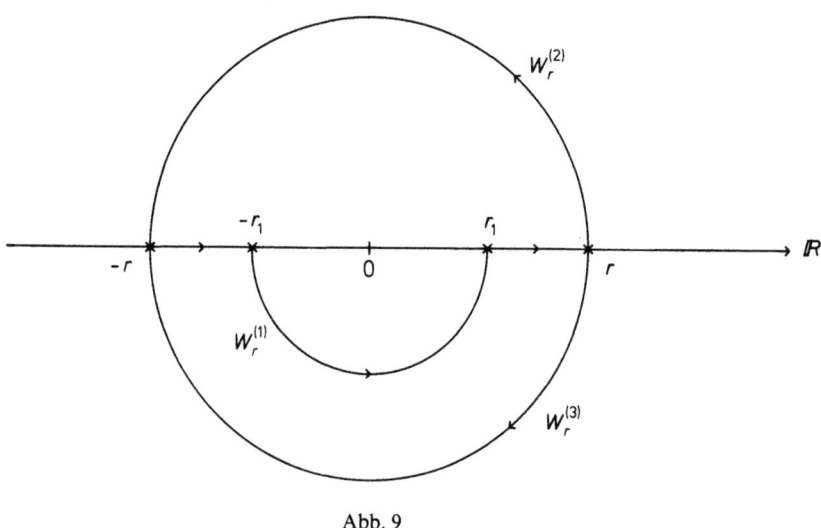

Abb. 9

Da $f(z)$ ganz ist, ergibt sich sofort:

$$\int_{-r}^{r} \dfrac{\sin x}{x} dx = \int_{-r}^{r} f(z) dz = \int_{W_r^{(1)}} \dfrac{\sin z}{z} dz.$$

Und weiter erhält man mit (38):

$$\int_{-r}^{r} \dfrac{\sin x}{x} dx = \int_{W_r^{(1)}} f_1(z) dz - \int_{W_r^{(1)}} f_2(z) dz$$
$$= \int_{W_r^{(1)} + W_r^{(2)}} f_1(z) dz - \int_{W_r^{(2)}} f_1(z) dz - \int_{W_r^{(1)} + W_r^{(3)}} f_2(z) dz + \int_{W_r^{(3)}} f_2(z) dz.$$

Aus Satz 32 und (39) folgt:

$$\int_{W_r^{(1)} + W_r^{(2)}} f_1(z) dz = \pi$$

§4. Residuensatz und Anwendungen

und da $W_r^{(1)} + W_r^{(3)}$ in $\mathbb{C} \setminus \{0\}$ nullhomotop ist, hat man außerdem

$$\int_{W_r^{(1)} + W_r^{(3)}} f_2(z)\,dz = 0.$$

Das ergibt zusammen:

$$\int_{-r}^{r} \frac{\sin x}{x}\,dx = \pi - \int_{W_r^{(2)}} f_1(z)\,dz + \int_{W_r^{(3)}} f_2(z)\,dz. \tag{40}$$

Als nächstes wird das Integral $\int_{W_r^{(2)}} f_1(z)\,dz$ für große r abgeschätzt. Der Weg $W_r^{(2)}$ wird durch $z(t) = r \cdot e^{it}$, $0 \leq t \leq \pi$ parametrisiert, so daß man erhält:

$$\int_{W_r^{(2)}} f_1(z)\,dz = \frac{1}{2i} \int_0^{\pi} \frac{e^{ir \cdot e^{it}}}{r \cdot e^{it}} ir \cdot e^{it}\,dt$$

$$= \frac{1}{2} \int_0^{\pi} e^{ir \cdot e^{it}}\,dt.$$

Es ist $e^{ir \cdot e^{it}} = e^{ir \cdot \cos t} \cdot e^{-r \cdot \sin t}$, und deshalb gilt:

$$|e^{ir \cdot e^{it}}| = e^{-r \cdot \sin t}.$$

Also hat man:

$$\left| \int_{W_r^{(2)}} f_1(z)\,dz \right| \leq \frac{1}{2} \int_0^{\pi} e^{-r \cdot \sin t}\,dt = \int_0^{\pi/2} e^{-r \cdot \sin t}\,dt.$$

Nun sei ε mit $\pi > \varepsilon > 0$ vorgegeben. Da $e^{-r \cdot \sin t}$ auf $0 \leq t \leq \pi/2$ monoton fallend und ≤ 1 ist, erhält man:

$$\left| \int_{W_r^{(2)}} f_1(z)\,dz \right| \leq \int_0^{\varepsilon/2} e^{-r \cdot \sin t}\,dt + \int_{\varepsilon/2}^{\pi/2} e^{-r \cdot \sin t}\,dt$$

$$\leq \frac{\varepsilon}{2} + \frac{\pi}{2} e^{-r \cdot \sin \varepsilon/2}.$$

Daraus folgt, daß es ein $r_0 > r_1$ gibt, so daß für alle $r \geq r_0$ gilt:

$$\left| \int_{W_r^{(2)}} f_1(z)\,dz \right| \leq \varepsilon.$$

Also ist

$$\lim_{r \to \infty} \int_{W_r^{(2)}} f_1(z)\,dz = 0.$$

Völlig analog beweist man:

$$\lim_{r \to \infty} \int_{W_r^{(3)}} f_2(z)\,dz = 0.$$

Und damit folgt mit (40) wegen der als bekannt vorausgesetzten Existenz von (37):

$$\int_{-\infty}^{\infty} \frac{\sin x}{x}\,dx = \lim_{r \to \infty} \int_{-r}^{r} \frac{\sin x}{x}\,dx = \pi.$$

IV. Normale Familien

In den Abschnitten II, 3.4 und II, 4.2 wurden auf den analytischen Algebren A_t, $t > 0$, Topologien τ_1 und τ_2 definiert, indem von der Gaußnorm | | und der Supremumsnorm ‖ ‖ auf den Algebren B_ϱ, $0 < \varrho < t$, Gebrauch gemacht wurde. Die anschließende Untersuchung dieser Topologien führte als Hauptergebnis zum Satz von Montel in den Fassungen der Sätze II, 44 und II, 45 sowie III, 4. Ziel dieses Kapitels ist es, die Folgerungen aus diesen Ergebnissen für die Algebren $H(U)$ der holomorphen Funktionen auf offenen Mengen U im Grundkörper k zu ziehen. Da die Definition der holomorphen Funktionen auf der funktionentheoretischen Interpretation der Algebren A_t beruht, wird dazu die Topologie τ_2 benötigt. Andererseits gilt der Satz von Montel über beliebigen nicht-trivial, vollständig bewerteten Grundkörpern k im allgemeinen nur bezüglich der Topologie τ_1 (Satz II, 45). Aus diesem Grunde sind die Untersuchungen dieses Kapitels im ganzen nur sinnvoll, wenn die Topologien τ_1 und τ_2 übereinstimmen. Das ist laut Korollar 2 zu Satz III, 3 für $k = \mathbb{C}$ der Fall. *Wir beschränken uns deshalb von Anfang an auf die komplexe Funktionentheorie.*

§ 1. Konvergente Funktionenfolgen

1. Kompakte Konvergenz. Ist $U \subset \mathbb{C}$ eine offene Menge und (φ_ν) eine gleichmäßig konvergente Funktionenfolge aus $C(U)$, der $\mathbb{C}$-Algebra der stetigen Funktionen auf U, so weiß man, daß die Grenzfunktion φ ebenfalls stetig ist (in Satz II, 46 für Reihen bewiesen). Da jedoch die Stetigkeit eine lokale Eigenschaft ist, ist die Voraussetzung der gleichmäßigen Konvergenz auf ganz U in dieser Aussage zu stark. Als der Situation besser angepaßt erweisen sich dagegen die folgenden Begriffe:

Def. 1. i) *Eine Folge (φ_ν) aus $C(U)$ heißt kompakt konvergent auf U, falls für jede kompakte Teilmenge $K \subset U$ die Folge der Einschränkungen $(\varphi_\nu | K)$ gleichmäßig konvergiert.*

ii) *Eine Reihe $\sum_{\nu=1}^{\infty} \psi_\nu$, $\psi_\nu \in C(U)$ heißt normal konvergent auf U, wenn es zu jeder kompakten Menge $K \subset U$ eine konvergente Reihe $\sum_{\nu=1}^{\infty} p_\nu$, $p_\nu \in \mathbb{R}$, gibt, für die $\sup_{z \in K} |\psi_\nu(z)| \leq p_\nu$ für alle $\nu \in \mathbb{N}$ gilt.*

§ 1. Konvergente Funktionenfolgen

Die Partialsummenfolge einer auf U normal konvergenten Reihe $\sum_{\nu=1}^{\infty} \psi_\nu$ konvergiert nach dieser Definition auf U kompakt.

Ist weiter (φ_ν) auf U kompakt konvergent mit Grenzfunktion φ, $\varphi_\nu \in C(U)$, und $z_0 \in U$ gegeben, so gibt es ein $r > 0$, so daß der kompakte Kreis $Z'_r(z_0) \subset U$ ist, und damit ist die Folge $(\varphi_\nu | Z'_r(z_0))$ gleichmäßig konvergent. Also ist lt. Satz II, 46 die Grenzfunktion φ in z_0 stetig. Damit ist gezeigt:

Satz 1. *Die Grenzfunktion φ bzw. ψ einer auf U kompakt konvergenten Folge $(\varphi_\nu) \subset C(U)$ bzw. einer dort normal konvergenten Reihe $\sum_{\nu=1}^{\infty} \psi_\nu, \psi_\nu \in C(U)$, ist auf U stetig.*

Um die kompakte Konvergenz einer Folge (φ_ν) auf U zu testen, braucht man nicht alle kompakten Mengen $K \subset U$ zu betrachten. Das zeigt

Satz 2. *Eine Folge $(\varphi_\nu) \subset C(U)$ konvergiert bereits dann kompakt auf U, wenn es eine Familie von Kreisen $Z^{(\iota)}, \iota \in J$, mit den folgenden Eigenschaften gibt:*

i) $\bigcup_{\iota \in J} Z^{(\iota)} = U$;

ii) *Die Abschlüsse $Z'^{(\iota)}$ von $Z^{(\iota)}$ liegen in U, und $(\varphi_\nu | Z'^{(\iota)})$ ist gleichmäßig konvergent für alle $\iota \in J$.*

Beweis. Es sei $K \subset U$ kompakt. Da $K \subset \bigcup_{\iota \in J} Z^{(\iota)} = U$, überdecken schon endlich viele dieser offenen Kreise, etwa $Z^{(\iota_1)}, \ldots, Z^{(\iota_n)}$, die Menge K. Sei nun $\varepsilon > 0$ vorgegeben. Da nach Voraussetzung für jedes $\mu = 1, \ldots, n$ die Folge $(\varphi_\nu | Z'^{(\iota_\mu)})$ gleichmäßig konvergiert, gibt es dazu $m_\mu \in \mathbb{N}$, so daß man hat:

$$|\varphi_{\nu+l}(z) - \varphi_\nu(z)| < \varepsilon$$

für alle $z \in Z'^{(\iota_\mu)}$, alle $\nu \geq m_\mu$ und alle $l \geq 0$. Man setze

$$m := \max\{m_1, \ldots, m_n\}.$$

Dann ist offenbar

$$|\varphi_{\nu+l}(z) - \varphi_\nu(z)| < \varepsilon$$

für alle $z \in \bigcup_{\mu=1}^{n} Z'^{(\iota_\mu)} \supset K$, alle $\nu \geq m$ und alle $l \geq 0$. Damit ist der Satz bewiesen. □

Die Begriffe der kompakten und normalen Konvergenz sind auch für Folgen holomorpher Funktionen geeignete Konvergenzbegriffe, denn es gilt der wichtige

Satz 3. *Konvergiert die Folge $(\varphi_\nu) \subset H(U)$ kompakt, so ist die Grenzfunktion φ ebenfalls holomorph in U.*

Beweis. Zu $z_0 \in U$ gibt es ein $r > 0$ mit $Z_r(z_0) \subset U$. In $Z_r(z_0)$ besitzt jedes $\varphi_\nu, \nu = 1, 2, \ldots$, lt. Satz II, 63 eine Potenzreihenentwicklung $f_\nu \in A_r$. Ist $\varrho \in \mathbb{R}$

mit $0 < \varrho < r$ beliebig gewählt, so ist $(\varphi_\nu | Z'_\varrho(z_0))$ nach Voraussetzung gleichmäßig konvergent, d. h., die Zahlen

$$\sup\{|\varphi_{\nu+\lambda}(z) - \varphi_\nu(z)| : |z - z_0| \leq \varrho, \lambda \geq 0\}$$

werden beliebig klein, wenn ν wächst. Da aber für jedes ν dieses Supremum gleich $\sup\{\|f_{\nu+\lambda} - f_\nu\|_\varrho, \lambda \geq 0\}$ ist, bedeutet dies, daß die Folge $(f_\nu) \subset B_\varrho$ eine Cauchyfolge in bezug auf die Supremumsnorm ist. Nun gibt es zu beliebigem $\sigma \in \mathbb{R}$ mit $0 < \sigma < \varrho$ lt. Satz III, 3 und Satz II, 54 ein $M > 0$, so daß für alle $f \in A_r$ die Ungleichung

$$|f|_\sigma \leq M \|f\|_\varrho$$

besteht. Also folgt insgesamt, daß (f_ν) in allen B_σ, $0 < \sigma < r$, auch in bezug auf die Gaußnorm $|\ |$ eine Cauchyfolge darstellt. Deshalb gibt es nach Satz II, 43 ein $f \in A_r$ mit

$$\lim_{\nu \to \infty} f_\nu = f$$

im Sinne der Topologie τ_1 und damit auch τ_2, d. h., für alle ϱ mit $0 < \varrho < r$ gilt in B_ϱ

$$0 = \lim_{\nu \to \infty} \|f - f_\nu\| = \lim_{\nu \to \infty} \sup_{|z| \leq \varrho} |f_\nu(z) - f(z)|.$$

Setzt man also $\tilde{\varphi}(z) := f(z - z_0)$ für $z \in Z_r(z_0)$, so ist $\tilde{\varphi}$ dort holomorph und es gilt dort punktweise

$$\tilde{\varphi}(z) = \lim_{\nu \to \infty} f_\nu(z - z_0) = \lim_{\nu \to \infty} \varphi_\nu(z) = \varphi(z).$$

Das beweist die Holomorphie von φ in $Z_r(z_0)$ und damit in ganz U. □

Bemerkung. Der angegebene Beweis stützt sich auf die Cauchysche und Weierstraßsche Theorie. Ein zweiter Beweis, der ganz im Rahmen der Cauchyschen Theorie bleibt, verläuft so:

Laut Satz 1 ist $\varphi \in C(U)$. Es braucht deshalb nach dem Satz von Morera (Satz I, 41) nur gezeigt zu werden, daß die Differentialform φdz in U lokal integrabel ist. Dazu sei $R \subset U$ ein abgeschlossenes, achsenparalleles Rechteck. Dann ist ∂R in U nullhomotop, und deshalb gilt nach dem Cauchyschen Integralsatz (Satz I, 34) und Satz I, 29

$$\int_{\partial R} \varphi_\nu dz = 0, \quad \nu = 1, 2, 3, \ldots.$$

Da die φ_ν auf ∂R gleichmäßig gegen φ konvergieren, folgt daraus

$$\int_{\partial R} \varphi \, dz = \lim_{\nu \to \infty} \int_{\partial R} \varphi_\nu \, dz = 0.$$

Nach Satz I, 28 ist damit $\varphi \, dz$ lokal integrabel in U.

§ 1. Konvergente Funktionenfolgen

Aus Satz 3 folgt direkt:

Korollar. *Konvergiert die Reihe* $\sum_{\nu=1}^{\infty} \psi_\nu, \psi_\nu \in H(U)$, *normal, so ist auch die Grenzfunktion* $\psi = \sum_{\nu=1}^{\infty} \psi_\nu \in H(U)$.

Der Unterschied zwischen der komplexen Funktionentheorie und der Theorie der reell-differenzierbaren Funktionen wird noch einmal bei der folgenden Aussage besonders deutlich:

Satz 4. *Konvergiert die Folge* $(\varphi_\nu) \subset H(U)$ *kompakt auf* U *gegen* $\varphi \in H(U)$, *so konvergiert für jedes* $n \in \mathbb{N}$ *auch die Folge der n-ten Ableitungen* $(\varphi_\nu^{(n)})$ *auf* U *kompakt gegen* $\varphi^{(n)}$.

Beweis. Es genügt offenbar, den Satz für $n=1$ zu beweisen, und dazu muß lt. Satz 2 lediglich gezeigt werden, daß auf jeder kompakten Kreisscheibe $Z'_r(z_0) \subset U$ die Folge $(\varphi'_\nu | Z'_r(z_0))$ gleichmäßig gegen $\varphi' | Z'_r(z_0)$ strebt. Zu $Z'_r(z_0)$ gibt es ein $r_0 > r$ und ein $\varepsilon > 0$, so daß sogar $Z_{r_0+\varepsilon}(z_0)$ in U liegt. Dann besitzt jedes φ_ν, sowie φ in $Z_{r_0+\varepsilon}(z_0)$ eine Potenzreihenentwicklung $f_\nu \in A_{r_0+\varepsilon}$, $\nu=1,2,3,\ldots$ bzw. $f \in A_{r_0+\varepsilon}$. Und wegen der gleichmäßigen Konvergenz von $(\varphi_\nu | Z'_{r_0}(z_0))$ gegen $\varphi | Z'_{r_0}(z_0)$ konvergiert die Folge $(f_\nu) \subset B_{r_0}$ gegen $f \in B_{r_0}$ im Sinn der Supremumsnorm. Zu zeigen ist, daß die Folge (f'_ν) in B_r gegen f' im Sinne der Norm $\| \ \|_r$ strebt. Das folgt sofort durch die Benutzung der folgenden Aussage, die nachträglich bewiesen wird:

Hilfssatz. Ist $0 < r < r_0$, $\varepsilon > 0$ und $g \in A_{r_0+\varepsilon}$, so gilt die Abschätzung

$$\|g'\|_r \leq \frac{r_0}{(r_0-r)^2} \|g\|_{r_0}.$$

Wendet man nämlich diesen Hilfssatz auf $g_\nu := f - f_\nu \in A_{r_0+\varepsilon}$ an, so erhält man

$$\|f' - f'_\nu\|_r \leq \frac{r_0}{(r_0-r)^2} \|f - f_\nu\|_{r_0}$$

und damit wegen $\lim_{\nu \to \infty} \|f - f_\nu\|_{r_0} = 0$ auch $\lim_{\nu \to \infty} \|f' - f'_\nu\|_r = 0$.

Es bleibt also:

Beweis des Hilfssatzes. Es sei $g = \sum_{\nu=0}^{\infty} a_\nu X^\nu$ und $M := \|g\|_{r_0}$. Nach den strengen Cauchyschen Ungleichungen (Korollar 1 zu Satz III, 3) gilt für alle $\nu = 0, 1, 2, \ldots$

$$|a_\nu| \leq \frac{M}{r_0^\nu}.$$

Daraus folgt in B_r:

$$\|g'\|_r \leq |g'|_r = \sum_{\nu=1}^{\infty} \nu |a_\nu| r^{\nu-1} \leq \frac{M}{r_0} \sum_{\nu=1}^{\infty} \nu \left(\frac{r}{r_0}\right)^{\nu-1}$$

$$= \frac{M}{r_0} \frac{r_0^2}{(r_0-r)^2} = \frac{r_0}{(r_0-r)^2} \|g\|_{r_0}.$$

(Bei dieser Umrechnung wurde in die Ableitung der geometrischen Reihe $\left(\frac{1}{1-x}\right)' = \frac{1}{(1-x)^2} = \sum_{\nu=1}^{\infty} \nu x^{\nu-1}$ die Zahl $\frac{r}{r_0} < 1$ eingesetzt). □

Auch für Satz 4 läßt sich leicht ein Beweis im Rahmen der Cauchyschen Theorie angeben. Man beschränkt sich dazu ebenfalls auf die in U enthaltenen Kreise $Z_{r_0+\varepsilon}(z_0) \supset Z'_{r_0}(z_0) \supset Z'_r(z_0)$ und stellt φ' auf $Z'_r(z_0)$ mit Hilfe der Cauchyschen Integralformel (Satz I, 40) folgendermaßen dar:

$$\varphi'(z) = \frac{1}{2\pi i} \int_{\partial Z_{r_0}(z_0)} \frac{\varphi(\zeta)}{(\zeta-z_0)^2} d\zeta.$$

Darin setzt man $\varphi = \lim_{\nu \to \infty} \varphi_\nu$ ein und nutzt die gleichmäßige Konvergenz von $(\varphi_\nu | \partial Z_{r_0}(z_0))$ aus. Die Ausführungen der weiteren Einzelheiten kann dem Leser überlassen werden.

2. Folgen schlichter Funktionen. Es sei in diesem Abschnitt $G \subset \subset \mathbb{C}$ immer ein Gebiet und $(\varphi_\nu) \subset H(G)$ eine kompakt konvergente Folge holomorpher Funktionen auf G. Wenn keine der Funktionen φ_ν eine Nullstelle in G besitzt, so ist es natürlich durchaus möglich, daß die Grenzfunktion $\varphi = \lim_{\nu \to \infty} \varphi_\nu$ trotzdem Nullstellen besitzt. Das zeigt das einfache Beispiel der konstanten Funktionen $\varphi_\nu \equiv \frac{1}{\nu}$, $\nu = 1, 2, 3, \ldots$, mit $\lim_{\nu \to \infty} \varphi_\nu \equiv 0$. Das Erstaunliche ist nun, daß dies insofern schon die allgemeine Situation darstellt, als gilt:

Satz 5. *Die Folge $(\varphi_\nu) \subset H(G)$ konvergiere kompakt auf dem Gebiet G. Keine der Funktionen φ_ν besitze eine Nullstelle in G. Dann besitzt die Grenzfunktion φ in G ebenfalls keine Nullstelle, falls sie dort nicht identisch verschwindet.*

Beweis. Wenn φ in G nicht identisch verschwindet, liegen die Nullstellen von φ in G nach dem Identitätssatz isoliert. Zu jedem $z_0 \in G$ gibt es demnach einen Kreis $Z'_r(z_0) \subset G$ mit $\varphi(z) \neq 0$ für alle $z \in Z'_r(z_0) \setminus \{z_0\}$. Laut Satz III, 35 gilt deshalb für die Nullstellenordnung $o(\varphi; z_0)$ von φ in z_0:

$$o(\varphi; z_0) = \frac{1}{2\pi i} \int_{\partial Z'_r(z_0)} \frac{\varphi'(\zeta)}{\varphi(\zeta)} d\zeta.$$

Da nach Satz 4 die Ableitungen φ'_ν auf $\partial Z'_r(z_0)$ gleichmäßig gegen φ' konvergieren, konvergiert dort wegen $\varphi(\zeta) \neq 0$ für $\zeta \in \partial Z'_r(z_0)$ auch die Folge

§ 1. Konvergente Funktionenfolgen

$\dfrac{\varphi'_\nu}{\varphi_\nu}\bigg|\partial Z'_r(z_0)$ gleichmäßig gegen $\dfrac{\varphi'}{\varphi}\bigg|\partial Z'_r(z_0)$. (Man erhält die zum Beweis dieser Tatsache benötigten Abschätzungen leicht, wenn man beachtet, daß $|\varphi(\zeta)|$ auf der kompakten Menge $\partial Z'_r(z_0)$ ein positives Minimum besitzt.) Es gilt also

$$o(\varphi;z_0) = \frac{1}{2\pi i} \int_{\partial Z_r(z_0)} \frac{\varphi'(\zeta)}{\varphi(\zeta)} d\zeta = \lim_{\nu\to\infty} \frac{1}{2\pi i} \int_{\partial Z_r(z_0)} \frac{\varphi'_\nu(\zeta)}{\varphi_\nu(\zeta)} d\zeta.$$

Nach Satz III, 36 ist für alle $\nu = 1, 2, 3, \ldots$

$$\frac{1}{2\pi i} \int_{\partial Z_r(z_0)} \frac{\varphi'_\nu(\zeta)}{\varphi_\nu(\zeta)} d\zeta = \sum_{z\in Z_r(z_0)} o(\varphi_\nu; z) = 0.$$

Also ist $o(\varphi; z_0) = 0$, d. h., $\varphi(z_0) \neq 0$. Damit ist der Satz bewiesen. □

Natürlich überträgt sich dieser Satz sofort auf beliebige c-Stellen, $c \in \mathbb{C}$, in G, d. h., es gilt:

Nimmt kein φ_ν der kompakt konvergenten Folge $(\varphi_\nu) \subset H(G)$ den Wert $c \in \mathbb{C}$ an, so ist die Grenzfunktion $\varphi = \lim\limits_{\nu\to\infty} \varphi_\nu$ entweder identisch c auf G oder läßt dort ebenfalls den Wert c aus.

Satz 5 hat für die Theorie der durch holomorphe Funktionen definierten Abbildungen eine wichtige Konsequenz. Zu ihrer Formulierung ist es üblich, den folgenden Begriff zu verwenden:

Def. 2. *Eine Funktion $\varphi \in H(G)$ heißt schlicht, wenn die Abbildung $\varphi: G \to \mathbb{C}$ injektiv ist, d. h., wenn aus $\varphi(z_1) = \varphi(z_2)$, $z_1, z_2 \in G$, stets $z_1 = z_2$ folgt.*

Satz 6. *Sind alle Funktionen φ_ν aus der auf G kompakt konvergenten Folge $(\varphi_\nu) \subset H(G)$ schlicht und ist die Grenzfunktion $\varphi = \lim\limits_{\nu\to\infty} \varphi_\nu$ nicht konstant auf G, so ist sie dort ebenfalls schlicht.*

Beweis. Es sei φ auf G nicht konstant. Angenommen, es gäbe $z_1, z_2 \in G$, $z_1 \neq z_2$, mit $\varphi(z_1) = \varphi(z_2)$. Man setze $\hat{G} := G \smallsetminus \{z_2\}$ und definiere auf $\hat{G}$ die Funktionen

$$\psi_\nu := (\varphi_\nu | \hat{G}) - \varphi_\nu(z_2)$$
$$\psi := (\varphi | \hat{G}) - \varphi(z_2).$$

Dann ist offenbar $(\psi_\nu) \subset H(\hat{G})$ auf dem Gebiet $\hat{G}$ kompakt konvergent gegen die nichtkonstante Funktion ψ. Da φ_ν auf G schlicht ist, ist insbesondere $\varphi_\nu(z) \neq \varphi_\nu(z_2)$ für alle $z \in \hat{G}$, d. h., die Funktionen ψ_ν besitzen auf G keine Nullstelle. Andererseits ist lt. Annahme $\psi(z_1) = 0$. Das ist ein Widerspruch zu Satz 5. □

§ 2. Topologie in Funktionenräumen

Ziel dieses Paragraphen ist es zunächst, auf dem $\mathbb{C}$-Vektorraum $C(U)$ der stetigen Funktionen auf einer offenen Menge $U \subset \mathbb{C}$ eine hausdorffsche Topologie τ so zu erklären, daß der zugehörige Konvergenzbegriff gerade die kompakte Konvergenz aus Def. 1 ist. Diese Topologie wird genauer untersucht werden und schließlich werden die Ergebnisse aus § 1 in der Sprache der Topologie neu formuliert.

1. Topologisierung von $C(U)$. Es sei U wie immer in diesem Paragraphen eine offene Menge in $\mathbb{C}$. Jeder kompakten Menge $K \subset U$ und jedem $\varepsilon > 0$ ordnen wir die folgende Teilmenge von $C(U)$ zu:

$$V(K, \varepsilon) := \left\{ \varphi \in C(U) : \sup_{z \in K} |\varphi(z)| < \varepsilon \right\}.$$

Mit diesen Mengen $V(K, \varepsilon)$ läßt sich die Definition der kompakten Konvergenz leicht so umformulieren:

Eine Folge $(\varphi_\nu) \subset C(U)$ konvergiert genau dann kompakt auf U gegen $\varphi \in C(U)$, wenn es zu jedem Kompaktum $K \subset U$ und jedem $\varepsilon > 0$ ein $n \in \mathbb{N}$ gibt, so daß für alle $\nu \geq n$ gilt $\varphi - \varphi_\nu \in V(K, \varepsilon)$.

Diese Tatsache läßt vermuten, daß die gesuchte Topologie τ auf $C(U)$ die *gröbste* Topologie ist, in der die Mengen der Form

$$\varphi + V(K, \varepsilon) := \{ \psi \in C(U) : \psi - \varphi \in V(K, \varepsilon) \}$$

offene Mengen sind (vgl. Anhang, Def. 2 und Satz 2). Wir definieren deshalb:

Def. 3. *Eine Menge $V \subset C(U)$ heißt offen in $C(U)$, wenn es zu jedem $\varphi \in V$ ein Kompaktum $K \subset U$ und ein $\varepsilon > 0$ gibt, so daß $\varphi + V(K, \varepsilon) \subset V$ ist.*

Satz 7. *Durch Def. 3 ist auf $C(U)$ eine hausdorffsche Topologie τ definiert. Die Mengen $\varphi + V(K, \varepsilon)$, $\varphi \in C(U)$, $K \subset U$ kompakt, $\varepsilon > 0$, sind sämtlich offen im Sinne von τ.*

Beweis. Durch Def. 3 ist auf $C(U)$ in der Tat eine Topologie gegeben, denn es gilt:

i) $\emptyset$ und $C(U)$ sind offen.

ii) Sind die Mengen V_ι, $\iota \in J$, offen, so ist auch $\bigcup_{\iota \in J} V_\iota$ offen.

iii) Mit V_1, V_2 ist auch $V_1 \cap V_2$ offen; denn zu $\varphi \in V_1 \cap V_2$ gibt es Mengen $V(K_1, \varepsilon_1)$ und $V(K_2, \varepsilon_2)$ mit $\varphi + V(K_1, \varepsilon_1) \subset V_1$ und $\varphi + V(K_2, \varepsilon_2) \subset V_2$. Man setze $K := K_1 \cup K_2$ und $\varepsilon := \min\{\varepsilon_1, \varepsilon_2\}$; dann ist

$$\varphi + V(K, \varepsilon) \subset V_1 \cap V_2.$$

Die Mengen $\varphi + V(K, \varepsilon)$ sind im Sinne dieser Topologie offen. Um das zu zeigen, sei $\psi \in \varphi + V(K, \varepsilon)$ beliebig gewählt. Dann ist

$$\tilde{\varepsilon} := \varepsilon - \sup_{z \in K} |\psi(z) - \varphi(z)| > 0$$

§ 2. Topologie in Funktionenräumen

und man erhält sofort:

$$\psi + V(K, \tilde{\varepsilon}) \subset \varphi + V(K, \varepsilon).$$

Es kann nun nachgewiesen werden, daß die Topologie τ das Hausdorffsche Trennungsaxiom erfüllt. Seien $\varphi_1, \varphi_2 \in C(U)$ mit $\varphi_1 \neq \varphi_2$ gegeben. Dann gibt es ein $z_0 \in U$, so daß $\varphi_1(z_0) \neq \varphi_2(z_0)$ ist. Man setze nun $K := \{z_0\}$ und $\varepsilon := \frac{1}{2} |\varphi_1(z_0) - \varphi_2(z_0)|$. Dann hat man

$$(\varphi_1 + V(K, \varepsilon)) \cap (\varphi_2 + V(K, \varepsilon)) = \emptyset.$$

Wäre nämlich ψ ein Element aus diesem Durchschnitt, so wäre

$$|\psi(z_0) - \varphi_1(z_0)| < \varepsilon \quad \text{und} \quad |\psi(z_0) - \varphi_2(z_0)| < \varepsilon,$$

und deshalb ergäbe sich der Widerspruch

$$2\varepsilon = |\varphi_1(z_0) - \varphi_2(z_0)| \leq |\psi(z_0) - \varphi_1(z_0)| + |\psi(z_0) - \varphi_2(z_0)| < 2\varepsilon. \quad \square$$

Satz 8. *Die durch Def. 3 auf $C(U)$ gegebene Topologie τ ist translationsinvariant, d. h., wenn $V \subset C(U)$ eine Umgebung von $\varphi_1 \in C(U)$ ist und $\psi_1 \in C(U)$ beliebig gewählt ist, so ist die Menge*

$$\psi_1 + V := \{\psi \in C(U) : \psi - \psi_1 \in V\}$$

eine Umgebung von $\varphi_1 + \psi_1$.

Beweis. Es gibt eine Menge $V(K, \varepsilon)$, für die $\varphi_1 + V(K, \varepsilon) \subset V$ gilt. Damit ist offenbar auch $(\varphi_1 + \psi_1) + V(K, \varepsilon) \subset \psi_1 + V$. $\square$

Zum Abschluß dieses Abschnittes wird nun gezeigt:

Satz 9. *Eine Folge $(\varphi_\nu) \subset C(U)$ konvergiert genau dann gegen $\varphi \in C(U)$ im Sinne der Topologie τ, wenn sie kompakt gegen φ konvergiert. Man nennt deshalb τ die Topologie der kompakten Konvergenz auf U.*

Beweis. i) (φ_ν) konvergiere kompakt gegen φ und $V \subset C(U)$ sei eine offene Umgebung von φ in bezug auf die Topologie τ. Dann gibt es eine Menge $V(K, \varepsilon)$ mit $\varphi + V(K, \varepsilon) \subset V$ und dazu ein $n \in \mathbb{N}$, so daß $\sup_{z \in K} |\varphi(z) - \varphi_\nu(z)| < \varepsilon$ für alle $\nu \geq n$ ist. Es ist also $\varphi_\nu \in V$ für alle $\nu \geq n$. Damit ist die Konvergenz von (φ_ν) gegen φ im Sinne der Topologie τ gezeigt.

ii) Wenn $\varphi_\nu \to \varphi$ strebt in bezug auf τ, gibt es insbesondere zu jedem $V(K, \varepsilon)$ wegen der Offenheit von $\varphi + V(K, \varepsilon)$ ein $n \in \mathbb{N}$, so daß $\varphi_\nu \in \varphi + V(K, \varepsilon)$, d. h., $\varphi - \varphi_\nu \in V(K, \varepsilon)$ für alle $\nu \geq n$ gilt. Es ist also auch $\varphi = \lim_{\nu \to \infty} \varphi_\nu$ im Sinne der kompakten Konvergenz auf U. $\square$

2. Metrisierung von $C(U)$. Die Untersuchung des topologischen Raumes $C(U)$ mit der Topologie τ der kompakten Konvergenz wird dadurch erleichtert, daß τ durch eine Metrik induziert wird.

Zur Konstruktion einer solchen Metrik benötigt man den folgenden Begriff:

Def. 4. *Eine Folge $K_1, K_2, K_3, \ldots$ von kompakten Teilmengen von U heißt Ausschöpfungsfolge von U, wenn sie die Eigenschaften besitzt:*
  i) *Es ist $K_j \subset K_{j+1}$ für alle j,*
  ii) *Jede kompakte Menge $K \subset U$ ist in einem K_j enthalten.*

Der wesentliche Schritt bei der Konstruktion der gesuchten Metrik auf $C(U)$ wird geleistet durch den

Hilfssatz. *Jede offene Menge $U \subset \mathbb{C}$ besitzt eine Ausschöpfungsfolge.*

Beweis. Es sei $\mathfrak{Z}$ die Menge aller abgeschlossenen Kreise $Z'_r(z) \subset U$ mit rationalen Größen r, $\operatorname{Re} z$ und $\operatorname{Im} z$. $\mathfrak{Z}$ ist nach einem aus der Diff.- und Integralrechnung bekannten Satz abzählbar. Die zugehörigen offenen Kreise überdecken ganz U.

Um das einzusehen, wähle man zu beliebigem $z_0 \in U$ ein rationales $r > 0$, so daß $Z'_r(z_0) \subset U$. In $Z_{r/2}(z_0)$ gibt es ein z_1 mit rationalem Real- und Imaginärteil; dafür gilt dann offenbar $z_0 \in Z_{r/2}(z_1)$ und $Z'_{r/2}(z_1) \subset U$. Nun sei $\mathfrak{Z} = \{Z^{(1)}, Z^{(2)}, Z^{(3)} \ldots\}$ eine Abzählung von $\mathfrak{Z}$. Damit definiere man

$$K_j := \bigcup_{\nu=1}^{j} Z^{(\nu)}, \quad j = 1, 2, 3, \ldots .$$

Dann ist trivialerweise $K_j \subset U$ kompakt und $K_j \subset K_{j+1}$ für alle j. Ist außerdem $K \subset U$ eine kompakte Menge, so gibt es endlich viele Kreise aus $\mathfrak{Z}$, etwa $Z^{(\nu_1)}, \ldots, Z^{(\nu_m)}$, die K überdecken. Dann folgt mit $j := \max\{\nu_1, \ldots, \nu_m\}$ die Beziehung $K \subset K_j$. Die K_j bilden also eine Ausschöpfungsfolge von U. □

Jetzt können wir zeigen:

Satz 10. *Es sei $K_1, K_2, K_3, \ldots$ eine beliebige Ausschöpfungsfolge der offenen Menge $U \subset \mathbb{C}$. Dann wird durch*

$$d(\varphi, \psi) := \sum_{\nu=1}^{\infty} 2^{-\nu} \frac{\sup\limits_{z \in K_\nu} |\varphi(z) - \psi(z)|}{1 + \sup\limits_{z \in K_\nu} |\varphi(z) - \psi(z)|}$$

für $\varphi, \psi \in C(U)$ auf $C(U)$ eine Metrik definiert, die die Topologie der kompakten Konvergenz induziert.

Die Metrik ist translationsinvariant, d. h., für $\varphi, \psi, \varrho \in C(U)$ gilt

$$d(\varphi, \psi) = d(\varphi + \varrho, \psi + \varrho).$$

Beweis. a) Wir betrachten auf $C(U)$ die folgende Hilfsfunktion

$$\tilde{d}(\varphi) := \sum_{\nu=1}^{\infty} 2^{-\nu} \frac{\sup\limits_{z \in K_\nu} |\varphi(z)|}{1 + \sup\limits_{z \in K_\nu} |\varphi(z)|}. \tag{1}$$

§ 2. Topologie in Funktionenräumen

Wegen der Ungleichung

$$0 \leq \frac{\sup\limits_{z \in K_\nu} |\varphi(z)|}{1 + \sup\limits_{z \in K_\nu} |\varphi(z)|} < 1$$

für alle $\varphi \in C(U)$ und alle $\nu = 1, 2, 3, \ldots$, ist immer

$$0 \leq \tilde{d}(\varphi) < 1. \tag{2}$$

Außerdem ist

$$d(\varphi, \psi) = \tilde{d}(\varphi - \psi) \tag{3}$$

für alle $\varphi, \psi \in C(U)$.

Nun werden zunächst die folgenden Aussagen über $\tilde{d}$ bewiesen:

Es ist $\tilde{d}(\varphi) = 0$ genau dann, wenn $\varphi = 0$ ist. (4)

$\tilde{d}(\varphi + \psi) \leq \tilde{d}(\varphi) + \tilde{d}(\psi)$ für alle $\varphi, \psi \in C(U)$. (5)

$$2^{-n} \frac{\sup\limits_{z \in K_n} |\varphi(z)|}{1 + \sup\limits_{z \in K_n} |\varphi(z)|} \leq \tilde{d}(\varphi) \leq \sup\limits_{z \in K_n} |\varphi(z)| + 2^{-n}. \tag{6}$$

Zu (4): Ist $\varphi = 0$, so ist trivialerweise auch $\tilde{d}(\varphi) = 0$. Umgekehrt folgt aus $\tilde{d}(\varphi) = 0$ sofort $\sup\limits_{z \in K_\nu} |\varphi(z)| = 0$ für alle $\nu = 1, 2, 3, \ldots$. Da jeder Punkt $z \in U$ in einem K_j liegt, ergibt sich hieraus $\varphi \equiv 0$.

Zu (5): Zunächst gilt offenbar für jedes ν

$$\sup\limits_{z \in K_\nu} |\varphi(z) + \psi(z)| \leq \sup\limits_{z \in K_\nu} |\varphi(z)| + \sup\limits_{z \in K_\nu} |\psi(z)|.$$

Daraus erhält man die gewünschte Ungleichung für $\tilde{d}$ (sogar summandenweise in (1)), indem man beachtet, daß die Funktion $f(x) := \frac{x}{1+x}$ auf $\mathbb{R}_0^+$ monoton wachsend ist und daß für $x, y \in \mathbb{R}_0^+$ gilt:

$$\frac{x+y}{1+x+y} \leq \frac{x}{1+x} + \frac{y}{1+y}.$$

Die detaillierten Rechnungen können dem Leser überlassen werden.

Zu (6): Die linke Ungleichung folgt sofort aus der Tatsache, daß alle Summanden in (1) nicht negativ sind. Zum Beweis der rechten Ungleichung beachte man, daß für alle $\nu \leq \mu$ gilt:

$$\sup\limits_{z \in K_\nu} |\varphi(z)| \leq \sup\limits_{z \in K_\mu} |\varphi(z)|.$$

Deshalb erhält man für jedes $n \in \mathbb{N}$:

$$\tilde{d}(\varphi) = \sum_{\nu=1}^{\infty} 2^{-\nu} \frac{\sup_{z \in K_\nu} |\varphi(z)|}{1 + \sup_{z \in K_\nu} |\varphi(z)|}$$

$$\leq \sum_{\nu=1}^{n} 2^{-\nu} \sup_{z \in K_\nu} |\varphi(z)| + \sum_{\nu=n+1}^{\infty} 2^{-\nu}$$

$$\leq \sup_{z \in K_n} |\varphi(z)| + 2^{-n}.$$

b) Durch $d(\varphi, \psi) := \tilde{d}(\varphi - \psi)$ ist in der Tat auf $C(U)$ eine Metrik erklärt, denn es gilt:

i) $d(\varphi, \psi) = 0$ genau dann, wenn $\varphi = \psi$ auf Grund von (4).

ii) $d(\varphi, \psi) = d(\psi, \varphi)$ für alle $\varphi, \psi \in C(U)$ ist erfüllt wegen $\tilde{d}(\chi) = \tilde{d}(-\chi)$ für alle $\chi \in C(U)$.

iii) Die Dreiecksungleichung

$$d(\varphi, \chi) \leq d(\varphi, \psi) + d(\psi, \chi)$$

für alle $\varphi, \psi, \chi \in C(U)$ ergibt sich aus (5).

Die Translationsinvarianz der Metrik d folgt sofort aus (3).

c) Es muß nun noch gezeigt werden, daß die Metrik d auf $C(U)$ die Topologie τ induziert. Das geschieht in zwei Schritten:

i) Jede in bezug auf τ offene Menge $V \subset C(U)$ ist bezüglich d offen: Sei $\varphi \in V$ beliebig und dazu $V(K, \varepsilon)$ so gewählt, daß gilt

$$\varphi + V(K, \varepsilon) \subset V.$$

Zu der kompakten Menge K gibt es ein $n \in \mathbb{N}$ mit $K \subset K_n$. Damit definiere man

$$\varepsilon' := \frac{\varepsilon}{1+\varepsilon} 2^{-n}$$

und bezeichne mit ψ ein beliebiges Element aus $\{\chi \in C(U): d(\chi, \varphi) < \varepsilon'\}$. Dann ist $\tilde{d}(\psi - \varphi) < \varepsilon'$ und also lt. (6) (linke Ungleichung):

$$\frac{\sup_{z \in K_n} |\psi(z) - \varphi(z)|}{1 + \sup_{z \in K_n} |\psi(z) - \varphi(z)|} < \frac{\varepsilon}{1+\varepsilon}.$$

Wegen der strengen Monotonie der Funktion $\frac{x}{1+x}$ auf $\mathbb{R}_0^+$ folgt daraus:

$$\sup_{z \in K_n} |\psi(z) - \varphi(z)| < \varepsilon.$$

Das zeigt, daß $\psi - \varphi \in V(K_n, \varepsilon) \subset V(K, \varepsilon)$ ist. Also gilt

$$\{\chi \in C(U): d(\chi, \varphi) < \varepsilon'\} \subset \varphi + V(K, \varepsilon) \subset V,$$

was die Offenheit von V in bezug auf d beweist.

§ 2. Topologie in Funktionenräumen 221

ii) Jede in bezug auf d offene Menge W ist offen in τ: Sei $\varphi \in W$ beliebig und dazu $\varepsilon > 0$ so gewählt, daß gilt

$$\{\psi : d(\psi, \varphi) < \varepsilon\} \subset W.$$

Zu ε wähle man $n \in \mathbb{N}$ so groß, daß $2^{-n} < \frac{\varepsilon}{2}$ wird, und setze $\varepsilon' := \frac{\varepsilon}{2}$ und $K := K_n$. Mit der rechten Ungleichung aus (6) folgt dann für alle $\psi \in \varphi + V(K, \varepsilon')$

$$d(\psi, \varphi) = \tilde{d}(\psi - \varphi) \leqq \sup_{z \in K_n} |\psi(z) - \varphi(z)| + 2^{-n}$$

$$< \frac{\varepsilon}{2} + \frac{\varepsilon}{2} = \varepsilon.$$

Also ist $\varphi + V(K, \varepsilon') \subset \{\psi : d(\psi, \varphi) < \varepsilon\} \subset W$, was die Offenheit von W in bezug auf τ beweist. □

Bemerkung. Es sei noch ausdrücklich darauf hingewiesen, daß die durch (1) auf $C(U)$ definierte Funktion $\tilde{d}$ keine Norm ist, obwohl sie den Gesetzen (4) (Definitheit) und (5) (Dreiecksungleichung) genügt. Sie ist nämlich nicht homogen: Zum Beispiel gilt für die Funktion $\varphi \equiv 1 \in C(U)$

$$2\tilde{d}(\varphi) = 1 \neq \tfrac{2}{3} = \tilde{d}(2\varphi).$$

Aus Satz 1 gemeinsam mit Satz 10 folgt noch:

Korollar. *Die kompakt konvergenten Folgen $(\varphi_\nu) \subset C(U)$ sind genau die Cauchyfolgen bezüglich der Metrik d.*

Beweis. (Zum Begriff der Cauchyfolge bezüglich einer Metrik vgl. Anhang, Def. 16.)

i) Sei $(\varphi_\nu) \subset C(U)$ kompakt konvergent gegen $\varphi \in C(U)$. Laut Satz 9 konvergiert (φ_ν) dann im Sinn der Topologie der kompakten Konvergenz gegen φ. Da das lt. Satz 10 gerade die durch die Metrik d induzierte Topologie ist, folgt aus der Bemerkung im Anschluß an Def. 16 des Anhangs, daß (φ_ν) eine Cauchyfolge bezüglich d ist.

ii) $(\varphi_\nu) \subset C(U)$ sei eine Cauchyfolge bezüglich d. Ferner sei eine beliebige kompakte Menge $K \subset U$ und ein $\varepsilon > 0$ vorgegeben. Da dann für ein beliebiges ε_1 mit $0 < \varepsilon_1 < \varepsilon$ die Menge $V(K, \varepsilon_1)$ eine Umgebung der $0 \in C(U)$ in der Topologie der kompakten Konvergenz ist, gibt es lt. Satz 10 ein $\varepsilon' > 0$, so daß

$$\{\psi \in C(U) : d(\psi, 0) < \varepsilon'\} \subset V(K, \varepsilon_1).$$

Dazu kann man weiter ein $n \in \mathbb{N}$ finden, so daß man für alle $\nu, \mu \geqq n$ hat

$$\varphi_\nu - \varphi_\mu \in \{\psi \in C(U) : d(\psi, 0) < \varepsilon'\}.$$

Also ergibt sich für diese ν, μ insbesondere $\varphi_\nu - \varphi_\mu \in V(K, \varepsilon_1)$, was bedeutet, daß

$$|\varphi_\nu(z) - \varphi_\mu(z)| < \varepsilon_1$$

ist für alle $z \in K$ und alle $\nu, \mu \geqq n$. – Aus diesem Ergebnis folgt zunächst wegen der beliebigen Wahl der kompakten Menge $K \subset U$, daß die $(\varphi_\nu(z))$ für alle

$z \in U$ Cauchyfolgen in $\mathbb{C}$ sind, so daß es also eine Funktion $\varphi: U \to \mathbb{C}$ gibt, gegen die (φ_ν) punktweise konvergiert. Laut obigem Ergebnis hat man deshalb weiter für jedes $z \in K$ und alle $\mu \geqq n$ sogar

$$|\varphi(z) - \varphi_\mu(z)| = \lim_{\nu \to \infty} |\varphi_\nu(z) - \varphi_\mu(z)| \leqq \varepsilon_1 < \varepsilon.$$

Also konvergiert (φ_ν) auf U kompakt gegen φ, so daß insbesondere $\varphi \in C(U)$ ist (Satz 1). □

3. Neuformulierung der Ergebnisse aus § 1.

Nachdem im vorigen Abschnitt gezeigt worden ist, daß sich die kompakte Konvergenz von Folgen in $C(U)$, $U \subset \mathbb{C}$ offen, durch eine Topologie beschreiben läßt, die durch eine Metrik gegeben wird, können die Hauptergebnisse aus § 1 mit Hilfe von elementaren Sätzen über metrische Räume einfacher formuliert werden. Es sei also von jetzt an $C(U)$ immer mit der Topologie der kompakten Konvergenz versehen (Def. 3) und mit d werde eine Metrik von der in Satz 10 angegebenen Art bezeichnet.

Da die Cauchyfolgen bezüglich d gerade die kompakt konvergenten Folgen sind, besagt Satz 1:

Satz 1'. *Der metrische Raum $C(U)$ ist vollständig.*

Auf dem Teilraum $H(U) \subset C(U)$ der in U holomorphen Funktionen wird durch τ eine Relativtopologie $\tau|H(U)$ induziert, die ebenfalls Topologie der kompakten Konvergenz (auf $H(U)$) heißt. Eine Teilmenge $W \subset H(U)$ ist offen in bezug auf $\tau|H(U)$, wenn es zu jedem $\varphi \in W$ eine kompakte Menge $K \subset U$ und ein $\varepsilon > 0$ gibt, so daß mit $\tilde{V}(K, \varepsilon) := V(K, \varepsilon) \cap H(U)$ gilt $\varphi + \tilde{V}(K, \varepsilon) \subset W$. Man erhält τ auch, indem man die Metrik d auf $H(U)$ einschränkt und die davon erzeugte Topologie betrachtet. $H(U)$ ist dann ebenfalls ein metrischer Raum, in dem die Cauchyfolgen die kompakt konvergenten Folgen sind. Und damit lautet Satz 3 in neuer Formulierung analog zu Satz 1':

Satz 3'. *$H(U)$ ist bezüglich der Metrik $d|H(U)$ vollständig.*

Als Teilmenge von $C(U)$ ist $H(U)$ aufgrund eines allgemeinen Satzes genau dann abgeschlossen, wenn der Grenzwert jeder bezüglich $C(U)$ konvergenten Folge aus $H(U)$ ebenfalls in $H(U)$ liegt (vgl. Anhang, Satz 12). Man kann also Satz 3 auch so aussprechen:

Satz 3''. *$H(U)$ ist eine abgeschlossene Teilmenge von $C(U)$.*

Eine topologische Neufassung von Satz 4 erhält man unmittelbar, indem man beachtet, daß eine Abbildung zwischen zwei metrischen Räumen genau dann stetig ist, wenn sie konvergente Folgen immer in konvergente Folgen überführt (vgl. Anhang, Satz 13).

Satz 4'. *Für jede natürliche Zahl n ist die Abbildung $\varphi \to \varphi^{(n)}$ von $H(U)$ in $H(U)$ stetig.*

Die Ergebnisse aus § 1.2 sind nach dem oben erwähnten Kriterium Aussagen über die Abgeschlossenheit gewisser Teilmengen von $H(G)$ für ein beliebiges Gebiet $G \subset \mathbb{C}$.

Satz 5'. *Die Menge*

$$\{\varphi \in H(G): \varphi(z) \neq 0 \text{ für alle } z \in G\} \cup \{\varphi \equiv 0\}$$

ist abgeschlossen in $H(G)$.

Satz 6'. *Die Menge*

$$\{\varphi \in H(G): \varphi \text{ schlicht}\} \cup \{\varphi \equiv c : c \in \mathbb{C}\}$$

ist abgeschlossen in $H(G)$.

§ 3. Satz von Montel für holomorphe Funktionen

1. Satz von Montel für Folgen. Der Satz von Montel für analytische Algebren (Satz II, 45 und III, 4) beschäftigte sich mit der Frage, wann gewisse Folgen in den A_t konvergente Teilfolgen besitzen müssen. Diese Fragestellung soll nun für die $\mathbb{C}$-Algebren $H(U)$ aufgegriffen werden. Dabei wird sich herausstellen, daß das Ergebnis eine natürliche Verallgemeinerung des Satzes III, 4 ist. Man erhält sie folgendermaßen:

Die Algebra A_t, $t > 0$ fest gewählt, kann identifiziert werden mit jedem $H(Z_t(z_0))$, $z_0 \in \mathbb{C}$, indem man $\tilde{f} \in H(Z_t(z_0))$ seine Potenzreihenentwicklung $f \in A_t$ zuordnet (vgl. Satz II, 63 und Satz II, 50). Und für jede streng monoton wachsende Folge (ϱ_μ) mit $\varrho_1 > 0$ und $\lim\limits_{\mu \to \infty} \varrho_\mu = t$ ist $\{Z'_{\varrho_\mu}(z_0) : \mu = 1, 2, 3, \ldots\}$ eine Ausschöpfungsfolge von $Z_t(z_0)$. Die Voraussetzung des Satzes III, 4 an die Folge $(\tilde{f}_j) \subset H(Z_t(z_0))$ besagt dann gerade, daß es zu jedem Glied $Z'_{\varrho_\mu}(z_0)$ der Ausschöpfungsfolge ein M_μ gibt, für das

$$\sup_{z \in Z'_{\varrho_\mu}(z_0)} |\tilde{f}_j(z)| \leq M_\mu \quad \text{für alle} \quad j = 1, \ldots$$

gilt. Um auch die Behauptung des Satzes III, 4 in die Sprache der Algebren $H(Z_t(z_0))$ übertragen zu können, brauchen wir uns nur noch zu überlegen, daß die Topologie τ_2 auf A_t bei der obigen Identifikation mit der Topologie der kompakten Konvergenz auf $H(Z_t(z_0))$ übereinstimmt. Das ist im wesentlichen die Aussage des Satzes II, 52. Ist nämlich $M \subset A_t$ bezüglich τ_2 offen, $\tilde{M}$ die zugehörige Menge in $H(Z_t(z_0))$, und $\tilde{f}_0 \in \tilde{M}$, so gibt es nach diesem Satz einen kompakten Kreis $Z'_\varrho(z_0) \subset Z_t(z_0)$ und ein $\varepsilon > 0$, so daß gilt

$$\{\tilde{f} \in H(Z_t(z_0)): \sup_{z \in Z'_\varrho(z_0)} |\tilde{f}(z) - \tilde{f}_0(z)| < \varepsilon\} \subset \tilde{M},$$

d. h., es ist

$$\tilde{f}_0 + \tilde{V}(Z'_\varrho(z_0), \varepsilon) \subset \tilde{M},$$

was die Offenheit von $\tilde{M}$ in der Topologie der kompakten Konvergenz auf $Z_t(z_0)$ beweist.

Ist umgekehrt für eine kompakte Menge $K \subset Z_t(z_0)$ und ein $\varepsilon > 0$

$$\tilde{f}_0 + \tilde{V}(K, \varepsilon) \subset \tilde{M},$$

so gibt es ein ϱ mit $0 < \varrho < t$ und $K \subset Z'_\varrho(z_0)$. Damit ist $\tilde{V}(Z'_\varrho(z_0), \varepsilon) \subset \tilde{V}(K, \varepsilon)$ und deshalb hat man

$$\{f \in A_t : \|f - f_0\|_\varrho < \varepsilon\} \subset M.$$

Das zeigt lt. Satz II, 52, daß aus der Offenheit von $\tilde{M}$ in der Topologie der kompakten Konvergenz die Offenheit von M in bezug auf τ_2 folgt. Die beiden Topologien gehen bei der Identifikation $A_t \cong H(Z_t(z_0))$ also ineinander über. Insgesamt ist dadurch bewiesen, daß Satz III, 4 für den Spezialfall $U = Z_t(z_0)$ identisch mit der folgenden allgemeinen Aussage ist:

Satz 11 (Satz von Montel). *Es sei $U \subset \mathbb{C}$ eine offene Menge und $\{K_j\}$ eine Ausschöpfungsfolge von U. Die Folge $(\varphi_\lambda) \subset H(U)$ besitze die folgende Eigenschaft: Zu jedem $j = 1, 2, 3, \ldots$ gebe es ein $M_j > 0$, so daß für alle $\lambda = 1, 2, 3, \ldots$ gilt:*

$$\sup_{z \in K_j} |\varphi_\lambda(z)| \leq M_j$$

Dann besitzt die Folge (φ_λ) eine auf U kompakt konvergente Teilfolge (φ_{λ_μ}).

Bemerkung. i) Die Voraussetzung des Satzes an (φ_λ) ist insbesondere dann erfüllt, wenn (φ_λ) auf U gleichartig beschränkt ist, d. h., wenn es ein $M > 0$ gibt, für das $|\varphi_\lambda(z)| \leq M$ für alle $z \in U$ und alle $\lambda = 1, 2, 3, \ldots$ gilt.

ii) Wenn (φ_λ) die Voraussetzung des Satzes bezüglich einer Ausschöpfungsfolge von U erfüllt, so erfüllt es sie auch bezüglich jeder anderen.

Beweis zu Satz 11. Wie im Beweis des Hilfssatzes über die Existenz einer Ausschöpfungsfolge gezeigt wurde, gibt es eine Überdeckung von U durch abzählbar viele Kreise $Z_{\hat{r}_1}(z_1), Z_{\hat{r}_2}(z_2), Z_{\hat{r}_3}(z_3), \ldots$, deren Abschlüsse $Z'_{\hat{r}_\nu}(z_\nu)$ in U enthalten sind. Diese Aussage gilt dann offenbar auch noch für etwas größere Kreise $Z'_{r_\nu}(z_\nu)$ um z_ν. Deshalb liegt insbesondere jedes $Z'_{r_\nu}(z_\nu)$ in einem K_{j_ν}. Laut Voraussetzung ist also

$$|\varphi_\lambda(z)| \leq M_{j_\nu}$$

für alle $z \in Z_{r_\nu}(z_\nu)$ und alle $\lambda = 1, 2, 3, \ldots$. Damit erfüllt für jedes $\nu = 1, 2, 3, \ldots$ die Folge $(\varphi_\lambda | Z_{r_\nu}(z_\nu)) \subset H(Z_{r_\nu}(z_\nu))$ die Voraussetzungen des Satzes 11 für den schon geklärten Spezialfall $U = Z_{r_\nu}(z_\nu)$, und man erhält die gesuchte Teilfolge von (φ_λ) durch ein einfaches Diagonalverfahren: Es gibt eine Teilfolge $(\varphi_{1\lambda})$ von (φ_λ), so daß $(\varphi_{1\lambda} | Z_{r_1}(z_1))$ auf $Z_{r_1}(z_1)$ kompakt konvergiert. Angenommen für ein $\mu = 1, 2, \ldots$ wären schon Teilfolgen $(\varphi_{\mu\lambda}) \subset (\varphi_{(\mu-1)\lambda}) \subset \cdots \subset (\varphi_{1\lambda}) \subset (\varphi_\lambda)$ so gefunden, daß $(\varphi_{\nu\lambda} | Z_{r_\nu}(z_\nu))$ kompakt konvergiert für $\nu = 1, \ldots, \mu$. Dann ist $(\varphi_{\mu\lambda} | Z_{r_{\mu+1}}(z_{\mu+1}))$ auf $Z_{r_{\mu+1}}(z_{\mu+1})$ gleichartig beschränkt, und deshalb gibt es wiederum eine Teilfolge $(\varphi_{(\mu+1)\lambda}) \subset (\varphi_{\mu\lambda})$, für die $(\varphi_{(\mu+1)\lambda}|Z_{r_{\mu+1}}(z_{\mu+1}))$ kompakt konvergiert. Man bilde die Diagonalfolge $(\varphi_{\lambda\lambda}) \subset (\varphi_\lambda)$ zu dieser induktiv gewonnenen Folge von Teilfolgen. Sie konvergiert kompakt auf allen $Z_{r_v}(z_v)$, $v = 1, 2, 3, \ldots$, und damit konvergiert $(\varphi_{\lambda\lambda}|Z'_{\tilde{r}_v}(z_v))$ für alle $v = 1, 2, 3, \ldots$ gleichmäßig. Wegen $\bigcup_{v=1}^{\infty} Z_{\tilde{r}_v}(z_v) = U$ ergibt sich daraus mit Satz 2 die kompakte Konvergenz von $(\varphi_{\lambda\lambda})$ auf U. □

2. Beschränkte Mengen in $H(U)$. Auch der Satz von Montel kann mit Hilfe der Sprache der Topologie in eine wesentlich übersichtlichere Form gebracht werden. Das soll hier zunächst geschehen.

Die Mengen in einem metrischen Raum, deren Teilfolgen immer mindestens einen Häufungspunkt und damit ihrerseits eine konvergente Teilfolge besitzen, sind genau die Mengen mit kompaktem topologischen Abschluß (vgl. Anhang, Sätze 9, 11, 12, 14). Deshalb genügt es für die Fragestellung des Satzes von Montel, die kompakten Mengen in $H(U)$ vollständig zu charakterisieren.

Im Falle des metrischen Raumes $\mathbb{R}^n$ sind nach dem Satz von Heine-Borel die kompakten Mengen bekanntlich gerade die beschränkten und abgeschlossenen Mengen. Es zeigt sich nun, daß der Begriff der Beschränktheit im Raum $H(U)$ mit der Topologie der kompakten Konvergenz so erklärt werden kann, daß der Satz von Heine-Borel sich wörtlich auf $H(U)$ überträgt.

Def. 5. *Eine Teilmenge $A \subset H(U)$ heißt beschränkt, wenn es zu jeder Umgebung $W \subset H(U)$ der Nullfunktion $\varphi \equiv 0 \in H(U)$ eine reelle Zahl $\lambda > 0$ gibt, so daß gilt:*

$$\lambda \cdot A := \{\lambda \cdot \varphi : \varphi \in A\} \subset W.$$

Satz 12. *Die folgenden Bedingungen an eine Teilmenge $A \subset H(U)$ sind äquivalent:*

i) *A ist beschränkt.*

ii) *Zu jeder kompakten Teilmenge $K \subset U$ und jedem $\varepsilon > 0$ gibt es ein $\lambda > 0$, so daß gilt:*

$$\lambda \cdot A \subset \tilde{V}(K, \varepsilon).$$

iii) *Zu jeder kompakten Teilmenge $K \subset U$ gibt es eine reelle Zahl $M_K > 0$, so daß für alle $\varphi \in A$ gilt:*

$$\sup_{z \in K} |\varphi(z)| \leq M_K.$$

Beweis. Da die $\tilde{V}(K, \varepsilon)$ in $H(U)$ offene Umgebungen der 0 sind, folgt ii) aus i); und da es zu jeder Umgebung W der 0 in $H(U)$ lt. Def. der Topologie auf $H(U)$ ein $\tilde{V}(K, \varepsilon)$ mit $\tilde{V}(K, \varepsilon) \subset W$ gibt, impliziert auch ii) die Beschränktheit von A.

Ist weiter ii) erfüllt und $K \subset U$ kompakt, so gibt es zu $\varepsilon := 1$ ein $\lambda > 0$, so daß man hat

$$\lambda \cdot A \subset \tilde{V}(K, 1) := \{\varphi \in H(U) : \sup_{z \in K} |\varphi(z)| < 1\}.$$

Also ist für alle $\psi \in A$

$$\sup_{z \in K} |\psi(z)| \leq \frac{1}{\lambda}.$$

Ist schließlich $\sup_{z \in K} |\psi(z)| \leq M_K$ für alle $\psi \in A$, so hat man bei vorgegebenem $\varepsilon > 0$ die Beziehung

$$\frac{\varepsilon}{M_K + 1} \cdot A \subset \tilde{V}(K, \varepsilon).$$

Damit ist auch die Äquivalenz von ii) und iii) gezeigt. □

Berücksichtigt man, daß in dem metrischen Raum $H(U)$ jeder Häufungspunkt einer Teilmenge $A \subset H(U)$ Grenzwert einer Teilfolge aus A ist (vgl. Anhang, Satz 11), so erhält man mit der Charakterisierung iii) aus diesem Satz sofort:

Korollar. *Der topologische Abschluß einer beschränkten Teilmenge $A \subset H(U)$ ist ebenfalls beschränkt.*

Mit Hilfe dieses Beschränktheitsbegriffes können wir den Satz von Montel in seiner endgültigen Gestalt formulieren.

Satz 13 (Satz von Montel). *Eine Teilmenge $A \subset H(U)$ ist genau dann kompakt, wenn sie beschränkt und abgeschlossen ist.*

Beweis. i) Es sei $A \subset H(U)$ kompakt. Da $H(U)$ ein hausdorffscher Raum ist, ist A dann abgeschlossen (vgl. Anhang, Satz 8). Um nachzuweisen, daß A beschränkt ist, benutzen wir das Kriterium aus Satz 12, iii). Dazu betrachten wir für eine kompakte Menge $K \subset U$ die Abbildung

$$\chi : H(U) \to \mathbb{R},$$

die jedem $\varphi \in H(U)$ den Wert

$$\chi(\varphi) := \sup_{z \in K} |\varphi(z)|$$

zuordnet. Diese Abbildung ist stetig auf $H(U)$, denn zu vorgegebenem $\varphi_0 \in H(U)$ und $\varepsilon > 0$ wähle man die Umgebung $\varphi_0 + \tilde{V}(K, \varepsilon)$ von φ_0 in $H(U)$. Dann ist für alle $\varphi \in \varphi_0 + \tilde{V}(K, \varepsilon)$

$$|\chi(\varphi) - \chi(\varphi_0)| = \left| \sup_{z \in K} |\varphi(z)| - \sup_{z \in K} |\varphi_0(z)| \right|$$

$$\leq \sup_{z \in K} |\varphi(z) - \varphi_0(z)| < \varepsilon.$$

Nun ist das stetige Bild $\chi(A)$ der kompakten Menge $A \subset H(U)$ kompakt in $\mathbb{R}$, und damit nach dem Satz von Heine-Borel beschränkt durch eine Schranke M_K. Also gilt für alle $\varphi \in A$

$$\chi(\varphi) = \sup_{z \in K} |\varphi(z)| \leq M_K,$$

und damit ist die Beschränktheit von A in $H(U)$ nachgewiesen.

ii) Sei $A \subset H(U)$ beschränkt und abgeschlossen. Da $H(U)$ ein metrischer Raum ist, genügt es zum Nachweis der Kompaktheit von A zu zeigen, daß A folgenkompakt ist, d. h., daß jede Folge $(\varphi_\nu) \subset A$ eine (kompakt) konvergente Teilfolge mit Grenzwert in A besitzt. Diese Aussage ergibt sich aber sofort aus Satz 11, denn wegen der Beschränktheit von A erfüllt (φ_ν) lt. Satz 12, iii) die dortigen Voraussetzungen, besitzt also eine kompakt konvergente Teilfolge, deren Grenzwert in A liegen muß, da A abgeschlossen ist. □

3. Konvergenzkriterien für Folgen in $H(G)$. Die Aussage des Satzes von Montel reicht bei vielen Anwendungen insofern nicht aus, als durch sie lediglich die Existenz einer konvergenten Teilfolge gesichert ist, so daß eine Konvergenzaussage für eine vorgegebene Folge i. a. nicht möglich ist. – Jedoch kann man durch gewisse Zusatzvoraussetzungen aus dem Satz von Montel Konvergenzkriterien gewinnen. Dazu beweisen wir zunächst den folgenden allgemeinen Satz:

Satz 14. *Die Teilmenge $A \subset H(U)$ sei beschränkt. Die Folge $(\varphi_\nu) \subset A$ ist genau dann (kompakt) konvergent gegen φ_0, wenn φ_0 der einzige Häufungspunkt von (φ_ν) ist.*

Beweis. i) In jedem Hausdorffraum ist der Grenzwert einer konvergenten Folge einziger Häufungspunkt der Folge.

ii) Sei φ_0 einziger Häufungspunkt von (φ_ν). Angenommen (φ_ν) strebt nicht (kompakt) gegen φ_0. Dann gibt es eine Umgebung W von φ_0 in $H(U)$, so daß für unendlich viele $\nu \in \mathbb{N}$ gilt $\varphi_\nu \notin W$. Durch diese ν ist eine Teilfolge (φ_{ν_μ}) von (φ_ν) bestimmt, für die φ_0 nicht Häufungspunkt ist. Da jedoch diese Folge (φ_{ν_μ}) in der beschränkten Menge A enthalten ist, besitzt auch sie nach dem Satz von Montel mindestens einen Häufungspunkt $\psi_0 \in H(U)$ (Grenzwert einer konvergenten Teilfolge), der damit auch Häufungspunkt von (φ_ν) ist. Das ist wegen $\psi_0 \neq \varphi_0$ ein Widerspruch. □

Will man nun Satz 14 für Konvergenznachweise benutzen, so braucht man zusätzliche Kriterien, die garantieren, daß eine vorgegebene Folge $(\varphi_\nu) \subset H(U)$ genau einen Häufungspunkt besitzt. Zwei Kriterien dieser Art werden in den beiden folgenden Sätzen angegeben.

Satz 15. *Es sei $G \subset \mathbb{C}$ ein Gebiet. Eine (im Sinn von Def. 5) beschränkte Folge $(\varphi_\nu) \subset H(G)$ ist genau dann (kompakt) konvergent in G, wenn es ein $z_0 \in G$ gibt, so daß für jedes $n \in \mathbb{N} \cup \{0\}$ die Folge $(\varphi_\nu^{(n)}(z_0))_{\nu=1}^\infty$ konvergiert.*

Beweis. i) Falls (φ_ν) in G (kompakt) konvergent ist, sind für jedes $z \in G$ die Folgen $(\varphi_\nu^{(n)}(z))_{\nu=1}^\infty$, $n = 0, 1, 2, \ldots$, lt. Satz 4 konvergent.

ii) Für $z_0 \in G$ gelte $\lim\limits_{\nu \to \infty} \varphi_\nu^{(n)}(z_0) = a_n$ für $n = 0, 1, 2, \ldots$. Da $(\varphi_\nu) \subset H(G)$ beschränkt ist, besitzt sie nach dem Satz von Montel mindestens einen Häufungspunkt $\psi_0 \in H(G)$, zu dem es dann eine Teilfolge $(\varphi_{\nu_\mu}) \subset (\varphi_\nu)$ gibt mit $\lim\limits_{\mu \to \infty} \varphi_{\nu_\mu} = \psi_0$ (im Sinne der kompakten Konvergenz). Also ist lt. Satz 4 für jedes $n = 0, 1, 2, \ldots$

$$a_n = \lim_{\mu \to \infty} \varphi_{\nu_\mu}^{(n)}(z_0) = \psi_0^{(n)}(z_0).$$

Damit ist gezeigt, daß alle Häufungspunkte von (φ_ν) als Potenzreihenentwicklung um z_0 die Reihe $\sum\limits_{n=0}^\infty \dfrac{a_n}{n!} X^n$ haben (Satz II, 62). Deshalb stimmen alle diese Häufungspunkte in einer ganzen Umgebung von z_0 und damit lt. dem Identitätssatz sogar in ganz G überein. Mit Satz 14 folgt daraus die (kompakte) Konvergenz von (φ_ν). □

Bemerkung. Dieser Satz ist die sinngemäße Übertragung des für die Algebren A_t bewiesenen Hilfssatzes zu Satz II, 44 auf $H(G)$.

Satz 16 (Satz von Vitali). *Es sei $G \subset \mathbb{C}$ ein Gebiet. Eine (im Sinne von Def. 5) beschränkte Folge $(\varphi_\nu) \subset H(G)$ konvergiert (kompakt) in G, wenn es eine Menge $M \subset G$ mit mindestens einem Häufungspunkt in G gibt, so daß für jedes $z \in M$ die Folge $(\varphi_\nu(z))_{\nu=1}^\infty$ konvergiert.*

Beweis. Es sei M eine Menge mit den im Satz angegebenen Eigenschaften. Zum Nachweis der Konvergenz von (φ_ν) muß wie im Beweis von Satz 15 nur gezeigt werden, daß (φ_ν) höchstens einen Häufungspunkt in $H(G)$ besitzt, d. h., daß alle konvergenten Teilfolgen von (φ_ν) den gleichen Grenzwert besitzen. Seien $(\varphi_{1\nu})$ und $(\varphi_{2\nu})$ zwei solche Folgen. Es sei $\psi_1 = \lim\limits_{\nu \to \infty} \varphi_{1\nu}$ und $\psi_2 = \lim\limits_{\nu \to \infty} \varphi_{2\nu}$. Dann gilt lt. Voraussetzung für alle $z \in M$

$$\psi_1(z) = \lim_{\nu \to \infty} \varphi_{1\nu}(z) = \lim_{\nu \to \infty} \varphi_\nu(z)$$

$$= \lim_{\nu \to \infty} \varphi_{2\nu}(z) = \psi_2(z).$$

Also stimmen die beiden in G holomorphen Funktionen ψ_1, ψ_2 auf einer sich in G häufenden Menge überein und sind deshalb lt. Identitätssatz gleich. □

Zum Abschluß dieses Kapitels ist es die Pflicht der Autoren zu sagen, in welchem Zusammenhang die Überschrift „Normale Familien" mit den im Kapitel gebotenen Inhalten steht. In einer in der Literatur gebräuchlichen Terminologie werden Teilmengen $A \subset H(U)$, $U \subset \mathbb{C}$ offen, in etwa dann als normale Familien bezeichnet, wenn ihr topologischer Abschluß in $H(U)$

§ 3. Satz von Montel

kompakt ist (genauer wird auch noch kompakte Konvergenz „gegen Unendlich" zugelassen). Bezeichnet man außerdem – wie oft üblich – beschränkte Teilmengen von $H(G)$ als beschränkte Familien, so lautet der wesentliche Teil des Satzes von Montel:

Jede beschränkte Familie ist normal.

Selbstverständlich ist diese Aussage rein mathematisch, keinesfalls aber soziologisch zu verstehen.

Anhang. Topologische Hilfsmittel

Es werden im Buch benötigte grundlegende Begriffe aus der mengentheoretischen Topologie und der Theorie der Banachräume zusammengestellt. Auf Beweise wird dabei meist verzichtet. Der interessierte Leser sei deshalb z. B. auf [3, 5] verwiesen. In den meisten Fällen wird es allerdings ebenfalls leicht sein, sich den entsprechenden Sachverhalt in einem aus der Infinitesimalrechnung bekannten Spezialfall im $\mathbb{R}^n$ zu vergegenwärtigen und den dafür üblichen Beweis auf den allgemeinen Fall zu übertragen. Außerdem sind einige Begriffe in speziellen Situationen früher bereits behandelt. Eine Motivierung für die Einführung der folgenden Begriffe ist durch ihren Gebrauch im Hauptteil des Buches gegeben.

1. Topologische Räume.

Def. 1. *$X \neq \emptyset$ sei eine Menge. Ein System $\mathfrak{U} = \{U_i\}_{i \in I}$ von Teilmengen U_i, $i \in I$, von X definiert auf X eine Topologie τ, wenn es den folgenden Bedingungen genügt:*
 i) *$\emptyset, X \in \mathfrak{U}$.*
 ii) *Die Vereinigung beliebig vieler Mengen aus $\mathfrak{U}$ gehört zu $\mathfrak{U}$.*
 iii) *Der Durchschnitt von je endlich vielen Mengen aus $\mathfrak{U}$ gehört zu $\mathfrak{U}$.*
Die Mengen $U_i \in \mathfrak{U}$ heißen offen (im Sinne von τ), X nennt man (bez. τ) einen topologischen Raum.

Der topologische Raum X heißt ein Hausdorffraum, wenn zusätzlich gilt:
 iv) *Zu je zwei Punkten $x_1, x_2 \in X$, $x_1 \neq x_2$, gibt es offene Mengen $U_1, U_2 \in \mathfrak{U}$ mit $x_1 \in U_1$, $x_2 \in U_2$ und $U_1 \cap U_2 = \emptyset$.*

Bemerkung. Alle in diesem Buch auftretenden topologischen Räume sind Hausdorffräume.

Def. 2. *Auf der Menge X seien zwei Topologien τ_1, τ_2 gegeben. Dann heißt τ_1 gröber als τ_2, wenn jede bez. τ_1 offene Teilmenge $U \subset X$ auch bez. τ_2 offen ist; τ_1 heißt feiner als τ_2, wenn τ_2 gröber als τ_1 ist.*

Satz 1.
 i) *Wenn τ_1 gröber ist als τ_2 und τ_2 gröber als τ_3, ist τ_1 gröber als τ_3.*
 ii) *Wenn τ_1 gröber als τ_2 und τ_2 gröber als τ_1 ist, so ist $\tau_1 = \tau_2$.*

1. Topologische Räume

Bemerkung. Zwei gegebene Topologien τ_1, τ_2 auf X brauchen i. a. im Sinn von Def. 2 nicht vergleichbar zu sein.

Satz 2. *Es sei $\mathscr{S} = \{M_\iota\}_{\iota \in J}$ ein System von Teilmengen von X. Dann gibt es eine eindeutig bestimmte gröbste Topologie τ auf X, bezüglich derer alle $M_\iota \in \mathscr{S}$ offen sind.*

Def. 3. *Die lt. Satz 2 durch $\mathscr{S}$ eindeutig bestimmte Topologie τ auf X heißt die durch $\mathscr{S}$ erzeugte Topologie. $\mathscr{S}$ wird Subbasis von τ genannt.*

Beweis von Satz 2. Es sei

$$\tilde{\mathscr{S}} := \{M_1 \cap \cdots \cap M_n, n \in \mathbb{N}, M_\nu \in \mathscr{S}\} \cup \{\emptyset\} \cup \{X\}.$$

Offensichtlich müssen bezüglich der gesuchten Topologie alle Mengen $N \in \tilde{\mathscr{S}}$ offen sein. Also müssen auch die Mengen des Systems

$$\mathfrak{U} := \left\{\bigcup_{\iota \in I} N_\iota,\ I \text{ beliebige Indexmenge},\ N_\iota \in \tilde{\mathscr{S}}\right\}$$

bezüglich τ offen sein. Nun ist aber $\mathfrak{U}$ schon ein System offener Mengen einer Topologie τ, denn es ist $\emptyset, X \in \mathfrak{U}$ und $\bigcup M_\iota \in \mathfrak{U}$, wenn $M_\iota \in \mathfrak{U}$. Schließlich gilt für den Durchschnitt zweier Mengen $\bigcup_{\iota \in I} N_\iota$ mit $N_\iota \in \tilde{\mathscr{S}}$ und $\bigcup_{\lambda \in \Lambda} N_\lambda$ mit $N_\lambda \in \tilde{\mathscr{S}}$:

$$\bigcup_{\iota \in I} N_\iota \cap \bigcup_{\lambda \in \Lambda} N_\lambda = \bigcup_{\substack{\iota \in I \\ \lambda \in \Lambda}} (N_\iota \cap N_\lambda) \in \mathfrak{U}, \quad \text{da} \quad N_\iota \cap N_\lambda \in \tilde{\mathscr{S}}.$$

Damit ist Satz 2 bewiesen. □

Satz 3. *Es sei X ein topologischer Raum mit $\mathfrak{U} = \{U_\iota\}_{\iota \in I}$ als System offener Mengen. Ferner sei $Y \subset X$ eine beliebige Teilmenge von X. Dann ist durch $\mathfrak{V} := \{V_\iota\}_{\iota \in I}$ mit $V_\iota := U_\iota \cap Y$ auf Y eine Topologie definiert. Wenn X ein Hausdorffraum ist, so ist es auch Y.*

Def. 4. *Die auf $Y \subset X$ lt. Satz 3 definierte Topologie heißt Relativtopologie.*

Von jetzt an sei X immer ein topologischer Raum mit einer Topologie τ.

Def. 5. *Eine Menge $A \subset X$ heißt abgeschlossen (bez. τ), wenn $X \setminus A$ offen ist.*

Def. 6. *Es sei $V \subset X$ und $x \in V$. Dann heißt V eine Umgebung von x (bez. τ), wenn es eine offene Menge U mit $x \in U \subset V$ gibt.*

Def. 7. *Ist $Y \subset X$ eine Teilmenge, so setzt man*

$$\mathring{Y} := \{y \in Y : Y \text{ ist Umgebung von } y\}$$

und nennt $\mathring{Y}$ das Innere oder den offenen Kern von Y.

Satz 4. *$\mathring{Y}$ ist offen. Ist $U \subset Y$ offen, so ist $U \subset \mathring{Y}$.*

Def. 8. *Jeder Teilmenge $Y \subset X$ ordnet man die Teilmenge*
$$\bar{Y} := X \setminus (\overset{\circ}{X \setminus Y})$$
zu und nennt sie den topologischen Abschluß oder die abgeschlossene Hülle von Y.

Satz 5. $\bar{Y}$ *ist abgeschlossen. Ist $A \supset Y$ abgeschlossen, so ist $\bar{Y} \subset A$.*

Def. 9. *Die Punkte der Menge $\partial Y := \bar{Y} \setminus \overset{\circ}{Y}$ heißen Randpunkte von Y.*

Def. 10. *Es sei Z ein weiterer topologischer Raum und $\varphi : X \to Z$ eine Abbildung. Sie heißt stetig im Punkt $x_0 \in X$, wenn es zu jeder Umgebung V von $\varphi(x_0)$ in Z eine Umgebung U von x_0 in X gibt, für die gilt: für alle $x \in U$ ist $\varphi(x) \in V$, d.h. $\varphi(U) \subset V$. Die Abbildung φ heißt stetig (auf X), wenn sie in allen Punkten $x_0 \in X$ stetig ist.*

Satz 6. *Die Abbildung $\varphi : X \to Z$ ist genau dann stetig, wenn für jede offene Menge $V \subset Z$ das Urbild*
$$\varphi^{-1}(V) = \{x \in X : \varphi(x) \in V\}$$
offen in X ist.

2. Kompaktheit, Konvergenz.

Def. 11. *Eine Teilmenge M eines Hausdorffraumes X heißt kompakt, wenn sie die folgende Eigenschaft besitzt:*
Ist $\mathfrak{U} = \{U_\iota\}_{\iota \in I}$ ein beliebiges System von in X offenen Mengen, für das gilt:
$$M \subset \bigcup_{\iota \in I} U_\iota,$$
($\mathfrak{U}$ heißt dann eine offene Überdeckung von M), so gibt es endlich viele $U_{\iota_0}, \ldots, U_{\iota_n}$, die M überdecken, d.h., für die man schon $M \subset \bigcup_{\nu=0}^{n} U_{\iota_\nu}$ hat.

Aus Satz 6 und Def. 11 ergibt sich sofort

Satz 7. *X und Z seien Hausdorffräume, $\varphi : X \to Z$ sei eine stetige Abbildung und $M \subset X$ kompakt. Dann ist auch $\varphi(M) \subset Z$ kompakt.*

Satz 8. *Kompakte Mengen in Hausdorffräumen sind abgeschlossen.*

Beweis. Sei $M \subset X$ kompakt. Es wird gezeigt, daß $X \setminus M$ offen ist. Dazu sei $x_0 \in X \setminus M$ beliebig gegeben. Dann wähle man zu beliebigem $y \in M$ offene Mengen U_y, V_y mit $y \in U_y, x_0 \in V_y$ und $U_y \cap V_y = \emptyset$. Offenbar ist
$$M \subset \bigcup_{y \in M} U_y.$$
Also gibt es endlich viele $y_0, \ldots, y_n$ mit
$$M \subset \bigcup_{\nu=0}^{n} U_{y_\nu}.$$

Setzt man nun
$$V(x_0) := \bigcap_{\nu=0}^{n} V_{y_\nu},$$
so ist $V(x_0)$ offen, $x_0 \in V(x_0)$ und $V(x_0) \cap M = \emptyset$.
Führt man diesen Prozeß für alle $x_0 \in X \smallsetminus M$ durch, so folgt
$$X \smallsetminus M \subset \bigcup_{x_0 \in X \smallsetminus M} V(x_0) \subset X \smallsetminus M.$$
Damit ist $X \smallsetminus M$ als Vereinigung von offenen Mengen offen. □

Def. 12. *Es sei (x_ν) eine Punktfolge im Hausdorffraum X.*
i) *Der Punkt $x_0 \in X$ heißt Häufungspunkt von (x_ν), wenn in jeder Umgebung von x_0 unendlich viele Glieder der Folge liegen.*
ii) *Der Punkt $x_0 \in X$ heißt Grenzwert von (x_ν), in Zeichen $x_0 = \lim_{\nu \to \infty} x_\nu$, wenn es zu jeder Umgebung U von x_0 ein $n_0 \in \mathbb{N}$ gibt, so daß $x_\nu \in U$ für alle $\nu \geq n_0$ gilt.*

Bemerkung. Eine Folge (x_ν) kann beliebig viele Häufungspunkte, aber höchstens einen Grenzwert besitzen. Ist $x_0 = \lim_{\nu \to \infty} x_\nu$, so ist x_0 der einzige Häufungspunkt von (x_ν).

Def. 13. *Eine Teilmenge M eines Hausdorffraumes X heißt folgenkompakt, wenn jede Folge $(x_\nu) \subset M$ mindestens einen Häufungspunkt in M besitzt.*

Satz 9. *Eine kompakte Teilmenge M eines Hausdorffraumes X ist folgenkompakt.*

Beweis. Sei $(x_\nu) \subset M$ eine Punktfolge. Wenn kein Punkt $x_0 \in M$ Häufungspunkt von (x_ν) ist, so gibt es zu jedem $x_0 \in M$ eine Umgebung $U(x_0)$, die nur endlich viele Glieder der Folge enthält. Man kann $U(x_0)$ offenbar sogar offen wählen. Dann gilt
$$M \subset \bigcup_{x_0 \in M} U(x_0)$$
und deshalb gibt es endlich viele Punkte $x_{01}, \ldots, x_{0n}$ mit
$$M \subset \bigcup_{\nu=1}^{n} U(x_{0\nu}).$$
Nun enthält aber jedes $U(x_{0\nu})$, $\nu = 1, \ldots, n$ nur endlich viele Folgenglieder x_ν. Damit müßte auch M nur endlich viele Folgenglieder enthalten, was offenbar ein Widerspruch zu $(x_\nu) \subset M$ ist. □

3. Metrische Räume.

Def. 14. *Es sei $X \neq \emptyset$ eine Menge. Eine reellwertige Funktion d auf $X \times X$ heißt Metrik auf X, wenn sie die folgenden Eigenschaften hat:*
i) $d(x, y) \geq 0$ *für alle* $x, y \in X$,
   $d(x, y) = 0$ *genau dann, wenn* $x = y \in X$.
ii) $d(x, y) = d(y, x)$ *für alle* $x, y \in X$ *(Symmetrie)*.

iii) $d(x, z) \leq d(x, y) + d(y, z)$ *für alle* $x, y, z \in X$ *(Dreiecksungleichung).*
X heißt bez. d ein metrischer Raum.

Def. 15. *Auf X sei durch d eine Metrik gegeben; dann bezeichnet man für jedes $x_0 \in X$ und $\varepsilon > 0$ die Menge*

$$Z_\varepsilon(x_0) := \{x \in X : d(x, x_0) < \varepsilon\}$$

als ε-Kugel um x_0 (auch ε-Kreis um x_0).
 Eine Teilmenge $U \subset X$ heißt offen (bez. d), wenn es zu jedem $x_0 \in U$ ein $\varepsilon > 0$ gibt, so daß $Z_\varepsilon(x_0) \subset U$ gilt.

Satz 10. *Das System der im Sinn von Def. 15 offenen Mengen auf X definiert eine hausdorffsche Topologie τ auf X. Die ε-Kugeln $Z_\varepsilon(x_0)$, $\varepsilon > 0$, $x_0 \in X$, sind offen bez. τ.*

Man bezeichnet τ als die durch d auf X induzierte Topologie und versteht unter dem metrischen Raum X zugleich den Hausdorffraum X mit dieser Topologie τ.

Def. 16. *Eine Folge (x_ν) in einem metrischen Raum X heißt Cauchyfolge, wenn es zu jedem $\varepsilon > 0$ ein n_0 gibt, so daß $d(x_\nu, x_\mu) < \varepsilon$ für alle $\nu, \mu \geq n_0$.*

Bemerkung. Jede konvergente Folge $(x_\nu) \subset X$ ist Cauchyfolge bez. d; jedoch braucht umgekehrt nicht jede Cauchyfolge zu konvergieren.

Def. 17. *Ein metrischer Raum X heißt vollständig, wenn jede Cauchyfolge in X konvergiert.*

Satz 11. *X sei ein metrischer Raum. Die Folge (x_ν) besitze den Häufungspunkt $x_0 \in X$. Dann gibt es eine Teilfolge $(x_{\nu_\mu}) \subset (x_\nu)$ mit $x_0 = \lim\limits_{\mu \to \infty} x_{\nu_\mu}$.*

Der Beweis verläuft ebenso wie für $X = \mathbb{R}$ (vgl. [6], Kap. II, Satz 4.5). Es sei ausdrücklich darauf hingewiesen, daß dieser Satz nicht für beliebige Hausdorffräume gültig ist.

Satz 12. *Eine Teilmenge A des metrischen Raumes X ist genau dann abgeschlossen, wenn sie die folgende Eigenschaft besitzt: Ist $(x_\nu) \subset A$ eine in X konvergente Punktfolge, so ist $x_0 := \lim\limits_{\nu \to \infty} x_\nu \in A$.*

Beweis. i) Sei A abgeschlossen und $(x_\nu) \subset A$ eine in X konvergente Folge. Angenommen, es ist $x_0 := \lim\limits_{\nu \to \infty} x_\nu \notin A$. Da $X \smallsetminus A$ offen ist, ist es eine Umgebung von x_0. Deshalb müssen lt. Def. 12 fast alle $x_\nu \in X \smallsetminus A$ sein. Das ist aber ein Widerspruch zu $(x_\nu) \subset A$.

ii) A erfülle die Folgenbedingung aus Satz 12. Um zu zeigen, daß $X \smallsetminus A$ offen ist, wähle man einen beliebigen Punkt $x_0 \in X \smallsetminus A$. Es genügt dann zu zeigen, daß es eine offene Umgebung U von x_0 mit $U \subset X \smallsetminus A$ gibt. Angenommen, das wäre nicht der Fall. Dann gibt es zu jedem $\nu \in \mathbb{N}$ ein $x_\nu \in A \cap Z_{1/\nu}(x_0)$.

3. Metrische Räume

Für die so gewonnene Folge $(x_\nu) \subset A$ gilt offenbar $x_0 = \lim\limits_{\nu \to \infty} x_\nu$, so daß lt. Voraussetzung $x_0 \in A$ ist. Das ist ein Widerspruch. □

Bemerkung. Man beachte, daß im Teil i) dieses Beweises von der Metrik d kein Gebrauch gemacht wurde. Die darin bewiesene Richtung der Aussage gilt also in beliebigen topologischen (Hausdorff-) Räumen.

Satz 13 (Folgenkriterium). *X sei ein metrischer Raum und Y ein beliebiger Hausdorffraum. Eine Abbildung $\varphi: X \to Y$ ist genau dann stetig in $x_0 \in X$, wenn für jede konvergente Folge $(x_\nu) \subset X$ mit $x_0 = \lim\limits_{\nu \to \infty} x_\nu$ die Bildfolge $(\varphi(x_\nu)) \subset Y$ gegen $\varphi(x_0)$ strebt.*

Beweis. i) φ sei stetig in x_0 und $(x_\nu) \subset X$ sei eine Folge mit $\lim\limits_{\nu \to \infty} x_\nu = x_0$. Zu einer beliebigen Umgebung V von $\varphi(x_0)$ gibt es dann eine Umgebung U von x_0 mit $\varphi(U) \subset V$. Weiter gibt es dazu ein $n_0 \in \mathbb{N}$, so daß $x_\nu \in U$ ist für alle $\nu \geq n_0$. Also gilt auch $\varphi(x_\nu) \in V$ für alle $\nu \geq n_0$. Daraus folgt $\lim\limits_{\nu \to \infty} \varphi(x_\nu) = \varphi(x_0)$.

ii) Sei umgekehrt das Kriterium des Satzes erfüllt, und es sei angenommen, daß φ in x_0 nicht stetig ist. Dann gibt es eine Umgebung V von $\varphi(x_0)$ mit der folgenden Eigenschaft: In jeder Umgebung U von x_0 gibt es einen Punkt $x \in U$ mit $\varphi(x) \notin V$. Man wähle nun speziell in den Umgebungen $U_\nu := Z_{1/\nu}(x_0)$ solche Punkte $x_\nu \in U_\nu$ mit $\varphi(x_\nu) \notin V$, $\nu = 1, 2, 3, \ldots$. Dann gilt offenbar $\lim\limits_{\nu \to \infty} x_\nu = x_0$, während die Folge $(\varphi(x_\nu))$ nicht gegen $\varphi(x_0)$ strebt. Das ist ein Widerspruch zur Voraussetzung. □

Bemerkung. Im Teil i) des Beweises wurde wiederum lediglich benutzt, daß X ein Hausdorffraum ist.

In Satz 9 wurde bewiesen, daß in einem Hausdorffraum jede kompakte Menge folgenkompakt ist. In metrischen Räumen gilt nun auch die Umkehrung:

Satz 14. *Es sei M eine folgenkompakte Teilmenge eines metrischen Raumes X. Dann ist M kompakt.*

Beweis. Es sei $\mathfrak{U} = \{U_\iota\}_{\iota \in I}$ eine offene Überdeckung von M. Wir zeigen zunächst:

i) Es gibt ein $\varepsilon > 0$, so daß es zu jedem $x \in M$ ein $\iota \in I$ mit $Z_\varepsilon(x) \subset U_\iota$ gibt.

Angenommen, das wäre nicht der Fall. Dann kann man zu jedem $\varepsilon_\nu := \dfrac{1}{\nu}$, $\nu = 1, 2, 3, \ldots$, ein $x_\nu \in M$ wählen, für das $Z_\nu := Z_{\varepsilon_\nu}(x_\nu)$ in keinem $U_\iota \in \mathfrak{U}$ enthalten ist. Die Folge (x_ν) besitzt einen Häufungspunkt $x_0 \in M$, und deshalb gibt es lt. Satz 11 eine Teilfolge $(x_{\nu_\mu}) \subset (x_\nu)$ mit $x_0 = \lim\limits_{\mu \to \infty} x_{\nu_\mu}$. Der Punkt x_0 ist in einem $U_{\iota_0} \in \mathfrak{U}$ enthalten und wegen der Offenheit von U_{ι_0} hat man sogar $Z_\varepsilon(x_0) \subset U_{\iota_0}$ für ein geeignetes $\varepsilon > 0$. Dazu nehme man nun ein $n_0 \in \mathbb{N}$ so groß, daß $\varepsilon_{\nu_\mu} = \dfrac{1}{\nu_\mu} < \dfrac{\varepsilon}{2}$ und $x_{\nu_\mu} \in Z_{\varepsilon/2}(x_0)$ ist für alle $\mu \geq n_0$. Für $x \in Z_{\nu_\mu}$, $\mu \geq n_0$, gilt dann:

$$d(x, x_0) \leq d(x, x_{\nu_\mu}) + d(x_{\nu_\mu}, x_0) < \varepsilon_{\nu_\mu} + \frac{\varepsilon}{2} < \varepsilon,$$

d. h. es ist

$$Z_{\nu_\mu} \subset Z_\varepsilon(x_0) \subset U_{\iota_0} \quad \text{für alle} \quad \mu \geq n_0.$$

Dies widerspricht der obigen Wahl der Z_ν, so daß i) bewiesen ist.

Im folgenden zweiten Beweisschritt wird gezeigt:

ii) Zu jedem $\varepsilon > 0$ besitzt die offene Überdeckung $\mathfrak{Z} := \{Z_\varepsilon(x) : x \in M\}$ von M eine endliche Teilüberdeckung.

Angenommen, das wäre für ein $\varepsilon > 0$ nicht der Fall. Dann konstruiere man folgendermaßen eine Folge $(x_\nu) \subset M$. Es sei $x_1 \in M$ beliebig. Weiter sei $x_2 \in M \smallsetminus Z_\varepsilon(x_1) \neq \emptyset$. Hat man $x_1, \ldots, x_\nu$ schon gewählt, so nehme man

$$x_{\nu+1} \in M \smallsetminus \bigcup_{\mu=1}^{\nu} Z_\varepsilon(x_\mu) \neq \emptyset.$$

Die so gewonnene Folge (x_ν) besitzt eine konvergente Teilfolge (x_{ν_μ}), die insbesondere eine Cauchyfolge ist. Also ist für genügend großes μ immer $d(x_{\nu_{\mu+1}}, x_{\nu_\mu}) < \varepsilon$. Andererseits ist aber lt. Konstruktion der Folge $x_{\nu_{\mu+1}} \notin Z_\varepsilon(x_{\nu_\mu})$. Damit ist der gesuchte Widerspruch gefunden.

Aus i) und ii) folgt die Behauptung des Satzes sofort. Man bestimme nämlich zur vorgegebenen Überdeckung $\mathfrak{U} = \{U_\iota\}_{\iota \in I}$ von M ein $\varepsilon > 0$ wie in i). Dann gibt es lt. ii) endlich viele Punkte $x_1, \ldots, x_n \in M$ mit $M \subset \bigcup_{\nu=1}^{n} Z_\varepsilon(x_\nu)$. Zu jedem x_ν findet man lt. i) ein ι_ν, so daß $Z_\varepsilon(x_\nu) \subset U_{\iota_\nu}$ für $\nu = 1, \ldots, n$. Also gilt auch $M \subset \bigcup_{\nu=1}^{n} U_{\iota_\nu}$. □

4. Banachräume und Banachalgebren. In diesem Abschnitt sei k immer ein nicht-trivialer vollständig bewerteter Körper mit der Bewertung $|\ |$ (vgl. Kap. II, § 1).

Def. 18. *Eine reellwertige Funktion $\|\ \| : V \to \mathbb{R}$ auf einem k-Vektorraum V heißt Norm auf V, wenn sie den folgenden Bedingungen genügt:*

i) $\|v\| \geq 0$ *für alle* $v \in V$,
  $\|v\| = 0$ *genau dann, wenn* $v = 0$.
ii) $\|a \cdot v\| = |a| \cdot \|v\|$ *für alle* $v \in V$, $a \in k$ *(Homogenität)*.
iii) $\|v_1 + v_2\| \leq \|v_1\| + \|v_2\|$ *für alle* $v_1, v_2 \in V$ *(Dreiecksungleichung)*.
V zusammen mit der Norm $\|\ \|$ heißt ein normierter k-Vektorraum.

Def. 19. *Ein normierter k-Vektorraum V mit Norm $\|\ \|$ heißt eine normierte (kommutative) k-Algebra, wenn auf V zusätzlich eine Multiplikation erklärt ist, so daß V eine kommutative k-Algebra mit Einselement ist, d. h.*

4. Banachräume und Banachalgebren

i) $v_1 \cdot v_2 = v_2 \cdot v_1$ *für alle* $v_1, v_2 \in V$.
ii) $v_1 \cdot (v_2 \cdot v_3) = (v_1 \cdot v_2) \cdot v_3$ *für alle* $v_1, v_2, v_3 \in V$.
iii) *Es gibt ein Einselement* $1 \in V$ *mit* $1 \cdot v = v$ *für alle* $v \in V$.
iv) $v_1 \cdot (v_2 + v_3) = v_1 \cdot v_2 + v_1 \cdot v_3$ *für alle* $v_1, v_2, v_3 \in V$.
v) $a \cdot (v_1 \cdot v_2) = (a \cdot v_1) \cdot v_2$ *für alle* $v_1, v_2 \in V$, $a \in k$,
und wenn zusätzlich für die Norm $\| \ \|$ *gilt:*
v') $\|v_1 \cdot v_2\| \leq \|v_1\| \cdot \|v_2\|$ *für alle* $v_1, v_2 \in V$, *und* $\|1\| = 1$ *für* $1 \in V$.

Satz 15. *V sei ein normierter k-Vektorraum mit Norm* $\| \ \|$. *Dann ist durch* $d(v_1, v_2) := \|v_1 - v_2\|$ *auf V eine Metrik definiert, die translationsinvariant ist, d. h., für die gilt:* $d(v_1 + v_3, v_2 + v_3) = d(v_1, v_2)$ *für alle* $v_1, v_2, v_3 \in V$.

Im folgenden wird ein normierter k-Vektorraum immer zugleich als metrischer Raum im Sinn von Satz 15 betrachtet.

Def. 20. *Ein normierter k-Vektorraum V heißt Banachraum (über k), wenn er vollständig ist. Eine vollständige, normierte, kommutative k-Algebra wird als kommutative Banachalgebra (über k) bezeichnet.*

Satz 16. *V sei eine Banachalgebra über k und* $g \in V$ *ein Element mit* $\|1 - g\| < 1$. *Dann ist g eine Einheit in V, d. h., es gibt ein* $h \in V$ *mit* $g \cdot h = 1 \in V$.

Beweis. Wir betrachten die unendliche (geometrische) Reihe $\sum_{v=0}^{\infty} (1-g)^v$ in V. Die Norm ihrer Partialsummen kann man abschätzen durch

$$\left\| \sum_{v=0}^{n} (1-g)^v \right\| \leq \sum_{v=0}^{n} \|(1-g)^v\| \leq \sum_{v=0}^{\infty} \|(1-g)\|^v.$$

Also ist die Partialsummenfolge eine Cauchyfolge in V und konvergent gegen ein Element aus V. Damit gilt weiter

$$g \sum_{v=0}^{\infty} (1-g)^v = (1 - (1-g)) \sum_{v=0}^{\infty} (1-g)^v$$
$$= \sum_{v=0}^{\infty} (1-g)^v - \sum_{v=1}^{\infty} (1-g)^v = 1 \in V. \quad \square$$

Def. 21. *Sei V ein normierter k-Vektorraum. Eine k-lineare Abbildung* $\varphi : V \to V$ *von V in sich wird als linearer Operator bezeichnet. Der Operator heißt stetig, wenn* φ *bezüglich* $\| \ \|$ *stetig ist, und beschränkt, wenn es eine Konstante* $M \in \mathbb{R}$ *gibt, so daß für alle* $v \in V$ *gilt:*

$$\|\varphi(v)\| \leq M \|v\|.$$

Satz 17. *Es sei V ein normierter* $\mathbb{C}$*-Vektorraum. Ein linearer Operator* $\varphi : V \to V$ *ist genau dann stetig, wenn er beschränkt ist.*

Beweis. i) Sei φ beschränkt: $\|\varphi(v)\| \leq M\|v\|$ für alle $v \in V$. Es sei $v_0 \in V$ beliebig und U eine Umgebung von $\varphi(v_0)$. Dann gibt es ein $\varepsilon > 0$, für das gilt

$$Z_\varepsilon(\varphi(v_0)) = \{v \in V : \|v - \varphi(v_0)\| < \varepsilon\} \subset U.$$

Für $\eta := \dfrac{\varepsilon}{M} > 0$ und $v \in Z_\eta(v_0)$ folgt nun

$$\|\varphi(v) - \varphi(v_0)\| = \|\varphi(v - v_0)\| \leq M\|v - v_0\| < \varepsilon.$$

Also ist das Bild der Umgebung $Z_\eta(v_0)$ in $Z_\varepsilon(\varphi(v_0))$ und damit in U enthalten, was die Stetigkeit von φ beweist.

ii) Sei umgekehrt φ als stetig vorausgesetzt. Da $Z_1(0)$ eine Umgebung von 0 ist, gibt es dann ein $\varepsilon > 0$, für das man hat:

$$\varphi(Z_\varepsilon(0)) \subset Z_1(0),$$

d. h., für alle $v' \in V$ mit $\|v'\| < \varepsilon$ gilt $\|\varphi(v')\| < 1$. Ist nun $v \in V \setminus \{0\}$ beliebig, so bilde man $v' := \dfrac{\varepsilon}{2\|v\|} \cdot v$. Man erhält $\|v'\| = \dfrac{\varepsilon}{2\|v\|} \cdot \|v\| = \dfrac{\varepsilon}{2} < \varepsilon$ und deshalb $\|\varphi(v')\| < 1$. Das bedeutet

$$\|\varphi(v)\| = \frac{2\|v\|}{\varepsilon} \|\varphi(v')\| < \frac{2}{\varepsilon} \|v\|.$$

Also hat $M := \dfrac{2}{\varepsilon}$ die geforderte Eigenschaft. □

Literatur

Es wird nur diejenige Literatur aufgeführt, auf die in diesem Band Bezug genommen wird. Ein ausführliches Literaturverzeichnis erscheint in Band II.

1. Ahlfors, L. V.: Complex analysis, 2nd ed. New York: Mc Graw-Hill Book Comp. 1966.
2. Bosch, S.: Endliche analytische Homomorphismen. Nachr. Akad. Wiss. Göttingen, Math.-Phys. Kl. **1967**, 41–49.
3. Bourbaki, N.: Eléments de mathématique. 1^{ière} Partie, Livre III: Topologie Générale. Chap. 1: Structures Topologiques, 3ième éd. Paris: Hermann 1961.
4. Cartan, H.: Elementare Theorie der analytischen Funktionen einer oder mehrerer komplexen Veränderlichen. BI-Hochschultaschenbücher, Band 112/112a. Mannheim: Bibliographisches Institut 1966.
5. Franz, W.: Topologie, Band I: Allgemeine Topologie. Sammlung Göschen, Band 1181. Berlin: Walter de Gruyter & Co. 1960.
6. Grauert, H., Lieb, I.: Differential- und Integralrechnung I, 2. verbesserte Auflage. Heidelberger Taschenbücher, Band 26. Berlin-Heidelberg-New York: Springer 1970.
7. — Fischer, W.: Differential- und Integralrechnung II. Heidelberger Taschenbücher, Band 36. Berlin-Heidelberg-New York: Springer 1968.
8. — Lieb, I.: Differential- und Integralrechnung III. Heidelberger Taschenbücher, Band 43. Berlin-Heidelberg-New York: Springer 1968.
9. Hasse, H.: Zahlentheorie, 3. Aufl. Berlin: Akademie-Verlag 1969.

Symbolverzeichnis

$\mathbb{N}$	natürliche Zahlen	
$\mathbb{Z}$	ganze Zahlen	
$\mathbb{Q}$	rationale Zahlen	
$\mathbb{R}$	reelle Zahlen	
$\mathbb{C}$	komplexe Zahlen	
$\mathbb{N}_0 := \mathbb{N} \cup \{0\}$		
$\mathbb{C}^* := \mathbb{C} \smallsetminus \{0\}$		
$\mathbb{R}_0^+ := \{r \in \mathbb{R}, r \geq 0\}$		

A_t, A_∞	104
$A(W)$	57
B_t	100
$\cos z$	188
$C(U)$	31
$C^1(U)$	37
D, D^j	95
Δ, Δ^j	99
∂ (Ableitung)	65
∂ (Rand)	232
$\mathcal{D}_C(U)$	31
$\dfrac{\partial}{\partial z}, \dfrac{\partial}{\partial \bar{z}}$	13
$\dfrac{d}{dz}$	19, 133
dF	37
$\text{dist}(x_0, \partial U)$	136
$D(U)$	60, 65
$D_n(U), D_\infty(U)$	19, 133
$\exp z, e^z$	25, 187
exp als Homomorphismus	66
$f', \varphi', f^{(n)}$	19, 133
$H(U)$	126

i	3
$\text{Im} f$ Bild unter f	
$\text{Im} f$ (Imaginärteil von f)	11
$I(W)$	57
$\check{I}(W, z_0)$	54
$k^* := k \smallsetminus \{0\}$	
$\text{Ker} f$ Kern von f	
$k[X]$ (Polynomring über dem Körper k)	90
$k\{X\}$	90
$k\langle X \rangle$	138
L	87
$\log z$	187
$M(G)$	182
$M_g(\varrho)$	160, 171
$o(f)$	91
$o_a(f; z_0)$	204
$o(f; z_0)$	182
φ_g, φ_0	92
$\text{Re} f$	11
$r(f)$	104
$R_{r_1, r_2}(z_0)$	156
$\text{Res}(f; z_0)$	200
$\text{Re } z$	3
$\sin z$	188
τ_1	112
τ_2	124
$\tau_{z_0} f$	129
$V(K, \varepsilon)$	216
$\tilde{V}(K, \varepsilon)$	222
v_p	74
$-W$	28, 192
$Z_\varepsilon(z_0)$	6, 79, 234

$Z'_\varepsilon(z_0)$	6, 80
(z_0, f)	191
(z_ν)	Folge der z_ν
$\square$	Ende eines Beweises
$>$	(echt) größer
$A \subset B$	A ist Teilmenge von B
$A \subsetneqq B$	A ist echte Teilmenge von B
$\| \ \|$ (Norm)	236
$\| \ \|_t$	124
$\| \ \|$	4, 27, 72
$\| \ \|_p$	76
$\| \ \|_t$	100
$-$	4, 232
$\circ$	231
$\sim$ (homotop)	44

Sachverzeichnis

Abbildung, lokal-konstante 30
—, offene 151
—, stetige 6, 231
Abelsches Lemma 103
abgeschlossene Hülle 232
abgeschlossene Menge 231
abgeschlossener Kreis 6, 80
Ableitung 19, 95, 133
—, logarithmische 66
—, partielle 12, 13
—, Wirtingersche 13
Abschluß, topologischer 232
absolut konvergent 83
Addition (von Wegen) 28
Additionstheorem der Exponentialfunktion 25
— des Cosinus 189
— des Sinus 189
Algebra der formalen endlichen Laurentreihen 88
— der formalen Potenzreihen 91
— der konvergenten Potenzreihen 138
—, Fundamentalsatz der 153
—, normierte 236
analytisch 126
analytische Fortsetzung längs W 192
analytische Homomorphismen 141
— —, Endlichkeitssatz für 142
analytische Kreiskette 193
analytisches Gebilde, maximales 200
Anfangspunkt eines Weges 27, 192
angeordneter Körper 5
archimedische Bewertung 76

assoziiert 139
Ausschöpfungsfolge 218
Äußeres eines geschlossenen Weges 57
außerwesentliche Singularität 175

Banachalgebra, kommutative 237
Banachraum 237
beschränkte Folge 115
— Menge 225
Betrag (einer komplexen Zahl) 4, 73
bewerteter Körper 73
Bewertung 5, 72
—, archimedische 76
—, nichtarchimedische 76
—, p-adische 76
—, triviale 73
Bewertungstopologie 80
—, vollständige 83
biholomorph 147
—, lokal 147
Binominalreihe 105

Casorati-Weierstraß, Satz von 178
Cauchy-Folge 7, 234
Cauchy-Kern 60
Cauchy-Kriterium für Reihen 83
Cauchy-Riemannsche Differentialgleichungen 21
Cauchysche Integralformel 58, 60
— Koeffizientenabschätzung 101
— —, strenge 126, 160, 163
Cauchyscher Integralsatz 51

Sachverzeichnis

Cauchysche Ungleichungen, strenge:
vgl. Cauysche Koeffizientenabschätzungen 101, 126, 160, 163
Cosinus 188

Deformation (stetige) 197
Derivation 13
Differential, totales 37
Differentialform, integrable 37
—, lokal integrable 43
— vom Grade 1 31
Differentialgleichung, Cauchy-
Riemannsche 21
Differentiation, formale 95
differenzierbar 19, 133
—, komplex 19
—, n-mal 19
—, total reell 11
direkte analytische Fortsetzung 191
diskret 183
diskrete Topologie 80
Divisionsalgebra 3
Dreiecksungleichung 5, 73, 234, 236
—, scharfe 75

einfach geschlossen 62
einfach-zusammenhängend 48
Einheit, imaginäre 3
Einheitswurzel 73
Einzigkeit von $\mathbb{C}$ 9, 85
Endlichkeitssatz für analytische
Homomorphismen 142
Endpunkt eines Weges 27, 192
Ergänzung, holomorphe 185
euklidische Länge 5, 36
Eulersche Gleichung 188
Exponentialfunktion,
komplexe 25, 187
—, Periodizität der —n 26
Exponentialreihe 105, 138

Familie, beschränkte 229
—, normale 228
feinere Topologie 230

Fläche, Riemannsche 175
Folge, beschränkte 115
Folgenalgebra 87
folgenkompakt 233
Folgenkriterium 235
Form, Pfaffsche 31
formale Differentiation 95
— Laurentreihe 88
— Potenzreihe 91
Formel, Greensche 50
—, Hadamardsche 104
fortsetzbar, komplex
differenzierbar 64
Fortsetzung, analytische längs W 192
—, direkte analytische 191
—, holomorphe 155
Fundamentalsatz der Algebra 153
Funktion, ganze 169
—, meromorphe 182
—, trigonometrische 188
Funktionskeim, holomorpher 191

ganze Funktion 169
Gauß-Norm 100
Gebiet 29
geschlossen, einfach 62
geschlossener Weg 40
gleichmäßig konvergent 119
Gleichung, Eulersche 188
Greensche Formel 50
Grenzwert 233
gröbere Topologie 230

Hadamardsche Formel 104
Halbebene, obere 190
—, untere 190
Häufungspunkt 233
Hauptteil einer formalen Laurent-
reihe 88
— einer Laurentreihe 158
Hausdorffraum 230
Hausdorffsches
Trennungsaxiom 6, 230
hebbare Singularität 64

Sachverzeichnis

Hebbarkeitssatz,
  Riemannscher 64, 176
Henselsche Zahlen 86
holomorph 126
holomorphe Ergänzung 185
— Fortsetzung 155
holomorpher Funktionskeim 191
Homogenität 236
Homomorphismus, analytischer 141
Homöomorphismus 7
homotop 44
—, bei festen Endpunkten 44
—, als geschlossene Wege 44
Hülle, abgeschlossene 232
Hurwitz 160

Ideal 139
—, maximales 139
Identitätssatz für holomorphe
  Funktionen 132
— für Potenzreihen 123
imaginäre Einheit 3
Imaginärteil 3
Index eines geschlossenen Weges 54
induzierte Topologie 234
Inneres 231
— eines geschlossenen Weges 57
integrabel 37
—, lokal 43
integrable Diffrentialform 37
Integral (längs eines Weges) 33
Integralformel, Cauchysche 58, 60
Integralsatz, Cauchyscher 51
invariant (gegenüber
  Parametertransformationen) 27
involutorisch 4
isolierte Singularität 64

k-Algebra, normierte 236
k-Algebra-Homomorphismus 91
Kern, offener 231
Kette von Funktionskeimen 193
Kettenregel 15, 23

Koeffizientenabschätzung,
  Cauchysche 101
kommutative Banachalgebra 237
kompakt 232
— konvergent 210
Komplettierung (eines Körpers) 86
komplex differenzierbar 19
— — fortsetzbar 64
komplexe Exponentialfunktion 25
— Zahl 1, 2
komplexer Logarithmus 70
konjugiert komplexe Koordinaten 37
— — Zahl 4
konvergent, absolut 83
—, gleichmäßig 119
—, kompakt 210
—, normal 210
konvergente Laurentreihe 158
— Potenzreihen, Algebra der 138
Konvergenzradius 104
Koordianten, konjugiert komplexe 37
Körper, angeordneter 5
—, bewerteter 73
— der Henselschen Zahlen 86
—, vollständig bewerteter 83
Kreis, abgeschlossener 6, 80
—, offener 6, 80, 234
Kreiskette, analytische 193
Kreisring 156
Kugel 80, 234
Kurvenintegral 33
k-Vektorraum, normierter 236

Länge, euklidische 5, 36
Laurententwicklung 165
Laurentreihe, formale 88
—, konvergente 158
Leibnizsche Produktregel 98
Lemma, Abelsches 103
linearer Operator 237
Liouville, Satz von 170
logarithmische Ableitung 66
Logarithmus, komplexer 70, 187
lokal biholomorph 147

Sachverzeichnis

lokale Potenzreihenentwicklung 127
lokal integrabel 43
lokal-kompakt 115
lokal-konstante Abbildung 30

maximales analytisches Gebilde 200
maximales Ideal 139
Maximumprinzip 152
Menge, abgeschlossene 231
—, beschränkte 225
—, offene 6, 79, 230
meromorphe Funktion 182
Metrik 233
metrischer Raum 5, 234
Minimumprinzip 153
Monodromiesatz 197
Montel, Satz von 224, 226
—, Satz von — für A_t 117, 163
—, Satz von — für B_t 115
Morera, Satz von 63
Multiplikation von Reihen 84

Nebenteil einer Laurentreihe 158
nichtarchimedische Bewertung 76
Norm 236
normal konvergent 210
normale Familie 228
normierte k-Algebra 236
normierter k-Vektorraum 236
nullhomotop 44
Nullstelle, Ordnung einer 181
Nullweg 29

obere Halbebene 190
offen 216, 230
offene Abbildung 151
— Menge 6, 79, 230, 234
offener Kern 231
— Kreis 6, 80, 234
offene Überdeckung 232
Operator, beschränkter 237
—, linearer 237
—, stetiger 237

Ordnung einer a-Stelle 181
— einer formalen Laurentreihe 91
— einer Nullstelle 181
— einer Polstelle 175
Ordnungsfunktion 78
Ostrowski, Satz von 86

p-adische Bewertung 76
Parameterintervall 27
Parametertransformation
  (eines Weges) 27
parametrisierter stetig
  differenzierbarer Weg 27
Partialsumme, Folge der —n 82
partielle Ableitung 12, 13
Periodizität der
  Exponentialfunktion 26
Pfaffsche Form 31
Picard, Satz von 179
Polarkoordinaten 7
Polstelle 175
Polynomalgebra 91
Potenzreihe, formale 91
—, konvergente 119, 138
Potenzreihen, Identitätssatz für 123
Potenzreihenentwicklung, lokale 127
prim 139
Prinzip der Dominanz 77
Produktregel 12, 14, 95
—, Leibnizsche 98

Quaternionen 11
Quotientenregel 97

$\mathbb{R}$-Algebra, kommutative — mit
  Einselement 3
Randpunkt 232
Raum, metrischer 5, 234
—, topologischer 230
Realteil 3
reell-analytisch 18, 185
reell differenzierbar 11, 12
— —, k-mal 16
rein imaginär 3

Relativtopologie	231
Residuensatz	200, 201
Residuum	200
Riemannsche Fläche	175
Riemannscher Hebbarkeitssatz	64, 176
Ringhomomorphismus	2
Satz von Casorati-Weierstraß	178
— — Liouville	170
— — Montel	224, 226
— — — für A_t	117, 163
— — — für B_t	115
— — Morera	63
— — Picard	179
— — Vitali	228
scharfe Dreiecksungleichung	75
schlicht	215
Schwarzsches Spiegelungsprinzip	190
Singularität	64, 172
—, außerwesentliche	175
—, hebbare	64
—, wesentliche	176
Sinus	188
Spiegelungsprinzip, Schwarzsches	190
Stammfunktion	37
a-Stellenordnung	204
stetig differenzierbarer Weg	27
stetige Abbildung	6, 232
— Deformation	197
Strecke	29
strenge Cauchysche Koeffizientenabschätzung	126
stückweise stetig differenzierbarer Weg	28
Subbasis	231
Substitutionshomomorphismus	92
summierbar	88
Supremums-Norm	124
Taylorformel	17, 135
Taylorreihe	99
Topologie	230
—, diskrete	80
—, durch eine Subbasis erzeugte	231
—, feinere	230
—, gröbere	230
—, induzierte	234
— τ_1	112
— τ_2	124
topologischer Abschluß	232
— Raum	230
totales Differential	37
total reell differenzierbar	11
Träger	27
translationsinvariant	217, 218, 237
Trennungsaxiom, Hausdorffsches	6, 230
trigonometrische Funktion	188
triviale Bewertung	73
Überdeckung, offene	232
Umgebung	231
Umkehrsatz	146
Umlaufszahl	54
Ungleichungen, (strenge) Cauchysche	160, 163
untere Halbebene	190
Untergrad	91
Vektorraum, normierter	236
Vitali, Satz von	228
vollständig	234
— bewertet	83
Weg	192
—, geschlossener	40
—, parametrisierter stetig differenzierbarer	27
—, stetig differenzierbarer	27
—, stetiger	192
—, stückweise stetig differenzierbarer	28
wegzusammenhängend	30
Weierstraßscher Standpunkt	72
Wert an der Stelle 0	92

wesentliche Singularität	176	Zerlegung (eines stückweise stetig	
Wirtingersche Ableitung	13	differenzierbaren Weges)	28
Zahl, komplexe	1, 2	zusammenhängend	29
—, konjugiert komplexe	4	Zusammenhangskomponente	172

Heidelberger Taschenbücher

Mathematik — Physik — Chemie — Technik — Wirtschaftswissenschaften

1	M. Born: Die Relativitätstheorie Einsteins. 5. Auflage. DM 10,80
2	K. H. Hellwege: Einführung in die Physik der Atome. 3. Auflage. DM 8,80
6	S. Flügge: Rechenmethoden der Quantentheorie. 3. Auflage. DM 10,80
7/8	G. Falk: Theoretische Physik I und Ia auf der Grundlage einer allgemeinen Dynamik. Band 7: Elementare Punktmechanik (I). DM 8,80 Band 8: Aufgaben und Ergänzungen zur Punktmechanik (Ia). DM 8,80
9	K. W. Ford: Die Welt der Elementarteilchen. DM 10,80
10	R. Becker: Theorie der Wärme. DM 10,80
11	P. Stoll: Experimentelle Methoden der Kernphysik. DM 10,80
12	B. L. van der Waerden: Algebra I. 8. Auflage der Modernen Algebra. DM 10,80
13	H. S. Green: Quantenmechanik in algebraischer Darstellung. DM 8,80
14	A. Stobbe: Volkswirtschaftliches Rechnungswesen. 2. Auflage. DM 12,80
15	L. Collatz/W. Wetterling: Optimierungsaufgaben. 2. Auflage. DM 14,80
16/17	A. Unsöld: Der neue Kosmos. DM 18,—
19	A. Sommerfeld/H. Bethe: Elektronentheorie der Metalle. DM 10,80
20	K. Marguerre: Technische Mechanik. I. Teil: Statik. DM 10,80
21	K. Marguerre: Technische Mechanik. II. Teil: Elastostatik. DM 10,80
22	K. Marguerre: Technische Mechanik. III. Teil: Kinetik. DM 12,80
23	B. L. van der Waerden: Algebra II. 5. Auflage der Modernen Algebra. DM 14,80
26	H. Grauert/I. Lieb: Differential- und Integralrechnung I. 2. Auflage. DM 12,80
27/28	G. Falk: Theoretische Physik II und IIa. Band 27: Allgemeine Dynamik. Thermodynamik (II). DM 14,80 Band 28: Aufgaben und Ergänzungen zur Allgemeinen Dynamik und Thermodynamik (IIa). DM 12,80
30	R. Courant/D. Hilbert: Methoden der mathematischen Physik I. 3. Auflage. DM 16,80
31	R. Courant/D. Hilbert: Methoden der mathematischen Physik II. 2. Auflage. DM 16,80
33	K. H. Hellwege: Einführung in die Festkörperphysik I. DM 9,80
34	K. H. Hellwege: Einführung in die Festkörperphysik II. DM 12,80
36	H. Grauert/W. Fischer: Differential- und Integralrechnung II. DM 12,80
37	V. Aschoff: Einführung in die Nachrichtenübertragungstechnik. DM 11,80
38	R. Henn/H. P. Künzi: Einführung in die Unternehmensforschung I. DM 10,80
39	R. Henn/H. P. Künzi: Einführung in die Unternehmensforschung II. DM 12,80
40	M. Neumann: Kapitalbildung, Wettbewerb und ökonomisches Wachstum. DM 9,80
43	H. Grauert/I. Lieb: Differential- und Integralrechnung III. DM 12,80
44	J. H. Wilkinson: Rundungsfehler. DM 14,80
49	Selecta Mathematica I. Verf. und hrsg. von K. Jacobs. DM 10,80
50	H. Rademacher/O. Toeplitz: Von Zahlen und Figuren. DM 8,80
51	E. B. Dynkin/A. A. Juschkewitsch: Sätze und Aufgaben über Markoffsche Prozesse. DM 14,80
52	H. M. Rauen: Chemie für Mediziner — Übungsfragen. DM 7,80
53	H. M. Rauen: Biochemie — Übungsfragen. DM 9,80
55	H. N. Christensen: Elektrolytstoffwechsel. DM 12,80
56	M. J. Beckmann/H. P. Künzi: Mathematik für Ökonomen I. DM 12,80
59/60	C. Streffer: Strahlen-Biochemie. DM 14,80

63 Z. G. Szabó: Anorganische Chemie. DM 14,80
64 F. Rehbock: Darstellende Geometrie. 3. Auflage. DM 12,80
65 H. Schubert: Kategorien I. DM 12,80
66 H. Schubert: Kategorien II. DM 10,80
67 Selecta Mathematica II. Hrsg. von K. Jacobs. DM 12,80
71 O. Madelung: Grundlagen der Halbleiterphysik. DM 12,80
72 M. Becke-Goehring/H. Hoffmann: Komplexchemie. DM 18,80
73 G. Pólya/G. Szegö: Aufgaben und Lehrsätze aus der Analysis I. DM 12,80
74 G. Pólya/G. Szegö: Aufgaben und Lehrsätze aus der Analysis II. 4. Auflage. DM 14,80
75 Technologie der Zukunft. Hrsg. von R. Jungk. DM 15,80
78 A. Heertje: Grundbegriffe der Volkswirtschaftslehre. DM 10,80
79 E. A. Kabat: Einführung in die Immunchemie und Immunologie. DM 18,80
80 F. L. Bauer/G. Goos: Informatik — Eine einführende Übersicht. Erster Teil. DM 9,8
81 K. Steinbuch: Automat und Mensch. 4. Auflage. DM 16,80
85 W. Hahn: Elektronik-Praktikum. DM 10,80
86 Selecta Mathematica III. Hrsg. von K. Jacobs. DM 12,80
87 H. Hermes: Aufzählbarkeit, Entscheidbarkeit, Berechenbarkeit. 2. Auflage. DM 14,80
90 A. Heertje: Grundbegriffe der Volkswirtschaftslehre II. DM 12,80
91 F. L. Bauer/G. Goos: Informatik — Eine einführende Übersicht. Zweiter Teil. DM 12,80
92 J. Schumann: Grundzüge der mikroökonomischen Theorie. DM 14,80
93 O. Komarnicki: Programmiermethodik. DM 14,80
99 P. Deussen: Halbgruppen und Automaten. DM 11,80
102 W. Franz: Quantentheorie. DM 19,80

Hochschultexte

Die ersten Bände der Sammlung Hochschultexte erschienen im Jahr 1970. Die Hochschultexte sind Lehrbücher für mittlere Semester. Jeder Band aus der Sammlung gibt eine solide Einführung in ein nicht nur für Spezialisten interessantes Fachgebiet.

Cremer, L.: Vorlesungen über Technische Akustik. DM 29,40
Gross, M./Lentin, A.: Mathematische Linguistik. DM 28,—
Kreisel, G./Krivine, J. L.: Modelltheorie. DM 28,—
MacLane, S.: Kategorien. DM 34,—
Owen, G.: Spieltheorie. DM 28,—
Oxtoby, J. C.: Maß und Kategorie. DM 16,—
Werner, H.: Praktische Mathematik I. DM 14,—
Wolf, H.: Lineare Systeme und Netzwerke. DM 18,—

MIX
Papier aus verantwortungsvollen Quellen
Paper from responsible sources
FSC® C105338

If you have any concerns about our products,
you can contact us on
ProductSafety@springernature.com

In case Publisher is established outside the EU,
the EU authorized representative is:
**Springer Nature Customer Service Center GmbH
Europaplatz 3, 69115 Heidelberg, Germany**

Printed by Libri Plureos GmbH
in Hamburg, Germany

La Bibliothèque de Jimip

Du même auteur

En version brochée et électronique :
<u>La Malédiction des joyaux :</u>
– La Paysanne
– L'Esclave
– La Concubine
– La Reine (à paraître)

En version électronique seulement :
<u>Les Chroniques des joyaux :</u>
– L'Éparque de Burgil
<u>La Guerrière libre :</u>
– L'Épée de bronze (à paraître)
– Les Mines de l'Ocarian (à paraître)
– Le Village
– La Gemme (à paraître)
<u>Les Feythas :</u>
– L'Arrivée

Mentions légales

© Laurent Delépine 2017-2022
Dépôt légal : avril 2019

Illustration de couverture : Sakhiya "Anonymio" Batbayar
Graphismes : Gypsines

ISBN : 978-2-9559714-5-1

URL :
— http://helariapedia.wordpress.com

Imprimé par BOD,
Books on Demand
Norderstedt
Allemagne

Laurent Delépine

La Paysanne

La malédiction des joyaux – Livre 1

La Bibliothèque de Jimip

Ce livre est dédié à mes parents Pierre et Marie-Hélène.
Sans eux, il n'aurait jamais pu exister.

« Tout le monde ment »
Dr Gregory House

I

Boulden, de nos jours.

En larmes, face à la foule, la fillette serrait les bras autour de son torse pour essayer de cacher son corps à demi nu. À côté d'elle sur l'estrade, le maquignon essayait de voir de combien il allait encore pouvoir faire monter les enchères. Trois cents cels, c'était déjà une belle somme. Mais il espérait pouvoir en tirer cinquante de plus. En plus, elle pleurait, ce qui avait tendance à rendre les acheteurs plus généreux.

Cette scène sordide se déroulait à Boulden, une cité libre de l'Ocarian, au sud du royaume d'Yrian. Elle était coincée entre les montagnes de la Licorne et le fleuve géant Unster qui irriguait les royaumes les plus riches du continent d'Ectrasyc. Mais elle était séparée de ce fleuve par un marais aux eaux empoisonnées, ce qui en faisait un endroit très isolé.

Cet isolement convenait parfaitement aux commerçants de la ville. Les transactions qui s'y déroulaient nécessitaient une certaine discrétion. La principauté était le seul État de la vallée de l'Unster où les êtres intelligents pouvaient être achetés ou vendus comme du bétail. Les malchanceux de tout un continent se retrouvaient ici et perdaient, définitivement pour la plupart, leur statut d'individu pour acquérir celui d'objet. Toutes les races avoisinaient sans distinction ; l'homme, l'edorian, le nain ou le bawck se côtoyaient, compagnons d'infortune. Proche de la porte orientale, ce marché auquel Boulden devait sa richesse était noir de monde. Boulden était le grand centre du trafic d'esclaves.

L'un de ces marchands de chair avait dressé son étal au centre de la place du marché. Et si un homme pouvait être l'illustration du bonheur, c'était bien lui. La journée s'était avérée profitable. Bien que la matinée soit à peine avancée, il avait déjà vendu trois esclaves, beaucoup moins que ses confrères seulement les siens coûtaient beaucoup plus cher. Il s'était spécialisé dans le domaine de la perversion, cela s'était révélé des plus lucratifs. Et plus c'était pervers, plus cela rapportait. Le fonds de commerce de Pehla était constitué de jeunes filles à la fleur de l'adolescence. Sa pensionnaire la plus âgée ne devait pas avoir plus de neuf ans[1]. Et ce matin même, il en avait vendu une de six ans à peine. La pauvrette pleurait toutes les larmes de son corps à se voir exposée presque nue, elle ne comprenait pas ce que tous ces gens lui voulaient. Et cela valait mieux pour elle. L'aurait-elle su, elle en aurait été pétrifiée d'horreur.

Un mouvement attira l'attention du marchand. La foule au pied de son estrade était dense, preuve de son succès, bien que certains ne soient pas venus acheter, juste se rincer l'œil. Qu'importe, leurs racontars constitueraient sa meilleure publicité. Au milieu de cette foule, un couple cherchait à atteindre le premier rang, entraînant quelques protestations. Une silhouette menue enveloppée d'une cape qui la couvrait entièrement s'avançait en écartant les gens. Elle était suivie par un jeune homme la dépassant d'une bonne tête, la vingtaine environ, l'air rébarbatif. Plus exactement, il essayait d'avoir l'air menaçant, cependant sa façon de se déplacer dénotait l'individu plus à l'aise avec les livres qu'avec une épée. Il n'avait pas d'arme apparemment, toutefois son expression faisait mourir les remarques acerbes sur les lèvres de ceux qui auraient voulu lui chercher querelle. La façon dont il couvait du regard la forme encapuchonnée qui le précédait, ajoutée à sa stature trop frêle, semblait indiquer que cette dernière était une femme. Certaines rondeurs prometteuses à hauteur de la poitrine et des hanches le confirmaient. Sa taille, très inférieure à la moyenne, indiquait une humaine ou une stoltzin d'Helaria plutôt qu'une edoriane. Et même pour ce pays, elle était toute petite, guère plus grande qu'une enfant. Comme elle était couverte, il était impossible d'estimer son âge ou sa beauté. Qu'importe, sa démarche assurée semblait indiquer une certaine maturité. Elle était certainement trop vieille pour figurer sur ses étals. Il n'était cependant pas exclu qu'elle vînt ici s'approvisionner. Le fait qu'elle se dissimule suggérait une dame noble du palais qui ne voulait pas se faire reconnaître. Sa curiosité éveillée, le marchand de chair la surveilla du regard.

Elle s'arrêta à quelques rangs de son estrade et repoussa sa capuche. C'était bien une femme en effet. Son visage était masqué par un voile qui laissait deviner des traits fins et délicats, tout ce que l'on voyait était des yeux d'un bleu presque gris, fardés avec soins. Elle semblait jeune à première vue. Cependant, sa chevelure blonde qui disparaissait sous son vêtement était parsemée de quelques rares fils gris et de fines rides qui rayonnaient de ses yeux démentaient cette première impression. Toutefois, ce qui attira tout de suite l'attention de l'esclavagiste, la particularité qui aurait fait se retourner n'importe qui sur son passage, était un rubis incrusté au milieu de son front,

---

[1] La durée de l'année est plus longue de moitié sur ce monde. Il faut donc rajouter 50 % à l'âge pour avoir une équivalence à notre monde. Ici, cette fillette est donc âgée de 12 ans,

une pierre de toute beauté, pas particulièrement grosse, qui pourtant à elle seule aurait justifié l'acquisition de cette inconnue. Pourtant sa tenue ne semblait pas indiquer une profusion de biens, ce qui l'excluait de la noblesse de la ville. Sans compter que ce qu'il voyait d'elle ne lui disait rien. Or vu la taille de la cité-État, les familles bien nées étaient peu nombreuses et il les connaissait toutes. Une étrangère seulement et pas très riche. Envolés donc ses espoirs d'une bonne affaire avec elle.

Le négrier se désintéressa de cette nouvelle venue pour retourner à ses affaires. Il avait encore à vendre deux jeunes paysannes et il allait devoir négocier sec pour en tirer un bon prix. La première, une fillette de sept ans, était jolie. Néanmoins, elle portait trop la marque de son origine yriani sur ses traits pour espérer la faire passer pour autre chose qu'une fille de la campagne. Il n'en retira qu'une centaine de cels, ce qui n'était pas mal malgré tout. Sans compter que l'acheteur paya en bonnes et honnêtes pièces d'or.

Pour la seconde et dernière de la journée, c'était une tout autre affaire. C'était également une paysanne toute juste arrivée du royaume d'Yrian. Bien que provenant de ses provinces du nord, elle avait le teint mat des filles de la côte sud du continent. Son corps était bien fait. Elle ne possédait pas la grâce d'une noble ou d'une fillette élevée dans ce but et éduquée comme il fallait dès son plus jeune âge. Par contre, elle avait coûté beaucoup moins cher à acquérir, il n'y avait pas à la nourrir pendant dix ans avant de toucher les bénéfices sur l'investissement. Il suffisait de repérer les filles vendables assez tôt puis le moment voulu d'effectuer un raid sur la ferme familiale. Rien ne le forçait à dire la vérité sur l'origine de sa marchandise. Personne n'était en mesure de vérifier.

La toile qui fermait le fond de son présentoir s'écarta et une fillette de neuf ans au maximum entra, fermement poussée par-derrière. Elle était en larme. C'était le problème avec les fermières. Chez elles, elles étaient assez libérales de mœurs — bon, celle-là semblait encore trop jeune pour cela — mais, contrairement aux esclaves de naissance, quand on les forçait elles le supportaient assez mal. Afin de maquiller son origine, on lui avait dessiné au henné sur le corps des motifs sangärens et posé une chaîne qui reliait une boucle d'oreille à une aile du nez comme c'était la coutume chez ce peuple de sauvage.

En voyant la fillette entrer, la femme au rubis eut un sursaut. Une larme coula au coin de son œil, en fait ce n'était pas une simple larme, elle avait carrément le regard humide. Le jeune homme aussi eut un mouvement brusque. Elle posa une main sur son bras pour le retenir. Il bouillait intérieurement, la colère qui l'animait était si visible que ses voisins s'écartèrent autant qu'ils purent, c'est-à-dire bien peu vu la densité de la foule.

Avec son métier, le marchand n'aurait jamais atteint son âge s'il n'avait pas eu le sens de l'observation. Il avait remarqué la réaction des deux nouveaux spectateurs ainsi que le geste d'apaisement de la femme et il en avait tiré les conclusions. C'est elle qui commandait, il s'en doutait depuis qu'il avait vu le rubis. Il en était sûr maintenant.

Il se tourna vers la foule, prenant sa respiration pour annoncer d'une voix forte :

— Voici maintenant une princesse nomade sangären, l'une des nombreuses filles du seigneur de guerre Relgark, elle a été capturée avec ses sœurs par un rival lors du raid malheureux qui a coûté la vie à son père. Mon représentant a pu l'acquérir pour trois chevaux et huit chèvres. Elle a été élevée au sein d'un peuple connu pour sa sensualité et sa connaissance des plaisirs de la chair. Elle donnera maintes jouissances à celui qui la possédera. Sa mise à prix de départ est de cent cinquante cels.

Cette somme était élevée, mais il devait continuer son mensonge jusqu'au bout s'il voulait qu'il prît. Il remarqua deux hommes qui quittaient l'attroupement devant lui. Des Sangärens. Une sacrée tuile, ces nomades se préoccupaient peu que leur peuple soit réduit en esclavage, ils étaient les premiers à vendre les leurs. Pourtant, ils ne supportaient pas que leurs femmes fussent dénudées en public. Que Relgark n'ait jamais existé et que la fillette ne fût pas une Sangären importait peu du moment où il l'avait présentée comme telle. Il aurait dû prévoir au moins un voile qu'il aurait ôté une fois assuré qu'aucun membre de cette engeance n'était présent. Il était trop tard pour se lamenter maintenant. Heureusement, le chef de ses gardes les avait vus aussi, il leur avait emboîté le pas avec quelques hommes. Demain, deux corps de plus croupiraient sur les berges du torrent et le problème serait réglé. Nul ne s'occuperait de deux nomades assassinés. Les seuls qui auraient pu enquêter sur ce double meurtre n'avaient pas le droit d'exercer dans la ville. Tout allait donc pour le mieux.

Rassuré, il put se concentrer sur la vente.

— Qui propose la première enchère ? demanda-t-il.

Il n'eut pas longtemps à attendre.

— Cent soixante, annonça une voix dans laquelle il reconnut celle d'un complice.

— Cent soixante, pour une princesse, c'est bien peu, elle vaut au moins cinq fois plus. Je ne peux pas la lâcher à moins de deux cents cels sinon je perds de l'argent. Qui en demande deux cents. Allez, deux cents cels, et vous ferez une bonne affaire.

Une main se leva. À sa grande surprise, c'était sa belle inconnue. Il resta muet quelques instants. *Étrange*, pensa-t-il, *c'est elle qui mène les enchères et pas son commis.*

— Deux cents cels, dit-il enfin, pour une jeune vierge sangären, c'est donné. Personne ne proposera davantage ?

— Une princesse sangären, ça ? lança une voix. Ce n'est qu'une simple paysanne.

Il avait reconnu un complice. Dénigrer la marchandise pour qu'il pût en vanter les mérites faisait partie de ses tactiques de vente.

— Une simple paysanne ? Vous ne l'avez pas bien observée. Regardez mieux. Le sang des Sangärens se lit sur son visage, sur son teint. Regardez cette peau douce qui n'a jamais été exposée à l'ardeur d'un soleil brûlant, ou ces mains fines qui n'ont jamais travaillé la terre. Elle porte les motifs qui symbolisent sa tribu et son rang. Vous connaissez les Sangärens, personne n'oserait porter de tels tatouages s'il n'était pas de lignée royale. Je me montrerais malhonnête si je vous cachais que sa tribu n'existe plus, elle a été exterminée, ce qui diminue sa valeur, mais deux cents cels c'est ridicule. Personne ne montera à deux cent vingt au moins ?

Une main se leva, trop vite pour qu'il identifiât son propriétaire. Quelques tösihons[2] après, la femme porta l'enchère à deux cent cinquante cels.

— Deux cent cinquante cels pour la belle dame devant moi, qui dit mieux, qui ira jusqu'à trois cents ?

— Deux cent cinquante-cinq cels.

— Deux cent cinquante-cinq cels, personne ne propose mieux ? Il s'agit d'une princesse tout de même.

— Deux cent soixante cels, annonça la femme.

— Deux cent soixante-cinq cels, lança son adversaire après un instant d'hésitation.

En revanche, il n'y avait aucune hésitation quand l'inconnue monta à trois cents. L'autre surenchérit aussitôt.

La curiosité du marchand était éveillée, il voulait connaître l'identité de cette femme et il se mit à espérer qu'elle disposait des liquidités nécessaires pour gagner la vente. Il s'était montré bien prompt à l'éliminer des acheteuses potentielles. Ni elle ni son adversaire ne semblaient compter à la dépense. Peut-être envisageait-elle de vendre son rubis qui valait bien dix fois cette somme. Bientôt, les cinq cents cels furent atteints puis dépassés. Tout le monde retenait son souffle à ce qui de toute évidence ne représentait plus une vente, mais un duel.

Ils approchaient des mille cels. Il était au bord de la syncope. La meilleure vente de la journée sans que ses complices n'aient eu à intervenir pour faire monter artificiellement les enchères. Et tout ça pour une simple

---

2   5e division temporelle. Un douzième de vinsihon. Environ une demi-seconde

paysanne, un peu de henné et un bijou en faux or d'un quart de cel. Jamais il n'avait fait une aussi bonne affaire.

Les mille cels furent atteints. C'était la voix masculine qui avait annoncé l'offre. L'inconnue hésita quelques vinsihons[3]. Le vendeur espérait qu'elle allait encore monter, mais il était persuadé qu'elle arrivait à la fin de ses possibilités, qu'elle ne pouvait plus aller plus haut.

— Mille cent cels, annonça-t-elle enfin.

Il interpréta l'ombre qui passa dans les yeux bleus. Elle bluffait, elle ne disposait pas de la somme. Son compagnon se pencha vers elle et lui murmura quelque chose à l'oreille. Elle le repoussa.

— Tu prends de bien gros risques, belle inconnue. Tu sais ce qu'il en coûte de proposer plus que ce que l'on possède.

— J'en suis parfaitement consciente, répondit-elle d'une voix claire.

— Parfait, conserves-tu ton offre ou te rétractes-tu ?

Elle réfléchit un instant.

— Je n'ai pas la totalité de cette somme sur moi, mais je peux obtenir le reste dès demain, dit-elle enfin.

— Tu connais la règle. L'achat doit être réglé immédiatement après la vente. Sinon la transaction n'est pas valable.

— Un jour de délai seulement, le temps que les banques ouvrent leurs portes. J'ai un crédit suffisant dans la banque de Nasïlia.

— Désolé, mentit-il.

Elle se concerta un moment avec son compagnon. De son étal, il n'entendit pas ce qu'ils se disaient. Cependant, la réaction du jeune homme était révélatrice. Il n'aimait pas ses paroles. Elle releva la tête vers le marchand d'esclaves.

— Comme ça au pied levé, je ne peux pas disposer de plus de mille cels, dit-elle enfin, je n'avais pas prévu que les enchères monteraient aussi haut.

— Tu abandonnes donc ?

— Non, j'y rajoute juste autre chose en paiement.

— Et quoi donc ? Une reconnaissance de dette. Je ne peux pas les accepter.

— Une nuit avec moi.

— Une nuit ? Pour quoi faire ?

— Laisse toute liberté à ton imagination.

Elle ôta le voilage qui lui masquait le bas du visage, révélant des traits magnifiques et une bouche peinte en rouge à la façon des femmes de la Hanse. Il y avait autre chose de plus remarquable encore. Le regard du négrier se posa aussitôt sur les lignes dorées en volutes sur ses joues et aux petits

---

[3] 4e division temporelle. Un douzième de stersihon. Environ 5 secondes

diamants bleus incrustés dans la peau. Le rubis qu'elle portait au front n'était pas un bijou. Il faisait partie d'elle, comme toutes les pierres de son corps. Aussitôt, il la reconnut. Un tel visage était célèbre chez les négriers. Avant Boulden, c'est l'Orvbel qui avait contrôlé le trafic d'esclave. Et cette femme en avait été la reine, il y a longtemps, vingt ans presque. Il ignorait tout de son peuple d'origine, peut-être provenait-elle du Sangär, tant le dessin sur son visage rappelait leur style. Se portait-elle au secours d'une compatriote ? N'avait-elle pas reconnu une paysanne étrangère ? Ou était-ce la coutume de son peuple qui mettait un point d'honneur à traiter comme Sangären toute personne présentée comme telle afin de ne jamais perdre la face en public ? Si elle appartenait bien à cette race dégénérée.

— Je te connais, dit-il enfin, tu es celle que l'on appelait Serlen, l'ancienne reine d'Orvbel.

— Serlen est morte quand la dynastie d'Orvbel a été détrônée, répondit-elle.

Il l'avait entendu dire en effet. Toutefois, personne n'avait pu montrer son cadavre.

— À faire de fausses enchères, tu risques de te retrouver esclave ou putain.

— Que serait la vie sans risque ?

Un bien petit risque, se fit-il la remarque. Avant d'être reine, elle avait été esclave royale. Elle savait ce que c'était que d'être forcée à coucher avec un homme que l'on ne supportait pas. Que représenterait une nuit avec lui après un tel entraînement ?

— Un discours que j'aime entendre de la part d'une jolie femme, reprit-il. Mais en dehors d'un goût commun pour le plaisir, qu'as-tu donc à m'offrir que je n'aie déjà ? Ça fait déjà vingt ans que j'ai entendu parler de toi. Je possède des tas d'esclaves expérimentées et bien plus jeunes dans mon harem.

— Certainement. Par contre, je doute qu'elles aient mon expérience. Et est-ce le corps d'une vieille femme ?

Elle laissa tomber sa houppelande, révélant une grande part de son anatomie. À sa vision, un brouhaha monta de la foule.

Non, ce n'était pas le corps d'une vieille femme. Elle portait un pantalon ample en soie et un corsage également bouffant qui lui laissait la taille et les épaules nues. Une taille fine et mince que l'esclavagiste aurait presque pu enserrer dans ses mains. Sa chevelure dorée lui descendait jusqu'à la taille. À l'exception de sa taille, très inférieure à la moyenne, elle était le genre de femme qu'il aurait bien mise dans son lit.

Elle paraissait loin de l'âge qu'elle avait, à moins que sa célébrité fût plus récente qu'il ne le croyait. Non ! Il allait bientôt atteindre la trentaine et Serlen était déjà connue quand il était adolescent. Elle avait réellement quelques années de plus que lui. Et pourtant, elle ne portait aucun des stigmates liés à l'âge. Elle avait une peau lisse et sans défauts, aucune ride, aucune marque indiquant qu'elle avait enfanté, aucun relâchement des chairs. Rien hormis de rares cheveux gris qui se remarquaient à peine dans sa chevelure blonde et quelques ridules au coin des yeux.

Le plus remarquable n'était cependant ni sa beauté ni sa jeunesse apparente, mais le signe distinctif qui l'avait rendue célèbre. À l'instar de son visage, toutes les parties visibles de son corps étaient brodées de fils d'or et incrustées de pierres précieuses. Il y en avait de toutes les tailles et de toutes les couleurs, même si aucune n'excédait la taille d'un noyau d'olive. Pour autant qu'il pût en juger, seule la face interne de ses mains semblait épargnée. L'ensemble ne semblait pas disposé au hasard, malheureusement les vêtements l'empêchaient d'apprécier le motif.

Un instant, il fut tenté d'accepter son offre, il n'était qu'un homme après tout, avec des pulsions. Jusqu'alors, il l'avait toujours considérée comme une légende. Savoir qu'elle existait réellement excitait sa curiosité. Et il se demandait quel effet cela faisait de la caresser, de laisser courir ses mains sur cette peau douce constellée de diamants piquants et durs. Avaient-ils pris la chaleur de son corps ou étaient-ils restés froids comme la pierre ? Il se reprit vite. C'était un professionnel et il n'allait pas se laisser amadouer par un joli minois, aussi exotique fût-il.

— Je suis désolé, dit-il enfin, tu ne me proposes rien que je ne puisse m'offrir pour quelques pièces d'or. Quant à tes bijoux, ce n'est rien de plus qu'un tatouage un peu exotique qui ne justifie pas la somme que je perdrais à accepter.

— Pourtant il y a là une plus grande fortune que tu n'en as jamais possédé de toute ta vie.

— Je sais aussi qu'on ne peut pas te les enlever sans te tuer et tu n'es pas facile à tuer. Ceux qui ont essayé et sont morts sont trop nombreux pour que je tente ma chance.

— Comme tu voudras.

Elle n'insista pas. Elle aussi connaissait son métier. Elle savait qu'il ne reviendrait pas sur sa décision. Le jeune homme la recouvrit de sa houppelande. Elle la relaçait quand il l'interpella une dernière fois.

— Je resterais bien sûr à ta disposition si tu veux un homme d'expérience pour corser les plaisirs avec ton jeune amant.

Aussitôt ses paroles prononcées, il sut qu'il avait dit une bêtise. La ressemblance entre la femme et le jeune homme lui fit comprendre aussitôt les liens qui les unissaient. Bien que sa légende n'en ait jamais fait mention, elle avait l'âge d'avoir un fils. Vu sa jeunesse apparente, il avait été loin d'imaginer ce dernier en adulte ; et pourtant il ne pouvait être que cela, ou un jeune frère. Il hésita entre les deux solutions et finit par pencher pour celle du fils, à condition qu'elle l'ait eu très jeune. Le couple ne sembla pas relever sa remarque stupide et quitta la place en silence.

    Il les regarda se frayer un passage à travers la foule, éconduisant sans violence les rares hommes qui osaient l'aborder. Un bref instant, il regretta presque d'avoir rejeté son offre. Un bref instant seulement. Puis il se souvint que son bref passage sur le trône d'Orvbel avait signifié la fin du trafic d'esclave dans cette ville. Voulait-elle réitérer le coup en Boulden ? Elle lui sembla moins sympathique tout d'un coup. Qu'importe après tout. Ce n'était pas son problème, mais celui du prince. Il détourna le regard. Il était temps de retourner à ses affaires. Il était pressé de livrer cette jeune paysanne. L'ancienne reine, cette fameuse Serlen — si cela était bien son vrai nom — avait trop investi dans cette vente. On ne propose pas son corps si on ne compte pas aller jusqu'au bout. Elle partait, apparemment résignée. Néanmoins, il était persuadé qu'elle n'en resterait pas là. Il ignorait de quels moyens elle disposait. Tant qu'à faire, il préférait que ce fût l'acheteur plutôt que lui-même qui l'ait pour adversaire.

II

Boulden, de nos jours.

Le quartier des gens de passage de Boulden se situait juste au sud de la place du marché aux esclaves. On y trouvait des auberges, des tavernes et toutes sortes de commerces utiles aux voyageurs. Dans l'une de ces auberges, loin d'être luxueuse, mais convenable, Deirane et son fils avaient pris une chambre. Elle y retourna aussitôt après son intervention au marché.

Ils en ressortirent à la nuit tombée. Elle portait toujours sa houppelande, pour la protéger d'un froid que la chaleur qui régnait depuis la fin de la guerre avait presque éradiqué, mais elle avait troqué sa tenue de courtisane contre une chemise légère et ample et un pantalon en cuir retourné. Elle avait aussi ôté son maquillage, camouflé le rubis au sein d'une résille d'argent dont il semblait faire partie. Ses seuls bijoux étaient une paire de chaînettes en bronze poli à chaque poignet et un bracelet constitué de plusieurs rangées de petites perles de forme et de couleur apparemment aléatoire. Son fermoir était une petite plaque gravée d'un motif complexe. Pour les diamants de ses joues, elle n'avait pu rien faire, mais dans la pénombre, on pouvait facilement les confondre avec des tatouages sangärens. Elle avait souvent utilisé cet artifice pour ne pas se faire remarquer. Et ce soir, elle n'avait guère l'intention de s'exposer à la lumière. Sa seule concession à la féminité, sa chevelure laissée libre dans son dos, lui donnait l'air d'une adolescente.

Elle descendit la rue encore bien animée en direction des berges. Son fils marchait à ses côtés, mais il était clair qu'elle décidait de la direction à suivre. Le jeune homme avait l'air d'un érudit, pas d'un homme d'action. Il pouvait faire illusion si nécessaire, mais n'importe quel coupe-jarret les guettant comprendrait tout de suite que ce n'était pas lui qu'il fallait surveiller. La démarche assurée et la décontraction apparente de Deirane constituaient un signal de danger pour tout espion averti. Le couple arriva à une taverne. Feignant la soumission, elle le laissa entrer le premier.

La plupart des conversations cessèrent aussitôt. À l'exception des soldats et des serveuses, il était rare de croiser une femme en ce lieu, surtout une humaine. Certains y voyaient une provocation, d'autres une invitation. Dans la plupart des cas, ça finissait mal. Celle-ci étant accompagnée, et le jeune homme n'ayant pas l'air commode, ils ne bougèrent pas. Il y avait tant de femmes plus accueillantes qu'il ne servait à rien de prendre un mauvais coup. Tout au plus, ils se contentèrent de la détailler d'un air insolent.

Un seul groupe, rassemblé debout autour d'une table, n'avait pas bronché à leur entrée. Ils assistaient à un match opposant deux des leurs. Il s'agissait d'un groupe de guerriers libres helarieal que les hasards de leur mission avaient réunis en cette ville. Ces individus n'avaient de guerriers que le nom. Ils savaient se battre, mais leur rôle équivalait à celui d'une force de police qui avait mandat pour agir partout dans le monde. Beaucoup de seigneurs les auraient bien expulsés de leur domaine, mais le prince de Boulden n'en avait pas les moyens.

Leur liberté d'action, la présence en leur sein de nombreuses femmes et le symbole de justice qu'ils évoquaient étaient à l'origine de toute une littérature romanesque les mettant en scène. Le héros de ce genre le plus populaire était Gaba, une guerrière brune d'une grande beauté qui parcourait le monde pour en régler les injustices.

Les habitants de l'Helaria professaient une égalité stricte des femmes et des hommes dans la plupart des tâches, dont la guerre. Dans leurs rangs, il y avait presque autant de guerriers de chaque sexe et la présence d'une femme dans une taverne n'était pas pour eux un sujet d'étonnement. Si, quand Deirane était entrée, quelques-uns avaient levé la tête parce qu'elle était belle, ils avaient vite repris leur activité. En l'occurrence, il s'agissait ce soir-là d'une partie d'échecs. Elle opposait un stoltz et un edorian, sous le regard intéressé de leurs compagnons des deux peuples et sexes. Même pour des Helariaseny, ce genre de passe-temps n'était pas fréquent, ce qui rendait ce groupe d'autant plus remarquable.

Le jeune homme guida Deirane jusqu'à eux.

— Messieurs, dit-il d'une voix peu assurée, pourrions-nous requérir votre attention un instant ?

Le joueur stoltz leva la tête.

— Cette affaire ne peut-elle pas attendre la fin de la partie ? demanda-t-il.

— Bien sûr, nous n'en sommes pas à quelques stersihons[4] près, intervint Deirane d'une voix douce.

L'intérêt des participants fut éveillé. Tout le monde avait compris qui était la tête du duo. La façon dont la démarche avait été annoncée les

---

4 3e division temporelle. Un douzième de calsihon. Correspond à un peu plus d'une minute.

intriguait. Surtout, le bracelet d'identité avait été révélateur. Le message transcrit dans ses perles fut instantanément lu. Beaucoup d'étrangers à la Pentarchie en portaient, mais bien peu avaient été validés par Calen de Jetro, la Bibliothécaire de l'Helaria. D'un point de vue technique, le pouvoir de cette femme s'arrêtait aux portes de son université, mais elle était si respectée que la plupart des Helariaseny auraient fait n'importe quoi pour elle, jusqu'à donner leur vie.

Les joueurs d'échecs se calèrent dans leur siège et attendirent.

— Il s'agit d'une fille, dit le jeune homme, une esclave. Elle a été capturée il y a quelques semaines chez ses parents et vendue ici il y a un peu moins d'un monsihon[5].

— Tu veux la rendre à ses parents, c'est cela, dit l'edorian.

— Tel est mon désir, en effet.

— Et les parents sont-ils riches pour que tu te lances dans une telle quête ?

— Non, j'en ai peur. C'est pour ça que c'est moi qui m'en charge, ils ne pourraient pas se payer les services d'un guerrier.

Un murmure parcourut le groupe. D'autres points de la salle parvinrent des ricanements. Le ton de l'edorian montrait que s'il n'en disait rien, il pensait la même chose que les rieurs.

Ces guerriers n'étaient pas si différents de ceux des autres royaumes, en fin de compte. S'ils se montraient plus prudents dans leurs paroles, ils pensaient la même chose que tous les soldats du monde. Délivrer une jeune fille par altruisme pour la rendre à ses parents, sans contrepartie, voilà qui leur était bien étranger.

— Voilà une démarche honorable, reprit l'edorian, mais ton esclave est-elle une Helariasen ?

— Je crains que non.

— A-t-elle été capturée sur les terres de l'Helaria ?

— Pas davantage.

— Vient-elle d'un lieu ayant pouvoir d'utiliser nos services ?

— D'Yrian.

— Je suis désolé, mais nous ne pouvons rien faire. Nous pouvons agir sur le territoire de l'Yrian, mais pas en son nom. L'esclavage n'est pas interdit en Boulden. Et les activités de cette ville ne s'opposent pas aux lois de la Pentarchie, qui ne s'appliquent qu'à nos ressortissants ou sur nos terres. Cette fille se trouve hors de notre juridiction, aussi triste cela soit-il.

— Vous refusez de m'aider donc.

---

5   1re division temporelle. Un douzième de la journée. Environ deux heures et demie.

— Nous voudrions, mais nous n'en avons pas le droit, hélas.

Le jeune homme prit un air penaud.

Mais Deirane quitta instantanément son rôle de femme soumise et effacée. Elle bascula sa capuche révélant son visage incrusté de pierreries.

— Certains d'entre vous doivent se souvenir de moi ? demanda-t-elle.

Les hommes hésitèrent, mais l'un d'eux hocha la tête.

— Et ce bracelet ne représente rien pour vous ?

— Nous respectons le doyen Calen. Mais le fait qu'elle vous ait accordé sa confiance il y a des années de cela ne nous autorise pas à rompre des traités signés par nos pentarques. Cela pourrait entraîner une guerre et causerait bien plus de morts qu'une simple esclave. Et puis, si je désobéissais ouvertement aux ordres, je ne pourrais plus jamais retourner en Helaria et j'ai une femme et des enfants là-bas.

— Je vois, dit Deirane, j'espérais compter sur vous. Je me suis trompée.

Elle n'aurait jamais dû prononcer ces dernières phrases, mais la déception la rendait amère. Elle remit sa capuche et se détourna des joueurs. Ceux-ci semblaient tristes, mais ils avaient les mains liées. Elle se dirigeait vers la sortie quand une voix féminine l'arrêta.

— Alors comme ça tu tentes de débaucher mes hommes.

Elle et son fils se retournèrent lentement. La femme qui les avait interpellés était nonchalamment accoudée au bar, une chope à la main. Elle portait une tenue assez semblable à celle de Deirane, mais elle avait noué les pans de la chemise sous la poitrine pour dégager sa taille et ouvert le corsage pour révéler la naissance de ses seins. En fait, la façon dont il était dégrafé semblait indiquer qu'une main inquisitrice venait tout juste de quitter les lieux. Juste à ses côtés, un homme avait un air assez maussade.

Hester examina cette femme. C'était de toute évidence le genre de personne qui avait inspiré l'auteur des aventures de Gaba. Elle était belle, une allure athlétique qui n'altérait en rien sa féminité, elle paraissait indépendante et semblait jeune, plus jeune que sa mère. Mais ses yeux de félins et sa peau chatoyante étaient ceux d'une stoltzin. Ces gens-là avaient une vie beaucoup plus longue que n'importe qui. Elle pouvait avoir n'importe quel âge entre vingt ans et mille ans.

En la voyant, le visage de Deirane refléta une joie qu'Hester n'y avait pas vue depuis des mois.

— Ce sont tes hommes ? demanda-t-elle.

— Qui d'autre que moi recruterait des joueurs d'échecs ?

— Je croyais que les guerriers libres étaient indépendants.

— Ce sont des soldats, je suis le seul guerrier libre dans cette salle.

— Des soldats helarieal ici ! Le prince de Boulden tolère ça ?

— Comment pourrait-il s'y opposer ?

Les deux femmes s'enlacèrent comme deux vieilles amies.

— Saalyn, je ne pensais jamais te revoir un jour.

— Le monde est petit, nous nous serions forcément croisées tôt ou tard.

Saalyn. Hester ne connaissait pas ce nom, mais ce n'était pas le cas de tout le monde dans la salle. La plupart des soldats se retournèrent pour mieux voir celle qui le portait. Quant à son compagnon d'un soir, il semblait avoir renoncé à ses projets et cherchait maintenant à s'éloigner d'elle le plus discrètement possible. Les regards qui se posaient sur elle étaient de peur ou d'admiration, voire des deux souvent. À leur table, les Helariaseny semblaient assez satisfaits de l'effet produit par leur compagne.

Il faut dire que Saalyn avait de bonnes raisons d'être célèbre. Première guerrière libre d'Helaria, elle avait connu presque un siècle de succès et bien peu d'échecs. Sa mission d'origine, délivrer et ramener les esclaves helarieal au pays, avait vite débordé. Elle avait fini par ramener tout le monde sans distinction de peuple. Par exemple, elle avait fait venir les premiers edorians dans la Pentarchie, la transformant en état multiethnique. On estimait que, soit directement soit via leurs descendants, la moitié des habitants de l'Helaria lui devaient leur liberté.

Paradoxalement, alors qu'elle était crainte pour ses talents de guerrier, c'était dans ce domaine-là qu'elle s'était illustrée le moins. Ses missions relevaient plus de l'espionnage que de l'attaque directe. Elle était passée maître dans l'art de la discrétion et du camouflage dans un monde où ces deux mots n'existaient pas encore. Aussi ses plus grandes réussites étaient-elles inconnues du grand public.

Son intelligence, sa beauté, ses dons d'observatrice, sa capacité à interpréter n'importe quel rôle, à bluffer, sa ténacité, tout constituait une arme et elle en usait sans modération pour accomplir sa mission.

La consécration était arrivée quand, quatre-vingts ans plus tôt, elle avait ramené au bercail les pentarques qui avaient disparu pendant la guerre contre les Feythas. Mais ce pour quoi elle était le plus connue, ce n'était même pas un acte qu'elle avait accompli elle-même : la vengeance menée par ses compagnons de la corporation contre Jergo le jeune, celui qui de façon ironique en avait fait son esclave personnelle, deux décennies plus tôt. Une vengeance cruelle, à la hauteur de ce qu'elle avait subi à l'époque.

Ainsi donc, voici ce qu'était Saalyn, cette stoltzin nonchalamment affalée contre le comptoir de cette taverne. Et elle s'adressait à Deirane comme à une vieille amie.

— Prends quelque chose à boire et viens me rejoindre là-bas, dit-elle, tu m'expliqueras cette affaire.

Elle désigna une alcôve discrète. Elle était occupée, mais à son approche, les buveurs se souvinrent brutalement qu'ils avaient une occupation urgente ailleurs.

Quand Deirane et Hester la rejoignirent, la belle guerrière libre n'était pas seule. Quatre Helariaseny étaient assis à ses côtés, tous stoltzt. Ils prirent place sur le banc libre.

— Deirane, commença Saalyn, cela fait bien longtemps que nous ne nous sommes vues.

— Cela remonte à vingt ans.

— Et pendant tout ce temps, tu n'as pu trouver un seul moment pour venir nous voir ?

— J'ai été très occupée toutes ces années.

— Je sais, nous avons suivi une bonne part de tes exploits.

— Tu savais donc où me trouver pendant tout ce temps, pourquoi n'es-tu pas venu toi me rejoindre ?

Saalyn lança un rire cristallin qui éveilla un sourire sur le visage de Deirane. Puis elle se tourna vers le jeune homme.

— Et ce beau garçon est certainement ton fils. Et vu son âge, ça doit être l'aîné, Hester.

Le jeune homme fut interloqué.

— Comment me connaissez-vous ? demanda-t-il.

— Je t'ai mis au monde, répondit Saalyn.

Deirane leva un sourcil interrogateur qui n'échappa à aucun stoltz présent.

— D'accord, une sage-femme t'a accouché, mais ta mère reposait entre mes bras.

Le regard de Deirane devint plus prononcé, attirant quelques rires.

— Tu es dure Deirane. En fait, c'est Celtis, une jeune femme du personnel de l'ambassade qui soulageait ta mère, mais j'étais présente.

— L'ambassade ? Quelle ambassade ?

— Tu es né dans l'ambassade d'Helaria, à Sernos. Tu l'ignorais ?

— Personne ne m'a jamais dit où j'étais né, répondit Hester.

— Celtis, cela fait longtemps que je n'ai pas pensé à elle. Qu'est-elle devenue ? demanda Deirane.

— Aux dernières nouvelles, elle voyageait dans les royaumes des montagnes. Elle voulait visiter le monde entier avant de rentrer chez elle et de se fixer. Mais mes renseignements remontent à une quinzaine d'années, aussi j'ignore ce qu'elle fait maintenant.

— Il ne faut pas quinze ans pour visiter ces royaumes.

— Pour les traverser, quelques jours suffisent. Mais pour réellement les connaître, c'est loin d'être suffisant. Habituellement, elle reste un an sur place puis elle reprend la route. Il y a plus d'une vingtaine de royaumes. Elle doit toujours se trouver là-bas.

Deirane éprouva une bouffée d'émotion pour la jeune stoltzin qui avait été si proche d'elle par le passé, avant de revenir à la discussion en cours.

— En fait, Saalyn m'a beaucoup aidé pendant ta naissance. J'étais si occupée à la rassurer que cela a détourné mon attention de la douleur. Je crois même me souvenir qu'elle a tourné de l'œil.

Des sourires sardoniques accueillirent la révélation. Ainsi la plus célèbre guerrière d'Helaria, après les pentarques jumelles, avait quelques faiblesses.

— Vous perdez quand même beaucoup de sang vous autres humaines, plaida Saalyn.

— Tu as dû en répandre pas mal toi-même, remarqua Deirane, tu ne t'es par montrée tendre avec tes ennemis.

— Et le mien a également beaucoup coulé. Ce n'est pas la même chose. En fait, ce n'est pas du tout pareil selon que le sang appartient à un ami ou un ennemi.

Deirane esquissa un sourire.

— La première fois que j'ai vu Saalyn, elle voulait me tuer, expliqua Deirane.

— Pas exactement, mais te donner une bonne leçon, tu venais de blesser Calen.

— Le doyen ? demanda Hester.

— Elle-même. Mais quand j'ai débusqué cette pauvre paysanne terrorisée, affamée, blessée et visiblement maltraitée, j'ai eu pitié. Tout ce que j'ai pu faire c'est lui tendre la main et l'aider à se relever. À l'époque, je venais de passer par des épreuves similaires. Je comprenais ce qu'elle avait dû subir.

Saalyn posa les mains sur la table et regarda Deirane dans les yeux.

— Cette esclave que tu veux délivrer, c'est ta fille ? demanda-t-elle ?

— Non, c'est une paysanne enlevée à ses parents et vendue en esclavage, répondit Deirane.

— Pourquoi veux-tu tant la récupérer ? Est-ce parce qu'elle te rappelle ta propre histoire ? Ou que tu connais sa famille ?

— Un peu des deux.

Saalyn réfléchit quelques secondes.

— J'ai entendu dire que tu avais été chef de guerre, et un bon, pendant quelques années. Tu as donc dû apprendre à faire un rapport circonstancié. Alors, vas-y.

— La vente a eu lieu cet après-midi au septième monsihon sur l'estrade centrale du marché. J'ignore tout de l'identité de l'individu qui l'a achetée. Et je n'ai pas pu le voir. Mais j'ai pu apercevoir celui qui a validé la transaction, un edorian. Le paiement a été effectué en assignats helarieal. Comme les vendeurs d'esclaves n'ont pas confiance dans les monnaies de papier, la livraison ne devrait avoir lieu qu'une fois les billets transformés en bonnes pièces d'or. Donc pas avant demain puisque les banques étaient fermées à l'heure de la vente.

— Des assignats helarieal. C'est pour cela que tu es venue nous voir ?

— En partie. J'ai pensé que vous pourriez facilement obtenir l'identité de l'acheteur. Je n'ai pas le pouvoir d'enquêter dans les banques de l'Helaria, vous si.

— La prison n'a pas l'air de t'avoir endommagé le cerveau en tout cas.

Un voile passa dans les yeux de Deirane.

— Je vois que tu es bien au courant de ma vie.

— Comme pour toutes les personnes qui font parler d'elle dans ce monde, nous possédons un dossier sur toi, épais comme le bras. Mais il n'est pas complet. S'il nous dit tout sur les causes de ton emprisonnement, il n'explique pas comment tu en es sortie. En fait, on a même cru que tu y étais morte, jusqu'à aujourd'hui.

— Moi j'ai pu le voir l'acheteur, intervint Hester, j'étais assez grand pour surmonter la foule.

Saalyn retint un sourire, il est vrai que Deirane n'était pas bien grande. C'est tout juste si elle arrivait à l'épaule de son fils assis à côté d'elle. Si les fées s'étaient penchées nombreuses sur son berceau et lui avaient donné bien des qualités, la taille n'en faisait pas partie.

— C'est un drow de grande taille, continuait Hester, une perche et neuf paumes de haut environ, yeux noirs en amande, bouche fine, pas de signes particuliers. Il portait une tunique de cuir noir, pareil pour le pantalon. À l'annulaire gauche il avait une bague, je l'ai remarquée parce qu'elle semblait bien pauvre pour un tel individu, deux rubis encadrant un faux diamant de mauvaise qualité sur un anneau de cuivre, une bague de femme pauvre. Il était armé, à gauche il portait une dague ornementée dans un fourreau fixé à la ceinture et je soupçonne la présence d'une autre dans la botte droite.

— Tu as pu voir tout ça noyé dans la foule ? remarqua Saalyn.

— Il se tenait un peu à l'écart. Bien isolé des gens.

— Logique, un individu de son espèce n'allait pas se mêler à la plèbe.

Elle remarqua alors que Deirane avait changé d'attitude. Elle était devenue silencieuse. Son visage exprimait maintenant une panique intense.

— Un problème ? demanda la guerrière libre.

— Je connais cet individu, répondit Deirane d'une voix éteinte.

— Qui est-ce ?

— Je ne connais pas son nom, mais je sais qui c'est. Ou plutôt, ce qu'il est.

Une expression de dépit passa sur le visage des personnes attablées. Ils espéraient une révélation, un nom que peut-être ils reconnaîtraient. Saalyn reprit la parole la première.

— Et si tu nous disais ce que tu sais sur lui.

— Ce n'est pas un souvenir que j'aime évoquer. Cette bague m'appartient. C'est ma grande sœur qui me l'avait offerte.

Elle hésita, cherchant ces mots.

— Je dois vous raconter mon histoire pour que vous compreniez.

— Quelle histoire ?

— Celle du début, comment tout a commencé.

Elle remonta la manche de sa chemise, la déchirant dans sa précipitation, révélant son bras constellé de pierres précieuses et brodé de fils d'or.

— Comment ceci est arrivé, répondit-elle.

— Tu éveilles ma curiosité, quand tu vivais parmi nous, tu ne nous l'as jamais raconté.

— Je suis désolée. Quand tu m'as connue, c'était encore très frais dans ma mémoire. C'était dur d'en parler. Après c'était trop tard. Ma vie avait pris un tour totalement imprévu. Je...

Elle passa sa langue sur les lèvres, retardant le moment de commencer sa narration.

— Je pense que le mieux est de tout commencer au début, quand je vivais avec mes parents, pour que vous voyiez tout ce qu'il m'a fait perdre.

— C'est mieux en effet, acquiesça Saalyn.

D'autres soldats helarieal s'installèrent sur les bancs autour de la table, prêts à écouter le récit qu'elle allait leur faire.

III

Gué d'Alcyan, vingt ans plus tôt.

La porte de la ferme s'ouvrit, laissant le passage à une jeune fille au cœur de l'adolescence. Comme tous les matins, Deirane allait à la rivière chercher l'eau pour le repas. Pour ses sœurs il s'agissait d'une corvée, pas pour elle cependant. Elle prenait même du plaisir à l'accomplir. Pas à soulever et à transporter deux lourds seaux pleins d'eau, bien sûr. Surtout quand leur contenu risquait de lui brûler la peau si elle le renversait sur elle. Cela lui permettait de s'échapper un instant de l'étouffant cocon familial. Non pas qu'elle fût malheureuse, au contraire, seulement il était… étouffant. C'était son moment de liberté à elle. Sa famille avait vaguement compris que cela lui était nécessaire et le respectait. Uniquement parce qu'il n'y avait rien de répréhensible et qu'elle faisait correctement son travail par ailleurs.

Le moment entre tous qu'elle préférait était celui où elle se regardait dans le miroir formé par la surface immobile du petit lac. Elle se trouvait jolie. Et le fait est qu'elle l'était. Les traits réguliers, légèrement ovales, les yeux bleus tirant sur le gris, entouré d'une cascade de cheveux blonds et fins, une bouche fine et souriante, un petit nez droit qui plissait facilement. Deirane était très belle, et pas uniquement de visage. Jeune fille de dix printemps, son corps souple et mince d'adolescente promettait une femme d'une grande beauté d'ici quelques années. D'ailleurs, les garçons s'intéressaient sérieusement à elle, au grand dam de son père.

Son père, un homme sévère, mais juste lui faisait un peu peur avec ses manières bourrues. Elle l'adorait pourtant. Il n'avait jamais levé la main sur elle, même pas pour lui donner une gifle quand elle faisait une bêtise. Et elle en avait commis pourtant. Sa jeune sœur avait participé à la plupart.

Tiens sa jeune sœur, parlons-en de cette petite peste. Elle était comme toutes les jeunes sœurs, parfaitement idiote, ne connaissant rien aux préoccupations des grandes — compliment que sa sœur lui retournait pour sa futilité — elle l'avait dénoncée plus d'une fois. En fait, la seule personne qui lui manquerait vraiment, si elle était séparée des siens, était son plus jeune frère, un gamin espiègle qui l'adorait. Il faisait tout ce qu'elle demandait et elle en profitait un peu. Après tout, c'était le droit d'une grande sœur d'abuser de son petit frère. Et peut-être, à la réflexion, sa sœur aînée aussi lui manquerait.

Donc ce jour-là, jour comme les autres, Deirane descendait joyeusement vers la rivière. Elle avait pris les deux seaux accrochés à l'appareil qui purifiait l'eau des poisons qu'elle contenait et se rendait d'un pas alerte vers le lac en contrebas de la colline. Elle posa ses seaux et s'accroupit dans l'herbe de la rive pour admirer son reflet. Elle palpa le contour de son visage, ajusta sa coiffure, dégrafa son corsage dénudant la naissance de ses seins et regarda l'effet produit. Elle n'était pas pleinement satisfaite de sa silhouette. Elle trouvait sa poitrine trop menue et sa silhouette un peu filiforme. Sa mère et sa tante lui affirmaient souvent qu'elle était encore jeune, qu'elle s'étofferait bientôt, elle avait du mal à les croire en se regardant dans le miroir de la surface.

Du coin de l'œil, elle repéra un mouvement derrière un buisson. Très certainement Jeten, le fils du boulanger de la ville, en fait le village d'une dizaine de maisons dont dépendait la ferme. Cela faisait plusieurs jours qu'il l'espionnait. Il se croyait discret, il s'était d'ailleurs vanté de ses talents de scouts, allant jusqu'à dire qu'il avait du sang d'elfe. Le pauvre, s'il avait su à quel point il était visible, il en aurait fait une jaunisse. Aucun citadin ne pouvait rivaliser avec une fille de la campagne. Et puis, même une ignorante comme elle savait que les vaches ne pouvaient pas se croiser avec des moutons, les chiens avec les chats et les elfes avec les humains.

Amusée, elle décida de lui secouer un peu le sang. Elle défit encore quelques lacets de son corsage et l'écarta bien, sans aller jusqu'à se dénuder. Puis elle se pencha au-dessus de l'eau. S'il se trouvait bien à l'endroit où elle le pensait, il allait faire une syncope. Et peut-être cela déciderait-il ce grand nigaud à venir la rejoindre. Chaque fois qu'elle s'était retrouvée isolée avec lui, elle avait tout accompli pour l'inciter à lui faire la cour. Malheureusement, il n'avait pas l'air d'avoir compris ce qu'elle désirait. Les garçons pouvaient se montrer si stupides parfois.

Enfin, celui-ci était si mignon qu'elle était prête à presque tout lui pardonner. C'était le plus mignon de tous les garçons des environs. Ce n'était pas dur, c'était le seul de son âge. Remarquez, elle n'avait pas beaucoup de rivales non plus. Cela faisait des années qu'on savait qu'ils se marieraient un jour. Ce n'était pas faire preuve de divination, il suffisait de savoir compter jusqu'à deux pour le comprendre.

Enfin, le benêt sortit de sa cachette. Il avait fallu mettre le paquet. Elle était quand même surprise que ça ait aussi bien marché. Elle se releva, l'attendant. Il s'arrêta à quelques pas d'elle, soudain timide.

— Bonjour, dit-il gauchement.
— Ça fait longtemps que tu m'espionnes comme ça ? demanda-t-elle sur un ton de reproche.
— Je passais juste.

La bonne excuse, à l'aube, il passait juste ici. Il ne savait pas mentir, à la réflexion cela ne semblait pas un mal pour l'avenir.

— Et tu passes « juste » combien de fois par semaine ?
— C'est la première fois, protesta-t-il faussement.
— Ce n'était pas toi hier aussi ?
— Ce n'était pas moi.
— Tu es sûr ?

Le sourire qu'elle lui lança lui fit comprendre qu'elle n'était pas fâchée. Il se rasséréna un peu. Ses yeux quittèrent le visage de la jeune fille. Le regard qu'il coula alors sur son décolleté largement ouvert lui fit piquer un fard. Ce qu'elle pouvait se permettre à cent cinquante perches de distance était franchement indécent aussi près. Elle entreprit de le relacer.

— Non ! s'écria-t-il soudain.

Elle sursauta quand il avança la main. En même temps, elle attendait, fébrile. Il allait la toucher, peut-être même l'embrasser. Au dernier moment, la main retomba.

— Excuse-moi, dit-il.

Il fit demi-tour pour s'éloigner. L'idiot. Elle se lança à sa poursuite.

— Attends, cria-t-elle.

Il s'arrêta et se retourna.

Elle lui tendit la main, un sourire encourageant éclairait son visage. Incrédule, il hésita un long moment avant de la prendre. Avec lenteur, elle la porta délicatement à sa poitrine. Il n'osait y croire. Intimidé, il n'osait serrer le sein offert à ses caresses. Même à travers le tissu il sentait sa chaleur. Ce n'était pas à ça qu'il s'attendait. En fait… il ne s'attendait à rien du tout. Son imagination était loin de lui avoir donné une idée de la sensation qui s'offrait à lui. La regardant dans les yeux, il se rendit compte qu'elle était aussi gênée que lui de ce qui se passait. Pourtant, aucun des deux n'aurait voulu se trouver ailleurs.

Deirane prit progressivement conscience d'une cavalcade derrière elle. Cela faisait quelques tösihons que le bruit durait, elle venait juste d'y faire attention. Ce fut l'expression effrayée de Jeten qui l'incita à se retourner. Un homme sur un cheval fonçait droit vers eux. Pas un humain, un drow, réalisa-t-elle avec horreur. Un de ces êtres sanguinaires et cruels que les feythas avaient créés pour en faire des guerriers.

Elle poussa un hurlement de terreur et fonça vers la ferme. Le cavalier obliqua sa course, lui bloquant le passage. Elle changea de direction, il l'intercepta à nouveau. Elle s'arrêta, totalement terrorisée. La peur rendait ses jambes flageolantes tant elle était forte. Son cœur battait si violemment qu'elle le sentait cogner contre les côtes dans sa poitrine.

Jeten l'avait rejointe et s'était interposé entre elle et le cheval. Le drow les observa longuement. Le regard de l'adolescente se porta sur la monture qui lui semblait plus rassurante que son maître. C'était un pur sang noir, de toute beauté, un étalon remarqua-t-elle. Un drow ne se serait jamais contenté d'un animal châtré. Son harnachement était luxueux, en cuir de la meilleure qualité. Les marques sur la selle indiquaient un seigneur de haut rang. Un seigneur drow, ils avaient la réputation d'être plus civilisés que leurs congénères moins nobles, elle avait peut-être une chance.

Le long visage sombre se fendit d'un sourire rien moins qu'engageant qui lui ôta tout espoir. Comme obéissant à un ordre muet, la monture avança de quelques pas.

— N'approchez pas, ordonna Jeten d'une voix qu'il tentait de rendre ferme.

Le drow se contenta de sourire à son injonction. Le jeune garçon sentit quelque chose couler le long de sa jambe. Sa vessie venait de lâcher. Les mains de Deirane qui se posèrent sur ses épaules, comme pour se cacher derrière lui, lui redonnèrent un semblant de courage. Au moins en apparence.

— Pousse-toi gamin, dit l'inconnu, je ne voudrais pas te faire mal.

— Allez-vous-en, répéta-t-il.

— M'en aller, pourquoi donc ? Je suis chez moi, ces terres dépendent de mes domaines. Aurais-tu l'arrogance de m'interdire de chevaucher chez moi ?

— Ces terres appartiennent à mon père, lança Deirane sans sortir de sa cachette, et dépendent de Gué d'Alcyan, la Charte de Sernos…

— La Charte de Sernos ?

Le drow éclata de rire. Quand il se fut calmé, il reposa son regard sombre sur Jeten. Un rictus lui retroussait les lèvres.

Brutalement, le drow détendit sa jambe. Son pied s'écrasa sur le visage de Jeten qui fut projeté en arrière. Le jeune garçon, hurlant de douleur, porta ses mains à son nez ensanglanté. Le drow fit alors avancer sa monture vers lui, doucement, inexorablement, pour l'obliger à reculer. Un nouveau coup de pied le fit basculer dans le lac.

— Va à Sernos te plaindre au roi, va faire respecter tes droits si tu l'oses, paysan !

Hystérique, Deirane se mit à hurler. Le drow s'avança, elle fit demi-tour et se mit à courir.

Le cavalier la rattrapa. La prenant par sa robe, il la souleva et la posa en travers de sa monture. Elle donna des coups de poings et de pieds pour se dégager. Le cheval maltraité poussa un hennissement de protestation. Le drow la frappa derrière la tête pour la calmer. À moitié assommée, elle cessa de se débattre, ses cris se transformant en sanglots. Le cheval remonta la colline. Au dernier moment, il obliqua pour éviter Jensen, le père de la jeune fille, qui se précipitait armé d'une fourche. Lançant son cheval au galop il emporta sa captive vers son repaire.

Voyant le ravisseur disparaître avec sa fille cadette, le père de Deirane tomba à genoux, se mettant à pleurer, lançant des malédictions contre lui. Quand ils eurent disparu derrière un repli du terrain, il se releva. Du regard, il chercha le jeune homme. Depuis plusieurs jours, il cherchait à le surprendre pour lui donner une bonne correction à essayer de lutiner sa fille. Cette idée lui était totalement passée. Il n'avait plus qu'une seule chose en tête, le sortir de l'eau avant que les miasmes qu'elle contenait ne pénétrassent ses blessures et l'empoisonnassent irrémédiablement. Puis il mobiliserait les villageois pour récupérer sa fille. Après la correction tout compte fait.

IV

Gué d'Alcyan, vingt ans plus tôt.

Le seigneur drow prit la bouteille, caressant ses courbes presque féminines avec sensualité. La levant à hauteur des yeux, il déchiffra les lettres carrées. De l'hydromel gris, un grand cru. L'une des premières cuvées qui avaient suivi la remise en service des vignobles helarieal après la défaite des feythas. Prenant son couteau spécial, il découpa proprement le sceau de cire, nettoya soigneusement toute trace de débris. Puis il la déboucha. Il huma avec délectation le bouquet qui s'en dégageait.

Il en versa un peu dans le verre en cristal posé sur le buffet marqueté devant lui. Il le fit tourner un instant, réchauffant la précieuse boisson dans le creux de la main. Il admira la robe du breuvage, presque transparente avec un léger trouble. Puis il porta à nouveau le verre à son nez. Un sourire éclaira son visage.

Il se dirigea vers son fauteuil préféré au pied duquel se trouvait une table basse sur laquelle il posa le verre. Il jeta un coup d'œil circulaire sur l'endroit qui l'entourait. Un endroit magnifique, des meubles de prix, des tableaux de maîtres, toute une statuaire en or, en marbre ou en bronze. Il était fier de ses œuvres et heureux de ce qu'il était. Le château avait été brûlé pendant la guerre ; ses propriétaires légitimes, des stoltzt certainement, avaient disparu. Le gros œuvre en pierre avait survécu quasiment sans dommages. Il avait pris possession des lieux et les avait remis en état. Mais nulle part ailleurs que dans cette pièce il n'avait accompli une telle réussite.

Jetant son dévolu sur un tableau, il tourna le fauteuil face à lui et s'installa. Puis il prit son verre d'hydromel et commença à le siroter. Un délice. Finalement, il ne regrettait pas que la guerre n'ait pas totalement exterminé cette race, rien que pour un tel chef-d'œuvre, ils méritaient d'avoir survécu. Et ils étaient suffisamment loin de ses terres pour qu'il n'eût pas à les supporter avec leur morale ridicule sur le respect de la vie et de la liberté. La seule race libre doit être la sienne, les autres ne sont bonnes qu'à leur servir d'esclave. Un jour sûrement, il achèverait le travail de ses anciens maîtres et il les exterminerait.

À l'étage d'en dessous, un bruit dérangea sa félicité. Il essaya de l'ignorer. Cependant, la conversation le gênait vraiment. Son majordome tentait en vain de repousser un intrus. S'il voulait profiter de sa richesse tranquillement, le drow allait devoir intervenir. Énervé, il reposa son verre et se leva.

Il se dirigea vers la poterne, les manants n'avaient pas droit à l'entrée principale, réservée aux hôtes de marque. Seuls les autres drows étaient assez nobles pour être considérés comme tel et encore, pas tous. À l'exception de la porte qui avait été remplacée pour sa sécurité personnelle, la pièce n'avait pas été rénovée, elle portait encore les traces de l'incendie qui avait ravagé la demeure peu avant qu'il l'eût investie, la suie sur les murs, les pierres fendillées, des restes de tentures brûlées et les armures déformées par la chaleur.

Son domestique parlait avec animation avec un fermier, un de ceux qui vivaient à proximité du village situé à deux longes de là.

— Que se passe-t-il ? Quelle est la cause de tout ce dérangement ? demanda-t-il.

— Seigneur, dit Jensen, enfin vous voilà.

Le pauvre hère semblait soulagé de le voir.

— Me voilà en effet. Eh bien maintenant, expliquez-vous. Vos cris d'orfraie m'ont dérangé dans mes affaires.

— Mon seigneur, il s'agit de ma fille.

— Quoi ? Votre fille ?

— Elle a été enlevée.

— Enlevée. J'admets que cela est embêtant en effet.

Il regarda le paysan droit dans les yeux.

— En quoi cela me concerne-t-il ? demanda-t-il sur un ton calme presque méprisant.

— Je... Je suis venu vous demander votre aide.

— Mon aide ! Pourquoi à moi ? Et pourquoi vous l'accorderais-je ? C'est à la garnison d'Ortuin d'assurer votre protection, pas à moi.

— Parce que vous seul pouvez aller à son secours. Vous êtes le seul guerrier ici.

— Je suis en effet un guerrier. Mais quel avantage aurais-je à me porter à son secours ? Avez-vous quelque chose à m'offrir ?

Le paysan bredouilla.

— Le code de l'honneur des chevaliers, proposa-t-il enfin.

Le drow éclata de rire.

— L'honneur, vous me semblez bien drôle. Vous devriez faire bouffon comme métier. Si vous vouliez avoir de l'honneur, il fallait vous débrouiller pour naître sur les terres edorianes ou stoltzt, pas ici.

Pendant qu'il laissait Jensen interloqué reprendre ses esprits, le drow attendit que se calmât la crise de fou rire qui lui serrait le ventre.

— Vous avez d'autres filles ? reprit-il enfin. Vous autres humains avez beaucoup d'enfants. Vous avez certainement une autre fille ?

— Ben oui.

— Alors où est le problème ? Vous aurez même une dot de moins à constituer pour la marier. La vérité est que, vous autres humains, vous vous reproduisez trop vite. Partout où l'on va, on bute sur votre marmaille grouillante. Une de moins, dans la multitude, cela ne se remarquera même pas.

— Moi je le saurai, cracha le paysan, c'est ma fille et je l'aime.

— L'amour, après l'honneur. Vraiment, vous êtes drôle. Un humain qui parle d'aimer. Vous ne savez rien à l'amour véritable. L'affection peut-être. L'amour en revanche est un sentiment noble que seule une race noble peut connaître. La vôtre ne fait que l'imiter. Hé bien, aimez-la si vous en êtes capable, mais sans me déranger alors. J'ai entendu votre requête, j'ai décidé de ne pas y donner suite. Maintenant, vous pouvez vous retirer et retourner à vos champs au lieu de perdre votre temps à ne rien faire.

— Vous n'avez pas de cœur. Eh bien moi je vais la rechercher, tout seul. Et je la retrouverai.

— Faites, si cela vous plaît. N'oubliez cependant pas que cela ne diminuera en rien l'impôt que vous aurez à payer.

Il fit un geste de la main pour chasser l'inopportun. Le domestique repoussa le paysan dehors.

— Le maître a dit que tu pars, intervint le domestique.

— Monstre !

Il referma la porte et la bloqua au moyen d'une barre métallique qui s'enclenchait dans le mur. Satisfait, le drow se tourna vers l'escalier qui menait à son salon.

— Vous me ferez penser à donner une leçon à ce grossier personnage, dit-il à son domestique. Brûler sa grange devrait lui enseigner le sens des valeurs sans risquer de mettre à mal notre approvisionnement.

Le majordome acquiesça. Au moment où le drow allait partir, son domestique l'interpella.

— Seigneur, je peux vous poser une question ?

— Vas-y, je n'en suis plus à quelques minutes près.

— Ces paysans payent l'impôt au roi d'Yrian, pas à vous. Comment allez-vous faire ?

— Le roi d'Yrian vit à Sernos, pas ici. S'il veut venir contester mes revendications qu'il vienne, je saurai le recevoir.

— Bien seigneur, c'est tout ce que j'avais besoin de savoir.

— Besoin de savoir ? reprit le drow surpris.

— Pour que vous soyez prêt à recevoir les envoyés de Sernos comme il se doit.

— Bien sûr. S'ils viennent un jour.

Le drow s'éloigna, anticipant ses futures occupations, aussi bien les immédiates que les lointaines, avec une joie féroce.

Ayant repris son verre, le maître des lieux fit le tour de la pièce, admirant une à une les œuvres d'art présentes. Chacune d'elle avait une histoire, il les connaissait toutes. Ce vase de porcelaine par exemple, avait été offert comme cadeau de mariage par le démon d'Argent à la reine de Junia. Quelques mois plus tard, la reine était chassée de son trône par sa propre sœur, le démon voulut récupérer alors le vase pour le rendre à sa propriétaire légitime. La nouvelle reine refusa de le restituer, il insista. Le conflit qui en résulta mena à la ruine la plupart des royaumes démoniaques. Ainsi, à cause de ce vase, les démons échouèrent à imposer leur hégémonie sur Uv Polin.

Juste à côté, ce couteau en silex avec un manche d'ivoire provenait de Mustul. Il avait été utilisé par le patriarche de la tribu pour briser le sceau du vase contenant le nom du nouveau roi. Des deux concurrents, le rusé Helaria et l'ambitieux Leedle, c'est le second qui était monté sur le trône. Infligeant brimades et punitions continuelles au candidat déçu, il le poussa à s'exiler et à fonder son propre royaume. Quelques siècles plus tard, les descendants d'Helaria chassaient ceux de Leedle et fusionnaient les deux trônes, réunifiant les deux peuples frères ennemis. Mille six cents ans de luttes qui avaient bloqué l'évolution des stoltzt orientaux. Quand on voit ce qu'ils ont réalisé depuis dans le dixième de ce temps, on a du mal à imaginer où ils en seraient aujourd'hui s'ils n'avaient pas gaspillé ainsi leurs forces.

L'œuf taillé dans un matériau ressemblant à de l'albâtre avait été fabriqué avec une pierre mystérieuse trouvée dans le premier village que les feythas ont déporté. La tapisserie avait été possédée par dix-huit royaumes, tous avaient été anéantis dans une guerre peu de temps après son acquisition. Il avait fallu moins d'une vingtaine d'années pour lui donner sa réputation de maudite. Ce morceau d'or venait d'un écu brisé. La réunion de tous les morceaux, disait la légende, entraînerait une grave catastrophe sur le monde. Il en allait ainsi de tous les objets précieux rassemblés en cet endroit.

Le drow s'arracha à la contemplation de sa collection. Il posa son verre vide sur la table basse et quitta la salle. Ces objets étaient superbes, seulement ils étaient inertes. Dans son esprit, il n'y avait pas plus noble matériau que la matière vivante. Et c'est à cela qu'il allait maintenant s'atteler. Pendant des années, il s'était exercé. Le sol de son domaine était d'ailleurs plein de ces tentatives avortées. Mais aujourd'hui, le jour tant attendu était enfin arrivé, il allait créer l'œuvre de sa vie, ce pour quoi il était né. Il avait enfin trouvé le support digne de son talent.

    Il s'engagea dans un couloir qui, bien que rénové, était dépourvu de décoration. Prenant une torche, il descendit plusieurs volées de marches. À chaque tour du colimaçon, l'humidité des lieux augmentait. Bientôt, elle se mit à suinter des murs. Il poussa une porte et pénétra dans une petite pièce. D'un côté elle donnait sur un long couloir donnant accès aux geôles du château. Le drow s'en désintéressa. Il passa une dernière porte et se retrouva dans une salle circulaire, immense, sombre parce que dépourvue de fenêtre et haute de plafond. L'aménagement de l'endroit donnait clairement sa fonction : brasero, chevalet, brodequins, une vierge de fer, des poulies au plafond, ne laissaient aucune ambiguïté. Et sa taille en disait long sur l'importance que son constructeur accordait à cette activité. Tous ces appareils diaboliques avaient été cependant repoussés dans un coin, le châtelain actuel n'en avait pas l'usage. Il n'avait gardé qu'un cadre en bois, duquel pendaient quelques courtes chaînes pour le moment vides de captifs.

    Il s'approcha du mur. De sa torche, il alluma la lampe à huile posée dans une niche. Un ingénieux système, dont il était le concepteur, communiqua la flamme à toute une série de lampes — la plupart situées sur une corniche à mi-hauteur du plafond — répandant une lueur intense dans la salle. Les lieux étaient maintenant brillamment éclairés.

    Dans le sol, un anneau avait été scellé. De cet anneau partait une chaîne. Et au bout de la chaîne, une jeune fille était retenue prisonnière par la cheville. Pour le moment, elle semblait dormir. Le drow savait que ce n'était pas le cas. Elle faisait semblant, espérant qu'il partirait sans s'occuper d'elle. Faire le mort, une tactique employée dans la nature par les faibles pour échapper aux prédateurs. Avec un certain succès il faut dire, car les carnivores se méfiaient souvent des proies mortes apparemment sans blessures visibles. Sauf qu'il n'était pas un prédateur ordinaire, il n'était pas là pour se nourrir et cette tactique était inutile.

    Les yeux mi-clos, Deirane surveillait son ravisseur. Elle était terrorisée et osait à peine respirer. Le drow se dirigea vers elle. Il s'accroupit juste à hauteur de son visage. Le cœur de la jeune fille rata un battement. Elle attendait qu'il s'en allât, mais il ne semblait pas décidé à le faire. Une douleur fulgurante lui vrilla soudain la cuisse. Paniquée, elle se mit à quatre pattes et tenta de s'enfuir aussi loin que le lui permettait la chaîne.

    Le drow affichait un sourire satisfait. Plus question de faire la morte maintenant. Il avait réussi à déclencher une panique qui allait la submerger et en faire sa chose. Il marcha jusqu'à une table sur laquelle étaient posés quelques instruments. Il y prit un carré de tissu et une bouteille d'hydromel marin, un alcool trop fort pour être consommé pur, et revint vers Deirane. Il nettoya son couteau avec la robe de la paysanne avant de le rengainer. Avec le tissu imbibé d'alcool, il essuya la goutte de sang. L'entrave empêcha la prisonnière de retirer sa jambe pendant qu'il la soignait.

Deirane suppliait le drow, implorait sa pitié. Ce dernier y portait à peine attention. Il connaissait les langues des humains, il les estimait indignes de lui et ne les employait que contraint et forcé. Comme il ne semblait pas réagir à ses paroles, elle reprit ses supplications en helariamen. Cela éveilla l'intérêt du seigneur. Elle était bilingue. S'il y avait réfléchi, cela ne l'aurait pas surpris, l'helariamen était la *lingua franca* commerciale du continent, Sernos comprise. Et si son helariamen était hésitant et truffé de fautes, il était compréhensible.

Le drow tira sa chaise juste devant la prisonnière. Il s'assit, l'air pensif. Il la détaillait, cherchant ce qu'il allait bien faire d'elle. Devant l'immobilité de son ravisseur, Deirane arrêta de parler. Elle le dévisagea à son tour.

Il prit sa décision. Brutalement, il se leva, repoussa sa chaise. Puis prenant Deirane par le bras, il la releva. Elle se mit à hurler de terreur. Sans grand effort, il l'entraîna vers la potence. La longueur de la chaîne était suffisante, il n'eut pas à la détacher. Ignorant les coups de pied et de poing qu'elle lui donnait de sa main libre, il lui entrava le poignet. Se reculant juste un peu quand elle essaya de le mordre, il s'empara de son autre main et l'attacha à son tour. Puis il s'occupa des chevilles. Il dut s'y reprendre à plusieurs fois tant elle se débattait, malgré tout il finit par y arriver. Totalement immobilisée, elle forçait sur ses entraves pour tenter de se dégager, en vain.

Il fit rouler sa tablette jusqu'à elle. Voyant les instruments, scalpels, clamps, fil, aiguilles et autres instruments chirurgicaux posés dessus, le regard de la jeune fille s'agrandit d'horreur. Dans un coin, il y avait un coffret en bois sur lequel était posée une grosse bobine de fil d'or. Le drow l'ouvrit, il en sortit plusieurs plateaux compartimentés remplis de pierres précieuses, soigneusement rangées par type et forme. Toutes étaient de petite taille, sauf une : un rubis d'une pureté parfaite.

Puis il se tourna vers sa proie. Elle resta figée un moment. Avant de débiter ses supplications sur un ton qui frisait l'hystérie. Sans s'en préoccuper, il s'approcha d'elle. Saisissant son corsage, il le tira, la dénudant totalement. Elle se tut aussitôt. Son regard reflétait sa peur. Il recula et l'admira. Magnifique, un véritable diamant. Un diamant brut, dont il allait révéler la beauté. Qui aurait cru qu'une simple paysanne put se révéler si belle ? Il y en avait certainement de plus jolies dans la capitale ou au sud du continent. Mais avant le travail du joaillier, le diamant lui-même ne paye pas de mine. Il allait être ce joaillier.

Reprenant sa chaise il s'installa face à elle. Il imaginait la forme qu'allait prendre son œuvre, où il allait disposer les pierres, le motif qu'elles allaient dessiner. Il réfléchit longtemps. À l'extérieur, le ciel commençait à s'éclaircir quand il se leva. Il prit son scalpel le plus petit et commença son œuvre. Pour Deirane, un long calvaire commença.

Le soir tombait quand le drow retourna s'asseoir, son travail achevé. Il regarda la jeune femme. Cela faisait plusieurs heures qu'elle ne criait plus. Il l'avait maintenue éveillée le plus longtemps possible, lui donnant des potions empêchant son évanouissement. Il l'avait laissée perdre connaissance parce qu'il avait eu peur que son cœur lâchât sous la souffrance. Il fallait qu'elle survécût, sinon ce serait un nouvel échec, elle irait rejoindre tous les essais ratés enterrés dans le parc. Il ne voulait pas que cela se produisît. Heureusement, celle-là semblait plus forte que les autres qui l'avaient précédée. Elle avait tenu presque jusqu'au bout. Son cœur avait résisté. Elle vivrait.

Une fois toutes les pierres mises en place, il avait achevé son œuvre en appliquant un sortilège qui les maintiendrait. Personne ne pourrait plus les enlever, la magie tuerait toute personne qui le tenterait avant qu'il ait pu exercer suffisamment d'effort pour en arracher une. Les pierres ne pouvaient pas non plus être séparées, toute tentative de mutilation entraînerait la mort du responsable. Et les fils d'or étaient devenus insécables, la protégeant des coups de taille. Rien ne pourrait abîmer sa création, sauf la mort. Il l'espérait en tout cas. Les drows ne maîtrisaient pas la magie, il devrait faire confiance au démon auquel il l'avait acheté, chose qu'il n'aimait guère. Une fois le sort transféré sur le jeune corps martyrisé, la bulle de verre qui le contenait éclata dans un son cristallin.

Il resta là un long moment à la regarder avant de s'endormir, épuisé par son œuvre.

Quand il se réveilla, il put voir qu'elle avait repris connaissance. Elle le regardait. Il se leva, prit une carafe et un verre sur le plateau inférieur de sa table. Il la fit boire. S'il attendait de la reconnaissance, il en fut pour ses frais. Tout ce que le visage de Deirane exprimait était un mélange de peur et de haine. Il n'en avait cure. L'avis des races inférieures lui importait peu. Il attendit qu'elle manifestât une réaction, n'importe laquelle. Il fut déçu. Une fois désaltérée elle avait laissé retomber sa tête sur son épaule, le regard dans le vide pour ne pas le voir.

— Je t'ai fait un don extraordinaire, déclara-t-il enfin, si tu t'en sers habilement, tu auras une vie intéressante. Tu verras, un jour tu me remercieras.

Elle leva la tête et le regarda. À son air, il devina que si elle en avait eu la force, et le courage, elle lui aurait craché au visage.

Il remarqua alors la main. Elle portait un bijou au majeur, une bague en or. Bizarre qu'il ne l'ait remarquée que maintenant, alors qu'il avait largement eu le temps de l'observer. Il la prit, l'examinant attentivement. Le diamant n'était qu'un éclat de quartz et les rubis du verre coloré, quant à l'anneau il était en cuivre, poli pour briller comme de l'or et verni pour ne pas ternir. Du beau travail, préparé par un artisan connaissant son métier, une fausse bague malgré tout. Tout à fait ce à quoi il s'attendait de la part d'une paysanne. Il la passa à son propre doigt.

— À partir de maintenant, tu n'auras plus à porter de fausses pierres. Et comme ça, je garderai quelque chose de toi quand tu partiras d'ici.

Il repoussa la table hors de sa portée, puis la détacha. Il vérifia que la chaîne qui emprisonnait sa cheville était bien fixée. Elle s'éloigna de lui à quatre pattes le plus loin possible. Il lui lança sa robe. Elle s'en empara, la serrant convulsivement contre sa poitrine. Il sortit de la pièce en laissant les lampes allumées. Quand elle fut assurée qu'il ne reviendrait pas, Deirane enfila sa robe.

V

Gué d'Alcyan, vingt ans plus tôt.

Le chant des oiseaux et l'humidité de la rosée réveillèrent la jeune fermière. Elle était allongée dans l'herbe au bord de la rivière. Elle se releva sur un coude, regarda autour d'elle, ahurie. Les seaux étaient juste à côté d'elle, renversés. Elle se demandait comment elle avait pu s'endormir en allant chercher de l'eau. À l'horizon, le soleil se levait. Malgré la fraîcheur du matin, elle était en nage. Son cauchemar l'avait ébranlée, elle en tremblait encore. Ce rêve la hanterait des jours durant.

Elle se dirigea vers la rivière et se rinça le visage dans l'eau, malgré les risques que cela pouvait représenter. Se touchant les joues, ses doigts rencontrèrent de petites excroissances dures. Elle paniqua. Elle délaça si vite son corsage qu'elle en cassa les lacets. Elle regarda les diamants qui constellaient sa gorge et les fils d'or brodés dans sa chair en proie à la terreur la plus profonde.

Elle resta à sangloter un long moment sur la rive. Puis elle se leva et se mit à courir vers la maison familiale en appelant son père.

Les cris alertèrent Jensen. Il laissa tomber sa fourche et sortit de la grange aussi vite qu'il put. Il avait reconnu la voix. Dehors il vit sa seconde fille, qu'il croyait disparue à jamais, qui se précipitait vers la porte de la ferme familiale, relevant sa robe pour courir plus vite. Il s'élança à sa rencontre. Quand il lui attrapa le bras, elle eut un moment de panique. En le reconnaissant, elle s'effondra contre lui, en larmes. Il la serra farouchement sur lui, comme s'il avait peur qu'on la lui enlevât à nouveau. Silencieusement, il remercia les dieux pour ce cadeau. Puis il essaya de calmer sa fille par des paroles rassurantes.

Il voulut la ramener à l'intérieur. Les jambes de la jeune fille ne la soutenaient plus. Il la prit dans ses bras et rentra dans la demeure familiale. Il appela sa femme à grands cris. Elle sortit de la pièce qui leur servait de chambre en maugréant. Voyant Deirane dans les bras de son mari, elle resta un moment figée. Puis elle se précipita sur elle en criant son nom et se mit à la couvrir de baisers. Ses doigts frôlèrent les scarifications sur la joue. Elle remarqua alors les petites pierres incrustées dans la peau.

— Qu'est-ce que ça ? murmura-t-elle.

Totalement effarée, elle suivit les fils d'or et les petits diamants incrustés dans les joues. Ramenant les cheveux sur le côté, elle dégagea le rubis qui ornait le front. Elle s'écarta, la main devant la bouche béant d'horreur. Jensen, découvrant ce tatouage à son tour, serra davantage sa fille contre lui. Daisuren, proche de l'hystérie, se mit à suivre le dessin. Arrivant à la base du cou, elle ouvrit violemment le corsage. Jensen détourna brutalement le regard.

— Suffit femme ! s'écria-t-il. Tu vas déshabiller ta fille devant son père, n'as-tu aucun respect pour son honneur et le mien ?

Elle n'écoutait plus. Jensen chercha à l'écarter, en vain. Même son air furieux n'avait aucun effet sur sa femme, habituellement soumise.

Une voix ferme et douce à la fois se mêla à leurs cris.

— Arrêtez de vous disputer ! Vous ne voyez pas qu'elle a besoin de tranquillité ?

Cleriance, la sœur aînée de Deirane descendait l'escalier. Elle les rejoignit de la démarche sereine qu'elle adoptait depuis qu'elle était enceinte. Elle enveloppa sa cadette d'un bras protecteur, l'éloignant de la cohue familiale.

— Je m'occupe d'elle, dit-elle, rejoignez-moi quand vous serez calmés.

Quand Daisuren apporta une soupe bien chaude, Deirane dormait. Confortablement installée dans le fauteuil que Jensen lui avait fabriqué quand il avait appris qu'il allait être grand-père, Cleriance veillait. Elle posa le plateau sur la table de nuit.

— Comment va-t-elle ? demanda Daisuren en murmurant pour ne pas la réveiller.

— Elle était totalement incohérente. Elle vient juste de se calmer. Elle dort maintenant, répondit Cleriance.

— Sais-tu si elle a été… Elle est…

— Toujours vierge ? Je crois. Elle n'a pas été violée. Celui qui lui a infligé ce supplice lui a au moins épargné cela.

Daisuren soupira, soulagée. L'honneur de sa fille était sauf, aux pierres près bien sûr, ce qui devrait s'arranger bientôt.

— Elle n'a pas dit qui c'était. Je pense avoir compris que c'était un drow.

La voix furieuse de Jensen rugit depuis l'embrasure de la porte.

— Un drow, s'écria-t-il, ce monstre. Et dire que je suis allé lui demander de l'aide, il a dû bien s'amuser en me voyant.

— Tu n'es pas sûr que c'est ce drow-là, protesta Cleriance.

— Tu en connais un autre dans les environs ? Ils ne sont pas nombreux dans le royaume. Ça ne peut être que lui. Ça ne se passera pas comme ça. Je me vengerai.

— Tu n'es pas de taille, c'est un guerrier, remarqua Cleriance.

— Je n'ai pas l'intention de le combattre, je ne suis pas fou. Mais je rameuterai le village contre lui. S'il le faut, j'irai à Sernos demander justice au roi.

— Le roi n'a que faire d'une paysanne, s'écria Daisuren, il en a plein le royaume. Les drows sont plus rares. Il ne t'écoutera pas.

— Mère a raison, ajouta Cleriance, les drows sont précieux dans son armée. Il n'en sacrifiera jamais un pour une paysanne.

Les deux femmes avaient raison. Jensen devait le reconnaître, malgré sa répugnance. Il tourna les talons et dévala l'escalier jusqu'à la salle commune. Daisuren jeta un regard hésitant à son aînée.

— Vas-y, dit Cleriance, je vous rejoins dans un instant.

Obéissante, elle s'élança à la poursuite de son mari. Cleriance se leva. Elle s'enveloppa dans son châle, depuis qu'elle était enceinte elle avait toujours froid. Elle regarda sa sœur dormir. Enfouie dans les draps blancs, elle avait l'air fragile. Elle était trop jeune pour connaître un tel traumatisme, si tant est qu'il y eût un âge pour ça. Ce n'était, hélas, pas une chose rare dans la campagne, même dans le royaume d'Yrian. Elle admira le visage altéré de sa jeune sœur. Malgré elle, elle devait reconnaître que le responsable avait du talent. Il avait commis son œuvre (sa monstruosité ?) sans détruire la beauté de la jeune fille. Elle déposa un baiser sur le front de sa sœur, puis elle sortit en refermant la porte sans un bruit.

Deux jours s'étaient écoulés. Elhrine entra dans la chambre et sauta sur le lit, réveillant sa sœur.

— Debout là-dedans, s'écria-t-elle, il est l'heure de se lever.

Deirane se retourna, enfouissant le visage dans l'oreiller.

— Laisse-moi tranquille, maugréa-t-elle.

— Lève-toi, ça fait deux jours que tu paresses, tu dois faire ta part de travail.

Et d'un geste vif, elle arracha l'oreiller.

— Je suis malade, laisse-moi.

— Depuis que tu es partie, c'est moi qui fais tout. C'est pas juste. Lève-toi.

À ce moment, la silhouette de Cleriance s'encadra dans la porte.

— Que fais-tu ? s'écria-t-elle, laisse ta sœur tranquille !

— Elle dort au lieu de travailler.

— Espèce de petite égoïste. Dégage d'ici !

— Non !

Elhrine accompagna son refus d'un geste rageur du pied.

— Je ne veux pas continuer à faire son travail. Qu'elle se lève et…

— Dégage ou j'appelle père !

— Appelle-le, je lui dirai tout.

La menace était sérieuse, la peste sauta sur le sol et s'enfuit.

Cleriance ramassa l'oreiller qu'Elhrine avait lancé dans un coin et le ramena à Deirane. Elle en profita pour s'asseoir près d'elle.

— Ne tiens pas compte des paroles d'Elhrine, dit-elle. Elle t'aime même si elle ne le montre pas.

— Je sais, répondit Deirane d'une toute petite voix, je l'ai sentie se glisser dans mon lit cette nuit.

D'un geste délicat, Cleriance dégagea le visage de la masse de cheveux dorés. Deirane les ramena convulsivement.

— Ne me regarde pas, je suis laide.

— Tu n'es pas laide. Tu étais la plus belle de nous trois et tu l'es toujours.

— Ce monstre m'a défigurée.

— Il ne t'a pas défigurée.

La jeune femme s'allongea près de l'adolescente, elle l'entoura de ses bras. Deirane se retourna, elle enfouit son visage dans l'ample poitrine de sa sœur et se mit à sangloter. Cleriance lui caressa les cheveux, lui prononçant des paroles apaisantes.

— Que vais-je devenir ? dit-elle entre deux sanglots.

— Quand tu iras mieux, papa t'emmènera voir un chaman pour essayer d'enlever ça.

— Et si ça échoue, je vais le garder toute ma vie.

— Il faudra t'habituer.

— Je ne pourrai jamais, je préférerais mourir.

— Allons. N'exagère pas.

Cleriance déposa un baiser sur le front de sa sœur, juste à côté du rubis.

— Tu sais, j'aimerais bien que mon mari me couvre de bijoux comme ça.

— Vraiment comme ça ?

— Peut-être pas vraiment comme ça. Mais tu dois être la femme possédant le plus de diamants dans le monde.

— Vu de cette façon…

Deirane émit un petit rire triste.

— Nous ferons tout pour te libérer de cette malédiction, reprit Cleriance. Et si ça échoue, je serai toujours là pour toi.

Disant cela, elle serra sa sœur contre elle pour la réconforter.

VI

Grande route de l'est, vingt ans plus tôt.

La visite au chaman eut lieu un demi-douzain plus tard. Seuls les trois peuples indigènes d'Uv-Polin, ceux que l'on appelait les Anciens Peuples, maîtrisaient la magie. Les gems faisaient payer très cher leurs services ; quant aux stoltzt, ceux qui avaient du pouvoir n'étaient qu'une poignée. Dans ces deux peuples, ils étaient au sommet de la hiérarchie de leurs domaines. Seuls les chamans bawcks étaient assez répandus pour faire un commerce extensif de la magie. En rassemblant toutes ses richesses en or et en bijoux, Jensen disposait d'assez de biens pour s'offrir les services de l'un d'eux. Il espérait toutefois qu'il se contenterait des pierres qu'il récolterait sur le corps de Deirane. Le paysan était prêt à toutes les lui laisser s'il arrivait à débarrasser sa cadette de ce fardeau.

Tôt un matin, Jensen mit donc sa fille sur la carriole à destination de la tribu la plus proche dans les plaines de Chabawck. Les bawcks étaient considérés comme sauvages, belliqueux et en conséquence étaient mal aimés de la population humaine. Ils se tenaient donc assez loin des centres de population. Jensen avait installé une couche confortable à l'arrière du véhicule. Toutefois, Deirane préféra s'asseoir à côté de lui. Cleriance les aurait bien accompagnés, si son état ne lui avait pas interdit un tel voyage. Ils se firent les adieux, chacun l'enlaçant ou l'embrassant. Même Elhrine dérogea à sa réputation de peste en déposant un baiser sur la joue de sa sœur.

Le voyage devait prendre bien plus d'une journée, plutôt sept ou huit. Au début, le chemin suivait le cours de l'Alcyan. Ils traversèrent plusieurs villages aussi petits que le leur. À l'endroit où la rivière se jetait dans l'Unster, leur chemin rejoignait la grande route du nord qui menait à Sernos. En découvrant le fleuve, Deirane ouvrit des yeux ronds comme des billes. L'Alcyan n'était pas une petite rivière. Jusqu'à son village, il était même navigable. Pourtant, en comparaison avec le fleuve géant, il semblait minuscule. Jamais la jeune fille n'avait imaginé qu'un fleuve pût être si large.

La nouveauté des lieux qu'elle visitait agissait comme un baume sur Deirane. Elle qui n'était jamais sortie des limites du village qui l'avait vu naître, sauf pour rejoindre la proche ville d'Ortuin dont il dépendait, allait bientôt quitter son royaume. C'est avec curiosité qu'elle découvrait tout ce qu'elle voyait. Cette attitude réjouit Jensen qui commençait à être inquiet de la prostration de sa fille depuis son retour.

Jensen s'engagea vers le sud. Il ne suivit pas la route jusqu'à la capitale. Au lieu de ça, il prit un embranchement secondaire qui s'éloignait de l'Unster. Vers la fin de l'après-midi, ils débouchèrent finalement sur une large route. C'était là la Grande Route de l'Est qui reliait Sernos à la lointaine Nasïlia, à plus de mille longes de là. Jusqu'alors, Jensen avait rapidement conduit son attelage. Maintenant qu'il avait atteint une voie commerciale importante, parcourue par de nombreux voyageurs, il savait pouvoir trouver de nombreux endroits où dormir à l'abri. Néanmoins, la nuit était presque noire quand le premier objectif fut atteint.

Ils passèrent la première nuit dans un relais pour les voyageurs. L'auberge n'était pas très bien famée, ils y seraient cependant mieux qu'à l'extérieur. Si loin de la capitale, les routes pouvaient s'avérer dangereuses. Jensen rangea leur chariot dans l'abri et conduisit sa monture dans l'écurie attenante. Pendant qu'il allait réserver la chambre, Deirane resta s'occuper du cheval. Elle préférait attendre le dernier moment pour entrer dans cet endroit inconnu en présence d'individus à la mine si inquiétante. Elle les imaginait facilement lui planter un couteau dans le dos pour essayer de lui voler ses pierres.

Deirane eut le temps de dételer leur monture et de commencer à l'étriller quand il la rejoignit. Il ne voulait pas la laisser trop longtemps seule en ce lieu inconnu, seulement ses crédits étant limités il avait dû négocier fermement pour avoir un bon prix. Deirane avait eu le temps d'examiner l'écurie. Elle avait remarqué deux animaux étranges dans un box éloigné. C'était des créatures reptiliennes, bipèdes, avec une gueule pleine de dents.

— Qu'est-ce que c'est ? demanda-t-elle.

Son père jeta un bref coup d'œil, son visage exprima aussitôt sa contrariété.

— Des lézards dragons nains, répondit-il, les stoltzt s'en servent comme monture.

— Des nains, je n'ose pas imaginer à quoi ressemblent les normaux.

— Les normaux ont exterminé des villages entiers par le passé, ils ont presque disparu aujourd'hui.

— C'est heureux. Même les nains... Je n'aimerais pas me servir d'une monture si effrayante.

— Tu ne pourrais pas. On raconte qu'ils deviennent nerveux quand des hommes les montent. Il arrive même qu'ils les tuent. Ce qui m'embête c'est que ça signifie que cette engeance est dans l'auberge.

Le palefrenier, ou l'individu qui en tenait lieu, arriva enfin. Il entérina le choix du box par Jensen, toutefois on voyait clairement qu'il lui en voulait de n'avoir pas attendu qu'il l'attribuât lui-même. Le paysan lui sacrifia une piécette qui sembla le ramener à de meilleures dispositions.

La chambre qui leur avait été attribuée était à la limite de la salubrité. Son ameublement était minimaliste. Elle comportait deux lits d'une place, sans draps — les clients étaient censés apporter les leurs — et au matelas dont la paille aurait dû être changée depuis des mois, une tablette avec un pot de chambre et une lampe à huile. La fenêtre était fermée par un gros volet qui jointoyait mal et laissait passer un courant d'air froid quoique bienvenu avec les remugles de cuisine qui leur parvenaient. Il n'y avait pas de vermine, c'était déjà cela. Deirane et Jensen entreprirent de séparer les deux lits. Dans un endroit plus fréquentable, il aurait respecté la bienséance et réservé une chambre pour chacun d'eux, toutefois l'aspect de la clientèle qu'il avait pu voir en bas, ainsi que les regards avides qu'il avait surpris à la vue du rubis, l'incitaient à avoir sa fille sous sa protection directe.

Ils descendirent dans la salle commune pour manger. La grande table, bien qu'à moitié libre, n'inspira pas Jensen. Il n'avait pas peur des bagarres de bar. Il avait participé à plus d'une dans sa jeunesse. Mais pas avec sa fille à ses côtés. Il préféra se diriger vers l'alcôve, occupée par un jeune couple. Un bras s'étendit devant lui, bloquant le passage.

— Tu ne sembles par apprécier notre compagnie, dit l'homme, te déplairait-on ?

Il prit ses camarades à témoin. L'homme, un colosse, était sale, mal rasé, puant et visiblement saoul.

— Peut-être que la jeune fille préférerait manger parmi nous, reprit-il. Hein gamine ?

— Enlevez votre bras et laissez-moi passer, répondit Jensen.

— D'abord, elle répond. Ensuite, j'enlève mon bras.

— Elle ne veut pas.

— Je t'ai pas causé. C'est à elle de répondre.

Jensen chercha de l'aide du regard. L'aubergiste ignorait ostensiblement ce qui se passait et les autres clients semblaient acquis au malotru.

— Non, dit Deirane presque sans voix.

— Quoi ? J'ai pas entendu.

— J'ai dit non, dit-elle un peu plus fort.

— Alors tu nous laisses un petit caillou et on te laisse passer. Un seul, juste ce rubis.

— Non. Je ne peux pas.

L'homme se leva et domina les deux paysans de toute sa taille. Il empoigna Deirane par le bras.

— Et tu crois qu'on va te laisser passer, comme ça, sans contrepèterie ? lança-t-il.

Jensen réagit instantanément. Il balança le poing. L'homme l'intercepta d'une main et le serra. Le paysan hurla de douleur. Il se dégagea brutalement et revint à l'attaque. Empoignant une choppe, il la jeta au visage de son adversaire. D'un geste, celui-ci la dévia et fonça vers lui, les poings en avant. Un coup de pied violent projeta soudain le colosse en arrière. Il releva la tête et se passa le dos de la main sur le nez, essuyant le sang qui gouttait. Face à lui, le jeune homme qui un instant plus tôt dînait tranquillement dans l'alcôve avec sa compagne était debout, solidement campé sur ses jambes dans une position défensive.

— Qui es-tu pour oser t'attaquer à Hermen ? demanda le colosse.

— Le terme exact était « contrepartie ».

— Hermen t'a demandé ton nom.

— Parles-tu toujours de toi à la troisième personne ?

Le colosse fonça vers le jeune homme qui se contenta de se pousser pour l'esquiver. Il accompagna le mouvement d'un coup de pied qui projeta son adversaire dans une table. L'homme se dégagea des débris de bois en hurlant de fureur.

— Mon nom est Festor, fils de Jetro.

— Parfait, je saurais quoi faire graver sur ta pierre tombale.

— Je t'épargnerai cette tâche.

Hermen se remit sur ses jambes. Puis brutalement, il fonça sur Festor. Ce dernier se contenta de lui empoigner un bras, de plier les jambes et d'effectuer une fraction de tour. Hermen vola à travers la salle, s'écrasant au pied de l'escalier. Furieux, il se releva d'un coup de reins et retourna à l'attaque, comme un taureau. Pour le même résultat.

— Tu danses bien petit, dit-il, mais que vaux-tu dans un combat loyal, aux poings ?

— Pourquoi vous laisserais-je procéder dans un style de combat où votre poids vous procure un avantage ? Mon propre style me convient. Rien que ma force musculaire, aucune arme, à la loyale.

— On va voir. Vous autres, empoignez-le, et tenez le bien. Je vais lui donner une petite leçon.

Cinq individus ressemblant au premier se levèrent. Festor sortit une dague en onyx poli de son fourreau, un objet de parade néanmoins tout à fait capable de tuer.

— Une arme, s'écria Hermen, je croyais le combat loyal.

— Je pourrai m'en passer, sauf que ma soupe refroidit et déjà que chaude elle n'est pas terrible.

— Je vais te faire passer le goût de la plaisanterie.

Il fit un signe, ses compagnons s'avancèrent. Les deux premiers se trouvèrent aussitôt gratifiés d'une estafilade, une au visage, l'autre au bras. Ils comprirent tout de suite et reculèrent. Le troisième fut plus dur à convaincre, Festor dut lui ouvrir le ventre, pas suffisamment pour que ce soit grave, assez pour que ce soit handicapant.

— À qui le tour ? demanda-t-il.

De la tête, il désigna la porte. Ceux suffisamment valides déguerpirent sans demander leur reste. Restaient Hermen et le blessé au ventre.

— Que fais-tu ? demanda Festor en brandissant son couteau.

— Tu te crois fort, mais un jour je t'aurai, dit-il.

— Si tu dis vrai, ça sera forcement de façon déloyale. Et dans ce cas, tu auras tous mes amis aux trousses. Tu finiras ta vie traqué telle une bête féroce.

Hermen aida son dernier compagnon à se relever et l'entraîna vers la porte, lançant un regard de haine au jeune homme.

Festor essuya son arme sur la nappe crasseuse et la rangea dans son fourreau. Il jeta un coup d'œil à Deirane, sa compagne s'en occupait déjà à sa manière brouillonne, lui couvrant le visage de caresses pour la consoler. Il se dirigea alors vers Jensen lui tendant une main pour l'aider à se relever.

— Merci, jeune homme, dit le paysan. Je n'ai pas été très glorieux sur ce coup-là.

— Quoi d'étonnant ? Je suis soldat, vous êtes paysan, je ne saurais cultiver la terre. Pourquoi seriez-vous obligé de savoir vous battre ?

— Beaucoup de mes compatriotes sont loin de penser comme vous. Un homme doit savoir seul défendre sa vie.

— Ne les écoutez pas, ils ont tort. Pour vous battre comme moi, il aurait fallu que vous vous entraîniez tous les jours depuis votre enfance. Quand auriez-vous alors cultivé vos champs ?

— En tout cas, je vous dois une fière chandelle. Je suis Jensen, je viens du village de Gué d'Alcyan dans le royaume d'Yrian, et voici ma fille cadette Deirane.

— Enchanté Jensen. Je suis Festor, fils de Jetro, maître guerrier, lieutenant de la garnison de Kushan en Helaria et ma fiancée Jalia.

Jensen remarqua alors les yeux du jeune homme et les reflets de sa peau. Ce n'était pas un être humain, malgré son aspect.

— Vous êtes…

Jensen ne termina pas sa phrase. Cependant, le changement qui s'opéra sur son visage était aussi lisible qu'un livre.

— Un de ces monstres pervers et lubriques, oui, termina Festor pour lui, je suis un stoltz.

— Ce n'est pas ce que je voulais dire, répondit Jensen.

Mais il se sentait honteux, car le soldat avait exprimé tout haut ce qu'il pensait.

Un cri détourna leur attention. Deirane, agacée par les attentions que lui prodiguait la jeune stoltzin, avait eu un mouvement d'humeur. Paniquée, Jalia s'était enfuie dans l'alcôve. Juste un œil inquiet dépassait de derrière la table. Voyant le résultat de son énervement, Deirane était désolée. Elle tentait de la rassurer.

— Vous devriez essayer un sablé, lui conseilla Festor, elle est très gourmande.

— Un sablé ? Ce n'est plus une enfant pour l'amadouer avec des gâteaux, répondit Deirane.

— Faites-moi confiance.

Sans trop y croire, Deirane prit un petit gâteau et le lui tendit. Une tête émergea de derrière la table, surveillant l'objet de sa convoitise. Les encouragements de l'adolescente et la promesse d'une gourmandise la tirèrent de sa cachette.

— Vous voyez, dit Festor.

— Votre fiancée a l'air un peu…

— Simple d'esprit. N'ayons pas peur des mots. Elle l'est. La guerre est loin d'être la noble chose que l'on croit. Elle est souvent horrible. Elle en a trop vu.

— Était-il utile de l'amener sur le front ?

— En ces temps troublés, il n'y avait nul besoin d'aller au-devant de la guerre. C'était elle qui venait à vous.

— Ce n'est pas faux. Bien que j'ai la chance d'y avoir échappé jusqu'à présent. Lors des dernières guerres en Yrian, j'étais encore un bébé.

— L'Yrian est le royaume le plus puissant de notre monde. Qui l'attaquerait se suiciderait. Assez parlé de choses désagréables. Je vous invite à ma table.

— Je…

— … Préférerais manger seul. À votre guise. Mais mes pentarques estiment que nos peuples se détestent, car ils ne se connaissent pas. D'ailleurs, dans les grandes villes où les mélanges sont fréquents, cette haine est quasiment inconnue. Laissez-moi une chance de vous montrer ce que je suis et d'améliorer nos relations. Après tout, edorians, humains et stoltzt vivent ensemble en Helaria et ils s'apprécient.

— Si vous y tenez.

De la main, le soldat invita le paysan à s'asseoir avec eux.

Le repas se termina fort tard. Les deux hommes parlèrent de leur nation respective, chacun vantant leurs mérites, la pureté ethnique de l'Yrian face au *melting-pot* de l'Helaria, l'autocratie sernosi contre la Pentarchie, la hiérarchie fondée sur la richesse et la naissance opposée à celle fondée sur le mérite et les actes. Tout opposait les deux royaumes. Tous deux prétendaient à l'hégémonie sur le monde et aucun d'eux n'en était capable. Pas étonnant qu'ils s'opposassent en tout. Festor fut toutefois obligé d'admettre, du bout des dents, que la vraie puissance gouvernante résidait à Sernos. C'est là-bas que se trouvait le conseil des royaumes d'Ectrasyc, c'est là l'endroit où il fallait se montrer pour exister, pas à Imoteiv. Toutefois, Kushan, capitale économique de la Pentarchie, commençait à se développer et c'est Jimip qui était la référence dans le domaine de la science et de la connaissance. Et ça, Jensen dut le reconnaître. Le mot de la fin appartint à Deirane qui conclut que les deux royaumes se valaient, chacun ayant du bon et du mauvais. Une conclusion qui ne satisfit personne, promettant de nombreuses discussions à venir. Ils montèrent ensuite dans leur chambre pour dormir.

VII

Grande route de l'est, vingt ans plus tôt.

Le lendemain, Deirane et Jensen se levèrent aux aurores. Après un petit déjeuner bien chaud pour affronter la journée, ils se rendirent à l'écurie pour atteler leur cheval à la carriole. Festor et Jalia s'y trouvaient déjà. Le jeune lieutenant installait une selle de forme bizarre sur les deux étranges montures que les humains avaient aperçues la veille au soir. La simple d'esprit l'aidait, tout en le regardant, un air d'adoration dans les yeux.

— Vous partez aussi ? demanda Deirane.

— Nous avons une longue route à faire, répondit Festor, nous pourrions chevaucher ensemble. Je crois que nous allons au même endroit.

— J'en doute, répondit Jensen, mais je vous remercie.

— Vous allez consulter un chaman bawck au Chabawck.

— Comment… ?

Jensen en resta muet d'étonnement.

— C'est marqué sur le visage de votre fille, expliqua Festor. Aussi magnifiques que soient ces tatouages, vous voulez les lui faire enlever.

— C'est vrai, répondit Deirane, et vous, pourquoi y allez-vous ?

D'un mouvement du menton, il désigna sa fiancée qui venait de découvrir un nid de souris. Pour les observer, elle avait laissé sa tâche en plan, oubliant de fixer les sangles de sa selle. Elle était fascinée par les petits encore roses que la mère affolée essayait de mettre à l'abri dans sa poche ventrale.

— Je doute qu'il puisse grand-chose, je dois quand même essayer.

— Est-ce une bonne chose ? demanda Deirane. Elle est si innocente, un rien l'émerveille. Elle doit être la plus heureuse de nous tous.

— Le regard qu'elle pose sur le monde est très rafraîchissant, admit Festor, mais elle mérite mieux que cela.

Jensen alla régler la note pour la chambre et le fourrage utilisé. Le soldat, resté seul avec les deux femmes effectua un dernier contrôle. Il tira sur la sangle pour vérifier l'accrochage de la selle de sa compagne. Tout était bon. Il appela Jalia qui abandonna son spectacle. En passant devant Festor, un sourire illumina son visage. Elle lui passa un bras autour de son cou et l'embrassa.

— Il y a un domaine dans lequel elle est tout à fait normale, remarqua Deirane.

— Ses baisers et son amour n'ont rien d'enfantin, en effet, admit Festor. Au fait, nous ne vous avons pas dérangés cette nuit, car elle est un peu bruyante dans son plaisir ?

Deirane piqua un fard.

— Non, dit-elle, je n'ai rien entendu.

— Il est malséant d'aborder un tel sujet devant une jeune fille.

Personne n'avait entendu rentrer Jensen, aussi son intervention surprit-elle tout le monde. Festor s'excusa.

— Je suis désolé, j'avais oublié. J'avais oublié les tabous que votre peuple associait à cette activité.

— Ce n'est rien, mais faites attention à l'avenir. Et puisque nous allons chevaucher ensemble, il serait bon que durant le voyage, vous vous absteniez de... vous voyez ce que je veux dire.

— Là, vous en demandez trop. Je n'ai aucune raison de me priver sous prétexte d'épargner votre pudeur. Sans compter qu'elle ne comprendrait pas. Tout ce que je peux promettre c'est la discrétion.

— Je m'en contenterai.

Jensen se retourna en bougonnant dans sa barbe.

— Race luxurieuse, murmura-t-il.

Une petite main fraîche lui caressa la joue. Il leva les yeux et rencontra le visage de la simple d'esprit. Elle ne supportait pas la tristesse et en le voyant d'humeur sombre, elle avait entrepris de le dérider à sa manière. Il lui fit un sourire qui la mit en joie. Impossible de rester en colère face à une telle innocence, appartint-elle à une race mille fois maudite.

— Vous avez un problème ? demanda Festor, vous avez toujours l'air fâché.

— Ça se voit tant que ça ?

— Je commande une garnison, je suis censé voir les problèmes avant qu'ils ne surviennent.

— Ce voleur m'a fait payer le repas des types que vous avez mis dehors hier.

— Je vois, répondit Festor, je vais m'en occuper.

— Laissez tomber.

— Pas question. Qu'il facture sa perte passe une fois, pas deux.

— Vous aussi ?

Festor hocha la tête et se dirigea d'un bon pas vers l'auberge. Il revint quelques minutes plus tard et rendit ses pièces au paysan.

— Ça a été dur ? demanda Jensen.

— Il a suffi de lui boucher une oreille en la plaquant contre son comptoir et de bien dégager l'autre pour qu'il entende correctement. Et il faut connaître les bons mots aussi.
— Comme ?
— « Garde Royale ». Je l'ai menacé d'en appeler aux patrouilles qui surveillent cette route s'il ne restituait pas l'argent volé.
Jensen lui adressa un sourire de reconnaissance.
Festor aida Jalia à grimper sur sa monture. Une aide de pure forme, ce n'était pas son équilibre qui était attardé. Elle était une écuyère correcte, presque aussi bonne que le jeune lieutenant. Leurs cavaliers en selle, les deux montures sortirent de l'écurie. Dehors, Jensen et Deirane étaient déjà en place sur leur véhicule. Les deux stoltzt s'engagèrent sur la route de l'est, suivis par les deux humains.

Ils n'avaient pas parcouru une demi-longe qu'un lézard poussa un cri d'avertissement. D'un geste de la main, Festor immobilisa le convoi. Tout en étant attentif, il prit l'arme passée à sa ceinture, une arbalète de toute petite taille, moins encombrante que celles utilisées lors des sièges. Elle était moins puissante, mais tout aussi capable de tuer. Et comme arme de poing, elle convenait parfaitement.
Le lézard dragon poussa un second cri et tourna la tête vers la forêt qui bordait la route. Festor le fit pivoter pour regarder dans cette direction.
— Je sais que vous êtes là. Sortez et cessez de vous cacher ! ordonna-t-il.
Comme il n'obtenait pas de réponse, il continua.
— Je compte jusqu'à douze, puis je décoche une flèche dans le buisson.
Il visa celui qu'il avait vu remuer. Il était sûr que quelqu'un était planqué derrière. Il ne se trompait pas. Voyant l'arme dirigée vers lui alors qu'il se croyait invisible, l'embusqué sortit. Les voyageurs reconnurent l'un de ceux qui les avaient agressés à l'auberge, la veille. Festor ne le quittait pas de son arme. Brutalement, il pointa le bras vers le feuillage d'un arbre.
— Ne tirez pas, lança une voix où se reflétait la panique, je descends.
Un autre humain se laissa tomber d'une branche basse. Finalement, deux autres personnes sortirent de leur cachette, parmi eux, le chef de la bande de la taverne.
— Et maintenant, que vas-tu faire ? lança celui-ci. Nous sommes quatre et tu n'as droit qu'à un seul tir. Quand tu auras tué l'un de nous, les trois autres t'achèveront.
— D'accord, répliqua Festor, lequel d'entre vous se sacrifie pour que les autres puissent se partager le butin ?
Les brigands hésitèrent.

— C'est ainsi que tu manifestes ton courage ? reprit le chef. Tu n'as même pas l'honneur de nous offrir un combat à la loyale.

— Quel honneur ? Il n'y a aucun honneur dans le combat. Ce n'est que le moyen appliqué par le plus fort pour faire respecter sa loi, au mépris de toute justice.

— Tu parles bien, serpent. Manies-tu aussi bien l'épée ?

— Je t'ai démontré ma valeur au combat à mains nues hier soir. Ferais-tu le pari que je serai moins bon avec une épée ?

Le brigand ne sut que répondre.

— Tu vois cette bague à mon doigt, reprit Festor. Elle signifie que je suis un grand-maître guerrier. En clair, je fais partie de cette petite catégorie de combattants qui passent leur vie à imaginer de nouvelles techniques de combat pour perfectionner leur art. Alors tu veux toujours te battre à la loyale ? Je peux te prendre dans le style que tu désires, mains nues, épée, dague, selon la technique bawck. Et pourquoi pas la drow ? Celle des meilleurs combattants que ce monde a jamais portés.

Hermen ne répondait toujours pas. Calmement, Festor rangea son arme. Puis il reprit sa route, suivi par ses compagnons. Alors qu'ils étaient presque hors de portée de voix, le chef des brigands lança :

— Tu parles trop l'Helariasen, un jour, un adversaire te tuera rien que pour te faire taire.

Festor stoppa et fit mine de reprendre son arbalète. La bande s'enfuit sans demander son reste sous le sourire du jeune lieutenant. L'interlude était terminé, ils repartirent.

Jensen interpella Festor qui vint chevaucher à leur hauteur.

— C'est incroyable, dit-il, je n'avais jamais vu ça. Gagner un combat sans qu'aucun coup ne soit donné et personne blessé.

— Je n'ai aucun mérite. J'étais nettement supérieur à eux par mes armes et mon entraînement. Il m'a suffi de leur en faire prendre conscience.

— Quand même, beaucoup les auraient tués sans scrupule.

— Et nous aurions provoqué un drame alors que nous n'avions affaire qu'à des imbéciles qui voulaient juste s'amuser.

— Permettez-moi de dire que je n'apprécie pas leurs jeux, remarqua Deirane.

— Le contraire serait insultant pour vous. Cependant, que vous ne les aimiez pas ne signifie pas qu'ils méritent la mort.

— Peut-être pas, admit Deirane.

— C'est vrai qu'hier soir ils y sont allés un peu fort. D'habitude, les bagarres dans un bar sont moins agressives.

— En général, tout le monde se tape sur la gueule, intervint Jensen. Quand plus personne ne tient debout, on paye une tournée générale et on devient potes pour la vie. Le lendemain, on se souvient plus du nom et du visage de notre nouveau pote. Les vrais coups qui font mal c'est quand on rentre à la maison et que votre femme vous refuse l'entrée tellement vous empestez l'alcool.

— C'est pareil chez nous, répondit Festor d'un ton amusé.

Deirane regardait son père, les yeux grands ouverts d'étonnement.

— Papa, dit-elle enfin.

— Ben quoi, moi aussi j'ai été jeune, bougonna-t-il gêné.

À ce moment, Jalia tourna la tête vers eux et sourit à son fiancé. Festor s'excusa et la rejoignit.

Au bout d'un monsihon de chevauchée, la petite troupe quitta la forêt et entra dans la plaine. Depuis un moment déjà, l'aspect des arbres avait changé. En fait, depuis qu'ils avaient passé les collines qui formaient la limite orientale de l'Yrian, ils avaient un air maladif, le feuillage terne et peu fourni, le tronc torturé. Mais même l'état déplorable de la végétation qu'ils venaient de traverser, pire encore que dans le village natal de Deirane, ne l'avait pas préparée à une telle désolation. La plaine était quasiment déserte, avec çà et là quelques plaques d'herbe éparses d'un vert tirant sur le jaune. Vers le nord et l'ouest, leur origine, on voyait la lisière de la forêt. Devant eux, il n'y avait que la mort. En cet endroit, les pluies de feu étaient abondantes et la terre empoisonnée. Seule la route, régulièrement entretenue, était saine.

Le soleil brillait, il faisait chaud. Festor en profita pour enlever sa tunique et exposa son torse nu aux rayons bienfaisants de Fenkys. Jalia l'imita sans aucune pudeur. Jensen jeta un coup d'œil sur la jeune stoltzin en bougonnant. Quant à Deirane, elle ne put s'empêcher d'éprouver de la jalousie en constatant à quel point elle était belle. Ce n'était pas l'une de ces beautés époustouflantes comme la Pentarchie d'Helaria semblait en produire à la chaîne. Elle ne manquait toutefois pas de grâce dans sa fragilité. Elle avait atteint cette maturité que les stoltzt gardent toute leur vie jusqu'à leurs dernières années avant de vieillir pour de bon. Puis regardant Festor, elle ressentit une bouffée de chaleur qui ne devait rien à la température ambiante. Son torse musclé, sa taille fine, ses membres déliés éveillaient en elle des sensations nouvelles. Jalia était plus gracile que son compagnon, bien que sa silhouette reflétât elle aussi une grande pratique de l'exercice physique. Mince, elle paraissait plus grande qu'elle ne l'était. Sa musculature, bien que moins développée que celle de Festor, se dessinait joliment sous la peau mate. La jeune femme se demanda quel âge elle pouvait bien avoir, se doutant que les vingt-cinq ans apparents étaient certainement sous-évalués. Plus tard, quand elle apprit qu'elle était dans la soixantaine, et que Festor était son aîné du double encore, elle fut à peine surprise.

Festor se retourna pour voir où en était la carriole. Il remarqua le regard désapprobateur du vieux paysan. Il se dirigea vers Jalia et l'incita à se rhabiller. Comme elle protestait, il lui fit la leçon. Elle se réfugia alors dans la bouderie. Festor se laissa rejoindre par les humains pour chevaucher de conserve. Le cheval renâclait de sentir le lézard aussi près de lui.

— C'est une grosse concession que je vous fais là, aux dépens de ma compagne. Et j'attends que vous compensiez. Votre fille partagera sa couche cette nuit pour la réchauffer.

— Pas question, répliqua Jensen.

— Dans ce cas, je serai obligé de consacrer une bonne part de nos réserves pour pallier la chaleur qu'elle n'a pas pu accumuler pendant le jour.

— Je ne demande rien de plus qu'un peu de décence, grommela Jensen.

— Ce mot n'a pas le même sens chez vous et chez nous. Il ne peut pas l'avoir pour deux espèces dont l'une fabrique beaucoup de chaleur interne et l'autre peu. Vous nous appelez reptiles pour nous insulter, mais ce terme est exact. Vous croyez que ça amuse nos femmes de se balader à moitié nues devant des individus incapables de voir un morceau de peau sans avoir la bave à la bouche. C'est vous les humains qui avez un comportement aberrant. Nous ne faisons que suivre les impératifs de notre nature.

— C'est si important ? intervint Deirane.

— Mademoiselle, vous ne savez pas la chance que vous avez d'appartenir à l'espèce humaine. Notre force, notre vivacité et même notre intelligence dépendent de la chaleur de notre corps et nous en produisons bien peu. Vous, vous êtes toujours au maximum de vos possibilités. Pour nous, tout cela varie en fonction de la température extérieure.

— C'est pour cela que l'Helaria est au sud ?

— Disons que la température de notre pays nous permet de donner le maximum. Mais nous sommes aussi adaptables que vous et nullement limités aux régions chaudes. Les pays froids nous obligent juste à prendre des mesures bien plus compliquées que vous autres. D'ailleurs, un royaume stoltz se situe au nord des montagnes dans les régions arctiques.

— Dans ce cas-là, je ne vois pas pourquoi je refuserais ce service. Après tout, ce n'est pas comme si c'est vous que je devais réchauffer.

Elle regarda son père qui ne répondit rien. Elle prit ça pour un accord.

— Au fait, et vous-même ?

— Je suis plus lourd que Jalia. Je conserve mieux la chaleur que je produis. Avec celle que j'aurai accumulée pendant la journée et des vêtements adaptés, je pourrai tenir toute la nuit.

— Les hommes sont donc avantagés par rapport aux femmes.
— Non, les lourds sont avantagés par rapport aux légers.
— C'est étrange.
— Simple géométrie des volumes.

L'expression de Deirane exprimait son incompréhension. Festor n'arrivait pas à trouver les mots pour expliquer ce concept à une paysanne sans instruction. Heureusement, Jalia manifesta son irritation de se voir abandonnée. Le lieutenant la rejoignit. Aussitôt, son attitude changea, manifestant une joie immense. Deirane fut surprise de voir à quelle vitesse la jeune handicapée passait d'une émotion à une autre. Oubliée la bouderie. La rancune était un sentiment qui devait certainement lui être inconnu.

Festor n'avait pas menti. Quand ils s'arrêtèrent le soir, Jalia semblait comme engourdie. Sa vivacité était éteinte, il fallait la houspiller pour qu'elle consentît à faire la moindre chose. Le jeune soldat lui avait pourtant fait enfiler une sorte de gilet molletonné quand le soleil avait disparu, il en avait lui-même revêtu un identique. Cependant, si lui était toujours dynamique, elle était apathique. Deirane avait du mal à croire que le bain de soleil qu'elle avait manqué suffît à expliquer cette différence. Et pourtant.

— Il y a un peu de comédie de sa part, avoua Festor quand elle les rejoignit, elle sait que je suis aux petits soins pour elle quand elle se sent mal.

— Si le soleil est si important pour vous, pourquoi ne pas mettre des vêtements noirs ?

— Quel rapport ?

Deirane ouvrit des yeux incrédules.

— Le noir absorbe la chaleur, répondit-elle.

Festor examina les paroles de la jeune fille.

— C'est intéressant ce que vous me dites. Il faudra qu'on en reparle plus tard. Pour le moment, Jalia réclame mon attention.

En effet, la handicapée commençait à manifester son mécontentement. Jalousie parce qu'il parlait à une autre femme. Peut-être, même si cela semblait peu probable tant elle semblait étrangère à ces sentiments.

Le campement était installé près d'un cours d'eau, dans une large zone de terre battue abritée. Depuis que les pluies de feu empoisonnaient les terres, de semblables zones décontaminées où les voyageurs pouvaient bivouaquer par temps sec avaient été aménagées tout le long de la route. Pour les périodes pluvieuses, il y avait de vrais refuges. Malheureusement, ils étaient plus rares et la troupe progressait trop lentement pour atteindre le suivant.

La première chose que fit Festor fut d'allumer un feu. Le bois mort ne manquait pas dans la plaine. Il y avait eu une forêt autrefois avant que les pluies de feu n'aient tué les arbres. Elles avaient aussi tué les décomposeurs du sol. Les branches et les troncs abattus étaient disponibles partout autour d'eux. Une fois la flambée prête, il installa sa compagne près de lui pour la réchauffer. Puis il prépara un grand bol de bouillon à partir d'une poudre qu'il avait dans ses fontes. En alternant cajoleries et autorité, il parvint à le faire boire à Jalia. Cela sembla lui redonner un peu de couleur et ses gestes semblaient moins hésitants. Puis, l'ayant enveloppée dans une sorte de couverture épaisse, il s'occupa de préparer le repas. Il avait dans sa sacoche un flacon hermétique contenant des cubes de viande marinant dans un liquide doré qu'il mit à cuire dans de l'eau accompagnés de tubercules. Jensen, penaud, le regardait faire. Il avait cru qu'il y aurait des auberges tout le long de la route et il avait fait l'impasse sur les vivres.

— C'est encore loin ? demanda Deirane.
— Assez, répondit Festor, à ce rythme nous arriverons dans cinq jours.
Il suivit son regard.
— N'ayez crainte, dit-il, j'ai assez à manger pour nous tous pour la durée du voyage.
Elle exprima de la gêne à être ainsi démasquée.
Le repas était prêt. Une bonne soupe de légumes à la viande. Il en versa dans quatre écuelles, deux bien pleines qu'il tendit aux humains, les autres aux trois quarts vides.
— Tenez, dit-il, cela vous réchauffera.
— Vous ne prenez presque rien, s'étonna Jensen.
— Notre faible chaleur interne n'a pas que des inconvénients. Nous avons besoin de moins de nourriture pour vivre. De plus, notre métabolisme réduit nous assure une résistance plus élevée. Nous ne pouvons pas, par exemple, mourir de crise cardiaque.
— Vraiment, votre cœur ne s'arrête jamais de battre ? demanda Deirane.
— Ça arrive, en cas de douleur extrême. Il repart toujours de lui-même au bout de quelques stersihons.
— Vous vous donnez beaucoup de mal pour nous alors que nous ne sommes que des humains, reprit Jensen.
— Vous n'êtes pas « que » des humains. Vous êtes des voyageurs qui n'êtes jamais sortis de chez eux et j'ai fait serment en devenant soldat de protéger ceux qui ne peuvent pas le faire eux-mêmes.
Il n'avait pas employé le mot faible, Jensen le comprit malgré tout. Il se renfrogna.
— Nous ne sommes pas Helariaseny, remarqua Deirane.
— Nulle part dans mon serment je n'ai vu une limitation à une quelconque nationalité. J'imagine vos objections. Je suis un soldat de la Pentarchie, soumis à l'autorité de mes supérieurs. Quand je ne suis pas en

service, j'ai le droit d'apporter mon aide à qui je veux, tant que cela ne nuit pas à mon pays.
— Et si cela devait arriver.
— Alors j'aurai un problème de conscience.
Deirane prit une cuillérée de soupe et la goûta.
— C'est bon, dit-elle, je ne reconnais pas la viande, qu'est-ce que c'est ?
— Jurave, conservé dans de l'hydromel marin. Notre flotte, lors des longues traversées, utilise ce genre de préparation, d'où le nom de cet alcool. Accessoirement, il a d'autres usages, comme purifier l'eau de boisson, désinfecter les plaies ou nettoyer les instruments de chirurgie. Il dissout aussi très bien la graisse et provoque des gueules de bois inoubliables. Pour ce dernier usage, il y a quand même moins cruel.
— De l'alcool maintenant, maugréa Jensen, à une jeune fille.
— De l'alcool grâce auquel vous pouvez manger ce soir, malgré votre imprévoyance. Sans compter qu'après la cuisson, ça m'étonnerait qu'il en reste la moindre goutte dans ce bouillon.
Sans dire un mot, le vieux paysan replongea le nez dans son écuelle. Deirane mangea elle aussi en silence.

Une fois le repas terminé, la vaisselle nettoyée au ruisseau — dont il avait préalablement vérifié la pureté — et rangée dans les fontes, Festor installa Jalia et Deirane dans un grand duvet épais et chaud. Le petit corps gelé de la jeune stoltzin se pelotonna contre celui de l'humaine, cherchant instinctivement la chaleur. La paysanne trouva la sensation désagréable. Elle avait l'impression de toucher un serpent un peu plus chaud et un peu moins rêche. Elle n'avait pas la douceur et la chaleur de la peau humaine. Elle comprit pourquoi les hommes de son village vantaient la beauté des stoltzint tout en répugnant à les toucher. Heureusement, elle avait appris à apprécier la simple d'esprit au cours de cette journée. Elle l'enlaça étroitement. Au bout d'un moment, elle ne trouva plus le contact si déplaisant. Elle finit par s'endormir.

Quand Deirane s'éveilla le lendemain, Festor avait totalement rangé le camp. À l'exception du duvet qui la recouvrait avec sa compagne et le strict nécessaire pour le repas du matin, il n'y avait plus aucune trace de leur passage. C'était normalement le repas principal de la journée pour les Helariaseny, mais en voyage il fallait s'adapter aux contraintes de nuits à la belle étoile. Le soldat était près du feu, buvant une infusion. Voyant que la jeune fille était réveillée, il se leva et lui tendit une tasse d'un liquide brûlant. Elle le remercia. En le buvant, elle put sentir la chaleur bienfaisante se répandre dans tout son corps.

Comme Jalia bougeait, il lui tendit une autre tasse.
— Essayez de la lui faire boire, dit-il.
— Ne vaudrait-il pas mieux que ce soit vous ?
— Sûrement, mais je ne voudrai pas encore encourir la désapprobation de votre père en vous approchant de trop près.
Deirane sourit.
— De toute façon vous l'aurez.
— Si je vous serre de trop près, elle sera justifiée.
Deirane aida la jeune handicapée à boire le contenu de sa tasse. Elle eut moins de difficulté que Festor en avait eue la veille, la nuit lui avait fait du bien, elle était plus alerte. Ou alors elle avait cessé de jouer la comédie.
Festor s'éloigna pour que les deux jeunes femmes pussent s'habiller tranquillement. Il croisa Jensen qui achevait de harnacher son cheval. Ce dernier l'arrêta.
— Je suis désolé pour hier soir, je ne savais pas, dit-il, aujourd'hui je ne critiquerai pas la tenue de votre fiancée.
Il apprécia cette offre implicite de paix entre eux.
— Je m'arrangerai pour qu'elle reste hors de votre vue si cela risque de vous indisposer.
— Ce n'est pas cela. Même à mon âge, j'éprouve du plaisir à voir une belle femme nue. Seulement, c'est contraire aux principes que l'on m'a donnés.
— Vous n'êtes pas vieux, remarqua Festor.
— Je croyais que votre impudeur n'était que perversité chez ceux de votre race. Toute ma vie, je n'ai fait qu'entendre les critiques vous concernant. Vous êtes les premiers stoltzt avec qui je passe du temps.
Festor éclata de rire.
— Ce n'est pas nous qui sommes pervers, dit-il, la faute revient aux dieux qui nous ont créés. Nous sommes obligés de jouer avec les cartes qu'ils nous ont données, même si elles ne nous plaisent pas.
Jensen acquiesça de la tête. Il cracha dans la paume et la tendit à Festor.
— La paix ? demanda-t-il.
Festor connaissait cette coutume humaine. Il cracha à son tour et prit la main tendue.

Comme l'avait prédit le soldat, au bout de cinq jours de route, alternant plaines et forêts, ils arrivèrent au campement bawck.

VIII

Chabawck, vingt ans plus tôt.

La forêt s'arrêta brutalement, laissant place à une immense steppe qui s'étendait vers le nord à perte de vue. Sillonnée de rivières larges et nombreuses, elle aurait dû être fertile et riche. Par le passé, une épaisse forêt recouvrait ce lieu ; aujourd'hui tout ce qui en restait était une multitude de troncs desséchés. Une maigre végétation s'accrochait à la terre empoisonnée. Celle-ci était tout juste assez haute pour masquer les ossements des soldats morts en ce lieu. Moins d'un demi-siècle plus tôt, l'ultime bataille contre l'envahisseur Feytha y avait été livrée. Un million de stoltzt, plus qu'il n'y en avait dans le monde actuellement, et autant d'humains, d'edorians, de nains, de bawcks, s'étaient sacrifiés ici pour mettre fin à la plus grande tyrannie de l'histoire d'Uv-Polin.

La vision de cette plaine où presque la moitié des forces vives de son pays était morte troubla Festor. Il ne s'attendait pas à ce que le choc fût si violent. Un moment décontenancé, il hésita. Sa compagne ne connaissait rien de l'histoire de cet endroit, cependant elle ressentit son émotion. Elle tenta d'y remédier à sa manière habituelle : un câlin, pour son innocence le remède universel contre tous les maux de l'esprit. En l'occurrence, cela sembla marcher. Festor respira un bon coup, puis il engagea sa monture sur la plaine en direction du camp bawck. Jensen mena sa charrette sur ses traces.

Les bawcks étaient des nomades. Ceux de l'ouest du Chabawck étaient, selon les critères en vigueur en Yrian ou en Helaria, des gens pauvres. Le camp reflétait bien cet aspect. Guère plus reluisant que la plaine morte, il était constitué de tentes rondes en peaux mal tannées, décolorées par les intempéries, assemblées grossièrement par des tendons d'animaux. L'ensemble donnait une impression maladive, comme envahi par des champignons malsains.

À première vue, ces tentes semblaient disposées sans ordre apparent. Mais un habitué aurait pu voir le grade qu'un bawck occupait dans la horde rien qu'en situant l'emplacement de son foyer par rapport aux autres : au centre le chef, autour ses lieutenants et tout en périphérie la piétaille. La tente du chef se différenciait des autres par sa taille, aussi bien en largeur qu'en hauteur, et par la présence d'un auvent en soie rouge devant l'entrée. Le tissu avait dû être beau par le passé, aujourd'hui il était usé jusqu'à la trame.

Tout autour du camp, on trouvait divers enclos. Certains servaient la nuit à abriter le troupeau qui nourrissait la tribu, il y en avait toutefois plus que nécessaire. Pour Jensen, les bawcks ne devaient certainement pas élever des chèvres. Il les imaginait surveillant des animaux apparentés comme eux aux anciens peuples. Il regarda autour de lui et les repéra à quelques centaines de perches, tentant de brouter une maigre pitance dans la plaine. Il fut déçu, c'était bien des chèvres.

Après avoir repéré l'enclos vers lequel Festor et Jalia se dirigeaient pour parquer leur monture, Jensen en choisit un relativement éloigné pour son usage. Dans une écurie avec des box bien fermés, les chevaux et les lézards dragons pouvaient cohabiter. Cependant, dans un espace semi-clos comme ici, les premiers auraient servi de nourriture aux seconds.

Assise sur le banc de son véhicule, Deirane regardait les membres de la tribu d'un air effrayé. Les bawcks étaient, avec les stoltzt et les gems, l'un des trois peuples civilisés indigènes d'Uv-Polin, un de ceux que l'on appelait les « Anciens Peuples », ou plus brièvement « Anciens ». Comme eux, ils étaient des reptiles, seulement ce caractère était nettement visible alors que pour les stoltzt et les gems cela n'avait rien d'évident. Ils avaient un aspect humanoïde, avec une silhouette beaucoup plus ramassée que celle des humains, leurs bras et leurs jambes étaient extrêmement musclés. Leur tête massive aux traits marqués était posée sur un cou quasi inexistant. Leur peau écailleuse tirait sur le vert, tandis que sur le torse et le ventre elle prenait souvent une teinte blanchâtre. Certains d'entre eux étaient de couleur différente, bruns en général. Un tout petit nombre était vivement coloré avec des motifs rappelant par leur variété ceux des serpents, les porteurs de cette anomalie étaient alors superbes. La taille était variable, depuis la moitié d'un humain normal pour les plus petits jusqu'à presque le double pour les plus grands. Cette taille reflétait leur hiérarchie, leur capacité à assommer leurs éventuels rivaux étant le seul critère pour sa détermination, les plus grands et les plus forts étaient forcément les plus gradés.

Rien ne permettait de distinguer les mâles des femelles, aucune différence morphologique n'était visible pour un étranger. Quant aux jeunes, ils étaient peu nombreux. Les bawcks grandissaient vite, trois à quatre ans suffisaient pour atteindre l'âge adulte.

Une chose qui ne manquait pas de surprendre tout nouvel arrivant dans un camp bawck était que ces nomades ne possédaient aucun animal de bât pour transporter leurs biens. Ni chevaux, ni hofecy, ni aucune autre espèce couramment rencontrée dans le monde pour cet usage. Cela tenait à la nature fruste des bawcks. Bien que faisant partie des espèces intelligentes, ils étaient très limités. Leur principal défaut était leur incapacité à prévoir sur le long terme. Un bawck n'a qu'une idée en tête : satisfaire son besoin immédiat sans penser au reste. Les chevaux qu'ils avaient acquis à une époque, la journée de marche achevée, s'étaient révélés beaucoup plus faciles à attraper que le gibier. Ils n'avaient pas pensé qu'en les mangeant, ils n'auraient plus de montures pour le transport.

Malgré cette limitation, ils apprenaient. Leurs troupeaux de chèvres et leurs chiens, des molosses dressés au combat, en témoignaient. Leur niveau technologique également, bien que faible, était réel et dans certains domaines, ils parvenaient à surpasser les autres peuples. Ils savaient forger eux-mêmes leurs armes ou effectuer des travaux de cordonnerie. Ils avaient même été les premiers à maîtriser le travail du cuivre. Et bien que la lenteur de leur progression eût permis aux gems et aux stoltzt de les rattraper, leurs épées étaient toujours considérées comme les meilleures.

Il y avait toutefois un domaine dans lequel les bawcks dominaient toutes les autres espèces : la magie. La magie des stoltzt et celle des gems étaient de loin plus puissantes. Toutefois ces derniers étaient peu nombreux, âpres à la négociation et leurs domaines si isolés que bien rares étaient ceux qui pouvaient les atteindre. Quant aux stoltzt, les feythas les avaient presque exterminés. Les seuls survivants étaient les pentarques d'Helaria, dirigeants du seul État à pouvoir justifier le qualificatif d'empire. Un paysan de Gué d'Alcyan n'est pas censé adresser de requêtes à de tels individus.

Les bawcks, eux, étaient suffisamment nombreux et disponibles pour faire le commerce de la magie. Chez eux, les pouvoirs étaient détenus par les chamans, les plus gueux des mages. Les gems étaient des seigneurs dans leurs domaines, quant aux pentarques, ils étaient les maîtres de l'Helaria. Les bawcks avaient des pratiques totalement inverses. Dans une culture comme la leur qui mettait au premier plan la force physique et l'ardeur au combat, les chamans étaient tout en bas de l'échelle sociale. Leur magie était peu puissante. En revanche, ils étaient très nombreux et facilement accessibles. Ainsi, bien que leurs sorts tournassent parfois court et que leurs potions tiennent plus souvent du placebo que d'un vrai savoir-faire, ils étaient très consultés.

Les montures parquées dans leur enclos respectif, les quatre voyageurs se rejoignirent.

— Que faisons-nous maintenant ? demanda Jensen, c'est la première fois que je rends visite à un chaman orque. J'ignore quelles sont les procédures.

— Il n'y a pas de procédure, répondit Festor, on le rencontre, on lui expose le problème et on négocie. Il accepte ou il refuse en fonction de son humeur et certainement de signes ésotériques qu'il est le seul à comprendre.

— Lequel de nous deux passe en premier ?

— C'est lui qui nous le dira.

Festor prit le paysan par le bras pour attirer son attention.

— Et n'oubliez pas. N'employez jamais le terme orque, ils le considèrent comme péjoratif. Ce sont des bawcks !

— Compris.

— Il vaut mieux.

Du regard, le soldat chercha la tente qui devait certainement être celle du chaman. Normalement, elle était en périphérie avec les plus pauvres. Cependant, ce n'était pas une règle absolue, même un mage pouvait avoir un certain talent à la hache et se hisser dans les hauteurs de la société bawck à la force de son bras. Le seul moyen de l'identifier était aux simples qui séchaient juste à côté de la tente. Elle n'était pas visible d'où ils étaient. Il prit la main de sa compagne et se dirigea vers le cœur du campement.

En voyant les bawcks bardés de cuirs et équipés à profusion d'instruments contondants, coupants, tranchants et piquants, Jensen se demanda s'il avait eu une bonne idée en venant. Quand il en fit part à Festor, celui-ci le rassura.

— N'ayez aucune inquiétude, ils ne nous toucheront pas.

— Ils ont quand même l'air bien agressifs, remarqua Deirane.

— Ils le sont. Malgré tout, au cours des siècles, nous avons réussi à leur inculquer quelques règles simples.

— Quel genre de règles ?

— Des règles du style : œil pour œil, dent pour dent, la mort appelle la mort. À la longue ils ont fini par comprendre.

— Et ces règles incluent les humains ?

— Votre peuple est trop jeune. Ils n'ont pas encore compris. Tout au moins dans ces régions pauvres de l'ouest. Mais vous êtes avec moi. Et puis n'ayez pas peur, même sans moi, ils ne se jettent pas sur tout ce qui bouge. Vous n'avez rien à voler, vous n'êtes pas un grand guerrier dont la mort rapporterait du prestige. Si vous ne les provoquez pas et conservez une attitude humble, ils vous ignoreront. En fait vous seriez plus en danger avec des humains, souvenez-vous de ce qui s'est passé à l'auberge quand nous nous sommes rencontrés. Ici, ce genre de problème n'arriverait pas, nous sommes laids à leurs yeux.

— C'est eux qui sont répugnants, pas nous, protesta Deirane.

— Ce n'est qu'une question de point de vue. Ah ! nous voici arrivés.

En effet, la tente qui se trouvait devant eux ne pouvait être que la bonne. Conique, juste assez large pour permettre à un homme normal de s'y allonger et à peine plus haute, elle était soutenue par une charpente qui dépassait par un trou au sommet. Devant elle, des claies en bois étaient couvertes de plantes en train de sécher au soleil. Il y en avait de toutes natures, des herbes simples, des baies, des feuilles, des racines, des morceaux d'écorce. L'abondance de toutes ces herbes odorantes répandait une fragrance lourde qui contrastait avec l'absence quasi totale d'odeur du camp.

Jalia s'approcha pour observer. Festor préféra la retenir, on ne savait pas encore à quoi ressemblait le propriétaire des lieux. Quoique, d'après la misère ambiante, il ne devait pas être très dangereux. La jeune stoltzin réagit comme un enfant auquel on aurait retiré son jouet et se mit à bouder.

L'apparition du chaman l'effraya, elle se blottit contre son compagnon. Le soldat la rassura de quelques paroles apaisantes, mais elle ne quitta pas les bras protecteurs aussi longtemps que le bawck resta devant eux. Le sorcier les dévisagea un instant, puis il souleva un pan de la tente et leur fit signe de le suivre à l'intérieur.

Deirane n'avait aucune idée de l'intérieur d'une tente bawck, elle ne s'attendait certainement pas à ce qu'elle vit. Ce peuple avait l'air fruste, elle les croyait peu civilisés, pourtant tout était rangé avec soin. Elle remarqua ce qu'elle n'avait pas vu de l'extérieur. Les peaux étaient cousues pour former un ensemble indivisible. Contre les parois, des poches contenaient tous les biens du bawck. Aucun d'entre eux n'était cassable ou volumineux, il n'y avait ni poteries ni marmites. Par contre les petits outils, couteau, serpette, machette, hache et d'autres qu'elle ne put reconnaître abondaient. Les liquides étaient contenus dans des outres étanches.

En y réfléchissant bien, les lieux étaient adaptés à une vie nomade. Le sol était en cuir, le seuil surélevé et les coutures étanches en faisaient une protection efficace contre les mortelles pluies de feu. Et pour le transport, il suffisait d'enlever la charpente et la tente se transformait en un gigantesque sac. Elle doutait que les tentes des autres bawcks fussent aussi bien organisées. Cependant un chaman, par son métier, avait beaucoup de choses à transporter et ne possédait aucun esclave ou concubine pour l'aider dans cette tâche. Il ne pouvait se permettre, contrairement au chef de la horde, de posséder beaucoup de biens.

Il n'y avait aucun coussin pour apporter un certain confort. Juste une natte, pour le moment roulée, pour dormir.

Le bawck s'assit en tailleur, face à l'ouverture, et les invita à l'imiter. Festor fut le premier à le faire, suivi de peu par Deirane. Jalia, prudente, s'installa avec beaucoup d'hésitation entre le stoltzen et l'humaine, rassurée par leur présence à ses côtés. Jensen mit plus de temps à se décider, il s'assit finalement auprès de sa fille.

Pendant un moment, ils se dévisagèrent en silence, personne ne prononçant le moindre mot. Ce fut le bawck qui entama la conversation.

— *Kefupae xe ukeiden*, commença-t-il.

La voix était gutturale, la prononciation étrange, néanmoins les mots étaient parfaitement reconnaissables. Il venait de les saluer en helariamen.

— *Ekfupae le ukeiden, sivsen bawck*, répondit Festor.

Le bawck hésita un long moment avant de continuer.

— Skayt n'est pas prêtre, Skayt est chaman.

Ce coup-ci, il s'était exprimé dans la langue de l'Yrian, qu'il semblait mieux maîtriser que l'helariamen.

— L'équipage qui se tient devant Skayt est bien étrange, reprit-il, quelles circonstances unissent un grand maître de l'Helaria et un paysan de l'Yrian.

— Les hasards des rencontres, répondit Festor.

— Qui est le chef ?

— Nous n'avons pas de chef, intervint Jensen, notre groupe n'est que de circonstance.

— Comment Skayt peut-il s'adresser à ses hôtes s'il ne sait pas qui parle pour le groupe ?

Festor fusilla Jensen du regard, avant de répondre.

— Je suis le chef de cette troupe pour la durée de ce voyage.

— Voilà qui est un bon choix. Le maître est le meilleur combattant. Il mènera sa troupe à la victoire. Quel est son nom ?

— Je suis Festor, fils de Jetro.

Le chaman sembla méditer sur ce nom.

— Le maître Festor de Jetro est-il de la lignée de l'apprentie Calen de Jetro ?

— C'est ma sœur aînée.

— Excellente lignée, Jetro était un grand guerrier. Il est mort les armes à la main en défendant son clan comme il se doit pour un grand guerrier. Festor doit être fier de lui.

— Je ne l'ai malheureusement pas connu, je n'avais que deux semaines quand mon père de sang est mort.

— C'est regrettable, sa mort a été une grande perte pour la tribu d'Helaria.

— Des dizaines de guerriers sont morts ce jour-là. Ce fut un moment tragique pour mon peuple.

— Un moment de gloire aussi. L'ennemi a été repoussé.

— La lignée de Jetro se perpétue. Calen n'est plus apprentie aujourd'hui, elle est archonte.

— Jetro serait fier s'il avait pu voir cela.

Après un court moment de réflexion, le bawck reprit.

— Skayt n'a pas eu l'insigne honneur de recevoir l'apprentie Calen, mais il en a entendu parler.

— J'ignorai que ma sœur était venue consulter les bawcks. J'imagine bien cependant ce qu'elle désirait.

— L'apprentie Calen était accompagnée du chef de horde Wotan. Dregor n'a pu répondre à ce grand honneur qui lui était offert. Il n'a pas pu aider Calen. Il a perdu la face devant le grand chef de horde des Helariaseny. Son honneur a été perdu. Il a mis longtemps à le regagner. Skayt ne veut pas déshonorer les bawcks une seconde fois. Il n'échouera pas devant un fils de Jetro. Il réussira ou Skayt ira rejoindre ses ancêtres.

Festor était un peu mal à l'aise. Il était loin de penser que sa mission aboutirait à la mort d'un bawck. Parce que vu les chances de réussite de celle-ci, c'est à cela que tout allait aboutir. Il trouva une échappatoire.

— Même si Skayt échoue, son honneur sera sauf. Le pentarque Wotan n'a pas réussi et pourtant il est notre meilleur magicien. Dregor a subi une punition qu'il ne méritait pas. Il n'aurait jamais dû perdre son honneur. Skayt n'aura pas à subir les conséquences d'un échec.

Le bawck se détendit. Il n'avait aucune envie de mourir, cependant son peuple était si pointilleux sur l'honneur qu'il n'aurait pas eu le choix. Lui offrir une façon de s'en sortir en sauvant la face était la meilleure solution que Festor pouvait trouver.

— Skayt a compris. Que Festor expose sa demande, Skayt l'exécutera.

Festor se rendait compte que le plus dur restait à faire. Il allait devoir expliquer au bawck des concepts étrangers à son espèce. Rien ne prouvait qu'il les comprît, et dans ce cas, aucune guérison n'était possible. Il allait devoir choisir soigneusement ses mots.

— La requête ne me concerne pas, commença-t-il, c'est au nom de ma compagne, la stoltzin Jalia, que je parle.

— La stoltzin Jalia ne peut-elle parler en son propre nom ?

— Non, parce qu'elle est simple d'esprit.

Le bawck exprima l'incompréhension totale que craignait Festor. Il chercha un moyen de présenter la chose.

— La stoltzin Jalia ne pense pas comme elle devrait penser.

— Comment le maître Festor sait-il que la stoltzin ne pense pas normalement ? A-t-elle changé sa façon de penser ?

— Non pas du tout, au contraire.

Un sourire éclaira le visage du stoltzen.

— Son comportement n'a pas changé alors qu'il aurait dû.

— Comment le stoltzen sait-il qu'il aurait dû ? Il n'a jamais vu ce comportement. Comment sait-il que son comportement actuel n'est pas le bon ?

— Chez les stoltzt, les enfants pensent d'une certaine façon, les adultes d'une autre. Le corps de Jalia a grandi, c'est une adulte aujourd'hui. Mais son esprit est resté petit, c'est toujours celui d'une enfant.

— Et tu veux que Skayt aide l'esprit de Jalia à grandir.

— C'est cela.

Le bawck se concentra.

— Skayt a vu la troupe arriver. Il a vu la stoltzin poser sa bouche sur celle du maître Festor. Skayt n'a pas estimé que ce comportement était celui d'un enfant.

Festor et les siens avaient de la chance. Ce bawck savait interpréter les gestes échangés entre amants. La plupart en étaient incapables. Il était nettement plus intelligent que ses congénères.

— C'est vrai que Jalia est normale par certains côtés. Et c'est heureux, sinon ma relation avec elle ne serait guère plus que l'abus d'une handicapée. Mais l'essentiel est resté petit.

— Skayt comprend. Faire grandir son esprit est-il souhaitable ? Est-ce bien ce que désire le maître Festor ?

— Je ne comprends pas ? Bien sûr que je veux la voir guérir.

— Skayt pense que maître Festor apprécie sa compagne parce qu'elle est telle qu'elle est. Si son esprit grandit, elle changera. Festor est-il sûr qu'il appréciera toujours sa compagne ? Ne regrettera-t-il pas l'ancienne Jalia ?

Ce bawck était en effet bien plus intelligent que l'image qu'en avait Festor. Cependant il n'avait jamais eu affaire aux chamans jusqu'à présent. Il s'était lui-même posé la question à plusieurs reprises. Il n'avait aucun doute sur l'amour qu'il éprouvait pour Jalia. Mais si elle changeait, elle risquait de se rendre compte qu'il n'était qu'un gros lourdaud sans intérêt, un tueur professionnel ne sachant rien faire d'autre.

— Il est possible que cette nouvelle femme qui apparaîtra ne m'apprécie pas, reconnut-il, pour autant je n'ai pas le droit de la priver d'une vie normale si elle peut l'avoir. Ce serait de l'égoïsme. Elle a le droit de choisir sa propre voie. Et que celle-ci se fasse avec ou sans moi, ce sera sa décision.

— Le maître Festor pense aux siens avant de penser à lui. Il ferait un bon chef de horde. Skayt va examiner la stoltzin et voir ce qu'il peut faire. C'est une tâche bien difficile qui lui a été confiée. Le maître Festor a-t-il des connaissances qui pourraient aider à la quête ?

— Ça remonte aux années qui ont suivi la victoire contre les Feythas. C'était une époque troublée et Jalia a vécu un drame alors qu'elle n'avait que six ans. Elle...

Le bawck leva la main pour l'interrompre.

— Skayt n'a pas besoin de plus de détails. Après la guerre contre les dieux, les Nouveaux Peuples ont tenté d'exterminer les Anciens. Les bawcks aussi ont connu les pogroms. Et comme les stoltzt, les bawcks y ont fait face et ont survécu. Maintenant, maître Festor, Skayt doit rester seul avec la stoltzin Jalia.

Festor se leva et salua le bawck. Jensen et Deirane le regardaient, indécis. Jalia se releva avec légèreté, et se prépara à suivre son compagnon. Festor la retint et lui murmura quelques mots à l'oreille. Deirane essaya d'écouter, seulement sa maîtrise de l'helariamen était insuffisante. Elle n'en vit pas moins Jalia se raidir et saisir la main de Festor, en proie à la plus violente panique. Le soldat continua à la rassurer, à lui parler, tout en lui caressant doucement le bras et l'épaule. Peu à peu, elle se détendit, s'écarta de Festor, sans lui lâcher la main pour autant. Il fit signe à Deirane et Jensen de sortir au plus vite. Quand ils furent dehors, avec délicatesse il détacha les doigts de sa fiancée. Il souleva le rabat de la tente, elle lui jeta un regard de détresse. Elle ne bougea pas et affronta le bawck avec courage comme elle l'avait promis.

Une fois dehors, Jensen aborda Festor.

— Je ne comprends pas, dit-il, à aucun moment la question de l'argent n'a été évoquée. Il n'y a pas eu de négociation.

— C'est la manière bawck. Ils font le travail et après demandent le paiement.

— Et que se passe-t-il si on estime qu'il demande trop ou si on ne veut pas payer ? Ou si on n'a pas assez ?

Festor sourit.

— Vous venez de mettre le doigt sur un problème majeur de la société bawck. Beaucoup de vendettas ont commencé pour une telle cause.

— Pourquoi ne changent-ils pas ? demanda Deirane.

— Parce que ce sont des bawcks. Ils ne comprendront jamais le problème tant que leur survie ne sera pas mise en cause. Tant que ça ne se limite qu'à quelques morts, ils ne changeront pas leurs habitudes.

— C'est stupide, bougonna Jensen.

— C'est bawck, corrigea Festor.

Il fit quelques pas avant de reprendre.

— Les bawcks sont conscients de leurs limites, ils ont donc créé les orkants pour représenter leurs tribus dans les négociations avec les autres peuples. Mais ils l'ont fait à leur manière, d'une façon qu'eux seuls ne trouvent pas illogique.

— Comment ça ?

— Les orkants sont des esclaves, humains en général, qu'ils achètent ou qu'ils capturent à la guerre. Ils sont tout en bas de l'échelle sociale, mais ils ont une totale liberté de mouvement, un statut de diplomate auprès des autres royaumes et leur parole engage le clan tout entier.

— C'est stupide ! Comment peuvent-ils confier une telle charge à des esclaves ?

— Je vous l'ai dit, les bawcks sont spéciaux. Rien que le terme orkant en dit long, il dérive d'un mot qu'ils considèrent comme insultant pour désigner leur représentant. Ceci étant, bien peu d'entre eux ont tenté de s'enfuir, ils doivent donc y trouver leur compte quelque part.

La consultation du chaman ne dura pas très longtemps. Au bout de quelques stersihons, le bawck sortit de la tente et rejoignit le petit groupe qui attendait fébrilement.

— Skayt a échoué, dit-il, il a examiné la stoltzin. Malheureusement il ne peut rien faire. Skayt ne sait pas reconstruire ce qui a été irrémédiablement détruit.

Festor médita un instant la réponse du bawck.

— Que voulez-vous dire ? demanda-t-il.

— Si le mal de la stoltzin avait été causé par quelque chose d'ajouté à son esprit qui l'aurait enfermé, Skayt aurait pu l'enlever. Or quelque chose a été ôté de l'esprit de la stoltzin. Son esprit a été cassé et un morceau a disparu. Les morceaux qui restent se sont recollés, le morceau qui manque ne peut pas être refabriqué. Skayt ne peut pas faire une telle chose.

Malgré le peu d'espoir qu'il avait mis dans cette démarche, Festor était profondément déçu.

— Comment Jalia a-t-elle pris la chose ? demanda-t-il.

— À mon avis, elle n'en souffre pas, je ne pense pas qu'elle a compris ce qui allait se passer, remarqua Deirane.

— L'humaine a raison, confirma le bawck, la stoltzin n'a rien remarqué.

Faisant demi-tour, il se préparait à réintégrer sa tente. L'intervention de Deirane l'interrompit.

— C'est mon tour maintenant.

Le bawck la regarda avec cette expression qui exprimait la surprise chez ceux de son espèce.

— L'humaine est-elle aussi venue en consultation ?

— Oui, répondit Deirane.

— Skayt est confus, il croyait que les humains faisaient partie de l'escorte des stoltzt.

— Nous voyagions avec les stoltzt, intervint Jensen, toutefois notre requête est personnelle.

Le bawck dévisagea longuement Deirane et son père.
— Le rubis sur le front de l'humaine est-il l'objet de cette requête ?
— Oui.
— Les fils d'or sur les doigts sont-ils l'objet de cette requête ?
— Également oui.
— Les diamants sur les joues...
— Toutes mes pierres précieuses sont concernées.
L'interruption ne sembla pas démonter le bawck.
— Y a-t-il d'autres pierres que Skayt ne peut pas voir ?
— Oui. J'en ai partout sur le corps, de la tête aux pieds.
Le bawck médita cette réponse un instant.
— Skayt va devoir tout examiner, dit-il enfin, s'il veut voir ce qu'il peut faire. La femelle humaine va devoir ôter ses vêtements. En est-elle capable ?
— Il faudra bien.
Skayt acquiesça d'un hochement de tête.
— La femelle peut entrer dans ma tente, elle appellera Skayt quand elle sera prête.
Deirane respira un bon coup. Festor se tourna vers la tente.
— Je vais chercher Jalia, dit-il.
Deirane retint le soldat par le bras.
— Je suis obligée d'être seule pendant l'examen ? demanda-t-elle au bawck.
— Si la femelle pense qu'une personne rendrait son épreuve plus supportable, elle peut garder cette personne auprès d'elle.
Deirane jeta un regard suppliant à Festor. Il comprit aussitôt.
— Jalia n'est pas très maligne, mais elle a une très forte empathie. Elle sera un soutien très efficace.
— Merci.
Elle lâcha le bras du soldat puis entra dans la tente. Au bout de quelques stersihons, elle appela le bawck qui la rejoignit.

— Il y a beaucoup de pierre à examiner, ça risque de prendre du temps, remarqua Festor. J'ai une bouteille d'hydromel bleu dans mes fontes. On pourrait se la partager.
— Je vous remercie. J'ai quand même des doutes à laisser Deirane seule avec ce bawck.
— Elle n'est pas seule, Jalia est avec elle. Même une personne comme elle ne peut pas passer toute sa vie dans une caserne et ne rien apprendre dans l'art du combat. Sa technique est à l'égal du reste de son comportement, maladroite. Malgré tout ça sera largement suffisant pour neutraliser un chaman bawck agressif qui voudrait attenter à leur vie. Parce que Jalia est

simple d'esprit, tout le monde pense qu'elle est incapable. Rien n'est moins faux. Elle est très responsable. Je n'hésite pas à lui confier ma sœur et elle lui fait garder ses enfants en bas âge. Ni elle ni moi n'avons eu à le regretter.

— Ce n'est pas à sa vie que je pensais. Elle va devoir se montrer dénudée à ce bawck et se laisser examiner de près. Ma fille est jolie, il pourrait être tenté…

— Oh. C'est sa vertu qui vous préoccupe ?

Festor posa une main amicale sur l'épaule de Jensen.

— Croyez-moi sur parole, le bawck se passerait bien de cet examen. Nous lui répugnons autant qu'il nous répugne.

— Pas à ce point-là quand même. J'ai du mal à croire qu'un mâle normalement constitué puisse ne pas éprouver d'attirance pour ma fille.

— Vous avez un chien chez vous ?

— Oui, plusieurs même. Mais que…

— Les mâles sont-ils attirés par la beauté de vos filles ?

— Comment osez-vous dire une telle chose ? Mes filles et des chiens !

Le sourire du soldat le calma.

— Vous avez fait exprès, en conclut Jensen.

— En Yrian, vous avez peu de contact avec les autres peuples. Si je vous avais expliqué, cela n'aurait été que des mots. Maintenant, vous savez. Vous comprenez au fond de vous.

— Était-ce utile d'en arriver là ?

— Vous étiez sur le point de paniquer, vous aviez peur pour votre fille. Je me trompe ?

— Non, confirma Jensen.

— Chaque espèce a ses critères de beauté. Les bawcks ont la leur. La peau lisse, le teint uniforme, les cheveux, les seins des femmes, l'hétérochromie des stoltzt. Autant de choses que leurs femelles n'ont pas et qu'ils trouvent sans intérêt, voire repoussantes.

— C'est dur à croire.

— Et pourtant, certaines personnes de votre peuple sont révulsées par le mien alors que pour des observateurs inattentifs nous sommes indiscernables.

— Les yeux.

— Les yeux en effet, un détail. Notre peau fraîche, notre teint chatoyant. Des détails. Les autres différences nécessitent d'utiliser un scalpel pour être révélées. Croyez-moi. Votre fille est en sécurité avec ce bawck. En tout cas, sa vertu l'est. Après tout, ce n'est pas pour rien que certains esclavagistes font surveiller leurs vierges par des mercenaires bawcks.

Passant un bras autour des épaules du paysan, il l'entraîna vers les enclos où ils avaient parqué leurs montures.

— Il y a des couples mixtes pourtant, lança Jensen dans une ultime tentative.

— Des couples non. Tout au plus des amants d'un soir. Et uniquement en Helaria où les différents peuples vivent ensemble depuis plusieurs générations. Les sentiments peuvent traverser la barrière des espèces, pas la génétique. De tels couples seraient infertiles.

Jensen n'avait plus d'argument. Festor ouvrit ses fontes pour prendre la bouteille promise.

IX

Chabawck, vingt ans plus tôt.

Quand le bawck entra dans la tente, Deirane s'était déjà déshabillée. Dans un premier temps, Jalia avait cru qu'il s'agissait d'un nouveau jeu et allait l'imiter. Deirane l'en avait dissuadée. Festor avait raison, bien qu'elle fût simple d'esprit, pour ce qui était de ressentir les émotions des autres elle était inégalable. C'était une vraie perle, un bijou qui était niché au fond de l'esprit de cette stoltzin. Elle avait senti la détresse de la jeune fille face à l'épreuve qui l'attendait et avait réagi en conséquence.

Deirane était trop pauvre pour s'offrir des sous-vêtements. Elle n'avait que sa robe sur elle. Jalia l'avait aidée à l'enlever, puis l'avait utilisée pour la draper sur le bas de son dos et ses hanches. Elle l'avait aidée à s'asseoir, et l'avait finalement enlacée, n'exposant que son dos aux regards.

Contrairement à ce qu'elle craignait, le bawck ne porta qu'une attention distraite à son corps. En revanche, les bijoux excitaient sa convoitise. S'il avait été guerrier plutôt que chaman, il aurait certainement essayé de l'égorger pour s'emparer des diamants. Il s'installa juste derrière elle et commença à l'examiner. Ses doigts griffus et son haleine hérissèrent Deirane quand elle les sentit contre sa peau. Jalia réagit en l'enlaçant encore plus étroitement. Mais le chaman se concentrait sur une seule pierre qu'il examinait en détail, de très près.

— Magie gems, murmura le bawck.
— C'est un drow qui m'a fait ça, corrigea Deirane.
— Sort gems, drow exécutant.

Puis il passa aux fils d'or glissés sous la peau. Il étudia un moment ceux du dos, suivant d'une griffe le dessin tarabiscoté de l'un d'eux, depuis la base du cou jusqu'à la chute des reins.

Deirane s'habituait au contact. Le bawck n'était pas aussi atroce qu'elle se l'imaginait. Il avait une odeur puissante, cependant ses gestes étaient doux, rien à voir avec les histoires de violences qu'on lui avait rapportées. Du coup, quand il lui prit le bras, elle ne manifesta aucune résistance. Le chaman fit jouer les articulations. Il semblait fasciné. Il n'arrêtait pas de lui plier et déplier le bras. Au début, elle ne vit pas ce que son coude pouvait avoir d'aussi passionnant. Elle comprit quand il alla chercher un morceau de bois brûlé dans l'âtre et traça diverses marques de l'épaule au poignet. En les voyant se déplacer légèrement à chaque mouvement, elle saisit ce qui avait intrigué le bawck. Normalement, les fils d'or n'étaient pas élastiques. Ils auraient dû lui cisailler la peau — ou se briser en morceau — à chaque geste qu'elle faisait. Elle ne ressentait rien de plus qu'une faible gêne désagréable pour les déplacements de grande ampleur. Et encore, la sensation qui persistait n'était rien face à celle des premiers jours. Elle disparaîtrait certainement dans les douzains à venir.

La fierté qu'elle avait éprouvée à comprendre ce fait se mua en panique quand elle en appréhenda les implications. Qu'allait-il se passer lorsqu'elle allait tomber enceinte ? L'or allait-il s'étirer suffisamment ou allait-elle mourir le ventre tailladé par les fils ? Pire, peut-être le drow avait-il contourné le problème pour lui ôter le pouvoir d'enfanter. Elle s'était toujours imaginée adulte avec beaucoup d'enfants autour d'elle. L'idée que cela ne se réaliserait peut-être jamais la déprima. Elle ne voulait pas vivre seule ni sans descendance.

Ces idées noires furent chassées par une autre épreuve. Le bawck tentait de l'écarter de Jalia. La stoltzin s'accrochait à elle. Aussi le chaman arrêta-t-il son geste. Il lui fit signe de se retourner.

— C'est indispensable, demanda-t-elle d'une petite voix.

— Magie gems très complexe, Skayt doit tout comprendre pour la combattre.

Le visage du bawck manifestait le dégoût qu'il éprouvait pour cette partie de l'examen. Bizarrement, cela la rassura. Elle se détacha de la légère étreinte de la stoltzin et fit face au chaman. Jalia l'enlaça à nouveau et croisa les bras sur sa poitrine, Deirane lui fit doucement glisser les mains jusqu'au ventre.

Contrairement à ce qu'elle craignait, le bawck ne la toucha pas. Il se contenta de tracer le contour du sein avec son charbon et de dessiner quelques repères du téton à l'épaule. Puis il l'invita à lever le bras. Ce faisant, elle lâcha la main de Jalia. Aussitôt libérée, la stoltzin la porta à sa bouche, Deirane s'aperçut alors qu'elle la serrait à lui briser les doigts. Elle relâcha l'étreinte sur la seconde main. Pendant qu'elle exécutait les gestes demandés par le bawck, celui-ci examinait attentivement le déplacement des marques.

Au bout d'un moment, il se leva. Deirane en profita pour cacher sa poitrine derrière ses bras. Le bawck fouilla dans un sac et en tira une serviette d'un blanc rendu grisâtre par l'âge, mais d'une propreté irréprochable. Il la lança sur une outre qu'il désigna à la jeune fille.

— L'humaine doit être propre pour la cérémonie.

Sans une parole de plus, il continua à chercher dans ses affaires, il sortit divers ingrédients de ses sacs : bougies, encens, herbes séchées. Deirane comprit que le chaman allait procéder à l'extraction des pierres sans tarder. Les humains auraient décidé d'un moment approprié, auraient longtemps préparé l'opération. Pas les bawcks. La décision prise était aussitôt exécutée. Les bawcks ne pensaient qu'à court terme.

Elle prit la serviette pour essuyer les traces de cendres et attendit, serrée contre Jalia. Le bawck se retourna, une expression réprobatrice plaquée sur le visage.

— L'humaine n'est pas propre, elle doit être propre pour la cérémonie. La rivière est derrière la tente.

Il prit la serviette et l'outre qu'il posa aux pieds des deux jeunes femmes. Puis il leur désigna l'ouverture dans la toile d'un air qui n'autorisait aucune remarque.

Deirane se sentit humiliée de se voir considérée comme une souillon. Il était cependant vrai qu'elle n'avait pas eu l'occasion de se laver depuis le départ de la ferme familiale. Et même chez elle, la rareté de l'eau limitait les ablutions. Le chaman n'avait pas tort, elle était sale. Elle ouvrit l'outre. Il contenait du savon liquide, certainement préparé à partir de cendre et de graisse animale. Elle se leva, prit la robe qu'elle commença à enfiler.

— Robe pas propre, intervint Skayt, la femelle humaine ne doit pas l'avoir pour revenir.

L'idée de traverser le camp sans vêtements la pétrifia. Il sembla comprendre.

— Femelle court aucun risque dans le camp, bawck ne rien pouvoir faire d'elle. Trop faible pour être esclave, trop laide pour être concubine et pas pouvoir offrir un beau combat.

À défaut d'être rassurantes, les paroles la remettaient à sa place. Elle se dirigea vers la sortie en finissant de se relacer.

— Si femelle stoltz participer à la cérémonie, femelle stoltz aussi devoir être propre, ajouta-t-il.

Deirane se demanda si elle devait faire participer Jalia. Elle était sûre de ne pas vouloir être seule, pourtant avait-elle le droit d'impliquer la stoltzin ? En tout cas, un simple bain ne lui ferait pas de mal. Elle avait entendu dire que les stoltzt aimaient l'eau et nageaient comme des poissons. Leurs bateaux ne leur étaient pas destinés, ils pourraient s'en passer au besoin, mais pour transporter leurs marchandises. Jalia adorerait sûrement se baigner dans la rivière. Elle lui tendit la main pour l'inviter à la rejoindre.

Festor n'avait pas dit la vérité à Jensen. Ce n'était pas une bouteille d'hydromel qu'il avait dans ses fontes, mais deux, au moins. Un hydromel bleu courant, utilisé par les Helariaseny comme d'autres peuples consommaient la bière. Ce n'était pas le très pratique hydromel marin qui en plus de procurer facilement l'oubli et une solide gueule de bois, pouvait être employé pour décaper le métal ou désinfecter l'eau croupie. Ce n'était pas non plus un produit de luxe tels les hydromels dorés ou gris ou encore le célèbre hydromel salé, si rare et si cher que seuls les seigneurs les plus riches pouvaient se l'offrir. Et pas plus que les hydromels gris, dorés ou salés n'étaient gris, dorés ou salés, l'hydromel bleu n'était bleu. Son nom venait de la couleur du flacon en argile émaillé qui le contenait. Il était préparé en assez grande quantité dans la province de Kushan pour la consommation interne du pays.

Les deux hommes avaient largement entamé la seconde bouteille quand Festor aborda le sujet qui le préoccupait.

— Je ne sais pas quoi penser du fait que ce bawck n'a pas réussi à rendre Jalia normale. Tout au long de ce voyage, je n'ai pas arrêté de penser : ai-je le droit de la changer ? Qui suis-je pour prendre une telle décision ? Et si en la guérissant je la rendais malheureuse.

— Si vous l'aimez, et qu'elle vous aime, il est légitime que vous vouliez le meilleur pour elle.

— Mais qu'est-ce que le meilleur ? Est-ce la changer pour la faire correspondre à ce que je crois le meilleur pour elle ? Où est-ce la guérir et lui offrir une vie normale ?

— Vous avez pris une décision pourtant.

— Celle qui lui permettrait de faire ses propres choix. Sur le moment, ça me paraissait adéquat. Actuellement, elle est incapable de s'assumer seule, elle dépend entièrement de moi pour vivre. Si on se séparait, elle mourrait de faim. Si elle avait une chance de mener une vie normale et que je le lui refuse par lâcheté, je me montrerais pire que les rois d'Orvbel avec leur trafic d'esclaves et leur harem.

— Je ne connais pas très bien les mœurs de l'Helaria, cependant j'ai du mal à croire qu'ils laisseraient dépérir mourir une des leurs sans réagir. Elle trouverait toujours à se nourrir et à se loger.

— Faire l'aumône, mon peuple est très fort pour ça. Nous faisons l'aumône à tout le monde. À nos pauvres et à ceux des autres royaumes. D'ailleurs, personne n'est vraiment pauvre en Helaria. Et personne n'est riche. Nous sommes la nation la plus prospère du continent, mais le faste des grands seigneurs humains ou edorians n'est pas pour nous. Même nos pentarques vivent de l'aumône. Ils mangent ce que les paysans leur accordent, portent ce que les tisserands leur donnent et si leur palais est richement décoré, c'est parce que le peuple ne veut pas se sentir honteux de ses dirigeants quand une délégation étrangère vient en visite.

— Elle ne m'a pas donné non plus l'impression d'être soumise, continua Jensen sans tenir compte de la remarque désabusée du soldat. Elle ne s'énerve pas et ne discute pas, néanmoins je l'ai vue ignorer délibérément un ordre quand il ne lui plaisait pas. Pas d'éclat, juste une simple indifférence.

Festor sourit.

— C'est vrai que quand elle ne veut pas faire quelque chose, il est impossible de l'y obliger. Mais assez parlé de moi et de mes problèmes. Les vôtres sont plus graves. Qu'allez-vous faire en cas d'échec ?

Jensen regarda le liquide ambré dans son gobelet, le fit tournoyer un peu avant de répondre.

— Je n'ai pas envisagé l'échec jusqu'à présent.

— Pourtant il faut. Une magie gems est à l'œuvre chez votre fille. Seuls eux savent mettre leurs sorts en boîte pour les vendre. Leurs talents sont d'une autre trempe que celle d'un bawck. Le chaman ne pourra peut-être pas le briser.

— Je suppose qu'elle se mariera avec un paysan qui la prendra telle qu'elle est et lui fera plein d'enfants. Je devrai certainement adjoindre une dot élevée.

— Personnellement, j'ai un doute. Je connais votre peuple. N'y voyez rien de péjoratif, mais je sais comment ils vont réagir. Elle a été souillée par un gems, peut être même déflorée. Personne ne voudra l'épouser même avec une dot royale que de toute façon vous ne pourrez pas lui offrir.

La réaction de Jensen fut si violente qu'il se leva à demi.

— Elle n'a pas été déflorée ! s'écria-t-il, elle a toujours sa vertu.

— Calmez-vous, je ne cherche pas à insulter votre fille, je me mets juste à la place des Yrianis et de prévoir leurs réactions. Je sais qu'elle est toujours vierge, vous le savez aussi. Seulement, les autres ne le savent pas. Je suppose qu'elle ne doit pas raconter ce genre de chose à tout le monde. Ils vont imaginer leur propre version et finir par croire que c'est la vérité.

Sous la poigne légère de Festor, Jensen se rassit.

— Alors je la garderai auprès de moi et je prendrai soin d'elle.

— Elle vivra donc comme Jalia avec moi. Pire même. Jalia reste avec moi par choix, elle ce sera par obligation. Et comment ferez-vous quand elle voudra des enfants ? Actuellement, elle est jeune. Un jour, elle deviendra adulte, ce désir lui viendra. Et puis…

Jensen leva les yeux de son gobelet et regarda le stoltzen, attendant la suite.

— Elle est beaucoup plus jeune que vous. Il y a combien entre vous, quinze ans ? Vingt ? Plus ? Que fera-t-elle quand vous ne serez plus là ?

— Elle a des frères et des sœurs...

— À qui allez-vous demander de la prendre en charge ? Peut-être accepteront-ils, mais leurs époux et leurs enfants supporteront-ils de voir leurs biens gaspillés pour nourrir une tante inutile ?

Jensen replongea dans son verre avant de demander :

— Quelle solution proposez-vous ?

Festor hésita un instant avant de répondre. Il avait connu une époque plus ancienne où les stoltzt étaient détestés juste parce qu'ils n'étaient pas humains. Si la situation avait évolué dans les grandes villes, dans les campagnes — comme celle d'où provenait le paysan — ce racisme se montrait toujours prégnant. Il pensait savoir comment Jensen réagirait. Malgré tout, il devait le dire.

— Envoyez-la en Helaria, proposa-t-il enfin.

Il ne fut pas déçu. Le visage du paysan s'empourpra.

— Ma fille ! Chez vous ! Jamais !

Sous la colère, Jensen avait lancé le gobelet et s'était levé. Festor se mit debout, face à lui et posa les mains sur les épaules.

— Réfléchissez, dit-il, chez vous, elle sera malheureuse. Ce sera une paria, mise à l'écart par tout monde. En Helaria, les choses sont différentes. Notre pays a été fondé par les stoltzt, mais nous nous sommes ouverts aux autres peuples et nous avons des edorians, des dwergrs et des humains parmi nous. Il y a même une petite communauté de gems aptères qui d'une certaine manière a accepté l'autorité des pentarques. Nous sommes habitués à côtoyer des gens qui sont différents. Chez nous, elle ne choquera personne. Sait-elle lire ?

— Elle connaît les lettres et peut écrire son nom.

— C'est un bon début. En Helaria, elle pourra recevoir de l'instruction, apprendre un métier. Son aspect ne gênera personne. Il se peut même que certains trouvent ça beau et qu'elle rencontre un homme qui la rendra heureuse.

Jensen hésitait. Les arguments de Festor avaient du sens. Le soldat décida de jouer son atout.

— Et puis, si c'est l'éloignement qui vous gène, pas besoin de l'envoyer jusqu'en Helaria. Nous entretenons une délégation à Sernos. Le quartier helarieal de Sernos est même en quelque sorte la plus grande ville de la Pentarchie. Elle aura accès à l'instruction, une bibliothèque fournie, des maîtres pourront la suivre comme si elle se trouvait dans notre pays. Les pentarques eux-mêmes passent parfois à Sernos. Ce n'est éloigné de votre ferme que de quelques longes. Vous pourrez vous rencontrer souvent.

— J'hésite, je ne sais pas quoi faire.

Festor ramassa le gobelet et versa une nouvelle rasade au paysan.

— Vous avez le temps d'y penser, répondit Festor, elle est encore jeune. Dix ans ? Onze ?

— Dix.

— Il serait préférable de ne pas trop tarder. Dix ans, chez nous, c'est l'âge auquel les jeunes stoltzt entrent en apprentissage, sept ans pour les humains. Si vous préférez, vous pouvez la garder encore un peu auprès de vous. Pas plus d'un an cependant.

— Je vais y réfléchir.

Jensen but le contenu de son gobelet d'une seule rasade et le tendit pour que Festor le remplît. Avec un petit sourire victorieux, le soldat s'exécuta.

Les deux jeunes femmes s'étaient lavées dans la rivière qui longeait le camp. Un moment, Deirane s'était demandé si elle avait été empoisonnée par les pluies de feu. Elle estima finalement que si cela avait été le cas, les bawcks ne se seraient jamais installés là. Quand elle se sentit propre, elle ne sut que faire. Le bawck ne lui avait pas dit quand elle devrait revenir. Elle y réfléchit. Il semblait accorder une grande importance à l'hygiène au cours de la cérémonie. Il y avait donc de fortes chances pour qu'il vînt lui aussi. Elle décida d'attendre. De son côté, Jalia appartenait à un peuple qui se plongeait dans l'eau aussi souvent que possible, elle avait des idées personnelles sur ce qu'il convenait de faire dans une rivière. Elle aspergea l'humaine en criant de joie et toutes les deux se mirent à chahuter. Les rares gamins du coin ne tardèrent à les découvrir et n'eurent aucune hésitation à se joindre à leurs ébats, tous au moins ceux qui étaient assez jeunes pour n'avoir pas encore calqué leur comportement sur celui des adultes.

Le soleil atteignait au zénith quand le chaman les rejoignit. Il avait les bras chargés de ce qui semblait être des vêtements. Il posa le tout sur une roche plate et sèche et procéda à ses ablutions. Le soin qu'il y mettait fit honte à Deirane qui décida de se relaver. Il sortit enfin de l'eau, s'égoutta et s'enveloppa dans une grande serviette pour se sécher.

— La cérémonie doit avoir lieu, lança-t-il à Deirane.

La baignade était finie. Deirane émergea de la rivière, une main sur la poitrine, l'autre sur le bas du ventre. Jalia n'éprouva pas une telle pudeur. Elle s'élança sur la berge, lançant quelques gerbes d'eau aux gamins qui s'éclipsèrent, non sans leur envoyer quelques mots joyeux dans leur langue qu'aucune des deux femmes ne comprenait.

Le bawck enfila un pagne en fibres végétales tressées, des colliers et des bracelets en bronze finement ouvragés représentant des symboles ésotériques et un torque en bois sculpté avec des incrustations en cuivre. Avec ses atours de cérémonie, il était magnifique et effrayant, il ressemblait vraiment au mage qu'il était. Il disposait une tenue semblable pour Jalia qui ainsi — très peu —

vêtue, avait l'air d'une prêtresse barbare. La stoltzin semblait fière, paradant devant Deirane pour se faire admirer. Bien que la stoltzin fût jolie, Deirane avait vu des femmes bien plus belles en accompagnant son père au marché d'Ortuin. Mais c'était réellement son costume qu'elle exhibait, pas elle. Elle ne paraissait pas avoir conscience de sa beauté, ni même que cela put présenter de l'importance pour certains.

Il n'avait pas apporté de vêtements pour Deirane. Elle s'y attendait, si le bawck devait enlever tous les diamants, ils devaient être tous visibles. Elle n'aurait même pas droit à un pagne. Cela la mit mal à l'aise. Contre toute attente, le bawck déplia un grand carré de tissu et l'en enveloppa.

— La femelle a peur du regard des autres, dit-il simplement.

Elle fut reconnaissante pour cette attention et lui adressa un sourire sincère, tout en ignorant s'il pouvait comprendre cette émotion.

Ils rejoignirent le camp. Deirane fut surprise du travail accompli par le bawck pendant leur bain. La tente elle-même était trop petite pour la cérémonie. Il avait démonté ses claies et utilisé les poteaux pour délimiter une zone circulaire de deux fois la taille d'un homme. Il avait tendu sur ce squelette un rouleau de tissu blanc qui montait suffisamment haut pour cacher ce qui se passerait dedans, les protégeant des influences extérieures tel un sanctuaire. Il n'y avait pas de toit. C'était volontaire, Fenkys avait un rôle à jouer dans la magie bawck. Ses rayons devaient atteindre la cible du sort, en l'occurrence Deirane. L'intérieur des lieux avait été nettoyé. Une zone rectangulaire où l'adolescente devrait s'allonger avait été soigneusement débarrassée de tous les petits cailloux qui auraient pu la blesser puis recouvert d'un drap épais replié en plusieurs couches pour l'isoler du froid du sol. Sept bougies étaient disposées tout autour de la litière. Aux quatre points cardinaux, des brûle-parfums répandaient une odeur lourde.

Skayt s'occupa d'abord de Jalia. Utilisant un mélange d'ocre et de graisse animale, il traça sur le corps de la jeune stoltzin des motifs magiques. Elle prenait son rôle très au sérieux à moins qu'elle ne fût paralysée par la peur. Toujours est-il qu'elle ne cilla pas quand le bawck la toucha avec son pinceau. Puis il commença à tracer les mêmes symboles sur lui.

— Gems très vicieux, expliqua-t-il, sort peut-être piégé.

— Ça peut être dangereux ? demanda Deirane.

— Si gems bon mage, mortel.

— Et ces motifs suffiront à protéger Jalia.

Le chaman n'hésita qu'un instant. Il reprit son pot de peinture et dessina des symboles supplémentaires sur la jeune stoltzin.

Il ôta le tissu qui enveloppait Deirane. Elle s'allongea sur la litière au sol. Maintenant que le moment était venu, elle constata qu'elle n'éprouvait plus aucune gêne. Le chaman ajusta les bougies à l'anatomie de la jeune fille, à hauteur de la tête, aux épaules, aux hanches, pour finir au niveau des pieds. Elle sentait la flamme qui lui réchauffait la peau, pas au point de la brûler cependant. Il plaça un coussin à droite de Deirane, incitant Jalia à s'y agenouiller. Il prit la même position à la gauche de la jeune fille, posa les mains sur ses cuisses. Puis il commença ses incantations, dans la vieille langue magique des bawcks.

X

Chabawck, vingt ans plus tôt.

Deirane obéissait aux injonctions du bawck, elle n'osait pas bouger. Le bawck se tenait trop loin, elle essayait de porter son regard vers lui au point d'en avoir mal aux yeux. Il réapparut enfin dans son champ de vision.

Le chaman déposa un réchaud à hauteur de sa tête. Il plaça une coupe d'argile pleine d'eau au-dessus du foyer. Tout en psalmodiant des incantations, il y versa quelques gouttes d'une petite fiole de verre coloré. Aussitôt, une vapeur à l'odeur entêtante se répandit autour d'eux. Elle eut un effet apaisant sur Deirane. Toute peur la quitta peu à peu, elle se détendit, ses muscles se décrispèrent, puis s'amollirent totalement. Elle avait l'impression de flotter dans l'air.

De l'index, il commença à dessiner des symboles magiques sur le corps de la jeune fille. Sans la drogue qu'il lui avait fait respirer, elle aurait tressailli. Dans l'état où elle était, elle ne porta aucune attention au contact lui-même. Au lieu de ça, elle essaya d'identifier les signes. Son esprit embrouillé butait sur eux. Elle avait la fausse impression de les connaître, du moins certains d'entre eux.

Elle sentit les mains rugueuses du bawck se poser sur son corps, l'une au bas des côtes, l'autre sur l'aine. Ses griffes piquaient sa peau, sans aller jusqu'à l'égratigner. Les paumes plus douces de Jalia firent de même sur son flanc droit. Il prononça des paroles dans une langue ancienne, destinée à inciter la malédiction qui retenait les pierres à se relâcher. Il répéta la litanie plusieurs dizaines de fois. Cela apaisa Deirane qui semblait sur le point de s'endormir. Pourtant, elle se sentait toujours identique à elle-même, la trame dorée ne présentait aucun signe d'affaiblissement.

La phase finale allait commencer. Le bawck allait, dans un premier temps, essayer d'extraire une première gemme. Il lui avait expliqué auparavant qu'il allait devoir procéder une par une et que ça risquait d'être douloureux. Avec un morceau d'ocre, il dessina un cercle autour de l'émeraude qu'il avait sélectionnée. Il avait choisi une pierre sur l'avant-bras afin de ne pas tuer sa patiente si le sort se retournait contre elle. Normalement, la marque devrait délimiter la zone où s'exercerait le sort, l'empêcher de se répandre dans tout le corps. Mais on ne savait jamais.

Le bawck se leva. Il alla chercher une tige de verre. Il la frotta longuement avec un mouchoir de soie. Puis il se posta à côté de Deirane, debout, les yeux fermés, la tête levée vers le ciel, les bras légèrement écartés, la baguette dans la paume gauche. Jalia n'avait pas bougé. Elle avait gardé les mains sur le corps de son amie. Si elle n'avait pas compris les explications du bawck sur son rôle, la stoltzin avait en revanche saisi que si elle remuait, Deirane risquait de mourir.

En levant les bras très lentement, il prononça ses incantations. Au fur et à mesure qu'elles devenaient impératives, un trouble dans l'air qui l'entourait se manifestait. Son image tremblait, devenait floue. Quand ses mains se rejoignirent au sommet de sa tête, on aurait dit qu'il se tenait au-dessus d'un incendie. Il lança alors l'ordre final et braqua sa baguette sur la pierre qu'il avait sélectionnée.

Une décharge se forma entre la pointe de verre et l'émeraude. Malgré la drogue, Deirane poussa un hurlement de souffrance, son corps s'arqua sous la douleur. Jalia criait avec elle, mais de peur. Cependant, elle tenait bon, gardant les mains posées là où il fallait, ne les déplaçant pas d'un ongle. La pierre, également, ne bougeait pas. Le bawck intensifia la décharge magique autant que la jeune fille pouvait en supporter. Surveillant l'esprit de Jalia comme une sonde, il continua à déverser son pouvoir sur sa patiente.

Décidément, c'était toute une cave que Festor transportait dans ses fontes. Avec son compagnon de beuverie, il venait d'entamer leur troisième bouteille. Celle-là provenait des plaines de Kushan, une zone de steppe verdoyante située dans la moitié nord de la province du même nom, à cheval sur la frontière avec les territoires sangärens. De cette région était née une variante d'hydromel bleu peu alcoolisé possédant un goût légèrement résineux, hydromel dont les deux hommes étaient en train de terminer un flacon.

Festor venait juste de finir d'évoquer l'histoire de la région la plus riche d'Helaria quand les cris les atteignirent. Jensen fut aussitôt en alerte.

— Qu'est-ce que c'est ? demanda-t-il.
— Le traitement a commencé, répondit-il.

Le soldat surveillait discrètement le paysan. Ce dernier était agité. Il jetait des regards fréquents vers la tente, esquissait l'acte de se lever. Il n'en faudrait pas beaucoup pour qu'il s'élançât vers sa fille et interrompît tout. Festor lui reversa une rasade d'alcool.

L'intensité des hurlements augmenta brutalement, ils exprimaient une violente douleur. Ils ne se calmaient que pour laisser le temps à celle qui les poussait de reprendre son souffle.

— J'y vais, s'écria Jensen.

Il sauta de la charrette et se dirigea vers le sanctuaire où le chaman officiait. Festor le rattrapa d'autant plus rapidement que l'ébriété rendait sa démarche incertaine. Il lui empoigna le bras, l'obligeant à s'arrêter.

— Où allez-vous comme ça ?

— Vous n'entendez pas ses hurlements ?

— Bien sûr qu'elle souffre, qu'est-ce que vous imaginiez ? Le sort qui maintient sa malédiction en place a été créé par un gems. Il a certainement prévu ce qu'il faut pour prémunir son œuvre de toute dégradation. Deirane a des diamants et des fils d'or incrustés dans la peau. Dans sa peau ! Ce qui devrait vous inquiéter, c'est plutôt ce qu'il a envisagé pour protéger toute cette richesse qu'elle porte sur elle. Ne me faites pas croire que vous ne vous doutiez pas que ça se passerait comme ça.

— Il va la tuer !

— Non. Je suis soldat, j'ai vu bien des horreurs dans ma carrière. J'ai entendu bien des cris. Ces cris-là expriment de la souffrance, rien d'autre. Je ne ressens aucune panique dedans. Ce n'est pas non plus les cris d'une personne à bout de résistance sur le point de capituler. Elle peut en supporter davantage. Beaucoup plus que vous ne croyez. Vous sous-estimez vos femmes, vous autres humains. Vous les prenez pour des créatures fragiles, c'est une erreur. Elles sont plus exposées que nous à la souffrance. À chaque naissance, elles en endurent beaucoup plus que n'importe quel guerrier. Les pires souffrances que l'on peut leur infliger ne sont pas physiques.

— Ce n'est pas votre fille. Vous ne pouvez pas comprendre.

— Ah bon ? En Helaria, le métier de soldat est mixte contrairement aux autres royaumes qui ont une armée exclusivement masculine. Avez-vous une idée de ce que les ennemis infligent à nos prisonnières ? Ce que Deirane subit n'est rien en comparaison. Elle peut y mettre fin quand elle veut. Il lui suffit de se lever et de partir, le chaman ne la tient pas attachée. Elle endure cette souffrance par son unique volonté. Ne lui gâchez pas tout en intervenant inopportunément.

Jensen hésita. Ce que disait Festor se tenait. Une accalmie dans les cris le fit renoncer. Il suivit le soldat, retournant avec lui vers leur enclos.

Les hurlements reprirent, avec plus de force. La résolution de Jensen s'effondra. Il se dégagea d'un brusque coup d'épaule et s'élança vers l'origine des cris. Festor le rattrapa et lui barra le passage, une main sur la poitrine, face à face. Les deux hommes se jaugèrent du regard. Ils étaient prêts à en venir aux mains. Le paysan était lourd et massif. Festor était un soldat entraîné. Il avait rang de grand maître de la corporation des guerriers. Et il semblait mieux tenir l'alcool que Jensen qui avait du mal à rester ferme sur ses jambes.

C'est alors qu'une explosion les projeta par terre. Une boule de lumière s'élevait au-dessus du sanctuaire, éclipsant l'éclat de Fenkys. Un vent violent les plaquait au sol, les empêchant de se relever. Festor se mit à hurler de terreur et d'impuissance. Sa compagne se trouvait au cœur de cette tourmente et il ne pouvait rien faire. Le souffle se prolongea pendant ce qui sembla durer des monsihons. La poussière leur frappait la peau, leur assénant une gifle monumentale. Des objets divers leur passaient au-dessus, comme une tornade à l'envers.

Ils ne purent qu'attendre ce qui leur apparut toute une éternité.

XI

Chabawck, vingt ans plus tôt.

Quand le calme revint, ils eurent l'impression d'être devenus sourds tant le contraste était fort. Le soldat se releva. Il jeta un coup d'œil angoissé vers le pavillon du chaman cherchant à voir ce qu'il était advenu de son aimée. Il ne remarqua même pas Jensen qui peinait à se remettre sur pied juste à côté de lui. Aussi loin que portait le regard, ce n'était que dévastation. Les tentes avaient été abattues par le cataclysme, les plus proches du sanctuaire s'étaient même embrasées. Quelques bawcks hébétés émergeaient des amas de tissu qui avaient constitué leur foyer. La plupart, encore sous le choc, n'avaient pas commencé à réagir.

Il avait suffi de quelques vinsihons à Festor pour prendre la mesure des dégâts. Il s'élança vers l'endroit où s'était dressé le sanctuaire, effrayé à l'idée de ce qu'il y trouverait. Ce fut pire que ce qu'il imaginait. Le rempart de toile avait disparu avec ses montants et le sol était vitrifié tant la chaleur avait été intense. Quand il découvrit les deux jeunes femmes vivantes, il fut soulagé au-delà de toute expression. Elles sanglotaient, blotties l'une contre l'autre. De son point de vue, elles ne semblaient pas blessées. Il parcourut les dernières perches qui les séparaient d'elles en courant.

Festor appela sa fiancée qui se dégagea de l'étreinte de sa compagne et s'élança vers lui en hurlant de terreur et de souffrance. Festor la rattrapa au vol, il la tint écartée de lui pour l'examiner. Elle avait le corps couvert de brûlures, plus graves que ce qu'il avait vu de loin. Elle nécessitait des soins immédiats. Les symboles protecteurs s'étaient presque tous effacés tant ils avaient absorbé de puissance magique. Comme elle trépignait d'impatience et de terreur, il la lâcha. Elle se cramponna à son cou, presque à l'étouffer. Sous le commotion, elle frissonnait. Il lui caressa le dos en lui murmurant des paroles rassurantes. Il sentait les ondes de souffrance qui la parcourait quand il la touchait, néanmoins ce contact semblait l'apaiser.

Jensen s'accroupit devant Deirane. L'adolescente s'accrocha à lui, blottissant son visage contre sa poitrine. Comme Jalia, elle était en état de choc. Un moment, le vieux paysan hésita, ne sachant où poser les mains. Puis il envoya promener les convenances. Elle était sa fille et avait besoin de lui. Il la serra contre lui où elle resta longtemps à sangloter, le corps agité de soubresauts, conséquences du traitement infligé par le chaman. Elle n'avait rien. Pas la moindre brûlure, ni même un simple hématome. Ce qui était logique. Le piège magique lié à son tatouage était destiné à la protéger et à tuer tout voleur potentiel. En ce sens, il avait parfaitement fonctionné. Sans les symboles protecteurs bawcks, il n'aurait subsistait de Jalia et du bawck que de petits tas de cendre qui auraient été dispersés par la tempête. Le concepteur du sort avait un goût prononcé pour le spectaculaire. À moins que ce fût une sorte de retour des enchantements envoyés par le chaman. Les gems qui avaient survécu aux feythas étaient si puissants que tout était possible avec eux.

Et le chaman au fait. Tout à sa fiancée, Festor ne s'était pas préoccupé de lui. Il ne savait même pas s'il était indemne. Il le chercha du regard et le trouva finalement. La tempête l'avait projeté à quelques perches de là. Il bougeait. Il vivait donc. Il poussa un gémissement et se releva lentement. Il mettait dans le moindre geste un luxe de précautions comme si son corps était sur le point de tomber en morceaux. Il était encore plus couvert de brûlures que Jalia. Toutefois si quelques mues suffiraient à la stoltzin pour retrouver son aspect antérieur, le bawck n'aurait pas une telle chance. Si ses congénères ne lui faisaient pas payer la catastrophe qui venait d'advenir, il pourrait toujours les exhiber comme blessures de guerre.

— Maître Skayt, le remercia-t-il, sans vos capacités, je n'aurais plus de fiancée aujourd'hui. Je vous serai éternellement redevable. Demandez ce que vous voulez.

— Mal partout. Potions détruites. Plus pouvoir donner soins, répondit le bawck.

— Je possède quelques onguents qui pourraient vous soulager dans mes fontes, proposa Festor. Vous pouvez en profiter.

— Skayt accepte avec reconnaissance.

Avec douceur, Festor souleva sa compagne. Il la prit dans les bras pour la mener vers l'enclos où ils s'étaient installés. Il voulait lui épargner la douleur que lui infligeait chaque mouvement dans son état. Jensen aida Deirane à se relever. Elle manqua de tomber. Ses jambes étaient en coton, elles refusaient de la soutenir. Il la porta jusqu'à la carriole. Le chaman leur emboîta le pas en clopinant.

Festor allongea Jalia sur la litière dans la charrette de Jensen. Il la laissa à la surveillance du paysan le temps d'aller chercher sa trousse de secours dans ses fontes. Puis il la soigna, enduisant chaque brûlure d'un onguent apaisant. Elles étaient pour la plupart peu profondes, seulement elles couvraient tout le corps. Les plus graves se situaient dans les zones de contact avec Deirane, les mains et les bras. La peau y avait été arrachée par endroit et la chair mise à nu. Festor nettoya les blessures et les banda. Les cuisses, moins proches, étaient moins sévèrement brûlées, le visage, le ventre et la poitrine étaient peu atteints, quant au dos il était intact.

Pendant que le soldat soignait sa compagne, Jensen préparait une infusion dans laquelle il versa une bonne dose d'hydromel et du sucre pour masquer le goût. Deirane se retrouva avec pour tâche de faire avaler ce breuvage à la stoltzin. Elle s'accroupit à côté d'elle et lui souleva la tête pour la lui faire boire. La stoltzin se raidit aussitôt, jetant un regard méfiant sur la jeune humaine. Quand elle plaça la tasse au contact de ses lèvres, elle essaya de la boire. Devant le goût âcre, elle tenta de recracher. Festor intervint alors, murmurant des paroles douces. La stoltzin blessée se soumit. Ainsi que l'avait prévu Jensen, elle n'avait pas l'habitude de boire et ne tenait pas l'alcool. Au bout de quelques stersihons, elle dodelinait déjà de la tête. Elle s'appuya contre l'épaule du soldat qui l'enlaça. En totale confiance entre ces bras protecteurs, elle ne tarda pas à s'endormir.

Quand il eut terminé avec Jalia, Festor passa le pot de pommade au bawck.

— Comment vous sentez-vous ? demanda-t-il.

— Skayt a l'impression d'avoir subi les assauts d'un troupeau de femelles en rut.

Malgré le tragique de la situation, Festor ne put s'empêcher de sourire à l'image qu'évoquaient les paroles du chaman.

— Vos femelles agressent vos mâles quand elles sont en chaleur.

— Quand femelles pas contentes de leur mâle, elles voir ailleurs. Pas les vôtres ?

— Euh, si. Mais c'est généralement moins violent.

— Stoltzent pas connaître leur bonheur, lança-t-il en s'installant pour passer la pommade sur la jambe.

Deirane s'approcha de lui et lui retira le pot des mains. Elle commença à lui enduire les brûlures d'une bonne couche d'onguent, massant au passage les muscles noués par les récents événements. Le bawck se détendit.

— Femelle douce, dit-il, humaine répugnante, mais autres avantages. Peut-être Skayt envisager esclave humaine pour sa vieillesse.

— Qu'allez-vous faire maintenant ? demanda Festor.

— Skayt échouer deux fois. Plus digne d'être chaman. Skayt va quitter la tribu et vivre dans la forêt. Si les dieux acceptent de parler, Skayt pourra revenir. Sinon, il mourra.

— Mais...

Deirane était paralysée par la surprise.

— Ce n'est pas juste.

La voix rauque avec laquelle elle avait prononcé ces mots incita Festor à lui préparer une potion. Ses cordes vocales avaient été blessées par les hurlements qu'elle avait poussés. Il alla chercher son pot de miel.

— Loi est juste, c'est la loi. Ne pas respecter la loi, pas juste. Skayt déshonoré, lui devoir partir. Si lui rester ici, alors Skayt avoir comportement injuste. Si dieux pardonner à Skayt, alors Skayt pourra revenir.

— *Dura lex, sed lex*, murmura Festor.

— Je trouve que c'est cruel.

— Skayt touché, mais lui pas digne de pitié. Maintenant toi partir au plus vite sinon tribu lancer vendetta.

— Nous partons, lança Festor.

Il avait fini son remède. Deirane lui lança un regard de reconnaissance. Elle prit le gobelet. Sa gorge était si douloureuse qu'elle eut du mal à avaler. C'était épais, sirupeux et ça calma aussitôt les irritations.

— Je vous conseille de parler le moins possible, le temps que votre gorge guérisse, dit-il.

Elle hocha la tête.

— Et ne vous inquiétez pas pour le chaman, ajouta-t-il en aparté, les dieux lui diront très rapidement de revenir s'il s'avère que le chef du camp n'est pas trop furieux.

La jeune femme avait compris. L'idée de Skayt épargnant son honneur derrière un message divin lui arracha un sourire qu'elle cacha de son bol. Elle se demanda un instant s'il honorait le même panthéon qu'elle. Certainement pas, ses propres dieux ressemblaient trop aux humains, ceux des gems devaient sans aucun doute être à leur image.

En reprenant le récipient des mains de la jeune humaine, Festor détailla, ce que faute d'un mot désigné, ils appelaient tatouage. C'est la première fois qu'il pouvait en avoir une vue d'ensemble. Le dessin ne représentait rien de particulier. Le maillage de fil d'or partait de deux centres, le nombril et le sternum. Il contournait la pointe des seins. De là, il se répandait à travers tout le corps, n'épargnant aucune partie, jusqu'au bout des doigts et des orteils. Il dessinait un motif abstrait dissymétrique entre les deux côtés, d'inspiration foliaire.

Toutefois, avec la carnation claire de la jeune femme, ce n'est pas eux qui sautaient aux yeux, mais les milliers de pierres précieuses de toutes couleurs qui s'inséraient dans ce motif. Il en voyait des blancs, les plus nombreux, des rouges, des bleus, des jaunes et des verts. Les plus gros avaient la dimension de l'ongle de l'auriculaire, les plus petits celle d'une tête d'épingle, la plupart avaient une taille intermédiaire. Ils couvraient tout le corps à l'exception des extrémités, paumes des mains, orteils. Il n'y en avait pas non plus, pour autant que Festor put en juger, sur ses parties intimes alors que les fils d'or y passaient. Elles complétaient le tracé doré, lui ajoutant une profondeur que seul il ne donnait pas.

Sur le visage, les diamants, tous bleus et de petite taille, discrets, se limitaient aux joues en un motif floral et aux ailes du nez. Et bien sûr, il connaissait déjà l'énorme rubis de toute beauté, de la taille du pouce, comme un troisième œil sur son front.

Deirane remarqua le regard de Festor. Elle prit alors conscience de sa nudité. Dans le feu de l'action, elle l'avait complètement oubliée. Elle rougit, esquissa le geste de ramener les bras sur sa poitrine, puis sur son bas ventre et finalement resta immobile, ne sachant que faire.

— Allez vous habiller, conseilla Festor doucement.

Il lui tendit la main pour l'aider à se relever. Elle l'accepta, consciente qu'ainsi elle s'exposait. Elle se rendit compte qu'elle ne détestait pas ça. Festor était… La première fois, quand elle se produirait, elle voudrait qu'il fût comme Festor. Debout, elle cacha ses seins derrière ses mains. Lentement, elle se dirigea vers ses affaires. Elle croisa alors le regard de son père, franchement réprobateur, cependant il garda le silence. Elle enfila une robe. Une fois décente, elle retourna auprès du soldat. Elle fut vaguement déçue qu'il n'ait pas fait davantage attention à elle, tout occupé avec Jalia.

Le stoltzen jeta un coup d'œil attendri à sa compagne endormie. Puis il dit à Jensen :

— Il vaut mieux qu'elle voyage allongée. Je vous la confie. Ne la secouez pas trop.

— Je roulerai comme si je transportais des œufs, répondit Jensen.

Il se dirigea vers le cheval pour l'atteler, tandis que Festor rassemblait les affaires qu'ils avaient déjà dispersées dans l'enclos, malgré leur bref séjour. Deirane remplaça le soldat auprès de la jeune femme. Ainsi endormie, pelotonnée, elle semblait si fragile. Son visage portait des traces de brûlure, heureusement légères, qui lui faisaient de la peine. Elle avait beau savoir qu'elle n'en garderait aucune séquelle, cela l'attristait d'autant plus qu'elle s'en sentait responsable. Si elle n'avait pas insisté pour qu'elle restât auprès d'elle, il ne lui serait rien arrivé.

Jensen aborda Festor.

— Nous avons un problème, annonça-t-il.

Festor leva la tête.

— Grave ? demanda-t-il.

— Mon cheval a été blessé par l'explosion, il ne pourra pas tirer la charrette.

Festor suivit le paysan pour examiner la jambe atteinte. Deirane les regarda brievement avant de retourner vers Jalia. Les deux hommes la rejoignirent peu après.

— Alors ? demanda-t-elle.

— Rien de bien grave, une plaie à la jambe arrière, de bonne taille sans complication prévisible, répondit Festor. Ton père a raison, il ne pourra rien tirer avant un moment. Mais il s'en remettra.

— Festor va nous passer le lézard dragon de Jalia, commenta Jensen, elle n'en a pas besoin.

— Il est docile. Je pense pouvoir l'atteler sans problème à votre véhicule. Nous attacherons votre cheval à l'arrière. Nous n'irons pas vite, il pourra suivre.

Deirane jeta un coup d'œil sur les hofecy. Elle eut l'impression de voir deux fauves. Par le passé, leurs grands frères comptaient les stoltzt à leur menu. Leur quasi-élimination représentait la seule bonne chose que les feythas aient apportée à ce monde.

Festor regarda d'un air dubitatif le bandage restant qu'il venait de tirer de sa trousse. Il risquait d'être un peu juste pour un cheval. En revanche, il disposait de plus de lotion antiseptique que nécessaire. Et par chance, la blessure n'était pas grave. Les tendons n'étaient pas atteints, quelques jours de repos suffiraient à le remettre sur pied. Sauf qu'il ne pouvait se permettre de le laisser se reposer. Festor n'était pas un vétérinaire compétent. Aussi céda-t-il la place à Jensen.

Le paysan avait l'habitude de soigner ses animaux. Il nettoya la plaie sans oublier aucun éclat de bois ou de pierre, désinfecta abondamment et parvint à s'accommoder de la faible longueur de la bande pour réaliser un pansement bien plus joli que ceux que Festor avait pratiqués sur sa compagne.

L'attelage du hofec de Jalia ne présenta pas de problème comme l'avait prévu Festor. L'animal baissa la tête pour regarder les entraves qui le maintenaient prisonnier avant de pousser un hurlement pathétique. Néanmoins, cela s'arrêta là. Deirane prit place sur le banc à côté de son père, Festor enfourcha sa monture.

Ils allaient se mettre en route quand un bawck gigantesque surgit devant eux, leur bloquant le passage. Vu sa carrure, il s'agissait certainement du chef. Il ne portait pas d'arme et plus de vêtements. Ainsi campé, le corps musculeux taillé pour la puissance, il était impressionnant. Il ne dit rien, se contentant de les dévisager. Festor essaya de lui tenir tête. Ce n'était toutefois pas lui que le bawck regardait, c'était Deirane. Il leva finalement un bras vers elle et la désigna du doigt.

— Toi femelle, demanda-t-il, quel est ton nom ?

Elle hésita un moment avant de répondre.

— La femelle Deirane a une dette envers la tribu de Gashon. Elle peut partir libre aujourd'hui, mais Gashon saura la retrouver pour honorer la dette.

Jensen voulut la défendre.

— Deirane n'est pas responsable…

— Deirane humaine a causé les dégâts. Deirane paiera quand Gashon estimer le temps venu.

Jensen allait répondre, Festor le fit taire en lui posant la main sur l'épaule.

— L'humaine Deirane honorera la dette quand le temps sera venu, dit-il, je m'en porte garant. Mais il n'y a pas eu de morts aujourd'hui. En l'absence de sang versé, la femelle humaine ne sera pas mise à mort. De cela aussi je me porte garant.

— Quel est le nom du garant ?

— Je suis Festor de Jetro, grand maître de la corporation des guerriers, lieutenant de la garnison de Kushan.

Le bawck hésita un instant, un court instant.

— Gashon est d'accord, dit-il au grand soulagement du stoltz, y a pas de dette de sang. La résolution ne fera pas couler le sang.

Puis, s'adressant au chaman.

— Skayt banni de la tribu tant que la dette n'est pas honorée, dit-il.

— Skayt accepte le jugement de Gashon, répondit le bawck.

Le chef baissa alors le bras.

— Paix et prospérité aux stoltzt d'Helaria.

— Paix et prospérité aux bawcks de Chabawck.

Le bawck inclina légèrement la tête. Festor lui rendit son salut. Puis il dégagea le passage et retourna dans le campement dévasté.

Jensen interpella le soldat avant qu'il ne s'écartât.

— Que s'est-il passé ? demanda Jensen. Que lui avez-vous dit ?

— J'ai passé un marché avec lui, répondit Festor.

— C'est ce que j'ai compris. Quel genre ?

— Il ne tuera pas Deirane et l'Helaria ne détruira pas sa tribu en représailles.

— On peut avoir confiance ? demanda Deirane.

— Sa parole est engagée.

— Et ne pouviez-vous pas l'annuler totalement ?

— Pas sans lui faire perdre la face. Une guerre contre l'Helaria n'aurait alors pas pesé bien lourd en regard de son honneur.

— Et que se passera-t-il quand il viendra me chercher ? s'inquiéta Deirane.
— Les bawcks ont une mauvaise notion du temps. Ils peuvent réclamer la créance dans un ou deux ans, voire dans si longtemps que Deirane sera morte de vieillesse. Il y a des chances pour qu'ils ne viennent jamais te voir. Et s'ils viennent, au moins ils ne te tueront pas. Si tu fais preuve d'un peu d'intelligence, tu te sortiras très bien de cette situation.
— Ils ne demanderont pas d'argent ?
— Plutôt une servitude. L'exploitation d'un talent à leur usage. Je te conseille d'acquérir des compétences variées qu'ils puissent en trouver une à leur goût, ça pourra t'éviter de servir de compagne à un individu qu'ils veulent honorer.
— Ils pourraient faire ça ? s'écria Deirane avec horreur.
— Ils pourraient. Ils pourraient aussi ne jamais venir. La meilleure solution est à mon avis de te faire oublier pour qu'ils ne pensent jamais à faire appel à toi. Ne repasse jamais par Chabawck et tout devrait aller bien.
— Et quelle compétence me suggérez-vous ?
— Je dirais, la lecture et l'écriture. Ils sont incapables d'apprendre. Quelqu'un pouvant interpréter les contrats commerciaux serait bien accueilli chez eux.
— Je ne sais pas lire. Je sais déchiffrer et tout juste écrire mon nom.
— Je ne peux que te conseiller de t'entraîner.
— Les livres coûtent cher. Où une paysanne comme moi pourrait-elle s'en procurer ?
Festor réfléchit un instant.
— Je te donnerai la réponse dans quelques jours, dit-il enfin, j'ai bien un livre sur moi. Seulement, il est écrit en helariamen, ce qui ne te serait pas très utile. Tu devrais mieux commencer avec sa propre langue. Ne t'inquiète pas, je trouverai une solution. Je dispose de cinq jours pour y réfléchir.
Deirane hocha la tête. Elle était d'accord. Elle ne se sentait pas d'apprendre l'écriture de la Pentarchie. Elle posa une dernière question.
— L'Helaria aurait vraiment déclaré la guerre pour moi ?
— À ton avis ?
Festor se dégagea de l'étreinte du paysan. Il put écarter sa monture de la charrette et ils quittèrent enfin le village bawck.

Le lézard était beaucoup plus puissant que les montures auxquelles Jensen était habitué. Il tirait la charrette avec facilité sur le chemin accidenté. Il n'y avait pas de rênes, le guide ne se servait que de mots. La communication se faisait au moyen d'un sabir créé à partir de plusieurs langues, certaines plus vieilles que l'Helaria. Quelques erreurs faillirent envoyer le véhicule dans le fossé. Toutefois, l'animal était plus intelligent qu'un cheval. Il lança un cri à destination de son guide et cessa de lui obéir. Il calqua son allure sur la monture de Festor, se chargeant lui-même d'éviter les obstacles qui auraient pu les secouer. Le soldat lui avait parlé dans le creux de son oreille juste avant le départ. Voyant comment il prenait soin de ne pas déranger sa maîtresse blessée, en contournant les ornières ou les cailloux, Deirane se demanda à quel point il était intelligent. Elle soupçonnait qu'il situait en dessous du niveau des bawcks, bien que sûrement pas de beaucoup.

 Au début, le chaman déchu trottina à leurs côtés. Finalement, il les quitta. Deirane lui jeta un dernier regard alors qu'il s'enfonçait dans les fourrés, certainement pour rejoindre une tribu éloignée. En quelques vinsihons, il avait disparu à leur vue.

 Le lendemain soir, ils atteignirent la grande route de l'est, qui reliait Sernos à Nasïlia. Ils prirent alors la direction de l'ouest pour rentrer chez eux.

XII

Gué d'Alcyan, vingt ans plus tôt.

Pour le retour, ils préférèrent éviter les auberges. Deirane ne voulait pas que l'épreuve qu'elle avait subie à l'aller lui fût à nouveau imposée. Festor était assez d'accord avec elle. Ils choisirent les refuges construits à intervalles réguliers. Ils constituaient normalement des zones de trêves, aucun brigand n'aurait risqué de violer cette loi. Sur cette route qui desservait les deux tiers des royaumes civilisés, les patrouilles étaient nombreuses et bien organisées, même s'ils n'en croisèrent aucune. Cependant, avec un espacement prévu pour des troupes plus rapides que la leur, ils n'en trouvèrent pas tous les soirs. Comme à l'aller, camper sur le bas-côté s'était révélé parfois inévitable. Au cœur de la saison sèche, une pluie de feu ne serait pas à craindre. Dans les aires aménagées pour le bivouac en plein air, ou sous les arbres, ils ne seraient pas mal lotis. La vigilance des deux lézards-dragons dont les cris alerteraient toute le groupe en cas de visite les mettait à l'abri des mauvaises surprises.

La première veillée avait été l'objet d'une cruelle déconvenue pour Deirane. Le réveil de Jalia du remède de cheval que lui avait administré Jensen eut pour résultat de raviver sa souffrance. Elle gémissait doucement, des larmes coulaient le long de ses joues. Un individu sain d'esprit aurait pu endurer la douleur et rester calme. Pas Jalia. Son comportement était involontairement encouragé par Festor qui s'occupait d'elle avec beaucoup de délicatesse. Deirane ne pouvait supporter de la voir ainsi. Elle grimpa sur la carriole pour la réconforter. Au lieu de se laisser faire, la handicapée poussa un cri plaintif et s'écarta autant que possible.

— Ne la touche pas, conseilla Festor.

La voix avait beau être douce, ce n'en était pas moins un ordre.

— Je pensais qu'elle aurait besoin de moi, dit la jeune fille, pourquoi m'en veut-elle ?

— Dans son esprit, la douleur est liée à la punition. Elle fait une bêtise, elle reçoit une fessée. Inversement, quand elle reçoit une punition c'est qu'elle a fait une bêtise. Enfin, ça fait longtemps qu'elle ne prend plus de fessées, bien avant la naissance de ton père, mais dans son esprit c'est comme ça que ça marche. Tu lui as infligé la plus sévère punition de sa vie alors qu'elle n'avait rien fait de mal. Elle t'en veut, car elle t'estime injuste.

— Je n'ai pas fait exprès, elle devrait le comprendre, protesta Deirane.

— Tu oublies à qui tu as affaire. Comprendre une telle chose est hors de sa portée.

Deirane était au bord des larmes.

— Qu'est-ce que je peux faire alors ?

Festor prit son temps pour répondre. Il ouvrit le pot qu'il avait apporté. De la crème fraîche. La stoltzin, très gourmande, en raffolait.

— Rien, répondit-il enfin, laisser le temps agir. Elle finira par ne plus penser à ça. Dès que la douleur se calmera, elle recommencera à te fréquenter. Tu es la seule jeune fille ici. Mais elle n'oubliera pas et ne te fera plus jamais confiance.

— Je n'ai donc que quelques jours pour me réconcilier avec elle. Jusqu'à ce que nous nous séparions.

— Il est possible que nous nous revoyions dans le futur.

— J'en doute, répondit Deirane.

Une cuillère à la main, Festor entreprit de donner à manger sa compagne. Deirane resta là à les regarder, un moment. La jeune blessée était amusante malgré tout. Elle avait compris que Festor allait lui passer tous ses caprices. Elle en profitait pour se faire nourrir comme une gosse. Sa façon de quémander chaque nouvelle portion lui arracha un sourire. Qu'elle joue les bébés si elle le veut, elle en a le droit, pensa Deirane. Elle resta là jusqu'à ce que son père l'appelât pour prendre leur repas.

Deux jours plus tard au bivouac, alors que Festor préparait le feu, un hofec poussa un cri strident, imité peu après par son congénère et le cheval qui renâcla. Avec un tel système de surveillance, il était impossible à un intrus de les surprendre.

— Quelqu'un approche, constata Festor.

Sans un bruit, il se cacha de la lisière du bois et regarda. Un cavalier solitaire, monté sur un hofec venait dans leur direction. Grand et maigre, un visage triangulaire où s'ouvrait une bouche fine, sa peau sombre renvoyait des reflets violacés. Sa mise était constituée d'une tunique largement déboutonnée sur sa poitrine glabre et d'un ample pantalon, les deux en soie noire. Il portait une large ceinture de cuir fermée par une boucle en or représentant un dragon aux ailes déployées crachant le feu. À son cou était accroché un pendentif en forme de soleil rayonnant stylisé décoré au centre par le même symbole qu'à sa ceinture.

Le voyant, Deirane pressa ses mains sur la bouche pour ne pas crier. Un gems. Il n'y en avait pas à proximité de son village. Tout ce qu'elle savait d'eux lui avait été raconté. Ils seraient des êtres presque aussi égoïstes que les drows et beaucoup plus dangereux. On lui avait dit que la plupart d'entre eux étaient des maîtres en magie. Le seul fait qui bridait leur férocité est qu'ils ne se consacraient pas comme les drows à l'assouvissement de leurs plaisirs personnels. Au lieu de ça, ils rivalisaient entre eux dans une course au prestige et à la puissance. Ils ne se servaient donc pas des espèces qu'ils considéraient comme inférieures pour satisfaire leurs caprices, ils les ignoraient ne s'intéressant à eux que quand ils interféraient avec leurs objectifs. Déjà gamine, elle avait repéré la faille dans cette description. S'ils étaient si puissants et si cruels, comment se pouvait-il que les autres peuples aient survécu à leurs prétendues exactions ?

— C'est un démon, remarqua Deirane à voix basse, que faisons-nous ?
— Si nous ne nous montrons pas, il nous ignorera, répondit Jensen.

Festor prolongea son examen.

— Le dragon de feu. C'est un disciple de l'ordre de Tchaskaroz. Un prêtre certainement, sans doute pas d'un rang assez haut pour bénéficier d'un train plus prestigieux.

— Je croyais que cet ordre avait été pourchassé et ses temples détruits il y a huit ans.

— Pas tout à fait, il en reste un.

Résolument, le soldat sortit de sa cachette et s'avança au milieu de la route, face au voyageur. Il attendit que celui-ci fût suffisamment près pour lui enjoindre de s'arrêter en levant le poing.

— Pousse-toi de mon chemin, humain, ordonna-t-il.
— Je suis Festor de Jetro, fils des maîtres guerriers Sastrim, Jetro et Guiltor, pupille de la pentarque Vespef d'Helaria, grand maître de la corporation des guerriers, lieutenant en garnison de Kushan et époux de Jalia.
— Tu as de bonnes références, stoltzen, répondit le gems, tu as affaire à Notenor le quatrième, représentant de la déesse Tchaskaroz au temple de Draconia sis sur l'île de la Griffe. Pourquoi t'opposes-tu à mon voyage ?
— J'aurais besoin d'assistance pour une mission de la Pentarchie.
— Je suis un prêtre, pas un soldat. En temps de paix, je ne suis pas aux ordres des militaires de l'Helaria.
— Ce n'est pas un ordre, juste un service au nom de la solidarité d'un Helariasen à un autre en terre étrangère. Un service que tu pourrais me rendre à Sernos, si tel est bien ta destination.

D'un discret mouvement du menton, le voyageur confirma cette hypothèse.

— De quoi as-tu besoin, maître Festor ?
— C'est un message à transmettre au capitaine du navire Cristal à quai à Sernos.

Le démon l'invita à continuer d'un simple hochement de tête.

— Il consiste en deux points. Le premier : je ne pourrai pas venir au rendez-vous que nous avions et je désirerais en prendre un nouveau.

D'un geste de la main, le soldat incita Jensen à le rejoindre.

— J'habiterai chez cet homme dans le village de…

— Gué d'Alcyan, répondit Jensen d'une voix qu'il avait tentée sans succès de rendre ferme, et il devra apporter une litière.

— La requête sera transmise. Et le second point ?

— Je voudrais qu'il amène avec lui tous les livres rédigés en yrianmen dont nous disposons à bord.

— Je prends bonne note de cette demande. Dorénavant, tu me dois un service Festor de Jetro. Je saurais m'en souvenir.

— J'ai toujours honoré mes dettes, répondit Festor.

La réponse du soldat tomba dans le vide. Le gems n'écoutait plus. Son regard s'était déporté vers la droite et leur campement. Tournant la tête, il put voir Deirane, qui était sortie de sa cachette, certainement pour suivre son père avant de s'immobiliser. Le gems l'examina longuement.

— Combien demandez-vous pour cette femelle humaine ? demanda-t-il enfin.

— Elle n'est pas à vendre, répondit Festor.

— Je mettrai le prix qu'il faudra. Jeune fille, c'est à toi de choisir. Si tu désires être mon esclave ou rester libre.

— Dois-je rappeler que l'esclavage est hors la loi en Helaria ? Même si vous pouviez l'acquérir, elle deviendrait libre sitôt le pied posé sur notre territoire.

— Les lois d'Helaria s'appliquent en Helaria. Ici, nous sommes en Yrian.

— Les lois de l'Yrian interdisent d'asservir un sujet libre, homme ou femme. Cette femme est née libre, elle ne peut pas être vendue.

Le gems regarda Deirane droit dans les yeux, intensément, longuement. L'adolescente commençait à se sentir mal à l'aise.

— Comment t'appelles-tu, jeune humaine ?

Elle lança un regard affolé à son père puis à Festor qui la rassura d'un sourire et l'invita à répondre.

— Deirane, dit-elle enfin d'une toute petite voix.

— Jeune Deirane, tu aurais dû accepter mon offre. Je ne suis pas un maître cruel, tu aurais pu être heureuse avec moi. Sans protection, tes bijoux attireront la convoitise. Certains voudront s'en emparer, d'autres désireront te posséder et seront prêts à tout. Chez moi, personne ne te touchera. Tu y seras en sécurité. Tu t'apercevras que les gems ne sont pas aussi inhumains que vous le racontez. Il n'est pas trop tard pour changer d'avis.

— Je préfère rester avec ma famille.

— Ainsi tel est ton choix. Tu t'illusionnes, tu ne resteras pas parmi eux. Un jour, nos routes se croiseront à nouveau.

— Je la protégerai, c'est ma fille, intervint Jensen.

— Tu essaieras, mais tu n'y arriveras pas. Les forces qui se ligueront contre toi te dépasseront. D'ici à notre future rencontre, jeune Deirane, profite bien du cadeau de la jeunesse. Et tâche de te trouver un protecteur puissant. Je suppose que les livres que maître Festor m'a demandés te sont destinés, ce qui semble indiquer qu'il veut te former pour honorer une dette que tu as contractée auprès des bawcks. Eux pourraient te protéger. Penses-y.

Puis il s'adressa à Festor.

— Jeune stoltzen, je transmettrai le message. Mais n'oublie pas Notenor.

— Je n'ai qu'une parole et j'honorerai ta demande.

Le gems prononça quelques mots dans ce sabir, mélange d'helariamen, de mustulmen et de vornixmen qui servait à guider les lézards-dragons. Sa monture repartit au petit trot. Festor se poussa pour le laisser passer.

Alors qu'il s'éloignait, Jensen s'adressa à Festor.

— Je m'attendais à pire, dit-il, j'ai toujours entendu dire que les démons étaient cruels.

— Vous autres, humains, vous ne pouvez pas vous empêcher de changer le nom des peuples.

— Désolé, je croyais les « gems » cruels et dépravés.

— Vous croyez beaucoup de choses et beaucoup sont fausses. Les gems que vous décrivez sont les hauts gems. Ils sont rares, vivent loin d'ici et s'aventurent rarement hors de leur domaine. Il en existe deux autres types, les gems aptères tels que celui-là et les gems ailés. Les gems aptères ont une civilisation qui ressemble à la nôtre, peut-être un peu plus mystique.

— Quel âge peut-il bien avoir ? Il vous a qualifié de jeune, pourtant vous ne l'êtes pas vraiment.

— Par rapport à lui, si. J'ai seulement cent vingt-quatre ans. Il peut très bien avoir dépassé le millénaire, voire plusieurs. Les gems ne meurent pas tant qu'on ne les tue pas. La plupart des plus vieux ont été exterminés il y a soixante ans, les feythas les jugeaient trop dangereux, et seuls ont survécu les plus jeunes, donc je dirai entre trois cents ou quatre cents ans plus certainement.

À côté d'eux, Deirane faisait quelques pas, les bras convulsivement serrés sur sa poitrine.

— Vous croyez qu'il a raison pour ce qu'il a prédit sur mon avenir ? demanda-t-elle.

— À ma connaissance, les gems ne disposent pas du pouvoir de prémonition, répondit Festor. Je peux me tromper, mais je pense plutôt qu'il connaît bien la nature des individus et sait prévoir leurs réactions devant les richesses de ton corps. Même sans les pierres, tu es suffisamment jolie pour valoir un bon prix au marché aux esclaves d'Orvbel. Avec elles, tu deviens quelque chose d'unique et d'inestimable.

— Cette chose est une malédiction, lança Jensen, et je trouverai le démon qui l'a infligé à ma fille.

— Je ne vous le conseille pas. Si vous y arrivez, ce sera la dernière action que vous accomplirez de votre vie. Vous feriez mieux d'essayer de chercher un moyen d'éviter à votre fille le destin funeste que le prêtre lui a prédit. Pensez à mon offre.

— Quelle offre ? demanda Deirane.

— Festor veut que tu te rendes en Helaria.

Deirane évalua la portée de cette proposition.

— Maman et toi viendriez avec moi ? demanda-t-elle

— Je... ne pense pas. Je suis un Yriani. Toute ma vie, j'ai vécu sous la tutelle de Sernos. On m'a appris à détester l'Helaria, à considérer leur mode de vie comme indécent et luxurieux. Je suis trop vieux pour changer. Puis je suis chez moi à la ferme. Mon seigneur me l'a donnée et je la transmettrai à mon fils qui la donnera à son fils à son tour. J'y ai toujours vécu, j'espère y vieillir et un jour rejoindre tes grands-parents dans le cimetière.

— Alors je n'irai pas moi non plus en Helaria.

Jensen prit sa fille dans ses bras et la serra contre lui. Il continua sa discussion avec le soldat.

— En dehors de ça, dit-il, je voudrais comprendre ce qui vous a pris de l'arrêter.

Le paysan avait l'air mécontent. Quand même, il se doutait que Festor avait une bonne excuse.

— Demain, nous atteindrons l'embranchement à partir duquel nos routes se séparent. Je continue sur la grande route jusqu'à Sernos où un navire m'attend, vous habitez dans le nord de l'Yrian. Mais nous ne pouvons pas nous séparer. Jalia ne peut pas remonter et votre cheval ne pourra pas tirer votre carriole. Nous devons donc rester ensemble.

— Laquelle des deux routes allons-nous prendre ? demanda Jensen.

— Excellente question. Jusqu'à hier, je l'ignorais. Grâce à ce gems, j'ai pu prendre une décision.

— Et maintenant, vous devez un service à un gems, remarqua Deirane.

— Un petit service, ma demande n'est pas bien grande.

— Vous êtes bien sûr de ne pas vouloir faire un détour pour ramener Jalia d'abord ? continua Jensen. Ses blessures semblent graves.

— Les blessures de Jalia paraissent impressionnantes, il y a toutefois une grande part de comédie dans son comportement. Ses brûlures disparaîtront à la prochaine mue, un guérisseur n'est pas nécessaire. Les muscles et les viscères ne sont pas touchés. Ce qui l'empêche de monter son lézard est la douleur que lui inflige chaque mouvement et c'est aussi pour éviter d'empirer son état. Si elle reste allongée, elle guérira seule.

— Donc passer d'abord par chez moi ne lui occasionnera aucune gêne ?

— Dans la mesure où on peut m'y rejoindre. Et c'est bien le cas, mon navire m'y attendra. Si ce gems ne traîne pas en route, le Cristal sera chez vous avant nous.

L'embranchement qui avait tant embêté les voyageurs fut atteint le surlendemain. La voie principale se prolongeait sur la gauche. Vers le nord-ouest, un chemin carrossable, celui que les paysans avaient pris à l'aller, permettait de joindre les territoires d'Yrian situés au nord en évitant un détour par la capitale de plusieurs dizaines de longes. Sans hésitation, c'est celui-là qu'ils empruntèrent. Rapidement, la forêt laissa place à des champs cultivés de céréales. Par endroits, d'immenses serres protégeaient les cultures potagères des pluies de feux. Les villages traversés étaient petits ; moins d'une dizaine de maisons, en bois ou en pierre, s'alignaient de part et d'autre de la route. Les plus gros bâtiments étaient la réserve communautaire et, bien sûr, la taverne.

Le village de Gué d'Alcyan ne différait pas des autres en cela. Il se limitait à quelques maisons, des boutiques, un bâtiment administratif polyvalent et le domicile de quelques négociants, vides la plus grande partie de l'année. La plupart des gens s'étaient placés sur la devanture de leur commerce ou le pas de leur porte pour regarder passer l'équipage. L'hostilité qu'ils éprouvaient vis-à-vis des Helariaseny était clairement visible sur leur visage fermé. Cependant, personne ne prononça un mot.

À la sortie du village coulait la rivière Alcyan. Elle était large et profonde, difficile à traverser sans pont. Fort heureusement, dans le prolongement de la route, se trouvait une barre rocheuse qui coupait le flux et formait un gué large et facile à emprunter qui avait donné son nom au village. Elle marquait aussi la limite que les bateaux de commerce ne pouvaient pas dépasser.

Les poisons de l'eau avaient obligé les habitants à construire une chaussée de planche pour le traverser sans danger. De l'autre côté, la zone consacrée aux cultures commençait. Les fermes étaient reliées à la route par divers chemins plus ou moins bien entretenus. Jensen guida le soldat sur celui qui conduisait chez lui.

La famille de Jensen était l'une des premières à s'être installée dans le coin. Sa ferme était donc l'une des plus proches du village. Le paysan était propriétaire de ses terres. Il possédait un quart de longe carré, ce qui représentait le maximum qu'un homme seul pouvait entretenir, dont un tiers planté de céréales. Il n'avait pu l'exploiter pleinement qu'après le mariage de Cleriance. Pour faire face à l'arrivée des futurs gendres et petits enfants il envisageait d'acheter une grande friche qui jouxtait son champ. Le blé, résistant aux pluies de feux, était cultivé à l'air libre. À cela, s'ajoutaient deux serres de fruitiers et une de légumes, domaine réservé à sa femme et à sa fille aînée. Quelques têtes de bétail, élevées en plein air pendant la saison sèche, et à l'abri pendant la période humide fournissaient la viande rouge. Autrefois, il possédait une basse-cour, elle avait malheureusement été détruite par les intempéries du dernier hiver. Somme toute, si Jensen n'était pas très riche, il pouvait faire vivre sa famille à l'aise.

Quelques arbres malingres parsemaient la propriété, la végétation sauvage avait cet aspect malsain qu'elle prenait lorsque les pluies de feu les arrosaient, malgré tout elle était en bien meilleur état que quelques dizaines de longes plus au nord. L'Yrian avait poussé la colonisation des terres le plus loin possible, il faudrait encore quelques siècles avant qu'ils ne pussent progresser davantage.

Et dire que quand Festor était né, cet endroit constituait la bordure occidentale d'une savane traversée de larges troupeaux. Elle était sillonnée de prédateurs si terribles que personne n'avait osé s'y installer, sauf les bawcks à la chair toxique. Ce voyage, s'il ne lui avait pas permis d'atteindre ses objectifs, lui avait fait prendre pleinement conscience des dégâts que les feythas avaient infligés à leur monde, autrefois si beau. Qui sait où ils l'auraient mené s'ils n'avaient pas été vaincus.

XIII

Gué d'Alcyan, vingt ans plus tôt.

Jensen arrêta la charrette devant la porte. Daisuren sortit sur le palier pour les regarder passer, effarée à la vue de l'étrange équipage qui accompagnait son mari et sa fille.

— Aide-moi, femme ! ordonna Jensen. Nous avons des invités.

Il sauta au sol et se dirigea vers l'arrière du véhicule. Daisuren le rejoignit. Quand elle découvrit que la passagère était une stoltzin, elle se figea.

— Qu'est-ce que c'est ? demanda-t-elle.

— Cette jeune femme est blessée...

— Accepter ça dans ma maison ! jamais ! cracha-t-elle.

Elle fit demi-tour pour réintégrer le logis. Jensen la retint par un bras.

— Ces gens nous ont aidés...

— C'est toi qu'ils ont aidé, pas moi, mets-les dans la grange. Pas question qu'ils entrent dans ma maison !

D'un coup d'épaule, elle se dégagea.

— Il suffit, femme ! Il ne sera pas dit que Jensen est un ingrat.

Il s'adressait au vide. Elle était déjà rentrée et avait claqué la porte derrière elle.

Pendant l'altercation, Festor avait attaché sa monture à un arbre proche. Jensen lui envoya un coup d'œil gêné.

— Je suis désolé, dit-il.

— Ce n'est rien, répondit le soldat, j'ai l'habitude.

Il alla voir comment se portait sa compagne. Elle dormait, pelotonnée sur elle-même, enfouie sous les couvertures malgré la chaleur ambiante. L'impression de fragilité qui se dégageait d'elle était renforcée par les meurtrissures du visage. Pourtant elle était paisible.

Deirane frappa doucement à la porte puis entra. Sa mère se retourna brusquement.

— Quoi encore ! s'écria-t-elle.

En reconnaissant sa fille, elle se radoucit.

— Comment vas-tu ? demanda-t-elle.
— Bien, répondit Deirane.
Puis elle remarqua le rubis toujours en place sur son front.
— Ainsi, ils ont échoué, constata-t-elle.
Elle attira Deirane à elle et la pressa contre sa poitrine sèche.
— Tu dois vraiment leur permettre d'entrer, dit Deirane, ils sont venus à notre secours sans rien réclamer en échange. Festor m'a même sauvé la vie.
— Un chien aussi peut sauver une vie. Ce n'est pas pour ça que j'en laisserais un dormir dans mon lit.
— Ce n'est pas pareil. Un chien est un animal. Pas eux. Jalia a été gravement blessée en voulant m'aider.
— Ce sont des animaux. Ils ne rentreront pas…
— Non ! Ce ne sont pas des animaux !
La jeune fille avait haussé le ton, tout en s'écartant de sa mère. Daisuren avait l'air étonnée d'une telle réaction qui lui ressemblait bien peu.
— Ce ne sont pas des animaux, reprit Deirane. Festor m'a aidée en affrontant des hommes qui voulaient me faire du mal. Et Jalia est…
Elle était simple d'esprit. Son intelligence était à peine plus développée que celle d'un chat. Seule sa sensibilité était évoluée. Sa mère gardait un air froid. Deirane continua.
— Jalia a aidé le chaman à lancer son sort. Quand il a tourné, elle a été gravement brûlée. Si elle n'avait rien fait, elle n'aurait rien eu, mais je serai peut-être morte.
Ce dernier point sembla dérider un peu Daisuren.
— Jalia, c'est cette stoltzin qui dort dans la charrette ?
— Oui.
— Ça reste une stoltzin.
Elle laissa sa fille plantée sur place pour aller s'enfermer dans la cuisine.

Cleriance attendait en haut de l'escalier que sa mère et sa sœur finissent leur discussion. Sitôt celle-ci terminée, elle parut. La future mère examina sa cadette un moment.
— Visiblement, ça n'a pas marché, remarqua-t-elle.
— Ça a même failli tuer ceux qui ont voulu m'aider, dit-elle.
— C'est ce que j'ai cru comprendre en effet.
Elle enlaça sa sœur pour la réconforter.
— Allons examiner cette blessée, dit-elle enfin.
Jensen avait disparu, il était allé s'occuper de son cheval. Festor attendait seul, appuyé au véhicule, que la plaidoirie de Deirane fît effet sur sa mère. Il fut surpris de voir la jeune fille revenir en compagnie d'une autre femme,

enceinte de surcroît. La ressemblance entre elles lui donna rapidement son identité.

— *Kelyätmetae le*, dit-elle en helariamen.

La bienvenue informelle entre amis. Elle signifiait par là qu'elle l'accueillait sincèrement. Festor, ravi et soulagé, lui renvoya un sourire. Il la salua de même.

— Montrez-moi la blessée, ordonna Cleriance.

Le soldat s'écarta pour la laisser accéder à sa compagne. Elle jeta un coup d'œil sur la forme pelotonnée, puis elle tenta de grimper. Sa grossesse l'alourdissait. Elle se tourna vers Festor.

— Vous pourriez m'aider, dit-elle sèchement.

Il sourit et la souleva par les hanches pour la poser sur la litière, aux pieds de Jalia.

Accroupie à côté de la stoltzin, elle releva la couverture pour l'examiner. Jalia la rattrapa en protestant et s'y enveloppa encore plus étroitement. Le visage de Cleriance exprima sa consternation. Elle avait eu le temps de voir la figure légèrement brûlée et les bras bandés presque à l'épaule.

— Qui a soigné cette jeune femme ? s'écria-t-elle. Ce bandage est une horreur.

— Je ne suis pas guérisseur, plaida Festor, juste un soldat.

— Eh bien soldat ou pas, il va falloir apprendre à mieux soigner, mon cher monsieur. Regardez-moi cette pauvre petite.

Elle se campa sur ses jambes, face à Festor.

— Montez-la dans la chambre, au premier. On va s'occuper sérieusement d'elle.

Quand Festor la prit dans ses bras, elle grogna un peu puis se laissa aller contre lui. En voyant la douceur qu'il manifestait, elle eut un sourire approbateur. Dès que le couple eut disparu dans la maison, elle profita de ce que personne ne la regardait pour descendre du chariot d'une manière peu élégante. En entrant à son tour, elle croisa le regard satisfait de Deirane. Elle porta à peine attention à la porte de la cuisine où Daisuren exprimait sa désapprobation en manipulant bruyamment ses ustensiles. Elle suivit le couple à l'étage, les rattrapant pour lui montrer la chambre où déposer la jeune femme. Cleriance tira les draps pour qu'il pût l'allonger. Elle la recouvrit et la borda. Festor déposa un baiser sur le front de sa compagne, avant de se faire expulser par son infirmière improvisée. Avant de sortir, il regarda Jalia se pelotonner tel un chat dans les draps.

La famille, augmentée de Festor, était rassemblée autour de la table pour le repas du soir. Daisuren ne décolérait toujours pas d'avoir accueilli deux stoltzt sous son toit, elle avait malgré tout repris son rôle de maîtresse de maison. Elle avait amené la soupière pleine d'un potage fumant et odorant et elle servit tout le monde tour à tour : Cleriance en premier à cause de son état, ses enfants, les hommes, puis elle-même en dernier. Jensen se coupa une large tranche de pain avant de passer la miche à son voisin. Il l'émietta dans la soupe. Tout le monde attendit qu'il donnât le signal avant de commencer à manger. Pendant le repas, personne ne prononça le moindre mot. Festor surveillait les autres pour éviter de commettre un impair, il était dérouté par cette manière de faire. Chez lui, le repas était souvent un moment festif où les convives discutaient des derniers potins de la journée avec des règles de bonne conduite assez souples. De toute évidence, les humains d'Yrian semblaient plus stricts. De plus, chez lui le repas principal avait lieu le matin, celui du soir, quand il y en avait un, n'était qu'un en-cas pour la nuit.

C'est lorsque Daisuren apporta la viande que les langues se délièrent. Le jeune homme placé à droite de Festor ouvrit la discussion. Il ne s'était pas présenté. Cependant, à la façon dont il avait enlacé Cleriance pour l'embrasser un moment plus tôt, il en avait conclu qu'il s'agissait certainement de son mari.

— Alors comme ça vous venez de l'Helaria, demanda-t-il en se servant une tranche de rôti.

— J'y suis né en effet, répondit Festor.

— Et comment vit-on en Helaria ?

— Je ne sais pas trop. Je suppose qu'un habitant d'une grande ville vit différemment d'un campagnard du nord de Kushan.

— Vous, vous êtes de la grande ville ou de la campagne ?

— Ni l'un ni l'autre. J'ai grandi à la Résidence.

— La Rés... La demeure des rois d'Helaria ?

— Des pentarques, corrigea Festor. C'est presque une petite ville, des centaines de personnes y vivent. En fait, la Résidence est presque aussi peuplée qu'Imoteiv, notre capitale. Mes parents faisaient partie de la garnison qui y était affectée.

— Vos deux parents ?

— Les trois.

— Je n'ai jamais très bien compris cette histoire de père de sang et père de serment en Helaria, intervint Cleriance.

— En fait, ce n'est pas particulier à l'Helaria, l'ensemble des Anciens Peuples est concerné. Sauf les gems qui sont un peu particuliers. C'est simple en fait. Quand un homme et une femme font...

Il hésita un instant, cherchant un terme adéquat, avant de reprendre.

— Font un enfant, c'est toujours une fille. Pour avoir un garçon, il faut un deuxième homme. Le compagnon habituel de la femme est le père de sang. Celui qui s'ajoute pour donner le garçon est le père de serment.

— Et vous formez des trios avec une mère et deux pères.

— Non, non, répondit Festor d'un air gêné. Nous créons des couples comme vous. Et de temps en temps, nous nous mettons d'accord avec un autre couple qui désire aussi un garçon. En général, ce couple de couples reste stable la vie entière.

Festor ne jugea pas utile de préciser qu'il n'était pas rare aussi qu'un frère rendît ce service à sa sœur. Les humains étaient bourrés de tabous – incompréhensibles pour lui – dans le domaine de la sexualité. S'il leur avait dit qu'il était lui-même père de serment d'un des fils de Calen, ils auraient bondi au plafond.

— C'est une façon étrange de procéder, conclut Cleriance, je ne sais pas si je serais capable d'aller voir un autre homme pour avoir un garçon. Je crois bien que je n'aurais que des filles.

— Vous n'êtes pas stoltz, vous n'avez pas ça dans le sang. Ce que je trouve étrange est de ne pas pouvoir choisir le sexe de son enfant, de s'en remettre uniquement au hasard. Ça et le fait que les humaines ne peuvent pas décider si une union aboutira à une grossesse ou pas.

Tout en écoutant, elle avait étalé sa tranche de rôti sur un morceau de pain. Elle en prit une bouchée et essuya le jus qui coulait avant de continuer.

— Le hasard a parfois du bon, dit-elle, ça réserve des surprises.

— Ce n'est pas faux. Il existe quand même d'autres moyens de rendre sa vie intéressante.

Le mari de Cleriance regarda alternativement sa femme et le soldat. Il reprit la parole sur son idée originale.

— Et comment avez-vous grandi dans la Résidence ? reprit-il.

— La Résidence est une sorte de petite ville. On y trouve une garnison et tout ce qui est nécessaire à son fonctionnement, forgerons, cuisiniers, cordonniers. Comme ce sont des fantassins, on n'y trouve pas de chevaux donc rien qui s'y rapporte. Pourquoi en aurait-on sur une île qu'un marcheur traverse en un peu plus d'un monsihon ? En tout cas, c'est un terrain de jeu formidable pour un gamin avec plein de recoins, de cachettes et j'en passe. C'est aussi une maison, celle des pentarques. Elle a donc un certain rang à tenir quand une délégation étrangère est sur place. Dans ce cas, c'est plus calme. Plus question de chahuter. Il n'en reste pas moins qu'un enfant de quatre ans est doué quand il s'agit de faire une bêtise. On a souvent mis de l'ambiance. Ma sœur aînée et ses deux amies ont même été surnommées le trio infernal par les résidents. À l'époque, j'étais un nourrisson bien sûr. Elle aime bien raconter cette période de sa vie. On peut donc dire que malgré l'absence de mes parents j'ai eu une enfance heureuse.

— Les pentarques, sont-ils impressionnants ? demanda Cleriance.

— En ce qui me concerne, non. Mais j'ai grandi à côté d'eux. Je les ai toujours connus. Quand je rentrai dans le bureau de Wotan ou de Peffen, ils avaient toujours des bonbons pour moi. C'est Muy qui m'a mis une épée dans la main pour la première fois. J'ai appris à lire sur les genoux de Peffen. Et Vespef m'a aidé à composer mon premier poème pour séduire la fille qui me plaisait. Comment être impressionné quand j'ai vécu ça à leurs côtés ? En fait, les seules personnes vraiment impressionnantes que j'ai rencontrées pendant mon enfance c'étaient Satvia et son oncle Jergen. Ils sont immenses, presque deux perches de haut. J'arrivais à peine aux genoux de Satvia quand elle a été nommée soldate. J'étais sûr à l'époque qu'ils étaient les gens les plus forts du monde. Je suis d'ailleurs toujours de cet avis.

Les convives le regardèrent, vraiment émerveillés.

— Pendant le voyage, je ne m'étais pas rendu compte que vous aviez été élevé par des gens aussi nobles, dit Jensen.

— Ce n'est pas ça, je n'ai pas été élevé par eux. Nous vivions juste dans le même lieu. Il y avait d'autres enfants avec moi. Et ils se comportaient de la même façon avec nous tous.

— On dit que Vespef est la plus belle femme du monde, intervint Deirane, c'est vrai. Elle est si belle ?

— On ne juge pas les gens de la même façon quand on grandit à leurs côtés. Bon, soyons honnêtes. La Résidence dispose d'une petite plage privée. Les pentarques y prévoient toujours dans leur journée de travail quelques moments de détente. Et à l'adolescence, comme tous les garçons de cet âge, je les ai espionnées pendant leur baignade. Vespef est effectivement une très belle femme. Toutefois, aujourd'hui et depuis plus de vingt ans, seule Jalia m'importe.

Cleriance qui avait fini sa viande reprit la discussion.

— À propos, comment avez-vous rencontré Jalia ? demanda-t-elle.

— Ça remonte à une vingtaine d'années environ, répéta-t-il, vingt-deux ans exactement. Les royaumes qui avaient intégré l'Union des Frères de la Mer avaient décidé de rendre leur lien encore plus étroit en se dotant d'une structure politique commune, en particulier d'un conseil. Le lieu choisi a été Kushan. À l'époque, j'étais sous-lieutenant, ma garnison a été affectée à la surveillance du conseil. La chambre du conseil a été aménagée dans une aile du palais du gouverneur de Kushan. Jalia est sa fille. Sa curiosité l'a poussée à voir ce qui se tramait. Elle se montrait prudente au début, mais elle s'est vite habituée à tous ces gens nobles qui s'y réunissaient. Néanmoins, malgré notre proximité, nous aurions pu passer l'un à côté de l'autre sans un hasard extraordinaire. Ma sœur Calen faisait partie des délégués de l'Helaria. Et dans la salle de loisir, elle a rencontré Jalia. Deux handicapées comme elles ne pouvaient que se lier d'amitié. Et Calen me l'a présentée un jour. Dès que je l'ai vue, j'ai su que c'était-elle.

Il leva la tête vers l'escalier qui menait à la chambre où elle dormait.

— Votre sœur est simple d'esprit également ? demanda Jensen.

— Bien au contraire, Calen est la Bibliothécaire d'Helaria à Jimip.

Le nom de cette femme, presque aussi connu que celui des pentarques, laissa les convives muets d'étonnement.

— Quand vous parliez de Calen, dit enfin Cleriance, j'étais loin de penser qu'il s'agissait de cette Calen là.

Le visage des autres exprimait également la surprise de découvrir que Festor était proche de tant de beau monde.

Profitant du silence, Daisuren se leva, mettant fin à la discussion.

— Nous avons du travail demain, déclara-t-elle, nous devrions aller nous coucher.

— Tout doux femme, intervint Jensen, nous avons un invité.

— Fais ce que tu veux, ce n'est pas ça qui réparera les vitres cassées dans la serre. Moi je vais dormir. Elhrine, Deirane, vous rangez tout.

Elle quitta la table. Jensen la suivit des yeux, l'air contrarié.

— Elle n'a pas tort, dit Festor, la journée a été fatigante à voyager. Je vais aller rejoindre Jalia. Demain, nous verrons pour ces vitres.

— Vous vous y connaissez en serres ?

— Dans un monde où une pluie peut tuer, il vaut mieux savoir réparer les fuites.

— Êtes-vous sûr que c'est une bonne idée de dormir avec votre compagne ? intervint Cleriance. Elle est gravement blessée.

— Je préfère que si elle se réveille, elle ne se retrouve pas seule dans un lieu inconnu. Je dormirai par terre (en tant que militaire j'ai l'habitude) dans sa chambre.

— Vous avez peut-être raison, je vais vous donner une couverture.

Il monta à l'étage pendant que ses deux cadettes nettoyaient la vaisselle. La jeune femme se laissa enlacer par son mari. Derrière lui, il l'entendit demander :

— Tu ne m'as jamais écrit de poèmes pour me séduire.

— Je n'avais pas de pentarque pour m'aider, répliqua-t-il.

— C'est vrai. Tu es tout excusé.

Il cessa d'entendre leur voix. Un bref coup d'œil par-dessus son épaule lui permit de les surprendre en train de s'embrasser. Cleriance le remarqua. Elle s'écarta de son mari et suivit le stoltzen, l'air d'une adolescente prise en faute sur le visage.

Le lendemain, Festor aidait Jensen à changer la vitre cassée quand le bruit d'une troupe les interrompit. Le soldat descendit de son échafaudage, il essuya la poussière de son torse avec une serviette et alla voir. Une dizaine de cavaliers montés sur des hofecy venaient d'arriver. Ils escortaient une litière couverte. Leur insigne, un bracelet de perle au poignet gauche les identifiait comme Helariaseny. Une personne sachant lire l'antique écriture aurait pu déduire qu'ils étaient affectés à bord du Cristal, et même déterminer leur grade. Le chef était un edorian, grand, mince, d'une beauté éthérée, presque féminine.

En le reconnaissant, Festor se précipita.
— Elmagen, s'écria-t-il, te voilà enfin, tu as donc reçu mon message.
— En effet, répondit le nouveau venu. Un gems nous l'a transmis. Es-tu fou de faire appel à un tel être ? Ils sont dangereux.
Festor haussa les épaules.
— Arrête de propager ces légendes qui leur font beaucoup de tort. C'est un Helariasen, comme nous.
— Franchement, quand on te voit, on se demande vraiment lequel de nous deux est le plus âgé.
Elmagen descendit de sa monture. Les deux hommes se firent une accolade. Puis l'edorian remarqua :
— Ça sent les vacances, tu te crois à la plage ?
— Non, j'aidai Jensen à réparer sa serre.
— Je ne comprends pas pourquoi les humains s'embêtent avec leurs légumes et leurs fruits, ils sont si fragiles. Ils n'ont qu'à faire comme nous et manger des champignons cultivés en cave.
— Ce n'est pas parce que tu adores ça qu'on doit l'imposer à tout le monde. Personnellement, j'aime bien les fruits.
— Les fruits surtout, disposés sur une tartelette telle que les prépare la cuisinière de la Résidence si j'ai bonne mémoire.
— Chacun a ses petits travers.
L'edorian redevint sérieux. Il examina rapidement la poitrine nue de son ami.
— En tout cas, je peux voir que tu n'es pas blessé. J'en conclus donc que la litière est destinée à Jalia. C'est grave ?
— Oui et non. Elle s'en remettra. Toutefois, ses blessures sont étendues.
— Comment prend-elle la chose ?
— Comme une punition injuste.
— Aïe, ça doit être dur pour toi.
— Ce n'est pas à moi qu'elle en veut. Viens, je vais te présenter.

Il l'entraîna vers la maison. L'edorian se tourna vers sa troupe et leur donna quelques ordres brefs. Puis il suivit Festor vers l'intérieur.

Dans la pièce commune, Cleriance se reposait, assise sur un fauteuil confortable. En voyant la porte s'ouvrir et les deux hommes entrer, elle se redressa. Festor lui fit signe de ne pas bouger.

— Elmagen, voici Cleriance.

L'edorian s'approcha et la salua bien bas.

— Madame, je suis honoré de faire votre connaissance, dit-il, je constate que vous attendez un heureux événement. Je lui souhaite, ainsi qu'à vous, tout le bonheur possible.

— Je vous remercie. Je constate que les edorians d'Helaria sont civilisés malgré la licence dont vous bénéficiez sur vos îles.

— Licence ?

Son visage exprima son amusement à ce terme.

— N'ayons pas peur des mots. Dépravation serait plus exact. C'est un fait avéré. Et j'avoue beaucoup contribuer à cette réputation. Cependant, si le soleil, la mer et les plages de sable offrent bien des tentations au chasseur, cela n'empêche pas d'être respectueux de sa proie.

Elle éclata de rire.

— Me considéreriez-vous comme une proie ?

— Non plus maintenant, je suis trop vieux. Si j'étais âgé de cinq siècles de moins, allez savoir ?

Elle s'adressa à Festor.

— Si vous vous étiez présenté ainsi à ma mère, elle se montrerait moins hostile.

— À l'impossible, nul n'est tenu. Festor est un authentique soldat. Jamais une parole de trop. Tout ce qu'il dit sort du manuel du parfait militaire. Il s'est même choisi une femme qui parle peu.

— Ça compense avec ceux qui parlent trop, riposta Festor.

— Et vous, vous n'êtes pas un authentique soldat ?

— Non madame, je fais semblant. Je suis d'ailleurs un assez bon imitateur, personne ne s'en est rendu compte.

— Et moi je crois que vous êtes la personne la plus dangereuse d'Helaria. Votre langue est une arme redoutable.

— Et pourtant, vous n'avez eu qu'un aperçu de ce que je peux faire avec.

Elle éclata de rire une seconde fois.

Il leva les yeux et aperçut Deirane en haut de l'escalier qui le regardait.

— Que vois-je, une apparition.

La jeune fille rougit.

— Je te présente Deirane, dit Festor, c'est la cadette de notre hôte et la responsable involontaire de notre présence ici.

— Est-ce un vrai rubis qu'elle porte au front ? demanda l'edorian ou un cristal coloré.

— C'est un vrai. Et elle ne le porte pas. Il fait partie d'elle.

L'edorian plissa les yeux d'étonnement.

— Mon ami, dit-il, tu devrais t'exprimer plus souvent, tu manques d'entraînement. Tes paroles sont incohérentes.

— Il n'y a aucune d'incohérence dans mes paroles. Le rubis est incrusté dans sa peau, ainsi que les autres pierres.

— Il y en a d'autres ?

Festor invita l'adolescente à les rejoindre. Lorsqu'elle s'exposa à la lumière, il put voir les diamants qui étincelaient sur ses joues et le dos de ses mains. Pour la première fois de sa vie, Elmagen resta muet.

Festor regarda son ami qui restait bouche bée. Cela faisait longtemps qu'il voulait le prendre au dépourvu, sans une réplique toute prête. Il ressentait cela comme une petite victoire.

— Aurais-tu perdu le sens de la parole ? demanda-t-il.

— Point du tout. J'admirais. L'art ne se décrit pas, il s'admire. Et là, nous pouvons parler d'œuvre d'art. Car je doute qu'elle soit née comme ça.

— Sort gems appliqué par un drow.

— Mademoiselle, donnez-moi le nom de ce drow. Je voudrais le féliciter. Avant de le tuer bien sûr, car je doute qu'il vous ait demandé votre accord avant de faire cela.

— Je ne sais pas son nom, répondit timidement Deirane.

— Si j'en avais les moyens, je vous achèterais sur l'heure. Malheureusement, quelqu'un a édicté une loi stupide qui interdit l'achat des êtres intelligents en Helaria. Quant à vous épouser, je suis bien trop jeune pour cela. Je n'ai que soixante-trois ans. Je n'ai pas encore vécu.

— Elle est trop jeune également pour être mariée, répliqua Festor.

— Trop jeune ? As-tu des yeux pour voir ? Ce n'est pas une enfant que tu as devant toi, c'est une vraie femme. Tu ne connais vraiment rien aux femmes. C'est à se demander comment un lourdaud comme toi a pu capturer un être aussi délicat que Jalia.

— Un simplet pour une simple d'esprit, suggéra Festor.

Les deux hommes éclatèrent de rire. Deirane se joignit à eux, un peu timide. Cleriance, qui n'avait vu Jalia qu'endormie et ignorait tout de son handicap ne comprit pas la raison de leur hilarité.

Au bout d'un moment, ils reprirent leur sérieux.

— Je ne voudrais pas te forcer la main, dit Elmagen, seulement les paysans que nous avons croisés en arrivant n'avaient pas l'air joyeux de nous voir. Je préférerais partir avant que des idées malsaines ne leur montent à l'esprit.

— Ça m'embête de bouger Jalia dans son état. Hélas, tu as certainement raison.

— Dans son état ! Dans quel mauvais pas as-tu fourré cette pauvre fille ?

— C'est de ma faute, plaida Deirane, elle a voulu m'aider, ça a mal tourné.

Elmagen regarda alternativement Deirane et Festor. Puis il monta les marches quatre à quatre. Ils entendirent quelques portes s'ouvrir, bientôt suivies d'un rugissement. L'edorian reparu en haut de l'escalier.

— Festor, lança-t-il, si tu la ramènes encore de tes expéditions dans un tel état, je... je...

— Encore, releva Cleriance, ce n'est pas la première fois ?

— Jalia est incapable d'estimer le danger. Elle a tendance à se mettre dans des situations désagréables, voire dangereuses. Ça reste quand même rare. Jamais ses blessures n'ont été aussi graves. Et d'habitude, j'arrive à lui éviter le pire. Et ça, même une forte gueule comme Elmagen le reconnaîtra.

Il avait haussé la voix sur la dernière phrase. L'edorian redescendit l'escalier, plus calme qu'il ne l'avait monté.

— L'honnêteté m'oblige à avouer que sans toi, il y a longtemps qu'elle aurait eu un accident fatal.

— Surtout que là c'est de ma faute, intervint Deirane.

— Nous ne sommes pas là pour nous flageller en public, reprit Elmagen, nous devons nous presser. Festor, descend Jalia et installe-la dans la litière. Pour une raison inexpliquée, ta présence a un effet apaisant sur elle alors que moi je l'effraie.

— Tu pourrais essayer de parler moins fort, suggéra Festor.

Il n'en alla pas moins chercher sa fiancée qu'il allongea précautionneusement dans la couche que les marins du Cristal lui avaient préparée. Ils avaient pensé à amener un guérisseur avec eux. Celui-ci monta à côté d'elle et commença à lui prodiguer ses soins.

Pendant le transbordement, Elmagen avait sorti un coffre du chariot. Malgré sa petite taille, il semblait assez lourd.

— À qui dois-je remettre ça ? demanda-t-il.

— Qu'est-ce que c'est ?

— Les livres que tu as reclamés.

— Ils sont pour Deirane, répondit Festor.

Le soldat posa le coffre devant elle et l'ouvrit. Elle découvrit dedans une vingtaine de livres reliés à la couverture de cuir.

— Voilà tout ce que j'ai pu amener, dit-il, ce n'est pas grand-chose, le Cristal est tout neuf, il n'est pas encore bien équipé.

La jeune femme ouvrait des yeux grands comme des soucoupes.

— Pas beaucoup, dit-elle, il y en a plus ici que dans le village entier.

— Festor avait demandé que les livres en yriani. J'ai estimé que ceux en helariamen vous seraient utiles aussi. Après tout, c'est la lingua franca de notre monde.

Sur le dessus de la pile, il prit un livre et le montra à la jeune paysanne. Il avait été tant lu que la reliure était brisée et que des pages s'en échappaient.

— Quand vous maîtriserez la langue, vous pourrez lire celui-ci. C'est mon préféré.

Avec difficulté, Deirane déchiffra les caractères étranges de la langue d'Helaria. Elle ne connaissait pas toutes les lettres, elle en identifia néanmoins suffisamment pour reconnaître le premier mot, complétant ce qui manquait par la déduction.

— Sëliurvim… les bagues ? Je n'arrive pas à lire la suite.

— Des bagues, corrigea Elmagen. *Sëliurvim tëtuiltek*. Une grande histoire épique. Les péripéties du semi-homme en terre du milieu vous emballeront, j'en suis sûr.

— Je n'en suis pas encore là, répondit-elle.

— Je n'en doute pas.

Elle admira ces trésors que Festor lui avait donnés. Une fortune selon ses critères. Et selon ceux de sa sœur qui regardait le coffre et son contenu avec beaucoup d'intérêt, aussi. L'edorian rejoignit ses hommes pour aider aux préparatifs.

Juste avant de partir, Festor salua toute la famille. Même Daisuren vint assister au départ. Si elle était toujours aussi renfrognée, la bienséance avait repris le dessus. Le soldat n'essaya pas d'aller jusqu'à la serrer contre lui comme il le fit des trois autres représentantes féminines de la famille. Après avoir enlacé Deirane, il la prit par les épaules et la regarda dans les yeux.

— Je ne sais pas quelle vie tu auras, dit-il. Sache qu'il existe un refuge pour toi où tu seras en paix. N'hésite pas à venir nous rejoindre.

— Je préfère rester au sein de ma famille.

— Je n'en doute pas. On se reverra bientôt, j'en suis sûr.

Il serra une dernière fois la jeune fille contre lui. À travers le tissu, les pointes des petits diamants lui procuraient toujours une sensation étrange, même s'il commençait à s'y habituer. Il la lâcha enfin et monta sur son hofec. Il adressa un ultime salut à toute la famille.

Elmagen lança un ordre et la troupe se mit en route. Deirane les suivit du regard jusqu'à ce qu'ils eussent passé la colline.

XIV

Boulden, de nos jours.

Deirane jeta un coup d'œil autour d'elle. Tous les Helariaseny présents étaient suspendus à ses lèvres. Elle remarqua, assise en face d'elle, une stoltzin qui n'était pas là au début de son récit. Une toute petite femme, menue, très jolie, aux longs cheveux roux et à la silhouette d'une adolescente, dont l'épaule servait de support à un soldat. Elle paraissait la plus jeune de l'assemblée.

Bien que Deirane ne l'eût jamais vue, elle avait compris qui elle était. Et de toute façon, la bague passée à son doigt aurait donné son rang en Helaria. Il s'agissait de l'une des deux sœurs jumelles qui dirigeaient l'armée. Dans ce cas, loin d'être une adolescente, elle était en réalité leur doyenne à tous.

Deirane se dit que là était la principale différence entre l'Helaria et les autres royaumes. Bien qu'elle avait le même rang que le roi d'Yrian, elle était là, dans une auberge, en terre étrangère, au milieu de soldats qui ne marquaient aucune déférence particulière à son égard, alors que son homologue yriani ne se déplaçait jamais sans sa cour et tout un décorum. Et surtout, il ne serait jamais entré dans un endroit aussi sordide.

Muy, la jolie rousse repoussa le soldat. D'un geste sensuel, elle s'étira et rejeta ses cheveux en arrière. Puis elle braqua son regard sur Deirane. Un regard d'animal, jaune aux pupilles fendues verticalement comme les reptiles. Impossible de deviner les sentiments qui se cachaient derrière. Les Helariaseny avaient tous fini par remarquer qui se tenait au milieu d'eux et s'étaient écartés pour lui laisser de la place, mais juste le minimum pour ne pas l'écraser, rien à voir avec le respect qu'on aurait attendu face à un responsable à la position si éminente, ce dont elle ne semblait pas se formaliser.

— Cette histoire était intéressante, dit-elle enfin, tu racontes bien.
— Merci, répondit Deirane.
— J'avais entendu parler de toi, mais je ne connaissais pas cette partie de ta vie.
— Ce n'est pas une période que j'aime raconter.

— J'imagine. Nous avons tous des moments comme ça dans notre vie, impossible à raconter.

— J'espère bien que non.

Muy prit d'office la chope de son voisin et en but quelques gorgées. Dans beaucoup de contrées, une telle privauté aurait eu une signification précise. De toute évidence, ce n'était pas le cas en Helaria.

— Demain, toutes les deux, soyez présentes au consulat en début d'après-midi. Sans faute.

— J'y serai, répondit Saalyn.

Deirane allait répliquer, elle se souvint à temps que son interlocutrice, malgré son air décontracté et l'absence d'escorte, était un chef d'État. Elle était l'un des cinq pentarques d'Helaria, le chef de tous les soldats helarieal présents dans la salle. Elle ordonnait, ils obéiraient, sans chercher à comprendre.

Devant l'hésitation de la jeune humaine, Muy insista.

— Sans faute !

Ce coup-ci le ton était nettement plus sec. Ce n'était plus une suggestion, mais un ordre. Impossible de s'y tromper.

— Elle y sera, se dépêcha de dire Saalyn.

— Bien.

Muy passa une jambe par-dessus le banc. Avec une grâce féline qui choquait avec sa silhouette d'adolescente, elle se leva et s'éloigna sans jeter un regard. Elle n'alla pas loin. Un individu soit ignorant qui elle était, soit au contraire, la connaissant à la perfection, l'aborda pour lui parler. Il ne fallut pas longtemps pour qu'elle éclatât de rire et se laissât entraîner à une table.

Deirane la suivit des yeux un moment.

— Je n'ai aucune chance de me défiler, dit-elle, elle n'est pourtant pas ma reine.

— Tu seras dans son bureau à l'heure dite ou… morte.

L'humaine tourna la tête vers son amie. Son visage exprimait la surprise face à une alternative si extrême.

— Tu n'es pas amusante, dit-elle enfin, qui tuerait quelqu'un pour si peu ?

— Elle ne te tuera pas. Mais c'est la seule excuse qu'elle acceptera pour ton absence.

Un soldat abonda dans le sens de son aînée.

— Saalyn a raison, si vous n'êtes pas là au rendez-vous, la pentarque vous enverra chercher. Ce qui sera désagréable pour vous et la mettra dans de mauvaises dispositions. Croyez-moi, il vaut mieux y aller. N'oubliez pas qu'elle est l'équivalent d'une reine en Helaria, elle est l'égale du prince de

Boulden. Au besoin, la garde de la ville n'hésiterait pas à vous livrer, à titre de cadeau diplomatique.

Deirane prit une gorgée de sa chope. Elle avait besoin de reprendre contenance.

— Je commence à être habituée, j'ai été offerte en cadeau plus souvent qu'à mon tour. Néanmoins, jamais je n'aurai imaginé un tour pareil venant de l'Helaria.

— Ne sois pas si acide, remarqua Saalyn, même si tu viens au rendez-vous entre deux gardes de Boulden, tu repartiras libre.

— J'imagine très bien pourquoi elle nous a convoquées demain. Elle va te donner l'ordre de ne pas m'aider. Jamais tu ne désobéiras à un ordre direct de ta reine. Et pour moi, tout sera fini. Alors oui, je peux me permettre d'être acide.

D'un signe, elle appela le tavernier pour qu'il la servit à nouveau. Sa chope en main, elle regardait la petite stoltzin. Cette dernière riait aux paroles de son compagnon.

Finalement, Hester se leva. Deirane demanda :
— Où vas-tu ?
— Lui parler.

Elle tenta de le retenir par la main. Délicatement, il se dégagea. Il rejoignit le couple au milieu de la salle. Deirane esquissa une tentative de le rattraper. D'une main légère, Saalyn la retint. Inquiète, elle regarda son fils agir. Il avait interrompu la discussion entre la pentarque et son compagnon. Et de toute évidence, elle l'écoutait. Le bruit dans la salle l'empêchait d'entendre leur échange et elle n'avait aucun don pour lire sur les lèvres. Elle aurait donné n'importe quoi pour se transformer en une petite souris et pouvoir se cacher juste à côté d'eux.

Au bout de quelques stersihons, Hester revint.
— Alors ? demanda Deirane.
— Toujours convoquée demain en début d'après-midi, dit Hester.

Deirane se leva. Elle enfila sa houppelande. Le regard qu'elle lança à Saalyn était plein de questions.

— Il n'est pas exclu qu'elle t'aide, ne la condamne pas d'office, dit cette dernière.

Deirane s'immobilisa quelques secondes, hésitant entre sortir au plus vite ou rester.

— Excusez-moi, dit-elle enfin, c'est mon problème, pas le vôtre. Et je ne peux pas vous reprocher de ne pas pouvoir intervenir pour le résoudre.

— Cela fait vingt ans que tu mènes ta barque sans aide, répondit Saalyn. Et tu t'es bien débrouillée jusqu'à présent. Je suis sûre que quoi qu'il arrive, tu réussiras cette mission.

Deirane esquissa un sourire sans joie.

— Vingt ans sans nous rencontrer, et je me comporte en enfant gâtée comme si vous me deviez quelque chose, dit-elle d'un air contrit. C'est moi qui ai une dette envers vous, et pas le contraire.

Elle traversa la salle pour sortir.

Hester hésita un moment. Il voulait dire quelque chose à la guerrière, mais il ne savait pas quoi. Elle l'intimidait.

— Je vous remercie, bafouilla-t-il enfin.

— Rejoins-la vite. Essaie de l'empêcher de faire des bêtises, si tu as quelque influence sur elle.

— Quelqu'un en a-t-il ? Quand elle se lance dans un combat, connaissez-vous quelqu'un qui ait pu la modérer ?

— Fais au mieux.

Saalyn libéra le jeune homme qui rejoignit sa mère à l'extérieur.

Deirane l'attendait. Quand il fut près d'elle, elle lui lança un regard interrogateur. N'obtenant pas de réponse elle fit demi-tour en direction de l'hôtel. Ce fut Deirane qui prit l'initiative de rétablir la communication.

— Tu as remarqué, dit-elle, Saalyn a peur de sa pentarque.

— C'était flagrant, répondit-il. Pas pour elle. Pour toi.

Deirane médita les paroles de son fils un instant.

— Elle a la réputation d'une tueuse sans scrupule, dit-elle finalement. Elle tue sans cruauté, sans état d'âme également.

— C'est pareil avec les autres pentarques ?

— Sa sœur jumelle oui, les autres non.

Tout en discutant, ils retournèrent jusqu'à leur hôtel.

L'après-midi suivant, Deirane se présenta au consulat d'Helaria. Le bâtiment avait été construit loin du centre, dans un quartier à la limite du misérable. Ce secteur isolé convenait aux desseins de la Pentarchie, en lui offrant un endroit où les affaires pouvaient être discrètement menées. Cette discrétion était accentuée par l'attitude des habitants. Seul bâtiment en pierre dans un quartier en bois, il avait hébergé les familles ayant perdu leur foyer lors d'un incendie survenu quelques années plus tôt. Le consul avait ensuite financé la reconstruction alors que le palais princier s'était totalement désintéressé de l'endroit. Sans le savoir, le prince avait créé une enclave helarieal dans son domaine. Les habitants ne respectaient plus son autorité, celle de la Pentarchie l'avait remplacée.

Alors qu'elle s'engageait dans la rue, un homme apparemment pressé la bouscula. Elle tomba, il s'écrasa sur elle. Elle allait protester, quand l'homme, tout en se relevant, lui murmura, au milieu de ses excuses, quelques mots à l'oreille.

— Vous êtes suivie, dit-il.
— Qui êtes-vous ?
— Un ami, que doit-on faire ?
— Je ne sais pas, qui êtes-vous ?
— On va le faire disparaître discrètement.
— Pas question, je ne veux pas de meurtre. Laissez-le, je n'ai que faire d'être espionnée.
— C'est votre vie.
— Veuillez déplacer votre main.
— Désolé.
— Et ne touchez pas à l'espion.

Il se releva, non sans en profiter pour peloter Deirane comme un parfait malotru. Cette dernière ne savait pas s'il jouait un rôle à la perfection ou s'il profitait de la situation. Quoi qu'il en soit, elle n'appréciait pas. Elle rajusta sa tenue. Sa chemise était maintenant couverte de poussière et froissée. Elle s'épousseta rapidement de la main. L'homme lui fit de même dans le dos. Elle se retourna brutalement, lui jetant un regard franchement hostile. Un sourire faussement gêné sur les lèvres, il s'écarta d'abord à reculons, avant de faire demi-tour et de s'enfuir.

Saalyn attendait Deirane à l'entrée du bâtiment.
— Je vois que tu es passée dans les pattes de cet obsédé, remarqua-t-elle simplement.
— Comment pouvez-vous supporter un tel type dans les parages ?
— Il a des manières désagréables, mais ses renseignements sont de premier ordre.

Elle guida son amie à l'intérieur, fermant la porte derrière elles.
— Quand même, il y a des limites à lui imposer.
— Je ne reste jamais suffisamment longtemps au même endroit pour m'en offusquer.

Tout en marchant, Deirane observait autour d'elle. L'endroit était bien différent de l'ambassade d'Helaria à Sernos, construite pour le prestige. Ce consulat était purement fonctionnel. L'endroit ne contenait que quelques bureaux, des salles de conférence, les dépendances et très certainement une salle de bal. Cette pièce était systématiquement la première que les Helariaseny aménageaient dans toute nouvelle construction, avant même d'installer les éléments de confort tels que les lits dans les chambres, voire les cuisines.

Le bureau de Muy, au fond d'un long couloir était de toute évidence une pièce polyvalente, rapidement équipée pour l'accueillir durant son bref séjour. Un local très simple avec un bureau et deux chaises, des coffres ayant beaucoup voyagé et des étagères en désordre, tel était l'ameublement de l'endroit. De toute évidence, le chauffage fonctionnait bien. Avec le soleil du sud qui illuminait la pièce, l'atmosphère était étouffante. Muy avait ouvert la fenêtre et troqué sa tunique de cuir contre une de ces robes d'été que les femmes d'Helaria utilisaient dans leur patrie tropicale. Avec ses longs cheveux roux et sa silhouette gracile, qui lui donnait l'air d'une adolescente, on avait du mal à voir en elle une reine et plus encore une guerrière. À la vive lumière du jour, Deirane remarqua qu'elle n'avait pas la carnation d'une rousse, celle-ci était plus mate, comme brunie par le soleil, détail qui révélait son origine non humaine. Car les stoltzt ne bronzaient pas, en réalité ils pouvaient changer de couleur plus ou moins à volonté, comme les caméléons. Elle se demanda si c'était le cas ici.

D'un geste, la pentarque désigna les deux chaises. Saalyn et Deirane s'assirent. Muy jeta un bref coup d'œil sur l'humaine.

— Des problèmes avec Evril ? demanda-t-elle.

— Il a transmis des renseignements à Deirane avec sa légèreté habituelle, répondit Saalyn.

— Et qu'avait-il à annoncer d'intéressant ?

La veille, avec les bruits de la taverne, Deirane n'avait pas fait attention. Maintenant, elle remarquait l'accent de la pentarque. Comme si l'helariamen avait été pour elle une langue étrangère. Ce qui était ridicule.

— Que j'étais suivie, dit Deirane avec retard.

— Sa qualité d'informateur baisse. Si les renseignements qu'il nous donne deviennent aussi déplorables, nous n'avons plus aucune raison de supporter ses manières détestables. Tu es suivie depuis hier.

— Hier, releva Deirane avec surprise.

— Tu es sûre ? demanda Saalyn.

Le regard de Muy sur sa guerrière libre la figea.

— Celui d'hier n'est pas le même que celui d'aujourd'hui. J'ignore de qui tu as attiré l'attention. Quel qu'il soit, il est riche. Suffisamment riche pour s'offrir les services d'espions professionnels. Une vétérane aussi compétente que toi, Saalyn, n'y a vu que du feu. J'ai moi-même eu du mal à les repérer.

— Merci de me prévenir. J'ignore qui me fait surveiller. Je suppose que ma réapparition après tant de mois sans nouvelles a dû éveiller la curiosité de bien du monde.

— Qu'allons-nous faire ? demanda Saalyn.

Muy la regarda d'un air interrogateur. Elle répondit :

— Nous ? Rien. Cela ne nous concerne pas. Sauf si Deirane demande notre aide, dans ce cas-là nous lui transmettrons nos tarifs. Désires-tu notre aide ?

— J'ignorai que la Pentarchie faisait payer la justice, répondit Deirane.

— La justice est gratuite en Helaria, riposta Muy. Toutefois là il ne s'agit pas de justice, mais d'une protection rapprochée. Ce service est payant.

— Sauf en cas de menace explicite, remarqua Saalyn, dans ce cas nous accordons notre protection sans contrepartie.

— Sauf en cas de menace explicite, acquiesça Muy.

— Dans ce cas…

Deirane hésita. Ses deux interlocutrices manifestèrent leur impatience en attendant la suite.

— Dans ce cas, je peux engager une troupe de guerriers pour délivrer l'esclave.

Muy croisa les bras sur sa poitrine et s'enfonça dans son fauteuil.

— Je crois que tu n'as pas très bien compris ce que nous sommes. Les guerriers libres helarieal ne sont pas des mercenaires, c'est une force de police ayant mandat pour exercer sur tout le continent. Ils effectuent des opérations de police, pas de commandos. Cela implique deux conditions. Tout d'abord, une demande de justice doit être déposée auprès de nous. Ensuite, nous n'agissons que dans la légalité des royaumes où nous exerçons notre activité. En Boulden, l'esclavage n'est pas illégal. Aider une esclave à s'enfuir l'est. Tu peux déposer une demande auprès de nous pour libérer cette paysanne, le second point nous empêchera d'agir.

Les explications de la pentarque donnèrent à Deirane un air de chien battu.

— Sauf si son propriétaire s'installe dans un territoire qui a interdit l'esclavage.

La remarque de Saalyn lui redonna espoir.

— Si l'individu est bien celui que je pense, son domaine est au nord de Sernos.

— Avec un peu de chance, il pourrait même nous faciliter les choses et déposer son esclave dans un de nos consulats, lança Muy d'un ton sarcastique. Réfléchis un peu. À l'heure actuelle, la moitié de la ville doit savoir que tu nous as rencontrés hier. Dans son esprit, les chances que nous nous lancions à ses trousses sont loin d'être négligeables. En conséquence, il va s'arranger pour ne jamais tomber dans le cadre de notre juridiction. Ne compte pas le retrouver à Sernos.

— Muy, tu nous as convoquées uniquement pour saper le moral de Deirane ?

La petite stoltzin baissa la tête comme prise en faute.

Muy ouvrit un tiroir de son bureau d'où elle sortit un dossier qu'elle posa devant elle.

— Tu as un fils très persuasif, reprit-elle, il est venu me parler hier soir.

— Je ne pensais pas que vous l'écoutiez, vous…

Deirane hésita. Le regard de Muy pétilla d'amusement.

— Tu pensais que mon partenaire accaparait toute mon attention. Ce n'était pas le cas. Dans un lieu public en territoire hostile, j'ai appris à être attentive à ce qui m'entoure.

Elle ouvrit le dossier. Dedans il n'y avait qu'un parchemin. La pentarque le prit et le tendit à Deirane. Il était rédigé en langue de Sernos, la langue natale de l'humaine. De toute évidence, le scribe n'avait pas l'habitude de manipuler les cursives humaines, c'est pour elle qu'il avait été écrit.

C'était un avis du représentant bancaire d'Helaria en Boulden. Deirane le lut d'une traite.

— C'est le nom de l'acheteur ! s'écria Deirane. Lergerin Aldower. En vingt ans, je n'ai jamais su son nom.

— C'est le maximum que je puisse faire. Tu devras t'en contenter.

— M'en contenter ? Avec ça, je vais pouvoir le pister où qu'il se cache.

S'il n'y avait pas eu d'obstacle entre elles, Deirane aurait sauté au cou de la petite femme et l'aurait embrassée. Vu la réputation de cette dernière, il était heureux que le bureau fût là.

— Je vais vous envoyer Hester, dit Deirane, peut-être pourra-t-il négocier le prêt de quelques soldats.

— Pour que je m'oublie au point de te confier une troupe, il faudra que ses talents aillent au-delà de la négociation, dit-elle en riant.

— Il a des chances de réussir ?

— Jusqu'à présent, personne n'a réussi. Mais que cela ne l'empêche pas d'essayer.

Muy redevint brutalement sérieuse. Elle referma le tiroir d'un mouvement brusque.

— Maintenant, vas-y, sauve cette fille, dit-elle. Je ne peux pas t'aider, tu as néanmoins toute ma sympathie.

— Merci.

Deirane se leva, imitée par Saalyn. Elle fit quelques pas en direction de la porte, tout en repliant soigneusement le parchemin. Juste avant de sortir, elle se retourna.

— Je n'ai vraiment aucune chance d'avoir une troupe, demanda-t-elle

— L'acheteur n'a commis aucun crime en Helaria ni dans aucun territoire où nous avons des accords, répondit Muy, je suis désolée.

Saalyn referma la porte derrière elles.

Alors que Deirane allait se diriger vers la sortie, Saalyn la retint par le bras.

— Pas par là, suis-moi, dit-elle.

— Suivre où ?
— À l'armurerie.

L'humaine avait l'air surprise. Elle répéta les paroles de son amie sans comprendre.

— On n'a pas le droit d'intervenir, mais on peut t'équiper. Ou t'entraîner.

Elle guida Deirane à travers les couloirs du bâtiment. En passant, elle vit des bureaux ouverts, vides ou en train d'être vidés. Toutes les personnes qu'elles croisaient semblaient fébriles.

Elles arrivèrent vite dans l'arsenal, une pièce sombre sans fenêtres et solidement fermée. En conformité avec le statut mineur du consulat, il était peu approvisionné. On y trouvait quelques épées et dagues. Leur mauvais état montrait qu'elles n'appartenaient pas à l'Helaria, il s'agissait plus certainement du résultat des confiscations opérées lors de l'arrestation des criminels poursuivis par les guerriers libres. La plupart, trop endommagées, étaient certainement destinées à être refondues. Néanmoins, dans un coin, soigneusement rangées dans un râtelier, Deirane remarqua quelques épées neuves. Le métal étant rare depuis la fin de la guerre, beaucoup d'armes récentes étaient fabriquées à l'économie, une âme en bois avec juste le tranchant en fer. Certaines, comme les couteaux, étaient totalement en pierre polie. Comme les Helariaseny sortaient juste de l'âge de pierre au moment des événements, ils maîtrisaient encore bien ces techniques de fabrication primitives et avaient acquis un avantage sur les autres royaumes.

Saalyn ouvrit un tiroir. Dedans il y avait un objet étrange, à la surface lisse faite d'un matériau qui n'était pas du métal et de petite taille, spécialement conçu pour être tenu dans une main. Deirane le reconnut aussitôt.

— Un laser feytha, s'écria Deirane, vous en avez quelques-uns ?
— Quelques-uns en effet, répondit Saalyn.

La guerrière sortit l'arme du tiroir. Elle le présenta à son amie.

— Qu'en faites-vous ? Tous ceux que l'on trouve encore aujourd'hui ne fonctionnent plus.

— Nous avons appris à les recharger. Par contre, nous ne savons pas les reproduire et ils s'usent.

Il n'y avait pas que ça dans le tiroir. Avant que Saalyn ait pu réagir, Deirane en avait sorti une arbalète. Une arbalète étrange, de toute petite taille avec plusieurs carreaux auxquels correspondaient plusieurs arcs. La version adaptée à leur technologie du laser feytha.

— Qu'est-ce que c'est ? demanda-t-elle.

Saalyn la prit des mains de son amie et la rangea avant de fermer le tiroir.

— C'est une arbalète à répétition. Capable de tirer plusieurs carreaux en rafales. Contrairement au laser, celle-là est de notre fait. C'est un modèle à quatre carreaux, nous en avons jusqu'à huit. Au-delà, elles deviennent encombrantes et trop longues à recharger.

Deirane sentit la gêne que la stoltzin éprouvait à en parler. Elle se dit qu'elle n'aurait jamais dû la voir.

— Nous préférons que l'existence de cette arme soit connue le plus tard possible. Nous ne sommes pas encore assez forts pour résister à un pogrom, ce qui arriverait si notre avance dans ce domaine était connue.

Deirane comprenait parfaitement ce que pensait son amie. Après la guerre, l'entente qui unissait les sept peuples avait pris fin. Les humains s'étaient laissé aller à leurs penchants xénophobes et manifestaient du racisme envers les stoltzt. Aujourd'hui, trois générations plus tard, les choses s'étaient bien améliorées. La preuve en était que Saalyn circulait dans le pays sans problèmes. Toutefois, il suffirait de pas grand-chose – par exemple une Helaria capable d'imposer son hégémonie sur le monde – pour que les anciennes rancœurs resurgissent.

— Cette arme n'est pas pour moi donc, dit Deirane, que m'avez-vous réservé ?

— Nous allons te prêter un arc. Une arme que tous les pays savent fabriquer.

Joignant le geste à la parole, elle prit l'un des arcs d'entraînement posé sur une table. Celui-ci, de structure très simple, n'avait pas la puissance des armes conçues pour la guerre. Seulement, il nécessitait moins de force pour être bandé. Il convenait pour une personne telle que Deirane qui n'était pas très musclée.

Deirane remarqua que la guerrière libre n'avait pas reposé le laser feytha.

— Et lui, demanda-t-elle, tu ne le ranges pas ?

— Muy m'a demandé de t'apprendre à t'en servir.

— Pourquoi donc ? Ils sont rares et précieux. Vous n'allez certainement pas m'en céder un.

— J'en doute aussi. Muy doit avoir une raison. Ça fait plus de mille ans qu'elle dirige l'armée helarieal. Nous n'avons jamais perdu une guerre. Avec le temps, j'ai pris l'habitude de lui obéir sans réfléchir, aussi étranges me semblent ses ordres. Elle sait ce qu'elle fait.

Elle entraîna Deirane dans une salle juste à côté. Elle était inoccupée pour le moment. En temps normal, elle devait constituer le bureau de l'économe, le fonctionnaire indispensable au fonctionnement du système helarieal.

Pendant que la blonde guerrière préparait l'arme, Deirane se décida à l'interroger sur l'ambiance bizarre du consulat.

— J'ai une sensation étrange, une sorte de malaise autour de nous, que se passe-t-il ?

— Même toi tu le ressens.

— Comment y être insensible ? Tout est chamboulé. Ce n'est pas le premier consulat que je vois dans un territoire hostile. Et d'habitude, vous ne vous comportez pas comme ça. Vous vous tenez toujours prêts à subir une attaque. Or là, on dirait que vous allez quitter Boulden. J'ai comme l'impression que des événements graves se préparent.

— Les événements sont déclenchés depuis plus d'un mois, mais c'est seulement maintenant que la nouvelle arrive à Boulden. Nous quittons effectivement la ville. Nous devons nous rendre à Kushan. Nous sommes en guerre.

— En guerre ?

L'énormité de l'annonce coupa net Deirane dans son élan.

— Contre qui ? Personne n'est assez puissant pour s'attaquer à la Pentarchie.

— C'est ce que nous pensions aussi. Je n'ai pas tous les renseignements, mais j'ai entendu parler de la Hanse de la Vunci, associée à quelques royaumes humains. Des bawcks seraient aussi de la partie. Plus d'une dizaine de clans au total. Il semblerait que c'est Shaab qui dirige les opérations.

La Vunci, un fleuve côtier situé à mi-chemin de l'embouchure de l'Unster et du royaume de Nasïlia. Ses berges abritaient quelques petits États. Ils avaient été épargnés par la guerre, leur environnement était sain, la jungle intacte. Ils disposaient de bois en abondance. Le plus proche de la mer, Shaab, avait pu exploiter cette richesse pour devenir la troisième nation commerçante du monde. Pourtant il ne possédait aucun vaisseau, il louait les services de l'Helaria et des autres nations maritimes pour transporter ses marchandises, comme tout le monde.

— Et comment ça se passe pour le moment ?

— Plutôt mal en fait, nous avons été pris par surprise. Luzen est prise. Neiso a été attaquée aussi, bien que les défenses de la ville aient pu repousser l'agresseur sans aucune perte de notre côté. Par contre, les îles jumelles et Honëga sont totalement dévastées. Pour le moment, l'ennemi n'a pas réussi à prendre pied sur une de nos îles.

— Tu viens de me dire que les jumelles étaient des stratèges exceptionnelles qui n'ont jamais perdu une guerre. Après ce que tu viens de me dire, ce n'est pas l'impression que ça donne.

— J'ai pas besoin de toi pour m'en rendre compte, cracha Saalyn.

— Je suis désolée.

Deirane prit un air contrit. Elle pouvait parler de l'Helaria avec légèreté vu que pour elle ce n'était qu'une destination lointaine où elle n'avait jamais mis les pieds. Elle avait juste oublié que c'était la patrie de Saalyn, son foyer.

— Que veux-tu ? reprit Saalyn. Au cours de ces dernières décennies, nous avons vécu en paix. Nous avons relâché notre vigilance. Nos convois marchands étaient des cibles faciles, aussi notre flotte s'est occupée de les protéger en priorité. Nos terres étaient moins bien défendues, nous comptions sur notre insularité pour nous protéger. Nous avions oublié qu'avec nos dernières acquisitions territoriales, nous étions maintenant un royaume principalement continental. Et la richesse de certaines villes a déplacé le cœur de notre économie vers le continent. En plus, nous ne sommes plus les seuls à disposer d'une flotte. Nous sommes devenus vulnérables.

— Qu'allez-vous faire ?

— Je ne sais pas ce que les pentarques ont prévu. Après la victoire contre les feythas, la recolonisation des continents s'est faite en suivant les côtes et les principaux fleuves. Et le plus grand est l'Unster celui qui irrigue Sernos, deux royaumes majeurs et une douzaine de cités-États, richissimes pour la plupart, sans compter les royaumes satellites comme les nains dans les montagnes. Et nous sommes à l'embouchure. La guerre serait aussi catastrophique pour eux que pour nous. Nos ports de Kushan, Imoteiv et Honëga sont leurs principaux points d'accès vers les autres provinces civilisées et les seuls vers le second continent. Nous ferons certainement appel à leur aide pour tenir le temps que notre flotte revienne et puisse repousser l'envahisseur. D'ailleurs, Boulden est justement la cité ocariane la plus nordique. Cela expliquerait que Muy s'attarde ici alors que nous n'y sommes pas les bienvenus. Elle doit certainement négocier avec le prince pour avoir les fonds nécessaires pour recruter des mercenaires.

— Boulden pourrait choisir un autre port pour son commerce.

— Lequel ?

Lequel en effet, pensa Deirane ? Hors de l'Helaria, les seuls autres ports étaient soit Nasïlia accessible au terme d'un voyage de plus de mille cinq cents longes, soit Shaab et Orvbel qui n'étaient reliés à aucune route.

Tout en discutant, Saalyn avait accroché une cible au mur opposé. Revenant vers l'ancienne reine, elle prit l'arme feytha qu'elle avait déposée sur le bureau.

— Assez bavardé maintenant, dit-elle, on s'entraîne. Après tu me raconteras la suite de ton histoire d'hier. Et ensuite, on se préparera pour la fête de ce soir.

— Vous allez faire la fête ce soir, malgré ce qui se passe ?

— Ne pas la faire arrangerait les choses ?

— Non…

— Dans ce cas, pourquoi l'annuler ?
— Pourquoi en effet ?

Malgré tous les mois passés en leur compagnie, Deirane n'était pas arrivée pas à s'habituer à la mentalité stoltz. Elle prit l'arme des mains de Saalyn et se mit en position comme celle-ci le lui indiquait.

XV

Boulden, de nos jours.

Deirane avait étalé sur le lit les habits qu'elle envisageait pour la fête. Il y avait trois robes. La première, très succincte, lui couvrait à peine la poitrine et les hanches, une version plus réduite de ce qu'elle portait au marché aux esclaves. C'était le genre de vêtements auquel elle était habituée depuis qu'elle avait été vendue au roi d'Orvbel. Une tenue qui mettait en relief le motif de pierres précieuses et d'or qui lui couvrait le corps. Une tenue qui rappelait tous les moments les plus pénibles de sa vie. Une tenue qui avait mis fin son adolescence. Ce soir, elle ne voulait courtiser personne. Ou plutôt si, elle voulait obtenir une faveur de Muy, la pentarque. Il n'y avait cependant aucune chance que se présenter à elle presque nue lui fît de l'effet.

La seconde robe était clinquante. Un riche tissu de couleur voyante, brodé de fils d'or et de pierres précieuses. Longue, elle était largement décolletée et fendue sur le côté gauche. Celle-là aussi s'appuyait plus sur la beauté de sa porteuse que sur le talent du styliste. Et du point de vue de la beauté, Deirane était servie. Elle se souvenait qu'elle n'avait pas apprécié à l'époque l'image d'elle que cela impliquait dans l'esprit de celui qui la lui avait offerte. Pourtant, elle aimait bien la mettre, quand elle voulait éblouir l'assistance. Ce soir, elle n'avait pas envie d'éblouir quiconque. Elle la mit de côté pour enfiler la dernière.

C'était une robe de soirée blanche, de coupe simple, au décolleté plus sobre. Elle cachait la plupart des pierres incrustées dans sa peau. Elle gardait cependant les épaules et les bras nus, ce qui ne donnait qu'une vague idée du motif d'ensemble. Elle s'arrêtait un peu au-dessus des chevilles. Une paire de bottines de cuir blanc montant à mi-mollet et une ceinture dorée passée autour de sa taille fine complétaient l'ensemble. Bien évidemment, elle fut très discrète sur les bijoux, juste une perle à chaque oreille et une chaînette en bronze aux poignets. Elle laissa retomber ses cheveux dans son dos. Elle savait que ces fêtes étaient très courues et que bon nombre de commerçants allaient venir, accompagnés de leur épouse vêtue de façon extravagante. Les Helariaseny ne les aimaient pas trop, car ils s'estimaient trop pour donner leur part aux festivités, mais les lois de l'hospitalité restaient les plus fortes. Ainsi habillée, elle serait plus remarquée par ceux qui avaient de l'importance à ses yeux qu'avec une tenue plus tapageuse.

Elle s'observa dans la glace d'un œil critique. Elle était mince, malgré cinq grossesses. À son âge, trente ans, la plupart des concubines qu'elle avait connues, divinement belles du temps de leur jeunesse, s'étaient empâtées, victimes d'une nourriture trop riche et de leur paresse physique. Deirane s'estimait gâtée par la nature. Et puis, le treillage d'or incrusté dans sa chair avait sa part de responsabilité sur la fermeté de son corps. Plaquant le tissu contre elle, elle se souvint de ce jour lointain où elle jouait à gonfler une poitrine qu'elle trouvait trop menue. À l'époque, elle ne l'aurait jamais cru si on lui avait dit que vingt ans plus tard elle aurait bien voulu en avoir un peu moins.

Un coup bref frappé à la porte la ramena sur terre. Hester avait laissé la chambre à sa mère le temps qu'elle s'habillât. Mais il fallait qu'il finît de se préparer. Elle l'invita à entrer. Le jeune homme avait revêtu un costume somptueux. Une veste noire sur une chemise blanche et un pantalon noir. Une large ceinture de couleur vive lui enserrait la taille et mettait sa sveltesse en évidence. En le voyant, Deirane se troubla. Aussitôt, l'air enjoué d'Hester fit place à de l'inquiétude.

— Quelque chose ne va pas ? demanda-t-il.
— Tu es magnifique, dit-elle.

Elle s'approcha de lui et posa sa tête contre la poitrine. Il hésita un instant, puis se décida à l'enlacer.

— À chaque fois que j'ai éprouvé un moment de bonheur, quelque chose est venu le détruire. J'ai peur en permanence que nous soyons à nouveau séparés et que je n'arrive plus à te retrouver, jamais.
— Cela n'arrivera pas. Je n'ai aucune intention de partir.
— Il nous faudra nous séparer bientôt pourtant.
— Temporairement. Nos obligations nous laissent assez de temps libre pour nous permettre de nous rencontrer régulièrement.
— Tu ne regrettes pas ta vie d'avant ? Tranquille, sans souci.

Il la prit par les épaules et l'écarta de lui pour pouvoir la regarder dans les yeux.

— Ma vie d'avant ? J'étais orphelin, je croyais être seul au monde. C'est une famille d'adoption d'Elmin qui m'a élevé. Ils étaient gentils, ils m'ont élevé comme si j'étais de leur sang, malgré tout ce n'était pas ma vraie famille. Un jour, je découvre qu'elle existe, pas très loin de chez moi, avec des frères, des sœurs et une mère encore vivante. J'ai aussi, paraît-il, des cousins, des tantes, un oncle et des grands-parents. Il n'est pas question que je renonce à tout cela, même pour retrouver ma petite vie tranquille d'avant.

— Il faudra du temps, j'ignore où sont tes frères et sœurs. J'ignore même s'ils sont encore vivants.

— À deux, nous les trouverons plus vite.

Il l'enlaça à nouveau. Deirane profita longuement du moment de paix qui lui était offert. Elle s'écarta enfin.

— Il faut qu'on y aille, dit-elle, on va être en retard.

— Nous sommes déjà en retard.

— Je sais, répondit-elle avec un petit sourire sur les lèvres, privilège de femmes.

Elle prit l'étui qui contenait son usfilevi.

— Je t'attends en bas, dit-elle.

Elle quitta la chambre pour le laisser finir de se préparer.

.

Dans la rue, devant la porte de l'hôtel, une calèche les attendait. Un modèle décapotable très luxueux.

— Ce n'est pas raisonnable, remarqua Hester, nous n'en avons pas les moyens.

— C'est indispensable. Ce soir, nous allons à la bataille. Une bataille d'un genre différent. Notre arme sera notre apparence. Le moment et la façon dont nous arriverons sont importants. Nos tenues, nos gestes, tout compte. Et de toute façon, ce n'est pas nous qui payons.

— Je me demande ce que ton employeur va penser de ce genre de dépenses. Mais tu as plus d'expérience que moi dans ce domaine.

— Fais-moi confiance.

Il lui ouvrit la porte pour l'aider à monter, donna la destination au cocher et grimpa à son tour. La voiture s'ébranla.

— Le poème de ce soir, il fait partie de la stratégie ? demanda-t-il.

— Tu connais les traditions des fêtes helarieal ?

— Vaguement.

— Tout le monde doit distraire les convives par son talent. En première partie, tous les arts sont les bienvenus. C'est en seconde partie, après le repas, que les musiciens s'occupent de faire danser tout le monde. Tu ne chantes pas très bien, mais tu as une belle voix. J'ai pensé qu'un poème serait bien adapté pour toi. Qu'importe, ce qui compte est le plaisir, le sien et celui des autres.

— Je me demande ce que va faire Saalyn ce soir.

— Tu l'aimes bien, n'est-ce pas, répondit Deirane avec un sourire entendu.

— Je n'ai jamais entendu parler d'elle, mais il me semble qu'elle est connue. Au moins des soldats.

— Elle est connue en effet. Et pas uniquement pour ses exploits. Elle chante aussi.

— C'est une bonne chanteuse ?

— Non seulement elle chante bien, en plus elle est l'auteur de ses chansons. Je suis sûre qu'un ou deux airs que tu fredonnes sont d'elle. Tu seras surpris de son talent.

— Et la pentarque ?

— Elle c'est la danse. Elle est une maîtresse d'art corporel helarieal. Tu ne savais pas ?

— Je ne le savais pas. J'ai assisté à un spectacle une fois, c'est extraordinaire.

— En terre étrangère, ce genre de spectacle ne quitte pas les ambasades et les consulats helarieal. J'ignorais que tu y avais tes entrées.

Le jeune homme piqua un fard.

— C'était une prestation privée.

Deirane sourit. Elle avait compris. Les humains et les stoltzt se ressemblaient suffisamment pour qu'une jeune beauté fût sensible au charme d'un homme de l'autre peuple. Et comme ils appartenaient à des espèces différentes, il n'y avait aucune chance qu'une grossesse vînt tout gâcher.

L'arrivée devant le consulat dispensa Hester d'approfondir davantage le sujet. Le bâtiment, généralement discret, était illuminé, aussi flamboyant qu'un joyau en pleine lumière. Des lanternes en papier éclairaient les abords. Elles ne contenaient pas une flamme vive qui les aurait consumées, ces luminaires étaient remplis de cet étrange liquide lumineux qui éclairait les grottes de la Pentarchie depuis un millénaire. Dans le hall, des tentures habilement disposées masquaient les portes qui menaient vers les parties privées, seul l'accès au jardin était libre. C'est là que se déroulait la fête.

Les Helariaseny avaient dressé une grande tente carrée, fermée sur trois côtés et grande ouverte face au corps du bâtiment. Elle était maintenue debout par plusieurs poteaux en bois dont certains étaient sculptés. La tradition helarieal voulait que chaque membre de la Pentarchie participât en donnant de son talent. La plupart préféraient se donner en spectacle, chant, musique, poésie, théâtre, pour distraire l'assistance. Certains choisissaient d'autres moyens. La sculpture pour honorer des festivités, c'était peu banal. Au fond, la scène était encore vide, ce qui était inhabituel : la guerre avait plongé la Pentarchie en état de choc pour qu'aucun artiste ne se produisît Sur les côtés, deux grandes tables décorées croulaient sous les victuailles. La cuisine était un autre talent très apprécié. Dans les villes, on notait une tendance à entraîner un excès de dessert par rapport au reste, à la campagne c'était plutôt les grillades qui dominaient. Mais ce soir, quelqu'un avait tenu à ce que les convives ne demeurent pas sur leur faim. La plupart des plats venaient de

Boulden et ses environs, on arrivait quand même à en trouver quelques-uns typiques de l'Helaria comme le poisson farci aux algues que Hester repéra immédiatement.

Deirane entra au bras d'Hester. Il y avait déjà beaucoup de monde, malgré l'heure peu avancée. Quatre des sept espèces intelligentes qui habitaient la planète étaient présentes. Seuls manquaient les gems, les bawcks et les drows qui ne prisaient généralement pas ce genre d'événement. La plupart des convives étaient Helariaseny, personnel du consulat ou voyageurs de passage. Toutefois, beaucoup de Bouldenites étaient présents. On distinguait facilement plusieurs groupes d'individus. Les premiers étaient ici pour faire la fête, s'amuser. Ils portaient des tenues destinées à attirer l'attention des représentants du sexe opposé. Quelques-uns ne cherchaient qu'une aventure d'une nuit, d'autres espéraient découvrir la personne qui ferait un bout de chemin à leurs côtés. Parmi eux, il y avait aussi des adolescents de la ville venus s'encanailler entre les bras des Helariaseny réputées peu farouches. Ceux-là étaient généralement déçus. Les quelques rares élus qui réussissaient à capturer une jeune proie suffisaient à entretenir la légende.

Le second groupe était constitué des notables de Boulden. Eux étaient là pour se montrer. Ils portaient des tenues voyantes, étalage de leur richesse, profitant de la moindre occasion pour la mettre sous le nez des interlocuteurs. Ils étaient accompagnés de femmes superbes, souvent des esclaves, habillées de façon très décorative. C'était un pari risqué, n'importe laquelle pouvait demander l'asile et perdre automatiquement son statut d'esclave. Le fait qu'elles ne le fissent que très rarement était considéré comme un gage de la bonté de leur propriétaire. La vérité était que la plupart avaient une famille, parents, frères, sœurs, cousines, plus rarement des enfants, utilisés pour faire pression sur elles. En général, les deux groupes ne se mélangeaient pas, sauf quand un riche commerçant cherchait à marchander les charmes d'une jeune beauté helarieal. Deirane espérait que cela ne se produirait pas ce soir, elles abhorraient ça et souvent des bagarres en résultaient.

Il y avait aussi un dernier groupe très faiblement représenté dans l'assistance, se comptant sur les doigts de la main : les nobles de la cité-État. Les vrais nobles, ceux qui l'avaient fondée, qui s'étaient battus pour l'effondrement de la tyrannie feytha, avant que les marchands d'esclaves ne s'abattissent sur elle. Écœurés par l'attitude de ces derniers, ils ne se considéraient pas comme faisant partie du même monde. Ils méprisaient aussi les Helariaseny, tout en admirant leurs capacités guerrières. Aussi, recherchaient-ils plutôt la compagnie de ces derniers.

Un peu à l'écart, proche d'une table, Deirane repéra la pentarque. Celle-ci avait troqué sa tenue habituelle, tunique et pantalon de cuir, pour une robe qui jouait sur son physique d'adolescente. Couleur feuille morte, elle était près du corps et s'arrêtait à mi-cuisses. Beaucoup de jeunes filles dans l'archipel en revêtaient de semblables. Accessoirement, on pouvait voir qu'elle ne portait aucune arme sur elle. Elle cherchait à donner une impression de fragilité. Deirane avait suffisamment entendu parler d'elle pour savoir que c'était un mensonge. Ni jeune ni inoffensive. La réalité était qu'elle adorait la mort. Elle l'excitait au point d'indisposer parfois ses propres hommes.

Ses deux interlocuteurs n'avaient certainement jamais tué la moindre personne de leurs mains. Dans la force de l'âge, ils étaient habillés avec recherche et bon goût, loin de l'austérité de la noblesse de Boulden, sans les excès tapageurs des nouveaux riches. De toute évidence, une femme conseillait l'individu sur son apparence et il l'écoutait. Il se dégageait d'eux un air aristocratique qu'aucun autre convive ne partageait. La femme ne manqua pas de surprendre Deirane. Elle avait à peu de chose près le même âge que son compagnon. Loin des partenaires décoratives que les autres arboraient à leur bras, elle avait la prestance d'une reine et attirait davantage le regard malgré sa beauté fanée.

— Le prince et la princesse de Boulden, murmura une voix connue à son oreille.

Elle lâcha le bras d'Hester pour se retourner. Saalyn s'était approchée derrière eux. Elle était sublime. Deirane le lui dit. Sous le regard époustouflé du jeune homme, elle tournoya pour se faire admirer. Elle portait une robe diaphane laissant les épaules et le haut de la poitrine nus et s'arrêtant à mi-cuisses. Elle était recouverte d'une multitude de paillettes. On aurait dit qu'elle avait décidé de rivaliser avec Deirane pour la quantité de diamants. Ses escarpins étaient aussi lumineux que sa tenue. Sur chaque ongle peint en blanc, un petit brillant était collé. Ses cheveux, relevés en chignon pour découvrir la nuque, étaient maintenus en place par une résille argentée. Même son maquillage, dans son excès, renforçait cette impression de lumière. La blancheur d'albâtre de sa peau était soit due à un maquillage particulièrement soigné, soit à la particularité des stoltzt de changer de couleur à volonté. Dans ce dernier cas, conserver une telle teinte toute la nuit allait constituer un véritable exploit. De toute évidence, elle avait des accointances avec les edorians pour avoir obtenu une telle robe et hormis la taille elle aurait pu passer pour telle. Une edoriane particulièrement impudique et indécente.

L'exhibition terminée, la guerrière s'approcha du couple. Au passage, elle jeta un coup d'œil appréciateur à Hester.

— Il va falloir mettre les jeunes filles à l'abri ce soir, les têtes vont tourner,

Deirane eut droit aussi à ce même regard, ce qui lui fit ajouter :
— Tu es superbe, les ans n'ont pas de prise sur toi.
— Plus que sur toi malheureusement. Ta robe est magnifique, j'ignorais que tu en avais une semblable.
— Je ne passe pas mon temps à pourfendre les méchants avec mon épée. Il m'arrive d'avoir des moments où j'ai un comportement plus en accord avec ce que vous humains considérez comme bienséant pour une femme.
— Bienséant.
Deirane examina Saalyn de la tête aux pieds.
— Tu as dû mal assimiler cette notion.
Saalyn éclata d'un rire joyeux.
Derrière elle, un jeune stoltzen faisait le pied de grue. Jeune et bien fait de sa personne, il avait une tenue plus sobre que sa compagne de soirée. Lorsque Deirane l'accueillit d'un salut de la tête, il s'avança.
— Vous devez être Öta, dit-elle, je suis heureuse d'enfin vous connaître.
— Je n'ai pas cette chance non, répondit-il, si j'avais été lui, je serais actuellement le plus chanceux des hommes.
Deirane regarda son ancienne amie qui rayonnait sous le compliment.
— Ahdal est le fils d'un commerçant de passage dans la ville, expliqua Saalyn.
— Commerçant, releva Deirane. Quelles marchandises échangez-vous ?
— Des produits de luxe, tapisserie, hydromels, robes, bijoux. Tout ce pour quoi notre pays est réputé.
— Pas de livres, de parchemins ?
— Des livres si, quand ils constituent une œuvre d'art par eux-mêmes. Les autres peuples n'estiment pas la connaissance autant que nous. Je suis d'ailleurs surpris de rencontrer quelqu'un qui s'inquiète de ces choses.
— Oh, je n'ai rien dit de tel, je sais juste que pour vous c'est important. Après tout, à quoi cela sert-il d'avoir la tête remplie de choses savantes ? C'est inutile pour vivre dans notre monde.
— C'est un point de vue.
Saalyn intervint d'un raclement de gorge.
— Cette discussion semble intéressante, mais je pense que Deirane l'apprécierait plus l'estomac plein.
Ahdal offrit son bras à Deirane qui le prit. Entraînée vers les buffets, elle jeta un coup d'œil étonné à la guerrière. Hester regarda sa mère disparaître dans la foule. Il se retrouva seul en compagnie de Saalyn.
— Je suis surpris, vous n'avez pas tellement protesté qu'elle vous enlève votre cavalier, dit-il.

— Elle est suffisamment jeune pour avoir envie de s'amuser, mais trop âgée pour élever un autre enfant. Avec lui, elle pourra s'éclater sans penser aux conséquences. Et elle pourra faire bénéficier un jeune de son expérience.

— C'est pour elle que vous l'avez amené, je croyais qu'il était avec vous. Vous êtes seule maintenant.

— Ne t'inquiète pas pour moi. La soirée ne fait que commencer. Je ne resterai pas seule toute la nuit. Et puis, pour le moment, tu es là. Tout au moins jusqu'à ce qu'une fille te kidnappe.

Elle jeta un coup d'œil alentour.

— Ce qui ne saurait tarder, ajouta-t-elle.

Les premiers musiciens montèrent sur scène et commencèrent à jouer. Une danse lente et triste, qui convenait parfaitement au climat morose.

— La guerre doit être encore pire que les nouvelles qu'on a eues, pensa Hester.

Il proposa un tour de piste à sa compagne, elle accepta avec plaisir. Il l'amena au centre de la salle où les premiers couples commençaient à se former. Ils restèrent à attendre, le temps que la pentarque et le prince ouvrissent officiellement le bal. Les deux seigneurs se prirent par les mains et le prince entraîna sa partenaire autour de la piste. Le premier tour achevé, les autres danseurs s'élancèrent. Hester enlaça sa partenaire qui ne montra aucune réticence à son grand plaisir. Il était plus grand qu'elle, elle s'abandonna entre ses bras, posant la tête sur son épaule, se laissant entraîner dans une danse langoureuse qui convenait mieux aux fins de soirée. Très vite, l'ambiance devint plus festive et des rythmes endiablés déchaînèrent l'assemblée.

Saalyn avait eu raison. Après quelques tours de piste, une jeune humaine, d'origine Helariasen certainement, et plus entreprenante que les autres, aborda Hester. Avec un sourire de connivence aux lèvres, Saalyn laissa la place à sa concurrente et quitta la piste. Elle profita de l'occasion pour se restaurer. Un peu hésitant, Hester enlaça la jeune fille et l'entraîna dans la ronde. Surveillant la belle guerrière libre, il put la voir se faire aborder par plusieurs hommes, stoltzent, humains et edorians confondus. Quelques nains aussi. Ces derniers à défaut d'apprécier sa beauté – leurs critères esthétiques étaient trop différents – admiraient sa légende. Très vite, elle se retrouva sur la piste en compagnie d'un guerrier, jeune d'apparence, qui avait néanmoins ses galons de maître et affichait le grade de capitaine.

Après l'ouverture, la pentarque et le prince s'étaient séparés. Il avait invité sa compagne pour quelques danses avant de faire honneur à toutes les concubines de ses sujets pendant qu'elle s'occupait de leur maître. Ils avaient un sens politique très développé.

— Peut-être l'aime-t-il, pensa le jeune homme. En tout cas, il l'écoute.

Il chercha Muy des yeux. Sa petite taille la rendait difficile à repérer. Il finit par y arriver et constata que ses guerriers mettaient un point d'honneur à l'inviter. Cela ne semblait pas être une obligation, ils désiraient sa présence, son contact. Il y avait presque une sorte de rivalité pour savoir qui allait l'entraîner pour un nouveau tour, mais une rivalité sans violence.

Au cours des heures qui suivirent, Hester changea plusieurs fois de partenaires. Il n'avait pas eu le choix, elles se succédaient sans qu'il eût son mot à dire. Dommage, la première lui plaisait bien, il aurait bien voulu rester avec elle, mais il n'avait fait que l'apercevoir à l'occasion au bras d'autres hommes. Il trouvait cette absence de choix vaguement désagréable, se demandant si c'était ce que ressentaient les esclaves obligées de se donner à une personne qu'elles n'appréciaient pas. La vie qu'avait menée sa mère en définitive. Il en regarda quelques-unes qui semblaient heureuses. Feignaient-elles ?

Quelques-unes de ses partenaires ne voulaient rien de plus qu'une ou deux danses, elles cédaient la place à la suivante sans regret. D'autres, plus entreprenantes, se collaient à lui, essayant de l'exciter. La dernière, une edoriane, s'était révélée directe et l'avait carrément embrassé. Elle avait refusé de se laisser remplacer, au grand dam des autres jeunes filles présentes. Au bout de quelques calsihons, il l'avait amenée vers la table pour manger un morceau, il avait toujours l'estomac vide. Elle prétexta la fatigue, mais il n'était pas dupe. Elle continuait son jeu de séduction, ce n'était qu'une excuse pour s'asseoir sur ses genoux.

Deirane vint les rejoindre, à bout de souffle. Elle se laissa tomber sur la chaise voisine.

— Ça a l'air de bien se présenter pour toi, dit-elle en jetant un coup d'œil à sa compagne.

— Tu n'as pas l'air de t'ennuyer non plus, répondit-il.

— Ahdal est un cavalier épuisant. Ça fait longtemps que je ne m'étais pas aussi amusée.

Hester hésita.

— Je peux te poser une question concernant Saalyn ?

— Vas-y.

— Qui est cet Öta dont tu as parlé tout à l'heure ?

— L'ancien disciple de Saalyn.

— Ancien disciple ? Tu as pourtant eu l'air surprise qu'il ne soit pas là.

— Quand il a terminé son apprentissage, au lieu de se séparer, ils ont décidé de rester ensemble pour travailler en tandem. Ce genre de situation n'est pas rare, néanmoins pour Saalyn c'est une grande première, elle avait toujours opéré seule avant.

— Donc Saalyn étant ici, tu estimais qu'il devait être aussi dans le coin.

— Il l'est. Ou plutôt il le sera.

Devant l'air interrogatif d'Hester, elle ajouta :

— Quand l'un est dans les parages, l'autre n'est jamais loin.

Deirane se perdit dans ses pensées.

Le cavalier de Deirane vint la chercher. Elle le suivit vers la piste de danse. La compagne d'Hester, qui avait gardé un air maussade pendant la discussion, demanda alors :

— Cette femme, avec des diamants sur le corps, c'est bien Serlen. Je croyais qu'elle était morte.

— Elle portait ce nom à une époque, répondit Hester.

— Comment la connais-tu ?

— C'est ma mère.

— Ta mère ?

La jeune stoltzin ouvrit des yeux ronds comme des billes.

— Mais tu es le fils de la reine d'Orvbel, tu es roi ?

— Je n'avais jamais envisagé cela, dit-il après une brève hésitation. Je pense que non. D'abord, ma mère est encore vivante, c'est donc elle qui aurait le titre s'il y avait encore des rois en Orvbel. Et puis, elle a été détrônée.

— Mais tu es le roi légitime. Ou tout du moins l'héritier.

— Pas plus que celui dont elle avait pris la place. D'ailleurs, je ne suis pas le fils de l'ancien roi, j'étais né avant qu'ils se connaissent.

Cette objection ne sembla pas décourager la jeune femme. Elle se leva et lui prit la main.

— Viens, dit-elle.

Sans dire un mot de plus, elle l'entraîna hors de la tente. Certaines salles donnant sur la cour avaient été vidées et laissées ouvertes à l'usage des couples désirant s'isoler. Plusieurs étaient déjà verrouillées, signe qu'elles étaient occupées. La jeune fille en trouva une libre. Elle y conduisit Hester qui ne se fit pas prier. Au diable le choix. Pour une fois, il allait laisser les événements se dérouler comme ils se présentaient. Et ils se présentaient plutôt joliment. D'autant plus que c'était sa première edoriane.

Plus tard, la porte s'ouvrit et un autre couple entra. Hester se maudit d'avoir oublié de la sceller. Sa compagne, au lieu de manifester leur présence en faisant du bruit, se mordit les lèvres pour passer inaperçue, tout en continuant ses caresses sur un rythme plus lent. Quand le second couple fut trop occupé pour s'apercevoir d'une présence ou pour s'en soucier, elle se laissa aller entre les bras du jeune homme, les intrus redoublant son excitation.

XVI

Boulden, de nos jours.

La soirée devenait moins effrénée. Au fur et à mesure que la nuit avançait, les couples se rapprochaient et les mains se faisaient plus caressantes. Evril, l'informateur, entra dans la salle. Il observa les fêtards jusqu'à ce qu'il trouvât celle qu'il cherchait. Fendant la foule des danseurs qui protestèrent mollement, il atteignit Saalyn. Celle-ci était installée sur les genoux de son cavalier, face à lui, et l'embrassait. Il toussota doucement. Comme elle ne réagissait pas, il lui tapota l'épaule. Elle se tourna vers lui.

— Evril, dit-elle, je suis occupée. Dégage !
— Désolé, je n'avais pas le choix, je suis en service commandé.
— Toi ? Qui peut bien te faire assez confiance pour ça ? Un fou.
— Merci, toujours le compliment à la bouche. La folle est ta copine avec plein de diamants dans la peau.
— Deirane ?
— Elle s'est pas présentée, il doit pas y en avoir beaucoup comme elle.
— Que veut-elle ?
— Que tu la rejoignes.
— Maintenant ? Ça ne peut pas attendre.
— Je crois pas, elle a dit que c'était urgent.

Saalyn soupira. Deirane avait tendance à atténuer les faits. Pour elle, urgent signifiait qu'il était presque déjà trop tard. Avec regret, elle délaça les bras du cou de son compagnon.

— Je reviens tout de suite, dit-elle, garde la place au chaud.
— J'essaierai. La place est très convoitée, je ne sais pas si j'y arriverai.
— Je tuerai toutes celles qui oseront me doubler.
— Tu vas décimer la Pentarchie.

Elle se leva et manqua de tomber en arrière, ce qui serait arrivé s'il ne l'avait pas retenue.

— Un problème ?
— Oui, la terre bouge.
— Tu es sûre que c'est la terre qui bouge.

147

— Je ne sais pas. Elle tourne aussi.

Elle s'appuya un instant sur l'épaule de son cavalier le temps de retrouver un semblant d'équilibre. Elle se tourna vers le petit informateur.

— Aide-moi, mais n'en profite pas.

— Aucun risque. À respirer à côté de vous, je tomberai aussitôt dans les pommes.

Elle souffla dans la main pour sentir son haleine. À la forte odeur d'alcool, elle fit la grimace.

— J'ai peut-être un peu trop bu, avoua-t-elle.

— Sans aucun doute, maintenant suivez-moi.

Elle se laissa entraîner, jetant un regard de regret vers son cavalier et le confort de ses genoux.

Evril conduisit Saalyn jusqu'à la rue. Non alimentés, les globes lumineux s'étaient assombris. Passant de la vive clarté à une semi-obscurité, elle ne vit plus rien.

— Où est-elle ? demanda-t-elle.

Il désigna une silhouette sombre qu'elle distinguait à peine, à quelques perches.

— Je ne vais pas plus loin, elle m'a demandé de la discrétion, dit-il.

— Drôle d'endroit pour une rencontre.

— Il y avait trop de monde dans le consulat qu'elle m'a dit.

La démarche hésitante, elle s'avança vers son amie. Elle se trouvait loin et l'alcool faisait sentir ses effets plus que jamais. Elle s'était préparé un lendemain joyeux. Ce n'était pourtant pas son habitude.

Un rendez-vous dans la rue, son amie qui ne faisait aucun effort pour la rejoindre, un sentiment d'alarme commença à se frayer un passage à travers son ébriété. Elle s'arrêta, tentant de réfléchir. Elle jeta un coup d'œil vers la porte de l'ambassade, bien loin pour sa sécurité.

La personne qui l'attendait se tourna vers elle, elle comprit ce qui la gênait. Deirane était petite, pas la silhouette qui se tenait devant elle.

— Qui êtes-vous ? demanda-t-elle.

Elle ne reçut pas de réponse. Un choc violent à l'épaule, la projeta contre le poteau de la véranda. Sous la douleur, Saalyn serra les dents en gémissant, mais elle ne s'effondra pas. Le carreau d'arbalète qui lui avait transpercé l'épaule s'était planté dans le bois derrière elle et la maintenait debout. La douleur intense la dégrisa instantanément.

Un cri de joie retentit dans le silence. Du toit en face d'elle, un individu se laissa glisser au sol et courut dans sa direction pendant que la personne qui avait servi d'appât approchait prudemment. Des rues voisines, des spadassins émergèrent. Ils s'approchaient avec méfiance. Entre ses yeux mi-clos, Saalyn les observait sans trop y croire. Avec toute son expérience, elle était tombée dans un piège élémentaire. Elle allait mourir comme ça, stupidement, à côté d'une maison remplie de soldats helarieal, sans que personne s'en aperçut.

La voyant neutralisée, ils l'entourèrent. Celui qui semblait être leur chef arriva le dernier.

— C'est quoi ce travail de merde, s'écria-t-il, on devait agir en douceur, sans violence et vous me la clouez au mur. Putain, j'espère qu'ils accepteront de payer le reste de la somme promise maintenant.

Celui qui avait tiré ignora la remarque. Il n'allait pas s'en faire pour un serpent.

— Ce n'était pas si compliqué, remarqua-t-il, on nous avait annoncé les pires difficultés, avec probablement la mort au bout. J'ai presque honte de me faire payer.

— Laisse-moi ta part alors, lança un complice.

— Attends un instant, intervint un troisième, où est l'autre ?

Il se tourna vers Evril.

— Il devait y avoir deux femmes, dit-il, où est la seconde ?

Le petit homme s'était approché en même temps que les assassins.

— Je n'en ai trouvé qu'une, l'autre n'était plus à la fête.

— Fallait la trouver, elle va être sur ses gardes maintenant.

— Laisse, on s'en occupera plus tard. On termine déjà celle-là, dit un troisième.

— Que fait-on ?

— Elle est sacrément gaulée pour un serpent. Je serais d'avis qu'on s'amuse un peu avant de la tuer, déclara l'un d'eux.

Il tendit la main vers le corsage comme pour l'arracher. Un complice lui arrêta le poignet.

— Si elle est aussi dangereuse qu'on dit, on n'a pas trop intérêt à s'amuser.

— Allons, sans armes et clouée comme elle est, que veux-tu qu'elle nous fasse ?

— Il vaut mieux aller au plus vite. Tu oublies où nous sommes. Je préférerais ne pas m'attarder près de cette maison.

— Tu as raison, la mission est accomplie, il vaut mieux y aller.

— Je ne suis pas d'accord, intervint une nouvelle voix, elle doit mourir. Cette salope a tué mon frère.

— Ton frère ? Je croyais qu'il avait été décapité par l'inquisition de Nayt.

— C'est elle qui l'a livré. Elle est responsable de sa mort. Elle doit payer. Et ne t'inquiète pas, quand j'en aurai fini avec elle, elle ne sera plus un danger. C'est même elle qui nous suppliera de la tuer.

Il dégaina son couteau et s'approcha d'elle. Le chef des spadassins lui attrapa le poignet.

— Tu fais quoi là ? On n'est pas censé la tuer. Juste la chahuter un peu pour lui donner un avertissement. On ne devait même pas la blesser.

— J'en ai rien à foutre des ordres. Elle a tué mon frère.

Il dégagea son bras.

— Après tout, fais ce que tu veux. C'est qu'un serpent. Et tant pis pour le reste de l'argent. On a déjà été suffisamment payé de toute façon.

Tout à sa vengeance, il ne remarqua pas le ton sarcastique de son chef ou n'en tint pas compte. Il dévisagea longuement le visage convulsé de souffrance de la stoltzin. Puis il posa la main sur son épaule.

— De toute façon, nous avons échoué, conclut-il, elle est déjà blessée. Notre commanditaire refusera de nous donner le reste. Autant se faire plaisir.

Avec un sourire sadique, il appuya fortement. La guerrière ne put retenir un gémissement de souffrance qui ravit son tortionnaire. De l'autre main, il lui taillada le ventre, une estafilade peu profonde néanmoins douloureuse. Saalyn poussa un hurlement, autant de douleur que pour tenter d'avertir les siens. Avec les bruits de la fête, elle n'avait aucun espoir.

Sur la piste de danse, Muy était langoureusement enlacée par un stoltzen, abandonnée, la tête appuyée contre sa poitrine ; sa petite taille – encore plus menue que celle de Deirane – l'empêchait de se reposer sur l'épaule de ses partenaires. Brutalement, elle s'immobilisa, manquant de les faire tomber tant le geste était inattendu.

— Un problème ? demanda son cavalier.

Elle lui fit signe de se taire et se concentra, le regard dans le vague.

— Rassemble les hommes et rejoins-moi dans la rue.

Elle se précipita vers la sortie. Un officier s'approcha du danseur abandonné. Tout en suivant des yeux la pentarque qui disparaissait dans la foule, il demanda :

— Un problème ?

— Je l'ignore. Certainement.

Muy atteignit la rue en quelques instants. Elle repéra aussitôt l'attroupement et le rejoignit. Les mains sur les hanches, campée fièrement sur ses pieds, elle les interpella.

— Messieurs, lança-t-elle d'un ton provocateur, douze contre une seule femme, êtes-vous sûrs d'être en nombre suffisant ? Peut-être avez-vous besoin d'aide.

Ils se retournèrent. L'un d'eux s'adressa à elle sans méfiance, trompé par son air de jeunesse.

— Va jouer ailleurs, gamine. C'est une affaire d'homme ici. Laisse-nous.

— Je voudrai bien, seulement vous avez ma guerrière. Je partirai quand vous me l'aurez rendue.

Sa remarque provoqua un flottement dans les rangs adverses. Les plus vifs avaient compris aussitôt, les autres mirent plus de temps. Malgré tout, ils arrivèrent à la même conclusion. Ils se concertèrent du regard.

— Nous sommes douze et elle est seule, dit l'un d'eux.

— En plus elle n'a pas d'armes, ajouta un second.

— Je vous avais dit qu'il fallait aller au plus vite, lança une autre voix.

— Je n'ai pas d'armure non plus, fit-elle remarquer. Rien ne gênera vos lames, tous les coups porteront. Le rapport de force est-il à votre goût ?

Son insouciance les freina un instant. Ils se postèrent face à elle. Jusqu'à présent, ils avaient fait écran entre Saalyn et elle. Leur mouvement lui permit alors de voir la guerrière libre blessée et clouée à son poteau, saignant de multiples blessures à l'épaule et au ventre. Cette vue la remplit de fureur.

Soudain, l'un d'eux s'élança. Elle l'évita avec une fluidité toute féline. Les autres assauts se soldèrent par le même résultat. Elle les esquivait avec une économie de mouvement surprenante, presque sans bouger. Les spadassins avaient affaire à une véritable anguille, ils avaient connu des savonnettes moins glissantes. Une lame qui aurait dû l'égorger passa à quelques ongles de la peau, sans la toucher. Une épée, au lieu de lui transpercer le cœur s'arrêta au ras du tissu. Un coup qui aurait dû la couper en deux la frôla à peine sans la blesser.

Avec la brutalité d'un cobra, elle attaqua. Le tranchant d'une main écrasa une gorge selon un angle impossible. L'homme s'effondra, privé d'air. Un instant plus tard, un coup de pied que sa taille ne pouvait lui permettre défonça un sternum.

— Elle se sert de sa magie pour nous brouiller l'esprit, s'écria l'un d'eux.

— Encerclons-la. Elle ne pourra pas tous nous éviter si on attaque de tous les côtés à la fois.

Ils engagèrent un mouvement tournant. En vain. Malgré leur habileté, elle déjoua la manœuvre sans difficulté.

Elle sentit alors l'esprit de Saalyn s'atténuer. La guerrière était en train de mourir.

« Et moi pendant ce temps je m'amuse comme un chat avec une souris, se morigéna-t-elle. »

Elle déchaîna alors son pouvoir. Instantanément, trois soldats s'enflammèrent et finirent brûlés vifs dans des hurlements de souffrance. Les autres n'insistèrent pas, ils s'enfuirent, certains abandonnant leurs armes derrière eux. Muy ne les poursuivit pas. Elle s'élança vers la guerrière agonisante.

Les soldats helarieal arrivaient. Muy désigna un edorian de grande taille.

— Toi, ordonna-t-elle, décroche-la et ramène-la à l'intérieur.

Ordre inutile, dès qu'ils avaient vu Saalyn, plusieurs soldats s'étaient portés à son secours.

— Les autres, continua-t-elle, poursuivez-les. Pensez à en ramener un en état de parler. Les autres… Faites un exemple.

Le soldat le plus vif commença à donner les ordres. Ce n'était pas le plus gradé, cependant personne ne le releva. En un instant, ils s'égaillèrent dans les rues. Les invités rentrèrent prudemment à l'intérieur. La Pentarchie avait été agressée, il était préférable de se trouver loin de sa route cette nuit.

Muy ramassa l'arbalète. Elle encocha le carreau qui avait failli tuer Saalyn et banda l'arme. Puis elle se tourna vers Evril qui suivait les fêtards.

— Evril, viens ici un instant s'il te plaît, dit-elle d'une voix douce.

Il s'immobilisa, sentant déjà la flèche entre ses omoplates. Rien n'arriva. Reprenant confiance, il se tourna.

— Beau combat, dit-il avec enthousiasme, surtout les flammes finales. C'était grandiose.

Elle acquiesça d'un hochement de tête. Du doigt elle désigna simplement le poteau.

— J'ai deux mots à te dire, dit-elle simplement.

En tremblant, il obéit. Elle leva l'arbalète.

— Adieu Evril, dit-elle simplement.

— Mais vous n'allez pas…

— Tu as fait ton choix.

Elle décocha le carreau, sans le moindre tremblement dans le bras. Puis elle retourna au consulat.

Dans sa chambre, l'agitation éveilla l'attention d'Hester et de sa compagne. Il se dégagea de ses bras.

— Que se passe-t-il ? demanda-t-il.

— C'est une alerte.

Leurs paroles entraînèrent aussitôt une réaction du second couple qui devint silencieux en découvrant qu'ils n'étaient pas seuls. La jeune fille se leva et tourna une molette sous le globe fixé au mur au-dessus d'eux. À l'arrivée du liquide sucré, il s'éclaira peu à peu. La réapparition de la lumière entraîna un cri de consternation de l'autre femme. Hester se retourna et resta bouche bée.

— Ferme la bouche, dit Deirane, tu vas avaler des mouches.

Par réflexe, il obéit.

— Que fais-tu là ? demanda-t-il.

— La même chose que toi, je suppose.

D'une main, elle maintenait la cape de son amant contre sa poitrine tout en cherchant sa robe de l'autre. Hester se retourna pour s'habiller, le visage en feu.

Quelques instants plus tard, ils étaient prêts. Ils quittèrent la pièce et se dirigèrent vers l'origine de l'agitation dans le hall. La tenture avait été arrachée, révélant la porte qu'elle masquait. Dans l'encadrement, le prince de Boulden bloquait la foule, filtrant ceux qu'il laissait passer. Personne ne semblait se formaliser de ce qu'il n'était pas un Helariasen, ni même qu'il était encore classé parmi les ennemis potentiels de la Pentarchie.

— Que se passe-t-il ? lui demanda Deirane.

— Une agression, répondit-il, une guerrière est tombée dans une embuscade, elle est mourante.

— Qui donc ?

— Cette jolie femme avec une robe d'elfe.

— Saalyn ! s'écria Deirane, je dois la voir ! Laissez-moi passer ! C'est mon amie !

Il s'écarta pour la laisser entrer. Hester et leur amant de la nuit s'infiltrèrent derrière elle, il refit barrage derrière eux.

La guerrière blessée avait été transportée dans la première salle disponible. Elle avait été allongée sur une table vidée sans ménagement de son contenu. Un médecin était penché sur elle et l'examinait. La voyant sans connaissance, respirant à peine, Deirane étouffa un sanglot. Cela attira l'attention de Muy qui lui jeta un coup d'œil hostile. Le médecin se releva enfin et donna son diagnostic.

— La blessure à l'épaule est sans importance. Une immobilisation, suivie d'un peu de rééducation, et elle sera comme neuve. Celles au ventre sont plus préoccupantes. Des organes importants ont été perforés, nous ne savons pas guérir ça. Au mieux, elle en a jusqu'à demain.

— On ne peut vraiment rien faire ? demanda Muy

— Moi, non.

Muy prit sa décision en une fraction de tösihons. Elle écarta le médecin. Elle se plaça à la hauteur de la taille de la guerrière. Elle prit quelques longues respirations. Puis elle ferma les yeux. Sa main positionnée au-dessus du ventre blessé, elle se concentra. Au début rien ne se passa. Puis au bout d'un moment, une lueur bleutée se forma au bout des doigts. Peu à peu, elle s'intensifia jusqu'à atteindre la guerrière. Le ventre fut agité de mouvements bizarres qui prenaient naissance sous la peau comme des bulles éclatant juste en dessous. Aussitôt, la blessée se convulsa et hurla, le corps arqué sous la souffrance.

— Maintenez-la, ordonna Muy.

Quelques soldats lui immobilisèrent les bras et les jambes. Deux autres lui plaquèrent le corps sur la table pour faciliter le travail de la pentarque. Saalyn cessa de crier, elle avait perdu connaissance. Muy intensifia son effort. Du pus et d'autres sanies furent expulsées des blessures jusqu'à épuisement. Les mouvements continuèrent encore un moment, le sang arrêta de couler, puis les lèvres de la blessure se rapprochèrent et se soudèrent. La lueur cessa. Muy s'appuya sur la table, cherchant à reprendre son souffle. Soudain, elle s'effondra. Un scribe la rattrapa au vol et l'allongea sur un divan. Le médecin l'examina, vérifiant la réaction de ses pupilles à la lumière, écoutant son cœur.

— Elle est à bout de force, dit-il, ce n'est rien. Un peu de repos.

Puis il alla examiner Saalyn. Au bout d'un moment, il se tourna vers l'assistance.

— Elle est tirée d'affaire, annonça-t-il, elle survivra.

Des cris de joie saluèrent la nouvelle.

Le consul se tourna alors vers Deirane et Hester. Il fit un signe. Deux gardes les bloquèrent.

— Vous êtes en état d'arrestation, dit-il simplement.

Il fit signe aux gardes de les emmener.

— Pourquoi ? demanda Deirane, on n'a rien fait.

— Un guerrier libre a été gravement blessé et un pentarque est malade. Et c'est arrivé dans mon consulat, sous ma responsabilité. Je vais devoir rendre des comptes à mon gouvernement. Et toute porte à croire que vous en êtes responsables, répondit-il.

— Je n'ai rien fait, protesta-t-elle.

— Directement non. Mais je pense que vous avez joué un rôle dans cette affaire. Demain vous comparaîtrez devant Muy, elle décidera.

D'un geste il congédia les gardes et leurs prisonniers. Deirane se dégagea de la poigne qui lui enserrait le bras et suivit ses geôliers d'un air hautain.

Le consul s'adressa ensuite au prince de Boulden. Celui-ci, témoin de la guérison magique, était en état de choc.

— Ce soir la Pentarchie d'Helaria a été agressée sur vos terres, dit-il, nous demandons réparation.

— Que s'est-il passé ? demanda le prince.

— Un des nôtres est tombé dans une embuscade.

— Je parle de ça, dit-il en désignant Saalyn et la pentarque d'un geste large de la main.

— Ah ça ? Vous saviez que nos pentarques étaient des magiciens.

— J'ignorais qu'ils étaient si puissants.

— Le pouvoir de guérison est utile, toutefois il ne représente pas une menace pour vous.

— Que nous cachez-vous d'autre ?

— Rien, je vous assure. Les pouvoirs de nos pentarques sont décrits en détail dans un document disponible librement dans notre bibliothèque. Tout le monde peut en prendre connaissance.

Il omit de signaler que ce manuscrit n'était là que pour prouver la bonne foi des Helariaseny et se révélait difficile à consulter, le système d'indexation entraînant le demandeur dans un jeu de piste qu'il n'arrivait pas à dénouer.

— Et cette lampe que votre médecin a utilisée qui produit une telle lumière sans flamme. Ça ne ressemble pas à vos globes luminescents. Qu'est-ce que c'est ?

Le consul éluda la réponse.

— Nous avons d'autres problèmes, reprit-il, et autrement plus importants, l'agression contre la pentarque quine, Muy d'Helaria et de Satvim.

— La pentarque ! C'est la guerrière qui a été blessée !

— C'est la pentarque qui était visée. Par chance, Saalyn l'a vue sortir précipitamment de la salle et a pu intervenir à temps pour empêcher le drame.

— Elle s'est comportée en héros.

— Et sachez qu'elle sera récompensée à hauteur de son sacrifice. Mais un de nos dirigeants a failli se faire tuer ce soir. Sur vos terres. Nous demandons justice.

Le prince n'était pas disposé à accorder cette aide. Sauf que s'il refusait, l'Helaria avait la puissance pour annexer son domaine et se passer de son autorisation. Et vu les événements, personne ne s'y opposerait. À contrecœur, il accepta.

— Que puis-je faire ?

— Nous voulons que vous laissiez nos guerriers libres d'agir pour mener l'enquête.

— C'est une atteinte à mon autorité.

— Muy est pentarque, l'équivalent d'une reine pour notre royaume. Les coupables doivent être châtiés.

— Vous me demandez un service hors de prix.

— Que nos alliés nous accordent sans crainte.

— Vos alliés vous dites. Sommes-nous alliés ?

— Sommes-nous ennemis ? Combien de guerres nous ont opposés ? À quel ennemi de l'Helaria avez-vous prêté allégeance ?

— Je n'ai prêté allégeance à personne. Je suis mon propre souverain.

Le prince hésita un long moment avant de répondre.

— J'autorise l'enquête, mais uniquement celle-là. Le coupable capturé, vos guerriers quittent mon pays.

— À la bonne heure, allons boire et laissons la pentarque reprendre des forces. Elle vous recevra dès qu'elle le pourra et vous pourrez officialiser cet accord.

Il entraîna le prince hors de la pièce. Le docteur fit sortir tout le monde. Avant de partir à son tour, il recouvrit les deux stoltzint d'une couverture. Il referma la porte derrière lui.

XVII

Boulden, de nos jours.

Le lendemain, Deirane fut conduite devant Muy. Celle-ci semblait avoir retrouvé son énergie. Mais son air n'avait rien d'avenant. D'un mouvement sec, elle lui désigna une chaise, sans esquisser le moindre geste pour faire enlever ses entraves.

— Hier soir, commença-t-elle, Saalyn a été gravement blessée. Elle a failli mourir.

— Je n'y suis pour rien, protesta Deirane.

— En es-tu sûre ?

— Jamais je n'aurais pu lui porter atteinte. C'est mon amie.

— Une amie ! Que tu n'as pas vue ni même cherchée à contacter depuis vingt ans ! Tu l'as entraînée dans tes petites manigances et voilà le résultat.

— Elle s'est fait beaucoup d'ennemis toutes ces années. L'un d'eux aurait pu être à l'origine de cette embuscade.

— Il y avait deux cibles. Saalyn a pu entendre les propos de ses agresseurs avant de perdre connaissance.

— Elle a repris connaissance ?

— Non, j'ai le pouvoir d'entendre les pensées des gens. Celui que nous avons capturé l'a confirmé. Il a tout avoué. Le commanditaire est un commerçant connu pour servir d'intermédiaire lors de diverses transactions louches. Nous ne savons pas encore qui l'a engagé, ce n'est qu'une question de temps. La seconde cible était toi.

Deirane ne prononça pas un mot, la connivence était claire.

— Tu as pu constater que je n'ai aucun scrupule à tuer, reprit la pentarque. Le choix de mes cibles est simple. Si tu es un allié de l'Helaria, j'épargne ta vie. Dans le cas contraire, si j'estime que tu présentes un danger pour les miens, je n'aurai aucune pitié. Tes manigances nous ont porté un grave préjudice, tu es donc considérée comme une ennemie.

— Je n'ai rien fait, j'ai juste cherché à engager des guerriers libres. Je ne pouvais pas prévoir ce que cela entraînerait. Personne ne le pouvait.

Pour toute réponse, la pentarque retourna un sablier.

— Tu as la durée de ce sablier pour me convaincre que tu n'es pas une ennemie. Si tu n'y arrives pas, tu cesseras de vivre à l'instant où le dernier grain tombera. Par respect pour Saalyn, ça sera rapide.

Pour illustrer ses propos, la petite stoltzin posa un poignard sur la table. Il était aussi près d'une femme que de l'autre. Un combattant aguerri aurait pu croire qu'il avait une chance. C'était faux. Personne, même le meilleur guerrier du monde connu, n'avait de chance contre Muy. Encore moins une ancienne pensionnaire de harem comme Deirane qui savait juste se défendre. Elle n'essaya même pas de s'emparer de l'arme.

Même si Deirane était choquée par un tel comportement, elle n'était pas vraiment surprise. Elle connaissait la réputation de la petite stoltzin. Sous des dehors avenants et fragiles, c'était une tueuse implacable, capable de prendre une vie entre deux battements de cils. Et en y prenant du plaisir.

Elle savait tout également du lien qui l'unissait à Saalyn. Muy avait gagné tous ses combats dans sa vie. Sauf un. Juste après la guerre, gravement blessée, ayant perdu sa gemme, elle n'avait pas pu se défendre quand des écumeurs de champs de bataille l'avaient trouvée. Ils ne l'avaient pas reconnue, sinon ils l'auraient certainement tuée. Seulement, elle était jolie, aussi l'avaient-ils capturée pour l'intégrer à leur cheptel. C'est Saalyn qui l'avait retrouvée, qui avait rassemblé une troupe de guerriers et mené l'assaut qui lui avait rendu la liberté.

La reconnaissance que la pentarque vouait à la guerrière libre, même si elle ne se manifestait pas par des gestes ou des paroles, était réelle. Toute personne qui s'en prenait à elle risquait de se retrouver à combattre la petite femme. Et d'y laisser la vie. Un fait que celui qui avait commandité l'attentat avait visiblement ignoré.

Qui restait bien présent à l'esprit de Deirane.

— Si vous me tuez de sang-froid, vous commettrez un meurtre.

— En es-tu sûre ?

Muy déposa un document sur le bureau. Il était rédigé en helariamen, adressé à la délégation de Nasïlia des guerriers libres. C'était une demande d'exécution suite à une condamnation à mort pour piraterie. Il n'était pas signé par l'archonte de la corporation ni par un pentarque ou un juge, il était donc invalide.

— Il me suffit de le signer et ta mort ne sera plus un crime.

— Ce mandat est au nom d'une certaine Voelsin, dit Deirane.

Son ton était déjà moins assuré. Muy avait certainement la preuve que Voelsin n'était que l'une des nombreuses identités qu'elle avait endossées ces vingt dernières années.

— Un rapport d'enquête fait le lien entre toi et Voelsin, confirma Muy, tu veux le voir ? Je te rappelle que pendant que tu tergiverses le sable coule.

Deirane s'humecta les lèvres.
— Que voulez-vous savoir ? demanda-t-elle.
— Tout, répondit Muy.
— J'ai eu une longue vie, ce sablier ne suffira pas.
— Ta vie ne m'intéresse pas. Uniquement ce qui a conduit aux derniers événements. La raison de tes actes.
— Je ne l'ai jamais cachée, je veux libérer cette paysanne de l'esclavage.
— Pourquoi elle ? Il y a des milliers d'esclaves. Des centaines de paysannes sont enlevées chaque année. Qu'est-ce que celle-là a de spécial pour que tu te démènes au point de mettre tes amis en danger ? Je veux savoir pour quelles raisons ma meilleure guerrière libre s'est retrouvée les tripes à l'air dans une rue sordide.
— Parce que le consulat est situé dans une rue sordide ?
— Ne joue pas avec moi.
Le poing qui s'abattit sur la table fit sursauter l'humaine.
— Ta tête est en équilibre des plus précaires sur tes épaules.
— D'accord, je dis tout.
Muy se carra dans son fauteuil.
— J'ai reçu une lettre de mon frère, avoua Deirane.
— Ton frère ? Combien as-tu reçu de lettres de ta famille depuis que tu l'as quittée ?
— Aucune. C'est la première fois.
— Intéressant. Comment a-t-il su où l'envoyer ?
— Il l'a envoyé à Neiso, au quartier général des guerriers libres. La première à m'être parvenue. J'en ai reçu d'autres après. En tout, il a dû en envoyer des dizaines, un peu dans tous les endroits où j'étais susceptible de passer. Même en Orvbel. Toutes avec le même message.
— Intelligent. Et après.
— Vos propres guerriers se sont chargés de l'acheminement. Vous avez des dossiers assez complets sur moi. Vous ne saviez pas où me joindre. Toutefois, un de mes contacts a pu s'emparer de l'une d'elles, il me l'a remise il y a neuf jours. Elle aura mis deux mois pour m'atteindre.
— Que disait-il, ça devait être important.
— Il m'a demandé mon aide.
— Ton aide ? L'esclave ?
— C'est sa fille. Ma nièce.
— Je remarque qu'aucun membre de ta famille ne t'a contactée pendant vingt ans. Mais quand ils ont eu besoin de toi, ils t'ont trouvée comme ça d'un claquement de doigts. N'es-tu pas amère ?
— C'est ma famille, même si elle a des défauts. Ils ne savent pas bien lire ni écrire. Ils ont dû faire appel à un scribe, ce qui coûte cher et c'est une

famille pauvre. Ils ont certainement hypothéqué toutes leurs ressources pour les envoyer. Pour un tel sacrifice, il fallait une raison grave.

Muy sourit et coucha le sablier, interrompant le décours fatidique.

— Tu as gagné le droit de vivre.

Deirane respira. Puis elle montra ses poignets entravés. La pentarque fit un geste, les bracelets se décrochèrent et lui tombèrent sur les genoux, autre démonstration de ses pouvoirs. Deirane massa ses meurtrissures.

— Qu'allez-vous faire maintenant ? demanda-t-elle.

— Nous ignorons d'où vient l'attaque contre Saalyn. Le fait que tu sois impliquée met en cause le vendeur de cette jeune esclave aussi bien que son client. Nous allons donc enquêter.

— C'est tout ?

— Non, bien sûr. Une des nôtres a été gravement blessée. Sans la maladresse de l'arbalétrier, elle serait morte. Une telle attaque est inadmissible. Nous devons envoyer un message à nos adversaires.

— Ce qui signifie ?

— La sécurité d'une transaction est à l'origine de cette attaque. Nous ferons en sorte que cette transaction échoue. Un détachement de soldats dirigé par un guerrier libre partira à la recherche de cette esclave et la délivrera. Tu es libre de te mêler à eux, s'ils veulent bien de toi.

Deirane parvint à grand-peine à retenir un sourire.

— Qui commandera ? demanda-t-elle.

— Saalyn.

— Saalyn !

Deirane se leva à demi de la chaise. Le regard froid de la pentarque calma ses ardeurs.

— Elle est gravement blessée, il faudra des mois avant qu'elle puisse commander quoi que ce soit.

— Elle sera sur pied dans sept à huit jours, j'y veillerai. Elle ne sera peut-être pas au mieux de sa forme, mais tout à fait capable de jouer son rôle.

— Huit jours, ça risque d'être trop tard. Il faut partir tout de suite.

— Saalyn a été blessée, la vengeance lui appartient. Si tu étais venue nous dire ce qu'était Cleindorel pour toi, les choses auraient été différentes. J'aurais pu organiser un sauvetage et offrir une autre occasion à Saalyn. La prochaine fois, tu réfléchiras aux conséquences à deux fois avant de nous entraîner dans tes petits complots sans nous prévenir.

Deirane allait répliquer, cependant elle préféra changer de sujet.

— Vous m'auriez réellement tuée ?

— Si tu avais essayé de m'embobiner avec des mensonges, ta tête roulerait déjà sur le sol. Et ne crois pas que ton tatouage aurait pu arrêter mon arme. Mes pouvoirs sont supérieurs à celui du démon qui t'a infligé ça.

— Je le crois bien volontiers.
— C'est une attitude intelligente. Maintenant, dégage. Et reviens dans huit jours si tu veux accompagner l'expédition. Et si Saalyn peut te pardonner.
— Vous punissez une fillette innocente parce que je n'ai pas été totalement honnête avec vous, remarqua amèrement Deirane.
— Sans le moindre regret.

Deirane quitta la salle, presque une fuite après les moments qu'elle venait de vivre. Elle retrouva Hester dans le hall. Il se dirigea joyeusement vers elle, elle lui prit la main pour l'entraîner loin de cette maison. Elle regrettait presque d'avoir contacté les Helariaseny. C'est dans une ambiance morose qu'elle rentra à son hôtel. Une fois dans la chambre, elle s'allongea à côté de son fils pour se blottir entre ses bras. Il était un peu gêné d'une telle intimité. Depuis des semaines qu'ils voyageaient ensemble, ils n'avaient jamais pu s'offrir des chambres séparées. Et il n'avait pas pu se départir de la gêne qu'il ressentait à être aussi proche de sa mère. Elle tremblait tellement qu'il finit quand même par l'enlacer pour la rassurer.

C'est quand elle se fut calmée que Deirane remarqua que Muy connaissait le nom de sa nièce. Et pourtant, dans son récit, à aucun moment elle ne l'avait prononcé.

XVIII

Boulden, de nos jours.

Pendant les jours qui suivirent, Muy prodigua un traitement intensif à Saalyn qui se remettait à vue d'œil. Dès le deuxième jour, elle était sur pieds et se remit au travail. Ses blessures la faisaient souffrir et elle se déplaçait avec difficulté, mais elle semblait tirée d'affaire. La réparation de l'épaule était au-dessus des talents de la pentarque, aussi, comme le médecin l'avait qualifiée de mineure, elle avait préféré laisser faire la nature plutôt que de risquer d'aggraver les dégâts. Une attelle lui immobilisait le bras. Son état lui interdisant d'évacuer son trop-plein de vitalité, ajouté à la souffrance, elle était d'une humeur massacrante à laquelle elle n'avait pas habitué Deirane. Elle se défoulait en s'attelant au travail, envoyant de pauvres estafettes exténuées aux quatre coins de la ville, voire plus loin, pour diverses missions.

Le troisième jour, Saalyn recommença à recevoir des visites. Deirane voulait avoir le cœur net sur le ressentiment que pouvait éprouver la guerrière. Un garde à l'entrée du consulat l'arrêta et la fouilla. Depuis quand les gardes fouillaient-ils les visiteurs en Helaria ? Surprise, elle laissa celui-ci opérer, ravalant son humiliation. Elle savait qu'elle n'était plus la bienvenue depuis la fête. Saalyn était une légende parmi les siens et les Helariaseny semblaient considérer l'humaine comme responsable de son état. Elle ne voyait cependant pas en quoi le fait de cacher l'identité de sa nièce pouvait être à l'origine de ce gâchis, elle s'estimait injustement traitée. Elle n'osait cependant pas se plaindre de peur de paraître puérile.

Nouvelle humiliation, au lieu de la laisser rejoindre seule le bureau de Saalyn, un garde vint la chercher et la guida au sein d'un bâtiment qu'elle connaissait parfaitement. Le corps principal du consulat était petit, il était agencé autour de deux couloirs qui se faisaient face, il était impossible de s'y perdre. Les dépendances, de l'autre côté de la cour étaient encore plus simples : une série de pièces avec une seule porte donnant sur l'extérieur pour chacune. Pendant le court trajet, elle essaya d'interroger son garde, en vain.

Le garde frappa à une porte. Une voix féminine les invita à entrer. Deirane ouvrit la porte et avança dans la pièce. La vue de l'état de Saalyn l'effraya au plus haut point. La stoltzin était pâle, amaigrie, et semblait terriblement fatiguée. Elle avait atteint les limites de l'épuisement. Sa beauté était semblable à celle d'une fleur fanée. Elle avait beau savoir que les stoltzt étaient solides, que cet état n'était que temporaire, cela lui provoqua un choc.

— Deirane, s'écria joyeusement la guerrière en la reconnaissant, assieds-toi.

Elle désigna une chaise d'un simple coup d'œil.

— Comment vas-tu ? demanda-t-elle.

— À ton avis ? répondit Saalyn.

— Tu m'en veux beaucoup ?

— Pour ce qui s'est passé ?

Saalyn la regarda en fronçant les sourcils.

— En quoi es-tu responsable de ce qui s'est passé ? Tu ignorais que ces hommes m'attendaient dehors pour me tuer.

— Ta pentarque semble penser le contraire, ainsi que tous les consulaires.

— C'est ridicule, qu'est-ce qui a bien pu leur mettre cette idée dans la tête ?

Deirane était soulagée. Saalyn ne semblait pas lui tenir grief de son agression.

— Si nous en venions au fait, reprit Saalyn, pourquoi es-tu passée ?

— Pour savoir comment tu allais, répondit Deirane.

— J'ai connu de meilleurs jours. Des pires aussi.

Deirane était bien placée pour le savoir. Elle se souvenait encore de l'épave qu'elle avait connue vingt ans plus tôt.

— C'est tout ?

— Je voulais aussi savoir ce que tu faisais. On m'a dit que tu travaillais. Et quand on pourra se lancer à la poursuite du drow. Et puis, ma dernière discussion avec ta pentarque m'a donné une idée importante dont je voudrais te faire part.

— Stop, pas tout à la fois, s'il te plaît, protesta Saalyn. Procédons par ordre. Je travaille en effet. Pour toi. Ce drow, avant de le poursuivre, je dois d'abord le débusquer.

Voilà un détail auquel Deirane n'avait pas pensé. À quoi cela sert-il d'envoyer des soldats dans la nature quand on ne sait pas où ils doivent aller ? Ainsi, la pentarque était vicieuse. Elle avait présenté une obligation comme une punition. Elle pensait peut-être lui avoir infligé une bonne leçon, Deirane trouvait cela plutôt mesquin. Elle se prit à détester violemment la petite stoltzin, un sentiment – elle comprit pourquoi alors – assez partagé en dehors de l'Helaria. Elle donna son avis sur le repaire du drow.

— Il y a de fortes chances de le trouver vers le nord, son château est à quelques dizaines de longes au nord de Sernos, près de Gué d'Alcyan.

— J'y ai pensé. C'est même le premier endroit auquel j'ai pensé. Mais...

Elle désigna une pile de documents sur un coin de son bureau.

— Il a bien quitté la ville, il y a trois jours, et traversé le fleuve en bateau. Toutefois les rapports du poste-frontière yriani ne font pas état de son passage dans les jours qui ont suivi.

— Le prince de Boulden est bien complaisant ces temps-ci, il est pourtant ennemi de l'Helaria.

— L'Yrian a conquis deux royaumes ces vingt dernières années. Il a depuis peu une frontière commune avec Boulden. Le prince semble considérer que la prochaine extension de territoire se ferait à ses dépens. Une simple cité état contre un royaume aussi puissant, il n'a aucun moyen de résister. Du coup, nous sommes moins rebutants qu'avant. En autorisant une garnison helarieal à stationner chez lui, il se met à l'abri, car jamais le roi d'Yrian n'entrera en conflit ouvert avec nous.

— Même dans les circonstances actuelles ?

— Il pourrait être tenté en effet. Nos pentarques semblent cependant considérer cela comme peu probable.

— Et vous allez donc l'aider ?

— C'est ce qu'il croit. Il a juste oublié que Boulden vit du commerce d'esclave et que nous y sommes opposés.

Deirane médita un instant cette réponse avant de reprendre leur sujet de discussion antérieur.

— Si Aldower n'est pas allé au nord, il n'aurait pas pu aller au sud jusqu'à Kushan, prendre un bateau qui l'amène à Nasïlia et de là remonter vers Sernos par la Grande Route de l'Est et les plaines de Chabawck ?

— Helaria est en guerre, la route du sud est fermée, remarqua Saalyn.

— En effet. Mais tu as bien dit qu'il a quitté Boulden par bateau.

— Pas un bateau de haute mer. Il peut atteindre Imoteiv à la limite. En aucun cas rejoindre un port plus éloigné.

— Et il n'y a pas d'autre route ?

— Toutes les routes commerciales vers le sud aboutissent à un port helarieal. Nous contrôlons tout le sud du continent et les voies maritimes. C'est la raison de la guerre que nous subissons actuellement. Pour nous confisquer ce contrôle.

— Et l'Yrian contrôle toutes les voies terrestres du centre. Il est donc bloqué d'un côté comme de l'autre.

— D'une certaine façon oui. Sauf que l'Yrian n'a rien contre lui, il n'a pas mis sa tête à prix. Ce qui l'empêche d'emprunter cette route c'est d'une part son désir de discrétion et d'autre part un fait dont tu n'as visiblement pas pris connaissance.

La guerrière tendit un papier à Deirane. C'était une copie d'un rapport adressé au roi d'Yrian traduit en helariamen. Le fait que ce document soit entre les mains d'une ennemie du royaume montrait à quel point l'administration yriani était infiltrée d'espions. L'helariamen était la langue culturelle et scientifique d'Uv-Polin, aussi Deirane la lisait-elle assez bien.

— Ce château n'existe plus, s'écria-t-elle stupéfaite.

— Il a brûlé il y a vingt ans suite à une jacquerie qui a embrasé Gué d'Alcyan et quelques villages alentour. Rien de grave, le temps que le roi envoie des troupes de Sernos, les paysans étaient retournés dans leur foyer et le drow en fuite.

Saalyn n'avait pas tout dit. Deirane put lire dans le rapport que le meneur avait été soumis à la question puis libéré. C'est son nom qui l'avait surprise : Jensen. Apprendre que son père avait été torturé la bouleversa. Saalyn l'observa un moment sans rien dire, pour lui laisser le temps de se ressaisir.

— S'il n'est pas retourné en Yrian, reprit-elle, où est-il passé ?

— Il y a plusieurs possibilités. Il a pu remonter un affluent de l'Unster et continuer à pied vers l'Yrian à travers la jungle. Après quatre-vingts ans de pluies de feu, cela n'a rien de bien difficile. Dans le même ordre d'idée, traverser la jungle jusqu'à rejoindre la grande route de l'est puis l'Yrian. Il a aussi pu se terrer dans un royaume riverain au sud entre ici et Helaria, voire rejoindre les royaumes nains dans les montagnes. Les possibilités ne manquent pas, surtout pour un drow. Leurs compétences guerrières sont très recherchées, même en Helaria.

— Et quelle théorie a ta préférence ?

— À mon avis, il possède un domaine à proximité d'une communauté edoriane de la jungle sur la rive gauche de l'Unster. Il aurait un repère discret tout en disposant d'une réserve de personnel juste à côté. J'ai recoupé les témoignages de ceux qui ont eu affaire avec ces edorians. Ça m'a permis de repérer quatre domaines isolés qui pourraient bien appartenir à des drows. Je n'ai pas fini d'explorer tous les documents à ma disposition. L'un d'eux est peut-être le tien.

— Quand sauras-tu lequel est celui qu'on cherche ?

— Quand mes enquêteurs auront établi leur emploi du temps de ces derniers jours. Le nôtre n'était pas chez lui il y a quatre jours puisqu'il était ici. Mais il faut que je sois sûre que ce soit lui avant d'envoyer les troupes. Et il faut aussi que je connaisse les forces de l'adversaire.

— Dans son château de Gué d'Alcyan, je n'ai vu que lui.

— Je ne pense pas que l'on puisse se baser sur tes souvenirs en la matière. D'une part, tu n'as visité qu'une faible portion de son château. Une seule pièce si je me souviens bien de ce que tu nous as raconté il y a quelques jours. Ensuite, je ne pense pas que c'était sa résidence principale. Conserver une garnison importante dans un pays aussi puissant que l'Yrian comporte le danger d'attirer sur lui l'attention du roi. Un souverain ne peut pas tolérer un rival en puissance sur ses terres sans réagir. Dans un village écarté ne dépendant d'aucune puissance à proximité d'un petit pays comme Boulden, guère plus qu'une ville perdue au milieu des marécages, c'est moins risqué. L'autorité locale n'a pas les moyens de s'opposer à lui. Il n'avait rien à Gué d'Alcyan, il pourrait bien disposer d'une armée entière à Boulden.

Deirane estima que le moment était venu. Elle hésita avant de continuer la discussion. Elle s'attendait à un refus de Saalyn. Aussi allait-elle devoir bien choisir ses arguments. Elle s'humecta les lèvres avant de commencer.
— Je crois que tu ne devrais pas participer à l'expédition.
La surprise laissa la guerrière sans voix.
— Pourquoi ? demanda-t-elle enfin.
— Cette armée n'a aucune importance. Elle ne nous gênera pas. Nous pourrons entrer dans le château sans problème.
— Pourquoi ?
— Vingt ans. C'est un compte bien rond, tu ne trouves pas ?
— Non.
— En Helaria, vous utilisez douze chiffres pour compter. Les humains et les autres nouvelles races n'en utilisent que dix.
— Je sais, tout le monde le sait.
— Vingt en Helaria est un nombre quelconque. Pour les humains c'est un compte rond, l'équivalent de vingt-quatre dans votre façon de compter. Il va fêter les vingt ans de notre rencontre et il veut que je sois présente. Il m'attend. Il ne m'empêchera pas d'arriver à lui.
— Je vois que nous sommes arrivés à la même conclusion, par des voies différentes, mais nous sommes d'accord sur l'essentiel. Un petit bémol cependant. L'armée dont il dispose ne présente aucun danger pour toi, il veut ta présence. Ce n'est pas le cas pour moi. Toi tu pourras rentrer, moi je n'ai aucune importance pour lui. Il n'hésitera pas à me tuer si je tente de m'introduire. C'est de ça que tu veux me protéger ?
— J'ai une autre idée sur la question de ton importance. J'ai bien étudié les événements de ces derniers jours. Il y a trop de questions étranges, trop de coïncidences.
— Continue.
— Tiens par exemple, pourquoi Boulden ?
— Parce que c'est le seul royaume esclavagiste encore existant.

— Le seul qui en fasse commerce ouvertement. Il y en a d'autres, plus discrets.

— Tu penses que c'est moi la raison ? Parce que j'y étais ? Comment a-t-il su ? Ce ne sont que les hasards de ma dernière enquête. Et pourquoi suis-je si importante pour lui ? Après tout, il ne me connaît pas. Il est venu ici parce qu'il y possède un domaine.

— À mon avis, s'il a deux domaines en Ectrasyc, il peut en posséder beaucoup plus. En revanche il n'y avait qu'une seule ville où toi tu pouvais être dans les délais. Et il savait que tu serais ici parce tout simplement ta dernière enquête t'y conduirait. Il s'en est assuré. Il est même possible qu'il t'ait commanditée lui-même pour un crime qu'il aurait commis en personne.

— Je te rassure, répondit Saalyn, je suis à Boulden pour une enquête spéciale pour la Pentarchie. C'est le pentarque seconde Wotan en personne qui me commandite pour une mission en compagnie de mon archonte Muy.

Deirane resta interdite. Elle ne s'attendait pas à une telle réponse. Saalyn la poussa à continuer.

— En admettant qu'il ait réussi à manipuler mes pentarques, pourquoi fait-il ça ?

La réponse fut longue à venir.

— Tu m'as remis sur les rails après ce qu'il m'a fait subir. Sans toi, je me serais laissée mourir. J'en avais envie à l'époque. Tu m'as repris en main et fait oublier mon désir de mort. Je suis autant ton œuvre que la sienne. Il te doit beaucoup.

— Ton raisonnement semble correct. Mais il ne tient pas debout. S'il veut tant me rencontrer, pourquoi avoir tenté de m'assassiner ?

— Pas lui. Le marchand d'esclaves. C'est ce qui me semble le plus plausible, même si on n'a toujours aucune preuve contre lui. Il exerce un métier peu recommandable. Pour pouvoir continuer, il doit parfois procéder à l'élimination de certains obstacles qui pourraient perturber une transaction. Il a dû juger que tu risquais d'en devenir un. Le drow, lui, n'a pas ordonné ton exécution. Je suis sûr que tous les indices de ton enquête ont abouti à Boulden et que depuis la piste est sèche. Peut-être de temps en temps, un nouvel indice t'incite à rester et continuer à enquêter, sauf qu'après des débuts prometteurs tu piétines.

Le silence de Saalyn était éloquent.

— Continue, dit-elle au bout d'un moment.

— Si mon raisonnement est juste, on retrouvera le cadavre de Selmanthi dans un fossé, car il ne pourra pas lui pardonner une telle ingérence dans ses plans. En agissant comme il l'a fait, il a failli tout faire rater.

Saalyn se carra dans son fauteuil et croisa les bras sur la poitrine.

— Le corps du lieutenant du marchand a été effectivement retrouvé. À quelques longes d'ici, au nord sur la grande route du Sud. Quant à lui, il a disparu. Il semblerait qu'il se cache.

— Tu vois ?

— Je ne vois rien du tout. Il a été tué par une bande de bawcks. Il a été égorgé et même pas dépouillé. Ce qui signifie qu'ils agissaient sur ordre. Seuls eux sont trop idiots pour exécuter une mission sans penser à voler les biens de leur victime.

— Sur ordre de qui ? Ne penses-tu pas que le drow aurait pu donner cet ordre ?

— Un drow, faire appel à des bawcks. Tu as oublié à quel genre d'individu tu as affaire. Non, c'est un coup d'orkant.

— Un orkant ?

— Les orques sont incapables de diplomatie. Pour gérer leurs relations avec les autres espèces, ils chargent des humains...

— Je sais ce qu'est un orkant. Je ne vois juste pas pourquoi tu penses à une telle personne.

— C'est l'hypothèse la plus plausible. Malgré leur statut officiel d'esclaves, les orkants sont la seule autorité supra-tribale qu'ils reconnaissent. Pour en revenir à notre problème, je ne comprends toujours pas pourquoi ton drow voudrait me rencontrer. Je ne suis rien pour lui. Ce n'est pas juste parce que nous nous connaissons.

— Je n'ai pas la prétention de connaître les raisons qui poussent un drow à agir. Ce sont les êtres les plus imprévisibles qui soient. Je suppose que soumettre la guerrière libre la plus célèbre d'Helaria pourrait bien constituer un défi pour un individu tel que lui. Surtout quand la guerrière en question est une femme superbe.

Le sourire de Saalyn n'était rien moins qu'engageant.

— Je ne suis pas facile à soumettre, beaucoup ont essayé. Peu d'entre eux ont survécu pour le raconter.

Saalyn posa la main sur celles croisées de Deirane.

— Tu as l'air vraiment inquiète. Tu te fais de fausses idées sur toute cette histoire. Si ça peut te rassurer, je te promets que je n'entrerai pas dans le château. Mais j'accompagne quand même l'expédition, il n'est pas question que je reste en arrière.

Deirane avait donc réussi finalement

— Laisse-moi maintenant, j'ai du travail. Je dois trouver le repère du drow.

Deirane se leva. Elle se dirigea vers la porte. Avant de sortir, Saalyn l'interrompit.

— Attends, dit-elle. Approche-toi.

Intriguée, Deirane attendit.

— J'ai quelque chose pour toi, continua la guerrière libre.

Elle la rejoignit et referma la porte.

— Retourne-toi.

De plus en plus surprise, la petite femme obéit. Elle tourna le dos à Saalyn. Elle sentit que son ami lui glissait quelque chose autour du cou, une petite pierre plate s'insinuait entre ses seins. Elle lui souleva les cheveux pour l'attacher.

— Tu penses que je n'ai pas assez de bijoux sur moi, plaisanta Deirane.

Elle n'en dégagea pas moins la nuque pour aider son amie.

— Je pense que tu aimeras celui-là.

Saalyn la libéra. Deirane se tourna vers elle, portant la main à sa poitrine pour regarder le pendentif. Ses doigts le reconnurent aussitôt. Elle regarda la stoltzin dans les yeux. Elle sentait les larmes venir.

— Ça fait vingt ans que je le garde sur moi, en attendant de pouvoir te le rendre.

Deirane enfouit son visage dans la poitrine de son amie. Elle ne put contenir davantage son émotion. Elle se mit à sangloter. Saalyn lui posa la main sur les cheveux, les caressant doucement.

— Ils l'avaient laissé dans un buisson pour m'envoyer sur une fausse piste. Ça n'a pas marché. Pour autant, le comprendre ne m'a pas aidé à te retrouver.

Au lieu de la calmer, cela sembla encore amplifier les larmes. Au bout d'un moment, elle sembla se reprendre. Elle resta blottie encore un moment entre les bras protecteurs.

— Il y a vingt ans, j'ai recueilli une petite fille, remarqua Saalyn. Aujourd'hui, cette petite fille est devenue une femme adulte. Malgré tout j'ai l'impression qu'elle n'est pas très loin.

— C'est ma sœur qui m'avait donné ce camée.

— Je sais. Tu me l'as dit autrefois.

Deirane s'écarta enfin de Saalyn.

— Attends, dit cette dernière.

Du pouce elle essuya les larmes sous les yeux et effaça les traces de maquillage qui avait coulé. Elle laissa la main sur la joue de son amie qui ne fit rien pour s'écarter.

— Tu devras remettre du fard sur les paupières, mais au moins tu es présentable.

— Merci, dit Deirane. C'est le plus beau cadeau que tu pouvais me faire. Le plus beau que l'on m'a fait de ma vie.

— Je ne pensais pas qu'il produirait cet effet.

— Ça veut dire que tu ne me connais pas aussi bien que tu le penses.
— Comment aurais-tu pu ? On ne s'est pas vu pendant si longtemps.

Deirane opina du chef. Elle adressa un dernier salut à la guerrière. Elle s'enfuit presque avant que l'émotion ne la submerge à nouveau.

En sortant dans le couloir, Deirane vit que son escorte avait disparu.
— Tant mieux, pensa-t-elle.

Elle se dirigea vers la porte de sortie où elle déchanta. Le planton de garde se plaça devant elle.
— Vous ne sortez pas, dit-il.

L'ordre était si inattendu qu'elle n'y porta pas attention. Elle essaya de contourner le garde qui la repoussa violemment. La surprise l'étouffait presque, mais elle reprit ses esprits.
— Il y a un problème ? Vous n'allez pas empêcher une femme de rentrer chez elle tout de même.
— Ordre pentarchial.
— D'empêcher les gens de sortir du consulat ?
— Vous seulement.
— Seulement moi ? Il doit y avoir une erreur. Vous me confondez avec une autre personne.
— Ma pentarque a dit : « la femme avec un rubis scellé sur le front et les chaînettes de bronze aux poignets ». Y en a-t-il une autre ?

Par réflexe, Deirane tira sur ses manches pour cacher les seuls bijoux qu'elle portait qui n'etaient pas incrustés dans sa peau.
— Non, répondit-elle d'un ton amer. Quelles sont ses raisons ?
— Elle ne me les a pas données. Je suppose qu'elle n'a pas envie de voir un autre guerrier agressé.
— J'ai des affaires à aller chercher. Je ne peux pas rester ici sans vêtements.

Le garde la détailla de la tête aux pieds.
— Je ne m'en plaindrai pas, répliqua-t-il.

Elle rougit.
— Vous m'avez parfaitement compris, dit-elle.
— Vos affaires seront amenées.
— Et l'hôtel.
— Nous paierons ?
— Comment pouvez-vous en être si sûr ?
— Ma pentarque a donné des ordres.

En un certain sens, ça l'arrangeait. Son pécule n'était pas bien grand. La note d'hôtel l'aurait fortement grevé. Si la Pentarchie payait et la nourrissait, c'était autant de gagné. Mais la façon dont on l'avait faite prisonnière, parce ce que c'est bien de cela qu'il s'agissait, inutile de se leurrer, l'écœurait profondément.

— Je veux parler à la pentarque.

— Son bureau est à gauche. Elle pourra vous recevoir quand elle sera reposée.

— Sa chambre est de l'autre côté...

— Elle dort. Elle est épuisée. Elle a de bonnes raisons d'être épuisée.

Le ressentiment à son égard était palpable. Elle décida de changer de tactique.

— Mon fils est dehors, il doit être prévenu.

— Nous nous en chargerons.

— Il est prisonnier lui aussi ?

— Je n'ai pas d'ordre le concernant. Il peut loger ici ou rester à l'hôtel.

C'était au moins une bonne chose. S'il était libre de ses allées et venues, elle pourrait lui confier des missions à l'extérieur. Elle renonça, ce soldat ne pouvait qu'obéir à sa pentarque. Elle aurait beau discuter, elle ne pourrait pas sortir.

— Dans ce cas, demanda-t-elle, qu'avez-vous prévu pour moi pendant mon séjour ici ? Allez-vous me mettre au cachot ou y a-t-il des occupations plus constructives ? À moins que tout ce que vous m'offriez soit de vous faire la conversation.

Le garde fit un sourire narquois.

— Je n'ai reçu aucun ordre concernant d'éventuelles tâches à vous confier. Si vous voulez vous rendre utile, je sais que...

— Oui ?

— Le jardin a besoin d'être désherbé.

La réponse était une façon de dire qu'elle était inutile. Ce qui la vexa. Un poids mort. Voilà ce qu'elle était pour la Pentarchie. Eh bien, elle n'avait pas qu'une jolie figure et quelques pierres précieuses pour seuls atouts. Elle avait un cerveau en état de marche et allait leur prouver. Elle ne savait pas encore comment. Elle trouverait. En attendant...

Prenant son sourire le plus enjôleur elle se tourna vers le garde.

— Les outils de jardinage, où sont-ils ? demanda-t-elle.

— Dans un réduit au fond du jardin. Une porte en bois plein, sans serrure.

— Merci.

Elle se tourna pour s'éloigner.

— Je ne serais pas contre un peu de conversation, de temps en temps, lança-t-il.

Elle lui sourit, puis continua son chemin, balançant les hanches d'une manière qui aurait rendu fous la plupart des mâles de presque toutes les espèces stolzoïdes du monde.

Cela faisait deux jours que Deirane était assignée à résidence dans le consulat. L'hostilité à son égard semblait avoir disparu. À l'exception de la pentarque, ils s'étaient rangés à l'opinion de Saalyn et la considéraient comme innocente des derniers événements. D'ailleurs, même cette dernière semblait s'être amadouée. Son seul tort avait été de tenter de recruter des guerriers helarieal. Ce n'était pas un crime, ils étaient là pour ça.

La Pentarchie avait tenu les promesses du garde, elle avait réglé toutes les factures qu'elle avait en suspens dans la ville. La prochaine fermeture du consulat avait libéré beaucoup de place, elle avait pu choisir sa chambre, proche de celle de Saalyn. Hester avait choisi d'emménager avec elle. Il s'était installé juste à côté. Cela faisait des mois qu'ils vivaient dans la promiscuité tous les deux. Le fait d'avoir une chambre pour eux seuls leur sembla un luxe presque sybaritique.

Elle n'avait malheureusement pas plus d'occupation qu'avant. Elle avait découvert que le jardinage était un moyen efficace de s'occuper les mains en gardant l'esprit libre pour réfléchir. Et elle réfléchit beaucoup. Sa confrontation avec le drow allait être décisive. Sa vie allait dépendre de ses paroles. Elle devait être prête. Le problème c'est qu'elle ne savait pas du tout les raisons qui l'avait poussé à organiser cette rencontre : une confrontation avec son œuvre ou pour y mettre fin avant que la vieillesse ne la dégrade. Un adepte de la perfection tel que ce drow pouvait très bien vouloir la détruire pour que personne ne puisse la voir imparfaite.

Voilà à quoi elle passait ses journées, à ruminer des idées noires.

Saalyn était penchée sur ses dossiers quand la porte de son bureau s'ouvrit et que quelqu'un entra. Habituée aux visites quotidiennes de Deirane, elle ne leva pas la tête.

— Bonjour Deirane, dit-elle. Assieds-toi. Je termine ça d'abord.

Le verrou qui se fermait l'intrigua et la tira de sa concentration. Elle regarda son visiteur. Ce n'était pas Deirane, mais Hester. Le jeune homme ne voulait pas être dérangé pendant leur discussion s'il les enfermait ensemble. Elle croisa les mains devant elle et attendit. Hester s'installa.

— Je suppose que tu as quelque chose à me dire.

— Je vous connais, dit-il en préambule.

— Je suis Saalyn, guerrière libre helarieal. Je suis née à Neiso. J'ai six cent trente-deux ans et je suis amie avec ta mère depuis vingt, même si elle n'a pas donné signe de vie pendant la plus grande partie de ce laps de temps.

Elle nous a présenté il y a moins d'un douzain et depuis nous nous voyons presque tous les jours. Alors oui, nous nous connaissons. D'autres questions ?

— Je vous connais depuis bien plus d'un douzain, beaucoup plus d'une douzain. Je ne me souviens plus de quand.

Saalyn hésita. Était-il possible que ses souvenirs remontent aussi loin ?

— Le jour de notre rencontre, mon nom et mon visage t'étaient inconnus.

— Votre visage ne me disait rien. Il ne me dit toujours rien.

— Alors comment ? Quand ?

— À la fête. Quand j'ai dansé avec vous. Quand j'étais contre vous. Quand j'ai respiré votre odeur, j'ai ressenti une impression bizarre.

Saalyn grimaça.

— C'est un compliment ça ? Ou une façon de me dire que je sens mauvais.

Hester rougit.

— Je ne sais pas comment expliquer sans paraître insultant.

— Alors, sois insultant, je saurai faire la part des choses. Dis-moi ce dont tu te souviens de moi.

— Je me souviens de votre odeur. Et c'est associé à une image rassurante. Presque maternelle. Sauf que vous ne pouvez pas être ma mère puisque Deirane l'est et qu'en plus nous ne sommes pas du même peuple.

Il hésita, dévisageant Saalyn qui ne disait plus un mot.

— Je vois que vous savez de quoi je parle, votre expression est transparente.

— Je sais en effet de quoi tu parles.

Sa voix était troublée, elle semblait en proie à une intense émotion.

— Je ne pensais pas que tu te souviendrais d'un événement aussi lointain.

— Juste de l'odeur, pas…

Elle leva la main pour le couper.

— Ne m'interromps pas, personne à part Öta et moi ne connaît cette histoire. Je ne l'ai jamais racontée à personne… Tu as le droit de savoir.

— Ma mère aussi.

— Tu lui raconteras, si tu désires partager ça avec elle.

Elle hésita.

— Si tu te souviens de mon odeur, mais pas de mon visage, c'est parce que tu as passé plusieurs mois de ta vie sous ma tunique, contre ma poitrine.

— Sous la tunique ! J'avais quel âge ?

— Je ne saurais le dire avec exactitude.

— Vous m'avez vu naître, vous connaissez mon âge.

— À l'époque, j'étais… pas au mieux de ma forme. C'était juste après la première affaire que j'ai résolue. J'avais rencontré ta mère peu de temps avant. Une histoire d'enlèvement d'une jeune fille contre rançon. Ta mère a dû te raconter dans quel état j'étais.

Hester confirma d'un hochement de la tête.

— Lors de la mission précédente, j'ai bien failli y rester. Si je suis toujours vivante, c'est uniquement parce qu'Öta est venu à mon secours. Et plus que la mort, après tout j'ai un métier où je mets constamment ma vie en danger ; c'est le fait d'avoir été torturée et violée, sans raison juste pour la vengeance, des douzains durant. J'étais angoissée… Non. J'étais terrorisée… Je suis aujourd'hui encore terrorisée à l'évocation de ces souvenirs. Et à cette époque, c'était récent. J'ai repris mes enquêtes avec la boule au ventre. J'avais peur. C'était la première fois. La mission a été réussie, mais je l'ai réalisée dans une sorte d'état second. Beaucoup d'événements de cette période restent flous dans ma mémoire. Si ça peut t'aider, à fin de notre chevauchée, tes premières dents avaient poussé et tu me faisais sacrément mal en tétant.

— Vous m'avez donné le sein ?

— Quand je suis arrivée à la ferme de tes parents, tout avait brûlé. Ils avaient disparu. Les mercenaires avaient eu au moins la décence de ne pas te laisser dans la maison avant d'y mettre le feu, mais ils t'avaient abandonné sur place. Le cadavre de ton père était dans les décombres. Ta mère avait disparu. Je t'ai recueilli. Tu avais faim, seulement je n'avais que de la viande séchée et des légumes sur moi. Rien que tu ne pouvais manger. Les stoltzint ne sont pas comme les humaines. Nous pouvons avoir une montée de lait en quelques heures quand on a un nourrisson, même sans avoir eu d'enfants. Entre la ponte et l'éclosion, il peut s'écouler des mois si les conditions sont défavorables. Et quand c'est le cas, il arrive que la mère n'ait pas survécu. Une autre doit prendre le relais. J'ai pu t'allaiter avant de repartir.

— Et ensuite ?

— Je suis partie à la recherche de ta mère. L'enquête s'est avérée plus dangereuse que prévu. Aussi, pour éviter de t'exposer davantage, je suis repassée par Sernos – c'était ma base d'opérations à l'époque – et je t'ai déposé à l'orphelinat. Quand je suis repassée, au bout de plusieurs mois, tu avais été adopté. Comme la vie que je pouvais t'offrir était dangereuse, que ta nouvelle famille était humaine et que j'avais perdu tout espoir de retrouver ta vraie mère, je me suis dit que tu étais au meilleur endroit possible. Je t'y ai laissé. Je t'ai surveillé un moment pour voir comment tu grandissais. La famille semblait t'aimer…

— Ma mère adoptive ne pouvait pas avoir d'enfants, elle était stérile.

— En fait, c'est ton père qui l'était. C'est une habitude très humaine de tout mettre sur le dos des femmes dans ce cas-là. Si elle avait été moins stupidement fidèle, elle aurait fait ce qu'il fallait et aurait eu une vie plus heureuse. Bref, au bout de quelques années, je suis rentrée à Neiso, je t'ai perdu de vue. La fois suivante où je suis passé par Sernos, ta famille avait déménagé. Je ne l'ai pas cherchée.

— Pourquoi ?

— Les stoltzt étaient impopulaires à l'époque, plus qu'aujourd'hui. Il était mieux pour ton avenir qu'on ne sache pas que nous étions liés, ça t'aurait causé trop de problèmes.

Saalyn avait fini son histoire, elle se tut.

Hester se leva. Il contourna le bureau et se mit face à Saalyn, la dominant sur sa chaise. Elle leva la tête, lui lançant un regard où perçait une certaine inquiétude. Soudain il s'accroupit et la serra contre lui. Elle le laissa faire, émue. Il la lâcha enfin.

— J'avais peur que tu m'en veuilles, dit-elle, pour ne t'avoir rien dit.

— Je vous en veux un peu. Le jour de notre rencontre, vous saviez qui j'étais, mais vous vous êtes comportée comme si j'étais un parfait inconnu.

— En un sens tu l'étais. La dernière fois que je t'ai vu, tu avais quatre ans.

— D'un autre côté, vous m'avez sauvé la vie, nourri, donné une nouvelle famille et offert un avenir. Pour ça, je vous en serai toujours reconnaissant.

Un sourire éclaira le visage de Saalyn.

— En fait je suis doublement content. D'une part j'ai enfin terminé ma quête personnelle.

— Ta quête.

— Je me suis longtemps renseigné sur mon passé. Je voulais savoir d'où je venais. Quand ma mère m'a trouvé, ça a éclairci beaucoup de choses. Pas tout. J'ignorai comment j'étais arrivé à l'orphelinat. Quand je les ai vus, ils m'ont parlé d'un guerrier libre helarieal, ils n'avaient pas dit que c'était une femme.

— Parce que c'est Öta qui t'a inscrit. Il était mon disciple à l'époque.

— Alors ma quête n'est pas tout à fait terminée. Il me reste à rencontrer Öta. J'ai cru comprendre qu'il n'allait pas tarder à venir ici. Le rencontrer n'est plus qu'une question de temps.

Il fit une courte pause avant de reprendre.

— Je suis le seul homme à avoir la chance d'avoir trois mères vivantes. Quand Deirane saura que la seconde c'est vous, elle sera ravie.

— Que vas-tu faire maintenant ?

— Aider ma mère dans sa propre quête.

Voyant que Saalyn attendait la suite, il continua.

— Ma mère a eu cinq enfants, deux filles et trois garçons, qu'on lui a tous volés peu après la naissance. Elle m'a retrouvé, mais il en reste encore quatre. Elle ne s'arrêtera pas tant qu'elle ne les aura pas trouvés.

— C'est une excellente quête. N'oublie pas cependant que tu as ta vie à mener.

— Je ne l'oublie pas. Toutefois ce sont mes frères et mes sœurs, j'ai envie de les connaître.

— Je comprends. Tu as l'air doué et tu l'aideras bien dans ses recherches.

— Je ferai mon maximum.

Le jeune homme comprit que la conversation était close. Il rejoignit la porte en quelques enjambées et la déverrouilla. Avant de sortir, il adressa un dernier sourire à la stoltzin. Une fois seule, celle-ci, au lieu de reprendre son travail, se cala confortablement dans son fauteuil, les mains derrière la tête, une expression rêveuse sur le visage.

XIX

Boulden, de nos jours.

Trois jours après l'assignation à résidence de Deirane, la guerrière libre entra dans la chambre où l'humaine avait élu domicile. Quand elle ne s'entraînait pas aux armes avec Serton, elle passait son temps libre à lire. Allongée sur son lit, sur le ventre, les jambes relevées, les pieds jouant dans les rayons du soleil, elle avait emprunté à la bibliothèque l'épopée d'un stoltzen dont l'ancienneté se perdait dans les limbes du mythe. Ce genre de littérature la fascinait. Son propre peuple avait été amené par les Feythas lors de leur invasion et les plus longues lignées humaines n'avaient que quelques générations d'existence. Si son père et son grand-père étaient nés de parents humains, les générations antérieures s'étaient développées dans une étrange machine qui reproduisait le fonctionnement de la matrice d'une femme. Et ses plus lointains ancêtres libres, à en croire les documents laissés par les tyrans, valaient à peine mieux que des singes. Son peuple n'avait pas une longue histoire. La plupart de ceux qui avaient vécu les faits marquants de leur civilisation étaient encore vivants. Seuls les Peuples Anciens pouvaient se prévaloir de héros évoluant dans un lointain passé et d'antiques civilisations perdues.

L'irruption de Saalyn fit sursauter Deirane qui reposa l'ouvrage. Elle étira le cou pour voir sa visiteuse. Ainsi abandonnée, les cheveux lui tombant devant le visage, elle semblait plus jeune que son âge. On aurait presque dit une adolescente. De fait, selon les critères stoltz, elle l'était. Mais les humains vivaient leur vie plus vite et elle avait l'âge d'être grand-mère. Peut-être l'était-elle d'ailleurs ; sa fille aînée, où qu'elle se trouvât, était adulte. En fait, trois ans plus jeune qu'Hester, elle était certainement mariée et déjà mère.

— Que se passe-t-il ? demanda Deirane.

— On part, répondit Saalyn, demain au lever du soleil, prépare tes affaires.

— Tu as trouvé ?

Deirane se retourna sur le dos et d'un coup de rein se releva. Elle s'assit en tailleur sur le lit. Saalyn s'installa sur le bord, les jambes repliées sous les fesses. Elle prit le livre que lisait Deirane à son arrivée.

— Le prince des eaux de Belden. Intéressant même si sa théorie a été pas mal ébranlée depuis l'arrivée des Nouveaux Peuples.

— Vas-y. Raconte.

— Il y a trois peuples anciens et trois éléments. Belden professe que ce n'est pas un hasard et que chaque peuple est lié à un élément. Les bawcks sont liés à la terre, les stoltzt à l'eau – le fait est que nous nageons comme des poissons – et les gems à l'air. Ils ont des ailes et peuvent voler. Enfin certains. Tu comprends ?

— Saalyn !

Le ton de Deirane laissait nettement percer son agacement. La guerrière lui sourit et reposa le livre.

— Notre drow s'est réfugié dans un château perdu dans la forêt à environ dix longes à l'est de la grande route du sud. Nous n'aurons pas trop de deux jours pour y arriver.

L'humaine respira profondément, soulagée.

— Il ne faut pas deux jours pour faire dix longes, remarqua-t-elle.

— Pas dix, quarante-quatre, corrigea Saalyn. Six longes pour atteindre le port de Boulden, puis remonter la grande route du sud sur vingt-huit et pour finir dix en pleine jungle.

— Une jungle ? Le drow lui-même a bien dû la traverser pour l'atteindre. Il a certainement percé une route. Au pire, il suffit de suivre ses traces.

— Tu devrais lire moins de romans et regarder un peu autour de toi. La jungle d'aujourd'hui ne ressemble plus à celle des récits de voyage. Depuis la guerre on n'a plus besoin de tracer des routes pour la traverser. En plus, celle-là est sillonnée de rivières.

— Et pourquoi ne pas y aller nous-même en bateau ?

— D'abord parce que nous n'en avons pas de disponible.

— Vous n'avez pas de bateaux disponibles ? Muy a bien employé un moyen de transport pour arriver ici ?

— Elle est arrivée avec un navire de guerre. Il repart vers le sud avec tous les soldats qu'il aura ramassés lors de sa route. Et de toute façon, ce n'est pas un petit bateau et l'affluent n'est pas très large.

— Il ne pourrait pas...

— Non ! C'est un de nos plus gros navires de guerre.

L'ancienne reine eut l'air déçue. Mais elle se reprit très vite.

— Le prince ne pourrait pas nous louer un bateau.

— Peut-être, s'il en avait. Malheureusement pour faire des bateaux il faut du bois et pour avoir du bois il faut des arbres.

Deirane changea de position, entourant ses genoux de ses bras.

— Désolée. Je ne sais grand-chose sur Boulden. Toutes ces années, je m'en suis tenu à l'écart.

— Ce qui est compréhensible.

Saalyn écarta une mèche de cheveux qui masquait le regard de son amie et lui caressa la joue.

— Le manque de bateau n'est pas la seule raison qui nous oblige à traverser la jungle, reprit-elle. Il nous attend. Il sait qui nous sommes. Il est prêt. Et il s'attend à ce que nous arrivions comme d'habitude par la rivière. Nous nous battrons à un contre deux, peut-être plus, contre une armée retranchée derrière de solides murailles. En passant par la forêt nous gagnons un élément de surprise qui nous sera indispensable.

— Il y aura des morts ?

— Muy ne nous accompagne pas, mais elle a conçu le plan d'attaque. C'est elle qui dirigera l'assaut. Elle nous confie un sensitif, il pourra rester en contact mental avec elle. C'est comme si elle était avec nous. Si tout se passe comme prévu, il n'y aura aucune mort de notre côté.

Les sensitifs, Deirane en avait entendu parler. À l'exception des pentarques, les stoltzt ne possédaient pas de dons télépathiques. Ils ne pouvaient donc entrer en communication avec leurs chefs qu'en attirant leur attention au moyen de signes discrets. Il fallait donc qu'il fût dans le champ de vision du pentarque. Les sensitifs n'étaient pas télépathes. Pourtant ils avaient la particularité de pouvoir créer avec leurs seigneurs un lien qui persistait sans effort de volonté, même pendant le sommeil. Ils pouvaient donc entrer en contact à tout moment, et ceci, quelle que soit la distance. Bizarrement les meilleurs sensitifs étaient majoritairement des edorians, même si la plupart des autres peuples pouvaient l'être aussi. Ces êtres très rares étaient précieux au sein de la Pentarchie.

— Un sensitif. C'est marrant, je croyais que Muy ne m'aimait pas, remarqua Deirane.

— Tu ne connais rien des motivations de Muy. Ce n'est pas pour toi qu'elle fait ça, c'est pour ses soldats.

— J'aurais dû m'en douter.

Saalyn se leva et de sa démarche souple d'athlète se dirigea vers la porte.

— Nous voyagerons léger, continua-t-elle, la traversée de la jungle ne sera pas une partie de plaisir. Aussi ne prends que ce qui est indispensable pour toi et pour ta nièce. Tes autres affaires seront transférées par bateau à Sernos où nous nous rendrons après l'avoir récupérée.

Deirane se redressa.

— Attends, dit-elle.

La guerrière s'immobilisa, la main sur la poignée de la porte, prête à l'ouvrir.

— Tu veux quelque chose de particulier ?

— Une promesse.

— Demande toujours.

Deirane hésita un moment avant de formuler sa demande.

— Quoi qu'il m'arrive, je veux que tu prennes soin de Cleindorel. Je veux que tu la ramènes chez elle.

Saalyn soupira. Elle alla s'asseoir près de son amie.

— Cesse de t'inquiéter comme tu le fais. Tout se passera bien, nous la ramènerons dans son foyer.

— J'ai bien réfléchi ces derniers jours. Je ne survivrais peut-être pas à la rencontre avec ce drow.

— Qu'est-ce qui t'a fait imaginer une telle idée ?

— Pourquoi voudrait-il me voir autrement ? Il veut me tuer. Détruire son œuvre quand elle est encore intacte. Il ne veut pas qu'en vieillissant je dégrade le tableau qu'il a créé.

Saalyn chercha quelques paroles de réconfort. Mais ce que disait Deirane cadrait avec l'image qu'elle se faisait du drow et les mots ne lui venaient pas. Une larme coula le long de la joue de l'humaine. Saalyn enlaça son amie qui posa la tête contre sa poitrine.

— Tout se passera bien, murmura-t-elle, tu verras. Pour te tuer toi, il faudra d'abord qu'il me tue, moi. Et je suis coriace.

Au lieu de la calmer, cela déclencha une série de sanglots convulsifs. La stoltzin tenta maladroitement de la réconforter, lui caressant timidement les cheveux et le dos, sans effets.

— J'ai peur, parvint à dire Deirane entre deux sanglots, si tu savais à quel point j'ai peur. Je suis terrorisée rien qu'à l'idée de me retrouver face à lui. J'ai envie de me cacher au fond d'un trou et de ne plus jamais en sortir. Je voudrais être une petite fille pour pouvoir aller me réfugier au fond du lit de mes parents et sentir les bras de mon père autour de moi.

— Bien que je ne sois pas ton père, je peux essayer de le remplacer. Réfugie-toi en moi.

Doucement, Saalyn s'allongea près d'elle, enlaçant le corps secoué de sanglots aussi étroitement qu'elle le put. L'opération était difficile, car l'ancienne reine s'accrochait à la guerrière comme une noyée à sa planche.

Le soir tombait et Deirane dormait quand Saalyn put se dégager. Elle étira ses muscles endoloris par la pause, grimaça quand une articulation protesta. Elle allait devoir se changer, son chemisier était trempé de larmes. Incroyable qu'un corps aussi petit pût perdre autant d'eau sans se dessécher. Doucement pour éviter de réveiller son amie, elle quitta la pièce.

XX

Gué d'Alcyan, vingt ans plus tôt.

Pendant trois jours, rien ne se passa. La vie reprit presque un tour normal. La seule différence était que, si Deirane allait toujours chercher l'eau au lac, elle y allait accompagnée de son père. Elle avait peur de s'y rendre seule depuis ce jour fatidique, moins d'un mois plus tôt et la présence massive armée d'une fourche la rassurait. Tout le plaisir qu'elle éprouvait à accomplir cette tâche avait disparu. Elle surveillait les buissons pour voir si son espion habituel était toujours caché dans les parages, mais il restait invisible. Elle ne se regardait plus dans l'eau non plus. Ce n'était pas la présence de son père qui l'en empêchait, elle n'aimait pas ce qu'elle était devenue. La vue de son visage la révulsait. Elle brouillait volontairement la surface en puisant l'eau pour éviter de voir son reflet.

Un soir, sa peste de sœur avait enlevé le drap qui recouvrait le miroir dans leur chambre commune. Ça avait provoqué une crise d'hystérie que Cleriance et Daisuren avaient eu du mal à calmer. Jensen avait entraîné sa plus jeune fille derrière la maison et l'avait corrigée avec son ceinturon. C'était la première fois qu'il levait la main sur un de ses enfants. Depuis, la benjamine en voulait à sa grande sœur et ne manquait pas une occasion de lui faire du mal.

Un matin, alors qu'ils prenaient le premier repas de la journée, quelqu'un frappa à la porte. Intrigué, Jensen se leva et alla ouvrir. Dehors se tenait une vingtaine de personnes. Le boulanger du village voisin était à leur tête.

— Lorlon, dit simplement Jensen, que veux-tu si tôt le matin ?
— Jeten est mort, répondit-il.
Le visage de Jensen exprima sa peine pour cette mauvaise nouvelle.
— Je suis désolé, dit-il enfin, ce doit être une grande peine pour ta femme. Comment se porte-t-elle ?
— Je suis pas venu pour parler de ma femme, mais de ta fille.
— Ma fille ! Quoi ma fille ?
— C'est elle la responsable.

Le ton du paysan avait alerté Cleriance. Elle s'était levée et avait pris la main de sa sœur pour l'inviter à la suivre. Les deux femmes se réfugièrent contre la cheminée.

— C'est ridicule, s'écria Jensen. Ma fille n'a pas tué ton fils.

— Elle a attiré ce drow sur nos terres. Et maintenant ces monstruosités de stoltzt.

— Ce drow habite à côté de chez nous depuis des années. Et si ton fils n'avait pas passé son temps à reluquer ma fille, il ne lui serait rien arrivé.

— Mon fils aurait jamais remarqué ta fille si elle s'était pas comportée comme une traînée.

— C'est pas une traînée. Il se cachait derrière un buisson dans ma propriété pour espionner mon lac.

— Tu sous-entends que mon fils n'était qu'un voyeur.

— Exactement.

— Ça suffit, je t'interdis de parler de mon fils comme ça, il est mort.

— Alors, ne parle pas de ma fille comme ça. Elle est vivante elle et elle va devoir vivre avec ça.

Le boulanger, Lorlon, prit un air menaçant.

— Elle n'aura pas longtemps à vivre avec ça.

Et il agita de façon menaçante le bâton qu'il avait à la main.

— Papa ! cria Cleriance pour attirer son attention.

Il rattrapa au vol le tisonnier qu'elle lui avait lancé et se mit face à la foule menaçante.

— Si elle nous suit sans résistance, cette sorcière aura droit à un procès équitable avant d'être brûlée.

Derrière lui, la foule fit écho à ses paroles.

Sans en attendre davantage, Cleriance entraîna sa sœur vers la cuisine. La jeune fille était pétrifiée par la terreur. Elle dut la tirer brutalement pour qu'elle la suivît. Elle referma la porte derrière elles. Elle prit un havresac rebondi pendu à une patère. Elle ouvrit la porte, qui donnait sur les champs, et regarda à l'extérieur. Personne. Rassurée, elle sortit, suivie de Deirane. Elles se précipitèrent vers les serres pour se cacher de la foule au cas où certains feraient le tour.

Avant de suivre sa sœur aînée, Deirane jeta un dernier coup d'œil sur l'endroit où elle avait toujours vécu et qu'elle quittait, certainement définitivement.

Cleriance tirait Deirane plus qu'elle ne l'accompagnait. La jeune fille, en larmes, était incapable de faire un pas, et sans la solide poigne de sa sœur, elle se serait effondrée sur place. Derrière, elle entendait les rugissements de la foule et les réponses aussi violentes de Jensen qui leur faisait face, un tisonnier à la main comme seule arme. Passé les serres, elles étaient raisonnablement à l'abri des regards. Par chance, les blés étaient suffisamment haut pour les cacher.

Elles décidèrent… Cleriance décida de contourner le village par l'amont. Il leur fallut quelques calsihons pour atteindre l'Alcyan. En amont du gué, la rivière n'était pas large, néanmoins elle posait un obstacle. Plonger dans cette eau sans protection aurait signifié une mort lente et douloureuse pour les deux femmes. Heureusement, l'aînée avait prévu ce cas. Elle avait glissé des protections étanches en cuir dans le havresac en le préparant. Assez grandes pour protéger les pieds jusqu'à mi-mollet. Il restait à trouver un endroit suffisamment peu profond pour que cela suffît. Elles le trouvèrent un peu plus de trois cents perches vers l'amont : une des nombreuses petites barres rocheuses qui formaient une série de barrages. Pas assez large pour qu'une route ait été construite, suffisamment cependant pour offrir le passage aux piétons. Le courant était rapide et le rocher glissant. Dans sa jeunesse, Cleriance l'avait traversée des dizaines de fois pour aller retrouver les garçons des villages voisins.

Cleriance s'enveloppa les pieds et serra la fermeture de cuir presque à couper le sang. Voyant que Deirane ne réagissait pas, elle la secoua.

— Enfile ça en vitesse, nous devons nous dépêcher.

Vu l'absence de réaction, elle lui attrapa la jambe pour la préparer. Comme un automate, Deirane s'assit. Cleriance lui passa alors la protection. Elle serra les lacets violemment pour obtenir une réaction, sans succès. Une fois prêtes, elles traversèrent prudemment le gué. L'eau froide sembla réveiller la jeune femme. Une fois de l'autre côté, elle semblait s'être un peu reprise.

Cleriance se laissa tomber par terre. Elle s'allongea un instant.

— On peut souffler, dit-elle, même s'ils nous trouvent, sans équipement, ils ne pourront pas traverser. Ils devront passer par le village pour nous rejoindre, un détour de presque trois longes. On sera ailleurs bien avant qu'ils arrivent.

— Et après, demanda Deirane.

— Après nous irons jusqu'au fleuve et tu embarqueras à bord du navire helarieal.

— S'il est encore là.

— Il sera encore là. Ne t'inquiète pas. Le sort ne peut pas être continuellement contre nous.

Brusquement, Deirane craqua. Les sanglots qu'elle retenait depuis qu'elles avaient fui la ferme sortirent d'un seul coup.

— Qu'est-ce qui se passe ? dit-elle, pourquoi font-ils ça ?

Péniblement, Cleriance s'assit, elle posa les mains sur les épaules de sa sœur.

— Parce que ce sont des imbéciles et des ignorants, répondit-elle. Ces gens sont du style à tuer le porteur de mauvaises nouvelles plutôt que celui qui en est responsable.

Elle serra sa sœur contre elle et la câlina comme une enfant.

La douceur de Cleriance finit par avoir raison de la crise. Deirane finit par se reprendre. Elle renifla, sécha ses larmes, puis se libéra de l'étreinte de sa sœur.

— On repart ? demanda-t-elle, ton bébé ?

— Ça va aller, répondit Cleriance, je tiendrai.

Deirane regarda le ventre rond, Cleriance était encore loin du terme, mais son bébé devait déjà être bien lourd. Avec l'aide de sa cadette, elle se remit sur ses jambes. Puis elles repartirent.

Heureusement, Gué d'Alcyan était petit. Le contourner fut rapide. Elles passèrent très au large. Quand elles atteignirent la route, le soleil venait de passer le zénith. La Grande Route du Nord longeait l'Unster sur la rive gauche. Par chance, Gué d'Alcyan était du bon côté. Elles n'auraient pas à traverser un fleuve caractérisé par sa largeur et son manque chronique de ponts.

En remontant vers le village, elles trouvèrent sans peine l'endroit où le navire helarieal avait accosté, la berge avait été piétinée par les centaines de membres d'équipage et de soldats. Le village était trop pauvre pour s'offrir le luxe d'un quai utilisé une fois par an. Un bosquet avait permis au Cristal de s'amarrer, l'écorce de certains avait été éraflée par les aussières. Mais il n'était plus là. Il était parti. Les navires helarieal étaient réputés pour leur rapidité, il avait en plus le courant pour lui. Elles n'avaient aucune chance de le rattraper.

Deirane se laissa tomber à genoux.

— Qu'allons-nous faire ? demanda-t-elle.

Cleriance s'assit pesamment à côté d'elle et la prit par les épaules.

— Toi, tu vas aller au sud. Sernos est à une quarantaine de longes. Trois à quatre jours de marche devraient suffire. Une fois là-bas, présente-toi à l'ambassade d'Helaria et demande Festor. Il s'occupera de toi. Il l'a promis.

— Et s'il n'est pas là-bas ?

— Sers-toi de son nom. Ça devrait marcher.

— Et toi ?

— Moi, je pense que je vais faire une petite sieste à l'ombre et attendre la nuit avant de rentrer.

— Tu ne viens pas avec moi.

— Ma vie est ici. Je suis mariée, j'attends un enfant. Je dois rester avec son père. Et puis dans mon état, je ne pourrais jamais parcourir une telle distance.

— Les villageois ?

— Maintenant que tu es partie, ils vont se calmer. Je ne pense pas qu'ils s'en prendront à une femme enceinte.

— Je ne veux pas te quitter, je ne veux pas partir. Je veux retourner à la maison.

Les larmes recommencèrent à couler, silencieusement. Cleriance la serra contre elle.

— Tu ne peux pas rentrer à la maison, les villageois te tueront. Tu dois rejoindre l'Helaria. Là-bas, ils sauront s'occuper de toi. Ces gens n'ont pas peur de la différence. Tu y seras la bienvenue.

Les deux sœurs restèrent enlacées un moment. Puis Cleriance secoua affectueusement Deirane.

— Il faut que tu y ailles. Je ne pense pas qu'ils te poursuivront, il vaudrait quand même mieux que tu mettes de la distance avec le village. Avant, tu vas m'aider à m'allonger là-bas.

Deirane se releva. Elle tendit la main à sa sœur. Puis elle l'aida à s'installer à l'ombre d'un arbre au tronc large. Elle enlaça sa sœur une dernière fois. Puis elle se releva.

— Attends, la retint Cleriance.

Elle fit passer la sangle par-dessus la tête et lui tendit le sac.

— Là-dedans, tu auras de quoi boire et manger.

Deirane le prit.

— Pour l'argent, tu as ce qu'il faut ?

— Papa m'a passé une bourse en me disant de toujours la garder sur moi au cas où.

— Cache-la bien. Maintenant, vas-y.

Deirane s'éloigna en reculant.

— Dès que je peux, je reviens, dit-elle. Je ne resterai pas longtemps absente.

Cleriance lui envoya un sourire un peu triste. Deirane fit enfin demi-tour. Elle commença son voyage vers Sernos.

Cleriance la regarda s'éloigner. Des larmes coulaient silencieusement sur ses joues. Brutalement, elle se mit à pleurer. Elle resta là à sangloter jusqu'au soir. Le soleil disparaissant derrière les montagnes la ramena à la raison. Elle sécha son visage et renifla un bon coup. Puis elle se releva péniblement et entreprit de rentrer à la ferme.

XXI

Grande route du nord, vingt ans plus tôt.

Deirane ne tarda pas à rejoindre la route qui reliait Ortuin à Sernos. Elle était récente, encore en bon état. L'ancienne voie construite par les Feythas avait été abandonnée pendant plus de cinquante ans. Elle avait été entièrement rénovée lorsque la ville d'Ortuin avait été fondée, quelques années plus tôt pour servir de chef-lieu à la province éponyme du nord de l'Yrian. Elle était aussi large que la Grande Route du Sud qui reliait Sernos aux royaumes du sud et logiquement elle avait été nommée « Grande Route du Nord ».

Toutefois, Ortuin était encore petite et sa bourgeoisie peu développée. De plus, alors que les grandes routes du sud et de l'est desservaient plusieurs royaumes, celle-là était purement interne à l'Yrian. Elle était donc quasiment déserte. Depuis qu'elle avait quitté la ferme, Deirane n'avait croisé personne.

La jeune fille marchait sous un soleil de plomb. C'était une fille de ferme, solide, mais elle était jeune et n'était pas une marcheuse entraînée. Sa sœur Cleriance avait tablé sur trois jours pour atteindre la capitale, quinze longes par jour. À condition de ne pas traîner en route. Elle mettrait certainement plus à voir la façon dont elle était essoufflée alors qu'elle n'avait même pas marché un monsihon et parcourut moins de trois longes. L'état de bouleversement dans lequel elle était rendait sa démarche cahotante et n'arrangeait rien.

Elle trébucha et s'étala de tout son long. Les larmes qui couvaient depuis qu'elle avait quitté sa sœur sortirent soudain. Elle resta là, allongée sur la route, à pleurer. C'est la brûlure du soleil qui l'incita à trouver un abri. Il y avait un arbre isolé à quelques dizaines de perches sur le bas-côté, devant elle. Elle s'y traîna à quatre pattes et se roula en boule sous son ombre.

La fraîcheur de la nuit la réveilla. La faim aussi. Elle fouilla le havresac que lui avait passé Cleriance. La jeune femme avait prévu les complications, elle avait tout préparé pour un départ précipité. Dans son égarement, Deirane n'en prit pas conscience. Le sac contenait de quoi manger en quantité suffisante pour le voyage. Pour la boisson, il n'y avait qu'une gourde qu'elle vida presque pour étancher sa soif. Heureusement, son aînée avait inclus un purificateur de voyage. C'était un système qui nettoyait l'eau par décantation, les particules empoisonnées, lourdes, tombaient au fond, l'eau de surface était consommable. Ce système n'était pas aussi efficace que le système de distillation utilisé à la ferme, néanmoins il pouvait subvenir au besoin d'une personne en bonne santé pendant quelques douzaines de jours. Au-delà, le peu de poison restant finissait malgré tout par rendre le buveur malade. C'est par réflexe que Deirane alla le remplir dans l'eau du fleuve.

Elle prit la première chose qu'elle trouva pour se nourrir. C'était des œufs de jurave, ce petit reptile bipède qui tenait lieu de volaille aux stoltz avant l'arrivée des Feythas et qui avait remplacé le poulet dans les basses-cours humaines quand celui-ci avait disparu lors du conflit final. Sans réfléchir, elle cassa la coquille. Par chance, il était dur. Elle mangea tout ce qu'elle trouva. Puis elle se roula en boule et s'endormit.

Le lendemain, même si le poids sur sa poitrine n'avait pas disparu, elle avait les idées plus claires. Sa première action fut de transvaser l'eau du purificateur dans la gourde. Elle aurait au moins de quoi boire pour la journée. « Ne bois surtout pas l'eau des rivières ni ne mange les plantes sauvages. Les pluies de feu ont pu les empoisonner », lui avait dit Cleriance autrefois. Elle savait cela depuis qu'elle était toute petite. Même sans l'avoir su, la végétation n'engageait pas à sa consommation. Ces plaines qui s'alignaient du nord au sud le long de la chaîne de montagnes étaient suffisamment éloignées du désert empoisonné, loin à l'est, pour que ses habitants pussent s'en accommoder. Les plantes cultivées étaient choisies pour leur résistance autant que pour leurs qualités nutritives, les plus fragiles étaient cultivées sous serre. Mais les plantes sauvages portaient les stigmates de cette folie qui avait embrasé le continent, soixante ans plus tôt. Elles étaient déformées, maladives, à l'image du monde.

Son petit-déjeuner se limita à un quignon de pain rassis qu'elle mouilla pour l'amollir. Puis elle fit le décompte de ses biens. Son sac contenait de la nourriture. Quelques lanières de viande séchée, du pain enveloppé dans du papier huilé, des fruits, quelques tubercules et un fromage. Il y avait aussi un couteau, deux bols en terre cuite avec un jeu de lanières de cuir pour en suspendre un au-dessus d'un foyer, un briquet à amadou, le purificateur, une gourde et quelques bandes de tissu — seule une femme aurait pensé à ce dernier article. Elle pouvait ajouter à cela les vêtements qu'elle portait et une bourse contenant douze cels. Pas grand-chose pour débuter une nouvelle vie. Pourtant ces douze cels devaient représenter des années d'économie. Elle rangea ses affaires, ses seules possessions désormais.

En passant le sac à son épaule, elle remarqua une bosse dans l'épaisseur du cuir qu'elle n'avait pas remarquée alors. Elle n'arrivait pas à l'identifier. Elle en renversa le contenu sur le sol et le fouilla. Elle découvrit une poche secrète dont elle tira un bijou qu'elle reconnut aussitôt. C'était un camée sur une monture en or, il représentait un visage de profil, en blanc sur fond rose foncé. Il était suspendu à une fine chaînette. Cleriance ne s'en séparait jamais, elle y tenait plus que tout. Que sa sœur ait pensé à lui laisser un souvenir l'émut. Elle le garda un moment, serré contre son cœur.

Elle allait le ranger quand elle se ravisa. Elle ramena ses cheveux en arrière pour pouvoir le mettre sans qu'ils se prissent dans les maillons. Puis elle glissa le médaillon sous ses vêtements. Le sentir reposer contre sa peau entre ses seins lui remonta un peu le moral. Elle remit à nouveau toutes les affaires dans le sac et reprit la route.

Il faisait chaud, elle transpirait, la robe de lin qu'elle portait pour le voyage lui collait à la peau. Elle s'arrêta un instant pour boire. Elle se protégea les yeux du bras pour regarder le soleil, Fenkys, qui brillait presque au zénith. Elle avait l'impression que quand elle était plus jeune, le temps n'était pas aussi lourd. Quand elle s'en était confié à Festor quelques jours plus tôt, il l'avait confirmé. Juste après la guerre, le ciel s'était assombri, la température avait baissé. Quelques années plus tard, il s'était dégagé et les températures étaient remontées. Cependant, elles avaient déjà dépassé ce qu'elles étaient avant la guerre et continuaient à monter. Certains savants n'avaient pas exclu l'hypothèse que le monde avait été trop gravement blessé et que cela continuerait indéfiniment jusqu'à ce qu'il fît trop chaud pour que l'on pût y vivre. Ce serait alors la fin du monde. D'autres prédisaient que dès que les immenses forêts du continent, qui avaient brûlé lors du conflit, auraient repoussé, la situation s'inverserait. Deirane accrocha la gourde à sa ceinture et reprit la marche.

Elle marcha jusqu'au soir. Déjà la végétation changeait. Les pluies qui l'arrosaient ne venaient pas des plaines empoisonnées. Elles avaient depuis longtemps lessivé les poisons et la vie sauvage avait repris ses droits. Les rares pluies de feu qui survenaient n'étaient plus suffisantes pour endommager la flore. L'Yrian constituait une zone préservée au centre de la dévastation. À Sernos même, les forêts ne portaient quasiment plus aucun stigmate de la guerre. À vingt longes au nord de la capitale où elle se trouvait, si la végétation n'était pas resplendissante, elle avait bien meilleure allure qu'à Gué d'Alcyan. Les bosquets étaient plus nombreux et plus épais et le tapis d'herbe qui couvrait le sol était plus vert, plus fourni.

La jeune fille prépara son repas. Elle plongea les lanières de viande dans l'eau pour les faire ramollir. Pendant ce temps, elle se prépara un foyer. Elle sacrifia le reste de sa gourde pour faire cuire les légumes. Il y avait suffisamment de bois mort sous les arbres pour allumer un petit feu. Et comme le bivouac se trouvait directement sur le rivage, elle n'eut pas à chercher des pierres pour le circonscrire. Un vague trou dans le sol creusé avec son couteau assez loin de l'eau pour que la terre fût sèche fit l'affaire. De petites brindilles lui permirent de l'allumer facilement. Quelques stersihons et elle avait une belle flamme.

Pendant que le repas cuisait, elle regarda le fleuve avec envie. Elle avait bien transpiré de la journée et elle se sentait sale. Elle ignorait toutefois si l'eau était empoisonnée. L'Alcyan l'était. Et quelques autres petits affluents de la rive gauche. Et elle ne savait pas s'ils s'étaient suffisamment dilués dans l'Unster, relativement pur, pour avoir perdu tout danger. L'eau ne pouvait pas être bue sans précaution, elle le savait. En revanche, pour la baignade, elle l'ignorait. Elle décida par précaution d'attendre Sernos.

Le repas fut rapidement avalé. Les légumes n'étaient pas assez cuits, filandreux, et la viande coriace. Elle s'en contenta. Seule la portion de fromage, qu'elle étala sur une épaisse tranche de pain, était bonne. Elle prépara le purificateur pour avoir de l'eau pour le lendemain. Dans l'immédiat, elle étancha sa soif avec l'eau de cuisson des tubercules. Puis elle rangea ses affaires pour être rapidement prête et s'allongea sous un arbre pour dormir.

Le lendemain, le soleil la réveilla. Après deux jours de voyage, ses jambes la faisaient souffrir. Elle se leva avec difficulté. Le petit-déjeuner expédié, ses affaires emballées, elle reprit sa marche.

Le soleil était déjà haut quand un nuage de poussière à l'horizon attira son attention. Il indiquait la présence d'une troupe nombreuse qui venait à sa rencontre. La prudence lui conseillait de fuir. Mais où ? Elle n'avait aucun endroit où se cacher. Les quelques maigres buissons ne la dissimuleraient pas aux regards de ces cavaliers. Pas d'arbre à escalader. Juste la route, la rivière et un paysage plat à perte de vue, avec les montagnes en arrière-plan, loin à l'est. Elle envisagea de plonger dans l'eau pour se cacher. Elle se ravisa. On était en Yrian, à guère plus d'une dizaine de longes de Sernos, au cœur d'un royaume civilisé, le plus grand royaume civilisé du monde. Les dangers représentés par des voyageurs étaient hypothétiques alors que ceux du fleuve étaient presque certains. Elle continua sa route.

La troupe mit un calsihon à la rejoindre. Elle était constituée de huit cavaliers qui allaient au pas. Elle les vit bien avant de les entendre. Ils ne tardèrent pas à l'apercevoir. Au fur et à mesure qu'ils s'approchaient, elle pouvait mieux les distinguer. C'étaient des hommes, tous humains, vêtus d'une tunique et d'un pantalon de cuir. Ils avaient une dague passée à la ceinture et une épée longue fixée à la selle. La plupart portaient des bracelets de force hérissés de pointes de métal. Tous étaient couverts de bijoux, médaillons ou boucles d'oreille. Celui qui semblait être leur chef, c'est-à-dire celui qui marchait en tête, portait les cheveux longs, noués en catogan ainsi qu'une barbe courte et fournie. Il semblait très jeune, peut être quatre ou cinq ans de plus que la jeune fille. Il avait sa tunique entrouverte, laissant distinguer sa poitrine encore glabre.

Ils furent rapidement sur elle. Ils se disposèrent en demi-cercle devant elle, lui barrant le passage. Ils se dévisagèrent mutuellement un long moment. Puis le chef prit la parole.

— Qui es-tu petite, et que fais-tu seule ici loin de tout ?

— Je suis Deirane et je vais à Sernos, répondit-elle. Et vous ? Qui êtes-vous ?

Le chef se retourna, regardant la route derrière lui.

— C'est par là, à quatorze longes.

— Merci, je vais reprendre ma route alors, j'ai du chemin à faire encore.

Elle allait avancer d'un pas quand un cavalier lui barra le passage.

— Attends, jeune fille, tu ne vas pas nous quitter comme ça, la conversation vient à peine de commencer.

— Je suis pressée, monsieur, je veux arriver en ville avant ce soir.

— Monsieur.

Il regarda ses hommes d'un air goguenard.

— Voilà qu'elle me donne du monsieur.

Ils éclatèrent de rire, ce qui étrangement ne la rassura pas. Bien au contraire.

— Tu n'arriveras pas à Sernos ce soir. Quatorze longes c'est une longue route à faire à pied avec des jambes délicates comme les tiennes. Tu arriverais devant les portes en pleine nuit. Elles sont fermées la nuit. La campagne est dangereuse, les bonnes gens s'enferment pour s'abriter des brigands. Tu te vois à l'extérieur des murailles sans personne pour te protéger ? Tu risquerais de faire de mauvaises rencontres.

Sa sortie déclencha un nouvel éclat de rire général.

— Il y a quelques arbres à une demi-longe derrière nous. Tu devrais y passer la nuit et ne repartir qu'à la première heure. Nous resterions avec toi pour te protéger. Tu es d'accord ?

Deirane réfléchissait. Elle devait trouver un moyen de refuser leur offre sans les vexer.

— En fait, je ne vais pas à pied jusqu'à Sernos, Festor m'attend un peu plus loin.

— Festor ? Qui est Festor, ton amoureux ? Je ne pense pas, c'est un nom stoltz et tu es humaine.

— C'est un ami, il est soldat à Kushan.

— Kushan est loin.

— Il n'est pas à Kushan. Il est à bord du Cristal. Un navire. Il…

— On sait quoi sur le Cristal ? lança-t-il à ses hommes.

— Pas grand-chose, répondit l'un d'eux. C'est le dernier-né des navires d'apparat helarieal. Sorti il y a moins de trois mois des chantiers navals de Neiso. Nouvelles techniques, encore à l'essai. Il possède trois coques au lieu de deux. Les Helariaseny ont beaucoup de problèmes avec. Apparemment il n'est pas très fiable, mais il compense par sa rapidité. Il a été observé à vingt-neuf longes par monsihon.

Le chiffre déclencha une série de sifflements admiratifs dans la petite troupe.

— Peu d'armement, reprit-il.

— Avec une telle vitesse, c'est inutile. Le navire qui pourra le rattraper n'est pas encore construit.

— En fait si, le Topaze est plus rapide. Mais il est helarieal aussi, il n'a aucune raison de se lancer à sa poursuite.

Le chef se tourna vers ses hommes.

— Les gars, parmi les navires qu'on a croisés en remontant, l'un d'eux avait-il trois coques ?

Tous secouèrent la tête.

— Il semble que ton ami Festor ne t'a pas attendue, conclut-il, il ne te reste que nous. Acceptes-tu notre offre ?

Deirane baissa la tête. Elle réfléchissait, cherchait un moyen de se sortir de ce mauvais pas.

— Au fait, je manque à tous mes devoirs, je ne me suis pas présenté, reprit le chef. Mon nom est Stranis. Peut-être me connais-tu plus sous le nom du poing.

Le nom, tout comme le surnom, était inconnu de Deirane. Ce qui sembla décevoir l'homme. Pourtant il effraya la jeune fille. Ses jambes se mirent à trembler. Son cœur battait violemment dans sa poitrine. De peur, elle laissa tomber son sac. Le chef fit un sourire en constatant sa réaction qu'il interpréta faussement.

— Je vois que ma réputation est arrivée jusqu'à toi, dit-il, elle est très exagérée. Mon offre d'assistance était sincère. Tu as besoin de protection et moi seul peux te l'offrir. Il y a des brigands et des assassins dans le coin.

D'un geste large, il désigna la troupe derrière lui.

— Je peux te protéger d'eux. Mais ce n'est pas gratuit.

— Vous allez me tuer et me détrousser de toute façon.

— J'ai dit que je te protégerai et je n'ai qu'une parole. Ils ne te feront rien si je m'interpose. Naturellement, ce n'est pas gratuit.

Ça faisait la deuxième fois qu'il répétait la même chose. Que voulait-il donc ?

— Que...

Sa voix tremblait. Elle essaya de l'affermir.

— Disons, un rubis et quelques diamants. Ça me conviendrait bien. Et vous les gars, le tarif vous satisfait ?

Des murmures d'acceptation parcoururent la troupe.

— Voilà, tu nous donnes tous tes bijoux et il ne t'arrivera rien et tu pourras même garder ton or si tu en possèdes. C'est promis.

— Je ne peux pas, répondit Deirane, au bord des larmes.

— Fais attention, mon offre ne durera pas éternellement.

— Je ne peux vraiment pas, dit-elle, ils sont maintenus par un sort démoniaque. Ceux qui ont essayé de les enlever sont morts.

— Dans ce cas, je suis désolé, je ne peux rien faire pour toi.

Il regarda Deirane d'un air triste, sauf les yeux qui souriaient.

Personne ne bougeait. Ils attendaient silencieusement les ordres de leur chef. Deirane n'était pas stupide, elle avait compris que si l'homme était le chef de cette bande, c'est qu'il était loin d'être aussi gentil qu'il cherchait à lui faire croire. Il devait certainement être le pire d'entre eux. Elle commença à reculer doucement. Puis les voyant toujours immobiles, elle se retourna et se mit à courir. Elle s'était déjà éloignée d'une centaine de perches quand il donna le signal. Aussitôt, deux hommes lancèrent leur cheval au galop. Ils la rattrapèrent en quelques vinsihons. Chacun l'empoigna par un bras, ils la soulevèrent du sol. Ils parcoururent encore quelques perches, puis l'un d'eux la lança à l'autre qui la mit en travers de l'encolure de son cheval. Ils rejoignirent leur groupe au pas.

— Vous avez vu, dit-il en relevant la robe jusqu'en haut des cuisses. Elle en a sur tout le corps. Il y en a plus d'un millier. Et de l'or aussi.

— Laisse tomber, dit Stranis, si elle n'a pas menti, c'est mortel.

— On va pas laisser passer ça !

— Fais ce que tu veux. Tu prends tes risques seul. Maintenant, amène-la au bosquet.

L'homme obéit. Il remonta au galop vers Sernos jusqu'à un petit groupe d'arbres peu touffus à côté de la route à une demi-longe de là. Bientôt suivi par le reste de la troupe. L'un d'eux se pencha pour ramasser le sac de Deirane, puis sans se presser, rejoignit ses compagnons.

Stranis avait étalé les affaires de la jeune fille devant lui : le sac et son contenu, la robe que ses hommes lui avaient arrachée, la petite bourse de cuir, le médaillon. Cela faisait un moment qu'elle ne criait plus. Elle n'était pas morte, il s'en était assuré. Elle avait tout simplement atteint les limites de ce qu'elle pouvait endurer. Quelque chose s'était cassé en elle. Elle ne réagissait plus. Elle se contentait de respirer, plus par habitude que par volonté, laissant les hommes lui infliger les pires outrages sans plus esquisser le moindre geste de défense. Elle n'était plus qu'une poupée, déchirée dans sa chair, brisée dans son esprit.

Il ouvrit la bourse, compta les douze cels qu'elle contenait. Une fortune pour une telle paysanne. De quoi manger pendant plus d'un mois. Il confisqua le contenu et la rangea vide dans le sac. Il remit tout en place, sans rien oublier ni garder pour lui. Le bijou attira son intérêt un instant. Il estima en fin de compte qu'il n'avait qu'une valeur médiocre. Il le rangea dans le sac.

Une explosion le fit se retourner brutalement. Sa soudaineté l'avait surpris plus que sa violence. Il se releva et regarda autour de lui. Sa première hypothèse fut qu'un de ses hommes avait déclenché par inadvertance une vieille arme abandonnée par les feythas. Il les compta. Ils étaient tous là, étonnés comme lui. Tous sauf un. Il était à moitié allongé sur sa victime, la recouvrant presque complètement.

Un des brigands alla voir. Il retourna le corps, un cadavre, le visage et la poitrine complètement carbonisés. C'était donc ce qu'elle voulait dire, un sort – certainement gems – la protégeait contre les agresseurs.

— Cette salope a tué Golen, s'écria l'homme de main.

Il sortit son couteau et se prépara à l'égorger.

— Suffis, s'écria Stranis, elle vous avait prévenus.

L'homme n'écoutait pas. Il l'égorgea. La lame ne s'enfonça pas dans la chair. Elle rebondit, ne laissant qu'une légère entaille, douloureuse, mais inoffensive.

— On ne peut pas la tuer, dit-il, un sort la protège.

Il prit son arme pour frapper d'estoc. La main valide de son chef immobilisa son poignet.

— J'ai dit : ça suffit. Range ton arme, on doit être ce soir à Ortuin.

— On va la laisser s'en tirer comme ça ?

— Je n'ai pas eu mon tour, tu veux m'en priver ?

Priver Stranis d'une part de son butin était une chose fortement déconseillée. Il n'était pas devenu chef de bande à seize ans par la douceur. Quelques têtes séparées de leur corps l'y avaient aidé. L'homme dégagea son poignet et rejoignit ses camarades qui reprenaient leurs activités brutalement interrompues.

Stranis regarda la jeune fille un long moment. Elle était vraiment belle, malgré les hématomes qui marbraient son corps et les griffures. Des pierres et des fils d'or, il ne savait que penser. C'était étrange, quoiqu'elle fut déjà jolie sans cela. Deirane tourna la tête vers lui.

— Pitié, dit-elle d'une voix presque inaudible.

— Ne t'inquiète pas, je ne vais pas te tuer. Mais je suis un homme, j'ai des besoins.

Là-dessus, il baissa son pantalon et s'allongea sur la jeune humaine. Il fut presque doux avec elle. En d'autres circonstances, si on lui avait laissé le choix, elle aurait peut-être aimé. Là, tout ce qu'il obtint comme réaction fut de provoquer une crise de sanglots. La seule sensation qu'éprouvait Deirane lui parvenait de son bas ventre et ce n'était que douleur.

— Elle est donc encore consciente, pensa Stranis, elle s'en sortira peut-être.

Quand il eut terminé, il resta allongé un moment sur elle, appuyé sur les coudes.

Il se releva et remonta son pantalon. Puis il s'éloigna de quelques pas avant de se retourner.

— J'ai perdu un homme, même si c'était un imbécile. La prochaine fois que nous nous croiserons, je ne serai pas aussi généreux, lança-t-il.

Enfin, il se retourna définitivement. Il rejoignit ses hommes.

— On repart, dit-il.

— Et elle ? demanda un homme.

— Quoi elle ? Tu n'en as pas eu assez. Retournes-y, mais dépêche-toi.

— On pourrait la vendre. Elle est mignonne et avec ses diamants, on pourrait en tirer un bon prix.

— Où comptes-tu la vendre ? À Ortuin ?

Le brigand hésita.

— Je n'y avais pas pensé, dit-il.

— De toute façon, elle n'est plus vierge, sa valeur a beaucoup baissé, conclut un autre.

— Et pour Golen, on laisse faire ? demanda celui qui avait voulu l'égorger. Elle va s'en tirer comme ça ?

— Golen était un imbécile cupide. Elle l'avait prévenu, il ne l'a pas crue. Les imbéciles ne vivent pas longtemps à mes côtés. Elle m'a épargné la corvée de le tuer moi-même un jour prochain. Maintenant on y va. Nous devons rejoindre le reste de nos compagnons avant ce soir. Alors à cheval ! Tous !

Les hommes habitués à obéir à leur chef remirent leur paquetage en place sur la croupe de leur monture. Quelques minutes après, ils quittaient le bosquet, laissant Deirane seule, nue et ensanglantée sous les arbres.

L'instinct de conservation fut le plus fort. La fraîcheur de la nuit l'incita à chercher de la chaleur. Péniblement, elle s'assit. Les larmes se mirent à couler. Elle devait d'abord se mettre debout. Elle essaya de se lever. C'est tout juste si elle pouvait bouger les jambes. À chaque mouvement, des ondes de douleur vrillaient son bas ventre. Ses cuisses étaient douloureuses et refusaient de lui obéir. C'est en rampant qu'elle atteignit l'arbre devant elle. S'aidant de son tronc, elle se mit debout. La douleur était intolérable quoique bienvenue. Elle focalisait toute son attention, l'empêchant de penser à ce qui venait de se passer.

Elle voulut faire un pas et ne réussit qu'à tomber. À genoux sur le sol, elle se mit à pleurer. Elle s'allongea finalement et resta là, sans volonté, le corps secoué de sanglots. Elle voulait ne plus bouger et mourir.

Au bout d'un moment, les pleurs se calmèrent. Elle sembla reprendre le dessus. Elle regarda autour d'elle. Avant de partir, quelqu'un avait laissé une tisane à côté de ses affaires. Peut-être le premier, celui qui s'était allongé sur elle ; il n'avait fait que semblant de la prendre de force. Elle l'atteignit à quatre pattes. Le breuvage avait refroidi et il était devenu presque imbuvable d'autant plus qu'il était très fortement sucré à la limite de l'écœurement. Toutefois, il lui fit du bien. Il réveilla la douleur que le froid avait en partie anesthésiée, il lui donna aussi de la force.

Dans son sac, elle trouva les biens que Stranis lui avait laissés. Tout était en désordre. Elle fouilla, trouva la bourse et l'ouvrit, laissant tomber les pièces de cuivre dans la main. Douze cels, il n'avait rien pris. Elle rangea le tout. Elle retourna chercher sa robe. Elle se déplaçait déjà plus facilement, la ramasser fut plus dur. Elle se laissa tomber à genoux pour l'enfiler. Elle s'appuya finalement contre le tronc d'arbre le plus proche pour dormir.

XXII

Grande route du nord, vingt ans plus tôt.

Le lendemain, elle rangea ses affaires telle une automate, sans se préoccuper de rien. Elle reprit la route. Elle marchait difficilement, mais elle n'avait pas le choix. Sans cette rencontre avec ces brigands, elle aurait atteint Sernos dans la journée. Après les sévices qu'ils lui avaient infligés, elle était obligée de s'arrêter tous les quarts de longes pour reposer les muscles tétanisés de ses cuisses. À ce rythme-là, il lui faudrait bien trois ou quatre jours pour arriver à destination.

En milieu d'après-midi, elle entendit une cavalcade derrière elle. Elle l'ignora, ne se retourna pas pour voir qui arrivait. Peut-être qu'en niant leur existence, ils cesseraient réellement d'exister. Elle ferma les yeux en priant la Mère, sa déesse, pour qu'ils ne s'occupassent pas d'elle.

Son vœu ne fut pas exaucé. La troupe ne s'arrêta pas. À la place, elle se mit au rythme de sa marche.

— Où vas-tu, jeune fille ? demanda une voix mâle à côté d'elle.

Deirane ne porta aucune attention à la question. Elle continua à marcher.

— Jeune fille, reprit la voix.

Elle jeta un bref coup d'œil à côté, remarquant à peine l'uniforme militaire du jeune homme qui l'avait interpellée.

— Tu ne veux pas répondre, mais je suis patient, dit-il enfin.

Il ne mentait pas, il ne dit plus rien. Il resta à côté de Deirane pendant plusieurs centaines de perches. C'est alors qu'une nouvelle voix retentit, sèche, impérative. Et féminine.

— Que se passe-t-il ? demandait-elle. Pourquoi avons-nous ralenti ? Nous devons être à Sernos avant ce soir.

Deirane s'arrêta de marcher. Un geste du jeune soldat et toute la troupe s'immobilisa. Elle dévisagea la nouvelle intervenante. C'était une jeune fille, à peine plus âgée que Deirane, avec une superbe chevelure aile de corbeaux qui tombaient en cascade jusqu'au bas du dos. C'était là son seul titre de beauté. Elle était trop maigre pour sa taille et sa poitrine plate ne soulevait même pas sa tunique. Son visage était creux et ses yeux profondément enfoncés dans les orbites. Ce qui ne l'empêchait pas de s'habiller comme si elle était la plus belle femme du monde. Elle ne portait pas de cuir, à la place le tissu luxueux de ses vêtements bien coupés témoignait une grande aisance financière. Une tenue qui aurait été superbe sur Jalia, ou sur Cleriance avant sa grossesse, qui sur elle ne faisait que ressortir son côté osseux. Son attitude hautaine ne contribuait en rien pour compenser l'ingratitude de ses traits.

— C'est à cause de ça que nous perdons du temps ! s'écria-t-elle, pour une souillon ! Une malpropre habillée de haillons !

— Mademoiselle, répondit le soldat, si cette jeune fille était née dans une grande maison, elle ne serait certainement pas habillée de haillons. Et son état actuel, je pense qu'elle ne l'a pas choisi.

— Quand même, elle pourrait faire un effort.

— Je ne crois pas qu'elle ait choisi de se présenter à nous dans cet état.

— Enfin, ce n'est qu'une paysanne, elle ne mérite pas qu'on s'y intéresse. On reprend la route tout de suite.

— Je suis moi-même né paysan. Vous oubliez que c'est grâce à ces paysans que vous pouvez manger tous les jours. Votre père l'a bien compris lui, et prend soin des gens de ses terres.

— Mon père s'occupe de ces gens sans intérêts alors qu'il ferait mieux de s'intéresser à autre chose.

— Le fait est que les seigneuries qui s'occupent de toute leur population fonctionnent mieux que les autres.

— Foutaise. Mais…

Elle venait d'interrompre son discours, à court d'arguments.

— On repart, dit-elle finalement, éloignez-moi d'elle. Tout de suite.

— Dois-je vous rappeler que j'ai prêté serment au roi d'Yrian et que je dois obéir à ses préceptes avant d'obéir à vos ordres ? J'ai juré sur mon honneur de protéger la population du royaume. Cette jeune fille est de ses sujets. Et elle a visiblement besoin d'aide.

— Je m'en fous de vos serments. On repart, c'est un ordre.

Le soldat ne bougea pas ni ne prononça un autre mot. Dans d'autres circonstances, il aurait peut-être obéi et laissé Deirane se débrouiller seule. Cependant, elle venait de fouler au pied son serment, la chose à ses yeux, la plus sacrée de sa vie. Il aurait voulu lui donner une correction, ce même serment le lui interdisait. Il se contenta d'attendre, ignorant ses ordres.

Au bout d'un moment, la gamine fit faire demi-tour à son cheval.

— Faites ce que vous voulez. J'en parlerai à mon père. Il vous châtiera comme vous le méritez.

Puis elle lança par caprice son cheval au galop sur la route, au risque de le blesser. Un moment, le jeune soldat envisagea de se lancer à sa poursuite pour lui donner la raclée qu'elle méritait. Un membre de sa troupe le prit de vitesse, il quitta les rangs pour la rattraper. Il attendait avec impatience la confrontation avec son père. Nul doute qu'elle aurait une surprise.

Il reporta son attention sur Deirane.

— Alors jeune fille, comment t'appelles-tu ? demanda-t-il.

— Deirane, murmura-t-elle.

Le soldat devait avoir l'ouïe fine parce qu'il comprit la réponse.

— Ne te préoccupe pas de cette pimbêche, dit-il, elle est comme les petits chiens. Elle n'a pas les moyens de te faire du mal, elle n'a aucun pouvoir. Alors elle crie beaucoup, elle donne des ordres. Alors, où vas-tu comme ça ?

— En Helaria, répondit-elle aussi doucement.

— L'Helaria, ce n'est pas la porte à côté. Il y a plus de cinq cents longes. Tu n'y arriveras jamais. Tu es sûre de vouloir y aller ?

— Helaria, répéta-t-elle.

— Va pour l'Helaria. Nous allons à Sernos, là-bas tu trouveras certainement un moyen de transport. Ils ont une ambassade, ils te diront quoi faire. Tu viens avec nous.

Deirane secoua doucement la tête.

— Je comprends que tu ne veuilles pas de compagnie ces temps-ci. Es-tu quand même sûre de vouloir rester seule sur la route ? Avec ton visage attrayant et les bijoux que tu trimbales, ce n'est peut-être pas une bonne idée.

Deirane était indécise. Aucune des deux solutions ne lui inspirait confiance. Son esprit était comme vide, elle n'arrivait pas à réfléchir.

— Je ne t'imposerai pas l'épreuve de chevaucher en croupe derrière un de mes hommes si c'est ça qui t'effraie. La personne qui te prendra avec lui est un jeune garçon de six ans. Il est très gentil, mais il ne te fera rien de plus que de te rebattre les oreilles, car il est un peu bavard. Alors tu acceptes ?

Elle hocha la tête.

Quelques minutes plus tard, ils repartaient. Le soldat avait raison. Le gamin était bavard. Il l'avait tout de suite adoptée sans se préoccuper de sa mise. Il parlait de tout ce qui lui passait par la tête. Son babil, loin de la déranger, la distrayait. Elle parvint même à répondre à quelques questions. Toutefois, la chevauchée était longue. Aussi finit-il par appuyer sa tête contre la poitrine de la jeune fille et par s'endormir. Elle l'entoura de ses bras, comme elle l'aurait fait de son frère.

Le soleil était bas sur l'horizon quand ils atteignirent Sernos. Toute sa vie, elle avait rêvé de voir cette ville, la plus grande du monde. Dans son état elle porta à peine attention à l'agencement extraordinaire de l'ancien fief des Feythas. Le passage de la porte ne posa aucun problème, les gardes se contentèrent de leur jeter un bref coup d'œil sans les arrêter. Ils s'engagèrent sur le pont, un chef-d'œuvre technologique que le royaume entretenait soigneusement, car il serait bien en peine de le reconstruire si nécessaire. Il était suspendu à une série de filins qui eux-mêmes s'accrochaient à deux énormes câbles dessinant une courbe gracieuse entre les deux arches qui reposaient sur chaque rive de l'Unster.

Une fois dans la ville proprement dite, la troupe quitta la route principale pour s'engager dans un dédale de ruelles étroites, lesquelles croisaient de temps en temps une avenue plus large. Les rues étaient propres, les maisons en bon état, aucune n'était misérable et certaines étaient luxueuses. Partout, une population dense constituée de gens à l'apparence aisée et de domestiques se pressait vers sa destination. Pas de mendiants ni de pauvres, ceux-là devaient certainement fréquenter d'autres quartiers. De temps en temps, une troupe de soldats en formation leur coupait la route.

Ils finirent par arriver à une grande place noire de monde sur laquelle convergeaient une bonne dizaine de routes, dont deux larges avenues. Tout autour, des tavernes bien achalandées s'étaient installées. D'un côté, un grand panneau était placardé d'édits royaux plus ou moins anciens. Au centre, une estrade, actuellement vide, servait aux crieurs à haranguer la foule. Des arbres et des bancs un peu partout complétaient l'ensemble. L'endroit devait être agréable pour flâner et se reposer et de toute évidence la plupart des gens n'étaient là que pour cela.

Tout un côté de la place était occupé par un mur en pierres de taille haut deux fois comme un homme. Au centre, une large porte était grande ouverte et des représentants de tous les peuples la passaient sans que personne ne fît attention à eux. Les gardes, un couple, flirtaient au lieu de surveiller la foule. L'homme avait coincé sa collègue contre le mur, il était occupé à lui voler baisers et caresses. Celle-ci ne se défendait d'ailleurs pas trop, ses protestations manquaient singulièrement de convictions.

Le soldat arrêta son cheval à côté de celui de Deirane.

— Vous voilà arrivée, dit-il, voici l'ambassade d'Helaria.

Il montra la porte. Deirane déposa un baiser sur le front du jeune garçon endormi. Le soldat la débarrassa, lui permettant de descendre de sa monture.

— Bonne chance jeune Deirane, souhaita-t-il.

— Merci, répondit-elle.

— Au fait, je m'appelle Darmar.

Elle hocha la tête.

La troupe se remit en branle, quittant la place par la route par laquelle ils étaient entrés. De toute évidence, ils avaient fait un détour pour elle. Une fois les soldats partis, elle hésita. Elle regarda la porte tentante, sans oser y aller.

Elle préféra s'asseoir sur un banc et attendre. Elle observa ceux qui traversaient.

Il y avait des gens de tout peuple et de tout niveau social. Certains étaient des Helariaseny, c'étaient chez eux après tout. Pourtant ils étaient loin de constituer la majorité. La plupart étaient à pied, certains venaient avec un véhicule ; pour ceux-là, les gardes interrompaient leur activité amoureuse le temps d'un contrôle. La plupart étaient là de toute évidence pour affaires. Beaucoup ressortaient avec leurs achats. Ceux en chariot avaient souvent une tapisserie roulée avec eux. Une de ces œuvres d'art qui était à l'origine de la richesse de la Pentarchie quand elle n'était qu'un tout petit royaume insignifiant sur le plan politique et qu'elle ne disposait pas encore de sa flotte. Un temps révolu depuis presque un siècle.

Elle hésitait toujours quand son attention se porta sur le couple de gardes. L'homme la touchait et la femme ne semblait pas détester ça. Bien au contraire, elle avait l'air heureuse, elle riait. Elle riait ! Deirane se décida. Elle avança d'un pas résolu vers la porte.

Au fur et à mesure qu'elle s'approchait, sa volonté semblait l'abandonner. Elle ralentissait, diminuant le rythme et la longueur de ses pas. Elle n'avait plus que quelques perches à parcourir quand elle s'arrêta. Elle jeta un coup d'œil aux gardes qui ne se préoccupaient pas d'elle. Le rire cristallin de la femme lui redonna un semblant de courage. Elle prit une grande respiration, et lentement, pas à pas, reprit sa marche. Au dernier moment, elle ferma les yeux et continua à avancer. Quand elle les rouvrit, elle s'aperçut qu'elle était entrée.

Elle avança un peu pour ne pas gêner la foule et regarda autour d'elle. Elle était dans une grande cour carrée au sol en terre battue.

Devant elle se dressait une maison immense et magnifique. Elle était construite en pierre blanche, un seul étage, les murs étaient percés de nombreuses fenêtres en vitrail coloré, étroites et hautes, si rapprochées que la pierre entre elles était presque inexistante. L'intérieur devait certainement être très clair. Un escalier permettait d'accéder à la porte. À son pied, deux licornes de marbre – le symbole animal de la Pentarchie – veillaient. À l'étage, un balcon qui courait sur toute la façade permettait à une personne de s'adresser à la foule. Il était soutenu par une série de colonnes qui faisaient une galerie couverte à hauteur du rez-de-chaussée.

Le reste de la cour était occupé des deux côtés par une rangée de bâtiments qui fournissaient les divers services nécessaires au fonctionnement de l'ambassade. À sa gauche, les cuisines et la caserne s'avançaient jusqu'au mur d'enceinte. Par contre, à sa droite, l'écurie en était séparée par un passage d'une vingtaine de perches qui permettait d'accéder à tout un quartier d'échoppes, d'ateliers et de petites maisons. C'est là que se rendaient la plupart des visiteurs.

Deirane regardait autour d'elle, ne sachant où aller. On lui avait dit qu'elle serait bien accueillie, mais on ne lui avait pas dit à qui se présenter. Une voix mâle la fit sursauter.

— Petite, tu cherches quelqu'un ?

Elle se retourna. Le garde de la porte avait un instant délaissé sa compagne pour s'approcher d'elle. Sur le moment, elle eut peur. Comme la femme les rejoignait, elle osa répondre.

— Je veux voir Festor, dit-elle.

— Festor ? Je ne connais personne de ce nom. Et toi ?

Sa partenaire secoua la tête de dénégation.

— Désolé, je ne connais personne de ce nom. Tu devrais nous en dire plus. Et je te conseille de passer à l'infirmerie pour te faire soigner et te reposer. Tu en as besoin. C'est là-bas. Ils sauront s'occuper de toi.

Du bras, il désigna une porte entre le réfectoire et la caserne.

— Festor n'est pas là ? Festor de Jetro, lieutenant de la garde de Kushan. Il était à bord du Cristal.

— C'est donc cela. Une personne de passage. Malheureusement, ça fait plusieurs jours que le Cristal est reparti. Il doit être sur le point d'arriver à destination maintenant.

— Jetro, dis-tu ? intervint la stoltzin. J'ignorai que maître Calen avait un frère. Si tu es une amie de son frère, tu es forcément une amie de Calen, tu pourras la voir dans quelques jours, on nous a annoncé sa venue. Elle pourra certainement t'aider à le rejoindre. Tu verras, bien que ce soit une grande dame, elle est très gentille.

— D'ici là, tu devrais te reposer, reprit son compagnon.

Il désigna à nouveau la porte de l'infirmerie.

— Va là-bas, ils s'occuperont bien de toi.

Puis les deux gardes retournèrent à leur poste, ne s'occupant plus de Deirane.

La jeune fille fut soulagée. Elle n'avait pas été mise dehors, on lui proposait même de rester pour se reposer. Et si l'accueil n'était pas très chaleureux, au moins avait-il l'air sincère. Après une longue hésitation, elle se dirigea vers la porte que lui avaient montrée les gardes.

XXIII

Boulden, de nos jours.

Le lendemain, quand Deirane sortit du consulat, toute une troupe l'attendait. Outre une trentaine de soldats, sans distinction d'espèces ni de sexes, participaient Hester, quelques palefreniers qui devaient rester en arrière avec les chevaux une fois l'expédition engagée dans la jungle et un edorian inconnu qui ne semblait pas à sa place et qu'elle pensa être le sensitif. En tout, un peu moins de quarante personnes. Les Helariaseny étaient en train d'examiner leur monture, ne se préoccupant pas de la nouvelle arrivée. Saalyn n'était visible nulle part. Elle était certainement avec la pentarque pour réviser une dernière fois leur plan d'action.

Ce fut Hester qui vit sa mère le premier et vint la rejoindre.

— Bonjour, dit-il en l'embrassant sur la joue.

Elle lui fit une légère caresse, écartant une mèche de cheveux qui lui cachait le front.

— C'est notre troupe ? Ils ne sont pas un peu nombreux ? Muy ne m'en a promis que vingt-quatre.

— Il y a aussi l'escorte de Muy. Elle profite de notre voyage pour rejoindre le port.

— Elle n'a pas confiance en moi. Bien, bien.

— Elle ne t'aime pas, c'est flagrant. Sa méfiance ne va cependant pas jusque-là. J'ai cru comprendre qu'elle veut renforcer son lien avec le sensitif.

— Et eux, ils sont dans quelles dispositions ?

— Ils ne partagent pas le sentiment de leur reine, mais c'est leur reine. Tant qu'elle sera là, ils se comporteront avec hostilité. Je pense que les choses changeront dès qu'elle sera hors de leur vue.

— Espérons-le. Je ne comprends pas très bien pourquoi elle me rend responsable de tout ça.

— Je crois qu'elle est folle.

— Tu confonds. C'est Wotan qui est fou. C'est pour ça que l'Helaria est une pentarchie et pas une monarchie.

— À mon avis, les cinq pentarques sont fous. Muy est une tueuse et elle aime ça. Si tu avais vu son visage le soir de la fête, quand elle a tué les agresseurs, tu aurais eu peur.

— Possible. *Dargial caltherisy*, les jumelles tueuses, c'est ainsi qu'on les surnomme elle et sa sœur. Néanmoins elle est capable.

— Pour un peuple qui prône le pacifisme, ça craint je trouve.

Pour toute réponse, elle se contenta d'un sourire. Elle était du même avis que son fils.

Deirane se dirigea vers son cheval. Quelques jours plus tôt, un Helariasen était allé le chercher à l'écurie des voyageurs à l'entrée de la ville. C'était une jument noire avec des reflets bleutés. On la lui avait offerte quelques mois plus tôt et elles ne s'étaient pas séparées depuis. Un palefrenier s'en occupait, vérifiant son état. Au moins, ils étaient méticuleux. Même ses fontes avaient été préparées et la jument harnachée. Deirane installa son ballot derrière la selle. Cette dernière était luxueuse, avec des arabesques gravées dans le cuir et des dessins en fil de cuivre. Un travail de toute évidence bawck. C'était aussi un cadeau, comme la plupart de ses possessions d'ailleurs. Par acquit de conscience, elle vérifia les sangles, mais elle ne trouva rien à redire.

— Belle bête, remarqua le palefrenier, elle vient de Mustul n'est-ce pas ?

— Elle est de cette race, cependant elle est née dans un élevage à l'est de Sernos.

— Elle est magnifique. Je suppose que cette séductrice a un nom.

— Je vois qu'elle a déjà usé de son charme sur vous, dit Deirane d'un ton rieur. Je l'ai nommée Calen.

— Calen, comme notre Bibliothécaire ?

Le soldat la regarda attentivement.

— Sa robe a en effet la même teinte que les cheveux de notre doyen. À une aussi jolie demoiselle, le nom de la plus belle dame d'Helaria convient parfaitement.

Comprenant qu'on parlait d'elle, la jument releva la tête et fit quelques pas d'un air fier avant de revenir bousculer affectueusement sa cavalière de la tête. Le soldat éclata de rire.

— Quand je vous disais qu'elle était une séductrice.

— Tu devrais avoir honte ma fille, ce n'est pas ainsi qu'une demoiselle se comporte.

Le hennissement qu'elle lança donna l'impression qu'elle comprenait les paroles de sa maîtresse et lui répondait. Deirane lui flatta les naseaux de la main et quand la jument posa la tête sur son épaule, elle appuya la joue contre elle.

Saalyn et Muy sortirent enfin. Le consulat était quasiment vide. Ne restait que le personnel nécessaire pour tout nettoyer avant de fermer derrière eux. Avec la situation actuelle, nettoyer signifiait détruire tous les documents et le matériel qu'ils ne pouvaient emporter faute de moyens. Sans surveillance, le bâtiment serait rapidement pillé. Il ne fallait pas que des secrets de la Pentarchie puissent tomber entre de mauvaises mains.

La monture de la pentarque était un hofec mâle. Sachant la peur que les chevaux éprouvaient pour ces animaux, Deirane y vit tout d'abord une marque d'hostilité. Puis elle se morigéna, se disant qu'il fallait bien qu'elle reparte avec le moyen qui l'avait amenée, pourtant l'impression demeurait. En tout cas, la petite stoltzin passa devant elle en ne lui adressant qu'un simple salut de la tête, sans aucune parole. Saalyn fut heureusement plus volubile. Elle au moins semblait heureuse de la voir.

— Alors, comment te sens-tu ? demanda-t-elle.

— Nerveuse, répondit Deirane, j'ai presque hâte que ce soit fini.

— Ne t'inquiète pas, nous serons à la hauteur.

Elle aurait continué à parler davantage si on n'avait amené le cheval de la guerrière. Saalyn avait remis une tenue similaire à celle qu'elle avait lorsqu'elles s'étaient rencontrées à la taverne quelques jours plus tôt, une ample chemise beige et un pantalon moulant de cuir brun. Elle semblait avoir retrouvé tout son allant. Aujourd'hui, elle avait un bras immobilisé par une écharpe. C'était son bras d'épée, elle n'avait donc pas d'armes sur elle, elle aurait été inutile. Elle était aussi incapable de monter seule. Le palefrenier lui tint sa monture par les rênes pendant qu'un autre lui faisait la courte échelle pour l'aider à grimper sur le dos de l'animal. Les autres guerriers étaient aussi en train d'enfourcher leur monture. Deirane les imita. Le guerrier commandant le détachement vérifia que tout le monde était prêt. C'était le cas. Il donna le signal du départ.

La route devant le bâtiment était large parce que l'Helaria avait acheté les maisons d'en face et les avait détruites, pour raisons de sécurité. Toutefois, pour rejoindre l'avenue, il n'y avait pas le choix, il fallait traverser les venelles de la ville basse. Aucune n'était assez large pour permettre le passage d'une troupe ordonnée. Ils se divisèrent donc en groupes de cinq cavaliers qui en empruntèrent chacun une, en file indienne et lentement. C'était risqué, mais la démonstration de force, quelques jours plus tôt, leur garantissait la tranquillité.

Quelques stersihons plus tard, ils atteignaient l'artère principale, prévue pour les défilés. Ils s'arrêtent juste le temps de se réorganiser. Les deux groupes, guerriers libres et soldats restèrent mélangés. Ils se disposèrent en deux files. Muy prit la tête. À sa grande surprise, elle invita Deirane à la rejoindre.

— Merci de cet honneur, dit-elle.

— C'est un honneur dont je me passerais bien, répondit Muy, mais vu votre rang, je n'ai pas le choix.

— Je vois. Les services de renseignements de l'Helaria sont à la hauteur.

— Les rapports de ma sœur Vespef sont assez fiables en effet. Je sais surtout regarder autour de moi. Je suis surprise d'ailleurs que Saalyn n'ait rien vu. L'amitié qu'elle éprouve pour vous doit l'aveugler.

— Je n'ai pas menti à Saalyn.

Muy ne répondit pas. Elle ne voulait pas discuter avec Deirane.

La pentarque donna l'ordre de marche. La troupe commença à descendre la route, lentement, comme à la parade. Les gens se massaient sur les bords pour les regarder passer. Parmi eux, des nobles qui de toute évidence enviaient la force qui semblait émaner de ce groupe. Deirane comprit soudain que la Pentarchie faisait une exhibition à destination des Bouldenites. Elle voulait marquer durablement les esprits.

Et surtout, elle voulait montrer que les Helariaseny ne partaient pas en vaincus pour essayer de sauver ce qu'ils pouvaient, mais en vainqueurs qui allaient massacrer leurs ennemis et les chasser de leurs foyers. Cela expliquait pourquoi Hester, qui ne savait monter que depuis quelques mois, avait reçu un entraînement intensif de perfectionnement en équitation ; il ne devait pas déparer lors de cette chevauchée.

Il y avait aussi un autre message : les soldats de l'Helaria étaient venus assez nombreux pour s'emparer de la cité, malgré ça Boulden était toujours libre. Quand les Yrianis viendront, ce sera en conquérants.

À la sortie de la ville, les gardes les laissèrent passer sans difficulté. Les portes étaient grandes ouvertes. Instinctivement, ils se mirent au garde à vous et leurs officiers saluèrent les cavaliers. Muy leur rendit leur salut, ce qui sembla en réjouir certains.

Une fois hors des murailles, ils prirent un trot soutenu sans perdre leur ordonnancement. Au bout d'une demi-longe, la plaine environnante laissa place à un marécage. Seule la route dominait les eaux. Le talus qui la supportait avait nécessité le travail de centaines d'esclaves juste après la guerre. À l'époque, les poisons les avaient lentement tués. Ceux qui avaient survécu avaient donné vie à des enfants mal-formés, la plupart étaient morts à la naissance ou en bas âge. Aujourd'hui, leurs descendants continuaient à patauger pour entretenir la chaussée afin d'éviter sa dégradation, la survie de Boulden dépendait de son état. Toutefois l'espérance de vie de ces esclaves avait bien augmenté. Uv-Polin guérissait lentement des blessures qui lui avaient été infligées.

Muy rapprocha sa monture de celle de Deirane qui manifesta sa peur. Il fallut toute l'habileté de l'ancienne reine pour calmer Calen.

— Je crois que j'ai été injuste avec toi, dit Muy.

Si les paroles marquaient une certaine contrition, ce n'était pas le cas du ton qui restait dur.

— Je suis heureuse que vous le reconnaissiez, répondit Deirane, qu'est-ce qui vous a ouvert les yeux ?

— Saalyn. Tu as la chance d'avoir une amie comme elle. Fidèle malgré le peu d'empressement que tu as mis à la revoir ces dernières années.

— Saalyn ? Que vous a-t-elle dit pour vous faire changer d'avis ?

— Je me suis fait engueuler. Elle m'a passé un sacré savon. Elle m'a reproché mon comportement à ton égard. Elle n'avait pas totalement tort.

Deirane eut du mal à retenir un sourire.

— Un savon ?

Muy hocha la tête.

— Il y a beaucoup de rois qui n'auraient pas toléré une telle chose dans le monde, remarqua Deirane.

— Je connais ce genre de rois. Personne ne leur dit jamais de choses désagréables, ceux qui osent sont vite remplacés par des flatteurs. Et un jour, ils ont un soulèvement ou bien leur armée se fait écraser au combat et ils ne savent pas pourquoi.

— Je suis heureuse que les choses soient différentes en Helaria. Maintenant, nous allons pouvoir nous apprécier.

— J'ai reconnu mes torts, je n'ai pas dit que je t'appréciais. Partout où tu passes, tu sèmes le chaos. Tu as détruit plus de dynasties et fait plus de morts que toutes les guerres de ces dernières années. Je me sentirais soulagée si tu ne mettais jamais les pieds en Helaria.

Cette accusation mit Deirane en colère.

— Je n'en suis pas responsable. Tu crois que je suis heureuse de tous les crimes qui ont été commis en mon nom ? À aucun moment je n'ai eu le contrôle de quoi que ce soit. Toute ma vie, je n'ai jamais eu le droit à la parole. J'ai été traitée comme un objet, j'ai été vendue, échangée ou volée, sans avoir eu le moindre choix de mon propriétaire. Des hommes ont tué pour m'acquérir, jamais je n'ai demandé à ce qu'ils le fassent. Tout ce que ça m'a valu, c'est une vie d'esclavage. Quant au seul homme que j'ai aimé, je ne sais même pas où est sa tombe pour me recueillir dessus.

— Je sais. J'ai connu ça aussi, mais pas pendant vingt ans.

Muy écarta son lézard dragon. La conversation était finie. Deirane n'était pas calmée pour autant.

— Et quant à vos beaux principes, à votre société soi-disant parfaite où tout le monde est égal et où le pouvoir s'obtient au mérite et pas par la naissance ; eh bien sache que j'ai eu des propriétaires helarieal. Oh, ils ont pris soin de ne pas me faire mettre le pied sur le territoire de la Pentarchie. Il n'empêche que certains de vos commerçants entretiennent des harems hors de vos frontières.

Cette dernière tirade semblait avoir ébranlé Muy.

— Est-ce la vérité ?

— Pourquoi mentirais-je ?

La pentarque hésita un instant avant d'ajouter.

— Saalyn sait où se trouve celui que tu cherches, elle était là quand on l'a mis en terre.

Puis elle se referma sur elle-même. Elles n'échangèrent plus un mot de tout le reste de la chevauchée.

La dernière phrase de la petite reine avait coupé Deirane dans son élan. Saalyn savait. Elle ne lui avait rien dit pourtant. Elles n'avaient pas abordé le sujet non plus. Il faudra qu'elle pense à lui demander.

Un peu moins d'un monsihon après le départ, ils arrivaient au port. Le long de la rive, une langue de terre émergée séparait le fleuve du marécage. Elle était étroite, à peine plus d'une centaine de perches, et haute du quart de cette largeur. Pourtant, grâce à elle, des bâtiments et des jetées avaient pu être construits. Le fleuve Unster, s'il était loin d'atteindre la taille qu'il aurait à son embouchure en Helaria, était déjà impressionnant. La rive d'en face était loin, à plus de deux longes, peut-être trois, c'était difficile à estimer. À une telle distance, on ne distinguait pas la Grande Route du Sud qui courait sur sa berge. On ne distinguait pas la berge d'ailleurs. En revanche, la forêt à l'arrière-plan semblait impénétrable, mais ce n'était qu'une impression. Des edorians arrivaient à s'y déplacer et y vivre sans problème.

Toutefois ce qui impressionna le plus Deirane et Hester fut le navire qui mouillait devant le port. D'où ils étaient, ils avaient une vue plongeante sur lui. Il était si long qu'il occupait tous les emplacements disponibles à l'extrémité des quais. Il faisait plus d'une centaine de perches de la proue à la poupe et presque autant de large. Deux coques parallèles étaient reliées par des ponts communs, une structure que les Helariaseny appelaient catamaran. Cela permettait d'obtenir une immense surface plane presque carrée d'où émergeaient les deux proues à l'avant et fermée à l'arrière par un château sur lequel la roue de gouvernail était installée.

Quatre mâts étaient alignés dans l'axe, toutefois à l'avant il y avait deux beauprés qui portaient chacun leur jeu de focs. Les voiles, pour le moment ferlées, étaient bleu ciel, la coque de la couleur de la mer, il était conçu pour être discret malgré sa taille.

L'armement n'était pas en reste. Une baliste sur chacune des proues, trois sur le château et trois catapultes de chaque côté. Les balistes pouvaient tourner dans toutes les directions ou presque, les catapultes avaient un débattement nettement plus réduit, mais leurs projectiles étaient plus lourds et destructeurs.

Sur le pont du navire, les soldats déjà à bord étaient alignés pour l'inspection. À vue d'œil, Deirane estima leur nombre à six cents. Pas étonnant que le prince de Boulden soit si complaisant avec la Pentarchie. Il y avait là plus de puissance que n'en possédait son petit état. La moitié des royaumes d'Ectrasyc étaient dans ce cas. Et la Pentarchie avouait quatre navires de ce genre. Et ce, sans compter les plus petits, beaucoup plus nombreux. Que la Hanse de la Vunci ait osé entamer une guerre contre l'Helaria était surprenant.

Les deux groupes qui jusqu'à présent avaient voyagé de concert se séparèrent. Deirane et son escorte étaient restées en arrière. Immobile sur sa monture, elle observait le navire. Elle cherchait son nom. Elle savait que les navires de l'Helaria portaient tous un numéro, cependant ils utilisaient le mot correspondant dans l'alphabet helarieal plutôt que la forme chiffrée. Dans l'ancienne écriture, les nombres, comme les lettres, étaient représentés par une série de petits cailloux qui s'enfilaient comme des perles, d'où le nom de pierre précieuse des navires de prestige, qui étaient choisis avec tous leurs chiffres identiques. Les autres ne bénéficiaient pas d'une telle appellation. Celui-là portait le nom de *Belalcal*. Un sept suivi d'un deux donc. Elle n'avait pas le courage de déterminer combien cela faisait en numérotation humaine sur dix chiffres au lieu des douze utilisés par les Helariaseny.

La troupe de Muy avait continué jusqu'au navire. La pentarque et son escorte s'arrêtèrent au début de la jetée. Pendant que des palefreniers quittaient le bord pour prendre les montures en charge en vue de leur embarquement, les soldats démontèrent. Ils se disposèrent en deux files autour de leur pentarque : quatre devant, six derrière. Encore une fois, ils cherchaient à en mettre plein la vue aux Bouldenites, dans leur royaume insulaire ils ne se comportaient pas en respectant un tel protocole. Ils étaient moins formels.

Une fois à bord, Muy monta sur le pont supérieur pendant que les soldats de l'escorte prenaient place parmi leurs compagnons. Les surplombant de la hauteur du château, la pentarque leur fit face. Elle s'appuya légèrement sur le garde-corps. Elle les regarda un moment avant de prendre sa respiration :

« Le 7 kepoï 1217 – date qui restera marquée d'une honte éternelle – Helaria a été l'objet d'une attaque soudaine et préméditée de la part des forces navales de la Hanse de la Vunci.

L'Helaria était en paix avec ces nations et avait établi des relations commerciales profitables pour les deux bords. En fait, une heure après que les escadres de la Hanse eurent commencé à attaquer Lumensten, leur ambassadeur près Helaria, et son collègue, transmettaient aux pentarques une réponse officielle à un récent message helarieal. Bien que cette réponse affirmât qu'il semblait inutile de poursuivre les négociations diplomatiques en cours, elle ne contenait ni menaces ni allusions à une guerre ou à une attaque armée.

On se souviendra que la distance entre l'Helaria et les plus proches royaumes hanséatiques montre clairement que cette attaque a été préméditée il y a bien des jours ou même bien des semaines. Pendant ce temps, leur représentant a délibérément cherché à tromper l'Helaria en faisant de fausses déclarations et en exprimant l'espoir que les relations avantageuses qui nous unissaient perdurent.

L'attaque sur la province de Lumensten a infligé de graves dommages aux forces militaires et navales helarieal. Un grand nombre de nos citoyens ont perdu la vie. En outre, on annonce que des bateaux ont été détruits en mer d'Helaria et en baie de Kushan entre la Tour et Honëga.

Les jours qui ont suivi, le gouvernement de la Hanse a déclenché une attaque contre la communauté religieuse pacifiste de Draconia.

Les jours qui ont suivi, les forces de la Hanse ont attaqué Honëga.

Les jours qui ont suivi, les forces de la Hanse ont attaqué Kushan.

Les jours qui ont suivi, les forces de la Hanse ont attaqué Gemsëpros.

Les jours qui ont suivi, les forces de la Hanse ont attaqué Mustul.

Il y a quelques jours, les forces de la Hanse ont attaqué Ystreka.

La Hanse a donc déclenché par surprise une offensive qui s'étend à toute la Pentarchie. Après ce qui s'est passé hier, tout commentaire serait superflu. Le peuple de l'Helaria s'est déjà fait une opinion et comprend bien la portée du danger qui menace la vie même et la sécurité de nos peuples.

Parce que c'est bien de cela qu'il s'agit. D'un acte motivé par la haine et le racisme. L'Helaria a été fondée par les stoltzt. Et rien de cela ne serait arrivé si nous étions restés seuls sur nos îles. Mais nous avons accueilli les autres peuples en notre sein. Les gems tout d'abord, qui ont créé leur temple sur Draconia. Puis les edorians qui ont fondé une puissante communauté à Honëga. Les dwergrs également, qui nous ont offert leur savoir-faire technique dans la métallurgie. Et enfin, tout récemment les humains qui ont entrepris la difficile colonisation de Gemsëpros et qui ont subi une attaque féroce alors qu'ils n'ont même pas fini de bâtir leurs foyers.

Cette union des peuples a donné naissance à un royaume extraordinaire. Vous tous avez donné naissance à un royaume extraordinaire. Nous ne sommes ni le royaume le plus puissant, ni le plus riche, ni le plus peuplé. Mais nous sommes le seul à être à la fois puissant, riche et peuplé. Et nous sommes celui qui grandit le plus vite. C'est notre vitalité qui a poussé les royaumes hanséatiques à nous déclarer la guerre. Notre vitalité, notre insouciance aussi.

Parce nous avons été insouciants. Nous avons protégé nos convois en oubliant de surveiller nos terres. Nous avons dispersé nos forces au lieu de les regrouper. Nos ennemis nous ont trouvés presque sans défense. Nous avions cru que nous étions intouchables. Nous avons été orgueilleux. Nous ne referons plus jamais une telle erreur.

L'ensemble du gouvernement de l'Helaria : les pentarques, les gouverneurs des sept provinces et les archontes des corporations ont décidé de ne pas baisser les bras. Quoi qu'il arrive, nous n'allons pas capituler et nous allons prendre toutes les mesures nécessaires pour reconquérir le territoire perdu. Peu importe les efforts que nous aurons à fournir. L'ennemi sera chassé hors de nos frontières et la paix ne sera rétablie que lorsqu'il capitulera sans condition. Et nous ferons un exemple, aux yeux de tous les royaumes, principautés et république d'Uv-Polin, de ce qu'il en coûte de nous agresser, de s'en prendre à nos foyers, à nos enfants.

Moi, Muy, pentarque quine d'Helaria, déclare au nom du peuple d'Helaria qui m'a élue que la Pentarchie d'Helaria se trouve en guerre avec la Hanse de la Vunci à compter du 7 kepoï 1217, une date que jamais nous n'oublierons. »

Le discours fut suivi d'un moment de silence. Puis peu à peu, les cris éclatèrent, violents, et continuèrent à s'enfler de plus en plus pour finalement se transformer en acclamations. La pentarque fit face à la foule, levant les bras en l'honneur de la future victoire.

De leur point de vue, Deirane et ses guerriers avaient assisté au discours. S'ils ne participèrent pas à l'euphorie générale, ils n'en manifestèrent pas moins leur fierté.

— Elle pourrait bien mener ses hommes à la victoire, remarqua Deirane, elle a du talent.

— C'est une excellente générale en effet, acquiesça Saalyn.

— Je parlais du discours.

— Ce n'est pas elle la politicienne, c'est Wotan ou Vespef. À mon avis l'un des deux l'a prononcé à sa place.

Deirane tourna la tête vers son amie.

— Je l'ai vu… Comment ?
— Télépathie, répondit-elle simplement.
— J'aurais dû y penser, remarqua Deirane. Ils peuvent d'aussi loin ?
— Même beaucoup plus, s'ils ont suffisamment de puissance à leur disposition.

En y réfléchissant, les quelques centaines de longes séparant Boulden de l'Helaria ne semblaient pas être un obstacle si insurmontable. Le physique de gamine de la pentarque faisait facilement oublier qu'elle était une des magiciennes les plus puissantes du monde.

Les hurlements de la foule se calmèrent peu à peu. La pentarque recula tout en restant face à elle jusqu'à ce qu'elle soit hors de vue. Elle s'esquiva alors par une écoutille dans les profondeurs du navire. Peu à peu, les marins et les soldats reprirent leurs esprits. Ils se dispersèrent, chacun retournant à la tâche qui lui était assignée.

Deirane se retourna et regarda enfin la troupe que lui avait confiée la pentarque. Lors du départ, elle n'avait pas pu faire la différence entre l'escorte de Muy et ses propres hommes. Et pendant la chevauchée, elle était en tête.

Comme elle s'y attendait, elle était multiraciale. Le gros de la troupe était représenté par les stoltzt, quatre femmes et six hommes, en comptant Saalyn. Néanmoins, elle était étrange à plus d'un titre. Si tous les sexes et les peuples étaient représentés, ils étaient tous taillés dans le même moule. Ils étaient de stature moyenne, à mi-chemin entre l'edorian et le stoltz, et tous arboraient une musculature impressionnante. La plus fluette des femmes aurait pu en remontrer à des athlètes accomplis. Leur uniforme aussi, loin des standards helarieal, était constitué d'un pantalon, d'une tunique verte et d'un chapeau de forestier de même couleur surmonté d'une courte plume argentée. Leurs chaussures en cuir noir tenaient de la bottine en plus massive. Quant à leurs armes, tous avaient une épée courte, un couteau à la chaussure et un autre à la ceinture. Pas de boucliers, pas d'armure.

Deirane les soupçonnait d'appartenir au même régiment, et que leur volontariat se situait au niveau du groupe et pas à titre individuel. Si tant est qu'ils soient volontaires. À ces vingt-quatre hommes, s'ajoutaient deux palefreniers. Avec Saalyn et le sensitif, Deirane et son fils portaient leurs forces à une trentaine de personnes.

La monture était la même pour tous, des chevaux. Ceci avait été jugé préférable pour éviter les problèmes de cohabitation entre les mammifères et les reptiles. Et Saalyn avait prévu la possibilité d'une retraite rapide. La vitesse apportée par les équidés était dans ce cas nettement préférable à l'endurance des lézards-dragons. Quatre chevaux supplémentaires avaient été prévus pour transporter leurs affaires, mais aucun pour la jeune fille qu'ils allaient récupérer. Vu son âge et son origine, il était peu probable qu'elle soit une cavalière émérite, capable au besoin d'assurer une chevauchée rapide. Il était prévu qu'elle soit prise en croupe par une des femmes.

Saalyn était maintenant chef de l'expédition. Elle ordonna à un edorian de se mettre en route. Celui-ci leva le bras pour donner l'ordre de marche. La troupe descendit la colline en file indienne. Mais ils n'allaient pas au port de commerce. Ils passèrent devant les jetées sans s'y arrêter. Leur objectif était l'embarcadère des bacs qui traversaient le fleuve, plus au nord. L'un d'eux venait d'aborder et avait débarqué ses passagers.

Le courant entraînait toujours ces embarcations peu manœuvrables vers l'aval. Après l'accostage, il fallait leur faire rejoindre l'amont. Des chevaux étaient consacrés à cet usage. Le remorquage se faisait à vide pour éviter trop d'effort aux animaux. La langue de terre qui hébergeait le port était relativement courte, aussi c'était sur la rive orientale que ce rattrapage s'effectuait, le quai d'embarquement y était plus au nord et celui de débarquement beaucoup plus au sud que du côté de Boulden.

Les quais étaient construits en bois. Bien qu'il y ait eu de la place pour plus d'une dizaine de bacs, il n'y en avait que la moitié de présents. Le côté de la langue de terre adossé au marécage contenait quelques rares échoppes, mais il était surtout consacré aux passagers qui attendaient. Il n'y avait qu'une seule zone d'embarquement, un ponton situé tout au nord, juste en face du poste de garde. Un bac était en cours de chargement ; vu la foule qui attendait, ils n'auraient pas de place dans celui-là, ni même dans les suivants actuellement amarrés. Il y avait un départ toutes les trois calsihons environ, ils auraient plus d'un monsihon à attendre. Les soldats mirent pied à terre. Saalyn prit la bourse que lui avait remise Muy et alla négocier avec le chef de quai. Sa cahute était en face de la zone d'embarquement.

Quand elle revint quelques stersihons plus tard, elle avait un air joyeux.

— Alors ? l'interrogea Deirane.

— On a une place dans le quatrième bac.

— Combien ? demanda un edorian.

Deirane se remémora son nom, Faal.

— Sept cels.

— Un quart de cel par cheval. Les tarifs augmentent.

Saalyn haussa les épaules, elle n'y pouvait rien. Le chef de quai s'était montré intraitable. Il avait été insensible au charme de la stoltzin et appliqué le tarif officiel, refusant tout marchandage.

— On a combien à attendre ? demanda Deirane.

— Un peu plus d'un monsihon.

Deirane fit la moue.

— Ça fait long.

Saalyn fouilla dans ses fontes et en sortit un jeu d'échec minuscule.

— Ne sois pas si impatiente. Nous ne pouvons pas nous engager la nuit dans la jungle. Il vaut mieux bivouaquer en chemin et n'entrer dans la forêt qu'au petit matin. C'est d'ailleurs ainsi que nous avons prévu d'opérer, en faisant une escale au dernier refuge avant la frontière avec l'Yrian. Que nous prenions le premier, le quatrième ou le dernier bac, cela ne changera rien au déroulement des opérations. D'ici là…

Elle agita son jeu.

XXIV

Boulden, de nos jours.

La partie n'était pas tout à fait terminée quand le bac sur lequel la guerrière avait posé sa marque fut détaché pour être amené devant le ponton d'embarquement. Deirane se releva et épousseta sa tenue.
— Match nul, dit-elle, personne n'a gagné.
— Comment ça, match nul ? rétorqua Saalyn, encore deux coups et tu étais mat.
— Ça n'est pas sûr. J'avais plusieurs échappatoires possibles.
— Tu n'en avais aucune.
Pour la troisième fois, Levander, le chef de la troupe appela sa chef. Ce coup-ci, Saalyn l'entendit. Elle se retourna.
— Qu'y a-t-il ?
— Regarde le ciel.
Elle leva les yeux vers le haut. Des nuages noirs s'accumulaient sur l'horizon est. La pluie était pour bientôt. Sur la Pentarchie, la période des tempêtes approchait. Pendant quelques mois, des cyclones allaient s'abattre sur l'archipel au rythme d'un tous les deux ou trois douzains. À Boulden, et les royaumes du centre du continent, cette période de mauvais temps se manifestait par des pluies diluviennes. L'expédition n'allait pas être une partie de plaisir.
— Tu as prévu des vêtements étanches ? demanda Saalyn.
— Bien sûr que oui.
— Tu vas être un peu mouillée.
Elle se tourna vers ses hommes.
— À votre avis, cette pluie est dangereuse ?
— Je ne pense pas, répondit une stoltzin d'apparence jeune malgré son gabarit, ces nuages-là n'ont pas traversé les plaines empoisonnées.
— C'est aussi mon avis. Les nuages ont l'air sains. Aucune lueur malsaine n'est visible d'ici.
— De toute façon, elle ne tombera pas avant ce soir. Nous avons le temps pour prendre des précautions.

— Nous aviserons quand le moment sera venu, conclut Saalyn.
Levander se tourna vers ses troupes.
— Debout, tout le monde, on y va, ordonna-t-il.
En quelques tösihons, les affaires que les guerriers avaient sorties pour s'occuper réintégrèrent les fontes. La troupe au complet se présenta devant le bac.

Il était temps. Malgré les protestations du chef de quai, un riche commerçant avait déjà commencé à faire embarquer ses affaires. Saalyn s'avança.
— Un problème messieurs ? demanda-t-elle
— J'ai essayé de lui expliquer, s'excusa le chef de quai, mais il ne veut rien savoir.
— Je suis pressé, j'ai besoin de ce bac. Tout de suite, lança le commerçant.
— Moi aussi je suis pressée, et j'ai réservé ce bac, rétorqua Saalyn.
— Vous pouvez tout aussi bien prendre le suivant.
— Affaires de l'Helaria, je pourrais, mais mon devoir m'oblige à embarquer dans celui-là.
— Je vois. Combien vous faudrait-il pour oublier votre devoir ?
Le regard qu'elle lui lança contenait des éclairs.
— Le devoir d'un guerrier libre n'est pas monnayable.
— Je voulais dire, pas pour l'oublier, juste pour… le mettre en suspend, le retarder.
— Impossible.
Le voyageur bomba le torse.
— Vous ne savez pas qui je suis, lança-t-il d'un ton de défi.
— En effet.
La simplicité de la réponse le désarçonna, il ne sut plus que dire.

Saalyn tourna la tête vers le chargement. Celui-ci ne consistait qu'en une seule charrette tirée par un cheval. Son contenu, masqué par une bâche, l'intriguait. Il était bien carré. Ce n'était pas des ballots – ils auraient été répartis de façon bien plus intelligente – et c'était trop petit pour être une cage d'esclave. Elle s'approcha pour en savoir plus.
Le cheval lui inspira de la pitié. Il était maigre, visiblement maltraité. Vu son état, il aurait été mieux dans un pré ou une écurie à reprendre des forces. Pourtant il avait de l'être une belle bête autrefois. Puis elle passa au chargement. Elle souleva la bâche.
— Attendez, s'écria le marchand, que faites-vous ?

Pour toute réponse elle lui envoya un vague sourire et passa la tête sous le tissu. Quand elle ressortit la tête, elle lança un regard dubitatif aux spectateurs. D'un geste vif, elle retira la bâche et la balança dans l'eau. Après un instant de stupeur, un grondement menaçant s'éleva du groupe des Helariaseny.

C'était bien une cage sur la charrette. Haute d'à peine plus une perche et demie, un homme, même aussi petit que Muy n'aurait pu y tenir debout, ni allongée. Elle était conçue pour la capture du gibier de taille moyenne, pas pour emprisonner un humain. Encore moins trois. Parce que c'étaient des êtres humains qu'elle contenait. Trois femmes étaient serrées dans l'étroit espace. Trois esclaves destinées de toute évidence à assouvir les plaisirs charnels de leur nouveau propriétaire.

Elles étaient entièrement nues. Minces, la peau foncée, les cheveux noirs légèrement frisés, elles étaient d'une très grande beauté.

Les deux plus jeunes, pétrifiées, étaient blotties l'une contre l'autre. Elles étaient à cet âge qui hésite entre l'adulte et l'adolescence, peut-être douze ou treize ans. Elles se ressemblaient tant qu'elles étaient indubitablement des sœurs, très certainement des jumelles.

Leur aînée avait l'air plus farouche, elle tentait de toiser d'un regard menaçant ceux qui les regardaient. À l'étroit comme elle l'était, elle était peu convaincante. La silhouette athlétique, légèrement plus musclée que ne le sont habituellement les humaines, elle était aussi belle que les deux plus jeunes, même si de toute évidence elle était de la génération précédente, vingt-sept ans environ. Leur ressemblance témoignait d'un lien familial fort. Elle était sans aucun doute leur mère. Son expression disait clairement qu'elle était prête à tout pour sauver ses filles.

Saalyn connaissait ce genre de perversité. Certains estimaient que faire l'amour avec deux sœurs jumelles ou avec une femme et sa fille en même temps, constituait le plus grand des délices. Celui-là avait réussi à obtenir les deux à la fois. Au moins n'avait-il pas séparé la mère de ses filles. C'était le seul bienfait de cette histoire. La suite de leurs aventures serait certainement moins enviable.

Il ne fallut que quelques tösihons à la guerrière pour prendre sa décision. Elle redescendit à terre et se dirigea droit vers le marchand.

— Le bac est grand, nous pourrons certainement nous arranger, dit-elle.

— Vous nous prenez avec vous ?

— J'ai réservé ce bac. Alors si vous me payez un petit quelque chose, je ne vois pas d'inconvénient à prendre des passagers supplémentaires.

Elle fit signe à Levander qui fit embarquer ses hommes.

— Je peux prendre des passagers ? demanda-t-elle au chef de quai.

— Si vous payez leur droit de passage, répondit-il.

— Qui s'élève à ?
— Pour combien de personnes ?
— Le cheval, la charrette, ses trois occupantes et toutes les affaires de cette personne.

Le fonctionnaire calcula mentalement la somme avant d'annoncer le prix.

— Trois quarts de cels, dit-il enfin.

Le propriétaire des esclaves resta interloqué devant la faiblesse du prix. Saalyn paya avant qu'il ait pu réagir. Puis elle annonça.

— Vous me devez huit cels.
— Huit ? Il a dit trois quarts…
— Ça, c'est ce que moi j'ai payé pour le supplément de passager. Les huit cels sont ce que vous devez me payer pour que je vous laisse partager mon bac.
— C'est hors de prix. C'est scandaleux.
— Vous pouvez toujours prendre le prochain bac libre.
— J'accepte de payer deux cels.
— Huit cels, riposta Saalyn.
— Trois cels et c'est mon dernier prix. Avec une telle somme, je pourrai presque avoir le bac au grand complet.
— Dans combien de temps est le prochain bac libre ?
— Pas avant deux monsihons, répondit le chef de quai.

Le marchand blêmit.

— C'est d'accord, dit-il, je vais payer.

Il prit la bourse accrochée à sa ceinture et compta la somme demandée qu'il remit à la guerrière. Au passage, elle put remarquer que celle-ci était bien rebondie.

— Merci, dit-elle.

Saalyn monta à son tour sur le bac. Le marchand se préparait à la suivre. Le chef de quai l'arrêta.

— Désolé, dit-il, votre droit de passage n'a pas été réglé.
— Mais enfin ! s'écria-t-il, elle vient de le faire ! À l'instant !
— Non, elle a réglé pour la charrette, le cheval, les trois esclaves et vos affaires. Pas pour vous ni pour votre escorte.
— D'accord. À combien s'élève ce droit de passage ?
— Elle a réservé le bac, il faut son autorisation.

Élevant la voix, il demanda.

— Je peux l'autoriser à monter ?
— Bien sûr que non, répondit Saalyn.

Le marchand resta muet de stupéfaction.

— C'est du vol ! s'écria-t-il.

— Absolument pas, vous avez accepté la transaction.
— J'ai accepté pour mes hommes et moi, comme elle l'a promis.
— Je n'ai rien promis de tel. Je n'ai parlé que de passagers supplémentaires et demandé le prix pour la charrette et son contenu. À aucun moment vous et vos hommes n'avez été évoqués.

Le marchand était rouge, à la limite de l'apoplexie.
— Vous êtes malhonnête, vous jouez sur les mots.
— En tant que représentante de la loi, j'utilise des mots justes qui disent exactement ce que j'ai à dire, sans rien ajouter ni retrancher. Je n'y peux rien si vous n'écoutiez pas.

Le marchand fit un geste pour ordonner à ses hommes d'avancer. Aussitôt, les gardes du port s'interposèrent entre lui et le bac.

Les Helariaseny semblèrent chagrinés de cette intervention qui les empêchait d'en découdre avec cet esclavagiste.

Le pilote fixa la cordelette qui empêchait les gens de tomber à l'eau puis poussa le bac libéré de ses amarres dans le courant.
— Vous avez intérêt à m'attendre de l'autre côté sinon je porte plainte pour vol et vous serez interdite de séjour à Boulden, lança rageusement le marchand.
— De l'autre côté ce n'est pas Boulden connard, lui renvoya Saalyn, mes actes ne leur importeront pas.
— Alors je me plaindrai à la Pentarchie d'Helaria, répliqua-t-il.
— Vas-y, ma pentarque est au port. Mon nom est Saalyn, n'oublie pas de lui dire, Saalyn S.A.A.L.Y.N.

Elle épela distinctement son nom dans l'alphabet humain, puis dans celui d'Helaria, pendant que le bac s'éloignait. Un rugissement s'éleva derrière eux. La plus âgée des esclaves, qui avait compris qu'elle venait de recouvrer sa liberté, adressait un geste obscène à son ancien propriétaire accompagné des mots les plus grossiers.

Deirane vint s'appuyer au plat-bord, juste à côté de la guerrière.
— Le chef de port a réagi de façon extraordinaire. Je n'aurai jamais pensé qu'il serait contre l'esclavage.
— Il n'est pas contre l'esclavage, répondit Saalyn, sinon il ne vivrait pas à Boulden. Il est contre la façon dont ce type traite ses esclaves. Une cage trop petite pour bouger, une bâche étouffante et même pas de vêtements alors que la pluie approchait.

Saalyn quitta son amie. Elle se dirigea vers Levander
.— Il faudrait peut-être les délivrer, lui dit-elle
— Bien sûr.

Il désigna un edorian parmi ses hommes.

— Toi, sors-les de là, ordonna-t-il. Et vous autres, trouvez-leur des vêtements.

Il constata alors que la deuxième partie de son ordre était inutile. Ils avaient tous commencé à fouiller leurs affaires.

L'edorian préposé à l'ouverture alla faire son rapport à Levander.

— J'ai déjà jeté un coup d'œil sur le cadenas. Une bonne mécanique, solide. Et une chaîne bien épaisse. Je n'ai pas le matériel ici.

— De quoi as-tu besoin ?

— Pour ouvrir le cadenas sans le détruire, il me faudrait un matériel spécial. Si nous ne voulons pas le conserver, une bonne tenaille me permettra de couper la chaîne.

— J'envoie quelqu'un.

Il se dirigea vers une stoltzin.

— Il faudrait que tu ailles chercher quelque chose au navire.

— Lourd ?

— Une tenaille.

— Ça devrait aller. Autre chose ?

— Demande à Lorelden s'il a besoin de plus. Peut-être un assortiment de vêtements.

La femme hocha la tête. Elle alla prendre des consignes supplémentaires auprès de l'edorian.

Les guerriers firent barrage pour que les pilotes ne puissent pas voir ce qu'elle faisait. Autant que possible, les capacités nautiques des stoltzt devaient rester secrètes. À l'abri derrière le mur de corps, elle se déshabilla. Elle s'enduisit le corps de graisse pour mieux glisser dans l'eau, mais surtout pour se protéger des poisons qu'elle contenait. Puis elle se laissa glisser hors du bac, maintenue par deux solides gaillards qui la lâchaient progressivement. Aussitôt elle plongea. Quand elle émergea pour prendre son souffle, un bon calsihon plus tard, elle avait déjà parcouru la moitié du chemin.

Quatre calsihons plus tard, alors que le bac était au milieu du fleuve, en plein dans le courant et dérivait vers le sud, elle rejoignit le bord. Toujours en la masquant, deux stoltzt la prirent par une main et la hissèrent à bord. Elle avait tout ce qu'on lui avait demandé. Elle tendit la tenaille à Lorelden qui se précipita pour accomplir sa mission, passa un sac étanche à Saalyn et se laissa tomber assise par terre pour reprendre son souffle. Un de ses compagnons l'enveloppa dans une serviette bien épaisse. Elle lui envoya un regard reconnaissant avant de s'adosser contre le plat-bord et de fermer les yeux.

Le sac étanche ne s'était révélé en fin de compte pas si étanche que ça. Les vêtements qu'il contenait étaient mouillés. Ils devaient d'abord être rincés et séchés avant d'être portés. En attendant, les esclaves eurent à leur disposition plus de capes et de couvertures chaudes qu'il n'en fallait pour tout un régiment. Après avoir été coincés dans un espace aussi étroit, leurs muscles s'étaient ankylosés ; elles étaient incapables de tenir debout. Il fallut les soutenir. Les deux adolescentes disparurent bientôt au milieu d'un tourbillon de soldats attentionnés qui cherchaient à les vêtir, à les réchauffer, leur donner à boire ou à manger. Elles semblaient affolées et en même temps soulagées. La mère manifesta le désir de rester seule. Une guerrière l'aida à s'asseoir dans un coin tranquille. Elle surveillait ses deux filles qui ne savaient plus où donner de la tête. Elle avait enfin cessé de s'inquiéter sur leur sort, elle pouvait se détendre.

Saalyn la rejoignit et s'assit en tailleur en face d'elle. L'ancienne esclave s'était enveloppée dans une cape chaude, pour se protéger du vent froid qui descendait des montagnes, en aucun cas pour protéger sa pudeur. Sinon elle aurait ramené le morceau de tissu sur une cuisse bien tentante pour les mâles qui les accompagnaient. Habitude ou résignation, la guerrière ne sut le dire. Elle lui tendit une tasse d'infusion bien chaude que la femme accepta avec reconnaissance.

— Mon nom est Saalyn, se présenta la guerrière en yriani, je suis le chef de cette troupe pour la mission en cours.

— Il m'a semblé avoir entendu ce nom, dit-elle d'une voix lasse. Vous êtes la Saalyn d'Helaria, la justicière qui défend les faibles.

Elle avait utilisé l'helariamen pour répondre, un helariamen impeccable, avec un léger accent, inconnu de la stoltzin. C'est dans cette langue que la discussion continua.

— C'est ce qu'on dit de moi ? Je n'ai rien d'une justicière, vous savez ? Je vais là où on me dit, je remplis les missions que l'on me donne, rien de plus.

— Vous aviez pour mission de me délivrer ?

— Non, ça, c'est un bonus. Tout Helariasen aurait fait la même chose.

La femme n'ajouta rien, son expression en disait long. Saalyn ne répondit que par un petit sourire.

— Et maintenant ? reprit l'ancienne prisonnière.

Elle lança un regard de défi à Saalyn. Cette dernière la regarda se réchauffer les mains au contact de la tasse. Il ne faisait pas si froid que ça pourtant. En fait, il faisait même plutôt chaud, un temps normal pour la saison. Sans le vent d'ouest, elle aurait même adopté une tenue plus légère.

— Maintenant quoi ? demanda Saalyn.

— Qu'allez-vous faire de moi ?

— Moi ? Rien.

L'esclave leva un regard étonné vers la guerrière.

— Ai-je le droit de faire quelque chose de vous ? reprit Saalyn. Je ne pense pas, les décisions qui vous concernent vous appartiennent. Que voulez-vous faire de vous ?

— Je ne sais pas. Il y a moins d'un douzain, cette question n'aurait eu aucun sens.

— Elle en a un maintenant. Réfléchissez-y. Quoi que vous choisissiez, nous vous aiderons dans la mesure de nos moyens.

La beauté noire esquissa un sourire triste.

— Ces derniers temps, on m'a fait beaucoup de promesses qui n'ont pas été tenues.

— En général, je tiens les miennes.

Alors que Saalyn prenait appui sur le sol pour se relever, la femme dit :

— Je m'appelle Aster.

— Aster, c'est un mot helariamen, il signifie...

— Troisième, je sais. Dans mon royaume on utilise l'helariamen comme langue.

— En général les humains utilisent l'yriani.

— Mon peuple était constitué de réfugiés, anciens esclaves pour la plupart. Nous venions d'horizons divers et parlions différentes langues. Nous avons choisi la vôtre parce qu'elle est très facile à parler, et aussi parce que vous n'avez jamais eu d'esclaves ni chassé un paysan de ses terres. Et puis, quel pays porte un plus beau nom qu'Helaria ? Liberté.

— Helar signifie libre. Et liberté se dit helarnin. Helaria n'a aucune signification. Ce n'est qu'un prénom à l'origine, et même pas helarieal.

— C'est quand même un nom magnifique. C'est un bon présage.

— Mon pays porte ce nom parce que son fondateur s'appelait ainsi. Et si lui portait ce nom, c'est uniquement parce que ses parents l'avaient nommé ainsi.

Après un instant de réflexion, Saalyn ajouta.

— Je ne connais qu'un seul royaume humain qui utilise l'helariamen comme langue officielle. Fraker. Ce n'est pas sur notre chemin, mais nous pourrions vous y ramener après notre mission. Le désirez-vous ?

— Inutile, Fraker n'existe certainement plus. Ferleren y a veillé.

— Je suis désolée.

Saalyn se rassit.

— Vous savez que Ferleren a détruit un royaume par le passé. Il s'appelait Vornix. Ce sont les survivants de ce royaume qui ont fondé l'Helaria quelques siècles plus tard.

— Je l'ignorais. Ça fait un autre point commun entre l'Helaria et Fraker.

— Que savez-vous faire ? Je pourrais vous aiguiller vers un endroit qui pourrait vous convenir.

— Vous avez parlé d'une mission. Dites-m'en plus.
— Nous allons délivrer une esclave retenue prisonnière par un drow.
— Vous aurez à vous battre ?
— C'est probable.
— Je préférerais tenir mes filles à l'écart d'une bataille.
— Nous devons laisser une partie des nôtres en arrière pour préparer notre repli. Vous y serez à l'abri pendant le déroulement des opérations.
— C'est parfait. Mes filles resteront en arrière. Moi je vous accompagne.

Saalyn hésita un moment.

— Les hommes que l'on m'a confiés sont des soldats d'élite. Pour nous accompagner, vous devez faire partie des meilleurs. Vous savez vous battre ? demanda-t-elle, utiliser une épée ?

Aster hocha la tête.

— J'étais garde du palais de l'archonte de Fraker. Donnez-moi une épée, je vous prouverai ma valeur.

— Garde du palais de Fraker.

Saalyn connaissait cette troupe. Elle était célèbre par son efficacité. Elle se demanda comment une telle combattante, si elle ne se vantait pas, avait pu se retrouver esclave. La réponse était évidente. Les filles bien sûr. Il avait suffi de s'en emparer pour neutraliser leur mère.

— Je n'ai pas très envie de me battre contre vous. Pour me faire ridiculiser devant mes hommes. Même si j'ai une bonne excuse ces temps-ci.

De la main gauche, elle désigna son bras d'épée immobilisé dans son écharpe.

— Que vous est-il arrivé ? demanda Aster.
— Un carreau d'arbalète. Il m'a cloué au mur.
— Ça a dû être douloureux.
— Je n'y ai pas porté attention. Quand c'est arrivé, mes assaillants étaient en train de m'ouvrir le ventre.

D'un geste coulé elle se releva, laissant la femme stupéfaite. Voilà qui allait encore ajouter à sa légende. Saalyn, la guerrière qui considère les blessures mortelles comme une simple contrariété. La stoltzin retourna auprès de ses hommes pour préparer le débarquement qui approchait.

Les pilotes s'étaient révélés excellents. Quand le bac atteignit la rive, il n'était qu'à moins de cent perches du ponton. Ils laissèrent le courant les entraîner sur le reste de la distance. Sur la rive, un edorian réceptionna l'aussière que lui lança un des pilotes et arrima l'embarcation. La passerelle mise en place, le débarquement commença.

Une fois à terre, la charrette des esclaves fut dételée. Un palefrenier examina le cheval. Ce dernier ne bronchait pas. Saalyn vint aux nouvelles.

— Quel est son état ? demanda-t-elle.

— Il ne portera plus personne ni ne tirera plus aucun attelage. À part peut-être des enfants. Il est vieux et malade. Il devrait être dans un pré à finir tranquillement sa vie.

— Il pourra nous suivre ?

— Oh, ça oui, si on ne lui donne aucun chargement.

— Très bien, alors il vient avec nous. Je ne laisserai pas le moindre être vivant à cet esclavagiste.

Le palefrenier hocha la tête. Il passa une longe à l'animal qu'il fixa à la selle de sa propre monture.

Les guerriers avaient réorganisé le chargement des quatre chevaux de bât pour le répartir sur seulement trois, libérant une bête pour leur nouvelle recrue. Ils n'avaient pas de selle pour elle, et cette rive ne comportait aucun marchand qui leur aurait permis de s'équiper, il n'y avait que le ponton et rien d'autre. Ils se contentèrent d'une couverture qu'ils étalèrent sur le dos de l'animal. Cela ne sembla pas démonter Aster. Elle passa sa cape à un soldat pour ne pas être gênée et grimpa à cru. Puis elle reprit la cape et s'en enveloppa, ne laissant dépasser qu'une main pour saisir les rênes. Les deux sœurs jumelles furent prises en croupe par les deux cavaliers les plus légers, mais même eux écrasaient les jeunes filles de leur carrure. La troupe monta à cheval et commença sa route vers le nord. Il n'avait pas fallu cinq stersihons pour se préparer.

Deirane se débrouilla pour chevaucher en compagnie de l'ancienne garde du palais.

— Saalyn m'a dit que vous vous appeliez Aster, dit-elle en se présentant.

— Elle ne m'a pas dit votre nom, mais j'ai entendu parler de vous. Vous vous appeliez Serlen à un moment.

— Serlen est morte il y a longtemps.

— Je l'ai entendu dire. Cependant j'ai entendu dire beaucoup de fausses rumeurs. Surtout ces derniers temps.

— Celle-là est exacte, Serlen n'existe plus.

— J'ai dû confondre avec une autre personne. Quel est votre nom actuel ?

— Je m'appelle Deirane.

Aster hocha la tête.

— Bien, bien, dit-elle, Deirane est-elle destinée à mourir dans un futur proche ?

— Ce ne serait pas de mon fait. C'est le nom que mes parents m'ont donné. Je regretterais de devoir m'en séparer.

— C'est drôle. J'ai entendu parler de vous, je connais votre légende. Mais je n'ai jamais pensé à vos parents, ce qu'ils pouvaient ressentir.

— Pendant vingt ans, ils m'ont cru morte. C'est mieux comme ça.

— Votre… particularité, vous l'aviez déjà avant de les quitter ?

— Elle est la cause de mon départ.

— Alors ils savent que vous n'êtes pas morte. Vous êtes célèbre. Et à moins qu'ils ne vivent au fond du gouffre le plus profond du monde et n'en sortent jamais, il n'y a pas de raison qu'ils n'aient jamais entendu parler de vous. Et je doute qu'il y en ait deux comme vous.

Deirane médita un instant cette réponse. Aster respecta le silence de son aînée avant de reprendre.

— Il y a une chose que je voudrais comprendre. Nous sommes au milieu d'une troupe de guerriers libres. Leur pays est farouchement antiesclavagiste et leur principale fonction est de libérer des esclaves. C'était la raison de leur création en tout cas : retrouver les Helariaseny réduits en esclavage suite à une attaque de pirate. Et il se trouve que c'est justement cette stoltzin, Saalyn, qui a crée la corporation. Comment une esclave peut-elle chevaucher au milieu d'un tel groupe en gardant son statut ?

Deirane la regarda, l'incitant à continuer.

— Vos bracelets, expliqua-t-elle, aucune femme libre n'accepterait de les porter.

Deirane porta instinctivement la main sur la chaînette en bronze qui ceignait son poignet gauche, découvrant celui qu'elle portait au bras droit.

— Je pensais mes manches assez longues pour les masquer.

— Vos mouvements les découvrent parfois. Je ne comprends pas qu'eux ne les aient pas remarqués.

— Les gens ne voient que ce qu'ils veulent voir. Je suis seule, libre de mes mouvements, sans contrainte particulière. Je suis donc libre. Ils n'ont même pas dû se poser la question. Et puis, je n'en suis plus à quelques bijoux près.

— Ils ne savent pas ?

— Je ne leur ai rien dit, je crois cependant que la pentarque Muy s'en doute.

— La pentarque Vespef dispose d'un service de renseignement très efficace. Elle sait certainement. Et si elle sait, tous les pentarques savent. Et certainement les archontes et les gouverneurs aussi.

Deirane marqua son accord par un hochement de tête.

— Cela n'aurait rien de surprenant, remarqua-t-elle.

— Pourquoi n'avoir pas demandé l'affranchissement, ils pourraient.

— Parce que mon statut actuel me convient parfaitement.

Aster eut un mouvement de surprise qui resserra sa prise sur les guides et entraîna les protestations de sa monture.

— J'aurais cru que toute femme normale se dépêcherait de reprendre sa liberté. Je suis restée esclave moins d'un mois et j'ai trouvé cela intolérable.

— On s'habitue à tout. Au cours des vingt dernières années, j'ai été esclave la plupart du temps. J'ai l'habitude. Et regardez-moi. Je chevauche au milieu de guerriers dont certains sont mes amis, mon fils aîné est à mes côtés, personne ne me surveille.

— La surveillance n'est pas loin.

D'un geste de la tête elle désigna les arbres à leur droite.

— Vous avez l'œil, remarqua Deirane.

— C'est mon métier, répondit Aster, j'étais garde du palais de l'archonte de Fraker.

— Justement, comment une personne telle que vous est-elle devenue esclave ?

Aster hésita un long moment avant de répondre. Quand elle prit la parole, ce fut pour tergiverser.

— Que savez-vous de Fraker ?

— Pas grand-chose. Un petit état loin au nord, au-dessus des territoires bawcks de Chabawck, à l'écart des routes principales.

— C'est volontaire. Notre pays a été formé par des esclaves en fuite. Notre isolement garantissait notre liberté. C'était indispensable sinon nos anciens maîtres nous auraient poursuivis. Et ça a marché. Pendant cinq générations, nous avons été libres. Nous n'avions pas de roi, l'archonte était choisi par nous, il remettait son poste en jeu tous les ans. Pendant ces quinze ans, j'ai servi quatre archontes successifs. Seulement, notre isolement nous a rendus pauvres. Loin des routes commerciales, nous avions peu de richesses. En bordure du désert empoisonné, nous avions peu à offrir, les récoltes étaient maigres. Et nos voisins orques n'étaient pas très doués pour le commerce.

Deirane lui renvoya un sourire ironique.

— Malgré tout, de temps en temps nous recevions des délégations d'autres royaumes. Pas beaucoup, juste assez pour que l'archonte se préoccupe de l'apparat de sa charge. Avec des moyens limités, nous ne pouvions pas nous procurer de belles armures décoratives ou des uniformes de parades qui auraient procuré à nos dirigeants le prestige lié à leur charge. Il y a trente-huit ans, le huitième archonte a eu une idée. La légende dit qu'il se rendait dans la salle où les soldats s'entraînaient et il a vu l'un d'eux pratiquer des exercices physiques torse nu. Il a alors pensé que si nous ne pouvions pas nous offrir de beaux uniformes, nous compenserions en ayant de beaux gardes. Il a constitué l'unité des gardes du corps, trois groupes de six gardes, trois femmes et trois hommes dans chacun, un couple de chaque groupe humain fondateur de Fraker. Tous choisis pour leur grande beauté et naturellement leur potentialité au combat. C'est cette dernière sélection la plus dure. Il ne suffisait pas que nous soyons juste décoratifs, nous devions aussi pouvoir remplir notre mission qui était de protéger la vie de l'archonte et de celle des diplomates en visite. Cette troupe est rapidement devenue célèbre dans tout Ectrasyc.

— Je n'en doute pas, répondit Deirane.

— J'avais dix ans quand je me suis présentée au poste de garde comme volontaire pour passer les sélections.

— Vous étiez volontaires ?

— Bien sûr, que croyiez-vous ? Que nous étions des esclaves ? Ou des domestiques ? Ce n'est pas le cas. Nous étions des femmes et des hommes libres. J'avais une famille en dehors de la caserne, un mari, il était potier, des enfants. Quand je n'étais pas de service, je dormais chez moi. J'avais trois jours de congé par douzain. Mon service se limitait à l'entraînement au combat et à la défense de la vie de l'archonte. Jamais aucun archonte n'a levé la main sur moi ni même esquissé un geste déplacé. J'avoue quelques avances à l'occasion, ou des allusions, que j'ai repoussées sans crainte de représailles quelconques.

— Et paraître nue en public, ce n'était pas trop dur ?

— La légende s'est emparée de notre troupe comme de tout le reste en ce monde. Nous n'étions pas nus. Quelqu'un a lancé cette rumeur et depuis elle continue de courir. Nous étions une troupe d'élite, nous bénéficions du meilleur équipement que nous pouvions nous offrir. Nous avions une cuirasse bien épaisse et résistante. La cuirasse était de couleur sombre. Le teint de peau de la plupart des nôtres l'est également, il n'en suffisait pas plus pour créer la légende.

Deirane comprenait parfaitement le besoin qu'avait Aster de tant s'épancher. Quand l'esclave libérée se tut, elle ne chercha pas à la relancer. Bien qu'elle n'ait pas répondu à la question.

Un soldat helarieal remonta la colonne jusqu'à Saalyn. Après avoir échangé quelques mots avec la stoltzin, il rejoignit sa place. Saalyn se laissa rattraper par Deirane et Aster.

— Un problème ? demanda Deirane.

— On est suivi.

— Amis ou ennemis ?

— Il semblerait que votre propriétaire vienne faire valoir ses droits, dit-elle à Aster.

— Déjà, s'écria la Frakersen. Je croyais qu'ils n'avaient pas encore pu traverser.

Saalyn haussa les épaules.

— Il a dû payer un passager pour échanger sa place avec lui. Il n'a pas l'air de manquer d'argent.

Aster réfléchit un long moment avant de reprendre.

— Je ne peux pas vous impliquer dans mes problèmes, je dois le régler seule.

— Nous sommes déjà impliqués, riposta Saalyn, et si nous vous avons délivrée, ce n'est pas pour vous restituer à lui quelques monsihons plus tard.

— Je n'ai pas l'intention de me livrer.

— Que comptez-vous faire alors ?

— Le tuer.

— Il a cinq hommes avec lui. Des mercenaires certainement, donc des combattants entraînés.

— Vous oubliez qui je suis.

Le ton était plein de menaces. Deirane regarda la femme, se demandant si elle se vantait. Son air lui ôta tout doute. Elle s'estimait capable de vaincre cinq mercenaires.

— À deux longes d'ici, la route fait un coude, dit Saalyn. Nous les attendrons là.

— Attention, ils sont à moi, avertit Aster, leur vie m'appartient.

— Tant qu'à faire, je préférerais que l'option diplomatique soit envisagée avant tout combat.

— Cet homme nous a réduites en esclavage et traitées moins bien que des bêtes, dit Aster, je ne manifesterai aucune pitié à son égard.

— Techniquement, ce n'est pas lui qui vous a capturée, remarqua Deirane, il n'a fait que vous acheter.

— C'est à cause de gens comme lui que les esclaves existent. Il paiera pour tous les autres.

— C'est votre combat, dit Saalyn.

Elle reprit sa place en tête de la colonne.

— Vous l'avez énervée, remarqua Deirane.

— Elle ne sait pas par quoi je suis passée.

— Tout le monde est passé par des épreuves. Vous, moi, même Saalyn a eu son lot.

— Je suis restée esclave pendant presque trois douzains. Mes filles étaient vierges, ils ne les ont pas touchées, ça aurait diminué leur valeur. Moi je ne l'étais pas. Pendant trois douzains, j'ai dû satisfaire la luxure de ces monstres. On a abusé de moi, continuellement, à chaque arrêt. Et ils n'ont même pas eu la décence d'éloigner mes filles pour ça. Je ne sais pas si je pourrai oublier ça. Je doute que vous compreniez.

— Non ? Eh bien, sachez que depuis vingt ans, je n'ai quasiment jamais été libre. À l'âge de onze ans, le roi d'Orvbel m'a ajouté à son harem et depuis je suis une esclave. Je n'ai que rarement choisi mes amants. J'ai eu cinq enfants, tous nés à la suite d'un viol. On me les a tous retirés parce qu'une esclave n'a rien à elle, même pas un enfant. Je ne sais pas ce qu'ils sont devenus, sauf Hester que j'ai retrouvé depuis quelques mois. Le seul homme que j'ai aimé, on l'a tué pour me prendre à lui. Ce que vous avez vécu vous semble peut-être intolérable, pourtant vous n'avez pas le monopole de la souffrance.

Deirane prit quelques perches d'avance sur Aster. La Frakersen la rejoignit peu après.

— Je suis désolée, dit-elle, je ne m'étais pas rendu compte que vous aviez eu une telle vie. Vous étiez la reine d'Orvbel et tout le monde trouvait que vous viviez un vrai conte de fées, passer du statut de paysanne à celui de reine.

— Ce rêve m'a coûté la vie de l'homme que j'aimais. Et aussi celle du père de mon deuxième enfant. Mais ce n'était qu'un tyran, pas une grosse perte. Lui, je ne le regrette pas.

— Je suis désolée, répéta Aster.

Puis les deux femmes chevauchèrent côte à côte, en silence.

XXV

Territoires edorians, de nos jours.

Un peu au nord de leur position, le fleuve était dévié par un rocher, une immense masse de métal rouillé si massif que des milliers d'années n'avaient pu l'altérer. Comme l'Unster le rasait, la route était obligée de le contourner par l'autre côté. Pendant une demi-longe, ils chevauchèrent loin du fleuve.

Une fois ce rocher passé, Saalyn donna le signal de la halte. Un edorian se précipita en haut de la colline. Quand il redescendit au bout de quelques stersihons, les cavaliers avaient tous mis pied à terre.
— Ils sont six, dit-il, cinq mercenaires et le commanditaire.
— Quelles sont leurs forces ? demanda Aster.
— Je n'ai pas vu d'arc. Seulement des épées. Ils ont certainement des poignards cachés sur eux. Tous possèdent une armure de cuir bien qu'ils ne la portent pas.
— Bizarre, dit Deirane, ils nous poursuivent, mais ils ne se préparent pas à la confrontation.
— Ils voulaient peut-être discuter d'abord, à moins qu'ils n'aient envisagé de nous surprendre la nuit au bivouac, conclut Saalyn, je suppose qu'ils calquaient leur allure sur la nôtre, pour ne pas nous rattraper.
— C'est ce que je pense aussi, confirma l'edorian.
— Rien de surprenant, remarqua Aster, nous sommes quatre fois plus nombreux qu'eux. Sans l'effet de surprise, ils n'ont aucune chance.
— C'est eux qui vont l'avoir la surprise.
Saalyn rejoignit ses hommes. Deirane rattrapa la stoltzin.
— Cette nuit, on ne devait pas dormir dans un refuge ? demanda-t-elle.
— Avec la pluie qui s'annonce, c'est préférable.
— Et ils nous auraient attaqués dedans ? Je croyais qu'il s'agissait de zones neutres où les conflits sont suspendus.
— D'habitude des troupes helarieal et yrianis patrouillent sur cette route, sauf qu'avec toutes ces guerres en cours elles ne circulent plus. Et personne d'autre n'a le pouvoir de faire respecter cette neutralité.

— Ce n'est pas bon pour le commerce, tout ça.

— Ce n'est pas ça qui l'arrêtera, le danger n'a jamais empêché les commerçants de voyager. Si cet état se prolonge, les choses pourraient changer. Les nains dans leurs montagnes par exemple. Ils ne produisent pas beaucoup de nourriture. Leurs réserves dépendent d'un approvisionnement régulier. Si cet approvisionnement diminue, ils risquent la famine.

Deirane réfléchit à ces paroles. Elle laissa son amie seule pour méditer sur ce qu'elle venait d'apprendre.

Aster se planta devant Saalyn.

— Que comptez-vous faire ? demanda-t-elle.

— Recevoir ces hommes comme ils le méritent.

— Je vous rappelle qu'ils sont à moi, vous avez oublié ?

— Vous êtes sûre de vouloir vous en occuper seule ?

— J'ai rarement été aussi sûre de quelque chose dans ma vie.

L'épée de Saalyn était posée en travers de la croupe de son cheval. Elle la tira du fourreau et la tendit à Aster. La garde la prit, de la main gauche remarqua la stoltzin, et l'examina attentivement.

— Vous n'avez plus d'épée, je vous prête la mienne pour le combat.

— C'est une belle arme, dit Aster.

— Elle a été forgée par les bawcks.

— J'avais reconnu le style de leurs décorations. Les nains auraient gravé un message.

— C'est un message. Dans une langue morte aujourd'hui. Les nains n'existaient pas quand je l'ai reçue. Des mains d'Helaria en personne.

Aster caressa la lame, laissant tomber sa cape tant son admiration pour l'arme était grande.

— Helaria, le fondateur du royaume ? Le père des pentarques ?

— En personne. Quelques années avant sa mort. Wotan m'a nommée au poste, mais c'est Helaria qui m'a donné cette arme.

— Je ne sais pas si je pourrai l'accepter. Un objet si ancien, il doit vous être précieux. Quel âge a-t-il, mille ans ?

— N'exagérons rien, répondit Saalyn en riant, je l'ai reçu lors de la fondation de la corporation des guerriers libres, en 1079. Avec pour mission de pourchasser et de tuer des individus comme ceux qui nous poursuivent. Taisez donc vos scrupules, elle convient parfaitement.

— Je lui ferai honneur, dit Aster.

La garde fit quelques mouvements pour apprécier sa maniabilité. Saalyn put apprécier à sa juste valeur son habileté. Quand elle estimait pouvoir gagner, la Frakersen ne se vantait pas. Cela se voyait dans la fluidité de ses mouvements et dans la facilité avec laquelle elle s'habitua au poids différent par rapport à une arme plus traditionnelle en cuivre ou en bois armé. L'épée de Saalyn n'était pas vraiment en cuivre, mais en bronze – peut-être les bawcks fournissaient-ils Fraker en bronze également. Elle contenait un peu d'étain qui la rendait plus solide. La guerre contre les Feythas avait bloqué l'accès aux mines, en plein cœur du désert empoisonné, pour longtemps. C'était donc un objet rare.

Les exercices terminés, Aster remercia la stoltzin par un salut de la tête.

— Nous allons vous trouver une cuirasse, dit simplement Saalyn, à moins que vous ne vouliez combattre comme ça.

— Une protection ne serait pas de refus.

— Je vais vous chercher ça.

Cela se révéla plus difficile que prévu. La Frakersen avait beau être forte, elle l'était beaucoup moins que les montagnes de muscles qui constituaient le commando. C'est encore de Saalyn que vint le salut. Elle était suffisamment voluptueuse pour qu'Aster puisse insérer ses formes épanouies dans la tenue de cuir bouilli. Étant plus grande que la guerrière libre, sa taille restait nue, mais Aster comptait sur son habileté pour éviter les blessures.

On entendait le galop des chevaux qui approchaient. Ayant perdu les Helariaseny de vue, les mercenaires avaient accéléré le pas pour ne pas se faire semer. Aster fit jouer son épée puis elle se mit en route. Elle voulait attendre ses adversaires de l'autre côté du rocher. Saalyn la regarda s'éloigner. Son pas d'abord rapide devint rapidement un trot qui en aurait remontré aux soldats de la troupe. La guerrière blonde fit un geste et deux soldats se lancèrent à sa poursuite. Pas pour l'aider, pour observer. La masse rocheuse les cacha bientôt au regard. Ses deux filles, inquiètes, s'enlacèrent pour se réconforter.

Un hennissement, le bruit de cavalcade s'arrêta. Les Helariaseny purent entendre la discussion qui s'engageait entre Aster et ses adversaires. D'où ils étaient, ils n'entendaient pas les paroles, seulement les voix. Celle agressive de la Frakersen s'opposait à l'impérative du marchand d'esclaves et à la gouaille d'un mercenaire. Le ton monta. Puis le bruit métallique des épées qui s'entrechoquent remplaça la discussion.

Le premier hurlement arriva rapidement, en quelques stersihons. Une voix mâle qui exprimait une douleur intense, qui fut stoppée net dans un gargouillis écœurant. Saalyn n'y tint plus, elle courut rejoindre les spectateurs.

Le spectacle impressionna la stoltzin. Les mercenaires avaient mis pied à terre pour l'affronter. L'un d'eux était déjà mort, le bras et la tête tranchés. Et aucun autre n'était indemne. Aster par contre n'avait rien. Le sang qui la couvrait n'était pas le sien. Elle virevoltait, bondissait d'un homme à l'autre, lançait une attaque foudroyante et disparaissait. Insaisissable telle une anguille, elle attaquait de tout côté sans jamais être à portée de ses adversaires. Saalyn avait l'impression de voir combattre Muy. Toutefois la guerrière ne faisait pas appel à la magie, son avantage, elle le devait à son habileté. La réputation de soldat d'élite des gardes de l'archonte de Fraker n'était pas usurpée. Même les deux soldats qui l'observaient, bien qu'appartenant eux-mêmes à un corps d'élite, étaient épatés.

Rapidement, un second soldat tomba, puis un troisième. L'ancien propriétaire d'Aster, voyant le combat tourner en sa défaveur, fit alors faire demi-tour à son cheval pour s'enfuir. En un instant, Aster fut sur lui. Elle lui attrapa la jambe d'une main et de l'autre lui planta son arme dans le ventre. Puis elle la retira pour revenir aux mercenaires. Le marchand, incrédule, regarda le sang s'écouler de sa blessure. Enfin, il tomba.

Voyant leur commanditaire tué, les soldats survivants s'enfuirent. Aster les laissa partir. Elle resta immobile au milieu du carnage comme dans un état second, pendant que les Helariaseny rattrapaient les chevaux des cavaliers morts. Quand Saalyn lui posa la main sur l'épaule, elle reprit conscience de ce qui l'entourait. Les chevaux réunis, les Helariaseny entreprirent de fouiller les cadavres. Ils rassemblèrent tout l'or dans une seule bourse. Les armes qu'ils récupérèrent furent enveloppées dans une couverture prise sur une des montures et le ballot obtenu fixé sur la croupe d'un cheval. Puis ils jetèrent les cadavres dans l'eau : les Helariaseny ne creusaient pas de tombes, ils rendaient les corps à la nature après la mort.

Le stoltzen qui détenait la bourse la donna à Aster.

— C'est à vous, dit-il.

La Frakersen la prit. Mais elle n'avait aucun endroit où la ranger.

— Merci, dit-elle, c'est ma part du butin ?

— Votre part ? dit Saalyn. C'est votre combat, nous n'avons été que spectateurs. Tout le butin vous revient.

— Tout ? L'or, les chevaux et les armes ?

— Bien sûr.

— Je peux donc prendre trois chevaux pour mes filles et moi.

— Les quatre même. Ils sont à vous, vous en disposez selon votre désir.

— Et vous, vous ne recevez rien pour les risques que vous avez pris en me délivrant.

— C'est déjà fait, huit cels, vous vous souvenez ?

La bouche d'Aster s'étira en un rictus désabusé.

— Au Fraker, seuls les plus riches ont autant de biens. Si un jour je rentre chez moi, je ferai partie des notables.

— Votre pays devrait monnayer les services de leurs soldats. Vous vous enrichiriez rapidement. Et ça découragerait les envahisseurs potentiels.

Les trois stoltzt et l'humaine rejoignirent le reste de la troupe. En voyant leur mère revenir vivante, les jumelles se précipitèrent vers elle et l'enlacèrent, malgré le sang qui la recouvrait. La Frakersen serra ses filles contre elle. Puis elle prit la première et l'installa sur le cheval que lui présentait un soldat. Elle fit pareil avec l'autre.

La puanteur du sang indisposait Aster. Elle se tourna vers l'Unster.

— Je peux me nettoyer dans le fleuve ? demanda-t-elle.

— Je vérifie, s'écria un soldat.

Il s'accroupit sur le bord du fleuve, prit un peu d'eau dans une fiole en verre et versa quelques gouttes tirées d'un tube creusé dans un cristal de quartz. Aussitôt, l'eau se troubla.

— Elle est empoisonnée, dit-il, je suis désolé.

— J'espère que le refuge n'est pas loin, dit Aster.

Une femme lui passa une serviette et une gourde pour qu'elle fasse un semblant de toilette. Elle s'essuya le visage et les bras. C'était un peu mieux. Elle espérait seulement que l'odeur ne ferait pas fuir le cheval du mercenaire, son cheval maintenant. Fort heureusement, dressé pour la guerre, il ne broncha pas quand elle monta en selle.

Ils atteignirent le refuge avant la tombée de la nuit. Situé sur le côté de la route opposé au fleuve, il était constitué de deux bâtiments accessibles par une petite marche, à droite l'écurie, à gauche les cavaliers. L'espace entre les deux était suffisamment grand pour parquer tous les chariots d'une caravane commerciale. Il était couvert, abritant un puits des pluies empoisonnées. Les portes de l'écurie et du refuge donnaient sur cet espace. Les voyageurs pouvaient donc décrocher leurs vêtements au lieu de rentrer dégoulinants dans la zone d'habitation. L'écurie, comme ils purent s'en rendre compte, était divisée en deux parties avec chacune leur accès : un côté pour les chevaux, un pour les lézards-dragons, évitant ainsi que les premiers servent d'en-cas aux seconds. L'ensemble était complété par une salle d'eau alimentée par une pompe manuelle, qui permettait aux voyageurs de faire une toilette sérieuse : dans un monde où les orages pouvaient transporter des miasmes mortels, c'était indispensable.

Pendant que ses hommes s'occupaient de leur monture, Saalyn entra dans la partie destinée au bivouac. Elle était constituée d'une grande salle qui communiquait avec deux petites pièces fermées par un rideau. Une cheminée à côté de la porte permettait de chauffer l'endroit, la réserve était bien approvisionnée en bois ; l'Yrian, tout proche, devait vérifier régulièrement son approvisionnement. À part cela, l'endroit était nu, aucun meuble, aucune source de nourriture. Elle déposa ses affaires dans un coin.

Aster fut la première à revenir. Comme elle avait dû se nettoyer du sang reçu lors de son combat, les soldats s'étaient occupés de son cheval. D'autant plus qu'ils avaient amené des palefreniers avec eux pour ce genre de tâche.

— Comment s'organise-t-on ? demanda-t-elle.

— La pièce de droite pour les femmes, celle de gauche pour les hommes, la grande pour ceux qui préfèrent rester en couple.

— Ça me va.

La Frakersen transporta ses affaires dans la pièce des femmes.

Le reste de la troupe ne tarda pas à rejoindre les deux femmes. Aussitôt, quelques-uns commencèrent à préparer la popote pendant que les autres se répartissaient en petits groupes en fonction de leur activité. Certains vérifiaient leurs armes, les aiguisaient et les faisaient briller. La plupart profitaient du temps libre pour se distraire. Jeux de cartes, osselets et échiquiers sortirent des sacs. Deirane profita de cette pause pour préparer son couchage en compagnie d'Aster et de ses filles.

Traditionnellement, les Helariaseny faisaient deux repas, un gros le matin à base de légumes et de féculents et un autre le soir, plus petit, où la viande était l'élément principal. Deirane qui avait d'autres habitudes trouva la portion un peu chiche. Elle avait encore faim. Elle n'osait cependant pas demander davantage. Les cuisiniers avaient prévu du rab pour les deux adolescentes qui en profitèrent comme si elles avaient été privées de nourriture, ce qui était peut-être le cas ces derniers jours. L'ancienne reine ayant fini sa croissance depuis longtemps, elle craignait de passer pour une goinfre. Elle se rabattit sur le pain, disponible à volonté. Dommage, les Helariaseny n'étaient pas très doués pour le préparer, son goût était insipide et la mie peu compacte alors que le steak s'était révélé savoureux et tendre.

Après le repas, pendant que quelques soldats de corvée allaient nettoyer la vaisselle, les Helariaseny se disposèrent en demi-cercle. Leur nombre et l'étroitesse de la pièce les obligèrent à se disposer en deux rangées. Trazen, le sensitif, était aussi conteur. Il s'installa devant l'assemblée. Il commença à raconter une légende stoltz. Comme Deirane la connaissait, elle n'écouta pas, préférant observer ceux qui l'accompagnaient.

Elle remarqua que certaines femmes s'installaient confortablement contre l'épaule d'un homme et que leur comportement indiquait qu'il s'agissait d'un couple de longue date. D'autres par contre, ne dataient que du jour. Même les sœurs jumelles trouvèrent de la compagnie, il y avait beaucoup de volontaires pour s'occuper d'elles, mais aucune proposition scabreuse ne les ciblait. Elle soupçonnait que certains cherchaient à atteindre la mère à travers les filles, ce qui n'était certainement pas le cas des stoltzt. Chez ce peuple, les enfants étaient sacrés ; il n'était pas rare qu'ils prennent en charge des enfants inconnus quand les parents légitimes ne pouvaient pas s'en occuper. C'était fréquent quatre-vingts ans plus tôt pendant la guerre où beaucoup étaient morts.

Trazen était doué. Pourtant il avait choisi une histoire courte. Elle ne dura que deux calsihons. Il était encore trop tôt pour se coucher. C'est alors qu'un soldat réclama une chanson. Cette idée entraîna une clameur enthousiaste et au bout d'un moment, tous les Helariaseny scandaient en rythme :

— Une chanson ! Une chanson !

À regret, Saalyn se dégagea de l'étreinte de celui qui allait certainement être son amant pour la nuit.

— Je n'ai pas mon usfilevi, dit-elle.
— J'ai une flûte, répondit une voix.
— Alors d'accord.

Il n'y avait pas de bancs. Aussi se plaça-t-elle en tailleur, face à son public. Ce n'était pas la position idéale pour un récital, mais elle était trop fatiguée pour rester debout. Elle commença à chanter, accompagnée par la flûte.

La stoltzin avait du talent. Sa voix avait une tessiture étendue, descendant bas dans les graves et pouvant monter haut dans les aigus. Et elle avait une voix sonore et claire. Toutefois, elle commença par des chansons douces pour aller avec la flûte. Alors qu'elle avait fini la première chanson sous les ovations et commençait la seconde, Hester se pencha sur l'épaule de sa mère.

— Je connaissais celle-là, dit-il.
— Je t'avais prévenu, répondit Deirane. Ses chansons font le tour du monde.

Hester reprit l'écoute, subjugué aussi bien par la beauté que par la voix de la chanteuse.

La troisième chanson était plus populaire et très connue. Les Helariaseny la reprirent en chœur. Et ce fut le cas de toutes les suivantes. La nuit était fort avancée quand Saalyn s'arrêta et donna le signal du coucher. Les soldats se répartirent entre les trois salles. Conformément à ce qu'avait prévu Deirane, Saalyn ne rejoignit pas Deirane et Aster. Elle allait passer la nuit entre les bras d'un musculeux stoltzen de la troupe. La Frakersen déposa un baiser sur le front de ses filles. Elle leur murmura des paroles rassurantes, si doucement que l'humaine ne comprit pas, mais qu'elle savait helariamen. Puis Deirane ferma le rideau et s'introduisit dans son sac de couchage. Elle ne tarda pas à s'endormir.

Le lendemain, le premier soldat levé ouvrit la porte pour laisser entrer la lumière et entreprit de réveiller les autres. Ils dormaient tous profondément malgré la pluie qui tambourinait sur les tuiles et provoquait un vacarme assourdissant dans le refuge. Heureusement l'abri était en bon état, le toit ne fuyait pas. Il y avait de faibles chances pour que la pluie soit empoisonnée. Ils disposaient de l'équipement pour se protéger, néanmoins il était inconfortable et personne n'avait envie de chevaucher par ce temps.

Hester, voyant Aster sortir de sa pièce avec ses filles, y alla pour réveiller sa mère. Il ne trouva qu'un couchage vide et ses affaires, mais aucune trace de Deirane. Il chercha autour de lui, sans la découvrir nulle part dans le refuge. Ne voyant pas Saalyn non plus, il se rabattit sur un edorian qu'il avait repéré la veille. Il semblait être le chef du groupe, servant d'intermédiaire entre la stoltzin et le reste du détachement. Il se remémora son nom : Levander.

— Je ne trouve pas ma mère, dit-il, vous savez où elle est ?
— J'ai un autre problème, moi c'est Saalyn que je ne trouve pas, répondit Levander.
— Elles sont peut-être ensemble ? En train de faire leur toilette.
— Avec ce temps, je doute qu'elles soient allées se promener.

Hester s'éloigna et alla aider à préparer le repas du matin. Il n'avait aucune raison de s'inquiéter, avec le temps qu'il faisait elles ne pouvaient pas être allées loin.

Au bout de trois calsihons, il fallut se rendre à l'évidence, ni Saalyn ni Deirane n'étaient dans l'abri. Levander rassembla les soldats autour de lui et leur exposa la situation. Aster intervint alors.

— Êtes-vous sûrs que ce sont les seules qui manquent ? Tous les autres sont présents ?
— Apparemment nous sommes au complet.

Pour s'en assurer, il compta les soldats.

— Le détachement compte vingt-quatre personnes. Plus Saalyn, Deirane, Hester, Trazen et deux palefreniers, cela fait trente. Nous sommes vingt-sept.
— Il en manque donc trois, remarqua Aster, lesquels ?
— Comptez-vous, ordonna Levander.

Aussitôt, les soldats helarieal s'attribuèrent un numéro. Il y en avait bien vingt-quatre. Recenser les civils fut rapide, ils étaient beaucoup moins nombreux.

— C'est Trazen qui manque, conclut Levander.
— Et quel était son rôle ? demanda Aster.
— C'était un sensitif, il devait nous maintenir en relation avec notre pentarque.
— Vous avez donc égaré votre chef, votre commanditaire et toute relation avec votre hiérarchie.

Hester qui était sorti pour fouiller l'écurie rentra à l'instant. Il était constellé de brins de paille comme s'il avait soulevé les litières pour vérifier si les deux femmes disparues ne se cachaient pas dessous.

— Que voulez vous voulez dire par là ? demanda-t-il sur un ton qui frisait l'hystérie.

— Je pense que l'ennemi, quel qu'il soit, a déjà gagné alors que le combat n'est même pas engagé.

— Nous n'avons pas encore perdu, remarqua Levander.

Son calme contrastait avec l'affolement du jeune homme.

— Vous connaissez l'emplacement de l'objectif ? demanda Hester.

— Non, c'est Saalyn qui devait nous guider. On n'était pas censé être séparé, se défendit l'edorian. Muy aussi est au courant, mais sans le sensitif...

— Décidément, tous les militaires du monde sont bien pareils. La main gauche ne sait pas ce que fait la main droite. Vous êtes hors de combat.

La pilule était dure à digérer pourtant ça semblait exact. Cela n'en agaça pas moins Levander.

— Écoutez, ce plan a été établi par Saalyn dans les moindres détails. C'est elle la guerrière libre ; nous ne sommes que des soldats. Et jusqu'à présent, nous l'avons suivi à la lettre.

— Sauf que vous avez perdu Saalyn, remarqua Aster, quelle belle troupe d'élite vous faites ! L'ennemi s'introduit dans vos rangs et capture trois des vôtres. Et pendant ce temps vous ronfliez.

— Je vais m'occuper de ce mystère à l'instant. Et pour votre gouverne, tout n'est pas perdu.

— Avant de chercher à comprendre comment l'ennemi a fait, il ne vaudrait pas mieux rechercher ma mère ! s'écria Hester.

— Elle n'est pas ici, répondit Levander. Et dehors il pleut. Partir à sa recherche maintenant serait un suicide.

— Enfin ! Vous savez qu'il veut la tuer !

— Non, nous ne savons rien de tel, répondit Levander. Ce n'est qu'une supposition.

— Vous avez au moins une idée de l'endroit où se trouve le château que vous voulez investir ? demanda Aster.

— Dans la jungle à l'est.

— D'accord, vous ne savez pas.

— J'ai entendu Saalyn dire à ma mère qu'il n'est pas loin d'un affluent de l'Unster, intervint Hester.

— Dans cette jungle, tout est sur le bord d'un affluent. Il y en a des milliers d'ici à Sernos, remarqua Aster.

— Il n'y en a que trois avant la frontière, protesta Levander. Et nous savons que ce château n'est pas en Yrian.

— On progresse, mais explorer trois affluents prendra du temps. Et on risque d'arriver trop tard. Surtout qu'on risque de se faire repérer et de perdre l'effet de surprise, dit Aster.

— On a déjà perdu l'effet de surprise, remarqua Levander, Saalyn n'avait toutefois pas exclu cette possibilité.

— Exact. Notre seule chance est de le battre de vitesse, d'arriver chez lui alors qu'il nous croira encore perdus. Votre pentarque peut-elle être mise au courant par le sensitif ?

— S'il est conscient, et quand elle cherchera à entrer en contact avec lui. S'il est mort, elle pourra mettre un moment pour y attribuer son silence.

— Je vois, autant ne pas compter sur elle. À votre place, je mettrais mon espoir ailleurs. Et votre consulat, Saalyn n'a pas laissé de document derrière elle ?

— Certainement. Mais ils ont dû finir en fumée maintenant. Nous n'avons rien laissé derrière nous en évacuant. Tous les documents ont été soit emportés, soit brûlés.

— Et flûte. Pourquoi faut-il que cela se produise au moment de cette guerre ? tempêta Hester. On dirait presque que c'est fait exprès.

Levander n'avait jamais vu le scribe se mettre en colère. Sous la surprise, il se tourna vers lui et le dévisagea.

— Nous avons tous remarqué cette coïncidence, dit-il au bout d'un moment. Il a profité de cette guerre pour lancer son opération. Il a dû croire que nous serions trop désorganisés pour réagir. Mais n'ayez crainte, le sensitif nous contactera.

— Tout repose sur un individu dont la survie n'est pas assurée.

La dernière remarque d'Aster avait laissé place à un silence pesant.

Alors qu'il s'éternisait, la porte s'ouvrit brutalement. Un homme se détachait dans l'ouverture. Un colosse. Il avait ôté ses vêtements de pluie qu'il avait mis à égoutter à une patère placée sur le mur extérieur. Il entra donc parfaitement sec. Tous purent voir que c'était un stoltzen. Des stoltzt aussi grands étaient rares en Helaria. Ses ancêtres étaient certainement nés mustulseny. Celui-là portait un bracelet d'identification helarieal et un anneau de maître à l'auriculaire gauche.

Tout le monde se tourna vers lui, attendant qu'il se présente. Ce qu'il fit aussitôt.

— Je suis Öta, maître de la corporation des guerriers libres. Ma partenaire Saalyn m'a donné rendez-vous ici. Est-elle parmi vous ?

XXVI

Sernos, vingt ans plus tôt.

— Il y en a marre ! Il faut que ça cesse ! Ça ne peut plus durer !

L'ambassadeur d'Helaria rentrait d'une petite visite d'agrément dans la ville quand l'éclat le surprit dans ses réflexions. La voix était parfaitement reconnaissable. C'était celle de la cuisinière de la caserne. Son ton qui descendait bas dans les graves la rendait plus coléreuse qu'elle n'y paraissait. La plupart des gens étaient surpris de découvrir que cette voix de basse appartenait à une stoltzin blonde et mince à l'allure séduisante et pas à un adjudant-chef au féminin. Cela n'avait rien d'anormal. La cantinière était un soldat comme les autres. Elle était affectée à la garnison actuellement en poste à l'ambassade, partait en campagne avec elle, s'entraînait et se battait dans ses rangs. Elle était d'ailleurs très habile avec son arc.

La raison de son énervement était connue. La même depuis plus de douze jours. Il alla quand même aux nouvelles.

Les soldats qui n'étaient pas de garde profitaient du beau temps pour s'entraîner à l'épée. Ils avaient adopté une tenue décontractée, torse nu, ou avec juste une bande autour des seins pour les femmes, sans rapport avec un uniforme. Ils paradaient, ils exhibaient leur talent et leurs avantages physiques pour la galerie. Il en résultait une escrime peu orthodoxe où les coups spectaculaires dominaient par rapport aux feintes efficaces.

Tout autour, installés sur les bancs disposés le long des murs, assis par terre ou debout, seuls ou en petits groupes, quelques individus désœuvrés les observaient. La plupart étaient là pour le plaisir. Certains regards laissaient cependant supposer que tel spectateur n'était pas indifférent au charme d'un combattant. En traversant la cour, l'ambassadeur en profita pour jeter un bref coup d'œil à une épéiste débutante à la silhouette avenante.

En le voyant arriver, la cantinière se campa sur ses jambes, les mains sur les hanches.

— Alors, commença-t-il, que vous a-t-on volé aujourd'hui ?

— Un pain de viande, s'écria-t-elle, volé ici, dans ma cuisine. Je l'avais posé sur la table hier soir.

L'air outré, elle désignait la table derrière elle sur laquelle s'alignait une trentaine de pains similaires. Largement de quoi nourrir les six douzaines de soldats stationnées dans l'ambassade.

— La disparition de ce pain est-elle si grave ? Je peux faire venir des victuailles des cuisines de l'ambassade si vous êtes en manque.

— Ce n'est pas le problème, lança-t-elle, j'ai largement assez pour tous mes hommes. Mais c'est le principe. Quelqu'un est entré et m'a volé. Et ce n'est pas la première fois.

Les éclats de voix de la cantinière étaient presque quotidiens en effet. Un moment, Tresej se demanda quand un autre volontaire allait se charger de nourrir les soldats pour qu'elle puisse reprendre son entraînement. Peu probable, elle cuisinait vraiment très bien. Certaines personnes, qui avaient pourtant droit à la luxueuse table de l'ambassade s'éclipsaient pour rejoindre la caserne et se régaler des bons petits plats qu'elle préparait. Quant à espérer que sa garnison soit relevée dans un futur proche, il avait peu d'espoir. Il était dur de trouver des volontaires qui acceptaient de quitter l'Helaria, ses plages de sable doré, sa mer, son climat tropical, sa douceur de vivre. Les avantages que procurait l'ambassade à ses habitants et le fait d'habiter la plus grande ville du monde ne faisaient pas le poids en comparaison.

— L'enquête sur ces vols est en cours, mais le voleur est habile. Et l'ambassade est grande. Il faut du temps pour tout fouiller.

— Eh bien accélérez le rythme, vous avez là soixante-douze soldats qui ne font rien d'autre que de faire joujou avec leur épée et d'exhiber leurs muscles.

— La garde n'est pas là pour ça, riposta Tresej.

— Elle est là pour quoi alors ?

— De toute façon, elle ne dépend pas de mon autorité.

— Ce voleur va continuer à voler, sans qu'on ne fasse rien ?

— Écoutez, nous sommes dans une grande ville avec beaucoup d'individus pauvres qui meurent de faim. Des gens qui volent ça arrive tous les jours, partout dans Sernos. Nous le rattraperons un de ces jours. En attendant, nous avons assez de ressources pour supporter ce chapardage. Alors patience.

L'ambassadeur avait haussé la voix, ce qui lui ressemblait assez peu. Cela sembla calmer la stoltzin. Il salua la cantinière et s'éloigna d'un bon pas.

Regardant autour de lui, il reconnut de l'autre côté de la cour une femme d'apparence jeune installée sur un banc devant l'écurie. À elle seule, elle suffisait à expliquer le comportement exhibitionniste des jeunes recrues venues des provinces isolées de la Pentarchie. Cette stoltzin, en effet, était exceptionnellement belle. Beaucoup de ceux qui rencontraient Calen pour la première fois éprouvaient un choc devant tant de beauté. Certains ne s'habituaient pas. Et personne n'était blasé même en la connaissant depuis des années.

C'était une stoltzin de grande taille, ce qui était rare au sein de ce peuple, tout au moins en Helaria, sans être une géante comme les Mustulseny. Elle avait les cheveux longs qui descendaient jusqu'au milieu du dos, noirs comme la nuit, le teint mat aux très légers reflets bleutés — couleur, qui avec le vert, était associée à une grande douceur de peau chez les stoltzt et indiquait une ascendance occidentale. Son visage ouvert aux pommettes hautes, les lèvres pleines au sourire facile, ses yeux de félin, tout en elle exprimait une grande gentillesse. Sa croissance s'était arrêtée à un moment où elle bénéficiait encore la beauté de la prime jeunesse tout en ayant acquis la prestance que procure la maturité.

Toutefois, ce qui attirait l'ambassadeur en elle, ce n'était pas son physique, bien qu'il aurait été malhonnête de dire qu'il n'avait pas d'effet sur lui. C'était tout le reste.

Calen était née pendant les heures les plus sombres de la Pentarchie. Bébé, elle avait failli connaître l'attaque des pirates qui avait manqué d'anéantir le petit royaume avant même qu'il ait réellement commencé à exister, la guerre contre les gems qui avait fait d'elle une orpheline, la révolte contre les Feythas qui avait détruit plus de neuf individus sur dix dans le monde, la débâcle écologique qui avait suivi et manqué de peu d'exterminer le reste de la civilisation, la peste qui lui avait enlevé ses deux plus jeunes enfants.

Elle était l'une de celle qui s'était la plus investie pour améliorer les choses. Dans toute cette agitation, elle était toujours allée de l'avant, jamais elle n'avait baissé les bras. Cela lui avait valu un destin exceptionnel. Elle avait même été un temps reine d'Helaria, quand après la guerre on avait cru les pentarques morts.

La consécration était arrivée presque soixante ans plus tôt quand les maîtres de la corporation des bibliothécaires l'avaient nommée archonte de la corporation, ou Bibliothécaire — les deux termes désignaient la même fonction. Elle avait pris la place de Braton à sa mort. Et à ce poste, elle s'était révélée plus brillante que lui. De l'institut qui avait marqué quelques indiscutables réussites — la mise au point des multicoques en était le pinacle — mais à la démarche désordonnée et peu efficace, elle avait fait une machine de recherche hautement performante.

La mission que lui avait assignée le pentarque Wotan était d'avoir en permanence au minimum vingt ans d'avance technologique sur leurs concurrents et elle avait remporté le défi haut la main, elle avait même dépassé cet objectif alors qu'elle n'avait que le campus de Jimip sous son autorité.

C'est un de ses élèves qui avait compris le premier que les pluies étaient responsables de cette nouvelle maladie mortelle apparue après la guerre. On les avait nommées pluies de feu même si les termes qu'elle avait employés à l'époque était « cancer » et « retombées radioactives ».

C'est elle aussi qui avait imaginé l'alphabet qu'utilisaient actuellement les Helariaseny et était en passe de devenir celui de tous les peuples.

Sa réussite la plus insigne était toutefois d'avoir remplacé les numéros de modèles des nouveaux peuples créés par les feythas par des noms. Elle aurait puisé dans les légendes de contrées lointaines pour les trouver. En quelque sorte, les edorians, les nains, les mardseny et les drows lui devaient leur existence. Grâce à elle, ils avaient cessé d'être des créations pour devenir des êtres à part entière.

Aujourd'hui, Calen était, après les pentarques, la personne la plus puissante et la plus respectée en Helaria. Cette réussite forçait d'autant plus le respect que la stoltzin était handicapée. En effet, depuis cette nuit fatidique lors de son seizième anniversaire, en pleine guerre contre les gems, Calen était aveugle.

Et c'est la raison pour laquelle l'ambassadeur trouvait amusants les efforts des jeunes soldats pour attirer son attention.

La stoltzin s'était installée pour profiter du chaud soleil de la matinée. Les stoltzt ne bronzaient pas, mais ils aimaient bien se dorer au soleil comme les lézards — leurs lointains cousins — et accumuler la chaleur. Elle s'était assise sur un banc, appuyée contre le mur de l'écurie, les jambes allongées devant elle, les yeux fermés. Elle avait enlevé sa tunique, ne gardant que le vêtement de dessous qui lui découvrait largement le haut de la poitrine tout en restant quand même décent. De la soie, constata Tresej. Au cours des années, il s'était aperçu que la texture des tissus qu'elle portait était importante pour elle, plus que la couleur. De même qu'elle s'était installée là, non pas pour exciter les mâles de la garnison, mais parce qu'elle avait besoin d'entendre les gens vivre autour d'elle. Elle supportait mal la solitude, comme tous les stoltzt. Cependant, chez elle cette phobie était accrue.

Ça et ses nombreux amants, il se demanda dans quelle mesure sa cécité en était responsable. La perte de la vue n'entraînait-elle pas un besoin de compensation sur les autres sensations ?

Elle avait également remonté sa jupe haut sur les cuisses pour se réchauffer. En revanche, elle avait gardé son foulard noué autour du cou, par coquetterie. Ce fameux soir d'il y a cent ans, elle n'avait pas seulement perdu la vue, elle avait aussi pris un coup d'épée que ni la faculté de régénération des stoltzt, ni la magie des pentarques n'avaient pu effacer. Depuis elle portait ces foulards pour masquer la cicatrice. L'ambassadeur qui avait eu l'occasion de la voir trouvait qu'elle n'était pas si terrible que ça, même si sa longueur témoignait de la chance qu'elle avait eue d'y survivre. Les guerrières en prenaient de pires. Il est vrai que les guerrières guérissaient et pas Calen.

Quand il fut à quelques pas, elle releva la tête et lui sourit.

— *Kefupae le ukeiden Tresej tyslyät*, le salua-t-elle.

Ceux qui l'entendaient pour la première fois étaient surpris par sa voix rauque et cassée, une voix bien peu en accord avec sa beauté. Après tout, elle avait été égorgée, elle en était presque morte, cela n'aurait donc dû rien avoir de surprenant. Plus surprenant en revanche est qu'elle l'avait identifié sans le voir. Comment faisait-elle ? Nul ne le savait, pourtant elle se trompait rarement.

— *Kefupae le ukeiden Calen tyslyät*, répondit Tresej, j'ignorais que vous étiez arrivée.

— Tard dans la nuit.

— Vous êtes installée dans la suite seigneuriale ?

— Elle est trop grande pour moi, trop d'obstacles, je m'y perds. Hors de chez moi, je préfère des pièces plus petites parce qu'un mur est toujours proche pour me guider. Mais il est plus facile d'accepter que supporter un sermon de Wotan.

— J'imagine ses paroles : Calen, tu es un des chefs de l'Helaria, tu dois tenir ton rang et en avoir l'apparence…

— L'apparence du pouvoir est aussi importante que le pouvoir lui-même, compléta-t-elle.

— Il m'a servi un discours similaire quand je suis devenu ambassadeur.

Elle éclata de rire, un rire franc, sans malice derrière, juste de la joie.

— Que me vaut l'honneur de votre visite ? demanda Tresej, votre missive ne le précisait pas.

— Toujours le même problème. Les dragons du continent sud, récemment découverts, sont-ils des animaux ou un peuple à part entière ? Des représentants de tous les peuples doivent venir en débattre à Sernos au palais.

— L'Helaria ne participe pas à ces discussions. Cette affaire ne concerne que les habitants du Shacand. En quoi l'université est-elle impliquée ?

— Pour la caution scientifique. Les dragons nous sont apparentés donc sont à classer dans les Anciens Peuples. Pourtant tout porte à croire qu'il s'agit du modèle vingt des feythas, donc un Nouveau Peuple. Enfin, avant de les classer comme peuple, il faudrait d'abord prouver qu'ils sont intelligents et rien n'est moins sûr. Les comptes rendus que j'ai reçus les montrent comme des animaux à peine évolués et si ce débat a lieu c'est uniquement parce qu'ils ressemblent à certaines de nos légendes qui les dépeignent comme d'une très grande sagesse.

— Certains chamans bawcks font preuve d'une grande sagesse, bien au-delà de nos meilleurs penseurs. Mais sont-ils intelligents ?

D'un mouvement du menton, elle confirma son accord avec ces paroles.

— J'ai une autre raison de venir personnellement, ajouta-t-elle.

— Ah, dit-il d'un air entendu. Je suppose que le Mustul envoie une délégation qui comprendra un certain cavalier brun...

Le sourire qui s'était dessiné sur ses lèvres à cette l'évocation, confirma son hypothèse.

Après un moment de silence où elle était perdue dans ses rêves, elle reprit la discussion.

— J'ai cru comprendre que vous aviez un problème de vol.

— Depuis un peu plus d'un douzain, de la nourriture disparaît, en effet.

— Beaucoup ?

— Non. Nous pouvons nous le permettre. Nous avons assez de ressources.

— Comment se fait-il que vous ne l'ayez pas encore attrapé ? L'ambassade est grande, malgré tout il n'y a pas tant d'endroits que ça où se cacher.

— Parce que nous ne le cherchons pas.

— Vous avez une idée sur son identité ?

— Blenys m'en a donné une assez bonne description. Une jeune humaine d'une dizaine d'années. Elle est rentrée dans l'ambassade il y a quatorze jours et depuis plus personne ne l'a vue. Personne ne l'a vue ressortir, ce qui n'est pas une preuve, la garde s'est beaucoup relâchée ces derniers temps et nous avons tendance à faire plus attention à ceux qui entrent qu'à ceux qui sortent. Mais il y a de fortes chances que ce soit elle la responsable.

— Vous savez donc à qui vous avez affaire, du coup je ne comprends pas pourquoi vous ne la cherchez pas.

— On attend qu'elle se dévoile d'elle-même.

— Ah bon, pourquoi ?

— Parce que si elle éprouve le besoin de se cacher alors que nous offrons l'asile à tous ceux qui viennent se réfugier ici, c'est qu'elle n'est pas prête à se mêler à la société. La rechercher comme une criminelle ne ferait que la braquer davantage.

— Je trouve étrange qu'un individu sain d'esprit ne veuille pas se mêler à ses semblables.

Au fur et à mesure qu'elle prononçait cette phrase, son débit ralentit, comme si la compréhension se faisait peu à peu dans son esprit.

— Dans quel état était-elle en entrant ?

— Un sale état. Sur sa route elle avait dû croiser quelques hommes peu recommandables.
— Vous voulez dire que… Dix ans aviez-vous dit ?
— À peu près.
— Comment les humains peuvent-ils infliger cela à une gamine aussi jeune, s'écria-t-elle véhémente, ils n'ont aucun sens moral.
— Calmez-vous. D'abord, les humaines se développent plus vite que les stoltzint. À dix ans, elles ont des seins, des hanches et peuvent enfanter. Une humaine de dix ans a l'apparence d'une stoltzin de quinze ans. Ensuite, les humains ne sont pas tous comme ça. La plupart sont très respectables, leur sens de l'honneur est aussi développé que le nôtre. Mais les humains sont le peuple le plus nombreux d'Uv Polin, forcément les criminels sont en majorité des humains. Quand il n'y avait que nous dans ce monde, nous étions aussi doués qu'eux pour faire le mal.
— Vous avez raison, je me suis emportée. J'imaginais juste ce que cette fille a dû souffrir.
— Et nous en sommes là parce qu'une garde n'a pas fait son travail.
— Comment ça ?
— En voyant une enfant arriver seule dans cet état, elle aurait dû la prendre en charge et la conduire à une infirmière qui l'aurait soignée. Au lieu de ça, elle s'est contentée de lui indiquer l'infirmerie. Se présenter à un docteur homme a dû être au-dessus de ses forces. Elle a préféré se cacher.
— Ce qui est compréhensible. Et cette Blenys, vous savez pourquoi elle n'a pas fait ce qu'il fallait.
— Elle était de garde avec son nouveau fiancé.
— J'en conclus que c'est une personne peu farouche. Céder aux avances d'un homme n'a rien de répréhensible, mais cela ne doit en aucun cas perturber le travail. Vous avez pris des sanctions contre elle.
— Contre elle et son fiancé oui. Je l'ai prêtée au roi du Salirian pour assurer la garde de son harem pendant son séjour à Sernos. Un mois avec que des femmes autour d'elle, aucun homme, devrait la calmer.
— N'y a-t-il pas des hommes dans le harem ?
— Si, des eunuques.
Calen émit un petit rire.
— N'est-ce pas un peu cruel ?
— La prochaine fois, elle fera ce qu'il faut.
— En espérant qu'il n'y aura pas de prochaine fois.
— Malheureusement, le monde dans lequel nous vivons est violent. Et les choses ne sont pas près de s'arranger. Presque tous les mois, nous voyions une jeune femme violée se réfugier chez nous et j'ai bien peur que nous en voyions encore beaucoup. Un quart de notre personnel d'origine humaine est

constitué de telles femmes. Et pourtant Sernos est une ville en paix. Dans nos consulats situés dans les régions en guerre, de telles réfugiées arrivent presque tous les jours.

Il se leva pour prendre congé.

— J'aimerais bien bavarder encore un moment avec vous, malheureusement j'ai du travail. Le roi d'Yrian s'imagine encore au temps des feythas et considère que Sernos est la capitale du monde. Je vais devoir lui expliquer en termes diplomatiques que l'Helaria est un état indépendant et pas une province de son royaume. Vivement que son fils monte sur le trône.

— Bonne chance, répondit-elle.

— Au fait, un dernier détail, cette jeune fille avait une particularité remarquable qui a impressionné Blenys.

— Laquelle ?

— Elle avait un rubis incrusté au milieu du front.

Il esquissa un salut avant de souvenir qu'elle ne pouvait pas le voir. Puis il partit, comme à regret, vers le bâtiment principal de l'ambassade.

Calen n'était pas d'accord avec la façon de faire de l'ambassadeur. Qu'il ne veuille pas brusquer cette jeune fille — dans la mesure où elle était bien responsable de ces vols — était compréhensible. En revanche, elle estimait qu'il fallait la chercher activement. C'était maintenant qu'elle avait besoin d'aide. Le fait qu'elle ne se soit pas montrée au bout de tant de jours indiquait à quel point sa détresse était grande et son discernement faible. Elle prit la résolution de la trouver. Son handicap l'empêchait de mener les recherches elle-même et elle n'avait aucune autorité sur le personnel de l'ambassade. En fait, si elle donnait des ordres, ils obéiraient. Malgré tout, cela resterait un acte d'insubordination. L'ambassadeur serait obligé de prendre des mesures disciplinaires. Dans quelques jours cependant, la délégation du Mustul arriverait. Elle n'avait officiellement pas plus d'autorité. En pratique, elle pourrait les convaincre de l'aider. Et l'ambassadeur ne pourrait exercer aucune sanction sur eux pour désobéissance : ils n'étaient pas Helariaseny.

Sa décision prise, elle se leva. Si les vents étaient favorables, elle avait huit jours à peu près avant qu'ils arrivent, très certainement plus. Elle avait du temps devant elle. Dans l'immédiat, elle résolut d'aller rendre une petite visite à un sculpteur qui travaillait dans le quartier adjacent. Elle espérait pouvoir retrouver sa boutique. Dans le cas contraire, un siècle de cécité lui avait appris à ravaler sa fierté et à demander de l'aide. Elle enfila sa tunique, prit sa canne et descendit le long de l'écurie.

Dans la Résidence où elle avait grandi, ou dans son fief de Jimip, elle pouvait se déplacer facilement. Elle connaissait tous les trajets par cœur. Le personnel prévenu prenait soin de ne laisser rien traîner qui aurait pu constituer un obstacle et ses assistants anticipaient les problèmes avant qu'ils ne surviennent. Elle avait de l'assurance dans sa démarche. Le résultat était que ses interlocuteurs mettaient parfois très longtemps à s'apercevoir qu'elle était aveugle.

Il n'en allait pas de même dans l'ambassade de Sernos. Elle était plus hésitante, ignorante de ce qui avait pu changer depuis sa dernière visite ou ce que l'on avait pu abandonner sur sa route. Sans compter les habitants de la ville qui pouvaient entrer librement dans l'enceinte, ils ne la connaissaient pas et pouvaient la bousculer, la faire tomber sans le vouloir, par simple ignorance. C'est pour ça qu'elle préféra longer le mur de l'écurie, le suivant d'une main pour se guider.

Dans un monde où les pluies pouvaient se révéler mortelles, une tuile fendue pouvait contaminer toute une pièce. Aussi, la tendance depuis les soixante dernières années était-elle de faire de nombreuses petites salles plutôt qu'une seule grande. Ainsi, en cas d'accident, la contamination restait limitée. L'écurie, récente, respectait ce principe. Au lieu d'une seule grande, il y en avait plusieurs petites accolées les unes aux autres contenant chacune une douzaine de stalles. La deuxième était vide. L'odeur de paille moisie lui fit comprendre que la toiture fuyait, enlever la litière pourrissante était dangereux sans l'équipement adéquat et s'en débarrasser difficile. Il y avait de fortes chances que cette tâche soit dévolue à un service de la capitale yriani. Et tant qu'ils ne seraient pas venus, aucune réparation n'était envisageable.

Un bruit venu de l'intérieur attira son attention. Il était discret et seule la sensibilité accrue de son ouïe, conséquence de sa cécité, était capable de le remarquer. Elle s'immobilisa devant la porte et écouta. Rien. Elle était sûre de n'avoir pas rêvé. Les chocs des épées de bois des soldats qui s'entraînaient la gênaient. Elle ouvrit la porte, entra et la referma derrière elle. Maintenant qu'elle avait obtenu le silence, elle put se concentrer sur tous les sons qui l'entouraient. Elle n'entendait rien, mais elle était sûre qu'elle n'était pas seule.

— Il y a quelqu'un ? demanda-t-elle en helariamen.

Elle répéta la question en yriani, sans obtenir de réponse. Prudemment, elle avança pas à pas, cherchant les éventuels obstacles avec sa canne. N'importe quoi pouvait se trouver devant elle, un seau abandonné, une selle. Personne ne toucherait à rien tant que les spécialistes n'auraient pas tout nettoyé. Sauf un fou suicidaire. Au bout de quelques pas, sa canne cessa de s'enfoncer dans le sol mou sous la paille pour retrouver un terrain dur. La contamination était visiblement limitée à quelques perches devant la porte.

Elle s'arrêta et écouta à nouveau. Il y avait quelqu'un. Elle entendait sa respiration et les petits gémissements discrets que la peur lui arrachait.

L'intrus était dans la dernière stalle à sa droite. Elle se remit en route, lentement, se dirigeant vers l'origine du bruit.

Derrière elle, la porte se rouvrit, un pas lourd écrasa la paille juste à l'entrée.

— Maître Calen, dit une voix, que faites-vous ici ? Vous ne devriez pas être là, c'est dangereux.

D'un geste impératif, elle lui fit signe de se taire. Puis elle reprit sa marche.

L'intensité des gémissements augmentait, signe que la personne commençait à paniquer. Dans cet état, elle pouvait être dangereuse. C'est avec prudence qu'elle fit les derniers pas. Doucement, elle commença à prononcer des paroles rassurantes, en helariamen. Il était possible que son interlocuteur ne comprenne pas, cependant c'était le ton qui comptait, pas les mots.

Brusquement, elle entendit quelqu'un s'élancer de la direction qu'elle avait repérée. L'intruse bouscula la stoltzin qui perdit l'équilibre. Elle tenta de se rattraper, en vain. Elle tomba contre une poutre de soutien. Elle sentit plusieurs pointes s'enfoncer dans la chair de son bras et son sang couler avant de toucher le sol. Sous la douleur et la surprise, elle poussa un cri. Les bruits dans la cour cessèrent aussitôt. Toute une foule se précipita vers la porte.

Voyant la sortie bouchée, la fugitive se précipita vers une échelle qui menait à l'étage où le fourrage était entreposé et commença à grimper. Une stoltzin la rattrapa. Elle était furieuse. Elle lui prit la cheville et la tira brusquement. Le choc contre le sol lui coupa la respiration. Puis la stoltzin s'empara de l'outil qui avait blessé la doyenne, une fourche posée contre un poteau de soutènement. Elle allait transpercer la jeune fille qui prise de panique tentait de se protéger le visage derrière ses deux bras. Deux hommes empoignèrent la stoltzin et la retinrent avant qu'elle mette son geste à exécution.

— Arrête Saalyn, regarde-la, s'écria l'un d'eux, c'est une gamine.

Pour la première fois, Saalyn vit réellement ce qu'elle avait capturé. Elle découvrit une jeune humaine d'à peine dix ans complètement terrorisée, sale, vêtue de haillons, le corps couvert d'hématomes. Elle reprit peu à peu son calme.

— Elle a tué Calen, dit-elle au bout d'un moment.

— Je suis bien vivante, dit la voix de la doyenne.

Juste à côté, Calen s'était assise. De sa main, elle pressait son bras blessé. Sa robe était pleine de sang au point que c'en était effrayant, néanmoins elle était bien vivante. Tout juste un peu pâle, sous l'effet de la douleur. Un troisième soldat alla l'aider à se relever.

— Conduisez-moi auprès d'elle, ordonna-t-elle.

Le soldat obéit.

Quand elle s'accroupit auprès de la voleuse, c'est toute la garnison qui les avait rejointes. Elle s'était disposée en cercle autour d'eux. Calen approcha la main pour tâter les contours du visage de la jeune fille. Elle sentit les petits diamants sur les joues.

— Oh, dit-elle, que t'a-t-on infligé là ?

Sans atteindre la réponse, elle continua.

— Comment t'appelles-tu petite ? demanda-t-elle en yriani.

La jeune fille ravala ses larmes.

— Deirane, répondit-elle enfin.

— Bienvenue Deirane, je suis Calen, fille de Jetro et de Sastrim.

— Festor ?

— Tu connais Festor ?

— C'est le nom qu'elle a demandé quand elle s'est présentée, expliqua un soldat.

Le compagnon de Blenys qui était de garde avec elle, en conclut Calen.

— L'ambassadeur ne me l'a pas dit, remarqua-t-elle.

— On a dû oublier de lui dire, ça n'a pas paru important.

— Festor est mon jeune frère, reprit la stoltzin plus doucement, qu'est-il pour toi ?

— Un ami, répondit-elle.

— Dans ce cas, nous sommes amies aussi.

Elle lui tendit une main que la jeune fille prit. Ensemble, et avec l'aide de quelques guerriers, elles se relevèrent.

— Conduisez-la dans la chambre libre de mon appartement, ordonna-t-elle, nettoyez-la et laissez-la se reposer.

Un soldat examinait la fourche.

— Je crois que vous devriez aller à l'infirmerie, dit-il, et faire soigner cette blessure.

— C'est une égratignure, un peu de désinfectant, un bandage et il n'y paraîtra plus rien.

— Cette fourche a servi à manipuler le fumier. Les miasmes peuvent être dangereux si on n'est pas soigné correctement.

Au ton de sa voix, il semblait vraiment inquiet. Cela la fit céder. Et puis l'honnêteté l'obligeait à s'avouer que ça lui faisait sacrément mal. Une pointe de l'outil lui avait traversé le biceps, c'était un peu plus qu'une égratignure.

— D'accord je vais y aller, dit-elle.

Elle avait cassé sa canne dans sa chute. Un soldat la prit par le bras pour la guider à la suite du petit groupe qui s'occupait de Deirane.

XXVII

Sernos, vingt ans plus tôt.

Le surlendemain, Calen ne se sentait pas en grande forme. Elle paressa un moment au fond du lit. Puis décida de prendre un bain pour se détendre. Elle repoussa les draps et le leva. Contre le mur à sa gauche, elle savait qu'il y avait une chaise avec, posée dessus, sa robe de chambre. Elle la trouva rapidement, et l'enfila tout aussi vite. La salle de bain était tout à côté. La pièce était luxueuse. Elle était construite dans l'espace résiduel entre les deux chambres de l'appartement et le couloir qui traversait la résidence dans toute la longueur. Bien que de petite taille, elle était intelligemment agencée. Naturellement, elle n'éprouva pas le besoin de faire de la lumière.

Elle se dirigea directement vers la baignoire et ouvrit les robinets. Un tel luxe la remplissait d'aise, ces installations si communes en Helaria étaient quasiment absentes des autres royaumes — les Yrianii par exemple utilisaient des baquets mobiles, sans pièce dévolue à cet usage, sauf peut-être au palais royal. Les voyages qu'elle avait faits hors des frontières de la Pentarchie avaient souvent été éprouvants à cause de ça.

Elle mit sa main sous le jet pour vérifier sa température. Puis elle retourna dans la chambre. Entre la tête de son lit et le mur, de chaque côté, il y avait une petite porte. Elle passa dans la pièce voisine. Totalement emmitouflée sous les couvertures, Deirane dormait. Calen se dirigea vers les fenêtres. Elle trébucha sur les chaussures que la jeune fille avait laissé traîner au milieu de la pièce. Fort heureusement, le tapis épais amortit sa chute. Elle se releva et continua plus prudemment. Elle tira les rideaux. Maladroitement. Elle n'avait pas l'habitude de se préoccuper de la lumière des locaux qu'elle occupait. Le soleil inonda la chambre.

Elle retourna vers le lit.

— C'est le matin, lève-toi, dit-elle en yriani.

Deirane grogna et se cacha la tête sous les draps, mais la stoltzin, impitoyable, les lui arracha. La jeune fille poussa un cri de frayeur avant de se souvenir que son hôte ne pouvait pas voir sa nudité.

— Suis-moi, ordonna Calen.

— Je suis toute nue, protesta Deirane, je dois m'habiller.

— Pas la peine, je veux prendre un bain. Et comme je ne viens pas ici assez souvent pour y avoir mes repères, tu vas m'aider.

La perspective n'était pas pour déplaire à la jeune fille. On pouvait compter sur les doigts des mains ceux qu'elle avait pris chez elle alors qu'ici cela semblait quotidien. En tout cas, elle en avait pris deux en deux jours. Elle ne fit aucune difficulté pour suivre la stoltzin jusqu'à la salle d'eau. Il y avait une entrée dans cette chambre, elles l'empruntèrent.

Calen plongea le bras dans l'eau pour apprécier sa hauteur. Satisfaite, elle coupa l'arrivée. Elle tâtonna pour chercher les bocaux qui contenaient les sels de bain. Elle en choisit un dont l'odeur lui plaisait et en versa dans la baignoire. Puis elle invita la jeune fille à entrer. La stoltzin enleva sa robe de chambre. Plus jeune, quand elle y voyait encore, elle l'aurait laissé tomber au sol. En tant que handicapée, elle avait vite compris qu'une aveugle ne pouvait pas se permettre de laisser traîner ses affaires n'importe où. Elle risquait à la fois d'avoir du mal à les retrouver et de trébucher dedans. Elle chercha une patère qu'elle savait fixée sur le mur et y pendit son vêtement.

Depuis le bain, Deirane la regardait, les yeux grands ouverts par l'admiration, quand elle s'approcha.

— Vous êtes si belle, dit-elle, je n'ai jamais vu de femmes plus belles que vous.

— Merci, dit Calen en entrant précautionneusement dans l'eau, mais je n'y suis pour rien.

— Je voudrais bien être comme vous plus tard.

— Je ne te le souhaite pas.

— Pourquoi ? Ce doit être merveilleux.

— Quand on a de la chance, oui. J'ai eu de la chance. Cependant, pour la plupart des femmes, la beauté est une malédiction. Elle attire les convoitises. Il vaut mieux souhaiter un visage pas trop laid plutôt que la beauté.

— Quand même...

— Celui qui t'a fait ça sur le corps, t'aurait-il choisie si tu avais été laide ?

— Je ne crois pas.

Calen ferma les yeux et se laissa alanguir par la chaleur.

— Quand même, reprit Deirane...

— C'est toujours pareil avec vous, les humains, la coupa Calen d'un ton irrité, ça commence à être lassant à la fin.

— Comment ça ?

— Je suis belle. Et alors. Si tu veux m'admirer, fais-le pour des choses sur lesquelles j'ai eu un rôle, pas sur quoi je n'ai aucune implication. L'invention de l'écriture moderne par exemple, ça c'est une chose qui en vaut la peine. Au lieu de te perdre dans des évidences, intéresse-toi à de vrais problèmes.

— Lesquels ?

— Cette baignoire par exemple, comment a-t-on amené l'eau jusqu'à elle ?

— Par des tuyaux qui aboutissent à ces robinets.

— Mais encore ? Cherche, et là tu auras vraiment appris quelque chose. Et ça te fera un point de départ pour le jour où tu auras un autre problème similaire à résoudre.

Quelque chose dans son attitude fit comprendre à la jeune fille que Calen désirait la tranquillité. Elle se tut. Elle réfléchit au défi que lui avait posé l'universitaire, se demandant si la question était purement académique ou si elle attendait qu'elle cherche la réponse. Elle estima que la bonne solution était la première. Toutefois, par prudence, et pour l'épater, elle décida de considérer la seconde.

Sa réflexion à terme, elle s'intéressa à la stoltzin. Elle détailla la partie de son corps qui émergeait de l'eau. Elle s'attarda un moment sur les seins plus lourds que les siens et à son avis beaucoup plus beaux. Elle remonta jusqu'aux épaules et leur musculature fine qui se dessinait sous la peau. Puis elle atteignit le cou. La cicatrice qui le barrait était impressionnante. Elle n'était pas très large, un bourrelet que l'on pouvait à peine sentir sous les doigts. Mais il faisait presque le tour du cou, elle avait failli être décapitée ce jour-là. Cette constatation la conduisit à jeter un coup d'œil sur son bras droit. Un bandage l'enveloppait de l'épaule au coude. Il faudrait certainement le changer après le bain.

Brusquement, le corps de Calen se convulsa. Elle resta tendue un moment, presque totalement émergée avant de retomber dans l'eau. Un gémissement sourd sortait de ses lèvres. Deirane paniqua, mais se reprit rapidement. Elle s'approcha pour essayer d'entendre si elle disait quelque chose. C'était le cas, cependant les mots étaient si faibles et si déformés qu'elle ne put les comprendre. Elle sortit de l'eau. Elle prit la bibliothécaire sous les bras et tenta de la tirer hors de la baignoire. Calen était beaucoup trop lourde pour sa petite taille. Après quelques vains efforts, elle renonça. Le corps inerte s'enfonça sous l'eau. Face au risque de noyade, sa panique la reprit. Elle enfila la première robe de chambre qui lui tomba sous la main et se précipita hors de l'appartement. Sur le palier, elle appela au secours.

En quelques secondes toute la domesticité était autour d'elle. Elle essaya de s'expliquer, mais ses propos entrecoupés de larmes étaient incohérents. Un domestique, entra pour savoir ce qu'il en était et fouilla l'appartement. Il ne tarda pas à trouver la bibliothécaire, inconsciente, dans son bain. Il appela, quelques Helariaseny accoururent. Avec l'aide d'un stoltzen, ils la sortirent de l'eau et l'allongèrent dans son lit pendant qu'une femme de chambre allait chercher un soigneur.

Deirane avait été expulsée de la chambre de Calen pour laisser le champ libre aux médecins qui s'étaient regroupés à son chevet. Avant de sortir, elle avait pu voir le bras, dégagé de son bandage. La plaie s'était enflammée, gonflée, des lignes rouges remontaient presque à l'épaule.

Puis Saalyn était venue lui dire de prendre ses affaires pour s'installer ailleurs. Elle n'aimait pas la stoltzin. Depuis leur première rencontre où elle avait failli la tuer, elle l'effrayait un peu. En plus elle empestait l'alcool. Mais on ne lui laissait pas le choix. Elle dut déménager. Ce fut rapide, elle n'avait rien.

Hormis l'appartement seigneurial qu'occupait Calen et le logement de l'ambassadeur, les appartements ne comportaient qu'une chambre. Elle avait donc pris celui qui se trouvait en face de celui de Saalyn. L'endroit restait luxueux. Elle se doutait qu'elle en bénéficiait uniquement parce que le grand bâtiment était presque vide.

Après avoir pris possession de son nouveau domaine, elle s'était installée sur le balcon de la villa. L'endroit lui avait tout de suite plu parce qu'elle pouvait tout surveiller sans être vue. Côté extérieur, elle dominait la cour avec les casernements et les soldats qui s'entraînaient, vers l'intérieur elle voyait le hall avec les couloirs qui y débouchaient : celui du rez-de-chaussée et le palier de l'appartement seigneurial.

Depuis que Calen était malade, plus personne ne s'occupait de Deirane. Saalyn, qui aurait dû la prendre en charge était saoule la moitié du temps, même si l'autre moitié elle était assez gentille avec l'adolescente. Cela faisait presque un douzain qu'elle passait une partie de ses journées à son poste d'observation quand elle remarqua une soudaine fébrilité en contrebas.

Un coursier venait d'arriver porteur d'un message. Aussitôt, les gardes dégagèrent la cour pendant qu'une autre troupe en uniforme — tunique et pantalon de cuir brun — les remplaçait. Quelques-uns se chargèrent d'écarter les badauds et firent un barrage pour les empêcher de sortir de la zone commerciale. Les autres se disposèrent en haie d'honneur du mur d'enceinte jusqu'à la résidence. Presque toute l'armée stationnée sur place était là. L'ambassadeur lui-même se plaça en bas de l'escalier.

Une troupe de cavaliers pénétra alors dans la cour en deux colonnes parallèles. Tous étaient des hommes. Ils étaient grands, bien qu'il s'agît de stoltzt, très musclés, noirs de cheveux et bruns de peau. Leur tenue était constituée d'une tunique qui laissait les bras et les épaules nues, un pantalon et des bottes, le tout en cuir noir. Un couteau était passé dans chaque botte et ils avaient tous une grande épée dans le dos. Chacun portait ses cheveux, longs et nattés. Les chevaux étaient également noirs.

À leur tête, il y avait trois cavaliers. Celui qui menait la troupe était une femme, une très grande femme. Elle faisait presque deux perches de haut, même les edorians ne pouvaient la regarder dans les yeux, très musclée aussi, même si elle l'était moins que les hommes ; elle était pourtant belle bien que d'un style différent de Calen ; sa chevelure, sombre avec des reflets dorés tombait librement sur ses épaules. À part cela elle était vêtue exactement comme ses hommes sauf que sa tunique s'ouvrait très largement sur une poitrine avantageuse. Bizarrement cela n'atténuait en rien l'impression de force virile qui se dégageait d'elle.

L'homme qui chevauchait à sa droite, légèrement en retrait était également un colosse, presque aussi grand qu'elle, mais beaucoup plus musclé. Son visage aux traits carrés ressemblait à celui de la femme, ils étaient visiblement parents, frère et sœur peut-être estima Deirane, ou père et fille, voire mère et fils. Comment savoir avec les stoltzt ? Le plus âgé n'était pas forcément celui qui paraissait l'être.

Le troisième cavalier de tête était presque insignifiant en comparaison. C'était une femme aux cheveux dénoués, signe — ainsi que l'apprit plus tard Deirane — d'une reine mustulal en titre. Parmi les Helariaseny elle aurait paru grande ; face à ses compagnons elle semblait minuscule. Sa tunique près du corps révélait une silhouette longiligne et élancée, aussi fine et souple qu'une liane. Un détail attira l'attention de la jeune paysanne, elle était la seule du groupe, et d'une manière générale, la seule stoltzin qu'elle ait jamais vue ayant les cheveux frisés.

L'ambassadeur s'avança face à la femme de tête.

— Reine Satvia, au nom des pentarques, je vous souhaite la bienvenue en Helaria.

— Maître Tresej, commença l'homme sur un ton apparemment solennel.

Puis un sourire éclaira son visage et c'est sur un ton léger qu'il continua.

— C'est donc toujours vous qui dirigez ce taudis ?

— Régent Jergen, mon pentarque vous a offert l'hospitalité pendant votre séjour ici, qu'y puis-je si vous êtes trop barbare pour l'apprécier.

Jergen éclata de rire, imité par Satvia.

— N'insiste pas, dit-elle, tu sais bien que ni toi ni moi ne pouvons gagner contre ce vieux forban.

Jergen avait sauté à bas de sa monture et s'était précipité à la rencontre de l'ambassadeur avec qui il échangea une accolade comme avec un vieil ami. Le reste de la troupe et la seconde femme démontèrent également. Seule Satvia resta en selle. Jergen se dégagea de l'étreinte et la rejoignit pour l'aider à les rejoindre. Tresej alla présenter ses salutations à la seconde femme.

— Reine Cherlio, dit-il en lui tendant la main, je constate que l'adolescente s'est transformée en une belle jeune femme. C'est un honneur pour moi de vous accueillir en ce lieu.

Elle lui sourit timidement, le compliment l'avait touchée même si cela faisait un moment qu'elle ne se faisait plus d'illusion sur sa beauté. D'ailleurs elle ne se faisait plus d'illusion sur rien. Pendant la guerre contre les Feythas, quand Satvia et Jergen étaient parties à la tête de leur troupe, elle avait été nommée reine pour éviter toute vacance du pouvoir en cas de défaite. Les deux maîtres du pays étant revenus, elle était devenue inutile. Et comme seule la mort pouvait défaire une reine, elle avait gardé le titre sans le pouvoir associé. Par contre, les contraintes étaient restées.

Alors que Satvia passait la jambe par-dessus l'encolure de sa monture, Deirane vit distinctement ses mâchoires se contracter et ses lèvres esquisser un rictus de souffrance. Tresej aussi le remarqua et son attitude changea aussitôt. Son visage exprima la consternation. Il la rejoignit et la prit par les bras.

— J'ai appris que tu avais été blessée, mais depuis le temps tu devrais être remise.

— Ce n'est rien, répondit-elle, ça ne m'empêche ni de chevaucher, ni de tenir une épée.

— Pour toi j'ai fait préparer une grande tente dans les jardins, avec tout le confort possible. Mais il faudra traverser la maison pour l'atteindre, tu penses y arriver ?

— Je n'aime pas les maisons en pierre, je peux quand même rentrer dans l'une d'elle sans paniquer.

Tresej se dit que de toute façon, même si elle avait peur, elle préférerait se faire découper en petits morceaux plutôt que de l'avouer.

Deirane comprit soudain qui étaient ces gens. Il n'y avait que trois pays stoltzt civilisés, l'Helaria, le Mustul et la Melia. Ferleren ne comptait pas, ils avaient beau être stoltzt, il était difficile de les qualifier de civilisés. Même les bawcks étaient plus cultivés. Et la Melia était si loin qu'on ne les voyait pour ainsi dire jamais en Yrian. Comme les cavaliers n'étaient pas Helariaseny, ils étaient donc Mustulseny.

Les deux pays étaient politiquement si proches qu'ils partageaient beaucoup d'infrastructures. Il n'était pas rare que les ambassadeurs soient communs entre les deux pays. Après la guerre, les Mustulseny avaient créé un grand empire sur le continent sud au sein duquel ils vivaient en nomade. Le Shacand n'était pas du tout organisé politiquement comme l'Ectrasyc. Alors qu'au nord la vie politique était dominée par la rivalité entre Helaria et Yrian, chez leurs cousins méridionaux, les États avaient élevé la plus ancienne ville au rang de capitale et créé un parlement dans lequel chaque royaume était représenté. La ville à l'origine était mustulal, mais ils avaient accepté de la céder pour réaliser ce grand projet. Seulement, ils avaient tendance, quand la politique continentale leur déplaisait, à l'investir, ce qui était à l'origine de beaucoup de problèmes. Pourtant ça marchait.

Les mustulseny étaient appréciés, ils protégeaient les abords de la capitale et les caravanes qui traversaient leurs terres arrivaient toujours à destination. Des exemples avaient été nécessaires au début, mais plus personne n'avait été exécuté depuis cinquante ans au moins. Et ils avaient une réputation d'honnêteté. On disait d'eux que si une personne laissait tomber une pièce d'or au milieu de la place centrale d'un de leur village, en repassant dix ans plus tard elle pourrait la retrouver à la même place. Exagérations bien sûr, mais qui en disait long sur leur réputation.

L'arrivée des mustulseny avait crée une certaine fébrilité dans l'ambassade, ce qui fait que le peu d'attention que recevait encore Deirane s'évapora. Elle avait entrepris, à la suite de sa discussion avec la bibliothécaire, d'explorer le bâtiment pour trouver la réponse à l'énigme qui lui avait été posée. Elle avait vite découvert qu'aucune pièce n'était interdite tant qu'elle n'était pas occupée. Cela excluait naturellement les appartements attribués à un visiteur et le bureau de l'ambassadeur. Elle intégra donc très vite le plan assez simple de la villa. Elle découvrit les réservoirs qui alimentaient tous les appartements sous les combles. Par contre, elle ne trouva pas comment ils se remplissaient. Les éoliennes qui les flanquaient étaient certainement impliquées, mais le lien entre celles-ci et les réservoirs lui restaient obscurs. Vu l'ambiance qui régnait maintenant, elle dut interrompre ses investigations.

Elle redescendit au rez-de-chaussée. Elle trouvait le hall d'accueil extraordinaire. En effet la porte d'entrée, en bois vitré, s'ouvrait sur un espace immense. Au-dessus d'elle, il n'y avait pas de plafond, un balcon bordait tout le premier étage.

Mais le plus magnifique, selon elle, était le double escalier. De part et d'autre du hall montait une volée de marches. Arrivées au deux tiers de la hauteur, elles se coudaient pour longer le mur du fond et se rejoignaient au premier étage. Elles étaient faites d'un matériau transparent comme du verre et semblaient si fragiles qu'on aurait cru impossible de l'utiliser, pourtant Deirane l'avait emprunté et savait que ce n'était qu'une illusion.

Dans le mur du fond s'ouvrait une double porte. Elle donnait dans une antichambre. De là on accédait à droite au bureau d'apparat de l'ambassadeur, et à gauche à la salle de bal — une pièce incontournable en Helaria. Elle occupait d'ailleurs plus du tiers du bâtiment en longueur sur la totalité de sa largeur.

Toutefois ce n'était ni à droite, ni à gauche que Deirane était allée, mais tout au fond. La dernière porte de l'antichambre donnait dans le jardin. C'était un espace aussi grand que la villa elle-même, limité par un mur sur trois côtés et par la résidence sur le quatrième. Il était conçu pour que les visiteurs qui arrivent par bateau puissent faire une entrée grandiose par là aussi. Une large allée centrale gravillonnée était bordée de part et d'autre par un jardin touffu traversé par de multiples sentiers et contenant de nombreux bancs où s'asseoir et des coins discrets où s'isoler.

Dans le mur du fond s'ouvrait une large grille qui donnait sur une esplanade qui s'étendait jusqu'au débarcadère sur la rive de l'Unster. C'est là que la tente de la reine Satvia avait été montée, un édifice circulaire de toile qui montait aussi haut que le premier étage et faisait bien la moitié de la largeur de la salle de bal. Une vraie maison de toile.

Devant l'agitation ambiante, Deirane avait trouvé refuge dans ce jardin, choisissant un endroit bien isolé. C'est là que, au bout de deux jours, Jergen la débusqua. Sa voix grave la fit sursauter.

— Je ne m'attendais pas à trouver quelqu'un ici, dit-il, je croyais être seul.

— Toute cette agitation, commença Deirane…

— Je sais, c'est pour ça que je suis là. Si j'ai le malheur de me montrer, on va bien trouver une corvée à me refiler.

— Pourtant vous êtes régent de Mustul…

— Sous la domination de deux reines. Fais confiance à une femme pour trouver du travail à une personne désœuvrée et en rajouter à une personne qui est déjà occupée.

Il s'arrêta un instant sur le rubis fixé à son front.

— Ainsi donc c'est toi Deirane, commença-t-il. C'est à cause de toi que ma compagne est malade.

Il n'y avait aucune menace dans le ton. Malgré tout elle éprouva le besoin de se défendre.

— Je ne savais pas qu'elle était aveugle quand je l'ai bousculée, se défendit-elle.

— Elle fait tout pour que ça ne se remarque pas. Tu n'as rien à te reprocher là-dessus.

Il s'assit sur un banc juste à côté d'elle.

— C'est grave ? demanda Deirane. Personne ne m'a rien dit, on m'a même expulsée de la chambre.

— Elle s'en remettra. Nous sommes solides nous autres stoltzt. Mais laissons Calen où elle est, je voudrais te parler d'autre chose.

Elle le regarda, l'air intrigué.

— Je voudrais que l'on parle de toi.

Un début de panique commença à submerger Deirane.

— Finalement, on a quand même réussi à me refiler un travail, conclut-il.

Jergen continua.

— Tu as dix ans, tu es presque adulte. Tu dois te trouver une activité.

Deirane respira, ils n'allaient pas la mettre dehors. Pas dans l'immédiat.

— Je ne sais pas, je ne sais rien faire.

— Tu as vécu pendant toute ta vie dans une ferme, je doute que tu ne saches rien faire.

— Traire les vaches et entretenir les cultures de légumes sous serre, lâcha-t-elle.

— C'est déjà quelque chose. Moi je ne sais pas traire une vache. Il ne vaudrait mieux pas que ma vie en dépende.

— Me servir d'une arme serait plus utile, je pourrai me défendre.

— C'est vrai, mais tu ne passeras pas toute ta vie qu'à te défendre. Et qu'est-ce qui t'empêche d'apprendre ? C'est déjà un but. Un petit, mais un but quand même.

— Comment ça ?

— Va trouver l'entraîneur des gardes et demande-lui de te former.

— Il ne voudra jamais.

— Pourquoi cela ?

— Parce que je suis une femme.

— Et alors ? Elle aussi.

Deirane avait constaté ce fait sans en tirer les conséquences tant ça allait à l'encontre de son éducation.

— Mais ça ne se fait pas.

— En Yrian peut-être que les femmes ne peuvent pas faire ce genre de choses, mais tu es en Helaria. Un petit morceau et bien éloigné de la métropole, mais ici ce sont les coutumes et les lois de la Pentarchie qui ont cours. Comme tu as pu remarquer, les coutumes sont différentes. La seule chose qui t'empêchera de tenir une épée est ta volonté. Exprimes-en le désir et tu recevras toute l'aide nécessaire pour y arriver. Reste dans ton coin, personne ne viendra t'y chercher. On ne te laissera pas mourir de faim, toutefois je doute que tu trouves la vie intéressante comme ça.

— C'est vrai ?

— Bien sûr. Tu as de la chance, l'Helaria est le seul pays au monde à faire ça. Même en Mustul les choses sont différentes, sur ce point nous sommes plus proches de l'Yrian que de l'Helaria. En fait, en dehors des relations amoureuses, les Helariaseny traitent les hommes et les femmes de façon si identique que leur langue ne différencie pas le masculin et le féminin.

Sauf dans quelques rares cas, quand ils doivent évoquer un sexe particulier, ils sont obligés de faire des périphrases. Et tu as remarqué que quand ils parlent en Yriani, ils se trompent souvent de genre.

Deirane hocha la tête. Elle avait remarqué ce défaut chez Calen. Mais pas chez Saalyn.

— Pourtant vous avez une reine.

— Le précédent roi n'avait que des filles.

— Et vous ?

— Je n'étais pas le fils du roi, juste son frère. Je ne pouvais pas hériter du trône tant qu'une de mes nièces était vivante.

Elle hésita un moment, jouant à tracer des symboles dans le sable de l'allée avec un bâton.

— Je ne sais pas à qui m'adresser, dit-elle enfin.

— Depuis la maladie de Calen, c'est Saalyn qui t'a prise en charge, il me semble. Lui parler pourrait être un bon début.

— Elle me fait un peu peur.

— Je sais que votre première rencontre s'est mal passée. Mais il faut comprendre. Elle est amie avec Calen. Plus qu'amie, elle l'a prise en charge quand ses parents sont morts, elle se considère un peu comme sa mère. Ou plutôt comme une tante souvent absente, mais qui a toujours des histoires intéressantes à raconter quand elle passe. Et puis, elle a beaucoup souffert ces derniers temps, autant que toi presque. Elle n'est pas encore remise. Elle est un peu agressive parce qu'elle souffre toujours. Et pas uniquement psychologiquement. Ça lui passera. Avec le temps elle guérira. C'est d'habitude une personne enjouée. Ensuite…

— Ensuite quoi ?

— Apprendre à te défendre est un premier pas. Ce n'est pas un métier. Qu'envisages-tu de faire ?

— Je ne sais pas. Je suis une paysanne. Je ne sais pas ce que je peux faire.

— Tu as une bibliothèque bien fournie au rez-de-chaussée. Tu y trouveras le dictionnaire des corporations. Jettes-y un coup d'œil. Tous les métiers y sont décrits. Tu pourras faire ton choix.

Elle rougit avant d'avouer.

— Je ne sais pas lire, dit-elle enfin, juste épeler mon nom et lire les lettres dans l'alphabet yriani.

Jergen lui sourit.

— Je m'y attendais, dit-il enfin, ce n'est pas un problème. L'alphabet yriani est le plus dur du monde. En comparaison celui de l'Helaria te semblera simple. Demande à Saalyn de te l'apprendre.

— Elle acceptera ?

— Elle n'a rien à faire. Comme Calen, elle est en convalescence. Ça l'occupera. Elle a besoin qu'on l'occupe. Ou demande à Calen quand elle ira mieux. C'est elle qui a inventé l'écriture que nous utilisons actuellement. Ça lui fera plaisir que tu t'intéresses à quelque chose dont elle est fière.

Les paroles de la belle stoltzin, pendant ce bain qui avait si mal tourné, lui revinrent à l'esprit.

— Je lui demanderai quand elle ira mieux, dit-elle enfin.

— À la bonne heure.

Le stoltzen prit la baguette de bois des mains de la jeune fille.

— Première leçon.

Il traça des symboles dans le sable.

— Les lettres de l'alphabet moderne helarieal sont inscrites dans des carrés. Chaque lettre comporte trois barres qui relient un côté à celui qui lui est opposé. Donc un tel trait est légal, et celui-là est illégal.

Il illustrait chaque parole par un exemple dans le sable.

— Les traits qui ne vont pas d'un bord à l'autre ne sont que des éléments de décoration et doivent être ignorés. Chaque côté comporte trois points de contact possibles, les deux bords et le centre…

Tout le reste de la matinée, Jergen continua ses explications sous le regard fasciné de Deirane.

XXVIII

Territoires edorians, de nos jours.

Il faisait grand jour quand Deirane se réveilla dans un lit inconnu. Le matelas était confortable, les draps soyeux. Elle les sentait contre sa peau. On l'avait déshabillée. Un instant elle fut désorientée. Mais il ne lui fallut pas longtemps pour comprendre. De toute évidence, le drow avait anticipé leur venue et il avait agi en conséquence. Il l'avait certainement enlevée pendant la nuit et transportée chez lui. Les choses ne s'étaient pas déroulées comme prévu.

Elle n'était pas seule. Un corps frais, aux formes féminines, était blotti contre son dos. Elle se retourna. C'était bien Saalyn, elle ne s'était pas trompée. Dans son sommeil, la stoltzin avait recherché sa chaleur, cependant c'était plus un atavisme qu'un réel besoin. Elle savait depuis longtemps que l'instinct des stoltzt les poussait vers les humains et les races apparentées. Elle remarqua que Saalyn était habillée. Sa tunique était déboutonnée et son épaule blessée dégagée, mais il n'avait pas poussé ses investigations plus loin.

« Il vérifie l'état de ses pouliches avant l'usage, on s'achemine vers la vente aux bestiaux », pensa-t-elle.

Elle secoua sa compagne pour la réveiller.

— C'est le matin déjà ? murmura la guerrière.

— Réveille-toi, il y a un problème.

— Quel problème ? Mais que fais-tu là et où est Stelmint ?

L'étrangeté de la situation la tira de sa léthargie. Elle regarda autour d'elle, appuyée sur un coude.

— Où sommes-nous ? demanda-t-elle.

— Je ne sais pas, mais ce n'est pas trop dur à deviner.

— Tu avais raison, ce salopard m'a baladée ces derniers douzains.

Elle s'assit dans le lit et reboutonna sa tunique. Pourtant elle n'avait l'air ni furieuse ni inquiète.

Les deux femmes regardèrent autour d'elle. Leur lit était à baldaquin, à l'ornementation très chargée. Un rideau épais tamisait la lumière qui inondait la pièce. Deirane se leva. La chambre était grande, haute de plafond, toute en pierres de taille grise. Le seul embellissement était une cheminée actuellement éteinte, face au lit. Une large fenêtre à leur gauche laissait entrer la lumière de Fenkys. Un tapis épais couvrait le sol. Une table basse et deux fauteuils constituaient tout l'ameublement. Une porte à côté de la cheminée et une dans le mur de droite étaient les seuls accès. Deirane se dirigea vers celle à sa droite, elle voulut l'ouvrir, mais elle était verrouillée. L'autre, par contre, s'ouvrit facilement.

C'était une autre chambre. Trazen, le sensitif, était en train de l'explorer. En voyant Deirane, il se précipita vers elle.

— Vous aussi vous êtes là, s'écria-t-il.
— Saalyn aussi. Des nouvelles des autres ?
— Pas pour le moment. Dans d'autres chambres peut-être, mais nous sommes enfermés.
— Qu'avez-vous découvert ?
— Un placard avec des vêtements.
— Où ça ?
— À la tête du lit.

Elle se retourna. L'armoire était du côté de Saalyn, c'est pour ça qu'elle lui avait échappé.

Ce coin de la chambre était équipé de tout le nécessaire pour qu'une femme civilisée puisse se préparer : miroir en pied, console de toilette, produits de maquillage, brosses et peignes, rien ne manquait dans la panoplie d'hétaïre. Saalyn avait déjà ouvert la penderie et regardait dedans.

— J'ai trouvé des robes, dit-elle. Une pour toi, une pour moi. Tu ne vas pas aimer la tienne.
— Je prendrai la tienne et tu garderas ta tunique.
— Tu n'aimeras pas la mienne non plus.
— Ça craint autant que ça ? demanda-t-elle en la rejoignant rapidement
— Disons que si je voulais faire plaisir à mon amant, elle serait parfaite.

Deirane regarda la robe que lui montrait la guerrière.

— J'ai passé l'âge de porter des trucs comme ça, s'écria-t-elle.
— Je pense qu'il veut pouvoir admirer son œuvre. La mienne est plus habillée. Moi, je ne l'intéresse pas. Honnêtement, je ne sais pas si je dois me sentir vexée ou rassurée.

L'humaine loucha un instant sur les rideaux du lit. Elle était assez bonne couturière, toutefois en l'absence de matériel, cela ne lui servirait à rien. Puis elle se disait qu'il n'était peut-être pas très prudent de contrarier le drow. À contrecœur, Deirane enfila la tenue qui lui avait été réservée. Heureusement, elle en avait l'habitude. Vingt ans d'esclavage lui avaient appris à supporter bien des avanies. Elle était constituée d'une jupe qui s'arrêtait à mi-cuisse et d'un corsage bouffant qui lui couvrait totalement la poitrine. Elle avait les jambes, la taille et les épaules nues. Les deux parties étaient totalement transparentes. Une paire d'escarpins complétait la tenue.

Saalyn avait eu plus de chance. Elle était un peu moins couverte, notamment au niveau de la poitrine où le décolleté mettait particulièrement en évidence ses formes avantageuses, mais sa robe était en soie noire. Elle avait en plus à sa disposition un assortiment de bijoux qui s'harmonisaient avec sa tenue. Elle sélectionna une paire de boucles d'oreille en diamant et une petite broche en or et argent qu'elle épingla à la bretelle de sa robe. Le bijou était magnifique, il représentait une licorne portant un rameau d'olivier dans la bouche. La première fois qu'elle avait vu les deux symboles de son pays ainsi réunis c'était lorsqu'elle avait été nommée guerrière libre, il figurait sur le pommeau de son épée. Cela lui sembla un bon présage. Peut-être pourrait-elle le garder si tout se terminait bien.

Saalyn alla frapper à la porte de communication entre les deux chambres. Le sensitif les rejoignit. Il portait un pantalon noir et une chemise blanche décorée de broderies ton sur ton, largement ouverte sur la poitrine. Cette tenue mettait bien en valeur sa silhouette. Saalyn se permit un regard appréciateur.

— Il ne connaît rien au goût des femmes, mais pour les hommes il est doué, remarqua-t-elle.

— Ça me va bien, en effet, répondit Trazen, je vais essayer de l'emporter quand on partira d'ici.

— Pas mal en effet, admit Deirane. Typique du vrai célibataire qui sait s'habiller, mais qui n'a pas de compagnes régulières.

L'edorian alla à la fenêtre. Il poussa le rideau et regarda dehors. La muraille était épaisse, et l'ouverture bouchée par des barreaux bien solides. Malgré le luxe, les lieux étaient une forteresse. Et vu la rareté du métal, ces temps-ci, ce drow était riche. Très riche.

La chambre était située au-dessus de la cime des arbres. Leur feuillage s'étendait uniforme jusqu'à une distance suffisamment lointaine pour qu'il ne pût la déterminer. À l'horizon, on distinguait les montagnes aux sommets enneigés. Ils étaient donc orientés à l'ouest. Et vu la position du soleil, c'était le soir.

— Je ne sais pas ce qui se prépare, dit-il, mais je crois que c'est pour bientôt.

— C'est toi qui parles ou Muy ? demanda Saalyn.

— C'est moi.

— Tu as fait un rapport à Muy ?

— Un premier quand je me suis réveillé, un autre à l'instant pour la prévenir que vous étiez avec moi.

— Elle est donc au courant de la situation ?

— Tout ce que nous savons, elle le sait.

— Parfait. A-t-elle laissé des instructions ?

— Attendre et la recontacter quand quelque chose bougera. Quand le drow apparaîtra, elle veut assister à la discussion.

— Et revenir ici pour nous aider ? demanda Deirane.

— Elle n'en a pas parlé.

Deirane, fin prête, rejoignit son amie.

— Qu'allons-nous faire ? demanda-t-elle.

— Dans l'immédiat, rien, répondit Saalyn. Nous allons attendre que l'on vienne nous chercher.

Elle alla s'allonger sur le lit, laissant le dernier siège libre à Deirane. En fermant la porte derrière lui, l'edorian ne put s'empêcher de jeter un regard à l'ancienne reine d'Orvbel. Son visage exprima son admiration un bref instant. Deirane, en train de s'installer sur sa chaise, ne le remarqua pas contrairement à Saalyn. Elle reconnaissait que, bien qu'elle se qualifiât souvent de femme vieillissante ou mûre, elle n'était ni l'une ni l'autre. Elle était magnifique. Et pas seulement à cause des tatouages. L'âge n'avait en rien diminué sa beauté tout en lui donnant une prestance qui lui manquait quand elle était jeune. Quand elle était à côté d'Hester, il était difficile d'imaginer qu'elle était sa mère.

La stoltzin s'interrogea un moment sur la part de l'héritage et celle du sort gems qui la préservait dans sa jeunesse apparente.

Elles n'eurent pas très longtemps à patienter. Alors que Saalyn commençait à somnoler, la porte s'ouvrit et une domestique entra, une jeune edoriane tout juste entrée dans l'adolescence, plus jeune encore que Deirane quand le drow l'avait capturée.

— Monseigneur vous attend, annonça-t-elle d'une toute petite voix.

— Parfait, répliqua Saalyn, vous pouvez lui dire de venir, je suis prête à le recevoir.

— Mais…

La jeune fille était désarçonnée par cette réponse inattendue.

— Vous devez y aller, il vous attend dans le grand salon.

— Je préfère rester ici. S'il veut me voir, je suis à sa disposition. Mais je ne bougerai pas de ma chambre.

— Vous ne devez pas…

Il y avait de la peur dans la réponse de la domestique. Plus que cela, de la terreur.

— Je dois vous ramener à lui.

Le drow ne devait pas être tendre avec les domestiques qui n'accomplissaient pas leur tâche. Cette petite n'y était pour rien. Elle n'avait peut-être même pas demandé à être ici. Il l'avait certainement achetée à ses parents ou capturée lors d'un raid. Plutôt la deuxième solution, le passé avait montré qu'il avait l'habitude de se servir quand il voulait quelque chose. La guerrière libre échangea un bref regard avec sa compagne.

— C'est d'accord, on vient, dit-elle.

Elle se leva en même temps que Deirane. Elles sortirent à sa suite. Trazen les attendait déjà dans le couloir. Les trois prisonniers emboîtèrent le pas à leur guide.

Le château était immense. Et il était flambant neuf. La partie où se trouvaient les chambres était en pierres brutes sans décoration. Cependant, à proximité des appartements du maître des lieux, les choses changeaient. Il n'y avait pour le moment aucun ouvrier, il avait dû leur donner congé pour la journée. Mais partout on voyait les traces de leur travail en cours. Les décorations des couloirs étaient à divers stades d'avancement. Un pavement de marbre couvrait le bas des murs jusqu'à hauteur de la poitrine, il était sculpté d'une frise en bas relief représentant des scènes de combat où les armées drows écrasaient les autres peuples et les soumettaient. Au-dessus, la pierre était masquée par un enduit blanc sur lequel les peintres représentaient les scènes clefs de la victoire drow. On y reconnaissait pêle-mêle, la chute de Sernos, la destruction d'Imoteiv, la pendaison des plus grands rois du monde civilisé et — le petit détail qui faisait froid dans le dos — des parties de chasse avec des edorians forestiers comme gibier. Tout ceci n'était que fantasmes, les drows n'étaient ni assez nombreux, ni assez grégaires pour créer des armées. Néanmoins, cela augurait mal de leur avenir personnel.

Ils débouchèrent dans un couloir bien plus large que celui d'où ils venaient. En face d'eux, ils virent une grande porte en bois à double battant. La jeune edoriane l'ouvrit et les invita à entrer. La pièce était un salon. L'endroit, grandiose, laissa les trois prisonniers muets de surprise. Les murs étaient couverts de bois précieux sur leur partie inférieure, et au-dessus tendus de tapisseries helarieal dont la valeur aurait pu faire fonctionner un petit royaume pendant dix ans. Les plafonds à caissons étaient peints de scène représentant les Feythas. L'éclairage était fourni par d'immenses lustres en cristal portant des dizaines de chandelles. La cheminée, qui occupait tout un pan de mur, brûlait un tronc entier. Les fauteuils étaient disposés de façon à former plusieurs petits coins où des groupes pouvaient s'individualiser les uns des autres. La pièce était luxueuse, confortable et agréablement chaude. On pouvait juste regretter qu'il n'y eût aucune fenêtre. Mais après tout, ils se trouvaient dans une forteresse.

La première chose que vit Deirane en entrant fut la jeune fille qu'elle était venue chercher. Elle était enfoncée dans un fauteuil, le corps tendu, la peur marquant son visage. Elle vivait dans cet état depuis son enlèvement, ça avait certainement empiré avec Aldower. Cela se lisait clairement sur ses traits marqués par l'épuisement. Une autre personne était assise un peu plus loin, son fauteuil leur tournait le dos et de la porte les arrivants ne voyaient que son bras. Toutefois, celui qui retint leur attention était le dernier, le drow. Debout, face aux flammes, il attendait, un verre à la main. Quand ils entrèrent, il se tourna vers eux.

Pendant tous ces jours de préparation, Deirane était terrorisée à l'idée de cette rencontre. Maintenant qu'elle avait lieu, elle était très calme. Toute peur avait disparu. Seule restait de la colère. Elle dévisageait celui qui était responsable de la vie qu'elle avait menée, ce tortionnaire qui lui avait greffé ces pierres précieuses dans la peau, la réduisant à un objet de convoitise. La pièce était plus sombre que ce jour fatidique, mais elle le distinguait parfaitement, se remémorant chacun de ses traits qui demeuraient dans l'ombre.

Le drow posa son verre sur le linteau de la cheminée et s'avança vers eux. Il s'inclina devant les deux femmes.

— Mesdames, dit-il, soyez les bienvenues dans ma maison. Je suis heureux de vous avoir avec moi ce soir.

Saalyn lui rendit son salut.

— Ne m'en veuillez pas si je n'apprécie pas votre offre à sa juste mesure, répondit-elle, en ce qui me concerne je ne suis pas heureuse d'être ici.

— Je suppose que j'ai dû gâcher votre soirée.

— En fait j'avais prévu de vous tuer ce soir. Je suppose que ce sera pour plus tard.

Le drow rit à la plaisanterie de Saalyn. Il se tourna vers l'interlocuteur invisible.

— Tu comprends pourquoi je n'ai pu résister à l'envie de l'avoir à ma table ?

Puis il se tourna vers ses invités forcés.

— Il pourra en témoigner, je le lui ai dit : il nous faut absolument la grande Saalyn, la célèbre guerrière libre.

— J'espère que vous n'êtes pas trop déçu que je ne sois pas aussi grande que ma légende.

Le fait est que Saalyn, même si elle était beaucoup grande que Deirane, devait lever la tête pour regarder son interlocuteur dans les yeux.

Leur hôte inclina la tête et se tourna légèrement pour s'adresser à Deirane.

— Deirane, dit-il, quand je vous ai choisie, je ne me suis pas trompée. Déjà adolescente, vous étiez vraiment belle. En devenant adulte, vous êtes devenue remarquable pour une humaine.

— Vous attendez peut-être des remerciements.

— Vous auriez raison de me remercier. Sans moi vous vous seriez mariée, vous auriez fait une flopée d'enfants qui auraient déformé votre corps. Vous seriez une vieille femme aujourd'hui.

— J'aurais accepté ce sacrifice de grand cœur pour avoir des enfants que j'aurais élevés moi-même.

— Certainement. Mais nous y aurions tous perdu. Et votre vie aurait-elle été aussi intéressante si vous aviez végété dans le mariage ?

— Une vie d'esclavage.

— Le prix a été lourd. Mais combien est belle la récompense. Regardez tout ce que vous avez vécu. D'ailleurs il faudra que l'on parle. J'ai certains trous dans les événements. Notamment sur ces deux dernières années. Vous aviez disparu, puis soudain, vous réapparaissez sans soucis d'argent et sans source de revenus visible. Pour quelqu'un qui venait de croupir pendant des mois dans des geôles, et que l'on croyait morte il y a peu encore, c'est une belle remontée je trouve.

— Je ne vois pas le changement, je suis toujours prisonnière.

— Vous n'allez pas comparer mon château aux égouts d'Oscard quand même.

Elle allait répondre, mais il était déjà passé au sensitif.

— Je suppose que vous devez être surpris de vous retrouver ici, dit-il.

— Pas tant que ça. Mon seul intérêt est de pouvoir communiquer avec ma pentarque. Si vous ne m'avez pas tué, il n'est pas difficile de conclure que vous ne cherchez pas à interrompre cette communication. Je peux lui parler aussi bien ici qu'au sein des soldats de son armée. Je pense donc que je dois la vie sauve au fait que vous voulez discuter avec elle.

— Je vois que vous savez vous servir de votre cerveau. Vous avez raison, j'ai un message à transmettre aux pentarques.

— Pourrais-je connaître la nature de ce message ?

— Nous verrons ça plus tard. En fait, pour le moment je vais m'intéresser à votre particularité. Pouvoir établir un lien permanent avec des télépathes sans être télépathe soi-même est surprenant. N'est-ce pas frustrant de posséder un pouvoir que seules d'autres personnes peuvent activer ?

— Je n'ai aucun pouvoir. Je suis juste un peu plus sensible que la moyenne à la télépathie. Et non, ce n'est pas frustrant. Ça me permet de voir les actes des pentarques de l'intérieur, de voir comment ils réfléchissent, comment germent…

Il se tut. Ses yeux s'ouvrirent d'horreur.

— Vous voulez vous servir de moi pour espionner les pentarques ? Où influer sur leurs pensées ?

— Quel intérêt aurais-je à fouiller dans leurs pensées ? Quel bénéfice cela apporterait à mes opérations ? Ce que pensent les pentarques ne m'intéresse pas le moins du monde. Quant à influencer leurs pensées, je pense que ce n'est pas possible. Peut-être un autre télépathe le pourrait. Et vous n'en êtes pas un, vous venez de le dire.

Il se détourna de son interlocuteur pour reprendre son poste près de la cheminée.

— Mais je manque à tous mes devoirs, je ne vous ai pas présenté mes invités.

Du geste de la main, il désigna la fillette, soudain encore plus effrayée de se retrouver au centre de l'attention générale.

— C'est elle que vous êtes venus chercher, dit-il, comme vous pouvez le voir, elle est en bonne santé. Et intacte. Je ne lui ai fait aucun mal. Même sa virginité est sauve. Je sais que ce détail a quelque importance pour vous humains.

— Vous n'avez juste pas eu le temps de lui infliger ce que vous m'avez fait, riposta Deirane.

— Pour qui me prenez-vous ? Vous croyiez que je voulais lui accorder le même honneur qu'à vous ? C'est impossible ! Une véritable œuvre d'art se doit d'être unique. Un deuxième exemplaire ne serait qu'une copie. Je n'ai pas de copie, seulement des originaux dans ma maison.

Deirane ne répondit pas. Elle s'avança pour rejoindre la fillette sur le canapé.

C'est alors que l'homme qui était resté caché prit la parole.

— En ce qui me concerne, je n'ai pas besoin de présentation, dit-il, nous nous connaissons déjà, Deirane et moi.

En reconnaissant la voix, Deirane se figea, la terreur, que le drow ne lui inspirait plus, la submergea. Elle lança un regard empli de détresse vers Saalyn, mais son amie semblait aussi bouleversée qu'elle. En fait, c'est la première fois que Deirane la voyait ainsi, au bord de la panique. L'homme se leva et leur fit face.

— Deirane, dit-il, je constate que l'adolescente que j'ai si brièvement connue s'est muée en une très belle femme. Et toi Saalyn, tu n'as pas changé.

Le sensitif s'était rendu compte du changement d'attitude de ses compagnes.

— Qui est-ce ? demanda-t-il à sa compatriote.

Saalyn s'était reprise.

— Trazen, je te présente Stranis. Impliqué dans tous les crimes qui rapportent. Chef de bande de la horde barbare qui sème la terreur le long de la grande route de l'est depuis vingt ans.

— Seize ans seulement. Il a d'abord fallu que le précédent chef de la horde me laisse la place.

— Voleur, assassin, pillard, ravisseur, proxénète et violeur. Beau palmarès. Il ne manque que la piraterie.

— Surtout violeur, n'est-ce pas Saalyn, renvoya-t-il accompagné d'un clin d'œil.

— Quel autre moyen aurait eu un type comme toi pour avoir une femme comme moi ?

Stranis éclata de rire.

— Il me semble que Deirane a été capitaine pirate un moment. Et toi-même tu as tué pas mal de gens. On dit que pour ta première mission, tu as réveillé un homme dans son lit pour l'égorger.

— Il s'est réveillé tout seul, corrigea Saalyn, je comptais l'égorger pendant son sommeil.

— Nous sommes une belle bande de criminels. Je ne dépare pas au milieu de vous.

— C'étaient des meurtriers, ils avaient été condamnés à mort, riposta Saalyn.

— C'est vrai, ton métier te permet d'assouvir tes instincts en toute légalité.

Saalyn ne répondit pas à l'accusation tant elle était absurde.

Deirane avait profité de la joute entre son amie et le bandit pour rejoindre sa nièce. Elle s'assit à côté d'elle sur le bras du fauteuil.

— Bonjour, dit-elle, tu sais qui je suis ?

La fillette fit un mouvement de la tête qui hésitait entre l'affirmation et la négation.

— Papy m'a parlé de vous, dit-elle, et papa aussi. Vous êtes la sœur de papa.

— Comment m'as-tu reconnue ?

Du doigt, elle désigna le rubis sur le front de Deirane. Logique, avec une telle marque l'identification était facile.

— Ton père t'a parlé de moi ? il t'a dit comment je m'appelle ?

— Deirane.

— Et toi tu es Cleindorel.

— Tout le monde m'appelle Clee.

Deirane était émue. Pour la première fois depuis vingt ans, elle rencontrait un membre de cette famille qu'elle avait été obligée de quitter. Elle resta un moment sans rien dire. Brusquement elle l'enlaça et la cajola. La fillette restait crispée, mais accepta l'étreinte que lui offrait son aînée.

Au bout d'un moment, Deirane reprit ses esprits. Elle reporta alors son attention sur Saalyn. La discussion qu'elle menait avec Stranis était animée. Elle vit cette légère crispation de la mâchoire qui indiquait que l'insouciance de la guerrière n'était que feinte. Elle jouait un rôle pour ne pas montrer son véritable état d'esprit. Mais sous son crâne, ça devait être la tempête.

— Je te rappelle que moi aussi j'étais prisonnier, disait l'homme, je suis une victime autant que toi.

— J'imagine à quel point tu as été malheureux quand on t'a forcé à abuser de moi.

— Je n'irai pas jusque-là. Au contraire.

— Heureuse de l'apprendre.

— Cette discussion est intéressante, intervint le drow, mais il est temps de passer à table.

Aussitôt, une porte s'ouvrit dans un mur. Elle donnait sur la salle à manger. Dedans des domestiques attendaient le bon vouloir de leur maître.

Deirane intervint alors.

— Un instant, dit-elle, tout le monde s'est présenté sauf une personne.

— Deirane a raison, continua Saalyn en se tournant vers le drow, notre hôte ne nous a pas dit son nom.

— Vous avez raison, répondit-il, je manque au devoir le plus élémentaire de l'hospitalité.

— Ce qui semble assez fréquent ce soir, remarqua innocemment Saalyn.

Un bref instant, Deirane pu voir l'éclair de fureur qui brilla dans le regard du drow. Il disparut si vite qu'elle douta l'avoir vu.

— Mon nom vous est certainement connu, dit-il, si les renseignements helarieal sont à la hauteur de leur réputation. Mais au cas où je les aurais surestimés, je m'appelle Lergerin Aldower. Je suis né, ou plus exactement j'ai été conçu, puisque tel est le terme exact dans mon cas, il y a quatre-vingt-sept ans par les Feythas. Je suis un originel, à ma naissance je n'avais qu'un matricule, le 19-1-28 n, avant de me choisir un nom. Je n'ai aucun ancêtre de ma race. Mes ancêtres réels si j'ai bien compris étaient plus primitifs que les humains. Les feythas dans leur grande sagesse m'ont amélioré pour donner l'être parfait que je suis aujourd'hui.

— Parfait ? releva Saalyn.

— Mon peuple a été le dernier à avoir été créé. Il est par essence supérieur aux autres. Ceux qui nous ont précédés ne sont que des essais. C'est pour cela que nous sommes si peu nombreux. Ils n'ont pas eu le temps d'achever leur œuvre avant d'être assassinés.

Tout en entrant dans la salle à manger comme l'invitait le geste du drow, Saalyn continuait.

— Les chiens et les chevaux ont été créés bien après les humains, ils ne me semblent pas plus parfaits qu'eux, dit-elle.

— En êtes-vous bien sûre ?

Les domestiques, toutes des edorianes encore adolescentes, certainement capturées dans les bois environnants, guidèrent les invités à leur place et les aidèrent à s'asseoir. Tout en se dirigeant vers son siège, Saalyn réfléchissait aux paroles du drow. Modèle 19, version 1, exemplaire 28. Autrement dit, une des premières tentatives viables des Feythas pour créer un drow. Il leur fallait plusieurs tentatives pour obtenir ce qu'ils cherchaient, et elle croyait savoir que les tyrans eux-mêmes avaient totalement éliminé cette série. Presque totalement. Aldower était donc tout sauf parfait. Quelle tare pouvait-il bien posséder pour nécessiter la destruction de ses semblables et la création des versions 2 à 4 ? Pour une fois, elle regrettait que les anciens tyrans n'aient pas été plus efficaces. Ça leur aurait évité bien des problèmes.

La table n'était pas aussi grande que dans le palais royal de Sernos, le maître des lieux jugeait peu de personnes dignes d'y figurer. Il s'installa à un bout comme il seyait à son rang et à sa prétendue supériorité. Deirane, l'invitée d'honneur, fut placée à l'autre bout en face de lui, Stranis à sa droite et Saalyn à sa gauche. Cleindorel et le sensitif furent installés du côté de Deirane, Trazen à côté de Saalyn.

— L'Helaria et l'Yrian sont deux des grandes cultures de notre monde actuel. Il est normal que les règles de l'hospitalité soient originaires de l'un de ces deux pays, reprit-il. Même si la méthode conviviale d'Helaria ne manque pas de charme, j'ai choisi celle en vigueur à la cour de Sernos parce qu'elle me semble mieux convenir pour des personnes civilisées. J'espère que vous ne m'en voudrez pas, maître Saalyn.

— Bien au contraire, à quoi cela sert-il de visiter des contrées exotiques si c'est pour vivre comme si on était chez soi ?

— Par contre, les plats et les vins viennent d'Helaria. Parce qu'il faut bien l'avouer, point de vue délices vous êtes inégalables. Les Yrianii sont des enfants à côté de vous.

— Notre civilisation est plus ancienne, même si elle n'est pas si vieille que cela.

— Il me semble en effet que vous êtes sortis de la barbarie peu de temps avant l'arrivée des Feythas. Notre puissance a été fondée pendant leur règne, mais la vôtre aussi.

— La pauvreté, pas la barbarie, répondit Saalyn en buvant une gorgée du verre de vin qu'une domestique venait de remplir, nous n'étions pas des barbares, notre poésie et notre littérature suffit à le démontrer. Nous étions pauvres. C'est lorsque Braton a réussi à créer notre premier bateau que nous avons commencé à nous enrichir. Les Feythas ne nous ont pas aidés à progresser. Bien au contraire.

— C'est vrai. Il est vrai aussi que les autres royaumes stoltzt étaient bien plus évolués que vous. Vous êtes ce que l'on fait de mieux aujourd'hui du point de vue technique, mais après un sévère nivellement pas le bas. J'ai vu les ruines de certaines villes de l'ouest, vous êtes loin d'égaler leurs compétences architecturales.

— L'architecture est ce qu'une culture peut produire de plus durable, ce n'est pas forcément ce qu'elle a de meilleur. Le meilleur de nous-mêmes, vous le trouverez à Jimip, dans la bibliothèque. Il y a plus de documents là-dedans qu'il n'y a d'habitants dans le monde. Nous avons hérité des archives des feythas.

— Comment cela est-il possible ? Je ne comprends pas que les rois d'Yrian vous aient laissé les emporter.

Les domestiques venaient d'apporter le premier plat. Ils servirent les convives en commençant par le drow. C'était du poisson cuit au court-bouillon, accompagné de tubercules que Deirane n'avait jamais vus, bien qu'elle eût souvent voyagé. Saalyn en goûta une bouchée, un régal. Elle se délecta du goût riche en odeurs suaves qui lui emplissait la bouche avant de répondre à la question du drow.

— Les Yrianii se sont emparés de Sernos pour en faire leur capitale des années après la fin de la guerre. Avant leur arrivée, nous avons eu tout le temps nécessaire pour explorer les vestiges laissés par ces envahisseurs.

— Comme c'est intéressant, et que pouvez-vous en tirer ?

— Pour le moment, pas grand-chose. La technologie feytha était trop complexe pour que nous puissions envisager de la copier, même avec toutes ces archives. Nous avons néanmoins un avantage par rapport à ces royaumes disparus de l'ouest. Nous savons ce que la technique est capable de faire. Nous l'avons vue en action. Il nous manque encore des bases scientifiques pour reproduire ces miracles, mais nous progressons.

— Si j'ai bien compris, l'Yrian dispose des mêmes archives. Pourtant, ils progressent moins vite. Comment expliquez-vous ça ?

Saalyn but une gorgée de vin pour se laisser le temps de trouver une réplique. Aldower la précéda.

— Mais tout ceci est sans importance, dit-il, pour la seule discussion ensemble que nous aurons, nous n'allons pas polémiquer sur des faits de littérature.

— La littérature est un sujet bien intéressant pourtant.

— Si nous avions le temps de nous y étendre davantage, une telle discussion me plairait, mais ce n'est pas le cas.

— Pourquoi, parce que vous allez mourir ?

— La mort est inhérente à la vie, l'un ne va pas sans l'autre. Mais mon jour n'est pas venu.

— Le mien alors, conclut Saalyn.

— Qu'est-ce qui vous a donné une telle idée ?

— C'est simple, vous avez l'air d'une personne raffinée et riche. À ce titre, en tant qu'invitée, j'aurais dû avoir ma propre chambre au lieu de partager mon lit avec Deirane. C'est donc que je n'en aurai pas besoin. À partir de là, j'en conclus que soit vous envisagez de m'offrir une place dans votre couche, soit de m'offrir à quelqu'un d'autre, soit que mon espérance de vie ne dépassera pas celle de ce repas.

— Votre réputation n'est pas usurpée. Quelle est à votre avis la bonne solution ?

— Mes goûts personnels me font préférer la dernière solution. Et la logique exclut les deux premières. Je doute que vous ayez envie de risquer votre intégrité physique ou celle de cette autre personne.

— Mon intégrité physique ?

— Vous connaissez ma réputation ?

— Bien sûr, vous êtes la meilleure guerrière libre d'Helaria. Et cela fait peur à beaucoup. Mais ils ont tort. Une guerrière libre n'est pas une guerrière. Détrompez-moi si je fais erreur, mais si on utilise votre langue, guerrière d'Helaria se dit *sëhelaria sanfixios* et guerrière libre se dit *helar sanfixios*. Un suffixe patronymique et un génitif qui disparaissent, une toute petite modification phonétique, mais bien lourde de sens. Une personne qui maîtrise mal votre langue pourra confondre les deux termes. Pourtant ils ne désignent pas la même chose.

— Vous maîtrisez bien ma langue. Bravo. Qu'en déduisez-vous ?

— Que vous vivez sur une réputation usurpée ! Tout le monde vous craint. Avec une épée pourtant vous ne valez rien. Les guerriers libres sont des policiers qui agissent hors de l'Helaria, pas des soldats. Votre arme la plus redoutable c'est votre cerveau. Le domaine dans lequel vous êtes la plus douée est l'art du déguisement. Vous pouvez vous faire passer pratiquement pour n'importe quoi. Vous avez les meilleurs résultats de votre corporation alors que personne ne vous voit jamais nulle part. Mais qui fait attention à la prostituée supplémentaire sur les trottoirs, à la marchande qui vend ses légumes, ou à la jeune paysanne en visite à la ville ? Vous n'êtes pas une combattante, Saalyn, vous êtes une actrice. Cependant, au lieu de mettre votre art au service du divertissement, vous l'avez mis au service de la justice de l'Helaria.

Il avait craché les derniers mots comme s'il s'agissait d'une insulte.

— C'est une façon peu commune de présenter mon métier, bien que pas totalement fausse, remarqua Saalyn, même si je ne suis pas tout à fait d'accord en ce qui concerne votre estimation de mes performances à l'épée. Après tout, j'ai été guerrière avant de devenir guerrière libre. Vous avez dû beaucoup m'étudier.

— Il me fallait bien connaître votre façon d'opérer pour vous contrer.

— Êtes-vous sûr de m'avoir contrée ? N'avez-vous pas dit que j'étais la meilleure ?

Pour toute réponse, le drow lui fit un salut de son verre avant de boire.

— Je ne mets pas vos compétences en doute. Après tout, vous avez pu trouver ce château alors que je croyais n'avoir laissé aucune trace, dit-il, mais sur ce coup-là, j'ai été meilleur que vous.

— Et quoi d'autre avez-vous étudié pour monter ce piège ? reprit Saalyn.

— On dit que les guerriers libres marchent toujours par deux : le maître et le disciple. J'ai donc étudié votre disciple Öta. Bien sûr. Il ne possède pas vos talents, mais il s'en approche. Lui c'est un vrai guerrier. Métis de Mustulsis et d'Helariasis, il possède la force physique des premiers et la ruse des seconds. Suffisamment habile pour intégrer deux corporations, il appartient à la fois à celle des guerriers et celle des guerriers libres, et même s'il n'a que rang de simple soldat dans la première, je ne ferai pas l'erreur de le sous-estimer au corps à corps. En général il n'est jamais très loin de vous. Je vous conseille cependant de ne pas trop compter sur lui. J'ai jugé utile de l'éloigner. Pour plus de sûreté, vous voyez. À l'heure actuelle, il est en pleine balade en montagne dans les royaumes des nains, à plus d'un douzain de chevauchée.

Saalyn but une gorgée de vin pour reprendre contenance.

— Je vois que vous avez tout prévu dans les moindres détails, dit-elle, il y a cependant une chose que je ne comprends pas.

Le drow leva un sourcil d'un air interrogateur.

— Pourquoi moi ? Pourquoi avoir pris tout ce temps à me tendre ce piège ? Je ne suis rien pour vous. Le seul lien entre nous est Deirane et il remonte à vingt ans.

— Pourquoi pas vous ?

— Pourquoi pas moi en effet ? Je repose la question différemment. Pourquoi avoir attiré un guerrier libre helarieal dans ce piège ? Moi ou un autre.

— Parce qu'il me fallait attirer un Helariasen chez moi.

Deirane intervint alors.

— Moi, je comprends, dit-elle, vous vouliez me rencontrer pour achever ce que nous avions commencé il y a vingt ans. Cleindorel aussi, elle vous était nécessaire pour m'attirer. Pour Saalyn, vous dites avoir besoin d'elle et si vous l'avez choisie elle c'est parce que vous aviez la possibilité de m'utiliser comme appât alors qu'avec un autre guerrier libre cela n'aurait pas marché.

Mais Trazen, que fait-il ici ? Cela me semble une erreur monumentale, les pentarques savent maintenant tout ce dont nous avons parlé.

— C'est probable en effet, répondit le drow, ils savent. Mais ça n'a plus aucune importance. Mes plans sont sur le point d'aboutir et ils ne pourront pas s'y opposer.

C'est alors que Trazen qui n'avait pas encore ouvert la bouche prit la parole.

— Et quels sont donc vos plans ? demanda-t-il.

Le ton de la voix contrastait avec l'expression du visage. Deirane en fut déroutée, mais il ne fallut que quelques instants au drow pour comprendre.

— À quel pentarque ai-je l'honneur de m'adresser ?

— À Muy, pentarque quinte d'Helaria.

— Muy, saviez-vous que vous étiez la pentarque que j'admirais le plus. Vous et moi sommes identiques. Nous sommes des prédateurs. Je me demande pourquoi vous n'avez pas pris le contrôle de la Pentarchie. Vous valez tellement mieux que cette nymphomane de Peffen, l'insipide Vespef ou ce clown de Wotan qui ne fait que brasser du vent.

— J'ai grandi. Je sais ce que deviendrait le monde si je dirigeais seule l'Helaria. Vous n'êtes encore qu'un enfant à côté de moi.

— D'une certaine manière c'est vrai. Vous êtes dix fois plus âgée que moi. Mais cela compte-t-il vraiment ?

— Il y a longtemps qu'arracher les ailes des mouches ne m'amuse plus. J'ai eu le temps d'apprendre des plaisirs plus raffinés.

Le drow hésita.

— Plaisirs raffinés. Vous donnez la mort rapidement. Moi je suis un artiste. Je crée la mort. Je la mets en scène. Je la rends belle.

La réponse de Muy mit longtemps à arriver.

— Que voulez-vous ? dit-elle enfin.

— Vous affronter. Un duel à mort entre nous et que le meilleur gagne.

— Vous ne tiendriez pas douze tösihons contre moi.

— Au corps à corps c'est vrai. Mais j'ai appris que vous aviez la réputation de vous donner aux adversaires que vous allez tuer. Une nuit de délice puis mourir...

— Seulement à ceux qui me plaisent, corrigea Muy par l'intermédiaire du sensitif, ce n'est pas un cadeau que je fais aux condamnés, c'est un plaisir que je m'offre.

— Cela tombe bien finalement. Ce n'est pas vous seule que j'affronte, mais tous les pentarques à la fois.

— Vous avez intérêt à ne pas nous rater. Laissez un seul d'entre nous vivant et ce qui s'abattra sur vous vous fera regretter le départ des Feythas.

— Dans quelle mesure êtes-vous responsable de la guerre qui nous oppose à la Hanse de la Vunci ? intervint Saalyn.
— C'est mon œuvre. Son début tout au moins.
— Le début de la guerre ?
— Le début de mon œuvre. La guerre n'est que le point de départ. Il culminera avec la disparition de cette engeance stoltzt, laissant la place aux peuples civilisés.
— Sous la domination des drows.
— Cela va de soi. Encore que ce dernier point soit optionnel. Si mes frères de races trouvent du plaisir à diriger des inférieurs, grand bien leur fasse. Cela ne m'intéresse pas.
— Et quand réaliserez-vous ce projet grandiose ?
— Bientôt. Très bientôt.
— Êtes-vous conscient que tous les royaumes stoltzt vont lancer des tueurs à vos trousses ?
— Qu'ils le fassent, cela ne changera rien. Ils n'auront pas le temps de faire quoi que ce soit. L'Helaria est plus peuplée que tous les autres royaumes stoltzt réunis. Sa disparition signifiera la fin de cette race.
Le drow regarda dans la direction de Deirane.
— Vous êtes bien silencieuse ma chère amie. À quoi pensez-vous ?
— Que vous êtes un fou !
— Un fou que de vouloir nettoyer notre monde de la vermine ?
— Les stoltzt nous ont sauvé la vie. Les feythas nous ont créés, mais c'était pour leur servir d'esclave. Ce sont les stoltzt qui nous ont aidés à nous rebeller…
— Uniquement parce que les feythas les exterminaient ma chère. Croyez-vous qu'ils se seraient préoccupés de nous si nos créateurs n'étaient pas allés se servir chez eux pour alimenter leurs mines en travailleurs ? Ces Helariaseny dont vous semblez si éprise, n'ont commencé à bouger que quand leurs premiers villages ont été vidés de leurs habitants.
— Parce que comme tous les autres, nous avons été subjugués, se défendit Saalyn. Nous avons cru que des êtres aussi avancés sur le plan technologique le seraient aussi sur le plan moral. La chute a été dure.
— Après la guerre, le monde était empoisonné par les armes des feythas ou les millions de cadavres qui se décomposaient dans les champs de bataille, les gouvernements s'étaient tous effondrés et le monde livré aux pillards et aux criminels, intervint Deirane. C'est grâce aux stoltzt que nous avons pu survivre. C'est eux qui nous ont montré comment purifier l'eau ou cultiver les légumes à l'abri des pluies de feu. Ils ont nourri les populations affamées des royaumes voisins.

— Justement, ne trouvez-vous pas étrange que l'Helaria et le Mustul soient les seuls pays à avoir pu passer la guerre avec un gouvernement en exercice ?

— Peut-être étions-nous les seuls à avoir prévu l'après-guerre avant qu'elle ne commence, remarqua Saalyn. Le clown, comme vous qualifiez Wotan, savait que si nous gagnions, ce serait de justesse. Il a mis de côté ce qu'il fallait pour que les survivants puissent reconstruire.

— Il aurait mis de côté un gouvernement de remplacement aussi ? remarqua le drow sur un ton ironique.

— En effet. Juste avant de partir, il a nommé un successeur qui est entré en fonction au moment où il a quitté l'Helaria à la tête des armées. Il n'y a jamais eu de vacance du pouvoir en Helaria et jamais de lutte pour conquérir un trône vide.

— Cela confirme à quel point les stoltzt et les Nouveaux Peuples sont différents. Un humain n'aurait sous aucun prétexte confié son trône à un concurrent potentiel. Si vous pensiez me faire changer d'avis, c'est raté. Bien au contraire, cela me conforte dans mon opinion, vous devez disparaître.

— Vous êtes malade, cracha Deirane.

Saalyn se contenta d'avaler une bouchée de viande et de boire une gorgée de vin.

Le drow se leva. Lentement, il se dirigea vers Saalyn.

— Ma chère, dit-il, je vois que votre jeune amie est un peu emportée. Peut-être devriez-vous lui conseiller de se calmer.

— Vous n'auriez pas dû vous en prendre à sa famille. La femelle la plus douce peut devenir une bête féroce quand on touche aux siens, constata-t-elle simplement.

— Vous restez calme pourtant, alors que je menace d'exterminer votre peuple.

Il s'était placé derrière la stoltzin et lui avait posé les mains sur les épaules. Lentement, il lui massait le cou.

— S'emporter ne me permettra pas de le sauver. Par contre, rester attentive pour repérer la faille quand elle arrivera...

— Et vous me sauterez dessus ? Avec cette épaule ?

Il serra fortement l'épaule blessée. Saalyn devint pâle, mais ne cria pas.

— Quel dommage qu'une aussi belle peau soit abîmée par cette cicatrice.

Il relâcha son étreinte et reprit son massage, ce qui permit à la guerrière de se ressaisir.

— Ça guérira. Une mue et il n'y paraîtra plus, répondit-elle.

— Et dans combien de temps cela se produira-t-il ?

— J'en ai deux par an. La précédente date de six mois. Pas avant deux mois et demi donc, j'en ai peur.

— Quel dommage ! Je ne peux pas attendre aussi longtemps. J'aurais tant aimé que vous soyez parfaite à mes yeux.

— Si vous saviez à quel point je suis heureuse de vous décevoir.

Le drow tourna alors la tête vers le sensitif.

— La pentarque est-elle toujours connectée à vous ?

— Elle l'est, répondit-il.

— J'espère qu'elle est attentive, j'ai quelque chose à lui montrer.

Il quitta Saalyn et se dirigea vers la chaise de l'edorian. Tout en marchant, il sortit un objet de sa poche. C'était une boule en verre dépoli, légèrement lumineuse, de la taille d'un poing serré.

Saalyn identifia ce qu'il avait pris dans la main.

— Un sort gems, dit-elle, quel est son effet ?

— Vous allez le découvrir bien assez tôt.

— Tuer le sensitif ne tuera pas Muy, vous savez ?

Le drow se contenta de sourire. Brusquement Saalyn se figea.

— Vous n'allez pas… Muy, déconnecte-toi ! Dégage ! cria-t-elle.

Elle repoussa sa chaise et se leva pour rattraper le drow.

— Trop tard, s'écria-t-il.

En un pas, il fut sur le sensitif et lui fracassa la boule sur le crâne avant qu'il ait pu réagir. L'edorian se mit à hurler de douleur. Saalyn se précipita sur le drow. Brusquement, elle se prit la tête entre les mains et hurla à son tour. Elle bascula en arrière. Sous la souffrance, ses jambes étaient agitées de soubresauts.

Deirane repoussa sa chaise, elle regardait avec horreur les deux Helariaseny se convulser devant elle. Elle eut la présence d'esprit de prendre la main de Cleindorel pour qu'on ne puisse pas les séparer. Le drow avait un air satisfait sur le visage. Son complice était impassible, il prit un cigare et l'alluma comme s'il était au spectacle.

Le silence revint. Trazen s'effondra sur la table, les yeux grands ouverts. Du sang coulait de son nez et de ses oreilles. Il était mort. Deirane se précipita vers son amie. Elle prit dans ses bras le corps agité de convulsions et le serra contre elle. Elle la sentit s'amollir soudain. La poitrine se souleva puis retomba lentement pour s'immobiliser. En larme, Deirane posa la main son cœur, mais il n'y avait plus rien.

Le corps agité de sanglot, elle étala la guerrière sur le sol puis elle se releva.

— Elle est morte, dit-elle, vous l'avez tuée.

— En effet, répondit calmement le drow.

Il se dirigea vers la porte et tira sur un cordon.

— En fait, continua-t-il, je n'ai pas tué un edorian et une stoltzin, j'ai gagné la guerre contre l'Helaria. Voyez-vous, le lien entre un sensitif et un pentarque ne transmet pas que les pensées. Il transmet aussi les sensations. La douleur par exemple.

— Vous êtes un monstre ?

— Le gems qui m'a vendu le sort y a introduit une douleur correspondant à des milliers de souffrances. La pentarque a reçu ça de plein fouet. Elle n'a pas eu le temps de se retirer de l'esprit du sensitif.

L'entrée d'un groupe de domestiques interrompit ses explications. Il montra le corps de Saalyn puis celui du sensitif.

— Emmenez-la en chambre froide, ordonna-t-il, et faites bien attention à ne pas l'abîmer, je veux qu'elle reste intacte. Et jetez-moi cette charogne.

Les edorians emportèrent les deux corps.

Le drow reprit ses explications.

— Quand Muy a ressenti la douleur, elle n'était plus en état de faire quoi que soit. Sinon elle aurait juste coupé le contact. Les siens ont aussitôt essayé de la soulager en la répartissant entre eux tous. Mais même à six, des milliers de souffrances ça reste trop. Ils ont donc réparti la douleur entre tous les stoltzt, les deux cent mille stoltzt d'Helaria. Vu ce qu'a subi notre chère guerrière libre ici présente, ça n'a pas suffi.

— Vous êtes un monstre.

Deirane fit un pas en arrière, entraînant sa nièce avec elle.

— C'est la guerre, pontifia le drow, à l'heure actuelle les pentarques sont ou morts ou fous et la plupart des stoltzt sont hors de combat pour des jours, certainement morts pour une bonne partie d'entre eux. À vrai dire, je ne m'attendais pas à un tel effet. Cette rupture des vaisseaux sanguins est surprenante. Qu'importe. Je suis vainqueur. Je suis le meilleur. Les stoltzt étaient le seul obstacle entre le passé et le futur. Il fallait les éliminer pour que les Nouveaux Peuples puissent prospérer. C'est chose faite.

— Les stoltzt représentaient le futur. Ils apportaient beaucoup à notre monde.

— Leur futur, pas le nôtre. Saviez-vous que les stoltzt se reproduisent plus vite que les humains ? D'ici un ou deux siècles, ils nous auraient submergés.

— Vous êtes fou.

— Ça suffit. J'ai été indulgent avec toi Deirane. Tu as vu mon génie à l'œuvre. Tu n'es pas capable de l'apprécier. Je ne suis pas obligé de supporter tes critiques.

Il se tourna vers Stranis.

— Ramène-la dans sa chambre, ordonna-t-il.

— Avec plaisir, répondit le brigand.

— Et ne la touche pas. J'ai besoin qu'elle soit intacte. Si tu veux t'amuser, il y a assez de domestiques pour cela dans le château.

— Quel dommage, j'aurais bien aimé tester ce qu'elle a appris au cours de sa vie. La dernière fois, elle était si inexpérimentée.

Stranis empoigna Deirane par un bras. Elle le suivit sans résistance, sans toutefois lâcher la main de sa nièce.

XXIX

Sernos, vingt ans plus tôt.

La première chose que fit Deirane fut de suivre le conseil de Jergen. Il n'avait pas tort, c'était bien Saalyn qui l'avait prise en charge. Celle-ci la présenta à Deinis, la responsable de l'entraînement des gardes. Normalement ceux qui étaient présents à l'ambassade connaissaient leur métier, ils n'avaient besoin que de maintenir leur forme physique. Au contraire, Deirane n'avait jamais touché une épée ni aucune autre arme, elle ne pouvait pas travailler avec eux. Deinis prit donc personnellement la jeune fille en charge.

C'était une humaine de grande taille, musclée ; ses cheveux longs et noirs étaient la seule concession à la féminité. Elle n'était pas masculine cependant, elle dégageait la même impression que la reine Satvia, ce mélange de virilité et de féminité mélangée, bien qu'elle soit loin d'atteindre la taille de la géante.

Deirane était trop menue pour manipuler une épée de taille normale. Aussi, Deinis lui apprit-elle l'utilisation des dagues, plus légères. La réfugiée n'était pas destinée à devenir soldate, elle devait juste apprendre à se défendre. Il n'était même pas nécessaire qu'elle sache tuer, juste faire en sorte que sa vie, sa vertu ou ses richesses soient trop coûteuses par rapport à la valeur à laquelle les estimait son adversaire. La plupart des personnes malhonnêtes renonçaient vite en cas de difficultés. Rares étaient ceux qui voulaient remporter le combat à tout prix, la plupart voulaient un gain facile. C'est vers cet objectif que Deinis amenait son élève.

Le deuxième conseil de Jergen portait sur la lecture. Elle n'avait pas eu le temps de mettre à profit les livres que lui avait passés Festor. Elle ne connaissait donc que l'alphabet yriani. Et encore, elle le déchiffrait plus qu'elle le lisait. Et l'alphabet helarieal, utilisé partout dans le monde, tout ce qu'elle en connaissait c'est ce que le régent lui avait montré. Il y avait bien une école, dans les locaux de l'ambassade. Destinée aux Helariaseny installés dans le quartier commerçant, elle était ouverte à tous, y compris aux Yrianii, dans la limite des places disponibles. Comme elle était bien plus âgée que les élèves qui la fréquentaient, elle avait honte de se joindre à eux. Saalyn se chargea donc en personne de son apprentissage. Elles n'étudièrent que l'écriture moderne helarieal. Les deux méthodes plus anciennes, à base de perles, étaient peu pratiques et réservées à des cas très particuliers comme les documents officiels ou ceux destinés à la conservation, les perles étant plus durables que le papier. La guerrière libre était souvent saoule. Les leçons étaient donc réparties irrégulièrement, quand elle était consciente. Elle se révéla un professeur calamiteux et peu patient avec la jeune fille. Son métier lui avait toutefois donné l'occasion de visiter quasiment tous les royaumes connus du continent et de rencontrer des tas d'individus, elle connaissait tant de choses que les discussions avec elle pouvaient facilement devenir passionnantes. Hormis pendant les leçons donc, les deux femmes s'entendaient bien et devinrent amies.

Deirane fut assez rapidement au fait du fonctionnement de l'ambassade. Elle ne tarda pas à remarquer la situation étrange de Saalyn. Guerrière libre en titre, elle n'avait aucune tâche désignée et ne recevait aucun ordre de mission de la lointaine Neiso, le centre opérationnel de la corporation. À deux reprises, elle avait reçu une convocation du palais royal de Sernos, auxquelles l'ambassadeur avait renvoyé une fin de non-recevoir sans même l'en aviser. Or l'Yrian faisait partie des royaumes qui avaient signé un traité avec l'Helaria pour pouvoir utiliser les services des guerriers libres. Et il n'y avait pas d'oisif dans l'enclave helarieal. Sauf Saalyn.

Un jour où Saalyn était suffisamment sobre, Deirane lui posa directement la question. Elle hésita un long moment avant de réagir.

— Ma dernière mission m'a menée dans les principautés marchandes, cinq royaumes situés sur le cours de la rivière Vunci et à son embouchure, à quelques centaines de longes à l'est d'Orvbel.

— La rivière sombre ?

— À cause de la couleur de l'eau, chargée de limon. Des royaumes très riches sont installés sur ses berges, les champs sont assez productifs pour permettre à ces royaumes de ne pas se consacrer uniquement à la recherche de la nourriture. Ils ont développé une culture artisanale très intéressante.

Il faut que tu saches qu'avant l'arrivée des feythas, toute la zone du continent située au sud et à l'est des principales chaînes montagneuses était très dangereuse. C'était le territoire des hofecy. Vous les appelez « lézards dragons » et ça résume bien leur aspect. Ce n'était pas la race naine que l'on utilise comme monture, mais une variante bien plus grande, haute comme deux hommes pour les plus petits, certains encore plus grands. Ils chassaient en bande. Les seuls êtres intelligents que l'on trouvait dans cette zone étaient les bawcks qui savaient faire face à leur menace, en grande partie parce que leur chair est toxique. Les stoltzt s'étaient installés dans des zones abritées comme la rive droite de l'Unster entre le fleuve et la montagne, ou au nord entre les deux branches de l'Unster dans le grand royaume du Vornix, origine de la culture stoltz — ou sur des îles comme l'Helaria. Les feythas ont éliminé les grands troupeaux de hofecy.

Quand les humains se sont installés sur les rives de la Vunci, ils n'ont eu à chasser personne. Ils n'ont pas eu une population stoltz hostile à éliminer. Ils ont fondé une quinzaine de royaumes tout le long de son cours. Dans les forêts de l'arrière-pays, des royaumes edorians se sont créés. Toute la région a été relativement épargnée par la guerre, même s'ils ont envoyé quelques soldats et que leurs terres ont été ravagées — comme tous les royaumes côtiers — par les raz de marée qui ont marqué la fin des combats. Ils ont donc été parmi les premiers à se réorganiser. Quelques royaumes riverains se sont rassemblés en une confédération de commerçants. Ils appellent ça une hanse. D'autres les ont rejoints plus tard. La productivité de leur arrière-pays et des royaumes amont leur fournissaient largement de quoi alimenter leur négoce. Ils ont commencé par utiliser nos navires marchands et ceux du Mustul. Ils se sont très rapidement enrichis.

Il y a quatre ans, ils ont décidé de construire leur propre flotte. Or si les stoltzt ont une culture maritime ancienne, ce n'est pas le cas des humains. Ils savent fabriquer des bateaux de pêche. Les navires de commerce, c'est autre chose. Et jusqu'à ce jour, seuls les trois nations stoltzt et l'Orvbel possèdent ce genre de navires. Il y a trois ans, une tentative d'espionnage a été déjouée dans les chantiers navals du Mustul. Je parle de l'État du Mustul sur le continent de Shacand, pas de l'île du même nom en Helaria. Il faut savoir que le Mustul n'a pas de côtes et pas de ports. Leurs navires sont construits dans la ville de Renaissance.

Deirane interrompit son amie.

— Pourquoi vouloir copier les bateaux du Mustul ? demanda-t-elle. Ceux de l'Helaria sont plus perfectionnés.

— Parce qu'ils sont trop perfectionnés justement. Il a fallu des douzaines d'années à Braton pour les mettre au point. Et cela fait presque un siècle que nous les perfectionnons. La Hanse n'avait pas le temps d'attendre autant. Les bateaux du Mustul sont plus simples à copier. Ils sont aussi plus fiables, ils résistent mieux aux tempêtes.

— Pourquoi ?

— Pour les détails techniques, il faudra que tu demandes à un savant. Calen pourra peut-être te renseigner. Mais j'en doute, ce n'est pas son domaine. Elle est physicienne, pas architecte naval.

Après une courte pause pour s'enfiler une gorgée d'hydromel, Saalyn reprit son récit.

— Les chantiers navals du Mustul sont donc situés à Renaissance, une ville libre qui joue un peu le rôle de capitale pour le continent de Shacand. Comme les faubourgs de la ville sont situés sur le territoire du royaume, cela ne leur pose aucun problème. J'ai pris l'enquête à ma charge. Les indices ont fini par me mener à Shaab, la principauté hanséatique la plus en aval de la Vunci. L'enquête était facile, il n'y avait pas beaucoup de choix. Des royaumes de l'Unster, seul l'Yrian pourrait accomplir un tel acte. Or il est en train de se tailler un empire terrestre. À ce stade de son développement, une flotte serait plutôt une gêne en grevant leurs ressources. L'Orvbel possède déjà une flotte, celle que les humains ont volée aux stoltzt quand ils se sont emparés du pays, ils n'ont pas encore le savoir-faire nécessaire pour l'améliorer. Je pense que ce n'est qu'une question de temps. Ils savent déjà reproduire les bateaux qu'ils possèdent. Nasïlia et les autres royaumes des Frères de la Mer sont alliés de l'Helaria et du Mustul, nous leur fournissons sans contrepartie les navires dont ils ont besoin. Il ne restait que les royaumes du continent sud et ceux du fleuve Vunci. Éventuellement, un royaume inconnu : les territoires vides sont vastes, ils peuvent cacher bien des choses.

— En dehors des humains, tu ne sembles pas avoir envisagé d'autres peuples.

— Les edorians ne s'intéressent pas à la mer. Ils n'ont aucun royaume côtier, sauf Kushan qui est devenu province d'Helaria depuis presque soixante ans et n'a pas besoin de voler des connaissances auxquelles il a accès de plein droit. De plus, il faut des arbres pour faire des bateaux. Tu vois des edorians couper des arbres ?

Deirane secoua la tête de dénégation.

— Les nains sont montagnards, reprit Saalyn, qu'iraient-ils faire d'une flotte. Les bawcks... restons sérieuses. Quant aux gems et aux drows... Qui sait ce que veulent les gems ? Jusqu'à présent ils ne se sont jamais occupés de construction navale. S'ils veulent un bateau, ils le louent. Ou ils le volent. Quant aux drows, cela ne les intéresse tout simplement pas.

— Ton enquête t'a donc amenée à Shaab, relança Deirane. Et là-bas, tu as découvert la source de l'espionnage.

— Non, c'est elle qui m'a trouvée.

Elle déglutit, la suite semblait difficile. Finalement, elle se leva et commença à défaire les lanières de sa tunique. Elle alla au fond de la pièce.

Quand le vêtement tomba au sol, Deirane ne put retenir un frémissement d'horreur. Tout le dos était couvert de cicatrices, marques de fouet, à différents stades de guérison. Les plus récentes dataient d'à peine plus de quelques douzains, alors que les plus anciennes étaient vieilles de plusieurs mois. Avant de se retourner, la stoltzin masqua sa poitrine en un geste de pudeur inattendu chez une Helariasen. Ce n'était pourtant pas son corps qu'elle cachait, c'était ce qu'on lui avait infligé, de bien pire que dans le dos. Elle put voir des traces de brûlures qui dépassaient de sous les bras croisés.

Deirane se cacha la bouche des deux mains.

— Je ne me doutais pas, dit-elle, je suis désolée.

— Ce n'est rien, mentit Saalyn.

— Comment est-ce arrivé ?

— Un commerçant d'Orvbel, Jergo le jeune. C'est le petit fils de Jergo l'ancien. J'ai ruiné sa famille il y a soixante ans. Le descendant est le digne héritier de l'ancêtre. Quand je suis tombée entre ses mains, il l'a vengé. En reproduisant ses actes.

— Tu parlais de Shaab, pas d'Orvbel.

— Quand Shaab m'a capturée, ils m'ont revendue à l'Orvbel.

— Tu as pu t'en sortir, puisque tu es ici.

— Öta m'a sauvée. Il n'a pas fait dans la dentelle. Il a rameuté tous les guerriers qu'il a pu trouver, libres ou pas, et a attaqué le domicile de Jergo. Mais le roi Brun d'Orvbel est toujours vivant lui.

— Et l'Orvbel n'a pas envoyé de protestation officielle.

— Si. Elle est en cours de traitement par les guerriers libres, à Neiso.

Deirane n'était pas une idiote. Elle avait compris. Le roi d'Orvbel n'était pas près de voir sa requête satisfaite, si elle avait bien saisi l'importance de Saalyn aux yeux de la corporation. Sans compter que l'Orvbel vivait du trafic d'esclaves. Et les Helariaseny vouaient une haine viscérale aux négriers.

— L'Orvbel est plus près de l'Helaria que d'ici, reprit-elle, pourquoi être venu ici ?

— Parce que si Wotan avait vu dans quel état ils m'ont mise, il aurait rasé l'Orvbel et massacré toute sa population. Son peuple souffre assez comme ça de la folie de ses princes. En plus nous ne pouvons pas nous permettre une telle guerre.

— L'Orvbel n'est pas si puissant.

— Non, sauf que nous sommes peu aimés nous autres stoltzt. Si nous nous lancions dans des conquêtes, même par vengeance, les autres peuples se ligueraient contre nous. Nous ne pourrions pas résister à une coalition de royaumes.

— Tu vas renoncer alors ?

— Non, je vais attendre. Une occasion de me venger du prince se présentera bien un jour. L'Orvbel pourrait nous déclarer la guerre, qui sait ; personne ne pourrait alors nous reprocher de nous défendre.

Elle ramassa sa tunique et la remit. Puis elle revint s'asseoir près de Deirane.

Deirane essaya d'enlacer la guerrière pour la réconforter. Saalyn la repoussa. Deirane comprit alors que la leçon du jour était finie. Elle quitta la pièce pour rejoindre sa chambre. La porte close, Saalyn termina sa bouteille avant de s'effondrer sur son lit.

Deux jours plus tard, en rentrant de son entraînement, Deirane éprouva un choc en croisant un gems qui sortait de la chambre juste à côté de la sienne.

— Mademoiselle Deirane, salua-t-il poliment.
— Nous nous connaissons ? demanda-t-elle.
— Sur la route de Nasïlia, à l'est de Sernos. Vous étiez accompagnée de ce jeune lieutenant.
— C'était vous ?
— Notenor, pour vous servir.

Il s'inclina et lui prit la main sur laquelle il déposa un baiser.

— Je vois que vous avez finalement opté pour la civilisation, la vraie, dit-il en se redressant.

Bizarrement, Deirane se sentit obligée de défendre son pays.

— Nous ne sommes pas des barbares, nous avons une civilisation.

Cette idée dut amuser le gems, car il retroussa les lèvres en ce qui ressemblait à un sourire.

— Laissez-moi deviner. Les habitants de votre village n'ont pas accepté votre différence et vous ont chassée.

— C'est à peu près ça, répondit-elle. Ils ont voulu me faire payer la mort d'un jeune homme.

— Barbarie. Quand nous tuons, nous autres gems, c'est pour la vraie raison. Et notre vengeance poursuit le véritable responsable, pas un bouc émissaire. Rien ne pourra me faire voir votre peuple comme civilisé.

— Que faites-vous ici ?

Le gems eut l'air surpris de la question.

— Ne suis-je pas un Helariasen ? Cet endroit n'est-il pas l'ambassade d'Helaria ? À moins que le sens de votre question ne soit : pourquoi suis-je à Sernos ? Je suis le représentant des gems à l'assemblée des peuples.

— L'assemblée des peuples ?

Deirane n'avait jamais entendu parler d'une telle assemblée.

— Qu'est-ce que c'est ?
— Requérez-vous mon assistance ?

Deirane se souvint des histoires que sa mère lui avait racontées sur les démons quand elle était petite.

— Non, répondit-elle précipitamment.

Le gems éclata de rire.

— Vous ne risquez rien de ma part, expliqua-t-il au bout d'un moment. Je peux répondre à une simple question sans signer un pacte de sang ou réclamer votre âme. Nous ne sommes pas les démons de vos légendes, même si notre apparence semble vous le faire croire. Nous sommes des gens tout à fait normaux et fréquentables. Enfin, ceux d'entre nous qui se mêlent aux autres peuples. J'admets quand même que certains solitaires, dans leur domaine lointain, ne sont pas très différents de vos récits. Même nous, nous ne les fréquentons pas.

Il commença à s'éloigner. Alors que Deirane allait entrer dans sa chambre, il se retourna.

— Au fait, dit-il, toutes mes félicitations.

— Vos félicitations ? Pourquoi ?

— Je croyais que chez les humains, on félicitait les futures mères. J'ai dû me tromper.

Puis il s'en alla pour de bon, laissant Deirane interdite sur le pas de sa porte.

Deirane entra précipitamment dans la chambre de Saalyn. La stoltzin était affalée sur son lit, le manche d'un usfilevi traînant sur le sol encore dans la main, tentative avortée de composer une chanson. La vision désola la jeune fille. Elle avait déjà eu l'occasion de voir son amie travailler. Elle pinçait quelques accords en chantonnant, s'arrêtait, recommençait en changeant un peu les paroles. La langue d'Helaria était une langue dure, qui heurtait un peu la bouche. Pourtant Saalyn arrivait à la rendre mélodieuse.

Deirane ramassa l'instrument pour le ranger dans sa boîte en compagnie des nombreux autres que Saalyn possédait, jeta la bouteille vide dans la corbeille. Puis elle la secoua pour la réveiller. L'Helariasen commença par protester, vouant la jeune file aux gémonies. Devant son insistance, elle renonça.

— Que se passe-t-il ? demanda la guerrière d'une voix peu engageante.

— Le démon, juste à côté.

— Notenor ?

— Oui.

— Un gems. Ce sont des gems. Cesse d'utiliser ce terme péjoratif, surtout ici.

L'énervement l'avait réveillée. Deirane prit un air contrit, mais elle avait atteint son but.

— Excuse-moi, dit-elle.

— Ce n'est rien, fais attention à l'avenir. Que voulait-il ?

— Il m'a félicitée pour mon bébé.

— Et alors ?

Saalyn la scruta du regard.

— Tu ne savais pas que tu es enceinte ?

— Tu le savais ?

— Bien sûr.
— Pourquoi n'as-tu rien dit alors ?

Deirane était au bord des larmes. Saalyn lui ouvrit les bras pour l'inviter à la rejoindre. La jeune fille s'assit sur ses genoux et posa la tête sur son épaule. La guerrière lui caressa les cheveux.

— Tu n'en parlais pas. Je croyais que c'était une histoire de tabou. Je n'avais pas compris que tu l'ignorais ?
— Comment j'aurais pu savoir une telle chose ?
— Je n'en sais rien, c'est ton corps. Tu n'as pas su quand tu as conçu ?
— On ne sait jamais. Chez les humaines, il faut plusieurs douzains pour s'en rendre compte.
— Je l'ignorai. Chez nous, c'est très rapide. Quelques calsihons seulement.

Elle fit une légère pause, l'air pensive.

— C'est logique, si on y réfléchit bien, vous avez largement le temps avant l'accouchement, alors que nous gardons nos œufs à peine un à deux mois en nous avant de les pondre.
— Toi, comment as-tu su ?
— À l'odeur. Il y a quelque chose qui change dans votre odeur chez les humaines quand vous concevez. Je l'ai su dès que je t'ai vue la première fois.
— Tout le monde le savait, sauf moi, remarqua amèrement Deirane.
— Les stoltzt et les gems seulement, les bawcks aussi s'il y en avait eu ici, mais c'est rare. Qui est le père ?
— Je ne sais pas ?

Le ton de la voix permit à Saalyn de comprendre.

— Pourquoi avoir ouvert ta matrice ?
— Ouvert ma matrice ?

De toute évidence, Deirane n'avait rien compris à la question de son amie.

— Pour concevoir, il a bien fallu que tu ouvres ta matrice à la semence de l'homme.
— Ils m'ont pris de force, je n'ai rien ouvert de moi-même.
— C'est impossible. Des stoltzint aussi sont prises de force parfois et aucune n'a jamais enfanté.
— Je ne comprends pas de quoi tu parles.
— Les stoltzint et les humaines ne doivent pas être pareilles de ce côté-là, conclut Saalyn.
— Tu n'as pas l'air de savoir grand-chose sur les humaines, remarqua Deirane.

Malgré les yeux humides, on sentait un léger amusement dans sa voix.

— Non, j'ai plus étudié les humains que les humaines. Question de goût. Je suis une guerrière libre, pas une savante.

Deirane se laissa câliner un moment avant de reprendre.

— Qu'est-ce que je vais faire ?

— Je ne sais pas trop. Il n'y a pas de sage-femme à l'ambassade. Les femmes préfèrent rentrer au pays pour accoucher. Elles n'ont pas confiance dans les soigneurs de Sernos. Pourtant ce pays a la réputation d'être le plus avancé dans le domaine médical. En cas de besoin, on devrait trouver ce qu'il faut en ville. Tu devrais en parler avec l'ambassadeur Tresej.

— Je n'oserai jamais.

— Il ne mord pas, tu sais ?

— C'est si personnel et je... je...

— Si c'est parce que c'est un homme, va voir Calen. Elle sera de bon conseil.

— Je ne vais pas la déranger, elle est malade à cause de moi.

— Déranger Calen ?

Saalyn émit un petit rire discret.

— Calen est habituellement une personne très dynamique. Son inactivité lui pèse. Elle voudrait se lever, mais elle est encore trop faible pour ça. Jergen doit déployer des trésors de persuasion pour l'obliger à rester au lit. Alors ça la rend de mauvaise humeur. En fait, il y a longtemps que je ne l'avais vue si agressive. Lui donner un problème à ruminer pourrait résoudre tous les nôtres. Et te valoir la reconnaissance de Jergen.

Deirane hocha la tête

— J'irai la voir après le repas.

— Bonne idée.

Saalyn prit le menton de la jeune femme dans la main et tourna son visage vers elle.

— Et cesse de faire cette tête-là. Ce qui t'arrive n'est pas une catastrophe. Au contraire, c'est la chose la plus merveilleuse qui puisse arriver à une femme.

Deirane esquissa un pauvre petit sourire.

— Chez une femme normale, dit-elle, mais tu oublies... Que va-t-il se passer quand mon ventre va commencer à grossir si les fils d'or ne bougent pas ?

— C'est ça qui te ronge ?

Saalyn n'avait pas pensé à ça. Elle imagina une réponse en vitesse.

— Je suis sûre que celui qui t'a fait ça a prévu le cas. La magie qui les maintient en place doit aussi les adapter quand ton corps change.

— Tu crois ?

— Bien sûr. J'imagine que le gems se prend pour un artiste, il a une certaine idée de lui-même qui serait réduite à néant si son œuvre mourait quelques douzains après sa création.
— Un drow.
— Un drow ?
Le ton de surprise échappa totalement à la jeune femme.
— Quel que soit son peuple, jamais un individu ne t'aurait lâchée dans la nature s'il n'avait estimé son œuvre parfaite. Tout se passera bien.
Saalyn enlaça plus étroitement la jeune fille et la berça comme un bébé. Elle pensa soudain qu'elle-même avait plus de six cents ans — les trois quarts de sa vie — et qu'elle n'avait pas encore enfanté. Cette idée la déprima. Elle embrassa les cheveux de sa protégée, se disant qu'à défaut, celle-là pourrait combler son désir de maternité.

Comme prévu, après le repas, Deirane se rendit à l'appartement seigneurial pour rencontrer la doyenne. Afin d'avoir une excuse, au cas où Saalyn se serait trompée, elle avait emprunté à une servante le plateau contenant le bouillon de viande qui lui était destiné. N'entendant aucun bruit dans la chambre, elle entra. Quand elle releva la tête après avoir passé la porte, elle s'immobilisa, incapable de faire un geste de plus.
Calen ne dormait pas, elle était allongée sur son lit, avec Jergen. Les yeux mi-clos, les bras au-dessus de la tête, elle s'offrait aux mains de son amant. Jergen couvrait le corps superbe de baisers et de caresses, arrachant des gémissements à la belle stoltzin. Malgré sa puissance, il manifestait une délicatesse, une douceur, une tendresse presque infinie. Calen n'était pas encore totalement remise de sa maladie, heureusement Jergen était suffisamment expérimenté pour lui donner du plaisir sans la fatiguer.
Deirane était fascinée. Elle ne pouvait détacher le regard de la stoltzin qui se lovait de plaisir. Elle sentit une douleur légère, et pas désagréable, envahir son bas ventre. Elle imagina que c'était-elle qui était allongée sur le lit. Le souvenir du viol remonta à la surface, il n'était toutefois plus aussi insupportable qu'avant.
Jergen enlaça Calen qui se blottit lascivement contre lui. La stoltzin ronronnait, une particularité que ce peuple partageait avec les chats. Brusquement le bruit cessa, elle ouvrit les yeux et regarda Deirane. La jeune fille se sentit fautive, elle chercha une excuse avant de se souvenir qu'elle était aveugle et ne pouvait la voir. Elle allait s'esquiver discrètement quand la doyenne lui parla.
— Si tu amenais ce bouillon à l'odeur excellente, j'ai faim.
— Tu es là, remarqua Jergen, je ne t'avais pas vue. Ça fait longtemps ?
— Un peu moins d'un calsihon, répondit Calen.

— Ah quand même.

Deirane piqua un fard.

— J'espère que le spectacle t'a plu, lança Jergen.

Malgré les paroles badines, on sentait un air de reproche dans le ton.

— Laisse-la, dit Calen à son amant, elle n'y est pour rien. C'est toi qui n'as pas verrouillé la porte.

Puis s'adressant à la jeune humaine.

— Approche, et passe-moi ce bol.

Un peu intimidée, Deirane alla jusqu'au lit. Elle déposa le plateau sur la table de chevet.

Calen s'était redressée dans son lit, et avait remonté le drap sur sa poitrine. Elle huma le fumet du bouillon.

— Ça a l'air appétissant, dit-elle.

— La faim revient, remarqua Jergen, c'est bon signe, qu'y a-t-il pour moi ?

Il jeta un coup d'œil sur ce qu'avait amené la jeune fille. Il n'avait pas été oublié. À une bonne portion de viande et de légume bien généreuse, s'ajoutait une petite pâtisserie — la cuisinière avait un faible pour le Mustulsen, elle avait tendance à lui faire des petites douceurs de ce genre — et une carafe d'hydromel. Pendant qu'il engloutissait son repas tout en essayant de faire la conversation à leur invitée, Calen buvait son bouillon sans dire un mot. Quand elle eut fini, elle posa le bol sur le plateau.

Elle interrompit son amant en pleine digression sur les mérites respectifs de la gestion des deux continents pour s'adresser à Deirane.

— Ce n'est pas habituel qu'une invitée fasse le service ici, tu as quelque chose de spécial à me dire ?

Deirane hésita. Ce n'était pas facile. Surtout devant le stoltzen.

— Tu veux que Jergen sorte ? demanda la doyenne.

C'est exactement ce que voulait Deirane. Elle ne voulait pas non plus donner l'impression de s'imposer. Timidement elle hocha la tête, oubliant que l'aveugle ne pouvait pas le voir. Jergen avait compris. Il avait déjà repoussé les draps et se dirigeait vers la salle de bain. Calen avait traduit sans difficulté la réaction de son amant.

— Que veux-tu me dire en privé ? demanda-t-elle.

Deirane se lança.

— Je suis enceinte, dit-elle.

— C'est fantastique ! Tu dois être heur…

Le mutisme de Deirane la coupa.

— Oh. Le père est l'un de ceux qui t'ont… maltraitée.

— Comment savez-vous ?

— Je ne serai jamais devenue ce que je suis si je n'avais pas été capable de comprendre ce que l'on ne me dit pas.

Calen ramena les jambes sous elle et invita Deirane à s'asseoir à côté d'elle.

— Tu vas donc être maman, dit-elle.

— Je ne sais pas comment faire. J'ai peur de ce qui va se passer.

— C'est normal, c'est une expérience nouvelle pour toi. En plus ton corps t'envoie des signaux inconnus. Certains peuvent être effrayants, d'autres seulement désagréables.

— Vous connaissez ?

— Bien sûr, comme toutes les mères depuis que le monde existe.

— Mais vous pondez des œufs.

— Et alors. Il faut quelques douzaines de jours après la conception pour qu'ils soient prêts à être pondus. Nos symptômes sont différents, ils sont moins violents que ceux des humaines, mais ils sont quand même là. En fait, ils apparaissent même plus vite que chez vous. Parce que tu n'as pas commencé à les ressentir, je suppose.

— Pas encore, non.

Deirane hésita un instant avant de continuer.

— Je ne sais pas non plus où je vais pouvoir mettre mon enfant au monde.

La question était si surprenante que l'aveugle resta un moment muette de saisissement.

— Mais, ici naturellement. Tu t'imagines qu'on va t'expulser parce que tu es enceinte. Je sais que quelques royaumes considèrent les filles-mères comme des criminelles. En Helaria, le mariage n'existe pas, toutes les femmes sont donc techniquement des filles-mères. Cela n'a rien de choquant pour nous.

— Festor avait présenté Jalia comme sa fiancée.

— Un mot qui ne correspond pas à la réalité. Mais qui implique des sentiments qui sont bien réels.

— Et pour la sage-femme ? Personne n'accouche ici ?

— Presque personne. Il y a quelques accidents parfois.

— Saalyn m'a dit que c'était rare et que vous n'entreteniez pas des docteurs pour si peu de monde.

Il y avait une note d'espoir dans la voix.

— C'est vrai, mais nous sommes à Sernos. C'est la ville la plus grande du monde, la plus riche et certains disent la plus civilisée. Des dizaines de femmes accouchent ici sans problèmes chaque jour. C'est aussi une ville humaine. Tu y seras donc mieux suivie qu'en Helaria où les humains sont moins nombreux.

Deirane se blottit contre la stoltzin qui l'enlaça de ses bras.
— Je ne veux pas partir d'ici, dit-elle.
— Pourquoi partirais-tu ? Nous n'avons pas pour habitude de chasser ceux qui viennent se réfugier chez nous tant qu'ils respectent nos lois.
— Et pour la naissance ?
— Tu accoucheras où tu veux, ici si tu le désires, une sage-femme ne devrait pas être trop dure à trouver. Ou rentrer chez toi si tu préfères être entourée des tiens.
— Je ne peux plus rentrer chez moi.
La jeune fille se souvint alors contre qui elle s'appuyait, la personne la plus puissante de la Pentarchie après les pentarques. Elle voulut s'écarter ; la stoltzin la retint, sans trop de difficulté au demeurant. Sa réaction la rassura et c'est sans hésitation qu'elle s'abandonna à l'étreinte.
— Je ne pourrai jamais vous rembourser tout ça, dit-elle.
— Si. En prenant ta part de travail.
— Je ne sais rien faire.
— Tu as vécu dix ans dans une ferme sans rien apprendre ! J'ai du mal à le croire.
— Jergen m'a dit la même chose.
— Et tu lui as répondu que tu savais soigner les bêtes et t'occuper d'une basse-cour.
Visiblement, le stoltzen avait tout raconté à sa maîtresse.
— Je suis sûre que nos cuisiniers apprécieraient d'avoir la volaille à portée de main plutôt que de courir le marché pour en trouver. Quoi d'autre ?
— Cultiver des légumes.
— En clair, si on te donne un bout de terrain dans le champ de manœuvre derrière, tu pourrais nous faire vivre en autonomie complète.
L'idée que l'ambassade mange grâce à elle amusa Deirane.
— Vous n'avez pas le personnel pour entretenir un potager ?
— Certainement. Il faudrait demander à Tresej. Ou plutôt à l'intendant de l'ambassade. Moi aussi je ne suis qu'une invitée ici…
Calen lâcha brutalement Deirane.
— Ben-tiens ! dit-elle, toi qui te plains de ne rien savoir faire, tu vas te rendre utile. Tu vas m'aider à rejoindre la salle de bain.
— Mais, Jergen n'est pas encore sorti.
— C'est l'idée.
Un petit sourire espiègle illuminait le visage de la belle aveugle.

Trois jours plus tard, alors que Deirane revenait de sa leçon d'escrime, elle entendit une voix l'appeler par son nom. Elle se retourna face à la jeune fille qui la rattrapait. Elle semblait avoir son âge, étant stoltzin elle devait avoir plutôt dans les environs de quinze ans.

— Vous êtes Deirane de Jensen ? demanda la jeune fille.

La stoltzin avait utilisé la façon helarieal de nommer les gens, le nom suivi de celui d'un des parents. Cela faisait bizarre à Deirane qui n'avait jamais été appelée ainsi.

— Oui, répondit-elle.

— Vous êtes convoquée à l'intendance. Calnor veut vous voir.

— Maintenant ! J'ai un rendez-vous avec Saalyn.

— Sans vouloir être impertinente, Saalyn n'est qu'une invitée. C'est Calnor qui commande ici.

— Calnor, je l'ignorai, je ne sais même pas qui est Calnor. Je croyais que c'était Tresej qui commandait.

— Tresej est l'ambassadeur. Calnor est l'intendant de l'ambassade, il commande au personnel.

— Je ne savais pas. Je suis ici que depuis à peine trois douzains.

— Vous êtes nouvelle ? Si vous voulez, je peux aller prévenir Saalyn que vous ne viendrez pas.

— Merci, répéta Deirane.

Puis, comme émergeant d'un rêve.

— Où je peux trouver Calnor ?

— Au rez-de-chaussée. Au fond du couloir à gauche.

— Merci.

La jeune humaine s'éloigna sous le regard amusé de la stoltzin.

Deirane trouva facilement le bureau. Au rez-de-chaussée, la villa ne comportait qu'un seul couloir. Elle frappa à la porte. Une voix masculine l'invita à entrer. Le stoltzen, assis derrière son bureau, leva la tête à l'entrée de la jeune fille. Il avait un regard interrogateur.

— Vous m'avez convoquée, dit-elle, je suis Deirane.

— Deirane de Jensen, je ne t'attendais pas si tôt, je croyais que tu étais avec Saalyn.

— On m'a dit que vous m'attendiez.

— Il n'y avait aucun caractère d'urgence. Mais puisque tu es là, assieds-toi.

De la main, il désigna une chaise devant lui. Timidement, elle s'installa.

— Tout d'abord, nous allons mettre les choses au point. Je suis l'intendant de l'ambassade. Mais au cours des cinq prochains mois, tu es sous la responsabilité de Saalyn. Elle a la priorité en tout et c'est elle que tu dois consulter pour ton travail.

— Saalyn ne fait pas partie de l'ambassade, remarqua Deirane.

— Calen a signé un ordre d'affectation temporaire, valable cinq mois renouvelable automatiquement.

— J'ignorai que Calen pouvait faire ce genre de chose.

— Calen peut tout faire. Personne ne prendrait le risque de s'opposer à ses décisions. Même pas les pentarques.

— Pourtant elle a l'air si gentille.

— Gentille ?

Calnor exprima un rictus de dérision.

— Dans certaines limites oui. Mais ce n'est pas par la gentillesse qu'elle est devenue ce qu'elle est. Tu sais qu'elle a dirigé l'Helaria un moment.

— Je l'ai entendu dire. Quand ?

— C'était il y a longtemps. Pendant la guerre qui nous a opposés aux feythas.

— Ça remonte à soixante ans !

Calnor balaya l'objection d'un geste de dédain. Sur une étagère derrière lui, il prit une petite boîte. Dedans il en tira une enveloppe et un bracelet de perles. Deirane connaissait ce dernier objet, elle en avait vu de semblables sur Festor, Jalia et tous les Helariaseny qu'elle avait rencontrés depuis. Même le démon… le gems en avait un. Et bien sûr Calnor. À sa vue, une euphorie envahit son esprit, si intense qu'elle n'écoutait plus ce que lui disait le stoltzen.

— Tu m'écoutes ? dit-il enfin. Apparemment non. Jeune Deirane, veux-tu bien faire attention !

Il ponctua son injonction d'un coup brutal sur la table. Deirane sursauta. Elle se redressa et redevint attentive. Elle était si joyeuse qu'elle écouta son interlocuteur de façon ostensible.

— Ne sois pas impertinente, jeune Deirane. Aucun respect pour les aînés, continua-t-il dans sa barbe.

Mais les yeux rieurs démentaient le ton désapprobateur. Il avait vu des dizaines de réfugiés occupant la place de Deirane. Il comprenait ce qu'elle ressentait.

— Je disais donc, reprit Calnor, ça fait maintenant trois douzains que tu es parmi nous. Tu as dix ans. À ton âge, les jeunes humains sont déjà en apprentissage dans une corporation depuis deux ans. Tu n'es pas née en Helaria, tu n'as donc pas bénéficié de notre éducation. Avant d'intégrer une corporation, il te faudra rattraper le niveau.

— Je travaille dur pour ça.

— Je sais. Je sais aussi que tu es une jeune fille. Et une jeune fille a des besoins. Aussi nous avons décidé de te donner un travail. Un travail rémunéré bien sûr.

— Quel travail ?

— Comme tu connais bien l'endroit, nous avons pensé te nommer à l'écurie.

Elle le dévisagea, essayant de déterminer s'il était sérieux.

— Sauf que tu es enceinte, continua-t-il, et un coup de sabot pourrait s'avérer dangereux dans ton état. Aussi on a préféré t'affecter aux serres. Tu vas intégrer une équipe de quatre personnes chargée de l'approvisionnement de l'ambassade en légumes. Tu seras payée un demi-cel par douzain.

— Un demi-cel !

Deirane n'en revenait pas. Une fortune. Elle n'avait jamais possédé autant d'argent. Et on allait lui donner ça tous les douze jours. L'intendant se méprit sur le sens de son exclamation.

— Je sais, ce n'est pas beaucoup. Mais tu ne travailleras que la moitié du temps. Et puis l'ambasade prend en charge la plupart de tes frais : le logement, la nourriture, tes vêtements de tous les jours. Cet argent ne te servira qu'à tout ce qui est inutile et fait beaucoup de bien au moral comme les vêtements, les parfums, les bij… Non, pas de bijoux pour toi, tu es déjà servie.

— Je voulais dire, c'est beaucoup d'argent.

— Si c'est trop, je peux t'en donner moins.

— Non, non.

La véhémence de Deirane lui arracha un sourire. Elle comprit qu'il la taquinait.

— En fait, ce sera à peine suffisant, continua-t-il. Tu auras besoin d'une robe pour faire la fête. Et ça coûte cher. Tu voudras aussi acheter de quoi personnaliser ta chambre.

— Oh non, jamais je n'oserai abîmer ma chambre en accrochant des choses au mur, elle est trop luxueuse.

— Le personnel de l'ambassade n'est pas logé dans les appartements du premier étage. Actuellement tu occupes l'un d'eux parce que tu étais une invitée. Si tu fais partie des nôtres, tu auras ta chambre avec le reste du personnel. Nous irons voir ça dans un instant.

Il prit le bracelet sur son bureau et le lui passa.

— Enfile ça et ne le perds pas. Il permettra à tout Helariasen de t'identifier.

— Qu'y a-t-il écrit ?

— Deirane de Jensen, ambassade d'Helaria, Sernos. Née à Gué d'Alcyan le 8 heimi 1187. Tout simplement, répondit Calnor. Avec la date. Et la petite plaque de métal avec une gravure, c'est le sceau de Calen. Une telle signature devrait t'ouvrir bien des portes.

— Deirane de Jensen ?

— Tu aurais préféré porter le nom de ta mère. Ou les deux ? À moins que ta famille ait pu acquérir un patronyme. On peut changer, tu sais. Ou supprimer la date de naissance si tu veux garder le secret sur ton âge.

— Merci, c'est parfait comme ça.

L'intendant regarda Deirane droit dans les yeux, jusqu'à ce qu'elle détourne la tête.

— Regarde-moi, ordonna-t-il.

Il répéta son ordre jusqu'à ce qu'elle obéisse.

— Jeune Deirane, Saalyn m'a prévenu à ton égard. Il va falloir que tu prennes un peu d'assurance. Tu es trop timorée. Impose-toi, tu vaux autant que n'importe qui ici.

— Je vais essayer.

— Bien c'est un bon début. Il faudrait faire plus. Maintenant, réponds-moi franchement, ce bracelet d'identité te convient-il ? Y a-t-il des choses que tu veux voir supprimer ? Ou rajoutées au contraire ?

— Je regrette que ma sœur Cleriance n'y figure pas, je l'aime beaucoup.

— C'est un bracelet d'identité, pas un roman. On peut changer le nom et la date, pas rajouter toute la filiation.

— Ma mère alors, avec celui de mon père.

— Bien, je vais en faire fabriquer un nouveau. En attendant, garde celui-là jusqu'à ce que l'autre soit prêt.

Il ouvrit un tiroir de son bureau, un tiroir métallique qui fermait à clef. Il en sortit une boîte en fer qu'il déverrouilla.

— Ton salaire sera versé à la fin de chaque douzain, un demi-cel en pièces de cuivre. En attendant…

Il sortit des pièces en os et en cuivre de la boîte et les disposa en petits tas jusqu'à arriver à un cel.

— Ceci est un cadeau que la Pentarchie offre à tout nouvel immigrant.

Deirane écarquilla les yeux devant la somme.

— Tu as tout l'après-midi pour les dépenser. Ne discute pas, c'est la tradition. Si tu veux, une de mes filles te montrera tous les bons coins en ville ou dans le quartier helarieal.

— Cela veut dire que je suis Helariasen maintenant.

— Non, tu es toujours Yriani et tu le resteras tant qu'un pentarque, un gouverneur ou un archonte n'aura pas signé le décret de naturalisation et tant que tu n'auras pas passé un an parmi nous. Pour le moment, tu fais juste partie du personnel de l'ambassade.

La restriction déçut Deirane.

Calnor se leva.

— Si nous nous occupions de ta chambre, dit-il.

— Tout de suite ?

303

— Ça serait mieux.

Deirane empocha son argent — un cel, complet, rien que pour elle, elle n'en revenait toujours pas — et suivit l'intendant. Il la guida jusqu'au dernier étage sous les combles.

L'escalier donnait sur un palier d'où partaient deux couloirs parallèles. L'espace entre les deux était occupé par les salles communes. Calnor les fit tout d'abord visiter. Il y avait là une salle de repos, une cuisine, une salle à manger, une salle de jeu ainsi qu'une petite infirmerie. Le reste de l'étage était consacré aux chambres. Il y en avait plusieurs de libres, il laissa Deirane choisir la sienne. Hormis l'orientation, elles étaient toutes identiques. Certaines donnaient sur la cour et d'autres sur le jardin et au loin, le fleuve. C'est là qu'elle choisit de s'installer. La clef était sur la porte, Calnor la lui donna et l'invita à entrer. Après un bref couloir, ils débouchèrent dans une grande pièce totalement vide. L'endroit n'était pas aussi luxueux que la chambre qu'elle occupait jusqu'alors, cependant il était propre et en excellent état et le parquet ne grinçait pas. La chambre était sous les combles, mais le mur montait assez haut pour qu'une fenêtre ait pu y être percée. Dans la partie la plus haute, une mezzanine permettait d'installer un lit. Dans le petit couloir de l'entrée s'ouvrait une porte qui donnait sur une salle de bain. La principale différence avec celle qu'elle utilisait jusqu'à présent ne tenait pas à l'équipement, juste aux matériaux moins luxueux et au fait qu'elle était commune à la chambre d'à côté.

— C'est un peu spartiate, convint Calnor, nous allons devoir puiser dans la réserve pour en faire un petit nid douillet. Tu vas pouvoir aller chercher tes affaires.

— Je n'ai rien, juste cette robe.

— Que cette robe ! Et depuis trois douzains ! Tu ne peux pas rester comme ça, il va te falloir d'autres habits. Un vêtement de travail, solide, pour commencer. Puis des tenues de repos, dans lesquelles tu te sens à l'aise. Et une robe dans laquelle tu pourras grossir. Un corsage lacé pourrait être utile aussi pour quand tu allaiteras.

— C'est trop, cette robe et une tenue de travail suffiront.

— Pas question. Tu fais partie de l'ambassade maintenant. Il n'est pas question d'avoir l'air d'une pauvresse. Nous avons une image à tenir. Tant que je serais intendant ici, le personnel donnera envie aux étrangers de nous rejoindre.

— Je n'ai pas assez d'argent pour tout ça.

— Tes tenues de travail sont fournies par l'ambassade. Ce dont tu auras besoin pour ta grossesse aussi. Seul le reste est à tes frais. Maintenant, va chercher les deux paresseux qui traînent dans la salle de repos et aménagez-moi cette chambre. Exécution !

Il donna à Deirane l'enveloppe qu'il avait sortie de la boîte, un moment plus tôt.

— Voilà la liste de tes activités à partir de demain. N'oublie pas que ce que t'ordonnera Saalyn a la priorité sur cette liste. Le reste du temps, tu dois t'y référer. Compris.

— Oui.

— Compris !

— Compris.

— Bien… Bienvenue dans l'équipe.

Il inclina la tête pour saluer Deirane puis sortit, laissant la jeune fille seule au milieu de son nouveau domaine.

XXX

Territoires edorians, de nos jours.

Les visiteurs furent introduits dans le cabinet de travail du drow. Il leva les yeux de son bureau pour les dévisager. Ils étaient deux, un homme et une femme, des humains.

L'homme était grand et musclé, presque un colosse. Tunique de cuir marron maintes fois rapiécée, pantalon à l'identique. Son visage témoignait des combats qu'il avait dû mener : une cicatrice lui fermait à moitié l'œil droit et se prolongeait jusqu'à la commissure de ses lèvres. Autour de son crâne, il avait noué un foulard rouge dont dépassaient une masse de cheveux graisseux, noirs et longs. À la main gauche, un doigt manquait. Ce n'était pas des marques de guerre, mais de chasse.

Sa compagne était une femme humaine, petite et menue. Visiblement une esclave, elle servait de bête de somme. Elle était habillée d'une robe bleu clair dans le même état que la tenue de son maître et elle n'était guère plus propre. Elle semblait en mauvaise santé, son visage maladif était émacié et ses jambes visibles sous la robe étaient couvertes de croûtes. Sa vision répugna le drow.

Lergerin désigna un siège. Il observa le visiteur qui alla s'y asseoir, on pouvait remarquer un léger boitement, souvenir d'une chute lors d'une chasse au hofec, six ans plus tôt.

Le drow jeta un regard interrogatif à Stranis.

— Ça correspond à ce que je sais de lui, dit-il.

Le drow s'enfonça dans son fauteuil et croisa les mains sur son ventre.

— Vous êtes donc Sardar ? demanda-t-il

— Et vous, Lergerin Aldower ? renvoya l'homme.

— Vous m'avez été chaudement recommandé. On m'a dit que vous étiez le meilleur dans votre domaine.

— On ne vous a pas menti, en effet.

— On m'a dit également que vous ne reculiez devant aucun défi.

— À quatre pattes ou à deux pattes, aucun animal ne me résiste.

— Dans ce cas, je sens que nous allons nous entendre.

Le drow se leva et fit quelques pas.

— L'animal que je veux vous faire empailler représente un défi en ce sens qu'il est quasiment dépourvu de pelage ou de plumage. Et il n'est pas question, bien sûr de voir la moindre couture sur la peau.

Sardar réfléchit quelques secondes.

— J'ai l'impression que vous l'avez déjà capturé.

— En effet.

— J'ai l'habitude de chasser moi-même les animaux que j'empaille, emmenez-moi sur son territoire et je me procurerai mon propre sujet.

— Le problème est que ce sujet est unique. Il n'en existe qu'un seul exemplaire dans le monde.

— Nous parlons bien d'animal ? demanda-t-il enfin.

— En ce qui me concerne.

Sardar se fendit d'un sourire, ce qui faisait étrange dans ce visage ravagé. Il avait compris.

— À quel peuple appartient ce corps et depuis combien de temps est-il mort ?

— Il y a deux corps, un humain et un stoltz, l'humain est toujours vivant, le stoltz est mort depuis deux jours. Je le conserve dans une chambre froide depuis tout ce temps.

— Excellente initiative. Néanmoins, il va falloir le faire revenir à température ambiante pour que je puisse travailler dessus.

— Bien évidemment. Désirez-vous le voir ?

— Avec plaisir. Je n'ai jamais travaillé sur ce genre de matériel.

Le drow ouvrit la porte de la pièce et invita son visiteur à le suivre. Celui-ci lui emboîta le pas, laissant la jeune esclave s'occuper de ses affaires. Stranis ferma la porte derrière eux.

Les chambres froides étaient situées dans les caves du château, en un endroit suffisamment frais pour que la glace ne fonde pas trop vite. Les montagnes n'étaient pas très loin vers l'est, mais les blocs, énormes, devaient quand même être acheminés à travers la jungle. Il y avait plusieurs pièces de petite taille plutôt qu'une seule grande. La plupart étaient dévolues à la conservation des réserves de nourriture. Aldower s'en était cependant gardé quelques-unes pour ses plaisirs personnels. L'une d'elles était fermée par un solide cadenas. Le drow l'ouvrit et entra. Le taxidermiste le suivit.

C'était une toute petite cellule au plafond voûté, à peine deux perches sur trois et deux perches de haut au centre. Au fond et de part et d'autre de la porte, de gros blocs de glace maintenaient la température basse, quoique bien au-dessus du point de congélation. Au centre, sur une table en bois, reposait le corps de Saalyn. Elle était allongée sur le dos, les bras le long du corps.

Sardar s'approcha et l'examina. Elle était pâle, les lèvres bleuies. Il la toucha, la peau était restée souple. Le froid n'était pas assez intense pour rigidifier ses membres. Avec délicatesse, il déplia un bras. Il avait craint qu'il ne restât collé à la table et que la peau se déchire, ce ne fut heureusement pas le cas. Les cheveux auraient pu devenir cassants. Les serviteurs du drow avaient pris soin de les ramener sur la poitrine, de façon à les prémunir contre un éventuel déplacement du corps. De toute évidence, ce seigneur disposait de serviteurs efficaces.

Sardar examina encore Saalyn en plusieurs endroits, palpant pour estimer la souplesse de la peau et des membres. Il défit le bandage qui enveloppait l'épaule pour observer la blessure.

— J'ai l'impression d'avoir déjà vu son visage, dit-il sans même relever la tête, même si je me souviens plus où. Est-elle connue ?

— Ça ne m'étonne pas, il s'agit de Saalyn.

— Saalyn ! La Saalyn ! La guerrière libre ! Elle a donc finalement trouvé plus fort qu'elle. Je ne pensais pas voir ça de mon vivant.

Sardar continua son examen.

— Parfait, dit-il enfin, le spécimen est en excellent état, je pourrai travailler dessus. Pour cette blessure, extérieurement elle est petite, c'est dedans que sont les dégâts. Je pourrai facilement la faire disparaître.

— À la bonne heure, répondit Aldower. Doit-on la laisser ici ?

— Non, il vaudrait mieux la transporter dans l'atelier, pour la laisser se réchauffer.

Le drow fit un signe. Aussitôt, deux esclaves entrèrent avec une civière pour emporter la stoltzin.

— Faites attention, ordonna le taxidermiste, il ne faudrait pas l'abîmer pendant le transport.

Les deux esclaves n'avaient pas besoin d'un tel rappel. Ils savaient parfaitement ce qui se passerait. Ils emportèrent rapidement le corps.

— Efficace le service, remarqua Sardar.

— Je ne garde que les meilleurs, répondit Aldower.

— Et les autres ?

— Je m'en débarrasse.

Évidemment.

Ils sortirent tous les deux. Le drow ferma la porte derrière lui sans toutefois reboucler le cadenas.

Tout en remontant vers les quartiers d'habitation, Sardar demanda :

— Vous aviez parlé de deux corps.

— Le second est en haut. Il est encore vivant, répondit Aldower.

— Une stoltzin d'aussi belle qualité ?

— Une humaine. Trente ans.

— Trente ans, la préparation ne sera pas aussi parfaite.
— Ne vous inquiétez pas, elle a encore l'aspect de la jeunesse.
— Je veux la voir maintenant. Puis j'irai vérifier l'atelier que vous m'avez préparé.
— Tout a été fait selon vos instructions.
— Je préfère m'en assurer moi-même.
— Bien entendu.

Le drow guida les trois humains à travers les escaliers et les couloirs en chantier jusqu'à la chambre de Deirane. Ils entrèrent sans frapper.

Deirane était allongée sur son lit, en robe de chambre, sa nièce blottie contre elle, la tête sur sa poitrine. La curiosité de la fillette avait eu raison de sa peur. Elle examinait quelques pierres facilement accessibles, jouait avec elles. Deirane la laissait faire, sans se forcer pour la première fois depuis longtemps. Dans une autre vie, sa sœur faisait la même chose.

En les entendant entrer, elle sursauta. Devant les visages inconnus, elle s'accroupit, sans lâcher Cleindorel.

— Quand allez-vous nous libérer ma nièce et moi ? demanda-t-elle.
— Ma chère, ne soyez pas si coléreuse. Cela va vous plisser la peau et faire apparaître des rides.
— Des rides, si c'est tout ce qui vous préoccupe…
— Je vous présente Sardar, taxidermiste à Karghezo.

L'annonce du métier de l'intrus coupa Deirane en plein élan.

— Pourquoi un taxidermiste ? demanda-t-elle.

Elle connaissait la réponse, mais cela lui semblait si énorme.

— Quelle question stupide ! répondit Aldower. Pour empailler bien sûr.
— Moi ?
— Entre autres ?

Elle pressa convulsivement sa nièce contre elle.

— C'est le prix à payer pour que cette charmante enfant soit renvoyée chez ses parents.
— Sa vie contre la mienne ?
— Le marché est équitable, il me semble.
— Quel marché ? Vous échangez une chose qui ne vous appartient pas contre une autre qui ne vous appartient pas davantage.
— C'est moi qui vous ai créée. Vous êtes à moi.
— Vous êtes un monstre.
— Je dirais un artiste, plutôt. Un esthète.

À ce moment, Sardar, qui dévorait la jeune fille des yeux, intervint.

— Je peux ? demanda-t-il.
— Bien sûr.

D'un geste, il invita Deirane à les rejoindre au centre de la pièce. Comme elle ne bougeait pas, il la rappela à l'ordre.

— Pensez à notre marché, dit-il.

Deirane repoussa lentement sa nièce, elle descendit de son lit et s'avança à contrecœur jusqu'au petit groupe qui avait investi sa chambre.

Le taxidermiste lui prit le visage dans la main. Il lui pinça la joue, examina les yeux et les lèvres, suivit un fil d'or le long du cou. Puis il s'écarta, l'air satisfait.

— C'est parfait, dit-il, elle fera l'affaire. La peau est souple, pas de rides. Quelques fils gris dans les cheveux. Comme elle est blonde, ils ne devraient pas trop se voir.

— Désirez-vous approfondir votre examen ? demanda Aldower.

— Inutile, j'ai pu voir ce qu'il me fallait. Je pourrai opérer sans problème. J'ai surtout besoin d'en savoir plus sur ce sort. Il paraît qu'il tue ceux qui tentent de la blesser.

— Ne vous inquiétez pas, j'ai le contre-sort.

— Dans ce cas…

— Quand voulez-vous commencer ?

— Par la stoltzin, dans deux jours le temps qu'elle revienne à température ambiante. Elle risque de se décomposer assez vite par cette chaleur.

— Si vous y tenez.

L'évocation de son amie décédée arracha un sanglot à Deirane. Elle rejoignit Cleindorel sur le lit. Le drow quitta la pièce, entraînant ses invités derrière lui. L'ancienne reine d'Orvbel serrait sa nièce contre elle. Toutefois, une pensée tournait en boucle dans sa tête : il existait un contre-sort.

XXXI

Territoires edorians, de nos jours.

Le corps de Saalyn avait bien été transporté dans l'atelier qu'Aldower avait réservé au taxidermiste. Les porteurs l'avaient posé n'importe comment. Avec délicatesse, Sardar allongea les membres et l'examina à nouveau, de manière beaucoup plus approfondie que précédemment. Puis il sortit, laissant sa jeune assistante derrière lui pour rejoindre son employeur.

Une fois seule, elle perdit son air craintif. Elle manifestait de l'assurance et n'avait plus l'air d'une petite esclave maltraitée malgré les haillons qui la couvrait. De ses bagages, elle sortit une tenue plus adaptée que celle, à la limite de l'indécence, que le drow avait donnée à la guerrière. Elle ressemblait fortement à celles dont elle avait l'habitude en mission. Elle l'habilla. Si ce n'est sa pâleur due au froid, une personne entrant dans la pièce aurait pu penser qu'elle dormait.

Dans sa chambre, Deirane était retournée rejoindre sa nièce. Par la fenêtre, le ciel commençait à s'assombrir. La nuit approchait et elle n'avait rien eu à manger de la journée. Elle se leva pour manifester sa présence.

— Qu'est-ce que c'est ? demanda Cleindorel.

Elle se retourna intriguée vers sa nièce, la jeune fille n'avait pas prononcé un mot de la journée.

— Quoi donc ? demanda-t-elle.

— Ça.

Elle désignait quelque chose sur le sol.

— C'est tombé de votre poche.

Un petit morceau de papier qu'elle n'avait pas remarqué était par terre. Elle n'avait rien trouvé quand elle avait enfilé la robe de chambre la veille au soir. À vrai dire, elle n'avait pas fouillé les poches non plus. Intriguée par la façon dont il avait pu arriver là, elle le ramassa. Pendant qu'elle le dépliait, sa nièce la surveillait, la respiration haletante. C'était un message, il était bref. Elle sourit de joie et le montra à Cleindorel.

— Je ne sais pas lire, dit la jeune fille.

— Excuse-moi, répondit Deirane, il y a marqué : « cette nuit, dernier monsihon, soyez prête ». Le message est rédigé en helariamen. Il n'est pas signé.

— Qu'est-ce que ça veut dire ?

— Ça veut dire qu'on vient nous chercher. Ils savent où nous sommes, ils arrivent.

Un léger sourire illumina le visage de la gamine, mais rien de plus. Elle était encore trop perturbée pour se laisser aller librement. Deirane examina une dernière fois le message.

— Je me demande qui l'a mis là. Un domestique peut-être. En tout cas l'Helaria a un espion dans la place.

Elle réduisit le morceau de papier en miettes qu'elle dispersa dans la cheminée. Le feu était éteint, elle espérait que personne n'irait voir l'âtre de près. Il ne fallait pas qu'Aldower ou ce Sardar trouvassent ce message.

Deirane fouilla les placards pour trouver une tenue plus adaptée que celle qu'elle portait. Le drow n'avait prévu de la garder que quelques jours. Il avait réduit sa garde-robe au minimum. Il n'y avait aucune tenue pour l'extérieur, juste sa robe de soirée et sa robe de chambre. Les vêtements qu'elle avait en arrivant n'étaient nulle part. Le drow avait dû juger qu'ils ne serviraient plus jamais et les détruire, ou les donner à ses domestiques.

Cleindorel était encore plus pauvre puisqu'Aldower n'avait pas fait suivre les affaires de la jeune fille, au demeurant fort peu nombreuses, quand elle avait déménagé pour la chambre de sa tante. Elle estima que cela conviendrait. Il le fallait, elle n'avait pas le choix. Elle alla rejoindre le lit et sa nièce pour attendre le moment de partir. Elle espérait juste qu'elle n'aurait pas trop de buissons épineux à traverser lors de leur fuite.

La nuit était tombée sur la vallée de l'Unster. Des trois lunes d'Uv-Polin, seule Nëppë, la plus petite, était levée. Elle répandait une lumière brillante qui donnait aux objets un aspect fantomatique, privés de leurs couleurs. La cour du château était suffisamment éclairée pour permettre à un individu de s'y déplacer sans problème.

La porte du donjon s'entrouvrit silencieusement. Une ombre se glissa entre les battants qu'elle referma après son passage, descendit rapidement l'escalier et entreprit de traverser la zone dégagée. Un bruit au-dessus de sa tête l'alarma. Elle se plaqua contre le mur le plus proche et devint attentive. La sentinelle, ce ne pouvait être que ça, allait bientôt passer. D'où il était, l'intrus ne pouvait la voir, mais c'était réciproque. À l'oreille, il suivit son parcours, entrecoupé de nombreux arrêts pour surveiller la forêt, le long du chemin de ronde. Au bout d'un moment, le garde devint visible. Ce dernier fut bientôt hors de vue, sortant de la cour par le côté opposé à son entrée.

Aussitôt l'alerte passée, la silhouette reprit sa progression. Longeant les murs, elle s'avançait vers la porte principale. Sans plus faire aucune rencontre, elle l'atteignit. L'individu examina la grande barre de cuivre qui la maintenait fermée. Celle-ci s'enfonçait dans les murs et passait par des corniches métalliques, bloquant les battants aussi bien dans un sens que dans l'autre. L'épaisseur du métal en faisait une bonne protection contre les béliers. Il était aussi signe d'un poids élevé et donc que les manipulations ne s'effectuaient pas à la main. Un mécanisme devait certainement faire coulisser cette barre.

L'espion jeta un bref coup d'œil autour de lui. À sa droite, il vit une petite porte en bois. Autant commencer par là. Elle était maintenue fermée par un simple loquet non verrouillé. Il le tira et la porte s'ouvrit doucement en grinçant.

Il y avait un problème, une silhouette se tenait dans l'encadrement, à peine discernable dans la nuit. L'espion prit un air déconfit pendant que l'autre s'avançait. L'embusqué démasqua la lanterne assourdie qu'il portait, les exposant toutes les deux en pleine lumière. Stranis regarda celui qu'il avait surpris, un air goguenard sur le visage.

— Je vous attendais, dit-il, je savais que vous viendriez ici.

— Qu'est-ce qui m'a trahi ? demanda Sardar.

— Votre déguisement était parfait. Vous jouiez votre rôle à la perfection. C'est la stoltzin qui vous a trahie. Quand vous l'avez examinée. Vous étiez trop respectueux avec son corps. Vous ne manipuliez pas un simple cadavre. Il y avait un lien affectif entre vous quand elle était vivante. Et l'humaine aussi. À votre place, j'aurais été curieux, j'aurais voulu examiner son tatouage dans les moindres détails. Je l'aurai entièrement déshabillée. Votre retenue ne peut s'expliquer que d'une seule façon. Vous êtes Öta, c'est cela ?

— Inutile de mentir, je suis découvert.

Il enleva le déguisement qui transformait son visage : la fausse cicatrice, le foulard et les tampons derrière les joues.

— Le vrai Sardar, où est-il ?

— Prisonnier, nous ne sommes pas les seuls à la poursuite d'Aldower. Des bawcks ont mis la main sur cet homme et nous l'ont livré.

— Il vous a dit où nous trouver ?

— Il l'a confirmé. Nous savions déjà.

— Et l'esclave ?

— Ma disciple personnelle. Une jeune femme promise à un bel avenir dans la profession. Elle est douée.

— Un avenir bien compromis.

De la lanterne, il désigna la porte.

— Si vous voulez l'ouvrir, je suppose qu'il y a une troupe de soldats embusquée dehors. L'attaque d'Aldower sur les stoltzt a donc échoué.

— Ses prémisses étaient fausses, son projet ne pouvait pas marcher.

— À la réflexion, cela semble en effet un peu infantile de vouloir exterminer toute une race en se basant sur le lien télépathique les unissant.

— Ça aurait pu marcher. En l'occurrence, tout ce qu'il a réussi à faire c'est à foutre les pentarques en rogne. Ils veulent sa peau.

— Qui nous avez-vous envoyé ? L'infanterie ?

— La troupe du commandant Levander.

Stranis esquissa un sourire.

— En effet, les pentarques sont vraiment en rogne. Ils veulent vraiment la peau d'Aldower. Je ne comprends pas comment vous avez pu les faire venir aussi vite. Leur caserne est basée à Frovreikia, trop loin pour l'acheminer en aussi peu de temps.

Öta ne répondit pas, se contentant d'un sourire.

— Nous allons faire en sorte qu'ils ne puissent pas rentrer, dit Stranis.

— Vous savez bien qu'ils rentreront de toute façon.

— Je sais, mais je préférerais être loin d'ici quand ils y arriveront.

Stranis leva l'épée qu'il tenait dans la main droite et la pointa sur le stoltzen.

— Vous allez me suivre, ordonna-t-il, mon employeur souhaite vous rencontrer avant la bataille.

— Vous lui avez donc dit qui j'étais.

Stranis confirma d'un léger mouvement de tête.

— Et si je refuse ?

— Il n'est pas indispensable que vous soyez entier pour cette rencontre. Il préférerait quand même que vous soyez vivant.

— Je m'attendais à une réponse de ce genre.

Öta commença à obéir, de mauvais gré. Brutalement, il lança sa jambe en avant, visant la lanterne. Stranis parvint à esquiver, mais le temps qu'il reprît son équilibre, le stoltzen avait dégainé son épée et s'était positionné face à lui. Un rictus se dessina sur les lèvres de l'humain.

Un grattement discret à la porte alerta Deirane. Elle se redressa, attentive. La porte s'ouvrit et une petite silhouette entra. C'était une jeune femme, une humaine, celle qu'elle avait vue en compagnie du taxidermiste un peu plus tôt. Elle était habillée de haillons comme une esclave appartenant à un maître avare. Sauf qu'elle n'avait pas l'attitude d'une esclave. Bien au contraire, elle semblait sûre d'elle, attentive à ce qui l'entourait, sans manifester aucune crainte. Une assurance qu'on n'aurait jamais attendue d'une personne aussi menue. Elle ferma la porte derrière elle.

— Deirane ? Cleindorel ? demanda-t-elle en helariamen.

— C'est nous, confirma Deirane, vous êtes venue nous chercher ?

— Habillez-vous vite.

La nouvelle venue tendit un sac aux deux prisonnières. Deirane regarda dedans. Elle y trouva des vêtements plus adaptés à une marche en forêt que ceux que les deux femmes portaient actuellement. Pendant qu'elles se changeaient, Deirane discuta avec la jeune femme.

— Qui êtes-vous ? demanda-t-elle.

— Mënim de Silmenare, apprentie de la corporation des guerriers libres.

— J'ignorais que les apprentis partaient en mission.

— Les apprentis suivent leur maître dans certaines de leurs missions, pour apprendre.

— Je connais votre maître ?

— Je suis la disciple d'Öta.

— Öta est ici ? Je le croyais dans les royaumes nains.

— Il ne faut jamais croire ce qu'on raconte. Vous l'avez vu ici même il y a quelques monsihons en compagnie d'Aldower.

— C'était lui ? Je ne l'avais pas reconnu.

Mënim hocha la tête.

— Où est-il maintenant ?

— Il s'occupe de faire entrer le commando.

Deirane entra sa chemise dans son pantalon avant de demander.

— Comment nous avez-vous trouvés ?

— Nous ne sommes pas les seuls à poursuivre ce drow. Une troupe de bawcks était aussi sur ses traces. Ils connaissaient à peu près l'emplacement du château. Nous nous sommes associés. Pour les détails, Wuq nous a guidés en se basant sur l'esprit du sensitif.

— Elle a eu le temps de repérer le château avant qu'il ne soit assassiné ?

— Elle est douée, l'une des meilleures dans sa partie.

Deirane avait noté, la disciple avait bien dit Wuq, pas Muy. La deuxième sœur. Son ravisseur avait maintenant toute la Pentarchie à ses trousses. Les *Dargial Caltherisy* étaient en chasse. L'espérance de vie d'Aldower venait singulièrement de se réduire.

Tout en achevant de se préparer, elle jeta un coup d'œil à sa nièce. La fillette avait été très perturbée par son enlèvement. Elle savait s'habiller depuis des années, toutefois elle avait mal fixé les lanières qui maintenaient sa tunique fermée. Deirane l'aida à les ajuster.

L'équipement apporté par la jeune apprentie comprenait des chaussures de marche. Deirane enfila sa paire. Les lacets noués, elle reprit la discussion.

— Avec un sensitif et un guerrier libre morts, vous savez ce que me réservent les pentarques ?

— Que voulez-vous qu'ils vous fassent ? Aldower nous a déclaré la guerre, c'est lui l'ennemi. Pas vous.

Deirane était rassurée. Elle s'attendait à ce que Muy lui mît la mort de Saalyn sur le dos. Apparemment, elle était revenue à de meilleures dispositions la concernant.

— Quelle est la suite du programme maintenant ?

— On attend le signal d'Öta et on y va.

— En quoi consiste ce signal ?

— On verra bien. Je suppose qu'il sera facilement reconnaissable. Vous êtes prête ?

Deirane jeta un coup d'œil sur sa nièce qui avait fini de s'habiller.

— Oui, répondit-elle.

— Attendez-moi, je reviens.

Mënim s'apprêtait à sortir.

— Vous nous laissez seules ? demanda Cleindorel.

— J'en ai pour quelques stersihons.

— Il peut se passer bien des choses en quelques stersihons.

La jeune guerrière libre vérifia que le couloir était vide avant de quitter la pièce, refermant soigneusement la porte derrière elle.

Contrairement à sa promesse, la petite disciple mit longtemps à revenir. Deirane commençait à croire qu'elle avait été capturée quand la porte s'ouvrit à nouveau. Deirane fut aussitôt sur ses gardes. Toutefois, quand elle vit qui Mënim ramenait avec elle, elle fut transportée de joie. Saalyn était bien vivante, même si elle semblait être en piteux état. Elle donnait l'impression d'être saoule, ses mouvements étaient hésitants, mécaniques. Elle serait tombée sans la jeune apprentie qui la soutenait. Sa mise était misérable avec ses cheveux et sa robe mouillée. Sa compagne tentait de la guider, mais étant toute petite et pas très forte, le trajet jusqu'à la chambre l'avait fatiguée. Deirane se leva pour l'aider. À deux, elles amenèrent la stoltzin jusqu'au lit. L'ancienne reine d'Orvbel s'assit pour la recevoir. Saalyn se laissa aller entre les bras de son amie, incapable d'un effort supplémentaire.

— Que lui arrive-t-il ? demanda Deirane.

— Le froid, répondit Mënim, ce drow l'a enfermée dans une chambre froide.

— Je la croyais morte, je n'entendais plus battre son cœur.

— Les stoltzt sont plus solides qu'on ne croit. Le cœur repart souvent de lui-même au bout de quelques vinsihons. Les crises cardiaques sont une particularité humaine. Vous l'ignoriez.

— On a dû me le dire un jour. Mais je n'en ai pas tiré les conclusions.

— Et Aldower non plus pour notre bonheur.

— Elle n'a pas l'air bien, remarqua Cleindorel.

— Elle est à la limite de tomber en léthargie. Il faut la réchauffer. Elle va aller mieux quand elle aura plus chaud.

Deirane l'enveloppa dans la couverture que lui tendait sa nièce. Puis elle la frictionna. Mënim fouilla dans le sac qu'elle avait amené et en sortit de quoi remplacer ses vêtements mouillés qui ne devaient pas l'aider à se réchauffer.

— Pourquoi l'avoir habillée si vous deviez la changer juste après ? demanda Deirane.

— Il n'était pas question de la laisser dans la tenue que lui avait imposée ce drow.

Elle ne pouvait qu'être d'accord avec la petite femme.

Les deux adversaires se jaugeaient du regard. Chacun essayait de saisir le moment opportun où l'autre relâcherait son attention pour lancer l'attaque. Elle vint, si foudroyante, qu'Öta faillit se laisser surprendre. L'humain s'était fendu, obligeant le stoltzen à reculer. Il bloqua l'attaque suivante. Ils échangèrent quelques passes pendant lesquelles aucun des deux ne parvint à prendre l'avantage.

— Pas mal, pour un guerrier libre, remarqua Stranis.

— Pas mal pour un vieillard, renvoya Öta.

Il lança l'attaque suivante, que l'ancien chef de bande parvint à parer sans peine.

Il n'avait fallu qu'un instant à l'Helariasen pour juger son adversaire. Très habile et très expérimenté. Plus que lui. Son seul atout résidait dans sa jeunesse. Stranis était un vieillard, son endurance était forcement moindre que celle d'Öta. Entre un stoltz et un humain, les années correspondaient à des décennies. Il pouvait l'avoir à l'épuisement. Le tout était de parvenir à tenir assez longtemps sans se faire blesser. Finies donc les attaques risquées. Il se contenta de se défendre tout en faisant courir son adversaire.

Stranis était conscient de ses limites. Il était arrivé à la conclusion inverse, il devait conclure rapidement le combat. Ses assauts étaient violents, dévastateurs, et obligeaient Öta à se surpasser pour les contrer. Plusieurs fois, il faillit percer les défenses du guerrier libre.

Leur combat conduisit les deux adversaires jusqu'à l'escalier qui menait sur le chemin de ronde. Stranis prit l'avantage en montant quelques marches, dominant son opposant de sa position élevée. Il lança quelques attaques foudroyantes qu'Öta para de justesse. Le stoltzen prit un peu de distance. D'un rapide coup d'œil circulaire, il chercha quelque chose pour l'aider. La cour était totalement vide.

Brusquement, le stoltzen fit demi-tour et se précipita vers la pièce qui commandait la porte des remparts.

— Lâche, lança Stranis.

Il se lança à sa poursuite. Il le rattrapa à mi-chemin. Öta lui fit face et para l'attaque. Les deux épées restèrent engagées.

— Tu t'enfuis, tu as peur de moi, cracha Stranis.
— Ma mission est d'ouvrir cette porte, pas de te combattre.
— Tu n'as aucun sens de l'honneur.
— L'honneur est une affaire personnelle. Je suis en mission. La mission passe avant l'honneur.

Öta repoussa son adversaire. Il tenta de profiter de son déséquilibre pour l'attaquer. Stranis parvint à arrêter l'épée de justesse.

Les échanges reprirent. Peu à peu, Stranis commençait à se fatiguer, il reculait tout doucement vers la muraille. Il fit quelques passes rapides, se fendit, attaqua à nouveau. Öta paraît toutes les attaques avec difficulté, mais il parvint à rester indemne.

L'épée du guerrier libre toucha le bras d'épée du mercenaire, l'entaillant jusqu'à l'os. Stranis lâcha son arme et tomba à genoux, la main sur la plaie qui dégoulinait de sang. Öta lui plaça la pointe sous la gorge.

— Tu as perdu, dit Öta, tu as présumé de tes forces.

Pour toute réponse, Stranis lui sourit, un sourire cruel de vainqueur. Il regardait son adversaire droit dans les yeux.

— Ta vie misérable s'arrête ici, continua Öta. Tu as une dernière phrase à dire ?

Öta s'attendait à des supplications, un plaidoyer, voire à des insultes. En aucune façon à ce silence et cet air arrogant qu'il affichait.

Un choc violent dans le dos projeta le stoltz en avant. Il tomba alors que Stranis se poussait. Une flèche, lancée par un archer embusqué venait de le toucher. Sa cuirasse avait rempli son rôle. Néanmoins la pointe avait crevé le cuir bouilli et lui avait entaillé la peau. Une blessure sans gravité. Sauf qu'il avait lâché son épée sous la surprise. Et Stranis en avait profité. Il s'était relevé et tenait son arme posée sur la nuque du guerrier.

— Tu avais raison, dit-il, la mission passe avant l'honneur.

Il leva son épée, prêt à décapiter son adversaire.

Mënim était anxieuse. Toute sa petite troupe était prête, y compris Saalyn qui avait été équipée par les trois femmes. Malheureusement la guerrière était toujours léthargique. Incapable de marcher seule, ne faisant preuve d'aucune volonté, elle se contentait d'obéir. Sa seule réaction consciente consistait à se réfugier contre Deirane — seule personne qu'elle connaissait dans la pièce — dès qu'elle le pouvait. Envolée la combattante pleine d'allant, elle semblait devenue une personne craintive.

Deirane n'était pas surprise. Elle avait déjà vu des stoltzt engourdis par le froid. Ils fonctionnaient au ralenti, même leur cerveau allait lentement.

Cependant, pour la jeune guerrière libre, cela posait un problème. Bien que la réputation de Saalyn au combat soit fortement exagérée par la légende, elle restait une guerrière habile avec une épée à la main.

Mënim comptait sur elle pour sortir du château, alors que dans son état actuel elle allait constituer un poids mort. Elles allaient devoir traverser un territoire hostile, en transportant une stoltzin amorphe, alors qu'aucune d'elle n'était capable de la soulever seule. Par ailleurs, si Deirane savait se servir d'une épée, elle n'était pas une combattante émérite. Quant à Cleindorel, qui avait jusqu'à présent vécu une existence protégée, elle ne savait même pas par quel côté saisir l'arme. La sécurité de leur petit groupe reposait donc sur ses seules épaules alors qu'elle n'était pas une grande guerrière. Et le signal d'Öta qui n'arrivait toujours pas.

Elle regarda par la fenêtre, essayant d'apercevoir les troupes qui se cachaient au-delà de la muraille. Elle ne voyait rien bien sûr, elles ne devaient pas se faire repérer avant l'assaut. Pourtant elles étaient là. Pourquoi n'étaient-elles pas encore entrées dans la forteresse ?

XXXII

Territoires edorians, de nos jours.

Öta sentait l'épée posée sur son cou. Il fallait faire vite. Il regarda autour de lui pour voir ce qui pourrait lui servir. Il pouvait esquiver un ou deux coups, guère plus avant que Stranis ne l'atteigne. Son épée était trop loin, l'assassin le clouerait au sol avant qu'il ait pu l'atteindre. Et s'il ne faisait rien, il allait mourir.

Soudain, il la vit. La lampe que le truand avait lâchée au début du combat. Ce n'était pas une lampe helarieal à base de champignon luminescent, mais une lampe à huile de fabrication humaine, un réservoir en argile avec une mèche qui plongeait dedans, la flamme à nue. Par chance, elle ne s'était pas brisée en tombant sur le sol en terre battue. Un peu d'huile en avait coulé, heureusement pas assez pour qu'elle s'éteigne. Et elle était juste à portée de sa main. Quand la lame s'écarta de la peau pour prendre un peu d'élan, il agit.

D'un geste de la main, il projeta la lampe sur le mercenaire. Stranis, surpris, se protégea le visage du bras. Le fragile récipient d'argile heurta la garde de l'épée. Sous le choc, il se brisa et l'huile enflammée se répandit sur lui. Affolé, il secoua le bras, ne réussissant qu'à la répandre davantage. Sous la souffrance, il se mit à hurler. Öta se releva. Il esquiva une seconde flèche et se précipita sur son épée. Puis il fonça sur Stranis. Ses vêtements s'étaient enflammés, le transformant en torche vivante. Il se roulait sur le sol pour tenter d'étouffer les flammes, sans succès. Öta ramassa l'épée du hors-la-loi, il la lui planta dans le cœur et la laissa là, ne cherchant pas à la récupérer.

Le guerrier libre fonça vers la pièce qui contrôlait le verrouillage de la porte. L'archer invisible tirait flèche sur flèche pour essayer de l'arrêter. Il se laissa tomber à travers la porte qu'il ferma d'un coup de pied.

À l'abri, il prit le temps d'examiner les lieux. L'endroit était sombre. Il devinait à peine la roue qui actionnait la barre de fermeture. Le long du mur, une cornière la guidait quand elle glissait. Il se leva, bloqua la porte derrière lui et alla voir la roue de près.

Il commença à la tourner. Le mécanisme était lourd et la barre bougeait difficilement. Malgré tout, elle progressait. Son dos le faisait souffrir et l'empêchait de mener un effort soutenu. La première flèche l'avait blessé plus qu'il ne l'avait cru.

Des coups étaient portés contre la porte de la pièce, son adversaire cherchait à entrer. Il n'en tint pas compte, et continua sa tâche. Il s'arrêta à deux reprises pour souffler. Enfin il arriva en butée. Le verrou était débloqué. Il se laissa glisser contre le mur.

Dehors, il entendit les battants s'ouvrir violemment alors que les soldats du commando investissaient la forteresse endormie.

Deirane entendit un bruit violent de bois fracassé dans le couloir. Mënim dressa l'oreille. Sous le regard affolé de Cleindorel, elle sortit doucement son épée du fourreau et alla se placer à côté de la porte. Le même bruit se fit entendre une seconde fois, plus proche. Deirane ferma la main sur la poignée de son arme. Un bruit de course dans le couloir se termina par un choc plus sourd.

— Ce n'était pas une porte ça, commenta Mënim à voix basse, c'est un crâne contre une massue. La massue a gagné.

— On vient nous chercher ? demanda Deirane.

— C'est possible. Qui ? Le commando n'utilise pas de massues.

Une nouvelle porte fut enfoncée, c'était celle de la chambre voisine. Mënim leva son arme, prête à frapper.

La porte de la chambre vola en éclat. Au milieu des débris, un bawck immense se dressait. Il était vert uniforme, le corps aux muscles noueux, couturé de cicatrices. Dans sa main gauche, il tenait une masse d'arme en bronze tachée de sang. Dans le dos, il avait une immense épée aussi grande que la petite stoltzin. Cleindorel poussa un hurlement de terreur. En le voyant, Mënim baissa son arme de soulagement.

— Gonrak cherche femelle humaine, dit-il.

— Vous nous avez trouvées, répondit Deirane.

Le bawck tendit un objet enveloppé dans un carré de tissu à Deirane. Elle le déroula. Ce qu'elle en tira lui fit écarquiller les yeux d'étonnement. C'était l'arme de poing feytha que lui avait montrée Saalyn au consulat. Le dernier objet qu'elle s'attendait à avoir en main. En plus, il était opérationnel, sa pile chargée.

— Voilà qui va rééquilibrer les forces, remarqua-t-elle.

— Femelles humaines suivre Gonrak. Gonrak sortir femelles du camp ennemi.

— Un instant, intervint Mënim, la guerrière Saalyn ne peut pas marcher.

— Saalyn blessée ?

— Elle est restée plusieurs jours en chambre froide.

Sans faire de façon, le bawck attrapa la guerrière apathique et la balança sur son épaule.

— Maintenant vous venir, dit-il.

Deirane poussa sa nièce à la suite du bawck et s'engagea derrière elle. Mënim, l'épée au clair, fermait la marche.

Emmené par Gonrak, le petit groupe suivait les couloirs. Malgré sa taille, plus de deux perches, le bawck se déplaçait sans un bruit. Sa force et son habileté, tout en lui indiquait un grand chasseur. L'endroit était un véritable labyrinthe. Pourtant, il les guidait sans hésitation. Sans précipitation non plus, il écoutait attentivement les bruits à chaque intersection.

Au détour d'un couloir, ils découvrirent une silhouette longiligne, solidement campée sur ses jambes, devant eux. Aldower portait une armure passée à la va-vite et une longue épée de cuivre forgée par les nains dans la main droite. Il dévisageait le bawck l'air étonné.

— Vous ne manquez pas de surprise, ma chère Deirane, dit Aldower. Des stoltzt, des orques, qu'allez-vous sortir d'autre de vos poches comme alliés ?

— Je ne suis pas allié à ce bawck, répondit-elle.

— Alors d'où sort celui-là ?

Pour toute réponse, Deirane lui envoya un petit sourire, très similaire à celui que le drow lui adressait quand elle posait une question à laquelle il estimait ne pas devoir répondre. Elle leva la tête vers le géant qui les escortait.

— Vous pouvez libérer le passage ? demanda-t-elle.

— Gonrak opérer.

Sans ménagement, il laissa Saalyn glisser au sol. Puis il sortit sa longue épée de bronze et se mit face à son adversaire.

Mënim regardait l'arme, envieuse. Les Helariaseny ne fabriquaient pas d'armes aussi splendides. La métallurgie était le domaine presque exclusif des nains et des bawcks. Les épées produites par ces deux peuples étaient d'excellente facture et seuls les décorations et le métal les différenciaient : cuivre et incantations pour les nains, bronze et motifs tribaux abstraits — en réalité l'écriture du défunt empire Ocarian — pour les bawcks.

Les deux adversaires étaient face à face. Gonrak leva son arme, prêt à lancer l'attaque. Le drow l'imita. Deirane intervint alors. Elle leva son pistolet et le pointa sur Aldower.

— Vous trichez, dit-il, une arme à rayon face à une arme blanche, ce n'est pas équitable.

— Vous avez porté atteinte à ma famille, répondit-elle, je ne vous laisserai pas recommencer.

— Ce n'est pas la raison de votre présence ici, vous le savez bien.

Elle tira. Le rayon, invisible, arracha le plâtre du mur sur l'équivalent d'une assiette. Aldower regarda les dégâts. Puis il s'enfuit. Gonrak s'élança à sa poursuite en hurlant.

— Non, s'écria Mënim, ce n'est pas le moment.
— Gonrak ! revenez ! lança Deirane.

Le bawck fit demi-tour et revint, l'air déçu.

— C'est une machine à tuer, il vous aurait blessé, expliqua Deirane, et nous avons besoin de vous.
— Drow en fuite, drow lâche, dit Gonrak.
— Il n'est pas lâche. Mon arme était trop puissante. Il n'avait pas l'armure qu'il fallait. Je l'aurai tué avant qu'il ait pu toucher l'un de nous.
— Arme feytha, arme de lâche.
— Chacun utilise ce qu'il peut.

Gonrak reprit Saalyn sur son épaule, elle poussa un gémissement de douleur. Ils reprirent leur route.

Comme ils approchaient de l'entrée du château, l'agitation devenait plus perceptible. Les gardes, edorians pour la plupart, se précipitaient vers le lieu où la forteresse avait été investie. Certains n'avaient pas eu le temps de passer une protection. À proximité du grand hall, les chocs entre épées et les cris des blessés recouvraient tous les autres bruits.

C'est dans l'entrée du donjon, que la bataille se déroulait. Les soldats helarieal et les bawcks se battaient au coude à coude, contre les défenseurs du fort. Les edorians, arrivant par plusieurs couloirs à la fois, avaient bloqué l'avancée des Helariaseny, pourtant plus nombreux grâce à leurs alliés imprévus. Il y avait de nombreux blessés dans les deux camps. De façon surprenante, aucun Helariasen n'était tombé. Ils n'avaient reçu que des blessures bénignes. Ils se battaient avec une efficacité qui dépassait largement celle d'un simple soldat. C'était une troupe d'élite que lui avait confiée Wuq. Deirane s'en doutait depuis qu'elle les avait vus la première fois. Elle en avait maintenant la confirmation.

Gonrak poussa un cri d'avertissement. Les assaillants tentèrent de ménager un passage pour permettre aux fuyards de passer. Ils n'étaient malheureusement pas assez nombreux pour y arriver. Là encore, l'arme de Deirane fit la différence. Face aux ravages qu'elle produisait, les défenseurs du château se réfugièrent dans les couloirs proches. Les trois femmes traversèrent une salle presque vide.

— C'est bon, cria Öta en les voyant arriver, les femmes sont extraites.
— On dégage, ordonna Levander, repliez-vous.

Aussitôt, les Helariaseny commencèrent à reculer, se dirigeant vers la porte de sortie. Quelques stersihons furent nécessaires pour se rassembler en bon ordre dans la cour. La situation était désormais inversée, les défenseurs du château qui tentaient de sortir se retrouvaient face au commando tout entier. Un soldat lança un récipient en terre devant la porte. En éclatant, il éclaboussa tout l'encadrement d'un liquide gras.

— À vous de jouer, dit Levander à Deirane.

Elle tira un coup de son laser et l'huile s'enflamma. Des flammes vives s'élevèrent, bloquant les soldats d'Aldower. À leur vue, elle ressentit une joie intense, presque orgasmique. Les Helariaseny s'enfuirent, emportant les blessés avec eux. Avant de sortir, la porte de la muraille fut bloquée de la même façon que celle du donjon pour empêcher le drow de se barricader après leur départ et pour rendre difficile toute poursuite.

Les soldats helarieal et les bawcks se rassemblèrent en bon ordre devant la forteresse.

— Le feu ne les retardera guère plus de deux calsihons, déclara Öta. Nous avons douze longes à parcourir dans la jungle avant d'être en sécurité. Dépêchons-nous.

Douze longes. L'énormité de la distance coupa le souffle à Deirane. C'est ce qu'un piéton parcourait dans la journée. Et ils allaient devoir le faire en courant ? Elle n'y arriverait jamais.

— En file, ordonna Levander, les civils au centre. Au pas de course. Les autres, vous suivez le plan établi ce matin.

La troupe se disposa en file indienne pour s'enfoncer dans la forêt. Les Helariaseny étaient en tête, suivis par les bawcks. Les archers edorians qui avaient été postés sur les murailles suivaient la colonne, activant les pièges préparés à l'aller en prévision de la retraite. Dès que la lisière des arbres fut passée, Levander donna quelques ordres brefs. Les soldats se dispersèrent sur les côtés afin d'assurer la sécurité du petit groupe de fuyards. Une manœuvre parfaitement huilée, maintes fois répétée à l'entraînement.

La marche était aisée dans la végétation clairsemée. Si la conformation du terrain permettait à l'Yrian et l'Helaria d'être relativement protégés des ravages de la guerre feytha, ce n'était pas le cas partout. La forêt, autrefois impénétrable, avait souffert d'un demi-siècle de pluie empoisonnée. Beaucoup d'arbres étaient morts. Il ne restait que les troncs, fûts noirs et torturés, à moitié pourrissants. Les survivants, uniquement de jeunes arbres, grandissaient mal au milieu de cette terre contaminée. Ils étaient petits et malingres. Et le sous-bois quasiment inexistant. Pourtant ils s'accrochaient, la vie n'avait pas baissé les bras. Ils arrivaient à se reproduire avant de mourir. La forêt persistait malgré tout. Quand les pluies cesseraient et que le sol serait nettoyé, dans quelques siècles, elle pourrait resurgir, impénétrable comme par le passé. Les animaux brillaient par leur absence, sauf les plus petits comme les insectes ou les lézards. Là aussi, il faudrait du temps pour qu'ils reviennent.

Deirane marchait en seconde position, juste derrière Öta. Gonrak, portant toujours Saalyn sur son épaule, l'accompagnait. Cleindorel était juste à côté d'elle. Les soldats helarieal, en tenue camouflée verte et brune, étaient totalement invisibles autour d'eux. Sauf Levander qui les guidait. L'ancienne reine s'interrogeait sur cet homme. Il semblait si discret quand Saalyn dirigeait l'expédition. Et maintenant, il commandait comme s'il était le chef. Même les bawcks lui obéissaient. Il avait donc dû leur prouver sa compétence, sinon ils auraient agi de leur côté, sans s'occuper des Helariaseny.

Un drow se laissa tomber d'un arbre juste devant eux. Deirane par réflexe posa sa main sur la crosse de son arme. D'un geste apaisant, Öta l'arrêta.

— Il est avec nous, dit-il.

En effet, hormis le fait qu'il était grand, mince et sombre de teint comme tous ses frères de races, il ne ressemblait pas du tout à Aldower. Il n'avait pas l'air plus amical pour autant. Un peu inquiète, Deirane l'examina pendant qu'il faisait son rapport au chef de l'expédition. Son équipement était helarieal, bien qu'il ne comportât pas les signes d'identification de la Pentarchie.

Ce drow portait un arc, c'était l'un de ceux, en poste sur les murailles du château, qui avaient protégé leur fuite. Il faisait son rapport à Öta en utilisant le minimum de phrases, à la limite du laconisme. Une fois la réponse du stoltzen reçue, il repartit vers l'arrière de la colonne. La troupe reprit sa progression.

— J'avais raison, dit Levander à Öta qui s'était placé à sa hauteur, le drow nous avait tendu un piège. Il n'y avait que deux douzaines de soldats dans le château, mais une armée nous attendait derrière prête à fondre sur nous.

— Pourquoi ne sont-ils pas intervenus ? demanda le guerrier libre.

— On les a eus par surprise. Avec la disparition de Saalyn et la mort de Trazen, Aldower ne s'attendait pas à ce qu'on le retrouve aussi vite.

À l'arrière, un bruit violent suivi d'un cri de douleur les interrompit. Levander se retourna, un sourire carnassier sur les lèvres.

— Ils ont trouvé le premier piège, dit-il.

Il fit cependant accélérer le pas. Les bruits de poursuite avaient cessé, preuve que l'ennemi avait appris la prudence. Tous savaient cependant que ce répit serait de courte durée.

La chaleur presque étouffante de la nuit finit par ranimer Saalyn. Au bout d'un long monsihon, elle émergea de sa léthargie. Gonrak la reposa sur ses pieds et elle trottina à leur côté. Elle était encore peu assurée sur ses jambes, Öta avait pris le relais du bawck. Il la soutenait. Elle reprenait rapidement des forces. À mi-chemin, elle progressait seule. Deirane savait à quoi s'en tenir, cependant. Elle connaissait les stoltzt et leurs limites. À marcher ainsi, l'estomac vide, après une telle épreuve, elle allait s'effondrer avant l'arrivée.

Au cours de cette longue fuite, le drow vint à plusieurs reprises informer Levander de la progression de l'armée d'Aldower. Si ses éclaireurs avaient tous été éliminés, le gros des troupes s'était réveillé et regagnait le terrain perdu. Les pièges avaient tous été déclenchés, ils n'avaient plus d'obstacle devant eux et possédaient une bonne connaissance du terrain. Plus d'obstacle, sauf les drows, les bawcks et les soldats d'élite du commando.

Une course contre la montre s'engagea. Les Helariaseny devaient atteindre le fleuve et la sécurité avant que les ennemis ne les rattrapent. Deirane et Cleindorel commençaient à ressentir la fatigue dans leurs jambes. À bout de force, la jeune fille trébucha. Gonrak poussa un cri. Aussitôt, un bawck quitta sa position d'escorte et la balança sur son épaule. Un autre s'empara de Deirane sans lui demander son avis et Gonrak reprit Saalyn qui ne protesta pas tant elle était épuisée. Libérée des éléments les plus lents, la troupe accéléra le rythme. Tous se déplaçaient au pas de course, sous l'œil vigilant de leurs défenseurs invisibles.

Les cris des soldats ennemis se rapprochaient, ils étaient sur le point de les rattraper. Les soldats et les drows en éliminaient quelques-uns, pourtant c'était insuffisant tant ils étaient nombreux. Quelques dizaines de perches seulement séparaient les fuyards de leurs poursuivants. Une clameur s'éleva derrière eux alors qu'ils étaient repérés.

— Pas de charge ! lança Levander.

Les bawcks accélérèrent leur rythme. Öta était un guerrier en plus de son statut de guerrier libre. Il n'avait toutefois jamais reçu l'entraînement de ces soldats d'élite. Malgré son endurance plus faible, il parvint à rester à leur hauteur. Il doutait toutefois d'en être capable jusqu'au bout. Un bawck se retourna pour intercepter un soldat de l'avant-garde ennemie. D'un coup d'épée il entailla la jambe du poursuivant, puis reprit sa place dans le rang.

Une seconde colonne leur tomba dessus par le côté. Instantanément, les bawcks réagirent, ils se disposèrent en cercle pour faire face à la menace. Des soldats helarieal se laissèrent tomber des arbres. Aussitôt la lutte s'engagea. Les edorians d'Aldower étaient de bons soldats, d'autant meilleurs que leur maître ne pardonnait pas l'échec. Seulement ces Helariaseny étaient des combattants exceptionnels. Ils avaient choisi la maniabilité à la force, une épée courte, à peine plus longue qu'un glaive, des coups brefs. Ils ne cherchaient pas à tuer leurs adversaires, ils les mettaient hors de combat le plus rapidement possible puis passaient au suivant.

L'ennemi était beaucoup trop nombreux et ils n'allaient pas tarder à se faire submerger. Les quatre drows, à court de flèches, prirent leur épée et se lancèrent au cœur de la lutte. Ils firent un carnage dans les rangs ennemis, confirmant leur légende de meilleurs guerriers du monde. En dépit de cela, leur arrivée ne changea pas grand-chose, ils étaient trop peu. Le cercle de défense se rétrécissait.

Un sifflement se fit entendre au-dessus des arbres, venant de la rivière. L'objet passa au-dessus d'eux et tomba sur la colonne ennemie, l'éclaboussant d'un liquide brûlant qui s'enflamma instantanément au contact de l'air. Un second ne tarda pas à le suivre, puis un troisième et ainsi de suite. Deirane avait perdu le compte quand la pluie mortelle cessa. Les hurlements de douleur avaient remplacé les clameurs du combat. Quelques vinsihons plus tard, une nouvelle série de boules de feu fut lancée. La panique commença à gagner les rangs ennemis. Il y eut un flottement qui permit aux Helariaseny et à leurs alliés de reprendre l'avantage. Une troisième salve provoqua la débandade.

Les Helariaseny soufflèrent un instant, ils en profitèrent pour évaluer leurs pertes. Il n'y avait aucun mort dans les rangs du commando, juste des blessures bénignes, à l'exception d'un drow gravement atteint et deux bawcks tombés. Un bawck chargea le drow blessé sur son dos. Puis, ils se remirent en route avant que l'ennemi ne reprenne ses esprits. La marche était plus calme maintenant qu'ils n'étaient plus poursuivis, sans pour autant être plus lente.

Au bout d'un calsihon, les edorians d'Aldower se refirent entendre. L'ennemi s'était partagé en deux colonnes pour limiter les dégâts provoqués par les projectiles qui continuaient à pleuvoir à intervalles réguliers.

Les fuyards étaient arrivés.

Les arbres prirent brutalement fin et ils se retrouvèrent sur la Grande Route du Sud, au bord du fleuve. À quelques perches du rivage, deux frégates de guerre helarieal étaient ancrées. Leurs six catapultes de bâbord lâchaient leurs projectiles, des jarres d'argiles scellées, à un rythme soutenu. La largeur des navires leur donnait une stabilité qui leur permettait de décocher leurs munitions avec une précision redoutable. Un troisième navire, celui que Deirane avait vu à quai quelques jours plus tôt à Boulden, était amarré au bord du fleuve. Ses trois catapultes étaient également en action. Sur la berge, une compagnie de fantassins avait débarqué, ils étaient disposés en deux groupes, lance à la main, bouclier devant eux, prêts à aller au combat. Entre eux, Muy les attendait. Elle était accompagnée d'une autre stoltzin qui lui ressemblait comme deux gouttes d'eau : sa sœur jumelle, la pentarque quarte Wuq. Quelques officiers de l'armée et de la flotte se tenaient en leur compagnie.

Levander se présenta devant ses reines.

— Mission réussie, dit-il, les prisonniers ont tous été extraits. Ils sont vivants et indemnes.

— Félicitation, maître Levander, répondit Wuq, vous…

— … trouverez de quoi vous remettre à bord, continua Muy, vous et vos hommes ont quartier libre jusqu'à demain. Prenez le temps de vous reposer.

Öta étreignit Levander avant qu'il se retire. Il salua ses reines. Deirane se joignit à lui. Après avoir été ballottée tout ce temps, elle avait du mal à tenir l'équilibre. L'épaule d'un bawck n'était pas le moyen de transport le plus confortable.

— Je vous remercie d'être venu à notre secours, dit-elle aux pentarques.

— Vous n'y êtes pour rien, répondit Muy.

— Lergerin Aldower nous a déclaré la guerre. Il a lancé la première attaque, nous contre-attaquons.

— C'est une chance que vous ayez pu revenir si rapidement, remarqua-t-elle, et que vous ayez eu deux autres bateaux disponibles.

— C'est une chance en effet, remarqua Wuq. Comment avez-vous trouvé nos forces spéciales ?

— Efficaces, répondit Deirane, j'en avais entendu parler. Les voir à l'œuvre est impressionnant.

— Cela fait presque quatre-vingts ans que nous les entraînons pour des occasions comme celle-là.

— Je vous conseille de vous reposer, dit Muy, vous avez encore de la route à faire. Pendant ce temps…

— Nous allons nettoyer cette forêt et arrêter ce monstre, termina Wuq.

Les sœurs jumelles laissèrent Deirane sur place. Suivies d'une partie de leurs officiers, elles prirent la tête d'un régiment. Les troupes se mirent en route pour combattre les forces d'Aldower maintenant inférieures en nombre. Ne restait que l'équipage des navires.

Mënim avait raison. Muy semblait revenue à de meilleures dispositions à son égard. Elle avait été presque aimable.

Gonrak rejoignit Deirane. Il se mit face à elle, la toisant de toute sa hauteur. Ce n'était pas bien dur, elle n'était pas grande contrairement au bawck.

— Mission terminée ? demanda-t-il, prisonniers en sécurité ?

— Oui, répondit Deirane.

Sans prévenir, il lui balança son poing dans la figure. Öta fut surpris par le geste, il s'élança. Deirane l'immobilisa de la main. Elle essuya le sang qui coulait de sa lèvre. Elle jeta un coup d'œil mauvais sur le bawck. Lentement elle se releva. Dès qu'elle fut debout, il la frappa une seconde fois, à la pommette ce coup-ci, la projetant une nouvelle fois à terre.

— Non, s'écria Cleindorel, ne la frappez plus.

Elle se jeta sur sa tante pour la protéger de son corps.

— Quoi Deirane penser ? demanda Gonrak.

— Je serais plutôt d'accord avec Cleindorel, répondit-elle.

— Gonrak arrêter. Pour cette fois.

Le capitaine d'un des croiseurs s'avança.

— Votre discussion est terminée ?

— Nous avons mis quelques petites choses au point, répondit Deirane, maintenant c'est réglé.

— Parfait.

Elle prit la main qu'il lui tendait pour se relever.

— J'admire votre façon d'encaisser, dit-il, je ne pense pas que je resterais aussi calme dans une telle situation.

— J'ai de l'entraînement.

— Vos amis sont dans le navire amiral.

De la main, il désigna le seul navire amarré au rivage.

— Mes amis ? demanda Deirane

— Un jeune homme nommé Hester, ainsi qu'une Frakersen et ses deux filles.

— Mon fils Hester et Aster.

Deirane regarda les deux frégates lancer quelques projectiles — des projectiles standards maintenant, pour ouvrir le terrain aux soldats helarieal — tout en massant sa joue meurtrie. Gonrak se plaça à côté d'elle.

— Navire beau, dit-il.

— Ils sont doués en effet.

— Alliance possible avec Helaria ?

— Pourquoi pas ? Il faudra négocier dur. La guerre entre le Chabawck et l'Yrian risque d'être un problème.

Le capitaine qui avait entendu la discussion répondit.

— Nous sommes en guerre. Si les bawcks peuvent nous envoyer quelques régiments de fantassins, un traité devrait être possible.

Saalyn, la démarche encore hésitante, vint les rejoindre. Öta l'enlaça. Elle s'abandonna entre ses bras. La stoltzin était de taille moyenne, loin d'être aussi petite que Deirane. Mais en comparaison avec le colosse, elle paraissait minuscule. Deirane les regarda un moment, l'air dubitatif. Saalyn n'était toujours pas bien vaillante. Cependant, la petite humaine sentait que son abandon entre les bras de son ancien disciple n'était pas dû qu'à sa faiblesse. Elle décelait un lien qu'elle n'avait jamais soupçonné et qui allait plus loin que la complicité. Pourtant, un souvenir lointain lui revint en mémoire…

La structure si particulière du navire lui donnait un faible tirant d'eau. Il avait pu s'approcher du bord bien plus qu'un bateau traditionnel de même taille. On avait donc pu mettre en place une passerelle qui permettait de monter à bord à pied sec. Alors qu'elle allait s'y engager, le capitaine retint Deirane par l'épaule.

— Votre amie, demanda-t-il, a-t-elle un homme dans sa vie ?

Elle jeta un coup d'œil sur Saalyn qui, à bout de force, avait laissé son disciple la prendre dans ses bras pour la ramener à bord. Puis elle comprit qu'il parlait de l'autre amie. Elle lui répondit d'un sourire.

— C'est une humaine, vous savez ?

— Je sais, moi aussi.

Deirane ne l'avait pas remarqué. En effet ses yeux indiquaient bien son peuple d'appartenance.

— Il n'y a plus d'homme dans sa vie, c'est une veuve de fraîche date.

— Une perte récente ? Brutale ?

Elle hocha la tête.

— Je vais attendre un peu dans ce cas.

— C'est peut-être préférable.

Étant plus large qu'un navire normal, le château arrière était beaucoup plus spacieux. Il contenait donc d'autres pièces que les deux cabines que se partageaient le capitaine et ses officiers comme c'était généralement l'usage dans les flottes des autres royaumes. Il comportait entre autres une pièce qui pouvait servir de salon, de salle à manger, de bibliothèque ou à n'importe quel usage qui n'avait normalement pas sa place sur un navire de guerre. C'est là que Deirane retrouva ses compagnons. À son entrée, Hester se leva. Aster fut plus rapide.

— Ton œil, que s'est-il passé ?

— Les bawcks de Chabawck semblent un peu rancuniers, répondit Saalyn, ils ont réglé une dette vieille de vingt ans.

— Dette récente, répondit Gonrak, deux compagnons tués, deux coups.

— Je note le tarif, ajouta Deirane.

— L'essentiel est que vous êtes vivantes, répondit Aster.

Elle enlaça l'humaine puis accueillit Cleindorel de la même façon.

— Vous avez donc réussi, dit-elle, tu es Cleindorel.

Soudain propulsée au centre de l'attention générale, la fillette se sentit gênée. Elle se rapprocha de Deirane. Hester poussa doucement Aster pour prendre sa place.

— Nous ne nous connaissons pas, dit-il, mais je souhaite vraiment que ça change. Je m'appelle Hester. Je suis ton oncle. Ou ton cousin.

— Son cousin, corrigea Deirane.

Il déposa un baiser sur chaque joue de la jeune fille avant de serrer sa mère contre lui.

— Cette histoire s'est mieux terminée que tu ne le croyais, dit-il.

— Est-elle terminée ? Lergerin Aldower est encore libre.

— Pas pour longtemps, avec ce que les Helariaseny ont envoyé contre lui.

— Il a certainement prévu un moyen de s'enfuir.

— Je ne sais pas pour vous, intervint Saalyn, moi j'ai faim. Aussi je propose que dans un premier temps on mange puis qu'on se repose. Demain nous aurons une longue chevauchée.

Elle tourna la tête vers Cleindorel.

— Il va falloir ramener cette jeune fille chez elle.

XXXIII

Sernos, vingt ans plus tôt.

Les deux paresseux n'étaient pas comme l'avaient laissé croire les paroles de Calnor, des tire-au-flanc, mais des membres du personnel jouissant de leur jour de repos. Deirane les rejoignit dans la petite salle où les domestiques se réunissaient pour se distraire ensemble. La stoltzin était assise sur un canapé, les jambes repliées sous elle. Quand elle vit Deirane, ses yeux pétillèrent de joie.

— Bonjour, s'écria-t-elle, tu es la nouvelle ?

Son ton joyeux lui plut.

— Je m'appelle Deirane. Et toi ?

— Moi c'est Celtis. Tu es affectée où ?

— Aux serres.

Jusqu'à présent, l'homme était resté maussade. De toute évidence il n'appréciait pas d'être dérangé. Il avait certainement d'autres projets avec sa compagne. Aux dernières paroles de Deirane, il se dérida.

— Génial, c'est là aussi que je travaille. Moi c'est Volcor.

— C'est génial en effet. Tu vas pouvoir tout lui montrer.

Celtis changea de position.

— Je peux te poser une question ? demanda-t-elle.

— Sur quoi ?

— Ton truc, c'est joli. Ça fait mal ?

— Ça tire un peu parfois. Moins qu'avant.

— Et tu en as partout ? demanda Volcor.

— Oui.

— Vraiment partout ?

Deirane rougit, puis hocha la tête.

— Même…

— Arrête de l'embêter, dit Celtis, tu la gênes. Ça ne fait pas mal maintenant, mais j'imagine que quand on t'a posé ça, ça a dû être douloureux. À moins qu'il ait utilisé une potion contre la douleur.

— Il n'a rien utilisé.

— Oh comme tu as dû souffrir.

Elle se leva, prit la main de Deirane et l'invita à s'asseoir auprès d'elle. D'une main hésitante, elle toucha la joue.

— Ça fait bizarre, dit-elle.

— Je peux voir ? demanda Volcor en tendant la main.

Celtis lui donna une petite tape sèche pour le repousser.

— Bas les pattes, monstre lubrique, s'écria-t-elle. Ces mecs, huit peuples et tous la même idée en tête.

— Sept, corrigea machinalement Deirane.

— Je voulais juste voir l'effet que ça faisait, protesta-t-il.

Mais il retira sa main et la planqua derrière son dos avant que Celtis ne puisse sévir une seconde fois.

L'absence totale de jalousie de Celtis vis-à-vis de Volcor intriguait Deirane.

— Vous êtes ensemble depuis longtemps ? demanda-t-elle.

Volcor éclata de rire.

— Depuis la naissance, répondit Celtis, c'est mon frère. Son père de serment est mon père.

— Et vous avez été nommés ici ensemble, c'est un coup de chance.

— Je n'appellerai pas ça de la chance. Tu imagines le supporter toute la journée ?

— Il y a pire, ajouta Volcor. La supporter toute la journée. Elle passe son temps à me donner des ordres.

— C'est parce que tu aimes ça, répondit Celtis.

Le regard qu'elle jeta sur Volcor en disait long sur les sentiments qui unissaient le frère et la sœur.

— Tu fais quoi aujourd'hui ? demanda-t-elle enfin.

— Rien.

— Alors je te propose que ce machin derrière nous qui semble avoir de l'énergie à dépenser se défoule en t'aidant à aménager ta chambre.

L'intéressé fit semblant d'exhiber des biceps comme s'ils étaient plus développés qu'en réalité.

— Ensuite on se fera une escapade en ville, continua Celtis. Tu verras, il y a plein de choses à voir. Tu as dû recevoir comme nous un cel en arrivant ici, tu dois le dépenser à te faire plaisir. C'est hyper chouette.

— Je préférerais le garder pour plus tard.

— Tss, c'est la tradition. Il doit être dépensé avant ce soir. Et pas la peine de protester. C'est ton salaire que tu économiseras. Au fait, tu touches combien ?

— Un demi-cel par douzain.

— Quoi ! Quel pingre ! Parles-en à ton maître. Il doit t'obtenir une augmentation. Un travailleur touche au moins un cel par jour. Comme tu es logée, tu devrais au moins recevoir trois cels par douzain. Au fait qui c'est ton maître ?

— Je crois que c'est Saalyn.

— Saalyn, tu es l'élève de Saalyn !

— C'est incroyable, s'écria Volcor, tu débarques d'on ne sait où et on t'attribue Saalyn comme prof, tu as fait quoi pour ça ?

— Rien. Au début j'avais Calen comme maître. Quand elle est tombée malade, on m'a renvoyée vers Saalyn.

Pour la première fois depuis le début de la discussion, Celtis resta sans voix.

— Et elle dit ça comme ça, laissa tomber Volcor.

— Elles sont importantes ? demanda Deirane.

— Tu demandes si elles sont importantes ? Est-ce que tu demandes si le roi d'Yrian est important ?

— Calen est l'archonte de la Bibliothèque, expliqua Celtis, et Saalyn aurait pu être archonte des guerriers libres si le poste n'avait pas été occupé par une pentarque.

— Ce qui est scandaleux, remarqua Volcor, surtout que Saalyn méritait le poste. Elle a fondé la corporation.

Celtis calma son frère d'un geste de la main.

— Volcor est un admirateur de Saalyn, je crois qu'il est profondément jaloux.

— Tu dis n'importe quoi.

— Tu vois ?

Elle adressa un clin d'œil complice à la jeune fille. Puis elle se redressa.

— On y va ? demanda-t-elle.

Quelques monsihons plus tard, la chambre de la jeune fille avait totalement changé d'aspect. Elle avait hésité à puiser dans les réserves de l'ambassade, et se serait contentée du strict minimum si Celtis n'y avait mis du sien. Elle disposait maintenant d'un lit suffisamment grand pour deux personnes comme le fit malicieusement remarquer la jeune femme et d'une commode, pour le moment vide. Dans la pièce de séjour, elle avait mis une table avec quatre chaises, deux fauteuils, un canapé, une armoire et un petit buffet. Des rideaux à la fenêtre et des tapis sur le sol complétaient l'ensemble. Elle voulait aussi des étagères à fixer au mur. Comme ils ne disposaient pas d'outils, elle décida que cela pouvait attendre. Par contre, le linge de maison, draps, couvertures, serviettes ne fut pas oublié. Elle utilisa le reste de la matinée pour ranger son nouveau domaine. Un brin de toilette pour faire disparaître la poussière qui la recouvrait et elle était prête pour la sortie en ville proposée par sa nouvelle amie.

Deirane et ses compagnons s'étaient donné rendez-vous sur les marches de la villa. Ils y étaient déjà quand elle arriva. Et elle n'était pas seule, Jergen l'accompagnait. Et aussi Saalyn, sobre pour une fois. Volcor se leva et regarda la guerrière libre. L'admiration qu'il éprouvait pour elle se voyait comme le nez au milieu de la figure, ce qui mit cette dernière mal à l'aise. Celtis porta son regard sur Jergen. Contrairement à son frère elle n'était pas en admiration devant lui, c'était juste un intérêt esthétique, avec peut-être une pointe de désir, pour un homme aussi viril que l'était le régent de Mustul. Les Helariaseny de souche étant plutôt petits, le colosse les écrasait tous de sa taille. Son intérêt s'arrêtait là. Jamais elle ne se poserait en concurrente de la doyenne. Ils se saluèrent.

— Où allons-nous ? demanda Deirane. Je ne connais pas la ville.

— Nous sommes là pour te guider, répondit Celtis.

— Je crois qu'il serait bon de commencer par la garde-robe, dit Saalyn.

— C'est vrai qu'elle flotte un peu dans cette robe, remarqua Celtis, un corsage plus ajusté pourrait mettre sa poitrine en valeur.

— Je ne suis pas sûre, commença Deirane.

— Un corsage à lacet, légèrement ouvert sur le devant serait du plus bel effet, continuait Celtis.

— Non, répondit Deirane.

— Essaie d'abord, répondit Saalyn, tu vas pouvoir enfiler plein de jolies choses et voir l'effet que ça fait sur toi.

Saalyn était un mauvais exemple, son chemisier ample suggérait à peine ses formes épanouies. Par contre, Celtis était la démonstration vivante d'un tel corsage. Elle était plus grande et plus mince que Deirane, mais dans l'ensemble sa silhouette ressemblait beaucoup à celle de l'adolescente. Et effectivement, Deirane trouvait ça joli. Sur Celtis. Pour elle-même, elle trouvait ça un peu provocant et n'oserait jamais enfiler une telle tenue.

— C'est par là, dit Saalyn en désignant l'accès à la zone commerciale de l'ambassade.

Elle se mit en route, entraînant toute la troupe avec elle.

Le couturier que Saalyn avait choisi tenait sa boutique dans le quartier helarieal sis à l'ambassade. Sa boutique ne payait pas de mine extérieurement. Parmi les clients qui en ressortaient, Deirane reconnut la jeune femme du convoi qui l'avait amené en ville. Vu ce qu'avait retenu la jeune fille de cette rencontre, elle en déduisit que ce couturier était suffisamment couru pour que la noblesse elle-même aille chez lui. La gamine aussi l'avait reconnue. Elle toisa Deirane.

— Tiens la pauvresse.

Elle se tourna vers le jeune homme qui l'accompagnait.

— C'est la mendiante dont je t'ai parlé, celle qui a tapé dans l'œil du chef de mon escorte. Alors tu t'es trouvé des compagnons de débauche ?

Le jeune homme rigola.

L'attaque surprit Deirane qui resta sans rien dire. Celtis s'avança pour riposter. Saalyn la retint. Elle s'adressa au jeune homme, ignorant la jeune fille.

— Votre Seigneurie, une personne telle que vous devrait mieux choisir ses relations. Vous avez un rang à tenir. Il serait préférable que vous évitiez de vous montrer en compagnie de traînées.

La pimbêche tomba dans le piège, pourtant usé jusqu'à la trame.

— Traînée vous-même, s'écria-t-elle, je vous ferai ravaler vos insultes.

— Oh, vous vous êtes reconnue dans ma description ? Ma foi, si vous le dites.

— Espèce de salope, je vous ferai payer ces paroles.

— Vous insistez ? Quand vous voulez alors. Demain serait un bon jour. En tant qu'insultée. J'ai donc le choix des armes. Venez donc avec votre épée. Cela vous convient-il ?

Elle ne s'attendait pas à ce genre de réaction et commençait à paniquer.

— Vous me menacez ? parvint-elle à articuler.

Mais le ton n'y était plus.

— Prince Menjir, je pense que vous devriez ramener votre amie chez elle, intervint Jergen, vous devriez rentrer droit au palais sans vous arrêter nulle part.

Ce n'était cependant pas le jeune prince que regardait le régent, mais son escorte.

— Nous rentrons de ce pas, répondit le jeune capitaine.

— Nous n'avons pas fini nos emplettes, protesta Menjir.

— Je pense le contraire, répondit Jergen.

— Votre Seigneurie, nous devrions rentrer, dit le lieutenant.

— Quand je l'aurai décidé.

— Votre Seigneurie, il est seigneur régnant, vous n'êtes qu'héritier. Et nous sommes sur son territoire.

— Il n'est que régent, je suis prince héritier. Et nous sommes dans le royaume de mon père.

— L'ambassade bénéficie de l'extraterritorialité. Il est régent en exercice. Et les soldats qui nous entourent lui obéissent.

En effet, quelques soldats helarieal commençaient à venir aux nouvelles.

— Ils sont Helariaseny, lui non, remarqua le Prince.

— Je ne crois pas que cela fasse une différence.

Prudent, le jeune capitaine avait fait signe à ses hommes de les entourer. Il doutait cependant que le régent aille jusqu'à déclencher un incident diplomatique.

Le jeune prince n'était pas un imbécile contrairement à la première impression qu'il avait donnée. Il avait finalement pris toute la mesure de la situation.

— Nous partons, dit-il.

— Pas question, s'écria la jeune femme, nous n'allons pas nous aplatir devant ces serpents.

— Je crois que mon capitaine a raison, lui glissa Menjir.

Elle le regarda avec dégoût.

— Tu n'es qu'un dégonflé.

Elle partit hautaine.

— Alors je vous attends demain matin au troisième monsihon, lui lança Saalyn.

Elle lui jeta un regard de dédain, malgré tout elle accéléra le pas. Les Yrianii se mirent en route à sa suite, de façon plus solennelle comme il convenait à l'héritier du plus puissant royaume du monde. Sa compagne dut comprendre qu'elle se montrait ridicule puisqu'elle se laissa rattraper. En représailles, elle n'ouvrit plus la bouche, dédaignant son accompagnateur.

Saalyn les regarda s'éloigner.

— J'espère qu'il ne l'épousera pas, remarqua-t-elle, son comportement pourrait bien déclencher une révolution.

— Elle est jeune, elle peut encore s'améliorer, dit Jergen.

— Tu crois vraiment ce que tu dis ? Enfin. Espérons-le. Si l'Yrian sombrait dans le chaos, même à l'autre bout du monde, nous serions atteints par la tempête.

— Je croyais que l'Yrian était notre principal concurrent, sans eux nous serions la première puissance du monde, dit Volcor.

— La moitié de la flotte commerciale de l'Helaria se consacre à transporter la production agricole de l'Yrian vers d'autres contrées, expliqua Jergen.

— C'est exact, intervint Deirane, tous les ans les négociants de Gué d'Alcyan affrètent un navire helarieal pour emporter la récolte. On vend du blé à un petit royaume nain des montagnes.

— Vous comptez rester là à discuter politique ou on entre ? intervint Celtis.

— On y va, on y va, répondit Saalyn.

Ils entrèrent dans la boutique. Une jeune edoriane était en train d'empaqueter une robe de prix dans un tissu grossier. Elle leva la tête de son ouvrage.

— Pourrais-je vous aider ? demanda-t-elle.

— Il faudrait habiller cette jeune personne, répondit Saalyn en poussant Deirane devant elle.

L'edoriane la détailla d'un œil purement professionnel, elle n'eut même pas un mouvement de surprise en voyant le rubis et les autres pierres.

— Que désirez-vous, une robe, une tunique…

— Une garde-robe complète. Disons, deux tuniques, avec les pantalons associés, à moins que tu ne préfères les jupes.

— Les tuniques avec un corsage lacé, intervint Celtis.

— Non, pas de corsage lacé, protesta Deirane.

— Tu es enceinte, remarqua Saalyn, tu apprécieras de pouvoir desserrer les lacets quand ta poitrine gonflera.

— Pour une grossesse, cela n'apportera rien, dit l'edoriane, libérer la poitrine ne fera pas de place pour le ventre.

— J'avais oublié ce détail, avoua la guerrière libre, vous êtes pénibles les humaines.

— Plus tard, elle appréciera peut-être de pouvoir allaiter sans avoir à se déshabiller entièrement. Surtout en public. À moins que vous le mettiez en nourrice. Certaines humaines font ça.

— Je ne sais pas, répondit Deirane.

— Tu veux une nourrice ? demanda Saalyn.

— Non.

— La question est réglée.

La boutiquière estima les mensurations de Deirane d'un simple coup d'œil. Elle alla chercher un vêtement plié sur une étagère.

— Ceci devrait vous aller, dit-elle en le secouant pour le déplier.

La pièce, légèrement usée, n'était pas destinée à être vendue, seulement à servir de modèle. Elle le plaqua contre le corps adolescent pour vérifier la taille.

— Vous l'essayez ?

Elle poussa la jeune fille dans une pièce fermée par un simple rideau. Gênée de se déshabiller simplement protégée par un obstacle aussi ténu, elle le tira au maximum pour éviter d'être vue par les bords. Elle remarqua de petits crochets qui permettaient de fixer le rideau au mur. Rassurée, elle se changea.

Quelques vinsihons plus tard, Deirane était de retour, vêtue d'une tunique sans manche en peau. Jergen poussa un sifflement d'admiration tandis que Volcor ouvrait des yeux ronds comme des billes. Elle avait serré les lacets au maximum, lui écrasant la poitrine. Celtis les desserra.

— C'est mieux comme ça, dit-elle.

Puis elle poussa la jeune fille sous les regards de l'assistance. Deirane rougit tant elle était gênée de se montrer aussi peu couverte. Saalyn la détailla de la tête aux pieds.

— Pas mal, dit-elle, mais elle ne la mettra jamais telle quelle.

— Pourquoi ? demanda Celtis, elle est jolie comme ça. Elle met ses formes en valeur et la couleur s'adapte à son teint.

— Elle pourra s'accommoder du corsage. Pas de montrer autant de jambes.

Il est vrai que la tunique était courte, s'arrêtant haut sur les cuisses.

— Il faudrait une jupe ou un pantalon.

— Pour cette tenue, un pantalon me semble plus adapté, dit la boutiquière.

Elle fouilla dans ses affaires et en tira le vêtement désiré. Deirane retourna dans la salle pour l'enfiler.

Saalyn avait raison, les jambes couvertes, Deirane était plus à l'aise. L'admiration qu'elle lisait dans les yeux de ses compagnons l'emporta sur la gêne. Elle tournoya pour leur montrer sa nouvelle tenue. La boutiquière la guida jusqu'à un grand miroir en pied. Deirane se regarda. Elle était admirative. Elle ne reconnaissait pas la fille séduisante qu'elle voyait dans la glace.

Brusquement, son sourire s'effaça. Elle resta un moment, comme paralysée, devant son image. Puis elle s'en détourna.

— Ça ne va pas, dit-elle.

— Au contraire, c'est parfait, dit Saalyn.

— Je veux une tunique avec des manches longues et sans décolleté.

— Pourquoi ?

Le regard de la stoltzin accrocha celui de la jeune fille qui ferma les yeux. Elle comprit.

— Pour te cacher ? Il faudra bien un jour que tu te montres telle que tu es puisque tu ne peux rien y changer.

Saalyn alla se placer derrière sa jeune protégée et lui posa les mains sur les épaules.

— Ouvre les yeux, regarde-toi et dis-moi ce que tu vois.

— Je vois une horreur, un monstre, répondit Deirane.

— Moi je vois tout autre chose. Je vois une très jolie fille qui deviendra une femme magnifique.

— Il m'a défigurée.

— Non. Ce qu'on t'a infligé est horrible, mais tu n'es pas défigurée. Celui qui t'a fait ça est un artiste. Un artiste tordu. Néanmoins, ce qu'il t'a fait est très beau. Alors, regarde dans la glace et cherche cette fille que moi je vois. Tu la vois ?
— Non.
— Regarde bien.
Deirane hésita un long moment avant de répondre.
— Tu es très belle toi aussi, plus que moi.
— Pas du tout. C'est juste que j'ai plus d'expérience, je sais mieux me mettre en valeur. Mais tu es plus jolie que moi.
À ce moment, une voix grave et bourrue surprit les deux femmes.
— Il ne faut jamais refuser les dons que nous donnent les dieux. Tu as reçu ces tatouages étranges, il serait criminel de les masquer.
Un homme venait de sortir de l'arrière-boutique. C'était un edorian. Il était loin cependant de ressembler aux autres représentants de son peuple. Chez lui, la sveltesse des siens était remplacée par de la maigreur, ses cheveux longs étaient rêches et son visage émacié. Il était handicapé, s'aidant d'une canne pour marcher.
— Je refuse de te tailler une tenue qui nierait ce que tu es, continua-t-il, tu as une particularité unique, utilise-la.
— Et si je ne veux pas.
— Je peux vendre mes robes à qui je veux.
En clopinant, il alla jusqu'à une étagère. Il en tira une jupe qui descendait à mi-cuisse.
— Essaie ça, ordonna-t-il. Et pour le haut.
Il sortit une bande de tissu qu'il lui tendit. Elle couvrait tout le haut de la poitrine en laissant la taille nue.
Deirane hésitait. Finalement elle prit les vêtements que lui tendait l'edorian et s'éclipsa pour se changer. Quand elle ressortit, au bout d'un temps bien long pour un changement aussi simple, elle avait le visage en feu et c'est à la limite de la syncope qu'elle se présenta presque nue, selon ses critères, à ses compagnons. Celtis ne put retenir une exclamation de surprise. Et Saalyn arborait un air satisfait. Quant aux deux hommes, ils la dévoraient des yeux.
Lentement, elle s'avança vers le miroir. Elle ferma les yeux quand son image commença à y apparaître. Saalyn vint se placer derrière elle et lui posa délicatement les mains les épaules, pour la soutenir mentalement.
— Quand tu te sens prête, ouvre les yeux.
La jeune fille prit une longue inspiration qui fit piquer un fard à Volcor. Puis elle regarda.
Ce qu'elle vit la laissa sans voix. Elle ne ressemblait en rien à une paysanne, plus à une amazone telle que les récits des troubadours les

décrivaient. Encore qu'elle douta qu'une femme ait un jour combattu dans une telle tenue ailleurs que dans les récits de ces mêmes troubadours. Elle se regarda longtemps. Au bout d'un moment, elle se tourna vers ses compagnons.

— Vous pouvez sortir ? demanda-t-elle.
— Pourquoi ? demanda Volcor.
— Ne discute pas, sors, ordonna Celtis.

Elle entraîna Jergen et Volcor à sa suite dans la rue. Le couturier suivit son assistante dans la pièce voisine.

Seule avec Saalyn, Deirane enleva la bande de tissu qui lui couvrait la poitrine puis dégrafa sa jupe qui tomba au sol. Et pour la première fois depuis que le drow l'avait marquée, elle se regarda, nue, telle qu'elle était devenue. Elle s'examina longuement, sans dire un mot. La guerrière libre avait raison. La silhouette qu'elle aimait regarder dans la surface du lac n'avait pas changé. Le drow ne lui avait rien enlevé, il avait au contraire ajouté quelque chose. Ce qu'il lui avait infligé ne manquait pas d'une certaine beauté. Du bout du doigt, elle suivit le tracé d'un fil d'or depuis la base du cou jusqu'à son ventre. Elle caressa sa poitrine, prenant connaissance avec le contact piquant des pierres. Elle ne pourrait jamais oublier le moment qu'elle avait passé, la douleur, la violence, son impuissance à y échapper. Elle pourrait vivre avec ce tatouage. Elle se laissa aller dans les bras de son amie sans quitter son reflet du regard.

Le couturier entra dans la pièce.

— Faudrait peut-être se dépêcher un peu, dit-il, je n'ai pas tout mon temps.

Paniquée, Deirane cacha sa poitrine derrière ses bras, puis son bas-ventre, à nouveau la poitrine.

— Vous pourriez attendre à l'extérieur, lui reprocha Saalyn.
— Vous faites des manières, mais vous êtes toutes pareilles. Quand on a vu l'une de vous, on vous a toutes vues.
— Si c'est vraiment ce que vous pensez, votre vie ne doit pas être gaie.

Elle s'empara de la première pièce de tissu qu'elle trouva, une cape, et en enveloppa la jeune fille.

— Il faut encore prendre les mesures et choisir les tissus, dit le couturier.
— Ce que j'ai essayé, ça ne va pas ? demanda Deirane.
— Je vous en prie. Je ne suis pas un fripier. Je suis un couturier.

Il sortit de sa poche un ruban gradué en doigt et en paume.

À l'instigation de Saalyn, Deirane ôta la cape qui la protégeait. Sans se préoccuper d'elle, l'assistant edoriane prit des mesures : tour de cou, tour de poitrine, de taille, de hanche, longueur des jambes, du torse. Malgré sa gêne, Deirane supporta l'examen sans broncher. Le tout fut noté tout sur une plaque d'argile humide. Pendant la prise des mensurations, le couturier les avait quittées pour se rendre dans sa réserve de tissu. Le temps qu'il revienne, Deirane en avait profité pour disparaître dans la pièce voisine pour remettre sa robe. Quand elle ressortit, le couturier avait étalé quelques coupons sur une table. Saalyn, rejointe par Celtis, les examinait.

— Celui-là semble parfait, dit-elle en montrant une pièce cuir d'un brun très pâle.

— Je peux en tirer deux pantalons et tuniques assorties.

— C'est parfait, dit Saalyn.

— Ça fait beaucoup, remarqua Deirane.

— Ce sont tes vêtements de tous les jours, c'est l'ambassade qui paye. Quand seront-ils prêts ?

— Dans trois jours, elle doit repasser pour l'ajustage du pantalon et de la tunique. L'ensemble, deux jours plus tard. Naturellement, je peux ajouter toutes les décorations que j'estimerai nécessaires.

— À condition de ne pas réduire davantage la quantité de tissu, préféra signaler Deirane.

— Bien sûr. Je ne crée pas des vêtements pour qu'ils restent au fond d'une armoire.

Deirane n'écouta pas la guerrière et le couturier discuter des détails. Elle n'avait toujours porté que des robes en tissus, les champs de coton d'Ortuin produisant une matière première abondante et bon marché. Par curiosité, elle examinait le cuir. Ses amies avaient bien choisi parmi les propositions du couturier. Relativement proche de sa propre carnation, il était suffisamment foncé pour ne pas la mettre mal à l'aise. Admirablement tanné, il était souple. Sa texture n'était pas déplaisante, bien au contraire. Les tenues qui y seraient taillées devraient être confortables.

Quelques stersihons plus tard, les femmes sortaient de la boutique, rejoignant leurs compagnons qui les attendaient dehors. Deirane demanda :

— Il n'est pas un peu… spécial ?

— Beaucoup même, l'interrompit Celtis, il est grossier et imbuvable. Pourtant il a du talent.

— Il a le droit d'être odieux, remarqua Jergen.

— Comment ça ?

— Tu connais la chanson du guerrier à l'armure blanche.

— Bien sûr.

Même Deirane la connaissait. Dans un village de l'est, un guerrier s'était lancé seul à la poursuite d'une bande de brigands, avait libéré tous les enfants qu'ils avaient capturés et ramené ceux-ci à leurs parents.

— Je connais cette histoire, commença Volcor.
— Ce n'est pas une histoire, l'interrompit Jergen. C'est son histoire.

Celtis regarda un instant la porte de la boutique. Elle revoyait son opinion sur l'edorian mal embouché qui la tenait.

— Maintenant, les courses de la Pentarchie sont faites, allons nous faire plaisir en ville, dit Volcor.

— Elle n'a commandé que des tenues standards, remarqua Jergen, elle devrait peut-être acheter quelque chose de plus chouette pour s'amuser.

— Pas avec un cel en poche seulement répondit Saalyn, elle devra attendre ses premiers salaires.

— D'ici là, elle pourra se servir dans ma garde-robe. J'ai quelques trucs qui devraient lui aller, remarqua Celtis.

— Si tu arrives à lui en faire enfiler un, je veux absolument voir ça, s'écria Volcor.

— Je n'en doute pas, sale pervers.

La rougeur qui monta au front de la jeune paysanne et le regard faussement réprobateur de sa sœur lui fit réaliser comment pouvait être interprété ce qu'il venait de dire. Il se cacha la bouche derrière ses mains de façon si ostensible que Deirane éclata de rire. Escortée par son petit groupe d'accompagnateurs, elle fut guidée vers la sortie de l'ambassade, qu'elle n'avait pas repassée depuis son arrivée, quelques douzains plus tôt.

Pour sa première sortie, Saalyn emmena son amie sur le marché extérieur de Sernos. C'était un champ immense, suffisamment grand pour y loger tous les terrains de cam-cam du pays. Entouré d'un mur bas, il était situé, comme son nom l'indiquait, hors de la ville, au débouché de la Grande Route de l'Est. C'était logique, le nord était encore peu développé, et pour le sud la voie maritime était plus pratique. Par contre les royaumes de l'est n'avaient que la route pour acheminer leurs marchandises. Sa position au bord du fleuve permettait aux navires de décharger sans passer par le vieux port situé plus au sud en plein cœur du quartier populaire et surtout sur la mauvaise rive de l'Unster.

Pour l'atteindre, il fallait traverser le pont. Celui-ci avait été construit par les feythas plus de quatre-vingts ans plus tôt. Vu l'importance de leurs relations avec l'est, ils avaient vu large. Et de fait, il était impressionnant, son tablier permettait à cinq charrettes de circuler de front à l'aise. Il était constitué de deux piles métalliques sur les berges avec un tablier suspendu par des câbles. Il ressemblait à ses frères du nord et du sud, mais en beaucoup plus large. Un tel ouvrage était hors de portée des ouvriers modernes, aussi les rois d'Yrian en prenaient un soin qui frisait la maniaquerie. Dégrader le pont pouvait conduire à la peine de mort. Dans les champs à la sortie de la ville, on pouvait voir les tentatives pour le reproduire, à une échelle réduite. Vu les progrès réalisés ces dernières années, d'ici peu de temps, les deux rives des régions les plus au nord de l'Yrian seraient bientôt reliées. Cependant, la portée nécessaire ici même à Sernos même prendrait encore du temps à être atteinte. Et de fait, il était si long qu'un service de diligence rapide avait été mis en place pour permettre aux piétons de le traverser, ce qui prenait quand même quatre bons calsihons. Une véritable expédition pour Deirane.

En temps normal, les commerçants s'installaient à l'intérieur de la ville dans les multiples places qu'elle comportait. Les paysans qui vendaient leur production étaient les plus nombreux. Mais en plein milieu de la foire d'été, la plaine était remplie de commerçants venus de tous les coins du monde, représentant tous les peuples — à l'exception des drows — parlant plus de deux douzaines de langues et présentent les productions artisanales les plus diverses. Vingt ans plus tôt, c'est exclusivement à Kushan que se tenaient les grandes foires. Avec le temps, la position plus centrale de sa grande rivale du nord et la sécurité apportée par la puissance de l'Yrian avaient fini par avoir la préférence des négociants du continent. Kushan restait cependant un grand centre, grâce au commerce qu'il entretenait avec le continent sud et depuis peu avec les jeunes royaumes montants des bords de la Vunci.

Deirane n'écoutait pas les explications historiques de Volcor. Elle n'avait d'yeux que pour toutes les marchandises étalées devant elle sur des centaines de présentoirs. Avoisinaient des bijoutiers, des cordonniers, des tisserands, des ferronniers, de la vaisselle en verre, en argent, en porcelaine, la soie côtoyait le cuir. Des charcutiers, des fromagers, des négociants en vin, bière ou hydromel présentaient leur production. La jeune fille avait devant elle tout ce que deux continents, produisaient, récoltaient ou exploitaient. Tout sauf les esclaves. Quelques royaumes, comme Orvbel, en faisaient commerce, mais les lois de l'Yrian l'interdisaient. En revanche, les filles de joie pullulaient, surtout à proximité des stands qui servaient de la nourriture et des boissons. Jensen avait déjà amené sa fille au marché d'Ortuin, il lui avait paru extraordinaire à l'époque. En comparaison de ce qu'elle voyait ici, il ne paraissait guère plus qu'un bazar de village.

Deirane s'arrêta devant un étal. Dans plusieurs grands paniers en osier tressé, il y avait des petits objets ronds et durs, classés par taille. Elle se tourna vers Celtis. Elle remarqua alors que le reste du groupe s'était dispersé, la laissant seule avec la stoltzin. Elle ne repéra que Jergen à quelque distance de là, en train d'examiner des bijoux en or. Pour Calen certainement. Encore que la Bibliothécaire n'aimât pas tellement ce genre de frivolités. C'était plutôt destiné à sa nièce Satvia. Elle retourna à ses petites billes brunes et mystérieuses.

— Qu'est-ce que c'est ? demanda-t-elle.

— Ce sont des fruits secs.
— Des fruits ? Ça se mange ?
— C'est même très bon. Tu n'en as pas chez toi ?
— On ne mangeait que les produits de notre ferme. Nous n'avons pas ça chez nous.
— Si vous voulez, je peux vous faire goûter, proposa le tenancier du stand.

Deirane n'avait pas fait attention à lui jusqu'à son intervention. C'était un jeune homme d'un peu moins de quinze ans, un peu plus grand qu'elle, les cheveux sombres et les yeux de la couleur du ciel. Timidement, elle lui sourit, il l'imita.

— Je ne voudrais pas déranger, dit-elle.
— Vous ne me dérangez pas, au contraire. Je suis là pour vous servir. Je viens de m'installer. J'ai besoin de faire connaître mes produits.

Dans un panier, il prit un fruit ressemblant à une noisette, il le posa sur un espace dégagé devant lui et d'un coup sec l'ouvrit à l'aide d'un petit marteau en bois. Il récupéra l'amande intacte au milieu des débris et la tendit à la jeune fille.

— Vas-y, l'encouragea Celtis.

Deirane prit l'amande et la mangea. Le jeune homme observait le visage de la jeune fille.

— Vous n'aimez pas, conclut-il à son expression, essayons autre chose.

Il prit une noix plus grosse dans un autre panier et l'ouvrit de la même façon. Deirane l'apprécia davantage.

— C'est bon, dit-elle, qu'est-ce que c'est ?
— C'est une noix de beurrier, répondit le paysan.
— Vous avez du beurrier, s'écria Celtis, les yeux pétillants de joie.
— J'en ai quelques plants dans ma ferme, confirma le jeune paysan.

Celtis était si joyeuse qu'elle applaudissait presque.

— Du beurrier. J'ignorai qu'une plante produisait du beurre, reprit Deirane. Et ça n'a pas le goût de beurre.
— Le beurrier est l'arbre des elfes, expliqua-t-il. Un petit arbre à peine plus haut qu'un homme. Il produit ces noix qui peuvent remplacer la viande. Le cœur de ses tiges, écrasé, libère une substance grasse qui peut remplacer le beurre pour cuisiner. Ses feuilles peuvent être mangées en salade, ses racines constituent des tubercules nourrissants à défaut d'être savoureux et enfin son écorce, râpée, constitue une épice nommée scartës.
— Je connais la scartës, dit Deirane, j'ignorai que c'était l'écorce d'un arbre.
— L'écorce râpée et séchée des jeunes rameaux.

Le jeune homme hésita un moment avant de sortir un pot et une miche de pain de sous son étal. Le pot contenait un liquide pâteux d'un blanc cassé. Il découpa une tranche de pain et étala la substance dessus. Puis il tendit la tartine à Deirane. Elle la prit et mordit dedans avec appréhension. Il en donna une seconde à Celtis qui ne se retint pas de la manger.

— Ça a vraiment le goût du beurre, s'exclama Deirane.

— En plus il pousse facilement et résiste aux pluies de feu. Vous comprenez pourquoi cet arbre est le préféré des elfes ?

Elle hocha la tête. Puis sortit une pièce d'un dixième de cel de sa poche et la posa sur le comptoir.

— Combien je peux avoir de ces noix avec cette pièce ?

— Beaucoup.

Celtis, qui allait compléter la monnaie posée par la jeune fille avec quelques piécettes s'interrompit en voyant la réaction du jeune vendeur. Il avait pris un petit panier vide en osier qu'il avait rempli avec quelques poignées de noix. Il y ajouta un petit objet de bois qu'elle ne put identifier.

— Pour ma première cliente, un casse-noix en prime, dit-il. Vous voulez autre chose ?

— Non, ça suffira. Je n'ai pas beaucoup d'argent sur moi. Et je dois rejoindre mes amis.

— Dans ce cas...

Il rajouta une poignée de noix, et scella le couvercle du panier d'un brin d'herbe. Il prit la pièce et donna le panier à Deirane.

— Quand vous verrez vos amis, parlez-leur de moi. Je m'appelle Dresil et je reste ici jusqu'à la fin de la foire.

— Je n'y manquerai pas.

Il lança un regard interrogateur à Celtis qui lui sourit en retour. Seulement, ses yeux s'attardaient sur son poignet et le bracelet de perles qui la désignait comme Helariasen. Ce regard peina la stoltzin, elle craignait que la découverte de leur origine n'entraîne de la répulsion de la part du jeune marchand. Le salut souriant qu'il leur adressa la rassura. Les deux filles s'éloignèrent. Deirane lança un dernier coup d'œil au marchand de noix qui lui envoya un sourire. Celtis repéra l'emplacement du stand. Elle comptait revenir discrètement plus tard s'approvisionner en noix.

Au bout de quelques pas, Deirane remarqua la gaieté de son amie.

— Que t'arrive-t-il ? demanda-t-elle. Tu as l'air bien joyeuse.

— Rien, rien.

— Mais si.

— Je t'assure

— Que se passe-t-il ? demanda Saalyn qui surgit derrière eux en compagnie des deux hommes.

— Celtis me cache quelque chose.
— Ah bon ?
— Deirane a fait une forte impression sur un jeune homme.
— Pas du tout.
— Raconte-moi ça, dit Saalyn.
— Il n'y a rien à raconter. Je n'avais jamais mangé de noix, un marchand m'a fait goûter et je lui en ai acheté.
— Des noix de beurrier, précisa Celtis.
— Ce sont elles qui remplissent ce panier ?
— Six poignées pleines, répondit Deirane.
— Pour un dixième de cel, ajouta Celtis.
Jergen poussa un sifflement admiratif.
— Vous vous mariez quand ? remarqua-t-il sarcastique.
— Vous m'embêtez tous, s'écria Deirane.

Elle s'éloigna du groupe, apparemment vexée. Ses amis éclatèrent de rire. Saalyn l'enlaça. Deirane se laissa aller contre elle, heureuse pour la première fois depuis qu'elle avait connu le drow.

XXXIV

Sernos, de nos jours.

Le vaste plateau calcaire de l'Yrian surmontait la plaine environnante d'une bonne centaine de perches. Contrairement aux légendes que l'on raconterait quelques siècles plus tard, il n'avait jamais constitué la forteresse inexpugnable d'où s'étaient élancés des guerriers sanguinaires. D'ailleurs ces guerriers sanguinaires n'avaient jamais existé. De plus, il était bordé sur au moins trois côtés par des pentes douces qui donnaient un accès aisé à son sommet. Étrangement, l'Unster, au lieu de le contourner, l'avait traversé en plein, s'y taillant un large canyon aux parois verticales qui séparait le plateau en deux parties. C'était là le cœur historique de l'Yrian qui avait peu à peu contrôlé toutes les plaines jusqu'à former le plus puissant royaume du continent d'Ectrasyc.

Sur la rive gauche du fleuve, le plateau n'était pas très long, moins d'une trentaine de longes. Par contre, sur la rive droite, il se prolongeait encore sur le double de cette distance. L'Unster longeait donc une falaise abrupte, à une distance variable n'excédant jamais une demi-longe. Moins d'une dizaine de longes avant d'entrer dans le canyon, le fleuve faisait un large méandre qui délimitait une vaste zone semi-circulaire. Une excroissance ayant approximativement la forme d'une proue de navire, trop régulière pour être naturelle, sortait de la falaise coupant presque en deux cet espace. C'est sur ce promontoire qu'un siècle plus tôt les feythas avaient construit leur forteresse, une série de dômes disposés pour la plupart en désordre apparent. Au pied de la falaise, les humains s'étaient installés, fondant la ville la plus grande du monde : Sernos. Plus tard, les seigneurs d'Yrian en s'emparant de l'endroit en avaient fait leur capitale, installant leur palais dans les anciennes résidences des tyrans.

La structure de la ville reflétait encore celle de la capitale feytha. Un vaste boulevard central faisait le tour du promontoire. De ce boulevard partaient trois avenues reliant les ponts suspendus qui traversaient le fleuve et donnaient naissance aux grandes routes : vers l'est, le sud et le nord. La population s'était disposée le long de ces axes et s'étalait à partir de là au fur et mesure qu'elle augmentait. Il y avait encore de la place et même de nombreux champs étaient localisés intra-muros. La partie sud de la ville était populaire alors que le nord était occupé par les nobles et les riches bourgeois. Le port était situé à proximité du pont sud, il constituait le cœur d'une vaste zone commerciale qui tendait à s'agrandir et l'on voyait venir le jour où il ferait le tour complet de la ville.

D'où ils étaient, au sommet d'une colline, la petite troupe de Deirane avait une bonne vue sur la ville alors qu'ils en avaient encore pour deux monsihons de voyage. Le soir tombait, ils arriveraient à la nuit noire. Par chance, Saalyn et Deirane disposaient des lettres patentes nécessaires pour se faire ouvrir les portes malgré le couvre-feu. Les gardes les laisseraient entrer. Ils n'auraient pas le choix. Au pire ils pouvaient passer la nuit dehors, aussi près de la capitale, ils ne couraient aucun danger. D'ailleurs hors des murs il y avait quelques auberges qui pouvaient abriter les voyageurs qui s'étaient ainsi laissés surprendre.

La descente commença. En bas de la colline, la falaise projetait déjà son ombre sur la route. Effectivement, il faisait noir quand ils arrivèrent devant les murailles de la ville. Saalyn descendit de cheval. Elle allait frapper à la porte du poste de garde quand elle s'ouvrit, laissant sortir une vingtaine de soldats, l'épée tirée, un air hostile peint sur leur visage. Il est vrai que trois stoltzts, six humains et quinze bawcks arrivant en pleine nuit avaient un côté inquiétant.

— Faites demi-tour, ordonna le capitaine de la garde et revenez d'où vous venez. Vous n'êtes pas les bienvenus ici.

— Je dois rejoindre mon ambassade, dit Saalyn.

— Je ne peux pas vous laisser entrer.

— Nous repasserons demain matin.

— Ni demain, ni jamais. Vous n'êtes pas les bienvenus ici.

Saalyn avait ouvert ses fontes pour y prendre des documents. Elle fit brutalement demi-tour pour se placer devant le capitaine. Celui-ci la dominait d'une tête et la situation aurait pu être risible si elle n'avait eu cet air si furieux.

— Comment ça, nous ne sommes pas les bienvenus ? J'ai mon ordre de mission diplomatique et les lettres patentes signées par le roi, votre propre roi, qui m'autorisent à entrer à tout moment dans la ville, moi et toute personne m'accompagnant. Même à la nuit noire. Allez chercher votre supérieur. Je les lui montrerai et vous me laisserez passer.

— Vous oui. Pas eux.

De la main, il désigna les bawcks qui les accompagnaient. Saalyn se gifla mentalement pour n'avoir pas pensé ce détail.

— Nous sommes en guerre contre le Chabawck, expliqua le garde.

— Chabawck est au nord-est, nous venons du sud, remarqua Deirane.

Le capitaine la dévisagea. Puis son regard s'attarda sur les trois femmes noires du groupe.

— La Nayt est au nord-est aussi, répondit-il, et pourtant elles viennent du sud, tout comme ces orques.

Mais on sentait que sa résolution faiblissait. Saalyn lui tendit les lettres. Il se doutait de ce que c'était, ne pas ouvrir la porte équivaudrait à ignorer un ordre royal. Le capitaine lut attentivement les documents, cherchant une faille qui lui aurait permis de s'y soustraire. Puis il dévisagea longuement la guerrière avant de réagir.

— Bien, dit-il simplement.

De mauvaise grâce, il déverrouilla la porte et les voyageurs purent rentrer dans Sernos. Alors que Deirane allait passer, il la retint par la bride.

— L'auberge de l'Épi d'Or est très convenable, dit-il, je vous conseille d'y prendre une chambre.

— Je vous remercie, je tiendrais compte de votre conseil.

Conseil qu'elle oublia dès qu'elle eut rattrapé ses compagnons.

Sur la large avenue déserte à cette heure tardive, la chevauchée était aisée. Ils débouchèrent sur le boulevard central qu'ils suivirent jusqu'à sa jonction avec l'avenue de l'est. Une longe avant d'arriver au pont, ils s'engagèrent dans les petites rues du quartier nord.

Ils arrivèrent enfin devant l'ambassade. Deirane remarqua que depuis son dernier passage, les choses avaient bien changé. Le mur d'enceinte avait été prolongé vers la gauche. L'ajout qui n'avait pas encore été crépi disparaissait derrière des échafaudages. Ces travaux résultaient de l'agrandissement de la villa qui s'était vu adjoindre une nouvelle aile. L'ancienne salle de bal allait devenir salle de réception et une nouvelle serait construite plus grande que l'ancienne. Cela permettrait aussi aux appartements seigneuriaux de ressembler à des appartements seigneuriaux autrement que par leurs décorations, ils en auraient bientôt la taille. Par contre, pour l'agrandissement de ses appartements, l'ambassadeur allait devoir attendre la construction de la troisième aile, prévue dans quelques années. Une aile, qui outre des salons et des chambres supplémentaires, allait abriter une bibliothèque digne de ce nom.

La troupe s'arrêta devant la porte. Öta démonta. Il alla tirer la poignée qui sortait de l'encadrement. À l'intérieur, ils entendirent une cloche sonner. Personne ne bougea. Au bout de ce qu'il estima un délai raisonnable, il refit tinter la cloche.

— Soit il n'y a personne, soit ils dorment tous, dit-il.

— Il y a forcément quelqu'un, remarqua Saalyn, c'est notre ambassade en Yrian.

— Alors ils dorment, conclut Öta.

— Ça n'est pas surprenant, que pourrait-il leur arriver à Sernos ?

— Nous sommes quand même en guerre, remarqua Öta.

— Tu as raison, acquiesça Saalyn.

Elle fouilla dans ses fontes et en tira une petite clef étrange qu'elle passa à son ancien disciple. Deirane n'en avait jamais vu de telle. Avec toutes ces petites dents minuscules, elle devait être quasiment impossible à imiter.

Öta se dirigea vers une petite porte encastrée dans la grande. Il glissa la clef dans la serrure et ouvrit. Deirane entendit le mécanisme parfaitement huilé jouer, sans les claquements caractéristiques des grosses serrures qu'elle connaissait. Le mouvement était plus doux et feutré. La porte était juste assez grande pour laisser passer un cheval tenu par la bride. Tout le monde mit donc pied et terre, sauf les bawcks qui n'avaient pas de montures. Ils avaient fait le chemin à pied depuis le château d'Aldower.

Les voyageurs entrèrent dans l'ambassade en file indienne. La cour était plongée dans le noir. À sa gauche, Deirane distinguait tout juste les murs de l'ancienne caserne en cours de démolition. Absorbée par ses observations, elle ne remarqua rien d'anormal jusqu'à que ce que Gonrak, après un bref reniflement, lance un hurlement d'alerte.

— Danger ! Trahison ! hurla-t-il.

Aussitôt l'humaine fut sur ses gardes.

La lumière se fit. Ils étaient encerclés par une troupe de bawcks, l'épée au clair et l'air menaçant. Les trois stoltz ainsi que les bawcks de leur escorte avaient tiré leur arme. Avec du retard Deirane les imita. Mais ils étaient inférieurs en nombre. Öta estima d'un coup d'œil leurs possibilités de retraite. La porte était trop étroite. Seuls un ou deux pourraient sortir avant que les autres ne se fassent massacrer.

— Nous savons maintenant ce que voulait dire le capitaine à l'entrée, remarqua Deirane.

Mais devant la mortification évidente de Mënim, elle regretta cette pique.

Le bawck qui semblait être le chef s'avança.

— Intrus sur territoire de Tergyl pied boueux, roi de Ruvyin. Vous prison et jugement avant exécution.

Cette phrase produisit un effet immédiat sur les trois Helariaseny. Öta laissa retomber son épée, Saalyn avait l'air si désemparée qu'elle se laissa désarmer sans réagir. Quant à Mënim, elle éclata en sanglots. Cleindorel leva un regard intrigué vers Deirane.

— Ruvyin est la ville la plus occidentale de l'Helaria continentale, expliqua-t-elle. Et la guerre a commencé à l'est.

— Ça veut dire que l'Helaria n'existe plus ? intervint une des jumelles frakersen ?

— Je suppose que l'archipel doit encore résister. Ça reste un coup dur pour eux, car la forteresse de Ruvyin protège le passage vers leur capitale.

Un bawck se plaça devant Deirane et la gifla violemment.

— Silence, ordonna-t-il.

Deirane obéit en se frottant la joue. Décidément, elle était gâtée ces temps-ci.

Pendant qu'un des envahisseurs refermait la poterne, le reste de la troupe les entoura et les entraîna vers les geôles. Ils contournèrent le bâtiment en construction pour atteindre la nouvelle caserne. Une série de petites cellules de dégrisement y avaient été ajoutées. Elles étaient prévues pour une seule personne. Comme il n'y en avait pas assez pour tout le monde, les bawcks les repartirent trois par trois, sauf Deirane qui ne fut accompagnée que de Cleindorel.

Une fois la porte fermée, Deirane examina autour d'elle. En pleine nuit, la lumière qui entrait par la lucarne était insuffisante. Elle devina plus qu'elle ne vit la petite paillasse accrochée à un mur. Elle écarta sa nièce qui s'était blottie contre elle. Elle lui prit la main et l'entraîna vers la couche, espérant que ses jeunes yeux verraient les obstacles qui lui échappaient. Ce n'était qu'une simple planche de bois retenue au mur par des chaînes. Pas très confortables, ces cellules étaient destinées à des soldats saouls qui devaient rester une nuit tout au plus. Les criminels devant rester enfermés pour une longue durée avaient leurs quartiers dans la prison de la ville.

Elle s'assit un peu rudement. Un corps amortit sa chute, un corps qui poussa un cri de douleur étouffé. Il y avait quelqu'un avec eux. Finalement ils étaient bien trois par cellule.

— Qui est là ? demanda-t-elle.

Comme personne ne répondait, elle tâta la forme allongée avec prudence. C'était une femme, et qui plus est une stoltzin, ainsi que la texture de sa peau le lui apprit. En lui posant la main sur l'épaule, elle sentit son corps trembler. En silence, l'inconnue pleurait. Elle était mal placée pour la réconforter.

Elle aida Cleindorel à s'allonger sur la couche, à côté de l'inconnue. Instinctivement, la jeune fille l'enlaça. Comme il n'y avait plus de place, Deirane s'allongea par terre. Elle en avait vu d'autres en vingt ans d'esclavage. Elle ne tarda pas à s'endormir.

Le lendemain matin, un rayon de soleil qui entrait par la lucarne réveilla Deirane. Il lui fallut un moment pour se souvenir où elle était et pourquoi elle dormait sur le sol. Voyant sa nièce allongée sur la paillasse, tout lui revint à l'esprit. Elle ne put manquer d'avoir une pensée ironique sur son sort : mobiliser une centaine de soldats pour la tirer d'une prison pour retomber aussitôt dans une autre. Ses articulations protestèrent quand elle se leva. Elle n'était plus toute jeune. Elle ne supportait plus aussi facilement qu'avant les nuits sur une surface dure et froide.

Il était temps de faire connaissance de leur compagne de cellule. Un peu raide, elle s'approcha de la paillasse. Dans leur sommeil, les deux femmes s'étaient enlacées pour se réconforter, le visage de la stoltzin lui restait donc caché. Elle ne pouvait que voir son corps.

Ses galbes et ses courbes harmonieux, propres à enflammer l'imagination des poètes, lui donnaient une silhouette élancée, proche de la perfection. C'était exactement le corps que Deirane aurait voulu avoir quand elle était adolescente. Sa chevelure, si claire qu'elle en paraissait lumineuse était étalée autour d'elle. Sa robe accentuait cette clarté. Blanche, elle ne couvrait que la poitrine et les hanches, mais un voilage translucide l'enveloppait totalement. Elle avait dû être élégante, une robe de prix pour une personnalité helarieal. Elle portait maintenant les stigmates d'un interrogatoire musclé. De toute évidence, la veille, elle avait passé une mauvaise journée.

Deirane la fouilla, cherchant un indice de son rang. Au passage, elle découvrit son visage, aussi parfait que le reste du corps, malgré les hématomes qui le marbraient. Elle trouva ce qu'elle cherchait à sa main. Sa bague portait un symbole de corporation qu'elle n'avait jamais vu que sur deux personnes seulement dans sa vie : Muy et sa sœur jumelle Wuq. Si elle avait encore eu des doutes sur l'identité de cette inconnue, ils étaient maintenant levés. Il n'y avait pas beaucoup de femmes correspondant à cette description en Helaria, deux seulement : Vespef, la pentarque prime et Littold, sa fille. Cette dernière était parfois surnommée la pentarque sixte, ce qui était ridicule sur un plan sémantique. Sa prisonnière était donc dans tous les cas une personne haut placée du gouvernement pentarchial.

La stoltzin bougea. Elle leva la tête et regarda Deirane, l'air encore à moitié endormi.

— Qui êtes-vous ? demanda-t-elle, et que faites vous ici ?

— Je m'appelle Deirane, je viens de Boulden.

— Boulden, l'expédition Aldower. J'aurais pu deviner, dit-elle en montrant le rubis.

— C'est cela.

— La mission a réussi ?

— Quelle mission ? demanda Deirane.

La pentarque se dégagea délicatement de l'étreinte de la jeune fille. Elle s'étira, dénouant des muscles encore engourdis. Puis elle s'assit contre le mur, les jambes repliées sous elle.

— Excusez-moi, je ne me suis pas présentée. Je suis Vespef de Satvim, pentarque prime d'Helaria.

Deirane ne s'était donc pas trompée.

— Je suis surprise de vous trouver ici. Que s'est-il passé ?

— Mon frère Wotan m'a envoyée à Sernos pour me mettre à l'abri.

Deirane jeta un coup d'œil sur les murs.

— Vous l'êtes, remarqua-t-elle, les murs me semblent solides, difficiles à percer.

— J'espérai quand même avoir un peu plus de place. L'ambassadeur avait raison en demandant de construire ces cellules plus confortables. On aurait dû l'écouter.

La pentarque étira à nouveau ses muscles noués. Elle fit jouer une épaule meurtrie. Puis son regard clair se posa sur Deirane.

— Maintenant, dit-elle, vous allez me raconter en détail l'assaut contre le château d'Aldower.

— Après vous répondrez à mes questions ?

— Il vaudrait mieux que vous les posiez à Saalyn. C'est elle qui a monté toute l'opération. Elle la prépare depuis pas mal de temps.

— Un douzain, ce n'est pas une si longue période que ça.

Mais quelque chose dans le visage de la pentarque lui fit revoir son estimation. Une discussion avec Saalyn s'imposait.

— Ce rapport, répéta Vespef.

Au ton, Deirane comprit que ce n'était pas la femme qui laissait sa curiosité s'exprimer, elle avait affaire à la chef d'État. Elle mettait ses données à jour sur la situation récente.

Deirane raconta toute l'histoire, depuis le départ de Boulden. De temps en temps, Vespef l'interrompait pour lui poser des questions précises. Parfois elle la faisait revenir en arrière pour éclaircir un point de détail. L'humaine n'avait jamais été interrogée de cette façon. Elle trouvait cela intéressant, cela lui donnait des indications sur ce que la pentarque trouvait important ou pas. Par contre, rien dans son expression ne donnait d'indication sur ce qu'elle pensait des événements.

Les troubadours la décrivaient comme un être fragile, sa famille la mettait à l'écart pour la protéger en cas de coup dur. Pourtant, en cas de négociation, elle devait être capable de bluffer comme personne. C'est par pur hasard, elle était juste née la première, que des cinq pentarques elle était celle que les autres nations, incapables de comprendre le système de gouvernement pentarchial, identifiaient à l'impératrice. Pour une fois, le hasard avait bien fait les choses.

Le soleil avait dépassé le zénith quand Deirane termina son récit. Vespef médita un moment. Cleindorel s'était réveillée pendant le rapport. Elle ignorait tout de l'identité de sa compagne de couchette. C'est sans méfiance qu'elle s'était donc appuyée contre la pentarque qui, instinctivement, lui avait passé un bras autour des épaules.

— Maintenant, il faudrait penser à sortir de là, dit soudain Vespef.
— Comment êtes-vous entrée ?
— Par la porte. Mais je pense qu'il nous faudra trouver une autre sortie.

Deirane trépignait presque, elle n'était plus en état de goutter l'humour de son entourage. Heureusement, Vespef continua.

— Quand Aldower a brisé son sort, j'ai pris le choc de plein fouet. Je n'étais pas en état de me défendre quand les bawcks m'ont capturée. Je n'ai pas pu utiliser mes pouvoirs.
— Et vos pouvoirs ne pourraient pas vous faire sortir maintenant que vous êtes remise ?
— Ils m'ont pris ma gemme.
— C'est quoi cette gemme ?
— Un bijou. Par lui-même il n'a aucun pouvoir, il me permet juste d'accumuler ma force magique. Sinon elle se répand autour de moi, totalement inutile. Je peux ensuite puiser dedans pour lancer des sorts plus puissants. Sans la gemme, mes sorts restent élémentaires.
— Et avec la gemme ?
— Je suis la meilleure.

On sentait la fierté qu'elle éprouvait en disant cela.

— Je ne contrôle pas mes pouvoirs aussi finement que Wotan, corrigea-t-elle, mais il a eu beaucoup plus de temps libre que moi pour s'entraîner.

Cleindorel s'agita sur la paillasse. Elle venait de comprendre dans le giron de qui elle était blottie. La pentarque ne la libéra pas. Finalement, elle se calma. Elle osa même s'exprimer.

— À quoi ressemble cette gemme ? demanda-t-elle.
— C'est une pierre blanche avec des reflets bleus, pas particulièrement belle. Pourquoi ?
— Peut-être que Deirane en a une.

Deirane était atterrée de ne pas y avoir pensé elle-même. Cela faisait si longtemps qu'elle vivait avec ces cailloux incrustés dans la peau qu'elle avait presque oublié leur existence. Il avait fallu qu'une gamine les lui rappelle. Quant à la pentarque, elle rayonnait.

Deirane s'assit à côté de Vespef et lui tendit son bras.

— Vous en voyez une ? demanda-t-elle.

Vespef partit de l'épaule et descendit le long du bras, examinant chaque pierre qu'elle rencontrait dont la teinte s'approchait. Elle la trouva l'intérieur du poignet.

— Celle-là, dit-elle, c'en est une.

Deirane regarda la pierre insignifiante qu'elle lui montrait. Ce caillou, le moins beau de tous, était à l'origine de la puissance des pentarques ? Les bijoutiers helarieal devaient être sacrement bon pour en faire un bijou digne d'être porté par un roi. L'air dubitatif de Cleindorel indiquait qu'elle était du même avis.

— Que faut-il faire ? demanda Deirane.

— Mettre la pierre en contact avec ma peau, pour qu'elle absorbe mon pouvoir.

— Le contact doit être étroit.

— Pas trop, je ne pense pas. Sinon nous ne pourrions pas nous pencher quand on porte notre gemme en pendentif.

Deirane s'assit confortablement à côté de la pentarque qui quitta sa place contre le mur pour s'allonger sur la paillasse.

— Je la mets où ?

— Les poètes disent sur le cœur.

— Euh...

Deirane hésita.

— Mais, continua Vespef, la chaînette de ma gemme est plus courte que cela. Le haut de la poitrine devrait être bon.

Deirane posa son bras en travers de la poitrine de la pentarque, presque la base du cou, essayant de mettre la pierre en contact avec sa peau. Vespef ferma les yeux et se concentra.

— Je la sens aspirer mon énergie, dit-elle au bout d'un moment.

— C'est mauvais ?

— Au contraire. Ça veut dire que ça marche.

— Combien de temps va-t-on devoir rester comme ça ?

— Il me faut une journée pour recharger ma gemme. Celle-là semble bien douze fois plus petite. Donc un monsihon devrait faire l'affaire.

— Ça tombe bien, je n'avais pas prévu de sortir de la journée.

Cleindorel descendit de la couche pour permettre à Deirane de s'allonger à côté de la pentarque, position plus pratique vue la situation.

Après un silence pesant, Deirane reprit la parole.

— Vespef, je peux vous poser une question ?

— À quel sujet ?

— Les drows. Leurs motivations.

— Vaste sujet, répondit la pentarque après une longue hésitation.

— Voilà, dans le commando qui m'a délivré, il y avait quatre drows. Pourtant, je croyais que les drows n'en faisaient qu'à leur tête, qu'ils ne collaboraient avec personne.

Vespef réfléchit longtemps avant de répondre.

— Ils ne collaborent pas, répondit-elle enfin, ils défendent leur nid.

— Leur nid ?

— Ils se trouvent que ceux-là ont installé leur nid sur une île déserte de l'Helaria et qu'ils considèrent cette guerre comme une menace.

— Leur nid ? répéta Deirane. Son ton indiquait clairement son incompréhension. Je les croyais solitaires, en quoi consistent ces nids ?

— Que sais-tu d'eux ?

— Ils sont solitaires, égoïstes, violents et font primer leurs plaisirs avant tout.

— Cette description ne concerne que les solitaires. Ils sont plutôt rares au sein de leur peuple. Mais c'est eux que l'on voit le plus. C'est donc normal que tu aies cette impression. Les solitaires comme Aldower sont des parias. Ils ont été exclus de leur communauté. Ils sont égoïstes et violents, ils sont aussi très discrets. En fait, ils se désintéressent du monde extérieur tant que celui-ci ne s'intéresse pas à eux. Il faut voir que les drows sont les grands perdants de la guerre contre les feythas, même si la plupart ont combattu à nos côtés.

— Comment ça ?

— Nous ne savons pas pourquoi les feythas ont créé tant de peuples différents. Peut-être par jeu. On sait au moins pourquoi ils ont créé les drows. Ce sont des machines à tuer. Ils sont forts, ont des réflexes rapides, peuvent réagir en une fraction de seconde, leurs mouvements sont précis, leurs sens sont très développés. Les humains, les edorians et les nains ont été créés pour servir d'esclaves. Il en fallait beaucoup. Pas des drows. Quelques milliers faisaient l'affaire. Et pour une aussi faible quantité, leurs machines suffisaient. Ils ont donc fait l'impasse sur les femelles.

— Il n'y a pas de femelles drow ? J'en ai jamais vu, mais je n'aurais jamais pensé qu'il n'y en avait aucune.

— Oh, il y en a. Les feythas ont prévu la possibilité d'une panne de leurs appareils. Mais à peine plus d'une douzaine.

— Pour quelques milliers de mâles, ça pose un problème.

— Je ne te le fais pas dire. C'est pour ça que ce peuple s'organise en petits groupes d'une centaine d'individus avec au centre une femelle. Et ils sont prêts à tout pour protéger cette femelle.

— Comme les abeilles en somme.

— Pas exactement. Les mâles qui entourent une reine ne sont pas de sa lignée. Et ils sont rarement de la même famille. De temps en temps, une femelle naît. C'est rare, une naissance sur cinq. Une fois adulte, elle quitte le nid de sa naissance pour fonder le sien. C'est comme ça que l'une d'elles est tombée entre nos mains, il y a quelques années, dans un convoi d'esclaves que nous avons intercepté. Des drows sont aussitôt arrivés de tout le continent et ont demandé à être mis en sa présence. Quand le groupe a dépassé la dizaine, ils sont partis. Ils se sont installés sur une île déserte à l'est du pays. Ils ont refusé de prêter allégeance et ils ne sont pas sujets de l'Helaria. Enfin si, mais ils bénéficient d'une large autonomie.

— Ils considèrent l'Helaria comme leur zone de sécurité et en cas de guerre ils sont à vos côtés, conclut Deirane.

— Non, en cas d'agression ils sont à nos côtés. Si c'est nous qui attaquons, ils n'interviendront pas. Ils pourraient même se retourner contre nous s'ils nous considéraient comme un danger.

— Et Aldower là-dedans ?

— Aldower n'appartient à aucune communauté, son existence n'a aucun but. Sans communauté, aucune chance d'avoir une descendance. Déjà qu'avec les chances ne sont pas énormes. Il tente de se reconstruire une nouvelle vie comme il peut.

— Je vois. Il vient du nid d'Helaria ?

— Aucune idée. Je ne pense pas. C'est un originel. Il n'est pas né, il sort directement des machines feythas. Peut-être n'a-t-il jamais fait partie d'un nid. Pendant la plus grande partie de sa vie, il a été discret et on ne sait quasiment rien de lui, sa première apparition dans nos dossiers remonte à ton supplice.

— Je vois.

Elle avait prononcé sèchement cette dernière phrase. Et sombra aussitôt dans le mutisme. Elle n'avait pas oublié que son nom était censé être inconnu des guerriers libres, quand elle les avait contactés à Boulden, moins d'un douzain plus tôt. Quelqu'un se moquait d'elle. Et elle n'aimait pas ça.

Au bout d'un long moment, plusieurs calsihons, Deirane sortit de son mutisme.

— Que se passe-t-il ? demanda la pentarque.

— Mon bras. J'ai une crampe.

— Une crampe ? Pourquoi ?

— Rester immobile, aussi longtemps. C'était prévisible.

— On peut rester immobile bien plus longtemps sans problème.

— Vous êtes une stoltzin, des… reptiles.

Deirane avait failli dire lézards. Elle espéra que la loi que les pentarques professaient sur les pouvoirs télépathiques et l'intimité n'était pas juste de la propagande.

— Je suis une humaine, nous ne sommes pas pareilles, même si nous nous ressemblons.

— Je sais. Au cas où je l'aurais oublié, la chaleur que ton bras dégage au contact de ma peau me le rappellerait aussitôt. Nos ancêtres ne sont même pas du même monde.

— On fait quoi pour mon bras ?

— Je pense qu'il doit y avoir assez d'énergie. Je vais essayer de nous tirer de là.

Vespef se concentra. Elle mobilisa son pouvoir pour le déchaîner sur le mur. Sous l'action de l'énergie qu'elle dégageait, la gemme devint brûlante. Deirane poussa un cri de douleur et bougea involontairement. Aussitôt la gemme se vida dans un grand éclat de lumière. La flamme que Vespef avait projetée contre le mur se retrouva dépourvue de puissance, elle n'eut aucun effet.

Deirane s'assit et massa son bras endolori.

— Je suis désolée, dit-elle.

— Ce n'est rien, de toute façon je ne m'attendais pas à ce que ça marche.

— Pourquoi avoir essayé alors ?

— Vous aviez quelque chose de mieux à faire ?

— Pas vraiment.

Vespef se leva et s'étira.

— Vous êtes prête pour un nouvel essai ? demanda la Pentarque.

— Pas vraiment.

La stoltzin examina la belle humaine. Le regard qu'elle lui lança donnait l'impression de pénétrer au fond de son âme.

— Le choc a été violent pour vous, dit-elle enfin.

Deirane mit un moment à répondre.

— Ce tatouage me protège de beaucoup de choses, mais pas de la douleur.

— J'ai même l'impression qu'il l'amplifie. Je me vois mal vous infliger cela une nouvelle fois. À mon avis, le mieux est de nous reposer pour être prêtes. Il y a une garnison entière prisonnière ici. J'espère que l'un d'eux sera assez débrouillard pour organiser une évasion. Il vaudrait mieux que nous puissions les suivre s'ils viennent ici. Et puis, ils vont bien venir vous nourrir. On pourra essayer d'en profiter.

— Vous devriez peut-être vous allonger dans ce cas.

— Cette nuit, vous avez dormi par terre. C'est mon tour. Prenez la couchette.

— Certainement pas. Vous êtes une reine. Pas moi.

— Vous l'étiez autrefois. Et vous n'êtes plus très jeune. À votre âge, vous avez besoin de confort.

Les pentarques approchaient des deux mille ans. Et Vespef était l'aînée de la famille, même si ce n'était que de quelques calsihons. Cette remarque de la part de l'être le plus vieux du monde ne manquait pas de sel. Il était vrai qu'en première apparence, Vespef semblait beaucoup plus jeune que Deirane.

Deirane invita Cleindorel à la rejoindre. Elle ne se fit pas prier. La pentarque se roula en boule sur le sol en position fœtale.

XXXV

Sernos, de nos jours.

La nuit tombait. Personne n'était venu pour les nourrir. Leurs geôliers avaient de toute évidence oublié que les humains mangeaient plusieurs fois par jour. Deirane gardait les yeux ouverts, malgré le noir. Elle n'arrivait pas à dormir. C'est ce qui lui permit d'entendre le tintement métallique. Quelque chose venait de heurter les barreaux de la lucarne. Elle secoua Cleindorel. Puis elle se leva doucement et réveilla Vespef. La pentarque se redressa sur ses coudes et écouta.

Le tintement se fit à nouveau entendre. Ce coup-ci quelque chose entra dans la cellule. Quelque chose de fixé à une corde qui le ramena aussitôt à son lanceur et le coinça dans la lucarne. Un grappin. Quelqu'un cherchait à les libérer.

Une traction violente sur la corde ébranla les barreaux. Ils résistèrent.

— La maçonnerie est fraîche, remarqua Vespef, le ciment ne tiendra pas bien longtemps.

En effet, ils commencèrent par bouger. Puis sous une nouvelle traction, ils finirent par s'arracher, emportant quelques pierres avec eux dans un raffut effroyable. Le passage dégagé était suffisant pour s'enfuir.

Un homme se présenta devant le trou, une torche à la main. Il éclaira l'intérieur de la cellule. Quand il vit les occupantes, il les invita d'un geste à le rejoindre. Deirane poussa Cleindorel pour l'aider à grimper jusqu'à la lucarne. La jeune fille entra dans le trou et disparut.

— Allez-y, ordonna Vespef.
— Après vous.
— Grouillez-vous, ils arrivent.

En effet, l'ouverture de la cellule avait été bruyante. Dehors, les bawcks s'agitaient. Ils entreraient bientôt.

Vespef fit la courte échelle à sa compagne de cellule. Elle plongea dans la lucarne. Deirane sentit aussitôt des bras l'empoigner et la tirer au-dehors tout en la retenant pour qu'elle ne tombe pas. Elle se laissa faire, se retrouvant rapidement sur ses pieds pendant qu'une poigne solide l'aidait à reprendre son équilibre. Elle était dehors, dans la rue. Devant elle, elle voyait le mur d'enceinte de l'ambassade. Leurs sauveurs ne tardèrent pas à extraire Vespef de sa prison.

La pentarque se présenta devant celui qui semblait commander les hommes et le salua d'une brève inclinaison de la tête. C'était un soldat, cependant son uniforme n'était pas helarieal.

— Vespef d'Helaria et de Satvim, pentarque prime d'Helaria. Je vous remercie de nous avoir tirés de là.

— Capitaine Beldel, de la garde royale. À votre service.

Rien de moins que la garde personnelle du roi d'Yrian, pensa Deirane.

— Ainsi donc c'est le roi d'Yrian qui vous envoie, répondit Vespef.

— Il m'a donné l'ordre de vous faire sortir de cette prison par tous les moyens.

— Vous le remercierez de ma part.

L'arrivée d'une troupe armée interrompit la discussion. Les bawcks qui avaient investi l'ambassade avaient fait une sortie pour tenter de récupérer leurs prisonniers. Deirane dévisagea les soldats yrianii. Ils étaient inférieurs en nombre et ne semblaient pas rassurés. Le chef des bawcks s'avança face au capitaine.

— Elle est à nous, dit-il en désignant Vespef, vous restituer.

— Elle est à moi maintenant. Si vous voulez la reprendre, il faudra nous vaincre d'abord.

— Bawcks de Ruvyin combattre soldats de Sernos, dit-il.

Il rejoignit sa troupe.

— Êtes-vous sûr de vouloir vous faire du roi d'Yrian un ennemi en combattant ses soldats dans sa capitale ? cria le soldat au bawck.

Ce dernier, tout à son idée, ne réagit pas. Il allait attaquer.

— Ils sont plus nombreux que vous, remarqua Vespef, et certainement meilleurs guerriers.

— Je n'en doute pas, sauf pour ce qui est de la qualité de guerriers. Toutefois, je ne compte pas me battre.

— Qu'allez-vous faire alors ?

— Mon roi m'a donné ceci. Il a pensé que ça vous ferait plaisir.

De sa poche il sortit un bijou, une pierre montée en pendentif.

— Une gemme, s'écria Vespef.

Elle la prit et la passa autour de son cou.

— Malheureusement elle est déchargée, je ne peux utiliser mes pouvoirs.

— Aussi, ceci n'est-il que la première partie du cadeau.

Tout en surveillant la manœuvre d'encerclement entreprise par les bawcks, il sortit de sa poche une petite boule lumineuse d'un blanc laiteux.
— Un sort démon. Je pense qu'il y a là de quoi charger la gemme, dit-il.
— J'aime les cadeaux de votre roi. Il sait faire plaisir aux femmes.
— Il a cette réputation en effet.
— Que nous vaut une telle générosité ?
— Malgré vos défauts, vous êtes des voisins plus fréquentables que ces orques. Ils sont là depuis quelques jours seulement et tout le quartier est en état de siège.

Il brisa la boule. Aussitôt la gemme s'illumina.

Vespef se mit face au chef des bawcks, les bras écartés. Elle lui fit un sourire cynique. Brusquement elle se déchaîna. Le bawck fut projeté en arrière. Il s'écrasa contre le mur, le corps désarticulé. Un deuxième corps s'envola, son point d'atterrissage n'était pas visible. Puis un troisième. En un éclair, l'ennemi était en déroute. Il s'enfuit. La pentarque les poursuivit sans se presser. Ils parvinrent à se réfugier dans l'ambassade. Elle pointa la porte de la main. La puissance du pouvoir de Vespef l'arracha de ses gonds, une partie du mur s'effondra à sa suite. Elle entra dans l'enceinte. Les bawcks s'égayaient dans toutes les directions. Avançant en direction du bâtiment principal, elle foudroyait tous ceux qu'elles voyaient devant elle.
Les soldats yrianii entrèrent derrière elle dans l'ambassade, violant l'extraterritorialité des lieux. Pour une nuit, la Pentarchie d'Helaria et le royaume d'Yrian ne faisaient qu'un. La chasse commença.
Quand Vespef arriva au pied de l'escalier, dans la villa, sa gemme avait perdu sa luminosité. Son pouvoir était épuisé. Deirane et Cleindorel l'avaient rejointe. Une troupe de soldats la précéda à l'étage et débusqua les envahisseurs qui avaient échappé au massacre. Ils la protégeaient comme si elle était leur souveraine et pas la dirigeante d'un royaume concurrent.
En arrivant dans les appartements pentarchial, Vespef avait l'air désolée.
— Ils ont tout cassé, remarqua Cleindorel.
— Il fallait s'y attendre, remarqua Deirane, ils ont dû se dire que l'endroit devait regorger de trésors cachés.
— De toute façon, on allait tout refaire, dit la pentarque. Ils auraient quand même pu attendre. Je n'ai plus rien à me mettre.
Du temps où Deirane était courtisane, elle avait souvent prononcé ces paroles. Aujourd'hui, dans le cas de Vespef, c'était vrai. La robe qu'elle avait sur elle, sale et déchirée, n'était pas présentable et ses armoires avaient été pillées. Ses vêtements, sans intérêt pour les envahisseurs, gisaient en tas au centre de la pièce. Ce n'était pas une destruction gratuite comme auraient fait

des humains. Les bawcks avaient procédé à une fouille approfondie pour dénicher des objets de valeur. D'ailleurs peu de choses étaient réellement cassées. Les bawcks avaient plutôt mis un désordre indescriptible que saccagés les lieux.

Beldel entra dans la pièce. Il examina l'endroit d'un œil critique et vaguement dégoûté.

— Mon roi avait prévu cette éventualité. Il m'a demandé de vous prier d'accepter son hospitalité au palais le temps que vos appartements soient remis en état.

— Je voudrai bien, répondit Vespef, mais j'ai bien peur de n'être pas présentable.

— Ce n'est pas un problème. Nous ne sommes peut-être pas aussi civilisés que l'Helaria, nous ne sommes pas des barbares non plus. D'ici demain, nous trouverons certainement des robes adaptées à votre taille et à votre rang. Et nous avons de bonnes installations sanitaires, très fortement inspirées des vôtres d'ailleurs, comme des baignoires.

Vespef hésita un instant. L'ambassade n'était pas la seule propriété de la Pentarchie en ville. Quatre royaumes avaient fusionné pour créer l'Helaria moderne, tous ayant à l'origine une représentation sur place. Il y avait d'autres endroits où Vespef aurait pu se rendre. Cependant, ils étaient vides de domestiques et de ressources. Même s'ils étaient mieux rangés que son appartement actuel, ils n'étaient pas plus habitables. Voilà une lacune qu'il faudrait corriger un jour.

— Vous avez bien parlé de baignoires ? demanda-t-elle enfin.

— Avec de l'eau chaude dedans et des servantes autour pour vous frotter le dos.

— Vendu.

Si Beldel fut surpris de la familiarité d'une personne de si haut rang, il ne le montra pas sur son visage. Il avait annoncé faire partie de la garde royale. Il côtoyait le roi d'Yrian presque quotidiennement. Il était habitué aux grands de ce monde. Et certains étaient vraiment bizarres.

Vespef jeta un rapide coup d'œil sur la chambre dévastée avant de suivre Deirane qui était déjà dans le couloir.

En arrivant dans le hall, un jeune soldat aborda le capitaine. Il lui murmura quelque chose à l'oreille. Beldel se retourna alors vers les trois femmes.

— Nous avons trouvé d'autres personnes dans les cellules, dit-il, des stoltzt, quelques humains, et aussi des orques. Que faisons-nous d'eux ?

— Ils sont avec moi, répondit Deirane, ils m'accompagnent. Les stoltzt constituent la suite de la pentarque Vespef, les bawcks sont la mienne.

Examinant la pentarque à la dérobée, elle constata que si Vespef était surprise, en bonne diplomate elle n'exprimait rien sur son visage.

— Vous ne manquez pas de ressources, remarqua Vespef.

— Ils ont participé à ma libération.

— Muy l'a évoqué, dit Vespef, de là à en faire votre suite. J'ai hâte de voir la tête du roi Menjir quand ils s'inviteront à sa table.

Puis s'adressant à Beldel.

— Je suis arrivée à Sernos avec une suite telle qu'elle sied à mon rang. Des soldats, des assistants et l'équipage complet de trois navires, tous capturés par les bawcks. Les avez-vous ?

— Nous ne les avons pas trouvés, mais nous n'avons pas fouillé tous les bâtiments. Il y a quelques combats dans la zone commerciale et quelques pièces fortes qui pourraient servir de prison.

Dans la cour, le groupe qui accompagnait Deirane rejoignit les prisonniers délivrés par les Yrianii. Saalyn, surprise, dévisageait Vespef. Elle lui fit un rapide salut de la tête, puis s'approcha de son amie.

— Décidément, tu es pire qu'un chat. Où qu'on te lâche, tu retombes toujours sur tes pattes. Comment as-tu fait pour te retrouver en compagnie de ma pentarque ?

— Je te raconterai plus tard.

Sous la direction de Beldel, le groupe sortit de l'ambassade et traversa Sernos en direction du palais royal. Les soldats se disposèrent autour d'eux pour les protéger. Ils n'empruntèrent pas le boulevard. Au lieu de ça, ils coupèrent au plus court vers le promontoire par les ruelles. Dans ce quartier aisé, même les plus étroites venelles étaient propres. Ils arrivèrent en moins d'un calsihon au pied de l'immense masse rocheuse, devant ce qui semblait être une plaque métallique enchâssée dans la paroi. Beldel regarda autour de lui pour s'assurer qu'ils étaient seuls. Aussi tard dans la nuit, les rues étaient désertes. Il posa sa paume droite dans un renfoncement, aussitôt une plaque lisse comme du verre s'illumina. Le contour de sa main se dessina dessus.

— Identification confirmée, dit une voix sortie du néant, bienvenue capitaine Beldel.

La plaque métallique coulissa, révélant une petite pièce aux parois lisses, apparemment dépourvue de porte. Deirane sursauta, de même que les Frakerseny, toutefois ni Vespef ni Saalyn n'avaient l'air surprises.

— Je constate que l'Helaria n'est pas le seul à utiliser du matériel feytha, remarqua la pentarque.

— Il était en place et il fonctionne. Il aurait été dommage de ne pas s'en servir, répondit Beldel, après tous, vous avez bien quelques armes de poing feythas et si je ne me trompe quelques autres objets plus puissants encore.

— Peut-être, mais nous ne savons pas les réparer quand ils tombent en panne. Et encore moins en construire d'autres.

— Nous avons le même problème. Sur les huit ascenseurs d'origine, seuls cinq fonctionnent encore.

Quand tout le monde fut entré, les portes se refermèrent. Aussitôt, la pièce se déplaça vers le haut. Deirane fut déséquilibrée par le mouvement. Ce fut la poigne solide d'Öta qui la redressa. De leur côté, ni les Yrianii ni les Helariaseny habitués aux ponts mouvants de leurs navires ne bronchèrent. Quelques vinsihons plus tard, la cabine s'arrêta et la porte s'ouvrit, du côté opposé à celui de leur entrée.

Comme le promontoire était en surplomb, ils n'étaient pas au bord de la falaise, mais en étaient éloignés de plusieurs douzaines de perches. Devant eux se dressait le palais royal d'Yrian. Il était constitué d'un cercle de sept dômes d'une centaine de perches de diamètre situé au centre de l'esplanade et de plusieurs autres dispersés un peu au hasard. Entre les dômes et la pointe du promontoire, un bâtiment plus récent en pierre avait été ajouté, le palais proprement dit, la demeure du roi de l'Yrian. Le domaine était complété par un poste de garde qui servait à protéger l'accès routier au palais.

Le capitaine guida les voyageurs jusqu'à l'un des dômes. L'intérieur étonna Deirane, elle n'avait jamais rien vu de tel. Les matériaux lui étaient inconnus, lisses et brillants, loin d'être froids cependant. Ce n'était pas du verre, ni du métal ou du plâtre. La lumière émanait de plaques dépolies encastrées dans le plafond. Les portes n'avaient pas de poignées, il suffisait de se placer devant pour qu'elles s'ouvrent. L'endroit manifestait une qui dépassait de loin ce dont les actuels Polinseny étaient capables. Même les champions de la technologie qu'étaient les Helariaseny étaient incapables de reproduire ces miracles, ils ne parvenaient même pas à comprendre les bases de leur fonctionnement.

L'aménagement des lieux était adapté à sa forme hémisphérique. L'entrée s'ouvrait sur un couloir qui aboutissait à une pièce centrale ronde. Au centre, un escalier en spirale montait vers les étages supérieurs. Plusieurs portes donnaient sur les différentes pièces, dont une salle de bain. C'était la résidence des anciens tyrans feythas. Ou plutôt, de leurs domestiques préférés. Ces monstres n'auraient jamais pu introduire leur corps gigantesque dans ces couloirs étroits. Le roi d'Yrian n'habitait pas là, il vivait dans le palais de pierre, plus majestueux. L'endroit était réservé aux invités à qui la loi interdisait de dormir au château, quel que soit leur rang. Il ne manquait cependant pas de confort. Si les feythas n'aimaient pas le luxe ostentatoire, ils aimaient la vie facile.

Les chambres attribuées, le capitaine Beldel se retira. La porte se referma derrière lui. Ils n'étaient pas prisonniers ainsi que put le constater Vespef en essayant de sortir. Elle examina un instant la végétation luxuriante avant de rentrer. Elle explora ensuite les lieux. La vue de la salle de bain lui arracha une exclamation. Chez elle, elle en avait une plus belle à sa disposition, mais les Yrianii n'étaient pas réputés pour leur art du bain. Toutefois, le capitaine Beldel n'avait pas menti. La baignoire, presque une piscine, était suffisamment grande pour accueillir quinze personnes. Elle était pleine d'une eau fumante et parfumée qui semblait constamment renouvelée par un léger courant.

Elle rejoignit ensuite les autres dans la pièce centrale. Ils étaient en compagnie des domestiques qui venaient d'arriver pour se mettre à leur disposition.

— Réunion d'état-major dans mon bureau dans six stersihons, annonça-t-elle, Saalyn, Öta, Deirane, Hester, Aster et Gonrak.

— Où est ton bureau ? demanda Saalyn en regardant vers le haut de l'escalier.

— Là-bas.

Du pouce elle désigna la porte de la salle de bain dans son dos.

— Génial, un bain, c'est ce qui me manquait depuis le début de cette expédition.

— Il n'y a pas un autre endroit ? demanda Deirane.

— Gonrak d'accord avec guerrière blonde. Tous puer, bain nécessaire.

— Je n'aurai jamais cru les bawcks si propres, remarqua Saalyn.

— Tu serais surprise, répliqua Deirane.

— Nous en profiterons pour faire disparaître ça, dit Vespef en désignant le visage tuméfié de Deirane.

— Ce n'est pas bien grave, répondit l'intéressée.

— Demain, nous allons mener un combat dont dépend l'avenir de nombreux Helariaseny. J'utiliserai toutes les armes à ma disposition. Ton visage en est une, dit Vespef d'un ton sans réplique.

La pentarque leur tourna le dos pour aller dans sa chambre.

— J'avais toujours cru comprendre que Vespef était réputée pour sa douceur, remarqua Deirane.

— Elle l'est, répondit Saalyn, en temps normal en tout cas. Ce qu'elle a fait à l'ambassade ne lui ressemble pas du tout. Je suppose qu'elle a bien dû en chier ces douze derniers monsihons.

Quelques vinsihons plus tard, tous ceux convoqués par la pentarque se retrouvaient plongés dans l'eau jusqu'au cou. Hester était un peu gêné au milieu de toutes ces femmes, mais ni Öta ni Gonrak ne semblaient s'en formaliser.

Les domestiques avaient été exclus de la pièce. L'un d'eux parlait certainement helariamen, Vespef préférait que leur discussion ne revienne pas aux oreilles de Menjir. Même en les empêchant de sortir jusqu'à leur départ, il n'était pas exclu que les feythas aient laissé derrière eux tout le nécessaire pour qu'un espion puisse contacter le roi.

Après s'être délassée un long moment, Vespef ouvrit le bal.

— Demain le roi d'Yrian nous recevra pour dîner. Nous voulons tous obtenir quelque chose de lui. Je veux son assistance dans la guerre contre Shaab, Gonrak veut la reconnaissance de leur frontière occidentale et l'arrêt de la guerre et je suppose que Aster voudra sauver ce qui reste de son pays. Je me trompe ?

— Gonrak ne sait pas négocier, remarqua Saalyn, les bawcks n'ont pas les connaissances pour cela.

— Deirane pourra le faire pour lui, elle est la seule qui n'ait rien à demander à Menjir, elle a déjà atteint ses objectifs.

Le bawck acquiesça d'un mouvement de la tête.

— Te voilà investie d'une lourde responsabilité, lui lança Saalyn.

— N'aie pas peur, je saurai m'en tirer.

Vespef tourna son regard vers la jeune femme noire qui tentait d'attirer son attention d'un geste de la main.

— Je ne sais pas s'il reste quelque chose de mon pays. Et si c'est le cas, suis-je habilitée à négocier ?

— Il reste beaucoup. On ne peut pas déporter la population entière d'un pays comme ça d'un simple claquement de doigts. J'ai reçu un rapport il y a quelques jours qui donnait sa situation. Une résistance s'est mise en place, elle se montre assez efficace. Ils n'ont pas encore réussi à chasser les envahisseurs, faute d'organisation, néanmoins ils ont bien limité le trafic d'esclave. Le gouvernement étant défaillant, c'est au plus apte à le prendre en charge jusqu'à normalisation de la crise. Le plus apte, c'est toi. Enfin, disons que tu es la mieux placée pour ça.

— Mon royaume résiste toujours ?

Ses yeux pétillaient de joie.

— D'accord, je prends cette responsabilité. Et que puis-je obtenir du roi d'Yrian ?

— L'intégration de Fraker à la Confédération Yriani par exemple. La seule route pour atteindre Fraker rejoint la grande route du nord près d'Ortuin. Le blocage de cette ville mettrait fin au trafic.

— Je ne suis pas sûre que mes compatriotes apprécieraient l'intégration à la Confédération.

— Ils apprécieront encore moins la perte de leur liberté. L'alternative étant d'intégrer les Frères de la Mer et de négocier un traité avec l'Yrian pour autoriser les armées de l'Helaria à traverser ses terres.

— Nasïlia ne pourrait pas…

— Nasïlia n'a pas les forces nécessaires pour ça. C'est une cité état. Ce royaume est l'un des plus grands ports du continent après Kushan. Il est très convoité, facilement accessible par la terre et ne bénéficie pas de la sécurité d'un grand royaume autour. Envoyer ses armées au loin serait un suicide.

— Je croyais que Nasïlia était un grand pays, remarqua Hester, similaire à l'Yrian.

— En dimension c'est exact, répondit Deirane. Seulement il est en grande partie stérile. On dit qu'il brille dans la nuit. J'ai pu vérifier de visu et c'est vrai. Seule la capitale est habitée. Le reste est mortel si on y réside trop longtemps.

Vespef disparut un bref instant sous l'eau.

— Quel est le plan ? demanda Aster, je suppose qu'il y a une stratégie pour faire passer toutes nos demandes.

— La séduction est une arme terrible. Nous allons éblouir le roi. Il faudra qu'il ne soit pas capable d'aligner deux pensées cohérentes dès que son regard se posera sur l'une de nous quatre.

— Deirane doit pouvoir faire plus que nous.

— Excellente remarque Saalyn. Deirane, ta particularité est ton tatouage. Tu devras le mettre bien en évidence.

— J'ai trente ans, rétorqua Deirane en lançant un regard plein de reproches à son amie, je doute que le roi veuille voir une vieille peau telle que moi alors qu'il a tant de jeunesses autour de lui.

— Menjir est plus âgé que toi. Et tu es une très belle femme, il te trouvera très à son goût.

— Je préfère ne pas prendre le risque et m'habiller comme il convient pour une femme de mon âge. Ce tatouage m'a gâché la vie, je ne veux pas l'exhiber si je n'y suis pas forcée.

Vespef n'insista pas. De toute évidence le sujet restait toujours sensible malgré le temps écoulé. Sans compter que, Deirane n'ayant rien à tirer du roi, c'était beaucoup lui demander que d'aller contre sa volonté.

— Saalyn ?

Le ton était désabusé, comme si elle doutait de la coopération de la stoltzin.

— Avec un bras en écharpe et des cicatrices encore visibles sur le ventre, les choix sont limités, répondit la guerrière libre. Un décolleté vertigineux et une robe courte, je ne pourrai faire plus.

— On s'en contentera. Vous êtes dures en affaire toutes les trois. Vous avez un potentiel immense que vous refusez d'utiliser. Avec trois personnes telles que vous, je pourrais conquérir le monde entier sans combattre.

— Si tant est que les pays conquis soient dirigés par des hommes, remarqua Saalyn.

— Et pour vous qu'avez-vous prévu ? demanda Aster. À côté de vous, on a l'air de chats mouillés. Il y a là du potentiel pour reprendre vos propres paroles.

— Je suis l'impératrice de l'Helaria. Je ne peux pas me permettre cela.

L'arrogance des paroles de la pentarque était démentie par son sourire. Elle envisageait sérieusement d'utiliser sa beauté contre le roi d'Yrian. Malgré cette évidence, Saalyn ne put s'empêcher de fournir une explication.

— Elle ne monnaye plus ses charmes depuis la guerre contre les royaumes gems, expliqua Saalyn.

— Il n'y a pas de royaume gems, remarqua Hester.

— Il n'y a plus de royaume gems, rétorqua Saalyn, les feythas les ont rayés de la carte. Par contre, par le passé, ils étaient nombreux et puissants. Une faible population que leur magie compensait largement. Ils ont failli prendre le contrôle du monde. C'est pendant une de leurs guerres que Calen a perdu la vue.

— Gonrak accepte de mettre mini-pagne, intervint le bawck, pour séduire roi d'Yrian.

Tout le monde éclata de rire.

— Merci, dit Vespef, j'y penserai.

— Vous ne ressemblez pas vraiment aux bawcks installés près de mon royaume, remarqua Aster.

— Pour des missions dans les royaumes humains, on n'envoie pas n'importe qui, expliqua Deirane. Et la plupart sont assez intelligents pris dans leur domaine de compétence. Après tout, ce sont les bawcks qui ont la maîtrise la plus approfondie de la forge.

— Inutile de les défendre, intervint Vespef, ça fait plusieurs siècles que je fréquente les bawcks. Je connais leur valeur.

— De toute façon, intervint Hester, nous n'avons pas nos affaires avec nous. Nous devrons porter ce que le roi d'Yrian nous donnera.

— C'est pas faux, répondit Vespef. Nous verrons alors si Menjir a bon goût.

Aster ramena la discussion sur son sujet initial.

— Savoir comment on s'habille est bon. Et notre stratégie ?

— Elle me semble élémentaire. Je commence, car j'aurai la pilule la plus dure à faire passer. En comparaison, vos demandes lui sembleront raisonnables. Deirane ensuite traitera pour les bawcks. Si elle réussit, la route pour Fraker sera de nouveau bloquée. Cette adhésion à la confédération yriani qui semble te causer tant de chagrin sera alors inutile.

— Ça me convient parfaitement, dit Aster.

— Pour les détails, je fais confiance à vos talents respectifs.

— Tu penses y arriver ? demanda Saalyn à Deirane.

— Je pense, répondit-elle.

— J'ai pleinement confiance en Deirane, dit Vespef.

— Je suppose que tu as des renseignements que je n'ai pas, conclut-elle.

— Encore heureux, j'aurais l'air de quoi en tant que pentarque autrement ?

Vespef s'immergea totalement dans l'eau. Le conseil de guerre était fini. Au bout de quelques stersihons, Aster et Hester commencèrent à s'affoler. Comme ni les Helariaseny ni Deirane ne semblaient inquiets, ils ne bronchèrent pas.

XXXVI

Sernos, vingt ans plus tôt.

Son amitié avec Celtis permit à Deirane de découvrir certains coins de l'ambassade dont elle ignorait l'existence. Étant toujours restée dans la cour et ses dépendances, elle n'avait pas découvert les bassins. Situé près de la villa, en bordure du fleuve, un immense plan d'eau artificiel avait été aménagé. Il était parsemé d'îles qui le subdivisaient en petits lacs reliés par des canaux. Des ponts permettaient d'aller d'une île à l'autre. Elles étaient toutes bordées d'une plage de sable et les plus grandes comportaient un petit bosquet d'arbre au centre. L'endroit était alimenté par les ruisseaux qui descendaient des montagnes, totalement dépourvus des poisons qui coulaient dans le fleuve. Comme elle était un peu froide, les Helariaseny avaient construit un ingénieux système pour la réchauffer : avant d'arriver dans les bassins, elle coulait en un mince film sur une place pavée de noir qui captait la chaleur du soleil.

Normalement, l'endroit avait été construit à l'usage des résidents de l'ambassade. Bien entendu les gamins des quartiers proches n'avaient pas tardé à le découvrir. Les gardes avaient fermé les yeux sur leur invasion. Leurs cris de joie lors de leurs ébats donnaient un peu de vie aux lieux. Au tout début, dès qu'elle avait pu marcher, Jergen y avait conduit Calen. Les gamins avaient trouvé en elle une compagne de jeu toujours disponible. Bien que sa cécité lui interdisait de nager sans surveillance, elle mettait un point d'honneur à faire de l'exercice tous les matins pour conserver la forme. Les enfants se disposaient chacun à l'extrémité de son trajet et l'appelaient. Elle s'orientait sur leurs cris. Celtis avait confié à Deirane que dans leur lointain archipel tropical, les dauphins se chargeaient de la même tâche. Sauf que si les gamins prenaient leur travail très au sérieux, les dauphins, plus folâtres, avaient tendance à la chahuter un peu et elle buvait la tasse plus souvent qu'à son tour.

Le plus souvent, Satvia était présente aussi. Bizarrement, alors que l'eau aurait pu compenser son handicap, elle préférait rester sur la berge la plus extérieure. Elle était donc loin à l'écart. Cela soulageait Deirane tant la grande stoltzin lui faisait peur. Mais elle avait fini par repartir. Le conclave qui l'avait fait quitter sa patrie du sud était terminé. Son oncle était resté en arrière pour s'occuper de son aimée pendant sa convalescence. Calen et Jergen aussi étaient rentrés chez eux, lui dans son royaume en Shacand et elle dans son île tropicale d'Ystreka.

Deirane avait néanmoins continué à fréquenter l'endroit, y venant le plus souvent possible, soit avec Saalyn, soit avec Celtis, le plus souvent avec les deux. Et les mois passèrent. Son ventre s'arrondit, ses seins gonflèrent. Les fils d'or au début résistèrent un peu, puis ils se détendirent, mettant fin à toutes ses angoisses.

Ce jour-là, Deirane était allongée sur une plage de sable en bordure du plus grand plan d'eau. À ses côtés, Saalyn et Celtis lézardaient au soleil. Les trois femmes profitaient d'une accalmie dans la pluie qui tombait depuis quelques semaines. Les pluies de feu étaient rares à Sernos, néanmoins elles n'y étaient pas inconnues. Un petit bassin couvert avait été aménagé pour s'en protéger. Il était spécialement étudié pour éviter toute contamination par les poisons qui pourraient polluer le plan d'eau principal. En particulier, son niveau était surélevé de quelques doigts de façon à ce que le courant aille dans un seul sens.

Volcor les avait accompagnées. Il avait pris comme prétexte que Deirane pouvait avoir besoin de lui. En réalité, c'était toutes les jeunes stoltzint qui venaient se baigner qui l'intéressaient. Amusée, Saalyn le regardait entreprendre avec un succès mitigé une jeune naïade. Les cicatrices de la guerrière libre avaient fini par disparaître, deux mues les avaient totalement effacées et avec elles, son penchant pour la boisson. Sa beauté redevenue intacte lui valait de nombreuses avances. Pourtant elle les repoussait toutes, ne désirant aucune aventure. Même Volcor avait essayé. Ce qui n'avait rien d'anormal, seule Celtis échappait à sa convoitise. Cela était étrange d'ailleurs, vu que le lien entre frère et sœur n'était pas interdit pour les stoltzt. Le seul tabou que ce peuple respectait était celui entre parents et enfants. Et encore.

En fait, il n'était pas tout à fait vrai de dire que Saalyn était indifférente aux hommes. Son disciple Öta avait annoncé sa venue prochaine. Il serait là après la saison des pluies en Helaria. Cela n'était l'affaire que de quelques mois. Et depuis elle était plus excitée qu'une puce. Elle était prête à reprendre le travail. Et d'autant plus motivée pour retirer de la circulation les tortionnaires, esclavagistes et autres monstres de tout poil.

— Deirane, tu es parmi nous ?

— Pardon ? répondit l'intéressée.

Celtis lui parlait en effet depuis un moment, Deirane, perdue dans ses pensées, n'avait pas écouté.

— Je te demandais ce que tu pensais du match d'hier.

La veille en effet, un match de camcam avait opposé les Helariaseny aux Yrianii. L'esplanade derrière l'ambassade pouvait à l'occasion être aménagée en terrain de jeu où diverses équipes se rencontraient dans des épreuves sportives. Le camcam se jouait entre deux équipes de douze personnes sur un terrain délimité par une ligne à chaque extrémité. Chaque équipe possédait une ligne de but, elle devait mener le ballon au-delà de celle de l'adversaire tout en protégeant sa propre ligne. Quand les Helariaseny jouaient entre eux pour le plaisir, il n'y avait qu'une seule règle : ne pas blesser un autre joueur. Au contraire des matchs officiels où les parties étaient très codifiées : la taille du terrain, les coups autorisés, le décompte des points, le nombre de manches et la disposition des joueurs au début de chacune d'elle, tout était spécifié dans la charte du camcam.

Ce jeu était très ancien. Il était déjà populaire aux temps lointains du Vornix. Les Feythas eux-mêmes en étaient friands, en tant que spectateurs. Ils l'avaient bien sûr modifié selon leurs goûts. Soixante ans après leur disparition, les bracelets de force, les chaussures à clous, les couteaux et l'exécution du meneur perdant avaient été supprimés des stades. Malgré tout cela restait un jeu violent où il n'était pas rare que quelques joueurs finissent la partie sur une civière.

Au début, fidèle à sa coutume, l'Helaria avait présenté des équipes mixtes. À la longue les plaquages virils, les blagues graveleuses et les attouchements prétendument amicaux avaient fini par écœurer les femmes. Elles avaient demandé, une grande première dans l'histoire de la Pentarchie, à avoir leurs propres épreuves face à des équipes de leur sexe.

La partie de la veille était un match amical opposant deux équipes masculines. Cela veut dire qu'il ne faisait pas partie d'une compétition sinon il se serait déroulé dans le cirque de Sernos, juste que les deux équipes voulaient se mesurer l'une à l'autre. Dans ce genre d'épreuves, les règles étaient largement assouplies et les maillots tombaient souvent avant la fin de la partie. Soi-disant à cause de la chaleur. En réalité il valait mieux voir là l'effet de la présence des femmes qui assistaient nombreuses à ces exhibitions.

La veille, Celtis avait remarqué un joueur. Et pour le soir, elle était en train d'arranger une rencontre fortuite. Une rapide enquête lui avait permis d'apprendre que c'était un commerçant qui venait d'ouvrir sa boutique. Il vendait des tapisseries, ce qui expliquait son corps superbe. Les pièces de laine les plus lourdes pesaient leurs poids et leur manipulation sculptait des muscles d'acier sans hypertrophie excessive. Un gros avantage des stoltzt sur les humains. À taille égale un stoltz était plus fort.

Deirane poussa un cri. De surprise plus que de douleur.
— Que se passe-t-il ? demanda Celtis.

— Une douleur, au ventre. Comme une contraction.
— C'est grave ? demanda Saalyn, d'un air inquiet.
— Non, je ne crois pas, je crois... Je crois que le moment est arrivé.
— Il faut rentrer, dit Celtis.
— Je crois oui, répondit Deirane.
Saalyn aida Deirane à se mettre debout. Celtis appela Volcor.
Le stoltzen quitta la jeune femme qu'il entreprenait et rejoignit le bord pour venir aux nouvelles.
— Deirane va accoucher, expliqua Celtis.
— Accoucher ? Quand ?
— Maintenant.
— Ici ? Tout de suite ?
— J'ai un peu de temps devant moi, je n'en suis qu'aux premières contractions, répondit Deirane.
— Tu as le temps de rentrer à la villa ?
— Largement.
— Et tu as besoin d'aide ?
— Volcor, l'interrompit Saalyn, on dirait que c'est la première fois qu'une de tes connaissances accouche.
— Pour les humaines, oui, répondit Volcor, la plupart de mes conquêtes sont des stoltzint.
— Deirane, une de tes conquêtes, tu te surestimes, petit frère, riposta Celtis.
Une nouvelle contraction de Deirane les interrompit.
Volcor et Saalyn semblaient inquiets. Pas Deirane. Pas pour ça. Elle tourna la tête vers la villa, à trois cents perches de là.
— De l'aide ne serait pas de refus, dit-elle, je peux marcher, mais là ça fait loin.
— T'inquiète pas, l'étalon entre en action.
— L'étalon ? releva Saalyn.
— Une monture mâle, c'est un étalon, riposta Volcor.
— Tu as largement démontré que tu n'étais pas un hongre.
Il prit délicatement Deirane dans ses bras. Elle s'accrocha à son cou.
— Dis donc, tu n'es pas bien grande, mais tu es lourde mine de rien.
— Nous sommes deux, répondit Deirane, légèrement vexée.
— On y va.
— L'étalon est prié de ne pas trop secouer sa cavalière, dit Deirane.
— Ne t'inquiète pas, je serais si doux que tu ne t'apercevras même pas que je me déplace.
Il fallut quelques stersihons pour ramener Deirane dans sa chambre, à l'étage des domestiques. Saalyn avait fait un détour par la ville pour ramener

la sage-femme. Quand elle rejoignit l'appartement de Deirane, un attroupement s'était formé devant sa porte. Tous les domestiques de repos attendaient la suite des événements. Lors de ce genre d'occasion, les humains avaient tendance à se regrouper entre eux, même en Helaria, et peu de stoltzt avaient assisté à une naissance. Certains même n'avaient jamais vu de bébé humain.

Alors qu'elle essayait de se frayer un chemin dans la foule — incroyable qu'il y ait tant de personnes inoccupées, pensa-t-elle — Saalyn tomba sur Velnim, la plus ancienne résidente en poste à l'ambassade, avant même Tresej.

— Qu'est-ce qu'elle a encore trouvé pour se rendre intéressante ? demanda-t-elle.

— Deirane accouche, répondit sèchement Saalyn.

— Oh.

De toute évidence, Velnim se préparait à déblatérer sur Deirane. Quand la jeune humaine était arrivée, la stoltzin l'avait aussitôt prise en grippe. On ne savait pas trop pourquoi, de toute façon Velnim n'était pas très aimée à l'ambassade. Le fait qu'elle soit bloquée à Sernos depuis cinquante ans devait y être pour quelque chose. Sa présence loin de la métropole ressemblait fortement à un bannissement. Ce qu'elle avait fait était confidentiel, seul Tresej devait savoir. Pour que la punition dure aussi longtemps, ça devait être grave.

L'aménagement de l'appartement avait été modifié à cause de la grossesse de Deirane. Quelques mois plus tôt, son lit avait été descendu de la mezzanine ; ce qui lui évitait de monter une échelle trop raide pour son état. L'humaine s'y était allongée, Celtis assise à ses côtés.

— La sage-femme se tient prête, annonça Saalyn, on devra aller la chercher quand les contractions ne seront plus espacées que de quelques stersihons. Elle a dit de la faire marcher en attendant.

— Elle a dit combien de temps ça prendrait ? demanda Celtis.

— Elle dit que pour une primipare... une femme qui met au monde son premier enfant, il faut compter une journée entière.

— Une journée ! Je préfère notre méthode. Un mois d'incubation, vingt-quatre vinsihons de ponte et après tranquille pendant sept mois pendant que l'œuf mûrit dans le couvain.

— Veinarde, lui lança Deirane.

— On fait quoi en attendant ? demanda Saalyn.

— Si ça dure une journée, il va falloir trouver des choses à faire.

— Tu ne pourrais pas me jouer quelque chose ? demanda Deirane.

— Tu veux de la musique ?

Deirane hocha la tête.

— Je vais chercher mon instrument.

La guerrière quitta de l'appartement. En sortant, elle se tourna vers les gens qui s'entassaient devant la porte.

— Vous n'avez rien d'autre à faire ? demanda-t-elle. On n'est pas au spectacle ici.

Les spectateurs commencèrent à partir, doucement.

Après un bref passage par sa chambre, Saalyn remonta avec son usfilevi.

L'usfilevi, littéralement « la corde qui chante », était constitué d'une caisse en bois prolongée par un manche. La musique était produite par des cordes. La main droite grattait les cordes pendant que la gauche les pinçait sur le manche pour changer la hauteur de la note. À partir de ce schéma de base, les variations étaient infinies. Certains avaient une caisse creuse et épaisse avec une ouverture sous les cordes et s'utilisaient assis, d'autres, plus fins, étaient en bois plein et manipulés debout. Le nombre de cordes lui-même variait de quatre à douze. Et la tonalité changeait selon les modèles d'une basse très grave à un aigu très élevé. Celui que Saalyn avait choisi était le modèle dit classique : une caisse creuse resserrée au centre pour bien la caler sur un genou, sa forme évoquait vaguement une silhouette féminine.

Elle accorda son instrument à l'oreille. Puis entama une ballade douce qu'elle estimait en accord avec l'état de Deirane, pendant que Celtis aidait la future maman à faire quelques pas en rond dans la chambre.

Le soir tombait quand la sage-femme arriva. Si la nouvelle venue était impressionnée par l'endroit, elle ne le montra pas. Elle avait bien minuté son coup, puisque les contractions s'étaient rapprochées au point que leur espacement était à peine supérieur à leur durée. Deirane s'était finalement allongée sur le lit en l'attendant. Elle examina la jeune fille.

— Alors ? demanda Saalyn.

— Tout va bien, continuez à jouer. Ça la détend. Il faudrait aussi que quelqu'un aille me préparer une bassine d'eau. De l'eau tiède.

— Je m'en occupe, dit Celtis.

— Demandez à quelqu'un et revenez de suite.

— D'accord.

Deirane regarda son amie disparaître avec inquiétude. À son grand soulagement, la stoltzin resta absente si peu de temps qu'elle ne resta pas angoissée bien longtemps. Saalyn posa son instrument et la rejoignit afin de la soutenir.

La façon dont la sage-femme prit les choses en main, l'assurance qu'elle manifestait, rassura Deirane. Celtis ne semblait pas effrayée par l'événement en cours. Elle aidait son amie à conserver la position conseillée par la sage-femme. Saalyn, par contre, était livide. Elle lui tenait la main, c'était le mieux qu'elle pouvait faire.

À l'entrée, l'attroupement s'était reconstitué. Même Tresej était là. La plupart étaient anxieux, mais ils faisaient tout pour que la jeune femme ne s'en rende pas compte. Deirane était consciente de leur présence, malgré leur silence relatif. Se savoir soutenue par tant de monde fit presque disparaître ses angoisses, même si elle ressentait de la gêne de recevoir tant d'attention.

Les Helariaseny ne s'étaient pas poussés bien loin. Ils avaient reflué jusqu'à la salle de détente et attendaient les nouvelles. Quand ils entendirent le premier cri du nouveau-né, ils tournèrent tous la tête vers la porte, même cette vipère de Velnim. Volcor se leva.

— Tu nous ramènes des nouvelles, lança une voix féminine.

Le jeune stoltzen se tourna pour identifier son origine. C'était une cuisinière qu'il trouva très mignonne. Il lui fit son sourire le plus enjôleur.

— Je n'y manquerai pas, répondit-il.

Il s'engouffra par la porte pour rejoindre ses amies.

Saalyn déposa délicatement l'enfant sur la poitrine de sa mère. Aussitôt, il cessa de s'agiter. Deirane le regardait, émue. Elle lui déplia les doigts, les comptant, n'arrivant pas à croire que tout était normal. Il était si petit.

— Comment vas-tu l'appeler ? demanda Celtis.

— J'ai pensé à Hester, répondit Deirane.

— Ce n'est pas un nom yriani, remarqua Saalyn.

— Qu'importe, il me plaît.

La jeune fille se désintéressa de ses amies pour s'occuper du nouveau-né. Il était en train de s'endormir.

La sage-femme recouvrit Deirane et son enfant d'un drap.

— On va laisser la mère se reposer un moment, dit-elle.

Elle poussa tout le monde dehors. Deirane retint Saalyn par la main. La stoltzin s'allongea sur le lit, à côté de la jeune mère. Elle les enlaça tous les deux. Deirane ne tarda pas à s'endormir.

En sortant, la sage-femme jeta un coup d'œil dans la salle de bain. Tant de commodités pour une simple domestique la ravirent.

— Vous n'auriez pas besoin d'une sage-femme à plein temps ? demanda-t-elle.

— Ça, il faut demander au grand monsieur là-bas, répondit Celtis.

Du doigt elle désigna Tresej qui allait à contre-courant de la foule pour les rejoindre.

— Hélas, nous avons peu de naissances, répondit-il.

— Dommage, on doit se plaire ici.

— Vous pouvez vous installer chez nous. Mais pas en tant que sage-femme.

— Je ne sais rien faire d'autre.

— Et ce serait une perte pour les futures mamans.

Il sortit une bourse de sa poche.

— Tenez, voici la somme convenue, plus un petit supplément pour le déplacement.

Il laissa tomber dans sa main un tas de petites pièces.

— Je pense que des pièces d'un dixième de cels seront plus pratiques pour vous.

Elle les compta rapidement.

— Deux cels complets, vous êtes généreux.

Tresej la remercia d'un hochement de tête.

— Désirez-vous que quelqu'un vous raccompagne ? demanda-t-il.

— Je n'ai pas fini. La mère doit reprendre un peu de force pour être délivrée.

— Pas encore ? Combien de temps ?

— C'est son premier enfant. Un demi-monsihon. Peut-être moins, elle est forte.

— Deirane forte ! Elle est toute menue.

— Ce n'est pas de ce genre de force dont je parlais.

La sage-femme retourna dans la chambre pour veiller sur Deirane. Elle s'était endormie contre son amie, son bébé bien au chaud entre elles. Elle contourna le lit d'assez loin pour s'installer dans un fauteuil confortable placé juste à côté de la fenêtre. L'attente commença, elle sortit le tricot qu'elle avait apporté pour s'occuper les mains.

XXXVII

Sernos, de nos jours.

Le lendemain, Deirane se leva tôt. Elle sortit sur l'esplanade humide de rosée pour profiter de la fraîcheur de la matinée. À cette heure, le soleil éclairait déjà le palais alors que Sernos, cinquante perches plus bas, était encore dans la pénombre. Elle s'approcha du bord que ne protégeait aucun garde-fou et regarda en contrebas. À cette altitude, elle avait une vue plongeante sur la ville, le fleuve et la plaine au-delà. Elle devinait même dans la brume, à l'horizon, les monts qui protégeaient la région des pluies de feu.

Les choses avaient changé depuis sa dernière visite vingt ans plus tôt. Dans la ville même, le grand bouleversement se situait dans l'ambassade d'Helaria. La construction de la nouvelle aile avait brisé, temporairement, l'ordonnance des lieux. La guerre ayant arrêté les travaux, l'endroit semblait abandonné, presque en ruine, malgré les bâtiments neufs de la caserne. Pour l'heure, elle était occupée. On reconnaissait, malgré la distance, les couleurs de l'Yrian sur les soldats, ce qui ajoutait à l'impression d'abandon.

Autrefois, au-delà du fleuve, la plaine était en grande partie couverte d'arbres et sillonnée de nombreuses rivières. Les quelques champs étaient riches de blé. Aujourd'hui, aussi loin que portait la vue, les arbres avaient tous disparu. Et les paysans avaient dû mettre en place un système d'irrigation depuis le fleuve pour suppléer à l'assèchement des rivières.

Elle entendit un bruit de pas derrière elle. Elle jeta un bref coup d'œil, c'était Vespef, qui la rejoignait. La pentarque était habillée d'un justaucorps qui moulait étroitement ses formes de sylphide. Elle était essoufflée comme si elle venait d'accomplir un effort, pourtant elle n'était pas en sueur. Les stoltzt ne transpiraient pas.

— Tu as l'air bien pensive, dit la pentarque.
— Je regardais. Les choses ont bien changé depuis que j'étais enfant.
— C'est triste. Cette plaine était si belle, ils l'ont massacrée.
— Les gens doivent bien manger.
— C'est faire un mauvais calcul que de trop défricher pour cela. En Helaria on plante des arbres au lieu de les couper. Toute la vallée du Kush a

pu être restaurée. La ville de Kushan ne s'en porte que mieux. Finies les alternances d'inondation et de sécheresse. Le niveau de l'eau s'est stabilisé et les champs sont plus productifs. Et l'eau est redevenue aussi limpide qu'avant la guerre.

Deirane se tourna vers la pentarque.

— Dites-m'en plus là-dessus, demanda-t-elle.

— Ce n'est ni le lieu ni le moment. Je te ferai un cours sur l'écologie un peu plus tard si tu y tiens. Mais je n'y connais pas grand-chose, c'est Wotan qui s'occupe de ce projet. Comme de tous les projets de ce genre d'ailleurs. Pour le moment le roi nous attend.

— Maintenant ?

— Au lever du soleil. Par politesse, il nous invite à sa table pour le repas du matin, conformément à nos usages plutôt qu'aux siens.

— Je sais, j'ai vécu parmi vous pendant huit mois.

— Alors, allons nous préparer. Le roi a fait apporter des robes pour nous. Et des costumes pour les hommes. Je vous rejoins.

Vespef s'écarta de Deirane et repartit pour un tour des bâtiments au pas de course.

En entrant dans le dôme, Deirane entendit les cris d'excitation des filles qui provenaient de l'étage. Quelques jours plus tôt, lors de leur rencontre, les trois adolescentes s'étaient liées d'amitié et depuis elles ne se quittaient plus. La veille, elles avaient découvert les possibilités ludiques offertes par le bâtiment. Depuis elles semblaient être sorties de leur mutisme.

Deirane connaissait les distractions que les feythas avaient laissées derrière eux, uniquement par ouï-dire, sans jamais en avoir vu auparavant. Elle les rejoignit un moment. Les trois filles avaient tenté de l'entraîner, ainsi qu'Aster dans leur amusement, cependant les deux femmes, si elles trouvaient cela époustouflant, n'adhérèrent pas à leur plaisir. Par contre la pentarque s'oublia en compagnie des trois jeunes filles. Si son rang les avait impressionnées au début, cela ne dura pas. Elle les avait quittées tard dans la nuit pour aller dormir. Par contre, Cleindorel et ses amies ne s'étaient pas couchées.

Les feythas étaient des ingénieurs extraordinaires. Leur civilisation était de plus très orientée vers le plaisir. Le leur, pas celui des autres. Les autres peuples n'étaient là que pour les servir. Quand les rois d'Yrian s'étaient emparés de la ville, ils avaient hérité d'une arène qui avait vu mourir des dizaines de milliers de gladiateurs pour le seul amusement des tyrans. Qu'ils aient laissé quelque chose d'aussi inoffensif qu'un jeu à base d'images animées tel que celui que les filles avaient déniché était donc une bonne surprise.

Hélas, personne ne comprenait leur technologie. Les objets s'usaient et ces jeux n'échappaient pas à la règle. Ces dômes étaient en place depuis presque cent ans et nul ne savait depuis combien de temps auparavant les objets qui les remplissaient avaient été construits. Ils tombaient en panne et c'était irréversible. Et un jour, la centrale cesserait de fonctionner et la haute technologie disparaîtrait d'Uv-Polin, certainement pour des siècles. Pas définitivement : c'était la mission que s'était donné Wotan, le pentarque seconde d'Helaria — avait expliqué Saalyn — de faire en sorte qu'elle revive un jour. Et la tâche était immense.

Deirane passa sans s'arrêter devant l'escalier pour entrer dans sa chambre. Deux servantes l'y attendaient. Elles s'inclinèrent aussitôt. Deirane n'avait pas été reine suffisamment longtemps pour s'être habituée à être servie. Tant de déférence la mettait mal à l'aise, même si elle avait appris la bonne façon de réagir. Elle leur demanda de se relever.

Elles avaient apporté une robe qu'elles avaient étalée sur le lit. Un instant, elle avait craint que le roi, par curiosité pour son tatouage si particulier et de par son rang, ne lui choisisse une tenue ne valant guère mieux qu'un pagne. Ce n'était pas le cas. En fait, c'était la première fois qu'elle avait une robe de prix aussi habillée. Si c'était un cadeau, elle l'appréciait. Elle espérait que s'en était un.

C'était une robe longue à manches courtes, de coupe simple au décolleté carré. Elle était blanche, sans aucune décoration à l'exception d'un liseré doré au col. Son tissu était soyeux au toucher, aux reflets irisés. Deirane ne parvint pas à l'identifier. Ce n'était ni de la soie ni aucune fibre végétale qu'elle connaissait. Peut-être ce tissu en soie d'araignée, si rare et si cher.

Deirane commença sa toilette par prendre une douche. La baignoire qu'ils avaient essayée la veille était commune à tous les appartements et elle pensait qu'elle avait à l'origine une fonction sociale plutôt que d'hygiène. En revanche, chaque chambre avait sa propre douche. Elle était aussi élaborée que celles que fabriquaient les Helariaseny. La technologie aidant, elle disposait de plus d'avantages, comme des jets surpuissants et directionnels qui massaient en plus de laver. Deirane avait découvert ce système la veille avant d'aller dormir. Elle en avait largement profité. Et en y retournant à l'instant, elle se dit qu'elle pourrait bien se faire à la vie au palais de Sernos.

Elle imaginait déjà Vespef décrivant le système aux ingénieurs helarieal et ceux-ci tentant fébrilement de le reproduire. Le savon aussi était différent, il lui laissait la peau douce sans avoir besoin d'utiliser des crèmes. Quand elle coupa l'eau, des jets d'air chaud la laissèrent totalement sèche. Elle s'enveloppa dans une robe de bain confortable et repassa dans la chambre où l'attendaient les deux chambrières qui lui avaient été affectées.

Les deux Yrianii se montrèrent efficaces. Avec diligence, elles habillèrent Deirane, la coiffèrent et la maquillèrent. Elles papotaient sans se rendre compte que leur invitée les comprenait. Elles ignoraient qu'elle était née paysanne à quelques dizaines de longes plus au nord seulement. Quand elles eurent fini, Deirane s'examina dans le miroir. Elles lui avaient remonté les cheveux en une coiffure élaborée qui retombait en cascade sur ses épaules. Sa robe tombait en plis souples sur ses chevilles, une ceinture dorée lui ceignait la taille. Des sandales aux lanières dorées complétaient sa tenue. Comme seuls bijoux, elle n'avait que ses deux bracelets en bronze. Et naturellement, son tatouage. Ce dernier, masqué par la robe, était à peine visible. Quand elle rajouta le camée que lui avait donné sa sœur et que Saalyn lui avait restitué, les chambrières se récrièrent. C'était un faux bijou, indigne d'elle et de son hôte. Mais elle fut intransigeante. Elles se calmèrent toutefois quand elle sortit sa paire de boucles d'oreille. Elles étaient authentiques et à peine moins anciennes que le camée. Les seuls vrais bijoux à lui avoir été offert par amitié de toute sa vie. Elle avait réussi à les conserver toutes ces années malgré toutes ses pérégrinations.

Dans l'entrée, elle trouva ses compagnons qui l'attendaient. Vespef avait revêtu une robe assez semblable à la sienne, si ce n'est qu'elle possédait un décolleté plus large. Saalyn par contre avait eu droit à une robe intégralement noire qui lui laissait le dos nu. Mais pour Aster, il avait fait preuve d'imagination : une jupe longue et un bandeau autour de la poitrine, de couleur noire, bordée d'un liseré doré et une cape dans le même ton retenue par une chaîne en argent. Même Gonrak était élégant avec son plastron en cuir aux incrustations d'argent. Hester était plus traditionnel avec une tenue yriani très sombre égaillée par une large ceinture vivement colorée, quant à Öta il avait revêtu un costume helarieal constitué d'une jupe d'homme qui tombait à mi-cuisse fermée sur le devant et une tunique de peau. Les trois adolescentes qui n'avaient pas l'habitude du luxe faisaient des commentaires à voix basse sur leur propre tenue et sur celles qui les entouraient.

— Que fait-on ? demanda Deirane.
— On attend, répondit Vespef.
— On attend quoi ?
— Que l'on vienne nous chercher.

Effectivement, moins d'un calsihon plus tard, une escorte en uniforme de parade prit position devant le dôme. Son commandant se présenta à Vespef qui l'attendait devant l'entrée. Il la salua selon l'usage en Yrian qui différait de celui en vigueur en Helaria. De toute évidence la pentarque connaissait le protocole puisqu'elle réagit exactement comme il s'y attendait, un simple hochement de tête.

— Je sollicite pour moi et mes hommes l'honneur de vous escorter jusqu'à notre souverain Menjir le troisième, huitième roi d'Yrian, dit-il dans un helariamen impeccable, sans même une pointe d'accent.

— C'est avec grand plaisir que je vous accorde cet honneur. J'ai hâte de rencontrer ce grand souverain qui nous fait tant profiter de ses largesses.

— Si vous voulez bien me suivre.

Il accompagna son invitation d'un geste de la main. L'escorte se disposa autour des invités. Leur commandant prit la tête. Ils se dirigèrent vers le palais royal, à l'extrémité du domaine royal. Il n'était séparé du vide que par un petit jardin. Le bâtiment dominait la ville, donnant l'impression de la surveiller. Entre le dôme et le palais, tout un parc avait été planté, îlot de verdure dans un monde ravagé. L'allée au centre était conçue pour permettre à tout un équipage d'atteindre le grand escalier, mais les rangées d'arbres l'ombrageaient, ce qui devait être bien agréable pendant la journée. Même à cette heure matinale, le soleil tapait fort. Avant l'arrivée des feythas, le temps était plus frais, plus agréable, se remémora Vespef tout en marchant entre Deirane et Aster. D'un autre côté, le climat actuel avait rendu habitable toute la zone septentrionale du continent. Fuyant les déserts empoisonnés du sud, des communautés edorianes et stoltzt, noyaux de potentiels futurs empires, s'y étaient installés.

Menjir III, roi d'Yrian, attendait ses invités en haut de l'escalier, il était en compagnie de ses ministres et de quelques diplomates étrangers en visite à la « capitale du monde ». Quand ils arrivèrent, il descendit les marches pour accueillir la pentarque, signifiant par là qu'il la considérait comme une égale. Pour la souveraine d'un royaume presque aussi puissant que le sien — si on se limitait au seul aspect militaire — c'était la moindre des choses.

— Dame Vespef, dit-il, on m'avait vanté votre beauté. Ceux qui vous ont décrit ont été injustes avec vous. Vous n'êtes pas belle, vous êtes sublime. Je suis heureux de vous rencontrer en personne.

— Seigneur Menjir, répondit Vespef, on m'a parlé de vous comme d'un grand roi et d'un esprit brillant. J'avais moi-même hâte de vous être présentée un jour.

D'un geste de la main, elle désigna le paysage environnant.

— Votre palais est magnifique. Je comprends pourquoi Sernos est tant chantée par les aèdes.

— Je me suis laissé dire que Kushan était magnifique aussi, avec ses milliers d'îles, ses canaux et ses ponts.

— Kushan n'est pas notre capitale. Imoteiv est loin de ressembler à Sernos, et la Résidence n'a pas la beauté de ces jardins.

— Imoteiv a d'autres avantages. La vie y est douce, paraît-il.

— Je ne peux que confirmer vos dires.

Le protocole voulait qu'il adresse un salut à chacun de ses invités de marque. Il se tourna vers Deirane.

— Madame, les années n'ont pas de prise sur vous. Vous êtes aussi belle que lors de notre première rencontre.

— Seigneur, j'aimerais en dire autant, hélas j'ai bien peur de...

— Honnêtement, je préfère que vous ayez oublié. J'étais jeune à l'époque, et stupide. Très jeune et très stupide.

Son regard se posa sur Cleindorel.

— Ainsi donc, voici la raison pour laquelle la deuxième armée du monde manœuvre à mes frontières. Comment t'appelles-tu petite ?

Deirane allait répondre, Menjir leva la main pour l'arrêter. La fillette jeta un regard affolé vers sa tante. Son sourire la rassura.

— Cleindorel, dit-elle d'une toute petite voix.

— Cleindorel. Il va falloir que tu m'expliques quelque chose.

La gamine était au bord de la panique.

— Tu es bien une de mes sujettes ?

Cleindorel hocha timidement la tête.

— Dans ce cas, pourquoi une armée étrangère a-t-elle été mandatée pour venir à ton secours ?

— Je suis responsable de cela, répondit Deirane, j'ai fait appel à l'Helaria plutôt qu'à l'Yrian.

— Deirane n'y est pour rien, intervint Saalyn, la responsable c'est moi. J'avais un compte à régler. Au passage j'ai résolu le problème de Deirane.

— J'ai entendu parler de cette scène, un carreau d'arbalète un soir devant le consulat d'Helaria. Commercer avec un criminel semble plus dangereux qu'être ce criminel pour l'Helaria. Parce que si je ne m'abuse, le négrier est toujours en liberté et n'a pas été inquiété. Alors que ce drow qui n'avait alors commis comme seul crime que de lui acheter une esclave est mort ou le sera bientôt. Je vais faire attention à mes partenaires commerciaux à l'avenir.

— Cet homme est mort, laissa tomber Saalyn, c'est par habitude que son corps bouge encore.

Puis l'attention de Menjir se porta sur Aster et ses filles.

— Certaines personnes ont reçu plus que leur part des dieux. Chez vous ils ont été généreux. Vous avez la beauté d'une fleur et vos talents à l'épée sont à la hauteur de vos charmes. La réputation des gardes de Fraker n'est pas usurpée. C'est à se demander comment vos ennemis ont pu vous vaincre.

— Ils ne nous ont pas vaincus, répondit Aster, les Ferlerenseny ont été repoussés dans leurs steppes nordiques.
— Et que faites-vous des marchands d'esclaves qui ravagent votre pays ?
— Ce ne sont pas nos ennemis. Ce sont des criminels. Ils seront traités comme tels.
— Simple rhétorique, remarqua Menjir.
— Absolument pas. On peut faire la paix avec un ennemi. Il peut même devenir un allié après la guerre. Un criminel reste un criminel. La traque ne s'arrête jamais, jusqu'à sa mort.
— Sacrée différence en effet, reconnu le roi.
Puis Menjir présenta son bras à Vespef.
— Si vous voulez bien me suivre, je vais vous faire les honneurs de ma maison.
Avec un sourire, la pentarque posa la main sur le bras. Le souverain l'entraîna dans l'escalier. En haut, il fit une pause pour lui présenter sa suite. Il y avait là quelques ministres, la plupart courtois, mais certains offusqués que leur souverain s'acoquine avec l'engeance reptilienne, au point de chambouler les traditions du royaume en les invitant pour le repas le matin au lieu du soir.

Le choix du souverain s'était porté sur la grande salle à manger. Elle était splendide. De grande taille, elle était décorée de fresques peintes sur les murs et les plafonds. Au centre, une table de bois la parcourait sur presque toute sa longueur et il restait suffisamment de place autour pour permettre aux serveurs d'officier en toute facilité. Menjir avait décidé d'en mettre plein la vue à la pentarque. Cependant la magnificence des lieux aurait rendu ridicule leur groupe perdu tout au milieu. Aussi avait-il invité tous les nobles et leurs épouses présents dans la ville et complété par quelques riches bourgeois. Tout ce beau monde attendait dans l'antichambre que le roi entre avec ses invités d'honneur. L'Yrian n'était pas Boulden, c'était un grand royaume en passe de devenir un véritable empire. Les nobles y étaient nombreux.
Le royaume d'Yrian était jeune, en plein essor, et sa population dynamique. Les Yrianii ne se montraient pas hautains et compassés comme cela avait été le cas dans quelques vieilles lignées de la noblesse ocariane qui dirigeait le territoire avant la tyrannie des feythas. Au contraire, ils étaient à l'affût de toutes les nouvelles idées qui pourraient augmenter leur puissance. Hester, qui de noblesse ne connaissait que celle de Boulden, remarqua tout de suite la différence. Ici, les gens ne cherchaient pas à se montrer ou à s'imposer au contraire ils voulaient essayer d'apprendre et de progresser.
En fait les préoccupations des Yrianii étaient simples : les nobles voulaient agrandir leurs terres, les bourgeois augmenter leur fortune et aucun des deux groupes n'avait de prévention sur les moyens pour y arriver. Même

si leurs discussions étaient orientées vers leur profit personnel, elles pouvaient se révéler intéressantes. Tout sujet pouvait en effet leur amener une nouvelle idée qui leur permettrait d'atteindre leur objectif.

Au fond de lui, Hester était fier de voir son pays si ouvert. La cour, par exemple, ne connaissait pas le racisme ambiant envers les stoltzt qui existait dans la paysannerie. Cela n'aurait pas dû le surprendre, si l'Yrian était devenu la plus grande puissance du monde connu, ce n'était pas pour rien, ses dirigeants avaient les dispositions pour cela. L'honnêteté l'obligeait quand même à reconnaître que la géographie avait beaucoup aidé.

Aster fut affolée en se retrouvant au centre d'un tourbillon de courtisans cherchant à obtenir des faveurs. Son côté exotique et sa beauté attiraient tous les mâles disponibles autour d'elle. Pourtant, les individus aussi noirs qu'elle n'étaient pas rares dans le monde, ils étaient même très nombreux et certains, comme la Nayt, rivalisaient avec l'Yrian pour la puissance et la richesse. Toutefois leurs royaumes s'étendaient le long de la grande route de l'est, loin de la capitale yriani. Deirane, en grande discussion avec un obscur comte du plateau d'Yrian lui adressa un sourire d'encouragement. À son grand soulagement, Hester vint à son secours. Tout comme elle, il n'était pas habitué à voguer dans d'aussi hautes sphères. Avant de retrouver sa mère, il n'était qu'un cartographe.

Menjir ne s'installa pas, comme cela était la coutume dans d'autres royaumes, en bout de table, mais au centre du long côté. Vespef, invitée d'honneur, fut placée à sa droite et Deirane à sa gauche. En face d'eux, quelques nobles à la conversation agréable prirent place. Les autres convives furent disposés tout le long de la table. Aster et Hester se retrouvèrent presque à une extrémité, l'un à côté de l'autre.

Les plats qui arrivèrent étaient typiquement helarieal. Ils différaient cependant de ce qui se pratiquait dans la Pentarchie à la fois par le volume et la présentation. Les stoltzt mangeaient peu et les parts étaient relativement peu copieuses. Ce n'était que très récemment, avec l'arrivée des Nouveaux Peuples, que les portions avaient augmenté, les humains avaient des besoins plus élevés. Et ils avaient l'habitude de disposer les plats au centre de la table où chacun pouvait piocher à sa guise alors qu'en Yrian ils étaient amenés au fur et à mesure par un défilé de domestiques qui ressemblait à une chorégraphie.

Alors que le premier plat arrivait, un noble se pencha vers Deirane.

— Ainsi, vous êtes la célèbre Serlen aux mille diamants.

— Je ne sais pas s'il y en a mille, répondit Deirane, mille pierres sûrement.

— J'ai longtemps cru que c'était une légende, que vous n'existiez pas.

— Plût aux dieux qu'il en eut été ainsi.
— Vous auriez voulu ne pas exister ?
— J'aurais voulu ne pas être comme je suis.
— Je vois. Votre tatouage vous a apporté plus de malheur qu'il ne nous en échoit généralement.
— Bien plus que vous ne pouvez l'imaginer.
— Dans ce cas, je ne vous donnerai pas le déplaisir de vous demander de me le montrer.
— Je ne vous le montrerais pas de toute façon. J'ai passé l'âge de ce genre de privauté.
— Vous êtes sévère avec vous-même. Peut-être n'avez-vous plus la fraîcheur de la prime jeunesse, la maturité a ses charmes aussi, parfois bien supérieurs. Vous êtes une très belle femme, plus belle que beaucoup de femmes bien plus jeunes.

Deirane aurait dû être habituée tant ce compliment lui avait été fait souvent. Pourtant, elle ne put s'empêcher de rougir.

— Je vous remercie, dit-elle.

Le noble joua un instant avec son couteau avant de reprendre.

— Je pense malgré tout qu'il y a eu des moments positifs dans votre vie. En vingt ans, vous avez dû faire des choses extraordinaires.

Deirane réfléchit un instant avant de réponse.

— Les voyages, dit-elle enfin, j'ai beaucoup voyagé, j'ai visité quasiment tous les royaumes à l'est d'ici.

— Et qu'y avez-vous vu ?

— Des cultures différentes. Des villes qui n'ont rien à envier à Sernos hors la taille. Des gens, aussi différents de vous et moi que votre roi l'est de la pentarque.

— Surprenant, j'avais toujours considéré que les royaumes de la vallée de l'Unster représentaient le sommet de la civilisation.

— C'est le cas. Sernos est une ville majestueuse, digne d'être une capitale impériale. Et un jour certainement, l'Yrian pourra être qualifié d'empire. Kushan ne manque pas de charme avec ses canaux et ses ponts. D'autres villes secondaires, comme Elmin, ne sont pas à dédaigner non plus. Jimip en Helaria n'est pas une belle ville, c'est sa bibliothèque — la plus grande du monde — et sa communauté de savants qui sont réputés. Il existe aussi quelques perles en dehors de notre vallée. Shaab, par exemple, est en train de se couvrir de palais majestueux, à la mesure de la nouvelle richesse de ses commerçants. Nous avons là une future lumière de notre monde, si la guerre qui l'oppose à l'Helaria en laisse quelque chose. Nasïlia même, un mélange de culture edoriane et gems, est plus que surprenante ; elle possède un genre de beauté étrange qui mérite d'être vu. Et Lynn, la capitale de la

Nayt a été entièrement conçue comme un monument. Ce n'est pas la plus grande ville du monde, par contre c'est certainement la plus belle.

— Et êtes-vous allée à l'est de Nasïlia ?

— Il n'y a rien à l'est de Nasïlia. C'est un désert empoisonné par la guerre contre les feythas. Ici, la nature est en train de se remettre lentement, là-bas, il n'y a plus rien de vivant. Au-delà de la ville, le désert brille dans la nuit. Si ce n'est plus le cas à Nasïlia même, c'est parce que les gems qui administrent la ville sont allés aux limites de leurs pouvoirs pour la nettoyer. Les chamanes bawcks font de même dans les marches orientales de Chabawck. Mais au-delà, les seuls êtres vivants que l'on trouve sont des criminels qui ont fui la justice et ont cru trouver refuge dans cet endroit désert.

— Les orques de Chabawck sont si puissants ?

— Les plus grands chamanes le sont, oui. Toutefois ils ne viennent guère visiter les royaumes occidentaux. Il y a tant à faire chez eux.

Deirane entendit un éclat de voix à sa droite. C'était le roi d'Yrian qui répondait à sa condisciple stoltz. Même si le ton n'avait pas été très élevé, il manifestait un certain déplaisir du monarque. Tout en continuant la discussion avec son voisin, elle écouta.

— Je ne peux pas répondre à une telle requête, c'est impossible, répondait Menjir.

— Vous auriez tout à y gagner, dit Vespef. La guerre a totalement bloqué le commerce sur l'Unster. Vous êtes dans l'impossibilité d'écouler vos stocks. Vos négociants sont au bord de la ruine.

— Au bord de la ruine, vous exagérez. La guerre est à l'origine d'un ralentissement de nos échanges, mais nous avons largement de quoi tenir avec les royaumes de l'est.

— Et les royaumes de l'Unster. Sans le blé de l'Yrian, ils vont être acculés à la famine.

— J'ai suffisamment à administrer mon royaume pour me soucier en plus de l'imprévoyance des autres rois.

— Sans la réputation qui est la vôtre, on pourrait croire que vous cherchez à profiter de leur affaiblissement pour vous emparer de leurs terres.

— Vous savez bien que je ne convoite pas le sud. Il n'y a rien qui m'intéresse là-bas. Et de toute façon, la principauté de Boulden, en passe de devenir une province d'Helaria, jouxte ma frontière. Je n'ai aucune envie de me confronter à vous.

— Vous semblez penser que nous gagnerons.

— C'est évident. Jusqu'à aujourd'hui vous n'avez perdu aucune guerre. Pourquoi cela serait-il différent aujourd'hui alors que vous êtes au sommet de votre puissance ?

— Vous vous trompez. Il n'y a aucun accord avec Boulden. Il n'y aura aucun accord possible aussi longtemps que durera le commerce des esclaves.

Menjir réfléchit un moment à la proposition de Vespef.

Deirane n'en croyait pas ses oreilles, la pentarque venait de lui offrir Boulden, un territoire qui ne lui appartenait pas, pour acheter ses services. Pendant ce repas, les deux chefs d'État se partageaient le monde comme s'il s'agissait d'un gâteau.

— Dans l'immédiat, Boulden ne m'intéresse pas, répondit enfin Menjir. Qu'est-ce que Boulden ? Une petite ville perdue au milieu d'un marécage. Son seul atout est la souplesse de ses lois sur le commerce des êtres vivants. Atout qui disparaîtra s'il devait se conformer aux lois de l'Yrian.

— Pourtant vous auriez tout intérêt à ce qu'Helaria gagne rapidement la guerre.

— Sans vouloir vous offenser, qu'Helaria gagne ou perde la guerre nous importe peu. Si vous gagnez, ce qui me semble le plus probable, tout redeviendra comme avant. Si vous perdez, nous traiterons avec Shaab au lieu de vous.

Vespef mit un petit moment à répondre, comme pour ménager son effet.

— Êtes-vous consciente, dit-elle lentement, qu'il y a plus en jeu que quelques cargaisons de blé ?

— La disparition de votre culture. J'en suis conscient. Et je comprends que vous en soyez très affectée. Comme je l'ai déjà dit, je dois m'occuper de mon royaume en priorité.

— Plus que la disparition de notre culture. La disparition de toute culture. La nôtre, la vôtre, celle de Shaab.

— Vous n'y allez pas un peu fort ? protesta-t-il. Même si l'Helaria disparaissait sans laisser de trace, l'Yrian ne serait pas affecté sur le long terme.

— Que l'Helaria disparaisse sans laisser de trace serait un moindre mal. Le problème est que nous laisserons des traces derrière nous.

Les propos étranges de la pentarque attirèrent toute l'attention du roi et de Deirane.

— Que voulez-vous dire par là ? demanda Menjir.

— Il y a quatre-vingts ans, les peuples d'Uv-Polin se sont révoltés contre les feythas et les ont chassés de notre monde. L'Helaria a participé à cette guerre, nous étions là lors de la victoire finale.

— Je sais tout cela, je l'ai appris dans les livres d'histoire.

— Vous savez donc que les feythas au cours de leur règne ont utilisé des armes effroyables. Elles ont rendu inhabitables de larges portions de notre continent.

— Il me suffit de passer les montagnes pour voir les plaines de l'ouest briller dans la nuit. Je sais cela. Je l'ai fait une fois. C'est effrayant.

— Mais savez-vous qu'ils n'ont utilisé qu'une toute petite partie de leur arsenal ?

— Une petite partie, comment ?

— Seules six armes ont suffi à créer tous ces ravages.

Menjir manifesta son étonnement.

— Six c'est impossible, répliqua-t-il, il y a trop de dégâts dans notre monde.

— Et pourtant c'est le cas. Deux pour les royaumes stoltzt à l'ouest, trois pour les royaumes bawcks à l'est et une a transformé le détroit entre les deux continents en une mer quasi circulaire.

— Six ? Mais ils en possédaient beaucoup plus !

— Trois fois plus. Dix-sept exactement.

— Que sont-elles devenues ?

Le silence de Vespef équivalait à une réponse.

— Avec nous, vous pouvez être sûr que ces armes ne seront jamais utilisées, reprit la pentarque. Nous avons vu les dégâts qu'elles produisent. Beaucoup d'Helariaseny encore vivants y ont assisté. Moi-même je l'ai vu. Les humains ont une vie courte, le souvenir du danger de ces bombes a été filtré par cinq générations. En ce qui vous concerne, vos terres portent encore les stigmates de leur action.

— Le blé qui pousse à Ortuin est mortel, confirma le roi d'Yrian.

— Ortuin doit donc importer toute sa nourriture. La ville a été obligée de se spécialiser dans le commerce de produits non comestibles. Mais pour les Shaabianos, il n'en est pas de même. Leur territoire se trouvait loin de la zone de guerre, il n'a pas été ravagé comme tant d'autres endroits, les pluies de feu ne les atteignent pas, ils n'ont pas de rivières et de lacs empoisonnés. Chez eux, la nature est luxuriante, généreuse et intacte. Ils connaissent les faits relatifs à ces bombes, mais pour eux ce n'est qu'un mythe.

Vespef marqua une petite pause pour bien faire entrer l'idée dans l'esprit de ses interlocuteurs.

— Ils se déplacent pourtant, remarqua Menjir, pour commercer avec les autres nations. Ils doivent bien voir tout le mal accompli dans les autres royaumes.

— En êtes-vous sûr ?

Dans son esprit Deirane chercha à deviner ce que les commerçants de la Hanse pouvaient voir lors de leurs voyages. Ils se rendaient à Kushan, que les Helariaseny avaient largement reboisé, ils remontaient l'Unster bordé par une jungle empoisonnée. Vu depuis le centre du fleuve le rideau d'arbre était assez épais pour faire illusion. Ils arrivaient enfin à Sernos qui était relativement épargnée par les horreurs des pluies de feu. Certains allaient dans le continent de Shacand. Les anciens royaumes de la côte nord avaient été totalement anéantis par la guerre et la population s'était réinstallée sur des rivages plus méridionaux, encore vierges il y a peu, et qui n'avaient absolument pas subis de dégâts. Un shaabiano venant commercer avec l'Yrian pouvait ne pas remarquer les dommages de la guerre. Il fallait y vivre et combattre constamment une nature hostile pour comprendre.

Menjir avait dû arriver à la même conclusion vu sa réponse.

— Vous aurez deux divisions de cent hommes.

— Deux cents, remarqua Vespef, c'est bien peu. Vous ne pouvez pas me donner plus ?

— J'ai ma propre guerre à mener. Deux cents pour le moment. Vous comprendrez que ce n'est pas gratuit.

— Annoncez votre prix.

— Je veux une éolienne. Pas un des petits joujoux que vous utilisez, j'en veux une vingt fois plus grande.

— Une grande éolienne. Ce n'est pas évident. Il va falloir tréfiler de grandes quantités de cuivre. C'est un travail énorme.

Menjir leva la main pour imposer le silence.

— Je n'ai pas fini, dit-il sur un ton royal. Pour chaque division supplémentaire, je veux un pantographe du style de ceux que vous utilisez pour communiquer entre vos îles.

— Je suis d'accord pour les pantographes, mais avec l'éolienne, je veux quatre divisions.

— Trois divisions.

Vespef prit le temps de réfléchir avant de répondre. À moins qu'elle soit en train de consulter les autres pentarques par télépathie. Toujours est-il qu'elle garda le silence quelques vinsihons.

— Va pour trois divisions, dit-elle.

Ils scellèrent leur accord en buvant une gorgée d'hydromel.

— Je suis curieuse, demanda Vespef, que comptez-vous faire de cette éolienne ?

— Le matériel que nous ont laissé les feythas est solide, mais il n'est pas éternel. Le bâtiment qui les fait fonctionner tombera un jour en panne. Vos éoliennes vous permettent de recharger les armes feythas. Nos ingénieurs ont pensé qu'elles pourraient aussi faire fonctionner leurs machines.

— Excellente idée.

Les négociations terminées, Vespef attaqua son poisson.

— Il y a quand même une chose qui me surprend, reprit Menjir, c'est ce qui vous a donné l'idée de créer ces éoliennes.

— Nous en avions un besoin vital, répondit Vespef.

— Certes, de là à déterminer seul comment y arriver, c'est plus que surprenant alors que personne ne connaissait l'électricité avant l'arrivée des feythas et que ceux-ci se sont bien gardés de nous dévoiler leurs secrets. C'est un immense bond en avant technologique que l'Helaria a accompli en moins d'une dizaine d'années. Que vous ayez pu même imaginer cela alors que votre pays était en pleine reconstruction, suite à la guerre la plus meurtrière que ce monde ait connue, a de quoi susciter des questions.

— Ce n'est pas à moi que vous devez poser la question. Je suis une diplomate. Je ne comprends rien à ces inventions. Je doute que Wotan comprenne mieux que moi. Il les encourage, quant à savoir comment elles marchent, c'est une autre paire de manches. Tout ceci est l'œuvre de l'archonte Calen qui dirige la Bibliothèque avec une incroyable efficacité. Et encore, c'est en dehors de son domaine. Il faudrait trouver la personne qui a imaginé ce système. Malheureusement j'ignore son nom.

Un ingénieur obscur perdu dans les méandres de l'université de l'Helaria. Comme c'est pratique, pensa Deirane.

— Comme vous le savez, reprit Menjir, nous sommes en guerre et je ne pourrais pas vous envoyer beaucoup de divisions au début.

— Justement, dans ce domaine-là, je pense pouvoir trouver une solution.

— Si vous pouvez mettre fin à la guerre contre le Chabawck, vous m'intéressez.

— Moi je ne peux rien faire. Toutefois ma compagne Deirane en a le pouvoir.

Menjir se tourna vers l'humaine. S'il était surpris, cela ne se voyait pas sur son visage.

— Vous avez un moyen d'influence sur les orques du Chabawck ? demanda-t-il, vous êtes surprenante.

— J'ai un mandat pour parler en leur nom, répondit-elle.

Menjir jeta un coup d'œil à Gonrak, placé en bout de table en compagnie de la petite noblesse. Le bawck hocha la tête.

— Gonrak confirmer. Confiance donnée à Deirane.

L'Yriani refit face à son interlocutrice.

— Je ne suis pas déçu de traiter avec vous plutôt qu'avec un orque. Vous êtes bien plus agréable à regarder.

— Merci. Je n'ai pas de mérite, cela me vient de ma naissance, pas de mes actes.

Saalyn reconnut l'un des credo de Calen, la belle doyenne de Jimip. Elle ignorait que Deirane l'avait fait sien.

— Jusqu'à quel point se porte la confiance des orques ? continua Menjir. Dans quels domaines êtes-vous autorisée à traiter ?

— Dans tous les domaines, sans aucune exception ni limitation.

— Ce sont des pouvoirs d'orkant que vous revendiquez. Le chef de guerre Gonrak possède-t-il le droit de vous les accorder ?

— Ces pouvoirs m'ont été accordés par le conseil des chefs de tribu du Chabawck quand ils m'ont nommée orkantia.

Menjir se renfonça dans sa chaise.

— Ainsi vous êtes une orkantia du Chabawck. Quelle tribu représentez-vous ?

— Toutes. Je dépends du conseil des tribus.

— Cela fait longtemps que j'espérais votre venue. C'est votre expédition dans le sud qui vous a retardée ?

— J'ai effectivement décalé ma mission pour régler un problème de famille.

— Les orques du Chabawck ont laissé faire ! Ils sont plus tolérants que je ne le croyais.

— Gonrak m'a expliqué sa façon de penser pour ce détour.

Par réflexe, elle porta la main à l'hématome sur son visage, à peine visible sous la couche de fard.

Saalyn regardait son amie, partagée entre l'étonnement et la colère. La pentarque n'a pas tout dit à sa guerrière, pensa Deirane.

— Si vous parlez au nom du Chabawck, reprit Menjir, vous devez posséder les lettres de créance. Pourriez-vous me les montrer ?

— Bien entendu.

Deirane détacha les deux chaînettes de bronze qui ornaient ses poignets. Elle les fit glisser devant le monarque. Menjir les prit et les examina attentivement.

— Les orques sont vraiment des métallurgistes exceptionnels, remarqua-t-il, ces bracelets sont de toute beauté.

— Les acceptez-vous comme symbole de ma position ?

— Cela me semble approprié.

Il lui rendit ses bijoux.

— Alors que proposez-vous ? demanda Menjir à l'humaine, pour mettre fin au conflit qui nous oppose.

— Ce conflit a pour origine une divergence sur les frontières entre l'Yrian et le Chabawck.

— En fait, la frontière n'a jamais été définie, nul ne sait où finit l'Yrian et où commence le Chabawck.

— Si la bordure est floue, en revanche l'intérieur d'un campement permanent bawck est indubitablement dans le Chabawck.

— La frontière d'un camp n'est pas plus marquée que la frontière du Chabawck.

— Les deux sont indiquées pourtant. Vous ne les reconnaissez pas comme telles, pourtant les marques sont bien là.
— Vous parlez des griffures sur les troncs d'arbres, comme les animaux. Ces indications sont peu claires.
— Les bawcks s'en contentent pourtant depuis des milliers d'années.
— Toutes mes excuses, nous autres, pauvres humains, n'avons eu que moins de cent ans pour tout apprendre sur ce monde. Nous sommes peut-être le plus vieux des Nouveaux Peuples, mais nous sommes bien récents ici-bas.

Deirane fit une petite pause pour bien faire ressortir ce qu'elle allait dire.
— C'est pour ça que je vous propose d'établir la frontière entre le Chabawck et l'Yrian sur un critère géographique intangible.
— Quel critère ? Et à quel prix ?
— Nous allons décider de tout cela.

Menjir joua un instant avec son couteau avant de continuer.
— Avant de décider des pénalités pour le perdant, il serait bon de déterminer qui a perdu et qui a gagné. Pour le moment nous avons une sorte de statu quo…
— Je vous arrête. L'Yrian est l'agresseur, il a attaqué le Chabawck. Les bawcks n'ont fait que se défendre et vous n'avez pas réussi à percer cette défense. Il semble donc bien qu'à l'issue des combats actuels, l'avantage est clairement au Chabawck.
— Vous vous avancez un peu vite. Les forces de l'Yrian ne se sont pas engagées en totalité dans ce conflit.
— Les bawcks n'ont pas mené de vraies attaques. Sinon, vous auriez subi quelques dégâts dans vos villes du nord.
— Vous ne vous vantez pas un peu ? Les orques sont un peuple bagarreur, mais ils ne sont pas organisés comme une vraie armée. Les remparts et l'artillerie mettent les villes hors de leur portée.
— En êtes-vous bien sûr ? Ruvyin est pourtant tombée sous le contrôle d'une armée bawck. Et Ruvyin est plus puissante qu'Ortuin, étant une vraie ville de garnison.

Menjir médita un instant sur ces paroles.
— Je veux bien admettre que les bawcks soient de bons combattants, répondit le roi d'Yrian. Mais la prise de Ruvyin est en grande partie due au hasard et à la défaillance des défenseurs.
— Nous pourrions demander à la pentarque Vespef ce qu'elle pense sur l'incapacité de son pays à se défendre, répliqua Deirane d'un ton malicieux.

Sans le vouloir, Menjir avait insulté la pentarque. Avec un art consommé de la diplomatie, il se rattrapa.
— Je ne voulais pas vous insulter, dit Menjir, je voulais juste dire que quand les bawcks sont arrivés, Ruvyin avait déjà essuyé une violente attaque

shaabiano. Elle était très affaiblie. Ils n'ont eu aucune difficulté à entrer. N'êtes-vous pas d'accord ?

— Je ne m'occupe pas de la stratégie, se défila Vespef, ce sont mes sœurs qui mènent la guerre. Mais il est vrai que Ruvyin est une position importante puisqu'elle protège l'accès à Ystreka. La Confédération a donc lancé des attaques de grande envergure sur la ville. Les bawcks en arrivant après n'ont eu qu'à entrer dans une ville en ruine et déserte. Nous nous étions repliés sur une base plus solide, il n'y a pas eu de combat.

— Donc cela contredit la thèse de l'efficacité des orques au combat.

— Faut-il que nous prenions Ortuin pour vous convaincre ? demanda Deirane.

Menjir la regarda en souriant.

— Disons que nous ne sommes pas en mesure de déterminer qui est le vainqueur et donc qui doit payer un tribut à l'autre.

— Aussi je vous propose mieux que le paiement d'un tribut : une alliance commerciale entre le Chabawck et l'Yrian.

— Et que possède le Chabawck que nous ne pouvons pas trouver ailleurs ?

— Des outils en bronze d'excellente facture.

— Les nains sont capables de nous approvisionner en métaux de première qualité.

— En cuivre. Pas en bronze, seuls les bawcks savent le préparer.

— C'est vrai. Malgré tout le cuivre convient parfaitement à nos besoins.

— Il est moins durable.

— Suffisamment pour ce que nous en faisons. Qu'avez-vous d'autre à échanger ?

— Du verre.

— Du verre ! s'écria-t-il, que voulez-vous que nous fassions avec du verre ? Arrêter une guerre avantageuse juste pour bénéficier d'une vaisselle en verre plutôt qu'en argile ou en porcelaine…

— Je ne parle pas de vaisselle, mais de vitres. De grandes plaques de verre d'une perche de côté.

Menjir retint de justesse une exclamation. Même Vespef semblait surprise par une telle dimension.

— Une perche de côté ! Impossible, s'exclama le roi.

— Demandez à Gonrak.

Le roi se tourna vers le chef de guerre bawck.

— Plaque de verre d'une perche de côté et un doigt d'épaisseur, nous pouvons fournir, confirma-t-il.

Menjir médita sur ces paroles. Deirane continua.

— Ce qui vous gêne pour progresser davantage, ce sont les poisons contenus dans l'eau. Avec la technologie actuelle, Ortuin constitue le maximum de ce qu'il est possible d'atteindre. Avec de telles plaques, il vous sera possible de fabriquer des purificateurs de grande taille capables de traiter de grandes quantités d'eau. Vous pourriez ainsi progresser de deux cents, peut-être trois cents longes vers le nord. Cela vous permettrait de doubler la surface de votre royaume.

Menjir ne répondit pas, il réfléchissait.

— Je ferai plus que doubler la surface de mon royaume en conquérant le Chabawck.

— Certes. Toutefois ce sera au prix d'une guerre et de beaucoup de morts. Sans compter qu'à long terme votre victoire est impossible. Les bawcks sont nomades. Ils disparaîtront dans les plaines de l'est le temps de reconstituer leurs forces. Et un jour, ils reviendront pour reprendre leurs terres. Les bawcks grandissent vite. Il leur faut trois à quatre ans pour devenir adulte. En moins de douze ans, ils pourraient disposer d'une armée supérieure à la population de votre royaume. Pourquoi croyez-vous que les feythas ont tenté de les exterminer ? Ce que je vous propose est amplement profitable en comparaison. Vous pourrez ainsi vous étendre sans difficulté à un endroit où personne ne vit.

— Si personne n'y vit, c'est qu'il y a une raison.

— Bien sûr. C'est impossible sans une technologie évoluée. Je vous offre cette technologie.

Les arguments de l'orkantia se tenaient. La conquête du Chabawck était un rêve impossible. Il n'y avait pas de gouvernement centralisé, pas de ville à investir pour signifier la victoire. Le seul moyen d'y arriver était une extermination totale de sa population. Par contre, avec la technologie offerte par Deirane, c'était tout un territoire vierge, totalement inhabité, qui devenait accessible. Il y aurait des problèmes, très peu de cultures vivrières, et surtout inciter des paysans à s'y installer malgré les dangers. Peut-être pourrait-il mettre en place quelques-uns de ces projets dont il rêvait auxquels il avait toujours renoncé pour ne pas gaspiller les terres agricoles du sud. Il avait tout à y gagner à accepter.

— Et pour la frontière ? dit-il enfin.

Deirane se domina pour garder son calme. Elle avait gagné, le roi acceptait sa proposition.

— Nous verrons cela plus tard. À la bibliothèque d'Elmin, j'ai consulté quelques cartes. Quelques rivières pourraient convenir comme frontières. Nous n'aurons qu'à en choisir une pour bien marquer la limite.

La bibliothèque d'Elmin. Celle où justement Hester officiait comme cartographe, pensa Saalyn, c'était donc comme cela qu'ils s'étaient retrouvés.

Deirane adressa un sourire de connivence à Aster. La belle garde lui retourna son sourire. La fin de la guerre entre l'Yrian et le Chabawck signifiait la fermeture du passage vers son pays. En paix, l'Yrian allait mieux surveiller les routes et limiter le déplacement des troupes armées. Les marchands d'esclaves n'allaient plus pouvoir circuler. Le repas se termina sur un ton plus léger. Seule Vespef semblait méditer sur ces négociations.

Lorsque Deirane et ses compagnons eurent rejoint leur chambre, Vespef intercepta l'humaine.

— Je ne comprends pas pourquoi tu nous as fait ce coup-là, dit-elle.

— Quel coup ? demanda Deirane.

— L'avantage que tu as donné à l'Yrian avec ces systèmes de dépollution va lui donner une telle avance sur nous que nous allons avoir du mal à nous maintenir à son niveau.

— Je n'ai pas donné l'exclusivité aux Yrianii, se défendit Deirane, vous pouvez tout aussi bien acheter ces systèmes pour votre usage personnel.

— Tu sais bien que notre problème n'est pas territorial. Nous avons plus d'espace que nous ne pouvons en peupler. Mais notre population est faible. Les Yrianii sont trois fois plus nombreux que nous. Le blocage de l'Yrian dans ses frontières nous donnait un peu de temps pour le rattraper. Maintenant, en doublant son territoire, il va pouvoir développer encore davantage sa population.

— Je n'ai fait que négocier la paix. Je ne pensais pas que cela vous poserait tant de problèmes.

— Elle a raison, remarqua Aster, son intervention a résolu plus de problèmes qu'elle n'en a créés. La paix est revenue, mon peuple va cesser de se faire exterminer.

— À court terme, cela va en résoudre. À long terme c'est une autre histoire.

— Il faut la comprendre, intervint Öta, nous autres stoltzt vivons plus de mille ans, nous sommes habitués à faire des projets pour une telle durée. Les humains sont plus éphémères, cinquante ans à peine. Leurs projets, s'ils veulent en profiter de leur vivant, se doivent d'être plus rapides à mettre en œuvre.

— Öta n'a pas tort, remarqua Saalyn.

— Vous semblez tous être contre moi, remarqua Vespef.

— Pas du tout. Tout le monde a négocié au mieux pour les intérêts de la partie qu'il représentait. Deirane était mandatée par le Chabawck. On ne pouvait pas lui demander de s'occuper de l'Helaria. Ce travail nous revient personnellement.

— Tu n'as pas tort, reconnut Vespef d'un ton maussade.

Elle lâcha le bras de l'humaine.

— Allez préparer vos affaires, nous partons, reprit la pentarque.

— Nous rentrons enfin en Helaria ? demanda Saalyn.

— Pas tout à fait, nous allons faire un détour par Gué d'Alcyan pour déposer nos passagères.

— Tu nous amènes quand même à destination, remarqua Deirane d'un ton interrogatif.

— Nous avons beaucoup de choses à nous dire.

Puis elle se tourna vers Aster.

— Tu nous accompagnes ?

— Non, répondit la jeune femme, à cheval par la route, je serais plus rapidement chez moi.

— Tu en es bien sûre ?

— Tout à fait. Il n'y a plus de temps à perdre. Le sang des miens est en train de couler.

— Soit. Tes affaires sont à l'ambassade, si les bawcks ne les ont pas détruites. Tu pourras passer les chercher quand tu veux.

— Je n'avais juste que quelques chevaux.

— Alors, espérons qu'ils ne les ont pas mangés.

Le retour à l'ambassade fut moins sinistre que Deirane ne l'avait craint. Les soldats yrianii avaient investi les lieux sauf la villa qui avait été laissée à la surveillance des Helariaseny tout juste libérés de leur geôle. Un soldat les avait découverts dans la chambre forte d'un bijoutier du quartier des artisans. Le capitaine yriani avait suffisamment de finesse pour ne pas provoquer un incident diplomatique. Ce territoire n'était pas yriani. Il ne l'avait jamais été, il existait déjà bien des décennies avant la fondation du royaume.

Comme promis, Deirane retrouva ses affaires à bord du plus petit des bateaux amarrés au ponton derrière l'ambassade. Elle en fut heureuse, certains des objets qu'elle possédait lui appartenaient depuis si longtemps qu'elle aurait regretté de les avoir perdus. Les chevaux d'Aster y étaient aussi, en bonne santé. Des palefreniers yrianii les avaient pris en charge, même s'il était plus que probable que leur rôle principal était d'examiner les structures du navire. Peine perdue, la plupart des éléments intéressants étaient cachés par des parements qu'il aurait fallu détruire, ce qui aurait manqué de discrétion. Sans compter que la performance de ces navires venait en grande partie de la connaissance des matériaux par les ingénieurs helarieal. Juste observer les pièces n'aurait servi à rien.

Les chevaux furent amenés depuis l'écurie aménagée à l'avant du pont inférieur. Aster alla saluer Saalyn qui assistait à son départ.

— Je ne saurai jamais suffisamment te remercier de ce que tu as fait pour moi. Sans toi, je serais aujourd'hui une esclave et mes filles seraient soumises aux fantasmes d'un être abject.
— Je n'ai fait que mon métier, se défendit Saalyn.
— Un peu plus.
— Pas du tout, c'est ainsi que Wotan a défini ma mission il y a cent trente-huit ans. Délivrer les esclaves et les aider à émigrer en Helaria. Tu vois, j'ai même fait moins que ma mission puisque tu rentres chez toi au lieu de revenir avec moi.
— Ta mission concernait les Helariaseny capturés lors de raids.
— Elle n'émettait aucune restriction concernant les humains en tout cas. D'ailleurs, j'ai ramené plus d'étrangers que d'Helariaseny lors de mes voyages.
— Il y a cent trente-huit ans, les humains n'existaient pas.
— Objection recevable.
Les deux femmes éclatèrent de rire. Puis Aster prit la stoltzin dans les bras et la serra contre elle.
— Quand la situation sera arrangée dans mon pays, j'espère une petite visite, dit Aster.
— Quand elle sera arrangée dans le mien, je n'y manquerai pas, répondit Saalyn.
Elles s'écartèrent lorsque Deirane les rejoignit.
— Alors tu nous quittes pour de bon, dit-elle.
— Mon pays a besoin de moi.
— Je te souhaite bonne chance pour tes projets.
— Moi aussi, j'espère que tu arriveras à retrouver tes enfants.
— Nous l'aiderons, dit Saalyn.
Deirane regarda son amie, surprise.
— Je sais, Muy a dit que nous ne pouvions pas te porter assistance. Mais rien n'empêche d'ouvrir l'œil. Tout ce que nous trouverons sera centralisé à Neiso. Et maintenant que nous t'avons retrouvée, nous ne te lâcherons plus. Tout ce que nous découvrirons te sera transmis.
Deirane ne sut que dire. Avec toute la capacité d'investigation de la corporation des guerriers libres, elle n'allait pas tarder à retrouver les siens. Deux ou trois ans, quatre peut-être, et ils seraient tous réunis.

Aster laissa les deux amies ensemble. Elle monta sur son cheval. Guidant ses deux filles à sa suite, elle prit la route de son pays.

XXXVIII

Sernos, vingt ans plus tôt.

Le vétérinaire de l'ambassade tournait autour du cheval blessé sous l'œil attentif de Dresil. Il examina attentivement la blessure de sa jambe, portant au maximum son attention sur l'articulation.

— Il n'a pas l'air d'avoir trop souffert, dit-il, comment cela est-il arrivé ?

— Une charrette a perdu son chargement alors que j'étais à sa hauteur, expliqua le jeune paysan.

— Pas de chance. Enfin, ça aurait pu être pire. Du repos et il pourra galoper à nouveau.

— Je ne sais pas si je peux lui accorder du repos, je dois rentrer chez moi.

— Vous êtes vraiment pressé ? Ça ne me gêne pas de le garder quelques jours ici.

— Quelques jours seulement ? Je croyais qu'il en faudrait des douzaines. Je peux rester aussi peu de temps sans aucun problème.

— À la bonne heure.

Le vétérinaire alla chercher le matériel pour désinfecter la plaie. Le jeune paysan se plaça à l'entrée de l'écurie pour regarder à l'extérieur.

— Pourquoi vous êtes-vous adressé à nous ? demanda le vétérinaire, il y a d'autres écuries en ville.

— J'aurais cru que vous apprécieriez d'avoir un client de plus.

— N'y voyez aucune critique. Juste de la curiosité. Vous venez de la campagne, n'est-ce pas ?

— Oui, j'ai une petite exploitation forestière à une soixantaine de longes au sud.

— Les gens de la ville sont assez tolérants avec nous, par contre les campagnards ne nous aiment pas beaucoup.

— Je n'ai pas pour habitude de détester les gens sans les connaître d'abord.

— Excellente habitude.

— On m'a recommandé vos services.

— Que celui qui l'a fait soit loué.

Puis le stoltzen se concentra sur les soins qu'il prodiguait à l'animal.

Il était habile, en un instant il eut nettoyé et pansé la plaie. Il reposa son matériel sur la table. Cela attira l'attention de Dresil.

— Cette jeune fille, de l'autre côté de la cour, demanda-t-il, qui est-ce ?

Le vétérinaire le rejoignit et regarda dans la direction qu'il désignait.

— Cette jeune humaine dans la galerie ?

— Oui.

Le vétérinaire scruta le jeune homme.

— Vous êtes venu chez moi parce que je suis le meilleur ou dans l'espoir de la rencontrer ?

Dresil rougit.

— C'est Deirane, une jeune humaine qui s'est réfugiée chez nous. Elle vous intéresse ?

— Elle est si belle. Elle a un enfant. Il y a peut-être un père quelque part.

— Ça pour sûr il y a un père. Mais pour savoir où il est, c'est une autre histoire.

— Il l'a abandonnée ?

— On peut dire ça.

Dresil se tut pour l'admirer. La cour était grande et elle était loin, malgré cela il trouvait le spectacle sublime.

— C'est la protégée de Saalyn. Une belle femme aussi, quoique pas très commode par les temps qui courent.

Dresil prit son courage à deux mains. Il traversa la cour en direction de la jeune fille, évitant le centre occupé par les soldats. Elle s'était installée sur un banc à l'ombre sous la terrasse qui ceignait le premier étage de la villa. Elle avait ouvert son corsage pour donner le sein à son fils. Toute son attention accaparée par son bébé, elle ne vit pas le jeune homme approcher. En grimpant l'escalier, il eut peur de commettre une infraction aux lois de l'Helaria, mais personne ne l'arrêta et c'est le cœur plus léger qu'il s'engagea entre les colonnes.

— Bonjour, dit-il.

Sous la surprise, elle sursauta et leva la tête vers lui. Elle n'avait pas l'air inquiète cependant. Avec les soldats qui s'entraînaient à quelques perches, elle n'avait aucune raison de l'être. Un cri et ils accourraient.

— Vous me reconnaissez ? demanda-t-il.

Elle hésita un moment avant de répondre.

— Vous êtes le marchand de noix.

— C'est ça. Dresil. Et vous, vous êtes ?

— Deirane. Vous m'en avez apporté ?
— Quoi donc ?
— Des noix.

Il prit une mine pitoyable en prenant conscience qu'il aurait pu penser à quelque chose d'aussi simple. Surtout qu'il en avait dans sa chambre d'hôtel.

— Je suis désolé, mais je peux en ramener une prochaine fois.
— Je voudrais bien, mais je ne suis pas sûre de pouvoir les payer. Qu'êtes-vous venu faire ici ?
— Mon cheval est blessé, je l'ai amené pour le faire soigner.
— C'est grave ?
— Le vétérinaire dit que non. Mais il est immobilisé quelques jours ici.
— Vous êtes donc bloqué à Sernos tout ce temps.
— Les noix ne sont pas comme les légumes, elles peuvent se passer de moi quelques jours.

Elle n'était pas hostile, c'était déjà ça. Seulement il ne savait pas comment faire pour la courtiser. Il n'avait pas affaire à une jeune fille de son village, mais à une mère de famille. Son enfant, pensa-t-il soudain, ce devait être son point sensible.

— C'est votre bébé ? demanda-t-il.
— Il s'appelle Hester. Il est né il y a quelques douzains.

D'office, il s'assit à côté d'elle. Il tendit la main vers le nourrisson.

— Je peux ? demanda-t-il.

Comme elle ne répondait pas, il continua. Délicatement, il caressa sa joue. Cela ne sembla pas déranger Hester.

— Il est magnifique. Tout comme sa mère. Vous devez être fière de lui.

Deirane rosit de plaisir.

— C'est vrai qu'il est beau, dit-elle.

En son for intérieur, Dresil pensait que seule une mère pouvait trouver beau un nouveau-né aussi jeune. Il évita de l'exprimer à voix haute.

La tétée était terminée. Deirane redressa Hester et lui tapota délicatement le dos pour lui faire faire son rot. Dresil ne perdait pas une miette du spectacle, surtout du corsage délacé qui dévoilait presque toute la poitrine.

— Vous pouvez le tenir un instant ?

Tout à son spectacle, il n'avait pas entendu la jeune fille lui parler. Il retrouva heureusement bien vite ses esprits et lui prit le bébé des mains le temps qu'elle rajuste sa tenue.

— Merci, vous êtes sympathique, dit-elle en lui reprenant Hester.

Elle se leva.

— Je dois y aller.
— Je vous retiens, alors que vous avez du travail, excusez-moi.
— Pas du tout.

Elle fit quelques pas en direction de la porte de la villa.
— Nous nous reverrons peut-être, dit-elle.
— Sûrement même, je suis bloqué ici à cause de mon cheval.
— À bientôt dans ce cas.
Et elle disparut dans le bâtiment, laissant le jeune fermier seul.

Une fois à l'abri dans la villa, Deirane alla se poster derrière une fenêtre et regarda le jeune homme. Il ne tarda pas à quitter les lieux. Elle le surveilla jusqu'à ce qu'il quitte l'ambassade par la porte principale. Dresil disparu, elle médita un moment sur ce qui venait de se passer. Perdue dans ses pensées elle ne vit pas arriver Celtis et la bouscula en se retournant.
— Excuse-moi, dit Deirane.
— Ne serait-ce pas le jeune marchand de noix avec qui tu discutais il y a un instant ?
— C'était bien lui, pourquoi ?
— J'avais raison, tu as un ticket.
— Tu dis n'importe quoi. Il est là pour soigner son cheval blessé.
— Et pour ça il s'adresse au peuple qui connaît le moins les chevaux. Logique.
— D'abord ça fait plusieurs mois qu'on ne s'est pas vus.
— Oui, et il passe à Sernos et sa première action est de venir te rendre une visite.
— C'est par hasard qu'on s'est croisés.
— C'est peut-être vrai. Quand même, reconnais qu'il a mis un maximum de chance pour ça. Difficile de trouver meilleur endroit que celui où tu habites.
— C'est pas faux.
— C'est donc vrai.
C'est ce moment que Saalyn choisit pour arriver, depuis l'escalier monumental du hall.
— Ce n'est pas notre petit vendeur de noix que je viens de voir quitter l'ambassade ? demanda-t-elle.
Rouge comme une pivoine, Deirane serra son bébé contre elle et battit en retraite en direction de l'escalier qui menait à sa chambre.

Pendant les jours qui suivirent, Dresil vint surveiller les progrès de son cheval chaque matin. Il ne manquait jamais, après l'avoir vu, de venir faire une petite visite à Deirane. Il n'avait qu'à demander et il y avait toujours une personne qui lui indiquait bien obligeamment où la trouver. Très vite, il n'eut même plus à poser la question. En général c'était dans le jardin derrière la villa, ce qui lui convenait mieux que la cour exposée aux regards.

Deirane finit par s'habituer à sa présence. Son désir de fuite des premiers temps s'atténua et au bout de quatre jours elle pouvait discuter avec lui des monsihons durant. Elle finit même par apprécier ses visites. Les humains étaient peu nombreux dans l'ambassade, tout comme en Helaria, et avoir une relation amicale avec un représentant de son peuple comblait un vide en elle. Ils abordaient tous les sujets, cependant le domaine agricole de Dresil était souvent au centre de leurs discussions : les difficultés à faire pousser les arbres en un lieu où les pluies tuaient la végétation, l'hostilité des elfes proches qui voyaient d'un mauvais œil un humain exploiter ce qu'ils considéraient comme leur forêt — son exploitation était pourtant enregistrée à Karghezo, la grande ville du sud de l'Yrian — le charme de sa petite ferme, le petit torrent qui jaillissait d'une source à flanc de colline qui, miracle, était sain et dans lequel on pouvait se baigner.

Le neuvième jour il arriva avec un grand sac de noix sur l'épaule. Depuis le premier jour, il en avait toujours quelques-unes, jamais pourtant une aussi grosse quantité. À croire qu'il avait amené la totalité de ses stocks d'invendus. Sans qu'elle sache pourquoi, cela mit Deirane mal à l'aise. Il s'assit à côté d'elle sur le banc et posa son fardeau à ses pieds. Après un bref baiser sur la joue, il attaqua directement le vif du sujet.

— Je vais partir, dit-il.
— Partir ? Où ça ?
— Chez moi. Je ne peux pas rester éternellement ici. Il faut que je rentre m'occuper de ma ferme.
— J'avais oublié ça. Quand pars-tu ?
— Les surveillants du temps prédisent une longue accalmie en début d'après-midi qui durera au moins quatre jours. Je vais en profiter.
— Les pluies de ces derniers jours étaient saines.
— À Sernos, oui. Plus au sud, là où se trouvent mes terres, elles sont encore bien virulentes. Même si j'ai l'équipement et que les refuges sont bien entretenus, je préfère les éviter.

Deirane médita cette réponse. Elle avait eu de la chance, en quelque sorte, que son malheur lui soit arrivé pendant la saison sèche. Si elle avait dû voyager sous la pluie, elle serait certainement morte avant d'arriver à Sernos. Ou si elle avait encore été vivante, elle aurait eu le sang empoisonné par les miasmes contenus dans les pluies de feu.

— C'est une excellente initiative, dit-elle, il vaut mieux arriver en retard que pas du tout.
— Les feythas, en empoisonnant notre monde, savaient ce qu'ils faisaient. Ils ont perdu, mais ne nous ont laissé que des ruines.
— Dans certaines guerres, les défenseurs détruisent tout ce qui pourrait servir à l'ennemi.

— Des récoltes, des maisons, des villes. Ça se reconstruit. Les feythas ont détruit la terre, l'eau, l'air. Autrefois, ce pays constituait la limite orientale de peuplement. Aujourd'hui, tout ce qui vivait à l'ouest est mort. Les gens ont dû tout reconstruire à l'est pour survivre. Et même là-bas, il y a beaucoup de zones ou plus rien ne vit.

La véhémence de Dresil laissa la jeune fille interdite. Elle ne l'avait encore jamais vu aussi excité.

— Qu'est-il arrivé pour éprouver tant de violence ? demanda-t-elle.

— J'ai perdu quelqu'un de cher à cause de ces pluies.

— Une personne très proche ?

— Ma jeune sœur.

Deirane ne lui posa aucune question, elle attendit qu'il se confie, ce qui ne tarda guère.

— Le lac était si beau, l'eau était si claire. Comment pouvait-on deviner qu'elle était mortelle ? Les sources qui sortent du plateau d'Yrian sont saines, on peut boire l'eau des rivières. Après une pluie de feu, il suffit de quelques jours pour pouvoir la consommer à nouveau. Mais les rivières qui viennent des plaines de l'est sont contaminées. Elle l'avait oublié. C'était lors d'une ballade avec des adolescents de son âge. Mon père avait autorisé la sortie parce qu'elle avait bien fait sa part de travail et qu'elle avait été sage. Elle était encore suffisamment jeune pour que sortir avec des garçons ne prête pas à conséquence. Ils ont installé leur campement au bord d'un joli petit lac situé à quelques centaines de perches de notre maison. Si près, mais pour elle, tout un périple. Ils sont restés là pendant un demi-douzain avant de rentrer. Ils se sont servis de l'eau du lac pour la boisson et pour préparer la nourriture. Aussi près de la maison, personne n'avait pensé qu'elle pouvait être empoisonnée. Il n'y avait aucune ferme sur ses rives, ça aurait dû nous alerter.

Pendant plusieurs mois après leur retour, tout allait bien. Et puis elle a commencé à se plaindre d'avoir mal au ventre. Au début on pensait à une simple indigestion, ou qu'elle avait mangé quelque chose qui l'avait indisposée. Voire les premiers symptômes de l'éveil de sa féminité. Rien de bien grave. Comme ça se prolongeait, on est allé voir le docteur du village. Il ne connaissait pas grand-chose, aussi il nous a envoyés chez un confrère plus savant à Karghezo. Il l'a examinée et nous a annoncé la terrible nouvelle, Verinhel avait la maladie du feu. Il n'y avait aucun remède.

Elle a mis deux ans à mourir. Mois après mois, nous avons vu son corps se dégrader inexorablement. Perdre ses cheveux, ses dents, devenir si maigre qu'un souffle de vent l'aurait renversée. Quand la douleur est devenue intolérable, on est retourné voir le docteur. Par miséricorde, il nous a donné un médicament qui a abrégé ses souffrances. Le pire c'est que quand quelqu'un meurt de la maladie du feu, on ne peut pas l'enterrer n'importe où, parce qu'en se décomposant il peut contaminer la terre autour de lui. Des soldats de Karghezo sont venus chercher son corps et l'ont transporté loin à l'est dans un cimetière où la terre est déjà empoisonnée.

Dresil arrêta sa narration, incapable d'ajouter un mot de plus.

Deirane avait fini d'allaiter Hester et l'avait déjà placé dans son couffin où il s'était endormi. Elle posa une main compatissante sur l'épaule du jeune homme. Elle ressentit les sanglots qu'il essayait de retenir. Prise d'une soudaine impulsion, elle l'enlaça et attira sa tête contre son épaule. Il laissa alors sortir les larmes qu'il n'avait pu verser jusqu'alors. Elle le laissa s'épancher jusqu'à ce qu'il s'écarte de lui-même.

— Je suis désolée pour ta sœur, dit Deirane.

Au lieu de répondre, Dresil se pencha sur elle et lui déposa un baiser sur les lèvres. Par réflexe, la jeune fille se raidit, prête à le repousser. Mais la douceur du geste n'avait rien à voir avec la violence que les pillards avaient manifestée sur la route, quelques mois plus tôt. Et elle n'avait qu'à crier pour qu'on vienne à son secours. Elle le laissa faire. Dresil dut comprendre les réticences de Deirane puisqu'il n'insista pas. Il s'écarta d'elle, doucement, presque à regret. Pendant un instant, aucun des deux ne prononça une parole. Puis il prit le sac de noix et le donna à Deirane.

— J'ai amené ça pour toi, dit-il.

Comme elle ne bougeait pas, il le posa à côté d'elle. Puis il se leva pour partir.

Deirane le regarda sortir. Elle ne savait pas quoi faire. Elle pensait qu'elle aurait dû le retenir, cependant elle ne savait pas comment. Il quitta le jardin sans qu'elle ait esquissé un geste.

XXXIX

Nord de l'Unster, de nos jours.

Le navire avait quitté Sernos quelques calsihons plus tôt. Il remontait l'Unster vers le nord. Il n'allait pas très vite, à peine plus qu'un marcheur entraîné. Le vent ne soufflait pas fort, il est vrai. De plus il avait le courant contre lui. Il aurait pu être beaucoup plus rapide, mais aussi près de la capitale, les petits bateaux de pêcheurs qui encombraient les flots le gênaient, l'obligeant à la prudence. Malgré cela, il atteindrait sa destination au petit matin.

Deirane, accoudée au bastingage, regardait la rive défiler. Plus exactement, son visage était tourné vers elle, les yeux dans le vague. Ce n'était pas le cas de Cleindorel qui devenait de plus en plus excitée au fur et à mesure que l'on se rapprochait de chez elle. Elle n'arrivait pas à rester en place : un moment dans sa chambre allongée sur le lit, l'instant d'après sur le pont, puis dans la cabine du capitaine à poser des questions sur tout. L'ancienne reine était ravie de la voir ainsi. Elle avait peur que son enlèvement et son séjour chez le drow ne l'aient traumatisée. Heureusement elle semblait avoir retrouvé sa joie de vivre.

Quelqu'un s'appuya à côté d'elle. D'un rapide mouvement de tête, elle reconnut la longue chevelure blonde de la pentarque.

— Ta nièce est pleine de vie, remarqua-t-elle.

Deirane sourit en voyant la jeune fille poursuivre de ses assiduités un mousse affolé pour se faire accompagner en haut de la vigie.

— Elle va finir par épuiser leur patience, répondit-elle.

— Ils en ont vu d'autres. La Résidence a vécu pendant des années sous la terreur du trio infernal. Littold, Calen et Satvia ont été adolescentes en même temps.

Deirane se retourna pour faire face à la stoltzin.

— Vous avez quelque chose à me dire ou vous vous ennuyiez.

— Je ne manque pas de travail. La Pentarchie est en guerre et les rapports ne cessent d'affluer. Je ne suis pas pressée de m'y mettre.

— Et ils arrivent à vous retrouver ici ?

— Maintenant que j'ai récupéré ma gemme, je peux entrer en communication avec mes semblables. Je suis au courant de toutes leurs actions, de tous les rapports qu'ils ont lus. Je suis aussi en contact avec plusieurs sensitifs un peu partout dans le monde. Je m'en sers pour déterminer la politique de l'Helaria.

— Aldower avait raison, ce n'est pas Wotan le maître d'Helaria, c'est vous.

— C'est une erreur commise par beaucoup de gens. Je dirige Helaria, Wotan aussi, de même que mes trois sœurs et ma fille aînée. Je m'occupe des affaires extérieures, mais il n'y a pas que ça dans la direction d'un pays. Peffen s'occupe de la gestion interne, Wuq est responsable de l'armée alors que Muy gère la sécurité intérieure. Ou l'inverse. Wotan n'a pas de tâche précise. Il me remplace quand j'ai affaire à un seigneur qui refuse de traiter avec une femme. En fait, son vrai travail consiste à faire en sorte que l'Helaria soit toujours là dans mille ans.

— Je ne comprends pas.

— Quand les Feythas sont arrivés, ils ont asservi cette planète. Sais-tu combien ils étaient ?

— Non. Les récits parlent d'à peine une dizaine. Aussi peu d'individus ne peuvent pas contrôler tout un monde. Je dirai plusieurs milliers.

— Les récits sont exacts pourtant. Ils n'étaient que douze. Leur technologie était telle qu'il a fallu le sacrifice de presque tout un monde pour les vaincre.

— Douze ! Seulement !

Vespef hocha la tête.

— Ils ont été vaincus, alors que viennent-ils faire ?

— Ceux-là ont été vaincus. Ils ne sont certainement pas les seuls. Ceux qui nous ont envahis ne savaient pas reproduire leur technologie. Ce n'était pas des ingénieurs. Enfin, si. Mais dans un tout autre domaine. Ils ont créé tous ces Nouveaux Peuples, là-dedans ils excellaient. Cependant tous les objets qu'ils ont laissés derrière eux ont été fabriqués ailleurs. Ici, ils n'ont rien produit. Ces ingénieurs, ils sont bien quelque part. Un jour, ils nous trouveront. Le but de Wotan est de s'assurer que quand ils reviendront, nous soyons prêts à nous battre à armes égales.

— Ils ne reviendront peut-être pas, remarqua Deirane.

— Et s'ils reviennent ?

Deirane médita un moment sur ces paroles.

Deirane regarda Cleindorel qui avait réussi à entraîner en haut du grand mât le pauvre mousse terrifié à l'idée de la voir perdre l'équilibre et tomber. Habituée à travailler en haut des serres, elle ne risquait rien.

— Je ne pense pas que vous soyez venue pour me parler des projets à long terme de Wotan, dit-elle.

— En effet, répondit Vespef, vous avez droit à des explications sur les événements des derniers jours.

— Il me semble en effet. J'ai l'impression désagréable de m'être fait manipuler.

— C'est une impression fausse. Enfin, pas tout à fait.

La pentarque hésita avant d'ajouter.

— En fait si, vous avez parfaitement raison. Mais nous vous avons aidée à récupérer votre nièce.

Deirane opina du chef. L'aide de l'Helaria avait été décisive dans cette libération.

— Avant de commencer, j'ai une question, commença Deirane. Aldower a parlé d'un contre sort. L'avez-vous trouvé ?

Vespef hésita avant de répondre.

— Nous l'avons trouvé, répondit-elle. Malheureusement, il ne vous sera d'aucune utilité.

— Pourquoi ?

— Nous l'avons analysé. Nous avons compris comment il fonctionne. Et par contrecoup comment fonctionne le sort qui lie ces pierres à votre corps.

— Et alors.

— Ce sort assure votre intégrité physique. Il est aussi responsable de votre jeunesse apparente. À partir du moment où il cessera d'agir, toutes ces pierres et ces fils d'or qui transpercent votre corps entraîneront votre mort. Et elle ne sera ni rapide ni indolore.

— Il n'y a aucun moyen de le neutraliser.

— Son créateur aurait peut-être pu.

— S'il était toujours vivant, soupira Deirane.

— Les hauts gems sont immortels, néanmoins ils peuvent être tués. Seul un autre gems en est capable.

— J'espérais tant me débarrasser de cette malédiction.

— Vous avez porté ces pierres pendant les deux tiers de votre vie. Pourriez-vous y renoncer facilement ?

Deirane mit longtemps à répondre.

— Je ne sais pas, dit-elle finalement. J'ai appris à vivre avec elle, à en tenir compte dans mes actes, à exploiter leur potentiel…

Elle s'interrompit.

— Si vous me donniez ces explications promises, reprit-elle brutalement.

— Vous êtes sûre ?

— Oui.

— D'accord. Nous sommes sur la trace d'Aldower depuis des années.

— Je m'en doutais. Pourquoi ?

— Cela fait quatre ans qu'il mène divers complots pour déstabiliser la Pentarchie. Il a essayé de monter les six peuples de l'Helaria les uns contre les autres pour provoquer une guerre civile. Sa dernière action, tu la connais.

— La guerre contre Shaab.

Vespef hocha la tête.

— La guerre contre Shaab en effet. Les premiers rapports concernant cette guerre remontent à presque un an…

— Stop, s'écria Deirane, si les rapports remontent à un an, comment se fait-il que vous vous soyez fait surprendre ?

— Je viens de te le dire, Aldower a tenté de déstabiliser la Pentarchie en montant les peuples les uns contre les autres. Il fallait ressouder le lien. Quel meilleur moyen que de les faire se battre ensemble pour protéger leur foyer ?

— Vous avez provoqué une guerre pour consolider l'Helaria ?

Deirane ne revenait pas de cette révélation.

— Bien sûr que non, répondit Vespef, mais elle est là. On nous l'a imposée, on a cherché à en tirer le meilleur parti.

— Bien sûr.

— Et puis, nous ne nous attendions pas à une attaque aussi violente, ni aussi tôt. Comme Muy l'a dit dans son discours, nous avons été présomptueux.

Deirane ne savait que dire tant les paroles de la pentarque l'avaient soufflée. Vespef regarda le rivage défiler. La croissance de la ville d'Ortuin et de la province environnante avait créé un début de commerce avec la capitale. Les convois étaient bien plus nombreux que vingt ans plus tôt. Si elle devait refaire le même périple aujourd'hui, elle attendrait certainement la capitale plus rapidement et sans faire de mauvaises rencontres.

Au bout d'un long moment, elle finit par reprendre la conversation.

— Votre idée n'a pas fait long feu. L'Helaria est au bord de l'effondrement.

— L'Helaria est loin d'être vaincue, rétorqua Vespef. Notre flotte est presque intacte. Et…

— Presque intacte, vous avez perdu cinq navires et dix autres sont tombés aux mains de vos ennemis. La moitié de votre flotte est anéantie.

— Un quart. À l'heure actuelle, trente autres navires font route vers Ystreka. Ils arriveront avant un mois.

— D'où viennent-ils pour mettre autant de temps ? Pas d'un port que je connais en tout cas…

Elle eut comme une illumination.

— Menjir avait raison, vous avez fondé des colonies ailleurs sur le continent.

— Les royaumes stoltzt qui avaient survécu à la guerre étaient affaiblis. Ils tombaient les uns après les autres sous les assauts des humains. Nasïlia, Orvbel, l'actuel Yrian et tous les états nés de la disparition de l'Ocarian, tous étaient stoltzt à l'origine. Les humains les ont conquis et ont massacré notre peuple. Tout ce qui reste est l'Helaria, le Mustul, la Melia, le Ferleren, quelques communautés que le Salirian n'a pas osé exterminer et quelques cités États de l'Ocarian. On trouve aussi quelques nomades aux abords de Nasïlia qui attendent de reconquérir la ville. Il nous fallait prendre des précautions pour éviter de disparaître. Nous avons développé des colonies hors de portée des humains seulement elles ne sont pas nouvelles. Nous les avons créées au milieu de l'ère feytha et tous les royaumes de l'époque les connaissaient. Ils les ont oubliés.

— Vous les avez un peu aidés.

— Non, le mépris pour l'instruction que professe ton peuple nous a aidé.

La phrase était cruelle, elle était pourtant loin d'être inexacte.

— Et pour en revenir à Aldower.

— Bien sûr, Aldower.

Elle s'humecta les lèvres.

— Saalyn a compris il y a un an environ que le drow que nous cherchions était celui qui t'avait fait cela.

De la main, elle désigna le tatouage de Deirane.

— À l'époque, ce n'était qu'une information de plus au dossier, sans grande importance. Nous l'avons rajoutée à ce que nous savions déjà sur Aldower. Puis une lettre qui t'était adressée est passée par nos services. Elle nous apprenait que ta nièce avait été enlevée par des trafiquants d'esclaves. Naturellement, Saalyn ne pouvait qu'enquêter sur un sujet qui te touchait de si près. Elle a découvert que ces trafiquants travaillaient pour Aldower lui-même. Nous en avons tiré toutes les conclusions.

— Qui étaient ?

— Comme nous, Aldower avait perdu ta trace. Et il voulait reprendre contact avec toi. La mission de Saalyn a changé. Elle ne devait plus trouver le drow, mais te trouver toi. Aldower ne tarderait pas à se montrer. En te surveillant, on arriverait à lui.

— La rencontre dans le bar n'était pas un hasard.

— Elle t'attendait.

— Je croyais qu'elle était à Boulden pour remplir une mission, remarqua Deirane d'un ton amer.

— Elle ne t'a pas menti. Sauf que sa mission, c'était toi.

Deirane se sentait humiliée et trahie par cette révélation. Elle envisagea un instant de planter la pentarque sur place et d'aller s'expliquer avec celle qui se disait son amie.

Sa curiosité l'emporta.

— Comment m'avez-vous retrouvée ? demanda Deirane.

— Très simplement. Nous avons dupliqué la lettre et nous l'avons dispersée dans tout l'Ectrasyc. Nous espérions qu'un de tes contacts finirait par tomber dessus et te la transmette. Puis nous t'avons attendue à Boulden. C'est la seule ville du continent nord à faire commerce d'esclaves. C'est là que ta nièce a été mise en vente. D'ailleurs savais-tu qu'elle a été vendue six fois avant que tu n'arrives ? Tout comme nous, Aldower attendait que tu réapparaisses. Ce qui a pris quatre mois.

— Vous ne saviez vraiment pas où j'étais ?

— Aux dernières nouvelles tu étais en prison à Oscard. Quand la ville a été dévastée par les bawcks, nos enquêteurs n'ont pas réussi à nous dire si tu t'étais évadée ou si tu étais morte. Dans le second cas, nos plans auraient été compromis. Nous avons eu de la chance.

— Lorsque les bawcks ont investi la prison, l'un d'eux m'a reconnue. J'avais une vieille dette en suspens. Ils m'ont faite prisonnière. J'ai vécu comme esclave parmi eux pendant huit mois. Après les cachots d'Oscard, c'était presque la belle vie. Les bawcks au moins ne sont pas sensibles au charme des humaines. Quand leur orkant est mort et qu'ils m'ont proposé le poste, j'ai accepté.

— Techniquement tu es toujours une esclave, tu n'es pas gênée à l'idée de ne pas avoir ta liberté ?

— L'esclavage, je connais. Le poste d'orkantia me permet de faire presque tout ce que je veux, tout en me rendant intouchable : je suis une possession des bawcks, qu'on lève la main sur moi et la tribu se lancera à la poursuite du responsable. Le capitaine des gardes de Selmanthi a engagé des mercenaires pour me tuer. Ce capitaine est mort et Selmanthi est condamné.

— Je vois. Si nous avions su que tu étais orkantia, nous ne t'aurions jamais intégrée à nos plans. Quand Muy s'en est rendu compte, il était trop tard, les opérations étaient trop avancées.

— Muy ?

— Les bracelets. Saalyn n'y a pas fait attention, mais ma sœur les a immédiatement reconnus.

Deirane hocha la tête pour exprimer sa compréhension.

— Ce plan, quel est-il ? Il me semble que je devais servir d'appât pour attirer le drow. Vous ne vous êtes quand même pas lancés sur cette seule idée.

— Non bien sûr, nous ne connaissions pas le visage de ta nièce, nous ne connaissions même pas celui d'Aldower et il y avait des chances qu'il envoie un commis. Nous avons bien tenté de suivre ce commis, seulement il a pris un bateau et nous n'en avions pas à disposition. Nous ne connaissions que sa direction générale. Il nous a rapidement semés.

— L'Helaria à court de bateaux !

Deirane savourait l'ironie de la situation.

— Heureusement que Saalyn a pu trouver son repaire pour y envoyer une expédition.

— Saalyn n'a pas trouvé son repaire, lâcha Vespef.

La réponse de la pentarque était si inattendue que Deirane resta muette.

— Mais enfin... Les recherches qu'elle a menées au consulat.

— En quatre ans de recherche, Saalyn n'a pas pu avoir le plus petit indice sur l'endroit où il se cachait. Tu crois vraiment qu'elle allait le trouver en étudiant quelques papiers pendant six jours. Ce délai n'avait pour but entre autres que lui permettre de se remettre.

Deirane allait faire une remarque ; elle renonça.

— Comment vous en êtes-vous sorti ?

— En appliquant le plan de Saalyn.

— Nous y voilà.

— Puisque nous ne savions pas où il était, il fallait le forcer à se découvrir. Nous avons envoyé une expédition dans la direction qu'il avait prise en espérant qu'il ferait quelque chose. Nous comptions sur l'envie qu'il avait de te rencontrer.

— C'était bien aléatoire.

— Ça fait quatre ans que Saalyn étudie ce drow. Elle sait exactement comment il fonctionne, son caractère, sa façon de penser. Sa réaction était inévitable. Et effectivement c'est ce qui s'est passé. Il est intervenu dans la nuit et t'a capturée avec Saalyn et Trazen. Nous n'avons plus eu qu'à suivre les traces du sensitif pour arriver jusqu'à lui.

— Je persiste à dire que c'était risqué. Il a emporté Trazen avec lui. Il aurait pu tout aussi bien le tuer. Il aurait éliminé une menace. Et vous auriez été le bec dans l'eau. C'est ce que j'aurais fait à sa place.

— Les chances qu'il tue Trazen étaient très élevées en effet. Mais ce dernier était condamné. Sa famille a bu de l'eau contaminée par une pluie de feu. Il était le dernier survivant, il ne lui restait que quelques mois à vivre. Il était volontaire pour cette mission.

— Cela explique pourquoi vous l'avez exposé si inconsidérément au danger. Mais si Aldower l'avait tué tout de suite ou l'avait laissé en vie sans l'amener à son château...

— Il y avait peu de risque. Nous savions qu'Aldower complotait contre la Pentarchie. Il ne pouvait pas laisser passer l'occasion de nous parler avant de nous anéantir.

— C'est un plan parfaitement huilé que vous avez mené là. Vous avez piégé ce drow en utilisant sa suffisance comme une arme. Un tel plan faisait quand même une grande part à la chance.

— Par exemple ?

— L'arrivée providentielle d'Öta. Il enquêtait dans les royaumes nains quand il a compris qu'il se faisait balader et est revenu juste à temps ?

— Aldower a essayé d'écarter Öta en créant de fausses pistes dans les royaumes nains des montagnes. Il a sous-estimé son intelligence, un travers fréquent chez lui. Öta a compris très vite que quelque chose clochait. Il nous a contactés par une de nos ambassades locales. On lui a envoyé un sosie. Öta a une silhouette remarquable, assez rare chez notre peuple. L'homme d'Aldower n'a pas remarqué la substitution. Öta a alors rejoint Saalyn et s'est caché en attendant qu'Aldower se découvre.

— Où était-il ?

— Au consulat. La chambre à côté de celle de Saalyn. Quand vous êtes partis, il vous a suivi avec une demi-journée de retard. Il ne fallait pas qu'il vous rejoigne trop tôt sinon Aldower aurait compris qu'on lui tendait un piège.

Deirane réfléchissait. Sa place au centre de ce dispositif était importante. Elle constituait l'appât et sans elle, tout cet édifice se serait effondré. Ce qui lui amena une autre question.

— Si j'étais si importante dans ce plan, pourquoi Muy s'est-elle montrée si hostile ? Elle savait que j'étais manipulée.

— Muy aime les choses carrées. Elle voit un ennemi, elle l'attaque. Bien que ça semble un peu simpliste, mais elle est une excellente stratège. Elle échafaude des plans de combats incroyables. Mais toujours en restant franche et droite. Et c'est vrai que ce que nous avons fait n'était ni franc ni droit.

— Heureuse de vous l'entendre dire.

— Cette situation lui déplaisait, elle aura donc reporté son mécontentement sur toi. Elle l'aurait sans doute fait sur Saalyn si elle n'avait pas été si gravement blessée.

— Vous êtes sûr, elle vous l'a dit ?

— C'est ma sœur, depuis mille huit cent cinquante ans. Je la connais aussi bien que moi-même.

Vespef croisa les bras sur sa poitrine. Visiblement ces aveux lui coûtaient. Elle avait répondu sans sourciller aux interrogations de Deirane. Maintenant que c'était terminé, elle semblait mal à l'aise.

Hester intervint alors, détournant son attention. Les deux femmes sursautèrent, elles ne l'avaient pas entendu arriver.

— Ce groupe de soldat qui nous a escortés, ce n'était pas des volontaires ?

— Pas du tout. C'est un commando d'élite, spécialement entraîné pour des opérations de ce genre. Il fallait au moins ça pour vous évacuer avant de donner l'assaut.

— L'entraînement d'un tel commando doit être long. C'est un investissement pour le long terme. Je doute que vous l'ayez créé juste pour pourchasser Aldower. Il y a de fortes chances que ce ne soit pas sa première mission.

— Saalyn a exigé que tu sois sortie du château au moment où on donnerait l'assaut. Si nous avions refusé, elle n'aurait jamais accepté l'opération.

Ainsi donc Saalyn avait accepté l'opération à la condition que la sécurité de Deirane soit assurée.

Toutefois, ce commando d'élite continuait à gêner Deirane.

— Y a-t-il un rapport entre ces soldats et la mort du précédent roi d'Yrian ?

Vespef rougit.

— Il était fou et se préparait à déclencher une guerre qui aurait ensanglanté tout le continent. Menjir nous semblait un meilleur choix, avoua-t-elle.

— Je m'en doutais.

Deirane regarda la pentarque dans les yeux.

— Aurai-je un avertissement avant les représailles quand la politique que je mène pour le Chabawck vous déplaira ? lança-t-elle.

— Aurait-il fallu laisser mourir des milliers de gens à la place ? Regarde ce que Menjir III a accompli alors qu'il n'est roi que depuis quelques années seulement. Tout semble indiquer qu'il sera un grand roi qui laissera le monde dans un meilleur état que quand il l'a trouvé. Si tous les rois étaient comme lui, le monde connaîtrait une ère de prospérité sans précédent.

— Les tyrans ont toujours de bonnes excuses pour justifier leurs actes.

— Nous ne sommes pas des tyrans.

— La tyrannie de l'Helaria est discrète. Mais elle est là. Le monde qui vous entoure ne vous convient pas, vous assassinez sans scrupules pour qu'il se rapproche de vos désirs. Et Wotan qui n'hésite pas à laisser envahir la moitié de son royaume parce que ça arrange ses plans. Vous êtes les pires manipulateurs que j'ai jamais vus.

Deirane planta la pentarque sur place.

— Nous ne sommes pas les seuls manipulateurs, lança Vespef.

Deirane s'arrêta. Elle ne se retourna pas pour autant.

— Pehla Selmanthi n'est pas responsable de l'agression contre Saalyn. Il n'a commandité personne. La vengeance dont il fait l'objet concerne un autre fait.

— Qui est Selmanthi ? demanda Deirane, c'est la deuxième fois que vous citez ce nom.

— Le marchand qui a procédé à la vente de Cleindorel à Boulden.

Deirane fit face à la pentarque.

— Qui donc alors a commandité cette attaque ? Et pourquoi ?

— Elle n'avait pour seul but de nous pousser à intervenir. C'était inutile, nous avions l'intention de nous lancer à la poursuite d'Aldower de toute façon. À ce moment-là, tu l'ignorais.

— Vous m'accusez d'en être à l'origine ! s'écria Deirane. C'est ridicule ! J'étais moi-même une cible !

— Quand Muy a lu les pensées de Saalyn, en la soignant, elle n'a pas compris l'importance de certains détails. Il faut dire qu'elle cherchait autre chose.

— Lesquels ?

— Saalyn et toi deviez être un peu chahutées. C'est le zèle et la haine d'un spadassin qui a failli la tuer. Personne n'aurait dû être blessé.

— C'est ridicule. Je n'aurai jamais fait ça à une amie.

— Une amie ? Vous vous êtes rencontrées il y a vingt ans, fréquentées quelques mois et plus vues pendant vingt ans. Ridicule ? Quand tu étais pensionnaire au consulat, tu as envoyé Hester aux quatre coins de la ville. Pour quoi faire si ce n'est pour transmettre des instructions ?

— De mieux en mieux. À qui aurais-je transmis ces instructions ?

— Ça fait vingt ans que tu parcours Ectrasyc dans tous les sens. Je doute que tu n'aies établi aucune relation durable pendant toute cette durée.

— Ça fait plusieurs mois que je suis prisonnière au Chabawck, se défendit Deirane.

— Esclave, pas prisonnière. Sinon tu ne serais pas sur ce navire à discuter avec moi. Mais si tu l'affirmes... Nous avons identifié le commanditaire de l'attentat. Tu ne verras aucun inconvénient à ce que nous l'arrêtions.

Comme Deirane ne répondait pas, Vespef reprit.

— Devons-nous arrêter ce commanditaire ?

— Non, répondit enfin Deirane.

— J'en étais sûre.

Vespef se rappuya contre le plat-bord du vaisseau, laissant Deirane circonspecte. Au bout d'un moment, l'humaine finit par quitter le pont. Hester la rejoignit quelques stersihons plus tard dans sa cabine.

Saalyn rejoignit Vespef sur le pont du navire et s'accouda au bastingage.

— Alors ? demanda-t-elle.

— Ça aurait pu être pire, répondit la pentarque.

— Elle avait droit à cette explication.
— Oui, mais c'est toi qui aurais dû la lui donner.
— Tu penses qu'elle va m'en vouloir.
— Le poète n'a-t-il pas dit : un vrai ami, c'est celui qui sait tout de toi et qui pourtant continue à t'aimer.

Saalyn adressa un sourire à sa reine.

— Tu fréquentes trop Calen, dit-elle, tu ne sais plus répondre simplement à une question.

— C'est ton amie, elle va t'en vouloir un moment, mais elle te pardonnera. C'est sur moi que sa haine retombera. Ou Muy. Ou sur personne. Elle-même n'est pas innocente dans cette affaire.

Saalyn hésita.

— Si tu le dis, ajouta-t-elle.
— En tout cas, aime-la, méfie-toi d'elle quand même.
— Pourquoi ?
— Méfie-toi. C'est tout.
— Je croyais que tu l'aimais bien.
— C'est bien le cas. Elle a souffert au-delà de ce qu'on peut imaginer. Elle a été torturée, arrachée à sa famille, tous ses enfants lui ont été retirés. Sa vie n'a été qu'une succession d'épreuves. N'importe qui serait devenu haineux dans de telles conditions. Elle y a échappé. J'éprouve beaucoup de sympathie pour elle. Mais je ne lui fais pas entièrement confiance.

Vespef allait s'écarter. Saalyn lui prit le bras pour la retenir.

— Autre chose ? demanda-t-elle.
— C'est fini, j'arrête, répondit Saalyn.
— Tu arrêtes quoi ?
— Cette nuit, je me suis donné à Öta.
— Je crois que tout le monde s'en est rendu compte à bord, remarqua Vespef. Ce n'est pas la première fois, il y a quoi de spécial aujourd'hui ?

Saalyn prit un air gêné.

— J'ai ouvert ma matrice, dit-elle doucement.

Vespef reprit sa place contre le bordage, son attention totalement accaparée par les paroles de la guerrière libre.

— Fille ou garçon ?
— Je n'ai pas de père pour la deuxième fécondation.
— Une fille alors. Mais un enfant est incompatible avec ton métier.
— C'est pour ça que je démissionne.

Elle chercha ses mots.

— Öta est autonome depuis plusieurs années maintenant. Il a même son propre apprenti. Il a le droit de voler de ses propres ailes et d'avoir ses propres missions.

— C'est tout ?

— Non, je suis fatiguée. Cela fait presque un siècle que je parcours le monde en tout sens. Je suis toujours par monts et par vaux. Je n'ai presque pas de vrais amis et aucune famille. J'ai failli mourir plusieurs fois au cours de mes dernières enquêtes. Je me suis fait violer à dix-sept reprises. Torturée autant de fois. J'ai engraissé toutes les terres du continent avec des bouts de moi, j'ai perdu vingt-trois doigts, cinq bras, deux jambes, trois pieds, huit mains, quatre seins, deux oreilles, une langue et un œil. Je suis fatiguée d'une telle vie. Je veux me poser quelque part, fonder un foyer et élever mes enfants.

Vespef sourit devant le décompte macabre de Saalyn.

— Tu as plus d'amis que tu ne crois. Tu n'es pas souvent là, donc tu ne le remarques pas beaucoup. Il y a des gens qui t'aiment.

— Justement, je voudrais les connaître mieux. Les fréquenter autrement qu'en coup de vent entre deux missions.

— Tu pourrais baisser le rythme, prendre moins de missions et rester chez toi plus souvent. Tes compétences sont uniques, tu nous es indispensable.

— Tu veux me faire renoncer à cet enfant et m'obliger à continuer ?

— Non, bien sûr que non. Contrairement à ce que pense ton amie Deirane, nous ne sommes pas des despotes.

Vespef réfléchit un moment avant de faire sa proposition.

— J'ai une idée, dit-elle soudain. J'ai un poste pour toi. Un poste qui nous permettrait de garder tes compétences à portée et qui te permettrait de faire selon ton désir, tout en te gardant la possibilité de reprendre la route.

— Je n'en ai pas l'intention.

— Ce n'est pas une obligation. Juste une possibilité qui reste ouverte, tu seras la seule à décider.

— Il ne me reste qu'autour de deux cent quatre-vingt-huit ans de vie. J'ai envie d'en profiter au maximum.

— Il peut se passer bien des choses en deux cent quatre-vingt-huit ans. Remonte d'autant en arrière et regarde où nous en étions alors. Nous n'étions qu'un petit royaume insulaire ne jouant aucun rôle dans le monde, les feythas n'étaient pas encore arrivés, les Nouveaux Peuples non plus et les royaumes stoltzt dominaient le monde. Il n'y avait pas de pluie de feu non plus, ni de désert empoisonné.

Vespef avait raison, les choses avaient fondamentalement changé ces deux derniers siècles. Malgré tout, l'insistance de la pentarque intriguait Saalyn.

— Que proposes-tu ? demanda-t-elle.

— Que dirais-tu de prendre le poste d'archonte des guerriers libres ?

La proposition laissa la guerrière sans voix.

— On aurait dû te proposer cela depuis longtemps, remarqua Vespef, tu méritais cette place. Elle te revient de droit.

— Je démissionne et tu me proposes une montée en grade. C'est un peu inattendu.

— Ne me dis pas que tu n'y as jamais pensé.

— Tu n'as pas le pouvoir de me proposer cela. C'est un poste électif.

— C'est vrai. Mais si tu présentes ta candidature, combien voteront contre toi ?

— Pas beaucoup. Mais il y a un problème. Le poste est déjà occupé.

— Par ma sœur Muy. Elle a déjà une place de pentarque. Ça fait beaucoup de pouvoirs réunis entre ses mains. Elle démissionnera.

— Elle acceptera ?

— Bien sûr. Elle a déjà accepté.

— Télépathie ?

Vespef hocha la tête pour confirmer l'hypothèse.

— Ce n'est pas une femme de pouvoir, mais d'action. Archonte est un travail surtout administratif. Rester assis derrière un bureau, ce n'est pas pour elle. Elle n'est jamais aussi heureuse qu'à la tête de ses soldats. Elle te passera la main avec plaisir. Tu continuerais à établir des plans comme aujourd'hui et je crois que tu adores ça, et c'est d'autres personnes qui les mettraient en œuvre. Öta par exemple.

Ce n'était pas ce qu'attendait Saalyn. La proposition était alléchante. Dans la structure décisionnaire de l'Helaria, les archontes constituaient un des trois pouvoirs. Le conseil des archontes avait la possibilité de s'opposer aux décisions des pentarques, il avait un pouvoir consultatif sur leurs décisions et participait aux décisions les plus importantes comme les déclarations de guerre. L'éviction du seul pentarque y participant allait encore renforcer ce pouvoir. C'était une puissance immense que Vespef lui remettait.

— Je peux réfléchir un peu avant de donner une réponse ? demanda-t-elle.

— Prends tout ton temps. Nous ne sommes pas près de rentrer en Helaria et de toute façon rien ne se fera avant la fin de la guerre.

— La guerre, je l'avais oubliée.

— Elle est bien là pourtant.

Vespef hésita avant d'ajouter.

— Tu peux rester en arrière avec moi si tu veux. La corporation comprendra que tu ne veuilles pas exposer ton enfant. D'un autre côté, devenir archonte est un emploi accessible à une femme enceinte.

— Je vais y réfléchir.

La guerrière s'accouda.

— Je te laisse, tu me donneras ta réponse quand tu la connaîtras.

Elle s'éloigna vers le château arrière et la bibliothèque qu'elle abritait, laissant la guerrière libre seule avec ses pensées.

XL

Sernos, vingt ans plus tôt.

Le départ de Dresil laissa un grand vide dans la vie de Deirane. Elle s'était habituée à ses visites quotidiennes. Et le fait de savoir qu'il repasserait un jour, ne serait-ce que pour vendre sa production, ne la soulageait pas vraiment. Elle prit le berceau d'Hester et monta jusqu'à sa chambre. Quand Saalyn inquiète de ne pas la voir venir à son cours vint aux nouvelles, elle la trouva endormie, son fils à son côté.

La guerrière secoua l'épaule de la jeune fille pour la réveiller.
— Tu n'es pas venue, dit-elle simplement.
Deirane se frotta les yeux.
— Je n'avais pas envie de travailler, répondit-elle, je suis fatiguée.
Saalyn la regarda longuement. Puis elle s'assit à côté d'elle.
— Qu'est-ce qui ne va pas ?
— Rien, tout va bien.
La réponse laissa la stoltzin dubitative. Elle réfléchit longuement à la réponse qu'elle allait donner.
— Cela fait maintenant presque cent quarante-quatre ans que je suis une guerrière libre. À l'époque, quand nous nous sommes lancés dans l'aventure, nous étions la plus petite nation stoltzt. N'importe lequel de nos voisins aurait pu nous écraser comme un insecte sans même y faire attention. Nous devions donc agir avec prudence. Je devais être infaillible dans mon jugement sur l'état de mes hommes, une erreur aurait signifié la mort. Or, je suis toujours vivante et Helaria est toujours là. Je pense donc être capable de voir si quelqu'un va bien ou pas. Et toi, tu ne vas pas bien.

Saalyn posa la main sur l'épaule de la jeune fille.
— Alors, dis-moi ce qui ne va pas.
— Je ressens comme un grand poids sur la poitrine, répondit Deirane.
— Oh ! Il s'agit d'un problème de cœur. Tu es bien jeune pour qu'il s'agisse d'une raison médicale. C'est donc sentimental. Je me trompe ?
Deirane ne répondit pas à cette évidence.
Saalyn se leva.

— Je ne sais pas guérir les maux de cœur qui viennent de l'âme. Mais je peux au moins essayer de t'empêcher de broyer du noir.

Elle alla chercher le petit usfilevi d'entraînement qu'elle avait prêté à Deirane quelques douzains plus tôt. C'en était un sans décorations spéciales, juste une caisse, un manche et ses six cordes.

— J'ai fini ma chanson, tu vas l'avoir en avant-première.

Saalyn reprit sa place auprès de la jeune fille. Elle gratta quelques notes dissonantes, accorda rapidement l'instrument puis commença à jouer. Deirane avait déjà entendu Saalyn chanter, elle l'avait même accompagnée à l'occasion, quand la guerrière avait découvert la jolie voix de la jeune humaine. Mais elle n'avait jamais entendu une mélodie aussi bizarre.

Les paroles racontaient la complainte d'une mercenaire de Nayt, le plus puissant royaume sur la Grande Route de l'Est. Un sujet étrange puisque Saalyn n'était ni mercenaire, ni naytaine, elle n'était même pas humaine. Peut-être une amie de la stoltzin.

La chanson terminée, Saalyn regarda son amie dans les yeux.

— Alors ? Ton avis ? demanda-t-elle.

— C'est une amie à toi ? demanda Deirane.

— Non, une jeune femme que j'ai arrêtée il y a quelques années. Peut-être la mission que j'ai le plus regrettée. Tu me fais un peu penser à elle.

— C'est à cause d'elle que tu t'es occupée de moi.

— Non, pas du tout. C'était une meurtrière, ce n'est pas ton cas. Et je ne t'imagine pas tuer quelqu'un, même pour sauver ta vie.

Saalyn se figea brutalement, son visage soudain illuminé.

— Je viens d'avoir une idée.

— Elle me concerne ?

— Cette chanson, je jouerai la musique, mais c'est toi qui la chanteras.

Deirane fut prise de panique.

— Pas question. Je ne veux pas chanter en public.

— Deirane, ça fait des mois que tu es parmi nous et jamais tu n'as pris ton tour sur scène dans les fêtes.

— Et je ne le prendrai jamais. Je n'oserai pas.

— Certains commencent à jaser. Ils estiment que tu les méprises.

— Mais c'est faux.

Face à l'énormité de la chose, Deirane s'était redressée sur son lit.

— Peut-être. Toujours est-il que tu refuses de participer à une activité qui est le fondement de notre société.

— Mais ce ne sont que des fêtes.

— Non, ce ne sont pas que des fêtes. C'est une tradition aussi fondamentale pour nous que le mariage l'est pour les Yrianii.

— Ce n'est pas pareil.

— Dans notre esprit, c'est exactement la même chose.

— Je vais y réfléchir. Mais je ne promets rien. Je ne suis même pas sûre de pouvoir apprendre la chanson en aussi peu de temps.

— Pour la prochaine fête, dans trois jours, c'est un peu juste. Mais pour une suivante tu as largement le temps.

Deirane hocha la tête, mais le geste était plutôt timide. Elle n'était pas emballée. Voyant son amie revenue à de meilleures dispositions, même si c'était de mauvais gré, Saalyn reprit sa place sur le lit. Elle s'allongea même à côté d'elle.

— Maintenant, si tu me disais tout sur ce jeune homme qui te met dans un tel état.

La fête que Saalyn avait choisi pour présenter Deirane au public devait avoir lieu presque un mois plus tard. Mais ce jour finit par arriver. La jeune femme s'était plainte quelques jours plus tôt de ne pas posséder de vraies robes, juste des tuniques pour le travail ou la détente, mais rien pour une soirée. Elle avait voulu prendre ce manque comme prétexte pour échapper à la corvée, mais Saalyn avait écarté l'objection en décrétant qu'elle lui en prêterait une. Il y avait suffisamment de jeunes femmes menues à l'ambassade pour trouver de quoi l'habiller. Si elle avait pu se faire à l'idée de se mêler aux autres participants, l'idée de se produire en public la rendait nerveuse. C'est donc fébrile qu'elle se rendît à l'appartement de Saalyn.

La stoltzin l'attendait dans le salon en grattant quelques accords sur son usfilevi. C'est à peine si elle leva la tête quand Deirane entra. L'instrument qu'elle utilisait laissa la jeune fille sans voix. C'était le plus beau qu'elle ait vu de sa vie, avec des incrustations de nacre et de bois clair sur une caisse foncée. Les trois couleurs formaient un motif extraordinaire. Et le son qu'elle produisait était d'une pureté que Deirane n'avait jamais entendu sur ce genre d'instrument.

Saalyn s'interrompit enfin et regarda sa visiteuse, un sourire aux lèvres.

— Je t'attendais, dit-elle.

— Tu savais que je devais passer.

— Je pensais trouver Hester avec toi.

— Celtis s'en occupe.

— Pauvre Celtis, comment prend-elle la chose ?

— Assez mal.

Celtis était tombée l'avant-veille dans l'escalier et s'était cassé une jambe. Elle était dispensée de travail, ce qui n'était pas pour lui déplaire, mais aussi de fête. Et ça, c'était dur à supporter pour elle.

— Mais puisqu'elle ne peut pas quitter la chambre, autant se rendre utile en te déchargeant de ton fils un moment.

— Ce n'est pas une charge pour moi.
— Pas encore.
Saalyn plaqua un accord sur son instrument puis assourdit le son du plat de la main.
— Je te propose de chanter la chanson une dernière fois et ensuite d'essayer ta robe.
— Ça me va.
En fait ça n'allait pas du tout. Dans quelques monsihons, elle allait se produire en public face à tous les Helariaseny présents ainsi que la faune humaine de la ville que la perspective d'une nuit de folie n'allait pas manquer d'attirer.
Par contre, chanter dans la chambre seule en compagnie de Saalyn n'était pas une corvée, bien au contraire. Sa prestation fut remarquable. Comme cela faisait plusieurs jours qu'elles la répétaient, Deirane la connaissait parfaitement. Elle la chanta d'un trait.
— Si tu la chantes comme maintenant, dit Saalyn, tu vas faire un tabac.
— Je suis un peu inquiète.
— Normal, on est tous inquiet avant de monter sur scène. Ça s'appelle le trac. Tout le monde l'éprouve.
— Même toi ?
— Même moi. Surtout dans un endroit comme Sernos, le cœur de la culture humaine et la plus grande ville du monde. Tu ne commences pas devant le public le plus facile, mais tu t'en sortiras bien.
Saalyn rangea son instrument dans sa boîte puis elle se dirigea vers son armoire.
— Maintenant, voyons ta robe pour cette fête.
Le vêtement qu'elle lui présenta laissa la jeune fille muette. Au bout d'un moment, elle parvint à articuler quelques mots.
— C'est une robe de femme, dit-elle.
— Bien sûr. Tu aurais préféré une tenue d'homme.
— Je veux dire de femme adulte. Je suis trop jeune.
— Trop jeune. Et quand t'estimeras-tu assez âgée, quand tu seras vieille et qu'elle ne t'ira plus ? C'est à ton âge qu'il faut mettre ce genre de tenue.
Malgré les réticences de la jeune humaine, l'éclat dans ses yeux montrait à quel point le cadeau lui plaisait.
— Ce n'est pas une robe à toi ? remarqua Deirane.
— Non, elle est faite sur mesure. Je l'ai commandée le jour où nous avons décidé que tu chanterais.
Comme elle hésitait encore, Saalyn insista.
— Tu l'essayes ? demanda-t-elle.
Deirane prit la robe et passa dans la chambre pour se changer.

Quelques stersihons plus tard, c'était une personne totalement différente qui revint auprès de la guerrière. La robe était de coupe simple, taillée dans un tissu vert pâle qui s'harmonisait avec le teint de la jeune fille. Près du corps, elle avait un décolleté carré qui laissait largement la poitrine, les épaules et le haut du dos nus. Le bas était plus sobre. Elle descendait jusqu'aux chevilles. Une ceinture argentée lui enserrait la taille, mettant sa sveltesse en évidence. Elle était pieds nus, mais Saalyn tenait à la main, une paire d'escarpins qu'elle lui tendit. Aussitôt enfilés, elle tournoya pour se faire admirer. Le jupon se souleva, révélant une bonne longueur de jambes, indécente selon les critères de l'Yrian, mais pas selon ceux de l'Helaria.

Elle prit place devant la glace et se détailla.

— C'est superbe, dit-elle au bout d'un moment, là-dedans je parais belle.

— La robe n'y est pour rien. Tu es belle.

Saalyn s'était placée juste derrière elle. Elle entoura les épaules de sa protégée de ses deux bras.

— C'est un cadeau vraiment magnifique.

— Je ne suis pas la seule à y avoir participé. J'ai offert la robe, Celtis les escarpins, la ceinture c'est Volcor. Quant à ça, Calen a remarqué que le drow n'avait pas été exhaustif dans son choix de bijoux. Elle a pensé que ça te plairait.

Saalyn sortit de sa poche un petit écrin, qu'elle passa à une Deirane stupéfaite. Quand elle l'ouvrit, elle y trouva deux boucles d'oreille en or portant une perle noire. Comme la jeune fille semblait figée sur place, Saalyn prit sur elle de les lui pendre aux oreilles.

— Quand te les a-t-elle données ? demanda Deirane, ça fait plusieurs mois qu'elle est partie.

— Elle me les a fait parvenir quelques douzains après son retour en Helaria. Je devais te les remettre lors d'une occasion spéciale. Celle-là me semble appropriée.

Deirane se regardait dans la glace, essayant de se reconnaître dans la jeune femme élégante et magnifique qu'elle voyait devant elle.

La salle de bal de l'ambassade commençait à se remplir. Deirane l'avait déjà visitée, mais jamais comme artiste. Pour la première fois depuis son arrivée à Sernos, elle s'intéressa à la scène, située contre le mur du fond face à la porte. Elle remarqua que les chaises qui permettaient aux musiciens de s'asseoir avaient été repoussées contre les murs. De part et d'autre de la porte, des tables croulaient sous la nourriture.

Quand Deirane entra, en compagnie de Saalyn, elle vit plein de visages inconnus. Outre les sernosii qui venaient profiter de l'occasion qu'ils avaient de s'amuser, de nombreux Helariaseny étaient également venus. Les équipages de passage au port avaient organisé leur propre manifestation. Et conformément à la tradition, la plupart des hommes des deux groupes s'étaient rendus à l'autre fête. Quelques couples avaient dérogé, mais ils étaient peu nombreux. Et c'est donc avec Saalyn, mais sans Celtis clouée dans sa chambre et sans Volcor que la jeune fille se joignit aux festivités.

Sur scène une stoltzin se produisait dans un spectacle d'art corporel helarieal. Légèrement vêtue, elle utilisait la capacité qu'avait son peuple à changer de couleur pour faire apparaître des motifs colorés sur la peau de ses bras et de son visage. Deirane, en néophyte, trouva cela extraordinaire. Mais Saalyn ignora le spectacle.

— Tu ne trouves pas ça génial ? demanda Deirane.

— Elle a quelques capacités, mais elle est loin de valoir certains danseurs de ma connaissance.

— C'est quand même beau, je trouve.

— Si un jour tu as la chance de devenir suffisamment importante pour voir Vespef sur scène, tu sauras ce qu'est une danseuse de talent.

— Vespef, c'est ta pentarque ? Elle fait ça dans les fêtes ? Ce n'est pas indécent pour une reine ?

— C'est l'art que Vespef a choisi pour s'exprimer. Seule ou avec ses sœurs. Pourquoi l'art serait-il indécent ?

— C'est ce qu'on m'a appris.

— Chaque peuple a ses coutumes. Les valeurs qu'on t'a inculquées ne sont pas les miennes. Ton peuple a des tabous que nous ne comprenons pas. Mais nous les respectons. Tu ne verras jamais un véritable spectacle d'art corporel hors d'Helaria ou de Mustul. Mais même une version édulcorée peut être de meilleure qualité que ça.

La véhémence de la stoltzin fit se retourner quelques têtes dans sa direction. Certains d'entre eux, en découvrant Deirane, superbe dans sa robe, restaient ébahis. Leur réaction gênait la jeune fille qui rougit et baissa les yeux.

Enfin, le spectacle prit fin. Le conteur dont Saalyn attendait la venue monta alors sur scène. Il tira une chaise pour se mettre face à son public. La légende qu'il raconta était ancienne. Bien avant l'apparition des Nouveaux Peuples. Il racontait la naissance des royaumes de l'ouest. Une histoire qui touchait de près à l'origine de l'Helaria. Aussi le public était-il suspendu à ses lèvres.

En général, les artistes montaient sur scène un peu au hasard. Mais dans certains cas, le matériel nécessaire à la prestation obligeait à établir le programme à l'avance. Il arrivait à Saalyn de jouer seule, mais elle avait l'habitude de se faire accompagner par plusieurs instrumentistes, une sorte de flûte, mais bien plus grosse et plus grave, un usfilevi et une percussion. Le maître de cérémonie vint prévenir les deux amies que leur tour était arrivé. Le rideau avait été tiré pour installer le matériel à l'abri des regards. Sur la partie restante, une actrice récitait un poème pour faire patienter l'assistance.

    Saalyn monta sur scène. Elle prit son instrument et l'orchestre commença à jouer. La surprise de Deirane augmentait au fur et à mesure que le tour de chant de son amie se poursuivait. Jusqu'à présent, elle n'avait entendu que les chansons en cours de composition. Mais ce spectacle, elle l'avait répété avec ses musiciens pendant les heures de travail de la jeune fille. Et là, Saalyn avait commencé par ses principaux succès. Et elle les connaissait. Même dans un coin aussi reculé que son village natal, ces mélodies s'étaient infiltrées jusqu'à elle. La variété des styles était surprenante, ça allait depuis des chansons douces jusqu'à des rythmes endiablés. Le spectacle était aussi auditif que visuel, elle dansait tout en jouant. Tout au moins dans les limites autorisées par son instrument plutôt encombrant.

    Après plus de trois calsihons de récital, Saalyn salua la foule. Il lui fallut un petit moment pour reprendre son souffle.

    — Avant de vous quitter, dit-elle, je voudrais d'abord vous présenter une jeune chanteuse, débutante, mais talentueuse qui va se produire pour la première fois. Je vous demande d'accueillir Deirane qui va vous interpréter « La Mercenaire ».

    L'annonce paralysa la jeune humaine sur place. Incapable de faire un geste, il fallut que quelques spectateurs la poussent pour qu'elle se décide à bouger. Un soldat de la garde la prit par la taille pour l'aider à monter sur scène.

    Sur le conseil de Saalyn, Deirane se retourna et salua la foule. Ses gestes reflétaient sa gêne. C'est alors qu'elle remarqua le couple qui venait d'entrer dans la salle de bal. L'un d'eux était un jeune stoltzen, très jeune, quarante ans au maximum. Mais il n'était pas helarieal. En tout cas, il n'en avait pas la stature, sa haute taille et sa musculature développée le faisaient plus ressembler à un mustulsen. Mais l'insigne d'artisan guerrier libre qu'il portait était bien pentarchial, cette corporation n'existant dans aucun autre pays souverain. Saalyn aussi l'avait repéré, et son visage rayonnait de joie, comme Deirane ne l'avait jamais vu. Toutefois, celui qui attira tous les regards de la jeune humaine était celui qui accompagnait le nouvel arrivant. Parce que celui-ci, malgré ses vêtements élégants, n'était autre que Dresil.

    Émue de le voir ici, Deirane rata son tour, obligeant l'orchestre à recommencer au début. La deuxième fois fut la bonne. La chanson était triste, mais elle comportait un couplet qui évoquait les tourments amoureux de l'héroïne. Dans son cœur c'est à Dresil qu'elle les adressa.

Le jeune paysan avait lui aussi remarqué Deirane. Il repoussa distraitement les avances d'une jeune humaine et s'avança lentement. Au fur et à mesure qu'il approchait, Deirane sentait l'émotion l'envahir. Elle s'appliqua à mieux chanter, espérant que son trouble ne se remarquerait pas. Il s'arrêta au pied de la scène et la regarda.

La fin de la chanson fut saluée comme elle le méritait. Des applaudissements sincères, mais sans le délire qu'avait provoqué Saalyn. Deirane les salua. Dresil lui tendit la main, l'invitant à descendre le rejoindre. Elle chercha Saalyn des yeux, mais elle était déjà partie. Fendant la foule, elle avait rejoint le géant et ils s'enlaçaient. Jamais la jeune fille n'avait vu son amie si heureuse. Il se penchait sur elle comme s'il allait l'embrasser. Cette vision la décida. Elle prit la main tendue et descendit de la scène. Dresil l'entraîna au centre de la foule, les noyant dans le nombre. Quand il l'embrassa, elle ne se déroba pas.

Les chevaux étaient prêts, harnachés, sellés et leur paquetage fixé à la croupe. Deux soldats helarieal les tenaient par la bride pendant que Dresil effectuait une dernière vérification, une excuse pour laisser Deirane faire ses adieux.

La jeune fille regrettait que Celtis ne soit pas là, mais la jeune stoltzin avait encore trop mal pour quitter son lit.

— Alors, tu es décidée ? demanda Saalyn. Tu nous quittes ?
— C'est avec lui que je veux vivre, répondit Deirane.
— Alors, vas-y, et je te souhaite de vivre heureuse.

Saalyn serra longuement Deirane contre elle avant de la relâcher pour laisser la place aux autres. Volcor fut le premier.

— Tu vas me manquer, fillette, dit-il.
— Toi aussi.
— Tu crois que je pourrai voir ton tatouage dans sa totalité un jour ?
— Qui sait ? Peut-être.

Deirane regarda le jeune stoltzen dans les yeux.

— On passera te voir, un de ces jours avec Celtis. Cela fait plus d'un an que nous sommes ici. Il est temps que l'on bouge. Karghezo pourrait constituer une étape pour visiter les royaumes nains.
— Vous serez les bienvenus, dit-elle.

Puis elle s'écarta et salua le dernier du groupe. C'était le géant qui lui avait amené Dresil. C'était le disciple de Saalyn, il se prénommait Öta. Il enlaçait la guerrière qui se laissait aller contre lui.

— Saalyn me disait beaucoup de bien de vous dans les lettres qu'elle m'envoyait. J'aurais aimé avoir plus de temps pour vous connaître.
— Moi aussi. J'ai beaucoup entendu parler de vous.

— Nous passerons un de ces jours.
— Vous serez les bienvenus. Et puis, nous viendrons de temps en temps à Sernos, au marché.

Saalyn se dégagea des bras du jeune homme pour enlacer Deirane une dernière fois.

— Ne fais pas de bêtises, dit-elle.
— N'aie pas peur. Ce n'est pas mes habitudes.
— Tu veux un conseil ?
— Vas-y.
— Oublie tes habitudes et mon dernier conseil. Des bêtises, fais-en un maximum avec ce jeune homme.

Enfin, la guerrière libéra la jeune fille qui alla rejoindre Dresil. Il l'aida à monter à cheval. Saluant les amis de son amoureuse une dernière fois, il prit la longe de sa monture et la guida à sa suite.

Öta sentait Saalyn qui tremblait entre ses bras.
— Ne pleure pas, dit-il, tu vas la revoir plus tôt que tu ne le penses.
— Avec notre métier, il risque de se passer du temps avant qu'on soit amené à passer chez elle.
— En fait, Muy a décidé qu'il était temps, que tu t'étais assez reposée. Les affaires reprennent.
— Nous avons une mission ?
— Une jeune fille capturée avec une demande de rançon.
— Génial, tout pour me faire oublier Deirane. Le père n'a qu'à payer la rançon.
— Le père n'en a pas la première pièce d'or. C'est le capitaine de la garde d'Elmin.
— Elmin ?
— Pas très éloigné de la ferme de Dresil. Sous réserve de traverser l'Unster. Mais Muy m'a dit qu'il n'y aurait pas de problème.

Saalyn se tortilla pour lever les yeux vers son disciple.
— Qui a choisi la mission ?
— J'ai pensé que celle-là te conviendrait.

Saalyn passa un bras autour du cou du jeune stoltzen pour rapprocher leur visage et lui déposa un baiser sur les lèvres.

Deirane jeta un dernier coup d'œil en arrière, regardant une dernière fois cet endroit qui lui avait permis de revivre. Confusément, elle sentait qu'elle n'y remettrait plus les pieds avant longtemps.

Mais elle n'imaginait pas que ça prendrait vingt ans.

XLI

Gué d'Alcyan, de nos jours.

L'arrivée du navire à Gué d'Alcyan provoqua un émoi dans le village. Au cours des dernières années, il s'était doté d'un quai en bois pour faciliter les opérations d'embarquement des récoltes à destination des villes du sud. C'est là que le Topaze s'amarra. Les habitants ne connaissaient que les navires de commerce. Ils n'avaient jamais vu un navire de prestige, si on exceptait le Cristal vingt ans plus tôt. Et jamais un navire royal de la flotte avec ses deux croiseurs d'escorte n'était passé devant leurs maisons.

Pendant la manœuvre d'accostage, les villageois s'étaient rassemblés pour assister au spectacle. Leur attention fut aussitôt attirée par l'arrivée de Deirane qui s'accouda au plat-bord pour voir ce qu'était devenu son village. Les plus anciens se souvenaient d'elle, la fille qui avait été tatouée avec des diamants par un drow. Les plus jeunes croyaient en des racontars d'anciens, ils avaient maintenant la preuve de la véracité de ces récits sous les yeux. Tous la regardaient. Les sentiments qu'ils exprimaient étaient mitigés. On y reconnaissait la peur qu'ils avaient éprouvée vingt ans plus tôt face à sa différence et à la magie qui l'avait rendue possible, mais aussi une certaine fierté qu'une telle héroïne soit de chez eux. Ils s'en vantaient d'ailleurs largement dans les tavernes auprès des voyageurs de passage. Pourtant, ils préféraient de toute évidence que l'objet de cette fierté reste à distance.

Aussitôt la passerelle mise en place, le maire du village monta à bord. Tout cet étalage de puissance qu'il voyait autour de lui le faisait trembler de frayeur. À cause de ses compagnons qui le poussèrent, il ne put se défiler malgré l'envie qu'il en avait. Aussi quand il vit, à côté de la belle et grande stoltzin blonde qui attendait les bras croisés au milieu du pont, un noble yriani, il éprouva un grand soulagement.

Le maire fut rejoint par son compatriote qui lui prononça quelques mots à voix basse. Pendant la discussion, ses yeux s'écarquillèrent et son regard se posa sur la pentarque. Le noble mit fin à l'entretien d'une tape amicale sur l'épaule. Le maire s'approcha de Vespef et s'inclina bien bas.

— Noble dame, dit-il, le village de Gué d'Alcyan est honoré de recevoir une personne de si haut rang que vous. Vous êtes la bienvenue ici. Tout ce qui nous appartient est à votre disposition aussi longtemps qu'il vous conviendra.

— Un tel accueil me fait chaud au cœur. J'ai d'ailleurs l'intention de rester un moment ici. Mon frère ne veut pas me voir en Helaria tant que la guerre sera à nos frontières.

— Majesté, vous accepterez donc de participer au banquet que nous organisons en votre honneur ce soir.

— Ce sera avec grand plaisir dès que la mission qui m'amène ici sera achevée. Je dois ramener une jeune fille chez ses parents.

Le noble yriani se pencha sur Vespef et lui murmura quelques mots à l'oreille. Elle lui répondit de la même façon. Visiblement les arguments de l'homme l'emportèrent.

— Il est malséant que je me déplace en Yrian sans une escorte d'honneur digne de mon rang. C'est donc avec une grande joie que j'accepterai ce banquet. Si cela bien sûr ne m'est pas également malséant, dit-elle en regardant le noble.

— Vous nous honorez grandement, répondit le maire.

— C'est vous qui m'honorez, répondit Vespef.

— M'autorisez-vous à me retirer ?

— Bien entendu. Si je vous retenais à mes côtés, comment pourriez-vous préparer ce délicieux banquet que vous m'avez promis ?

Le maire recula en faisant des courbettes jusqu'à ce que son talon heurtât la passerelle de débarquement. Il se retourna alors pour quitter le navire.

Le noble s'adressa alors à Vespef.

— Vous avez l'air de m'en vouloir, mais il n'aurait pas été convenable qu'une personne de votre rang se rende chez des roturiers.

En réponse, Vespef lui envoya un regard noir.

— Vous devriez vous intéresser davantage à ce qui se passe dans les foyers de vos roturiers. Ça pourrait bien vous éviter une révolution un de ces jours.

Puis elle le planta sur place pour rejoindre sa cabine.

Deirane regardait toujours la petite foule rassemblée sur la rive. Malgré tous ses efforts, elle n'arrivait pas à oublier qu'ils avaient essayé de la tuer et l'avaient obligée à fuir de chez elle. Elle n'entendit pas Saalyn approcher.

— Tu ne te prépares pas ? demanda la guerrière.

Deirane jeta un bref coup d'œil à son amie.

— Je n'y vais pas, répondit-elle.

— Tu n'y vas pas ?

Saalyn n'était pas vraiment surprise. Au cours des vingt dernières années, elle avait eu maintes occasions de rentrer chez elle, pourtant elle ne l'avait pas fait. Néanmoins, elle insista.

— Je pensais que tu serais heureuse de revoir ta famille.

— Est-ce encore ma famille ? J'ai passé deux fois plus de temps loin d'eux qu'avec eux.

— Cela ne signifie pas qu'ils ne t'aiment plus. Ou que toi tu n'éprouves plus rien pour eux. Sinon, pourquoi aurais-tu accompli cette mission ? Je pense qu'eux en tout cas seraient heureux de te revoir. Tu as sauvé Cleindorel, ce n'est pas rien. Même si tu n'étais qu'une étrangère ils voudraient te rencontrer.

— Parce que j'ai sauvé Cleindorel. Et pas parce que je suis une des leurs. Mon tatouage m'a mis définitivement à l'écart des miens. Crois-tu qu'ils ont oublié qu'ils ont failli mourir à cause de moi ?

— Tu n'es pas responsable de la bêtise de ces gens.

Du menton elle désigna les villageois qui commençaient juste à se disperser.

— Si tu n'y vas pas, qui va ramener Cleindorel chez elle ?

— J'ai pensé que tu pourrais y aller avec Hester. Tu me dois bien ça.

— J'irai si tu le veux. Mais je continue à penser que tu as tort.

Elle pressa un bref instant l'humaine contre elle puis se retira.

Dès que le petit groupe eut quitté le navire, Deirane quitta sa place pour se rendre à la bibliothèque. Dans un navire de cette importance, cette pièce occupait une grande place et était bien approvisionnée. La lecture était l'une des rares occupations à bord pour un passager tant que l'équipage n'aurait pas fini ses tâches en cours. Vespef y était, pas pour se distraire. Elle consultait un atlas, prenant des notes sur une feuille de papier avec un crayon à mine de graphite. En passant, l'humaine put voir que la carte représentait le cours de la Vunci et tous les royaumes qui le bordaient. Ils étaient nombreux, néanmoins seuls cinq participaient à la guerre, même pas la Hanse en totalité. Passant sans la déranger, elle alla consulter les ouvrages rangés dans les rayonnages. Son regard tomba sur l'un d'eux qui avait le dos brisé à force d'avoir été consulté. La signature de l'auteur retint son attention : Calen. Elle le tira pour le consulter. C'était comme elle s'y attendait, un ouvrage technique : géométrie sphérique à l'usage de la navigation maritime. Le niveau était ardu, elle parvint à comprendre malgré cela que c'était les graphiques et les équations qu'il contenait qui permettaient aux navires helarieal d'atteindre leur destination sans erreurs. Elle éprouva soudain le besoin de connaître les travaux de cette femme qui l'avait aidée autrefois. Pas avec ce livre cependant. Elle chercha et en trouva un autre : géométrie élémentaire. Le titre paraissait plus prometteur. Elle alla s'installer sur une table libre pour prendre son premier cours de mathématique. Au bout de quelques minutes, elle emporta l'ouvrage dans sa chambre.

Deirane n'avait pas fini de consulter les propriétés du triangle quand elle avait décroché. Décidément, elle n'était pas faite pour l'étude des sciences, même si elle ressentait confusément l'importance que cela pouvait avoir. Elle reposa le livre sur la table de nuit sans marquer la page et s'allongea sur le lit, les bras sous la nuque.

Elle repensait aux événements de ces derniers jours. Vespef n'avait pas tort. Ces quatre-vingts dernières années, les humains avaient bien massacré les stoltzt, obligeant les survivants à devenir prudents. Dans cette optique, le plan de Saalyn et le rôle qu'on lui avait fait jouer, s'expliquaient clairement. De même que la mort de l'ancien roi d'Yrian. Tant que les nations stoltzt ne seraient pas suffisamment fortes pour résister à une coalition des royaumes humains, ils seraient obligés d'agir ainsi. Ça restait quand même dur à avaler d'avoir été ainsi manipulée.

Un bruit la tira de sa somnolence. Elle éprouva soudain un besoin irrépressible de respirer de l'air frais. L'unique fenêtre qui s'ouvrait n'aérait pas suffisamment la cabine, la chaleur était étouffante. Elle se leva et sortit. Le couloir supérieur était plus agréable, la grande salle arrière et l'écoutille avant étaient ouvertes, laissant l'oxygène circuler. Elle marcha jusqu'au pont.

Le bruit qui l'avait tiré de sa rêverie était le fait de quelques villageois qui apportaient un en-cas en guise de bienvenue. Même ici la mode avait changé, ce genre de manteau long qui dissimulait le corps n'existait pas autrefois. Plus tôt, elle ne les avait pas remarqués. Peut-être la soirée qui approchait avait incité les villageois à se couvrir.

Les hommes et les femmes vaquaient sur le pont, les bras encombrés de plateaux, de jarres et autres récipients chargés de victuailles. C'était presque un festin. Ce détail attira l'attention de l'humaine. Elle savait le village trop pauvre pour être aussi généreux dans ses cadeaux. Même si la présence prolongée de la pentarque allait leur rapporter beaucoup par la suite.

Elle commença à dévisager leurs hôtes. Ils avaient tous moins de vingt ans, ils n'étaient pas nés quand elle s'était enfuie. Néanmoins, quelque chose la mettait mal à l'aise. Elle ne connaissait pas ces jeunes gens, en revanche leurs parents si. Elle aurait dû reconnaître certains traits, certaines caractéristiques familiales. Quelque chose ne collait pas dans cette activité. Elle ne savait pas quoi.

Un villageois se détacha du groupe pour se diriger vers l'écoutille d'accès au château arrière. Un marin l'interpella.

— Pas par là, cria-t-il, c'est interdit.

Le villageois laissa le marin le rattraper. Ce dernier le saisit par l'épaule. Brusquement, l'intrus se retourna. Il repoussa son manteau, révélant un poignard qu'il planta dans le ventre de celui qui l'avait intercepté. Le marin s'effondra sans un cri dans une mare de sang.

Les Helariaseny réagirent en une fraction de seconde.

— Alerte ! cria l'un d'eux. On est attaqué.

Les Helariaseny dégainèrent leur arme et se mirent en garde. Ils n'étaient pas nombreux sur le pont, chacun avait trois adversaires face à lui. Et ce n'étaient pas des guerriers, mais des marins. S'ils pouvaient tenir leur place dans une taverne ou lors d'un abordage face à d'autres marins, ils ne faisaient pas le poids contre de vrais combattants. Et ceux-là en étaient. Huit d'entre eux se postèrent aux quatre écoutilles qui permettaient d'accéder au pont, les autres neutralisèrent l'équipage. Le premier qui passa se fit égorger sans avoir eu aucune chance de se défendre. Le second aussi. Cela suffit pour qu'ils comprennent. Ils n'essayèrent plus de sortir.

L'un des attaquants rejeta son manteau. Deirane comprit alors ce qui l'avait intriguée. Ce n'était pas un humain qui se tenait devant elle. Il était trop grand, trop mince. C'était un drow, le visage maquillé pour prendre le teint des humains. Ce dernier était trop lisse, trop parfait, comme des paysans continuellement exposés au soleil ne pouvaient en avoir.

Lergerin Aldower, parce que c'était lui, se tourna vers Deirane.

— Comme on se retrouve ma chère, à croire que nous ne pouvons plus nous quitter.

— J'aurais dû me douter que vous prépariez un mauvais coup.

— C'est le propre des grands stratèges d'avoir un plan de secours si le principal échoue.

— Un grand stratège. Un grand malade plutôt, s'écria Deirane. Qu'est-ce que votre cerveau dérangé a imaginé maintenant ?

— Rien de plus que de livrer un pentarque totalement inoffensif à Shaab et un bateau à leurs ingénieurs.

— Ridicule, il ne suffit pas d'en voir un pour comprendre comment il est fabriqué.

D'un geste Aldower intima le silence à l'humaine. Il resta un long moment le bras allongé, l'index tendu à la verticale.

Finalement, le drow se dirigea vers l'une des ouvertures donnant accès au cœur du navire.

— Pentarque Vespef, cria-t-il, vous allez enlever votre gemme et venir devant moi sans elle.

— Elle ne viendra pas, répliqua Deirane.

— Si la logique gouvernait ses actes, c'est ce qu'elle ferait. Seulement les pentarques ont trop longtemps commandé une petite nation. Pour eux, chaque individu comptait. Maintenant que l'Helaria est devenue grande, ils ont gardé cette mentalité. Elle viendra.

Ces explications données, il se détourna de son ancienne victime.

— Pentarque Vespef, j'ai des otages, je n'hésiterai pas à les tuer.

Toujours aucune réponse.

Aldower fit un signe. Un drow s'empara d'un marin et lui trancha la gorge, veillant à ce qu'il ne meure pas trop vite. Le stoltz porta la main à la plaie, essayant de stopper le sang qui fusait par à coup. En vain. Il s'effondra, inondant le pont d'une flaque rouge. Aldower le regarda agoniser, un léger rictus sur les lèvres. Deirane était horrifiée. Elle connaissait bien son ancien tortionnaire. Ce trait de sa personnalité, qu'il puisse tuer de sang-froid et même y prendre plaisir, la révulsait.

Quand le stoltz cessa de bouger, Aldower se retourna vers l'écoutille.

— Pentarque Vespef, dois-je continuer la démonstration ?

Ne recevant aucune réponse, il fit un geste. La même scène se répéta. Un autre corps gisait bientôt sans vie sur le pont.

— Le suivant sera moins beau, cria-t-il.

Sans attendre la réponse, il sortit son poignard et se dirigea vers le prisonnier le plus proche. En comprenant ce qui allait se passer, celui-ci se débattit, essayant de s'enfuir. Le drow qui l'avait capturé le maintenait solidement. Il n'arriva pas à se dégager. Ses gémissements se transformèrent en hurlement de douleur quand la lame pénétra ses chairs.

La séance de torture ne dura que quelques vinsihons. La voix de Vespef leur parvint par une ouverture.

— C'est bon, j'arrive, dit-elle.

Aldower eut l'air assez déçu. Son sadisme n'avait pas eu suffisamment de temps pour s'assouvir.

Vespef sortit par l'écoutille la plus proche. D'où elle était, Deirane eut l'impression qu'elle n'avait pas sa gemme. Elle ne pouvait cependant juger de rien. Bien qu'aucune pierre ne fût visible sur sa poitrine, elle avait pu mettre une chaîne plus longue, la faisant disparaître entre ses seins. Aldower la regarda d'un air satisfait. Il acheva les souffrances de son prisonnier d'un coup à la gorge. Puis il essuya son arme, posément, sur les vêtements du mort et le rangea dans son fourreau.

— Il aurait pu être sauvé, dit Vespef.

Aldower la regarda sans répondre.

Le drow rejoignit la pentarque en quelques pas. Il se posta face à elle, la regardant dans les yeux. Elle soutint son regard sans ciller.

— Pentarque Vespef, dit-il, je n'en espérai pas tant.

— Que voulez-vous de moi ?

— Vous vendre naturellement.

— L'Helaria ne paiera jamais, il enverra des tueurs qui vous pourchasseront le reste de votre vie.

— Ce n'est pas à l'Helaria que je compte vous vendre. Vos mains.

Vespef tendit les mains. Aldower les prit et déchira les manches. Il cherchait une gemme cachée sur elle. La seule contrainte de cette pierre était qu'elle soit en contact avec la peau du porteur. Elle pouvait se trouver n'importe où sur son corps. N'importe quel bijou pouvait faire l'affaire. Il vérifia ensuite les chevilles sans plus de succès. Vespef subissait l'examen sans sourciller, le regard dans le vague. Enfin Aldower se releva. Une rapide palpation de la taille lui révéla qu'elle ne cachait rien ici non plus. Il la regarda enfin dans les yeux. Un sourire sur les lèvres, il arracha le haut de sa robe. Vespef voulut croiser les bras pour se protéger. Il lui attrapa les poignets et les maintint écartés. Il admira sans retenue la poitrine qui s'offrait à ses regards.

Finalement, il la libéra de son étreinte et s'écarta. Vespef se cacha aussitôt derrière ses bras croisés. Elle avait l'air humiliée. Cette attitude réconforta Deirane. Elle connaissait assez les Helariaseny pour savoir que la nudité ne les gênait pas. La pentarque n'aurait dû éprouver aucune honte. C'était une attitude typiquement humaine qu'elle imitait. Dans quel but ? Renforcer le sentiment de victoire du drow ? Elle préparait quelque chose.

Les marins restés à bord n'étaient pas en nombre suffisant pour se défendre. Dans les croiseurs d'escorte, il n'y avait que des marins et des artilleurs, aucun soldat. Ceux-ci étaient à terre, à plus d'un demi-monsihon de marche. Et le seul sensitif que Deirane connaissait étant mort, il n'y avait aucun moyen de les prévenir de ce qui se passait. Peut-être un villageois pourrait-il courir jusqu'à la ferme. Dans la mesure où Aldower n'avait pas bouclé le village.

Et la division yriani qui aurait dû assurer la sécurité de la pentarque pendant son séjour brillait par son absence.

— Pourquoi faites-vous ça ? s'écria Vespef, nous ne vous avons jamais rien fait.

— Vous existez, répondit le drow, race bâtarde à sang-froid.

— Notre race est plus ancienne que la vôtre. Et nous, nous sommes apparus normalement. Pas dans des cuves, conçus par un cerveau mégalomane.

Vespef avait du toucher un point sensible, car il lui décocha une gifle qui la projeta par terre.

— Au moins nos créateurs nous ont-ils faits parfaits. L'avenir de ce monde appartient aux humains, dit-il, c'est le cadeau que je leur fais, à eux, nos cousins, puisque les drows ne seront jamais assez nombreux pour régner. Les stoltzt sont une race du passé qui va bientôt disparaître.

— Ce monde était à nous en totalité quand vous êtes arrivés, nous vous y avons pourtant laissé une place.

— C'est là votre erreur, vous n'auriez jamais dû. Vous avez couvé les œufs de ceux qui vont vous remplacer. Comme cet oiseau qui pond ses œufs dans le nid d'un autre.

— Nous aurions pu vivre tous ensemble dans ce monde. Il y a assez de place pour tous.

— Autre erreur. Nous l'aurions fatalement rempli. Et nous aurions fini par nous combattre pour continuer à nous étendre. Autant régler le problème pendant que les stoltzt sont en minorité.

— Notre disparition ne se fera pas sans dégâts. Les humains dépendent de nous, sans nous beaucoup mourront.

— Ça sera difficile, mais c'est un mal nécessaire. À moyen terme, d'autres royaumes se lèveront pour prendre la place de l'Helaria. Shaab et les autres principautés seront bientôt prêtes.

— Dans un an tout au plus, Shaab n'existera plus.

Aldower éclata de rire.

— Comment cela se pourrait-il ? Shaab est au faîte de sa puissance. L'Helaria agonise.

— Nous ne sommes pas encore morts.

Le drow dévisagea la stoltzin un long moment.

— Ce n'est qu'une question de temps, lâcha-t-il soudain, vous n'avez plus rien. Vous essayez juste de gagner du temps pour rien. Votre armée ne reviendra pas avant demain soir. Et d'ici là nous serons loin. Même si un espion découvrait notre attaque et prévenait vos soldats, il lui faudrait presque un calsihon pour les joindre et le double pour revenir.

Deirane estimait que le drow délirait. Elle imaginait le comité d'accueil qui allait attendre le navire à l'embouchure de l'Unster. En découvrant la disparition du navire, les Helariaseny allaient à coup sûr envoyer un messager à cheval vers la Pentarchie. Il est vrai que le drow pouvait débarquer n'importe où et aller vers l'ouest. Récupérer le navire ne les tirerait pas forcément d'affaire, elle et la pentarque.

Le drow se désintéressa de Vespef, faisant un geste pour qu'on l'emmène. Il la regarda disparaître dans les tréfonds du navire, entraînée par un des drows qui étaient montés à bord.

— Je ne peux pas m'occuper de vous pour l'instant, dit-il à Deirane, ne croyez pourtant pas que je vous ai oubliée. Les petites rides que je vois au coin des yeux me disent que j'avais raison. Il est temps de finir mon œuvre, elle ne peut pas exister en étant imparfaite.

— Espèce de monstre, lança Deirane.

Le drow ricana.

— J'ai souvent entendu ça. C'est peut-être vrai finalement.

— Et cela ne vous fait rien ?

— Et pourquoi l'avis d'êtres inférieurs m'importerait-il ? Ce sont mes pairs qui comptent.

— Vos pairs vous méprisent. Il y a des drows en Helaria.

— Chaque peuple a ses tarés, sur ce plan nous ne sommes pas différents. La guerre contre Shaab les éliminera au passage.

— Le fait que cinq royaumes aient dû s'unir pour combattre l'Helaria sans que leur réussite ne soit assurée ne vous perturbe pas.

— Cinq des sept grands ports de l'Helaria sont entre nos mains. Toutes les routes terrestres sont sous notre contrôle. Que vous faut-il de plus ?

— Quand les derniers ports seront entre vos mains, j'estimerai l'Helaria vaincue. Quand la totalité de la flotte helarieal sera par le fond, je les estimerai vaincus.

— Un détail.

— L'Helaria a des alliés aussi.

— Lesquels ? Nasïlia ! Orvbel ! Montrez-moi leur armée et leur flotte. Zéro. Rien. Orvbel a tellement changé de rois ces dernières années — vous êtes bien placé pour le savoir, vous qui avez un temps régné sur eux — qu'ils ne savent plus de qui ils sont les sujets. Nasïlia doit d'abord briser la couche vitreuse qui recouvre le sol avant de cultiver un champ. Leur croissance est si lente qu'ils sont dépassés avant d'avoir pris le départ. Une fois l'Helaria tombée, la seule nation stoltzt de quelque importance est si loin à l'ouest qu'elle n'aura pas d'influence ; entourée de déserts mortels comme elle l'est, elle ne pourra pas s'étendre. Que restera-t-il alors comme puissance. L'Yrian, la Nayt et quelques royaumes le long de la route de l'est, tous humains. Je l'ai dit à la pentarque, l'avenir appartient aux humains.

Ainsi, comme l'avaient prévu les pentarques, Aldower avait totalement oublié les colonies. Tout un continent désert, accessible seulement par la flotte de l'Helaria, sur lequel la Pentarchie construisait un empire. Ils n'avaient là-bas aucune concurrence, sa puissance y croissait rapidement. Les secours qu'elles pouvaient envoyer seraient lents à venir, ils finiraient par submerger la Hanse de la Vunci. Il avait aussi oublié le continent de Shacand. Il est vrai qu'il intervenait peu dans les affaires de l'Ectrasyc. Il n'y avait aucun empire là-bas et beaucoup de terres vierges à coloniser. Les royaumes stoltzt qui bordaient sa côte nord avaient été exterminés sans les grandes destructions qui avait caractérisé le nord, laissant beaucoup de place disponible à qui aurait le courage de la prendre. Ces nouveaux royaumes avaient formé une grande confédération. Sa capitale était sous la protection du Mustul, le seul royaume stoltz présent là-bas. Il était discret, ne faisant pas parler de lui. Mais il était là, puissant, contrôlant la principale entité dirigeante du continent. Et ils étaient alliés à l'Helaria.

— Vous êtes fou, lâcha-t-elle.
— Merci.

Il empoigna l'ancienne reine par le bras et la regarda droit dans les yeux. Son expression la terrifia. Elle crut un instant qu'il allait la tuer. Il se reprit. Il désigna un soldat de son armée.

— Enferme là dans la cale, dit-il, mais pas avec la pentarque, elles ne doivent pas communiquer.
— À vos ordres.

Le soldat poussa Deirane vers une écoutille.

Ils n'avaient pas parcouru la moitié de la distance qu'il s'immobilisa. La pression de la main dans son dos disparut. Elle entendit le choc sourd d'un corps tombant au sol, ce qui l'incita à se retourner. Son geôlier était étendu par terre, mort, une flèche dépassant de sa gorge. Devant elle, Aldower gardait les yeux levés, vers le pont du gaillard d'arrière exactement. Elle suivit son regard. Au-dessus d'eux, six archers se tenaient postés derrière le garde-fou. Cinq d'entre eux tenaient leur arc bandé, prêts à décocher leur flèche. Le dernier, celui qui avait libéré Deirane, en cherchait déjà une nouvelle dans son carquois.

— Allez-y, ordonna soudain Aldower.

Comme personne ne bougeait, il lança rageur :
— Ils sont six, vous être trente.
— Erreur, dit une voix féminine que Deirane reconnut aussitôt.

Saalyn s'avança au côté de ses soldats. Deirane remarqua alors les vêtements mouillés de son amie. Ils étaient montés à bord en passant par la rivière.

— Nous sommes trente nous aussi, dit la guerrière libre.

Une quinzaine de guerriers se dévoilèrent à ses côtés. Autant arrivaient par l'avant.

Les archers lâchèrent leur coup, réduisant d'autant le nombre des envahisseurs. Les Helariaseny s'élancèrent, l'arme en avant. En un bond ils furent sur le pont. Le combat s'engagea. Violent. Les actes d'Aldower et de ses sbires avaient fait tant de mal à la Pentarchie qu'ils en étaient devenus enragés. Ce n'était plus des hommes qui se battaient, mais des bêtes, sauvages, ivres de vengeance. Les drows en étaient réduits à se défendre pour protéger leur vie, ne pouvant lancer une attaque qui leur aurait donné la victoire.

Deirane s'enfuit vers le gaillard d'arrière. De son poste, derrière l'écoutille, elle regardait la bataille. Aldower se trompait. Six peuples formaient l'Helaria. Les stoltz étaient les plus nombreux, ils constituaient quand même moins de la moitié de la population. À les voir se battre, il était évident que leurs différences physiques n'avaient aucune importance. Deirane voyait un edorian dos à dos avec un humain, un dwergr protégeant un stoltz. L'Helaria marchait, première flotte du monde, puissance commerciale et culturelle, ses habitants étaient riches. De plus, c'était le seul pays à ne pas croître par la conquête. Toutes les provinces qui composaient la Pentarchie l'avaient intégrée de leur plein gré. Il s'agissait d'anciens royaumes des Frères de la Mer qui avaient décidé de rendre leurs liens plus étroits avec l'Helaria. Aucun n'avait eu à le regretter.

Pendant un moment, l'issue du combat fut incertaine. Les drows se battaient vaillamment, les Helariaseny défendaient leurs foyers. Quelques combattants étaient tombés d'un côté comme de l'autre, sans orienter la victoire vers l'un des deux camps. Les archers firent la différence. Quand ils le pouvaient — c'est-à-dire quand un drow était suffisamment isolé pour éviter de blesser un compatriote — ils en criblaient un de leurs flèches. Un à un, les envahisseurs tombèrent. Il ne resta bientôt qu'un petit noyau qui se retrouva acculé contre le bastingage, se battant à un contre deux. Aldower était parmi eux. L'arrivée de l'armée yriani sur le quai sonna la fin de la bataille. Le détachement mis à la disposition de la Pentarchie prit position face à la passerelle d'embarquement, prêt à monter à bord dès que la pentarque les y autoriserait.

Vespef remonta sur le pont, accompagnée de quelques marins. Elle avait remplacé sa robe déchirée. Sur sa poitrine, on voyait briller le petit caillou laiteux qui était à l'origine de sa puissance. La gemme était vide d'énergie, inutile. Il faudrait attendre le lendemain pour s'en servir. C'était sans importance, la tentative d'Aldower avait fait long feu. Le drow s'extirpa de la masse de ses compatriotes.

— Les choses n'ont pas tourné comme prévu, dirait-on, remarqua-t-elle.

— Un détail. Je recommencerai, soyez-en sûr.

— Une fois que vous aurez été jugé en Helaria et exécuté, cela risque d'être difficile.

— Vous oubliez que vous n'êtes pas en Helaria, vous n'avez aucune autorité sur ces terres.

— Et vous, vous oubliez que le pont de ce navire est territoire helarieal, mon autorité s'y exerce de plein droit.

— En mer peut-être ; sur cette rivière, j'en doute.

— Mon navire serait projeté à terre et échoué que la loi de l'Helaria s'y appliquerait toujours.

Elle se tourna vers ses hommes.

— Emmenez-le, dit-elle.

Deux soldats empoignèrent le drow et l'entraînèrent dans la cale. Les drows survivants furent emmenés à sa suite.

Deirane rejoignit Saalyn au centre du navire. Par chance, la stoltzin n'avait reçu que de légères blessures. Elles disparaîtraient totalement avec le temps, comme toujours avec les stoltzt.

— C'est une arrivée providentielle, dit l'ancienne reine.

— Oui, je suis assez fière de ma synchronisation, répondit la guerrière.

— Comment avez-vous pu arriver si vite ?

— Nous nous sommes mis en route dès que nous avons su ce qui se passait.

— Comment avez-vous su ce qui se passait ? Même un messager parti au début de l'assaut n'aurait pas pu arriver assez vite pour que vous reveniez maintenant. Aldower aurait eu largement le temps d'appareiller, de passer sur l'autre rive et de disparaître dans les montagnes. Vous auriez alors pu vous brosser pour le rattraper.

— Comment sais-tu ce qu'il comptait faire ?

— C'est ce que j'aurai fait.

Deirane avait prononcé distraitement cette dernière phrase. Une idée lui était venue.

— En fait, pour que vous soyez arrivé à temps, il aurait fallu que vous soyez prévenus immédiatement. La télépathie est le seul moyen assez rapide. Et nous avons une télépathe à bord. Toutefois en l'absence de contact visuel elle ne peut joindre qu'un autre télépathe ou un sensitif. Or le sensitif de cette expédition est mort. Sauf s'il y en a un autre.

Le visage de Deirane s'éclaira soudain. Elle avait compris.

— Trazen n'a jamais été sensitif, dit-elle.

— Qui alors ? demanda Saalyn.

— Toi. Tu es la sensitive de cette expédition.

— Tu délires.

— Pas du tout. Tu t'es laissée capturer pour permettre aux Helariaseny de repérer le château d'Aldower. Quand il a fait éclater son sort, cela n'a eu aucun effet puisque Trazen n'était pas sensitif. Sa mort n'a pas mis Aldower à l'abri, puisque c'était toi qui communiquais avec les pentarques. Et finalement, ici, tu arrives à temps parce que Vespef a pu te prévenir dès le début de l'attaque. Pour ta congélation j'hésite. Il est possible que les pentarques puissent repérer un cerveau de sensitif en léthargie. À moins que tu aies pu être localisée avant d'être congelée.

— Beau scénario, conclut Saalyn. Un peu délirant. Mais bien imaginé. Tu as pensé à la possibilité qu'il y ait plus d'un sensitif en Helaria.

— Il y en a certainement plus d'un. Mais tout se simplifie énormément si on considère que c'est toi le sensitif.

— Sauf que tu as bien vu que c'est Trazen qui discutait avec Aldower. Pas moi.

— Trazen était dans ton champ de vision, donc dans celui de la pentarque aussi, elle pouvait le joindre par ton intermédiaire.

— J'espère que tu n'as pas l'intention de répandre ces inepties. Si on croit que je suis sensitive, je vais devenir une cible vivante.

— Bien sûr que non. Mes idées resteront entre nous. Tu auras beau dire, je sais que j'ai raison.

— Comme tu veux.

La façon dont Saalyn avait fermé la discussion confirma l'opinion de Deirane.

— Dans l'immédiat, je dois finir de tout nettoyer. Il reste encore une personne à arrêter.

— Comment ça ?

— Réfléchis au concours de circonstances qui a permis à Aldower de trouver la pentarque seule à bord. Tu crois vraiment que le roi d'Yrian ne veut pas voir Vespef circuler dans son royaume et n'éprouve aucun inconvénient à ce qu'une armée, même petite, fasse de même.

— L'ambassadeur yriani.

— C'est la solution la plus logique.

La blonde guerrière libre alla rejoindre ses hommes pour escorter Aldower à fond de cale. Il serait certainement ramené en Helaria pour être jugé. Si le drow espérait s'en sortir, délivré par les armées de la Hanse quand elles auraient vaincu la Pentarchie, il en serait pour ses frais. Les explications de Vespef ne laissaient aucun doute sur l'issue de la guerre dans l'esprit de l'ancienne reine. La seule inconnue restait le sort de la Hanse après sa défaite. Jusqu'où les citoyens Helariaseny iraient-ils pour venger les leurs ? Nul doute qu'ils ne seraient pas tendres avec ceux qui avaient mis en danger leur foyer et leur famille.

Conclusion.

Deirane somnolait dans sa cabine. La frénésie des jours précédents avait épuisé ses réserves. Maintenant qu'elle n'avait plus rien à faire, elle se sentait vidée, incapable d'accomplir quoi que ce soit, même dormir. Elle attendait le retour d'Hester avec impatience, mais elle ne pouvait pas lui en vouloir de s'attarder dans cette nouvelle famille qu'il venait juste de découvrir. Saalyn aussi d'ailleurs, elle devait être curieuse de connaître ce pan du passé de l'ancienne reine. Elle était repartie en compagnie de Vespef pour arrêter l'ambassadeur d'Yrian, pour prendre un peu de bon temps aussi.

D'ici quelques jours les choses seraient différentes. Vespef avait décidé de passer outre aux ordres de son frère et de rentrer. Deirane comptait en profiter pour utiliser le navire comme moyen de transport pour retourner à Sernos et de là, rejoindre le Chabawck pour faire son rapport. Hester resterait en arrière, il avait sa propre vie à mener, une compagne qui se languissait de sa présence. La date de leurs retrouvailles était déjà choisie. Le temps passerait vite, les bawcks avaient beaucoup de travail pour elle, elle n'aurait pas le temps de s'ennuyer.

Un coup frappé à la porte la tira de sa rêverie. Elle reconnaissait la façon d'Hester. « Tiens, pensa-t-elle, il revient bien vite. » Elle ôta sa chemise de nuit et enfila une robe plus habillée. Les coups furent répétés, plus insistants, lui sembla-t-il.

Elle ouvrit la porte. C'était bien Hester. Mais il n'était pas seul. L'homme qui l'accompagnait était vieux bien qu'encore solide. En voyant Deirane, il s'immobilisa, incapable de faire un geste de plus. Deirane était paralysée, incapable de prononcer un mot. Sans sa main qui reposait sur la poignée de la porte, elle serait tombée. Hester dut le comprendre, car il lui prit le bras. Elle laissa la poigne solide la soutenir, elle ne pouvait s'empêcher de trembler comme une feuille tant elle était profondément troublée.

Celui qui se tenait devant elle n'était autre que Jensen, son père.

Il fallut quelques instants à Deirane pour qu'elle se reprenne. Elle se dégagea de l'étreinte de son fils, puis reposa la main sur son épaule. Elle avait besoin de sa présence, de son contact, pour la soutenir.

— Bonjour papa, dit-elle d'une toute petite voix.

— Dès que j'ai appris qu'un navire helarieal était au village et que tu étais dessus, je suis venu, dit-il. Ce jeune homme, ton fils, mon petit-fils, m'a amené jusqu'ici.

Sa voix avait vieilli, elle était devenue rauque avec l'âge, pourtant c'était bien la sienne. L'entendre troubla la femme plus qu'elle n'aurait cru, elle raffermit sa prise sur son fils.

— Tu es devenue une bien belle femme en grandissant, continua-t-il.

— Merci.

— Je suis venu te chercher, puisque tu n'as pas su retourner seule chez toi.

Bizarrement, le ton de reproche dans la voix lui rendit son courage. Elle s'était battue toute sa vie, ce n'était qu'un autre combat, sauf que dans celui-là, il n'y aurait que des vainqueurs. Elle reconnut en son for intérieur que le reproche était léger.

Deirane invita son père à entrer. Il hésita un instant avant de passer le seuil. Hester allait le suivre, elle le regarda fixement dans les yeux jusqu'à qu'il comprenne — ce qui fut assez rapide — qu'il devait les laisser seuls. Elle referma la porte derrière elle et se tourna vers son père. De la main, elle lui désigna une chaise qu'il déclina.

— Tu es revenu pour me passer un savon.

— Non, excuse-moi. Nous n'allons pas nous disputer alors que nous ne nous sommes pas vus depuis si longtemps.

Il eut un sourire.

— D'un autre côté, tu n'aurais jamais osé me tenir tête quand tu étais petite. Tu as pris de l'assurance et c'est très bien.

Elle lui sourit en retour.

— Ce que tu as fait pour Cleindorel, c'est magnifique, reprit-il. Elle n'était qu'une inconnue pour toi. Pourtant, tu as risqué ta vie sans hésiter.

— C'était naturel, dit-elle, c'est ma nièce.

— Ça m'a permis aussi de connaître mon petit-fils. Tu m'avais fait grand-père et je l'ignorais.

— Cleriance avant moi…

Il l'interrompit de la main.

— Je connais les enfants de Cleriance. J'ignorais que toi, tu en avais. Il y en a d'autres ?

— Quatre autres. J'ignore où ils sont. On me les a retirés juste après leur naissance.

— Je suis désolé, tu n'as pas eu une vie facile.

Elle hocha la tête pour confirmer ses dires.

— Tu as aussi des nièces et des neveux que tu ne connais pas. C'est dommage que tu n'aies pas voulu accompagner ton fils. Je te comprends, mais je trouve ça dommage.

Comme Deirane ne répondait pas, il continua.

— Ta sœur aînée a trois enfants. Son premier fils va sur ses vingt ans. C'est un bien bel homme, encore célibataire, mais pas pour très longtemps. C'est lui qui héritera de la ferme.

— Ce n'est pas Telet ? Que lui est-il arrivé ?

— Je lui ai acheté un domaine de l'autre côté du lac, juste en face de la ferme. Il habite avec Cleriance et son mari. Il s'est marié et il a deux enfants, une fille et un garçon. Sa femme en attend un autre.

— Et Elhrine ?

— Elle a quitté la maison. Maintenant elle vit à Ortuin où elle tient une boutique de teinture avec son mari.

Ortuin, victime des pluies de feu, ne pouvait pas cultiver de la nourriture. Elle faisait commerce de plantes utilitaires, comme le coton, le lin, le chanvre ou les teintures.

— Ce n'est pas une mauvaise idée, dit Deirane.

— Tu ne préfères pas venir voir par toi-même ? Tu pourrais te rendre compte de ce qu'est devenue ta famille.

— Voir comment ils ont réussi leur vie ? Le retour de la ratée de la famille, celle qui a tout...

Jensen tendit la main pour caresser la joue de sa fille. Elle ne s'attendait pas à ce geste et n'eut pas le temps de se reculer. Et après, elle n'en eut plus envie.

— Tu es la seule de mes filles à être devenue reine, tu es célèbre dans le monde entier. Et ce matin, deux femmes des plus puissantes du continent sont entrées dans ma ferme et ont mangé à ma table, parce qu'elles sont de tes amies. Comment peux-tu dire que tu es une ratée ?

— Je n'ai pas eu la vie que tu voulais.

— Ce que je voulais ne compte pas. Ce qui compte, c'est si tu as eu la vie que toi tu voulais.

— Pas davantage.

— D'accord, tu n'as pas tout à fait réussi ta vie. Tu ne l'as pas ratée pour autant. Tu as vécu en une seule vie autant que tout le reste de la famille.

— Je m'en serais bien passée.

— Nous avons le jeu que nous donne le destin, et nous devons jouer avec. Les dés que tu as reçus étaient pipés, tu en as tiré le meilleur parti possible. Beaucoup n'auraient pas fait aussi bien.

Le silence s'installa, pesant.

Finalement, il prit Deirane par les épaules et les regarda droit dans les yeux.

— Deirane, je te demande de rentrer avec moi à la ferme.

Elle hésita avant de répondre.

— J'ai des obligations, dit-elle enfin, je ne peux pas tout laisser tomber. Et je veux retrouver les enfants que j'ai mis au monde.

— Mon petit-fils m'en a parlé. Orkantia des bawcks ; ce chef de tribu, il y a vingt ans, ne t'a pas oubliée.

Elle hocha la tête.

— Je ne te demande pas de rester tout le temps avec nous, reprit-il. Juste de revenir avec moi pour revoir les tiens. Tu cours à droite et à gauche sans jamais t'arrêter. Mais tu as une maison et des gens qui t'aiment, qui t'attendent. Et amène ce bawck s'il est ici. Peut-être qu'à te voir heureuse au milieu des tiens, il assouplira ta servitude.

— Tu accepterais un bawck dans ta demeure.

— J'accepterais tout pour toi.

Deirane sentait les larmes lui monter aux yeux. Jensen la sentit trembler, il l'enlaça comme quand elle était une petite fille. Elle se laissa faire. Brusquement, elle éclata en sanglots.

— Tu es encore ma fille quoi que tu en penses, dit-il, et le vieil homme que je suis aimerait bien profiter un peu de ta présence pendant qu'il le peut encore.

Jensen câlina Deirane comme un bébé, son bébé, jusqu'à ce qu'elle se reprenne. Mais les sanglots ne pouvaient pas se calmer tant l'émotion qui avait envahi le cœur de l'humaine était violente.

Après vingt ans d'errance, Deirane venait enfin de rentrer chez elle.

Glossaire

Année : l'année d'Helaria dure 548 jours terrestres. L'âge de Deirane lorsqu'elle a été capturée était donc de quinze ans terrestres et de quarante-cinq ans quand elle s'est lancée à la poursuite de Cleindorel qui avait elle-même l'équivalent de 13 ans.

Anciens Peuples : peuples présents sur Uv-Polin avant l'arrivée des feythas. Comprends les bawcks, les gems et les stoltzt.

Apprenti : jeune disciple apprenant un métier sous la direction d'un maître.

Archonte : chef d'une corporation. Grade civil le plus élevé. Les archontes sont un des trois pouvoirs d'Helaria (avec les pentarques et les gouverneurs de province). En Fraker, titre du chef de l'État

Artisan : grade civil le plus bas dans une corporation. Un artisan peut exercer un métier mais pas avoir d'apprentis.

Bawck : le peuple le plus ancien des Anciens Peuples. Surnommés orques par les humains. Frustre, moins intelligents que les autres, ils peuvent parfois faire preuve d'une maîtrise technique inégalée, surpassant tous les peuples dans certains domaines.

Bës : 1ere lune d'Uv-Polin. Sa lunaison dure 70 jours.

Calsihon : 2e division temporelle, 1/12 de monsihon, soit 13 minutes environ.

Caltherisy dargial : lit. Les sœurs jumelles tueuses (en insistant sur tueuses). Surnom donné aux pentarques Wuq et Muy.

Chabawck : lit. Terres des bawcks. Principale zone de peuplement bawck, dans les plaines situées au nord des royaumes qui bordent la Grande Route de l'Est.

Doigt : unité de longueur. 1/12 de paume, soit 7,75 mm

Drow : peuple ajouté en dernier par les feythas. Parfois appelés elfes noirs. Ce sont des guerriers hors pairs.

Dwergr : un des nouveaux peuples. Ils sont souvent appelés nains.

Ectrasyc : continent nord d'Uv-Polin. La majorité de la population y habite. Il est dominé par la rivalité entre l'Yrian et l'Helaria. Il sera ravagé lors de la guerre contre les Feythas, la moitié de ses terres devenant alors inhabitables.

Edorian : plus ancien peuple crée par les Feythas. Surnommé elfe par les humains.

Fenkys : nom du soleil dans la langue de l'Helaria.

Feytha : envahisseur d'origine inconnue possédant une très forte avance technologique sur les peuples présents sur Uv-Polin à leur arrivée. Ils créeront les Nouveaux Peuples. La guerre pour les chasser détruira 90 % de la population de la planète, ravagera 50 % des terres du continent le plus peuplé et exterminera presque totalement les Anciens Peuples.

Gems : ancien peuple, souvent appelé démon par les humains. Ils maîtrisent la magie à haut niveau. Les gems ne meurent jamais de mort naturelle, ils peuvent donc potentiellement vivre éternellement. De tous les peuples, ce sont ceux qui ont la plus grande variété morphologique. Certains sont ailés

Grand maître : maître ayant la capacité à faire évoluer les connaissances et méthodes de travail de la corporation. C'est un titre honorifique qui n'apporte aucun pouvoir supplémentaire par rapport à maître.

Grande Route de l'Est : route reliant Sernos à Nasïlia (en fait au sud-est). Elle dessert de nombreux royaumes elfes et humains

Grande Route du Nord : route reliant Sernos à Ortuin, sur la rive gauche de l'Unster.

Grande Route du Sud : route reliant Sernos à Kushan sur la rive gauche du fleuve en passant par Ruvyin.

Hanse de la Vunci : alliance commerciale réunissant dix royaumes du bassin de la Vunci. C'est une puissance montante du continent d'Ectrasyc.

Helaria : royaume d'abord stoltzt, puis multiethnique. Il comprend l'archipel helarieal, quelques provinces le long de la côte sud du continent et le delta de l'Unster jusqu'au Salirian. Ce terme désigne aussi :

– un patronyme mustulal porté par le fondateur de la tribu d'Helaria.

– une tribu d'abord nomade qui en se sédentarisant fondera le royaume d'Helaria

– La province occidentale de l'archipel helarieal, de l'île d'Ystreka jusqu'aux îles jumelles.

Helariamen : langue de l'Helaria

Helariasen(y) : habitant(s) de l'Helaria.

hofec : nom helarieal du lézard-dragon.

Honëga : ancienne république stoltzt ayant occupé l'archipel helarieal quelques centaines d'années avant eux. Réputée pour sa cruauté (Ystreka signifie île du châtiment en langue d'Honëga). Leurs descendants vivent aujourd'hui dans la province de Gemsëpros. Elle a donné son nom à la province nord-est de l'archipel helarieal, ainsi qu'à l'île principale de la province.

Imoteiv : capitale de l'Helaria, sur l'île d'Ystreka.

Jimip : plus ancienne ville d'Helaria, sur l'île d'Ystreka. Siège de la principale université d'Helaria.

Jurave : créature indigène reptilienne tenant la place de la poule dans les basses cours des Anciens Peuples.

Kushan : ancien royaume edorian situé au nord de la baie de Kushan sur la côte sud d'Ectrasyc. Devenue province de l'Helaria après la guerre contre les Feythas. C'est aussi la capitale de la province. La ville de Kushan est construite dans le delta du fleuve Kush, sur des centaines d'îles de petite taille reliées par des ponts. Elle est surnommée, la ville aux mille ponts. C'est le point d'arrivée de la Grande Route du Sud.

Longe : unité de longueur. 1/20736e de la circonférence planétaire, soit 1,93 km environ.

Maître : grade civil situé au-dessus d'artisan. Il peut avoir des apprentis et dirige une équipe d'artisans. C'est aussi un terme générique pour les rangs de maîtres, grand maîtres et archonte.

Monsihon : 1ere division temporelle, 1/12 de la journée, soit 2 h 36 min.

Nëppë : 3e lune d'Uv-Polin. Sa rotation est antérograde. Sa lunaison dure 28 jours. C'est son cycle qui détermine la durée du mois.

Neiso : principal port militaire d'Helaria sur l'île d'Ystreka. C'est là qu'est construite la flotte, militaire comme civile. La ville est interdite aux étrangers.

Nouveaux Peuples : peuples amenés par les Feythas sur Uv-Polin. Comprends les humains, les edorians, les drows et les nains.

Ocarian : ancien empire situé sur la rive droite de l'Unster, de l'embouchure au delta. À la destruction de sa capitale, les différentes provinces sont devenues autant de cités états indépendantes. Une grande partie du sud à perdu son indépendance au profit des royaumes d'Yrian, de Salirian et d'Helaria. Le nord est un désert stérile.

Ongle : unité de longueur. 1/12 de doigt, soit 0,6 mm

Orvbel : petit royaume sur la côte sud du continent. Ancien centre de trafic d'esclaves.

Paume : unité de longueur. 1/12e de perche, soit 9,31 cm

Pentarchie : système de gouvernement basé sur un système de cinq rois de rangs égaux. Avec une majuscule, le terme désigne la Pentarchie d'Helaria.

Pentarque : les cinq rois d'Helaria. Dans l'ordre Vespef, Wotan, Peffen, Wuq et Muy.

Perche : unité de longueur de référence. 1/1728e de longe, soit 1,12 m environ.

Renaissance : Capitale du Mustul sur le continent de Shacand. Abrite le siège du conseil continental. Ainsi nommée car c'est la première ville civilisée à s'être réorganisée après la guerre contre les Feythas.
Résidence (la) : Palais des pentarques de l'Helaria. Siège du pouvoir. Située sur l'île d'Ystreka au sud d'Imoteiv.
Ruvyin : lit. La porte (d'Helaria). Seule ville de l'Ys Ellez. Située sur le continent, elle protège l'accès au gué reliant Ystreka à la terre. C'est à Ruvyin que la Grande Route du Sud entre en Helaria.
Salirian : royaume humain situé dans l'extrême sud de l'ancien empire Ocarian (moins le delta annexé par l'Helaria). Il est situé entre l'Helaria et les cités états libres d'Ocarian.
Sangären : peuple nomade humain habitant dans les grandes plaines à cheval sur la frontière nord du Kushan.
Shacand : continent sud d'Uv-Polin, entièrement en zone tropicale. Très peu peuplé, il fait partie de la sphère d'influence du Mustul.
Seda : 2e lune d'Helaria. Sa lunaison dure 60 jours.
Sernos : capitale de l'Yrian.
Siècle : 144 ans selon la numérotation en base douze d'Helaria.
Stersihon : 3e division temporelle, 1/12 de calsihon, soit 1 min 5 s environ.
Stoltz : ancien peuple, autrefois le plus nombreux de la planète, il n'en représente qu'une faible fraction après la guerre contre les Feythas. Ils sont semblables aux humains par la morphologie. Les royaumes stoltzt qui restent ont un haut niveau de civilisation avec une forte avance technologique sur leurs concurrents humains, en particulier dans le domaine des armes et de la navigation.
Tezej : ville la plus occidentale de l'Helaria, sur Ystreka. Surnommée la ville aux mille temples à cause de la multitude d'autels qui s'y trouvent. Considéré par certains fidèles comme une ville sacrée.
Tösihon : 5e division temporelle, 1/12 de vinsihon, soit 0,45 secondes.
Unster : fleuve géant du continent d'Ectrasyc, coulant des montagnes du centre du continent vers la côte sud. C'est sur son cours que se trouvent les royaumes les plus riches du monde.
Uv-Polin (lit. Notre monde) : le nom de la planète en helariamen
vinsihon : 4e division temporelle, 1/12 de stersihon, soit 5 s environ.
Vunci : Fleuve mineur de la côte sud du continent d'Ectrasyc. Ses rives constituent un nouveau centre de colonisation humaine. Les royaumes qui le bordent ont créé la Hanse de la Vunci.
Yrian : royaume humain situé le plus au nord sur le cours de l'Unster, dans la partie centrale de l'ancien empire Ocarian. C'est le plus riche et le plus puissant.

Yeun Ellez : Îles du delta de l'Unster. Autrefois appartenant à l'Ocarian. Siège d'un royaume edorian pendant le règne des Feythas. Après la guerre, sa population ayant disparu, Helaria annexera la zone mais n'y fondera aucune ville. Contiens les seules forêts exploitables du continent ayant survécu aux Feythas. Avec l'Ys Ellez, elle forme les provinces d'Ellez.

Ys Ellez : lit. Ellez oriental. Bande côtière maritime du côté gauche de l'Unster reliant le Yeun Ellez à Kushan. Sa frontière avec les royaumes edorians au nord est la lisière de la forêt. Elle ne comporte qu'une seule ville (Ruvyin) et sa largeur se rétrécit parfois au point d'être à peine assez large pour laisser passer la grande route du sud.

Ystreka : île principale de l'Helaria qui abrite le gouvernement et le port commercial. Elle est située à l'extrême ouest de l'archipel helarieal, dans le flux de l'Unster. Située à quelques longes de la côte seulement, elle est reliée par un gué au continent, facile à emprunter à marée basse par des cavaliers. Le débouché du gué se situe dans la ville de Ruvyin.

Remerciements

Écrire un livre est un travail de longue haleine. Je ne serai jamais arrivé au bout si je n'avais pas été aidé par quelques amis. Je remercie Annick, Jérôme et David mes fans de la première heure qui ont pu lire cette histoire au fur et à mesure de son écriture. C'est leurs demandes continuelles pour connaître la suite qui ont permis à cette histoire d'aboutir. Jean-Yves m'a montré à quel point il était aujourd'hui facile, grâce à Internet, de faire éditer ses créations.

Une pensée aussi à toutes les muses qui m'ont inspiré dans cette œuvre. Elles sont nombreuses et certaines existent réellement.

Une petite mention spéciale pour Anonymio qui mis mon héroïne en image tout en supportant mon mauvais caractère.

Ces remerciements ne seraient pas complets sans mentionner Sheeris, joueuse sur royaumes.net, qui a imaginé la façon dont le drow s'est occupé de Deirane.

Enfin je dois citer tous les lecteurs de Scribay et de Wattpad qui se sont penchés sur cette histoire et m'ont patiemment signalé toutes les erreurs et les incohérences. Ils sont nombreux. Merci à Amelso35, Brad Priwin, Elijah Lebaron, Gigi-Fro, JuDream-On, Le Molosse, Lopathima, Lurusun, Lynkha3, Miana450, Myriam L., Ourale04, Pharabulles, Pierrot, Ragne, SaltyKimsi et Vindikaell.

Bernhard Nocht

Vorlesungen für Schiffsärzte der Handelsmarine über Schiffshygiene, Schiffs- und Tropenkrankheiten

Bernhard Nocht

Vorlesungen für Schiffsärzte der Handelsmarine über Schiffshygiene, Schiffs- und Tropenkrankheiten

ISBN/EAN: 9783954272884
Erscheinungsjahr: 2013
Erscheinungsort: Bremen, Deutschland

© maritimepress in Europäischer Hochschulverlag GmbH & Co. KG, Fahrenheitstr. 1, 28359 Bremen. Alle Rechte beim Verlag und bei den jeweiligen Lizenzgebern.

www.maritimepress.de | office@maritimepress.de

Bei diesem Titel handelt es sich um den Nachdruck eines historischen, lange vergriffenen Buches. Da elektronische Druckvorlagen für diese Titel nicht existieren, musste auf alte Vorlagen zurückgegriffen werden. Hieraus zwangsläufig resultierende Qualitätsverluste bitten wir zu entschuldigen.

Vorlesungen für Schiffsärzte.

(Aus dem Institut für Schiffs- und Tropenkrankheiten in Hamburg.)

Vorlesungen für Schiffsärzte

der Handelsmarine

über

Schiffshygiene, Schiffs- und Tropenkrankheiten

von

Medizinalrat Dr. B. Nocht,

Leiter des hamburgischen Medizinalamtes, Chefarzt des Seemannskrankenhauses
und des Institutes für Schiffs- und Tropenkrankheiten in Hamburg.

Leipzig 1906
Verlag von Georg Thieme.

Vorwort.

„Einen jungen Arzt frisch von der Universität nach den Tropen senden, um dort Krankheiten zu behandeln, die er nie zuvor gesehen und von denen er vielleicht nie etwas gehört hat, ist nicht allein grausam für den Arzt, sondern kann Tod für seine Patienten bedeuten und bleibt unter allen Umständen ein schlechtes Unternehmen."

Diese Worte des Altmeisters der Tropenärzte, Sir Patrick Manson,[*]) gelten auch für junge Schiffsärzte, aber nicht bloß in bezug auf Tropenreisen und Tropenkrankheiten, sondern mutatis mutandis für ihre gesamte, ärztliche Tätigkeit und Stellung an Bord. Ein modernes Passagierschiff ist ein sehr komplizierter Organismus. Für den jungen Schiffsarzt ist es überall außerordentlich schwer, die hygienischen Verhältnisse an Bord, die Eigenart der Krankheiten der Schiffsbesatzung und der Reisenden sofort richtig zu beurteilen und über seine eigene Stellung, den Umfang seiner Pflichten und die ihm zu ihrer Erfüllung zu Gebote stehenden Hilfsmittel bald ins klare zu kommen.

Das vorliegende Buch soll dem jungen Schiffsarzt als Vorbereitung und Führer für seine Tätigkeit an Bord dienen. Es ist aus Vorlesungen entstanden, die ich in den letzten drei Jahren in den Kursen für Schiffsärzte in dem von mir geleiteten hamburgischen Institut für Schiffs- und Tropenkrankheiten gehalten habe und in denen die Erfahrungen verwertet wurden, die ich auf meinen eigenen Reisen wie in meiner bisherigen Tätigkeit als hamburgischer Hafenarzt sammeln konnte.

Mit der Einführung einer besonderen Vorbereitung der Schiffsärzte der Handelsmarine hängen meiner Ansicht nach die jetzt in der ärztlichen Presse häufiger erörterten Fragen der Stellung, der Unterkunft und der Honorierung der Schiffsärzte aufs engste zusammen. Wie ich mir die Regelung dieser Standesfragen auf Grund dieses

---

[*]) Lectures on tropical diseases. London 1905.

Zusammenhanges denke, kann am Schlusse des Buches nachgelesen werden. Ich bin überzeugt, daß man solchen Schiffsärzten, die für ihre Tätigkeit an Bord besonders vorbereitet und mit Erfolg geprüft sind, ohne Gefahr die Befugnis erteilen könnte, in gewissen Quarantänefragen selbständig und maßgebend zu entscheiden und daß dann diesen Ärzten ohne weiteres überall ein höheres Gehalt und eine bevorzugte Stellung an Bord eingeräumt werden würde.

Vielleicht wird diese Angelegenheit schneller, als bisher zu hoffen war, in befriedigender Weise geordnet, da der Reichstag vor kurzem beschlossen hat, den Reichskanzler zu ersuchen, zu veranlassen:

1. „daß die mit den deutschen Kolonien verkehrenden deutschen Passagierschiffe Schiffsärzte an Bord führen, die eine praktische Vorbildung in der Erkennung und Behandlung von Tropenkrankheiten und bezüglich der Schiffshygiene durchgemacht haben, sowie daß solche Schiffe eine Ausrüstung zu mikroskopischen Untersuchungen an Bord haben, die den Schiffsärzten die Erkennung der Tropenkrankheiten, insbesondere der Malaria, durch mikroskopische Untersuchung ermöglicht;

2. daß den so ausgerüsteten Schiffen entsprechende Vorteile bei der gesundheitspolizeilichen Untersuchung und Abfertigung in den deutschen Häfen eingeräumt werden."

Hamburg, im April 1906.

Dr. Nocht.

Inhaltsübersicht.

I. Kapitel.
Hygienisches über den Bau des Schiffes und
die Schiffsräumlichkeiten . . . . 1—27

Skelett des Schiffes, Kiel, Spanten — Außenhaut, Innenhaut, Schotten, Abteilungen — Decks, Hauptdeck, Zwischendeck usw. — Bilschraum, Doppelboden, Ballasttanks, Rinnstein, Bilschwasser, Bilschgase, hygienische Bedeutung des Bilschwassers — Garnierung, Laderäume, Ausdünstungen aus der Ladung, Erstickung, Explosion, Selbstentzündung, Verschlechterung der Luft in leeren Räumen, Verhütung der daraus entstehenden Gefahren, Schraubentunnel — Wohnräume für Schiffsbesatzung, Mannschaftslogis, Kojen, Licht, Heizung, Isolierwände, getrennte Eß- und Schlafräume, Kubikraum, Fußboden, Bade- und Waschräume, Aborte — Wohnräume für Reisende, Kabinen, Massenunterkunftsräume, Auswandererschiffe — Lüftung, Windsäcke, Ventilatoren, Utleysche Fenster, Anforderungen und Leistungsfähigkeit der Ventilatoren, Unmöglichkeit, durch Temperaturunterschiede und Winddruck allein eine unter allen Umständen ausreichende Lüftung aller Wohnräume an Bord sicherzustellen, Notwendigkeit von maschineller Lüftung, Beschreibung von maschinellen Lüftungsanlagen — Kessel- und Maschinenräume, Größe der Luftbewegung darin, Fehlen der Luftbewegung bei achterlichem Wind, Beurteilung der Ventilation der Heizräume, künstlicher Zug, Howdons Patent, forcierter Zug in geschlossenen Heizräumen der Kriegsschiffe, Empfehlung von Einrichtungen zur künstlichen Ventilation der Heizräume auf allen größeren Handelsdampfern, Kohlenbunker.

II. Kapitel.
Allgemeines über Gesundheit und Krankheiten der Schiffsbesatzungen an Bord von Kauffahrteischiffen . . . . 28—45

Historisches, Mortalität und Morbidität in den Kriegsmarinen, Schiffstagebuch, Meldung der Todes- und Krankheitsfälle, Schwierigkeit statistischer Ermittelungen über Krankheitshäufigkeit und Krankheitssterblichkeit in der Handelsmarine, Schätzung der Mortalität und Morbidität in der Handelsmarine — Die wichtigsten Krankheitsgruppen bei den Schiffsbesatzungen, Besprechung einzelner Krankheiten, Tuberkulose, Hitzschlag, Selbstmord der Feuerleute, Geschlechtskrankheiten, Unfälle.

III. Kapitel.

Gesundheitsverhältnisse und gesundheitliche Fürsorge für die Reisenden an Bord der Kauffahrteischiffe .... 46—57

Erkrankungshäufigkeit und Sterblichkeit der Reisenden an Bord, Kajütspassagiere, Zwischendeckspassagiere — Gesundheitliche Fürsorge für Auswanderer an Land und an Bord, Auswandererschiffe — Schwimmende Sanatorien.

IV. Kapitel.

Krankenfürsorge an Bord der Kauffahrteischiffe .... 58—74

Gesetzliche Regelung der Krankenfürsorge — Schiffe ohne Schiffsarzt — Mitnahme von Schiffsärzten, Zulassung, Anstellung, Rang, Kammer, allgemeine Stellung an Bord, Vorbildung der Schiffsärzte — Schiffsapotheke, diagnostische Ausrüstung — Krankenräume, Beköstigung der Kranken, Krankenwärter — Ausschiffung von Kranken, Krankmeldung, Krankenuntersuchung — Instruktion der Reedereien für die Schiffsärzte, Tagebuch, Krankenjournal, Meldung bei der örtlichen Medizinalbehörde.

V. Kapitel.

Über Malaria — Häufigkeit an Bord, Ätiologie und Epidemiologie .... 75—90

Häufigkeit der Malaria an Bord der Handelsschiffe — Diagnose der Malaria, Blutuntersuchung, Entnahme des Bluttropfens, Ausstreichen, Fixieren, einfache Färbung, Romanowskysche Färbung, Giepsasche Modifikation — Malariaparasiten, allgemeine Form, Arten, Quartanparasit, Tertianparasit, Tropicaparasit — Entwicklungskreislauf der Malariaparasiten, Gameten, Geißelbildung, Mikro- und Makrogameten, Befruchtung, Entwicklung in der Mücke — Anophelesmücke, Unterscheidung von Culex und Stegomyia — Epidemiologie der Malaria.

VI. Kapitel.

Über Malaria — Klinik, Therapie, Prophylaxe, Schwarzwasserfieber .... 91—111

Klinische Bedeutung des Fiebers bei Malaria — Schädigung der roten Blutkörperchen, Leukocytenbefunde, Hämoglobinbestimmung — Inkubation, Fieberkurven der verschiedenen Malariaarten, Verhalten der Parasiten dabei, Milzschwellung, Hirnsymptome, „west coast memory", Malariakachexie — Differentialdiagnose — Therapie — Schwarzwasserfieber, Diagnose, Symptome und Verlauf, Pathogenese, Behandlung — Prophylaxe der Malaria an Bord.

VII. Kapitel.

Über Dysenterie, Leberabszeß, Sprue .... 112—130

Vorkommen der Dysenterie an Bord — Dysenterische Symptome bei anderen Krankheiten — Echte Dysenterie, Bazillenruhr, Amöbenruhr — Therapie — Leberabszeß — Sprue.

VIII. Kapitel.
Trypanosomiasis, Kala-Azar, Filariose, Bilharziose, Darmparasiten .... 131—144

Allgemeines über Trypanosomen — Trypanosomenfieber — Schlafkrankheit — Kala-Azar — Filaria nocturna, Filaria Bancrofti — Filaria diurna, Filaria loa — Filaria perstans — Filaria medinensis — Bilharziose — Darmparasiten — Stuhluntersuchung.

IX. Kapitel.
Gelbes Fieber .... 145—159

Häufigkeit an Bord — Hauptherde und Verbreitung — Symptome und Verlauf — Leichenbefund — Mortalität — Diagnose — Ätiologie — Inkubation — Stegomyia fasciata — Prophylaxe und Bekämpfung.

X. Kapitel.
Beriberi .... 160—177

Häufigkeit der Beriberikrankheit an Bord — Klinisches, rudimentäre, atrophische, hydropische und akute kardiale Form der Beriberi, Verlauf, pathologische Anatomie, Diagnose, Prognose und Behandlung — Ätiologie und Pathogenese — Segelschiffberiberi.

XI. Kapitel.
Typhus, Cholera, Maltafieber, Dengue und Lepra .... 178—200

Häufigkeit des Abdominaltyphus an Bord — Massenerkrankungen — Rolle des Trinkwassers dabei — Kontaktinfektionen — Ambulante Fälle — Infektionsgelegenheiten — Diagnose — Blutkultur — Vidalsche Reaktion — Fickers Diagnostikum — Leukozyten bei Typhus — Differentialdiagnose zwischen Typhus und Malaria — Paratyphus — Schutzimpfung gegen Typhus — Cholera — auf Kriegsschiffen — auf Auswandererschiffen — Zweierlei Typen der epidemischen Ausbreitung der Cholera — Bedeutung der Kontaktinfektionen an Bord — Bazillenträger — Diagnose — Vorsichtsmaßregeln beim Aufenthalt in Cholerahäfen — Maltafieber — Vorkommen — Diagnose — Syphilitisches Fieber — Dengue — Lepra — Vorkommen — Diagnose — Folgen der Beförderung von Leprakranken.

XII. Kapitel.
Pest .... 201—221

Verbreitung der Krankheit — Allgemeines epidemiologisches Verhalten — Verlauf und Symptome, Bubonenpest, Lungenpest, Diagnose — Behandlung, prophylaktische Impfung — Übertragungswege, Rattenpest, Bedeutung der Rattenpest für die Schiffe und den Seeverkehr, Diagnose der Rattenpest — Vernichtung der Ratten an Bord von Schiffen, Gitt, rattentötende Tiere, Ausräuchern der Schiffe, Claytonapparat, Nocht-Giemsascher Apparat.

XIII. Kapitel.

Über Trinkwasserversorgung an Bord .... 223—234

Herkunft des Trinkwassers in den Häfen — Entnahme an Land — Transport an Bord — Wasserbote — Wassertanks — Bleivergiftung — Keimzahlen im Trinkwasser — Entnahme zum Trinken an Bord — Wassermenge — Filter — Trinkwassersterilisation — Destillation von Trinkwasser — Destillierapparate — Kohlensäurezusatz zum destillierten Wasser — Prüfung des destillierten Wassers auf Kochsalz — Trinkwasseruntersuchung.

XIV. Kapitel.

Isolierung von Infektionskranken und Desinfektion an Bord, gesundheitliche Überwachung des Seeverkehrs .... 235—255

Räume zur Isolierung von Kranken an Bord — Lage, Einrichtung — Desinfektionsmittel — Desinfektion der Ausscheidungen der Kranken, des Eßgeschirrs und sonstiger Gerätschaften, der Bett- und Leibwäsche, der Hände des Arztes und des Pflegers — Desinfektion infizierter Räume mit Inhalt — Formaldehyddesinfektion — Dampfdesinfektion — Umfang der Wohnungsdesinfektionen an Bord — Desinfektion der Bilsch und des Bilschwassers — Desinfektion der Laderäume — Absperren von Häfen gegen Seuchengefahr — Quarantänen, Observations- und strenge Quarantäne — Inspektionssystem — Internationale Konventionen — Pariser Konvention 1903 — Einteilung der Schiffe danach — Maßregeln bei „reinen" Schiffen — Maßregeln bei „verdächtigen" Schiffen — Maßregeln bei „verseuchten" Schiffen — Schiffe mit Rattenpest — Die übrigen Bestimmungen der Pariser Konvention — Übertragung der gesundheitlichen Überwachung der Passagierschiffe auf die Schiffsärzte, Befreiung der Passagierschiffe von der ärztlichen Untersuchung vor der Eröffnung des Verkehrs mit dem Lande — Darauf bezügliche internationale Vereinbarungen.

Anlage I.

Auszug aus den Bekanntmachungen, betreffend Vorschriften über Auswandererschiffe, vom 14. März 1898 und 20. Dezember 1905 .... 256—271

Anlage II.

Auszug aus der Seemannsordnung vom 2. Juni 1902 ...... 272—275

Anlage III.

I. Bekanntmachung, betreffend die Untersuchung von Schiffsleuten auf Tauglichkeit zum Schiffsdienste, vom 1. Juli 1905 ...... 276—278

II. Bekanntmachung, betreffend die Logis-, Wasch- und Baderäume sowie die Aborte für die Schiffsmannschaft auf Kauffahrteischiffen, vom 2. Juli 1905 .... 279—283

Anlage IV.

Anleitung zur Ausmessung bewohnter Schiffsräume .... 284—285

Anlage V.

Auszug aus der Verordnung, betreffend Führung und Behandlung des Schiffstagebuches . . . . 286—288

Anlage VI.

Anweisung für das nach der Bekanntmachung des Reichskanzlers vom 3. Juli 1905, betreffend Krankenfürsorge auf Kauffahrteischiffen, vom Schiffsarzte zu führende Tagebuch . . . . 289—291

Anlage VII.

Auszug aus der Bekanntmachung, betreffend Krankenfürsorge auf Kauffahrteischiffen. Vom 3. Juli 1905 . . . . 292—306

Nachtrag I zu Anlage VII.

Aus der Bekanntmachung des Reichskanzlers vom 20. Dezember 1905, betreffend Vorschriften über Auswandererschiffe 306

Nachtrag II zu Anlage VII.

Bekanntmachung, betreffend Krankenfürsorge auf Kauffahrteischiffen (gegeben in der Versammlung des Senats, Hamburg, den 22. Dezember 1905) 307

Anlage VIII.

Geschäftsordnung für die Auskunftsstelle des Deutschen Ärztevereinsbundes für die Besetzung ärztlicher Stellen im Auslande und auf deutschen Schiffen . . . . 308—309

Anlage IX.

Entwurf einer Ausrüstung für Schiffsärzte zur mikroskopisch-bakteriologischen Diagnose (nebst Anmerkungen dazu) . . . . 310—312

Anlage X.

Auszug aus der Internationalen Pariser Sanitätskonvention 1903 . . . 313—319

Anlage XI.

Anweisung zum Sammeln medizinisch-wichtiger Objekte auf tropischen Schiffsreisen . . . . 320—324

Verzeichnis der Abbildungen.

Fig. 1. Kiel und Spanten eines hölzernen Schiffes (mittschiffs).
„ 2. Längsschnitt durch ein hölzernes Schiff in der Medianebene (Kiel, Kielschwein, Spanten, Vordersteven).
„ 3. Kiel und Spanten aus eisernen Trägern.
„ 4. Doppelboden eines eisernen Schiffes mit geschlossenem Tankzellensystem.
„ 5. Schiff mit Wasserballasttanks im Doppelboden.
„ 6. Schematischer Durchschnitt durch ein Schiff mit einfachem Boden und ein solches mit Doppelboden.
„ 7. Schiff mit stehenden Ballasttanks.
„ 8. Schraubentunnel.
„ 9. Mannschaftsraum vorn unter der Back im Zwischendeck.
„ 10. Mannschaftslogis (Grundriß).
„ 11. Luftzieher verschiedener Form. Windsäcke, Metallventilatoren, Sauger.
„ 12. Schwanenhals.
„ 13. Auf deutschen Kriegsschiffen eingeführte Form der Ventilatorkappen.
„ 14. Ventilation eines großen Passagierdampfers durch Luftzieher.
„ 15. Utleysches Ventilationsfenster.
„ 16 u. 17. Heiz- und Kesselräume eines großen Dampfers.
„ 18. Querschnitt durch einen großen Passagierdampfer („Deutschland" H.A.L.) mittschiffs.
„ 19. Lageplan der Auswandererhallen in Hamburg.
„ 20. Grundriß des Aufnahmegebäudes der Auswandererhallen.
„ 21. Baracke für Zwischendeckspassagiere in den Auswandererhallen.
„ 22. Ausstreichen von Blut auf Deckgläschen.
„ 23. Entwicklungsstadien und Unterscheidungsmerkmale von Culex und Anopheles
„ 24. Fieberkurve eines Falles von Quartana simplex.
„ 25. „ „ „ „ Tertiana simplex.
„ 26. „ „ „ „ Tertiana duplex.
„ 27. „ „ „ „ Quartana triplicata.
„ 28. „ „ „ „ Tropicainfektion.
„ 29. Entwicklungsstadien von Stegomyia fasciata.
„ 30. Moskitosichere Kammer zur Behandlung von Gelbfieberkranken.
„ 31. Quotidiana — ähnliche Kurve eines Falles von Paratyphus A (Endstadium).
„ 32. Matrose mit Lepra (vorgeschrittenes Stadium).
„ 33. Matrose mit Lepra (weniger vorgeschrittenes Stadium).
„ 34. Von Ratten angefressene Säcke (Inhalt Kaffee).

I. Kapitel.

Hygienisches über den Bau des Schiffes und die Schiffsräumlichkeiten.

Das Skelett des Seeschiffes besteht aus Kiel und Spanten. Der Kiel, das Rückgrat des Schiffes, verläuft als mächtiger Träger von vorn bis hinten in der Mittellinie des Schiffsbodens. An den Kiel sind wie die Rippen an die Wirbelsäule die Schiffsrippen, Querspanten genannt, in Ebenen, die senkrecht zum Kiel gestellt sind, angesetzt. Vorn und hinten haben die Spantenpaare die Gestalt von Spitzbögen, mittschiffs verlaufen sie am Boden des Schiffes zunächst horizontal und biegen erst in einem Abstande vom Kiel, der ungefähr der oberen Breite des Schiffes entspricht, in abgerundeten, rechten Winkeln nach oben. Der Schiffsboden bildet demnach in der Mitte des Schiffes eine horizontale Ebene. Als Abschluß des Spantengerüstes sind vorn und hinten die besonders stark konstruierten Enden des Kiels, der Vorder- und der Achtersteven, nach oben gebogen. Auf Holzschiffen besteht das

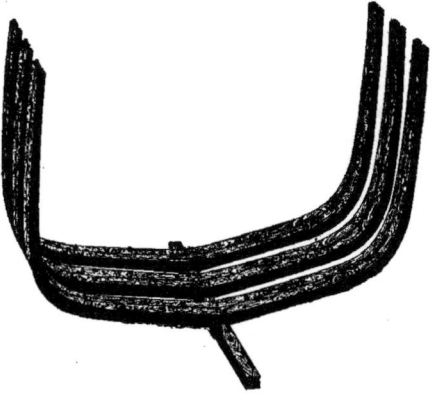

Fig. 1. Kiel und Spanten eines hölzernen Schiffes (Mittschiffs).

aus Kiel und Spanten zusammengesetzte Gerüst aus starken Holzbalken (Fig. 1). Der Kiel bildet eine doppelte Balkenlage. Der obere Balken wird Kielschwein genannt (Fig. 2). Auf eisernen Schiffen haben Kiel und Spanten die bekannte Trägerform **I** (Fig. 3). Bekleidet ist das Gerüst mit der Schiffshaut. Zur Außenhaut werden bei Holzschiffen und bei den Kompositschiffen (Eisengerüst, Holzbekleidung) starke, hölzerne Planken, die außen, soweit sie unter

Wasser zu liegen kommen, mit Kupferblech beschlagen sind, verwendet. Bei den ganz aus Eisen oder Stahl hergestellten Schiffen besteht die Außenhaut aus miteinander vernieteten Eisen- oder Stahlplatten. Die bei weitem überwiegende Mehrzahl der größeren

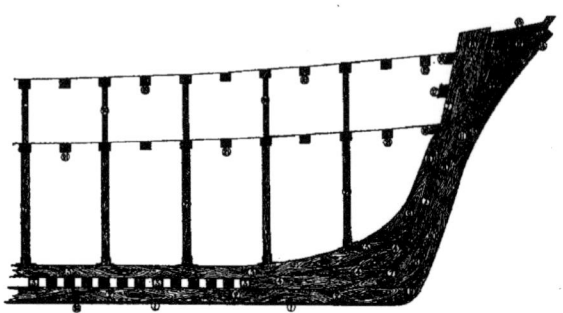

Fig. 2. Längsschnitt durch ein hölzernes Schiff in der Medianebene. (Kiel, Kielschwein, Spanten, Vordersteven.)

Segelschiffe und so ziemlich alle Seedampfer sind jetzt aus Eisen oder Stahl. Eine Innenhaut ist auf den Handelsschiffen nur stellenweise vorhanden. Nicht bloß in den zur Aufnahme der Frachtgüter bestimmten Räumen (Laderäumen), sondern auch in vielen Wohnräumen sieht man an Bord von Handelsschiffen die Spanten innen bloßliegen. Nur der Schiffsboden hat überall eine innere, über den Spanten lagernde Decke, aus Holzplanken bestehend (Garnierung). Durch senkrechte Querwände aus Eisenplatten (Schotten) werden alle größeren Seeschiffe, insbesondere alle Dampfer in eine mit der Größe der Schiffe zunehmende Anzahl von — wasserdichten — Abteilungen zerlegt, die mit Ziffern benannt sind und von vorn nach hinten gezählt werden. Ein Dampfer hat mindestens drei Abteilungen. In einer — bei größeren Dampfern in mehreren — der mittleren Abteilungen sind Maschine und Kessel untergebracht. Eine Ausnahme machen die Dampfer, die zur Beförderung von Petroleum bestimmt sind. Hier befinden sich Maschine und Kessel, um sie von der feuergefährlichen Ladung möglichst zu trennen, meist in den hinteren Abteilungen des Schiffes. In horizontal übereinander liegende Räume wird das Schiff durch die Decks abgeteilt, die meist aus Eisenplatten bestehen und nicht einmal innen dort, wo sie den Fußboden von Wohnräumen darstellen, mit einem Holzbelag versehen sind, z. B. nirgends in den zum

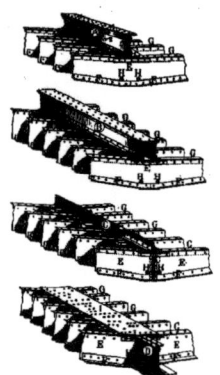

Fig. 3. Kiel und Spanten aus eisernen Trägern.

I. Kapitel. Hygienisches über den Bau des Schiffes u. die Schiffsräumlichkeiten.

Massentransport von Reisenden bestimmten Räumen. Bei uns ist Holzbelag nur für den Fußboden der Mannschaftsräume vorgeschrieben, auf fremden Schiffen trifft man auch in den Mannschaftsräumen häufig nackten Eisenfußboden. Große Schiffe haben 5, 6 Decks und mehr übereinander, die ebensoviele Stockwerke im Schiffe abgrenzen. Diese Decks verlaufen aber auf unsern modernen Dampfern nirgends mehr wie auf den alten Segelfregatten ununterbrochen von vorn nach hinten. Will man ein modernes Schiff in seiner ganzen Länge durchwandern, so muß man in der Regel mehrere Male treppauf und treppab steigen. Man unterscheidet das — am stärksten gebaute — Hauptdeck von den übrigen Decks. Die unter dem Hauptdeck belegenen Decks heißen Zwischendecks, die nach ihrer Lage von oben her als 1., 2. Zwischendeck usw. gezählt werden. Die Decks über dem Hauptdeck führen verschiedene Namen, auf deren Erläuterung hier einzugehen nicht nötig ist (Oberdeck, Spardeck, Brückendeck, Welldeck, Sturmdeck u. a. m.). Mit den Namen der Decks werden auch die durch sie abgeteilten Stockwerke benannt. Man sagt z. B. von einem Wohnraum: er liegt im Zwischendeck usw. Die großen, gemeinschaftlichen Unterkunftsräume, in denen die Reisenden untergebracht werden, die eine Kabine nicht bezahlen können, lagen früher ausschließlich in den Zwischendecks. Auf den großen, modernen Dampfern findet man auch Einzelkabinen für Reisende im Zwischendeck und umgekehrt gelegentlich große gemeinschaftliche Schlafräume in den oberen Decks.

Von den durch die genannten Konstruktionen an Bord abgeteilten Räumen sind hygienisch von Wichtigkeit der Bilschraum, die Laderäume, die Wohnräume und die Maschinenräume mit ihrem Zubehör.

Bilschraum nennt man den untersten Schiffsraum, der zwischen der Außenhaut und der Innenhaut am Boden des Schiffes verbleibt und in dem die Querspanten, ehe sie nach oben umbiegen, verlaufen. Durch diese Spantenpaare wird der im Schiffsboden befindliche Bilschraum in eine große Anzahl einzelner Räume zerlegt, (vgl. Fig. 2 u. 3), die miteinander nur dadurch in Verbindung stehen, daß die Spanten an einzelnen Stellen durchbohrt sind. Meist befinden sich diese Löcher in den Spanten nicht weit vom Kiel. Ihr Lumen beträgt einige Zentimeter. Die größeren Dampfer haben durchweg

Fig. 4. Doppelboden eines eisernen Schiffes mit geschlossenen Tanks-Zellensystem.

eine besondre Bodenkonstruktion, durch die die Bilschräume zwischen den Spanten am Boden des Schiffes in geschlossene Behälter (Tanks) (Fig. 4) verwandelt werden, so daß der Schiffsboden ein nach außen geschlossenes Zellensystem darstellt, dessen einzelne Zellen durch Löcher, die in die Spanten eingeschnitten sind, miteinander in Verbindung stehen. Dieses Zellsystem, der Doppelboden des Schiffes, dient zur Aufnahme von Ballastwasser, das die Schiffe, wenn sie leer sind, einnehmen, um genügenden Tiefgang zu bekommen (Fig. 5 u. 6). Die neueren, großen Dampfer führen immer Ballastwasser mit, einerlei, ob sie genügend Ladung haben oder nicht, weil sie zum Speisen ihrer komplizierten Kessel Seewasser nicht gebrauchen können, sondern Süßwasser in großen Mengen (1000 cbm und mehr) dazu mit sich führen müssen. Der innere Schiffsboden, die obere Decke des Doppelbodens, verläuft auf diesen Schiffen glatt und horizontal, jedoch reicht diese Decke mit den darunter befindlichen Tankzellen auf den Handelsschiffen in der Regel seitlich nicht bis dicht an die Schiffswand heran, sondern endet einen halben bis einen Meter

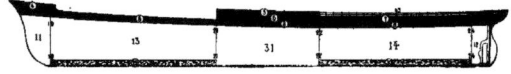

Fig. 5. Schiff mit Wasserballasttanks (schraffiert) im Doppelboden.

vorher; die Tankzellen sind dann seitlich durch eine schräge Seitenplatte abgeschlossen. Zwischen dieser Tankseitenwand und der Bordwand bleibt ein im Querschnitt dreieckiger „Rinnstein" (vgl. Fig. 4 u. 6) übrig, der oben nur mit Holzplanken zugedeckt ist und durch die in ihm bloßliegenden Spanten in eine Anzahl von einzelnen trogförmigen Abteilungen zerlegt wird, die wieder durch Löcher in der Tiefe der durchziehenden Spantstücke miteinander in Verbindung stehen. Diese Rinnsteine sind die Bilschräume der Dampfer, deren Boden als Doppelboden mit geschlossenen, im Doppelboden befindlichen Ballasttanks konstruiert ist. Die Ballasttanks und die Bilschräume sind innen mit einem Zement- oder Asphaltbelag versehen.

In den Bilschräumen sammelt sich das im Schiff nach unten zusammensickernde Wasser an. Auf Holzschiffen, die nie ganz wasserdicht bleiben, besteht dies Bilschwasser zum größten Teil aus Leckwasser. Es ist aber regelmäßig durch Schmutzwasser, das aus dem Schiff selbst stammt, Schmutz und Abfall aus der Ladung so verunreinigt, daß es eine schwarze, in voller Fäulnis befindliche, stinkende Flüssigkeit darstellt. Auf alten Holzschiffen, die viel Leckwasser durchlassen — viel „Wasser machen" —, muß das Bilschwasser sehr häufig ausgepumpt werden. Auf den eisernen Dampfern müssen wir zwischen dem Bilschwasser unter den Kessel- und Maschinenräumen einerseits und dem Bilschwasser unter den übrigen Räumen unterscheiden. Unter den Maschinen- und Kesselräumen finden wir in der Regel keinen oben abgeschlossenen Doppelboden. Die obere Zelldecke ist durchlöchert und zum Abnehmen eingerichtet, so daß das aus den Maschinen fortwährend in beträchtlichen Mengen abträufelnde Schmier- und Kühlwasser in die Bodenzellen ablaufen kann. Dort sammelt es sich in so großen Mengen an, daß es fortwährend durch Dampfpumpen ausgepumpt werden muß. Stagnierendes, faulendes Bilschwasser gibt es unter den Kessel- und Maschinenräumen also nicht. Anders in den nicht unter der Maschine und den Kesseln belegenen Bilschräumen, die von der Maschinenbilsch durch wasserdichte Schotten getrennt sind.

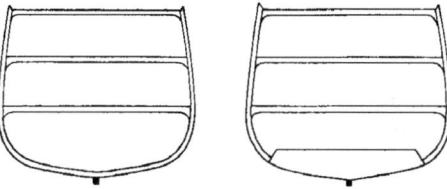

Fig. 6. Schematischer Durchschnitt durch ein Schiff mit einfachem Boden und durch ein solches mit Doppelboden.

Da es Leckwasser, wie auf Holzschiffen, auf einem seetüchtigen Eisenschiff nicht gibt, so gelangen in diese Bilschräume nur sehr geringe Wassermengen, die von überkommenden Wellen (Seen) und Spritzern, die nicht restlos ablaufen, sondern zum Teil in die unteren Schiffsräume dringen und dort versickern, ferner von Schmutzwasser, das nicht durch die Ausgüsse entfernt, sondern im Schiff vergossen wurde, und von Niederschlagwasser, das sich an den eisernen Schiffswänden innen absetzt und nach unten zusammenläuft, herrühren. Auch Abflüsse aus der Ladung — etwa aus undichten Fässern —, Schmutz und Abfall aus der Ladung gelangen in das Bilschwasser. Alles das sammelt sich in den Rinnsteinen, bildet aber in der Regel keine größeren Wassermassen; man findet in den Rinnsteinen meist nur einzelne Pfützen einer trüben, faulen Jauche.

Die hygienische Bedeutung des Bilschwassers ist früher stark überschätzt worden. Zum Teil geschieht das jetzt noch. Auf den großen hölzernen, überaus stark bemannten Kriegsschiffen und Transportfahrzeugen der vor dem Eisenschiffbau liegenden Zeit sammelten sich in der Bilsch zwischen den hölzernen Bodenspanten regelmäßig so große Schmutzwassermengen an, daß die ihnen entströmenden Fäulnisgase immer die untersten Schiffsräume, oft aber das ganze Schiff mit unerträglichem Gestank erfüllten. Die Mannschaften, die zum Auspumpen und Reinigen der Bilschen an Bord dieser Schiffe kommandiert wurden, fielen dabei häufig ohnmächtig um, selbst tödliche Asphyxien kamen infolge der Einwirkung der Bilschgase vor. Man nahm nun entsprechend den damaligen, allgemeinen Anschauungen an, daß auch die Schiffsseuchen (Skorbut, Schiffstyphus — exanthematischer und Abdominaltyphus kamen sehr häufig vor — gelbes Fieber und andre Krankheiten) durch die üblen Ausdünstungen des Bilschwassers hervorgerufen würden. Jetzt machen sich stinkende Bilschgase nur selten an Bord und nur unter besonderen Verhältnissen lästig bemerkbar. Wohnräume befinden sich unmittelbar über den Bilschräumen in der Regel nicht. Zwischen Bilsch und Wohnräumen liegt die Ladung des Schiffes. Auch wenn das Bilschwasser mit Cholera- oder mit Pestkeimen (Rattenkadaver) infiziert sein sollte, würde diese tief unten im Schiff stagnierende Faulflüssigkeit im allgemeinen doch nur den Leuten gefährlich werden, die mit dem Reinigen der Bilschräume sich beschäftigen müssen. Das kann aber in der Regel erst nach dem Löschen der Ladung, d. h. nach Beendigung der Reise geschehen. Seuchen, die während der Reise an Bord ausbrechen, können nicht vom Bilschwasser herrühren. Holzschiffe, die nach kurzer Reise aus einem choleraverseuchten Hafen ankommen, können unter Umständen vielleicht noch Leckwasser, das aus dem verseuchten Hafen stammt und mit lebenden Cholerakeimen infiziert ist, in ihren Bilschen mitbringen. Dasselbe könnte der Fall sein auf Dampfern, auf denen Heizer oder Kohlentrimmer während der Reise an Cholera erkrankt waren. In den Heizräumen wird Urin und Erbrochenes einfach in die Bilsch entleert. So infiziertes Bilschwasser könnte beim Auspumpen das umgebende Hafenwasser verseuchen. Ganz besonders hoch wurde früher die Gefahr der Einschleppung des gelben Fiebers durch Bilschwasser eingeschätzt. Wir können jetzt mit Sicherheit annehmen, daß etwa in das Bilschwasser gelangtes Gelbfiebervirus dort sofort zu Grunde geht und daß auch Eier und Larven von den das Gelbfieber übertragenden Stegomyamücken weder in der in den Rinnsteinen der Dampfer stagnierenden Jauche, noch in den Maschinenbilsch, die fortwährend in Bewegung ist, noch in dem Leckwasser der Holzschiffe, das zum größten Teil aus Seewasser besteht, zur Entwicklung gelangen können. Auf offenen Flußschiffen ist das allerdings anders. Es ist vielfach beobachtet worden, daß das Bilschwasser solcher Dampfer und Barken von Stegomyalarven wimmelte.

Über den Bilschen und den Ballasttanks, durch eine Lage Holzplanken (Garnierung) davon getrennt, liegt die Ladung in den Laderäumen, großen, nach oben durch zugedeckte Luken abgeschlossenen, kahlen Räumen mit einem Inhalt von meist mehreren hunderten, oft von 1000 cbm und weit darüber. Die Verhältnisse, unter denen Infektionskrankheiten durch die Ladung an Bord übertragen oder in Häfen verschleppt werden können, sollen weiter unten (Kap. 14) erörtert werden. Hiervon abgesehen, sind von hygienischem Interesse die Belästigungen und Gefahren, die durch Ausdünstungen aus der Ladung geschaffen werden können. Diese Ausdünstungen dringen allerdings in die Umgebung der Laderäume, z. B. in darunter oder daneben liegende Wohnräume in gesundheitsgefährlichen Mengen in der Regel nur auf schlecht in Ordnung gehaltenen Schiffen, bei denen der Abschluß der Laderäume, z. B. der Lukenverschluß, unvollständig ist. Passagierschiffe sollten überdies mit der Einnahme schlecht riechender Ladung vorsichtig sein. Als Auswandererschiffe dürfen nach unsern Gesetzen Fahrzeuge, die eine übelriechende Ladung an Bord haben, nicht fahren und auch nach Entlöschung solcher Ladung erst dann wieder zum Transport von Auswanderern benutzt werden, wenn sie gründlich gereinigt worden sind (Anl. 1 § 5). Viel gefährlicher als für die Reisenden können Ausdünstungen aus der Ladung für die Arbeiter werden, die nach dem Öffnen der Ladeluken in die Laderäume hinabsteigen, um die Ladung hinauszuschaffen. Nicht selten nämlich wird der Sauerstoffgehalt der Luft während der Reise in den verschlossenen Laderäumen bis auf ein Minimum herabgesetzt und es sammeln sich irrespirable, unter Umständen wenig riechende und sogar geruchlose Gase in gefährlichen Mengen an; so entwickelt feuchte, zellulosehaltige Ladung, z. B. feuchte Papierballen, Lumpen, Jute, Baumwolle, Getreide, Ölkuchen, unter Herabsetzung des Sauerstoffgehaltes der Luft mitunter so große Mengen von Kohlensäure und Kohlenwasserstoffen, daß die Arbeiter, die solche Laderäume zuerst betreten, ersticken oder ohnmächtig werden. Auch kann es, wenn solche Räume nach langem Verschluß sofort mit offenem Licht betreten werden, Explosionen und Feuerschaden geben. Auch Selbstentzündung solcher Ladung wird häufig beobachtet. Die Temperatur im Getreide, Mais usw. erhöht sich, namentlich wenn solche Ladung beim Einladen nicht ganz trocken war, an Bord im Laufe der Reise oft zu ganz erstaunlicher Höhe, bis 50^0 und darüber. Daß sich Kohlenladungen an Bord leicht selbst entzünden, ist wohl allgemein bekannt. Manches Schiff hat dadurch seinen Untergang gefunden. Über die Ursachen und die Verhütung solcher Katastrophen ist sehr viel geschrieben worden, aber genügende Klarheit darüber hat man noch nicht gewonnen. Nächst Kohlen ist die am meisten zur Selbstentzündung neigende Ladung feuchte Baumwolle. Der Beginn dieses Vorganges macht sich oft lange vor der Entdeckung des Feuerherds im Schiff durch scharfen Geruch nach Ammoniak bemerkbar.

Auch in leeren, lange dicht verschlossenen Räumen auf eisernen Schiffen wird die Luft bald zum Atmen unbrauchbar, indem der Sauerstoff der Luft oft schon nach unerwartet kurzer Zeit sich bis auf $10^0/_0$ und mehr vermindert, so daß die Leute, die solche Räume kurz nach ihrer Öffnung und ohne daß eine gehörige Lüftung vorausgegangen ist, betreten, ohnmächtig werden und in wenigen Sekunden sterben. Ganz besonders häufig kommen auf Handelsschiffen solche Unfälle beim unvorsichtigen Hinabsteigen in leere, lange verschlossen gewesene Tanks (große, eiserne Behälter für Flüssigkeiten, Wasser, Petroleum u. dgl.) vor. In den flachen Ballastwassertanks im Doppelboden der Schiffe erneuert sich allerdings die Innenluft nach dem Öffnen der Tankdeckel sehr schnell. Manche Schiffe aber, namentlich die kleineren ohne Doppelboden, haben stehende Ballastwassertanks zu 3—4 m Tiefe (Fig. 7), die nur von oben durch ein Mannloch, d. h. eine Öffnung, die eben groß genug ist, daß ein schmächtiger Mann

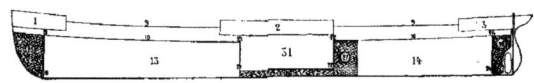

Fig. 7. Schiff mit stehenden Ballasttanks (schraffiert).

hindurch kann, betreten werden können. Das Mannloch ist durch einen dicht verschraubten Deckel geschlossen. Wenn man den Deckel eines solchen leeren Tanks, der lange verschlossen gewesen ist, aufschraubt, so strömt die Luft von außen zischend hinein, ein Zeichen dafür, daß drinnen ein Vakuum war, durch Absorption von Sauerstoff, der oft bis auf die Hälfte des normalen Gehaltes der Luft reduziert sein kann, entstanden. Enthalten solche leeren Tanks, wie nicht selten, allerhand Abfälle, altes Tauwerk, Matten, Stroh u. dgl., so entwickeln sich an Stelle des verzehrten Sauerstoffes Kohlensäure und Kohlenwasserstoffe, so daß solche Luft nicht bloß irrespirabel, sondern auch explosibel wird. Die Unfälle, die beim Hinabsteigen in solche Behälter, ohne daß eine genügende Lufterneuerung vorausgegangen war, in verhältnismäßig zahlreichen Fällen vorkommen, spielen sich meist so ab, daß der erste aus irgendeinem Grunde in den Tank hineingeschickte Mann auffallend lange Zeit nichts von sich hören läßt. Dann steigt ein andrer, dann ein dritter hinein, denen es gerade so geht. Erst dann wird man aufmerksam und vorsichtig. Das Herausschaffen der Bewußtlosen und der Leichen durch das enge Mannloch macht immer große Schwierigkeiten.

Die Seeberufsgenossenschaft schreibt in ihren Unfallverhütungsvorschriften zur Verhütung solcher Unfälle folgendes vor:

„Schiffsräume, wie Ballasttanks, Hinter- und Vorderpiektanks, Trinkwassertanks usw., welche längere Zeit luftdicht verschlossen gewesen sind, dürfen nicht eher betreten werden, bis die Ungefährlichkeit der in denselben befindlichen Luft bewiesen ist. Zu diesem Zwecke ist eine Sicherheitslampe an einer Leine in den betreffenden Raum hinabzulassen. Züngelt hierbei die Flamme in der Lampe empor oder erlischt dieselbe, so ist Gefahr vorhanden. Es ist alsdann für Lüftung des Raumes zu sorgen. Falls die Lüftung nicht durch einen Windsack auszuführen ist, kann durch Eingießen von heißem Wasser in den Raum eine Besserung der Luft herbeigeführt werden. Ist auch dies Mittel nicht ausführbar, so kann eine Pütze mit gelöschtem Kalk, der vorher mit Wasser begossen ist, in den Raum hinabgelassen werden.

Erst nachdem durch eine wiederholte Probe mit der Lampe die Ungefährlichkeit der Luft erwiesen worden ist, darf der betreffende Raum betreten werden."

Ich halte diese Vorschriften nicht für ausreichend und nicht für unter allen Umständen zweckmäßig. Durch Hinabwerfen von gelöschtem Kalk soll Kohlensäure absorbiert werden. Das erfordert, wenn es sich um größere Mengen von CO_2 handelt, recht geraume Zeit. Die Hauptwirkung besteht wohl darin, daß durch Hinablassen der mit gelöschtem Kalk gefüllten Pütze die Luft im Tank aufgewirbelt, z. B. zum Mannlochdeckel hinausbefördert und erneuert wird. Dasselbe erreicht man mit einer leeren Pütze. Wenn man nicht durch einen „Windsack" (vgl. S. 16) lüften kann, oder sonst auf einfache Weise die Luft im Tank in Bewegung setzen und erneuern kann, sollte man den Wasserstrahl der Dampfpumpe in den Tank hineinleiten, nötigenfalls den Tank mit Wasser vollaufen lassen und dann wieder entleeren. Dann ist die Luft im Tank vollständig erneuert. Der erste Mann, der in den Tank hinabsteigt, soll eine Leine umlegen, die von einem außenstehenden Mann gehalten wird, so daß Signale gegeben und die unten befindliche Person schnell hinaufgeholt werden kann.

Erstickungen durch Mangel an Sauerstoff, Vergiftungen durch Einatmen von Kohlenoxyd und andern Gasen, Explosionen u. dgl. kommen wegen der großen Schwierigkeit genügender Lufterneuerung auch nicht selten im Schraubentunnel vor (Fig. 8).

Die Wohnräume an Bord dienen zur Unterkunft der Schiffsbesatzung und der Reisenden. Bei den für die Schiffsbesatzung bestimmten Wohnräumen sind zu unterscheiden die Wohnräume für den Kapitän, die Kammern für die Offiziere und die mit dem Namen Logis (spr. das „s" mit) bezeichneten, für die Mannschaften bestimmten Räume. Bestimmungen über die Unterbringung des Kapitäns und der Offiziere (zu denen auch der Arzt gehört) gibt es nicht. Die älteren Offiziere und der Arzt wohnen

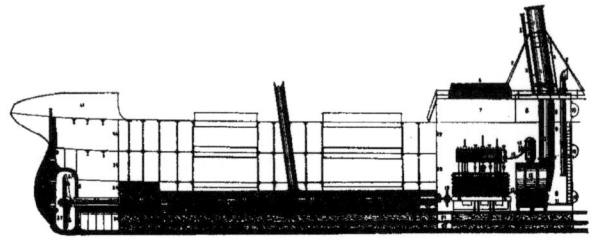

Fig. 8. Schraubentunnel (dunkel schraffiert).

in Einzelkammern, die jüngeren Offiziere hausen zu zweien in einer Kammer. Die Schlafkojen liegen dann meist an einer Wand übereinander.

Die besten Mannschaftslogis finden wir auf den großen, modernen Segelschiffen. Da sind die Leute in einem Haus („Hütte") auf dem Oberdeck untergebracht, wo es weder an Raum, noch an Luft und Licht fehlt. Auf den Dampfern liegen die Logis meist im Vorderschiff, entweder unter der „Back" — einem Aufbau über dem Oberdeck — oder unter Deck, so daß man auf engen Treppen in die Logis hinabsteigen muß (Fig. 9). Eine Längswand teilt den Raum in das Logis für die Matrosen, an Steuerbord (rechts) belegen, und in das für das untere Maschinenpersonal bestimmte Logis, an Backbord (links). Jedes Logis hat seinen eigenen Zugang und stellt einen langen, schmalen, nach vorn sich verjüngenden Raum dar (Fig. 10). An den Wänden sind die Bettgestelle (Kojen) meist zu zweien übereinander, auf großen Schiffen mit zahlreicher Besatzung auch zu dreien übereinander angebracht. Hängematten werden an Bord der Handelsschiffe im Gegensatze zu den Kriegsschiffen nirgends benutzt. Das Bettzeug, auch die Matratzen, müssen sich die Leute selbst mitbringen. Es ist oft furchtbar schmutzig und zerlumpt. Ein Tisch, ein paar kleine Speiseschränke, Kleiderhalter, einige Bänke und Klappstühle, sowie die „Seekisten" der Leute,

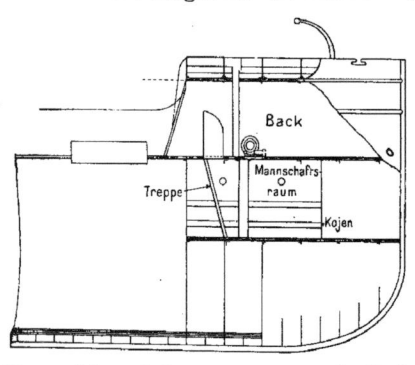

Fig. 9. Mannschaftsraum vorn unter der Back im Zwischendeck.

in denen sie ihre Wäsche, Kleider und sonstige Habe aufbewahren und die sie als Stühle benutzen, machen die einfache Einrichtung der Logis aus. Das durch kleine Seiten- und Deckfenster eintretende Tageslicht erhellt den Raum nur spärlich; in den Ecken und Winkeln herrscht ewige Dämmerung. Auf den größeren Schiffen haben die Logis Dampfheizung, auf den kleinern Dampfern eiserne Öfen, die oft Risse und größere Defekte aufweisen, was schon Unfälle durch CO-Vergiftung herbeigeführt hat.

Auf den größeren Dampfern findet das sehr zahlreiche, niedere Maschinenpersonal im Bug des Schiffes keinen Platz, es ist in besonderen, großen Räumen in der Nähe der Maschine untergebracht. Dort hält es oft schwer, der zu großen Erwärmung der Räume durch die Nachbarschaft entgegenzuarbeiten. Isolierwände helfen

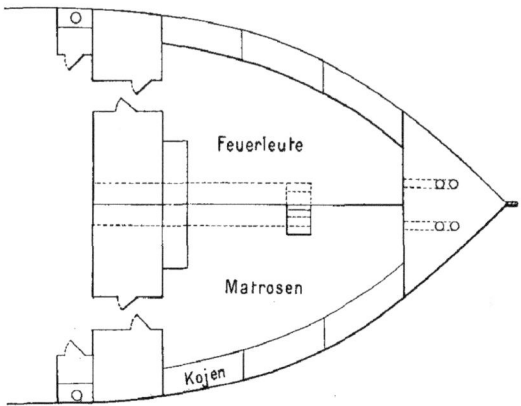

Fig. 10. Mannschaftslogis (Grundriß).

nicht viel, da sie sich mit der Zeit doch durchwärmen und dann wie ein Kachelofen wirken. Am besten scheinen sich Isolierwände, die mit aus gepreßtem Kork hergestellten Platten belegt sind, bewährt zu haben. Sie haben namentlich auf amerikanischen Kriegsschiffen ausgedehnte Anwendung gefunden. Auf den großen Schnelldampfern haben übrigens die Heizer und Trimmer vielfach besondere, von den Schlafräumen getrennte Eß- und Aufenthaltsräume auf dem Oberdeck. Am wenigsten günstig sind in der Regel die Aufwärter (Stewards) untergebracht, ihre Schlafräume sind meist sehr eng, dunkel und tief unten im Schiff belegen. Ihre Mahlzeiten nehmen die Aufwärter meist in der Pantry — einem vor dem Eßsaal der Kajütspassagiere befindlichen Raume zum Aufbewahren von Geschirr und zum Anrichten — ein. In ihrem Logis haben sie oft keine Sitzgelegenheiten.

Die gesetzlichen Ansprüche in bezug auf Größe und Einrichtung der Logis sind durch die Seemannsordnung bestimmt. Danach hat die Schiffsmannschaft Anspruch auf einen ihrer Zahl und der Größe des Schiffes entsprechenden, nur für sie und ihre Sachen bestimmten, wohlverwahrten und genügend zu lüftenden Logisraum (§ 55 d. S. O., Anl. 2).

Der Erlaß näherer Bestimmungen über Größe und Einrichtung der Logisräume stand früher den Landesregierungen zu. Von dieser Befugnis haben aber die Landesregierungen während der Geltung der ersten deutschen Seemannsordnung von 1873 bis 1902 keinen Gebrauch gemacht. Die aus älterer, weit vor der Gründung des Deutschen Reichs liegender Zeit datierenden Bestimmungen von Bremen, Hamburg, Preußen und der andern deutschen Seeuferstaaten waren auf die modernen Schiffe nicht mehr anwendbar. Die nach der jetzt geltenden deutschen Seemannsordnung vom Bundesrat zu erlassenden Bestimmungen über Größe und Einrichtung der Logisräume, sowie über Einrichtung der Wasch- und Baderäume und der Aborte für die Schiffsmannschaft sind am 2. Juli 1905 erschienen und in der Anlage 3 abgedruckt. Der danach auf den einzelnen Schiffsmann entfallende Raum von $3{,}5$ cbm entspricht ungefähr den bisher in besseren Logis auf Dampfern gewährten Raum und muß, angesichts der Eigenart der Bordverhältnisse, billigen Anforderungen bei guter Ventilation genügen. Auf den modernen, großen Kriegsschiffen gewährt man allerdings dem Schiffsmann bei besserer Ventilation 5 cbm Schlaf- und Wohnraum. Die weitere Einschränkung für die Handelsschiffe aber, daß 3 cbm genügen, wenn die Logis auf dem obersten Deck liegen oder unter allen Umständen ausgiebig gelüftet werden können, kann leicht dazu führen, daß die erste Forderung von $3{,}5$ cbm nur auf dem Papier steht. Mindestens hätte näher bestimmt werden müssen, was unter „ausgiebiger, unter allen Umständen sichergestellter Lüftung" zu verstehen ist. In den Logis auf kleinen Schiffen, in denen nur wenige Leute zusammen hausen, macht die Lüftung, da die Räume meist auf dem Oberdeck liegen, keine großen Schwierigkeiten. Wenn aber 50 und mehr Mannschaften mit nur 3 cbm auf den Kopf in unteren, der Wasserlinie nahen oder unter ihr belegenen Räumen zusammengepfercht sind, ist es außerordentlich schwer, ohne gute, maschinelle Ventilation eine nach Landbegriffen ausgiebige Lüftung unter allen Umständen sicherzustellen, und es wird bei Schiffbauern und Reedern, vielleicht teilweise auch bei den Aufsichtsbehörden, Neigung bestehen, bei dem, was man als „ausgiebige Lüftung" bezeichnet, mehr oder weniger große Bescheidenheit zu üben. Die zur Lüftung solch eng belegter Räume an Bord gebräuchlichen Einrichtungen und ihr Wert sollen weiter unten besprochen werden.

Die Bestimmung der Fußbodengröße leidet an dem Mangel, daß Kojen, Bänke, Tische und andre Gegenstände, die die freie Bodenfläche beeinträchtigen, nicht abgezogen werden. Ich halte unter diesen Umständen die gesetzlich festgesetzten Minimalmaße für zu klein, sie bleiben unter dem Durchschnitt der jetzt gewährten, freien Fußbodenfläche. Vielleicht bleibt die Bestimmung ohne praktische Bedeutung und die Schiffbauer und Reeder geben den Leuten ganz von selber im dienstlichen Interesse — schnelleres Aus- und Ankleiden, Herauskommen aus den Logis u. dgl. — die bisher übliche Fußbodenfläche.

Für die Vermessung unregelmäßig gestalteter Logis gibt Anl. 4 Anweisung.

Die weiteren Bestimmungen über die Logisräume bedürfen keiner eingehenden Besprechung. Nur darauf sei aufmerksam gemacht, daß für die Mannschaften drei Kojen übereinander erlaubt sind. Für Auswanderer ist das verboten. Abgesehen von der Kletterei nach der obersten Koje und dem Umstande, daß der Mann dort nicht aufrecht sitzen kann, erwärmt sich die Decke im Logis in wärmeren Gegenden und auch bei uns im Sommer derart, daß Schlaf und Allgemeinbefinden des obersten Kojenbewohners dadurch beeinträchtigt werden können.

Für den Arzt ergibt sich aus vorstehendem, daß alle Kranken — innerliche wie chirurgische — aus den Logisräumen tunlichst entfernt und im Schiffshospital gelagert und behandelt werden sollten.

Die Bestimmungen über die Wasch- und Baderäume für die Mannschaften und über die Aborte an Bord entsprechen billigen Anforderungen. Besonders ist die allgemeine Einführung von Brausen für das Maschinenpersonal auf größeren Schiffen zu begrüßen. Leider hat man sich nicht dazu entschließen können, **Warmwasserbrausen**, wie sie jetzt auf allen unsern **Kriegsschiffen** eingeführt sind und sich bewährt haben, wenigstens für die größeren Handelsdampfer unbedingt vorzuschreiben. Die dazu nötigen Einrichtungen, z. B. die Schaffstedtschen Gegenstromapparate, sind gerade an Bord der Dampfer überall leicht und einfach anzubringen.

Die Unterkunftsräume für die Reisenden an Bord unterscheiden sich hauptsächlich danach, ob sie für Reisende, die einen Raum (Kabine, Kammer) allein bewohnen oder ihn höchstens noch mit einem oder zwei Reisenden teilen, bestimmt sind, oder ob eine größere Anzahl von Reisenden (20, 50, oft 100 und mehr) in einem gemeinschaftlichen Schlaf- und Wohnraum untergebracht sind. Die Reisenden der ersten Art nennt man Kajütsreisende, die der zweiten Art Zwischendeckspassagiere (u. a. O. u. Kap. 3).

Gesetzliche Vorschriften über die Unterbringung der Kajütsreisenden gibt es nirgends. Man unterscheidet Kajütsreisende 1. und 2. Klasse. Die Größe der Schlafkammern ist für die zweite Klasse etwas geringer, als für die erste, ebenso ihre Einrichtung einfacher, ihre Lage tiefer oder sonst ungünstiger als für die Reisenden der ersten Kajüte. Auch die übrigen, zum Gebrauch der Kajütsreisenden bestimmten Räume (Eßsaal, Lesesaal, Rauchzimmer, Badezimmer usw.) sind kleiner und einfacher gehalten als bei der ersten Kajüte. Auf den großen Schnelldampfern finden wir für besonders anspruchsvolle und zahlungsfähige Reisende noch prächtig eingerichtete Luxuskammern mit getrennten Wohn- und Schlafräumen, eigenem Badezimmer usw. Trotz aller oft übertrieben eleganter Einrichtung trifft man aber auch dort mitunter Verhältnisse, die zeigen, daß die Schiffbauer bei der Anlage hygienische Bedürfnisse nicht genügend berücksichtigt haben. Da liegen die Kammern z. B. so, daß die Bewohner schon am frühen Morgen durch Lärm gestört werden, da sind die Kojen so angebracht, daß zu Häupten eine Dampfrohrleitung entlang läuft oder ein Abflußrohr mit allerhand fatalen Geräuschen. Da ist die Beleuchtung verkehrt angelegt, die Ventilation so eingerichtet, daß Luft aus benachbarten Räumen in die Kammern eindringt. Das ist natürlich nicht überall so ungünstig. Jede Kammer hat ihre Nachteile und Vorzüge. Erfahrene Reisende kennen diese Verhältnisse und wählen ihre Kammer mit Sorgfalt wenn angängig schon lange vor Beginn ihrer Reise aus.

Für die Unterbringung der Reisenden, die in größerer Zahl in gemeinschaftlichen Räumen an Bord schlafen und wohnen, haben wir gesetzliche Vorschriften nur auf den sogenannten Auswandererschiffen. Als solche gelten nach dem Reichsgesetz über das Auswandererwesen vom 9. Juni 1897 alle nach außereuropäischen Häfen bestimmten Seeschiffe, mit denen, abgesehen von den Kajütspassagieren, mindestens 25 Reisende befördert werden sollen (§ 37). Ob diese Reisenden Auswanderer sind oder nicht, ist dabei gleichgültig. Im allgemeinen sind die für Massenunterkunft eingerichteten Räume aller größeren Dampfer nach den Anforderungen für Auswandererschiffe eingerichtet, von den kleineren Dampfern aber nur die, die die sogenannte indirekte Auswanderung betreiben, d. h. Auswanderer von deutschen Häfen nach England bringen, damit sie von dort aus die transatlantische Fahrt antreten. Die Unterbringung aller übrigen Zwischendecksreisenden auf kleineren Schiffen, auch der mit deutschen Schiffen aus dem Auslande nach Deutschland reisenden, sowie derer, die von einem ausländischen Hafen zum andern transportiert werden, z. B.

auch der farbigen Arbeitertransporte, vollzieht sich ohne Mitwirkung gesetzlicher Vorschriften.

Die vom Bundesrat erlassenen Vorschriften (v. 14. 3. 98 vgl. Anl. 1), betreffend Auswandererschiffe, können im allgemeinen als ausreichend bezeichnet werden. Der dem einzelnen Auswanderer gewährte Luftraum ist geringer (2,85 cbm) als der den Mannschaften zugebilligte (3,5 resp. 3 cbm), ebenso die Fußbodenfläche. Die Reisenden sind ja aber nur vorübergehend an Bord, während die Schiffsmannschaft berufsmäßig auf das enge Logis angewiesen ist. Bei guter Lüftung genügt der gewährte Luftraum, ungenügende Lüftung läßt sich durch Erhöhung des Kubikraums um Bruchteile eines Kubikmeters nicht ausgleichen (v. u.). Eine erheblichere Vergrößerung des den Zwischendeckspassagieren gewährten Raums würde die deutschen Schiffe gegenüber den fremden, namentlich den englischen konkurrenzunfähig machen. Die Auswanderer gehen mit den billigsten Schiffen.

Die großen, transatlantischen Dampfer des Norddeutschen Lloyd und der Hamburg-Amerika-Linie vermögen je 2000—3000 Zwischendeckspassagiere aufzunehmen, die in einzelnen, großen Räumen mit 50 bis mehreren hundert Kojen untergebracht sind. Die Kojen stehen in Blocks zu 12—20 nebeneinander. Dazwischen laufen enge Gänge von vorgeschriebener Minimalbreite (60 cm). Mehr als zwei Kojen dürfen nicht übereinander angebracht werden. Jede einzelne Koje ist mit einfachem, aber genügendem Bettzeug versehen. In der Mitte der größeren Räume ist gewöhnlich ein Platz für eine ausreichende Zahl von Tischen und Bänken freigelassen. Die sogenannten Zwischendeckskammern (§ 15 Anl. 1) sind durch einfache Holzwände von dem übrigen Raum abgetrennt, sie enthalten 16—20 Betten und werden mit Vorliebe von Familien, Sippen, Landsmannschaften und andern aus irgend einem Grunde sich zusammengehörig fühlenden Reisegesellschaften benutzt. Es bestehen ferner besondere Abteilungen für alleinreisende weibliche Personen (§ 16) und Männer (§ 17).

Ungenügend sind die Bestimmungen über die Lüftung der von den Zwischendeckspassagieren bewohnten Räume (§ 11), was aus den nachfolgenden, allgemeinen Bemerkungen über die eigenartigen und schwierigen Verhältnisse bei der Lüftung der Wohnräume an Bord verständlich werden wird.

Die sogenannte natürliche Ventilation vollzieht sich an Bord lediglich durch offene Fenster, Türen, Luken, Niedergänge und ähnliche absichtlich hergestellte Öffnungen. Eine Porenventilation durch Fußboden, Decken und Wände gibt es nicht. Diese natürliche Lüftung genügt im allgemeinen in den Räumen, die so hoch über Wasser liegen, daß ihre Fenster, Türen und sonstigen Öffnungen in der Regel auch in See offen gehalten werden können. Das trifft aber nur für die obersten Stockwerke der ganz großen Dampfer zu. Auf kleineren und mittelgroßen Dampfern müssen die Seitenfenster überall schon bei geringem Seegang, bei schlechterem Wetter auch die Deckfenster und Luken geschlossen werden. Dasselbe gilt für die Zwischendecksräume der großen Dampfer. Diese Räume müssen also künstlich gelüftet werden.

Im allgemeinen benutzt man hierzu Luftschächte, die aus den Räumen hinaufführen und sturmfrei über Deck münden. Die primitivste Art solcher Luftschächte bilden die „Windsäcke", lange Röhren aus Segeltuch, die oben zum Einfangen des Windes, der durch sie bis in die unteren Schiffsräume hinuntergeleitet werden soll, mit einer nach einer Seite offenen Kappe mit Seitenklappen enden. Sie können aber bei schlechtem Wetter nicht benutzt werden, weil dann die Luken, durch die sie hinuntergeführt werden, geschlossen bleiben müssen. Auch bei ganz ruhigem Wetter hat man keinen Nutzen davon, weil die dann unter zu geringem Winddruck einströmende Luft gar nicht bis hinunter gelangt, sondern vorher durch die Leinwandhülle vollständig abströmt. Man benutzt deshalb die Windsäcke nur gelegentlich als Notbehelf. An ihre Stelle sind weite, metallene Röhren getreten, die möglichst geradlinig von oben nach den zu lüftenden Räumen hinunterführen

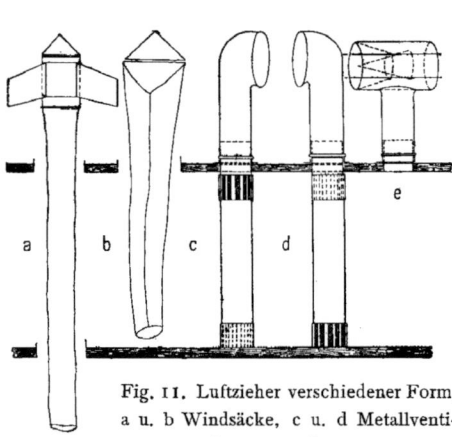

Fig. 11. Luftzieher verschiedener Form. a u. b Windsäcke, c u. d Metallventilatoren, e Sauger.

(vgl. Fig. 11). Oben enden sie meist mit einer drehbaren Kappe zum Einfangen des Windes. Daneben finden wir Rohre mit Einrichtungen, von denen man erwartet, daß der durchstreichende Wind Luft in genügender Menge von unten heraufsaugen soll (Saugventilatoren) und endlich die sogenannten Schwanenhälse (Fig. 12), Röhren, die oben um 180^0 umgebogen sind, so daß ihre Öffnung nach unten zeigt. So kann weder der Wind hineinblasen, noch kann man bei ihnen auf Lüftung durch Temperaturausgleich oder Saugwirkung rechnen, da die Luftströme von der Stärke, wie sie hier in Betracht kommt, durch die Ablenkung um 180^0, die sie im Schwanenhals erfahren, völlig zum Stillstand gebracht werden.

Daher dürfte den „Schwanenhälsen" irgendwelche nennenswerte Ventilationswirkung überhaupt nicht zukommen. Auf vielen Schiffen werden die aus Eisen oder Stahl gefertigten Masten, die oben offen, aber gegen das Eindringen von Regenwasser geschützt und in den unteren Schiffsräumen mit Lufteinlässen versehen sind, als Luftsauger verwendet. Der beste Sauger ist der Schornsteinmantel. Auf französischen Kriegsschiffen hat man gute Erfolge damit erzielt, daß man die Luftschächte aus den unteren Wohnräumen nach dem Schornsteinmantel geleitet hat.

Durch die Kappenventilatoren gelangen bei genügendem Wind und richtiger Stellung der Kappen, so daß der Wind die Öffnung der Kappe direkt trifft, bedeutende Luftmengen in die unteren Schiffsräume hinunter, namentlich wenn der Schacht weit genug ist und geradlinig und ohne Teilung bis nach unten verläuft. Man darf übrigens für die Berechnung der Luftmengen, die durch solche Schächte gehen, nicht den ganzen Querschnitt mit der etwa in der Mitte des Rohres anemometrisch gemessenen Geschwindigkeit der einströmenden Luft multiplizieren, da die Luft in solchem Schacht sich an den Wänden viel langsamer fortbewegt als in der Mitte und außerdem noch fast regelmäßig Gegenströmungen und Luftwirbel vorhanden sind. Nur in den Kessel- und Heizräumen ist der Abstrom der zugeführten Luft durch den Schornstein meist so groß, daß in den Luft zuführenden Ventilatoren keine Wirbel und Gegenströmungen von Bedeutung entstehen. An den übrigen Luftschächten kann man sich von dem Vorhandensein solcher Gegenströmungen nicht bloß durch Anemometerbeobachtungen, sondern auch durch den Geruch überzeugen. Auch wenn der Wind kräftig in einen Ventilator hineinbläst, empfindet man, wenn man sich auf dem Oberdeck dicht neben den Ventilator stellt, fast immer den Geruch des Zwischendecks, der Proviantkammern oder andrer unterer Schiffsräume in der Nase. In unserer Kriegsmarine sind jetzt Ventilatorköpfe von besonderer Form eingeführt, von denen man auf Grund theoretischer Berechnung und praktischer Prüfungen annimmt, daß die Wirbel und Gegenströmungen darin auf ein Minimum herabgesetzt sind (Fig. 13).

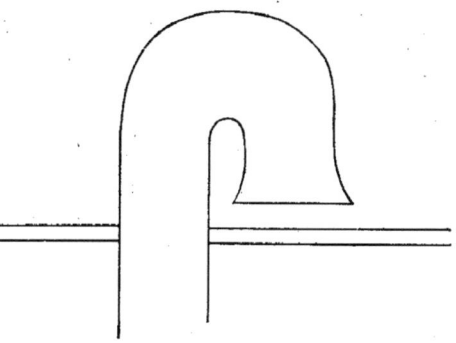

Fig. 12. Schwanenhals.

Ein auf den Boden einer weithalsigen Flasche gebrachtes Licht erlischt bald, auch wenn die Flasche offen bleibt. Teilt man aber die Öffnung durch ein Kartenblatt oder setzt einen doppelt durchbohrten Korken hinein, in den Glasröhren — am besten eine längere und eine kürzere Röhre — eingeführt sind, so brennt das Licht weiter. Dieser bekannte Versuch ist auch zur Verdeutlichung der Verhältnisse bei der Lüftung der unteren Schiffsräume durch nach oben gehende Schächte herangezogen worden. Es folgt daraus, daß man für jeden Raum, der nur von oben gelüftet werden kann, für den Fall, daß man die Lüftung den natürlichen Faktoren, Wärmeausgleich und Wind, allein überläßt, zwei Luftschächte braucht, einen für die einströmende und einen für die abströmende Luft. Die Mündung für die einströmende Luft soll, um die lästige Empfindung von Zugluft zu vermeiden, nahe dem Fußboden, die für die abströmende Luft nahe der Decke sein (vgl. jedoch S. 19). Jeder Raum und jede Abteilung muß gesondert gelüftet werden, sonst dringt leicht verbrauchte Luft statt frischer in einzelne Räume. Die Ventilatorrohre sollen möglichst weit und geradlinig verlaufen, ihre Köpfe sollen möglichst hoch über das Deck, die Reling und die Deckaufbauten hervorragen.

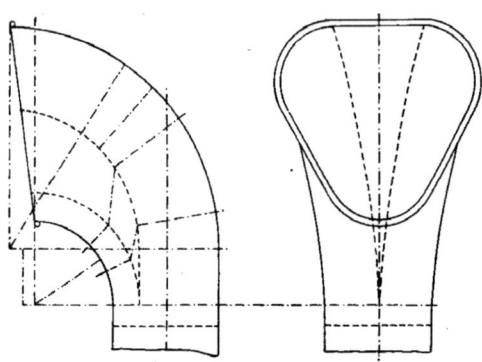

Fig. 13. Auf deutschen Kriegsschiffen eingeführte Form der Ventilatorkappen.

Häufig wird empfohlen, die Ventilatorköpfe so zu drehen, daß die auf der Windseite (Luvseite) stehenden Kappen vom Winde abgewandt sind, während die auf der anderen Seite (Leeseite) befindlichen Kappen mit ihrer Öffnung in den Wind hineingedreht werden sollen. Diese Empfehlung schreibt sich von Beobachtungen her, die auf den Segelfregatten der Kriegsmarinen mit von vorn bis hinten glatt durchgehenden, durch keine Querwände in Abteilungen getrennten Zwischendecken gemacht sind. Wenn solche Schiffe in Fahrt sind, namentlich unter Segel, kann man beobachten, daß sich in den Zwischendecken ein Luftstrom bewegt, dessen Richtung der des Luftstromes über Deck entgegengesetzt ist. Auch an Bord moderner Dampfer kann man gelegentlich solche Beobachtungen machen. So habe ich ein paarmal in vorn belegenen und oben mit Deckluken versehenen Speisesälen für die Reisenden I. Kl.

folgendes erlebt. Bei Tisch wurden wegen zu großer Hitze die oberen Deckluken und zugleich die hinteren Saaltüren geöffnet. Dann setzte sich die Luft im Eßsaal nach oben in Bewegung, an ihre Stelle drang Luft durch die hinteren Saaltüren in den Eßsaal ein. Diese Luft stammte aus den nach dem Eßsaal führenden Gängen, an denen Passagierkammern, Aufwasch- und Anrichteräume und Klosetts liegen. Man merkte es dann auch bald am Geruch, daß man statt der erwarteten, frischen Luft von oben schlechte Luft aus den Gängen zugeführt erhielt. Der Luftstrom hatte unten eine der Fahrtrichtung des Schiffes entgegengesetzte Richtung eingeschlagen. Im allgemeinen aber sind auf den modernen Dampfern die unteren Räume viel zu häufig durch Querwände unterbrochen, als daß sich das Phänomen eines der Wind- und Fahrtrichtung entgegengesetzten Luftstromes in den unteren Schiffsräumen regelmäßig ausbilden könnte. Ich halte es deshalb nicht für richtig, daß man empfehlen soll, die Luftzieher an der Windseite vom Winde abzudrehen und dafür die entgegengesetzt liegenden Ventilatorköpfe dem Winde zuzuwenden. Der Luftstrom in den unteren Räumen, den man dadurch verstärken will, existiert nur in den seltensten Fällen, meist ist gar keine Luftbewegung vorhanden, und es kommt, wenn der an der windgeschützten Seite befindliche Ventilator als Luftzuführungskanal dienen soll, viel zu wenig Luft hinunter. In der Praxis hält sich übrigens, wie ich finde, niemand an diese aus älterer Tradition stammende Empfehlung. Man dreht überall die dem Wind zunächst liegenden Ventilatorköpfe in den Wind, dann kommt auch am meisten Wind hinunter. Die Regel, daß das Zuführungsrohr am Fußboden, das abführende Rohr an der Decke münden soll, kann bei quer zur Fahrtrichtung einkommendem Wind nur dann befolgt werden, wenn der Wind so gefällig ist, die Seite zum Einfall zu wählen, auf der das Lüftungsrohr steht, das unten am Fußboden mündet. Kommt der Wind aus der entgegengesetzten Richtung, so muß man notgedrungen den andern Ventilator als Einströmungsrohr benutzen. Diese und andre Empfehlungen versagen für die Praxis.

Die Lüftung durch Wind und Temperaturausgleich mittels möglichst vieler einzelner Luftschächte bildet auf den allermeisten Handelsdampfern die ausschließliche Vorkehrung zur Versorgung der unteren Schiffsräume mit frischer Luft. Man findet dabei die verschiedensten — zweckmäßigen und unzweckmäßigen — Konstruktionen, Schwanenhälse, Sauger aller Art und Windkappen. Das oberste Deck trägt von vorn bis hinten einen wahren Wald von Ventilatoren, am dichtesten ist das Gedränge der Luftzieher mittschiffs in der Nähe der Maschine (Fig. 14).

Neben der Lüftung durch nach oben gehende Luftschächte finden sich auf manchen Schiffen Einrichtungen an den Seitenfenstern, die es ermöglichen, daß auch bei schlechtem Wetter Luft ins Innere des Schiffes durch die Seitenfenster eintreten kann,

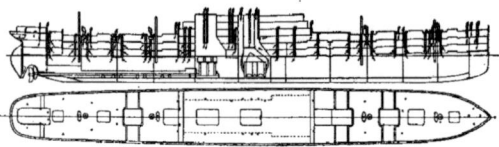

Fig. 14. Ventilation eines großen Passagierdampfers durch Luftzieher (die Pfeile zeigen den Weg an, den die Luft nehmen soll, aber leider nicht immer einschlägt).

ohne daß Wasser mit eindringt. Diese Einrichtungen bestehen aus einem kastenartigen Gehäuse, das innerhalb angebracht ist und in seinem oberen Teile eine Schwimmereinrichtung enthält. Mit seiner unteren Hälfte umschließt es die Lichtöffnung in der Außenhaut des Schiffes (Fig. 15). Wird das Fenster a geöffnet, so geht die Lüftung auf dem direkten Wege von d nach a vor sich. Muß bei Seegang das Fenster a geschlossen werden, so kann die Luft an den im oberen Teil des Kastens befindlichen Schwimmerventilen vorbei durch die Öffnung b passieren. Dringt durch Seegang Wasser bis ins Gehäuse, so hebt es die Schwimmer und schließt die Ventilöffnungen wasserdicht ab. Nach dem Abfluß des Wassers sinken die Schwimmer, und der Luftstrom stellt sich wieder her. Der Luftstrom in diesen von dem Engländer Utley angegebenen Fenstern wechselt, wie anemometrische Beobachtungen zeigen, fortwährend in seiner Richtung, bald strömt Luft ins Schiff hinein, bald geht die Luft den umgekehrten Weg. Immerhin ist der Lüftungseffekt dieser Fenster, wenn sie in reichlicher Zahl vorhanden sind, nicht unbeträchtlich.

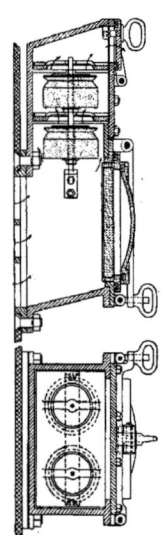

Fig. 15. Utley'sches Ventilationsfenster.

Was soll nun mit allen diesen lediglich dem Wind und der Temperatur überlassenen Lüftungseinrichtungen auf unsern oft Tausende von Reisenden an Bord führenden, großen Passagierdampfern geleistet werden und wie groß ist ihre tatsächliche Leistung?

Das wird man aus folgendem Beispiel ermessen können. Unser deutsches Auswanderergesetz fordert für je 100 Zwischendeckspassagiere, von denen jeder einen Luftraum von 2,83 cbm zur Verfügung hat, zwei Ventilatoren von je mindestens 30 cm

Durchmesser. Bei der sehr gering bemessenen Annahme von einem stündlichen Bedarf von 20 cbm frischer Luft auf den Kopf brauchen 100 Menschen in dem ihnen im Zwischendeck eines Auswandererschiffes gewährten Raum von 283 cbm also eine stündliche Luftzufuhr von 20.100—283=1717 cbm. Wenn bei schlechtem Wetter in den unteren Schiffsräumen die Seitenfenster, Treppenaufgänge usw. geschlossen werden müssen, so bleiben für die Lüftung nur die beiden obengenannten Ventilatoren von je 30 cm Durchmesser übrig. Der eine Ventilator dient zur Luftabführung, nur der andere kommt für die Luftzufuhr in Betracht. Es müssen also, wenn jeder Mann da unten in der Stunde wenigstens 20 cbm frische Luft zugeführt erhalten soll, 1717 cbm Luft in einer Stunde durch den 30 cm im Durchmesser haltenden Luftschacht hindurchgehen. Das entspricht einer dauernden Geschwindigkeit des Luftstromes im Ventilator von ungefähr 7 m in der Sekunde. Nun kommt die Luftbewegung in den Ventilationsröhren entweder durch Temperaturunterschiede oder durch den Druck des Windes zustande. Die größte Geschwindigkeit in Lüftungsrohren ist auf französischen Kriegsschiffen bei Temperaturunterschieden von über 20^0 zwischen Außen- und Innenluft auf 2 m gemessen worden. Man kann also als sicher annehmen, daß durch Temperaturunterschiede allein mit den für unsre Auswandererschiffe vorgeschriebenen Mitteln eine auch nur den sehr geringen Ansprüchen von 20 cbm frischer Luft in der Stunde auf den Bewohner eines Zwischendecksraumes genügende Luftzufuhr niemals erreicht wird. Wenn das Schiff in Fahrt ist, macht sich ja auch bei stillem Wetter je nach der Geschwindigkeit des Dampfers mehr oder weniger Gegenwind bemerkbar. Bei 10 Seemeilen Fahrt und Windstille strömt die Luft mit einer Geschwindigkeit von ungefähr 5 m in der Sekunde durch die Windrohre. Es wäre also in der Tat bei etwas größerer Geschwindigkeit als 10 Seemeilen in der Stunde — und die meisten Passagierdampfer haben jetzt eine größere Geschwindigkeit — auf eine genügende Lüftung der unteren Zwischendecksräume durch die vorgeschriebenen Ventilatoren in der Regel zu rechnen. Auszunehmen wären nur die Fälle, in denen der Wind von hinten kommt und den Gegenwind, den die Fahrt des Dampfers verursacht, wieder aufhebt. Indessen ist der tatsächliche Erfolg ein ganz anderer. Luftbewegung, die über 2 m in der Sekunde hinausgeht, wird beim Einströmen in Wohnräume als lästiger Zug empfunden. Das gilt auch für Bordverhältnisse. Die Zwischendecker stopfen deshalb den Ventilator, sobald ihm ein merkbarer Luftstrom entweicht, einfach mit Matratzen, Hosen, Kissen u. dgl. zu oder drehen den Kopf vom Wind ab. Eine nicht belästigende Zufuhr frischer

Luft in der nötigen Menge läßt sich nur dadurch erreichen, daß man die Zahl der Einströmungsöffnungen vermehrt, so daß der Luftstrom sich verlangsamt und die Einströmungsrichtung so ändert, daß der Luftstrom nicht direkt nach unten bläst, sondern zunächst nach der Decke umbiegt und sich dann unmerklich verteilt. Dadurch erwachsen aber dem Luftstrom ganz erhebliche Widerstände und die Fahrt des Schiffes samt dem Gegenwinde reicht nicht mehr aus, um die erforderlichen Luftmengen mit der nötigen Geschwindigkeit nach unten zu treiben.

Durch Temperatur, Luftdruck infolge der Fahrt des Schiffes und Gegenwind ist somit bei der engen Belegung der Zwischendecksräume mit Passagieren eine auch nur geringen Ansprüchen genügende Lüftung dort nicht zu erreichen. Dasselbe gilt natürlich auch für die im Zwischendeck liegenden Mannschaftsräume. Deshalb erreicht auch die Luftverschlechterung bei schlechtem Wetter, wenn Luken, Fenster und alle Öffnungen außer den Ventilatoren geschlossen werden müssen, hohe Grade, bis $5\,^0/_{00}$ CO_2 und darüber sind in solcher Luft gefunden worden.

Eine unter allen Umständen ausreichende Lüftung der unteren Wohnräume an Bord läßt sich nur durch Maschinenkraft ermöglichen. Die modernen, gepanzerten Kriegsschiffe, die noch viel kompliziertere Verhältnisse für die Lüftung bieten, als die Handelsdampfer, müssen jetzt mit Anlagen zur Lüftung der unteren Räume mit Maschinenkraft versehen sein, da die meisten ihrer unteren Schiffsräume sonst nicht bloß unbewohnbar, sondern auch für ganz kurzen Aufenthalt von Menschen in ihnen unbenutzbar wären. In den Handelsmarinen macht man von den Leistungen der modernen Lüftungstechnik viel weniger Gebrauch. Übrigens sind uns Deutschen auf diesem Gebiete die Amerikaner und Engländer, was die Passagierdampfer anlangt, entschieden voraus. Bisher haben nur recht wenige deutsche Passagierdampfer maschinelle Ventilation für ihre Wohnräume. Die Hamburg-Amerika-Linie hat ihre beiden Lustjachten Viktoria Luise und Meteor damit versehen und richtet auch ihre neuen Passagierdampfer damit ein.

Die zur maschinellen Ventilation an Bord in Gebrauch befindlichen Systeme unterscheiden sich zunächst danach, ob sie aus einer zentralisierten Anlage bestehen oder aus vielen einzelnen, voneinander unabhängigen Einrichtungen für die Bewegung der Luft. Im allgemeinen scheinen die zentralisierten Anlagen bevorzugt zu werden. Die Luft wird durch mächtige Flügelräder von außen angesaugt und durch ein System von Kanälen in die einzelnen Wohnräume verteilt. Zur Bewegung der Flügelräder

I. Kapitel. Hygienisches über den Bau des Schiffes u. der Schiffsräumlichkeiten. 23

werden meist Elektromotoren benutzt. Die Passagierdampfer sind jetzt überall mit elektrischen Maschinen zur Beleuchtung versehen, der von diesen Maschinen gelieferte Strom läßt sich auch für den Betrieb der Ventilationsmaschinen verwenden. Die kleinen, elektrisch betriebenen Einzelventilatoren brauchen nicht mehr Strom wie eine gewöhnliche Glühlampe. Die Zentralanlagen erfordern kräftige Motoren von mehreren Pferdekräften und können viele Tausende von Kubikmeter Luft in der Stunde fördern. Mittels solcher Motoren und zweckmäßig angelegter Luftkanäle kann man jede beliebige Menge Luft in jeden Raum an Bord hineinbringen oder absaugen. Dabei ist es überall möglich, die Öffnungen, aus denen die frische Luft in die Räume ausströmt, so zu legen, daß jede Empfindung lästigen

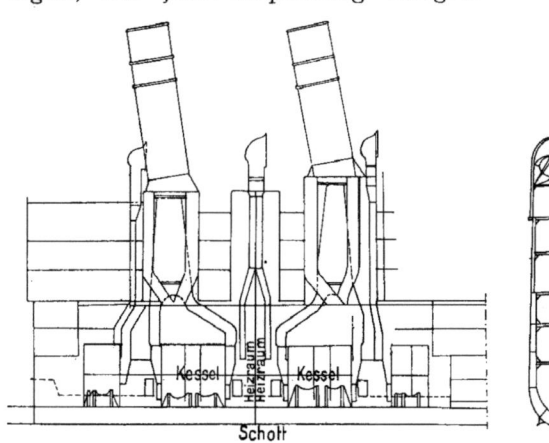
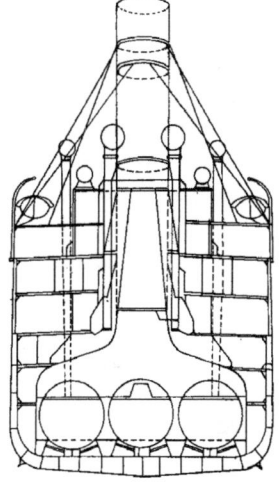

Fig. 16. u. 17. Heiz- und Kesselräume eines großen Dampfers.

Zuges auch bei großer Luftgeschwindigkeit vermieden wird, indem man den Luftstrom gegen die Decke richtet oder ihn auf viele einzelne Öffnungen verteilt. Die Erfahrung hat ferner gezeigt, daß es auf den Passagierdampfern, die ja sehr viel weniger schwierige Verhältnisse für die Lüftung bieten, als die Kriegsschiffe, im allgemeinen genügt, wenn lediglich frische Luft in die Gänge, Kammern und Zwischendecksräume eingepreßt wird. Dadurch wird ein Überdruck geschaffen, der die schlechte Luft, ohne daß besondere Absaugeeinrichtungen nötig werden, hinausbringt. In den Klosetts, Pantries, Küchen, Badekammern u. dgl. empfiehlt sich die umgekehrte Anordnung. Absaugen der schlechten Luft an Stelle des Einpressens frischer Luft, weil sonst die schlechte Luft dieser Räume in die Nachbarschaft getrieben wird. Wo die elektrische Ventilation bisher eingeführt wurde, hat sie sich gut bewährt, zum Nutzen nicht bloß der Schiffsbewohner, sondern auch der Reedereien, da die Schiffsräume zur Unterbringung von Passagieren viel besser ausgenutzt werden können als früher.

Abgesehen davon, daß sie benachbarte Wohn- und Laderäume in unzulässiger Weise erhitzen können, beanspruchen die Kessel-, Kohlen- und Maschinenräume an Bord als Arbeitsräume die Beachtung des Arztes. Namentlich in den Kessel- und Heizräumen sowie in den Kohlenbunkern müssen die Leute sich oft in gefährlich hoher Temperatur aufhalten und dabei schwere Arbeit verrichten. Unter ungünstigen Verhältnissen kann die Temperatur dort bis 60^0 und höher steigen, für gewöhnlich bewegt sie sich zwischen 30^0 und 50^0. Die Höhe von 40^0 wird recht häufig überschritten. Im Maschinenraum ist die Temperatur meist etwas niedriger. Im Heizraum kommt zur allgemeinen Erwärmung des ganzen Raumes noch die strahlende Wärme der Kesselfeuer, was um so lästiger ist, je kleiner die Heizräume sind.

Außer möglichster Geräumigkeit muß für außerordentlich kräftige Ventilation in den Heizräumen gesorgt sein. Die Arbeiter in diesen Räumen können ihre überschüssige Eigenwärme nicht mehr wie unter gewöhnlichen Verhältnissen durch Leitung und Ausstrahlung abgeben. Das Wärmegleichgewicht kann nur durch reichliche Wasserabgabe und Verdunstung aufrecht erhalten werden. Das ist nur bei sehr starker Luftbewegung möglich. Die Kesselfeuer verbrauchen ungemein große Luftmengen, die ihnen von außen zugeführt werden müssen, an den vor den Kesseln arbeitenden Heizern vorbeiströmen und die Verdunstung ihres massenhaft erzeugten Schweißes besorgen. Um welche Mengen von Luft es sich dabei handelt, kann daraus ermessen werden, daß 1 kg Kohle theoretisch zu seiner Verbrennung 8,5 cbm Luft braucht. In der Praxis hält man die doppelte Luftmenge für erforderlich. Da nun auf größeren Dampfern in der Stunde ca. 1000 kg, auf Schnelldampfern mehrere 1000 kg Kohlen verfeuert werden, so ergibt sich, daß die Heizräume in der Stunde von vielen Tausenden Kubikmeter Luft durchströmt werden. Die Luft erneuert sich in diesen Räumen in einer Stunde oft mehr als hundertfach. Hinuntergebracht werden diese großen Luftmengen im allgemeinen lediglich durch große Ventilatoren, deren offene Kappen direkt in den Wind gedreht werden. Die bewegenden Kräfte sind 1. der Winddruck, der durch die Vorwärtsbewegung des Schiffes entsteht und der sich bei Windstille und einer Fahrt des Schiffes von 10 Seemeilen in der Stunde auf 5 m, wie oben erwähnt, bemißt, bei Wind von vorn oder seitlich von vorn aber vervielfältigt, 2. die saugende Kraft des Schornsteins, die wieder von der Stärke und Richtung des Windes in hohem Grade abhängt. Unter günstigen Verhältnissen weht in den Heizräumen unter den Ventilatoren ein wahrer Sturmwind, der bei der großen Hitze durchaus nicht lästig, sondern erquickend empfunden wird. In die Winkel abseits der Ventilatoren dringt allerdings nicht viel von dem kühlenden Luftstrom. Die Plätze unter den Ventilatoren sind deshalb bei den Heizern sehr begehrt, sie werden nicht selten zum Gegenstand tätlichen Streites.

Winddruck wie saugende Kraft des Schornsteins verringern sich aber bis auf ein Minimum, je mehr die Fahrtrichtung des Schiffes mit der Windrichtung zusammenfällt. Wenn die Rauchsäule des Dampfers kerzengerade in die Höhe steigt, kommt für die Ventilation der Heizräume nur noch die Quote der saugenden Kraft des Schornsteins, die durch seine Höhe bedingt ist, in Betracht, und diese Quote ist, da man die Schiffsschornsteine nicht so hoch wie Fabrikschornsteine machen kann, bei solch ungünstiger Windrichtung sehr gering. Dann ist es nicht bloß sehr schwer, die Feuer unter den Kesseln im Gange und den Dampfdruck auf der erforderlichen Höhe zu halten, sondern es steigt auch dabei die Temperatur in den Heizräumen zu gefährlichen Graden, die, wie wir im nächsten Kapitel sehen werden, sehr häufig zu Hitzschlag und seinen Folgen führen. Bei der Untersuchung der Todesfälle von Heizern, die an Hitzschlag gestorben sind, kommt es nicht so selten vor, daß über die Leistungen der Ventilationseinrichtungen der Heizräume des Dampfers, auf dem der Unfall sich ereignet hat, ein Urteil verlangt wird. Es geht aus obigem hervor, daß man sich wohl darüber ein Urteil bilden kann, ob die Verteilung der Ventilatoren zweckmäßig ist. Ihre Leistung hängt aber im übrigen von der Windrichtung und der Geschwindigkeit des Schiffes ab; für den Fall, daß Windrichtung und Fahrtrichtung des Schiffes zusammenfallen, müssen alle Ventilationseinrichtungen, die nur auf die bewegende Kraft des Windes und die Saugwirkung des Schiffsschornsteins gegründet sind, für ungenügend angesehen werden.

Auf den Schnelldampfern und den modernen Kriegsschiffen wird den Kesselfeuern durch Maschinenkraft die nötige Luft zugeführt. Hierbei sind zwei Systeme in Gebrauch. In den nach Houdon angelegten Kesselheizungen wird die Luft in geschlossenen Leitungen, die nicht mit den Heizräumen kommunizieren, sondern nur durch sie hindurchführen, direkt in die Feuer eingeblasen. Dabei müssen die Kesselfeuer geschlossen gehalten werden, weil sonst der Überdruck der eingeblasenen Luft die Feuer in den Heizraum hineinschlagen würde. Nur wenn Kohlen aufgeworfen oder die Feuer geschürt werden müssen, werden die Feuertüren geöffnet, nachdem die Luftgebläseleitungen abgestellt sind. Bei diesem System ist also die Wirkung der strahlenden Wärme der Kesselfeuer auf die Heizräume und die darin arbeitenden Leute beseitigt. Indessen wird dadurch die Gefahr einer zu hohen Temperatur in den Heizräumen nicht ganz aufgehoben, höchstens bis zu einem gewissen Grade gemindert. Unter ungünstigen Verhältnissen (ungünstige Windrichtung, hohe Außentemperatur) kommt es auch bei dieser Einrichtung zu Unfällen durch Hitzschlag in den Heizräumen.

Fig. 18. Querschnittt durch einen großen Passagierdampfer („Deutschland" H. A. L.) Mittschiffs.

Auf den meisten Kriegsschiffen ist ein andres System eingeführt. Die Heizräume sind so eingerichtet, daß sie mit den Kesseln und dem Schornstein zu einem geschlossenen Kanal vereinigt werden können, durch den mittels kräftiger, elektrisch betriebener Flügelräder Luft unter hohem Druck mit großer Geschwindigkeit hindurchgetrieben wird. Diese forcierte Ventilation wird angewandt, wenn sehr hoher Dampfdruck für möglichst schnelle Fahrt erzielt werden soll. Trotzdem die Heizer dabei entsprechend dem gesteigerten Kohlenverbrauch mehr zu arbeiten haben, fühlen sie sich durch übermäßige Hitze nicht belästigt. Tatsächlich ist auch die Temperatur in solchen Heizräumen bei forcierter Fahrt niedriger als unter ungünstigen Verhältnissen auf einem Handelsdampfer. Daß bei dem mächtigen Luftzug, der bei dieser forcierten, künstlichen Ventilation erzeugt wird, sehr viel Kohlenstaub aufgewirbelt und eingeatmet wird, fällt gegenüber der Vermeidung akuter Hitzschlaggefahr nicht so sehr ins Gewicht.

Es ist natürlich nicht angängig, die komplizierten und kostspieligen Einrichtungen für diesen forcierten Zug auf allen Handelsdampfern einzuführen. Wohl aber wäre es möglich und dringend zu wünschen, daß den Handelsdampfern einfache Ventilationsflügelräder vorgeschrieben würden, die, durch Dampf oder Elektrizität getrieben, Luft in die Heizräume hinunterblasen, sobald eine zur Fahrtrichtung des Schiffes ungünstige Windrichtung die natürliche Lüftung und Abkühlung der Heizräume wesentlich erschwert. Leider fehlen uns solche Vorschriften.

In den Kohlenbunkern erreicht die Temperatur im allgemeinen keine extremen Grade. Es fehlt aber dort jeder Luftzug. Der Aufenthalt und die Arbeit in den dunklen, heißen, staubigen Kohlenbunkern ist meist schwieriger als in den Heizräumen (Fig. 18).

II. Kapitel.

Allgemeines über Gesundheit und Krankheit der Schiffsbesatzungen an Bord von Kauffahrteischiffen.

Bis vor kurzer Zeit galt insgemein jede Seefahrt als ein Wagnis, und noch heute rechnet man das Seefahren mindestens als Beruf zu den gefährlichen Beschäftigungen. Man dachte und denkt noch heute dabei aber mehr an Sturm, Schiffbruch, Überbordfallen usw. als an die Gefahren, die Krankheiten an Bord entspringen. Tatsächlich waren indessen jedenfalls früher die Gesundheitsgefahren an Bord größer als die durch Unfälle bedingten. So blieb auf den großen Kriegsflotten der Spanier, Holländer, Franzosen und Engländer zur Zeit der großen Kolonialkriege oft kaum der zehnte Teil ihrer Besatzungen von schwerer Krankheit verschont; Skorbut, Wassersucht, Fieber aller Art, Ruhr richteten Jahr für Jahr die größten Verheerungen an auf den stolzen Seglern dieser Flotten, von deren Fahrten und Taten für die meisten von uns nur die abenteuerliche Romantik aus Romanen, Kriegs- und Reisebeschreibungen her überschillert. Auch auf den großen Kauffahrern, z. B. den Ostindienfahrern, sah es nicht viel besser aus. Erst mit dem Aufkommen der Dampfschiffe, der Abkürzung der Reisen, der Verbesserung der Ernährung und dem allmählichen Verschwinden der großen, mit Menschen vollgestopften Segelfregatten besserten sich die gesundheitlichen Zustände an Bord. Wie steht es jetzt damit?

In der deutschen Kriegsmarine schwankt die Jahressterblichkeit der Besatzung zwischen 3 und 6 $^0/_{00}$, die Morbidität zwischen 400 und 700 $^0/_{00}$. In den fremden Kriegsmarinen sind diese Zahlen durchschnittlich etwas höher. Indessen sind die Altersverhältnisse der Besatzungen in den verschiedenen Marinen infolge der überall verschiedenen Art der Rekrutierung zu ungleich, als daß die Verhältniszahlen der Sterblichkeit und Morbidität der einzelnen Kriegsmarinen ohne weiteres miteinander verglichen werden dürften. Diese Rücksicht auf die Altersverhältnisse ist auch bei statistischen Vergleichen der Gesundheitsverhältnisse der Handelsmarine gegenüber denen in der Kriegsmarine zu nehmen. Ohne weiteres zulässig ist aber ein Vergleich mit der gleichaltrigen männlichen Bevölkerung an Land. Die Altersgrenzen für die Angehörigen unserer Handelsflotte sind nach den Ermittlungen der Seeberufsgenossenschaft 60 und 15 Jahre. Das Durchschnittsalter der Seeleute der Handelsflotte beträgt 29 Jahre. Die Jahressterblichkeit der gleichaltrigen männlichen Bevölkerung an Land im Deutschen Reiche beträgt $9-10^0/_{00}$. Leider läßt sich nun das Verhältnis der Todesfälle unter den Angehörigen der Handelsmarine zur Zahl der Lebenden — wenigstens was die Krankheitstodesfälle anlangt — nur durch Schätzungen annähernd berechnen.

Nach der Verordnung über die Führung des Schiffstagebuches (Anl. 5) durch den Schiffsführer — vom 21. März 1904 — sind zwar alle Erkrankungen und alle Unfälle, wenn sie bei einer auf dem Schiff beschäftigten Person eine Arbeitsunfähigkeit von mehr als drei Tagen, oder wenn sie den Tod oder die Ausschiffung des von der Krankheit oder dem Unfall Betroffenen zur Folge haben, von dem Kapitän mit einer kurzen Beschreibung der Krankheitserscheinungen bzw. des Unfalles in das Schiffstagebuch einzutragen. Diese Eintragung ist nur dann nicht erforderlich, wenn es sich um Krankheiten an Bord eines Schiffes handelt, auf dem ein S c h i f f s a r z t eingeschifft ist. Dann sind diese Fälle vom S c h i f f s a r z t in das von ihm zu führende T a g e b u c h einzutragen (Anlage 6). Die Todesfälle unter der Besatzung sind ferner den Seemannsämtern, die Erkrankungen und die Krankheitstodesfälle den mit der gesundheitlichen Beaufsichtigung der Seeschiffe betrauten Behörden zu melden. Eine solche Beaufsichtigung ist jetzt zur Seuchenabwehr wenigstens in den größeren deutschen Häfen organisiert. Da aber die große Mehrzahl der Seeschiffe ohne Schiffsärzte fährt, so sind dort alle diese Angaben, was die Krankheitsdiagnosen und Todesursachen bei den Krankheitsfällen anlangt, nicht sehr zuverlässig oder bewegen sich meist in allgemeinen Ausdrücken, wie Auszehrung, Fieber, Wassersucht, Herzschlag u. dgl. Überdies fehlt es noch immer an einer Zentralstelle, an der alle diese Angaben gesammelt und für eine Gesamtstatistik verwertet werden könnten.

Für die Vorbereitung der Unfallversicherung der Seeleute wurden s. Z. vom Reichsversicherungsamt Schätzungen über die Sterblichkeit der Seeleute an Krankheiten und Unfällen angestellt. Danach belief sich die jährliche Sterblichkeit in der deutschen

Handelsmarine für die Jahre 1877—1884 auf 21,8 $^0/_{00}$ insgesamt, die Sterblichkeit an Krankheiten allein auf 9,5 $^0/_{00}$. Für den Zeitraum von 1888—1895 gelangte ich für die Hamburger Handelsflotte auf Grund der Angaben des Hamburger Seemannsamtes und sonstiger Ermittlungen zu dem Ergebnis, daß die Sterblichkeit der Besatzungen der Hamburger Schiffe an Krankheiten allein wahrscheinlich höher als 10 $^0/_{00}$, d. h. höher als die der gleichaltrigen männlichen Bevölkerung an Land zu schätzen sei. In den letzten Jahren ist wohl aber die Krankheitssterblichkeit der Besatzungen auf unsern deutschen Kauffahrteischiffen wieder etwas niedriger geworden. Gerade in die Jahre von 1888 bis 1895 fielen sehr heftige Gelbfieberepidemien in Südamerika, unter denen die deutschen Schiffe sehr zu leiden hatten. Seitdem ist aber die Zahl der Opfer dieser Krankheit unter den Schiffsbesatzungen ganz erheblich zurückgegangen.

Folgende Gruppen von Krankheiten verdienen bei der Beurteilung der Gesundheitsverhältnisse der Angehörigen unserer Handelsflotte besondere Aufmerksamkeit:

Erstens die exotischen Krankheiten — gelbes Fieber, Malaria, tropische Ruhr, Cholera, Pest usw. Diese Krankheiten werden in den nächsten Kapiteln besonders besprochen werden.

Zweitens die auch bei uns an Land heimischen Infektionskrankheiten. Von ihnen wird der Typhus an Bord in einem andern Kapitel weiter unten besonders behandelt werden. Dagegen soll die Rolle der Tuberkulose unter den Angehörigen der Handelsmarine jetzt gleich zur Besprechung an die Reihe kommen.

Die dritte Gruppe bildet die häufigen Fälle von Hitzschlag und die damit im Zusammenhange stehenden hohen Selbstmordzahlen unter den Heizern und Trimmern an Bord der Handelsdampfer. Auch diese Verhältnisse sollen noch in diesem Kapitel ausführlicher erörtert werden.

Endlich soll von den Geschlechtskrankheiten und den Unfällen an Bord auch in diesem Kapitel das Nötige kurz gesagt werden.

Genaue Verhältniszahlen, auf die Menge der Lebenden berechnet, lassen sich für die Erkrankungshäufigkeit und die Sterblichkeit an Tuberkulose bei den Angehörigen der deutschen Handelsflotte vorläufig ebensowenig ermitteln wie für das allgemeine Krankheits- und Sterblichkeitsverhältnis der Seeleute oder für andere Krankheiten. Auch die bloß annähernde Schätzung der Häufigkeit der Tuberkulose bei den Seeleuten stößt auf große Schwierigkeiten. Die Tuberkulose ist eine chronische Krankheit, die nicht sofort zu völliger Erwerbsunfähigkeit führt, wohl aber bald für den schweren Beruf des seemännischen Arbeiters unfähig macht. Viele an Tuberkulose erkrankte Angehörige der Kauffahrteimarine müssen schon im Anfang ihrer Erkrankung den seemännischen Beruf aufgeben und sich eine leichtere Beschäftigung auf dem Lande suchen. In der Statistik der Todesursachen werden sie dann bei anderen Berufsarten mitgezählt. Auf ähnliche Weise gehen die aus den Krankenhäusern der Hafenstädte ungeheilt entlassenen und in die binnenländische Heimat abgereisten, tuberkulösen Seeleute für die Statistik verloren. Auch aus den Meldungen der ankommenden Schiffe und den Zugangslisten der Krankenhäuser der Hafenstädte gewinnt man kein richtiges Bild über die Verbreitung der Tuberkulose unter den Seeleuten, da die Krankheit häufig erst nach längerer Beobachtung erkannt wird. Es gibt aber sehr beachtenswerte indirekte Hinweise, die darauf deuten, daß die Tuberkulose unter den Angehörigen der Handelsmarine auffallend stark verbreitet ist. In Frankreich hat Rochard schon 1855 auf den schädlichen Einfluß des Seelebens für den Ausbruch und Verlauf der Lungenschwindsucht hingewiesen und an der Hand der Statistik gezeigt, daß der Seemannsberuf „zu denjenigen gehört, die der Lungenschwindsucht mit den stärksten Tribut zahlen". Seitdem hat man in Frankreich die Verhältnisse mit Aufmerksamkeit weiter verfolgt. Bis in die neueste Zeit hinein bestätigen die Autoren einstimmig die Ansicht Rochards. Die allgemeine Sterblichkeit in der französichen Kriegsmarine betrug nach Vincent in den Jahren 1890 bis 1896 11 $^0/_{00}$, die Sterblichkeit an Tuberkulose 3 $^0/_{00}$. Dabei darf nicht vergessen werden, daß jährlich eine sehr große Menge tuberkulöser Seeleute als dienstunbrauchbar aus der Kriegsmarine vorzeitig entlassen werden. Ungefähr der vierte Teil aller Dienstunbrauchbaren scheidet aus der französischen Marine wegen Tuberkulose aus. Im Februarheft 1903 des „Archives de Médic. Navale" berichtet Couteaud von einem gehäuften Ausbruch der Krankheit an Bord eines Kriegsschiffes, nach seiner Ansicht infolge der Einschiffung tuberkulöser Aspiranten. In 20 Monaten zählte man bei einer Besatzung von 460 Personen 40 Tuberkulöse. Zu ähnlichen Ergebnissen gelangte Knorre für die russische Marine.

Auch in der englischen Marine ist die Tuberkulosesterblichkeit höher als in der englischen Armee. Trotzdem die deutsche Kriegsmarine viel günstigere Zahlen in dieser Beziehung aufweist als die französische, russische und englische, bleiben die Tuberkulosezahlen auch bei uns dauernd größer als die der Armee. Es erkrankten an Lungentuberkulose in den zehn Jahren von 1887—1897 in der Armee 2,9 $^0/_{00}$ der „Iststärke", in der Marine 3,5 $^0/_{00}$. Es starben an Lungentuberkulose in der Armee im gleichen Zeitraum 0,35 $^0/_{00}$, in der Marine 0,62 $^0/_{00}$.

Die Auslese der Rekruten wird in der Marine mit derselben Sorgfalt und in bezug auf die Tuberkulose nach denselben Gesichtspunkten wie in der Armee vorgenommen. Wenn trotzdem dauernd in der Marine mehr Leute an Tuberkulose erkranken als in der Armee, so wird man den Grund hierfür in dem Einfluß des Marinedienstes suchen müssen. Und wenn sich dieser Einfluß trotz der sorgfältigen Beachtung aller irgend mit dem Dienste vereinbaren hygienischen Anforderungen in der Kriegsmarine unverkennbar zeigt, wird man für die Handelsmarine eine noch stärkere Einwirkung davon erwarten müssen.

Alles dies vorausgeschickt, wird es erlaubt sein, mangels der Möglichkeit der direkten Ermittelung der Häufigkeit der Tuberkulose unter den Seeleuten der Handelsmarine auf den Anteil hinzuweisen, den die Schwindsuchtstodesfälle der Seeleute in einem größeren Hafen an der gesamten Zahl der Sterbefälle der Angehörigen der Handelsflotte in demselben Hafen haben. Für sich allein kann allerdings eine solche Berechnung zu irrtümlichen Ansichten Veranlassung geben, da das Verhältnis der Tuberkulosetodesfälle zu allen übrigen Todesfällen von anderen Krankheiten und Todesursachen, die mit Tuberkulose gar nichts zu tun haben, unter Umständen wesentlich beeinflußt werden kann. Während einer Choleraepidemie z. B. wird das Verhältnis der an Tuberkulose Gestorbenen zur Summe aller Todesfälle ein sehr günstiges sein; umgekehrt wird zu Zeiten, in denen akute Infektionskrankheiten nur eine untergeordnete Rolle spielen, die Tuberkulosesterblichkeit höher erscheinen. Die Seeleute von den im Hamburger Hafen verkehrenden Schiffen erkranken und sterben nun in der Tat nicht unwesentlich zahlreicher an einigen akuten Infektionskrankheiten als die gleichaltrige hiesige städtische Bevölkerung. Abgesehen von exotischen Krankheiten, ist es besonders der Typhus, den die Seeleute verhältnismäßig häufig vom Auslande mitbringen und dem sie hier erliegen. In der Stadt Hamburg ist der Typhus viel seltener als auf den Schiffen und im Hafen. Durch die Todesfälle an diesen Krankheiten wird aber der Anteil der Tuberkulose an der Summe der Todesfälle der Seeleute im Vergleich zu der städtischen Bevölkerung nur herabgedrückt. Indessen dürften diese Zahlen keine sehr große Rolle spielen und können vernachlässigt werden Dagegen müssen die tödlichen Unfälle und Selbstmorde ausgeschaltet werden. Die Sterblichkeit der Seeleute an Unfällen und Selbstmord beträgt im Hamburger Hafen 27 $^0/_0$ aller Sterbefälle von Seeleuten. Die Sterblichkeit der Seeleute an irgendeiner

Krankheit würde also im Verhältniss zu der die Unfälle einschließenden Gesamtsumme aller Todesfälle von Seeleuten bei dem Vergleich mit der Landbevölkerung, bei der der Tod infolge von Unfällen nur eine ganz untergeordnete Rolle spielt, viel zu niedrig erscheinen. Es dürfen deshalb die Todesfälle an Unfällen und Selbstmord weder bei den Seeleuten noch bei der Landbevölkerung mitgezählt werden.

Ich habe nun für sechs Jahre — 1896—1901 — die Zahl der in Hamburg an Tuberkulose gestorbenen Seeleute der Handelsmarine zu der Gesamtzahl aller in Hamburg gestorbenen Seeleute — abgesehen von den Unfalltodesfällen — berechnet und mit den entsprechenden Zahlen der gleichaltrigen hamburgischen städtischen und mit der gleichaltrigen Gesamtbevölkerung des Deutschen Reiches verglichen. Es fand sich, daß die Prozentzahl der an Tuberkulose gestorbenen Angehörigen der Handelsmarine gegenüber allen übrigen in Hamburg registrierten Krankheitstodesfällen $38,3\%$ beträgt und um 3% höher ist als bei der gleichaltrigen Hamburger städtischen und der allgemeinen Landbevölkerung. Die Bedeutung dieser Zahlen ist mehrfach angegriffen worden, weil die Zeit, auf die sich diese Statistik bezieht, zu kurz sei und die gesammelten Zahlen zu klein seien. Auch sei der Unterschied des Verhältnisses der an Tuberkulose gestorbenen Seeleute gegenüber der Landbevölkerung sehr gering. Mangels jeder anderen Statistik dürften indessen die Ergebnisse meiner sechsjährigen Beobachtungsperiode besser als gar nichts sein und immerhin als beachtenswert gelten. Was den gering scheinenden Unterschied der Sterblichkeitsquote der Tuberkulose bei den Seeleuten im Vergleich zur Landbevölkerung anlangt, so bekommen die Zahlen ein anderes Gesicht, wenn man die Seeleute nach den einzelnen Berufsarten sondert. Am niedrigsten ist die Tuberkulosequote bei den Kapitänen und Offizieren, die Quote für die Maschinisten und das untere Heizer- und Maschinenpersonal entspricht ungefähr der Beteiligung der Tuberkulose an der allgemeinen Sterblichkeit der gleichaltrigen männlichen Bevölkerung im Deutschen Reiche. In auffälliger Höhe aber erscheint die Beteiligung der Tuberkulose an der Sterblichkeit des niederen, seemännischen Personals (42%) und der Köche und Stewards (48%). Der Berufsklasse der Köche und Stewards entsprechen bei der Landbevölkerung die Kellner. Wie Cornet angibt, erlagen nach den aus mehreren Jahren zusammengestellten Todeslisten der Kellner einiger Ortskranken- und Sterbekassen 45% der Tuberkulose. Die Tuberkulosequote der Köche und Stewards unserer Handelsschiffe ist noch höher.

Von anderer Seite ist darauf aufmerksam gemacht worden,

daß diese ungünstigen Zahlen durch die von der Landbevölkerung abweichende Altersverteilung der Seeleute innerhalb der Grenzen von 15—60 Jahren (vgl. o.) bedingt sei. Indessen lassen sich die außerordentlich großen Unterschiede zwischen den einzelnen Kategorien der Matrosen, der Köche und Stewards einerseits und dem Maschinenpersonal und den Kapitänen und Offizieren andererseits durch diesen Einfluß der Altersgruppierung nicht erklären, da die Kategorien der Matrosen, Heizer und Trimmer und die der Köche und Stewards ungefähr die gleiche Alterszusammensetzung haben. Auch zeigen die Ermittelungen der Seeberufsgenossenschaft, daß die Altersklasse von 20—40 Jahren, die an der Tuberkulosesterblichkeit überall an Land einen höheren Anteil hat, als das Alter von 15—20 und von 40—60 Jahren, bei den Angehörigen der Handelsflotte nicht so sehr viel zahlreicher vertreten ist, als daß daraus die höheren Zahlen, die die Tuberkulose als Todesursache bei den Seeleuten beansprucht, erklärt werden könnten. Übrigens ergibt sich, wenn man meine Todesursachenzahlen nach Altersklassen gruppiert, daß bei den Seeleuten das Alter von 15 bis 20 Jahren einen wesentlich höheren Anteil an der Tuberkulosesterblichkeit hat als bei der übrigen Bevölkerung.

Diese hohe Beteiligung der Altersklasse von 15—20 Jahren scheint mir darauf hinzuweisen, daß die Einflüsse des Seefahrerberufes sowohl den Ausbruch einer latenten Tuberkulose wie den rascheren Verlauf der manifesten Krankheit besonders begünstigen. Das Seereisen gilt ja gemeinhin als heilsam für Tuberkulöse. Indessen ist es etwas anderes, ob man als Passagier der ersten Kajüte in sonnigen Breiten ein bequemes Freiluftleben an Bord führt oder als Matrose allen Unbilden kalter Witterung und Durchnässungen von oben und unten bei schwerer Arbeit ausgesetzt ist, als Heizer und Trimmer tief unten im Schiff angestrengt arbeiten muß, als Steward immer in geschlossenen Räumen ohne Ruh bei Tag und Nacht den Reisenden zu Diensten sein, Kammern fegen und Bettzeug machen muß.

Ob dabei der Keim zur Krankheit häufiger ins Seeleben schon mitgebracht oder mehr erst an Bord erworben wird, ist sehr schwer zu entscheiden. Nach der neuen Seemannsordnung sollen die Leute, die für ein Kauffahrteischiff geheuert werden, alle vor der Anmusterung ärztlich untersucht werden. Daher werden jetzt und in Zukunft wahrscheinlich viel weniger Tuberkulöse oder dieser Krankheit Verdächtige an Bord beschäftigt werden als früher. Es würde sehr interessant sein, wenn in einigen Jahren statistische Ermittelungen über die Wirkung dieser Maßregel in bezug auf die Sterblichkeit und Krankheitshäufigkeit der Tuberkulose in der

Handelsflotte angestellt würden. In der Kriegsmarine ist die Wirkung der besonders sorgfältigen Auslese der Mannschaften namentlich bezüglich der Tuberkulose auf den im Auslande fahrenden Schiffen unverkennbar, andererseits zeigt gerade das Beispiel der Kriegsmarine, in der trotz der gleich sorgfältigen Auslese wie in der Armee die Tuberkulosezahlen dauernd höher sind als dort, daß durch die Untersuchung und Auslese der Mannschaften nicht alles, was für die Niederhaltung der Tuberkulose an Bord in Betracht kommt, geleistet werden kann. Es bleiben die ungünstigen örtlichen Verhältnisse, z. B. enges Zusammenwohnen, Erkältungen, Strapatzen aller Art. Diese Verhältnisse sind nun wieder an Bord der Handelsschiffe tatsächlich ungünstiger als auf den Kriegsschiffen. Übrigens scheint, was das enge Zusammenleben an Bord anlangt, nach den von Belli auf italienischen Kriegsschiffen und nach den von Stephan und Günther in meinem Institut angestellten Untersuchungen auf Handelsschiffen im Hamburger Hafen die Gefahr einer Tuberkuloseinfektion durch aufgewirbelten Staub keine Rolle zu spielen; denn es ist bisher noch nicht gelungen, an Bord tuberkelbazillenhaltigen Staub nachzuweisen. Die Luft an Bord ist anscheinend nirgends trocken genug, als daß Sputum eintrocknen und verstäuben könnte. Es bleibt aber bei dem engen Zusammenleben an Bord noch die Gefahr der Tröpfcheninfektion und darauf muß wohl die verhältnismäßig nicht unbeträchtliche Zahl der Fälle von Tuberkulose zurückgeführt werden, in denen junge, kräftig gebaute Leute, die in vollster Gesundheit den Seemannsberuf begannen, einer rasch vorwärts schreitenden Tuberkulose anheimfallen.

Außer den exotischen Infektionskrankheiten und der Tuberkulose hat der Hitzschlag als Krankheits- und Todesursache bei den Seeleuten der Handelsmarine eine sehr erhebliche Bedeutung. Die hierher gehörigen Leiden und Verluste werden nur in der Minderzahl durch die direkte Wirkung der Tropensonne oder eines heißeren Klimas verursacht. Die Mehrzahl kommt in den Maschinen- und Kesselräumen der Dampfer zustande, infolge des Mißverhältnisses zwischen der Steigerung der Eigenwärme durch die schwere Arbeit vor den Kesseln und in den Kohlenbunkern und der Möglichkeit der Abgabe dieser erhöhten Eigenwärme, die bei der oft ungenügenden Lüftung der Arbeitsräume ganz erheblich erschwert ist.

Um ein richtiges Bild über die Häufigkeit der hierhergehörenden Erkrankungen und Todesfälle zu erlangen, darf man in den Statistiken der Seemannsämter und bei den Angaben der einzelnen Kapitäne nicht bloß die Fälle berücksichtigen, die tatsächlich als Hitzschlag gemeldet werden. Es werden, namentlich für die Todesfälle, die auf Hitzschlag zurückzuführen sind, häufig auch Bezeichnungen wie Gehirnschlag, Herzschlag und ähnliche von den Laien gebraucht. Man muß alle diese Fälle zu einer Gruppe zusammenfassen und darf sicher sein, daß die allergrößte Mehrzahl davon, auch wenn sie nicht ausdrücklich als Hitzschlag bezeichnet sind, durch Hitzewirkung bedingt ist. Darauf deutet auch die hohe Beteiligung des Maschinenpersonals an diesen Todesfällen. In den Jahren 1888—1895 machte diese Hitzschlaggruppe 10 % aller hier gemeldeten Krankheiten von Seeleuten aus und von den in den letzten zehn Jahren beim Hamburger Seemannsamt gemeldeten Todesfällen an Krankheiten wurden 12 % (116 von insgesamt 975 Todesfällen) durch in diese Gruppe gehörige Fälle verursacht. Die Bremer und Hamburger Handelsflotte war in der ersten Hälfte der neunziger Jahre ungefähr so zusammengesetzt, daß auf 100 Seeleute 37 Matrosen, 18 Feuerleute, Heizer und Kohlenzieher, 16 Stewards und Köche und 29 von der übrigen Besatzung entfielen. Von 100 Hitzschlagtodesfällen kamen aber in den Jahren 1888—1895 48 auf Feuerleute. Von 14 in den letzten drei Jahren beim Hamburger Seeamt verhandelten Fällen von Hitzschlag betrafen zwölf das Heizerpersonal. Übrigens erkranken auch farbige Heizer gar nicht so selten an Hitzschlag. So finden sich unter zwölf Hitzschlagtodesfällen von Heizern, die in den letzten drei Jahren beim Hamburger Seeamt verhandelt sind, 3 Todesfälle von farbigen Feuerleuten.

Es sind durchaus nicht immer exzessiv hohe Temperaturen, die den gefährlichen Symptomenkomplex eines Hitzschlaganfalles hervorrufen. Er stellt sich bei hoher Luftfeuchtigkeit und mangelnder Luftbewegung auch schon bei verhältnismäßig niedrigem Temperaturgrade ein und wird z. B. in den Heizräumen von Dampfern oft schon bei Temperaturen von 30—35^0 beobachtet. Bei ungünstiger Ventilation im Heizraum kommen Hitzschlagfälle dort unten auch in unseren Breiten vor und ebenso gefürchtet wie das Rote Meer ist bei den Maschinisten und Heizern im Sommer der Golfstrom, namentlich auf der Heimreise der transatlantischen Dampfer. Die individuelle Widerstandsfähigkeit spielt dabei eine große Rolle. Alkoholiker, Leute mit schwachem Herzen, fette und nicht an schwere Arbeit gewöhnte Menschen erliegen viel leichter als straffe, gesunde Naturen.

Die Symptome des Hitzschlags muß ich im allgemeinen als bekannt voraussetzen. Wir finden davon an Bord alle Grade, vom einfachen „Schlappwerden" bis zur lebensgefährlichen Bewußtlosigkeit. Oft ist es unmöglich, zu sagen, wo die bloße Erschöpfung infolge vielleicht ungewohnter Arbeit aufhört und der Hitzschlag anfängt. Die Analtemperatur der „Feuerleute" — mit diesem Namen werden in der seemännischen Sprache die Heizer und Kohlentrimmer zusammenfassend bezeichnet — steigt am Ende ihrer Wache auch bei nicht ungünstigen Ventilationsverhältnissen häufig bis auf 38^0 und darüber, bei unbefahrenen Feuerleuten leichter als bei solchen, die in der Arbeit besser geübt sind. In Fällen von Hitzschlag steigt die Analtemperatur auf 39^0, 40^0, 41^0, selbst Fälle bis 43^0 sind beobachtet. Indessen findet man nicht immer bei der Untersuchung eines Hitzschlagkranken erhöhte Temperatur, namentlich in den Fällen, in denen die Erschöpfung gegenüber der Wärmestauung mehr in den Vordergrund tritt, mißt man auch eine normale, selbst subnormale Temperatur.. Man würde einen schweren Fehler begehen, wenn man alle diese Leute als Simulanten wieder zur Arbeit schicken wollte. Von ausschlaggebender Bedeutung ist bei fehlender Temperaturerhöhung der Puls. Ich würde einen Feuermann, der über 120 Pulse hat, auch dann, wenn er keine erhöhte Temperatur hat, als an Hitzerschöpfung mit der Gefahr des Hitzschlagtodes erkrankt ansehen, von der Arbeit dispensieren und entsprechend behandeln. Eine besondere Art von Hitzschlagsymptomen stellen die sog. Heizerkrämpfe dar, tonische, langdauernde, sehr schmerzhafte Kontrakturen in den am meisten angestrengten Muskelgruppen, z. B. in den Armen, Händen, den Bauchmuskeln und den Waden. Diese Symptome gesellen sich bald den übrigen bekannten Symptomen des Hitzschlages hinzu, bald treten sie allein auf. Oft wird das reichlich genossene Getränk — Haferschleimabkochung — dabei in Massen erbrochen. Dann hat der ganze Symptomenkomplex — Wadenkrämpfe und Erbrechen — eine entfernte Ähnlichkeit mit einem Choleraanfalle, und es ist mir ein Beispiel bekannt, in dem wirkliche Choleraerkrankungen unter den Heizern eines Schiffes zunächst als Heizerkrämpfe angesehen wurden.

Eine eingehende Erörterung der Behandlung des Hitzschlages würde zu weit führen. Es ist von größter Wichtigkeit, daß die Kranken so schnell als möglich aus den Arbeitsräumen heraus an die frische Luft geschafft werden. Das ist nicht immer ganz leicht, namentlich bei Besinnungslosen, die nur unter den größten Mühen und Anstrengungen aus den Heizräumen oder Kohlenbunkern durch die engen Schächte an den senkrechten Steigeleitern hinaufgezerrt werden können. Daher sollte vorgeschrieben werden, daß die großen Dampfer mit Transportmitteln, um solche Kranke schnell und gefahrlos an Deck zu befördern, ausgerüstet sein müssen. Hierzu eignen sich Stühle mit Rückenlehne, auf denen die Kranken festgebunden werden können oder Gleitbretter, auf die sie geschnallt, Hängematten, in die sie eingewickelt werden. Auf dem Oberdeck angelangt, soll der Kranke nicht in seine Koje, im Logis oder ins Schiffshospital, überhaupt nicht in einen geschlossenen Raum gebracht, sondern im Freien, womöglich dem Luftzug ausgesetzt, gelagert werden. Dann wird der Kranke entblößt und man versuche durch Übergießungen, Besprengungen u. dgl. — hierzu ist auch Seewasser erlaubt — möglichst schnelle Abkühlung herbeizuführen. In leichten und mittelschweren Fällen wird die Temperatur durch eine energische, abkühlende Behandlung schon nach kurzer Zeit merklich erniedrigt, auch die erregende Wirkung solcher Behandlung tritt dann bald zutage, die Kranken atmen tiefer, kommen zum Bewußtsein und versuchen zu schlucken. Wenn man, weil der Kranke nicht schlucken kann, keine kühlenden Getränke — Wasser, kalter Tee und Kaffee — einflößen kann, soll man hohe Eingießungen in den Darm anwenden. In schweren Fällen kommt eine merkliche Erniedrigung der Körpertemperatur oft erst nach stundenlangen Abkühlungsversuchen zustande, oft ist die bald eintretende Temperaturerniedrigung und die damit einhergehende Besserung eine Erscheinung von nur vorübergehender Dauer und der bedrohliche Zustand kehrt wieder, wenn man mit der abkühlenden Behandlung nicht genügend lange fortfährt. Von Medikamenten halte ich nicht sehr viel, Kampfer oder Ätherinjektionen mag man in schweren Fällen anwenden, sie tun es aber allein nicht. Die Hauptsache ist Abkühlung und Flüssigkeitszufuhr. Das viel beliebte und auch oft ärztlich verordnete Kognakeinflößen ist auch in leichteren Fällen vom Übel, auch beim bloßen Schlappwerden ist Abkühlung, Wassertrinken und Ruhe das allein Richtige.

Nach den Ermittelungen der Seeberufsgenossenschaft sind in den 10 Jahren 1888—1897 in der deutschen Marine folgende **Selbstmorde** vorgekommen:

		Die jährliche Selbstmordzahl betrug durchschnittlich
a) auf Dampfschiffen:		
1. beim Deckpersonal (Schiffer, Seeleute, Bootsleute, Zimmerleute, Bestmänner, Steurer, Matrosen, Segelmacher, Netzmacher, Leichtmatrosen, Jungen)	42	$0{,}46^0/_{00}$
2. beim Maschinenpersonal (Maschinisten, Assistenten, Kesselschmiede, Elektriker, Oberheizer, Heizer, Schmierer, Donkeyleute, Lagermeister, Kohlenzieher)	224	$2{,}59^0/_{00}$
3. beim Aufwartepersonal (Verwalter, Ärzte, Zahlmeister, Köche, Stewards, Aufwäscher, Arztgehilfen, Bäcker, Barbiere, Stewardessen u. a.) . . .	308	$1{,}39^0/_{00}$
b) auf Segelschiffen:		
4. gesamte Besatzung	341	$0{,}23^0/_{00}$

Da die jährliche Selbstmordfrequenz unter der gleichaltrigen männlichen Bevölkerung am Lande ungefähr $0{,}46\,^0/_{00}$ beträgt, so ist nach der Seeberufsgenossenschaft die Selbstmordfrequenz

bei der Segelschiffbesatzung nur halb so groß . . . . . . $0{,}23\,^0/_{00}$
bei dem Deckpersonal auf Dampfern gleich groß . . . . . $0{,}46$ „
bei dem Aufwartepersonal im ganzen doppelt so groß . . . . $0{,}96$ „
bei dem Maschinenpersonal fünfeinhalbmal so groß . . . . $2{,}59$ „
bei den Oberheizern, Heizern und Schmierern doppelt so groß . $1{,}05$ „
bei den Kohlenziehern zwanzigmal so groß . . . . . . $9{,}24$ „

als die der gleichaltrigen, männlichen Bevölkerung am Lande.

Die auffallende Erscheinung der großen Häufigkeit des Selbstmordes unter den Feuerleuten der Handelsmarine ist in den nautischen Kreisen schon sehr viel erörtert worden und die Ansichten über die Ursachen der Erscheinung gehen weit auseinander. Es kommen als Ursachen hauptsächlich in Betracht: die schwere, ungewohnte Arbeit an sich, Mangel an Energie und sonstige physische Minderwertigkeit (unter den Feuerleuten finden sich sehr viele Leute, die früher einen anderen Beruf hatten, darin aber Schiffbruch erlitten und dann den Dienst vor den Feuern an Bord aus Not ergriffen haben), ferner Alkoholismus, Mißhandlungen oder endlich Krankheit, im besonderen krankmachende Einwirkung der Hitze und der sonstigen Verhältnisse im Heizraum. Alkoholmißbrauch liegt, wie auch die Seeberufsgenossenschaft in ihren Ermittelungen findet, nur in wenig Fällen vor. Mißhandlungen durch Vorgesetzte oder Kameraden sind nicht selten vorausgegangen; es gibt aber viele Fälle, in denen Anhaltspunkte dafür fehlen. Die Frage nach der Bedeutung der übrigen, als Ursachen angesprochenen Verhältnisse spitzt sich im Grunde dahin zu, ob mehr die persönlichen Eigenschaften der Feuerleute — körperliche Untauglichkeit, Mangel an Gewöhnung an die Arbeit — oder mehr die Beschaffenheit der Arbeit und der Arbeitsräume die hohe Selbstmordfrequenz bedingen. Je nachdem die Antwort ausfällt, wird man für die Bekämpfung der Selbstmordhäufigkeit entweder mehr Wert auf gewissenhafte Auslese der Mannschaften oder mehr auf Erleichterung der Arbeit und Verbesserung der hygienischen Verhältnisse der Arbeitsstätte legen. Die Seeberufsgenossenschaft ist bei der Erörterung ihrer Ermittelungen zu dem Ergebnis gelangt, daß die persönlichen Verhältnisse der Feuerleute die hauptsächliche Bedeutung dabei hätten. Sie zieht diesen Schluß einmal daraus, daß nach ihren Ermittelungen neunmal mehr Kohlenzieher Selbstmord begehen als Heizer. Die Kohlenzieher sind meist unbefahrene Leute, die der neuen Arbeit ganz ungewohnt sind, die Heizer sind mehr an die Arbeitsverhältnisse gewöhnt, sie treten meist als Kohlenzieher ein und werden nach längerer oder kürzerer Zeit zu Heizern befördert. Die Unterscheidung zwischen Heizern und Kohlenziehern gilt übrigens nur für die größeren Dampfer, auf den kleinen und mittleren Dampfern verrichten die Heizer auch Kohlenzieherdienste. Würde aber die Arbeit in den Heizräumen durch Gewöhnung allein unter allen Umständen erträglich, so dürften auf die der Arbeit gewohnten Heizer verhältnismäßig nicht mehr Selbstmorde entfallen, als in der gleichaltrigen männlichen Bevölkerung am Lande im allgemeinen vorkommen. Das trifft aber nicht zu, es begehen immer noch $2^1/_2$ mal mehr Heizer Selbstmord auf den Handelsschiffen, als dem Verhältnis der Fälle in der gleichalterigen männlichen Bevölkerung am Lande entspricht. Auch das zweite Argument für die hauptsächliche Bedeutung der persönlichen Verhältnisse ist hinfällig. Aus den Ermittelungen der Seeberufsgenossenschaft ist berechnet worden daß die meisten Selbstmorde auf den Fahrten zwischen Nordamerika und Deutschland vorkommen. Gerade auf diesen Fahrten kämen aber die meisten Desertionen vor und man müßte, um die dadurch entstandenen Lücken auszufüllen, in den überseeischen Häfen jeden Mann, der sich böte, anstellen. Dort also, wo verhältnismäßig die meisten Selbstmorde vorkämen, seien auch die meisten ungeschulten und untauglichen Leute zu finden. Bei dieser Berechnung sind aber die verschiedenen Besatzungszahlen der Dampfer nicht berücksichtigt. Die großen, in der Nordamerikafahrt beschäftigten Dampfer haben eine viel höhere Besatzung mit Feuerpersonal als die übrigen. Wenn man die Zahlen der Seeberufsgenossenschaft auf gleiche Besatzungsstärken umrechnet, kommt ein ganz anderes Ergebnis heraus. Die meisten Selbstmorde kommen auf den Dampfern vor, die mit weißen Feuerleuten durch das Rote Meer fahren, d. h. dort, wo es am heißesten ist. Die Nordamerikafahrt kommt erst an dritter Stelle. Auf den Nordamerikadampfern ist es während des Sommers auf der Rückreise von Nordamerika, namentlich für die Tage, die die Dampfer im Golfstrom zubringen, in den Heiz- und Kohlenräumen außerordentlich schwül und unerträglich, so daß diese Tage allgemein gefürchtet sind.

Die Statistik, in richtiger Weise angewandt, weist also darauf hin, daß die meisten Selbstmorde dort vorkommen, wo es am heißesten ist. Damit stimmt auch die Betrachtung der gut beobachteten und ausführlich geschilderten Einzelfälle überein. Eine wenn auch verhältnismäßig geringe Anzahl solcher gut beobachteter Fälle gibt mehr Belehrung über die Ursachen der Selbstmorde unter den Feuerleuten, als eine noch so große Zahl von Fällen ohne nähere Angaben. In der überwiegenden Mehrzahl der gut beobachteten Fälle deutet alles darauf hin, daß der Selbstmord der Feuerleute in letzter Linie als eine Hitzewirkung aufzufassen ist. In vielen Fällen ist festgestellt, daß dem Selbstmord Symptome von Hitzschlag vorausgegangen sind. Die Leute sind „schlapp" geworden, dann aber wieder zur Arbeit angetreten, häufig freiwillig, häufig aber auch unfreiwillig und nicht selten sogar von Schiffsärzten, die sie für Simulanten erklärten, wieder zur Arbeit geschickt. Ein paar Stunden später wurden sie vermißt. Umgekehrt ist vielfach beobachtet, daß unzweifelhaften, ausgesprochenen Hitzschlaganfällen nervöse Unruhe, psychische Depression und Selbstmordgedanken vorausgegangen waren. Auch in den seeamtlichen Verhandlungen stellt es sich häufig heraus, daß die Selbstmörder unter den Feuerleuten entweder gleichzeitig mit den Zeichen leichten Hitzschlages Erscheinungen psychischer Depression vor dem Überbordspringen darboten oder ganz plötzlich mit deutlichen Anzeichen von Verwirrung an Deck eilten und in den Tod gingen. Die psychische Depression und die Neigung zum Selbstmord gehört mit unter die Hitzwirkungen und steht mit der allgemeinen Erfahrung im Einklang, daß beginnende fieberhafte Erkrankungen zum Selbstmord disponieren. So fand Heller in Kiel bei einer verhältnismäßig großen Anzahl von Selbstmördern die Zeichen beginnender Lungenentzündung und anderer akuter fieberhafter Krankheiten. Das Unbefahrensein und der damit verbundene Mangel an Gewöhnung an die Arbeit prädisponiert insofern, als die Körpertemperatur der unbefahrenen Feuerleute leichter bis zur Fieberhöhe bei der Arbeit steigt, als bei befahrenen alten Leuten, deren Wärmeregulierungsvermögen den Anforderungen der Umgebung geübter gegenübersteht. Indessen ist diese Prädisposition der Unbefahrenen nicht die Hauptursache der Selbstmorde; auch befahrene Leute bekommen unter ungünstigen Umständen Hitzschlag und begehen Selbstmord. Will man also die ungemeine Häufigkeit der Selbstmorde unter dem Feuerpersonal bekämpfen, so muß man für möglichst günstige hygienische Bedingungen in den Heizräumen, vor allem dafür sorgen, daß dort ein ausgiebiger Luftzug unter allen Umständen sichergestellt ist. In zweiter Linie kommt häufige Ablösung der Mannschaften, namentlich Schonung der Erschöpften und „Schlappen", überhaupt möglichste Erleichterung der Arbeit, d. h. vor allem möglichst reichliches Personal und endlich sorgfältigste körperliche Auslese der Feuerleute in Frage.

Alle diese Verhältnisse werden vorläufig nur auf den Kriegsschiffen genügend berücksichtigt. Dort sind die Selbstmorde unter den Feuerleuten sehr viel seltener als in der Handelsflotte und bleiben innerhalb der allgemeinen für die gleichalterige Bevölkerung am Lande geltenden Zahlen.

Geschlechtskrankheiten sind unter den Besatzungen der Kauffahrteischiffe außerordentlich verbreitet. So sind im Hamburger Hafen in den letzten drei Jahren über 7000 Seeleute bei den gesundheitlichen Besuchen auf den ankommenden Schiffen geschlechtskrank befunden worden. Darunter waren viele vernachlässigte und unzweckmäßig behandelte Fälle mit ungewöhnlich schweren örtlichen Erscheinungen, Sekundärinfektionen und sonstigen Komplikationen. Diese durch Vernachlässigung bösartig gewordenen Erkrankungen finden sich insbesondere bei den im Auslande erworbenen syphilitischen Infektionen und sie haben wohl mit zu der Ansicht beigetragen, daß die in den Tropen erworbene Syphilis auch bei den Europäern im allgemeinen zu besonders bösartigem Verlauf neige. Diese Ansicht ist aber nicht bloß nach meinen eigenen, sondern auch nach allgemeinen Erfahrungen, wie sie z. B. Scheube durch überallhin ausgedehnte Umfragen gewonnen hat, als irrig zu bezeichnen. Die Ausbildung schwererer Erscheinungen ist in den meisten Fällen der Vernachlässigung, Unreinlichkeit und der Fortsetzung der in Exzesse in Baccho et Venere zuzuschreiben, Fehler, die von den Europäern in den Tropen aus Leichtsinn und Mangel an ärztlichem Rat außerordentlich häufig begangen werden. Bei den syphilitischen Erkrankungen der Eingeborenen wird allerdings vielfach Abkürzung der Inkubationszeit und rascherer Verlauf nebst anderen Abweichungen beobachtet. Indessen ist es da noch schwerer zu entscheiden, wieviel von diesen Abweichungen auf die Rechnung falscher Angaben und des Mangels oder der Unzweckmäßigkeit der Behandlung und Unreinlichkeit zu schreiben ist. Auch die bisherige Unberührtheit der Rasse wird dabei eine Rolle spielen. Im allgemeinen sind übrigens auch in den Tropen wenigstens die Küstengegenden seit Generationen durchseucht. Die Frage, ob die Syphilis bei der Übertragung von einer Rasse zur anderen leicht bösartigere Formen annimmt, beantwortet Scheube im negativen Sinne.

In den meisten überseeischen Häfen läßt die gesundheitspolizeiliche Überwachung der Prostitution außerordentlich viel zu wünschen übrig, in vielen Häfen fehlt sie ganz. Der Schiffsarzt sollte die Mannschaften jedesmal vor dem Anlaufen eines Hafens von neuem auf die Gefahren sexueller Infektion aufmerksam machen und dabei noch besonders betonen, daß auch die von Laien gemeinhin als harmlos angesehene Gonorrhoe die schwersten Schädigungen der Gesundheit nach Jahren noch im Gefolge haben kann und daß Verheiratete mit ihrer Gonorrhoe ihren Frauen und Kindern die schwersten Leiden verursachen können. Von besonderer Wichtigkeit und großem Eindruck wird ferner immer ein

Hinweis darauf sein, daß die sexuelle Erkrankung des einzelnen Schiffsmannes auch für die Mitbewohner seines Logis an Bord und für seine Arbeitsgenossen gefährlich werden kann. Gerade an Bord kommen Übertragungen von Geschlechtskrankheiten durch Berührung, Benutzung gemeinschaftlichen Waschwassers oder von Tüchern ohne sexuellen Verkehr gar nicht so selten vor. Auf den Verhandlungen des Deutschen nautischen Vereins über die gesundheitlichen Bestimmungen der neuen Seemannsordnung berichtete der Direktor der Seeberufsgenossenschaft über einige hierher gehörige traurige Fälle. Mehrfach ist an Bord Erblindung auf beiden Augen dadurch herbeigeführt worden, daß Heizer sich ihr Gesicht mit Schweißtüchern abgewischt haben, mit denen vorher andere tripperkranke Mitarbeiter ihre Geschlechtsteile gereinigt hatten.

Die Leute, die an Land gewesen und Prostituierten in die Hände gefallen sind, sollen am nächsten Morgen für gründliche Reinigung und Desinfektion der Geschlechtsteile sorgen. Seitdem durch die neue Seemannsordnung (Anl. 2) die Krankenfürsorgepflicht des Reeders auch auf die geschlechtskranken Seeleute ausgedehnt ist, geben viele Reedereien ihren Schiffen die bekannten Mittel zur Selbstdesinfektion vor oder unmittelbar nach dem Koitus (Protargol u. a.) mit gutem Erfolge auf die Reise mit. Auch die Behandlung von Geschlechtsleiden durch Kurpfuscher, das Selbstbehandeln und die Vernachlässigung solcher Leiden zeigen seit der neuen Seemannsordnung anscheinend schon eine Abnahme, während andererseits die Zahl der geschlechtskranken Seeleute, die in den Krankenhäusern Aufnahme gefunden haben, in Hamburg außerordentlich zugenommen hat. Hierzu trägt nicht bloß die Fürsorgepflicht der Reeder und die gesundheitliche Überwachung der Mannschaften an Bord durch den hafenärztlichen Dienst, sondern noch mehr der Umstand bei, daß jetzt alle Mannschaften, die für eine neue Seereise auf einem deutschen Schiffe anmustern wollen, vorher ärztlich untersucht und daß die geschlechtskranken Leute dabei herausgefunden und zurückgewiesen werden.

Im Gegensatz zu der unsicheren Statistik über die Häufigkeit der Krankheiten und die Krankheitssterblichkeit der Seeleute verfügen wir, bezüglich der Häufigkeit und Art der Unfälle, von denen die Angehörigen unserer Handelsflotte betroffen werden, über ein sehr genaues und umfangreiches Zahlenmaterial, die Statistik der Seeberufsgenossenschaft.

In den zehn Jahren von 1888—1897 wurden auf 1000, ein volles Jahr auf deutschen Seeschiffen beschäftigte Personen:

	a) verletzt:	
	auf Dampfschiffen	auf Segelschiffen
Deckpersonal	51,03 ⎫	
Maschinenpersonal	61,28 ⎬ 52,37	18,31
Aufwartepersonal	37,55 ⎭	

	b) getötet:	
	auf Dampfschiffen durch Unfall	auf Segelschiffen durch Unfall
Deckpersonal	6,84 ⎫	
Maschinenpersonal	5,98 ⎬ 6,19	17,60
Aufwartepersonal	5,25 ⎭	

Die Zahl der nicht tödlichen Verletzungen ist also auf Dampfern beträchtlich höher als auf Segelschiffen. Die Verunglückungen auf Segelschiffen sind aber im Durchschnitt viel schwerer als auf Dampfern; auf Segelschiffen endet ungefähr die Hälfte aller Unfälle tödlich, auf Dampfern nur ein Zehntel. Im ganzen ist die Zahl der tödlichen Unfälle, wie dies ja auch nicht anders zu erwarten ist, recht hoch, ungefähr $12\,^0/_{00}$ auf das Jahr und die Besatzungsstärke. Die Verhältnisse bei der Unfallversicherung der Seeleute bieten infolge der großen Zahl tödlicher Unfälle ein anderes Bild als bei den Arbeitern auf dem Lande.

Auf den **Dampfern** kommen die meisten Verletzungen im Maschinenbetriebe vor. Außer den schweren Verletzungen z. B. Verbrennungen, Verbrühungen u. dgl. m. — hat es der Arzt dabei häufig mit anscheinend geringfügigen, aber doch für die Betroffenen sehr störenden Verletzungen zu tun. Die neu eingestellten Kohlenzieher leiden vielfach an Hautabschürfungen, Rissen, Druck- und Eiterblasen, Brand- und Quetschwunden an den Händen, die bei Vernachlässigung leicht zu längerer Arbeitsunfähigkeit führen können („Überarbeiter"hände). Sehr häufig sind bei den Feuerleuten auch die Brandwunden und Kontusionen an den bei der Arbeit vor den Feuern entblößten Unterschenkeln und Füßen. Aus ihnen entstehen leicht hartnäckige und umfangreiche Unterschenkelgeschwüre. Dem Schiffsarzte macht, wie Pannenborg hervorhebt, gerade bei den kleinen derartigen Verletzungen die sachgemäße Behandlung oft nicht geringe Schwierigkeit, weil einerseits die Vorgesetzten der Leute darauf drängen, daß die Verletzten möglichst weiter Dienst tun sollen, andrerseits bei fortgesetzter Arbeit die Heilung außerordentlich erschwert wird. Sehr häufig sind Augenverletzungen durch Kohlenpartikel und Aschefunken. Da diese Art Fremdkörper selten infiziert sind, so beobachtet man an Bord selten schwerere Erkrankungen der Augen nach solchen Verletzungen. Beim Kohleneinnehmen kommt es nicht selten dadurch zu schwereren Verletzungen, daß grobe Kohlenstücke beim Herabschütten der Kohlen in die dunklen Kohlenbunker auf die unten mit dem Verstauen (Trimmen) der Kohlen beschäftigten Leute herabfallen. In einigen seltenen Fällen sind auf diese Weise Leute ganz verschüttet worden. Ihre Leichen fand man später beim Schwinden des Kohlenvorrates. Zu den großen Seltenheiten gehören glücklicherweise die schrecklichen Verbrühungen durch ausströmenden Dampf beim Platzen von Dampfrohren, Kesselschäden u. dgl. Die Deckmannschaft auf Dampfern ist hauptsächlich bei Sturm durch überkommende Seen gefährdet. Abgesehen von der Gefahr, über Bord gespült zu werden, treiben die Leute oft wie unbelebte Gegenstände an Deck, werden mit großer Gewalt an die Reeling oder gegen scharfe Kanten geschleudert und dadurch oft schwer verletzt. Zerreißende Taue, berstende Stahltrossen, entgleitende Ankerketten u. dgl. führen, wenn sie die in der Nähe beschäftigten Leute treffen, zu den schwersten Verletzungen. Im Hafen kommen beim Löschen und Laden viele große und kleine Unfälle vor, fast immer tödlich sind die häufigen Unfälle durch Hinabstürzen in die geöffneten Laderäume.

III. Kapitel.

Gesundheitsverhältnisse und gesundheitliche Fürsorge für die Reisenden an Bord der Kauffahrteischiffe.

Über die Erkrankungshäufigkeit und die Sterblichkeit der Reisenden an Bord der Kauffahrteischiffe sind umfassendere Zahlenangaben noch viel schwerer als für die Schiffsbesatzungen zu erlangen. In den drei Jahren von 1900—1902 kamen nach einer von mir veranlaßten Zusammenstellung bei den Reisenden von 138 Dampfern, die, vom Hamburger Hafen ausgehend und dorthin zurückkehrend, insgesamt 850 Reisen machten, 3450 Krankheitsfälle unter den an Bord befindlichen Reisenden vor. 239 Erkrankungen von Reisenden verliefen tödlich. 1380 Erkrankungen waren durch Infektionskrankheiten bedingt — Malaria, Dysenterie, Masern, Scharlach, Röteln, Diphtherie, Pocken. Ein Schiffsarzt hatte zwei Pestfälle unter seinen Reisenden. Auch ein paar Cholerafälle und einige Erkrankungen an Lepra kamen vor. Verhältnismäßig zahlreich waren die Fälle von Abortierungen, Uterusblutungen, Erkrankungen, die bei schwangeren Frauen durch die Einwirkungen der Seekrankheit besonders leicht zustande zu kommen scheinen. An Bord geboren wurden 32 Kinder. In den $2^1/_2$ Jahren von Anfang 1903 bis Mitte 1905 kamen auf 1200 von Passagierdampfern vom hamburgischen Hafen aus uns dorthin zurückgeführten Reisen mit einer durchschnittlichen Dauer von je 80 Tagen 54000 innere Erkrankungen von Reisenden und Mannschaften vor. Somit entfielen auf jede Reise durchschnittlich 45 innere Krankheitsfälle, darunter durchschnittlich 10 schwerere Erkrankungen.

Auch Verletzungen kommen, wenn auch viel seltener als unter den Besatzungen, bei den Passagieren, namentlich bei schlechtem Wetter vor. Pannenborg macht darauf aufmerksam, daß diese Unfälle infolge des Unvermögens der Passagiere, sich den Bewegungen des Schiffes anzupassen, oft in Verletzungen ganz ungewöhnlicher Art bestehen und gibt eine interessante Auslese solcher Fälle. Man unterscheidet Kajütspassagiere (1. u. 2. Kl.) und Zwischendecksreisende. Die Namen „Zwischendecker", „Zwischendeckspassagier" und „Auswanderer" werden gemeinhin in derselben Bedeutung gebraucht und beliebig füreinander benützt. Man bezeichnet damit alle in großen gemeinschaftlichen Unterkunftsräumen beförderten Reisenden, einerlei, ob ihre Unterkunftsräume wirklich im Zwischendeck liegen oder im oberen Deck. Auf manchen Schiffen heißen diese Reisenden auch Passagiere dritter Klasse. In der englischen Gesetzgebung werden als Kajütspassagiere die Reisenden bezeichnet, die mehr als 36 Quadratfuß Deckfläche zu ihrer alleinigen Benutzung haben, an derselben Tafel mit dem Kapitän oder ersten Offizier speisen und eine gewisse Minimalsumme für die Fahrt bezahlen. Bei uns haben sich übrigens in der Praxis trotz fehlender Definition meines Wissens noch nie Schwierigkeiten in der Unterscheidung zwischen Kajüts- und Zwischendecksreisenden gezeigt.

Unsere Gesetze über die Beförderung von Reisenden, die eine eigene Kajüte nicht bezahlen können, sondern an Bord in Massenquartieren untergebracht werden, beziehen sich nur auf Auswanderer und Auswandererschiffe. Tatsächlich sind bei uns auch die meisten Zwischendecksreisenden Auswanderer. Indessen wäre eine allgemeinere Gesetzgebung zum Wohle der Reisenden aus vielen Gründen durchaus erwünscht (vgl. auch das Kapitel „Krankenfürsorge").

Die gesundheitliche Fürsorge bei der Beförderung der Auswanderer beginnt bei uns, soweit es sich um deutsche Staatsangehörige handelt, im Einschiffungshafen, bei den Auswanderern fremder Nationalität aber zum Teil schon in dem Augenblick, in dem sie die deutsche Grenze betreten. Diese Fürsorge für die fremden Auswanderer entspringt natürlich nicht einem besonderen sozialen Interesse für diese Fremden, im Gegensatze zu unseren Landsleuten, sie ist eine Nebenwirkung von Seuchenabwehrmaßregeln.

Es kann zwar nicht bewiesen werden, ist aber von unserem ersten Epidemiologen Koch als sehr wahrscheinlich hingestellt worden, daß die Cholera 1892 nach Hamburg durch russische Auswanderer auf dem Landwege eingeschleppt worden ist. Tatsächlich herrschte damals die Seuche in weiten Gebieten Rußlands, und Hamburg und Bremen strömten zahlreiche Auswanderer aus diesen Gegenden zu. Von 108820 Auswanderern, die im ganzen von Hamburg aus im Jahre 1892 befördert wurden, stammten

51 149 aus Rußland. Wenn es auch in den folgenden Jahren gelungen war, der Seuche in Deutschland Herr zu werden, so blieb die Gefahr der Wiedereinschleppung der Krankheit von Rußland her doch weiter bestehen. Es wurde nötig, außer den allgemeinen Choleraabwehrmaßregeln der Gefahr der Einschleppung der Cholera durch russische und galizische Auswanderer durch besondere Überwachung dieser Zugänge zu begegnen. Nachdem sich der von Preußen gemachte Versuch, die Grenzen gegen den Übertritt dieser Leute gänzlich zu sperren, als undurchführbar erwiesen hatte, errichteten die Schiffsgesellschaften, die von der dauernden Fernhaltung der nach wie vor massenhaft zuströmenden osteuropäischen Auswanderer großen wirtschaftlichen Schaden zu fürchten hatten, im Einverständnis mit den zuständigen Landesbehörden an den Stellen der preußischen Ostgrenze, an denen erfahrungsmäßig die Auswanderer am meisten übertreten — vor allem an den Haupteisenbahnübergängen — Kontrollstationen. Dort wurden die fremden Gäste gesammelt und blieben während der Durchfahrt durch Deutschland bis zur Einschiffung im Abgangshafen dauernd unter gesundheitlicher Beobachtung. Es bestätigte sich dabei die schon früher in Hamburg gemachte Erfahrung, daß diese meist den untersten Volksschichten entstammenden, häufig außerordentlich schmutzigen und verwahrlosten Reisenden auch außerhalb der Choleragefahrzeit nicht selten Träger von gefährlichen Ansteckungsstoffen sind (z. B. der Pocken, des Flecktyphus), und man behielt deshalb diese Maßregel auch nach dem Aufhören der Choleragefahr bei.*) Die Reedereien, welche sich mit der Beförderung von Leuten beschäftigen, die aus den östlichen Ländern Europas über deutsche Häfen auswandern wollen, haben sich verpflichtet, nur solche Auswanderer von dort her in ihre Schiffe aufzunehmen, die sich diesen Kontrollmaßregeln unterwerfen. Bald sahen die Auswanderer selbst, daß es sich dabei nicht um eine Plackerei, sondern um eine Wohlfahrtseinrichtung handelt, die ihnen Zeit und mannigfache Scherereien erspart und sie vor der sonst so häufig während der Reise an sie herantretenden Gefahr der Ausbeutung schützt.

Die Aufnahme- und Beobachtungsstationen an den Grenzen stehen unter der Aufsicht der Kreisärzte. Die Ankömmlinge werden in einem besonderen Gebäude ärztlich untersucht, gebadet (Brausen). Die Kleider und das Gepäck werden desinfiziert. Ein zweites Ge-

---

*) Im Herbst 1905 langte in Hamburg nach langer Pause wieder ein cholerakranker, russischer Auswanderer an, der beim Passieren der Grenzkontrollstation noch gesund befunden worden war. Er gehörte mit zu den ersten der im Herbst 1905 in Deutschland vorgekommenen Cholerafälle, die ja sämtlich im Grunde auf Einschleppung des Cholerakeims aus Rußland zurückzuführen sind.

bäude dient zur Aufnahme von Kranken, ein drittes zur weiteren Beobachtung von Gesunden aber Ansteckungsverdächtigen (Umgebung des Kranken). Die Eisenbahnfahrt durch Deutschland erfolgt in besonderen, geschlossenen Zügen. Die zweite Kontrolle dieser Durchwanderer findet in Ruhleben bei Spandau in ähnlicher Weise statt. In Ruhleben werden auch die aus Galizien Kommenden und diejenigen russischen Auswanderer, die die Grenzstationen zu umgehen gewußt haben — verhältnismäßig seltene Fälle — gesammelt und erst nach ärztlicher Untersuchung weiter befördert.

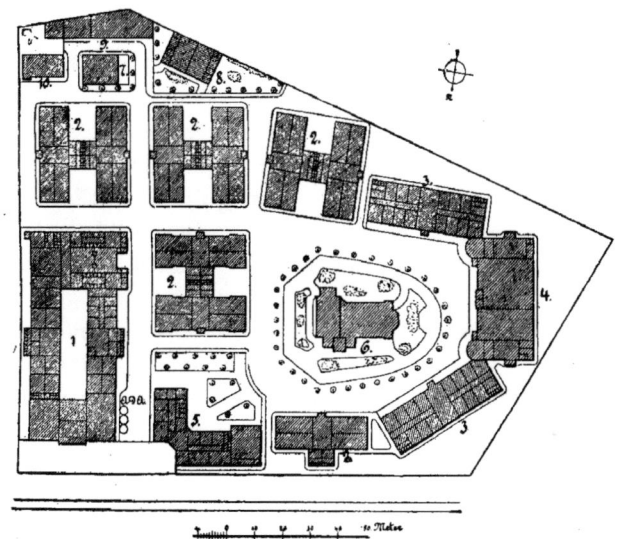

Fig. 19. Lageplan. 1. Aufnahme, Gesundheitsprüfung. — 2. Pavillons für Zwischendecker. — 3. Pavillons für Kajütspassagiere. — 4. Speisesäle und Küchen. — 5. Verwaltungsgebäude. — 6. Evangelische und katholische Kirche. — 7. Synagoge. — 8. Lazarett. — 9. Waschhaus und Gepäckschuppen. — 10. Stallgebäude. — A D A Abwasser-Desinfektions-Abteilung.

In Hamburg und Bremen werden sie wieder untersucht, gebadet usw. und bis zur Einschiffung in besonderen Logierhäusern untergebracht, die in Bremen in privaten Händen sind. In Hamburg kommen die osteuropäischen Auswanderer in eine besondere große Anstalt, die 1901 eröffnet und gegenüber den älteren, demselben Zweck dienenden und 1891 schon errichteten Anlagen bedeutend erweitert und verbessert worden ist. Die Anlage ist unter finanzieller Beihilfe und Kontrolle des Staates von der Hamburg-Amerika-Linie gebaut und wird unter staatlicher Aufsicht von dieser Reederei verwaltet (Fig. 19).

Es können in der Anstalt bis zu 1000 Auswanderer auf einmal beherbergt werden. Ihre Lage ist so gewählt, daß die Ankömmlinge von einem besonderen Bahnhofe aus in die Anstalt überführt und am Ende ihrer Beobachtungszeit auch auf die Schiffe gebracht werden, ohne die Stadt zu berühren.

Die Anlage zerfällt in zwei Teile: die „unreine" Seite für die Ankömmlinge und die „reine" Seite, in welche die Auswanderer erst gelangen, nachdem sie untersucht und gesund befunden, gebadet sind und ihre Kleider, ihr Gepäck usw. desinfiziert worden ist.

Vom Bahnhofe gelangen die Auswanderer zunächst in die Aufnahmeräume des Hauses 1. Dort werden ihre Personalien und die Reiseroute aufgeschrieben und das Gepäck in Verwahrung genommen. Die am Abend und während der Nacht Ankommenden bringen hier auch die Nacht zu. (Siehe die Schlafräume in dem Grundriß Fig. 20.)

Am nächsten Morgen kommen die Auswanderer ins Bad, während ihr Gepäck und ihre Kleider desinfiziert werden.

Zur Desinfektion dienen zwei der größten Schimmelschen Apparate, die mit strömendem Dampf arbeiten, auch ist Raum für einen dritten Apparat vorgesehen, der jederzeit dort aufgestellt werden kann.

Auf jeder Seite der Desinfektionsanstalt liegen Baderäume, links für Frauen, rechts für Männer. Vor jedem Baderaum ist ein Ankleideraum vorgesehen, aus dem die Kleider zur Desinfektion in den Desinfektionsraum herausgereicht werden. Auf der Männerseite sind zwölf Brausebäder, unter denen etwa 120 Männer in einer Stunde gebadet werden können, angelegt. Für Frauen sind sechs Brause- und vier Wannenbäder eingerichtet.

Aus den Baderäumen gelangen die Auswanderer in die geheizten Ankleideräume, in die die desinfizierten Kleider hineingereicht werden. Da die Desinfektion längere Zeit in Anspruch nimmt als das Baden, erhält jeder Gebadete eine wollene Decke, in die er sich einhüllen kann, bis die desinfizierten Kleider ihm zurückgegeben werden. Um hier Verwechselungen zu vermeiden, tut jeder seine Kleidung vor dem Bade in ein mit doppelter Nummer versehenes Netz und behält die eine Nummer zurück, durch die er sich nach dem Bade als berechtigter Empfänger legitimieren kann. Wertsachen werden vor dem Bade an einen Beamten abgegeben. Erst nachdem alle Neuangekommenen gebadet und ihre Kleider desinfiziert sind, erfolgt die Desinfektion des Gepäcks.

Während des Bades wird die ärztliche Untersuchung der Auswanderer vorgenommen. Nur solche, welche gesund befunden, gebadet sind und deren Kleidung und Gepäck desinfiziert ist, dürfen die reine Seite betreten. Verdächtige Personen oder

III. Kapitel. Gesundheitsverhältnisse und gesundheitliche Fürsorge usw. 51

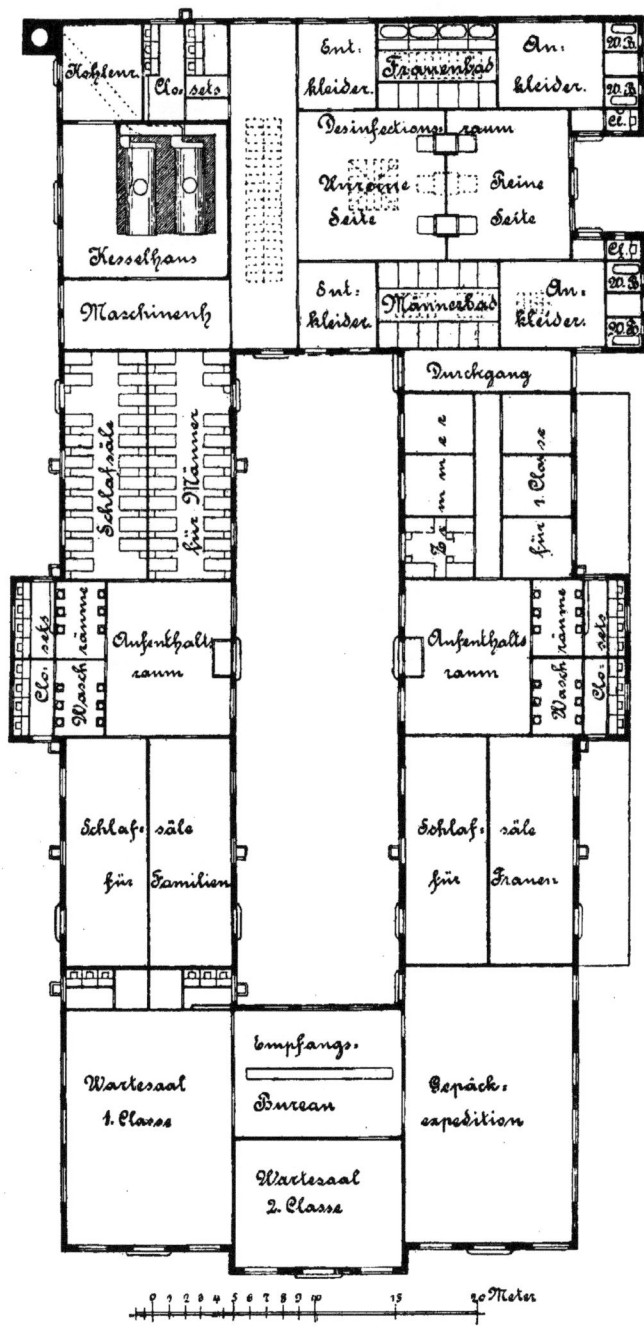

Fig. 20. Grundriß des Aufnahmegebäudes.

4*

Familien — falls einzelne Mitglieder derselben erkrankt sind — kommen zur Beobachtung in das Lazarett (Nr. 8 des Planes), Kranke werden in das Allgemeine Krankenhaus Eppendorf gebracht (Isolierstation). Die Reinen und Gesunden werden auf die Einzelhäuser der Anstalt verteilt (Lageplan Nr. 2 und 3, ferner Figur 21).

Für die Logierhäuser ist das Pavillonsystem gewählt, um eine möglichst weitgehende Trennung der Auswanderer zu ermöglichen. Dies ist nicht nur deshalb nötig, um sanitär verdächtige Gruppen

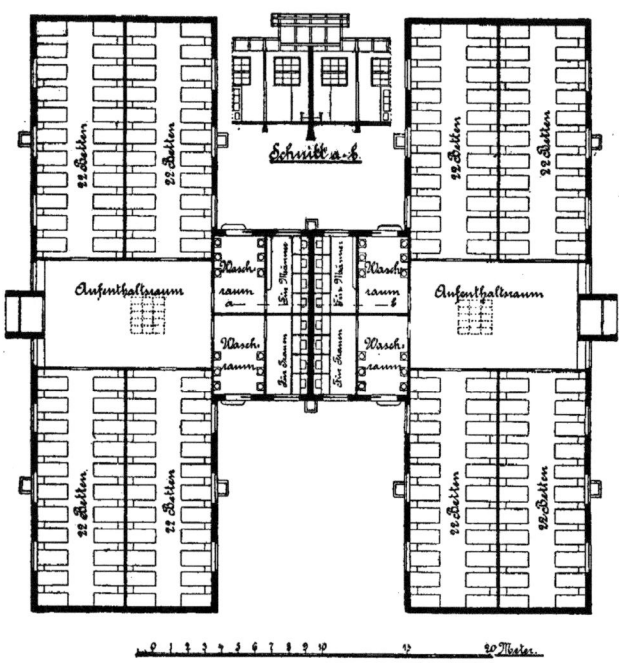

Fig. 21. Baracke für Zwischendeckspassagiere.

von den anderen zu trennen und unter besonderer Aufsicht zu halten, sondern es gestattet auch, die verschiedenen Nationalitäten, Konfessionen und Sekten, die sich sehr häufig schlecht miteinander vertragen, getrennt zu beherbergen. Ist es doch z. B. vorgekommen, daß an einem Tage gleichzeitig Angehörige von 24 Konfessionen resp. Sekten in den bisherigen Auswandererbaracken Aufnahme gefunden haben.

Während in den älteren Baracken in jedem Raum bis zu 150 Personen, nach Geschlechtern getrennt, Unterkunft finden konnten, ist die Maximalbelegungsziffer der Einzelräume in der neuen Anlage auf 22 normiert (Fig. 21). Die Schlafräume haben eine Breite von 5,14 m, eine Höhe von 4 m an der Außenwand und 5 m an der Mittelwand = durchschnittlich $4^1/_2$ m Höhe und eine Länge von 13,20 m. Daraus ergibt sich ein Luftraum von 13,9 cbm pro Kopf bei voller Belegung. Auf dem Dache befinden sich sog. Patentshedlüfter zur Entlüftung der Schlafsäle, und die mittlere Scheidewand reicht nicht ganz bis zum Fußboden, um eine genügende Luftzirkulation zu ermöglichen.

In jedem Pavillon befindet sich außer den Waschräumen und Aborten ein Aufenthaltsraum für die Insassen, damit die Schlafräume tagsüber unbenutzt bleiben. Die Aborte sind zum Teil à la turque (zum Defaecieren im Stehen) mit intermittierender, selbsttätiger Spülung eingerichtet, weil die aus wenig kultivierten Gegenden kommenden Auswanderer unsere Wasserklosetts nicht zu benutzen verstehen.

In dem Gebäude Nr. 4 sind Speisehallen getrennt für Christen und Juden eingerichtet, in deren Mitte eine Kantine zum Ankauf von Lebensbedürfnissen vorgesehen ist. Neben jeder der Speisehallen befindet sich eine Küche, in der mittels Dampfes das Essen bereitet wird. In der jüdischen Küche wird unter Aufsicht eines vom Oberrabbiner beauftragten Beschauers nach jüdischem Ritus gekocht.

Die beiden die Speisehallen flankierenden Gebäude (Nr. 3) sind als Wohnräume für eine bessere Klasse von Auswanderern bestimmt. Jedes Zimmer ist hier nur mit vier Betten belegt.

Die Mitte der ganzen Anlage bilden zwei Kirchen, in der katholische und protestantische Geistliche Gottesdienst abhalten, außerdem ist ein jüdischer Betsaal vorgesehen. Die ganze Anlage ist mit einer Umzäunung umschlossen.

Der Betrieb der Desinfektionsanstalt mit Zubehör steht unter Aufsicht eines besonderen, in den staatlichen Desinfektionsanstalten ausgebildeten Oberdesinfektors.

Die Heizung sämtlicher Räume erfolgt mittels Zentralheizung, die Beleuchtung ist elektrisch.

Der Preis für Logis, Beköstigung, Bad, Desinfektion, ärztliche Behandlung inklusiv Medikamente ist auf $1^1/_2$ Mark pro Tag normiert, Kinder zahlen die Hälfte, und auch dieser sehr geringe Preis wird nur von denjenigen eingefordert, die in der Lage sind, ihn zu zahlen, während Mittellose oder solche, die nur im Besitze geringer Mittel sind, unentgeltlich verpflegt werden. Aus der über die Frequenz der älteren Baracken geführten Statistik ergibt sich, daß im ganzen 71 284 Personen bei einer Gesamtfrequenz von 358 018, also etwa 25 $^0/_0$, nichts bezahlt haben.

Auch für die zahlenden Auswanderer ist die Anstalt, abgesehen von ihrer sanitären Bedeutung, eine Wohlfahrtseinrichtung.

Die Leute sind hier viel besser und billiger untergebracht als in den privaten Auswandererherbergen in der Stadt, vor allem aber bleiben sie den Händen gewissenloser Leute entzogen, welche sich erfahrungsgemäß unter dem Scheine eines Stellenvermittlers, Geldwechslers, Fremdenführers, Kommissionärs usw. an die unerfahrenen Auswanderer herandrängen. Sie sind völlig vor Ausplünderung geschützt; auch über Unbilden und Schädigungen, die den Leuten etwa auf der Reise im Auslande widerfahren waren, werden sofort Erkundigungen angestellt, durch die es wiederholt möglich geworden ist, den Geschädigten zu ihrem Recht resp. zu ihrem Gelde oder Eigentum zu verhelfen.

Diese ursprünglich nur zur Seuchenabwehr getroffenen, im Auswanderergesetz nicht vorgesehenen Veranstaltungen sind somit im eminenten Sinne soziale Einrichtungen geworden, deren Vorteile die Betroffenen selbst und namentlich diejenigen zu schätzen wissen, die, schon in überseeischen Ländern ansässig, ihre Angehörigen nachkommen lassen.

Auch Deutsche können natürlich in diesem Auswandererobdach Aufnahme finden. Es steht ihnen aber auch die Benutzung von Gasthäusern und Privatherbergen in der Stadt frei. Nach dem Reichsgesetz ist allen Auswanderern an dem zu ihrer Einschiffung und Weiterbeförderung bestimmten Ort bei jeder nicht von ihnen selbst verschuldeten Verzögerung von dem vertragsmäßig bestimmten Abfahrtstag an ohne besondere Vergütung Unterkunft und Verpflegung zu gewähren. Welcher Art diese Unterkunft und Verpflegung sein soll, darüber ist weder im Reichsgesetz noch in den Ausführungsverordnungen etwas gesagt. Dagegen haben die Landesbehörden schon früher Vorschriften erlassen, die auch nach der reichsgesetzlichen Regelung des Auswandererverkehrs in Kraft geblieben sind.

Vor der Einschiffung sind die Zwischendeckspassagiere durch einen von der Auswandererbehörde bestimmten Arzt zu untersuchen. Personen, die an ansteckenden Krankheiten leiden, sind zurückzuhalten. Hierbei sind nicht bloß Allgemeinerkrankungen infektiöser Art, sondern auch Hautkrankheiten und infektiöse Augenleiden (Trachom) zu berücksichtigen. Die Zurückhaltung vor der Einschiffung hat sich auch auf die Personen zu erstrecken, die wegen ihrer Beziehungen zu den Kranken zur Verbreitung der Krankheit beitragen können. Auch solche Personen sind natürlich zurückzuhalten, die so schwer erkrankt sind, daß ihre Weiterreise mit augenscheinlicher Lebensgefahr oder mit Gefahr für ihre Umgebung (Geisteskranke) verbunden sein könnte. Es sind Entscheidungen von schwerwiegender Bedeutung für die Auswanderer und oft auch von öffentlicher Bedeutung, die hier getroffen werden müssen. Auch die Schiffsärzte können von der Behörde ausnahmsweise mit solchen Untersuchungen betraut werden, obwohl im allgemeinen besondere beamtete Ärzte ein für allemal dafür angestellt sind.

Als Auswandererschiffe gelten nach dem Reichsgesetz über das Auswanderungswesen vom 9. 6. 97 alle nach außereuropäischen Häfen bestimmten Schiffe, mit denen mindestens 25 Reisende, abgesehen von den Kajütspassagieren, befördert werden sollen. Diese Schiffe werden jedesmal vor dem Antritt einer neuen Reise von einer Kommission nautischer Sachverständiger und von einem beamteten Arzt auch auf ihre hygienischen Einrichtungen und die Einrichtungen zur Krankenfürsorge besichtigt. Diese Einrichtungen müssen den Vorschriften über Auswandererschiffe entsprechen (vgl. Kap. 1 und 3). Manche Schiffe nehmen jetzt 2000 und mehr Auswanderer auf einmal an Bord.

Möglichst in den ersten 24 Stunden nach der Einschiffung sind auf den nach den Vereinigten Staaten von Nordamerika gehenden Dampfern die dorthin bestimmten Zwischendeckspassagiere entsprechend den amerikanischen Gesetzen einer Schutzpockenimpfung zu unterziehen.

Während der Reise soll der Schiffsarzt die Zwischendecksräume und ihre Insassen täglich besichtigen und u. a. auch dafür sorgen, daß die Leute täglich mehrere Stunden, insbesondere bei gutem Wetter, an die Luft kommen, wozu besonders Seekranke oft keine Lust zeigen, und daß die vorhandenen Ventilationseinrichtungen, mögen sie gut oder schlecht sein, auch richtig und ausgiebig benutzt werden. Besondere Aufmerksamkeit verlangen die Frauen und Kinder der Zwischendeckspassagiere.

Unter den von Hamburg aus Beförderten befanden sich im Durchschnitt der drei Jahre 1899—1901 28 % weibliche Personen im Alter von über 10 Jahren, 12 % Familien, 11 % Kinder im Alter von 1—10 Jahren und 3 % Kinder unter einem Jahr. Schon diese verhältnismäßig große Zahl von Familien, Frauen und Kindern an Bord läßt vermuten, daß die Schiffsärzte im allgemeinen heutzutage nicht mehr bloß „Badegäste" an Bord sind.

Himmelweit von den Verhältnissen im Zwischendeck verschieden ist das Reisen in der ersten und zweiten Kajüte, besonders auf den Luxusdampfern. Trotz der für die meisten Reisenden ungewohnten Verhältnisse und der Opfer, die anfänglich die Seekrankheit fordert und den nicht immer von allen hygienischen Mängeln freien Kammern und sonstigen Wohnräumen ist das Seereisen für die meisten Kajütspassagiere ein Vergnügen und eine Erholung für Schwache, Nervenkranke und Rekonvaleszenten.

Neuerdings ist bei uns auch in ärztlichen Kreisen eine Bewegung im Gange, besondere Seeschiffe als Heilanstalten, schwimmende Sanatorien einzurichten. Im Gegensatz zu den Hospitalschiffen für den Seekrieg und überseeische, kriegerische Expeditionen, die sich längst bewährt und als notwendig erwiesen haben und über deren Bau, Einrichtung und Verwendung umfangreiche Erfahrungen vorliegen, bedeutet die Verwirklichung der Idee, Schiffe als Heilanstalten für die allgemeine Bevölkerung einzurichten, um die Wohltat der Heilwirkung des Seeklimas und des Aufenthaltes in See weiteren Kreisen von Kranken zugänglich zu machen, vorläufig noch einen Sprung ins Dunkle und es werden. sich ihr noch recht erhebliche Schwierigkeiten in den Weg stellen. Die Hamburg-Amerika-Linie wollte im Sommer 1905 einen ihrer neuen Dampfer ausschließlich als Sanatorium einrichten und fahren lassen, mußte diesen Gedanken aber vorläufig aufgeben, weil sich nicht genügend Teilnehmer zu den beabsichtigten Fahrten fanden. M. E. nach begeht man bei diesen Bestrebungen u. a. auch den Fehler, daß man jetzt sofort besondere Schiffe ausschließlich zu Heilzwecken bauen und einrichten will, und nicht erst den Versuch macht, einige der vielen Vergnügungsfahrten so zugestalten, daß sich auch Kranke an Bord dieser für gewöhnlich für Kranke allerdings viel zu geräuschvollen Dampfer wohl fühlen und alllmählich zu diesen ruhigeren Fahrten mehr und mehr einfinden. Ferner ist es gar nicht nötig, die zu Heilzwecken bestimmte Schiffe gleich von vornherein mit all den raffinierten Einrichtungen der modernen, physikalischen Therapie zu versehen. Einfache, große, unter allen Umständen gutgelüftete Kammern und Gesellschafts- und Speiseräume, gute, einfache Verpflegung, ferner R u h e und sonnige Fahrten sind die Hauptsache. Die unaufhörliche, meist schlechte Stewardsmusik auf den Vergnügungsdampfern ist für empfindlichere Ohren meist alles andere als ein Genuß. Die Seezeiten dürfen nicht zu lang ausgedehnt werden, sie sollen durch kurzen Aufenthalt in womöglich landschaftlich oder ethnologisch interessanten, s t i l l e n Häfen unterbrochen werden. Die richtige Auswahl der Patienten ist sehr schwierig und ich fürchte, daß daran vorläufig alle die gutgemeinten Bemühungen um die Schaffung deutscher, schwimmender Sanatorien scheitern werden. Es wird immer nur eine recht kleine Anzahl von Patienten, die geeignet und g e w i l l t sind, solche Reisen mitzumachen, zusammengebracht werden können. Wer die Wahl hat, wird lieber mit G e s u n d e n eine Vergnügungsfahrt machen, als mit lauter Kranken auf einem Schiff zusammenleben wollen, auch wenn sie noch so sorgfältig ausgesucht sind. Je weniger Kranke zusammen eingeschifft werden, desto günstiger, aber auch desto teurer wird sich die Reise eines solchen Sanatoriumschiffes gestalten. In England gibt es genug reiche Leute, die für solche Reisen auch ausnahmsweise hohe Preise bezahlen, in Deutschland wird das wahrscheinlich immer größere Schwierigkeiten machen. Leute, die nicht ganz wohlhabend sind, kommen überhaupt nicht in Betracht.

Tuberkulöse Patienten sind natürlich ausgeschlossen, aber die Furcht, daß sich unter den Leuten mit „schwacher Lunge", die etwa auf solche Sanatorienschiffe mit eingeschifft würden, tuberkulös infizierte befinden könnten, würde manchen ängstlichen Neurastheniker peinigen oder ganz von der Beteiligung an der Reise zurückhalten.

Vorgeschrittene Fälle von Tuberkulose werden übrigens häufig durch Seereisen sehr ungünstig beeinflußt.

IV. Kapitel.
Krankenfürsorge an Bord der Kauffahrteischiffe.

Die gesetzliche Regelung der Krankenfürsorge an Bord der deutschen Kauffahrteischiffe beruht auf den in Ausführung der §§ 56 Abs. 2 u. 59 der Seemannsordnung vom 2. Juni 1902 erlassenen Vorschriften des Bundesrats vom 3. Juli 1905 (Anl. 7), ferner auf dem Reichsgesetz über das Auswanderungswesen vom 9. Juni 1897 und den dazu erlassenen Ausführungsbestimmungen — Vorschriften für Auswandererschiffe — vom 14. März 1898 (Anl. 1). Danach liegt die Beschaffung der Einrichtungen und Mittel zur Krankenversorgung den Betriebsunternehmern (Reedern) allein ob, auch das Personal für die Ausübung der Krankenfürsorge an Bord wird von den Reedern durch Privatvertrag an Bord ihrer Schiffe angestellt.

Die weitaus größte Mehrzahl auch der in überseeischer „großer" Fahrt befindlichen Kauffahrteischiffe hat keine Ärzte an Bord. Es muß aber nach den Bestimmungen des Bundesrats und der Seeberufsgenossenschaft auf jedem Schiff in großer Fahrt mindestens ein in der Gesundheits- und Krankenpflege mit Erfolg geprüfter Offizier an Bord angemustert sein, der die Behandlung von Kranken und Verletzten zu übernehmen hat. Den Unterricht in der Krankenfürsorge erhalten die angehenden Steuerleute und Kapitäne auf den Navigationsschulen durch Ärzte an der Hand einer im Kaiserlichen Gesundheitsamt ausgearbeiteten Anleitung. Am Schlusse eines Kurses können sich die Teilnehmer am Unterricht einer Prüfung unterwerfen. Über die bestandene Prüfung wird ein Zeugnis erteilt. Durchgefallene erhalten kein Zeugnis. Die gesetzlich vorgeschriebene Ausrüstung der ohne Ärzte fahrenden Kauffahrteischiffe mit Einrichtungen und Mitteln zur Krankenpflege (Arzneien, Verbandmaterial, Instrumente und sonstige Hilfsmittel zur Krankenpflege) ist natürlich sehr einfach gehalten und für Laien berechnet, entspricht aber billigen Anforderungen.

Zur Mitnahme von Schiffsärzten sind die deutschen Kauffahrteischiffe verpflichtet:

1. wenn sie auf Reisen in mittlerer und großer Fahrt mehr als 50 Reisende oder insgesamt 100 Personen während einer Seereise von mindestens sechs aufeinander folgenden Tagen beherbergen sollen oder voraussichtlich beherbergen werden (§ 13 der Vorschriften vom 3. Juli 1905) (Anl. 7);

2. auf allen von einem deutschen Hafen ausgehenden, nach außereuropäischen Häfen bestimmten Seeschiffen, mit denen, abgesehen von den Kajütspassagieren, mindestens 25 Reisende befördert werden sollen (§ 30 der Vorschriften für Auswandererschiffe).

Die Ungleichmäßigkeit dieser beiden Bestimmungen behält auch nach der Aufklärung ihres Zustandekommens für den Fernerstehenden etwas Auffälliges. Ähnliche Inkonsequenzen finden sich übrigens auf demselben Gebiet auch in der fremden, z. B. der englischen Gesetzgebung. Die erste Bestimmung ist aus der Seemannsordnung hervorgegangen und bezieht sich auf alle deutschen Schiffe, einerlei, welchem Zweck sie dienen, in welcher Fahrt sie sich befinden und was für Reisende — Europäer oder Farbige — sie befördern. Die zweite Bestimmung ist zum Wohle deutscher Auswanderer erlassen und geht deshalb viel weiter als die allgemeinere, erste Vorschrift. Ihre Anwendung ist aber auf die Schiffe beschränkt, die ihre Passagiere von einem deutschen Hafen aus mitnehmen. Auf Rückwanderer und Schiffe, die Reisende von einem fremden Hafen zum andern befördern, könnten ja auch die Vorschriften eines deutschen Auswanderergesetzes nicht ohne weiteres Anwendung finden. Allerdings ist in unserem Gesetz vorgesehen, daß durch Kaiserliche Verordnung mit Zustimmung des Bundesrates besondere Bestimmungen erlassen werden können auch für den Fall, daß deutsche Schiffe Auswanderer und Passagiere von fremden Häfen aus befördern. Indessen ist eine solche Verordnung bisher noch in keinem Falle verfügt worden. Ein Teil solcher Fälle wird jetzt durch die Bestimmung ad 1 geregelt werden. Ob durch die Einschränkung, daß erst dann, wenn mindestens erst nach sechstägiger Seereise wieder voraussichtlich ein Hafen angelaufen wird, ein Arzt mitzunehmen ist, nicht Mißstände in der ärztlichen Versorgung namentlich der Schiffe, die große Mengen farbiger Arbeiter von einem überseeischen Hafen zum andern befördern, zutage treten werden, muß abgewartet werden. Übrigens sorgen auch die Gesetze in einzelnen fremden Einschiffungshäfen dafür, daß auch in manchen von den deutschen Bestimmungen nicht getroffenen Fällen ein Arzt mitgenommen werden muß. Dann gelten aber für die Auswahl der Ärzte natürlich nur die fremdländischen, nicht die deutschen Bestimmungen. In solchen Fällen können — und das geschieht auch vielfach — auf deutschen Schiffen auch Ärzte, die nicht in Deutschland approbiert sind, angemustert werden, während nach unseren deutschen Bestimmungen analog den Verhältnissen an Land die Ausübung der ärztlichen Tätigkeit an Bord der deutschen Schiffe den in Deutschland approbierten Ärzten vorbehalten ist.

Indessen ist auch für in Deutschland approbierte Ärzte die Ausübung der Praxis an Bord deutscher Schiffe nicht vollständig freigegeben. Der Reeder darf nur solche Ärzte anstellen, die von der örtlichen Medizinalbehörde des deutschen Ausreisehafens für geeignet erklärt werden. Die Ärzte, die angemustert werden sollen, haben sich deshalb der örtlichen Medizinalbehörde — in Hamburg z. B. beim Hafenarzt — persönlich vorzustellen und über ihre Tauglichkeit auszuweisen. Bedingungen, an die die Behörde bei der Zurückweisung von Ärzten gebunden wäre, sind nicht erlassen. Die Frage der Tauglichkeit ist nach zwei Richtungen zu beurteilen. Einmal nach der wissenschaftlich-technischen Seite. Da eine besondere Vorbildung und wissenschaftlich-technische Qualifikation für Schiffsärzte bisher nicht vorgeschrieben ist, so wird nach dieser Richtung die allgemeine Approbation als Arzt als genügend angesehen werden müssen.

Zum zweiten kommt aber die persönliche Tauglichkeit des Arztes in Frage. Geisteskranken und mit entehrenden Strafen bestraften Ärzten kann die Approbation nicht entzogen werden; zur Anstellung als Schiffsärzte sind sie natürlich nicht geeignet. Dasselbe gilt von Alkoholikern, Morphinisten. Schwierig für die Beurteilung sind die Fälle, in denen schwere Neurastheniker und mit ähnlichen nervösen Leiden behaftete Kollegen als Schiffsärzte fahren wollen. Nicht selten wird den Herren als Rekonvaleszenten, z. B. bei der Entlassung aus dem Sanatorium, in dem sie Heilung gesucht haben, von ihrem behandelnden Kollegen geraten, nun noch zur weiteren Erholung eine Seereise als Schiffsarzt zu machen und dann erst mit endgültig wieder gestählten Kräften die Praxis an Land wieder aufzunehmen. Wer solchen Rat erteilt, sollte immer daran denken, daß die nervenstärkende Erholung, die einem Passagier I. Kl. auf einer unter günstigen Verhältnissen unternommenen Seereise sicher ist, dem Schiffsarzt, der nicht bloß eine unter Umständen recht anstrengende, ärztliche Tätigkeit an Bord auszuüben hat, sondern außerdem vielen kleinen und großen Enttäuschungen und Ärger dienstlich und außerdienstlich begegnet, unter solchen Umständen oft versagt bleibt und u. U. sogar ins

Gegenteil umschlägt. Es gehört zum Beruf eines Schiffsarztes ein ebenso großes Maß von Nervenkraft, Selbstbeherrschung, Selbstbewußtsein, Ruhe und Takt wie für die Praxis am Lande. Die Anstellung eines als Schiffsarzt zugelassenen Arztes an Bord erfolgt auf Grund eines privaten, mit dem Reeder oder Kapitän des Schiffes auf einem deutschen Seemannsamte abgeschlossenen Vertrages (Heuervertrag, Anmusterung). Meist wird der Schiffsarzt nur für eine Reise angemustert. Für den Fall, daß der Schiffsarzt für mehrere Reisen verpflichtet wird, behalten sich manche Reedereien das Recht vor, ihn an Bord eines andern Schiffes versetzen oder nach Beendigung einer Reise ohne Angabe von Gründen entlassen zu dürfen. Auch für die einzelne Reise reserviert sich der Reeder gelegentlich das Recht, den Schiffsarzt während der Reise auf ein anderes Schiff zu versetzen. Über die Tragweite dieser privaten Abmachungen sind sich häufig die jungen, aus dem Binnenland kommenden Kollegen nicht klar. Es wäre ein großes Verdienst der ärztlichen Standesvertretungen in den Hafenstädten oder eines die Interessen der Schiffsärzte besonders wahrnehmenden ärztlichen Organes hier, wie in so manchen andern Punkten, auf die wir noch zu sprechen kommen, die Schiffsärzte aufzuklären und für sie einzutreten. Eine generelle Regelung dieser und ähnlicher Fragen durch Gesetze halte ich für unpraktisch und nach Lage der Dinge auch für aussichtslos.

In ihrer Rangstellung gehören die Schiffsärzte an Bord zu den Schiffsoffizieren. Sie stehen unter dem Kapitän. Es trägt wesentlich zur Herstellung eines guten Verhältnisses zwischen Arzt und Kapitän bei, wenn der Schiffsarzt es bei passender Gelegenheit auch zum Ausdruck bringt, daß er den Kapitän nun auch als seinen Vorgesetzten betrachtet, abgesehen natürlich von der ärztlichen Krankenbehandlung. Er frage den Kapitän um Urlaub, er betrachte sich als seinen sachverständigen, hygienischen Berater, vermeidet aber den Schein, als wolle er dem Kapitän bei der endgültigen Entscheidung vorgreifen. Der Kapitän ist der verantwortliche Leiter des Schiffsdienstes und der Arzt hat seine Schuldigkeit getan, wenn er seine Vorschläge zur rechten Zeit und mit gehöriger Begründung vorbringt. Als Beleg dafür, daß er nach dieser Richtung nichts versäumt hat, trage der Arzt seine Vorschläge usw. in sein Tagebuch ein.

Die Rangstellung der Ärzte gegenüber den übrigen Schiffsoffizieren ist gesetzlich nicht geregelt. Im allgemeinen rangiert der Arzt neben dem ersten Offizier und ersten Maschinisten, wenn auch das ärztliche Gehalt meist niedriger ist. Der Arzt ist Vorgesetzter der Schiffsmannschaften. Er hat außer seinem Gehalt Anspruch auf freie Station I. Klasse und eine Kammer für sich. Auf vielen Schiffen ist in der Kabine des Arztes auch die Schiffsapotheke untergebracht. Gesetzliche Bestimmungen, die dies verbieten, gibt es nicht. Angenehm ist diese unmittelbare Nachbarschaft der Apotheke keineswegs (Geruch der Arzneien usw.). Eine notwendige Folge davon ist es aber nicht, daß der Arzt nun auch seine Sprechstunde und die sog. kleine Chirurgie in seiner Kammer erledigen soll. Hierüber gehen sehr viele Klagen ein. Der Arzt wird sich für diese Zwecke in den meisten Fällen eines der Schiffshospitäler freihalten oder wohl auch einen andern Raum verfügbar machen können. Auf den meisten neuen Schiffen finden wir übrigens besondere Schiffsapotheken und nur einzelne Reedereien, darunter allerdings auch die größte, halten mit Hartnäckigkeit an dem alten Brauche fest. Auch über die Lage und Größe der ärztlichen Wohnung gibt es keine gesetzlichen Bestimmungen. Es läßt sich nicht leugnen, daß die Kammer des Arztes auf vielen kleineren Schiffen sehr schlecht belegen, sehr eng und sehr dürftig ausgestattet ist. Auch hierin könnte wohl nur Selbsthilfe durch Standesvertretungen Wandel schaffen.

Auf besondere Honorierung ihrer Tätigkeit seitens der Passagiere oder Schiffsbesatzungen haben die Ärzte keinen Anspruch, sie sind zur unentgeltlichen Behandlung aller Kranken verpflichtet, dürfen aber von Kajütspassagieren angebotenes Honorar annehmen.

Die Vermittlung der Anstellung des Schiffsarztes hat jetzt eine vom Geschäftsausschuß des Deutschen Ärztevereinsbundes ins Leben gerufene „Auskunftstelle für die Besetzung ärztlicher Stellen im Auslande und auf deutschen Schiffen" übernommen (Anl. 8). Der Sitz der „Auskunftstelle" ist Hamburg. Vielleicht entwickelt sich diese Auskunftstelle in Zukunft einmal zu einer kräftigen Vertreterin der ärztlichen Interessen in bezug auf Gehalt und sonstige Anstellungsbedingungen, Regelung und Überwachung der Unterkunftsverhältnisse für die Ärzte an Bord und andrer Dinge, die, wie schon mehrfach hervorgehoben, nicht gut behördlich, sehr wohl aber durch Standesvertretungen gebessert werden könnten. Notwendige Vorbedingung für solche Standesvertretung ist allerdings, daß die Ärzte zusammenhalten und daß kein Arzt sich an andere Vermittlung oder an die Reedereien direkt wendet. Bis dahin scheint indessen vorläufig noch ein weiter Weg zu sein. Sowohl die „Auskunftstelle", wie die schwierige, dringend der Regelung durch eine energische Standesvertretung bedürftige Stellung des Schiffsarztes an Bord sind im Inlande noch viel zu wenig bekannt. Erst wenn kein Arzt mehr bei Bewerbung um eine Stelle als

Schiffsarzt die „Auskunftstelle" umgeht, kann diese Standesvertretung daran denken, den Reedereien gegenüber mit Ansprüchen für ihre Schiffsärzte hervorzutreten.

Ähnlich wie bei uns sind diese Verhältnisse in England. In Frankreich und Italien haben die Schiffsärzte auf Grund weitgehender, staatlicher Mitwirkung bei ihrer Anstellung und ihrem Dienst eine festere Stellung.

In Frankreich haben die Ärzte, welche Schiffsärzte werden wollen, eine besondere Prüfung zu bestehen, sie kommen dann auf eine Aspirantenliste, die öffentlich bekannt gemacht wird, und erhalten den Titel Médecin Sanitaire Maritime. An Bord gilt ein solcher Schiffsarzt als beamteter Arzt der Regierung, er erhält eine amtliche Instruktion und hat einen ausführlichen Reisebericht nach der Rückkehr einzureichen. In Italien muß der Schiffsarzt oder einer der Ärzte eines Auswandererschiffes, gleichviel, ob dies ein italienisches oder ein zur Auswandererbeförderung von italienischen Häfen zugelassenes fremdes Schiff ist, dem Verbande der Militärmarineärzte angehören, und im aktiven oder Hilfsdienste stehen. Die Schiffsärzte werden vom Marineminister angestellt. Falls der Marineminister einen Militärmarinearzt nicht stellen kann, kann ein Zivilarzt italienischer Nationalität angenommen werden. Er muß aber aus der Reihe der besonders zu diesem Dienst zugelassenen Ärzte stammen. Das Befähigungszeugnis hierzu wird nur solchen Ärzten erteilt, die mindestens zwei Jahre lang approbiert sind und „eine genügende Übung in hygienischen Disziplinen und eine erprobte Geschicklichkeit in der medizinischen, chirurgischen und geburtshilflichen Praxis besitzen". Ferner müssen sie eine obrigkeitliche Bescheinigung über gute Führung jüngsten Datums und über gesunde und starke Konstitution beibringen. Die Militärmarineärzte haben an Bord der in Italien zugelassenen Auswandererschiffe außerordentlich weitgehende Befugnisse und Obliegenheiten. Die Gebühren eines solchen Schiffsarztes bestehen außer dem seiner Charge entsprechenden Gehalte in Tagegeldern in Höhe von acht Lire während des Aufenthaltes an Bord, Reiseentschädigung für die Hinreise von seinem Wohnorte nach dem Einschiffungshafen und für die Rückreise, und 20 Lire Tagegeldern für die Tage, an denen er gezwungen ist, sich in den Bestimmungs- oder Ausladehäfen an Land aufzuhalten. Außerdem erhält er eine Kabine erster Klasse in der Nähe des Schiffshospitales und freie Station erster Klasse nebst freiem Wein. Er hat, vorbehaltlich besonderer Fälle, seinen Tischplatz zur Rechten des Kapitäns. Er hat sowohl an Bord der nationalen wie der fremden Dampfer die vorgeschriebene Uniform zu tragen. Er hat auf jeden Fall die Leitung des

Sanitätsdienstes an Bord, auch wenn — wie in der Regel auf den fremden, z. B. den deutschen, zur Auswandererbeförderung in Italien zugelassenen Schiffen — noch ein anderer Schiffsarzt an Bord ist. Den Kajütspassagieren steht es frei, sich an den einen oder anderen Arzt zu wenden, indessen muß dem Regierungsarzte täglich von dem Gesellschaftsarzte über die Natur und den Verlauf der Krankheiten der in seiner Behandlung befindlichen Patienten berichtet werden. In allen Fällen, die den allgemeinen Gesundheitszustand an Bord beeinflussen könnten, kann der Regierungsarzt auch gegenüber den von ihm nicht behandelten Kajütspassagieren alle ihm angezeigt erscheinenden Maßregeln ergreifen. Der Regierungsarzt hat ferner über die Beköstigung, die Versorgung mit Trinkwasser, über die Instandhaltung der Unterkunftsräume usw. für die Auswanderer Aufsicht zu führen. Endlich muß der Kapitän an den Tagen, an denen das Schiff die vorgeschriebene Mindestgeschwindigkeit nicht innehalten kann, dem Regierungsarzt davon Mitteilung machen unter Angabe der Gründe, denen er die Verzögerung zuschreibt, wovon der Arzt in seinem Tagebuch Notiz zu nehmen hat. Er hat alle Ausschiffungen von Kranken, alle Desinfektionen anzuordnen und zu leiten und am Schlusse der Reise einen ausführlichen Reisebericht zu erstatten. Zu einer Nachahmung dieser italienischen Verhältnisse kann ich nicht raten. Unser Bedarf an Ärzten für die Handelsmarine ist auch viel zu groß, als daß er aus Ärzten der Kriegsmarine, auch unter Zuhilfenahme des Beurlaubtenstandes, gedeckt werden könnte. Außerdem würden die Mediziner, die nicht der Kriegsmarine angehören, von der Gelegenheit, Reisen als Schiffsärzte zu machen und die Welt zu sehen, ausgeschlossen werden. Ebensowenig kann ich dem oft gehörten Vorschlage, die Schiffsärzte zu Reichs- oder Staatsbeamten zu machen, beitreten. Die Tätigkeit als Schiffsarzt ist kein Lebensberuf, die meisten Schiffsärzte machen nur ein paar Reisen. Außerdem muß m. A. nach der Kapitän unter allen Umständen auch in hygienischen Dingen der verantwortliche Leiter bleiben, der Arzt ist nur sein sachkundiger Berater. So ist es auch in der Kriegsmarine. Vielleicht würden manche Schwierigkeiten in der ärztlichen Stellung an Bord dadurch gebessert werden, daß die Seeberufsgenossenschaft dazu überginge, die Krankenfürsorge auf allen Schiffen zu übernehmen. Dann hörte der Privatvertrag der Ärzte mit den Reedern auf und die Stellung und Honorierung der Schiffsärzte müßte von der Seeberufsgenossenschaft generell geregelt werden. Indessen würde auch dieser Weg nicht ganz einfach sein, es bedürfte jedenfalls dazu vorher sehr eingehender Erwägungen, auch von seiten des Staates, und die Mitwirkung einer Standesvertretung, wie z. B. der Auskunftstelle, würde dadurch durchaus nicht überflüssig.

Im engsten Zusammenhang mit der Stellung der Schiffsärzte an Bord steht die Frage ihrer besonderen Vorbildung. Es ist ohne weiteres klar, daß ein aus dem Binnenlande stammender Arzt, der die Bordverhältnisse nicht kennt, vielleicht noch nie vorher ein großes Schiff gesehen hatte, an Bord eine sehr viel schwierigere Stellung hat, als ein befahrener Schiffsarzt und wohl kaum z. B. mit hygienischen Vorschlägen, die er dem Kapitän etwa macht, immer sofort das Richtige treffen wird. Durch eine Vorbildung, wie sie in diesem Buche versucht wird und im Hamburger Institut für Schiffs- und Tropenkrankheiten in besonderen Kursen von ca. dreiwöchentlicher Dauer auch praktisch geboten wird, erleichtern sich die Aufgaben des unbefahrenen Schiffsarztes ganz wesentlich, und auch der schon befahrene Arzt wird von einer solchen Übersicht, die er sich aus seinen eigenen Einzelbetrachtungen nicht erwerben kann, großen Nutzen haben. Ob die besondere Vorbildung der Schiffsärzte durch Gesetz vorgeschrieben werden oder nur dadurch zur möglichst allgemeinen Einführung gebracht werden soll, daß den Ärzten und den Schiffen, die Ärzte mitnehmen, die sich einer besonderen Vorbildung unterzogen haben, gewisse Vorteile vom Staate gewährt werden, ist nicht von großer Bedeutung. Die Vorteile, die diesen Schiffen eingeräumt werden könnten, würden hauptsächlich in der Erleichterung der zur Abwehr der Einschleppung von Seuchen den Seeschiffen auferlegten Verkehrsbeschränkungen bestehen können. Hiervon wird noch besonders in dem davon handelnden Kapitel die Rede sein. Diese Vorteile dürften für die Schiffe, das sei vorweg genommen, so groß sein, daß die besonders vorgebildeten Ärzte, von deren Anwesenheit an Bord die Erleichterungen abhängig sein würden, wahrscheinlich ein wesentlich höheres Gehalt zu beanspruchen in der Lage sein würden, als die übrigen Schiffsärzte. Eine einflußreichere Stellung an Bord würde ihnen, abgesehen von allem anderen, schon dadurch, daß sie für ihr Schiff unter Umständen Verkehrserleichterungen durchsetzen können, gesichert sein.

Die Ausrüstung der Schiffe, die Ärzte an Bord haben, mit Arzneien, Instrumenten, Verbandzeug und sonstigen Hilfsmitteln zur Krankenpflege ist ebenfalls durch den schon mehrfach erwähnten Erlaß des Bundesrates vom 3. Juli 1905 (Anl. 7) geregelt. Die darin vorgeschriebene Ausrüstung gilt auch für die Schiffe, die nicht durch deutsche Bestimmungen veranlaßt, sondern freiwillig oder um den Ansprüchen fremder Staaten zu genügen, einen Arzt aus der Heimat mitnehmen. Indessen kann die zuständige Behörde auf Antrag bestimmte Ermäßigungen dabei zulassen. Bis vor nicht langer Zeit herrschten in dieser Beziehung mitunter sonderbare Mißstände. Die Reedereien gaben ihren Schiffen wohl Ärzte mit, verweigerten ihnen aber gelegentlich die zur Betätigung ärztlichen Eingreifens nötige Ausrüstung oder statteten den Arzt nur höchst unvollkommen damit aus, so daß er im Grunde nur als Reklamegegenstand die Reise mitmachte. Das ist seit der im Jahre 1898 erfolgten Neuregelung der Ausrüstung der Kauffahrteischiffe für die Krankenpflege anders geworden, und das ist auch in der jüngsten Bundesratsverordnung endgültig und unzweideutig zum Ausdrucke gekommen (§ 5 Abs. 4).

Die ärztliche Ausrüstung unserer Kauffahrteischiffe entspricht durchaus billigen Anforderungen, wenn man auch über die Zweckmäßigkeit einzelner Arzneien und sonstiger Ausrüstungsgegenstände nach Art und Menge verschiedener Ansicht sein kann. Hierüber wird sich nie völlige Einstimmigkeit herstellen lassen. Von Arzneien sind nur bewährte, haltbare und leicht zu handhabende Mittel mitgegeben. Ihre Menge dürfte in den meisten Fällen ausreichend sein. Da es nicht zweckmäßig ist, daß die Vorschriften zu häufig geändert werden, wenn sie auch sicher der Fortbildung entsprechend der Weiterentwicklung des allgemeinen Arzneischatzes bedürftig sind, so hat man mit Recht von der Vorschrift der Mitführung ganz moderner Mittel, die sich noch nicht genügend bewährt haben und erfahrungsgemäß oft nach ein paar Jahren wieder aus dem Rüstzeug des Arztes gestrichen werden, abgesehen; die durch Wortschutz verteuerten Mittel, wie Antipyrin, Dermatol u. dgl. sind mit ihren wissenschaftlichen, nicht geschützten Namen genannt. Auch sonst sind patentierte Arzneien und Zubereitungen möglichst vermieden. Ebensowenig ist die Mitführung von komprimierten, fertig dosierten Arzneimitteln vorgeschrieben, weil diese Präparate fortwährendem Wandel unterworfen sind. Die Aufsichtsbehörde wird aber gewiß überall einzelne solche bewährte Arzneiformen von Fall zu Fall zulassen. Auch ist es dem Schiffsarzt unbenommen, die Mitnahme einzelner in den gesetzlichen Vorschriften nicht vorgesehener Arzneien vor Antritt der Ausreise noch besonders zu beantragen. Für die Entscheidung, ob solchen Anträgen stattgegeben werden soll, wird allerdings in den meisten Fällen die Behörde nicht zuständig sein. Die großen Reedereien haben aber fast alle Vertrauensärzte oder angestellte Ärzte als ständige Berater in solchen und ähnlichen Fragen. Die Arzneien müssen entsprechend den allgemeinen Bestimmungen über den Verkehr mit Arzneimitteln im Inlande bezogen werden, sie müssen den Anforderungen des Arzneibuches für das Deutsche Reich entsprechen. In Notfällen ist die Beschaffung von Arzneien im Auslande zulässig. Die Instrumente, Verbandmittel und Hilfsmittel zur Krankenpflege müssen von der in den Krankenhäusern an Land üblichen, guten Beschaffenheit sein. Man hat im allgemeinen dabei an dem Grundsatz festgehalten, daß an Bord unserer Handelsschiffe ein sicheres a s e p t i s c h e s Verfahren bei Operationen und bei der Wundbehandlung nicht möglich ist. Eine zuverlässige Asepsis läßt sich nicht improvisieren, sie erfordert eine besondere Einübung und Kontrolle des niederen Heilpersonals, die an Bord nicht gewährleistet ist. Dazu kommen an Bord oft unvermeidliche, durch Wind und Wetter, Seegang und andere Umstände bedingte Störungen, die ein aseptisches Verfahren ganz unmöglich machen. Für Bordverhältnisse ist das antiseptische Operations- und Wundbehandlungsverfahren immer noch das geeignetere, wenn es auch einzelnen Ärzten gelingen mag, an Bord in vielen Fällen auch aseptisch sicher zu arbeiten. Vor dem Antritt der Reise soll der Schiffsarzt seine Ausrüstung prüfen und ihre Vervollständigung veranlassen (§ 16). Das Ergebnis der Prüfung ist in das Tagebuch einzutragen. Eine solche Prüfung ist eigentlich selbstverständliche Pflicht eines gewissenhaften Arztes. Sie ist auch deshalb nötig, damit der Arzt vor Antritt der Reise über Art und Umfang seines Arzneischatzes und seiner sonstigen Ausrüstung orientiert ist und weiß, wo die einzelnen Ausrüstungsgegenstände sich befinden. Wer seine Sachen erst zu suchen anfängt, wenn er sie braucht, findet sie oft nicht. Häufig sind mir von Schiffsärzten Beschwerden vorgebracht worden, daß einzelne vorgeschriebene Ausrüstungsgegenstände gefehlt hätten. Sie waren aber, wie sich nachher herausstellte, vorhanden. Der Arzt hatte nicht gründlich genug nachgesucht. Mindestens einmal im Jahre wird die Ausrüstung eines jeden Kauffahrteischiffes amtlich besichtigt (§ 15). Auf den Auswandererschiffen (s. o.) ist eine amtliche Besichtigung der ärztlichen Ausrüstung vor jeder Reise vorgeschrieben. Dieser Besichtigung muß der Schiffsarzt beiwohnen.

Wenn die Ausrüstung für die B e h a n d l u n g von Kranken an Bord im allgemeinen als genügend erachtet werden kann, so gilt das leider nicht für die Ausrüstung, die der Arzt heutzutage zu d i a g n o s t i s c h e n Zwecken nötig hat. Gibt es schon bei uns eine große Anzahl von Krankheiten, bei denen die mikroskopische und bakteriologische Untersuchung der Krankheitsprodukte und Auswurfstoffe des Kranken für die Diagnose nötig ist und deshalb nicht bloß für den Kranken, sondern auch für die

Beurteilung der allgemeinen Bedeutung eines Krankheitsfalles von der allergrößten Wichtigkeit und u. U. geradezu unentbehrlich wird, so kommen an Bord unserer überseeischen, mit den Tropen verkehrenden Dampfer noch die exotischen Bakterien- und Protozoenkrankheiten hinzu — Cholera, Pest, Lepra, Malaria, Dysenterie u. a. m. —, die ohne Zuhilfenahme des Mikroskopes nicht sicher diagnostiziert werden können und bei denen die lediglich durch die Beobachtung am Krankenbett gewonnene Beurteilung des Falles durchaus unzuverlässig ist und oft zu Irrtümern führt, die nicht bloß für den Kranken, sondern auch für das ganze Schiff verhängnisvoll werden können. Die folgenden Kapitel werden es überall zeigen, daß der Arzt, der bei den exotischen Krankheiten nicht das Mikroskop zu Rate ziehen kann, sehr oft hoffnungslos im Dunkeln tappt.

Für die Protozoenkrankheiten braucht der Arzt ein gutes Mikroskop mit Ölimmersion, solide gebaut und mit Linsen versehen, die in den Tropen nicht verderben. Man darf deshalb nicht für Bordzwecke das erste, beste, billige Mikroskop anschaffen, sondern soll sich an bewährte Firmen wenden. Daneben sind Nadeln, Objektträger, Deckgläschen, eine Anzahl von Reagentien und namentlich diejenigen Farbstoffe mitzunehmen, die zur Untersuchung von Blutpräparaten auf Protozoen und sonstige Parasiten dienen (s. d. Kap. Malaria). Zu diesen Blutfärbemitteln gehört u. a. auch eine alkalische Methylenblaulösung (Mansonsche Lösung), die man auch bei Bakterienuntersuchungen verwenden kann. Selbstverständlich dürfen auch die zur Tuberkelbazillenfärbung nötigen Reagentien und Farbstoffe nicht fehlen. Damit ist aber auch das Arsenal der mikroskopischen Ausrüstung erschöpft. Es fragt sich, ob nun auch eine darüber hinausgehende Ausrüstung mit Mitteln zur Anlegung und Untersuchung von Bakterienkulturen für den Schiffsarzt nötig ist. Man geht an Land jetzt immer mehr dazu über, die über die mikroskopische Untersuchung hinausgehende bakteriologische Diagnose von verdächtigen Infektionsfällen in besondere Institute zu verlegen, da die neueren bakteriologischen Untersuchungsmethoden so schwierig geworden sind und auch einen solchen Aufwand an Einrichtungen und Material erfordern, daß sie mit den Mitteln, die einem praktischen und auch einem beamteten Arzt für gewöhnlich zu Gebote stehen, nicht ausgeführt werden können. Man kann natürlich nicht daran denken, die Mitführung einer solchen ganzen Ausstattung, wie sie für endgültige, bakteriologische Untersuchungen nötig ist, für unsere überseeischen Postdampfer zu fordern, indessen gibt es doch einige ganz einfache bakteriologische Methoden, die

die Diagnose unter Umständen so wesentlich erleichtern, daß ich ihre Anwendung auch an Bord nur auf das dringendste empfehlen kann. Das ist die Anlegung von Blutkulturen in geeigneten Fällen und die Prüfung der agglutinierenden Kraft des Blutserums bei Typhuskranken. Es gibt eine große Menge fieberhafter Erkrankungen die mit einer Infektion des Blutes mit Bakterien einhergehen und bei denen der positive Ausfall einer Blutkultur mit einem Schlage über das sonst häufig rätselhaft bleibende Krankheitsbild Licht verbreitet. Es kommen hierfür hauptsächlich in Frage chronische Sepsis, Endocarditis, Typhus, Pest, Maltafieber. Die Ausrüstung für solche Blutkulturen ist eine sehr bescheidene. Nachdem man die Haut über einer Vene des Vorderarmes mit Seife, Alkohol und Äther gereinigt und desinfiziert hat, wird in die vorher gestaute Vene eine sterile Kanüle eingestochen und das ausströmende Blut, ohne daß es die Haut berührt, bis zu einer Menge von 15—20 ccm in einem sterilen Kolben aufgefangen. Dann verteilt man es in Mengen von 3—5 ccm auf einige verflüssigte Agarröhrchen und gießt die Mischung auf Petrischalen aus. Einen warmen Ort, dessen Temperatur nicht über 40° hinaus- und nicht unter 30° hinuntergeht, findet man auf jedem Dampfer (Maschine). Dort stellt man seine Platten in einem kleinen, geschlossenen Kasten auf. Nach einigen Tagen, oft schon nach 24—48 Stunden, sieht man, falls das Blut infiziert war, in den Platten Kolonien sich entwickeln, die man dann mikroskopisch untersucht. Verunreinigungen lernt man leicht durch die mikroskopische Untersuchung auszuscheiden. Es handelt sich ja nur um eine ganz beschränkte Anzahl morphologisch gut charakterisierter Krankheitserreger, die in Frage kommen. Näheres hierüber ist bei den Kapiteln über Pest, Typhus, Maltafieber zu finden. Die Sonderausrüstung für diese Blutkulturen besteht in ein paar guten, scharfen, langen Kanülen, ein paar Petrischalen, einigen Erlenmeyerschen Kölbchen und einigen Röhrchen mit sterilem Agar. Diese Röhrchen werden am besten nach der Art, wie sie Giemsa für die Kulturröhrchen seines Wasseruntersuchungskastens für die Tropen angegeben hat, nach ihrer Füllung vor dem Antritt der Reise oben zugeschmolzen mitgeführt. Der Inhalt kann dann weder verdunsten noch verunreinigt werden. Unmittelbar vor dem Gebrauch wird das zugeschmolzene Ende durch einen Strich mit einer Feile entfernt. Dieser bakteriologische Teil der Ausrüstung kostet kaum zehn Mark. Für die Agglutinationsprüfungen bei der Typhusgruppe empfiehlt sich für Schiffe das Fickersche Typhusdiagnostikum und die von Merck auf ähnliche Weise hergestellten Diagnostika für die Paratyphen, die sich auch an Bord und in den

Tropen nach den von uns angestellten Ermittelungen recht gut halten.

Für die Krankenräume an Bord gelten, ähnlich wie für die Mitnahme von Ärzten, bei uns zweierlei Vorschriften, je nachdem das Schiff als Auswandererschiff (§ 37 des Reichsgesetzes über das Auswanderungswesen vom 9. Juni 1897) anzusehen ist oder nur den allgemeinen Ausführungsbestimmungen der Seemannsordnung in bezug auf die Krankenfürsorge an Bord zu entsprechen hat. Die Schiffe, die nicht Auswandererschiffe sind, sollen mit einem ruhig belegenen, luftigen und hellen Krankenraum ausgestattet sein. Der Krankenraum muß bei einer Besatzung bis zu 30 Mann mindestens eine Koje von mindestens gleicher Größe, Lage und Ausstattung wie die Kojen des Mannschaftslogis, bei größerer Besatzung mindestens zwei solcher Kojen enthalten. Auf Schiffen, auf denen nach den Ausführungsbestimmungen der Seemannsordnung ein Schiffsarzt mitgenommen werden muß, darf der Krankenraum, auch wenn er nicht belegt ist, nicht anderweitig benutzt werden. Er muß dem Arzte immer zur Verfügung stehen. Auf die Reisenden nehmen diese Bestimmungen keinen Bezug. Sie sind zur Ausführung der nur für die Schiffsbesatzung, nicht für die Reisenden geltenden Seemannsordnung erlassen. Wir haben weder für die Unterkunft gesunder, noch für diejenige kranker Reisenden gesetzliche Bestimmungen, sofern diese Passagiere auf Schiffen fahren, die nicht als Auswandererschiffe (s. o.) gelten. Das wird von Schiffsärzten wie von Reisenden bei ihren Erfahrungen an Bord mancher Schiffe oft nicht genügend beachtet.

Die im Verkehr mit Nord- und Südamerika befindlichen größeren deutschen Dampfer nehmen fast immer mehr als 25 Passagiere, die nicht Kajütsreisende sind, vom deutschen Abgangshafen mit, sie entsprechen deshalb auch in der Einrichtung ihrer Krankenräume den Bestimmungen des Auswanderergesetzes, ebenso gelten als Auswandererschiffe die Reichspostdampfer der Ostafrikalinie, ebenso die subventionierten Schiffe der Ostasien- und Australfahrt. Dagegen fallen die nach Westafrika und Zentralamerika bestimmten Dampfer meist nicht unter die Bestimmungen des Auswanderergesetzes und der Arzt wird auf diesen Schiffen häufig nur Krankenräume finden, die kaum den dürftigen Anforderungen der Seemannsordnung genügen.

Auf jedem Auswandererschiffe müssen sich mindestens zwei abgesonderte Krankenräume befinden, der eine für die männlichen, der andere für die weiblichen Auswanderer. Die Krankenräume müssen auf je 100 eingeschiffte, gesunde Personen

10 cbm Luftraum enthalten. Sie dürfen bei Berechnung des den Reisenden nach §§ 7, 15 zu gewährenden Raumes nicht in Anrechnung gebracht werden.

Die Krankenräume müssen möglichst günstig gelegen, mit besonders guten Erleuchtungs-, Lüftungs- und Heizungseinrichtungen, sowie mit einer Tür versehen sein, welche so breit ist, daß ein Kranker hineingetragen werden kann.

In der Nähe der Krankenräume müssen sich eine besondere Badeeinrichtung für die Kranken und zwei Abtritte befinden. Die Wände der Krankenräume sind mit Ölanstrich zu versehen, der Fußboden ist durch einen Ölanstrich oder auf andere Weise wasserdicht zu machen.

Die Räume sollen enthalten: auf je 100 Personen mindestens zwei Kojen mit Matratzen, Kopfpfühl, Decken und zweimal Bettwäsche, ferner die nötige Anzahl von Krankenanzügen, einen zu Operationen geeigneten Tisch, eine Wascheinrichtung für den Arzt und, falls keine Badeeinrichtung in unmittelbarer Nähe vorhanden, eine Badewanne, ferner Wasserbehälter mit genügendem Wasser. Die Kojen müssen mindestens an einer vollen Längsseite einen freien Raum von mindestens 1 m Breite haben. Sie dürfen mit Ausnahme der Vorsätze nicht von Holz sein. Die oberen Kojen müssen, soweit sie an der Wand angebracht sind, zum Aufklappen eingerichtet sein.

An jeder Koje muß ein Behälter für die Aufnahme von Trinkgefäßen und Arzneigläsern, sowie einer für Spei- und Uringläser vorhanden sein.

Diese Bestimmungen bedeuten gegen die früheren Verhältnisse an Bord unserer Auswandererschiffe einen sehr wesentlichen Fortschritt. Wenn auch der auf den einzelnen Kranken entfallende Luftraum nur den dritten Teil von dem, der auf unseren Kriegsschiffen auf jeden bettlägerigen Kranken kommt, beträgt, so ist er doch jetzt mehr als doppelt so groß, als früher vorgeschrieben. Merkwürdigerweise war der Luftraum für Kranke nach den älteren Gesetzen geringer bemessen als für Gesunde. Auch die innere Einrichtung der Lazarette ist besser geworden. Hier sind aber noch weitere Verbesserungen angängig und erwünscht. So dürfen und werden überall noch zwei Krankenkojen übereinandergestellt. Die obere Koje soll allerdings zum Aufklappen eingerichtet sein. Sehr wichtig ist die Bestimmung, daß die Krankenkojen an einer Seite ganz frei zugänglich sein sollen. Erst dadurch ist eine Untersuchung der darin liegenden Kranken möglich, die bei der früheren Anordnung der Kojen sehr erschwert war. Am meisten zu wünschen läßt noch die Ventilation und die Lage des

Lazarettes übrig. Elektrisch betriebene oder durch Maschinen anderer Art gesicherte Ventilationseinrichtungen (s. S. 22) oder Ventilationsfenster (s. S. 20), die auch bei stärkerem Seegang offen bleiben können, finden sich vorerst noch sehr selten in den Krankenräumen auf den meisten Auswandererschiffen. Auf vielen modernen Schiffen sind die Lazarette in die hintersten Schiffsräume verlegt. Dort sind die Kranken zwar von dem Personenverkehr an Bord sehr gut isoliert, aber sehr unruhig untergebracht. Unter den Krankenräumen drehen sich die Schiffsschrauben Tag und Nacht, die das ganze Schiff, besonders aber die unmittelbar darüberliegenden Räume, erschüttern. Über den Krankenräumen befindet sich die Steuervorrichtung, deren gewaltige Ketten und Räder in fortwährendem, dabei ganz unregelmäßigem Rollen begriffen sind.

Besondere Vorräte für die Beköstigung der Kranken werden auf den Schiffen, die einen Arzt an Bord haben, im allgemeinen nicht mitgeführt. Die von dem Arzt den Kranken verordnete, besondere Beköstigung wird aus den Vorräten für die Kajütspassagiere entnommen. Die Verpflegung für die Passagiere ist auf den meisten deutschen Schiffen sehr gut und reich an Abwechslung. Die modernen, großen Dampfer sind sämtlich mit großen Kühlräumen ausgestattet, in denen Fleisch, Gemüse, Früchte und Getränke aufbewahrt und monatelang frisch erhalten werden. Diese Vorräte stehen, wie die Konserven nach den neuen Auswanderervorschriften, jetzt auch dem Arzt zur besseren Verpflegung der Kranken zur Verfügung.

Auf jedem Auswandererschiff ist wenigstens ein zur Krankenpflege geeigneter, seefester Mann mitzunehmen. Auf den übrigen Schiffen, und zwar auch auf denen, die einen Schiffsarzt führen, ist das nicht vorgeschrieben. Bei einer erheblicheren Zahl von Zwischendecksreisenden an Bord eines Auswandererschiffes kann von der Auswanderungsbehörde die Mitnahme von mehreren Krankenpflegern verlangt werden. Auch die Mitnahme von Krankenpflegerinnen kann angeordnet werden. Ein besonderer Anzug (Leinenkittel) wird vom Gesetz leider weder für diese Krankenpfleger noch für den Arzt gefordert. Daß solche Leinwandröcke, die oft gewechselt und desinfiziert werden können, auch an Bord durchaus nützlich, ja dringend erforderlich sind, liegt auf der Hand und die Reedereien sollten die geringe Ausgabe für ihre Anschaffung nicht scheuen.

Über die Ausschiffung der Kranken in Hospitäler an Land gibt es für die Reise keine gesetzlichen Vorschriften. Natürlich wird man jeden Kranken, der der Natur seines Leidens nach eine

Gefahr für die Mitreisenden und die Schiffsmannschaft bedeutet, so bald als möglich ausschiffen. Handelt es sich um Kranke, die nicht an derartigen Infektionskrankheiten leiden, deren Zustand aber in ihrem eigenen Interesse die Ausschiffung wünschenswert erscheinen läßt, so muß man sorgfältig nach dem Krankheitsfall, dem Ruf und den Einrichtungen des gerade zur Verfügung stehenden Landhospitals, das man sich immer vorher ansehen sollte, und nach den Aussichten und Gelegenheiten für die Beförderung des Genesenen in die Heimat individualisieren.

Was die Krankmeldungen der Reisenden und Mannschaften anlangt, so muß der Arzt natürlich für alle Unfälle und schwereren Erkrankungen sofort zur Verfügung stehen. Im übrigen aber empfiehlt es sich, namentlich den Reisenden gegenüber, die mit allen möglichen Kleinigkeiten zum Arzt kommen, bestimmte Sprechstunden anzusetzen. Die Mannschaften, die sich krank melden, müssen zunächst ihrem Vorgesetzten mitteilen, daß sie sich dienstunfähig fühlen. In den Instruktionen steht meist ganz klar, daß alle diese Leute zum Arzt geschickt werden müssen und daß nur der Arzt darüber zu entscheiden hat, ob sie seiner Behandlung bedürfen und ob sie fähig oder unfähig zur weiteren Arbeit sind. Es wird aber noch vielfach hiergegen gesündigt und der Arzt bekommt schließlich nur die Fälle zu Gesicht, die ihm von den Maschinisten usw. als krank zugewiesen werden. Der Arzt sollte sich deshalb auch die gesunden Mannschaften bei der Arbeit von Zeit zu Zeit ansehen.

Für ihren Dienst an Bord bekommen die Schiffsärzte in der Regel von der Reederei eine gedruckte Instruktion. Darin sind auch die gegenüber dem Gesetz und der örtlichen Aufsichtsbehörde im deutschen Abgangshafen zu beobachtenden Vorschriften enthalten. Sie bestehen im allgemeinen darin, daß die Schiffsärzte sich vor der Anmusterung persönlich der amtlichen Stelle vorzustellen haben daß sie ferner während der Reise ein Tagebuch und ein Krankenbuch führen und nach ihrer Rückkehr vor ihrer Abmusterung vorlegen müssen. In das Tagebuch sind alle Erkrankungen und alle Unfälle, die die Schiffsbesatzungen betreffen, wenn sie eine Arbeitsunfähigkeit von mehr als drei Tagen oder den Tod oder die Ausschiffung des Betroffenen zur Folge haben, einzutragen. Ferner sind alle Infektionskrankheiten und alle Vorkommnisse von hygienischer Bedeutung, Quarantänemaßregeln usw. im Tagebuch aufzuzeichnen. Den Ärzten, die auf Hamburger Schiffen in Hamburg angemustert werden, habe ich eine Anleitung zur Führung des Tagebuchs an die Hand gegeben, die in Anlage 6 abgedruckt ist. Durch die Führung des Tagebuchs und die Verpflichtung zur persönlichen

Rücksprache mit dem beamteten Arzt nach Beendigung der Reise können sich die Schiffsärzte unter Umständen einen gewissen Rückhalt schon während der Reise dem Kapitän gegenüber sichern. Allerdings hat die Erfahrung gezeigt, daß viele Beschwerden der Schiffsärzte, die sie nach der Beendigung der Reise vorbringen, dem Kapitän während der Reise häufig gar nicht vorgetragen wurden, sodaß er dann einwenden konnte, er habe von der fraglichen Angelegenheit nichts gewußt. Häufig handelt. es sich auch um Dinge, die nach Lage der Gesetzgebung der Einwirkung des beamteten Arztes nicht unterliegen. Indessen ist jede Mitteilung von Wert, auch wenn ihr nicht sofort Folge gegeben werden kann. Sie wird mit ähnlichen Vorkommnissen auf anderen Schiffen oder früheren Reisen gesammelt und in Zukunft verwertet. Steter Tropfen höhlt den Stein.

V. Kapitel.

Über Malaria — Häufigkeit an Bord, Ätiologie und Epidemiologie —.

Auf den zwischen Hamburg und den tropischen Malariagegenden verkehrenden Schiffen wird durchschnittlich der fünfte Teil der Besatzungen von Malaria ergriffen. Bei den gesundheitlichen Revisionen der ankommenden Schiffe wurden in Hamburg in den letzten Jahren durchschnittlich 800—1000 Malariaerkrankungen jährlich gemeldet. Die Sterblichkeit schwankte zwischen 1 und $2^0/_0$. Die meisten Erkrankungen sind allerdings bei der Ankunft der Schiffe in Hamburg so weit abgelaufen, daß sie der Behandlung in einem Krankenhause nicht mehr bedürfen, aber 200—300 Fälle jährlich kommen doch noch ins Krankenhaus. Da die ganz leichten Anfälle den Kapitänen und Schiffsärzten entweder gar nicht bekannt werden oder von ihnen nicht eingetragen werden, so ist in Wirklichkeit die Häufigkeit der Malaria auf diesen Schiffen eine noch viel größere, sie entspricht wahrscheinlich der, die die Kriegsschiffe in den Malariagegenden vor der Einführung einer wirksamen Prophylaxe hatten, d. h. einer Höhe von 40—$80^0/_0$ der Besatzung. Die Segelschiffe, die mit tropischen Malariahäfen verkehren, haben weit mehr Erkrankungen als die Dampfer gleicher Route, weil sich die Segelschiffe in der Regel viel länger in den Malariahäfen aufhalten als die Dampfer. Indessen gewährt auch die kürzere Liegezeit der Dampfer reichliche Gelegenheit zur Infektion. Die Erkrankungszahlen der einzelnen Kategorien der Besatzungen der Dampfer entsprechen ungefähr dem Verhältnis ihrer Kopfstärke. Von den Leuten jedoch, die in Hamburg noch so krank ankommen, daß sie ins Krankenhaus gebracht werden müssen, sind durchschnittlich über die Hälfte Feuerleute. Die in den Tropen erworbene Infektion ist also bei diesen Mannschaften am hartnäckigsten.

Auch unter den Reisenden an Bord sind sehr viele Malariakranke — auf den zwischen Hamburg aus tropischen Malariagegenden verkehrenden Dampfern jährlich 200—300 —, namentlich auf den aus Ost- und Westafrika kommenden Dampfern. Meist handelt es sich dabei um schwere Fälle, Malariakachexien und besondere Komplikationen, wie Schwarzwasserfieber u. a.

Die meisten Malariafälle kommen bei uns auf den Schiffen vor, die den Verkehr mit dem tropischen Westafrika besorgen, in zweiter Linie stehen die Schiffe in der Westindienfahrt. Dann kommen die Ostafrika- und die Ostasienfahrer (Java), dann die Schiffe in der Fahrt nach Südamerika (Amazonenstrom) und an letzter Stelle die Mittelmeerschiffe. Dies gilt für den Hamburger Verkehr. Bei der weiten Verbreitung der Malaria in den Tropen und Subtropen muß dort jeder Hafen, von dem nicht ganz sicher feststeht, daß er malariafrei ist (und solcher Häfen gibt es nur sehr wenige), als mehr oder weniger malariainfiziert gelten.

Die genaue Kenntnis der Diagnose, Behandlung und Prophylaxe der Malaria ist daher für die Schiffsärzte, deren Dampfer Fahrten nach den wärmeren Gegenden ausführen, unumgänglich notwendig.

Die Malaria ist eine Blutinfektionskrankheit; zu ihrer Diagnose und Behandlung ist die mikroskopische Untersuchung des Blutes unter Benutzung guter Immersionssysteme unerläßlich. Der Schiffsarzt muß deshalb ein Mikroskop an Bord haben. Leider ist die Anschaffung einer Ausrüstung zur mikroskopischen Blutuntersuchung den Reedereien, die ihre Schiffe mit Ärzten an Bord in tropische Malariagegenden schicken, noch nicht vorgeschrieben. Es ist das ebenso unverständlich wie der Umstand, daß die Reisenden und das Publikum nicht darauf dringen, daß die Reeder diese Anschaffungen vornehmen. Jedenfalls sollte der dagegen erhobene Einwand, daß die Schiffsärzte mit der mikroskopischen Blutuntersuchung in ihrer Mehrzahl noch nicht genügend Bescheid wüßten, baldigst jede Berechtigung verlieren.

Die Anfertigung der Präparate zur Blutuntersuchung bei Malaria wird am besten so vorgenommen, daß das Blut in möglichst dünner Schicht gleichmäßig auf einen Objektträger oder ein Deckglas ausgestrichen, getrocknet, fixiert und dann mit Anilinfarben gefärbt wird. Die Untersuchung ungefärbter Präparate hat für die Praxis am Krankenbett keine Vorteile, sondern nur Nachteile. Insbesondere sind die Malariaparasiten dabei schwerer aufzufinden und werden leichter mit anderen Gebilden verwechselt.

Als Entnahmestellen für das Blut bieten sich das Ohrläppchen und die Fingerbeere. Wenn man sich außer über die Anwesenheit der Malariaerreger auch noch über die Zusammensetzung des

V. Kapitel. Über Malaria — Häufigkeit an Bord, Ätiologie u. Epidemiologie —.

Blutes, namentlich über das gegenseitige Verhältnis der roten und weißen Blutkörperchen unterrichten will, so wähle man die Fingerbeere, weil sich im Ohrläppchen auch schon bei leichtem Drücken und sonstigem Manipulieren leicht Hyperämie und Stase, die das natürliche Verhältnis der roten und weißen Blutkörperchen ändern, ausbilden. Andererseits wird der Einstich in das Ohrläppchen von den meisten Patienten dem schmerzhaften Einstich in die Fingerbeere vorgezogen, namentlich bei wiederholten Blutuntersuchungen, auch ist das Ohrläppchen leichter zu reinigen, als die oft mit rissiger, schmutzimprägnierter, schwieliger Haut bedeckte Fingerkuppe, bei der zweckmäßig in solchen Fällen die dicke Epidermis vor den Einstich vorsichtig mit einer Schere abgetragen wird.

Zum Stechen benutzt man am besten eine neue Stahlfeder, deren eine Spitze abgebrochen ist. Die Stahlfeder wird in Alkohol gelegt, dann mit einer Pinzette ergriffen und in einer Spiritusflamme abgebrannt. Am besten bereitet man sich gelegentlich eine größere Anzahl von Federn auf diese Weise vor und bewahrt sie in einem durch einen Wattepfropf verschlossenen Reagensglas auf. Zum Gebrauch nimmt man die nötigen Federn einzeln mit einer Pinzette wieder aus dem Röhrchen heraus und legt sie auf ein reines Stück Papier. Dann legt man sich die zu benutzenden Objektträger und Deckgläschen zurecht. Sie werden am besten unmittelbar vor dem Gebrauch in eine Mischung von Alkohol und Äther eingetaucht und dann trocken gewischt. Vor dem Stich werde die Entnahmestelle sorgfältig mit Alkohol und Äther gereinigt. Das Blut soll — ev. auf leisen Druck — in Gestalt eines kleinen, runden Tropfens heraustreten. Wenn es sich verläuft, ist die Entnahmestelle feucht gewesen. Sie muß dann erst wieder trocken gewischt werden und erst die dann heraustretenden Blutströpfchen sind verwendbar. Der Blutstropfen wird mit der Fläche eines Objektträgers oder mit einem Deckgläschen abgenommen. Dabei darf aber die Haut nicht mit dem Glase in Berührung kommen, ebensowenig darf die zur Abnahme bestimmte Glasfläche mit den Fingern des Entnehmenden in Berührung gewesen sein. Hat man das Blut mit einem Objektträger abgenommen, so streiche man den anhaftenden Tropfen sofort nach der Entnahme möglichst dünn und gleichmäßig auf dem Objektträger aus. Hierzu benutzt man am besten die Kante eines Deckgläschens oder eines — an den Kanten geschliffenen — Objektträgers — in der in Fig. 22 angedeuteten Weise. Will man das Blut auf Deckgläschen ausstreichen, so legt man auf den dem Deckgläschen anhaftenden Bluttropfen vorsichtig ein zweites Deckglas so auf, daß die Kanten und Ecken der beiden Deckgläschen sich nicht decken. Der Tropfen breitet sich, wenn beide Gläschen ganz rein sind und keine Haare und sonstigen Unreinigkeiten zwischen den Gläschen sich befinden, ganz von selbst zwischen den Deckgläschen in dünnster Schicht aus. Man faßt die Gläschen, ohne die Flächen zu berühren und ohne die Gläschen irgendwie aufeinander zu drücken, an den freien Kanten und zieht sie voneinander ab.

Für die tägliche Praxis sind die Objektträger vorzuziehen, da sie nicht so leicht wie die Deckgläschen zerbrechen und größere Untersuchungsflächen haben. Überdies findet man in einem nicht gleichmäßig gut geratenen Objektträgerausstrich immer doch wenigstens einige dünn ausgestrichene, zur Untersuchung brauchbare Stellen.

Das Ausstreichen von Deckgläschen ist dann angebracht, wenn man die Präparate für spätere Untersuchungen sammeln und aufbewahren will. Man bestreicht bei einer Entnahme 6—8 Deckgläschen, nach Bedarf auch mehr und packt sie, nachdem sie lufttrocken geworden sind, in Fließpapier, das man mit dem Namen der Patienten, Datum der Entnahme usw. signiert. Die Päckchen kommen in Fläschchen, deren Boden mit einer Schicht von trocknem Chlorkalcium bedeckt ist, damit die Präparate trocken bleiben und nicht schimmeln. Natürlich müssen die Fläschchen sofort gut verschlossen werden (Koch.)

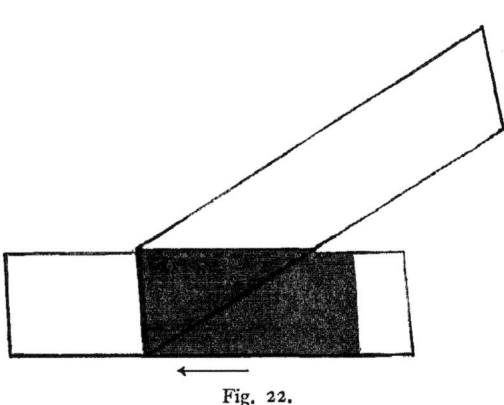

Fig. 22.

Zur weiteren Untersuchung werden die Ausstriche, nachdem sie lufttrocken geworden sind, in Alkohol fixiert. Das Durchziehen des Präparates durch die Flamme, wie bei Bakterienpräparaten üblich, ist für Blutpräparate nicht angebracht. Zum Fixieren genügt $80^0/_0$iger Alkohol, stärkerer ist besser. Im Alkohol bleiben die Präparate am besten mindestens $1/_2$ Stunde, längeres Verweilen schadet nichts. Bei absolutem Alkohol genügen 5—10 Minuten. Selbstverständlich dürfen — ebensowenig wie nachher beim Färben die bestrichenen Flächen nicht durch daraufliegende andere Objektträger oder Deckgläschen zugedeckt sein, sondern müssen ganz frei liegen. Dann werden die Präparate zwischen Fließpapier getrocknet und sind zum Färben fertig. Zum Färben eignen sich für unsere Zwecke am besten zwei Methoden, die Mansonfärbung und die Romanowskyfärbung.

Bei der Mansonfärbung benutzt man eine Stammlösung von $2^0/_0$ Methylenblau und $5^0/_0$ Borax in Wasser. In dieser konzentrierten Form hält sich die Lösung für einige Monate ganz gut. Zum Färben muß sie 5—6 fach verdünnt werden. Man bereitet sich daher am besten aus der Stammlösung alle 14 Tage ein neues Fläschchen der zum Gebrauche fertigen Farblösung. Die mit dieser Lösung übergossenen Präparate sind in 5—10 Sekunden genügend gefärbt. Gut gefärbte Blutpräparate sehen makroskopisch grün, höchstens blaugrün, nicht blau aus. Unter dem Mikroskop zeigen sich die roten Blutkörperchen als grüne, runde Scheiben, die Kerne der weißen Blutkörperchen sind blau. In einem gut ausgestrichenen Präparat müssen die roten Blutkörperchen wie Pflastersteine nebeneinander liegen. Wo die Blutkörperchen übereinander liegen oder gar Rollen bilden, ist das Präparat zur Untersuchung ungeeignet.

Die Romanowskyfärbung ist augenblicklich die für die Diagnose der Malaria wie für die meisten anderen Protozoenkrankheiten von den Medizinern am meisten angewendete Färbemethode. Ihr Wert beruht hauptsächlich darauf, daß sie schnell und sicher eine intensive Kernfärbung hervorruft, und zwar auch in solchen Zellen, deren Kerne, wie die der Malariaparasiten, sich mit anderen Anilinfarben und Farbmischungen nur schlecht oder gar nicht färben. Diese Chromatinfärbung nach Romanowsky kommt durch die Einwirkung von Methylenazur, einem basischen, und Eosin, einem sauren Farbstoff zustande. Die Anwesenheit eines dritten Farbstoffs, des wie Azur zu den basischen Farbkörpern gehörigen Methylenblau, begünstigt die Differenzierung des Farbenbildes, so daß neben der Chromatinfärbung eine ausgezeichnete Kontrastfärbung der basophilen und acidophilen, anderweiten, nicht dem Kernapparat zugehörigen Zellenbestandteile entsteht. Man erzielt aber nur dann durch Mischung der drei Komponenten der Romanowskyfärbung brauchbare Bilder, wenn die basischen Farbstoffe in einem gewissen Überschuß vorhanden sind. Sonst bilden sich sofort bis auf unwirksame Reste unlösliche und darum für die Färbung wertlose Farbsalze aus dem basischen und dem sauren Farbstoff. Sind die basischen Farben im Überschuß vorhanden, so bleiben die Farbsalze innerhalb einer für die Färbung ausreichenden Zeit in Lösung und fallen erst später aus. Zur Herstellung brauchbarer Mischungen gehörte bis vor kurzer Zeit eine gewisse Übung. Neuerdings hat aber Giemsa die Methode dadurch sehr vereinfacht, daß er eine Mischung von Azur-Methylenblau-Eosin in einem Glyzerin-Methylalkoholgemisch herstellte, in dem der erforderliche Überschuß von basischen Farbstoffen vorhanden ist. Diese Stammlösung ist sehr lange haltbar.*) Sie wird zum Gebrauch jedesmal frisch mit Wasser verdünnt. Die Behandlung der Präparate ist folgende:

1. Härtung des lufttrockenen, sehr dünnen Ausstrichs in Alkoh. absolut. (15—20 Min.). Hat man nur schwächeren Alkohol zur Hand, so muß diese Frist entsprechend verlängert werden. Abtupfen mit Fließpapier.

2. Verdünnung der Stammlösung mit destilliertem Wasser in einem weiten, graduierten Reagenzglas unter Umschütteln (1 Tropfen der Farblösung auf 1 ccm Wasser), wobei man am besten die Farblösung aus einer Tropfflasche hinzufließen läßt.

3. Alsbaldiges Übergießen der Präparate (ohne jeden Verzug) mit der soeben verdünnten Lösung. Färbedauer 10—15 Min., bei älteren Ausstrichen 1—2—24 Min.

4. Abwaschen in scharfem Wasserstrahl.

5. Abtupfen mit Fließpapier, trocken werden lassen. Einbetten in Kanadabalsam.

Hat man weder die Giemsasche Mischung vorrätig, noch sonst methylenazurhaltige Lösungen an Bord, so kann man sich das Methylenazur sehr leicht aus Methylenblau selbst bereiten. Man nimmt aus den Vorräten der Schiffsapotheke etwas Höllenstein, löst ihn in destilliertem Wasser und setzt Natron- oder Kalilösung hinzu. Den entstehenden Niederschlag von Silberoxyd wäscht man ein paarmal auf einem Filter mit Wasser aus und setzt ihn dann einer einprozentigen Lösung von Methylenblau in Wasser zu. Nach ein paar Tagen enthält diese Lösung Methylenazur und wird, je älter sie wird, um so kräftiger. Daneben bereitet man sich eine einprozentige Eosinlösung. Zum Gebrauch verdünnt man einige Kubikzentimeter der Eosinlösung mit etwa der 10fachen Menge Wassers und träufelt zu dieser verdünnten Eosinlösung mindestens so viel von der azurhaltigen Methylenblaulösung zu, bis die Farbe der Eosinlösung dunkelblau geworden ist. Ein Überschuß von Methylenblau schadet dabei unter keinen Umständen. In diese Mischung kommen die Präparate ohne Verzug hinein, bleiben darin mindestens $1/2$ Stunde und werden im übrigen wie oben behandelt.

In einem nach Romanowsky gefärbten Präparat sind die roten Blutkörperchen eosinfarben bis graublau, die Kerne der weißen Blutkörperchen sind rot oder violett. Die Granulationen

---

*) Im Handel zu beziehen unter dem Namen: Giemsasche Lösung für die Romanowskyfärbung bei Dr. Grübler & Co., Leipzig.

der neutrophilgekörnten weißen Blutkörperchen sind rot, die Granulationen der eosinophilen, weißen Blutkörperchen sind bei kurzer Färbung eosinfarben, bei längerer Färbung stahlgrau. Das Protoplasma der Lymphozyten und großen mononukleären Leukozyten ist zartblau. Letztere enthalten vereinzelte rote Granulationen. Die Blutplättchen sind rot, oft mit einem blauen Saum.

Die Malariaparasiten sind Parasiten der roten Blutkörperchen und präsentieren sich im gefärbten Präparate in den Blutkörperchen, die mit ihnen infiziert sind, als Ringe, Scheiben oder halbmondförmige Gebilde. Das Bild, das die Parasiten im gefärbten Präparat bieten, entspricht aber nicht ihrer natürlichen Form. Die lebenden Parasiten sind Zellen mit Protoplasma und Kern und von sehr veränderlicher Gestalt. Sie gehören zu den einfachsten tierischen Gebilden, den Protozoen. Ihre jüngsten Formen dringen als kleinste Zellen in die roten Blutkörperchen ein, sie wachsen heran, bilden eine Vakuole, senden vielfach Fortsätze aus und scheiden, indem sie sich von den roten Blutkörperchen nähren, als Stoffwechselprodukt Pigment von schwarzer bis gelbbrauner Farbe aus. Dies Pigment ist im polarisierten Lichte doppelt brechend, unlöslich im Wasser, schwer löslich in Alkohol. Auf der Höhe der Entwicklung teilt sich der Kern in eine je nach der Art der Parasiten verschiedene Anzahl von Tochterkernen, um die herum sich das Protoplasma bald ebenfalls differenziert. Unter Bildung eines Restkörpers zerfällt dann der ausgewachsene Parasit (Schizont) in eine Anzahl junger Zellen, Merozoiten, die das rote Blutkörperchen, das bisher ihr Wirt war, verlassen. Das Blutkörperchen geht dabei zugrunde. Die jungen Parasiten bleiben nur ganz kurze Zeit frei im Plasma, sie dringen entweder in rote Blutkörperchen ein oder gehen zugrunde.

Man unterscheidet bei den menschlichen Malariaparasiten drei Arten:

1. Plasmodium Malariae, den Quartanparasiten;
2. Plasmodium vivax, den Tertianparasiten;
3. Plasmodium immaculatum, den Tropikaparasiten.

In der Literatur finden sich für diese drei Arten außer den obigen Namen noch eine sehr große Menge anderer Bezeichnungen, sie haben aber nach den für die zoologische Nomenklatur geltenden Grundsätzen kein Bürgerrecht. Einzelne Forscher halten an der Ansicht fest, daß man zur Unterscheidung von verschiedenen Arten von Malariaparasiten überhaupt nicht berechtigt sei, da es Tatsachen gäbe, die dafür sprächen, daß gelegentlich eine Art der Malariaparasiten in eine andere übergehe. Indessen werden diese Tatsachen von der Mehrzahl der Malariaforscher anders gedeutet.

Die jüngsten Formen (Merozoiten) der Quartanparasiten präsentieren sich in einem nach Manson gefärbten Präparat in den grüngefärbten Erythrozyten als feine, blaue Ringe, deren Durchmesser den fünften bis vierten Teil des Durchmessers des befallenen roten Blutkörperchens beträgt. Der Ring ist an einer Seite etwas verbreitert, an der gegenüberliegenden Seite zeigt sich häufig ein blaues Knöpfchen innerhalb des Ringes (Siegelringform). Die Ringe haben noch kein Pigment oder höchstens Spuren davon. Beim Heranwachsen verlieren die Quartanparasiten die Ringform und nehmen als halberwachsene Parasiten häufig die Gestalt von Bändern an, die zunächst schmal sind, mit fortschreitendem Wachstum aber breiter werden. Diese Bänder ziehen quer über das befallene Blutkörperchen hin. Zu beiden Seiten des Bandes bleiben die Segmente des roten Blutköperchens unverändert und gut erkennbar. Im Innern der Bänder ist unregelmäßig Pigment von gelbbrauner Farbe in Form kleinster Stäbchen oder Kügelchen verteilt. Die ausgewachsenen Formen erfüllen das ganze rote Blutkörperchen, von dem höchstens nur zwei ganz schmale Streifchen am Rande übrig bleiben. Am Ende der Wachstumsperiode sammelt sich die Hauptmasse des Pigments nach der Mitte des Parasiten zu in einem Klümpchen, die sehr spärlichen peripher bleibenden Pigmentpartikel ordnen sich wie Speichen, die vom zentralen Pigmentklümpchen nach dem Rande des Blutkörperchens strahlen. Zwischen diesen Radien zerfällt der Parasitenleib in 8—12 regelmäßig angeordnete Teilstücke. Diese Gänseblümchenform der in Teilung begriffenen Quartanparasiten (Schizonten) ist ungemein zierlich und sehr charakteristisch.

Die jüngsten Tertianparasiten sind von derselben Gestalt und Größe wie die jungen Quartanparasiten. Beim Heranwachsen bleibt die Ringform unter Verbreiterung des blauen Ringsaumes und Pigmentbildung noch kurze Zeit erhalten, bald aber nimmt der heranwachsende Parasit ganz unregelmäßige Formen an. Um eine meist peripher gelegene Vakuole liegt ein Zellenleib mit den wunderlichsten Verzerrungen und Fortsetzungen. Diese Mannigfaltigkeit der Bildung ist eine Folge der ungemeinen Beweglichkeit, die der Parasit im Leben innerhalb des Blutkörperchens zeigt. Die infizierten Blutkörperchen selbst sind in der Regel vergrößert und färben sich nur sehr zart. Die ausgewachsenen Parasiten sind rund und füllen die vergrößerten Blutkörperchen ganz aus. Das Pigment, das dunkler ist, als das der Quartanparasiten, ist zunächst unregelmäßig verteilt, sammelt sich aber dann auch in einem zentralen Klümpchen und der Parasit (Schizont), differenziert sich in 12—24 dicht aneinander liegende, kleine Teilformen. Dies Bild, das der Schizont der

Tertianparasiten bildet, ist treffend mit dem einer Maulbeere verglichen worden.

Die jüngsten Tropikaparasiten zeigen sich im Mansonpräparat als äußerst feine, blaue Siegelringe. Ihr Durchmesser beträgt etwa nur den sechsten Teil von dem des befallenen Blutkörperchens. Auch im weiteren Wachstum erreichen sie nie die Größe der Quartan- und Tertianparasiten, sondern füllen nur etwa den dritten Teil des roten Blutkörperchens. Dabei behalten sie im wesentlichen die Ringform und scheiden nur selten so viel Pigment ab, daß es deutlich sichtbar wird. Die Teilungsformen — im peripheren Blut sehr selten zu finden — sind kleinste Maulbeeren, etwa von der Hälfte oder dem dritten Teil der Größe des roten Blutkörperchens.

In den nach Romanowsky gefärbten Präparaten heben sich die Malariaparasiten aller drei Arten als zarte, blaue Zellen besonders deutlich von ihren Wirten, den eosinfarbenen, roten Blutkörperchen, ab, sie haben im übrigen dieselben Formen — Siegelringe, Bänder, amöboide Formen, Gänseblumen, Maulbeeren — wie im Mansonpräparat. Dabei erscheint in ihnen aber überall ein rotgefärbter Kern, in den Siegelringen als kleinstes Knöpfchen, nachher größer, meist peripher, dann in Teilstücke getrennt und schließlich in den Gänseblümchen und Maulbeerformen (Schizonten) in jedem einzelnen der neu durch die Teilung entstandenen Sprößlinge (Merozoiten). Die Färbung der Malariaparasiten nach Romanowsky gibt prachtvolle Bilder und erleichtert das Auffinden der Malariaparasiten ganz außerordentlich. Der rote Kern, der im gelungenen Präparat in jedem parasitischen Gebilde sein muß, ist ein sicherer Anhalt gegenüber Verwechslungen mit Verunreinigungen, Auflagerungen und Kunstprodukten, wie sie in den roten Blutkörperchen häufig bei schlechter Präparation, ungenügender Alkoholfixierung und ähnlichem entstehen. In vielen Fällen sind die Malariaparasiten im peripheren Blute nur sehr spärlich vertreten und man muß viele Präparate genau durchmustern, ehe man einen Parasiten findet. In solchen Fällen empfiehlt sich für sehr geübte Untersucher — aber nur für solche — das Ruge-Roßsche Verfahren. Man streicht einen recht großen Blutstropfen dick auf ein Deckglas oder einen Objektträger und läßt ihn antrocknen. Dann fixiert man in einer $2^0/_0$ igen Formaldehydlösung, der $^1/_2$ bis $1^0/_0$ Essigsäure zugesetzt ist. Durch diesen Zusatz wird in wenigen Minuten zugleich mit der Fixierung das Hämoglobin aus den roten Blutkörperchen herausgezogen. Dann färbe man nach Manson oder Romanowsky. Elegant sind diese Präparate nicht. Der Geübtere findet aber in den zwar dick aufeinanderliegenden, aber ausgelaugten roten Blutkörperchen die Parasiten leicht heraus, und man hat Parasiten in jedem Gesichtsfelde, wo man sonst viele Präparate angestrengt durchmustern muß, ehe man auch nur einen Parasiten findet. Für nicht durchaus geübte Untersucher ist das Verfahren nicht zu empfehlen.

Die Malariaparasiten haben einen doppelten Entwicklungskreislauf. Die bisher beschriebenen Formen gehören dem einen Kreislauf an, der sich im menschlichen Körper vollendet und mehr oder weniger oft bis zum Tode oder zur Heilung des Kranken wiederholt. Der andere Entwicklungskreislauf vollzieht sich zum größten Teil außerhalb des Menschen, nur das Anfangs- und Endglied dieser Kette werden im menschlichen Körper angetroffen. Das Anfangsglied dieser exogenen Entwicklung sind die Gameten der Malariaparasiten. Sie bilden sich wie die Schizonten aus den jüngsten Teilungsformen, den Merozoiten, wachsen jedoch etwas langsamer heran. Dabei bleiben sie den Merozoiten der Schizogonie zwar ähnlich in der allgemeinen Form, weisen aber von Anfang an Unterscheidungsmerkmale auf, die mit dem Heranreifen der Gameten um so deutlicher werden. Die Erörterung der Unterscheidungsmerkmale der jungen Gameten kann hier unterbleiben. Nur die vollentwickelten Gameten seien beschrieben. Es gibt zwei Arten von Gameten, Makrogameten und Mikrogameten. Die Mikrogameten dringen einige Zeit, nachdem das Blut den menschlichen Körper verlassen hat, in die Makrogameten ein und befruchten sie. Die befruchteten Makrogameten entwickeln sich weiter zu anderen Formen. Im lebenden Blut finden sich nur die Makrogameten fertig. Die Mikrogameten bilden sich erst im Blut außerhalb des Körpers aus den Vorstufen, denMikrogametozyten. Nur diese Vorstufe kommt im lebenden Blut vor.

Die Makrogameten der Quartan- und Tertianparasiten haben die Größe und äußere Form der ausgebildeten Schizonten, sind also große, runde Zellen, die die befallenen Blutkörperchen völlig ausfüllen. Sie haben nur einen kleinen, kompakten Kern, der keinerlei Andeutung von Teilung zeigt (Romanowsky). Das Protoplasma färbt sich in der Romanowskyfärbung verhältnismäßig stark blau. Das Pigment ist diffus über den ganzen Zellenleib verteilt. Von ihnen unterscheiden sich die Mikrogametozyten, im übrigen von derselben Größe und äußeren Gestalt, dadurch, daß der Kern — es ist ebenfalls nur ein Kern und nie eine Andeutung von Kernteilung vorhanden — verhältnismäßig sehr groß ist. Die färbbaren Bestandteile des Kernes bilden häufig ein lockeres, unregelmäßiges Fadengewirr. Das Protoplasma färbt sich schlecht, höchstens hellblau.

Die Gameten der Tropikaparasiten haben in den unmittelbar

nach der Entnahme betrachteten und in den sofort getrockneten Präparaten nicht die Sphärenform, sondern zeigen sich als Halbmonde. Diese Halbmonde sind im Vergleich zu den sonst so kleinen Formen der Tropikaparasiten auffallend groß. Die Blutkörperchen, in denen sie sich befinden, sind entsprechend der gestreckten Form der Parasiten in die Länge gezogen. Dabei sind die Blutkörperchen so stark ausgelaugt, daß sie sich nur sehr zart färben, oft sieht man davon gar nichts mehr, höchstens gelegentlich eine feine Linie, die im Bogen von einem Ende des Halbmondes zum andern hinzieht. Die Makrogameten und Mikrogametozyten sind färberisch in derselben Weise wie bei den Tertian- und Quartanparasiten verschieden. Das Pigment ist entweder diffus durch den ganzen Halbmond verteilt oder — und das ist der häufigere Fall — ringförmig oder in Form einer Acht in der Mitte angeordnet.

Die Makrogameten halten sich im Körper unter Umständen noch lange nach dem Aufhören der Fieberanfälle. Auch können sich die Makrogameten zu Schizonten zurückbilden, dann entstehen wieder junge Merozoiten und es beginnt eine neue Periode endogener Vermehrung der Malariaparasiten mit Fieberrezidiven nach langen Intervallen.

Kurz nach der Entnahme eines Gameten enthaltenden und vor dem Verdunsten geschützten Blutströpfchens sieht man das Innere der — auch im ungefärbten Präparat an dem mehr hyalinen Aussehen von den Makrogameten unterscheidbaren — Mikrogametozyten in lebhafte Bewegung geraten, die Pigmentkörnchen durcheinander wirbeln. Handelte es sich um die Gameten der Tropikaparasiten, so haben diese Halbmonde dabei die roten Blutkörperchen verlassen und dieselbe Sphärenform angenommen wie die Gameten der Quartan- und Tertianparasiten. Von jetzt ab ist überhaupt die weitere Entwicklung der Gameten bei allen drei Parasitenarten so wenig verschieden, daß eine Beschreibung für alle drei gelten kann. Aus dem lebhaft bewegten Inhalt der Mikrogametozyten dringen plötzlich Geißeln nach außen. Dies sind die spermatozoenähnlichen Mikrogametozyten. Sie peitschen zunächst die Blutkörperchen in der Umgebung eine Zeitlang hin und her, dann lösen sie sich los und eilen als freie Gebilde durch das Gesichtsfeld, bis sie auf einen Makrogameten treffen. In diesen dringt ein Mikrogamet ein und befruchtet ihn. Die Mikrogameten, die keinen Makrogameten gefunden haben, sterben nach kurzer Zeit ab. Der befruchtete Makrogamet treibt nach kurzer Zeit einen Zapfen hervor und wird schließlich zu einem langgestreckten, mit schwacher Eigenbewegung versehenen Würmchen (Ookineten). Bis hierher kann man unter günstigen Verhältnissen die exogene Weiterentwicklung der Gameten unter dem Mikroskop verfolgen.

Unter natürlichen Verhältnissen vollzieht sich diese Entwicklung im Magen gewisser Mücken, nachdem sie gametenhaltiges Blut gesogen haben. Einige Stunden nach dem Saugen findet man im Mageninhalt dieser Mücken die fertigen Ookineten in mehr oder weniger großer Anzahl. Die Ookineten bleiben aber nicht im Innern des Magens, sondern durchbohren die Magenwand und incystieren sich an der Außenwand des Magens zu kleinen, warzenähnlich aufsitzenden Kapseln, die noch Reste von Pigment enthalten. Im Laufe der nächsten Tage vergrößern sich die Kapseln und es bilden sich in ihrem Innern eine ungeheure Anzahl von Sichelkeimen — Sporozoiten — aus. Frühestens nach 6 Tagen ist diese Entwicklung vollendet. Sie geht um so schneller vor sich, je höher die Außentemperatur ist, in der die Mücke sich aufhält. Nach vollendeter Entwicklung platzen die Cysten und die Sichelkeime verbreiten sich durch den ganzen Körper der Mücke. Am zahlreichsten finden sie sich im mittleren Lappen der Speicheldrüsen. Hier halten sie sich auch recht lange Zeit — sicher mehrere Monate lang, wahrscheinlich noch viel länger. Wenn die so infizierte Mücke wieder sticht, entleert sie, ehe sie mit dem Ansaugen des Blutes beginnt, ein Tröpfchen Speicheldrüsensekret in die Stichwunde und impft damit die Sichelkeime über. In Tieren gehen die eingeimpften Sporozoiten der menschlichen Malariaparasiten bald zugrunde, im Menschen dringen sie, wie Schaudinn beobachtet hat, unter bohrenden Bewegungen in die roten Blutkörperchen und verwandeln sich in runde Zellen, junge, endoglobuläre Parasiten.

Die Mücken, in denen die menschlichen Malariaparasiten den eben beschriebenen Entwicklungskreislauf durchmachen, gehören zur Gattung der Anophelinen. Die Gattungen Culex und Stegomyia kommen zwar für die Übertragung anderer Infektionskrankheiten, von denen noch die Rede sein wird, für Tiere wie für Menschen in Betracht, bei der Übertragung der menschlichen Malaria spielen sie keine Rolle. Auch von den bis jetzt bekannten Anophelinen — etwa 100 — vermögen nicht alle die Malariaparasiten in sich zu entwickeln und auf Menschen zu übertragen. Hierüber sind unsere Kenntnisse noch sehr lückenhaft und jede neue Beobachtung nach dieser Richtung, jeder Befund von Anopheles und jedes gut konservierte und mitgebrachte Exemplar ist vorläufig von großem, nicht bloß wissenschaftlichem, sondern auch epidemiologisch-praktischem Wert.

Das Hauptunterscheidungsmerkmal der ausgewachsenen Insekten der Anophelinen von den Culicinen (Culex und Stegomyia) liegt in dem Verhältnis der Länge der Taster zu der des Rüssels. Bei der Gattung Anopheles sind die Taster ebenso lang wie der Rüssel, bei Culex uud Stegomyia sind die Taster beim Weibchen viel kürzer, beim Männchen etwas länger als der Rüssel. Da in der Regel nur die Weibchen stechen und Blut saugen, so kommen für die Übertragung der Malaria nur die Weibchen in Betracht.

Auch die Vorstufen der ausgebildeten Insekten sind bei Anopheles von denen bei Culex und Stegomyia verschieden. Die Culexeier sind keulenförmig und werden beim Absetzen in Haufen zusammengeklebt. Die Stegomyiaeier werden einzeln oder in

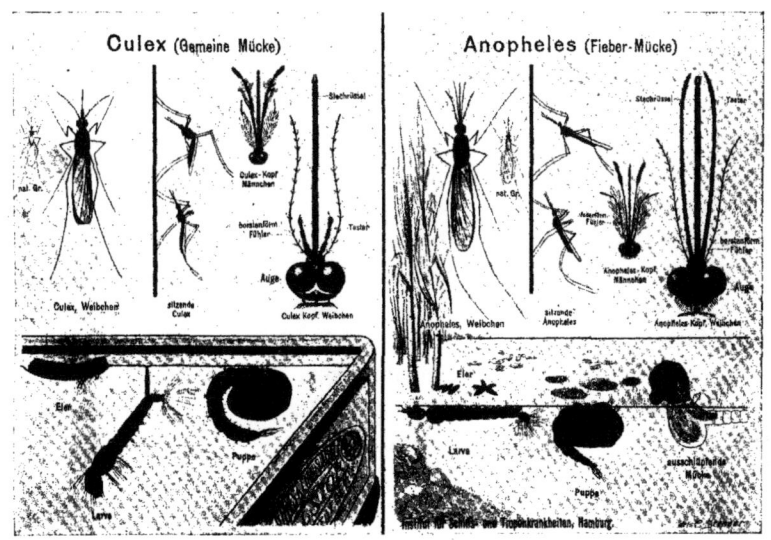

Fig. 23.*)

Gruppen zu zweien, dreien oder vieren nebeneinander abgelegt; sie sind ebenfalls von torpedoartiger Gestalt, haben aber eine fazettierte Oberfläche.

Die Anopheleseier werden ebenfalls einzeln in Reihen nebeneinander oder sternförmig abgelegt, sie sind bootförmig und auf beiden Längsseiten mit einem Schwimmhäutchen versehen.

Die Culex und Stegomyialarven schwimmen mehr oder weniger senkrecht im Wasser, ihre endständige Atmungsröhre ist verhältnismäßig lang. Der Anopheslarve fehlt eine besondere Atmungsröhre, die Larven schwimmen horizontal.

Die Anophelesweibchen stechen und legen Eier nur bei wärmerer und mittlerer Temperatur. Sie vermögen aber in geschützten Orten (Kellern, Ställen u. dgl.) auch strenge Winter zu

---

*) Infolge eines Versehens sind die mit „natürl. Größe" angegebenen Mückenbilder um ein Viertel zu klein ausgefallen.

überdauern. Ihre Eier legen sie mit Vorliebe in natürliche Pfützen, Tümpel, Teiche, Gräben und langsam fließende Ströme, auch in Brackwasser, nur in Ausnahmefällen und wenn sich nichts anderes bietet in wasserhaltende Gefäße, wie Regentonnen, Blumenvasen, Dachrinnen, wie dies die Culexarten gewöhnlich tun. Sie stechen mit Vorliebe zwischen Sonnenuntergang und -aufgang, indessen erleidet diese Regel — nicht bloß in den Tropen, sondern auch bei uns — sehr häufige Ausnahmen; viele Anophelesarten sind ausgesprochene Haustiere, sitzen, wenn sie nicht, um zu stechen, herumfliegen, träge in dunkeln Winkeln der Wohnungen, Ställe, Zelte usw. Ihr Stich ist wenig schmerzhaft, verursacht häufig nur geringe nachträgliche Reizerscheinungen und wird daher nicht selten übersehen. In den ersten Jahren nach der Entdeckung der Rolle, die die Anopheles als Überträger und Verbreiter der Malaria spielen, wurde vielfach gegen die „Mückentheorie" der Einwand erhoben, daß es Gegenden gäbe, in denen zwar Malaria endemisch sei, Anopheles aber nicht existierten. Als wichtigstes Beispiel hierfür galt Kamerun. Seitdem sind in Kamerun überall, wo es Malaria gibt, eine ganze Reihe von Anophelesarten gefunden worden. Dasselbe gilt für andere angeblich anophelesfreie Malariagegenden. Auch an Bord wird von Malariakranken häufig angegeben, daß sie sich durchaus nicht erinnern könnten, vor dem Ausbruch des Fiebers von Mücken gestochen worden zu sein. Der oft wenig irritierende Stich der Anopheles wurde nicht beachtet. Beim Suchen nach Anopheles muß man besonders die dunkeln Ecken der Zimmer, Falten in Vorhängen, die untere Seite von Blättern an Stubenpflanzen u. dgl. berücksichtigen. Pfützen und andere Wasseransammlungen in der Nähe des Malariaherdes sind auf Larven zu untersuchen. Oft findet man Eier und Larven, während die Insekten selbst unauffindbar bleiben.

Im Hafen stellen sich die Anopheles an Bord mit Vorliebe des Abends ein und halten sich besonders auf der windgeschützten Seite auf. Ihre aktive Flugweite ist nicht sehr lang, man darf sie wohl auf höchstens $1^1/_2$—2 km schätzen, vom leichten Wind getragen vermögen die Moskitos aber unter günstigen Umständen auch größere Entfernungen übers Wasser zurückzulegen. In den tropischen Häfen weht die Brise des Abends meist vom Lande her und man ist unter Umständen auch dann nicht sicher vor Anopheles, wenn der Ankerplatz des Schiffes 4 und 5 km vom Lande und weiter entfernt ist. Indessen gehören die Fälle, in denen dies beobachtet wurde, entschieden zu den seltenen Ausnahmen. Gegen jeden stärkeren Wind sind die Moskitos außerordentlich empfindlich, viel empfindlicher als andere fliegende Insekten. Man beobachtet das

Erscheinen von Moskitos, die vom Land zugeflogen sind, an Bord regelmäßig nur bei leichter Brise. Deshalb bleiben die Schiffe, die auf offener Reede ankern, in der Mehrzahl moskitofrei. Besonders gefährlich dagegen ist das Ankern in Flußläufen an windgeschützter Stelle. Der Flug vom Lande durch die Luft ist aber nicht der einzige Weg, auf dem Moskitos an Bord gelangen. Ebenso wie auf dem Lande beobachtet ist, daß aus ländlichen Malariagegenden infizierte Anopheles durch die Karren der Bauern, die ihre landwirtschaftlichen Produkte absetzen wollen, in die Städte gelangten und dort Malariaerkrankungen hervorriefen, kann man darauf rechnen, daß Anopheles mit Hafenfahrzeugen, Leichtern mit Gemüse, Obst, Frachtgut und Kohlen weit hinaus auf die Reede und auf Seeschiffe verschleppt werden. Horniker hat nach dem Ankern auf offener Reede, weit entfernt vom Lande, Malariaerkrankungen bei Leuten beobachtet, die nicht an Land gewesen waren, aber alle an einer Schiffsseite, und zwar dort ihre Schlafplätze hatten, wo 9—10 Tage vorher Leichter, die mit allerhand Gütern von Land gekommen waren, längsseit gelegen hatten.

In der Regel bleibt es an Bord bei diesen doch mehr oder weniger vom Lande stammenden Infektionen. Allerdings ist der Fall denkbar, daß zugeflogene Anopheles sich erst selbst an einem zufällig an Bord eingeschifften Träger von Malariaparasiten infizieren und dann die Keime wieder auf Menschen übertragen, so daß man es mit einer seegeborenen Malaria zu tun hätte. Von Vorkommnissen, die eine einwandfreie Deutung nach dieser Richtung zu ließen, ist aber m. W. noch nichts bekannt. Die Beobachtungen aus älterer Zeit, die die autochthone Entstehung von Malariaepidemien an Bord beweisen sollten, sind unbrauchbar, weil es dabei weder feststeht, daß es sich überhaupt um Malaria gehandelt hat, noch welche Rolle Malariarezidive bei diesen Vorgängen gespielt haben. Übrigens können sich Anopheles an Bord von Seeschiffen unter günstigen Umständen in Kammern und andern windgeschützten, ruhigen Plätzen sehr lange lebend halten und auf weite Entfernungen verschleppt werden. Wie man an Land beobachtet hat, daß die Anopheles beim Fehlen von Tümpeln, Gräben und andern Wasseransammlungen auf dem Erdboden ihre Eier auch, wie die Culexarten, in Gefäße, Blumenvasen, Regentonnen, Dachrinnen legen, so kann dies wohl auch an Bord vorkommen. Auf Segelschiffen findet man häufig Mückenlarven in den an Deck stehenden Wasserfässern und Tanks, deren — übrigens meist nicht über faustgroße — Öffnung meist unbedeckt bleibt. Allerdings fehlen bisher Angaben darüber, ob unter den gefundenen Mückenlarven auch Anopheleslarven waren. Horniker hat bei einer an Bord der Ostasienschiffe sehr beliebten, water lily genannten Pflanze, die in mit Wasser gefüllten Gläsern gezogen wird, häufig unter den Blättern Anopheles und in dem Wasser, in das die Pflanze ihre Wurzeln streckte, auch Anopheleseier gefunden. Da sich jederzeit in Glasgefäßen im Laboratorium aus Eiern Larven und Puppen der Anophelesmücken großziehen lassen und es unter günstigen Umständen auch gelingt, die Insekten selbst in der Gefangenschaft zur Entwicklung zu bringen, so wird man die Möglichkeit nicht leugnen dürfen, daß auch an Bord Anopheles gelegentlich sich fortpflanzen und vermehren können.

Die Tatsache, daß die Malariaparasiten außerhalb des menschlichen Körpers in gewissen Anophelesarten sich weiter entwickeln und vervielfältigen und durch den Stich infizierter Anophelesmücken wieder auf Menschen übertragen werden, erklärt alle epidemiologischen Verhältnisse, die uns über das Auftreten und die Verbreitung der Malaria seit langem bekannt sind, in völlig befriedigender Weise. Es würde aber über den Rahmen der Aufgabe, die uns in diesen Vorlesungen gestellt ist, hinausgehen, wenn wir die Epidemiologie der Malaria auf dem Lande hier ausführlich erörtern wollten. Was die Malaria an Bord von Schiffen anlangt, so stammt die überwiegende Mehrzahl aller Fälle vom Lande, indem entweder die Kranken während ihrer Anwesenheit an Land durch Mückenstiche infiziert worden sind oder infizierte Moskitos, die vom Lande an Bord zugeflogen sind, die Übertragung besorgt haben. Das Letztere ist entschieden der bei weitem häufigste Fall, namentlich bei den Besatzungen der Handelsschiffe. Die Leute haben meist während des kurzen Aufenthalts der Schiffe in den überseeischen Häfen alle Hände voll zu tun und haben deshalb gar keine Zeit, viel an Land zu gehen. Tatsächlich machen auch die meisten malariakranken Seeleute die bestimmte Angabe, daß sie gar nicht an Land gewesen seien. Für die Bestimmung des Hafens, in dem die Infektion erfolgt ist, muß man berücksichtigen, daß die Inkubationszeit der Malaria in der Regel nicht unter zehn Tagen zu bemessen ist, oft aber noch länger dauert. Von den Kranken wird in der Regel der Hafen als Infektionsort beschuldigt, in dem der erste Fieberanfall ausgebrochen ist oder, wenn der Ausbruch in See erfolgte, der letzte vorher angelaufene Hafen oder solche Häfen, in denen die Leute Erkältungen, Durchnässungen oder anderen Strapazen ausgesetzt waren. Solche Gelegenheitsursachen rufen sehr häufig schon 24 Stunden später in einem schon infizierten Individuum den ersten deutlichen Fieberanfall oder ein Rezidiv vergessener, früherer Infektion hervor und prägen sich deshalb dem Gedächtnis des Kranken besonders ein.

VI. Kapitel.

Über Malaria — Klinik, Therapie, Prophylaxe, Schwarzwasserfieber —.

Im allgemeinen gelten plötzlich auftretende Fieberanfälle von kurzer Dauer und in kurzen regelmäßigen Pausen von 1—3 Tagen sich wiederholend als der charakteristische, klinische Ausdruck der Malariainfektion. Dies trifft für die allermeisten Fälle zu, darf aber nicht dazu verführen, daß man die Malariakranken für geheilt hält, sobald sie' keine Fieberanfälle mehr haben. In dieser Beziehung werden häufig verhängnisvolle Fehler begangen. Die Malaria ist ein Zustand von Infektion des Blutes, der auch ohne Fieber fortbestehen kann.

Der schädliche Einfluß der Malariaparasiten auf das Blut äußert sich zunächst direkt gegenüber den befallenen roten Blutkörperchen. Diese werden durch die Parasiten, die sie beherbergen, ausgesaugt und gehen mit dem Zerfall der Schizonten zugrunde (cf. o). Im gefärbten Präparat zeigt sich die Schädigung, die die befallenen Wirtszellen der Parasiten erfahren, im allgemeinen nur bei Tertianinfektion und bei den von Halbmonden befallenen Blutkörperchen und zwar darin, daß sie sich nur noch sehr blaß färben und wie gequollen aussehen. Im Romanowskypräparat weisen ferner bei Infektion mit Tertianaparasiten die befallenen Blutkörperchen eine charakteristische Tüpfelung mit feinsten roten Punkten auf. Gröbere und unregelmäßige rote Flecke sieht man als Ausdruck der Schädigung bei den Wirtszellen des Tropikaparasiten, wenn man dem Romanowskygemisch noch geringe Mengen von kohlensaurem Kalium zufügt (Maurer).*)

Die schädigende Wirkung der Malariainfektion auf das Blut beschränkt sich aber nicht auf die Elemente, die die Parasiten be-

---

*) Es sind dem Wasser, bevor man den Farbstoff zusetzt, 1—10 Tropfen $1\,^0/_{00}$ Kaliumkarbonatlösung (auf 10 ccm Wasser) hinzuzufügen.

herbergen, auch die übrigen Blutkörperchen, rote und weiße, werden teils in ihrer Beschaffenheit, teils in ihrer Anzahl, verändert. In schwereren Fällen treten Makro- und Mikrozyten und schließlich Normoblasten und selbst abnorm große, kernhaltige Megaloblasten auf. Ferner beobachtet man an einer gewissen großen Anzahl von Erythrozyten regelmäßig die Erscheinung der Metachromato- oder Polychromatophilie, d. h. die Neigung, sich in einem von der normalen Färbung abweichenden Ton mit den gebräuchlichen Färbemitteln zu färben und das Auftreten basophiler Körnung, d. h. feinster blauer Körnchen, die meist in sehr großer Anzahl gleichmäßig über die ganze Blutscheibe verteilt sind; mitunter finden sich auch gröbere Bröckchen zwischen diesen feinsten Granulis, in selteneren Fällen ausschließlich vereinzelte, gröbere Bröckchen ohne Granula. Diese basophile Körnung darf nicht mit der roten Tüpfelung der Tertianaparasiten bei Romanowskyfärbung verwechselt werden. Die basophilen Körnchen sind auch bei dieser Färbung blau und man findet sie überdies in der Regel nur in Blutscheiben, die keine Parasiten beherbergen. Das Auftreten polychromatophiler resp. metachromatischer Elemente, sowie die basophile Körnung sind keine spezifischen Begleiterscheinungen der Malaria, sie finden sich ebenso bei andern Anämien — regelmäßig z. B., was für Schiffsärzte wichtig ist, bei Bleivergiftung —. Solange man aber bei Malariapatienten solche Blutbefunde hat, ist dies, auch wenn man keine Parasiten im zirkulierenden Blute mehr findet, ein Zeichen dafür, daß die Infektion, entweder selbst noch fortdauert oder mindestens in ihrer Wirkung noch nicht vollständig behoben ist.

In den weißen Blutkörperchen findet man nur äußerst selten Parasiten oder Reste davon (Pigment). Es handelt sich dabei wohl immer um abgestorbene Parasiten resp. abgestorbene Blutkörperchen mit Parasiten, die von den Leukozyten aufgenommen werden. Diese Phagozytose spielt sich in umfangreicherem Maße wahrscheinlich nur in der Milz ab, in die Zirkulation gelangen nur selten Exemplare der dabei beteiligten Elemente. Dagegen kann man den Vorgang nicht selten im überlebenden Blut unter dem Deckglas beobachten.

Regelmäßig sind bei Malariakranken die großen, einkörnigen Leukozyten gegenüber den übrigen weißen Blutkörperchen mehr oder weniger stark vermehrt. Im normalen Blut entfallen ungefähr $70^0/_0$ aller Leukozyten auf die mit feinsten neutrophilen Granulis erfüllten polymorph- resp. mehrkernigen Leukozyten, $25^0/_0$ auf die Lymphozyten mit relativ großem Kern und sehr schmalem homogenen, basophilen Protoplasmaleib, $2-4^0/_0$ auf mehrkernige Elemente mit eosinophiler, grober Granulation und $2-4^0/_0$ auf große Leukozyten mit großem, z. T. mit einer Einbuchtung versehenem Kern und breitem, blassem Protoplasmasaum, in dem sich häufig vereinzelte neutrophile Stippchen zeigen. Diese großen, mononukleären Leukozyten sind bei der Malaria ganz regelmäßig bis mindestens über $10^0/_0$, oft bis $30^0/_0$, in Ausnahmefällen $50^0/_0$ der Gesamtzahl der weißen Blutkörperchen vermehrt. Diese Elemente sind so auffallend, daß ihre Vermehrung, sobald die Aufmerksamkeit darauf gerichtet ist, meist auch ohne ausdrückliches Auszählen der weißen Blutkörperchen im gefärbten Präparat ohne weiteres erkannt werden kann. Sie stellt sich anscheinend regelmäßig bei allen protozoischen Blutinfektionen ein und ist ein sehr wertvolles Hilfsmittel bei der Differentialdiagnose der Malaria für den Fall, daß man keine Parasiten im Blute findet (cf. u.). Endlich beobachtet man im Malariablut — in schwereren Fällen — auch mitunter Myelozyten — große einkernige Leukozyten mit dichter, reichlicher neutrophiler Granulation. So lange sie nur in spärlicher Menge zu finden sind, kommt ihnen eine besondere Bedeutung nicht zu. In Fällen allgemeiner und nicht bloß vorübergehender Vermehrung der weißen Blutkörperchen insgesamt ist das Auftreten von Myelozyten bekanntlich pathognomonisch für die myelogene Leukämie.

Eine Vermehrung der Gesamtzahl der Leukozyten wird bei Malaria nur selten beobachtet, sehr häufig findet sich das Gegenteil, Leukopenie — jedoch regelmäßig, wie schon oben hervorgehoben, mit relativer Vermehrung der großen mononukleären Leukozyten.

Die Anzahl der roten Blutkörperchen ist regelmäßig vermindert, sie kann entsprechend der Dauer und Schwere der Erkrankung bis zu außerordentlich geringen Werten sinken. Hand in Hand damit geht die durch die hämoglobinometrischen Methoden festzustellende Verminderung des Hämoglobingehaltes des Blutes. Zur Schätzung des Hämoglobingehaltes des Blutes eignet sich an Bord vorzüglich die einfache Tallquistsche Methode: Ein frisch austretender, großer Blutstropfen wird langsam mittelst Filtrierpapieres so aufgesaugt, daß das Blut das Papier vollständig durchtränkt. Unmittelbar nachdem der Blutfleck seinen feuchten Glanz verloren hat, wird er unter eine Farbenskala, deren einzelne Stufen einem um je $10^0/_0$ steigenden Hämoglobingehalt entsprechen, gehalten. Die Hämoglobinstufe, der die Farbe des Tropfens am meisten entspricht, gibt den Hämoglobingehalt des Blutes bis auf $10^0/_0$ genau an. Das Ablesen darf nur bei Tageslicht ausgeführt werden.

Hohe Grade von Anämie sind schon beim Austreten des Blutstropfens aus der Wunde daran erkennbar, daß das Blut ganz hellrot aussieht und sich sofort ein mehr oder weniger farbloser Saum um ein zentrales, rotes Pünktchen herum bildet. Auch beim Aufsaugen mit Fließpapier entsteht in solchen Fällen um eine zentrale, rote Stelle ein mehr oder weniger breiter ganz heller Hof. Die

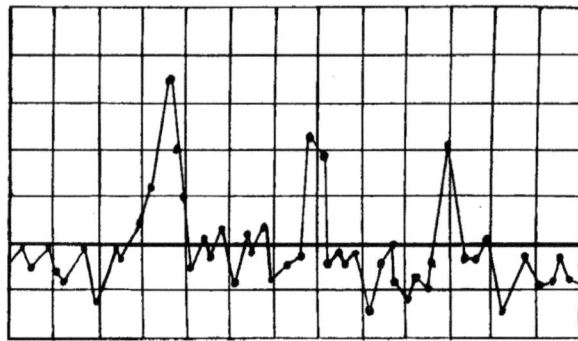

Fig. 24. Fieberkurve eines Falles von Quartana simplex.

Fiebererscheinungen bei Malaria stellen sich meist erst nach Ablauf von 10 Tagen, häufig noch später nach der Infektion ein. Die einzelnen Anfälle werden durch den gleichzeitigen Zerfall einer größeren Anzahl von Schizonten enthaltenden, roten Blutkörperchen ausgelöst. Im Schüttelfrost und Fieberanstieg findet man dementsprechend im Blutpräparat viele Teilungsformen, auf der Höhe des Fiebers meist nur junge Formen, später halberwachsene Parasiten und gegen den Beginn des neuen Anfalls wieder ältere, der Reifung und Teilung entgegengehende Formen. Man findet also Parasiten nicht bloß im Anfall, sondern auch in den fieberfreien Intervallen.

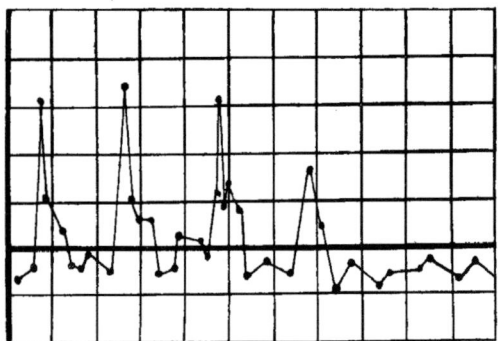

Fig. 25. Fieberkurve eines Falles von Tertiana simplex.

Die Kurve des Quartanfiebers setzt mit einem steilen, unter Schüttelfrost einhergehenden Temperaturanstieg ein, das Fieber hält sich aber nicht lange

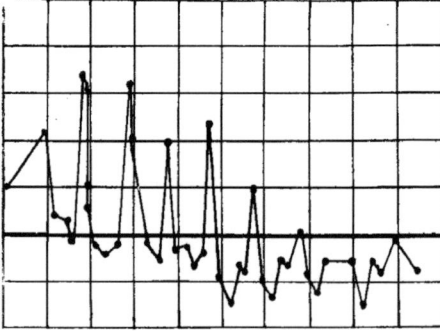

Fig. 26. Fieberkurve eines Falles von Tertiana duplex.

auf der oft bis 41° und mehr reichenden Höhe, sondern sinkt schon nach wenigen Stunden ebenso steil, wie sein Anstieg war, wieder zur Norm und oft bis zu subnormalen Temperaturen unter starkem Schweiße herab. Dann folgen zwei fieberfreie Tage, während welcher die jungen Quartanparasiten heranreifen. Am vierten Tage teilen sich die vollentwickelten Schizonten wieder. Dann setzt wieder Schüttelfrost und Fieber ein usw.

Ganz ähnlich ist der Fieberverlauf bei der Tertianinfektion. Auch hier sind die gleichzeitig mit der Teilung der Schizonten plötzlich unter Schüttelfrost ausbrechenden Fieberanfälle nur von kurzer Dauer. Die Reifung der jungen Parasiten erfordert aber nur zwei Tage, der nächste Anfall setzt schon am dritten Tage ein. Die Reifung der Parasiten kann sich sowohl bei Quartan- wie bei Tertianinfektion um einige Stunden verzögern oder beschleunigen, dann beobachten wir die Erscheinung des Post- und Anteponierens der Anfälle. Tägliche Anfälle (Quotidiantypus) beobachten wir bei Quartan- und Tertianinfektion dann, wenn nicht bloß eine, sondern mehrere Generationen von Parasiten im Blute kreisen.

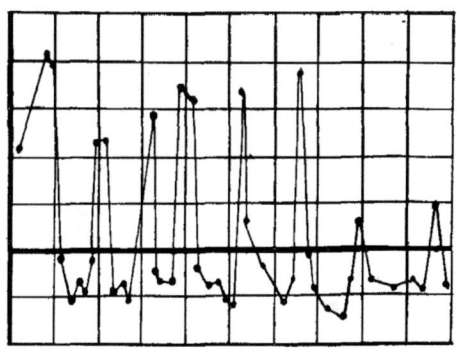

Fig. 27. Fieberkurve eines Falles von Quartana triplicata.

Im Gegensatz zu diesem einfachen Schema des Quartan- und Tertianfiebers ist der Verlauf des Fiebers, das der Tropikaparasit verursacht, ein äußerst mannigfaltiger. Man kann aber dabei trotz der Mannigfaltigkeit der Kurven immer leicht einen bestimmten, charakteristischen Fiebertypus herausfinden. Der Tropikaparasit braucht wie der Tertiaparasit zwei Tage zu seiner Reifung, dementsprechend beginnt jeden dritten Tag ein neuer Fieberanfall. Der Fieberanstieg ist aber meist weniger steil als beim Tertian- und Quartanfieber und vollzieht sich häufig ganz ohne Schüttelfrost. In den Tropen gibt es Patienten, die von dem Anstieg der Temperatur in einem solchen Anfall fast nichts, höchstens ein etwas vermehrtes Hitzegefühl verspüren. Erst das Thermometer zeigt den Anfall sicher an. Übrigens werden trotzdem dieselben hohen Temperaturgrade erreicht wie beim Quartan- und Tertianfieber. Der einzelne Anfall dauert bis zu 48 Stunden, mitunter noch länger. Während dieser Fieberzeit bleibt die Temperatur aber nicht ständig auf ein- und derselben Höhe, sondern macht — meist des Morgens

— eine mehr oder weniger starke Remission, manchmal auch mehrere Remissionen. Nicht selten ist der nach der ersten Remission wieder eintretende Anstieg höher als die erste Zacke des Anfalls, manchmal ist es umgekehrt. In einigen, allerdings seltenen Fällen dauert der Anfall so lange, daß der zweite schon wieder einsetzt, ehe die Temperatur ganz zur Norm herabgesunken. So entsteht eine äußerst vielgestaltige Kurve mit scheinbar ganz unregelmäßigen Remissionen und Intermissionen. Man wird aber bei näherem Zusehen immer nach je zwei aufeinanderfolgenden Fiebertagen eine deutliche Intermission, mindestens sehr starke Remission beobachten. Jede solche 24—48 stündige Fieberperiode bildet einen Anfall. Dem entspricht auch der Parasitenfund in den — allerdings recht seltenen — Fällen, in denen Teilungsformen in die peripheren Gefäße gelangen. In den meisten Fällen bleiben diese

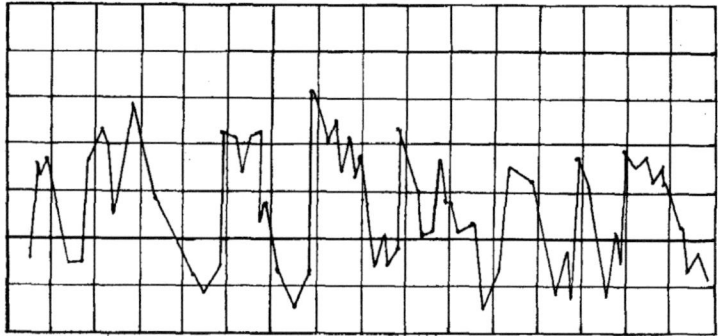

Fig. 28. Fieberkurve eines Falles von Tropikainfektion.

Entwickelungsformen in den Kapillaren der inneren Organe. Wo sie aber in die periphere Zirkulation ausgeschwemmt werden, trifft man sie in ganz regelmäßigen Zeitabständen im Fieberanstieg, der sich an eine Intermission nach 1—2 tägiger Fieberperiode anschließt. In den meisten Fällen findet man bei Tropikainfektion außer den Gameten (Halbmonde) nur kleine und große Ringe in den aus dem Hautgefäßen stammenden Blut. Oft gehen den ausgebildeten, langen Tropikaanfällen rudimentäre Fieberbewegungen von kürzerer, nur 6—8 stündiger Dauer und geringerer Höhe voraus.

Durch therapeutische Eingriffe wird die Kurve der Tropika sehr viel leichter beeinflußt, als die des Quartan- und Tertianfiebers. Schon infolge kleiner Chiningaben z. B. vertiefen sich die Remissionen im Anfall bis zur normalen Temperatur, dann entsteht eine scheinbare Quotidianakurve, die sich aber beim Aussetzen des Chinins wieder verändert. Übrigens ist es weder nötig noch ratsam, mit therapeutischen Eingriffen etwa bis zur charakteristischen Ausbildung der Kurve zu warten. Wohl aber muß man sich durch regelmäßige, mindestens alle 3—4 Stunden wiederholte Temperaturmessungen auch des Nachts über den tatsächlichen Fieberverlauf genau unterrichten, wenn man zuverlässige Kurvenbilder erhalten will. Freilich wird das in der Praxis häufig Schwierigkeiten verursachen.

Neben den Blutveränderungen und dem Fieber bildet die Milzschwellung ein konstantes Symptom der Malaria. Jedoch ist nur bei schon länger bestehender Infektion der freie Milzrand deutlich und hart zu fühlen, bei frischen Infektionen ist die Milz weich, ihre Vergrößerung palpatorisch oft nur durch vermehrtes Resistenzgefühl, Schmerzhaftigkeit und übrigens natürlich perkutorisch nachweisbar.

Von großer Bedeutung sind die Hirnsymptome bei Malaria. Bei Kindern sind während der Fieberanfälle Konvulsionen nicht selten und es ist wichtig, zu wissen, daß Krämpfe bei ganz kleinen Kindern oft das einzige, äußerlich auffallende Symptom einer Malariainfektion bilden. Von Laien und solchen Ärzten, die nicht mikroskopieren, werden solche Konvulsionen in den Tropen natürlich zunächst durch die Ursachen zu erklären versucht, die in unsern Breiten bei kleinen Kindern gewöhnlich Konvulsionen hervorrufen. Man leitet eine allgemeine diätetische und roborierende Therapie ein und ist verzweifelt, daß sie gar nichts hilft, sondern daß das Kind immer elender und blasser wird. Nur die mikroskopische Blutuntersuchung bringt in solchen Fällen Klarheit und Rettung. Bei Erwachsenen bestehen die Hirnsymptome während der Anfälle am häufigsten in sehr heftigen Kopfschmerzen, seltener in Delirien und Koma. Namentlich die komatösen Erscheinungen sind von ernstester Bedeutung. Man muß dabei sofort energisch mit Chinin und mit symptomatischen Mitteln vorgehen. Mitunter verbirgt sich in den Tropen ein schwerer Malariaanfall unter den cerebralen Erscheinungen eines Sonnenstiches und es ist interessant, daß P. Schmidt nachgewiesen hat, daß die physikalischen Eigenschaften des Gehirns Anämischer, also auch Malariakranker besonders zum Auslösen extremer lokaler Hitzewirkungen durch Sonnenbestrahlung disponiert sind. Häufig wird es sich demnach um Kombinationen von Sonnenstich und Malaria handeln und man sollte deshalb in allen Fällen von Sonnenstich in den Tropen eine mikroskopische Blutuntersuchung vornehmen, um in Fällen von Kombination von Malaria und schädlicher Sonnenwirkung außer der symptomatischen Behandlung auch sofort die spezifische Chinintherapie einleiten zu können.

In den fieberfreien Intervallen und als Nachkrankheit werden von Hirnsymptomen u. U. Melancholie, Apathie und auffallende Gedächtnisschwäche beobachtet. Diese Gedächtnisschwäche kommt anscheinend verhältnismäßig häufig in den schweren Fiebergegenden Westafrikas bei Weißen vor und hat dort zur Aufstellung eines besonderen Krankheitsbegriffs: des West Coast Memory geführt. Sehr merkwürdig sind auch Anfälle von Dämmerzuständen mit nachfolgender Amnesie, nach der Art der psychische Äquivalente bei Epilepsie, die bei Malariarekonvaleszenten beobachtet sind — u. a. auch schon mehrfach im Hamburger Institut —. Neuritische Symptome, die unzweifelhaft als Folgen der Malariainfektion angesprochen werden müßten, sind nach meiner Erfahrung äußerst selten.

Von Symptomen der Verdauungsorgane ist das häufigste heftiges und sehr quälendes Erbrechen während des Anfalles. Dysenterische Erscheinungen sind wohl immer als Komplikation mit Darmleiden, die von der Malaria unabhängig sind, aufzufassen. Als Malariakachexie werden sehr viele, chronische Zustände aufgefaßt, die gar nichts mit der Malaria zu tun haben. Besonders gilt das von solchen Krankheitsbildern, die durch Chinin nicht beeinflußt werden. Eine besondere Form tropischer Splenomegalie z. B., die anscheinend sehr weit verbreitet ist und gegen Chinin ganz refraktär sich erweist, ist erst vor ganz kurzer Zeit als durch einen besonderen Parasiten — die sog. Leishman-Donoranschen Körper (s. u.) bedingt — erkannt worden. Dasselbe gilt von der Trypanosomeninfektion. In Malariagegenden herrscht im allgemeinen die Neigung so ziemlich alles durch Malariainfektion zu erklären. Mir haben sich besonders häufig Fälle von Abdorminaltyphus (über die Differentialdiagnose vgl. d. Kap. über Typhus), dann aber auch Fälle von Blasenkatarrh, Gallensteinkolik, von Empyem, von fieberhafter, geschlossener Tuberkulose, von Septicaemie, Leberabszeß, Parametritis und noch manche andere mehr mit der ärztlichen Diagnose auf Malaria vorgestellt. Bei der echten Malariakachexie treten Milzschwellung und Anämie mit Ödemen, Herzschwäche, Herabsetzung der Sehleistung, Schwindel als Hauptsymptome in den Vordergrund. Immer findet man bei solchen Patienten Malariaparasiten im Blut, häufig allerdings erst nach langem Suchen und bei Anwendung des Ruge-Roßschen Verfahrens. Von einer besonderen Erscheinung chronischer Malariaschädigung, dem Schwarzwasserfieber soll noch weiter unten die Rede sein.

Die Therapie der Malaria besteht in der Darreichung von Chinin in gehöriger Menge und für genügend lange Zeit. Das Fieber kann man zwar u. U. schon durch einmalige, verhältnismäßig kleine Chiningaben, zu bestimmter Zeit gereicht, zum Verschwinden bringen. Damit ist aber der Kranke, wie schon oben hervorgehoben, nicht geheilt. Die Parasiten sind vielleicht in den Hautgefäßen nicht mehr zu finden, in den inneren Organen, namentlich in der Milz halten sie sich und fangen, nachdem das Chinin aus dem Körper ausgeschieden ist, wieder an, sich zu vermehren. Die Anämie und ihre Begleiterscheinungen dauern fort, schließlich kommt es zu Rezidiven, die um so schwerer zu bekämpfen sind, weil dann in vielen Fällen das Chinin in der wirksamen Dosis nicht mehr vertragen war (v. u. Schwarzwasserfieber).

Die Apotheken und Medizinkisten der deutschen Schiffe sind mit Chininchlorhydrat ausgerüstet. Dies ist auch im allgemeinen das beste der uns zur Verfügung stehenden Chininpräparate. Man hat sich viele Mühe gegeben, den bittern Geschmack und die Nebenwirkungen des Chinin durch Kombination der Chininbase mit Säuren wie Gerbsäure oder Bromwasserstoff oder durch Herstellung organischer Chininderivate zu beseitigen. Bisher ohne Erfolg. Wo die Nebenwirkungen, namentlich das Ohrensausen fehlen, handelt es sich entweder um Formen der Darreichung, resp. um Chininverbindungen, die unlöslich sind und ganz unresorbiert oder in ungenügender Menge resorbiert, den Darm wieder verlassen, oder man hat das Chinin soweit zersetzt, daß es nicht mehr wirksam ist. Wenn man therapeutische Chininwirkung erzielen will, muß man auch ein gewisses Maß von Nebenwirkungen mit in den Kauf nehmen. Das einzige, bisher bekannte organische Chininderivat, dem eine sichere therapeutische Wirkung gegen die Malaria zukommt, ist das Euchinin, es muß aber in Dosen genommen werden, die ein halbes Mal größer sein müssen als Chininchlorhydrat. Da machen sich aber, abgesehen davon, daß das Präparat geschmacklos ist, dieselben Nebenwirkungen wie beim Chinin selbst geltend. Außerdem ist das Präparat erheblich teurer als Chininchlorhydrat.

Man kann das Chinin per os, subkutan oder im Klysma verabreichen. In den allermeisten Fällen kommt man mit der Verabreichung per os zum Ziel. Patienten, die das Chinin erbrechen, läßt man das Mittel im Bette einnehmen. Wird es dennoch erbrochen, so gebe man, sobald der Magen sich beruhigt hat, dieselbe Dosis noch einmal. Meist wird es dann nicht wieder erbrochen. Nur in seltenen Fällen hartnäckigen Erbrechens muß man zur subkutanen Injektion seine Zuflucht nehmen.

Den schlechten Geschmack des Chinins erspart man den Patienten dadurch, daß man das Mittel in guten Oblaten oder als Tabletten, Kapseln oder Pillen einnehmen läßt. Bei den Pillen, Kapseln und Tabletten muß man sich aber auf jeden Fall davon überzeugen, daß sie sich in lauwarmem Wasser gut und schnell lösen resp. zerfallen. Es gibt viele Präparate, darunter auch solche von renommierten Fabriken, die stundenlang in Wasser, selbst in schwach saurem Wasser liegen können, ohne zu zerfallen. Von den deutschen Präparaten zerfallen die Zimmerschen Chininkapseln à 0,2 g und die Kadeschen Tabletten und Pillen sehr schnell und vollständig in Wasser, sofern sie nicht durch schlechte Aufbewahrung, z. B. mangelhaften Verschluß der Flaschen verdorben sind. Präparate, die nicht schon nach wenigen Minuten im Wasserglas Zerfallerscheinungen zeigen, passieren auch den Magen und Darm häufig ganz unverändert. Dasselbe gilt von dem Einnehmen von Chininpulvern in Cigarettenpapier. Häufig hört man diese Arten der Darreichung oder gewisse Präparate von Patienten besonders loben weil sie keine Nebenerscheinungen verursachen. In solchen Fällen ist immer der Verdacht begründet, daß die Sachen nicht resorbiert werden.

Bis vor kurzem waren wir auch im Hamburger Institut der Ansicht, daß man die Tagesdosis von 1 g Chinin möglichst auf einmal und zwar entweder im Fieberanfall oder mindestens bei Quartan- und Tertianinfektion zu bestimmter Zeit vor einem neuen Anfall geben müsse. Durch die Erfahrungen der Italiener angeregt, haben wir aber umfangreiche Versuche darüber angestellt, ob man nicht sowohl mit kleineren Einzeldosen, wie auch mit einer Tagesdosis, die kleiner als 1 g ist, ausreichende Heilerfolge erzielen könnte. Unsere Erfahrungen, die sich jetzt auf weit über 200 Fälle belaufen, haben ergeben, daß man zwar die Tagesdosis von 1 g für Erwachsene nicht verringern darf, daß man aber dieselben Heilerfolge hat, wenn man anstatt das Chinin in Höhe von 1 g auf einmal zu geben, diese Menge in kleineren Portionen über den ganzen Tag verteilt. Allzuklein darf die Einzelgabe freilich nicht werden. Am besten gibt man 1 g Chinin in 5 Dosen über den ganzen Tag verteilt. Diese Art der Darreichung hat den Vorteil, daß einmal die Nebenerscheinungen dabei sehr gering sind und daß ferner das Chinin in wirksamer Menge länger im Körper verbleibt, als wenn man 1 g auf einmal gibt. Im letzteren Fall ist das ganze Chinin nicht selten nach kurzer Zeit schon wieder vollständig ausgeschieden. Es kommt aber bei der Malariatherapie gerade darauf an, daß eine gewisse Menge Chinin genügend lange im Blute zirkuliert. Hieraus erklärten sich auch die häufigen Mißerfolge der einmaligen Chinindosen bei dem Versuch, den nächsten Anfall überhaupt nicht zum Ausbruch kommen zu lassen. Es kommt ja dabei darauf an, daß zu ganz bestimmter Zeit genügend Chinin im Körper vorhanden ist. Gibt man nun das Chinin etwas zu spät, so ist zu der Zeit, wo es nötig ist, noch nicht genug Chinin resorbiert. Gibt man es zu früh, so ist wieder zuviel davon ausgeschieden.

Durch die Verteilung der Chiningabe auf den ganzen Tag gelingt es allerdings auch nicht immer, den nächsten Anfall ganz fern zu halten, er verläuft aber immer schwach und kurz und hinterher bleibt der Patient in den allermeisten Fällen dauernd fieberfrei. Nur in sehr seltenen Fällen sahen wir noch einen dritten rudimentären Anfall dem zweiten folgen. Wir beginnen mit der Chinindarreichung sofort, nachdem die Diagnose gestellt ist, einerlei ob Fieber besteht oder nicht. Auch im Fieber werden in den meisten Fällen, geringe Mengen von Chinin aufgenommen, in der bald eintretenden Entfieberung wird jedenfalls die Chininresorption genügend. Sehr häufig werden so, wenn das Chinin nur weiter täglich gegeben wird, auch die schwer zu beeinflussenden Quartan- und Tertianfieber mit einem Anfall beendigt. Auf die Tageszeiten, in denen die fünf Chinindosen à 0,2 g gegeben werden, kommt es nicht so sehr an, man verteilt die Chinindarreichung am besten auf die Zeiten zwischen den Mahlzeiten.

Nun muß aber diese Chinintherapie zunächst mindestens acht Tage lang in der beschriebenen Weise fortgeführt werden, einerlei, ob das Fieber schon nach den ersten Dosen geschwunden ist oder nicht. Erst nach acht Tagen kann man eine erst am besten zunächst dreitägige Pause machen, dann kommen drei Chinintage, dann vier Tage Pause, dann drei Chinintage, dann fünf Tage Pause, dann drei Chinintage, dann sechs Tage Pause usw. Es ist zur Vermeidung von Rückfällen wichtig, die Chinindarreichung auch später noch immer drei Tage andauern zu lassen. Die Pausen sollten auf höchstens acht Tage ausgedehnt werden. Am besten gibt man den Patienten einen Kalender in die Hand, auf dem die Chinintage rot angestrichen sind. Die Chinindarreichung wird sechs bis acht Wochen fortgesetzt. Meist allerdings befolgen die Patienten diesen Rat nicht. Namentlich wird der Schiffsmann der nach der Wiedergewinnung seiner Arbeitsfähigkeit sofort auch wieder schwere körperliche Arbeiten tun muß, durch Chinin auch bei dieser vorsichtigen Medikation in seiner Arbeitsfähigkeit erheblich beeinträchtigt. Solchen Patienten gibt man das Chinin zweckmäßig ohne Rücksicht auf die Mahlzeiten immer nach Beendigung einer Wache, ehe sich die Leute schlafen legen. Dann verschlafen sie den ersten Chininrausch.

Kleinen Kindern kann man keine Oblaten, Kapseln, Tabletten oder Pillen geben. Sie müssen, wenn man nicht das fast geschmacklose Euchinin, das deshalb für Kinder in der Tat besonders zu empfehlen ist, zur Verfügung hat, den bittern Geschmack einer Lösung mit in den Kauf nehmen. Sie werden dann in der Regel durch die Aussicht auf eine Belohnung, Süßigkeit, Schokolade u. dgl.

willfährig gestimmt. Die Tagesdosis beträgt für Kinder je nach ihrem Alter 0,2—0,6 Chinin, bei Euchinin entsprechend mehr. Das Mittel wird auch von ganz kleinen Kindern überraschend gut vertragen.

Wenn man zu subkutanen Chinininjektionen seine Zuflucht nehmen muß, hat man sich klar zu machen, daß das Chinin, wenn es in konzentrierter Form gelöst eingespritzt wird, sich zunächst im Gewebe niederschlägt und dann erst langsam aufgesaugt wird. Hierbei kann es auch bei ganz aseptischem Vorgehen zu Gewebsläsionen, Ätzungen und Nekrosen kommen. Bei unsauberem Arbeiten entstehen besonders leicht Nekrosen und Abszesse, die sehr schmerzhaft sind und außerordentlich langsam heilen. Am besten geht der Schiffsarzt so vor, daß er das in seiner Apotheke befindliche, gewöhnliche salzsaure Chinin in der zu applizierenden Dosis (1 g) in einer größeren Menge steriler, warmer $0,9\%$iger Kochsalzlösung z. B. 10 ccm löst und diese Flüssigkeit noch lauwarm unter allen aseptischen Kautelen mittels einer sterilen Serumspritze unter die Haut bringt. Dabei hat man den Vorteil der schnelleren Resorption der verdünnten Flüssigkeit und vermeidet das Entstehen nekrotisierender, konzentrierter Chinindepots im subkutanen Gewebe. Neuerdings werden von Kade (Oranienapotheke Berlin) neue, besonders leicht lösliche Chininsalze steril in zugeschmolzenen Glasröhrchen in den Handel gebracht, die die zu einer Injektion nötige Chininmenge schon in 1 ccm enthalten. Sie werden von denen, die sie angewandt haben, besonders für die intramuskuläre Anwendung empfohlen (Chin. carbamidat. Chin. basicum).

Im Klysma wird man Chinin nur äußerst selten anwenden. Es empfiehlt sich vor dem Eingießen der warmen Chininkochsalzlösung ein Opiumsuppositorium zu applizieren. Während jeder Chininkur sollte man tunlichst die Resorption des Mittels durch tägliche Prüfung des Urins kontrollieren. Von den vielen Ersatzmitteln für Chinin, von denen neben den älteren immer wieder neue angepriesen werden, hat sich bis jetzt nur das Methylenblau bewährt. Es reicht aber in Bezug auf Schnelligkeit und Sicherheit der Wirkung nicht an das Chinin heran. Seine Anwendung kommt unter Umständen in den Fällen in Frage, in denen das Chinin absolut nicht vertragen wird (v. u. Schwarzwasserfieber). Die vor einigen Jahren von Billet so sehr warm empfohlenen, subkutanen Injektionen von Methylarsenat (Arrhenal) sind im akuten Malariaprozeß ganz wirkungslos. Arsen scheint überhaupt die Malariaparasiten nicht nachweisbar zu schädigen, dagegen befördert es wie bei den Anämien überhaupt, so auch bei Malaria die Blutneubildung. Man gibt es hierfür aber am besten in Form von arseniger Säure in Pillen oder in Lösung. Die organischen Arsenverbindungen wie Arrhenal werden zwar besser vertragen wie die arsenige Säure. Das Arsen wird aber aus diesen Verbindungen im Körper gar nicht oder in ganz ungenügender Menge abgespalten. Die Präparate werden vom Körper unzersetzt wieder ausgeschieden. Daher auch die Unschädlichkeit größerer Dosen.

Von einer ausführlichen Erörterung der symptomatischen Behandlung einzelner Malariaerscheinungen wie Erbrechen, chronischer Kopfschmerz, allgemeines Darniederliegen der Kräfte muß hier aus Mangel an Raum abgesehen werden. Neben der palliativen, symptomatischen Behandlung ist auch gegen diese einzelnen Malariasymptomen das beste Mittel eine gründliche Chininkur.

Ausführlicher muß aber bei der Erörterung der klinischen Symptome und der Therapie der Malaria eine besonders wichtige Komplikation dieser Krankheit, das Schwarzwasserfieber besprochen werden. Es ist das ein Symptomenkomplex, der bei Malaria glücklicherweise nicht sehr häufig auftritt, aber jedesmal von ernstester Bedeutung ist und durch seine auffallenden Erscheinungen das höchste Erschrecken beim Patienten selbst hervorruft. Der Name kommt von der Beschaffenheit des dabei entleerten Urins, der blutfarben ist und je nach der Menge des gelösten Farbstoffes vom Aussehen einer Kirschensuppe bis zum tiefsten Schwarzrot in seiner Farbe schwankt. Der Stoff, der dem Urin diese Farbe erteilt, ist beigemischtes Hämoglobin. Wir haben es mit einer Hämoglobinurie zu tun. Die körperlichen Elemente des Blutes fehlen dabei, höchstens finden wir ausgelaugte Schatten von Blutkörperchen, Hämoglobinschollen und spärliche Zylinder als Sediment. Fälle, in denen das blutige Aussehen des Urins durch Beimischung von roten, unausgelaugten Blutkörperchen bedingt wird, wo es sich also um Hämaturie, nicht um Hämoglobinurie handelt, kommen als Komplikation auch bei Malaria vor, sie beruhen auf Komplikationen wie hämorrhagische Nephritis, Bilharziainfektion oder Nieren- oder Blasenblutungen aus andern Ursachen und dgl. Sie haben aber nichts mit dem Schwarzwasserfieber zu tun. Der Nachweis des gelösten Hämoglobins im Urin wird spektroskopisch oder durch die Guajakprobe geführt. Man führt an Bord am besten das Guajakharz in ungelöstem Zustand mit, da sich die Guajaktinktur nicht lange hält. Man löst vor der Probe ein Stückchen Harz in Alkohol und fügt von der klaren Lösung soviel Tropfen zu 3—5 ccm Urin, bis der Urin stark getrübt wird. Hierauf gibt man etwas Terpentinöl hinzu und schüttelt, worauf bei Anwesenheit auch sehr geringer

Mengen Blutfarbstoff eine blaue Färbung — zunächst in den oberen Schichten — sich zeigt. Bläut sich der Urin schon beim Zusatz der alkoholischen Guajaklösung allein, so rührt dies von der Anwesenheit von Eiter her. Zur größeren Sicherheit empfiehlt es sich, auch eine Prüfung mit Guajaktinktur und Terpentinöl allein ohne Urin anzustellen. Diese Mischung darf sich nicht bläuen.

Die Ausscheidung von Hämoglobin mit dem Urin ist eine Folge so massenhaften Zerfalles roter Blutkörperchen, daß die Leber das ihr in großen Mengen zugeführte Hämoglobin nicht mehr verarbeiten kann. Der unverarbeitete Rest des Hämoglobins wird durch die Nieren ausgeschieden. Mit jedem Anfall von Hämoglobinurin geht daher Hand in Hand eine Abnahme der roten Blutkörperchen und des Hämoglobingehaltes, oft bis zu extrem niedrigen Zahlen mit ihren Folgen, ferner erhöhte Leberfunktion, die sich durch Leberschwellung und vermehrte Gallenbildung und infolgedessen Gallenstauung (Ikterus) kennzeichnet, akute Milzschwellung und mehr oder weniger hohe, steilansteigende, meist mit Schüttelfrost einsetzende Temperatursteigerung. Der ganze Vorgang tritt immer anfallweise plötzlich auf.

Wir können drei Formen von Schwarzwasserfieber unterscheiden:

1. Die leichte Form. Unter geringem, oft kaum angedeutetem Unbehagen, leichtem Frösteln wird kirschsuppenfarbener, hämoglobinhaltiger Urin ein oder mehrere Male am Tage entleert. Die Urinmenge ist nicht vermindert. Nach dem Anfall geringer Ikterus. Gute Prognose.

2. Die mittlere Form — heftiger Schüttelfrost, Erbrechen, akute, schmerzhafte Leber- und Milzschwellung, hohes Fieber, dunkler schwarzroter Urin, Ikterus. Keine deutliche Verminderung der Urinmenge. Geringer Verfall der Kräfte. Gute Prognose bei richtiger Behandlung.

3. Die schwere Form — heftigster Schüttelfrost, Erbrechen, rapider Verfall, Herzschwäche, Ausbildung extremer Grade von Anämie, mehr oder weniger starker Ikterus. Entleerung geringer Mengen schwarzen, dicken Urins bis zur vollständigen Anurie. Schlechte Prognose.

Der einzelne akute Anfall dauert bei jeder Form nur wenige Tage. Zuweilen haben wir auch ohne, daß von neuem Chinin gegeben wurde, nach Remissionen bis zu einem halben Tag von neuem Hämoglobinurie auftreten sehen. Längere Zeit erfordert es aber, bis die Folgen: Anämie, Herzschwäche und die Störung der Nierenfunktion überwunden sind. In den schweren, mit starker Verminderung der

Urinmenge oder Anurie verbundenen Fällen sind die Harnkanälchen mit Hämoglobinschollen und zugrunde gegangenen Epithelien überall verstopft. Dieser Vorgang ist irreparabel. Je auffallender und andauernder daher die Verminderung der Urinmenge, desto schlechter die Prognose. Die Ätiologie und Pathogenese dieser tropischen Hämoglobinurie ist noch nicht genügend geklärt. Namhafte englische und französische Forscher halten die Krankheit immer noch für eine Infektionskrankheit für sich oder für eine besondere Abart von Malaria. Beweise hierfür konnten aber bisher nicht beigebracht werden. Eins steht fest. Alle Schwarzwasserfieberkranken haben vorher mehr oder weniger lange, meist längere Zeit an Malaria gelitten. Deshalb finden sich auch grade unter den Malariakranken, die aus den Tropen zurückkehrend, Patienten des Schiffsarztes werden, verhältnismäßig viele Schwarzwasserfieberkranke. Die Art der Infektion, ob mit Quartan-, Tertian- oder Tropikaparasiten scheint dabei gleichgültig zu sein. Unter uns noch unbekannten Umständen kann sich aus jeder dieser drei Arten von Infektion die Disposition zu Schwarzwasserfieber entwickeln. Diese Disposition bleibt so lange latent, bis durch eine bestimmte Veranlassung die Auslösung des Schwarzwasseranfalles selbst erfolgt. Diese Veranlassung ist fast immer ein medikamentöser Eingriff, in den meisten Fällen die Einführung von Chinin. Dabei ist es gleichgültig, ob das Chinin per os oder subkutan verabfolgt wird, ferner ob es sich um salzsaures oder schwefelsaures Chinin oder ein anderes Chininsalz oder ein Chininderivat handelt. Auch Euchinin z. B. verursacht bei Disponierten Schwarzwasserfieberanfälle. Ferner sind Schwarzwasserfieberanfälle nach Salipyrin, Phenacetin u. ähnl. Antipyreticis, ferner auch nach Methylenblau bei disponierten Malariakranken beobachtet worden. An die Fieberanfälle bei Malaria ist das Auftreten von Schwarzwasserfieber nicht gebunden, ebensowenig etwa an die Anwesenheit besonders reichlicher Mengen von Parasiten im peripheren Blut. Meist sind sogar Parasiten in den Präparaten nur ganz vereinzelt bei sehr sorgfältigem Suchen zu finden, mitunter fehlen sie gerade im Schwarzwasserfieberanfall ganz und lassen sich erst nachher wieder finden. Auch Gelegenheitsursachen, wie körperliche Anstrengungen u. dgl. spielen bei dem Auslösen des hämoglobinurischen Anfalles eine ganz untergeordnete Rolle. So lange die Disposition besteht, kann man die Hämoglobinurie mit der Sicherheit eines Experimentes jedesmal durch Verabreichen von Chinin in bestimmter, bei jedem Patienten aber verschiedener Dosis hervorrufen. Dabei ist es dann auch gleichgültig, ob das Chinin grade während eines Malariaanfalles oder in der fieberfreien Zeit genommen wird. Um die Disposition festzustellen, haben wir leider bis jetzt kein anderes Mittel als eben die Darreichung von Chinin und die Angaben des Patienten über frühere Schwarzwasserfieberanfälle. Weder die Blutuntersuchung, noch irgendwelche andere Befunde weisen uns darauf hin. Wir müssen an die Möglichkeit des Auftretens von Schwarzwasserfieber mindestens bei jeden Malariakranken denken, der längere Zeit schon an der Infektion leidet. Warum sich die Disposition nicht bei allen, längere Zeit Infizierten, sondern nur bei einer Minderzahl und warum sie sich in gewissen Tropengegenden viel öfter ausbildet als in unsern Breiten, das wissen wir noch nicht. Auch das für längere Zeit fortgesetzte Einnehmen von Chinin hat nur indirekt mit dem Zustandekommen der Disposition etwas zu tun; ungenügende Chinindosen heilen die Malaria nicht, sondern lassen die einzelnen Fieberanfälle nur seltener werden und milder verlaufen. Inzwischen aber besteht die Malariainfektion fort und so kann sich allerdings gerade durch den längeren Gebrauch von Chinin in ungenügenden Mengen eine Disposition zu Schwarzwasserfieber entwickeln.

Die Therapie des Schwarzwasserfiebers hat zwei Aufgaben. Einmal die Behandlung des einzelnen Anfalles von Hämoglobinurie und dann die Tilgung der Disposition.

Zunächst wird es sich auch fernerhin, obwohl nun schon viele Hunderte von Fällen mit positivem Ergebnis vorliegen, empfehlen, festzustellen, ob der Anfall von Hämoglobinurie durch Chinin oder ein anderes Medikament wirklich ausgelöst worden ist. In jedem Falle muß man dann dafür sorgen, das weiteres Chinin in irgendwelcher Form nicht mehr genommen wird. Im übrigen stehen uns zur Behandlung des Anfalles bisher nur symptomatische Mittel zur Verfügung. Die leichteren Anfälle heilen meist von selbst, in den schwereren Fällen gilt es hauptsächlich der Herzschwäche und der Anurie wirksam zu begegnen. Gegen das oft lange andauernde, die Patienten sehr quälende und schwächende Erbrechen helfen Ruhelage, Eis, Umschläge, Narkotika. Oft sind ein paar Tropfen Jodtinktur in einem Glase Wasser genommen von gutem Erfolg. Gegen die Herzschwäche sind die üblichen Excitantien, bei extremen Graden von Anämie und Herzschwäche subkutane Infusion größerer Mengen von $0,9\%$iger Kochsalzlösung indiziert. Die Anurie bekämpfe man durch Verabreichung von viel Getränk, Sekt, Milch, kohlensaurem Wasser u. dgl. Bei umfangreicherer Verstopfung der Harnkanälchen sind alle Mittel vergebens.

Sehr schwierig wird die Behandlung, wenn sich der Schwarzwasserfieberanfall mit einem richtigen Malariaanfall kombiniert. Man muß dann, da man mit Chinin nicht vorgehen darf, entweder

Methylenblau verabreichen oder schleunigst in der gleich zu beschreibenden Weise die Tilgung der Disposition versuchen. Man verabreicht das Methylenblau am besten in Kapseln zu 0,1 g, 10 mal täglich. Zur Verhinderung der bei Methylenblau nicht seltenen Strangurie gebe man je eine Messerspitze Muskatnuß hinzu. Diese Therapie muß mehrere Tage lang fortgesetzt werden, ehe das Fieber und die Malariaanfälle verschwinden. Die weitere Behandlung der Malaria ist bis nach der Tilgung der Disposition zu Schwarzwasserfieber zu verschieben. Es ist vielleicht überflüssig zu erwähnen, daß man selbstverständlich nur Methylenblau medicinale, nicht etwa das giftige, chlorzinkhaltige Methylenblau verwenden darf. Treten, wie dies in seltenen Fällen beobachtet ist, im Verlaufe der Methylenblauverabreichung Icterus, Erbrechen, akute, schmerzhafte Leber- und Milzschwellung auf und geht das Fieber nicht zurück, so ist genügender Verdacht vorhanden, daß sich auch beim Gebrauch von Methylenblau Hämoglobinurie eingestellt hat. Der dunkelblaue Urin erweist sich dann als stark eiweißhaltig und läßt man ihn in einem hohen Gefäß stehen, so bleibt nur die oberste Schicht blaugefärbt, während die untere Partie nach einigen Stunden, je nach der Menge des im Urin ausgeschiedenen Hämoglobins, hellrot oder dunkelschwarzrot geworden ist.

Die Tilgung der Disposition zu Schwarzwasserfieber erfolgt durch vorsichtige Gewöhnung an immer höhere Dosen von Chinin, bis der Patient die übliche Tagesdosis von 1 g Chinin vertragen kann. Jeder Schwarzwasserfieberkandidat hat seine Schwellendosis, bei der ein Schwarzwasserfieberanfall eintritt. Chiningaben, die unter der Schwellendosis bleiben, rufen keine Blutdissolutionserscheinungen hervor. Diese Schwellendosis schwankt aber ganz individuell von 1 g Chinin bis hinunter zu Werten von einigen Zentigramm. Dabei ist es wichtig, zu wissen, daß bei den Schwellenwerten oft nicht der ganze Symptomenkomplex eines wenn auch leichten Schwarzwasserfieberanfalles aufzutreten braucht, sondern daß einzelne Erscheinungen fehlen können. Das ganze Krankheitsbild beruht ja auf einer durch Chinin ausgelösten Blutdissolution, bei der die Schwere der Symptome von der Größe des Blutkörperchenzerfalls und insbesondere die Intensität der Hämoglobinurie von der von der Leber nicht verarbeiteten Menge von Hämoglobin abhängt. In ganz leichten Fällen beobachten wir dementsprechend gar keine Hämoglobinurie, sondern vielleicht nur dunklere Färbung des Urins und Eiweißausscheidung. Auch diese Erscheinungen können fehlen und die geringe Blutdissolution deutet sich nur durch Fieber, Ikterus und akute Leber- und Milzschwellung an. Steigert man aber bei solchen Patienten die Chinindosis zu rasch, so erlebt man regelmäßig ausgebildete Schwarzwasserfieberanfälle. Zu den unausgebildeten Schwarzwasserfiebern gehören ferner auch die seltenen Fälle von paradoxem Chininfieber, d. h. die Fälle, in denen Chinin Fieber hervorruft; jedenfalls waren die im Hamburger Institut beobachteten derartigen Fälle hierauf zurückzuführen. Man beginnt nun zweckmäßig bei der Tilgung der Disposition mit einer Dosis von Chinin in Höhe von 0,1 g. Diese geringe Menge von Chinin bleibt in den meisten Fällen unter der Schwellendosis. Wo sie aber auch durch 0,1 g Chinin überschritten wird, sind die Erscheinungen in den allermeisten Fällen leichter Natur. Man beginne dann mit 0,01 Chinin pro Tag und steigere in einer Weise weiter, die sinngemäß der gleich zu beschreibenden Methode der Chiningewöhnung bei einer Anfangsdosis von 0,1 g entspricht. Die Patienten müssen während der ganzen Kur im Bett bleiben.

Wird 0,1 Chinin vertragen, ohne daß Temperaturerhöhung, Eiweiß oder Hämoglobin im Urin oder Ikterus auftreten, so pausiere man einen Tag und gebe am dritten Tag 0,2 Chinin. Dann folgt wieder ein Tag Pause, dann gebe man 0,3 Chinin, und so steigere man, wenn sich keine der oben erwähnten Erscheinungen von Blutdissolution zeigen, die tägliche Chinindosis allmählich bis zu 1 g. Die Pausen zwischen den einzelnen Chinintagen empfehlen sich zur Vermeidung der Kumulation von Chinin im Körper. Stellen sich im Verlaufe der Chiningewöhnungskur Erscheinungen von Fieber, Albuminurie, Ikterus oder gar ein ausgebildeter Hämoglobinurieanfall ein, so muß man die Schwellendosis mit noch kleineren Chinindosen zu überschreiten suchen. Man steigere also die unter der Schwellendosis zunächst liegende, aber noch als unschädlich erkannte Chinindosis nicht gleich um 0,1 g, sondern nur um 0,05 oder 0,02 oder 0,01 g Chinin, oder man wiederhole ein und dieselbe Schwellendosis, falls sie nur ganz leichte Erscheinungen hervorgerufen hat, an den folgenden Tagen noch ein- oder zweimal, bis sie ganz reaktionslos vertragen wird und steigere dann erst langsam und vorsichtig weiter. Das ganze Verfahren ähnelt also dem bei einer vorsichtigen Tuberkulinbehandlung üblichen, und es gelingt auf diese Weise wohl in den allermeisten Fällen die Toleranz bis zu Grammdosen zu steigern. Natürlich muß man sich, um Täuschungen zu vermeiden, auch davon überzeugen, daß das verabreichte Chinin resorbiert ist und im Urin wiedererscheint. Kann der Patient Dosen von 1 g Chinin vertragen, so schließe man am besten an die Chiningewöhnungskur noch eine gründliche Malariakur in der früher beschriebenen Weise an.

Für die Prophylaxe der Malaria kommen an Bord von

Schiffen hauptsächlich Maßregeln, die Schutz vor Mückenstichen gewähren und die prophylaktische Verabreichung von Chinin in Betracht.

Bei der Wahl ihrer Liegestelle können Handelsschiffe nur ausnahmsweise noch gesundheitliche Rücksichten nehmen. Sie müssen im Interesse des schnellen und sicheren Löschens und Ladens so nahe wie möglich auch an mücken- und malariareiche Ufer herangehen und können sich die malariagefährlichen Anopholesmücken nur durch Moskitoschutznetze fernhalten. Hauptsächlich kommt es auf den moskitosicheren Abschluß der Wohn- und Schlafräume und den direkten Schutz der Kojen, Hängematten und sonstigen Schlafstellen durch Netze an. Im allgemeinen sind Fenster und Türen leicht zu schützen, ebenso Hängematten und Kojen, sowohl in den Kammern als beim Schlafen an Deck. Das Moskitonetz muß dabei unter die Bettmatratze eingestopft werden, damit die Mücken nicht von unten her eindringen können. Damit das Einstopfen lückenlos ausgeführt werden kann, ist das Netz an dem Gestell, an dem es aufgehängt wird, nicht von außen herum, sondern von innen aufzuhängen, so daß die Stützen außerhalb des Netzes bleiben. Die Gestelle für die provisorischen Schlafstellen an Deck sind zum Zusammenklappen einzurichten. Während des Tages müssen die Netze zusammengerollt sein. Nach dem Zubettgehen muß man nachsehen, daß das Netz überall ordentlich geschlossen ist und sich keine Moskitos etwa darin schon aufhalten. Am besten leuchtet man das Netz mit einer kleinen, sogenannten Swataulampe von innen ab. Die Moskitos fliegen in das Licht der Lampe und verbrennen. In den Kammern ist es in der Regel in den Tropen unter einem Moskitonetz vor Hitze nicht auszuhalten. Gegen das Schlafen an Deck unter einem Moskitonetz bestehen keine Bedenken, wenn der nächtliche Taufall nicht zu groß ist — über Deck gespannte Sonnensegel schützen meist wirksam vor allzugroßer Feuchtigkeit — und wenn man sich durch Decken genügend vor Erkältung schützt. In See braucht man keine Moskitonetze. Gegen die etwa an Bord verbliebenen Mücken können mit Erfolg Ausräucherungen mit Schwefel angewandt werden.

Unter das Moskitonetz kriecht man im allgemeinen nur zum Schlafen. In den Abendstunden wird es meist unmöglich sein, Besatzung und Passagiere zu veranlassen, sich in Moskitonetze, die die so erfrischende abendliche Abkühlung ganz erheblich beeinträchtigen, einzuschließen. Für die dienstlich auch während des Abends und in der Nacht in Anspruch genommenen Leute ist es überhaupt ausgeschlossen. Ein sicherer Malariaschutz ist deshalb durch Moskitonetze an Bord, wie übrigens auch an Land nicht zu erreichen. Mit der prophylaktischen Darreichung von Chinin hat man auf Kriegsschiffen sehr gute Ergebnisse erzielt. Tagesdosen, die unter einem Gramm bleiben, scheinen jedoch in den Tropen nicht wirksam zu sein. Man muß 1 g Chinin verabfolgen, kann es aber, wie bei der Therapie, in kleinen Dosen über den ganzen Tag verteilen. Das hat aber wieder große Unbequemlichkeiten für die Kontrolle darüber, ob die Leute das Mittel auch genommen haben. Hier muß man also individualisieren. Der Gebrauch von Chinin vor dem Anlaufen des ersten Malariahafens ist zwecklos. Man beginne aber gleich nach dem Anlaufen und lasse gleich während der ersten drei Tage je 1 g Chinin nehmen. Dann können 7—8 Tage Pause folgen. Dann kommen wieder drei Chinintage, dann 7—8 Tage Pause usw., bis 4—5 Wochen nach dem Verlassen des letzten Malariahafens verstrichen sind. Erfolge sind auch bei nur zweitägigem Chiningebrauch — jeden neunten und zehnten Tag je 1 g Chinin — erzielt worden, sicherer sind aber drei Chinintage. Auf Kriegsschiffen kann diese Art der Prophylaxe befohlen werden, auf deutschen Handelsschiffen ist das wohl ausgeschlossen. Man muß hier versuchen, sein Ziel durch Aufklärung und Belehrung zu erreichen. Indessen stößt man regelmäßig auch bei anfangs willigen Leuten, je länger die Prophylaxe dauert, auf immer größeren und auch nicht unberechtigten Widerstand gegen das Chininnehmen. Bei der knappen Besatzung der Handelsschiffe können die Leute nämlich während der Chinintage nicht wie auf Kriegsschiffen geschont werden, sondern müssen ebenso hart wie sonst arbeiten. Die Leute sind aber entschieden in ihrer körperlichen Arbeitsfähigkeit an den Chinintagen ganz erheblich beeinträchtigt, namentlich die Heizer leiden an Zittern, Schwächeanwandlungen und anderen recht störenden Erscheinungen. Zum Teil kann man diese unwillkommenen Wirkungen dadurch vermeiden, daß man das Chinin immer erst am Ende der Wache nehmen läßt, so daß die Leute die erste Chininwirkung verschlafen. Im allgemeinen aber hat sich gezeigt, daß es für den Schiffsarzt recht schwierig, ja unmöglich ist, auf Handelsschiffen eine allgemeine, wirksame Chininprophylaxe für längere Zeit durchzuführen. Man muß sich dann damit begnügen, daß man wenigstens die Erkrankten sofort in Behandlung bekommt und möglichst lange in Behandlung behält. Deshalb möge zum Schluß noch einmal die Wichtigkeit einer prompten Malariadiagnose hervorgehoben werden. Ausschlaggebend ist dabei nicht die — oft trügerische — Fieberkurve, sondern die Blutuntersuchung. Man sollte auf Reisen an und von Malariaküsten in allen fieberhaften Fällen eine Blutuntersuchung vornehmen. Wenn man kein Mikroskop an Bord hat, sollte man auf solchen Reisen mindestens überall, wo nicht alles auf eine andere Krankheit als Malaria hinweist, Chinin geben und sich nach dem alten Rat Treilles richten, daß man mit großer Sicherheit darauf rechnen kann, daß eine Krankheit, in der nach fünftägiger Verabfolgung von täglich 1 g Chinin kein definitiver Fieberabfall eingetreten ist, nicht Malaria ist.

VII. Kapitel.

Über Dysenterie, Leberabszeß, Sprue.

Die Dysenterie gehörte zur Zeit der ausschließlichen Segelschifffahrt und noch bis in die ersten Jahrzehnte der Dampfschiffahrt hinein zu den an Bord der Kriegs- und der Passagierschiffe besonders häufigen Krankheiten. Die prädisponierende Ursache bildete in See die unzweckmäßige Verpflegung mit fast ausschließlich schwerer, schlecht verdaulicher, z. T. verdorbener Kost (Hülsenfrüchte, Pökelfleisch usw.), die zu Verstopfung und Kotstauung führte, im Hafen der ungezügelte Genuß von Früchten, schlechten Limonaden und zweifelhaften, gegorenen Getränken und andere, Darmstörungen begünstigende Diätfehler. Die Überfüllung der unventilierten und unbelichteten Schiffsräume mit Menschen, die allgemeine Unsauberkeit und die schrecklichen Abortverhältnisse begünstigten dann in hohem Maße die Weiterentwicklung der Krankheit durch direkten Kontakt von den ersten, vereinzelten Fällen aus; auch das Trinkwasser an Bord wird häufig genug die Infektionsquelle abgegeben haben. Das alles ist jetzt sehr viel besser geworden. Wenn wir von den dem mohammedanischen Pilgerverkehr dienenden Schiffen, den Kulitransporten und anderen Massentransporten farbiger Arbeiter über See absehen, kommt die Dysenterie nur noch ausnahmsweise epidemisch auf Kriegsschiffen wie auf Handelsschiffen vor. Sporadische Fälle sind jedoch an Bord noch immer recht häufig zu beobachten; namentlich unter den aus den Tropen zurückkehrenden Passagieren wird der Schiffsarzt fast immer Patienten finden, die wegen dysenterischer Erkrankungen in der Heimat Heilung suchen und seinen Rat während der Heimreise in Anspruch nehmen. Häufig handelt es sich dabei um desolate, komplizierte Fälle, die auch bei größter Sorgfalt nicht mehr durchzubringen sind; häufiger noch sind diese Dysenteriekranken aber dankbare Objekte therapeutischer Maß-

VII. Kapitel. Über Dysenterie, Leberabszeß, Sprue.

nahmen an Bord, wenn auch die definitive Heilung meist erst geraume Zeit nach der Rückkehr in die Heimat zu erwarten ist.

Wir nennen gemeinhin alle Darmerkrankungen dysenterisch, bei denen die Entleerungen ganz oder überwiegend aus blutigschleimigen Massen bestehen und unter schmerzhaften Reizerscheinungen im After (Tenesmus, Stuhlzwang) vor sich gehen. Die Zahl der Entleerungen ist dabei meist sehr groß, die Menge der jedesmal zutage geförderten Massen sehr gering.

Nicht immer haben diese dysenterischen Darmerscheinungen die Bedeutung einer selbständigen Krankheit, häufig handelt es sich dabei um Komplikationen anderer Krankheiten. Es ist deshalb für den Schiffsarzt immer ratsam, namentlich in Fällen sporadischer Erkrankung, die sich nicht unter seinen Augen an Bord entwickelt haben, sondern schon krank sich einschifften, eine genaue Anamnese aufzunehmen, alle Nebenumstände zu erwägen und sorgfältig den ganzen Kranken zu untersuchen, ehe er die nicht bloß für den Patienten, sondern für das ganze Schiff bedeutungsvolle Diagnose Dysenterie stellt. Die Verhältnisse, unter denen sich gewisse Erkrankungen mit ruhrartigen Erscheinungen komplizieren und die Differentialdiagnose zwischen solchen Fällen und echten Ruhrerkrankungen können hier nicht sämtlich ausführlich erörtert werden. Nur einige wichtigere Umstände seien kurz ins Gedächtnis zurückgerufen. Bekanntlich verläuft schwere Nephritis (Urämie) nicht selten mit dysenterischen Erscheinungen. In solchen Fällen wird die Anamnese, die genaue Untersuchung des Kranken und die Urinuntersuchung im allgemeinen leicht Klarheit bringen. Wo tuberkulöse Darmgeschwüre dysenterische Symptome verursachen, wird die Anamnese, die Untersuchung des Kranken und seiner Ausscheidungen, die Feststellung von Tuberkelbazillen im Lungenauswurf und ev. in den Darmentleerungen auf die richtige Diagnose hinleiten. Bei anderen chronischen Erkrankungen mit dysenterischem Charakter handelt es sich vielleicht um alte Lues mit Darmstrikturen und ulcerativen Prozessen, die zur Schleim- und Blutentleerung führen. Gerade solche Fälle sind bei Seeleuten nicht so ganz selten. Ebenso beobachtet man gerade bei Seeleuten häufig hohe Grade einfacher Kotstauung, die u. U. auch dysenterische Symptome machen, aber in der Regel sehr bald nach gründlicher Entleerung des Darmes den dysenterischen Charakter verlieren. Ferner sei an Vergiftungen, namentlich Quecksilberintoxikationen, als Ursache dysenterischer Erscheinungen erinnert. Vieles spricht dafür, daß es in den Tropen leichter zu merkuriellen Intoxikationserscheinungen im allgemeinen, wie im besonderen zu solchen mit dysenterischem Charakter kommt als bei uns. An Bord spielen dabei u. U. verdorbene Kalomelpräparate, in denen das Quecksilberchlorür sich in Sublimat verwandelt hat, auch eine Rolle. Endlich denke man an Bilharziainfektion (s. Kap. IX). Hier findet man in den Entleerungen massenhaft Bilharziaeier.

Aber auch dann, wenn den dysenterischen Symptomen der Charakter einer selbständigen Erkrankung nicht abzusprechen ist, haben wir es nicht bloß mit einer Krankheit zu tun. Schon von jeher hat man zwischen epidemischer, endemischer und sporadischer Ruhr unterschieden. Heute trennen wir die verschiedenen Formen der Dysenterie sicherer nach ihrer Ätiologie.

Die Ruhr als Schiffskrankheit der älteren Zeit glich der epidemischen Ruhr der Kriege und Belagerungen, der Kasernen und Gefängnisse. In den letzten Jahren ist diese Form der Dysenterie bekanntlich in Deutschland, wo sie schon zur Bedeutungslosigkeit herabgesunken zu sein schien, wieder in größerer Verbreitung aufgetreten, namentlich in den rheinisch-westfälischen Industriegegenden. Es gelang im Jahre 1900 Kruse, als Erreger der in diesen Ruhrgebieten auftretenden Epidemie einen Bazillus nachzuweisen und damit die Befunde zu bestätigen und zur vollen Geltung zu bringen, die Shiga einige Zeit vorher an 34 Fällen von Ruhr in Japan gemacht hatte. In den schleimigen und blutigen Stühlen finden sich bei dieser Form der Ruhr nahezu Reinkulturen eines Bakterium, das eine gewisse Ähnlichkeit mit Typhusbazillen hat, indessen schon mikroskopisch durch seine Unbeweglichkeit und das Fehlen von Geißeln davon unterschieden werden kann. In Reinkulturen verhält sich dieser Bazillus auf den zur Identifizierung von Typhusbazillen gebräuchlichen Nährböden den Typhusbazillen sehr ähnlich, er wird aber durch Typhusserum nicht agglutiniert, ebensowenig agglutiniert umgekehrt das Serum Dysenteriekranker Typhusbazillen. Dagegen übt es diese Wirkung auf die Kruse-Shigaschen Bazillen aus. Das Serum gesunder Menschen und anderer Kranker verhält sich indifferent. Außer in den Entleerungen des Kranken findet sich der Kruse-Shigasche Bazillus in den erkrankten Stellen der Darmwand und in den Mesenterialdrüsen. Machten schon alle diese Beobachtungen die ursächliche Bedeutung des Kruse-Shiga-Bazillus für die epidemische Ruhr sehr wahrscheinlich, so wurde sie zur Gewißheit erhoben durch einige — unbeabsichtigte — Laboratoriumsinfektionen, in denen aus Reinkulturen stammende geringe Bazillenmengen in den Magen gesunder Personen gelangten und Ruhrerkrankungen hervorriefen. Bei Tieren gelingt allerdings weder die Infektion per os, noch die per anum. Die intravenöse Injektion von Kulturen jedoch verursacht bei Tieren schwere Allgemeinerkrankungen, die z. T. mit Exudation in den Darm und

Hämorrhagien der Darmschleimhaut einhergehen. Auch die Einführung abgetöteter Kulturen ruft schwere Allgemeinerscheinungen, Durchfälle und Darmläsionen bei Kaninchen hervor. In nicht tödlichen Fällen erlangt das Blutserum der geimpften Tiere nach kurzer Zeit starke, agglutinierende und auch immunisierende Eigenschaften, so daß das Serum von Tieren, die in geeigneter Weise mit Ruhrbazillen behandelt wurden, nicht bloß zu diagnostischen Zwecken, sondern auch schon zur Immunisierung von Gesunden, wie zur Behandlung Ruhrkranker anscheinend mit Nutzen Verwendung gefunden hat, vorläufig allerdings nur in vereinzelten Fällen. Die aus den verschiedensten Weltgegenden vorliegenden Berichte über Nachprüfungen der Kruse-Shigaschen Befunde machen es wahrscheinlich, daß es sich bei der epidemischen Ruhr überwiegend um Bazillenruhr handelt. Es sind solche Nachprüfungen angestellt worden außer an verschiedenen Stellen in Deutschland nicht bloß in andern europäischen Ländern, wie Holland, Frankreich, Österreich, Rußland, sondern auch in Amerika, in Japan, auf den Philippinen, in Britisch-Indien (Gefängnisruhr) u. a. a. O. Dabei hat sich allerdings herausgestellt, daß wir es bei der epidemischen Ruhr nicht mit einem einzigen Ruhrbazillus, sondern mit einer Gruppe von Bakterien zu tun haben. Die Mikroorganismen dieser Gruppe sind untereinander morphologisch und kulturell sehr ähnlich, jedoch fällt die Serumreaktion für die einzelnen Glieder der Gruppe nicht wechselseitig, sondern nur immer für ein und dieselbe bestimmte Art der Gruppe in gleichem Grade positiv aus, während die andern mehr oder weniger unbeeinflußt bleiben. Wir haben es also bei dieser epidemisch auftretenden, wohl am weitesten verbreiteten Form der Ruhr nicht mit einer ätiologischen Einheit, sondern mit einer Krankheitsgruppe zu tun, deren Erreger einander zwar eng verwandt, aber doch nicht miteinander identisch sind.

Ob sich bei weiterer Forschung auch Unterschiede im pathologisch-anatomischen Befund oder in dem Symptomen, dem Krankheitsverlaufe oder der Art der Übertragung oder im sonstigen epidemiologischen Verhalten ergeben, wird abzuwarten sein. Die Ruhrerkrankungen, die Jahr für Jahr Lokalepidemien von beschränktem Umfang, z. B. in Gefängnissen, verursachen, werden vielleicht durch einen andern Bazillus bedingt als die Ruhrform, die Neigung zu weiterer epidemischer Verbreitung zeigt. Hierüber müssen weitere Forschungen Klarheit schaffen.

Die Infektion mit Ruhrbazillen kommt wahrscheinlich am häufigsten durch Kontakt mit Kranken — Beschmutzung von Fingern, Eßgeschirr, Lebensmitteln u. dgl. —, unter Umständen auch durch Vermittlung des Trinkwassers zustande. In wärmeren Gegenden dürften

Fliegen eine wichtige Rolle als Überträger spielen, da sie sich gierig auf die Entleerungen der Kranken stürzen, beim Defaecieren oft in Scharen den entblößten und oft prolabierten Anus bedecken und so abgesehen davon, daß sie die Kranken dabei außerordentlich peinigen, die Krankheitserreger aufnehmen und überall verschleppen.

Die pathologisch-anatomischen Veränderungen, die man bei dieser Form der Ruhr, der Bazillenruhr, findet, charakterisieren sich als eine nekrotisierende Entzündung der Schleimhaut des Dickdarms, die besonders ausgesprochen auf der Höhe der Schleimhautfalten erscheint. Im Beginn der Erkrankung ist die Oberfläche der ergriffenen Schleimhautpartien von graurötlichem, samtartigem Aussehen und stellenweise mit Belägen bedeckt. Später wird die Schleimhaut an den befallenen Stellen verschorft und es treten Substanzverluste auf. Die dadurch gesetzten Geschwüre sind flach, mit Neigung zur flächenhaften Ausbreitung, im weiteren Verlauf dringen sie allerdings auch in die Submukosa und selbst in die Muskularis vor und so entstehen schließlich außerordentlich ausgedehnte und z. T. auch tiefe Zerstörungen, so daß man den Beginn von der Oberfläche her und den diphtherischen Charakter des Prozesses nicht mehr erkennen kann. Am stärksten und vorwiegend betroffen sind die Darmabschnitte, in denen es am leichtesten zur Stuhlstauung kommt, also die Flexuren des Colon und des Rectum. In seltneren Fällen findet man auch Geschwüre und diphtherische Prozesse im untersten Teile des Dünndarms. Mikroskopisch finden sich alle Stadien der diphtherischen Infiltration, Nekrose und Geschwürsbildung und unzählige Bakterien der verschiedensten Arten, nur im Anfange des Prozesses überwiegen die Ruhrbazillen in den befallenen Stellen der Darmwand.

Der Verlauf dieser epidemischen Form der Ruhr — Bazillenruhr — ist in der Regel von Anfang bis zu Ende ein akuter. Vorboten sind nicht immer vorhanden, manchmal gehen kurze Zeit Diarrhöen, abwechselnd mit Verstopfung, voraus. Die charakteristischen Ruhrerscheinungen setzen häufig plötzlich in der Nacht ein, oft unter choleraartigen Erscheinungen; die sehr häufigen Entleerungen verlieren aber sehr bald den fäkulenten Charakter. Dann werden nur noch geringe Mengen von Blut, Schleim und seröse Flüssigkeit unter quälendem Tenesmus, der den Patienten alle Augenblicke zum Klosett treibt, zutage gefördert, in schweren Fällen kommt es bald zur Lähmung des Schließmuskels, so daß aus dem geöffneten After fortwährend schleimige, blutige Flüssigkeit abtropft. Heftige Leibschmerzen, Kollern, Unruhe, Frost- und Hitzegefühl begleiten den Beginn des Ruhranfalles. Die Zunge ist dick belegt. Der Appetit liegt ganz danieder, in schweren Fällen Erbrechen. Auffallend ist oft der schnelle Kräfteverfall und die Veränderung des Aussehens der Kranken, die oft schon nach kurzer Zeit ein Gesicht wie bei Cholera zeigen. Fieber ist nicht immer vorhanden; wo es zur Temperatursteigerung kommt, ergibt sich eine unregelmäßige, remittierende Kurve. Der Puls wird nur in schweren Fällen schnell und klein, ist sonst meist ohne Besonderheiten. Nach 4—8 Tagen — in schwereren Fällen dauert es 14 Tage und länger — nimmt die Zahl der Stühle ab, sie werden fäkulent, zunächst dünnbreiig, mit immer mehr abnehmenden Blut- und Schleimbeimischungen, später konsistenter, oft mit Fetzen nekrotischen Gewebes durchsetzt und bezogen. In diesem Stadium sind die Stühle von schrecklichem, aashaftem Geruch, während die nicht fäkulenten, reinen Blut- und Schleimentleerungen der ersten Periode nicht stinken, sondern mehr einen faden Geruch aufweisen. Rekrudeszenzen der im Abklingen begriffenen Erkrankung und Rückfälle aus anscheinend guter Rekonvaleszenz sind nicht selten.

Im allgemeinen wird der Schiffsarzt diese Form der Ruhr nur verhältnismäßig selten zu Gesicht bekommen, viel häufiger sind an Bord diejenigen Ruhrerkrankungen, die nicht durch Bazillen, sondern durch tierische Mikroorganismen aus der Klasse der Protozoen, nämlich durch Amöben, bedingt werden. Namentlich gilt das für die Fälle von tropischer Ruhr. Bei dieser Krankheit hatte man schon lange, ehe man Bazillen- und Amöbenruhr zu unterscheiden gelernt hatte, die Beobachtung gemacht, daß sie im allgemeinen wenig Neigung zu ausgedehnterer, epidemischer Verbreitung zeigt, sich dagegen mit Vorliebe dauernd an gewissen Orten endemisch hält und dort von Zeit zu Zeit einzelne Erkrankungen oder kleinere Ausbrüche von solchen verursacht. Häufig sind es Wasserläufe, Teiche und andere Wasserstellen, die in dem Rufe stehen, daß der Genuß ihres Wassers Dysenterie-Erkrankung hervorruft. Während bei den Patienten, die an Bazillenruhr leiden oder gelitten haben, die Prüfung der agglutinierenden Wirkung ihres Serums gegenüber einem der bisher bekannten Mitgliede der Gruppe der Ruhrbazillen immer positiv ausfällt, ist das Ergebnis dieser Prüfung in den meisten Fällen von Tropenruhr negativ. Wenigstens haben wir in Hamburg diese Erfahrung gemacht. In den meisten Fällen fanden wir dagegen Amöben in den Entleerungen. Auch bei den Teilnehmern der deutschen, ostasiatischen Expedition, die wegen Ruhrerkrankung nach Hause geschickt wurden, sind nur in wenigen Fällen Ruhrbazillen im Stuhl resp. Agglutinationswirkung des Serums der Kranken gefunden worden. Auf der anderen Seite zeigen die Beobachtungen von Flexner auf den Philippinen, von Shiga in Japan und von englischen Ärzten in indischen Gefängnissen, daß auch in den Tropen Epidemien von Bazillenruhr vorkommen können. Ob auch in kälteren Klimaten, z. B. in Deutschland, Amöbenruhr heimisch ist, wissen wir noch nicht genau. Schon im Jahre 1873 beobachtete Lösch Amöben im Stuhl eines Darmkranken, jedoch handelte es sich bei diesen Befunden weder um echte Dysenterie, noch wie wir jetzt annehmen dürfen, um die echte Dysenterieamöbe. 1883 fand Koch in den Darmschnitten von mehreren, in Ägypten an Dysenterie Gestorbenen Amöben und sprach die Vermutung aus, daß diese Amöben in ursächlichem Zusammenhange mit den Erkrankungen, denen ihre Träger erlegen waren, ständen. Angeregt durch diese Befunde, gelang es Kartulis in mehr als 500 Fällen von endemischer Dysenterie in Ägypten Amöben im Stuhl nachzuweisen. Weitere positive Befunde wurden in der Folge von den verschiedensten Gegenden der wärmeren Zone berichtet, so von Osler, Councilman und Lafleur aus Amerika, von anderen aus Batavia, Kalkutta, aus Italien und von anderen Gegenden. Von einzelnen Autoren wurden dann allerdings die ätiologischen Bedeutungen dieser Befunde angezweifelt, weil man häufig auch bei Gesunden und Leuten, die an nicht dysenterischen Darmstörungen litten, Amöben fand. Schuberg insbesondere vertrat die Ansicht, daß die Amöben immer nur harmlose Begleiter anderer Krankheitsprozesse seien. Jedoch lassen seine Beobachtungen noch eine andere Deutung zu, die sich in den letzten Jahren immer mehr Anhänger erworben hat. Schon die in den neunziger Jahren von Kruse und Pasquale in Ägypten ausgeführten Untersuchungen machten es nämlich wahrscheinlich, daß wir mindestens zwei Arten, besser zwei Gruppen von Amöbenarten als Bewohner des menschlichen Darms unterscheiden müssen, harmlose Amöben als Bewohner des Darms nicht dysenteriekranker Menschen und Dysenterieamöben als Erreger dieser Krankheit. Es wurde der Nachweis geführt, daß die Injektion von amöbenfreien Ruhrstühlen in dem Dickdarm von Katzen keine Dysenterie hervorruft, daß dagegen die Einführung von amöbenhaltigen Ruhrentleerungen dysenterische Erscheinungen bei Katzen erzeugt und daß die Entleerungen dieser Katzen dann massenhaft Amöben enthalten. Auch mit bakterienfreien, aber amöbenhaltigem Eiter aus Leberabszessen konnten Kruse und Pasquale bei Katzen Dysenterie erzeugen. Die Einspritzung von Entleerungen Gesunder dagegen, die Amöben enthielten, übten keine Wirkung aus. Diese Amöben sind also als unschuldige Darmbewohner anzusehen. Die sichere Unterscheidung dieser harmlosen Darmamöben von einer virulenten, Dysenterie hervorrufenden Form gelang erst Schaudinn im Jahre 1903. Er gab dieser Amöbe den Namen Amöba histolytica zum

Unterschiede von der harmlosen Darmamöbe A. coli Lösch. Außer der von Schaudinn beschriebenen A. histolytica gibt es aber sicher noch mehr — damit mehr oder weniger verwandte — Amöben, die dysenterische Prozesse im Darm hervorrufen. Man nimmt die Untersuchung eines dysenterischen Stuhles auf Amöben am besten im frischen Präparat im hängenden Tropfen vor, indem man ein Schleimflöckchen, ev. mit einem Tropfen Kochsalzlösung möglichst gleichmäßig in der Mitte eines Deckgläschens ausbreitet und dann schnell, ehe das Präparat eintrocknet, auf dem hohlgeschliffenen Objektträger mit Vaseline befestigt. Die Amöben sind mit Sicherheit an ihren Bewegungen zu erkennen. Auch geübtere Beobachter sind bei der Beurteilung unbeweglicher Gebilde auf ihre Amöbennatur nicht vor Täuschungen geschützt und man wird im allgemeinen gut tun, nur bewegliche Gebilde für die Diagnose in Betracht zu ziehen. Im gewöhnlichen Präparat können da leicht Quetschungen Bewegungen vortäuschen, bei hängendem Tropfen ist man vor solchen irreführenden Einwirkungen geschützt. Eine Erwärmung des Präparates ist im allgemeinen nicht nötig, die Beweglichkeit der Amöben bleibt auch bei Zimmertemperatur in der Regel mehrere Stunden erhalten. Die Entnahme der zu untersuchenden Flöckchen aus den Stühlen muß aber möglichst bald nach der Entleerung erfolgen.

Oft liegen die Amöben in solchen Schleimflöckchen in großen Mengen dicht beieinander. Die einzelnen Gebilde fallen in der Regel sofort auf, da sie keiner der bekannten Zellen im Stuhl ähnlich sind (Eiterkörperchen, Blutkörperchen, Epithelialzellen). Sie sind meist viel größer als alle diese Zellen, stärker lichtbrechend und vor allem beweglich. Allerdings findet man im Stuhl gequollene und sonst degenerierte Gewebszellen, die mit Amöben eine gewisse Ähnlichkeit haben, sie sind aber unbeweglich. Ich wiederhole deshalb, daß der Schiffsarzt die Diagnose auf Amöben in Darmentleerungen nur dann stellen sollte, wenn er amöbenähnliche, unzweifelhaft bewegliche Zellen im Stuhl findet.

Man unterscheidet an der Amöbe ein Ekto- und ein Entoplasma. Das Entoplasma ist gekörnt und enthält den — bei der Amöbe histolytica schwer zu unterscheidenden -- Kern, im übrigen in der Regel Fremdkörper wie Bakterien, bei Dysenterie auch mit Vorliebe rote Blutkörperchen. Das Entoplasma wird umgeben von dem Ektoplasma, einer Zone homogener, stark lichtbrechender, glasiger, zäher Substanz. Der von dem Ektoplasma um das Entoplasma gebildete Saum ist meist von ganz unregelmäßiger Gestalt und Breite, an einer Stelle vielleicht sehr schmal, an anderer verhältnismäßig breit. Die Bewegung der Zelle beginnt beim Ektoplasma. Sie ist nicht kontinuierlich. Oft bleibt die Amöbe minutenlang unbeweglich. Man muß geduldig weiter beobachten, und das Ende des Ruhestandes nun abwarten. Dann wölbt sich — oft ruckweise — aus dem Ektoplasma ein Buckel mit breiter Basis vor, der sich langsam fließend vergrößert und vorschiebt. Wenn der Vorstoß des Ektoplasmas eine gewisse Größe erreicht hat, gerät auch das Entoplasma in Strömung und treibt — oft lang ausgezogen und sanduhrförmig — in den Buckel hinein. Dann beginnt der Vorgang an einer anderen oder auch an derselben Stelle des Ektoplasmas von neuem, und so bewegt sich die Amöbe langsam fort, ohne übrigens in der Regel eine bestimmte Richtung innezuhalten.

Die Unterscheidung der Dysenterieamöben von der harmlosen Amoba coli ist nicht leicht und mit Sicherheit mit den dem Schiffsarzt zu Gebote stehenden Fixations- und Färbemitteln nicht möglich, da man zu dieser Differentialdiagnose keine gefärbten Trockenpräparate benutzen kann. Nur wenn man die für Amoba coli charakteristischen, achtkernigen, inzystierten Formen findet, ist die Unterscheidung von den pathogenen Amöben auch im ungefärbten Präparat leicht. Man wird im allgemeinen berechtigt sein, an Bord die Diagnose auf Amöbenruhr zu stellen, wenn Bazillenruhr ausgeschlossen werden kann (negativer Ausfall der Agglutinationsprobe) und sich in den entleerten Schleim- und Blutmassen sehr zahlreiche Amöben finden. Wo Gelegenheit vorhanden ist, einen Infektionsversuch mit jungen Katzen anzuschließen, sollte das nicht versäumt werden.

Die pathologisch-anatomischen Veränderungen sind in frischen Fällen von Amöbenruhr deutlich von denen bei Bazillenruhr verschieden. Zunächst kommt es dabei nur ausnahmsweise zu Geschwüren im Dünndarm, der ulzerative Prozeß hört in der Regel an der Bauhinschen Klappe auf. Die Geschwüre haben ferner nicht, wie bei Bazillenruhr, diphtherischen Charakter mit von der Oberfläche in die Tiefe fortschreitendem Zerfall, sondern sie sind von Anfang an tief und von der umgebenden Darmschleimhaut jäh abgesetzt, oft mit unterminierten Rändern oder sackförmig. Sie entstehen durch Eindringen der Krankheitserreger in die Submukosa, in die Follikel der Submukosa oder in die Tiefe der Drüsen. Dort bilden sich dann Anhäufungen von Amöben, von zugrunde gegangenen Gewebszellen, von Eiterkörperchen, Bakterien u. dgl. Oft sieht man unter der anscheinend intakten oder nur katarrhalisch veränderten Schleimhautoberfläche buckelförmige Vorwölbungen, zum Durchbruch bereit; beim Einschnitt findet man sie erfüllt mit eitrigen Massen, darunter zahlreiche Amöben. Dieselben Veränderungen lassen sich experimentell im Katzendarm durch Einführen von frischem, amöbenhaltigem Dysenteriestuhl erzeugen. Bei chronischer Amöbenruhr findet man oft erstaunliche Grade von Zerstörung der Dickdarmschleimhaut, in vielen Fällen sind dann allerdings die Geschwüre konfluiert und weite Bezirke der Darmschleimhaut sind durch Sekundärinfektion entzündet und nekrotisiert, so daß man neben den charakteristischen, tiefen, unterminierten Ruhrgeschwüren dann auch ausgedehnte, flache Substanzverluste antrifft.

Klinisch bestehen zwischen der Amöben- und der Bazillenruhr zunächst keine zuverlässigen Unterschiede. Die oben für die letztere Art der Dysenterie gegebene, kurze Beschreibung der Symptome und des Verlaufes kann daher auch für die Tropenruhr gelten. Bei unzweckmäßigem Verhalten der Patienten oder ungeeigneter Behandlung hat die Tropenruhr ausgesprochene Neigung chronisch zu werden, und kann dann monate- und mit Unterbrechungen von anscheinender Besserung jahrelang dauern. Nach der Heilung, besonders bei den chronischen Formen bleibt eine deutliche Schwäche des Darmes und Neigung zu Rückfällen noch sehr lange zurück. Sehr häufig sind bei der Amöbenruhr komplizierende Leberabszesse, während solche bei der Bazillenruhr anscheinend gar nicht oder nur äußerst selten vorkommen.

Bei der Therapie der beiden Ruhrformen kommen im allgemeinen die gleichen Gesichtspunkte und Arzneimittel in Frage. Als erste Aufgabe ergibt sich in frischen Fällen die Sorge für gründliche Entleerung des Darmes, im weiteren Verlaufe wird man im Anschluß oder unter Fortsetzung der abführenden Behandlung eine desinfizierende und adstringierende Einwirkung auf die ulzerierten Darmpartien per os oder per rectum erstreben. Begleitet muß diese Behandlung werden von äußerst vorsichtigem, diätetischem Verhalten, insbesondere Vermeidung aller Speisen, die viel Kot machen. Für die Bazillenruhr sind die bisherigen Bestrebungen zur Herstellung von Immun- und Heilserum anscheinend sehr aussichtsvoll, indessen dürfte der allgemeineren praktischen Anwendung solcher ätiologischen Therapie vorläufig die Schwierigkeit entgegenstehen, daß es sich bei der Bazillenruhr um mehrere Krankheitserreger handelt, die, wenn auch verwandt, doch nicht identisch sind und auch keine identischen Toxine absondern und deshalb auch verschiedener Antitoxine und Bakteriolysine bedürfen. Vielleicht läßt sich diese Schwierigkeit durch die Herstellung eines polyvalenten Serums überwinden. Das ist aber noch nicht sicher.

Für die entleerende Behandlung im Beginn kommen Kalomel,

Karlsbadersalz, Bittersalz und Rizinusöl hauptsächlich in Betracht. Kalomel war von Kartulis, Scheube, A. Plehn u. a. warm empfohlen, und zwar besonders deshalb, weil man mit der entleerenden auch eine desinfizierende Wirkung dabei erzielen zu können glaubt. Die gewöhnlichen, größeren Dosen verlassen aber den Körper viel zu schnell, als daß man dabei auf eine desinfizierende Wirkung rechnen könnte. Eine häufigere Wiederholung größerer Dosen bringt die Gefahr schwerer Intoxikation mit sich. Kartulis und A. Plehn empfehlen deshalb die stündliche Darreichung kleiner Dosen, nämlich von 0,05 Kalomel, zwölfmal täglich, 2—3 Tage lang. A. Plehn führt aber selbst an, daß sich leichtere Grade von Quecksilberstomatitis bei dieser Behandlung nicht immer vermeiden lassen. Er hofft, man werde dasselbe mit Dosen von 0,03 Kalomel ohne Intoxikationsgefahr erreichen können. Ruge hat jedoch nicht die gewünschte Wirkung von dieser Behandlung gesehen. „Die Dysenterie besserte sich nicht und die Kranken bekamen trotz ausgiebigster Mundpflege Stomatitis" (vgl. auch oben S. 114). Natrium- und Magnesiumsalze (Glaubersalz, Bittersalz, Karlsbadersalz) sind für die Behandlung der Ruhr neuerdings wieder von den Engländern in Indien mit sehr gutem Erfolge angewendet worden, auch im Hamburger Institut waren wir mit der Wirkung dieser Arzneien im allgemeinen sehr zufrieden. Die Entleerungen verlieren dabei sehr bald den dysenterischen Charakter und werden wieder fäkulent. Diese Mittel genügen jedoch allein nicht zur wirksamen Behandlung, man muß nach einigen Tagen eine adstringierende Therapie folgen lassen. Was das Rizinusöl betrifft, so liegt aus der jüngsten Zeit eine sehr interessante Doppelreihe von gleichzeitigen therapeutischen Erfahrungen, einmal mit nur anfänglicher Entleerung des Darmes durch Rizinus, während im weiteren Verlaufe Tannin, Tannigen und andere Styptika gegeben werden, zum anderen mit fortgesetzter Rizinusbehandlung vor, die bei der Ruhrepidemie des Gardekorps im Sommer 1901 im Döberitzer Lager gewonnen wurden. Bei der dauernden Rizinusbehandlung wurde den Kranken das Öl regelmäßig des Morgens in der Menge von einem Eßlöffel gegeben und nach Bedarf (bei sehr häufigen quälenden Entleerungen und Neigung zu weiterer Temperaturerhöhung) im Laufe des Nachmittags ein zweiter Löffel verabfolgt. Die Kranken verspürten gewöhnlich unmittelbar nach dem Einnehmen des Öles vermehrte Unruhe im Leibe. Nach einer oder mehreren Entleerungen aber trat dann eine mehrere Stunden dauernde, außerordentlich wohltätig empfundene Ruhe ein. Die Kranken nahmen deshalb das Öl durchweg sehr gern, nachdem sie diese angenehme Wirkung kennen gelernt hatten. Wenn im weiteren

Verlaufe der Krankheit die Stühle anfingen, eine mehr kotige Beschaffenheit anzunehmen, wurde nur noch jeden zweiten oder dritten Tag ein Löffel Rizinusöl gegeben. Ausgesetzt wurde das Mittel erst nach dem Verschwinden der letzten Spuren von schleimigen oder blutigen Beimischungen zum Stuhl. Bei den nicht einer Rizinusbehandlung unterzogenen Kranken wurde nach der ersten Anwendung des Mittels eine Pause von 12—24 Stunden gemacht. Dann wurde durch Tannin (0,6 2—3 stdl.) oder durch Tannigen (1,0 3 mal täglich) gegen die weiteren Durchfälle eingeschritten.

Die Ergebnisse der beiden therapeutischen Parallelreihen fielen so aus, daß bei der fortgesetzten Rizinusbehandlung von 223 Behandelten $8 = 3.6\%$, bei der nur anfänglich abführenden, später styptischen Behandlung von 135 Kranken $2 = 1.5\%$ starben. Ein sicherer Schluß ist aber aus dieser Statistik nach der Ansicht des Berichterstatters nicht zu ziehen.

Im Hamburger Institut hatten wir es bisher ausschließlich mit länger bestehenden Erkrankungen oder Rückfällen, und zwar meist von Amöbenruhr zu tun, und wir haben — abgesehen von den oben erwähnten zur Prüfung der englisch-indischen Erfahrungen mit Karlsbadersalz usw. anfänglich mit Salinis behandelten Fällen — meist im Anfange Rizinusöl bis zur ausgiebigen Entleerung des Darmes gegeben. Hieran schloß sich ähnlich wie in der einen Versuchsreihe im Döberitzer Lager die Verabreichung von Tannin oder Tannigen per os (Dosierung w. o.) oder von Bismut. subnitric. in großen Dosen. Auch die besonders von Kartulis empfohlene Lokalbehandlung des Rectum und Colon durch Eingießungen haben wir mit gutem Erfolge angewandt. Man muß aber damit vorsichtig vorgehen. Von manchen Patienten werden diese Eingießungen schlecht vertragen, sie verursachen Leibschmerzen, vermehrte Unruhe und Reizerscheinungen. Ähnliche Erfahrungen sind bei akuten Erkrankungen im Döberitzer Lager gemacht worden. Im ganzen gehen unsere Erfahrungen aber dahin, daß die Fälle von Amöbenruhr, in denen die Eingießungen schlecht vertragen werden, die Ausnahmen bilden. Namentlich gilt das von alten, ganz chronischen Fällen. Wir wenden hauptsächlich Tannin (0,5—1%) in Mengen von 1—2,5 l an.

Sehr gute Dienste hat uns in allen Fällen, in denen wir sie anwenden, die Simarubarinde in der von Graeser schon vor vielen Jahren (neuerdings hat man diese Medikation von anderer Seite als ganz neue Erfindung ausgegeben) empfohlenen Kombination mit Granatwurzelrinde geleistet: Cort. Granat. Simarub. āā 10,0 Macera c. vino gallic. 750 per horas XX. G. Erwachsenen 6—8 Eßlöffel, Kindern soviel Teelöffel täglich. Das Mittel wurde immer gern genommen.

Über Ipekakuanha sind die Ansichten geteilt. Früher galt es als Spezifikum gegen Dysenterie. Ruge empfiehlt die Anwendung dieses Mittels neuerdings wieder sehr warm. Er gibt es in großen Dosen (3 mal täglich 80 ccm eines Infuses von 4/160,0). Im Döberitzer Lager wurden kleine Dosen (0,6 : 200,0 2 stündlich 1 Eßlöffel) gegeben. Man wird natürlich, wenn man es zur Verfügung hat, ein emetinfreies Präparat anwenden. Die Zahl der weiter gegen Dysenterie, namentlich gegen die Tropenruhr empfohlenen Mittel ist Legion. Sie wirken in leichten Fällen oft wunderbar schnell, bei schweren Affektionen lassen sie unter Umständen alle im Stich. Eine Ausrüstung der Schiffsapotheke mit einer größeren Auswahl von derartigen Mitteln ist nicht nötig, im allgemeinen wird der Schiffsarzt mit den oben skizzierten, therapeutischen Maßnahmen auskommen. Opiate sind im allgemeinen von ungünstigem Einfluß.

Sehr große Sorgfalt erfordert die Regelung der Diät. Solange die schleimig-blutigen Entleerungen überwiegen, ist nur flüssige Diät erlaubt — Milch, Eier, Bouillon, Tee, Wein —, auch bei längerer Dauer dieser akuten Erscheinungen kommt man mit Milch und Eiern als Hauptnahrungsmittel völlig aus. Zu konsistenterer Nahrung darf man nur sehr vorsichtig und langsam übergehen. Eichelkakao und Nährpräparate, wie Tropon, Roborat u. dgl. sind in der Übergangszeit in der Rekonvaleszenz von großem Nutzen. Hülsenfrüchte, Kohl, schweres Brot und alles, was viel Kot verursacht, dürfen, namentlich nach chronischer Erkrankung, auch lange nach vollständiger Rekonvaleszenz noch nicht, oder nur mit größter Vorsicht genossen werden, ebensowenig manche leichtere Bier- und Weinsorten, die vielfach auch bei Gesunden die Neigung zu Darmstörungen befördern.

Ferner sollten alle Ruhrrekonvaleszenten eine Leibbinde tragen. Auch während der akuten Stadien der Krankheit ist die Warmhaltung des Leibes durch warme Umschläge, Kissen u. dgl. von Wichtigkeit. Auch dafür ist zu sorgen, daß die Kranken durch das häufige Verlassen des Bettes beim Stuhlgang sich nicht zu sehr abkühlen (Einwicklung in gewärmte wollene Decken).

Ein dritte Form idiopathischer Dysenterie ist von Le Dantec aus Südfrankreich beschrieben. In diesen Fällen fanden sich in den Entleerungen ungeheure Mengen von Spirillen in Reinkulturen. Genaueres über Entstehung und Übertragung, Verlauf und Behandlung dieser Form von Dysenterie ist noch nicht veröffentlicht.

Leberabszeß.

Die tropische Dysenterie (Amöbendysenterie) hat ziemlich häufig eine gefährliche und langwierige Nachkrankheit im Gefolge,

VII. Kapitel. Über Dysenterie, Leberabszeß, Sprue.

den Leberabszeß. Bei der Bazillenruhr ist diese Nachkrankheit sehr selten. Es sind nicht immer besonders schwere oder langandauernde Ruhrerkrankungen, bei denen später Leberabszesse auftreten, auch schnell vorübergehende, leichtere Anfälle, deren sich die Patienten später noch kaum erinnern, können zu dieser Erkrankung der Leber führen. Dabei besteht die Gefahr ihrer Entwicklung nicht bloß in den ersten Wochen nach einem Ruhranfall, sondern es vergehen nicht selten Jahre nach der überstandenen Dysenterie, bis die Krankheitserscheinungen des suppurativen Prozesses die Patienten dem Arzte wieder zuführen. Pel hat neuerdings einige Fälle beschrieben, in denen die Abszesse erst 11, 15 und 21 Jahre nach überstandener, tropischer Dysenterie manifest wurden. Natürlich sind diese Fälle nicht so aufzufassen, daß etwa die akute erste Entzündung und Einschmelzung des Lebergewebes erst so spät nach der dysenterischen Darmerkrankung begonnen hat, diese Vorgänge haben sich vielmehr wohl gleich der Dysenterie angeschlossen, es ist aber dabei nur zur Bildung eines kleinen, abgekapselten Eiterherdes in der Leber gekommen, der keine Erscheinungen machte und erst durch die Einwirkung irgend einer Gelegenheitsursache, etwa durch ein Trauma (Stoß, Sturz, Sprung, — einer der Pelschen Fälle hat sich nach heftigem Durchschütteln im Eisenbahnwagen entwickelt) wieder exazerbierte. Ob das Verhalten gegenüber Speise und Trank bei der Entstehung der Krankheit eine Rolle spielt, ist mit Sicherheit nicht festgestellt. Im allgemeinen gelten die Europäer in den Tropen für weit mehr der Gefahr der Komplikation mit Leberabszeß bei Dysenterie ausgesetzt, als die einheimische Bevölkerung. Unter den Europäern selbst gelten wieder die Männer, und von diesen die Alkoholisten für am meisten dazu disponiert. Indessen sind die Farbigen durchaus nicht immun. Wir haben in Hamburg schon mehrere Fälle von Leberabszeß bei farbigen Schiffsheizern behandelt. Auch bei Frauen und Kindern sind Leberabszesse nach Dysenterie beobachtet.

Auch in den Fällen, in denen die Latenzperiode nicht so extrem lang ist, wie in den oben genannten, von Pel beschriebenen Fällen, entwickeln sich die mit der suppurativen Hepatitis verbundenen allgemeinen und auch die lokalen Symptome meist erstaunlich schleichend. Trotz guter Wiederherstellung der Darmfunktion und anscheinend ungestörter Rekonvaleszenz nach der dysenterischen Erkrankung erlangen die Patienten, bei denen sich ein Leberabszeß entwickelt, ihr früheres gutes Aussehen nicht recht wieder. Sie fühlen sich auch nicht mehr so frisch und leistungsfähig, wie vor der Krankheit, ermüden leicht, schwitzen leicht. Oft fällt eine zu ungewohnter Zeit sich einstellende Schlafsucht auf. Subikterus, Kopfschmerzen, Appetitlosigkeit, ab und zu Fieberanfälle, nicht selten mit ausgesprochen intermittierendem, malariaähnlichem Charakter. In diesem Stadium können die Krankheitserscheinungen jahrelang stehen bleiben. In der Regel halten sich diese Patienten für malariakrank. Sie kehren nach der Heimat zurück, nehmen Unmengen von Chinin, Eisen, Arsen, besuchen Bäder usw. Die „Malaria" hört aber nicht auf, von Zeit zu Zeit kehren die Fieberanfälle immer wieder. Bei der Untersuchung des Blutes findet man weder Malariaparasiten, noch eine relative Vermehrung der großen, mononukleären Leukozyten. Der Hämoglobingehalt und die Anzahl der roten Blutkörperchen ist normal. Die Milz ist nicht vergrößert. Mit der Zeit nehmen die Fieberanfälle zu, das Aussehen, der Ernährungszustand, das Allgemeinbefinden gehen zurück. Manchmal findet man jetzt eine ausgesprochene Leukozytose (Vermehrung der polymorphkörnigen Neutrophilen) bei der Untersuchung des Blutes und wird dadurch auf die Vermutung einer internen, verborgenen Eiterung und, falls man andere Lokalisationen solcher Prozesse ausschließen muß, auf die richtige Spur geführt. Auf Befragen geben dann die Patienten an, daß sie früher Dysenterie gehabt haben. Häufig erwähnen sie „rheumatische" Schmerzen in der rechten Schulter und ein Gefühl von Druck und Fülle in der rechten Lebergegend. Man findet die Leber vergrößert, besonders nach oben, häufig reicht auch hinten die Leberdämpfung höher als bei normalen Verhältnissen hinauf. Die Beweglichkeit der Leberlungengrenze ist beschränkt. Oft sind die Exkursionen der ganzen rechten Thoraxhälfte beim Atmen mangelhaft. In der rechten unteren Lungenpartie abgeschwächtes Atmen, Rasseln. Spannung des M. rectus. Druckempfindlichkeit der Lebergegend, oft besonders intensive Druckschmerzhaftigkeit an bestimmten Stellen der Interkostalräume oder unter dem rechten Rippenrand. Findet man dazu Hervorwölbung des rechten Leberlappens im Epigastrium und Fluktuation, so ist das ein Zeichen, daß der Abszeß nahe der Oberfläche und nahe dem Durchbruch ist, ein direkter Hinweis auf die Notwendigkeit baldiger Eröffnung. Diese Deutlichkeit fehlt aber sehr häufig, auch die übrigen lokalen Symptome sind nicht immer vollständig vorhanden. Aber man sollte auch dann, wenn man sich auch nur für die Wahrscheinlichkeit eines Leberabszesses mit relativer Vorsicht aussprechen kann, das Suchen nach dem Abszeß durch Punktion der Leber nicht zu lange aufschieben. Zwar wird man in der überwiegenden Mehrzahl der Fälle von Leberabszeß an Bord eines Passagierschiffes mit der Punktion warten können, bis der nächste

Hafen erreicht ist und der Patient in ein gutes Krankenhaus an Land ausgeschifft werden kann, wofür allerdings im Auslande nicht in jedem Falle genügende Sicherheit gegeben ist. Jedenfalls ist es für den Patienten von großem Wert, daß der Schiffsarzt ihm schon während der Reise die richtigen Direktiven gibt, damit er nach der Ankunft mit unnützigen Badekuren, Chininnehmen u. dgl. keine Zeit verliert.

Wenn nun auch an Bord nur sehr selten probatorische Leberpunktionen auszuführen sein werden — in den dringendsten Fällen, in denen der Sitz des Abszesses direkt unter der Oberfläche der Leber diagnostiziert werden kann und der Eiter durchzubrechen droht, kann gleich mit dem Messer eingeschnitten werden — und wenn deshalb auch die Mitnahme einer sterilisierbaren Aspirationsnadel und Spritze nicht vorgeschrieben ist, so werden doch vielleicht einige kurze Winke für die Ausführung der Punktion willkommen sein. Die Punktion werde in leichter Narkose vorgenommen. Man wähle zum Einstich in erster Linie die Stellen besonderer Schmerzhaftigkeit oder die lokalen Ödems, peritonealer oder pleuritischer Reibung. Sind solche Anzeichen für den Sitz des Abszesses aber nicht vorhanden, so wird man daran zu denken haben, daß die meisten Abszesse im oberen und hinteren Teile des rechten Leberlappens sitzen. Manson rät deshalb, die Nadel zuerst in der rechten Axillarlinie im achten oder neunten Interkostalraum ungefähr $1-1^1/_2$ Zoll vom Rippenrand einzustechen und nach innen und hinten weiterzuführen. Trifft man dort keinen Eiter, so muß die Nadel herausgezogen und an einer anderen Stelle wieder eingeführt werden. Manson rät, mindestens sechs Punktionen zu machen, ehe man den Versuch, den Abszeß zu finden, aufgeben soll. Der entleerte Eiter ist übrigens oft braun oder blutfarben und deshalb makroskopisch schwer als solcher zu erkennen. Zur Diagnose genügt aber ein Ausstrich und ein Blick ins Mikroskop. Im allgemeinen sind bei der nötigen Vorsicht diese Leberpunktionen ein relativ unbedeutender Eingriff. Auch wenn man keinen Eiter findet, ist die vergebliche Punktion nicht selten, wie Manson angibt — und wir haben solche Fälle auch schon beobachtet —, von schnellem Rückgang aller Krankheitssymptome gefolgt. Findet man Eiter, so läßt man am besten die Eröffnung des Abszesses gleich folgen und benutzt die in situ stecken gelassene Nadel als Führer für die Inzision.

Bis zur Punktion, d. h. in den meisten Fällen bis zur Ausschiffung des Kranken bestehe die Behandlung in ruhiger Bettlage, blander Diät, hydropathischen Umschlägen, Antipyreticis u. dgl. Chinin in noch so großen Dosen hat gegen das Fieber bei Leberabszessen keine Wirkung und man wird oft gerade durch die Wirkungslosigkeit des Chinins auf die richtige Diagnose geführt werden. Im allgemeinen wird der Schiffsarzt an Bord der mit den Tropen verkehrenden Passagierdampfer recht häufig wegen Beschwerden, die angeblich mit der Leber zusammenhängen, von Reisenden, die aus den Tropen zurückkehren, in Anspruch genommen werden. Gilt ja doch die „Tropenleber" für eine selbstverständliche Folge längeren Aufenthalts in den Tropen. Meist findet man bei sorgfältiger Untersuchung, daß die auf die Leber bezogenen Beschwerden der Patienten durch Allgemeinleiden wie Malaria oder andere parasitäre Infektionen oder durch postdysenterische Leberabszesse oder durch chronische Magen- und Darmleiden bedingt werden. Vielfach handelt es sich auch um Leberveränderungen infolge Alkoholmißbrauchs. Reine „Tropenlebern", lediglich durch klimatische Einflüsse verursacht, dürften recht selten sein. Glaubt man es mit solchen Beschwerden, bei denen man anderweite Ursachen ausschließen kann, zu tun zu haben, so wird es sich empfehlen, den Patienten schon an Bord einer milden Behandlung mit Karlsbader Wasser oder Salz zu unterwerfen und ihn auf blande Diät unter möglichstem Ausschluß von Alkohol zu setzen.

Die nicht dysenterischen, chronischen Magen- und Darmleiden, die an Bord, sei es bei Mannschaften, sei es bei Passagieren, vorkommen, bieten im allgemeinen nicht so viel Besonderheiten, daß sie hier besprochen werden müssen. Eine Ausnahme bildet aber eine im tropischen Ostasien heimische in seltenen Fällen auch in Westindien beobachtete Erkrankung des Verdauungskanals, die die davon ergriffenen Europäer meist veranlaßt, die Heimat wieder aufzusuchen. In der Regel schiffen sich die Patienten nach längerer ärztlicher Behandlung, mit ärztlichen Ratschlägen und Verhaltungsmaßregeln wohl versehen, ein und leben an Bord genau nach den ihnen mitgegebenen Vorschriften, so daß der Schiffsarzt nicht immer zum Eingreifen Gelegenheit erhält. Wenn sie aber den Rat des Schiffsarztes in Anspruch nehmen, bieten sie ihm, falls er nur mit europäischen Krankheiten vertraut ist, ein neues und merkwürdiges Bild chronischer Darmaffektion. Die Krankheit wird verschieden benannt, die gebräuchlichsten Bezeichnungen sind Sprue—holländisch. Der Ausdruck wird aber jetzt auch sehr häufig von Deutschen und Engländern gebraucht — Psilosis, tropische Aphthen. Die Krankheit befällt fast ausschließlich solche Europäer, die jahrelang in den Tropengegenden gelebt haben, wo sie endemisch ist. Sie beginnt schleichend, oft im Anschluß an andere chronische Affektionen — Malaria, Syphilis u. dgl. —, mit zunächt wenig charakteristischen, wechselnden Verdauungsstörungen,

VII. Kapitel. Über Dysenterie, Leberabszeß, Sprue.

Appetitlosigkeit, Gefühl des Vollseins im Magen nach jeder Nahrungsaufnahme, Flatulenz, Verstopfung, abwechselnd mit Diarrhöe. Bald überwiegen die diarrhoischen Entleerungen, anfänglich erfolgen sie nur des Morgens, später auch zu anderen Tageszeiten, häufig bleibt aber die Vorliebe für die morgendliche Diarrhöe dauernd. Die Entleerungen erfolgen schmerzlos, die Stühle sind reichlich, schaumig, von nur schwach gelblicher, eigenartiger Färbung, sehr viel unverdaute Speisereste enthaltend. Im mikroskopischen Präparat beobachtet man gelegentlich Flagellaten und Infusorien, denen von einzelnen Autoren früher eine ursächliche Bedeutung beigemessen worden ist. Sie haben aber nichts charakteristisches und kommen in gleicher Weise auch bei anderen Darmaffektionen vor. Nach und nach fangen die Kranken an über schmerzhafte Stellen im Munde zu klagen. Man findet dann auf der Zunge, der inneren Lippen- und der Wangenschleimhaut flache Erosionen, die zunächst immer bald heilen. Es treten aber immer wieder neue Stellen hinzu und allmählich zeigt sich die ganze Oberfläche der Zunge und der Mundschleimhaut in großem Umfange erodiert. In der Zunge bilden sich im weiteren Verlaufe tiefe Risse und Schrunden. Die Oberfläche der dazwischenliegenden Partien wird glatt, rot und wund, wie von der Schleimhaut ganz entblößt aussehend. Diese Mundaffektion verursacht auch beim Essen ganz milder Speisen erhebliche Schmerzen und erschwert deshalb die Nahrungsaufnahme. Dabei besteht meist starker Speichelfluß. Der Ernährungszustand verschlechtert sich mehr und mehr und es kommt dabei, was bei anderen chronischen Darmaffektionen eine Seltenheit ist, zu sehr hohen Graden von Anämie. Die Leber ist in der Regel deutlich verkleinert. Die Krankheit kann sich jahrelang, oft mit beträchtlichen Remissionen, hinziehen, bis die Kranken, wenn keine dauernde Wendung zur Besserung eingetreten ist, im Zustande hochgradiger Inanition sterben.

Die Ursache der Krankheit ist noch nicht aufgeklärt. Leichenöffnungen habe ich selbst nicht gesehen. Die meisten Autoren geben an, daß sie die ganze Darmschleimhaut, ähnlich wie die der Zunge, in einem weit vorgeschrittenen Zustande von Erosion und Atrophie gefunden hätten. Auch die Muskelschicht der Darmwand sei atrophiert und die Darmwände papierdünn. Neuerdings zieht jedoch Faber, der in Kopenhagen einen typischen Fall beobachtet, den Darm post mortem genau untersucht und nichts von Atrophie gefunden hat, die Bedeutung dieser Befunde in Zweifel, er weist darauf hin, daß die in der Literatur vorhandenen ausführlicheren Beschreibungen solcher atrophischer Veränderungen eher als postmortale Veränderungen gedeutet werden müssen.

Bei rechtzeitiger, geeigneter Therapie hat das Leiden übrigens keine schlechte Prognose. Die besten Erfolge werden von der strengen Innehaltung einer absoluten Milchdiät berichtet. Zunächst wird ein mildes Öffnungsmittel gegeben, dann wird mit der Milchkur, am besten zunächst im Bette begonnen, indem man in kurzen Zwischenräumen immer nur kleine Mengen einnehmen läßt. Manson legt Wert darauf, daß die Milch nicht getrunken, sondern teelöffelweise genommen oder langsam durch ein Rohr eingesaugt wird. In den ersten Tagen möge man nur etwa $1-1^{1}/_{2}$ l Milch in 24 Stunden nehmen lassen, im übrigen weiter nichts; nach einigen Tagen kann man die Tagesportion langsam auf 2 l, später weiter steigern. Man soll die strenge Milchdiät nicht bloß bis der Stuhl fest und von normaler Farbe wird, sondern noch wochenlang nachher fortsetzen. Sonst erlebt man leicht schwere Rückfälle. Oft bestraft sich der Versuch, zu einer anderen Diät überzugehen oder Zusätze zu der Milch zu erlauben, durch eine Verschlechterung des Befindens. Nur in seltenen Fällen wird die Milchkur nicht vertragen. Man versuche dann Saft von frischem Fleisch, angebratenes, geschabtes Fleisch und warmes Wasser als Getränk, bis weitere Zusätze vertragen werden. Es ist natürlich an Bord besonders schwer, solche Diätkuren durchzuführen, auch versagen die Patienten selbst nicht selten so strengen Vorschriften gegenüber. Man sollte aber jedem Kranken, bei dem man die Diagnose Sprue stellen zu müssen glaubt, den Ernst seiner Lage vor Augen führen. Meist sind übrigens die mit dem Leiden bekannten Tropenärzte an Land so vorsichtig, Patienten, die an Sprue leiden, in Anbetracht der Schwierigkeiten einer Diätkur an Bord nicht gerade im Stadium schwerer Diarrhöen an Bord zu schicken, sie warten mit dem Heimschicken solcher Patienten eine Periode des Nachlassens ab, wählen ein erstklassiges Schiff, von dem bekannt ist, daß es mit allem Komfort ausgerüstet ist und tadellose Küche, auch für Kranke, zu liefern imstande ist und versehen im übrigen den Kranken selbst vorher mit dem für die Heimreise nötigen Quantum sterilisierter guter Milch oder anderer geeigneter Krankenkost.

VIII. Kapitel.

Trypanosomiasis, Kala-Azar, Filariose, Bilharziose, Darmparasiten.

Bis vor wenigen Jahren glaubten wir, daß die Malaria die einzige menschliche Krankheit sei, die auf Blutinfektion durch Protozoen beruht. Jetzt hat es sich herausgestellt, daß gewisse protozoische Blutparasiten, die bisher nur bei Tierseuchen, und zwar vorzugsweise tropischen Tierseuchen, gefunden waren, auch beim Menschen vorkommen und bei ihm Krankheiten hervorrufen, die wir bisher zum Teil der Malaria zurechneten, zum Teil auf andere Ursachen zurückführten. Zu den Protozoenkrankheiten gehören ferner wahrscheinlich das gelbe Fieber (s. d.), das Rückfallfieber und die Syphilis.

Eine für die Beziehungen des Deutschen Reiches zu seinen tropischen Kolonien sehr wichtige protozoische Blutinfektionskrankheit ist die Trypanosomiasis. Die Parasiten, die wir als Erreger dieser Krankheit ansprechen müssen, die Trypanosomen, gehören zu den Flagellaten und leben im Gegensatz zu den Malariaprotozoen, die in den roten Blutkörperchen hausen, außerhalb derselben im Serum. Sie haben eine spindelförmige Gestalt, ihre Größe wechselt nach Art und Entwicklungsstadium der Parasiten. Die erwachsenen Formen der Trypanosomen des Menschen sind drei- bis viermal so lang, als der Durchmesser eines roten Blutkörperchens beträgt, ihre größte Breite erreicht nicht ganz die Länge des Durchmessers eines roten Blutkörperchens. Das eine Ende des menschlichen Trypanosoma endet in einer stumpfen Spitze, das andere in einem geißelartigen Fortsatz, die sich aber nicht unvermittelt an den Leib ansetzt, sondern das sich allmählich verjüngende und verlängerte Ende einer undulierenden, längs des Parasitenleibes verlaufenden Membran darstellt. Diese Membran entspringt ein Stückchen hinter dem dem Geißelende entgegengesetzten abgestumpften anderen Ende des Parasiten aus einem in der Regel stäbchenförmig gebildeten Kern, der wegen seiner Beziehungen zu diesem lokomotorischen Apparat des Parasiten Blepharoplast genannt wird. Der zweite größere vegetative Kern des Parasiten liegt mehr nach der Mitte des Leibes zu. Die Spindel, die der Parasit darstellt, ist nicht starr gestreckt, sondern äußerst biegsam und fast immer gekrümmt oder mehrfach geschlängelt.

Im frischen, nativen Blutpräparat sind die Trypanosomen sehr lebhaft beweglich. Gefärbte Präparate fertigt man am besten nach derselben Methode wie gefärbte Malariaausstriche an. Am meisten empfiehlt sich auch hier die Giemsafärbung. Die Trypanosomen vermehren sich teils durch mehrfache Teilung, teils durch Zweiteilung in der Längsrichtung. Außerdem hat man bei manchen Trypanosomenarten neben indifferenten Formen auch Gameten, männliche und weibliche Formen, beobachtet. Die Befruchtung und weitere Entwicklung der befruchteten weiblichen Formen erfolgt wie bei den Malariaparasiten in Insekten, und zwar in einer Stechfliege, der Tsetsefliege (Glossina). Außer der Tatsache, daß die Trypanosomen durch den Stich dieser Fliege übertragen werden, ist uns aber noch wenig Näheres hierüber bekannt.

Die Versuche, die Trypanosomen in künstlichen Medien zur Vermehrung zu bringen und weiterzuzüchten, sind bei einigen Arten positiv ausgefallen. Bei den menschlichen Trypanosomen ist das noch nicht gelungen.

Bemerkenswert ist die verschiedene Virulenz der Trypanosomenarten. Wir kennen Trypanosomen, wie die der Kaltblüter, der Vögel und auch das Rattentrypanosoma, die die Gesundheit ihrer Wirte, die sie in ihrem Blut oft in erstaunlich großen Mengen beherbergen, anscheinend nicht merklich beeinflussen, während der Parasitismus anderer Arten von Trypanosomen schwere Krankheitserscheinungen verursacht, ja in sehr vielen Fällen den Tod herbeiführt. Zu den pathogenen Arten gehören die Erreger der afrikanischen Tsetsekrankheit der Rinder, Pferde usw., der indischen Surrakrankheit, die Erreger der Beschälseuche der Pferde, endlich die bei einer südamerikanischen Pferdekrankheit, dem Mal de Caderas, gefundenen Trypanosomen und das Trypanosoma Theileri, das in Süd- und Ostafrika verbreitet, als Erreger einer noch nicht näher untersuchten Krankheit der Rinder, der Galziekte, angesprochen wird. Mit Ausnahme des Trypanosoma Theileri sind nun die pathogenen Trypanosomen, nicht wie die meisten sonstigen pathogenen Protozoen, auf eine einzige Tierart als Wirt angewiesen, sie sind auch bei derselben Tierart nicht immer in gleichem Grade virulent und endlich sind sie auch morphologisch nicht alle mit

Sicherheit voneinander zu unterscheiden. R. Koch führt dieses Verhalten darauf zurück, daß diese Gruppe der Trypanosomen sich in einer Periode der Mutabilität befindet und sich noch nicht zu festen Arten mit Anpassung an bestimmte Wirte entwickelt hat.

Zu dieser Gruppe gehört nun auch das beim Menschen gefundene Trypanosoma. Zwar sind sichere Beobachtungen natürlicher Infektion anderer Wirbel- oder Säugetiere außer dem Menschen nicht vorhanden. Künstlich aber läßt es sich auf viele Tiere, wie Affen, Hunde, Ratten, Meerschweinchen übertragen, zeigt übrigens aber auch bei ein und derselben Art von Versuchstieren weitgehende Schwankungen in seiner Virulenz. Das gilt auch für die natürliche Infektion des Menschen. Die Krankheit ist bisher nur im tropischen Afrika beobachtet worden. Dort finden wir sie bei den Eingeborenen, aber auch eine, wenn auch kleine Anzahl von Trypanosomeninfektionen bei Europäern ist bekannt geworden. Wir können bei der Trypanosomeninfektion der Menschen, ähnlich wie bei der Malaria, endemische Bezirke unterscheiden. Diese Bezirke korrespondieren aber nicht etwa mit den Gegenden, in denen wir bei den Haustieren des Menschen und beim Wild Trypanosomen finden. Die Viehseuche ist viel weiter verbreitet als die Infektion der Menschen. In Gambien, wo die Seuche beim Menschen nur spärlich auftritt, fanden Dutton und Todd $6^0/_{00}$ der Eingeborenen infiziert, am Kongo, wo sie häufiger ist, steigt die Zahl der Infizierten nach den Untersuchungen von Dutton, Todd und Christy auf $46^0/_{00}$ und in Uganda fand die zur Untersuchung dieser Verhältnisse dort hingeschickte britische Kommission unter 80 gesunden Eingeborenen 23, d. i. $28,7^0/_0$, mit Trypanosomen infiziert. In ihrem letzten Bericht geben Greig und Gray die Zahl der mit Trypanosomen infizierten Eingeborenen in gewissen Distrikten von Uganda auf $50—75^0/_0$ der Gesamtbevölkerung an.

Wir müssen nun zwei Arten von Infizierten unterscheiden, nämlich Kranke und solche, die keine Krankheitserscheinungen darbieten. Einige dieser anscheinend gesunden Parasitenträger sind monate- und jahrelang in Beobachtung geblieben, ohne daß sie Krankheitssymptome zeigten. Ein kleinerer Teil ist allerdings nachher krank geworden. Bei den Trypanosomakranken verläuft die Krankheit durchweg chronisch und führt mitunter erst nach jahrelangem Bestehen zum Tode. Vielleicht gibt es auch Heilungen, bisher sind aber solche noch nicht beobachtet. Wir hatten vor einiger Zeit im Hamburger Institut Gelegenheit, einen solchen Fall längere Zeit zu verfolgen. Der Kranke litt an unregelmäßig auftretenden, mehrtägigen Fieberanfällen, die mit Anschwellungen im Gesicht, vorübergehender Rötung und

Schwellung der Haut an verschiedenen Stellen, Milzschwellung verbunden waren. Auffallend war auch in den fieberfreien Pausen eine abnorm erhöhte Pulsfrequenz. Das Befinden des Kranken besserte sich im Laufe der Zeit bis zu dem Grade, daß er seine Geschäfte wieder aufnehmen konnte. Er ist jetzt wieder in Afrika tätig und beherbergt nun schon über drei Jahre die Trypanosomen in seinem Körper. Von größtem Interesse sind die Beziehungen der menschlichen Trypanosomeninfektion zu der Schlafkrankheit. Diese Krankheit ist seit mehr als 100 Jahren in Afrika bekannt. Wir wußten aber bis vor kurzem nur, daß sie in einzelnen Dörfern und Distrikten im Hinterland des tropischen Westafrika endemisch herrscht. Zur Zeit des Sklavenhandels starben viele Neger an Bord der Sklavenschiffe und auch noch nach ihrer Ankunft in Amerika an dieser Krankheit, ohne daß sie aber dort heimisch wurde. Man sah die Krankheit damals dort als eine Art von Nostalgie an. Im ganzen galt die Affektion als eine zwar interessante, aber der weiteren Verbreitung nicht fähige Negerkrankheit. Das ist jetzt anders geworden. Die Krankheit hat mit einem Male begonnen in Afrika in erschreckender Weise um sich zu greifen und erweist sich als eine ernste Gefahr für Ackerbau, Handel und Verkehr im ganzen tropischen Afrika. Die Krankheit ist in den letzten Jahren den Niger und Kongo hinauf bis nach Zentralafrika gezogen, hat den Viktoria-Nyanza erreicht und bedroht dort auch unser deutsches Schutzgebiet. Ganze Dörfer und Distrikte werden durch sie entvölkert. In der am Viktoria-Nyanza liegenden englischen Provinz Busoga sollen der Krankheit in den letzten drei Jahren 30000 Menschen erlegen sein.

Auch die Weißen sind nicht vor der Krankheit geschützt. Sie ist, wenn ich nicht irre, schon in acht Fällen bei Europäern beobachtet worden. Auch im Hamburger Institut haben wir im vorigen Jahre einen Europäer, einen jungen deutschen Kaufmann, wegen dieser Krankheit in Behandlung gehabt. Der Fall endete, wie übrigens alle Fälle von ausgesprochener Schlafkrankheit, tödlich.

Der englische Forscher Castellani hat zuerst in der durch Lumbalpunktion gewonnenen Zerebrospinalflüssigkeit von Schlafkranken Trypanosomen gefunden. Er selbst glaubte anfangs nicht, daß sie für die Krankheit ursächliche Bedeutung hätten, sondern daß es sich um einen Zufallsbefund handele, wie dies mit der Filaria perstans der Fall ist, die man im Blute einer sehr großen Anzahl von Schlafkranken gefunden hat. Erst Bruce machte Castellani auf die ätiologische Wichtigkeit seiner Befunde aufmerksam. Seitdem sind viele Hunderte von Schlafkranken der Lumbalpunktion unterworfen worden, und man hat bei fast allen — die

Ausnahmen sind verschwindend — Trypanosomen in der Zerebrospinalflüssigkeit gefunden. Man suchte nun zunächst nach Unterschieden in der Morphologie und Biologie dieser Trypanosomen gegenüber denjenigen, die man im Blute der Leute findet, die an dem Ihnen oben geschilderten Trypanosoma f i e b e r leiden. Solche Unterschiede haben sich aber nicht gefunden. Man glaubte auch anfangs durch Übertragung der bei schlafkranken Menschen gefundenen Trypanosomen auf Tiere die Symptome echter Schlafkrankheit auch bei diesen Tieren hervorgerufen zu haben, insbesondere bei damit geimpften Affen; aber die bei den Tieren beobachtete Schlafsucht hat, wie es scheint, nichts charakteristisches. Ähnliche Symptome finden sich auch bei vielen anderen schweren Erkrankungen der Affen kurz vor ihrem Tode. Die mit unserem Stamm in Hamburg geimpften Affen haben auch zum Teil solche Symptome gezeigt, andere sind genesen, andere chronisch mit Trypanosomen infiziert worden und geblieben, ohne daß sie merklich darunter zu leiden scheinen.

Im allgemeinen stellt man sich jetzt die Wirkung der Trypanosomen beim Menschen so vor, daß die Infektion chronisch verlaufe und unter Umständen erst sehr spät, oft erst nach mehreren Jahren, Krankheitssymptome mache. Die manifeste Krankheit könne dann zwei Ausgänge nehmen, einmal nämlich als Trypanosomen f i e b e r mit zunehmender Kachexie zum Tode verlaufen, zum zweitenmal in tödliche Schlafkrankheit enden. Das letztere sei der Fall, wenn die Trypanosomen ihren Weg zum Z e r e b r o s p i n a l r a u m gefunden hätten. Indessen lassen sich dagegen gewichtige Einwände erheben. Man hat nämlich erstens auch bei Leuten Trypanosomen im Zerebrospinalraum gefunden, die keine Spur von Schlafkrankheitssymptomen zeigten, und zweitens wird von den Anhängern dieser Ansicht ein Befund nicht genügend beachtet, der bei allen Sektionen von an Schlafkrankheit Gestorbenen ausnahmslos erhoben worden ist, d. i. eine Meningitis und Encephalitis bakteriellen Ursprungs. In einer nicht geringen Anzahl von Fällen — nach meinen Literaturstudien in ungefähr einem Sechstel aller Fälle — handelt es sich dabei um a k u t e eitrige Zerebrospinalmeningitis. Auch unser Hamburger Fall endete auf diese Weise. In allen übrigen Fällen hat sich c h r o n i s c h e Meningitis oder Encephalitis gefunden, die, wie eine portugiesische Kommission durch sehr sorgfältige Untersuchungen ermittelte und Castellani selbst bestätigte, durch eine von den Portugiesen Hypnokokkus genannte Kokkenart, die von dem Jäger-Weichselbaumschen Kokkus deutlich verschieden ist, bedingt wird. Man kann diese Meningitis mit der Trypanosomeninfektion auf verschiedene

Weise in Verbindung bringen. Die chronische Meningitis kann eine primäre sein, die Trypanosomeninfektion eine sekundäre Rolle spielen. Dieser Ansicht waren zuerst die Portugiesen. Seitdem sind aber Fälle bekannt geworden, bei denen im Anfang nur eine einfache fieberhafte Trypanosomeninfektion bestand und erst später die Symptome der Schlafkrankheit hinzutraten. Bei der Sektion wurde auch in diesen Fällen chronische Kokkenmeningitis gefunden. Greig und Gray glauben nachgewiesen zu haben, daß die Kokkeninfektion immer erst ganz kurze Zeit vor dem Tode eintritt und mit den schon lange vorher bestehenden Schlafkrankheitssymptomen nichts zu tun habe. Indessen bedürfen ihre Befunde noch der Nachprüfung und Bestätigung, und wir dürfen bei dem jetzigen Stand unserer Kenntnisse die Frage, ob die Trypanosomeninfektion allein die Meningitis und die Schlafkrankheitssymptome macht, noch nicht mit Sicherheit bejahend beantworten. Vielleicht haben die Portugiesen, die die zerebralen Symptome von der chronischen Kokkenmeningitis herleiten, doch nicht so ganz unrecht. Man müßte dann eine besondere Disposition der mit Trypanosomen Infizierten für Kokkeninvasion und dadurch hervorgerufene Meningitis annehmen. Vielleicht spielen dabei, ähnlich wie sich das Westenhoeffer für die epidemische Zerebrospinalmeningitis denkt, die Drüsenschwellungen, an der die Trypanosomeninfizierten immer leiden, eine Rolle. Jedenfalls ist die Ätiologie und Pathogenese der Schlafkrankheit durchaus noch nicht als genügend geklärt anzusehen. Auch die Symptome der Krankheit sind noch nicht genau genug festgestellt. Auffallende Schlafsucht ist durchaus nicht immer vorhanden. Nicht selten ist an ihrer Stelle gesteigerte Erregbarkeit beobachtet worden. Anscheinend immer vorhanden sind Kopfschmerzen und allgemeine zunehmende Kachexie. Unser Fall hatte in der Zeit, in der er noch keine akuten meningitischen Symptome bot, eine entfernte Ähnlichkeit mit Paralyse. Der Kranke hatte deutliche Gedächtnisdefekte, die Sprache war lässig, die vorher flotte Handschrift unbeholfen und kindlich geworden. Außer Kopfschmerzen keine Klagen, sondern eher leicht gesteigerte Euphorie. In Schlaf verfiel der Kranke nur, wenn er sich selbst überlassen wurde.

Die Übertragung der Trypanosomen auf Menschen geschieht durch eine Spezies derselben Stechfliege, der Tsetse, die die Trypanosomen des Wildes und der Haustiere überträgt, und zwar durch die Glossina palpalis.

Über das Verhalten der Trypanosomen in dieser Fliege und ihre Weiterentwicklung darin haben kürzlich Gray, Tulloch und ferner R. Koch interessante Beobachtungen veröffentlicht. Es würde aber zuviel Zeit in Anspruch nehmen, wenn ich hier näher darauf eingehen wollte. Die Glossina palpalis hat ihre festen, an das Vorhandensein von Wasser und dichtem Busch gebundenen Verbreitungsgebiete. Während einzelne Berichterstatter die Vermutung aussprechen, daß diese Verbreitungsgebiete, die Fliegengürtel, „fly belts", sich in der letzten Zeit vermehrt hätten und daß dadurch das stärkere Umsichgreifen der Schlafkrankheit in den letzten Jahren bedingt wäre, sprechen die neuesten Untersuchungen von Greig dafür, daß die Sache sich umgekehrt verhält, daß nämlich schon bestehende, aber trypanosomenreine Fliegenbezirke „fly belts" durch den Verkehr der Menschen infiziert wurden, und daß die Zunahme des Verkehrs die Ursache des schnellen Vordringens der Seuche in Zentralafrika ist.

In Britisch-Indien herrscht in, wie es scheint, weiter Verbreitung eine Krankheit, die man bis vor kurzem mit der Malaria zusammenwarf, obwohl man weder im peripheren Blut noch in den inneren Organen, auch nicht in der Milz regelmäßig Malariaparasiten dabei finden konnte. Die Symptome der Krankheit sind unregelmäßige Fieberanfälle, schwere Anämie, zunehmende Abmagerung und chronische Diarrhöen dysenterischen Charakters. Dabei schwillt die Milz zu Dimensionen an, wie man sie nur bei extrem schwerer und vernachlässigter Malaria beobachtet. Chinin ist ohne Wirkung bei der Krankheit. In einzelnen Gegenden Indiens, namentlich im Brahmaputratal und den benachbarten Hochtälern Assams hat sich die Krankheit seit ungefähr zwanzig Jahren festgesetzt und ganze Dörfer und Distrikte verheert. Die Krankheit wird dort Kala-Azar genannt. Vor etwas über zwei Jahren beschrieb nun ein indischer Militärarzt, Major Leishman, eigenartige Gebilde, die er schon seit 1900 in der Milz bei Autopsien solcher Fälle gesehen habe. Kurz darauf veröffentlichte Donovan identische, durch Milzpunktion an Lebenden gewonnene Befunde, und etwas später beobachtete Marchand dieselben Gebilde in der Milz und anderen inneren Organen eines aus China zurückgekehrten deutschen Soldaten, der unter den Erscheinungen von unregelmäßigem chronischen Fieber, schwerer Anämie und Durchfall zugrunde gegangen war. Leishman und Marchand wiesen von vornherein auf die große Ähnlichkeit der von ihnen beobachteten eigentümlichen Körperchen mit Degenerationsformen von Trypanosomen hin. Laveran dagegen hielt diese Gebilde für Piroplasmen, das sind protozoische Parasiten der roten Blutkörperchen die bisher bei Rindern, Pferden, Schafen, Hunden und anderen Tieren beobachtet wurden. Die Piroplasmeninfektion der Tiere ist in den wärmeren Ländern besonders stark verbreitet, verursacht aber auch bei uns Tierkrankheiten, z. B. die Hämoglobinurie der Rinder. Für den Menschen ist das Vorkommen von Piroplasmose sonst mit voller Sicherheit noch nicht erwiesen. Von den Piroplasmabefunden beim Spotted-Fever, einem in einem abgelegenen Tal der Felsengebirge der Vereinigten Staaten von Nordamerika vorkommenden exanthematischen Fieber, ist es, seitdem Stiles die Richtigkeit der dort gemachten mikroskopischen Blutbefunde angezweifelt hat, wieder ganz still geworden.

Die bei den ostasiatischen Fällen der oben erwähnten, mit Milzschwellung einhergehenden Kachexie gefundenen Gebilde werden jetzt allgemein als Leishman-Donovansche Körper bezeichnet. Sie stellen kleine, runde Zellen dar, ungefähr vom dritten Teil der Größe eines menschlichen, roten Blutkörperchens. Im gefärbten Präparat — Giemsafärbung — sind sie durch eine deutliche, feine Grenzlinie umschrieben; in ihrem Innern sieht man zwei Kerne, von denen der kleinere von stäbchenförmiger Gestalt ist und in der Regel quer zum größeren steht. Diese eigenartigen Gebilde liegen meist in Haufen vereinigt in einer Substanz, die wahrscheinlich von zugrunde gegangenen Körperzellen, insbesondere Endothelien, stammt. Die Gebilde finden sich hauptsächlich in der Milz, der Leber und dem Knochenmark. Rogers und sein Schüler Chatterjee haben nun kürzlich in überlebendem Blut aus diesen Körperchen trypanosomaähnliche Flagellaten sich entwickeln sehen und auch eine Vermehrung dieser Gebilde beobachtet. Diese Beobachtungen sind neuerdings von Christophers bestätigt worden. Weiteres über diese Parasiten wissen wir noch nicht. Insbesondere ist der Übertragungsmodus der Krankheit noch ganz unbekannt.

Die Krankheit ist nicht auf Indien beschränkt. Abgesehen von dem Marchandschen, in seiner Entstehung auf Nordchina zurückzuführenden Falle, sind Erkrankungen von durch diesen Parasiten bedingter Splenomegalie in Hankow in China, in Ceylon, in Arabien und Ägypten bekannt geworden. Wahrscheinlich ist die Krankheit ziemlich weit verbreitet, und es dürften auch Fälle der Bantischen Krankheit dazugehören.

Morphologisch ganz ähnliche Gebilde wie die Leishman-Donovanschen Körper hat Wright und nach ihm andere bei einer seit langem bekannten tropischen Hautaffektion, der Orientbeule, gefunden.

Außer Protozoen finden wir in den wärmeren Ländern auch höher organisierte, tierische Wesen als Blutparasiten. Solche Blutparasiten sind die Filarien, Larven, die von erwachsenen Nematoden stammen, die ebenfalls Filarien genannt werden und teils im Lymphgefäßsystem, teils im Bindegewebe desselben Individuums, in dessen Blut wir die Larven finden, schmarotzen.

Die bekannteste und am weitesten verbreitete Filarieninfektion ist die mit Filaria Bancrofti, deren im Blut lebende Larven den Namen Filaria nocturna führen, weil sie nur des Abends und des Nachts im peripheren Blute angetroffen werden. Am zahlreichsten sind sie um Mitternacht. Es sind sehr feine, schon bei schwacher Vergrößerung gut sichtbare Würmchen mit abgerundetem Kopf und spitzem Schwanzende. Jede Larve ist von einer Scheide umhüllt. Die Dicke einer Larve entspricht ungefähr dem Durchmesser eines roten Blutkörperchens. Sie haben ja auch dieselben Wege wie die Blutkörperchen zu passieren. Ihre Länge beträgt ungefähr das Zwanzigfache der Dicke. Um die Würmchen zu finden, bringt man einen zur Nachtzeit entnommenen Blutstropfen in nicht zu dicker Schicht auf einen Objektträger, den man schnell mit einem Deckgläschen bedeckt. Das Deckgläschen wird zur Verhinderung der Verdunstung mit Vaseline umrandet. Schwache Vergrößerung. Da die Filarien im lebenden Zustand sich fortwährend biegen und rollen und dabei die Blutkörperchen hin und her treiben, so gehe man den Stellen nach, an denen man die Blutkörperchen sich besonders lebhaft bewegen sieht. Dauerpräparate werden an Bord am bequemsten angefertigt und gefärbt wie Malariapräparate. Giemsafärbung. In den Ausstrichen findet man die Filarien fast ausschließlich am Anfang oder am Ende des ausgestrichenen Tropfens. Die Mitte ist fast immer frei.

Die erwachsenen Würmer (Filaria Bancrofti) hat man nur sehr selten während des Lebens der Parasitenträger in Scrotalabszessen, und dann nur abgestorben und bruchstückweise gefunden. Bei Sektionen werden sie häufiger entdeckt, in der Regel sitzen sie in den dann stark variös erweiterten, großen, zentralen Lymphgefäßen, die die Vena cava begleiten.

Die erwachsenen Filarien ähneln am meisten einem dünnen Katgutfaden von weißlicher oder bräunlicher Farbe. Sie sind, solange sie leben, lebhaft beweglich. Die Weibchen sind bis 9 cm lang, die Männchen — schon makroskopisch an ihrem spiralig eingerollten Hinterende erkennbar — 45 mm.

Sehr viele Filarienträger zeigen während ihres ganzen Lebens gar keine Krankheitserscheinungen. Wenn man das Blut einer größeren Anzahl anscheinend gesunder Farbiger bei Nacht untersucht (Chinesen, Laskaren, Neger), z. B. die farbigen Feuerleute an Bord, wird man sicher hier und da auf Filarienwirte stoßen. In der Regel sind die eosinophilen Leukozyten im Blute dieser Parasitenträger vermehrt.

Wo die Würmer Krankheitserscheinungen machen, finden wir ein sehr vielgestaltiges Bild: Fieberanfälle mit lymphangitischen Lokalisationen, die gelegentlich in Abscedierung übergehen, ferner eigenartige, weiche, oft rasch zunehmende und dann wieder bis zu einem gewissen Grade zurückgehende Leistendrüsenschwellungen, Orchitis, Lymphscrotum (Fieber, Rötung und Schwellung des Scrotum, das sich mit hellen Bläschen bedeckt, die platzen und eine schnell koagulierende, lymphatische, sehr zahlreiche Filarien enthaltende Flüssigkeit entleeren), Chylurie, d. h. Entleerung milchartigen, oft von beigemischtem Blut rötlichen Urins mit vielen Filarien darin, und endlich Elefantiasis. Aber nicht alle elefantiastischen Schwellungen beruhen auf Filarieninfektion, und man findet übrigens auch in den Fällen, in denen man das allmähliche Entstehen elefantiastischer Veränderungen aus wiederholten, durch Filarieninfektion bedingten Anfällen von Lymphangitis verfolgen konnte, fast nie mehr im Stadium der Elefantiasis Filarien im Blut.

Die Übertragung der Filarieninfektion geschieht durch Mücken aus der Familie der Culicinen (z. B. Culex fatigans), die beim Blutsaugen Filarien aufnehmen. Die Larven gelangen mit dem aufgesaugten Blut in den Magen, durchbohren unter Zurücklassung ihrer Scheide die Magenwand und wandern in die Thoraxmuskulatur, wo sie sich weiterentwickeln, schließlich fangen sie wieder an zu wandern und gelangen in den Rüssel und bei einem neuen Stechakt der Mücke in den neuen Wirt.

Filaria diurna zeigt sich nur bei Tage im peripheren Blut, gleicht im übrigen auch durch den Besitz einer Scheide der Filaria nocturna. Die erwachsenen Individuen, von denen die Larven stammen, sind, wie ganz kürzlich erst erkannt ist, identisch mit der im Bindegewebe des Menschen umherwandernden Filaria loa, die sich häufig das Auge zum Gebiet ihrer Wanderungen aussucht und dann dort Thränenfluß, Rötung und Schwellung der Konjunktiva hervorruft. Man kann die Wanderung des Wurmes unter der Konjunktiva beobachten uud ihn nach Kokainisierung der betreffenden Stelle und Einschnitt leicht entfernen. An anderen Körperstellen verursacht die Filaria loa teigige Schwellungen der Haut und des Bindegewebes darunter, von 4—6 cm Durchmesser. Diese Schwellungen wandern langsam umher, verschwinden oft ganz für längere Zeit, um dann wiederzukehren. (Calabar- oder Kamerunschwellungen). Über die Übertragung der Filaria loa wissen wir noch nichts.

Filaria perstans kommt in sehr großer Verbreitung bei den Negern des tropischen Afrika vor. Die Larven sind kleiner als die der Filaria Bancrofti und der Filaria loa, lebhafter beweglich als jene, sie können ihren Leib verlängern und verkürzen. Sie haben keine Scheide, ihr Schwanzende ist nicht wie bei Filaria nocturna und diurna spitz, sondern abgerundet. Sie finden sich, wie ihr Name besagt, Tag und Nacht gleichmäßig im peripheren Blut ihrer Wirte. Die erwachsenen Filarien leben im Bindegewebe im Innern des Körpers (Mesenterium). Vielleicht ist aber auch diese Filarienart an dem Auftreten von „Kamerunschwellungen" beteiligt. Weitere Krankheitserscheinungen sind bei den Trägern dieser Filarie bisher nicht beobachtet. Über die Art, wie die Infektion mit dieser Filarie erfolgt, wissen wir noch nichts sicheres.

Die weiteren beim Menschen vorkommenden Blutfilarien haben für den Schiffsarzt kein praktisches Interesse.

Zu einer ätiologischen Therapie gegen die Blutfilarien und ihre beim Menschen schmarotzenden Eltern haben wir noch keine Handhabe.

Filaria Medinensis. Die durch diesen Wurm verursachte Infektion verrät sich durch das Auftreten von furunkelähnlichen Geschwüren, die an den Partien sitzen, die viel mit Wasser in Berührung kommen (Gesicht, Hände, Arme, Beine, bei Wasserträgern, die Wassersäcke auf dem bloßen Rücken tragen, auf dem Rücken). Auf der Oberfläche der Schwellung bildet sich ein Bläschen, das sich öffnet und ein kleines Geschwür bildet. Im Grunde des Geschwürs wird von Zeit zu Zeit der Kopf des Wurmes sichtbar und entleert, wenn man Wasser auf die Haut in der Nähe des Geschwürs bringt, einige Tropfen trüber, weißlicher Flüssigkeit, die von Filarialarven wimmelt. Nach einigen Wochen stirbt der Wurm ab und das Geschwür heilt von selbst. Die Eingeborenen extrahieren den Wurm im Laufe von 10—12 Tagen, indem sie das sichtbare Ende fassen, einklemmen und jeden Tag ein Stückchen weiter herausziehen. Am besten tötet man die Filarie durch Sublimatinjektionen (1 : 1000) in die Geschwürsöffnung und in die Umgebung, dann kann man den Parasiten nach 12—24 Stunden entfernen. Im Blute finden sich bei Infektion mit Filaria Medinensis keine Larven. Die Übertragung geschieht wahrscheinlich durch Trinkwasser. Die Larven, die von dem Wurm unter dem Reize von Wasser, das in die Nähe des Geschwürs gelangt ist, ausgestoßen werden, werden beim Baden, Waschen in Wassertümpel entleert. Häufig sind diese Tümpel mit zahlreichen Krebsen (Cyclops) bevölkert. In die Tierchen dringen die Larven ein und werden gelegentlich mit ihren Wirten vom Menschen verschluckt. Wie die weitere Entwicklung vor sich geht, wissen wir nicht. Die Inkubation nach der Aufnahme der Larven in den Magen bis zum Auftreten der durch die erwachsenen Würmer hervorgerufenen Hautgeschwüre beträgt ungefähr ein Jahr.

Bilharziosis (Infektion mit Schistosomum hämatobium). Das hauptsächlichste und häufig einzige Symptom der Bilharziose ist Hämaturie (nicht zu verwechseln mit Hämoglobinurie — vgl. S. 103). Meist erfolgt die Blutzumischung erst am Ende der im übrigen normalen Harnentleerung. Oft befinden sich die Parasitenträger dabei völlig wohl, höchstens bestehen vage Gefühle von Schwere oder dumpfe Schmerzen in der Blase, am Perineum oder in der Lumbargegend, Brennen in der Harnröhre od. dgl. In schwereren, älteren Fällen ist der Urin gleichmäßig blutig, trübe infolge mehr oder weniger heftiger Cystitis mit allen Folgen und Begleiterscheinungen. Dysenterische Symptome (vgl. o. S. 114) beobachtet man bei Bilharziose des Rektum, die gelegentlich auch ohne Beteiligung der Blase vorkommt.

Die Diagnose wird durch Auffinden der Bilharziaeier im Urin (Schleim- und Blutflocken) oder im Stuhl (Blutbeimischungen) gestellt. Die Eier stammen von den in den Venen der Beckenorgane sitzenden, erwachsenen Bilharzien und treten beim Pressen oder von selbst durch die leicht blutende, varicöse, oft ulzerierte Schleimhaut der Blase oder des Mastdarms aus. Sie sind verhältnismäßig groß, von spindelförmiger Gestalt und haben entweder am hinteren Ende einen kurzen, spitzen Stachel oder sie sind seitlich mit einem größeren Dorn versehen.

In der Regel finden wir auch bei Bilharziainfektion Eosinophilie des Blutes.

Die Bilharziawürmer — in den Lebervenen, der Pfortader und den Venen der Beckenorgane lebend — gehören zu den getrennt geschlechtlich lebenden Saugwürmern (Trematoden). Das Männchen, ein ungefähr 1 cm langer, milchweißer, fadenförmiger Wurm, zeigt unterm Mikroskop zwei Saugnäpfe an dem einen Körperende, dahinter bis zum anderen Ende verläuft eine tiefe Längsfalte, der canalis gynaecophorus, in dem sich bei erwachsenen Individuen das viel dünnere und längere Weibchen aufhält. In der Jugend leben die Geschlechter getrennt.

Die Wege, auf denen die Schmarotzer oder ihre Vorformen in den Körper dringen, sind noch unbekannt. Wenn die Eier ins Wasser gelangen, schlüpfen in wenigen Minuten lebhaft bewegliche, flimmernde Gebilde (Miracidien) aus ihnen heraus. Die weiteren Schicksale dieser Miracidien sind unbekannt. Die Kaffernjungen in Südafrika binden sich, um der Bilharziainfektion zu entgehen, beim Baden die Vorhaut zu.

Die Behandlung der Blasen- und Darmerscheinungen muß

sich auf symptomatische Eingriffe beschränken. Daneben ist für Erhaltung eines guten, allgemeinen Kräftezustandes zu sorgen.

Darmparasiten, wie Tänien, Askariden, Trichocephalus, Oxyuris, Ankylostomum, sind bei Seeleuten, namentlich bei dem farbigen Personal, außerordentlich häufig. Man wird kaum einen farbigen Seemann finden, der nicht in seinen Fäces Eier von einem oder mehreren dieser Schmarotzer zeigte. Auch die aus den Tropen zurückkehrenden europäischen Reisenden haben nach längerem Tropenaufenthalt sehr häufig Darmparasiten acquiriert. Die Farbigen zeigen nur ausnahmsweise deutliche, dadurch bedingte Schädigungen ihrer Gesundheit. Die Europäer dagegen werden in der Regel durch Darmparasiten in ihrem Wohlbefinden mehr oder weniger beeinträchtigt. Man sollte jedenfalls bei allen anämischen Patienten die Fäces einer genauen, und zwar wiederholten mikroskopischen Untersuchung unterwerfen, und man wird daraufhin häufig eine dankbare, ätiologische Therapie einleiten können, während vielleicht bis dahin die Patienten entweder nutzlos mit Chinin gegen eine nicht vorhandene Malaria als Ursache der Anämie behandelt waren oder Zeit und Geld mit Aufsuchen von anderem Klima, Diätkuren, und Einnehmen von Eisen und Arsen verloren hatten. Da bei Leuten, die an Darmparasiten leiden, fast ausnahmslos die eosinophilen Leukozyten vermehrt sind, so wird ein solcher Befund bei der Blutuntersuchung häufig auf die richtige Spur leiten.

Die mikroskopische Untersuchung der Fäces zum Nachweis von Parasiten im Darm wird am besten mit frischem Kot vorgenommen. Hat man nur ältere Fäces zur Untersuchung zur Verfügung, so fertige man seine Präparate mit Kot an, der aus den zentralen, nicht mit der Luft in Berührung gewesenen Partien stammt. Harte Fäces müssen mit Wasser, besser noch mit physiologischer Kochsalzlösung erweicht werden. Auch Fäces von gewöhnlicher, nicht diarrhöischer Beschaffenheit versetzt man zweckmäßig mit etwas Verdünnungsflüssigkeit, so daß sich die etwa hanfkorngroßen, zur Untersuchung entnommenen Proben in gleichmäßiger, eben durchsichtiger Schicht zwischen Objektträger und Deckglas ausbreiten. Man findet die Parasiteneier am leichtesten bei schwacher Vergrößerung. Erst zur weiteren Identifizierung stelle man stärkere Vergrößerungen ein.

Die Entfernung von Tänien gelingt am besten durch Extract. Filicis.

Bei Erwachsenen, die vom Mittag des der Kur vorausgehenden Tages an auf knappe Diät gesetzt werden und bei sehr vollem Darm auch vorher ein Abführmittel erhalten sollen, genügt, wenn das

Präparat gut und frisch ist, eine Gabe von 8—10 g am Morgen. Nachher ein Abführmittel (Karlsbader Salz). Auch gegen Ankylostomum ist Extract. Filicis das beste Mittel. Es wird in derselben Dosierung wie gegen Tänien gegeben. Fast niemals jedoch gelingt es, alle Ankylostomen auf einmal zu entfernen. Zwar sind in den nächsten Tagen nach der Kur in der Regel die Eier aus dem Stuhl verschwunden. Später aber erscheinen sie wieder, dann muß die Kur wiederholt werden. Die Anämie bessert sich in der Regel nur langsam, aber schließlich doch auch in den Fällen, in denen nicht alle Würmer entfernt werden konnten.

Wenn man in frischem Stuhl lebende, ankylostomumlarvenähnliche Würmer findet, handelt es sich um Larven des relativ harmlosen Strongyloides intestinalis. Ankylostomumlarven entwickeln sich erst nach ein paar Tagen außerhalb des Darmes in feuchtgehaltenem Stuhl. Häufig ist Ankylostomuminfektion mit dem Parasitismus von Strongyloides intestinalis (Anguilluliasis) vergesellschaftet.

Die Krankheitsbilder, die die im Darm lebenden Protozoen — abgesehen von den Dysenterieamöben, über die das Kapitel Dysenterie nachzulesen ist — etwa verursachen, sind mit genügender Sicherheit noch nicht abgegrenzt und bekannt. Es werden ihnen manche Formen hartnäckiger Diarrhöen zugeschrieben, insbesondere dem Balantidium Coli. Auch die Therapie dieser Darmprotozoen (Cercomonas, Trichomonas, Balantidium usw.) ist noch wenig ausgebildet und erfolgreich.

IX. Kapitel.

Gelbes Fieber.

Das gelbe Fieber ist bis zum heutigen Tage wegen des kurzen, mörderischen Verlaufes der Krankheit und der vielen Fälle, in denen die Seuche bis zum letzten Mann Kehraus an Bord gemacht hat, die vom Seemann am meisten gefürchtete Krankheit. Namentlich unsere Handelsflotte hat noch bis in die letzte Zeit große Verluste durch das gelbe Fieber erlitten. So entfielen im Jahre 1892 von den zur Kenntnis des Hamburger Seemannsamtes gekommenen Krankheitssterbefällen von Seeleuten auf deutschen Schiffen 53 $^0/_0$, im Jahre 1893 34 $^0/_0$, im Jahre 1894 40 $^0/_0$ auf das gelbe Fieber. Eine einzige, deutsche Reederei verlor in der Epidemie 1891/92 in Santos 85 ihrer Leute an dieser Krankheit. 1893 wurden in Santos in der kurzen Zeit vom 16. Januar bis zum 31. März 403 Seeleute wegen Erkrankung am gelben Fieber im Hospital de Isolamento aufgenommen, von der Landbevölkerung in derselben Zeit nur 545 Personen. Unter den aufgenommenen Seeleuten nahmen die Deutschen mit 88 Kranken die erste Stelle ein. Es starben 152 Seeleute, unter denen wieder die Deutschen mit 36 Todesfällen obenan stehen. Am meisten sind im allgemeinen die Segelschiffe wegen des längeren Aufenthaltes, den sie in den verseuchten Häfen nehmen müssen, gefährdet. Aber auch auf den Dampfern bleibt es nicht immer bei vereinzelten Fällen. Von den Besatzungen der Dampfer gehören die meisten Erkrankten den Leuten an, die verhältnismäßig viel mit dem Lande verkehren (Kapitän, Offiziere, Maschinisten, Schiffsärzte, Zahlmeister, Köche, Stewards usw.). Unter ungünstigen Umständen aber wird die Besatzung in viel weiterem Umfange ergriffen. So hatte das italienische Kriegsschiff „Lombardia" 1896 in Rio bei einer Besatzung von 280 Köpfen 270 Erkrankungen und 129 Todesfälle an gelbem Fieber. Es starben der Kapitän und alle Offiziere bis auf zwei.

Von ihren Hauptherden, den Häfen der Ostküste des tropischen Amerika, ist die Seuche durch den Seeverkehr längs der Küsten des amerikanischen Kontinents bis hinauf nach Quebec und südwärts bis nach Buenos Aires verschleppt worden. Die größten Verheerungen richtete sie in den brasilianischen Häfen an. So starben im Jahre 1894 in Rio de Janeiro beinahe 5000 Menschen an der Seuche. Über das gelbe Fieber in Afrika stammen sichere Nachrichten erst vom Ende des 18. Jahrhunderts. Dieses späte Auftreten der Seuche in Afrika macht es in hohem Grade wahrscheinlich, daß die Krankheit von Amerika, von wo wir schon von der Mitte des 17. Jahrhunderts an sichere Nachrichten über Gelbfieber haben, nach Afrika eingeschleppt worden ist und nicht etwa in Afrika seine ursprüngliche Heimat hat. Bei dem Fehlen großer, volkreicher Häfen und der im Vergleich zu Amerika vorläufig geringen Entwicklung des Schiffsverkehrs an den Küsten des tropischen Afrika ist es nicht verwunderlich, daß die Seuche bisher dort nur verhältnismäßig kleine Epidemien verursacht und nur in beschränkter Ausdehnung (Senegalmündung und Elfenbein- und Goldküste) festen Fuß gefaßt hat. Das kann sich aber bald ändern, wenn nicht die geeigneten Vorsichtsmaßregeln, wie jetzt in unsern deutschen westafrikanischen Kolonien, an allen bedrohten Orten getroffen werden. Europa wurde in der Mitte des 18. Jahrhunderts zum ersten Male heimgesucht. Südeuropa hatte bis zur Mitte des 19. Jahrhunderts mehrere schwere Epidemien (Malaga 1741, Livorno 1804, Lissabon 1857), während die zahlreichen Einschleppungen nach Nordeuropa (33 nach Reincke bis zum Jahre 1875) nur dreimal (1802 Brest, 1861 St. Mazaire, 1855 Swansea) ganz beschränkte und vorübergehende Ausbrüche im Gefolge hatten. Nach Deutschland sind m. W. bisher nur Rekonvaleszenten oder abgelaufene, nur noch mit Nachkrankheiten behaftete Fälle gekommen.

Asien und Australien sind bisher ganz verschont geblieben. Nach der Eröffnnng des Panamakanals wird die Gefahr der Einschleppung der Seuche für diese Kontinente, besonders aber für die Westküste Nord- wie Südamerikas sehr viel größer werden und die Verbreitung der Krankheit dürfte dann vielleicht bald ein ganz anderes Bild als bisher zeigen.

Man muß bei der Betrachtung des Krankheitsbildes des gelben Fiebers leichte, abortive und ausgesprochene Fälle unterscheiden.

Die abortiven Erkrankungen verlaufen als zwei- bis dreitägige leichte Fieber ohne charakteristische Erscheinungen und dürften dort, wo man keine Blutuntersuchungen macht, am häufigsten mit einem etwas schweren Malariafieber verwechselt werden. Diese Fälle spielen, wie bei allen Infektionskrankheiten, oft eine verhängnisvolle Rolle bei der Weiterverbreitung der Krankheit, da man dabei, weil sie unerkannt bleiben, auch keine Vorsichtsmaßregeln gegen die Seuche trifft. Sie haben wahrscheinlich auch zu der Annahme Veranlassung gegeben, daß der bloße, längere Aufenthalt in gelbfieberheimgesuchten Gegenden Immunität gegen die Krankheit verleiht. In seuchenfreien Zeiten tritt diese Immunität nicht ein. Die in den letzten Jahren erfolgreich und einwandfrei ausgeführten, absichtlichen Übertragungen haben gezeigt, daß leichte, nicht charakteristische fieberhafte Erkrankungen tatsächlich durch Infektion mit Gelbfiebervirus hervorgerufen werden können und daß ihnen Immunität gegen spätere Infektionen folgt. Wahrscheinlich beruht die anscheinend durch bloßen, längeren Aufenthalt in einer Gelbfiebergegend, durch „Akklimatisation" erworbene Immunität gegen die Krankheit darauf, daß diese Immunen doch einmal einen leichten, nicht beachteten oder als „Klimafieber" angesprochenen Anfall der Krankheit durchgemacht haben.

Ihre Namen — gelbes Fieber, Vomito negro, black vomit — hat die Krankheit von der ausgesprochenen, schwereren Form. Diese Form der Krankheit beginnt ohne Prodromalerscheinungen mit plötzlicher, von Schüttelfrost begleiteter, hoher Temperatursteigerung, sehr heftigen Kopfschmerzen, namentlich in Stirn und Augen, Rücken- und Lendenschmerzen (die oft das auffallendste Anfangssymptom bilden, woher der Name coup de barre für die Krankheit). Die Pulsfrequenz ist meist nur anfangs gesteigert, geht dann aber bald herunter. Dies Mißverhältnis zwischen Temperatur und Puls ist nicht ohne diagnostischen Wert. Der Harn enthält bei schweren Fällen schon vom ersten Tage an, in den übrigen vom zweiten oder dritten Tage an immer Eiweiß. Nur in den allerleichtesten Fällen (s. o.) fehlt die Albuminurie. Die Harnmenge sinkt proportional der Schwere der Erkrankung. Vielleicht steht mit dieser Niereninsuffizienz der eigentümliche, an frisch geschlachtetes Fleisch („odeur de la boucherie") erinnernde Geruch im Zusammenhange, den schwere Gelbfieberkranke schon in diesem ersten Stadium an sich zu haben pflegen. Die Milz ist nicht oder nur ganz wenig geschwollen. Der schwere, hochfieberhafte Allgemeinzustand bleibt für gewöhnlich drei Tage bestehen, er bildet die erste Periode der Krankheit. Am vierten Tage fällt die Temperatur, womit eine allgemeine, subjektive und objektive Besserung beginnen kann. Die Harnmenge steigt, der Urin wird eiweißfrei. Die Genesung schreitet aber nur langsam vorwärts. Leichter Ikterus. In den ungünstig verlaufenden Fällen ist das Remissionsstadium sehr kurz oder gar nicht vorhanden. Die Temperaturerniedrigung geht in Kollaps über, der entweder bald mit dem Tode endigt oder von einem Wiederanstieg der Temperatur abgelöst wird, der aber nie die Höhe des ersten, fieberhaften Stadiums erreicht. Dabei bilden sich die Symptome aus, von denen die Krankheit den Namen hat. Es stellt sich unaufhörliches Erbrechen ein, das bald zur Entleerung schwarzer Massen zersetzten Blutes führt (black vomit, vomito negro). Dazu gesellen sich Darmblutungen, Epistaxis, Blutungen aus Zahnfleisch und Zunge. Seltener sind stärkere Blutungen in die Harnwege. In der Magen- und Lebergegend äußerst heftige Schmerzen, namentlich auf Druck. Der Kranke wird gelb. Der Ikterus soll aber selten sehr hohe Grade erreichen. Oft wird er erst nach dem Tode recht deutlich. Die Harnmenge sinkt, oft bildet sich vollständige Anurie aus. Die Milz bleibt auch in diesem Stadium innerhalb der normalen Grenzen. Der Puls sehr klein. Singultus. Das Bewußtsein ist bald erhalten, bald sind Somnolenz oder Delirien zu beobachten. Bei dieser Ausbildung der zweiten Periode tritt nur sehr selten unter Nachlaß aller Symptome noch Genesung ein, in der Regel sterben die Kranken nach fünf- bis zehntägiger Dauer dieses zweiten Stadiums, das sich als Ausdruck vollendeter, schwerster Blut- und Organschädigungen charakterisieren läßt, während die erste Periode die Einleitung dazu mit Fieber und allgemeinen Sugestionserscheinungen darstellt.

Bei der Obduktion findet man als auffallendste Veränderung der mehr oder weniger ikterischen Leiche, die oft durch größere oder kleinere, eigentümlich livide Flecken wie marmoriert aussieht — diese Flecken treten u. U. auch schon bei Lebzeiten auf — eine ikterische Leber mit allen Zeichen schwerster, fettiger Degeneration. Auch in den Nieren finden sich alle Stadien parenchymatöser Degeneration. Das Herz ist meist schlaff, oft dilatiert, das Myocard fettig degeneriert. Die Lungen bieten keine Besonderheiten, ebensowenig die Milz. Magen- und Darmserosa äußerst blutreich mit vielen größeren und kleineren Ecchymosen. Der Magen- und Darminhalt besteht aus reichlichen, schwärzlichen oder schwarzroten Massen, nach deren Abspülen die Schleimhaut sich im Zustande starker Rötung und Schwellung präsentiert. An vielen Stellen hämorrhagische Streifen und größere Blutungen. Hirn und Hirnhäute zeigen außer kleinen Hämorrhagien nichts Wesentliches.

Die Mortalität ist sehr schwankend, bei frisch Eingewanderten und in Gegenden, in denen die Krankheit lange nicht geherrscht hat, am höchsten, bis 75 %, sonst zwischen 30 % und 40 %. Das größte

Kontingent an Todesfällen stellen die Ausländer. In Rio betrug der Unterschied in der Menge der Todesfälle bei Brasilianern und Ausländern mitunter das Zehnfache.

Die Diagnose ist in den leichtesten Fällen wohl kaum oder höchstens per exclusionem zu stellen. Am häufigsten kommt dabei anscheinend die Verwechslung mit Malaria in Frage. So wird von Schiffsärzten der Hamburger Schiffe oft über Meinungsverschiedenheiten berichtet, die sie mit den Quarantäneärzten in Amerika bei gelbfieberverdächtigen Fällen haben, indem nicht selten Fälle, die von unseren Ärzten für Malaria gehalten werden, von den Quarantäneärzten als Gelbfieber angesprochen werden mit allen Folgen, die eine solche Diagnose für das Schiff und seinen weiteren Verkehr nach sich zieht. Umgekehrt schickt wohl auch einmal ein Schiffsarzt einen Patienten als verdächtig in das Gelbfieberspital an Land, der sich nachher als malariakrank erweist. Der Nachweis von Malariaparasiten bei der mikroskopischen Untersuchung des Blutes wird jeden Zweifel beseitigen. Werden keine Malariaparasiten gefunden, so müssen die übrigen bei Malaria immer mehr oder minder ausgesprochenen Blutveränderungen — Verminderung des Hämoglobingehalts, basophile Körnung der roten Blutkörperchen, ferner das anämische Aussehen und die Milzschwellung, endlich die Anamnese (vorausgegangene Fieber) und die Wirkung von Chinin beachtet werden. Vermehrung der großen, mononukleären Leukozyten wird anscheinend regelmäßig auch beim gelben Fieber beobachtet und deutet darauf hin, daß wir es auch bei dieser Krankheit wahrscheinlich mit einer Protozoeninfektion zu tun haben.

Der ausgesprochene Gelbfieberanfall kann kaum mehr mit einem Malariaanfall, eher dagegen mit einem Schwarzwasserfieberanfall verwechselt werden. Bis vor kurzer Zeit hat tatsächlich bei vielen Ärzten in bezug auf das Auseinanderhalten dieser beiden Krankheitsbilder Konfusion geherrscht, und namentlich in Westafrika kommen Verwechslungen noch heute vor. Wo das charakteristische Zeichen des Schwarzwasserfiebers, die Hämoglobinurie, vorhanden ist, ist jede Unsicherheit ausgeschlossen, aber es gibt auch Schwarzwasserfieber ohne Hämoglobinurie, und oft wird der Arzt zu Fällen gerufen, wo er bezüglich des Aussehens des vom Kranken gelassenen Urins nur auf die unzuverlässigen Angaben der Umgebung des Kranken, vielleicht nur eines Negerboys, der den Kranken bediente, angewiesen ist und wo zur Zeit der Untersuchung Anurie besteht. Die übrigen Symptome des Schwarzwasserfiebers, wie Ikterus, heftige Schmerzen in der Lebergegend, Erbrechen und Kollapserscheinungen mit und ohne Temperaturerhöhung, bieten ja in der Tat eine gewisse Ähnlichkeit mit dem zweiten Stadium des gelben Fiebers. Jedoch haben diese Patienten ja alle schon vor dem zweifelhaften Anfall mehr oder weniger Fieber gehabt, und man wird bei ihnen in den allermeisten Fällen eine **starkgeschwollene Milz** finden, die beim gelben Fieber immer fehlt. Endlich ist zu berücksichtigen, daß das Schwarzwasserfieber sich so gut wie niemals spontan, sondern immer nur im unmittelbaren Anschluß an medikamentöse Eingriffe, in der Regel nach Einnahme von Chinin, entwickelt. An Bord wird die Differentialdiagnose leichter wie an Land sein, weil der Schiffsarzt ja an Bord in den meisten Fällen die Entstehung und den Verlauf des schweren Krankheitsbildes von Anfang an zu beobachten in der Lage ist.

Die **Behandlung** des gelben Fiebers muß sich vorläufig auf symptomatische Mittel beschränken. Im Anfang der Erkrankung sollen starke Abführmittel, wie große Dosen von Rizinus und Kalomel, von sehr guter Wirkung sein, sie werden in Brasilien allgemein sofort und noch vor der Zuziehung eines Arztes angewandt. Die Darreichung von Chinin ist völlig wirkungslos. Dasselbe gilt von der Salizylsäure. Man beschränke sich, abgesehen von den Abführmitteln, im ersten Stadium auf schonende, antipyretische Behandlung, im zweiten auf Exzitantien. Morphium soll von ungünstiger Wirkung sein. Im zweiten Stadium soll man besonders den Kranken vor Entblößung und Abkühlung hüten, hierauf ist auch der Wärter besonders aufmerksam zu machen.

Die zum Studium des gelben Fiebers vor einigen Jahren nach Brasilien entsandte Kommission **französischer** Forscher (Marchoux, Salembeni, Simond) hat gefunden, daß das Serum von Kranken nach dem vierten Krankheitstage und noch mehr das Rekonvaleszentenserum deutliche, schützende und heilende Eigenschaften besitzt. Vielleicht läßt sich daraus einmal in Zukunft eine ätiologische Therapie und ein Immunisierungsverfahren entwickeln.

Die **Ätiologie** des gelben Fiebers war bis vor wenigen Jahren noch ganz dunkel; jetzt sind aber wenigstens die Übertragungswege für die Krankheit aufgedeckt worden. Über die Natur des Infektionsstoffes selbst lassen sich nur Vermutungen hegen. Wir wissen jedoch von ihm mit Sicherheit, daß er nur in den ersten drei Tagen der Krankheit in übertragbarer Form im Blute kreist und daß er zu dieser Zeit sowohl durch direkte Blutüberimpfung, wie durch die Stiche einer bestimmten Mückenart übertragen werden kann. Er ist mit den uns jetzt zu Gebote stehenden optischen und färberischen Hilfsmitteln nicht sichtbar und damit steht in

Übereinstimmung, daß er die Poren der gewöhnlichen bakteriendichten Chamberlandfilter glatt passiert. Nur durch die feinstporigen Nummern dieser Filter wird er zurückgehalten. Es ist noch nicht gelungen, ihn auf künstlichen Nährböden zu züchten. Der vor einigen Jahren von Sanarelli in Gelbfieberleichen gefundene und als Erreger der Krankheit proklamierte Bazillus hat mit der Ätiologie des gelben Fiebers nichts zu tun.

Die Übertragung des ultramikroskopisch kleinen Infektionserregers des gelben Fiebers von kranken auf gesunde Menschen kommt unter natürlichen Verhältnissen nur durch eine bestimmte Mückenart zustande; in ihnen machen die Infektionserreger, die mit dem aus Gelbfieberkranken ausgesaugten Blut aufgenommen wurden, eine Entwicklung durch; es müssen mindestens zwölf Tage, nachdem die Mücke einen Kranken gestochen hat, vergangen sein, ehe der erneute Stich derselben Mücke imstande ist, wieder die Krankheit bei anderen Menschen hervorzurufen.

Die ersten Versuche zum Beweise dieses Übertragungsweges wurden schon anfangs der neunziger Jahre von Finlay angestellt. Den unanfechtbaren Beweis von der Richtigkeit der Vermutungen Finlays erbrachten aber erst im neuen Jahrhundert die amerikanischen Forscher Reed, Carrol, Agramonte und Lazear, die in Cuba an einem bisher gelbfieberfreien Orte eine Anzahl von Versuchspersonen in zwei moskitosicheren Häusern unter folgenden Bedingungen unterbrachten: In dem einen Raum schliefen die Versuchspersonen wochenlang in Betten und Bettzeug, das von Gelbfieberkranken kurz vorher benutzt und beschmutzt und weder gewaschen noch desinfiziert worden war. In dem andern Raume wohnten andere Personen, die mit irgendwelchem Material, das von Gelbfieberkranken stammte, nicht in Berührung kamen, außer daß sie von Mücken gestochen wurden, die mindestens zwölf Tage vorher Blut von Gelbfieberkranken aufgesaugt hatten. Von zwölf Personen, die diesen Mückenstichen ausgesetzt wurden, erkrankten zehn an gelbem Fieber, von der andern Gruppe, die vor Mückenstichen geschützt, aber gründlich und lange mit Erbrochenem, Blut und schmutziger Wäsche von Gelbfieberkranken in Berührung gewesen war, kein einziger. Daß diese Personen aber empfindlich für das gelbe Fieber waren, wurde durch nachträgliche Impfungen erwiesen. Diese Versuche sind jetzt schon mehrfach und an verschiedenen Orten nachgeprüft worden und haben immer ein und dasselbe Ergebnis gehabt. Sie beweisen, daß weder die Berührung von Kranken, noch die lebloser, durch Ausscheidungen des Kranken beschmutzter Gegenstände imstande ist, mit dem Gelbfieber zu infizieren und daß der Stich infizierter Mücken den einzigen Weg bildet, auf dem unter natürlichen Verhältnissen die Krankheit von Mensch zu Mensch übertragen wird. Neuere Versuche von Marchoux machen es wahrscheinlich, daß das Gelbfiebervirus in infizierten Mücken unter Umständen auch auf die nächste Mückengeneration übertragen werden kann. Dieses Verhältnis legt einen für die teleologische Betrachtungsweise sehr interessanten Vergleich mit der Malaria nahe. Das Gelbfiebervirus kreist nur drei Tage in übertragbarer Form im kranken Menschen. Das konservierende Element für das Virus sind die Mücken. Bei der Malaria ist es gerade umgekehrt. Da hält sich das Malariavirus

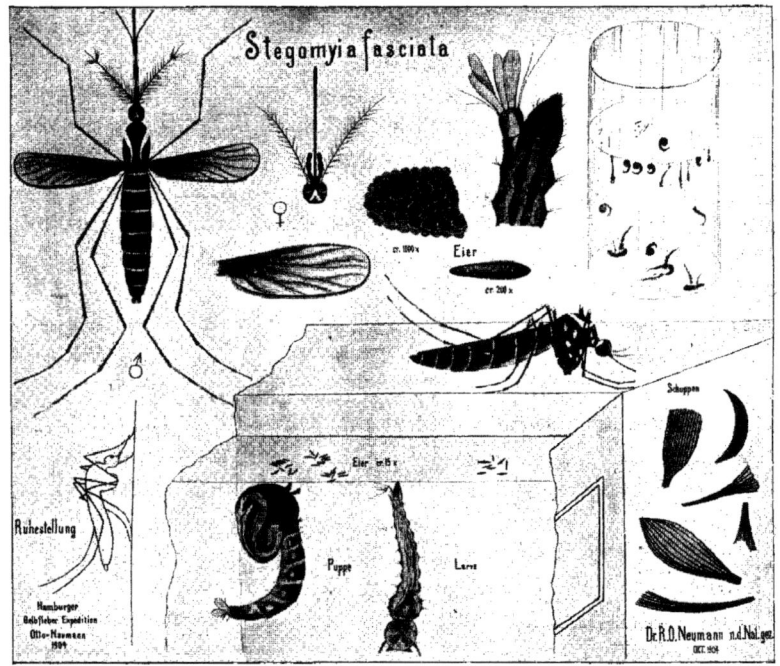

Fig. 29. Stegomyia fasciata.

unter Umständen monate-, selbst jahrelang im kranken Menschen, daher ist eine Vererbung von einer Mückengeneration zur andern unter natürlichen Verhältnissen nicht erforderlich.

Durch die oben geschilderten, absichtlichen Infektionen ist jetzt auch die Inkubationszeit der Gelbfieberinfektion sicher bestimmt worden. Sie schwankt in den meisten Fällen zwischen zwei und fünf Tagen, kann aber ausnahmsweise bis zu dreizehn Tagen dauern. Prodromalerscheinungen während der Inkubationszeit sind nicht beobachtet.

Die Mücke, in der sich das Gelbfiebervirus entwickelt und die es durch ihren Stich überträgt, ist die Stegomyia fasciata. Fig. 29.

Sie gehört zu der großen Gruppe der Culicinen. Von der Anophelesmücke, die die Malaria überträgt, unterscheidet sie sich dadurch, daß beim Weibchen die Palpen, ähnlich wie bei Culex, erheblich kürzer als der Stechrüssel sind und daß die der Männchen, die übrigens nicht stechen, umgekehrt viel länger und mehr bebuscht sind als die der Anophelesmännchen. Das hervorstechendste Merkmal von Stegomyia, das sie vor allem auch von der gewöhnlichen Stechmücke Culex unterscheidet, ist eine zierliche, aus weißen Bändern zusammengesetzte Zeichnung auf dem Rücken des Thorax, die an das Bild einer Leier erinnert. Auch die Männchen haben diese Zeichnung. Weitere Unterscheidungsmerkmale brauchen hier nicht aufgeführt zu werden. Auch die Eier, die Larven und die Puppen sind von denen von Anopheles und Culex verschieden. Das Stegomyiaweibchen legt seine Eier einzeln wie Anopheles, ab, sie haben aber nicht wie die Anophelesreier eine biskuitförmige Gestalt und eine seitliche Schwimmmembran, sondern sie sind torpedoförmig gestaltet und haben eine gesprenkelte Oberfläche, die durch bläschenartige Vorwölbungen bedingt wird. Die Culexlarven werden in Häufchen abgelegt, sind an ihrem einen Ende spitzer, am andern breiter als die Stegomyiaeier und haben ein Deckelchen, das sich öffnet, wenn die Larve herausschlüpft, während die Stegomyialarve eine schon bestehende Öffnung beim Ausschlüpfen einfach erweitert.

Die Larven gleichen mit ihrer seitlichen Respirationsröhre und senkrechten Haltung den Culexlarven, jedoch ist die Respirationsröhre kürzer und dicker als die der Culexlarven.

Das Verbreitungsgebiet der Stegomyia fasciata ist ein sehr weites und erstreckt sich auch auf Gebiete, in denen das gelbe Fieber bisher noch nicht erschienen ist. Umgekehrt aber hält sich die Gelbfieberverbreitung strikte innerhalb der Grenzen des Vorkommens von Stegomyia. Die Mücke ist, wie das gelbe Fieber, in ihrer Verbreitung auf die wärmeren Länder beschränkt, in rauherem Klima wird sie inaktiv, sticht nicht mehr und stirbt schließlich ab. Die Lebensgewohnheiten der Mücke stimmen mit der Epidemiologie das gelben Fiebers gut überein. Sie erklären es auch, warum einmal begonnene Epidemien u. U. beim Eintritt der kalten Jahreszeit nicht mit einem Schlage enden, sondern in Einzelfällen noch fortdauern. Es war dabei immer aufgefallen, daß dann in der Regel nur Leute ergriffen wurden, die in warmen, geschlossenen Räumen arbeiteten, wie Bäcker, Köche, Maschinisten. Die Stegomyia ist noch mehr ein Haustier wie die Anophelesmücke und hält sich immer an wärmeren Plätzen in den Häusern auf, wo sie dann gelegentlich bis lange in die kalte Jahreszeit hinein munter bleibt.

Ihre Eier legt sie in beliebige Wasseransammlungen, sie scheut dabei auch Schmutzwasser nicht, und die Eier entwickeln sich darin, falls es nicht allzu faulig ist. Auch an Bord finden wir deshalb in alten Blumenvasen, unbenutzten Waschbecken, in leeren Kammern, in offenstehenden Trinkwassertanks u. dgl. nicht selten Stegomyialarven. Auch die Insekten selbst halten sich an Bord in wärmeren Gegenden sehr lange, und werden oft mit Schiffen über weite Strecken verschleppt. Zugwind scheuen sie sehr und eine tüchtige Brise ist ein gutes Mittel, um sie zu vertreiben. Umgekehrt werden sie von leichtem Wind weit vom Lande ab auch bis zu ganz weit draußen auf der Reede liegenden Schiffen verschleppt. Die Weibchen sind außerordentlich blutgierig, stechen aber mit Vorliebe des Nachts, womit die von alters feststehende Tatsache übereinstimmt, daß das gelbe Fieber mit Vorliebe die Seeleute befällt, die die Nacht an Land in den von Gelbfieber heimgesuchten Stadtteilen zubringen. Von vielen Seiten wird berichtet, daß die Stegomyia die feinere, blutreiche Haut der hellfarbigen, blonden Menschen bevorzugt, wodurch sich die große Disposition der Nordeuropäer für Gelbfieber erklären würde.

Außer durch eignen Flug und durch leichten Wind werden die Mücken durch Ladegüter an Bord gebracht (Zucker, Melasse, Früchte, Stroh u. dgl.). Auch in Koffern und Gepäckstücken können sie gelegentlich eingeschleppt werden. Am gefährlichsten dürften gedeckte Leichter, die Waren von Land bringen, sein; die dunklen Räume der Fahrzeuge bieten ihnen sehr günstige Schlupfwinkel, so daß sie meilenweit auf die Reede damit verschleppt werden können. Sofern das Bilschwasser solcher Leichter nicht zu brackig ist, enthält es, wie das von Flußkähnen und Dampfern, oft sehr viele Stegomyialarven, während das Bilschwasser der Seeschiffe kein für die Aufzucht von Gelbfiebermoskitos geeignetes Medium darstellt.

Aus den Lebensgewohnheiten der Stegomyia leiten sich für die Verhütung des Ausbruches des gelben Fiebers folgende einfache Regeln ab: Bei der Wahl des Liegeplatzes kommt es nicht so sehr auf große Entfernung vom Lande, als auf die Vermeidung eines windgeschützten Ankerplatzes an. Alle Wasseransammlungen an Deck und in den Schiffsräumen, die den Mücken Gelegenheit zur Eierablage geben können, müssen beseitigt oder durch Deckel geschützt werden. Alles Stroh, Seegras, Matten, sonstigen Emballagen sind über Bord zu werfen, weil gerade Anhäufungen solcher Sachen an Bord Mücken leicht Unterschlupf gewähren. Leichter und Bumboote sollten niemals über Nacht längsseit der Schiffe geduldet werden. Man· schlafe immer unterm Moskitonetz, nachdem es auf Mücken abgesucht ist. Auch die Fensteröffnungen, Luken und Türen der Wohnräume sollten mit Moskitonetzen versehen sein. Im übrigen sorge man überall für guten Zugwind, was ja in den Tropen auch nie lästig empfunden wird. Ist der Kapitän gezwungen, sein Schiff an den Kai oder dicht in die Nähe von Land zu legen, so muß der Netzschutz doppelt sorgfältig gehandhabt werden. Einreibungen auf die Haut mit aromatischen Ölen u. dgl. nützen gar nichts, gerade die blutgierigen Stegomyien lassen sich durch solche Mittel nie abschrecken. Das Anlandgehen sollte unter allen Umständen des Abends verboten werden.

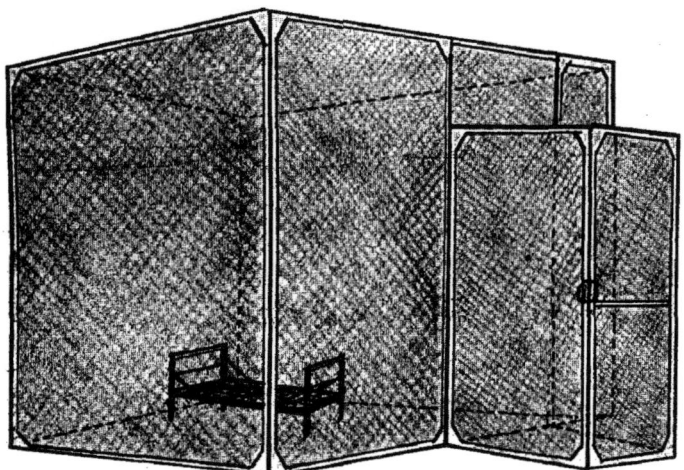

Fig. 30. Moskitosichere Kammer zur Behandlung von Gelbfieberkranken.

Gelbfieberkranke sollten, wenn irgend angängig, sofort an Land gebracht werden. Behält man sie an Bord, so müssen sie unter ein Moskitonetz. Wenn man das Lazarett oder den Raum, in dem der Kranke sich befindet, nicht moskitosicher abschließen kann, empfiehlt sich die Aufstellung einer großen Zelle, aus Holzrahmen zusammengesetzt, mit moskitosicherem Netzstoff überzogen und mit Doppeltür versehen (siehe Abbildung Fig. 30).

Sowohl der Raum, in dem der Kranke bis zu seiner Isolierung unter Netzschutz gewesen ist, wie alle übrigen Wohnräume des Schiffes müssen sofort ausgeräuchert werden, um die etwa vorhandenen infizierten Mücken zu töten. Ja man kann mit dem Ausräuchern schon beginnen, wenn der Kranke noch in dem von ihm bisher bewohnten Raume sich befindet. Man verbrenne in solchen Fällen Insektenpulver (2—10 g auf 1 cbm Raum). Dadurch werden die Mücken zwar nicht getötet, wohl aber betäubt. Man findet sie leicht, wenn man vorher auf dem Fußboden und vor den Fensteröffnungen und Türen weiße Tücher ausgebreitet hat. Die Mücken fliegen nach diesen Öffnungen und fallen dann betäubt zu Boden auf die weißen Flächen, wo sie dann zusammengekehrt und verbrannt werden. Von Menschen freie Räume kann man durch Verbrennen von Schwefel (20 g S. auf 1 cbm) von Mücken säubern. Auf den Fußboden stellt man eiserne Pfannen mit Schwefel, der mit Spiritus übergossen ist. Alle Sachen, die durch Schwefeldämpfe beschädigt werden könnten, müssen vorher aus dem Raum entfernt werden. Geht das nicht an, so wird das Verbrennen von Insektenpulver, namentlich in den oft sehr kostbar ausgestatteten Räumen für die Kajütspassagiere, vorzuziehen sein. Alle zu räuchernden Räume müssen vorher möglichst abgedichtet werden. Gefüllte Laderäume, in denen man Mücken abtöten will, können durch Einleiten großer Mengen gasförmiger, schwefliger Säure (Claytonapparat) mückenfrei gemacht werden. Indessen muß man dabei beachten, daß das Verfahren viele Waren verdirbt (namentlich Früchte, Seidenstoffe, feine Wollwaren u. dgl.). Auf Schiffen, die solche Waren geladen haben, dürfen die Laderäume nicht mit Claytongas behandelt werden.

Alle diese Maßnahmen, namentlich die auf den Kranken und der von ihm zuletzt benutzte Wohnraum bezüglichen, müssen natürlich in Gelbfieberhäfen und noch längere Zeit nach dem Aufenthalt in solchen Häfen nicht bloß bei ausgesprochenen Gelbfieberfällen, sondern bei allen fieberhaften Erkrankungen an Bord, bei denen es nicht absolut sicher ist, daß sie mit Gelbfieber nichts zu tun haben, sofort angewendet werden. Die leichten, unerkannten Fälle sind für die Weiterverbreitung der Krankheit ebenso gefährlich wie schwere Erkrankungen. Unter keinen Umständen dürfen in einem fieberverseuchten Hafen Leute mit fieberhaft erhöhter Körpertemperatur an Bord aufgenommen werden. (Besichtigung der Passagiere vor ihrer Einschiffung, Messen der Körpertemperatur bei denjenigen, die nicht ganz wohl aussehen).

Die Behandlung und Pflege von Gelbfieberkranken ist, wenn man Sorge trägt, sich vor dem Stich infizierter Mücken zu schützen, ganz ungefährlich. Desinfektionen sind überflüssig und nutzlos. Die „Lombardia" (vgl. o.) wurde viermal durch und durch desinfiziert, trotzdem wütete die Krankheit weiter.

Die der Einschleppung des gelben Fiebers durch den Seeverkehr ausgesetzten Häfen pflegten früher — und an den meisten

Orten geschieht dies auch jetzt noch — lange Quarantänen und Desinfektionen gegen die aus Gelbfieberhäfen ankommenden Schiffe zu verhängen. Diese kostspieligen und lästigen Maßnahmen sind ganz nutzlos. In Häfen, die durch ihr Klima vor der Einschleppung von Stegomyien und dem Umsichgreifen von gelbem Fieber geschützt sind, braucht man gegen Provenienzen aus Gelbfiebergegenden gar nichts zu tun. Deutschland ist frei von Stegomyien, unser Klima ist für sie nur im Hochsommer erträglich, aber auch in der heißesten Zeit kommt es an unseren Küsten niemals zu einer ununterbrochenen Aufeinanderfolge von mindestens zwölf heißen Tagen und Nächten, wie sie zur Entwicklung von infektionstüchtigem Gelbfiebervirus in der Stegomyia nötig ist. Eine wenn auch noch so kurze Herdbildung bei uns ist deshalb ausgeschlossen, nur dafür ist eine entfernte Möglichkeit denkbar, daß im Hochsommer infektionstüchtige Moskitos mit einem Schiff bei uns ankommen und daß diese Moskitos während der ersten Tage ausfliegen und noch einige Menschen an Land oder an Bord infizieren. Aber auch dazu müssen so vielerlei Umstände gerade zusammentreffen, daß ein solches Ereignis kaum zu erwarten ist. Zudem werden die Herde der Krankheit, mit denen gerade unser Land einen regen Schiffsverkehr unterhält, die brasilianischen Häfen, immer in unserm Winter vom Gelbfieber heimgesucht.

In den Häfen der wärmeren Länder, namentlich dort, wo Stegomyia schon heimisch ist, wird man dagegen allen Provenienzen aus Gelbfieberhäfen mit Recht ganz besondere Aufmerksamkeit zuwenden. Jedoch müssen die bisher und vielfach jetzt noch in diesen Staaten nach dem althergebrachten Schema gehandhabten Quarantänen und Desinfektionen für diese Schiffe erheblich modifiziert werden, wenn sie wirklich Nutzen bringen sollen. Selbstverständlich muß jedem solchen Schiff vor der Eröffnung des Verkehrs ein ärztlicher Besuch zuteil werden, bei dem vor allem festgestellt werden muß, ob im Gelbfieberhafen oder während der Reise oder noch bei der Ankunft fieberhafte Erkrankungen an Bord vorgekommen sind. Von Passagierschiffen, die aus Gelbfieberhäfen in New York ankommen, wird dort mit Recht gefordert, daß der Schiffsarzt während der ganzen Reise zweimal täglich die Körpertemperatur aller Schiffsinsassen feststellt. Alle fieberhaft Erkrankten, bei denen nicht ohne weiteres, z. B. durch Blutuntersuchung, jeder Gelbfieberverdacht ausgeschlossen werden kann, müssen wie Gelbfieberkranke behandelt werden. Sie sollten aber, wo sich das so einrichten läßt, nicht an Land, sondern in ein mückensicher verankertes, schwimmendes Hospital gebracht werden. Die Räume, in denen die Kranken während der Reise untergebracht waren und alle übrigen Wohnräume müssen ausgeräuchert werden. Eigentliche Desinfektionen sind überflüssig. Sehr schwierig wird die Befreiung der Laderäume von Schiffen aus Gelbfieberhäfen von Mücken, namentlich wenn diese Schiffe empfindliche Waren an Bord haben, die nicht mit Claytongas behandelt werden können. Dies gilt z. B. für die sehr zahlreichen Schiffe, die Früchte vom tropischen Amerika nach den Vereinigten Staaten bringen. Da bleibt nichts übrig, als daß man das Löschen der Ladung weit draußen auf der Reede besorgt, jedes einzelne Ladestück besichtigt und mechanisch, durch Abkehren z. B., von Mücken befreit, die dann vom Wind entführt werden. Die leeren Laderäume sind dann auszuräuchern. Die gesunden Leute, die mit Schiffen aus Gelbfieberhäfen ankommen, können, einerlei ob sich Kranke an Bord befanden oder nicht, zum freien Verkehr zugelassen werden, jedoch mit der Einschränkung, daß noch mindestens fünf Tage lang — eine längere Inkubation gehört zu den seltenen Ausnahmen — zweimal täglich ihre Temperatur gemessen wird. Alle fieberhaft erkrankt Befundenen müssen unters Moskitonetz ins Hospital. Früher fragte man bei allen aus Gelbfiebergegenden nach den Vereinigten Staaten zuwandernden Leuten nach dem sog. Akklimatisationszertifikat, d. h. einer Bescheinigung des amerikanischen Konsuls im Lande ihrer Herkunft darüber, daß sie mindestens schon zehn Jahre in einer Gelbfiebergegend gewohnt hätten. Die Leute, die dies Attest beibringen konnten, wurden als immun und unfähig, das gelbe Fieber zu verschleppen, erachtet und demgemäß nicht weiter belästigt. Ob danach jetzt noch gefragt wird, konnte ich bisher nicht in Erfahrung bringen. Ein gewisser Wert ist dem Verfahren insofern nicht abzusprechen, als dadurch die Zahl der nach Ankunft weiter zu Beobachtenden (Messen der Körpertemperatur) in für den Arzt wie für die Reisenden willkommener Weise vermindert wird.

Am Lande haben die gegen das gelbe Fieber an vielen Orten z. B. in Havanna und in Rio, in rationeller Weise und gestützt auf das, was wir jetzt über die Ätiologie und die Übertragungswege der Krankheit wissen, gegründeten Maßregeln schon zu außerordentlich günstigen Ergebnissen geführt.

So ist Havanna seit dem Beginn der modernen Bekämpfung der Seuche im Herbst 1901 nahezu ganz frei von gelbem Fieber geblieben, während vorher 140 Jahre lang nachweislich kein Monat ohne Erkrankungen vergangen war. In NewOrleans, wo die Seuche 1905 schwere Opfer forderte, wurde ihre Bekämpfung in den ersten Monaten mit den altmodischen und darum unwirksamen Mitteln der Isolierung (aber ohne Moskitoschutz) der Kranken und Desinfektion betrieben, weshalb die Erfolge ausblieben. Erst nachdem das Gesundheitsamt der Bundesregierung in Washington diesen Kampf leitet, sind bessere Erfolge zu verzeichnen. Die Verminderung der gefährlichen Mücken macht in New-Orleans besondere Schwierigkeiten, weil dort zur Wasserversorgung der Einwohner uneingedeckte Zisternen dienen, von denen über 70000 vorhanden sind. Sie dienen den Stegomyien als willkommene Brutplätze.

X. Kapitel.

Beriberi.

Erkrankungen an Beriberi kommen dem Schiffsarzt hauptsächlich auf den in der Ostasienfahrt begriffenen Schiffen zu Gesicht. Überwiegend sind es farbige Schiffsmannschaften (Chinesen, Japaner, Laskaren), die an Bord von dieser Krankheit ergriffen werden. Von Hamburg mögen im Jahre ungefähr 40 bis 45 Rundreisen mit Dampfern, die farbige Besatzung an Bord haben, nach Ostasien und zurück gemacht werden. Auf die farbigen Mannschaften dieser Dampfer — durchschnittlich 25 Köpfe auf einem Dampfer — entfallen jährlich 20—25 Beriberierkrankungen mit 8—10 Todesfällen. Einzelne Dampfer sind besonders heimgesucht; trotz aller Vorbeugungsmaßregeln bricht die Krankheit auf ihnen immer wieder aus. So hatte ein Dampfer kürzlich unter 21 chinesischen Schiffsmannschaften auf einer Reise neun Beriberikranke, auf der nächsten Reise, trotzdem die ganze farbige Mannschaft bis auf einen gewechselt hatte, wieder sieben Erkrankungen, auch auf den späteren Reisen des Dampfers sind noch Erkrankungen vorgekommen. Solche Vorkommnisse sind gar nicht selten. Manson hat ganz dasselbe von englischen Schiffen berichtet. Wir können in Hamburg auf eine durchschnittliche jährliche Aufnahme von 10—12 beriberikranken Chinesen und Indern in unsere Krankenhäuser rechnen. Zahlreicher noch sind die in London auf den Ostasienschiffen zu beobachtenden Fälle. Ganz besonders viele und schwere Erkrankungen finden sich auf den Schiffen, die chinesische Kulis als Passagiere transportieren, namentlich auf den Dampfern, die diese Arbeiter aus ihren fremden Arbeitsstätten nach China zurückbringen. Die schweren Formen der Krankheit sind an Bord dieser Schiffe besonders häufig, oft hat ein solches Schiff 20 und mehr Beriberitodesfälle unter diesen Passagieren auf einer Reise. Unter der europäischen Schiffsmannschaft dieser Schiffe, wie unter den nicht farbigen Besatzungen der Dampfer überhaupt, tritt die Krankheit äußerst selten und immer nur ganz vereinzelt auf. Auch unter den europäischen Reisenden finden sich nur selten Beriberikranke, und der Schiffsarzt tut gut, wenn er sich einer von europäischen Reisenden ihm entgegengebrachten Beriberidiagnose gegenüber zunächst immer etwas skeptisch verhält, da es sich nach meinen Erfahrungen bei der Mehrzahl solcher Reisenden um andere Leiden, Alkoholneuritis, Tabes, Herzfehler u. a. m. handelt. Ebenso wie man in den Tropen vielfach jedes Fieber als Malaria zu betrachten Neigung hat, pflegt man an vielen überseeischen Plätzen alle Leiden, die mit Asthma oder Lähmungen oder Schwellung der Beine einhergehen, als Beriberi anzusprechen.

Auf Segelschiffen kommt in neuerer Zeit — auch unter europäischer Besatzung — eine Krankheit vor, die eine sehr große Ähnlichkeit mit Beriberi hat, aber besser bis auf weiteres nicht mit echter Beriberi identifiziert werden sollte. Wir wollen sie **Segelschiffberiberi** nennen und weiter unten besprechen. Ob die Fälle an Land, die außerhalb der ostasiatischen Zentren der Krankheit (Japan und malayischer Archipel) und der davon nachweislich stammenden weiteren Herde sporadisch oder epidemisch vorkommen, **sämtlich** mit der ostasiatischen Beriberi zu identifizieren sind, erscheint mir auch nicht ganz unzweifelhaft.

Klinisch charakterisiert sich die Beriberi als eine Allgemeinerkrankung, die einerseits Störungen in den nervösen Apparaten des Herzens, und des Kreislaufs ev. auch der Atmung, andererseits neuritische und neuromyositische Erscheinungen in den peripheren Nerven, namentlich in denen der Gliedmaßen, am häufigsten der Beine, verursacht. Das Krankheitsbild ist ein sehr verschiedenes und auch im einzelnen Fall veränderliches, je nachdem die Störungen im Zirkulationsapparate oder die Lähmungen, Paresen und Atrophien an den Gliedmaßen mehr in den Vordergrund treten.

Wir unterscheiden mit **Scheube** vier Formen der Krankheit.

1. Die **rudimentäre Form**, die allmählich mit Schwäche in den Beinen und Herabsetzung der Sensibilität beginnt. Die Kranken stolpern leicht, ermüden leicht, klagen oft über ein Gefühl von Lockerung der Gelenke, Ameisenkribbeln, Papiersohlengefühl. Keine Kniephänomene. Dazu gesellen sich leicht eintretendes Herzklopfen mit Beklemmungsgefühlen, Druck in der Magengrube, Ödeme an den Knöcheln und auf den Schienbeinen. Dieser Zustand kann monate-, selbst jahrelang bestehen bleiben, in Genesung enden oder in eine der drei anderen Formen übergehen.

2. Die atrophische Form. Auch diese Form beginnt meist schleichend. Die Erscheinungen der Schwäche und der sonstigen Störungen machen aber Fortschritte. Die Kranken können nicht mehr Treppen steigen, die Fußspitzen sinken beim Heben des Fußes kraftlos nach unten (Peroneusparese), was die Kranken zwingt, die Knie sehr hoch zu heben und stark zu flektieren. Dadurch kommt ein eigentümlicher, stapfender Gang zustande (Steppage). Bald werden die Kranken so kraftlos, daß sie überhaupt nicht mehr gehen können, auch die Arme und Hände werden ergriffen. Die Muskulatur atrophiert bis zur skelettartigen Abmagerung. Dabei kommt es aber niemals zur totalen Paralyse, Spuren von Bewegung bleiben in einzelnen Muskelgruppen immer erhalten. Druck auf die atrophierenden Muskelbäuche ist äußerst schmerzhaft, namentlich gilt dies für die Waden- und Oberschenkelmuskulatur. Nicht selten kann man die empfindlichen Stellen als spindelförmige Verdickungen in der Muskulatur abtasten. Auch die Sensibilität der Haut ist oft sehr weit herabgesetzt. Keine Ataxie. Blase und Mastdarm funktionieren ungestört. Die Herzerscheinungen und die Ödeme treten meist zurück, es können sich aber auch oft ganz plötzlich stürmische Erscheinungen von Insuffizienz des Herzens wie bei der vierten Form einstellen.

3. Die hydropische Form. Hier treten die Kreislaufstörungen in den Vordergrund. Die Ödeme bleiben nicht auf die Unterschenkel beschränkt, sondern steigen nach oben. Es kommt zu Ergüssen in die serösen Höhlen. Herzklopfen, Beklemmung, Kurzatmigkeit, Drücken in der Magengrube verschlimmern sich entsprechend. In diesem Stadium können die Kranken wochenlang verharren. Spärliche Urinsekretion. Urin meist eiweißfrei. Am Herzen oft funktionelle Geräusche, aber keine Symptome eines Klappenfehlers. Wenn sich die Herzkraft bessert, gehen die Ödeme unter starker Urinausscheidung oft schnell zurück. Dann macht man in der Regel die Beobachtung, daß die Kreislaufstörung nur scheinbar im Krankheitsprozeß überwog und daß die gleichzeitig damit sich ausbildende Parese und Atrophie der Muskulatur nur durch die Ödeme verdeckt wurde. So geht die hydropische Form oft in die atrophische über. Die Ödeme haben übrigens bei der Beriberi meist einen eigenen Charakter, sie sind kein einfaches Anasarka. Man kann die Finger nie tief, häufig gar nicht eindrücken. Dagegen hat man das Gefühl tiefer Durchtränkung der Muskulatur. Wenn man die oft wohlgeformten, runden, an den Gelenken gut abgesetzten Glieder anfaßt, fühlt man unter der nur leicht ödematösen Haut in der Tiefe an Stelle fester Muskeln schlaffe, wäßrige, wabbelige Gewebsmassen, die oft auf Druck sehr schmerzhaft sind.

4. Die akute, perniziöse oder kardiale Form.

Sie setzt entweder auf der Basis einer der drei anderen Formen oder auch bei anscheinend ganz gesunden Leuten mit Herzklopfen, Beklemmung, Angstgefühl, heftigen Schmerzen in der Magengrube plötzlich und schnell ein und bald erreichen diese Erscheinungen bedrohliche Grade. Der Puls wird sehr frequent, klein, das Herz arbeitet enorm, so daß der ganze Thorax erschüttert wird. Die Zwischenrippenräume über der ganzen Herzgegend und darüber hinaus wölben sich rhythmisch mit dem Herzstoß vor und fallen wieder zusammen. Die Karotiden klopfen. Enorme Herzdilatation. Oft tritt in wenigen Stunden Kollaps und der Tod ein. Nur selten erholen sich die Kranken von solchen Anfällen. Unter den farbigen Schiffsmannschaften ist diese Form, das gefürchtete Shiyo shin der Japaner, nicht so ganz selten. Im Hamburger Hafen kommen mir fast jedes Jahr ein oder zwei darauf zurückzuführende plötzliche Todesfälle anscheinend vorher gesunder farbiger Schiffsmannschaften zur Kenntnis, auch der Schiffsarzt wird während der Fahrt dies überraschende und schreckliche Krankheitsbild nicht selten auf Schiffen mit chinesischen oder indischen Leuten vor seine Augen bekommen.

Der Verlauf der Beriberi ist, abgesehen von diesen plötzlichen, durch akute Herzinsuffizienz bedingten Todesfällen immer ein chronischer. Die Rekonvaleszenz zieht sich monatelang hin. Nur langsam kräftigen sich Funktion und Ernährungszustand der Muskeln und Nerven und der Zustand des Herzens. Mitunter kann in anscheinend ungestörter Rekonvaleszenz plötzlich ein Shiyoshinanfall alle Hoffnungen zerstören. Nicht selten treten im Verlaufe vereinzelte Temperaturerhöhungen auf, auch im Anfang der Erkrankung ist Fieber beobachtet worden.

Die Leichen der an Beriberi Verstorbenen bieten einen nach der Form und dem Stadium der Krankheit zur Zeit des Todes verschiedenen Befund. Die äußere Besichtigung ergibt in der Regel außer Ödemen oder extremer Atrophie der Muskulatur der Gliedmaßen nichts Besonderes; bei Leichen, die einem akuten Shiyoshinanfall erlegen sind, beobachtet man mitunter allgemeine Cyanose, Blutaustritte unter der Haut und in den Augenbindehäuten. Das Blut der Leiche fällt oft durch seine schwere Gerinnbarkeit auf.

In allen Fällen von Beriberi findet man mehr oder weniger hochgradige Veränderungen am Herzen: punktförmige Blutergüsse im inneren oder äußeren Perikardialüberzug, Ergüsse in die Perikardialhöhle, Vergrößerung des Herzens durch Dilatation der Kammern, namentlich der rechten, mitunter verbunden mit Hypertrophie der Wandungen, ferner myokarditische Herde und mehr oder weniger ausgebreitete Verfettung der Muskulatur (mikroskopische Untersuchung!). Diese Zeichen schwerer Herzmuskelerkrankung sind am stärksten beim akuten Herztod im Shiyoshinanfall ausgesprochen. Die Lungen bieten keine charakteristischen Veränderungen. Die Milz ist häufig vergrößert. Es handelt sich aber dabei in der Regel um Veränderungen, die auf alte Malaria zurückzuführen sind. Die Nieren zeigen gewöhnlich das Bild der Stauungsniere, häufig mit körniger Trübung und Verfettung der Epithelien der Harnkanälchen, häufig auch Glomerulonephritis.

Die Leber ist meist vergrößert, in der Regel findet man ausgesprochene Muskatnußleber. Im Darmkanal nichts besonders auffallendes. Häufig alle möglichen Darmparasiten — Askariden, Trichocephalus, Ankylostomum, Tänien — ebenso in der Leber nicht selten Distomen. Alle diese Parasitenbefunde sind schon von einzelnen Autoren mit der Beriberikrankheit in ursächliche Beziehungen gebracht worden. Mit Unrecht. Diese Parasiten sind bei den Farbigen — und diese kommen bei Beriberiautopsien hauptsächlich in Betracht — sehr verbreitet und werden ebenso häufig bei anderen Leichen wie bei der Beriberi Erlegenen gefunden.

In allen Fällen von Beriberi finden sich Veränderungen an den Nerven, teils an den peripheren Nerven der Gliedmaßen, teils am N. vagus und seinen Ästen, teils am N. phrenicus, dem Sympathicus, Splachnicus, Plexus solaris. Die Nervenveränderungen sind nur durch mikroskopische Untersuchung nachzuweisen und bestehen hauptsächlich in Zerfall der Markscheide und des Achsenzylinders und Kernvermehrung im Endo- und Perineurium. Am meisten degeneriert sind die Muskeläste, während die größeren Nervenstämme oft keine Veränderungen erkennen lassen. Mit der degenerativen Entzündung der Muskelnerven verbunden ist herdförmige Myositis — undeutliche Querstreifung, fettige Degeneration der Muskelfasern, Kernvermehrung —. Am meisten von dieser Neuromyositis ergriffen sind in der Regel die Wadenmuskeln.

Gehirn und Rückenmark sind in der Regel ohne besondere Veränderungen, in einigen Fällen wurden bei der Degeneration des Vagus seine Kerne am Boden des vierten Ventrikels mitbeteiligt gefunden.

Die Diagnose bietet in ausgesprochenen Fällen keine Schwierigkeiten, indessen sollte man — namentlich bei Europäern —, wie schon einmal erwähnt, die Diagnose Beriberi nur dann stellen, wenn man auf Grund sorgfältiger Untersuchung und Erwägung aller Befunde, sorgfältiger Erhebung der Anamnese alle andern

Leiden ausschließen muß. Während Herz- und Nierenkrankheiten, Tabes, progressive Muskelatrophie, Ankylostomiasis, Trichinose bei sorgfältiger Untersuchung — auch die Blutuntersuchung sollte dabei immer mit herangezogen werden — in der Regel leicht von Beriberi unterschieden werden, kann das bei Alkoholneuritis, bei postmalarischen Schwächezuständen, manchmal große Schwierigkeiten bereiten. Die Frage der Unterscheidung der Beriberi von Skorbutzuständen, die mit beriberiähnlichen Symptomen verlaufen, wird weiter unten besonders erörtert werden.

Die Prognose der Krankheit ist für die schwere Herzform eine schlechte, für die übrigen Formen und Stadien dubiös, solange der Kranke unter der Einwirkung der Umgebung bleibt, in der er erkrankt ist. Bei Aufenthalts- und namentlich Ernährungswechsel wird die Prognose besser. Immer zieht sich die Rekonvaleszenz über Monate hin und der Kranke ist während dieser Zeit vor akuten Verschlimmerungen nie sicher. Auch nach anscheinend vollständiger Genesung sind neue Ausbrüche der Krankheit nicht selten.

Bei der Behandlung der Beriberi ist zunächst die Entfernung des Kranken aus dem Milieu, in dem er erkrankte, von der größten Bedeutung. Es kommt aber dabei anscheinend nicht so sehr auf einen Aufenthaltswechsel im gewöhnlichen Sinne, d. h. Aufsuchen anderer Gegend, anderen Klimas, bei Europäern Heimreise nach Europa u. dgl. an, sondern mehr auf den Wechsel der unmittelbaren Umgebung, der Wohnung, der Lebensweise und namentlich der Nahrung. Man mag über die Ursachen der Krankheit denken wie man will und theoretisch dem Umstande, daß man bei der Versetzung in andre Umgebung den Kranken den lokalen Einflüssen der Wohnung entzieht, die größte Bedeutung beimessen. Tatsächlich ist doch mit solchem Wechsel in der überwiegenden Mehrzahl der Fälle auch eine mehr oder weniger große Änderung in der Kost, sei es mehr nach der Herkunft und Zusammensetzung, sei es mehr nach der Zubereitung der Speisen, verbunden, und die praktische Erfahrung zeigt, daß in nicht seltenen Fällen gerade diese Folge eines Aufenthaltswechsels von günstigstem Einfluß ist. Gerade an Bord bessern sich Beriberikranke oft sichtlich, wenn man sie aus dem für die Farbigen gemeinschaftlichen Logis entfernt und zugleich reichlicher und zweckmäßiger ernährt. Am meisten kommt es dabei nach meiner Erfahrung auf leicht verdauliche und abwechslungreiche Diät an.

Bei den akuten Anfällen der Herzinsuffizienz muß man je nach der Schwere und Dauer der Erscheinungen das ganze Arsenal der Herzmittel — Bettruhe, Eis, kalte Kompressen, Kampfer, Äther, Digitalispräparate u. a. m. — zur Anwendung bringen. Manchmal leistet daneben ein Aderlaß große Dienste. Die Ödeme verschwinden beim Wiedererstarken der Herzkraft meist von selbst. In manchen Fällen mögen Diuretika zur Unterstützung von Nutzen sein.

Für die Paresen und Atrophien empfehlen sich Ruhe, elektrische Behandlung und — namentlich in älteren Fällen oft von hervorragender Wirkung — Massage. Auch die kranken Farbigen, namentlich die Chinesen, halten von der Massage sehr viel, sie wenden sie von selbst, insbesondere bei akuter Herznot, an und nicht selten sieht man bei solchen Patienten die vordere Wand des Thorax von blauen und gelben blutunterlaufenen Stellen bedeckt, die von der durch die Kameraden des Erkrankten vor dem Eintreffen des Arztes ausgeübten Massage der Herzgegend (Ziehen und Drücken der Haut) herrühren.

Neuerdings ist von Hulshof Pol anscheinend mit recht gutem Erfolge ein altes — auch von den Japanern angewandtes — diätetisches Mittel, die tägliche Darreichung von ca. 150 g gekochtem Katjangidjo in die Therapie der Beriberi wieder eingeführt worden. Katjang-idjo ist eine auf den ostasiatischen Märkten überall käuflich zu erhaltende, sehr eiweißreiche Bohnenart. (Phaseolus radiatus L.)

Es gibt davon verschiedene Varietäten. Die beste ist nach Hulshof Pol die malayische Bohne, die japanische Varietät (Adzuki) weicht in Blattform und in den Bohnen, die rot und nicht wie bei der malayischen Sorte grün sind, davon ab und ist nach Hulshof Pol bei weitem weniger wirksam. Die Wirkung der Bohne beruht anscheinend nicht bloß, wie u. a. auch Scheube meint, auf der Beförderung der Diurese, sondern die Bohne ist nach Hulshof Pol ein allgemeinwirkendes Genesungsmittel bei Beriberi. Nur bei alten, atrophischen Formen, in denen schon tiefgreifende Nervenveränderungen eingetreten sind, versagt das Mittel. Wo es anschlägt, wird die günstige Wirkung schon in den ersten Tagen erkennbar. Auch prophylaktisch scheinen die Bohnen der Katjangidjo von großem Nutzen zu sein. Da sie billig und in Ostasien überall erhältlich sind, sollte der Schiffsarzt in geeigneten Fällen ihre Anschaffung dem Schiffskommando dringend empfehlen.

Die Ätiologie und Pathogenese der Beriberi ist noch ganz dunkel. Die darüber bestehenden Vermutungen weichen sehr erheblich voneinander ab, und zwar hauptsächlich nach zwei Richtungen, indem die einen die Krankheit als eine Infektionskrankheit ansehen, die andern als eine Ernährungsstörung auf nicht infektiöser Grundlage. Daß die Symptome der Krankheit dabei in letzter Linie durch eine Intoxikation, einerlei ob auf infektiöser Basis oder ob auf der Grundlage fehlerhafter Ernährung, bedingt werden, darüber scheint man in neuerer Zeit mehr und mehr zur Übereinstimmung zu kommen.

Zu dieser Auffassung wird man hauptsächlich durch dreierlei Umstände gedrängt. Erstens ist es bis jetzt noch auf keine Weise gelungen, in den erkrankten Geweben wie überhaupt in den inneren Organen Bakterien, Protozoen oder andre parasitäre Elemente nachzuweisen, die die Krankheit erklären könnten. Zweitens sind alle Versuche, die Krankheit durch Übertragen von Körpersäften oder Organstücken bei Tieren oder Menschen hervorzurufen, bisher ergebnislos verlaufen. Drittens bietet die Krankheit in der Tat eine große, klinische Ähnlichkeit mit bekannten Intoxikationskrankheiten, von denen ich insbesondere die Alkoholvergiftung (Alkoholneuritis), Arsenvergiftung (Arsenneuritis), die Diphtherie (postdiphtherische Toxinlähmung) und die Vergiftung durch Toxine in verdorbenen Nahrungsmitteln anführen möchte. Diese Beispiele zeigen aber auch, daß die Auffassung der Beriberi als eine Intoxikationskrankheit sehr verschiedene Ansichten über Bildung und Herkunft der toxischen Ursache zuläßt. Und so finden wir auch hierüber die verschiedensten Theorien in der Literatur. Miura hält verdorbene Fische, van Dieren verdorbenen Reis für die Ursache der Krankheit. Indessen kommt die Krankheit auch unter Verhältnissen vor, in denen diese Einwirkungen ausgeschlossen sind. Eikman und Vorderman glauben, daß die Krankheit an die Anwesenheit von Amylum, namentlich an Reis im Darm gebunden sei und daß sich aus diesem Stoff unter uns noch unbekannten Umständen ein Gift bilden könne, das die Beriberikrankheit hervorruft. Zu dieser Anschauung wurden sie durch Verfüttern von Reis an Hühner geführt. Die Hühner bekamen danach neuritische Erscheinungen und starben. Fütterten sie die Hühner mit ungeschältem Reis, so blieben die Vergiftungserscheinungen aus. In den Reisschalen (Reiskleie, Silberhäutchen des Reis) glaubten deshalb Eikman und Vorderman ein Schutzmittel gegen die Entwicklung des Beriberigiftes erblicken zu dürfen. Ihre Ansichten finden eine Stütze in Erhebungen, nach denen in den Gefängnissen Javas, in denen ungeschälter oder halbgeschälter Reis genossen wird, weniger Beriberierkrankungen vorkommen sollen, als dort, wo geschälter Reis verabreicht wird. Diese Ansichten haben viel für sich und verdienen Nachprüfung nach anderer Richtung und auf breiterer Basis. Laoh, ein malayischer Arzt, kommt zu der interessanten, mit der eben besprochenen

Theorie wohl vereinbaren Ansicht, daß eine zu einseitige Ernährung mit Amylaceen, namentlich mit Reis, unter der Mitwirkung verminderter Sekretion der Verdauungssäfte zu einer sehr einförmigen Bakterienflora im Darm und zur vermehrten Aufnahme ihrer ev. toxischen Ausscheidungen führe, die dann die Beriberisymptome verursachten. Maurer glaubt, daß die Beriberi im wesentlichen eine Oxalsäurevergiftung sei; die Oxalsäure werde im Darm durch Schimmelpilze gebildet, die mit Amylaceen (Reis) eingeführt werden und sich auch im Darm vermehren. Ross hält die Beriberi für eine Arsenvergiftung. Diese Ansicht darf als widerlegt gelten. Eine staatliche, norwegische, zur Untersuchung der Fälle von „Segelschiffberiberi" auf norwegischen Schiffen eingesetzte Kommission hält die Beriberi für eine Intoxikationskrankheit, die durch Toxine in verdorbenen vegetabilischen oder animalischen Nahrungsmitteln hervorgerufen wird. Ekelöff hält die Beriberi für eine „Präservenkrankheit", die durch eine Modifikation des seiner Ansicht nach in animalischen Präserven unter Umständen befindlichen Skorbutgiftes erzeugt wird. Diese Modifikation kommt nach ihm dann zustande, wenn sich mit dem Skorbutgift überwiegend stärkereiche Stoffe im Darm befinden. Manson meint, daß die Beriberi eine Intoxikationskrankheit infektiösen Ursprunges ist. Er schließt aber dabei die Nahrung als Infektionsquelle aus. Das in den Körper eindringende Gift stamme von Keimen, die nicht selbst in den Körper gelangen, sondern ihr Gift außerhalb des Körpers in den Wohnungen oder dem Boden bilden. Das Gift wird durch die Haut oder durch Inhalation aufgenommen. Danach wäre Beriberi eine echte miasmatische Krankheit. Scheube hält die Beriberi ebenfalls für eine Infektionskrankheit, er widerstreitet der Mansonschen Theorie nicht, hält es wohl aber auch für möglich, daß das Gift durch den Verdauungskanal in den Körper eindringe. Hamilton Wright endlich glaubt, daß es sich bei der Beriberi um eine akute, infektiöse Erkrankung des Magens und Duodenum handelt, die vor dem Einsetzen der nervösen und der Kreislaufstörungen mit gastrischen Störungen und Fieber abläuft. Während dieses ersten akuten Stadiums bildet sich ein Toxin, das resorbiert wird und eine spezifische, degenerierende Einwirkung auf die peripheren Nerven und Muskeln, das Herz und den Vagus ausübt. Die Pathogenese der Krankheit wäre dann also der der postdiphtherischen Toxinlähmungen sehr ähnlich. Diese Ansicht wird durch Krankengeschichten illustriert und hat viel Bestechendes für sich.

Es würde uns viel zu weit führen, wenn wir nun hier das Für und Wider aller dieser Ansichten ausführlicher erörtern wollten.

Übrigens sind es lauter neue, erst in den letzten Jahren vorgebrachte Theorien, die zum größten Teil mit guten, auf modernen Anschauungen beruhenden Beweismitteln verfochten sind. Es ist vielleicht in allen ein mehr oder weniger großes Korn Wahrheit. Zur weiteren Klärung der Frage scheint es mir angebracht, sie in zwei Gruppen zu teilen. In der einen Gruppe wird angenommen, daß die N a h r u n g, und zwar die E i n s e i t i g k e i t der Nahrung (überwiegend Amylaceen, Reis) eine wichtige Rolle für das Zustandekommen der Krankheit spielt. Hierbei ist es für uns gleichgültig, ob man sich die Wirkung dieser Einseitigkeit in der Ernährung so denkt, daß dabei Toxine, die in den Nahrungsmitteln vorgebildet sind, täglich in wenn auch geringen Mengen, aber vielleicht mit kumulativer Wirkung eingeführt werden oder ob die einseitige Nahrung erst im Körper zur Entwicklung von Toxinen, auf welche Art es auch sei, Veranlassung gibt. In der zweiten Gruppe wird das Hauptgewicht auf die von den Autoren behauptete Infektiösität der Krankheit gelegt. Ob dabei die Erkrankung schließlich dadurch zustande kommt, daß nur die Umgebung des Kranken infiziert wird und das dort gebildete Toxin in den Körper eindringt und ihn krank macht oder ob der Körper selbst infiziert und das Toxin im Körper gebildet wird, bleibe ebenfalls dahingestellt.

Eine die beiden Gruppen verbindende Ansicht wäre, daß gewisse als Massenartikel konsumierte Stoffe wie Reis und andere bei einseitiger Ernährung in Frage kommende Nahrungsmittel durch beriberikranke Menschen oder von ihnen stammende Krankheitsprodukte infiziert würden und so die Krankheit verursachten und weiterverbreiteten. Da die Beriberi häufig auf einzelne Häuser, Wohnungskomplexe, Anstalten oder Bezirke beschränkt ist, während die Massenkonsumstoffe, die in diesen Beriberiherden verzehrt werden, aus Lagern stammen, die noch viele andere Leute damit versorgen, die beriberifrei bleiben, so müßte eine lokale Infektion dieser Nahrungsmittel in den Beriberiherden angenommen werden.

Für die infektiöse Natur der Krankheit sind gerade in neuester Zeit einige sehr wichtige Belege beigebracht worden. Einmal die unzweifelhaften Einschleppungen der Krankheit durch farbige Arbeiter in bis dahin noch nicht ergriffene Länder und ihre Ausbreitung auch auf die übrige Bevölkerung, so die Einschleppung der Krankheit durch Japaner auf die Fidschiinseln 1894 und durch Anammiten nach Neukaledonien 1891. Ganz besonders interessant ist die 1900 erfolgte Einschleppung der Krankheit nach Diego Garcia, einer Insel der Chagosgruppe, wo die Krankheit vorher nicht existierte. Von von den Comoren via Mauritius dorthin eingewanderten Arbeitern hatten fünf Beriberisymptome. Nach mehreren Monaten erkrankte zuerst der Krankenwärter, der einige der Kranken im Hospital gepflegt hatte und später noch eine Anzahl anderer Leute, darunter auch eine Frau. Diese Frau starb und ihr zurückgelassenes Kind wurde von der Frau des Leiters der Ölfaktorei, an der die Leute arbeiteten, adoptiert. Drei Wochen nach der Überführung des Kindes in den Haushalt des Direktors erkrankte das Kind und starb. Zu gleicher Zeit erkrankte die Frau des Hauses, die dem Kind Pflegemutter geworden war, an Beriberi und starb nach mehreren Wochen. Sie war mit den Arbeitern gar nicht, sondern nur mit dem Kinde in Berührung gewesen. Ferner hält Manson die Travers'schen Fälle für sehr wichtig. In einem Gefängnis in der englischen Besitzung Selangor auf Malakka, Pudoh Goal zu Kuala Lumpor bricht Beriberi aus, die Kranken und zum Teil auch die Gesunden werden nach einem benachbarten Gefängnis überführt; die Krankheit hört dort auf; in dem ersten Gefängnis aber bleibt die Krankheitsfrequenz dieselbe. Die Insassen beider Gefängnisse erhalten dieselbe Beköstigung aus derselben Küche. Ferner berichtet Manson, daß in einem Gefängnis in Singapore trotz gleicher Verpflegung nur die Männer, nicht aber die Frauen ergriffen worden seien.

Nun einige Beispiele für den Einfluß einer einseitigen Ernährung auf das Zustandekommen der Krankheit. Die japanische Marine hatte bis zum Jahre 1884 außerordentlich hohe Erkrankungsziffern an Beriberi, die von $100-400^0/_0$ im Jahre schwankten. Im Jahre 1884 wurde eine radikale Änderung in der Beköstigung der Mannschaften eingeführt, die Reismenge der Tagesportionen wurde stark herabgesetzt, dafür die Fleisch- und Brotportion vermehrt. Danach ging im nächsten Jahre die Zahl der jährlichen Erkrankungen an Beriberi bis auf $6^0/_{00}$ hinunter und hat sich in der Folge nicht über $1^0/_0$ erhoben. Scheube behauptet zwar, daß gleichzeitig mit dieser Verpflegungsänderung auch andere hygienische Verbesserungen, z. B. in der Unterkunft der Leute an Bord, eingeführt seien, allein der Chefarzt der japanischen Marine, Baron Saneyoshi macht darauf aufmerksam, daß diese übrigen Verbesserungen nicht so sehr erheblich gewesen seien, daß man sie ferner nur allmählich durchgeführt und daß besonders in dem Jahre, in dem die rapide Verminderung der Beriberi zu verzeichnen sei, nur sehr unwesentliche hygienische Verbesserungen anderer Art vorgenommen worden seien. Auch während des japanisch-chinesischen Krieges ist die Zahl der Beriberierkrankungen nicht gestiegen. In der japanischen Handelsmarine ist die Ernährung dieselbe geblieben und die Krankheit ist nach wie vor dort weit verbreitet. Während des japanisch-chinesischen Krieges wurden nun viele Handelsdampfer für Militärtransporte benutzt; auf diesen Dampfern bestand die Besatzung für längere Zeit aus Leuten von der Handels- und von der Kriegsmarine zugleich. Die Leute von der Kriegsmarine erhielten ihre reglementsmäßige Kost; die Zivilseeleute beköstigten sich selbst. Im übrigen waren sie gleich untergebracht und taten denselben Dienst. Unter den Angehörigen der Kriegsmarine kam auf diesen Dampfern kein einziger Beriberifall vor, während von den Zivilseeleuten eine ganze Anzahl an Beriberi erkrankte. Ähnliche Erfahrungen wie in der Marine haben die Japaner in ihrer Armee gemacht; nur sind die Änderungen in der Verpflegung nicht so schnell durchgeführt, und die Beriberifrequenz ist nicht so plötzlich gesunken. Interessant sind auch die Verhältnisse in unserer Handelsmarine, auf die man bisher noch nicht genügend aufmerksam geworden ist.

Die im Eingange dieses Kapitels betonte, auch von Manson in der englischen Handelsmarine beobachtete Hartnäckigkeit der Beriberikrankheit auf gewissen Dampfern wird vielfach, z. B. auch von Manson, als Stütze dafür angeführt, daß die Krankheit an dem Schiff und den Räumen des Schiffes haftet und mit der Ernährung nichts zu tun hat. Wenn man aber näher zusieht, kommt man doch zu einer anderen Ansicht hierüber. Auffallend war es mir zunächst, daß Desinfektionen des Logisraumes gar nichts helfen, z. B. auch in dem oben angeführten Fall nicht. Ferner wurden von dieser Krankheit, die so zahlreich an Bord mancher unserer Dampfer auftritt und von der wir wissen, daß auch Europäer daran erkranken können, namentlich, wenn sie in Massenquartieren untergebracht sind, wie z. B. die europäischen Soldaten in Niederländisch-Indien, niemals europäische Schiffsleute im Anschluß an die Erkrankungen der farbigen Mannschaften an Bord dieser Dampfer ergriffen. An Bord der Ostasiendampfer leben die Matrosen, die alle Europäer sind, ebenso eng zusammengedrängt wie die Chinesen und sind nur durch eine dünne Wand von diesen getrennt. Ja, es kommt sogar nicht selten vor, daß die Reederei die chinesische Mannschaft wieder abgibt, z. B., wenn das Schiff in eine andere Fahrt eingestellt wird, z. B. nach Nordamerika und europäische Heizer und Trimmer in das Logis der Chinesen hineinlegt. Auch dann kommen keine Übertragungen vor. Des Rätsels Lösung liegt meiner Ansicht nach darin, daß die farbigen Heizer eine ganz andere Verpflegung haben als die europäischen Matrosen. Das einzige gemeinschaftliche Nahrungsmittel ist das Trinkwasser. Die Europäer werden von den Reedereien direkt und aus den allgemeinen Vorräten des Schiffes verpflegt; für die Farbigen zahlt die Reederei dem Vormann der Leute auf Kopf und Tag einen gewissen Betrag, wofür er seine Vorräte aus seinen eigenen Bezugsquellen einkauft. Diese Verpflegung läßt in der Regel sehr viel zu wünschen übrig; die Leute wollen von dem zwar ausreichend, aber doch nicht allzuhoch bemessenen Kopfgeld noch sparen und der Vormann will seinen Extrasqueeze, wie man im Chinesenenglisch sagt, dabei machen. Der Vormann der Chinesen bleibt oft jahrelang auf demselben Schiffe, damit bleiben auch die Bezugsquellen für die Nahrungsmittel und die unzweckmäßige, einseitige Art der Ernährung dieselben, und so erklärt es sich, daß trotz vielfachen Wechsels unter den farbigen Mannschaften die Krankheit immer wieder an Bord ausbricht, aber dabei nie die Europäer ergreift. In einigen Fällen hat die Reederei die Verpflegung der Farbigen selbst in die Hand genommen; da sind die Erkrankungen ausgeblieben. Allgemein aber würde das große Schwierigkeiten machen; die Chinesen selber wollen lieber das Kostgeld haben.

Ähnliche Verhältnisse finden wir auf den ostasiatischen Kulitransportdampfern. Trotzdem diese Schiffe dauernd schwere und zahlreiche Beriberikranke unter ihren Reisenden an Bord haben, erkrankt nie jemand von der europäischen Besatzung.

Diese Beispiele illustrieren Gegensätze, die vorläufig unvereinbar sind. Auf der einen Seite haben wir Belege, die nach allem Anscheine einwandfrei beobachtet sind, dafür, daß die Beriberi nichts mit der Ernährung zu tun zu haben braucht, sondern als eine davon unabhängige Infektionskrankheit erscheint, auf der andern Seite Verhältnisse, die gar nicht anders gedeutet werden können, als daß die Art der Ernährung beim Zustandekommen der Krankheit eine ursächliche Bedeutung hat. Vielleicht findet sich in Zukunft einmal eine Lösung, die diese Widersprüche durch den Nachweis einer trotzdem bestehenden, einheitlichen Ätiologie vereint. Vorläufig sind wir noch nicht soweit. Anstatt darüber zu diskutieren, ob die Beriberi auf allgemeinen Ernährungseinflüssen beruht oder durch eine nicht mit der Ernährung notwendig zusammenhängende Infektion bedingt wird, werden wir gut tun, im Ernstfall für die praktische Handhabung der Prophylaxe und Bekämpfung der Krankheit beide Möglichkeiten anzunehmen und unser Urteil über die Art der praktisch vorliegenden Beriberikrankheit nur von dem Erfolg unserer Maßregeln abhängig zu machen. Vielleicht handelt es sich bei der Beriberi gar nicht um eine ätiologisch einheitliche Krankheit, sondern um verschiedene, nur klinisch sich gleichende Symptomenkomplexe.

Es gibt ja eine ganze Anzahl von Krankheitsbildern, bei denen wir ein ähnliches Verhältnis annehmen müssen. Ich erinnere an das Bild der perniziösen Anämie, von der wir wissen, daß es durch den Parasitismus einer Tänie, des Dibothriocephalus latus, im Darm hervorgerufen werden, andererseits aber auch aus anderen, uns noch unbekannten Ursachen sich entwickeln kann, unter denen wahrscheinlich Schädigungen infolge von unzweckmäßiger Ernährung eine Rolle spielen. Eine einheitliche Ätiologie vermissen wir ferner bei den ruhrähnlichen Erkrankungen (vgl. Kap. VII), die außer durch toxische Einwirkungen durch mehrere und dabei gänzlich von einander verschiedene infektiöse Agentien hervorgerufen werden können.

Diese Auffassung der Beriberi als einer Krankheits gruppe hat außer ihrer praktischen Bedeutung für die Bekämpfung und Prophylaxe auch den Vorzug, daß sie es gestattet, dieser Gruppe noch einen weiteren Symptomenkomplex anzureihen, den man meiner Ansicht nach mindestens vorläufig nicht mit der echten Beriberi, auch nicht der durch Ernährungseinflüsse bedingten identifizieren sollte, ich meine die „Segelschiffberiberi". Diese Krankheit tritt mit Vorliebe als Massenerkrankung auf unsern Segelschiffen auf.

Dort haben wir nur Europäer. Die Krankheit befällt meist zuerst den Kapitän, dann erst die Mannschaften. Sie kommt immer nur auf langen Reisen, dabei aber ganz unabhängig von der Reiseroute und unabhängig von Beriberigegenden vor, z. B. recht häufig auf Schiffen, die an der Westküste Amerikas um das Kap Horn herum nach Europa segeln. In den von diesen Schiffen an der Westküste von Amerika angelaufenen Häfen herrscht keine Beriberi. Einmal ist sie auf einem Schiffe beobachtet worden, das von Archangel nach Melbourne, ohne Zwischenhäfen anzulaufen, segelte. Schiff und Mannschaften waren vorher beriberifrei. Die Ernährung ist auf solchen Reisen der Segelschiffe, die keine Häfen anlaufen und nur Dauerproviant an Bord haben, sehr eintönig. Reis wird dabei übrigens sehr wenig gegessen, meist Hülsenfrüchte, Salzfleisch, Hartbrot oder an Bord aus dem mitgeführten Mehl gebackenes Brot. Oft sind die Vorräte knapp und werden, trotzdem sie zum Teil verdorben sind, mit zur Verpflegung herangezogen. Gerade auf den unter diesen Umständen von beriberiähnlichen Erkrankungen heimgesuchten Schiffen bricht nun sehr häufig auch der Skorbut aus, ja der Skorbut kommt bei aller seiner jetzigen verhältnismäßig großen Seltenheit in der Handelsmarine dort, wo er sich überhaupt noch zeigt, fast immer in Verbindung mit dieser Segelschiffkrankheit vor. Die Ärzte sind häufig im Zweifel, ob sie die Krankheit Skorbut oder Beriberi nennen sollen. Sind echte skorbutische Erscheinungen mit beriberiähnlichen zusammen vorhanden, so nennen sie die Krankheit Skorbut, treten diese Erscheinungen mehr zurück, so heißt die Krankheit Beriberi. Von der echten Beriberi unterscheidet sich diese Segelschiffberiberi klinisch folgendermaßen:

1. Die Krankheit hat keinen so vielgestaltigen Symptomenkomplex wie die „echte" Beriberi; sie beginnt immer mit der hydropischen Form und meist bleibt es dabei. Echte Paresen auf neuritischer Basis sind viel seltener als bei der „echten" Beriberi.

2. Die akute, perniziöse, kardiale Form kommt anscheinend nicht vor. Die Krankheit verläuft auch in den schweren Fällen c h r o n i s c h zum Tode.

3. Während die echten Beriberikranken immer eine s e h r lange Rekonvaleszenz durchmachen, erholen sich diese Kranken sehr schnell, wenn sie rechtzeitig an Bord oder an Land Verpflegung mit frischen Nahrungsmitteln, insbesondere Fleisch und Gemüse usw. erhalten.

Die schon oben einmal erwähnte norwegische Untersuchungskommission hält die Segelschiffberiberi für echte Beriberi. Sie unterscheidet jedoch eine vegetabile Form, die ostasiatische Beriberi, die wesentlich durch verdorbenen Reis verursacht werde, und eine animalische, auf den europäischen Handelsschiffen vorkommende Form, die ihren Grund hauptsächlich in dem Genuß von verdorbenen Fleischkonserven habe. Mit Skorbut sei die Beriberi insofern verwandt, als diese Krankheit auch durch den Genuß von verdorbenen Nahrungsmitteln, namentlich durch den Genuß von verdorbenem Fleisch und Fisch (nach Prof. Torups Theorie ist Skorbut eine Ptomainvergiftung) entstehe.

Dieser Ansicht kann ich nicht beipflichten. Es geht meiner Ansicht nach nicht an, daß man in dem Stadium, in dem sich unsere tatsächlichen Kenntnisse über Beriberi und Skorbut augenblicklich befinden, die gewichtigen Belege dafür, daß es eine infektiöse Form der Beriberi gibt, einfach ignoriert. Mein Vorschlag, die Beriberi vorläufig als eine Krankheits g r u p p e aufzufassen, trägt dem, was wir über die Erkrankung wissen, meinem Erachten nach besser Rechnung. Es gibt ferner bei der durch einseitige Ernährung bedingten nicht infektiösen Form der Krankheit ganz sicher sehr viele Fälle, wo von dem Einfluß von v e r d o r b e n e m Reis gar nicht die Rede sein kann. Ebensowenig kommt weder für Skorbut, noch für Beriberi etwa überwiegend der Genuß verdorbener Fleischkonserven in Frage. Büchsenfleisch und andere Fleischkonserven sind sehr häufig ganz keimfrei. Wenn sie aber nicht keimfrei geblieben sind, erweisen sie sich in der Regel als so hochgradig verdorben, daß sie ungenießbar sind, oder sie verursachen, wenn sie trotzdem gegessen werden, schwere, akute Magendarmerkrankungen mit akuten Vergiftungserscheinungen, die mit Beriberi nichts zu tun haben. Meiner Meinung nach ist die „Segelschiffberiberi" eine Teilerscheinung oder eine Modifikation des Symptomenkomplexes, den wir Skorbut nennen. Die meisten älteren Autoren heben die große Ähnlichkeit von Skorbut und „Beriberi" hervor. Viele ältere identifizieren diese beiden Krankheiten. Bei genauerem Zusehen sieht man, daß es sich dabei in der überwiegenden Mehrzahl der Beobachtungen um „Beriberi" an Bord von Schiffen handelte, die merkwürdigerweise so oft mit Skorbut zusammen auftrat, während dies bei der Beriberi in Ostasien auf dem Lande durchaus nicht beobachtet wird. Ehe europäische Autoren von Beriberi in Ostasien etwas wußten, sprachen die alten Schiffshygieniker von „bleichem Skorbut", „Marineasthma", „skorbutischer Hydrämie u. dgl. Es ist eine alte Bordkrankheit, mit der wir es bei der „Segelschiffberiberi" zu tun haben.

Auch an Land sind beriberiartige Symptome bei Gelegenheit von Skorbutepidemien beobachtet worden, so in Paris während der Belagerung 1870/71, ferner unter den Hottentotten Britisch-Südafrikas (Bastardberiberi), dann in den Burenlagern, die während und nach dem südafrikanischen Kriege von den Engländern auf St. Helena zur Unterbringung verschiffter, gefangener Buren errichtet worden waren und, wie mir auf eine Anfrage Prof. Erisman mitteilte, in den Hungergegenden Rußlands. Auch geht aus verschiedenen Angaben hervor, daß eine große Anzahl beriberiartiger Erkrankungen, die bei den farbigen Arbeitern in überseeischen Minen und Plantagen vorkommen, mit Skorbutsymptomen vergesellschaftet sind. Auch die französischen Fischer auf Neufundland leiden viel an Skorbut und beriberiartigen Symptomen, die teils zusammen bei ein und demselben Individuum, aber auch getrennt voneinander sich zeigen. Dasselbe wird von van Leent von den Austernfischern in Thursday Island (Australien) und im nördlichen Queensland berichtet.

Der Skorbut ist in neuerer Zeit in den Kliniken, aus denen die Beschreibungen in den modernen Lehrbüchern und die Kasuistik in der Literatur stammen, immer nur in vereinzelten Fällen oder ganz kleinen Ausbrüchen beobachtet worden. Dort, wo noch Massenerkrankungen vorkommen, wie in den oben genannten Beispielen von Land- und Bordepidemien, beobachtet man auch mehr oder weniger häufig beriberiartige Kreislaufstörungen mit und ohne Erscheinungen von skorbutischer Blutzersetzung. Kommen denn aber nicht bei Skorbut auch neuritische Symptome vor?

In den Büchern ist davon wenig erwähnt, aber es sind solche Fälle beobachtet worden. So von v. Noorden, der dabei die Frage aufwirft, ob nicht neuritische Erscheinungen im Krankheitsbilde des Skorbutes öfter vorkommen und ob nicht ein Teil dessen, was von den Autoren als hochgradige Schwäche, bleierne Schwere der Extremitäten u. dgl., für das Prodromalstadium des Skorbutes geschildert und meist als Ausdruck der allgemeinen Schwäche gedeutet wird, als eine echte, neuropathische Lähmung anzusprechen sei.

Auch die therapeutischen Erfahrungen sprechen für meine Ansicht. Solange die Kranken Seekost bekommen, zeigt sich bei keinem irgendwelche Neigung zur Besserung. Die Erscheinungen werden im Gegenteil von Tag zu Tag ernster, und je länger die Reise dauert, desto mehr bis dahin Gesunde werden von der Krankheit ergriffen. Erst wenn das Schiff einen Hafen anläuft oder in See von einem andern Schiff frischen Proviant, namentlich frisches Fleisch und frisches Gemüse, erhält, ändert sich das Bild. Todesfälle kommen dann nur noch bei den ganz Elenden in den ersten Tagen nach dem Kostwechsel vor. Da kam die Hilfe zu spät. Die übrigen Kranken erholen sich regelmäßig in den ersten 8—14 Tagen derartig schnell, daß es mich immer von neuem verblüfft, wenn der Kapitän und die Mannschaften eines Schiffes bei der Ankunft in Hamburg berichten, daß sie die „Beriberikrankheit" gehabt hätten. So und so viele seien gestorben. Die übrigen seien im nächsten Hafen — oft sind so viele Leute an Bord krank, daß ein Nothafen angelaufen werden muß — ausgeschifft worden, hätten sich aber in wenigen Tagen so schnell erholt, daß sie ihren Dienst wieder beim Weggang des Schiffes hätten antreten können In der Tat findet man bei den meisten Rekonvaleszenten von dieser Krankheit nach wenigen Wochen in der Regel nur noch ganz geringe Spuren des Leidens. Ausnahmen bilden nur die Erkrankungen mit neuritischen Ausfallserscheinungen. Diese Fälle sind aber sehr selten.

Da feste Grundlagen für eine tiefere Einsicht in die Ursachen und das Wesen des Skorbutes überhaupt fehlen, so soll hier auch von weitergehenden Versuchen, die „Segelschiffberiberi" theoretisch zu erklären, abgesehen werden. Wenn nur wenigstens in der Praxis daran festgehalten wird, daß die Krankheit skorbutischen Charakters ist und daß ihre Prophylaxe und Therapie mit der des Skorbutes identisch ist.

Übrigens kommen auch bei den Tieren infolge von schlechter oder einseitiger Ernährung beriberiartige Erkrankungen vor. Es ist seit langem bekannt, daß Hunde bei überwiegender oder ausschließlicher Ernährung mit Kohlenhydraten große Mengen von

Wasser in den Geweben zurückhalten. Dasselbe ist neuerdings von G o u i n und A n d o u a r d bei Kälbern, die ausschließlich mit Melasse, Rüben oder Ölkuchen ohne Zusatz von Heu gefüttert wurden, beobachtet worden. In den Zuckerfabriken Sachsens wurde früher, bis man die Krankheit zu verhüten lernte, häufig eine eigenartige Erkrankung der Ochsen nach überwiegender oder ausschließlicher Fütterung mit Rübenschnitzeln beobachtet. Die Tiere zeigten Ermüdung, Kurzluftigkeit, Anschwellungen an den Beinen, brachen oft plötzlich zusammen. Genauere, pathologisch-anatomische Untersuchungen liegen leider nicht vor. Endlich sind nach Genuß verschimmelten Futters bei Pferden und Rindern plötzliche Erscheinungen schwerer Muskelschwäche und Hinfälligkeit, so daß die Tiere sich nicht mehr erheben konnten, in Verbindung mit Lähmung des Herzens und der Atmung beobachtet worden.

XI. Kapitel.

Typhus, Cholera, Maltafieber, Dengue, Lepra.

Der Abdominaltyphus gehört zu den kosmopolitischen Krankheiten und ist an den verkehrsreicheren Küsten der wärmeren Länder fast ebenso verbreitet wie in den der gemäßigten Zone angehörigen Häfen. Das gilt auch für Malariagegenden. Früher glaubte man vielfach an einen Gegensatz in dem endemischen Vorkommen von Typhus und tropischer Malaria. Der ist aber nicht vorhanden. Entsprechend der weiten Verbreitung des Typhus findet sich diese Krankheit auch sehr häufig auf Schiffen. Von den in den letzten zehn Jahren in Hamburg vorgekommenen Typhusfällen entfiel durchschnittlich der zehnte Teil auf im Seeverkehr außerhalb Hamburgs infizierte Seeleute, und die Zahl dieser eingeschleppten Fälle steigt entsprechend der allgemeinen Zunahme des Schiffsverkehrs im Hamburger Hafen, während im übrigen der Typhus in Hamburg in derselben Zeit eine beträchtliche relative und trotz des Anwachsens der Bevölkerung auch absolute Abnahme erfahren hat.

Die Gegenden, die den Hamburger Schiffen augenblicklich die meisten Typhusfälle liefern, sind das Mittelmeer und Nordamerika. Auch auf Westindien und Südamerika, besonders die Häfen am La-Platastrom, sind viele unserer Typhusfälle an Bord zurückzuführen. Allgemein bekannt ist die augenblickliche weite Verbreitung der Krankheit in Südafrika, ebenso daß Indien und ganz Ostasien, einschließlich der Philippinen und der Sundainseln, alte Typhusländer sind.

Im allgemeinen ist der junge Schiffsarzt nach meinen Erfahrungen geneigt, beim Auftreten von Typhus an Bord ohne weiteres an das Trinkwasser als direkte oder indirekte Infektionsquelle zu denken. Erst in den letzten Jahren ist man ja mehr und mehr auf andere Arten der Übertragung der Krankheit, namentlich auf die große Rolle, die die Kontaktinfektion dabei spielt, und auf die Insekten, namentlich die Fliegen, als Verbreiter und Überträger des Infektionsstoffes aufmerksam geworden.

An Bord gehören gleichzeitig auftretende Massenerkrankungen an Typhus zu den größten Ausnahmen, und man wird schon deshalb auch an Bord nicht immer ohne weiteres das Trinkwasser als Infektionsquelle ansehen dürfen. Mir ist im Laufe der letzten zwölf Jahre nur ein Fall von plötzlichen Massenerkrankungen an Typhus an Bord eines der im Hamburger Hafen verkehrenden Schiffe bekannt geworden. Da erkrankten gleichzeitig sechs Mitglieder der Kapitän- und Offiziermesse eines Dampfers an schwerem Typhus. Vier davon starben. Von der Mannschaft, die dasselbe Trinkwasser wie die Offiziere genoß, blieben alle gesund. Von den Schiffsärzten, die mit in Nordamerika, namentlich in Boston und Philadelphia infizierten Typhuskranken hier ankommen, wird öfter berichtet, daß kurz nach dem Einnehmen von Trinkwasser in einem dieser Häfen auf einmal sehr viele Darmkatarrhe, selbst Brechdurchfälle unter den Schiffsinsassen aufgetreten seien und daß sich die ersten der an Bord beobachteten Typhusfälle unmittelbar an diese Massenerkrankungen angeschlossen hätten. Hier liegt es in der Tat nahe, das Trinkwasser an Bord als Infektionsquelle zu beschuldigen, zumal es bekannt ist, daß die Wasserversorgung vieler Häfen der nordamerikanischen Union recht viel zu wünschen übrig läßt. Der Umstand aber, daß die aus den anfangs auftretenden massenhaften Darmstörungen nur vereinzelt entwickelten Typhusfälle, trotzdem dasselbe Trinkwasser weiter genossen wurde, zunächst nicht noch weitere Typhusfälle im Gefolge hatten, führt auf die Vermutung, daß die Bedingungen für das Gedeihen des Typhusbazillus in den eisernen, innen zementierten Trinkwassertanks unserer Dampfer wahrscheinlich nicht sehr günstig sind und steht in Übereinstimmung mit der Tatsache, daß die Keimzahlen in dem in solchen Tanks aufbewahrten Trinkwasser sehr häufig nach längerer Aufbewahrung des Wassers darin beträchtlich abnehmen (vgl. auch das Kap. Trinkwasser). Auch ist es uns noch nie gelungen, Typhusbazillen in dem Trinkwasser von Schiffen, die Typhusfälle an Bord hatten, nachzuweisen. Häufig folgt aber den ersten Fällen an Bord der oben erwähnten wie anderer Schiffe, die einen Typhusfall an Bord hatten, eine zweite Erkrankung nach mehreren Wochen, dann eine dritte und vierte und noch mehr. Gelegentlich kommen auch noch Typhusfälle vor, nachdem die Mannschaft ganz oder teilweise gewechselt hat und die Trinkwassertanks gereinigt, neu zementiert wurden und neues, einwandfreies Trinkwasser an Bord kam. Diese kettenförmige Fortsetzung der Krankheitsfälle weist deutlich auf Kontaktinfektionen, mindestens auf andere Infektionsgelegenheiten als das Trinkwasser hin. Das so enge Zusammenleben an Bord, die oft recht mangelhafte Reinlichkeit in den Logis und auf den Aborten, das Waschen in gemeinschaftlichen Gefäßen mit gemeinschaftlich beschmutztem Wasser und noch vieles andere begünstigen gerade an Bord die Kontaktinfektion besonders. Auch die gerade an Bord unter den Schiffsmannschaften recht häufigen ambulanten Fälle, auf die man allerdings in der Regel erst zu spät beim Nachforschen nach der Entstehung einzelner diagnostizierter Fälle aufmerksam wird, begünstigen Kontaktinfektionen.

Die Infektionsgelegenheiten an Land in überseeischen Häfen können hier nicht ausführlich erörtert werden, sie unterscheiden sich ja grundsätzlich nicht von den bei uns bekannten Quellen. Nur auf einzelne Verhältnisse darf aufmerksam gemacht werden. Die Milchgewinnung wird in den Tropen meist von Farbigen betrieben. Ställe, Vieh, Gefäße, Spül- und Mischwasser befinden sich in der Regel im denkbar schmutzigsten Zustande. Man sei deshalb mit dem Genuß roher Milch überall in den überseeischen Ländern noch vorsichtiger als bei uns. Auch die Herstellung von Fruchteis, Limonaden, Sodawasser u. dgl. ist in den Tropen meist in den Händen Farbiger und das dazu benutzte Rohwasser wie der ganze Betrieb lassen dabei sehr häufig in bezug auf Reinlichkeit alles zu wünschen übrig. Gemüse, die roh genossen werden, wie Salat, Sellerie und ähnliche sind besonders in China gefährlich, wo der Dünger fast ausschließlich aus menschlichen Fäkalien besteht und nicht in den Boden untergepflügt, sondern von oben über die Pflanzen ausgeschüttet wird.

Die Diagnose der Krankheit stützt sich außer auf die als genügend bekannt vorausgesetzten klinischen Symptome und die Beobachtung des Verlaufes der Krankheit auf den Nachweis von Typhusbazillen in den Ausscheidungen — Faeces und Urin — und im Blute der Kranken, auf den positiven Ausfall der Prüfung der agglutinierenden Kraft des Serums der Kranken gegenüber Typhusbazillen (Vidalsche Reaktion) und auf die mikroskopische Blutuntersuchung. Von diesen aus dem Gebiete der Bakteriologie entnommenen diagnostischen Hilfsmitteln kommt für den Schiffsarzt nur die Blutkultur, ferner die von Ficker angegebene Art der Ausführung der Vidalschen Prüfung und die mikroskopische Blutuntersuchung in Betracht.

Die Anlegung von Blutkulturen geschieht in der auf S. 69

angegebenen Weise. Man darf aber nicht in allen Fällen auf positive Ergebnisse rechnen und wird, wenn auf den Platten etwas gewachsen ist, den völlig einwandfreien Nachweis, daß die beobachteten Bakterienkolonien nun wirklich Typhusbazillen enthalten, an Bord nicht führen können. Immerhin wird man ziemlich sicher sein, daß es sich um Typhusbazillen handelt, wenn die aus der Tiefe der Platte herausgewachsenen, von einem grünlichschwarzen Hof veränderten Blutfarbstoffes umgebenen Kolonien Bazillen in Reinkultur anfweisen, die in Beweglichkeit, Größe und Gestalt Typhusbazillen gleichen.

Das Typhusdiagnostikum Ficker dispensiert von der Mitnahme lebender Typhusbazillen auf die Reise zur Anstellung der Vidalschen Reaktion. Es enthält besonders vorbehandelte und abgetötete, zur Konservierung mit Phenol versetzte Typhusbazillen in für die Anstellung der Prüfung passender Aufschwemmung. Auf meine Veranlassung ist das Mittel verschiedentlich auf längeren Seereisen auch in den Tropen mitgeführt worden und hat sich auch nach längerer Aufbewahrung an Bord immer als haltbar und gut wirksam erprobt.

Es genügt ungefähr 1 ccm Blut, um genügende Serummengen zu erhalten. Von den dazu angewandten Methoden sind folgende am meisten zu empfehlen:

1. Schnitt in das Ohrläppchen mit scharfer Lanzette, Impffeder usw. Auspressen von Blut durch „Melken" in ein steriles, unten spitz zulaufendes Röhrchen (sog. Agglutinationsröhrchen) oder ein enges Reagensrohr. Nach völliger Gerinnung (5—10 Minuten) wird der Blutkuchen mit einer ausgeglühten Platinnadel od. dgl. vom Rande des Glases gelöst und das Röhrchen bis zum anderen Morgen kühl stehend aufbewahrt. Das dann abgeschiedene Serum wird mit einer feinen Pipette (bei Ficker beigegeben) aufgesaugt, am besten unter Neigen des Röhrchens, und sofort mit steriler 0,9 % NaCl eine Verdünnung 1:10 hergestellt (also 0,1 + 0,9 NaCl; 0,2 + 1,8 NaCl; nicht 0,1 + 1,0 usw.).

2. Schnitt ins Ohrläppchen, Herauspressen von Bluttropfen und Aufsaugen dieser durch kleine U-förmige Kapillarröhrchen, die durch Vorbeiziehen über der Spiritusflamme genügend sterilisiert werden können. Nachdem in den aufrecht bewahrten Röhrchen Gerinnung eingetreten ist, wird der Blutkuchen an den beiden oberen Öffnungen mit einer Nadel zurückgestoßen, da sonst Fibrinfäden sein Niedersinken verhindern. Nun werden die Röhrchen (nach Lösen von Fibrinfäden mit der Nadel) 24 Stunden kühl, stehend aufbewahrt. Hierauf werden sie an der Grenze von Serum und Gerinnsel abgebrochen — am besten nach Anfeilen —

und man läßt das Serum durch Kapillarität direkt in die Pipette einfließen. Die gewonnene beliebige Menge wird abgelesen und sofort, wie oben angegeben, 1 : 10 verdünnt.

Ansetzen der Fickerschen Reaktion.

Von der selbst hergestellten Serumverdünnung 1 : 10 kommt in Röhrchen I 0,1 ccm
„ „ „ „ „ „ „ „ II 0,2 „
Von dem gut durchgeschüttelten Reagens kommt in Röhrchen I 0,9 ccm
„ „ „ „ „ „ „ „ II 0,8 „
„ „ „ „ „ „ „ „ III 1,0 „
als Kontrolle.
Es enthält dann Röhrchen I 0,1 ccm $^1/_{10}$ Serum und 0,9 ccm Verdünnungsflüssigkeit und Bakterien — Verdünnung 1 : 100.
„ „ „ „ II 0,2 ccm $^1/_{10}$ Serum und 0,8 ccm Verdünnungsflüssigkeit und Bakterien — Verdünnung 1 : 50.
„ „ „ „ III nur das Reagens als Kontrolle.

Die Röhrchen werden wieder gepfropft und bleiben bis höchstens 20 Stunden bei Zimmertemperatur vor Licht geschützt stehen. Meist ist ein positiver Ausfall durch Zusammenballen der Bakterienleiber am Boden und Klärung der Flüssigkeit gegenüber der Kontrolle schon nach 10—12 Stunden erkennbar (Betrachtung schräg von unten). Positiver Ausfall nach mehr als 20 Stunden beweist nichts.

Tritt innerhalb der 20 Stunden auch in der Kontrolle ein positiver Ausfall ein, so ist das Reagens unbrauchbar oder das Glas war von einem vorhergehenden Versuch nicht genügend gereinigt; es ist dann zunächst die Reaktion nochmals zu wiederholen.

Absolute Sterilität der Gläschen ist, da das Reagens Phenol enthält, nicht nötig, wenn möglich, jedoch zu beobachten.

Da wir jetzt wissen, daß die klinisch als Abdominaltyphus sich charakterisierenden Erkrankungen nicht ausschließlich durch die echten Eberth-Gaffkyschen Typhusbazillen, sondern auch durch verwandte Bakterien aus derselben Gruppe hervorgerufen werden können und man demgemäß jetzt zwischen echtem Typhus und Paratyphus unterscheidet, so ist es erforderlich, für den Fall, daß die Agglutinationsprüfung gegenüber echten Typhusbazillen resp. dem Fickerschen Diagnostikum negativ ausfällt, auch die bisher bekannten Erreger des Paratyphus der Wirkung des Serums eines solchen Kranken auszusetzen. Analog dem Fickerschen Diagnostikum hat deshalb jetzt die Firma E. Merck in Darmstadt die Paratyphusdiagnostika A und B (für Paratyphus A und Paratyphus B) hergestellt, die in der Ausrüstung des Schiffsarztes nicht fehlen dürfen.

Die Eigenschaft des Serums, Typhusbazillen resp. Paratyphuskeime zu agglutinieren, bildet sich bekanntlich erst im vollen Maße in der zweiten und dritten Woche der Krankheit, mitunter noch später aus. Es ist deshalb nötig, die Prüfung in den Fällen, in denen die Reaktion negativ ausfiel, nach einigen Tagen und ev. noch öfter zu wiederholen.

Bei der mikroskopischen Untersuchung des Blutes von Typhuskranken findet man im Gegensatz zu den meisten anderen fieberhaften Erkrankungen, namentlich den mit Eiterung verbundenen Fiebern keine Vermehrung der neutrophilgekörnten, polymorphkernigen Leukozyten (Leukozytose im gewöhnlichen Sprachgebrauch), auch keine relative Vermehrung der großen Mononukleären wie bei Malaria und anderen protozoischen Blutinfektionen, wohl aber gewöhnlich eine Lymphozytose, d. h. eine absolute oder relative Vermehrung der kleinen Lymphozyten.

Am häufigsten wird meiner Erfahrung nach an Bord Abdominaltyphus mit Malaria verwechselt. Früher galt das ganz allgemein für die Tropen und manche Formen der Malaria, die in den älteren Werken über diese Krankheit eine große Rolle spielen, die Malaria remittens und die Typhomalaria sind dieser Verwechslung zuzuschreiben. Die „schwere Malaria mit typhösem Charakter", bei der Chinin so wenig hilft, findet sich auch jetzt noch in den Berichten der Schiffsärzte recht häufig erwähnt. In allen so bezeichneten Fällen, die ich nachher in Hamburg ins Krankenhaus bekam, sei es noch im Stadium des Fiebers, sei es in der Rekonvaleszenz, ließ sich bisher immer der Nachweis führen, daß es sich nicht um Malaria, sondern um Typhus oder Paratyphus handelte. Zu denselben Ergebnissen gelangte bekanntlich Osler, der in Kuba vor einigen Jahren mehrere hundert Fälle solcher „schweren Remittens" untersuchte. Ohne mikroskopische Blutuntersuchung und Prüfung der agglutinierenden Kraft des Serums ist die Differentialdiagnose sehr häufig tatsächlich kaum möglich. Manche Typhuskurven haben eine große Ähnlichkeit mit einer Malariakurve, zumal wenn Chinin in kleinen Dosen gegeben wird. Chinin in der für die Behandlung der Malaria nötigen Weise gegeben, bringt Malaria sicher in einigen Tagen zur Entfieberung, den Typhus nicht und ich kann nach meinen Erfahrungen den Rat Treilles nur unterschreiben, daß man in allen zweifelhaften Fällen Chinin in derselben Weise verabreichen soll, als ob die Diagnose Malaria sicher wäre. Ist nach fünftägiger Chininmedikation noch keine völlige Entfieberung eingetreten, so liegt sicher keine Malaria vor.

Fig. 31 zeigt die Kurve eines Falles von Paratyphus im Endstadium. Die Kurve ist ganz die einer Quotidiana. Da hier

Malariaparasiten durchaus fehlten, auch der übrige Blutbefund gegen Malaria sprach und die Agglutinationsprobe gegen Paratyphus A positiv ausfiel, so konnten wir von der probatorischen Chininmedikation absehen. Der Patient entfieberte dann auch ohne Chinin, obwohl er selbst darauf schwor, Malaria zu haben und aus einer Malariagegend kam. Bemerkenswert war dabei, daß der Hämoglobingehalt trotz der täglichen Fieberanfälle nicht abnahm, was mit der Diagnose Malaria unvereinbar gewesen wäre.

Natürlich beobachtet man mitunter Typhus auch bei Leuten, die tatsächlich mit Malaria infiziert sind und bis zum Beginne des Typhus echte Malariaanfälle haben. Solcher Fälle habe ich schon eine ganze Anzahl beobachtet. Sie verlaufen fast immer so, daß die Malariaparasiten aus dem zirkulierenden Blute verschwinden, wenn der Typhus einsetzt und während des ganzen Ablaufes der Typhusfieberkurve nicht wieder erscheinen. Dementsprechend

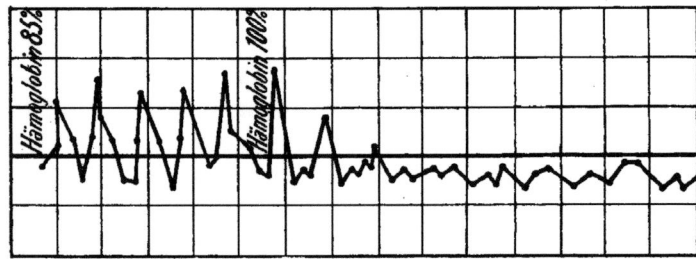

Fig. 31. Quotidiana — ähnliche Kurve eines Falles von Paratyphus A (Endstadium).

treten während dieser Zeit auch keine Malariaanfälle auf. Fälle von „Aufbauen" von Malariaanfällen auf der Typhuskurve habe ich nie gesehen und auch als einwandfreie Beobachtungen nicht in der Literatur finden können. Erst in der Rekonvaleszenz kehren die Malariaanfälle wieder.

Auch sonst zeigt der Verlauf des Typhus in den Tropen und den überseeischen Ländern insgesamt keine wesentlichen Abweichungen von dem Bilde, das wir täglich bei uns beobachten. Vielleicht ist es richtig, was einzelne Autoren behaupten, daß in der Mehrzahl der Tropenfälle die Roseola nur sehr schwach auftrete und auch die Diarrhöen häufig ganz fehlten. Die übrigen, angeblichen Abweichungen im Verlaufe des Typhus der wärmeren Länder gegenüber unseren Fällen sind bedeutungslos oder nicht vorhanden.

Bei den Bordererkrankungen sind anscheinend Rezidive besonders häufig, was wohl mit der Schwierigkeit zusammenhängt, Einflüsse, die die Widerstandsfähigkeit der Rekonvaleszenten herabsetzen, gerade an Bord auszuschließen. Auf die Therapie brauche ich wohl nicht näher einzugehen. Nur darauf möchte ich nochmals hinweisen, daß man in allen zweifelhaften Fällen zunächst die Chinintherapie wie gegen Malaria 5—6 Tage lang versuchen sollte. Die wenigen Todesfälle, die wir bisher an Malaria bei uns hatten, wurden moribund ins Krankenhaus gebracht und betrafen zum Teil Kranke, die von Schiffsärzten die Diagnose „Typhus" erhalten und danach wochenlang — d. h. ohne Chinin — behandelt worden waren. Wenige Gramm Chinin hätten sie gerettet. Beobachtet man bei der probatorischen Chininmedikation, daß keine Entfieberung eintritt, so hat es keinen Zweck, Chinin nach der für Malaria angebrachten Art weiter zu geben. Man ermäßige dann, wenn man die von vielen Seiten ja für Typhus sehr empfohlene Chininbehandlung beibehalten will, die Tagesgabe auf 0,5 oder 0,3 g. Im absteigenden Stadium des Fiebers ist diese Art der Chinindarreichung in der Regel von sehr guter Wirkung. Selbstverständlich muß man jeden Typhuskranken und typhusverdächtigen Fall auch an Bord soweit isolieren, daß weder von seinen infektiösen Entleerungen (Stuhl und Urin), noch von seiner Wäsche, seiner Koje, den Gebrauchsgegenständen, Eß- und Trinkgeschirr usw., auch nicht von den Händen des Kranken oder des Krankenwärters Infektionsmaterial auf andere übertragen werden kann (vgl. Kap. XIV). Die von R. Koch inaugurierten Untersuchungen über die Verbreitung des Typhus in Süddeutschland haben ja aufs deutlichste gezeigt, daß der Typhus zu den kontagiösen Krankheiten gehört. Außer den Typhuskranken und ihrer Umgebung kommen für die Verbreitung und Übertragung der Typhuskeime noch die chronischen Bazillenträger in Betracht, d. h. anscheinend gesunde Leute, die die Krankheit Wochen und Monate vorher überstanden haben und nun mit ihren Darmentleerungen massenhaft Typhusbazillen ausscheiden. Diese Ausscheidung kann sich sehr lange hinziehen. Als ganz besonders gefährliche Leute sind für Bordverhältnisse in dieser Beziehung Köche und Stewards zu betrachten, die nach überstandenem Typhus wieder anmustern und in ihrer früheren Beschäftigung verwendet werden sollen.

Die schwere Heimsuchung mit Typhus, die augenblicklich ganz Südafrika durchmacht, hat sowohl bei den Engländern, wie bei unsern nach Deutsch-Südwestafrika entsandten Truppen zur Anwendung von Methoden zur aktiven Immunisierung gegen Typhus Veranlassung gegeben. In der Mehrzahl der Fälle wurde bei uns der von Kolle hergestellte Impfstoff angewandt, der aus einer Suspension abgetöteter, aus Typhusagarkulturen gewonnener Typhusbazillen besteht und in Mengen von 0,5 bis 1,5 ccm (eine resp. drei Ösen Kultur) eingespritzt wird. Bisher sind über 2000 nach Südwestafrika entsandte Krieger damit geimpft worden. Die Zahl der Erkrankungen ist bei den Geimpften nicht so sehr viel geringer ausgefallen als bei den Nichtgeimpften. Die Zahl der Todesfälle und die Schwere des Verlaufes sind aber beträchtlich herabgemindert worden. Leider hat diese Impfung recht lästige Nebenwirkungen — erhebliche, lokale Reaktion, allgemeine Abgeschlagenheit, mehrtägiges Fieber —. Mayer und Bassenge haben neuerdings einen Impfstoff hergestellt, der durch kurzdauernde, schonende Extraktion lebender Typhusbazillen gewonnen und keimfrei filtriert ist. Dieser Impfstoff scheint, soweit man aus Tierexperimenten schließen kann, wirksame Schutzstoffe in genügenden Mengen zu enthalten. Dabei ist er frei von anderen, toxischen, für die Immunisierung überflüssigen Substanzen und hat außerdem den Vorzug, daß er keine Suspension, sondern eine klare, genau dosierbare Lösung darstellt. Die Einverleibung dieses Impfstoffes macht nur sehr geringe Nebenwirkungen. Wenn die praktische Schutzwirkung für den Menschen sich der der Suspension abgetöteter Bakterien gleich oder überlegen erweisen sollte, wofür die Tierversuche sprechen, so wäre damit ein großer Fortschritt erreicht. Vorläufig ist aber die Zahl der damit bei Menschen ausgeführten Impfungen zu klein, als daß man darüber schon ein sicheres Urteil aussprechen könnte.

Die Cholera ist diejenige Krankheit, die den Schiffsärzten die meisten Vorwürfe über unwahre Angaben, die von ihnen den Quarantänebehörden über den Gesundheitszustand an Bord, sei es aus Fahrlässigkeit, sei es mit Absicht, gemacht wurden, eingebracht hat. Am bekanntesten sind die Mitteilungen von R. Koch auf den Cholerakonferenzen von 1883/84 über solche Vorkommnisse geworden. Aber auch in späteren Choleraberichten finden sich Erzählungen von ähnlichen Fällen.

Zu diesem Verhalten einzelner Schiffsärzte hat vielleicht nicht unwesentlich die in der Choleraliteratur, namentlich der älteren, vielfach verbreitete, von Pettenkofer herrührende Ansicht beigetragen, daß die Cholera auf Schiffen selten sei und an Bord zu ihrer weiteren Verbreitung keinen günstigen Boden finde. Sei eine Einschleppung des Choleraninfektionsstoffes an Bord erfolgt, so sei es das beste, wenn das Schiff gleich beim ersten Fall auf die hohe See hinausginge. Zur Epidemie käme es dann nie und die Krankheit höre bald von selbst auf. Die Beobachtungen, aus denen seinerzeit Pettenkofer solche Schlüsse zog, stammen von englischen Kriegsschiffen. An Bord der Kriegsschiffe waren aber damals und sind noch heute die Bedingungen für die Verbreitung der Cholera ganz verschieden von denen, die auf Handelsschiffen, namentlich auf den Auswandererschiffen und andern dem Massentransport unbemittelter Zivilpersonen dienenden Schiffen herrschen. Die Kriegsschiffe werden immer in einem Zustande peinlichster Sauberkeit in allen ihren Teilen gehalten. Die Schiffsinsassen bestehen ausschließlich aus erwachsenen Männern, die zur strengsten körperlichen Reinlichkeit angehalten werden und von früh bis spät, selbst in bezug auf die Befriedigung körperlicher Bedürfnisse, unter Aufsicht stehen. Jeder Kranke wird sofort erkannt und bei Seuchenfällen werden alle zur Verhütung der Weiterverbreitung der Krankheit angeordneten Maßnahmen von einer Menge williger und anstelliger Hände bis ins kleinste genau ausgeführt. Es gelingt in der Tat recht häufig, bald der Cholera an Bord der Kriegsschiffe Herr zu werden, wenn das Schiff, um weiterer Infektionsgefahr zu entgehen, den infizierten Hafen alsbald verläßt und an Bord durch rigorose Maßregeln die ersten Fälle für die Weiterverbreitung der Krankheit unschädlich gemacht werden. Indessen ist diese Regel nicht ohne Ausnahmen, und gerade in den Beispielen Pettenkofers über das Verhalten der Cholera auf Schiffen finden sich Fälle, in denen die Cholera auf Kriegsschiffen wochen- und monatelang sich fortsetzte.

Auch auf gewöhnlichen Handelsschiffen, Frachtschiffen mit geringer Bemannung und ohne Passagiere entwickeln sich, selbst wenn im Hafen oder in den ersten Tagen nach der Abfahrt Cholerafälle vorkommen, fast nie größere Ausbrüche der Krankheit.

An Bord eines Auswandererdampfers oder eines andern Handelsschiffes mit vielen Zwischendeckspassagieren, farbigen Arbeitern u. dgl. finden wir aber ganz andere Verhältnisse wie auf Kriegsschiffen oder Frachtdampfern. Da steht der Kapitän und der Arzt mit der verhältnismäßig geringen Anzahl der Schiffsmannschaften hunderten und tausenden, größtenteils verständnislosen, undisziplinierten und, wenn es sich um osteuropäische Auswanderer, farbige Arbeiter, mohammedanische Pilger u. dgl. handelt, höchst unreinlichen Menschen gegenüber, unter denen sich, wenigstens auf Auswandererschiffen, in der Regel Frauen und Kinder in beträchtlicher Anzahl befinden. Schon die Erhaltung eines sehr bescheidenen Maßes oberflächlicher Sauberkeit der Wohn- und Schlafräume, der Klosets erfordert die unausgesetzte, schärfste Aufmerksamkeit der Schiffsleitung und es ist, zumal wenn bei schlechtem Wetter die Seekrankheit in den überfüllten Räumen unter den Massen wütet, unmöglich, daß sich die Leute vor Beschmutzung durch Ausscheidungen ihrer Nachbarn, kranker Kinder und Frauen schützen. Für die Ausstreuung von mit Cholerakranken an Bord gelangten Infektionskeimen herrschen da die denkbar günstigsten Bedingungen, und wir finden dementsprechend in den Berichten über das Verhalten der Cholera an Bord solcher Schiffe kaum Fälle, die für eine allgemeine Geltung des Pettenkoferschen Satzes, daß Schiffe kein günstiger Boden für die Cholera sind, sprächen, aber sehr viele Beispiele für das Gegenteil.

So berichtet Koch, daß auf den von den Cholerahäfen Indiens mit Massentransporten von Kulis ausgehenden Schiffen in manchen Cholerajahren fast der dritte Teil der Schiffe Cholera an Bord hatte und daß es sich dabei fast immer um größere Ausbrüche handelte, die wochenlang während der Reise anhielten. Auch auf den von europäischen Häfen ausgehenden Auswandererschiffen sind viele mörderische Choleraepidemien zu verzeichnen. Dasselbe gilt von den Schiffen, die den Verkehr mohammedanischer Pilger nach und von den den Mohammedanern heiligen Stätten Arabiens besorgen. Dieser Pilgerverkehr ist ja häufig der Weg gewesen, auf dem die Cholera aus Indien nach der Levante, Ägypten und nach Europa gelangt ist.

Man unterscheidet bekanntlich bei dem epidemischen Auftreten der Cholera zwei Typen, einmal nämlich einen explosionsartigen Ausbruch der Seuche, dadurch bedingt, daß der Infektionsstoff in ein einer größeren Gemeinschaft von Menschen zugängliches Vehikel gelangt und dort günstige Vermehrungsbedingungen findet. Meist spielt ja das verseuchte Trinkwasser der gemeinschaftlichen Wasserversorgungsanlage einer größeren Ortschaft diese Rolle. Der zweite Typus charakterisiert sich als ein allmähliches Umsichgreifen von einzelnen Fällen aus, die zu Gruppenerkrankungen führen und durch Verschleppung sekundäre Herde erzeugen. Oft folgen sich die Erkrankungen kettenförmig, und die Epidemie kann sich so, auch ohne erheblichen Umfang anzunehmen, recht lange Zeit an einem Orte hinziehen. Diese Art der Choleraausbreitung beruht auf Kontaktinfektion, und man kann häufig den Zusammenhang der einzelnen Erkrankungen und die Herdbildungen verfolgen.

Dieser Typus ist die Regel für das epidemieartige Auftreten der Cholera auf Passagierschiffen. Erst kommen regelmäßig ganz vereinzelte Fälle. Die weiteren Erkrankungen bleiben zunächst auf bestimmte Gruppen von Schiffsinsassen aus der Umgebung der zuerst Erkrankten — z. B. Backs-, d. h. Tafelgenossenschaften, Familien, Landsmannschaften beschränkt. Häufig beobachtet man die ersten Fälle bei Kindern (Brechdurchfall), dann erkranken die Mütter, dann folgen andre Kinder und Frauen. In einigen Fällen waren die Kranken fast ausschließlich Kinder und Frauen, was nicht wundernimmt, wenn man bedenkt, daß die Mütter mit ihren Kindern häufig an Bord in e i n e m Raume zusammen untergebracht sind und übrigens überall miteinander bald Verkehr suchen und Freundschaft schließen. Von erwachsenen Männern werden häufig die Familienangehörigen der kranken Kinder zuerst ergriffen, dann erst folgen andere nach. Mitunter bleibt es bei vereinzelten Fällen, die sich aber kettenförmig durch die Reise hinziehen und meist auf eine Wohnabteilung beschränkt bleiben. Kajütspassagiere und Mannschaften werden — abgesehen von den natürlich besonders gefährdeten Zwischendecksstewards — nur sehr selten ergriffen.

Von besonderem Interesse sind die Fälle, in denen die ersten Choleraerkrankungen anscheinend erst einige Wochen nach dem Verlassen des infizierten Hafens ausbrechen und die Zwischendeckspassagiere wie die übrigen Schiffsinsassen bis dahin sich angeblich des besten Gesundheitszustandes erfreuten. Bei den meisten solchen Vorkommnissen finden sich Anhaltspunkte dafür, daß der Verlauf tatsächlich ein andrer war. Die ersten Fälle ereigneten sich, wie sonst, bald nach Einschiffen der Passagiere, wurden aber nicht als Cholera erkannt, sondern vom Schiffsarzt unter andern Diagnosen, wie Brechdurchfall (kleine Kinder), Kolik, Ohnmacht, Herzschlag u. dgl. eingetragen. Erst als die Fälle sich häuften, merkte man, daß man sich einer rasch um sich greifenden Seuche gegenüber befand und benannte sie mit ihrem richtigen Namen. In andern Fällen werden Kleidungsstücke und Wäsche beschuldigt, die infiziert an Bord gelangten, aber während der ersten Wochen der Reise verpackt waren, erst später hervorgesucht wurden und zu Infektionen Veranlassung gaben. Der bekannteste derartige Fall ist der von P f u h l beschriebene Choleraausbruch auf dem italienischen Auswandererschiff „Vicenzo Florio" 1893.

Es gibt noch eine dritte Erklärung für solche Fälle. Wir wissen, daß bei der Verbreitung der Cholera nicht bloß Cholerakranke, sondern auch die sog. Bazillenträger eine große Rolle spielen, das sind Leute, die, ohne krank zu sein, Cholerakeime in ihrem Darm beherbergen und oft sehr lange Zeit ausscheiden. Sie finden sich meist in der Umgebung der Kranken, z. B. unter ihren Angehörigen; es besteht aber natürlich sehr wohl die Möglichkeit, daß solche Leute ihre wirklich kranken Angehörigen weit weg vom Einschiffungshafen zurücklassen und allein an Bord kommen, um dort entweder bald oder vielleicht auch erst nach Ablauf einiger Wochen ihre Keime auf andre zu übertragen. Was die Rolle des Trinkwassers als Verbreiter der Cholera an Bord anlangt, so wird man an seine Beteiligung hauptsächlich in den Fällen denken müssen, in denen bei allen Kategorien der Besatzung ziemlich gleichmäßig und auch ziemlich zu gleicher Zeit Krankheitsfälle aufgetreten sind, wie bei den explosionsartigen Ausbrüchen der Seuche in Ortschaften und Anstalten mit gemeinschaftlicher Wasserversorgung. Nach diesem Typus verlaufen aber, wie schon oben erwähnt, die Choleraausbrüche an Bord in der Regel nicht. Auch auf den Auswandererschiffen, die 1892 den Hafen von Hamburg verließen und Choleraausbrüche während der Reise an Bord hatten, verlief die Cholera nach dem Typus der Kontaktinfektion. Ich bin natürlich weit davon entfernt, dem Trinkwasser seine große Bedeutung für die Verbreitung der Cholera absprechen zu wollen, sondern möchte mit dem Hinweis auf das fast ausschließliche Vorherrschen des Kontaktinfektionstypus an Bord nur verhüten, daß man sich nicht an Bord etwa deshalb ganz sicher fühle, weil das Trinkwasser aus einwandfreien Quellen stammt. Man sollte beim Weggang aus Cholerahäfen und in Cholerazeiten überall an Bord jedem Brechdurchfall, ja jedem Darmkatarrh die ernsteste Beachtung zuteil werden lassen.

Die sichere Diagnose der Cholera ist bekanntlich nur durch bakteriologische Untersuchungen von einem Umfang und einer Art und Weise zu stellen, die über das Maß weit hinausgehen, das an Bord zu leisten möglich ist. In schweren, typischen Formen, bei denen die bekannten Reis- oder Blutwasserstühle entleert werden, wird man nicht selten im aus Schleimflocken hergestellten und gefärbten Ausstrichpräparat die charakteristischen Kommaformen in großer Zahl und oft in der charakteristischen, fischzugähnlichen Anordnung finden. In sehr vielen Fällen wird man aber bei der mikroskopischen Untersuchung des Stuhles vergeblich nach Kommaformen suchen. Das Auftreten von choleraähnlichen Kolonien auf den angelegten Gelatineplatten wird die Wahrscheinlichkeitsdiagnose noch weiter sichern. Ein negativer Ausfall der Untersuchung des mikroskopischen Präparates und der Plattenkultur besagt aber unter solchen Umständen (Wegfall des Anreicherungsverfahrens) nichts. Weitergehende bakteriologische Prüfungen (Pfeifferscher Versuch, Serumagglutinationsprüfung) lassen sich an Bord nicht anstellen. Was die klinische Diagnose anlangt, so wird man gut tun, wie schon mehrfach hervorgehoben, an die Möglichkeit, daß ein Cholerafall vorliegt, eher etwas zu früh als zu spät zu denken. Es sind nicht immer die Darmerscheinungen, die in den Vordergrund treten, auch ein bei nur leichtem Durchfall auffallend schneller Kräfteverfall, schlechter Puls und Welkwerden der Haut müssen als verdächtig angesehen werden. Man braucht ja nun nicht gleich dem Patienten gegenüber und sonst an Bord das ominöse Wort „Cholera" zu äußern. Aber dem Kapitän muß man natürlich solchen Verdacht unter allen Umständen sofort mitteilen und auf die umfassende Durchführung der nötigen Isolierungen, Desinfektionen und Untersuchungen (vgl. Kap. 14(dringen.

Beim Aufenthalt in Cholerahäfen sind folgende Vorsichtsmaßregeln zu beobachten:

1. Beim Löschen und Laden der Frachtgüter, das, wenn diese Vorsichtsmaßregeln beobachtet werden, wohl kaum Gefahren mit sich bringt. Es ist dabei hauptsächlich dafür zu sorgen, daß

a) für die fremden Arbeiter an Bord ein besonderes Kloset reserviert wird, welches täglich desinfiziert und gereinigt wird;

b) daß die fremden Arbeiter ihre Mahlzeiten womöglich nicht an Bord, jedenfalls aber getrennt von den Mannschaften und in besonderen, nicht von den Mannschaften zu benutzenden Geschirren einnehmen;

c) daß die Logis, die Küchen, Waschräume usw. den fremden Arbeitern verschlossen bleiben;

d) daß alle Arbeiter, die an Brechdurchfall leiden oder sonst krank zu sein scheinen, sofort weggeschickt werden.

2. Wenn möglich, mustere man in Cholerahäfen keine neuen Leute an. Muß dies geschehen, so werden solche Leute, welche unmittelbar von einem andern bisher cholerafreien Schiffe kommen, weniger der Einschleppung von Krankheitskeimen verdächtig sein, als solche, welche sich etwa wochenlang an Land herumgetrieben haben.

Solche Leute haben anzugeben, ob sie bisher gesund gewesen, und ob sie mit Cholerakranken in Berührung gewesen sind. Auch lasse man sich die letzten Wohnungen, Herbergen usw. angeben und suche beim Konsul zu erfahren, ob die betreffenden Landquartiere oder Stadtgegenden cholerafrei geblieben sind.

Von Choleraschiffen, -quartieren oder -stadtgegenden mustere man nur Leute an, wenn mindestens 10—12 Tage seit dem letzten Cholerafall auf dem Schiff, in dem Quartier˙ oder der Stadtgegend vergangen sind.

Man mustere Leute nicht erst unmittelbar vor der Abfahrt, sondern mehrere Tage vorher an, damit man sie an Bord noch mehrere Tage vor der Abfahrt genau beobachten kann. Kranke oder Verdächtige werden sofort wieder ausgeschifft.

3. Die Mannschaft an Bord sollte nur zu Dienstgängen an Land geschickt, jedenfalls aber nicht über Nacht beurlaubt werden.

Farbige, Neger, Inder sind besonders zu Erkrankungen

an Cholera geneigt, sie sollen unter keinen Umständen beurlaubt werden.

Die Mannschaft soll jeden Morgen, Mann für Mann, abgefragt werden, ob jemand an Durchfall oder Erbrechen leidet.

Solcherart Erkrankte sind, wenn sie im Laufe des Tages nicht besser werden, in ein Hospital an Land zu schicken.

Jeder Exzeß ist zu verbieten. Betrunkene, Trunkenbolde, Magenleidende erkranken leichter an Cholera, als Gesunde und mäßig lebende Personen.

4. Auf die Köche und Stewards ist besonders zu achten, sie sind durch ihre Landgänge usw. Ansteckungen leicht ausgesetzt und können bei Bereitung der Speisen die Krankheit leicht auf die ganze Mannschaft übertragen.

In der Küche ist auf strengste Sauberkeit zu halten.

5. Trinkwasser soll in Cholerahäfen, wenn irgend zu vermeiden, nicht eingenommen werden.

Eine Ausnahme bilden unter Umständen große Hafenplätze mit guten, staatlich kontrollierten zentralen Wasserleitungen, wenn insbesondere die Ärzte und Konsuln das Wasser für unverdächtig erklären.

Muß in anderen Cholerahäfen Trinkwasser eingenommen werden, so ist dasselbe nur gekocht zu genießen. Filter an Bord geben keine Sicherheit und verschlechtern häufig das Wasser.

Von außenbords darf Wasser in Cholerahäfen weder zum Genuß noch zu Reinigungszwecken benutzt werden, namentlich auch nicht zur Selbstreinigung, zum Reinigen des Eßgeschirrs oder der Wäsche, auch nicht zum Deckwaschen.

Hierzu darf nur gutes Trinkwasser oder vorher an Bord abgekochtes Wasser benutzt werden.

6. Der Genuß von rohen Früchten, welche äußeren Verunreinigungen durch Anfassen, Bedecken mit Tüchern, Bespritzen mit Schmutzwasser, Fliegen usw. ausgesetzt sind, ist zu verbieten. Dasselbe gilt von dem Genuß von im Hafen gewonnenen Austern, von Fruchteis, Limonade, Sodawasser, welches an Ort und Stelle hergestellt ist, da gerade zu solchen Fabrikaten oft sehr schlechtes Wasser genommen wird. Der Genuß von roher Milch ist sehr gefährlich.

7. Man kaufe zur Schiffsverpflegung in Cholerahäfen zu dem einwandsfreien, dem Heimatsort oder anderen, gesunden Plätzen entstammenden Proviant an Bord nur solche Lebensmittel von Land hinzu, welche nicht in rohem, sondern nur in gekochtem Zustande genossen werden. Man beziehe diese Lebensmittel mög-

lichst bloß von einem Händler und überzeuge sich womöglich täglich davon, daß in dem Hause desselben keine Cholera herrscht.

Die Lebensweise und Verpflegung kann im ganzen unverändert, wie an Bord sonst üblich, beibehalten werden.

8. Die an Bord kommenden Händler sind in bezug auf den Verkauf von Milch, Früchten, Eis, Sodawasser gemäß den obengenannten Vorsichtsmaßregeln streng zu überwachen.

Der Handel mit alten Kleidern ist zu verbieten.

An Land gewaschene Wäsche ist, wenn rein, trocken und geplättet, ungefährlich.

9. Die in einem Cholerahafen an Bord kommenden Passagiere sollten nicht bloß, ehe sie an Bord genommen werden, ärztlich untersucht sein, sondern, wenn irgend angängig, einige Tage vor ihrer Einschiffung in geeigneten Unterkunftsräumen an Land abgesondert und in Beobachtung gehalten worden sein. Es ist fast unmöglich, choleraverdächtige Leute, abgesehen von ganz schweren Fällen, bei einer nur einmaligen Untersuchung, die ja wesentlich nur in einer Befragung, Prüfung des äußeren Aussehens und des Pulses, ev. noch Messen der Körpertemperatur bestehen kann, herauszufinden. Erst bei längerer Beobachtung fallen die Leute, die das Kloset häufig aufsuchen müssen, an Erbrechen, Krämpfen, Ohnmachtsanwandlungen leiden oder abnorm niedrige Temperaturen haben, auf. Man bedarf natürlich zu solchen Beobachtungen durchaus der Unterstützung durch geschultes Aufsichtspersonal. Bei Kajütspassagieren sind solche Vorbeobachtungen an Land unmöglich, man muß solche Leute in unauffälliger Weise während der ersten Tage der Reise durch die Kammerstewards auf verdächtigen Durchfall u. dgl. beobachten lassen. Die Zwischendeckspassagiere sollten, einerlei, ob eine mehrtägige Beobachtung an Land vorausgegangen ist oder nicht, vom Arzt und seinem Unterpersonal mindestens während der ersten Tage der Reise mehrmals täglich durchmustert, abgefragt und untersucht werden.

Das Malta- oder Mittelmeerfieber, eine nicht bloß an den Küsten des Mittelmeeres, sondern auch sonst in den wärmeren Ländern anscheinend weit verbreitete, wenn auch außerhalb des Mittelmeers meist nur in sporadischen Fällen beobachtete Krankheit, verursacht jahraus, jahrein auf dem englischen Mittelmeergeschwader, namentlich auf den in Malta stationierten Kriegsschiffen eine große Anzahl von Erkrankungen und kommt wahrscheinlich auch auf Handelsschiffen nicht allzu selten vor. Von den vom Mittelmeer 1905 in Hamburg angekommenen Schiffen wurden zwei Fälle von dieser Krankheit in Hamburg beobachtet.

Sie verläuft in der Form von Anfällen eines längeren, remittierenden Fiebers mit allmählich ansteigender, dann wieder absteigender Kurve. Nach der Entfieberung kommt bald ein Rezidiv mit ähnlichem Verlauf, dann ein zweites, ein drittes usw., so daß die Krankheit oft monatelang dauert. Die Begleiterscheinungen des Fiebers bestehen, abgesehen von den gewöhnlichen, mit jeder Temperaturerhöhung verbundenen Allgemeinsymptomen, wie Kopfschmerzen, allgemeiner Schwäche, Daniederliegen des Appetits, gelegentlichen Delirien u. dgl., hauptsächlich in Milzschwellung, zunehmender Anämie, flüchtigen und oft wechselnden Gelenkschwellungen, Neuralgien, Konstipation und heftigen Schweißen. Die Mortalität ist gering, nicht über $2\,^0/_0$. Medikamente, wie Chinin, Antipyrin, Salizylpräparate und andere Antipyretika sind ohne nennenswerte Wirkung. Eine Gefahr der Übertragung der Krankheit von dem erkrankten Schiffsinsassen auf Gesunde ist im allgemeinen nicht vorhanden. Die Krankheit entsteht durch die Infektion mit dem Micrococcus Melitensis, einem kleinen ovalen Kokkus, der sich reichlich in der Milz, spärlicher im Blute des Kranken findet und anscheinend am häufigsten durch die Milch von Ziegen übertragen wird. Bei diesen Tieren scheint der Micr. Melit. gelegentlich in größerer Verbreitung Erkrankungen, oft ganz leichter Art, zu verursachen. Er wird dann in großen Mengen mit der oft kaum veränderten Milch ausgeschieden. Man warne daher vor dem Genuß von roher Ziegenmilch in den Mittelmeerhäfen.

Die Diagnose ist mit Sicherheit nur durch Prüfung der agglutinierenden Kraft des Serums der Kranken gegenüber dem Micr. Melit., von dem ja der Schiffsarzt kaum lebende Kulturen mitzuführen in der Lage sein wird, oder durch Anlegen von Blutkulturen (vgl. S. 69), in denen die Kolonien des Micr. Melit. in der Regel erst am vierten Tage erscheinen, zu stellen. In den meisten sporadischen Fällen wird der Schiffsarzt nur eine Wahrscheinlichkeitsdiagnose aussprechen und andre Ursachen für das rezidivierende, remittierende Fieber, wie geschlossene Tuberkulose, kryptogenetische Sepsis u. dgl., wohl kaum mit Sicherheit ausschließen können. Bei solchen unaufgeklärten Fiebern muß man auch an Lues denken.

Bei Seeleuten und auch sonst in den Tropen ist eine fieberhafte Manifestation tertiärer Lues nach unsern Erfahrungen nicht so sehr selten. Jodkalium wirkt in solchen Fällen wahre Wunder. Die luetischen Fieber, die Chinin und anderer antipyretischer Behandlung hartnäckig trotzen, fallen nach mehrtägiger Darreichung von Jodkalium prompt zur Norm ab.

Die von Zeit zu Zeit hier und da in den wärmeren Ländern

auftretenden Epidemien von Denguefieber greifen nicht selten auch auf Schiffe über und verursachen dort eine plötzliche Woge influenzaähnlicher, fieberhafter Erkrankungen. Die Krankheit beginnt plötzlich, ohne Vorboten, mit starker Temperaturerhöhung, deren Beginn oft von Schüttelfrost begleitet ist, außerordentlich heftigen Kopfschmerzen, ausgebreitetem Erythem der Haut und der sichtbaren Schleimhäute und charakteristischen, rheumatoiden, heftigen Schmerzen im ganzen Körper, die durch jede Bewegung aufs äußerste gesteigert werden. Die Pulsfrequenz ist in der Regel erheblich gesteigert. Dieser Zustand peinvollster fieberhafter Prostration dauert glücklicherweise nur kurze Zeit, meist schon am zweiten Tage, seltener erst am vierten Tage fällt die Temperatur, in der Regel kritisch unter starkem Schweiß und Nachlaß der Schmerzen wie der übrigen Krankheitserscheinungen zur Norm ab. Nach einigen Tagen erfreulicher Rekonvaleszenz tritt aber häufig ein Nachschub ein, bei dem allerdings das Fieber wie die übrigen Symptome milder und in kürzerer Zeit ablaufen, als im ersten Anfall. Von etwas längerer Dauer (mehrere Tage) ist eine Roseola, die sich im Laufe des zweiten Anfalles ausbildet und von kleienförmiger Hautabschuppung gefolgt ist.

Die Mortalität der Krankheit ist sehr gering. Die allermeisten Fälle enden in Genesung, indessen zieht sich die Rekonvaleszenz oft recht lange hin, auch werden mehrfache Attacken bei demselben Individuum in einer Epidemie nicht selten beobachtet.

Über die Ursache des Denguefiebers und die Art seiner Übertragung wissen wir noch nichts Näheres. Die Krankheit ist so ansteckend wie Influenza. Isolierungen helfen nicht viel.

Die Behandlung beschränkt sich auf symptomatische Maßnahmen.

Ich hatte ursprünglich nicht die Absicht, die Lepra in den Kreis dieser Besprechungen hineinzuziehen. Die Krankheit gilt allgemein als ein an Bord von deutschen Schiffen nur äußerst seltener Gast, und man sollte überdies annehmen, daß Leprakranke, wo sie sich an Bord finden, vom Schiffsarzt meist sofort erkannt und entsprechend behandelt würden. Ich habe aber gerade in den letzten Jahren einige gegenteilige Erfahrungen gemacht. Mit schon ziemlich entstellten leprakranken Passagieren der ersten Kajüte hatten Schiffsärzte wochenlang an demselben Tisch gespeist, ohne daß sie auch nur auf den Gedanken gekommen waren, daß es sich bei den — in einem Fall vom Schiffsarzt als „Elefantiasis des Gesichts" angesprochenen — Veränderungen um Lepra handeln könnte. Auch unter den Mannschaften von Dampfern haben wir im Jahre 1905 zwei Leprakranke bei der Untersuchung der Leute im Hamburger Hafen entdeckt. Vor einigen Jahren hatten wir in Hamburg einmal vorübergehend 20 Leprafälle. Sie stammten alle von überseeischen Ländern, waren also alle mit Schiffen hier angekommen. Die Kranken kommen nach Deutschland, um bei weltbekannten Spezialisten Heilung resp. Besserung zu suchen. Meist kennen sie die Natur ihres Leidens, werden sich aber begreiflicherweise nicht selber dem Schiffsarzt verraten. Bei der weiten Verbreitung der Krankheit in fast allen überseeischen Ländern, namentlich in den Tropen und Subtropen, kann der Schiffsarzt auf allen Routen gelegentlich auf solche Patienten stoßen.

Eine ausführlichere Darstellung über Lepra ist hier nicht beabsichtigt. Nur auf einige Punkte sei hingewiesen. Die Unterscheidung zwischen Knotenlepra und Nervenlepra ist für unsre Zwecke besonders wichtig. Reine Nervenlepra — sei es, daß die makulöse, sei es, daß die anästhetische oder daß eine gemischte Form vorliegt — wird an Bord, wenn die Kranken den Schiffsarzt nicht von selbst konsultieren und ihm eine sehr gründliche Untersuchung gestatten, kaum erkannt werden, da dabei, solange noch keine Mutilationen eingetreten sind, ohne weiteres verdachterregende äußere Veränderungen in der Regel nicht auffallen und man das sicherste und einfachste diagnostische Kennzeichen, die Ausscheidung von Leprabazillen mit dem Nasenschleim, doch nur anwendet, wenn man aus dem Äußeren des Kranken schon Verdacht geschöpft hat. Verdachterregende Befunde sind: Verdickung der großen Nervenstämme an einzelnen Stellen — besonders leicht ist die Verdickung des N. ulnaris im Sulcus ulnaris des Ellbogens festzustellen. Häufig findet sich auch eine Verdickung des N. auricularis magnus, der dann als ein von der Mitte des Schlüsselbeins senkrecht nach dem Ohr verlaufender, harter, oft knotiger Strang zu fühlen ist — ferner erythematöse oder pigmentierte oder vitiliginöse Flecke, oft in Ringform auftretend, Pemphigusblasen, die zu anästhetischen Stellen verheilen, primäre anästhetische Stellen, meist zuerst an den Extremitäten und im Gesicht, später am Rumpf, verbunden mit Ameisenkribbeln in den Gliedern, lanzinierenden Schmerzen, Taubsein oder Hyperästhesien, unbemerktes Auftreten traumatischer Läsionen (unbemerkte Brandwunden, Rißverletzungen u. dgl.). In weiter vorgeschrittenen Fällen mutilierender Nervenlepra weisen Klumpfuß oder Klauenhand, teleskopartig verkürzte Finger u. dgl. unverkennbar auf die Diagnose hin.

Leichter ist im Frühstadium die Knotenlepra zu erkennen. Frühsymptome sind hier: Ausfallen der Augenwimpern und Brauen

XI. Kapitel. Typhus, Cholera, Maltafieber, Dengue, Lepra. 197

Ausfallen der Haare, Erytheme und Infiltrate in der Gesichtshaut, chronischer Schnupfen und Heiserkeit, oft mit sehr üblem Geruch aus Mund und Nase verbunden. In späteren Stadien Ausbildung der bekannten facies leonina. Statt weiterer Beschreibungen darf ich auf die Abbildungen der Gesichter zweier lepröser Schiffsleute (Fig. 32 u. 33), die, wie schon oben erwähnt, hier vor kurzem auf zwei Dampfern bei der nach der Ankunft vorgeschriebenen gesund-

Fig. 32.

heitlichen Untersuchung der Mannschaft entdeckt wurden, verweisen. Bei dem einen Kranken sind die Veränderungen im Gesicht schon weit vorgeschritten, bei dem andern befinden sie sich noch im Anfangsstadium.

Die sichere Diagnose der Lepra beruht auf dem Nachweis von Leprabazillen an den krankhaft veränderten Stellen oder in den Ausscheidungen der Kranken. Von den verdächtigen Stellen der Haut gewinnt man Untersuchungsmaterial durch Anstechen (z. B. der Knoten) und Anfertigen eines Ausstriches, besser noch durch Exzision eines Stückchens der infiltrierten oder sonst veränderten Stellen und Verreiben in physiologischer Kochsalzlösung. Von dem verriebenen Material werden Ausstriche angefertigt. Sehr früh und fast in allen Fällen — auch in der großen Mehrzahl der Fälle von Nervenlepra — finden sich Leprabazillen im N a s e n - s e k r e t (Ausstrichpräparate).

Die Leprabazillen werden am besten nach denselben Methoden wie die Tuberkelbazillen gefärbt. Sie sind aber sehr viel leichter

Fig. 33.

färbbar als die Tuberkelbazillen, sie färben sich z. B. schon nach 6—7 Minuten in verdünnter alkoholischer Fuchsinlösung, was bei verdächtigen Befunden zur Unterscheidung von Tuberkelbazillen dient.

Von großem differentialdiagnostischen Nutzen erweist sich u. U. die charakteristische R e a k t i o n, die die meisten Leprösen auf J o d p r ä p a r a t e zeigen. Am bequemsten ist die Anwendung von Jodkalium. Oft schon nach kleinen Dosen von einem Zehntelgramm, in der Mehrzahl der Fälle nach den gewöhnlichen Tagesdosen von einigen Grammen tritt nach 8—12 Stunden Temperaturerhöhung mit den dazugehörigen allgemeinen subjektiven Beschwerden und eine mehr oder weniger starke Lokalreaktion an den erkrankten Hautstellen, hauptsächlich in Rötung und Schwellung bestehend, auf. Beim Verdacht auf eine lepröse Affektion des Larynx muß man jedoch mit der Verabreichung von Jodkalium sehr vorsichtig sein, weil sich die Reaktion dabei u. U. bis zum Glottisödem steigern kann. Am besten beginnt man dann bei der probatorischen Verabreichung von Jodkalium, zunächst mit sehr kleinen Dosen und steigert unter aufmerksamer Beobachtung des Kranken bis zum Eintritt der Reaktion. Auch auf Tuberkulin reagieren die Leprakranken in ähnlicher Weise. Dieses Präparat wird aber in den meisten Fällen dem Schiffsarzt nicht zur Hand sein.

Zur Verhütung der Einschiffung von Leprakranken empfiehlt es sich, in den überseeischen Häfen, namentlich in denjenigen, aus denen notorisch verhältnismäßig häufig Leprakranke nach Deutschland kommen — das sind z. B. die brasilianischen Häfen —, nicht bloß die etwa dort neu angeworbenen, nicht deutschen Mannschaften und die Zwischendeckspassagiere zu untersuchen, sondern auch den Kajütspassagieren seine, wenn auch möglichst unauffällige Aufmerksamkeit zuzuwenden und darauf zu dringen, daß Leute mit verdächtigem Aussehen zurückgewiesen werden.

An Bord müssen Leprakranke natürlich isoliert werden. Auch die Angehörigen der Kranken und die übrigen zu ihrer Umgebung gehörigen Personen (Dienerschaft) müssen mit isoliert werden. Die von Leprösen oder Verdächtigen gebrauchten Verbandmittel sind auf hoher See über Bord zu werfen, im Hafen müssen sie verbrannt werden. Die Bett- und Leibwäsche (Taschentücher!) ist fortlaufend, ehe sie gereinigt wird, zu desinfizieren (vgl. Kap. 14). Dasselbe gilt vom Eß- und Trinkgeschirr und sonstigen Gebrauchsgegenständen der Kranken. Nach der Ausschiffung der Kranken und ihrer Begleitung sind die von ihnen benutzten Wohnräume sofort zu desinfizieren.

Die Mitnahme von Leprakranken an Bord von Schiffen hat nicht selten außer den gewöhnlichen, mit der Entdeckung ansteckender Krankheitsfälle an Bord verbundenen Maßnahmen der Gesundheitsbehörden in den angelaufenen Häfen und im Bestimmungshafen (Desinfektion, u. U. auch Quarantäne) noch eine weitere Folge. Während nämlich in den meisten Häfen jetzt glücklicherweise die Ausschiffung der an einer anderen Infektionskrankheit als Lepra Leidenden nicht bloß zugelassen, sondern gefordert wird, kann es vorkommen, daß das Schiffskommando seinen Leprakranken in keinem Hafen wieder los wird. Die Lepra ist eine sehr chronisch verlaufende Krankheit. Das Leiden kann zehn Jahre und manchmal noch länger dauern und bietet so gut wie gar keine Aussichten auf Heilung. Die Hafenbehörden haben also füglich das Recht zu fordern, daß vor der Ausschiffung eines Leprakranken die Mittel nachgewiesen und in irgendeiner Weise sichergestellt werden, um den Kranken, der ja seinen Unterhalt nicht durch eigne Arbeit erwerben darf, unter den geeigneten Vorsichtsmaßregeln für lange Zeit an Land unterzubringen und für seinen Unterhalt zu sorgen.

Sonst wird die Ausschiffung des Kranken nicht gestattet, sondern er bleibt unter Isolierung an Bord und das Schiff muß ihn wieder mitnehmen und versuchen, ihn wo anders abzusetzen. Wenn z. B. wir Deutschen jeden mit einem Schiff in einem deutschen Hafen ankommenden Leprakranken ohne weiteres sofort in einem Krankenhaus oder einer Leproserie unterbringen würden, so gäbe es ja für die Kranken und für die Leute, die sonst für die Kranken zu sorgen hätten, im Auslande nichts Bequemeres, als solch einen Menschen auf ein nach Deutschland bestimmtes Schiff einzuschmuggeln. Man könnte dann sicher sein, daß für den Kranken fortan in der allerbesten Weise bis an sein Lebensende gesorgt sein würde und wäre ihn los.

XII. Kapitel.
Pest.

Die Pest, im Mittelalter und bis ins 18. Jahrhundert hinein eine Geißel Europas, verschwand in den ersten Jahrzehnten des 19. Jahrhunderts aus unserm Erdteil und beschränkte sich lange Zeit auf wenige, isolierte außereuropäische Herde, die in der zweiten Hälfte des vergangenen Jahrhunderts auch für den Schiffsverkehr kaum noch von Bedeutung waren. Auch die 1899/00 im Innern Rußlands ausgebrochene kleine Epidemie blieb dank der Energie der russischen Behörden ganz isoliert und ohne Bedeutung für Handel und Wandel und für den Schiffsverkehr. Erst als anfangs der neunziger Jahre des vorigen Jahrhunderts die Seuche aus der chinesischen Provinz Yunnan nach Kanton eingeschleppt wurde, begann die allgemeine Verbreitung der Pest, die jetzt nach allen Weltteilen eingedrungen ist. Aus Kanton gelangte die Seuche bald in den nahen Welthafen Hongkong. 1896 brach sie in Bombay aus und herrscht dort seit zehn Jahren in ungeschwächter, epidemischer Verbreitung. Bald nach ihrer Einschleppung nach Bombay griff die Seuche nach weiteren Gebieten Indiens über und faßte dort an vielen Stellen festen Fuß. Von Indien wanderte sie, nachdem ein Vorstoß nach London (zwei Fälle auf einem Schiffe im Dezember 1905) ohne Folgen geblieben war, auch nach anderen Gegenden Asiens, so nach Formosa, Japan, nach der Levante; in kurzer Frist gelangte sie auch nach Afrika, Südamerika und endlich auch nach Europa (Oporto und Südrußland, Ende der neunziger Jahre). Schließlich drang die Seuche auch nach Australien, Nordamerika (San Franzisko), Zentralamerika (Honduras) und von neuem an verschiedene Stellen in Europa (Glasgow, Neapel, Marseille, Konstantinopel, London, Liverpool, Hamburg, Bremen u. a. m.), hier allerdings nur in Einzelfällen oder kleineren Herden. Überall jedoch, wo es sich nicht um einzelne, isoliert gebliebene Einzelfälle handelte, sondern zur Bildung wenn auch kleinerer

Herde kam, zeigt die Seuche das charakteristische Verhalten, daß ihre Herde wenig Neigung haben, bald wieder zu erlöschen. Wenn wir von Indien, wo die Pest sich anscheinend dauernd in sehr weitem Umfange eingenistet hat, absehen, bleibt allerdings die Ausdehnung des einzelnen Herdes in der Regel eine verhältnismäßig beschränkte, aber es erfolgen nach anscheinendem Erlöschen bald immer wieder neue Ausbrüche, und das kann sich jahrelang so fortspinnen. Dabei zeigt ein Blick auf die Weltkarte, daß sowohl die einzelnen Plätze, in die die Pest ausnahmsweise nur vorübergehend eingebrochen ist, wie die Strecken und Gebiete, in denen sie sich dauernd eingenistet hat, mit Vorliebe Hafenorte und Küstenstrecken sind. Ins Innere dringt die Seuche — abgesehen von den besonderen Verhältnissen in Indien und von einigen alten, zentralen festländischen Herden — nur sehr langsam ein. Die Pest hält sich bei ihrer Verbreitung mit Vorliebe an die Straßen des Seeverkehrs. Als Vehikel, mittels deren sie ihre jetzige Ausbreitung erlangt hat, dienten ihr hauptsächlich die Seeschiffe.

Die Krankheit tritt bekanntlich in zwei Formen auf, als Bubonenpest und als Lungenpest. Bei jeder Form müssen wir schwere Erkrankungen (überwiegende Mehrzahl) und leichtere Fälle (anscheinend seltener) unterscheiden. Die Sterblichkeit beträgt bis 80—90 $^0/_0$.

Die als Bubonenpest bezeichnete klinische Form beginnt meist mit den allgemeinen Symptomen einer plötzlich einsetzenden schweren Infektionskrankheit: Abgeschlagenheit, Schwindel, Kopfschmerzen, Erbrechen. Bald tritt unter heftigem Schüttelfrost hohes Fieber hinzu. Kein staffelförmiger Anstieg der Temperatur wie beim Abdominaltyphus. Auf der Höhe des Fiebers wird häufig ein rauschähnlicher Zustand beobachtet. Verdächtig werden diese Allgemeinsymptome von vornherein dann, wenn sie verbunden sind mit auffällig erhöhter Pulszahl (über 120 in der Minute) bei mehr oder weniger ausgesprochener Herzschwäche und vor allem durch das Auftreten der ersten, äußerlich erkennbaren Lokalisationen des Pestvirus, der sog. primären Bubonen. Diese Lymphdrüsenschwellungen sind zwar im Anfange der Krankheit durchaus nicht immer schon deutlich zu fühlen. Die Stellen der primären Lymphdrüsenaffektion sind aber in der Regel von Anfang an außerordentlich druckschmerzhaft und verraten sich, da den Kranken auch leise Berührungen solcher Stellen lebhafte Schmerzen bereiten, den tastenden Fingern meist sehr frühe. Die Prädilektionsstellen der primären Bubonen sind die Leisten, die Achselhöhlen, die Kubitalgegend, die Kniekehlen- und die Unterkiefergegend. Für den letzteren Fall ist die Eintrittsstelle des Virus in der

Mundhöhle zu suchen. Es kommt dabei oft zu einer schweren, nekrotisierenden Angina mit phlegmonöser Entzündung des Halszellengewebes. In den Leisten sind die schmerzhaften Bubonen, da als Eintrittspforte des Pestvirus häufiger die Füße und Beine als die Geschlechtsteile in Betracht kommen, meist unterhalb des Poupartschen Bandes zu suchen. Natürlich darf man das nicht als allgemeine Regel betrachten. Ausnahmen sind nicht selten. So berichtet Oberndorffer von einem Fall auf einem deutschen Dampfer, bei dem er die Schmerzhaftigkeit der Gegend der primären Drüsenerkrankung zuerst auf eine akute Appendizitis oder auf eine inkarzerierte Hernie zu deuten sich versucht fühlte. „Auffallend war die Plötzlichkeit der Störung des Allgemeinbefindens, das starke Fieber und die Beschleunigung des Pulses." Auch Simpson sah in Hongkong einen Fall, der zuerst für Appendizitis gehalten wurde. Die Autopsie ergab Pestinfektion der retroperitonealen Drüsen in der Nähe der Appendix. v. Bassewitz berichtet von einem Pestfall, der zunächst die Erscheinungen einer inkarzerierten Hernie vortäuschte. Man sollte an Bord beim Auftreten von schnell ansteigendem, hohen Fieber, schweren Allgemeinerscheinungen, stark erhöhter Pulsfrequenz und starker Druckempfindlichkeit an einem Punkte einer Lymphdrüsengegend bei der jetzigen Ausbreitung der Pest auf allen Seewegen immer auch an die Möglichkeit einer Pestinfektion denken.

Meist werden erst nach zwei bis vier Tagen die Erscheinungen deutlicher. Oft beobachtet man am zweiten Tage eine mehr oder weniger starke Remission, selbst Intermission des Fiebers — woher die häufige Verschleierungsdiagnose „Malaria mit Bubonen, bubonic Malaria" —, bald kommt aber ein erneuter Anstieg und man findet dann an der Stelle der ersten Druckschmerzhaftigkeit, wo bisher geschwollene Drüsen gar nicht oder kaum fühlbar waren, deutlichere Drüsenschwellungen, oft mit infiltrierter Umgebung. Dazu treten neue Drüsenschwellungen, teils infolge Fortkriechens des Pestvirus von Drüse zu Drüse, teils infolge von sekundärer Infektion durch die Blutbahn, ferner phlegmonöse Prozesse, Karbunkel, Penphigusblasen, von rotem Saum umgeben, Petechien und andere Zeichen allgemeiner Sepsis hinzu. Die Eintrittsstelle selbst bleibt häufig auch im weiteren Verlaufe ohne Reaktion, nur selten kommen primäre Pestpusteln, Karbunkel u. dgl. an der Eintrittsstelle zur Entwicklung. Bald verfällt der Kranke in einen Zustand äußerster Schwäche und tiefer Teilnahmlosigkeit, die in tödlichen Fällen bis zum exitus anhält. Die Dauer der Erkrankung beträgt in den tödlichen Fällen meist nur drei bis fünf Tage, oft tritt der Tod schon nach 48 Stunden und selbst früher ein. In den wenigen Fällen, die in Genesung enden, geht die Rekonvaleszenz in der Regel nur sehr langsam vor sich. Namentlich pflegt die Herzschwäche noch sehr lange anzuhalten. Die Bubonen bilden sich langsam zurück oder vereitern. In seltenen Fällen sind auch Rezidive von Bubonenpest beobachtet worden (s. a. u.).

Die Obduktion ergibt die generellen Befunde einer schwersten allgemeinen Infektionskrankheit, verbunden mit den der Pest eigentümlichen, akut entzündlichen Drüsenveränderungen. Die primären Bubonen erweisen sich als mehr oder weniger erhebliche Schwellungen einzelner Drüsen oder Drüsenpakete mit hämorrhagischer oder seröser Infiltration der Umgebung. Auf dem Durchschnitt zeigt sich das Drüsenparenchym mit Blutungen und nekrotischen, gelblichen Herden durchsetzt, feucht, gequollen mit reichlichem Austritt fadenziehenden Saftes. Ähnlich ist der Befund bei den sekundären Bubonen, nur sind die hämorrhagischen Herde seltener, auch die Infiltration der Umgebung ist mehr ödematös als hämorrhagisch. Die Milz ist stets stark vergrößert, die Herzmuskulatur parenchymatös degeneriert — wie gekocht — Ecchymosen im Endokard. Starke Blutüberfüllung der Lungen, Petechien auf der Pleura. Auf dem Durchschnitt der Lunge nicht selten, die Lungenoberfläche knotenartig hervorwölbend, zirkumskripte, pneumonische Herde. In Leber und Nieren alle Grade der trüben Schwellung und Fettdegeneration. Ecchymosen in der Magenschleimhaut wie in der des Dünndarms. Schwellung der Peyerschen Plaques und der mesenterialen Lymphdrüsen, oft ganz ähnlich wie beim Abdominaltyphus.

Über die Häufigkeit der milderen Formen der Bubonenpest (Pestis minor, Pestis ambulans) lauten die Angaben sehr verschieden, indessen mehren sich anscheinend in den letzten Jahren die Beobachtungen solcher Fälle und es scheint, daß sie doch nicht so ganz selten sind. Häufig mögen sie weder ärztlich behandelt noch erkannt werden. Sie dürften bei der Verschleppung der Pest nicht selten eine Rolle spielen. In Hongkong, Neapel und anderen Orten ist beobachtet worden, daß dem Ausbruch der Epidemie schwerer Fälle eine auffallende Vermehrung von Fällen von Drüsenschwellung vorausging. Auch unter den sog. klimatischen Bubonen mögen sich nicht selten milde Pesterkrankungen verbergen. Die Erkrankungen scheinen unter Umständen ganz ohne Fieber zu verlaufen, häufiger ist kurzes oder intermittierendes Fieber (bubonic Malaria), manche Fälle gleichen einem leichten Typhus in ihrem Verlaufe. Die geschwollenen Drüsen sind nicht immer schmerzhaft, oft hart und ohne besondere Neigung zur Suppuration. Die Diagnose ist nur durch bakteriologische Untersuchung und auch dann nicht immer mit Sicherheit zu stellen. Mitunter erregen in der Folge erst die langsame Rekonvaleszenz, hartnäckig anhaltende, allgemeine Schwäche, hohe Pulsfrequenz und sonstige Zeichen von Herzschwäche Verdacht. Die Drüsenschwellungen enden in Rückbildung, Vereiterung oder Verhärtung. Auch solche Formen sind beobachtet, in denen Bubonen mit geringen oder gar keinen Allgemeinerscheinungen sich im weiteren Verlaufe zu schweren Pesterkrankungen mit akutem, tödlichem Verlaufe umbildeten (in San Franzisko, Hongkong und an anderen Orten). Umgekehrt wird auch von leichteren Rezidiven nach erster, schwerer Erkrankung berichtet.

Seit dem Ausbruch der Pest in Hongkong und Bombay haben wir bei der Untersuchung der Mannschaften und Reisenden von Schiffen, die aus pestverdächtigen Häfen in Hamburg ankamen, auffallend viele Leistenbubonen ohne Allgemeinerscheinungen gefunden, die weder durch Geschlechtskrankheiten, noch durch harmlosere Beinschäden erklärt werden konnten. Zwar hat bei keinem dieser Fälle, die alle längere Zeit im Krankenhause isoliert blieben und beobachtet wurden, die Diagnose auf Pest in der Folge gestellt werden können, indessen sind in anderen Häfen ähnliche Fälle bei Schiffsmannschaften mit positivem, bakteriologischem Untersuchungsergebnis aufgefunden worden, woraus erhellt, daß man solche Fälle nicht ohne weiteres als unverdächtig betrachten darf. Besonders dringend wird der Verdacht natürlich dann, wenn hohe Pulsfrequenz bei allgemeiner Schwäche und — wenn auch geringes — Fieber mit dem Auftreten solcher Bubonen verbunden sind.

Die schwerste und auch für die Weiterverbreitung der Seuche durch Kranke gefährlichste Form ist die Lungenpest. Der Beginn ähnelt dem der schweren Formen der Bubonenpest — Schüttelfrost, plötzlicher hoher Temperaturanstieg, schwere Allgemeinerscheinungen, sehr frequenter Puls. Aber kein Zeichen primärer Bubonen.

An ihrer Stelle und oft von Anfang an schwere Dyspnoe, Cyanose und deutliche pneumonische Erscheinungen. Der Auswurf ist meist sehr reichlich, sehr häufig rein blutig wie bei einer Hämoptoe oder wie bei Lungenmilzbrand. Bald entwickelt sich ein schweres Krankheitsbild, das in wenigen Tagen unter äußerster Prostration, insbesondere Herzschwäche, zum Tode führt. Genesungen sind außerordentlich selten. Bei der Obduktion findet man einzelne oder mehrere Lungenlappen von konfluierender, lobulärer oder Bronchopneumonie ergriffen. „Die Schnittfläche hat ein gelbrotes Kolorit, ist wie feinst chagriniert, nie wirklich granuliert und sondert einen visziden Saft ab" (Pöch). In einigen Fällen hämorrhagisch-nekrotischer Zerfall im Zentrum der befallenen Lungenpartie (Gaffky). Die erkrankten Stellen der Lungen sind enorm reich an Pestbazillen. Dasselbe gilt vom Auswurf der Kranken. **Auch die feinsten, in der Luft suspendierten Sputumtröpfchen solcher Kranken enthalten massenhaft Pestbazillen und sind daher von äußerster Gefahr für die Umgebung.**

Neben diesen schweren Formen von Lungenpest sind auch weniger charakteristische Krankheitsbilder mit mehr influenzaähnlichen Symptomen und Verlauf beschrieben worden. Auch diese Erkrankungen aber zeichneten sich von vornherein durch große Abgeschlagenheit und sehr **hohe Pulsfrequenz** in verdächtiger Weise aus. Hossack beschreibt endlich Pesterkrankungen unter dem Bilde simpler Bronchitis, ohne Fieber, aber wieder mit „**alarmierend raschem und schwachem Pulse**". Auch bei diesen Erkrankungen enthält das Sputum Unmengen von Pestbazillen. **Ebenso entleeren die Rekonvaleszenten von den schweren wie den leichteren Erkrankungen an Lungenpest noch wochenlang einen für die Umgebung äußerst gefährlichen, von Pestbazillen wimmelnden Auswurf.**

Die Diagnose einer klinisch pestverdächtigen Erkrankung bedarf zu ihrer Sicherstellung des Nachweises der Pestbazillen. An der Leiche kann die Diagnose in akuten Fällen von Bubonenpest in der Regel mit Leichtigkeit durch die Untersuchung von Ausstrichpräparaten aus der Milz und aus den Bubonen gestellt werden, in denen die Pestbazillen sehr reichlich vertreten zu sein pflegen. In pyämischen Fällen empfiehlt Pöch die immer sehr bazillenreichen Metastasen zu Ausstrichen zu verwenden. Bei Lungenpest wimmelt der aus der Schnittfläche der pneumonisch veränderten Lungenpartien hervortretende Saft von Pestbazillen. Beim Lebenden kommt für den Schiffsarzt die mikroskopische Untersuchung des Auswurfs, des durch Punktion der verdächtigen Drüsen gewonnenen Drüsensaftes und die Blutkultur in Frage. Die Drüsenpunktion wird so ausgeführt, daß nach Rasieren und Desinfizieren der Haut durch Abreiben mit Alkohol und Ather eine mit langer, starker Kanüle armierte Spritze in die mit der linken Hand umfaßten und so gut fixierten Drüsen eingestochen wird. Man wähle dort, wo es sich um Drüsenpakete handelt, die größte Drüse. Davon, daß man sie richtig angestochen hat, überzeugt man sich durch seitliche Bewegungen der Kanüle, bei denen die Drüse mitgehen muß. Auch wenn man in die Spritze selbst keinen

Saft aspirieren kann, findet man beim Wiederausstoßen des Stempels doch fast immer, daß sich aus der Kanüle einige Tropfen weißlichen oder blutigen Saftes entleeren. Man spritze die Kanüle direkt auf einen vorher gut gereinigten Objektträger aus und streiche die entleerten Tröpfchen dann sofort aus. Fixierung am besten in solchen Fällen wie bei Malariablutpräparaten. Färbung kurze Zeit mit alkalischem Methylenblau (Boraxmethylenblau Manson). Da, wie schon mehrfach erwähnt, die Ausstriche aus den Drüsen Lebender resp. die aus der Milz, den Lungen von Leichen gewonnenen Präparate von Pestbazillen in der Regel wimmeln, während man sonst in solchen Präparaten kaum Bakterien in solch auffallenden Mengen findet, so wird, wenigstens bei Ausstrichen von Milz- und Drüsensaft, die massenhafte Anwesenheit von kleinen, stäbchen- oder kokkenförmigen Gebilden sofort Verdacht erregen, auch wenn die Mikroorganismen nicht die ganz typische Form erkennen lassen, die darin besteht, daß im gefärbten Präparat aus frischen Organen von Pestleichen oder aus Sekreten und Körperflüssigkeiten Erkrankter die Pestbazillen sich bipolar färben. Die Enden färben sich stärker als der schwach oder ganz ungefärbt bleibende mittlere Teil des Stäbchens. Im übrigen ist der Bazillus von geringer Größe, an beiden Enden etwas abgerundet, an den Seiten etwas konvex, so daß sich seine Form der ovalen nähert. Daneben sieht man mehr kokkenartige, mitunter auch ovoide Formen, bei der das eine Ende breiter ist als das andere. Auch längliche, ausgesprochen stäbchenförmige Gebilde kommen vor. Zwischen den gut bipolar gefärbten Formen zahlreiche Degenerationsformen von ganz unregelmäßiger abweichender Gestalt und verschiedener Größe, die sich oft nur noch sehr schlecht färben. Häufig findet man die Pestbazillen nicht bloß einzeln liegend, sondern als Diplobazillen und Ketten. Mitunter zeigen die Pestbazillen Kapselbildung.

Solche positiven Befunde sind bei der Untersuchung der Milz und der Drüsen von frischen Leichen und des Drüsensaftes Lebender die Regel, sie werden den Schiffsarzt in den meisten Fällen berechtigen, die Diagnose „Pest" mit einer an Gewißheit grenzenden Wahrscheinlichkeit zu stellen. In älteren Fällen werden allerdings die meisten Drüsenpunktionen, wie die Untersuchungen offener, vereiterter Bubonen resultatlos verlaufen.

Bei Lungenpest findet man namentlich im Anfange der Erkrankung im Sputum neben Pestbazillen noch viele andere Bakterien, später überwiegen die Pestbazillen weitaus, indessen kommen auch Mischinfektionen z. B. mit Pneumokokken vor, die sich dann ebenfalls im Sputum in reichlichen Mengen zeigen. Man soll aber in klinisch verdächtigen Fällen von Lungenpest sich nicht beim Auffinden von einigen pneumokokkenähnlichen Gebilden im Sputum beruhigen, die weitere mikroskopische Untersuchung aufgeben und den Fall für unverdächtig erklären. Dies ist leider bei ersten Pestfällen an einigen Stellen geschehen. Die Verschleierung des Ausbruchs hat aber das weitere Umsichgreifen der Krankheit nicht aufgehalten, sondern wohl nur gefördert. „Pneumokokken" sind übrigens auch in den ersten rätselhaften Fällen schwerer Erkrankungen im Beginn von Epidemien in Bubonen gefunden worden. Hier handelte es sich wohl immer um nicht erkannte echte Pestbazillen. In vielen unklaren Fällen wird die Kultur dem Schiffsarzt große Dienste leisten. Das Ausstreichen aseptisch gewonnenen Drüsensaftes auf Azarplatten führt nach den Angaben der Autoren anscheinend auch in vielen milderen, selbst ambulanten Fällen zum Ziele. In anderen Fällen wird die Anlegung von Blutkulturen in Frage kommen.

Agglutinationsbeobachtungen können an Bord nicht angestellt werden, da sie vorläufig die Mitnahme lebender Pestkulturen voraussetzen. Die Bakteriologen in unseren Pestlaboratorien würden sich aber ein großes Verdienst erwerben, wenn es ihnen gelänge, ein dem Fickerschen Typhusdiagnostikum analoges, aus abgetöteten Pestbazillen bestehendes Pestdiagnostikum zu bereiten, das in Zukunft den Schiffsärzten mitgegeben werden könnte.

Bei der Behandlung von Pestkranken ist von den Engländern (Hongkong), abgesehen von der nötigen symptomatischen Behandlung, Karbolsäure anscheinend nicht ohne Erfolg angewandt worden. Man hat bis zu 10 g täglich in Mischung mit Orangensirup und Chloroformwasser, auf 10—12 Stunden verteilt, gegeben. In einigen Fällen ist Karbolurie beobachtet wurden. Von sonstigen Vergiftungserscheinungen ist aber nichts berichtet. Neuerdings wird an der Stelle der Karbolsäure die Anwendung von Cyllin — eine Art Kreolin — empfohlen. Bei der Hoffnungslosigkeit aller symptomatischen Behandlung kann von der Anwendung von Karbolsäure resp. Cyllin in schweren Fällen nicht ohne weiteres abgeraten werden.

Die Behandlung mit dem durch Immunisieren von Pferden gewonnenen Heilserum (Yersinsches Serum) erfordert sehr große Mengen, 30—50 ccm und mehr, die so bald als möglich dem Patienten subkutan beigebracht und ev. in den nächsten Tagen noch wiederholt werden müssen. Unter solchen Umständen ist die Anwendung des neuerdings gewonnenen hochwertigen Serums vielfach von Erfolg begleitet gewesen. Eine immunisierende Wirkung tritt schon nach der Einspritzung von 10 ccm des Pariser

Serums ein. Wenn auch diese Wirkung nicht lange dauert (ca. sechs Wochen) und sich öfter dabei unangenehme Nebenwirkungen, wie Reizerscheinungen an der Injektionsstelle, allgemeines Exanthem, Gliederschmerzen und allgemeine Abgeschlagenheit einstellen, so wird die Verwendung von Serum als prophylaktische Maßregel doch unter Umständen, z. B. bei massenhaftem Rattensterben an Bord, bei notorischen Pesterkrankungen von Menschen großen Nutzen stiften. Die Mitnahme von Pestserum ist für deutsche Schiffe nicht vorgeschrieben. Wenn aber das Anlaufen stark verseuchter Häfen in Aussicht steht, dürfte sich ein Antrag des Schiffsarztes auf Mitnahme von Serum bei der Reederei empfehlen. Auch im Auslande ist übrigens in manchen Häfen gutes, hochwertiges Pariser oder Schweizer Serum zu erhalten, in einzelnen größeren überseeischen Plätzen, z. B. in Rio de Janeiro, wird ein anscheinend gutes Serum in staatlichen Instituten hergestellt.

Die aus abgetöteten Kulturen hergestellten Impfstoffe (Haffkinesche Methode) verursachen eine recht erhebliche, sich oft auf mehrere Tage erstreckende, allgemeine und lokale Reaktion. Vielleicht läßt sich aber in Zukunft die neuerdings von Bassenge und Mayer angegebene Methode, mittels deren für die Schutzimpfung gegen Typhus aus Kulturen keimfreie Schutzstoffe gewonnen werden, die eine mildere Reaktion bei gleicher Schutzkraft im Gefolge haben, auch auf Pestkulturen anwenden.

Die Übertragung des Pestkeims auf gesunde Menschen vollzieht sich auf verschiedenen Wegen, die für die Gefahr der Bildung ausgedehnter und hartnäckiger Pestherde, wie auch für die notorischen, nahen Beziehungen der Pest zum Schiffsverkehr nicht von gleicher Bedeutung sind. Ein an Bubonenpest erkrankter Mensch wird im allgemeinen für seine Umgebung verhältnismäßig am wenigsten gefährlich zu erachten sein, da seine Ausscheidungen nur in seltenen Ausnahmefällen Pestbazillen enthalten und die Bubonen, solange sie geschlossen sind, keinen Infektionsstoff nach außen abgeben können. Von vereiterten Bubonen, Karbunkeln, Pemphigusblasen u. dgl. können natürlich große Mengen virulenter Pestbazillen in das Verbandzeug, die Kleider usw. gelangen und von da in virulenter Form durch kleine Risse und Hautwunden, Kratzen u. dgl. auf Gesunde übertragen werden.

Indessen scheinen solche Kontaktinfektionen verhältnismäßig selten beobachtet worden zu sein, sie sind jedenfalls für die epidemische Ausbreitung der Pest von keiner großen Bedeutung. Viel mehr gefährdet ist die Umgebung solcher Kranker, deren Sputum Pestbazillen enthält, da diese Kranken bei jedem Hustenstoß große Mengen von Pestbazillen in die Luft schleudern, die, in feinsten Tröpfchen suspendiert, sich lange schwebend erhalten und leicht von der Umgebung des Kranken in großen Mengen in Mund, Nase und Lungen aufgenommen werden können. Tatsächlich schließen sich fast regelmäßig Fällen von Lungenpest Kontaktinfektionen an, die dann meist wieder als Lungenpest manifest werden.

Drittens kommt bei der Übertragung von Mensch zu Mensch noch Ungeziefer in Frage. Es wird sich im Einzelfall schwer entscheiden lassen, ob ein Fall von Bubonenpest durch direkten Kontakt, durch Kleider oder durch in diesen Kleidern sitzendes Ungeziefer verursacht wurde, Flöhe z. B. können Pestbazillen in virulenter Form enthalten und ausscheiden, auch sind Fälle beobachtet worden, in denen sich aus einem Wanzenbiß eine Pestpustel mit phlegmonöser Umgebung und nachfolgender Allgemeinerkrankung entwickelte.

Die größte Bedeutung für die Epidemiologie der Pest beansprucht die Tatsache, daß die Pest nicht bloß die Menschen ergreift, sondern auch unter gewissen Tierarten seuchenartig sich verbreitet. Dadurch wird sie über weite Gebiete unbemerkt verschleppt und kann dann ohne anscheinenden Zusammenhang mit kranken Menschen und mit dem menschlichen Verkehr ganz unerwartet an entfernten Punkten wieder epidemisch unter den Menschen erscheinen. Die Tiere, die diese Rolle bei der Verbreitung der Pest spielen, sind hauptsächlich die Ratten. Fast allen epidemischen Ausbrüchen der Pest ist ein auffälliges Rattensterben vorausgegangen; in Plätzen, in denen die Pest sich jetzt eingenistet hat, hat man verfolgen können, wie die Kurve der Menschenpest der Zahl der aufgefundenen, an Pest krepierten Ratten parallel auf und nieder ging (Hongkong), wie ferner die ersten und auch die meisten Menschenerkrankungen da vorkamen, wo Ratten besonders häufig sind, z. B. in Getreidespeichern, großen Mühlen, Bäckereien u. dgl. Die Vorliebe der Pest für die Hafenplätze und die leichte Verschleppbarkeit der Seuche durch die Seeschiffe beruht allein auf der großen Empfänglichkeit der Ratten für die Pest. Die Zahl der bekannt gewordenen Pesterkrankungen von Menschen an Bord der Schiffe ist verhältnismäßig gering. Durch die jetzt überall eingeführte und meist strenge gehandhabte gesundheitliche Überwachung des Seeverkehrs wird die Verheimlichung von Fällen, die an Bord etwa während der Reise vorgekommen sind, ganz erheblich erschwert, so daß dieses Moment jedenfalls nicht zur Erklärung der vielen Pestausbrüche in überseeischen Plätzen allein genügt. Es wäre, wenn diese verheimlichten Fälle und überhaupt die Pesterkrankungen bei Menschen bei der Übertragung der Pest von einem Ort zum andern die Hauptrolle spielten, auch nicht zu erklären, warum die Seuche sich gerade in den Hafenplätzen so lange hält, ins Innere der Länder aber so selten eindringt. Ist doch der Eisenbahnverkehr viel größer als der Personenverkehr mit Seeschiffen. Es sind die Ratten an Bord der Seeschiffe, die für die leichte Verbreitung der Pest durch den Seeverkehr hauptsächlich verantwortlich gemacht werden müssen. Fast jedes Schiff beherbergt diese Tiere in mehr oder weniger großer Anzahl, manche Schiffe haben hunderte und selbst tausende dieser Nager an Bord. Auf den Kauffahrteischiffen leben sie in den Wohnräumen der Mannschaften, manchmal auch in den Zimmern der Kajütsreisenden, in den Proviantkammern, Küchen u. dgl. Eine zweite Kategorie lebt aber getrennt vom menschlichen Verkehr an Bord, das sind die Ratten in den Laderäumen der Kauffahrteischiffe. Das Leben und Treiben der Tiere in den Laderäumen spielt sich während der Reise ganz unbemerkt von den Menschen ab. Die Tiere hausen tief unten im Schiff unter den geschlossenen Luken zwischen der Ladung, sie nähren sich von ihr (Getreide, Mehl, Reis, Kleie, Früchte, Erdnüsse, Palmkerne, Sesamsaat u. v. a.). Zum Trinken genügt ihnen die Feuchtigkeit, die sich an den eisernen Schiffswänden innen niederschlägt. Erst im Hafen nach dem Öffnen der Ladeluken und beim Ein- und Ausladen der Güter kommen sie zum Vorschein. Sie wandern dann auch mit der Ladung, die ihnen zur Nahrung während der Reise gedient hatte, in die Speicher an Land hinüber oder es kommen mit der aus den Landspeichern stammenden Ladung andere Ratten an Bord. Namentlich des Nachts kann man im Hafen diese Wanderungen der Tiere an Bord und von Bord häufig beobachten.

Es ist nun nicht von derselben Bedeutung, ob die mehr mit den Menschen an Bord während der Reise in Berührung kommende Kategorie der Kajüts-, Logis- und Proviantkammerratten oder die Ratten in den Laderäumen von der Pest befallen werden. Im ersteren Fall wird es, wenigstens während längerer Reisen kaum ausbleiben, daß auch Menschen an Bord an Pest erkranken. Es gibt eine verhältnismäßig große Anzahl von Fällen, in denen gerade die Leute an Bord erkrankten oder wenigstens zuerst erkrankten, die tote Ratten aufgefunden oder kranke Tiere gejagt und gefangen hatten. Während die gesunden Ratten in der Regel das Tageslicht ängstlich meiden und vor den Menschen davonlaufen, kommen die kranken Tiere aus ihren Schlupfwinkeln auch bei Tage hervor, zeigen keine Scheu mehr vor Menschen, sondern humpeln ungeschickt und taumelnd umher und lassen sich leicht fangen. Auf dem österreichischen Dampfer „Gundulic", auf dem 1901 vier Pestfälle vorkamen, hatte von den beiden zuerst erkrankten Schiffsleuten der eine zwei sterbende Ratten, die bei hellem Tage an Deck wie betrunken hin und her liefen, mit unbeschuhten Füßen zertreten, der andere einige frische Rattenkadaver in die Hände genommen. Auf einem zwischen Bombay und Ostafrika verkehrenden deutschen Dampfer brach 1903 die Pest unter der aus sieben Europäern und 32 Farbigen bestehenden Besatzung aus. Einige Tage vor dem Ausbruch der Krankheit fielen an Deck eine Menge Ratten auf, die sich kaum verscheuchen ließen, wie aufgepustet dasaßen und leicht mit der Hand gefaßt werden konnten. Der einzige Weiße, der erkrankte, war ein Offizier, der es sich zum besonderen Vergnügen machte, die kranken Ratten zu greifen und über Bord zu werfen. Im übrigen hatten sich nur Farbige an der Rattenjagd beteiligt. Von ihnen erlagen 13 Mann. Ein Pestkranker, der 1904 auf dem Dampfer „Weybridge" in London ankam, war als Rattenfänger unter der Mannschaft berühmt. Auf „Highland Prince", auf welchem Dampfer fünf Pestfälle vorkamen, war der zuerst Erkrankte der „Donkeyman". Es hatte sich plötzlich ein Leitungsrohr im Schiff verstopft, er sollte die Ursache erforschen, griff mit der Hand in das Rohr und zog eine tote Ratte heraus.

Diese Fälle von Infektion durch Ratten an Bord der Schiffe selbst kommen jedoch für die Verschleppung der Pest durch Seeschiffe verhältnismäßig selten in Frage. Sie sind, wie gesagt, nicht so häufig, als daß dadurch die vielfachen, ganz unerwartet manifest werdenden, epidemischen Ausbrüche der Pest in den Häfen zu erklären wären. Hierbei spielen die Ratten in den Laderäumen die Hauptrolle. Wenn diese Tiere pestinfiziert sind, ist die Gefahr, während der Reise an Pest zu erkranken, für die an Bord befindlichen Menschen verhältnismäßig gering, da sie mit den Tieren, die tief unten im Schiff leben, nicht in Berührung kommen. Erst im Hafen, nach dem Öffnen der Luken findet man die toten und kranken, pestinfizierten Ratten zwischen der Ladung. Solcher Schiffe, die keine Erkrankungen von Menschen auf der Reise herbeigeführt hatten, haben wir in Hamburg bisher schon zehn gehabt, auch in anderen Häfen (Marseille, Bristol und an anderen Orten) sind solche Fälle bekannt geworden. Diese Fälle sind es, die, wenn sie nicht rechtzeitig entdeckt werden, zur Verbreitung der Pest zunächst unter den Ratten in den Speichern, in die die Waren von den Schiffen an Land gebracht werden, führen und dann meist unter den Hafenarbeitern die vielfachen, anscheinend rätselhaften, trotz aller Wachsamkeit und aller Quarantänen immer wieder vorkommenden Pestausbrüche in einzelnen

Hafenplätzen verursachen. Sich vor solchen unliebsamen Überraschungen ganz sicher zu schützen, ist sehr schwierig, ja unmöglich. Wie man die Abwehrmaßregeln, die einigen Erfolg versprechen, in den Häfen am besten handhabt, soll im 14. Kapitel erörtert werden.

Die an Pest krepierten, toten Ratten bieten bei der Obduktion in der Regel ein ziemlich charakteristisches Bild, sofern es sich um frische Kadaver handelt. Die Kadaver müssen vor der Untersuchung äußerlich durch Eintauchen in Kresolseifenlösung desinfiziert und von Flöhen (s. u.) befreit werden. Nach dem Einschneiden und Abziehen der Bauchhaut fallen die oft bis zur Größe einer mittleren Bohne geschwollenen Inguinal- und Axillardrüsen und ihre sülzig-ödematöse Umgebung auf. In den Drüsen Hämorrhagien. Sehr große, schwarzrote Milz. Darm- und Pleuraecchymosen. Milz- und Drüsenausstriche wimmeln von Pestbazillen.

Die Übertragung der Pestkeime von den Ratten auf den Menschen erfolgt durch direkte Berührung (vgl. o.), durch Rattenbiß (selten) und am häufigsten wahrscheinlich durch Flöhe. Die Ratten beherbergen 4—5 verschiedene Floharten, darunter auch solche, die Menschen beißen. Gerade die kranken Ratten wimmeln oft von Flöhen, während gesunde Tiere sich der Plage mit besserem Erfolge erwehren. Nach dem Tode verlassen die Flöhe den Kadaver und fallen, wenn sie hungrig sind, auch Menschen gierig an. In Sidney mußten die Arbeiter auf einer Werft, auf der tote Ratten in großer Menge gefunden worden waren, sich die Hosen unten zubinden, um sich vor den Flöhen zu retten (Tidswell). In Kardiff fand man während der Pestseuche unter den Ratten im Jahre 1901 Flöhe in großer Zahl auf den weißen Mehlsäcken in den Speichern. Linston berichtet von einer Wohnung, in der auf einmal tote Ratten einige Tage lang gefunden wurden. Kurze Zeit, nachdem keine toten Ratten mehr gefunden worden waren, wurden die Bewohner sehr von Flöhen gequält, so daß sie auf der Veranda schlafen mußten. Bald erkrankte einer der Bewohner an Pest, kurze Zeit darauf ein zweiter. Die Bewohner wurden auf Flöhe untersucht, unter 30 gefangenen Flöhen fand man 14 Rattenflöhe (Pulex cheopis), während bei einer andern Gelegenheit in einem Hause, wo weder Pest noch Rattensterben beobachtet worden war, unter 246 Flöhen bei Menschen nur ein Rattenfloh sich fand. Es handelte sich bei diesen in Indien angestellten Untersuchungen übrigens in den Wohnungen um dieselbe Rattenart, die sich auch mit Vorliebe an Bord der Schiffe hält, Mus rattus, die deutsche Hausratte, die bekanntlich an Land in Europa fast überall von Mus decumanus, der Wanderratte, verdrängt ist. Beide Rattenarten sind für Pest anscheinend gleich empfänglich. Die Beobachtung, daß die Pest jetzt in Europa anscheinend nur schwer festen Fuß fassen kann im Gegensatz zu früheren Zeiten erklärt sich abgesehen von der Besserung der Lebenshaltung, der Reinlichkeit und der sonstigen hygienischen Verhältnisse vielleicht auch dadurch, daß Mus decumanus mehr in Löchern ·unter den Wohnungen nicht direkt in den Zimmern lebt und viel mehr menschenscheu ist als Mus rattus, die gern in die Wohnungen selbst eindringt. Um die allgemeine Rattenplage auf den Schiffen zu bekämpfen, sind schon eine Menge von Maßnahmen empfohlen und angewendet worden. Von den vielen in Gebrauch befindlichen Rattengiften kann nach unsern Erfahrungen nur der Phosphor empfohlen werden, weil phosphorhaltige Nahrung fast immer gern von den Ratten angenommen wird, namentlich wenn sie recht fett ist und weil ferner das Gift sich nicht lange hält, sondern bald oxydiert und unwirksam wird. Bei Giften wie Strychnin und Arsen besteht die Gefahr, daß sich namentlich dort, wo man recht gewissenhaft und fleißig Gift legt, allmählich größere Mengen unverzehrten, aber wirksam bleibenden Giftes ansammeln, den Gütern beigemischt werden und zu unbeabsichtigten Vergiftungen von andern Tieren oder Menschen führen. Es gibt allerdings ein Mittel, das anscheinend nur den Ratten tötlich ist, nämlich die Meerzwiebel (Bulbus Scillae). Die Meerzwiebelpräparate müssen aber immer von ganz frischen Pflanzen bereitet sein, und diese hat man nicht immer zur Hand. Auch kann man die käuflichen Giftspeisen schwer auf ihre Herstellungsweise kontrollieren. Phosphorhaltige Köder sind, solange sie wirklich nach Phosphor riechen, auch gut wirksam. Als rattenfangende oder -vertreibende Tiere kommen Hunde, Katzen, Frettchen und Mangusten (Mungos) in Betracht. Rattenfangende Hunde finden sich unter allen Hundearten, alle Hunde müssen aber darauf besonders dressiert und geprüft werden. Gute Rattenhunde sind sehr eifrig und gewissenhaft und in Speichern sehr brauchbar. An Bord mangelt es ihnen an Gewandtheit und Kletterfähigkeit. An Deck herumlaufende Ratten fangen sie gut, für die Laderäume sind sie nicht zu gebrauchen. Auch Katzen müssen erst geprüft werden, viele Katzen vertragen sich mit den Ratten ganz gut. Namentlich an Bord werden Katzen leicht träge und stumpf. Frettchen und Mungos sind auf Schiffen wie in Speichern vorzüglich zu gebrauchen. Sie sind Nachträuber und gehen des Nachts den Ratten überall hin nach, bedürfen aber vorher der Dressur. Rattenscharfe Frettchen greifen jede Ratte, die sie merken, sofort an und ruhen nicht eher, als bis sie tot gebissen ist. Sie kriechen in alle Löcher und vermögen auch die Laderäume an Bord ziemlich rattenfrei zu halten. Allerdings können sie lange nicht so gut klettern wie die Ratten selber, an glatten, eisernen Säulen können sie nicht hinauf, was die Ratten ohne weiteres fertig bringen. Die Frettchen bedürfen sehr sorgfältiger Pflege, sie müssen häufig Milch und, wenn sie keine Ratten finden, auch frisches Fleisch bekommen, ferner müssen sie sehr reinlich gehalten werden. Ihre Wärter kennen sie bald gut. Am besten werden sie an Bord des Abends vom Wärter in die Laderäume gebracht und am andern Morgen wieder hervorgelockt. Nicht selten fehlt dann aber das eine oder andere der Tiere, das sich verklettert hat und nicht wieder heraus findet. Geflügel kann an Bord von Schiffen nicht zusammen mit Frettchen gehalten werden, da sie sich mit eben solcher Mordgier wie auf Ratten auf alles Geflügel stürzen. Ein großer Nachteil ist die geringe Widerstandsfähigkeit der Tiere gegen Kälte. Sie halten sich an Bord nur auf Reisen nach warmen Gegenden und gehen in unsern Speichern im Winter massenhaft ein. Bei sorgfältiger Pflege und in mildem Klima sind aber die Frettchen ausgezeichnet geeignet, um das Überhandnehmen der Ratten an Bord und in Speichern zu verhindern.

In vielen Häfen werden an die Ankerketten, Taue und Trossen, mit denen die Schiffe festgemacht sind, Trichter oder Besen befestigt, um zu verhindern, daß Ratten von Bord ans Land oder umgekehrt gelangen. Solche Vorrichtungen sind jedoch wenig zuverlässig, weil sich die Trichter und Besen sehr leicht verschieben und dann den Ratten ihre Wanderung eher erleichtern, statt sie zu erschweren. Überdies vermögen die Ratten, wenn sie nur eine Spur von Anhalt haben, auch an den Schiffswänden selbst hinauf- und hinabzuklettern. Namentlich gut klettert Mus rattus, die viel gewandter ist als Mus decumanus, und dies ist vielleicht der Grund, daß sich Mus rattus überwiegend noch überall an Bord findet, während sie auf dem Lande fast gänzlich durch Mus decumanus verdrängt ist.

Seit langer Zeit werden an Bord Räucherungen zur Vernichtung von Ratten und anderem Ungeziefer angewandt. Am meisten wird hierzu schweflige Säure, durch Verbrennen von Schwefel erzeugt, benutzt. In Hamburg verbrennen wir den Schwefel zusammen mit Holzkohlen. Auf 1000 cbm Laderaum sollen mindestens 10 kg Schwefel und 20 kg Holzkohle langsam verschwelt werden. Dabei müssen die Laderäume gut abgedichtet und mindestens 10 Stunden lang verschlossen gehalten werden. Nach dem Ausräuchern werden oft Hunderte von verendeten Ratten aufgefunden. Sehr oft findet man die Kadaver um die schwelenden Feuer herum liegen. Ebenso wie die in den Laderäumen selbst durch Verbrennen von Schwefel erzeugte schweflige

Säure wirkt natürlich das Einleiten von fertiger schwefliger Säure, die ja in verflüssigter Form (in Bomben komprimiert) in großen Mengen käuflich zu haben ist. Auf seinen Gehalt an schwefliger Säure ist auch die rattentötende Wirkung des Piktolin zurückzuführen. Dies Präparat, ein von R. Pictet, ursprünglich zu anderen Zwecken, hergestelltes Gemisch aus schwefliger Säure und Kohlensäure, kommt ebenfalls in verflüssigter Form in eisernen Bomben in den Handel.

Sowohl das Giftlegen wie das Ausräuchern und die Piktolinbehandlung leiden an der Unvollkommenheit, daß sie nur in leeren Laderäumen angewendet werden können. Rattengift kann höchstens in den oberen, für Menschen zugänglichen Schichten der Ladung ausgelegt werden. Verbrennen von Schwefel und Kohle ist für die Ladung feuergefährlich, und das für die sichere Wirkung des Piktolin nötige verteilende Röhrensystem kann, solange die Räume vollbeladen sind, nicht angebracht werden. Neuerdings hat eine englische Firma (Clayton) einen Apparat konstruiert, in welchem bei hoher Temperatur Schwefel verbrannt wird. Das Gas, das neben schwefliger Säure auch geringe Mengen Schwefelsäure enthält, wird mittels einer Ventilationsmaschine in die Laderäume eingeleitet und soll teils als Feuerlöschmittel, teils zum Töten von Ratten und anderem Ungeziefer an Bord, teils zum Desinfizieren dienen. Nach den in England und Frankreich damit angestellten Versuchen erfüllt der Apparat die in dieser Hinsicht an ihn gestellten Erwartungen. Der Erfinder des Apparates behauptet ferner, daß das Gas sowohl für die Kajütenausstattung, wie für die Ladegüter in den Laderäumen ganz unschädlich sei und daher auch zum Töten der Ratten auf beladenen Schiffen, ehe die Ladeluken geöffnet werden und die Ladung bewegt wird, benutzt werden könne. Es ist richtig, daß trockne Dinge von schwefliger Säure in Gasform nur sehr wenig angegriffen werden, selbst poliertes Metall außer Stahl wird durch einmaliges Einwirken des Gases nur ganz oberflächlich verändert, so daß es durch leichtes Putzen wieder rein und glänzend wird. Indessen gibt es doch eine Reihe von Ladegütern, die durch schweflige Säure sehr stark verändert werden. Namentlich gilt dies von frischen Früchten. Auch getrocknete Früchte nehmen große Mengen von schwefligsaurem Gas auf. Ebenso Mehl, Fleisch und vieles andere. Durch Geruch und Geschmack ist die Beimischung des Gases nur schwer nachzuweisen, wohl aber durch die chemische Analyse. Diese Eigenschaft der schwefligen Säure erklärt ja auch ihre ausgedehnte Benutzung als Konservierungsmittel.

Andre Waren, wie Wolle, geben das sehwefligsaure Gas

zwar leicht wieder ab, nehmen es aber zunächst in solchen Mengen auf, daß die rattentötende und desinfizierende Wirkung des Gases dadurch zu stark beeinträchtigt, ja unter Umständen gänzlich aufgehoben wird. Auch ist darüber geklagt worden, daß der Schiffskörper durch wiederholtes Räuchern mit schwefliger Säure angegriffen wird. Namentlich sollen die Wände von Stahlschiffen viel schneller und tiefer als gewöhnlich rosten, wenn das Schiff erst mehrere Male mit schwefliger Säure behandelt ist. Außer der somit nicht sehr empfehlenswerten schwefligen Säure ist auch die Kohlensäure zum Töten der Ratten an Bord angewandt worden. Schon im Herbst 1899 wurden von mir in Hamburg in dieser Richtung Versuche angestellt, noch ehe der Fall des Dampfers „Polis Mytilini" bekannt geworden war. Auf diesem Schiff ist bekanntlich bei seiner Ankunft in Triest ein Pestfall festgestellt worden. Bei der Desinfektion und Reinigung der unteren Schiffsräume fand man neben mit gärender Melasse gefüllten Fässern sehr viele tote Ratten, und man nahm an, daß sie durch die Kohlensäure, die der Melasse entströmte, getötet waren. Meiner Ansicht nach war es ebenso wahrscheinlich, daß die Tiere einer Pestinfektion erlegen waren. Untersuchungen nach dieser Richtung scheinen nicht angestellt worden zu sein. Auf Grund dieser Beobachtung ist von Apéry empfohlen worden, jedes verdächtige Schiff mit Kohlensäure zu behandeln, um die Ratten an Bord zu töten. Man sollte in dem Bilschraum der Schiffe einen Apparat aufstellen, in dem sich aus Karbonaten und Säure Kohlensäure entwickelt oder sie aus Behältern, die sie in flüssiger Form enthalten, in die Bilsch einströmen lassen. Dies solle womöglich schon geschehen, wenn das Schiff sich noch auf hoher See befindet und mehrere Male wiederholt werden. Durch ein in die Bilschräume hinuntergelassenes Licht könne man sich leicht davon überzeugen, ob genügend Kohlensäure (Verlöschen des Lichts) in den unteren Schiffsräumen vorhanden sei. Ein Licht erlischt schon in einer Luft, die 12% Kohlensäure enthält. Ratten vermögen aber in einer solchen Atmosphäre noch sehr gut zu leben. Sowohl Ratten wie Kaninchen, auch Hunde, können stundenlang, wenn auch mit den Zeichen starker Atemnot, in einer Atmosphäre, die 30% und darüber Kohlensäure enthält, sich am Leben erhalten.

In der Praxis kann nur schwer beurteilt werden, wieviel von dem Kubikinhalt eines noch nicht geöffneten Laderaums durch Luft und wieviel durch Ladung eingenommen ist, man müßte deshalb, um auf eine sichere Wirkung der Kohlensäure rechnen zu können, im allgemeinen wenigstens die Hälfte der für einen leeren Raum nötigen Kohlensäure in gefüllte Laderäume einleiten. Da auf einem leeren Schiff aber ein Gehalt von 30 $^0/_0$ Kohlensäure noch nicht genügt, um alle Ratten in den Laderäumen in kurzer Zeit mit Sicherheit zu töten, man vielmehr mindestens 40 $^0/_0$ Kohlensäure einleiten müßte, so muß auf einem beladenen Schiff mindestens 20 $^0/_0$ des Raumgehalts mit Kohlensäure erfüllt werden. Das ist aber sehr kostspielig. Das Kilogramm des verflüssigten Gases kostet 0,50 Mk. Dieser Preis könnte vielleicht bis auf 0,30 Mk. ermäßigt werden; immerhin würde der Aufwand für die Behandlung eines Seedampfers von mittlerer Größe (3000 cbm Laderaum) allein für verbrauchte Kohlensäure 400—500 Mk. betragen, hierzu kämen noch die Kosten für Arbeiter, Schläuche, Transport und für die Stahlbomben selbst, von denen man eine große Anzahl auf Lager haben müßte. Wollte man die nötige Menge von Kohlensäure aus Karbonaten und Säure entwickeln, so würden die Kosten sich noch erhöhen. Endlich verteilt sich die schwere Kohlensäure nur sehr unvollkommen und langsam zwischen den Gütern. Die Ratten haben Zeit, sich in sauerstoffreichere Gebiete zurückzuziehen und tun dies auch, wie wir bei Versuchen im Laboratorium beobachten konnten. Aus diesen Gründen kann die Anwendung von Kohlensäure zum Töten von Ratten an Bord von Schiffen nicht empfohlen werden. Auch hat man diese Methode überall, wo man sie in die Praxis einzuführen versuchte, bald wieder aufgegeben.

In Hamburg benutzen wir seit ungefähr zwei Jahren mit gutem Erfolg einen Apparat, in dem durch unvollkommene Verbrennung von Koks ein Gemisch von Kohlensäure, **Kohlenoxyd** und Stickstoff erzeugt und in die Schiffe zum Töten der Ratten eingeleitet wird. Dies Gas riecht nicht, greift die Ladung nicht an und ist so giftig, daß es selbst in sehr kleinen Mengen sicher tötet. Es verteilt sich leicht und dringt, wie wir uns überzeugt haben, in sonst ganz unzugängliche Stellen in genügender Menge. Zudem lähmt es, wie wiederholte Versuche uns zeigten, die Tiere sehr schnell, so daß sie nicht mehr imstande sind, sich Stellen mit besserer Luft zu suchen.

Der Apparat ist auf einem Leichterfahrzeug aufgestellt. Das Fahrzeug wird, wenn es gebraucht wird, an das zu behandelnde Schiff geschleppt und längseit gelegt. Der Apparat besteht im wesentlichen aus dem Dampfkessel, dem Gaserzeuger, einer Zentrifugalluftpumpe und dem Skrubber. Der Betrieb gestaltet sich folgendermaßen: Durch eine Schicht glühenden Kokes, welcher sich in dem Gaserzeuger befindet, wird Luft durchgesaugt. Durch zeitweiliges Aufschütten von frischem Material wird die Kokesschicht auf der gleichen Höhe gehalten. Durch eine besondere Vorrichtung ist die Beobachtung der Schichthöhe des brennenden Kokes ohne Öffnen des Apparates ermöglicht. Die Luftzufuhr zu dem Gaserzeuger wird durch Stellung eines Schiebers so geregelt, daß die Zusammensetzung des entstehenden Gases gleichmäßig bleibt. Ob das Gas die entsprechende Zusammensetzung besitzt, kann durch eine Gasanalyse leicht ermittelt werden. Da die Menge der Kohlensäure und des Kohlenoxyds stets in einem bestimmten umgekehrten Verhältnis zueinander stehen, so kann man schon durch eine einfache Bestimmung der Kohlensäure, die jeder Maschinist leicht ausführen kann, den Gehalt des Gases an Kohlenoxyd erfahren.

Das Gas enthält durchschnittlich

CO 4,95 Vol. $\%$
CO_2 18 „ $\%$
N 77 . $\%$

Das spezifische Gewicht des Gases ist durchschnittlich (Luft $=$ 1) 1,085. Nach dem Austritt aus dem Gaserzeuger wird das Gasgemisch zur Abkühlung und Reinigung durch einen Skrubber geführt, in dem es mit zerstäubtem Wasser in Berührung gebracht wird. Dann gelangt es durch einen Stutzen zum Austritt. An den Stutzen wird ein zum Weiterleiten bestimmter weiter Spiralgummischlauch luftdicht aufgeschraubt. Um das Gas in mehreren Räumen zugleich austreten lassen zu können, mündet dieser Schlauch in einem an der Reeling der Schiffe leicht zu befestigenden kupfernen Kessel, von welchem sich mehre, durch messingne Kappen verschließbare Rohrstutzen abzweigen. An diesen lassen sich beliebig lange Schläuche gleichen Durchmessers befestigen, durch die das Gas in die Schiffsräume geleitet wird.

Um eine genügende Wirkung des Gases in den Schiffsräumen zu erzielen, ist es nach unserem Versuche durchaus nötig, nicht nur sämtliche, durch Querschotten voneinander getrennten Räume, sondern auch alle in diesen durch Horizontaldecks gebildeten Abteile besonders mit Gasschläuchen zu beschicken. Zur Ventilation der Schiffsräume und vornehmlich der Lagerräume führen auf allen Schiffen weite mit Kappen versehene Röhren in die Räume hinunter. Meist hat jeder Laderaum zwei solcher Ventilationsrohre, die sich teleskopartig nach oben hin erweitern. Wir überzeugen uns stets von der jeweiligen Anordnung der Ventilatoren, indem wir die Haube abnehmen und die Luftschächte mittels einer elektrischen Glühlampe ableuchten. Bei einem Ventilator, der auf gewöhnliche Art eingerichtet ist, wird zweckmäßig folgendermaßen verfahren. Man beginnt mit dem Einleiten des Gases in den untersten Schiffsraum, indem man die Schläuche durch die Ventilatoren bis ganz unten hinunter führt. Oben werden die Ventilatoren verstopft. Wenn der unterste Raum genügend mit Gas angefüllt ist, wird der Schlauch etwas in die Höhe gezogen, so daß seine Austrittsöffnung in den nächst höheren Raum führt. Damit nicht ein Teil des Gases noch daneben in den untersten Raum geht, wird der unterste Teil des Ventilators durch einen hinabgelassenen Deckel zugedeckt. Später kommen die höher gelegenen Räume daran. Unsere Versuche haben gezeigt, daß die Ratten auch unter den ungünstigsten Verhältnissen in einem Schiffsraum, sei er beladen oder unbeladen, sicher getötet werden, wenn die Menge des eingeblasenen Gases die Hälfte seines Kubikinhalts beträgt und das Gas in dem Raum nach Abdichtung der Ventilatoren mindestens zwei Stunden gelassen wird.

War $3/4$ des Kubikinhalts eingeblasen worden, so hatte man den gewünschten Erfolg, auch wenn man die Lüftung bald nach dem beendeten Einleiten bewerkstelligte. Die Ladung wurde bei der Berechnung des Inhalts als nicht vorhanden angesehen.

Um das Gas aus den Räumen wieder zu entfernen, genügt es im allgemeinen, daß die Ventilatoren und oberen Luken geöffnet und die Windhauben in den Wind gestellt werden.

Hierdurch wird einerseits frische Luft durch die Ventilatoren in die Laderäume hineingedrückt, andererseits schlechte aus den Luken von dem über sie hinwegfegenden Winde aspiriert. Je stärker der Wind, desto schneller geht die Entgasung vor sich. Selbst bei flauer Luftbewegung ist es uns bisher immer gelungen, auf diesem Wege nach sechs Stunden kohlenoxydfreie Luft in den Räumen zu erhalten.

Die Entgasung der Maschinenräume geht in gleicher Weise vonstatten, wenn man durch geeignete Stellung der zumeist in großer Menge vorhandenen Ventilatoren für einen natürlichen Luftabzug innerhalb des betreffenden Raumes sorgt.

Weit schneller lassen sich die Wohnräume der Schiffe lüften. Meist genügt es, die einzelnen Türen zu öffnen. Kommt es auf besondere Beschleunigung an, so kann man Leute, die mit Rauchhelmen bewaffnet sind, in die Räume schicken und die Fenster öffnen lassen. Der von uns benutzte Rauchhelm (von C. B. König, Altona) besitzt neben vielen anderen Vorzügen auch eine Sprachrohreinrichtung, welche eine, bei der hohen Giftigkeit des Gases nicht zu unterschätzende, fortwährende Unterhaltung zwischen der innerhalb des Raumes beschäftigten und einer außerhalb desselben in der Nähe der Luftpumpe stehenden Person ermöglicht.

Räume, welche sich auf den oben beschriebenen Wegen nicht mit Sicherheit gasfrei machen lassen, müssen mit dem Apparat durch künstliches Einblasen von frischer atmosphärischer Luft oder Aussaugen der schlechten Luft ventiliert werden. Dies gilt namentlich für Provianträume und die vor dem Kollisionsschott liegenden Kettenkästen und Kabelgatts, welche nur selten mit Ventilatoren versehen sind.

Das Betreten der mit Gas beschickten Räume darf nie gestattet werden, ohne daß sie vorher durch Sachverständige geprüft worden sind.

Am besten geschieht das dadurch, daß man lebende, in einzelnen Käfigen befindliche Mäuse in die zu prüfenden Räume hineinbringt und eine Zeitlang dort beläßt.

In die Laderäume läßt man die Käfige vermittelst Taue durch die Ventilatoren hinab. Ventilatoren und Ladeluken sind während des Verbleibens der Tiere in den Räumen oben abzudichten, um zu verhindern, daß frische Luft zu den Tieren gelangt.

Zeigen sich bei einer nachherigen Untersuchung der gegen CO so außerordentlich empfindlichen Tiere keinerlei Spuren einer Kohlenoxydgasvergiftung an ihnen, so kann der Raum auch als für den Aufenthalt von Menschen geeignet angesehen werden.

Die Fähigkeit des Gases, überall hinzudringen, macht es unumgänglich notwendig, daß während der ganzen Dauer der Behandlung eines Schiffes streng darauf gehalten wird, daß sich niemand in den Räumen, die unter Deck sind, aufhält. Zwar sind die eisernen Schotte auf gut imstande gehaltenen Schiffen so dicht, daß, wie Versuche erwiesen, Ratten, die dicht neben den gaserfüllten, aber durch Schotte getrennten Räumen ausgesetzt waren, nicht geschädigt waren; man darf aber eine solche Dichtigkeit nicht überall ohne weiteres voraussetzen.

Auch in den Maschinenräumen und Kohlenbunkern darf sich während des Verfahrens niemand aufhalten. Es ist deshalb ausgeschlossen, daß man das Einleiten von Generatorgas etwa als prophylaktische Maßregel während der Fahrt vor der Ankunft im Hafen — für Hamburg würde die Zeit vom Einlaufen in die Elbe bis zur Ankunft in Hamburg in Betracht kommen — vornimmt.

Die Kosten des Verfahrens sind sehr gering, da sie außer dem ja anch bei jedem anderen Verfahren nötigen Personal nur aus den Kosten für verbrannten Kokes bestehen. Der Preis für den zur Herstellung von 1000 cbm Gas erforderlichen Kokes beläuft sich auf noch nicht 3 Mk., sodaß also auch für die größten Schiffe nicht mehr als 15—20 Mk. für Kokes aufzuwenden sind.

Allerdings sind die Anschaffungskosten des Apparates samt dem Fahrzeuge, auf dem er eingebaut ist, nicht unbeträchtlich. Unser neuer Apparat kostet ungefähr 120000 Mk. Er ist so eingerichtet, daß ein Teil des kohlenoxydhaltigen Gases nach Belieben mit Formaldehydgas geschwängert werden kann, damit man mit der rattentötenden Wirkung auch eine desinfizierende nach Bedarf verbinden kann. Das wird unter Umständen für Logis und Kabinen sehr erwünscht sein. Auch ein Dampfdesinfektionsapparat und Badeeinrichtungen befinden sich auf dem Fahrzeug. Der Gasapparat liefert stündlich 3000 cbm Gas sodaß auch die größten Schiffe durch den Apparat in wenigen Stunden mit Gas angefüllt und wieder leer gemacht werden können. Mit einem älteren kleineren Apparat, der 500 cbm Gas in der Stunde lieferte, haben wir schon eine große Anzahl von Schiffen — darunter neun mit tatsächlich pestinfizierten Ratten an Bord — mit vollständigem Erfolge und ohne daß irgendwelche Klagen über Warenbeschädigungen u. dgl. erhoben wurden, behandelt, mit dem neuen Apparat ist bisher ein beladenes Schiff mit pestinfizierten Ratten an Bord mit gutem Erfolge behandelt worden.

XIII. Kapitel.
Über Trinkwasserversorgung an Bord.

Auf Kauffahrteischiffen wird das Trinkwasser für die Reise fast immer vom Lande bezogen, nur in Ausnahmefällen wird es aus Meerwasser durch Destillation hergestellt. Die großen Passagierdampfer nehmen ihr Trinkwasser gewöhnlich in viel besuchten Häfen ein, in denen die beträchtlichen Wassermengen, deren ein solcher Dampfer bedarf (vgl. u.) ohne Schwierigkeit in kurzer Zeit zu haben sind. Es wäre aber ein Irrtum, wenn man annehmen wollte, daß nun auch in jedem vielbesuchten Hafen ohne weiteres tadelloses Trinkwasser für die Schiffe zur Verfügung steht. Das ist selbst nicht immer dort der Fall, wo eine zentrale Wasserversorgung mit besonderer, bis ans Ufer führender Leitung für die Schiffe vorhanden ist.

Man findet in den Häfen natürlich die verschiedensten überhaupt an Land üblichen Wasserversorgungsarten. In den landeinwärts, an schiffbaren Strömen belegenen Häfen wird vielfach das Flußwasser für die städtische Wasserversorgung wie für die Versorgung der Schiffe benutzt und nicht immer wird es durch ein zuverlässiges Verfahren vor der Einführung in das Leitungsnetz genügend gereinigt. In andern Häfen stammt das Wasser für die Stadt und die Schiffe aus Landseen oder Teichen, oder aus künstlichen, durch Talsperren gestauten Wasseransammlungen, in einzelnen Fällen auch aus großen Zisternenanlagen (Regenwasser). Alle diese Oberflächenwässer sind in der Regel verunreinigenden Zuflüssen aus menschlichen Haushalten ausgesetzt und müssen, damit sie ohne Gefahr genossen werden können, einem zuverlässigen Reinigungsverfahren unterworfen werden. Als das beste Mittel, um solche größeren Wassermengen von Infektionsstoffen zu befreien, sind bekanntlich große, zentrale Sandfilteranlagen anzusehen. Sie gewähren aber nur dann eine genügende Sicherheit, wenn sie richtig angelegt und namentlich die Filterflächen genügend groß sind, der

Betrieb dauernd sorgfältig überwacht und das filtrierte Wasser täglich bakteriologisch untersucht wird. Sobald das Filtrat eines Bassins mehr als 100 Keime im Kubikzentimeter enthält, darf es nicht mehr in das Leitungsnetz eingeführt werden. Man muß die Ursache der ungenügenden Filtration suchen und den Fehler abstellen. In den deutschen Häfen und auch in den größeren Häfen anderer europäischer Länder, in denen Oberflächenwasser durch Sandfiltration gereinigt wird, kann Anlage und Betrieb jetzt als genügend zuverlässig gelten. In überseeischen Häfen finden wir nur ausnahmsweise genügend große und einwandfrei betriebene Sandfilteranlagen. Manche Häfen sind in der glücklichen Lage, Quellwasser aus den Bergen oder durch Talsperren gewonnenes Stauwasser aus unbewohnten Gegenden zur Wasserversorgung heranführen zu können, oft aus beträchtlichen Entfernungen. Gelegentlich finden sich aber auch dabei Mißstände; die Quellen und die Sammelbehälter, die Leitungen sind nicht genügend vor unreinen Zuflüssen geschützt und oft besteht der Verdacht, daß in trockenen Zeiten, in denen das Quellwasser spärlicher zufließt, der Hauptleitung anderes Wasser bedenklicher Herkunft heimlich zugemischt wird. Grundwasserversorgung mit artesischen Brunnen im großen Stil finden wir vorerst nur in sehr wenigen Häfen.

Aber auch dort, wo das Trinkwasser für die Schiffe bis an den Strand einwandfrei geliefert wird, ist es, bis es an Bord gelangt, unter Umständen noch vielfach der Gefahr der Verunreinigung ausgesetzt. Die Lieferung des Trinkwassers an Bord ist in den meisten Häfen in den Händen privater Wasserhändler, die daraus ihren Erwerb ziehen. Nur in seltenen Fällen können sich die großen Dampfer so dicht neben die Entnahmestelle am Ufer legen, daß das Trinkwasser durch einen Schlauch direkt vom Lande in die Behälter an Bord fließen kann. In den allermeisten Fällen finden sich in den Häfen nur ein oder zwei Entnahmestellen, die so eingerichtet sind, daß große Wassermengen in kurzer Zeit ausfließen können. Dort wird das Wasser durch weite Schläuche, die in die Mündungsstellen am Strand eingeschraubt werden, in besondere Wasserboote übergeleitet. Diese Boote bringen das Wasser dann längsseit der Dampfer. Nun sind zunächst die Mündungsstellen der Leitung am Ufer nicht immer sorgfältig genug vor Verunreinigungen geschützt. Ruge fand einmal in einem vielbesuchten Hafen neben einer solchen Entnahmestelle einen Haufen menschlicher Exkremente, mit denen das Mundstück des zur Überführung des Wassers in die Boote benutzten Schlauches in Berührung kommen mußte, wenn es nicht sehr sorgfältig gehandhabt wurde. Auch die Schläuche befinden sich nicht immer in einwandfreiem Zustande. Oft haben sie Leckstellen, die beim Eintauchen des Schlauches in das Hafenwasser, was durchaus vermieden werden sollte, aber oft genug beobachtet werden kann, diesem Schmutzwasser den Eintritt gestatten. Oft werden die Schläuche durch die Wellen des Hafenwassers heftig hin und her bewegt und durchgescheuert. Auch die Verschraubungen der Schlauchstücke sind nicht immer ganz dicht.

Die Wasserboote sollen, damit das eingenommene Wasser in ihnen nicht weiter verunreinigt werden kann, aus Eisen sein und besondere, allseitig geschlossene, eiserne Tanks zur Aufnahme des Wassers enthalten, die innen mit einem Zementbelag versehen sind. Die Tanks müssen des öfteren gereinigt und immer peinlich sauber gehalten werden. In vielen überseeischen Häfen finden sich noch hölzerne Wasserboote mit hölzernen Behältern. An ihren Wänden hat sich in der Regel ein schleimiger, aus allen möglichen Vegetationen bestehender Überzug gebildet, der natürlich auch Infektionskeime aufnehmen und konservieren kann. Selbstverständlich müssen die Behälter der Wasserboote auch vor Beschmutzung durch die Besatzung der Boote, durch überkommende Seen usw. geschützt sein. Wenn das Wasserboot längsseits des Dampfers, der Wasser überzunehmen wünscht, gelangt ist, wird das Trinkwasser aus den Behältern des Bootes durch ein Druckwerk mittels Schläuchen in die Trinkwassertanks an Bord übergepumpt. Auch hier ist unverletzter Zustand und Reinheit der Schläuche wie des Druckwerks von größter Bedeutung. In Hamburg stammt das den Schiffen gelieferte Wasser aus mehreren artesischen Brunnen, die im Hafen erbohrt sind und sehr gutes Wasser in reichlicher Menge liefern. Das Wasser wird, damit es in kurzer Zeit in großen Mengen entnommen werden kann, in großen Behältern gesammelt. Die Wasserboote sind aus Eisen und enthalten innen zementierte Eisentanks. Die einzelnen Boote können bis zu 150 cbm Wasser aufnehmen. Die Wasserentnahmestellen, an die die Schläuche für die Boote angeschraubt werden, sind vor Verunreinigungen geschützt. Die ganze Wasserversorgung der Schiffe steht unter der besonderen Aufsicht des Hafenarztes. Ähnlich ist es in London und in einigen anderen großen europäischen Häfen.

Auf den Dampfern wird das Trinkwasser jetzt wohl durchweg in eisernen Behältern aufbewahrt, die meist unter Deck und von den Laderäumen und den bewohnten Schiffsräumen abgesondert aufgestellt sind. Auch auf Segelschiffen finden wir jetzt in der

Regel eiserne Trinkwassertanks, meist frei auf dem Oberdeck, nur auf älteren Segelschiffen trifft man noch hölzerne Wassertonnen. Die eisernen Trinkwassertanks sind meist innen mit einem Zementbelag versehen, der das Rosten der Wände und die Zumischung des Rostes zum Wasser verhindert. Auf den deutschen Auswandererschiffen ist dies vorgeschrieben; Mennige als Anstrich ist verboten. Die aus den Tanks zu den meist an Deck stehenden Trinkwasserpumpen führenden Rohre sind aus Blei oder verzinktem Eisenblech. Auch die Füllrohre und die Peilrohre der Tanks (zum Messen des Wasserstands) sind aus Blei oder verzinktem Eisenblech. Bleivergiftungen infolge des Genusses bleihaltigen Trinkwassers sind an Bord unserer Handelsschiffe nach meinen Erfahrungen sehr selten; in der Regel betreffen die Fälle von Bleivergiftung an Bord Leute, die mit Malerarbeiten beschäftigt waren, insbesondere scheint das Abkratzen und Abklopfen alter Anstriche, wobei große Mengen bleihaltigen Staubes in den Mund gelangen, gefährlich zu sein.

Rein entnommenes Trinkwasser hält sich in gut gehaltenen Trinkwassertanks an Bord in der Regel recht gut. Zwar fehlt dem Trinkwasser, da es bald die erhöhte Temperatur der Räume unter Deck annimmt und namentlich dort, wo sich die Tanks in der Nähe der Maschine befinden, unter Umständen recht warm wird, das Erfrischende eines kühlen Trunkes an Land, aber es bleibt klar, farblos und ohne fremdartigen Beigeschmack. Die Zahl der Keime nimmt anfangs beträchtlich zu, vermindert sich aber bald, und häufig fanden wir auf in Hamburg nach monatelanger Reise angelangten Schiffen im Trinkwasser an Bord auffallend niedrige Keimzahlen (100—500 Keime im Kubikzentimeter). In den meisten Fällen wird wohl hierfür der keimvermindernde Einfluß des inneren, kalkhaltigen Zementbelags der Tanks verantwortlich zu machen gewesen sein. Häufig zeigt das Wasser in solchen Tanks leicht alkalische Reaktion und hohe Härtegrade. In Holzfässern macht das Wasser häufig zuerst eine Art von Gärungs- und Fäulnisprozeß durch, es trübt sich und wimmelt von Kleinlebewesen. Dieser Vorgang hält aber nicht lange an, und das Wasser klärt sich bald wieder. Es ist „ausgefault" und allenfalls genießbar. Auch in nicht gut verschlossenen Eisentanks können sich solche Fäulnisvorgänge einstellen, z. B. wenn Ratten in die Tanks fallen und im Wasser ersaufen. Wo man die Tanks nicht oder ungenügend zementiert, bilden sich bald große Mengen von Eisenrost im Wasser. Früher, als man die Zementierung noch nicht kannte und anwandte, war dies regelmäßig der Fall. In alten Lehrbüchern der Schiffshygiene findet sich gelegentlich der Hinweis, daß solches Rostwasser ein gutes Heilmittel gegen die Tropenanämie sei.

XIII. Kapitel. Über Trinkwasserversorgung an Bord.

Entnommen wird auf allen größeren Dampfern das Trinkwasser aus den Tanks, wie schon erwähnt, mittels Pumpen. Die Pumpen sind aber vielfach nicht jedermann zugänglich, sondern man füllt nach Bedarf kleinere Reservoire, die an Deck aufgestellt sind, auf, an denen sich jeder seinen Trunk abzapfen kann. Meist hängt bei diesen Behältern ein Blechgefäß an einer Kette. Wo das Wasser mittels Zapfhahns oder durch Druck auf einen Knopf entleert wird, ist gegen diese Art der Entnahme nichts einzuwenden. Gelegentlich wird aber das Wasser auch mit Schöpfgefäßen entnommen, die an einer Schnur oder Kette in den Behälter durch ein offenstehendes Loch hinuntergelassen werden. Hierbei ist natürlich das Wasser grober Verunreinigung ausgesetzt und man findet es auch in solchen Behältern meist trübe und von muffigem Geruch und Geschmack. Auf deutschen Schiffen wird in Hamburg diese Art der Entnahme nicht geduldet. Auf französischen Kriegsschiffen sind an den Trinkwasserbehältern feste Saugpipetten angebracht, die die Leute in den Mund nehmen müssen. Ein deutschem Geschmack wohl wenig zusagendes Verfahren. Neuerdings empfehlen französische Marineärzte, die Leute mit eigenen Pipetten (pipette individuelle) auszurüsten, die an die Trinkwasserbehälter angesetzt werden können.

Auf den deutschen Dampfern, auch den Auswandererschiffen, dürfen die Leute in der Regel soviel Wasser trinken, wie sie wollen. Nach den gesetzlichen Bestimmungen sind für jeden Schiffsmann und jeden Passagier täglich 6 l frischen Wassers mitzunehmen. Hierbei ist das zum Zubereiten der Speisen und das zum Waschen verausgabte Frischwasser miteingerechnet. Die großen Auswandererschiffe, die 2000 Personen und mehr transportieren können, führen Hunderte von Kubikmetern Trinkwasser an Bord.

An den zum täglichen Gebrauch dienenden, hier und da an Deck und auch z. T. in den Wohnräumen aufgestellten Wasserbehältern finden wir häufig Filter angebracht, die das Wasser verbessern sollen. Meist sind es Kohlefilter. Es sei daran erinnert, daß die allermeisten dieser Kleinfiltersysteme nichts taugen und daß das filtrierte Wasser, trotzdem es häufig kristallklar und farblos entströmt, in der Regel mehr Bakterien als vor der Filtration enthält, weil die Filter von den Keimen bald durchwachsen werden und sich zu Brutheerden ausbilden, aus denen bei jeder Wasserentnahme ungeheure Mengen von Keimen mitausgeschwemmt werden. Für eine gewisse, meist nicht über 8—10 Tage sich erstreckende Zeit filtrieren die Porzellanfilter nach Chamberland-Pasteur und die Berkefeldschen Kieselguhrfilter keimdicht.

15*

Diese Filter sind aber an Bord noch recht selten, sie finden sich nur auf wenigen erstklassigen Schnelldampfern für die Kajütspassagiere. Die Porzellanfilter sind ziemlich teuer, zerbrechen leicht und sind wenig ergiebig. Je ergiebiger sie Wasser liefern, desto unzuverlässiger sind sie in bezug auf keimdichte Filtration. Im allgemeinen sind keimdicht filtrierende Chamberlandkerzen nur dann ergiebig genug, wenn sie zu Filterbatterien vereinigt sind. Wenn die Ergiebigkeit abnimmt, müssen die Kerzen ausgewechselt werden. Durch Kochen und Ausglühen läßt sich die alte Ergiebigkeit bei gebrauchten Kerzen wieder herstellen. Dabei gehen aber viele Kerzen verloren. Billiger und leichter zu handhaben sind die Berkefeldfilter. Auch ihre Ergiebigkeit nimmt langsam ab, ist aber durch Abbürsten und Abwischen der Filterkerze wieder zu beheben. Sie müssen wöchentlich mindestens einmal ausgewechselt und durch langsames Erwärmen bis zum Kochen im Wasserbad von neuem sterilisiert werden. Wo man Kleinfilter an Bord anwenden will oder muß, empfehlen sich diese Filter noch am meisten. Besondere Apparate, um Trinkwasser in großen Mengen und in kurzer Zeit durch Kochen zu sterilisieren, sind an Bord fast nirgends im Gebrauch. Am einfachsten ist es, in Gefahrzeiten auf Passagierschiffen den Trinkwassergenuß ganz abzustellen und dafür in den großen Dampfkochkesseln große Mengen von dünnem Tee oder Kaffee abkochen zu lassen und zu verausgaben.

Zum Sterilisieren des Trinkwassers an Bord ist vor einigen Jahren von Schumburg Brom in Form von Brom-Bromkaliumlösung, die dem Trinkwasser zugesetzt werden soll, empfohlen worden. Das zugesetzte Brom wird durch nachträgliches Hineinschütten von entsprechenden Mengen von Ammoniak resp. von Natriumsulfit und Natriumkarbonat unschädlich gemacht. Das Verfahren ist aber unsicher und für die großen Wassermengen, die an Bord in Betracht kommen, viel zu teuer. Billiger ist die von Traube, Bassenge u. a. empfohlene Desinfektion mit Chlorkalk und die mit Natriumhypochlorit nach Hünermann. Man muß aber, wie neuere Untersuchungen (Schüder) erwiesen haben, so erhebliche Mengen dieser Mittel zusetzen, um unter allen Umständen eine zuverlässige Abtötung aller pathogener Keime, z. B. aller Cholera- und Typhusbazillen, nicht bloß eine Keimverminderung zu erzielen, daß das Wasser auch nach der Bindung der zugesetzten wirksamen unterchlorigen Säure durch Natriumsulfit oder Kalziumbisulfit in seinem Geschmack derart verändert ist, daß es in den meisten Fällen kaum zum Trinken noch brauchbar sein wird. Überdies erfährt Chlorkalk bei längerem Lagern eine erhebliche Verminderung seiner Desinfektionskraft und es empfiehlt sich schon deshalb nicht, das Mittel zur Trinkwasserdesinfektion etwa auf längere Reisen mitzunehmen. Die von Hünermann empfohlenen Natriumhypochloritlösungen halten sich allerdings sehr viel länger. Im allgemeinen wird der Schiffsarzt an Bord kaum in die Lage kommen, solche Desinfektionen zu empfehlen. Meist wird man sich durch Abkochen des Wassers, Verausgaben von dünnem Tee u. dgl. so lange behelfen können, bis besseres Wasser beschafft ist (z. B. durch Destillation s. u.). Im Hafen kann unter Umständen eine Chlorkalkdesinfektion der Trinkwasservorräte eines Schiffes als Anordnung der Hafenbehörde in Frage kommen. Das dort desinfizierte Trinkwasser braucht nicht genußfähig zu bleiben, sondern kann nach der Desinfektion weglaufen. Leere Tanks, in denen verdächtiges Wasser war, werden am besten dadurch desinfiziert, daß man sie, nachdem sie trocken geworden sind, mit einem frischen Zementanstrich versehen läßt.

Die Herstellung von Trinkwasser durch Destillation von Meer- oder Flußwasser macht die Schiffe von all den Bedenken, die der Entnahme des Trinkwassers vom Lande unter Umständen anhaften, und von der Frage, ob das bezogene Wasser vor dem Gebrauch filtriert, abgekocht oder anderweitig gereinigt werden muß, ganz unabhängig. Auf den deutschen Kriegsschiffen wird deshalb in allen Gegenden, in denen der Bezug absolut einwandfreien Wassers von Land nicht durchaus sichergestellt ist, dauernd das Trinkwasser an Bord durch Destillation von Seewasser gewonnen. Gesundheitsstörungen sind auch nach längerem Genuß destillierten Wassers, wenn das Destillat nur keine fremdartigen Bestandteile enthielt, an Bord unserer Kriegsschiffe noch nie beobachtet worden. Auch das Beispiel mehrerer Städte, in denen seit vielen Jahren nur destilliertes Seewasser als Trinkwasser benutzt wird (z. B. von Steamer Point, der Hafenstadt von Aden), zeigt, daß die theoretischen Bedenken, die gegen den Genuß von destilliertem Wasser als Trinkwasser erhoben sind, keine praktische Bedeutung haben.

Die größeren Dampfer der Kauffahrteiflotte haben jetzt fast sämtlich Destillierapparate an Bord. Für Auswandererdampfer ist die Ausrüstung mit „einem guten Abdampfgeräte (Destillierapparat) für Frischwasser", das in 24 Stunden für jeden Kopf der Mannschaft und der Reisenden fünf Liter trinkbares Wasser liefern kann, gesetzlich vorgeschrieben (Anl. 1 § 28).

Die Güte des Destillats als Trinkwasser hängt hauptsächlich von der Spannung des Dampfes, der zum Kondensieren benützt wird, ferner von der Beschaffenheit der Destillierapparate und der Sorgsamkeit bei ihrem Gebrauch ab. Die Beschaffenheit des Rohwassers ist von untergeordneter Bedeutung. Zu vermeiden ist nur die Verwendung von stark verunreinigtem Hafenwasser, weil aus solchem Rohwasser auch in guten Apparaten unter Umständen schlechtschmeckende und riechende Substanzen mit in das Destillat übergehen.

Die an Bord benutzten Destillierapparate sind von sehr mannigfacher Bauart. Die älteren Apparate sind meist sehr kompliziert und liefern zum Teil schlechtschmeckendes Wasser, die modernen Apparate sind die Einfachheit selbst und geben ein tadelloses Produkt. Die größte Mühe verursachte früher die Entfernung des öligen, brenzlichen Geschmackes des an Bord hergestellten Destillates, und man stattete zu diesem Zweck die Apparate mit komplizierten Filtern und Lüftungseinrichtungen aus. Jetzt wissen wir, daß sich die Beimischung schlechtschmeckender Substanzen zum Destillat von vornherein mit Sicherheit dadurch vermeiden läßt, daß man den Dampf, aus dem sich das Wasser kondensieren soll, unter möglichst geringer Spannung erzeugt Je größer die Spannung des Dampfes, desto größere Mengen von zersetzten Schmierölen und zersetzten eigenen organischen Bestandteilen des Rohwassers gehen in das Destillat über. Früher wurde meist der starkgespannte Dampf eines der großen Hauptkessel in den Destillierapparat geleitet. Er enthält so viel brenzlich riechende und schmeckende Substanzen, daß sie auch durch sorgfältige Filtration und Lüftung des aus dem Dampf kondensierten Wassers nur unvollständig entfernt werden können. Viel weniger von diesen Substanzen führt der weniger gespannte Dampf aus einem der kleinen Hilfskessel mit sich und fast frei davon ist der Dampf aus dem Evaporator (Speisewasservorwärmer). Das beste Wasser würde ein besonderer, ungespannten Dampf erzeugender Kochapparat liefern. Die neueren Destillierapparate sind alle an den Evaporator angeschlossen und liefern ein Produkt, das nur noch einer oberflächlichen Filtration bedarf, um einen ganz reinen Geschmack und ein tadelloses Aussehen zu erhalten. Die Hauptbestandteile des eigentlichen Kondensierapparates bestehen überall aus einem langen Rohr, in das der Dampf zum Kondensieren eingeleitet wird und einer Einrichtung zum schnellen Abkühlen der Wandungen dieses Rohres durch Vorbeileiten großer Mengen von Wasser. Die einzelnen Systeme unterscheiden sich durch die mehr oder weniger komplizierte bzw. zweckmäßige Gestaltung des Kondensrohres und der Kühlanlage. Das Kondensrohr ist bei einigen Systemen an seiner Außenfläche mit Rillen versehen, so daß sein Querschnitt sternförmig aussieht. Dadurch wird eine möglichst große Oberfläche, die die Abkühlung befördert, erzeugt. Meist verläuft das Rohr in mehr oder weniger verwickelten Spiralen von oben nach unten innerhalb eines geschlossenen Zylinders, durch den beständig große Mengen von Kühlwasser von unten nach oben hindurchgepumpt werden. Häufig sind mehrere solcher Zylinder zu einem System vereinigt. Das aus dem Kondensrohr abtropfende Wasser fließt in der Regel auf ein Knochenkohlenfilter. Nach den Untersuchungen von Lüdtke tut jedes andere Filter dieselben Dienste. Er empfiehlt als bestes Filter für diesen Zweck das Jensensche Asbest-Schnellfilter. Dieses Filter arbeitet ohne Druck, ist leicht zu handhaben, überall aufzustellen und liefert in kurzer Zeit große Mengen klaren Filtrates. Auf keimdichtes Filtrieren kommt es ja hierbei nicht an, sondern nur auf das Zurückhalten von Trübungen.

Das Filtrat hat auch bei guten Apparaten, Verwendung schwachgespannten Dampfes und allgemeiner, sachgemäßer Leitung des Destillierprozesses, zunächst, solange es noch nicht völlig abgekühlt ist, einen faden Geschmack, der sich aber durch Stehen und weiteres Abkühlen verliert. Eine besondere Lüftung des Destillates ist nicht nötig, wohl aber empfiehlt es sich, den Geschmack des Wassers dadurch zu verbessern, daß man dem abgekühlten Wasser Kohlensäure in geringen Mengen zuführt. Lüdtke empfiehlt den Zusatz von einer Flasche Selterwasser auf 50 l destillierten Wassers.

Früher wurden häufig Bleivergiftungen infolge des Genusses von destilliertem Wasser an Bord beobachtet, namentlich in der französischen Kriegsmarine. Auch auf deutschen Kriegsschiffen konnte früher mitunter Blei im Destillat nachgewiesen werden. Jetzt enthalten die Destillierapparate überall Kupferrohre, die innen stark verzinnt sind, auch das übrige Material (Zylinder, Filterbehälter usw.) ist aus verzinntem Kupfer. Bleivergiftungen durch destilliertes Wasser werden deshalb jetzt nirgends mehr beobachtet. Selbstverständlich müssen die Apparate peinlich sauber gehalten werden. Das Destillat der ersten Viertelstunde sollte bei Apparaten, die längere Zeit außer Tätigkeit waren, nicht benutzt werden. Durch Prüfung des Destillats mit salpetersaurem Silber ist von Zeit zu Zeit festzustellen, ob der Apparat ein reines Destillat liefert. Bei Gegenwart von Spuren von Kochsalz bildet sich eine weiße Trübung, bei Anwesenheit größerer Mengen ein weißer, käsiger Niederschlag von Chlorsilber. Wenn die Chlorreaktion nach 15—20 Minuten langem Betriebe nicht verschwindet, so ist der Apparat undicht und es gelangt Kühlwasser (Seewasser) in das Kondenswasser hinein. Solches Wasser ist natürlich zu verwerfen. Der Betrieb muß aufhören, der Apparat muß nachgesehen und der Schaden aufgesucht und abgestellt werden. Jeder Destillierapparat sollte überdies von Zeit zu Zeit, jedenfalls vor Antritt einer neuen Reise, sorgfältig nachgesehen, auch das Filter erneuert werden.

Die Kosten der Herstellung destillierten Wassers sind im allgemeinen nur wenig höher als der Preis von Land bezogenen Wassers; in manchen überseeischen Häfen müssen höhere Preise für Trinkwasser von Land gezahlt werden, als die Herstellungskosten destillierten Wassers auch bei hohen Kohlenpreisen betragen.

Zur Untersuchung des Trinkwassers sind die deutschen Kriegsschiffe mit Untersuchungskästen ausgerüstet, die eine genügend zuverlässige, chemische Untersuchung des Wassers ermöglichen. Von einer bakteriologischen Untersuchung wird in der Regel abgesehen. Die Untersuchung des Wassers soll vor der Übernahme an Bord geschehen, mit ihr ist eine Besichtigung der örtlichen Verhältnisse bezüglich der Herkunft, der Beschaffenheit der Entnahmestelle usw. verbunden.

Auf den Kauffahrteischiffen fehlen solche Untersuchungskästen durchweg. Ihre Einführung in derselben Art wie in der Kriegsmarine scheint mir zwar nützlich, aber nicht durchaus erforderlich. Die größeren Passagierdampfer, die Ärzte an Bord haben, fahren fast immer in festen Routen; die anzulaufenden Häfen, darunter auch die, in denen voraussichtlich Wasser eingenommen werden soll, sind vorher bestimmt. Überdies ist der Aufenthalt der Schiffe in den einzelnen Häfen in der Regel so kurz wie möglich bemessen und reicht meist nicht dazu aus, um eine Besichtigung der örtlichen Verhältnisse nebst den nötigen Erkundigungen, eine Untersuchung des Wassers und ev. noch eine erneute Besichtigung auf Grund bestimmter, erst durch die Untersuchung gewonnener Gesichtspunkte vor dem Bestellen und Übernehmen des Trinkwassers an Bord auszuführen. Die bakteriologische Untersuchung des Wassers ist bekanntlich im allgemeinen nur von Wert, wenn es sich darum handelt, die Zuverlässigkeit eines bakteriologischen Reinigungsverfahrens, z. B. der Filtration des Trinkwassers zu beurteilen. Die chemische Untersuchung gibt nur Hinweise, die erst durch gründliche Untersuchung der örtlichen Verhältnisse an der Herkunftstelle des Trinkwassers weiter verfolgt werden müssen, ehe man Schlüsse daraus ziehen kann. Das Anklammern an die sogenannten Grenzzahlen führt zu ganz unzuverlässigen Urteilen. Die beste Grundlage für die Beurteilung der Güte des Trinkwassers wird für den Schiffsarzt im allgemeinen die einfache Erkundung und Besichtigung der örtlichen Verhältnisse bez. der Gewinnung, der ev. Reinigung des Wassers, seiner Leitung zum Hafen und die Besichtigung der Entnahmestelle am Ufer, der Wasserboote und Schläuche abgeben. Findet man hierbei grobe Mängel, so bedarf es gar keiner bakteriologischen und chemischen Untersuchung, sondern genügt allein, um die Warnung vor dem Einnehmen solchen Wassers hinreichend begründen zu können. Oft wird der deutsche Konsul über diese Verhältnisse zuverlässige Auskunft zu geben in der Lage sein, ebenso wie über den Gesundheitszustand im Hafen. In cholera- und typhusverseuchten Häfen wird man nur in besonderen Ausnahmefällen, nämlich nur dann, wenn eine Infektion des für das Schiff in Frage kommenden Trinkwassers mit Sicherheit auszuschließen ist, Trinkwasser einnehmen.

Bei der Untersuchung des Wassers selbst kann sich der Schiffsarzt auf die Prüfung des Aussehens (Farbe, Klarheit), des Geschmacks und des Chlorgehaltes beschränken. Die Prüfung des Chlorgehalts ist außerordentlich einfach (vgl. Anl. 9) und ergibt immer zuverlässige Resultate. Sie ist aus dem Grunde von Wichtigkeit, weil man dadurch häufig auf sehr einfache Weise Verunreinigungen herausfindet, die dem Wasser von vornherein fremd waren, und die erst durch den Transport nach dem Schiff oder an Bord hineingeraten oder durch Vermischen guten Wassers mit schlechtem Wasser, was gelegentlich aus Nachlässigkeit oder in betrügerischer Absicht vorkommt, entstanden sind. In Hamburg z. B. erhalten die Schiffe, wie schon oben erwähnt, ihr Trinkwasser aus artesischen Brunnen. Dies Brunnenwasser ist sehr arm an Chloriden, das Hafenwasser dagegen enthält durchschnittlich etwas über 100 mg Chlor, resp. 160 mg Chlorid, gelegentlich aber auch bis 400 mg Chloride im Liter. Für den Fall, daß ein Schiff oder ein Wasserhändler nur einen Teil der einzunehmenden Trinkwassermenge aus den Brunnen bezöge, den Rest aus dem Hafenwasser ergänzte, würde sich das am sichersten durch einen auffallend hohen Chlorgehalt des Wassers nachweisen lassen. Tatsächlich habe ich auf diese Weise schon in mehreren Fällen, in denen Schiffsführer — es handelte sich dabei übrigens durchweg um kleinere Schiffe — diesen Trick verübt hatten, den Nachweis der Verfälschung führen und für Abhilfe sorgen können. Auch werden grobe Leckagen der bei der Überführung an Bord benutzten Schläuche oder Leckagen in den Tanks dadurch leicht entdeckt. Es kommt mitunter vor, daß das Trinkwasser aus einem neu angebrochenen Tank ganz anders schmeckt, als das bisher benutzte Wasser, trotzdem es von derselben Herkunft ist. Man untersucht und findet einen viel zu hohen Chorgehalt als Hinweis darauf, daß der Tank leck ist und Seewasser sich seinem Inhalt beigemischt hat. Daß auch das destillierte Wasser auf seinen Chlorgehalt untersucht werden muß und daß die Gegenwart von mehr oder weniger großen Mengen von Chloriden im Destillat auf entsprechend große Leckstellen im Apparat hinweist, habe ich schon oben erwähnt. Bei dem Rate, sich für gewöhnlich mit diesen einfachen Untersuchungen zu begnügen, will ich aber nicht ausschließen, sondern es ausdrücklich empfehlen, daß einzelne Schiffsärzte, die besonderes Interesse an solchen Untersuchungen nehmen und sich genügend lange in einzelnen Häfen aufzuhalten in der Lage sind, eingehendere Untersuchungen über die Trinkwasserversorgung unserer Passagierschiffe in den überseeischen Häfen anstellen. Im Hamburger Institut wird solchen Kollegen gern eine geeignete Ausrüstung zur chemischen und bakteriologischen Trinkwasseruntersuchung leihweise auf die Reise mitgegeben werden, ebenso steht ein ausführlicher Fragebogen als Anhalt für die Besichtigung und Erkundigung über die örtlichen Verhältnisse zur Verfügung. Auf diese Weise haben wir schon in einigen Fällen zuverlässige Mitteilungen über verschiedene wichtige Häfen erhalten und dürfen vielleicht hoffen, einmal zu einer wertvollen Sammlung zuverlässiger Angaben über die Trinkwasserversorgung der wichtigsten überseeischen Häfen zu gelangen, die den Redereien, Kapitänen und Schiffsärzten als Ratgeber, ähnlich wie die nautischen Handbücher, an die Hand gegeben werden könnte.

XIV. Kapitel

Isolierung von Infektionskranken und Desinfektion an Bord, gesundheitliche Überwachung des Seeverkehrs.

In den vorausgegangenen Kapiteln über die Infektionskrankheiten, deren besondere — ausführlichere oder kürzere — Besprechung mir hier angebracht erschien, sind die zur Verhütung der Einschleppung und des Umsichgreifens dieser Krankheiten an Bord erforderlichen Maßnahmen bisher im allgemeinen nur insoweit erörtert worden, als dabei besondere Verhältnisse, wie z. B. der Schutz gegen Stechmücken als Krankheitsüberträger, die Fernhaltung und Vernichtung der Ratten an Bord zur Bekämpfung der Pest, die Behandlung des Trinkwassers zum Schutz gegen von ihm ausgehende Infektionsgefahren u. dgl. zu besprechen waren. Es bleibt nun noch übrig, auf die Art der Handhabung der wichtigen Vorkehrungen einzugehen, die an Bord bei allen Fällen von Infektionskrankheiten getroffen werden müssen, nämlich auf die Isolierung von Kranken und deren Umgebung — abgesehen von der schon besprochenen Art der Isolierung, die lediglich dem Schutze gegen stechende Insekte zu dienen braucht — und die Desinfektion infizierter Gegenstände.

Alle Auswandererschiffe müssen nach den „Vorschriften für Auswandererschiffe" (vgl. Anl. 1 § 21) mindestens zwei Krankenräume haben. Die größeren Auswandererdampfer, die jetzt bis zu 3000 Zwischendecker an Bord nehmen, haben meist mehr als zwei Krankenräume. Einer von ihnen wird dem Schiffsarzt in der Regel für die Isolierung von infektiösen Kranken verfügbar sein. Wo alle Krankenräume mit andern Kranken belegt sind oder wenn auf Passagierschiffen, die keine Auswandererschiffe sind, der einzige vorhandene Krankenraum schon mit Kranken belegt ist, wird sich, solange nur einzelne Kranke zu isolieren sind, in der Regel leicht eine geeignete Kammer hierfür ausfindig machen oder ein Raum durch provisorische Wände — z. B. aufgehängte geteerte Leinwanddecken, Persenninge — abteilen lassen. Beim Aussuchen hierfür geeigneter Räume oder Plätze ist vor allem auf möglichste Geräumigkeit und ausgiebige Lüftbarkeit Wert zu legen.

Das gilt natürlich erst recht für die Fälle, in denen eine größere Anzahl von Kranken isoliert werden muß. In der Regel wird der Schiffsarzt gerade bei solchen ernsteren Ausbrüchen den Kapitän sehr willig finden, alles Erforderliche zu veranlassen. Da die Schiffe in ihrer Bauart so sehr variieren, lassen sich hier schwer einzelne Räume oder Decks als besonders geeignet für Isolierzwecke bezeichnen. Wo auf besonders stark besetzten Schiffen keiner der schon vorhandenen Räume frei zu machen ist, wird unter Umständen das Bootsdeck für diesen Zweck in Frage kommen, das auf den großen, modernen Passagierdampfern in der Höhe der Kommandobrücke hinter dem Kartenhaus belegen ist. Dort stehen die Rettungsboote. Es wird von Passagieren gar nicht, von den Mannschaften nur dienstlich und dabei nur selten betreten. Manchmal finden wir allerdings am hinteren Ende des Bootsdecks ein Haus als Tageraum für die Feuerleute, die dort oben frische Luft schöpfen sollen. Diese sehr zweckmäßige Einrichtung stört nicht und kann auch für den Fall der Belegung des Bootsdecks mit Kranken weiter benutzt werden. Das ganze Bootsdeck läßt sich leicht durch Stützen, Persenninge und Sonnensegel in einen genügend geschützten, geräumigen und luftigen Krankensaal verwandeln. Die Kranken können in Hängematten, provisorischen Kojen oder auf an Deck liegenden Matratzen gelagert werden; neben und über den Booten ist für sie reichlich Platz vorhanden.

Auf die zur Pflege der Kranken erforderliche Ausstattung solcher Isolierräume kann an dieser Stelle nicht eingegangen werden. Abgesehen davon sollten Isolierräume für Kranke an Bord noch folgende Dinge enthalten:

1. einen Ausguß, der direkt über Bord führt, damit — wenigstens in See — die Gefäße mit Stuhl und Urin und sonstigen Ausscheidungen der Kranken direkt über Bord entleert werden können. Wenn ein solcher Ausguß nicht vorhanden ist oder nicht angebracht werden kann, müssen die Gefäße, in denen die infektiösen Ausscheidungen, bis zum nächsten Ausguß gebracht werden, wo sie entleert werden sollen, mit einer desinfizierenden Flüssigkeit (vgl. u.) in der Menge angefüllt werden, daß in den damit vermischten Ausscheidungen dadurch sicher alle infektiösen Keime abgetötet sind. Eher dürfen diese Gefäße nicht aus dem Isolierraum heraus,

weil bei Seegang, beim Treppensteigen u. dgl. leicht etwas von dem Inhalt verschüttet werden kann. Wo ein Ausguß im Isolierraum vorhanden ist, müssen die Gefäße mindestens nach ihrer Benutzung und Entleerung desinfiziert und gereinigt werden. Es müssen also

2. genügende Mengen desinfizierender Flüssigkeit (vgl. u.) im Isolierraum vorhanden sein, und zwar in verschiedenen Gefäßen, nämlich abgesehen von dem Gefäß für den ebengenannten Zweck noch in einem Bottich (Balge), in dem alle von dem Kranken abgelegte oder sonst benutzte Wäsche eingetaucht und eingeweicht liegen bleiben muß, bis sie sicher desinfiziert ist. Erst danach darf sie aus dem Isolierraum entfernt werden. Ferner ist ein drittes Gefäß mit desinfizierender Flüssigkeit erforderlich, in das die Speisereste usw., die die Kranken übrig lassen, entleert werden. Das Eßgeschirr selbst kommt am besten während der Dauer der Isolierung der Kranken gar nicht aus dem Isolierraum heraus, sondern wird an Ort und Stelle in einer mindestens 50^0 heißen $2^0/_0$igen Sodalösung gereinigt und zum Gebrauch für den Kranken wieder fertig gemacht. Nach der Beendigung der Krankheit und der Isoliermaßregeln wird das von den Kranken benutzte Eßgeschirr ausgekocht oder in der schon oben genannten warmen Sodalösung gründlich abgewaschen (Jaeger), ehe es wieder von Gesunden benutzt werden darf. Der Isolierraum muß ferner enthalten:

3. Waschgeschirr — ev. auch Badewanne — für den Kranken und:

4. Waschgeschirr für Arzt und Krankenpfleger und:

5. Anzüge resp. lange Leinewandkittel für Arzt und Krankenpfleger, die im Isolierraum getragen werden müssen. Vor dem Verlassen sind sie wieder abzulegen. Dann sind Hände, Bart usw. vom Arzt und Krankenpfleger zu reinigen. Die Stiefeln sollen auf einer mit desinfizierender Lösung getränkten Matte, ehe Arzt und Krankenpfleger den Raum verlassen, abgetreten werden.

Die Aufstellung der genannten Desinfektionsvorkehrungen und die Ausführung der Desinfektionen und Reinigungen geschieht am besten in einem Vorraum, der bei genügender Größe des Isolierraums ja leicht durch Persenninge abzuschotten ist. Seine Mahlzeiten darf der Pfleger unter keinen Umständen im Krankenraum einnehmen, er muß dazu, nachdem er sich umgezogen und genügend gereinigt hat, den Isolieraum verlassen.

Von Desinfektionsmitteln stehen dem Schiffsarzt auf deutschen Schiffen Kresolseifenlösung, Dampf und kochendes Wasser zu Gebote. Die Kresolseifenlösung wird durch Vermischung von 19 Teilen Wasser mit 1 Teil Liqu. Kresoli saponat, hergestellt. Dies Präparat, von dem in der Schiffsapotheke 5 kg, außerdem aber bei den übrigen Schiffsvorräten noch mindestens 20 kg. vorhanden sein müssen, soll nach Zusammensetzung und Herstellung den Vorschriften des deutschen Arzneibuches entsprechen, d. h. aus einem Teil unverfälschter Schmierseife und einem Teil Cresol. crud. bereitet sein. Die massenhaft empfohlenen Ersatzpräparate, die auch für die Desinfektion an Bord vielfach angeboten werden, sind bis auf wenige Ausnahmen, wie z. B. Lysol, in ihrer Wirkung unzuverlässig. Die Kresolseifenlösung kommt an Bord in Betracht:

1. für die Desinfektion von Stuhl, Urin und der sonstigen Entleerungen von Kranken. Die Desinfektionsflüssigkeit muß in den Gefäßen, in die die Ausscheidungen der Kranken entleert wurden, in mindestens derselben Menge wie diese Ausscheidungen enthalten sein. Die Mischung muß in allen Fällen tüchtig durcheinandergerührt werden, so daß grobe Partikel, z. B. von Fäzes, darin nicht mehr vorhanden sind. Die Gemische müssen mindestens zwei Stunden stehen bleiben, ehe sie beseitigt werden. Ähnlich ist mit den Speiseresten zu verfahren;

2. für die Desinfektion der Hände und sonstiger Körperteile. Sie müssen jedesmal, wenn sie mit infizierten Dingen (Ausscheidungen der Kranken, beschmutzter Wäsche usw.) in Berührung kamen, gründlich in Kresolseifenlösung abgewaschen werden.

Vor der Berührung mit infizierten Dingen empfiehlt es sich, die Hände gründlich mit Öl oder Paraffinsalbe od. dgl. einzureiben, weil sie dann besser gegen das Eindringen von Krankheitskeimen geschützt sind;

3. für Bett- und Leibwäsche sowie waschbare Kleidungsstücke. Sie sind in einem Gefäß mit Kresolseifenlösung so zu übergießen, daß sie darin vollständig untergetaucht sind. Dann müssen sie mindestens zwei Stunden in der Lösung bleiben. Wenn man das Präparat des Arzneibuches benutzt und die Wäsche usw. nachher wiederholt und gründlich auswässern läßt (wozu auch Seewasser benutzt werden kann), so behält sie keinen unangenehmen Geruch;

4. für die Desinfektion infizierter Räume, Lagerstellen, Gerätschaften u. dgl.

Die Lagerstellen von Kranken oder von Verstorbenen und die in der Umgebung befindlichen Gerätschaften, ferner die Wand- und Fußbodenflächen von Räumen, in denen infektiöse Kranke untergebracht waren, sind mittelst Lappen, die mit Kresolseifenlösung getränkt wurden, gründlich abzuwachen, wobei auch darauf zu achten ist, daß die Lösung in alle Spalten, Risse und Fugen dringt. Alsdann sind die Räumlichkeiten und Gerätschaften mit einer reichlichen Menge Wasser zu spülen. Nachher ist gründlich zu lüften.

Die Wände des Zwischendecks, der Hospitäler und der einfacher ausgestatteten Kammern sind meist mit einer einfachen Lackfarbe angestrichen, die diese Behandlung in der Regel gut vertragen kann. Polierte Hölzer, mit denen in der Regel die Türen ausgestattet sind, werden oft durch solches Verfahren etwas angegriffen. Etwaiger Schaden an den Wänden läßt sich durch einen neuen Anstrich, was zugleich wieder eine Desinfektion, jedenfalls die Unschädlichmachung von etwa noch an den Wänden sitzengebliebenen Keimen bedeutet, gut machen. Auch die Auffrischung der einfacheren Holzpolituren u. dgl. ist in der Regel leicht und billig.

Wo kostbarer dekorierte Räume, Luxuskabinen, Salons, Speisezimmer 1. Klasse mit Vorhängen, Tapeten, Gemälden usw. desinfiziert werden müssen, kann die Kresolseifenlösung nicht angewendet werden, weil sie zuviel zerstören würde und auch der Geruch danach, da ausgiebiges Nachwaschen mit Wasser ausgeschlossen ist, zu lange haften bleiben würde. Hier ist die Desinfektion mit Formaldehyd am meisten angebracht. Die Mitführung von Apparaten und Material für diese Art von Desinfektion wird zwar von deutschen Schiffen nach unsern Gesetzen nicht gefordert, einzelne Reedereien rüsten aber schon jetzt aus eigener Initiative ihre größeren Passagierdampfer damit aus. Die weitere Einführung solcher Apparate auf den Schiffen, auf denen Ärzte eingeschifft sind, ist dringend zu empfehlen, sie hat u. a. auch den nicht zu unterschätzenden Vorteil, daß sie häufig von den oft unwirksamen, teuren, lästigen und unter Umständen sehr beschädigenden Desinfektionen, z. B. Räucherungen mit schwefliger Säure, Claytongas u. dgl. befreit, die von fremden Quarantänebehörden draußen leider an vielen Orten immer noch beliebt werden.

Die Formaldehyddesinfektion ist wie alle Desinfektionen mit gasförmigen Stoffen eine Oberflächendesinfektion, bei der nur die Keime abgetötet werden, die dem Gase frei zugänglich sind. Ins Innere von geschlossenen Koffern, Schubladen, gefalteten Kleidern u. dgl. dringt das Gas nicht in genügenden Mengen. Die Gegenstände, die man desinfizieren will und die nicht frei zugänglich an den Wänden hängen, müssen daher vor der Desinfektion in den Räumen, in denen sie dem Gas ausgesetzt werden sollen, ausgebreitet werden, z. B. Vorhänge, Kleider (auf Bügeln usw.). Ferner müssen vorher alle Ritzen und Fugen in Türen und Wänden gut abgedichtet, z. B. mit Papierstreifen überklebt werden. Sonst entweicht zuviel wirksames Gas, das für die Desinfektion verloren geht und überdies in benachbarten Räumen arg belästigt. Ferner ist zu beachten, daß die zu desinfizierenden Räume nicht zu kalt sind, die Temperatur in ihnen soll mindestens 14^0 betragen (Anstellen der Dampfheizung).

Das Formaldehydgas wird meist aus seiner 40% wässerigen Lösung, dem Formalin, das auch an Bord bequem in beliebigen Mengen mitgeführt werden kann, durch Verdampfen entwickelt. Hierbei verwandelt sich aber leicht ein unzulässig großer Teil des Formaldehyd in für die Desinfektion unwirksames Paraformaldehyd. Dies versucht man auf verschiedene Weise zu vermeiden. Am einfachsten und in der auch für Schiffe am meisten geeigneten Form geschieht dies wohl in dem von Flügge angegebenen sog. Breslauer Apparat, in dem eine 1 auf 4 verdünnte Wasserlösung von Formalin verdampft wird. Eine genauere Beschreibung des Apparates und Anweisung für seinen Gebrauch kann hier unterbleiben, sie ist überdies jedem Apparat mitgegeben. Der Apparat wird außerhalb des zu desinfizierenden Raumes aufgestellt, das entwickelte Gemisch von Wasserdampf und Formaldehydgas wird durch eine kleine Öffnung, z. B. durch das Schlüsselloch, in den Raum geleitet. Auf 1 cbm Raum sollen 2,5 g Formaldehydgas entwickelt, d. h. 20 ccm Formalin (mit der vierfachen Menge von Wasser verdünnt) verdampft werden. Bei größeren Räumen — von mehr als 200 cbm Raumgehalt — empfiehlt sich die Benutzung mehrerer Apparate zu gleicher Zeit, die von verschiedenen Stellen aus Formaldehydgas liefern. Die Dauer der Einwirkung des Gases soll sieben Stunden betragen. Hat man nur die Hälfte dieser Zeit zur Verfügung, so muß die doppelte Menge von Formalin — mit entsprechenden Mengen von Wasser — verdampft werden.

Bei Desinfektionen an Land wird in der Regel nach Beendigung der Formaldehyddesinfektion Ammoniak in die behandelten Räume eingeleitet, um das Gas nachher möglichst schnell zu binden und den Geruch danach zu vertreiben. Wir haben bei Desinfektionen an Bord die Erfahrung gemacht, daß die Ammoniakdämpfe mitunter lackierte Täfelungen, Bilder u. dgl. angreifen. Ich möchte daher raten, in solchen Fällen von dem nachträglichen Einleiten von NH_3 abzusehen. Der Geruch wird auch durch eine ausgiebige Lüftung schließlich vollkommen beseitigt. Es dauert zwar etwas länger, ist aber unter allen Umständen unschädlich. In Frankreich wird auch an Land von dem Einleiten von Ammoniak abgesehen.

An Stelle von Formalinlösungen kann man an Bord zur Raumersparnis Formalinpastillen mitführen. Der Apparat wird dann ganz mit Wasser gefüllt und die Pastillen in der nötigen Menge hineingetan und verdampft. Es bleiben aber immer Reste davon übrig. Die Verwendung von Formalinlösung ist sicherer.

Kleidungsstücke, die nicht gewaschen werden können, Matratzen, Teppiche und alles, was sich zur Dampfdesinfektion eignet, kann auch an Bord leicht mit Dampf desinfiziert werden. Gegenstände aus Leder schrumpfen unter der Einwirkung von Dampf bis auf lächerliche Dimensionen zusammen und werden gänzlich dadurch verdorben. Das wird immer wieder vergessen. Noch im Herbst 1905 wurden in einem — nicht deutschen — großen Nordseehafen die sämtlichen Stiefel der Mannschaft eines deutschen Schiffes auf diese Weise (behördliche Desinfektion!) verdorben.

Manche Postdampfer, so die meisten französischen, haben besondere Dampfdesinfektionsapparate an Bord. Es läßt sich aber leicht jede von eisernen Wänden umschlossene Kammer, z. B. eine Badekammer zur Desinfektion herrichten. Wenn man solche Einrichtungen erst auf der Reise improvisiert, wird man gut tun, die Dampfzuführung recht reichlich und auch die Einwirkungszeit des Dampfes nicht zu kurz zu bemessen (mindestens eine Stunde), ferner für das Abströmen der durch Dampf möglichst vollständig zu verdrängenden Luft aus dem Desinfektionsraum zu sorgen. Am besten wird die Einrichtung einer solchen Desinfektionskammer schon vor der Ausreise im Hafen von Sachverständigen geprüft. Die dabei festgestellten Bedingungen (Dauer der Dampfzuleitung usw.) müssen in den Schiffsakten aufbewahrt und im Ernstfalle genau innegehalten werden. Das planlose Anfüllen ganzer Wohnräume mit Dampf, um sie zu desinfizieren, wie das z. B. 1892 auf Hamburger Schiffen von den Quarantänebehörden in einigen Häfen der Vereinigten Staaten von Nordamerika geschah, ist ein ganz unzuverlässiges Verfahren. Nicht zu vergessen ist endlich, daß der Dampf aus den Hauptkesseln eine viel zu hohe Spannung hat und deshalb unreduziert die zu desinfizierenden Sachen schon dadurch verderben würde. Hierzu kommt, daß er sehr viel Schmieröl mit sich führt und dadurch Beschädigungen (Flecke) verursacht. Man sollte deshalb möglichst ungespannten Dampf aus kleineren Hilfskesseln u. dgl. zur Dampfdesinfektion verwenden.

An Bord der deutschen Kriegsschiffe werden brauchbare Dampfdesinfektionsapparate nach folgender einfacher Vorschrift improvisiert:

(Aus Beilage A zu Band III der Marinesanitätsordnung

[Marinesanitätsordnung an Bord] — Anleitung zur Desinfektion und Desodorisation an Bord § 6,6):

a) Ein zur Regulierung der Dampfzuleitung mit Absperrhahn versehenes Zweigdampfrohr von etwa 15 mm Breite wird an eine zur Schiffsmaschine oder zum Hilfs-(Destillier-)Kessel gehörige Dampfrohrleitung, am besten aber auf Oberdeck an die Dampfleitung für die Dampfpfeife angeschlossen und in mehrfachen Lagen mit Packungsgarn umwickelt; außerdem wird ein Stück alter Leinwand u. dgl. vor die Mündung festgebunden, nachdem vorher der im Innern des Rohres etwa enthaltene Schmutz durch Ablassen von Dampf entfernt worden ist.

Zur Aufnahme der zu desinfizierenden Gegenstände wird ein entsprechend großes Faß oder eine der gewöhnlichen größeren Schiffsbalgen benutzt, und zu derselben aus Brettern, welche auf zwei Lattenstücke genagelt werden, ein nicht ganz dicht schließender Deckel angefertigt. Die Balge wird mit einem Stück alten Segeltuchs im Innern ausgelegt und neben dem Zweigdampfrohr so aufgestellt, daß das letztere durch einen seitlichen Ausschnitt des Deckels bis zur Mitte der Balge und bis dicht über den Boden derselben reicht.

b) Auf dem Boden der Balge wird durch mehrere kreuzweise hingelegte Lattenstücke ein hohler Raum gebildet. Auf diese Lattenstücke werden die zu desinfizierenden Gegenstände gleichmäßig und nicht zu fest gepackt, und, nachdem der Deckel aufgelegt und mit Gewichten beschwert ist, wird heißer Wasserdampf, welcher im Kessel eine Spannung von etwa 1,5 Atmosphären haben muß, zugeleitet.*)

c) Bedingung der Wirksamkeit dieses Verfahrens ist, daß ein fortwährendes Durchströmen von heißen Wasserdämpfen durch den vorstehend improvisierten Desinfektionsraum stattfindet und die Temperatur in demselben überall mindestens 100^0 C beträgt. Diese Bedingung wird erfüllt sein, wenn ein in die Öffnung, durch welche der Dampf den Apparat wieder verläßt, gebrachtes Thermometer die Tem-

---

*) Um die zu desinfizierenden Gegenstände vor Verbrennung, Befleckung und sonstiger Beschädigung, welche aus der unmittelbaren Berührung derselben mit dem überheißen Dampfrohre oder mit dem überheißen und mit Gewalt aus dem Rohre ausströmenden Dämpfen entstehen können, zu schützen, ist es erforderlich, daß das oben unter a und b angeführte Verfahren genau eingehalten, namentlich, daß das Leitungsrohr mit schlechten Wärmeleitern dick umwickelt und daß der Dampfstrahl gegen den Boden der Balge in den daselbst gebildeten Hohlraum geleitet wird, damit die zu desinfizierenden Gegenstände nicht unmittelbar von demselben getroffen werden.

peratur von 100⁰ C erreicht, was gewöhnlich in fünf bis zehn Minuten geschieht. Die Dampfzuführung ist durch den Absperrhahn entsprechend zu regulieren.

d) Die Zeit, während welcher die zu desinfizierenden Gegenstände den heißen Wasserdämpfen ausgesetzt werden, darf bei leicht zu durchdringenden Gegenständen, z. B. Kleidern, nicht weniger als eine halbe Stunde, bei schwerer zu durchdringenden Gegenständen nicht weniger als eine Stunde betragen. Hierbei ist die Zeit nicht mitgerechnet, welche vergeht, bis der aus dem Desinfektionsapparat ausströmende Dampf die Temperatur von 100⁰ C erreicht hat.

e) Nach Vollendung der Desinfektion werden die Gegenstände an der freien Luft getrocknet.

Gegenstände aus Leder, Holz- und Metallteile von Möbeln sowie ähnliche Gegenstände werden zu ihrer Desinfektion mit Lappen abgerieben, die mit Kresolseifenlösung befeuchtet sind.

Pelzwerk wird auf der Haarseite bis auf die Haarwurzeln mit Kresolseifenlösung durchweicht.

Plüschmöbel werden mit Bürsten, die in Kresolseifenlösung getaucht sind, feucht gebürstet, dann gelüftet und dem Sonnenlicht ausgesetzt.

Ob außer den zur Isolierung und Behandlung von Infektionskranken benutzten Räumen sowie solchen Räumen, die von den Kranken vor ihrer Erkennung und Isolierung bewohnt wurden, noch andere Wohnräume und Gegenstände an Bord desinfiziert werden müssen, muß von Fall zu Fall entschieden werden; allgemeine Vorschriften lassen sich dafür nicht aufstellen. Auf den großen Passagierschiffen leben die verschiedenen Klassen der Schiffsinsassen in der Regel ziemlich scharf voneinander getrennt. Ein Heizer oder Trimmer kommt fast nie mit einem Kajütsreisenden in Berührung, er betritt auch nie die Wohnräume der Kajütsreisenden. Umgekehrt gilt dasselbe. Auch die Zwischendeckspassagiere leben meist ganz getrennt von den übrigen Reisenden und von dem größten Teil der Schiffsmannschaften, insbesondere von den Matrosen und Feuerleuten. Nur die Aufwärter (Stewards) kommen mit den Reisenden in nähere Berührung. Es ist deshalb, wie in den vorausgegangenen Kapiteln mehrfach hervorgehoben, eine häufig zu beobachtende Erscheinung, daß es bei der Einschleppung vieler übertragbarer Krankheiten an Bord der modernen Passagierschiffe, vorausgesetzt, daß keine allgemeine Infektionsquelle an Bord selbst existiert (Trinkwasser, Ratten), bei Einzelfällen innerhalb ein und derselben Klasse von Schiffsbewohnern bleibt. Es wird deshalb nur ausnahmsweise angezeigt sein, bei Infektionsfällen innerhalb einer Klasse von Schiffsbewohnern gleich sämtliche Wohnräume, z. B. bei Infektionsfällen unter den Zwischendeckern auch die Kabinen und Gesellschaftsräume der Kajütsreisenden zu desinfizieren; um so gründlicher sollten aber die Desinfektionen in den Räumen, die von den infizierten Klassen der Schiffsinsassen bewohnt wurden, ausgeführt werden.

Auf Kriegsschiffen liegen die Verhältnisse ganz anders. Da ist der Verkehr zwischen den Wohnräumen der einzelnen Besatzungsklassen viel weniger beschränkt. Bei den Gefechtsübungen z. B. werden auch die Wohnräume des Kommandanten und der Offiziere in Gefechts- und Exerzierplätze umgewandelt und wimmeln von Mannschaften.

Die Desinfektion der Bilsch und des Bilschwassers kann mit Sicherheit nur dort ausgeführt werden, wo die Bilschen frei zugänglich sind. Die Garnierung resp. die die Bilsch bedeckenden Eisenplatten müssen aufgehoben werden. Dann können Leute mit Besen und Schrubbern, die in Kresolseifenlösung getaucht sind, hinuntergehen, die Wände der Bilschräume damit abwaschen und das Bilschwasser mit Kresolseifenlösung durchmischen. Dies ist im allgemeinen nur in der Maschinenbilsch ausführbar. Jedoch ist auch nur dort eine Infektion der Bilsch leicht möglich und gefährlich z. B. durch Dejektionen und Erbrochenes von cholerainfizierten Feuerleuten, die im Heizraum gearbeitet haben. Die Bilschräume unter den Laderäumen usw. sind im allgemeinen einer Infektion durch Menschen nicht ausgesetzt, auch ist auf eisernen Schiffen, und nur solche kommen ja für Schiffsärzte in Frage, infiziertes Bilschwasser ungefährlich, solange es nicht von Menschen berührt wird, und das geschieht in der Regel erst bei der Reinigung des Schiffsbodens im Dock. Da kann es auch gut desinfiziert werden (vgl. o.). Während der Reise und so lange das Schiff beladen ist, kann die Bilsch unter den Laderäumen nicht desinfiziert werden, ist aber auch ungefährlich.

Ballasttanks können mit Sicherheit ebenfalls nur im Dock durch Neuzementieren oder Asphaltieren der Innenwände desinfiziert werden. Enthalten sie infiziertes Wasser, so soll es nicht im Schiffsdienst verwandt — höchstens ist seine Verwendung als Kesselspeisewasser erlaubt —, sondern sobald als möglich, aber tunlichst vor dem Einlaufen in einen Hafen, über Bord gepumpt werden.

Über die Desinfektion von Trinkwasser und von Trinkwassertanks vgl. Kap. XIII.

Die Laderäume von Schiffen können nur wenn sie leer sind sicher desinfiziert werden. Solange Waren in ihnen sind, käme

XIV. Kapitel. Isolierung von Infektionskranken u. Desinfektion an Bord usw. 245

nur eine Desinfektion durch gasförmige Mittel, also durch Formaldehyd oder schweflige Säure (Claytongas), in Frage. Beides beschädigt die Waren so, daß sie zum Teil ganz unbrauchbar, jedenfalls aber minderwertig werden. Das gilt auch für das Claytongas trotz der gegenteiligen Behauptungen der Interessenten und einzelner Chemiker und Hygieniker, die zu ihrem unberechtigt günstigen Urteil über die Harmlosigkeit des Claytongases durch oberflächliche Untersuchungen gekommen sind. Es mag Waren geben, die durch Claytongas nicht grob beschädigt werden, aber ich möchte keinem Schiffsarzt oder Kapitän raten, die Verantwortung dafür zu übernehmen, daß k e i n e s der an Bord befindlichen Güter durch Ausräuchern der Laderäume mit Claytongas beschädigt wird, zumal da zur Erzielung einer zuverlässigen Oberflächendesinfektion mindestens ein Gehalt von 10 % SO_2 in der Luft erforderlich ist. Auch diese beträchtlichen Mengen von SO_2 desinfizieren nur in feuchter Luft; je feuchter die Luft im Laderaum ist, desto mehr werden aber auch die Waren durch die dann um so reichlicher aufgenommenen Mengen von SO_2 beschädigt.

Obwohl die zur Verhütung der Einschleppung fremder Volksseuchen in die eigenen Häfen überall von den Landesbehörden eingeführte Untersuchung und ev. weitere Behandlung der aus verseuchten Häfen kommenden Schiffe vor der Eröffnung des Verkehrs im Hafen noch nirgends in die Hände der Schiffsärzte auf ihren eigenen Schiffen gelegt ist, muß der Schiffsarzt doch über die Ausführung dieser Untersuchungen in den verschiedenen Ländern und das, was ihm und seinem Schiff ev. dabei bevorsteht, unterrichtet sein.

Das g ä n z l i c h e Unterbrechen des Seeverkehrs mit einem verseuchten Gebiete ist heutzutage ebensowenig durchführbar als die Absperrung der Landgrenzen durch militärische Kordons gegen Seuchengefahren. Der Schaden, der dadurch dem eigenen Handel und Verkehr zugefügt würde, wäre ungeheuer, und überdies hat die Erfahrung gerade bei neuerlichen Versuchen solcher Absperrungen gezeigt, daß der Verkehr diese Schranken immer heimlich durchbricht und daß dann leicht unerkannte Seuchenherde sich ausbilden, die gefährlicher sind, als die bei sorgfältiger Untersuchung und vernünftiger Überwachung der Schiffe bald herausgefundenen einzelnen mitgebrachten Infektionsfälle.

Auch die z e i t w e i s e Zurückhaltung der aus verseuchten Gegenden kommenden Schiffe von der Eröffnung des Verkehrs im Hafen ist nur unter ganz bestimmten Voraussetzungen durchführbar und nützlich. Eine solche zeitweise Unterbrechung des Verkehrs nennt man Q u a r a n t ä n e. Der Name stammt aus dem

Mittelalter. Damals wurden wegen der Pestgefahr die aus pestverseuchten Gegenden kommenden Schiffe 40 Tage isoliert, ehe sie zum Verkehr zugelassen wurden. Das zu dieser Zeit ausgebildete Quarantäneverfahren hatte sich in vielen, zum Teil auch in europäischen Ländern bis in die jüngste Zeit noch erhalten, im türkischen Orient und in einigen transatlantischen Ländern ist das alte Verfahren, nur wenig modernisiert, jetzt noch in Gebrauch. Man unterscheidet dabei eine strenge und eine Observationsquarantäne. Der Observationsquarantäne werden alle Schiffe aus verseuchten Häfen, einerlei wie der Gesundheitszustand an Bord selbst ist, unterzogen. Das Schiff mit allen seinen Insassen wird an einen isolierten Platz gelegt (Quarantänehafen) und jede Verbindung mit dem Lande auf mehr oder weniger lange, und zwar meist ganz willkürlich bemessene Zeit (5, 10 Tage, 3 Wochen und oft länger) untersagt. Erst wenn die festgesetzte Zeit verstrichen und alles an Bord gesund geblieben ist, wird das Schiff freigegeben, erhält „freie Praktika". Die Herkunft des Schiffes wird durch den Gesundheitspaß (Patent) festgestellt, den jedes ankommende Schiff vorweisen muß. Ist der Gesundheitspaß rein (net). d. h. kann das Schiff amtliche Bescheinigungen darüber beibringen, daß in den von ihm auf der Reise angelaufenen Häfen keine Seuche herrscht, so erhält das Schiff meist sofort „freie Praktika". Ist der Gesundheitspaß unrein (brut), d. h. enthält er Angaben darüber, daß in den angelaufenen Häfen eine Epidemie herrschte oder auch nur vereinzelte Seuchenfälle vorgekommen waren, so wird das Schiff in Quarantäne gelegt.

Der „strengen" Quarantäne werden die Schiffe unterzogen, die selber bei der Ankunft oder während der Reise verdächtige oder zweifellose Fälle von gefährlichen Infektionskrankheiten hatten. Dabei werden sämtliche Schiffsbewohner, Kranke wie Gesunde, Reisende und Schiffsmannschaften, ausgeschifft und für bestimmte Zeit in besonderen Anstalten an Land interniert. Das Schiff wird dann irgend einem — wirksamen oder unwirksamen (meist ist das letztere der Fall) — Desinfektionsverfahren unterzogen. Die Ladung wird gelöscht, womöglich ebenfalls desinfiziert, mindestens gelüftet, gesonnt und gelagert. Diese strenge Quarantäne wird nur selten verhängt. Viel häufiger kommt die Observationsquarantäne in Anwendung. Das erfordert keine besonderen Einrichtungen und kostet die Hafenbehörden nichts. Dagegen sind die zur Ausführung der „strengen" Quarantäne nötigen Anstalten an Land Isolierräume für Kranke und Gesunde, Desinfektionsanstalten usw.), wenn sie leistungsfähig sein sollen, in Anlage und Unterhaltung sehr kostspielig, sie befinden sich deshalb in vielen Häfen nicht

XIV. Kapitel. Isolierung von Infektionskranken u. Desinfektion an Bord usw.

in sofort gebrauchsfähigem Zustande, häufig sind sie ganz unzureichend und verwahrlost. Der „strengen" Quarantäne kann im übrigen, wenn sie einwandfrei ausgeführt wird, ein Nutzen nicht abgesprochen werden. Die „Observationsquarantäne" ist eine nutzlose Belästigung der Schiffahrt. Das zeigte sich namentlich in den Choleraepidemien des vergangenen Jahrhunderts, die Seuche durchbrach überall diese Observationsschranken. Deshalb gaben die Länder mit lebhaftem Seeverkehr, zuerst England, das Quarantänesystem gegen die Cholera bald auf und ersetzten es durch das sogenannte Inspektionssystem, wobei die aus verseuchten Gegenden kommenden Schiffe nur einer gründlichen ärztlichen Untersuchung unterzogen werden. Finden sich keine Infektionsfälle an Bord, so wird das Schiff sofort zum freien Verkehr zugelassen. Sind aber Kranke an Bord, so werden sie ausgeschifft. Die Gesunden werden mehrere Tage lang täglich untersucht, im übrigen aber in ihrer Bewegungsfreiheit nicht eingeschränkt. Aber nicht alle Staaten gingen gleich so radikal vor. Zwischen dem Inspektionssystem und der Observationsquarantäne bildeten sich die mannigfachsten Zwischenstufen aus und die Schiffe hatten in jedem Hafen eine andere Behandlung, bald milder, bald belästigender Art, zu erwarten. Dieser Zustand veränderlicher Willkür war für die Schiffahrt sehr lästig, jede Vorausberechnung über Ankunft und Abfahrtzeit z. B. war unmöglich. Auch die zur Seuchenabwehr getroffenen Warenein- und Durchfuhrverbote waren überall verschieden und wurden in einem und demselben Hafen häufig verändert. Man versuchte deshalb schon von der Mitte des vorigen Jahrhunderts an durch internationale Konferenzen und Konventionen eine möglichst einheitliche und milde Art der Behandlung der Schiffe, ihrer Infassen und ihrer Waren in allen Häfen zu erreichen. Die erste solche internationale Abmachung kam aber erst 1893 für die Abwehr der Cholera zustande (Dresdener Cholerakonvention). Man setzte dort eine obere Grenze für Verkehrsbeschränkungen fest, über die die Vertragsstaaten nicht hinauszugehen sich verpflichteten. Der Dresdener internationalen Konvention folgte 1897 die von Venedig, die die Behandlung von Provenienzen aus pestverseuchten Häfen betraf. Die letzte derartige internationale Sanitätskonferenz fand 1903 in Paris statt. Auf ihr wurden die bisherigen Abmachungen revidiert, erleichtert und dem heutigen Stand unserer Kenntnisse über die Wege, die Pest und Cholera zu ihrer Übertragung wählen, besser angepaßt. Dieser Pariser Konvention sind zwar die meisten europäischen Staaten, darunter auch ein Teil derer, die sich ablehnend gegen die früheren Konventionen verhalten hatten, beigetreten, aber leider noch nicht alle, z. B. noch nicht die Türkei, es fehlen ferner dabei die meisten überseeischen Staaten. Sie haben zum Teil noch das alte Quarantänesystem, zum Teil allerdings moderne und weniger belästigende Überwachungsvorschriften für die Schiffe, die ihre Häfen besuchen. Jedoch ändern viele dieser Staaten, da sie nicht durch internationale Verträge gebunden sind, ihre Vorschriften recht häufig und lassen dabei nicht immer bloß sanitätspolizeiliche, sondern auch politische Rücksichten und Handelsinteressen der grade am Ruder der Regierung befindlichen Parteien maßgebend sein.

Es würde zu weit führen, wenn ich hier eine Übersicht über die augenblickliche Art der Überwachung der Schiffe auch nur in den für den internationalen Verkehr wichtigsten Welthäfen geben wollte. Nur die Grundzüge der Pariser Konvention sollen hier kurz angeführt werden. Die Konvention bezieht sich nur auf Cholera und Pest. Die Vertragsländer haben einander von dem Auftreten von Cholera- oder Pestfällen in ihren Territorien ungesäumt Mitteilung zu machen. Jedoch dürfen die nicht betroffenen Länder verkehrbeschränkende Vorsichtsmaßregeln gegen die Herkünfte aus einem Lande, von dem ihnen nur vereinzelte Pest- oder Cholerafälle gemeldet wurden, nicht einführen; erst wenn sich ein Choleraherd gebildet hat oder mehrere nicht mehr eingeschleppte Pestfälle dem ersten Fall gefolgt sind, ist dies erlaubt. Observationsquarantäne, lediglich der Herkunft wegen, darf weder Schiffen noch Menschen, noch Waren auferlegt werden. Das Recht, alle ankommenden Schiffe einer **Untersuchung** zu unterziehen, bleibt bestehen. Auf Grund dieser ärztlichen Untersuchung werden die Schiffe eingeteilt in **reine**, **verdächtige** und **verseuchte** Schiffe.

Als **rein** sind alle Schiffe zu erklären, die, obwohl sie aus einem verseuchten Hafen kommen, Fälle von Cholera oder Pest weder vor der Abfahrt aus dem verseuchten Hafen, noch während der Reise, noch bei der Ankunft an Bord hatten. Diese Schiffe sind nach beendeter Untersuchung sofort zum freien Verkehr zuzulassen. Die einzigen Maßregeln, die ihnen auferlegt werden können, sind, wenn es sich um Herkünfte aus **pestverseuchten** Häfen handelt, folgende:

1. Desinfektion der schmutzigen Wäsche, Kleider usw. der Mannschaften und Passagiere. Das darf aber nur in besonderen Ausnahmefällen geschehen. Hiergegen wird leider bis zum heutigen Tage in einzelnen Häfen der Vertragstaaten verstoßen. Man will dort in allen Fällen desinfizieren, was zur Folge hat, daß die Schiffe schon vor der Ankunft für den auf die Desinfektion versessenen Hafenarzt ein Paradepaket mit schmutziger Wäsche zurecht machen,

das er nach Herzenslust desinfizieren kann, während er die Sachen, die man nicht desinfizieren lassen will, gar nicht zu sehen bekommt. Solche Maßnahmen schädigen nur das Ansehen der ausführenden Beamten.

2. Maßregeln gegen die Ratten an Bord (vgl. auch Kap. 12). Sie können schon vor dem Löschen und Laden der Waren vorgenommen werden, dürfen aber den Beginn dieser Geschäfte nicht länger als 24 Stunden aufhalten. Auch diese Maßregeln dürfen nicht auf jedem „reinen" Schiff, sondern nur, wenn besondere Gründe dafür vorliegen, ausgeführt werden.

3. Reisende und Schiffsbesatzung können fünf Tage, vom Tage der Abfahrt des Schiffes aus dem verseuchten Hafen an gerechnet, in Überwachung genommen werden. Diese Überwachung darf aber mit einer Aufenthaltsbeschränkung für die Reisenden nicht verbunden sein. Die Reisenden können den Hafen verlassen und ins Inland gehen, müssen aber ihr Reiseziel angeben. Man benachrichtigt die Polizeibehörde am Reiseziel telegraphisch von der bevorstehenden Ankunft der Reisenden. Die Polizeibehörde veranlaßt dann ihre tägliche Untersuchung durch einen Arzt, ohne daß im übrigen ihr freier Verkehr behindert werden darf.

Diese Überwachung der Reisenden kommt auch für „reine" Schiffe nur, wenn es sich um kurze Reisen, die nicht fünf Tage seit der Abfahrt aus dem verseuchten Hafen gedauert haben, in Anwendung.

Ähnlich sind die Bestimmungen für r e i n e Schiffe aus choleraverseuchten Häfen, nur daß die Maßregeln gegen die Ratten in Wegfall kommen.

Als v e r d ä c h t i g gelten solche Schiffe, auf denen Fälle von Pest oder Cholera bei der Abreise oder während der Überfahrt, jedoch nicht in den letzten sieben Tagen vor der Ankunft sich ereignet haben. Der Sinn von „verdächtig" ist hier ein ganz andrer als der des gewöhnlichen Sprachgebrauchs, in dem man z. B. von „verdächtigen" Fällen redet. Verdächtige Fälle in diesem gewöhnlichen Sinne sehen Hafenbehörden und Hafenärzte überall mit Recht einfach als positive Fälle an und behandeln das Schiff danach.

V e r d ä c h t i g e S c h i f f e (im Sinne der Pariser Konvention) werden folgendermaßen behandelt:

Etwa noch an Bord befindliche Pest- oder Cholerakranke oder Rekonvaleszenten werden ausgeschifft und in einem geeigneten Isolierkrankenhaus untergebracht.

Die von den Kranken an Bord benutzten Räumlichkeiten werden desinfiziert. Dasselbe geschieht mit der schmutzigen Wäsche, den Kleidern usw. der Kranken. Auch Effekten usw. von Gesunden können desinfiziert werden, wenn sie von dem untersuchenden Arzt für infiziert erachtet werden.

Die gesunden Passagiere und die gesunde Schiffsbesatzung können fünf Tage, vom Tage der Ankunft des Schiffes im Hafen an gerechnet, überwacht werden. Die Schiffsmannschaft kann an Bord zurückgehalten werden, die Reisenden darf man in ihrem Verkehr nicht behindern. Man überwacht sie in der oben schon kurz geschilderten Weise.

Auf pestverdächtigen Schiffen dürfen vor dem Löschen und Laden Veranstaltungen um die Ratten an Bord abzutöten, unternommen werden. Jedoch darf dadurch der Beginn des Löschens oder Ladens nicht länger als 48 Stunden aufgehalten werden.

Als v e r s e u c h t sind die Schiffe anzusehen, auf denen innerhalb der letzten sieben Tage vor der Ankunft Pest- oder Cholerafälle vorkamen.

Auf diesen Schiffen werden zunächst alle Kranken ausgeschifft und in einem geeigneten Isolierkrankenhaus an Land isoliert.

Die Gesunden werden ebenfalls ausgeschifft und entweder fünf Tage lang „beobachtet", d. h. isoliert oder nur „überwacht" (vgl. o.); der fünftägigen „Beobachtung" kann bei Pest eine fünftägige „Überwachung" sich anschließen. Eine von Anfang an verhängte bloße Überwachung darf bei Pest nicht länger als zehn Tage dauern.

Die von den Kranken bewohnten Räume und alle anderen Räume, die nach Ansicht des untersuchenden Arztes als infiziert zu gelten haben, werden desinfiziert. Dasselbe geschieht mit den Kleidern, der Wäsche usw. der Kranken und mit den Sachen der Gesunden, insoweit es der Arzt für nötig hält.

Auf pestverseuchten Schiffen müssen ferner natürlich dieselben Maßregeln gegen die Ratten, wie auf „verdächtigen" Schiffen ausgeführt werden.

Eine besondere Klasse von „reinen" Schiffen sind solche, die keine Krankheitsfälle unter Menschen, wohl aber pestinfizierte Ratten an Bord haben. Mit wenigen Ausnahmefällen wird dies erst bemerkt, wenn die Schiffe im Hafen sind und mit dem Löschen ihrer Ladung angefangen haben. Man soll an Bord solcher Schiffe möglichst bald die Vernichtung aller noch lebenden Ratten versuchen. In Hamburg geschieht dies durch Anfüllen aller Räume mit einem kohlenoxydhaltigen Gasgemisch (vgl. Kap. 12). Diese und ähnliche Maßnahmen dürfen nach der Konvention nicht länger als 48 Stunden in Anspruch nehmen und weder für die Waren, noch für das Schiff oder seine Maschinen irgendwie schädlich sein. Die Räume und Gegenstände an Bord, die von der Hafenbehörde für kontaminiert erachtet werden, sind zu desinfizieren. In Hamburg werden zunächst nur die bewohnten Schiffsräume und die nicht mit Waren beladenen Räume — durch Abwaschen der Wände mit einer desinfizierenden Flüssigkeit oder durch Formaldehydgas desinfiziert. Die noch mit Waren gefüllten Räume werden, nachdem sie mit kohlenoxydhaltigem Gas erfüllt und dann wieder gelüftet worden waren, entlöscht. Dabei müssen in Hamburg Gesundheitsbeamte sorgfältig darauf achten, daß mit der Ladung keine Rattenkadaver (lebende Ratten sind nicht mehr vorhanden) an Land gelangen. Finden sich solche, so werden sie gesammelt und durch

Fig. 34.

Verbrennen vernichtet. Auf manchen Schiffen haben wir nach dem Ausräuchern viele Hunderte von toten Ratten gefunden, darunter recht häufig auch solche, die an Kohlenoxyd erstickt, dabei aber zugleich pestinfiziert sich erwiesen. Sie hatten also vor der Ausräucherung noch gelebt und hätten, wenn sie an Land oder in Leichter usw. gelangt wären, die Pest leicht weiter verbreiten können. In Rattenkadavern halten sich Pestbazillen mehrere Wochen und frische Kadaver werden leicht von anderen Ratten angenagt. Daher müssen beim Löschen der Ladung die Rattenkadaver sämtlich abgesammelt werden. Im rattenfreien Ladegut halten sich Pestbazillen nur 8—10 Tage. Im allgemeinen geben wir solche rattenfreie Ladung, trotzdem sie von Schiffen mit Rattenpest stammt, gleich zum weiteren Verkehr frei, sofern sie nicht sichtbar durch Rattenkot verunreinigt ist oder deutliche Spuren von Rattenfraß aufweist (vgl. Abb. 34). — Die angefressene oder verunreinigte

Ladung wird rattenfrei 14 Tage gelagert und dann frei gegeben. Nachdem die Laderäume leer geworden sind, werden sie aufgeräumt, der Kehricht wird nach vorherigem, reichlichen Durchfeuchten mit Kalkmilch zusammengekehrt und verbrannt. Dann werden die Wände usw. mit Kalkmilch abgewaschen.

Die an Bord beschäftigten Arbeiter und die Mannschaft, eventuell auch die Reisenden, werden in Überwachung genommen. Die Überwachungsdauer erstreckt sich auf die ganze Zeit der Beschäftigung mit der Ladung resp. des Wohnens an Bord und noch auf die nächsten fünf Tage.

In besonderen Fällen kann die Überwachungszeit um weitere fünf Tage verlängert werden.

In derselben Weise darf man nach der Pariser Konvention mit Schiffen verfahren, auf denen eine „ungewöhnliche" Rattensterblichkeit bemerkt wurde.

Die übrigen Bestimmungen der Konvention sind für Schiffsärzte auf deutschen Schiffen von geringerem Interesse. Diese Bestimmungen beziehen sich hauptsächlich auf die Überwachung des für die Einschleppung der Cholera und der Pest besonders gefährlichen Verkehrs mohammedanischer Pilger nach ihren Wallfahrtsorten in Arabien. Dieser Verkehr vollzieht sich jetzt größtenteils auf dem Seewege. Ferner ordnet die Konvention die gesundheitliche Überwachung der Passage von Schiffen durch den Suezkanal, die Überwachung des Golfs von Persien, die Organisation der Gesundheitsräte in Konstantinopel, Egypten und Tanger und die Gründung eines internationalen Gesundheitsamtes mit dem Sitze in Paris. Es würde zu weit führen, alle diese Bestimmungen hier zu erörtern, sie sind zum Teil, wenn richtig ausgeführt, von größter Bedeutung, wie die Überwachung des Pilgerverkehrs, zum Teil haben sie aber, z. B. das in Paris einzurichtende internationale Gesundheitsamt einen mehr dekorativen Charakter. Bezüglich des gelben Fiebers empfiehlt die Konvention, daß die Vertragstaaten ihre Vorkehrungen zur Abwehr und Bekämpfung dieser Seuche mit unsern jetzigen neugewonnenen Kenntnissen über die Übertragung der Krankheit möglichst in Einklang setzen möchten.

Wenn man bei der Behandlung der Seeschiffe zur Verhütung der Einschleppung fremder Volksseuchen in die Häfen von den rigorosen Maßregeln der gänzlichen oder auch nur zeitweisen Absperrung der Provenienzen aus verseuchten Gebieten jetzt mehr und mehr zu dem milderen Verfahren der Untersuchung solcher Schiffe vor der Eröffnung des Verkehrs und ihrer elektiven Behandlung auf Grund dieser Untersuchung übergegangen ist, wobei die reinen Schiffe keiner Verkehrsbeschränkung mehr, sondern nur noch einer gewissen Überwachung und gelegentlich einigen Desinfektionen unterzogen werden, so wollen wir hoffen, daß damit die untere Grenze der behindernden Maßnahmen, die sich der Seeverkehr im Interesse der Seuchenabwehr gefallen lassen muß, noch nicht erreicht ist. Die Behandlung verseuchter und verdächtiger Schiffe allerdings wird, solange sich unsere Ansichten über die von solchen Schiffen ausgehenden Gefahren nicht wesentlich ändern — und das ist wohl nicht sehr wahrscheinlich —, keine wesentliche Erleichterung mehr erfahren können. Anders aber steht es mit den reinen Schiffen, wenigstens mit denen, die Ärzte an Bord haben. Diese Schiffe werden jetzt klassifiziert und ev. für „rein" erklärt auf Grund einer Untersuchung, die ein beamteter Arzt vor der Eröffnung des Verkehrs an Bord vornimmt. Bei seinen Besuchen an Bord wird dieser Arzt vernünftigerweise sich auf den Schiffen, auf denen ein Schiffsarzt vorhanden ist, zuerst mit diesem Kollegen in Verbindung setzen, sich das Krankenbuch, das Tagebuch zeigen, die Patienten und Rekonvaleszenten vorstellen lassen usw. Könnte man nun da nicht noch einen Schritt weiter gehen und es dem Schiffsarzt allein überlassen, darüber zu entscheiden, ob sein Schiff gleich in den freien Verkehr treten darf oder ob vorher die Gesundheitsbehörden an Land zu benachrichtigen sind, weil sich verdächtige Kranke oder positive Fälle einer der Seuchen, gegen die Verkehrsschranken errichtet sind, an Bord befinden oder befunden haben? Damit würde die Untersuchung und Überwachung in den Häfen in eine Überwachung während der Reise verwandelt. Man würde damit dem Reise- und Warenverkehr nicht bloß Zeit und, was damit gleichbedeutend ist, Geld ersparen, man würde auch an Sicherheit im Urteil darüber, ob ein ankommendes Schiff wirklich „rein" ist, bedeutend gewinnen. Vorbedingungen für diese verantwortungsvolle Überwachung während der Reise und die Beurteilung der Frage der sofortigen Zulassung des Schiffes zum freien Verkehr durch den Schiffsarzt ist natürlich außer dem Vertrauen in den zuverlässigen Charakter der Schiffsärzte die Gewißheit, daß die Ärzte an Bord mit den in Frage kommenden Krankheiten Bescheid wissen und mit Hilfsmitteln zur Diagnose mindestens soweit ausgerüstet sind, daß sie wenigstens darüber ein sicheres Urteil abgeben können, daß die von ihnen an Bord beobachteten Krankheiten nicht gemeingefährlicher, sondern harmloser Natur sind, daß sie also z. B. sagen können, daß es sich in einem bestimmten Falle sicher um Malaria, nicht aber um Pest oder gelbes Fieber handelt. In allen zweifelhaften Fällen muß der beamtete Arzt im Hafen benachrichtigt und ihm die Beurteilung des Falles und seine weitere Behandlung sowie die des Schiffes überlassen werden. Hierzu gehört, wie schon mehrfach in diesem Buch hervorgehoben, eine besondere Ausbildung und Ausrüstung der Schiffsärzte. Ob sie die nötigen Kenntnisse und diagnostischen Fertigkeiten besitzen, würde sich vor Antritt der Reise resp. vor der Anstellung als Schiffsarzt durch eine Sonderprüfung leicht feststellen lassen. Solchen Ärzten wäre eine Bescheinigung auszuhändigen, durch welche sie unter der Voraussetzung, daß sich auch die erforderliche diagnostische mikroskopische Ausrüstung an Bord befindet, ermächtigt werden, das Schiff, auf dem sie als Schiffsarzt sind, sofort und ohne vorgängige Untersuchung durch einen beamteten Arzt zum freien Verkehr zuzulassen, wenn sie ihr Schiff für „rein" erklären können. Selbstverständlich müßten die Ärzte auf die gewissenhafte Beurteilung der Verhältnisse vereidigt werden. Die absichtliche oder fahrlässige Verheimlichung von Seuchefällen oder verdächtigen Kranken wäre mit schwerer Strafe zu ahnden.

Der Einwand, daß zu fürchten sei, daß die Ärzte, unter dem Druck der Autorität des Kapitäns oder durch Bestechungen seitens einzelner Passagiere verleitet, Krankheitsfälle verheimlichen könnten, scheint mir hinfällig. Die Ärzte sind jetzt viel mehr unter dem Druck des Kapitäns, als wenn sie ihm mit autoritativer Befugnis in bezug auf Seuchengefahr und ihre Folgen gegenüberstehen. Und was die Bestechungsmöglichkeit anlangt, so müssen so viele Umstände zusammentreffen, daß diese Gefahr als außerordentlich fernliegend bezeichnet werden kann. Es muß nicht bloß ein Arzt da sein, der sich bestechen läßt, sondern auch jemand, der besticht, und zwar mit hohen Summen besticht. Ferner muß man des Schweigens aller übrigen Schiffsinsassen sicher sein, was heutzutage auf den großen Postdampfern ganz ausgeschlossen ist. Unzufriedene, die eine so schöne Gelegenheit zum Denunzieren sofort benutzen würden, gibt es dort immer. Dazu kommt endlich die Erfahrung, daß die unreinen, „verdächtigen" oder „verseuchten" Schiffe im allgemeinen zu den Seltenheiten gehören. Etwas häufiger als Erkrankungen von Menschen an Cholera und Pest oder als in dieser Hinsicht verdächtige Erkrankungen kommt allerdings die Rattenpest an Bord vor. Diese Fälle werden aber, wie schon mehrfach erwähnt, fast immer erst im Hafen nach dem Beginn des Löschens der Waren entdeckt. Über die Rattenverhältnisse an Bord wird sich der Schiffsarzt während der Reise kein sicheres Urteil bilden können, der beamtete Arzt bei der ersten Untersuchung aber auch nicht. Hier kommt alles auf die weitere, sorgfältige Überwachung im Hafen an.

XIV. Kapitel. Isolierung von Infektionskranken u. Desinfektion an Bord usw.

Wenn die weitere Entwicklung der der Abwehr fremder Volksseuchen dienenden gesundheitlichen Behandlung der Seeschiffe einmal dahin führt, daß die regelmäßige Untersuchung der ankommenden Schiffe für die Schiffe, die Ärzte an Bord haben, im allgemeinen wegfällt, wird auch die Stellung der Ärzte an Bord mit einem Schlage eine andere werden. Die mit der Befugnis zur eigenen Beurteilung ihres Schiffes in dieser Richtung ausgestatteten Ärzte werden den Reedern so viel Zeit- und Geldersparnis bringen, daß sie ganz anders als bisher honoriert werden können und auch eine andere Stellung dem Kapitän gegenüber als hygienischer Ratgeber einnehmen werden.

Auch in nichtdeutschen Häfen sollten den Schiffen mit besonders qualifizierten Ärzten an Bord ähnliche Verkehrserleichterungen gewährt werden. Die Pariser Konvention gestattet den Vertragsstaaten, untereinander Vereinbarungen zu treffen, um von der Untersuchung durch einen beamteten Arzt vor der Eröffnung des Verkehrs und von anderen Maßnahmen beim Besuch ihrer Häfen die Schiffe zu befreien, die besonders qualifizierte und mit Mandat versehene Schiffsärzte an Bord haben (Art. 29). Unsere deutschen Passagierschiffe würden von solchen Vereinbarungen Deutschlands mit fremden Staaten ganz wesentliche Vorteile haben, da sie ja alle nach fremden Häfen ihre Reisen unternehmen.

Anlage I.

Auszug aus den Bekanntmachungen betr. Vorschriften über Auswandererschiffe vom 14. März 1898 und 20. Dezember 1905.

Auf Grund des § 36 des Gesetzes über das Auswanderungswesen vom 9. Juni 1897 hat der Bundesrat in der Sitzung vom 14. März 1898 die nachstehenden Vorschriften über Auswandererschiffe beschlossen:

§ 5. Reinigung verunreinigter Schiffe.

Schiffe, welche unlängst einen übeln Geruch zurücklassende Ladung an Bord gehabt haben oder durch übelriechende Flüssigkeiten verunreinigt worden sind, dürfen erst nach gründlicher Reinigung als Auswandererschiffe benutzt werden. Die Reinigung hat nach der Entlöschung in der Weise zu geschehen, daß das Stauholz aus dem Schiffe entfernt und sodann sämtliche Laderäume gehörig mit Schmierseifelösung ausgespritzt und gewaschen werden. Demnächst sind sämtliche Schiffsluken — mit in denselben angebrachten Windsegeln oder sonstigen geeigneten Lüftungsvorrichtungen — bis zur völligen Austrocknung offen zu halten.

Die Besichtiger oder der Untersuchungsarzt können andere Arten der Reinigung vorschreiben oder zulassen.

§ 6. Aufnahmefähigkeit.

Kein Schiff darf als Auswandererschiff benutzt werden, bevor von den Besichtigern die für die Auswanderer bestimmten Räume ausgemessen und die zulässige Personenzahl festgesetzt worden ist.

Diese Festsetzung gilt auch für die späteren Reisen des Schiffes, solange in dessen Räumen keine Veränderung vorgenommen wird.

Von solcher Veränderung hat der Unternehmer der Auswanderungsbehörde behufs Wiederholung der Messung unverzüglich Anzeige zu machen.

Die von den Besichtigern für jeden Raum festgesetzte zulässige Personenzahl muß in demselben auf einem Metallschild eingraviert oder in haltbarer Farbe angebracht sein.

§ 7. Maß des erforderlichen Luftraums.

Für jede im Auswandererdeck reisende Person, einschließlich der etwa unterwegs an Bord genommenen, muß ein durch Ladung,

Gepäck (abgesehen von Handgepäck) oder Proviantgegenstände nicht beschränkter Raum von mindestens 2,85 cbm vorhanden sein. Bei Berechnung dieses Raumes wird eine mehr als 2,40 m betragende Deckshöhe nur für 2,40 m angenommen. Außerdem muß für jede im Auswandererdeck reisende Person ein Raum von mindestens 0,25 qm auf Deck zur Benutzung frei bleiben.

§ 8. Beschaffenheit des Auswandererdecks.

Das jeweilig zur Unterbringung der Auswanderer bestimmte Deck muß so hoch liegen, daß die Seitenfenster sich während der Reise noch über der Wasserlinie befinden. Es muß eine Höhe von mindestens 1,83 m von Deck zu Deck und einen dichten Fußboden von ausreichender Stärke haben.

Ist das oberste Schiffsdeck von Eisen, so dürfen in dem Raume unmittelbar unter demselben Auswanderer nur untergebracht werden, wenn das eiserne Deck mit einem fest darauf verbolzten hölzernen Schutzdeck von mindestens 7 cm Dicke versehen ist.

Oberhalb der jeweilig für die Auswanderer bestimmten Räume darf kein Vieh als Ladung untergebracht werden.

§ 9. Zugänge.

Die Eingänge vom Deck zu den Auswandererräumen müssen mit dichtanschließenden Kappen von genügender Höhe oder dementsprechenden Einrichtungen versehen sein.

Aus jeder zwischen festen Querwänden liegenden Abteilung eines Auswandererdecks muß eine im Lichten mindestens 0,80 m breite, mit festen Geländern versehene Treppe unmittelbar auf das Deck führen. Faßt solche Abteilung mehr als 100 Personen, so muß für jedes Hundert eine solche Treppe vorhanden sein; faßt die Abteilung mehr als 400 Personen, so müssen für je 150 Personen eine Treppe, mindestens aber deren 4 vorhanden sein.

§ 10. Erleuchtung.

Dem zur Unterbringung der Auswanderer bestimmten Deck muß für die notwendigen Verrichtungen genügendes Tageslicht zugeführt werden. Das Licht kann außer durch Seitenfenster auch von oben her eingeführt werden.

Von Sonnenuntergang bis Sonnenaufgang sind diese Räume gehörig zu beleuchten, und zwar müssen für je 100 Personen 2 starke Laternen verwendet werden. Die Erleuchtung mit offenem Lichte oder mit explodierbaren Stoffen, wie Petroleum, Spiritus, Azetylen usw., ist verboten. Bei der Verwendung elektrischen Lichtes sind in jeder Abteilung des Auswandererdecks mindestens 2 Notlichter zu brennen.

§ 11. Luftwechsel.

Für jede der im § 9 Abs. 2 bezeichneten Abteilungen müssen 2 Luftzieher (Ventilatoren) von mindestens 30 cm Durchmesser vorhanden sein, von welchen der eine zum Einlassen, der andere zum Auslassen der Luft dient, und welche so hoch über das Deck hervorragen, daß die Luft ungehinderten Zutritt und Abzug hat. Das untere Ende der Luftzieher muß so angebracht sein, daß der kalte Luftstrom nicht unmittelbar auf Schlafkojen trifft. Sind mehr als 100 Personen in der Abteilung untergebracht, so muß nach Anordnung der Besichtiger oder des Untersuchungsarztes entweder die Zahl der Luftzieher entsprechend vermehrt oder ihr Querschnitt entsprechend erweitert werden.

Andere Lüftungsvorrichtungen sind zulässig, falls mit denselben nach dem Ermessen der Besichtiger oder des Untersuchungsarztes mindestens die gleiche Wirkung erreicht wird.

§ 12. Heizung.

Die Auswandererräume müssen bei kaltem Wetter geheizt werden und zu diesem Zwecke mit ausreichenden und ungefährlichen Heizeinrichtungen versehen sein. Ausnahmen kann die Auswanderungsbehörde zulassen.

§ 13. Schlafkojen.

Die Schlafkojen müssen in genügender Anzahl vorhanden und mit Matratze, Kopfpfühl und Schlafdecke für jeden Auswanderer versehen sein.

Diese Gegenstände sind nach jeder Reise gründlich zu reinigen und zu desinfizieren. Die einzelnen Kojen müssen durch niedrige Zwischenwände voneinander getrennt sein; jede Koje muß mindestens 1,83 m lang und 0,60 m breit sein, doch können Doppelkojen von der doppelten Breite ohne Scheidewand angelegt werden. Mehr als 2 Kojen dürfen nicht übereinander angebracht werden.

Der Abstand der unteren Kojen vom Fußboden muß mindestens 0,15 m, der Abstand der oberen von der Decke des Raumes mindestens 0,75 m betragen. Eine Einzelkoje darf nur von einer Person über 10 Jahren oder von 2 Kindern unter 10 Jahren, eine Doppelkoje von nicht mehr Personen als 2 Frauen, oder 1 Frau mit 2 Kindern unter 10 Jahren, oder einem Ehepaare, oder einem Manne mit 2 eigenen Kindern unter 10 Jahren, oder 2 Männern benutzt werden.

Zur Erleichterung des Besteigens der Längskojen sind Gänge von mindestens 0,60 m Breite anzubringen. In jeder Abteilung muß zum Besteigen der oberen Kojen für je 100 solcher Kojen mindestens eine tragbare Treppe vorhanden sein.

Die Schlafkojen müssen mit fortlaufenden, leicht erkennbaren Nummern versehen sein.

§ 14. Sitzgelegenheit zur Einnahme der Mahlzeiten.

Zur Einnahme der Mahlzeiten muß im Auswandererdecke die erforderliche Anzahl von Tischen und Bänken angebracht sein.

Der Raum, welchen diese Gegenstände einnehmen, wird von dem im § 7 vorgeschriebenen nicht in Abzug gebracht.

§ 15. Kammern.

Die etwa im Auswandererdeck hergerichteten Kammern müssen so eingerichtet sein, daß zwischen ihnen und dem außerhalb derselben in der betreffenden Abteilung des Auswandererdecks verbleibenden Raume ein ungehinderter Luftwechsel stattfinden kann. Die Kammern und dieser Raum sind außerdem mit hinreichenden Lüftungsvorrichtungen zu versehen. Wegen der Heizung kommt §.12, wegen des Luftraumes § 7 mit der Maßgabe zur Anwendung, daß den Kammern der außerhalb derselben in der betreffenden Abteilung der Auswandererdecks verbleibende Raum hinzugerechnet wird, soweit er zur Benutzung der Auswanderer freigehalten wird, ohne durch Ladung, Gepäck (abgesehen von Handgepäck) oder Proviantgegenstände eingeschränkt zu werden. Die Kammern und der außerhalb derselben verbleibende Raum sind bei Tage wie bei Nacht für die notwendigen Verrichtungen genügend zu erleuchten, auch muß bei der Verwendung elektrischen Lichtes eine genügende Anzahl von Notlichtern außerhalb der Kammern gebrannt werden. Das im § 10 Abs. 2 enthaltene Verbot der Verwendung gewisser Beleuchtungsmittel findet auch hier Anwendung.

§ 16. Frauenabteilung.

Weibliche Auswanderer, welche ohne Begleitung von Ehemännern oder Eltern reisen, sind in einer von den übrigen Plätzen abgesonderten Abteilung (§ 9 Abs. 2) unterzubringen. Auf Verlangen muß auch jeder andere weibliche Auswanderer in dieser Abteilung untergebracht werden. Frauen dürfen Knaben unter 10 Jahren mit in diese Abteilung nehmen.

Sind mehr als 25 weibliche Auswanderer in der Frauenabteilung untergebracht, so muß eine Aufwärterin, welcher die Aufrechterhaltung der Ordnung sowie die Bedienung und Hilfeleistung obliegt, die Nacht daselbst zubringen. Die Frauenabteilung ist mit einer verschließbaren Tür zu versehen und so weit entfernt von der Männerabteilung anzubringen, als der mit Auswanderern besetzte Raum des Schiffes dies irgend gestattet.

§ 17. Männerabteilung.

Die über 14 Jahre alten männlichen Auswanderer, welche nicht mit ihrer Ehefrau reisen, sind ebenfalls in einer besonderen, mit einer verschließbaren Tür zu versehenden Abteilung unterzubringen.

§ 18. Frauen- und Männerkammern.

Bei geringerer Auswandererzahl können an Stelle der besonderen Frauen- und Männerabteilungen mit verschließbaren Türen versehene Kammern innerhalb der Abteilungen hergerichtet werden. Auf diese Kammern kommen die Vorschriften des § 15 zur Anwendung.

§ 19. Wasch- und Badevorrichtungen.

Zur ausschließlichen Benutzung der Auswanderer müssen mindestens 2 Waschhäuser, eins für die männlichen und eins für die weiblichen Auswanderer, von hinlänglicher, der Personenzahl entsprechender Größe vorhanden und mit den nötigen Wascheinrichtungen ausgerüstet sein. Auf Dampfschiffen müssen die Häuser mit Wasserleitung oder Pumpen versehen sein.

Die Anbringung von Waschhäusern kann unterbleiben, sofern die Auswanderer in Kammern untergebracht werden, und in jeder Kammer für je 6 darin unterzubringende Personen mindestens eine fest angebrachte Wascheinrichtung vorhanden ist.

Auf jedem Schiffe, welches den 30. Grad nördlicher Breite nach Süden überschreiten soll, muß eine Bade- oder Brausevorrichtung vorhanden sein.

Den Auswanderern muß das zum Waschen nötige Süßwasser in ausreichender Menge geliefert werden.

§ 20. Abtritte.

Abtritte müssen in solcher Zahl vorhanden sein, daß für je 50 männliche und für je 50 weibliche Auswanderer mindestens einer zu deren ausschließlichem Gebrauche dient. Die für die männlichen und die für die weiblichen Auswanderer bestimmten Abtritte müssen, wenn tunlich, auf verschiedenen Seiten des Schiffes gelegen sein. Von den Aufenthaltsräumen der Auswanderer müssen die Abtritte durch einen dichten Verschlag oder in sonst geeigneter Weise abgeschlossen sein.

Die Fußböden und Wände der Abtritte sind durch einen Ölanstrich und Verkitten oder auf sonst geeignete Weise gegen Luft und Wasser undurchlässig zu machen. Die Abtritte müssen gut gelüftet und bei Tage wie bei Nacht hell beleuchtet sein.

§ 21. Krankenräume.

Auf jedem Schiffe müssen sich mindestens 2 abgesonderte Krankenräume befinden, der eine für die männlichen, der andere für die weiblichen Auswanderer. Die Krankenräume müssen auf je 100 Personen 10 cbm Luftraum enthalten. Sie dürfen bei Berechnung des den Reisenden nach §§ 7, 15 zu gewährenden Raumes nicht mitberücksichtigt und nur so stark belegt werden, daß für jede darin befindliche Person mindestens 5 cbm Luftraum vorhanden sind. Falls bei zahlreichen Erkrankungen die Krankenräume nicht ausreichen, muß der Schiffsführer für weiteren abgesonderten Raum sorgen.

§ 22. Einrichtung der Krankenräume.

Die Krankenräume müssen möglichst günstig gelegen, mit besonders guten Erleuchtungs-, Lüftungs- und Heizungseinrichtungen, sowie mit einer Tür versehen sein, welche so breit ist, daß ein Kranker hereingetragen werden kann.

In der Nähe der Krankenräume müssen sich eine besondere Badeeinrichtung für die Kranken und 2 Abtritte befinden. Die

Wände der Krankenräume sind mit Ölanstrich zu versehen, der Fußboden ist durch einen Ölanstrich oder auf andere Weise wasserdicht zu machen.

Die Räume sollen enthalten: auf je 100 Personen mindestens 2 Kojen mit Matratzen, Kopfpfühl, Decken und zweimal Bettwäsche, ferner die nötige Anzahl von Krankenanzügen, einen zu Operationen geeigneten Tisch, eine Wascheinrichtung für den Arzt und, falls keine Badeeinrichtung in unmittelbarer Nähe vorhanden, eine Badewanne, ferner Wasserbehälter mit genügendem Wasser. Die Kojen müssen mindestens an einer vollen Längsseite einen freien Raum von mindestens 1 m Breite haben. Sie dürfen mit Ausnahme der Vorsätze nicht von Holz sein. Die oberen Kojen müssen, soweit sie an der Wand angebracht sind, zum Aufklappen eingerichtet sein.

An jeder Koje muß ein Behälter für die Aufnahme von Trinkgefäßen und Arzneigläsern, sowie einer für Spei- und Uringläser vorhanden sein.

§ 23. Bezeichnung der Räume.

Die Deckaufgänge, Sonderabteilungen, Kammern, Waschhäuser, Abtritte und Krankenräume sind als solche durch Anschläge zu bezeichnen, welche bei Räumen, die ausschließlich für Männer oder Frauen bestimmt sind, dies ersichtlich machen müssen.

§ 24. Beköstigung.

Die Beköstigung darf nicht den Auswanderern überlassen bleiben.

Denselben sind in mindestens 3 täglichen regelmäßigen Mahlzeiten die Speisen gehörig zubereitet, in angemessener Abwechslung und in den aus dem Verhältnisse zu dem vorschriftsmäßig mitzunehmenden Proviante sich ergebenden Mengen zu verabreichen; auch ist die vorgeschriebene Menge Trinkwasser, sowie das zum Essen und Trinken nötige Geschirr zu liefern.

§ 25. Koch.

Auf jedem Schiffe muß sich mindestens ein erfahrener Koch für die Auswanderer befinden.

Wenn deren Zahl mehr als 100 beträgt, so ist entweder noch ein Hilfskoch anzustellen oder es sind einige dazu geeignete Reisende dem Koche als Gehilfen beizugeben. Der Koch muß der deutschen Sprache vollständig mächtig sein.

§ 26. Geschirr.

Jedes Schiff muß mit dem nötigen Geschirre zur Herstellung und Austeilung der Speisen, sowie mit einer richtigen Wage und richtigen Gewichten versehen sein. Von den Kochtöpfen darf einer außer zum Wasserkochen nur zur Bereitung von Tee und Kaffee benutzt werden.

§ 27. Wasser, Proviant usw.

Jedes Schiff muß Wasser und Proviant, Brenn- und Leuchtmaterial für die wahrscheinliche längste Dauer der Reise in den im Anhang A verzeichneten Mengen mitnehmen. Dabei ist auf jedem Proviantkollo oder Gefäße der Inhalt und das Nettogewicht bzw. die Menge deutlich zu marken.

Die Auswanderungsbehörde kann gestatten, daß bestimmte Mengen von Proviant und Wasser auch unterwegs an Bord genommen werden. Der Unternehmer hat zu diesem Zwecke der Auswanderungsbehörde in 2 Stücken ein Verzeichnis der Gegenstände vorzulegen, aus dem ersichtlich ist, wo diese an Bord genommen werden sollen. Die Verzeichnisse werden, wenn sie mit dem Genehmigungsvermerke der Auswanderungsbehörde versehen sind, dem Unternehmer zurückgegeben.

Die Auswanderungsbehörde kann im einzelnen Falle gestatten, daß auf einem Segelschiffe eine geringere als die im Anhang A vorgeschriebene Menge Wasser mitgenommen wird, vorausgesetzt, daß auf dem Schiffe ein gutes Abdampfgerät (Destillierapparat) für frisches Wasser vorhanden ist, das in 24 Stunden für jeden Kopf der Mannschaft und der Reisenden so viel trinkbares Wasser liefern kann, als erforderlich ist, um die für einen Tag der Reise mitgenommene Menge auf die nach Anhang A für einen Tag mitzunehmende Menge zu ergänzen.

Als wahrscheinlich längste Dauer der Reise gelten die im Anhange B verzeichneten Zeiträume. Verzögert sich nach der Aufnahme der Auswanderer der Abgang des Schiffes länger als eine Woche, so muß der Proviant dieser Verzögerung entsprechend ergänzt werden.

§ 28. Wasser.

Zur Aufbewahrung des Wassers müssen eiserne Behälter vorhanden sein, welche im Inneren einen Überzug von Zement oder einem anderen tauglichen Stoffe haben. Ein Anstrich von Mennige ist verboten.

Dampfschiffe müssen mit einem guten Abdampfgeräte (Destillierapparate) für Frischwasser versehen sein, welches in 24 Stunden für jeden Kopf der Mannschaft und der Reisenden fünf Liter trinkbares Wasser liefern kann.

§ 29. Aufwärter.

Auf jedem Schiffe muß sich für je 100 Auswanderer mindestens ein Aufwärter oder eine Aufwärterin befinden. Eine Aufwärterin muß jedoch schon dann vorhanden sein, wenn sich unter den Auswanderern 25 weibliche befinden.

Den Aufwärtern (Aufwärterinnen) liegt es ob, für die gehörige Reinhaltung, Lüftung und Desinfektion der den Auswanderern überwiesenen Räume zu sorgen und die Auswanderer in dieser Beziehung zu beaufsichtigen.

Die Aufwärter sind in der Regel zu anderweiten Schiffsarbeiten nicht zu verwenden.

§ 30. Schiffsarzt.

Jedes Schiff muß einen approbierten, vertragsmäßig zur unentgeltlichen Behandlung der Auswanderer verpflichteten Arzt an Bord haben. Derselbe hat sich über seine Approbation und seine Tauglichkeit zum Schiffsarzte der Auswanderungsbehörde und dem Untersuchungsarzte persönlich auszuweisen. Der Schiffsarzt ist von dem Unternehmer mit einer Dienstanweisung zu versehen, von welcher ein Abdruck (Abschrift) der Auswanderungsbehörde einzureichen ist. Er hat eine Krankenliste und ein Tagebuch zu führen. In die Liste müssen die Namen der Kranken, die Art und Dauer der Krankheit und die Angabe, ob Unterbringung im Krankenraum erfolgt ist, eingetragen werden.

In das Tagebuch sind alle für den Gesundheitszustand der Auswanderer wichtigeren Vorfälle und die ihre Gesundheit nachteilig beeinflussenden Ursachen einzutragen. Nach Beendigung der Reise hat der Schiffsarzt in dem Tagebuche schriftlich zu versichern, daß er alle ihm obliegenden Angaben vollständig eingetragen habe. Krankenliste und Tagebuch sind nach der Rückkehr des Schiffes von der Reise durch den Unternehmer dem Untersuchungsarzt unverzüglich vorzulegen. Auch hat auf Verlangen des Untersuchungsarztes der Schiffsarzt persönlich vor ihm zu erscheinen.

§ 31. Krankenpfleger.

Auf jedem Schiffe ist wenigstens ein zur Krankenpflege geeigneter, seefester Mann mitzunehmen. Bei einer erheblichen Anzahl von Auswanderern kann von der Auswanderungsbehörde die Mitnahme von mehreren Krankenpflegern verlangt werden. Den Umständen nach kann die Auswanderungsbehörde auch die Mitnahme von einer oder mehreren Krankenpflegerinnen für die weiblichen Auswanderer verlangen.

Den Krankenpflegern liegt unter Aufsicht des Schiffsführers und des Arztes die Pflege und Wartung der Kranken ob. Sie dürfen zu den regelmäßigen Schiffsarbeiten nur nach besonderer Verfügung des Schiffsführers und nur insoweit verwendet werden, als dies mit der ihnen obliegenden Krankenpflege vereinbar ist.

§ 32. Arzneimittel usw.

An Arzneien und anderen Hilfsmitteln zur Krankenpflege sind mindestens die im Anhange C verzeichneten Gegenstände mitzunehmen. Die Auswanderungsbehörde kann die Mitnahme weiterer Arzneimittel verlangen. Die Arzneien müssen den Vorschriften des deutschen Arzneibuches entsprechen.

§ 33. Aufbewahrung der Arzneimittel.

Die im § 32 bezeichneten Gegenstände sind in einer Schiffsapotheke und, wo diese fehlen sollte, in einem besonderen verschließbaren, Börder und Schiebladen enthaltenden Schranke gehörig geordnet aufzubewahren.

§ 34. Krankenkost.

Auf Verlangen des Arztes ist den Kranken besondere Krankenkost zu verabreichen.

§ 36. Gefährliche Gegenstände.

Die Mitnahme von Knochen oder Lumpen, außer wenn die letzteren entweder desinfiziert oder gewaschen, getrocknet und gepreßt sind, ist verboten.

Die Mitnahme von ungereinigten Haaren, frischen und gesalzenen Häuten ist nur gestattet, wenn diese Gegenstände in vollkommener Trennung und Abdichtung von den Personen-, Proviant- und Wirtschaftsräumen verladen werden. Die ungereinigten Haare und frischen Häute müssen außerdem mit fester und dichtschließender Verpackung versehen sein.

§ 55. Untersuchung der Reisenden.

Sämtliche mit einem Auswandererschiffe reisenden Personen, mit Ausnahme derjenigen Klassen von Reisenden, für welche dies von der Auswanderungsbehörde ein- für allemal oder im einzelnen Falle festgesetzt wird, sind vor ihrer Einschiffung einer Untersuchung durch einen von der Auswanderungsbehörde zu bestimmenden Arzt zu unterwerfen.

Die Untersuchung hat in einem geeigneten, von dem Unternehmer anzuweisenden Raume stattzufinden. Stellt sich bei der Untersuchung heraus, daß eine Person an einer ansteckenden Krankheit leidet, welche durch Übertragung die Gesundheit anderer gefährden kann, so ist sie zurückzuhalten. Die Zurückhaltung erstreckt sich auch auf diejenigen, welche wegen ihrer Beziehungen zu dem Kranken zur Verbreitung der Krankheit beitragen können.

Auch solche Personen sind zurückzuhalten, die so schwer erkrankt sind, daß ihre Weiterreise mit augenscheinlicher Lebensgefahr für sie oder mit Gefahr für ihre Umgebung verbunden sein würde.

Die Beförderung körperlich Hilfloser ist nur in Begleitung für sie sorgender Angehöriger, oder von Wärtern, oder dann statthaft, wenn seitens des Unternehmers für eine Wartung während der Reise Sorge getragen wird.

Der Arzt hat von der Zurückhaltung von Personen unter Angabe der Ursache der Auswanderungsbehörde Anzeige zu machen; diese sorgt nötigenfalls für die Unterbringung der Zurückgehaltenen.

Zum Nachweise der geschehenen ärztlichen Untersuchung wird der Beförderungsvertrag von dem Arzte abgestempelt.

§ 56. Untersuchung der Besatzung.

Die Schiffsbesatzung ausschließlich der Offiziere ist vor jeder Reise ebenfalls auf ihren Gesundheitszustand durch einen Arzt zu untersuchen, welcher krank befundene Leute von der Mitreise auszuschließen hat. Die Untersuchung ist vor der Einschiffung der Auswanderer zu beendigen, doch können später angemusterte

Leute nachträglich untersucht werden. Über die Vornahme der Untersuchung hat der Arzt den Besichtigern schriftlich oder mündlich eine Erklärung abzugeben.

§ 57. Besichtigung.

Die Schiffe sind vor jeder Reise von staatlich angestellten Besichtigern, sowie einem von der Auswanderungsbehörde zu bestimmenden Arzte (Untersuchungsarzte) einer Besichtigung zu unterziehen. Die Auswanderungsbehörde kann die Besichtigung der mitzunehmenden Arzneien auch einem Apotheker übertragen.

§ 58. Anzeigepflicht des Unternehmers.

Jeder Unternehmer hat von der beabsichtigten Reise eines Schiffes, sobald der Zeitpunkt der Reise feststeht, spätestens aber drei Tage vor der Abreise, der Auswanderungsbehörde Anzeige zu erstatten.

§ 59. Obliegenheit der Auswanderungsbehörde.

Die Auswanderungsbehörde hat, falls sie die eingereichten Nachweise genügend befindet, die Besichtigung des Schiffes zu veranlassen und dafür zu sorgen, daß der Reichskommissar für das Auswanderungswesen rechtzeitig benachrichtigt wird.

§ 60. Zulassung der Besichtiger und des Arztes zum Schiffe.

Von dem Zeitpunkte des Einganges der Anzeige ab steht das Schiff unter der Aufsicht der Besichtiger, welche, ebenso wie der Untersuchungsarzt, jederzeit an Bord und zu allen Räumen des Schiffes zuzulassen, sowie vom Schiffsführer und der Schiffsbesatzung mit jeder verlangten Auskunft zu versehen sind. Die Besichtiger sind berechtigt, den für das Schiff bestimmten Proviant bereits an Land zu untersuchen.

§ 61. Obliegenheiten der Besichtiger.

Die Besichtiger haben sich nach erhaltener Anzeige davon zu überzeugen ...

2. daß Wasser und Proviant in genügender Menge und guter Beschaffenheit an Bord vorhanden sind, ...

4. daß die vorgeschriebene ärztliche Untersuchung der Reisenden und der Schiffsbesatzung vorgenommen worden ist,

5. daß die Auswanderer nach den für sie bestimmten Räumen des Schiffes geleitet werden,

6. wenn tunlich, daß die Auswanderer in den für sie bestimmten Räumen untergebracht sind.

§ 62. Obliegenheiten des Arztes bzw. des Apothekers.

Der Untersuchungsarzt hat sich nach erhaltener Anzeige davon zu überzeugen, daß auf dem Schiffe die zur Erhaltung der Gesundheit der Auswanderer getroffenen Vorschriften beobachtet und daß die Arzneien und die anderen Hilfsmittel zur Krankenpflege in vorschriftsmäßiger Menge und guter Beschaffenheit vorhanden und untergebracht sind. Nach erfolgter Untersuchung und Beseitigung etwaiger Mängel hat er darüber dem Schiffsführer eine Bescheinigung auszustellen, welche die Erklärung enthält, daß er gegen die Einschiffung der Auswanderer keine Einwendung zu erheben habe.

Wird die Untersuchung der Arzneien durch einen Apotheker ausgeführt, so ist der Arzt zur Untersuchung derselben nicht verpflichtet, er darf jedoch die vorgeschriebene Bescheinigung erst ausstellen, nachdem ihm der Apotheker das ordnungsmäßige Vorhandensein der Arzneien versichert hat.

§ 63. Proviant- und Arzneiverhältnisse.

Spätestens 24 Stunden vor der beabsichtigten Abreise des Schiffes hat der Unternehmer den Besichtigern in zwei Stücken ein Verzeichnis des für die Auswanderer und die Schiffsbesatzung mitzunehmenden Proviants nach einem gedruckten, die einzelnen Gegenstände aufführenden Formulare, sowie erforderlichenfalls in zwei Stücken ein entsprechendes, von der Auswanderungsbehörde genehmigtes Verzeichnis der etwa unterwegs an Bord zu nehmenden Mengen von Proviant und Wasser zu übergeben. Zu dem gleichen Zeitpunkte hat der Unternehmer dem Untersuchungsarzte (Apotheker) ein Verzeichnis der mitzunehmenden Arzneien und anderen Hilfsmittel zur Krankenpflege zu übergeben.

§ 65. Zeit des Anbordbringens von Proviant und Ladung.

Der für die Auswanderer und die Schiffsbesatzung bestimmte Proviant muß vor dem Beginne der Einschiffung der Auswanderer an Bord gebracht sein. Ladung darf nach diesem Zeitpunkt nur insoweit an Bord genommen werden, als deren Transport nicht durch die Räume erfolgt, welche von Auswanderern besetzt sind.

Die Besichtiger können Ausnahmen gestatten, müssen dies aber in der Besichtigungsverhandlung vermerken.

§ 66. Genehmigung zur Einschiffung der Auswanderer.

Die Einschiffung der Auswanderer darf erst erfolgen, nachdem die Besichtiger hierzu die Genehmigung erteilt haben. Die Genehmigung darf nicht eher erteilt werden, als bis:

1. die Einrichtung und Ausrüstung, sowie die Beladung des Schiffes mit den für die Auswanderer bestimmten Proviantgegenständen, soweit nicht nach § 65 Ausnahmen gestattet sind, vollendet ist,

2. die vorgeschriebene Besichtigung geschehen und die Erledigung etwaiger Ausstellungen gesichert ist,

3. die Bescheinigung des Arztes (§ 62 Abs. 1) vorgelegt ist.

§ 67. Tageszeit der Einschiffung.

Die Auswanderer dürfen nur in der Zeit zwischen Sonnenaufgang und Sonnenuntergang an Bord gebracht werden. Die Besichtiger können Ausnahmen gestatten, müssen dies aber in der Besichtigungsverhandlung vermerken.

§ 69. Behandlung der Papiere usw., Genehmigung zum Auslaufen.

Nach dem Abschlusse der Verhandlung haben die Besichtiger dem Schiffsführer eine Ausfertigung der Verhandlung und des mit einem Besichtigungsvermerke zu versehenden Proviantverzeichnisses (§ 63), sowie erforderlichenfalls den in §§ 27, 63 vorgeschriebenen Ergänzungsverzeichnisses zu übergeben und die Genehmigung zum Auslaufen des Schiffes zu erteilen. Die zweiten Ausfertigungen sowie die Bescheinigung des Arztes (§ 62 Abs. 1) werden der Auswanderungsbehörde eingereicht.

§ 70. Obliegenheiten des Schiffsführers.

Dem Führer eines Auswandererschiffes liegen die folgenden Verpflichtungen ob:

1. die Auswanderer wohlwollend zu behandeln und auf ein anständiges Betragen der Mannschaft zu halten, auch täglich das Auswandererdeck zu besuchen oder durch seinen Stellvertreter besuchen zu lassen;

2. die im Interesse der Sittlichkeit und Ordnung erforderlichen Maßregeln zu treffen, insbesondere jedem unsittlichen Verkehr zwischen der Schiffsbesatzung und den Auswanderern nach Möglichkeit zu verhindern und Zuwiderhandlungen der Besatzung disziplinarisch zu ahnden, ferner dafür zu sorgen, daß die den Reisenden angewiesenen Plätze während der Reise beibehalten werden, daß die Frauen- und Männerabteilungen (§§ 16, 17, 18) nicht von Unbefugten betreten und am Abende regelmäßig geschlossen werden, und daß die Mannschaft die Auswandererräume nur betritt, wenn der Dienst es erforderlich macht;

3. für die gehörige Einrichtung, Reinigung, Lüftung, Desinfektion und Erleuchtung der für die Auswanderer bestimmten Räume, insbesondere für die baldmöglichste Beseitigung des Auswurfes der Seekranken und die tägliche Reinigung der Auswandererräume zu sorgen;

4. dafür zu sorgen, daß diejenigen Mengen von Proviant und Wasser, deren Einnahme unterwegs gestattet ist, vollzählig und in guter Beschaffenheit an Bord kommen;

5. die größte Sorgfalt für gute Erhaltung des Proviants aufzuwenden und namentlich zu verhindern, daß Gegenstände, welche eine nachteilige Wirkung auf dessen Beschaffenheit äußern können, z. B. Petroleum oder Farbe, in den Proviantraum oder in dessen Nähe gebracht werden;

6. zu veranlassen, daß der Proviant den Auswanderern gehörig zubereitet und in den vorschriftsmäßigen Mengen zugeteilt, über die etwa notwendig gewordene Verringerung **der** Bekösti-

gungsmengen aber sofort ein die Gründe angebender Vermerk, der vom Schiffsführer, dessen Stellvertreter und dem etwa vorhandenen Proviantverwalter zu unterzeichnen ist, in das Schiffstagebuch eingetragen wird;

7. sobald Wassermangel droht, dafür zu sorgen, daß Süßwasser hergestellt wird;

9. erkrankte Personen in die Krankenräume bringen zu lassen und, falls die vorhandenen nicht ausreichen, weiteren abgesonderten Raum zur Unterbringung der Kranken bereitzustellen.

§ 72. Rücksichtlich des Schiffsraumes, der Ausrüstung und Verproviantierung sind im allgemeinen 2 Kinder unter 10 Jahren für eine Person, Kinder unter 1 Jahr, abgesehen von der für sie mitzunehmenden Milch, gar nicht zu rechnen.

§ 73. Beschwerden über die Anordnung der Besichtiger und des Arztes, insbesondere über die Versagung der Genehmigung zur Einschiffung der Auswanderer, sind bei der Auswanderungsbehörde anzubringen und von dieser sofort — zum mindesten vorläufig — zu entscheiden.

§ 74. Die Auswanderungsbehörde kann die den Besichtigern und dem Untersuchungsarzte obliegenden Verrichtungen selbst ausüben.

§ 77. Für die von ausländischen Häfen aus abgehenden Auswandererschiffe kann der Reichskanzler mit Zustimmung des Bundesrats Ausnahmen von den vorstehenden Vorschriften zulassen.

Anhang A.

Verzeichnis der auf Auswandererschiffen mitzunehmenden Mengen von Proviant und Wasser, Brenn- und Leuchtmaterial. § 27 der Vorschriften.

Für je 10 Tage der im § 27 und Anhange B bestimmten längsten Reisedauer sind hier für jeden Auswanderer an Wasser wenigstens 60 l und an Proviant wenigstens folgende Mengen mitzunehmen:

1. Rindfleisch	2000 g	
2. Schweinefleisch oder Speck	1000 „	
3. Heringe	3 Stück	
4. Brot (Weizen- oder Roggen-)	3600 g	
5. Mehl (Weizen- oder Roggen-)	720 „	
6. Erbsen	275 „	
7. Bohnen	225 „	
8. Reis	360 „	
9. Graupen	180 „	
10. Hafergrütze	50 „	
11. Pflaumen	100 „	
12. Schnittäpfel	50 „	
13. Sauerkohl	400 „	
14. Gemüse, getrocknet, gepreßt	100 g	
15. Frische Kartoffeln	3000 „	
16. Butter	350 „	
17. Salz	120 „	
18. Essig	0,12 l	
19. Kaffee, geröstet, auch in Tafeln	125 g	
20. Zichorien	25 „	
21. Tee	20 „	
22. Zucker	150 „	
23. Sirup	100 „	
24. Milch, kondensierte	120 „	

Ferner ist an Speisen für Kranke und Kinder auf je 100 Reisende für je 10 Tage der längsten Reisedauer mitzunehmen:

25. Rotwein	5 l	28. Hafergrütze		2000 g
26. Zucker	2000 g	29. Perlgraupen		1500 „
27. Sago	1000 „	30. Kondensierte Milch		1000 „

und außerdem für jedes an Bord befindliche Kind im Alter unter einem Jahre für je 10 Tage 500 g, oder an Stelle der kondensierten haltbare (sterilisierte) Naturmilch, wobei ein Gewichtsteil kondensierter Milch 6 Gewichtsteilen sterilisierter Milch gleich zu rechnen ist.

Das mitzunehmende Wasser muß von guter Beschaffenheit sein.

Von der vorgeschriebenen Menge Rindfleisch (Ziffer 1) muß mindestens $1/_5$ frisch oder präserviert sein. Statt des frischen oder präservierten Rindfleisches kann frisches oder präserviertes Kalb- oder Hammelfleisch mitgenommen werden. Von dem frischen oder präservierten Fleische muß von Beginn der Reise an, soweit der Vorrat reicht, mindestens zweimal in der Woche eine volle Tagesration gegeben werden.

Wird statt eines Teiles des Rindfleisches Schweinefleisch oder Speck mitgenommen, so werden 375 g Schweinefleisch oder 250 g Speck gleich 500 g Rindfleisch gerechnet; jedoch darf keinesfalls mehr als die Hälfte der vorgeschriebenen Menge Rindfleisch durch Schweinefleisch ersetzt werden. Wird ein Teil des Rindfleisches durch Fisch ersetzt, so werden 375 g Fisch gleich 500 g Rindfleisch gerechnet; Schweinefleisch darf durch die gleiche Menge Hammelfleisch oder fettreichen Fisch (Lachs, Aal, Hering u. dgl. ersetzt werden; jedoch darf Fisch nur in zwei Tagen der Woche gegeben werden.

Schiffe, welche eine der Anzahl der beförderten Auswanderer entsprechende Bäckerei an Bord haben, können statt der mitzunehmenden Menge Brot (Ziffer 4) eine um 20 % geringere Menge Mehl mitnehmen. Von dem mitzunehmenden Brote oder Mehle muß mindestens die Hälfte Weizenbrot oder Weizenmehl sein.

Von den unter Ziffer 8 und Ziffer 9 aufgeführten Nahrungsmitteln kann, wenn nur die Gesamtmenge vorhanden ist, der Vorrat des einen zugunsten des andern verringert werden; dasselbe gilt von den unter Ziffer 11 und Ziffer 12 aufgeführten Gegenständen. Außerdem darf an Stelle von Erbsen, Bohnen und Graupen ein entsprechendes Quantum Makkaroni, Nudeln, Hafergrütze, Linsen oder Backobst mitgenommen werden.

Das Gemüse (Ziffer 14) ist in mindestens zwei Sorten mitzunehmen. Sauerkohl kann bis zur Hälfte durch andere Gemüse oder Salzgurken und Pickles ersetzt werden.

Statt frischer Kartoffeln (Ziffer 15) oder eines Teiles derselben dürfen getrocknete oder gepreßte Kartoffeln mitgenommen werden, wobei 20 g der letzteren gleich 100 g frischer Kartoffeln zu rechnen sind.

Statt der Butter (Ziffer 16) darf Margarine erster Qualität mitgenommen werden. Die vorgeschriebene Menge Butter oder Margarine darf um ein Drittel verringert werden, wenn statt dessen für je 3000 g Butter oder Margarine 4000 g Marmelade, Mus oder

Honig in guter Qualität mitgenommen werden. An Stelle der Butter oder Margarine darf Marmelade, Mus oder Honig bis dreimal in der Woche gegeben werden.

Für Reisen, deren wahrscheinliche längste Dauer 80 Tage oder mehr beträgt, müssen für jeden Reisenden 600 g Zitronensaft, sowie außer der unter Ziffer 22 vorgeschriebenen Menge Zucker 600 g Zucker mitgenommen werden zur Bereitung von Limonade, welche vom 22. Tage der Reise ab den Auswanderern täglich als Getränk verabreicht werden muß.

Der Schiffsführer hat dafür zu sorgen, daß für die an Bord befindlichen Kinder im Alter von 1—6 Jahren täglich leichte Speisen, als Haferschleim, Graupen, Milchreis usw. verabreicht werden.

Außer dem Proviante müssen mitgenommen werden: Besen, die nötige Menge Brennöl (mit Ausnahme von Petroleum) oder Lichte; ferner auf Segelschiffen an Feuerung zum Kochen für 100 Reisende für je 10 Tage 10 hl Steinkohlen und $1^1/_2$ cbm Holz, für eine größere Anzahl von Reisenden im Verhältnisse mehr.

Für die Schiffsmannschaft sind mindestens dieselben Rationen wie für die Reisenden mitzunehmen, wobei die Besichtiger sachgemäße Abweichungen gestatten können.

Anhang B.

Wahrscheinlich längste Reisedauer (§ 27 der Vorschriften) für Schiffe.

Nach	mit Dampfschiffen von weniger als 10 Knoten Geschwindigkeit in der Stunde. Tage	mit Dampfschiffen von 10–15 Knoten Geschwindigkeit in der Stunde. Tage	Mit Dampfschiffen von 10 bis 15 Knoten Geschwindigkeit in der Stunde:		Mit Dampfschiffen von mehr als 15 Knoten Geschwindigkeit in der Stunde:		mit Segelschiffen in der Zeit zwischen dem 15. Oktober und 15. März. Tage
			Doppelschraubenschiffe: Tage:	Einschraubenschiffe: Tage:	Doppelschraubenschiffe: Tage:	Einschraubenschiffe: Tage:	
1. der Ostküste von Nordamerika nördlich d. 30. Gr. nördlicher Breite	40	25	21	25	17	20	90
2. der Ostküste von Amerika zwischen d. 30. Gr. nördlicher Breite und dem Kap St. Roque	40	30	26	30	26	30	90
3. der Ostküste von Südamerika südl. Kap St. Roque	60	45	39	45	39	45	130
4. der Westküste von Afrika b. z. Kap. d. gut. Hoffnung	60	45	39	45	39	45	130
5. einer Gegend über Kap Horn od. Kap der guten Hoffnung hinaus, ohne daß der Äquator zweimal passiert wird	80	60	51	60	51	60	170
6. einer Gegend, wobei der Äquator 2mal passiert wird	100	80	68	80	68	80	210
7. Australien und China	80	60	51	60	51	60	170

Anlage II.

Auszug aus der Seemannsordnung vom 2. Juni 1902.

§ 2.

Kapitän im Sinne dieses Gesetzes ist der Führer des Schiffes (Schiffer), in dessen Ermangelung oder Verhinderung sein Stellvertreter.

Schiffsoffiziere im Sinne dieses Gesetzes sind diejenigen zur Unterstützung des Kapitäns in der Führung des Schiffes bestimmten Angestellten, welche zur Ausübung ihres Dienstes eines staatlichen Befähigungsnachweises bedürfen. Außerdem gelten als Schiffsoffiziere die Ä r z t e, Proviant- und Zahlmeister.

Schiffsmann im Sinne dieses Gesetzes ist jede sonstige zum Dienste auf dem Schiffe während der Fahrt für Rechnung des Reeders angestellte Person, ohne Unterschied, ob die Anmusterung erfolgt ist oder nicht. Auch die weibliche Angestellte hat die Rechte und Pflichten des Schiffsmanns. Der Lotse gilt nicht als Schiffsmann. Die Gesamtheit der Schiffsleute bildet die Schiffsmannschaft.

§ 3.

Der Kapitän ist der Dienstvorgesetzte der Schiffsoffiziere und Schiffsleute. Seine Stellvertretung liegt, soweit nicht vom Reeder oder vom Kapitän hinsichtlich der Vertretung in einzelnen Dienstzweigen anderweitige Anordnung getroffen ist, dem Steuermann, in Ermangelung eines solchen dem Bestmann ob.

Die Schiffsoffiziere sind Vorgesetzte sämtlicher Schiffsleute. A u f d i e S c h i f f s o f f i z i e r e f i n d e n d i e f ü r d i e S c h i f f s m a n n s c h a f t o d e r d e n S c h i f f s m a n n g e l t e n d e n V o r s c h r i f t e n, s o w e i t n i c h t a u s d r ü c k l i c h e i n a n d e r e s f e s t g e s e t z t i s t, A n w e n d u n g.

§ 7.

Niemand darf im Reichsgebiet als Schiffsmann in Dienst treten, bevor er sich über Namen, Geburtsort und Alter vor einem Seemannsamt ausgewiesen und von demselben ein Seefahrtsbuch ausgefertigt erhalten hat.

Ist der Schiffsmann ein Deutscher, so darf er vor vollendetem vierzehnten Lebensjahre zur Übernahme von Schiffsdiensten nicht zugelassen werden; auch hat er sich über seine Militärverhältnisse, sowie, wenn er noch minderjährig ist, darüber auszuweisen, daß er von seinem gesetzlichen Vertreter zur Übernahme von Schiffsdiensten ermächtigt worden ist. Der Genehmigung des Vormundschaftsgerichts bedarf es nicht.

Mit dem Seefahrtsbuch ist dem Schiffsmanne zugleich ein Abdruck der Seemannsordnung, des Gesetzes, betreffend die Verpflichtung der Kauffahrteischiffe zur Mitnahme heimzuschaffender Seeleute, des Gesetzes, betreffend die Stellenvermittelung für Schiffsleute und einer amtlichen Zusammenstellung der Bestimmungen über die Militärverhältnisse der seemännischen und halbseemännischen Bevölkerung auszuhändigen.

Der Bundesrat bestimmt, inwieweit als Schiffsleute nur solche Personen angemustert werden dürfen, welche nach Untersuchung ihres körperlichen Zustandes für den zu übernehmenden Dienst geeignet sind.

§ 55.

Die Schiffsmannschaft hat an Bord des Schiffes vom Zeitpunkt des Dienstantritts an bis zur Abmusterung, jedoch, wenn diese ohne Verzögerung der Reise unausführbar ist, bis zur Beendigung des Dienstverhältnisses Anspruch auf einen ihrer Zahl und der Größe des Schiffes entsprechenden, nur für sie und ihre Sachen bestimmten wohlverwahrten und genügend zu lüftenden Logisraum.

Kann dem Schiffsmann infolge eines Unfalls oder aus anderen Gründen zeitweilig ein Unterkommen auf dem Schiffe nicht gewährt werden, so ist ihm ein anderweitiges angemessenes Unterkommen zu verschaffen.

§ 56.

Die dem Schiffsmanne für den Tag mindestens zu verabreichenden Speisen und Getränke bestimmen sich, soweit nicht ein anderes vereinbart ist, nach dem örtlichen Rechte des Heimathafens und in Ermangelung eines solchen nach dem örtlichen Rechte des Registerhafens. Der Erlaß näherer Bestimmungen steht den Landesregierungen im Verordnungswege und, sofern es an einem inländischen Heimatshafen oder Registerhafen fehlt, dem Reichskanzler zu.

Über Größe und Einrichtung des Logisraums (§. 55), über die Einrichtung von Wasch- und Baderäumen und Aborten an Bord der Schiffe und die mindestens mitzunehmenden Heilmittel beschließt der Bundesrat. Die Beschlüsse des Bundesrats sind dem Reichstage bei seinem nächsten Zusammentritt zur Kenntnisnahme vorzulegen (vgl. Anlage III).

§ 57.

Der Kapitän ist berechtigt, bei ungewöhnlich langer Dauer der Reise oder wegen eingetretener Unfälle eine Kürzung der Rationen oder eine Änderung hinsichtlich der Wahl der Speisen und Getränke eintreten zu lassen.

Er hat im Schiffstagebuch zu vermerken, wann, aus welchem Grunde und in welcher Weise eine Kürzung oder Anderuug eingetreten ist.

Dem Schiffsmanne gebührt eine den erlittenen Entbehrungen entsprechende Vergütung. Über diesen Anspruch entscheidet unter Vorbehalt des Rechtsweges das Seemannsamt, vor welchem abgemustert wird.

§ 58.

Wenn ein Schiffsoffizier oder nicht weniger als drei Schiffsleute bei einem Seemannsamte Beschwerde darüber erheben, daß das Schiff, für welches sie angemustert sind, nicht seetüchtig ist, oder daß die Vorräte, welche das Schiff für den Bedarf der Mannschaft an Speisen und Getränken mit sich führt, ungenügend oder verdorben sind, so hat das Seemannsamt mit möglichster Beschleunigung unter Hinzuziehung von erreichbaren Sachverständigen und der ortsanwesenden Beschwerdeführer eine Untersuchung des Schiffes oder der Vorräte zu veranlassen und das Ergebnis in das Schiffstagebuch einzutragen. Auch hat das Seemannsamt, falls die Beschwerde sich als begründet erweist, für geeignete Abhilfe Sorge zu tragen.

Kommt der Kapitän den zu diesem Behufe getroffenen Anordnungen nicht nach, so kann jeder Schiffsoffizier und jeder Schiffsmann seine Entlassung fordern.

§ 59
(unter Berücksichtigung des Gesetzes, betr. Abänderung der Seemannsordnung und des Handelsgesetzbuches vom 12. Mai 1904).

Falls der Schiffsmann nach Antritt des Dienstes oder nach der Anmusterung erkrankt oder eine Verletzung erleidet, so trägt der Reeder die Kosten der Verpflegung und Heilbehandlung. Vorbehaltlich der Vorschrift im Absatz 2 erstreckt sich diese Verpflichtung:
1. wenn der Schiffsmann wegen der Krankheit oder Verletzung die Reise nicht antritt, bis zum Ablaufe von sechsundzwanzig Wochen seit der Erkrankung oder Verletzung;
2. wenn er die Reise angetreten hat, bis zum Ablaufe von sechsundzwanzig Wochen nach dem Verlassen des Schiffes.

Bei der Verletzung infolge eines Betriebsunfalls werden die Fristen im Absatz 1 auf 13 Wochen beschränkt, im Falle der No. 2 jedoch nur, wenn der Schiffsmann das Schiff in einem deutschen Hafen verläßt, oder wenn er aus einem außerdeutschen Hafen in die Krankenanstalt eines deutschen Hafens überführt wird. Die Verpflichtung des Reeders hört dem Verletzten gegenüber auf, sobald und soweit die Berufsgenossenschaft die Fürsorge übernimmt.

Ein Schiffsmann, der wegen Krankheit oder Verletzung außerhalb des Reichsgebietes zurückgeblieben ist, kann mit seiner Einwilligung und der des behandelnden Arztes oder des Seemannsamtes nach einem deutschen Hafen in eine Krankenanstalt überführt werden. Ist der Schiffsmann außerstande, die Zustimmung zu erteilen, oder verweigert er sie ohne berechtigten Grund, so kann sie nach Anhörung eines Arztes durch dasjenige Seemannsamt ersetzt werden, in dessen Bezirk der Schiffsmann sich zurzeit befindet. Findet die Überführung statt, so erstreckt sich die Verpflichtung des Reeders stets nur bis zum Ablaufe von 3 Monaten seit der Aufnahme in die Krankenanstalt des deutschen Hafens.

Der Schiffsmann, welcher sich der Heilbehandlung ohne berechtigten Grund entzieht und hierdurch nach ärztlichem Gutachten die Heilung vereitelt oder wesentlich erschwert hat, verliert den Anspruch auf kostenfreie Verpflegung und Heilbehandlung.

Dem Schiffsmanne gebührt, falls er nicht mit dem Schiffe nach dem Hafen der Ausreise zurückkehrt, freie Zurückbeförderung nach diesem Hafen oder nach Wahl des Kapitäns eine entsprechende, im Streitfalle vom Seemannsamte vorläufig festzusetzende Vergütung.

Anlage III.

I. Bekanntmachung, betr. die Untersuchung von Schiffsleuten auf Tauglichkeit zum Schiffsdienste. Vom 1. Juli 1905.

Auf Grund der Bestimmung im § 7 Abs. 4 der Seemannsordnung vom 2. Juni 1902 (Reichs-Gesetzbl. S. 175) hat der Bundesrat die nachstehenden Vorschriften über die Untersuchung von Schiffsleuten auf Tauglichkeit zum Schiffsdienst erlassen:

§ 1.

Auf den Kauffahrteischiffen ist für Reisen, welche die Grenzen der kleinen Fahrt überschreiten, die Schiffsmannschaft (§ 2 Abs. 3 der Seemannsordnung) vor der Anmusterung einer körperlichen Untersuchung auf ihre Tauglichkeit zum Schiffsdienste zu unterziehen.

Hochseefischereifahrzeuge sind für Reisen in nordeuropäischen Gewässern von den Vorschriften der §§ 1 bis 6 ausgenommen.

§ 2.

Wenn die Anmusterung in einem deutschen Hafen (§ 6 Abs. 2 der Seemannsordnung) stattfindet, ist die Untersuchung durch einen Arzt vorzunehmen. Der Kapitän und der Reeder sind — abgesehen vom Falle des Abs. 2 — befugt, der Untersuchung persönlich oder durch Stellvertreter beizuwohnen. In außerdeutschen Häfen kann der Kapitän, falls die Zuziehung eines Arztes Schwierigkeiten bereitet, ausnahmsweise die Untersuchung selbst, tunlichst im Beisein eines Beamten des Seemannsamts (§ 5 Abs. 1 a. a. O.), ausführen.

Die Untersuchung weiblicher Angestellter darf nur durch einen Arzt erfolgen. Auf Wunsch des Arztes oder der zu Untersuchenden ist eine andere weibliche Person zuzuziehen.

§ 3.

Das Ergebnis der Untersuchung jeder angemusterten Person ist schriftlich festzustellen; die Aufzeichnung ist zwei Jahre lang, vom Tage der Anmusterung an gerechnet, von dem Reeder aufzubewahren.

Der Reeder hat dem Schiffsmanne bei Beendigung des Dienstes auf Verlangen das Untersuchungsergebnis abschriftlich mitzuteilen.

§ 4.

Personen, die bei der Untersuchung als untauglich für den zu übernehmenden Dienst (§§ 5, 6) befunden sind, dürfen nicht angemustert werden.

§ 5.

Als Gründe der Untauglichkeit kommen insbesondere in Betracht: allgemeine Körperschwäche, Geisteskrankheiten, Epilepsie und andere schwere Nervenkrankheiten, schwere Herzleiden, unter den übertragbaren Krankheiten namentlich Tuberkulose in ansteckender Form, Syphilis beim Vorhandensein von Geschwüren auf der Haut. oder im Munde, Tripper (Gonorrhoe) beim Vorhandensein von Ausfluß, Schanker.

Untauglich für einzelne Zweige des Schiffsdienstes können insbesondere machen: ausgebildete Unterleibsbrüche, umfangreiche Hautgeschwüre, ausgedehnte Narben, insbesondere solche, deren Wiederaufbruch wahrscheinlich ist, Fisteln, große Geschwülste, erhebliche Schwerhörigkeit, Taubheit.

Bei der Untersuchung für den Dienst als Heizer oder Kohlenzieher sind die besonderen Anforderungen dieses Dienstes an die Leistungsfähigkeit und Widerstandskraft zu berücksichtigen; namentlich sind Fettsüchtige und Herzleidende von diesem Dienste fernzuhalten. Personen unter 18 Jahren dürfen zum Dienste als Heizer oder Kohlenzieher nur ausnahmsweise und nur mit Zustimmung des untersuchenden Arztes angemustert werden.

§ 6.

Von dem Vorhandensein solcher Leiden, welche nach dem Gutachten des untersuchenden Arztes den Untersuchten für den Schiffsdienst im allgemeinen oder für den zu übernehmenden besonderen Dienst als untauglich oder nur als bedingt oder minder tauglich erscheinen lassen, hat der Arzt dem Kapitän oder dem Reeder oder ihren Stellvertretern unverzüglich Mitteilung zu machen.

§ 7.

In bezug auf das Seh- und Farbenunterscheidungsvermögen der Schiffsleute gelten für Reisen in allen Fahrten die folgenden Vorschriften.

Die zum Decksdienste bestimmten Schiffsleute sind vor der ersten Anmusterung im Inlande gemäß den vom Reichskanzler erlassenen Bestimmungen auf Seh- und Farbenunterscheidungsvermögen zu untersuchen (Bekanntmachung vom 9. Mai 1904, Zentralblatt für das Deutsche Reich S. 142).

Nur solche Schiffsleute, welche sich über den Besitz genügenden Seh- und Farbenunterscheidungsvermögens durch eine auf Grund der Untersuchung ihnen erteilte Bescheinigung ausweisen können, dürfen zum Ausguckdienste verwendet werden.

Der Kapitän hat hinsichtlich der zum Decksdienste bestimmten Schiffsleute die Bescheinigungen über den Ausfall der Untersuchungen auf Seh- und Farbenunterscheidungsvermögen vor der Abfahrt aus dem Musterungshafen einer sorgfältigen Durchsicht zu unterziehen.

§ 8.

Für die Durchführung dieser Vorschriften hat, unbeschadet der dem Kapitän zufallenden Obliegenheiten, der Reeder zu sorgen.

§ 9.

Der Reichskanzler ist ermächtigt, im Einverständnisse mit der Landesregierung Ausnahmen von den vorstehenden Vorschriften zuzulassen.

§ 10.

Auf die Schiffsoffiziere (§ 2 Abs. 2 der Seemannsordnung) finden diese Vorschriften keine Anwendung.

§ 11.

Diese Vorschriften treten am 1. Oktober 1905 in Kraft.

Berlin, den 1. Juli 1905.

Der Reichskanzler.

In Vertretung:

Graf von Posadowsky.

II. Bekanntmachung,
betreffend die Logis-, Wasch- und Baderäume sowie die Aborte für die Schiffsmannschaft auf Kauffahrteischiffen. Vom 2. Juli 1905.

Auf Grund der Bestimmungen im § 56 Abs. 2 der Seemannsordnung vom 2. Juni 1902 (Reichs-Gesetzbl. S. 175) hat der Bundesrat die nachstehenden Vorschriften über Größe und Einrichtung der Logisräume sowie über Einrichtung der Wasch- und Baderäume und der Aborte für die Schiffsmannschaft erlassen:

Größe und Einrichtung der Logisräume für die Schiffsmannschaft.

§ 1.

Für Kauffahrteischiffe von mehr als 400 cbm Bruttoraumgehalt, mit Ausnahme der Hochseefischereifahrzeuge, gelten folgende Vorschriften:

1. Die Größe der Logisräume muß so bemessen sein, daß auf jeden darin untergebrachten Schiffsmann mindestens 3,5 cbm Luftraum entfallen; bei Räumen, die auf dem obersten Decke liegen, oder für die sonst eine ausgiebige Lüftung unter allen Umständen sichergestellt ist, genügt ein Luftraum von mindestens 3 cbm auf jeden Schiffsmann. Unter Luftraum ist der Rauminhalt nach Abzug der im Logisraum enthaltenen konstruktiven Schiffsteile zu verstehen.

An Fußbodenfläche müssen in jedem Logisraum auf jeden darin untergebrachten Schiffsmann mindestens 1,5 qm entfallen; diese Fläche darf bis auf 1,25 qm herabgehen, sofern für die Inwohner des Logisraums ein besonderer Speiseraum eingerichtet ist. Zur Berechnung der Fläche ist nur bis an die Innenkante der Spanten zu messen. Bei Logisräumen mit schrägen, nach oben ausfallenden Wänden darf an Stelle der Fußbodenfläche der wagerechte Querschnitt des Logis in halber Höhe der Berechnung zugrunde gelegt werden.

2. Die mittlere lichte Höhe der Logisräume muß mindestens 2 m, bei Schiffen von nicht mehr als 2000 cbm Bruttoraumgehalt mindestens 1,80 m betragen.
3. Die Logisräume müssen gegen Nässe, üble Gerüche, Wärme benachbarter Räume und sonstige belästigende Einflüsse tunlichst geschützt sein.
4. Zugänge zu Laderäumen dürfen nicht durch Logisräume führen. Vorratsräume mit Ausnahme von Kabelgatts dürfen während der Nachtzeit nur in Notfällen durch Logisräume hindurch betreten werden.
5. Jeder Logisraum muß dem Tageslicht in ausreichendem Maße zugänglich sein. Bei dunklem Wetter und zur Nachtzeit muß er ausreichend künstlich beleuchtet werden.
6. Der mittlere Teil des Logisraums soll tunlichst frei von Schachten, Tunneln, durchgehenden Luftziehern und anderen Leitungen sein.
7. Die Fußböden der Logisräume müssen ein hölzernes Deck haben oder mit einem dichten, leicht rein zu haltenden, schlecht wärmeleitenden Belage versehen sein. Die Wände und Decken der Logisräume müssen mit einem hellen Ölfarbenanstriche versehen sein; freiliegende eiserne Decken müssen mit einem das Tropfen verhindernden Schutzbelage bekleidet sein.
8. Jedem Schiffsmann ist eine eigene Koje zum alleinigen Gebrauche zu gewähren. Doppelkojen ohne Scheidewand sind unzulässig. Die Länge einer Koje darf nicht unter 1,83 m, die Breite nicht unter 0,6 m im Lichten betragen.

Der Abstand zwischen dem Fußboden und der unteren Koje muß mindestens 25 cm betragen; er darf bis auf 15 cm herabgehen, wenn drei Kojen übereinander liegen, die aus Eisen gefertigt und leicht entfernbar sind. Der Abstand zwischen je zwei übereinander befindlichen Kojen sowie derjenige zwischen dem Boden der oberen Koje und der Decke des Logisraums muß mindestens 75 cm betragen. Mehr als drei Kojen übereinander sind unzulässig.

Das Kojenzeug ist tunlichst häufig gründlich zu lüften und zu reinigen und, sofern erforderlich, zu desinfizieren.
9. Abgesehen von der natürlichen Lüftung durch Fenster und Türen sind in jedem Logisraum Einrichtungen vorzusehen, durch die auch bei geschlossenen Fenstern eine genügende Erneuerung und Bewegung der Luft ermöglicht wird. Sind Luftzieher vorhanden, so muß ihr unteres Ende so angebracht sein, daß der kalte Luftstrom nicht unmittelbar auf Schlafkojen trifft.
10. Bei kaltem Wetter ist für genügende Erwärmung der Logisräume zu sorgen. Eiserne Öfen sind mit einem mindestens 5 cm weit abstehenden, abnehmbaren eisernen Mantel, der am Boden einige große Öffnungen hat, zu umgeben. Die Öfen dürfen nicht mit Verstellklappen am Schornstein und die Ofenröhren nicht mit Verschlüssen (Schossen) versehen sein.

11. Die Ausstattung der Logisräume mit Tischen, Bänken, Schränken u. dgl. soll billigen Anforderungen entsprechen. In jedem Logisraume müssen, sofern nicht ein besonderer Eßraum oder eine sonstige Gelegenheit zur Einnahme von Mahlzeiten an einem vom Schlafraume getrennten Platze vorhanden ist, Tische und Sitzgelegenheiten für mindestens die Hälfte der Belegschaft zur Verfügung stehen. Auch ist in jedem Logisraume mindestens ein Spucktopf aufzustellen, der täglich zu reinigen ist.
12. Über der Tür zu jedem Logisraume muß die zulässige Belegschaftszahl deutlich angegeben sein.
13. Die Logisräume sind in reinlichem Zustande zu erhalten.

§ 2.

Auf Kauffahrteischiffen von nicht mehr als 400 cbm Bruttoraumgehalt sowie auf allen Hochseefischereifahrzeugen soll für die Unterkunft der Schiffsmannschaft entsprechend der Bestimmung im § 55 Abs. 1 der Seemannsordnung möglichst gut gesorgt werden.

Einrichtung von Wasch- und Baderäumen für die Schiffsmannschaft.

§ 3.

Auf jedem Kauffahrteischiff ist der Schiffsmannschaft Gelegenheit zur körperlichen Reinigung und zum Zeugwaschen zu gewähren.

§ 4.

Auf allen Dampfern, auf denen die Zahl der Schiffsmannschaft mehr als zwanzig beträgt, muß mindestens ein heller, sauberer Waschraum vorhanden und mit Wascheinrichtungen mindestens derart versehen sein, daß eine solche auf jeden zweiten Mann einer Wachmannschaft entfällt, soweit nicht für einzelne Schiffsleute besondere Wascheinrichtungen vorhanden sind. Der Waschraum muß heizbar sein; jedoch kann auf den nicht mit Dampfheizung versehenen Frachtdampfern von der Durchführung dieser Vorschrift Abstand genommen werden. Die Waschgelegenheit kann mit den Aborten in demselben Raume liegen, sofern dem Schicklichkeitsgefühle durch die Art der Anordnung und durch die Verwahrung der Aborte Rechnung getragen ist,

§ 5.

Für die Maschinenmannschaft muß, sofern sie mehr als zehn Personen zählt, ein besonderer Waschraum vorhanden sein, welcher tunlichst so gelegen sein soll, daß ihn die Leute auf dem Wege von den Heiz- und Kohlenräumen erreichen können, ehe sie ihr Logis betreten. Dieser Waschraum muß so groß sein, daß sich mindestens der sechste Teil der Maschinenmannschaft zu gleicher Zeit darin reinigen kann; er muß mit Wasserleitung und mit Brausen (je einer auf etwa vier der sich gleichzeitig reinigenden Leute) und mit einer ausreichenden Anzahl von Waschgefäßen versehen sein. Ferner muß sich in diesem Waschraum eine Einrichtung zur Entnahme von warmem Wasser befinden.

§ 6.

Auf allen Dampfern, auf welchen für die Reisenden Warmwasserbrausen vorhanden sind, sind solche Anlagen auch für die Schiffsmannschaft vorzusehen; dabei sind Vorkehrungen zu treffen, um eine Verbrühung der Badenden tunlichst zu verhüten.

§ 7.

Auf Dampfern in mittlerer oder großer Fahrt ist der Schiffsmannschaft mindestens zweimal in der Woche Süßwasser für die körperliche Reinigung zur Verfügung zu stellen. Hochseefischereifahrzeuge sind für Reisen in nordeuropäischen Gewässern von dieser Vorschrift ausgenommen.

§ 8.

Die Wasch- und Baderäume sind täglich zu reinigen.

Einrichtung der Aborte für die Schiffsmannschaft.

§ 9.

Auf den Kauffahrteischiffen, mit Ausnahme der Segelschiffe von nicht mehr als 400 cbm Bruttoraumgehalt, müssen Aborte in abgeschlossenen Räumen und Pissoire für die Schiffsmannschaft vorhanden sein; die Pissoire dürfen in den Aborträumen liegen. Bei Seeleichtern genügt ein fester sicherer Abort für die Schiffsmannschaft.

Für die Aufwärter ist, sofern ihre Zahl zehn übersteigt, ein besonderer Abortraum vorzusehen.

§ 10.

Die Aborträume müssen in solcher Höhe gelegen sein, daß die Abortsitze sich über Wasser befinden. Von etwa benachbarten Logisräumen müssen die Aborträume durch einen oder mehrere Räume, mindestens aber durch geruchdichte Schotten ohne Türen getrennt sein.

Die Aborträume müssen mit einer sicher wirkenden Abluftvorrichtung versehen und dem Tageslicht ausreichend zugänglich sein. Decken und Wände müssen mit einem hellen Ölfarbenanstriche versehen sein. Der Fußboden muß so eingerichtet sein, daß er für Luft und Wasser undurchlässig ist.

§ 11.

Die Aborte müssen mit mindestens 50 cm breiten Sitzen in solcher Zahl versehen sein, daß bei einer Schiffsmannschaft von nicht mehr als 100 Köpfen auf je 25 Schiffsleute mindestens ein Sitz, bei einer Schiffsmannschaft von mehr als 100 bis zu 200 Köpfen auf je weitere 33 Schiffsleute mindestens ein Sitz mehr und bei einer Schiffsmannschaft von mehr als 200 Köpfen für je weitere 50 Schiffsleute mindestens ein Sitz mehr entfällt. Von der Einrichtung von Sitzen kann bei den der nichteuropäischen Schiffsmannschaft zum Gebrauche dienenden Aborten abgesehen werden, sofern diese Schiffsleute an die Benutzung solcher Sitze nicht gewöhnt sind.

§ 12.

Auf Segelschiffen von nicht mehr als 400 cbm Bruttoraumgehalt muß eine sichere Abortsitzgelegenheit, die beweglich sein darf, vorhanden sein.

§ 13.

Die Aborte und Pissoire sind täglich zu reinigen.

Allgemeine Vorschriften.

§ 14.

Die im § 1 Nr. 1, 2, 4, 5 Satz 1 enthaltenen Vorschriften sowie die auf die Größe der Kojen und auf die Maße ihrer Abstände bezüglichen Bestimmungen im § 1 Nr. 8, ferner die in §§ 4 bis 6, § 9 Abs. 2, § 10 Abs. 1, § 11 Abs. 1 enthaltenen Vorschriften gelten nur für Schiffe, deren Bau nach dem 1. Oktober 1905 in Auftrag gegeben wird.

§ 15.

Für die vorschriftsmäßige Herstellung der in diesen Bestimmungen vorgesehenen Räume und Einrichtungen hat der Reeder, für ihre vorschrifsmäßige Behandlung und Benutzung der Kapitän zu sorgen.

§ 16.

Die Anlage, Einrichtung und Instandhaltung der Logisräume sowie der Wasch- und Baderäume und der Aborte für die Schiffsmannschaft unterliegen in deutschen Häfen einer regelmäßigen Beaufsichtigung durch die nach Bestimmung der Landesregierung dafür zuständige Behörde.

§ 17.

Der Reichskanzler ist ermächtigt, im Einverständnisse mit der Landesregierung Ausnahmen von den vorstehenden Vorschriften zuzulassen.

§ 18.

Diese Vorschriften treten am 1. Januar 1906 in Kraft.

Berlin, den 2. Juli 1905.

Der Reichskanzler.

In Vertretung:

Graf von Posadowsky.

Anlage IV.

Anleitung zur Ausmessung bewohnter Schiffsräume.

I. Rechtwinklig gebaute Deckshäuser, Kabinen, Messen etc.
  1. Die Länge des Fußbodens wird mit seiner Breite multipliziert. (Das Produkt wird mit A bezeichnet.) A = Größe des Fußbodens im allgemeinen.
  2. Alles, was die freie Fußbodenfläche verkleinert, wie Ventilatoren, Masten, Luken, Kettenlöcher, wird einzeln nach seiner Flächengröße vermessen resp. abgeschätzt und summiert (B).
  3. A—B = Größe der freien Deckfläche des Fußbodens.
  4. A—B, dividiert durch die Anzahl der für das Logis in Betracht kommenden Bewohner, ergibt die Größe des auf den einzelnen Mann entfallenden freien Fußbodenraums.
  5. Von Deck zu Deck wird die Höhe des Logis in der Mittellinie gemessen (C).
  6. (A—B) × C ergibt den freien Gesamtraum im Logis.
  7. (A—B) × C, dividiert durch die Anzahl der in Betracht kommenden Logisbewohner, gibt den auf jeden einzelnen Mann entfallenden freien Luftraum in Kubikmetern.

II. Nicht rechtwinklig gestaltete Logisräume.
  1. Die Länge des Fußbodens vom vordersten zum achtersten Ende wird gemessen.
  2. Diese Strecke wird in vier gleiche Teile geteilt.
  3. An jedem Teilstrich und am vordersten und achtersten Ende des Logis wird die Breite des Logis gemessen. Diese Breiten werden von vorn nach hinten mit 1, 2, 3, 4, 5 bezeichnet. Breiten 1 und 5 werden mit 1 multipliziert,
     „   2 „ 4   „   „ 4   „
     Breite 3 wird mit 2 multipliziert.
     Die Summe dieser Produkte wird multipliziert mit ein Drittel des Zwischenraums zwischen den einzelnen Teilstrichen. Das Ganze gibt den Flächenraum des Fußbodens (A).
  4. Hiervon muß, wie in I, alles, was Decksraum beansprucht, abgezogen werden (B).
  5. A—B = Größe des freien Fußbodens.

6. A—B, dividiert durch die Anzahl der Leute, gibt die freie Fußbodenflächengröße für den Mann.
7. Die Höhe des Logis in der Mittellinie wird gemessen (C).
8. (A—B) × C gibt die Größe des Gesamtraumes im Logis.
9. (A—B) × C, dividiert durch die Anzahl der Leute im Logis gibt den auf jeden einzelnen Mann kommenden Luftraum.
10. Wenn die Länge des Fußbodens vom vordersten bis zum achtersten Ende mehr als 5 m beträgt, so ist die Strecke anstatt in vier in sechs gleiche Teile zu teilen, und anstatt 5 sind 7 Breiten zu messen. Dann werden die 2., 4., 6. Breite mit 4, die 3. und 5. mit 2 multipliziert. Zur Summe dieser Produkte wird die 1. und 7. Breite hinzugezählt. Die Gesamtsumme wird mit ein Drittel des Abstandes der einzelnen Breiten voneinander multipliziert.

Anlage V.

Auszug.
Verordnung, betreffend Führung und Behandlung des Schiffstagebuches.

Gegeben in der Versammlung des Senats, Hamburg, den 21. März 1904 (auf Grund einer Vereinbarung der deutschen Seeuferstaaten).

Anlage III: Zusammenstellung der Vorschriften über die Führung und Behandlung **des vom Kapitän zu führenden** Schiffstagebuches.

II.

Inhalt des Tagebuches.	In das Tagebuch sind insbesondere einzutragen: C. Im eintretenden Falle:
Beschaffenheit des Schiffes u. der Ausrüstungsgegenstände.	7. die beim Kapitän angebrachte Beschwerde eines Schiffsmannes über Seeuntüchtigkeit des Schiffes unter genauer Angabe des Sachverhalts (Seemannsordnung § 99). Dem Beschwerdeführer ist auf Verlangen eine Abschrift der Eintragung auszuhändigen. Die Unterlassung wird mit Geldstrafe bis zu Mk. 150.— oder mit Haft bestraft (Seemannsordnung § 114 Nr. 12). Im Falle von gleichartigen Beschwerden beim Seemannsamte (Seemannsordnung § 58) hat dieses das Ergebnis der Untersuchung in das Schiffstagebuch einzutragen;
Wasser, Proviant und Heilmittel.	14. jede Einnahme von Trinkwasser, tunlichst mit kurzer Angabe der Herkunft des Wassers (Tagebuchverordnung § 1 c Nr. 4); 15. eine Kürzung der Rationen oder eine Änderung hinsichtlich der Wahl der Speisen und Getränke mit der Angabe, wann, aus welchem Grunde und in welcher Weise sie eingetreten ist (Seemannsordnung § 57 Abs. 1 und 2); 16. die beim Kapitän angebrachte Beschwerde eines Schiffsmannes über ungenügenden oder verdorbenen Proviant unter genauer Angabe des Sachverhalts (Seemannsordnung § 99). Dem Beschwerdeführer ist auf Verlangen eine Abschrift der Eintragung auszuhändigen. Die Unterlassung wird mit Geldstrafe bis zu Mk. 150.— oder mit Haft be-

straft (Seemannsordnung § 114 Nr. 12). Im Falle von gleichartigen Beschwerden beim Seemannsamte (Seemannsordnung § 58) hat dieses das Ergebnis der Untersuchung in das Schiffstagebuch einzutragen;

17. das Ergebnis der vorgeschriebenen Prüfung der Arzneimittel, der sonstigen Hilfs- und der Lebensmittel zur Krankenpflege (§ 14 der Verordnung vom 30. November 1898 über die Ausrüstung der Kauffahrteischiffe mit Hilfsmitteln zur Krankenpflege und die Mitnahme von Schiffsärzten);

18. die vorgekommenen Geburts- und Sterbefälle (Handelsgesetzbuch § 520 Abs. 3, Gesetz über die Beurkundung des Personenstandes und die Eheschließung vom 6. Februar 1875, § 61 ff., § 68), wobei die Zeitangaben nach der bürgerlichen mittleren Zeit des Ortes, an welchem das Schiff zur Zeit der Geburt oder des Sterbefalles sich befindet, zu machen und die in der hier angehängten Anweisung zusammengestellten näheren Bestimmungen zu beachten sind; *Personalverhältnisse an Bord.*

27. jeder Unfall, durch welchen eine auf dem Fahrzeuge beschäftigte Person auf der Reise getötet wird oder eine Körperverletzung erleidet, die eine völlige oder teilweise Arbeitsunfähigkeit von mehr als drei Tagen oder den Tod zur Folge hat, nebst kurzer Beschreibung des Unfalls (Seeunfallversicherungsgesetz § 65 Abs. 1). Nach den Bekanntmachungen des Reichsversicherungsamts vom 23. Dezember 1887 und 1. Oktober 1900 (Amtliche Nachrichten des Reichsversicherungsamts 1888 S. 8, 1900 S. 710) hat die Beschreibung des Unfalls in einem besonderen Anhange zum Tagebuch (Unfallsjournal — $\frac{§\ 6}{§\ 5}$ Abs. 2 der Unfallverhütungsvorschriften —) zu geschehen, während in das Tagebuch selbst nur ein kurzer, auf den Unfall bezüglicher Vermerk, bei gleichzeitigem Hinweis auf die betreffende Seite des Anhanges aufzunehmen ist. Für die Beschreibung und den Anhang sind besondere Formulare vorgeschrieben. Der Kapitän hat dem Seemannsamte, bei welchem es zuerst geschehen kann, eine von ihm beglaubigte Abschrift der Eintragung zu übergeben oder aber das Tagebuch zur Entnahme einer Abschrift gegen Rückgabe binnen 24 Stunden vorzulegen. Zuwiderhandlungen unterliegen einer Geldstrafe bis zu Mk. 300 (Seeunfallversicherungsgesetz §§ 65, Abs. 3, 144); *Gesundheitliche Fürsorge.*

28. Erkrankungen, wenn sie bei einer auf dem Schiffe beschäftigten Person eine Arbeitsunfähigkeit von mehr als drei Tagen oder wenn sie den Tod des Erkrankten oder dessen Ausschiffung zur Folge haben, nebst einer kurzen Beschreibung der Krankheitserscheinungen. Die Eintragung ist nicht erforderlich, wenn die Erkrankung von dem Schiffsarzt in das von ihm zu führende Tagebuch eingetragen ist (Tagebuchverordnung § 1 c Nr. 5);

29. alle an Bord ausgeführten, dem Auftreten von Aussatz, Cholera, Fleckfieber, Gelbfieber, Pest und Pocken vorbeugenden Maßnahmen sowie die gegen die Weiterverbreitung dieser Krankheit gerichteten Vorkehrungen (Tagebuchverordnung § 1 c Nr. 6);

30. alle von den Gesundheitsbehörden der auf einer Reise berührenden Hafenplätze vorgenommenen Besichtigungen, Untersuchungen, Desinfektionen, Ausschiffungen usw. (Tagebuchverordnung § 1 c Nr. 7);

Besondere Fürsorge für Auswanderer.

31. ein die Gründe angebender Vermerk über die etwa notwendig gewordene Verringerung der Beköstigungsmengen für die Auswanderer, der vom Kapitän, dessen Stellvertreter und dem etwa vorhandenen Proviantverwalter zu unterzeichnen ist. Der Vermerk ist sofort einzutragen (§ 70 Nr. 6 der Vorschriften über Auswandererschiffe).

Anlage VI.

Anweisung für das nach der Bekanntmachung des Reichskanzlers vom 3. Juli 1905, betreffend Krankenfürsorge auf Kauffahrteischiffen, vom Schiffsarzte zu führende Tagebuch.

(Gültig für die in Hamburg verkehrenden deutschen Schiffe.)

Auf allen deutschen Schiffen, welche einen Schiffsarzt an Bord haben, soll nach § 14 der Bekanntmachung des Reichskanzlers vom 3. Juli 1905, betreffend Krankenfürsorge auf Kauffahrteischiffen, von dem Schiffsarzte ein Verzeichnis der von ihm behandelten Kranken mit Angabe der Krankheit, sowie ein T a g e b u c h über hygienisch oder sonst ärztlich wichtige Wahrnehmungen und Maßnahmen geführt werden. Nach Beendigung der Reise sind diese Schriftstücke der örtlichen Medizinalbehörde zuzustellen, und zwar so rechtzeitig, daß sie der Behörde vor der nach Absatz 1 des obigen Paragraphen der genannten Bekanntmachung erforderlichen p e r s ö n l i c h e n Meldung des Arztes nach der Beendigung seiner R e i s e vorliegen.

In Hamburg werden die im § 14 der oben angeführten Bekanntmachung genannten Funktionen der örtlichen Medizinalbehörde nach der Verordnung des Senats vom 22. Dezember 1905 vom H a f e n a r z t (Bureau im Seemannskrankenhause, Sprechzeit von $12\,^{1}/_{2}$—2 Uhr) wahrgenommen.

Das Tagebuch soll dem Hafenarzte eine zuverlässige Übersicht über die sanitären Verhältnisse während der Reise gewähren. Tägliche Eintragungen sind nicht nötig, dagegen soll das Tagebuch enthalten:

1. kurze Krankengeschichten aller Fälle von I n f e k t i o n s - k r a n k h e i t e n während der Reise, nebst Angaben über die mutmaßliche Entstehung der einzelnen Fälle (Zusammenhang mit dem Landverkehr, mit den Verhältnissen an Bord u. dgl.);
2. Angaben über Maßnahmen des Schiffsarztes zur V e r - h ü t u n g der Weiterverbreitung der ad 1 be-

richteten Krankheiten an Bord (Isolierung, Desinfektionen, Impfungen, Überwachung der Gesunden usw.);
3. Bericht über **gesundheitspolizeiliche Maßnahmen im Verkehr mit dem Lande**, sei es, daß diese Maßnahmen vom Schiffe (eigene Vorsichtsmaßregeln) oder von den Behörden auf dem Lande (Ausschiffungen, Quarantänemaßregeln, Desinfektionen usw.) ausgehen;
4. zu den Infektionskrankheiten, über die berichtet werden soll, sind auch **Malaria, Beri-Beri** und **Dysenterie** zu zählen. Erwünscht sind ferner Angaben über **Schwarzwasserfieber** und seinen Zusammenhang mit Chinindarreichung;
5. Bericht über alle übrigen **exotischen** oder in **anderer Hinsicht interessanten Krankheitsfälle**;
6. Bericht über seemännische **Betriebskrankheiten** (Skorbut, Nachtblindheit, Hitzschlag, Herzaffektionen und andere Heizerkrankheiten);
7. Bericht über anderweite **Krankheitsfälle**, deren **Ursache in Schiffsverhältnissen** liegt (gehäufte Darmkatarrhe, allgemeine Ernährungsstörungen, Nahrungsmittelvergiftungen, Metallvergiftungen, Hautaffektionen u. dgl.);
8. Bericht über die **tödlichen Unfälle**, sowie über diejenigen, die Folgen über die Betroffenen nach sich ziehen können, und über **Selbstmorde** an Bord;
9. Bericht über Entbindungen an Bord.

Ferner sind erwünscht: Angaben über die Erfahrungen des Schiffsarztes bezüglich seiner Ausrüstung mit Arzneien, Instrumenten und sonstigen Hilfsmitteln zur Krankenpflege, über die Lage und Einrichtung der Apotheke, des Lazaretts, die Unterkunft von Kranken überhaupt, ferner über die Wohnräume für die Passagiere und Mannschaften an Bord, über die Trinkwasserversorgung und Verpflegung usw. usw., endlich auch über die Verhältnisse in auswärtigen Häfen (allgemeine Hygiene, Gesundheitszustand, Trinkwasserversorgung, Krankenhauswesen), soweit sie dem Schiffsarzt von Interesse erscheinen.

Auf den Schiffen, die Zwischendecksreisende nach solchen Staaten bringen, welche für diese Leute den Nachweis der erfolgten Impfung oder der überstandenen Pockenkrankheit fordern, sind einige Angaben über den Erfolg der Impfung sehr erwünscht, und zwar:
1. Anzahl der in Betracht kommenden Reisenden (wenn möglich nach Geschlecht: Männer, Frauen, Kinder unter 15 Jahren, Säuglinge unter 1 Jahr, und nach Nationalitäten getrennt);
2. Anzahl der von der Impfung Ausgeschlossenen, nebst kurzer Angabe des Grundes (ob Pocken überstanden, ob jüngst geimpft, ob krank u. dgl.);
3. Anzahl der Geimpften (unter Berücksichtigung der ad 1 gegebenen Einteilung).

4. Anzahl der mit Erfolg Geimpften,
5. Anzahl der erfolglos Geimpften;
6. Bemerkungen.

(Diese Angaben sollen hauptsächlich zur fortlaufenden Kontrolle des an Bord gelieferten Impfstoffes dienen).

Hamburg, den 1. Januar 1906.

Dr. Nocht, Hafenarzt.

Anmerkung.

Die Herren Schiffsärzte werden ersucht, wenn sich Gelegenheit dazu bietet, Präparate von exotischen Krankheiten, Parasiten und Parasitenwirten und sonstige interessante Objekte aus dem Gebiete der exotischen Menschen- und Tierpathologie für das Hamburger Institut für Schiffs- und Tropenkrankheiten zu sammeln und mitzubringen. Die dafür erwachsenen Auslagen werden zurückerstattet.

Anlage VII.

Auszug aus der Bekanntmachung, betreffend Krankenfürsorge auf Kauffahrteischiffen. Vom 3. Juli 1905.

Auf Grund der Bestimmungen im § 56 Abs. 2 in Verbindung mit § 4 der Seemannsordnung vom 2. Juni 1902 (Reichs-Gesetzbl. S. 175) hat der Bundesrat die nachstehenden Vorschriften über Krankenfürsorge auf Kauffahrteischiffen erlassen:

§ 1.

Kauffahrteischiffe sind mit Arznei- und anderen Hilfsmitteln, sowie mit Lebensmitteln zur Krankenpflege nach den anliegenden Verzeichnissen Ia, Ib, II, III gemäß nachfolgender Bestimmungen auszurüsten.

§ 5.

Für Reisen, auf welchen nach § 13 ein Schiffsarzt an Bord sein muß, hat die Ausrüstung nach dem Verzeichnisse III zu erfolgen.

Die im Verzeichnisse III mit einem Sterne bezeichneten Mittel dürfen auf solchen Schiffen fehlen, auf welchen Kinder oder Frauen nicht eingeschifft sind und voraussichtlich nicht eingeschifft werden.

Die nach Bestimmung der Landesregierung zuständige Behörde, im Auslande der Konsul, ist befugt, nach Anhörung des Reeders erforderlichenfalls eine Vermehrung der Arznei- und anderen Hilfsmittel nach Art und Menge anzuordnen.

Die Bestimmungen in Abs. 1, 2 gelten auch für Reisen, auf welchen Schiffe einen Schiffsarzt mitnehmen, ohne daß eine Verpflichtung hierzu gemäß § 13 besteht; jedoch kann in diesem Falle die nach Abs. 3 zuständige Behörde, im Auslande der Konsul, auf Antrag bestimmte Ermäßigungen in der Ausrüstung gestatten.

§ 6.

Die Ausrüstung hat der Reeder und, wenn sie während der Reise zu vervollständigen ist, der Kapitän zu besorgen.

§ 7.

Die Arzneimittel sind unter Beachtung der auf Grund des § 6 der Gewerbeordnung erlassenen Kaiserlichen Verordnungen, den

Verkehr mit Arzneimitteln betreffend, im Inlande zu beziehen; sie müssen den Anforderungen des Arzneibuches für das Deutsche Reich entsprechen, soweit nicht eine andere Zusammensetzung in den Arzneimittelverzeichnissen vorgesehen ist. In Notfällen ist die Beschaffung von Arzneimitteln im Auslande zulässig.

Die anderen Hilfsmittel müssen von der in deutschen Krankenhäusern üblichen brauchbaren und dauerhaften Beschaffenheit sein.

§ 8.

Die Arznei- und anderen Hilfsmittel zur Krankenpflege sind in einem besonders eingerichteten Arzneischranke, der tunlichst in einem wohlverwahrten Raume sich befinden soll, oder wenigstens in einer Arzneikiste übersichtlich geordnet und gegen Beschmutzung, Feuchtigkeit und sonstige schädliche Einflüsse geschützt, aufzubewahren und unter Verschluß zu halten. Der Schlüssel ist jederzeit an Bord aufzubewahren.

Die im Verzeichnisse III mit einem Kreuze versehenen Mittel sind in einem besonderen verschließbaren Giftschrank oder sonst geeigneten Behältnis aufzubewahren. Der Arzt hat sie unter Verschluß zu halten und den Schlüssel sicher zu verwahren.

Sieht sich der Kapitän genötigt, im Ausland Arzneimittel an Bord zu nehmen, welche abweichend von der im Deutschen Arzneibuche vorgeschriebenen Zubereitung hergestellt oder nach fremdländischem Gewicht abgeteilt sind, so sind sie, entsprechend bezeichnet, in einer besonderen Abteilung des Arzneischrankes (der Arzneikiste) bzw. des Giftschrankes aufzubewahren.

§ 9.

In dem Arzneischranke (der Arzneikiste) muß sich ein gut leserlicher, übersichtlicher, auf einer Papptafel oder auf steifem Papier hergestellter Abdruck des für das Schiff gültigen Verzeichnisses von Arznei- und anderen Hilfsmitteln zur Krankenpflege einschließlich der in dem entsprechenden Verzeichnisse gegebenen Weisungen befinden.

§ 10.

Alle Arzneimittelbehältnisse müssen mit deutlichen Aufschriften versehen sein. Sie sind,
> wenn sie nicht stark wirkende Mittel enthalten, mit schwarzer Schrift auf weißem Grunde,
> wenn sie Mittel enthalten, welche in Tabelle B des Arzneibuches für das Deutsche Reich aufgeführt sind, mit weißer Schrift auf schwarzem Grunde,
> wenn sie Mittel enthalten, welche in Tabelle C daselbst aufgeführt sind, mit roter Schrift auf weißem Grunde

zu bezeichnen.

Standgefäße für Mineralsäuren dürfen mittels Radier- oder Ätzverfahrens hergestellte Aufschriften haben.

Auf Schiffen ohne Schiffsarzt sind den Arzneimittelbehältnissen kurze gedruckte Anweisungen über den Gebrauch und über etwa zu beobachtende Vorsichtsmaßregeln entsprechend den in den Verzeichnissen Ia, Ib, II enthaltenen Weisungen beizufügen.

Lichtempfindliche Mittel sind in Standgefäßen aus gelbem Glase, Vegetabilien in Gläsern oder Blechdosen aufzubewahren. Die Aufbewahrung von Arzneimitteln in Papierbeuteln ist verboten, falls diese Beutel nicht wieder in besonderen Standgefäßen oder Blechdosen liegen. Bei abgeteilten Pulvern ist jede Einzelgabe mit einer deutlich aufgedruckten, den Inhalt angebenden Aufschrift zu versehen.

In Vorratskisten befindliche Arzneimittel sind wie die in dem Arzneischranke (der Arzneikiste) befindlichen zu bezeichnen und aufzubewahren. Jede solche Kiste muß ein Inhaltsverzeichnis enthalten.

§ 11.

Flaschen, Kruken und andere Behältnisse, in denen Arzneien an Kranke abgegeben werden, müssen mit deutlichen Aufschriften versehen sein; es sind ihnen tunlichst Anweisungen über den Gebrauch und über etwa zu beobachtende Vorsichtsmaßregeln entsprechend den in den Verzeichnissen Ia, Ib, II enthaltenen Weisungen beizugeben.

Bei der Abgabe eines äußerlich anzuwendenden Mittels ist ein roter Zettel mit der Aufschrift „Äußerlich" aufzukleben.

§ 12.

Bei einer Besatzung von mehr als zehn Mann sind für Reisen in großer Fahrt die Schiffe jeder Größe, für Reisen in mittlerer Fahrt die Schiffe von mehr als 3000 cbm Bruttoraumgehalt mit einem ruhig belegenen, luftigen und hellen Krankenraum auszustatten. Der Krankenraum muß bei einer Besatzung bis zu 30 Mann mindestens eine Koje von mindestens gleicher Größe, Lage und Ausstattung wie die Kojen des Mannschaftslogis, bei größerer Besatzung mindestens zwei solcher Kojen enthalten.

Die nach Bestimmung der Landesregierung zuständige Behörde ist befugt, für Schiffe, deren Bau vor dem 1. Oktober 1905 in Auftrag gegeben worden ist, Ausnahmen oder Erleichterungen von dieser Vorschrift zuzulassen.

Die Belegung des Krankenraums mit Kranken hat nach der vom Kaiserlichen Gesundheitsamte herausgegebenen „Anleitung zur Gesundheitspflege auf Kauffahrteischiffen" zu erfolgen.

Auf Schiffen, die nicht gemäß § 13 mit einem Schiffsarzte zu besetzen sind, darf der Krankenraum, wenn er nicht belegt ist, anderweit benutzt werden; er muß aber vor jeder Belegung mit Kranken gründlich gelüftet und gereinigt werden.

§ 13.

Für Reisen in mittlerer oder großer Fahrt sind Kauffahrteischiffe, welche mehr als 50 Reisende oder insgesamt mehr als 100 Personen während einer Seereise von mindestens sechs aufeinanderfolgenden Tagen beherbergen sollen oder voraussichtlich beherbergen werden, mit einem zur unentgeltlichen Behandlung der Schiffsbesatzung sowie der Reisenden 3. Klasse und der Zwischendecker verpflichteten, im Deutschen Reiche approbierten Arzte zu besetzen.

§ 14.

Der Schiffsarzt hat sich vor dem Antritte der Reise bei der nach Bestimmung der Landesregierung zuständigen Behörde, im Auslande bei dem Konsul, vorzustellen und seine Verwendbarkeit darzulegen. Die Behörde, im Auslande der Konsul, ist befugt, die Verwendung eines ungeeigneten Schiffsarztes zu untersagen. Nach Beendigung jeder Reise, und zwar vor der Abmusterung, hat sich der Schiffsarzt bei der bezeichneten Behörde, im Auslande bei dem Konsul, wiederum persönlich zu melden.

Während der Reise hat der Schiffsarzt ein Verzeichnis der von ihm behandelten Kranken mit Angabe der Krankheit, sowie ein Tagebuch über hygienisch oder sonst ärztlich wichtige Wahrnehmungen und Maßnahmen an Bord zu führen und dem Kapitän vorzulegen. Nach Beendigung jeder Reise sind diese Schriftstücke seitens des Reeders oder des Kapitäns der im Abs. 1 bezeichneten amtlichen Stelle tunlichst so zeitig zuzustellen, daß sie ihr vor der gemäß Abs. 1 erfolgenden persönlichen Meldung des Schiffsarztes vorliegen.

§ 15.

Mindestens einmal im Jahre hat der Reeder die Ausrüstung durch einen von der zuständigen Landesbehörde für diesen Zweck bezeichneten, im Deutschen Reiche approbierten Arzt prüfen und dabei feststellen zu lassen, ob die Ausrüstung den bestehenden Vorschriften genügt; der Prüfung ist dasjenige Verzeichnis zugrunde zu legen, welches gemäß §§ 1 bis 5 der nächstbevorstehenden Reise entspricht. Hierbei soll, soweit erforderlich, ein von der zuständigen Landesbehörde für diesen Zweck bezeichneter Apotheker zugezogen werden. Dies hat jedenfalls zu geschehen, wenn es sich um eine Ausrüstung nach Verzeichnis III. handelt.

Über den Befund ist eine Bescheinigung auszustellen, in welcher die etwa vorhandenen Mängel anzugeben sind und zu vermerken ist, welches Verzeichnis der Prüfung zugrunde gelegen hat.

Die nach Abs. 2 erforderlichen Bescheinigungen sind vom Kapitän aufzubewahren und auf Verlangen der Behörde, im Auslande dem Konsul, vorzulegen.

Findet die Prüfung der Ausrüstung an Bord statt, so ist mit ihr eine Besichtigung der Krankenräume, sowie eine Einsichtnahme in das Schiffstagebuch und in die im § 14 Abs. 2 erwähnten Schriftstücke zu verbinden.

Reeder und Kapitän haben den Prüfenden jede Erleichterung zu gewähren. Über die erfolgte Prüfung ist ein Vermerk in das Schiffstagebuch aufzunehmen.

Bleibt das Schiff länger als ein Jahr im Auslande, so hat der Kapitän die Prüfung zu geeigneter Zeit im Einvernehmen mit dem

Konsul in sinngemäßer Anwendung der Vorschriften dieses Paragraphen vornehmen zu lassen. Die auszustellende Bescheinigung ist vom Konsul zu visieren.

Die für die Prüfung von den Schiffen zu erhebenden Gebühren werden von der Landesregierung festgestellt, im Auslande von dem Konsul für den Einzelfall bestimmt.

§ 16.

Unbeschadet dieser amtlichen Prüfung und Besichtigung hat der Kapitän — falls ein Schiffsarzt angemustert ist, dieser — vor dem Antritt einer jeden Reise von voraussichtlich mehr als vierwöchiger Dauer, mindestens aber alle drei Monate zu prüfen, ob die Arznei- und anderen Hilfsmittel, sowie die Lebensmittel zur Krankenpflege für die weitere Reise noch in genügender Menge und Beschaffenheit vorhanden sind und ihre Vervollständigung rechtzeitig zu veranlassen. Die Prüfung hat sich insbesondere auch auf den Verschluß der Standgefäße und den Zustand der Instrumente zu erstrecken.

Das Ergebnis der Prüfung ist in das Schiffstagebuch einzutragen.

§ 17.

Der Reichskanzler ist ermächtigt, im Einverständnisse mit der Landesregierung Ausnahmen von diesen Vorschriften zuzulassen.

§ 18.

Diese Vorschriften treten am 1. Januar 1906 — für diejenigen Schiffe, welche bis zum 1. Dezember 1905 einen deutschen Hafen (§ 6 Abs. 2 der Seemannsordnung) nicht besuchen, einen Monat nach Ankunft in einem solchen, spätestens am 1. Juli 1906 — in Kraft.

Mit demselben Zeitpunkte treten die entsprechenden landesrechtlichen Vorschriften außer Kraft. Unberührt bleiben die landesrechtlichen Vorschriften, soweit sie sich auf die Mitnahme und Verabreichung von Zitronensaft und die Verpflegung der Schiffsmannschaft nach der vorgeschriebenen Speiserolle beziehen.

Berlin, den 3. Juli 1905.

Der Reichskanzler.
In Vertretung:
Graf von Posadowsky.

Verzeichnis III.

(Vgl. § 5 der Bekanntmachung, betr. Krankenfürsorge.)

1. Arzneimittel.

Die Arzneimittel dürfen, soweit es möglich ist, in Tablettenform mitgenommen werden.

Lateinische Bezeichnung unter Berücksichtigung des Arzneibuchs für das Deutsche Reich.	Deutsche	Menge.	Bemerkungen.	Engl. Bezeichnung unter Berücksichtigung der British Pharmacopoeia von 1898.
Acidum boricum pulveratum	Borsäure	50 g	—	Powdered Boric Acid.
Acidum hydrochloricum dilutum	verdünnte Salzsäure	100 g	—	Diluted Hydrochloric Acid.
† Acidum nitricum[1])	Salpetersäure	30 g	Reagens	Nitric Acid.
Acidum tannicum	Gerbsäure	50 g	—	Tannic Acid.
Aether	Äther	100 g	—	Ether.
Aethylum chloratum	Äthylchlorid	50 g	in Metalltuben oder in Glasröhren mit Metallverschluß	Ethyl Chloride.
Alumen pulveratum	Kali-Alaun	200 g	—	Powdered Alum.
† Apomorphinum hydrochloricum (0,1 g)	Apomorphinhydrochlorid	3 Röhrchen	in Glasröhrchen zu 0,1 g	Apomorphine Hydrochloride.
Aqua Calcariae	Kalkwasser	500 g	—	Solution of Lime.
Aqua destillata	destilliertes Wasser	1000 g	—	Distilled Water.
† Argentum nitricum fusum	Silbernitrat	5 g	—	Moulded Silver Nitrate.
† Atropinum sulfuricum solutum cum acido borico (1 + 3 : 100)	Atropinsulfatlösung	25 g	—	Atropine Sulphate 1 part, Boric Acid 3 parts, Distilled Water 96 parts.
Balsamum Copaïvae	Kopaivabalsam	100 g	in Substanz oder in Kapseln zu 0,5 g	Copaiba.
Balsamum peruvianum cum Spiritu āā	Perubalsamlösung	400 g	—	Balsam of Peru, Alcohol (90 per cent) 1 part of each.
Benzinum Petrolei	Petroleumbenzin	400 g	—	Petroleum Spirit.
Bismutum subgallicum	Basisches Wismutgallat	100 g	als Jodoformersatz	Bismuth Subgallate.

[1]) Betreffs der mit einem † versehenen Mittel vgl. § 8, Abs. 2 der Bekanntmachung betr. Krankenfürsorge auf Kauffahrteischiffen v. 3. Juli 1905 (Anl. 7).

Lateinische Bezeichnung unter Berücksichtigung des Arzneibuchs für das Deutsche Reich.	Deutsche	Menge.	Bemerkungen.	Engl. Bezeichnung unter Berücksichtigung der British Pharmacopoeia von 1898.
Bismutum subnitricum	Basisches Wismutnitrat	100 g	—	Bismuth Oxynitrate.
(Chartae amylaceae)[1]	Oblaten[1]	400 Stück	—	Wafers.
Chininum hydrochloricum (1 g)	Chininhydrochlorid	200 Pulver, für Reisen von voraussichtlich kürzerer als 35 tägiger Dauer 100 Pulver	—	Quinine Hydrochloride.
†Chloralum hydratum	Chloralhydrat	100 g	—	Chloral Hydrate.
†Chloroformium	Chloroform	200 g	in mehreren, je für eine Narkose berechneten Portionen, mindestens aber in 3 Gläsern	Chloroform.
†Cocaïnum hydrochloricum	Cocainhydrochlorid	3 g	—	Cocaine Hydrochloride.
Collodium elasticum	Elastisches Kollodium	50 g	—	Flexible Collodion.
†Cuprum sulfuricum	Kupfersulfat	30 g	in Krystallen (in mehreren Stücken)	Copper Sulphate.
Elixir e Succo Liquiritiae	Brustelixir	250 g	—	Extract of Liquorice 1 part, Fennel Water 3 parts, Anisated Solution of Ammonia 1 part.
Emplastrum adhaesivum cum Cautschuc paratum	Kautschuk-Heftpflaster	5 m lang, 3 cm breit und 5 m lang, 10 cm breit, je 2 Spulen	—	Spread Resin Plaster prepared with Indiarubber.
Emplastrum adhaesivum anglicum	Englisches Heftpflaster	200 qcm	—	Sticking-Plaster (Court-Plaster).
Extractum Filicis	Farnextrakt	25 g	in Gläschen zu je 5 g; jährlich zu erneuern	Liquid Extract of Male Fern.
*Extractum Secalis cornuti fluidum[2]	Mutterkorn-Fluidextrakt	20 g	—	Liquid Extract of Ergot.
Flores Chamomillae	Kamillen	250 g	—	Chamomile Flowers.

[1]) Die Mitnahme von Oblaten kann unterbleiben, wenn Chininhydrochlorid und Natriumsalicylat in Tablettenform mitgenommen werden.

[2]) Betreffs der mit einem * versehenen Mittel vgl. Nachtrag 1, Abs. 2 zu Anlage 7.

Lateinische Bezeichnung unter Berücksichtigung des Arzneibuchs für das Deutsche Reich.	Deutsche	Menge.	Bemerkungen.	Engl. Bezeichnung unter Berücksichtigung der British Pharmacopoeia von 1898.
†Folia Digitalis (0,1 g)	Fingerhutblätter	25 Pulver	jährlich zu erneuern	Digitalis Leaves.
*Fructus Foeniculi	Fenchel	200 g	—	Fennel Fruit
Glycerinum	Glycerin	200 g	—	Glycerin.
Gummi arabicum pulveratum	Arabisches Gummi	100 g	—	Gum Acacia.
†Hydrargyrum chloratum (0,3 g)	Quecksilberchlorür	60 Pulver	ohne Zucker zu dispensieren	Mercurous Chloride.
†Hydrargyrum chloratum (0,01 g) cum Saccharo Lactis (0,3 g)	Quecksilberchlorür mit Milchzucker	60 Pulver	halbjährlich zu erneuern	Mercurous Chloride 0,01 g (one centigramme) Milk Sugar 0,3 g.
†Hydrargyrum oxydatum via humida paratum	Gelbes Quecksilberoxyd	10 g	—	Yellow Mercuric Oxide.
†Jodoformium	Jodoform	25 g	—	Jodoform.
Kalium bromatum	Kaliumbromid	100 g	—	Potassium Bromide.
Kalium chloricum	Kaliumchlorat	200 g	—	Potassium Chlorate.
†Kalium jodatum	Kaliumjodid	200 g	—	Potassium Jodide.
Kalium permanganicum	Kaliumpermanganat	25 g	—	Potassium Permanganate.
*Kindermehlpräparate		6 Büchsen	jährlich zu erneuern	Infants Foods.
†Kreosotum cum Spiritu āā	Kreosotlösung	20 g	—	Creosote and Alcohol (90 per cent) 1 part of each.
Liquor Aluminii acetici cum acido tartarico (95 + 5)	Aluminiumacetatlösung	500 g	—	Solution of Aluminium Acetate (containing 7,5—8 per cent Aluminium Acetate, $Al_2(CH_3CO_2)_4(OH)_2$) and of Tartaric Acid (95 + 5).
Liquor Ammonii anisatus	Anetholhaltige Ammoniakflüssigkeit	100 g	—	Anisated Solution of Ammonia (Oil of Anise 1 part, Alcohol (90 per cent) 24 parts, Solution of Ammonia 5 parts).
Liquor Ammonii caustici	Ammoniakflüssigkeit	150 g	—	Solution of Ammonia.
Liquor Cresoli saponatus	Kresolseifenlösung	1000 g	—	Crude Cresol and Soft Soap 1 part of each.
Liquor Ferri sesquichlorati	Eisenchloridlösung	50 g	—	Solution of Ferric Chloride (Specific Gravity 1,280—1,282).
Liquor Kalii acetici	Kaliumacetatlösung	100 g	—	Solution of Potassium Acetate (33 per cent).
†Liquor Kalii arsenicosi	Fowlersche Lösung	25 g	—	Arsenical Solution.

Lateinische Bezeichnung unter Berücksichtigung des Arzneibuchs für das Deutsche Reich.	Deutsche	Menge.	Bemerkungen.	Engl. Bezeichnung unter Berücksichtigung der British Pharmacopoeia von 1898.
†Liquor Plumbi subacetici	Bleiessig	200 g	—	Strong Solution of Lead Subacetate.
*Lycopodium	Bärlappsamen	25 g	—	Lycopodium.
Magnesium sulfuricum	Magnesiumsulfat	2000 g	—	Magnesium Sulphate.
†Methylsulfonalum (1 g)	Methylsulfonal	20 Pulver	—	Methylsulphonal.
†Morphinum hydrochloricum (0,01 g) cum Saccharo Lactis (0,5 g)	Morphiumpulver	40 Pulver	—	Morphine Hydrochloride 0,01 g (one centigramme), Milk Sugar 0,5 g.
†Morphinum hydrochloricum cum Aqua destillata (1 + 49)	Morphiumhydrochloridlösung	50 g	in einer weithalsigen Flasche	Morphine Hydrochloride 1 part, Distilled Water 49 parts.
Natrium bicarbonicum	Natriumbicarbonat	500 g	—	Sodium Bicarbonate.
Natrium salicylicum (1 g)	Natriumsalicylat	200 Pulver	—	Sodium Salicylate.
Oleum camphoratum	Kampferöl	25 g	—	Camphor 1 part, Olive Oil 9 parts.
Oleum Ricini	Ricinusöl	2000 g	—	Castor Oil.
†Pastilli Hydrargyri bichlorati (1 g)	Sublimatpastillen	50 Pastillen	je 1 g Hydrargyrum bichloratum enthaltend	Pastils of Corrosive Sublimate.
†Phenacetinum (0,5 g)	Phenacetin	100 Pulver	—	Phenacetin.
Pilulae laxantes (Extractum Aloës, Extractum Rhei, Sapo jalapinus, Radix Rhei āā 7,5 g)	Abführpillen	150 Pillen	—	Extract of Barbados Aloes, Extract of Rhubarb, Soap of Jalap (hard Soap in powder and Jalap Resin 1 part of each) and Rhubarb Root 7,5 g of each 150 pills.
†Pulvis Ipecacuanhae opiatus (0,5 g)	Doversches Pulver	40 Pulver	—	Compound Powder of Ipecacuanha.
*Pulvis Liquiritae compositus	Brustpulver	100 g	—	Compound Powder of Liquorice.
*Pulvis Magnesiae cum Rheo	Kinderpulver	30 g	—	Powdered Light Magnesium Carbonate 50 parts, Refined Sugar 35 parts, Oil of Fennel 0,7 parts, powdered Rhubarb Root 15 parts.

Lateinische Bezeichnung unter Berücksichtigung des Arzneibuchs für das Deutsche Reich.	Deutsche	Menge.	Bemerkungen.	Engl. Bezeichnung unter Berücksichtigung der British Pharmacopoeia von 1898.
Pulvis salicylicus cum Talco	Salicylstreupulver	400 g	—	Powdered Salicylic Acid 3 parts, fine powdered Talc 87 parts, fine powdered Wheat Starch 10 parts.
Pyrazolonum phenyldimethylicum (1 g)	Phenyldimethylpyrazolon	30 Pulver	—	Phenyldimethylisopyrazolone.
†Radix Ipecacuanhae pulverata (1 g)	Brechwurzel	20 Pulver	—	Powdered Ipecacuanha Root.
Sal Carolinum factitium	Künstliches Karlsbader Salz	1000 g	—	Exsiccated Sodium Sulphate 44 parts, Potassium Sulphate 2 parts, Sodium Chloride 18 parts, Sodium Bicarbonate 36 parts.
	Schutzpockenlymphe	50 Portionen	in Röhrchen zu je 5 Portionen; vor jeder Reise zu erneuern und an einem kühlen, dunklen Orte aufzubewahren	Animal Limph.
*Serum antidiphthericum	Diphtherie-Heilserum	5000 Einheiten	in 5 Fläschchen zu je 1000 Einheiten; jährlich zu erneuern	Diphtheria Serum.
Solutio Nylander	Nylandersches Reagens	100 g	Bereitungsvorschrift; 2 g basisches Wismutnitrat und 4 g Kaliumnatriumtartrat werden mit Natronlauge (10,33 Prozent Natriumhydroxyd enthaltend) auf 100 ccm aufgefüllt. Die Mischung wird erwärmt und von etwa ungelöst bleibenden Teilen durch Filtrieren befreit	Nylanders Solution: Bismuth Oxynitrate 2 g, Sodium Potassium Tartrate 4 g and sufficient Solution of Sodium Hydroxide (10,33 per cent) to produce 100 cubiccentimeters.
Spiritus	Weingeist	750 g	—	Alcohol (90 per cent).

Lateinische Bezeichnung unter Berücksichtigung des Arzneibuchs für das Deutsche Reich.	Deutsche	Menge.	Bemerkungen.	Engl. Bezeichnung unter Berücksichtigung der British Pharmacopoeia von 1898.
Spiritus aethereus	Ätherweingeist	100 g	—	Ether 1 part, Alcohol (90 per cent) 3 parts.
Spiritus camphoratus	Kampferspiritus	500 g	—	Camphor 1 part, Alcohol (90 per cent) 7 parts, Distilled Water 2 parts.
Spiritus saponato-camphoratus	Flüssiger Opodeldok	500 g	—	Liniment of Soap 190 parts, Solution of Ammonia 10 parts.
Spiritus Sinapis	Senfspiritus	100 g	—	Volatile Oil of Mustard 2 parts, Alcohol (90 per cent) 98 parts.
Tinctura Chinae composita	Zusammengesetzte Chinatinktur	100 g	—	Red Cinchona Bark 6 parts, Dried Bitter-Orange Peel 2 parts, Gentian Root 2 parts, Cinnamon Bark 1 part, Alcohol (70 per cent) 50 parts.
†Tinctura Jodi	Jodtinktur	50 g	—	Jodine 1 part, Alcohol (90 per cent) 10 parts.
†Tinctura Opii simplex	Einfache Opiumtinktur	100 g	—	Tincture of Opium.
Tinctura Rhei vinosa	Weinige Rhabarbertinktur	150 g	—	Wine of Rhubarb (British Pharmacopoeia 1885).
†Tinctura Strophanthi	Strophanthustinktur	25 g	—	Strophantus Seeds 1 part, Alcohol (70 per cent) 10 parts.
Tinctura Valerianae aetherea	Ätherische Baldriantinktur	50 g	—	Valerian Rhizome 10 parts, Ether 12,5 parts, Alcohol (90 per cent) 37,5 parts.
Unguentum Acidi borici	Borsalbe	400 g	—	Boric Acid Ointment.
Unguentum Hydrargyri cinereum	Graue Quecksilbersalbe	200 g	—	Mercury Ointment 2 parts, Lard 1 part. Mix.
Unguentum Paraffini	Paraffinsalbe	400 g	—	White Paraffin Ointment.
Unguentum Zinci	Zinksalbe[1]	100 g	—	Zinc Ointment.
†Zincum sulfuricum (1,0 g)	Zinksulfat	60 Pulver	—	Zinc Sulphate.

2. Desinfektionsmittel.

Liquor Cresoli saponatus	Kresolseifenlösung	20 g	—	Crude Cresol and Soft Soap 1 part of each.

[1]) Statt der Zinksalbe darf Zinkpasta mitgenommen werden.

3. Andere Hilfsmittel zur Krankenpflege.

Gegenstand.	Menge.	Bemerkungen.
a) Apothekengeräte.		
⁰Meßgefäße[1])	2 Stück	1 größeres zu 100 ccm, 1 kleineres zu 25 ccm mit ccm-Einteilung.
⁰Handwage mit Gewichten	1 Stück	von 10 g Tragfähigkeit.
Trichter	1 Stück	aus Glas.
⁰Mörser	1 Stück	aus Porzellan.
⁰Salbenspatel	1 Stück	—
⁰Horn- oder Knochenlöffel	2 Stück	von Teelöffelgröße.
Tropfgläser	6 Stück	—
Medizingläser	50 Stück	in verschiedenen Größen bis zu 200 ccm Inhalt.
Korke	100 Stück	—
Salbenkruken	6 Stück	—
*Milchflaschen	10 Stück	—
⁰Holz- oder Blechschachteln	20 Stück	—
⁰Pappschachteln	20 Stück	—
⁰Zettel, rote, mit der Aufschrift „Äußerlich"	100 Stück	zum Aufkleben auf die Arzneigefäße.
⁰Zettel, weiße	100 Stück	desgleichen.
⁰Papierbeutel	100 Stück	—
⁰Spirituslampe	1 Stück	—
⁰Filtrierpapier	4 Bogen	—
⁰Reagenspapier, rotes und blaues	je 1 Buch	—
Reagensgläser	6 Stück	—
b) Krankengeräte.		
⁰Waschschalen	2 Stück	—
⁰Flache viereckige Instrumentenschalen	3 Stück	—
Eiterbecken	2 Stück	—
Eisbeutel	3 Stück	—
Wasserdichter Stoff	3 m	—
Ölleinwand oder dergleichen	2 m	—
⁰Einnehmegefäße	2 Stück	—
⁰Trinkrohre	2 Stück	von Glas.
⁰Spülgefäße	2 Stück	mit je 2 Gummischläuchen, 2 Zwischenhähnen, 1 Wund und 1 Klystierspitze.
⁰Steckbecken	2 Stück	—
⁰Urinflaschen	2 Stück	männlich.
⁰Tragbeutel	12 Stück	—
⁰Bruchbänder	5 Stück	2 rechtsseitige, 2 linksseitige und ein doppelseitiges.
*Sauger	10 Stück	—
c) Verbandmittel.		
Gipsbinden	20 Stück	etwa 5 m lang, 8 cm breit, in verlöteten Dosen.
Verbandwatte	3 kg	in mehreren Paketen, davon die Hälfte sterilisiert.
Ungeleimte Watte	1 kg	in mehreren Paketen.
Jodoformgaze	2 qm	—
Verbandmull	20 m	in mehreren Paketen, davon die Hälfte sterilisiert.
Flanellbinden	12 Stück	etwa 5 m lang, 8 cm breit.

[1]) Betreffs der mit ⁰ bezeichneten Gegenstände vgl. Nachtrag 1, Abs. 3 zu Anl. 7.

Gegenstand.	Menge.	Bemerkungen.
Mullbinden	100 Stück	etwa 5 m lang, 8 cm breit.
Kleisterbinden	10 Stück	—
Mitellen	4 Stück	—
Verbandtücher	4 Stück	—
Kleine Drahtschienen	2 Stück	für Armverbände.
Volkmannsche T-Schienen	2 Stück	—
Holzschienen (einschließlich Spaltschienen)	6 Stück	—
Pappe	3 Bogen	—
Sicherheitsnadeln	2 Schachteln	—
⁰ Verbandschere	1 Stück	—

d) Ärztliche Geräte und Instrumente.

Die Instrumente sind in besonderen Kasten aufzubewahren; Metallteile müssen tunlichst vernickelt sein.

Gegenstand.	Menge.	Bemerkungen.
Maximalthermometer[1])	3 Stück	—
⁰ Stethoskop	1 Stück	—
⁰ Perkussionshammer	1 Stück	—
⁰ Plessimeter	1 Stück	—
⁰ Handbürsten	3 Stück	—
⁰ Chloroformierapparat	1 Stück	—
⁰ Pravazsche Spritzen	3 Stück	—
⁰ Reservekanülen dazu	6 Stück	—
⁰ Tripperspritzen	12 Stück	aus starkem Glase, mit kurzer, stumpfer Spitze und Lederstempel.
⁰ Gummi-Katheter	6 Stück	Nelatonsche oder Jacques-Patent.
⁰ Bougies	3 Stück	—
⁰ Gummischlauch mit großem Glastrichter	1 Stück	zu Magenausspülungen (1 m lang).
⁰ Schlundstößer	1 Stück	—
⁰ Grätenfänger	1 Stück	—
⁰ Reflektor mit Stirnbinde	1 Stück	—
⁰ Zungenspatel	2 Stück	—
⁰ Ohrentrichter	1 Stück	—
⁰ Belocqsches Röhrchen	1 Stück	—
⁰ Haarpinsel	10 Stück	—
⁰ Rachenpinsel	2 Stück	—
⁰ Trachealkanülen	2 Stück	—
⁰* Spritze für Diphtherie-Heilserum	1 Stück	—
⁰ Esmarchscher Schlauch mit Binde	1 Stück	—
⁰ Induktionsapparat	1 Stück	nebst Vorräten zum Nachfüllen.
⁰ Zahnzangen	5 Stück	nach englischer Art.
⁰ Gerade Skalpelle	2 Stück	
⁰ Knopfmesser	1 Stück	oder gleichartige Instrumente in Bistouriform.
⁰ Sichelmesser	1 Stück	
⁰ Gerade Schere	1 Stück	—
⁰ Coopersche Schere	1 Stück	—
⁰ Scherenförmige Arterienpinzetten	2 Stück	—
⁰ Anatomische Pinzette	1 Stück	—
⁰ Hakenpinzette	1 Stück	—
⁰ Knopfsonde	1 Stück	—
⁰ Hohlsonde	1 Stück	—
⁰ Myrtenblattsonde	1 Stück	—

[1]) Empfohlen werden Minuten-Maximalthermometer.

Gegenstand.	Menge.	Bemerkungen.
⁰Spatel	1 Stück	—
⁰Höllensteinhalter	1 Stück	—
⁰Wundnadeln	6 Stück	—
⁰Katgut	2 Fläschchen	—
⁰Seide (Nr. 2 und Nr. 3)	2 Pakete	—
⁰Nadelhalter	1 Stück	—
⁰Scharfer Löffel	1 Stück	—
⁰Feine Korneallanzette	1 Stück	—
⁰Feiner Augenmeißel	1 Stück	—
⁰Impffedern	100 Stück	oder 3 Impflanzetten mit ausglühbarer Platiniridiumspitze.
⁰Kleines Rasiermesser	1 Stück	—
⁰Großes Messer	1 Stück	⎫
⁰Mittleres Messer	1 Stück	⎪
⁰Scharfe vierzinkige Haken	2 Stück	⎪
⁰Scherenförmige Arterienpinzetten	4 Stück	⎪
⁰Große Säge	1 Stück	⎬ zu Amputationszwecken.
⁰Stichsäge	1 Stück	⎪
⁰Schneidende Knochenzange	1 Stück	⎪
⁰Knochenmeißel	1 Stück	⎪
⁰Troikart	1 Stück	⎪
⁰Wundnadeln	6 Stück	⎪
⁰Seide (Nr. 2 und Nr. 3)	2 Pakete	⎭
⁰*Zange	1 Stück	⎫
⁰*Perforatorium	1 Stück	⎪
⁰*Haken	1 Stück	⎬ zur Geburtshilfe.
⁰*Katheter	1 Stück	⎪
⁰*Seidene Schlingen	2 Stück	⎭
⁰*Lange Kugelzange	1 Stück	—
⁰*Lange Kornzange	1 Stück	—
⁰*Lange Klemmpinzette	1 Stück	—
⁰*Kürette	1 Stück	—
⁰*Uterusröhre zum Ausspülen	1 Stück	—
⁰*Hohlrinnenspekula	1 Satz (3 Stück)	—

e) Bücher.

⁰Krankenverzeichnis.
⁰Ärztliches Tagebuch.
⁰Arzneibuch für das Deutsche Reich. Neueste Ausgabe.
⁰Anleitung zur Gesundheitspflege auf Kauffahrteischiffen usw. Neueste Ausgabe.
⁰Ein Lehrbuch der Tropenkrankheiten.[1])

---

[1]) Nur bei Reisen südlich des 30. Grades nördlicher Breite.

4. Lebensmittel zur Krankenpflege.

Gegenstand.[1]	Menge: Bis zu 15, auf Dampfern bis zu 20 Köpfen.	Menge: Über 15, auf Dampfern über 20 Köpfe.	Bemerkungen.
Sago (Tapioca)	3 kg	5 kg	in Büchsen zu $^1/_2$ kg oder 1 kg einzulöten oder in luftdicht schließende Flaschen zu füllen. Je trockner die Substanz, je dichter die Verpackung, um so größer ist die Haltbarkeit.
Hafergrütze	3 kg	5 kg	desgleichen.
Kondensierte Milch	3 kg	5 kg	—
Fleischpepton (Fleischextrakt)	3 kg	3 kg	nur wo gutes Fleischpepton nicht zu haben ist, werde es durch das gewöhnliche Liebigsche Fleischextrakt ersetzt.
Bier, pasteurisiertes	75 Flaschen	150 Flaschen	gegen Skorbut.
Portwein	9 Flaschen	9 Flaschen	—
Guter Rotwein	9 Flaschen	15 Flaschen	—

Nachtrag 1 zu Anlage VII.

Aus der Bekanntmachung des Reichskanzlers vom 20. Dezember, betreffend Vorschriften über Auswandererschiffe.

1. Ziffer 4 „Lebensmittel zur Krankenpflege für Kauffahrteischiffe" kommt bei Auswandererschiffen in Wegfall.
2. Die mit einem Stern versehenen Mittel sind von Auswandererschiffen unter allen Umständen mitzuführen.
3. Auf Auswandererschiffen müssen, falls mehr als 500 Personen einschließlich der Schiffsbesatzung an Bord sind, sämtliche Gegenstände, mit Ausnahme der mit einem Kreis (^{0}) bezeichneten, in doppelter Menge oder Anzahl mitgenommen werden.

---

[1]) Die Bestände an Sago, Hafergrütze, Milch, Fleischpepton und Bier sind jährlich zu erneuern; auf Reisen in mittlerer Fahrt brauchen Bier, Portwein und Rotwein nicht mitgenommen zu werden.

Nachtrag 2 zu Anlage VII.

Bekanntmachung, betreffend Krankenfürsorge auf Kauffahrteischiffen.

Auf Grund und zur Ausführung der in der Bekanntmachung des Reichskanzlers, betreffend Krankenfürsorge auf Kauffahrteischiffen, vom 3. Juli 1905 (RGBl. S. 568) enthaltenen, am 1. Januar 1906 — für diejenigen Schiffe, welche bis zum 1. Dezember 1905 einen Hafen des Reichsgebiets nicht besuchen, einen Monat nach Ankunft in einem solchen, spätestens am 1. Juli 1906 — in Kraft tretenden Vorschriften des Bundesrats hat der Senat bestimmt und wird hiermit zur öffentlichen Kunde gebracht, was folgt:

1. Im hamburgischen Staatsgebiete werden die im § 5 Abs. 3, 4 und im § 14 Abs. 1 der Vorschriften erwähnten behördlichen Funktionen vom Hafenarzt und die im § 12 Abs. 2 und im § 15 Abs. 1 erwähnten vom Medizinalkollegium wahrgenommen.

2. Für die Prüfung der Ausrüstung mit Arznei- und anderen Hilfsmitteln sowie mit Lebensmitteln zur Krankenpflege werden von den Schiffen die folgenden Gebühren erhoben

   a) bei Ausrüstung nach den Verzeichnissen Ia oder Ib,
      wenn die Prüfung im Geschäftszimmer des Arztes vorgenommen wird . . . . Mk. 3
      wenn sie an Bord stattfindet . . . . . . „ 9
   b) bei Ausrüstung nach dem Verzeichnis II,
      wenn die chemisch-pharmazeutische Untersuchung einzelner Arzneimittel nicht notwendig wird Mk. 9
      wenn eine solche stattfindet . . . . „ 19
   c) bei Ausrüstung nach dem Verzeichnis III . . . „ 30

Für die Ausstellung des Befundscheines wird keine besondere Gebühr erhoben.

Gegeben in der Versammlung des Senats, Hamburg, den 22. Dezember 1905.

Anlage VIII.

Geschäftsordnung für die Auskunftstelle des Deutschen Ärztevereinsbundes für die Besetzung ärztlicher Stellen im Auslande und auf deutschen Schiffen.

1. Zweck der Auskunftstelle.

Die Auskunftstelle für ärztliche Vakanzen im Auslande und auf deutschen Schiffen stellt sich die Aufgabe, die Besetzung solcher Stellen mit geeigneten ärztlichen Kräften zu vermitteln und den Kollegen alles Wissenswerte über die einschlägigen Verhältnisse mitzuteilen.

Der Geschäftsausschuß des Deutschen Ärztevereinsbundes ist berechtigt, zu den Sitzungen der Auskunftstelle einen Delegierten zu entsenden.

2. Zusammensetzung der Auskunftstelle.

Die Auskunftstelle besteht aus fünf Mitgliedern, von denen vier Ärzte sein und drei der Hamburgischen Ärztekammer angehören müssen.

Die Mitglieder werden jedesmal von der Hamburgischen Ärztekammer auf zwei Jahre gewählt. Wiederwahl ist gestattet. Für ein während der Amtsdauer ausscheidendes Mitglied wählt die Ärztekammer nach Anhörung der Vorschläge der Auskunftstelle einen Ersatz für den Rest der Amtsdauer.

Die Mitglieder der Auskunftstelle verwalten ihr Amt ehrenamtlich. Sie wählen unter sich einen Vorsitzenden, einen stellvertretenden Vorsitzenden, einen Schriftführer, einen stellvertretenden Schriftführer, einen Kassenwart. Der Vorsitzende vertritt die Auskunftstelle nach außen, zeichnet die Veröffentlichungen im Auftrage der Auskunftstelle und nimmt die Meldung der Vakanzen und der Bewerbungen entgegen. Einer der Schriftführer führt in den Sitzungen das Protokoll. Der Kassenwart verwaltet die Kasse. Er legt in der ersten Sitzung eines jeden Jahres Rechnung ab.

3. Errichtung der Auskunftstelle.

Die Auskunftstelle hat im „Ärztlichen Vereinsblatte" und in den verbreitetsten medizinischen Zeitschriften ihre Errichtung veröffentlicht. Der Herr Reichskanzler hat sich auf Antrag des Geschäftsausschusses des Deutschen Ärztevereinsbundes bereit erklärt, den kaiserlichen Konsuln von der Errichtung der Auskunftstelle Kenntnis zu geben und etwaige von den Konsuln gemeldete ärztliche Vakanzen im Auslande in geeigneten Fällen der Auskunftstelle mitzuteilen.

Auch den Hamburger, Bremer, Oldenburger, Preußischen und Mecklenburger Reedern, sowie sonstigen geeigneten Stellen des In- und Auslandes, Universitäten etc. wird die Errichtung der Auskunftstelle mitgeteilt.

4. Geschäftsgang der Auskunftstelle.

A. Die durch Behörden oder Private der Auskunftstelle mitgeteilten Vakanzen im Auslande werden im ärztlichen Vereinsblatte und bei Bedarf auch in anderen medizinischen Zeitschriften zwecks Bewerbung in der Weise veröffentlicht, daß nur das Land, in dem eine Vakanz eintritt, genannt wird.

Die Auskunftstelle informiert sich möglichst authentisch über Rentabilität, Bedingungen, Reisekosten und Klima und teilt diese Informationen den Bewerbern mit.

Die Ärzte haben bei der Bewerbung ihren Geburtsschein, die ärztliche Approbation, einen Lebenslauf nach festgesetztem Schema, etwaige Zeugnisse und Referenzen beizubringen und haben die entstehenden baren Auslagen zu ersetzen.

Die Bewerbungsschreiben der Ärzte und die Meldungen der Vakanzen gehen an den Vorsitzenden der Auskunftstelle, der die Personalien der Bewerber nach dem Datum ihrer Bewerbung in eine Liste einträgt und die nötigen Erkundigungen einzieht. Falls hierbei Zweifel an der Möglichkeit der Zulassung entstehen, zirkulieren die gesamten Papiere unter den Mitgliedern der Auskunftstelle, die ihre Ansicht über die Angelegenheit schriftlich äußern. Vorkommenden Falls entscheidet die absolute Stimmenmehrheit, bei Stimmengleichheit die Stimme des Vorsitzenden.

Die Auskunftstelle ist verpflichtet, über jeden Bewerber an amtlicher Stelle Auskünfte einzuziehen.

B. Die Bewerbungen der Ärzte um eine Schiffsarztstelle geschieht durch Einsendung des Geburtsscheins, der ärztlichen Approbation (oder beglaubigter Abschrift), des Lebenslaufes nach festgesetztem Schema, einiger Photographien, unter Beifügung etwaiger Zeugnisse oder Referenzen, sowie einer Einschreibegebühr von 5 Mk., welche verfällt, wenn eine Anstellung durch Schuld des Bewerbers nicht zustande kommt.

Die Bewerbungsschreiben gehen an den Vorsitzenden, der mit ihnen wie bei A verfährt und die Personalien den Reedereien mitteilt.

Die Mitglieder der Auskunftstelle erhalten etwaige Auslagen ersetzt.

Über die Tätigkeit der Auskunftstelle wird jährlich der Hamburger Ärztekammer und dem Geschäftsausschuß des Deutschen Ärztevereinsbundes ein Bericht erstattet, dem eine genaue Übersicht über die Einnahmen und Ausgaben beizufügen ist.

Anlage IX.

Entwurf einer Ausrüstung für Schiffsärzte zur mikroskopisch-bakteriologischen Diagnose
(nebst Anmerkungen dazu).

a) Für mikroskopische Untersuchungen:
- 1 Mikroskop mit Zubehör,
- 6 Uhrgläser,
- 200 geschliffene Objektträger in 4 Metallbüchsen,
- 2 Präparatengläschen mit Korkstopfen, enthaltend je 100 Deckgläschen in Alkohol,
- 3 graduierte Reagensgläser,
- 2 Pinzetten nach Cornet,
- 2 „ nach Ehrlich,
- 2 Präpariernadeln,
- 200 Block Fließpapier in Blechbüchse,
- 2 viereckige Glasflaschen mit eingebranntem Schild und Schrift, gefüllt mit Alkohol absolutus,
- 2 Tropfflaschen mit eingebranntem Schild und Schrift enthaltend Giemsa'sche Farblösung,
- 1 viereckige Glasflasche mit eingebranntem Schild und Schrift, enthaltend Methylenblaulösung,
- 1 dito, enthaltend Carbolfuchsin,
- 1 dito, enthaltend Xylol,
- 2 Tuben Kanadabalsam,
- 1 Metallbüchse mit dosierten Pulvern, die Hälfte davon enthaltend je 1 gr. Methylenblau, die andere Hälfte enthaltend je $2^1/_2$ gr. Borax.

b) Zur Blutentnahme:
- 1 Metallbüchse mit 20 Blutentnahmefedern,
- 1 Recordspritze[1]) nach Seitz zu 15 ccm mit einer längeren starken und einer kürzeren, feinen Kanüle — zur Entnahme von Blut aus einer Vene und zur probatorischen Drüsen und Leberpunktion —
- 2 Kanülen[1]) mit Mandrin in Glasröhren — zur Entnahme von Blut aus einer Vene —.

---

[1]) Die Spritze ist vor dem Gebrauch durch Auskochen in $0,9^0/_0$ Kochsalzlösung zu sterilisieren. Die von dieser Kochflüssigkeit etwa im Innern der Spritze zurückbleibenden, kleinen Feuchtigkeitsreste sind unschädlich.

c) Zum Anlegen von Blutkulturen:
  2 Satz Glasschalen nach Petri[1]),
  6 Erlenmeyer'sche Kölbchen[1])
  1 Dreifuß aus Messing, zusammenlegbar[1])
  1 Drahtnetz[1]),
  24 zugeschmolzene Reagensröhrchen nach Giemsa, mit Agarnährboden gefüllt.

d) Zum Anstellen von Agglutinationsprüfungen:
  1 Typhus Diagnostikum nach Ficker,
  1 Peratyphus Diagnostikum A⎫
  1   „   „   B⎭ nach Merck,
  6 unten zugespitzte, enge, aber starkwandige Röhrchen nach Muster[2]),
  2 Dutzend U-förmige Kapillarröhrchen nach Muster, in einem Pappkasten[2]).

e) Verschiedenes.
  1 viereckige Glasflasche mit Schild und Schrift, enthaltend Kaliumquecksilberjodidlösung[3]),
  1 desgleichen mit Terpentinöl[4]),
  1 viereckige Pulverflasche mit Schild und Schrift, enthaltend Guajakharz[4]),
  1 Hämoglobinskala nach Tallquist,
  2 Platinösen in Präparatengläschen mit Korkstopfen,

---

[1]) Petrischalen und Erlenmeyersche Kölbchen usw. werden an Bord am einfachsten in folgender Weise sterilisiert:
In einem genügend großen Kochtopf (Kombüse) stellt man den messingnen Dreifuß auf und füllt den Topf bis zur halben Höhe des Dreifußes mit Wasser. Der Dreifuß wird mit dem Drahtnetz bedeckt. Auf das Drahtnetz bringt man die zu sterilisierenden Schalen und Kölbchen, die Kölbchen werden vorher mit einem Watteverschluß versehen. Dann stellt man den Topf auf ein offenes Feuer (Kombüse), legt den Topfdeckel auf und läßt eine Stunde sieden. (Giemsa.)

[2]) Vgl. S. 181.

[3]) Zum Nachweise von Chinin im Harn. In vielen Fällen, namentlich aber, wenn Chininpräparate angewendet werden müssen, über deren Zuverlässigkeit — sei es der Präparate an sich oder in bezug auf die Form der Anwendung — Zweifel zu hegen sind, ist es von größter Wichtigkeit zu prüfen, ob Chinin im Harn ausgeschieden wird (vgl. auch S. 99). Der Nachweis von Chinin im Harn durch ein besonderes Reagens (Thalleiochinreaktion) verlangt eine vorherige Isolierung des Alkaloids und ist demnach für unsere Zwecke zu umständlich.

Wir sind indessen, wenn andere Alkaloide nicht in Frage kommen, imstande, die Chininausscheidung im Harn durch ein allgemeines Alkaloidreagens nachzuweisen. Unter ihnen nimmt das Kaliumquecksilberjodid in saurer Lösung die erste Stelle ein, welches mit Chininlösungen gelbliche Niederschläge gibt und selbst noch geringste Chininspuren durch Trübung der Lösung anzeigt.

Um die Reaktion vorzunehmen, gießt man zu einigen Kubikzentimetern erkalteten Harn im Reagierglas 5—10 Tropfen Kaliumquecksilberjodidlösung.

Entsteht eine Trübung oder ein Niederschlag und hat die Kochprobe die Abwesenheit von Albumin ergeben, so ist nur Alkaloid anwesend. Der Niederschlag löst sich in diesem Fall beim Kochen auf und fällt beim Erkalten wieder aus.

War die Kochprobe positiv ausgefallen, so kocht man auf und filtriert noch heiß in ein anderes Reagierglas von dem unlöslichen Eiweißniederschlag ab.

Ist Alkaloid anwesend, so wird sich nunmehr im Filtrat beim Abkühlen ein Niederschlag ausscheiden, der sich beim Wiedererhitzen, im Gegensatz zu dem vorigen, völlig löst. Im anderen Falle bleibt das Filtrat auch nach dem Abkühlen klar. (Giemsa.)

[4]) Vgl. S. 103.

2 anatomische Pinzetten[1]),
2 Skalpelle[1]),
2 Scheeren[1]),
1 Schreibdiamant,
1 Farbstift.
leere Reagensgläser,
Fließpapier,
leere Flaschen und Präparatengläser,
1 Metallbüchse mit Etiketten,
1 Schachtel Streichhölzer,
1 Poliertuch für Deckgläschen,
1 vernickelte Spiritustaschenlampe,
leere Deckglasschachteln.

---

[1]) zur Sektion kleinerer Tiere z. B. pestverdächtiger Ratten.

Anlage X.

Auszug aus der Internationalen Pariser Sanitäts- konvention 1903.

Titre I,
Dispositions générales

Chapitre I.
Prescriptions à observer par les pays signataires de la Convention dès que la peste ou le cholera apparaît sur leur territoire

Section I. — Notification et communications ultéri- eures aux autres pays

Article premier-Chaque Gouvernement doit notifier immé- diatement aux autres Gouvernements la première apparition sur son territoire de cas avérés de peste ou de choléra.

Art. 2. — Cette notification est accompagnée ou très promp- tement suivie de renseignements circonstanciés sur

1^0 l'endroit où la meladie est apparue;

2^0 le date de son apparition, son origine et sa forme;

3^0 le nombre des cas constatés et celui des décès;

4^0 pour la peste: l'existence, parmi les rats ou les souris, de la pesteou d'une mortalité insolite;

5^0 les mesures immédiatement prises à la suite de cette première apparition.

Art. 7. — La notification d'un premier cas de peste ou de choléra n'eintraîne pas contre la circonscription territoriale où il s'est produit, l'application des mesures prévues au chapitre II ci-après.

Mais, lors'que plusieurs cas de peste non importés se sont manifestés ou que les cas de choléra forment foyer, la circonscription est déclarée contaminée.

Art. 8. — Pour restreindre les mesures aux seules regions atteintes les Gouvernements ne doivent les appliquer qu'aux prove- nances des circonscriptions contaminées.

On entend par le mot „circonscription" une partie de territoire bien déterminée dans les renseignements qui accompagnent ou suivent la notification, ainsi: une province, un „gouvernement" un district, un département, un canton, une île, une commune, une ville, un quartier de ville, un village, un port, un polder, une agglomération, etc., quelles que soient l'étendue et la population de ces portion de territoire.

Mais cette restriction limitée à la circonscription contaminée ne doit être accepté qu'à la condition formelle que le Gouvernement du pays contaminée prenne les mesures nécessaires 1^0 pour prévenir, à moins de désinfection préalable, l'exportation des objets visés aux 1^0 et 2^0 de l'article 12, provenant de la circonscription contaminée et 2^0 pour combattre l'extension de l'épidémie.

Quand une circonscription est contaminée, aucune mésure restrictive n'est prises contre les provenances de cette circonscription, si ces provenances l'ont quittée cinq jours au moins avant le début de l'épidémie.

Chapitre II.

Section II. — Marchandises — Désinfection — Importation et transit Bagages

Art. 11. — Il n'existe pas de marchandises qui soient par ellesmêmes capables de transmettre la peste ou le choléra. Elle ne deviennent dangereuses qu'au cas où elles ont été souillées par les produits pesteux ou cholériques.

Art. 12. — La désinfection ne peut être appliquée qu'aux marchandises et objets que l'autorité sanitaire locale considère comme contaminés.

Toutefois, les marchandises ou objets énumérés ci-après peuvent être soumis à la désinfection ou mêmes prohibés à l'entrée, indépendamment de toute constatation qu'ils seraient ou non contaminées:

1^0 les linges de corps, hardes et vêtements portés (effets à usage), les literies ayant servi.

2^0 Lorsque ces objets sont transportés comme bagage ou à la suite d'un changment de domicile (effets d'installation), ils ne peuvent être prohibés et sont soumis au régime de l'article 19.

Les paquets laissés par les soldats et les matelots et renvoyés dans leur patrie après décès, sont assimilés aux objets compris dans le premier alinéa du 1^0.

2^0 Les chiffons et drilles, à l'exception quant au choléra, des chiffons comprimés qui sons transportés comme marchandises en gros par balots cerclés.

Ne peuvent être interdits les déchets neufs provenant directement d'ateliers de filature, de tissage, de confection ou de blanchiment; les laines artificielles (Kunstwolle, Shoddy) et les rognures de papier neufs.

Art. 17. — Les marchandises, arrivant par terre ou par mer, ne peuvent être retenues aux frontières ou dans les ports.

Les seules mesures qui soient permis de prescrire à leur égard sont spécificiées dans l'article 12 ci-dessus.

Toutefois, si des marchandises, arrivant per mer en vrac ou dans des emballages défectueux, on été, pendant la traversée, contaminées par des rats reconnus pesteux et si elles ne peuvent être désinfectées, la destruction des germes peut être assurée par leur mise en dépôt pendant une durée maxima de deux semaines.

Il est entendu que l'application de cette dernière mesure ne doit entraîner aucun délai pour le navire ni des frais extraordinaires résultant du défaut d'entrepôts dans les ports.

Art. 19. — **Bagages** — La désinfection du linge sale, des hardes, vêtements et objets qui font partie de bagages ou de mobiliers (effets d'installation) provenant d'une circonscription territoriale déclarée contaminée, n'est effectuée que dans les cas où l'autorité sanitaire les considère comme contaminés.

Section III. — **Mesures dans les ports et aux frontières de mer**

Art. 20. — **Classification des navires** — Est considéré comme **infecté** le navire qui a la peste ou le choléra à bord ou pui a présenté un ou plusieurs cas de peste ou de choléra depuis sept jours.

Est considéré comme **suspect** le navire à bord duquel il y a eu des cas de peste ou de choléra au moment du départ ou pendant la traversée, mais aucun cas nouveau depuis sept jours.

Est considéré comme **indemne**, bien que venant d'un port contaminé, le navire qui n'a eu ni décès ni cas de peste ou de choléra à bord, soit avant le départ, soit pendant la traversée, soit au moment de l'arrivée.

Art. 21. — Les navires **infectés de peste** sont soumis au régime suivant:

1⁰ visite médicale;

2⁰ les malades sont immédiatement débarqués et isolés;

3⁰ les autres personnes doivent être également débarquées si possible, et soumises à dater de l'arrivée, soit à une observation (1) qui ne dépassera pas cinq jours et pourra être suivie ou non d'une surveillance (1) de cinq jours au plus, soit simplement à une surveillance (1) qui ne pourra excéder dix jours.

Il appartient à l'autorité sanitaire du port d'appliquer celle de ces mesures qui lui paraît préférable selon la date du dernier cas, l'état du navire et les possibilités locales;

4⁰ le linge sale, les effets à usage et les objets de l'équipage (2) et des passagers qui, de l'avis de l'autorité sanitaire, sont considéré comme contaminés seront désinfectés;

5⁰ les parties du navire qui ont été habitées par des pesteux ou, qui de l'avis de l'autorité sanitaire, sont considérées comme contaminées, doivent être désinfectées;

6⁰ la destruction des rats du navire doit être effectuée avant ou après le déchargement de la cargaison, le plus rapidement possible et, en tout cas, dans un délai maximun de quarante-huit

---

(¹) Le mot „observation" signifie: isolement des voyageurs soit à bord d'un navire, soit dans une station sanitaire, avant qu'ils n'obtiennent la libre pratique.

Le mot „surveillance" signifie que les voyageurs ne sont pas isolés, qu'ils obtiennent tout de suite la libre pratique, mais sont signalés à l'autorité dans les diverses localités où ils se rendent et soumis à un examen médical constatant leur état de santé.

(²) Le mot „équipage" s'applique aux personnes qui font ou ont fait partie de l'équipage ou du personnel du service du bord, y compris les maîtres d'hôtel, garcon, cafedji etc. C'est dans ce sens qu'il faut comprendre ce mot chaque fois, qu'il est employé dans la présente Convention.

heures, en évitant de détériorer les marchandises, les tôles et les machines.

Pour les navires sur lest, cette opération doit se faire le plus tôt possible avant le chargement.

Art. 22. — Les navires suspects de peste sont soumis aux mesures qui sont indiquées sous les nos. 1^0, 4^0 et 5^0 de l'article 21.

En outre l'équipage et les passagers peuvent être soumis à une surveillance qui ne dépassera pas cinq jours à dater de l'arrivée du navire. On peut, pendant le même temps, empêcher le débarquement de l'équipage, sauf pour raisons de service.

Il erst recommandé de détruire les rats du navire. Cette destruction est effectuée, avant ou après le déchargement de la cargaison le plus rapidement possible et, en tout cas, dans un délai maximum de quarantehuit heures, en évitant de détériorer les marchandises, les tôles et les machines.

Pour les navires sur lest cette opération ce fera, s'il y a lieu, le plus tôt possible et, en tout cas, avant le chargement.

Art. 23. — Les navires indemnes de peste sont admis à la libre pratique immédiate, quelle que soit la nature de leur patente.

Le seul régime qui peut prescrire à leur sujet l'autorité du port d'arrivée consiste dans les mesures suivantes:

1^0 visite medicale;

2^0 désinfection du linge sale, des effets à usage et des autres objets de l'équipage et de passagers, mais seulement dans le cas exceptionel, lorsque l'autorité sanitaire a des raisons spéciales de croire à leur contamination;

3^0 sans que la mesure puisse être érigée en règle générale, l'autorité sanitaire peut soumettre les navires venant d'un port contaminé à une opération destinée à détruire les rats à bord, avant ou après le déchargement de la cargaison. Cette opération doit être faite aussitôt pue possible et, en tous cas, ne doit pas durer plus de vingt-quatre heures, en évitant de détériorer les marchandises, les tôles et les machines et d'entraver la circulation de passagers et de l'équipage entre le navire et la terre ferme. Pour les navires sur lest, il sera procédè, s'il y a lieu, cette opération le plus tôt possible et, en tout cas, avant le chargement.

Lorsqu'un navire venant d'un port contaminé a été soumis à la déstruction des rats, celle-ci ne peut être renouvelée que si le navire a fait relâche dans un port contaminé en s'y amarrant à quai, ou si la présence des rats morts ou malade est constatée à bord.

L'équipage et les passagers peuvent être soumis à une surveillance qui ne depassera pas cinq jours à compter de la date où le navire est parti du port contaminé. On peut également, pendant le même temps, empêcher le débarquement de l'équipage, sauf pour raisons de service.

L'autorité compétente du port d'arrivée peut toujours réclamer sous serment un certificat de médecin du bord, ou, à son défaut, du capitaine, attestant qu'il n'y a pas eu de cas de peste sur le navire depuis le départ et qu'une mortalité insolite des rats n'a pas été constatée.

Art. 24. — Lorsque, sur un navire i n d e m n e, des rats ont été reconnus pesteux après examen bactériologique, ou bien que l'on constate parmi les rongeurs une mortalité insolite, il y a lieu de faire application des mesures suivantes:

I. N a v i r e s a v e c r a t s p e s t e u x:

a) visite médicale;

b) les rats doivent être détruits, avant ou après le déchargement de la cargaison, le plus rapidement possible et, en tout cas, dans un délai maximum de quarante-huit heures, en évitant de détériorer les marchandises, les tôles et les machines. Les navires sur lest subissent cette opération le plus tôt possible et, en tout cas, avant le déchargement;

c) les parties du navires et les objets que l'autorité sanitaire locale juge être contaminés sont désinfectés;

d) les passagers et l'équipage peuvent être soumis à une surveillance dont la durée ne doit pas dépasser cinq jours comptés à partir de la date d'arrivée, sauf les cas exceptionels où l'autorité sanitaire peut prolonger la surveillance jusqu'à un maximum de dix jours.

II. N a v i r e s o ù e s t c o n s t a t é e u n e m o r t a l i t é i n s o l i t e
d e s r a t s:

a) visite médicale;

b) l'examen des rats au point de vue de la peste sera fait autant et aussi vite que possible;

c) si la destruction des rat est jugée nécessaire, elle aura lieu, dans les condicions indiquées ci-dessus relativement aux navires avec rats pesteux;

d) jusqu'à tout soupçon soit écarté, les passagers et l'équipage peuvent être soumis à une surveillance dont la durée ne dépassera pas cinq jours comptés à partir de la date d'arrivée, sauf dans des cas exceptionels où l'autorité sanitaire peut prolonger la surveillance jusqu'à un maximum de dix jours.

Art. 25. — L'autorité sanitaire du port délivre au capitaine, à l'armateur ou à son agent, toutes les fois que la demande en est faites, un certificat constatant que les mésures de destructions des rats ont été effectuées et indiquant les raisons pour lesquelles ces mesures ont été appliquées.

Art. 26. — Les navires i n f e c t é s d e c h o l é r a sont soumis au régime suivant:

1^0 visite médicale;

2^0 les malades sont immédiatement débarqués et isolés;

3^0 les autres personnes doivent être également débarquées, si possible, et soumises à dater de l'arrivée du navire à une observation ou à une surveillance, dont la durée variera, selon l'état sanitaire du navire et selon la date du dernier cas, sans pouvoir dépasser cinq jours;

4^0 le linge sale, les effets à usage et les objets de l'équipage et des passagers qui, de l'avis de l'autorité sanitaire du port, sont considérés comme contaminés, sont désinfectés;

5⁰ les parties du navire qui on été habitées par les malades atteints de choléra ou qui sont considérées par l'autorité sanitaire comme contaminées, sont désinfectées;

6⁰ l'eau de la cale est évacuée après désinfection.

L'autorité sanitaire peut ordonner la substitution d'une bonne eau potable à celle qui est emmagasinée à bord.

Il peut être interdit de laisser s'écouler ou de jeter dans les eaux du port les déjections humaines, à moins de désinfection préalable.

Art. 27. — Les navires suspects de choléra sont soumis aux mesures qui sont prescrites sous les nos. 1⁰, 4⁰, 5⁰ et 6⁰ de l'article 26.

L'équipage et les passagers peuvent être soumis à une surveillance qui ne doit pas dépasser cinq pours à dater de l'arrivée du navire Il. est recommandé d'empêcher, pendant le même temps, le débarquement de l'équipage, sauf pour raisons de service.

Art. 28. — Les navires indemnes de choléra sont admis à la libre pratique immédiate, quelle que soit la nature de leur patente.

Le seul régime que puisse prescrire à leur sujet l'autorité du port d'arrivée consiste dans les mesures prévues aux nos. 1⁰, 4⁰ et 6⁰ de l'article 26.

L'équipage et les passagers peuvent être soumis, au point de vue de leur état de santé, à une surveillance qui n doit pas dépasser cinq jours à compter de la date où le navire est parti du port contaminé.

Il est recommandé d'empêcher, pendant le même temps, le débarquement de l'équipage, sauf pour raisons de service.

L'autorité compétente du port d'arrivée peut toujours réclamer sous serment un certificat du médecin du bord ou, à son défaut, du capitaine attestant qu'il n'y a pas en de cas de choléra sur le navire depuis le départ.

Art. 29. — L'autorité compétente tiendra compte, pour l'application des mesures indiquées dans les articles 21 à 28, de la présence d'un médecin et d'appareils de désinfection (étuves) à bord des navires des trois catégories susmentionnées.

En ce qui concerne la peste, elle aura égard également à l'installation à bord d'appareils de destruction des rats.

Les autorités sanitaires des États auxquels il conviendrait de s'entendre sur ce point pourront dispenser de la visite médicale et d'autres mesures les navires indemnes qui aurait à bord un médecin spécialement commissionné par leur pays.

Art. 30. — Des mesures spéciales peuvent être prescrites à l'égard des navires encombrés, notamment des navires d'emigrants ou de tout autre navire offrant des mauvaises conditions d'hygiène.

Art. 31. — Tout navire qui ne veut pas se soumettre aux obligations imposées par l'autorité du port en vertu des stipulations de la présente Convention est libre de reprendre la mer.

Il peut être autorisé à débarquer ses marchandises après que les précautions nécessaires auront été prises, à savoir:

1⁰ isolement du navire, de l'équipage et des passagers;

2⁰ en ce qui concerne la peste, demande de reseignements relatifs à l'existence d'une mortalité insolite parmi les rats;

3⁰ en ce qui concerne le choléra, évacuation de l'eau de cale après désinfection et substitution d'une bonne eau potable à celle qui est emmagasinée à bord.

Il peut également être autorisé à débarquer des passagers qui en font la demande, à la condition que ceux-ci se soumettent aux mesures prescrites par l'autorité locale.

Art. 32. — Les navires d'une provenance contaminée qui ont été désinfectés et ont été l'objet de mesures sanitaires appliquées d'une façon suffisante, ne subirons pas une seconde fois ces mesures à leur arrivée dans un port nouveau, à la condition, qu'il ne se soit produit aucun cas depuis que la désinfection a été pratiquée, et qu'il n'aient pas fait escale dans un port contaminé.

Quand un navire débarque seulement de passagers et leurs bagages ou la malle postale, sans avoir été communication avec la terre ferme, il n'est pas considéré comme ayant touché le port.

Art. 33. — Les passagers arrivés par un navire infecté ont la faculté de reelamer de l'autorité sanitaire du port un certificat indiquant la date de leur arrivée et les mesures auxquelles ils sont été soumis, ainsi que leurs bagages.

Art. 34. — Les bateaux de cabotage feront l'objet d'un régime spéciale à établir d'un commun accord entre les pays interessés.

Art. 35. — Sans préjudice du droit qu'ont les Gouvernements de se mettre d'accord pour organiser des stations sanitaires communes, chaque pays doit pourvoir au moins un des ports du littoral de chacune de ses mers d'une organisation et d'un outillage suffisants pour recevoir un navire, quel que soit son état sanitaire.

Lorsqu'un navire indemne, venant d'un port contaminé, arrive des un grand port de navigation maritime, il est recommandé de ne pas le renvoyer à un autre port en vue de l'exécution des mesures sanitaires prescrites.

Dans chaque pays, les ports ouvert aux provenances de ports contaminés de peste ou de choléra doivent être outillé de telle façon, que les navires indemnes puissent y subir, des leur arrivée, les mesures prescrites et ne soient pas envoyés, à cet effet, dans un autre port.

Les Gouvernements feront connaître les ports qui sont ouverts chez eux au provenances de ports contaminés de peste ou de choléra.

Art. 36. — Il est recommandé que, dans les grands ports de navigation maritime, il soit établi:

a) un service médical régulier du port et une surveillance médicale permanente de l'état sanitaire des équipages et de la population du port;

b) des locaux appropiés à l'isolement des malades et à observation des personnes suspectes;

c) les installations nécessaires à une désinfection efficace et des laboratoires bactériologiques;

d) un service d'eau potable non suspecte à l'usage du port et l'application d'un système présentant toute la sécurité possible pour l'enlèvement des déchets et ordures.

Anweisung zum Sammeln medizinisch wichtiger Objekte auf tropischen Schiffsreisen.

Von Stabsarzt Dr. Fülleborn,
Assistent am Institut für Schiffs- und Tropenkrankheiten zu Hamburg.

Die meisten tropischen Erkrankungen sind bisher noch lange nicht eingehend genug erforscht, und es ist daher höchst wünschenswert, daß denjenigen Anstalten, deren Spezialaufgabe das Studium dieser Krankheiten ist, ein möglichst reichhaltiges Untersuchungsmaterial zugeht.

Die auf tropischen Linien angestellten Schiffsärzte werden häufig in der Lage sein, in dieser Beziehung wertvolle Objekte zu erwerben; die folgende Anweisung bezweckt, die Herren auf einige Desiderate, die speziell im Institut für Schiffs- und Tropenkrankheiten zu Hamburg erwünscht wären, hinzuweisen und einige Winke für die Konservierung des Materials zu geben. Von allen komplizierteren Konservierungsmethoden ist grundsätzlich abgesehen worden, da zu große Anforderungen an den Konservierenden erfahrungsgemäß überhaupt vom Sammeln abschrecken.

1. Pathologisch-anatomische Objekte.

Pathologisch-anatomisches Material von allen tropischen Krankheiten ist erwünscht. Freilich wird sich dem Schiffsarzte an Bord selten die Möglichkeit bieten, Obduktionen vorzunehmen; er hat jedoch vielleicht öfter Gelegenheit, solchen in den Hospitälern der Hafenstädte beizuwohnen. Überdies besitzen diese Anstalten erfahrungsgemäß häufig altes Material, das für sie wenig Wert hat und das sie zu wissenschaftlichen Zwecken auf Wunsch bereitwilligst zur Verfügung stellen.

Hat man Gelegenheit, frische pathologisch-anatomische Objekte zu konservieren, so eignet sich hierzu am besten eine $5^0/_0$ige Formalinlösung (5 Teile des käuflichen Formalins und 95 Teile gewöhnlichen Wassers) oder $70^0/_0$iger Alkohol, der zur Not auch durch nicht zu schwachen Rum, Arrak usw. ersetzt werden kann. Man achte jedoch darauf, daß nicht zu wenig Flüssigkeit auf voluminöse Organe gegossen wird, da sie sonst, zumal bei Hitze, leicht verderben. Formalin konserviert auch histologische Strukturen ziemlich gut, es hat jedoch den Nachteil, daß die damit behandelten Organe für alle Zeit die Form behalten, die sie beim Aufgießen der Formalinlösung haben, und wenn man z. B. ein Stück Haut, in einer engen Flasche zusammengepreßt, mit dieser Konservierungsflüssigkeit übergießt, so gelingt es nachträglich meist nicht mehr, sie zu Demonstrationszwecken genügend aufzuspannen; man muß den mit Formalin zu behandelnden Objekten daher in noch frischem Zustande die Form geben, die sie später haben sollen, also Haut, Därme usw. auf ein Stückchen Holz oder Kork mit Nadeln aufspannen.

Wenn es sich in erster Linie um mikroskopische Untersuchungsobjekte handelt, so sind möglichst dünne Stücke wertvoller als voluminöse, da sie besser konserviert werden. Dies gilt ebenso für Formalin wie für Alkohol.

Besser noch als Alkohol- und Formalinkonservierung ist für histologische Zwecke eine in 0,6—0,9 %iger Kochsalzlösung hergestellte konzentrierte Sublimatlösung: die höchstens 2 mm dicken Gewebsscheibchen kommen nach etwa vierstündiger Einwirkung des Sublimats in 70%igen Alkohol, dem etwas Jodtinktur (bis zur Färbung wie Portwein) zugesetzt ist.

Dem Institut für Schiffs- und Tropenkrankheiten zu Hamburg wäre besonders an Material von Lepra (ganze verstümmelte Hände resp. Füße, Hautstücke mit typischen Veränderungen usw.), Elephantiasis, Madurafuß, Framboesia, Veruga peruviana und Ainhum gelegen; jedoch ist auch alles andere hochwillkommen.

Für anthropologische Untersuchungen sind normale Gehirne fremder Rassen von hohem Werte. Sie werden am besten in 5%iger Formalinlösung konserviert. Es ist jedoch unbedingt notwendig, außer der Stammeszugehörigkeit des Individuums auch dessen Geschlecht, annäherndes Alter und Körpergröße zu vermerken, und ferner das Gewicht des frischen Gehirnes anzugeben.

II. Blutausstriche etc.

Ausstriche von gewöhnlicher Malaria besitzt das Institut in genügender Menge; jedoch sind solche mit ungewöhnlichen Parasitenformen usw. stets willkommen, ebenso auch Filarien enthaltendes Blut. Sehr erwünscht sind Ausstriche von trypanosomen- und spirochaetenhaltigem Blut und Ausstriche vom Sekret tropischer Syphilis- und Framboesiageschwüre.

(Anmerkung: Um nicht nur die Sakrophytenflora der Geschwürsoberfläche zu erhalten, muß die letztere erst mit einem trocknen Wattebausch gründlich abgerieben werden, das nachquellende Sekret wird dann zum Ausstriche benutzt.)

Die Ausstriche sind in der auf Seite 77/78 angegebenen Weise anzufertigen und werden alsdann in gut geschlossenen Gefäßen aufbewahrt, die, wenn möglich, am Boden eine Schicht von trockenem Chlorkalzium enthalten.

Werden die Ausstriche längere Zeit der Feuchtigkeit der Seeluft ausgesetzt, so verderben sie und lassen sich nicht mehr genügend färben. Handelt es sich um monatelange Seereisen in tropischen Meeren, so ist es übrigens zweckmäßig, auch den Vorrat von noch unbenutzten Objektträgern und Objektgläsern vor dem zersetzenden Einfluß des Klimas zu schützen, da die Oberfläche sonst blind wird: am sichersten schützt man die Gläser durch Aufbewahrung unter Öl, Xylol, Vaseline, Alkohol so daß die Luftfeuchtigkeit nicht einwirken kann.

III. Tropische Helminthen.

Die tropischen Helminthen sind, wie die wichtigen Entdeckungen in den letzten Jahren gezeigt haben, noch lange nicht genügend erforscht; da aber meist nur der Fachzoologe imstande ist, eine neue Art als solche zu erkennen, ist es zweckmäßig, überhaupt alle erhältlichen Helminthen sowohl von Menschen wie von Tieren, mitzubringen; zudem ist ja in den Sammlungen alles tropische Helminthenmaterial immer noch eine Rarität.

Die Konservierung der Helminthen geschieht am besten mit nach der oben für Gewebe angegebenen Methode hergestellter konzentrierter wässeriger Sublimatlösung. Es ist jedoch empfehlenswert, die lebenden Würmer sich in einem möglichst kleinen Quantum physiologischer ($0,9\%$) Kochsalzlösung ausstrecken zu lassen und dann zu der Kochsalzlösung, in der sie sich befinden, schnell ein größeres Quantum stehend heißer Sublimatlösung hinzuzufügen; die Würmer haben dann keine Zeit mehr, sich zusammenzuziehen, sondern werden in ausgebreitetem Zustande fixiert. Wenn dies zu umständlich ist, so genügt zur Konservierung für mikroskopische Zwecke auch Alkohol; man bringt den Wurm alsdann zuerst in 50%igen Alkohol, den man nach einiger Zeit durch 70%igen, dann durch 80%igen ersetzt.

Besonders erwünscht sind dem Institut Filarien (besonders Filaria Loa, die Muttertiere von Filaria bancrofti, perstans etc.) und Bilharziawürmer, ebenso auch Taenia nana und Distomum pulmonale; das Institut besitzt aber auch von den anderen tropischen Helminthen noch nicht viel. Sehr wertvoll wären auch Organe mit darin sitzenden Parasiten, z. B. Lunge mit Distomum pulmonale, Leber mit Distomum spathulatum usw.; diese Organe wären, wie oben beim pathologisch-anatomischen Material erwähnt, zu behandeln.

IV. Medizinisch wichtige Insekten.

Wegen ihrer Rolle als Krankheitsüberträger sind alle Stechmücken, Stechfliegen und Zecken von größtem Interesse; die tropischen Arten sind durchaus noch nicht alle bekannt. Ebenso sind Dasselfliegen und andere Fliegen, deren Maden im Menschen schmarotzen, willkommen, zumal, wenn außer den ausgebildeten Insekten auch Larven und Puppen eingesandt werden. Letzteres gilt natürlich auch für die stechenden Insekten.

Die Konservierung geschieht am bequemsten in ca. 80%igem Alkohol; es dürfen aber natürlich niemals größere, zumal hartschalige Tiere mit kleineren und zarten zusammengepackt werden, z. B., wie dies leider nur zu oft geschieht, Fliegen und Mücken zusammen mit Käfern und Schlangen in ein großes Alkoholgefäß geworfen werden. Die kleinen Objekte werden alsdann völlig unbrauchbar, und es ist schade um die auf das Sammeln verwandte Mühe. Man muß beim Konservieren so zarter Objekte, wie Mücken, auch dafür Sorge tragen, daß sie durch das Schütteln der Flüssigkeit beim Transporte nicht verletzt werden. Man erreicht dies am besten, wenn man etwa fingerlange, mit Alkohol gefüllte Glasröhrchen benutzt; auf den Boden kommt die Mücke oder ihrer mehrere in Alkohol zu liegen, dann schiebt man einen kleinen, in Seidenpapier gewickelten Wattebausch bis dicht oberhalb der Mücke in das Röhrchen hinein — es darf keine Luftblase unter dem Wattebausch bleiben — und füllt dieses letztere mit Alkohol, ehe man den Korken aufsetzt. Die Mücken werden alsdann, wie man sich überzeugen kann, auch beim Schütteln sehr wenig bewegt, während sie ohne diese Vorsichtsmaßregel meist mit defekten Beinen daheim ankommen; der Wattebausch muß in Seidenpapier gewickelt sein, weil sonst die Beine der Mücke an der Watte hängen bleiben würden. Für gute, dichtschließende Korken, die ein Verdunsten des Alkohols verhindern, ist natürlich Sorge zu tragen, ebenso für sorgsame Etikettierung, ohne die die Objekte sehr an Wert verlieren. (Am besten wird ein mit Bleistift beschriebenes Etikett oben in das Röhrchen gelegt und ein mit Tinte beschriebenes außen aufgeklebt.)

Freilich ist es für die zoologische Bestimmung wünschenswert, wenn die Insekten, statt in Alkohol konserviert zu werden, auf Nadeln gespießt werden; jedoch müssen sie dann sorgsam vor Insektenfraß (Naphthalin) und vor allem vor dem Verschimmeln bewahrt werden, was im tropischen Seeklima nicht immer gelingt. Man kann die Insekten auch mit Beachtung derselben Kautelen in Papierdüten (sog. Schmetterlingsdüten) verpacken oder zwischen Seidenpapier legen in leere Streichhölzerschächtelchen etc. schichten; sie trocknen alsdann zusammen, aber es gelingt dem Präparator, durch besondere Manipulationen sie für das Aufspannen wieder zu erweichen; werden die betreffenden Düten aber ohne solche Vorsichtsmaßregeln unvorsichtig geöffnet, so brechen meist die Beine und Flügel ab. Für das Trockenhalten der Insekten leistet das Chlorkalzium gute Dienste; man muß aber die Gefäße, die mit Chlorkalzium beschickt sind, absolut luftdicht verschließen, sonst zerfließt das hygroskopische Salz und die klebrige Lauge verdirbt erst recht alles. Zum Dichtmachen von Blechgefäßen leistet außer dem Verlöten auch Heftpflaster gute Dienste.

V. Gifttiere.

Spinnen, Skorpione, Tausendfüßer, Giftfische und Giftschlangen werden am besten in 70%igem Alkohol und nur im Notfalle in 5%igem Formalin konserviert. Von größeren Giftschlangen, die allzuviel Konservierungsflüssigkeit gebrauchen würden, genügen zur Not die Köpfe.

Wie oben bereits erwähnt, ist eine gute Etikettierung, die Fangort, Datum und Namen des Sammlers resp. besondere Bemerkungen zu enthalten hat, aus zoo-geographischen Gründen sehr wesentlich für den Wert der gesammelten Objekte. Man verlasse sich nie darauf, daß man diese Angaben mündlich machen will, sondern schreibe sofort alles auf. Es ist eine sich stets wiederholende Erfahrung, daß bei den vielen sich überstürzenden Eindrücken einer Reise das Gedächtnis für Kleinigkeiten im Stich läßt, und oft findet man wider Erwarten auch nicht die Gelegenheit, die notwendigen Angaben mündlich zu erstatten.

Zum Schluß sei die Bitte ausgesprochen, das Institut auch mit medizinisch interessanten Photographien zu bedenken.

Für in den üblichen Grenzen sich haltende Auslagen ist das Institut jederzeit zum Ersatze bereit. Ebenso wird ausreisenden Herren auf alle Anfragen bereitwilligst Auskunft erteilt werden, und ev. können die Herren Schiffsärzte auch Konservierungsmaterial vom Institute mit auf die Reise erhalten.

Adresse für einzusendende Sammlungsgegenstände:

Institut für Schiffs- und Tropenkrankheiten, Hamburg 9.

Personen- und Sachregister.

A.

Abdominaltyphus 178.
Aborte 13. 53. 260. 282.
Achtersteven 1.
Adzuki 166.
Agglutinierung 69. 180. 311.
Agramonte 151.
Akklimatisationszertifikat 158.
Alkoholismus 36. 39. 60. 167. 192.
Altersverhältnisse der Schiffsbesatzungen 28.
Amoeba coli 119. 120.
— histolytica 118.
Amöben 117.
Amöbenruhr 117.
Amylaceen 169.
Amylum 167.
Anämie 93. 98. 104. 129. 143. 173.
Andouard 177.
Anemometer 17.
Ankylostomum 143.
Anmusterung des Schiffsarztes 61.
— der Schiffsleute 191. 272. 276.
Anopheles 86.
Ansteckungsverdächtige 49.
Antisepsis an Bord 67.
Apéry 217.
Aphthen, tropische 128.
Approbation der Schiffsärzte 60. 294. 309.
Arbeitsräume an Bord 24.
Arrhenal 102.
Arsen 102.
Arzneimittel 263. 292 ff.
Asbestfilter 231.

Asepsis an Bord 67.
Askariden 143.
Asphyxien 6.
Atrophien bei Beriberi 162. 166.
Aufwärter (s. Steward).
Ausfaulen des Trinkwassers 226.
Auskunftsstelle des Deutschen Ärztevereinsbundes für die Besetzung ärztlicher Stellen im Auslande und auf Schiffen 62.
— Geschäftsordnung 308.
Ausmessung bewohnter Schiffsräume 284.
Ausrüstung der Kauffahrteischiffe mit Hilfsmitteln zur Krankenpflege 58. 65. 76. 180. 209. 253. 287. 292 ff. 306. 307.
— Verzeichnis 297 ff.
Ausschiffung Kranker 72.
— Leproser 199. 200.
— gemäß der Pariser Sanitätskonvention 249. 250 (débarquement) 315. 317.
Auswanderer 14. 47. 288.
Auswandererarzt 50. 54. 264. 265.
Auswandererbehörde 54. 264. 265. 267. 268.
Auswandererdeck 257 (s. a. Zwischendeck).
Auswanderergesetz 20. 47. 58. 59. 256.
Auswandererhallen in Hamburg 49 ff.
Auswandererherbergen 54.
Auswandererschiffe 7. 14. 21.

47. 55. 70. 187 (Cholera) 227. 235. 256. 306.
Auswanderung, indirekte 14.

B.

Baderäume für die Schiffsmannschaft 13. 281.
Badezimmer 14.
Back 10.
Bakteriologische Untersuchungen, allgemeine 68. 310.
— bei Dysenterie 118.
— „ Typhus 180.
— „ Cholera 190.
— „ Pest 206.
Balantidium coli 144.
Ballasttank 4. 8.
Ballastwasser 4. 8. 9.
Bantische Krankheit 138.
Bassenge 186. 209. 298.
v. Bassewitz 203.
Bastardberiberi 175.
Bazillenruhr 114.
Bazillenträger 185. 189.
Beleuchtung 257. 280.
Belli 35.
Beriberi 160 ff. 290.
Berkefeldfilter 227.
Beschälseuche der Pferde 134.
Besichtiger der Auswandererschiffe 55. 256. 265. 266. 268.
Betriebskrankheiten der Seeleute 290.
Beschwerden der Schiffsleute 274. 286.
Bestmann 272.
Bilharziose 142.
Billett 102.

Bilschdesinfektion 244.
Bilschraum 3.
Bilschwasser 4 ff. 154. 244.
(eau de cale) 318. 319.
Black vomit 147.
Bleivergiftungen 92. 226. 231.
Blutkörperchen, rote 91. 104. 149.
— weiße 92.
Blutkultur 69. 114. 180. 194. 311.
Blutpräparate 77. 321.
Blutuntersuchung 76. 149. 165. 183.
Boraxmethylenblau 207.
Brausen 13. 48. 50. 281.
Bruce 134.
Bubonen, klimatische 204.
— bei Pest 204.
Bubonic malaria 203.

C.
Calabarschwellungen 140.
Canalis gynaecophorus 142.
Carrol 151.
Castellani 134. 135.
Cercomonas 144.
Chamberlandfilter 151. 227.
Chatterjee 138.
Chinin 98 ff. 105. 184.
Chininfieber, paradoxes 108.
Chininmedikation, probatorische 185.
Chlorgehalt des Trinkwassers 233.
Cholera 30. 37. 47. 48. 186 ff. 248 ff. 317.
Christophers 138.
Christy 133.
Chromatinfärbung 79.
Chylurie 140.
Circonscription 313.
Classification des navires 315.
Claytonapparat 156. 246. 245.
Councilman 118.
Coup de barre 147.
Couteaud 31.
Culex 86. 140. 153.
Cyllin 208.
Cysten 86.

D.
Dampfdesinfektion 241.
Darmparasiten 143. 164.
Deck 2.
Denguefieber 195.
Desinfektion 50. 191. 199. 235. 248 ff. 267. 280. 288. 290. 314 ff.
— mit Formaldehyd 239.
— von Trinkwasser 228.
Desinfektionsmittel 237 ff.
Destillation von Trinkwasser 229.
Destillierapparate 229. 230.
Deutscher Ärztevereinsbund 62. 308.
Dibothriocephalus latus 173.
van Dieren 167.
Differentialdiagnose 113. 120. 149. 183.
Döberitzer Lager. 122.
Donovan 137.
Doppelboden 4.
Dresdener Cholerakonvention 247.
Durchschnittsalter der Seeleute 29.
Dutton 133.
Dysenterie 112.
Dysenterische Symptome bei Bilharziose 142.

E.
Eberth-Gaffkyscher Typhusbazillus 182.
Eikmann 167.
Eisenschiffe 1.
Ekelöff 168.
Ektoplasma 119.
Elefantiasis 140.
Elektrische Ventilation 23.
Encephalitis 135.
Entoplasma 119.
Equipage 315.
Erblindung infolge Tripper 43.
Erisman 175.
Euchinin 99. 105.
Evaporator 230.
Extract. Filicis 143.

F.
Faber 129.
Farbige 15. 36. 59. 139. 160. 191.
Feuerleute 10. 36. 37. 39. 44. 277. 281.
Ficker 69. 180.
Fieberkurven (Malaria) 94. 95. 96. (Paratyphus) 184.
Filaria bancrofti 139.
— diurna 140.
— loa 140.
— medinensis 141.
— nocturna 139.
— perstans 134. 140.
Filter 227.
Finlay 151.
Flexner 117.
Fliegen bei Typhus 179.
Flöhe 213.
Flügelräder 22. 26.
Fly belts 137.
Forcierte Lüftung 26.
Formaldehyd 239.
Formalinkonservierung 320.
Freie Praktika 246.
Frettchen 214.
Fußbodenbelag 2. 280.
Fußbodenfläche 13. 279. 285.

G.
Gaffky 206.
Galziekte 132.
Gameten 84.
Garnierung 2.
Gase, irrespirable 7.
Geburten 46. 287.
Gehirne fremder Rassen 321.
Gehirnschlag 36.
Gelbfieber 6. 30. 145 ff.
Geschlechtskrankheiten 30. 42. 43.
Gesundheitliche Beaufsichtigung des Seeverkehrs 29. 249 ff. 313 ff.
Gesundheitspaß (certificat) 246. 316. 317. 318.
Giemsa 69. 79.
Gifttiere 323.
Glossina palpalis 136.

Golfstrom 36.
Gonorrhoe 42.
Gouin 177.
Graeser 123.
Gray 133. 136.
Greig 133. 136.
Guajakharz 103.
Günther 35.

H.

Hafenarbeiter 212.
Hafenarzt 60. 225. 289. 307.
Haffkine 209.
Halbmonde der Tropicaparasiten 85.
Hamburg-Amerika-Linie 15. 22. 49.
Hamburgische Ärztekammer 308.
Hämaturie 103. 142.
Hämoglobinometrie 93.
Hämoglobinurie 103.
— der Rinder 138.
Hängematte 10.
Heilbehandlung des Schiffsmanns 274.
Heimreise transatlantischer Dampfer 36.
Heizer (s. a. Feuerleute, Maschinenmannschaft) 25. 26. 30. 110. 277. 281.
Heizerkrämpfe 37.
Heizung der Logisräume 11. 280.
— der Auswandererräume 258.
Heller 41.
Helminthen, tropische 322.
Herzschlag 36.
Herzsymptome bei Beriberi 161 ff. 165.
Heuervertrag 61.
Hirnsymptome bei Malaria 97.
Hitzschlag 25. 30. 35 ff. 41.
Holzschiffe 1. 4. 6.
Horniker 89.
Hossack 206.
Houdon 25.
Hulshof Pol 166.
Hunde 214.

Hünermann 228.
Hütte 10.

I.

Ikterus 104. 148.
Infektion, extragenitale 43.
Infektionskrankheiten 288. 289. 290.
Insekten, medizinisch wichtige 322.
Inspektionssystem 247.
Institut für Schiffs- und Tropenkrankheiten 65. 324.
Instruktion f. Schiffsärzte 73.
Ipekakuanha 124.
Isolierräume an Bord 235 ff.
Isolierstation 250.
Isolierung von Infektionskrankheiten an Bord 235.
— an Land 250. 315. 317.
Isolierwände 11.
Jensenscher Filter 231.
Jodkalium 194. 199.
Jodreaktion bei Lepra 198.

K.

Kabine 13.
Kade 100. 102.
Kajütsreisende 13. 47. 55. 193.
Kalomel 114. 121.
Kamerunschwellungen 140.
Kammer 13.
Kammern auf Auswandererschiffen 259.
Kapitän 29. 61. 267. 272 ff. 276. 278. 283. 287 ff. 292. 293. 295.
Kappenventilatoren 16. 17.
Karbolsäure gegen Pest 208.
Kartulis 118. 122. 123.
Katjang-idjo 166.
Katzen an Bord 214.
Kesselraum 17. 24. 35.
Kiel 1.
Klimatische Bubonen 204.
Klimafieber (s. Malaria).
Knorre 31.
Koch, Robert, 47. 118. 133. 136. 185. 186. 188.
Kochsalzprobe 231.
Kohlenbunker 24. 27. 35.

Kohlenoxyd zum Rattentöten 218.
Kojen 10. 13. 15. 71. 258. 261. 280.
Kokken 135.
Kolle 185.
Kompositschiffe 1.
Kontaktinfektion bei Cholera 190.
— bei Pest 209.
— Typhus 179. 185.
Kontrollstationen 48.
Kotstauung 113.
Krämpfe bei Malaria 97.
Krankenfürsorge an Bord der Kauffahrteischiffe 58 ff. 292.
Krankenkost 72. 264.
Krankenpfleger 72. 263.
Krankenraum 70. 71. 260. 294.
Kreisärzte 48.
Kresolseifenlösung 237.
Kriegsmarine 11. 12. 13. 17. 21. 22. 26. 28. 31. 35. 41. 110. 186 (Cholera auf Kriegsschiffen). 229. 232. 241.
Kriegsschiffe (s. Kriegsmarine).
Kruse 114. 118.
Kulis 160.
Kürzung der Rationen für die Schiffsmannschaft 273. 286.

L.

Laderaum 2. 6. 211. 244. 257. 280.
Ladung 7. 154. 257.
Landbevölkerung 29. 33. 44. 145.
Laoh 167.
Laveran 137.
Lazear 151.
Leber 104. 129. 164.
Leberabszeß 124.
Leberpunktion 127.
Leckwasser 4.
Le Dantec 124.
v. Leent 175.

Leeseite 18.
Leishman 137.
Leishman-Donovansche Körperchen 137.
Lepra 46. 195.
Leukozyten 92. 93. 126. 143. 183.
Linston 213.
Lösch 118.
Lüdtke 231.
Lues, fieberhafte 194.
Luft in Lade- und leeren Räumen 7. 8.
Luftraum 12. 15. 71. 256. 260. 279.
Lüftung 12. 14 ff. 257. 280.
Luftzieher 16 ff. 257. 280.
Lungenpest 205.
Luvseite 18.
Luxuskammer 14.
Lymphscrotum 140.
Lymphozytose 183.

M.

Makrogameten 84.
Makrozyten 92.
Mal de Caderas 132.
Malaria 75 ff. 149. 183. 203. 290.
Malariakachexie 98.
Malariaplasmodien 81.
Malariaprophylaxe 108.
Malariatherapie 98.
Maltafieber 69. 193.
Mangusten 214.
Mannloch 8.
Mannschaftslogis 10. 279.
Manson 79. 127. 130. 160. 168. 171. 207.
Marchand 137.
Marchoux 150. 152.
Marineasthma 175.
Maschinelle Ventilation 22.
Maschinenmannschaft (siehe Feuerleute).
Maschinenräume 24. 35.
Masten 17.
Maurer 91. 168.
Médecin sanitaire maritime 63.
Meerzwiebel 214.
Megaloblasten 92.

Meningitis 135.
Merck 182.
Merozoit 81. 82.
Metachromatophilie 92.
Methylenazur 79.
Methylenblau 79. 102 105. 107. 207.
Micrococcus melitensis 194.
Mikrogamet 84.
Mikrogametozyten 84.
Mikroskop 68. 76. 310.
Mikrozyten 92.
Milch in überseeischen Häfen 180.
Milz 97. 98. 104. 137. 149. 164. 194.
Milzpunktion 137.
Miracidien 142.
Mittelmeerfieber (s. Maltafieber).
Miura 167.
Morbidität 28.
Moskitos (s. Malaria und Gelbfieber).
Moskitonetz 109. 155.
Mungo 214.
Myelozyten 93.

N.

Navigationsschulen 58.
Nematoden 138.
Neuromyositis bei Beriberi 164.
Nocht-Giemsascher Apparat 218 ff. 251.
v. Noorden 176.
Norddeutscher Lloyd 15.
Normoblasten 92.
Norwegische Kommission 168. 174.

O.

Oberndorffer 203.
Objektträger 76.
Observation 315.
Observationsquarantänen 246. 315. 317.
Ödeme bei Beriberi 161, 162. 166.
Odeur de la boucherie 147.
Ookineten 86.
Orientbeule 138.

Osler 118. 183.
Ostasienfahrt 160.
Ostindienfahrer 28.
Oxalsäure 168.
Oxyuris 143.

P.

Pannenborg 44. 46.
Paratyphus 182 ff.
Paresen bei Beriberi 162. 166.
Pariser Sanitätskonvention 248. 313.
Pasquale 118.
Pathologisch-anatomische Objekte 320.
Pel 125.
Personalverhältnisse an Bord 287.
Pest 46. 69. 201 ff. 247. 248 ff. 315.
Pestbazillen 207.
Pestis minor 204.
Petroleumdampfer 2.
Pettenkofer 186.
Pfuhl 189.
Phagozytose 92.
Phaseolus radiatus L. 166.
Phosphor gegen Ratten 214.
Pictolin 216.
Pigment 81.
Pilgerschiffe 188. 252.
Pipette individuelle 227.
Piroplasmose 137.
Plehn, A. 122.
Pneumokokken 207.
Pöch 206.
Pocken 48. 290.
Polychromatophilie 92.
Portugiesische Schlafkrankheitsexpedition 135.
Präserven 168.
Prostitution 42.
Protozoenkrankheiten 68, 131.
Proviant 173. 176. 262. 268. 274. 286.
Psilosis 128.
Psychische Symptome bei Malaria 98.
Puls bei Gelbfieber 147.
— bei Beriberi 163.
— bei Pest 203.

Q.

Quarantäne 245.
Quarantänehafen 246.
Quecksilberintoxikationen 113.

R.

Raborat 124.
Rangstellung der Schiffsärzte 61.
Ratten 210 ff. 249. 250. 315 ff.
Rattenfänger (Hunde) 214.
Rattenfraß 251.
Rattengift 214.
Rattenpest an Bord 211 ff. 250. 317.
Räucherungen an Bord 215.
Rauchhelm 220.
Reed 151.
Reeder 43. 58. 60. 61. 76. 276. 277. 278. 283. 292. 295.
Reincke 146.
„Reine" Schiffe 248. (indemne) 315. 316. 318.
Reinigung der Auswandererschiffe 256.
Reis 167.
Reisedauer f. Schiffe 271.
Reisende 3. 9. 13. 14. 15. 76. 249. 250. 315 ff.
Remittens 183.
Rizinusöl 122. 150.
Rinnstein 4.
Rochard 31.
Rogers 138.
Romanowsky 79. 80. 84.
Roß 168.
Rotes Meer 36. 40.
Rückwanderer 59.
Ruge 124. 224.
Ruge-Roßsches Verfahren 83. 98.
Ruhleben 48.
Ruhr 28. 112 ff.

S.

Salembeni 150.
Sammeln medizinisch-wichtiger Objekte auf tropischen Schiffsreisen 320.
Sanarelli 151.
Sanatorien, schwimmende, 56.
Sandfilteranlagen 243.
Saneyoschi 170.
Sanitätskonferenzen und -konventionen 247.
Sauerstoffgehalt der Ladung 7.
Saugventilator 16.
Schaudinn 86. 118.
Scheube 42. 122. 161. 166.
Schiffsapotheke 62. 99. 263.
Schiffsarzt 13. 29. 41. 42. 44. 55. 58. 59 ff. 207. 252. 263. 289. 294. 295. 296. 308. 310. 320
Schiffsbesatzung 9. 28 ff. 73. 249. 250. 264. 270. 273 ff. 277 ff. 279 ff. 315 ff.
Schiffsführer (s. Kapitän).
Schiffshaut 1.
Schiffskoch 33. 185. 192. 261.
Schiffshospital 13.62.260.294.
Schiffsoffizier 61. 272.
Schiffstagebuch 29. 286.
Schistomum haematobium 142.
Schizont 81.
Schlafkrankheit 134.
Schlappwerden 36. 41.
Schmidt, P., 97.
Schnelldampfer 25.
Schornsteinmantel 17.
Schott 2.
Schraubentunnel 9.
Schuberg 118.
Schüder 228.
Schumburg 228.
Schutzpockenimpfung 55.290.
Schwanenhals 16.
Schwarzwasserfieber 103.149. 290.
Seeamt 36.
Seeberufsgenossenschaft 9. 29. 34. 38. 39. 43.
Seefahrtsbuch 272.
Seekiste 10.
Seemannsamt 29. 35. 61. 145. 274. 275. 286. 287.
Seemannsordnung 12. 34. 43. 272.

Seeuntüchtigkeit des Schiffes 274. 286.
Segelfregatten 3. 18. 28.
Segelschiffe 10. 44. 75. 89.
Segelschiffberiberi 161. 173.
Seh- und Farbenunterscheidungsvermögen 277.
Selbstentzündung der Ladung 7.
Selbstmord 30. 38. 39 ff. 290.
Serum, polyvalentes 121.
Seuchenabwehr 47.
Shiga 114.
Shiyoshin 163.
Simarubarinde 123.
Simond 150.
Simpson 203.
Skorbut 6. 28. 173. 174. 175.
Spanten 1.
Splenomegalie 98. 138.
Sporozoiten 86.
Spotted Fever 138.
Sprue 128.
Stammlösung 79.
Standesvertretung, ärztliche 62.
Staub 35.
Stegomyia 6. 86. 152.
Stephan 35.
Steppage 162.
Sterblichkeit 28 ff. 46.
Steuerbord 10.
Steuermann 272.
Steward 11. 33. 185. 192. 193. 262.
Stiles 138.
Strongyloides intestinalis 144.
Sublimatlösung 321. 322.
Surveillance 315.
Syphilis 42.
— fieberhafte 194.

T.

Tagebuch, vom Kapitän zu führendes (Schiffstagebuch) 29. 286.
— vom Schiffsarzt zu führendes 29. 289.
Tallquist 93.
Tänien 143.
Tank 4. 8. 9.
Tankzellensystem 4.

Tannin 122.
Tauglichkeit zum Schiffsdienst 276.
Temperatur (im Heizraum) 24.
— bei den Feuerleuten 37.
Tidswell 213.
Todd 133.
Torup 174.
Transportmittel für Bewußtlose 37.
Traube 228.
Travers 170.
Treille 111. 183.
Trematoden 142.
Trichocephalus 143.
Trichomonas 144.
Trimmer 30.
Trinkwasser 179. 180. 189. 192. 223 ff. (eau potable) 318. 319.
Trinkwasserdesinfektion 228. 229.
Trinkwasserdestillation 229. 262.
Trinkwassermenge 227. 262. 268.
Trinkwassertanks 9. 179. 225. 262.
Trinkwasseruntersuchung 232.
Tropenleber 128.
Tröpfcheninfektion 35.
Tropon 124.
Trypanosomen 131.
Tsetsefliege 132. 136.
Tsetsekrankheit 132.
Tuberkelbazillenfärbung 68.
Tuberkulose 30 ff. 56. 57.

Tulloch 136.
Typhomalaria 183.
Typhus 6. 30. 69. 178 ff.
Typhusimpfung 185. 186.

U.

Unfälle 28. 30. 43. 44. 46. 47. 287. 290.
Unfallversicherung der Seeleute 29.
Ungeziefer bei Pest 210.
Unterricht in der Krankenfürsorge 58.
Urin 103. 147.
Utleysches Ventilationsfenster 20.

V.

Ventilation (s. Lüftung).
Ventilator 16 ff.
Ventilatorkopf 19.
Verbrühungen 45.
„Verdächtige" Schiffe 249. (suspects) 315.
Vermessung der Logis 13. 285.
Verpflegung der Schiffsmannschaft 270. 274.
Verringerung der Beköstigungsmengen f. die Auswanderer 267. 288.
Verschüttungen 45.
„Verseuchte" Schiffe 250. (infectés) 315.
Vidal 180.
Vomito negro 147.
Vorbildung der Schiffsärzte 65.
Vordermann 167.
Vordersteven 1.

W.

Wasch- und Badevorrichtungen auf Auswandererschiffen 260.
— für die Schiffsmannschaft 281.
Wasser für Auswanderer an Bord 227. 262.
Wasserboot 225.
Wasserhändler 224.
Wassertanks 225.
West Coast Memory 98.
Windsack 9. 16.
Wright, Hamilton 168.
Wright, James Homer 138

Y.

Yersin 208.

Z.

Zerebrospinalflüssigkeit 134.
Zerebrospinalmeningitis 135.
Zerebrospinalraum 135.
Zimmersche Chininkapseln 100.
Zug 21. 26.
Zugänge zu den Auswandererräumen 257.
— zum Mannschaftslogis 280.
Zwischendeck 3 (s. a. Auswandererdeck).
Zwischendeckskammern 15. 259.
Zwischendeckspassagiere 13. 20. 47 (s. a. Auswanderer).

Tafel I.

Normale und pathologische Blutelemente, Malariaparasiten, Trypanosomen und Leishman-Donovan'sche Körperchen. — Vergrößerung 1 : 1000.

Tafel II.

Filarialarven im Blut, Dysenterieamöben, Pestbazillen, Cholerabazillen, Leprabazillen.

Tafel III.

Helmintheneier. Vergrößerung 1 : 400.

Tafel I.

Normale und pathologische Blutelemente, Malariaparasiten, Trypanosomen und Leishman-Donovan'sche Körperchen. — Vergrößerung 1 : 1000.

Fig. 1. Färbung nach Manson.

a Lymphozyt, b basophilgekörntes, rotes Blutkörperchen, c großer mononukleärer Leukozyt, d Blutplättchen, e gröbere, basophile Einzelgranula in einem roten Blutkörperchen, f polymorphkerniger Leukozyt, g mittelgroßer Malariaring,*) h halberwachsener Tertianparasit, i fast erwachsener Tertianparasit, k Teilungsform eines Tertianparasiten (Schizont), l metachromatophiler Erythrozyt.

Fig. 2. Färbung nach Romanowsky.

a Kleiner Lymphozyt, b eosinophiler Leukozyt, c mittelgroßer Malariaring,*) d halberwachsener Tertianparasit, Tüpfelung seiner Wirtzelle, e männlicher Tertianparasit (Gametozyt), noch nicht ganz erwachsen, f Teilungsform des Tertianparasiten, g weiblicher Tertianparasit (Gamet), h zerrissene (Chinin-) Form des Tertianparasiten, i Rückbildung eines (weiblichen) Gameten zum Schizonten.

Fig. 3. Färbung nach Romanowsky.

a Großer Lymphozyt, b polynukleärer, neutrophilgekörnter Leukozyt, c basophilgekörnter Erythrozyt, d polychromatophiler Erythrozyt, e mittelgroßer Malariaring,*) f heranwachsender Quartanparasit, g und h weiter entwickelte Quartanparasiten („schmales" und „breites Band"), i Teilungsform des Quartanparasiten.

Fig. 4. Färbung nach Romanowsky.

a großer, mononukleärer Leukozyt, b Blutplättchen, c kernhaltiges, rotes Blutkörperchen (Normoblast), d kleinster Malariaring (kleiner Tropikaring), l mittlerer Malariaring,*) f großer Malariaring (großer Tropikaring),*) g Doppelinfektion eines Blutkörperchens mit Malariaparasiten, h Malariaring (Tropika) mit zwei Kernen,*) i langgezogener Tropikaring, k Teilungsform des Tropikaparasiten, l Halbmond.

Fig. 5. Trypanosoma gambiense (Parasit des Menschen).

Fig. 6. Kala Azar. Leishman-Donovan'sche Körperchen — links gut ausgebildetes, einzelnes Körperchen, in der Mitte Konglomerat von Körperchen (Milzausstrich).

---

*) Bei den gebräuchlichen und hier angewandten Blutuntersuchungsmethoden ist es den mittleren und großen Siegelringformen der Malariaparasiten an sich nicht anzusehen, ob sie zu den Tertian-, Quartan- oder Tropikaparasiten gehören. Nur durch Berücksichtigung anderer, besser charakterisierter Parasitenformen, die sich gleichzeitig mit diesen Ringen im Blut finden, können sie als Tertian-, Quartan- oder Tropikaringe unterschieden werden. In Fig. 1 und 2 wird man deshalb diese Ringe als Tertianparasiten, in Fig. 3 als Quartanringe und in Fig. 4 als Tropikaringe bezeichnen dürfen. Die Blutelemente sind auf die Fig. 1—4 verteilt.

Tafel I.

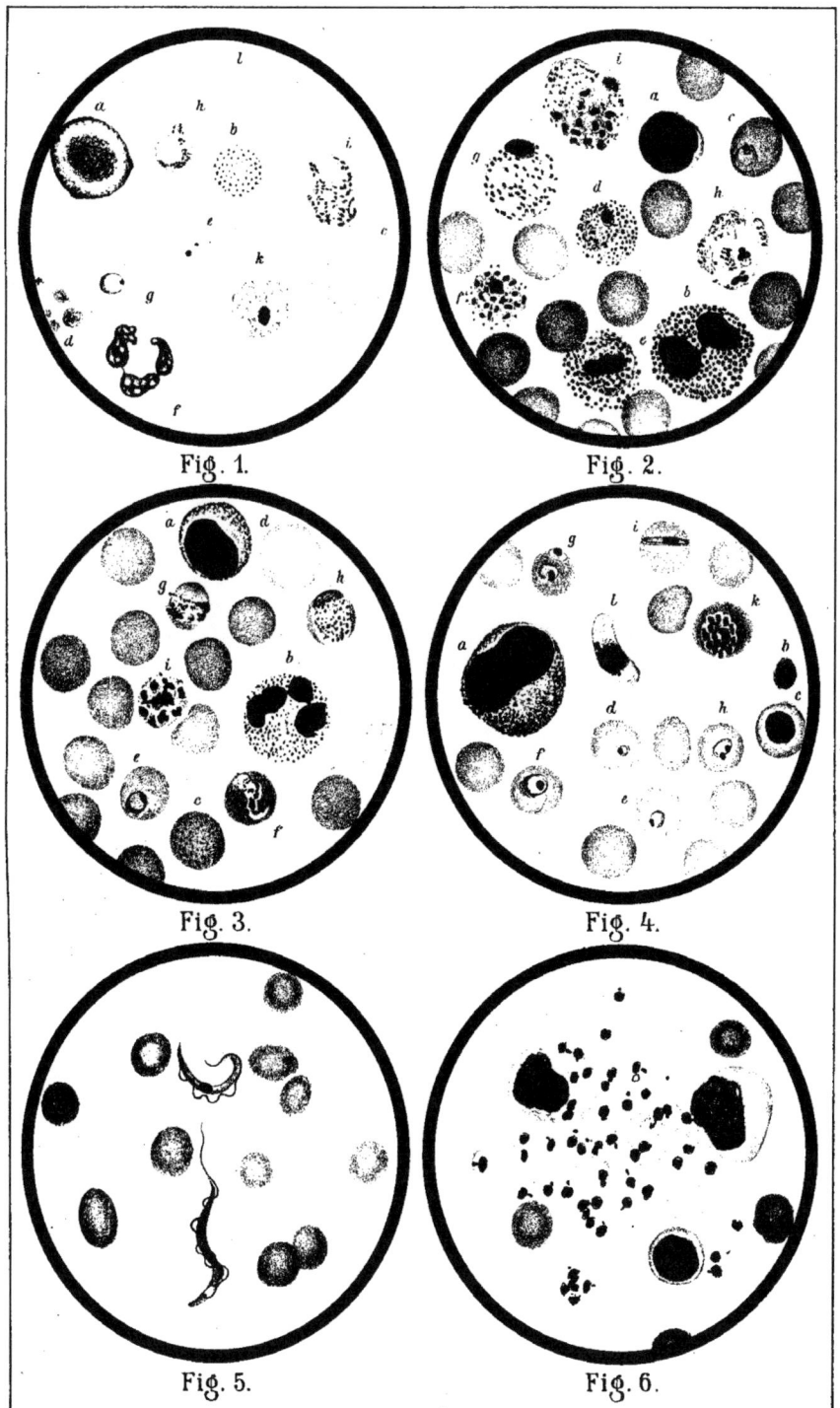

Tafel II.

Filarialarven im Blut, Dysenterieamöben, Pestbazillen, Cholerabazillen, Leprabazillen.

Fig. 7. Filaria nocturna. Vergrößerung 1 : 300.
Fig. 8. Filaria perstans. Vergrößerung 1 : 300.
Fig. 9. Dysenterieamöben. Vergrößerung 1 : 500.
Fig. 10 Pestbazillen — Ausstrich aus menschlicher Lymphdrüse. Vergrößerung 1 : 1000.
Fig. 11. Cholerabazillen — Ausstrich aus einer, einem Cholerastuhl entnommenen Schleimprobe. Vergrößerung 1 : 1000.
Fig. 12. Leprabazillen - Nasenschleim eines Leprösen. Vergrößerung 1 : 1000.

Tafel II.

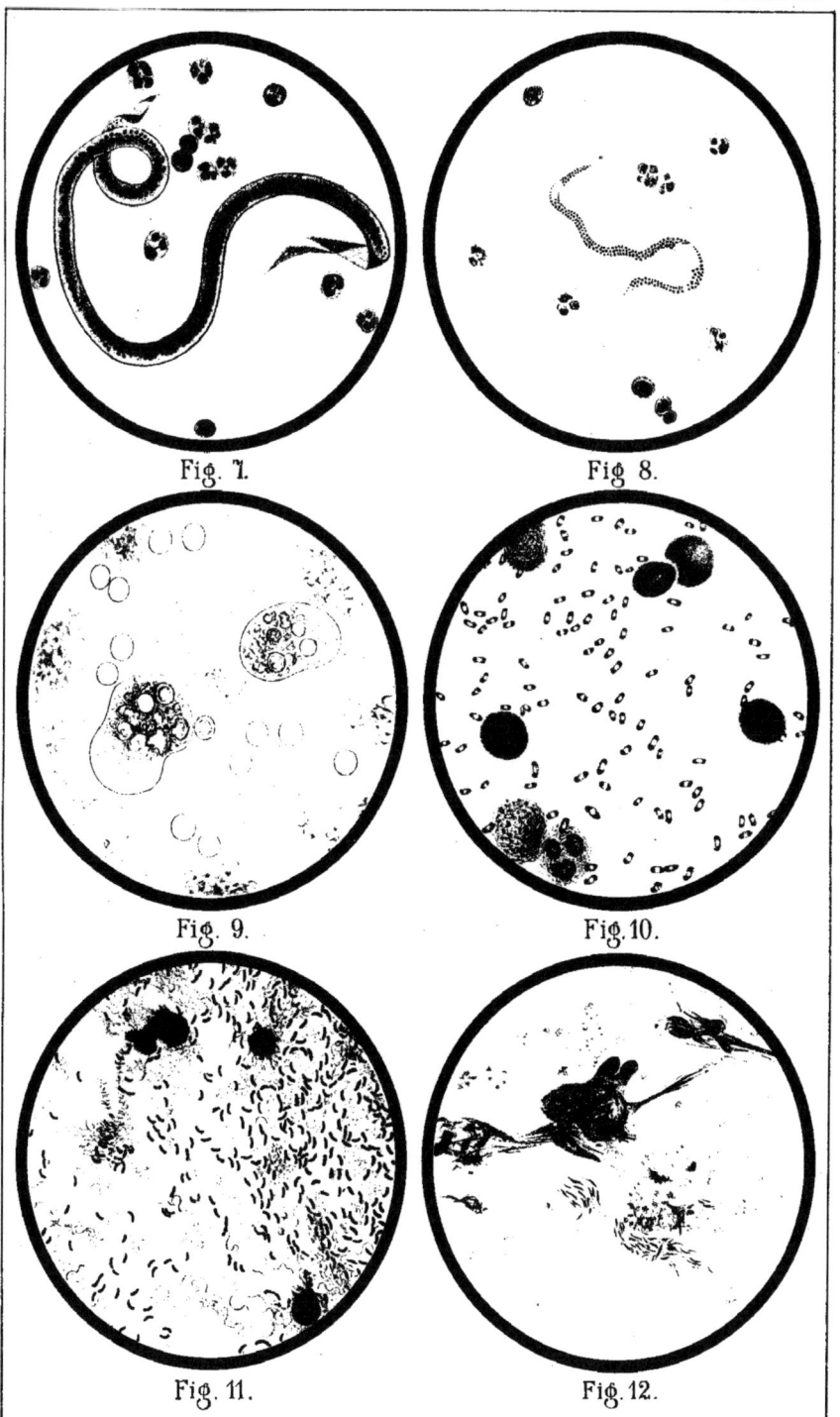

Fig. 7.   Fig. 8.
Fig. 9.   Fig. 10.
Fig. 11.   Fig. 12.

E. Stender ad natur. pinx.   Verlag von Georg Thieme in Leipzig.   Lith.Anst.v. Johannes Arndt, Jena.

HELMINTHEN-EIER.

Tafel III.

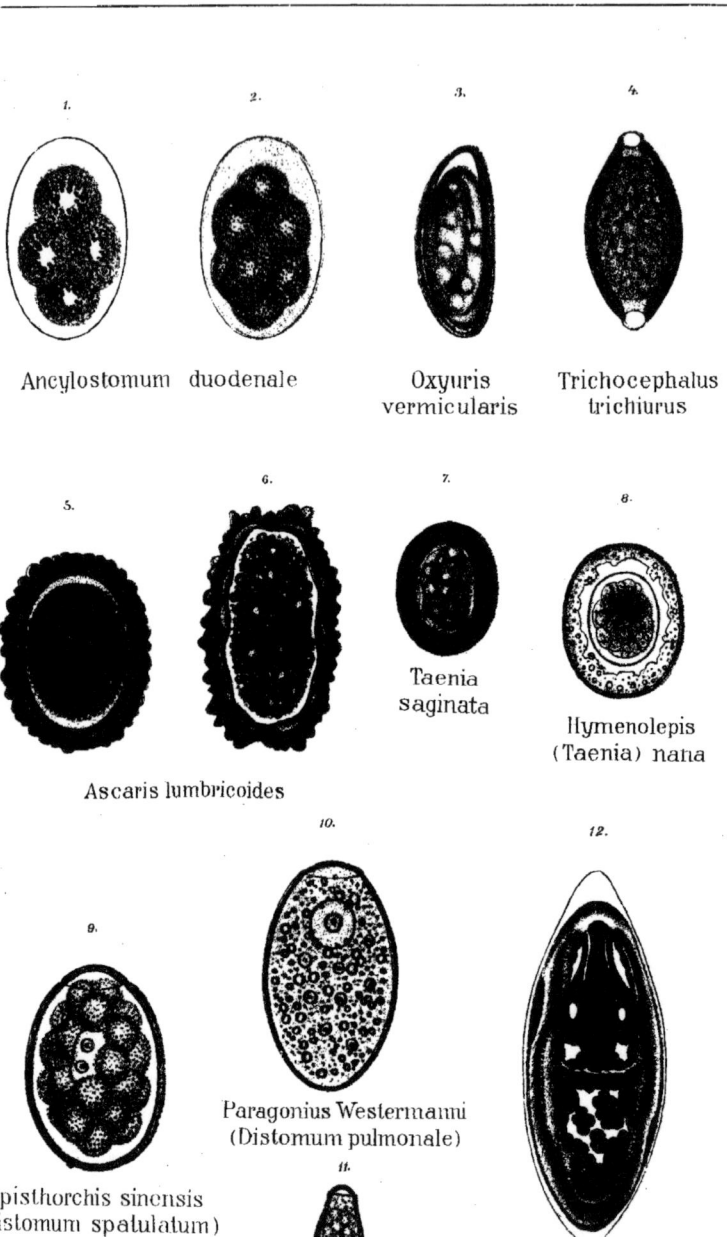

Vergrösserung ca. 1: 400.